Ingenieurholzbau

Helmuth Neuhaus · Wilfried Moorkamp ·
Leif Peterson · Thomas Uibel

Ingenieurholzbau

Grundlagen – Bemessung – Nachweise – Beispiele

5. Auflage

Helmuth Neuhaus
Münster, Deutschland

Wilfried Moorkamp
Holzbau und Nachhaltiges Bauen
FH Aachen
Aachen, Deutschland

Leif Peterson
Holzbau und Bauphysik
FH Aachen
Aachen, Deutschland

Thomas Uibel
Holzbau und Grundlagen konstruktiver Ingenieurbau
FH Aachen
Aachen, Deutschland

ISBN 978-3-658-44966-7 ISBN 978-3-658-44967-4 (eBook)
https://doi.org/10.1007/978-3-658-44967-4

Die Deutsche Nationalbibliothek verzeichnet diese Publikation in der Deutschen Nationalbibliografie; detaillierte bibliografische Daten sind im Internet über https://dnb.d-nb.de abrufbar.

Springer Vieweg ist ein Imprint der eingetragenen Gesellschaft Springer Fachmedien Wiesbaden GmbH und ist ein Teil von Springer Nature.
Die Anschrift der Gesellschaft ist: Abraham-Lincoln-Str. 46, 65189 Wiesbaden, Germany

In Gedenken an den verstorbenen Prof. Dr.-Ing. Helmut Neuhaus,
der dieses Werk begründet und weiterentwickelt hat.

Vorwort zur fünften Auflage

Diese fünfte Auflage ist aktualisiert worden. Sie entspricht dem Stand des aktuellen Eurocode 5 (Holzbau) für die „kalte“ Bemessung der DIN EN 1995-1-1: 2010-12 einschließlich seinem nationalem Anhang DIN EN 1995-1-1/NA: 2013-08. Des Weiteren beinhaltet sie die Bemessung für den Brandfall nach DIN EN 1995-1-2: 2010-12 mit nationalem Anhang sowie weitere nationale Regelungen bzw. Ergänzungen, wie den Holzschutz nach der Normenreihe DIN 68800 sowie die Anwendungsnormen der Normenreihe DIN 20000. Ebenfalls umfasst sie die europäischen Produktnormen sowie zugehörige Bezugsnormen des Holzbaus. Hierbei wurde bei der Überarbeitung jeweils der Inhalt der aktuellen Ausgabe berücksichtigt.

An dieser Stelle möchten wir Herrn Helmuth Neuhaus (†) einen ganz besonderen Dank aussprechen. Herr Helmuth Neuhaus war der Urheber dieses Lehrbuches und hat es Zeit seines Lebens in vier Auflagen mit seinem großen Fachwissen erweitert und aktualisiert.

Dem Springer Vieweg Verlag und Lektorat Bau, Herrn Dipl.-Ing. R. Harms und Mitarbeitern(innen), gilt unserer weiterer Dank für die sehr gute, vertrauensvolle Zusammenarbeit und ausgezeichnete Gestaltung dieses Buches. Die Texte für die barrierefreie Beschreibung von Bildern wurden vom Verlag durch KI generiert.

Aachen, im Sommer 2025

Wilfried Moorkamp
Leif Peterson, Thomas Uibel

Inhaltsverzeichnis

Handhabung des Buches und nationale/europäische Normung im Bauwesen

Handhabung des Buches

Der bautechnische Inhalt des vorliegenden Buches ist überwiegend nach den angeführten Baunormen und anderen relevanten technischen Regelungen, der Fachliteratur, eigenen Kenntnissen und Erfahrungen und nach bestem Wissen und Gewissen erstellt worden, jedoch kann **keine Gewähr, keine Garantie oder keine Haftung** jeder Art für den bautechnischen Inhalt und darauf basierende Planungen, Berechnungen, Bemessungen, Konstruktionen und Ausführungen von (Holz-)Tragwerken trotz sorgfältiger Bearbeitung, Prüfung und Korrektur übernommen werden. Darüber hinaus liegen in zunehmend größerer Zahl Baunormen, bauaufsichtliche Verwendbarkeitsnachweise und andere relevante technische Regelungen mit vielen gegenseitigen Verflechtungen vor, bei denen unterschiedliche Interpretationen – auch gegenüber Baunormen und anderer Fachliteratur – nicht ganz auszuschließen sind. Für daraus entstehende Unstimmigkeiten, abweichende fachliche Auffassungen sowie inhaltliche Mängel oder Fehler wird ebenso keine Haftung jeder Art übernommen. Dies gilt auch für Druckfehler in diesem vorliegenden Buch. Es wird davon ausgegangen, dass der Leser und Anwender dieses Buches den bautechnischen Inhalt bei der Nutzung am jeweils **aktuellen Stand der Baunormen und anderen relevanten technischen Regelungen überprüft** und eigenverantwortlich nur deren jeweils gültigen bzw. bauaufsichtlich eingeführten Stand verwendet.

Sollten in den gültigen bzw. bauaufsichtlich eingeführten technischen Baubestimmungen und dgl. für bestimmte Fälle keine Regelungen vorhanden sein und deshalb die Anwendung bewährter Verfahren aus nicht mehr gültigen bzw. bauaufsichtlich zurückgezogenen technischen Baubestimmungen (der vergleichbaren Tragwerkstheorie) notwendig werden, wird empfohlen, dieses **Vorgehen mit der zuständigen Baubehörde, dem Sachverständigen für die Standsicherheit (Prüfingenieur) und dem/r Bauherrn/in schriftlich abzustimmen**, um mögliche Regressansprüche des/r Bauherrn/in und anderer Stellen hinsichtlich nicht verwendeter, aktuell bauaufsichtlich eingeführter technischer Baubestimmungen zu vermeiden. Ausdrücklich als **Empfehlungen gekennzeichnete Angaben** im vorliegenden Buch beziehen sich meist auf „alte“ Baunormen, Literatur oder andere Vorgehensweisen und sind unverbindlich.

Die **Technischen Baubestimmungen** (Baunormen) sind in diesem Buch überwiegend datiert (mit Ausgabedatum) und mit Angaben der zitierten Stellen angeführt, um bei der Vielzahl von Baunormen deren Stand bzw. verwendeten Stand bei Redaktionsschluss zu dokumentieren und dem Leser die Möglichkeit zur schnellen gezielten Suche der angeführten Normenstellen zu ermöglichen. Gültig und anzuwenden sind jedoch stets die aktuellen bauaufsichtlich eingeführten Baunormen bzw. Produktnormen sowie andere relevante technische Regelungen.

In den Jahren nach Erscheinen dieses Buches ist davon auszugehen, dass die europäische und nationale Normung infolge neuerer Erkenntnisse und Erfahrungen wie bisher weiterhin in Abständen umgestellt, geändert und erweitert wird, so dass der Leser und Anwender dieses Buches die Änderungen des Regelwerkes aufmerksam verfolgen und nur die neuesten bauaufsichtlich eingeführten Technischen Baubestimmungen und relevanten technischen Regelungen (allgemein anerkannten Regeln der Technik) anwenden sollte.

Dieses Buch stellt nicht nur den aktuellen Stand des Holzbaus, sondern teilweise auch den älteren Stand für das Bauen im Bestand dar, das zunehmend an Bedeutung gewinnt, so dass auch ältere Baunormen und Literatur angeführt sind.

Nationale/europäische Normung im Bauwesen

In Deutschland wurden für Bauvorhaben ab 01.Juli 2012 die europäischen Bemessungsnormen verbindlich eingeführt. Für einige bautechnische Bereiche, Produkte und Verbindungen sind derzeit unterschiedliche Zustände vorhanden, es liegen entweder noch keine europäischen Normen als Ersatz für nationale vor oder bereits vorhandene europäische Baunormen warten noch auf ihre bauaufsichtliche Einführung in Deutschland oder es wird voraussichtlich keine europäische Normung geben, so dass weiterhin nationale Baunormen genutzt werden müssen.

Wird eine europäische Norm im Amtsblatt der Europäischen Union (OJEU) bekannt gegeben, ist sie in der Europäischen Union anwendbar und muss in den Mitgliedländern als nationale Norm umgesetzt werden, dazu im Widerspruch stehende nationale Normen müssen innerhalb eines bestimmten Zeitraums zurückgezogen und durch die Norm ersetzt werden, für harmonisierte (Produkt-)Normen sind in Deutschland bisher oft ergänzende Anwendungsregeln erforderlich.

Europäische Normen wie die **Eurocodes**, im Holzbau der Eurocode 5, hieraus z.B. die DIN EN 1995-1-1: 2010-12 und der neue zugehörige nationale Anhang, die DIN EN 1995-1-1/ NA: 2013-08, enthalten neben Angaben zur Berechnung, Bemessung und Konstruktion keine Festigkeits-, Steifigkeits- und Rohdichteangabe entgegen der bisheriger Vorgehensweise der nationalen Normung in Deutschland, in der alle diese Angaben in einer vergleichbaren Baunorm enthalten waren wie z.B. in DIN 1052. Deshalb konnte nach bauaufsichtlicher Einführung einer Ausgabe z.B. der DIN 1052 die betreffende Norm sofort angewendet werden, da die dort angeführten Produkte wie z.B. Voll-, Brettschichtholz und Verbindungsmittel ebenfalls bauaufsichtlich eingeführt waren.

Da im Eurocode 5 (und sinngemäß in anderen Eurocodes) keine Produktregelungen wie Festigkeits- und Steifigkeitsangaben vorhanden sind, verweist Eurocode 5 auf **europäische Produktnormen** (harmonisierte Normen) für ein Produkt wie z.B. Vollholz (DIN EN 14081-1), Brettschichtholz (DIN EN 14080), Holzwerkstoffe (DIN EN 12369 u.a.) und Verbindungsmittel (DIN EN 14545, DIN EN 14592). Zum Teil existieren zu den in diesem Buch verwendeten Produktnormen neuere Ausgaben, die aber noch nicht im Amtsblatt der Europäischen Union veröffentlicht wurden und somit noch nicht harmonisiert sind. Die europäischen Produktnormen werden durch nationale Anwendungsnormen (Normenreihe DIN 20000) ergänzt. Im Auftrag der Länder macht das DIBt die Muster-Verwaltungsvorschrift Technische Baubestimmungen (MVV TB) bekannt. Diese dient als Grundlage für die Umsetzung in Landesrecht. Darüber hinaus sind zukünftig weitere Neuausgaben bereits anwendbarer (Produkt-)Normen oder neue (Produkt-)Normen zu erwarten. In der Folgezeit ist deshalb bei der Bemessung nach DIN EN 1995-1-1 und DIN EN 1995-1-1/NA sowie anderer Teile des EC 5 der jeweilige Stand der Anwendbarkeit der (Produkt-)Normen in der Verwaltungsvorschrift Technische Baubestimmungen (VV TB) zu kontrollieren. Gültig ist stets die neueste bauaufsichtlich eingeführte Baunorm bzw. Produktnorm.

Die Nutzer/Leser von Baunormen und dieses Buches sind gehalten jeweils zu überprüfen, welche nationalen und europäischen Baunormen bzw. Produktnormen bauaufsichtlich eingeführt und anzuwenden sind. Organisationen mit Internetseiten, bei denen Informationen zum Stand der Normung abgerufen werden können, sind im Folgenden als Beispiele aufgelistet:

Muster-Verwaltungsvorschrift Technische Baubestimmungen (MVV TB)
Bauministerkonferenz, FK Bautechnik, Mustervorschriften, Bautechnik,
www.is-argebau.de

Länderliste der Technischen Baubestimmungen:
für jedes einzelne Bundesland unterschiedlich, hier z.B. NRW:
Bauministerium NRW, Bautechnik, Technische Baubestimmungen,
www.mhkbd.nrw

MVV TB und Zulassungen:
Deutsches Institut für Bautechnik, Technische Baubestimmungen,
www.dibt.de

Unterlagen für Voll-, Brettschicht-, Balkenschichtholz und Konstruktionsvollholz sowie andere Publikationen, jeweils mit aktuellem Stand und wichtigen Hinweisen u.a. zum Stand der Normung,
Studiengemeinschaft Holzleimbau, Wuppertal,
www.brettschichtholz.de

Einleitung

Holz gehört neben Stein und Boden zu den ältesten Baustoffen des Menschen. Es stand (und steht) aus dem Baumstamm geschnitten nur in begrenzten Abmessungen als stabförmiges Bauteil zur Verfügung und war der einzige Baustoff, der gleichermaßen Druck-, Zug- und Biegebeanspruchungen aufzunehmen vermochte. Bereits aus der Antike wird von großen Holzbauwerken berichtet, die Vorläufer und Vorbilder der späteren Bauwerke aus Stein waren. Der „alte" Zimmermann und Baumeister errichtete handwerklich, technisch und künstlerisch bemerkenswerte Sakral-, Repräsentations- und Nutzbauten, eindrucksvolle Fachwerkhäuser und Brücken sowie Boote und Schiffe aus Holz in den Teilen der Erde, in denen Holz zur Verfügung stand; dies bezeugen viele Jahrhunderte alte, noch heute genutzte Holzbauwerke in verschiedenen Kulturkreisen, die große handwerkliche Erfahrungen, fundiertes technologisches Wissen und zum Teil kunstvolle Gestaltung mit dem Baustoff aufzeigen.

Aufbauend auf den überwiegend empirischen Erfahrungen und Kenntnissen des „alten" Zimmermanns und Baumeisters wurden etwa ab Mitte des 19. Jahrhunderts Berechnungs- und graphische Methoden entwickelt, die die Beanspruchungen der Bauwerke aufgrund vorgegebener Lasten ermitteln und deren Spannungs- und Verformungszustände berechnen können. Aus dem handwerklich geprägten zimmermannsmäßigen Holzbau entsteht allmählich der Ingenieurholzbau, der wie der Mauerwerksbau und der sich entwickelnde Stahlbau vermehrt mathematische, natur- und ingenieurwissenschaftliche Erkenntnisse zur Lösung der Bauaufgaben einsetzt, die derzeit überwiegend rechnergestützt ausgeführt werden.

Die Entwicklung neuer mechanischer Verbindungsmittel wie Nägel, Dübel besonderer Bauart, Stabdübel, Passbolzen, Nagelplatten, Holzschrauben, Klammern, Schraub- und Rillennägeln sowie neuerer Verbindungen mit Stahlblechformteilen wie Winkeln, Lochblechen, Balkenschuhen, Sparrenpfettenankern, Balkenträgern und dgl. geben dem Holzbau nach vorübergehendem Abschwung am Anfang des 20. Jahrhunderts wesentliche neue Impulse. Die Entwicklung wasserfester Kunstharzleime und die Verwendung der einfachen, aber genialen Keilzinkung als Längsstoßverbindung ermöglichen den bemerkenswerten Aufschwung des „Holzleimbaus", dessen künstlich, industriell hergestellte geklebte Bauteile im Allgemeinen größere Abmessungen besitzen als das natürliche Ausgangsprodukt Holz, wie z.B. „lange" stabförmige Brettschichtholzbauteile für große bis sehr große Spannweiten, Furnierschichtholzbauteile oder flächenhafte Holzwerkstoffplatten.

Bauholz besitzt günstige physikalische und technologische Eigenschaften, hohe Festigkeiten, geringes Eigengewicht, gute Verarbeitbarkeit, ein günstiges Brand- und neutrales Löschverhalten, ist überwiegend resistent gegen viele chemische Einwirkungen und befindet sich im Allgemeinen im chemischen Gleichgewicht mit seiner Umwelt (im Gegensatz zu vielen künstlich hergestellten (Bau-)Stoffen). Bei fachgerechtem Einsatz von Holz und Holzwerkstoffen als tragende/ aussteifende Bauteile hinsichtlich Gestaltung, Holzauswahl, Statik, Konstruktion, Holzschutz, Transport und Montage ist eine hohe Lebensdauer in Bauwerken bei meist geringer Wartung und Instandsetzung zu erwarten.

Holz ist der einzige nachwachsende Baustoff, der neben anderen wichtigen Nutzungen auch zukünftig als Baustoff eingesetzt werden kann, wenn mindestens ein ausgeglichenes Verhältnis zwischen Holzentnahme und Nachwachsen durch sinnvolle nachhaltige Forstwirtschaft sichergestellt wird.

Die Holzverwendung ist CO_2-neutral und belastet die Umwelt nicht. Holz ist ein Kohlenstoffspeicher, bei der Photosynthese wird Kohlendioxid (CO_2) aufgenommen und zu Kohlenstoff als Bestandteil der Biomasse sowie zu Sauerstoff umgewandelt. Bei der Verbrennung oder Verrottung von Holz wird die gleiche Menge Kohlenstoff in CO_2 wieder freigesetzt. Demnach trägt die Verwendung von langlebigen Holzprodukten im Bauwesen und anderen Bereichen wesentlich zur Kohlenstoffspeicherung und zur Reduzierung des CO_2-Anstieges in der Atmosphäre bei.

Holz und Holzwerkstoffe werden in vielen Bereichen des Bauwesens als tragende, aussteifende und Raum abschließende Bauteile eingesetzt wie in Dachkonstruktionen bei Sparren-, Kehlbalken-, Pfetten- und Flachdächern, in Wohn- und Nutzgebäuden z.B. als Decken, Stützen, Streben und Träger, im Holztafel-, Holzrahmen- und Holzskelettbau, in Produktions-, Lager-, Sport- und Veranstaltungshallen, in Gebäuden und Hallen mit chemisch aggressiver Raumluft z.B. Salz-, Kali-, Düngemittel, Kohlenlager-Hallen, Gerbereien, Verzinkereien oder für Überdachungen von Deponien, Kläranlagen und Hallenbädern sowie in Brücken für Fußgänger, Radwege und Straßenverkehr.

Neben den seit langem eingesetzten geklebten (verleimten) Holzprodukten wie z.B. Brettschichtholzbauteilen, Dreieck-Strebenbau-Bindern, Holz-Schalungsträgern für den Stahlbetonbau, Sperrholz-, Span- und Holzfaserplatten oder der Nagelplattenbauweise zeigen neuere Weiterentwicklungen geklebter Holzbaustoffe wie Balkenschichtholz, Furnierschichtholz, Furnierstreifenholz, Langspanholz, Brettsperrholz, Mehrschichtplatten aus Vollholz, OSB- Platten oder Holzblocktafeln sowie die praxisgerechte Entwicklung und Ausführung von Holz-Beton- Verbundbauteilen oder eingeklebter Stahlstäbe und Holzschrauben mit Vollgewinde zur Kraftübertragung bzw. Verstärkung („Querbewehrung“) querzugbeanspruchter Holzbauteile und auch der zunehmende Einsatz getrockneten Vollholzes wie Konstruktionsvollholz die innovativen Fähigkeiten und Notwendigkeiten im Holzbau zu Beginn des 21. Jahrhunderts auf.

Die „alte“ nationale Baunorm des Holzbaus, die DIN 1052, letzte Ausgabe 2008-12, bereits mit „neuer“ europäischer Sicherheitsphilosophie, der semiprobabilistischen Methode der Teilsicherheitsbeiwerte, hat den Eurocode 5 (Holzbau) in mehreren Bereichen weiter entwickelt, ist jedoch zwischenzeitlich als Bemessungs- und (teilweise auch) als Produktnorm zurückgezogen worden und in Deutschland nicht mehr anwendbar wie vergleichbare Baunormen in anderen Ländern der Europäischen Union.

Die **europäischen Technischen Baubestimmungen** (Baunormen) sind auf den jahrzehntelangen Erkenntnissen und Erfahrungen der zwischenzeitlich meist nicht mehr gültigen nationalen Baunormen aufgebaut und weiterentwickelt worden, beinhalten überwiegend den praktikablen Wissensstand der Bautechnik der derzeitigen Epoche und haben demnach jeweils eine zeitbedingte Erkenntnisstufe erreicht. Der Wissenstand von Baunormen darf nicht als statisch oder beendet, sondern muss stets als vorläufig angesehen werden, auch wenn er für den bestimmten Zeitraum der Baunormenausgabe weitgehend als unverändert für die Anwendung betrachtet werden kann; er befindet sich in einem Übergangsstadium innerhalb des stetig voranschreitenden Wissensprozesses durch Entwicklung und Forschung – dies gilt nicht nur für den hier betrachteten Bereich des Bauwesens. Das Zusammenfügen nationaler Bautechnik-Wissensstände in gemeinsame europäische Baunormen stellt einen richtigen Schritt innerhalb der sich weiterentwickelnden und nicht aufzuhaltenden Globalisierung einer sich schnell verändernden Welt dar.

In absehbarer Zeit werden neue bautechnische Entwicklungen und Erkenntnisse und daraus neue Regelungen zu erwarten sein z.B. weitere neue bzw. mit dem jeweiligen neueren Wissenstand überarbeitete Baunormen im europäischen Raum als EN-Normen (wie die Eurocodes) und im Bereich internationaler Normung als ISO-Normen, die dann als neue Erkenntnisstufen im fortschreitenden Wissensprozess angesehen werden können, wenn die Neuausgaben von Baunormen in dieser Betrachtung vereinfachend als jeweilige Abschlüsse von Erkenntnisstufen angenommen werden. Vergleichbares war auch bisher im nationalen Raum wie z.B. in Deutschland bei den jeweils erreichten Erkenntnisstufen der (Bau-) Technik in der etwa hundert Jahre zurückliegenden Zeit der Existenz des Deutschen Instituts für Normung (DIN) und von Technischen (Bau-)Bestimmungen aufgetreten.

Diesen aus neuen Erkenntnisstufen resultierenden Neuregelungen sollte, soweit sie technisch sinnvoll und praktikabel sind, möglichst offen und, wenn nötig z.B. bei zu umfangreicher unübersichtlich werdender Normung, durchaus kritisch begegnet werden. Stets wird mit Eingewöhnungs- und Umstellungsschwierigkeiten zu rechnen sein wie immer beim Betreten von neuem Terrain, da das Alte bisher doch so überschaubar und bekannt war. Der zunehmende Einsatz geeigneter Software wird den Fachleuten helfen müssen, den gestiegenen Umfang der Baunormen praktikabel bewältigen zu können. Dazu sind eine möglichst breitgefächerte Ausbildung, Erfahrungen und in Zeitabständen viele fachbezogene Weiterbildungen im nationalen und europäischen Rahmen notwendige Voraussetzungen, um die Rechnerergebnisse kontrolliert übernehmen zu können.

Die gemeinsame Normung und überwiegend gleiche Standards im europäischen Raum, wie in der Bautechnik durch die Eurocodes und andere europäische (Bau-)Normen vorgegeben, ermöglichen einen freien Handel von Dienstleistungen und Waren sowie eine Qualitätssicherung und Rationalisierung für (Bau-)Technik, Wirtschaft, Verwaltung und Wissenschaft in einem wesentlich größeren geographischen Raum mit beträchtlichen finanziellen und technischen Vorteilen sowie erweiterten europäischen Auftrags- und Betätigungsfeldern, jedoch auch mit erkennbaren Nachteilen. Im Zeichen der sich weiterentwickelnden Globalisierung wird der europäische Raum mit Interesse auch in anderen Teilen der Welt wahrgenommen, von diesen ist ebenso umgekehrt ein Input neuer Erkenntnisse und Forschungen zu erwarten.

Der Baustoff Holz

1

1.1 Aufbau des Holzes

Holz besteht vorwiegend aus fest miteinander verbundenen, lang gestreckten Zellen, die parallel zum Stamm verlaufen. Diese Zellen übernehmen im lebenden Baum die Wasserleitung, den Stoffwechsel und die Holzfestigung. Die entwicklungsgeschichtlich älteren Nadelhölzer besitzen ein einfacheres, regelmäßiges Gefüge, das überwiegend aus einer Zellart besteht, während die Laubhölzer im Aufbau komplizierter sind und mehrere Zellarten aufweisen. Der Aufbau des Holzes kann am Beispiel eines Querschnittes durch einen Nadelholzstamm Bild 1.1 entnommen werden. Nach *Kollmann* [267] besteht Holz in makroskopischer Sicht im Wesentlichen aus:

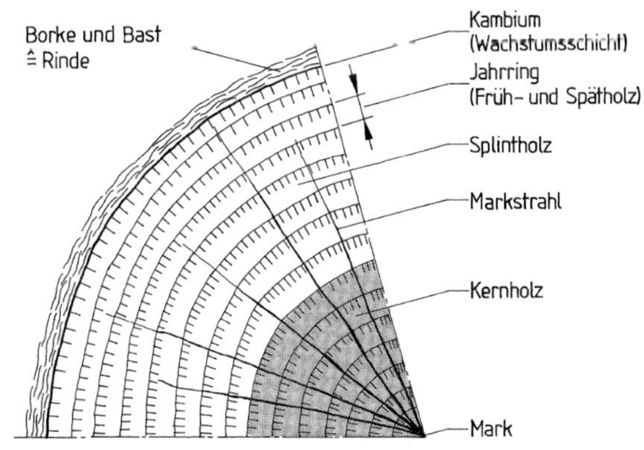

Bild 1.1 Teil-Querschnitt eines Nadelholzbaumstammes (Schema)

H. Neuhaus · L. Peterson (✉)
e-mail: peterson@fh-aachen.de

H. Neuhaus, W. Moorkamp, L. Peterson, T. Uibel, *Ingenieurholzbau*,
DOI 10.1007/978-3-658-44967-4_1

Borke und Bast (ergeben die Rinde)
Borke als abgestorbener, äußerer Teil der Rinde und Bast als lebensfähiger, innerer Teil der Rinde.

Kambium
Eine dünne Schicht lebender Zellen, in denen das Wachstum des Baumes erfolgt. Sie ist mikroskopisch klein.

Jahrringe
bestehen aus dünnwandigem, weit lumigem Frühholz und dem dickwandigen Spätholz, das bei Nadelholz dunkler ist als das Frühholz. Dieses dient vor allem der Wasserleitung (Nährstoffe), das Spätholz der Festigung. In den gemäßigten Klimazonen beginnt das Wachstum im Frühjahr (April, Mai, Frühholz) und endet im Spätsommer (August, September, Spätholz). Durch die Wachstumsunterbrechung im Winter tritt eine im Allgemeinen gut sichtbare Grenzlinie zwischen Spät- und Frühholz auf; diese kennzeichnen die Jahrringe. In tropischen Klimazonen wechselt das Wachstum zwischen Trocken- und Regenzeiten. Immer grüne tropische Hölzer ohne Wachstumsunterbrechung bilden keine Jahrringe. Die Anzahl der Jahrringe am Fuß der Bäume lassen ihr Alter bestimmen und Ihre Abstände beinhalten Informationen zu den Klima- und Standortbedingungen.

Splintholz
Lebendes Holz in der äußeren Zone, übernimmt die Wasserleitung. Bei einigen Holzarten heller und weicher als das Kernholz.

Kernholz
Gealtertes, überwiegend abgestorbenes Holz im Kern (um das Mark). Die Verkernung eines Baumes beginnt bei einigen Hölzern im Alter von ca. 20 bis 40 Jahren, wenn das Splintholz allein die Wasserleitung übernehmen kann. In die Zellen lagern sich Substanzen wie Farb- und Gerbstoffe, Harze und Fette ein. Die Holzzellen des Kernholzes werden dadurch für die Wasserleitung blockiert. Das Kernholz wird durch diese Inhaltsstoffe meist dunkler, fester und widerstandsfähiger gegen Fäulnis und Holz zerstörende Insekten als das Splintholz. Das Kernholz einiger Holzarten ist nicht gefärbt. Die Schwindneigung und die Imprägnierbarkeit des Kernholzes sind geringer als diejenigen des Splintholzes.

Markstrahlen
In Radialrichtung verlaufende „Röhren" mit sehr kleinem Querschnitt, oft nur als Streifen sichtbar. Diese Zellen übernehmen die Versorgung rechtwinklig zur Wuchsrichtung und speichern Nährstoffe. Markstrahlen, die vom Mark zur Rinde verlaufen, sind bei Beginn des Baumwachstums entstanden.

Mark (Markröhre)
Kleine Röhre in Stammmitte mit geringer Festigkeit, Durchmesser bei den meisten Holzarten 1 bis 2 mm.

Nach der **Kernholzbildung** und dem farblichen Unterschied zwischen Splint- und Kernholz können Hölzer in drei Gruppen unterteilt werden, s. auch Tabelle 3.1: **Kernhölzer**: Splint und Kern sind farblich unterschiedlich wie bei Kiefer, Lärche, Eiche. **Reifhölzer**: Splint und Kern sind farblich gleich; das Kernholz ist reifer und wasserärmer als das Splintholz wie bei Fichte, Tanne, Buche. **Splinthölzer**: Es tritt keine Verkernung auf wie bei Birke.

Laubhölzer können nach Anordnung und Größe ihrer über den Querschnitt sichtbaren Poren oder Gefäße in zwei Gruppen eingeteilt werden: **Ringporige Laubhölzer** wie die Eiche bilden größere Gefäße überwiegend im Frühholz und weitaus engere Gefäße im Spätholz; die größeren Gefäße sind meist gut sichtbar ringförmig über den Querschnitt verteilt. **Zerstreutporige Laubhölzer** wie die Buche bilden Gefäße von annähernd gleicher Größe im Früh- und Spätholz oder Gefäße mit zum Spätholz wenig abnehmender Größe; die Gefäße sind etwa gleichmäßig über den Querschnitt verteilt.

Der **chemische Aufbau des Holzes** ist nach der Elementaranalyse bei verschiedenen Holzarten überwiegend gleich; bei den Anteilen der chemischen Verbindungen an der Gesamtmasse des Holzes treten jedoch große Unterschiede bei den einzelnen Holzarten auf, wie aus Tabelle 1.1 zu entnehmen ist. Zusätzlich bestimmen Inhaltsstoffe wie Harze, Fette, Wachse, Gerb- und Farbstoffe die Artenvielfalt und Holzeigenschaften wie Geruch, Farbe, Imprägnierbarkeit, natürliche Dauerhaftigkeit und dgl. mehr. Diese Inhaltsstoffe sind in den Hölzern mit einem Anteil von überwiegend 2 bis 10 M.-% (Extraktgehalt) an der gesamten Holzsubstanz vorhanden, hierüber s. Tabelle 1.1. Die **Zellwandsubstanz** (Holz) besteht im Wesentlichen aus einem Verbundsystem von tragenden (Zellulose) und verbindenden (Hemizellulose, Lignin) Teilen.

Tabelle 1.1 Chemischer Aufbau des Holzes nach Kollmann [267], Fengel/Grosser [134] und Wesche [520]

Elementaranalyse von trockenem Holz Angaben in M.-%		Chemische Verbindungen von Hölzern Angaben im M.-%	
Kohlenstoff	48 bis 51	Zellulose	29 bis 65
Sauerstoff	43 bis 45	- bei Bauhölzern	38 bis 58
Wasserstoff	5 bis 6	Hemizellulose	20 bis 40
Stickstoff	0,04 bis 0,26	Lignin	12 bis 38
Mineralsubstanz (Asche)	0,2 bis 0,6	- bei Bauhölzern	20 bis 31

Holz ist vergleichbar mit einer **Röhrenstruktur**, dessen Röhrenbündel stammparallel (in Faser- oder in Längsrichtung) verlaufen. In Längsrichtung liegen demnach wesentlich andere Eigenschaften vor als in Querrichtung; z.B. lässt sich ein Röhrenbündel nach Bild 1.2 in Querrichtung leicht zusammendrücken oder auseinander ziehen, während in Längsrichtung eine hohe Zugfestigkeit und eine dazu geringere Druckfestigkeit vorliegen. Stoffe, die solch richtungsabhängiges Verhalten zeigen, werden anisotrop genannt. Über den weiteren Aufbau des Holzes s. *Bosshard* [71], *Hoffmeyer* [231], *Kollmann* [267], *Lignum* [311], *Möhler* [344], *Noack/Schwab* [385] und *Wesche* [520].

Bild 1.2 Röhrenbündel unter verschiedenen Beanspruchungen längs und quer zur Faser

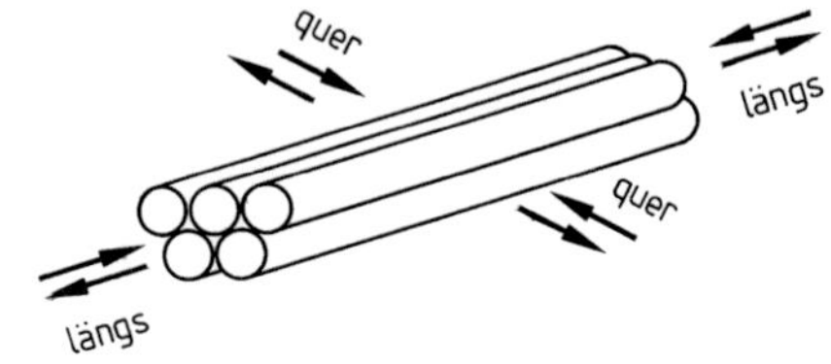

1.2 Anisotropie des Holzes

Holz ist ein anisotroper und inhomogener Stoff. Besonders bei den Holzeigenschaften tritt die ausgeprägte Anisotropie hervor. Nachstehende Begriffe verdeutlichen die Zusammenhänge:

Ein Stoff ist **anisotrop**, wenn seine Eigenschaften richtungsabhängig (vektoriell) sind, d.h. er besitzt in der einen Richtung andere Eigenschaften als in einer anderen Richtung, z.B. bei den Festigkeiten oder der Elastizität. Typische Vertreter anisotroper Baustoffe sind Holz und faserverstärkter Kunststoff. Ein Stoff ist **isotrop**, wenn seine Eigenschaften richtungsunabhängig sind, d.h. er besitzt in allen Richtungen gleiche Eigenschaften, z.B. bei der Festigkeit und Elastizität. Ein Stoff ist **inhomogen**, wenn seine Eigenschaften sich längs der verschiedenen Richtungen verändern, d.h. er ist nicht stetig mit demselben Material durchsetzt. Ein Stoff ist **homogen**, wenn seine Eigenschaften sich längs der verschiedenen Richtungen nicht verändern, d.h. er ist stetig mit demselben Material durchsetzt.

Die Holzeigenschaften sind stark von den anatomischen Richtungen im Baumstamm abhängig. Nach Bild 1.3 und 1.4 werden drei anatomische Hauptrichtungen im Baumstamm unterschieden; diesen lassen sich in guter Näherung drei Hauptachsen zuordnen, die rechtwinklig aufeinander stehen und unterschiedliche Maßeinheiten besitzen:

- die y-Achse in Faserrichtung des Holzes (längs zur Faser),
- die x-Achse in Tangentialrichtung des Holzes (quer zur Faser, parallel zum Jahrring),
- die z-Achse in Radialrichtung des Holzes (quer zur Faser, rechtwinklig zum Jahrring)

(zu dem in der Statik der Stabwerke üblichen Koordinatensystem s. Tabelle 1.11).

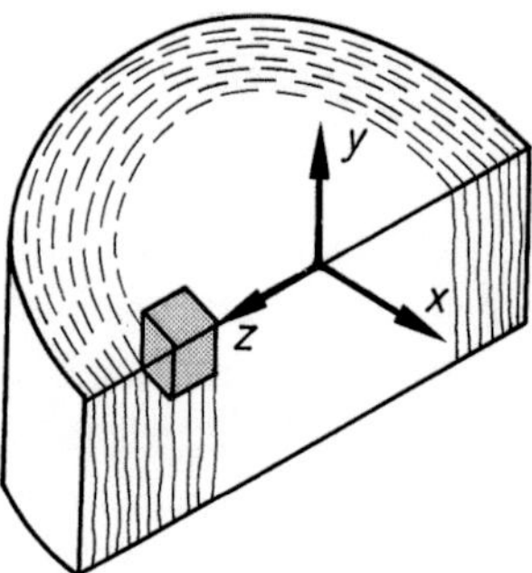

Bild 1.3 Ursprungslage im Baumstamm

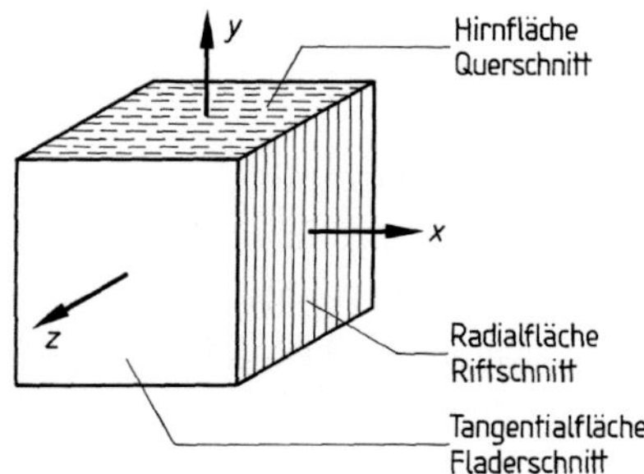

Bild 1.4 Holzwürfel mit rhombischer Symmetrie

Diese Anisotropie wird „rhombische Anisotropie“ im Sinne der Kristallphysik von *Voigt* [513], [514] genannt. *Hörig* [228], [229] überträgt das rhombisch-anisotrope Kristallsystem auf den Baustoff Holz. Holz wird daher auch als „rhombisch-anisotrop“ bezeichnet.

Da die Früh- und Spätholzschichten innerhalb eines Jahrringes unterschiedliche Struktur aufweisen, kann Holz erst dann als homogen angesehen werden, wenn eine genügend große Anzahl von Jahrringen im betrachteten Körper vorhanden ist. *Hörig* definiert den Begriff der „statistischen Homogenität“.

Die meisten Baustoffe wie auch Holz werden für die Praxis als homogen angesehen, obwohl sie – streng genommen – inhomogen sind. Die Annahme der Homogenität ist aus der Sicht der Bautechnik und den anerkannten Regeln der Technik zulässig und vereinfacht die Berechnungsmethoden.

1.3 Rohdichte des Holzes

Die Rohdichte des Holzes ist definiert nach Gl. (1.1) mit m als Masse und V als Stoffvolumen, das aus den Holzfasern (Zellwänden) und dem Porenraum (Hohlraum) des betrachteten Holzkörpers besteht.

$$\rho = m/V \quad \text{in g/cm}^3 \quad \text{oder} \quad \text{kg/m}^3 \tag{1.1}$$

Die Rohdichte von Holz wird nach DIN EN 384: 2022-08 im Allgemeinen bei der Holzfeuchte angegeben, die sich nach längerer Lagerung im Normalklima ($T = 20°C$, $\varphi = 65\%$ relative Luftfeuchte) einstellt. In diesem Normalklima erreichen mitteleuropäische Hölzer eine Holzfeuchtigkeit von $\omega \approx 12\%$, s. Tabelle 1.3. Die Rohdichte bezogen auf das Normalklima wird mit ρ_N, bezogen auf den absolut trockenen (darrtrockenen) Zustand mit ρ_0 bezeichnet.

Die **Dichte der reinen Zellwandsubstanz** ist nach *Kollmann* [267] für alle Holzarten mit etwa $\rho \approx 1{,}5$ g/cm^3 etwa gleich groß. Der Rohdichte-Unterschied zwischen den einzelnen Holzarten liegt im unterschiedlichen Anteil von Zellwandsubstanz und Porenraum (Hohlraum) im betrachteten Holzvolumen. Nach Bild 1.5 besteht z.B. ein Buchenholzkörper aus etwa 44% Zellwandsubstanz und etwa 56% Porenraum (Hohlraum).

Die **leichtesten Hölzer** besitzen eine Rohdichte $\rho \approx 0{,}1$ g/cm3 (Balsaholz). Der geringe Anteil der Zellwandsubstanz von ca. 7% am betrachteten, gedarrten Holzvolumen bei Balsaholz kann als mechanische Grenze angesehen werden, die für die Tragfähigkeit im Naturzustand notwendig ist. Die **schwersten Hölzer** besitzen eine Rohdichte $\rho \approx 1{,}2$ bis 1,4 g/cm^3 (Pock-, Letternholz). Der geringe Anteil am Porenvolumen (Hohlraum) von etwa 7% stellt eine biologische Grenze zur Sicherung der Nährstoff- und Wasserführung im lebenden Holzstamm dar.

Die Rohdichte des Holzes wird neben der Holzart von der Holzfeuchte, Jahrringbreite, Lage im Stamm, vom Spätholzanteil, Standort, Wachstum, Klima, Höhe über N.N. und dgl. mehr beeinflusst, s. *Bernhart* [26]. Die Rohdichte ist eine sehr wichtige physikalische und technologische Eigenschaft, da von ihr die meisten anderen Holzeigenschaften abhängen.

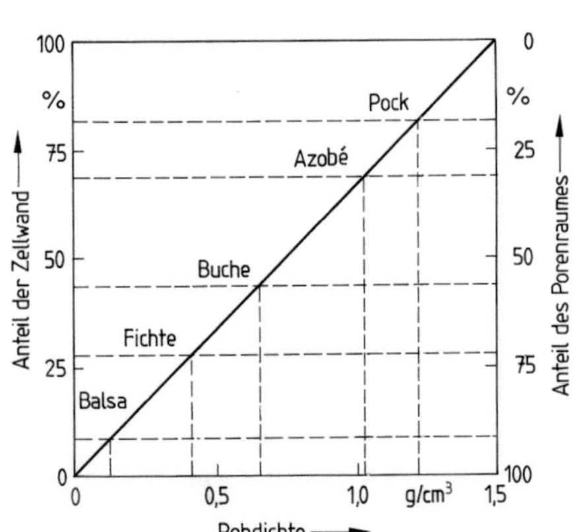

Bild 1.5 Rohdichte als Kenngröße für die prozentualen Volumenanteile der Zellwand und des Porenraumes für darrtrockene Hölzer nach *Noack/Schwab* [385]

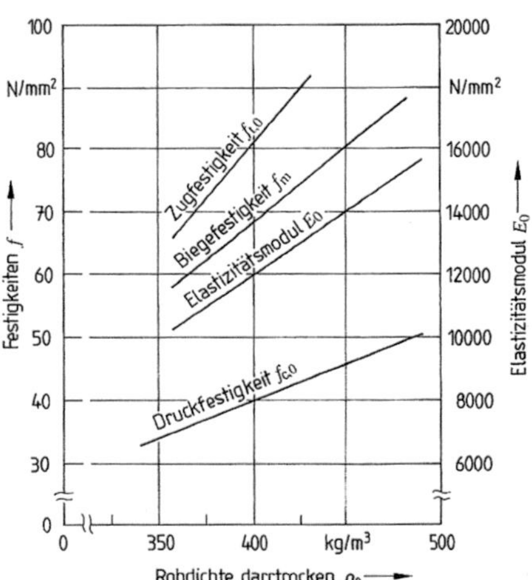

Bild 1.6 Abhängigkeit von Festigkeiten und des Elastizitätsmoduls E_0 von Fichtenholz mit einer Holzfeuchte ω = 15% von der Rohdichte ρ_0 (Darrrohdichte) nach *EMPA*-Versuchen, *Lignum* [311]

Nach *Kollmann* [267] nehmen mit steigender Rohdichte im Allgemeinen die Elastizität und Festigkeiten, s. auch Bild 1.6, die Quell- und Schwindmaße, die Wärmeleitfähigkeit sowie die Härte und der Abnutzungswiderstand zu.

Die **Rohdichten der wichtigsten Bauhölzer** liegen zwischen $\rho_N \approx 400$ kg/m³ und $\rho_N \approx 1000$ kg/m³, sie können für einige Bauhölzer Tabelle 1.2 entnommen werden; die Rohdich-

Tabelle 1.2 Rohdichten ρ_N (Mittelwerte bei ω = 12%) und Bereich der Mittelwerte von Bauhölzern des Eurocode 5 (DIN EN 1995-1-1: 2010-12) nach DIN EN 350: 2016-12

Holzart **Nadelhölzer**[1])	Rohdichte ρ_N und Bereich der Mittelwerte in kg/m³	Holzart **Laubhölzer**[1]) [2])	Rohdichte ρ_N und Bereich der Mittelwerte in kg/m³
Fichte	440 - **460** - 470	Eiche	670 - **710** - 760
Tanne	440 - **460** - 480	Buche	690 - **710** - 750
Kiefer	500 - **520** - 540	Teak	650 - **680** - 750
Lärche	470 - **600** - 650	Angélique/Basralocus	720 - **750** - 790
Douglasie	470 - **510** - 520	Keruing/Yang	740 - **750** - 780
Western Hemlock	470 - **490** - 510	Afzelia/Doussié	730 - **800** - 830
Southern Pine	400 - **450** - 500	Merbau	730 - **800** - 830
Yellow Cedar	430 - **480** - 530	Azobé/Bongossi	950 - **1060** - 1100
		Ipe [3])	1000 - 1200

[1]) die wissenschaftlichen Namen der Hölzer sind in Tabelle 1.5 angeführt

[2]) angegeben sind die verwendbaren Laubholzarten nach DIN 20000-5: 2024-01

[3]) nicht in DIN EN 350 angeführt, Werte nach *Willeitner* [522]

ten schwanken je Holzart aufgrund der o.a. Abhängigkeiten in weiten Grenzen. Die Rohdichten weiterer Hölzer können DIN EN 350, DIN 68364: 2003-05, *Grosser* [177], [178], *Kollmann* [267], *Noack/Schwab* [385] und *Sell* [481] entnommen werden.

1.4 Holzfeuchte

1.4.1 Bereiche, Werte und Messen der Holzfeuchte

Die Holzfeuchte ω in % (oder Feuchtegehalt) ist nach Gl. (1.2) definiert als das Gewicht des Wassers, das im Holz enthalten ist, bezogen auf das Gewicht des absolut trockenen Holzes (Darrgewicht), s. DIN EN 13183-1: 2002-07.

$$\omega = \frac{G_N - G_T}{G_T} \cdot 100 \text{ in } \% \qquad (1.2)$$

G_N Nassgewicht
G_T Trocken- oder Darrgewicht

Die Holzfeuchte ω kann nach *Kollmann* [267] in zwei Bereiche unterteilt werden:

Im **kapillaren Bereich** (oberhalb der Fasersättigung, etwa $\omega > 30\%$) befindet sich das Wasser frei tropfbar in den Zellhohlräumen. Die Holzfasern sind gesättigt, sie unterliegen keiner Volumenänderung. Die meisten Holzeigenschaften sind unabhängig von der Holzfeuchte, z.B. Holz im waldfrischen Zustand. Im **hygroskopischen Bereich** (unterhalb der Fasersättigung, etwa $\omega < 30\%$) befindet sich das Wasser gebunden in den Zellwänden und als Dampf in den größeren Zellhohlräumen; in den Zellhohlräumen ist kein frei tropfbares Wasser. Die Holzfasern sind nicht gesättigt, sie unterliegen einer Volumenänderung, wenn sich die Holzfeuchte ändert. Die meisten Holzeigenschaften sind abhängig von der Holzfeuchte. Geschützte Holzbauteile im konstruktiven Bauwesen sollten sich in diesem Feuchtebereich befinden.

Bei **Fasersättigung** sind die Holzfasern gesättigt, in den Zellhohlräumen befindet sich kein frei tropfbares Wasser. Die Fasersättigung ist ein wissenschaftlicher Begriff, in der Praxis kommt diese klare Trennung des Wassers selten vor, hier können nach *Willeitner* [523] (zu 3.5) gleichzeitig lokal nicht vollständig gesättigte, gesättigte Zellwände und auch Zellhohlräume mit kleinem Wassergehalt auftreten. Die Fasersättigung ist die im hygroskopischen Bereich maximal auftretende Holzfeuchte, bei der Gleichgewicht zwischen Wassergehalt und wasserdampfgesättigter Atmosphäre (Umgebungsklima) vorliegt. Die Fasersättigung liegt für die Holzarten verschieden zwischen ca. 22% und 35% Holzfeuchte, im Mittel bei ca. 30%, sie ist maßgebend für die Entwicklung von Holz zerstörenden Pilzen, hierüber s. Abschn. 5.2.2 und 5.2.4. Fasersättigungsfeuchten tragender Holzarten sind in Tabelle 1.3a zusammengestellt, diejenigen weiterer Hölzer in DIN 68800-1: 2019-06, Anhang B und *Willeitner* [523].

Der **hygroskopische Bereich** (im Mittel etwa $\omega < 30\%$) ist überwiegend von baupraktischem Interesse. In diesem Bereich strebt Holz stets einen Gleichgewichtszustand zwischen Holzfeuchte und dem Umgebungsklima an; je nach Änderung des Umgebungsklimas wird

Feuchte aufgenommen oder abgegeben. Über längere Zeit stellt sich im Holz allmählich eine bestimmte Holzfeuchte ein, die mit dem Umgebungsklima im Gleichgewicht steht.

Diese Holzfeuchte wird **Gleichgewichtsfeuchte** (oder Ausgleichsfeuchte) genannt; sie ist die Holzfeuchte, bei der Holz aus dem Umgebungsklima weder Feuchte aufnimmt noch dahin abgibt, sie ist vom Gebrauchszustand des Holzes abhängig. Nach DIN EN 1995-1-1/NA: 2013-08, NCI NA.3.1.5 wird die Gleichgewichtsfeuchte als die sich im Jahresmittel einstellende Holzfeuchte bezeichnet. Für Fichtenholz kann sie Bild 1.7 entnommen werden. Weitere charakteristische Werte von Gleichgewichtsfeuchten sind in Tabelle 1.3 zusammengestellt. Über Gleichgewichtsfeuchten s. auch Abschn. 7.5.3. Holz befindet sich jedoch nur selten über längere Zeit im Zustand der Gleichgewichtsfeuchte, da sich das Umgebungsklima in der Regel ständig ändert; nur bei über längerer Zeit gleich bleibendem Umgebungsklima wie z.B. im beheizten Wohnklima mit etwa gleicher Temperatur und gleicher Luftfeuchte kann Holz eine (annähernd unveränderte) Gleichgewichtsfeuchte erreichen.

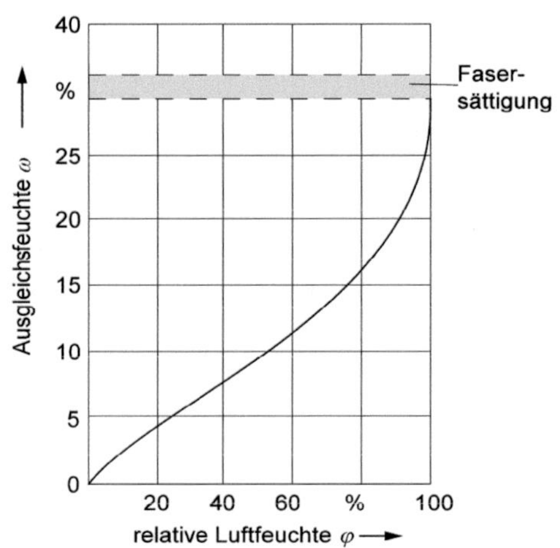

Bild 1.7 Gleichgewichtsfeuchte (Ausgleichsfeuchte) und relative Luftfeuchte bei 20°C für Fichtenholz nach *Noack/Schwab* [385]

Bestimmen der Holzfeuchte (Messverfahren)

Das **Darrverfahren** nach DIN EN 13183-1: 2002-07 liefert exakte Messergebnisse, bedarf der Probenentnahme aus dem zu untersuchenden Bauteil und ist deshalb nicht zerstörungsfrei. Es wird nur bei Bedarf an exakten Messergebnissen und zum Kalibrieren bzw. Eichen anderer Messverfahren verwandt. Die aus dem Holz entnommene kleine Probe wird in einem Trockenschrank bei einer Temperatur T = 103°C bis zur Gewichtskonstanz getrocknet. Durch die Trocknung wird der Holzprobe das vorhandene Wasser (Feuchte) vollständig entzogen. Dieses Wasser wird gewogen und nach Gl. (1.2) ins Verhältnis gesetzt. Der Zeitaufwand beim Darrverfahren liegt für keine Prüfkörper (2 cm x 2 cm) bei 12 bis 24 Stunden.

Tabelle 1.3 Werte von Fasersättigungsfeuchten und charakteristischen Holzfeuchten ω

a) Fasersättigungsfeuchten[1]) [2]) tragender Hölzer der DIN EN 1995-1-1/NA: 2013-08 nach DIN 68800-1: 2019-06, Anhang B und *Willeitner* [523]

Fasersättigungs-feuchte in %[1])[2])	Typ der Holzarten	Holzart, Beispiele
30 bis 34	Nadelholz ohne Farbkern	Fichte, Tanne
26 bis 28	Nadelholz mit Farbkern und mäßigem Harzgehalt	Douglasie, Kiefer, Lärche
30 bis 34	Splintholz von Nadelholz mit Farbkern	Kiefer, Lärche
22 bis 24	Kernholz von Nadelholz mit hohem Harzgehalt	harzreiche Douglasie, Kiefer, Lärche
32 bis 36	zerstreutporiges Laubholz ohne Farbkern	Buche
32 bis 36	Splintholz von ringporigem Laubholz mit ausgeprägtem Farbkern	Eiche
22 bis 24	Kernholz von ringporigem Laubholz mit ausgeprägtem Farbkern	Eiche
17,8[3])		Afzelia/Doussié
26,2[3])		Merbau
28,8[3])		Azobé/Bongossi

b) charakteristische Holzfeuchten ω

Holzfeuchte ω	Benennung
0%	absolut trocken (darrtrocken); ofentrocken; nur im Versuch erreichbar
5% bis 15%	Gleichgewichtsfeuchten von Holzbaustoffen in Nutzungsklasse 1[4]) im Umgebungsklima $T = 20$ °C, $\varphi \leq 65\%$ relative Luftfeuchte nach DIN EN 1995-1-1/NA: 2013-08, Tabelle NA.6, z.B. in allseitig geschlossenen Bauwerken mit und ohne Heizung
12%	größte, mittlere Gleichgewichtsfeuchte von Nadelhölzern in Nutzungsklasse 1[4]) ($T = 20$°C, $\varphi = 65\%$ relative Luftfeuchte, DIN EN 1995-1-1: 2013-08, Tabelle NA.6)
12%	Messbezugsfeuchte ω_{ref} für Nennmaße von Brettschichtholz der DIN EN 1995-1-1: 2010-12, 3.3 nach DIN EN 14080: 2013-09, 5.11.2 zur Berechnung des Ist- Bezugsmaßes l_{cor}
6% bis 12%	Gleichgewichtsfeuchten in allseits geschlossenen, beheizten Räumen, die sich im Mittel im Holz und in Holzwerkstoffen nach gewisser Zeit einstellen nach der „alten“ DIN 1052: 1988-04, 4.2.1
10% bis 20%	Gleichgewichtsfeuchten von Holzbaustoffen in Nutzungsklasse 2[4]) im Umgebungsklima $T = 20$°C, $\varphi \leq 85\%$ relative Luftfeuchte nach DIN EN 1995-1-1/NA: 2013-08, Tabelle NA.6, z.B. in überdachten offenen Bauwerken oder in allseits geschlossenen, nicht beheizten Räumen
20%	größte, mittlere Gleichgewichtsfeuchte von Nadelhölzern in Nutzungsklasse 2[4]) ($T = 20$°C, $\varphi = 85\%$ relative Luftfeuchte, DIN EN 1995-1-1/NA: 2013-08, Tabelle NA.6)

Tabelle 1.3 (Fortsetzung)

12% bis 24%	Gleichgewichtsfeuchten von Holzbaustoffen in Nutzungsklasse 3[4]) bei Klimabedingungen, die zu höheren Holzfeuchten als in Nutzungsklasse 2 führen nach DIN EN 1995-1-1/NA: 2013-08; Tabelle NA.6, z.B. in Konstruktionen, die der Witterung ausgesetzt sind
20%	Messbezugsfeuchte für Nennmaße von Vollholz der DIN EN 1995-1-1: 2010-12, 3.2 zur Berechnung von Abweichungen vom Sollmaß nach DIN EN 336: 2013-12, 4.1
≤ 20%	Wachstum Holz zerstörender Pilze nicht möglich nach DIN EN 335: 2013-06, C.2.1 und DIN 68800-1: 2011-10, 4.2.2
≤ 20%	**„trockensortiert“ (TS)**, Bezeichnung für Nadel- und Laubschnittholz, das bei mittlerer Holzfeuchte $\omega \leq 20\%$ sortiert wurde nach DIN 4074-1: 2012-06, 3.3 und DIN 4074-5: 2008-12, 3.3
≤ 20%	**„trocken“**, „alte“ und gebräuchliche Bezeichnung des Bauholzes mit einer mittleren Holzfeuchte $\omega \leq 20\%$ nach DIN 4074-1: 2012-06, 3.3 und DIN 4074-2: 2021-01, 4
$20\% < \omega \leq 30\%$	**„halbtrocken“**, „alte“ Bezeichnung des Bauholzes für Querschnittsflächen bis 200 cm² mit einer mittleren Holzfeuchte $\omega \leq 30\%$ nach DIN 4074-1: 1989-09, 2.2.2 und DIN 4074-2: 1958-12, 2.1
$20\% < \omega \leq 35\%$	**„halbtrocken“,** alte“ Bezeichnung des Bauholzes für Querschnittsflächen über 200 cm² mit einer mittleren Holzfeuchte $\omega \leq 35\%$ nach DIN 4074-1: 1989-09, 2.2.2 und DIN 4074-2: 1958-12, 2.1
> 30%	**„frisch“**, „alte“ Bezeichnung des Bauholzes für Querschnittsflächen bis 200 cm² mit einer mittleren Holzfeuchte $\omega > 30\%$ nach DIN 4074-1: 1989-09, 2.2.2 und DIN 4074-2: 1958-12, 2.1
> 35%	**„frisch“**, „alte“ Bezeichnung des Bauholzes für Querschnittsflächen über 200 cm² mit einer mittleren Holzfeuchte $\omega > 35\%$ nach DIN 4074-1: 1989-09, 2.2.2 und DIN 4074-2: 1958-12, 2.1
etwa 22% bis 35%	Fasersättigung (Fasersättigungsfeuchte), verschieden für die Holzarten, s. oben im Teil a) dieser Tabelle
etwa 30%	Fasersättigung für Bauhölzer, oft genannter Wert, von dem einzelne Holzarten erheblich abweichen können, s. oben im Teil a) dieser Tabelle, jedoch beträgt nach DIN 68800-1: 2016-06, 4.2.2, Anmerkung 3, die Fasersättigung bei den gebräuchlichen Nadelholzarten der gemäßigten Klimazonen etwa 30 %
30% bis 40%	waldfrisches Fichtenholz im Kern (Beispiel)
etwa 150% [5])	waldfrisches Fichtenholz im Splint (Beispiel)

Fußnote zu Tabelle 1.3

[1]) die Fasersättigungsfeuchte ist keine feste Größe, sie weist sehr unterschiedliche Werte zwischen den und innerhalb der Holzarten auf, u.a. abhängig vom Zellaufbau und von Stoffeinlagerungen, große Unterschiede liegen zwischen Splint- und Kernholz ringporiger und halbringporiger Laubhölzer vor
[2]) die angeführten Fasersättigungsfeuchten gelten für „mittlere" Holzeigenschaften, nicht für Hölzer mit besonderen Abweichungen vom Normalwuchs, wie z.B. harzreiche Lärche und sehr harzreiche Kiefer (wie Pitch Pine), die eine außergewöhnlich niedrige Sättigungsfeuchte von 22 bis 24 % besitzen können
[3]) Werte aus nur drei Parallelproben, daraus kann nach *Willeitner* [523] eine Tendenz abgeleitet werden
[4]) die Nutzungsklassen sind in Abschn. 7.3.1 beschrieben
[5]) nach Gl. (1.2) kann die Holzfeuchte ω auch größer als 100% sein (Definition)

Elektrische Messungen nach DIN EN 13183-2: 2002-07 werden mit handelsüblichen Holzfeuchtemessgeräten durchgeführt, sie liefern für die Praxis hinreichend genaue Messergebnisse, die nach wenigen Sekunden vorliegen. Elektrische Messverfahren sind bis auf kleine Löcher oder Schlitze, die im Holz verbleiben, zerstörungsfrei, schnell einsetzbar und handlich. Die Messungen beruhen auf dem Prinzip der elektrischen Widerstandsmessung. Die Einflüsse u.a. der Holzart und der Temperatur auf den elektrischen Widerstand werden bei den Messungen durch Kalibrieren der Messgeräte berücksichtigt. Der elektrische Widerstand des Holzes nimmt mit abnehmender Holzfeuchte unterhalb der Fasersättigung stark zu, oberhalb der Fasersättigung ist diese Abhängigkeit gering. Deshalb sind elektrische Messungen nur bei Holzfeuchten etwa $\omega < 25\%$ gut geeignet. Zur Messung werden zwei isolierte Elektroden (Messspitzen) an der Breitseite des Holzes im Abstand von 0,3 m vom einen oder anderen Ende des Holzteils (oder im Mittelpunkt bei Holzstücken < 0,6 m) in der Regel in Faserrichtung eingeschlagen oder eingelassen (quer zur Faserrichtung nur bei spezieller Forderung des Gerätes) und der elektrische Widerstand zwischen beiden Polen bestimmt. Die Elektrodenspitzen müssen in eine Tiefe von 30 % der Dicke des Holzes reichen, damit gesicherte Holzfeuchtewerte für den gesamten Querschnitt erzielt werden, da dazu oft unterschiedliche Oberflächenfeuchten vorliegen und Messungen nur in den äußeren Schichten gerade bei dickeren Hölzern wenig aussagekräftig sind. Beim Messergebnis sind Abweichungen von im Mittel $\omega = 1\%$ bis 1,5% Holzfeuchtepunkten bezogen auf das exakte Darrverfahren nicht auszuschließen.

1.4.2 Holzfeuchteverteilungen und Eigenspannungen

Verteilung und Änderung der Holzfeuchte
Die Verteilung und Änderung der Feuchte über den Holzquerschnitt ist u.a. von baupraktischem Interesse, da zu große Feuchtedifferenzen innerhalb des Querschnitts zu nachteiligen Formänderungen und Rissbildungen in Holzbauteilen führen können. Nach *Krabbe* [273], *Krabbe/Güldenpfennig* [274] und *Neuhaus* [377] wird unterschieden:

Die gleichmäßige Feuchteverteilung: Der betrachtete Körper besitzt in allen Körperpunkten P_i die gleiche Feuchte ω_j %.

Die ungleichmäßige Feuchteverteilung: Der betrachtete Körper besitzt im Körperpunkt P_i die Feuchte ω_j %, im Nachbarpunkt P_{i+1} die Feuchte ω_{j+1} %, es gilt: $\omega_j \% \neq \omega_{j+1} \%$.

Die gleichmäßige Feuchteänderung: Im Ausgangszustand besitzt der Körper eine gleichmäßige Feuchteverteilung ω_j %. Die Änderung der Feuchte in allen Körperpunkten P_i ergibt zu jedem Zeitpunkt eine gleichmäßige Feuchteverteilung ω_{j+1} %.

Die ungleichmäßige Feuchteänderung: Im Ausgangszustand besitzt der Körper eine gleichmäßige oder ungleichmäßige Feuchteverteilung. Die Änderung der Feuchte in allen Körperpunkten P_i ergibt zu jedem Zeitpunkt eine ungleichmäßige Feuchteverteilung.

Die Feuchtedifferenz $\Delta\omega \% = (\omega_{j+1} - \omega_j) \%$: Eine **Feuchtezunahme (Quellen)** liegt bei positivem $\Delta\omega$ vor, eine **Feuchteabnahme (Schwinden)** bei negativem $\Delta\omega$.

Egner [111] und *Sonnleithner* [483] ermitteln bei der Trocknung von Fichtenstäben ungleichmäßige parabelförmige Holzfeuchteverteilungen; *Krabbe/Neuhaus* [281], *Meierhofer/Sell* [323] und *Möhler/Steck* [362] weisen ebensolche Holzfeuchteverteilungen in klimabeanspruchten Brettschichtträgern nach, s. Bild 1.8 und 1.9.

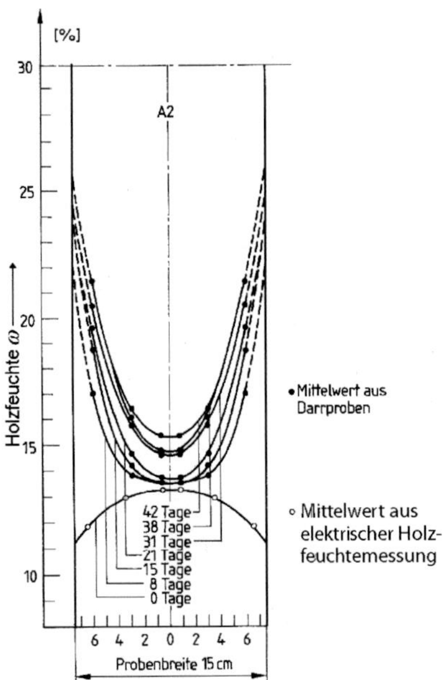

Bild 1.8 Holzfeuchteverteilung in Brettschichtholzproben nach 20tägiger Lagerung im Normalklima 20°/65% (Klimaschrank) und anschließender 42tägiger Lagerung im Feuchtklima 20° bis 25°/95% nach *Möhler/Steck* [362]

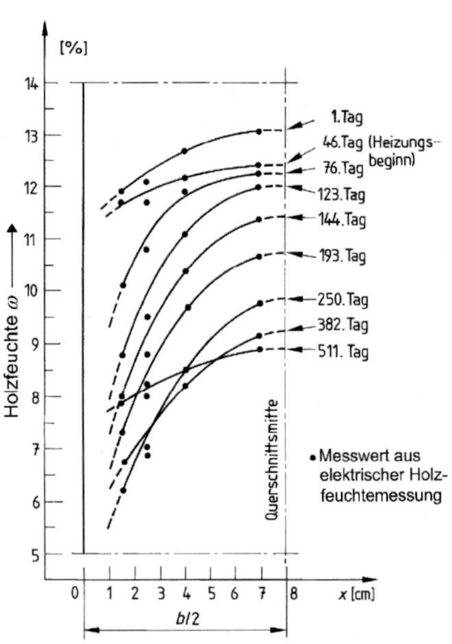

Bild 1.9 Holzfeuchteverteilung über die Hälfte der Querschnittsbreite *b* eines Brettschichtträgers im Klima eines Hallenbades während des Zeitraumes „Ende des Bauzustandes, Heizungsbeginn, Beginn des Badebetriebes“ nach *Krabbe/Neuhaus* [281]

Das Klima mehrerer Gebäude (Hallen) unterschiedlicher Nutzung und die Auswirkungen auf die Holzfeuchte untersuchen *Gamper/Dietsch/Merk/Winter* [145]. Danach liegen die durchschnittlichen Holzfeuchten in den untersuchten gedämmten, beheizten Gebäuden wie Schwimm-, Sport-, Verkaufs- und Produktionshallen mit überwiegend konstantem Klima etwa zwischen $\omega = 6\%$ bis 10% mit jährlichen Amplituden von ca. 2%. In den untersuchten ungedämmten, unbeheizten Gebäuden mit stark schwankenden klimatischen Umgebungsbedingungen infolge Einflüssen des Außen- auf das Innenklima wie in Eissport-, Reit-, Lagerhallen und landwirtschaftlichen Hallen werden durchschnittliche Holzfeuchten etwa zwischen $\omega = 12\%$ bis 16% mit jährlichen Amplituden von ca. 4% bestimmt. Holzbauteile in der Nähe von Oberlichten und Lüftungsaustritten unterliegen danach verstärkten Änderungen des Umgebungsklimas und sind anfällig für Trockenrisse bei zu schneller Trocknung nach einer Feuchteperiode. Weiterhin wird in der Untersuchung darauf hingewiesen, dass temporäre Eingriffe wie Renovierungsarbeiten oder Nutzungsänderungen der Gebäude zu größerer Veränderung des Gebäudeklimas mit der Folge von ausgeprägten Holzfeuchteänderungen und Trockenrissen führen können. Des Weiteren werden für die untersuchten unterschiedlichen Gebäudeklimate und Holzfeuchten Hinweise zur Reduzierung von Klimaschwankungen und zur Vermeidung von Trockenrissen gegeben (je nach Objekt unterschiedlich z.B. Reduktion unnötigen Feuchteeintrags während der Lagerungs- und Bauphase wie Vermeiden stehender Feuchte in bereits geschlossenen Gebäuden vor Nutzungsbeginn oder Reduzieren der Aufnahme größerer Feuchtemengen beim Einbringen von Estrich, kontrollierte Lüftung und Heizung, insbesondere in der ersten Heizperiode nach Nutzungsbeginn wie z.B. Trocknungsdämpfung der Holzquerschnitte, bauliche Maßnahmen wie Einbau von Dämmungen, kein zusätzlicher hoher Feuchteintrag durch entsprechende Güter in der kalten Jahreszeit in unbeheizten Gebäuden) während der Nutzung. Dabei wird auch hier empfohlen, dass die Bauteil-Holzfeuchte vor Nutzungsbeginn möglichst wenig von der zu erwartenden Ausgleichfeuchte (Gleichgewichtsfeuchte) abweichen sollte.

Eigenspannungen infolge ungleichmäßiger Feuchteverteilung

Die Eigenspannungen in einem Holzquerschnitt infolge ungleichmäßiger Verteilung der Holzfeuchte kann Bild 1.10 entnommen werden; hier sind durch eine negative Holzfeuchtedifferenz $\Delta\omega$ % (Schwinden) die außen liegenden Querschnittsteile trockener als die innen liegenden, so dass in den beiden äußeren Bereichen Querzugspannungen $\sigma_{t,90}$ und im Innern Querdruckspannungen $\sigma_{c,90}$ entstehen. Bei zu schneller Trocknung eines Holzquerschnitts mit zunächst etwa gleichmäßiger Feuchteverteilung entsteht eine große negative Feuchtedifferenz $\Delta\omega$ %, da die äußeren Querschnittsteile wesentlich eher schwinden als die inneren; dies führt neben Querschnittsverformungen in der Regel zu hohen Querzugspannungen $\sigma_{t,90}$ in den äußeren Bereichen des Querschnitts mit der Folge von sichtbaren, quer zur Faser auftretenden Rissbildungen (Trocken- oder Schwindrissen, die in Faserlängsrichtung verlaufen), wenn die geringe Querzugfestigkeit des Holzes überschritten ist, s. Abschn. 1.4.4 und 1.4.5. Bei kontrolliert langsamer Trocknung, die stets anzustreben ist, entstehen dagegen nur kleine Feuchtedifferenzen $\Delta\omega$ %, die im Allgemeinen keine oder hinnehmbar kleine Trocken- oder Schwindrisse zur Folge haben.

Bild 1.10 Qualitative Eigenspannungsverteilung (Querzugspannungen $\sigma_{t,90}$ und Querdruckspannungen $\sigma_{c,90}$) über die Breite eines Holzquerschnitts bei negativer Feuchtedifferenz $\Delta\omega$ % (Schwinden) nach *Erläut. zu DIN 1052: 2004-08* [47], E 10.4.2, Bild 10/20

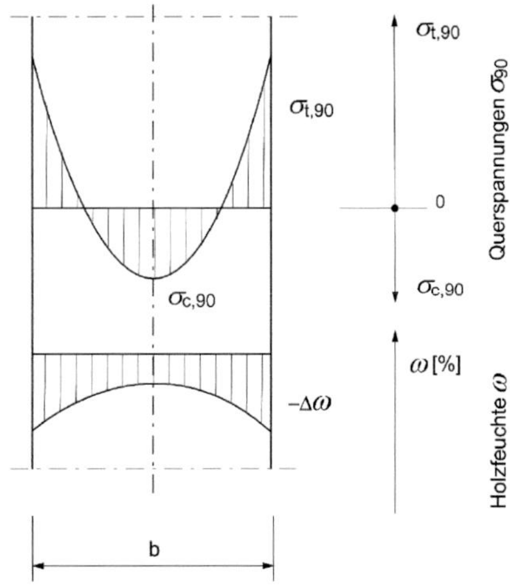

1.4.3 Quellen und Schwinden

Quellen ist eine Volumenvergrößerung des Holzes infolge Feuchtezunahme, **Schwinden** eine Volumenverkleinerung infolge Feuchteabnahme, s. auch Abschn. 7.5.1. In der Umgangssprache werden diese Volumenänderungen als „Arbeiten des Holzes" bezeichnet.

Beim Quellen und Schwinden ändert sich der Feuchtegehalt der Holzfaser (Zellwände), d.h. diese unterliegen einer Volumenänderung; das freie Wasser in den Zellhohlräumen hat dagegen nur geringen Einfluss. Deshalb treten Quell- und Schwindverformungen von Hölzern nur unterhalb der Fasersättigung von im Mittel $\omega = 30\%$ Holzfeuchte im hygroskopischen Bereich auf, wie aus Bild 1.11 am Beispiel des Quellens von Fichtenholz zu entnehmen ist. Im kapillaren Bereich oberhalb der Fasersättigung treten keine Quell- und Schwindverformungen auf.

Bild 1.11 Quellmaße in Richtung der drei Hauptachsen von Fichtenholz in Abhängigkeit von der Ausgleichsfeuchte nach *Noack/Schwab* [385]

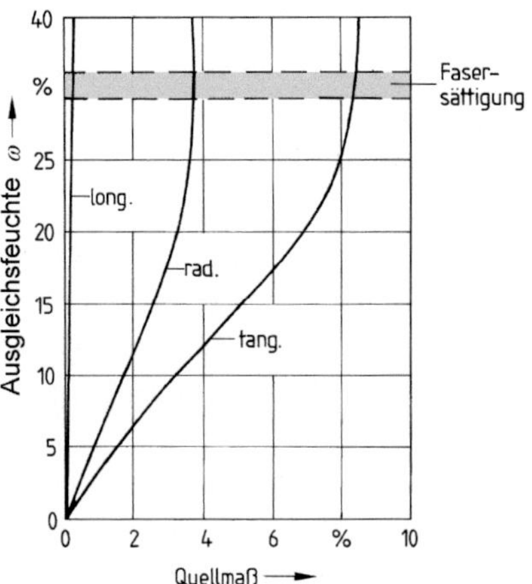

In den drei **anatomischen Hauptrichtungen des Holzes** (Hauptachsen), s. Bilder 1.3 und 1.4, liegen nach Bild 1.11 große Unterschiede vor: Das Quellen besitzt seinen Größtwert in tangentialer Richtung, ist etwa halb so groß in radialer und oft vernachlässigbar klein in Faser- (Längs-)richtung. Gleiches gilt für das Schwinden. Im hygroskopischen Bereich besteht ein **linearer Zusammenhang** zwischen Quellen (oder Schwinden) und der Holzfeuchte etwa zwischen $\omega = 5\%$ und $\omega = 20\%$. Für praktische Zwecke darf jedoch ein linearer Zusammenhang zwischen Form- und Feuchteänderung hinreichend genau von $\omega = 0\%$ und $\omega = 30\%$ angenommen werden, s. auch Abschn. 7.5.1.

Das **Quellen** und das entgegengesetzt wirkende **Schwinden** sind von etwa gleicher Größenordnung und weitgehend reversibel. Das Quellen und Schwinden ist je Holzart verschieden. Generell nimmt es mit wachsender Rohdichte zu, da der Anteil der Zellwände (Holzfasern) am Gesamtvolumen steigt. Deshalb neigen im Allgemeinen schwerere Hölzer mehr zu Formänderungen infolge Holzfeuchteänderungen als leichtere Hölzer. Über Quellen und Schwinden siehe u.a. *Keylwerth* [255], *Kollmann* [267] und *Krabbe/Kintrup* [276].

1.4.4 Formänderungen des Holzes infolge Quellens und Schwindens

Dehnungen und Längenänderungen

Die Dehnungen ε eines Holzbauteils infolge Quellens und Schwindens können nach Gl. (1.3) berechnet werden, sie entsprechen formal denen einer Temperaturänderung, s. Gl. (1.5). Mit $\varepsilon = \Delta l \,/\, l$ lässt sich die Längenänderung Δl eines Holzbauteils bezogen auf den Ausgangszustand l nach Gl. (1.4) berechnen, s. auch Abschn. 7.5.2.

$$\varepsilon_{Q,S} = \alpha \cdot \Delta\omega \tag{1.3}$$

$$\Delta l_{Q,S} = \alpha \cdot \Delta\omega \cdot l \tag{1.4}$$

l allgemeine Bauteilabmessung: Länge, Höhe oder Breite

α prozentuale Quell- und Schwindmaße des Holzes je 1% Änderung der Holzfeuchte, s. Abschn. 7.5.1

$\varepsilon_{Q,S}$ Dehnung infolge Quellens oder Schwindens

$\Delta l_{Q,S}$ Längenänderung einer Bauteilabmessung infolge Quellens oder Schwindens

$\Delta\omega$ Holzfeuchtedifferenz zwischen Zustand 1 und 2 in %, $= (\omega_{j+1} - \omega_j)$ %, s. Abschn. 1.4.2

Für praktische Berechnungen sind in Gl. (1.3) und (1.4) die **Rechenwerte der Quell- und Schwindmaße** nach DIN EN 1995-1-1/NA: 2013-08 einzusetzen, s. Abschn. 7.5.1. Für genauere Berechnungen können bei Kenntnis der vorhandenen Holzstruktur (z.B. Jahrringverlauf) die Werte der differentiellen Quellung z.B. nach *Neuhaus* [379] und *Noack/Schwab* [385] verwendet werden. Bei **behindertem Quellen** werden meist kleinere Quellmaße als die o.a. Rechenwerte wirksam, s. Abschn. 7.5.1, da durch rheologisches Verhalten des Holzes ein Teil der Verformungen plastisch abgebaut wird, s. *Keylwerth* [255].

Die **Dehnungen** bzw. **Längenänderungen** infolge Quellens und Schwindens sind beim Baustoff Holz stets genauso sorgfältig zu beachten wie diejenigen infolge Temperaturänderungen beim Baustoff Stahl. Hingegen sind temperaturabhängige Dehnungen bei Bauholz im Allgemeinen vernachlässigbar, s. Abschn. 1.5 und 7.6.

Verformungen infolge Quellens und Schwindens

In der Regel ist nach dem Einbau von Bauholz (Vollholz, s. Abschn. 3.2) mit einem Nachtrocknen zu rechnen, d.h. Bauholz (Vollholz) schwindet in den meisten baupraktischen Fällen. Wird Holz in zu feuchtem Zustand gesägt oder eingebaut, können die in den Bildern 1.12 und 1.13 angeführten Verformungen auftreten, da das Schwinden tangential größer ist als radial zu den Jahrringen, s. Abschn. 1.4.3, und das Schwinden des im Baumstamm außen liegenden Splintholzes größer ist als das des innen liegenden Kernholzes, s. Abschn. 1.1.

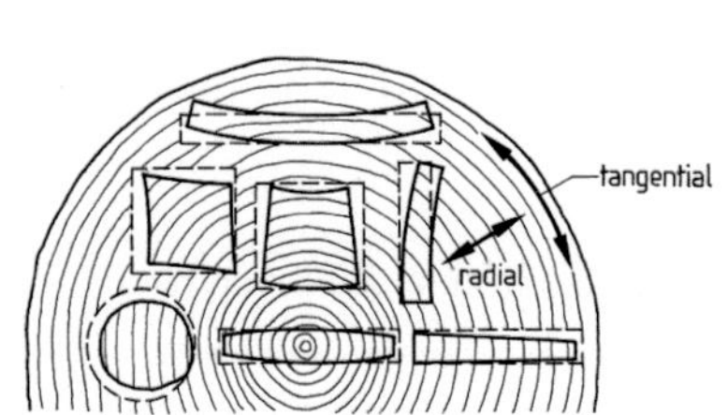

Bild 1.12 Verformungserscheinungen nach US Forests Products Laboratory, Madison

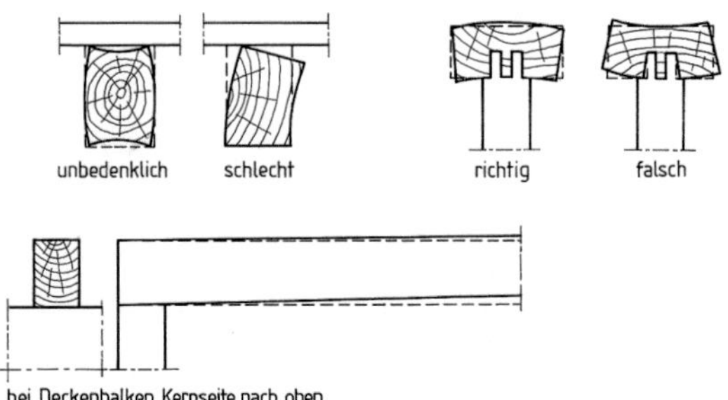

Bild 1.13 Verformungen infolge Schwindens bei Kanthölzern

Auch im späteren Gebrauchszustand können Verformungen infolge großer Holzfeuchteänderungen auftreten. Zu große Verformungen haben oft Mängel oder Schäden an den Baukonstruktionen zur Folge, z.B. Lösen von Anschlüssen, große Zwängungsspannungen, Verdrehen und dgl. mehr. Mit wachsender Holzfeuchteänderung und -geschwindigkeit sowie mit zunehmenden Abmessungen wird das Verformungsverhalten bei Bauholz (Vollholz) und die Neigung zu Rissbildungen größer; Maßnahmen zur Verkleinerung oder Vermeidung derartiger Zustände werden in Abschn. 1.4.5 und 1.4.6 beschrieben.

1.4.5 Rissbildungen im Holz infolge Holzfeuchteänderungen

Rissbildungen (Schwind- oder Trockenrisse)

Rissbildungen treten in Hölzern auf, wenn im Holz auftretende Spannungen die Festigkeiten des Holzes überschreiten. Ursachen sind Holzfeuchteänderungen, die „zu schnell" ablaufen und eine „große" ungleichmäßige Holzfeuchteverteilung nach Abschn. 1.4.2 bewirken, z.B. eine betragsmäßig große Feuchtedifferenz zwischen inneren und äußeren Querschnittsteilen mit den dadurch auftretenden hohen Eigenspannungen. In Voll-, Balkenschicht- und Brettschichtholz, s. Abschn. 3.2 bis 3.4, treten **Schwind- oder Trockenrisse** an den äußeren Querschnittsteilen sichtbar auf, wenn die Einbaufeuchte wesentlich über der zu erwartenden Gleichgewichtsfeuchte liegt, s. Tabelle 1.3, und die Holzbauteile somit nachtrocknen müssen. Diese Schwind- oder Trockenrisse haben je nach Holzstruktur, Holzfeuchteänderung und -verteilung unterschiedliche Längen, Tiefen und Klaffungen (Rissbreiten). Durch die auftretenden Risse bauen sich die Spannungen im Holzquerschnitt ab.

Trocken- oder Schwindrisse sind **lastunabhängige Querzugrisse**, die infolge physikalischer Vorgänge auftreten (zu schnelle und große Holzfeuchteänderungen). **Lastabhängige Querzugrisse** sind Rissbildungen, die infolge mechanischer Vorgänge auftreten (infolge u.a. (zu) hoher Querzugspannungen in Bereichen angehängter Lasten, Ausklinkungen, Zapfen, Durchbrüchen, gekrümmter Bauteile, Firstbereiche u. dgl.).

Bei Vollholzbauteilen beeinflusst die **Einschnittsart** aus dem etwa kreisförmigen Stammquerschnitt nach Bild 1.14 mögliche Rissbildungen. Nach Bild 1.15 ergeben sich Jahrringlagen in den Querschnitten, die infolge der unterschiedlichen Schwindmaße zwischen tangentialer und radialer Richtung sowie zwischen Kern- und Splintholz verschieden mögliche Rissbilder aufweisen können. Größere Querschnitte neigen eher zu Rissbildungen als kleinere; markfreie (herzfreie) Querschnitte bilden wesentlich geringere Risse aus als Vollholzquerschnitte mit Mark, s. auch *Glos/Böhner/Wagner* [160].

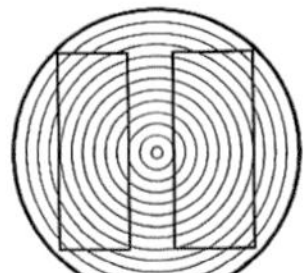
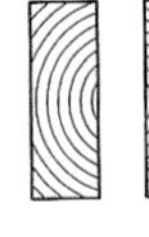
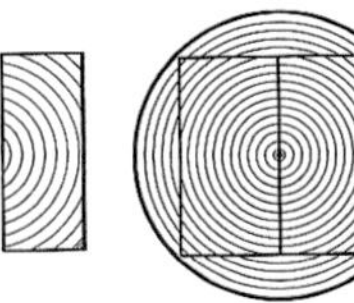
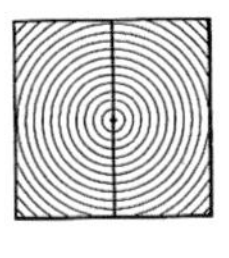
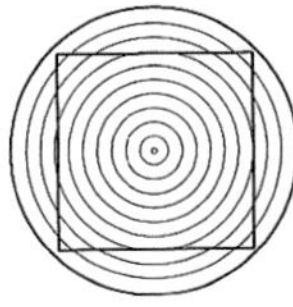
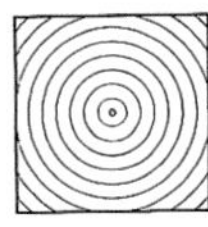

Bild 1.14 a) markfreier (herzfreier) Einschnitt durch Heraustrennen der mittleren Herzbohle b) markgetrennter (herzgetrennter, kerngetrennter) Einschnitt (Halbholz) c) einstieliger Einschnitt (Kernholz)

Vollhölzer sollten aus markfreien (herzfreien) Querschnitten bestehen, wenn eine rasche Austrocknung zu erwarten ist, Schwindrisse als unschön empfunden oder diese aus Gründen des Holzschutzes weitgehend vermieden werden müssen, z.B. in meist gehobelten sichtbaren Holzbalken wie Deckenbalken und Innenstützen oder in bewitterten Außen-

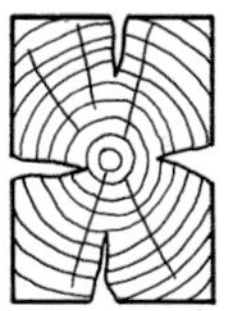

Kernquerschnitt (Markmittellage)

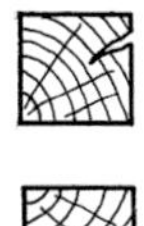

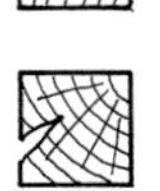

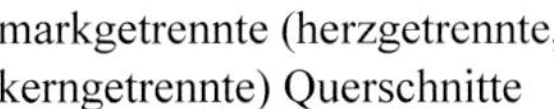

markgetrennte (herzgetrennte, kerngetrennte) Querschnitte

markfreie (herzfreie, kernfreie) Querschnitte

Bild 1.15 Einschnittsart, mögliche Rissbildungen bei Vollholzquerschnitten in Abhängigkeit von der Marklage, Beispiele

stützen und Balken. In beheizten (Wohn-)Räumen sollten **stets trockene Vollhölzer** mit Holzfeuchten $\omega < 20\%$ eingebaut werden, z.B. Konstruktionsvollhölzer, Balkenschichtholz oder Gleichwertiges, s. Abschn. 3.

Trocken- oder Schwindrisse kleinerer Art lassen sich bei **Vollhölzern** kaum vermeiden, **Brettschicht- und Balkenschichtholz** ist gegenüber Vollholz in der Regel weitgehend rissefrei, da es bei niedrigen Holzfeuchten verklebt wird und die Holzfeuchtedifferenz gegenüber der zu erwartenden Gleichgewichtsfeuchte meist gering ausfällt. Auf einen **ausreichenden Holzschutz** bei durch Feuchte beanspruchten oder frei bewitterten Voll-, Balkenschicht-, Brettschicht- und Furnierschichtholzbauteilen nach Abschn. 5.2 wird ausdrücklich hingewiesen, ungeschützte Rissbildungen sind gegebenenfalls mit Holzschutzmitteln nachzubehandeln, s. Abschn. 5.2.3, 5.2.4 und 5.2.5.

Rissbildungen (Querzugrisse) vermindern die Tragfähigkeit von Holzbauteilen, insbesondere gegenüber Schub- und Querzugbeanspruchungen, und sollten deshalb vermieden werden. Über das Auftreten von Rissbildungen bei Querzugverstärkungen in Holzbauteilen infolge Holzfeuchteänderungen s. Abschn. 11.8.4 „Hinweise und Empfehlungen zum Einsatz von Verstärkungselementen …“.

Unbedenkliche Risstiefen bei Trocken- oder Schwindrissen

In statischer Hinsicht unbedenkliche Risstiefen bei Schwind- oder Trockenrissen in Querschnitten aus **Vollholz** können nach DIN 4074-1 und -5: 2012-06 bzw. 2008-12, s. Abschn. 3.2.3, Tabelle 3.4, ermittelt werden; bei Einhaltung des Sortiermerkmales *R* besteht keine Beeinträchtigung der Tragfähigkeit belasteter Holzbauteile, da bei Festlegung zulässiger Festigkeitswerte der „alten“ DIN 1052 die für Vollhölzer üblichen Rissbildungen berücksichtigt wurden, s. auch *Graf* [169]. Die Rissbildungen müssen jedoch nach DIN EN 1995-1-1: 2010-12 bei den Schubfestigkeiten gesondert nachgewiesen werden, s. Abschn. 18.1, da letztere für rissfreies Vollholz angegeben werden.

Ebenso in statischer Hinsicht unbedenkliche Risstiefen bei Querschnitten aus **Brettschichtholz** sind nach *Studiengemeinschaft Holzleimbau* [496] in Bild 1.16 dargestellt. Bei Einhaltung dieser Risstiefen besteht keine Beeinträchtigung der Tragfähigkeit für belastete Brettschichtholzbauteile, bei der Schubfestigkeit werden diese Risse sinngemäß wie bei

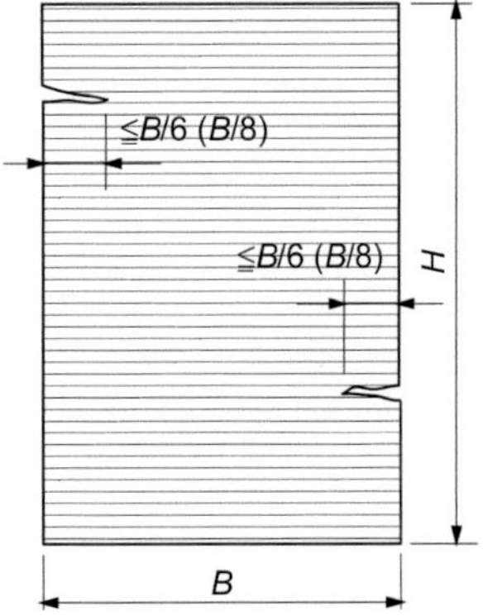

Bild 1.16 In statischer Hinsicht unbedenkliche Risstiefen bei Brettschichtholz-Querschnitten nach *Radovic/Wiegand* [412] und *Studiengemeinschaft Holzleimbau* [496], bei Bauteilen ohne planmäßige Querzugspannungen bis zu *B*/6 je Seite, bei Bauteilen mit planmäßiger Querzugspannungen bis zu *B*/8 je Seite, die Gesamtschwächung der Breite *B* darf örtlich *B*/3 bzw. *B*/4 nicht überschreiten

Vollholz gesondert berücksichtigt. Schwind- oder Trockenrisse kleiner Art lassen sich bei witterungsbeanspruchten Bauteilen aus Brettschichtholz nicht vollständig vermeiden, sie werden besonders bei dunklen Anstrichen sichtbar. Auf den o.a. **ausreichenden Holzschutz** bei Feuchte beanspruchten oder frei bewitterten Brettschichtholzbauteilen nach Abschn. 5.2 mit ggf. erforderlichem chemischen Nachschutz bei Rissbildungen wird ausdrücklich hingewiesen.

Die in statischer Hinsicht unbedenklichen Rissbildungen für Voll- und Brettschichtholz werden in den oben angeführten Baunormen bzw. in einer privatrechtlichen Veröffentlichung geregelt, die ausschließlich die Tragfähigkeit von Holzbauteilen berücksichtigen. Insbesondere größere Rissbildungen auf Holzoberflächen empfinden viele Bauherrn/-innen als einen **„ästhetischen Mangel"**, der in Baunormen jedoch nicht geregelt wird, aber vor Gericht überwiegend anerkannt wird, da ausreichende bautechnische Maßnahmen zur Verhinderung größerer Risse vorliegen, s. baulichen Holzschutz im Abschn. 5.2.4.

Die hier dargestellten unbedenklichen Risstiefen gelten für die Beurteilung von **lastunabhängigen Trocken- oder Schwindrissen**. Andere lastabhängige Querzugrisse fallen nicht unter diese Beurteilungskriterien, s. oben. Ein gleichzeitiges Auftreten von lastunabhängigen Trocken- oder Schwindrissen und anderen lastabhängigen Querzugrissen sollte ausgeschlossen werden, da beide Querzugrissarten an denselben Stellen in Holzbauteilen auftreten können, so dass derartig gerissene Querschnitte bis zum Tragfähigkeitsverlust geschwächt werden können. Deshalb sollten die o.a. lastabhängig querzugbeanspruchten Holzbauteile stets trocken (Holzfeuchte < 20%) eingebaut werden und bleiben.

Die **Lage der Risse im Querschnitt** ist von großer Bedeutung, da bei der in Bild 1.17 angegebenen senkrechten Belastungsrichtung vertikale Risse keine Änderung der Querschnittswerte (z.B. Widerstandsmoment W, Flächenmoment 2. Grades I) ergeben, während waagerechte oder „schräg" verlaufende Risse die Tragfähigkeit mindern, da W und I kleiner werden, z.B. wird das I eines Rechteckquerschnittes, der durch einen mittigen waagerecht verlaufenden Riss vollständig geteilt wird, auf ein Viertel reduziert, s. sinngemäß Bild 22.1.

Über **das Klima, die Auswirkungen auf die Holzfeuchte und Rissbildung von Holzbauteilen in Gebäuden (Hallen)** unterschiedlicher Nutzung berichten *Gamper/Dietsch/Merk/Winter* [145], s. Abschn. 1.4.2.

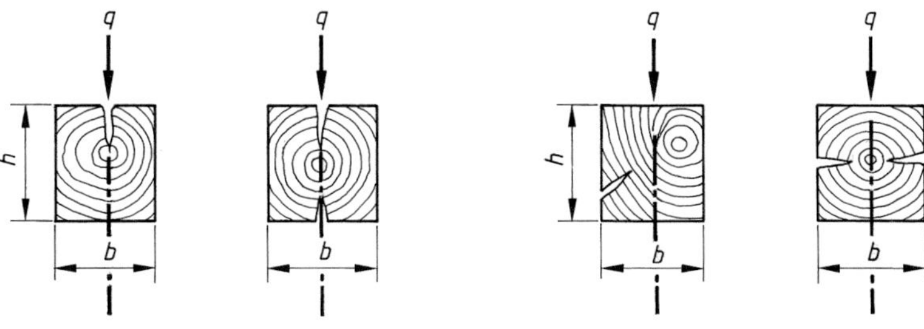

a) keine Minderung der Tragfähigkeit b) Minderung der Tragfähigkeit

Bild 1.17 Rissbildungen bei Vollholzquerschnitten; Minderung der Tragfähigkeit in Abhängigkeit von der Risslage bei senkrechter Belastung

1.4.6 Trocknung, Lagerung und Einbaufeuchte von Holzbauteilen

Trocknung von Holzbauteilen

Als **natürliche Trocknung** wird im Allgemeinen die Holztrocknung in überdachten Lagern unter Außenklima, als **technische Trocknung** die Holztrocknung in klimagesteuerten, allseits geschlossenen Räumen (technische Kammertrocknung) bezeichnet.

Vollhölzer können bei höheren zu erwartenden Gleichgewichtsfeuchten im Gebrauchszustand eine natürliche Trocknung (Lufttrocknung) erhalten, durch die kurzfristig eine mittlere Holzfeuchte meist wesentlich $\omega > 20\%$ (Zustand „halbtrocken" oder „frisch", Tabelle 1.3) und mittelfristig eine mittlere Holzfeuchte von $\omega \approx 20\%$ erreicht werden kann, jedoch sind durch Lufttrocknung längerfristig auch Holzfeuchten $\omega < 20\%$ möglich. Niedrigere zu erwartende Gleichgewichtsfeuchten von $\omega = 20\%$ und darunter (Zustand „trocken") können bei Vollhölzern kurz- und mittelfristig nur durch technische Trocknung erreicht werden (z.B. Konstruktionsvollholz mit $\omega_{mean} = 15\%$). Verklebte Hölzer, z.B. Brettschicht- und Balkenschichtholz nach Abschn. 3.3 und 3.4, besitzen durch technische Trocknung Holzfeuchten $\omega \approx 15\%$ und kleiner (Brettschichtholz $\omega \approx 10\%$ bis 12%).

Transport, Lagerung und Montage von Holzbaustoffen

Besondere Aufmerksamkeit verdient der **Witterungsschutz** von Holzbaustoffen nach Abschn. 7.2 vor ihrem Einbau bei Transport, Lagerung und Montage, um eine zusätzliche Feuchteaufnahme zu verhindern. Dazu sind die Hölzer mit geeigneten Planen oder Folien bei Transport und Lagerung abzudecken, eine zügige Montage und Dacheindeckung sicherzustellen; ggf. sollten auch bei der Montage Abdeckungen vorgenommen werden, über geeignete Maßnahmen zur Abdeckung s. Abschn. 5.2.4 unterhalb Tabelle 5.11. Dabei wirkt sich eine kurzfristige Befeuchtung äußerer Querschnittsteile z.B. durch einen Regenschauer nicht nachteilig aus, wenn eine zügige Rücktrocknung gewährleistet werden kann; größere und längere Feuchtezufuhren z.B. durch länger andauernden Regen sind auszuschließen, um nachteilige große Verformungen und Rissbildungen im Holz zu vermeiden, s. Abschn. 1.4.4, 1.4.5 und Abschn. 5.2.4.

Einbaufeuchte von Holzbaustoffen

Der Einbau von Holzbaustoffen sollte möglichst in der Nähe der zu erwartenden Gleichgewichtsfeuchte im Gebrauchszustand erfolgen, s. Tabelle 1.3 und Abschn. 7.5.3, so dass die Änderung der Holzfeuchte „klein" bleibt, um nachteilige große Verformungen und (Trocken-) Rissbildungen zu vermeiden. Neben dem meist geringeren Nachtrocknen treten dann nur die unvermeidlichen jahreszeitlichen Schwankungen der Holzfeuchte infolge Änderung des Umgebungsklimas (z.B. Wohnraumklima oder Klima unter Dach) auf. Vollhölzer im beheizten (Wohn-)Raumklima oder vergleichbaren Klima sollten deshalb mit niedrigen Holzfeuchten $\omega \approx 15$ % wie z.B. Konstruktionsvollholz, mindestens jedoch „trocken" mit $\omega \leq 20\%$ eingebaut werden. Nach der Anwendungsnorm DIN 20000-5: 2024-01 darf **nur trocken sortiertes Bauholz (Holzfeuchte ≤ 20%)** für tragende Zwecke verwendet werden. Die Einbaufeuchte von Holzbauteilen in den Gebrauchsklassen GK 0 bis

GK 3.1 darf nach Festlegung des baulichen Holzschutzes der DIN 68800-2: 2022-02, 5.1.2.1 den maximalen Wert $\omega = 20$ % nicht überschreiten, s. Abschn. 5.2.3 und 5.2.4. Bei verklebten Hölzern wie Balkenschicht- und Brettschichtholz mit Herstellungsfeuchten von $\omega < 15\%$ ist dies ohne weiteren Aufwand erreichbar. Darüber hinaus schließen trockene Hölzer mit $\omega < 20\%$ einen Befall Holz zerstörender und anderer Pilze aus. Über die Einbaufeuchten von Holzbauteilen in den Nutzungsklassen s. Abschn. 7.3.1, Tabelle 7.12.

Größere Verformungen und Rissbildungen können in bereits trockenen Holzbauteilen entstehen, wenn diese nachträglich eine größere Feuchtezufuhr erhalten, z.B. wenn beim Einbau ohne Abdeckung viel Feuchte (z.B. durch längeren Regen) aufgenommen und danach im beheizten Raumklima zu schnell nachgetrocknet wird. Besser ist in derartigen Fällen ein langsames Aufheizen über mehrere Wochen von niedrigen zu Gebrauchstemperaturen, um die Holzfeuchteänderung und damit Rissbildungen und Verformungen „klein" zu halten, s. *Krabbe/Neuhaus* [281].

1.5 Wärmedehnung von Holz

Die **Dehnung ε_T** infolge Temperaturänderung des Holzes verläuft im Gebrauchszustand etwa linear, sie kann nach Gl. (1.5) berechnet werden. Die daraus folgende **Längenänderung Δl** lässt sich mit $\varepsilon = \Delta l/l$ aus Gl. (1.6) ermitteln.

$$\varepsilon_T = \alpha_T \cdot \Delta T \tag{1.5}$$

$$\Delta l_T = \alpha_T \cdot \Delta T \cdot l \tag{1.6}$$

l allgemeine Bauteilabmessung: Länge, Höhe, Breite
α_T Wärmedehnzahl für eine Temperaturänderung des Holzes von 1°C nach Tabelle 1.4
ΔT Temperaturdifferenz zwischen Zustand 1 und Zustand 2 in °C

Die Wärmedehnung ist neben der Holzart auch von der Rohdichte und der Faserrichtung abhängig; mit wachsender Rohdichte steigen die Wärmedehnzahlen, in den drei anatomischen Hauptrichtungen sind sie unterschiedlich groß, s. Tabelle 1.4.

Die Wärmedehnung von Holz darf im Bauwesen innerhalb des Gebrauchstemperaturbereiches im Allgemeinen **vernachlässigt werden**. Sie ist von kleiner Größenordnung, da

Tabelle 1.4 Lineare Wärmedehnzahlen α_T von Bauhölzern nach *Christoph/Brettel* [90], Richtwerte

Faserrichtung	Wärmedehnzahlen $\alpha_T \cdot 10^{-6}$/°C
tangential	$\alpha_{T,t} = 45$ bis 60
radial	$\alpha_{T,r} = 25$ bis 45
in (parallel)	$\alpha_{T,\parallel} = 2{,}5$ bis 5,0

die bei Temperaturänderungen gleichzeitig auftretenden Holzfeuchteänderungen entgegengesetzt verlaufende Quell- oder Schwindverformungen bewirken und darüber hinaus die Wärmeleitfähigkeit von Holz vergleichsweise gering ist. Nur bei besonderen Verhältnissen und sehr hohen Anforderungen an die Holzkonstruktion kann die Wärmedehnung von Holz Berücksichtigung finden.

Bei **Verbundkonstruktionen** Holz-Metall oder Holz-Beton ist jedoch nach *Erläut. zu DIN 1052: 1988-04* [77], E 4.4 der Einfluss von Temperaturänderungen in besonderen Fällen zu überprüfen. Außen liegende Metallteile großer Abmessungen nehmen schneller als Holz die Lufttemperatur an oder werden durch Sonneneinstrahlung rasch aufgeheizt. Die Wärmedehnung in den Metallteilen kann Zwängungskräfte hervorrufen, die ggf. rechnerisch zu berücksichtigen sind. Dabei sollten als Wärmedehnzahlen von Stahl und Normalbeton $\alpha_T = 12 \cdot 10^{-6}/°C$ und von Aluminium $\alpha_T = 24 \cdot 10^{-6}/°C$ angesetzt werden.

Die **Wärmeleitfähigkeit** und **Wasserdampfdiffusion** von Holz wird in *Kollmann* [267], *Neuhaus* [379] und *Noack/Schwab* [385] näher beschrieben.

1.6 Natürliche Dauerhaftigkeit von Holz

Als natürliche Dauerhaftigkeit wird nach DIN EN 350: 2016-12, 3.1 „die dem Holz eigene Widerstandsfähigkeit gegen einen Angriff (Befall) durch Holz zerstörende Organismen (Pilze und Insekten)“ bezeichnet. Sie ist in den einzelnen Holzarten verschieden hoch ausgeprägt. Nach *Willeitner* [522] ist die Dauerhaftigkeit unabhängig von der Dichte des Holzes, sie stützt sich auf das Vorhandensein bestimmter (Pilz- und/oder Insekten widriger) Inhaltstoffe, die nur im Kernholz vorkommen. Aus diesem Grunde ist das Splintholz aller Hölzer stets nicht dauerhaft, Kernholz je nach Holzart unterschiedlich dauerhaft; auch innerhalb des Kernholzes einer Holzart und eines Stammes können unterschiedlich dauerhafte Bereiche vorliegen. Die Dauerhaftigkeit einer Holzart wird nach DIN 68800-1: 2019-06, 6.8.1.1 neben den Holzinhaltsstoffen wesentlich von den Umgebungsbedingungen beeinflusst und kann sehr unterschiedlich sein. Demnach kann aus der Dauerhaftigkeit nicht die genaue Gebrauchsdauer des Holzbauteils ermittelt werden. „Dauerhaftigkeit“ gilt auch nicht als Garantie für die Standdauer im Gebrauch, da dies von verschiedenen Einflüssen im Einsatzgebiet abhängt, z.B. besitzt nach *Willeitner* [523] (zu 6.8.1.1) ein Holzpfosten im sandigen Boden eine längere Gebrauchsdauer als in einer gemulchten Gartenerde. Darüber hinaus ist langsam wachsendes Holz in natürlicher Umgebung in der Regel dauerhafter als schnell wachsendes Holz in Plantagen wie das Beispiel Teakholz.

Die natürliche Dauerhaftigkeit von Bauhölzern wird in Tabelle 1.5 für drei natürliche Schadeinflüsse angegeben: Die Widerstandsfähigkeit gegen Holz zerstörende

, Holz zerstörende Insekten und Holzschädlinge im Meerwasser. Dazu wird die natürliche Dauerhaftigkeit je Schadeinfluss in unterschiedliche Klassen eingeteilt.

Die **natürliche Dauerhaftigkeit gegen Holz zerstörende Pilze** der in DIN EN 350: 2016-12 aufgeführten (Bau-)Hölzer wird geprüft auf die Haltbarkeit des ungeschützten Kernholzes im ständigen Erdkontakt und in fünf Klassen eingeteilt, von Klasse DC 1 (sehr dauerhaft) wie das Kernholz von Teak (nur aus dem tropischen Wald, jedoch nicht immer aus Plantagen) bis Klasse DC 5 (nicht dauerhaft) wie das Kernholz von Buche (sowie das Splintholz aller Hölzer). Nur die Kernhölzer weniger tropischer Hölzer gelten als sehr dauerhaft (Klasse DC 1), während das Kernholz von Azobé (Bongossi) nach neueren Erkenntnissen nur noch als dauerhaft (Klasse DC 2) eingestuft werden kann. Weitere Angaben zu Holz zerstörenden Pilzen sind im Abschn. 5.2.2, Tabelle 5.2 angeführt.

Die **natürliche Dauerhaftigkeit gegen Holz zerstörende Insekten** der in Tabelle 1.5 aufgeführten (Bau-)Hölzer wird nur für das Splintholz angegeben, da das Kernholz aller Holzarten dauerhaft gegen diese Insekten ist, es sei denn, es sind entsprechende Hinweise für einzelne Holzarten angeführt. Die Dauerhaftigkeit gegen den wichtigsten tierischen Holzschädling in Deutschland, den Hausbockkäfer (*Hylotrupes*), wird nur für Nadelhölzer angegeben, Laubhölzer werden nicht befallen, dagegen befällt der Klopfkäfer (oder Pochkäfer oder Gemeiner Nagekäfer u.a., auch *Anobien* genannt) Nadel- und Laubhölzer. Die Dauerhaftigkeit gegen den Splintholzkäfer (*Lyctus*) wird nicht angeführt, da dieser nur das Splintholz bestimmter stärkereicher Laubhölzer wie z.B. Eichensplintholz befällt. Weitere Angaben zu Holz zerstörenden Insekten sind im Abschn. 5.2.2, Tabelle 5.3 angeführt.

Die **natürliche Dauerhaftigkeit gegen Holzschädlinge im Meerwasser** der in Tabelle 1.5 aufgeführten (Bau-)Hölzer wird nur für Kernholz angegeben, da Splintholz aller Holzarten anfällig ist. Die Angaben zu Holzschädlingen im Meerwasser sind nicht vollständig, das Kernholz anderer Holzarten kann ebenfalls dauerhaft oder mäßig dauerhaft sein. Weitere Angaben zu Holzschädlingen im Meerwasser sind im Abschn. 5.2.2, Tabelle 5.3 angeführt.

Die Dauerhaftigkeit (und Resistenz) weiterer Holzarten kann neben DIN EN 350: 2016-12 u.a. *Bellmann* [24], *Grosser* [179], *Informationsdienst Holz* [237], *Sell* [481] und *Willeitner* [522], [523] entnommen werden. In *Huckfeldt/Schmidt* [236] ist darüber hinaus umfangreiches Bildmaterial zur Identifizierung Holz zerstörender Pilze dargestellt.

Dauerhaftigkeit und Feuchteaufnahme von Hölzern ohne Erdkontakt

Die Nutzungsdauer von Hölzern bei Verwendung ohne Erdkontakt ist nach DIN EN 350: 2016-12, neben der natürlichen Dauerhaftigkeit wesentlich von der Fähigkeit der Hölzer abhängig, Wasser (Feuchte) aufzunehmen. Die Feuchteaufnahmefähigkeit kann durch die Einstufung in eine **Tränkbarkeitsklasse** nach den Tabellen B1 bis B4 bzw. C1 beurteilt werden. (Bau-)Holz mit geringerer Wasseraufnahme (z.B. Tränkbarkeitsklasse 3) wird unter Feuchtebeanspruchung und ohne Erdkontakt im Allgemeinen länger halten als ein (Bau-)Holz derselben Dauerhaftigkeitsklasse, das jedoch wasseraufnahmefähiger ist (z.B. Tränkbarkeitsklasse 1); z.B. besitzt Fichtensplintholz (Tränkbarkeitsklasse 3v nach Tabelle 5.23) ein schlechteres Eindringvermögen für Wasser als das besonders kapillare Kiefernsplintholz (Tränkbarkeitsklasse 1). Deshalb ist ungeschütztes Kiefernsplintholz weitaus pilzgefährdeter, weil es schnell durchfeuchtet werden kann, als ungeschütztes Fichtensplintholz, das Holzfeuchten $\omega > 20\%$ langsamer erreicht, obwohl nach Tabelle B1 Fichten- und Kiefernsplintholz vergleichbare Dauerhaftigkeitsklassen besitzen.

Die Verwendung der natürlichen Dauerhaftigkeit von Bauhölzern bei Holzschutzmaßnahmen wird im Abschn. 5.2.3 näher dargestellt.

Tabelle 1.5 Natürliche Dauerhaftigkeit von Bauhölzern der DIN EN 1995-1-1: 2010-12 und DIN EN 1995-1-1/NA: 2013-08 nach DIN EN 350: 2016-12 und *Willeitner* [523][16])

Name/ Handelsname	Wissenschaftlicher Name	Natürliche Dauerhaftigkeit[1]) gegen				
		Pilze[2]) (Holz zer-stören-de)	Haus-bock-käfer[3]) (*Hylo-trupes*)	Klopf-käfer[3]) [19]) (*Ano-bien*)	Termi-ten[4])	Holz-[4])[5]) schäd-linge im Meer-wasser
Nadelhölzer						
Fichte	*Picea abies*	4	SH	SH	S	–
Tanne, Weißtanne	*Abies alba*	4	SH	SH	S	–
Kiefer, Föhre	*Pinus sylvestris*	3–4	S	S	S	–
Lärche	*Larix decidua*[18])	3–4	S	S	S	–
Douglasie	*Pseudotsuga menziesii*	3–4[6])	S	S	S	–
Western Hemlock	*Tsuga heterophylla*	4	S	SH	S	–
Southern Pine	*Pinus elliottii*[18])	4	S	S	S	–
Yellow Cedar	*Chamaecyparis nootkatensis*	2–3	S	S	S	–
Laubhölzer[17])						
Eiche	*Quercus robur L,-petraea*	2	[11]) [12])	S	M	–
Buche	*Fagus sylvatica L.*	5	[11])	S	S	–
Teak – aus Asien – andere Länder	*Tectona grandis*	1 1–3[7])	[11])	n/a[10])[20]) n/a[10])[20])	M M–S	M –
Keruing	*Dipterocarpus alatus*	3v[9])	[11])	n/a[10])	S	–
Afzelia, Doussié	*Afzelia bipindensis*[18])	1	[11])	n/a[10])[20])	D	–
Merbau	*Intsia bijuga*	1–2	[11])	n/a[10])	M	–
Angélique, Basralocus	*Dicorynia guianensis, -paraensis*	2v[9])	[11])	n/a[10])	M	D
Azobé, Bongossi	*Lophira alata*	2v[8]) [9])	[11])	n/a[10])[20])	D	M
Ipe[13])	*Tabebuia hetaphylla*[18])	1[13])	[14])	[15])	–	–

Klassen der natürlichen Dauerhaftigkeit des Kernholzes gegen Holz zerstörende Pilze

Dauerhaftigkeitsklasse	1	2	3	4	5
Beschreibung	sehr dauerhaft	dauerhaft	mäßig dauerhaft	wenig dauerhaft	nicht dauerhaft

Tabelle 1.5 (Fortsetzung)

Klassen der natürlichen Dauerhaftigkeit des Splintholzes gegen Hausbockkäfer (*Hylotrupes bajulus*) und Klopfkäfer (*Anobium punctatum*)			
Dauerhaftigkeitsklasse	D	SH	S
Beschreibung	dauerhaft	auch Kernholz als anfällig bekannt	anfällig
Klassen der natürlichen Dauerhaftigkeit des Kernholzes gegen Termiten und Holzschädlinge im Meerwasser wie Schiffsbohrwurm (*Teredo navalis*) und Bohrassel (*Limnoria lignorum*)			
Dauerhaftigkeitsklasse	D	M	S
Beschreibung	dauerhaft	mäßig dauerhaft	anfällig

[1]) die angegebenen Bewertungen zur Dauerhaftigkeit sind Mittelwerte, von denen die Hölzer abweichen können; die Bewertungen gelten nicht als Garantie für die Standdauer im Gebrauch
[2]) die angegebene Dauerhaftigkeit gilt nur für Kernholz im Erdkontakt, Splintholz ist stets als nicht dauerhaft gegen Holz zerstörende Pilze (Klasse 5) einzustufen, es sei denn, andere Daten liegen vor
[3]) die angegebene Dauerhaftigkeit gilt nur für Splintholz, Kernholz ist stets dauerhaft (Klasse D) gegen Hausbockkäfer (*Hylotrupes*) und Klopfkäfer (*Anobien*), es sei denn, es ist ein Hinweis angegeben
[4]) die angegebene Dauerhaftigkeit gilt nur für Kernholz, Splintholz ist stets als anfällig (Klasse S) gegen Termiten bzw. Holzschädlinge im Meerwasser einzustufen
[5]) die Angaben in dieser Spalte sind nicht vollständig, das Kernholz anderer Hölzer kann ebenfalls dauerhaft oder mäßig dauerhaft gegen Holzschädlinge im Meerwasser sein
[6]) Douglasie aus Europa besitzt die Klasse 3–4, aus Nordamerika die Klasse 3
[7]) Teak aus Plantagen besitzt eine sehr unterschiedliche Dauerhaftigkeit zwischen 1 und 3
[8]) Azobé (Bongossi) kann außergewöhnlich schwanken, die Dauerhaftigkeit gegen Holz zerstörende Pilze ist Klasse 2 zuzuordnen, im Wasserkontakt dagegen Klasse 1; das breite Zwischenholz zwischen Kern- und Splintholz gehört zur Klasse 3
[9]) „v" gibt eine ungewöhnlich hohe Schwankung der Dauerhaftigkeit an
[10]) „n/a" gibt an, dass nur unzureichende Daten verfügbar sind
[11]) Laubhölzer werden vom Hausbockkäfer (*Hylotrupes*) nicht angegriffen
[12]) Splintholz anfällig (Klasse S) gegen Splintholzkäfer (*Lyctus*)
[13]) nicht in DIN EN 350 enthalten, Dauerhaftigkeitsklasse 1 nach DIN 68800-1: 2011-10, Tab. 2
[14]) gegen Hausbockkäfer nach DIN 68800-1: 2011-10, Tab. 2 nicht anfällig. Nach DIN 68800-1:2019-06 hat sich Ipe Kernholz in den Gebrauchsklassen 0-4 für tragende Bauteile ohne zusätzliche Holzschutzmaßnahmen bewährt.
[15]) nur unzureichende Daten über *Anobien* nach DIN 68800-1: 2011-10, Tab. 2 verfügbar, ein Befall des Farbkernholzes in der Außenverwendung durch *Anobien* ist unwahrscheinlich
[16]) Informationen über Holz verfärbende und Holz zerstörende Organismen s. Abschn. 5.2.2 sowie Tabellen 5.2 und 5.3
[17]) die angeführten Laubholzarten sind nach DIN EN 1995-1-1/NA: 2013-08, NCI Zu 3.1 verwendbar; andere Holzarten bedürfen eines bauaufsichtlichen Verwendbarkeitsnachweises
[18]) es können mehrere botanische Arten verwendet werden, die häufigste Art wird genannt
[19]) Klopfkäfer oder Pochkäfer oder Gemeiner Nagekäfer u.a., auch *Anobien* genannt
[20]) nach *Willeitner* [523] (zu 6.8.2.2, Tabelle K.3) liegen nur unzureichende Daten über *Anobien* vor, ein Befall des Farbkernholzes in der Außenverwendung durch *Anobien* ist unwahrscheinlich

1.7 Chemisches Verhalten von Holz

Widerstandsfähigkeit von Holz gegenüber Chemikalien

Holz besitzt gegenüber der Einwirkung vieler Chemikalien eine hohe bis ausreichende Widerstandsfähigkeit, s. Tabelle 1.6. Die Widerstandsfähigkeit der untersuchten Hölzer gegenüber verdünnten Säuren sowie gegenüber Salzen und einigen Gasen ist hoch, gegenüber Laugen wird Holz eher geschädigt. Die Widerstandsfähigkeit von Bauhölzern gegenüber Säuren und Basen ist u.a. in *Kollmann* [267], *Neuhaus* [379] und *Rug/Lißner* [437] dargestellt.

Nadelhölzer sind aufgrund ihres höheren Ligningehaltes im Allgemeinen widerstandsfähiger als Laubhölzer. Deshalb wurde und wird Nadelholz (Voll- und Brettschichtholz) u.a. zum Bau von Lager- und Produktionshallen mit chemisch-aggressiver Raumluft eingesetzt, z.B. Salz-, Kali-, Düngemittel-, Kohlenlagerhallen, Gerbereien, Verzinkereien, aber auch Überdachungen von Deponien, Kläranlagen sowie Solebädern und landwirtschaftlicher Gebäude. Über weitere Konstruktionsbeispiele s. *Hartl* [195].

Bei Gebäuden mit **chemisch aggressiver Innenraumbeanspruchung** sollten hohe Holzfeuchten vermieden werden (nur wenige Wochen $\omega > 20\%$), um die Gefahr einer erhöhten Holzschädigung durch Chemikalien wie Säuren und Laugen in wässrigen Lösungen weitgehend auszuschließen; insbesondere sollte ablaufendes Wasser bzw. Tauwasser mit gelösten Chemikalien ausgeschlossen werden, das Holzoberflächen mit chemischer Auswaschung beansprucht, s. *Informationsdienst Holz* [238]. Verbleibt Holz bei chemisch aggressiver Innenraumbelastung im trockenen Zustand (Holzfeuchte $\omega < 20\%$) und werden die Anforderungen des Arbeitsschutzes für den Aufenthalt von Menschen für das Gebäudeklima eingehalten, sind keine Holzschäden zu erwarten.

Bei hohen Konzentrationen aggressiver Stoffe, die über längere Zeit z.B. in Dünge- und Rohsalzlagerhallen wirken, können nach *Erler* [130] Festigkeitsabnahmen in den Randbereichen der Holzquerschnitte auftreten; eine rechnerische Reduzierung aller Querschnitt-

Tabelle 1.6 Widerstandsfähigkeit von Bauhölzern gegenüber Salzen und anderen Chemikalien nach *Besold/Fengel* [27], *Kollmann* [267] und *Noack/Schwab* [385] [2])

Holzart	Chemikalie	Widerstandsfähigkeit
Nadel- und Laubholz	Salze: Calcium-, Kalium-, Kupfersulfat-, Natrium-, Seewasser	hoch bis ausreichend widerstandsfähig bei Seewasser Imprägnierung notwendig
Fichtenholz	Ammoniak[1])	keine Festigkeitsminderung
	Chlor[1])	stark schädigend
	Formaldehyd[1])	keine Festigkeitsminderung
	Schwefeldioxid[1])	Schädigungen erst bei höheren Temperaturen und Holzfeuchten

[1]) Untersuchungen bei hohen Gaskonzentrationen

[2]) über weitere aggressive Medien s. *Rug/Lißner* [437]

seiten von ca. 8 bis 10 mm berücksichtigt diesen Festigkeitsverlust ausreichend, *Rug/Lißner* [437] schlagen als Alternative bei der Bemessung die Abminderung der Festigkeiten mit einem Modifikationsbeiwert „aggressive Medien" vor. Untersuchungen zur Holzkorrosion an historischem Brettschichtholz führen *Rug/Linke* [435] durch.

Chemische Wirkung von Holz auf Baustoffe

Einige Holzarten können bei Kontakt mit (Bau-)Stoffen ausgeprägt reagieren und z.B. Korrosion von Eisen oder Störungen bei der Zementabbindung hervorrufen. Der *pH*-Wert von Holz liegt im sauren Bereich, überwiegend zwischen 6 und 3,5. Nach *Noack/Schwab* [385] bestehen keine direkten Zusammenhänge zwischen Extraktgehalt der Holzinhaltsstoffe, s. Abschn. 1.1, dem *pH*-Wert des Holzes und der möglichen Korrosionsförderung bei Zement. Tabelle 1.7 enthält Zusammenstellungen zur chemischen Wirkung von Bauhölzern auf Baustoffe.

Tabelle 1.7 Chemische Wirkung von Bauhölzern der DIN EN 1995-1-1: 2010-12 auf Eisen und Zementabbindung nach *Gottwald* [167] und *Noack/Schwab* [385]

Holzart	Extraktgehalt der Holzin-halts-stoffe in %	*pH*-Wert	bei Kontakt mit Holz	
			Korrosion von Eisen	Störung der Zementabbindung
Nadelhölzer				
Fichte	2,3	5	keine	keine
Kiefer	9	5,1	keine	keine
Lärche	4,5	4,5	schwach	ausgeprägt
Douglasie	6	3,5	ausgeprägt	keine
Laubhölzer				
Eiche	9	3,8	ausgeprägt	teilweise
Buche	1,5	5,5	keine	ausgeprägt
Teak	11	5	keine	keine
Keruing	9,5	4,5	schwach	keine
Afzelia, Doussié	26,5	4,9	keine	keine
Merbau	22	4,3	schwach	–[1])
Angélique, Basralocus	5	3,8	ausgeprägt	–[1])
Azobé, Bongossi	2	4,6	schwach	–[1])

[1]) keine Angabe

1.8 Elastizität des Holzes

1.8.1 Elastisches Verhalten von Holz

Ein Körper wird als elastisch bezeichnet, wenn seine Verformungen reversibel sind, d.h. unter Belastung verliert er seine Ursprungsform, bei Entlastung geht er vollständig in seine Ursprungsform zurück. Holz verhält sich im Kurzzeitversuch bis zu einer bestimmten Beanspruchungshöhe fast vollkommen elastisch, s. Bild 1.18 am Beispiel von fehlerfreiem Holz bei Zug- und Druckbeanspruchung in und rechtwinklig zur Faserrichtung. Während die Spannungsdehnungslinie für Zug in Faserrichtung bis zur Zugfestigkeit $f_{t,0}$ nahezu linear verläuft, liegt die Proportionalitätsgrenze für Druck in Faserrichtung unterhalb der Druckfestigkeit $f_{c,0}$. Oberhalb der Proportionalitätsgrenzen nehmen die Dehnungen ε stärker zu als die Spannungen σ, es treten zusätzlich zu den elastischen auch plastische Verformungen auf, die bei Zugbeanspruchung gering, bei Druckbeanspruchung ausgeprägt sind.

Im elastischen Bereich wird die Beziehung zwischen Spannung σ und Dehnung ε wie bei (Bau-)Stoffen üblich mit dem Elastizitätsmodul E nach Gl. (1.7) angegeben, dies ist die Steigung des linearen Teils der Spannungsdehnungslinie (Tangens des eingeschlossenen Winkels zwischen Spannungsdehnungslinie und ε – Achse). Je größer der Zahlenwert des E-Moduls, desto größer ist die Materialsteifigkeit.

$$E = \tan \alpha = \sigma / \varepsilon \tag{1.7}$$

E Elastizitätsmodul in N/mm²
ε Dehnung (ohne Einheit),
$= \Delta l / l$
σ Spannung in N/mm²

Holz besitzt ein **viskoelastisch-plastisches Formänderungsverhalten**. In diesem komplex aufgebauten Körper treten unter Belastung teilweise irreversible Fließvorgänge auf,

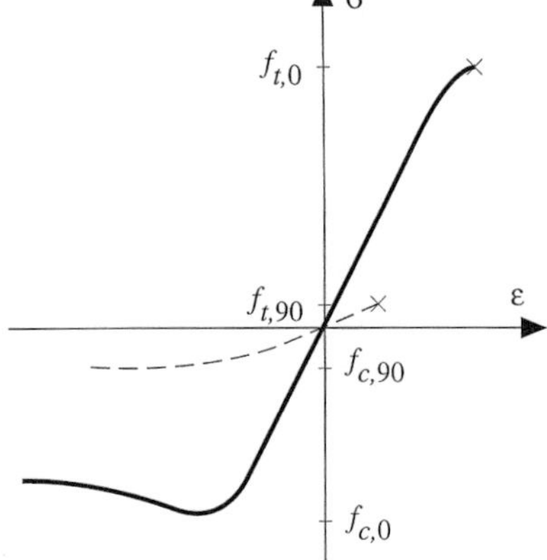

Bild 1.18 Spannungsdehnungslinien für fehlerfreies Holz unter Zug (t) und Druck (c) in Faserrichtung (—) und rechtwinklig zur Faser (---) bei konstanter Dehnungszunahme nach *Edlund* [110]
$f_{t,0}$ Zugfestigkeit in Faserrichtung
$f_{t,90}$ Zugfestigkeit rechtwinklig zur Faser
$f_{c,0}$ Druckfestigkeit in Faserrichtung
$f_{c,90}$ Druckfestigkeit rechtwinklig zur Faser

die die o.a. plastischen (bleibenden) Verformungen bewirken. Das elastische Verhalten (geradliniger Teil der Spannungsdehnungslinien) wird durch Elastizitätsgesetze beschrieben. Sie geben diesen linearen, eindeutig umkehrbaren Zusammenhang zwischen auftretenden Spannungen und Verzerrungen wieder (physikalische Linearität).

1.8.2 Elastizitätsgesetze (anisotrop, rhombisch-anisotrop, isotrop)

Elastizitätsgesetz eines anisotropen Körpers

Das elastische Verhalten eines anisotropen Körpers (s. Abschn. 1.2) ohne Symmetrieeigenschaften kann durch das **verallgemeinerte *Hooke*sche Gesetz** oder das **trikline Kristallsystem** nach *Voigt* für den allgemeinen Fall (räumliche, dreiachsige Betrachtung) beschrieben werden, hierüber s. *Heimeshoff* [198], *Leipholz* [309], *Love* [317], *Voigt* [513], [514]; das allgemeine Gesetz ist u.a. in *Neuhaus* [379] näher dargestellt.

Elastizitätsgesetz eines rhombisch-anisotropen Körpers

Existieren drei aufeinander senkrecht stehende Achsen mit unterschiedlichen Maßeinheiten, liegt rhombische Anisotropie im Sinne der *Voigt*schen Kristallphysik vor. Die Anzahl der Elastizitätszahlen beträgt zwölf, davon sind neun numerisch verschieden. Das Elastizitätsgesetz für rhombische Anisotropie (räumliche, dreiachsige Betrachtung) kann Gl. (1.8) entnommen werden. Unter der Voraussetzung der Existenz eines elastischen Potentials gilt die Symmetriebedingung Gl. (1.9). Der erste Index bezeichnet die Richtung der Verformung, der zweite die Richtung der Spannung. Die Zahlen 1,2,3 sind den Richtungen der Koordinaten x, y, z zugeordnet, s. Bild 1.4.

$$\begin{aligned}
\varepsilon_x &= s_{11}\sigma_x + s_{12}\sigma_y + s_{13}\sigma_z \\
\varepsilon_y &= s_{21}\sigma_x + s_{22}\sigma_y + s_{23}\sigma_z \\
\varepsilon_z &= s_{31}\sigma_x + s_{32}\sigma_y + s_{33}\sigma_z \\
\gamma_{yz} &= \qquad\qquad\qquad\qquad s_{44}\tau_{yz} \\
\gamma_{zx} &= \qquad\qquad\qquad\qquad\qquad\qquad s_{55}\tau_{zx} \\
\gamma_{xy} &= \qquad\qquad\qquad\qquad\qquad\qquad\qquad\qquad s_{66}\tau_{xy}
\end{aligned} \tag{1.8}$$

$$s_{ik} = s_{ki} \tag{1.9}$$

Der reziproke Wert der s_{ik} entspricht (in bestimmten Fällen, s. unten) dem Begriff „Modul" im Ingenieurwesen. Die Elastizitätszahlen werden nach der Beziehung (1.10) bezeichnet, Einheit [mm²/N].

$$\begin{array}{llll}
s_{ii} & i & = 1, 2, 3 & \text{Dehnungszahlen} \\
s_{ii} & i & = 4, 5, 6 & \text{Gleitzahlen} \\
s_{ik} & i, k & = 1, 2, 3, \quad i \neq k & \text{Querdehnungszahlen}
\end{array} \tag{1.10}$$

Das **elastische Verhalten von (Bau-)Holz** lässt sich in guter Näherung mit dem rhombisch-anisotropen Elastizitätsgesetz nach Gl. (1.8) beschreiben. Hierüber s. *Heimeshoff* [198], *Heimeshoff/Glos* [212], *Hörig* [229], [230], *Keylwerth* [254], *Kollmann* [267], *Krabbe* [271], *Lischke* [312], *Neuhaus* [377], [378], *Noack/Geissen* [384], *Scharr* [442] und *Wommelsdorff* [532].

Das elastische Verhalten von Holz ist von verschiedenen Einflussgrößen abhängig, z.B. von der Holzart, Rohdichte, Ästigkeit, Holzfeuchte, Holztemperatur u. dgl., hierüber s. u.a. *Kollmann* [267]. Die Abhängigkeit der Elastizitätszahlen s_{ik} von der Holzfeuchte kann für Fichtenholz Tabelle 1.8 entnommen werden. Die Elastizitätszahlen s_{ik} finden Anwendung bei theoretischen Untersuchungen wie ebenen und räumlichen Problemen (z.B. Scheiben, Platten, Schalen), wenn die rhombische Anisotropie des Holzes berücksichtigt werden muss. Die Elastizitätszahlen s_{ik} nach Tabelle 1.8 können nicht unmittelbar auf Bauholz übertragen werden. Für die Nachweise der Tragfähigkeit und Gebrauchstauglichkeit tragender Bauteile dürfen nur die charakteristischen Steifigkeitskennwerte der DIN EN 1995-1-1: 2010-12 verwendet werden, s. Abschn. 7.2.

Tabelle 1.8 Elastizitätszahlen s_{ik} von Fichtenholz bei verschiedenen Holzfeuchten nach *Neuhaus* [377], ermittelt an kleinen fehlerfreien Proben[1]) [2])

Holz-feuch-te ω in %	$s_{11} \cdot 10^{-3}$ in mm²/N	$s_{22} \cdot 10^{-3}$ in mm²/N	$s_{33} \cdot 10^{-3}$ in mm²/N	$s_{44} \cdot 10^{-3}$ in mm²/N	$s_{55} \cdot 10^{-3}$ in mm²/N	$s_{66} \cdot 10^{-3}$ in mm²/N	$-s_{12} \cdot 10^{-3}$ in mm²/N	$-s_{21} \cdot 10^{-3}$ in mm²/N	$-s_{13} \cdot 10^{-3}$ in mm²/N	$-s_{31} \cdot 10^{-3}$ in mm²/N	$-s_{23} \cdot 10^{-3}$ in mm²/N	$-s_{32} \cdot 10^{-3}$ in mm²/N
4	1,960	0,079	1,010	1,306	17,69	1,153	0,017	0,057	0,368	0,385	0,051	0,019
8	2,092	0,080	1,083	1,403	20,03	1,222	0,026	0,071	0,503	0,528	0,058	0,025
12	2,383	0,083	1,223	1,604	23,60	1,345	0,046	0,084	0,733	0,740	0,068	0,034
16	2,790	0,087	1,414	1,859	28,33	1,520	0,070	0,096	0,977	0,984	0,078	0,045
20	3,272	0,091	1,636	2,120	34,16	1,743	0,093	0,107	1,234	1,219	0,087	0,053
24	3,786	0,095	1,874	2,338	41,00	2,010	0,110	0,116	1,383	1,410	0,092	0,056

[1]) mittlere Rohdichte $\rho_0 = 0{,}42$ g/cm³

[2]) für die Querdehnungszahlen s_{12}, s_{21}, s_{23}, s_{32} ist die Forderung $s_{ik} = s_{ki}$ nach den Ergebnissen von *Neuhaus* [377] im Allgemeinen nicht erfüllt

Elastizitätsgesetz eines isotropen Körpers

Ein isotroper Körper besitzt in allen Richtungen gleiche elastische Eigenschaften, d.h. er ist unabhängig vom Koordinatensystem, s. Abschn. 1.2. Für einen linear-elastischen, isotropen Körper gibt das ***Hooke*****sche Gesetz** den eindeutig umkehrbaren Zusammenhang zwischen Spannungen σ und Dehnungen ε wieder, in Gl. (1.11) für den Fall einachsiger Längsbeanspruchung. Entsprechendes gilt für Schubbeanspruchung aus Querkräften nach Gl. (1.12), in der der Zusammenhang zwischen Schubspannungen τ

$$\sigma = E \cdot \varepsilon \tag{1.11}$$

$$\tau = G \cdot \gamma \qquad (1.12)$$

E Elastizitätsmodul in N/mm²

G Schubmodul in N/mm²

ε Dehnung (ohne Einheit), $= \Delta l / l$

γ Winkelverformungen (Gleitwinkel)

σ (Normal-)Spannung in N/mm²

τ Schubspannung in N/mm²

und Winkelverformungen γ (Gleitwinkel) dargestellt wird. Der isotrope Körper wird durch **drei Materialkennwerte** beschrieben: den Elastizitätsmodul E, den Schubmodul G und die Querkontraktionszahl v; zwei davon sind voneinander unabhängig, die dritte Größe ist stets abhängig, s. Gl. (1.13). Die Querdehnungszahlen s_{ik} aus Gl. (1.8) bis Gl. (1.10) sind nicht identisch mit der Querkontraktionszahl v aus Gl. (1.14), letztere stellt

$$G = \frac{E}{2\,(l+v)} \qquad (1.13)$$

$$v = -\,\varepsilon_q/\varepsilon_l \qquad (1.14)$$

E Elastizitätsmodul in N/mm²

G Schubmodul in N/mm²

ε_q; ε_l Dehnung in Querrichtung bzw. in Längsrichtung, ohne Einheit

v Querkontraktionszahl, ohne Einheit

das Verhältnis zweier Dehnungen dar und ist ohne Einheit.

Bei **Torsionsbeanspruchung** eines isotropen Körpers besteht zwischen der Verdrehung φ und dem Torsionsmoment M_{tor} die Beziehung nach Gl. (1.15), die Torsionsspannung τ_{tor} lässt sich nach Gl. (1.16)

$$\varphi = \frac{M_{tor}}{G_{tor} \cdot I_{tor}} \qquad (1.15)$$

$$\tau_{tor} = \frac{M_{tor}}{W_{tor}} \qquad (1.16)$$

G_{tor} Torsionsmodul

I_{tor} Torsionsflächenmoment 2. Grades

M_{tor} Torsionsmoment

W_{tor} Torsionswiderstandsmoment

φ Verdrehung

τ_{tor} Torsionsspannung (Tangentialspannung)

berechnen. Die Elastizitätsmoduln E, Schubmoduln G und Torsionsmoduln G_{tor} sind Proportionalitätsfaktoren, sie besitzen die Größe einer hypothetischen Spannung (N/mm²), als Beispiel s. Bild 1.18.

1.8.3 Steifigkeitskennwerte (Elastizitäts-, Schub-, Torsionsmoduln) von (Bau-)Hölzern

In der Ingenieurpraxis werden nicht die Elastizitätszahlen s_{ik} nach Gl. (1.8) und (1.10), sondern ihre Kehrwerte, die Elastizitäts- und Schubmoduln als Steifigkeitskennwerte verwendet. Es bestehen die Beziehungen nach Gl. (1.17), s. Bild 1.4. Elastizitäts- und Schubmoduln von Bauhölzern, bestimmt an kleinen fehlerfreien Proben, können Tabelle 1.9 entnommen werden; sie sind nicht auf Bauholz unmittelbar übertragbar. Für tragende Bauteile aus Voll-, Balkenschicht- und Brettschichtholz dürfen nur die charakteristischen Steifigkeitskennwerte der DIN EN 1995-1-1: 2010-12 verwendet werden, s. Abschn. 7.2.

$$\begin{aligned}
E_L &= E_{22} = 1/s_{22} && \text{Elastizitätsmodul in Faserrichtung}\\
E_T &= E_{11} = 1/s_{11} && \text{Elastizitätsmodul in Tangentialrichtung}\\
E_R &= E_{33} = 1/s_{33} && \text{Elastizitätsmodul in Radialrichtung}\\
G_{LR} &= G_{23} = 1/s_{44} && \text{Schubmodul der Radialfläche}\\
G_{RT} &= G_{31} = 1/s_{55} && \text{Schubmodul der Hirnfläche}\\
G_{LT} &= G_{21} = 1/s_{66} && \text{Schubmodul der Tangentialfläche}\\
& && \text{(L für längs, T für tangential, R für radial)}
\end{aligned} \qquad (1.17)$$

Tabelle 1.9 Elastizitäts- und Schubmoduln sowie Querdehnungszahlen von Bauhölzern nach *Keylwerth* [254], *Noack/Schwab* [385] und *Sell* [481]; Mittelwerte, bestimmt an kleinen fehlerfreien Proben bei einer Holzfeuchte $\omega \approx 12\%$ [1]) [2])

Holzart	Roh-dichte ρ_N in g/cm³	Elastizitätsmoduln E_T $1/s_{11}$ in N/mm²	E_L $1/s_{22}$ in N/mm²	E_R $1/s_{33}$ in N/mm²	Schubmoduln G_{LR} $1/s_{44}$ in N/mm²	G_{RT} $1/s_{55}$ in N/mm²	G_{LT} $1/s_{66}$ in N/mm²	Querdehnungszahlen $-s_{12} \cdot 10^{-3}$ in mm²/N	$-s_{13} \cdot 10^{-3}$ in mm²/N	$-s_{32} \cdot 10^{-3}$ in mm²/N
Nadelhölzer										
Fichte	0,47	450	10 000	800	600	40	650	0,033	0,60	0,027
Tanne	0,47	450	10 000	–	–	–	–	–	–	–
Kiefer	0,52	500	11 000	1000	–	70	680	0,027	0,54	0,028
Lärche	0,59	–	12 000	–	–	–	–	–	–	–
Western Hemlock	0,47	500	10 000	800	670	90	560	0,045	0,65	0,049
Southern Pine	0,56	750	13 000	1200	1000	140	680	0,025	0,40	0,023
Laubhölzer										
Eiche	0,67	920	13 000	1580	1150	400	800	0,040	0,30	0,023
Buche	0,69	1160	14 000	2280	1640	470	1080	0,037	0,31	0,032
Teak	0,69	910	13 000	1490	1230	350	820	–	–	–
Afzelia, Doussié	0,79	1450	13 500	1840	1330	420	980	0,033	–	0,023
Azobé, Bongossi	1,06	2060	17 000	3230	2000	960	1400	0,011	0,14	0,015

[1]) –: keine Angaben

[2]) mittlere Kennwerte der Rohdichte ρ und des Elastizitätsmoduls E_0 (in Faserrichtung) von Nadel- und Laubholzarten für tragende und nichttragende Zwecke bei einer mittleren Holzfeuchte von $\omega = 12\%$, ermittelt an kleinen fehlerfreien Proben, können auch DIN 68364: 2003-05 entnommen werden

Werden die Module ins Verhältnis gesetzt, s. Tabelle 1.10, so zeigt sich der anisotrope Charakter der (Bau-)Hölzer, gekennzeichnet durch die unterschiedlichen Maßeinheiten in den anatomischen Hauptachsen. Für die **Ingenieurpraxis** ist die Anzahl von sechs verschiedenen Moduln unhandlich, sie würde zeitaufwendige Berechnungen bewirken. Eine gesonderte Betrachtung der beiden x- und z-Richtungen ist darüber hinaus technisch nicht sinnvoll, da in Bauhölzern die Jahrringe in den seltensten Fällen kantenparallel verlaufen und deshalb eine Orientierung dieser beiden Hauptachsen nach Bild 1.4 in Bauhölzern fast immer auszuschließen ist. Bei Torsionsbeanspruchungen eines rhombisch-anisotropen Körpers um eine Hauptachse sind jeweils zwei Schubmoduln beteiligt; auch hier kann die Reduzierung auf einen Torsionsmodul vorgenommen werden, der in vergleichbarer Größe zum Schubmodul steht, s. *Möhler/Hemmer* [352]. Für praktische Berechnungen wird der Torsionsmodul gleich dem Schubmodul gesetzt, weiter können die Elastizitätsmoduln E_0 von Bauhölzern in Faserrichtung für Zug-, Druck- und Biegebeanspruchung gleich groß angesetzt werden, so dass die Anzahl der Moduln für die Ingenieurpraxis nach Gl. (1.18) auf drei verringert wird. Dadurch kann der anisotrope Baustoff Holz für praktische Zwecke

Tabelle 1.10 Verhältnisse von Moduln der Tabelle 1.9 für Fichte und Eiche

Verhältnis	Fichte (Nadelholz)		Eiche (Laubholz)	
$E_L/E_R/E_T$	10 000/800/450	$\approx 22/1{,}8/1$	13 000/1580/920	$\approx 14/1{,}7/1$
E_L/G_{LT}	10 000/650	$\approx 15/1$	13 000/800	$\approx 16/1$

$$
\begin{aligned}
E_0 &= E_L = E_{22} = 1/s_{22} && \text{Elastizitätsmodul in Faserrichtung} \\
E_{90} &\approx E_T = E_{11} = 1/s_{11} && \text{Elastizitätsmodul quer zur Faserrichtung} \\
G &\approx G_{LT} = G_{21} = 1/s_{66} && \text{Schubmodul} \approx G_{tor} \text{ als Torsionsmodul}
\end{aligned}
\qquad (1.18)
$$

hinreichend genau und vereinfachend auf einen quasi-isotropen Baustoff zurückgeführt. Die Berechnungen und Bemessungen von Holzbauteilen können demnach auf der Grundlage eines isotropen Körpers nach Abschn. 1.8.2 durchgeführt werden, jedoch besteht bei Holz kein Zusammenhang zwischen E, G und ν nach Gl. (1.13).

Abhängigkeiten der Elastizitäts- und Schubmoduln

Die Elastizitäts- und Schubmoduln sind entsprechend den Elastizitätszahlen von der Holzart, Rohdichte, Ästigkeit, Holzfeuchte, Holztemperatur u. dgl. abhängig. Sie können auch bei gleicher Holzart innerhalb weiter Grenzen schwanken. Als Beispiel können wesentliche Abhängigkeiten des Druck- Elastizitätsmoduls $E_{c,0}$ von Brettschichtholz Bild 1.19 entnommen werden. Diese Versuchsergebnisse zeigen u.a. den großen Einfluss der Rohdichte ρ_0 und den dazu geringeren der Holzfeuchte ω auf den Elastizitätsmodul $E_{c,0}$ von Brettschichtholz auf.

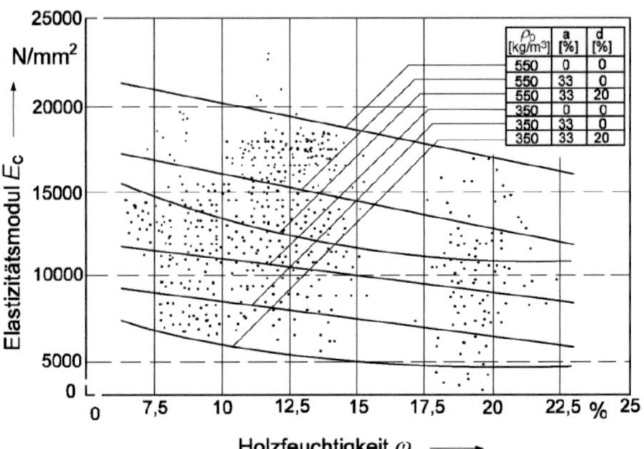

Bild 1.19 Druck-Elastizitätsmodul $E_{c,0}$ von Brettschichtholz in Faserrichtung in Abhängigkeit von der Holzfeuchte ω, Rohdichte ρ_0, Ästigkeit a und Druckholzanteil d nach *Glos* [156], Regressionskurven aus als (·) dargestellten Versuchswerten (820 Proben in fünf Klimastufen von $T = 20$ °C/ $\varphi = 35\%$ bis $T = 20$ °C/$\varphi = 85\%$)

Die Elastizitätsmoduln E_0 und E_{90} und der Schubmodul G von Bauhölzern nehmen im hygroskopischen Bereich mit steigender **Holzfeuchte** ω ab, im kapillaren Bereich sind sie dagegen weitgehend konstant. In der praktischen Bemessung tragender Bauhölzer werden diese Abhängigkeiten durch Einteilung der Hölzer in Nutzungsklassen und durch den Verformungsbeiwert k_{def} berücksichtigt, s. Abschn. 7.3.1 und 7.4.2.

Bei Beanspruchungen, die von der Faserlängsrichtung abweichen, nimmt der Elastizitätsmodul E mit steigendem **Winkel** $\boldsymbol{\alpha}$ **zwischen Kraft- und Faserrichtung** ab, s. Bild 15.2 bzw. 16.4, und erreicht bei $\alpha = 90°$ den Wert von E_{90} (quer zur Faserrichtung). Diese Abhängigkeit des E-Moduls kann näherungsweise nach *Erläut. zu DIN 1052: 1988-04* [77] mit Gl. (1.19) berechnet werden, sie ist in Bild 1.20 für Nadelholz C24 und Laubholz D30 dargestellt.

Über diese und weitere Abhängigkeiten der Moduln s. *Beldie* [23], *Edlund* [110], *Glos* [156], [157], *Kollmann* [267], *Kollmann/Krech* [268], *Kühne* [294], *Kufner* [295], *Lignum* [311], *Möhler/Steck* [362], *Noack/Geissen* [384], *Schwab/Polaczek* [477] und *Wesche* [520].

$$E_\alpha = \frac{E_0 \cdot E_{90}}{E_0 \cdot \sin^3 \alpha + E_{90} \cdot \cos^3 \alpha} \tag{1.19}$$

E_α Elastizitätsmodul in Abhängigkeit vom Winkel α zwischen Kraft- und Faserrichtung
E_0 Elastizitätsmodul in Faserrichtung nach Abschn. 7.2
E_{90} Elastizitätsmodul rechtwinklig zur Faserrichtung nach Abschn. 7.2
α Winkel zwischen Kraft- und Faserrichtung des Holzes

Charakteristische Steifigkeitskennwerte von Bauholz

Die vorbenannten Abhängigkeiten sind bei der Festlegung der Elastizitätsmoduln E_0, E_{90} und Schubmoduln G von Voll-, Balkenschicht- und Brettschichtholz der DIN EN 1995-1-1: 2010-12 berücksichtigt worden; die Rechenwerte dieser Moduln werden als charakteristische Steifigkeitskennwerte bezeichnet und sind in Abschn. 7.2.1 als Mittelwerte (mean) und 5%-Quantilwerte (05) für die Bemessung tragender Holzbauteile zusammengestellt.

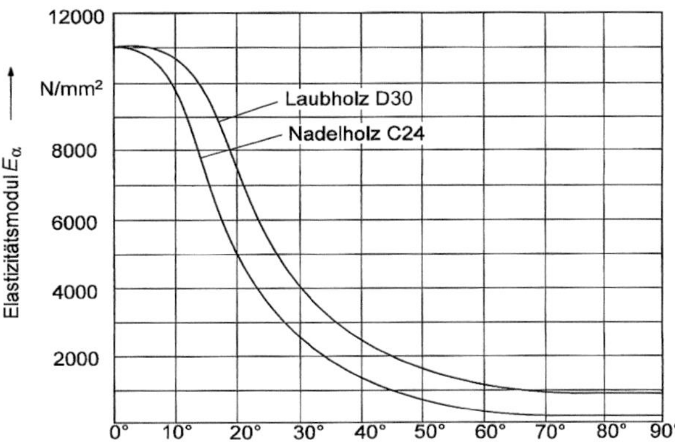

Bild 1.20 Elastizitätsmodul E_α von Nadelholz C24 und Laubholz D30 der DIN EN 1995-1-1: 2010-12 in Abhängigkeit vom Winkel α zwischen Kraft- und Faserrichtung, berechnet nach Gl. (1.19)

1.9 Kriechen von Holz

1.9.1 Kriechen von Holz als visko-elastisches Material

Als **Kriechen** werden zeitabhängige Verformungszunahmen eines Körpers unter gleichbleibender Beanspruchung bezeichnet; oder am Beispiel eines Zugstabes: eine Dehnungszunahme mit der Zeit unter konstanter Spannung. Zum Vergleich: als **Relaxation** werden zeitabhängige Spannungsabnahmen bei unverändert gehaltener (konstanter) Verformung bezeichnet.

Wird Holz als visko-elastisches Material über längere Zeit belastet, überlagern sich elastische (Anfangs-)Verformungen w_{inst} und zusätzliche Kriechverformungen zur zeitabhängigen Gesamtverformung w_{fin}, s. schematische Darstellung im Bild 1.21. Während die elastische (Anfangs-)Verformung w_{inst} innerhalb der ersten kurzen Belastungszeit (definierter Kurzzeitversuch) entsteht und eine steile Verformungszunahme beinhaltet, besitzt die zusätzliche Kriechverformung, die danach über längere Zeit bis zur Gesamtverformung w_{fin} auftritt, eine wesentlich geringere Kurvensteigung. Nach Entlastung geht Holz überwiegend nicht vollständig in seinen Ausgangszustand zurück, sondern es verbleiben nach längerer Belastungszeit plastische Anteile (bleibende Verformungen). Tragende Holzbauteile unterliegen in der Regel ständigen Einwirkungen wie Eigengewichten und darüber hinaus weiteren Einwirkungen, die sich zeitlich und örtlich verändern können wie Nutzlasten, so dass vollständige Entlastungen in der Baupraxis sehr selten sind.

Kriechverformungen von Holz sind im Wesentlichen von der Holzart, Dauer, Höhe und Art der Belastung sowie der Holzfeuchte und -temperatur abhängig. Sie können erheblich größer sein als die elastischen (Anfangs-)Verformungen. Als **Kriechfaktor** w_t / w_{inst} wird das Verhältnis der Gesamtverformung w_t zur Zeit t bezogen auf die elastische (Anfangs-) Verformung w_{inst} bezeichnet. Der **Belastungsgrad** wird als Verhältnis der aufgebrachten Spannung bezogen auf die statische Kurzzeitfestigkeit definiert und in % angegeben.

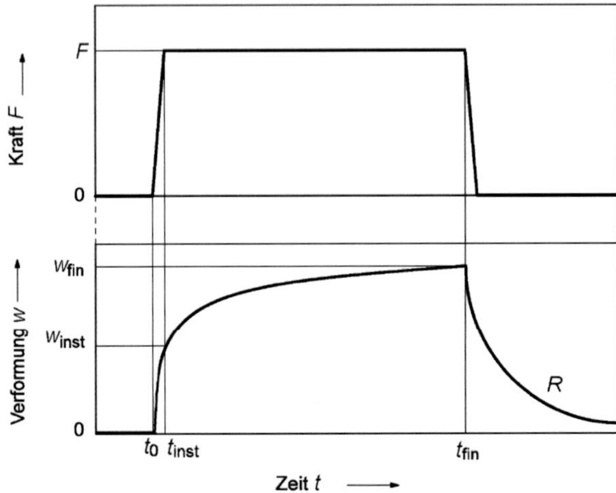

Bild 1.21 Kriechverformung eines visko-elastisches Materials unter Be- und Entlastung einer Kraft F in Abhängigkeit von der Zeit t, schematische Darstellung, nach *Andriamitantsoa* [8],
w_{inst} elastische (Anfangs-)Verformung
w_{fin} Gesamt-(oder End-)Verformung
t_0 Belastungsbeginn
t_{inst} Zeitpunkt des Endes der elastischen (Anfangs-)Verformung
t_{fin} Zeitpunkt des Erreichens der Gesamtverformung
R Entlastungsphase

Die Abhängigkeit des Kriechens von der **Beanspruchungsart** zeigt Bild 1.22 am Beispiel des Fichtenholzes. Danach ist das Zug-Kriechen parallel zur Faser geringer als das Biege-Kriechen und als das Druck-Kriechen parallel zur Faser; das Torsions-Kriechen ist am stärksten ausgeprägt und erreicht etwa das Zwei- bis Dreifache des Biege-Kriechens; das Kriechen bei Querzug- und Querdruckbeanspruchung (in Bild 1.22 nicht dargestellt) ist stärker ausgeprägt als bei Biegung und Druck parallel zur Faser.

Bild 1.22 Kriechen von Fichtenholz in Abhängigkeit von der Beanspruchungsart nach *Gressel* [174], gemessen an kleinen fehlerfreien Proben, Klima: $T = 20°C$, $\varphi = 55\%$, Belastungsgrad: 20–30%

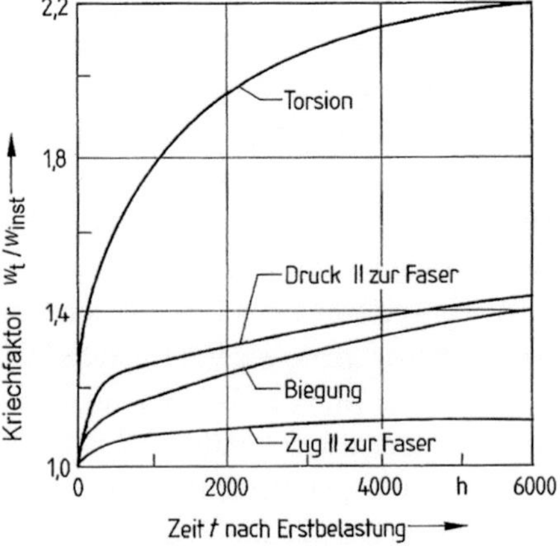

1.9.2 Kriechen von Holz unter verschiedenen mechanischen Beanspruchungen bei Holzfeuchten der Nutzungsklasse 1

Der Einfluss des Belastungsgrades auf das Kriechverhalten von Vollholz bei Holzfeuchten etwa $\omega = 12\%$ (Nutzungsklasse 1) ist nach den vorliegenden Untersuchungen unterschiedlich zu beurteilen: Bei kleinen, fehlerfreien Proben tritt signifikantes Kriechen bereits bei Belastungsgraden ab etwa 20 bis 30 % auf, wie am Beispiel des Biege-Kriechens von Fichtenholz nach *Gressel* [174] aus Bild 1.23 entnommen werden kann, während bei praxisbezogenen größeren Prüfkörpern signifikantes Kriechen erst ab höheren Belastungsgraden nachgewiesen wird, beim Druckkriechen etwa ab 40%, wie am Beispiel von Fichtenholz-Brettlamellen nach *Glos/Heimeshoff/Kelletshofer* [161] aus Bild 1.24 ersichtlich wird. Danach prägt der Belastungsgrad das Kriechen entscheidend.

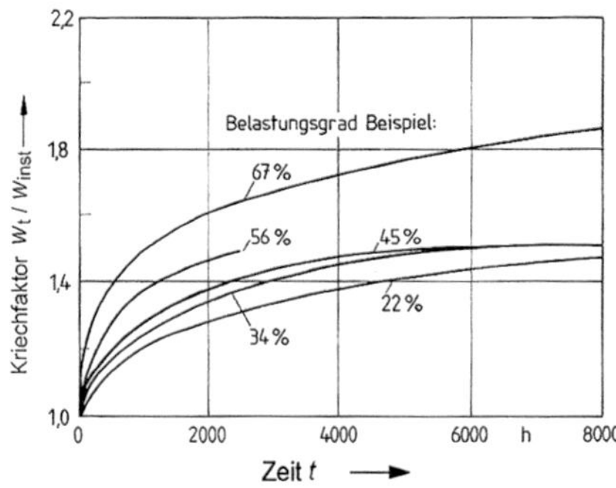

Bild 1.23 Kriechen von Fichtenholz infolge Biegebeanspruchung in Abhängigkeit vom Belastungsgrad nach *Gressel* [174], gemessen an kleinen fehlerfreien Proben bei einem Klima: $T = 20°C$, $\varphi = 55\%$

Bild 1.24 Kriechen von Fichtenholz-Brettlamellen infolge Druckbeanspruchung in Abhängigkeit vom Belastungsgrad nach *Glos/Heimeshoff/Kelletshofer* [161], gemessen an praxisbezogenen größeren Prüfkörpern bei einem Klima von $T = 20°C$, $\varphi = 65\%$ (Normalklima)

Mit steigenden Belastungsgraden nimmt das Kriechen weiter zu; oberhalb der Kriechgrenze liegt eine beschleunigte Verformungszunahme vor und führt nach bestimmter Belastungszeit zum Bruch des Bauteils, als Beispiel s. Bild 1.24. Als Kriechgrenze wird die Grenzspannung bezeichnet, bei der keine weitere zeitabhängige Verformungszunahme auftritt und die Kriechverformung einen Grenzwert erreicht. Bei Belastungsgraden von Bauholz, die etwa kleiner oder gleich den Bemessungswerten X_d einer Holzfestigkeit z.B. der Biegefestigkeit sind, liegen die Kriechverformungen innerhalb der Kriechgrenzen. Nach *Möhler* [344] liegt die Kriechgrenze für fehlerfreies Vollholz infolge Biegebeanspruchung unter den Bedingungen etwa der Nutzungsklasse 1 bei ca. 50 bis 60% der statischen Kurzzeitfestigkeit.

1.9.3 Kriechen von Holz bei höheren Holzfeuchten der Nutzungsklassen 2 und 3

Neben den vorbenannten Abhängigkeiten unterschiedlicher mechanischer Beanspruchungen und Belastungsgraden sind Kriechverformungen des Holzes auch von der **Holzfeuchte** abhängig. Das Kriechen von Holz nimmt mit steigender Holzfeuchte zu. Nach *Gressel* [174] liegen die Kriechfaktoren von fehlerfreiem Vollholz in der Nutzungsklasse 1 (z.B. beheizte Wohnräume) unter gleich bleibender Biegebeanspruchung im Mittel bei w_t / w_{inst} = 1,5, unter den Bedingungen der Nutzungsklasse 2 (z.B. natürliches Außenklima unter Dach) wurden unter gleicher mehrjähriger Biegebeanspruchung Kriechfaktoren von 2,5 bis 5,0 gemessen.

Die **Art der Feuchtebeanspruchung** beeinflusst das Kriechen von Vollholz unterschiedlich. Nach Bild 1.25 unterliegt frisches Vollholz, das hohe Holzfeuchten von etwa ω = 25 bis 30% (etwa im Fasersättigungsbereich, Nutzungsklasse 3) beim Einbau aufweist und im Gebrauchszustand (auf Nutzungsklasse 1) austrocknen kann (Kurve b), unter Biegebeanspruchung erheblichen Kriechverformungen, dies wird bei der Bemessung von Vollholzbauteilen gesondert berücksichtigt. Dagegen erfährt getrocknetes Holz, das kleine Holzfeuchten von ω = 12% (Nutzungsklasse 1) beim Einbau besitzt und im Gebrauchszustand Feuchte aufnimmt, wesentlich geringere zusätzliche Kriechverformungen (Kurve d). Vollholz mit konstanter Holzfeuchte, ob hohe (Kurve a) oder geringe (Kurve c) Holzfeuchte, neigt vergleichsweise nur zu geringerem Kriechen.

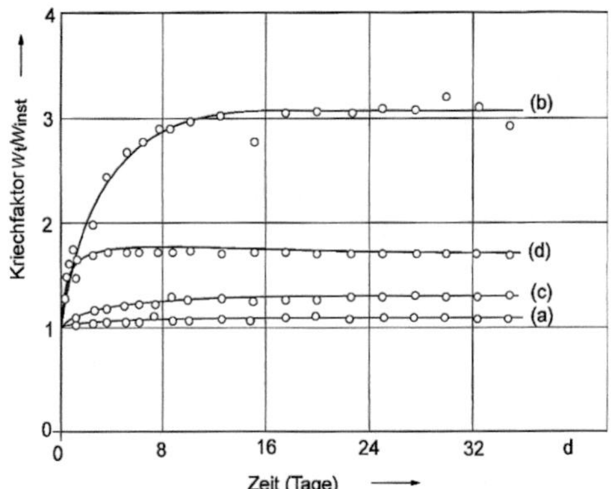

Bild 1.25 Kriechkurven aus Durchbiegungen von Vollholzbalken bei unterschiedlichen Holzfeuchten nach *Amstrong/Kingston*, aus *Andriamitantsoa* [8]
Belastungsgrad: 24%, Temperatur T = 25 °C
a: frisches Holz ohne Trocknung
b: frisches Holz auf ω = 12% getrocknet
c: Holz mit konstanter Holzfeuchte ω = 12%
d: Holz mit ursprünglich ω = 12% und anschließender Holzfeuchtezunahme

Nach Bild 1.26 kriecht Vollholz unter hoher konstanter Holzfeuchte weniger als im Wechselklima, demnach vergrößern **wechselnde Holzfeuchten** die Kriechverformungen von belasteten Vollhölzern, diese Kriechverformungen nehmen mit wachsender Amplitude der Holzfeuchteschwankungen zu. Da diese Amplituden in den Nutzungsklassen 2 und 3 (Außenklima unter Dach bzw. freie Bewitterung) ausgeprägter sind (bezogen auf Nutzungsklasse 1) und im Mittel kleiner als 10% Holzfeuchteschwankungen betragen, sind die Auswirkungen des Wechselklimas auf den Kriechfaktor in Bauholzteilen geringer als bei

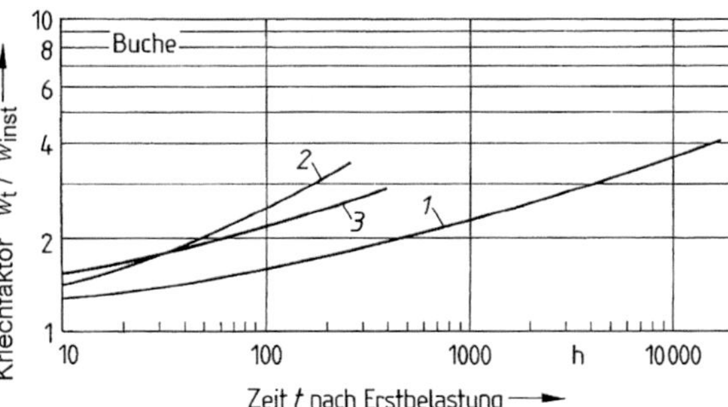

Bild 1.26 Kriechen von Buche in Abhängigkeit vom Umgebungsklima nach *Gressel* [174], Belastungsgrad 33%,
1: natürliches Außenklima unter Dach
2: Wechselklima: $T = 20°C$, $\varphi = 95\%$ und: $T = 20°C$, $\varphi = 25\%$,
3: konstantes Feuchtklima: $T = 20°C$, $\varphi = 95\%$

Untersuchungen an Holzproben festgestellt worden ist, in denen meist Amplituden von mehr als 10% zugrunde gelegt werden. Nach *Blaß* [32] kann deshalb für übliche Holzbauwerke aus Vollholz ein Kriechfaktor von 2,0 zur Berücksichtigung von Holzfeuchteschwankungen angesetzt werden.

Mit zunehmenden **Temperaturen** treten temperaturabhängige Kriechverformungen bei Holz auf, die jedoch durch die holzfeuchteabhängigen überlagert werden, so dass eine genauere Beschreibung dieser Zusammenhänge für praktische Belange sehr aufwändig wäre. Unter Gebrauchstemperaturen der Baupraxis kann der Kriecheinfluss vernachlässigt werden.

1.9.4 Berücksichtigung des Kriechens bei der Bemessung von Holzbauteilen

Da die Belastungsdauer und die Holzfeuchte von allen o.a. Parametern einen bestimmenden Einfluss auf das Kriechverhalten von Holzbauteilen besitzen, wird ihre kombinierte Wirkung durch den Verformungsbeiwert k_{def} bei den Nachweisen der Gebrauchstauglichkeit in Rechnung gestellt, s. Abschn. 7.4.2. Der Verformungsbeiwert k_{def} wird für ständige Lasteinwirkungen festgelegt, da nur diese Kriechverformungen bewirken; der Einfluss der Holzfeuchte wird durch Einteilung in drei Nutzungsklassen berücksichtigt, die die zu erwartende Gleichgewichtsfeuchte (Ausgleichsfeuchte) der Holzbauteile im Gebrauchszustand beinhalten.

Die rechnerische Berücksichtigung der Kriechverformungen durch den Verformungsbeiwert k_{def} kann das wirklich im Holzbauteil auftretende Kriechen nur im Mittel und damit näherungsweise abbilden, da das tatsächliche Langzeitverhalten u.a. von der vorhandenen Holzstruktur, dem Feuchteaufnahmeverhalten des Holzes sowie von den Last- und Klimabeanspruchungen abhängig ist, so dass kleinere oder größere als die berechneten Kriechverformungen auftreten können.

In der **Ingenieurpraxis** sind überwiegend Kriechverformungen von biegebeanspruchten Holzbauteilen von großer Bedeutung; deshalb wird das **Biege-Kriechen** beim Nachweis der Gebrauchstauglichkeit (Durchbiegung) berücksichtigt, in bestimmten Fällen wird empfohlen, auch das **Schub-Kriechen** zu berechnen, s. Abschn. 25.3.2. Das geringe **Zug-Kriechen** ist in der Baupraxis von untergeordneter Bedeutung und braucht nicht berechnet zu werden, dagegen wird das vergleichsweise größere **Druck-Kriechen** bei der Bemessung von Druckstäben unter hoher ständiger Last und höheren Holzfeuchten in Rechnung gestellt, für das Ersatzstabverfahren s. Abschn. 16.2.1 und für Theorie II. Ordnung s. Abschn. 24.2.2.

Das **Torsion-Kriechen** sollte, falls erforderlich, ebenso nachgewiesen werden, da eine derartige Kriechverformung (Verdrehung um die Bauteillängsachse) wesentlich größer ist als das Biege-Kriechen, s. Bild 1.22. Es wird empfohlen, Torsionsbeanspruchungen von Holzbauteilen (z.B. durch konstruktive Maßnahmen) und damit das Torsions-Kriechen möglichst zu vermeiden, insbesondere bei höheren Holzfeuchten; andernfalls wird empfohlen, das Torsions-Kriechen bei Bedarf sinngemäß wie das Biegekriechen (Durchbiegungen) mit den k_{def}-Werten näherungsweise rechnerisch zu berücksichtigen, hierüber s. auch *Erläut. zu DIN 1052: 1988-04* [77], E 4.3.

Neben den Kriechverformungen des Holzes müssen in Holzkonstruktionen zusätzliche Verformungen der Verbindungen in Anschlüssen und Stößen berücksichtigt werden, z.B. in Fachwerken, s. sinngemäß Abschn. 23.1.1.

Über das Kriechen von Holz s. auch *Andriamitantsoa* [8], *Becker* [20], *Blaß* [32], *Dürr* [108], *Glos/Heimeshoff/Kelletshofer* [161], *Gressel* [173], [174], *Kindereit* [256], *Kollmann* [267], *Krabbe/Kintrup* [277], *Möhler/Hemmer* [352], *Molinski/Raczkowski* [371], *Moorkamp* [372], *Rautenstrauch* [415], *Rautenstrauch/Becker* [416] und *Schänzlin* [440].

1.10 Festigkeit von Holz

1.10.1 Festigkeiten von fehlerfreiem Holz und fehlerbehaftetem Bauholz

Die Festigkeit f des Materials eines Körpers ist eine mechanische Baustoffeigenschaft: Die Festigkeit ist ein charakteristischer Spannungswert, Einheit: N/mm^2, der den Widerstand eines belasteten Körpers gegen Trennung (z.B. Aufreißen) oder große Verformung kennzeichnet, oder: Die statische Festigkeit f eines Materials (unter vorwiegend ruhender Beanspruchung) ist die bis zum Bruch des Körpers (Probe) auftretende größte rechnerische Spannung (z.B. Zugfestigkeit).

Die Festigkeitskennwerte von Holz sind nach *Kollmann* [267] u.a. abhängig von:

- der Holzart (Laubhölzer haben im Allgemeinen höhere Festigkeiten als Nadelhölzer),
- inneren Holzeigenschaften wie Rohdichte, Ästigkeit, Spätholzanteil, Jahrringbreite,
- physikalischen Zuständen wie Winkel α zwischen Kraft- (Beanspruchungs-) und Faserrichtung (besonders entscheidend, s. Bild 15.2 oder 16.4), Holzfeuchte, Holztemperatur,
- Belastungsdauer, Größe und Form der Proben u. dgl.

Festigkeiten von fehlerfreiem Holz

Als Festigkeiten von Holz werden die Zug-, Druck-, Biege-, Schub-, Scher- und Torsionsfestigkeit unterschieden, s. Tabelle 1.11, sie werden im Allgemeinen an kleinen fehlerfreien

Tabelle 1.11 Koordinatensysteme und Beanspruchungsarten bei Bau- und Brettschichtholz[1])

Koordinatensysteme

Stab-Statik	Holzbau-Technologie nach *Hörig*, s. Bild 1.4
übliche Festlegung in statischen Berechnungen	nur für technologische Betrachtungen[2])

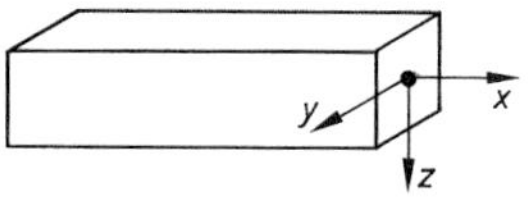

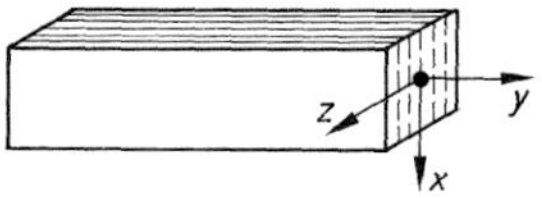

Beanspruchungsarten

Zug	Querzug
(Längs-)Zug ‖ zur Faser bzw. $\alpha = 0°$	(Quer-)Zug ⊥ zur Faser bzw. $\alpha = 90°$

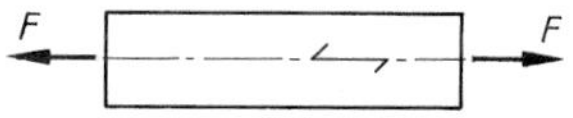

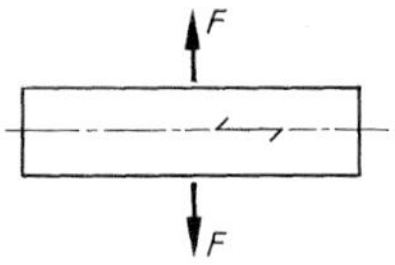

Druck[3])	Querdruck[4])	
 (Längs-)Druck ‖ zur Faser bzw. $\alpha = 0°$	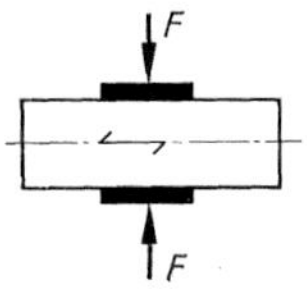 (Quer-)Druck ⊥ zur Faser bzw. $\alpha = 90°$, mit Überstand ‖ zur Faser	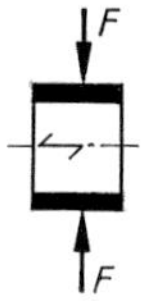 (Quer-)Druck ⊥ zur Faser bzw. $\alpha = 90°$, ohne Überstand ‖ zur Faser

Biegung	Torsion
Biegedruckkräfte „oben", Biegezugkräfte „unten", Schubkräfte s. Schub aus Querkraft	gegenseitiges Verdrehen eines Stabes um seine Längsachse

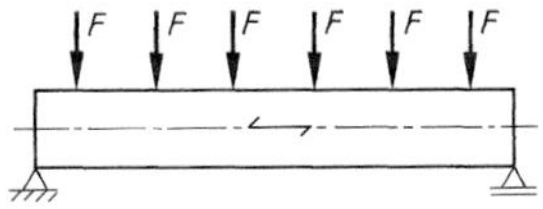

Schub aus Querkraft[5])	Abscheren (Zug- oder Druckscheren, od. Abschieben)	
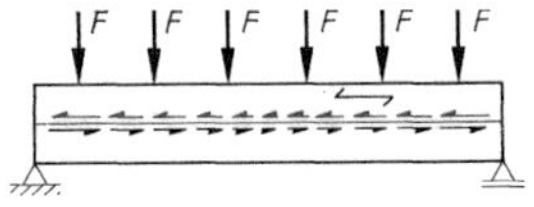 bei einem Biegeträger versuchen Schubkräfte die einzelnen Ebenen in Trägerlängsrichtung zu verschieben[5])	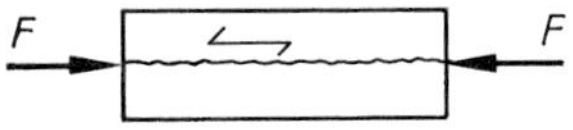 Scheren längs (‖) zur Faser in einer Ebene	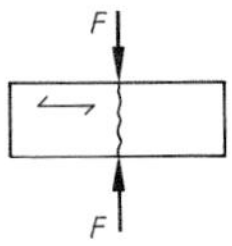 Scheren quer (⊥) zur Faser in einer Ebene

[1]) ↼⇁: Faserrichtung; ·—·—·—· : Stablängsachse

[2]) in der Praxis werden die x- und z-Achse gleich bezeichnet mit: quer (⊥) zur Faser bzw. $\alpha = 90°$

[3]) Knicken s. Abschn. 16.2

[4]) Schwellen- und Auflagerdruck s. Abschn. 16.1.2

[5]) Schub aus Querkraft s. auch Abschn. 1.10.2, Abschn. 18.4 und Bild 18.5

Proben bei einer Holzfeuchte von $\omega \approx 12\%$ (Lagerung im Normalklima $T = 20°C$, $\varphi = 65\%$) im Kurzzeitversuch bestimmt.

Die Spannungs-Dehnungslinie für fehlerfreies Holz nach Bild 1.18 verläuft bei Zug bis zum schlagartig auftretenden Bruch praktisch linear (Sprödbruch), während für Druck ein plastisches Verhalten vorliegt.

In Tabelle 1.12 sind **mittlere Festigkeitskennwerte** von kleinen fehlerfreien Bauholzproben zusammengestellt. Die Festigkeiten liegen je Holzart in einem großen Streubereich, s. als Beispiel Bild 1.19; bei der Zugfestigkeit schwanken sie besonders innerhalb weiter Grenzen. Aus den mittleren Festigkeiten kleiner fehlerfreier Proben können (mit einigen Abweichungen) etwa folgende Größenordnungen bezogen auf die Zugfestigkeit $f_{t,0}$ in Faserrichtung der Hölzer entnommen werden:

- Druckfestigkeit: $f_{c,0} \approx 0{,}5 \cdot f_{t,0}$
- Biegefestigkeit: $f_m \approx 0{,}8 \cdot f_{t,0}$
- Scherfestigkeit: $f_v \approx 0{,}1 \cdot f_{t,0}$

Demnach ist bei kleinen fehlerfreien Holzproben die Zugfestigkeit $f_{t,0}$ in Faserrichtung größer als die Druckfestigkeit $f_{c,0}$ in Faserrichtung, während bei fehlerbehaftetem Bauholz die Druckfestigkeit größer ist als die Zugfestigkeit mit den Ausnahmen hoch beanspruchbarer Nadel- und Laubvollhölzer, s. Abschn. 1.10.3.

Festigkeiten von fehlerbehaftetem Bauholz

Die Festigkeiten der Tabelle 1.12 dürfen nicht unmittelbar für die Bemessung nach DIN EN 1995-1-1: 2010-12 verwendet werden, da die Festigkeiten tragender fehlerbehafteter Holzbauteile (aus Bauholz mit Fehlern wie z.B. Ästigkeit, Faserabweichung) weitaus geringer sind als die Festigkeitswerte, die an fehlerfreien Proben ermittelt werden. Für die Bemessung tragender Bauhölzer und Brettschichtholz dürfen nur die charakteristischen Festigkeitskennwerte f_k nach Abschn. 7.2.1 verwendet werden.

Die Festigkeiten von Bauholz und Brettschichtholz, s. Tabelle 1.11, werden nach den Regelungen in DIN EN 408: 2012-10 und DIN EN 384: 2022-08 aus Versuchen bestimmt; im Abschn. 6.2.2 letzterer Baunorm sind z.B. die Abhängigkeiten der charakteristischen Zug- und Druckfestigkeitswerte von der charakteristischen Biegefestigkeit $f_{m,k}$ für tragendes Bauholz wie folgt angegeben, s. auch Bild 1.39:

- Zugfestigkeit: $f_{t,0,k} = 0{,}6 \cdot f_{m,k}$
- Druckfestigkeit: $f_{c,0,k} = 5 \cdot (f_{m,k})^{0{,}45}$

Das Bestimmen charakteristischer Festigkeitswerte von Bauholz ist im Abschn. 1.10.6 näher erläutert.

Tabelle 1.12 Mittlere Festigkeiten von Nadel- und Laubhölzern, bestimmt an kleinen fehlerfreien Proben bei einer Holzfeuchte $\omega \approx 12\%$ nach DIN 68364: 2003-05[1]) [2]) [3])

Holzart *wissenschaftlicher Name*	Zugfestigkeit f_t in N/mm²	Druckfestigkeit f_c in N/mm²	Biegefestigkeit f_m in N/mm²	Schubfestigkeit f_v in N/mm²
Nadelhölzer				
Fichte *Picea abies*	95	45	80	10
Tanne *Abies alba*	95	45	80	10
Kiefer *Pinus sylvestris*	100	47	85	10
Lärche *Larix decidua*	107	55	99	10
Douglasie, (Mitteleuropa) *Pseudotsuga menziesii*	105	54	100	10
Western Hemlock *Tsuga heterophylla*	68	45	75	7,8
Pine, Carolina- *Pinus taeda*	110	50	100	10,5
Yellow Cedar *Chamaecyparis nootkatensis*	90	45	78	9
Laubhölzer				
Eiche *Quercus robur, - petraea*	110	52	95	11,5
Buche *Fagus sylvatica*	135	60	120	10
Teak *Tectona grandis*	115	58	100	10,4
Keruing, Yang *Dipterocarpus spp.*	140	70	125	12
Afzelia, Doussié *Afzelia bipindensis*	120	70	115	12,5
Merbau *Intsia bijuga*	140	70	130	15
Angélique, Basralocus *Dicorynia guianensis*	130	70	120	12
Azobé, Bongossi *Lophira alata*	180	95	180	14

[1]) mittlere Rohdichten entsprechen etwa den Mittelwerten in Tabelle 1.2
[2]) weitere Angaben in *Noack/Schwab* [385], s. auch *Grosser* [178], *Kollmann* [267] und *Sell* [481]
[3]) in DIN 68364: 2003-05 sind auch mittlere Festigkeitswerte anderer Nadel- und Laubhölzer enthalten

1.10.2 Festigkeiten von Holz in Abhängigkeit vom Winkel *α* zwischen Kraft- (bzw. Beanspruchungs-) und Faserrichtung

Der Winkel *α* zwischen Kraft- (bzw. Beanspruchungs-) und Faserrichtung ist aufgrund der großen Anisotropie des Holzes von entscheidender Bedeutung für die Festigkeiten, wie aus Bild 1.27 zu entnehmen ist.

Zugfestigkeit in Abhängigkeit vom Winkel *α*

Danach ist die **Zugfestigkeit f_t** besonders stark von diesem Winkel abhängig: Bereits bei $\alpha \approx 15°$ Faserabweichung von der Beanspruchungsrichtung sinkt f_t auf etwa die Hälfte ab, s. Gl. (1.20). Die **Zugfestigkeit quer zur Faser $f_{t,90}$** („Querzugfestigkeit") beträgt bei Nadelhölzern nur noch ca. 2 bis 4% von f_t und bei Laubhölzern ca. 4 bis 5%, ermittelt an kleinen fehlerfreien Proben, darüber hinaus ist sie stark vom beanspruchten Holzvolumen bzw. von Holzfehlern (z.B. Ästigkeit, vorhandene Risse) abhängig, so dass die charakteristischen Festigkeitskennwerte $f_{t,90,k}$ sehr gering angesetzt sind, s. Abschn. 7.2.1. Aufgrund der geringen Querzugfestigkeit von Holz wird empfohlen, Querzugbeanspruchungen in Holzbauteilen, s. Tabelle 1.11, möglichst zu vermeiden oder durch konstruktive Maßnahmen wie z.B. geeignete Verstärkungen nach Abschn. 20.5 aufzunehmen.

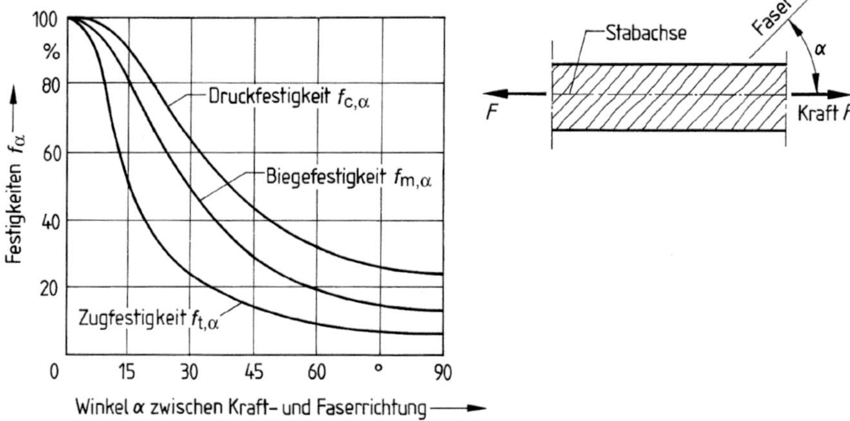

Bild 1.27 Festigkeiten von Holz in Abhängigkeit vom Winkel *α* zwischen Kraft- (bzw. Beanspruchungs-) und Faserrichtung nach *Baumann* [15] und *Ghelmeziu* [154]

Druckfestigkeit in Abhängigkeit vom Winkel *α*

Die **Druckfestigkeit f_c** von Hölzern ist nach Bild 1.27 weniger stark vom Winkel *α* zwischen Kraft- (bzw. Beanspruchungs-) und Faserrichtung abhängig als die Zugfestigkeit f_t, jedoch bei $\alpha \approx 40°$ Faserabweichung von der Kraftrichtung fällt f_c auch etwa auf die Hälfte ab, s. Gl. (1.21). Eine **Druckfestigkeit quer zur Faser** $f_{c,90}$ („Querdruckfestigkeit"), s. Tabelle 1.11, kann oft nicht bestimmt werden, da sich viele Holzarten unter Querdruckbeanspruchung verdichten bzw. quetschen lassen, eine definierte Bruchlast ist dann nicht erkennbar, s. Bild 1.28, z.B. Kurve *a*. Dabei treten im Vergleich zur Längsdruckbeanspruchung wesentlich größere Verformungen (Stauchungen) auf, diese werden durch niedrige charakteristische Festigkeitskennwerte $f_{c,90,k}$ bzw. durch Begrenzung der Stauchung hinreichend klein gehalten, s. *Blaß/Görlacher* [57] und Abschn. 7.2.1.

Bauteile mit überwiegend „liegenden" oder „stehenden" **Jahrringverläufen** (bezogen auf die Bauteilkanten) z.B. aus Brettschichtholz, s. Bild 1.29a, b, übertragen Querdruckbeanspruchungen günstiger als Bauteile aus Vollhölzern mit vorwiegend „geneigten" Jahrringverläufen nach Bild 1.29c.

Die Druckverformung quer zur Faser ist auch davon abhängig, ob **vollflächiger Querdruck** ohne Überstand in Faserrichtung oder **Schwellendruck** mit beidseitigem Überstand in Faserrichtung vorliegt, s. Tabelle 1.11. Nach Bild 1.28 verhält sich der Schwellendruck mit wachsendem Überstand (Kurven *b* bis *e*) günstiger, da die Holzfasern mittragen, die in Faserrichtung über die Querdruckfläche hinaus liegen („Einhängeeffekt"), und so die beidseitig überstehenden Balkenteile zur Kraftübertragung mit herangezogen werden können. Darüber hinaus kann bei Schwellendruck die Querdruckbeanspruchung über die Querschnittshöhe nach „unten" bis zur Aufstandsfläche durch günstige Spannungsausbreitung unter einem beidseitigen Winkel von etwa 45° abgetragen werden, s. Bild 1.29d; bei größeren beidseitigen Überständen, s. Bild 1.28, Kurven *c* bis *e*, können deshalb auch höhere Querdruckspannungen übertragen werden.

Unter vollflächigem Querdruck (Kurve *a*, ohne beidseitigen Überstand) sind die aufnehmbaren Querdrucklasten weitaus geringer bei gleichzeitig großen Verformungen, hie-

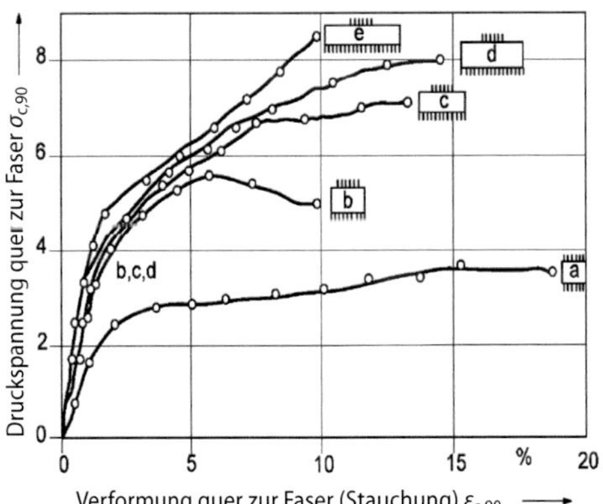

Bild 1.28 Druckspannungsflächen quer zur Faserrichtung auf der Oberseite von Holzproben 150 mm × 150 mm in Abhängigkeit von den Verformungen
Kurve *a* ohne seitlichen Überstand
Kurven *b* bis *e* mit seitlichem Überstand

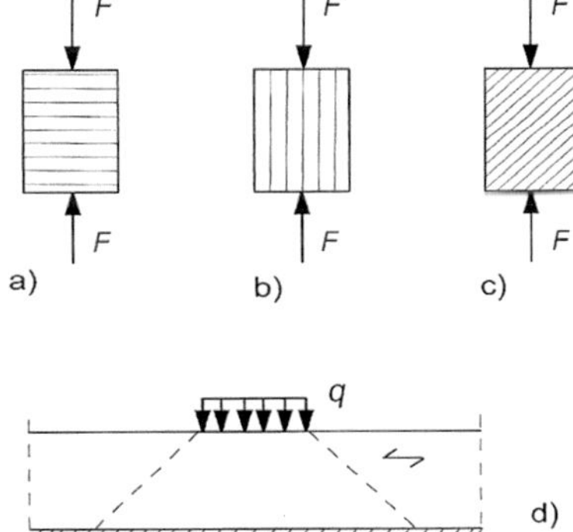

Bild 1.29 Querdruckbeanspruchungen
a) Brettschichtholz mit liegenden Jahrringen
b) Brettschichtholz mit stehenden Jahrringen
c) Vollholz mit „schräg" verlaufenden Jahrringen
d) Schwellendruck mit günstiger Spannungs-Ausbreitung

rüber s. *Blaß/Görlacher* [57], *Edlund* [110] und *Graf* [172]. Die o.a. Abhängigkeiten berücksichtigt DIN EN 1995-1-1: 2010-12 bei Querdruckbelastungen von Druckflächen, s. Abschn. 16.1.2.

Die **Zug- und Druckfestigkeit** $f_{t,\alpha}$ und $f_{c,\alpha}$ unter einem **Winkel** α **zwischen Kraft- (bzw. Beanspruchungs-) und Faserrichtung** ($0° < \alpha < 90°$) kann mit den nach *Harkinson* benannten Gl. (1.20) und Gl. (1.21) berechnet werden, s. *Edlund* [110]. Die **Biegefestigkeit** f_m von Holz ist ebenso vom Winkel α zwischen Kraft- und Faserrichtung abhängig, s. Bild 1.27, sie liegt zwischen der Zug- und Druckfestigkeit.

$$f_{t,\alpha} = \frac{f_{t,0} \cdot f_{t,90}}{f_{t,0} \cdot \sin^2 \alpha + f_{t,90} \cdot \cos^2 \alpha} \tag{1.20}$$

$$f_{c,\alpha} = \frac{f_{c,0} \cdot f_{c,90}}{f_{c,0} \cdot \sin^2 \alpha + f_{c,90} \cdot \cos^2 \alpha} \tag{1.21}$$

Bezeichnungen s. Bild 1.18

Bei tragenden Hölzern ist demnach sicherzustellen, dass der Winkel α zwischen Kraft- (bzw. Beanspruchungs-) und Faserrichtung hinreichend klein bleibt. Dies wird für Bauholz bei seiner Sortierung geregelt, s. Abschn. 3.2.3.

Schubfestigkeit in Abhängigkeit vom Winkel α

Die Schubfestigkeit $f_{v,0}$ in Faserrichtung von Hölzern ist kleiner als die Schubfestigkeit $f_{v,90}$ rechtwinklig zur Faserrichtung, s. *Aune* [11] und *Möhler/Hemmer* [352]. Diese unterschiedlichen Schubfestigkeiten werden bei den Nachweisen für **Schubspannungen aus Querkraft**, die bei Stäben als zweiaxiale Schubbeanspruchungen gleichzeitig in und rechtwinklig zur Faserrichtung wirken, s. Bild 18.5, dadurch berücksichtigt, dass die kleinere Schubfestigkeit $f_{v,0}$ in Faserrichtung als maßgebende Festigkeit für Schub aus Querkraft bei Voll-, Brettschicht- und Balkenschichtholz festgelegt wird, s. Abschn. 7.2.1. **Schubspannungen aus Abscheren** treten bei einachsigen Scherbeanspruchungen auf, die in oder rechtwinklig zur Faserrichtung wirken können, als Festigkeiten für Abscherbeanspruchungen sind dieselben Schubfestigkeiten wie für Schub aus Querkraft anzusetzen. Über Schub aus Querkraft und aus Abscheren s. Tabelle 1.11 und Abschn. 18.4.

Schubspannungen aus Torsion (Torsionsspannungen) wirken bei Stäben mit Rechteckquerschnitten in dieser Querschnittsebene rechtwinklig zur Stablängsachse, s. Bild 19.1, d.h. bei Stäben aus Voll-, Brettschicht- und Balkenschichtholz rechtwinklig zur Faserrichtung. Als maßgebende Torsionsfestigkeit wird bei diesen Bauhölzern nicht die (zuständige, vergleichsweise höhere) Schubfestigkeit $f_{v,90}$ rechtwinklig zur Faserrichtung, sondern wie bei Schub aus Querkraft die kleinere Schubfestigkeit $f_{v,0}$ in Faserrichtung festgelegt, um vereinfachend für Schub aus Querkraft, aus Abscheren und aus Torsion nur eine Schubfestigkeit ansetzen zu müssen, s. Abschn. 7.2.1. Aus diesem Grunde ist die wirklich vorhandene Torsionsfestigkeit größer als die rechnerisch bei Torsionsnachweisen von Stäben aus Voll-, Brettschicht- und Balkenschichtholz zu berücksichtigende, s. Abschn. 19.1.

1.10.3 Festigkeiten von Holz in Abhängigkeit von der Rohdichte und Ästigkeit

Rohdichte

Die Rohdichte bestimmt überwiegend die Festigkeiten von Holz. Mit zunehmender Rohdichte steigen die Festigkeiten an, wie in Bild 1.6 und Bild 1.30 dargestellt ist, da bei gleichen Probenabmessungen der Anteil der Holzfasern mit zunehmender Rohdichte steigt, während der Anteil des Porenvolumens entsprechend sinkt. Demnach nehmen die Festigkeiten im Allg. etwa mit wachsendem „Nettoquerschnitt" der Holzfasern zu. Hierüber s. *Bernhart* [26], *Edlund* [110], *Glos* [156], [158], *Hoffmeyer* [231], *Kollmann* [267] und *Wesche* [520].

Bild 1.30 Zugfestigkeit $f_{t,0}$ von Bauschnittholz in Abhängigkeit von der Rohdichte ρ und der Ästigkeit A nach *Glos* [158]

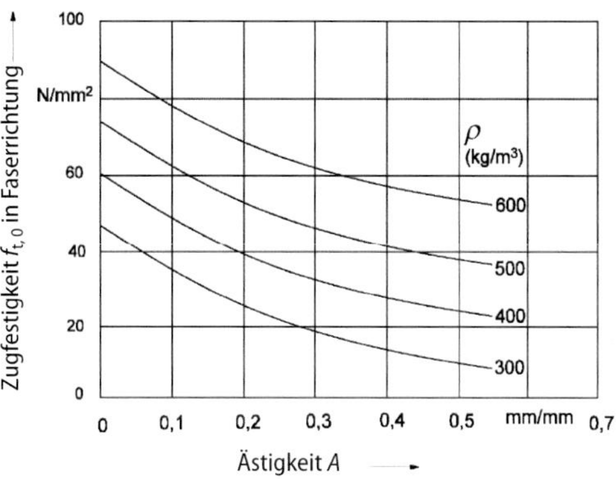

Ästigkeit

Äste sind für den lebenden Baum unverzichtbar, da sie die Baumkrone tragen. Bei Bauholz gehören Äste dagegen aus Sicht der Bautechnik zu den Holzfehlern, sie schwächen den Querschnitt, beeinflussen den normalen Faserverlauf und führen zu Festigkeitsminderungen, die im Wesentlichen durch die örtlich in der Astumgebung liegenden großen Faserabweichungen verursacht werden. Druckbeanspruchungen können durch Äste besser übertragen werden als Biege- und Zugbeanspruchungen. Besonders die Zugfestigkeiten $f_{t,0}$ in Faserrichtung werden mit zunehmender Ästigkeit stark vermindert, wie aus Bild 1.30 am Beispiel von Bauschnittholz zu entnehmen ist. Entsprechendes gilt für die Zugfestigkeiten $f_{t,90}$ quer zur Faserrichtung, deren geringe Kennwerte, die bereits bei fehlerfreiem Holz vorliegen, s. Abschn. 1.10.2, durch Äste noch wesentlich verringert werden. Zugbeanspruchtes Bauholz ist deshalb besonders sorgfältig auszuwählen, s. Sortierung von Bauholz im Abschn. 3.2.3. Über die Abhängigkeit der Festigkeiten von der Ästigkeit s. *Glos* [156], [158], *Hoffmeyer* [231] und *Kollmann* [267].

Die Ästigkeit ist ein wesentlicher Grund für die großen Abnahmen der Zugfestigkeiten $f_{t,0}$ in Faserrichtung: Bei fehlerbehafteten, mit Ästen versehenen Bauhölzern sind die charakteristischen Zugfestigkeiten $f_{t,0}$ stets geringer als die charakteristischen Druckfestigkeiten $f_{c,0}$ mit Ausnahme von hoch beanspruchbarem Nadel- und Laubvollholz wie in

Festigkeitsklasse C50 und D60, s. DIN EN 338: 2016-07, Tabellen 1 bis 3, für Laubvollholz s. auch Abschn. 7.2.1, während bei kleinen fehlerfreien Proben die Zugfestigkeiten $f_{t,0}$ meist doppelt so groß sind wie die Druckfestigkeiten $f_{c,0}$, s. Tabelle 1.12.

1.10.4 Festigkeiten von Holz in Abhängigkeit von der Holzfeuchte und Holztemperatur

Holzfeuchte

Die Holzfestigkeiten nehmen im hygroskopischen Bereich mit zunehmender Holzfeuchte ab; im kapillaren Bereich (oberhalb der Fasersättigung) ist der Einfluss der Holzfeuchte gering, die Festigkeitskennwerte bleiben hier nahezu konstant, wie aus Bild 1.31 am Beispiel der Druckfestigkeit $f_{c,0}$ von Fichtenholz zu entnehmen ist. Für die Praxis kann im Holzfeuchtebereich zwischen $\omega \approx 8\%$ bis $\omega \approx 20\%$ in ausreichender Näherung eine lineare Festigkeitsabnahme nach Tabelle 1.13 je 1% Holzfeuchtezunahme angenommen werden.

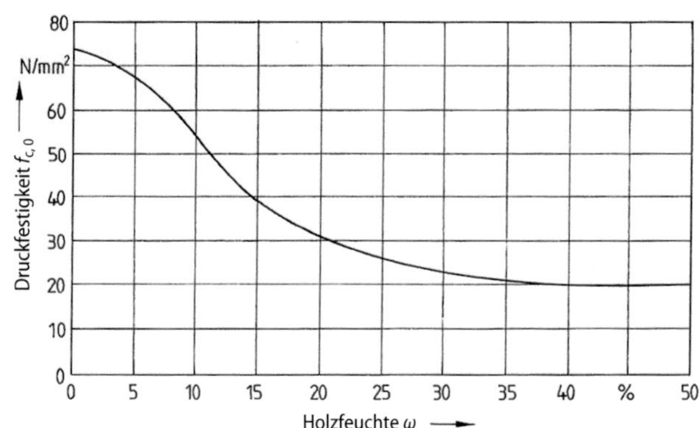

Bild 1.31 Druckfestigkeit $f_{c,0}$ von Fichtenholz in Abhängigkeit von der Holzfeuchte nach *Kollmann* [267]

Tabelle 1.13 Änderung der Festigkeiten für fehlerfreies Holz bei Holzfeuchteänderungen bezogen auf die Festigkeiten bei $\omega \approx 12\%$ nach *Hoffmeyer* [231]

Festigkeiten zwischen $8\% \leq \omega \leq 20\%$		Änderung in % je 1% Holzfeuchteänderung
Druck ∥ Faser	$f_{c,0}$	6
Druck ⊥ Faser	$f_{c,90}$	5
Biegung	f_m	4
Zug ∥ Faser	$f_{t,0}$	2,5
Zug ⊥ Faser	$f_{t,90}$	2
Schub	f_v	2,5

Demnach wird bei fehlerfreiem Holz die Druckfestigkeit mehr von der Holzfeuchte beeinflusst als die Biege- und Zugfestigkeit. Im Holzfeuchtebereich etwa $\omega > 20\%$ bis zur Fasersättigung sind die Festigkeitsabnahmen geringer als im „linearisierten" Bereich. Bei der Bemessung von Holzbauteilen wird der Einfluss der Holzfeuchte auf die Festigkeiten durch Einteilung in drei Nutzungsklassen und den Modifikationsbeiwert k_{mod} berücksichtigt, s. Abschn. 7.3.1 und 7.4.1. Über die Abhängigkeiten der Festigkeiten von der Holzfeuchte s. *Glos* [156], *Hoffmeyer* [231], *Kollmann* [267], *Kufner* [295], *Noack/Schwab* [385] und *Wesche* [520].

Holztemperatur

Die Holzfestigkeiten nehmen mit steigender Holztemperatur etwa linear ab, wie aus Bild 1.32 am Beispiel der Druckfestigkeiten $f_{c,0}$ von Buchen- und Fichtenholz aufgezeigt wird. Nach Untersuchungen von *Glos/Henrici* [162] nimmt die Druckfestigkeit $f_{c,0}$ von Fichtenbauholz im Temperaturbereich über $T = 100$ °C mehr ab als im Bereich darunter; die Abhängigkeit von der Holzfeuchte ist dabei ausgeprägt. Die Festigkeitsabnahmen von fehlerfreiem Nadelholz bei steigender Holztemperatur können aus Tabelle 1.14 entnommen werden. Mit zunehmenden Holztemperaturen treten demnach temperaturabhängige Festigkeitsänderungen bei Holz auf, die jedoch durch holzfeuchteabhängige überlagert werden, so dass eine genauere Beschreibung dieser Zusammenhänge für praktische Berechnungen sehr aufwändig wäre. Im **Gebrauchstemperaturbereich** der Baupraxis kann die Abhängigkeit der Bauholzfestigkeiten von der Holztemperatur vernachlässigt werden.

Tabelle 1.14 Festigkeitsabnahme von fehlerfreiem europäischen Nadelholz bei steigender Temperatur nach *Glos* [157]

Festigkeiten bei einer Holzfeuchte $10\% \leq \omega \leq 15\%$	Ungefähre Festigkeitsabnahme bei Holztemperaturzunahme von je 10 °C, Beginn: +20 °C
Druck f_c	5%
Biegung f_m	5%
Zug f_t	1%

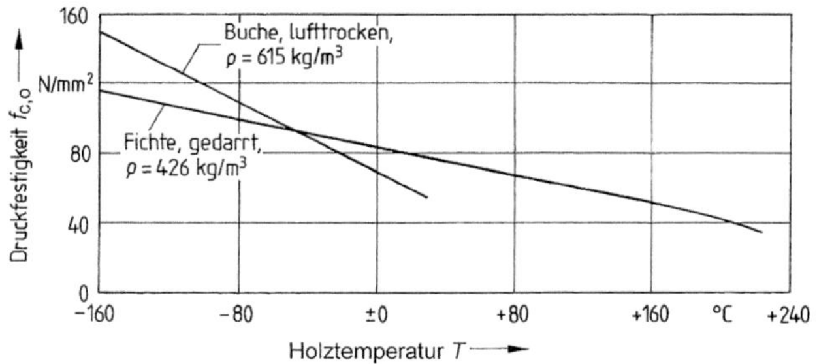

Bild 1.32 Druckfestigkeiten $f_{c,0}$ von Buchen- und Fichtenholz in Abhängigkeit von der Holztemperatur nach *Kollmann* [267]

1.10.5 Festigkeiten von Holz in Abhängigkeit von der Belastungsdauer

Als **Dauerfestigkeit** wird die Festigkeit bezeichnet, bei der in einem Bauteil für eine unendlich lange Belastungsdauer gerade kein Bruch auftritt, auch Ermüdungsfestigkeit genannt; bei unendlich langer statischer (ruhender) Beanspruchung wird sie als **Dauerstandfestigkeit** bezeichnet, bei unendlich langer dynamischer (schwingender) Beanspruchung als **Dauerschwingfestigkeit**, hierüber s. *Wesche* [520].

Bei Dauerbeanspruchung nehmen die Festigkeiten von Holz ab, wie aus Bild 1.33 am Beispiel der Biege-Zeitstandfestigkeiten von fehlerfreiem Nadelholz entnommen werden kann. Danach liegt die Dauerstandfestigkeit für fehlerfreies Holz im normalen Innenklima (Holzfeuchten $\omega \leq 12\%$, Nutzungsklasse 1) bei etwa 60% der Kurzzeitfestigkeit (Belastungsgrad 60%), s. auch Bild 1.34, über den Begriff Belastungsgrad s. Abschn. 1.9.1. Bei höheren Holzfeuchten $\omega = 20\%$ wird die Zeitstandfestigkeit geringer, während sie bei wechselnder Holzfeuchte ($\omega = 10\% - \omega = 20\%$) weiter abnimmt und erheblich unter 60% der Kurzzeitfestigkeit liegt, wie am Beispiel der Biege-Zeitstandfestigkeiten von fehlerfreien Fichtenholzbalken aus Bild 1.34 ersichtlich wird. Einen Überblick über Dauerfestigkeiten, die meist auf die Kurzzeitfestigkeiten bezogen werden, gibt Tabelle 1.15. Bei vielen Holzarten fallen Dauerstandfestigkeit und Kriechgrenze zusammen, s. Abschn. 1.9.

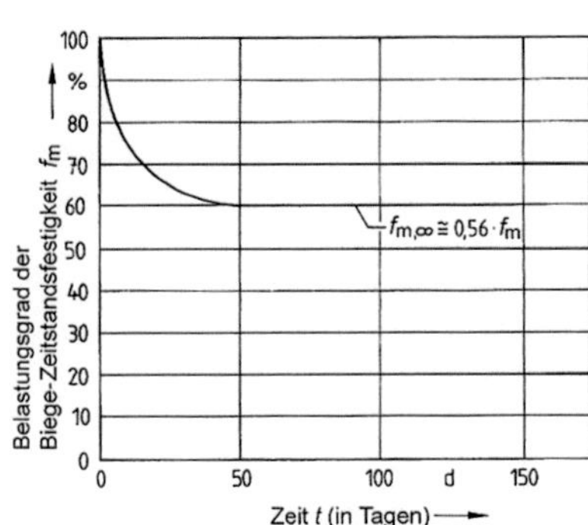

Bild 1.33 Verlauf der Biege-Zeitstandfestigkeit von fehlerfreiem Nadelholz in normalem Innenklima bezogen auf die Kurzzeitfestigkeit nach *Möhler* [344]

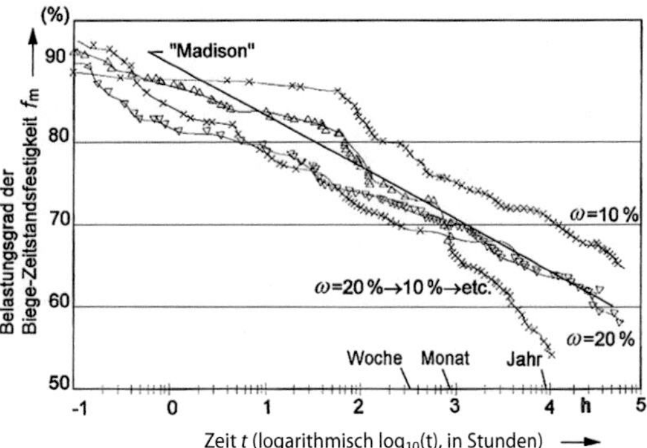

Bild 1.34 Verlauf der Biege-Zeitstandfestigkeiten von fehlerfreien (50 mm × 100 mm) Fichtenholzbalken nach *Hoffmeyer* [231], in Abhängigkeit vom Belastungsgrad und der Zeit t (logarithmisch), Angaben bis zum Bruch bei Holzfeuchten von $\omega = 10\%$ und $\omega = 20\%$ sowie wechselnden Holzfeuchten ($\omega = 10\% - \omega = 20\%$), Angabe der Madison-Kurve als Gerade

Tragende Holzbauteile unterliegen meist einer **Dauerstandbeanspruchung** durch überwiegend ruhende, ständige Einwirkungen (Lasten). Bei der Bemessung tragender Holzbauteile werden die o.a. Abhängigkeiten der Festigkeiten von der Belastungsdauer und der Holzfeuchte durch den Modifikationsbeiwert k_{mod} berücksichtigt, der die Einteilung der Einwirkungen in fünf Klassen der Lasteinwirkungsdauer und in drei Nutzungsklassen (Holzfeuchte) fordert, s. Abschn. 7.3.1, 7.3.2 und 7.4.1.

Für **dynamisch beanspruchte Holzbauteile** liegen vergleichsweise wenige Untersuchungsergebnisse vor. Nach *Ehlbeck* [113] wird eine Reduzierung der charakteristischen Festigkeitskennwerte f_k in dynamisch beanspruchten Holzbauteilen/-bauwerken empfohlen. Ein Überblick hierzu ist in *Gerold* [151] angeführt. Die Bemessung dynamisch beanspruchter Holzbauteile in Brücken wird in DIN EN 1995-2: 2010-12 und in Glockentürmen in DIN 4178: 2021-04 angeführt. Bei **wechselbeanspruchten Holzbauteilen** mit Vorzeichenwechsel z.B. aus beweglichen Nutz- bzw. Verkehrslasten wie Kran-, Fahrzeug- und Gabelstaplerlasten sind die Verbindungsmittel nach Abschn. 10.3.6 zu bemessen. Über die Berechnung **dynamisch beanspruchter Holzbauwerke** s. *Gerold* [149], [151], *Hamm* [185], *Harnach* [190], [191] und *Kreuzinger/Hamm* [290], über das **Erdbebenverhalten von Holzkonstruktionen** berichten *Blaß/Schädle* [62], *Seim* [480], *Tavoussi/Winter/Pixner* [503] und *Vogt/Hummel/Schick/Seim* [512]. Über **Ermüdungsnachweise im Ingenieurholzbau** in DIN EN 1995-1-1: 2010-12 und DIN EN 1995-2: 2010-12 mit zugehörigen nationalen Anhängen berichtet *Eberhardt* [109].

Über Dauerstand-, Dauerschwing- und Dauerschwellfestigkeiten von Holz s. *Ansell* [9], *Ehlbeck/Colling* [114], *Glos/Heimeshoff/Kelletshofer* [161], *Graf* [168], [169], *Hoffmeyer* [231], *Kollmann* [267], *Kraemer* [284], *Kuipers* [301], *Madsen* [318]; über das Dauerstand- und Dauerschwingverhalten von Holzverbindungen s. *Graf* [170], *Kuipers* [302], *Möhler/Maier* [357].

Tabelle 1.15 Dauerfestigkeiten von fehlerfreiem Nadelholz unter normalem Innenraumklima nach einem Überblick von *Ehlbeck* [113] und *Möhler* [344]

Dauerstandfestigkeit für Biegung	Dauerschwellfestigkeit für Zug/Druck	Dauerschwingfestigkeit (Biegewechselfestigkeit)
bezogen auf die mittlere statische Kurzzeitfestigkeit[1])		
50 bis 60%	60 bis 75%	25 bis 35%

[1]) mit zunehmender Holzfeuchte nehmen die angeführten Dauerfestigkeiten ab

1.10.6 Festlegen der charakteristischen Festigkeits-, Steifigkeits- und Rohdichtekennwerte von Bauholz

Ermitteln der charakteristischen Kennwerte von Bauholz

Baustoffeigenschaften wie Festigkeiten und Steifigkeiten werden nach DIN EN 408: 2012-10 im definierten Kurzzeitversuch (nach wenigen Minuten Belastungszeit) an einer ausreichenden Anzahl von Probekörpern, die als Stichprobe aus der Grundgesamtheit des untersuchten Materials stammen, ermittelt. Die aus diesen Versuchen bestimmten Festigkeits- und Steifigkeitswerte (Prüfwerte) streuen beim natürlich gewachsenen Baustoff in großem Umfang, wie am Beispiel des Druckelastizitätsmoduls $E_{c,0}$ von Brettschichtholz in

Abhängigkeit von der Holzfeuchte u.a. aus Bild 1.19 und am Beispiel der Druckfestigkeit $f_{c,0}$ von Brettschichtholz in Abhängigkeit von der Rohdichte und der Holzfeuchte aus Bild 1.35 zu entnehmen ist.

Auswerten der Versuchsergebnisse

Die einzelnen Versuchswerte (Prüfwerte) einer Holzeigenschaft werden nach der Größe geordnet und in Klassen eingeteilt, die daraus zu bestimmenden relativen Häufigkeiten werden in Histogrammen dargestellt, wie in Bild 1.36 am Beispiel der relativen Häufigkeiten der Druckfestigkeit $f_{c,0}$ von Brettschichtholz bei streuender Holzfeuchte aufgezeigt ist. Die Verteilungskurven der Häufigkeit von Festigkeits- und Steifigkeitswerten können bei Bauholz im Allgemeinen nicht mit einer symmetrischen Verteilungskurve wie der Normalverteilung beschrieben werden, s. Bild 1.37, sondern sie entsprechen überwiegend einer asymmetrischen Verteilung, wie z.B. die umhüllende Kurve in Bild 1.38. Über die Erläuterung der charakteristischen Werte Mittelwert X_{mean} und 5%-Quantilwert X_{05} in Bild 1.37 s. Abschn. 8.2.3.

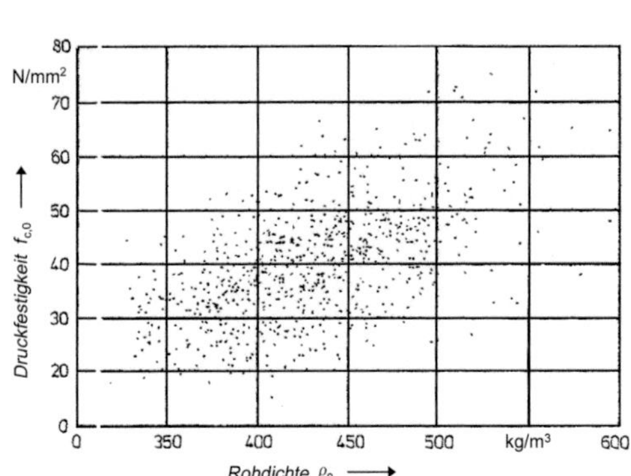

Bild 1.35 Druckfestigkeit $f_{c,0}$ von Brettschichtholz in Abhängigkeit von der Rohdichte ρ_0 und streuender Holzfeuchte ω nach *Glos* [156], insgesamt 820 Proben und fünf Prüfklimate $T = 20$ °C, $\varphi = 35\%$ bis $T = 20$ °C, $\varphi = 85\%$

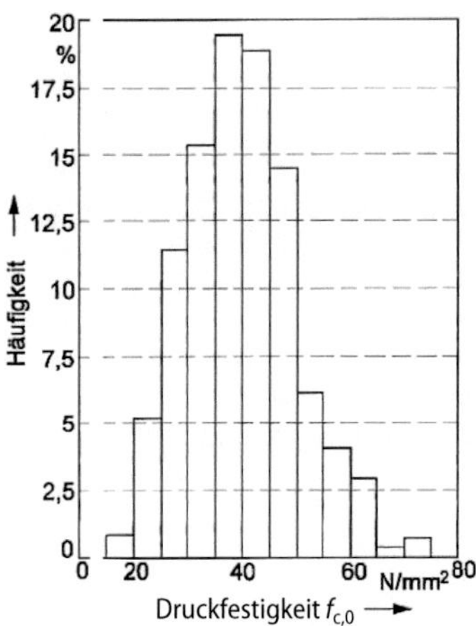

Bild 1.36 Relative Häufigkeit der Druckfestigkeit $f_{c,0}$ von Brettschichtholz bei streuender Holzfeuchte ω nach *Glos* [156], Anzahl der Proben und Prüfklimate wie in Bild 1.35

Zur genaueren Bestimmung einzelner Abhängigkeiten werden Regressionskurven aus den Versuchswerten aufgestellt, wie in Bild 1.19 am Beispiel des Druckelastizitätsmoduls $E_{c,0}$ dargestellt ist. Über die normierte Bestimmung charakteristischer Werte mechanischer Eigenschaften wie Festigkeiten und Steifigkeiten s. *Glos* [159] und DIN EN 384: 2022-08.

Festigkeitssortierung und -klassen

Da die Festigkeits- und Steifigkeitseigenschaften von unsortiertem Bauholz bei einer Holzart stark streuen, als Beispiel s. Bild 1.35, ist die Nutzung dieses Bauholzes ohne weitere

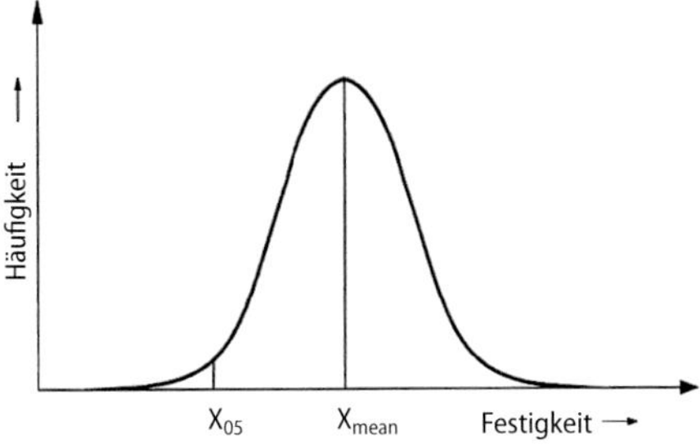

Bild 1.37 Symmetrische Häufigkeitsverteilung einer allgemeinen Festigkeit X mit dem Mittelwert X_{mean} und dem 5%-Quantilwert X_{05}

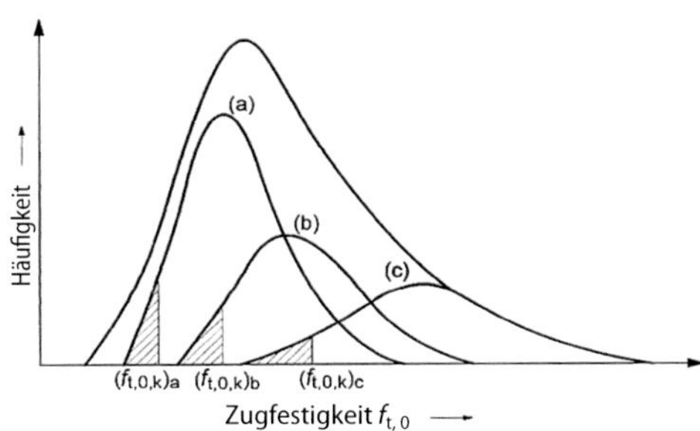

Bild 1.38 Zugfestigkeit von Bauschnittholz, Schema, Einteilung des Holzes in drei Sortierklassen (*a*), (*b*), (*c*) nach *Diebold/Glos*, aus *Glos* [158]

Sortierung unwirtschaftlich, da bei Festlegung des 5%-Quantilwertes als charakteristischer Festigkeits- oder Steifigkeitskennwert die höheren Festigkeiten oder Steifigkeiten (Moduln) vieler Bauholzproben dieser unsortierten Bauholzeigenschaft nicht genutzt werden können. Deshalb ist die Sortierung von Bauholz nach der Festigkeit, die die Steifigkeit und Rohdichte einschließt, erforderlich, s. *Glos* [158]. Die für die Sortierung festgelegten **Sortiermerkmale** wie Äste, Jahrringbreite, Faserneigung, Schwindrisse und dgl. sind in DIN EN 14081-1: 2019-10, Anhang A angeführt, die zugeordneten **Sortierklassen** wie z.B. S7, S10, S13 bei visueller Sortierung können DIN 4074-1: 2012-06 und DIN 4074-5: 2008-12 entnommen werden, im Abschn. 3.2.3 sind diese für Kanthölzer aus Nadelholz dargestellt.

Das Bauholz einer Sortierklasse wird unter Berücksichtigung der Holzart und Herkunft einer **Festigkeitsklasse** zugeordnet, bei visueller Sortierung nach DIN EN 1912: 2024-07 in Tabelle 1 für Nadelholzarten und Pappel, in Tabelle 2 für Laubholzarten. Hierin sind alle Länder der Europäischen Union (einschl. Kanada), die eine Sortiervorschrift besitzen, vertreten.

Bei der Einteilung des Bauholzes in mehrere Festigkeitsklassen können die niedrigeren, mittleren und hohen Festigkeiten des natürlichen Holzangebotes effektiver genutzt werden, s. Bild 1.38 am Beispiel der Einstufung in drei Sortierklassen. Voraussetzung hierfür sind geeignete Sortierverfahren, hierbei ist die maschinelle Holzsortierung wesentlich leistungsfähiger als die herkömmliche visuelle, s. Abschn. 3.2.3.

Einer **Festigkeitsklasse** werden bestimmte Festigkeitseigenschaften zugeordnet, alle Bauholzarten oder Gruppen von Bauholzarten mit vergleichbaren Eigenschaften werden in eine Klasse eingeteilt. In DIN EN 338: 2016-07, Tabelle 1 sind 12 Festigkeitsklassen für Nadelhölzer und Pappelholz (C14 bis C50, C für *conifer, Nadelholzbaum*) und 14 Festigkeitsklassen für Laubhölzer (D18 bis D80, D für *deciduous tree, Laubholzbaum*) angeführt, in die nach festgelegten Kriterien alle in der Europäischen Union genutzten Bauhölzer eingeordnet werden können. In diesen Festigkeitsklassen sind je Klasse die einzelnen charakteristischen Festigkeits-, Steifigkeits- und Rohdichtekennwerte angeführt, die als Rechenwerte bei der Bemessung von tragenden Bauholzteilen anzusetzen sind.

Die für die Bemessung zuständige europäische Baunorm DIN EN 1995-1-1: 2010-12 selbst enthält keine Festigkeits-, Steifigkeits- und Rohdichtewerte (wie früher in der nationalen Baunorm DIN 1052), für (Bau-)Vollholz wird im Abschn. 7.2.1 auf die **Produktnorm** DIN EN 14081-1 (und deren Anwendbarkeit in Deutschland) verwiesen, in der die einzuhaltenden Bedingungen festgelegt sind; die Festigkeitsklassen einschl. der charakteristischen Festigkeits-, Steifigkeits- und Rohdichtewerte für Nadel- und Laubvollholz sind demnach in DIN EN 338: 2016-07 angeführt, für Brettschichtholz direkt in der Produktnorm DIN EN 14080: 2013-09, Tabelle 4 und 5, s. auch Abschn. 7.2.1.

Zur Bestimmung der **charakteristischen Festigkeits- und Steifigkeitskennwerte** einer Holzart müssen nicht alle wesentlichen Einflussgrößen nach Abschn. 1.10 untersucht werden; die Kennwerte können nach *Glos* [159] in guter Näherung aus drei Werten berechnet werden: Der Biegefestigkeit $f_{m,k}$, dem Biege-Elastizitätsmodul $E_{0,mean}$ und der Rohdichte ρ_k. Die Bestimmungsgleichungen für die weiteren charakteristischen Festigkeits-, Steifigkeits- (Module) und Rohdichtekennwerte sind in DIN EN 384: 2022-08, 5 angeführt, von diesen sind als Beispiele die Gleichungen für die charakteristischen Zug- und Druckfestigkeiten in Abhängigkeit von der Biegefestigkeit in Bild 1.39 dargestellt.

Die Einteilung der Bauhölzer in Festigkeitsklassen und die Bestimmung der charakteristischen Festigkeits-, Steifigkeits- und Rohdichtekennwerte nach einheitlichen Gleichungen kann deshalb vorgenommen werden, weil alle in der Europäischen Union genutzten Bauholzarten etwa vergleichbare Verhältnisse der Festigkeits- und Steifigkeitskennwerte besitzen.

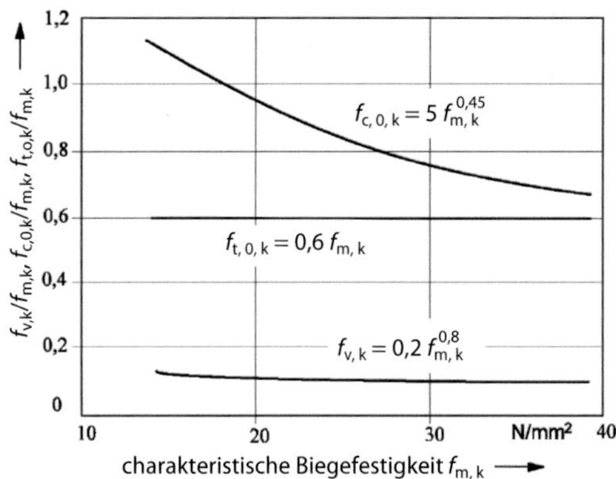

Bild 1.39 Verhältnisse der charakteristischen Zug- ($f_{t,0,k}$) und Druckfestigkeiten ($f_{c,0,k}$) mit der charakteristischen Biegefestigkeit ($f_{m,k}$) von Bauholz nach *Glos* [159], s. auch DIN EN 338: 2010-02, Anhang A

Einflüsse auf die Festigkeiten und Steifigkeiten von Bauholz

Die Festigkeiten und Steifigkeiten von fehlerbehaftetem Bauholz (in üblichen größeren und großen Bauteilabmessungen) sind geringer als diejenigen von fehlerfreiem Holz (in kleineren Probenabmessungen), da die aus der Sicht der Bautechnik als Holzfehler bezeichneten natürlichen Werkstoffinhomogenitäten wie Ästigkeit, Drehwuchs, Reaktionsholz (z.B. Druckholz), unterschiedliche Rohdichteverteilung bei einer Holzart von Stamm zu Stamm und innerhalb eines Stammes, zu große Jahrringbreite, Risse sowie Pilz- und Insektenbefall die Festigkeiten und Steifigkeiten vermindern; weitere Abminderungen ergeben sich durch den Einschnitt bei der Schnittholzerzeugung, da die gewachsene Holzstruktur im Baumstamm teilweise gestört wird. Rundhölzer besitzen deshalb als nur wenig bearbeitete Baumstämme im Allgemeinen höhere Festigkeiten und Steifigkeiten als vergleichbare Schnitthölzer, die mit weiteren Bauteilimperfektionen wie Faserabweichungen (bezogen auf ihre Bauteilkanten bzw.- längsachse), Krümmungen und Verdrehungen behaftet sein können.

Darüber hinaus vermindern Holzfeuchtezunahmen innerhalb des hygroskopischen Bereiches (bis Holzfeuchten $\omega \approx 30\%$) die Festigkeiten und Steifigkeiten von (Bau-)Holz. Die meist große Störung des Faserverlaufes durch Äste beeinflusst insbesondere die Zugfestigkeit $f_{t,0}$ in Faserrichtung erheblich, s. Abschn. 1.10.3. Darüber hinaus beeinträchtigen die im Abschn. 1.10 dargestellten weiteren Abhängigkeiten bei fehlerfreiem Holz auch die Festigkeiten und Steifigkeiten (Module) von Bauholz, insbesondere werden die Festigkeiten mit steigender Belastungsdauer gemindert.

1.10.7 Reißlänge

Die Reißlänge nach *Reuleaux* [421] ist ein theoretischer Vergleichswert für die Zugfestigkeit f_t von Baustoffen; sie stellt das Verhältnis von Zugfestigkeit f_t und Wichte γ eines Baustoffes dar, oder anschaulich: die Reißlänge gibt die Länge l eines frei aufgehängten Stabes an, bei der dieser Stab bricht, wenn er nur durch sein Eigengewicht belastet wird, s. Bild 1.40 (wenn für diese Betrachtung angenommen wird, dass der Bruch bei der Festigkeit eintritt). Die im Stab vorhandene Zugspannung kann nach Gl. (1.22) errechnet werden, sie wird mit wachsender Stablänge l' größer und erreicht bei der Festigkeit ihren Höchstwert. Die Stablänge bei diesem Höchstwert wird als Reißlänge l bezeichnet, s. Gl. (1.23). Sie kann am Beispiel des Nadelholzes und Baustahls Tabelle 1.16 entnommen werden. Danach besitzt Holz ein günstiges Verhältnis „Festigkeit in Faserrichtung zur Wichte“ bei einem Vergleich mit Baustahl S235. Weitaus ungünstiger wird die Reißlange für Holzfestigkeiten ⊥ zur Faser, hier wird der anisotrope Charakter des Holzes besonders deutlich.

Bild 1.40 Stab unter Eigengewicht G mit der Länge l'

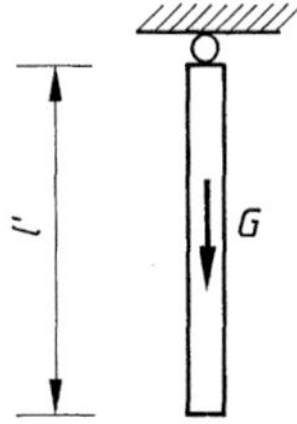

$$\sigma_t = G/A \leq f_t \tag{1.22}$$

$$l = f_t/\gamma \tag{1.23}$$

A Querschnittsfläche des Stabes
G Eigengewicht des Stabes $= A \cdot l' \cdot \gamma$
γ Wichte des Baustoffes
l' Stablänge
l Reißlänge des Baustoffes
f_t Zugfestigkeit des Holzes
f_u Zugfestigkeit des Stahls

Tabelle 1.16 Reißlänge l von Nadelholz C24 und Baustahl S235

Baustoff	Mittlere Zugfestigkeit in N/mm²	Mittlere Wichte γ in kN/m³	Reißlänge l in km
Bauholz, Nadelholz C24 der DIN EN 1995-1-1: 2010-12	$f_{t,0,mean} \approx 30$ [3])	4,2 [1])	7,1
Baustahl S235 der DIN EN 1993-1-1: 2010-12	$f_{u,k} = 360$	78,5 [2])	4,6

[1]) Wichte von Bauholz der Festigkeitsklasse C24 nach DIN EN 1991-1-1: 2010-12, Tabelle A.3, s. auch Tabelle 7.20
[2]) Wichte von Baustahl nach DIN EN 1991-1-1: 2010-12, Tabelle A.4
[3]) die charakteristische Zugfestigkeit $f_{t,0,k}$ von Nadelholz C24 (5%-Quantile) ist geringer, s. Tabelle 7.3

Holzwerkstoffe

2

2.1 Holzwerkstoffbauteile

Holzwerkstoffe sind **platten- und stabförmige Bauteile**, die durch Verpressen von zerkleinerten Holzteilen wie Bretter, Furniere, Furnierstreifen, Stäbe, Stäbchen, Streifen (Langspäne), Späne, Fasern und Holzwolle unter Zugabe von Bindemitteln wie Kleber oder Zement als plattenförmige (flächige) Bauteile entstehen, aus denen je nach Eignung auch stabförmige Bauteile geschnitten werden können. Durch das Zerkleinern und anschließende, überwiegend gerichtete Zusammenfügen werden einige physikalische und mechanische Eigenschaften des Ausgangsproduktes Holz verändert. Das Endprodukt „Holzwerkstoffbauteil" besitzt danach wenige oder praktisch keine Wachstumsfehler, das Festigkeits- und Verformungsverhalten ist gleichmäßiger als beim Vollholz, ebenso wird die Empfindlichkeit gegenüber Holzfeuchteänderungen in Teilbereichen vermindert, das anisotrope Verhalten des Holzes, s. Abschn. 1.2, wird bei plattenförmigen Holzwerkstoffbauteilen durch den speziellen flächigen Aufbau im Allgemeinen reduziert (mehr orthotropes Verhalten).

Holzwerkstoffbauteile sind **künstliche Produkte**, deren Eigenschaften gegenüber dem Ausgangsprodukt Vollholz in Teilen verbessert, bei der Herstellung beeinflusst und auf die Verwendung ausgerichtet werden können, während Vollholz als Naturprodukt wenig beeinflussbar ist und nur mit begrenzten Abmessungen zur Verfügung steht, die durch Stammdurchmesser und -länge beschränkt sind. Holzwerkstoffbauteile können dagegen Abmessungen besitzen, die größer sind als ihr Ausgangsprodukt.

Holzwerkstoffe werden im Bauwesen vielfältig eingesetzt, z.B. für tragende und aussteifende Zwecke, als Schalungsplatten im Betonbau, für nicht tragende Zwecke wie Wärme- und Schalldämmung, Schallabsorption, Innenausbau, Bekleidungen und dgl. Im

H. Neuhaus · L. Peterson (✉)
e-mail: peterson@fh-aachen.de

H. Neuhaus, W. Moorkamp, L. Peterson, T. Uibel, *Ingenieurholzbau*,
DOI 10.1007/978-3-658-44967-4_2

Folgenden werden nur die genormten und bauaufsichtlich zugelassenen Holzwerkstoffe der DIN EN 1995-1-1: 2010-12 mit definierten und überwachten elastomechanischen Eigenschaften betrachtet, deren Verwendung für tragende und aussteifende Zwecke in Tabelle 2.1 und deren Einsatz in den Nutzungsklassen in Tabelle 7.13 angeführt sind.

Anwendbarkeit von Holzwerkstoffen nach DIN EN 1995-1-1: 2010-12

Holzwerkstoffe nach DIN EN 1995-1-1: 2010-12, 3.5 sind europäische Bauprodukte, sie dürfen für tragende Zwecke verwendet werden. Näheres über die Anwendbarkeit von Holzwerkstoffen nach ihren Produktnormen in Deutschland s. Abschn. 7.2.2.

Neben den in diesen Baunormen geregelten Holzwerkstoffen können **Holzwerkstoffe mit bauaufsichtlichem Verwendbarkeitsnachweis** für tragende Zwecke eingesetzt werden wie z.B. Furnierschichtholz mit Querlagen, Furnierstreifenholz oder Streifenholz, Abschn. 2.2. Angaben zur Herstellung, zum Anwendungsbereich und zur Bemessung nach DIN EN 1995-1-1: 2010-12 sowie zu charakteristischen Festigkeits-, Steifigkeits- und Rohdichtewerte enthalten die Verwendbarkeitsnachweise.

Tabelle 2.1 Holzwerkstoffplatten (Auswahl) im Bauwesen der DIN EN 1995-1-1: 2010-12; Normen und Verwendung [1]) [2]) [3])

Holzwerkstoffe/Technische Klassen nach DIN EN 13986: 2015-06	Norm	Verwendung für	
		tragende[3]) Zwecke nach DIN EN 1995-1-1: 2010-12	aussteifende[3]) Zwecke nach DIN EN 1995-1-1: 2010-12
Sperrholz			
Klassen: Trocken, Feucht, Außen	DIN EN 636: 2015-05	X[4])[6])	X[5])[6])
OSB-Platten			
Klassen: OSB/2, OSB/3, OSB/4	DIN EN 300: 2006-09	X	X
Spanplatten, kunstharzgebunden			
Klassen: P4, P5, P6, P7	DIN EN 312: 2010-12	X	X
Spanplatten, zementgebunden			
Klassen: 1 und 2	DIN EN 634-2: 2007-05	X	X
Faserplatten			
mittelharte, Klasse MBH.LA2	DIN EN 622-3: 2004-07	X	X
harte, Klasse HB.HLA2	DIN EN 622-2: 2004-07	X	X

Tabelle 2.1 (Fortsetzung)

Holzwerkstoffe/Technische Klassen nach DIN EN 13986: 2015-06	Norm	Verwendung für	
		tragende[3]) Zwecke nach DIN EN 1995-1-1: 2010-12	aussteifende[3]) Zwecke nach DIN EN 1995-1-1: 2010-12
Gipsplatten			
Typen: GKB, GKF, GKBI, GKFI	DIN 18180: 2014-09		X[7])
Brettsperrholz			
	bauaufsichtlicher Verwendbarkeitsnachweis	X	X
Massivholzplatten			
Klassen SWP/1S, SWP/2S, SWP/3S	DIN EN 13353: 2022-09	X	X
Furnierschichtholz mit Querlagen[8])			
LVL/1, LVL/2, LVL/3	DIN EN 14279: 2009-07 oder bauaufsichtlicher Verwendbarkeitsnachweis	X	X
	DIN EN 14374: 2005-02	X	X

[1]) über Einsatzbereiche und Zuordnung zu den Nutzungsklassen s. Tabelle 2.3, über Mindestdicken und Verwendung in den Nutzungsklassen der DIN EN 1995-1-1: 2010-12 s. Tabelle 7.13

[2]) Technische Klassen für Holzwerkstoffe nach DIN EN 13986: 2015-06, Anhang A

[3]) für alle genormten Holzwerkstoffe (außer Gipskartonplatten) sind die Angaben der DIN EN 13986: 2015-06 und die Angaben der Anwendungsnorm DIN 20000-1: 2017-06 einzuhalten

[4]) mind. aus fünf Lagen nach DIN EN 1995-1-1/NA: 2013-08, NCI NA 3.5.1.1

[5]) mind. aus drei Lagen nach DIN EN 1995-1-1/NA: 2013-08, NCI NA 3.5.1.1

[6]) mittragende Beplankungen von Holztafeln für Holzhäuser in Tafelbauart auch aus drei Lagen, jedoch nicht hinsichtlich der Scheibenwirkung von Decken- und Dachscheiben nach DIN EN 1995-1-1/NA: 2013-08, NCI NA 3.5.1.1

[7]) für Beplankungen von Dach-, Wand- und Deckentafeln nach DIN EN 1995-1-1/NA: 2013-08, NCI NA.3.5.6

[8]) Furnierschichtholz ohne Querlagen s. Abschn. 3.5

2.2 Aufbau, Herstellung und Einsatzgebiete von Holzwerkstoffen

Als Holzwerkstoffe für tragende und aussteifende Bauteile können je nach Zerkleinerungsgrad des Holzes und Zusammenfügen unterschieden werden:

a) Auftrennen des Holzstammes in Bretter:

Brettsperrholz mit bauaufsichtlichem Verwendbarkeitsnachweis ist ein plattenartiges Bauteil und besteht aus mind. drei kreuzweise miteinander verklebten Lagen aus Nadelholzbrettern, die an ihren Schmalseiten miteinander verklebt sein können, s. Bild 2.1, oder bei denen zwischen nebeneinander liegenden Brettern kleinere oder größere Fugen auftreten (z.B. Holzblockelemente, Kreuzlagenholz, Dickholz). Brettsperrholz hat einen symmetrischen Aufbau, die einzelnen Brettlagen können jedoch unterschiedlich sein. Einzelne Lagen dürfen durch bestimmte Holzwerkstoffe wie OSB oder Furnierschichtholz ersetzt werden. Die Plattendicken liegen je nach Herstellungsart etwa zwischen 13 mm und 80 mm mit Breiten und Längen von ca. 2,0 × 5,0 m; bei Dickholz betragen die Dicken z.B. bis zu 300 mm sowie die Breiten und Längen bis zu 4,8 m und 20 m. Brettsperrholz wird auch als Cross laminated timber, X-Lam oder mit herstellereigenen Namen hergestellt und verwendet. Es darf als tragendes und aussteifendes Bauteil im Sinne der DIN EN 1995-1-1: 2010-12 in den Nutzungsklassen 1 und 2 eingesetzt werden, Näheres regeln die Verwendbarkeitsnachweise, s. auch *Mestek/Werther/Winter* [326] und *Studiengemeinschaft Holz* [498]. Einsatzgebiete: z.B. als Dach- und Wandscheiben, Deckenplatten und -scheiben, tragende und aussteifende Beplankung von Holztafeln für Holzhäuser und als Fassadenelemente.

Bild 2.1 Brettsperrholz, Aufbau einer fünflagigen Platte, Beispiel

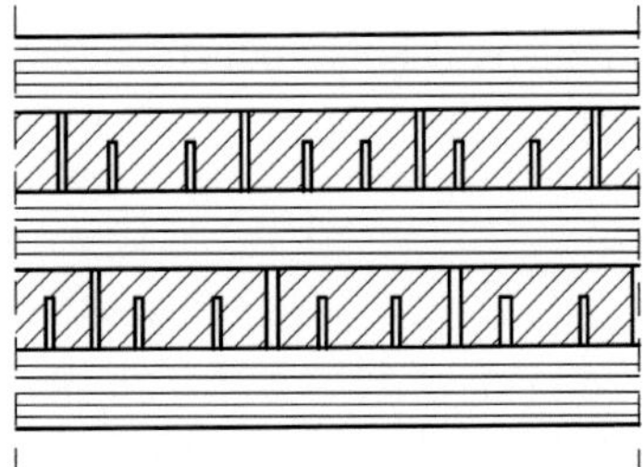

Massivholzplatten (SWP) (Mehrschichtplatten) nach DIN EN 13353: 2011-07 für tragende Zwecke sind plattenartige Bauteile und bestehen aus mehrlagigen (drei oder fünf) kreuzweise miteinander verklebten Lagen aus Nadelholzbrettern oder -stäben mit einer Mindestdicke von 12 mm und einer maximalern Dicke von 80 mm. **Einlagige Massivholzplatten** werden aus z.B. Stäben, Brettern, Bohlen hergestellt, die in Faserrichtung parallel verlaufen, miteinander verklebt sind und Dicken von z.B. 14 mm bis 60 mm besitzen. Einsatzgebiete: z.B. als tragende und aussteifende Beplankungen von Holztafeln, Betonschalungsplatten, Fassadenelemente.

b) Auftrennen des Holzstammes in Furniere:

Furniere sind dünne Holzblätter, die maschinell durch Messern, Schälen oder Sägen vom Stammteil abgelöst werden. Hierzu sind viel europäische und überseeische Holzarten geeignet. Furniere für technische Zwecke werden meist geschält.

Sperrholz nach DIN EN 636: 2003-11 besteht aus mind. drei kreuzweise (im Winkel von 90°) miteinander verklebten Furnieren bis ca. 4 mm Dicke, die parallel zur Plattenebene liegen, s. Bild 2.2. Die Furniere werden maschinell, meist mit Kunstharzen, beklebt und bei hohen Temperaturen zu einer Platte verpresst. Die Furniere sind symmetrisch zur Mittellage (Mittelfurnier) angeordnet, die Deckfurniere haben gleichgerichteten Faserver-

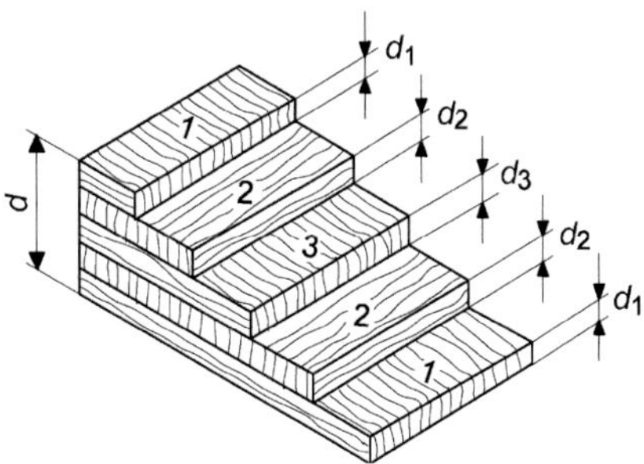

Bild 2.2 Sperrholz, Aufbau einer fünflagigen Platte
1 Deckfurnier
2 Querfurnier
3 Längsfurnier (Mittelfurnier)

lauf. Die Platteneigenschaften werden durch Anzahl, Dicke und Anordnung der Furniere sowie durch die Furnierholzart beeinflusst.

Die **Bezeichnung der Sperrholzplatten** erfolgt nach dem Klassifizierungssystem der DIN EN 636: 2003-11 in der Reihenfolge folgender charakteristischer Mindestwerte: „Biegefestigkeit in Plattenlänge/Biegefestigkeit in Plattenbreite/Biege-Elastizitätsmodul in Plattenlänge/Biege-Elastizitätsmodul in Plattenbreite“ mit den Zahlenangaben in N/mm^2 (Festigkeiten) bzw. in N/mm$^2 \cdot 10^{-2}$ (Module). Beispiel: Ein Sperrholz mit den Festigkeiten $f_{m,0} = 22$ N/mm^2 und $f_{m,90} = 37$ N/mm^2 sowie den Elastizitätsmoduln $E_{m,0} = 2800$ N/mm^2 und $E_{m,90} = 4200$ N/mm^2 besitzt die Biegefestigkeits- (F) und Biege-Elastizitätsmodul-Klasse F10/20 E25/40 entsprechend der festgelegten Klassen-Mindestwerten in Tabelle 1 und 2 dieser Norm.

Über die Einteilung in Technische Klassen, Anwendung in den Nutzungsklassen und Mindestdicken s. Tabelle 7.13, charakteristische Festigkeits-, Steifigkeits- und Rohdichtekennwerte ausgesuchter Sperrhölzer sind im Abschn. 7.2.2 angeführt. Einsatzgebiete: z.B. als Dach- und Deckenscheiben, tragende und aussteifende Beplankung von Holztafeln für Holzhäuser, Verstärkungen von Ausklinkungen, Durchbrüchen und gekrümmten Trägern aus Brettschichtholz, Stege oder Gurte von zusammengesetzten Trägern und als Knotenplatten.

Furnierschichtholz (mit Querlagen) und bauaufsichtlichem Verwendbarkeitsnachweis
Furnierschichtholz (mit Querlagen) darf nach DIN EN 1995-1-1: 2010-12 für tragende Zwecke eingesetzt werden, wenn dies im erforderlichen bauaufsichtlichen Verwendbarkeitsnachweis ausdrücklich zugelassen ist. Erlaubt der Verwendbarkeitsnachweis nur die Anwendung nach der „alten“ DIN 1052: 2008-12, wird die Abstimmung mit dem Auftraggeber und der zuständigen Baubehörde empfohlen.

Furnierschichtholz (mit Querlagen) aus Nadelholz für tragende Zwecke mit bauaufsichtlichem Verwendbarkeitsnachweis wird seit langem in Deutschland eingesetzt, besteht aus mehreren miteinander verklebten, im Mittel ca. 3 mm bis 4 mm dicken Furnierlagen aus bestimmten Nadelhölzern (z.B. Fichte oder Kiefer), die in Längsrichtung faserparallel und mit einigen in Querrichtung orientierten Furnierlagen angeordnet sind (Längsfurniere mit ca. 20% Querfurnieren), s. Bild 2.3, so dass Beanspruchungen als Platte und Scheibe abgetragen werden können. Dazu werden Furniere gleicher Breite getrocknet, beklebt, im Durchlaufverfahren aufeinander geschichtet und bei hohen Temperaturen unter Druck zu

Bild 2.3 Plattenförmiges Furnierschichtholz mit Querlagen, Anordnung der Furnierlagen, Längs- und Querfurniere, Angabe der Tragfähigkeitsrichtungen für Biegung nach *Weber* [515]

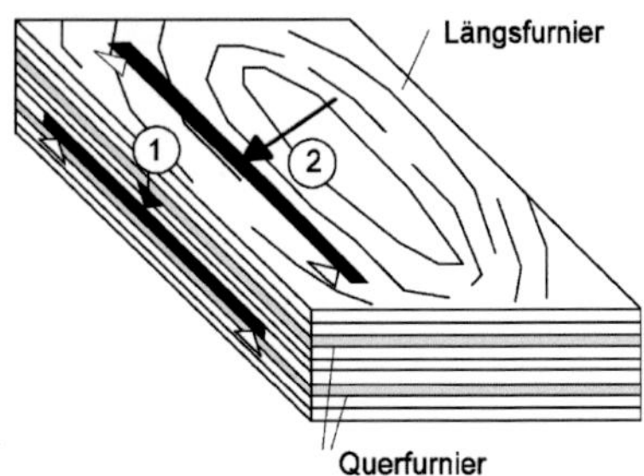

einem zunächst plattenförmigen Baustoff gepresst. Die vorhandenen Längsverbindungen der einzelnen Furnierlagen untereinander übernehmen versetzte Schäftungen oder Überlappungen. Die so entstandenen langen Platten werden je nach Verwendung als stab- oder plattenförmige (flächige) Bauteile zugeschnitten, Plattendicken liegen vor von ca. 20 mm bis 70 mm mit Breiten bis ca. 2,5 m und Längen bis 26 m. Furnierschichtholz aus Nadelholz darf in der Regel in allen drei Nutzungsklassen verwendet werden.

Furnierschichtholz (mit Querlagen) aus Laubholz für tragende Zwecke mit bauaufsichtlichem Verwendbarkeitsnachweis wird ebenso seit langem in Deutschland eingesetzt, besteht aus mehreren miteinander verklebten Furnierlagen aus bestimmten Laubhölzern (z.B. Buche), die überwiegend in Längsrichtung faserparallel und einige rechtwinklig dazu angeordnet sind, so dass plattenförmige Bauteile mit Dicken von z.B. ca. 20 mm bis 100 mm, Höhen bis z.B. ca. 1850 mm und Längen von z.B. bis zu 35 m hergestellt werden können. Furnierschichtholz aus Buche darf nur in Nutzungsklasse 1 und 2 verwendet werden.

Furnierschichtholz (LVL mit Querlagen) nach DIN EN 1995-1-1: 2010-12, 3.4 für tragende Zwecke kann gemäß DIN EN 1995-1-1/NA: 2013-08, NCI Zu 3.4 nach den beiden **Produktnormen** DIN EN 14279: 2009-07 und DIN EN 14374: 2005-02 hergestellt und eingesetzt werden. Nach der **Anwendungsnorm** DIN 20000-1: 2017-06 werden die charakteristische Werte für die Berechnung und Bemessung von Bauwerken, in denen Holzwerkstoffe eingesetzt werden, in der DIN EN 12369 angeben.

Furnierschichtholz (LVL mit Querlagen) nach DIN EN 1995-1-1: 2010-12 besitzt in Teilen andere Anforderungen als das o.a. nationale Furnierschichtholz (mit Querlagen) mit bauaufsichtlichem Verwendbarkeitsnachweis. Angaben zur Herstellung, zum Aufbau, zur Verklebung und dgl. sind in den o.a. Produktnormen enthalten. Über Einteilung in Technische Klassen LVL/1 bis 3 s. Tabelle 2.1 und Verwendung in den Nutzungsklassen s. Tabellen 2.3, 2.4 und 7.13.

Einsatzgebiete für Furnierschichtholz mit Querlagen sind z.B. Biegeträger, Platten, Scheiben und aussteifende Bauteile.

c) Auftrennen des Holzstammes in Furnierstreifen:

Furnierstreifenholz (Parallel Strand Lumber, PSL) mit bauaufsichtlichem Verwendbarkeitsnachweis besteht aus vielen dünnen, langen, miteinander verklebten Furnierstreifen (bis zu 25 mm breit, 3 mm dick und bis zu etwa 2600 mm lang) bestimmter nordamerikanischer Nadelhölzer, die in Längsrichtung faserparallel liegen, unter Druck und

Beigabe von Bindemitteln (Kunstharzen) zu stabförmigen Bauteilen mit rechteckigem Querschnitt verklebt werden. Stabquerschnitte existieren bis 280 mm *x* 483 mm und Längen bis zu 20,0 m. Furnierstreifenholz darf als tragendes und aussteifendes Bauteil im Sinne der DIN EN 1995-1-1: 2010-12 eingesetzt werden, Näheres regeln die Verwendbarkeitsnachweise. Einsatzgebiete: z.B. Biegeträger, Pfetten, Stützen, Fachwerkstäbe, Schwellen.

d) Auftrennen des Holzstammes in Streifen (strands):

OSB-Platten (oriented strand board) nach DIN EN 300: 2006-09 werden aus schlanken, großflächigen Kiefernholz-Längsspänen (strands), im Mittel ca. 0,6 mm dick, 35 mm breit und bis zu etwa 80 mm lang, im dreischichtigen Aufbau unter hohem Druck und Temperatur sowie Beigabe von Bindemitteln (Kunstharzen) hergestellt. Die Längsspäne verlaufen in den Deckschichten überwiegend parallel zur Plattenlängsrichtung (Fertigungsrichtung), in der Mittelschicht liegen sie oft quer zur Fertigungsrichtung. Plattendicken liegen vor von ca. 6 mm bis 25 mm mit Breiten und Längen von z.B. 1,25 m × 2,5 m, 1,25 m × 5,0 m und 2,5 m × 5,0 m.

Über die Einteilung in Technische Klassen, Anwendung in den Nutzungsklassen und Mindestdicken s. Tabelle 7.13, charakteristische Festigkeits-, Steifigkeits- und Rohdichtekennwerte ausgesuchter OSB-Platten sind im Abschn. 7.2.2 angeführt. Einsatzgebiete für die Technischen Klassen OSB/3 und OSB/4: z.B. Dach- und Deckenscheiben, tragende und aussteifende Beplankung von Holztafeln für Holzhäuser.

Streifenholz (Langspanholz, Laminated Strand Lumber, LSL) mit bauaufsichtlichem Verwendbarkeitsnachweis besteht aus schlanken langen Holzstreifen (strands) einer nordamerikanischen Pappelart, ca. 0,9 mm dick, etwa 25 mm bis 40 mm breit, ca. 300 mm lang, die faserparallel, längsorientiert und längenversetzt mit einem Bindemittel (Kunstharz) verpresst und als stab- und plattenförmige (flächige) Bauteile zugeschnitten werden. Plattendicken liegen vor von ca. 32 mm bis 89 mm mit Breiten etwa ≤ 2,4 m und Längen ≤ 10,7 m. Streifenholz (Langspanholz) darf als tragendes und aussteifendes Bauteil im Sinne der DIN EN 1995-1-1: 2010-12 eingesetzt werden, Näheres regeln die Verwendbarkeitsnachweise. Einsatzgebiete: z.B. Biegeträger, Pfetten, Stützen, Scheiben.

e) Auftrennen des Holzstammes in Späne:

Spanplatten bestehen im Wesentlichen aus kleinen Holzpartikeln (-spänen) und/oder anderen holzartigen Faserstoffen (Flachs-, Hanfschäben) mit Bindemitteln (meist Kunstharzen, aber auch mineralischen Stoffen wie Zement und Gips). Zur Herstellung des Spangutes werden Rund-, Alt-, Abfall-, Schwachholz und dgl. in Zerspanungsmaschinen zu Spänen unterschiedlicher Größen zerkleinert (zerspant), das Spangut getrocknet, sortiert und zu Platten unter Beigabe von Bindemitteln verpresst. Das Spanmaterial von Holzspanplatten besteht nur aus Holzspänen. Nach der Herstellungsweise werden kunstharz- und zementgebundene Spanplatten unterschieden.

Kunstharzgebundene Spanplatten nach DIN EN 312: 2010-12: Die nachzerkleinerten Späne werden über Schwingsiebmaschinen in unterschiedliches Spangut getrennt

(Grob-, Mittelschicht-, feineres Deckschicht- und Feinstgut). Nach dem Verkleben des Spangutes wird das Spanvlies nach unterschiedlichen Verfahren auf einer ebenen Unterlage zu ein- oder (derzeit überwiegend) mehrschichtigen Formlingen aufgestreut, im Windstreuverfahren (Deckschichten) und Wurfstreuverfahren (Mittelschichten). Die Formlinge werden quer zur Plattenebene bei hohen Temperaturen in Ein- oder Mehretagenpressen verpresst (deshalb auch als Flachpressplatte bezeichnet). Dabei orientieren sich die Späne annähernd parallel zur Plattenebene. Bei mehrschichtigen Platten wird Spangut mit höheren Rohdichten und höherem Klebergehalt in den Deckschichten und entsprechend geringerer Qualität und Rohdichte in den Mittelschichten eingesetzt.

Mehrschichtige Platten besitzen gegenüber einschichtigen Platten verbesserte Eigenschaften (Festigkeiten) und eignen sich für tragende Zwecke im Bauwesen, wenn die definierten elastomechanischen Eigenschaften eingehalten werden. Im Allgemeinen erhalten Flachpressplatten eine Nachbehandlung, z.B. Abkühlen, Schleifen, eventuell Oberflächenveredlung. Plattendicken liegen vor von ca. 6 mm bis 50 mm mit Breiten etwa $\leq 2{,}6$ m und Längen $\leq 14{,}0$ m je nach Pressenformat.

Über die Einteilung in Technische Klassen, Anwendung in den Nutzungsklassen und Mindestdicken s. Tabelle 7.13, charakteristische Festigkeits-, Steifigkeits- und Rohdichtekennwerte ausgesuchter kunstharzgebundener Spanplatten sind im Abschn. 7.2.2 angeführt. Einsatzgebiete: z.B. Dach- und Deckenscheiben, tragende und aussteifende Beplankung von Holztafeln für Holzhäuser und als Stege von zusammengesetzten Trägern.

Zementgebundene Spanplatten nach DIN EN 634-2: 2007-05 bestehen aus Holzspänen und Bindemitteln aus Zement (Portland-), die dreilagige Spanmatte wird mit Zement und Wasser gemischt, gepresst, unter höheren Temperaturen ausgehärtet, getrocknet, zugeschnitten und zur weiteren Aushärtung gelagert. Da ca. ein Viertel des Plattenvolumens aus Zement besteht, besitzen zementgebundene Holzspanplatten eine hohe Widerstandsfähigkeit gegenüber Feuchte, Schädlingen und Brand (schwerentflammbar). Plattendicken liegen vor von ca. 8 mm bis 40 mm mit Breiten von etwa $\leq 1{,}25$ m und Längen $\leq 3{,}1$ m. Darüber hinaus sind sie formaldehydfrei.

Über die Einteilung in Technische Klassen, Anwendung in den Nutzungsklassen und Mindestdicken s. Tabelle 7.13, charakteristische Festigkeits-, Steifigkeits- und Rohdichtekennwerte sind DIN EN 1995-1-1/NA: 2013-08, Tabelle NA.8 zu entnehmen. Einsatzgebiete: z.B. tragende und aussteifende Beplankung von Holztafeln für Holzhäuser.

f) Auftrennen des Holzstammes in Fasern

Faserplatten nach DIN EN 622-2, -3: 2004-07 bestehen aus verholzten Fasern mit oder ohne Bindemittel, auch unter Beigabe von Füllstoffen. Holz unterschiedlicher Qualität wird zerkleinert und unter Dampfeinwirkung mechanisch zerfast (Faserbrei). Fasern aus Restholz und anderer pflanzlicher Faserstoffe wie Stroh, Jute und dgl. werden beigemischt. Faserplatten werden oft in mehreren Schichten aus unterschiedlichen Fasern hergestellt (verschiedene Mahlgrade, Holzarten, Zusätze); dadurch lassen sich Oberfläche, Farbgebung und bestimmte mechanische Eigenschaften beeinflussen.

Beim **Nassverfahren** wird der Faserbrei nach Zugabe von Bindemitteln und Chemikalien (je nach gewünschter Platteneigenschaft) auf einer Entwässerungstrecke dosiert und zu Platten geformt. Je nach weiterer Behandlung werden poröse Faserplatten, die nach der Entwässerung nur vorverdichtet und getrocknet werden, oder härtere und harte Faserplatten hergestellt, die bei hohen Temperaturen und Drücken gepresst werden. Beim **Trockenverfahren** werden die Fasern getrocknet, das Faservlies vorgepresst und anschließend bei etwas höheren Temperaturen und Drücken als im Nassverfahren zu harten Platten gepresst. Beim Nassverfahren bewirkt die natürliche Faserbindung überwiegend den Zusammenhalt der Fasern, während beim Trockenverfahren Bindemittel (meist Kunstharze) verwendet werden. Harte Holzfaserplatten erfahren oft eine Nachhärtung durch eine Hitzebehandlung oder in einem Ölbad.

Mittelharte und harte Faserplatten für tragende und aussteifende Bauteile werden mit Plattendicken von etwa 4 mm bis 16 mm und Breiten etwa $\leq$ 1,25 m und Längen $\leq$ 14,0 m verwendet. Über die Einteilung von Faserplatten in Technische Klassen, Anwendung in den Nutzungsklassen und Mindestdicken s. Tabelle 7.13, charakteristische Festigkeits-, Steifigkeits- und Rohdichtekennwerte sind DIN EN 1995-1-1: 2013-08, Tabelle NA.9 zu entnehmen. Einsatzgebiete: z.B. tragende und aussteifende Beplankung von Holztafeln für Holzhäuser.

Gipsplatten (Gipskartonplatten) nach DIN 18 180: 2014-09 bestehen aus einem Gipskern und einer Kartonummantelung, deren Verbundwirkung wesentliche Platteneigenschaften ergibt, der Karton wirkt als Armierung der Zugzone. Obwohl sie im Wesentlichen nicht aus Holzpartikeln bestehen, werden sie im Sinne der DIN EN 1995-1-1: 2010-12 den Holzwerkstoffen zugeordnet, s. Abschn. 7.1, da auch sie bestimmte Beanspruchungen übertragen können. Über die Einteilung in Technische Klassen, Anwendung in den Nutzungsklassen und Mindestdicken s. Tabelle 7.13, charakteristische Festigkeits-, Steifigkeits- und Rohdichtekennwerte sind DIN EN 1995-1-1/NA: 2013-08, Tabelle NA.10 zu entnehmen. Einsatzgebiete: z.B. mittragende und aussteifende Beplankung von Wandtafeln für Holzhäuser, Scheibenwirkung von Dach- und Deckentafeln.

Faserverstärkte Gipsplatten (Gipsfaserplatten) mit bauaufsichtlichem Verwendbarkeitsnachweis bestehen aus einem Gipskern und einer Verstärkung aus anorganischen und/oder organischen Fasern, Zusatzmittel und/oder Füllstoffe dürfen beigemischt werden, die Fasern in den Gipsplatten wirken als Armierung. Gips und Fasern werden unter Zugabe von Wasser (ohne weitere Bindemittel) gemischt, unter hohem Druck zu Platten gepresst, getrocknet und imprägniert. Die Plattendicken liegen zwischen ca. 10 mm bis 18 mm, Plattenbreiten und -längen zwischen ca. 1,0 m bis ca. 3,0 m in unterschiedlichen Abmessungen. Gipsfaserplatten können bestimmte Beanspruchungen übertragen. Die Anforderungen müssen DIN EN 15283-2: 2009-12 entsprechen. Über Einteilung in Technische Klassen, Anwendung in den Nutzungsklassen und Mindestdicken s. Tabelle 7.13, charakteristische Festigkeits-, Steifigkeits- und Rohdichtekennwerte sind den Verwendbarkeitsnachweisen zu entnehmen. Einsatzgebiete: z.B. mittragende und aussteifende Beplankungen von Wandtafeln für Holzhäuser, Scheibenwirkung von Dach- und Deckentafeln.

Brettschicht- und Balkenschichtholz sowie **Furnierschichtholz ohne Querlagen** könnten auch den Holzwerkstoffen zugeordnet werden, da sie aus aufgetrenntem Vollholzmaterial bestehen und über Klebfugen geschichtet wieder zusammengefügt werden, jedoch liegen Schichten (Bretter, Balken, Furniere) mit faserparallelem Längsaufbau vor, die den Eigenschaften des Ausgangsprodukt Vollholz mehr gleichen als denen von Holzwerkstoffen. Deshalb werden sie dem Bauholz zugeordnet, s. Tabelle 7.1 und Abschn. 3.

Über Holzwerkstoffe s. *Blaß/Fellmoser* [52], *Blaß/Görlacher* [56], *Cheret/Heim/Radovic* [88], *Ernst/Schwab/Wilke* [131], *Fritzen* [141], *Gressel* [173], *Griffiths* [175], *Kollmann* [267], *Möhler* [344], *Müller/Sessing/Schwaner/Wiegand* [373], *Noack/Schwab* [386], *Paulitsch* [388], *Radovic/Cheret/Heim* [410], *Ranta-Maunus* [414], *Scholz* [468], *Steck* [486], [487], *Weber* [515], *Wesche* [520].

2.3 Anisotropie von Holzwerkstoffen

Holzwerkstoffe besitzen überwiegend eine gerichtete künstliche Anisotropie, die bei der Herstellung beeinflusst werden kann, während Vollholz eine natürliche Anisotropie aufweist, s. Abschn.1.2.

Bei **Sperrholz** nach Bild 2.4 existieren drei Hauptachsen mit unterschiedlichen Platteneigenschaften. Durch die kreuzweise verklebten Furnierlagen liegen in Plattenebene zwei unterschiedliche Richtungen vor, da sich die Holzeigenschaften der Einzelfurniere parallel zu ihrer Faserrichtung wesentlich von denen rechtwinklig dazu unterscheiden. Rechtwinklig zur Plattenebene wird die Anisotropie des Ausgangsproduktes Holz durch das kreuzweise Verkleben von Furnierlagen weniger beeinflusst.

Die Platteneigenschaften in Plattenebene wie z.B. Elastizität und Festigkeit werden überwiegend von den Lagen bestimmt, deren Faserrichtung in Beanspruchungsrichtung liegt. Zur Orientierung wird deshalb die Faserrichtung der Deckfurniere als Bezugsrichtung genommen, s. Bild 2.4, die bei tragendem und aussteifendem Sperrholz neben der Belastungsanordnung besonders zu beachten sowie in Bemessungen und Konstruktionen anzugeben ist. Rechtwinklig zur Plattenebene besitzt Sperrholz meist Eigenschaften, die von denjenigen in Plattenebene abweichen und die bei entsprechender Beanspruchung zu berücksichtigen sind.

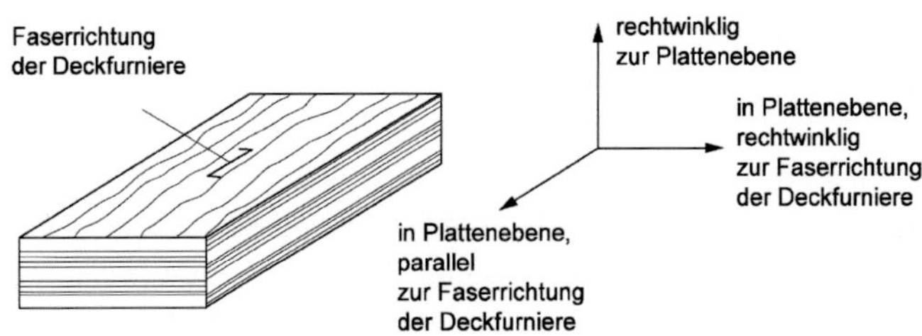

Bild 2.4 Sperrholz; drei Hauptachsen in Abhängigkeit von der Plattenebene und der Faserrichtung der Deckfurniere am Beispiel einer fünflagigen Sperrholzplatte

Bei **Brettsperrholz** (wie mehrschichtige Massivholzplatten oder Mehrschichtplatten) liegt eine zum Sperrholz vergleichbare Anisotropie vor, s. als prinzipiellen Aufbau Bild 2.4. Zur Orientierung wird deshalb die Faserrichtung der Deckbretter als Bezugsrichtung genommen, die bei tragendem und aussteifenden Brettsperrholz neben der Belastungsanordnung besonders zu beachten und in Bemessungen und Konstruktionen anzugeben ist.

Bei plattenförmig (flächig) genutztem **Furnierschichtholz mit Querlagen** mit prinzipiell vergleichbarem Aufbau wie Sperrholz liegen ebenfalls in Plattenebene unterschiedliche Bauteileigenschaften vor wie in Bild 2.4 dargestellt, so dass zur Orientierung die Faserrichtung der Deckfurniere als Bezugsrichtung genommen wird und zu kennzeichnen ist. Dagegen ist bei stabförmig eingesetztem **Furnierschichtholz** (nur mit Längsfurnieren) die Anisotropie etwa vergleichbar mit Brettschichtholz, s. Abschn. 3.5, da die Faserrichtung aller Furnierlagen in Bauteil-Längsrichtung angeordnet ist. Bei **Furnierstreifen- und Streifenholz** (Langspanholz) liegt wegen der in Bauteillängsrichtung vorhandenen Faserorientierung im Allgemeinen eine zu Furnierschichtholz mit Längsfurnieren vergleichbare Anisotropie vor.

OSB-Platten besitzen wegen des dreischichtigen Aufbaus sowie der Spanorientierung der Deckschichten in Fertigungsrichtung und derjenigen in der Mittelschicht quer dazu ein mehr orthotropes Verhalten in Plattenebene, so dass auch hier wie bei Sperrholz unterschiedliche Bauteileigenschaften in Plattenebene vorliegen. Zur Orientierung wird die Spanrichtung der Decklagen als Bezugsrichtung genommen, die in Bemessungen und Konstruktionen zu kennzeichnen ist. **Gipskartonplatten** zeigen ebenfalls in Plattenebene parallel und rechtwinklig zur Herstellungsrichtung deutlich unterschiedliche Eigenschaften, so dass die Bezugsrichtung auf die Kartonummantelung bezogen und anzugeben ist.

Bei **Spanplatten** liegen größere Unterschiede nur zwischen den Richtungen in und quer (rechtwinklig) zur Plattenebene vor. In Plattenebene können Spanplatten als überwiegend isotrop angesehen werden, es treten zwar in Herstellungsrichtung, s. Abschn. 2.2, z.B. etwas höhere Festigkeiten auf als rechtwinklig zu dieser Richtung, trotzdem brauchen diese unterschiedlichen Eigenschaften bei der praktischen Anwendung nicht berücksichtigt zu werden, da bei tragenden und aussteifenden Spanplatten in beiden Richtungen der Plattenebene z.B. gleiche Mindest-Biegefestigkeiten einzuhalten sind. Deshalb müssen bei Spanplatten keine Richtungsunterscheidungen in Plattenebene vorgenommen werden.

Bei harten und mittelharten **Holzfaserplatten** existieren ähnlich wie bei Spanplatten etwa gleiche Eigenschaften in beiden Richtungen der Plattenebene, so dass ein überwiegend isotropes Verhalten in Plattenebene festzustellen ist. Deshalb müssen bei Holzfaserplatten keine Richtungsunterscheidungen in Plattenebene vorgenommen werden.

Platten- und Scheibenbeanspruchung von Holzwerkstoffplatten

Holzwerkstoffe werden überwiegend als dünnwandige, flächenhafte Bauteile hergestellt und eingesetzt, die durch zwei parallele Ebenen begrenzt sind und deren Dicke im Verhältnis zur Länge und Breite „klein“ ist. Derartige Bauteile werden allgemein als Platten, demnach als Holzwerkstoffplatten bezeichnet. Diese allgemeine Bezeichnung der Platte ist von der Bezeichnung der Beanspruchungen zu unterscheiden: Werden Holzwerkstoff-

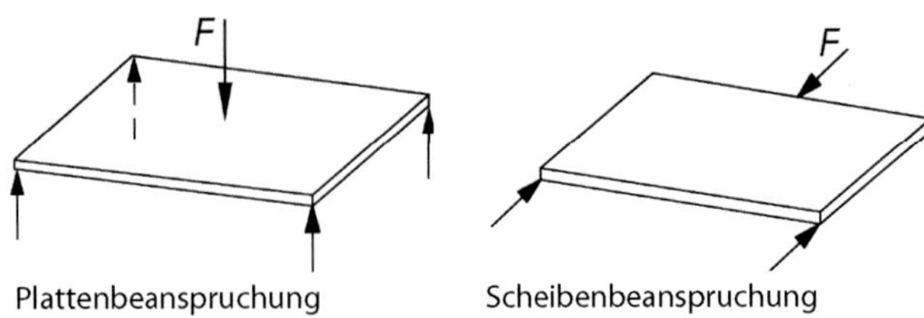

Bild 2.5 Beanspruchungsarten von Holzwerkstoffplatten, prinzipielle Darstellung

platten rechtwinklig zur Plattenebene beansprucht, s. Bild 2.5, liegt im statischen Sinne eine **Plattenbeanspruchung** vor, dagegen wird eine Beanspruchung in Plattenebene als **Scheibenbeanspruchung** bezeichnet. Bei der Bemessung von Holzwerkstoffplatten sind die Scheiben- und Plattenbeanspruchungen sowie die zugehörigen Festigkeits- und Steifigkeitskennwerte zu unterscheiden, s. Abschn. 7.2.2 und Tabelle 2.2.

2.4 Rohdichte von Holzwerkstoffen

Die Rohdichte ist eine wichtige physikalische und technologische Eigenschaft, sie beeinflusst wie bei Vollholz nach Abschn. 1.3 die meisten anderen Eigenschaften der Holzwerkstoffe.

Kunstharzgebundene Spanplatten besitzen aufgrund ihres Aufbaus und ihrer Herstellung, s. Abschn. 2.2, meist Rohdichteunterschiede über den Plattenquerschnitt, wie aus Bild 2.6 zu entnehmen ist. In den Deckschichten liegen höhere Rohdichten vor als in der Mittelschicht. Da die Masse der Deckschichten annähernd gleich bleibt, vermindern sich die mittleren Rohdichten ρ_{mittel} von Spanplatten mit zunehmender Plattendicke und damit z.B. auch elastomechanische Eigenschaften wie die Festigkeit und Elastizität, s. charakteristische Kennwerte kunstharzgebundener Spanplatten im Abschn. 7.2.2. Dagegen liegen bei **zementgebundenen Spanplatten** u.a. wegen des hohen Zementanteils keine ausgeprägten Abhängigkeiten von der Plattendicke vor. **OSB-, Faser- und Gipskartonplatten** besitzen trotz jeweils etwa gleich bleibenden Rohdichten u.a. aufgrund der Herstellungsart und des Aufbaus größere Abhängigkeiten elastomechanischer Eigenschaften

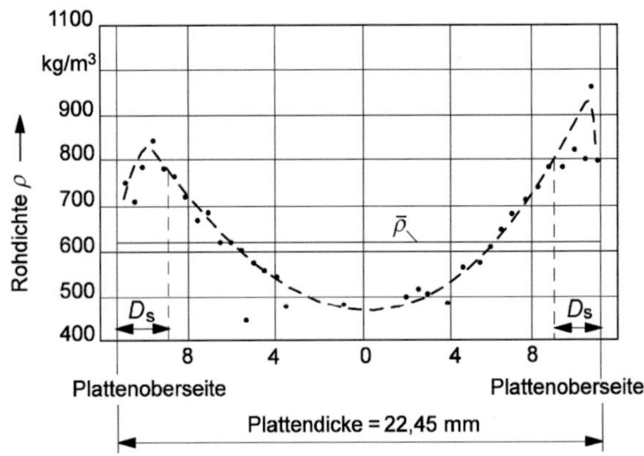

Bild 2.6 Rohdichteprofil einer Spanplatte nach *Noack/Schwab* [386]

von der Plattendicke. Die Eigenschaften von **Brettsperrholz, Sperrholz** und **Furnierschichtholz mit Querlagen** mit jeweils etwa gleich bleibenden Rohdichten sind dagegen im Allgemeinen nicht von den Plattendicken abhängig, sie werden wesentlich durch unterschiedlichen Aufbau, Holzart, Dicke der Furniere oder Brettlagen und dgl. beeinflusst.

Einen Überblick über Rohdichten von Holzwerkstoffen im Bauwesen geben *Radovic/Cheret/Heim* [410]. Die charakteristischen Rohdichten von Holzwerkstoffen sind DIN EN 1995-1-1/NA: 2013-08, Tabelle NA.8 (zementgebundene Spanplatten) und Tabelle NA.10 (Gipskartonplatten), für ausgesuchte Holzwerkstoffe Abschn. 7.2.2 (Sperrholz, kunstharzgebundene Spanplatten, OSB-Platten, harte und mittelharte Faserplatten) oder den bauaufsichtlichen Verwendbarkeitsnachweisen zu entnehmen.

2.5 Quellen, Schwinden und Holzfeuchte von Holzwerkstoffen

Quellen und Schwinden

Holzwerkstoffplatten zeigen in und quer zur Plattenebene unterschiedliches Quell- und Schwindverhalten. In Plattenebene ist das Quellen und Schwinden in beiden Richtungen gering, da sich z.B. kreuzweise verklebte (Furnier-)Holzlagen gegenseitig gegen Verformungen aus Feuchteänderungen behindern, bzw. da das Quellen und Schwinden von Holz in Faserrichtung gering ist. Quer (rechtwinklig) zur Plattenebene (über die Plattendicke) ist das Quellen und Schwinden je nach Plattenart ca. 10 bis 20 mal stärker als in Plattenebene: Furnierschichtholz mit Querlagen quillt oder schwindet quer zur Plattenebene etwa wie das verwendete Holz quer zur Faser, Sperrholz bereits etwas stärker als das verwendete Holz quer zur Faser; Span- und Faserplatten quellen oder schwinden quer zur Plattenebene wesentlich deutlicher als ihr Ausgangsmaterial Vollholz, da neben dem Quellen des Holzmaterials die werksmäßig vorgenommene Verdichtung der Platte in Richtung der Plattendicke zurückgeht (Deformationsrückgang).

Die geringen **Quell- und Schwindmaße** in Plattenebene sind besonders bei großflächigen Holzwerkstoffplatten wegen der großen Abmessungen in feuchtebeanspruchten Bereichen zu beachten, während die großen Quell- und Schwindmaße quer zur Plattenebene bei den üblichen kleinen Plattendicken vernachlässigbar und überwiegend bei Konstruktionen nicht nachteilig sind.

Quell- und Schwindmaße von Holzwerkstoffen können *Noack/Schwab* [386], *Radovic/Cheret/Heim* [410] und *Steck* [487] entnommen werden; für den **rechnerischen Nachweis** von Quell- und Schwindverformungen sind jedoch die Rechenwerte nach DIN EN 1995-1-1/NA: 2013-08 zu verwenden, s. Abschn. 7.5.1. Über das Quellen und Schwinden sowie die Holzfeuchte von Holz s. auch Abschn. 1.4.

Holzfeuchte bei Holzwerkstoffen

Holzwerkstoffe sind hygroskopisch wie ihr Ausgangsprodukt Vollholz, da zerkleinertes Holz wie Brett, Furnier, Span bis zur Faser diese Eigenschaft nicht verliert, so dass ihr Feuchtegehalt vom Umgebungsklima abhängt, s. auch Abschn. 1.4. Da der Kleberanteil die

Feuchteaufnahmefähigkeit eines Holzvolumens beeinflusst, sind die **Gleichgewichtsfeuchten** (Ausgleichsfeuchten) von Holzwerkstoffen mit hohem Klebergehalt wie bei Sperrholz meist etwas geringer als die des Vollholzes, s. auch Abschn. 7.5.3.

2.6 Elastizität von Holzwerkstoffen

Elastisches Verhalten von Holzwerkstoffen

Die Spannungs-Dehnungslinien von Holzwerkstoffen verlaufen wie bei Vollholz nach Abschn. 1.8.1 bis zu bestimmten Beanspruchungshöhen überwiegend geradlinig, so dass für Nachweise der Tragfähig- und Gebrauchstauglichkeit das *Hooke*sche Gesetz Gültigkeit hat. Dabei werden stets die Vollquerschnitte der Holzwerkstoffe betrachtet, obwohl die Querschnitte oft aus Schichten mit unterschiedlichem Verformungsverhalten bestehen.

Das elastische Verhalten von Holzwerkstoffen ist wie bei Vollholz richtungsabhängig (anisotrop), jedoch werden durch den mehr orthotropen Aufbau die Unterschiede in den einzelnen Richtungen vermindert bzw. verändert, s. Abschn. 2.3. Bei mehrschichtigen **kunstharzgebundenen Spanplatten** nehmen die Steifigkeiten (Elastizitäts- und Schubmoduln) im Allgemeinen wegen des ausgeprägten Rohdichteprofils nach Bild 2.6 mit wachsender Plattendicke ab, während **zementgebundene Holzspanplatten** über die Plattendicken etwa gleich bleibende Steifigkeiten besitzen. **OSB-Platten** und harte **Holzfaserplatten** besitzen ähnliches elastisches Verhalten wie kunstharzgebundene Spanplatten und sind meist steifer als diese. Bei **Brettsperrholz** muss die reduzierte Schubsteifigkeit des geschichteten Plattenmaterials aufgrund der Querlagen mit notwendigen Nuten und unverklebten Brettschmalseiten berücksichtigt werden, s. Bild 2.1, dazu sind die Moduln (Rollschubmoduln) entsprechend geringer angesetzt, über Rollschub s. Abschn. 2.8 sowie *Blaß/Görlacher* [56] und *Scholz* [468]. **Furnierschichtholz mit Querlagen, Furnierstreifen- und Langspanholz** besitzen aufgrund der (überwiegend) faserparallelen Schichtungen die größten Steifigkeiten von Holzwerkstoffen und sind in Faserrichtung vergleichbar mit den Steifigkeiten des Ausgangsproduktes Vollholz.

Bei **Sperrholz** beeinflussen Aufbau, Dicke und Anordnung der Furniere sowie die Holzart das elastische Verhalten weitgehend. Die Steifigkeit einer Sperrholzplatte wird jeweils von den Furnierlagen bestimmt, deren Faserrichtung mit der Belastungsrichtung übereinstimmt. In den verschiedenen Richtungen parallel und rechtwinklig zur Faserrichtung der Deckfurniere nach Tabelle 2.2 liegen unterschiedliche Elastizitätsmoduln vor. Zur besseren Kennzeichnung der verschiedenen richtungsabhängigen Eigenschaften (wie Steifigkeiten und Festigkeiten) und Beanspruchungen werden bei Sperrholzplatten die stets gleichsinnig aufgebrachten **Deckfurniere** als sichtbarer Bezug genommen und zwischen den zwei Richtungen parallel und rechtwinklig zur Faserrichtung der Deckfurniere sowie in und rechtwinklig zur Plattenebene (Scheiben- und Plattenbeanspruchung) unterschieden, s. Bild 2.4 und Tabelle 2.2. Bei **OSB- und Gipskartonplatten** sind ebenfalls die richtungsabhängigen Eigenschaften und Beanspruchungen auf die Lage der

Tabelle 2.2 Beanspruchungsarten bei Sperrholz

	Biegung senkrecht zur Plattenebene (Plattenbeanspruchung)	Biegung in Plattenebene (Scheibenbeanspruchung)	Zug/Druck in Plattenebene (Scheibenbeanspruchung)
parallel zur Faserrichtung der Deckfurniere			
rechtwinklig zur Faserrichtung der Deckfurniere			

Deckschichten bzw. auf die Herstellungsrichtung sinngemäß nach Tabelle 2.2 zu beziehen.

Die **unterschiedlichen charakteristischen Steifigkeitskennwerte** von Holzwerkstoffen unter Plattenbeanspruchung (in Faserrichtung der Deckfurniere/-schichten) sind im Vergleich zu Nadel-Vollholz, Brettschichtholz und Furnierschichtholz ohne Querlagen in Bild 2.7 dargestellt. Danach liegen die Elastizitätsmoduln E_{mean} von Holzwerkstoffplatten um mehr als die Hälfte unter den Elastizitätsmoduln $E_{0,mean}$ von Furnierschichtholz ohne Querlagen, Brettschicht- und Nadelvollholz, da bei geschichteten Holzwerkstoffplatten nur die Lagen, deren Faserrichtung mit der Belastungsrichtung übereinstimmt, die Steifigkeiten bestimmen, und da mit abnehmender Holzbestandteil- und Verbundlänge geringere Steifigkeiten vorliegen, während bei ausschließlich faserlängsorientierten stabförmigen Bauteilen alle Schichten zur Steifigkeit beitragen.

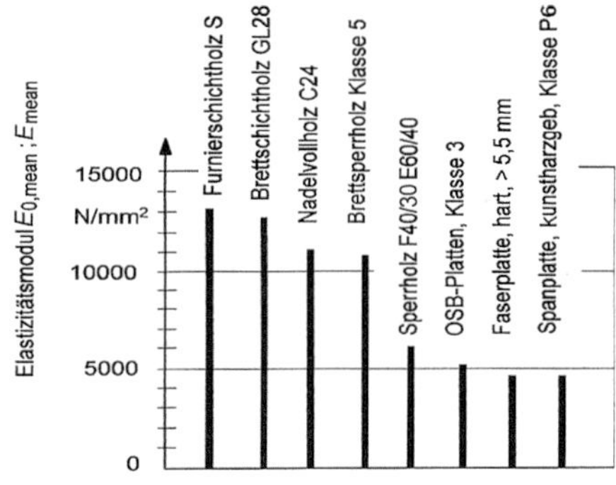

Bild 2.7 Vergleich bestimmter charakteristischer Steifigkeitskennwerte $E_{0,mean}$ von Furnierschichtholz ohne Querlagen, Brettschicht- und Nadelvollholz mit bestimmten E_{mean} von Brettsperrholz, Sperrholz und OSB-Platten in Faserrichtung der Deckfurniere/Deckschicht sowie Faser- und Spanplatten jeweils unter Plattenbeanspruchung der DIN EN 1995-1-1: 2010-12, Beispiele

Elastisches Verhalten von Holzwerkstoffen in Abhängigkeit von der Holzfeuchte und Holztemperatur

Neben den o.a. Einflüssen ist das elastische Verhalten von Holzwerkstoffen wie das des Vollholzes nach Abschn. 1.8.3 u.a. von der Holzfeuchte und Holztemperatur abhängig. Mit zunehmender **Holzfeuchte** nehmen die Elastizitäts- und Schubmoduln von Holzwerkstoffplatten in hygroskopischen Bereich ab, wie aus Bild 2.8 am Beispiel des Elastizitätsmoduls von Spanplatten entnommen werden kann. Im kapillaren Bereich liegt wie bei Vollholz praktisch keine Abhängigkeit von der Holzfeuchte vor.

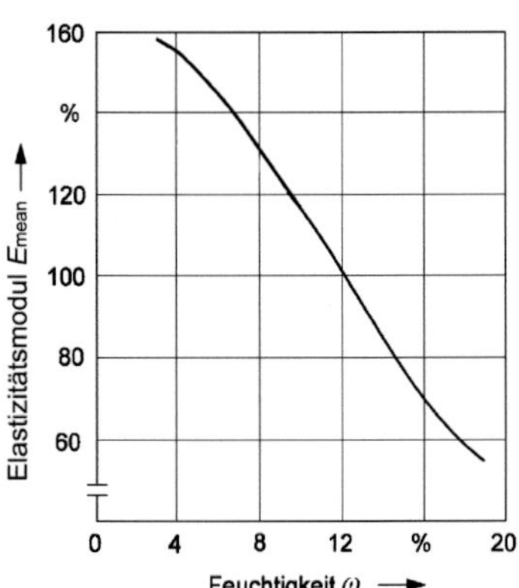

Bild 2.8 Elastizitätsmodul von Spanplatten in Abhängigkeit von der Holzfeuchte, bezogen auf die Werte bei ω = 12%, nach *Halligan/Schniewind* [184]

Mit steigender **Holztemperatur** nehmen die Steifigkeiten von Holzwerkstoffen ab. Dieser Einfluss kann für praktische Bemessungen im Gebrauchstemperaturzustand wie bei Holz vernachlässigt werden.

Berücksichtigung der Steifigkeitskennwerte bei der Bemessung von Holzwerkstoffen

Für die **praktische Bemessung** tragender/aussteifender Sperrholz-, OSB-, Span- und Faserplatten sowie Gipskartonplatten dürfen nur die Rechenwerte der charakteristischen Steifigkeitskennwerte der Produktnormen, die in DIN EN 1995-1-1: 2010-12 (außer Gipskartonplatten) jeweils für die einzelnen Holzwerkstoffe angeführt sind, verwendet werden, für ausgesuchte Holzwerkstoffe s. Abschn. 7.2.2. Die Rechenwerte der charakteristischen Steifigkeitskennwerte nicht genormter Holzwerkstoffe sind den bauaufsichtlichen Verwendbarkeitsnachweisen zu entnehmen. Die Einflüsse der Holzfeuchte auf die Steifigkeiten werden durch Einteilung der Holzwerkstoffe je nach Eignung in den Nutzungsklassen berücksichtigt, s. Abschn. 7.3.1.

2.7 Kriechen von Holzwerkstoffen

Kriechverhalten von Holzwerkstoffen

Das Kriechen von Holzwerkstoffen ist im Allgemeinen ausgeprägter als das des Ausgangsproduktes Vollholz, es nimmt bei Holzwerkstoffen mit kleiner werdenden Holzbestandteilen und Verbundlängen zu. Deshalb kriechen Holzwerkstoffe mit überwiegend faserparallelen Schichtungen wie Brettsperrholz vergleichbar wie das Ausgangsprodukt Nadel-Vollholz, das in Abschn. 1.9 näher mit notwendigen Begriffsbestimmungen beschrieben ist. Sperrholz und Furnierschichtholz mit Querfurnieren haben bereits je nach Aufbau größere Kriecheffekte als Holzwerkstoffe mit überwiegend faserparallelen Schichtungen. OSB-, Span-, Faser- und Gipsfaser- und -kartonplatten besitzen in der angegebenen Reihenfolge der kleiner werdenden (Holz-)Bestandteile zunehmend wesentlich größeres Kriechen als alle anderen Holzwerkstoffe.

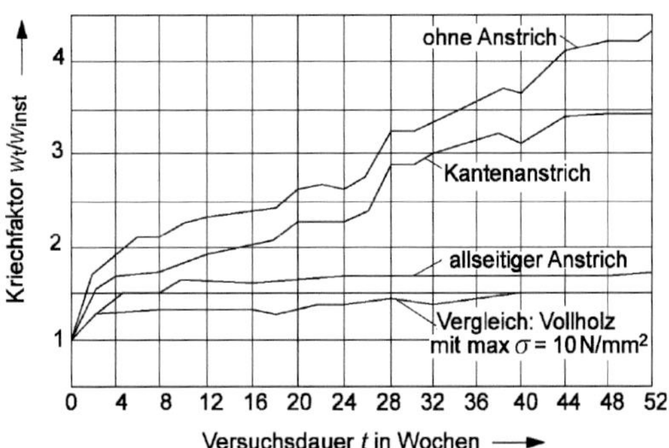

Bild 2.9 Kriechfaktor von 25 mm dicken phenolharzverleimten Spanplatten, flachliegend, in Abhängigkeit vom Oberflächenschutz infolge Biegebeanspruchung bei 7tägigen Beanspruchungszyklen (Beanspruchung: etwa Bemessungswert für ständige Last und dessen Hälfte) in einem seitlich offenen Versuchsraum, zum Vergleich: Vollholz, nach *Möhler/Ehlbeck* [347]

Das Biegekriechen von Holzspanplatten in Abhängigkeit vom Oberflächenschutz kann als Beispiel Bild 2.9 entnommen werden. Danach liegen die **Kriechfaktoren** w_t/w_{inst} zwischen etwa 1,6 und 4,2 je nach Oberflächenschutz bei praxisnahen Versuchen als Dachplatten. Die Abhängigkeit des Kriechens vom **Belastungsgrad** ist in Bild 2.10 am Beispiel des Biegekriechens von Holzfaserplatten dargestellt. Ebenso wie bei Vollholz, s. Abschn. 1.9, streben die Kriechverformungen von Holzwerkstoffen bei Belastungsgraden, die kleiner oder etwa gleich dem Bemessungswert X_d einer Baustoffeigenschaft z.B. der Biegefestigkeit sind, nach bestimmter Zeit einem Grenzwert zu. Bei höheren Belastungsgraden nehmen die Kriechverformungen oberhalb der Kriechgrenze überproportional zu; dies führt nach bestimmter Belastungszeit zum Bruch der Holzwerkstoffe.

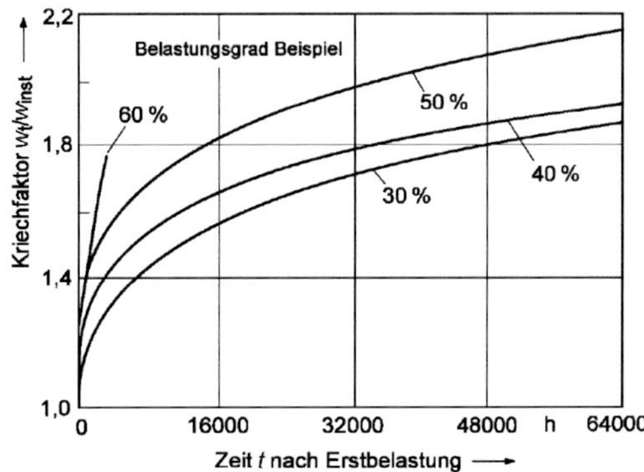

Bild 2.10 Kriechfaktor von harten Holzfaserplatten HFH infolge Biegebeanspruchung in Abhängigkeit vom Belastungsgrad beim Klima $T = 20$ °C, $\varphi = 65\%$ nach *Gressel* [174]

Einfluss der Holzfeuchte auf das Kriechen von Holzwerkstoffen

Im trockenen Innenklima (etwa Nutzungsklasse 1) ist der Einfluss der **Holzfeuchte** auf das Kriechen von Furnierschichtholz mit Querlagen und Sperrholz im Allgemeinen etwas größer als beim Ausgangsprodukt Vollholz; dagegen sind die Kriechverformungen von OSB-, Span-, Faser- und Gipskartonplatten im trockenen Innenklima bereits erheblich ausgeprägter. Im natürlichen Außenklima unter Dach (etwa Nutzungsklasse 2) sind nach *Gressel* [174] die Kriechverformungen von Holzwerkstoffplatten dagegen wesentlich größer als bei Vollholz, sie unterliegen dazu noch breiten Schwankungen. Nach mehrjähriger Biegebeanspruchung lagen die Kriechfaktoren bei Sperrholz je nach Plattentyp zwischen etwa $w_t/w_{inst} \approx 2{,}5$ und 7,5, bei Spanplatten (Holzspanplatten) zwischen etwa $w_t/w_{inst} \approx 2{,}5$ und 10,0.

Darüber hinaus beeinflusst die Art der Feuchtebeanspruchung das Kriechen von Holzwerkstoffplatten unterschiedlich. Ähnlich wie Vollholz nach Bild 1.26 kriecht Sperrholz unter hoher konstanter Holzfeuchte weniger als im Wechselklima. Bei Spanplatten liegen nach *Gressel* [174] umgekehrte Verhältnisse vor: Unter langandauernder hoher konstanter Feuchte kriechen Spanplatten stärker als im Wechselklima.

Berücksichtigung des Kriechens bei der Bemessung von Holzwerkstoffen

Bei der Bemessung von Holzwerkstoffen werden Kriechverformungen überwiegend bei auf Biegung beanspruchten Bauteilen, wenn Durchbiegungen nachgewiesen werden, und ggf. bei Verdrehungen (Torsion) von Bauteilen rechnerisch sinngemäß wie bei Holzbauteilen nach Abschn. 1.9.4. berücksichtigt. Über Nachweise des Kriechens s. Abschn. 25.3.

Da die meisten Holzwerkstoffe (außer Furnierschichtholz mit Querlagen LVL/3 und Sperrholz der Klasse „Außen") bei höheren und hohen Holzfeuchten ein ausgeprägtes Verformungs- und Kriechverhalten aufweisen, dürfen sie nur in Nutzungsklasse 1 oder in Nutzungsklasse 1 und 2 eingesetzt werden, s. Tabelle 7.13 und Verformungsbeiwert k_{def} im Abschn. 7.4.2. Dadurch wird vermieden, dass in den ausgeschlossenen Nutzungsklassen zu große Verformungen bestimmter Holzwerkstoffe auftreten, die die Tragfähig- und Gebrauchstauglichkeit stark beeinträchtigen.

2.8 Festigkeiten von Holzwerkstoffen

Die **Festigkeiten von Holzwerkstoffen** sind wie bei Vollholz nach Abschn. 1.10 richtungsabhängig (anisotrop), sie nehmen mit kleiner werdenden Holzbestandteilen und Verbundlängen ab. Die Festigkeiten werden stets auf den gesamten Plattenquerschnitt bezogen, obwohl die Querschnitte oft aus Schichten mit unterschiedlichem Festigkeits- und Verformungsverhalten bestehen.

Holzwerkstoffe mit überwiegend faserparallelen Schichtungen wie **Furnierschichtholz mit Querfurnieren** haben meist höhere charakteristische Biegefestigkeiten als das Ausgangsprodukt Nadelvollholz der mittleren Festigkeitsklassen aufgrund der faserparallelen Ausrichtung in Beanspruchungsrichtung und der starken Reduzierung natürlicher Holzfehler über den Bauteilquerschnitt; ebenso sind die charakteristischen Biegefestigkeiten von **Sperrholz** der Biegefestigkeitsklassen F40/30 bis F60/10 unter Plattenbeanspruchung in Faserrichtung der Deckfurniere etwa doppelt so hoch wie diejenigen von Nadelvollholz der mittleren Festigkeitsklassen.

OSB-, Span-, mittelharte Faser- und Gipskartonplatten besitzen wegen ihrer verkleinerten (Holz-)Bestandteile mit abnehmender Verbundlänge überwiegend geringere charakteristische Biegefestigkeiten als Nadelvollholz der mittleren Festigkeitsklassen. Durch Plattenverdichtung und Nachhärtung wie bei **harten Holzfaserplatten** werden die Festigkeiten jedoch erheblich verbessert. Als Beispiele sind unterschiedliche Biegefestigkeiten von Holzwerkstoffen im Vergleich zu Nadelvoll-, Brettschicht- und Furnierschichtholz ohne Querlagen in Bild 2.11 dargestellt.

Bild 2.11 Vergleich der charakteristischen Biegefestigkeiten $f_{0,m,k}$ von bestimmtem Furnierschichtholz ohne Querlagen, Brettschicht- und Nadelvollholz mit $f_{m,k}$ von bestimmtem Brettsperrholz, Sperrholz, OSB-Platten in Faserrichtung der Deckfurniere/Deckschicht sowie Faser- und Spanplatten jeweils unter Plattenbeanspruchung der DIN EN 1995-1-1: 2010-12, Beispiele

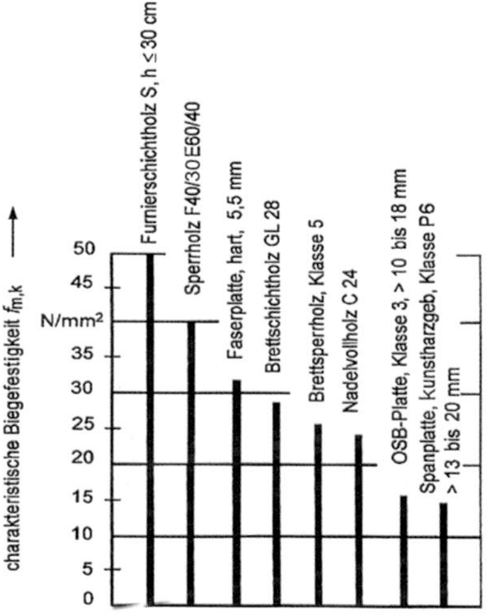

Dehnungsverhalten und Spannungsverteilung bei Sperrholzplatten

Die Festigkeiten von Sperrholz hängen vorwiegend von den Eigenschaften und Dicken der Furniere ab, deren Faserverlauf parallel zur Beanspruchungsrichtung liegt, s. Abschn. 2.3. Wird das Dehnungsverhalten und die Spannungsverteilung in einer fünflagigen Sperrholzplatte unter Biege- und Zugbeanspruchung nach Bild 2.12 betrachtet, so werden sich die Dehnungen wegen des starren geklebten Verbundes zwischen den einzelnen Lagen linear, die Spannungen jedoch in den Längs- und Querlagen wegen der sehr verschiedenen Elastizitätsmoduln der Furniere in und rechtwinklig zur Faserrichtung verschieden verhalten. Die Festigkeiten des Gesamtquerschnitts sind neben der Anzahl und den Festigkeiten der Einzelfurniere und deren Streuungen auch vom Herstellungsverfahren der Platten abhängig. In den einzelnen Plattenrichtungen liegen deshalb unterschiedliche Festigkeiten vor.

Richtungsabhängige Festigkeiten von Brettsperrholz, Sperrholz und OSB-Platten

Zur besseren Unterscheidung der verschiedenen richtungsabhängigen Festigkeiten und Beanspruchungen werden bei **Sperrholzplatten** die stets gleichsinnig aufgebrachten

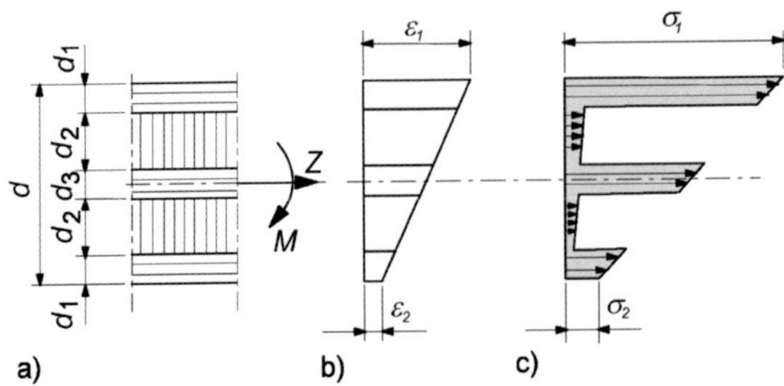

Bild 2.12 Dehnungs- und Spannungsverteilung in einer fünflagigen Sperrholzplatte bei Biege- und Zugbeanspruchung in Faserrichtung der Deckfurniere nach *Erläut. zu DIN 1052: 1988-04* [77] a) Plattenaufbau, b) Dehnungsdiagramm, c) Spannungsdiagramm

Deckfurniere als sichtbarer Bezug für die verschiedenen Richtungen genommen, hierüber s. sinngemäß wie bei den Steifigkeiten Tabelle 2.2 und Abschn. 2.6. Bei **Brettsperrholz** liegen ebenso wie bei Sperrholz richtungsabhängige Festigkeiten vor, die auf die gleichsinnig aufgebrachten Deck-Brettlagen bezogen werden. Die Festigkeiten von **OSB-Platten** sind ebenso richtungsabhängig, da sie dreischichtig mit überwiegend parallelen Längsspänen in den Deckschichten und meist quer verlaufenden Spänen in der Mittelschicht aufgebaut sind, so dass auch hier zur besseren Unterscheidung der verschiedenen richtungsabhängigen Festigkeiten und Beanspruchungen die etwa gleichsinnig verlaufenden Deckschichten als Bezug für die verschiedenen Richtungen genommen werden, hierüber s. sinngemäß wie bei den Sperrholzsteifigkeiten Tabelle 2.2 und Abschn. 2.6. Darüber hinaus nehmen die Festigkeiten von OSB-Platten mit wachsender Plattendicke ab.

Festigkeiten von Span- und Holzfaserplatten

Die Festigkeiten **kunstharzgebundener Spanplatten** sind vorwiegend von der Rohdichte und damit von der Plattendicke abhängig. Da mehrschichtige Spanplatten ein ausgeprägtes Rohdichteprofil zeigen, nehmen die Festigkeiten mit wachsender Plattendicke ab, s. auch Abschn. 2.4. Dagegen ist in beiden Richtungen der Plattenebene das Festigkeitsverhalten annähernd gleich, deshalb brauchen keine Richtungsunterscheidungen gemacht werden, es wird nur zwischen Beanspruchung in und rechtwinklig (quer) zur Plattenebene (Scheiben- und Plattenbeanspruchung) sowie unterschiedlichen Plattendicken unterschieden, s. Abschn. 7.2.2. Bei **zementgebundenen Spanplatten** wird wegen des in allen Plattenrichtungen gleichen Aufbaus nur zwischen Beanspruchungen in und rechtwinklig (quer) zur Plattenebene (Scheiben- und Plattenbeanspruchung) unterschieden, da die Festigkeiten über die Plattendicken wegen des hohen Zementanteils etwa konstant sind.

Faserplatten haben in Plattenebene etwa gleich bleibende Festigkeiten, so dass hier keine Richtungsunterscheidungen erforderlich sind. Mittelharte Faserplatten weisen bei üblichen Plattendicken etwa vergleichbares Festigkeitsverhalten wie kunstharzgebundene Spanplatten mittlerer Dicken auf, während harte Faserplatten durch die Plattenverdichtung und Nachhärtung wesentlich höhere Festigkeiten besitzen. Bei den charakteristischen Festigkeits-(und Steifigkeits-)kennwerten mittelharter und harter Faserplatten wird deshalb nur zwischen Beanspruchungen in und rechtwinklig (quer) zur Plattenebene (Scheiben- und Plattenbeanspruchung) und zwischen zwei Plattendicken unterschieden.

Rollschub bei Brettsperrholz und Massivholzplatten
Schubbeanspruchungen, bei denen beide Spannungskomponenten rechtwinklig zur Faserrichtung auftreten, werden als Rollschub bezeichnet, s. auch Bild 18.2b; Rollschub tritt z.B. bei mehrschichtigen Massivholzplatten und bei Brettsperrholz mit Nuten in den Einzelbrettern (Querlagen), die als Entlastungsnuten zur Verringerung der Schwindverformungen der Einzelbretter notwendig sind, s. Bild 2.1, und bei Brettsperrholz mit nicht verklebten Brettschmalseiten auf. Diese Unterbrechungen in den Querlagen führen zu einem komplizierten Tragverhalten in den Bereichen der Kreuzungsflächen der Einzelbretter und zur Minderung der Festigkeit und Steifigkeit von Brettsperrholz („Schubweichheit"), s. *Blaß/ Görlacher* [56], *Kreuzinger* [287] und *Scholz* [468]. Für die praktische Bemessung wird das komplexe Problem auf ein vereinfachtes Schubproblem (Rollschub) zurückgeführt, die reduzierte Festigkeit und Steifigkeit wird für Nadelvoll- und Brettschichtholz der DIN EN 1995-1-1: 2010-12 mit einer Rollschubfestigkeit f_R und einem Rollschubmodul $G_{R,mean}$ (nur 10% des Schubmoduls G_{mean}) in Rechnung gestellt, s. Abschn. 7.2.1. Nach DIN EN 1995-1-1: 2010-12, 6.1.7 (1)P, Anmerkung, ist die Rollschubfestigkeit f_R näherungsweise doppelt so hoch wie die Zugfestigkeit rechtwinklig zur Faserrichtung.

Bei **Sperrholz** mit zu Brettsperrholz vergleichbarem, kreuzweise verklebten Schichtaufbau tritt das Rollschubproblem prinzipiell ebenso auf, es kann jedoch wegen der dünnen Schichten von ca. 3–4 mm und kontinuierlicher Verklebung aller Schichten ohne Unterbrechung (z.B. ohne Nuten) vernachlässigt werden.

Einfluss des Winkels α zwischen Kraft- und Faserrichtung auf die Zug- und Druckfestigkeiten von Holzwerkstoffen
Die Zug- und Druckfestigkeiten von **Brettsperrholz, Sperrholz, OSB-Platten und Furnierschichtholz mit Querlagen** sind wegen ihres anisotropen bzw. orthotropen Aufbaus in Plattenebene vom Winkel α zwischen Beanspruchungs- und Faserrichtung der Deckfurniere/Deckschichten abhängig, während bei **Span-, Faser- und Gipskartonplatten** wegen ihres überwiegend isotropen Aufbaus keine Abhängigkeiten der Zug- und Druckfestigkeiten in der Plattenebene vom Winkel α vorliegen.

Am Beispiel der Zugfestigkeit von drei- und fünflagigen Furnierplatten wird die Abhängigkeit vom Winkel α zwischen Beanspruchungs- und Faserrichtung der Deckfurniere aus Bild 2.13 ersichtlich. Danach sind die Zugfestigkeiten in Plattenebene parallel zur Faserrichtung der Deckfurniere ($\alpha = 0°$) im Allgemeinen etwas höher als senkrecht zur Faserrichtung der Deckfurniere ($\alpha = 90°$); beim Beanspruchungs-Faserwinkel $\alpha = 45°$ liegen niedrigere Festigkeiten vor. Ähnliches gilt für die Druckfestigkeiten in Plattenebene. Fehlerfreies **Vollholz** besitzt im Vergleich dazu höhere Festigkeiten parallel zur Faserrichtung, jedoch bereits bei kleinen Winkeln α zwischen Beanspruchungs- und Faserrich-

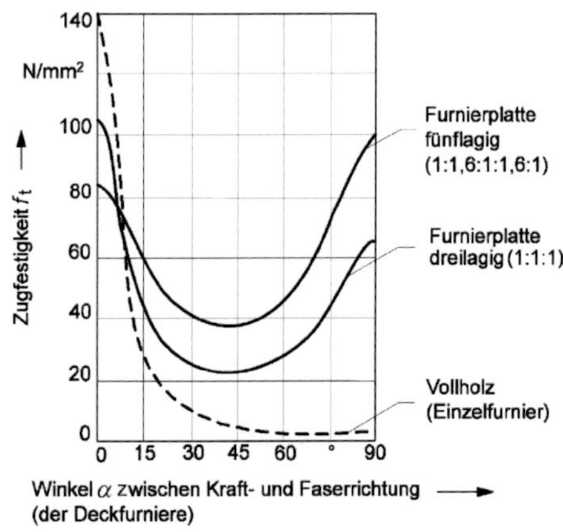

Bild 2.13 Zugfestigkeit von drei- und fünflagigen Furnierplatten in Abhängigkeit vom Winkel α zwischen Beanspruchungs- und Faserrichtung, zum Vergleich: Vollholz, nach *Kraemer* [285]

tung wesentlich niedrigere Werte und bei Beanspruchungen quer zur Holzfaser ($\alpha = 90°$) sehr geringe Festigkeiten, über Vollholz s. Abschn. 1.10.2.

Hieraus wird deutlich, dass durch den gerichteten künstlichen Plattenaufbau die Anisotropie bei Sperrholzplatten geringer wird als beim natürlichen Ausgangsprodukt Holz; bereits bei kleinen Winkeln α zwischen Beanspruchungs- und Faserrichtung (der Deckfurniere) liegen bei Sperrholzplatten höhere Zugfestigkeiten vor als bei Vollholz. Über die Berechnung charakteristischer Zug- und Druckfestigkeiten bei „schräger“ Beanspruchungsrichtung s. Abschn. 15.1.2 und 16.1.3.

Einfluss der Holzfeuchte und Holztemperatur auf die Festigkeiten von Holzwerkstoffen

Das Festigkeitsverhalten von Holzwerkstoffen ist neben den o.a. Einflüssen wie das des Vollholzes nach Abschn. 1.10.4 u.a. von der **Holzfeuchte** und -temperatur abhängig. Mit zunehmender Holzfeuchte nehmen die Festigkeiten von Holzwerkstoffen im hygroskopischen Bereich ab, im kapillaren Bereich sind sie wie bei Vollholz nahezu konstant.

Furnierschichtholz ohne Querlagen, Brettsperr- und Sperrholz zeigen mit Vollholz etwa vergleichbare Abhängigkeiten der Festigkeiten von der Holzfeuchte, da die Holzfaserstruktur gegenüber dem Ausgangsprodukt Vollholz im Wesentlichen nicht verändert wird. Bei OSB-, Span-, Faser- und Gipskartonplatten dagegen werden mit zunehmendem Zerkleinerungsgrad (des Holzes) die Verbundlängen geringer, so dass die Festigkeiten etwa in diesem Maße mit zunehmender Holzfeuchte abnehmen und wesentlich geringer sind als bei Nadelvollholz mittlerer Festigkeitsklassen. Am Beispiel der Biegefestigkeit von Spanplatten kann aus Bild 2.14 die Abhängigkeit der Festigkeiten von der Holzfeuchte für diese Holzwerkstoffplatten entnommen werden.

Die Festigkeiten von Holzwerkstoffen nehmen mit steigender **Holztemperatur** ab; ähnliches gilt für Vollholz nach Abschn. 1.10.4. Im Gebrauchstemperaturbereich kann dieser Einfluss vernachlässigt werden.

Bild 2.14 Biegefestigkeit von Spanplatten in Abhängigkeit von der Holzfeuchte bezogen auf Werte bei ω = 12% nach *Halligan/Schniewind* [184]

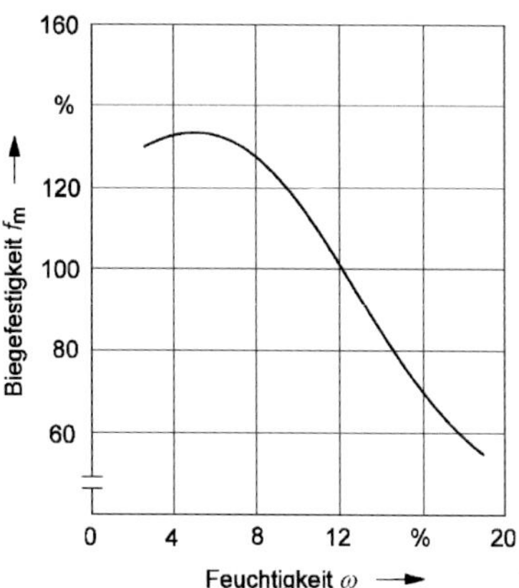

Berücksichtigung der Festigkeitskennwerte bei der Bemessung von Holzwerkstoffen
Für die **praktische Bemessung** tragender/aussteifender Sperrholz-, OSB-, Span- und Faserplatten dürfen nur die Rechenwerte der charakteristischen Festigkeitskennwerte der Produktnormen, die in DIN EN 1995-1-1: 2010-12 jeweils für die einzelnen Holzwerkstoffe angeführt sind, verwendet werden, für ausgesuchte Holzwerkstoffe s. Abschn. 7.2.2. Die Rechenwerte der charakteristischen Festigkeitskennwerte nicht genormter Holzwerkstoffe sind den bauaufsichtlichen Verwendbarkeitsnachweisen zu entnehmen. Die Einflüsse der Holzfeuchte auf die Festigkeiten werden nach Einteilung der Holzwerkstoffe je nach Eignung in den Nutzungsklassen über die Modifikationsbeiwerte k_{mod} berücksichtigt, s. Abschn. 7.3.1 und 7.4.1.

Dauerfestigkeit von Holzwerkstoffen
Unter Dauerbeanspruchung nehmen die Festigkeiten von Holzwerkstoffen wie die des Vollholzes nach Abschn. 1.10.5 ab. Bild 2.15 zeigt das Verhältnis der Zeitstandfestigkeit zur statischen Kurzzeitfestigkeit am Beispiel der Biegung von Furnierplatten verschiedener Dicken und Holzarten. Danach liegen die **Dauerstandfestigkeiten** von Sperrholz sowie von Brettsperrholz und Furnierschichtholz mit Querlagen im trockenen Innenklima (Nutzungsklasse 1) wie bei Vollholz bei ca. 60% der statischen Kurzzeitfestigkeit, während sie bei OSB-, Span-, Faser- und Gipskartonplatten wesentlich geringer sind. Weiterhin nehmen die Dauerstandfestigkeiten mit zunehmender Holzfeuchte bei allen Holzwerkstoffen ab. Bei OSB-, Span-, Faser- und Gipskartonplatten sind diese Abnahmen jedoch z.T. wesentlich größer als bei den anderen Holzwerkstoffen, nach *Gressel* [174] kann bei einer stark hygroskopischen Spanplatte im verschärften Wechselklima die Dauerstandfestigkeit nur ca. 20% der statischen Kurzzeitfestigkeit betragen.

Die Festigkeitsabnahmen unter Dauerbeanspruchung und zunehmender Holzfeuchte werden bei der Bemessung durch den Modifikationsbeiwert k_{mod} und Einteilung in Nutzungsklassen berücksichtigt, s. Abschn. 7.4.1. Da viele Holzwerkstoffe unter höherer und hoher Holzfeuchte zu geringe Festigkeiten besitzen, dürfen sie nicht in Nutzungsklasse 3,

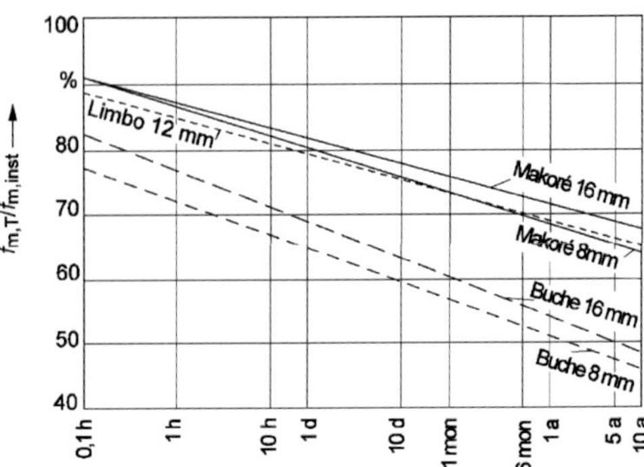

Bild 2.15 Verhältnis der Zeitstand-Biegefestigkeit $f_{m,T}$ zur statischen Kurzzeit-Biegefestigkeit $f_{m,inst}$ von Furnierplatten verschiedener Dicken und Holzarten nach *Möhler/Ehlbeck* [347]

sondern je nach Eignung nur in Nutzungsklasse 1 oder 1 und 2 eingesetzt werden, s. Abschn. 2.9 und Tabelle 7.13.

Die **Dauerschwingfestigkeit** von Holzwerkstoffplatten ist nach *Ehlbeck* [113] noch wenig untersucht. Sperrholz verhält sich danach etwa ähnlich wie Vollholz nach Abschn. 1.10.5, während Span- und Faserplatten Dauerschwingfestigkeiten von nur ca. 20% der statischen Kurzzeitfestigkeiten besitzen, so dass Span- und Faserplatten nach derzeitigem Wissensstand für dynamische Beanspruchungen ungeeignet erscheinen.

2.9 Klassen und Anwendungsbereiche von Holzwerkstoffen

Technische Klassen und Anwendungsbereiche von Holzwerkstoffplatten

Holzwerkstoffplatten für tragende und aussteifende Zwecke der DIN EN 1995-1-1: 2010-12 werden technischen Klassen und Einsatzbereichen zugeordnet, da Platten geringerer Qualität bei Rücktrocknung nur geringes Erholungsvermögen im Gegensatz zu hochwertigen Holzwerkstoffplatten mit feuchtebeständigen Klebstoffen zeigen. Die Einteilung erfolgt nach DIN EN 13986: 2015-06 für bestimmte Eigenschaften wie Festigkeit, Steifigkeit, Dauerhaftigkeit (Feuchtebeständigkeit), Qualität der Verklebung, Brandverhalten u. dgl., um eine klare Zuordnung für den Verwendungszweck zu erhalten. Dazu werden die in Tabelle 2.3 angeführten Einsatzbereiche definiert, die den Nutzungsklassen nach DIN EN 1995-1-1: 2010-12 entsprechen. Die Technischen Klassen der Holzwerkstoffe, ihre Einsatzgebiete und ihr Einsatz in den Nutzungsklassen können Tabelle 2.4 entnommen werden. Die Zuordnung zulässiger Holzwerkstofffeuchten in der Gebrauchsklasse GK 0 nach DIN 68800-2: 2022-02 (baulicher Holzschutz) und von Nutzungsklassen zu Feuchtebeständigkeitsbereichen (Anwendungs- oder Einsatzbereichen) nach DIN EN 13986: 2015-06 wird im Abschn. 5.2.4, Tabelle 5.16 dargestellt.

Der Einsatz von Holzwerkstoffen in der Gebrauchsklasse GK 0 nach DIN 68800-2: 2022-02 (baulicher Holzschutz) mit zulässigen Holzwerkstofffeuchten in den Nutzungsklassen und in häufigen Anwendungs- oder Einsatzbereichen hinsichtlich erforderlicher Feuchtebeständigkeit ist im Abschn. 10.1, Tabelle 2 näher dargestellt.

Tabelle 2.3 Einsatzbereiche von tragenden und aussteifenden Holzwerkstoffen der DIN EN 1995-1-1: 2010-12 nach DIN EN 13986: 2015-06, 3.8[4])

Einsatzbereiche	Bedingungen der Einsatzbereiche	entspricht der Nutzungsklasse nach [1]) DIN EN 1995-1-1: 2010-12,
Trockenbereich	Feuchtegehalt des Materials, der einer Temperatur $T = 20$ °C und relativen Luftfeuchte $\varphi = 65$ % entspricht [2])	Nutzungsklasse 1
Feuchtbereich	Feuchtegehalt des Materials, der einer Temperatur $T = 20$ °C und relativen Luftfeuchte $\varphi = 85$ % entspricht [3])	Nutzungsklasse 2
Außenbereich	Klimaverhältnisse, die zu höheren Feuchtegehalten des Materials als in Nutzungsklasse 2 (Feuchtbereich) führen	Nutzungsklasse 3

[1]) Nutzungsklassen s. Tabelle 7.12 und 7.13
[2]) die nur einige Wochen im Jahr einen Wert von $\varphi = 65\%$ übersteigt
[3]) die nur einige Wochen im Jahr einen Wert von $\varphi = 85\%$ übersteigt
[4]) die Zuordnung zulässiger Holzwerkstofffeuchten in der Gebrauchsklasse GK 0 nach DIN 68800-2: 2022-02 (baulicher Holzschutz) und von Nutzungsklassen zu Feuchtebeständigkeitsbereichen (Anwendungs- oder Einsatzbereichen) nach DIN EN 13986: 2015-06, 3 s. Abschn. 5.2.4, Tabelle 5.16

Holzwerkstoffplatten in den Nutzungsklassen

Holzwerkstoffplatten für tragende und aussteifende Zwecke der DIN EN 1995-1-1: 2010-12, die nur in **Nutzungsklasse 1** eingesetzt werden dürfen, s. Tabelle 2.4, sollten auch nur in diesem Trockenbereich und keinem anderen Bereich eingesetzt werden, diejenigen, die nur in Nutzungsklasse 1 und 2 verwendet werden dürfen, sollten nur in diesen Trocken- und Feuchtbereichen Berücksichtigung finden.

Werden dagegen Holzwerkstoffe, die nur in den **Nutzungsklassen 1 und 2** eingesetzt werden dürfen, einer **direkter Feuchte- oder Witterungsbeanspruchung** ausgesetzt, muss ein dauerhaft wirksamer Schutz wie z.B. gegen Spitzwasser in Duschen, gegen ständig hohe relative Luftfeuchte oder gegen direkte Bewitterung aufgebracht werden, so dass keine direkte Feuchtebeanspruchung, jedoch gleichzeitig ausreichende Belüftung stattfinden kann. Ein derartiger Oberflächenschutz verhindert bei Platten die Gefahr des Verwerfens und Ausbeulens bei zu starker Dickenquellung, er kann z.B. als geeignete, für diesen Zweck zugelassene Beschichtung, Bekleidung, Vorsatzschale, Abdeckung oder Kombinationen davon wirksam werden.

Obwohl bestimmte Holzwerkstoffplatten wie Sperrholzplatten der Technischen Klasse „außen", Furnierschichtholz mit Querlagen LVL/3 und bestimmte Brettsperrhölzer nach ihren bauaufsichtlichen Verwendbarkeitsnachweisen in allen drei Nutzungsklassen verwendet werden können, wird für diese bei Einsatz in der **Nutzungsklasse 3** im Sinne einer holzgerechten Konstruktion ebenso ein dauerhaft wirksamer Schutz oder Witterungsschutz empfohlen, danach sollten alle (waagerechten und auch senkrechten) Plattenränder und

Tabelle 2.4 Technische Klassen, Anwendungs- oder Einsatzbereiche und Einsatz in den Nutzungsklassen von tragenden und aussteifenden Holzwerkstoffen der DIN 1995-1-1: 2010-12 nach DIN EN 13986: 2015-06, 3 und Anhang A[1]) [2]) [7])

Technische Klassen	Benennung der Anwendungs- oder Einsatzbereiche/des Verwendungszweckes	Anwendung oder Einsatz in den Nutzungsklassen (NKL)[1]) nach DIN EN 1995-1-1/NA: 2013-08, NCI NA.3.5 [5]) [7])		
		NKL 1	NKL 2	NKL 3
Sperrholz nach DIN EN 636				
trocken	Innenverwendung im Trockenbereich	x	–	–
feucht	Innenverwendung im Feuchtbereich	x	x	–
außen	Verwendung im Außenbereich	x	x	x
OSB-Platten nach DIN EN 300				
OSB/2	Innenverwendung im Trockenbereich	x	–	–
OSB/3	Innenverwendung im Feuchtbereich	x	x	–
OSB/4	Innenverwendung im Feuchtbereich	x	x	–
Spanplatten, kunstharzgebunden nach DIN EN 312				
P4	Innenverwendung im Trockenbereich	x	–	–
P5	Innenverwendung im Feuchtbereich	x	x	
P6	Innenverwendung im Trockenbereich	x	–	–
P7	Innenverwendung im Feuchtbereich	x	x	–
Spanplatten, zementgebunden nach DIN EN 634-2				
Klasse 1, Klasse 2	Innenverwendung im Trocken- und Feuchtbereich[3])	x	x	–
Faserplatten nach DIN 622-2 und -3				
MBH.LA2 mittelhart	Innenverwendung im Trockenbereich	x	–	–
HB.HLA2 hart	Innenverwendung im Feuchtbereich	x	x	–
Massivholzplatten nach DIN EN 13353				
SWP/1	Innenverwendung im Trockenbereich	x	–	–
SWP/2	Innenverwendung im Feuchtbereich	x	x	–
SWP/3	Innenverwendung im Feuchtbereich[4])	x	x	–
Furnierschichtholz mit Querlagen nach DIN EN 14279[5])[6])				
LVL/1	Innenverwendung im Trockenbereich	x	–	–
LVL/2	Innenverwendung im Feuchtbereich	x	x	–
LVL/3	Verwendung im Außenbereich	x	x	x

Tabelle 2.4 (Fortsetzung)

Technische Klassen	Benennung der Anwendungs- oder Einsatzbereiche/des Verwendungszweckes	Anwendung oder Einsatz in den Nutzungsklassen (NKL)[1]) nach DIN EN 1995-1-1/NA: 2013-08, NCI NA.3.5 [5]) [7])		
		NKL 1	NKL 2	NKL 3
Gipsplatten nach DIN 18180[8])				
GKB, GKF	Innenverwendung im Trockenbereich	x	–	–
GKBI, GKFI	Innenverwendung im Feuchtbereich	x	x	–
Gipsplatten, faserverstärkt nach DIN EN 15283-2[8])				
	Innenverwendung im Feuchtbereich	x	x	–

[1]) Nutzungsklassen s. Tabelle 7.12 und 7.13
[2]) Mindestdicken von tragenden und aussteifenden Holzwerkstoffen s. Tabelle 7.13
[3]) zementgebundene Spanplatten dürfen nach DIN EN 1995-1-1/NA: 2013-08, NCI NA 3.5.4 nur in den Nutzungsklassen 1 und 2 verwendet werden
[4]) Massivholzplatten der Technischen Klasse SWP/3 dürfen nach DIN EN 1995-1-1/NA: 2013-08, NCI NA 3.5.9 nur in den Nutzungsklassen 1 und 2 verwendet werden
[5]) für Furnierschichtholz nach DIN EN 1995-1-1/NA: 2013-08, NCI Zu 3.4
[6]) Furnierschichtholz der DIN EN 14374: 2005-02 darf nach DIN EN 1995-1-1/NA: 2013-08, NCI Zu 3.4 nur in den Nutzungsklassen 1 und 2 eingesetzt werden, für Nutzungsklasse 3 ist ein bauaufsichtlicher Verwendbarkeitsnachweis erforderlich
[7]) die erforderliche Feuchtebeständigkeit von Holzwerkstoffen in Abhängigkeit von verschiedenen Anwendungs- oder Einsatzbereichen nach DIN 68800-2: 2022-02 (baulicher Holzschutz) s. Abschn. 5.2.4, Tabelle 5.17
[8]) Gipsplatten bzw. faserverstärkte Gipsplatten der DIN EN 1995-1-1/NA: 2013-08, NCI NA.3.5.6 und 3.5.7

-fugen ausreichend überstehend und dauerhaft abgedeckt werden, Beispiele s. Abschn. 5.2 und Bild 7.1a, b; bei Beanspruchung durch Niederschlagswasser s. Abschn. 5.2.3 und 5.2.4. Gelingt durch die Abdeckung eine Einordnung in Nutzungsklasse 2 oder 1, wird der notwendige Wartungs- und mögliche Instandsetzungsaufwand infolge Feuchte- oder Witterungseinflüssen wesentlich verringert.

Über den Einsatz von vorbeugend geschützten Holzwerkstoffprodukten in den Gebrauchsklassen GK der DIN 68800-1: 2019-06 (Holzschutz) s. Abschn. 5.2.3 und von Holzwerkstoffen in der Gebrauchsklasse GK 0 nach DIN 68800-2: 2022-02 (baulicher Holzschutz) mit zulässigen Holzwerkstofffeuchten in den Nutzungsklassen und in häufigen Anwendungs- oder Einsatzbereichen s. Abschn. 5.2.4, Tabellen 5.16 und 5.17.

Holzwerkstoffe ohne eingeschränkten Anwendungsbereich

Holzwerkstoffe für tragende und aussteifende Zwecke wie Furnierschichtholz mit Querlagen (LVL/3), Furnierstreifen- und Langspanholz können im Allgemeinen wie Vollholz in allen Nutzungsklassen eingesetzt werden, Näheres regeln die bauaufsichtlichen Verwendbarkeitsnachweise. Auch für diese Holzwerkstoffe wird ein dauerhaft wirksamer Schutz oder Witterungsschutz mit ausreichend überstehenden Abdeckungen empfohlen, Beispiele s. Abschn. 5.2.4, Bilder 5.1 bis 5.12 und Abschn. 7.3.1, Bild 7.1a, b.

Weitere Holzwerkstoffe für das Bauwesen mit bauaufsichtlichen Verwendbarkeitsnachweisen

Neben den o.a. Holzwerkstoffen gibt es noch weitere für das Bauwesen mit bauaufsichtlichen Verwendbarkeitsnachweisen, die u.a. in einem jährlich aktuellen Verzeichnis des Deutschen Instituts für Bautechnik in Berlin aufgelistet sind.

Bauholz 3

3.1 Bauhölzer

Es gibt eine Vielzahl verschiedener Pflanzen- und Baumarten auf der Erde. Für Bauzwecke wird nur das Holz weniger dieser Pflanzen- und Baumarten genutzt. Für tragende Holzbauteile nach DIN EN 1995-1-1: 2010-12 werden derzeit in Deutschland nur bestimmte Holzarten eingesetzt, s. Tabelle 3.1 und Abschn. 7.2.1. Weitere Holzarten, die in anderen Ländern für Bauzwecke eingesetzt werden, können ebenfalls nach DIN EN 1995-1-1: 2010-12 verwendet werden, wenn sie die Anforderungen einer Holzfestigkeitsklasse erfüllen, s. Abschn. 1.10.6, und einen bauaufsichtlichen Verwendbarkeitsnachweis besitzen.

In Mitteleuropa werden vorwiegend die **europäischen Nadelhölzer** Fichte, Tanne, Kiefer, Lärche und europäische Douglasie als Bauholz eingesetzt, da sie gute Festigkeitseigenschaften bei geringem Eigengewicht sowie geringe Quell- und Schwindmaße aufweisen, darüber hinaus sind sie leicht bearbeitbar. Fichte wird wegen seiner günstigen Umtriebszeit (Erntealter von 80 bis 110 Jahren) oft verwendet. Die **europäischen Laubhölzer** Eiche und Buche werden überwiegend nur bei speziellen Bauteilen wie Auflagerplatten, Dübel, Schwellen und dgl. eingesetzt, Eiche wegen seiner guten natürlichen Dauerhaftigkeit, s. Tabelle 1.5, auch bei Bauteilen, die stark der Witterung ausgesetzt sind, wie z.B. im Brücken- und Wasserbau oder Fachwerkhausbau. Eiche und Buche besitzen höheres Eigengewicht, höhere Quell- und Schwindmaße und sind wegen ihrer höheren Rohdichte etwas schwerer bearbeitbar und darüber hinaus im Allgemeinen teurer als europäische Nadelhölzer.

Die **nordamerikanischen Nadelhölzer** Southern Pine, Western Hemlock und Yellow Cedar besitzen oft günstigere Wuchseigenschaften und sind geradliniger als europäische Nadelhölzer. Die **überseeischen Laubhölzer** Teak, Keruing (Yang), Afzelia, Merbau, Angélique (Basralocus), Azobé (Bongossi) und Ipe haben gleiche oder höhere Festigkeiten als

H. Neuhaus · W. Moorkamp (✉)
e-mail: wilfried.moorkamp@ewetel.net

H. Neuhaus, W. Moorkamp, L. Peterson, T. Uibel, *Ingenieurholzbau*,
DOI 10.1007/978-3-658-44967-4_3

Tabelle 3.1 Merkmale von Bauhölzern der DIN EN 1995-1-1: 2010-12 nach *Grosser* [177], *Kollmann* [267], *Noack/Schwab* [385] und *Sell* [481]

Benennung	Kurzzeichen	weitere Handelsnamen	wichtigstes Herkunftsgebiet	Farbe[1])		Jahrringstruktur/ Zuwachszonen	Festigkeit	Bearbeitbarkeit	Stehvermögen	weitere Hinweise
				Splintholz	Kernholz					
Nadelhölzer[2])[3])										
Fichte	FI	Rotfichte „Rottanne“[4])	Europa	weiß mit gelblich-rötlichem Ton, Splint und Kern nicht zu unterscheiden		deutlich	mäßig hoch	gut	befriedigend	Reifholzbaum, der Tanne sehr ähnlich, harzhaltig
Tanne	TA	Weißtanne, Edeltanne	Europa	gelblichweiß bis rötlichweiß, Splint und Kern nicht zu unterscheiden		deutlich	mäßig hoch	gut	befriedigend	Reifholzbaum, der Fichte sehr ähnlich, harzhaltig
Kiefer	KI	Föhre	Europa, Nordwestasien	gelblichweiß, breit	gelblichrot bis braun	deutlich	mäßig hoch	gut	gut	Kernholzbaum, Splintholz bläueanfällig, harzhaltig
Lärche, europäische	LA		Europa	gelblichweiß, schmal	rötlichbraun bis rotbraun	sehr - deutlich	mäßig hoch	gut	gut	Kernholzbaum, gelegentlich Harzgallen
Douglasie[5])	DGA	Oregonpine, Douglas Fir	Nordamerika, Europa	gelblichweiß, schmal	gelblich-rotbraun	deutlich	mäßig hoch	gut	gut	Kernholzbaum, Holz aus N.-Amerika meist astfrei, harzhaltig
Western Hemlock	HEM	Hemlock	Nordamerika	bräunlichgrau, gelegentlich helle Streifen, Splint u. Kern nicht zu unterscheiden		weniger deutlich	mäßig hoch	gut	gut	gerader Faserverlauf, astfrei
Southern Pine		amerik. Südkiefer	südl. u. südöstl. Nordamerika	gelblichweiß, breit	gelblich braun	deutlich	mäßig hoch	gut	gut	Splintholz, bläuanfällig, harzhaltig
Yellow Cedar		Alaska Cedar	Nord -amerika	geblich, schmal	gelblich bis bräunlich	weniger deutlich	mäßig hoch	gut, sauber	gut	nasser Mörtel, Eisenmetalle, Kupfer führen in feuchtem Holz zu Reaktionsflecken

Laubhölzer[2][3])

Eiche	EI	Weißeiche	Europa	grauweiß, schmal	gelblich-braun bis braun	deutlich	hoch	meist gut	be-friedi-gend	Kernholzbaum, -nasses Holz u. Eisen ergibt Verfärb.
Buche	BU	Rotbuche	Europa	blassgelblich bis rötlich-weiß, Splint und Kern nicht zu unterscheiden		mäßig deutlich	hoch	gut	mäßig	Reifholzbaum
Teak	TEK		Südostasien	hellgrau, schmal	hellbraun bis braun	deutlich	hoch	gut	sehr gut	Oberfläche fühlt sich fettig an
Keruing	YAN	Yang	Südostasien	grau bis hellbraun, schmal	rosabraun, braun	undeut-lich	hoch	er-schwert	mäßig	hoher Harzgehalt, Holzartengruppe
Afzelia[6])	AFZ	Doussié	Westafrika	grau bis hellgelb, schmal	hellbraun bis rotbraun	deutlich	sehr hoch	gut	sehr gut	feucht. Holz u. Eisen ergibt Verfärb.
Merbau[6])	MEB	Kwila	Südostasien	grau bis gelblich-weiß, schmal	gelblich braun bis rotbraun	erkennbar	sehr hoch	gut	sehr gut	Afzelia sehr ähnlich, Inhaltsstoffe wasser-löslich
Angéli-que[6])	AGQ	Basralocus	Nördliches Südamerika	grau, schmal	braun bis violettbraun		sehr hoch	sauber	be-friedi-gend	stärker werkzeug-stumpfend zu be-arbeiten
Azobé[6])	AZO	Bongossi	Westafrika	hellrotbraun, schmal	tiefrotbraun, violette Tönung	undeut-lich	außer-ordent-lich hoch	schwie-rig	schlecht	feuchtes Holz und Eisen ergibt Ver-färbungen

[1]) die Farben werden auch vom Bauholzalter (Zeit nach dem Anschnitt) und dem Umgebungsklima (Sonnenlicht, Bewitterung) beeinflusst, z.B. „Nachdunkeln" mit der Zeit oder „Vergrauen" der Holzoberfläche bei Bewitterung

[2]) die zugehörigen wissenschaftlichen (botanischen) Namen sind in Tabelle 1.5 angeführt

[3]) die Tränkbarkeit (Imprägnierbarkeit, chemischer Holzschutz) der Hölzer ist in Tabelle 5.23 angeführt

[4]) die Bezeichnung „Rottanne" ist falsch, da Fichte und Tanne unterschiedlichen botanischen Gattungen angehören

[5]) die Eigenschaften des europäischen Douglasieholzes unterscheiden sich von denen des nordamerikanischen Importholzes

[6]) Nagelungen vorbohren, um Spaltrisse zu vermeiden bzw. um Eintrieb zu ermöglichen

europäische Laubhölzer und eine überwiegend gute bis sehr gute natürliche Dauerhaftigkeit, s. Tabelle 1.5. Sie werden meist nur bei besonderen Anforderungen an die Dauerhaftigkeit eingesetzt wie z.B. im Brücken- und Wasserbau. Herkunftsgebiete dieser Laubhölzer sind die tropischen Regenwälder Westafrikas, Süd- und Mittelamerikas sowie Südostasiens.

3.2 Vollholz (VH)

3.2.1 Bauschnitt- und Rundhölzer

Vollhölzer sind entrindete Rundhölzer und Bauschnitthölzer aus Nadel- und Laubholz. Rundhölzer sind entrindete oder rund geschälte Stämme bzw. Stammabschnitte ohne Äste, die im Allgemeinen ohne weitere Bearbeitung vorwiegend bei „alten" Gerüsten, im „alten" Schalungsbau, im landwirtschaftlichen Bauwesen, im Behelfsbrücken- und Wasserbau sowie als Rammpfähle eingesetzt werden, Halbrundhölzer auch als Verstrebungen und Holme im Gerüst- und Behelfsbrückenbau. Rundhölzer finden derzeit im Bauwesen weniger Verwendung.

Bauschnitthölzer aus Nadel- und Laubholz sind nach DIN 4074-1: 2012-06 und DIN 4074-5: 2008-12 Holzerzeugnisse von mind. 6 mm Dicke (mit quadratischem oder rechteckigem Querschnitt), die durch Sägen oder Spanen von Rundholz (entrindeten Stämmen) parallel zur Stammachse hergestellt werden. Die Einteilung des Schnittholzes aus Nadelholz (NH) in Latte, Brett, Bohle, Kantholz und in „ältere" noch gebräuchliche Begriffe Balken und Kreuzholz kann Tabelle 3.2 entnommen werden. Schnitthölzer können scharfkantig sein oder auch Baumkanten besitzen, s. Tabelle 3.4 und 3.5.

Querschnittsabmessungen und Längen von Bauschnitthölzern

Aufgrund der Abholzigkeit, d.h. aufgrund der Abnahme des Stammdurchmessers von der Wurzel bis zum Kronenbereich (Zopfende), können nur begrenzte Querschnittsabmessungen und Längen gesägt werden, da der maximal einschneidbare quadratische oder rechteckige Holzquerschnitt vom Zopfende (kleinster Stammdurchmesser) bestimmt wird. Querschnittsabmessungen über 26 cm sollten bei Schnittholz die Ausnahme bleiben, über 30 cm sind sie meist nicht herstell- und lieferbar. Schnittholzlängen über 8 bzw. 10 m sind oft schwer herzustellen, nur in wenigen Wuchsregionen vorhanden und werden mit Preiszuschlägen gehandelt; größere Längen können bei Vollholz nur durch Längsverbindungen zwischen den Einzelhölzern wie Keilzinkungen, s. Abschn. 6.4 bzw. s. Konstruktionsvollholz nach Abschn. 3.2.2, oder auf mechanische Art über seitliche Laschen und Verbindungsmittel erreicht werden.

Bei höheren Anforderungen an Maßhaltigkeit, Formstabilität, Passgenauigkeit, Oberflächenbeschaffenheit und Trocken-Rissbegrenzung wie z.B. bei sichtbaren Holzoberflächen sollten trockene und gehobelte Schnitthölzer mit kleineren Querschnittsabmessungen und Längen als den o.a. Größtwerten verwendet werden, besser eignen sich in diesen Fällen jedoch z.B. Brettschicht-, Balkenschicht- oder Konstruktionsvollholz (KVH).

Tabelle 3.2 Begriffe für Nadelvollholz (Rund- und Schnittholz)[6])

Vollholz aus Nadelholz (NH)						
Rundholz[8]), Halbrundholz	Schnittholz					
	Latte[1])[2])	Brett[1])[3])[7])	Bohle[1])[3])	Kantholz[1])	Balken[4])	Kreuzholz, Rahmen[5])
Stangen: $d \leq 14$ cm	$d \leq 4$ cm $\geq 0{,}6$ cm	$d \leq 4$ cm $\geq 0{,}6$ cm	$d > 4$ cm	$b \leq h \leq 3b$		
Stämme: $d > 14$ cm	$b < 8$ cm	$b \geq 8$ cm	$b > 3d$	$b > 4$ cm		

[1]) Bezeichnungen nach DIN 4074-1: 2016-06, Tabelle 1

[2]) für Dachlatten gilt nach VOB DIN 18334: 2023-09, 3.8: Mindestquerschnitt von 30 mm × 50 mm bei Sortierklasse S10 nach DIN 4074-1: 2012-06 in Verbindung mit DIN 20000-5 oder Festigkeitsklasse C27 M nach DIN EN 338 und Auflagerabstand (Achsmaß) bis 0,8 m

[3]) vorwiegend hochkant biegebeanspruchte Bretter und Bohlen sind wie Kanthölzer zu sortieren

[4]) Balken wird ein Kantholz bezeichnet, dessen größere Querschnittsseite ≥ 20 cm ist, als „ältere", derzeit immer noch gebräuchliche Bezeichnung nach der nicht mehr gültigen DIN 68 252-1: 1978-01

[5]) „ältere" Bezeichnungen nach der nicht mehr gültigen DIN 68 252-1: 1978-01:
Kreuzholz: 4 Stück ($A > 32$ cm^2) müssen kerngetrennt aus einem Rundholzabschnitt sein,
Rahmen: 4 Stück ($A > 32$ cm^2) müssen aus einem Rundholzabschnitt sein

[6]) die Begriffe Latte, Brett, Bohle und Kantholz werden auch in DIN 68 365: 2008-12 „Schnittholz für Zimmerarbeiten. Sortierung nach dem Aussehen, Nadelholz" verwendet

[7]) der Grenzwert für Bretter $d \leq 4$ cm gilt nicht für Bretter bei Brettschichtholz

[8]) Sortierung von Rundhölzern nach DIN 4074-2: 1958-12

Bauschnitthölzer werden vielfältig als tragende Bauteile eingesetzt, z.B. als Dachlatten, Lattungen, Konterlattungen, als Bretter für Fußböden, Dachschalungen und Bohlen für Gerüste, als Kanthölzer oder Balken für Decken, Sparren, Pfetten, Streben, Stützen, Träger oder andere zug-, druck- und biegebeanspruchte Bauteile in Bauwerken sowie als Fachwerkstäbe. Bauschnitthölzer dürfen in allen 3 Nutzungsklassen, s. Abschn. 7.3.1, Tabelle 7.12, eingesetzt werden, **keilgezinkte** Bauschnitthölzer dagegen nur in den Nutzungsklassen 1 und 2. Keilgezinktes Vollholz muss der Produktnorm DIN EN 15497: 2014-07 und in Deutschland der Anwendungsnorm DIN 20000-7: 2022-02 entsprechen.

Vollholz (aus Nadel- und Laubhölzern) mit rechteckigem Querschnitt nach der Produktnorm DIN EN 14081-1: 2019-10 ist ein europäisches Bauprodukt und darf für tragende Zwecke verwendet werden. Näheres über die **Anwendbarkeit von Vollholz** und **keilgezinktem Vollholz** nach ihren Produktnormen in Deutschland s. Abschn. 7.2.1.

3.2.2 Veredelte Bauschnitthölzer

Veredelte Bauschnitthölzer sind getrocknete und meist zusätzlich bearbeitete Bauschnitthölzer aus Nadelholz mit teilweise hoher Oberflächenbeschaffenheit (wie gehobelt und gefast). Der besondere Vorteil dieser veredelten Bauschnitthölzer aller Oberflächenqualitäten gegenüber üblichem Bauschnittholz nach DIN 4074-1 liegt in der technischen (künstlichen) Trocknung auf eine Holzfeuchte von im Mittel $\omega = 15\%$, so dass eine höhere Formstabilität und geringere Rissbildungen (Trocken- oder Schwindrisse) bei sachgerechter Verwendung gewährleistet werden können wie z.B. beim weit verbreiteten „Konstruktionsvollholz (KVH)“ oder „MH-MassivHolz“.

Anwendbarkeit von Konstruktionsvollholz und MH-Massivholz nach DIN EN 1995-1-1: 2010-12
„Konstruktionsvollholz“ und „MH-MassivHolz“ sind keine europäischen Bauprodukte, sondern unterliegen eigenen privatrechtlichen Vereinbarungen und dürfen nach DIN EN 1995-1-1: 2010-12 für tragende Zwecke verwendet werden, da sie die Anforderungen an Vollholz einhalten. Näheres über die **Anwendbarkeit von Vollholz** nach seiner Produktnorm in Deutschland s. Abschn. 7.2.1. Konstruktionsvollholz muss bei keilgezinkter Ausführung der Produktnorm DIN EN 15497: 2014-07 und DIN 20000-7: 2022-02 entsprechen.

Konstruktionsvollholz (KVH)
Konstruktionsvollholz unterliegt einer privatrechtlichen Vereinbarung zwischen dem Bund Deutscher Zimmermeister und der Überwachungsgemeinschaft Konstruktionsvollholz mit bestimmten Produktdefinitionen sowie Eigen- und Fremdkontrollen. KVH besteht aus Nadelvollholz-Kanthölzern der Holzarten Fichte/Tanne, auf Anfrage auch Kiefer, Lärche oder Douglasie mit gegenüber dem „normalen“ Nadelvollholz höheren und definierten Anforderungen wie technische Trocknung (Holzfeuchte $\omega = 15\% \pm 3\%$, getrocknet in prozessgesteuerten Anlagen bei $T > 55$ °C mindestens 48 h auf eine Holzfeuchte $\omega \leq 20\%$), Maßhaltigkeit, Dimensionsstabilität, Oberflächenbeschaffenheit (z.B. gehobelt, gefast), herzgetrenntem (auf Wunsch herzfreiem) Einschnitt und Beschränkung der Rissbildung (Trocken- oder Schwindrisse). Konstruktionsvollholz für den sichtbaren Bereich (KVH-Si) hat hierzu in Teilen höhere Anforderungen (z.B. keine zulässigen Baumkanten) als Konstruktionsvollholz für den nicht sichtbaren Bereich (KVH-NSi). Vorzugsquerschnitte von KVH sind in Tabelle 3.3 angeführt.

Wenn nichts anderes vereinbart ist, gelten mindestens die Anforderungen der Festigkeitsklasse C24/C24M und Sortierklasse S10 TS der DIN 4074-1: 2012-06, s. Abschn. 3.2.3. KVH ist in der Regel keilgezinkt, s. Abschn. 6.4. Keilgezinktes KVH darf wie alle keilgezinkten Vollhölzer nur in den Nutzungsklassen 1 und 2 verwendet werden, nicht keilgezinktes, das ebenso längenabhängig lieferbar ist, dagegen in allen 3 Nutzungsklassen, s. Abschn. 7.3.1, Tabelle 7.12. Die charakteristischen Festigkeits-, Steifigkeits- und Rohdichtekennwerte des Konstruktionsvollholzes entsprechen denen des Nadelholzes der -Festigkeitsklasse C24 bzw. Sortierklasse S10, s. Abschn. 7.2.1. Weitere Angaben über

Konstruktionsvollholz und deren Standardquerschnitte sind in der Fachliteratur enthalten z.B. *Bund Deutscher Zimmermeister* [85], *Informationsdienst Holz* [239], *Kuhweide/Wagner/Wiegand* [299], *Neuhaus* [382].

Tabelle 3.3 Vorzugsquerschnitte von Konstruktionsvollholz (KVH), Stand: 2015-09[1–8])

Breite in cm	Höhe in cm							
	10	12	14	16	18	20	22	24
6	•	•	•	•	•	•	•	•
8		•		•	•	•	•	•
10	•			•		•		•
12		•		•		•		•
14			•					

[1]) privatrechtliche Vereinbarung zwischen dem Bund Deutscher Zimmermeister und der Überwachungsgemeinschaft Konstruktionsvollholz, September 2015

[2]) auf Querschnitte mit einer Breite $b > 14$ cm wird aus Gründen der technischen Trocknung verzichtet, für größere Breiten $b > 14$ cm wird der Einsatz von Balkenschichtholz oder Brettschichtholz empfohlen

[3]) Querschnitte für andere Holzarten z.B. Kiefer, Douglasie, Lärche auf Anfrage

[4]) Querschnitte in Sichtqualität (Si) auf Anfrage

[5]) andere Festigkeitsklassen als C24/C24M auf Anfrage

[6]) geliefert in Paketen mit Systemlängen z.B. 6 m, 7 m, 7,5 m, 8 m, 8,5 m, 9 m in einheitlicher Dimension und Qualität, Vorzugs-/Lagerlängen für alle Querschnittsabmessungen sind 5 m und 13 m

[7]) verschiedene Standardquerschnitte in beliebigen Längen und beliebiger Qualität, fix genau gekappte Stücke

[8]) KVH ist keilgezinkt nur in Nutzungsklasse 1 und 2 einsetzbar, jedoch auch ohne Keilzinkung längenabhängig lieferbar (in allen 3 Nutzungsklassen zu verwenden)

MH-MassivHolz

MH-MassivHolz ist ein privatrechtliches Produkt der Herstellergemeinschaft MH-MassivHolz mit bestimmten Produktdefinitionen sowie Eigen- und Fremdkontrollen durch das Frauenhofer-Institut für Holzforschung WKI. Es besteht aus Nadelvollholz-Kanthölzern bestimmter, gängiger Querschnittsmaße der Holzarten Fichte, Tanne, Kiefer, Lärche und Douglasie mit gegenüber dem „normalen" Bauschnittholz höheren Anforderungen wie künstliche Trocknung (Holzfeuchte $\omega = 15\% \pm 3\%$), Maßhaltigkeit, Dimensionsstabilität, Oberflächenbeschaffenheit (z.B. gehobelt, gefast), herzgetrenntem (auf Wunsch herzfreiem) Einschnitt und Beschränkung der Rissbildung (Trocken- oder Schwindrisse). MH-MassivHolz wird ohne Keilzinkungen und ohne Klebstoffe hergestellt und darf deshalb wie alle nicht keilgezinkten Vollhölzer in den Nutzungsklassen 1, 2 und 3, s. Abschn. 7.3.1, Tabelle 7.12, verwendet werden. MH-MassivHolz wird in drei Oberflächenqualitäten MH-Plus (Si, sichtbar – gehobelt), MH-Fix (NSi, nicht sichtbar – egalisiert) und MH-Natur (sägerau, mit Holzfeuchte $\omega \leq 20\%$) angeboten. Die charakteristischen Festigkeits-, Steifigkeits- und Rohdichtekennwerte von MH-Massivholz entsprechen mind. denen des Nadelholzes der Sortierklasse S10 TS der DIN 4074-1: 2012-06, s. Abschn. 3.2.3, und der Festigkeitsklasse C24, Festigkeitsklasse C30 ist möglich, s. Abschn. 7.2.1. Weitere Angaben über MH-MassivHolz s. *Herstellergemeinschaft MH MassivHolz* [220].

Einsatzbereiche von Konstruktionsvollholz (KVH) und MH-MassivHolz
Konstruktionsvollholz (KVH) und MH-MassivHolz werden u.a. bei sichtbaren und nicht sichtbaren Holzkonstruktionen z.B. im Holzhaus-, Wohnungs-, Büro-, Gewerbe- und Industriebau eingesetzt, berücksichtigen die gehobenen Ansprüche an den Wohn- und Gestaltungskomfort und garantieren bei sachgerechter Verwendung eine gleichmäßige Oberflächenbeschaffenheit bei im Allgemeinen geringer Trockenrissbildung im Vergleich zu „normalem" nicht getrockneten, nicht bearbeiteten Nadelschnittholz. Insbesondere bei sichtbaren Kanthölzern in beheizten Wohn- und Arbeitsräumen wird der Einsatz dieser getrockneten Nadelvollhölzer empfohlen, um den gesteigerten Anspruch an Holzoberflächen mit wenig Trocken- oder Schwindrissen sicherzustellen. Über die Vermeidung von Trocken- oder Schwindrissen während der Montagezeit s. Abschn. 1.4.6.

Maße und Maßänderungen von Konstruktionsvollholz (KVH) und MH-MassivHolz
Die Nennmaße a_{nom} bzw. die Abweichungen der Maße von den Nennmaßen eines Bauteiles aus Konstruktionsvollholz (KVH) und MH-MassivHolz unterliegen gemäß angebotenen Anforderungsprofilen der Maßtoleranzklasse 2 der DIN EN 336: 2013-12 nach Abschn. 3.2.4 (bei MH Natur wird Maßtoleranzklasse 1 angeboten), wenn Konstruktionsvollholz und MH-MassivHolz als tragendes Vollholz der DIN EN 1995-1-1: 2010-12 verwendet wird. Deshalb gelten die Ausführungen im Abschn. 3.2.4 hinsichtlich Abweichungen der Ist-Holzfeuchte von der Bezugsholzfeuchte entsprechend, die jedoch nach den Herstellerangaben auf eine Bezugsholzfeuchte ω_{rel} = 15% (mit der Ausnahme bei MH Natur) zu beziehen sind.

3.2.3 Sortierung von Vollholz

Visuelle und apparativ unterstützte visuelle Sortierung
Die Sortierung von tragendem Vollholz der DIN EN 1995-1-1: 2010-12 kann nach zwei Sortierverfahren vorgenommen werden, der **visuellen** und der **apparativ unterstützten visuellen (**vormals maschinellen**) Sortierung**, deren Mindestanforderungen in der Produktnorm für Vollholz DIN EN 14081-1: 2019-10 und -2: 2022-08 festgelegt sind. Die visuelle Sortierung wird seit langem durch erfahrene geschulte Fachleute durchgeführt, die Sortierung mit apparativer Unterstützung darf nur von geeigneten Betrieben mit geprüften und zugelassenen Apparaturen (Sortiermaschinen) vorgenommen werden.

Während die visuelle Sortierung drei **Sortierklassen** S7, S10 und S13 unterscheidet, ermöglicht die apparativ unterstützte Sortierung gegenüber der visuellen eine wesentlich sicherere Sortierung des Holzangebotes, so dass eine zusätzliche vierte Sortierklasse S15 eingeführt wird, da auch die Ausnutzung hoher Festigkeiten gewährleistet werden kann,

s. *Glos* [158]. Für die apparativ unterstützte Sortierung stehen mehrere Verfahren zur Verfügung: z.B. das Biege-, Durchstrahlungs- (Mikrowellen oder weiche Gammastrahlung), Durchschallungs- (Ultraschall), Scann- (Aufnehmen der Holzoberflächen durch Kameras) und Schwingungs- (Vibration) Verfahren. In Sortiermaschinen werden oft mehrere Verfahren verwendet, um Holz nach der Tragfähigkeit (Festigkeit) zu sortieren: z.B. kann der Elastizitätsmodul mit dem Biegeverfahren, die Ästigkeit mit einem Durchstrahlungsverfahren sowie die Rohdichte über Wägung und Holzabmessungen (neben der Holzfeuchte mit elektrischer Messung) bestimmt werden. Die charakteristischen Festigkeits- und Steifigkeitskennwerte einer Holzart können nach *Glos* [159] in guter Näherung aus drei Werten berechnet werden: Der Biegefestigkeit $f_{m,k}$, dem Biege-Elastizitätsmodul $E_{0,mean}$ und der Rohdichte ρ_k. Diese drei Sortierparameter korrelieren sehr gut mit der Festigkeit, so dass hieraus die Festigkeits-, Steifigkeits- und Rohdichtekennwerte bestimmt werden können, s. Abschn. 1.10.6. Über die verbesserte Holzsortierung durch Holzsortiermaschinen s. auch *Diebold/Glos* [103].

Die **visuelle Holzsortierung**, früher das einzige Sortierverfahren, wird zunehmend durch die sicherere apparativ unterstützte Holzsortierung ersetzt bzw. ergänzt, deren flächendeckendem Einsatz die hohen Anschaffungs- und Unterhaltungskosten entgegenstehen.

Da (Bau-)Vollholz in den einzelnen europäischen Ländern durch eine große Anzahl unterschiedlicher Regeln visuell sortiert wird z.B. aufgrund verschieden genutzter Holzarten, Maßanforderungen, Geografien und historischer Gegebenheiten, kann derzeit kein einheitliches Regelwerk zur visuellen Holzsortierung aufgestellt werden, so dass nur einzuhaltende Grundsätze in DIN EN 14081-1: 2019-10 für die Sortiernormen der einzelnen Länder festgelegt werden. In Deutschland ist die Normenreihe DIN 4074 für die Holzsortierung zuständig.

Sortiermerkmale und -klassen

Tragendes Nadelschnittholz der DIN EN 1995-1-1: 2010-12 muss in Deutschland bei visueller Sortierung den Anforderungen der DIN 4074-1: 2012-06 genügen, die entsprechende Norm für Nadelrundholz ist DIN 4074-2: 2021-01; für die Sortierung von Laubschnittholz gilt DIN 4074-5: 2008-12, die Anforderungen an die apparativ unterstützte visuelle Sortierung und die geeigneten Apparaturen (Sortiermaschinen) sind in DIN 4074-3: 2008-12 und -4: 2008-12 enthalten. Sortiermerkmale für visuelle Sortierung von Nadelschnittholz (Kanthölzer) sind in Tabelle 3.4 zusammengestellt, die Zuordnung der Sortier- zu den Festigkeitsklassen von Nadel- und Laubvollholz kann Tabellen 7.3 und 7.4 entnommen werden. Wird Schnittholz bei einer mittleren Holzfeuchte von $\omega \leq 20\%$ sortiert, liegt **trockensortiertes Holz** vor, das bei der Ausschreibung mit dem Symbol (TS) gekennzeichnet werden sollte.

In den o.a. Normen werden Sortiermerkmale und -klassen (Gütebedingungen und -klassen) für Bauholz festgelegt, sie sind Voraussetzung für die Nachweise der Tragfähig- und Gebrauchstauglichkeit nach DIN EN 1995-1-1: 2010-12 und den dabei verwendeten Rechenwerten. Die Überwachung und Einhaltung dieser Sortiermerkmale und -klassen ist deshalb für jedes tragende Bauteil von großer Bedeutung.

Tabelle 3.4 Sortierkriterien (Sortiermerkmale und -klassen) für Kanthölzer und vorwiegend hochkant (K) biegebeanspruchte Bretter und Bohlen aus Nadelschnittholz bei visueller Sortierung nach DIN 4074-1: 2012-06, Abschn. 5 und Tabelle 2[1]) [2])

Sortiermerkmale		Sortierklassen[3])		
		S7, S7K	S10, S10K	S13, S13K
Äste oder Astlöcher (einschl. Astrinde)				
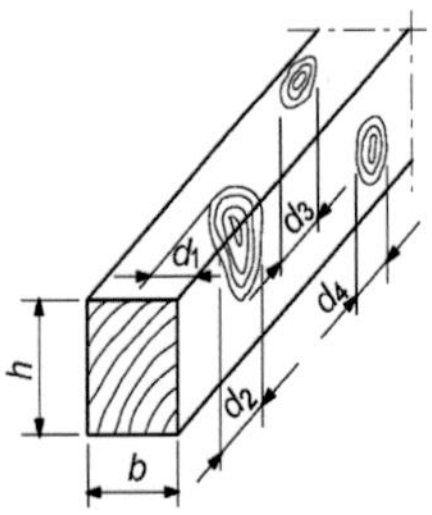	d kleinste sichtbare Durchmesser der Äste, bei Kantenästen gilt die Bogenhöhe d_1, wenn $d_1 < d$ A Ästigkeit, maßgebend ist die größte Ästigkeit Astmaße < 5 mm bleiben unberücksichtigt	$A \leq 3/5$	$A \leq 2/5$	$A \leq 1/5$
		$A = \max\left(\frac{d_1}{b}; \frac{d_2}{h}; \frac{d_3}{b}; \frac{d_4}{h}\right)$		
Jahrringbreite (als mittlere Jahrringbreite nach DIN EN 1310)				
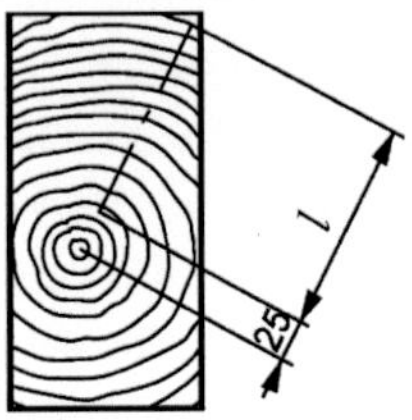	l Messstrecke im rechten Winkel zu den Jahrringen, vom marknächsten bis zum Jahrring in der von der Markröhre am weitesten entfernten Querschnittsecke - bei Schnitthölzern mit Markröhre bleibt ein Bereich von 25 mm, ausgehend von der Markröhre, außer Betracht	allgemein:		
		≤ 6 mm	≤ 6 mm	≤ 4 mm
			Douglasie:	
		≤ 8 mm	≤ 8 mm	≤ 6 mm
Faserneigung (als Abweichung x der Fasern bezogen auf die Messlänge y)				
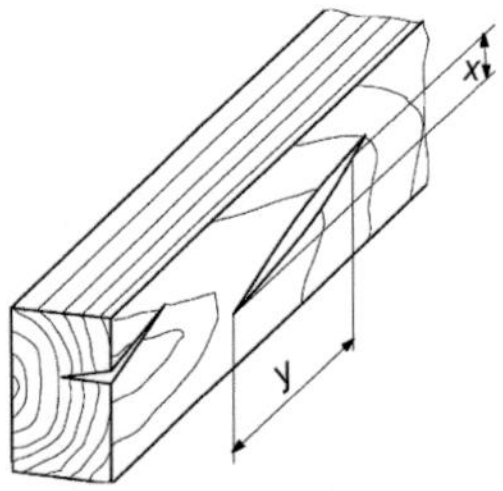	x Abweichung der Fasern y Messlänge - örtliche Faserabweichungen aus Ästen bleiben unberücksichtigt - gemessen wird nach Jahrringverlauf oder Schwindrissen (DIN EN 1310)	$F \leq 12\%$	$F \leq 12\%$	$F \leq 7\%$
		$F = \frac{x}{y} \cdot 100$ in %		
Blitzrisse, Ringschäle				
Blitzriss[4])  **Ringschäle** (ein Riss längs der Jahrringe)		nicht - zulässig	nicht - zulässig	nicht - zulässig

Tabelle 3.4 (Fortsetzung)

Sortiermerkmale		Sortierklassen[3])		
		S7, S7K	S10, S10K	S13, S13K
Schwindrisse (Trockenrisse) mit dem Sortiermerkmal *R*[5]), [6])				
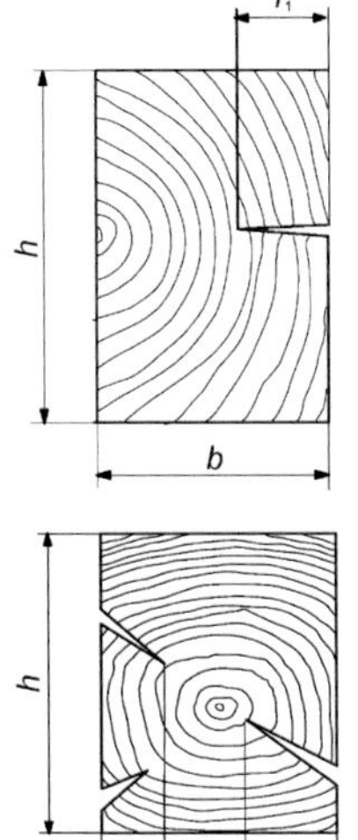	r_1 Risstiefen in einem Querschnitt, projiziert auf die Querschnittsseiten, in der Projektion überlappende Rissmaße werden nur einfach berücksichtigt r Risstiefe eines Risses, bestimmt als Mittelwert dreier Messungen t_1, t_2, t_3	$R \leq 1/2$	$R \leq 1/2$	$R \leq 2/5$
		R als Summe der Risstiefen geteilt durch das betreffende Querschnittsmaß, z.B.: $R = \frac{r_1}{b}$ $R = \frac{r_1 + r_2}{b}$		
	t_i Messungen in den Viertelpunkten der Risslänge, - Risslängen bis ¼ der Schnittholzlänge, max. 1 m, bleiben unberücksichtigt, - gemessen mit einer 0,1 mm dicken Fühlerlehre	Risstiefe *r* eines Risses: $r = \frac{t_1 + t_2 + t_3}{3}$ Messpunkte zur Bestimmung der Risstiefe eines Risses: 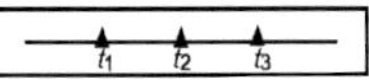		
Baumkante				
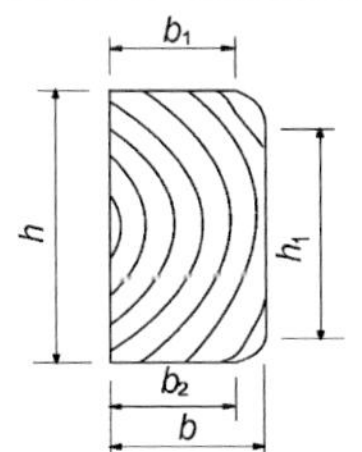	*h* - h_1 Breite der Baumkante *bzw.* *b* - b_1 auf die jeweilige Querschnittsseite projiziert gemessen	$K \leq 1/4$	$K \leq 1/4$	$K \leq 1/5$
		$K = \max\left(\frac{h-h_1}{h}; \frac{b-b_1}{b}; \frac{b-b_2}{b}\right)$		
Markröhre[7])				
- kleine Röhre in Stammmitte mit geringer Festigkeit, Durchmesser meist 1 bis 2 mm		zulässig	zulässig	nicht[8]) zulässig
Krümmung[9])				
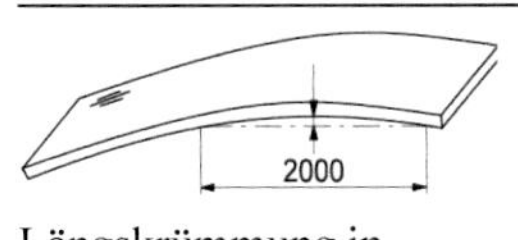Längskrümmung in -Richtung der Dicke[10])	Längskrümmung und Verdrehung: - Pfeilhöhe *h* an der Stelle der größten Verformung bezogen auf 2000 mm Messlänge	Längskrümmung:		
		≤ 8 mm	≤ 8 mm	≤ 8 mm

Tabelle 3.4 (Fortsetzung)

Sortiermerkmale		Sortierklassen[3])		
		S7, S7K	S10, S10K	S13, S13K
		Verdrehung		
Längskrümmung in - Richtung der Breite bzw. Höhe[10]) Verdrehung[10]) Querkrümmung - (Schüsselung)[11])	Querkrümmung: - Pfeilhöhe h bezogen auf die Breite bzw. Höhe des Schnittholzes	≤ 1 mm/ 25 mm Höhe	≤ 1 mm/ 25 mm Höhe	≤ 1 mm/ 25 mm Höhe
Druckholz V (maßgebend: Stelle der maximalen Ausdehnung)[12])				
	v_i max. Breiten verfärbter Streifen an der Oberfläche gemessen rechtwinklig zur Längsachse V Quotient aus der Summe der Breiten v_i aller verfärbten Streifen bezogen auf den Umfang des Querschnitts	$V \leq 2/5$	$V \leq 2/5$	$V \leq 1/5$
Verfärbungen[13]), **Fäule** V (maßgebend: Stelle der maximalen Ausdehnung)				
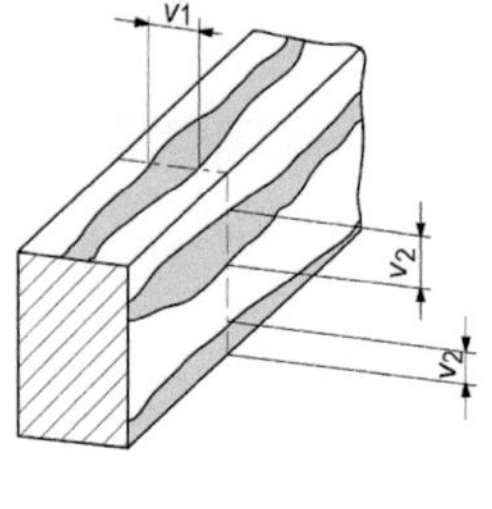	v_i max. Breiten von Verfärbungen an der Oberfläche gemessen rechtwinklig zur Längsachse V Quotient aus der Summe der Breiten v_i aller verfärbten Streifen bezogen auf den Umfang des Querschnitts	Bläue[14]):		
		zulässig	zulässig	zulässig
		nagelfeste braune und rote Streifen[15])		
		$V \leq 2/5$	$V \leq 2/5$	$V \leq 1/5$
		$V = \dfrac{v_1 + v_2 + v_3}{2 \cdot (b+h)}$		
		Braunfäule, Weißfäule[16])		
		nicht zulässig	nicht zulässig	nicht zulässig

Tabelle 3.4 (Fortsetzung)

Sortiermerkmale		Sortierklassen[3])		
		S7, S7K	S10, S10K	S13, S13K
Insektenfraß durch Frischholzinsekten (z.B. Borkenkäfer, Holzwespen)[17])				
- stehende Bäume und frisches Rundholz können von Frischholzinsekten befallen werden - Befall ist an den Fraßgängen (Bohrlöchern) auf der Holzoberfläche erkennbar - Befall nur an frischem, noch nicht abgetrocknetem Holz, nicht jedoch an einmal abgetrocknetem Holz		- Fraßgänge bis 2 mm Durchmesser von Frischholzinsekten zulässig - maßgebend ist die Größe der an der Oberfläche erkennbaren Fraßgänge (Bohrlöcher)		
sonstige Merkmale wie z.B.				
- mechanische Schäden, Mistelbefall[18]), Rindeneinschluss, überwallte Stammverletzungen, Wipfelbruch		in Anlehnung an die übrigen Sortiermerkmale sinngemäß berücksichtigen		

[1]) die Sortierkriterien sind auf eine mittlere Holzfeuchte von $\omega = 20\%$ bezogen, es darf nur trocken sortiertes Bauholz verwendet werden, s. DIN 20000-5: 2016-06

[2]) Sortierkriterien für Bohlen, Bretter und Latten sowie zusätzliche Sortierkriterien bei apparativ unterstützter visueller (vormals maschineller) Sortierung s. DIN 4074-1: 2012-06, über Anforderungen an Sortiermaschinen s. DIN 4074-3: 2008-12 und -4: 2008-12

[3]) Sortierklassen für apparativ unterstützte visuelle (vormals maschinelle) Sortierung s. Abschn. 7.2.1

[4]) Blitzrisse entstehen am stehenden Baum, sie sind radial gerichtet und an einer Nachdunkelung des angrenzenden Holzes und Frostrisse zusätzlich an einer örtlichen Krümmung der Jahrringe zu erkennen

[5]) Schwind- oder Trockenrisse sind bei frischem Schnittholz im Allgemeinen nicht zu erkennen, größtes Ausmaß bei getrocknetem Holz

[6]) die Sortiermerkmale für Schwind- oder Trockenrisse bleiben bei nicht trocken sortierten Hölzern unberücksichtigt

[7]) Markröhre gilt als vorhanden, auch wenn sie nur teilweise im Schnittholz verläuft

[8]) bei Kantholz mit einer Breite > 120 mm ist eine Markröhre zulässig

[9]) Krümmung ist vorwiegend von der Holzfeuchte abhängig, bei frischem Schnittholz im Allgemeinen nicht zu erkennen, größtes Ausmaß bei getrocknetem Holz, die Sortiermerkmale für Krümmung bleiben bei nicht trocken sortierten Hölzern unberücksichtigt

[10]) Längskrümmung und Verdrehung können durch Drehwuchs und Druckholz entstehen

[11]) Querkrümmung kann durch das unterschiedliche Schwindmaß in radialer und tangentialer Richtung entstehen

[12]) Druckholz ist durch eine Struktur gekennzeichnet, die vom üblichen Holz verschieden ist, kann erhebliche Krümmung des Schnittholzes verursachen, entsteht im lebenden Baum als Reaktion auf äußere Beanspruchung, im mäßigen Umfang ohne wesentlichen Einfluss auf die Festigkeitseigenschaften

[13]) als Veränderung der natürlichen Holzfarbe

[14]) Bläue entsteht durch Bläuepilze, diese leben von Inhaltsstoffen und nicht von Zellwänden, keine Festigkeitsminderungen

[15]) braune und rote Streifen entstehen durch Pilzbefall, keine Festigkeitsminderung, solange sie nagelfest sind, d.h. die Härte des Holzes nicht erkennbar vermindert ist, bei trockenem Holz keine weitere Ausdehnung des Pilzbefalls möglich

[16]) Braun- und Weißfäule entstehen durch Holz zerstörende Pilze (fortgeschrittener Befall), erkennbar durch fleckige Verfärbung und reduzierte Oberflächenhärte

[17]) Bohrlöcher bis 2 mm Durchmesser vom Holz brütenden Borkenkäfer (*Trypodendron lineatum: Xyloterus lineatus*), größere Bohrlöcher bis zu 5 mm meist von Holzwespen (*Sirex sp.*) kommen in der Regel nur vereinzelt vor, jeweils ohne praktischen Einfluss auf die Festigkeitseigenschaften

[18]) Misteln sind Halbschmarotzerpflanzen, die auf Bäumen wachsen, ihre Senkerwurzeln (Senkerlöcher, ca. 5 mm Durchmesser) verursachen meist eine enge Durchlöcherung des Holzes

Die **physikalischen und elastomechanischen Eigenschaften** des natürlich gewachsenen Baustoffes Holz können wenig beeinflusst werden im Gegensatz zu künstlich hergestellten Baustoffen wie Beton, Stahlbeton, Stahl oder Kunststoffe; eine gewisse Beeinflussung ist bei Holz jedoch durch forsttechnische Maßnahmen wie Pflege, Pflanzung, Züchtung und Auswahl beim Schlagen möglich. Da die Holzeigenschaften überwiegend großen Streuungen unterliegen und vielfältige Abhängigkeiten aufweisen, s. Abschn. 1, ist die Gewährleistung bestimmter Qualitäten und Eigenschaften für tragende Bauhölzer ebenso wichtig wie bei anderen Baustoffen.

Scharfkantige Kanthölzer oder Kanthölzer mit Baumkanten
Da DIN 4074-1 und -5 nur nach der Festigkeit sortieren und deshalb Baumkanten (Fehlkanten) bei visueller und apparativ unterstützter visueller Sortierung in unterschiedlichen Größen zulassen, sollte bei höheren Anforderungen an die Oberflächenbeschaffenheit von Kanthölzern zusätzlich die Bezeichnung „**scharfkantig**" nach DIN 68 365: 2008-12, 4.3 bei der Ausschreibung vereinbart werden, wenn scharfkantige Bauschnitthölzer ohne Baumkanten gefordert werden. Bei der Bemessung sind die Nennmaße a_{nom} anzusetzen, z.B. für ein Kantholz $b/h = 8/16$ cm; die Querschnittsschwächungen durch zulässige Baumkanten bleiben unberücksichtigt, da sie bei der Festlegung der charakteristischen Festigkeiten von Vollholz bereits angesetzt worden sind.

3.2.4 Maße und Maßänderungen bei Vollholz

Maße von Vollholzbauteilen
Die **Maßhaltigkeit** von Vollholzbauteilen in tragenden Konstruktionen der DIN EN 1995-1-1: 2010-12 unterliegt nach DIN EN 14081-1: 2019-10, 1, den Maßtoleranzklassen 1 und 2 der DIN EN 336: 2013-12, danach müssen Abweichungen der Längs- und Querschnittsmaße von den Nennmaßen a_{nom} den Anforderungen dieser Norm genügen. Da DIN EN 1995-1-1: 2010-12 keine Maßtoleranzklasse festlegt, wird empfohlen, eine Maßtoleranzklasse vertraglich zu vereinbaren oder gleich die „strengere" Maßtoleranzklasse 2 einzuhalten (wie in der „alten" DIN 1052: 2008-12), um spätere Streitigkeiten zu vermeiden.

Abweichungen des Längenmaßes vom Nennmaß sind nach DIN EN 336: 2013-12, 4.4 als Überlängen erlaubt (Grenzwerte von Überlängen sollte ggf. vereinbart werden), negative Abweichungen sind dagegen unzulässig. Zulässige **Abweichungen der Querschnittsmaße von den Nennmaßen** sind in Tabelle 3.5 dargestellt.

Die Nennmaße eines Vollholzbauteiles sind nach DIN EN 336: 2013-12, 4.1 auf eine **(Mess-)Bezugsholzfeuchte** von $\omega_{\text{rel}} = 20\%$ zu beziehen entsprechend den Festlegungen der DIN 4074-1: 2012-06, 5.12 und -5: 2008-12, 5.11. Veredelte Bauschnitthölzer wie Konstruktionsvollholz besitzen eine strengere Maßhaltigkeit, da für sie geringere Bezugsholzfeuchten vereinbart worden sind, s. Abschn. 3.2.2.

Zusätzliche Maßänderungen infolge Holzfeuchteänderungen sind erlaubt, da Quell- und Schwindverformungen beim natürlichen Baustoff Holz nicht auszuschließen sind. Die

Tabelle 3.5 Zulässige Querschnittsabweichungen von den Sollmaßen eines Vollholzbauteiles der DIN EN 1995-1-1: 2010-12 nach der Maßtoleranzklasse 1 und 2 der DIN EN 336: 2013-12, 4.3[1])

zulässige Querschnittsabweichung eines Vollholzbauteiles		
	Vollholzbauteil als Schnittholz mit Rechteckquerschnitt[2]) bei Schnittbreiten b und -dicken d von > 6 mm bis 300 mm, für Breiten/Dicken über 300 mm s. DIN EN 336: 2013-12, 4.3	
Maßtoleranzklasse 1		
Querschnittsbreiten und -dicken	$b, d \leq 100$ mm	100 mm $< b, d \leq 300$ mm
zulässige Querschnittsabweichung der Istbreite und -dicke von den Sollmaßen (feuchtekorrigiert)	+ 3 mm bis – 1 mm	+ 4 mm bis – 2 mm
Maßtoleranzklasse 2		
Querschnittsbreiten und -dicken	$b, d \leq 100$ mm	100 mm $< b, d \leq 300$ mm
zulässige Querschnittsabweichung der Istbreite und -dicke von den Sollmaßen (feuchtekorrigiert)	+ 1 mm bis – 1 mm	+ 1,5 mm bis – 1,5 mm
Maßdefinitionen nach DIN EN 336		
Sollmaß b, h	festgelegtes Maß (bei vorgegebener Bezugsholzfeuchte von $\omega_{rel} = 20\%$), auf das die Abweichungen, die im - Idealfall Null betragen, zu beziehen sind	
Abweichung	Differenz zwischen dem Sollmaß und dem entsprechenden Istmaß unter Berücksichtigung der Maßänderung durch Holzfeuchteänderung	

[1]) zusätzliche Maßänderungen aus Holzfeuchteänderungen sind zulässig, s. Tabelle 3.6
[2]) die mittlere Istbreite und -dicke von rechteckigem Bauholz müssen feuchtekorrigiert den Sollmaßen entsprechen

Maßänderungen müssen den Anforderungen der DIN EN 336: 2013-12 entsprechen, die hierzu notwendigen Berechnungswerte gelten für jede Bauholzart, s. Tabelle 3.6. Da die Sollmaße auf die Bezugsholzfeuchte von $\omega_{rel} = 20\%$ bezogen werden, ergeben **Maßänderungen von Vollholz-Querschnittsseiten infolge Holzfeuchteänderungen** bei höheren Holzfeuchten als der Bezugsholzfeuchte $\omega > \omega_{rel}$ Vergrößerungen und bei geringeren Holzfeuchten $\omega < \omega_{rel}$ Verkleinerungen der Querschnittsseiten.

Maßänderungen von Vollholz-Längen infolge Holzfeuchteänderungen brauchen im Allgemeinen nicht berücksichtigt zu werden, da sie bei den üblichen Lieferlängen und den sehr geringen Quell- und Schwindmaßen in Faserrichtung des Holzes „klein" sind, s. Abschn. 7.5. Liegen darüber hinaus die Einbaufeuchten von Vollholzbauteilen unter oder höchstens bei der Bezugsholzfeuchte von $\omega_{rel} = 20\%$ („trockener Einbau"), sind die zu erwartenden Holzfeuchteunterschiede zwischen Einbau- und Ausgleichsholzfeuchte meist hinreichend „klein", s. Abschn. 1.4.4 und 1.4.6.

Tabelle 3.6 Mittelwerte der Maßänderungen eines Vollholzbauteils der DIN EN 1995-1-1: 2010-12 bei Abweichung der Ist-Holzfeuchte von der Bezugsholzfeuchte ω_{rel} = 20% nach DIN EN 336: 2013-12, 4.2[1]) [2]) [3]) [4])

Bestimmung von Mittelwerten der Maßänderungen		
	Vollholzbauteil als Schnittholz mit Rechteckquerschnitt bei Schnittbreiten b und -dicken d von > 6 mm bis über 300 mm	
Ist-Holzfeuchte ω	ω < 20%	20% < $\omega \leq$ 30%[5])
Maßänderung[2]) der Breite b und Dicke d	um 0,25% je 1% Holzfeuchteabnahme bei Nadelholz und Pappel um 0,35% je 1% Holzfeuchteabnahme bei Laubholz	um 0,25% je 1% Holzfeuchtezunahme bei Nadelholz und Pappel um 0,35% je 1% Holzfeuchtezunahme bei Laubholz
Auswirkung der Maßänderung	Verkleinerung der Querschnittsseiten	Vergrößerung der Querschnittsseiten

[1]) Berechnungen der Maßänderungen aus Holzfeuchteänderungen nach Abschn. 7.5.2 mit einem Wert für $\alpha\perp$ = 0,25 in % je 1% Holzfeuchteänderung für Nadelholz und Pappel, für Laubholz mit einem Wert für $\alpha\perp$ = 0,35 in % je 1 % Holzfeuchteänderung nach Tabelle 7.18

[2]) Werte gelten für jede Bauholzart

[3]) wenn keine abweichenden Vereinbarungen wie z.B. bei KVH mit anderer Bezugsholzfeuchte nach Abschn. 3.2.2 bestehen

[4]) gilt für Maßtoleranzklasse 1 und 2, über zulässige Querschnittsabweichungen dieser Maßtoleranzklassen s. Tabelle 3.5

[5]) Holzfeuchten ω > 30% (oberhalb des Fasersättigungsbereiches) brauchen rechnerisch nicht berücksichtigt zu werden

3.3 Brettschichtholz (BS-Holz)

3.3.1 Aufbau des Brettschichtholzes

Brettschichtholz besteht aus parallel in Längsrichtung geschichteten Vollholz-Lamellen (Brettern), die miteinander verklebt sind, so dass Querschnittshöhen und Bauteil-Längen mit wesentlich größeren Maßen als diejenigen des Ausgangsproduktes Vollholz hergestellt werden können. Brettschichtholz wird seit langem in Deutschland vielfältig für tragende Zwecke eingesetzt.

Brettschichtholz nach der Produktnorm DIN EN 14080: 2013-09 ist ein europäisches Bauprodukt und darf für tragende Zwecke verwendet werden. Näheres über die **Anwendbarkeit von Brettschichtholz** nach seiner Produktnorm in Deutschland s. Abschn. 7.2.1

Brettschichtholz ist ein **geklebtes Schichtholzprodukt**, dem nach DIN EN 14080: 2013-09, 3.16 Brettschichtholz, Brettschichtholz mit Universal-Keilzinkenverbindungen nach Abschn. 6.4, Verbundbauteile aus Brettschichtholz nach Abschn. 3.3.4 und Balkenschichtholz nach Abschn. 3.4 angehören.

Aufbau des Brettschichtholz-Querschnittes

Tragende Bauteile aus Brettschichtholz der DIN EN 1995-1-1: 2010-12 sind Schichtholzprodukte nach DIN EN 14080: 2013-09, 3.15 und bestehen aus mind. zwei Brettlamellen (Einzelbrettern), die vorwiegend parallel zur Faserrichtung liegen und zu einem rechteckigen Gesamtquerschnitt verklebt sind, s. Bild 3.1. Brettschichtholz muss den Anforderungen der DIN EN 14080: 2013-09 und der zugehörigen Anwendungsnorm DIN 20000-3: 2022-02 entsprechen.

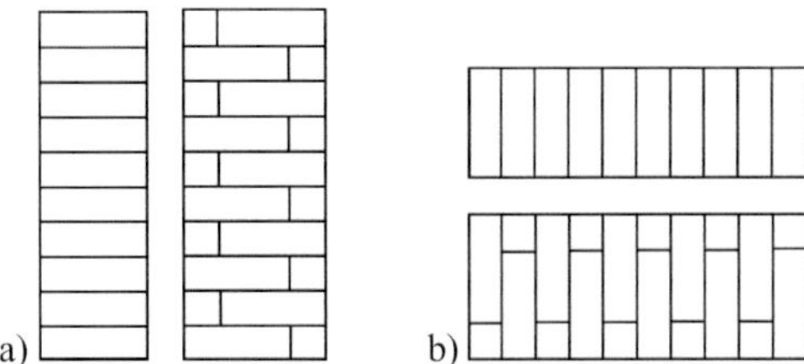

Bild 3.1 Brettschichtholz mit (Einzel-)Lamellen aus einem oder zwei nebeneinander liegenden Brettern und Klebfugen rechtwinklig zur langen Querschnittsseite nach DIN EN 14080: 2013-09, Bild 4, die Klebung mit Lamellen aus zwei nebeneinander liegenden Brettern wird auch als „ziegelförmig verklebt" bezeichnet, a) „stehende" Verwendung; b) „liegende" Verwendung

Die **einzelne Lamelle** des Brettschichtholzes kann aus einer Brettlage (Einzelbrett) oder aus zwei nebeneinander liegenden Brettern bestehen, die endgültige (gehobelte) Lamellendicke darf in Abhängigkeit von der Nutzungsklasse zwischen 6 mm $\leq t \leq$ 45 mm liegen, s. Tabelle 3.7. Die Lamellen können ohne oder mit längs verlaufenden Entlastungsnuten hergestellt werden. Die Entlastungsnuten bei Einzelbrettern reduzieren auftretende Spannungen infolge Holzfeuchteänderungen, vermindern den Schüsselungseffekt (Wölbung) insbesondere breiter Einzelquerschnitte und werden bei großen Querschnittsflächen A der Einzellamelle empfohlen, d.h. bei Wahl „dicker" und „breiter" Lamellen. Alternativ können bei breiten Querschnitten auch je Lamelle zwei nebeneinander liegende Bretter angeordnet werden, bei denen die Kanten seitenverklebt oder nicht seitenverklebt sein können, Näheres s. Tabelle 3.7.

T-Klassen der Lamellenfestigkeit

Die Lamellenfestigkeit von Brettschichtholz wird europaeinheitlich durch T-Klassen geregelt, diesen T-Klassen können C-Klassen der Festigkeit von Nadelholz zugeordnet werden, s. DIN EN 14080: 2013-09, 5.1.4.1, Tabelle 1. Die Bretter oder Bohlen der Lamellen müssen den dort festgelegten Anforderungen an charakteristische Zug-Festigkeiten in Faserrichtung $f_{t,0,l,k}$, Zug-Elastizitätsmoduln in Faserrichtung $E_{t,0,l,mean}$ und Rohdichten $\rho_{l,k}$ entsprechen. Ein Auszug dieser Zuordnung von T-Klassen der Bretter oder Bohlen von Brettschichtholzlamellen zu der C-Klassen von Brettern oder Bohlen aus Nadelvollholz kann Tabelle 3.8 entnommen werden.

Tabelle 3.7 Aufbau von Brettschichtholz (BS-Holz) aus Nadelholz der DIN EN 1995-1-1: 2010-12 nach DIN EN 14080: 2013-09[6])

Aufbau des BS-Holz-Querschnitts			
Lamellen[1]) je aus einem Einzelbrett	Lamellen[1]) [2]) je aus einem Einzelbrett mit Entlastungsnut	Lamellen[1]) [3]) [4]) je aus zwei nebeneinander liegenden Brettern ohne Verklebung der Kanten (Schmalseiten)	Lamellen[1]) [5]) je aus zwei nebeneinander liegenden Brettern mit Verklebung der Kanten (Schmalseiten)
nach DIN EN 14080: 2013-09,			
3.15	Anhang I.5.3	Anhang I.5.2	Anhang I.5.2
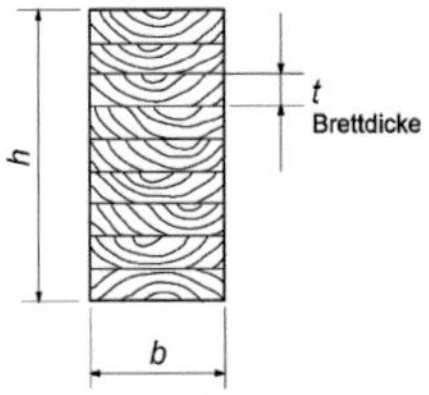	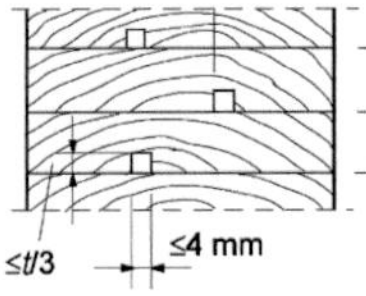	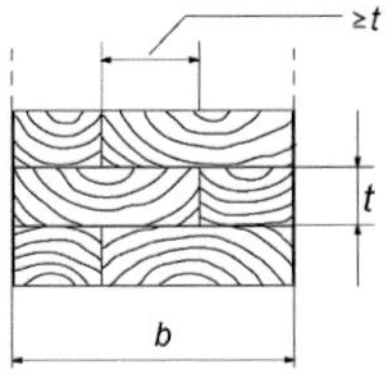	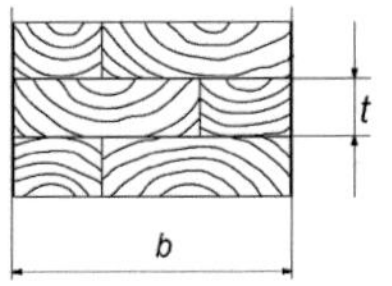
BS-Holz-Querschnitt[6])[7])			**BS-Holz-Längen**[7])
Brettschichtholz mit Rechteckquerschnitt			
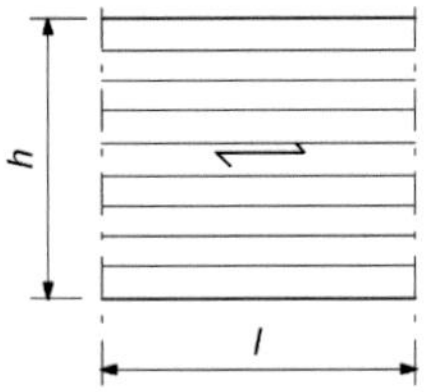	Querschnittsbreiten: Grenzwerte sind nicht festgelegt, üblich sind etwa		prinzipiell beliebig lang, jedoch begrenzt u.a. durch Transportlängen: - üblich bis ca. l = 40 m - Sondertransport für l > 40 m wie z.B. 50 m bis 60 m je nach Örtlichkeit
	b_{min} = 50 mm	b_{max} = 300 mm[8])	
	Querschnittshöhen: Grenzwerte sind nicht festgelegt, die maximalen Höhen h_{max} sind jedoch u.a. abhängig von der Breite der Hobelmaschinen, üblich sind etwa		
	h_{min} = 100 mm	h_{max} = 2500 mm[8])	

[1]) Höchstdicke t der Lamellen s. Tabelle 3.9 bzw. 3.13

[2]) die Entlastungsnuten müssen je Lamelle im mittleren Drittel der Querschnittsbreite liegen, Nuten in den angrenzenden Lamellen dürfen versetzt angeordnet werden

[3]) Brettschichtholz mit Lamellen aus zwei Brettern („ziegelförmig") ohne Verklebung der Kanten darf nur in den Nutzungsklassen 1 und 2 verwendet werden. Der Festigkeitsklasse von ziegelförmig verklebtem Brettschichtholz muss die Bezeichnung „ziegelförmig verklebt (en: brick-bonded)" hinzugefügt werden, s. DIN EN 14080: 2013-09, 5.1.3

[4]) bei Lamellen aus zwei Brettern ohne Verklebung der Kanten müssen die Lamellen-Stöße in angrenzenden Lamellen um mind. die Lamellendicke t seitlich versetzt sein

[5]) Brettschichtholz mit Lamellen aus zwei Brettern („ziegelförmig") mit Verklebung der Kanten darf nur in den Nutzungsklassen 1 und 2 verwendet werden, s. DIN 20000-3: 2022-02, Tab. 3

[6]) über geklebte Verbundbauteile aus Brettschichtholz mit wesentlich größeren Querschnittsmaßen s. Abschn. 3.3.4

[7]) über Maßabweichungen von den Sollmaßen des Brettschichtholzes s. Tabelle 3.16

[8]) die empfohlene maximale Querschnittsbreite wird herstellungsbedingt durch die einzuhaltenden Anzahl von höchstens zwei nebeneinander liegenden Brettern je Lamelle begrenzt, bei noch größeren Breiten von Brettschichtholz-Bauteilen ist die Herstellung geklebter Verbundbauteile aus zwei oder mehreren Brettschichtholz-Einzelbauteilen („Blockverleimung") wirtschaftlicher, s. Abschn. 3.3.4

Tabelle 3.8 Zuordnung von T-Klassen der Bretter oder Bohlen der Lamellen des Brettschichtholz der DIN EN 1995-1-1: 2010-12 zu den C-Klassen der Festigkeit von Brettern und Bohlen aus Nadelvollholz der DIN EN 338: 2016-07 sowie einzuhaltende Anforderungen an charakteristische Zug-Festigkeiten in Faserrichtung $f_{t,0,l,k}$, Zug-Elastizitätsmoduln in Faserrichtung $E_{t,0,l,mean}$ und Rohdichten $\rho_{l,k}$ nach DIN EN 14080: 2013-09, 5.1.4.1, Tabelle 1 (Auszug)[1])[2])

T-Klasse der Bretter und Bohlen von Brettschichtholz-Lamellen der DIN EN 14080: 2013-09, Tabelle 1	**C-Klasse** der Bretter und Bohlen aus Nadelvollholz der DIN EN 338: 2016-07, Tabelle 1	**einzuhaltende Anforderungen** an charakteristische Festigkeits-, Steifigkeits- und -Rohdichteeigenschaften der Bretter oder Bohlen für die T-Klassen von Brettschichtholz		
		Zug-Festigkeit in Faserrichtung $f_{t,0,l,k}$	Zug-Elastizitätsmodul in Faserrichtung $E_{t,0,l,mean}$	Rohdichte $\rho_{l,k}$
		in N/mm²	in N/mm²	in kg/m³
T8	C14	8	7000	290
T9		9	7500	300
T10	C16	10	8000	310
T11	C18	11	9000	320
T13	C22	13	10000	340
T14	C24	14	11000	350
T15		15	11500	360
T16	C27	16	11500	370
T18	C30	18	12000	380
T21	C35	21	13000	390
T22		22	13000	390
T24	C40	24	13500	400
T26		26	14000	410

[1]) über den Aufbau von kombiniertem und homogenem Brettschichtholz s. Bild 3.4 und Tabelle 3.11 und 3.12

[2]) Bemessung von Brettschichtholz-Bauteilen nur mit den charakteristischen Festigkeits-, Steifigkeits- und Rohdichtewerten von kombiniertem und homogenem Brettschichtholz, s. Abschn. 7.2.1, Tabelle 7.5 und 7.6, oder herstellerspezifischem Brettschichtholz

Ausrichtung der Lamellen im Querschnitt

Beim Aufbau des Brettschichtholzes ist die Lage der Querschnittsseiten mit Markröhren in den Lamellen zu beachten, über Markröhren s. Abschn. 1.1 und Bild 1.1. Nach DIN EN 14080: 2013-09, Anhang I.5.4 müssen die Markröhrenseiten der Lamellen stets auf der gleichen Seite liegen, ebenso sind die Markröhrenseiten außen liegender Lamellen an jeder Kante nach außen zu richten, s. Bild 3.2a, jedoch dürfen bei Brettschichtholz in den Nutzungsklassen 1 und 2 die Markröhrenseiten außen liegender Lamellen an beiden Kanten in dieselbe Richtung zeigen, s. Bild 3.2b. Diese Anordnung hält Formänderungen bzw. Quer-(zug-)spannungen hinreichend klein, die u.a. bei (nachträglichen) Holzfeuchteänderungen der Lamellen-Einzelbretter auftreten können.

Bild 3.2 Ausrichtung der Lamellen nach den Markröhrenseiten bei Brettschichtholz-Querschnitten nach DIN EN 14080: 2013-09, Anhang Bild I.3, die Markröhrenseite ist die kernnahe Querschnittsseite
a) Ausrichtung der Markröhrenseiten in Nutzungsklasse 1, 2 und 3, s. auch Ausnahme in Bild b
b) auch zulässige Ausrichtung der Markröhrenseiten in Nutzungsklasse 1 und 2

a)

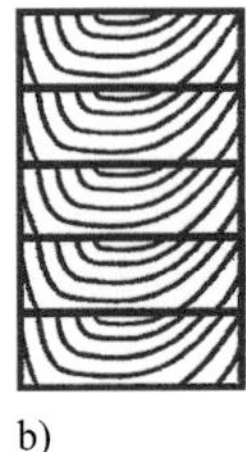
b)

Die Ausrichtung der Brettschichtholz-Lamellen im Querschnitt nach den Markröhrenseiten in Bild 3.2 bewirkt dieselbe bisherige Bezeichnung der Lamellenanordnung der „alten" DIN 1052, nach der stets die „rechte" und „linke" Seite miteinander zu verkleben war, und bei der bei Brettschichtholz in der Nutzungsklasse 3 zusätzlich auf beiden außen liegenden kleineren Querschnittsseiten die „rechte" Seite angeordnet werden musste, s. Bild 3.3.

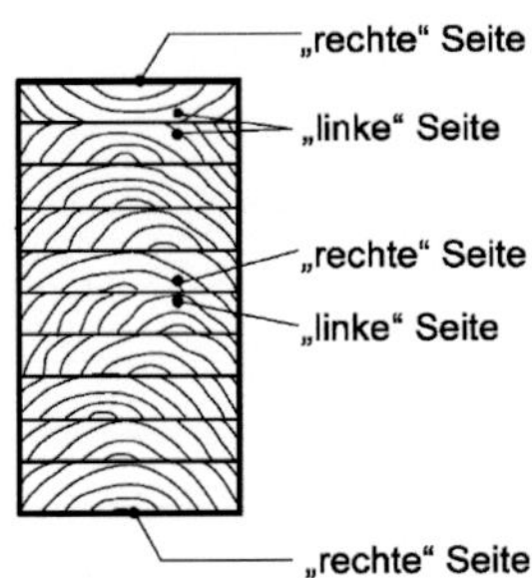

Bild 3.3 Jahrringlage der Einzelbretter bei Brettschichtholz der „alten" DIN 1052, „rechte" Seite (als Markröhren nahe oder kernnahe Seite) liegt auf „linker" Seite (als Markröhren abgewandte oder kernabgewandte Seite), bei Brettschichtholz in der Nutzungsklasse 3 zusätzlich „rechte" Seite auf beiden außen liegenden Querschnittsseiten

Querschnittsdicke der Lamellen

Die zulässige endgültige **Dicke** t der einzelnen Lamellen in den Nutzungsklassen ist in Tabelle 3.9 zusammengestellt. Bei Brettschichtholz in der Nutzungsklasse 3 unter stärker wechselnder klimatischer Beanspruchung wie z.B. direkter Bewitterung und Sonneneinstrahlung oder ohne ausreichenden baulichen Holzschutz wie z.B. Abdeckungen nach Bild 5.7c oder Bild 7.1a, b wird darüber hinaus empfohlen, die Einzellamellendicke t - kleiner als die Höchstdicke t_{max} zu wählen, z.B. $t = 24$ mm und darunter, da mit geringer werdender Einzellamellendicke die Gefahr der Trockenrissbildung abnimmt; diese Maßnahme erhöht die Herstellungskosten und vermindert erforderliche Wartungs- und mögliche Instandsetzungskosten.

Holzarten des Brettschichtholzes

Brettschichtholz der DIN EN 1995-1-1: 2010-12 wird in der Regel **aus Nadelholz** nach der Produktnorm DIN EN 14080: 2013-09 hergestellt und darf nach der Anwendungsnorm

Tabelle 3.9 Zulässige endgültige Dicke t der Lamellen für gerade Brettschichtholzbauteile aus Nadelholz der DIN EN 1995-1-1: 2010-12 nach DIN EN 14080: 2013-09, Anhang I.5.1 und Tabelle I.2[1]) [4]) [5]) [6])

Nutzungsklasse 1[1])	Nutzungsklasse 2[1])	Nutzungsklasse 3[1]) [2])
t in mm	t in mm	t in mm
$6 \le t \le 45$	$6 \le t \le 45$	$6 \le t \le 35$[3])

[1]) Nutzungsklassen s. Abschn. 7.3.1

[2]) es wird empfohlen, bei stärkeren klimatischen Wechselbeanspruchungen wie z.B. direkter Bewitterung und Sonneneinstrahlung sowie bei hohen zu erwartenden Temperaturen (z.B. über Öfen in Ziegeleien, Bäckereien und dgl.) die Lamellendicke $t < t_{max}$ zu wählen, z.B. $t = 24$ mm und kleiner, wenn kein ausreichender baulicher Holzschutz vorhanden ist

[3]) Brettschichtholz in Nutzungsklasse 3 darf nach DIN 20000-3: 2022-02, 4.13 in Deutschland nur eingesetzt werden, wenn die endgültige Dicke t der Lamellen den empfohlenen Wert von 35 mm nicht überschreitet

[4]) Brettschichtholz, das mit Emulsion-Polymer-Isocyanat-(EPI-)Klebstoffen hergestellt wird, darf nur in den Nutzungsklassen 1 und 2 eingesetzt werden, darüber hinaus bestehen für derartiges Brettschichtholz unter bestimmten Bedingungen Beschränkungen der Querschnittsseiten und -fläche, s. DIN EN 14080: 2013-09, 5.5.3.4 und DIN 20000-3, 2022-02, Tab.3

[5]) üblich sind nach *Müller/Wiegand* [374] für gerade Bauteile in Nutzungsklasse 1 und 2 Lamellendicken von $t = 40$ mm und in Nutzungsklasse 3 Lamellendicken von $t = 30$–32 mm

[6]) über zulässige Dicken der Lamellen gekrümmter Bauteile aus Brettschichtholz s. Tabelle 3.13

DIN 20000-3: 2022-02 aus den in der Produktnorm im Abschn. 5.5.2 angeführten Nadelholzarten oder Pappelholz bestehen, Beispiele hierzu s. Tabellen 3.10, 7.5 und 7.6. In Mitteleuropa wird überwiegend Fichtenholz verwendet, das wegen seiner besseren Holzqualität im Allgemeinen aus Nordeuropa oder höher gelegenen Regionen Mitteleuropas stammt. Bei stark witterungsbeanspruchtem Brettschichtholz der Nutzungsklasse 3 sind dauerhaftere Nadelholzarten wie z.B. europäische Lärche oder nordamerikanisches Yellow Cedar (Nutka-Scheinzypresse) vorteilhaft.

Brettschichtholz kann nach DIN EN 14080: 2013-09 unter einzuhaltenden Voraussetzungen **aus bestimmten Laubholzarten** hergestellt werden, jedoch ist der Einsatz von Brettschichtholz aus Laubholz nach DIN EN 14080: 2013-09 in der Anwendungsnorm DIN 20000-3, 2022-02 nicht geregelt. Deshalb darf Brettschichtholz aus Laubholz, das vergleichsweise wenig eingesetzt wird, in Deutschland nur mit vorliegendem bauaufsichtlichem Verwendbarkeitsnachweis verwendet werden wie z.B. für tragendes Brettschichtholz aus Buche und Brettschichtholz-Hybridträger aus Buchen- und Nadelholz, die derzeit nur eine Zulassung für Nutzungsklasse 1 besitzen, s. *Studiengemeinschaft Holzleimbau* [500]. Untersuchungen zu Brettschichtholz aus Buche führen *Blaß/Frese/Glos/Linsenmann/Denzler* [53] und *Frese* [140] durch, über Brettschichtholz-Hybridträger aus Buchen- und Nadelholz berichten *Blaß/Frese* [54], über dauerhaftes Brettschichtholz aus acetylierter Radiata Kiefer *Blaß/Frese* [55]. Auch für die Verwendung von Brettschichtholz aus Birke liegen bereits erste Europäische Technische Bewertungen (ETA) vor.

Tabelle 3.10 Nadelholzarten für Brettschichtholz der DIN EN 1995-1-1: 2010-12 nach DIN EN 14080: 2013-09, 5.5.2, die in Deutschland verwendet werden[1])

Holzart	wissenschaftlicher Name	Buchstabencode
Fichte, gemeine [2])	Picea abies	PCAB
Tanne, Weißtanne	Abies alba	ABAL
Kiefer, gemeine	Pinus sylvestris	PNSY
Lärche, europäische	Larix decidua	LADC
Douglasie	Pseudotsuga menziesii	PSMN

[1]) weitere Nadelholzarten für Brettschichtholz s. DIN EN 14080: 2013-09, 5.5.2

[2]) In Deutschland wird überwiegend Fichtenholz für Brettschichtholz verwendet

Balkenaufbau (Querschnittsaufbau) von Brettschichtholz

Brettschichtholz der DIN EN 1995-1-1: 2010-12 wird überwiegend mit symmetrischem und **geregeltem Balkenaufbau** hergestellt und verwendet, die gebräuchlichsten Aufbauten werden als homogen und kombiniert bezeichnet. Bei **homogenem (h) Brettschichtholz** gehören alle Lamellen einer T-Festigkeitsklasse, s. Tabelle 3.11 an; bei **kombiniertem (c) Brettschichtholz** sind verschiedene symmetrische Balkenaufbauten (Aufbau des Querschnitts) nach Tabelle 3.12 möglich. Bild 3.4, in dem Rand-, Zwischen- und Kernbereiche unterschieden werden, gibt ein Beispiel. Neben diesem kombiniertem Brettschichtholz mit Querschnitten aus inneren und äußeren Lamellen unterschiedlicher Festigkeitsklassen kann

Tabelle 3.11 Homogenes (h) Brettschichtholz der DIN EN 1995-1-1: 2010-12, Balkenaufbau und Mindestwerte der Keilzinken-Biegefestigkeiten $f_{m,j,k}$ in den Lamellen nach DIN EN 14080: 2013-09, Tabelle 3[1]) [2]) [4])

Brettschichtholz, Festigkeitsklasse	Lamellen, Festigkeitsklasse	Biegefestigkeit der Lamellen $f_{m,j,k}$	Brettschichtholz Festigkeitsklasse	Lamellen Festigkeitsklasse	Biegefestigkeit der Lamellen $f_{m,j,k}$
GL-Klasse	T-Klasse[3])	N/mm^2	GL-Klasse	T-Klasse[3])	N/mm^2
GL20h	T10	25	GL28h	T18	36
GL20h	T11	22	GL30h	T21	38
GL22h	T13	25	GL30h	T22	37
GL24h	T14	30	GL32h	T24	41
GL26h	T16	33	GL32h	T26	38

[1]) wenn Brettschichtholz einen Balkenaufbau nach dieser Tabelle 3.11 besitzt, sind die Anforderungen an eine Festigkeitsklasse GL für homogenes Brettschichtholz nach Tabelle 7.6 eingehalten

[2]) die Bemessung von homogenem Brettschichtholz kann nur mit den charakteristische Festigkeits-, Steifigkeits- und Rohdichtewerte der Tabelle 7.6 vorgenommen werden

[3]) über T-Festigkeitsklassen der Lamellen s. auch Tabelle 3.8

[4]) über Vorzugklassen und in der Regel nicht zur Verfügung stehende Festigkeitsklassen von Brettschichtholz s. Abschn. 7.2.1

Bild 3.4 Balkenaufbau bei kombiniertem Brettschichtholz der DIN EN 1995-1-1: 2010-12 nach DIN EN 14080: 2013-09, Bild 7, symmetrischer Aufbau - eines Querschnitts mit Rand-, Zwischen- und Kernbereichen, Beispiel

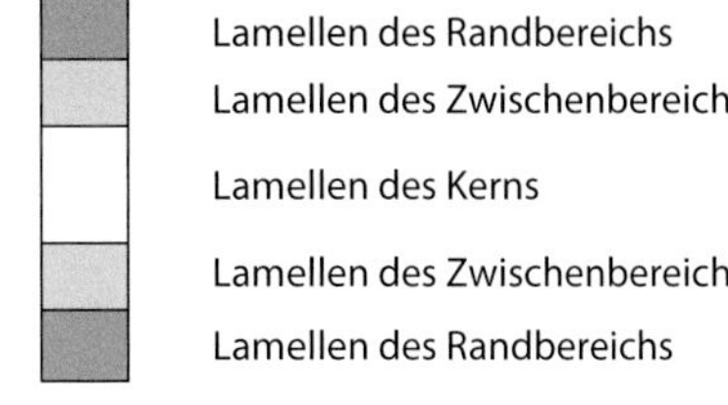

auch **kombiniertes Brettschichtholz mit herstellerspezifischen Festigkeitsklassen** produziert werden. Wenn Brettschichtholz einen Balkenaufbau nach Tabelle 3.11 (homogenes) oder 3.12 (kombiniertes) besitzt, sind die Anforderungen an eine Festigkeitsklasse GL nach Tabelle 7.5 oder 7.6 eingehalten. **Vorzugklassen** und in der Regel nicht zur Verfügung stehende Festigkeitsklassen von Brettschichtholz sind in Abschn. 7.2.1 angeführt.

Kombiniertes Brettschichtholz mit asymmetrischem Aufbau, d.h. andere als die o.a. symmetrischen Lamellenaufbauten in der Tabelle 3.12 sind nach DIN EN 14080: 2013-09 zugelassen. Die Festigkeits- und Steifigkeitswerte dieser asymmetrischen Aufbauten von kombiniertem Brettschichtholz können mit der Verbundtheorie berechnet werden. Die Festigkeitsklasse von Brettschichtholz mit asymmetrischem Aufbau ist nach DIN EN 14080: 2013-09. 5.1.3 gesondert mit „ca" zu kennzeichnen, z.B. GL24 ca.

Physikalische und mechanische Eigenschaften von Brettschichtholz

Die physikalischen Eigenschaften von Brettschichtholz wie Quellen und Schwinden entsprechen überwiegend denen des verwendeten Nadelvollholzes der Einzelbretter, die - mechanischen Eigenschaften wie Steifig- und Festigkeiten werden jedoch durch die Lamellierung gegenüber dem Ausgangsmaterial überwiegend verbessert, insbesondere bei homogenem Brettschichtholz, s. Abschn. 7.2.1. Diese Holzvergütung gegenüber den - Eigenschaften des Nadelvollholzes wird durch die erforderliche Trocknung und Sortierung der Einzelbretter (weitgehende Rissfreiheit, Begrenzung von Wuchsfehlern, Ästigkeit und dgl.) vor der Verklebung erreicht.

Erhöhen der Zug- und Biegefestigkeiten von Brettschichtholzbauteilen

Brettschichtholzbauteile mit kleineren Querschnittsdicken- bzw. -höhen besitzen größere Zug- bzw. Biegefestigkeiten als diejenigen mit größeren Dicken bzw. Höhen, da die Wahrscheinlichkeit des Auftretens von natürlichen Fehlstellen mit wachsendem Holzvolumen steigt. Deshalb darf bei zugbeanspruchten bzw. flachkant biegebeanspruchten Bauteilen bestimmter kleinerer bis mittlerer Querschnittsdicken bzw. -höhen eine bis zu 10% höhere charakteristische Zug- bzw. Biegefestigkeit angesetzt werden. Werden die Lamellen hochkant biegebeansprucht, steigt die Biegefestigkeit ebenso an; deshalb darf bei homogenem Brettschichtholz unter Hochkantbiegung der Lamellen die charakteristische Biegefestigkeit um 20% erhöht werden, s. Abschn. 15.1.1 und 17.1.2.

Herstellung des Brettschichtholzes

Über die Herstellung und Verklebung von Brettschichtholz s. auch Abschn. 6 und *Müller/Wiegand* [374].

Tabelle 3.12 Kombiniertes (c) Brettschichtholz der DIN EN 1995-1-1: 2010-12, Balkenaufbau und Mindestwerte der Keilzinken-Biegefestigkeit $f_{m,j,k}$ in den Lamellen nach DIN EN 14080: 2013-09, Tabelle 2[1] [2] [3] [5]

Brett-schicht-holz	Lamellen im Randbereich[4]			Lamellen im Zwischenbereich			Lamellen im Kernbereich		
GL-Klasse[1]	T-Klasse[1]	Anteil in %	$f_{m,j,k}$[1] N/mm²	T-Klasse[1]	Anteil in %	$f_{m,j,k}$[1] N/mm²	T-Klasse[1]	Anteil in %	$f_{m,j,k}$[1] N/mm²
GL20c	T13	2 × 33	21	–	–	–	T8	34	18
GL22c	T13	2 × 33	26	–	–	–	T8	34	18
GL24c	T14	2 × 33	31	–	–	–	T9	34	19
GL26c	T16	2 × 33	34	–	–	–	T11	34	22
GL28c	T18	2 × 25	37	–	–	–	T14	50	28
GL28c	T21	2 × 17	36	–	–	–	T14	66	26
GL28c	T21	2 × 17	38	–	–	–	T13	66	25
GL28c	T21	2 × 25	35	–	–	–	T11	50	22
GL28c	T21	2 × 20	35	T14	2 × 20	28	T11	20	22
GL28c	T22	2 × 20	35	–	–	–	T13	60	25
GL30c	T22	2 × 17	40	–	–	–	T15	66	27
GL30c	T22	2 × 17	41	–	–	–	T14	66	28
GL30c	T22	2 × 20	40	T14	2 × 20	30	T11	20	22
GL30c	T22	2 × 17	42	T14	2 × 23	31	T11	20	22
GL32c	T24	2 × 17	44	–	–	–	T18	66	31
GL32c	T26	2 × 17	45	–	–	–	T14	66	26
GL32c	T26	2 × 10	48	T18	2 × 20	32	T11	40	22

[1] Hierin bedeuten:

GL-Klasse Festigkeitsklasse von kombiniertem Brettschichtholz, s. auch Tabelle 7.5

T-Klasse Festigkeitsklasse von Lamellen, s. auch Tabelle 3.8

Anteil in % Anteil der Fläche des jeweiligen Rand-, Zwischen- oder Kernbereiches an der Gesamtfläche des Querschnitts, s. auch Bild 3.4

$f_{m,j,k}$ Keilzinken-Biegefestigkeit der Lamellen in N/mm²

[2] wenn Brettschichtholz einen Balkenaufbau nach dieser Tabelle 3.12 besitzt, sind die Anforderungen an eine Festigkeitsklasse GL für kombiniertes Brettschichtholz nach Tabelle 7.5 eingehalten

[3] die Bemessung von kombiniertem Brettschichtholz kann nur mit den charakteristische Festigkeits-, Steifigkeits- und Rohdichtewerte der Tabelle 7.5 vorgenommen werden

[4] die Anzahl der Lamellen in den Randbereichen, s. Bild 3.4, muss bei kombiniertem Brettschichtholz mind. dem in dieser Tabelle 3.12 angegebenen Anteil entsprechen, jedoch für kombiniertes Brettschichtholz mit > 10 Lamellen sind mind. zwei Lamellen, für kombiniertes Brettschichtholz mit ≤ 10 Lamellen mind. eine Lamelle anzuordnen

[5] über Vorzugklassen und in der Regel nicht zur Verfügung stehende Festigkeitsklassen von Brettschichtholz s. Abschn. 7.2.1

3.3.2 Abmessungen, Formgebung und Oberflächenqualität von Brettschichtholzbauteilen

Querschnittsabmessungen von Brettschichtholzbauteilen

Die Querschnittsabmessungen von Brettschichtholz der DIN EN 1995-1-1: 2010-12 sind nach DIN EN 14080: 2013-09 nicht begrenzt. **Querschnittsbreiten** bis zu $b = 24$ cm sind meist ohne größeren Aufwand herstellbar, jedoch wird empfohlen, Breiten $b_{max} = 30$ cm nicht zu überschreiten, s Tabelle 3.7. Die Breite eines Brettschichtholzquerschnitts wird herstellungsbedingt durch die maximale Anzahl von zwei nebeneinander liegenden (Einzel-)Brettern je Lamelle begrenzt, darüber hinaus reduziert eine Breitenbegrenzung des Querschnitts zu große Formänderungen infolge Holzfeuchteänderungen bei zu breiten Lamellen. Bei größeren Breiten von Brettschichtholz-Bauteilen ist die Herstellung geklebter Verbundbauteile aus zwei oder mehreren Brettschichtholz-Einzelbauteilen („Blockverleimung") wirtschaftlicher, s. Abschn. 3.3.4. Die **Querschnittshöhen** von Brettschichtholzbauteilen sind „theoretisch" genauso beliebig hoch herstellbar wie ihre Längen, Höhen bis $h = 200$ cm sind meist problemlos produzierbar, die Höhenbegrenzung von $h_{max} = 250$ cm berücksichtigt jedoch u.a. die Arbeitsbreiten derzeit verfügbarer Hobelmaschinen. Bei großen Bauteilhöhen, die wesentlich über $h = 2{,}50$ m liegen, sind Fachwerkkonstruktionen mit Stäben aus Brettschichtholz oft vorteilhafter, s. Tabelle 3.14 und Abschn. 23.3.

Längen von Brettschichtholzbauteilen

Die Längen von Brettschichtholzbauteilen könnten „theoretisch" jedes Maß erhalten, da die Einzelbretter in Längsrichtung durch **Keilzinkenverbindungen** nach DIN EN 14080: 2013-09, s. Abschn. 6.4, an ihren Stirnseiten (Hirnholz) miteinander verbunden werden, so dass Endlosbretter hergestellt werden und dadurch Brettschichtholzbauteile aller gewünschten Längen erstellt werden könnten. Jedoch werden diese Längen in der Praxis durch die Abmessungen der Werkhallen, des Pressbettes und besonders durch die Transportmöglichkeiten im Allgemeinen auf ca. 35 bis 40 m begrenzt. Darüber hinaus gehende Längen z.B. 50 m oder 60 m können hergestellt und in Sondertransporten je nach Örtlichkeit verschieden vom Herstellerwerk auf die Baustelle gebracht werden. Brettschichtholzbauteile mit Einzellängen von über 100 m sind bereits (in Feldfabriken auf der Baustelle) hergestellt worden.

Gerade und gekrümmte Brettschichtholzbauteile

Brettschichtholzbauteile werden überwiegend als **„gerade" Bauteile** mit parallelgurtigen Trägerkanten hergestellt, d.h. Unter- und Oberkante verlaufen parallel zueinander, sie lassen sich auch als **„gekrümmte" Bauteile** mit gebogenen Trägerkanten fertigen. Dazu werden die Einzelbretter vor dem Verkleben gekrümmt, so dass gebogene Bauteile in vielfältigen Formen herstellbar sind. Die Dicken t der Lamellen gekrümmter Brettschichtholzbauteile müssen den Anforderungen der Tabelle 3.13 genügen, die Bestimmungsgleichung für t ist abhängig vom Krümmungsradius r der Lamelle mit dem kleinsten Radius des Brettschichtholzes und von der charakteristischen Biegefestigkeit $f_{m,j,dc,k}$ der Lamellen-

Tabelle 3.13 Zulässige endgültige Lamellendicken gekrümmter (gebogener) Brettschichtholzbauteile aus Nadelholz der DIN EN 1995-1-1: 2010-12 nach DIN EN 14080: 2013-09, Anhang I.5.1[1]) [2]) [3])

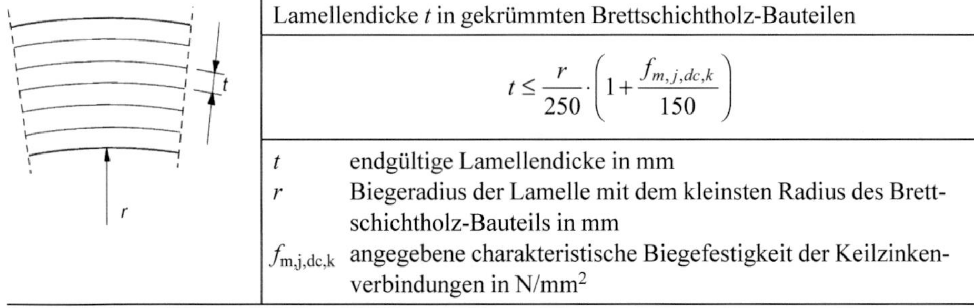

Lamellendicke t in gekrümmten Brettschichtholz-Bauteilen	
$$t \leq \frac{r}{250} \cdot \left(1 + \frac{f_{m,j,dc,k}}{150}\right)$$	
t	endgültige Lamellendicke in mm
r	Biegeradius der Lamelle mit dem kleinsten Radius des Brettschichtholz-Bauteils in mm
$f_{m,j,dc,k}$	angegebene charakteristische Biegefestigkeit der Keilzinkenverbindungen in N/mm^2

[1]) die weiteren Anforderungen nach DIN EN 14080: 2013-09, Anhang I.5.1, Tabelle I.2 über Lamellendicken t sind ebenso einzuhalten, s. Tabelle 3.9

[2]) über die Anforderungen an Einzelbauteile geklebter gekrümmter Verbundbauteile aus Brettschichtholz s. Abschn. 3.3.4

[3]) üblich sind nach *Müller/Wiegand* [374] für gekrümmte Brettschichtholzbauteile aus Nadelholz in Nutzungsklasse 1 und 2 Lamellendicken von t = 30–40 mm und in Nutzungsklasse 3 Lamellendicken von t = 30 – 32 mm

stöße. Die Festlegungen der Tabelle 3.9 über Lamellendicken t sind ebenfalls einzuhalten. Die beim Krümmen der Einzelbretter während der Herstellung entstehenden Biegespannungen bauen sich durch rheologisches Verhalten des Holzes teilweise ab, jedoch muss die hieraus verbleibende Vorbelastung der Einzelbretter bei der Bemessung gekrümmter Bauteile berücksichtigt werden, s. Abschn. 20.4.1.

Formgebung von Brettschichtholzbauteilen

Brettschichtholz kann in **Bauteillängsrichtung** vielfältig geformt werden. Die gute Bearbeitbarkeit des Holzes lässt gerade und gekrümmte Bauteilkanten oder Mischformen von beiden zu, s. Tabelle 3.14. Durch Auslaufen der Lamellen an den Bauteilrändern entstehen veränderliche Trägerhöhen, der Anschnittswinkel sollte bei veränderlichen Trägerhöhen hinreichend „klein" bleiben wegen der im Randbereich auftretenden Spannungskombination, s. Abschn. 20.1.2.

Der **Bauteilquerschnitt** von Brettschichtholz wird überwiegend mit **Rechteckquerschnitt** hergestellt. Für Biegeträger liegt das Verhältnis Höhe zur Breite meist bei ca. h/b = 3 bis 10. Querschnittsverhältnisse wesentlich über $h/b > 10$ sollten bei geforderten stabförmigen Trägern nur in Ausnahmen erreicht werden, da ein zu schlanker stabförmiger Querschnitt mit möglichen Stabilitätsproblemen entsteht. Andere Querschnittsformen aus Brettschichtholz wie T-, I- und Kastenquerschnitte können als geklebte Verbundbauteile oder zusammengesetzte Querschnitte ausgebildet werden, s. Abschn. 3.3.4 und 3.6. Bei großen und sehr großen Spannweiten werden Fachwerkträger mit großen Höhen und Stäben aus Brettschichtholz wirtschaftlich eingesetzt, s. z.B. *Heimeshoff/Neuhaus* [213], *Krabbe/Güldenpfenning* [275] und [376].

Tabelle 3.14 Formgebung von Brettschichtholzbauteilen mit Rechteckquerschnitt in Bauteillängsrichtung (Beispiele)

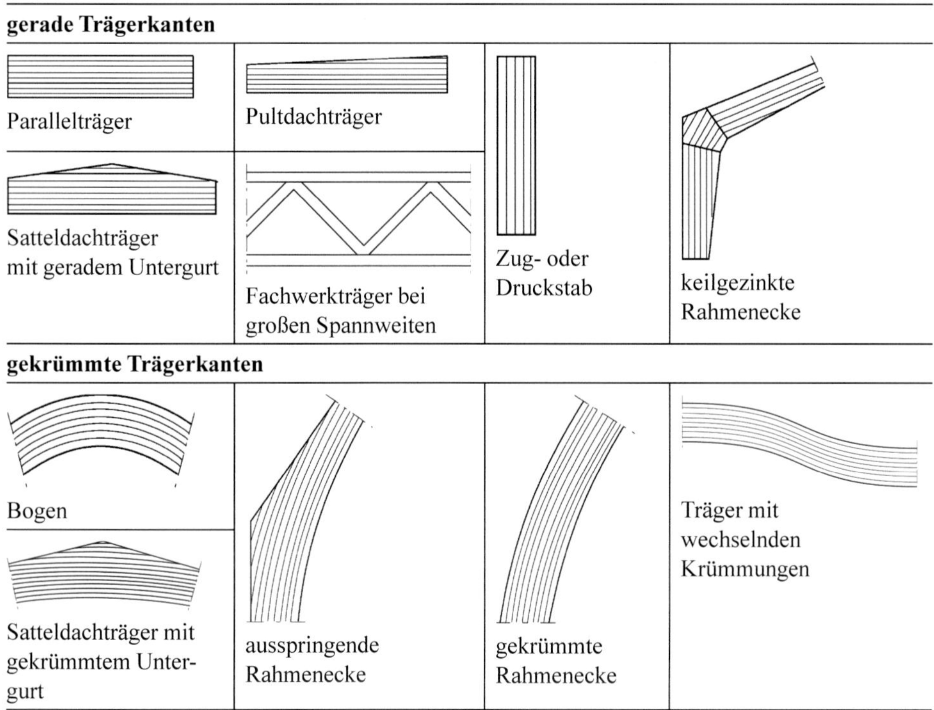

Oberflächenqualität von Brettschichtholz

Der ästhetische Gesamteindruck von Brettschichtholzbauteilen hängt überwiegend von der Qualität der sichtbaren Oberflächen ab. Diese Oberflächenqualität wird nicht in Baunormen festgelegt, sondern ist in einer Vereinbarung der *Studiengemeinschaft Holzleimbau* auf der Grundlage von *Radovic/Wiegand* [412] geregelt. Die Kriterien der drei unterschiedenen Oberflächenqualitäten „Industrie-, Sicht- und Auslesequalität von Brettschichtholz" sind in Tabelle 3.15 angeführt, sie können zwischen den Vertragsparteien privatrechtlich in der Ausschreibung vereinbart werden. Die Oberflächenqualität sollte nach Art und Nutzung des Gebäudes/Bauteils sowie nach der Beleuchtung und dem Abstand des Auges der Betrachter festgelegt werden. Wenn keine Oberflächenqualität vereinbart wurde, wird Sichtqualität geliefert.

Einsatzgebiete des Brettschichtholzes

Brettschichtholz ist bei sachgerechter Verwendung formstabil, sehr maßhaltig und praktisch frei von Rissen (Ausnahmen: Kleinere Trocken- oder Schwindrisse sind bei Witterungsbeanspruchung oder Einsatz im größeren Wechselklima werkstoffbedingt zuzulassen), besitzt eine hochwertige Oberflächenbeschaffenheit, kann in vielfältigen Formen, Querschnitten, kleinen bis sehr großen Längen hergestellt werden und entspricht deshalb sehr hohen Anfor-

Tabelle 3.15 Oberflächenqualitäten von Brettschichtholz nach *Studiengemeinschaft Holzleimbau* [497], Stand: 02/2014[10], und *Radovic/Wiegand* [412])[11])

lfd. Nr.	Kriterien[1])	**Industrie-Qualität**[8])	**Sicht-Qualität**[9])	**Auslese-Qualität**[8])
1	fest verwachsene Äste[2])[3])	zulässig	zulässig	zulässig
2	ausgefallene und lose Äste[2])[3])	zulässig	zulässig bis $\varnothing \leq 20$ mm, werkseitig ersetzen ab $\varnothing > 20$ mm[4])	werkseitig ersetzen
3	Harzgallen[3])[5])	zulässig	bis 5 mm breit zulässig	bis 3 mm breit - zulässig
4	mittels Astlochstopfen oder „Schiffchen" ausgebesserte Äste und Fehlstellen[3])	nicht erforderlich	zulässig	zulässig
5	mittels Füllmassen ausgebesserte Äste und Harzgallen[3])	nicht erforderlich	zulässig[6])	zulässig[6])
6	Insektenbefall[3])	zulässig sind Fraßgänge bis 2 mm	zulässig sind Fraßgänge bis 2 mm	unzulässig
7	Markröhre	zulässig	zulässig	an der Sichtfläche sichtbar verbleibender Decklamellen austretende Markröhre ist unzulässig
8	Schwindrisse[3])[5])[7])	ohne Begrenzung	bis 4 mm	bis 3 mm
9	Verfärbungen infolge Bläue sowie rote und braune nagelfeste Streifen[5])	ohne Begrenzung	bis zu 10% der sichtbaren Oberfläche des gesamten Bauteils	unzulässig
10	Schimmelbefall[5])	unzulässig	unzulässig	unzulässig
11	Verschmutzungen[5])	zulässig	unzulässig	unzulässig
12	Keilzinkenabstand	ohne Begrenzung	ohne Begrenzung	an sichtbar verbleibenden Decklamellen muss der Abstand untereinander mind. 1 m betragen
13	Oberfläche	egalisiert	gehobelt und gefast, Hobelschläge zulässig bis 1 mm Tiefe	gehobelt und gefast, Hobelschläge zulässig bis 0,5 mm Tiefe

Fußnote zu Tabelle 3.15
[1]) Abweichungen von den nachfolgend in den Zeilen 2, 3, 6-9, 12,13 definierten Grenzwerten sind in folgendem Umfang zu tolerieren: Maximal drei Abweichungen/m^2 sichtbarer Oberfläche für die Sichtqualität, maximal eine Abweichung/m^2 sichtbarer Oberfläche für die Auslesequalität, die Fläche wird dabei als abgewickelte Länge der sichtbaren Bauteilseiten multipliziert mit der Länge in Faserrichtung ermittelt
[2]) zulässige Astgröße gemäß DIN 4074-1
[3]) ohne Begrenzung der Anzahl
[4]) Messung des Astdurchmessers analog zur Messung der Durchmesser von Einzelästen bei Kanthölzern gemäß DIN 4074-1: 2012-06, 5.1.2.1
[5]) Anlieferungszustand
[6]) erforderlichenfalls sind überstreichbare Füllmassen explizit zu fordern
[7]) die Risstiefe darf unabhängig von der Oberflächenqualität bei Bauteilen ohne planmäßige Querzugbeanspruchung bis zu 1/6 der Bauteilbreite, bei Bauteilen mit planmäßiger Querzugbeanspruchung bis zu 1/8 der Bauteilbreite von jeder Seite betragen
[8]) nach VOB ATV DIN 18334 gesondert zu vereinbaren
[9]) entspricht den Anforderungen nach VOB ATV DIN 18334, ist keine Oberflächenqualität vereinbart, wird Sichtqualität geliefert
[10]) abweichende oder weitergehende Anforderungen sind gesondert zu vereinbaren
[11]) die Kanten sind standardmäßig leicht gefast (3 mm – 5 mm), breite Fasen sind gesondert auszuschreiben und zu vereinbaren, scharfkantige Querschnitte sind nicht zu empfehlen, da ihre Kanten beim Heben oft leicht beschädigt werden

derungen an den Wohn- und Gestaltungskomfort sowie an die Tragfähig- und Gebrauchstauglichkeit von Bauwerken. Brettschichtholz darf in allen 3 Nutzungsklassen, s. Abschn. 7.3.1, Tabelle 7.12, eingesetzt werden mit zwei Ausnahmen, die nur in den Nutzungsklassen 1 und 2 verwendbar sind: Brettschichtholz mit Lamellen aus zwei nebeneinander liegenden Brettern mit und ohne Verklebung der Kanten (Schmalseiten) nach DIN EN 14080: 2013-09, Anhang I.5.2, s. Tabelle 3.7, und Brettschichtholz mit Universal-Keilzinkenverbindungen nach DIN EN 1995-1-1/NA: 2013-08, NCI NA.11.3, s. Abschn. 6.4 und 17.4.6.

Brettschichtholz findet bei tragenden Bauteilen in Innenbereichen des Wohnungs-, Büro-, Gewerbe- und Industriebaus mit normalen und hohen Ansprüchen an die sichtbare Oberflächenbeschaffenheit ebenso Verwendung wie bei tragenden Bauteilen von Hallen und Gebäuden mit privater, gewerblicher, öffentlicher und freizeitlicher Nutzung sowie bei witterungsbeanspruchten Bauten und Brücken für Fußgänger, Radfahrer und Straßenverkehr oder bei sehr großen Stützweiten wegen des im Vergleich zu anderen Baustoffen geringen Eigengewichtes oder bei Hallen und Gebäuden mit chemisch aggressiver Raumluft wegen der großen Widerstandsfähigkeit gegenüber vielen Chemikalien.

3.3.3 Maße und Maßänderungen bei Brettschichtholz

Holzfeuchteänderungen können bei Brettschichtholz-Bauteilen nicht ausgeschlossen werden, so dass die Bauteil-Maße natürlichen Quell- oder Schwindverformungen unterliegen können. Die Nennmaße a_{nom} (Soll-Maße) eines Bauteils aus Brettschichtholz, Brettschichtholz mit Universal-Keilzinkenverbindungen nach Abschn. 6.4 und Verbundbauteilen aus Brettschichtholz nach Abschn. 3.3.4 dürfen bestimmte Maßabweichungen besitzen und die maximal zulässigen nach DIN EN 14080: 2013-09 nicht überschreiten.

Zur Beurteilung dieser Maßabweichungen wird das Ist-Bezugsmaß l_{cor} eines Bauteils rechnerisch nach Tabelle 3.17 bestimmt, das das tatsächlich vorhandene (gemessene) Ist-Maß l_a des Bauteils auf das Maß bei der Messbezugsfeuchte (Bezugsholzfeuchte) von ω_{rel} =12%, eben auf das Ist-Bezugsmaß l_{cor} korrigiert. Liegt demnach die tatsächlich vorhandene Holzfeuchte ω_a (Ist-Holzfeuchte) des Bauteils über oder unter der Messbezugsfeuchte (Bezugsholzfeuchte) von ω_{rel} =12%, werden aus dem Ist-Maß das Ist-Bezugsmaß berechnet und danach die maximal zulässigen Maßabweichungen der Brettschichtholzprodukte beurteilt. Alle Ist-Bezugsmaße (b_{cor}, h_{cor}, l_{cor}) der oben angeführten Brettschichtholzprodukte dürfen höchstens um die in Tabelle 3.16 angegebenen Werte von den Nennmaßen (Soll-Maßen) abweichen.

Darüber hinaus werden drei weitere maximal zulässige Maßabweichungen in Tabelle 3.16 geregelt: Die Längskrümmung eines geraden Bauteils, der Stich je abgewickelter Länge eines gekrümmten Bauteils und die maximale Abweichung der Winkel des Querschnitts vom rechten Winkel.

Tabelle 3.16 Maximal zulässige Maß-Abweichungen von den Nennmaßen von Brettschichtholz, Brettschichtholz mit Universal-Keilzinkenverbindungen und Verbundbauteilen aus Brettschichtholz der DIN EN 1995-1-1: 2010-12 nach DIN EN 14080: 2013-09, 5.11.1 und Tabelle 12[1])

Nennmaße für		**maximal zulässige Abweichungen**	
		gerade Bauteile	gekrümmte Bauteile[2])[3])
Querschnittsbreite	für alle Breiten	± 2 mm	
Querschnittshöhe	$h \leq 400$ mm	+ 4 mm bis – 2 mm	
	$h > 400$ mm	+ 1% bis – 0,5%	
maximale Abweichung der Winkel des Querschnitts vom rechten Winkel		1:50	
Länge eines geraden Bauteils bzw. abgewickelte Länge eines gekrümmten Bauteils	$l \leq 2$ m	± 2 mm	
	2 m $\leq l \leq$ 20 m	± 0,1%	
	$l > 20$ m	± 20 mm	
Längskrümmung, gemessen als maximal zulässiger Stich über eine Länge von 2000 mm, ohne Berücksichtigung einer Überhöhung, s. Bild 3.5		4 mm	–
Stich je m abgewickelter - Länge, s. Bild 3.6	≤ 6 Lamellen	–	± 4 mm
	> 6 Lamellen	–	± 2 mm

Tabelle 3.16 (Fortsetzung)

Maßdefinitionen nach DIN EN 14080: 2013-09, 3	
Soll-Maß b, h, l	vom Auftraggeber festgelegtes Bauteil-Maß bei der Messbezugsfeuchte (Bezugsholzfeuchte) $\omega = 12\%$, auf das Abweichungen zu beziehen sind
Ist-Maß b_a, h_a, l_a	gemessenes Bauteil-Maß bei einer gemessenen/abgeschätzten Holzfeuchte (tatsächliches Maß)
Ist-Bezugsmaß b_{cor}, h_{cor}, l_{cor}	Bauteil-Maß, korrigiert durch Berechnung vom Ist-Maß auf das Maß bei der Messbezugsfeuchte (Bezugsholzfeuchte)
abgewickelte Länge	Länge eines gekrümmten Bauteils, die an der Außenseite der Lamelle mit dem größten Radius gemessen wird
Längskrümmung	maximale Abweichung (Stich) eines geraden Bauteils oder -Bestandteils von der Geraden, gemessen über die Länge von 2000 mm, s. Bild 3.5

[1]) Berechnung des Ist-Bezugsmaßes bei Abweichung der Ist-Holzfeuchte von der Messbezugsfeuchte (Bezugsholzfeuchte) nach Tabelle 3.17

[2]) als gekrümmtes Bauteil aus Brettschichtholz, Brettschichtholz mit Universal-Keilzinkenverbindungen oder Verbundbauteil aus Brettschichtholz gilt ein Bauteil, das eine planmäßige Überhöhung (Stich) von mehr als 1% seiner Spannweite besitzt, nach DIN EN 14080: 2013-09, 3.7

[3]) die maximal zulässigen Abweichungen für gekrümmte Bauteile gelten für auf zwei gegenüber liegende gehobelte Seiten mit einem Verhältnis des Krümmungsradius r zur Höhe h von $r/h \geq 20$, für $r/h < 20$ sollten die maximal zulässigen Abweichungen zwischen den Vertragspartnern vereinbart werden

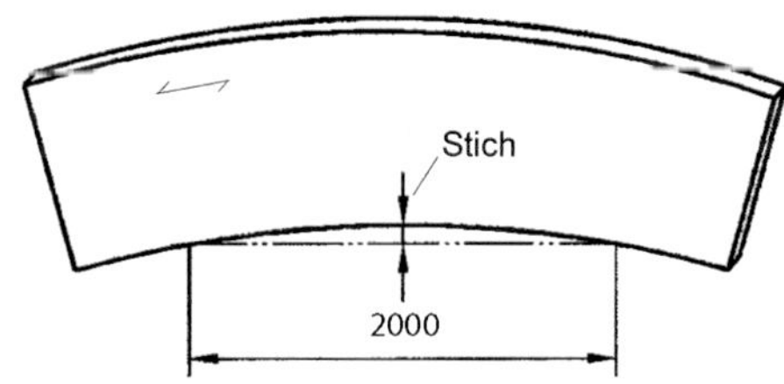

Bild 3.5 Längskrümmung bei geradem Brettschichtholz, Brettschichtholz mit Universal-Keilzinkenverbindung und Verbundbauteilen aus Brettschichtholz nach DIN EN 14080: 2013-09, Bild 11

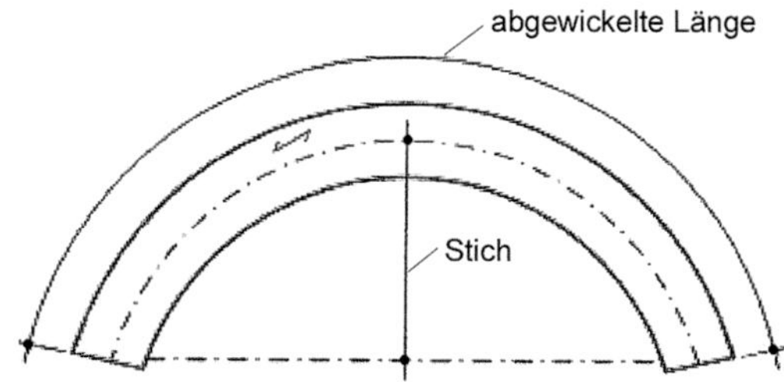

Bild 3.6 Grundmaße bei gekrümmten geklebten Schichtholz-Bauteilen wie die o.a. Brettschichtholzprodukte nach DIN EN 14080: 2013-09, Bild 12

Tabelle 3.17 Berechnung des Ist-Bezugsmaßes von geklebten Schichtholzbauteilen wie die o.a. Brettschichtholzprodukte der DIN EN 1995-1-1: 2010-12 bei Abweichung der Ist-Holzfeuchte von der Messbezugsfeuchte (Bezugsholzfeuchte) nach DIN EN 14080: 2013-09, 5.11.2[1])

geklebte Schichtholzprodukte aus Brettschicht- und Balkenschichtholz
Berechnung des Ist-Bezugsmaßes l_{cor}

$l_{cor} = l_a \cdot [1 + k \cdot (\omega_{ref} - \omega_a)]$

Quell- und Schwindmaß k für Nadelholz und Pappelholz (und Brettschicht- und Balkenschichtholz aus Nadelholz)[2])
bei Änderung der Holzfeuchte um 1% im Holzfeuchtebereich von $6\% \leq \omega \leq 25\%$

	rechtwinklig zur Faserrichtung	parallel zur Faserrichtung
k	0,0025	0,0001

Maß- und Holzfeuchte-Definitionen nach DIN EN 14080: 2013-09, 3 und 5.11

l_{cor}	Ist-Bezugsmaß in mm, Bauteil-Maß, korrigiert durch Berechnung vom Ist-Maß auf das Maß bei der Messbezugsfeuchte (Bezugsholzfeuchte) in mm
l_a	Ist-Maß in mm, gemessenes Bauteil-Maß bei einer gemessenen/abgeschätzten Holzfeuchte (tatsächliches Maß)
ω_a	Ist-Holzfeuchte in % (tatsächlicher Holzfeuchtegehalt)
ω_{ref}	Messbezugsfeuchte (Bezugsholzfeuchte) in %, = 12% für alle geklebten Schichtholzbauteile wie die o.a. Brettschichtholzprodukte nach DIN EN 14080: 2013-09

[1]) über maximal zulässige Maßabweichungen von den Nennmaßen und über weitere Begriffe s. Tabelle 3.16
[2]) das Quell- und Schwindmaß k rechtwinklig zur Faserrichtung ist ein Mittelwert aus tangentialer und radialer Verformungsrichtung, er entspricht dem Quell- und Schwindmaß α für Nadelholz nach DIN EN 1995-1-1/NA: 2013-08, Tabelle NA.7, s. auch Tabelle 3.7 und 7.18

Die zu erwartenden Querschnitts- und Längenänderungen infolge Holzfeuchteänderungen sind bei Brettschichtholz überwiegend als „klein" zu bezeichnen, da wegen der geringen Herstellungsfeuchten von im Mittel ca. 10 bis 12%, s. Abschn. 6.2, im Allgemeinen bei Einbau der Brettschichtholzbauteile in trockenen und abgedeckten Bereichen (Nutzungsklassen 1 und 2) nur kleine Holzfeuchteunterschiede zwischen Einbau- und Gleichgewichtsfeuchte vorliegen, s. Abschn. 1.4.4 und 1.4.6.

3.3.4 Geklebte Verbundbauteile aus Brettschichtholz

Mehrere Brettschichtholz-Komponenten (Einzelbauteile aus Brettschichtholz) können nach DIN EN 14080: 2013-09, 5.5.7 zu tragenden Verbundbauteilen aus Brettschichtholz mit massivem rechteckigem Querschnitt und fugenfüllendem Klebstoff zusammengeklebt (blockverklebt) werden, s. Bild 3.7. Weitere einzuhaltende Regeln s. DIN 1052-10: 2012-05, 6.6.

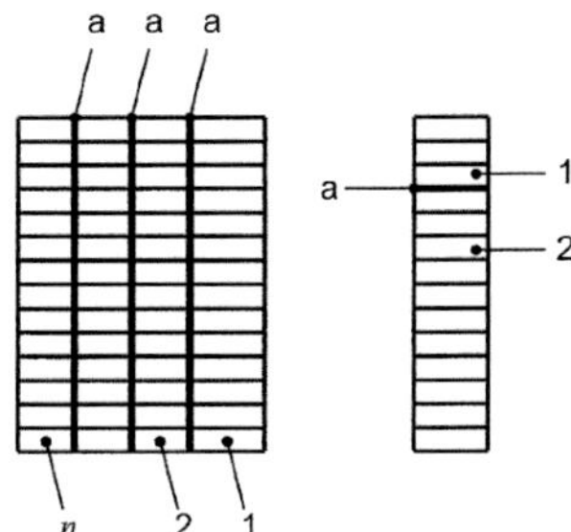

Bild 3.7 Verbundbauteile aus Brettschichtholz nach DIN EN 14080: 2013-09, Bild 2, Beispiele
1 Brettschichtholz-Komponente 1
2 Brettschichtholz-Komponente 2
n Brettschichtholz-Komponente *n*
a Klebfuge (Blockfuge) zwischen Brettschichtholz-komponenten (Einzelbauteilen)

Die Klebfugen zwischen den Brettschichtholz-Komponenten (Einzelbauteilen) werden auch als Blockfugen („alte“ Benennung) bezeichnet und dürfen Klebfugendicken bis zu 1,5 mm haben. Geklebte Verbundbauteile aus Brettschichtholz sind nach DIN EN 1995-1-1/NA: 2013-08, NCI NA.11.5 nur in den Nutzungsklassen 1 und 2 zu verwenden, da größere ungleichmäßige Holzfeuchteänderungen zu unverträglichen Rissbildungen führen und keine dauerhaften Klebfugen (Blockfugen) gewährleisten. Deshalb sollte z.B. bei Brückenhauptträgern aus Verbundbauteilen aus Brettschichtholz durch eine dauerhafte Abdeckung eine direkte Bewitterung der Verbundbauteile ausgeschlossen werden. Beispiele der vielfältigen Formen geklebter Verbundbauteile aus Brettschichtholz sind in Tabelle 3.18 angeführt.

Tabelle 3.18 Querschnittsformen geklebter Verbundbauteile aus Brettschichtholz der DIN EN 1995-1-1/NA: 2013-08, Beispiele[1])[2])

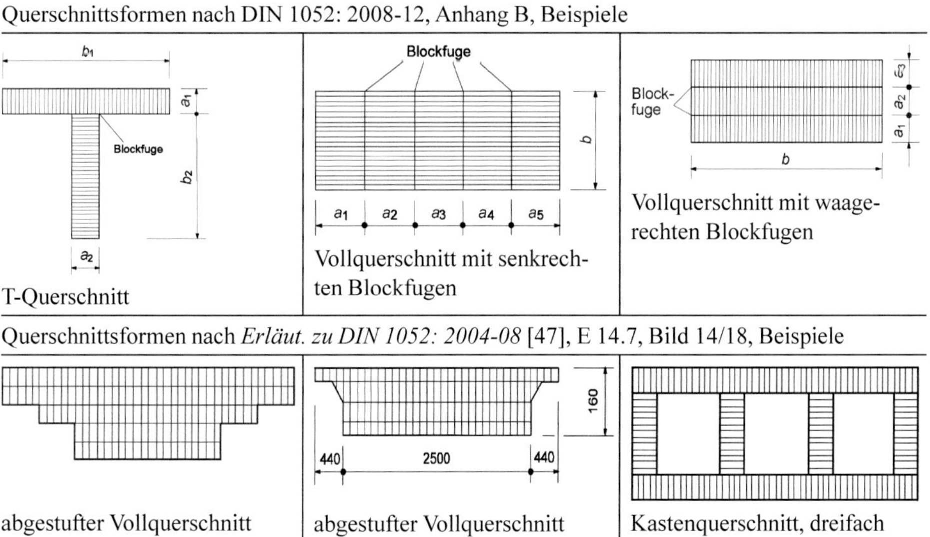

Querschnittsformen nach DIN 1052: 2008-12, Anhang B, Beispiele		
T-Querschnitt	Vollquerschnitt mit senkrechten Blockfugen	Vollquerschnitt mit waagerechten Blockfugen
Querschnittsformen nach *Erläut. zu DIN 1052: 2004-08* [47], E 14.7, Bild 14/18, Beispiele		
abgestufter Vollquerschnitt	abgestufter Vollquerschnitt	Kastenquerschnitt, dreifach

[1]) über Klebfugen („alte“ Benennung: Blockfugen) verklebte Verbundbauteile aus Brettschichtholz-Komponenten (Einzelbauteilen)
[2]) geklebte Verbundbauteile aus Brettschichtholz dürfen nur in den Nutzungsklassen 1 und 2 eingesetzt werden, s. DIN EN 1995-1-1/NA: 2013-08, NCI NA.11.5

Die bei gekrümmten geklebten Verbundbauteilen aus Brettschichtholz auftretenden Biegespannungen infolge des Krümmens der Einzelbauteile sind nach DIN EN 1995-1-1: 2013-08, NCI NA.11.5 mit denjenigen aus äußeren Einwirkungen zu überlagern, falls der Krümmungsradius kleiner als die Einzelbauteildicke x 1000 ist. Die Herstellung geklebter Verbundbauteile muss den Anforderungen der DIN EN 14080: 2013-09, Anhang I.7 genügen. Über Verbundbauteile aus Brettschichtholz s. auch *Müller/Wiegand* [374].

3.3.5 Aufgetrenntes Brettschichtholz

Brettschichtholz der DIN EN 1995-1-1: 2010-12 darf nach DIN EN 14080: 2013-09, 5.1.7 in Längsrichtung rechtwinklig zu den Klebfugen in zwei oder drei Teile aufgetrennt (zersägt) werden, s. Bild 3.8. Jedes Teilstück muss eine Mindestbreite von $b_s = 38$ mm mit einem maximalen Verhältnis Höhe/Breite $h/b_s \leq 8$ besitzen. Die Festigkeits-, Steifigkeits- und Rohdichtewerte des aufgetrenntes Brettschichtholzes sind in Abhängigkeit von den Lamellen und vom Aufbau des aufgetrenntes Brettschichtholzes oder von Eigenschaften des ursprünglichen Brettschichtholz-Querschnittes nach den Angaben in DIN EN 14080: 2013.09, 5.1.7 zu ermitteln.

Die Festigkeitsklasse von aufgetrenntem Brettschichtholz muss nach DIN EN 14080: 2013-09, 5.1.3 gesondert mit „s“ gekennzeichnet werden, z.B. GL28 cs.

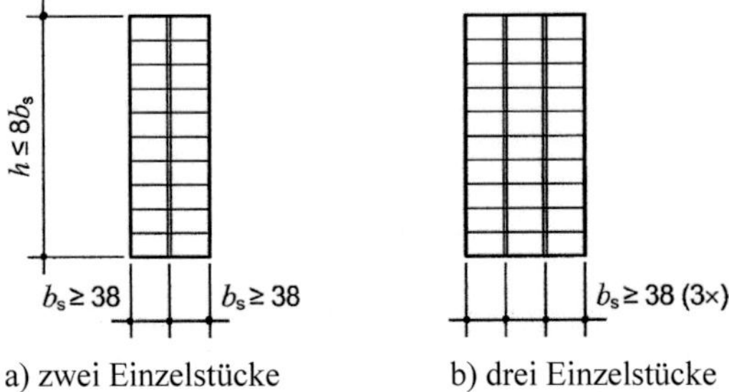

Bild 3.8 Aufgetrenntes Brettschichtholz, das in Längsrichtung rechtwinklig zu den Klebfugen in zwei oder drei Einzelstücke (Einzel-Querschnitte b_s/h) zersägt werden darf nach DIN EN 14080: 2013-09, Bild 8, Maßangaben in mm; einzuhaltende Bedingungen: Mindestbreite des aufgetrennten Querschnitts $b_s \geq 38$ mm, maximales Verhältnis Höhe/Breite $h/b_s \leq 8$

3.4 Balkenschichtholz

Balkenschichtholz besteht aus zwei bis fünf parallel in Längsrichtung geschichteten Vollholz-Lamellen (Balken), die begrenzte, aber größere Querschnitts-Dicken als Brettschichtholz-Lamellen besitzen und miteinander verklebt sind. Die Querschnitts-Abmessungen entsprechen etwa denen des Vollholzes. Balkenschichtholz wird seit langem in Deutschland für tragende Zwecke unter den Produktnamen „Duo- oder Triobalken“ eingesetzt. Balkenschichtholz darf nach bauaufsichtlichem Verwendbarkeitsnachweis oder als europäisch genormtes Bauprodukt hergestellt und verwendet werden, wie im Folgenden aufgezeigt wird.

Balkensichtholz mit bauaufsichtlichem Verwendbarkeitsnachweis (Duo- oder Triobalken) ist in DIN EN 1995-1-1/NA: 2013-08, NCI NA.3.8 angeführt, darf für tragende Zwecke in Deutschland eingesetzt werden, besitzt die Festigkeitsklasse C24 wie für Nadelvollholz, besteht aus zwei oder drei faserparallel miteinander verklebten Einzelhölzern aus Nadelholz, deren rechteckiger Gesamtquerschnitt Abmessungen wie bei Kanthölzern von vorzugsweise 8 bis 24 cm und darüber erreichen kann. Die Einzelhölzer, die vorwiegend aus Fichte hergestellt werden, dürfen bestimmte Einzelabmessungen nicht überschreiten.

Balkenschichtholz nach der **Produktnorm** DIN EN 14080: 2013-09 ist ein europäisches Bauprodukt und darf für tragende Zwecke nach DIN EN 1995-1-1: 2010-12 verwendet werden. Näheres über die **Anwendbarkeit von Balkenschichtholz** (und Brettschichtholz) nach seiner Produktnorm in Deutschland s. Abschn. 7.2.1. Dieses Balkenschichtholz ist im Folgenden angeführt und besitzt in Teilen andere Anforderungen als das bisherige nationale als Duo- oder Triobalken bekannte.

Aufbau des Balkenschichtholzes

Tragende Bauteile aus Balkenschichtholz, das nach DIN EN 1995-1-1: 2010-12 bemessen werden darf, sind **geklebte Schichtholzprodukte** nach DIN EN 14080: 2013-09, 3.16 aus zwei bis fünf parallel verklebten Lamellen mit endgültig gehobelten Dicken 45 mm $< t \leq 85$ mm, deren Gesamt-Querschnittsmaße maximal 280 mm betragen und die derselben oder herstellerspezifischen Festigkeitsklassen angehören. Der Aufbau kann Tabelle 3.19 entnommen werden. Balkenschichtholz muss den Anforderungen der DIN EN 14080: 2013-09 entsprechen.

Balkenschichtholz wird in der Regel **aus Nadelholz** hergestellt, es darf nur aus den in DIN EN 14080: 2013-09, 5.5.2 angeführten Nadelholzarten und Pappelholz bestehen, s. auch DIN 20000-3: 2022-02, 1. Die Beispiele der Tabelle 3.10 gelten sinngemäß, in Deutschland wird überwiegend Fichtenholz eingesetzt. Die für die Bemessung gültigen charakteristischen Festigkeits-, Steifigkeits- und Rohdichtekennwerte werden nach den in DIN EN 14080: 2013-09, 5.2 angeführten Verfahren festgelegt. Balkenschichtholz kann einer Festigkeitsklasse nach DIN EN 338: 2016-07 zugeordnet werden, wie z.B. C24 für Nadelvollholz.

Balkenschichtholz darf als tragendes und aussteifendes Bauteil nur in den Nutzungsklassen 1 und 2 der DIN EN 1995-1-1: 2010-12, s. Tabelle 7.12, verwendet werden, da wegen der Verklebung größerer Einzelquerschnitte (als bei Brettschichtholz) höhere ungleichmäßige Holzfeuchteänderungen zu unverträglichen Rissbildungen führen und keine dauerhaften Klebfugen gewährleisten. Deshalb sind auch extreme klimatische Wechselbeanspruchungen auszuschließen.

Die Herstellung von Balkenschichtholz entspricht prinzipiell der von Brettschichtholz, s. Abschn. 6, es besitzt Holzfeuchten $\omega \leq 15\%$. Durch die Trocknung und Verklebung ist

Tabelle 3.19 Balkenschichtholz aus zwei bis fünf Lamellen nach DIN EN 14080: 2013-09, 3.17 und 5.2.1[1])[2])[3])[5])

Aufbau und Anforderungen an die Lamellen		
Querschnitt aus zwei Lamellen	Querschnitt aus fünf Lamellen	
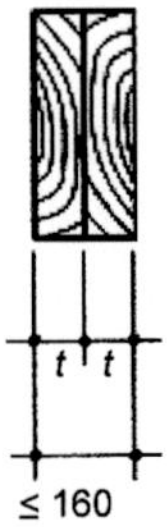 t t ≤ 160 Angaben in mm	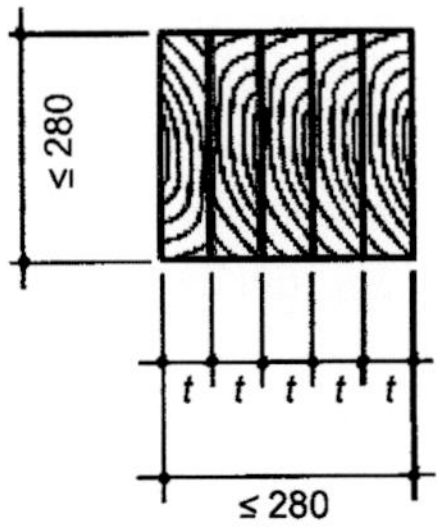 ≤ 280 t t t t t ≤ 280 Angaben in mm	
Querschnittsmaße der Lamellen		
Dicke 45 mm $< t \leq$ 85 mm Breite $b \leq$ 280 mm		
Abmessungen von Balkenschichtholz als Gesamtquerschnitt		
Querschnitte aus zwei bis fünf Lamellen		Längen
Vorzugsbreiten:[4]) von 8 bis 20 cm	Vorzugshöhen:[4]) von 10 bis 24 cm	Zuschnitt in beliebigen Längen

[1]) Balkenschichtholz darf nur aus den in DIN EN 14080: 2013-09, 5.5.2 angeführten Nadelholzarten bestehen, s. Beispiele in Tabelle 3.10, in Deutschland vorwiegend aus Fichte
[2]) Verwendung als tragendes Bauteil unabhängig von der Lage der Klebfugen
[3]) Balkenschichtholz darf nach DIN EN 1995-1-1/NA: 2013-08, NCI NA.3.8 nur in Nutzungsklasse 1 und 2 eingesetzt werden
[4]) andere Querschnitte sind herstellbar unter Beachtung der Festlegungen in DIN 14080:2013-09, s. auch Angaben in dieser Tabelle
[5]) Balkenschichtholz nach DIN EN 14080: 2013-09 darf nach DIN EN 1995-1-1: 2010-12 bemessen werden

es formstabil und rissarm, die wenigen Klebfugen stellen den Vollholzcharakter weitgehend sicher. Einsatzgebiete des Balkenschichtholzes sind alle Kanthölzer, Balken und Stützen mit sichtbaren hochwertigen Holzoberflächen (z.B. allseitig gehobelt und gefast) wie im Holzhaus-, Wohnungs-, Büro- und Gewerbebau mit hohen Anforderungen an den Wohn- und Gestaltungskomfort, aber auch in nicht sichtbaren Bereichen mit geringeren Anforderungen. Weitere Angaben über Balkenschichtholz sind in *Kuhweide/Wagner/Wiegand* [299] und *Müller/Wiegand* [374] enthalten.

Maße und Maßänderungen von Balkenschichtholz

Holzfeuchteänderungen können bei Balkenschichtholz-Bauteilen wie bei Brettschichtholz nicht ausgeschlossen werden, so dass die Bauteil-Maße natürlichen Quell- oder Schwindverformungen unterliegen können. Die Nennmaße a_{nom} (Soll-Maße) eines Bauteils aus Balkenschichtholz dürfen bestimmte Maßabweichungen besitzen und die maximal zulässigen nach DIN EN 14080: 2013-09 nicht überschreiten.

Zur Beurteilung dieser Maßabweichungen wird das Ist-Bezugsmaß l_{cor} eines Balkenschichtholz-Bauteils rechnerisch sinngemäß wie bei Brettschichtholz nach Tabelle 3.17 bestimmt, das das tatsächlich vorhandene (gemessene) Ist-Maß l_a des Bauteils auf das Maß bei der Messbezugsfeuchte (Bezugsholzfeuchte) von ω_{rel} =12%, eben auf das Ist-Bezugsmaß l_{cor} korrigiert. Liegt demnach die tatsächlich vorhandene Holzfeuchte ω_a (Ist-Holzfeuchte) des Bauteils über oder unter der Messbezugsfeuchte (Bezugsholzfeuchte) von ω_{rel} =12%, werden aus dem Ist-Maß das Ist-Bezugsmaß berechnet und danach die maximal zulässigen Maßabweichungen der Balkenschichtholz-Bauteile beurteilt. Alle Ist-Bezugsmaße (b_{cor}, h_{cor}, l_{cor}) der oben angeführten Balkenschichtholz-Bauteile dürfen höchstens um die in Tabelle 3.20 angegebenen Werte von den Nennmaßen (Soll-Maßen) abweichen. Weitere Maßdefinitionen sind in Tabelle 3.16 angeführt.

Tabelle 3.20 Maximal zulässige Maß-Abweichungen von den Nennmaßen von Balkenschichtholz der DIN EN 1995-1-1: 2010-12 nach DIN EN 14080: 2013-09, 5.11.1 und Tabelle 13[1]) [2])

Nennmaße für		Maximal zulässige Abweichungen
Dicke und Breite	$\leq$ 100 mm	± 1 mm
	> 100 mm	± 1,5 mm
maximale Abweichung der Winkel des Querschnitts vom rechten Winkel		1:50
Länge	$l \leq 10$ m	± 3 mm
	$l > 10$ m	± 5 mm

[1]) Berechnung des Ist-Bezugsmaßes bei Abweichung der Ist-Holzfeuchte von der Messbezugsfeuchte (Bezugsholzfeuchte) nach Tabelle 3.17

[2]) weitere Maßdefinitionen s. sinngemäß Tabelle 3.16

3.5 Furnierschichtholz

Furnierschichtholz (ohne Querlagen) besteht aus mehreren geschichteten, überwiegend in Faserlängsrichtung verlaufenden, miteinander verklebten Furnieren (mit wesentlich geringeren Dicken als Bretter), das überwiegend als stabförmiges Bauteil mit rechteckigem Querschnitt für tragende Zwecke eingesetzt wird. Furnierschichtholz darf nach bauaufsichtlichem Verwendbarkeitsnachweis oder als europäisch genormtes Bauprodukt hergestellt und verwendet werden, wie im Folgenden aufgezeigt wird.

Furnierschichtholz (ohne Querlagen) mit bauaufsichtlichem Verwendbarkeitsnachweis darf nach DIN EN 1995-1-1: 2010-12 für tragende Zwecke eingesetzt werden, wenn dies im erforderlichen bauaufsichtlichen Verwendbarkeitsnachweis ausdrücklich zugelassen ist. Erlaubt der Verwendbarkeitsnachweis nur die Anwendung nach der „alten“

DIN 1052: 2008-12, wird die Abstimmung mit dem Auftraggeber und der zuständigen Baubehörde empfohlen.

Furnierschichtholz (ohne Querlagen) aus Nadelholz mit bauaufsichtlichem Verwendbarkeitsnachweis wird seit langem in Deutschland eingesetzt, besteht aus mehreren miteinander verklebten, im Mittel ca. 3 mm bis 4 mm dicken Furnierlagen aus bestimmten Nadelhölzern (z.B. Fichte oder Kiefer), die alle in Längsrichtung faserparallel (nur Längsfurniere) angeordnet sind, s. Bild 3.9, so dass stabförmige Bauteile mit Breiten von z.B. 40 mm bis 75 mm, Höhen bis z.B. 2500 mm und Längen z.B. bis zu 23 m hergestellt werden können, über die Herstellung s. Abschn. 2.2. Durch die starke Lamellierung und -Reduzierung natürlicher Fehlstellen erhalten Furnierschichthölzer im Allgemeinen höhere Festig- und Steifigkeiten als das Ausgangsprodukt Nadelvollholz. Furnierschichtholz aus Nadelholz darf in der Regel in allen drei Nutzungsklasse verwendet werden, s. bauaufsichtlichen Verwendbarkeitsnachweis.

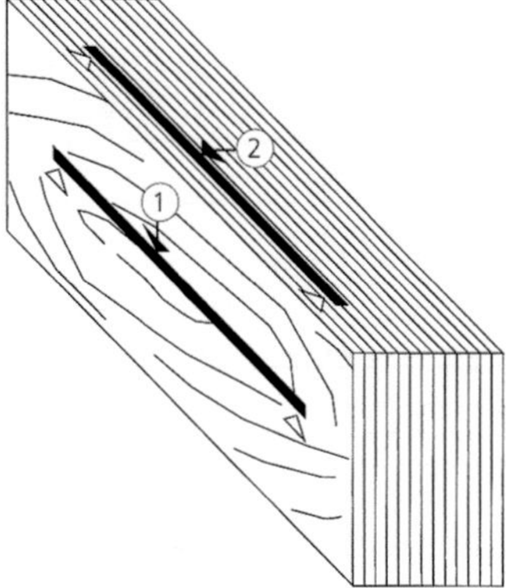

Bild 3.9 Stabförmiges Furnierschichtholz, nur Längsfurniere, Anordnung der Furnierlagen, Angabe der Tragfähigkeitsrichtungen für Biegung nach *Weber* [515]

Furnierschichtholz (ohne Querlagen) aus Laubholz für tragende Zwecke mit bauaufsichtlichem Verwendbarkeitsnachweis wird ebenso seit langem in Deutschland eingesetzt, besteht aus mehreren miteinander verklebten Furnierlagen aus bestimmten Laubhölzern (z.B. Buche), die alle in Längsrichtung faserparallel (nur Längsfurniere) angeordnet sind, so dass stabförmige Bauteile mit Breiten von z.B. 20 mm bis 120 mm, Höhen bis z.B. 1850 mm und Längen von z.B. bis zu 35 m hergestellt werden können, über die Herstellung s. Abschn. 2.2. Durch die starke Lamellierung und Reduzierung natürlicher -Fehlstellen erhalten Furnierschichthölzer aus Laubholz ebenso wie die aus Nadelholz im Allgemeinen höhere Festig- und Steifigkeiten als das Ausgangsprodukt. Furnierschichtholz aus Buche darf nur in Nutzungsklasse 1 und 2 verwendet werden, s. bauaufsichtlichen Verwendbarkeitsnachweis.

Furnierschichtholz (LVL) nach DIN EN 1995-1-1: 2010-12, 3.4 ist ein europäisches Bauprodukt und darf für tragende Zwecke verwendet werden. Näheres über die **Anwendbarkeit** von Furnierschichtholz (LVL) nach seinen Produktnormen in Deutschland s. Abschn. 7.2.2.

Technischen Klassen von Furnierschichtholz (LVL)
Furnierschichtholz der DIN EN 14279: 2009-07 wird in drei **Technische Klassen** LVL/1 für den Trocken-, LVL/2 für den Feucht- und LVL/3 für den Außenbereich eingeteilt, s. DIN EN 13986: 2015-06, Anhang Tabelle A.10. Dieses Furnierschichtholz der technischen Klasse LVL/1 darf nur in Nutzungsklasse 1, der Technischen Klasse LVL/2 nur in Nutzungsklasse 1 und 2 und der Technischen Klasse LVL/3 in allen drei Nutzungsklassen verwendet werden, s. DIN EN 1995-1-1/NA: 2013-08, NCI Zu 3.4, während Furnierschichtholz nach DIN EN 14374: 2005-02 nur in den Nutzungsklassen 1 und 2 eingesetzt werden darf, für Nutzungsklasse 3 ist ein bauaufsichtlicher Verwendbarkeitsnachweis erforderlich. Über den Zusammenhang technischer Klassen und Nutzungsklassen s. sinngemäß Tabelle 2.3.

Einsatzgebiete von Furnierschichtholz (ohne Querlagen) sind z.B. tragende Balken, Pfetten, Stützen, Streben, Fachwerkstäbe, Rippen im Holzrahmenbau und zusammengesetzte Stäbe.

3.6 Vollwandträger aus T-, I- und Kastenquerschnitt

Im Holzbau werden geklebte, genagelte und verdübelte T-, I- und Kastenquerschnitte hergestellt, deren Herstellung jedoch arbeitsaufwändiger ist als die Produktion von Rechteckquerschnitten. Obwohl Träger aus T- und I-Querschnitt (Profilträger) einen geringeren Materialverbrauch als vergleichbare Träger mit Rechteckquerschnitt haben, hat sich bei steigenden Lohnkosten und dazu preiswertem Holzmaterial überwiegend der Rechteckquerschnitt aus Brettschicht- und Furnierschichtholz bei Vollwandträgern (wie auch bei Kanthölzern und Balken aus Voll-, Konstruktionsvoll- und Balkenschichtholz) durchgesetzt. Steht jedoch das Holzmaterial nicht mehr ausreichend zur Verfügung und wird kostenintensiver, werden Träger mit Kastenquerschnitt und Profilträger an Bedeutung gewinnen, die derzeit meist in speziellen Anwendungsgebieten für kleinere und mittlere Stützweiten sowie als Schalungsträger für den Massivbau eingesetzt werden. Beispiele solcher Träger mit I-, T- und Kastenquerschnitten sind in Tabelle 3.21 angeführt.

In tragenden Bauteilen der DIN EN 1995-1-1: 2010-12 dürfen nach DIN 1052-10: 2012-05, 6.1 nur die Holzbaustoffe: Voll-, Brettschicht-, Balkenschicht-, Furnierschicht- (nach Maßgabe des bauaufsichtlichen Verwendbarkeitsnachweises), Brettsperr- und Sperrholz sowie Massivholzplatten für tragende Zwecke, OSB-Platten (die nachweislich zum Verkleben geeignet sind) und kunstharzgebundene Spanplatten (die nachweislich zum Verkleben geeignet sind) durch geeignete Klebstoffe des Typs I nach DIN EN 301: 2023-05, Tabelle 1 miteinander verklebt werden.

Träger mit T-, I- und Kastenquerschnitt als geklebte Verbundbauteile aus Brettschichtholz
Profilträger oder Träger mit Kastenquerschnitt können auch als geklebte Verbundbauteile aus Brettschichtholz, bei denen alle Einzelbauteile aus Brettschichtholz bestehen, herge-

Tabelle 3.21 T-, I- und Kastenquerschnitte im Holzbau, Beispiele, schematische Darstellung[1])

Querschnitt	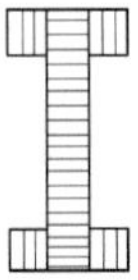	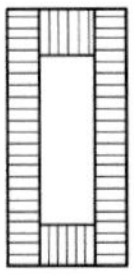			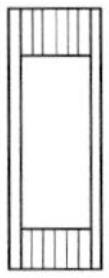	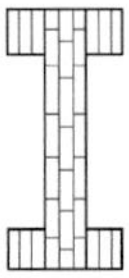	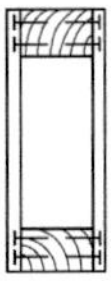
Verbindung Gurt/Steg	geklebt[2])[3])	geklebt[2])[3]), verdübelt	geklebt[2])	geklebt[2]	geklebt[2])	geklebt[2])	genagelt
Stegmaterial	BS-Holz, FSH	BS-Holz, FSH	Holzwerkstoffe	Holzwerkstoffe	Holzwerkstoffe	Mehrschichtplatten	Holzwerkstoffe
Gurtmaterial	BS-Holz, FSH, NH	BS-Holz, FSH, NH	BS-Holz, NH, FSH	BS-Holz, NH, FSH	BS-Holz, NH, FSH	NH	BS-Holz, NH, FSH
Fertigung	überwiegend industriell						handwerklich

[1]) BS-Holz: Brettschichtholz, NH: Nadelholz, FSH: Furnierschichtholz

[2]) beim Aufkleben von Brettlamellen aus Vollholz mit $t \leq 45$ mm und bestimmten Holzwerkstoffplatten mit $t \leq 50$ mm darf nach DIN 1052-10: 2012-05, 6.2 Schraubenpressklebung nach Abschn. 6.2.3 verwendet werden

[3]) über geklebte Verbundbauteile aus Brettschichtholz der DIN EN 1995-1-1: 2010-12 s. Abschn. 3.3.4

stellt werden, wenn die Anforderungen nach Abschn. 3.3.4 eingehalten werden. Geklebte (oder auch verdübelte) Kastenquerschnitte aus Brettschichtholz werden in Sonderkonstruktionen wegen ihrer hohen Torsionssteifigkeit bei großen Stützweiten eingesetzt, s. auch *Kolb/Rohlfing/Epple* [265].

Vollwandträger mit I- und T-Profilen für spezielle Anwendungsgebiete

Seit langem bekannte und auch neu entwickelte Vollwandträger mit I-Querschnitt besitzen Stege aus Holzwerkstoffplatten wie z.B. Sperrholz-, OSB-, harte Holzfaser-, Span- und massive Mehrschichtplatten, aber auch aus verzinktem Stahlblech sowie Gurte aus Nadelvoll-, Brettschicht- und Furnierschichtholz. Die Verbindung der Gurte mit den Stegen geschieht überwiegend durch Kleber oder auch durch Nagelung. Beim Dreieck-Strebenbau besteht der Steg aus Fachwerkstäben, deren Enden über Zinken in die Gurte geklebt werden; bei Vollwandträgern mit Stahlblechsteg übernehmen nagelartige Zähne, die in die Holzgurte eingepresst werden, die kraftschlüssige Verbindung Steg/Gurt. Diese Vollwandträger besitzen jeweils einen bauaufsichtlichen Verwendbarkeitsnachweis mit dort angegebenen Bemessungsgrundlagen, Stützweiten und Querschnitten.

Vollwandträger mit I-Querschnitt werden als Stiele und Balken in meist speziellen Anwendungsgebieten eingesetzt z.B. als Stiele (Rippen) in Wandtafeln (ein- und beidseitig beplankte Tafeln) für Wohnhäuser und gewerbliche Gebäude, als Decken- und Flachdachträger, Sparren sowie Pfetten mit unterschiedlich zugelassenen Stützweiten, Stiel- und Trägerhöhen bei teilweise eingeschränktem Einsatzgebiet z.B. hinsichtlich Nutzungsklasse (Holzfeuchte) und Brandschutz. Nähere Festlegungen hierzu sind in den bauaufsichtlichen Verwendbarkeitsnachweisen enthalten.

Vollwandträger mit I-Profilen für den Massivbau (Schalungsbau)
Schalungsträger aus Holz, die im Massivbau in großem Umfang eingesetzt werden, sind geklebte Vollwandträger mit I-Querschnitt oder Fachwerkträger (Gitterträger) mit fallenden, steigenden Diagonalen und Knotenanschlüssen z.B. durch geklebte Zapfenverbindungen. Die Gurte bestehen oft aus Nadelholz, die Stege z.B. aus dreilagig geklebten Nadelholz-, Span- oder Furnierschichtholzplatten. Die Trägerlängen liegen bei zunehmender Trägerhöhe zwischen ca. $l = 1{,}0$ m und ca. $l = 18{,}0$ m. Diese Schalungsträger besitzen jeweils einen bauaufsichtlichen Verwendbarkeitsnachweis mit Angaben zur Bemessung und zum Einsatzgebiet.

Brandverhalten und Brandschutzbemessung von Holzbauteilen

4

4.1 Brandverhalten von Holz

Holz ist ein brennbarer Stoff. Beim Brand werden die Holzsubstanzen Zellulose und Lignin zersetzt, dabei bilden sich Holzkohle und brennbare Gase. Holz besitzt aus der Sicht des Bauwesens ein günstiges Brand- und neutrales Löschverhalten. Aufgrund der geringen Wärmeleitfähigkeit von Holz und wegen der sich bildenden Holzkohleschicht verbleibt nach einem (zügig gelöschten) Realbrand oft eine eingeschränkte Tragfähigkeit der Holz-Restquerschnitte, während andere Materialen bereits weitgehend abgebrannt sind bzw. keine Resttragfähigkeit mehr aufzeigen.

4.1.1 Thermische Zersetzung von Holz

Die thermische Zersetzung von Holz kann nach *Kordina/Meyer-Ottens* [269] und *Peter* [390] in mehrere Bereiche unterteilt werden: Bis zu einer Temperatur von $T = 100\,°C$ trocknet Holz vollständig aus. Mit steigender Erwärmung beginnt die sehr langsame Zersetzung bis ca. 200 °C, darüber liegt eine zunehmend verstärkte Holzzersetzung vor und erreicht ab ca. $T = 270\,°C$ den Beginn der Holzkohlebildung. Ab ca. 400 °C brennt Holz mit offener Flamme.

Die Verkohlungszone verzögert den Abbrand des Restquerschnitts, da durch diese „Schutzschicht" die thermische Zersetzung nach innen langsamer fortschreitet, u.a. aufgrund der geringen Wärmeleitfähigkeit der Holzkohle und des Holzes. Besonders günstig verhalten sich Holzteile mit größeren, kompakteren Querschnitten bzw. kleiner werdendem Verhältnis Umfang/Fläche, da hier die gute „wärmedämmende" Eigenschaft der Verkoh-

H. Neuhaus · W. Moorkamp (✉)
e-mail: wilfried.moorkamp@ewetel.net

H. Neuhaus, W. Moorkamp, L. Peterson, T. Uibel, *Ingenieurholzbau*,
DOI 10.1007/978-3-658-44967-4_4

lungszone die Zerstörung der innen liegenden Querschnittsteile länger verhindert als bei Holzbauteilen mit kleineren, schlankeren Querschnitten bzw. größer werden dem Verhältnis Umfang/Fläche.

4.1.2 Entzündungstemperaturen von Holz

Die **Entzündungstemperatur** von Holz und Holzwerkstoffen ist nach *Kordina/Meyer-Ottens* [270] und *Peter* [390] besonders von der Erwärmungsdauer abhängig. Kleine, fein zergliederte Holzproben entzünden sich spontan bei Temperaturen von ca. $T \geq 350\,°C$. Dauert die Erwärmung viele Stunden, kann eine Entzündung bei bedeutend niedrigen Temperaturen stattfinden, bei $T \approx 150\,°C$ und darunter bis zu ca. $T = 120\,°C$. Unter schneller Erwärmung entzündet sich Holz dagegen bei ca. $T = 270\,°C$ bis $300\,°C$. Im Gebrauchstemperaturbereich von etwa $T \leq 30\,°C$ findet keine Holzentzündung statt, ebenso wenig bei kurzfristigem starken Temperaturanstieg z.B. unter nicht ausgebauten Dächern von ca. $T = 50\,°C$ bis $60\,°C$ oder noch höheren Temperaturen. Die Entzündungstemperatur ist weiter abhängig von der/dem

- **Rohdichte:** eine hohe Rohdichte verzögert die Entzündung,
- **Holzfeuchte:** eine hohe Holzfeuchte verzögert die Entzündung, jedoch geht die Eigenschaft einer hohen Holzfeuchte durch die bei der Erwärmung einsetzende Trocknung verloren, bei einer üblichen Gebrauchsholzfeuchte $\omega \leq 20\%$ („trocken") wird keine nennenswerte Schutzwirkung erzielt,
- **geometrischen Verhältnis Oberfläche/Volumen** (bzw. bezogen auf einen Querschnitt: Verhältnis Umfang/Fläche): je größer das Verhältnis, desto leichter entzündet sich Holz.

4.1.3 Abbrandverhalten von ungeschütztem Holz

Die **Abbrandgeschwindigkeit** von Holz oder Eindringgeschwindigkeit der Verkohlung ist u.a. von folgenden Größen abhängig:

- **Temperaturentwicklung** im Brandraum,
- **Holzfeuchte** bei Brandbeginn: Eine hohe Holzfeuchte senkt die Abbrandgeschwindigkeit,
- **Holzart:** z.B.: Zerstreutporige Strukturen bei Laubhölzern (wie Buche) und röhrenförmige Gefäße erhöhen die Abbrandgeschwindigkeit, während Porenstrukturen bei ringporigen Laubhölzern (wie Eiche) die thermische Zersetzung verlangsamen,
- **Rohdichte:** Mit steigender Rohdichte nimmt die Abbrandgeschwindigkeit im Allgemeinen ab, s. *Hartl* [192]: Nadelholz (und Buchenholz) brennt demnach schneller ab als z.B. Eichenholz,
- **Risse, Äste, Klüfte (Spalte)** im Holzquerschnitt: Die in Vollholzquerschnitten oft vorkommenden Schwind-(oder Trocken-)Risse wirken sich ungünstig aus, sie

vergrößern die Oberfläche und lassen das Feuer eher in tiefere Bereiche des Querschnitts eindringen, s. Bild 4.1a; das weniger rissbehaftete Brettschichtholz, s. Bild 4.1b, besitzt eine geringere Abbrandgeschwindigkeit als vergleichbares Nadelvollholz mit üblichen Rissbildungen,

- **Verformung (Dehnung) der Holzfasern** durch mechanische Beanspruchung: Bereiche z.B. auf der Unterseite eines Balken, deren Holzfasern durch Biege-Zugkräfte beansprucht werden, besitzen aufgrund der Faserdehnungen in Längsrichtung bzw. der erhöhten Längs-Zugspannung eine größere Abbrandgeschwindigkeit als Bereiche mit geringer beanspruchten Holzfasern.

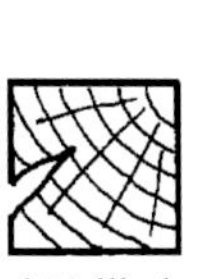

a) Vollholz b) Brettschichtholz

Bild 4.1 a) Vollholzquerschnitt mit Rissbildung; b) rissfreier bzw. weniger rissbehafteter Brettschichtholzquerschnitt

Die rechnerisch anzusetzenden Abbrandraten (-geschwindigkeiten) von Holzbaustoffen nach DIN EN 1995-1-2: 2010-12 können Tabelle 4.8 entnommen werden. Danach entspricht die Abbrandrate von Buche (obwohl mit relativ hoher Rohdichte ausgestattet) der von Nadelholz, Brettschichtholz hat wegen der Rissminimierung geringere Werte als das Ausgangsprodukt Nadelvollholz, Laubvollholz mit höherer Rohdichte (außer Buche) besitzt bei mehrseitigem Abbrand etwa ein Drittel geringere rechnerisch anzusetzende Abbrandraten (β_n) als Nadelvollholz. Über das Brandverhalten von Holz und Holzwerkstoffen s. *Hartl* [192], *Kordina/Meyer-Ottens* [269] und *Riese* [427].

4.1.4 Abbrandverhalten von Holzkonstruktionen

Spalte und Fugen in Holzkonstruktionen ermöglichen das schnelle, direkte Eindringen des Feuers und erhöhen den Abbrand des Holzes innerhalb der Konstruktion, s. Bild 4.2 am Beispiel einer Holzwandkonstruktion. Derartige Spalte und Fugen sollten deshalb sorgfältig abgedichtet oder mit Latten, Balken oder Stiele hinterlegt werden.

4.1.5 Temperaturverlauf im Holzquerschnitt

Im Brandversuch nach der Einheits-Temperatur-Zeitkurve (ETK, Brandphase nach dem Flash-over oder Feuerüberschlag) nach DIN EN 13501-2: 2016-12, 4.2, s. auch Tabelle 4.7, werden die kritischen Entzündungstemperaturen innerhalb kurzer Zeit erreicht, d.h. Holz entzündet sich je nach Brandlast und -raum innerhalb der ersten bzw. zweiten Brandminute.

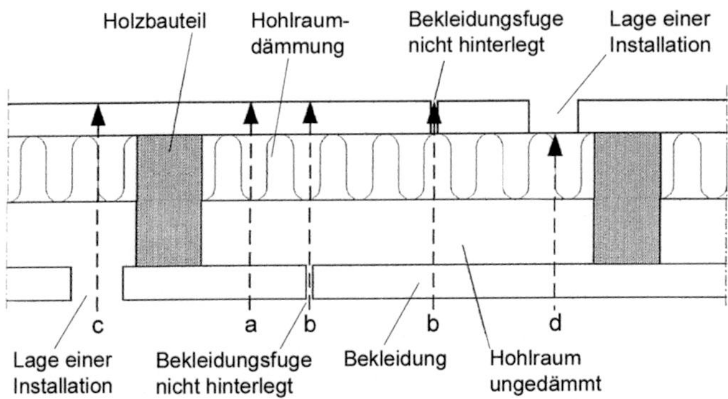

Bild 4.2 Raumabschließende Holzwandkonstruktion mit verschiedenen Wärmedurchgangswegen WD,a-d nach DIN EN 1995-1-2: 2010-12, Anhang E, Bild E.1

Mit dem Abbrand bildet sich die schützende Holzkohleschicht. Nach ca. 20 Minuten des Abbrandes (Abbrandtiefe ca. 13 mm) hat sich ein temperaturbeanspruchter Bereich von ca. 40 mm hinter der Abbrandgrenze gebildet, dieser bleibt beim weiteren Abbrand etwa konstant infolge der geringen Wärmeleitfähigkeit des Holzes und der Holzkohleschicht, s. *Hartl* [193] und *Peter* [390]. Der Temperaturverlauf in einem Holzquerschnitt kann Bild 4.3 am Beispiel eines vierseitigen Abbrandes entnommen werden. Danach sind im tragfähigen Restquerschnitt überwiegend Temperaturen von $T < 100\,°C$ vorhanden.

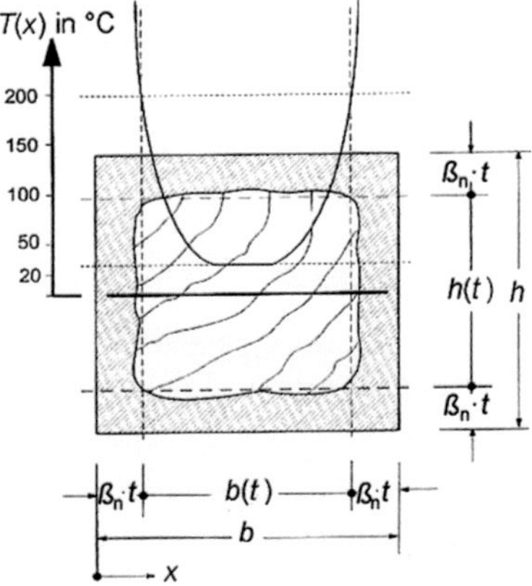

Bild 4.3 Temperaturverlauf für vierseitig brandbeanspruchte Holzquerschnitte mit einer Abbrandgeschwindigkeit von $v = 0{,}7$ mm/min und einer Branddauer von 30 min nach *Kordina/Meyer-Ottens* [269]

4.2 Baustoffklassen von Holzbaustoffen

Baustoffe werden nach ihrem Brandverhalten in Baustoffklassen (Brandverhaltensklassen) eingeteilt. Die europäische Klassifizierung des Brandverhaltens von Baustoffen ist vielfältiger als die „alte" nationale, nach der Klassifizierungsnorm DIN EN 13501-1: 2019-05, Tabelle 1 existieren sieben europäische Baustoffklassen A1, A2, B, C, D, E und F sowie zusätzlich drei Anforderungen der Rauchentwicklung (smoke) s1, s2, s3 und drei Klassifizierungen des brennenden Abtropfens und/oder Abfallens (droplets) d0, d1, d2. In Tabelle 4.1 sind die europäischen Baustoffklassen von Baustoffen, deren Anforderungen und einige Angaben zu Prüfungen des Brandverhaltens einschließlich der zusätzlichen Anforderungen und Klassifizierungen angeführt. Bodenbeläge und Rohrdämmungen sind vergleichbaren Klassen, jedoch mit teilweise anderen Anforderungen zugeordnet, hierüber s. DIN EN 13501-1: 2019-05, Tabelle 2 und 3.

Tabelle 4.1 Europäische Baustoffklassen von Bauprodukten und zusätzliche Anforderungen an die Rauchentwicklung und brennendes Abtropfen/Abfallen (ausgenommen Bodenbeläge und Rohrdämmungen) nach DIN EN 13501-1: 2019-05, 8, 11 und Tabelle 1[1]) [2]) [5]) [6])

Europäische Klassifizierung des Brandverhaltens von Bauprodukten		
Europäische Baustoffklasse	Angaben zu den Anforderungen, Prüfverfahren (Auszug)[5])	Beschreibung (Auszug)
A1	- Brennwert ≤ 2,0 MJ/kg - Temperaturanstieg ≤ 30 °C - Gewichtsverlust ≤ 50% - keine anhaltende Entflammung $t_f \leq 0$ s	Prüfung auf Nichtbrennbarkeit - Bauprodukte leisten keinen Beitrag zum Brand, auch nicht zum voll entwickelten Brand
A2	- Brennwert ≤ 3,0 MJ/kg oder - Temperaturanstieg ≤ 50 °C - Gewichtsverlust ≤ 50% - anhaltende Entflammung $t_f \leq 20$ s	Prüfung auf Nichtbrennbarkeit, - Bauprodukte leisten kein bedeutenden Beitrag zur Brandlast und zum Brandanstieg beim voll entwickelten Brand Prüfung zum SBI (Single Burning Item)
B	- Prüfung der Entzündbarkeit bei Beflammungsdauer von 30 s[3]) - Wärmefreisetzungsrate ≤ 120 W/s - freigesetzte Wärme ≤ 7,5 MJ	Prüfung der Entzündbarkeit, Prüfung zum SBI (Single Burning Item)
C	- Prüfung der Entzündbarkeit bei Beflammungsdauer von 30 s[3]) - Wärmefreisetzungsrate ≤ 250 W/s - freigesetzte Wärme ≤ 15 MJ	Prüfung der Entzündbarkeit, Prüfung zum SBI (Single Burning Item)
D	- Prüfung der Entzündbarkeit bei Beflammungsdauer von 30 s[3]) - Wärmefreisetzungsrate ≤ 750 W/s	Prüfung der Entzündbarkeit, Prüfung zum SBI (Single Burning Item)
E	- Prüfung der Entzündbarkeit bei Beflammungsdauer von 15 s[4])	Prüfung der Entzündbarkeit
F[6])	keine Leistung festgestellt	

Tabelle 4.1 (Fortsetzung)

Klassifizierung des brennenden Abtropfens und/ oder Abfallens (d droplets)		**Klassifizierung der Rauchentwicklung** (s smoke)	
d0	- kein brennendes Abtropfen/Abfallen zulässig innerhalb von 600 s	s1	- Rauchentwicklungsrate $\leq$ 30 m^2/s^2 - freigesetzte Rauchmenge $\leq$ 50 m^2 während 600 s
d1	- kein brennendes Abtropfen/Abfallen zulässig für länger als 10 s innerhalb von 600 s	s2	- Rauchentwicklungsrate $\leq$ 180 m^2/s^2 - freigesetzte Rauchmenge $\leq$ 200 m^2 während 600 s
d2	- keine Leistung festgestellt oder - Kriterien für d0 und d1 nicht erfüllt oder - Filterpapier wird entzündet	s3	- keine Prüfung der Rauchentwicklung, keine Einschränkungen oder - wenn die Kriterien für s1 und s2 nicht erfüllt sind

[1]) bauaufsichtliche Anforderungen und eine Gegenüberstellung nationaler und europäischer Baustoffklassen sind in Tabelle 4.2 angeführt

[2]) Beispiele der Einteilung von Holzbauprodukten in europäische Baustoffklassen sind Tabelle 4.3 zu entnehmen

[3]) bei Flächenbeflammung darf die vertikale Flammenausbreitung innenhalb von 60 s nach Beginn der Beflammung 150 mm oberhalb des Beflammungspunktes nicht überschreiten

[4]) bei Flächenbeflammung darf die vertikale Flammenausbreitung innenhalb von 20 s nach Beginn der Beflammung 150 mm oberhalb des Beflammungspunktes nicht überschreiten

[5]) weitere Einzelheiten zu den Anforderungen der Klassifizierung s. DIN EN 13501-1: 2019-05; 5, 8, 11 und Tabelle 1

[6]) (Holz-)Baustoffe, die nicht mindestens normalentflammbar sind (leichtentflammbare Baustoffe, d.h. die der europäischen Baustoffklasse F angehören), dürfen nach Musterbauordnung MBO 2002, § 26 (1) nicht eingesetzt werden, dies gilt jedoch nicht, wenn sie in Verbindung mit anderen Baustoffen nicht leichtentflammbar sind

Die Anforderungen an das Brandverhalten von Baustoffen in den nationalen bauaufsichtlichen Vorschriften der *Musterbauordnung MBO 2002, § 26* [16] bzw. der Landesbauordnungen LBO werden durch die Begriffe „nichtbrennbar“, schwerentflammbar“, „normalentflammbar“ und „leichtentflammbar“ beschrieben, sie besitzen nicht die Vielfalt der europäischen Klassifizierung. Deshalb wird nach *Bauregeliste A Teil 1, Anlage 0.2.2, - Tabelle 1* [102] eine Zuordnung der bauaufsichtlichen Anforderungen zu den „alten“ nationalen und europäischen Baustoffklassen (Brandverhaltensklassen) erforderlich. Tabelle 4.2 enthält diese Zuordnung als eine Zusammenfassung einschl. der zahlreichen Kombinationen; daraus wird ersichtlich, dass die nationalen und europäischen Baustoffklassen nicht identisch sind.

Tabelle 4.2 Baustoffklassen (Brandverhaltensklassen) von Bauprodukten, bauaufsichtliche Anforderungen nach *Musterbauordnung MBO 2002, § 26* [16] und Gegenüberstellung nationaler und europäischer Baustoffklassen nach *Bauregeliste A Teil 1, Anlage 0.2.2, Tabelle 1* [102] (ausgenommen Bodenbeläge und Rohrdämmungen)[1])[2])[3])

<table>
<tr><th colspan="2">Bauaufsichtliche Anforderungen</th><th>Nationale Anforderungen</th><th colspan="3">Europäische Anforderungen</th></tr>
<tr><th rowspan="2">Brand-verhalten</th><th rowspan="2">Benennung</th><th rowspan="2">nationale Baustoffklasse nach DIN 4102-1: 1998-05, 3</th><th rowspan="2">europäische Baustoffklasse[1]) nach DIN EN 13501-1: 2019-05, 8</th><th colspan="2">zusätzliche Anforderungen[1]) nach DIN EN 13501-1: 2019-05, 8</th></tr>
<tr><th>Rauch-entwicklung[1])</th><th>brennendes Abtropfen/ Abfallen[1])</th></tr>
<tr><td rowspan="2">nicht brennbar</td><td rowspan="2">nicht brennbar</td><td>A1</td><td>A1</td><td>unzulässig</td><td>unzulässig</td></tr>
<tr><td>A2</td><td>A2 – s1, d0</td><td>unzulässig</td><td>unzulässig</td></tr>
<tr><td rowspan="8">brennbar</td><td rowspan="4">schwerent-flammbar</td><td rowspan="4">B1</td><td>B – s1, d0
C – s1, d0</td><td>unzulässig</td><td>unzulässig</td></tr>
<tr><td>A2 – s2, d0
A2 – s3, d0
B – s2, d0
B – s3, d0
C – s2, d0
C – s3, d0</td><td></td><td>unzulässig</td></tr>
<tr><td>A2 – s1, d1
A2 – s1, d2
B – s1, d1
B – s1, d2
C – s1, d1
C – s1, d2</td><td>unzulässig</td><td></td></tr>
<tr><td>A2 – s3, d2
B – s3, d2
C – s3, d2</td><td></td><td></td></tr>
<tr><td rowspan="3">normal-entflamm-bar</td><td rowspan="3">B2</td><td>D – s1, d0
D – s2, d0
D – s3, d0
E</td><td></td><td>unzulässig</td></tr>
<tr><td>D – s1, d1
D – s2, d1
D – s3, d1
D – s1, d2
D – s2, d2
D – s3, d2</td><td></td><td></td></tr>
<tr><td>E – d2</td><td></td><td></td></tr>
<tr><td>leichtent-flammbar</td><td>B3</td><td>F[3])</td><td colspan="2"></td></tr>
</table>

Fußnote zu Tabelle 4.2

[1]) Anforderungen an europäische Baustoffklassen und zusätzliche Anforderungen an Rauchentwicklung und brennendes Abtropfen/Abfallen sind in Tabelle 4.1 angeführt

[2]) Beispiele der Einteilung von Holzbauprodukten in europäische Baustoffklassen sind Tabelle 4.3 zu entnehmen

[3]) (Holz-)Baustoffe, die nicht mindestens normalentflammbar sind (leichtentflammbare Baustoffe, d.h. die der europäischen Baustoffklasse F angehören), dürfen nach Musterbauordnung MBO 2002, § 26 (1) nicht eingesetzt werden, dies gilt jedoch nicht, wenn sie in Verbindung mit anderen Baustoffen nicht leichtentflammbar sind; für tragende Holzwerkstoffe der europäischen Baustoffklasse F ist diese Nichtverwendung nochmals gesondert in DIN 20000-1: 2017-06, 3.4 festgelegt

Die bauaufsichtlich brandschutztechnischen Anforderungen an das Brandverhalten von Baustoffen in Gebäuden sind in der Musterbauordnung MBO angeführt, z.B. für „Außenwände" in § 28 der *Musterbauordnung MBO 2002* [16]. Die einzuhaltenden Anforderungen sind den Landesbauordnungen LBO entsprechend zu entnehmen.

Holzbaustoffe der DIN EN 1995-1-1: 2010-12 können ohne weitere Prüfungen des Brandverhaltens in eine Baustoffklasse (Brandverhaltensklassen) eingeteilt werden, wenn dies in der entsprechenden Produktnorm angeführt ist und diese Holzbaustoffe nachweislich die Anforderungen erfüllen, Beispiele von Baustoffklassen (Brandverhaltensklassen) direkt klassifizierter Holzbaustoffe sind in Tabelle 4.3 angegeben. Darüber hinaus können Holzbaustoffe mit Prüfungen des Brandverhaltens einer Baustoffklasse zugeordnet werden, wenn eine höhere Klassifizierung angestrebt wird oder das Produkt die Anforderungen nach Tabelle 4.3 nicht erfüllt. Diese Holzbaustoffe bedürfen eines bauaufsichtlichen Verwendbarkeitsnachweises bzw. Anwendbarkeitsnachweises.

(Holz-)Baustoffe, die nicht mindestens normalentflammbar sind (das sind leichtentflammbare Baustoffe, die der europäischen Baustoffklasse F angehören), dürfen nach *Musterbauordnung MBO 2002, § 26 (1)* [16] nicht eingesetzt werden; dies gilt jedoch nicht, wenn sie in Verbindung mit anderen Baustoffen nicht leichtentflammbar sind.

Tabelle 4.3 Holzbaustoffe der DIN EN 1995-1-1: 2010-12, die ohne weitere Prüfungen in europäische Baustoffklassen (Brandverhaltensklassen) klassifiziert sind (ausgenommen Bodenbeläge und Rohrdämmungen)[1]) [2])

Holzbaustoff	Baustoffe der Norm DIN EN	Mindest-Rohdichte in kg/m³	Mindest-Gesamtdicke in mm	Europäische Baustoffklasse nach DIN EN 13501-1: 2019-05, 8[1])
Bauholz für tragende Zwecke, klassifiziert nach DIN EN 14081-1: 2019-10, Tab. 3[3])				
Bauholz mit rechteckigem oder runden Querschnitt	14081-1: 2019-10	350	22	D – s2, d0
Brettschichtholz für tragende Zwecke, klassifiziert nach DIN EN 14080: 2013-09, Tabelle 11[4])				
Brettschichtholz[5])	14080: 2013-09	380	40	D – s2, d0[5])

Tabelle 4.3 (Fortsetzung)

Holzwerkstoffe für tragende Zwecke[6]), klassifiziert nach DIN EN 13986: 2015-06, 5.8, Tabelle 8				
OSB-Platten	300	600	9	D – s2, d0
Faserplatten, hart	622-2	900	6	D – s2, d0
Faserplatten, mittelhart	622-3	600	9	D – s2, d0
		400	9	E, bestanden
Sperrholz	636	400	9	D – s2, d0
Spanplatten, kunstharzgebunden	312	600	9	D – s2, d0
Spanplatten, zementgebunden[7])	634-2	1000	10	B – s1, d0
Massivholzplatten	13353	400	12	D – s2, d0

[1]) Anforderungen an Europäische Baustoffklassen und zusätzliche Anforderungen an Rauchentwicklung und brennendes Abtropfen/Abfallen sind in Tabelle 4.1 angeführt
[2]) bauaufsichtliche Anforderungen und eine Gegenüberstellung nationaler und europäischer Baustoffklassen sind in Tabelle 4.2 angeführt
[3]) gilt für alle in DIN EN 14081-1: 2019-10 angeführten Holzarten
[4]) gilt für alle in DIN EN 14080: 2013-09, 5.5.2, angeführten Holzarten, s. auch Abschn. 3.3.1
[5]) die europäische Baustoffklasse von Brettschichtholz mit Universal-Keilzinkenverbindungen oder von Verbundbauteilen aus Brettschichtholz ist nach DIN EN 14080: 2013-09, 5.8 als Baustoffklasse der Brettschichtholz-Komponenten anzusehen
[6]) plattenförmige Holzwerkstoffe, die ohne Luftspalt direkt auf ein Material der Klasse A1 oder A2 – s1, d0 mit einer Mindestrohdichte von 10 kg/m^3 oder wenigstens der Klasse D – s2, d0 mit einer Mindestdichte von 400 kg/m^3 befestigt sind
[7]) mit einem Zementgehalt von mind. 75% Massenprozent

4.3 Feuerwiderstandsklassen von Bauteilen aus Holzbaustoffen

Feuerwiderstandsklassen

Bauteile im Brandfall werden nach ihrer Widerstandsfähigkeit gegenüber Feuer beurteilt (klassifiziert), d.h. über welche Zeitdauer ihre Tragfähigkeit und/oder raumabschließende Funktion und/oder andere Merkmale vorliegen. Die europäische Klassifizierung der - Feuerwiderstandsfähigkeit von tragenden, nichttragenden und/oder raumabschließenden Bauteilen ist vielfältiger als die „alte" nationale Einteilung. Nach der Klassifizierungsnorm DIN EN 13501-2: 2023-12, 5.2 und 7.1 existieren mehrere europäische Feuerwiderstandsklassen und Kombinationen davon. In Tabelle 4.4 sind die europäischen Feuerwiderstandsklassen von Bauteilen, ihre zu verwendenden Kennzeichnungsbuchstaben, die Klassifizierungskriterien (Anforderungen) und einige Angaben zu Prüfungen einschließlich zusätzlicher Merkmale angeführt.

Die europäische **Feuerwiderstandsdauer** (Klassifizierungszeiten) nach DIN EN 13501-2: 2023-12, 6.1, die nach Tabelle 4.4 in den einzelnen Feuerwiderstandsklassen erreicht werden kann, ist die Zeit in Minuten, in der alle geforderten Kriterien der Feuerwiderstandsklasse wie z.B. Tragfähigkeit R, Raumabschluss E und Wärmedämmung I (unter Brandeinwirkung) unter der Einheits-Temperaturzeit-Kurve (ETK) oder anderen thermischen Beanspruchungen, s. Tabelle 4.7, erfüllt sein müssen. Dieses europäische Klassifizierungssystem ist wesentlich umfangreicher als das nationale, es hat jedoch den Vorteil, aus der Bezeichnung wesentliche Leistungsmerkmale des Bauteils ablesen zu können.

Brandschutzfunktion K (Kapselklasse)

In Tabelle 4.4 wird der Begriff „Brandschutzfunktion K" eingeführt (Kapselklasse ist die umgangssprachliche Bezeichnung). Hierin werden die Anforderungen an die Bekleidung von Wand oder Decken geregelt, für eine bestimmte Dauer von z.B. 10, 30 oder 60 Minuten das dahinter liegende Material (wie Holz) vor Entzündung, Verkohlung und anderen Schäden zu schützen. Brandschutzbekleidungen sind die äußeren Teile von Bauteilen wie Wände, Decken und Dächer. Dabei wird eine Temperaturerhöhung direkt hinter der Bekleidung von im Mittel $T \leq 250\,°C$ und an beliebiger (ungünstigster) Stelle von $T \leq 270\,°C$ festgelegt, da die Entzündung von Holz unter schneller Erwärmung bei ca. $T = 270\,°C$ bis $300\,°C$ liegt.

Tabelle 4.4 Europäische Klassifizierungskriterien des Feuerwiderstandes von Bauteilen nach DIN EN 13501-2: 2023-12, 5.2 und 7.1 sowie nach *Bauregeliste A Teil 1, Anlage 0.1.2, Tabelle 3* [102] (Auswahl)[1] [2] [4] [5]

Kurzzeichen	Herleitung des Kurzzeichens	Kriterium	Kurze Beschreibung, Leistungskriterien
R	Résistance	Tragfähigkeit	kein Verlust der Tragfähigkeit eines Bauteils unter Brandbeanspruchung und festgelegten mechanischen Einwirkungen durch Prüfung begrenzter Verformung und Verformungsrate
E	Étanchéité	Raumabschluss	kein Durchtritt von Flammen oder heißer Gase durch raumtrennendes Bauteil von beflammter zur unbeflammten Seite (Versagensmerkmale: Entzündung eines Wattebausches, Spalte und Öffnungen, Auftreten andauernder Flammen auf unbeflammter Seite)
I	Isolation	Wärmedämmung (unter Brandeinwirkung)	begrenzte Übertragung von Wärme von der Feuer zugekehrten zur Feuer abgewandten Seite, d.h. mittlere Temperaturerhöhung $\leq 140\,°C$ über mittlerer Ausgangstemperatur und max. $180\,°C$ an jeder Stelle
W	Radiation	Begrenzung des Strahlungsdurchtritts	Begrenzung der Strahlung $\leq 15\ kW/m^2$ bei einseitiger Brandbeanspruchung, so dass Brandübertragung infolge abgestrahlter Wärme durch Bauteil oder dessen vom Feuer abgekehrten Oberfläche reduziert wird
M	Mechanical	Mechanische Einwirkung auf Wände	Widerstand gegen eine Stoßbeanspruchung durch definierte Kraft kurz nach erreichter Klassifizierungsperiode

Tabelle 4.4 Fortsetzung

Kurz-zeichen	Herleitung des Kurzzeichens	Kriterium	Kurze Beschreibung, Leistungskriterien
C	Closing	selbstschließen-de Eigenschaft	selbsttätiges, vollständiges Schließen einer/s -geöffneten Feuerschutztür oder Fensters
K		Brandschutz-funktion[3]) (umgangs-sprachlich: Kapselklasse)	Schutz durch eine Wand- oder Deckenbekleidung für das dahinter liegende Material vor Entzündung, Verkohlung und andere Schäden innerhalb festgelegter Zeit (K1 von 10 min, K2 von 10, 30 oder 60 min) mit einer mittleren Temperaturerhöhung (über die Anfangstemperatur) hinter der Bekleidung von ≤ 250 °C und an beliebiger Stelle von maximal ≤ 270 °C
i → o i ← o i ↔ o	in out in – out	Richtung der klassifizierten Feuerwider-standsdauer	
a ↔ b	above (ober-halb) below (unter-halb)	Richtung der klassifizierten Feuerwider-standsdauer	
Klassifizierungszeiten von Bauteilen in min (Feuerwiderstandsdauer)			
10, 15, 20, 30, 45, 60, 90, 120, 180, 240, 360			Unterschiedliche Klassifizierungszeiten je nach Feuerwiderstandskriterium

[1]) weitere Angaben s. DIN EN 13501-2: 2023-12, 5.2 und 7.1

[2]) Angaben zu Feuerschutzabschlüssen und sonstigen Bauteilen s. DIN EN 13501-2: 2023-12 und DIN EN 13501-3: 2010-02 sowie *Bauregeliste A Teil 1, Anlage 0.1.2, Tabelle 2a,b* [102]

[3]) beim Feuerwiderstand der Brandschutzfunktion (Kapsel) z.B. einer Holzwand, oder -decke werden nur die Lagen der Bekleidung betrachtet, die dem Feuer zugewendet sind, beim Feuerwiderstand eines Bauteils (z.B. Wand oder Decke) wird dagegen das gesamte Bauteil mit allen Teilen wie z.B. Holzwerkstoffplatten, Dämmung und tragende Holzbauteilen berücksichtigt

[4]) europäische Feuerwiderstandsklassen von Bauteilen und deren bauaufsichtliche Anforderungen sind in Tabelle 4.5 angeführt

[5]) Beispiele der Feuerwiderstandsklassen von Holzbauteilen sind in Tabelle 4.6 enthalten

Holzwände, -decken oder -dächer mit Bekleidungen z.B. der Kapselklasse $K_2 60$ dürfen sich innerhalb der ersten 60 Minuten eines Brandes nicht entzünden oder verkohlen, s. auch *Hosser/Dehne* [234]. Beim Feuerwiderstand einer Kapsel werden demnach nur die Bekleidungslagen betrachtet, die dem Feuer zugewendet sind, während der Feuerwiderstand einer Wand oder Decke das gesamte Bauteil mit allen Teilen wie Holzwerkstoffplatten, Dämmung und tragenden Holzteilen berücksichtigt.

Bauaufsichtliche Anforderungen und europäische Feuerwiderstandsklassen

Die Anforderungen an die Feuerwiderstandsfähigkeit von Bauteilen in den nationalen bauaufsichtlichen Vorschriften, s. § 26 der *Musterbauordnung MBO 2002* [16], bzw. der Landesbauordnungen LBO werden mit den drei Begriffen „feuerbeständig“, hochfeuerbeständig“ und „feuerhemmend“ beschrieben, sie besitzen nicht die Vielfalt der europäischen Klassifizierung. Deshalb wird nach *Bauregeliste A Teil 1, Anlage 0.1.2, Tabelle 1* [102] eine Zuordnung der bauaufsichtlichen Anforderungen zu den europäischen Feuerwiderstandklassen (Feuerwiderstandsfähigkeiten) erforderlich, s. Tabelle 4.5. Beispiel von Holzbauteilen mit europäischen Feuerwiderstandsklassen sind in Tabelle 4.6 angeführt.

Tabelle 4.5 Europäische Feuerwiderstandsklassen von Bauteilen nach DIN EN 13501-2: 2023-12, 5.2 und 7.1 und Zuordnung der bauaufsichtlichen Anforderungen nach *Bauregeliste A Teil 1, Anlage 0.1.2, Tabelle 1* [102] (Auswahl)[1)] [2)] [3)]

Bauaufsichtliche Anforderungen	Europäische Anforderungen und Feuerwiderstandsklassen von Bauteilen			
	tragende Bauteile		nichttragende Innenwände	nichttragende Außenwände
	ohne Raumabschluss	mit Raumabschluss		
feuerhemmend	R 30	REI 30	EI 30	E 30 (i → o) und EI 30-ef (i ← o)
hochfeuerhemmend	R 60	REI 60	EI 60	E 60 (i → o) und EI 60-ef (i ← o)
feuerbeständig	R 90	REI 90	EI 90	E 90 (i → o) und EI 90-ef (i ← o)
Feuerwiderstandsfähigkeit 120 min	R 120	REI 120		

[1)] Kurzzeichen wie R, E, I der europäischen Klassifizierungskriterien des Feuerwiderstandes von Bauteilen sind in Tabelle 4.4 angeführt

[2)] die bauaufsichtlichen Anforderungen an die Feuerwiderstandsfähigkeit von Bauteilen sind in den Landesbauordnungen LBO geregelt

[3)] Beispiele der Feuerwiderstandsklassen von Holzbauteilen sind in Tabelle 4.6 enthalten

Tabelle 4.6 Holzbauteile mit europäischen Feuerwiderstandsklassen, Beispiele und Erläuterungen[1)]

Holzbauteile mit europäischen Feuerwiderstandsklassen, Beispiele	Beschreibung, Erläuterungen
Holzstütze R 60	Holzstütze, tragend, freistehend, vierseitige Brandbeanspruchung, Feuerwiderstandsdauer 60 min (ohne Raumabschluss)
Wand REI 30	Wand, Holztafelbau, tragend, raumabschließend, begrenzte Übertragung von Wärme, Feuerwiderstandsdauer 30 min

Tabelle 4.6 Fortsetzung

Innenwand EI 30	Innenwand, Holztafelbau, nichttragend, raumabschließend, begrenzte Übertragung von Wärme, Feuerwiderstandsdauer 30 min
Geschossdecke REI 60 – K_2 60	Geschossdecke, Holzbalken, tragend, raumabschließend, begrenzte Übertragung von Wärme, Feuerwiderstandsdauer 60 min, mit Brandschutzfunktion (Kapselklasse) K_2 60 (letztere s. nächste Zeile)
Brandschutzfunktion K_2 60 (Kapselklasse)	Holzwände, -decken und -dächer mit Bekleidungen, keine Entzündung und keine Verkohlung des Materials hinter der Bekleidung innerhalb der ersten 60 min eines Brandes

[1]) Kurzzeichen, Leistungskriterien und Anforderungen an europäische Feuerwiderstandsklassen s. Tabellen 4.4 und 4.5

Tabelle 4.7 Einheits-Temperatur-Zeitkurve (ETK) nach DIN EN 13501-2: 2016-12, 4.2[1])[2])

Einheits-Temperaturzeitkurve (ETK)

$T = 345 \cdot \log_{10}(8 \cdot t + 1) + 20$

t Zeit vom Versuchsbeginn in min
T mittlere Brandraumtemperatur in °C

rechnerische Temperaturzunahme nach Einheits-Temperaturzeitkurve (ETK)

Zeit nach Brandbeginn in min	Temperaturzunahme im Brandraum in °C	Zeit nach Brandbeginn in min	Temperaturzunahme im Brandraum in °C
1	329	30	822
2	425	45	882
5	556	60	925
10	658	90	986
15	719	120	1029
20	761	240	1133

[1]) wenn die Einheits-Temperatur-Zeitkurve (ETK) beim Brandversuch als Grundlage der Prüfungen angewendet wird
[2]) für die Nachweise der Feuerwiderstandsfähigkeit von tragenden und/oder raumabschließenden Bauteilen sind neben der Einheits-Temperatur-Zeitkurve (ETK) noch die Schwelbrandkurve, der Naturbrand, die Außenbrandkurve und konstante Temperaturbeanspruchung in DIN EN 13501-2: 2023-12, 4 für die Klassifizierung enthalten, die je nach festgelegter Prüfungsanforderung angewendet werden muss

Die bauaufsichtlich brandschutztechnischen Anforderungen an die Bauteile in Gebäuden sind in der Musterbauordnung MBO angeführt, z.B. für „Tragende Wände, Stützen" in § 27 der *Musterbauordnung MBO 2002* [16]. Die einzuhaltenden Anforderungen sind den Landesbauordnungen LBO entsprechend zu entnehmen.

Die **Feuerwiderstandsdauer** von tragenden Holzbauteilen kann durch Vergrößern des Holzquerschnitts gegenüber dem statisch erforderlichen, durch geeignete Querschnittsformen und durch Bekleidungen verbessert werden. Je kleiner das geometrische Verhältnis Oberfläche/Volumen bzw. bezogen auf den Querschnitt je kleiner das Verhältnis Umfang/Fläche, desto größer ist der Feuerwiderstand eines Holzbauteiles, d.h. breite kompaktere Querschnitte verhalten sich günstiger als schmale schlanke. Eine raue Oberfläche und viele scharfe Kanten führen darüber hinaus zu einem ungünstigeren Brandverhalten. Über weitere Anforderungen an die Feuerwiderstandklassen von tragenden Bauteilen z.B. bei Balken wie Begrenzung der Durchbiegung und Durchbiegungsgeschwindigkeit oder bei tragenden Bauteilen mit Raumabschluss wie z.B. Erwärmung auf der feuerabgekehrten Seite sowie Verhinderung des Feuerdurchgangs s. Tabelle 4.4. Über den Feuerwiderstand von Holzbaustoffen und -bauteilen s. auch *Hartl* [192], [193] und *Riese* [427].

Anforderungen an die Feuerwiderstandsdauer von tragenden Holzbauteilen
Eine wesentliche Anforderung an die Feuerwiderstandsdauer eines tragenden Bauteils ist die Sicherstellung der Tragfähigkeit während der Prüfdauer (Brandversuch) und damit auch während des Brandfalles. Bei Bauholz wird die Tragfähigkeit im Brandfall durch den verbleibenden, nicht verkohlten Restquerschnitt übernommen, da die Holzkohle keine nennenswerte Festigkeit besitzt. Der Restquerschnitt wird durch die Holzkohleschicht weitgehend geschützt, so dass im geringen Abstand von der Abbrandzone die Temperatur bereits unverändert bleibt, s. Abschn. 4.1.5 und Bild 4.3, und deshalb Holzkonstruktionen nicht infolge übermäßiger Wärmedehnungen im Brandfall zerstört werden.

Der Tragfähigkeitsverlust im Brandfall wird erreicht, wenn die Spannungen im verbleibenden Restquerschnitt infolge der aufgebrachten Last die Festigkeit des Holzes bei der entsprechenden Temperatur überschreiten, d.h. im Wesentlichen durch Abnahme der Querschnittsfläche infolge Abbrand und durch Änderung der Festigkeitseigenschaften unter erhöhten Temperaturen. Die Bemessung tragender Bauteile im Brandfall nach Abschn. 4.5 erreicht, dass die Tragfähigkeit während der festgelegten Feuerwiderstandsdauer (Brandbeanspruchung) sichergestellt ist.

4.4 Ungeschützte und geschützte Holzbauteile im Brandfall

4.4.1 Abbrandraten ungeschützter Holzbauteile

Der tragfähige Restquerschnitt wird in DIN EN 1995-1-2: 2010-12, 3.4.1 als der Holzquerschnitt festgelegt, bei dem die Temperatur von $T = 300\,°C$ nicht überschritten wird. Demnach wird für die Bemessung von Holzbauteilen eine fiktive Abbrandgrenze auf die 300 °C-Isotherme des brandbeanspruchten Querschnitts definiert, die wirkliche Grenzschicht zwischen Holz und Holzkohle liegt dagegen in Versuchen im Mittel bei etwa 250 °C, s. *Peter* [390].

Zwei Bemessungswerte der Abbrandraten werden unterschieden, s. DIN EN 1995-1-2: 2010-12, 3.4.2: Der Basiswert β_0 für eindimensionale (einseitige) und die ideelle Abbrandrate b_n für mehrseitige Brandbeanspruchung. Die **eindimensionale Abbrandrate** $\boldsymbol{\beta_0}$ (Basiswert) gilt für breite Querschnitte (wie z.B. plattenartige Bauteile und Holzquerschnitte mit großen Seitenverhältnissen), s. Bild 4.4, sie kann als konstant über die Zeit des Abbrandes angenommen werden. β_0 darf nur angewendet werden, wenn eine bestimmte Mindestbreite b_{min} nach Tabelle 4.8 vorliegt.

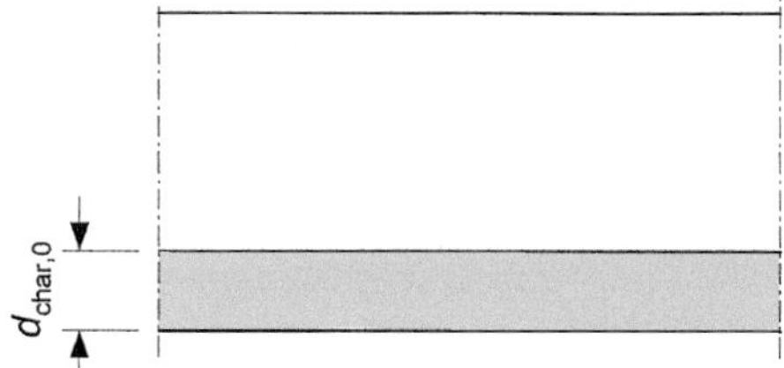

Bild 4.4 Eindimensionaler (einseitiger) Abbrand eines breiten Querschnitts (einseitige Brandbeanspruchung) nach DIN EN 1995-1-2: 2010-12, Bild 3.1

Die **ideelle Abbrandrate $\boldsymbol{\beta_n}$** wird bei Holzquerschnitten eingesetzt, in denen ein erhöhter Abbrand an den Ecken infolge der Überlagerung des Abbrandes benachbarter Querschnittsseiten berücksichtigt werden muss wie bei mehrseitiger Brandbeanspruchung, s. als Beispiel Bild 4.5. Da der verbleibende Restquerschnitt nicht mehr rechteckförmig ist, s. Bild 4.3, wird die ideelle (oder nominelle) Abbrandrate eingeführt, die den Einfluss erhöhten Abbrandes an den Ecken und von Rissbildungen berücksichtigt. Die Festlegung der ideellen Abbrandrate vereinfacht die Bestimmung der Querschnittswerte und damit die Bemessung im Brandfall. $\boldsymbol{\beta_n}$ kann als konstant über die Zeit des Abbrandes angenommen werden.

Die Bemessungswerte beider Abbrandraten β_0 und β_n für Oberflächen von Bauholz und Holzwerkstoffen, die während der gesamten Dauer der Brandbeanspruchung ungeschützt bleiben, sind in Tabelle 4.8 dargestellt. Die ideellen Abbrandraten β_n sind demnach deutlich größer als die eindimensionalen β_0, die ideelle Abbrandrate der rissbehafteten Nadelvollholz-Querschnitte größer als diejenige des praktisch rissfreien Brettschichtholzes aus Nadelholz, die Abbrandraten für Laubholz wie Eiche (außer Buche) auch aufgrund ihrer höheren Rohdichte wesentlich kleiner als die von leichterem Nadelvollholz.

Tabelle 4.8 Bemessungswerte der Abbrandraten β_0 und β_n für Bauholz, Furnierschichtholz, Holzbekleidungen und Holzwerkstoffe sowie einzuhaltende Bedingungen für die Mindestbreite b_{min} eines Querschnitts bei Anwendung der Abbrandrate β_0 nach DIN EN 1995-1-2: 2010-12, 3.4.2 und Tabelle 3.1[1]) [6]) [7])

Holzbaustoffe	**Abbrandraten**	
	eindimensional[5]) β_0 in mm/min	ideell β_n in mm/min
Nadelholz und Buche		
Brettschichtholz mit charakteristischer Rohdichte $\rho_k \geq 290$ kg/m³	0,65	0,7
Vollholz mit charakteristischer Rohdichte $\rho_k \geq 290$ kg/m³	0,65	0,8

Tabelle 4.8 (Fortsetzung)

Holzbaustoffe	**Abbrandraten**	
	eindimensional[5]) β_0 in mm/min	ideell β_n in mm/min
Laubholz (außer Buche)		
Vollholz[2]) oder Brettschichtholz mit charakteristischer Rohdichte $\rho_k \geq 290$ kg/m³	0,65	0,7
Vollholz[2]) oder Brettschichtholz mit charakteristischer Rohdichte $\rho_k \geq 450$ kg/m³	0,50	0,55
Furnierschichtholz[3])		
Furnierschichtholz mit charakteristischer Rohdichte $\rho_k \geq 480$ kg/m³	0,65	0,7
Platten[4]) mit charakteristischer Rohdichte $\rho_k = 450$ kg/m³ und Werkstoffdicke von $h_p = 20$ mm		
Holzbekleidungen	0,9	
Sperrholz	1,0	
Holzwerkstoffplatten außer Sperrholz	0,9	
Platten[4]) mit anderer charakteristischer Rohdichte als $\rho_k = 450$ kg/m³ und Werkstoffdicken $h_p < 20$ mm		
$\beta_{0,\rho,t} = \beta_0 \cdot k_\rho \cdot k_h$ — ρ_k charakteristische Rohdichte in kg/m³ nach Abschn. 7.2.2; h_p Werkstoffdicke in mm; mit $k_\rho = \sqrt{450/\rho_k}$ $k_h = \sqrt{20/h_p}$		
Mindestbreite b_{min} (oder Ausgangsbreite) des Querschnitts für die Anwendung des Bemessungswertes der eindimensionalen Abbrandrate β_0		
$b_{min} = 2 \cdot d_{char,0} + 80$ für $d_{char,0} \geq 13$ mm; $= 8{,}15 \cdot d_{char,0}$ für $d_{char,0} < 13$ mm; wenn die kleinste Breite des Querschnitts $< b_{min}$ ist, sollte der Bemessungswerte der ideellen Abbrandrate β_n eingesetzt werden		

[1]) für Oberflächen von Bauholz und Holzwerkstoffen, die während der gesamten Dauer der Brandbeanspruchung ungeschützt bleiben

[2]) für massives Laubholz (außer Buche) mit einer charakteristischen Rohdichte zwischen 290 kg/m³ $< \rho_k <$ 450 kg/m³ darf linear aus den beiden angegebenen Abbrandraten interpoliert werden, s. DIN 1995-1-2: 2010-12, 3.4.2

[3]) für Furnierschichtholz (LVL) nach DIN EN 14374

[4]) folgende Holzwerkstoffplatten: OSB-Platten nach DIN EN 300, kunstharzgebundene Spanplatten nach DIN EN 309, Sperrholz DIN EN 313-1 und Holzfaserplatten nach DIN EN 316 sowie Holzbekleidungen

[5]) die eindimensionale Abbrandrate β_0 darf nur bei Einhaltung der Mindestbreite b_{min} des Querschnitts verwendet werden, die in der letzten Zeile dieser Tabelle 4.8 angeführt ist

[6]) die Bemessungswerte der ideellen Abbrandrate β_n für Holzbauteile in vollgedämmten Wand- und Deckenelementen werden in DIN EN 1995-1-2: 2010-12, Anhang C angegeben

[7]) die Abbrandtiefen ungeschützter Holzbauteile können nach Abschn. 4.4.2, die Abbrandtiefen - anfänglich geschützter Holzbauteile nach Abschn. 4.4.4 bestimmt werden, s. hierzu auch Abschn. 4.4.3

Der Einfluss von Eckausrundungen wird nach *Peter* [390] mit zunehmender Querschnittsgröße kleiner im Vergleich zum Abbrand der Querschnittsseiten und ist ab bestimmten Abmessungen vernachlässigbar. Deshalb darf zur Ermittlung des Restquerschnitts, s. z.B. Abschn. 4.5.4, die eindimensionale Abbrandrate β_0 (anstelle von β_n) verwendet werden, wenn die Mindestbreite b_{min} (oder Ausgangsbreite) unter Normaltemperatur nach Tabelle 4.8 eingehalten wird.

Die Abbrandtiefen ungeschützter Holzbauteile können nach Abschn. 4.4.2, diejenigen anfänglich geschützter Holzbauteile nach Abschn. 4.4.4 bestimmt werden, s. hierzu auch Abschn. 4.4.3.

4.4.2 Abbrandtiefen ungeschützter Holzbauteile

Der Abbrand von Holz- oder Holzwerkstoff-Oberflächen erzeugt eine Holzkohleschicht, die eine Grenzschicht oder Abbrandgrenze zum unverbrannten Bauholz besitzt. Als Abbrandtiefe wird der Abstand von der Abbrandgrenze bis zur ursprünglichen Bauteiloberfläche unter Normaltemperatur bezeichnet, sie ist von der maßgebenden Abbrandrate β_0 oder β_n nach Abschn. 4.4.1 und der Brandbeanspruchungsdauer t abhängig.

Der verbleibende tragfähige Restquerschnitt wird mit der rechnerischen Abbrandtiefe d_{char} je beflammter Querschnittsseite bestimmt, s. DIN EN 1995-1-2: 2010-12, 3.4.2, der Restquerschnitt dient als Grundlage für die Nachweise von Holzbauteilen im Brandfall. Der Bemessungswert der eindimensionalen Abbrandtiefe $d_{char,0}$ eines Holzquerschnitts kann nach Gl. (4.1) berechnet werden, s. Bild 4.4. Die eindimensionale Abbrandtiefe darf nur bei Einhaltung der Mindestbreite b_{min} der Querschnitts verwendet werden, die in der letzten Zeile der Tabelle 4.8 angeführt ist. Der Bemessungswert der ideellen Abbrandtiefe $d_{char,n}$ bei mehrseitiger Brandbeanspruchung kann nach Gl. (4.2) bestimmt werden, s. Bild 4.5. Die zugehörigen Abbrandraten β_0 und β_n ungeschützter Holzbauteile sind Abschn. 4.4.1, Tabelle 4.8 zu entnehmen.

$$d_{char,0} = \beta_0 \cdot t \quad \text{in mm} \tag{4.1}$$

$$d_{char,n} = \beta_n \cdot t \quad \text{in mm} \tag{4.2}$$

$d_{char,0}$ Bemessungswert der eindimensionalen Abbrandtiefe
$d_{char,n}$ Bemessungswert der ideellen Abbrandtiefe einschließlich der Effekte aus Eckausrundungen und Rissbildungen (mehrseitige Brandbeanspruchung)
β_0 Bemessungswert der eindimensionalen Abbrandrate nach Tabelle 4.8
β_n Bemessungswert der ideellen Abbrandrate einschließlich der Auswirkungen aus Eckausrundungen und Rissbildungen nach Tabelle 4.8
t Zeitdauer der Brandbeanspruchung in min

Bild 4.5 Eindimensionale Abbrandtiefe $d_{\text{char},0}$ und ideelle - Abbrandtiefe $d_{\text{char,n}}$ bei mehrseitiger Brandbeanspruchung nach DIN EN 1995-1-2: 2010-12; Bild 3.2

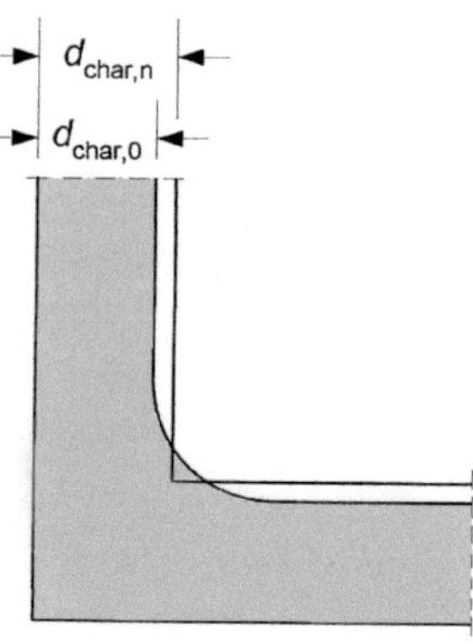

Beispiel zur Berechnung der ideellen Abbrandtiefe:
mehrseitige Brandbeanspruchung,

Zeitdauer $t = 30$ min,

Nadelvollholz C24 nach Tabelle 7.3 mit charakteristischer Rohdichte

$\rho_k = 350$ kg/m$^3 \geq \rho_k = 290$ kg/m^3

$\beta_n \cdot = 0{,}8$ nach Tabelle 4.8

Berechnung der ideellen Abbrandtiefe nach Gl. (2):

$d_{\text{char,n}} = \beta_n \cdot t \quad 0{,}8 \cdot 30 = 24$ mm

Der verbleibende tragfähige Restquerschnitt im Beispiel wird durch Abzug der rechnerischen ideellen Abbrandtiefe $d_{\text{char,n}}$ = 24 mm je beflammter Querschnittsseite vom Ausgangsquerschnitt aus statischer Berechnung unter Normaltemperatur („kalte Bemessung“) ermittelt. Über die Bestimmung von Restquerschnitten im Brandfall s. Abschn. 4.5.4, Tabelle 4.14 und 4.5.5, Tabelle 4.15.

Zur Berücksichtigung eines erhöhten Eckabbrandes bei Querschnitten, die mit dem Bemessungswert der eindimensionalen Abbrandrate β_0 nach Tabelle 4.8 ermittelt werden, sollte der Ausrundungsradius an den Ecken entsprechend der Abbrandtiefe $d_{\text{char},0}$ nach Gl. (1) bei eindimensionalem Abbrand angenommen werden, s. DIN EN 1995-1-2: 2010-12, 3.4.2(4).

4.4.3 Abbrandszenarien anfänglich geschützter Holzbauteile

Brandschutzbekleidungen aus Holz, Holzwerkstoffen, bestimmten Gipsplatten und bestimmten mineralischen Dämmstoffen sowie aus zugelassenen dämmschichtbildenden Anstrichen und Imprägnierungen oder anderen zugelassenen Materialien können das Abbrandverhalten von Holzbauteilen vorteilhaft beeinflussen, Beispiele für Brandschutzbekleidungen s. Bild 4.6, 4.7 und 4.23.

Bild 4.6 Brandschutzbekleidung an Balken und Stützen nach DIN EN 1995-1-2: 2010-12, Bild 7.2, Beispiel

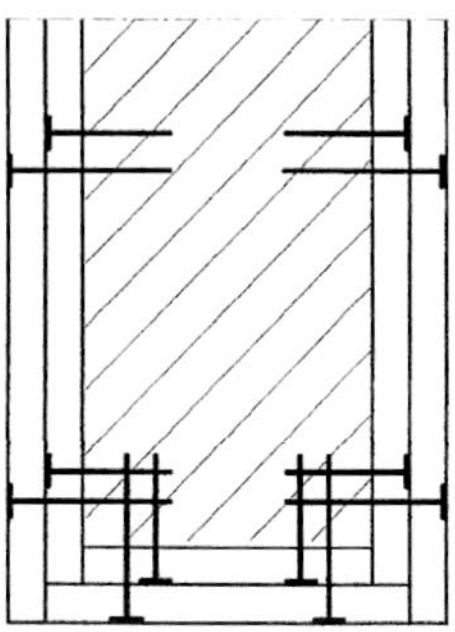

Bild 4.7 Brandschutzbekleidung aus Platten an Balken und Stützen nach DIN EN 1995-1-2: 2010-12, Bild 3.3, Beispiele

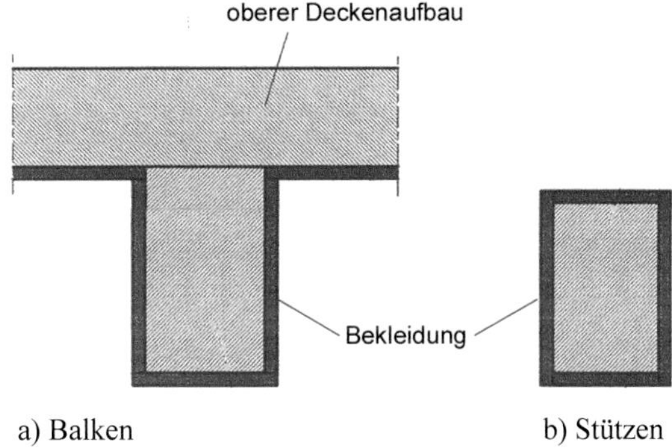

Besitzt die Brandschutzbekleidung Rissbildungen und/oder ein geringes Wärmedämmverhalten, kann nach *Peter* [390] der Abbrand der zu schützenden Holzoberfläche bereits vor Versagen (z.B. Abfall) der Brandschutzbekleidung geschehen, da die Temperatur der zu schützenden Bauteiloberfläche bereits sehr groß geworden ist. Liegen bessere Eigenschaften der Brandschutzbekleidung vor, kann der Abbrandbeginn bis zum Versagen der Bekleidung verzögert werden.

Dabei werden nach DIN EN 1995-1-2: 2010-12, 3.4.3.1 folgende drei Abbrandszenarien unterschieden: Der Abbrand eines anfänglich geschützten Holzbauteiles kann bis zum Zeitpunkt t_{ch} (Zeitdauer bis zum Beginn des Abbrandes eines geschützten Bauteils) durch eine Brandschutzbekleidung verzögert werden, dieser Zeitpunkt des Abbrandes t_{ch} kann vor oder nach dem Versagen der Brandschutzbekleidung liegen (Versagens-Zeitpunkt t_f einer Brandschutzbekleidung). Zusätzlich ist noch ein drittes Abbrandzenario möglich, wie unten dargestellt wird.

Erstes Brandschutzszenario anfänglich geschützter Bauteile: Nach dem Versagen der Bekleidung (Ausfall, Absturz oder übermäßige Verformung der Bekleidung bzw. des schützenden Bauteils) zum Zeitpunkt $t_{ch} = t_f$ wird der Abbrand zunächst mit höherer Geschwindigkeit ablaufen im Vergleich zur ungeschützten Holzoberfläche, da einmal die schützende Holzkohleschicht noch nicht oder noch nicht vollständig vorhanden ist und sich erst aufbauen muss, zum anderen ist die Brandraumtemperatur zu diesem Zeitpunkt wesentlich höher als bei Beginn eines Brandes. Der Schutz durch die Holzkohle liegt erst bei einer Schichtdicke von ca. 25 mm vor, dies gilt vereinfachend für die eindimensionale und ideelle Abbrandrate. Ab dieser Schichtdicke von 25 mm kann rechnerisch wieder ein normales Abbrandverhalten wie bei anfänglich ungeschützten Holzoberflächen angesetzt werden. Die Abbrandtiefen zu diesem Brandszenario sind in Bild 4.8 dargestellt.

Zweites Brandschutzszenario anfänglich geschützter Bauteile: Beginnt der Abbrand bereits vor dem Versagen der Bekleidung (Abfall, Absturz oder übermäßige Verformung der Bekleidung bzw. des schützenden Bauteils) zum Zeitpunkt $t_{ch} < t_f$, wird die Abbrandrate (Abbrandgeschwindigkeit) bis zum Versagen der Bekleidung zunächst geringer ausfallen im Vergleich zu ungeschützten Holzoberflächen, da die intakte Bekleidung selbst noch eine gute dämmende Wirkung besitzt. Nach dem Versagen der Bekleidung (Zeitpunkt t_f) liegt dann ein vergleichbarer Abbrand wie in Bild 4.8 dargestellt vor. Die Abbrandtiefen zum zweiten Brandszenario sind in Bild 4.9 dargestellt.

Dieser verzögerte Abbrand mit einer geringeren Abbrandrate vor Versagen der Brandschutzbekleidung im zweiten Brandschutzszenario kann jedoch nicht für alle Brandschutzbekleidungen, sondern nur für Brandschutzbekleidungen aus Gipsplatten Typ F und bestimmten Steinwollematten rechnerisch im Zeitraum $t_{ch} \leq t \leq t_f$ ermittelt werden, wie in Abschn. 4.4.4 und Tabelle 4.9 dargestellt ist.

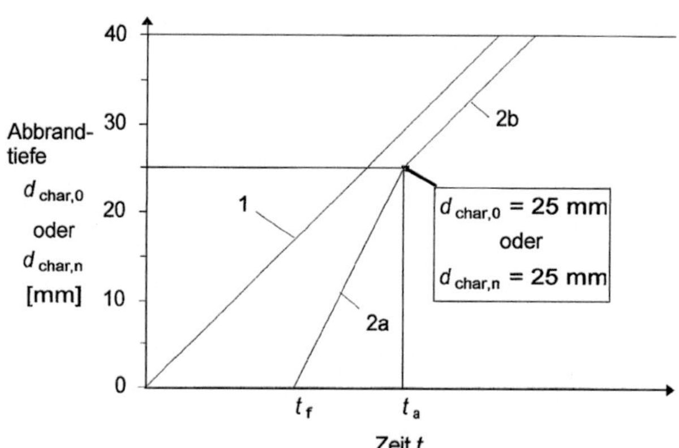

Bild 4.8 Abbrandtiefe in Abhängigkeit von der Zeit für $t_{ch} = t_f$ und einer Abbrandtiefe von 25 mm zum Zeitpunkt t_a nach DIN EN 1995-1-2: 2010-12, Bild 3.4

- t_{ch} Zeitdauer bis zum Beginn des Abbrandes eines anfänglich geschützten Bauteils
- t_f Versagens-Zeitpunkt einer Brandschutzbekleidung
- t_a Zeitpunkt mit einer Abbrandtiefe von 25 mm
- 1 Verlauf für ungeschützte Holzbauteile mit „normaler“ Abbrandrate (ideeller β_n oder eindimensionaler β_0)
- 2 Verlauf für anfänglich geschützte Holzbauteile nach Versagen der Brandschutzbekleidung
- 2a höhere Abbrandrate nach Abfall der Brandschutzbekleidung
- 2b Reduzierung auf eine „normale“ Abbrandrate β_n (oder β_0) bei Abbrandtiefe $\geq$ 25 mm

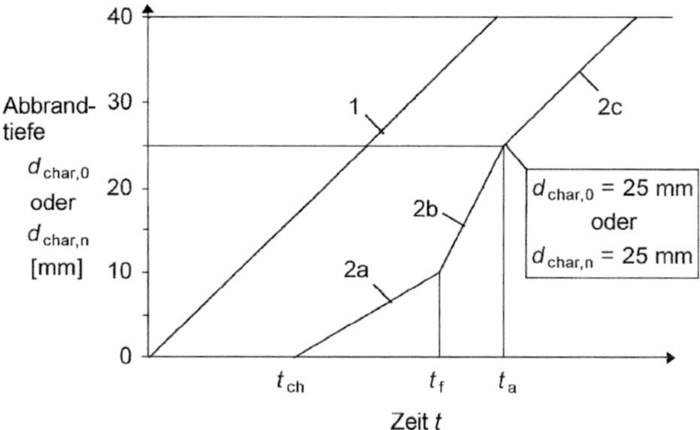

Bild 4.9 Abbrandtiefen in Abhängigkeit von der Zeit für $t_{ch} < t_f$ nach DIN EN 1995-1-2: 2010-12, Bild 3.6

t_{ch} Zeitdauer bis zum Beginn des Abbrandes eines anfänglich geschützten Bauteils
t_f Versagens-Zeitpunkt einer Brandschutzbekleidung
t_a Zeitpunkt mit einer Abbrandtiefe von 25 mm
1 Verlauf für ungeschützte Holzbauteile mit „normaler" Abbrandrate (ideeller β_n oder eindimensionaler β_0)
2 Verlauf für anfänglich geschützte Holzbauteile mit Beginn des Abbrandes vor Versagen der Brandschutzbekleidung
2a Beginn des Abbrandes bei t_{ch} mit geringerer Abbrandrate bei intakter Brandschutzbekleidung
2b höhere Abbrandrate nach Abfall der Brandschutzbekleidung
2c Reduzierung auf eine „normale" Abbrandrate β_n (oder β_0) bei Abbrandtiefe $\geq$ 25 mm

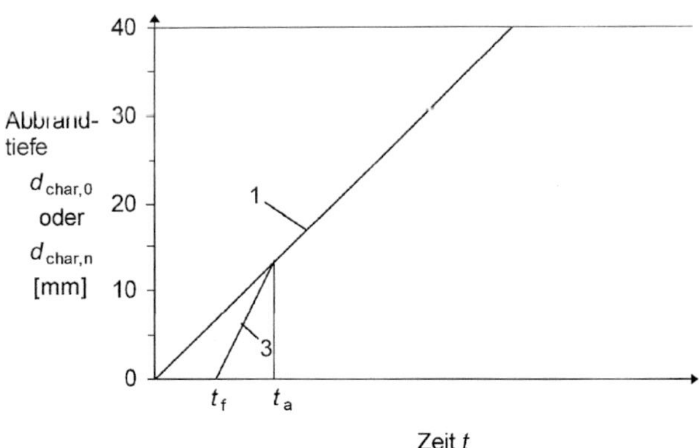

Bild 4.10 Abbrandtiefe in Abhängigkeit von der Zeit für $t_{ch} = t_f$ und einer Abbrandtiefe < 25 mm zum Zeitpunkt t_a nach DIN EN 1995-1-2: 2010-12, Bild 3.5

t_{ch} Zeitdauer bis zum Beginn des Abbrandes eines anfänglich geschützten Bauteils
t_f Versagens-Zeitpunkt einer Brandschutzbekleidung
t_a Zeitpunkt mit einer Abbrandtiefe von 25 mm oder 2 t_f
1 Verlauf für ungeschützte Holzbauteile mit ideeller Abbrandrate β_n
3 Verlauf für anfänglich geschützte Holzbauteile mit Versagenszeiten der Brandschutzbekleidung t_f und einem kleineren Zeitlimit t_a als nach Gl. (4.3, rechter Teil) angegeben

Drittes Brandschutzszenario anfänglich geschützter Bauteile: In den Bildern 4.8 und 4.9 ist ein Zeitpunkt t_a angeführt, an dem der Abbrand nach dem Versagen einer Brandschutzbekleidung (Zeitpunkt t_f) bereits vorhanden ist und eine Abbrandtiefe (Holzkohle-Schutzschicht) von 25 mm erreicht hat. Es kann jedoch auch das Brandszenario auftreten, bei dem zum Zeitpunkt t_a diese Abbrandtiefe geringer als 25 mm ist, wie in Bild 4.10 dargestellt wird.

Die **Auswirkungen von offenen Fugen > 2 mm in der Brandschutzbekleidung** auf den Abbrand-Beginn und, wenn zutreffend, auf die Abbrandrate vor Versagen der Brandschutzbekleidung sollte nach DIN EN 1995-1-2: 2010-12, 3.4.3.1 (3) berücksichtigt werden. Konkrete Maßnahmen hierzu werden in der Norm jedoch nicht angeführt. Demnach wird empfohlen, offene Fugen > 2 mm in der Brandschutzbekleidung zu vermeiden oder sie dauerhaft brandschutzwirksam zu schließen oder abzudecken, dies gilt auch für Fugen ≤ 2 mm.

Die konstruktive Ausführung der **Befestigung von Brandschutzbekleidungen** aus Holz oder Holzwerkstoffplatten bei Balken und Stützen ist im Abschn. 4.5.11 angeführt.

4.4.4 Abbrandraten bei anfänglich geschützten Holzbauteilen

Da die Bemessungswerte der Abbrandraten β_0 und β_n nach Tabelle 4.8 für Holzoberflächen gelten, die während der gesamten Dauer der Brandbeanspruchung ungeschützt sind, werden diese zur Erzielung eines verzögerten, erhöhten oder „normalen“ Abbrandes bei anfänglich durch Bekleidungen geschützte Holzoberflächen wie folgt modifiziert: Die Abbrandraten β_0 und β_n werden verkleinert, solange die noch intakten Brandschutzbekleidungen mit einer bestimmten Dicke vorhanden sind, sie werden wesentlich erhöht, wenn die Brandschutzbekleidungen ausfallen und die Dicke der Holzkohleschicht kleiner als 25 mm sind, und sie haben „normale“ Werte wie bei ungeschützten Holzoberflächen, wenn die Holzkohle-Schutzschicht eine Dicke von mindestens 25 mm und damit eine ausreichende Schutzwirkung besitzt, s. Abschn. 4.4.3 und Bilder 4.8 bis 4.10. Dazu werden die Abbrandraten β_0 und β_n mit den Faktoren k_2 oder k_3 multipliziert, diese Abbrandraten sowie dazugehörige Zeiten können aus Tabelle 4.9 errechnet werden.

Tabelle 4.9 Abbrandraten und Faktoren k_2 und k_3 anfänglicher geschützter Bauteile für Brandschutzbekleidungen sowie verschiedene Zeiträume t nach DIN EN 1995-1-2: 2010-12, 3.4.3.2[1]) [2])

Abbrandraten anfänglich geschützter Bauteile	
$\beta_0 \cdot k_2$ oder $\beta_n \cdot k_2$ $\beta_0 \cdot k_3$ oder $\beta_n \cdot k_3$ die Faktoren k_2 oder k_3 - sind im folgenden Tabellenteil angeführt, - gelten in verschiedenen Zeiträumen t für die angeführten Brandschutzbekleidungen	β_0 und β_n Abbrandraten nach Tabelle 4.8
Zeitraum $t_{ch} \leq t \leq t_f$ bei verzögertem Abbrand zwischen Abbrand-Beginn t_{ch} und Versagenszeit der Brandschutzbekleidung t_f	

Tabelle 4.9 (Fortsetzung)

Faktor k_2 für einlagige Bekleidung aus einer Gipsplatte Typ F nach DIN EN 520	
$k_2 = 1 - 0{,}018 \cdot h_p$	h_p Dicke der Brandschutzbekleidung in mm
Faktor k_2 für Bekleidung aus mehreren Lagen Gipsplatten Typ F nach DIN EN 520	
$k_2 = 1 - 0{,}018 \cdot h_p$	h_p Dicke der inneren Lage der Bekleidung in mm
Faktor k_2 für Bekleidung aus Steinwollematten (Wärmedämmstoff) der Dicke ≥ 20 mm, Rohdichte ≥ 26 kg/m³ und Schmelzpunkt $T \geq 1000\,°C$	
$k_2 = 1$ für $h_{ins} = 20$ mm $k_2 = 0{,}6$ für $h_{ins} \geq 45$ mm für Dicken 20 mm < h_{ins} < 45 mm darf linear interpoliert werden	h_{ins} Dicke des Dämmstoffs (Matten) in mm
Zeitraum $t_f \leq t \leq t_a$ bei erhöhtem Abbrand nach dem Versagen der Brandschutzbekleidung t_f bis zum Zeitpunkt t_a, in diesem Zeitraum ist die Abbrandtiefe (Holzkohle-Schutzschicht) geringer als 25 mm	
Faktor k_3 für Brandschutzbekleidungen	
$k_3 = 2$	
Zeitraum $t \geq t_a$ bei „normalem" Abbrand ab dem Zeitpunkt t_a, an dem die Abbrandtiefe (Holzkohle-Schutzschicht) 25 mm beträgt	
Faktor k_3 für Brandschutzbekleidungen	
$k_3 = 1$ (oder k_3 sollte nicht angesetzt werden)	

[1]) Hierin bedeuten

β_0 Bemessungswert der eindimensionalen Abbrandrate nach Tabelle 4.8

β_n Bemessungswert der ideellen Abbrandrate einschließlich der Auswirkungen aus Eckausrundungen und Rissbildungen nach Tabelle 4.8

k_2 Koeffizient für verzögerten Abbrand vor Versagen der Brandschutzbekleidung aus Gipsplatten Typ F und bestimmte Steinwollematten

k_3 Koeffizient für das Verhalten nach Versagen einer Brandschutzbekleidung

t Zeitdauer (Zeitpunkt bei) der Brandbeanspruchung in min

t_a Zeitlimit (Zeitpunkt) in min bei anfänglich geschützten Bauteilen, an dem die Abbrandtiefe 25 mm (Holzkohle-Schutzschicht) beträgt, oder die Abbrandrate wieder die Werte ungeschützter Bauteile (β_0 oder β_n) annimmt, Berechnung von t_a nach Gl. (4.3) oder (4.4)

t_{ch} Zeitdauer (Zeitpunkt) in min bis zum Beginn des Abbrandes eines anfänglich geschützten Bauteils (Verzögerung des Abbrandbeginns durch eine Brandschutzbekleidung) nach Abschn. 4.4.5, Tabelle 4.10

t_f Versagenszeit (Zeitpunkt des Versagens) einer Brandschutzbekleidung in min nach Abschn. 4.4.5, Tabelle 4.11

[2]) ein verzögerter Abbrand mit geringeren Abbrandraten, die vor Versagen der Brandschutzbekleidung bei anfänglich geschützten Holzbauteilen auftreten können, kann nach DIN EN 1995-1-2: 2010-12, 3.4.3.2, nur für die beiden angegebenen Brandschutzbekleidungen aus Gipsplatten Typ F nach DIN EN 520 und aus bestimmten Steinwollematten rechnerisch im Zeitraum $t_{ch} \leq t \leq t_f$ ermittelt werden, s. auch *Peter* [390]

Ein verzögerter Abbrand mit geringeren Abbrandraten, die vor Versagen der Brandschutzbekleidung bei anfänglich geschützten Holzbauteilen auftreten, kann nach DIN EN 1995-1-2: 2010-12, 3.4.3.2, nur für Brandschutzbekleidungen aus Gipsplatten Typ F nach DIN EN 520 und bestimmten Steinwollematten rechnerisch im Zeitraum $t_{ch} \leq t \leq t_f$ ermittelt werden, wie in Tabelle 4.9 dargestellt ist.

Für andere Brandschutzbekleidungen aus Holz, Holzwerkstoffplatten und Gipsplatten Typ A und H kann nach DIN EN 1995-1-2: 2010-12, 3.4.3.2, rechnerisch kein verzögerter Abbrand bestimmt, hierbei wird der Abbrandbeginn t_{ch} der zu schützenden Holzoberfläche gleichgesetzt mit dem Versagenszeitpunkt t_f der Brandschutzbekleidung. Die Versagenszeiten t_f dieser Brandschutzeinrichtungen, die für die weitere rechnerische Bestimmung der Abbrandtiefen notwendig sind, werden in Abschn. 4.4.5 angeführt, s. Tabelle 4.11.

Der **Zeitpunkt (Zeitlimit) t_a bei anfänglich geschützten Bauteilen**, an dem die - Abbrandtiefe 25 mm (Holzkohle-Schutzschicht) beträgt, und die Abbrandrate wieder „normale“ Werte ungeschützter Bauteiloberflächen (β_0 oder β_n) annimmt, kann nach Gl. (4.3) und (4.4) berechnet werden, s. DIN EN 1995-1-2: 2010-12, 3.4.3.2 und Tabelle 4.9. Die Gl. (4.3) und (4.4) gelten auch für eindimensionalen Abbrand, wenn β_n durch β_0 ersetzt wird. Die **Zeitdauer t_{ch}** bis zum Beginn des Abbrandes eines anfänglich geschützten Bauteils kann nach Abschn. 4.4.5, Tabelle 4.10 und die **Versagenszeiten t_f** von Brandschutzbekleidungen nach Abschn. 4.4.5, Tabelle 4.11 ermittelt werden.

- Zeitlimit t_a für den Zeitpunkt $t_{ch} = t_f$ gilt, s. Bilder 4.8 und 4.10

$$t_a = \min\left\{2 \cdot t_f \text{ oder } \left(\frac{25}{k_3 \cdot \beta_n} + t_f\right)\right\} \tag{4.3}$$

- Zeitlimit t_a für den Zeitraum $t_{ch} < t_f$ gilt, s. Bild 4.9

$$t_a = \frac{25 - (t_f - t_{ch}) \cdot k_2 \cdot \beta_n}{k_3 \cdot \beta_n} + t_f \tag{4.4}$$

Erläuterungen zu den Größen in Gl. (4.3) und (4.4) s. Fußnote [1]) zu Tabelle 4.9.
Die Gl. (4.3) und (4.4) gelten auch für eindimensionalen Abbrand, wenn β_n durch β_0 ersetzt wird.

Bei der Berechnung des Zeitlimits t_a aus Gl. (4.3, rechter Teil) wird angenommen, dass eine Holzkohleschicht von 25 mm ausreichend für eine Abminderung der Abbrandrate auf die Werte von β_n oder β_0 nach Tabelle 4.8 ist.

Die konstruktive Ausführung der **Befestigung von Brandschutzbekleidungen** aus Holz oder Holzwerkstoffplatten bei Balken und Stützen ist im Abschn. 4.5.11 angeführt.

4.4.5 Abbrandbeginn bei anfänglich geschützten Holzbauteilen und Versagenszeit von Brandschutzbekleidungen

Der **Beginn des Abbrandes anfänglich geschützter Bauteile** mit Brandschutzbekleidungen aus einer oder mehreren Lagen Holzbekleidungen oder Holzwerkstoffplatten, bestimmten Gipsplatten oder Steinwollematten (Wärmedämmstoff) kann aus den Gleichungen in Tabelle 4.10 bestimmt werden.

Tabelle 4.10 Berechnung des Abbrandbeginns anfänglich geschützter Holzbauteile mit Brandschutzbekleidungen aus einer oder mehrerer Lagen Holzbekleidungen oder Holzwerkstoffplatten, bestimmten Gipsplatten oder Steinwollematten nach DIN EN 1995-1-2: 2010-12, 3.4.3.3[1])

Brandschutzbekleidung aus einer oder mehreren Lagen Holzbekleidungen oder Holzwerkstoffplatten		
Beginn des Abbrandes t_{ch} des geschützten Bauteils		
$t_{ch} = h_p/\beta_0$	h_p	Dicke der Platte in mm, bei mehreren Lagen deren Gesamtdicke
Brandschutzbekleidung aus einer Lage Gipsplatten Typ A, F oder H nach DIN EN 520[2])		
Beginn des Abbrandes t_{ch} des geschützten Bauteils - außerhalb von Stößen oder im Bereich verspachtelter Stöße oder offenen Stößen mit einer Breite ≤ 2 mm		
$t_{ch} = 2{,}8 \cdot h_p - 14$	h_p	Dicke der Platte in mm
- im Bereich offener Stöße mit einer Breite > 2 mm		
$t_{ch} = 2{,}8 \cdot h_p - 23$	h_p	Dicke der Platte in mm
Brandschutzbekleidung aus zwei Lagen Gipsplatten Typ A oder H nach DIN EN 520		
Beginn des Abbrandes t_{ch} des geschützten Bauteils		
$t_{ch} = 2{,}8 \cdot h_p - 14$	h_p	als Dicke in mm aus der Dicke der äußeren Lage und 50% der Dicke der inneren Lage[3])
Brandschutzbekleidung aus zwei Lagen Gipsplatten Typ F nach DIN EN 520		
Beginn des Abbrandes t_{ch} des geschützten Bauteils		
$t_{ch} = 2{,}8 \cdot h_p - 14$	h_p	als Dicke in mm aus der Dicke der äußeren Lage und 80% der Dicke der inneren Lage[3])
Brandschutzbekleidung für Balken und Stützen aus Steinwollematten (Wärmedämmstoff) der Dicke ≥ 20 mm, Rohdichte ≥ 26 kg/m³ und Schmelzpunkt $T \geq 1000$ °C		
Beginn des Abbrandes t_{ch} des geschützten Bauteils		
$t_{ch} = 0{,}07 \cdot (h_{ins} - 20) \cdot \sqrt{\rho_{ins}}$	h_{ins} ρ_{ins}	Dicke des Wärmedämmstoffes in mm Rohdichte des Wärmedämmstoffes in kg/m³

[1]) Hierin bedeuten

t_{ch} Zeitdauer (Zeitpunkt) in min bis zum Beginn des Abbrandes eines anfänglich geschützten Bauteils (Verzögerung des Abbrandbeginns durch eine Brandschutzbekleidung)

[2]) Gipsplatten der Typen E, D, R und I nach DIN EN 520 haben gleichwertige oder bessere thermische und mechanische Eigenschaften als die Typen A und H, s. DIN EN 1995-1-2: 2010-12, 3.4.3.3(2), Anmerkung

[3]) vorausgesetzt, der Abstand der Verbindungsmittel der inneren Lage ist nicht größer als der Abstand der Verbindungsmittel der äußeren Lage

Andere Brandschutzbekleidung anfänglich geschützter Bauteile, die nicht in DIN EN 1995-1-2: 2010-12 angeführt sind, bedürfen in der Regel eines bauaufsichtlichen Verwendbarkeitsnachweises wie z.B. für dämmschichtbildende Anstriche und Imprägnierungen oder andere geeignete Materialien.

Das **Versagen von Brandschutzbekleidungen** kann nach DIN EN 1995-1-2: 2010-12, 3.4.3.4 von verschiedenen Szenarien abhängig sein: Abbrand oder mechanischem Abtrag des Bekleidungsmaterials, unzureichende Verankerungslänge der Verbindungsmittel im unverkohlten Bauholz sowie unzureichende Abstände oder Randabstände der Verbindungsmittel. Das Versagen durch mechanischen Abtrag hängt im Allgemeinen von der Temperatur sowie Größe und Ausrichtung der Platten ab, eine vertikale Ausrichtung der Platten ist in der Regel günstiger als eine horizontale.

Die **Versagenszeiten t_f bei Brandschutzbekleidungen** aus Holzbekleidungen und Holzwerkstoffplatten sowie Gipsplatten Typ A und H nach DIN EN 520 können aus den Gleichungen in Tabelle 4.11 bestimmt werden. Für diese Brandschutzbekleidungen wird der Abbrandbeginn t_{ch} der zu schützenden Holzoberfläche gleichgesetzt mit dem Versagenszeitpunkt t_f der Brandschutzbekleidung.

Bei Brandschutzbekleidungen aus Gipsplatten Typ F nach DIN EN 520 und Steinwollematten besteht das praktische Problem, dass in DIN EN 1995-1-2: 2010-12, 3.4.3.4 derzeit keine Angaben zu ihren Versagenszeiten t_f existieren, die für die weitere rechnerische Bestimmung der Abbrandtiefen notwendig sind. Nach *Peter* [390] können jedoch die Bestimmungen für die Versagenszeiten t_f der Gipsplatten Typ A und H auf der sicheren Seite liegend auch auf Gipsplatten Typ F übertragen werden.

Die erforderlichen **Verankerungslängen l_a und Längen $l_{f,req}$ von Verbindungsmitteln bei Brandschutzbekleidungen** sind ebenfalls in Tabelle 4.11 angegeben. Da das Versagen von Brandschutzbekleidungen auch von unzureichend angebrachten Verbindungsmitteln abhängen kann, ist besonders auf die fachgerechte Befestigung des Bekleidungsmaterials mit den erforderlichen Verankerungslängen, Längen und Abständen der Verbindungsmittel bei Planung und Ausführung von Brandschutzbekleidungen zu achten.

Abbrandtiefen und Tragfähigkeiten anfänglich durch Brandschutzbekleidungen - geschützte Holzbauteile

Holzbauteile mit **Brandschutzbekleidungen aus Holzbekleidungen und Holzwerkstoffplatten sowie Gipsplatten Typ A und H** nach DIN EN 520 erreichen im Allgemeinen geringere rechnerische Abbrandtiefen $d_{char,n}$ nach Abschn. 4.5.4 und 4.5.5 mit der Folge größerer verbleibender Restquerschnitte und damit höherer Tragfähigkeiten im Brandfall als vergleichbare ungeschützte Holzbauteile, da ein Abbrand an den Ausgangs-Holzquerschnitten erst ab den Versagenszeiten t_f der Brandschutzbekleidungen entsteht, obwohl danach in der Regel ein erhöhter Abbrand bis zum Entstehen einer Holzkohle-Schutzschicht von 25 mm (Zeitpunkt t_a) vorliegt.

Demgegenüber kann bei Holzbauteilen mit **Brandschutzbekleidungen aus Gipsplatten Typ F** nach DIN EN 520 ein verzögerter Abbrand vor Versagen der Brandschutzbekleidung im Zeitraum $t_{ch} \leq t \leq t_f$ bestimmt werden, s. Abschn. 4.4.4, Tabelle 4.9, so dass die rechnerischen Abbrandtiefen $d_{char,n}$ nach Abschn. 4.5.4 und 4.5.5 im Allgemeinen erheblich verkleinert und damit die verbleibenden Restquerschnitte sowie die Tragfähigkeiten von Bauteilen im Brandfall im Vergleich zu entsprechenden Holzbauteilen mit anderen Brandschutzbekleidungen erhöht werden, s. *Peter* [390].

Die konstruktive Ausführung der **Befestigung von Brandschutzbekleidungen** aus Holz oder Holzwerkstoffplatten bei Balken und Stützen ist im Abschn. 4.5.11 angeführt.

Tabelle 4.11 Berechnung der Versagenszeit und Verankerungslängen von Verbindungsmitteln bei Brandschutzbekleidungen aus Holzbekleidungen, Holzwerkstoffplatten und Gipsplatten Typ A und H nach DIN EN 1995-1-2: 2010-12, 3.4.3.4[1]) [5])

Brandschutzbekleidung aus Holzbekleidungen oder Holzwerkstoffplatten, die an Balken und Stützen befestigt sind			
Versagenszeit t_f der Brandschutzbekleidung			
$t_f = t_{ch}$	mit $t_{ch} = h_p/\beta_0$	h_p	Dicke der Platte in mm, bei mehreren Lagen deren Gesamtdicke
Brandschutzbekleidung aus ein oder zwei Lagen Gipsplatten Typ A oder H nach DIN EN 520[2])[5])			
Versagenszeit t_f der Brandschutzbekleidung			
$t_f = t_{ch}$	mit $t_{ch} = 2{,}8 \cdot h_p - 14$	h_p	als Dicke in mm aus der Dicke der äußeren Lage und 50% der Dicke der inneren Lage[3])
Verankerungslänge l_a der Verbindungsmittel in das unverkohlte Bauholz[4])			
$l_a \geq 10$ mm		l_a	Mindestverankerungslänge der Verbindungsmittel im unverkohlten Bauholz
erforderliche Länge der Verbindungsmittel $l_{f,req}$[4])			
$l_{f,req} = h_p + d_{char,0} + l_a$		h_p	Dicke der Platte in mm

[1]) Hierin bedeuten

β_0 Bemessungswert der eindimensionalen Abbrandrate nach Tabelle 4.8

$d_{char,0}$ Bemessungswert der eindimensionalen Abbrandtiefe im Holzbauteil nach Gl. (4.1)

t_{ch} Zeitdauer (Zeitpunkt) in min bis zum Beginn des Abbrandes eines anfänglich geschützten Bauteils (Verzögerung des Abbrandbeginns durch eine Brandschutzbekleidung)

t_f Versagenszeit (Zeitpunkt des Versagens) einer Brandschutzbekleidung in min

[2]) im Allgemeinen hängt das Versagen durch mechanischen Abtrag von der Temperatur sowie der Größe und Ausrichtung der Platten ab. Im Normalfall ist eine vertikale Ausrichtung günstiger als eine horizontale, s. DIN EN 1995-1-2: 2010-12, 3.4.3.4 (3), Anmerkung

[3]) vorausgesetzt, der Abstand der Verbindungsmittel der inneren Lage ist nicht größer als der Abstand der Verbindungsmittel der äußeren Lage

[4]) ein erhöhter Eckabbrand sollte nach DIN EN 1995-1-2: 2010-12, 3.4.3.4 (4) berücksichtigt werden, danach sollte für Querschnitte, die mit dem Bemessungswert der eindimensionalen Abbrandrate β_0 nach Tabelle 4.8 ermittelt werden, der Ausrundungsradius an den Ecken entsprechend der Abbrandtiefe $d_{char,0}$ nach Gl. (4.1) bei eindimensionalem Abbrand angenommen werden

[5]) für Brandschutzbekleidungen aus Gipsplatten Typ F nach DIN EN 520 und Steinwollematten existieren in DIN EN 1995-1-2: 2010-12, 3.4.3.4 derzeit keine Angaben zu ihren Versagenszeiten t_f, nach *Peter* [390] können jedoch die Bestimmungen für die Versagenszeiten t_f der Gipsplatten Typ A und H auf der sicheren Seite liegend auch auf Gipsplatten Typ F übertragen werden

4.4.6 Höhere Festigkeiten *f* und Steifigkeiten *S* bei der Bemessung im Brandfall

Bei der Bemessung von Holzbauteilen im Brandfall nach DIN EN 1995-1-2: 2010-12, 2.3 werden höhere Festig- und Steifigkeiten eingesetzt als bei der Bemessung unter Normaltemperatur nach DIN EN 1995-1-1: 2010-12. Nach *Winter/Scheer/Peter/Schopbach* [530] darf davon ausgegangen werden, dass die schwächste Bauteilstelle nicht gleichzeitig die Stelle mit der größten Brandbeanspruchung ist, und dass Werkstoffinhomogenitäten wie Äste an der Bauteiloberfläche, die unter Normaltemperatur evtl. zum Festig- und Steifigkeitsverlust führen, beim Abbrand reduziert werden und im verbleibenden tragenden Restquerschnitt weniger zum Versagen führen, s. Bild 4.11.

Bild 4.11 Holzbauteil mit Ästen unter Normaltemperatur

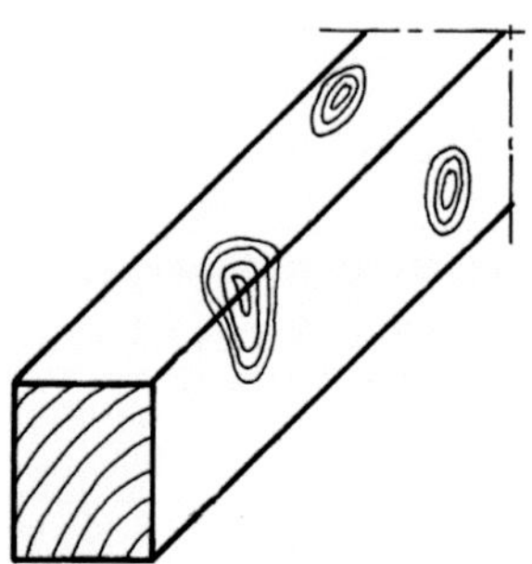

Bei der Brandschutzbemessung werden die 20%-Quantilen der Festig- und Steifigkeiten unter Normaltemperatur verwendet (der Begriff „Quantile“ ist hier gleichbedeutend mit „Fraktile“). Sie werden mit dem Beiwert k_{fi} nach Gl. (4.5) und (4.6) direkt aus den 5%-Quantilen der Festig- und Steifigkeiten unter Normaltemperatur ermittelt.

$$f_{20} = k_{fi} \cdot f_k \tag{4.5}$$

$$S_{20} = k_{fi} \cdot S_{05} \tag{4.6}$$

k_{fi} Beiwert zur Berechnung der 20%-Quantilen unter Normaltemperatur aus den 5%-Quantilen unter Normaltemperatur nach Tabelle 4.12

f_{20} 20%-Quantilwert einer Festigkeit unter Normaltemperatur

f_k 5%-Quantilwert einer (charakteristischen) Festigkeit unter Normaltemperatur nach Abschn. 7.2

S_{20} 20%-Quantilwert einer Steifigkeit (Elastizitätsmodul $E_{0,2}$ oder Schubmodul $G_{0,2}$) unter Normaltemperatur

S_{05} 5%-Quantilwert einer (charakteristischen) Steifigkeit (Elastizitätsmodul $E_{0,05}$ oder Schubmodul G_{05}) unter Normaltemperatur nach Abschn. 7.2

Die 5%-Quantilen einer Festigkeiten f_{05} unter Normaltemperatur werden auch als charakteristische Festigkeitswerte f_k bezeichnet ($f_{05} = f_k$), s. Abschn. 1.10.6. Bei den Steifigkeiten unter Normaltemperatur werden jeweils zwei Werte unterschieden: Die Elastizitätsmoduln $E_{0,mean}$ und $E_{0,05}$ sowie die Schubmoduln G_{mean} und G_{05}, hierüber s. auch Abschn. 1.8.3.

Die Beiwerte k_{fi} zur Berechnung der 20%-Quantilen aus den 5%-Quantilen unter Normaltemperatur nach Tabelle 4.12 haben unterschiedliche Zahlenwerte für die einzelnen Holzbaustoffe wie z.B. Massivholz (Vollholz), Brettschichtholz oder Holzwerkstoffe, da diese jeweils andere Verteilungskurven z.B. infolge verschieden großer Werkstoffstreuungen besitzen, s. Bild 4.12 am Beispiel einer symmetrischen Häufigkeitsverteilung einer allgemeinen Festigkeit X (Die Verteilungskurven für die Festig- und Steifigkeiten von Holzbaustoffen verlaufen jedoch im Allgemeinen nicht symmetrisch). Bei geringeren Streuungen kann eine Verteilungskurve im Bereich der 5%- und 20%-Quantilen flacher ausfallen, so dass die Strecke zwischen beiden Quantilwerten kleiner wird und damit auch der Zahlenwert des Beiwertes k_{fi}.

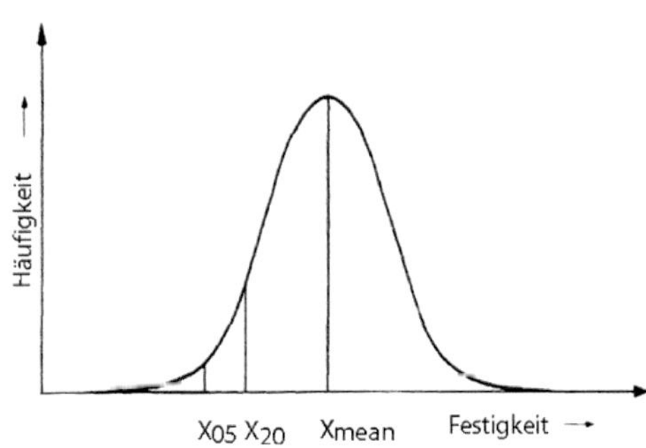

Bild 4.12 Symmetrische Häufigkeitsverteilung einer allgemeinen Festigkeit X
X_{mean} Mittelwert (50%-Quantile)
X_{05} 5%-Quantile, charakteristischer Festigkeitswert unter Normaltemperatur
X_{20} 20%-Quantile, Festigkeitswert unter Normaltemperatur

Tabelle 4.12 Werte für den Beiwert k_{fi} zur Berechnung der 20%-Quantilen unter Normaltemperatur aus den 5%-Quantilen unter Normaltemperatur der Gl. (4.5) und (4.6) nach DIN EN 1995-1-2: 2010-12, 2.3, Tabelle 2.1

Bauholz und Holzwerkstoffe	k_{fi}
Massivholz	1,25
Brettschichtholz	1,15
Holzwerkstoffe	1,15
Furnierschichtholz	1,1
Verbindungen und Verbindungsmittel	
Verbindungen, auf Abscheren beansprucht, mit Seitenteilen aus Holz oder -Holzwerkstoffen	1,15
Verbindungen, auf Abscheren beansprucht, mit außen liegenden Stahlblechen	1,05
Verbindungsmittel, auf Herausziehen beansprucht	1,05

Beispiel zur Berechnung der Biegefestigkeit $f_{m,20}$ für Nadelvollholz C24 im Brandfall nach Gl. (4.5):

charakteristische Biegefestigkeit (5%- Quantilwert) für Nadelvollholz C24 nach Tabelle 7.3

$f_{m,k} = 24{,}0\ \text{N/mm}^2$

Beiwert für Massivholz (Nadelvollholz) nach Tabelle 4.12

$k_{fi} = 1{,}25$

Berechnung der Biegefestigkeit $f_{m,20}$ nach Gl. (4.5)

$f_{m,20} = k_{fi} \cdot f_k = 1{,}25 \cdot 24{,}0 = 30{,}0\ \text{N/mm}^2$

Bei der Brandschutzbemessung ist im Beispiel die Biegefestigkeit $f_{m,20} = 30{,}0\ \text{N/mm}^2$ zu verwenden.

Die **Bemessungswerte der Festig- und Steifigkeiten im Brandfall** sind im Abschn. 4.5.8 dargestellt.

4.4.7 Abnahme der Festigkeiten und Steifigkeiten mit steigenden Temperaturen im Brandfall bei allgemeinen Berechnungs- und den Regel- Bemessungsverfahren

Allgemeine Berechnungsverfahren basieren auf thermischen Modellen der Theorie des Wärmeübergangs, sie werden für genauere rechnerische Untersuchungen angewendet, s. DIN EN 1995-1-2: 2010-12, Anhang B. Demgegenüber stehen die geregelten Bemessungsverfahren für tragende Bauteile dieser Brandschutznorm, die für übliche Nachweise im Brandfall verwendet und in diesem Abschn. 4 dargestellt sind. Die im Folgenden angeführten, grundlegenden Abhängigkeiten der Festigkeits- und Steifigkeitsabnahmen mit steigender Temperatur im Brandfall liegen den allgemeinen, genaueren Berechnungsverfahren und den Regel-Bemessungsnachweisen gleichermaßen zugrunde.

Generell nehmen die Festig- und Steifigkeiten von Holz mit steigender Temperatur ab. Die Druckfestigkeit besitzt im Brandfall bis zur Temperatur von etwa $T = 100\,°C$ größere Abhängigkeiten, die Zugfestigkeit dagegen wesentlich geringere, die Biegefestigkeit liegt wie oft bei Holz zwischen der Druck- und Zugfestigkeit, s. *Hartl* [193].

Allgemeine Berechnungsverfahren der DIN EN 1995-1-2: 2010-12, Anhang B
Im Temperaturbereich von etwa $T = 20\,°C$ bis $100\,°C$ gibt Holz seine Feuchte ab, die Festigkeiten nehmen im allgemeinen Berechnungsverfahren linear ab, s. Bilder 4.13 und 4.14. Bei $T = 100\,°C$ beginnt die Wasserverdampfung, der lineare Verlauf der Festigkeitsabnahmen besitzt hier einen Steigungswechsel. Der vollständige Verlust der Festigkeiten

von Holzbaustoffen wird für eine Temperatur von $T = 300\,°C$ definiert. Im verbleibenden tragenden Restquerschnitt herrschen jedoch überwiegend Temperaturen von $T < 100\,°C$, da Holz eine zu Beton und Stahl vergleichsweise geringe Wärmeleitfähigkeit besitzt und die entstandene Holzkohleschicht als wärmedämmende Schutzschicht auftritt, s. auch Bild 4.3.

Die **Druckfestigkeit des Holzes** parallel zur Faserrichtung nimmt mit steigender Temperatur besonders ausgeprägt ab, s. Bild 4.13 am Beispiel der relativen Druckfestigkeit. Bei ca. 100 °C liegt nur noch etwa 25% der Ausgangsfestigkeit unter Normaltemperatur infolge des erhöhten Kriechens und des plastischen Verhaltens von Holz vor, ab etwa $T = 100\,°C$ bis 300 °C ist die Steigung der linearen Abnahme weitaus geringer. Der Abfall der Druckfestigkeit mit steigender Temperatur wird im Wesentlichen vom Holzbestandteil Lignin verursacht, s. *Peter* [390]. Im Temperaturbereich zwischen $T = 70\,°C$ und $T = 120\,°C$ wechselt das Lignin vom festeren glasartigen zum weicheren elastischeren Zustand, ab etwa $T = 160\,°C$ verfestigt sich Lignin wieder. Dies erklärt die unterschiedlich große Druckfestigkeitsabnahme von Holz in den angesprochenen Temperaturbereichen, da das Lignin (vereinfacht dargestellt) der „Klebstoff" ist, der die einzelnen dünnen Holzfasern unter Normaltemperatur zu druckbeanspruchbaren „großen" Faserbündeln verbindet und zusammenhält.

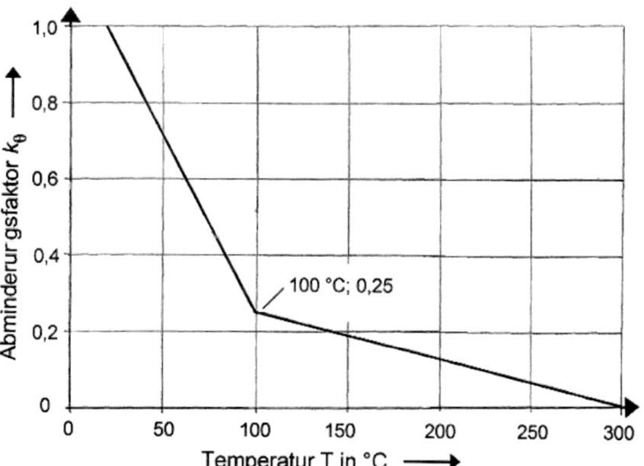

Bild 4.13 Abhängigkeit des Abminderungsfaktors k_θ bzw. der relativen Druckfestigkeit $f_{c,0}\,(T)\,/\,f_{c,0}$ von der Temperatur T im Brandfall für allgemeine (genauere) Berechnungsverfahren der DIN EN 1995-1-2: 2010-12, Anhang B, Bild B.4 und nach *Peter* [390],
$f_{c,0}$ charakteristische Druckfestigkeit in Faserrichtung (Kraft-Faserwinkel $a = 0°$) unter Normaltemperatur nach DIN EN 1995-1-1: 2010-12

Die **Zugfestigkeit des Holzes** parallel zur Faserrichtung nimmt mit steigender Temperatur im Vergleich zur Druckfestigkeit wesentlich geringer ab, s. Bild 4.14 am Beispiel der relativen Zugfestigkeit, sie beträgt bei ca. $T = 100\,°C$ etwa 65% der Ausgangsfestigkeit unter Normaltemperatur. Auch hier wird im linear abnehmenden Verlauf bei $T = 100\,°C$ ein kleiner Steigungswechsel angesetzt, bei $T = 300\,°C$ der vollständige Verlust der Zugfestigkeit angenommen. Die Abnahme der Zugfestigkeit wird besonders durch die mit steigender Temperatur sich verändernde Zellulose beeinflusst, aus der die Holzfasern überwiegend aufgebaut sind, s. *Peter* [390].

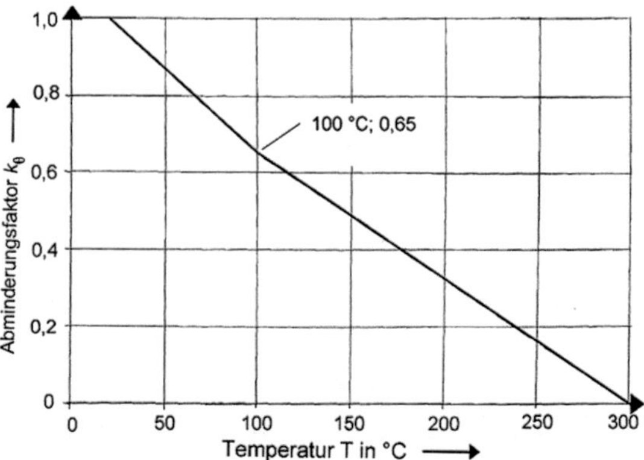

Bild 4.14 Abhängigkeit des Abminderungsfaktors k_θ bzw. der relativen Zugfestigkeit $f_{t,0}$ (*T*) / $f_{t,0}$ von der Temperatur *T* im Brandfall für allgemeine (genauere) Berechnungsverfahren der DIN EN 1995-1-2: 2010-12, Anhang B, Bild B.4 und *Peter* [390]
$f_{t,0}$ charakteristische Zugfestigkeit in Faserrichtung (Kraft-Faserwinkel $a = 0°$) unter Normaltemperatur nach DIN EN 1995-1-1:2010-12

Die **Biegefestigkeit des Holzes** besitzt mit steigender Temperatur etwa den Verlauf der - linearen Abnahme wie bei der Zugfestigkeit, s. *Peter* [390]. DIN EN 1995-1-2: 2010-12, Anhang B, gibt keine Abhängigkeiten der Biegefestigkeit f_m von der Temperatur *T* im Brandfall an. Die **Schubfestigkeit des Holzes** unterliegt im Brandfall ähnlichen Abhängigkeiten von der Temperatur *T* wie die Druckfestigkeit mit der Änderung, dass die Schubfestigkeit beim Steigungswechsel von 100 °C noch etwa 40% der Ausgangsfestigkeit unter Normaltemperatur beträgt, s. auch DIN EN 1995-1-2: 2010-12, Anhang B, Bild B.4.

Die **Steifigkeiten** des Holzes E_0 parallel zur Faserrichtung nehmen im Brandfall mit steigender Temperatur etwa vergleichbar wie die Festigkeiten ab, bei $T = 100$ °C erreicht der Zug-Elastizitätsmodul Werte von ca. 50% der Ausgangssteifigkeit unter Normaltemperatur und der Druck-Elastizitätsmodul Werte von ca. 35%, s. *Peter* [390]. Der Steigungswechsel bei $T = 100$ °C fällt beim Zug-Elastizitätsmodul geringer als derjenige für den Druck-Elastizitätsmodul aus, s. DIN EN 1995-1-2: 2010-12, Anhang B, Bild B.5. Die Abnahme der Steifigkeitseigenschaften unter Zugbeanspruchung mit steigender Temperatur wird wie bei der Zugfestigkeit wesentlich durch die sich verändernde Zellulose, die Steifigkeitsabnahmen unter Druckbeanspruchung wie bei der Druckfestigkeit durch die Veränderungen des Lignins beeinflusst. Der vollständige Verlust der Steifigkeiten von Holz wird ebenso wie bei den Festigkeiten für eine Temperatur von $T = 300$ °C definiert.

Die **Abhängigkeit der Festigkeiten und Steifigkeiten in Faserrichtung von Nadelholz** mit steigender Temperatur *T* sind in DIN EN 1995-1-2: 2010-12, Anhang B, Bilder B.4 und B.5, für allgemeine (genauere) Berechnungsverfahren im Brandfall zusammenfassend dargestellt.

Regel-Bemessungsverfahren der DIN EN 1995-1-2: 2010-12

In den Regel-Bemessungsverfahren dieser Brandschutznorm werden die Abnahmen der Festigkeiten und Steifigkeiten im Brandfall vereinfachend durch Modifikationsbeiwerte $k_{mod,fi}$ berücksichtigt, s. Abschn. 4.5.6. Die Angabe von Schubfestigkeiten im Brandfall ist nicht erforderlich, da in der Regelbemessung der Nachweis der Schubbeanspruchung von rechteckigen und runden Querschnitten vernachlässigt werden darf.

4.5 Bemessung von Holzbauteilen im Brandfall

4.5.1 Grundlagen der Bemessung im Brandfall

Das **Sicherheitskonzept** der Bemessung von Holzbauteilen und Verbindungen im Brandfall nach DIN EN 1995-1-2: 2010-12 und DIN EN 1995-1-2/NA: 2010-12 legt die semiprobabilistische Methode der Teilsicherheitsbeiwerte nach DIN EN 1990 ebenso wie dasjenige der Bemessung unter Normaltemperatur zugrunde, Näheres hierzu s. Abschn. 8.1.

Nachweis der Tragfähigkeit in allgemeiner Form für die maßgebende - Brandbeanspruchungsdauer

Der Nachweis der Tragfähigkeit von Bauteilen aus Holzbaustoffen und deren Verbindungen für die maßgebende Brandbeanspruchungsdauer wird in allgemeiner Form nach Gl. (4.7a) durch den Vergleich der Beanspruchungen $E_{\text{d,fi}}$ (aus Einwirkungen) im Brandfall mit der Beanpruchbarkeit $R_{\text{d,fi}}$ (Widerstände oder Tragwiderstände) im Brandfall geführt, s. DIN EN 1995-1-2: 2010-12, 2.4.1 und sinngemäß auch Abschn. 8.2.2. In anderer Schreibweise nach Gl. (4.7b) wird der Ausnutzungsgrad als Quotient der Größen sichtbar.

$$E_{\text{d,fi}} \leq R_{\text{d,fi}} \tag{4.7a}$$

$$\frac{E_{\text{d,fi}}}{R_{\text{d,fi}}} \leq 1 \tag{4.7b}$$

$E_{\text{d,fi}}$ Bemessungswert der Beanspruchungen (aus Einwirkungen) im Brandfall

$R_{\text{d,fi}}$ Bemessungswert der Beanspruchbarkeit (Widerstände oder Tragwiderstände) im Brandfall

Als Vergleichsgrößen stehen auf der Seite der Beanspruchungen $E_{\text{d,fi}}$ Schnittgrößen oder Spannungen aus einer Einwirkung oder einer Kombination von Einwirkungen im Brandfall, s. Abschn. 4.5.2, und auf der Seite der Beanspruchbarkeit $R_{\text{d,fi}}$ Tragwiderstände aus der (allgemeinen) Festigkeit $X_{\text{d,fi}}$ eines Holzbaustoffes oder der Tragwiderstand $R_{\text{d,fi}}$ einer mechanischen Verbindung im Brandfall, s. Abschn. 4.6.

Prinzipielle Darstellung der Bemessung der Tragfähigkeit im Brandfall

Bei der Bemessung der Tragfähigkeit im Brandfall dürfen die Teilsicherheitsbeiwerte der ständigen und veränderlichen Einwirkungen $\gamma_{\text{G,fi}} = \gamma_{\text{Q,fi}} = 1{,}0$ und gleichzeitig die Teilsicherheitsbeiwerte $\gamma_{\text{M,fi}}$ der Tragwiderstände (Holzbaustoffe und Verbindungen) ebenso $\gamma_{\text{M,fi}} = 1{,}0$ gesetzt werden, s. Abschn. 4.5.2 und 4.5.8, im Gegensatz zu den Teilsicherheitsbeiwerten bei der Bemessung der Tragfähigkeit unter Normaltemperatur, die z.B. bei ständigen Einwirkungen $\gamma_{\text{G}} = 1{,}35$ und beim Werkstoff Holz $\gamma_{\text{M}} = 1{,}3$ betragen, s. Abschn. 8.2.4. Die prinzipielle Darstellung der Bemessung der Tragfähigkeit von Holzbauteilen und Verbindungen im Brandfall auf der Grundlage des semiprobabilistischen Sicherheitskonzeptes kann Bild 4.15, der Vergleich zu derjenigen unter Normaltemperatur Bild 8.1 entnommen werden.

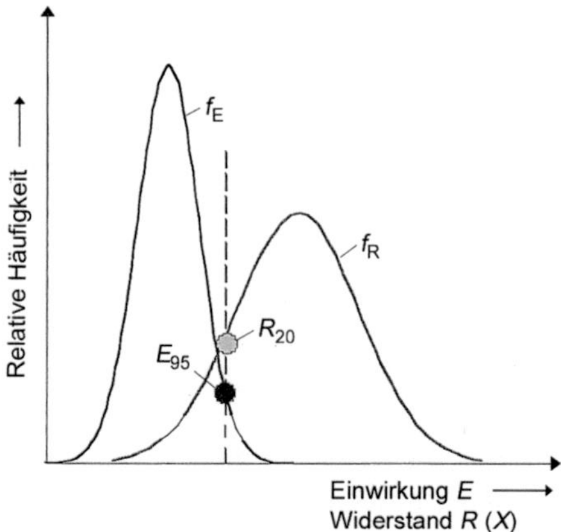

Bild 4.15 Verteilungskurven f (Normalverteilung) der Einwirkungen (Beanspruchungen) E_{fi} im Brandfall und der Widerstände R_{fi} (und Holzbaustoffe X_{fi}) im Brandfall aus den Verteilungskurven für E und R (X) unter Normaltemperatur, Bemessungswerte der Einwirkungen $E_{d,fi} = E_{95}$ als 95%- (oder 98%-) Quantilwerte und der Widerstände $R_{d,fi} = R_{20}$ (und $X_{d,fi} = X_{20}$) als 20%-Quantilwerte der Verbindungen und Holzbaustoffe im Brandfall mit den Teilsicherheitsbeiwerten der Einwirkungen $\gamma_{fi} = 1{,}0$ und der Holzbaustoffe und Verbindungen $\gamma_M = 1{,}0$; Ermitteln der Bemessungswerte der Einwirkungen und Tragwiderstände von Holzbaustoffen im Brandfall, prinzipielle Darstellung nach *Winter/Peter/Scheer* [529]

Da die **Auswirkungen thermischer Dehnungen** bei Holz in der Regelbemessung des Brandfalls nicht zu berücksichtigen sind, s. DIN EN 1995-1-2: 2010-12, 2.4.1 4(P) – diese sind nur bei anderen Materialien als Holz anzusetzen –, darf die Bestimmung von Einwirkungen (Beanspruchungen) $E_{d,fi}$ zum Zeitpunkt $t = 0$ min der Brandbeanspruchung erfolgen. Demnach dürfen in der Regelbemessung die Beanspruchungen im Brandfall aus den Beanspruchungen unter Normaltemperatur bestimmt werden, letztere sind wegen der geringer anzusetzenden Einwirkungen im Brandfall abzumindern. Darüber hinaus dürfen diese Beanspruchungen als konstant über die Dauer der Brandbeanspruchung angenommen werden, hierüber s. DIN EN 1995-1-2: 2010-12, 2.4.2 und 2.4.3 sowie DIN EN 1991-1-2: 2010-12, 4.3.2.

Die Bemessung im Brandfall (auch „heiße" Bemessung genannt) wird auf einem **niedrigeren Sicherheitsniveau** als die Bemessung unter Normaltemperatur (auch „kalte" Bemessung genannt) ausgeführt, da die außergewöhnliche Beanspruchung „Brand" sehr selten und zusätzlich noch in einem äußerst kurzen Zeitraum bezogen auf die Nutzungsdauer eines Bauwerkes auftritt; darüber hinaus muss die Tragfähigkeit von (Holz-)Bauteilen nur während der geforderten Feuerwiderstandsdauer von z.B. 30 oder 60 Minuten aufrecht erhalten bleiben, nach Brandende müssen (Holz-)Bauteile im Allgemeinen weder tragfähig noch gebrauchstauglich sein.

Über Untersuchungen und Bemessung von Holzbauteilen und -werken im Brandfall nach überarbeiteten nationalen und europäischen Normen berichten u.a. *Fouad/Schwedler* [138], *Hartl* [193], *Peter* [389], *Scheer/Peter* [449], *Winter* [525], *Winter/Löwe* [528],

Winter/Scheer/Peter/Schopbach [530], über den Brandschutz im mehrgeschossigen Holzbau u.a. *Dehne/Kruse* [101] und *Hosser/Kampmeier* [235]. *Dehne* [100] informiert über den Brandschutz im Holzbau in Verbindung mit der *Musterbauordnung MBO* [16] und der *Muster-Richtlinie über brandschutztechnische Anforderungen an hochfeuerhemmende Bauteile in Holzbauweise M-HFHHolzR* [17].

4.5.2 Einwirkungen im Brandfall

Der Nachweis eines Tragwerkes gegen Versagen im Brandfall ist im Grenzzustand der Tragfähigkeit zu führen. Die Ermittlung der Einwirkungen kann mit dem genaueren oder vereinfachten Verfahren vorgenommen werden, wie im Folgenden dargestellt wird.

Genaueres Verfahren zur Ermittlung der Einwirkungen im Brandfall
Der Brandfall ist nach DIN EN 1990: 2021-10, 3.2 eine außergewöhnliche Bemessungssituation. Deshalb sind die Kombinationsregeln von Einwirkungen in der außergewöhnlichen Bemessungssituation bei linear-elastischen Berechnungen nach Gl. (4.8) anzuwenden, s. DIN EN 1990/NA: 2010-12, NCI zu 6.4.3.3(2).

$$E_{dA} = \sum_{j\geq 1} \gamma_{GA,j} \cdot E_{Gk,j} + E_{Ad} + \gamma_{QA,1} \cdot (\psi_{1,1} \text{ oder } \psi_{2,1}) \cdot E_{Qk,1} + \sum_{i>1} \gamma_{QA,i} \cdot \psi_{2,i} \cdot E_{Qk,j} \quad (4.8)$$

A_d Bemessungswert einer außergewöhnlichen Einwirkung, falls vorhanden,

$G_{k,j}$ unabhängige ständige Einwirkung, bestehend aus einem oder mehreren charakteristischen Werten ständiger Kraft- oder Verformungsgrößen

$Q_{k,1}$ vorherrschende unabhängige veränderliche Einwirkung, bestehend aus einem oder mehreren charakteristischen Werten veränderlicher Kraft- oder Verformungsgrößen

$Q_{k,i}$ andere unabhängige veränderliche Einwirkung, bestehend aus einem oder mehreren charakteristischen Werten veränderlicher Kraft- oder Verformungsgrößen

$\gamma_{GA,j}$ Teilsicherheitsbeiwert einer unabhängigen ständigen Einwirkung in der außergewöhnlichen Bemessungssituation
= 1,0 nach DIN EN 1990/NA: 2010-12, Tabelle NA.A.1.2(B)

$\gamma_{QA,j}$ Teilsicherheitsbeiwert einer unabhängigen veränderlichen Einwirkung in der - außergewöhnlichen Bemessungssituation
= 1,0 nach DIN EN 1990/NA: 2010-12, Tabelle NA.A.1.2(B)

$\psi_{1,i}; \psi_{2,i}$ Kombinationsbeiwerte veränderlicher Einwirkungen nach DIN EN 1990/NA: 2010-12, Tabelle NA.A.1.1 oder *Roos* [430], für Wind als Leiteinwirkung s. folgende Erläuterungen

Die Ermittlung der Bemessungswerte der außergewöhnlichen Einwirkungen nach Gl. (4.8) kann für die außergewöhnliche Einwirkung Brand wie folgt vereinfacht werden: Im Brandfall treten in der Regel keine weiteren außergewöhnlichen Einwirkungen A_d auf mit Ausnahme von z.B. Explosionslasten (Lagerung explosiver Güter) oder Anprallasten, die thermischen Dehnungen sind beim Material Holz in der Regelbemessung des Brandfalls nach DIN EN 1995-1-2: 2010-12, 2.4.1 4(P), nicht zu berücksichtigen. Darüber hinaus darf bei der vorherrschenden veränderlichen Einwirkung $Q_{k,1}$ die quasi-ständige Größe $\psi_{2,1} \cdot Q_{k,1}$ verwendet werden, jedoch nicht bei Bauteilen mit Wind als Leiteinwirkung, in diesem Fall muss die häufige Größe $\psi_{1,1} \cdot Q_{k,1}$ für die Einwirkung Wind verwendet werden, s. DIN EN 1991-1-2: 2010-12, 4.3.1 und DIN EN 1991-1-2/NA: 2015-09, NDP zu 4.3.1. Unter diesen Voraussetzungen können gemäß europäischer Regelung bei linear-elastischen Berechnungen die Bemessungswerte der Einwirkungen $E_{d,A}$, die im Brandfall mit $E_{fi,d,t}$ bezeichnet werden, für die Regelbemessung im Brandfall nach Gl. (4.9) bestimmt werden, da die Teilsicherheitsbeiwerte im Brandfall $\gamma_{G,A} = \gamma_{Q,A} = 1{,}0$ gesetzt werden, s. Abschn. 4.5.1.

$$E_{fi,d,t} = \sum_{j\geq 1} \gamma_{GA,j} \cdot G_{k,j} + \sum_{i\geq 1} \gamma_{QA,i} \cdot \psi_{2,i} \cdot Q_{k,j} \quad (4.9)$$

Die europäische Regelung zur Anwendung des überwiegend günstigeren Kombinationsbeiwertes $\psi_{2,1}$ · für alle veränderlichen Einwirkungen im Brandfall ergibt im Allgemeinen wesentlich geringere Bemessungswerte der Beanspruchungen im Vergleich zur nationalen Reglung mit dem größeren Kombinationsbeiwert $\psi_{1,1}$ · für die vorherrschende veränderliche Einwirkung. Bei Einwirkungskombinationen nach europäischer Regelung im Brandfall nach Gl. (4.9) mit Einwirkungen aus Wind und/oder Einwirkungen aus Schnee mit einer Bauwerksstandhöhe über N.N $\leq$ 1000 m brauchen die Einwirkungen Wind und/oder Schnee nicht berücksichtigt zu werden, da beide Kombinationsbeiwerte ψ_2 · null sind.

Vereinfachtes Verfahren zur Ermittlung der Einwirkungen im Brandfall

Anstelle der Kombinationsregeln für außergewöhnliche Bemessungssituationen nach Gl. (4.8) darf der Bemessungswert der Einwirkungen nach den Festlegungen der DIN EN 1995-1-2: 2010-12, 2.4.2 vereinfacht nach Gl. (4.10) berechnet werden; demnach dürfen die Bemessungswerte der Beanspruchungen im Brandfall („heiße Bemessung") aus den Bemessungswerten der Beanspruchungen unter Normaltemperatur („kalte" Bemessung) ermittelt werden. Der Abminderungsfaktor η_{fi} berücksichtigt die geringeren Teilsicherheitsbeiwerte im Brandfall, er ist im Holzbau kleiner als bei anderen Baustoffen, da ein günstigeres Verhältnis zwischen geringerem Eigengewicht von Holzbaustoffen und veränderlichen Einwirkungen vorliegt. Der Abminderungsfaktor η_{fi} kann nach Gl. (4.11) oder darf vereinfacht auf der sicheren Seite liegend mit $\eta_{fi} = 0{,}6$ angesetzt werden, bei höheren Nutzlasten der Kategorie E jedoch mit $\eta_{fi} = 0{,}7$, s. DIN EN 1995-1-2/NA: 2010-12, NDP zu 2.4.2 (3). Über Nutzlasten der Kategorie E s. DIN EN 1991-1-1: 2010-12, 6.3.2 oder z.B. *Roos* [430].

$$E_{d,fi} = \eta_{fi} \cdot E_d \quad (4.10)$$

mit dem Abminderungsfaktor

$$\eta_{fi} = \frac{G_k + \psi_{fi} \cdot Q_{k,1}}{\gamma_G \cdot G_k + \gamma_{Q,1} \cdot Q_{k,1}} \quad (4.11)$$

$E_{d,fi}$ Bemessungswert der Einwirkungen im Brandfall

E_d Bemessungswert der Einwirkungen für ständige und vorübergehende Bemessungssituationen für den Nachweis des Grenzzustandes der Tragfähigkeit unter Normaltemperatur nach DIN EN 1990: 2021-10

η_{fi} Abminderungsfaktor für den Bemessungswert der Einwirkungen im Brandfall nach Gl. (4.11) oder
- vereinfachend kann auch auf der sicheren Seite liegend verwendet werden:
= 0,6 für alle Einwirkungen mit folgender Ausnahme:
= 0,7 für Nutzlasten der Kategorie E nach DIN EN 1991-1-1: 2010-12, 6.3.2, s. DIN EN 1995-1-2/NA: 2010-12, NPD zu 2.4.2 (3)

G_k charakteristischer Wert der ständigen Einwirkungen

$Q_{k,1}$ charakteristischer Wert der vorherrschenden unabhängigen veränderlichen Einwirkung

γ_G Teilsicherheitsbeiwert für ständige Einwirkungen

$\gamma_{Q,1}$ Teilsicherheitsbeiwert für die vorherrschende unabhängige veränderliche Einwirkung

ψ_{fi} Kombinationsbeiwert für häufige oder quasi-ständige Werte veränderlicher Einwirkungen nach DIN EN 1990/NA: 2010-12, Tabelle NA.A.1.1 oder *Roos* [430], in der Regel darf die quasi-ständige Größe $\psi_{2,1} \cdot Q_{k,1}$ verwendet werden, jedoch nicht bei Bauteilen mit Wind als Leiteinwirkung, in diesem Fall muss die häufige Größe $\psi_{1,1} \cdot Q_{k,1}$ für die Einwirkung Wind verwendet werden, s. Erläuterungen zu Gl. (4.9)

Vergleich zwischen dem vereinfachten und genaueren Verfahren zur Ermittlung der Bemessungswerte der Einwirkungen im Brandfall

Die Bemessungswerte der Einwirkungen aus dem vereinfachten Verfahren sind im Allgemeinen so ausgelegt, dass sie auf der sicheren Seite liegen, sie sind meist wesentlich größer als die Bemessungswerte aus dem genaueren Verfahren (mit den Kombinationsregeln für außergewöhnliche Einwirkungen). Deshalb lohnt sich die Anwendung des genaueren Verfahrens, wie im folgenden Beispiel aufgezeigt wird.

Beispiel:

Einwirkungen auf eine Holzstütze im Grenzzustand der Tragfähigkeit,
Ort bis N.N. + 1000 m

- charakteristische Einwirkungen
  $F_{c,g,k}$ = 100,0 kN aus ständiger Last g
  $F_{c,s,k}$ = 45,0 kN aus Schneelast s
  $F_{c,w,k}$ = 15,0 kN aus Windlast w

- Bemessungswert der Einwirkungen in der ständigen Bemessungssituation unter Normaltemperatur, s. auch Abschn. 9.2

$$E_\mathrm{d} = \sum_{j\geq 1} \gamma_{\mathrm{G},j} \cdot G_{\mathrm{k},j} + \gamma_{\mathrm{Q},1} \cdot Q_{\mathrm{k},1} + \sum_{i>1} \gamma_{\mathrm{Q},i} \cdot \psi_{0,i} \cdot Q_{\mathrm{k},i} \qquad \text{s. Gl. (9.1)}$$

vorherrschende unabhängige veränderliche Einwirkung im Beispiel: Schneelast *s*

Kombinationsbeiwerte nach DIN EN 1990/NA: 2010-12, Tabelle NA.A.1.1
für Windlast $\psi_0 = 0{,}6$ $\psi_2 = 0{,}0$
für Schneelast $\psi_2 = 0{,}0$ (Ort bis N.N. + 1000 m)

- Bemessungswert der Einwirkungen unter Normaltemperaturen nach Gl. (9.1)
$F_{\mathrm{c,d}} = 1{,}35 \cdot F_{\mathrm{c,g,k}} + 1{,}50 \cdot F_{\mathrm{c,s,k}} + 1{,}50 \cdot \psi_{0,\mathrm{w}} \cdot F_{\mathrm{c,w,k}}$
$= 1{,}35 \cdot 100{,}0 + 1{,}50 \cdot 45{,}0 + 1{,}50 \cdot 0{,}6 \cdot 15{,}0 = 216$ kN

- Bemessungswert der Einwirkungen im Brandfall in der außergewöhnlichen Bemessungssituation nach der genaueren Methode (fi = fire) nach Gl. (4.9)
$F_{\mathrm{c,d,fi}} = 1{,}0 \cdot F_{\mathrm{c,g,k}} + 1{,}0 \cdot \psi_{2,\mathrm{s}} \cdot F_{\mathrm{c,s,k}} + 1{,}0 \cdot \psi_{2,\mathrm{w}} \cdot F_{\mathrm{c,w,k}}$
$= 1{,}0 \cdot 100{,}0 + 1{,}0 \cdot 0{,}0 \cdot 45{,}0 + 1{,}0 \cdot 0{,}0 \cdot 15{,}0$ = 100 kN
(kleinster Wert)

- Bemessungswert der Einwirkungen im Brandfall nach der vereinfachten Methode (fi = fire) nach Gl. (4.10)
Bemessungswert der Einwirkungen unter Normaltemperaturen, s. oben
$F_{\mathrm{c,d}} = 216$ kN

Abminderungsfaktor, vereinfachend, s. oben
$\eta_{\mathrm{fi}} = 0{,}6$

$F_{\mathrm{d,fi}} = 0{,}60 \cdot F_{\mathrm{c,d}} = 0{,}60 \cdot 216$ = 129,6 kN

Besonderheiten bei der Ermittlung der Einwirkungen im Brandfall

Nach DIN EN 1991-1-2: 2010-12, 4.2.1 und 4.2.2 wird empfohlen, folgende Besonderheiten bei der Ermittlung von Einwirkungen im Brandfall zu beachten, s. auch *Winter/Peter/Scheer* [529]:

- die Reduzierung von Lasten durch ihre Verbrennung sollte nicht berücksichtigt werden,
- ob Schneelasten infolge des Schmelzens des Schnees nicht berücksichtigt werden, sollte im Einzelfall festgelegt werden; dies gilt in der Regelbemessung nur bei Bauwerkstandorten über N.N. > 1000 m, wenn der Kombinationsbeiwert für Schnee $\psi_2 = 0{,}2$ in Gl. (4.8) und (Gl. 4.9) angesetzt wird; eine Reduktion der Schneelasten bei hochgedämmten Dächern wird nicht empfohlen,
- Einwirkungen aus industriellem Betrieb wie z.B. Bremskräfte von Kranen und dgl. brauchen nicht angesetzt zu werden,
- gleichzeitiges Auftreten mit anderen außergewöhnlichen Einwirkungen braucht nicht berücksichtigt zu werden,

- zusätzliche Einwirkungen, die während der Brandbeanspruchungsdauer durch den Brand entstehen, sind erforderlichenfalls zu berücksichtigen wie z.B. der Aufschlag versagender (herabfallender) Bauteile oder schwerer Maschinen.

4.5.3 Allgemeine Nachweismethoden für die Bemessung im Brandfall

Die europäische Normung regelt in DIN EN 1995-1-1 die **Bemessung und Konstruktion von Holzbauwerken unter Normaltemperatur;** diese Norm gilt nicht für Holzbauwerke, die über längere Zeit Temperaturen von mehr als $T = 60\,°C$ ausgesetzt sind, s. DIN 1995-1-1: 2010-12, 1.1.2(3)P.

Die **Bemessungsregeln im Brandfall nach DIN EN 1995-1-2** ergänzen die Regeln unter Normaltemperatur. Diese Norm für den Brandfall beinhaltet im Wesentlichen rechnerische (analytische) Bemessungsverfahren, eine Bemessung nach Tabellen ist – im Gegensatz zur alten nationalen Norm DIN 4102-4 – nicht vorhanden. Es steht jedoch für die europäische Brandschutzbemessung geeignete Software zur Verfügung, die die meist zeitaufwändigen Nachweise einschließlich der oft zahlreich einzuhaltenden Randbedingungen wesentlich vereinfachen.

Ein Vorteil der europäischen Brandschutz-Normung liegt u.a. darin, hölzerne Wand-, Decken- und Dachkonstruktionen, s. Abschn. 4.7, rechnerisch hinsichtlich Feuerwiderstand, Tragfähigkeit, Wärmedämmung und Raumabschluss zu untersuchen, so dass auch nicht tabellierte und nicht geprüfte Holzkonstruktionen ohne kostenaufwändige Untersuchungen beurteilt werden können.

Holzbauteile müssen zunächst nach den Anforderungen der DIN EN 1995-1-1 unter Normaltemperatur bemessen werden („kalte Bemessung"). Wird eine Bemessung im Brandfall erforderlich, sind zusätzlich die ergänzenden Bestimmungen der DIN EN 1995-1-2 und dem zugehörigen Nationalen Anhang zu berücksichtigen („heiße Bemessung"). Dabei werden die einzelnen rechnerischen Nachweise der Bemessung im Brandfall mit den Nachweisen unter Normaltemperatur der DIN EN 1995-1-1 und dem zugehörigen Nationalen Anhang vorgenommen, die Modifikations- und Teilsicherheitsbeiwerte k_{mod} und γ_{M} unter Normaltemperatur werden jedoch ersetzt durch den Modifikationsbeiwert $k_{\mathrm{mod,fi}}$ und Teilsicherheitsbeiwert $\gamma_{\mathrm{M,fi}}$ im Brandfall, die erhöhten Festigkeits- und Steifigkeitswerte f_{20} und S_{20} aus Abschn. 4.4 sowie deren Bemessungswerte $f_{\mathrm{d,fi}}$ und $S_{\mathrm{d,fi}}$ im Brandfall müssen ebenso berücksichtigt werden wie die weiteren Festlegungen in diesem Abschn. 4.5 z.B. der ideelle oder verbleibender Restquerschnitt.

Die für die Bemessung von Holzbauteilen und Verbindungen im Brandfall („heiße" Bemessung) zuständige DIN EN 1995-1-2: 2010-12 bietet im Regelverfahren zwei Nachweismethoden für die Bemessung im Brandfall an: Die (vereinfachte) Methode mit reduziertem Querschnitt nach Abschn. 4.5.4 und die (genauere) Methode mit reduzierten (Werkstoff-) Eigenschaften Abschn. 4.5.5. Alternativ zur Bemessung durch Berechnung darf die Brandbemessung auch auf der Grundlage von Brandversuchen oder einer Kombination aus Brandversuchen und Berechnung durchgeführt werden, s. DIN EN 1995-1-2: 2010-12, 2.4.1.

4.5.4 (Vereinfachte) Methode mit reduziertem Querschnitt zur Bestimmung von Querschnittswerten im Brandfall

Die vereinfachte Methode mit reduziertem Querschnitt zur Bestimmung von Querschnittswerten im Brandfall gilt für ein-, zwei-, drei- und vierseitigen bzw. allseitigen Abbrand von Holzquerschnitten, sie berücksichtigt nach DIN EN 1995-1-2: 2010-12, 4.2.2 einen **ideellen Restquerschnitt** $A_{r,i}$, der durch Abzug einer ideellen Abbrandtiefe d_{ef} je beflammter Querschnittsseite vom Ausgangsquerschnitt A des Holzbauteils unter Normaltemperatur zu ermitteln ist, s. Bild 4.16 am Beispiel eines drei- und vierseitigen Abbrandes. Die **ideelle Abbrandtiefe** d_{ef} wird nach Gl (4.12) bestimmt. Dabei wird zusätzlich zur real abgebrannten Abbrandtiefe $d_{char,n}$ nach Gl. (4.2) eine rechnerische Verkleinerung von $k_0 \cdot d_0 = 7$ mm (oder kleiner) je beflammter Querschnittsseite vorgenommen, die pauschal die real vorliegende Abnahme der Festig- und Steifigkeiten des Holzes unter erhöhter Temperatur T berücksichtigt. Die Abbrandrate β_n berücksichtigt den erhöhten Abbrand an Bauteilecken und Rissen.

Ideelle Abbrandtiefe:

$$d_{ef} = d_{char,n} + k_0 \cdot d_0 = \beta_n \cdot t + k_0 \cdot d_0 \quad \text{in mm} \tag{4.12}$$

$d_{char,n}$ ideelle Abbrandtiefe nach Gl. (4.2)
d_0 7,0 mm als pauschale Verkleinerung des Querschnitts je beflammter Querschnittsseite
k_0 Beiwert für ungeschützte und geschützte Oberflächen mit t als Dauer der Brandbeanspruchung in min nach Bild 4.17 und Tabelle 4.13
t Zeitdauer der Brandbeanspruchung in min
β_n Bemessungswert der ideellen Abbrandrate in mm/min nach Tabelle 4.8 einschließlich der Effekte aus Eckausrundungen und Rissbildungen (mehrseitige Brandbeanspruchung)

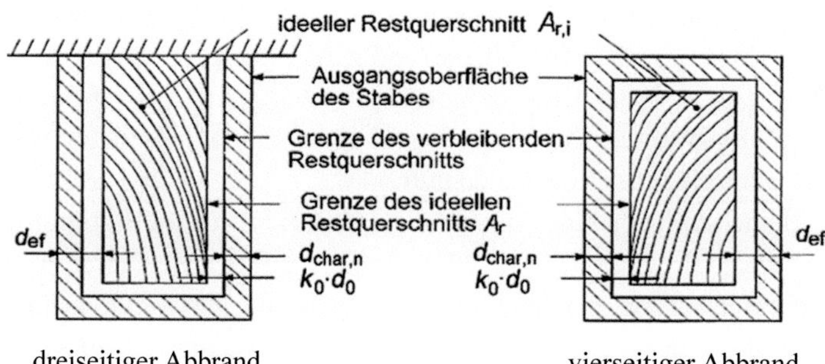

Bild 4.16 Ideeller Restquerschnitt $A_{r,i}$ eines Holzbauteiles unter drei- und vierseitiger Brandbeanspruchung, Beispiel; (vereinfachte) Methode mit reduziertem Querschnitt im Brandfall nach DIN EN 1995-1-2: 2010-12, 4.2.2

d_{ef} ideelle Abbrandtiefe
$d_{char,n}$ rechnerische Abbrandtiefe
$k_0 \cdot d_0$ = 7 mm oder kleiner, zusätzlich anzusetzende Abbrandtiefe

Der **Beiwert k_0** nach Tabelle 4.13 dient im vereinfachten Verfahren zur Berechnung des Produktes (der Schichtdicke ohne angenommene Festig- und Steifigkeit) $k_0 \cdot d_0$ in Gl. (4.12) für ungeschützte und geschützte Oberflächen. Der Beiwert k_0 ist bei ungeschützten Oberflächen $k_0 \cdot = 1{,}0$ für eine Branddauer $t \geq 20$ min, so dass für diese Fälle die Schichtdicke $k_0 \cdot d_0 = 7$ mm beträgt, für andere Fälle kann $k_0 \cdot d_0 < 7$ mm werden. Der Verlauf des Beiwertes k_0 ist für ungeschützte und geschützte Oberflächen je nach Brandbeanspruchungsdauer in Bild 4.17 dargestellt, s. auch DIN EN 1995-1-2: 2010-12, 4.2.2, Tabelle 4.1 und Bild 4.2.

Für die Berechnung der Tragfähigkeit des ideellen Restquerschnittes wird vereinfachend angenommen, dass die Festigkeits- und Steifigkeitseigenschaften des Holzes im verbleibenden Restquerschnitt durch die Temperaturerhöhungen beim Brand nicht beeinflusst werden. Weiter wird angenommen, dass das Holzmaterial in der Schichtdicke $k_0 \cdot d_0$ nahe der Abbrandgrenze keine Festigkeit und Steifigkeit besitzt.

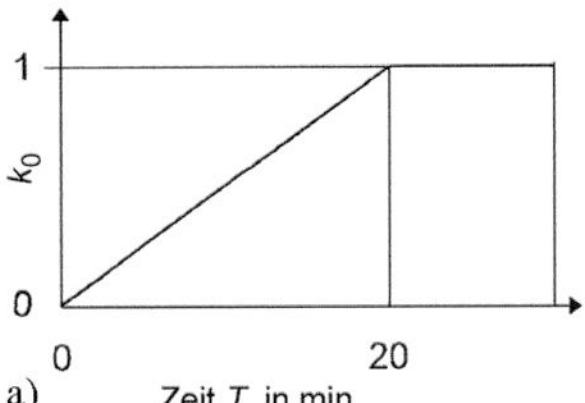

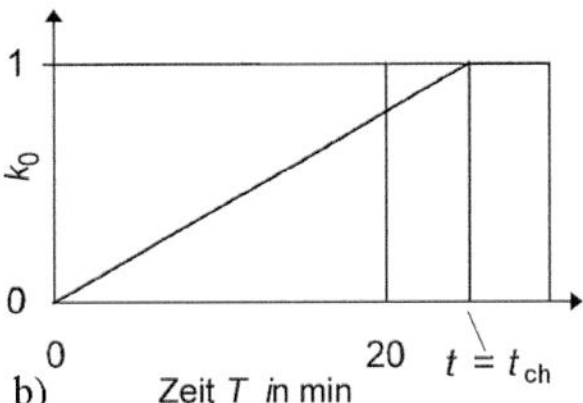

Bild 4.17 Verlauf des Beiwertes k_0 zur Berechnung des Produktes $k_0 \cdot d_0$ in Gl. (4.12) für ungeschützte und geschützte Oberflächen in der (vereinfachten) Methode mit reduziertem Querschnitt nach DIN EN 1995-1-2: 2010-12, 4.2.2, Bild 4.2, s. auch Tabelle 4.13
a) ungeschützte und geschützte Bauteile mit $t_{ch} \leq 20$ min
b) geschützte Bauteile mit $t_{ch} > 20$ min

Tabelle 4.13 Bestimmung des Beiwertes k_0 zur Berechnung des Produktes $k_0 \cdot d_0$ in Gl. (4.12) für ungeschützte und geschützte Oberflächen in der (vereinfachten) Methode mit reduziertem Querschnitt nach DIN EN 1995-1-2: 2010-12, 4.2.2 und Tabelle 4.1[1]) [2])

Dauer der Brandbeanspruchung t	Beiwert k_0
für ungeschützte Oberflächen	
$t < 20$ min	$t/20$
$t \geq 20$ min	1,0
für geschützte Oberflächen	
$t_{ch} \leq 20$ min	$t/20$ mit $t = t_{ch}$
$t_{ch} > 20$ min	lineare Interpolation von k_0 zwischen $0 \leq k_0 \leq 1$ für das Zeitintervall $t = 0 \leq t \leq t = t_{ch}$

[1]) Hierin bedeuten
k_0 Beiwert zur Berechnung des Produktes $k_0 \cdot d_0$ in Gl. (4.12)
t Zeitdauer einer Brandbeanspruchung
t_{ch} Zeitdauer (Zeitpunkt) in min bis zum Beginn des Abbrandes eines anfänglich geschützten Bauteils (Verzögerung des Abbrandbeginns durch eine Brandschutzbekleidung)

[2]) über die Bestimmung des Beiwertes k_0 für Oberflächen von Bauholz, die nicht ausgefüllte Hohlräume von Decken- oder Wandbekonstruktionen abschließen, mit Brandschutzbekleidungen aus bestimmten Gipsplatten s. DIN EN 1995-1-2: 2010-12, 4.2.2 (4)

Querschnittswerte von Holzbauteilen im Brandfall in der (vereinfachten) Methode mit reduziertem Querschnitt

Da die (vereinfachte) Methode mit reduziertem Querschnitt für ein-, zwei-, drei- und vierseitigen bzw. allseitigen Abbrand von Holzquerschnitten gilt, sind bei rechteckigen Holzquerschnitten mehrere **ideelle Restquerschnitte** $A_{r,i}$, die durch Abzug der ideellen Abbrandtiefe d_{ef} nach Gl. (4.12) je beflammter Querschnittsseite vom Ausgangsquerschnitt A des Holzbauteils unter Normaltemperatur zu ermitteln sind, möglich; das Widerstandsmoment $W_{r,i}$ wird auf den ideellen Restquerschnitt $A_{r,i}$, bezogen, s. Beispiele auch für den Kreisquerschnitt mit Abbrand über den gesamten Umfang in Tabelle 4.14. Bei eindimensionaler Abbrandtiefe $d_{char,0}$ nach Gl. (4.1) kann sinngemäß verfahren werden.

Tabelle 4.14 Querschnittswerte tragender Holzbauteilen im Brandfall in der (vereinfachten) Methode mit reduziertem Querschnitt bei ein- und mehrseitigem Abbrand, Beispiele[1]) [2])

ideeller Restquerschnitt, Beispiele	**Querschnittswerte in der (vereinfachte) Methode mit reduziertem Querschnitt** mit - Ausgangsquerschnitt $A = b \cdot h$ (Rechteck) unter Normaltemperatur, - ideeller Abbrandtiefe d_{ef} je beflammter Querschnittsseite[2]) $d_{ef} = d_{char,n} + k_0 \cdot d_0 = \beta_n \cdot t + k_0 \cdot d_0$ in mm nach Gl. (4.12)
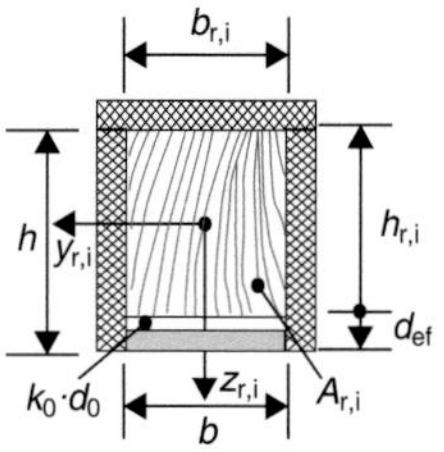 $b_{r,i}$, h, $y_{r,i}$, $h_{r,i}$, d_{ef}, $k_0 \cdot d_0$, $z_{r,i}$, $A_{r,i}$, b einseitiger Abbrand	$A_{r,i} = b \cdot h_{r,i}$ mit $h_{r,i} = h - d_{ef}$ $W_{y,r,i} = b \cdot h^2_{r,i}/6$ $W_{z,r,i} = h_{r,i} \cdot b^2/6$
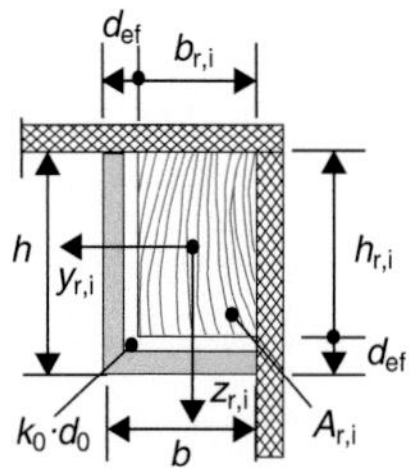 d_{ef}, $b_{r,i}$, h, $y_{r,i}$, $h_{r,i}$, d_{ef}, $z_{r,i}$, $k_0 \cdot d_0$, b, $A_{r,i}$ zweiseitiger Abbrand	$A_{r,i} = b_{r,i} \cdot h_{r,i}$ mit $h_{r,i} = h - d_{ef}$ und $b_{r,i} = b - d_{ef}$ $W_{y,r,i} = b_{r,i} \cdot h^2_{r,i}/6$ $W_{z,r,i} = h_{r,i} \cdot b^2{}_{r,i}/6$
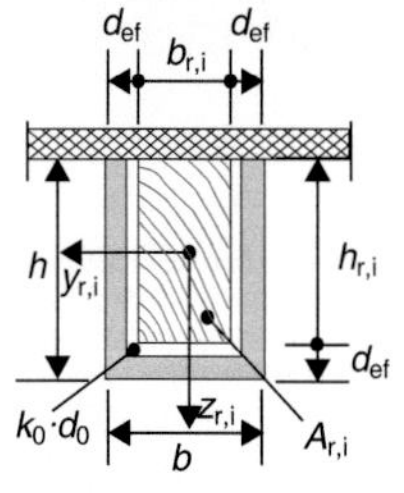 d_{ef}, d_{ef}, $b_{r,i}$, h, $y_{r,i}$, $h_{r,i}$, d_{ef}, $k_0 \cdot d_0$, $z_{r,i}$, b, $A_{r,i}$ dreiseitiger Abbrand	$A_{r,i} = b_{r,i} \cdot h_{r,i}$ mit $h_{r,i} = h - d_{ef}$ und $b_{r,i} = b - 2 \cdot d_{ef}$ $W_{y,r,i} = b_{r,i} \cdot h^2_{r,i}/6$ $W_{z,r,i} = h_{r,i} \cdot b^2{}_{r,i}/6$

Tabelle 4.14 (Fortsetzung)

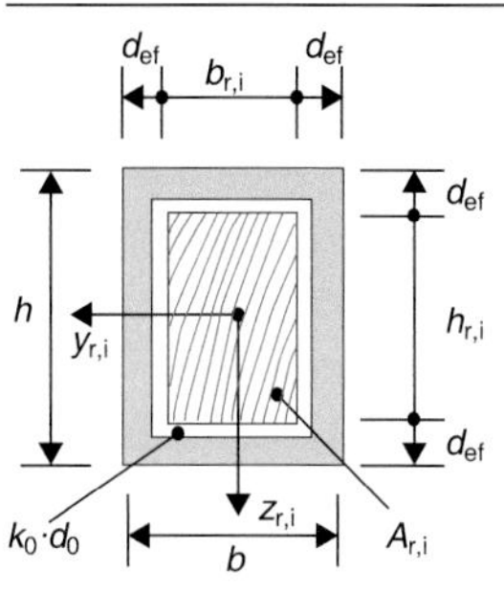 vierseitiger Abbrand	$A_{r,i} = b_{r,i} \cdot h_{r,i}$ mit $h_{r,i} = h - 2 \cdot d_{ef}$ und $b_{r,i} = b - 2 \cdot d_{ef}$ $W_{y,r,i} = b_{r,i} \cdot h^2_{r,i}/6$ $W_{z,r,i} = h_{r,i} \cdot b^2_{r,i}/6$
ideeller Restquerschnitt, Beispiele	**Querschnittswerte in der (vereinfachte) Methode mit reduziertem Querschnitt** mit - Ausgangsquerschnitt $A = \pi \cdot d^2/4$ (Kreis) unter Normaltemperatur, - ideeller Abbrandtiefe d_{ef} je beflammter Querschnittsseite[2]) $d_{ef} = d_{char,n} + k_0 \cdot d_0 = \beta_n \cdot t + k_0 \cdot d_0$ in mm nach Gl. (4.12)
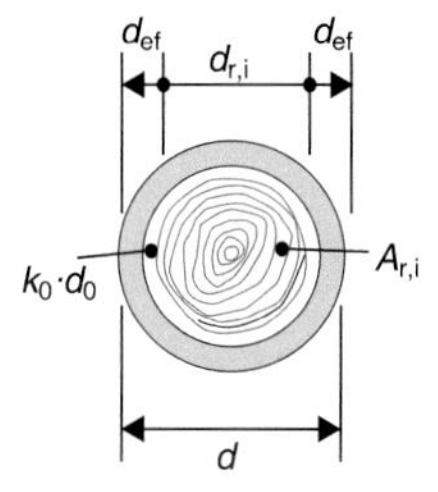 Kreisquerschnitt, Abbrand über den gesamten Umfang	$A_{r,i} = \pi \cdot d^2_{r,i}/4$ mit $d_{r,i} = d - 2 \cdot d_{ef}$ $W_{r,i} = \pi \cdot d^3_{r,i}/32$

[1]) Hierin bedeuten

d	Durchmesser des Kreisquerschnittes unter Normaltemperatur
$d_{char,n}$	ideelle Abbrandtiefe im Brandfall nach Gl. (4.2) bzw. (4.12)
$d_{r,i}$	Durchmesser des ideellen Rest-Kreisquerschnittes $A_{r,i}$ im Brandfall
t	Zeitdauer einer Brandbeanspruchung
A	Querschnittsfläche des Ausgangsquerschnitts unter Normaltemperatur
$A_{r,i}$	Querschnittsfläche des ideellen Restquerschnittes im Brandfall
W	Widerstandsmoment des Ausgangsquerschnitts A unter Normaltemperatur
$W_{r,i}$	Widerstandsmoment des ideellen Restquerschnittes $A_{r,i}$ im Brandfall

[2]) ein Beispiel zur Berechnung einer ideellen Abbrandtiefe $d_{char,n}$ ist im Abschn. 4.4.2 angeführt

4.5.5 (Genauere) Methode mit reduzierten (Werkstoff-) Eigenschaften zur Bestimmung von Querschnittswerten im Brandfall

Die (genauere) Methode mit reduzierten (Werkstoff-)Eigenschaften zur Bestimmung von Querschnittswerten im Brandfall gilt nach DIN EN 1995-1-2: 2010-12, 4.2.3 **nur für drei- und vierseitigen Abbrand von Bauteilen mit Rechteckquerschnitten aus Nadelholz und von Nadelrundholz mit Abbrand des gesamten Umfangs**. Holzbauteile mit Rechteckquerschnitt aus Nadelholz unter ein- oder zweiseitiger Brandbeanspruchung sowie

Holzbauteile mit Querschnitten aus Laubholz können mit dieser genaueren Methode nicht bemessen werden, hierfür kann die vereinfachte Methode mit reduziertem Querschnitt nach Abschn. 4.5.4 angewendet werden.

Die Methode mit reduzierten (Werkstoffeigen-) Eigenschaften zur Bestimmung von Querschnittswerten im Brandfall berücksichtigt den **verbleibenden Restquerschnitt A_r**, der im Allgemeinen durch Abzug der ideellen Abbrandtiefe $d_{char,n}$ je beflammter Querschnittsseite vom Ausgangsquerschnitt A unter Normaltemperatur bestimmt wird, s. Bild 4.18 am Beispiel eines drei- oder vierseitigen Abbrandes. Der verbleibende Restquerschnitt A_r kann auch durch Abzug der eindimensionalen Abbrandtiefe $d_{char,0}$ je beflammter Querschnittsseite vom Ausgangsquerschnitt A berechnet werden.

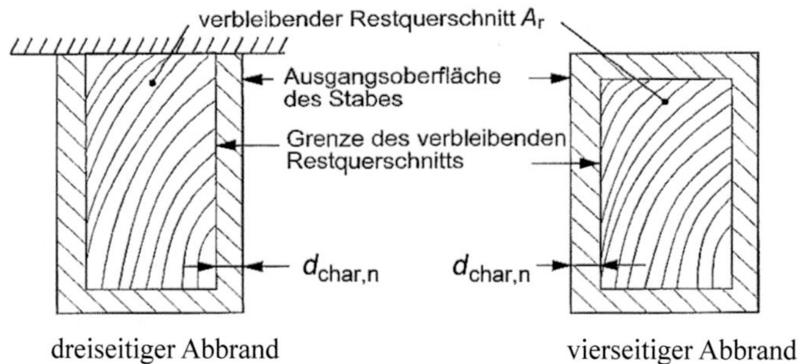

Bild 4.18 Verbleibender Restquerschnitt A_r eines Holzbauteils unter drei- oder vierseitiger Brandbeanspruchung; (genauere) Methode mit reduzierten (Werkstoff-) Eigenschaften nach DIN EN 1995-1-2: 2010-12, 4.2.3, Beispiel für ideelle Abbrandtiefe $d_{char,n}$

Die **ideelle Abbrandtiefe $d_{char,n}$** wird nach Gl. (4.13) bzw. Gl. (4.2) bestimmt, die eindimensionale Abbrandtiefe $d_{char,0}$ nach Gl. (4.1)

$$d_{char,n} = \beta_n \cdot t \qquad (4.13)$$

β_n Bemessungswert der ideellen Abbrandrate in mm/min nach Tabelle 4.8 einschließlich der Effekte aus Eckausrundungen und Rissbildungen (mehrseitige Brandbeanspruchung)

t Zeitdauer der Brandbeanspruchung in min

Querschnittswerte von Holzbauteilen im Brandfall in der (genaueren) Methode mit reduzierten (Werkstoff-) Eigenschaften

Da die (genauere) Methode mit reduzierten (Werkstoff-) Eigenschaften nur für drei- und vierseitigen Abbrand von Holzbauteilen mit Rechteckquerschnitten aus Nadelholz und von Nadelrundholz mit Abbrand des gesamten Umfangs gilt, sind bei rechteckigen Holzquerschnitten mehrere verbleibende **Restquerschnitte A_r**, die durch Abzug der ideellen Abbrandtiefe $d_{char,n}$ nach Gl. (4.13) je beflammter Querschnittsseite vom Ausgangsquerschnitt A des Holzbauteils unter Normaltemperatur zu ermitteln sind, möglich; das Widerstandsmoment W_r wird auf den verbleibenden Restquerschnitt A_r bezogen, s. Beispiele auch für den Kreisquerschnitt mit Abbrand über den gesamten Umfang in Tabelle 4.15. Bei eindimensionaler Abbrandtiefe $d_{char,0}$ nach Gl. (4.1) kann sinngemäß verfahren werden.

Tabelle 4.15 Querschnittswerte tragender Holzbauteilen im Brandfall in der (genaueren) Methode mit reduzierten (Werkstoff-) Eigenschaften bei drei- und vierseitigem Abbrand von Holzbauteilen mit Rechteckquerschnitt aus Nadelholz und von Nadelrundholz mit Abbrand des gesamten Umfangs, Beispiele[1]) [2])

verbleibende Restquerschnitte aus Nadelholz, Beispiele	**Querschnittswerte in der (genaueren) Methode mit reduziertem (Werkstoff-) Eigenschaften** mit - Ausgangsquerschnitt $A = b \cdot h$ (Rechteck) und $A = \pi \cdot d^2/4$ (Kreis) unter Normaltemperatur, - ideeller Abbrandtiefe $d_{char,n}$ je beflammter Querschnittsseite[2]) $d_{char,n} = \beta_n \cdot t$ in mm nach Gl. (4.18)
dreiseitiger Abbrand	$A_r = b_r \cdot h_r$ mit $h_r = h - d_{char,n}$ und $b_r = b - 2 \cdot d_{char,n}$ $W_{y,r} = b_r \cdot h_r^2/6$ $W_{z,r} = h_r \cdot b_r^2/6$
vierseitiger Abbrand	$A_r = b_r \cdot h_r$ mit $h_r = h - 2 \cdot d_{char,n}$ und $b_r = b - 2 \cdot d_{char,n}$ $W_{y,r} = b_r \cdot h_r^2/6$ $W_{z,r} = h_r \cdot b_r^2/6$
Kreisquerschnitt, Abbrand über den gesamten Umfang	$A_r = \pi \cdot d_r^2/4$ mit $d_r = d - 2 \cdot d_{char,n}$ $W_r = \pi \cdot d_r^3/32$

[1]) Hierin bedeuten

d Durchmesser des Kreisquerschnittes unter Normaltemperatur

$d_{char,n}$ ideelle Abbrandtiefe im Brandfall nach Gl. (4.2) bzw. (4.13)

d_r Durchmesser des verbleibenden Rest-Kreisquerschnittes A_r im Brandfall

t Zeitdauer einer Brandbeanspruchung

A Querschnittsfläche des Ausgangsquerschnitts unter Normaltemperatur

A_r Querschnittsfläche des verbleibenden Restquerschnittes im Brandfall

W Widerstandsmoment des Ausgangsquerschnitts A unter Normaltemperatur

W_r Widerstandsmoment des verbleibenden Restquerschnittes A_r im Brandfall

[2]) ein Beispiel zur Berechnung einer ideellen Abbrandtiefe $d_{char,n}$ ist im Abschn. 4.4.2 angeführt

4.5.6 Modifikationsbeiwerte $k_{mod,fi}$ für die Bemessung im Brandfall

Die Abnahmen der Festig- und Steifigkeiten unter steigender Temperatur werden für die Regelbemessung im Brandfall nach DIN EN 1995-1-2: 2010-12 mit Modifikationsbeiwerten $k_{mod,fi}$ (Index fi für fire) vorgenommen. Neben der Regelbemessung für die Baupraxis steht z.B. im Anhang B der Norm noch ein allgemeines (genaueres) Bemessungsverfahren zur Verfügung, das z.B. bei Berechnungen mit Finiten Elementen eingesetzt werden kann und das die Abnahmen der Festig- und Steifigkeiten unter steigender Temperatur zugrunde legt, die als Beispiele in den Bilden 4.13 und 4.14 dargestellt sind.

Die Regelbemessung im Brandfall für die Baupraxis unterscheidet die **Methode mit reduziertem Querschnitt** (als vereinfachtes Verfahren) nach DIN EN 1995-1-2: 2010-12, 4.2.2, in der die Modifikationsbeiwerte $k_{mod,fi} = 1{,}0$ gesetzt werden, und **die Methode mit reduzierten (Werkstoff-) Eigenschaften** nach DIN EN 1995-1-2: 2010-12, 4.2.3, in der die Modifikationsbeiwerte $k_{mod,fi}$ über das geometrische Verhältnis p/A_r bestimmt werden mit p als beflammter Umfang des Restquerschnitts in m und A_r als Fläche des Restquerschnitts in m^2. Diese Modifikationsbeiwerte $k_{mod,fi}$ können aus den Gl. (4.14) bis (4.16) für die rechnerischen Abnahmen der Druck-, Biege- und Zugfestigkeiten sowie der Elastizitätsmoduln ermittelt werden, sie gelten für die Brandbeanspruchungsdauer (ab dem Zeitpunkt) $t \geq 20$ min. Die Kurvenverläufe der Abnahmen der Modifikationsbeiwerte $k_{mod,fi}$ sind in Bild 4.19 dargestellt, über die Bemessungswerte der Festigkeits- und Steifigkeitswerte beider Methoden im Brandfall s. Abschn. 4.5.8.

In der Methode mit reduzierten (Werkstoff-) Eigenschaften gelten für eine Brandbeanspruchungsdauer $t \geq 20$ min bei der

Druckfestigkeit:

$$k_{mod,fi} = 1{,}0 - p/(125 \cdot A_r) \tag{4.14}$$

Biegefestigkeit:

$$k_{mod,fi} = 1{,}0 - p/(200 \cdot A_r) \tag{4.15}$$

Zugfestigkeit und Elastizitäts-Modul:

$$k_{mod,fi} = 1{,}0 - p/(330 \cdot A_r) \tag{4.16}$$

p Umfang des dem Feuer ausgesetztem Restquerschnitts in m
A_r Fläche des Restquerschnitts in m^2

Für die Brandbeanspruchungsdauer (zum Zeitpunkt) $t = 0$ sollte bei ungeschützten und geschützten Bauteilen der Modifikationsbeiwert $k_{mod,fi} = 1{,}0$ angesetzt werden, wenn die Methode mit reduzierten (Werkstoff-) Eigenschaften angewendet wird; für ungeschützte Bauteile darf $k_{mod,fi}$ im Zeitraum $0 \leq t \leq 20$ min linear interpoliert werden.

Zusammenhang zwischen dem Verhältnis p/A_r und der mittleren Temperatur T_m im Restquerschnitt

Das Verhältnis p/A_r berücksichtigt nach *Scheer/Peter* [450] indirekt die mittlere Temperatur T_m im verbleibenden Restquerschnitt, zwischen beiden Größen besteht eine etwa lineare Abhängigkeit nach Gl. (4.17).

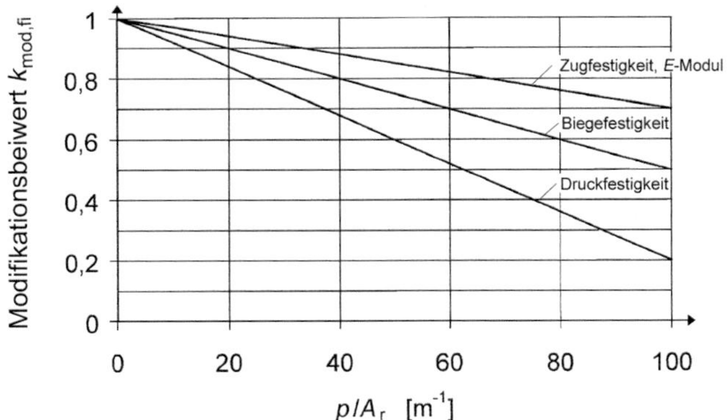

Bild 4.19 Verlauf der Modifikationsbeiwerte $k_{mod,fi}$ in Abhängigkeit vom geometrischen Verhältnis p/A_r entsprechend der Gl. (4.14) bis (4.16) nach DIN EN 1995-1-2: 2010-12, Bild 4.3 zur - Berücksichtigung der rechnerischen Abnahmen der Festig- und Steifigkeiten des Holzes in der - Bemessungsmethode mit reduzierten (Werkstoff-) Eigenschaften

$$p/A_r = (T_m - 20) / 1{,}4 \quad (4.17)$$

T_m mittlere Temperatur im Restquerschnitt
Weitere Erläuterungen zu den Größen s. Gl. (4.16)

Je höher die mittlere Temperatur T_m im Restquerschnitt A_r ist, desto größer werden das geometrische Verhältnis p/A_r nach Gl. (4.17) und desto kleiner die $k_{mod,fi}$-Werte nach Gl. (4.14) bis (4.16). Die Festigkeits- und Steifigkeitsabnahmen des Holzes im Restquerschnitt sind in Abhängigkeit von der mittleren Temperatur T_m oder dem Verhältnis p/A_r vergleichsweise gleich groß, wie aus folgendem Beispiel hervorgeht.

Beispiel
zum Zusammenhang zwischen dem Verhältnis p/A_r und der mittleren Temperatur T_m im Restquerschnitt nach *Scheer/Peter* [450]
für die $k_{mod,fi}$-Werte der Druckfestigkeit nach Gl. (4.14 und (4.17):

- bei einer mittleren Temperatur T_m = 100 °C im Restquerschnitt beträgt das Verhältnis p/A_r nach Gl. (4.17)
  p/A_r = (100 – 20) / 1,4 = 57,
- der Modifikationsbeiwert $k_{mod,fi}$ für die Druckfestigkeit in Abhängigkeit von diesem Verhältnis p/A_r = 57 wird nach Gl. (4.14) bestimmt zu
  $k_{mod,fi}$ = 1,0 – 57 / 125 = 0,54,
- der Modifikationsbeiwert $k_{mod,fi}$ für die Druckfestigkeit in Abhängigkeit von der mittleren Temperatur T_m = 100 °C kann aus Bild 6.2 in *Scheer/Peter* [450] bestimmt werden zu
  $k_{mod,fi}$ = 0,55,
- daraus wird ersichtlich, dass mit dem geometrischen Verhältnis p/A_r die mittlere Temperatur T_m im Restquerschnitt indirekt gut beschrieben werden wird.

Das geometrische **Verhältnis p/A_r** veranschaulicht darüber hinaus das wachsende Wärmeeindringvermögen in hölzerne Rechteckquerschnitte mit der Breite b und der Höhe h, wenn das Seitenverhältnis h/b ansteigt und die Querschnitte zunehmend schlanker werden, s. Bild 4.20 am Beispiel für zwei Rechteckquerschnitte mit gleicher Fläche A. Bei mehrseitiger Beflammung wird das Verhältnis p/A_r mit zunehmendem Seitenverhältnis h/b größer und die mittlere Temperatur T_m im Querschnitt wächst aufgrund kleiner werdender Wärmeeindringwege über die jeweilige Breite b bis zur Querschnittsmitte.

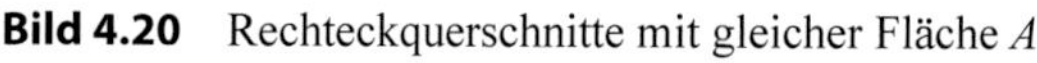

Bild 4.20 Rechteckquerschnitte mit gleicher Fläche A

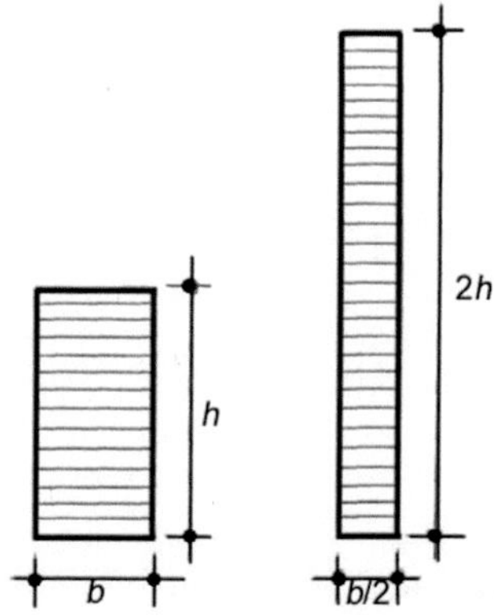

Der **Modifikationsbeiwert $k_{mod,fi}$ im Brandfall** („heiße Bemessung“) kann inhaltlich nicht direkt mit dem Modifikationsbeiwert k_{mod} für die Bemessung unter Normaltemperatur nach DIN EN 1995-1-1: 2010-12 („kalte Bemessung“) verglichen werden, da letzterer unter Normaltemperatur andere Abhängigkeiten wie die von der Holzfeuchte und der Dauer der Lasteinwirkung berücksichtigt. Der Modifikationsbeiwert $k_{mod,fi}$ ersetzt jedoch (neben dem Teilsicherheitsbeiwert $\gamma_{M,fi}$) in den Bemessungsgleichungen unter Normaltemperatur den dort angeführten k_{mod}-Wert, da die „heiße Bemessung“ mit den Gleichungen der „kalten Bemessung“ unter Verwendung des Modifikationsbeiwerts $k_{mod,fi}$ und des Teilsicherheitsbeiwerts $\gamma_{M,fi}$ ausgeführt wird, s. DIN EN 1995-1-2: 2010-12, 2.3 (1)P, Anmerkung 1 und Abschn. 4.5.8 bis 4.5.10.

Angaben der Abhängigkeiten der **Schubfestigkeiten** und der **Druckfestigkeiten rechtwinklig zur Faser** des Holzes mit steigender Temperatur sind entbehrlich, da die Beanspruchungen für Schub und Druck rechtwinklig zur Faser im Regelverfahren der Bemessung im Brandfall nach DIN EN 1995-1-2: 2010-12, 4.3.1 vernachlässigt werden dürfen, Genaueres s. Abschn. 4.5.9. Für allgemeine (genauere) Berechnungsverfahren z.B. mit Finiten Elementen sind im Anhang B der DIN EN 1995-1-2: 2010-12, Bild B.4 Schubfestigkeiten in Abhängigkeit von der steigenden Temperatur angegeben, die jedoch in der Regelbemessung im Brandfall nicht verwendet werden dürfen.

4.5.7 Bemessungswert der Beanspruchbarkeit $R_{d,t,fi}$ eines Holzbauteils

Der Bemessungswert einer mechanischen Beanspruchbarkeit (Tragfähigkeit) $R_{d,t,fi}$ eines Holzbauteils im Brandfall muss Gl. (4.18) entsprechen, s. DIN EN 1995-1-2: 2010-12, 2.3

(2)P. Dabei wird der 20%- Quantilwert R_{20} unter Normaltemperatur ohne Berücksichtigung von Lasteinwirkungsdauer und Holzfeuchte verwendet (mit $k_{mod} = 1{,}0$). Ein Umrechnungsfaktor η wird in DIN EN 1995-1-2: 2010-12 nur für Verbindungen angegeben, s. Abschn. 4.6.3, Gl. (4.44).

$$R_{d,t,fi} = \eta \cdot \frac{R_{20}}{\gamma_{M,fi}} \tag{4.18}$$

$R_{d,t,fi}$ Bemessungswert einer mechanischen Beanspruchbarkeit (Tragfähigkeit) im Brandfall zum Zeitpunkt t

R_{20} 20%-Quantilwert (Fraktilwert) einer mechanischen Beanspruchbarkeit (Tragfähigkeit) eines Holzbauteils unter Normaltemperatur ohne Berücksichtigung von Lasteinwirkungsdauer und Holzfeuchte, s. 20%-Quantilwerte der Festig- und Steifigkeiten im Abschn. 4.5.8

η Umrechnungsfaktor, nur für Verbindungen angegeben, s. Abschn. 4.6.3, Gl. (4.44)

$\gamma_{M,fi}$ Teilsicherheitsbeiwert für Holz im Brandfall
= 1,0 nach DIN EN 1995-1-2/NA: 2010-12, NDP zu 2.3 (2)P, zu Anmerkung 1

4.5.8 Bemessungswerte der Festig- und Steifigkeiten von Holzbauteilen im Brandfall

Die Bemessungswerte der Festigkeiten $f_{d,fi}$ und Steifigkeiten $S_{d,fi}$ im Brandfall können allgemein nach Gl. (4.19) und (4.20) ermittelt werden, s. DIN EN 1995-1-2: 2010-12, 2.3(1) P, die zugehörigen 20%-Quantilwerte der Festigkeiten f_{20} und Steifigkeiten S_{20} nach Abschn. 4.4.6, Gl. (4.5) und (4.6), beide Gl. jeweils zusammengefasst ergeben die Bemessungswerte nach Gl. (4.21) bis. (4.23). Das Prinzip der Bemessung ist in Bild 4.21 dargestellt. Danach werden die 20%-Quantilwerte unter Normaltemperatur, die für die Bemessung im Brandfall nach Abschn. 4.4.6 rechnerisch anzusetzen sind, über die $k_{mod,fi}$-Werte nach Abschn. 4.5.6 gemindert und prinzipiell auch über den Teilsicherheitsbeiwert $\gamma_{M,fi}$ für Holz im Brandfall, der jedoch $\gamma_{M,fi} = 1{,}0$ gesetzt werden darf, s. DIN EN 1995-1-2/NA: 2010-12, NDP zu 2.3(2)P, Anmerkung 1.

$$f_{d,fi} = k_{mod,fi} \cdot f_{20}/\gamma_{M,fi} \tag{4.19}$$

$$S_{d,fi} = k_{mod,fi} \cdot S_{20}/\gamma_{M,fi} \tag{4.20}$$

$f_{d,fi}$ Bemessungswert einer Festigkeit im Brandfall

f_{20} 20%-Quantilwert einer Festigkeit unter Normaltemperatur nach Abschn. 4.4.6, Gl. (4.5)

$S_{d,fi}$ Bemessungswert einer Steifigkeit (Elastizitätsmodul $E_{d,fi}$ oder Schubmodul $G_{d,fi}$) im Brandfall

S_{20} 20%-Quantilwert einer Steifigkeit (Elastizitätsmodul $E_{0,2}$ oder Schubmodul $G_{0,2}$) unter Normaltemperatur nach Abschn. 4.4.6, Gl. (4.6)

$k_{mod,fi}$ Modifikationsbeiwert im Brandfall nach Abschn. 4.5.6, Gl. (4.14) bis (4.16)

$\gamma_{M,fi}$ Teilsicherheitsbeiwert für Holz im Brandfall
= 1,0 nach DIN EN 1995-1-2/NA: 2010-12, NDP zu 2.3(2)P, Anmerkung 1

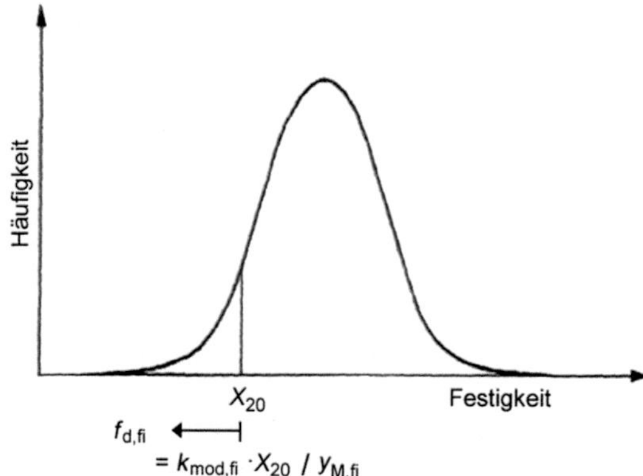

Bild 4.21 Prinzip der Berechnung des Bemessungswertes einer Festigkeit von Holzbaustoffen im Brandfall am Beispiel einer allgemeinen Festigkeit X

$f_{d,fi}$ Bemessungswert einer Festigkeit im Brandfall
$k_{mod,fi}$ Modifikationsbeiwert im Brandfall nach Gl. (4.14) bis (4.16)
X_{20} 20%-Quantilwert, Festigkeitswert unter Normaltemperatur
$\gamma_{M,fi}$ Teilsicherheitsbeiwert für Holz im Brandfall
= 1,0 nach DIN EN 1995-1-2/NA: 2010-12, NDP zu 2.3(2)P, Anmerkung 1

Bei Anwendung der **(vereinfachten) Methode mit reduziertem Querschnitt** nach Abschn. 4.5.4 sind die Modifikationsbeiwerte $k_{mod,fi}$ (fi = fire) im Brandfall für Festig- und Steifigkeiten mit $k_{mod,fi} = 1,0$ zu verwenden, da die Abnahmen der Festig- und Steifigkeiten unter steigender Temperatur T pauschal und auf der sicheren Seite liegend durch die Schichtdicke $k_0 \cdot d_0$ berücksichtigt werden, s. Abschn. 4.5.4. Die Bemessungswerte der Festigkeiten $f_{d,fi}$ und Steifigkeiten $S_{d,fi}$ im Brandfall nach Gl. (4.21) bis (4.23) können demnach im vereinfachten Verfahren gleich den Festigkeiten $f_{20} = k_{fi} \cdot f_k$ bzw. Steifigkeiten $S_{20} = k_{fi} \cdot S_{05}$ unter Normaltemperatur gesetzt werden, s. Gl. (4.5) und (4.6), da auch der Teilsicherheitsbeiwert für Holz im Brandfall $\gamma_{M,fi} = 1,0$ ist. Die Festig- und Steifigkeiten sind jeweils die 20%-Quantilwerte unter Normaltemperatur, errechnet aus den 5%-Quantilwerten (f_k, $E_{0,05}$ und G_{05}) mit den Beiwerten k_{fi} aus Tabelle 4.12 im Abschn. 4.4.6.

In der **(genaueren) Methode mit reduzierten (Werkstoff-) Eigenschaften** nach Abschn. 4.5.5 sind die Bemessungswerte der Festigkeiten $f_{d,fi}$ und Steifigkeiten $S_{d,fi}$ im Brandfall, die nach Gl. (4.21) bis (4.23) errechnet werden, bei vergleichbaren Fällen i.d.R. kleiner als im vereinfachten Verfahren, da die Modifikationsbeiwerte $k_{mod,fi}$, die für das genauere Verfahren nach Gl. (4.14) bis (4.16), s. Abschn. 4.5.6, bestimmt werden, kleiner 1,0 und der Teilsicherheitsbeiwert für Holz im Brandfall $\gamma_{M,fi} = 1,0$ sind. Die anzusetzenden Festigkeiten $f_{20} = k_{fi} \cdot f_k$ bzw. Steifigkeiten $S_{20} = k_{fi} \cdot S_{05}$ sind die gleichen wie im vereinfachten Verfahren, s. oben.

Bemessungswerte
für Zug-, Druck- und Biege-Festigkeiten:

$$f_{d,fi} = k_{mod,fi} \cdot k_{fi} \cdot \frac{f_k}{\gamma_{M,fi}} \tag{4.21}$$

für Elastizitätsmoduln:

$$E_{d,fi} = k_{mod,fi} \cdot k_{fi} \cdot \frac{E_{0,05}}{\gamma_{M,fi}} \tag{4.22}$$

für Schubmoduln:

$$G_{d,fi} = k_{mod,fi} \cdot k_{fi} \cdot \frac{G_{05}}{\gamma_{M,fi}} \tag{4.23}$$

f_k charakteristische Festigkeit für Holzbaustoffe (5%-Quantile) unter Normaltemperatur nach Abschn. 7.2

$E_{0,05}$ charakteristischer Elastizitätsmodul für Holzbaustoffe (5%-Quantile) unter Normaltemperatur nach Abschn. 7.2

G_{05} charakteristischer Schubmodul für Holzbaustoffe (5%-Quantile) unter Normaltemperatur nach Abschn. 7.2

$k_{mod,fi}$ Modifikationsbeiwerte im Brandfall (fi = fire) für Festig- und Steifigkeiten
= 1,0 für die (vereinfachte) Methode mit reduziertem Querschnitt nach Abschn. 4.5.4
= $k_{mod,fi}$ für die (genauere) Methode mit reduzierten (Werkstoff-) Eigenschaften nach Abschn. 4.5.5, errechnet aus Gl. (4.14) bis (4.16), berücksichtigt die Auswirkungen höherer Temperaturen

k_{fi} Beiwert nach Abschn. 4.4.6, Tabelle 4.12, s. auch Gl. (4.5) und (4.6), ermittelt den 20%-Quantilwert der Festig- und Steifigkeit aus dem 5%-Quantilwert unter Normaltemperatur, ist bei der (vereinfachten) Methode mit reduziertem Querschnitt und bei der (genaueren) Methode mit reduzierten (Werkstoff-) Eigenschaften zu verwenden

$\gamma_{M,fi}$ Teilsicherheitsbeiwert für Holz im Brandfall,
= 1,0 nach DIN EN 1995-1-2/NA: 2010-12, NDP zu 2.3(2)P, Anmerkung 1

4.5.9 Nachweise der Querschnittstragfähigkeit von Holzbauteilen im Brandfall

Nachweise der Querschnittstragfähigkeit für Zug, Druck parallel zur Faser, Biegung und Biegung mit Längskraft im Brandfall

Die Nachweise der Querschnittstragfähigkeit von Holzbauteilen unter Brandbeanspruchung („heiße Bemessung“) werden mit den Gl. für Zug, Druck in Faserrichtung, Biegung sowie Biegung mit Längskraft unter Normaltemperatur („kalte Bemessung“) geführt,

s. betreffende Gl. der Querschnittstragfähigkeit in den Abschn. 15.1, 16.1 und 17.1, jedoch mit den entsprechenden Größen im Brandfall, wie im Folgenden angeführt wird.

Bemessung der Querschnittstragfähigkeit im Brandfall mit der (vereinfachten) - Methode mit reduziertem Querschnitt

Wird für die „heiße" Bemessung die (vereinfachte) Methode mit reduziertem Querschnitt nach Abschn. 4.5.4 gewählt, sind in die Gl. für die „kalte" Bemessung (anstatt des - Ausgangsquerschnitts A und des Widerstandsmomentes W unter Normaltemperatur) der ideelle Restquerschnitt $A_{r,i}$ und das Widerstandsmoment $W_{r,i}$ nach Tabelle 4.14 je nach Brandbeanspruchung einzusetzen. Die Bemessungswerte der Festig- und Steifigkeiten im Brandfall werden (anstatt derjenigen unter Normaltemperatur) nach den Gl. (4.21) bis (4.23) im Abschn. 4.5.8 mit den Modifikationsbeiwerten $k_{mod,fi}$ = 1,0 und dem Teilsicherheitsbeiwert $\gamma_{M,fi}$ = 1,0 berechnet und in die entsprechenden Gl. für die „kalte" Bemessung eingesetzt.

Bemessung der Querschnittstragfähigkeit im Brandfall mit der (genaueren) Methode mit reduzierten (Werkstoff-) Eigenschaften

Die (genauere) Methode mit reduzierten (Werkstoff-) Eigenschaften darf nur für drei- und vierseitigen Abbrand von Holzbauteilen mit Rechteckquerschnitten aus Nadelholz oder von Nadelrundholz mit Abbrand des gesamten Umfangs geführt werden. Wird für die „heiße" Bemessung diese (genauere) Methode nach Abschn. 4.5.5 gewählt, sind in die Gl. für die „kalte" Bemessung (anstatt des Ausgangsquerschnitts A und des Widerstandsmomentes W unter Normaltemperatur) der verbleibende Restquerschnitt A_r und das Widerstandsmoment W_r nach Tabelle 4.15 je nach Brandbeanspruchung einzusetzen. Die Bemessungswerte der Festig- und Steifigkeiten im Brandfall werden (anstatt derjenigen unter Normaltemperatur) nach den Gl. (4.21) bis (4.23) im Abschn. 4.5.8 mit den Modifikationsbeiwerten $k_{mod,fi}$ nach Gl. (4.14) bis (4.16) im Abschn. 4.5.6 und dem Teilsicherheitsbeiwert $\gamma_{M,fi}$ = 1,0 berechnet und in die entsprechenden Gl. für die „kalte" Bemessung eingesetzt.

Nachweise der Querschnittstragfähigkeit für Druck rechtwinklig zur Faser im Brandfall

Die Bemessung für Druck rechtwinklig zur Faser im Brandfall darf vernachlässigt werden, s. DIN EN 1995-1-2: 2010-12, 4.3.1.

Nachweise der Querschnittstragfähigkeit für Schub im Brandfall

Die Bemessung für Schub im Brandfall darf bei rechteckigen und runden Querschnitten vernachlässigt werden, s. DIN EN 1995-1-2: 2010-12, 4.3.1. Bei ausgeklinkten Trägern sollte im Bereich der Ausklinkung ein verbleibender Restquerschnitt nachgewiesen werden, der mind. 60% des Querschnitts beträgt, der bei der Bemessung unter Normaltemperatur erforderlich ist.

4.5.10 Nachweise mit den Ersatzstabverfahren für Druckstäbe - (Biegeknicken) und Biegestäbe (Biegedrillknicken) im Brandfall

Die **Nachweise mit den Ersatzstabverfahren** für Druck (Biegeknicken) und Biegung (Biegedrillknicken, Kippen) unter Brandbeanspruchung („heiße Bemessung") werden mit den Gl. für Druck in Faserrichtung, Druck und Biegung sowie Biegung unter Normaltemperatur („kalte Bemessung") geführt, s. betreffende Gl. der Ersatzstabverfahren in den Abschn. 16.2 und 17.2, jedoch mit den entsprechenden Größen im Brandfall, wie im Folgenden angeführt wird. Nachweise für Druck rechtwinklig zur Faser im Brandfall und für Schub im Brandfall dürfen vernachlässigt werden, s. Abschn. 4.5.9.

Ersatzstabverfahren für Druck (Biegeknicken) und Biegung (Biegedrillknicken, Kippen) im Brandfall mit der (vereinfachten) Methode mit reduziertem Querschnitt
Wird für die „heiße" Bemessung die (vereinfachte) Methode mit reduziertem Querschnitt nach Abschn. 4.5.4 gewählt, sind in die Gl. für die „kalte" Bemessung (anstatt des Ausgangsquerschnitts A und des Widerstandsmomentes W unter Normaltemperatur) der ideelle Restquerschnitt $A_{r,i}$ und das Widerstandsmoment $W_{r,i}$ nach Tabelle 4.14 je nach Brandbeanspruchung einzusetzen. Die Bemessungswerte der Festig- und Steifigkeiten im Brandfall werden (anstatt derjenigen unter Normaltemperatur) nach den Gl. (4.21) bis (4.23) im Abschn. 4.5.8 mit den Modifikationsbeiwerten $k_{mod,fi} = 1{,}0$ und dem Teilsicherheitsbeiwert $\gamma_{M,fi} = 1{,}0$ berechnet und in die entsprechenden Gl. für die „kalte" Bemessung eingesetzt. Sinngemäß ist bei der Ermittlung der Schlankheitsgrade λ, der bezogenen Schlankheitsgrade λ_{rel}, der Knickbeiwerte k_c und Kippbeiwerte k_{crit} (Biegedrillknicken, Kippen), die auf den ideellen Restquerschnitt $A_{r,i}$ bezogen werden, zu verfahren.

Ersatzstabverfahren für Druck (Biegeknicken) und Biegung (Biegedrillknicken, Kippen) im Brandfall mit der (genaueren) Methode mit reduzierten (Werkstoff-) Eigenschaften
Die (genauere) Methode mit reduzierten (Werkstoff-) Eigenschaften darf nur für drei- und vierseitigen Abbrand von Holzbauteilen mit Rechteckquerschnitten aus Nadelholz oder von Nadelrundholz mit Abbrand des gesamten Umfangs geführt werden. Wird für die „heiße" Bemessung diese (genauere) Methode nach Abschn. 4.5.5 gewählt, sind in die Gl. für die „kalte" Bemessung (anstatt des Ausgangsquerschnitts A und des Widerstandsmomentes W unter Normaltemperatur) der verbleibende Restquerschnitt A_r und das Widerstandsmoment W_r nach Tabelle 4.15 je nach Brandbeanspruchung einzusetzen. Die Bemessungswerte der Festig- und Steifigkeiten im Brandfall werden (anstatt derjenigen unter Normaltemperatur) nach den Gl. (4.21) bis (4.23) im Abschn. 4.5.8 mit den Modifikationsbeiwerten $k_{mod,fi}$ nach Gl. (4.14) bis (4.16) im Abschn. 4.5.6 und dem Teilsicherheitsbeiwert $\gamma_{M,fi} = 1{,}0$ berechnet und in die entsprechenden Gl. für die „kalte" Bemessung eingesetzt. Sinngemäß ist bei der Ermittlung der Schlankheitsgrade λ, der bezogenen Schlankheitsgrade λ_{rel}, der Knickbeiwerte k_c und Kippbeiwerte k_{crit} (Biegedrillknicken, Kippen), die auf den verbleibenden Restquerschnitt A_r bezogen werden, zu verfahren.

Für die (genauere) Methode mit reduzierten (Werkstoff-) Eigenschaften sind im Folgenden beispielhaft einige Bemessungsgleichungen der Ersatzstabverfahren im Brandfall in den Gl. (4.24) bis (4.36) angeführt, für die (vereinfachte) Methode mit reduziertem Querschnitt ist sinngemäß zu verfahren.

Bemessungsgleichungen der Ersatzstabverfahren im Brandfall für die (genauere) Methode mit reduzierten (Werkstoff-) Eigenschaften, Beispiele

einaxialer mittiger Druck im Brandfall, genauere Methode (Knicken maßgebend)
Knicken um die y-Achse

$$\frac{\sigma_{\mathrm{c,0,d,fi}}}{k_{\mathrm{c,y,fi}} \cdot f_{\mathrm{c,0,d,fi}}} = \frac{F_{\mathrm{c,d,fi}} / A_{\mathrm{r}}}{k_{\mathrm{c,y,fi}} \cdot f_{\mathrm{c,0,d,fi}}} \leq 1 \tag{4.24}$$

Knicken um die z-Achse

$$\frac{\sigma_{\mathrm{c,0,d,fi}}}{k_{\mathrm{c,z,fi}} \cdot f_{\mathrm{c,0,d,fi}}} = \frac{F_{\mathrm{c,d,fi}} / A_{\mathrm{r}}}{k_{\mathrm{c,z,fi}} \cdot f_{\mathrm{c,0,d,fi}}} \leq 1 \tag{4.25}$$

Einaxiale Biegung M_{y} um die starke y-Achse im Brandfall, genauere Methode - (Biegedrillknicken maßgebend)

$$\frac{\sigma_{\mathrm{m,y,d,fi}}}{k_{\mathrm{crit,fi}} \cdot f_{\mathrm{m,y,d,fi}}} = \frac{M_{\mathrm{y,d,fi}} / W_{\mathrm{y,n,fi}}}{k_{\mathrm{crit,fi}} \cdot f_{\mathrm{m,y,d,fi}}} \leq 1 \tag{4.26}$$

Einaxiale Biegung M_{y} um die starke y-Achse und Druck im Brandfall, genauere - Methode (Knicken und Biegedrillknicken maßgebend)

$$\left(\frac{\sigma_{\mathrm{m,y,d,fi}}}{k_{\mathrm{crit,fi}} \cdot f_{\mathrm{m,y,d,fi}}}\right)^2 + \frac{\sigma_{\mathrm{c,0,d,fi}}}{k_{\mathrm{c,z,fi}} \cdot f_{\mathrm{c,0,d,fi}}} \leq 1 \tag{4.27}$$

Zweiaxiale Biegung M_{y} um die starke y-Achse und M_{z} um die schwache z-Achse mit Druck im Brandfall, genauere Methode (Knicken und Biegedrillknicken maßgebend) für Querschnittsverhältnisse $h/b \leq 4$

$$\frac{\sigma_{\mathrm{c,0,d,fi}}}{k_{\mathrm{c,y,fi}} \cdot f_{\mathrm{c,0,d,fi}}} + \frac{\sigma_{\mathrm{m,y,d,fi}}}{k_{\mathrm{crit,fi}} \cdot f_{\mathrm{m,y,d,fi}}} + \left(\frac{\sigma_{\mathrm{m,z,d,fi}}}{f_{\mathrm{m,z,d,fi}}}\right)^2 \leq 1 \tag{4.28}$$

$$\frac{\sigma_{\mathrm{c,0,d,fi}}}{k_{\mathrm{c,z,fi}} \cdot f_{\mathrm{c,0,d,fi}}} + \left(\frac{\sigma_{\mathrm{m,y,d,fi}}}{k_{\mathrm{crit,fi}} \cdot f_{\mathrm{m,y,d,fi}}}\right)^2 + \frac{\sigma_{\mathrm{m,z,d,fi}}}{f_{\mathrm{m,z,d,fi}}} \leq 1 \tag{4.29}$$

Knickbeiwerte $k_{c,fi}$ für die genauere Methode im Brandfall

$$k_{c,y,fi} = \frac{1}{k_{y,fi} + \sqrt{k_{y,fi}^2 - \lambda_{rel,c,y,fi}^2}} \quad (4.30a)$$

$$\text{mit } k_{y,fi} = 0,5 \cdot \left[1 + \beta_c \cdot \left(\lambda_{rel,c,y,fi} - 0,3\right) + \lambda_{rel,c,y,fi}^2\right] \quad (4.30b)$$

$$k_{c,z,fi} = \frac{1}{k_{z,fi} + \sqrt{k_{z,fi}^2 - \lambda_{rel,c,z,fi}^2}} \quad (4.31a)$$

$$\text{mit } k_{z,fi} = 0,5 \cdot \left[1 + \beta_c \cdot \left(\lambda_{rel,c,z,fi} - 0,3\right) + \lambda_{rel,c,z,fi}^2\right] \quad (4.31b)$$

bezogener Schlankheitsgrad $\lambda_{rel,c,fi}$ im Brandfall

$$\lambda_{rel,c,y,fi} = \sqrt{\frac{f_{c,0,k,fi}}{\sigma_{c,crit,fi}}} = \frac{\lambda_{y,fi}}{\pi} \cdot \sqrt{\frac{f_{c,0,d,fi}}{E_{d,fi}}} \quad (4.32a)$$

$$\lambda_{rel,c,z,fi} = \sqrt{\frac{f_{c,0,k,fi}}{\sigma_{c,crit,fi}}} = \frac{\lambda_{z,fi}}{\pi} \cdot \sqrt{\frac{f_{c,0,d,fi}}{E_{d,fi}}} \quad (4.32a)$$

Druckfestigkeit $f_{c,0,d,fi}$ s. Gl. (4.21)
Steifigkeit $E_{d,fi}$ s. Gl. (4.22)

Schlankheitsgrad λ_{fi} im Brandfall
des verbleibenden Restquerschnitts

$$\lambda_{y,fi} = l_{ef,y,fi} \,/\, i_{y,fi} \quad (4.33a)$$

$$\lambda_{z,fi} = l_{ef,z,fi} \,/\, i_{z,fi} \quad (4.33a)$$

Kippbeiwerte $k_{crit,fi}$ (Biegedrillknicken) für die genauere Methode im Brandfall

$$k_{crit,fi} \begin{cases} = 1 & \text{für } \lambda_{rel,m,fi} \leq 0,75 \\ = 1,56 - 0,75 \cdot \lambda_{rel,m,fi} & \text{für } 0,75 < \lambda_{rel,m,fi} \leq 1,4 \\ = 1/\lambda^2_{rel,m,fi} & \text{für } 1,4 < \lambda_{rel,m,fi} \end{cases} \quad (4.34)$$

bezogener Kippschlankheitsgrad $\lambda_{rel,m,fi}$ (Biegedrillknicken) im Brandfall
für Biegeträger mit Rechteckquerschnitt der Breite b_r und Höhe h_r des verbleibenden Restquerschnitts für Biegebeanspruchung um die starke y-Achse

$$\lambda_{rel,m,fi} = \sqrt{\frac{l_{ef,fi}}{\pi \cdot i_{m,fi}}} \cdot \sqrt{\frac{f_{m,d,fi}}{\sqrt{E_{d,fi} \cdot G_{d,fi}}}} \quad (4.35)$$

$$\text{mit } i_{m,fi} = \frac{\sqrt{I_{z,fi} \cdot I_{tor,fi}}}{W_{y,fi}} \tag{4.36}$$

Biegefestigkeit $f_{m,d,fi}$ s. Gl. (4.21)
Steifigkeiten $E_{d,fi}$ und $G_{d,fi}$ s. Gl. (4.22) und (4.23)
Querschnittswerte b_r, h_r und $W_{y,r}$ nach Tabelle 4.15
Wirksame Länge $l_{ef,fi}$ (Ersatzstablänge, Biegedrillknicken, Kippen) des Biegeträgers sinngemäß nach Tabelle 17.8 oder 17.9
Hilfsbeiwert $i_{m,fi}$ sinngemäß nach Tabelle 17.3

oder sinngemäß nach den alternativen Gl. zur Bestimmung des bezogenen Kippschlankheitsgrades $\lambda_{rel,m}$ nach Tabelle 17.3.

Aussteifungen (Aussteifungskonstruktionen) druck- oder biegebeanspruchter - Bauteile im Brandfall

Die seitlichen Aussteifungen druck- oder biegebeanspruchter Bauteile, die knick- oder biegedrillknick-(kipp-)gefährdet sind, sollten so nachgewiesen werden, dass sie während der maßgebenden Brandbeanspruchungsdauer nicht versagen. Dabei darf angenommen werden, dass aussteifende Bauteile aus Holz oder Holzwerkstoffen während der geforderten Feuerwiderstandsdauer tragfähig sind, wenn 60% der Querschnittsfläche oder erforderlichen Dicke verbleiben, die für die Bemessung unter Normaltemperatur („kalte Bemessung“) notwendig sind, und die aussteifenden Bauteile mit Nägeln, Schrauben, Dübeln oder Bolzen befestigt sind. Klammern sollten bei den erforderlichen Verbindungsmittelabständen wie Nägel behandelt werden, s. DIN 1995-1-2: 2010-12, 4.3.5 und DIN EN 1995-1-2/NA: 2010-12, NCI zu 4.3.5 (2) Aussteifungen.

Versagt die Aussteifung knick- oder biegedrillknick-(kipp-)gefährdeter Holzbauteile (Stützen oder Balken) während der relevanten Brandbeanspruchung, sind Nachweise des Biegeknickens oder Biegedrillknickens (Kippens) wie für einen seitlich unausgesteiften Druck- oder Biegestab zu führen, s. DIN EN 1995-1-2: 2010-12, 4.3.2 und 4.3.3.

Lagerungsbedingungen für durchlaufende Stützen im Brandfall

Die Lagerungsbedingungen für Stützen, die in einem Brandabschnitt durchlaufend in einem unverschieblichen Tragwerk stehen, dürfen im Verglich zur Bemessung unter Normaltemperatur günstiger angenommen werden. Durchlaufende Stützen dürfen in den Zwischengeschossen am Fuß- und Kopfpunkt als voll eingespannt angenommen werden, im obersten Stockwerk nur am Fußpunkt, die jeweilige Stützenlänge l sollte dabei jeweils als Abstand von Mitte oberer bis Mitte unterer Decke betragen, s. Bild 4.22.

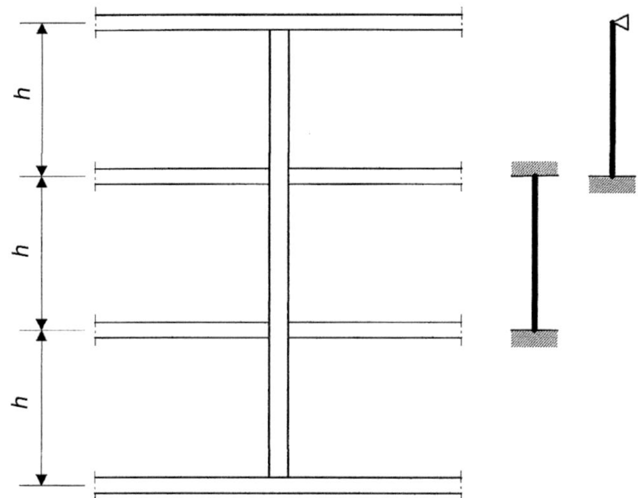

Bild 4.22 Annahme günstigerer Lagerungsbedingungen für durchlaufende Stützen in einem Brandabschnitt innerhalb eines unverschieblichen Tragwerks nach DIN EN 1995-1-2: 2010-12, 4.3.3, Bild 4.4
- in Zwischengeschossen voll eingespannt am Stützenkopf und -fuß,
- im obersten Stockwerk voll eingespannt nur am Stützenfuß,
- mit Stützenlänge l jeweils als Abstand von Mitte oberer bis Mitte unterer Decke

4.5.11 Konstruktive Ausführung der Befestigung von Brandschutzbekleidungen aus Holz oder Holzwerkstoffen bei Balken und Stützen

Die Befestigung der Brandschutzbekleidungen aus Holz und Holzwerkstoffen bei Balken und Stützen sollte entsprechend Bild 4.23 vorgenommen werden, s. DIN EN 1995-1-2: 2010-12, 7.2. Die Brandschutzbekleidungen sind am Bauteil selbst und nicht an anderen Bekleidungen zu befestigen. Bestehen Brandschutzbekleidungen aus mehreren Lagen, sollte jede Platte (Lage) einzeln befestigt werden, Plattenstöße sind um mind. 60 mm versetzt anzubringen. Der Abstand a der Verbindungsmittel sollte nicht mehr als der kleinere Wert aus $a = 200$ mm oder $a = 17 \cdot h_p$, der Randabstand a_4 nicht größer als $3 \cdot h_p$ und nicht kleiner als der kleinere Wert aus $a = 15$ mm oder $a = 1{,}5 \cdot h_p$ (mit h_p als Dicke der Platte) betragen.

Die Verankerungslänge l_a der Verbindungsmittel im unverbrannten Bauholz bei tragenden Beplankungen von mindestens $l_a = 8 \cdot d$ und bei nichttragenden Beplankungen von mindestens $l_a = 6 \cdot d$ sind einzuhalten, s. Bild 4.24.

Über die Befestigung und Verankerungslängen zusätzlicher Brandschutzbekleidungen für geschützte Verbindungen s. Abschn. 4.6.2, Tabelle 4.17.

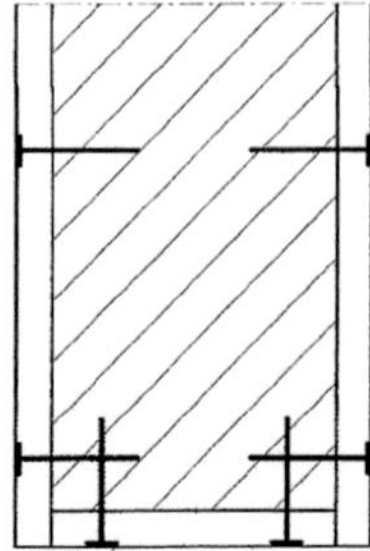
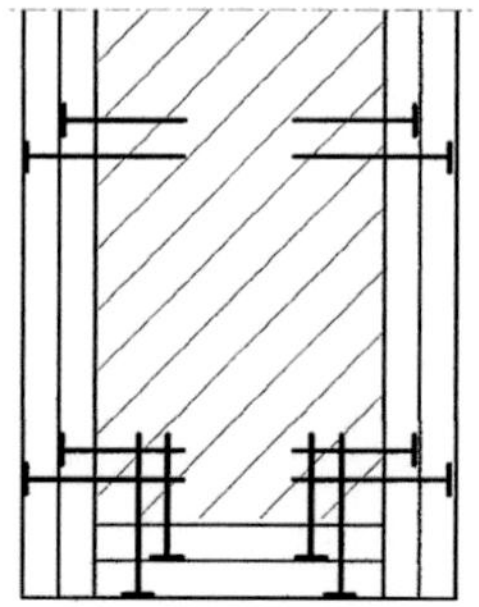
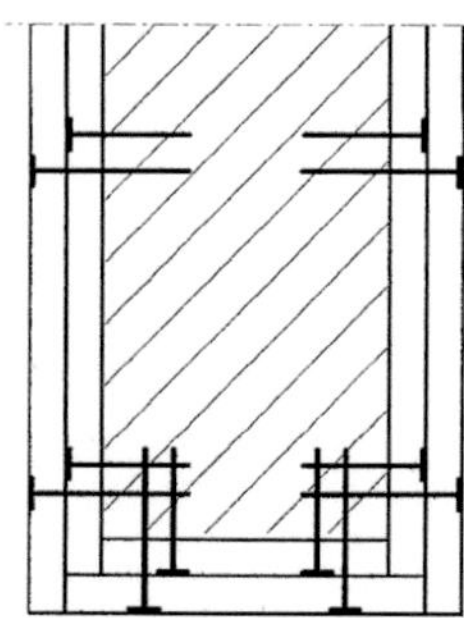

Bild 4.23 Befestigung von Brandschutzbekleidungen aus Holz oder Holzwerkstoffen bei Balken und Stützen nach DIN EN 1995-1-2: 2010-12, 7.2, Bild 7.2, Beispiele

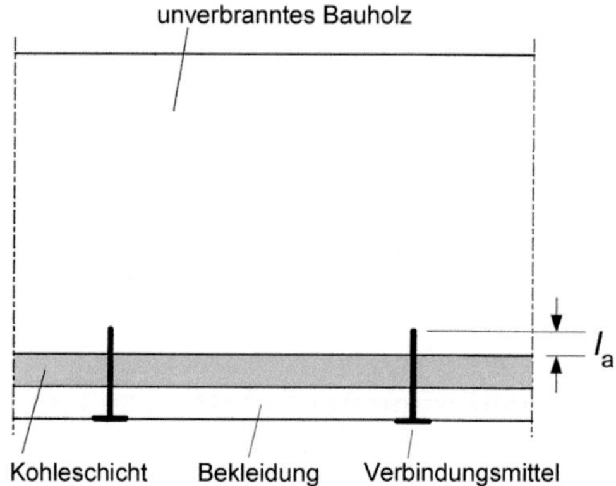

Bild 4.24 Verankerungslänge l_a von Verbindungsmitteln im unverbrannten Bauholz von Brandschutzbekleidungen aus Holz und Holzwerkstoffen bei Balken und Stützen nach DIN EN 1995-1-2: 2010-12, 7.2, Bild 7.1b

4.6 Bemessung von Verbindungen im Brandfall

4.6.1 Brandverhalten und Bemessung von Verbindungen mit metallischen Verbindungsmitteln

Brandverhalten von Verbindungen mit metallischen Verbindungsmitteln

Verbindungen von Holzbauteilen werden überwiegend mit Stabdübeln, Passbolzen, Bolzen, Nägeln, Dübeln besonderer Bauart und dgl. ausgeführt. Diese metallischen Verbindungsmittel bewirken nach *Peter/Scheer* [391] in ihrem Bereich einen erhöhten Wärmeeintrag in den Holzquerschnitt, durch den ein erhöhter Abbrand sowie eine größere Abminderung der Holz-Werkstoffeigenschaften vorliegen können. Die Stahlfestigkeit nimmt bei einer

Temperatur von ca. 400 °C rasch ab, viele Stahlsorten erreichen bei ca. 800 °C nur noch etwa 20% der anfänglichen Streckgrenze. Die abnehmende Stahlfestigkeit im Brandfall vermindert die Tragfähigkeit einer Verbindung, insbesondere wenn Fließgelenke bei stiftförmigen metallischen Verbindungsmitteln ausbildet werden, über Fließgelenke s. Abschn. 11.2 und 11.3.

Bei **ungeschütztem Einbau** erreichen Verbindungen mit metallischen Verbindungsmitteln nach DIN EN 1995-1-2: 2010-12, 6 unter bestimmten Anforderungen ohne weiteren Nachweis eine im Brandfall (meist unzureichende) Feuerwiderstandsdauer $t_{d,fi}$ von 15 min bis 20 min (dies entspricht der Feuerwiderstandsdauer unter Normaltemperatur). Mit der vereinfachten Nachweismethode kann die Feuerwiderstandsdauer $t_{d,fi}$ ungeschützter Verbindungen durch Vergrößerung der Abmessungen der Seitenhölzer sowie der End- und Randabstände auf $t_{d,fi}$ bis zu 30 min erhöht werden (für Verbindungen mit Stabdübeln, Nägeln und Holzschrauben), mit der genaueren Nachweismethode wird (außer Nägel- und Holzschraubenverbindungen) eine noch höhere Feuerwiderstandsdauer $t_{d,fi}$ von 30 min bis 40 min (Stabdübel-Holz-Holz-Verbindungen) erzielt, ohne die Abmessungen der Verbindung unter Normaltemperatur zu verändern. Bei **geschütztem Einbau** von Verbindungen, der durch eingeklebte Holzdübel oder zusätzliche Bekleidungen aus Holz, Holzwerkstoffplatten oder bestimmten Gipsplatten ausgeführt wird, kann mit der genaueren Nachweismethode die Feuerwiderstandsdauer $t_{d,fi}$ wesentlich höhere Werte bis zu maximal $t_{d,fi} = 60$ min erreichen. Höhere Feuerwiderstandsdauern als $t_{d,fi} > 60$ min sind rechnerisch erreichbar, dürfen in der Regelbemessung der vorliegenden europäischen Bemessungsnorm für den Brandfall nicht verwendet werden.

Da im Brandfall Verbindungen die schwächsten Punkte eines Holztragwerkes sind, müssen stets die Bauteile und deren Verbindungen brandschutztechnisch untersucht und nachgewiesen werden.

Bemessung von Verbindungen mit metallischen Verbindungsmitteln im Brandfall

Tragende Verbindungen des Holzbaus im Brandfall sind ebenso wie tragende Holzbauteile nach DIN EN 1995-1-2: 2010-12 und DIN EN 1995-1-1/NA: 2010-12 zu bemessen. Die Brandschutzbemessung tragender Verbindungen gilt für Verbindungen von Bauteilen unter Normbrandbeanspruchung (Einheits-Temperaturzeit-Kurve (ETK)) und für eine Feuerwiderstandsdauer von max. 60 min, soweit nicht anders dargestellt, s. DIN EN 1995-1-2: 2010-12, 6.1. Die im Folgenden angeführten Regeln für Nägel, Bolzen, Stabdübel, Holzschrauben, Ring- und Scheibendübel gelten für **symmetrische zweischnittige Verbindungen mit Beanspruchungen der Verbindungsmittel auf Abscheren**, s. Abschn. 4.6.2 bis 4.6.5. Regeln für Verbindungen mit Beanspruchungen auf Herausziehen werden in der Norm nur für Holzschrauben angegeben und im Abschn. 4.6.6 nicht näher bearbeitet, hierüber s. DIN EN 1995-1-2: 2010-12, 6.4.

Die Brandschutzbemessung der Verbindungen regelt „Verbindungen mit Seitenteilen aus Holz" und stellt zwei alternative Nachweisführungen der „Vereinfachten Regeln", s. Abschn. 4.6.2, und der „(genaueren) Methode mit reduzierten Beanspruchungen", s. Abschn. 6.4.3, zur Wahl. In beiden Nachweismethoden werden ungeschützte und geschützte Verbindungen untersucht. Darüber hinaus können „Verbindungen mit innen liegenden Stahlblechen“ nach Abschn. 4.6.4 und außen liegenden Stahlblechen“ nach Abschn. 4.6.5 ausgelegt werden.

Nicht geregelte Verbindungen unter Brandbeanspruchung
Unsymmetrische und/oder einschnittige Verbindungen mit metallischen Verbindungsmitteln, zimmermannsmäßige Verbindungen wie Versätze und Zapfen sowie Verbindungen mit Holznägeln unter Brandbeanspruchung werden in DIN EN 1995-1-2: 2010-12 ebenso nicht geregelt wie Verbindungen mit Stahlblechformteilen. In diesen Fällen muss auf bauaufsichtliche Verwendbarkeitsnachweise, Zulassungen im Einzelfall oder brandschutztechnische Gutachten anerkannter Institute zurückgegriffen werden, soweit diese vorliegen.

4.6.2 Verbindungen mit Seitenteilen aus Holz im Brandfall, - vereinfachte Methode

Die Regeln für Verbindungen mit Seitenteilen aus Holz im Brandfall gelten nur für **symmetrische zweischnittige Verbindungen mit Beanspruchungen der Verbindungsmittel auf Abscheren,** s. DIN EN 1955-1-2: 2010-12; 6.1.

Ungeschützte Verbindungen mit Seitenteilen aus Holz im Brandfall, vereinfachte Methode
In der vereinfachten Methode kann die Feuerwiderstandsdauer $t_{d,fi}$ ungeschützter Holz-Holz-Verbindungen nach Tabelle 4.16 bestimmt werden, wenn die Mindestanforderungen der Rand- und Lochabstände der Verbindungsmittel sowie die Mindest-Abmessungen der Seitenhölzer nach DIN EN 1995-1-1: 2010-12, 8, („kalte Bemessung“) eingehalten sind. Demnach erreichen diese ungeschützten Verbindungen, die unter Normaltemperatur bemessen worden sind, ohne weiteren Nachweis die Feuerwiderstandsdauer $t_{d,fi} = 20$ min bei Stabdübeln und $t_{d,fi} = 15$ min bei Nägeln, Holzschrauben, Bolzen und Dübeln besonderer Bauart.

Höhere Feuerwiderstandsdauern $t_{d,fi}$ für ungeschützte Holz-Holz-Verbindungen mit Stabdübeln, Nägeln und Holzschrauben als nach Tabelle 4.16, aber nicht mehr als $t_{d,fi} = 30$ min, können in der vereinfachten Methode durch konstruktive Maßnahmen wie Vergrößern der Rand- und Endanstände und der Seitenholzdicken und -breiten um das Vergrößerungsmaß a_{fi} nach Gl. (4.37) erreicht werden, s. Bild 4.25. Über Abstände a von Verbindungsmitteln s. Abschn. 10.2. Im Einzelnen sollen folgende Maße um a_{fi} vergrößert werden:

- a_3 Endabstand als Abstand vom Hirnholzende, s. Abschn. 11 oder 12
- a_4 Randabstand als Abstand vom Holzrand, s. Abschn. 11 oder 12

- t_1 Dicke der Seitenteile, s. Abschn. 11 oder 12
- b Breite der Seitenteile, s. Abschn. 11 oder 12

$$a_{fi} = \beta_n \cdot k_{flux} \cdot (t_{req} - t_{d,fi}) \tag{4.37}$$

β_n Abbrandrate nach Abschn. 4.4.1, Tabelle 4.8
k_{flux} Koeffizient zur Berücksichtigung des erhöhten Wärmeflusses durch das Verbindungsmittel
= 1,5 in der Regel
$t_{d,fi}$ Feuerwiderstandsdauer der ungeschützten Verbindung nach Tabelle 4.16
t_{req} erforderliche Feuerwiderstandsdauer unter Normbrandbeanspruchung

Tabelle 4.16 Feuerwiderstandsdauer $t_{d,fi}$ ungeschützter Verbindungen mit Seitenteilen aus Holz nach DIN EN 1995-1-2: 2010-12, Abschn. 6.2.1.1, Tabelle 6.1[1)] [2)] [4)]

Verbindungsmittel	Feuerwiderstandsdauer $t_{d,fi}$ in min	Voraussetzungen
Nägel	15	$d \geq 2{,}8$ mm
Holzschrauben	15	$d \geq 3{,}5$ mm
Bolzen	15	$t_1 \geq 45$ mm
Dübel (Stabdübel)	20	$t_1 \geq 45$ mm
Dübel besonderer Bauart[3)]	15	$t_1 \geq 45$ mm

[1)] Hierin bedeuten
d Durchmesser der Verbindungsmittel
t_1 Dicke des Seitenteils
$t_{d,fi}$ Zeitdauer des Feuerwiderstandes einer ungeschützten Verbindung
[2)] Angaben gelten für Holz-Holz-Verbindungen, wenn die Mindest-Rand- und -Lochabstände der Verbindungsmittel sowie die Mindest-Abmessungen der Seitenhölzer nach DIN EN 1995-1-1: 2010-12, 8, („kalte Bemessung") eingehalten sind
[3)] Dübel besonderer Bauart nach DIN EN 912: 2011-09, s. Abschn. 12
[4)] höhere Feuerwiderstandsdauern, aber nicht mehr als $t_{d,fi} = 30$ min, für ungeschützte Verbindungen mit Stabdübeln, Nägeln und Holzschrauben mit nicht überstehenden Köpfen durch Vergrößern der Rand- und Endabstände und Abmessungen der Seitenhölzer nach Gl. (4.37) und Bild 4.25

Da die Angaben zur Feuerwiderstandsdauer ungeschützter Verbindungen in Tabelle 4.16 unter der Voraussetzung der Mindestanforderungen an die End- und Randabstände unter Normaltemperatur gelten, wird nach *Peter/Scheer* [391] das Vergrößerungsmaß a_{fi} der Gl. (4.37) auf die erforderlichen und nicht auf die vorhandenen End- und Randabstände bezogen. Wenn demnach die vorhandenen End- und Randabstände bereits größer oder gleich der Summe aus Vergrößerungsmaß a_{fi} und erforderlichem Abstand unter Normaltemperatur betragen, ist keine weitere Vergrößerung erforderlich. Sinngemäß gilt dies ebenso für die Mindestabmessungen der Seitenhölzer, wenn das vereinfachte Nachweisverfahren für die Tragfähigkeit stiftförmiger metallischer Verbindungsmittel unter Normaltemperatur (Ausbildung von Fließgelenken) nach Abschn. 11.2 und 11.3 angewendet wird; auch hier ist im

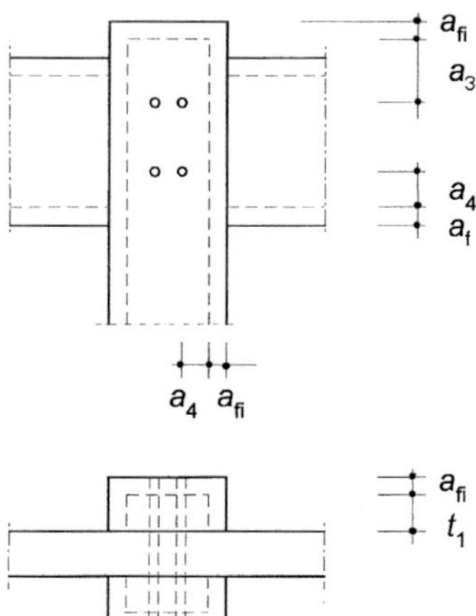

Bild 4.25 Feuerwiderstanddauer von Holz-Holz-Verbindungen, zusätzliche Dicken sowie zusätzliche Abstände zum Hirnholzende und Holzrand durch das Vergrößerungsmaß a_{fi} im Brandfall nach DIN EN 1995-1-2: 2010-12, Abschn. 6.2.1, Bild 6.1, über Abstände a von Verbindungsmitteln s. Abschn. 10.2.

a_{fi} Vergrößerungsmaß a_{fi} im Brandfall nach Gl. (4.37)
a_3 Abstand vom Hirnholzende, s. Abschn. 11 oder 12
a_4 Abstand vom Holzrand, s. Abschn. 11 oder 12
t_1 Dicke der Seitenteile, s. Abschn. 11 oder 12
b Breite der Seitenteile, s. Abschn. 11 oder 12

Brandfall keine zusätzliche Vergrößerung notwendig, wenn die vorhandene Seitenholzdicke t_1 mindestens der Summe aus Vergrößerungsmaß a_{fi} und erforderlicher Seitenholzdicke t_{req} entspricht.

Höhere Feuerwiderstandsdauern $t_{d,fi}$ für ungeschützte Holz-Holz-Verbindungen mit Bolzen und Dübeln besonderer Bauart als nach Tabelle 4.16, aber nicht mehr als $t_{d,fi}$ = 30 min, können in der vereinfachten Methode nur als geschützte Verbindungen, s. unten, oder mit der (genaueren) Methode der reduzierten Beanspruchungen nach Abschn. 4.6.3 erreicht werden, noch höhere Feuerwiderstandsdauern von höchstens $t_{d,fi}$ = 60 min ebenso mit der (genauere Methode) der reduzierten Beanspruchungen.

Geschützte Verbindungen mit Seitenteilen aus Holz im Brandfall, vereinfachte Methode

Holz-Holz-Verbindungen im Brandfall können durch zusätzliche Brandschutzbekleidungen aus Holz, Holzwerkstoffplatten, bestimmten Gipsplatten oder eingeklebten Holzdübel geschützt werden und verzögern dadurch den Abbrand der Holzbauteile der Verbindungen für eine Zeitdauer t_{ch}. Die Brandschutzbekleidungen verhindern jedoch nicht die Erwärmung des Verbindungsmittelbereiches vor Beginn des Abbrandes.

In der vereinfachten Methode kann die **Dicke h_p der Brandschutzbekleidung geschützter Verbindungen** in Abhängigkeit von der Art der Verbindungsmittel und Bekleidung sowie der erforderlichen Feuerwiderstandsdauer $t_{d,fi}$ wie folgt bestimmt werden, s. auch *Peter/Scheer* [391]: Die einzuhaltenden Bedingungen der Zeitdauer t_{ch} bis zum Beginn des Abbrandes der Brandschutzbekleidungen von Verbindungen kann Tabelle 4.17 für verschiedene Materialien entnommen werden. Der Zeitpunkt, an dem eine Brandschutzbekleidung versagt, wird durch den Beginn des Abbrandes t_{ch} des geschützten Bauteils bestimmt, der für verschiedene Brandschutzbekleidungen aus den Angaben in Abschn. 4.4.5, Tabelle 4.10 berechnet werden kann.

Geschützte Verbindungen nach Tabelle 4.17 können in der vereinfachten Methode **Feuerwiderstandsdauern von maximal $t_{d,fi}$ = 30 min** erreichen, höhere Feuerwiderstandsdauern bis $t_{d,fi}$ = 60 min sind auch mit der genaueren Methode der reduzierten - Beanspruchungen nach Abschn. 4.6.3 erreichbar.

Ermitteln der Mindestdicke h_p der Brandschutzbekleidung einer geschützten - Verbindungen in der vereinfachten Methode

Verbindung mit einer Brandschutzbekleidung aus Holz oder Holzwerkstoffplatten

- Bedingung für die Zeitdauer t_{ch} bis zum Abbrand dieser Brandschutzbekleidung nach Tabelle 4.17

$$t_{ch} \geq t_{req} - 0{,}5 \cdot t_{d,fi} \qquad (4.38a)$$

- Zeitpunkt t_{ch} des Versagens der Brandschutzbekleidung (entspricht dem Beginn des Abbrandes im anfänglich geschützten Verbindungsbereich) nach Abschn. 4.4.5, Tabelle 4.10

$$t_{ch} = h_p/\beta_0 \qquad (4.38b)$$

daraus folgt

$$h_p = t_{ch} \cdot \beta_0 \qquad (4.38c)$$

- **Mindestdicke h_p für Brandschutzbekleidungen aus Holzbekleidungen oder Holzwerkstoffplatten** einer geschützten Verbindung in der vereinfachten Methode, errechnet aus Gl. (4.38a) und (4.38c)

$$h_p \geq (t_{req} - 0{,}5 \cdot t_{d,fi}) \cdot \beta_0 \qquad (4.38d)$$

- **Mindestdicke h_p für Brandschutzbekleidungen aus Gipsplatten, Typ A oder H nach DIN EN 520** einer geschützten Verbindung in der vereinfachten Methode, sinngemäß errechnet aus Tabelle 4.10 und 4.17

$$h_p \geq (t_{req} - 0{,}5 \cdot t_{d,fi} + 14)/2{,}8 \qquad (4.39)$$

- **Mindestdicke h_p für Brandschutzbekleidungen aus Gipsplatten, Typ F nach DIN EN 520** einer geschützten Verbindung in der vereinfachten Methode, sinngemäß errechnet aus Tabelle 4.10 und 4.17

$$h_p \geq (t_{req} - 1{,}2 \cdot t_{d,fi} + 14)/2{,}8 \qquad (4.40)$$

Bezeichnungen und Einheiten der verwendeten Größen in Gl. (4.38) bis (4.40) s. Tabellen 4.10 und 4.17

Die **Befestigung zusätzlicher Brandschutzbekleidungen** ist so vorzunehmen, dass ein vorzeitiges Versagen ausgeschlossen wird. Die einzuhaltenden Bedingungen für die zusätzlichen Schutzbekleidungen im Brandfall sind in Tabelle 4.17 dargestellt.

Tabelle 4.17 Geschützte Holz-Holz-Verbindungen im Brandfall, einzuhaltende Bedingungen für die Zeitdauer t_{ch} bis zum Beginn des Abbrandes zusätzlicher Brandschutzbekleidungen aus Holz, Holzwerkstoffplatten, bestimmten Gipsplatten oder eingeklebten Holzdübel sowie Regeln zu deren Befestigung in der vereinfachten Methode nach DIN EN 1995-1-2: 2010-12, 6.2.1.2[1])

Verbindungen mit zusätzlicher Brandschutzbekleidung aus Holz, Holzwerkstoffplatten oder Gipsplatten, Typ A oder H[2])

Zeitdauer t_{ch} bis zum Beginn des Abbrandes der Bekleidung

$t_{ch} \geq t_{req} - 0{,}5 \cdot t_{d,fi}$

t_{ch} Zeitdauer bis zum Beginn des Abbrandes eines geschützten Bauteils nach Abschn. 4.4.5, Tabelle 4.10

$t_{d,fi}$ Feuerwiderstandsdauer der ungeschützten Verbindung nach Tabelle 4.16

t_{req} geforderte Feuerwiderstandsdauer bei Normbrandbeanspruchung

Verbindungen mit zusätzlicher Brandschutzbekleidung aus Gipsplatten, Typ F[3])

Zeitdauer t_{ch} bis zum Beginn des Abbrandes der Bekleidung

$t_{ch} \geq t_{req} - 1{,}2 \cdot t_{d,fi}$ Erläuterungen s. oben

Verbindungen mit zusätzlicher Brandschutzbekleidung aus eingeklebtem Holzdübel

Länge a_{fi} des eingeklebten Holzdübels, s. auch Gl. (4.37) und Bild unten

$a_{fi} \geq \beta_n \cdot k_{flux} \cdot (t_{req} - t_{d,fi})$

β_n Abbrandrate nach Abschn. 4.4.1, Tabelle 4.8

k_{flux} Koeffizient zur Berücksichtigung des erhöhten Wärmeflusses durch das Verbindungsmittel = 1,5 in der Regel

$t_{d,fi}$ Feuerwiderstandsdauer der ungeschützten Verbindung nach Tabelle 4.16

t_{req} erforderliche Feuerwiderstandsdauer unter Normbrandbeanspruchung

Beispiele für zusätzliche Brandschutzbekleidungen

(der Schutz der Schmalseiten von Seiten- und Mittelteilen ist nicht dargestellt)

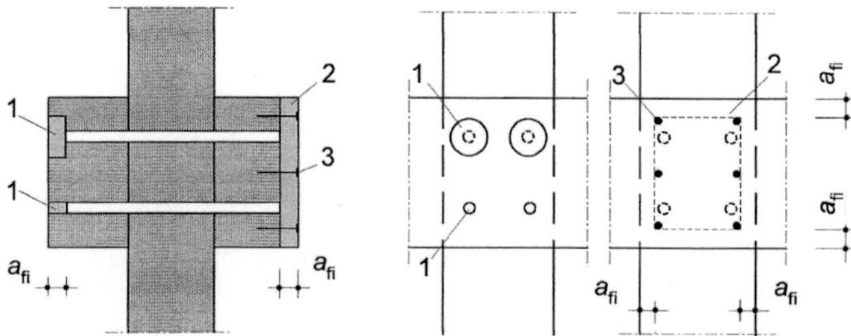

1 eingeklebte Holzdübel

2 zusätzliche Brandschutzbekleidung

3 Verbindungsmittel zur Befestigung der zusätzlichen Brandschutzbekleidung

Tabelle 4.17 (Fortsetzung)

<table>
<tr><th colspan="2">Bolzenverbindungen mit zusätzlicher Brandschutzbekleidung des Bolzenkopfes</th></tr>
<tr><td>Dicke a_{fi} der zusätzlichen Holzbekleidung, s. auch Gl. (4.37) und Bild rechts

$a_{fi} \geq \beta_n \cdot k_{flux} \cdot (t_{req} - t_{d,fi})$

Erläuterungen s. oben</td><td>Beispiel für den Schutz eines Bolzenkopfes durch zusätzliche Brandschutzbekleidung
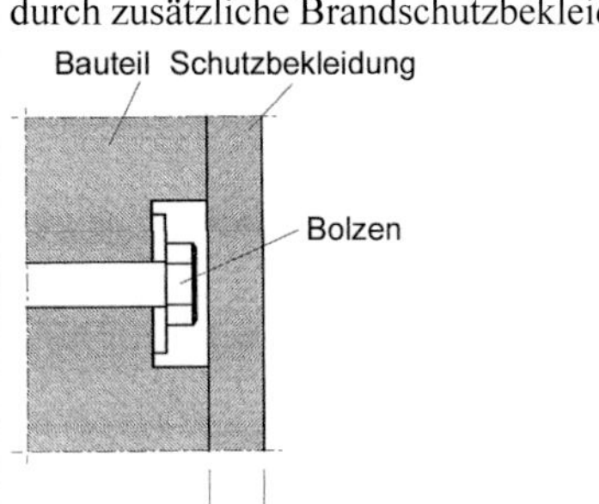
</td></tr>
<tr><th colspan="2">Befestigung der zusätzlichen Brandschutzbekleidung durch Nägel oder Holzschrauben</th></tr>
<tr><td colspan="2">Randabstand a_{fi} der Nägel oder Holzschrauben, s. auch Gl. (4.37) und Bild in dieser Tabelle drei Zeilen nach oben
$a_{fi} \geq \beta_n \cdot k_{flux} \cdot (t_{req} - t_{d,fi})$ Erläuterungen s. oben</td></tr>
<tr><td colspan="2">Abstand a zwischen den Nägeln oder Holzschrauben entlang der Plattenränder
$a \leq 100$ mm</td></tr>
<tr><td colspan="2">Abstand a zwischen den Nägeln oder Holzschrauben bei Befestigung in der Plattenfläche
$a \leq 300$ mm</td></tr>
<tr><th colspan="2">Verankerungslängen l_a der Verbindungsmittel zur Befestigung zusätzlicher Brandschutzbekleidungen</th></tr>
<tr><td>bei zusätzlicher Brandschutzbekleidung aus Holz, Holzwerkstoffen oder Gipsplatten, Typ A oder H[2])
$l_a > 6 \cdot d$

im unverkohlten Holz hinter der Abbrandgrenze, s. Bild rechts
d Durchmesser des Verbindungsmittels</td><td rowspan="2">Beispiel für die Verankerungslänge l_a im unverkohlten Holz für Verbindungsmittel zur Befestigung zusätzlicher Brandschutzbekleidung
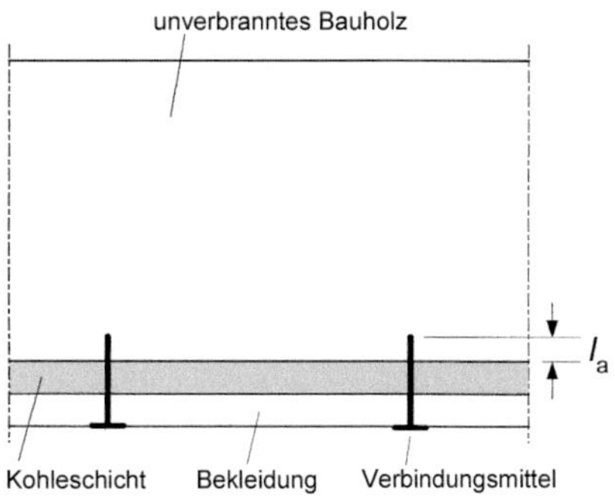
</td></tr>
<tr><td>bei zusätzlicher Brandschutzbekleidung aus Gipsplatten, Typ F[3])
$l_a \geq 10$ mm
im unverkohlten Holz hinter der Abbrandgrenze, s. Bild rechts</td></tr>
</table>

[1]) die zusätzliche Brandschutzbekleidung sollte so befestigt werden, dass ein vorzeitiges Versagen auszuschließen ist, einzuhaltende Bedingungen zur Befestigung der zusätzlichen Bekleidung mit Nägeln oder Holzschrauben einschl. erforderlicher Verankerungslängen sind unten in dieser Tabelle dargestellt

[2]) zusätzliche Bekleidungen aus Holzwerkstoffen und Gipsplatten dürfen nicht vor dem rechnerischen Beginn des Abbrandes des Bauteils ($t = t_{ch}$) abfallen,

[3]) zusätzliche Beplankungen aus Gipsplatten, Typ F sollten während der gesamten Feuerwiderstandsdauer nicht abfallen ($t = t_{req}$)

4.6.3 Verbindungen mit Seitenteilen aus Holz im Brandfall, genauere Methode mit reduzierten Beanspruchungen

Die Regeln für Verbindungen mit Seitenteilen aus Holz im Brandfall gelten nur für **symmetrische zweischnittige Verbindungen mit Beanspruchungen der Verbindungsmittel auf Abscheren,** s. DIN EN 1955-1-2: 2010-12; 6.1.

Die (genauere) Methode mit reduzierten Beanspruchungen erzielt bei **ungeschützten Verbindungen** höhere Feuerwiderstandsdauern als mit der vereinfachten Methode nach Abschn. 4.6.2 erreichbar, ohne die Abmessungen der Verbindung unter Normaltemperatur zu verändern. Mit der genaueren Methode kann bei den meisten Verbindungen eine Feuerwiderstandsdauer von maximal $t_{d,fi} = 30$ min und bei Stabdübel-Holz-Holz-Verbindungen von $t_{d,fi} = 40$ min erreicht werden außer bei Nagel- und Holzschraubenverbindungen mit nur maximal $t_{d,fi} = 20$ min. Bei **geschütztem Einbau** von Verbindungen, der durch eingeklebte Holzdübel oder zusätzliche Bekleidungen aus Holz oder bestimmten Gipsplatten ausgeführt wird, kann mit der genaueren Methode die Feuerwiderstandsdauer von maximal $t_{d,fi} = 60$ min ausgeführt werden. Höhere Feuerwiderstandsdauern als $t_{d,fi} > 60$ min sind rechnerisch erreichbar, dürfen in der Regelbemessung für den Brandfall jedoch nicht verwendet werden.

Die **Tragfähigkeit ungeschützter Verbindungen** kann in der (genaueren) Methode mit reduzierten Beanspruchungen für die vorhandene/erforderliche Feuerwiderstandsdauer $t_{d,fi}$ mit zwei alternativen Methoden nachgewiesen werden, die im Folgenden angeführt sind: Einmal die Berechnung der Feuerwiderstandsdauer $t_{d,fi}$ einer vorhandenen ungeschützten Verbindung nach Gl. (4.41) oder zum anderen die Ermittlung der Tragfähigkeit im Brandfall für die erforderliche Feuerwiderstandsdauer $t_{d,fi}$ einer ungeschützten Verbindung aus der Tragfähigkeit unter Normaltemperatur nach Gl. (4.43).

Ungeschützte Verbindungen mit Seitenteilen aus Holz im Brandfall, (genauere) - Methode mit reduzierten Beanspruchungen

Die **Feuerwiderstandsdauer $t_{d,fi}$ ungeschützter Holz-Holz-Verbindungen** sollte in der (genaueren) Methode mit reduzierten Beanspruchungen nach Gl. (4.41) ermittelt werden; hiermit kann die erreichbare Feuerwiderstandsdauer $t_{d,fi}$ einer Verbindung bestimmt werden, die unter Normaltemperatur nachgewiesen wurde, s. DIN EN 1995-1-2: 2010-12, 6.2.2.1. Die Feuerwiderstandsdauer $t_{d,fi}$ mit Gl. (4.41) wird in Abhängigkeit von der Verbindungsmittelart nach Tabelle 4.18, der Beanspruchung im Brandfall und dem (Aus-) Nutzungsgrad unter Normaltemperatur berechnet. Bei Stabdübel-Verbindungen gelten die Werte für Verbindungen mit einem Bolzen je vier Stabdübel.

$$t_{d,fi} = -\frac{1}{k} \cdot \ln\left(\frac{\eta_{fi} \cdot \eta_0 \cdot k_{mod} \cdot \gamma_{M,fi}}{\gamma_M \cdot k_{fi}}\right) \tag{4.41}$$

k Parameter für Verbindungsmittel nach Tabelle 4.18, für Stabdübel, die > 5 mm überstehen, sollten die k-Werte für Bolzen angenommen werden

k_{fi} Beiwert nach Abschn. 4.4.6, Tabelle 4.12, zur Berechnung der 20%-Quantilen unter Normaltemperatur aus den 5%-Quantilen unter Normaltemperatur

k_{mod} Modifikationsbeiwert unter Normaltemperatur nach Tabelle 7.16

η_{fi} Abminderungsfaktor für den Bemessungswert der Einwirkungen bei Brandbeanspruchung nach Abschn. 4.5.2, Gl. (4.11) oder
- vereinfachend kann auch auf der sicheren Seite liegend verwendet werden:
= 0,6 für alle Einwirkungen mit folgender Ausnahme:
= 0,7 für Nutzlasten der Kategorie E nach DIN EN 1991-1-1, s. DIN EN 1995-1-2/NA: 2010-12, NPD zu 2.4.2(3)

η_0 (Aus-)Nutzungsgrad der Tragfähigkeit der Verbindung unter Normaltemperatur

γ_M Teilsicherheitsbeiwert für die Verbindung unter Normaltemperatur nach Tabelle 8.2

$\gamma_{M,fi}$ Teilsicherheitsbeiwert für Holz im Brandfall
= 1,0 nach DIN EN 1995-1-2/NA: 2010-12, NDP zu 2.3 (2)P, zu Anmerkung 1

Die **maximal zulässige Feuerwiderstandsdauer $t_{d,fi}$ ungeschützter Verbindungen** in der (genaueren) Methode mit reduzierten Beanspruchungen ist je Verbindungsart in Tabelle 4.18 dargestellt, danach können ungeschützte Stabdübel-Holz-Holz-Verbindungen höchstens eine Feuerwiderstandsdauer $t_{d,fi,max}$ = 40 min und andere ungeschützte Verbindungen $t_{d,fi,max}$ = 30 min erreichen; dagegen erzielen ungeschützte Nagel- und Holzschrauben-Verbindungen ohne weitere konstruktive Maßnahmen höchstens eine Feuerwiderstandsdauer $t_{d,fi,max}$ = 20 min, die bei Nagel- und Holzschrauben-Verbindungen ohne überstehende

Tabelle 4.18 Parameter k zur Berechnung der Gl. (4.41) und maximale Gültigkeitsdauer ungeschützter Verbindungen in der (genaueren) Methode mit reduzierten Beanspruchungen nach DIN EN 1995-1-2: 2010-12, Abschn. 6.2.2.1, Tabelle 6.3[1]) [2]) [4])

Verbindung mit	Parameter k	maximale Gültigkeitsdauer für ungeschützte Verbindungen in min
Nägel und Holzschrauben[5])	0,08	20
Bolzen, Holz-Holz-Verbindung mit $d \geq 12$ mm	0,065	30
Bolzen, Stahl-Holz-Verbindung mit $d \geq 12$ mm	0,085	30
Stabdübel, Holz-Holz-Verbindung mit $d \geq 12$ mm [2])	0,04	40
Stabdübel, Stahl-Holz-Verbindung mit $d \geq 12$ mm [2])	0,085	30
Dübel besonderer Bauart[3])	0,065	30

[1]) Hierin bedeuten
d Durchmesser des Verbindungsmittels
[2]) die Werte für Stabdübel gelten für ungeschützte Verbindungen mit einem Bolzen je vier Stabdübel
[3]) Dübel besonderer Bauart nach DIN EN 912: 2011-09, s. Abschn. 12
[4]) für Stabdübel, die > 5 mm überstehen, sollten die k-Werte für Bolzen angenommen werden
[5]) für Nägel und Holzschrauben ohne überstehende Köpfe können Feuerwiderstandsdauern von höchstens $t_{d,fi,max}$ = 30 min erreicht werden, wenn die Bedingungen nach Gl. (4.42) eingehalten werden

Köpfe durch Vergrößern der Seitenteildicken und End- und Randabstände mit dem Maß a_{fi} nach Gl. (4.42) auf maximal $t_{d,fi,max} = 30$ min erhöht werden kann.

Mit Gl. (4.41) können höhere Feuerwiderstandsdauer $t_{d,fi}$ als die maximal zulässigen nach Tabelle 4.18 errechnet werden, diese dürfen jedoch in der Bemessung rechnerisch nicht verwendet werden, es gelten nur die maximal zulässigen Feuerwiderstandsdauer $t_{d,fi,max}$.

Bei **ungeschützten Verbindungen mit Nägeln oder Holzschrauben ohne überstehende Köpfe** gelten für längere Feuerwiderstandsdauern als nach Gl. (4.41) errechnet, aber nicht mehr als 30 min, zusätzliche Anforderungen an die Seitenteildicken t_1 sowie Endabstände als Abstände vom Hirnholzende a_3 und Randabstände als Abstände vom Holzrand a_4. Diese sind um das Maß a_{fi} nach Gl. (4.42) zu erhöhen. Über Abstände a von Verbindungsmitteln s. Abschn. 10.2.

$$a_{fi} \geq \beta_n \cdot (t_{req} - t_{d,fi}) \qquad (4.42)$$

β_n Abbrandrate nach Abschn. 4.4.1, Tabelle 4.8

$t_{d,fi}$ Feuerwiderstandsdauer der ungeschützten Verbindung, beansprucht mit dem Bemessungswert der Beanspruchungen im Brandfall nach Abschn. 4.5.1, Gl. (4.7)

t_{req} erforderliche Feuerwiderstandsdauer unter Normbrandbeanspruchung

Bei **ungeschützten Verbindungen mit Bolzen und Stabdübel** sollte die Beanspruchbarkeit der Verbindung als Summe der Beanspruchbarkeit der jeweiligen Verbindungsmittel bestimmt werden. Über weitere einzuhaltende konstruktive Maßnahmen ungeschützter Verbindungen mit Bolzen und Stabdübel s. Gl. (4.45).

Charakteristischer mechanischer Widerstand eines Verbindungsmittels auf Abscheren ungeschützter Verbindungen im Brandfall, (genauere) Methode mit reduzierten Beanspruchungen

Der charakteristische mechanische Widerstand eines Verbindungsmittels auf Abscheren ungeschützter Verbindungen unter Normbrandbeanspruchung (Einheits-Temperaturzeit-Kurve (ETK)) sollte in der genaueren Methode nach Gl. (4.43) und (4.44) berechnet werden, s. DIN EN 1995-1-2: 2010-12, 6.2.2.1, Gl. (6.5) und (6.6). Mit diesen beiden Gleichungen kann aus einer charakteristischen Tragfähigkeit unter Normaltemperatur $F_{v,Rk}$ die entsprechende charakteristische Tragfähigkeit im Brandfall $F_{v,Rk,fi}$ für eine erforderliche Feuerwiderstandsdauer ermittelt werden, in denen der Umrechnungsfaktor η aus Gl. (4.44) die Abminderung der Beanspruchung im Brandfall bestimmt.

In Gl. (4.43) ist der Beiwert k_{fi} in Klammern gesetzt worden, der in der entsprechenden Gl. (6.5) der DIN EN 1995-1-2: 2010-12, 6.2.2.1 derzeit noch fehlt, Empfehlung: bis zur Einführung von k_{fi} seine Verwendung mit dem Bauherrn und Prüfingenieur abstimmen. Der Beiwert k_{fi} ist in dieser Gl. nach *Peter/Scheer* [391], [392] notwendig, da auch bei Verbindungen im Brandfall wie bei Holzbauteilen die 20%-Quantilwerte der Widerstände (oder bei Holzbauteilen der Festigkeiten) anzusetzen sind, s. hierüber auch den allgemeinen Bemessungswert der mechanischen Beanspruchbarkeit (Tragfähigkeit) $R_{d,t,fi}$ eines Holzbauteils und einer Verbindung nach Abschn. 4.5.7, Gl. (4.18) sowie DIN EN 1995-1-2: 2010-12, 2.3(4).

Für Verbindungen, in der Bolzen und Stabdübel zusammenwirken, sollte die Beanspruchbarkeit der Verbindung als Summe der Beanspruchbarkeit der jeweiligen Verbindungsmittel bestimmt werden.

$$F_{v,Rk,fi} = \eta \cdot F_{v,Rk} \, [\cdot \, k_{fi}] \tag{4.43}$$

mit

$$\eta = e^{-k \cdot t_{d,fi}} \tag{4.44}$$

$F_{v,Rk}$ charakteristische Beanspruchbarkeit der ungeschützten Verbindung mit Verbindungsmitteln, die unter Normaltemperatur auf Abscheren beansprucht werden, nach Abschn. 11 oder 12

k Parameter nach Tabelle 4.18

k_{fi} Beiwert zur Berechnung der 20%-Quantilen unter Normaltemperatur aus den 5%-Quantilen unter Normaltemperatur nach Abschn. 4.4.6, Tabelle 4.12, Anmerkung: Dieser Beiwert fehlt derzeit noch in der entsprechenden Gl. (6.5) der DIN EN 1995-1-2: 2010-12, 6.2.2.1 und ist in Gl. (4.43) in Klammern hinzugefügt worden, s. oben und *Peter/Scheer* [391], [392], Empfehlung: bis zur Einführung von k_{fi} seine Verwendung mit dem Bauherrn und Prüfingenieur abstimmen

$t_{d,fi}$ Bemessungswert der Feuerwiderstandsdauer der ungeschützten Verbindung in min

η Umrechnungsfaktor nach Gl. (4.44)

Der Umrechnungsfaktor η aus Gl. (4.44) ist in Tabelle 4.19 für ungeschützte Verbindungen mit metallischen Verbindungsmitteln einer Feuerwiderstandsdauer von $t_{d,fi} = 30$ min angeführt, darüber hinaus der Faktor $\eta \cdot k_{fi}$, der die Abminderung der Tragfähigkeit im Brandfall bezogen auf diejenige unter Normaltemperatur gemäß Gl. (4.43) aufzeigt, hierüber s. auch *Peter/Scheer* [391]. Der größte (Abminderungs-)Faktor $\eta \cdot k_{fi}$ in Tabelle 4.19 wird bei ungeschützten Stabdübel-Holz-Holz-Verbindungen erreicht mit einer Abminderung der Tragfähigkeit im Brandfall auf ca. 35% der Tragfähigkeit unter Normaltemperatur, während wesentlich stärkere Reduzierungen z.B. bei Dübeln besonderer Bauart von ca. 16% und Stahl-Holz-Verbindungen mit Stabdübeln von ca. 9% vorliegen. Die geringe Tragfähigkeit derartiger ungeschützter Verbindungen im Brandfall kann durch zusätzliche Bekleidungen vergrößert werden.

Nach *Peter/Scheer* [391] gilt Gl. (4.43) derzeit nur für reine Zug- und Druckanschlüsse mit Beanspruchungen in Faserrichtung. Wenn diese Gl. für Verbindungen mit Beanspruchungen aus Momenten und Querkräften angewendet werden soll, empfehlen *Peter/Scheer* [391] entweder eine vereinfachte, auf der sicheren Seite liegende, jedoch meist unwirtschaftliche Berechnung mit Bestimmung der Tragfähigkeit unter Normaltemperatur und dem ungünstigsten Kraft-Faser-Winkel von $\alpha = 90°$ oder eine Bestimmung der maßgebenden Beanspruchung aller Verbindungsmittel für den Brandfall, und danach Ermitteln der Beanspruchbarkeiten unter Normaltemperatur für die zugehörigen Kraft-Faser-Winkel und Einsetzten in Gl. (4.43).

Tabelle 4.19 Umrechnungsfaktor η und Abminderungsfaktor $\eta \cdot k_{fi}$ zur Berechnung der Abminderung der Tragfähigkeit einer ungeschützten Verbindung im Brandfall bezogen auf eine entsprechende unter Normaltemperatur für eine Feuerwiderstandsdauer $t_{d,fi}$ = 30 min der Gl. (4.43) nach DIN EN 1995-1-2: 2010-12, Abschn. 6.2.2.1(2)[1]) [4])

Verbindung	Parameter[2]) k	Umrechnungsfaktor η nach Gl. (4.44)	Beiwert[3]) [4]) k_{fi}	Abminderungs-Faktor $\eta \cdot k_{fi}$ nach Gl. (4.43) [4])
Nägel und Holzschrauben	0,08	–	1,15	–
Bolzen, Holz-Holz-Verbindung mit $d \geq 12$ mm	0,065	0,142	1,15	0,163
Bolzen, Stahl-Holz-Verbindung mit $d \geq 12$ mm	0,085	0,078	1,15	0,090
Stabdübel, Holz-Holz-Verbindung mit $d \geq 12$ mm	0,04	0,301	1,15	0,346
Stabdübel, Stahl-Holz-Verbindung mit $d \geq 12$ mm	0,085	0,078	1,15	0,090
Dübel besonderer Bauart	0,065	0,142	1,15	0,163

[1]) gilt für ungeschützte Verbindungen mit metallischen Verbindungsmitteln
[2]) auch zur Berechnung der Gl. (4.41) nach Tabelle 4.18 mit einzuhaltenden Anforderungen
[3]) Beiwert zur Berechnung der 20%-Quantilen unter Normaltemperatur aus den 5%-Quantilen unter Normaltemperatur nach Abschn. 4.4.6, Tabelle 4.12
[4]) über die Berücksichtigung des Beiwertes k_{fi} in Gl. (4.43) s. Bemerkungen zu dieser Gl. oben

Weitere einzuhaltende Anforderungen an ungeschützte Verbindungen mit Bolzen und Stabdübel, (genauere) Methode mit reduzierten Beanspruchungen

Die in diesem Abschn. angeführten **Regeln für ungeschützte Verbindungen mit Bolzen und Stabdübel** sind für eine Dicke t_1 der Seitenhölzer größer oder gleich von t_1 in Gl. (4.45) gültig.

$$t_1 = \max \{50 \quad oder \quad 50 + 1{,}25 \cdot (d - 12)\} \text{ in mm} \tag{4.45}$$

d Durchmesser des Bolzens oder Stabdübels in mm

Geschützte Verbindungen mit Seitenteilen aus Holz im Brandfall, (genauere) - Methode mit reduzierten Beanspruchungen

Geschützte Holz-Holz-Verbindungen mit Seitenteilen aus Holz sind in der (genaueren) Methode mit reduzierten Beanspruchungen wie nach den vereinfachten Regeln geschützter Verbindungen zu berechnen, s. Abschn. 4.6.2, mit der Ausnahme, dass der Bemessungswert der Feuerwiderstandsdauer $t_{d,fi}$ geschützter Verbindungen nach Gl. (4.41) ermittelt werden sollte, s. DIN EN 1995-1-2: 2010-12, 6.2.2.2. Mit diesem Verfahren können Feuerwiderstandsdauern von höchstens $t_{d,fi,max}$ = 60 min erreicht werden.

Als Alternative zum Brandschutz von End- und Seitenoberflächen der Bauteile mit zusätzlichen Brandschutzbekleidungen dürfen die Endabstände als Abstände vom Hirnholzende a_3 und Randabstände als Abstände vom Holzrand a_4 der Verbindungsmittel um das

Vergrößerungsmaß a_{fi} nach Abschn. 4.6.2, Gl. (4.37) für Feuerwiderstandsdauern bis $t_{d,fi}$ = 30 min erhöht werden. Bei Feuerwiderstandsdauern größer als $t_{d,fi}$ = 30 min, aber nicht mehr als 60 min, sollten die Endabstände als Abstände vom Hirnholzende a_3 um das doppelte Vergrößerungsmaß 2 · a_{fi} mit a_{fi} nach Gl. (4.37) erhöht werden, dies ist auch bei gestoßenen Mittelteilen einer Verbindung anzuwenden. Über Abstände a von Verbindungsmitteln s. Abschn. 10.2.

Bei geschütztem Einbau von Verbindungen kann mit der genaueren Methode die - Feuerwiderstandsdauer von maximal $t_{d,fi,max}$ = 60 min ausgeführt werden. Höhere Feuerwiderstandsdauern als $t_{d,fi}$ > 60 min sind rechnerisch erreichbar, dürfen in der Regelbemessung für den Brandfall jedoch nicht verwendet werden.

Verbindungen mit innen liegenden Stahlblechen im Brandfall, Methode mit - reduzierten Beanspruchungen
Die Methode mit reduzierten Beanspruchungen macht für Verbindungen mit innen liegenden Stahlblechen im Brandfall keine Angaben, s. DIN EN 1995-1-2: 2010-12, 6.2.2.

4.6.4 Verbindungen mit innen liegenden Stahlblechen im Brandfall, vereinfachte Methode

Die Regeln für Verbindungen mit innen liegenden Stahlblechen im Brandfall gelten nur für **symmetrische zweischnittige Verbindungen mit Beanspruchungen der Verbindungsmittel auf Abscheren,** s. DIN EN 1955-1-2: 2010-12, 6.1.

Verbindungen mit innen liegenden Stahlblechen, die nicht über das Holz überstehen, werden im Brandfall durch die Seitenteile aus Holz geschützt, die Ränder der Stahlbleche können ungeschützt oder durch Spalte, eingeklebte Streifen sowie Beplankungen geschützt ausgeführt werden, s. entsprechende Bilder in Tabelle 4.20. Diese Verbindungen erreichen unter den Bedingungen der Tabelle 4.20 eine Feuerwiderstandsdauer von 30 min oder 60 min, s. DIN EN 1995-1-2: 2010-12, 6.2.1.3.

Tabelle 4.20 Verbindungen mit innen liegenden Stahlblechen im Brandfall in der vereinfachten Methode, Bedingungen für die Feuerwiderstandsklassen/-dauer von 30 min oder 60 min nach DIN EN 1995-1-2: 2010-12, 6.2.1.3

Verbindungen mit innen liegenden Stahlblechen einer Stahlblechdicke $t_s \geq 2$ mm ohne Überstand der Stahlbleche über das Holz		
Breite b_{st} von Stahlblechen mit ungeschützten Rändern		
Randbedingungen	**Feuerwiderstandsklasse**	**Breite b_{st} der Stahlbleche**
ungeschützte Ränder im Allgemeinen, s. Bild a) unten	R 30	≥ 200 mm
	R 60	≥ 280 mm
ungeschützte Ränder auf einer oder zwei Seiten, s. Bild a) unten	R 30	≥ 120 mm
	R 60	≥ 280 mm

Tabelle 4.20 (Fortsetzung)

Verbindungen mit innen liegenden Stahlblechen einer Stahlblechdicke $t_s \leq 3$ mm mit kleinerer Breite b_{st} der Stahlbleche als die Breite der Holzteile, s. Bild b) unten

	Feuerwider-standsdauer	**Spalttiefe d_g**
geschützte Verbindungen, s. Bild b) unten	30 min	> 20 mm
	60 min	> 60 mm

Verbindungen mit eingeklebten Abdeckstreifen oder schützenden Holzwerkstoffplatten, mit kleinerer Breite b_{st} der Stahlbleche als die Breite der Holzteile, s. Bild c) oder d) unten

	Feuerwider-standsdauer	**Spalttiefe d_g** oder **Plattendicke h_p**
geschützte Verbindungen, s. Bild c) oder d) unten	30 min	> 10 mm
	60 min	> 30 mm

Schutz der Ränder von Stahlblechen von Verbindungen
(Verbindungsmittel nicht dargestellt), bei Einhaltung der in dieser Tabelle angeführten Bedingungen gelten die Verbindungen als geschützt

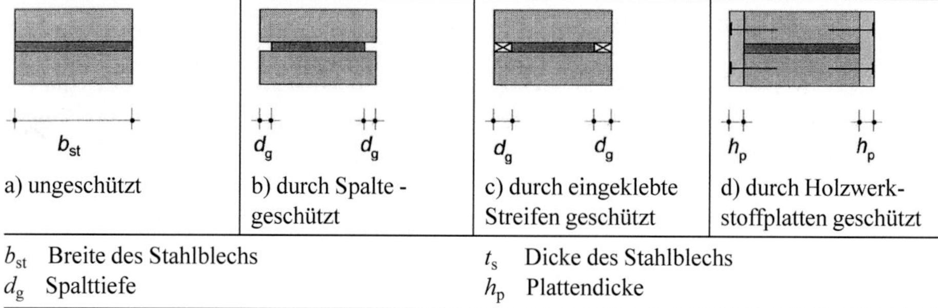

a) ungeschützt	b) durch Spalte - geschützt	c) durch eingeklebte Streifen geschützt	d) durch Holzwerkstoffplatten geschützt

b_{st} Breite des Stahlblechs
d_g Spalttiefe
t_s Dicke des Stahlblechs
h_p Plattendicke

4.6.5 Verbindungen mit außen liegenden Stahlblechen im Brandfall

Die Regeln für Verbindungen mit außen liegenden Stahlblechen im Brandfall gelten nur für **symmetrische zweischnittige Verbindungen mit Beanspruchungen der Verbindungsmittel auf Abscheren,** s. DIN EN 1955-1-2: 2010-12, 6.1.

Die Beanspruchbarkeit **außen liegender Stahlbleche in ungeschützten Verbindungen** sollte nach den Regeln der DIN EN 1993-1-2 (Eurocode 3 „Stahlbau, Tragwerksbemessung im Brandfall“) ermittelt werden. Bei der Berechnung des Abschnittsfaktors der Stahlplatten nach DIN EN 1993-1-2 darf angenommen werden, dass Stahloberflächen, die engen Kontakt zum Holz besitzen, nicht brandbeansprucht sind, s. DIN EN 1995-1-2: 2010-12, 6.3.1.

Außen liegende Stahlbleche dürfen als **in geschützten Verbindungen** liegend angenommen werden, wenn sie vollständig von einer Brandschutzbekleidung aus Holz oder

Holzwerkstoffen abgedeckt sind, die eine Mindestdicke a_{fi} nach Gl. (4.37) mit einer Feuerwiderstandsdauer von $t_{d,fi} = 5$ min haben. Die Auswirkungen anderer Brandschutzmaßnahmen sollten nach DIN 1993-1-2 ermittelt werden, s. DIN EN 1995-1-2: 2010-12, 6.3.2.

4.6.6 Verbindungen mit auf Herausziehen beanspruchten - Holzschrauben im Brandfall, vereinfachte Regeln

Die vereinfachten Regeln zur Bemessung von Verbindungen mit Holzschrauben, die im Brandfall auf Herausziehen beansprucht werden, sind in DIN EN 1995-1-2: 2010-12, 6.4 angeführt. Weitere Verbindungsmittel im Brandfall mit Beanspruchbarkeit auf Herausziehen werden in dieser Norm nicht geregelt.

4.7 Bemessungen von Wand- und Deckenkonstruktionen im Brandfall

Die Bemessungsverfahren für Wand- und Deckenkonstruktionen im Brandfall nach DIN EN 1995-1-2: 2010-12, 5 gelten für tragende Bauteile (Feuerwiderstandsklasse R), raumabschließende Bauteile (Feuerwiderstandsklasse EI) und Bauteile, die gleichzeitig tragend und raumabschließend sind (Feuerwiderstandsklasse REI). Über europäische Feuerwiderstandsklassen s. Abschn. 4.3, Tabelle 4.4.

Die **Bemessung der Tragfähigkeit von nicht raumabschließenden, tragenden Wand- und Deckenkonstruktionen** muss für gleichzeitige Brandbeanspruchung auf beiden Seiten vorgenommen werden. Ein Bemessungsverfahren für Wand- und Deckenkonstruktionen mit vollgedämmten Hohlräumen ist DIN EN 1995-1-2: 2010-12, Anhang C, für Wand- und Deckenkonstruktionen mit ungedämmten Hohlräumen ist DIN EN 1995-1-2: 2010-12, Anhang D zu entnehmen.

Die **Bemessung des Raumabschlusses von Wand- und Deckenkonstruktionen** im Brandfall sollte unter Berücksichtigung des Einflusses unterschiedlicher Materialien und ihrer Lage im Bauteil durchgeführt werden, ein Bemessungsverfahren ist in DIN EN 1995-1-2: 2010-12, Anhang E enthalten.

Die **konstruktive Ausbildung von Wänden und Decken** unter Brandbeanspruchung wird in DIN 1995-1-2: 2010-12, 7.1 näher geregelt.

4.8 Ergänzungen zur Brandschutz-Bemessung nach DIN EN 1995-1-2

Der Nationale Anhang DIN EN 1995-1-2/NA: 2010-12 enthält keine über den Reglungsumfang der DIN EN 1995-1-2: 2010-12 hinausgehende Regeln (NCI's) zur Brandschutz-Bemessung wie z.B. DIN EN 1995-1-1/NA: 2013-08 für die „kalte" Bemessung, deshalb sind Regeln aus den nationalen Baunormen DIN 4102-4 und DIN 4102-22 von *Winter/ Hofmann* [531] aktualisiert und veröffentlicht worden. Sie können als Arbeitshilfe für derzeit nicht geregelte Konstruktionen des Brandschutzes verwendet werden, auf den bauaufsichtlich korrekten Umgang (als Empfehlung Abstimmung mit Bauherrn, Prüfingenieur und zuständiger Bauaufsichtsbehörde) mit diesen Ergänzungen wird hingewiesen.

Dauerhaftigkeit, Holz- und Korrosionsschutz 5

5.1 Dauerhaftigkeit und Nutzungsdauer eines Tragwerkes

Als **Dauerhaftigkeit** eines Tragwerkes wird seine dauernde Funktionstüchtigkeit während der geplanten Nutzungsdauer unter Berücksichtigung aller Umgebungsbedingungen und eines vertretbaren Instandhaltungsaufwandes bezeichnet, so dass das Verhalten des Tragwerks nicht durch zeitabhängige Veränderungen seiner Eigenschaften unvorhergesehen verändert wird. Neben den in DIN EN 1990: 2021-10, 2.4 näher bezeichneten Aspekten für ein angemessenes dauerhaftes Tragwerk müssen zur Sicherstellung der Dauerhaftigkeit je nach Umweltbedingungen geeignete Maßnahmen zum Schutz der Baustoffe, Bauprodukte und Baukonstruktion eingehalten werden. Die Umweltbedingungen sind während der Planungsphase festzustellen, zeitabhängige Änderungen der Tragwerkseigenschaften können durch Berechnungen, Messungen und Erfahrungen oder Kombinationen solcher Vorerfahrungen bei bereits vorhandenen Bauwerken abgeschätzt werden.

Die **Nutzungsdauer** von landwirtschaftlich genutzten oder ähnlichen Tragwerken wird auf 15 bis 30 Jahre und die eines Gebäudes und anderer gewöhnlicher Tragwerke auf 50 Jahres angesetzt, monumentale Gebäude, Brücken und andere Ingenieurbauwerke sollen für 100 Jahre ausgelegt werden, s. DIN EN 1990: 2021-10, 2.3. Während dieser Zeit muss die Tragfähig-, Gebrauchstauglich- und Dauerhaftigkeit des Bauwerkes ohne wesentlichen Verlust der Nutzungseigenschaften sichergestellt sowie der notwendige Wartungs- und Instandhaltungsaufwand im vertretbaren Rahmen bleiben. Die möglichen Schadeinflüsse sind bei der Planung abzuschätzen, um ihnen vorbeugend bei der Ausführung des Bauwerkes mit geeigneten Baumaßnahmen dauerhaft zu begegnen.

Die **Dauerhaftigkeit von Holzbauwerken** gegenüber Holz zerstörenden Organismen und/oder Witterungs-/Feuchtebeanspruchungen muss entweder durch die natürliche

H. Neuhaus · T. Uibel (✉)
e-mail: holzbau@ing-uibel.de

H. Neuhaus, W. Moorkamp, L. Peterson, T. Uibel, *Ingenieurholzbau*,
DOI 10.1007/978-3-658-44967-4_5

Dauerhaftigkeit der verwendeten Holz- und Holzwerkstoff-Bauteile, durch bauliche Holzschutzmaßnahmen, die vorwiegend eingesetzt werden sollten, und/oder durch auf das Notwendige reduzierten Einsatz von Holzschutzmitteln während der geplanten Nutzungsdauer bei vertretbarem Instandhaltungsaufwand sichergestellt werden. Dies wird insbesondere durch verbindliche allgemeine Regelungen für den Schutz verbauten Holzes nach Abschn. 5.2.3 und durch vorbeugende bauliche Maßnahmen gewährleistet, s. Abschn. 5.2.4, der erforderlichenfalls durch vorbeugenden Schutz mit Holzschutzmitteln, s. Abschn. 5.2.5, und durch Oberflächenschutz zu ergänzen ist, s. Abschn. 5.2.6. Mögliche Schadeinflüsse auf den Baustoff Holz durch Organismen (Pilze und Insekten) sind im Abschn. 5.2.2 zusammengesellt, Bekämpfungs- und Sanierungsmaßnahmen gegen Holz zerstörende Organismen können Abschn. 5.2.7 entnommen werden. Die Dauerhaftigkeit metallischer Bauteile und Verbindungsmittel wird durch den **Korrosionsschutz** nach Abschn. 5.3 gewährleistet.

Die **Nutzungsdauer von Holzbauwerken**, in der die Tragfähig-, Gebrauchstauglich- und Dauerhaftigkeit sichergestellt werden kann, ist nach den Erfahrungen mit einer Vielzahl alter Holzkonstruktionen wesentlich höher als die oben angeführte, festgelegte Zeitdauer, s. *Schulze* [471] und *Winter/Kehl* [527]. Voraussetzungen hierzu sind eine fachgerechte Planung, Berechnung, Konstruktion und Ausführung der Bauwerke, eine regelmäßige Wartung z.B. witterungsbeanspruchter Holzbauteile, rechtzeitige Durchführung evtl. notwendiger Instandsetzungen sowie Kontrollen in angemessenen Zeitabständen auf mögliche Schadeinflüsse, die während der Nutzungszeit z.B. als Folge lang andauernder Durchfeuchtungen von Holzbaustoffen auftreten können.

5.2 Holzschutz

5.2.1 Übersicht über den Holzschutz

Holz und Holzwerkstoffe sind wie andere Baustoffe gegen bestimmte Schadeinflüsse zu schützen, um eine dauerhafte Nutzung von Holzbauteilen/-werken sicherzustellen, die durch die natürliche Dauerhaftigkeit einiger Hölzer unterstützt werden kann. Bei sachgemäßem Einsatz hat sich Holz seit Jahrhunderten als Baustoff bewährt.

Holzschutz nach DIN 68800

DIN 68800-1: 2019-06 (Holzschutz, Allgemeines) und DIN 68800-2: 2022-02 (Holzschutz, Vorbeugende bauliche Maßnahmen im Hochbau) sind bauaufsichtlich eingeführt worden und ergänzen den Eurocode 5 (Bemessung und Konstruktion von Holzbauten, DIN EN 1995-1-1: 2010-12) sowie seinen Nationalen Anhang (DIN EN 1995-1-1/NA: 2013-08) hinsichtlich Standsicherheit und Gebrauchstauglichkeit während der vorgesehenen Nutzungsdauer von Holzbauwerken.

Die Teile 3 und 4 dieser Normenreihe, DIN 68800-3: 2020-03 (Holzschutz, Vorbeugender Schutz von Holz mit Holzschutzmitten) und DIN 68800-4: 2020-12 (Holzschutz,

Bekämpfungsmaßnahmen gegen Holz zerstörende Pilze und Insekten und Sanierungsmaßnahmen), werden bauaufsichtlich nicht eingeführt. Für diese beiden Normen gelten die gesetzlich vorgeschriebenen Zulassungen für Holzschutzmittel nach dem Chemikaliengesetz und der Biozid-Produkte-Verordnung (Biozid-Zulassungen). Demnach benötigen Holzschutzmittel bei ihrer Anwendung für tragende und aussteifende Holzbauteile Biozid-Zulassungen, diese ersetzen die bisherigen bauaufsichtlichen Verwendbarkeitsnachweise. Im Zeitraum bis zum Vorliegen von Biozid-Zulassungen benötigen Holzschutzmittel jedoch weiterhin bauaufsichtliche Verwendbarkeitsnachweise.

Baunormen repräsentieren auch ohne bauaufsichtliche Zulassung einen wesentlichen Stand der Bautechnik und regeln technische Bauverfahren. Deshalb dürfen die Teile 3 und 4 der DIN 68800, obwohl bauaufsichtlich nicht eingeführt, in der Praxis angewendet werden sind; hierzu wird empfohlen, eine schriftliche Vereinbarung zwischen den Bauparteien abzuschließen. Darüber hinaus wird im bauaufsichtlich eingeführten Teil 1 der DIN 68800 öfter auf den Teil 3 verwiesen, so dass die Anwendung von Holzschutzmitteln mit Biozid-Zulassung (bzw. mit bauaufsichtlichem Verwendbarkeitsnachweis) dem Teil 3 entsprechen muss.

Schadeinflüsse auf Holz und Holzwerkstoffe

Schadeinflüsse auf Holz und Holzwerkstoffe können durch Organismen (Pilze, Insekten), Feuer, Witterung, chemische und mechanische Beanspruchungen sowie Verschmutzung hervorgerufen werden. Der Holzschutz im engeren Sinne beinhaltet nur Schutzmaßnahmen gegenüber der zerstörenden Wirkung durch **Pilze und Insekten** und wird in der Normenreihe DIN 68800 seit 2011 mit neuem Konzept (gegenüber der bisherigen nationalen Holzschutznormung) unter Einhaltung der zuständigen europäischen Normen beschrieben, s. Tabelle 5.1. Darüber hinaus werden in DIN 68800 weitere, nicht in europäischen Normen behandelte Aspekte berücksichtigt, die teilweise aufgrund verschiedener Bau- und Holzschutz-Traditionen in Europa in europäischen Normen nicht geregelt sind. Der Schutz gegen **Feuer (Brandschutz)** wird in DIN EN 1995-1-2 behandelt, s. Abschn. 4. Schadeinflüsse infolge Witterungseinfluss, chemischer und mechanischer Beanspruchung sowie Verschmutzung gehören nicht zum engeren Begriff des Holzschutzes.

Chemische Beanspruchungen werden in Abschn. 1.7 erläutert; **mechanische Beanspruchungen** wie z.B. Abnutzung, statische und dynamische Überbeanspruchungen sind nicht Gegenstand von Holzschutzmaßnahmen. **Unmittelbarer Witterungseinfluss** führt nach *Willeitner* [522] zu Verfärbungen der Holzoberfläche (insbesondere durch UV-Strahlung), zu Auswaschbeanspruchungen und Quell- und Schwindvorgängen infolge Feuchteeinwirkungen, eine zerstörende Wirkung auf Holz und damit verbundene Festigkeitsminderungen liegen nicht vor. Dagegen bewirken **langandauernde, hohe Durchfeuchtungen** des Holzes infolge Witterung oder anderer Einflüsse im Allgemeinen das Wachstum Holz zerstörender Pilze und damit als Folgeerscheinung die fortschreitende Holzzerstörung, wenn ein wirksamer Holzschutz fehlt.

Tabelle 5.1 Neue Konzeption der DIN 68800 seit 2011 sowie zu berücksichtigende Europäische Normen in Anlehnung an *Willeitner/Trepkau* [524][1])

Normteile[2])	Wesentliche Regelungen in DIN 68800	Einschlägige EN-Norm
1 Allgemeines	Allgemeine Aussagen	keine
	Begriffe	EN 1001-2
	Gebrauchsklassen	EN 335
	Überblick über Maßnahmen	keine
	Natürliche Dauerhaftigkeit	EN 350
	Notwendigkeit, fehlende Notwendigkeit	keine
	Auswahl von Schutzmaßnahmen	keine
2 Baulicher Holzschutz	Durchführung	keine
3 Anwendung von Holzschutzmitteln	Durchführung	EN 350; EN 351-1, -2; EN 599; EN 1001-2
4 Bekämpfungsmaßnahmen	Durchführung	EN 14128; CEN/TR 15003; EN 1001-2

[1]) Weitere Angaben s. Tabelle 2 in *Willeitner/Trepkau* [524]

[2]) Normteile sind: DIN 68800-1: 2019-06 (Holzschutz, Allgemeines), DIN 68800-2: 2022-02 (Holzschutz, Vorbeugende bauliche Maßnahmen im Hochbau), DIN 68800-3: 2020-03 (Holzschutz, Vorbeugender Schutz von Holz mit Holzschutzmitten) und DIN 68800-4: 2020-12 (Holzschutz, Bekämpfungsmaßnahmen gegen Holz zerstörende Pilze und Insekten und Sanierungsmaßnahmen)

Wirksamer Holzschutz

Ein wirksamer Holzschutz besteht im Allgemeinen aus vorbeugenden Maßnahmen, die bei Gestaltung, Planung, Berechnung, Konstruktion und Herstellung von Holzbauwerken/-teilen berücksichtigt werden müssen. Neben der **Auswahl geeigneter Holzarten** sind dies der Einsatz von Hölzern mit **natürlicher Dauerhaftigkeit** und **bauliche (konstruktive) Holzschutz-Maßnahmen**, die stets Vorrang vor anderen Schutzmaßnahmen haben sollten, die, wenn notwendig, durch den **Holzschutz mit Holzschutzmitteln** und gegebenenfalls **Oberflächenbehandlungen** (Beschichtungen, Anstriche) ergänzt werden. Durch diese vorbeugenden Maßnahmen sowie nachträgliche **Kontrollen in Zeitabständen**, notwendige **Wartungs-** und erforderlichenfalls rechtzeitige **Instandsetzungsmaßnahmen** können Holz und Holzwerkstoffe wirkungsvoll und dauerhaft gegen die zerstörerische Wirkung bestimmter Pilze und Insekten geschützt werden. Witterungseinflüsse, hohe oder oft wechselnde Durchfeuchtungen sowie deren Folgeerscheinungen (Quellen, Schwinden, Trockenrisse, Verformungen und dgl.) werden auf ein vertretbares Maß reduziert, so dass die Tragfähig-, Gebrauchstauglich- und Dauerhaftigkeit von Holzbauwerken/- teilen während der geplante Nutzungsdauer (und in vielen Fällen darüber hinaus) gewährleistet ist. Dies beweisen eine Vielzahl immer noch und zukünftig gebrauchsfähiger Holzbauwerke aus den vergangenen Jahrhunderten, die alle wirksame Holzschutzmaßnahmen aufweisen.

5.2.2 Holz zerstörende Organismen (Pilze und Insekten)

Holz zerstörende und Holz verfärbende Organismen (Pilze und Insekten)
Wichtige pflanzliche und tierische Bauholzschädlinge mit Hinweisen auf ihre Lebensbedingungen sind in Tabelle 5.2 und 5.3 zusammengestellt. Pilze als pflanzliche Holzschädlinge, die in Holz verfärbende und Holz zerstörende unterteilt werden können, befallen nur Holz mit Feuchtigkeiten von $\omega > 20\%$, trockenes (Holzfeuchte $\omega \leq 20\%$) oder wassergesättigtes Holz werden nicht befallen. Eine Bestimmung von Hausfäule- und Bauholzpilzen kann nach *Huckfeldt/Schmidt* [236] vorgenommen werden.

Holz zerstörende Pilze bedürfen für ihre Entwicklung eine Holzfeuchte etwa ab der Fasersättigungsfeuchte, über Fasersättigungsfeuchten verschiedener Holzarten s. Abschn. 1.4.1 und Tabelle 1.3a. Ein Pilzbefall kann deshalb nach DIN 68800-1: 2019-06, 4.2.2 und *Willeitner* [523] (zu 4.2.2) auch in einem kleinen, eng begrenzten Bereich auftreten, z.B. auch auf trockenem Holz, wenn an begrenzten Stellen z.B. durch Leckagen eine höhere Befeuchtung über wenige Monate erfolgt. Demnach ist für die Pilzentwicklung nicht die mittlere Holzfeuchte eines Holzbauteils maßgebend, sondern die lokale, eng begrenzte höhere. Eine kurzzeitige Erhöhung der Holzfeuchte bewirkt kein Pilzwachstum, nach *Willeitner* [523] (zu 4.2.2) treten erfahrungsgemäß in einem Zeitraum von drei bis vier Monaten noch keine Bauschäden auf. Das Pilzwachstum kann durch Austrocknen des Holzes auf Holzfeuchten $\omega < 20\%$ („trocken") wirksam unterbunden werden. Weiterhin setzt DIN 68800-1: 2019-06, 4.2.2 die Obergrenze der Holzfeuchte zur sicheren **Vermeidung eines Pilzbefall auf $\omega = 20\%$**, unabhängig von der tatsächlich benötigten Holzfeuchte zur Pilzentwicklung. Über die Entwicklung Holz zerstörender Pilze s. auch Abschn. 5.2.4.9.

Die „**Gefahr eines Bauschadens**" wird in DIN 68800-1: 2019-06, 3.8 als eine mögliche Beeinträchtigung von Bauteilen durch Holz zerstörende Organismen im Hinblick auf die bestimmungsgemäße Nutzung beschrieben. Dieser Begriff beinhaltet nach *Willeitner* [523] (zu 3.8 und 5.2.1) nur die Festigkeitseigenschaften von Holzbauteilen, nicht jedoch deren Aussehen wie z.B. eine nachteilige Oberflächenveränderung durch Holz verfärbende Pilze (wird auch als „optischer Mangel" bezeichnet). Ein leichter Insektenbefall, erkennbar an einzelnen Ausflugslöchern und auftretendem Bohrmehl, stellt noch keinen Bauschaden dar, diese Symptome weisen jedoch auf einen Befall hin, dessen Fortschritt zu untersuchen und erforderlichenfalls zu beheben ist. Ein derartiger Insektenbefall kann bei regelmäßig kontrollierten Hölzern wesentlich eher festgestellt und eventuell behoben werden als ein Befall durch Holz zerstörende Pilze, der längere Zeit unbemerkt innerhalb vom Holz auftreten und bereits erhebliche Bauschäden verursacht haben kann, bevor er – oft erst nach vergleichsweise aufwändigeren Untersuchungen – erkannt wird.

Von den **Insekten** als tierische Holzschädlinge, die in zwei Hauptgruppen Käfer (*Coleoptera*) und Termiten (*Isoptera*) aufgeteilt werden, sind für den Holzbau die Trockenholzinsekten (Bauholzinsekten) von besonderer Bedeutung, da sie vorwiegend lufttrockenes Holz befallen, s. Tabelle 5.3. Frischholzinsekten schädigen dagegen nur frisches, noch nicht abgetrocknetes Holz, nicht jedoch einmal abgetrocknetes Holz. Von Termiten besteht derzeit in Deutschland keine Befallsgefahr.

Tabelle 5.2 Überblick über wichtige pflanzliche Bauholzschädlinge nach DIN EN 335: 2013-06, Anhang C, DIN 68800-1: 2019-06, 4.2, DIN 68800-3: 2020-03, 3.2, DIN 68800-4: 2020-12, 3, *Grosser* [179] und *Willeitner* [522], [523][1])

Charakteristische Vertreter	Holz- feuchte ω[8])	Bemerkungen
Holz verfärbende Pilze leben von Nährstoffen im Holz, greifen die Zellwände nicht an, keine nennenswerte Festigkeitsminderung des Holzes, Aussehen oft nachteilig, Anstrichschäden, können dekorative Beschichtungen zerstören und hierdurch Wertminderungen verursachen, bewirken „ästhetische Mängel“ der Holzoberflächen, weisen auf höhere Holzfeuchten hin, die Voraussetzung für einen späteren Befall Holz zerstörender Pilze sein können		
Bläuepilze[2]) [3]) [13])	> 20%	nur auf Splintholz von Nadel- und Laubholz, Kiefer sehr anfällig, verursachen insbesondere im Splintholz bestimmter Holzarten bleibende blaue bis schwarze Verfärbungen unterschiedlicher Intensität und Tiefe, benötigen für ihre Entwicklung eine Holzfeuchte etwa ab der Fasersättigung, können innerhalb weniger Tage entstehen, können die Durchlässigkeit und die Anfälligkeit für Holz zerstörende Pilze erhöhen, da Holz verfärbende Pilze stets auf eine höhere Holzfeuchte hinweisen
Schimmelpilze		treten als verschiedenfarbige Flecken auf Oberflächen von Holz auf und können sich als Folge einer hohen relativen Luftfeuchte oder Wasserdampfkondensation entwickeln, treten nicht nur bei Holz, sondern an jedem Material mit ausreichend hohem Feuchtegehalt auf[4])[5])
Holz zerstörende Pilze brauchen für ihre Entwicklung eine Holzfeuchte etwa ab der Fasersättigung, im Mittel etwa 28% bis 30%[6])[7])[8]), bauen Zellwände ab, Entstehen von „Fäulnis“, Zerstören des Holzes, längerer Befall führt mittelfristig zum Tragfähigkeitsverlust bis langfristig zur völligen Zerstörung von Holz (-Bauteilen)		
Braunfäule (Basidiomyceten) (würfelförmig zerstörtes, braunverfärbtes Holz, Zelluloseabbau)		
Echter Hausschwamm (*Serpula lacrymans*)[9])	> 20%	Entwicklung im Unterschied zu Nassfäulepilzen bei vergleichsweise geringeren Holzfeuchten, kann nach Wiederbefeuchtung weiterwachsen, durchwächst feuchtes Mauerwerk über größere Entfernungen, um weiteres Holz zu befallen, typisch in Altbauten, verursacht einen größeren Teil von Fäulnisschäden in Gebäuden, wächst nicht auf trockenem Holz[10])

Tabelle 5.2 (Fortsetzung)

Charakteristische Vertreter	Holzfeuchte ω[8])	Bemerkungen
Kellerschwamm (*Coniophora puteana*)	> 30%	Nassfäulepilze, typisch in Neubauten[11])
Porenhausschwamm (*Poria monticola*)		
Lenzites-Fäule, Blättlinge (*Gloeophyllum sp.*)		Nassfäulepilz, typisch an Fenstern[11])
Weißfäule (*Basidiomyceten*)[12]) (helleres, im Endstadium deformiertes „schwammiges", aber nicht brüchiges Holz, Lignin- und Zelluloseabbau)		
Schmetterlingsporling (*Coriolus versicolor*)	> 20%	typisch an Laubholz
Moderfäule erzeugt eine Fäulnisart, die eine Erweichung der Holzoberfläche hervorruft, auch Holzfäulnis im Holzinnern, wirkt feucht „schmierig", trocken „fein rissig", besondere Bedeutung für Holz im Erdkontakt oder Wasser		
verschiedene „a-Pilze", *Ascomyceten* und *Fungi imperfecti*	> 30%	treten besonders im Holz mit Erd- und Wasserkontakt auf, typisch in Kühltürmen

1) über die natürliche Dauerhaftigkeit von Bauhölzern gegenüber wichtigen pflanzlichen Bauholzschädlingen s. Tabelle 1.5

2) Blaufäule, falsche Bezeichnung für verblautes Holz, es liegt keine Fäule vor

3) Bläuepilze brauchen nach DIN 68800-1: 2019-06, 4.2.3 für ihre Entwicklung eine Holzfeuchte ab etwa der Fasersättigung, können innerhalb weniger Tage entstehen

4) die Sporen von Schimmelpilzen in der Luft können für Menschen gesundheitsschädlich sein, eine zügige Entfernung ist ratsam, am besten der Ursache des Auftretens

5) Schimmelpilze können sich nach DIN 68800-1: 2019-06, 4.2.3 auch auf trockenem Holz entwickeln, wenn sich auf der Oberfläche aufgrund erhöhter Luftfeuchte bzw. Baufeuchte eine höhere Feuchte einstellt, Schimmelpilze sind nicht Gegenstand der Norm DIN 68800-1: 2019-06

6) Holz zerstörende Pilze benötigen für ihre Entwicklung eine lokale Holzfeuchte etwa ab der Fasersättigung, deshalb kann ein Befall auch in einem kleinen, eng begrenzten Bereich auftreten, z.B. auch auf trockenem Holz, wenn an begrenzten Stellen z.B. durch Leckagen eine Befeuchtung über mehrere Monate erfolgt

7) Fasersättigungsfeuchten tragender Hölzer s. Tabelle 1.3a

8) weiterhin setzt DIN 68800-1: 2019-06, 4.2.2 die Obergrenze der Holzfeuchte zur sicheren Vermeidung eines Pilzbefall auf ω = 20%, unabhängig von der tatsächlich benötigten Holzfeuchte zur Pilzentwicklung

9) der Echte Hausschwamm ist ein besonders gefährlicher, schwer zu bekämpfender Pilz, da er folgende Eigenschaften besitzt: Abbau des Holzes bereits bei vergleichsweise geringen Holzfeuchten im Bereich der Fasersättigung (stärkerer Abbau als durch andere Pilze), Fähigkeit des Wasser- und Nährstofftransportes von einer nahen Feuchtequelle und somit auch Bewuchs von Holz mit Ausgangsfeuchten unterhalb der Fasersättigung, intensives Durchwachsen von Mauerwerk, Bodenschüttungen und anderen anorganischen Materialien mit der Fähigkeit des Befalls von anliegendem Holz

10) ein Weiterwachsen des echten Hausschwammes auf trockenem Holz (Holzfeuchte ω < 20%) liegt nach *Huckfeldt/Schmidt* [236] entgegen anders lautenden Veröffentlichungen nicht vor

11) Nassfäule oder Hausfäulepilze, Sammelbezeichnung für Fäulnispilze, die auf sehr feuchtem Holz entstehen, benötigen für ein optimales Wachstum höhere Holzfeuchten über der Fasersättigung

12) Weißlochfäule, Sonderfall der Weißfäule: stellenweise lochartige weißliche Holzzerstörung

13) die Bläue, die in DIN 68800 behandelt wird, ist nach DIN 68800-3: 2020-03, 3.2 die Anstrichbläue (tertiäre Bläue), die nach *Hertel* [221] (zu 3.2) bei Wiederbefeuchtung von zuvor trockenem Holz entsteht, davon sind die Stammholz-Bläue (primäre Bläue), die sehr feuchtes, frisch gefälltes Holz im Wald befällt, und die Schnittholz-Bläue (sekundäre Bläue), die bei noch feuchtem, bereits eingeschnittenem Holz auf dem Sägewerk-Lagerplatz entsteht, zu unterscheiden

Tabelle 5.3 Überblick über wichtige tierische Bauholzschädlinge nach DIN EN 335, 2013-06, Anhang C, DIN 68800-1: 2019-06, 4.3 und 5.2.1, DIN 68800-4: 2020-12, 3 sowie *Grosser* [179] und *Willeitner* [522], [523][1])

Charakteristische Vertreter	Holzfeuchte ω	Bemerkungen
Holz zerstörende Insekten		
Käfer (*Coleoptera*), fliegende Insekten, legen Eier in Poren und Risse des Holzes, ihre Larven greifen das Holz an (Bohrmehl), kommen in ganz Europa vor, Befallsrisiko schwankt stark von groß bis unbedeutend		
Frischholzinsekten[2]) befallen nur frisches, noch nicht abgetrocknetes Holz, nicht jedoch einmal abgetrocknetes Holz; beachtliche Schäden an frisch gefälltem Holz im Wald und auf Lagern; können durch den Einbau von frischem Holz in Gebäude gelangen, verursachen hier jedoch praktisch keine Schäden an verbautem Holz		
Borkenkäfer (*Xyloterus sp.*)	$\geq 30\%$	Borkenkäfer legt im Splintholz schwarz erscheinende Brutgänge an
Holzwespen (*Sirex sp.*)		Larven der Holzwespen legen Fraßgänge an und stopfen das Bohrmehl in Gängen fest; mit kreisrunden Ausfluglöchern 3 mm bis 5 mm Durchmesser, können ihre Entwicklung im Bauholz beenden, beim Ausschlüpfen (bis zu zwei Jahre nach dem Einbau) mögliche Folgeschäden z.B. beim Durchnagen von Sperrschichten, kein Neubefall des verbauten Holzes
Trockenholzinsekten (Bauholzinsekten)[4]) Trockenholzinsekten; befallen vorwiegend luft- bzw. werktrockenes Holz auf Lagern und in Gebäuden, können über viele Generationen in demselben Holz verbleiben; Bohrgänge der Larven vermindern Festigkeiten und gefährden die Tragfähigkeit von Bauholz, in gemäßigten Breiten nur Käfer von Bedeutung, längerer Befall führt mittelfristig zum Trägfähigkeitsverlust und langfristig zur völligen Zerstörung von Holz(-Bauteilen)		
Hausbockkäfer[4]) (*Hylotrupes bajulus*))	$\geq 9\%$	nur an Nadelsplintholz[1]); Larvengänge mit lockerem Bohrmehl zerstören Holz völlig; ovale Ausfluglöcher, ca. 6 ..7 × 3.. 4 mm^2 groß, mit ausgefranstem Rand; im Volksmund: „Holzbock“, „großer Holzwurm“, befällt viele Nadelholzarten, kann erhebliche Schäden verursachen, tritt europaweit auf, jedoch weniger in Nord- und Nordwesteuropa, Vitalität und Lebensdauer der Larven hängen wesentlich von der Umgebungstemperatur und der Holzfeuchte ab[4])

Tabelle 5.3 (Fortsetzung)

Charakteristische Vertreter	Holz-feuchte ω	Bemerkungen
Nagekäfer: Gemeiner Nagekäfer (*Anobium punctatum*), Gekämmter Nagekäfer (*Ptilinus pectinicoris*), auch *Anobien*, Klopfkäfer, Pochkäfer benannt	$\geq$ 11%	an Nadel- und Laubholz; dicht liegende Fraßgänge zerstören Holz völlig; charakteristische kreisrunde, kleine Ausfluglöcher von ca. 1 mm bis 2 mm Durchmesser, je nach Befall zahlreich vorhanden; im Volksmund: „kleiner Holzwurm“, befällt Splintholz der meisten Holzarten (Nadel- und Laubhölzer), bei einigen auch das Kernholz, kann erhebliche Schäden verursachen, kommt insbesondere unter feuchten Bedingungen vor
Splintholzkäfer (*Lyctus brunneus*)	$\geq$ 7%	nur an Laubsplintholz; Fraßgänge mit lockerem Bohrmehl zerstören Holz völlig; charakteristische kreisrunde, kleine Ausfluglöcher von 1 mm bis 2 mm Durchmesser; häufig an hellen Tropenhölzern, befällt das Splintholz bestimmter stärkereicher Laubhölzer wie z.B. Eichensplintholz in Räumen mit üblichem Wohnklima
Gescheckter Nagekäfer (auch „Totenuhr“ genannt) (*Xestobium rufovillosum*)		befällt nur Pilz befallenes Holz, an Konstruktionshölzern aus Laubholz vorwiegend in alten Gebäuden, kann erhebliche Schäden verursachen, kommt in den meisten Gegenden von Europa vor[3])
Meerwasser-Holzschädlinge wirbellose Meerwasserorganismen, nur Holz unter der Wasseroberfläche im Salz- und Brackwasser		
Schiffsbohrwurm (*Teredo navalis*) Bohrassel (*Limnoria lignorum*)	unter Wasser	nur Holz unter Wasseroberfläche wird befallen im Bereich von Salz- und Brackwasser; je nach Art unterschiedlicher Salzgehalt des Wassers und Mindesttemperatur für Entwicklung erforderlich; in Gewässern mit Salzgehalt etwa $\geq$ 7‰, Frost tötet sie ab, können Holz durch Kavernen und Bohrgänge zerstören, zu den Gewässern gehören die deutsche Nord- und Ostseeküste sowie Teile des Tideneinflussbereiches
Termiten gefährliche Holzschädlinge, können Holz, zellulosehaltige Materialien und allgemein jede Art von Gebäuden oder andere Materialien befallen, die weich genug sind, um deren Zerstörung zu ermöglichen, auch wenn diese nicht als direkte Nahrungsquelle verwendet werden, nur in den Tropen und südlichen Ländern Europas, in Deutschland derzeit keine Befallswahrscheinlichkeit		

[1]) über die natürliche Dauerhaftigkeit von Bauhölzern gegenüber wichtigen tierischen Bauholzschädlingen s. Tabelle 1.5
[2]) weitere Frischholzinsekten sind z.B. Scheibenböcke, Fichtensplintböcke und Kernholzkäfer
[3]) weiteres auf Pilz befallenes Holz angewiesenes Trockenholzinsekt (Bauholzinsekt) ist z.B. der Trotzkopf (*Hadrobregmus pertinax*)
[4]) über das Wachstum Holz zerstörender Insekten, insbesondere des Hausbockkäfers und seiner Larven, s. Abschn. 5.2.4.10

5.2.3 Allgemeine verbindliche Regelungen des Holzschutzes

Allgemein verbindliche und verpflichtend einzuhaltende Bestimmungen des Holzschutzes sind in **DIN 68800-1: 2019-06** angeführt, sie regelt den Schutz von verbautem Holz und Holzwerkstoffen gegen eine Wertminderung und Zerstörung durch Organismen sowie erforderlichenfalls notwendige Bekämpfungsmaßnahmen. Dieser Teil 1 der DIN 68800 ist die übergeordnete zentrale Norm des Holzschutzes, der die anzuwendenden Holzschutzmaßnahmen des Teils 2 (baulicher Holzschutz), des Teils 3 (Schutz mit Holzschutzmitteln) und des Teils 4 (Bekämpfungs- und Sanierungsmaßnahmen) allgemein steuert. Diese Normenreihe DIN 68800 ergänzt den Eurocode 5 und zugehörigen Nationalen Anhang (DIN EN 1995-1-1: 2010-12 und DIN EN 1995-1-1/NA: 2013-08). Die **Gefährdung des Holzes und der Holzwerkstoffe** durch Holz schädigende und verfärbende Organismen (Pilze und Insekten) ist in Abschn. 5.2.2 dargestellt.

Gebrauchsklassen GK

Bauteile aus Holz und Holzwerkstoffen sind nach DIN 68800-1: 2019-06, 5.1 eine der sieben Gebrauchsklassen GK (früher: Gefährdungsklasse) nach Tabelle 5.4 zuzuordnen, Anmerkungen und Hinweise zu den Gebrauchsklassen und verwendeten Begriffen sind unterhalb von Tabelle 5.4 angeführt. Für die Zuordnung zu einer Gebrauchsklasse sind die Holzfeuchte im Gebrauchszustand und die Gebrauchsbedingungen (Expositionen) entscheidend, letztere sind nach *Willeitner* [523] (zu 5.1) Besonderheiten im Einzelfall, die die Einstufung der Bauteile in eine Gebrauchsklasse bewirken, Beispiele s. Tabelle 5.5. Die Zuordnung zu einer Gebrauchsklasse ist bei der Planung zu dokumentieren (stichwortartig meist ausreichend), um die Entscheidung später nachvollziehen zu können, so dass evtl. Planungsmängel rechtzeitig erkenn- und behebbar sind und mögliche Ausführungsmängel nicht der Planung angelasten werden können.

Muss ein Holzbauteil in mehrere Gebrauchsklassen eingeteilt werden wie z.B. der Witterung ausgesetzte, nach außen durchlaufende Balken- und Sparrenteile, ist die jeweils höchste erforderliche Gebrauchsklasse maßgebend, außer wenn eine unterschiedliche Behandlung einzelner Hölzer oder Holzbereiche möglich ist. Darüber hinaus sollte nach *Willeitner* [523] (zu 5.1) bei der Planung durch entsprechende Schutzmaßnahmen sichergestellt werden, dass beim Bauablauf keine übermäßig hohe Holzfeuchte (im Vergleich zur späteren Gebrauchsholzfeuchte) z.B. durch Witterungseinflüsse oder hohe Kondensation auftritt, die eine Einstufung in eine höhere Gebrauchsklasse erfordern würde.

Die Gebrauchsklassen nach Tabelle 5.4 sind nicht deckungsgleich mit den Nutzungsklassen nach Tabelle 7.12, erstere geben eine Klassifikation zur Einbausituation von Holz in Abhängigkeit von den Umgebungsbedingungen gegen Holz zerstörende Organismen, während in den Nutzungsklassen die Umgebungsbedingungen für die Bemessung von Holzbauteilen nach DIN EN 1995-1-1: 2010-12 festlegt werden.

Tabelle 5.4 Gebrauchsklassen (GK) von Holz nach DIN 68800-1: 2019-06, Tab. 1[7])[8])[9])[10])[12])

GK[9])	Holzfeuchte/Exposition[1])[2])	Allgemeine Gebrauchsbedingungen	Gefährdung durch				Auswasch-beanspruchung
			Insekten	Pilze [3])	Moder-fäule	Holzschäd-linge im Meerwasser	
1	2	3	4	5	6	7	8
0[12])	trocken (ständig $\leq$ 20%), mittlere relative Luftfeuchte bis 85%[4])[10])	Holz oder Holzprodukt unter Dach[11]), nicht der Bewitterung und keiner Befeuchtung ausgesetzt, die Gefahr von Bauschäden durch Insekten kann nach Tabelle 5.6 (Zuordnung zu GK 0) ausgeschlossen werden	nein	nein	nein	nein	nein
1	trocken (ständig $\leq$ 20%), mittlere relative Luftfeuchte bis 85%[4])[10])	Holz oder Holzprodukt unter Dach[11]), nicht der Bewitterung und keiner Befeuchtung ausgesetzt	ja	nein	nein	nein	nein
2	gelegentlich feucht (> 20%) mittlere relative Luftfeuchte über 85%[4]) oder zeitweise Befeuchtung durch Kondensation[10])	Holz oder Holzprodukt unter Dach[11]), nicht der Bewitterung ausgesetzt, eine hohe Umgebungsfeuchte kann zu gelegentlicher, aber nicht dauernder Befeuchtung führen	ja	ja	nein	nein	nein
3.1[12])	gelegentlich feucht (> 20%) Anreicherung von Wasser im Holz, auch räumlich begrenzt, nicht zu erwarten[10])	Holz oder Holzprodukt nicht unter Dach, mit Bewitterung, aber ohne ständigen Erd- oder Wasserkontakt, Anreicherung von Wasser im Holz, auch räumlich begrenzt, ist aufgrund von rascher Rücktrocknung nicht zu erwarten	ja	ja	nein	nein	ja

Tabelle 5.4 (Fortsetzung)

GK[9])	Holzfeuchte/Exposition[1])[2])	Allgemeine Gebrauchsbedingungen	Gefährdung durch				Auswaschbeanspruchung
			Insekten	Pilze [3])	Moderfäule	Holzschädlinge im Meerwasser	
3.2[12])	häufig feucht (> 20%), Anreicherung von Wasser im Holz, auch räumlich begrenzt, zu erwarten	Holz oder Holzprodukt nicht unter Dach, mit Bewitterung, aber ohne ständigen Erd- oder Wasserkontakt, Anreicherung von Wasser im Holz, auch räumlich begrenzt, ist zu erwarten[5])	ja	ja	nein	nein	ja
4	vorwiegend bis ständig feucht (> 20%)	Holz oder Holzprodukt in Kontakt mit Erde oder Süßwasser und so bei mäßiger bis starker[6]) Beanspruchung vorwiegend bis ständig einer Befeuchtung ausgesetzt	ja	ja	ja	nein	ja
5	ständig feucht (> 20%)	Holz oder Holzprodukt, ständig Meerwasser ausgesetzt	ja	ja	ja	ja	ja

[1]) die Begriffe „gelegentlich“, „häufig“, „vorwiegend“ und „ständig“ zeigen eine zunehmende Beanspruchung an, ohne dass hierfür wegen der sehr unterschiedlichen Einflussgrößen genaue Zahlenangaben möglich sind

[2]) der Holzfeuchte-Wert von 20% enthält eine Sicherheitsmarge, s. Fußnote[7])

[3]) Holz zerstörende Braun- und Weißfäulepilze (Basidiomyzeten) sowie Holz verfärbende Pilze, s. Tabelle 5.2

[4]) maßgebend für die Zuordnung von Holzbauteilen zu einer Gebrauchsklasse ist die jeweilige Holzfeuchte

[5]) Bauteile, bei denen über mehrere Monate Ablagerungen von Schmutz, Erde, Laub u.ä. zu erwarten sind sowie Bauteile mit besonderer Beanspruchung, z.B. durch Spritzwasser, sind in GK 4 einzustufen

[6]) „mäßige“ bzw. „starke“ Beanspruchung bezieht sich auf das Gefährdungspotential für einen Pilzbefall (Feuchteverhältnisse, Bodenbeschaffenheit) sowie die Intensität einer Auswaschbeanspruchung

[7]) unabhängig von dem tatsächlichen Feuchteanspruch Holz zerstörender Pilze sowie der Fasersättigungsfeuchte der verschiedenen Holzarten wird für die Zuordnung zu den Gebrauchsklassen im Sinne einer ausreichenden Sicherheit ein Wert von 20% Holzfeuchte als Obergrenze für das Vermeiden eines Pilzbefalls angesetzt, s. DIN 68800-1: 2019-06, 4.2.2

[8]) ist ein Holzbauteil bestimmungsgemäß mehreren Gebrauchsklassen zuzuordnen, so ist für die Auswahl von Schutzmaßnahmen jeweils die höchste in Betracht kommende Gebrauchsklasse maßgebend, es sei denn, eine unterschiedliche Behandlung einzelner Hölzer bzw. Holzbereiche eines Bauteils ist möglich

[9]) Beispiele für die Zuordnung von Holzbauteilen zu einer Gebrauchsklasse sind in Tabelle 5.5 angeführt

[10]) die Einbaufeuchte der Hölzer darf nach DIN 68800-2: 2022-02, 5.1.2.1 in den Gebrauchsklassen GK 0, GK 1, GK 2 und GK 3.1 nicht höher als 20% sein

[11]) der Begriff „unter Dach“ wird unterhalb dieser Tabelle 5.4 erläutert

[12]) weitere, über die Regelungen der Tabelle 5.4 hinausgehende, ergänzende Anwendungsfälle mit Gebrauchsbedingungen für die Einstufung von Holzbauteilen in die Gebrauchsklassen GK 0, GK 3.1 und GK 3.2 sind in Tabelle 5.6 zusammengestellt

Der Begriff **„unter Dach, nicht der Witterung ausgesetzt"** in den Gebrauchsklassen GK 0 bis GK 2 der Tabelle 5.4 bedeutet zunächst eine vollständige Abdeckung des Holzes oder Holzproduktes wie z.B. in überdachten Räumen. Ein Bauteil kann jedoch nach DIN 68800-1: 2019-06, 3.22, Begriff **„unter Dach"**, auch durch die Abdeckung eines Dachüberstandes ausreichend vor Witterungsbeanspruchungen geschützt werden, wobei zwischen Vorderkante der Überdeckung und Unterkante des Bauteils ein Winkel von höchstens 60°, bezogen auf die Horizontale, vorhanden sein darf, s. *Willeitner* [523] (zu 5.1.1, Tabelle 1). Diese Bedingungen des **„60°-Winkels"** erfüllen einen ausreichenden Witterungsschutz der Holzbauteile wie z.B. durch ausreichenden Dachüberstand, Überdachung mit offenen Seitenflächen oder Vordach, hierüber s. Bild 5.7c.

Der Bestimmung der **„mittleren relativen Luftfeuchte"** in Tabelle 5.4 sollte nach *Willeitner* [523] (zu 5.1.1, Tabelle 1) ein Bezugszeitraum von drei Monaten zugrunde gelegt werden.

Die **Gebrauchsklasse GK 0** nach Tabelle 5.4 für Holzbauteile mit den Bedingungen u.a. „ständig trocken, Holzfeuchte $\omega \leq 20$, mittlere relative Luftfeuchte $\varphi \leq 85\%$, unter Dach, nicht der Bewitterung und keiner Befeuchtung ausgesetzt, Bauschäden durch Insektenbefall kann durch bauliche Maßnahmen ausgeschlossen werden" ist ein Sonderfall der GK 1. Gebrauchsklasse GK 0 bedeutet nach *Willeitner* [523] (zu 5.2.1) den Verzicht auf Holzschutzmittel, so dass durch bauliche Maßnahmen oder den Einsatz natürlich dauerhafter Hölzer die Gebrauchsbedingungen für GK 1 geschaffen werden. In GK 0 besteht keine Gefahr eines Bauschadens durch Holz zerstörende Pilze, da eine Holzfeuchte von $\omega \leq 20\%$ ständig vorliegt; die Gefahr eines Bauschadens durch den Befall Holz zerstörender Insekten, s. Abschn. 5.2.2, kann jedoch nicht ausgeschlossen werden, so dass durch bauliche Maßnahmen ein derartiger Bauschaden z.B. nach den Bedingungen in Tabelle 5.14, Zeile 3 zu vermieden ist wie z.B. durch Kontrollierbarkeit des Holzes gegenüber Insektenbefall, allseitig insektendichte Bekleidung, Einbau technisch getrockneten Holzes oder andere Maßnahmen, ergänzende Regelungen hierzu s. Tabelle 5.6.

Die **Gebrauchsklasse GK 1** nach Tabelle 5.4 für Holzbauteile mit den Bedingungen u.a. „ständig trocken, Holzfeuchte $\omega \leq 20\%$, mittlere relative Luftfeuchte $\varphi \leq 85\%$, unter Dach, nicht der Bewitterung und keiner Befeuchtung ausgesetzt" setzt ständig trockenes Holz voraus, so dass ein Befall Holz zerstörender Pilze ausgeschlossen werden kann, nicht jedoch ein Insektenbefall, s. auch Abschn. 5.2.2 und Tabelle 5.2 und 5.3. Im Gegensatz zu GK 0 werden in GK 1 keine baulichen Maßnahmen zur Verhinderung eines Insektenbefalls wie notwendige Kontrollmaßnahmen, eine Insekten dichte Bekleidung oder Anderes, s. Tabelle 5.6 und Tabelle 5.14, Zeile 3, vorgenommen, so dass eine Zuordnung zur GK 1 bleibt.

Die **Gebrauchsklasse GK 2** nach Tabelle 5.4 für Holzbauteile mit den Bedingungen u.a. „gelegentlich feucht, Holzfeuchte $\omega > 20\%$, mittlere relative Luftfeuchte $\varphi > 85\%$ oder zeitweise Befeuchtung durch Kondensation, unter Dach, nicht der Bewitterung ausgesetzt" setzt voraus, dass eine hohe Umgebungsfeuchte zu gelegentlicher, aber nicht dauernder Befeuchtung führen kann. Da Holzfeuchten $\omega > 20\%$ vorliegen können, ist ein Befall Holz zerstörender Pilze nicht auszuschließen, ebenso wenig ein Insektenbefall, s. auch Abschn. 5.2.2 und Tabelle 5.2 und 5.3. Derartig hohe mittlere Luftfeuchten $\varphi > 85\%$ treten nach

Willeitner [523] (zu 5.1.1, Tabelle 1) nur in bestimmten gewerblichen und industriellen Räumen auf. Besonders zu beachten sind hier Beanspruchungen des Holzes durch tropfendes Wasser aus Tauwasserbildung oder durch Spritzwasser in Innenräumen, die nach DIN 68800-1: 2019-06, 5.2.2 der Gebrauchsklasse GK 3 zuzuordnen sind, GK 3.1 oder GK 3.2, wenn besondere Feuchtebeanspruchungen vorliegen, Näheres s. Tabelle 5.6. Bauliche Holzschutz-Maßnahmen zur Einstufung von Holzbauteilen in niedrigere Gebrauchsklassen als GK 2 sind im Abschn. 5.2.4.8 zusammengestellt.

Die **Gebrauchsklasse GK 3** nach Tabelle 5.4 für Holzbauteile mit den Bedingungen u.a. „nicht unter Dach, mit Bewitterung, aber ohne ständigen Erd- und Wasserkontakt" ist in zwei Unterklassen aufgeteilt worden, da hier mehrere Gebrauchsbedingungen, ob Wasseranreicherung und Rücktrocknung vorliegen oder nicht und diese nicht nur im gesamten Holzbauteil, sondern auch räumlich begrenzt vorkommen, zu unterscheiden sind. In **GK 3.1** „gelegentlich feucht, Holzfeuchte > 20%" ist eine Wasseranreicherung infolge zügiger Rücktrocknung praktisch auszuschließen, z.B. durch bauliche Maßnahmen, s. Abschn. 5.2.4, während in **GK 3.2** „häufig feucht, Holzfeuchte > 20%" eine Wasseranreicherung zu erwarten ist und das Holz nicht schnell trocknen kann, so dass „feuchte" Bedingungen über einen verlängerten, aber nicht dauerhaften Zeitraum vorliegen können. Ist dagegen eine dauernde Wassereinwirkung auf das Holz zu erwarten, treffen nach Tabelle 5.4, Fußnote[5]) eher die Bedingungen der GK 4 zu, insbesondere wenn Ablagerungen von Schmutz, Erde, Laub und dgl. wie z.B. nach *Willeitner* [523] (zu 5.1.1, Tabelle 1) bei Lärmschutzwänden, Kompostieranlagen und schlecht gewarteten Brückenbelägen (und Belägen von Terrassen, nicht überdachten Balkonen und deren Tragbalken) in (Trocken-) Rissen, Ecken, Fugen, Kehlen mit Bildung von Feuchtbereichen sowie besondere Beanspruchungen wie Spitzwasser auftreten können. Beispiele der Zuordnung von Holzbauteilen zur Gebrauchsklasse GK 3 (und zu anderen) werden in Tabelle 5.5 angeführt, besondere Bedingungen einer Zuordnung in Gebrauchsklassen GK 3.1 oder GK 3.2 sind in Tabelle 5.6, weitere bauliche Holzschutz-Maßnahmen zur Einstufung von Holzbauteilen in niedrigere Gebrauchsklassen als GK 3 im Abschn. 5.2.4.8 und 5.2.4.9 zusammengestellt.

Die **Gebrauchsklasse GK 4** für Holzbauteile nach Tabelle 5.4 setzt die Bedingungen u.a. „in Kontakt mit Erde oder Süßwasser und so bei mäßiger bis starker Beanspruchung vorwiegend bis ständig einer Befeuchtung ausgesetzt" voraus. Diese Gebrauchsbedingungen liegen nach *Willeitner* [523] (zu 5.1.1, Tabelle 1) z.B. bei Holzbauteilen vor, die ständig auf dem Erdreich aufliegen, die ständig von Erdreich umgeben (wie Masten) und auch die mit Beton ummantelt sind, auch wenn sie evtl. zusätzlich durch eine Sperrschicht umgeben werden; des Weiteren bei Holzbauteilen, die ständiger Ablagerungen von Schmutz, Erde, Laub und dgl. unterliegen, Beispiele hierzu sind in „Gebrauchsklasse GK 3 bzw. GK 3.2" angeführt, s. oben. Ein ständiger Kontakt mit Süßwasser ist z.B. bei Unterkonstruktionen von Bootshäusern, Anlegestellen und Uferbefestigungen vorhanden. Die Gebrauchsbedingungen für GK 4 existieren jedoch nicht bei Holzbauteilen, die in längeren Zeiträumen wiederholt durch starke Niederschläge beansprucht werden und wieder rücktrocknen können, auch nicht bei Holzbauteilen, die kurzfristig, z.B. durch vorübergehende Lagerung mit dem Erdreich in Kontakt kommen oder kurzfristig ins Süßwasser getaucht werden, ebenso wenig bei ständig unter Süßwasser verbauten Holzbauteilen und ebenso nicht bei ständig unterhalb des Grundwasserspiegels verbleibenden Pfahlgründungen. Letztere bedürfen nach *Willeitner* [523] keiner besonderen Schutzmaßnahmen, hier kann ein Abbau der Holzsubstanz durch möglichen Bakterienbefall erst innerhalb von Jahrzehnten bis Jahrhunderten auftreten, der jedoch Festigkeitsminderungen erst bei Austrocknen des Holzes z.B. durch Grundwasser-Absenkung bewirkt.

Die **Gebrauchsklasse GK 5** für Holzbauteile nach Tabelle 5.4 beinhaltet die Bedingungen „ständig dem Meerwasser ausgesetzt, ständig feucht" und setzt nach DIN 68800-1: 2019-06, 5.2.3 einen Salzgehalt von > 7‰ einschl. Brackwasser (z.B. in Tideneinflussgebieten) voraus, s. auch Tabelle 5.3. Die Bereiche von Holzbauteilen oberhalb der Salzwasser-Oberfläche werden nach *Willeitner* [523] (zu 5.1.1, Tabelle 1 und 5.2.3) ebenso von Holz zerstörenden Organismen befallen wie bei Erdkontakt (Einstufung in GK 4), jedoch ist ein Insektenbefall nicht zu erwarten und damit ein diesbezüglicher Schutz nicht notwendig. Sind die Holzbauteile ausreichend von der Salzwasseroberfläche entfernt wie z.B. Geländer von Seebrücken, ist eine Einstufung in GK 3 möglich.

Tabelle 5.5 Beispiele der Zuordnung von Holzbauteilen zu einer Gebrauchsklasse GK nach DIN 68800-1: 2019-06[6])[7])

a) Beispiele der Zuordnung von Holzbauteilen zu den Gebrauchsklassen GK nach DIN 68800-1: 2019-06, Anhang D, Tab. D.1[1])

Gebrauchs-klasse GK [1])[6])[7])	Beispiele, Bedingungen, Expositionen
0[7])	- sichtbar bleibende Hölzer im Wohnräumen - allseitig insektendicht abgedeckte Holzbauteile nach DIN 68800-2
1	- nicht insektendicht bekleidete Balken, soweit die Bedingungen für GK 0 nicht zutreffen[1])[2]) - Sparren/Pfetten in unbeheizten Dachstühlen, soweit die Bedingungen für GK 0 nicht zutreffen[1])[2])
2	- unzureichend wärmegedämmte Balkenköpfe in Altbauten - Brückenträger überdachter Brücken über Wasser
3.1[7])	- bewitterte Stützen mit ausreichendem Bodenabstand (Spritzwasserschutz)[3]) - Zaunlatten
3.2[7])	- bewitterte horizontale Handläufe - bewitterte Balkonbalken
4	- Hölzer für Uferbefestigungen - Palisaden
5	- Dalben - Kai- und Steganlagen

Tabelle 5.5 (Fortsetzung)

b) Beispiele der Zuordnung von Holz-Außenwandelementen zu Gebrauchsklassen GK in Abhängigkeit von der Konstruktion der Dachüberstände nach *Willeitner* [523] (zu 5.1.2)	
0	vollständiger Schutz durch die Dachüberstände gegenüber Witterungseinflüssen[4]), Holzbekleidungen trocken (Holzfeuchte ständig ≤ 20%) und keiner Befeuchtung ausgesetzt, die Gefahr eines Bauschadens durch Holz zerstörende Insekten kann nicht ausgeschlossen werden, so dass bei außen liegenden Holzbekleidungen durch bauliche Maßnahmen ein derartiger Bauschaden z.B. nach den Bedingungen in Tabelle 5.14, 3.2 bis 3.5 im Abschn. 5.2.4.8 zu vermeiden ist, andernfalls sind die Holzbekleidungen wegen der Möglichkeit des Insektenbefalls in Gebrauchsklasse GK 1 einzustufen[5])
1	ausreichender Dachüberstand[4]), Holzbekleidungen trocken (ständig ≤ 20%), nicht der Bewitterung und keiner Befeuchtung ausgesetzt, Insektenbefall möglich
2	ausreichender Dachüberstand[4]), Holzbekleidungen gelegentlich feucht (> 20%), nicht der Bewitterung ausgesetzt, eine hohe Umgebungsfeuchte (mittlere relative Luftfeuchte > 85%)[6]) kann zu gelegentlicher, aber nicht dauernder Befeuchtung führen, Pilz- und Insektenbefall möglich
3.1	geringer Dachüberstand vorhanden, Holzbekleidungen gelegentlich feucht (> 20%), der Witterung in größeren Teilen ausgesetzt, ohne ständigen Erd- oder Wasserkontakt, Anreicherung von Wasser im Holz, auch räumlich begrenzt, infolge rascher Rücktrocknung und zügiger Wasserableitung nicht zu erwarten, mit senkrecht verlaufender Holzbekleidung oder mit waagerecht verlaufender Holzbekleidung, bei denen die untere Brettoberseite vom darüber liegenden Brett abgedeckt ist, d.h. mit Wasser abführenden Überlappungen, Pilz- und Insektenbefall möglich
3.2	kein Dachüberstand vorhanden, Holzbekleidungen häufig feucht (> 20%), der Witterung vollständig ausgesetzt, ohne ständigen Erd- oder Wasserkontakt, Anreicherung von Wasser im Holz, auch räumlich begrenzt, zu erwarten, da Wasser nicht schnell abgeleitet wird, das Holz nicht zügig rücktrocknen und eine längere, aber nicht andauernde Einwirkung von Wasser vorliegen kann, mit waagerecht verlaufender Holzbekleidung ohne Wasser abführende Überlappungen, Pilz- und Insektenbefall möglich

[1]) Gebrauchsklassen GK nach DIN 68800-1: 2019-06, Tab. 1, s. Tabelle 5.4

[2]) Bedingungen, um die Gebrauchsklasse GK 0 für tragende Holzbauteile zu erreichen, sind in z.B. Tafel 5.6 und im Abschn. 5.2.4.8, Tabelle 5.14 angeführt

[3]) Bedingungen für einen Spritzwasserschutz nach DIN 68800-2: 2022-02, 5.2.1.5, s. Abschn. 5.2.4.3 Spritzwasserschutz und Bild 5.7a, c

[4]) die Bedingung „ausreichender Überstand" (oder „vollständiger Schutz durch Dachüberstände") bedeutet nach DIN 68800-1: 2019-06, 3.22, dass ein Bauteil durch die Überdeckung eines Daches vollständig vor der Witterung geschützt ist, wobei zwischen der Vorderkante der Überdeckung und der Unterkante des Bauteils ein Winkel von höchstens 60°, bezogen auf die Horizontale, vorhanden sein darf („60°-Winkel"), s. auch Begriff „unter Dach, nicht der Witterung ausgesetzt" unterhalb von Tabelle 5.4 und Bild 5.7c

[5]) bei Trag- und Konterlattungen hinter hinterlüfteten Außenschalungen ist ein Insektenbefall unwahrscheinlich, so dass eine Kontrollierbarkeit nicht erforderlich ist, hierüber s. Angaben über Latten hinter Vorhangfassaden, Dach- und Konterlatten, Taufbohlen und Dachschalungen im Abschn. 5.2.4.8

[6]) maßgebend für die Zuordnung von Holzbauteilen zu einer Gebrauchsklasse ist die jeweilige Holzfeuchte

[7]) weitere, über die Regelungen der Tabelle 5.4 und Beispiele der Tabelle 5.5 hinausgehende, ergänzende Anwendungsfälle mit Gebrauchsbedingungen für die Einstufung von Holzbauteilen in die Gebrauchsklassen GK 0, GK 3.1 und GK 3.2 sind in Tabelle 5.6 zusammengestellt

Zusätzlich zu den Regelungen in Tabelle 5.4 und Beispielen der Tabelle 5.5 führt DIN 68800-1: 2019-06, 5.2 weitere ergänzende Anwendungsfälle mit Gebrauchsbedingungen für die Einstufung von Holzbauteilen in die Gebrauchsklassen GK 0, GK 3.1 und GK 3.2 an, die in Tabelle 5.6 zusammengestellt sind.

Der Begriff „**Wohnklima**" in Tabelle 5.6 wird in DIN 68800-1: 2019-06, 3.23 als Klima in Aufenthaltsräumen bezeichnet, letztere sind nach 3.1 der Norm (im bauaufsichtlichen Sinn) Räume, die zum nicht nur vorübergehenden Aufenthalt von Menschen bestimmt oder geeignet sind. Dies sind Wohnräume oder vergleichbare Räume wie z.B. Büros, Schulen, Gaststätten, Sporthallen, Hallenbäder und dgl., in denen nach DIN 68800-1: 2019-06, 8.1.3 der **Verzicht auf Verwendung von Holzschutzmitteln** oder mit Holzschutzmitteln behandelten Bauteilen gilt. Für Arbeitsstätten gilt Ähnliches, soweit technisch möglich. Deshalb sind aus Gründen des Gesundheitsschutzes in Aufenthaltsräumen alle tragenden und nicht tragenden Holzbauteile ohne vorbeugend wirkende Holzschutzmittel einzusetzen und der Gebrauchsklasse GK 0 zuzuordnen, s. Tabellen 5.4 bis 5.6.

Räume mit „**üblichem Wohnklima**" nach Tabelle 5.6 sind nach *Willeitner* [523] (zu 5.2.1) u.a. Aufenthaltsräume in Wohngebäuden einschl. Küchen und Bäder sowie weitere oben angeführte Räume mit vergleichbarem Klima. In derartigen Räumen liegen für die Entwicklung Holz zerstörender Insekten eher ungünstige klimatische Verhältnisse vor, s. Abschn. 5.2.4.10 „Hausbockkäfer", darüber hinaus ist ein Insektenbefall meist schnell zu erkennen, Näheres hierzu s. „Gebrauchsklasse GK 0" unter Tabelle 5.4 und „Gefahr eines Bauschadens" über Tabelle 5.2 im Abschn. 5.2.2.

Tabelle 5.6 Besondere, ergänzende Regelungen und Gebrauchsbedingungen für die Zuordnung von Holzbauteilen zu den Gebrauchsklassen GK 0, 3.1 und 3.2 nach DIN 68800-1: 2019-06, 5.2[1])[2])

Zuordnung zu GK[1])	Regelungen und Gebrauchsbedingungen für die Zuordnung zu den Gebrauchsklassen GK
0	Holzbauteile[2]) in GK 1, bei denen das Risiko von Bauschäden durch Insekten vermieden wird, - indem Holz in Räumen mit üblichem Wohnklima[3]) oder vergleichbaren Räumen verbaut ist oder die Bauteile in entsprechender Weise beansprucht werden, oder - indem unter den in DIN 68800-2 festgelegten Bedingungen, s. Abschn. 5.2.4, das Holz gegen Insektenbefall allseitig durch eine geschlossenen Bekleidung abgedeckt ist, oder - Holz z.B. in begehbaren, unbeheizten Dachstühlen, zum Raum hin so offen angeordnet ist, dass es kontrollierbar bleibt und an sichtbar bleibender Stelle dauerhaft ein Hinweis auf eine notwendige regelmäßige Kontrolle angebracht ist,
3	Holzbauteile[2]) nicht unter Dach, aber ohne ständigen Erd- oder Wasserkontakt, - da vielfältige Gebrauchsbedingungen vorliegen, wird die Unterteilung in die Unterklassen 3.1 und 3.2 vorgenommen (es können bei Holzbauteilen „unter Dach" auch Gebrauchsbedingungen wie bei „nicht unter Dach" auftreten, s. unten):

Tabelle 5.6 (Fortsetzung)

3.1	- nicht tragende Holzbauteile nicht unter Dach, ohne ständigen Erd- oder Wasserkontakt, die durch geeignete Maßnahmen, z.B. intakte Beschichtung[4]), vor einer unmittelbaren Witterungsbeanspruchung geschützt sind, - Holzbauteile in Innenräumen, die in begrenzter Zeit einer mäßigen Feuchtebeanspruchung ausgesetzt sind und bei denen eine Wasseranreicherung, auch räumlich begrenzt, nicht zu erwarten ist[5]) (in beiden Fällen ist eine Wasseranreicherung nicht zu erwarten, da Wasser schnell abgeleitet werden und Holz zügig rücktrocknen kann)
3.2	- Holzbauteile in Innenräumen, die einer entsprechenden Feuchtebeanspruchung ausgesetzt sind (eine Wasseranreicherung ist zu erwarten, da Wasser nicht schnell abgeleitet wird, das Holz nicht zügig rücktrocknen und eine längere, aber nicht andauernde Einwirkung von Wasser vorliegen kann)[5])

[1]) Gebrauchsklassen GK nach DIN 68800-1: 2019-06, Tab. 1, s. Tabelle 5.4

[2]) der in dieser Tabelle gewählte Begriff „Holzbauteile" schließt die Begriffe „Holz oder Holzprodukt" nach DIN 68800-1: 2019-06 ein

[3]) in Räumen mit „üblichem Wohnklima" besteht nach DIN 68800-1: 2019-06, 5.2.1 nur für das Splintholz von stärkereichen Laubhölzern wie Eichensplintholz eine Befallsgefahr vom Splintholzkäfer (*Lyctus*befall), s. auch Tabelle 5.3, der Begriff „übliches Wohnklima" wird oberhalb dieser Tabelle 5.6 näher beschrieben

[4]) über Beschichtungen s. Abschn. 5.2.6

[5]) nach *Willeitner* [523] (zu 5.2.2) sind dies Holzbauteile in Innenräumen, als charakteristische Beispiele gelten Bereiche mit Spritzwasser, nicht beim Hantieren mit Wasser in Küchen, sondern vergleichbar mit intensiver Schwallwasser-Beanspruchung wie in Bädern bei Duschen

Holzschutz-Maßnahmen gegen Holz zerstörende Organismen

Mehrere langjährig bewährte, unterschiedliche Holzschutzmaßnahmen gegen Holz zerstörende Organismen stehen zur Verfügung und werden in der als „Steuernorm" des Holzschutzes zu bezeichnenden DIN 68800-1: 2019-06, 6 wie folgt aufgelistet: **Bauliche Maßnahmen** als alle planerischen, konstruktiven, bauphysikalischen und organisatorischen Maßnahmen nach DIN 68800-2: 2022-02, s. Abschn. 5.2.4, **Anwendung von Holzschutzmitteln** zum vorbeugenden Schutz nach DIN 68800-3: 2020-03, s. Abschn. 5.2.5, oder im Rahmen von Bekämpfungsmaßnahmen nach DIN 68800-4: 2020-12, s. Abschn. 5.2.7, **Verwendung vorbeugend geschützter Holz- und Holzwerkstoffprodukte** mit CE-Kennzeichnung nach DIN 68800-3: 2020-03, **Physikalische Maßnahmen** als Anwendung hoher Temperaturen zur Abtötung von Holzschädlingen im Rahmen von Bekämpfungsmaßnahmen nach DIN 68800-4: 2020-12, s. Abschn. 5.2.7, **Beschichtungen** als zusätzlicher Beitrag zum Holzschutz zur Behinderung der Wasseraufnahme des Holzes über die Holzoberfläche nach Abschn. 5.2.6, **Schutzsysteme** für tragende Bauteile mit bauaufsichtlichem Verwendbarkeitsnachweis als speziell vorbeugend wirkende Mittel oder bekämpfende Verfahren mit anderen Stoffen, bestimmten Maßnahmen oder besonderen Anwendungsverfahren und die **Natürliche Dauerhaftigkeit des Holzes**, die im Folgenden näher dargestellt wird.

Natürliche Dauerhaftigkeit von Bauhölzern, Verwendung in den Gebrauchsklassen GK

Die **natürliche Dauerhaftigkeit** von tragenden Bauhölzern der DIN EN 1995-1-1: 2010-12 und des zugehörigen Nationalen Anhangs DIN EN 1995-1-1/NA: 2013-08 kann Abschn. 1.6

und Tabelle 1.5 entnommen werden. Danach ist das **Splintholz** aller Hölzer stets der Dauerhaftigkeitsklasse 5 (nicht dauerhaft) zuzuordnen, während **Kernholz** unterschiedlich dauerhaft ist. **Farbkernholz** mit bis zu 5% Splintholzanteil kann nach DIN 68800-1: 2019-06, 6.8.2.1 wie reines Kernholz eingestuft werden, eine mehr praktische Regelung, da reines Farbkernholz ohne Splintholzanteil oft nicht zu beschaffen ist. Der Unterschied zulässiger Splintholzanteile bei Farbkernhölzern sollte nach *Willeitner* [523] (zu 8.2) nicht verwechselt werden: Farbkernhölzer mit einem Splintholzanteil ≤ 5% in den Tabellen 5.7 und 5.8 sind in den Gebrauchsklassen GK 2 bis GK 4 für die Dauerhaftigkeit gegen Pilzbefall ausgelegt, hier ist die Tragfähigkeitsminderung bei einem geringen Splintholzanteil bis zu 5% vernachlässigbar klein, während Farbkernhölzer mit einem Splintholzanteil ≤ 10% in Gebrauchsklasse GK 1 in Tabelle 5.10 die Dauerhaftigkeit gegen Insektenbefall berücksichtigt.

Die natürliche Dauerhaftigkeit von Bauhölzern kann bei Holzschutzmaßnahmen alternativ zu anderen gleichwertigen berücksichtigt werden. Tabelle 5.7 enthält nach DIN 68800-1: 2019-06, 6.8.2 Mindestanforderungen für tragende Bauhölzer an die Dauerhaftigkeit des splintfreien Farbkernholzes gegen Pilzbefall für den Einsatz in den **Gebrauchsklassen GK 2 bis GK 4** (gilt auch als Empfehlung für nicht tragende Hölzer). Da in dieser Tabelle nur der Einsatz gegen Pilzbefall behandelt wird, sind die Gebrauchsklassen GK 1 (kein Pilzbefall möglich) und GK 5 (nur Holzschädlinge im Meerwasser) nicht vorhanden.

Tabelle 5.7 Mindestanforderungen an die Dauerhaftigkeit des splintfreien Farbkernholzes gegen Pilzbefall für den Einsatz in den Gebrauchsklassen GK 2 bis GK 4 nach DIN 68800-1: 2019-06, 6.8.2, Tab. 3[1])[2])[3])[4])[5])[7])

Gebrauchsklasse GK [6])	**Dauerhaftigkeitsklasse** nach DIN EN 350, s. Abschn. 1.6, Tabelle 1.5			
	1	2	3	4
2	+	+	+	–
3.1	+	+	+	–
3.2	+	+	–	–
4	+	–	–	–

[1]) Hierin bedeuten
\+ natürliche Dauerhaftigkeit ausreichend
– natürliche Dauerhaftigkeit nicht ausreichend

[2]) im Falle von Zwischenstufen (z.B. 1–2) ist für die geforderte Dauerhaftigkeit die Klasse mit der nächst niedrigeren Dauerhaftigkeit maßgebend

[3]) Splintholz ist stets der Dauerhaftigkeitsklasse 5 (nicht dauerhaft) zuzuordnen, s. Abschn. 1.6, Tabelle 1.5

[4]) Farbkernholz mit bis zu 5% Splintholzanteil, dieses kann nach DIN 68800-1: 2019-06, 6.8.2.1 wie reines Kernholz eingestuft werden

[5]) der Unterschied zulässiger Splintholzanteile bei Farbkernhölzern sollte nach *Willeitner* [523] (zu 8.2) nicht verwechselt werden: Farbkernhölzer mit einem Splintholzanteil ≤ 5% nach DIN 68800-1: 2019-06, 6.8.2.1, s. Tabellen 5.7 und 5.8, sind in den Gebrauchsklassen GK 2 bis GK 4 für die Dauerhaftigkeit gegen Pilzbefall ausgelegt, während Farbkernhölzer mit einem Splintholzanteil ≤ 10% in Gebrauchsklasse GK 1 in Tabelle 5.10 die Dauerhaftigkeit gegen Insektenbefall sicherstellen

[6]) Gebrauchsklassen GK nach Tabelle 5.4

[7]) über den Einsatz von Holzschutzmitteln in den Gebrauchsklassen GK 2 bis GK 4 bei Gefahr des Befalls Holz zerstörender Insekten s. Tabelle 5.8, Fußnote[13])

In Tabelle 5.8 sind Gebrauchsklassen GK nach DIN 68800-1: 2019-06, 6.8.2.2 angegeben, in denen tragende Bauhölzer ohne zusätzliche Holzschutzmaßnahmen verwendet werden dürfen, d.h. ohne Einsatz von Holzschutzmitteln oder andere Maßnahmen. Gleiches gilt für entsprechende Holzprodukte mit CE-Kennzeichnung und ausreichender natürlicher Dauerhaftigkeit. Werden dagegen tragende Holzbauteile ohne zusätzliche Holzschutzmaßnahmen verwendet, die keine ausreichende natürliche Dauerhaftigkeit besitzen oder nicht aus Holzprodukten mit CE-Kennzeichnung bestehen, ist ein bauaufsichtlicher Verwendbarkeitsnachweis erforderlich. Das Farbkernholz von sibirischer Lärche (*Larix sibirica*), eine eigene Holzart mit höherer Dauerhaftigkeit bezogen auf die europäische Lärche (*Larix decidua*) u.a., darf nach DIN 68800-1: 2019-06, 6.8.2.3 ebenfalls ohne zusätzliche Holzschutzmaßnahmen in bestimmten Gebrauchsklassen eingesetzt werden, Näheres s. Tabelle 5.8.

Tabelle 5.8 Gebrauchsklassen (GK), in denen die verwendbaren Holzarten der DIN EN 1995-1-1/ NA: 2013-08 ohne zusätzliche Holzschutzmaßnahmen verwendet werden dürfen nach DIN 68800-1: 2019-06, 6.8.2.2, Tab. 4[1])[13])

Holzart, Handelsname	**wissenschaftlicher Name,** s. auch Tabelle 1.5	**Gebrauchsklassen GK** nach Tabelle 5.4	
		Splintholz[2])[11])	**Farbkernholz**[3])[4])[5])
Nadelhölzer			
Fichte	*Picea abies*	0	0[12])
Tanne	*Abies alba*	0	0[12])
Kiefer[6])	*Pinus sylvestris*	0	0, 1, 2[6])
Lärche[7])[8])	*Larix decidua*[10])	0	0, 1, 2, 3.1[7])[8])
Douglasie[7])	*Pseudotsuga menziesii*	0	0, 1, 2, 3.1[7])
Western Hemlock	*Tsuga heterophylla*	0	0
Southern Pine	*Pinus elliottii*[10])	0	0, 1
Yellow Cedar	*Chamaecyparis nootkatensis*	0	0, 1, 2, 3.1
Laubhölzer			
Eiche [14])	*Quercus robur L,-petraea*	0	0, 1, 2, 3.1, 3.2
Buche	*Fagus sylvatica L.*	0	0
Teak[9])	*Tectona grandis*	0, 1	0, 1, 2, 3.1, 3.2, 4[9])
Afzelia	*Afzelia bipindensis*[10])	0, 1	0, 1, 2, 3.1, 3.2, 4
Azobé /Bongossi	*Lophira alata*	0, 1	0, 1, 2, 3.1, 3.2, 5
Ipe	*Tabebuia heptaphylla*[10])	0, 1	0, 1, 2, 3.1, 3.2, 4

Fußnote zu Tabelle 5.8

[1]) Holzprodukte mit CE-Kennzeichnung, die nach CE-Kennzeichnung eine ausreichende natürliche Dauerhaftigkeit gegen die jeweils vorliegende Gefährdung besitzen, können darüber hinaus in den betreffenden Gebrauchsklassen ohne zusätzliche Schutzmaßnahmen eingesetzt werden

[2]) Splintholz: Äußere Zone des Holzes, übernimmt im lebenden Baumstamm die Wasserleitung; Splintholz ist stets der Dauerhaftigkeitsklasse 5 zuzuordnen, s. Abschn. 1.1 und 1.6, Tabelle 1.5

[3]) Kernholz: Innere Zone des Holzes mit abgestorbenen Zellen und mit Einlagerung von Farb-, Gerbstoffen, Harzen, Fetten, ist für die Wasserleitung blockiert; Kernholz ist häufig dunkler als Splintholz, ist nicht immer deutlich vom Splintholz zu unterscheiden; Farbkernhölzer besitzen ein unterschiedliches intensiv gefärbtes Kernholz, das gegenüber dem Splintholz in der Regel höhere Dauerhaftigkeit besitzt, s. Abschn. 1.1 und 1.6, Tabelle 1.5 sowie DIN 68800-1: 2019-06, 3.16

[4]) Farbkernholz mit Splintholzanteil ≤ 5%, dieses kann nach DIN 68800-1: 2019-06, 6.8.2.1 wie reines Kernholz eingestuft werden

[5]) der Unterschied zulässiger Splintholzanteile bei Farbkernhölzern sollte nach *Willeitner* [523] (zu 8.2) nicht verwechselt werden: Farbkernhölzer mit einem Splintholzanteil ≤ 5% nach DIN 68800-1: 2019-06, 6.8.2.1, s. Tabellen 5.7 und 5.8, sind in den Gebrauchsklassen GK 2 bis GK 4 für die Dauerhaftigkeit gegen Pilzbefall ausgelegt, während Farbkernhölzer mit einem Splintholzanteil ≤ 10% in Gebrauchsklasse GK 1 in Tabelle 5.10 die Dauerhaftigkeit gegen Insektenbefall sicherstellen

[6]) das Farbkernholz von Kiefer kann ohne zusätzliche Holzschutzmaßnahmen in GK 2 eingesetzt werden, unabhängig davon, dass es nur in Dauerhaftigkeitsklasse 3–4, s. Tabelle 1.5, eingestuft ist, da sich der Einsatz dieser Holzart in GK 2 seit der letzten Ausgabe von DIN 68800-3: 1990-04 in der Praxis bewährt hat; diese Regelung für die heimische Kiefer gilt nach *Willeitner* [523] (zu 6.8.2.3) auch für nordische Kiefer, da beide der gleichen Holzart (*Pinus sylvestris*) angehören

[7]) das Farbkernholz von Douglasie und Lärche kann ohne zusätzliche Holzschutzmaßnahmen in GK 2 und GK 3.1 eingesetzt werden, unabhängig davon, dass es nur in Dauerhaftigkeitsklasse 3–4, s. Tabelle 1.5, eingestuft ist, da sich der Einsatz dieser beiden Holzarten in GK 2 und GK 3.1 seit der Ausgabe DIN 68800-3: 1990-04 in der Praxis bewährt hat

[8]) das Farbkernholz von sibirischer Lärche darf nach DIN 68800-1: 2019-06, 6.8.2.3 ohne zusätzliche Holzschutzmaßnahmen in GK 2 und GK 3.1 eingesetzt werden, unabhängig davon, dass es nur in Dauerhaftigkeitsklasse 3–4, s. Tabelle 1.5, eingestuft ist, da hierfür eine ausreichende Dauerhaftigkeit anzunehmen ist; bei einer Rohdichte > 700 kg/m^3 darf es auch in GK 3.2 eingesetzt werden, unabhängig davon, dass es nur in Dauerhaftigkeitsklasse 3 eingestuft ist; diese abweichende Regelung für sibirische Lärche (*Larix sibirica*) ist nach *Willeitner* [523] (zu 6.8.2.3) darauf begründet, dass die sibirische Lärche eine eigene Holzart ist und eine höhere natürliche Dauerhaftigkeit besitzt in Bezug auf die in Zentraleuropa vorkommende europäische Lärche (*Larix decidua*) und japanische Lärche (*Larix kaempferi*)

[9]) Teak aus Plantagen ist für GK 4 nicht geeignet

[10]) genannt wird nur die häufigste Art, es können mehrere botanische Arten verwendet werden

[11]) Splintholz in der Gebrauchsklasse GK 0 sollte bei den Bedingungen der Tabelle 5.6 oder der Tabelle 5.14, 3.1 bis 3.5 im Abschn. 5.2.4 verwendet werden; wird Splintholz bei außen liegenden Holzbauteilen, die durch bauliche Maßnahmen wie ausreichende Dachüberstände in Gebrauchsklasse GK 0 eingestuft werden können, eingesetzt, kann die Gefahr eines Bauschadens durch Holz zerstörende Insekten nicht ausgeschlossen werden kann, wenn nicht die Maßgaben der Tabelle 5.5b zur Vermeidung eines derartigen Bauschadens eingehalten werden, andernfalls sind die außen liegenden Holzbauteile wegen der Möglichkeit des Insektenbefalls in Gebrauchsklasse GK 1 einzustufen

[12]) die Holzarten Fichte und Tanne haben keinen Farbkern und können von Holz zerstörenden Insekten wie Hausbockkäfer (*Hylotrupes*) und Klopfkäfer (*Anobien*) befallen werden, s. Tabelle 1.3a und 1.5 im Abschn. 1

[13]) wenn in den Gebrauchsklassen GK 2 bis GK 4 die Gefahr des Befalls Holz zerstörender Insekten vorliegt und die eingesetzten Farbkernhölzer gegen den Befall Holz zerstörender Pilze nicht gleichzeitig eine natürliche Dauerhaftigkeit gegen den Befall Holz zerstörender Insekten besitzen, s. Abschn. 1.6, Tabelle 1.5, und auch keine geeigneten baulichen Maßnahmen ausgeführt werden, sind nach DIN 68800-1: 2019-06, 6.8.2.4 Holzschutzmittel gegen Insektenbefall mit dem Prüfprädikat „Iv“ einzusetzen

[14]) Eichenholz weist bezüglich seiner Dauerhaftigkeit eine große Bandbreite auf, vgl. DIN 68800-1: 2019-06, Fußnote b zu Tab. 4

Der **Einsatz von Holzschutzmittel gegen den Befall Holz zerstörender Insekten** mit dem Prüfprädikat „Iv" nach Abschn. 5.2.5 ist dann u.a. vorzunehmen, wenn nach DIN 68800-1: 2019-06, 6.8.2.4 in den Gebrauchsklassen GK 2 bis GK 4 die Gefahr durch Befall Holz zerstörender Insekten vorliegt und die eingesetzten Holzarten (Farbkernhölzer), die gegen Pilzbefall eine dauerhaft ausreichende natürliche Dauerhaftigkeit besitzen, s. Tabelle 1.5 und Tabelle 5.7, gleichzeitig keine Dauerhaftigkeit gegen Insektenbefall aufweisen und auch keine baulichen Holzschutzmaßnahmen gegen Insektenbefall, s. z.B. Tabellen 5.10 und 5.14, Zeile 3 sowie im Abschn. 5.2.4.8, ausgeführt werden bzw. vorhanden sind. Gleiches gilt sinngemäß für Holzprodukte und Holzwerkstoffe.

Auswahl von Holzschutzmaßnahmen

Holzschutzmaßnahmen sind nach DIN 68800-1: 2019-06, 8.1 bei der Planung so auszuwählen, dass die Holzbauteile innerhalb der vorgesehenen Nutzungsdauer der Gefährdung in der gegebenen Gebrauchsklasse standhält, darüber hinaus sollten zusätzlich mögliche Schäden, Schadensfolgen, der Aufwand (und Kosten) für Wartung und Reparatur bei der Auswahl ebenso beachtet werden wie Gesundheits- und Umweltschutzfragen.

Bei Planung und Ausführung von Holzbauwerken sind nach DIN 68800-1: 2019-06, 8.1.3 stets **grundsätzliche bauliche Holzschutzmaßnahmen** zu berücksichtigen, s. Tabelle 5.9. Zusätzlich dazu sind in Tabelle 5.10 **vorbeugende Holzschutzmaßnahmen für Holzbauteile** in den einzelnen Gebrauchsklassen GK 1 bis GK5 zusammengefasst, die nach DIN 68800-1: 2019-06, 8.2 bis 8.7 alternativ zu den grundsätzlichen baulichen Maßnahmen möglich sind.

Detaillierte grundsätzliche bauliche Holzschutzmaßnahmen sind im Abschn. 5.2.4 in Tabelle 5.11 angeführt, die in jedem Fall bei Holz- und Holzwerkstoffbauteilen auszuführen sind. Ausführungen mit besonderen baulichen Holzschutzmaßnahmen nach Abschn. 5.2.4, Tabelle 5.14 zur Einstufung von Holzbauteilen in die Gebrauchsklasse GK 0 sollten Vorrang haben gegenüber Ausführungen mit Holzschutzmitteln nach DIN 68800-3: 2020-03, s. Abschn. 5.2.5. Ist jedoch eine Einstufung von Holzbauteilen aus einer höheren Gebrauchsklasse GK in die Gebrauchsklasse GK 0 nicht erreichbar, kann nach DIN 68800-1: 2019-06, 8.1.4 durch bauliche Maßnahmen als Teillösung auch die Zuordnung in eine gegenüber der Ausgangsposition niedrigere Gebrauchsklasse GK erfolgen.

Wird jedoch bei tragenden Holzbauteilen allein durch bauliche Holzschutzmaßnahmen oder Einsatz natürlich dauerhafter Holzbauteile, s. Tabellen 5.7 und 5.8, kein ausreichender Schutzerfolg erzielt, sind zusätzliche Holzschutzmaßnahmen mit Holzschutzmitteln durchzuführen (mit der Ausnahme in Aufenthaltsräumen, s. unten). Bei nicht tragenden Holzbauteilen können sinngemäß derartige zusätzliche Holzschutzmaßnahmen nach DIN 68800-3: 2020-03 vorgenommen werden, die jedoch besonders zu vereinbaren sind.

Tabelle 5.9 Grundsätzliche bauliche Holzschutzmaßnahmen bei tragenden Holzbauteilen nach DIN 68800-1: 2019-06, 8.1.3[1])[2])[3])

grundsätzliche bauliche Holzschutzmaßnahmen[2])[3])
- rechtzeitige und sorgfältige Planung, - Vermeiden aller Einflüsse, die bei Transport, Lagerung und Montage zu einer unzuträglichen Veränderung der Holzfeuchte der Holzbauteile insbesondere bei einem Einsatz in GK 0 bis GK 2 führen, z.B. aus Bodenfeuchte und Niederschlägen, - Einbau von Holz und Holzwerkstoffen insbesondere in GK 0 bis GK 2 möglichst mit dem Feuchtegehalt, der während der Nutzung zu erwarten ist, um unzuträgliches Quellen und Schwinden zu vermeiden, - Maßnahmen zur Vermeidung von Tauwasser bei Holzbauteilen in GK 0 bis GK 2, - Verhindern einer unzuträglichen Feuchteerhöhung von Holz und Holzprodukten als Folge hoher Baufeuchte, - Fernhalten oder schnelle Ableitung von Niederschlägen vom Holz und den Anschlussbereichen.

[1]) Gebrauchsklassen nach DIN 68800-1: 2019-06, Tab. 1, s. Tabelle 5.4
[2]) in Aufenthaltsräumen nach DIN 68800-1: 2019-06, 8.1.3 ist auf die Verwendung von vorbeugend wirkenden Holzschutzmitteln oder von mit vorbeugenden Holzschutzmitteln behandelten Bauteilen zu verzichten, für Arbeitsstätten und ähnliche Bereiche gilt dies nur, soweit technisch möglich
[3]) detaillierte grundsätzliche bauliche Holzschutzmaßnahmen nach DIN 68800-2: 2022-02, 5, die in jedem Fall bei Holz- und Holzwerkstoffbauteilen auszuführen sind, s. Abschn. 5.2.4, Tabelle 5.11

Technisch getrocknetes Holz ist in einer geeigneten technischen Anlage prozessgesteuert mindestens 48 h bei einer Temperatur $T \geq 55\,°\mathrm{C}$ auf eine Holzfeuchte $\omega \leq 20\%$ getrocknet worden, s. DIN 68800-1: 2019-06, 3.20 und -2: 2022-02, 3.7. Dazu gehören ebenso Brettschichtholz, Brettsperrholz und andere Hölzer wie Balkenschichtholz und Konstruktionsvollholz KVH, die bei Temperaturen $T \geq 55\,°\mathrm{C}$ unter denselben o.a. Bedingungen technisch getrocknet werden. Bei diesen technisch getrockneten Hölzern ist ein Befall durch Holz zerstörende Insekten nach DIN 68800-1: 2019-06, 4.1.3 in den Gebrauchsklassen GK 1 und GK 2 erfahrungsgemäß nicht zu erwarten bzw. als unbedeutend einzustufen, d.h. völlig auszuschließen ist er demnach nicht, jedoch ist nach *Willeitner* [523] (zu 4.1.3) und *Radović* [409] (zu 6.3) kein Befall Holz zerstörender Insekten der betreffenden Holzbauteile nach jahrzehntelangem Einsatz bekannt. Andere Verfahren, durch das Holz ebenso technisch getrocknet werden kann wie lufttrockene Hölzer, erfüllen die Bedingungen zur Vermeidung eines Insektenbefalls nicht.

Bei technisch getrocknetem Holz ist die Befallsgefahr durch Holz zerstörende Insekten in der Gebrauchsklasse GK 1 sehr gering, s. Tabelle 5.10, Zeile 1, so dass diese Hölzer aus dieser Ursache in GK 1 (und auch GK 0) ohne weitere Holzschutzmaßnahmen eingesetzt werden können, s. DIN 68800-1: 2019-06, 8.2, *Willeitner* [523] (zu 3.20 und 9) und *Radović* [409] (zu 3.7). Lufttrockene Hölzer werden dagegen von Holz zerstörenden Insekten befallen, so dass sie nicht für den Einsatz in Gebrauchsklasse GK 1 ohne weitere Holzschutzmaßnahmen geeignet sind. Über den Einsatz technisch getrockneten Holzes in Gebrauchsklasse GK 2 unter Verwendung von Holzschutzmitteln s. auch Tabelle 5.21, Fußnoten [4]) und [5]) im Abschn. 5.2.5.

Tabelle 5.10 Vorbeugende Holzschutzmaßnahmen in den Gebrauchsklasse GK 1 bis GK 5 bei Holzbauteilen nach DIN 68800-1: 2019-06, 8.2 bis 8.7[1])[2])[7])

Vorbeugende bauliche Holzschutzmaßnahmen, die zusätzlich zu den grundsätzlichen baulichen Holzschutzmaßnahmen nach Tabelle 5.9 alternativ möglich sind

Gebrauchs-klasse GK[1])	vorbeugende bauliche Holzschutzmaßnahmen
1	- bauliche Maßnahmen zur Vermeidung eines Bauschadens durch Insekten nach DIN 68800-2 (s. Abschn. 5.2.4.10), oder - Einsatz von Farbkernhölzer mit einem Splintholzanteil von ≤ 10% (s. Tabelle 5.8)[3]), oder - Verwendung von Brettschichtholz, Brettsperrholz oder anderer bei Temperaturen ≥ 55 °C technisch getrockneter Hölzer (s. Abschn. 5.2.4.10)[4]), oder - Verwendung von Holzprodukten mit CE-Kennzeichnung und ausgewiesener natürlicher Dauerhaftigkeit gegen Hausbock und Anobien nach DIN EN 350 (Hausbockkäfer *(Hylotrupes)* und Klopfkäfer oder Pochkäfer oder gemeiner Nagekäfer (*Anobien*), s. Tabellen 1.5, 5.3, 5.7 und 5.8), oder - Anwendung von Holzschutzmitteln nach DIN 68800-3, die für GK 1 zugelassen bzw. vorgesehen sind (s. Abschn. 5.2.5, Tabelle 5.19)[5]), oder - Verwendung von vorbeugend geschützten Holz- und Holzwerkstoffprodukten mit CE- Kennzeichnung, für die die Verwendbarkeit in GK 1 nach DIN 68800-3 nachgewiesen ist,
2	- bauliche Maßnahmen zur Vermeidung eines Bauschadens durch Insekten oder eines Befalls durch Pilze nach DIN 68800-2 (s. Abschn. 5.2.4.9 und 5.2.4.10), oder - Einsatz von Farbkernholz natürlich dauerhafter Holzarten der Dauerhaftigkeitsklasse 1, 2 oder 3 und natürlicher Dauerhaftigkeit gegen Insekten unter Berücksichtigung von 6.8 (der DIN 68800-1: 2019-06, s. Tabellen 1.5, 5.7 und 5.8), oder - Verwendung von Holzprodukten mit CE-Kennzeichnung und ausgewiesener natürlicher Dauerhaftigkeit gegen Holz zerstörende Pilze (Dauerhaftigkeitsklassen 1, 2 oder 3) und ausgewiesener natürlicher Dauerhaftigkeit gegen Insekten nach DIN EN 350 (s. Tabellen 1.5, 5.7 und 5.8), oder - Anwendung von Holzschutzmitteln nach DIN 68800-3, die für die Verwendung in GK 2 zugelassen bzw. vorgesehen sind oder von vorbeugend wirkenden Schutzsystemen (s. Abschn. 5.2.5, Tabelle 5.19), oder - Verwendung von vorbeugend geschützten Holz- und Holzwerkstoffprodukten mit CE-Kennzeichnung, für die die Verwendbarkeit in GK 2 nach DIN 68800-3 nachgewiesen ist,

Tabelle 5.10 (Fortsetzung)

Gebrauchs-klasse GK[1])	vorbeugende bauliche Holzschutzmaßnahmen
3.1	tragende Bauteilen (nicht tragende Bauteile s. DIN 68800-1: 2019-06, 8.4.2): - bauliche Maßnahmen zur Vermeidung eines Bauschadens durch Insekten oder eines Befalls durch Pilze nach DIN 68800-2 (s. Abschn. 5.2.4.9 und 5.2.4.10), oder - Einsatz von Farbkernholz natürlich dauerhafter Holzarten der Dauerhaftigkeitsklasse 1, 2 oder 3 und natürlicher Dauerhaftigkeit gegen Insekten unter Berücksichtigung von 6.8 (der DIN 68800-1: 2019-06, s. Tabellen 1.5, 5.7 und 5.8), oder - Verwendung von Holzprodukten mit CE-Kennzeichnung und ausgewiesener natürlicher Dauerhaftigkeit gegen Holz zerstörende Pilze (Dauerhaftigkeitsklassen 1, 2 oder 3) und ausgewiesener natürlicher Dauerhaftigkeit gegen Insekten nach DIN EN 350 (s. Tabellen 1.5, 5.7 und 5.8), oder - Anwendung von Holzschutzmitteln nach DIN 68800-3, die für die Verwendung für GK 3 zugelassen sind (s. Abschn. 5.2.5, Tabelle 5.19), oder - Verwendung von vorbeugend geschützten Holz- und Holzwerkstoffprodukten mit CE-Kennzeichnung, für die die Verwendbarkeit für tragende Bauteile in GK 3.1 nach DIN 68800-3 nachgewiesen ist und im Falle von Holzwerkstoffprodukten ein bauaufsichtlicher Verwendbarkeitsnachweis nach Tabelle C.1, Fußnote b (der DIN 68800-1: 2019-06) für das Konstruktionssystem vorliegt,
3.2	- bauliche Maßnahmen zur Vermeidung eines Bauschadens durch Insekten oder eines Befalls durch Pilze nach DIN 68800-2 (s. Abschn. 5.2.4.9 und 5.2.4.10), oder - Einsatz von Farbkernholz natürlich dauerhafter Holzarten der Dauerhaftigkeitsklasse 1 oder 2 und natürlicher Dauerhaftigkeit gegen Insekten unter Berücksichtigung von 6.8 (der DIN 68800-1: 2019-06, s. Tabellen 1.5, 5.7 und 5.8), oder - Verwendung von Holzprodukten mit CE-Kennzeichnung und ausgewiesener natürlicher Dauerhaftigkeit gegen Holz zerstörende Pilze (Dauerhaftigkeitsklassen 1 oder 2) und ausgewiesener natürlicher Dauerhaftigkeit gegen Insekten nach DIN EN 350 (s. Tabellen 1.5, 5.7 und 5.8), oder - Anwendung von Holzschutzmitteln nach DIN 68800-3, die für die Verwendung in GK 3 vorgesehen sind (s. Abschn. 5.2.5, Tabelle 5.19), oder - Verwendung von vorbeugend geschützten Holz- und Holzwerkstoffprodukten mit CE-Kennzeichnung, für die die Verwendbarkeit in GK 3.2 nach DIN 68800-3 nachgewiesen ist und im Falle von tragenden Bauteilen aus Holzwerkstoffprodukten ein bauaufsichtlicher Verwendbarkeitsnachweis nach Tabelle C.1, Fußnote b (der DIN 68800-1: 2019-06) für das Konstruktionssystem vorliegt,

Tabelle 5.10 (Fortsetzung)

Gebrauchs-klasse GK[1])	vorbeugende bauliche Holzschutzmaßnahmen
4	- Einsatz von Farbkernholz natürlich dauerhafter Holzarten der Dauerhaftigkeitsklasse 1 und natürlicher Dauerhaftigkeit gegen Insekten unter Berücksichtigung von 6.8 (der DIN 68800-1: 2019-06, s. Tabellen 1.5, 5.7 und 5.8), oder - Verwendung von Holzprodukten mit CE-Kennzeichnung und ausgewiesener natürlicher Dauerhaftigkeit gegen Holz zerstörende Pilze (Dauerhaftigkeitsklasse 1) und ausgewiesener natürlicher Dauerhaftigkeit gegen Insekten nach DIN EN 350 (s. Tabellen 1.5, 5.7 und 5.8), oder - Anwendung von Holzschutzmitteln nach DIN 68800-3, die für die Verwendung in GK 4 zugelassen sind (s. Abschn. 5.2.5, Tabelle 5.19), oder - Verwendung von vorbeugend geschützten Holzprodukten mit CE-Kennzeichnung, für die die Verwendbarkeit in GK 4 nach DIN 68800-3 nachgewiesen ist (s. Abschn. 5.2.5, Tabelle 5.19),
5	- Einsatz von Farbkernholz natürlich dauerhafter Holzarten mit ausgewiesener Dauerhaftigkeit, in der Regel nach DIN EN 350-2, für die vorgesehene Nutzungsdauer gegen Holzschädlinge im Meerwasser unter Berücksichtigung von 6.8 (der DIN 68800-1: 2019-06, s. Tabellen 1.5, 5.7 und 5.8)[6]), oder - Verwendung von Holzprodukten mit CE-Kennzeichnung und ausgewiesener natürlicher Dauerhaftigkeit nach DIN EN 350 gegen Holzschädlinge im Meerwasser, oder - Anwendung von Holzschutzmittel nach DIN 68800-3; es kommen ausschließlich Holzschutzmittel mit einer ausgewiesenen Wirksamkeit gegen Holzschädlinge im Meerwasser infrage (s. Abschn. 5.2.5, Tabelle 5.19), oder - Verwendung von vorbeugend geschützten Holzprodukten mit CE-Kennzeichnung, für die die Verwendbarkeit in GK 5 nach DIN 68800-3 nachgewiesen ist.

[1]) Gebrauchsklassen GK nach DIN 68800-1: 2019-06, Tab. 1, s. Tabelle 5.4

[2]) in Aufenthaltsräumen ist nach DIN 68800-1: 2019-06, 8.1.3 auf die Verwendung von vorbeugend wirkenden Holzschutzmitteln oder von mit vorbeugenden Holzschutzmitteln behandelten Bauteilen zu verzichten, für Arbeitsstätten und ähnliche Bereiche gilt dies nur, soweit technisch möglich

[3]) der Unterschied der zulässigen Splintholzanteile bei Farbkernhölzern sollte nach *Willeitner* [523] (zu 8.2) nicht verwechselt werden: Farbkernhölzer mit einem Splintholzanteil $\leq 10\%$ in Gebrauchsklasse GK 1 in Tabelle 5.10 sind für die Dauerhaftigkeit gegen Insektenbefall ausgelegt, während Farbkernhölzer mit einem Splintholzanteil $\leq 5\%$ nach DIN 68800-1: 2019-06, 6.8.2.1, s. Tabellen 5.7 und 5.8, in den Gebrauchsklassen GK 2 bis 4 die Dauerhaftigkeit gegen Pilzbefall sicherstellen

[4]) technisch getrocknetes Holz ist in einer geeigneten technischen Anlage prozessgesteuert mindestens 48h bei einer Temperatur $T \geq 55\,°C$ auf eine Holzfeuchte $\omega \leq 20\%$ getrocknet worden, s. DIN 68800-1: 2019-06, 3.20; andere Verfahren, durch die das Holz auch technisch getrocknet werden kann wie luftgetrocknetes Holz, erfüllen nach *Willeitner* [523] (zu 3.20) nicht die Bedingungen für GK 1 zur Vermeidung eines Insektenbefalls

[5]) bei Holzschutzmittel für Gebrauchsklasse GK 1 sind zusätzliche Fungizide nicht erforderlich, Näheres hierzu s. Tabelle 5.21, Fußnote[3])

[6]) die Mehrzahl der in Dauerhaftigkeitsklasse 1 eingestuften Hölzer besitzt keine ausreichende Dauerhaftigkeit gegen Holzschädlinge im Meerwasser, s. Tabelle 1.5

[7]) die einzeln angeführten Holzschutzmaßnahmen in jeder Gebrauchsklasse GK werden durch ein „oder“ abgeschlossen, dies zeigt die Gleichwertigkeit jeder angeführten Einzelmaßnahme in der jeweiligen Gebrauchsklasse auf; die Einzelmaßnahmen haben nach *Willeitner* [523] (zu 8.2 bis 8.7) identische Formulierungen, ein einfacher Vergleich zwischen den Gebrauchsklassen GK wird dadurch möglich und ersichtlich, dass die Auswahl von Holzschutzmaßnahmen mit zunehmender Gefährdung eingeschränkt wird bei gleichzeitig steigenden Anforderungen

In Aufenthaltsräumen gilt nach DIN 68800-1: 2019-06, 8.1.3 der **Verzicht auf den Einsatz von Holzschutzmitteln** oder auf Bauteile, die mit Holzschutzmitteln behandelt worden sind. Für Arbeitsstätten und Ähnliches gilt dies nur soweit technisch möglich. Über Aufenthaltsräume s. auch Anmerkungen zum Begriff „Wohnklima" oberhalb von Tabelle 5.6.

Thermisch (TMT)- oder **chemisch (CMT)-modifiziertes Holz** für tragende Bauteile darf nach DIN 68800-1: 2019-06, 8.1.5 nur mit bauaufsichtlichem Verwendbarkeitsnachweis in der zugeordneten Gebrauchsklasse GK eingesetzt werden. Informationen über thermisch modifiziertes Holz (TMT, thermally modified timber) und chemisch modifiziertes Holz (CMT, chemically modified timber) sind in DIN 68800-1: 2019-06, Anhang A und *Willeitner* [523] (zu A.1 bis A.3) enthalten.

Anforderungen an Planung und Ausführung von Holzschutzmaßnahmen

Die **Planung von Holzschutzmaßnahmen** muss nach DIN 68800-1: 2019-06, 9 rechtzeitig und sorgfältig ausgeführt werden, dies betrifft die Auswahl und Festlegung der Holzschutzmaßnahmen nach DIN 68800-2 bis -4 ebenso wie die zeitliche Abstimmung und organisatorischen Abläufe bezogen auf den Baufortschritt. Dabei sollte nach *Willeitner* [523] (zu 9) berücksichtigt werden, dass bei längeren Rohbauzeiten ein Insektenbefall der Holzbauteile vorliegen kann, der später unbemerkt bleibt, wenn Holzbauteile in GK 0 allseitig abgedeckt werden. Bei Einsatz von technisch getrocknetem Holz wie Brettschichtholz, Brettsperrholz oder anderen Hölzern, Näheres s. oberhalb Tabelle 5.10, ist eine Befallsgefahr durch Insekten in Gebrauchsklasse GK 1 (und GK 0) nach DIN 68800-1: 2019-06, 8.2 unwahrscheinlich.

Die **Ausführung von Holzschutzmaßnahmen** erfordert nach DIN 68800-1: 2019-06, 10 ausreichende Kenntnisse über den Werkstoff Holz, bestehende Schadensmöglichkeiten, die Wirksamkeit von Holzschutzmaßnahmen und deren Durchführung. Deshalb dürfen Holzschutzmaßnahmen bei tragenden Holzbauteilen nur von Fachbetrieben/qualifizierten Fachleuten ausgeführt werden, bei sonstigen Holzbauteilen sollte diese Qualifizierung vorliegen. Fachbetriebe haben nach der Norm für die selbständige Durchführung von vorbeugenden baulichen Holzschutzmaßnahmen bestimmte Anforderungen zu erfüllen wie ausreichende Fachkenntnisse, erforderliche Ausstattung (Personal, Geräte und Organisation), Eignung zur Herstellung, Montage, Instandhaltung, Modernisierung oder Restaurierung von Bauwerken- und teilen aus Holz und Holzwerkstoffen sowie Einhaltung bestehender gesetzlicher Vorschriften des Gesundheits-, Umwelt- und Arbeitsschutzes. Qualifizierte Fachleute müssen eine entsprechende Ausbildung und Ausrüstung besitzen. Über die Ausführenden von Schutzmaßnahmen mit Holzschutzmitteln s. auch Abschn. 5.2.5 unterhalb von Tabelle 5.23.

5.2.4 Baulicher (konstruktiver) Holzschutz

Der bauliche Holzschutz wird in **DIN 68800-2: 2022-02** (Holzschutz, Vorbeugende bauliche Maßnahmen im Hochbau) geregelt. Diese Baunorm legt im Teil 2 vorbeugende bauliche (konstruktive) Holzschutzmaßnahmen zur Sicherung der Dauerhaftigkeit und Gebrauchstauglichkeit von Holz- und Holzwerkstoffbauteilen fest und ist besonders bei Errichtung, aber auch bei Modernisierung, Renovierung und Instandsetzung von (Holz-) Bauwerken/-teilen anzuwenden. Dieser Teil 2 der Baunorm gilt in Verbindung mit Teil 1, dessen Festlegungen stets zu berücksichtigen sind, s. Abschn. 5.2.3, und ergänzt den Eurocode 5 sowie den zugehörigen Nationalen Anhang (DIN EN 1995-1-1: 2010-12 und DIN EN 1995-1-1/NA: 2013-08).

Der bauliche Holzschutz ist stets bei Gestaltung, Planung, Ausführung und Ausschreibung von Holzbauwerken/-teilen rechtzeitig und sorgfältig zu berücksichtigen, **bauphysikalische Maßnahmen** z.B. hinsichtlich des Tauwasser- und Witterungsschutzes sind oft eng damit verbunden. Der **Holzschutz mit Holzschutzmitteln**, s. Abschn. 5.2.5, sollte als Ergänzung zum baulichen Holzschutz angesehen werden. Konstruktionen, die nach DIN 68800-2: 2022-02 vollständig oder teilweise ohne Holzschutzmittel ausführbar sind, sollten denen vorgezogen werden, die mit Holzschutzmitteln ausgeführt werden können; jedoch kann auf Holzschutzmittel in einigen Fällen als Ergänzung des baulichen Holzschutzes nicht verzichtet werden.

Der vorbeugende bauliche Holzschutz nach DIN 68800-2: 2022-02 gewährleistet durch geeignete Maßnahmen die Trägfähig-, Gebrauchstauglich- und Dauerhaftigkeit von Holzkonstruktionen und damit eine dauerhaft sichere Verwendung von Holz und Holzwerkstoffen in der Baupraxis, dies sind mehrere vorbeugende bauliche (konstruktive) Maßnahmen (wie in den Gebrauchsklassen GK 0, GK 1, GK 2 und GK 3.1):

- **Vermeiden unzuträglicher (zu hoher) Feuchten** von Holz und Holzwerkstoffen, um Folgendes sicherzustellen
  - **kein Bauschaden durch Holz zerstörende Pilze**, deren Wachstum erst bei Holzfeuchten $\omega > 20\%$ möglich ist, d.h. Holzfeuchten sollten stets bei $\omega \leq 20\%$ verbleiben, oder ein Bauschaden kann z.B. auch durch Einbau von Farbkernhölzern natürlich dauerhafter Holzarten entsprechender Dauerhaftigkeitsklassen gegen Pilze vermieden werden,
  - **keine übermäßigen Verformungen** infolge zu großer Holzfeuchteänderungen, Quellens oder Schwindens z.B. durch Einbau trockenen Holzes (Holzfeuchten $\omega \leq 20\%$) und durch geeigneten Tauwasser- und Witterungsschutz,
  - **keine übermäßigen Abnahmen der Festigkeit und Steifigkeit** von Holzbauteilen,
- **Vermeiden eines Bauschadens durch Holz zerstörende Insekten** wie z.B. Einbau von technisch getrocknetem Holz (bei Temperaturen $T \geq 55$ °C) oder Einbau von Farbkernhölzern natürlich dauerhafter Holzarten entsprechender Dauerhaftigkeit gegen Insekten oder Verhindern des Zutritts von Insekten zu verdeckt eingebautem Holz durch allseitig geschlossene Bekleidung, so dass kein unkontrollierbarer Insektenbefall möglich ist,

- **Sicherstellen der Dauerhaftigkeit von Holzbauteilen/-werken** durch äußere bauliche Bedingungen, die ohne weitere Maßnahmen diese Bauteile/-werke in eine niedrigere Gebrauchsklasse GK, s. Abschn. 5.2.3, Tabelle 5.4, oder in Gebrauchsklasse GK 0 einstufen können.

Beim baulichen Holzschutz werden im Abschn. 3.2, 3.3 und 4 der Norm unterschieden: **Grundsätzliche bauliche Maßnahmen**, s. Abschn. 5.2.4.1 und Tabelle 5.11, die in jedem Fall bei Holz- und Holzwerkstoffbauteilen auszuführen sind, und **besondere bauliche Maßnahmen**, s. Abschn. 5.2.4.7 und Tabelle 5.14, die zur Einstufung von Bauteilen aus Holz und Holzwerkstoffen in die Gebrauchsklasse GK 0 führen, wenn die grundsätzlichen baulichen Maßnahmen allein hierzu nicht ausreichen.

Da besondere bauliche Maßnahmen stets Vorrang haben sollten gegenüber Maßnahmen mit Holzschutzmitteln und darüber hinaus ein **Verzicht auf den Einsatz von Holzschutzmittel in Aufenthaltsräumen** vorgeschrieben ist (gilt auch für Arbeitsstätten und Ähnliches, soweit technisch möglich), s. DIN 68800-1: 2019-06, 8.1.3 und Abschn. 5.2.3 oberhalb Tabelle 5.6, müssen Holzschutzmittel nur noch reduziert angewendet werden. Dies ist der Fall, wenn bei tragenden Holzbauteilen die Dauerhaftigkeit mit baulichen Maßnahmen allein nicht sichergestellt werden kann und ergänzende Maßnahmen mit Holzschutzmitteln nach DIN 68800-3: 2020-03, s. Abschn. 5.2.5, vorzunehmen sind wie z.B. bei Holzbauteilen, die der Witterung direkt ausgesetzt sind.

Die **Einstufung von Holzbauteilen oder -Konstruktionen in eine niedrigere Gebrauchsklasse GK** durch bauliche Maßnahmen ist eine wichtige Zielsetzung von DIN 68800-2: 2022-02, 4, s. auch Teil 1 der Norm im Abschn. 8.1.4 und Abschn. 5.2.3 oberhalb von Tabelle 5.9. Vornehmlich soll, soweit bautechnisch möglich, eine Einstufung in GK 0 erreicht werden, s. Tabelle 5.14, da in Gebrauchsklasse GK 0 keine Holzschutzmittel benötigt werden. Ist GK 0 nicht möglich, kann die Zuordnung in eine gegenüber der Ausgangsposition niedrigere Gebrauchsklasse GK z.B. durch Anwendung von Teilen besonderer baulicher Maßnahmen nach Tabelle 5.14, Zeile 2.2 (bewitterte Bauteile ohne Erdkontakt) und Zeile 3 (Vermeidung eines Bauschadens durch Holz zerstörende Insekten) führen.

Während der **Montage von Holzkonstruktionen (Bauablauf)** ist das Holz durch geeignete Schutzmaßnahmen vor der Witterung wie z.B. durch Abdecken so zu schützen, dass kein unzuträglicher Feuchteeintrag erfolgt, s. DIN 68800-1: 2019-06. 8.1.2. Dies sind nach *Willeitner* [523] (zu 8.1.2) unmittelbare Schutzmaßnahmen von der Witterung ausgesetzten Holzbauteilen, nicht jedoch der Einsatz witterungsbeständiger Holzschutzmittel.

5.2.4.1 Grundsätzliche bauliche Holzschutzmaßnahmen

Grundsätzliche bauliche Maßnahmen sind in jedem Fall bei Holz- und Holzwerkstoffbauteilen einzuhalten, auch wenn sich dadurch die Zuordnung zu einer Gebrauchsklasse GK nicht ändert: Dies sind die grundsätzlichen baulichen Maßnahmen nach DIN 68800-1: 2019-06, 8.1.3, s. Tabelle 5.9 im Abschn. 5.2.3, und die grundsätzlichen baulichen Maßnahmen nach DIN 68800-2: 2022-02, 5, s. Tabelle 5.11. Die Maßnahmen nach Teil 2 der Baunorm dienen der Vermeidung von unzuträglicher (zu hoher) Feuchte, die während Transport, Lagerung, Montage und Einbau von Holz, Holzwerkstoffen und Holzbauteilen sowie im Gebrauchszustand bei Wänden, Dächern und Sockelausbildung, durch Niederschläge, Spritzwasser, Nutzungsfeuchte, Tauwasser und Feuchte aus angrenzenden Stoffen oder Bauteilen auftreten können. In den Unterabschn. 5.2.4.2 bis 5.2.4.6 werden praktische Hinweise und Informationen zu mehreren dieser grundsätzlichen baulichen Holzschutzmaßnahmen gegeben. Weitere Beispiele baulichen (konstruktiven) Holzschutzes s. Tabelle 5.13.

5.2.4.2 Feuchte während Transport, Lagerung, Montage und Einbau (Bauphase)

Besondere Bedeutung hat der **Witterungsschutz bei Transport, Lagerung und Montage** nach DIN 68800-2: 2022-02, 5.1.1, s. Tabelle 5.11, Zeile 1 und auch Abschn. 1.4.6, danach sind vornehmlich Holzbauteile durch geeignete Maßnahmen gegen nachteilige Einflüsse aus Niederschlägen ausreichend zu schützen. Wasserabweisende und diffusionshemmende Anstriche, die nur begrenzt wirken, haben sich nach *Radović* [409] (zu 5.1.1) gegen Niederschläge bei Holzbauteilen mit größeren Querschnitten wie z.B. Brettschichtholz bewährt, ebenso Ummantelungen mit diffusionsoffenen Folien. Ein kurzzeitiger Regenschauer, der nur die äußeren Querschnittsteile befeuchtet, ist dabei nicht nachteilig, wenn eine zügige Rücktrocknung auf Holzfeuchten $\omega < 20\%$ erfolgen kann.

Bei Lagerung und Montage von Holz und Holzwerkstoffen in Rohbauten sollten ebenfalls geeignete Maßnahmen zur Abwehr einer unzuträglichen (zu hohen) Holzfeuchteerhöhung ergriffen werden, insbesondere bei großflächigen Holzwerkstoffplatten mit der Neigung zu größeren Verformungen unter Quellen und Schwinden, auch hier bieten Ummantelungen mit diffusionsoffenen Folien einen ausreichenden Schutz. Darüber hinaus sind unzulässige (zu hohe) Feuchteerhöhungen aus Bodenfeuchte und angrenzenden Bauteilen durch geeignete Maßnahmen wie Abdeckungen auszuschießen.

Werden dagegen **Holzbauteile zu trocken eingebaut** bezogen auf ihre zu erwartende Gleichgewichtsfeuchte, s. Abschn. 7.5.3. Tabelle 7.19, aber auch bezogen auf ihren Einsatz in einer Nutzungsklasse, s. Tabelle 7.12 im Abschn. 7.3.1, sind Bauschäden durch nachfolgendes Quellen und daraus folgender Zwängungen nicht auszuschließen.

Die **Einbaufeuchte der Holzbauteile** in den Gebrauchsklassen GK 0, GK 1, GK 2 und GK 3.1 darf nach DIN 68800-2: 2022-02, 5.1.2.1 den maximalen Wert $\omega = 20\%$ nicht überschreiten, s. Tabelle 5.11, Zeile 2.1. Diese wichtige Festlegung führt im Vergleich zu (früher möglichen) höheren Einbaufeuchten zu wesentlich geringeren (Trocken- oder Schwind-) Rissbildungen, Verformungen und Maßänderungen von Holzkonstruktionen, s. Abschn. 1.4.5 und 1.4.6, so dass bei Einbau trockenen Holzes (Holzfeuchte $\omega \leq 20\%$) Verformungen an der Holzkonstruktion und mögliche Schäden an nachgeordneten Bauteilen in angemessenen Grenzen bleiben, die DIN EN 1995-1-1: 2010-12 im Abschn. 2.2.3 fordert. Eine höhere Einbaufeuchte mit Holzfeuchten $> 20\%$ darf demnach nur noch bei tragenden Holzbauteilen erfolgen, die überwiegend in Nutzungsklasse 3 verbleiben.

Beim Einbau von trockenem Holz (Holzfeuchte $\omega \leq 20\%$) in den Gebrauchsklassen GK 0, GK 1, GK 2 und GK 3.1 wird empfohlen, technisch getrocknetes Holz einzusetzen, Näheres s. oberhalb Tabelle 5.10, und Holz mit anderen Trocknungsarten wie z.B. Lufttrocknung vorzuziehen, da bei technisch getrocknetem Holz zusätzlich ein Befall Holz

Tabelle 5.11 Grundsätzliche bauliche Holzschutzmaßnahmen nach DIN 68800-2: 2022-02, 5 [1])[2])[3])[4])

sind in jedem Fall bei Holz- und Holzwerkstoffbauteilen auszuführen, auch wenn sich dadurch die Zuordnung zu einer Gebrauchsklasse nicht ändert	
1	**Feuchte während Transport, Lagerung, Montage**
1.1	- Sicherstellen durch geeignete Maßnahmen, dass keine unzuträgliche (zu große) Veränderung des Feuchtegehaltes von Holz, Holzwerkstoffen und Holzbauteilen durch nachteilige Einflüsse z.B. aus Bodenfeuchte, Niederschlägen, angrenzenden Bauteilen sowie infolge (zu schneller) Austrocknung auftritt,[3])
2	**Feuchte während des Einbaus**
2.1	- Einbaufeuchte der Hölzer $\omega \leq 20\%$ in den Gebrauchsklassen GK 0, GK 1, GK 2 und GK 3.1
2.2	- Einbaufeuchte ω von Holz und Holzwerkstoffen möglichst mit dem Feuchtegehalt, der während der Nutzung zu erwarten ist, um unzuträgliches (zu großes) Quellen und Schwinden zu vermeiden; von folgenden Richtwerten der Holzfeuchte im eingebauten Zustand sollte in Abhängigkeit vom Umgebungsklima ausgegangen werden nach DIN EN 1995-1-1,NA: 2013-08, Tab. NA.6 (s. auch Tabelle 7.12 und Abschn. 7.5.3, Tabelle 7.19)[3]) - in Nutzungsklasse 1: $5\% \leq \omega \leq 15\%$, - in Nutzungsklasse 2: $10\% \leq \omega \leq 20\%$, - in Nutzungsklasse 3: $12\% \leq \omega \leq 24\%$, die Werte sind bei Holzwerkstoffen um etwa 3%-Punkte niedriger (außer bei mit Phenolharzen gebundenen Holzwerkstoffen), s. DIN 68800-2: 2022-02, Tab. 2 und Tabelle 5.16,
2.3	- Einbau anderer Bau- und Dämmstoffe innerhalb des Bauteilquerschnitts so, dass keine unzuträglichen (zu hohen) Feuchteerhöhungen angrenzender Hölzer und Holzwerkstoffe auftreten,
2.4	- Schutz von Holzwerkstoffen vor Niederschlägen während der Bauphase (entsprechend Zeile 1.1), ausgenommen sind Holzwerkstoffplatten, die als überlappende oder verfalzte, nicht tragende Bekleidung eingesetzt werden mit dem Nachweis einer Eignung für befristete Freibewitterung,
2.5	- Verhindern einer unzuträglichen (zu hohen) Feuchteerhöhung von Holz- und Holzwerkstoffen durch hohe Baufeuchte aus direkter Feuchteeinwirkung oder indirekter aus hoher relativer Luftfeuchte, deshalb sind Räume mit hoher Baufeuchte und daraus entstehender hoher Raumluftfeuchte solange intensiv zu lüften, erforderlichenfalls zu beheizen oder technisch zu trocknen, bis die hohe Baufeuchte abgeklungen ist,[3])
2.6	- Nachweis der Rücktrocknung von Holz auf eine Holzfeuchte $\omega \leq 20\%$, wenn es während der Bauphase in den Nutzungsklasse 1 und 2, s. Tabelle 7.12, auf eine Holzfeuchte $\omega > 20\%$ aufgefeuchtet wurde, Nachweis mit einer Rücktrocknungszeit von maximal 3 Monaten und Nachweis der Rücktrocknung ohne Beeinträchtigung der gesamten Konstruktion,[3])

Tabelle 5.11 (Fortsetzung)

3	**Feuchte im Gebrauchszustand**
3.1	**Niederschläge**[3])
	- Fernhalten von Niederschlägen vom Holz und von den Anschlussbereichen durch einen dauerhaft wirksamen Wetterschutz oder schnelles Ableiten von Niederschlägen, dass keine unzuträgliche (zu hohe) Veränderung des Feuchtegehaltes auftritt, - auch im Bereich von Verbindungsmitteln bei Anschlüssen und Stößen ist eine Anreicherung von Wasser im Holz auszuschließen, - Fernhalten von Niederschlägen bei Holzwerkstoffen durch einen dauerhaft wirksamen Wetterschutz, mit den Ausnahmen bei hinterlüfteten Fassadenbekleidungen z.B. aus Furnierschichtholz, Sperrholz, Massivholzplatten oder zementgebundenen Spanplatten als Fassadenplatten mit bauaufsichtlichem Verwendbarkeitsnachweis, wenn sie die Kriterien als tragende Bauteile für den vorgesehenen Verwendungszweck erfüllen, - Sicherstellen eines dauerhaft wirksamen Wetterschutzes bei Außenbauteilen im Bereich von Anschlüssen an andere Bauteile wie z.B. Fenster, Außentüren, Durchdringungen bei Schornsteinen und Entlüftungsrohren,
3.2	**Wände**[3])
	ein dauerhaft wirksamer Wetterschutz ist bei folgenden Konstruktionen vorhanden:
3.2a	- hinterlüftete Außenwandbekleidung auf lotrechter Lattung oder auf waagerechter Lattung mit Konterlattung, s. Bild 5.1[3])
3.2b	- belüftete Außenwandbekleidung auf lotrechter Lattung oder auf waagerechter Lattung mit Konterlattung, s. Bild 5.2[3])
3.2c	- kleinformatige Außenwandbekleidungen z.B. aus Brettern, Schindeln, Schiefer auf waagerechter oder senkrechter Lattung mit dahinter liegender Wasser ableitender Schicht z.B. aus Unterdeckplatten oder Unterdeckbahnen, Hohlraum ($d \geq 20$ mm) zwischen Wand und Bekleidung nicht belüftet, s. Bild 5.3[3])
3.2d	- verdeckt auf Holzständern befestigte Blockbohlenbekleidungen mit mindestens 50 mm Profildicke, Tropfkante und mindestens doppelter Nut-Feder oder gleichwertiger Verbindung, auf Bekleidung oder Beplankung mit diffusionsoffener, Wasser ableitender Schicht, entweder direkt aufliegend oder mit Lattung und nicht belüftetem Hohlraum ausgeführt,
3.2e	- offene Außenwandbekleidung auf senkrechter Lattung mit dahinter liegender dauerhaft wirksamer, Wasser ableitender und UV-beständiger Schicht, mit bauaufsichtlichem Verwendbarkeitsnachweis für die ausreichende UV-Beständigkeit von Folien oder ähnlichen Baustoffen,
3.2f	- Wärmedämm-Verbundsystem oder Putzträgerplatten mit bauaufsichtlichem Verwendbarkeitsnachweis für diesen Anwendungsfall, s. Bild 5.4[3])
3.2g	- Holzwolleplatten nach DIN EN 13168 mit dahinter angeordneter Wasser ableitender Schicht ($s_d \leq 0{,}3$ m) und Wasser abweisendem Außenputz nach DIN 18550-1
3.2h	- Mauerwerk-Vorsatzschale mit mindestens 40 mm dicker Luftschicht und Entwässerungsöffnungen mit ca. 75 cm² Öffnungsfläche auf 20 m² Wandfläche einschließlich Türen und Fenster, s. Bild 5.5[3]): auf der äußeren Wandbekleidung oder -beplankung bzw. Massivholzwand: - Wasser ableitende Schicht $s_d > 0{,}3$ m bis 1,0 m; oder - Hartschaumplatten nach DIN EN 13163, Mindestdicke 30 mm; oder - mineralischer Faserdämmstoff nach DIN EN 13162, Mindestdicke 40 mm, mit außen liegender Wasser ableitender Schicht $s_d \leq 0{,}3$ m; oder
3.2i	- Dämmstoff mit bauaufsichtlichem Verwendbarkeitsnachweis für diesen Anwendungsfall, - Außenwandbekleidungen bei Skelettkonstruktionen wie z.B. Wellfaserzementplatten, Trapezbleche, Sandwichelemente, s. Bild 5.6[3]),

Tabelle 5.11 (Fortsetzung)

3.3	**Sockelausbildungen**
	- bei Wänden mit dauerhaft wirksamem Wetterschutz nach Zeile 3.2 (Wände) sind folgende Abstände zwischen Unterkante Holz und Oberkante Gelände ohne weiteren Nachweis zulässig, s. Bild 5.9[3]):
3.3a	- ≥ 30 cm; oder
3.3b	- ≥ 15 cm, wenn zusätzlich ein Kiesbett (Korngröße mindestens 16/32) mit mindestens 15 cm Breite und einem Abstand Außenkante Kiesbett zur Außenkante Schwelle von mindestens 30 cm oder ein Wasser ableitender Belag mit mindestens 2% Gefälle vorhanden ist; oder
3.3c	- ≥ 5 cm mit zusätzlichen geeigneten Abdichtungsmaßnahmen nach DIN 18533
3.4	**Dächer**
	ein dauerhaft wirksamer Wetterschutz besteht aus - Dachdeckungen, - Dachabdichtungen mit Ausführung nach den allgemein anerkannten Regeln der Technik, Beispiele s. Bilder A.15 bis A.20 der DIN 68800-2: 2022-02, Anhang A
3.5	**Spritzwasserschutz**
3.5a	- Einhalten eines Mindestabstandes bei direkt bewitterten Hölzern oder Holzbauteilen und dem Erdreich bzw. dem umgebenden Bodenbelag von mindestens 30 cm (Spritzwasserfreiheit), s. Bild 5.8a[3]),
3.5b	- Minderung des Abstandes auf ≥ 15 cm, wenn Reduzierung der Spritzwasserbelastung durch technische Maßnahmen vorliegt z.B. durch Kiesschüttung mit Korngröße mindestens 16/32, Breite mindestens 15 cm ab Außenkante Holzbauteil, s. Bild 5.8b[3]),
3.5c	- besondere Maßnahmen sind erforderlich, wenn vorbenannte Abstände nicht eingehalten werden können wie z.B. im Eingangs- und Terrassenbereich, um unzuträgliche (zu hohe) Feuchteerhöhung der Holzbauteile zu verhindern: - Spritzwasserhorizont kann um mindestens 30 cm tief abgesenkt werden bei Anordnung von ausreichend breiten Gitterrosten über Abläufe; oder - Schutz des Holzbauteils durch Dachüberstände, wenn zwischen Vorderkante Dachüberstand und Unterkante Holz ein Winkel von höchstens 60° bezogen auf die Horizontale (60°-Winkel), besteht, s. Bild 5.7c[3]),
3.6	**Nutzungsfeuchte**[3])
	- Verhindern des Eindringens von unzuträglicher (zu hoher) Feuchte in die Holzbauteile in Bädern und Feuchträumen von Wohnungen ohne Bodenablauf mit mäßiger Beanspruchung, d.h. in Bereichen mit direkter Feuchtebeanspruchung der Oberfläche wie z.B. Spritzwasser in Duschen: - dazu wasserdichte Ausführung der entsprechenden Oberflächen, Durchdringungen und Anschlüsse nach den allgemein anerkannten Regeln der Technik z.B. durch eine Verbundabdichtung mit bauaufsichtlichem Verwendbarkeitsnachweis, - die Regeln der Normenreihe DIN 18534 sind einzuhalten,
3.7	**Feuchte aus angrenzenden Stoffen und Bauteilen**[3])
	- Verhindern eines andauernden Feuchteeintrags in Holzbauteile aus angrenzenden Bau- und Dämmstoffen unter Beachtung der Regeln der Normenreihe DIN 18533

Tabelle 5.11 (Fortsetzung)

3.8	**Tauwasser**[3])
	- Verhindern einer unzuträglichen (zu hohen) Veränderung des Feuchtegehaltes durch Tauwasser aus Wasserdampfdiffusion oder Wasserdampfkonvektion[3]), - Verhindern des Auftretens von Tauwasser an Kaltwasser führenden Leitungen innerhalb von Bauteilen, - luftdichte Ausbildung der Bauteile der Gebäudehülle[4]) gegen Wasserdampfkonvektion[3]), - Nachweis des Tauwasserschutzes für die raumseitige Oberfläche und für den Querschnitt der Bauteile nach DIN 4108-3 oder DIN EN 15026, ein derartiger Nachweis ist nicht notwendig für Konstruktionen, die in DIN 68800-2: 2022-02, Anhang A angeführt sind - für beidseitig geschlossene Bauteile der Gebäudehülle[4]) ist bei der Berechnung mit den Verfahren nach DIN 4108-3 (Glaser-Verfahren) zur Berücksichtigung eines konvektiven Feuchteeintrages[3]) und von Anfangsfeuchten eine zusätzliche rechnerische Trocknungsreserve bei Dächern von ≥ 250 g/(m^{2}a) und bei Wänden und Decken von ≥ 100 g/(m^{2}a) nachzuweisen, diese rechnerische Berücksichtigung eines konvektiven Feuchteeintrages und von Anfangsfeuchten ist nicht erforderlich für Konstruktionen nach Anhang A der DIN 68800-2: 2022-02 und für Bauteile mit wasserdampfdiffusionsäquivalenten Luftschichtdicken nach Tab. 1 der 68800-2: 2022-02, 5.2.4, s. auch Tabelle 5.12, - weitere Angaben zum Tauwassernachweis mit numerischen Simulationsverfahren sind in DIN 68800-2: 2022-02, 5.2.4 angeführt.

[1]) weitere grundsätzliche bauliche Holzschutzmaßnahmen nach DIN 68800-1: 2019-06, 8.1.3 s. Abschn. 5.2.3, Tabelle 5.9
[2]) Gebrauchsklassen nach DIN 68800-1: 2019-06, Tab. 1, s. Tabelle 5.4
[3]) Hinweise zu einzelnen Punkten sind in den Unterabschn. 5.2.4.2 bis 5.2.4.6 angeführt
[4]) Bauteile der Gebäudehülle sind alle Bauteile, die an kältere Bereiche grenzen, wie z.B. Bauteile der Außenwände, Dächer, Wände oder Decken zum Erdreich, zu unbeheizten Kellern oder Dachräumen
[4]) weitere Beispiele baulichen (konstruktiven) Holzschutzes s. Tabelle 5.13

zerstörender Insekten nicht zu erwarten ist. Weiterhin darf nach der für Bauholz (Schnittholz) gültigen Anwendungsnorm DIN 20000-5: 2024-01 nur trocken sortiertes Bauholz (Holzfeuchte $\leq 20\%$) für tragende Zwecke verwendet werden, dieses Kriterium erfüllen auch z.B. Brettschichtholz und Balkenschichtholz, da diese produktionsbedingt technisch getrocknet werden, s. Abschn. 3.3 und 3.4.

Der Einbau von Holzbauteilen etwa mit den in der Nutzungszeit zu erwartenden Holzfeuchten (bzw. innerhalb der zu erwartenden Holzfeuchtebereiche) sind wichtige vorbeugende bauliche Holzschutzmaßnahmen, um unzuträgliches (zu hohes) Quellen oder Schwinden auszuschließen.

Richtwerte der Einbaufeuchten ω von Holz und Holzwerkstoffen in den Nutzungsklassen 1, 2 und 3 sind in DIN 68800-2: 2022-02, 5.1.2.2 angegeben, s. auch Tabelle 5.11, Zeile 2.2 und Tabelle 7.12. In den einzelnen Nutzungsklassen sind hier große Holzfeuchtebereiche angegeben, die sich über die Zeit einstellen können.

Je nach Anwendungsbereich sind jedoch geringere Streubereiche über ein Jahr zu erwarten, die nach *Radović* [409] (zu 5.1.2.2) wie folgt zusammengefasst werden: In **Nutzungsklasse 1** stellt sich in normal beheizten Räumen eine Holzfeuchte ω von etwa 8% bis

12% ein, in unbeheizten Räumen von etwa 11% bis 15%, in einer Bäckerei von etwa 7%, in bestimmten beheizten Hallen etwa 6% bis 8% aufgrund der unter dem Dach herrschenden Klimabedingungen. In **Nutzungsklasse 2** ist in den meisten Anwendungsbereichen eine Holzfeuchte ω von etwa 13% bis 17% zu erwarten, während die Holzfeuchtewerte in **Nutzungsklasse 3** vom Querschnitt und der Exposition des Holzbauteils abhängen. Wenn Niederschläge zügig von der Holzoberfläche abfließen können, ein Feuchteeintritt über Hirnholzflächen und fachlich nicht korrekte bauliche Ausführungen im Freien mit für das Holz ungünstigen Folgen ausgeschlossen werden können wie z.B. ungünstig liegende etwa waagerechte Risse, stellt sich nach *Radović* [409] (zu 5.1.2.2) in Nutzungsklasse 3 höchstens eine Holzfeuchte ω von etwa 20% bis 24% ein, bei der ein Befall Holz zerstörender Pilze nicht zu erwarten ist. Die Einbaufeuchte ist demnach den zu erwartenden Klimabedingungen anzupassen. Zur Messung und Kontrolle dieser vorbeugenden baulichen Holzschutzmaßnahmen werden meist elektrische Holzfeuchtemessungen angewendet, s. Abschn. 1.4.1.

Eine weitere vorbeugende bauliche Holzschutzmaßnahme ist das **Verhindern einer unzuträglichen (zu hohen) Feuchteerhöhung von Holz und Holzwerkstoffen während der Bauphase** z.B. durch intensive Lüftung von Räumen mit hoher Raumluftfeuchte oder andere Maßnahmen nach DIN 68800-2: 2022-02, 5.1.2.5, s. auch Tabelle 5.11, Zeile 2.5. An der raumseitigen Holzoberfläche von Außenbauteilen können neben der Erhöhung der Holzfeuchte große Tauwassermassen in der kälteren Jahreszeit entstehen, insbesondere in Räumen mit hoher relativer Luftfeuchte von $\varphi \geq 80\%$ mit der Folge von Schimmelpilzbildung unterschiedlich dunkler Färbungen, s. *Radović* [409] (zu 5.1.2.5). Werden derartige Räume während der Bauphase intensiv gelüftet, kann eine Schimmelpilzbildung im Allgemeinen vermieden werden. Sollte zusätzlich die Holzfeuchte unzuträglich erhöht worden sein, nachgewiesen durch elektrische Holzfeuchtemessungen, s. Abschn. 1.4.1, wird eine langsame Rücktrocknung des Holzes empfohlen, hierüber s. Angaben im nächsten Teilabschnitt (Nachweis der Rücktrocknung).

In der Nutzungszeit sollte während der kälteren Jahreszeit in ungedämmten und unbeheizten Räumen wie z.B. in Dachräumen ebenfalls für ausreichende Lüftung durch z.B. Öffnen der Kippleisten von Dachfenstern und Dachentlüfter gesorgt werden, überwiegend luftdicht gehaltene Räume bietet gute Klimabedingungen für einen Schimmelpilzbefall und Holzfeuchteerhöhung. Über die Vermeidung eines Schimmelpilzbefalls in Wohngebäuden s. auch DIN/TS 4108-08: 2022-09.

Erreichen Holzbauteile in den Nutzungsklassen 1 und 2, s. Tabelle 7.12, während der Bauphase Holzfeuchtewerte $\omega > 20\%$, so ist **ein Nachweis der Rücktrocknung auf Holzfeuchten $\omega \leq 20\%$ zu führen**, die innerhalb von drei Monaten ohne Schädigung der Gesamtkonstruktion erreicht werden muss, s. DIN 68800-2: 2022-02, 5.1.2.6, s. auch Tabelle 5.11, Zeile 2.6. Zur Rücktrocknung des Holzes werden allmähliche, länger andauernde Raumtemperaturerhöhungen in Einzelschritten empfohlen, so dass Verformungen und Rissbildungen insbesondere bei größeren Holzquerschnitten vermieden werden, Näheres s. Abschn. 1.4.5 und 1.4.6.

Eine Erhöhung der Holzfeuchte auf Werte $\omega > 20\%$ sollte demnach auch während der Bauphase vermieden werden, dabei ist z.B. ein kurzzeitiger Regenschauer im Allgemeinen ohne weitere negative Folgen, da die Feuchte nur oberflächennah vom Holzquerschnitt aufgenommen wird und zügig wieder rücktrocknen kann. Dagegen bewirken länger andauernde Niederschläge oder Innenraumfeuchten $\varphi > 80\%$ in Rohbauten nach *Radović* [409] (zu 5.1.2.6) tiefer gehende Holzfeuchten, die vermieden werden sollten und nur dann (möglichst in seltenen Fällen) zulässig sind, wenn eine Rücktrocknung wie oben abgegeben nachgewiesen wird und ohne Schäden verbleibt.

5.2.4.3 Feuchte im Gebrauchszustand, Witterungsschutz

Niederschläge sind von **Holz und Anschlussbereichen** im Sinne einer holzgerechten Konstruktion durch einen dauerhaft wirksamen Wetterschutz nach DIN 68800-2, 2022-02, 5.2.1.1, s. auch Tabelle 5.11, Zeile 3.1, zu schützen oder Niederschläge sind schnell abzuleiten, so dass keine unzuträgliche (zu hohe) Veränderung der Holzfeuchte auftritt. Das Gleiche gilt bei Anschlüssen und Stößen im Bereich von Verbindungen, in dem keine Wasseransammlung („stehende Feuchte") auftreten darf.

Ein seit langem **bewährter Wetterschutz von Holzbauteilen** wird durch Vorhängen/Vorstellen geeigneter Fassaden, (Vorsatz-) Schalen oder Dachdeckungen außen vor die eigentliche tragende Konstruktion erzielt, so dass die Voraussetzungen für die Gebrauchsklassen GK 2, GK 1 oder sogar GK 0 erreicht werden können, s. DIN 68800-1: 2019-06, Anhang D. Kann eine direkte Beanspruchung von Niederschlagswasser nicht von tragenden Holzkonstruktionen ferngehalten werden, sind diese Holzbauteile je nach Exposition meist in Gebrauchsklasse GK 3.1 oder auch GK 3.2 einzuordnen, wenn sie ohne ständigen Wasser- oder Erdkontakt verbleiben, s. Tabellen 5.4 und 5.5 im Abschn. 5.2.3, darüber hinaus gehören diese Holzbauteile zur Nutzungsklasse 3 nach Abschn. 7.3.1. Bei Holzkonstruktionen in Gebrauchsklasse GK 3.1 ist ebenso ein zügiges Abfließen des Wassers ohne verbleibende stehende Feuchte in/auf der Holzkonstruktion und schnelle Rücktrocknung auf trockene Zustände (Holzfeuchten $\omega < 20\%$) sicherzustellen; kurzfristige Überschreitungen dieser Holzfeuchte von wenigen Tagen sind nicht schädlich, wenn stets eine zügige Rücktrocknung auf Holzfeuchten $\omega < 20\%$ erfolgen kann und möglich ist (sollte auch in GK 3.2 angestrebt werden, soweit bautechnisch möglich).

Niederschläge müssen ebenso von **Holzwerkstoffen** durch einen dauerhaft wirksamen Wetterschutz ferngehalten werden bis auf die in DIN 68800-2: 2022-02, 5.2.1.1 angeführten Ausnahmen, s. auch Tabelle 5.11, Zeile 3.1. Da Holzwerkstoffplatten in Außenkonstruktionen im Allgemeinen auch Windlasten abtragen, müssen sie als tragende Bauteile nach *Radović* [409] (zu 5.2.1.1) bei Niederschlagsbeanspruchung überwiegend einen bauaufsichtlichen Verwendbarkeitsnachweis besitzen.

Einen **dauerhaft wirksamen Wetterschutz** sollten alle direkt bewitterten Holzkonstruktionen besitzen, dies erreichen viele Bekleidungen wie z.B. hinter- und belüftete Außenwände unter Beachtung bautechnischer Ausführungsregeln sowie Dachdeckungen, die nach den anerkannten Regeln der Technik ausgeführt sind. Ein dauerhaft wirksamer Wetterschutz sollte nach *Radović* [409] (zu 5.2.1.1, bis auf wenige baulich bedingte Ausnahmen) **stets mit einer zweiten Wasser führenden Schicht** zur langfristigen Sicherheit der Außenkonstruktionen ausgebildet werden, da die Schlagregenbeanspruchung (neben zu hoher

Baufeuchte und zu hoher Feuchte aus Leckagen bei der Luftdichtheit, Konvektion) schadensträchtig sein und zum nachteiligen Feuchteeintrag führen kann. Dies ist der Fall, wenn die zweite Wasser führende Schicht nicht sorgfältig durchgehend ausgebildet wird, insbesondere in Anschlussbereichen wie z.B. bei den unteren Fensterecken unterhalb der Fensterbleche.

Bei witterungsbeanspruchten Fassaden z.B. aus Brettsperrholz (wie geeigneten hinterlüfteten Mehrschichtplatten mit bauaufsichtlichem Verwendbarkeitsnachweis) oder aus Holzschalungen wird empfohlen, einen **senkrechten Faserverlauf** der außen liegenden Brettlagen zu wählen, da ein zügiger Ablauf von Niederschlagswasser aus möglichen Schwindrissen für eine schnelle Trocknung sorgt, bei etwa waagerechtem Faserverlauf ist dagegen stehende Feuchte in derartigen Schwindrissen nicht auszuschließen mit der Folge möglicher Bauschäden durch Holz zerstörende Pilze.

Einen dauerhaft wirksamen Wetterschutz besitzen alle in DIN 68800-2: 2022-02, 5.2.1.2 angeführten Wandkonstruktionen, s. auch Tabelle 5.11, Zeile 3.2, Beispiele davon werden im Folgenden angeführt.

Hinterlüftete Außenwandbekleidungen auf lotrechter Lattung oder auf waagerechter Lattung mit Konterlattung haben sich seit Jahrzehnten bewährt, sie gelten nach DIN 68800-2: 2022-02, 5.2.1.2 a), s. auch Tabelle 5.11, Zeile 3.2a, als ausreichend hinterlüftet, wenn die Bekleidung mit einem Abstand $d \geq 20$ mm von der Außenwand bzw. Dämmstoffschicht angeordnet ist, örtlich darf dieser Abstand d bis auf 5 mm gemindert werden. Dabei müssen Be- und Entlüftungsöffnungen mit Querschnittsflächen von jeweils mindestens 50 cm^2 je 1 m Wandlänge vorhanden sein, Beispiele s. Bild 5.1.

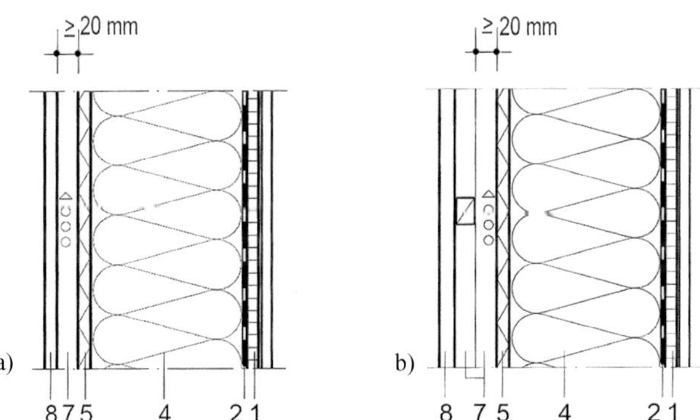

Bild 5.1 Außenwand mit hinterlüfteter Außenwandbekleidung nach *Radović* [409] (Bild K.3), Beispiele

a) Hinterlüftung ohne Querlattung,
b) Hinterlüftung mit Querlattung,
1 ein- oder mehrlagige raumseitige Bekleidung oder Beplankung, Empfehlung: Einbau einer zusätzlichen Installationsebene, s. Bild 5.11
2 Dampfbremsschicht, luftdicht verlegt
4 Wärmedämmschicht, hier Mineralfaser, und tragende Holzständer
5 äußere Bekleidung, hier z.B. Holzfaser-Dämmplatte
7 Hohlraum, hinterlüftet
8 dauerhaft wirksamer Wetterschutz, z.B. beschichtete Zementfaserplatten

Belüftete Außenwandbekleidungen auf lotrechter Lattung oder auf waagerechter Lattung mit Konterlattung gelten nach DIN 68800-2: 2022-02, 5.2.1.2 b), s. auch Tabelle 5.11, Zeile 3.2b, als ausreichend belüftet, wenn die Bekleidungen mit einem Abstand $d \geq$ 20 mm von der Außenwand bzw. Dämmstoffschicht angeordnet werden. Die Belüftungsöffnungen müssen unten angeordnet sein mit Querschnittsflächen von mindestens 100 cm² je 1 m Wandlänge, als Beispiel s. Bild 5.2. Belüftete Außenwandkonstruktionen besitzen nur Belüftungsöffnungen im unteren Bereich. Die Luftbewegungen durch Winddruck im Hohlraum hinter der Außenbekleidung (zwischen Fassadenbekleidung und Wandaußenbekleidung) gewährleisten nach *Radović* [409] (zu 5.2.1.2 b) unter den oben angeführten Bedingungen eine Vermeidung von Tauwasserbildung und eine Ableitung von nicht planmäßig eingedrungenem Wasser.

Bild 5.2 Außenwand mit belüfteter Außenwandbekleidung nach *Radović* [409] (Bild K.4), Beispiel
1 ein- oder mehrlagige raumseitige Bekleidung oder Beplankung, Empfehlung: Einbau einer zusätzlichen Installationsebene, s. Bild 5.11
2 Dampfbremsschicht, luftdicht verlegt
4 Wärmedämmschicht, hier Mineralfaser, und tragende Holzständer
5 äußere Bekleidung, hier z.B. Holzfaserdämmplatte
7 Hohlraum, belüftet
8 dauerhaft wirksamer Wetterschutz, z.B. beschichtete Zementfaserplatten

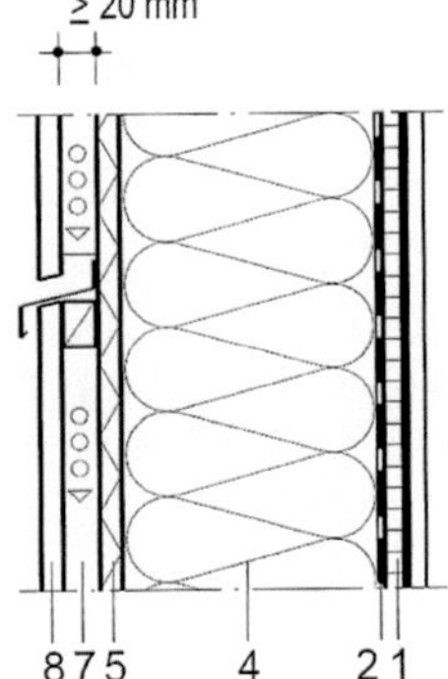

Kleinformatige Außenwandbekleidungen stellen nach DIN 68800-2: 2022-02, 5.2.1.2 c), s. auch Tabelle 5.11, Zeile 3.2c, eine ausreichende Belüftung des Hohlraums hinter der Außenbekleidung sicher, nach *Radović* [409] (zu 5.2.1.2 c) sind deshalb in diesem Wandbereich Tauwasserbildungen nicht zu erwarten, durch Fugen eingedrungenes Niederschlagswasser wird durch die notwendige Wasser ableitende Schicht außen vor der äußeren Bekleidung abgeleitet, als Beispiel s. Bild 5.3.

Bild 5.3 Außenwand mit kleinformatiger Außenwandbekleidung nach *Radović* [409] (Bild K.5), Beispiel
1 ein- oder mehrlagige raumseitige Bekleidung oder Beplankung, Empfehlung: Einbau einer zusätzlichen Installationsebene, s. Bild 5.11
2 Dampfbremsschicht, luftdicht verlegt
4 Wärmedämmschicht, hier Mineralfaser, und tragende Holzständer
5 äußere Bekleidung, hier z.B. Holzfaserdämmplatte
6 Wasser ableitende Schicht
7 Hohlraum, nicht belüftet
8 dauerhaft wirksamer Wetterschutz, hier: Boden-Deckel-Brettschalung

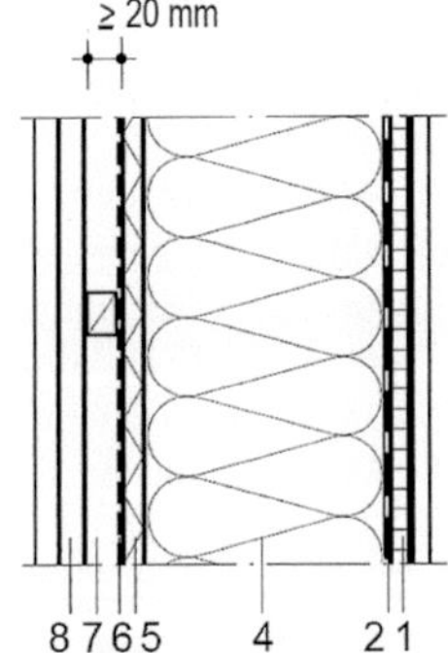

Außenwände mit **Wärmedämm-Verbundsystemen oder Putzträgerplatten** bedürfen DIN 68800-2: 2022-02, 5.2.1.2 f), s. auch Tabelle 5.11, Zeile 3.2f, eines bauaufsichtlichen Verwendbarkeitsnachweises für diesen Anwendungsfall, als Wärmedämmstoffe werden z.B. Hartschaum-, Holzfaser- oder Mineralfaserplatten mit Untergründen aus geeigneten Holzwerkstoff- oder Gipsfaserplatten verwendet, Beispiele s. Bild 5.4.

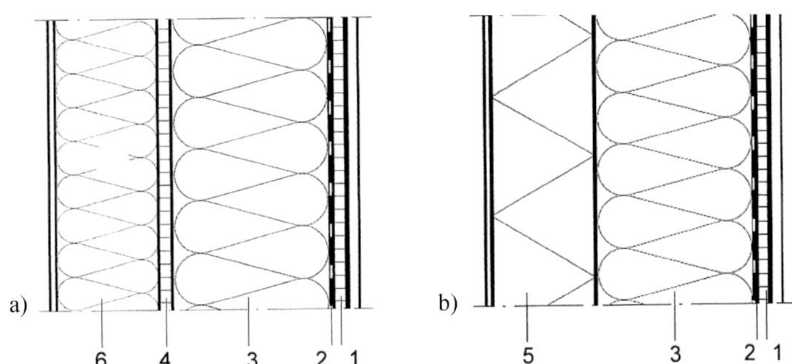

Bild 5.4 Außenwände mit Außenbekleidung als Wärmedämm-Verbundsystem mit bauaufsichtlichem Verwendbarkeitsnachweis nach *Radović* [409] (Bild K.8), Beispiele
a) mit Mineralfaserlamellen b) mit Holzfaserplatten
1 ein- oder mehrlagige raumseitige Bekleidung oder Beplankung, Empfehlung: Einbau einer zusätzlichen Installationsebene, s. Bild 5.11
2 Dampfbremsschicht, luftdicht verlegt
3 Wärmedämmschicht, hier z.B. Mineralfaser, und tragende Holzständer
4 äußere Bekleidung oder Beplankung, hier z.B. OSB-3-Platten
5 Wärmedämm-Verbundsystem mit Holzfaserplatten
6 Wärmedämm-Verbundsystem mit Mineralfaserlamellen

Außenwände mit **Mauerwerk-Vorsatzschalen** mit mindestens 40 mm dicker Luftschicht und Entwässerungsöffnungen (ca. 75 cm² Öffnungsfläche auf 20 m² Wandfläche einschließlich Türen und Fenster) nach DIN 1053-1: 1996-11 respektive DIN EN 1996 haben sich seit Jahrzehnten bewährt. Die einzuhaltenden Bedingungen auf der äußeren Wandbekleidung, -beplankung oder Massivholzwand sind in DIN 68800-2: 2022-02, 5.2.1.2 h) angeführt, s. auch Tabelle 5.11, Zeile 3.2h. Da durch Undichtigkeiten in der Mauerwerkschale Niederschlagswasser in die Konstruktion gelangen kann, ist die Wasser ableitende Schicht auf der äußeren Wandbekleidung oder -beplankung bzw. Massivholzwand notwendig außer bei äußeren Hartschaumplatten, die kein tropfbares Wasser aufnehmen und gleichzeitig das Wasser ableiten, s. *Radović* [409] (zu 5.2.1.2 h). Beispiele sind in Bild 5.5 dargestellt.

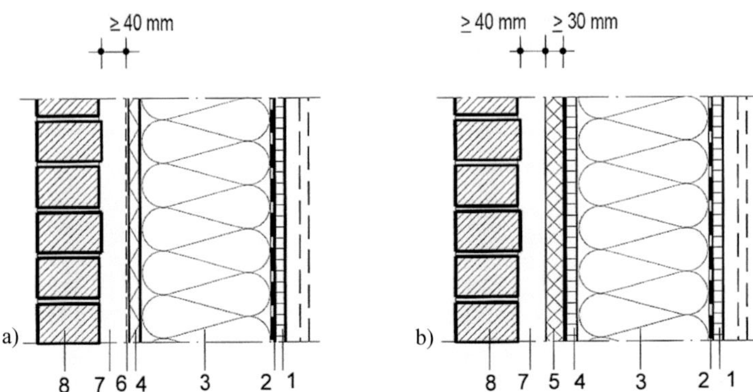

Bild 5.5 Außenwände mit Mauerwerk-Vorsatzschalen nach *Radović* [409] (Bild K10), Beispiele
a) mit Wasser ableitender Schicht auf äußerer Wandbekleidung oder -beplankung b) mit Hartschaumplatten auf äußerer Wandbeplankung
1 ein- oder mehrlagige raumseitige Bekleidung oder Beplankung, Empfehlung: Einbau einer zusätzlichen Installationsebene, s. Bild 5.11
2 Dampfbremsschicht, luftdicht verlegt
3 Wärmedämmschicht, hier z.B. Mineralfaser, und tragende Holzständer
4 äußere Bekleidung oder Beplankung, hier z.B. Holzfaserdämmplatten bzw. Holzwerkstoffplatten
5 Hartschaumplatten
6 Wasser ableitende Schicht
7 Hohlraum, belüftet
8 Mauerwerk-Vorsatzschale

Außenwandbekleidungen bei **Skelettkonstruktionen** aus z.B. Wellfaserzementplatten, Trapezblechen oder Sandwichelementen nach DIN 68800-2: 2022-02, 5.2.1.2 i), s. auch Tabelle 5.11, Zeile 3.2i, werden seit langem insbesondere bei Hallen mit Erfolg eingesetzt, bei Konstruktion und Einbau sind die Herstellerunterlagen und Eignungsnachweise zu beachten, Beispiele s. Bild 5.6.

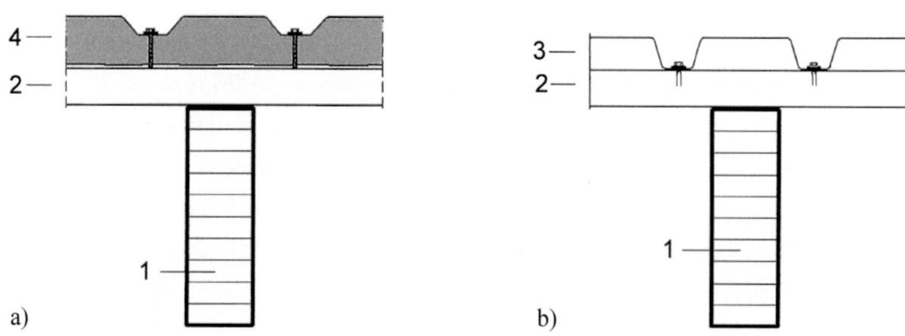

Bild 5.6 Außenwandbekleidungen bei Skelettkonstruktionen nach *Radović* [409] (Bild K.11), Beispiele
a) mit Sandwichelementen, b) mit Trapezblechen
1 trockenes Holzprodukt, hier z.B. Brettschichtholz
2 Unterkonstruktion
3 Trapezbleche
4 Sandwichelenente

Dachüberstände stellen einen sehr guten, seit Jahrhunderten bewährten baulichen Holzschutz bei Gebäuden und Brücken aus Holz dar, dies sind nach DIN 68800-2: 2022-02, 6.2.1 Dachüberstände mit einem „60°-Winkel" nach Bild 5.7c, d.h. ein Winkel von ≤ 60° zwischen Vorderkante Dachüberstand und Unterkante Holzbauteil (z.B. Wandfußpunkt) bezogen auf die Horizontale. Ausreichende Dachüberstände garantieren praktisch keine Niederschlagsbeanspruchungen der darunter liegenden tragenden und nicht tragenden Konstruktionen, so dass die so geschützten Holzbauteile in niedrigere Gebrauchsklassen und niedrigere Nutzungsklassen, s. Tabelle 7.12, eingestuft werden können mit der Folge eines oft wesentlich geringeren Wartungsaufwandes und einer längeren Gebrauchsdauer. Als Beispiele werden die Zuordnung der nicht tragenden Bekleidung einer Außenwand in Gebrauchsklasse GK 1 oder GK 0, s. DIN 68800-1: 2019-06, Anhang D.1 oder *Willeitner* [523] (zu Anhang E, Bild K.5), und diejenige der ausreichend abgedeckten tragenden Holzbauteile in Bild 7.1a, b angeführt. Bei Einstufung von außen liegenden Holzbauteilen/Bekleidungen in Gebrauchsklasse GK 0 sollten zur Vermeidung eines Bauschadens durch Holz zerstörende Insekten die Bedingungen in Tabelle 5.5b im Abschn. 5.2.3 und in Tabelle 5.14, 3.2 bis 3.5 eingehalten werden.

Dagegen ist eine Außenwandbekleidung oder tragende Konstruktion bei direkter starker Bewitterung ohne oder mit nicht ausreichendem Dachüberstand (im Mitteleuropa insbesondere auf der Westseite mit starker Schlagregenbeanspruchung) nach Bild 5.7a,b in GK 3.1 oder GK 3.2 einzuordnen, s. auch Tabellen 5.4 und 5.5. Wenn ausreichende Dachüber-

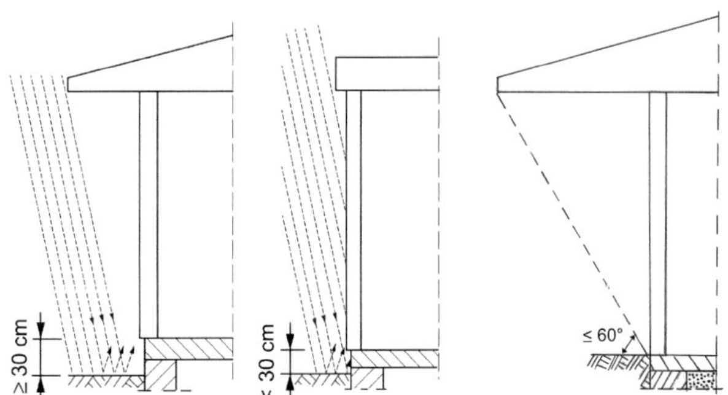

als baulicher Holzschutz mit Dachüberstand und Spritzwasserschutz
a) bedingt geeignet b) nicht geeignet c) besonders geeignet

Bild 5.7 Dachüberstände und Spritzwasserschutz bei direkt bewitterten Holzbauteilen, Beispiele, Bilder a) und b) nach *Schulze* [472]
a) bedingt geeignet: größerer Dachüberstand und Abstand zwischen Unterkante Holz und Oberkante Gelände ≥ 30 cm mit ausreichender Spritzwasserfreiheit des Wandfußpunktes infolge ausreichender Sockelhöhe und zusätzlich verringerter Niederschlagsbeanspruchung der Außenwand, jedoch wird der Dachüberstand nach c) nicht erreicht
b) nicht geeignet: ohne Dachüberstand und Abstand zwischen Unterkante Holz und Oberkante Gelände < 30 cm mit zu hoher Spritzwasserbeanspruchung des Wandfußpunktes infolge zu geringer Sockelhöhe und zusätzlich starke direkte Niederschlagsbeanspruchung der Außenwand
c) besonders geeignet: ausreichend großer Dachüberstand und ein Winkel von ≤ 60° zwischen Vorderkante Dachüberstand und Unterkante Wandfußpunkt bezogen auf die Horizontale mit ausreichender Spritzwasserfreiheit, da praktisch keine Niederschlagsbeanspruchung der Außenwand

stände mit dem „60°-Winkel" nicht ausgeführt oder nicht gewünscht werden, wird in allen Fällen die Anordnung eines größeren Dachüberstandes nach Bild 5.7a empfohlen, da er die Niederschlagsbeanspruchung der Holzbauteile einer Außenwandkonstruktion oder tragenden Konstruktion verringert, die Ausführung ohne oder mit kleinem Dachüberstand nach Bild 5.7b mit erheblicher direkter Niederschlagsbeanspruchung stellt keinen guten baulichen Holzschutz dar und sollte möglichst vermieden werden.

Der **Spritzwasserschutz** direkt bewitterter Holzbauteile ist nach DIN 68800-2: 2022-02, 5.2.1.5 einzuhalten, s. verbindliche Angaben in Tabelle 5.11, Zeile 3.5, um Spritzwasserfreiheit zu erreichen und damit eine unzuträgliche (zu große) Feuchteerhöhung der Holzbauteile am „unteren Ende" (Fußpunkt) auszuschließen. Danach muss ein Mindestabstand von ≥ 30 cm zwischen Unterkante direkt bewitterter Holzbauteile und Oberkante Erdreich/Planum bzw. Bodenbelag eingehalten werden, Beispiele s. Bilder 5.7a und 5.8a. Als Alternative kann dieser Mindestabstand auf ≥ 15 cm gemindert werden, wenn durch technische Maßnahmen die Spritzwasserbelastung reduziert wird. Dies ist z.B. der Fall, wenn eine Kiesschüttung (Korngröße mindestens 16/32 mm, Breite mindestens ≥ 15 cm ab Außenkante Holzbauteil) unter dem Holzbauteil eingebracht wird, da abgerundeter Kies eine erhebliche Reduzierung der Spritzwasserbeanspruchung (Rückprall der Regentropfen) bewirkt, ein Beispiel gibt Bild 5.8b.

Wenn diese Abstände nicht eingehalten werden können, wie z.B. in Eingangs- und Terrassenbereichen, dürfen andere bauliche Maßnahmen angewendet werden, um die Spritzwasserfreiheit witterungsbeanspruchter Holzbauteile sicherzustellen wie Anordnung von breiten Gitterrosten zur tiefen Absenkung des Spritzwasserhorizontes um mindestens ≥ 30 cm

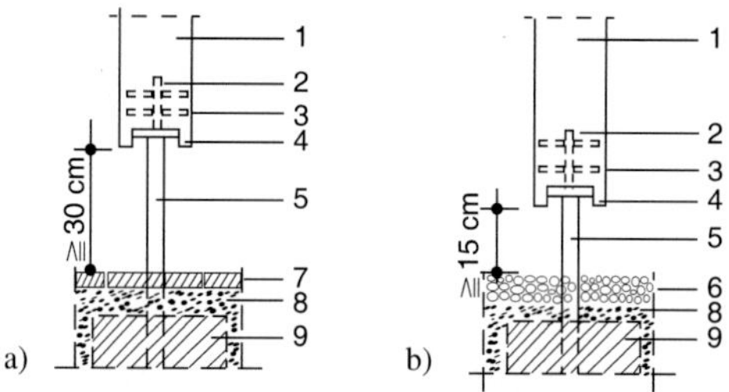

Bild 5.8 Spritzwasserschutz am Fußpunkt von direkt bewitterten Stützen mit Mindestabstand 30 cm bzw. 15 cm zwischen Oberkante Bodenbelag/Planum bzw. Kiesschüttung und Unterkante Holzstütze, Beispiele a) Abstand ≥ 30 cm; b) Abstand ≥ 15 cm auf Kiesschüttung (≥ 16/32)

1 Stütze
2 Stahlplatte, korrosionsbeständig, in das Holz eingelassen
3 Stabdübel, in das Holz einlassen und mit eingeklebten Holzpfropfen abgedeckt
4 Tropfkante
5 Vierkantrohr, korrosionsbeständig
6 Kiesschüttung, Korngröße mindestens 16/32 mm
7 Bodenbelag, z.B. Betonplatten/Steine
8 Bodenschüttung
9 Fundament

oder Dachüberstände mit einem „60°-Winkel“ zwischen Vorderkante Dachüberstand und Unterkante Holzbauteil bezogen auf die Horizontale, als Beispiel s. Bild 5.7c.

Sockelausbildungen bei Wänden mit einem dauerhaft wirksamen Wetterschutz müssen nach DIN 68800-2: 2022-02, 5.2.1.3, s. auch Tabelle 5.11, Zeile 3.3, Abstände zwischen Unterkante direkt bewitterter Holzbauteile und Oberkante Gelände/Planum bzw. Bodenbelag von mindestens 30 cm besitzen, s. Bild 5.9a. Alternativ hierzu kann dieser Abstand auf ≥ 15 cm gemindert werden, wenn zusätzlich ein Kiesbett (Korngröße mindestens 16/32 mm) mit einer Breite von mindestens ≥ 15 cm und einem Abstand Außenkante Kiesbett zur Außenkante Holzschwelle ≥ 30 cm oder ein Wasser ableitender Belag mit mindestens 2% Gefälle angeordnet wird, s. Bild 5.9b. Als weitere Alternative kann auch eine zusätzliche, geeignete vertikale Abdichtungsmaßnahme nach der Normenreihe DIN 18533 mit einem Abstand ≥ 5 cm ausgeführt werden, s. Bilder K.12c,d in *Radović* [409] (zu 5.2.1.3), s. auch Spritzwasserschutz in Bild 5.8.

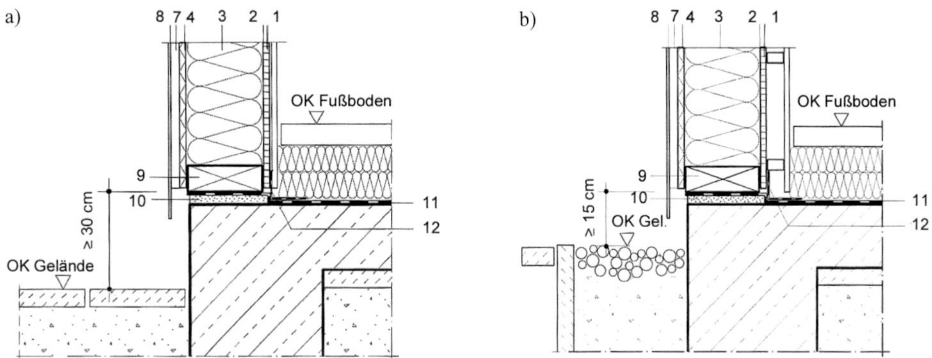

Bild 5.9 Sockelausbildungen bei Außenwänden mit dauerhaft wirksamem Wetterschutz nach *Radović* [409] (Bild K.12), Beispiele

a) Abstand zwischen Unterkante Holz und Oberkante Gelände/Bodenbelag ≥ 30 cm

b) Abstand zwischen Unterkante Holz und Oberkante Gelände/Bodenbelag ≥ 15 cm bei einem Kiesbett (Korngröße mindestens 16/32 mm) mit mindestens 15 cm Breite und einem Abstand Außenkante Kiesbett zu Außenkante Schwelle von ≥ 30 cm

1 ein- oder mehrlagige raumseitige Bekleidung oder Beplankung, Empfehlung: Einbau einer Installationsebene, s. Bild 5.11

2 Dampfbremsschicht, luftdicht verlegt, in Verbindung mit Schicht 1

3 Wärmedämmschicht, hier z.B. Mineralfaser, und tragende Holzständer

4 äußere Bekleidung oder Beplankung

7 Hohlraum

8 dauerhaft wirksamer Wetterschutz nach DIN 68800-2: 2022-02, 5.2.1.2, s. Tabelle 5.11, Zeile 3.2 oder als Beispiele Bilder 5.1 bis 5.6

9 Holzschwelle in Gebrauchsklasse GK 0 unter den Bedingungen der DIN 68800-2: 2022-02, Anhang A, Bilder A.10 bis A.14

10 Untermörtelung

11 horizontale Abdichtung nach Normenreihe DIN 18533

12 luftdichter Anschluss Wand-Sohle

Die Holzschwellen im Erdgeschoss dieser Außenwände können nach *Radović* [409] (zu 5.2.1.3) in Gebrauchsklasse GK 0 (ohne Holzschutzmittel) eingestuft werden, wenn die Konstruktionen und Abdichtungen fachgerecht nach DIN 68800-2: 2022-02, Anhang A, Bilder A.10 bis A.14 eingebaut und somit Feuchteeintritte ins Innere der Konstruktion dauerhaft verhindert werden.

5.2.4.4 Feuchte im Gebrauchszustand, Schutz gegen Nutzungsfeuchte

In **Bädern und Feuchträumen von Wohnungen** ohne Bodenablauf ist das Eindringen von unzuträglicher (zu hoher) Feuchte in Holzbauteile bei direkter Feuchtebeanspruchung der Oberflächen wie z.B. durch Spritzwasser in Duschen nach DIN 68800-2: 2022-02, 5.2.2 zu verhindern, s. auch Tabelle 5.11, Zeile 3.6. Dazu sind die Oberflächen, Anschlüsse und Durchdringungen, Eck- und Armaturenbereiche wasserdicht nach den anerkannten Regeln der Bautechnik abzudichten, z.B. durch Abdichtungen mit bauaufsichtlichem Verwendbarkeitsnacheis. Die Festlegungen der Normenreihe DIN 18134 müssen eingehalten werden. Die Wassereinwirkungsklassen und ihre Zuordnung sind anhand von Anwendungsbeispielen in DIN 18534-1:2017-07, Tab. 1, aufgeführt. Das Eindringen von Feuchte (Spritzwasser) in die (Holz-)Konstruktion ist auszuschließen, s. *Radović* [409] (zu 5.2.2). Der Schutz gegen Feuchte muss bei der Planung besonders beachtet werden. Konstruktive Beispiele von Abdichtungen in Nassbereichen (z.B. in Duschen und Bädern) sind u.a. *Schulze* [474], [475] zu entnehmen.

Ein **Feuchteeintrag aus angrenzenden Baustoffen oder Bauteilen** (wie kapillar wirkenden Baustoffen) in Holzbauteile ist an der gemeinsamen Kontaktfläche Holz/Baustoffe nach DIN 68800-2: 2022-02, 5.2.3 stets zu verhindern, s. auch Tabelle 5.11, Zeile 3.7. An Auflagern z.B. aus Mauerwerk, Beton, Stahlbeton einschl. Mörtelfugen mit darauf liegenden Holzbauteilen haben sich waagerechte Sperrschichten gegen aufsteigende Feuchte zwischen den Holzbauteilen und den Auflager-Baustoffen bewährt. Die Regelungen der Normenreihe DIN 18533 sind zu berücksichtigen. Nach *Radović* [409] (zu 5.2.3) sind waagerechte Abdichtungen nach dieser Baunorm auch zwischen Holzschwellen und kapillar nicht wirksamen Stahlbetonplatten, die an den Boden angrenzen, einzusetzen. Ist jedoch nur ein kurzzeitiger Feuchteeintrag sichergestellt, kann auf eine Abdichtung in der Kontaktfläche Holz/Auflager-Beton verzichtet werden.

5.2.4.5 Feuchte im Gebrauchszustand, Tauwasserschutz

In Holzkonstruktionen sind unzuträgliche (zu hohe) Feuchteänderungen durch Tauwasser aus Wasserdampfdiffusion oder Wasserdampfkonvektion nach DIN 68800-2: 2022-02, 5.2.4 zu verhindern. Dazu sind Bauteile der Gebäudehülle gemäß DIN 4108-7 gegen Wasserdampfkonvektion luftdicht auszubilden sowie Nachweise des Tauwasserschutzes für die raumseitige Bauteiloberfläche und für den Bauteilquerschnitt nach DIN 4108-3 oder DIN EN 15026 zu führen, Näheres s. Tabelle 5.11, Zeile 3.8.

Der erforderliche **Tauwasserschutz** bei (Holz-) Bauteilen der Gebäudehülle wird im Allgemeinen durch einen ausreichenden Wärmeschutz nach DIN 4108-2, durch Einhalten der Anforderungen der Energieeinsparverordnung EnEV und eine innen liegende dampfbremsende Schicht sichergestellt. Die in den Außenkonstruktionen notwendige winddichte und die innen liegende, dauerhaft luftdichte Schicht stellen notwendige bauliche Schutzmaßnahmen dar. Eine weitere Verpflichtung zur Anordnung einer luftdichten Schicht in außen liegenden Holzkonstruktionen sind die Forderungen des Gebäudeenergiegesetzes GEG und DIN 4108-7: 2011-01 nach einer durchgehend (relativ) luftundurchlässigen Schicht in der gesamten Gebäudehülle (weitgehende **Luftdichtheit von Gebäuden**), um eine angemessene Wohnqualität zu erhalten und den Verlust der eingesetzten (Heiz-)Energie zu minimieren. Dazu werden Grenzwerte von Luftwechselraten n_{50} festgelegt, die innerhalb einer relativ dichten Gebäudehülle auftreten dürfen. Die Überprüfung der Luftdichtheit von Gebäuden wird mit dem *Blower-Door*-Test durchgeführt.

Die **winddichte Schicht**, die meist außen vor der Wärmedämmung angeordnet wird, erschwert die Durchströmung der Gebäudehülle mit Außenluft und reduziert die Auskühlung der (Holz-) Konstruktionen. Die dauerhaft **luftdichte Schicht**, die auch gleichzeitig als Dampfbremse ausgeführt werden kann, liegt meist raumseitig der Wärmedämmung. Sie verhindert weitgehend die Luftströmung von außen in die Räume hinter der Gebäudehülle und umgekehrt von innen in die Außenbauteile. Damit werden der Wärmeverlust und die **Wasserdampfkonvektion** (oder Raumluftkonvektion) weitgehend minimiert, d.h. Strömung warmer Raumluft auch durch ungewollte Öffnungen und Leckagen nach außen durch kältere Bereiche des Außenbauteils mit Abkühlung der Raumluft unter die Taupunkttemperatur und Bildung erheblicher Tauwassermassen (Kondensat) im Bauteilinnern mit nachfolgend mittelfristigen (Holz-) Bauschäden. **Tauwasser** innerhalb des Bauteilquerschnitts, das nicht zügig abtrocknen kann und über längere Zeit verbleibt, ist besonders gefährlich, da auftretende Schäden wegen des verdeckten Einbaus meist länger unerkannt bleiben.

Die **Verbindungen wind- und luftdichter Schichten** untereinander und aller Anschlüsse zu anderen Bauteilen wie Fenstern, Türen, Wänden und Durchdringungen sind jeweils winddicht bzw. dauerhaft luftdicht auszuführen.

Als **Materialien luftdichter Schichten** können geeignete Baufolien, z.B. feuchteadaptive, Holzwerkstoff- oder Gipsplatten verwendet werden, deren Stöße untereinander und Anschlüsse zu anderen Bauteilen ebenfalls luftdicht durch geeignete dauerhaft wirkende Klebebänder bzw. vorkomprimierte Dichtbänder oder bei Stößen von Gipsplatten durch spezielle, oft armierte Spachtelmassen ausgeführt werden müssen. Stöße bei Baufolien sollten dabei überlappend abgeklebt und nur unterstützt z.B. auf einem Holz zum sicheren Aufbringen des Pressdruckes ausgeführt werden. Stöße bei Holzwerkstoffplatten sollten neben der luftdichten Abklebung durch Nut- und Federausführungen oder Vergleichbarem oder unterstützt verbunden werden. Ausführungsbeispiele luftdichter Schichten sind z.B. in DIN 4108-7: 2011-01 und *Radović* [409] (zu 5.2.4) enthalten. Als **Materialien winddichte Schichten** sind spezielle Baufolien z.B. Unterspannbahnen oder auch Holzwerkstoffplatten geeignet, deren Stöße und Anschlüsse zu anderen Bauteilen nur winddichte Ausführungen benötigen, das sind im Allgemeinen ausreichende Überlappungen (ohne Abklebungen) bei Baufolien, Nut- und Federausführungen (ohne Abklebungen) oder Vergleichbares bei Holzwerkstoffplatten und z.B. Abklebungen mit geeigneten dauerhaften Klebebändern bei offenen Fugen zwischen Bauteilen.

Die Anforderungen an die **wasserdampfdiffusionsäquivalenten Luftschichtdicken s_d** für beidseitig geschlossene Holzkonstruktionen der Gebäudehülle sind in DIN 68800-2: 2022-02, 5.2.4, Tab. 1 geregelt. s. auch Tabelle 5.12. Die **außen liegende winddichte Schicht** sollte diffusionsoffen mit geringen wasserdampfdiffusionsäquivalenten Luftschichtdicken z.B. $s_d \leq 0{,}1$ m bzw. $s_d \leq 0{,}3$ m, s. Tabelle 5.12, ausgebildet werden, um für die Anfangsfeuchte und bei Feuchtezufuhr in der Nutzungszeit eine nachträgliche zügige Holztrocknung sicherzustellen. Aus Bild 5.10 ist zu entnehmen, dass die Trocknungsgeschwindigkeit von feucht eingebauten bzw. nachträglich feucht gewordenen Holzbalken mit zunehmender Durchlässigkeit der Bekleidung wächst. Die **innen liegende luftdichte Schicht**, die auch gleichzeitig als Dampfbremse ausgeführt werden kann, sollte ebenfalls aus Gründen nachträglicher Holztrocknung geringe s_d-Werte besitzen z.B. wasserdampfdiffusionsäquivalente Luftschichtdicken $s_d \geq 1{,}0$ m bzw. $s_d \geq 2{,}0$ m, s. Tabelle 5.12, die aber größer sein sollten als die s_d-Werte der außen liegenden winddichten Schichten. Diese diffusionsoffene Bauweise hat sich bewährt, da in der warmen Jahreszeit ein Rücktrocknen geringerer Wassermassen auch ins Rauminnere möglich ist, s. auch feuchteadaptive Baufolien.

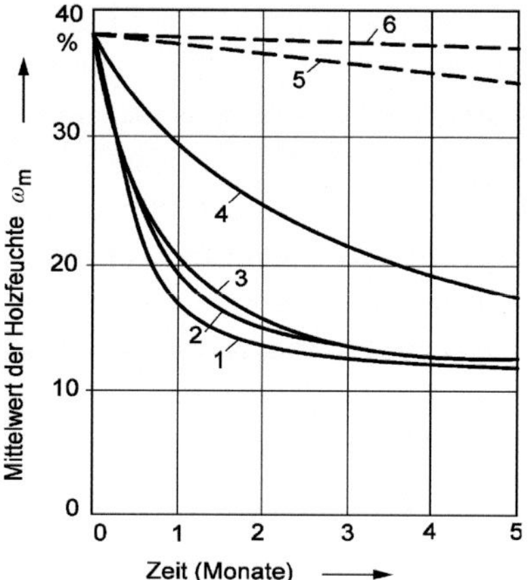

Bild 5.10 Verlauf der gemessenen Holzfeuchten ω von feuchten, allseitig mit verschiedenen Bekleidungen abgedeckten Balken 90/230 mm/mm, Stirnseiten dampfdicht ausgebildet, Raumklima T = 15 °C/φ = 45% nach *Schulze* [472]

ω_m Mittelwert der Holzfeuchte bezogen auf die Gesamtmasse des Balkens

1 ohne Bekleidung
2 Bekleidung mit diffusionsoffener Unterspannbahn, s_d = 0,1 m,
3 Gipsbauplatte d = 12,5 mm, s_d = 0,1 m
4 Spanplatte d = 16 mm, s_d = 0,8 m nach Norm, tatsächlich s_d = 2 m,
5 Unterspannbahn (Kunststoff-Gitterfolie)
6 PE-Folie 0,2 mm

Tabelle 5.12 Anforderungen an wasserdampfdiffusionsäquivalente Luftschichtdicken s_d nach DIN 68800-2: 2022-02, 5.2.4, Tabelle 1[1])

lfd. Nr.	s_d-Wert der außen liegenden Schicht	s_d-Wert der innen liegenden Schicht
1	$\leq$ 0,1 m	$\geq$ 1,0 m
2	$\leq$ 0,3 m	$\geq$ 2,0 m
3	0,3 m $\leq s_d \leq$ 4,0 m [2])	6 · s_d außen [2])

dabei sind zusätzliche Dämmschichten auf der Raumseite bis zu 20% des Gesamtwärmedurchlasswiderstandes zulässig

[1]) für beidseitig geschlossene Bauteile der Gebäudehülle, die rechnerische Berücksichtigung eines konvektiven Feuchteeintrages und von Anfangsfeuchten im Verfahren nach DIN 4108-03 (Glaserverfahren) ist für Konstruktionen nach Anhang A der DIN 68800-2: 2022-02 und für Bauteile mit s_d-Werten nach dieser Tabelle nicht erforderlich, Weiteres s. Tabelle 5.11, Zeile 3.8

[2]) gilt nur bei werksseitiger Vorfertigung nach Holztafelbaurichtlinie

Die Anordnung einer **Installationsebene** auf der Raumseite bewirkt eine sichere Ausführung der Luftdichtheit von Wand- und Dachkonstruktionen der Gebäudehülle, s. als Beispiel Bild 5.11. Die Installationsebene wird als Hohlraum zwischen raumseitiger, innerer Bekleidung und luftdichter Schicht (kann gleichzeitig auch Dampfbremse sein) ausgebildet, hier können z.B. Elektroinstallationen und zusätzliche Wärmedämmung (nach Tabelle 5.12 bis 20% des Gesamtwärmedurchlasswiderstandes) angeordnet werden. Die Installationsebene schützt die notwendig dauerhaft wirksame, luftdichte Schicht vor nachträglichen Beschädigungen oder Leckagen durch Baumaßnahmen während der Bauphase und der Gebrauchszeit (Nutzungsdauer) z.B. durch Bohrungen für das Setzen von Dübeln oder Ähnliches in der raumseitigen, inneren Bekleidung. Wird die luftdichte Schicht nur an einer kleinen Stelle durchbrochen, erzeugt die dann ständig wirkende Wasserdampfkonvektion (Raumluftkonvektion) erhebliche Tauwassermassen, die im Allgemeinen wesentlich höher ausfallen als Tauwasser aus Wasserdampfdiffusion mit der Folge von (Holz-) Bauschäden im Bauteilinnern durch Durchfeuchtungen und Befall Holz zerstörender Pilze, die meist längere Zeit wegen des verdeckten Einbaus nicht erkannt werden.

Über den baulichen Holzschutz in Außenkonstruktionen s. z.B. *Binker/Brückner/Flohr/ Huckfeldt/Noldt/Parisek/Rehbein/Wegener* [28], *Colling* [91], *Lewitzki/Schulze* [310], *Müller/Sessing/Schwaner/Wiegand* [373], *Radović* [409], *Schmidt* [462], *Schmidt/Winter* [463], *Schulze* [473] und DIN 4108-7: 2011-01.

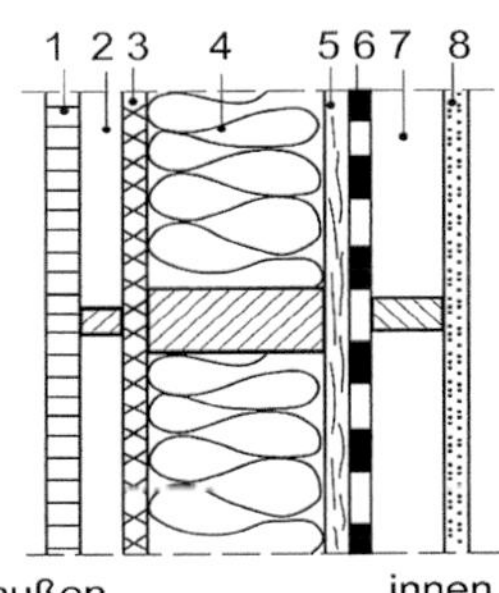

Bild 5.11 Außenwand (witterungsbeansprucht), prinzipieller Aufbau, Beispiel
1, 2 dauerhaft wirksamer Wetterschutz mit Luftschicht, z.B. wie bei Wänden nach Tabelle 5.12, Zeile 3.2, s. Bilder 5.1 bis 5.5
3 äußere Bekleidung oder Beplankung, vollflächig wasserabweisend und wasserableitend, diffusionsoffen nach Tabelle 5.12, z.B. $s_d \leq 0{,}1$ m, winddicht
4 Wärmedämmschicht und tragende Holzständer, trocken eingebaut (Holzfeuchte $\omega \leq 20\%$), nicht belüftet
5 Innenbeplankung, tragend
6 Dampfbremsschicht, z.B. $s_d \geq 1{,}0$ m nach Tabelle 5.12, und luftdichte Schicht, die Schichten 5 und 6 können auch in einer Schicht vereint werden
7 Installationsebene, z.B. für Elektroinstallationen, für zusätzliche Wärmedämmung (bis zu 20% des Gesamtwärmedurchlasswiderstandes)
8 innere Bekleidung, raumabschließend

5.2.4.6 Beispiele weiterer baulicher Holzschutzmaßnahmen direkt bewitterter Bauteile

Bauliche Schutzmaßnahmen zur Vermeidung unzuträglicher (zu hoher) Feuchtebeanspruchungen an/in Holzbauteilen sind waagerechte Abdeckungen und seitliche Bekleidungen, Anordnungen von Wassernasen (Tropfnasen), größere Dachüberstände, Verhindern von Wasseransammlungen und Vermeiden von Schmutzkegeln auf/in Flächen, Kehlen, Nuten, Ecken, Öffnungen, Vermeiden von Spritzwasserbeanspruchungen, dauerhafte Abdichtungen von Fugen und gegen aufsteigende Feuchtigkeit, stets in Verbindung mit ungehinderter Luftzufuhr. Waagerechte Abdeckungen und seitliche Bekleidungen witterungs- oder wasserbeanspruchter tragender Holzbauteile können als **Opferbauteile** angesehen werden, die die tragende Konstruktion schützen und bei Bedarf nach vielen Jahren gegen gleichwertige neue ausgetauscht werden können.

Beispiele baulicher Schutzmaßnahmen für witterungsbeanspruchte Holzbauteile s. Tabelle 5.13, Bilder 5.1 bis 5.9 und Bild 7.1 im Abschn. 7.3.1. Weitere bauliche Holzschutzmaßnahmen können *Binker/Brückner/Flohr/Huckfeldt/Noldt/Parisek/Rehbein/Wegener* [28], *Brüninghoff/Heimeshoff/Rampf/Samuel/Sengler* [78], *Colling* [91], *Heimeshoff/Neuhaus* [213], *Herzog/Natterer/Volz* [222], *Kabelitz/Reimann* [244], *Lewitzki/Schulze* [310], *Lißner/Rug* [314], *Nebgen/Peterson* [375], *Radović* [409], *Rug/Mönck* [438], *Sagot* [441], *Schulze* [472], [475], *Steck* [488], *Steck/Nebgen* [491], *Werner/Zimmer* [517] und *Willeitner* [522], [523] entnommen werden. Über Untersuchungen zum konstruktiven Holzschutz mit hochelastischen Polyurethan-Spritzelastomeren berichten *Schmid/Yildiz* [461].

5.2.4.7 Besondere bauliche Holzschutzmaßnahmen

Besondere bauliche Holzschutzmaßnahmen sind nach DIN 68800-2: 2022-02, 6 dann vorzunehmen, wenn Holzkonstruktionen in Gebrauchsklasse GK 0 eingeordnet werden sollen und die grundsätzlichen baulichen Maßnahmen nach DIN 68800-2: 2022-02, 5, s. auch Tabelle 5.11, nicht allein die Einstufung in Gebrauchsklasse GK 0 erreichen. Die Festlegungen der grundsätzlichen baulichen Maßnahmen nach Tabelle 5.11 sind in jedem Einzelfall unabhängig von den besonderen baulichen Maßnahmen einzuhalten.

Besondere bauliche Holzschutzmaßnahmen, die zu planen und nachzuweisen sind, können Tabelle 5.14 entnommen werden, sie beinhalten neben erforderlichen Nachweisverfahren bauliche Maßnahmen zur Vermeidung von Bauschäden durch Holz zerstörende Pilze (für Bauteile unter Dach und bewitterte Bauteile ohne Erdkontakt) sowie durch Holz zerstörende Insekten. In den Unterabschn. 5.2.4.8 bis 5.2.4.10 werden praktische Hinweise zu mehreren dieser besonderen baulichen Holzschutzmaßnahmen gegeben.

Tabelle 5.13 Beispiele baulichen (konstruktiven) Holzschutzes zur Vermeidung unzuträglicher (zu hoher) Feuchtebeanspruchung von Holzkonstruktionen[1])[3])

	Konstruktion	Bemerkungen
waagerecht liegende Oberflächen (witterungsbeansprucht)		
1	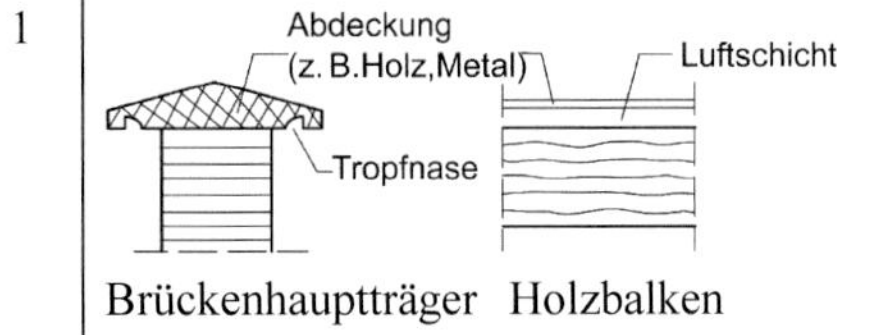 Brückenhauptträger Holzbalken	- Abdeckung mit Luftschicht und Tropfnasen, - Niederschlagswasser fließt ab, - keine stehende Feuchte im zu schützenden Teil, - Abdeckung kann nach Jahren ausgewechselt werden
Hirnholzflächen von Stützen- oder Pfahlkopf (witterungsbeansprucht)		
2	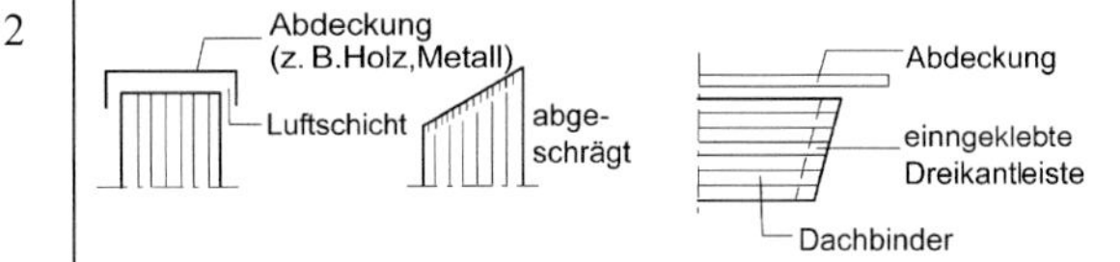	- mit Abdeckung wie lfd. Nr. 1, - abgeschrägt: mit porenfüllendem mehrmaligen geeigneten Anstrich
Stützenfüße von aufgeständerten Holzstützen (witterungsbeansprucht), s. auch Bild 5.8		
3	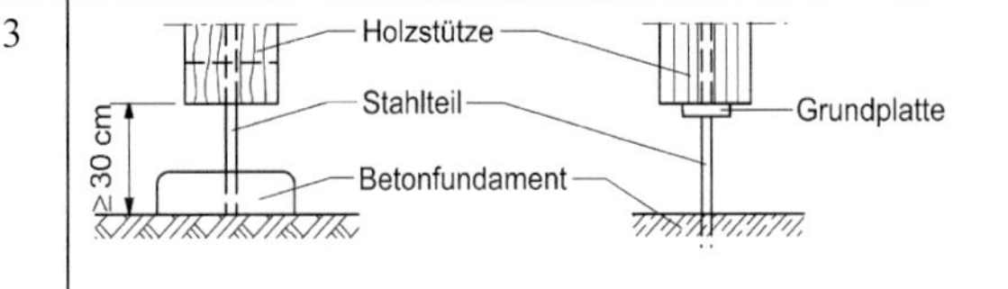	- Stützenfuß spritzwassergeschützt, - keine aufsteigende Feuchte, - Stahlteile, korrosionsbeständig, und Verbindungsmittel in das Holz einlassen und mit eingeklebten Holzpfropfen abdecken
vorspringende Bauteile (witterungsbeansprucht)		
4	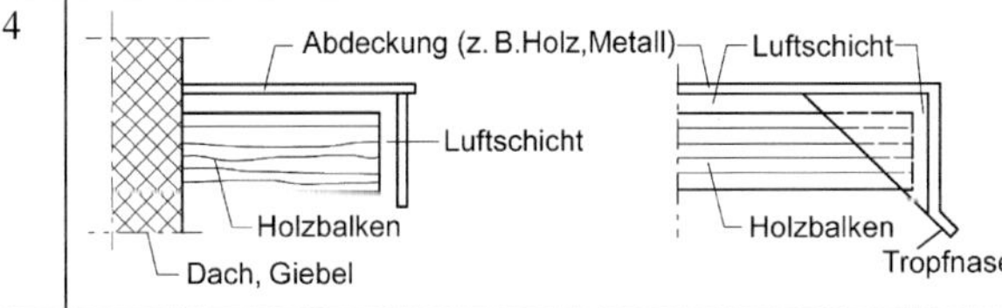	- waagerechte Oberfläche und Hirnholz abdecken, s. lfd. Nr. 1, - mit Luftschicht, mit Tropfnasen, - evtl. mit seitlicher Abdeckung des Balkenkopfes
Balkenauflager auf Mauerwerk /Beton nach *Schulze* [472][2])		
5	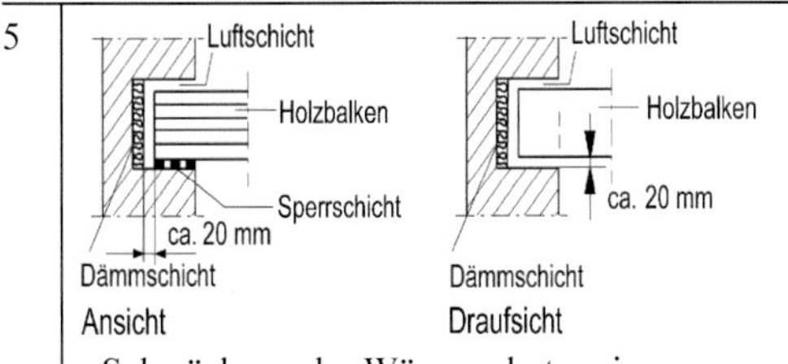 Ansicht Draufsicht - Schwächung des Wärmeschutzes im Außenwandbereich durch Anordnung einer Dämmschicht aufheben (tauwassergefährdeter Bereich)	- Balkenkopf auf Sperrschicht lagern, verhindert aufsteigende Feuchte, - jede Berührung mit Mörtel, auch seitlich, vermeiden (Baufeuchte, Kapillarwirkung), - bei erforderlichem Kontakt einzelne Steine trocken gegen Balken legen, - besser: mehrseitige Luftschicht von ca. 20 mm, - Abdichtung der Luftschicht durch geeignete Dichtungsbänder z.B. vorkomprimierte, wenn erforderlich,

Tabelle 5.13 (Fortsetzung)

	Konstruktion	Bemerkungen
unterseitiger Auflagerträger (witterungsbeansprucht)		
6	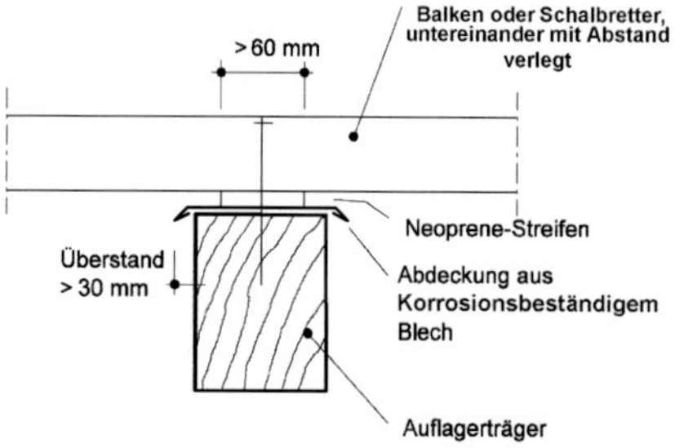 Balken oder Schalbretter, untereinander mit Abstand verlegt; > 60 mm; Neoprene-Streifen; Überstand > 30 mm; Abdeckung aus Korrosionsbeständigem Blech; Auflagerträger Beispiele: Geh-, Tragbelag von Balkon oder Brücke	- Auflagerbalken werden durch die Öffnungen zwischen den oben liegenden Balken oder Schalbrettern witterungsbeansprucht, - beidseitig überstehende Abdeckung der Auflagerträger(-balken) verhindert stehende Feuchte auf der Oberseite und Verschmutzungen der beiden Seitenflächen durch abfließendes, abtropfendes Niederschlagswasser
Schalungen (witterungsbeansprucht), Beispiele nach *Schulze* [472] und *Willeitner* [522]		
7	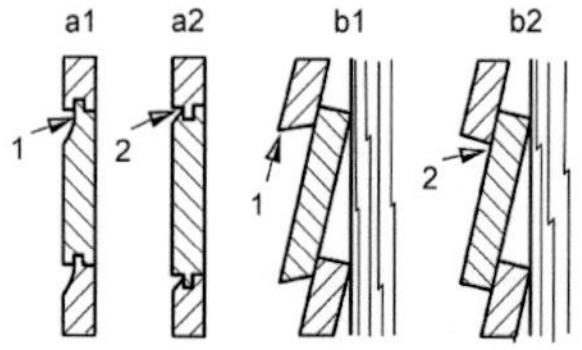 a1 a2 b1 b2 Profilschalung Stülpschalung	a1) geeignet, Wasser kann abgeleitet werden, a2) ungeeignet: Wasser kann in Spundung eindringen, b1) geeignet: abgeschrägte Kanten lassen Wasser ablaufen, b2) ungeeignet: Wasser kann zwischen Bretter gelangen
Brettschichtholz (witterungsbeansprucht), Beispiele nach *Sagot* [441]		
8	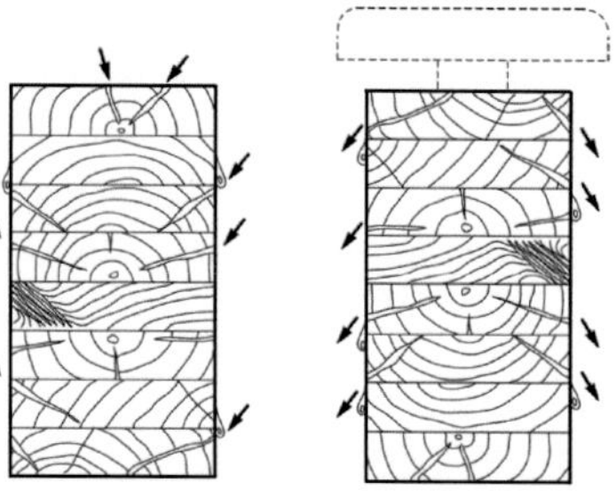 a) b) bei beiden Lamellenanordnungen ist eine obere Abdeckung mit beidseitig ausreichendem Überstand und Luftschicht erforderlich zur Vermeidung stehender Feuchte in sich bildenden Schwindrissen	Lamellenanordnung bei dauerhaftem oder mit Holzschutzmitteln behandeltem Holz: a) ungeeignet: Anordnung der Trockenrisse lässt Wasser im Querschnitt verbleiben, Folge: stehende Feuchte, Befall Holz zerstörender Pilze und Holzzerstörung, b) geeignet: Anordnung der Trockenrisse lässt Wasser aus dem Querschnitt abfließen

[1]) ein Holzschutz mit Holzschutzmitteln und ggf. Oberflächenbehandlungen (Anstriche) sind im Allgemeinen zusätzlich erforderlich, s. Abschn. 5.2.5 und 5.2.6

[2]) eine vollständige Umwicklung des Balkenkopfes mit Bitumenbahnen hat sich allgemein nicht bewährt, da einmal eingedrungene Feuchte kaum entweichen kann

[3]) weitere Beispiele baulichen (konstruktiven) Holzschutzes s. Bilder 5.1 bis 5.9 und Bild 7.1 im Abschn. 7.3.1

Tabelle 5.14 Besondere bauliche Holzschutzmaßnahmen zur Einstufung von Holzbauteilen in Gebrauchsklasse GK 0 nach DIN 68800-2: 2022-02, 6[1])[2])

und wenn grundsätzliche Maßnahmen nach DIN 68800-2: 2022-02, 5, s. auch Tabelle 5.11, alleine eine Zuordnung zur Gebrauchsklasse GK 0 nicht erreichen,

1	**Folgende Nachweisverfahren sind möglich**
1.1	- rechnerische und sonstige Nachweise zur Sicherstellung eines ausreichenden Holzschutzes entsprechend der Gefährdung und Gebrauchssituation, oder - Nutzung der Konstruktionsprinzipien aus den Abschn. 7, 8 und 9 der DIN 68800-2: 2022-02, erforderlichenfalls mit zusätzlichem Tauwassernachweis nach DIN EN 15026 bzw., wenn ausreichend, nach DIN 4108-3, oder - Anwendung der in Anhang A der DIN 68800-2: 2022-02 dargestellten Konstruktionen (bei der Konstruktion nach Bild A.22 ist ein zusätzlicher Tauwassernachwies erforderlich)[2])[3])
2	**Bauliche Maßnahmen zur Vermeidung eines Bauschadens durch Holz zerstörende Pilze**
2.1	**Bauteile unter Dach**
	- Vermeiden der Aufnahme unzuträglicher (zu hoher) Feuchte bei Bauteilen unter Dach mit nach außen sichtbaren tragenden Holzkonstruktionen durch ausreichende Dachüberstände[4]) oder andere besondere bauliche Maßnahmen, - werden sehr hohe relative Luftfeuchten $\varphi \geq 85\%$ über längere Zeiträume als eine Woche erwartet, z.B. in Kompostierungsanlagen und Eissporthallen, sind besondere Maßnahmen vorzusehen, z.B. eine verstärkte Belüftung, die an den Holzbauteilen eine relative Luftfeuchte $\varphi < 85\%$ sicherstellt[5])
2.2	**Bewitterte Bauteile ohne Erdkontakt**
	- Sicherstellen einer Holzfeuchte $\omega \leq 20\%$[6]) - Maßnahmen, die zur Begrenzung der Holzfeuchte ω führen, sind: - Begrenzung der (Trocken-) Rissbildung durch Beschränkung der Querschnittsmaße und durch kerngetrennten (herzgetrennten, markgetrennten) Einschnitt bei Vollholz, s. Abschn. 1.4.5, Bild 1.14, - Verwendung von Brettschichtholz und technisch getrocknetem Vollholz[7]), - gehobelte Oberfläche, - Verhindern von Stauwasser (stehende Feuchte) in den Anschlüssen, - Abdecken von Hirnholz, - direktes Abführen von Niederschlagswasser, - Abdecken von nicht vertikal stehenden Holzbauteilen auf der Oberseite, - werden die oben in dieser Zeile zu 2.2 angeführten Vorgaben eingehalten, können folgende Bauteile in Gebrauchsklasse GK 0 eingestuft werden: - senkrecht stehende, direkt bewitterte Dach- und Balkonstützen aus Brettschichtholz mit Querschnittsmaßen $b/h \leq 20$ cm /20 cm oder aus Vollhölzern mit Querschnittsmaßen $b/h \leq 16$ cm /16 cm,

Tabelle 5.14 (Fortsetzung)

3	**Bauliche Maßnahmen zur Vermeidung eines Bauschadens durch Holz zerstörende Insekten** jede der folgenden Maßnahmen allein reicht aus, um einen Bauschaden durch Holz zerstörende Insekten zu vermeiden:
3.1	- Einsatz von Holz in Räumen mit üblichem Wohnklima oder vergleichbaren Räumen oder Einsatz unter entsprechenden Bedingungen,[8])
3.2	- Einsatz von Brettschichtholz, Brettsperrholz, technisch getrocknetem Bauholz[7]) oder Holzwerkstoffen mit einer Holzfeuchte $\omega \leq 20\%$ im Gebrauchszustand,
3.3	- Anordnung einer allseitig insektenundurchlässigen Abdeckung des zu schützenden Holzes[8]), s. Tabelle 5.15,
3.4	- offene Anordnung des Holzes, so dass es kontrollierbar ist und an sichtbar bleibender Stelle dauerhaft ein Hinweis auf die Notwendigkeit einer regelmäßigen Kontrolle angebracht wird[8]), s. Bild 5.13,
3.5	- Einsatz von Farbkernhölzern mit einem Splintholzanteil $\leq 10\%$[9]).

[1]) die grundsätzlichen baulichen Maßnahmen nach DIN 68800-2: 2022-02, 5 sind in jeden Fall unabhängig von den besonderen baulichen Maßnahmen einzuhalten, s. Tabelle 5.11

[2]) die in Anhang A der DIN 68800-2: 2022-02 dargestellten Konstruktionen erfüllen die Anforderungen an die grundsätzlichen und besonderen baulichen Maßnahmen zur Einstufung von Holzkonstruktionen in Gebrauchsklasse GK 0

[3]) Zuordnung folgender Holzbauteile in Gebrauchsklasse GK 0: Latten hinter Vorhangfassaden, Dach- und Konterlatten, Traufbohlen und Dachschalungen; ebenso Zuordnung in Gebrauchsklasse GK 0 für im Freien befindliche Dachbauteile, die so abgedeckt sind, dass eine unzuträgliche (zu hohe) Veränderung des Feuchtegehaltes nicht vorkommen kann, diese im Freien befindlichen, abgedeckten Dachbauteile sollten nach *Radović* [409] (zu 6.1) aus technisch getrocknetem Holz bestehen, Beispiel s. Bild 5.12

[4]) ausreichende Dachüberstände sind vorhanden, wenn zwischen Vorderkante Dach und Unterkante Holz ein 60°-Winkel vorliegt, d.h. ein Winkel von höchstens 60° bezogen auf die Horizontale, Beispiel s. Bild 5.7c

[5]) ein lokal auftretender Tauwasserausfall von wenigen Stunden im Monat ist unkritisch, wenn eine ausreichende Möglichkeit zur Rücktrocknung besteht

[6]) eine kurzfristige Erhöhung der Holzfeuchte im Bereich der Holzoberfläche ist unkritisch

[7]) bei technisch getrocknetem Holz ist ein Befall Holz zerstörender Insekten erfahrungsgemäß nicht zu erwarten, Näheres s. Abschn. 5.2.3 oberhalb Tabelle 5.10, andere Verfahren, durch das Holz auch technisch getrocknet werden kann wie luftgetrocknetes Holz, erfüllen diese Vorgaben nicht

[8]) die Maßnahmen 3.1, 3.3 und 3.4 beziehen sich nach *Radović* [409] (zu 6.3) auf Bauteile aus nicht technisch getrocknetem Holz, s. auch Fußnote[7])

[9]) Holzarten mit Farbkernhölzern ausreichender Dauerhaftigkeit gegen den Befall Holz zerstörender Insekten in entsprechender Exposition s. Tabellen 1.5 und 5.8

5.2.4.8 Nachweisverfahren für besondere bauliche Maßnahmen zur Einstufung von Holzbauteilen in Gebrauchsklasse GK 0

Die in DIN 68800-2: 2022-02, 6.1 geforderten Nachweisverfahren besonderer baulicher Maßnahmen zur Einstufung in Gebrauchsklasse GK 0, s. auch Tabelle 5.14, Zeile 1, können durch Einhaltung der Konstruktionsprinzipien in den Abschn. 7, 8 und 9 der Baunorm ausgeführt werden. Andernfalls ist nach *Radović* [409] (zu 6.1) ein gesonderter Nachweis des baulichen Holzschutzes der betreffenden Konstruktion und Exposition vor allem für einen ausreichenden Tauwasser- und Wetterschutz vorzunehmen, um einen Befall Holz zerstörender Pilze und Insekten zu verhindern.

Alle **Holzkonstruktionen im Anhang A der DIN 68800-2: 2022-02** erfüllen die Anforderungen an die grundsätzlichen und besonderen baulichen Holzschutzmaßnahmen zur Einstufung in Gebrauchsklasse GK 0, Nachweise des baulichen Holzschutzes, Tauwasser- und Wetterschutzes sind für diese Konstruktionen entbehrlich, nur für die Konstruktion nach Bild A.22 ist ein zusätzlicher Tauwassernachweis zu führen. Die Konstruktionen enthalten Beispiele für Außenwände, Außenwand-Fußpunkte (Sockel), geneigte Dächer, Flachdächer, Decken und kleinflächige Balkone/Terrassen über Wohnraum.

Latten hinter Vorhangfassaden, Dach- und Konterlatten, Taufbohlen und Dachschalungen dürfen nach DIN 68800-2: 2022-02, 6.1, s. auch Tabelle 5.14, Zeile 1.1, der Gebrauchsklasse GK 0 zugordnet werden. Dies gilt auch für den Fall, dass diese Holzbauteile nicht aus technisch getrocknetem Holz bestehen, da nach *Radović* [409] (zu 6.1) und *Schulze* [475] hierzu langjährige Erfahrungen aus der Baupraxis vorliegen und ein Bauschaden durch Befall Holz zerstörender Pilze und Insekten äußerst selten ist, wenn eine fachgerechte Ausführung und die Einhaltung der angeführten Bedingungen vorliegen. Begründungen hierfür sind:

- Ein Befall durch Holz zerstörende Pilze ist bei diesen Bauteilen nicht zu erwarten, da ihre Anordnung keine Holzfeuchte oberhalb des Fasersättigungsbereiches bewirkt, über das Wachstum Holz zerstörender Pilze s. Unterabschn. 5.2.4.9,
- überschüssige Holzfeuchte wird zügig an die umgebende Luft abgegeben,
- für eine Eiablage durch Weibchen Holz zerstörender Insekten sind diese Bauteile ungeeignet, da sie aus kleinen Querschnitten bestehen und weitgehend rissfrei verbleiben,
- ein Befall durch Holz zerstörende Insekten ist bei Dach- und Konterlatten sowie Dachschalungen nicht zu erwarten, da sie unmittelbar unter der Dachhaut liegen und in der Sommerzeit meist in längeren Zeiträumen Temperaturen $T \geq 55$ °C ausgesetzt sind, so dass aufgrund dieser hohen Temperaturen alle zufällig im Holz sitzenden Insektenlarven absterben.

Im Freien befindliche Dachbauteile können ebenso nach DIN 68800-2: 2022-02, 6.1, s. auch Tabelle 5.14, Zeile 1.1, in Gebrauchsklasse GK 0 eingestuft werden, wenn sie ausreichend durch Abdeckung oder Bekleidung gegen Niederschläge geschützt sind, so dass eine unzuträgliche (zu große) Feuchteerhöhung verhindert wird wie z.B. bei ausreichend abgedeckten Sparrenköpfen und Flugsparren auf der Giebelseite, diese im Freien befindlichen, abgedeckten Dachbauteile sollten nach *Radović* [409] (zu 6.1) aus technisch getrocknetem Holz bestehen, Näheres über technisch getrocknetes Holz s. Abschn. 5.2.3 oberhalb Tabelle 5.10. Dabei ist eine kurzfristige Befeuchtung der Holzoberflächen durch Niederschläge unkritisch, da hier keine unzuträgliche (zu große) Holzfeuchteerhöhung und eine zügige Rücktrocknung vorliegen. Als Beispiel der Zuordnung in Gebrauchsklasse GK 0 von Sparrenköpfen aus technisch getrocknetem Holz s. Bild 5.12.

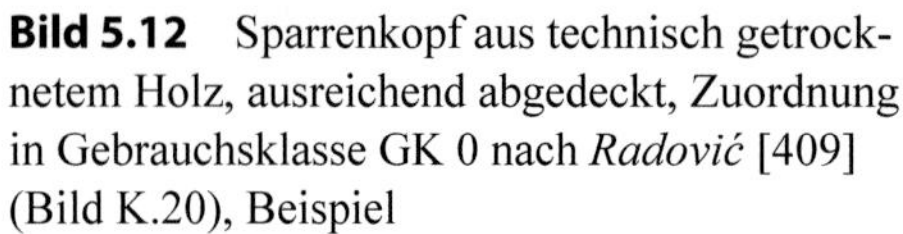
Bild 5.12 Sparrenkopf aus technisch getrocknetem Holz, ausreichend abgedeckt, Zuordnung in Gebrauchsklasse GK 0 nach *Radović* [409] (Bild K.20), Beispiel

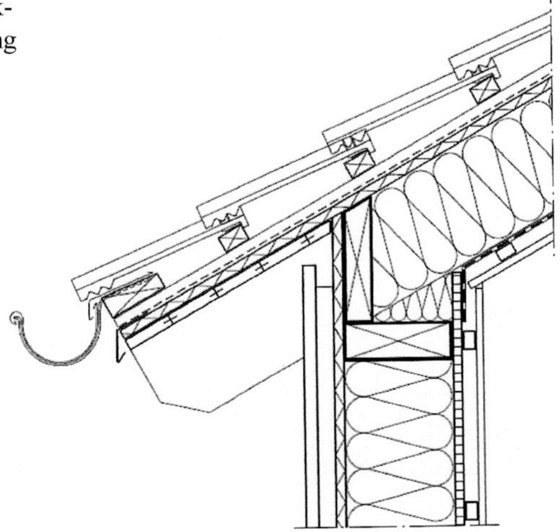

5.2.4.9 Bauliche Holzschutzmaßnahmen zur Vermeidung eines Bauschadens durch Holz zerstörende Pilze

Holz zerstörende Pilze entstehen und wachsen erst ab einer Holzfeuchte oberhalb der Fasersättigung bzw. des Fasersättigungsbereiches, s. Abschn. 5.2.2 und Tabelle 5.2. Die Fasersättigung bzw. der Fasersättigungsbereich kann bei den einzelnen Holzarten und innerhalb einer Holzart wie zwischen Kern- und Splintholz unterschiedlich variieren, s. Tabelle 1.3a im Abschn. 1.4.1. Danach liegt der Fasersättigungsbereich bei Nadelholz ohne Farbkern wie Fichte und Tanne bei einer Holzfeuchte ω zwischen 30% und 34%, bei Nadelholz mit Farbkern wie Douglasie, Kiefer und Lärche im Kernholz bei ω zwischen 26% und 28%, während das Splintholz von Nadelholz mit Farbkern wie Kiefer und Lärche einen Fasersättigungsbereich zwischen 30% und 34% aufweist. Demnach beträgt die Holzfeuchte der Fasersättigung bei den gebräuchlichen Nadelhölzern der gemäßigten Klimazonen im Mittel ca. $\omega = 30\%$, s. auch DIN 68800-1: 2019-06, 4.2.2, Anmerkung 3.

Der Fasersättigungsbereich von zerstreutporigen Laubholz ohne Farbkern wie Buche liegt bei ω zwischen 32% und 36%, dagegen besitzt ringporiges Laubholz mit ausgeprägtem Farbkern wie Eiche im Kernholz einen sehr niedrigeren Fasersättigungsbereich von ω zwischen 22% und 24% und im Splintholz einen wesentlich höheren zwischen 32% und 36%. Eichenkernholz darf jedoch nach Tabelle 5.8 und *Radović* [409] (zu 6.2) trotz des niedrigeren Fasersättigungsbereiches in den Gebrauchsklassen GK 0 bis GK 3.2 ohne jede zusätzliche Holzschutzmaßnahme verwendet werden.

Die Gefahr eines Bauschadens durch Befall Holz zerstörender Pilze besteht deshalb nach *Radović* [409] (zu 6.2) bei den in Deutschland verwendeten einheimischen Holzarten für tragende Bauteile erst bei Holzfeuchten ω ab ca. 30% und höher. Werden die Bauhölzer fachgerecht nach den in DIN 68800-1: 2019-06 und -2: 2022-02, s. Abschn. 5.2.3 und 5.2.4, einzuhaltenden Bedingungen unter Dach eingebaut, sind Holzfeuchten dieser Größenordnung und die Gefahr eines Bauschadens aus dieser Ursache nicht zu erwarten.

Tragende, **außen liegende Holzbauteile unter Dach** müssen nach DIN 68800-2: 2022-02, 6.2.1, s. Tabelle 5.14, Zeile 2.1, durch ausreichende Dachüberstände wie z.B. mit einem 60°-Winkel, s. Bild 5.7c und oberhalb, oder durch andere bauliche Maßnahmen gegen unzuträgliche (zu hohe) Feuchteaufnahme aus Niederschlägen wirksam geschützt werden, als Beispiel s. Bild 5.12.

In **Kompostierungsanlagen, Eissporthallen und Anlagen mit vergleichbaren Klimabedingungen** können über längere Zeiträume sehr hohe relative Luftfeuchten von $\varphi > 85\%$ auftreten mit der Folge von Tauwasserausfall, nach *Radović* [409] (zu 6.2.1) insbesondere in Räumen mit unzureichenden Wärmedämmungen in Bereichen relativ kalter Dachunterseiten und geometrisch ungünstiger Stellen. In diesen Bereichen sind nach DIN 68800-2: 2022-02, 6.2.1, s. Tabelle 5.14, Zeile 2.1, besondere Maßnahmen wie z.B. eine verstärkte Lüftung einzusetzen, um die relativen Luftfeuchten auf $\varphi < 85\%$ sicherzustellen und Tauwasserausfall weitgehend zu vermeiden. Ebenso kann sich Tauwasser an den Holzträger-Unterseiten in Eissporthallen durch den strahlungsbedingten Wärmeaustausch zwischen Dach-Holzträgern und der kalten Eisoberfläche bilden, s. *Güldenpfennig/Vogelsberg/Stamminger* [180] und *Radović* [409] (zu 6.2.1). Der Einsatz von speziellen Membranen wie Unterspannbahnen aus Aluminiumfolie unterhalb der Dach-Holzträger reduziert den Wärmeaustausch, so dass ein Tauwasserausfall wesentlich eingeschränkt oder vermieden werden kann wie auch durch ausreichende Belüftung.

Bei **bewitterten Holzbauteilen ohne Erdkontakt** muss sichergestellt werden, dass die **Holzfeuchte stets** $\omega \leq 20\%$ verbleibt, um einen Befall Holz zerstörender Pilze sicher zu verhindern. Deshalb ist das Eindringen von Feuchte, besonders in tropfbarer Form (Niederschlag, Tauwasser), sowie stehende Feuchte in/auf Holzbauteilen wie durch (Trocken-) Risse möglichst zu verhindern, ein schnelles Abfließen von Wasser und ungehinderte Luftzufuhr (zur Austrocknung) sicherzustellen. Eine kurzfristige Erhöhung der Holzfeuchte im Bereich der Holzoberfläche ist dabei als unkritisch anzusehen, s. DIN 68800-2: 2022-02, 6.2.2 und Tabelle 5.14, Fußnote [6]).

Bauliche Holzschutz-Maßnahmen, die zur **Begrenzung der Holzfeuchte** ω führen, sind: Begrenzung der (Trocken-)Rissbildung durch Beschränkung der Querschnittsmaße und durch kerngetrennten (herzgetrennten, markgetrennten) Einschnitt bei Vollholz, s. Abschn. 1.4.5, Bild 1.14, darüber hinaus Einsatz von Brettschichtholz und technisch getrocknetem Vollholz, s. Abschn. 5.2.3 oberhalb Tabelle 5.10 oder Tabelle 5.14, Fußnote [7]), Verwendung von gehobelten Oberflächen, Verhindern von Stauwasser (stehende Feuchte) in den Anschlüssen, Abdecken von Hirnholz, direktes Abführen von Niederschlagswasser und Abdecken von nicht vertikal stehenden Holzbauteilen auf der Oberseite (stehende Feuchte).

Alle oben bzw. alle in Tabelle 5.14, Zeile 2.2 angeführten Vorgaben zur Begrenzung der Holzfeuchte sollten nach *Radović* [409] (zu 6.2.2) bei bewitterten Holzbauteilen ohne Erdkontakt gemeinsam beachtet werden (bis auf die zusätzliche Abdeckung bei nicht vertikal stehenden Bauteilen). Werden diese Vorgaben eingehalten, können bei **senkrecht stehenden, direkt bewitterten Dach- und Balkonstützen** aus Brettschichtholz mit Querschnittsmaßen $b/h \leq 20$ cm /20 cm nach *Radović* [409] (zu 6.2.2) Holzfeuchten von ca. $\omega = 14\%$ und bei technisch getrockneten Vollhölzern mit Querschnittsmaßen $b/h \leq 16$ cm/16 cm

Holzfeuchten von ca. $\omega = 18\%$ erwartet werden, so dass diese direkt bewitterten Holstützen nach DIN 68800-2: 2022-02, 6.2.2 in Gebrauchsklasse GK 0 eingestuft werden können. Stützen aus Vollholz mit größeren Querschnitten $b/h > 16$ cm/16 cm sollten nicht direkt bewittert ausgeführt werden, da sie zu größeren Verformungen und (Trocken-)Rissbildungen neigen sowie bei diesen größeren Querschnittsmaßen nur mit höherem Aufwand kerngetrennt (bzw. herzgetrennt, markgetrennt) und mit technischer Trocknung herstellbar sind.

Andere tragende, direkt bewitterte Holzbauteile aus Brettschicht- und Vollholz als die oben angeführten senkrecht stehenden Dach- und Balkonstützen mit begrenzten Querschnittsmaßen sollten nicht ausgeführt werden. Im Sinne einer holzgerechten Konstruktion sollten senkrecht stehende, direkt bewitterte Holzbauteile mit größeren Querschnitten und waagerecht bzw. geneigt verlaufende mit **Abdeckungen auf der Oberseite** und ausreichendem beidseitigem Überstand oder **oberer und beidseitiger Bekleidung**, jeweils mit Luftschicht, ausgeführt werden, s. als Beispiele Bilder 7.1a und b. Derartige bauliche Holzschutzmaßnahmen verhindern tiefer gehende (Trocken-)Risse und Spalte in witterungs- oder anderweitig wasserbeanspruchten Holzbauteilen, s. auch Abschn. 1.4.5, und damit das Eindringen und längere Verbleiben von Niederschlagswasser bzw. stehende Feuchte innerhalb der Holzquerschnitte sowie den daraus folgenden Befall Holz zerstörender Pilze (und die Eiablage von Holz zerstörenden Insekten), so dass mittelfristig auftretende Bauschäden vermieden werden.

Weitere Beispiele sehr guten baulichen Holzschutzes frei bewitterter Holzkonstruktionen sind **überdachte Holzbrücken** mit beidseitig ausreichendem Dachüberstand (60°-Winkel), die viele Jahrzehnte ohne größeren Wartungs- und Instandsetzungsaufwand verbleiben, oder auch Holzbrücken mit oben liegendem wasserundurchlässigen Fahrbahn- oder Gehbelag und ausreichendem beidseitigen Überstand (60°-Winkel), die die darunter liegenden tragenden und aussteifenden Holzbauteile gegen Witterung abdecken.

Auch bei tragenden/aussteifenden, direkt bewitterten Bauteilen aus **Hölzern (Farbkernholz) mit sehr hoher und hoher natürlicher Dauerhaftigkeit 1 und 2**, s. Tabellen 1.3a, 1.5 und 5.8, wird ein Mindestmaß an baulichem Holzschutz empfohlen wie z.B. oben liegende Abdeckungen mit Luftschicht, da nach vielen Jahren Witterungsbeanspruchung ohne bauliche Schutzmaßnahmen Schäden auch in diesen Bereichen nicht auszuschließen sind.

Wenn bauliche Holzschutzmaßnahmen eine Wetter- oder Wasserbeanspruchung nicht verhindern können, ist ein **senkrechter Faserverlauf** bei direkt bewitterten Holzbauteilen eine zusätzliche bauliche Holzschutzmaßnahme (neben anderen erforderlichen) wie z.B. bei nicht tragenden Fassaden mit geeigneten Mehrschichtplatten und bauaufsichtlichem Verwendbarkeitsnachweis sowie bei außen liegenden, nicht tragenden Schalungen von Außenwänden. Dadurch wird das Niederschlagswasser in den sehr wahrscheinlich entstehenden (Trocken-) Rissen zügig abgeleitet, stehende Feuchte und damit der Befall Holz zerstörender Pilze verhindert, da eine schnelle Rücktrocknung des Holzes auf Holzfeuchten $\omega \leq 20\%$ ermöglicht wird.

Weitere wichtige, bei Planung und Ausführung direkt bewitterter Holzbauteile ohne Erdkontakt **zu beachtende Einflüsse, um unzuträgliche (zu hohe) Holzfeuchten zu mindern oder zu vermeiden**, sind nach *Willeitner* [523] (zu 5.1, Tabelle 1):

- die **Faserrichtung im Außenbereich**, da Holzbauteile über die Stirnseite (Querschnittsfläche oder Hirnholz, in Faserrichtung) wesentlich mehr Wasser aufnehmen als über die Längsseiten (quer zur Faserrichtung), deshalb sollten Hirnholzflächen stets (von oben) abgedeckt werden und einen ausreichenden Spritzwasserschutz (von unten) besitzen, als Beispiel s. Bild 5.8,
- die **Oberflächenbeschaffenheit im Außenbereich**, da gehobelte oder gespaltene (z.B. Schindeln) Holzoberflächen Niederschlagswasser zügiger ableiten als sägeraue oder gatterraue,
- die **Niederschlagsintensität**, da in mitteleuropäischen Breiten Bauteile mit Orientierungen nach Süd-West über West bis Nord-West stärker auch hinsichtlich der Windbeanspruchung (Schlagregen) beansprucht werden als nach den anderen Orientierungen,
- die **Sonneneinstrahlung**, die bei Bauteilen ohne Beschattung auf der Südseite am höchsten und auf der Nordseite vernachlässigbar ist, da intensive Sonneneinstrahlung die Bildung feiner Risse insbesondere auf dunklen, aber auch helleren Holzoberflächen durch höhere Temperaturen und Trocknung begünstigt mit der Folge erhöhter Wasseraufnahme, zusätzlich tritt noch eine größere UV-Belastung auf,
- die **Verbindungen bei Anschlüssen und Stößen im Außenbereich** als schadensträchtige Stellen durch ungewollten Wassereintritt und längerer stehende Feuchte im Holzinnern mit der Folge von oft zu spät erkannten Bauschäden durch Befall Holz zerstörender Pilze, da Wasser durch Bohrungen (auch kapillar), Schlitze, nachträglich infolge der jahreszeitlichen Holzfeuchteschwankungen entstandene (Trocken-) Risse und kleine Fugen im Bereich der Verbindungsmittel eindringen und zu längeren erhöhten Holzfeuchten führen kann, so dass eine Rücktrocknung im Innern der Holzbauteile durch zu engen Kontakt der verbundenen Bauteile verhindert oder verzögert wird; bauliche Maßnahmen gegen diesen Wassereintritt sind z.B. ausreichende Abdeckungen der Anschlüsse und Stöße, die lokal im Anschluss- und Stoßbereich oder durch größere bzw. große (60°-Winkel) Dachüberstände ausgeführt werden können. Darüber hinaus sind das bündige Abdecken der Enden von Bohrungen mit geklebten Holzpfropfen wie bei Stabdübeln oder bei einschl. Unterlegscheiben eingelassenen Bolzenköpfen zusätzliche bauliche Maßnahmen bei Brettschichtholz und vergleichbarem Bauholz, weitere Maßnahmen s. *Willeitner* [523] (zu 5.1, Tabelle 1).

Direkt bewitterte, tragende Holzbauteile ohne bauliche Wetterschutz-Maßnahmen (bzw. ohne Einsatz von Farbkernholz entsprechender Dauerhaftigkeit nach Tabelle 5.8) erfordern vorbeugende Schutzmaßnahmen durch Einsatz von Holzschutzmitteln infolge der Einstufung in Gebrauchsklasse GK 3.1 oder GK 3.2 (ohne Erdkontakt), hierüber s. Abschn. 5.2.5. Darüber hinaus sind nachträgliche regelmäßige Kontrollen auf mögliche Schadstellen, meist ein weitergehender kostenträchtiger höherer Wartungs- und Instandsetzungsaufwand aufgrund der sehr wahrscheinlich auftretenden (Trocken-) Risse und evtl. Nachschutz dieser (Trocken-) Risse mit Holzschutzmitteln zur Vermeidung von Bauschäden sowie in Zeitabständen zu wiederholende geeignete Anstriche, soweit vorhanden, erforderlich, s. Abschn. 5.2.6.

Darüber hinaus sind in/an Wetter beanspruchten Holzkonstruktionen bleibende Ansammlungen von pflanzlichen Organismen (wie Laub, Gräser), Erde (Boden) und vergleichbarem Schmutz in Ecken, Öffnungen und Kehlen („Schmutzkegel") zu vermeiden, um **Holzbauteile mit Erdkontakt** und nachfolgenden Befall Holz zerstörender Pilze (Moderfäule) auszuschießen. Sie treten z.B. in Ecken/Fugen zwischen Geh-/Fahrbelag und Brückenhauptträger nicht überdachter Brücken sowie in Fugen/(Trocken-) Rissen bei nicht überdachten Balkon- und Terrassenschalungen auf. Diese Holzbauteile bzw. Bereiche sind in Gebrauchsklasse GK 4 einzuordnen, s. Abschn. 5.2.3, Tabelle 5.4 und unterhalb, wenn die „Schmutzkegel" nicht ausgeschlossen werden können.

5.2.4.10 Bauliche Holzschutzmaßnahmen zur Vermeidung eines Bauschadens durch Holz zerstörende Insekten

Der **Befall oder Nichtbefall durch Holz zerstörende Insekten** ist direkt abhängig von den Wachstumsbedingungen ihrer Larven im Holz, wesentlich sind hier die Holzfeuchte, Luft- bzw. Holztemperatur und das Nährstoffangebot. **Der Hausbockkäfer** (*Hylotrupes*), s. Tabellen 1.5 und 5.3, der als Vertreter mit dem größten Schadenspotential in Deutschland stellvertretend behandelt wird, befällt nur Nadelholz, nach *Radović* [405] nimmt die Befallswahrscheinlichkeit mit zunehmendem (Schnitt-) Holzalter ab, sie endet meist bei etwa 50 bis 60 Jahre altem Holz, Bauholz von 100 Jahren besitz im Allgemeinen keine ausreichende Nahrungsgrundlage mehr.

Schadensträchtig sind nicht der Käfer, sondern seine Larven, die nur Nadelsplintholz befallen, Ausnahmen s. Tabelle 1.5. Die Hausbockkäfer-Larven benötigen für ihre Entwicklung eine **Holzfeuchte** von mindestens etwa $\omega = 9\%$ bis 10%, Eilarven von mindestens etwa $\omega = 12\%$, das Larvenwachstum steigt mit zunehmender Holzfeuchte bei einem Entwicklungsoptimum von ca. $\omega = 30\%$ und nimmt bis zur oberen Grenze bei ca. $\omega = 60\%$ ab, s. *Radović* [405]. In Räumen mit üblichem Wohnklima oder vergleichbaren Räumen (Innenraumbereich) mit mittleren Holzfeuchten $\omega < 10\%$ bis 12% (entspricht etwa Nutzungsklasse 1, s. Tabelle 7.12), liegen deshalb sehr geringe bis vernachlässigbare Risiken der Entwicklung vor. In nicht direkt bewitterten Außenbereichen entstehen mittlere Jahresholzfeuchte von $\omega = 14\% \pm 3\%$ (entspricht etwa Nutzungsklasse 2), die sich weit unterhalb des günstigen Larvenentwicklungsbereichs befinden, so dass hier nur geringeres Risiko vorliegt. Dagegen besitzen direkt bewitterte Holzbauteile höhere Holzfeuchten bis zu etwa $\omega = 25\%$ (entspricht etwa Nutzungsklasse 3) und damit eine günstige Larvenentwicklung, so dass in diesem Bereich ein Befall Holz zerstörender Insekten zu erwarten ist. Ein Hausbockbefall von Holz im Außenbereich mit sehr hoher Holzfeuchte tritt nach *Radović* [409] (zu 6.3) nur als Sekundärschaden auf, wenn gleichzeitig ein starker Befall Holz zerstörender Pilze vorliegt.

Die Hausbockkäfer-Larven brauchen nach *Radović,* [405] für ihr Wachstum bestimmte **Holztemperaturen**, sie verfallen ab einer Temperatur von ca. $T < 10\,°C$ in Kältestarre, überleben auch stärkeren Frost, die günstigste Entwicklungstemperatur liegt bei ca. $T = 28\,°C$ bis $30\,°C$, ab ca. $T = 38\,°C$ ist keine Entwicklung mehr möglich, bei ca. $T = 55\,°C$ und höher sterben alle Larven ab. Deshalb sind in Nutzungsklasse 1 mit mittleren Temperaturen von etwa $T = 20\,°C$ eher geringere Wahrscheinlichkeiten der Larvenentwicklung vorhanden, während in Nutzungsklasse 2 und 3 mit jahreszeitlich bedingten höheren Temperaturen günstigere Entwicklungsbedingungen vorliegen. Beim **Nährstoffangebot** muss z.B. bei Proteinen eine untere Grenze von ca. 0,2% bezogen auf das Holzgewicht für die Larvenentwicklung vorhanden sein. Der Proteingehalt beträgt im Randbereich des Splintholzes ca. 0,5% und nimmt zum Kernholz hin ab, das mit ca. 0,2% bis 0,3% gerade den für die Larvenentwicklung notwendigen Mindest-Proteingehalt enthält. Dies erklärt u.a., dass vorzugsweise nur das eiweißreichere Splintholz befallen wird, während das Kernholz überwiegend verschont bleibt. Weitere Untersuchungen zur Befallswahrscheinlichkeit durch Holz zerstörende Insekten führen u.a. durch *Aicher/Radović/Volland* [5], *Radović* [406], [407], [408], [409] (zu 6.3) und *Schulze* [475].

Die oben angeführten Entwicklungsbedingungen von Insektenlarven erklären einige der in DIN 68800-2: 2022-02, 6.3, s. auch Tabelle 5.14, Zeile 3, angeführten baulichen Maßnahmen zur Vermeidung eines Bauschadens durch den Befall Holz zerstörender Insekten, jede einzelne bauliche Maßnahme ist geeignet einen Bauschaden zu vermeiden, hierzu werden im Folgenden Hinweise und Informationen gegeben.

Der **Einsatz von Holz in Räumen mit üblichem Wohnklima** oder in vergleichbaren Räumen oder Einsatz unter entsprechenden Bedingungen nach DIN 68800-2: 2022-02, 6.3, s. auch Tabelle 5.14, Zeile 3.1, bezieht sich nach *Radović* [409] (zu 6.3) auf nicht technisch getrocknetes Holz. Der Begriff „Wohnklima" wird im Abschn. 5.2.3 oberhalb Tabelle 5.6 näher beschrieben. In diesen Räumen kann Holz ohne weitere Holzschutzmaßnahmen eingesetzt werden, da nach *Radović* [409] (zu 6.3) langjährige Praxiserfahrungen vorliegen, nach denen in dieser Umgebung ein Befall des Holzes durch Holz zerstörende Insekten gering ist, so dass der Einsatz von Holzschutzmitteln auch im Hinblick auf die Gesundheit der Bewohner und spätere Entsorgung des Holzes unverhältnismäßig wäre. Bei Verwendung von technisch getrocknetem Holz, s. Abschn. 5.2.3 oberhalb Tabelle 5.10, ist dagegen die Gefahr eines Bauschadens durch Holz zerstörende Insekten erfahrungsgemäß nicht zu erwarten, dies wird im Folgenden dargestellt.

Dem **Einsatz von Brettschichtholz, Brettsperrholz, technisch getrocknetem Holz** oder **Holzwerkstoffen mit einer Holzfeuchte $\omega \leq 20\%$** nach DIN 68800-2: 2022-02, 6.3, s. auch Tabelle 5.14, Zeile 3.2, liegen ebenso langjährige Praxiserfahrungen zugrunde, nach denen technisch getrocknetes Holz erfahrungsgemäß keinen Befall durch Holz zerstörende Insekten aufweist, auch wenn es ohne Holzschutzmittel im Innenraumbereich und im nicht direkt bewitterten Außenbereich eingesetzt wird, s. *Radović* [409] (zu 6.3). Deshalb kann technisch getrocknetes Holz unter Dach und mit Abdeckung (ohne direkte Witterungsbeanspruchung) der Gebrauchsklasse GK 0 zugeordnet werden, unabhängig von der Kontrollierbarkeit. Der Begriff „technisch getrocknetes Holz" wird oberhalb von Tabelle 5.10 im Abschn. 5.2.3 näher beschrieben. Dagegen besitzt **luftgetrocknetes Holz** keine Unempfindlichkeit gegen Holz zerstörende Insekten, hier müssen weitere bauliche Maßnahmen wie regelmäßige Kontrollen oder Insekten undurchlässige Bekleidungen eingesetzt werden, s. unten.

Eine **allseitig geschlossene, Insekten undurchlässige Bekleidung** des zu schützendes Holzbauteiles nach DIN 68800-2: 2022-02, 6.3, s. auch Tabelle 5.14, Zeile 3.3, stellt eine weitere bauliche Maßnahme dar, um eine Zuordnung zu Gebrauchsklasse GK 0 zu erreichen, da eine Eiablage in Holzrisse oder Spalte und damit ein Befall Holz zerstörender Insekten nicht auftreten kann. Diese Maßnahme muss bei luftgetrocknetem Holz oder Vergleichbarem durchgeführt werden, nicht jedoch bei technisch getrocknetem Holz. Deshalb wird grundsätzlich der Einbau technisch getrockneten Holzes empfohlen.

Bei geschlossenen Bekleidungen dürfen Insekten dauerhaft keinen Zugang zum zu schützenden Holz haben, demnach müssen auch geschlossene Gefachhohlräume allseits insektensicher ausgelegt sein, an ihren Stirnseiten, Kopf-, Fuß-, Trauf- oder Firstpunkten. Eine Beispielkonstruktion ist in Bild 5.13a dargestellt, Beispiele Insekten undurchlässiger (geschlossener) und Insekten durchlässiger (nicht geschlossener) Bekleidungen von Holzkonstruktionen sind in Tabelle 5.15 angeführt.

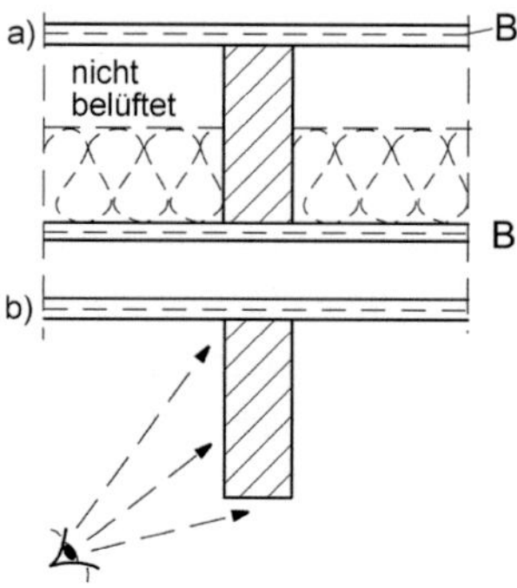

Bild 5.13 Holzkonstruktionen, die nach DIN 68800-1: 2019-06 und -2: 2022-02 gegenüber Bauschäden durch Holz zerstörende Insekten ungefährdet sind, wenn auf Holzschutzmittel verzichtet wird nach *Schulze* [472] und *Willeitner* [523] (zu 3.10 und 3.17):
a) Abdeckung mit geschlossener Bekleidung B, vorhandene Hohlräume sind an Stirnseiten (Decken), am Trauf- und Firstpunkt (Dächer) oder am Kopf- und Fußpunkt (Wände) insektenundurchlässig abgedeckt, Hohlräume und Gefachbereiche sind nicht belüftet,
b) Holzbauteile, kontrollierbar durch Einsichtnahme ohne bauliche Veränderungen, mindestens dreiseitig einsehbar, die vierte Seite muss insektendicht abgedeckt sein, ein Abstand von wenigen Millimetern gilt als nicht insektendicht

Eine **offene, kontrollierbare Anordnung von Holz** mit einem an sichtbarer Stelle angebrachten Hinweis auf die Notwendigkeit regelmäßiger Kontrollen eines Insektenbefalls nach DIN 68800-1: 2019-06, 5.2.1 und 68800-2: 2022-02, 6.3, s. auch Tabelle 5.14, Zeile 3.4, gilt als bauliche Maßnahme zur Verhinderung eines Bauschadens, da ein Befall Holz zerstörender Insekten frühzeitig entdeckt und Maßnahmen gegen eine Bauschadengefahr eingeleitet werden können, d.h. Schäden durch Insektenbefall gelten nach DIN 68800-2 als vermeidbar, wenn Holzbauteile derart kontrollierbar sind und ein dauerhafter Hinweis auf die notwendigen Kontrollen sichtbar vorhanden ist. Kontrolliert werden muss luftgetrocknetes Holz oder Vergleichbares, nicht jedoch technisch getrocknetes Holz. Deshalb wird der Einbau technisch getrockneten Holzes empfohlen.

Tabelle 5.15 Beispiele baulichen (konstruktiven) Holzschutzes für Insekten undurchlässige und durchlässige Bekleidungen von Holzbauteilen nach *Schulze* [472], [475] und *Willeitner* [522], [523] (zu 3.10)

	Konstruktion	Bemerkungen
Insekten undurchlässige (geschlossene) Bekleidungen		
1	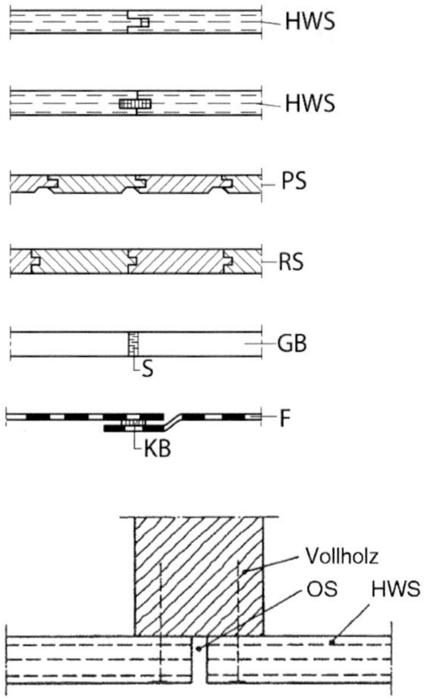	**insektenundurchlässig (geschlossen), da** - HWS: Holzwerkstoffplatten, gespundet oder mit Nut-Feder-Verbindung, - PS: Profilschalung, gespundet, - RS: Rauspund, gespundet, - GB: Gipsbauplatten (Gipsfaser- und Gipskartonplatten), Stoßfugen gespachtelt oder geklebt, - F: Folie mit geschlossener Oberfläche und luftdicht geschlossenen Überlappungen durch spezielles Klebeband, - KB: spezielles Klebeband, - S: Stoßfuge - OS: offene Stoßfuge - Stoßfugen, Anschlüsse und Durchdringungen allseitig geschlossen ausführen, z.B. durch spezielles Klebeband, - bei offener, aber unterstützter Stoßfuge z.B. durch Vollholz sollten Vollholz und Holzwerkstoffplatten dauerhaft dicht schließen und ohne kleine Öffnungen oder Ritze verbleiben, - Holz und Holzwerkstoffe trocken (Holzfeuchten $\omega < 20\%$) einbauen,
Insekten durchlässige (nicht geschlossene) Bekleidungen		
2	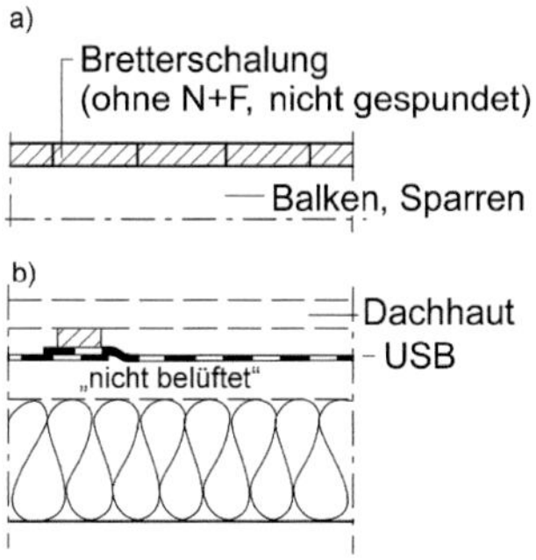	**insektendurchlässig (nicht geschlossen), da** a) Bretterschalung mit glatten Rändern und offenen Stoßfugen nach dem Schwinden, b) USB: Unterspannbahn mit offenen Stoß fugen im Gefachbereich (quer zur Sparren lage), wenn z.B. nur in Lattenlängsrichtung geschlossen ausgeführt, - ein lückenloser Farbanstrich oder Tapeten gelten nicht als Insekten undurchlässige Bekleidung.

Die Kontrolle auf Insektenbefall der betreffenden Holzbauteile muss nach DIN 68800-1: 2019-06, 3.17 ohne vorherige bauliche Veränderungen wie z.B. Entfernen von Trennwänden, nicht insektendichten Abdeckungen oder dgl. vorgenommen werden können. Dies ist nach *Willeitner* [523] (zu 3.17) nur bei sichtbar zum Raum hin eingebautem Holz möglich, das mindestens dreiseitig einsehbar ist und dessen vierte Seite insektendicht abgedeckt ist, ein geringer Abstand z.B. zur Wand oder Decke von nur wenigen Millimetern gilt nicht als insektendicht. Ein Beispiel eines auf Insektenbefall kontrollierbaren Holzbauteils ist in Bild 5.13b angeführt.

Die Verwendung von **Farbkernhölzern mit einem Splintholzanteil ≤ 10%** gilt nach 68800-2: 2022-02, 6.3, s. auch Tabelle 5.14, Zeile 3.5, ebenso als bauliche Holzschutzmaßnahme gegen den Befall Holz zerstörender Insekten, da Farbkernhölzer überwiegend nicht von Insekten befallen werden, über Farbkernhölzer s. Tabellen 1.3a, über deren Dauerhaftigkeit gegenüber Insekten Tabelle 1.5 im Abschn. 1.6 und über deren Einsatz Tabelle 5.8 im Abschn. 5.2.3. Farbkernhölzer mit einem Splintholzanteil ≤ 10% sind im Allgemeinen schwer zu beschaffen, deshalb wird nach *Radović* [409] (zu 6.3) zur Vermeidung eines Insektenbefalls empfohlen, auch diese Hölzer technisch zu trocknen.

Werden dagegen **keine baulichen Maßnahmen zur Vermeidung eines Befalls Holz zerstörender Insekten** nach Tabelle 5.14, Zeile 3 ausgeführt und die Bedingungen für eine Einstufung in Gebrauchsklasse GK 0 nicht erreicht, müssen Maßnahmen mit Holzschutzmitteln nach Abschn. 5.2.5 den baulichen Holzschutz ergänzen, soweit erforderlich. Unter diesen Bedingungen sind z.B. frei liegende, aber ausreichend abgedeckte Holzbauteile unter Dach, die nicht direkt bewittert werden und Holzfeuchten ≤ 20% erreichen, Gebrauchsklasse GK 1 zuzuordnen, da ein Bauschaden durch Holz zerstörende Insekten nicht auszuschließen ist, während Holzbauteile in Aufenthaltsräumen und Vergleichbarem nicht mit Holzschutzmitteln behandelt werden dürfen, hierüber s. oberhalb der Tabellen 5.6 und 5.10 im Abschn. 5.2.3.

5.2.4.11 Holzwerkstoffe in verschiedenen Anwendungsfällen

Holzwerkstoffe können der Gebrauchsklasse GK 0 zugeordnet werden, wenn sie für den Feuchtebeständigkeitsbereich (Einsatzbereich) nach DIN EN 13986: 2015-06 geeignet und nicht direkt der Witterung ausgesetzt sind sowie gleichzeitig die in Tabelle 5.16 angegebenen Holzfeuchten ω_{zul} je nach Einsatzbereich nicht überschreiten, s. DIN 68800-2: 2022-02, 10.1. Das bedeutet auf der anderen Seite, dass Holzwerkstoffe, die für den Feuchtebeständigkeitsbereich (Einsatzbereich) „Außenbereich" zugelassen und direkt bewittert sind, nicht in Gebrauchsklasse GK 0 eingesetzt werden dürfen.

Die Begrenzung im Außenbereich auf maximal $\omega_{zul} = 21\%$ verhindert nach *Radović* [409] (zu 10.1) den Befall Holz zerstörender Pilze, so dass keine Holzschutzmittel verwendet werden müssen. Die Holzfeuchte der Holzwerkstoffplatten im eingebauten Zustand sollte möglichst $\omega_{zul} \leq 18\%$ betragen, um feuchtebedingte Verformungen in Grenzen zu halten. Sind Holzwerkstoffe nicht in DIN 13986: 2015-06 angeführt, bedürfen sie eines bauaufsichtlichen Verwendbarkeitsnachweises.

Für verschiedene (häufige) Anwendungsfälle sind die erforderlichen **Feuchtebeständigkeitsbereiche (Anwendungs- oder Einsatzbereiche) von Holzwerkstoffen** in Tabelle 3 der DIN 68800-2: 2022-02, 10.2, angeführt, s. auch Tabelle 5.17. Nicht genannte Fälle

Tabelle 5.16 Zuordnung zulässiger Holzwerkstofffeuchten in der Gebrauchsklasse GK 0[1]) und von Nutzungsklassen[2]) nach DIN EN 1995-1-1: 2010-12 zu den Feuchtebeständigkeitsbereichen[3]) der DIN EN 13986: 2015-06 nach DIN 68800-2: 2022-02, 10.1, Tabelle 2

Feuchtebeständigkeitsbereich (Einsatzbereich)[3]) nach DIN EN 13986: 2015-06	zulässige Feuchte ω_{zul} der Holzwerkstoffe in der GK 0 in %	Nutzungsklasse nach DIN EN 1995-1-1: 2010-12[2])
Trockenbereich	15	1
Feuchtbereich	18[4])	2
Außenbereich[5])	21	3

[1]) Gebrauchsklassen s. Tabelle 5.4 im Abschn. 5.2.3
[2]) Nutzungsklassen s. Tabelle 7.12
[3]) Feuchtebeständigkeitsbereiche (oder Einsatzbereiche) von Holzwerkstoffen s. Tabelle 2.4
[4]) eine vorübergehende Auffeuchtung auf bis zu ω = 20% beim rechnerischen Nachweis nach DIN EN 15026 kann toleriert werden, sofern diese innerhalb von 3 Monaten rücktrocknen kann
[5]) Holzwerkstoffe, die für den Feuchtebeständigkeitsbereich (Einsatzbereich) „Außenbereich" zugelassen und direkt bewittert sind, dürfen nicht in Gebrauchsklasse GK 0 eingesetzt werden

können sinngemäß nach Tabelle 5.16 eingeordnet werden. Beispiele für unter der Abdeckung belüftete und nicht belüftete Dachquerschnitte sind in Bild 5.14 dargestellt, weitere kommentierte Beispiele für Dächer, Decken und Außenwände in *Radović* [409] (zu 10.2). Über Technische Klassen, Anwendungs- oder Einsatzbereiche und Einsatz in den Nutzungsklassen von tragenden und aussteifenden Holzwerkstoffen s. Abschn. 2.9, Tabelle 2.4.

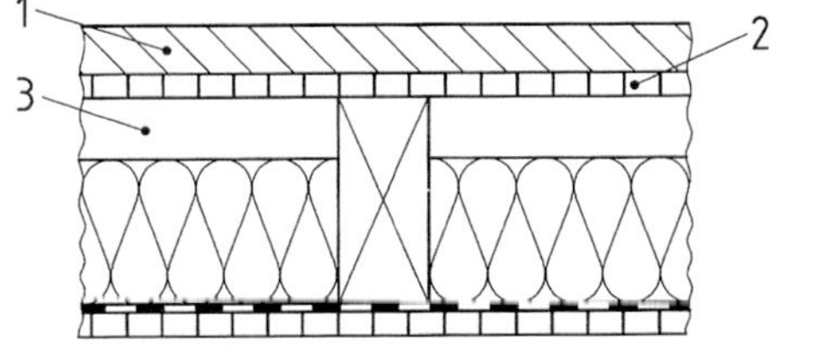

a) belüftet unterhalb der Abdeckung

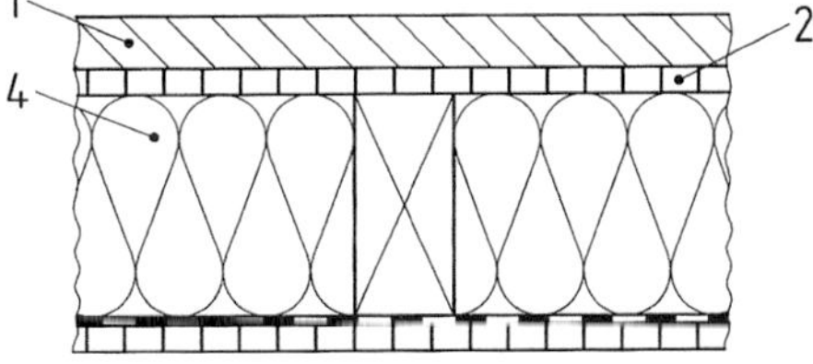

b) nicht belüftet unterhalb der Abdeckung

Bild 5.14 Dachquerschnitt mit oberer Abdeckung (Beplankung oder Schalung) nach DIN 68800-2: 2022-02, 10.2, Bild 13
1 Dachdeckung oder Dachabdichtung, gegebenenfalls zusätzliche Wärmedämmschicht
2 Beplankung oder Schalung aus Holzwerkstoffen
3 belüfteter Hohlraum
4 nicht belüfteter Hohlraum

5.2.4.12 Weitere Konstruktionsprinzipien für Holzbauteile der Gebrauchsklasse GK 0

Weitere Konstruktionsprinzipien, bei denen die Bedingungen der Gebrauchsklasse GK 0 erfüllt sind, werden in DIN 68800-2: 2022-02 angegeben, für Außenbauteile im Abschn. 7 der Norm, für Innenbauteile im Abschn. 8 der Norm sowie für Holzbauteile in Nassberei-

Tabelle 5.17 Erforderliche Feuchtebeständigkeit von Holzwerkstoffen in Abhängigkeit vom Anwendungsbereich nach DIN 68800-2: 2022-02, 10.2, Tabelle 3

Zeile	Anwendungs- oder Einsatzbereich	Holzwerkstoffe für Anwendung oder Einsatz im
1	**raumseitige Beplankung und Bekleidung von Wänden, Decken und Dächern in Wohngebäuden sowie in Gebäuden mit vergleichbarer Nutzung[1])**	
1.1	allgemein	Trockenbereich
1.2	obere Beplankung sowie tragende Schalung von Decken unter nicht ausgebauten Dachgeschossen a) belüftete Decken[2]) b) nichtbelüftete Decken - ohne Dämmschichtauflage - mit Dämmschichtauflage	 Trockenbereich Feuchtbereich Trockenbereich
2	**Außenbeplankung von Außenwänden**	
2.1	Hohlraum zwischen Außenbeplankung und Vorhangschale (Wetterschutz) belüftet	Feuchtbereich
2.2	Vorhangschale aus kleinformatigen Bekleidungselementen als Wetterschutz, Hohlraum nicht ausreichend belüftet, Wasser ableitende Abdeckung der Beplankung oder Bekleidung	Feuchtbereich
2.3	Wärmedämm-Verbundsystem, direkt auf der Beplankung aufliegend, mit einem dauerhaft wirksamen Wetterschutz nach einem bauaufsichtlichen Verwendbarkeitsnachweis	Trockenbereich
2.4	Mauerwerk-Vorsatzschale nach DIN 68800-2: 2022-02, 5.2.1.2 h), (s. Tabelle 5.11, 3.2h und Bild 5.5), Abdeckung der Beplankung mit Wasser ableitender Schicht	Feuchtbereich
3	**obere Beplankung von Dächern, tragende Dachschalung**	
3.1	Beplankung oder Schalung steht mit der Raumluft in Verbindung	
3.1.1	- mit aufliegender Wärmedämmschicht (z.B. in Wohnräumen, beheizten Hallen)	Trockenbereich
3.1.2	- ohne aufliegende Wärmedämmschicht[3])	Feuchtbereich
3.2	Dachquerschnitt unterhalb der Beplankung oder Schalung belüftet[2]), s. Bild 5.14a	
3.2.1	- geneigtes Dach mit Dachdeckung	Feuchtbereich
3.2.2	- Flachdach mit Dachabdichtung[3])	Feuchtbereich
3.3	Dachquerschnitt unterhalb der Beplankung oder Schalung nicht belüftet, s. Bild 5.14b	
3.3.1	- geneigtes Dach mit belüftetem Hohlraum oberhalb der Beplankung oder Schalung, Holzwerkstoff oberseitig mit Wasser abweisender Folie oder anderweitig geschützt[4])	Feuchtbereich
3.3.2	- Flachdach mit belüftetem Hohlraum oberhalb der Beplankung oder Schalung, Holzwerkstoff oberseitig mit Wasser abweisender Folie oder dgl. abgedeckt[3])	Feuchtbereich

Tabelle 5.17 (Fortsetzung)

Zeile	Anwendungs- oder Einsatzbereich	Holzwerkstoffe für Anwendung oder Einsatz im
3.3.3	- keine Dampf sperrenden Schichten (z.B. Folien) unterhalb der Beplankung oder Schalung, Wärmeschutz überwiegend oberhalb der Beplankung oder Schalung	Feuchtbereich
3.3.4	- voll gedämmtes nicht belüftetes flach geneigtes Dach mit Abdichtung oder Metalleindeckung oberhalb der Beplankung oder Schalung[5])	Feuchtbereich
4	**untere Bekleidung/Beplankung von Decken über**	
4.1	- unbeheizten, abgedichteten Kellerräumen, s. Bild 11 in DIN 68800-2: 2022-02, 8.4.1	Feuchtbereich
4.2	- belüfteten Kriechkellern, s. Bild 12 in DIN 68800-2: 2022-02, 8.4.2	Feuchtbereich[6])
4.3	- Außenklima, s. Bild 8 in DIN 68800-2: 2022-02, 7.9	Feuchtbereich

[1]) dazu zählen auch nicht ausgebaute Dachräume von Wohngebäuden
[2]) Hohlräume in Decken und Dächern gelten als ausreichend belüftet, wenn die Größe der Zu- und Abluftöffnungen mindestens je 2‰ der zu belüfteten Fläche (nach *Radović* [409] (zu 10.2) ist in der Norm ein Schreibfehler von 2%), bei Decken unter nicht ausgebauten Dachgeschossen mindestens jedoch 200 cm^2 je m Deckenbreite beträgt
[3]) eine unzuträgliche Veränderung des Feuchtegehaltes durch Tauwasserbildung im Bereich der Holzwerkstoffe muss ausgeschlossen sein, eine vorübergehende Auffeuchtung auf bis zu 20% im Bereich der Holzwerkstoffe kann toleriert werden, wenn diese innerhalb von 3 Monaten rücktrocknen kann
[4]) zusätzliche Wasser abweisende Schicht für Bekleidungen aus Unterdeckplatten nach DIN EN 14964 nicht notwendig
[5]) bei aufliegenden Deckschichten (Begrünung oder Bekiesung) sind Dachschalungen aus Vollholz vorzuziehen
[6]) für die unterseitige Kriechkellerbekleidung/-beplankung sollten zementgebundene Spanplatten verwendet werden

chen und Auflagerung von Balkenköpfen von Holzbalkendecken in Außenwänden aus Mauerwerk und Stahlbeton im Abschn. 9 der Norm. Der Anhang A der Norm führt darüber hinaus Beispielkonstruktionen für Außenwände, geneigte und Flachdächer, Decken unter nicht ausgebauten Dachräumen sowie kleinflächige Balkone/Terrassen über Wohnraum, die alle den Bedingungen der Gebrauchsklasse GK 0 genügen, an. Einen ausführlichen Kommentar hierzu gibt *Radović* [409] (zu 7, 8, 9 und Anhang A).

5.2.5 Holzschutz mit Holzschutzmitteln

Der Holzschutz mit Holzschutzmitteln wird in **DIN 68800-3: 2020-03** (Holzschutz, Vorbeugender Schutz von Holz mit Holzschutzmitteln) geregelt. Die Baunorm gilt in Verbindung mit DIN 68800-1: 2019-06, durch diese ist sie auch mit DIN 68800-2: 2022-02 verbunden. Dieser Teil 3 legt den vorbeugenden Schutz von Holz und Holzwerkstoffen mit

Holzschutzmitteln für tragende und aussteifende sowie für nicht tragende Holzbauteile fest, um Bauschäden durch Holz zerstörende Insekten und/oder Pilze sowie durch Witterung/ Auswaschungen und durch Moderfäule zu verhindern. Dabei gilt der besondere Vorrang von baulichen Schutzmaßnahmen nach Teil 1 und Teil 2 der Norm vor Maßnahmen mit Holzschutzmitteln nach Teil 3, so dass Holzschutzmittel nur noch auf wenige Anwendungsgebiete beschränkt bleiben z.B. im Außenbereich unter direkter Witterung in den Gebrauchsklassen GK 3 und 4. Auf Holzschutzmittel kann nur dann bei tragenden und aussteifenden Holzbauteilen vollständig verzichtet werden, wenn grundsätzliche und besondere bauliche Holzschutzmaßnahmen nach Teil 1 und 2 der Norm, s. Abschn. 5.2.3 und 5.2.4, die Gefahr eines Bauschadens durch Holz zerstörende Pilze und/oder Insekten sowie Auswaschungen und Moderfäule ausschließen.

Dieser Teil 3 der Normenreihe, DIN 68800-3: 2020-03 (und auch DIN 68800-4: 2020-12, s. Abschn. 5.2.7), ist **bauaufsichtlich nicht eingeführt**. Für diese beiden Normen gelten die gesetzlich vorgeschriebenen Zulassungen für Holzschutzmittel nach dem Chemikaliengesetz bzw. Biozid-Produkte-Verordnung (Biozid-Zulassungen). Demnach benötigen Holzschutzmittel bei ihrer Anwendung für tragende und aussteifende Holzbauteile Biozid-Zulassungen, diese ersetzen die bisherigen bauaufsichtlichen Verwendbarkeitsnachweise. Im Zeitraum bis zum Vorliegen von Biozid-Zulassungen benötigen Holzschutzmittel jedoch weiterhin bauaufsichtliche Verwendbarkeitsnachweise. Obwohl Teil 3 (und Teil 4) der DIN 68800 bauaufsichtlich nicht eingeführt wird, darf er trotzdem in der Praxis angewendet werden, da er einen wesentlichen Stand der Bautechnik repräsentiert; hierzu wird empfohlen, eine schriftliche Vereinbarung zwischen den Bauparteien bei Anwendung von Holzschutzmitteln abzuschließen.

Die Anforderungen an den Holzschutz mit Holzschutzmitteln in Aufenthaltsräumen und vergleichbaren Räumen sind in den letzten Jahrzehnten stetig gesenkt worden, um aufgrund neuerer Erkenntnisse eine gesundheitliche Schädigung von Menschen und Tieren zu vermeiden bei gleichzeitiger Sicherstellung des Holzschutzes u.a. durch Erweiterung und Vorrang des baulichen Holzschutzes. **In Aufenthaltsräumen und vergleichbaren Räumen ist auf die Anwendung von vorbeugend wirkenden Holzschutzmitteln zu verzichten,** Gleiches gilt für mit vorbeugenden Holzschutzmitteln behandelte Bauteile. In Arbeitsstätten und Ähnlichem gilt dieser Verzicht ebenso, soweit er technisch möglich ist, s. DIN 68800-1: 2019-06, 8.1.3.

Die **Gefährdung von Holzbauteilen** durch folgende Schadeinflüsse kann durch geeignete Holzschutzmittel dauerhaft ausgeschlossen werden: **Holz zerstörende Insekten** können viele Bauhölzer befallen, **Holz zerstörende Pilze** treten bei langandauernder Holzfeuchte $\omega \geq 20\%$ auf, s. Abschn. 5.2.2 und 5.2.3. Bei Holzbauteilen, die direkt durch Niederschläge oder andere Feuchteeinwirkungen beansprucht werden, können Holzfeuchten über 20% meist langfristig nicht durch (Oberflächen-)Anstriche verhindert werden, Anstriche (Beschichtungen) mit dampfsperrender Wirkung können Holz durch erhöhte Feuchteansammlung unterhalb des Anstriches gefährden, s. Abschn. 5.2.6. **Auswaschungen** werden durch Niederschläge, Spritzwasser und dgl. hervorgerufen, nicht jedoch durch vorübergehendes Tauwasser oder Reif auf Holzoberflächen. **Moderfäule** entsteht bei ständigem Erdkontakt und/oder Wasserkontakt sowie bei erhöhter Schmutzablagerung in Rissen, Spalten und Fugen von Außenbauteilen. **Holz im Meerwasser** einschließlich Brackwasser mit einem Salzgehalt > 7‰ wird durch bestimmte Holzschädlinge befallen.

Planung von Holzschutzmaßnahmen mit Holzschutzmitteln
Die Planung von vorbeugenden Holzschutzmaßnahmen ist nach DIN 68800-1: 2019-06 durchzuführen, s. Abschn. 5.2.3, Teil 3 der Norm enthält weitergehende Anweisungen für den Einsatz von Holzschutzmitteln und vorbeugend geschütztem Holz mit CE-Kennzeichnung, dessen detailliertere Planung in Tabelle 5.18 dargestellt ist.

Tabelle 5.18 Planung der Anwendung von Holzschutzmitteln und der Verwendung von vorbeugend geschütztem Holz mit CE-Kennzeichnung nach DIN 68800-3: 2020-03, 4.1.2 und 4.1.3

Bereits bei der Planung sind alle Einflussfaktoren aufeinander abzustimmen wie z.B. Einbausituation, Holzfeuchte, Schutzverfahren und Holzschutzmittel[1])

Zeile	Planung der Anwendung von Holzschutzmitteln
1	Durchführung möglichst aller Holzbearbeitungsschritte vor der Schutzbehandlung
2	Tränkbarkeit[2]) des zu schützenden Holzes und dessen Holzfeuchte zum Zeitpunkt der Tränkung
3	Auswahl der Maßnahmen und des Holzschutzmittels bzw. des vorbeugend geschützten Holzes mit CE-Kennzeichnung im Hinblick auf den späteren Einsatz des Holzes in der jeweiligen Gebrauchsklasse GK nach DIN 68800-1: 2019-06, Tabelle 1, s. auch Abschn. 5.2.3, Tabelle 5.4
4	Durchführung von Maßnahmen nach Abschn. 5 der DIN 68800-3: 2020-03, soweit zutreffend (s. Ausführungen unterhalb dieser Tabelle)
5	Zeitliche Abstimmung im Rahmen des Baufortschrittes, z.B. ausreichende Fixierung[3])
6	Nachbehandlung von unbehandelten Flächen, die durch die Bearbeitung freigelegt werden
7	Nachbehandlung von Trocken- (oder Schwind-) Rissen (s. Ausführungen unterhalb dieser Tabelle)
8	Kontrolle und Dokumentation der Durchführung im Tränkbetrieb nach DIN 68800-3: 2020-03, 6 und Anhang B, soweit zutreffend

[1]) Holzschutzmittel werden in Tabelle 5.19 näher beschrieben
[2]) über Tränkbarkeit von Holz s. Tabellen 5.22 und 5.23
[3]) Fixierung ist nach DIN 68800-3: 2020-03, 3.9 der Vorgang oder Zustand, der das Auswaschen eines Holzschutzmittels aus dem Holz verhindert, die Mindest-Fixierzeit eines Holzschutzmittels nach seiner Tränkung und vor seiner Verwendung wird vom Hersteller festgelegt und ist beim Einsatz einzuhalten

Mit Holzschutzmitteln behandeltes Holz und Holzprodukte
Holz, das für den vorgesehenen Verwendungszweck keine natürliche Dauerhaftigkeit besitzt, kann durch **Holzschutzmittel eine langfristige Gebrauchsdauer** erhalten, auch wenn eine hohe Beanspruchung vorliegt.

Holzschutzmittel sind biozidhaltige (Leben abtötende) Produkte zum Schutz des Holzes gegen Holz zerstörende Pilze (fungizid), Holz zerstörende Insekten (insektizid) oder maritime Organismen, d.h. die meisten Schutzmittel sind in geringerem oder größerem Umfang giftig für Menschen, Tiere und Umwelt, wenn die Angaben der Gebrauchsanweisungen und technischen Informationen der Hersteller sowie die Bestimmungen des Arbeits-, Gesundheits- und Umweltschutzes nicht streng beachtet werden. Eingesetzt werden wasserlösliche/wasserbasierende und lösungsmittelhaltige Holzschutzmittel.

Wenn tragende Holzbauteile mit Holzschutzmitteln behandelt werden, müssen letztere Biozid-Zulassungen, die Auflagen und Anwendungsbeschränkungen enthalten, besitzen und mit dem betreffenden **Prüfprädikat**, z.B. auf dem Etikett mit Kurzform, -zeichen, nach Tabelle 1 der DIN 68800-3: 2020-03, 5.3.4.2, s. auch Tabelle 5.19, gekennzeichnet sein, da vor Erteilen der Zulassung die ausreichende Wirksamkeit für den jeweiligen Anwendungsbereich sowie die gesundheitliche und ökologische Unbedenklichkeit bei sachgemäßer Einhaltung der Gebrauchsanweisung überprüft worden sind. Die Zulassung von Holzschutzmitteln nach Chemikaliengesetz und Biozid-Produkte-Verordnung erfolgt durch die Bundesanstalt für Arbeitsschutz und Arbeitsmedizin (BAuA) oder durch die europäische Kommission für Unionszulassungen. Die Zulassung schließt eine Bewertung der Wirksamkeit sowie der umwelt- und gesundheitsbezogenen Risiken bei bestimmungsgemäßem Gebrauch ein. Die gesetzlich vorgeschriebenen Zulassungen nach Chemikaliengesetz und Biozid-Produkte-Verordnung [14] ersetzen sukzessive die allgemeinen bauaufsichtlichen Zulassungen für Holzschutzmittel. In der Übergangszeit bis zu den Biozid-Zulassungen sind bauaufsichtliche Verwendbarkeitsnachweise erforderlich (siehe Anmerkung 1 und 2 in DIN 68800-3: 2020-03, 5.3.1.1). Über Holzschutzmittel, deren Nebenwirkungen, Einsatz, Zulassungen und dgl. s. *Hertel* [221] (zu 4.1.2c und 5.3) und *Willeitner* [522].

Die **Auswahl von Holzschutzmitteln** bei tragenden Holzbauteilen hängt neben dem Anwendungsverfahren (Einbringverfahren) und der Wirksamkeit von der Gebrauchsklasse GK ab, denen Anforderungen und Prüfprädikate nach Tabelle 5.19 zugeordnet sind. Die sieben Gebrauchsklassen GK, in die Holzbauteile je nach Exposition und baulichen Holzschutzmaßnahmen eingestuft werden können, sind Tabelle 5.4 im Abschn. 5.2.3 zu entnehmen. Sollte eine zusätzliche **bläuewidrige Wirksamkeit** eines Holzschutzmittels (Kurzzeichen B) in den Gebrauchsklassen GK 2 oder GK 3 notwendig oder gewünscht werden, um eine Gefährdung durch den Befall von Bläuepilzen zu verhindern, s. Abschn. 5.2.2, Tabelle 5.2, ist eine schriftliche Vereinbarung erforderlich; letztere wird auch beim gewünschtem Einsatz von Holzschutzmitteln an nicht tragenden Holzbauteilen und anderem Holz notwendig.

Das **Einbringen von Holzschutzmitteln** sollte nach der letzten Bearbeitung vorgenommen werden, d.h. nach dem Verleimen, Abbund, Kürzen, Bearbeiten, Hobeln, Bohren, Fräsen und dgl., s. DIN 68800-3: 2020-03, 5.2.1.2. Kann dies nicht sichergestellt werden oder muss nach dem Holzschutzmittelauftrag eine erneute Bearbeitung durchgeführt werden, sind die freigelegten ungeschützten Stellen, z.B. Schnitte, Bohrungen erneut zu behandeln bzw. nachzubehandeln, über Nachbehandlungen s. unten. Das Einbringen von Holzschutzmitteln sollte nur von Fachbetrieben mit nachgewiesener Sachkunde durchgeführt werden s. unten.

Als **Einbringverfahren** stehen nach DIN 68800-3: 2020-03, 5.4.1 Nichtdruck- und Druckverfahren zur Verfügung, die sich wesentlich im erforderlichen technischen Aufwand und in der erzielbaren Eindringtiefe unterscheiden. Zu den Nichtdruckverfahren gehören

Tabelle 5.19 Auswahl von Holzschutzmitteln in Abhängigkeit von der Gebrauchsklasse und Prüfprädikat einschl. Kurzzeichen für tragende/aussteifende Holzbauteile nach DIN 68800-3: 2020-03, 5.3.4, Tabelle 1[7])

Gebrauchsklasse GK[1])	Anforderungen an Holzschutzmittel und Prüfprädikate[2])		
	Beschreibung der Prüfprädikate	Prüfprädikate[2])	
		in Kurzform	Kurz-Zeichen
0	keine Holzschutzmittel erforderlich		
1	gegen Insekten vorbeugend wirksam	insektenvorbeugend	Iv
2[3])[4])[8])	wie für GK 1 und auch gegen Pilze vorbeugend wirksam (Fäulnisschutz)	insektenvorbeugend, pilzwidrig	Iv, P
3.1[4])[5]) 3.2[4])[5])	wie für GK 2 und auch für Holz, das der Witterung ausgesetzt ist, jedoch weder im ständigen Erdkontakt noch im ständigen Kontakt mit Wasser	insektenvorbeugend, pilzwidrig, witterungsbeständig	Iv, P, W
4	wie für GK 3 und auch für Holz, das extremer Beanspruchung ausgesetzt ist, im ständigen Erdkontakt oder im ständigen Kontakt mit Wasser sowie bei Schmutzablagerungen in Rissen und Fugen	insektenvorbeugend, pilzwidrig, witterungsbeständig, moderfäulewidrig	Iv, P, W, E
5	wie für GK 4, zusätzlich Wirksamkeit gegen Holzschädlinge im Meerwasser		
–	gegen Verblauung an verarbeitetem Holz wirksam	bläuewidrig[6])	B

[1]) über Gebrauchsklassen GK und deren Gebrauchsbedingungen s. Tabelle 5.4 im Abschn. 5.2.3
[2]) die Holzschutzmittel sind mit den betreffenden Prüfprädikaten zu kennzeichnen, z.B. auf dem Etikett mit Kurzform, -zeichen
[3]) bei Holzbauteilen, für die keine Gefährdung durch Insektenbefall vorliegt, kann auf eine Insekten vorbeugende Wirkung verzichtet werden. Sollte kein Holzschutzmittel auf dem Markt verfügbar sein, das ein einzelnes Prüfprädikat gegen Pilze (Fäulnispilze) „P" mit Biozid-Zulassung oder bauaufsichtlichem Verwendbarkeitsnachweis besitzt, müssen Holzschutzmittel mit der kombinierten Zulassung gegen Insekten und Pilze (Fäulnispilze) „Iv, P" einsetzt werden, die erhältlich sind
[4]) bei Gefährdung durch Bläuepilze an verbautem Holz in den Gebrauchsklassen GK 2 und GK 3 kann eine bläuewidrige Wirksamkeit (Kurzzeichen B) zweckmäßig sein, hierfür ist eine besondere Vereinbarung erforderlich, über Bläuepilze s. Abschn. 5.2.2, Tabelle 5.2
[5]) für die Gebrauchsklassen GK 3.1 und GK 3.2 gibt es dieselben Anforderungen an die Holzschutzmittel mit dem Kurzzeichen „Iv, P, W", obwohl die gesamte Gebrauchsklasse GK 3 in zwei Gebrauchsklassen wegen des großen Umfangs der Gebrauchsbedingungen unterteilt worden ist, s. *Hertel* [221] (zu 4.1.2c)
[6]) die Wirksamkeit gegen Verblauung an verarbeitetem Holz besitzt keine eigene Gebrauchsklasse, das zugeordnete Kurzzeichen B muss jedoch bei zusätzlicher bläuewidriger Wirksamkeit eines Holzschutzmittels als Kennzeichen vorhanden sein
[7]) Behandlungen von Holz in Kühltürmen mit Holzschutzmittel werden in DIN 68800-3: 2020-03 nicht geregelt, hier wird nach *Hertel* [221] (zu 5.3.4.3) auf die VGB-Richtlinie für den Einsatz von Holz im Kühlturmbau (VGB-R 611 U, 1996) verwiesen (derzeit in Überarbeitung)
[8]) in Gebrauchsklasse GK 2 müssen generell Holzschutzmittel mit den Prüfprädikaten „Iv, P" verwendet werden, jedoch darf nach DIN 68800-3: 2020-03, 8.2.3.4 bei Holzbauteilen, für die keine erforderliche Schutzwirkung gegen Holz zerstörende Insekten in Gebrauchsklasse GK 2 vorgesehen ist, auf das Prüfprädikat „Iv" bzw. auf dessen Schutzwirkung verzichtet werden, für diese seltenen Fälle s. Tabelle 5.21, Fußnoten [4]) und [5])

nach *Hertel* [221] (zu 5.4.1) **Oberflächenverfahren** wie Streichen, Spritzen, Fluten, Kurztauchen und Sprühtunnel, die überwiegend bei Eindringtiefeklassen NP 1 oder auch bei NP 2, s. Tabellen 5.20 und 5.21, eingesetzt werden, sowie die **Einlagerungsverfahren** Tauchen, Trogtränkung und Heiß-Kalt- Einstelltränkung für die Verwendung in den Gebrauchsklassen GK 1 und GK 2. Druckverfahren sind **Niederdruckverfahren** wie Vakuum- und Doppelvakuumtränkung sowie die **Kesseldruckverfahren** Voll-, Spar- und Wechseldrucktränkung mit den besten Ergebnissen bei Eindringtiefe und Einbringmenge. Das Einbringverfahren wird entsprechend der späteren Einbausituation des Holzes, der Gebrauchsklasse GK, der Schutzmittelart, der erforderlichen Einbringmenge und -tiefe sowie der Holzfeuchte bei Beginn des Einbringverfahrens gewählt.

Beim öfter angewendeten **Streichverfahren** sind nach DIN 68800-3: 2020-03, 5.4.2.3 für tragende Holzbauteile unabhängig von der einbringbaren Holzschutzmittelmenge mindestens zwei Arbeitsgänge mit zwischenzeitlich ausreichenden Wartezeiten erforderlich, um unvermeidliche Unregelmäßigkeiten beim manuellen Auftrag weitgehend auszugleichen. Für nicht tragende Holzbauteile sind zwei Arbeitsgänge zweckmäßig. Es können auch mehrere Arbeitsgänge erforderlich werden in Abhängigkeit von der notwendigen Holzschutzmittelmenge. Die Anwendung des **Spritzverfahrens (Sprühen)** außerhalb stationärer Anlagen ist nach DIN 68800-3: 2020-03, 5.4.2.2 nicht erlaubt mit Ausnahme von Holzschutzmaßnahmen, die unerlässlich nachträglich durchgeführt werden müssen und bei denen das Streichen nicht möglich ist. Diese Ausnahmen sind durch Fachbetriebe mit hierfür ausgewiesenen Holzschutzmitteln vorzunehmen, z.B. an bestehenden Dachkonstruktionen oder im Rahmen von Bekämpfungsmaßnahmen nach DIN 68800-4: 2020-12, s. Abschn. 5.2.7.

Die vorgeschriebenen **Einbring- bzw. Aufbringmengen der Holzschutzmittel** werden in den Biozid-Zulassungen (bzw. zwischenzeitlich noch in den bauaufsichtlichen Verwendbarkeitsnachweisen) für die jeweiligen Holzschutzmittel festgelegt und sind z.B. den beiliegenden technischen Informationen zu entnehmen, s. DIN 68800-3: 2020-03, 5.6.1.1. Der Anwender (Fachbetrieb bzw. Imprägnierbetrieb) hat die Einhaltung und den Nachweis der vorgegeben Mengen sicherzustellen, sie sind ausschlaggebend für den zu erzielenden Schutzerfolg.

Die **Eindringtiefe der Holzschutzmittel** in das Holz ist u.a. vom Einbringverfahren und von der Tränkbarkeit der Holzart, s. Tabellen 5.22 und 5.23, abhängig und beträgt wenige Millimeter über mehrere Zentimetern bis hin zur vollen Durchtränkung des Holzes, soweit Letzteres möglich ist. Die Eindringtiefen werden nach DIN 68800-3: 2020-03, 5.5.1.1 in sechs **Eindringtiefeklassen NP** festgelegt, s. Tabelle 5.20, sie gelten für die Seitenflächen der zu schützenden Holzbauteile und nicht für deren Stirnflächen. Die in DIN 68800-3: 2020-03, 8.2.1 festgelegten **Eindringtiefeanforderungen für tragende Holzbauteile** sind in Abhängigkeit von den Gebrauchsklassen GK Tabelle 5.21 zu entnehmen, für nicht tragende Hölzer wird auf DIN 68800-3: 2020-03, 8.3 verwiesen, bei denen vergleichsweise geringere Sicherheitsanforderungen und deshalb geringere Eindringtiefeanforderungen vorliegen als bei tragenden Holzbauteilen.

Die **Anwendungsverfahren für das Einbringen der Holzschutzmittel** sind nach DIN 68800-3: 2020-03, 8.2 in Gebrauchsklasse GK 1 und GK 2 grundsätzlich freigestellt, in GK 3 sind bevorzugt Druckverfahren, in GK 4 und GK 5 ausschließlich Druckverfahren einzusetzen. Als Holzschutzmittel sind die in Tabelle 5.19 für die jeweiligen Gebrauchsklassen angegebenen zu verwenden. Alternativ dürfen auch vorbeugend geschützte Holzprodukte mit CE-Kennzeichnung eingesetzt werden, für die die Verwendbarkeit in den jeweiligen Gebrauchsklassen GK nachgewiesen ist.

Bei der **Ausschreibung von Schutzbehandlungen mit Holzschutzmitteln** sind nach DIN 68800-3: 2020-03, 8.1.4 folgende Angaben mindestens erforderlich: die vorgesehene Gebrauchsklasse GK und die Eindringtiefeklasse NP. Weitere Angaben in der Ausschreibung sind u.a. die vorgesehene Holzart, der Holzschutzmitteltyp und, falls ein Bläuebefall verhindert werden soll, ein Holzschutzmittel mit bläuewidriger Wirksamkeit. Dabei kann bei zu erwartenden, erhöhten Beanspruchungen und erschwerten Wartungs- und Instandsetzungsmaßnahmen die Ausschreibung einer höheren als der geforderten Eindringtiefeklasse NP technisch sinnvoll sein.

Holzbauteile ohne Erdkontakt in Gebrauchsklasse GK 3.2 mit Ablagerungen von Schmutz, Erde, Laub und dgl. über mehrere Monate sind nach DIN 68800-3: 2020-03, 8.2.5.4 mit Holzschutzmitteln und der Einbringmenge für Gebrauchsklasse GK 4 zu behandeln, während die Eindringtiefeanforderung nach GK 3.2 festgelegt wird. Gleiches gilt für Holzbauteile mit besonders hoher Spritzwasserbeanspruchung z.B. durch Straßenverkehr. Obwohl diese Holzbauteile, da ohne Erdkontakt, der Gebrauchsklasse GK 3.2 angehören, liegt nach *Hertel* [221] (zu 8.2.5.4) aufgrund der speziellen Einbausituation eine höhere, dem Erdkontakt ähnelnde Beanspruchung hin zu GK 4 vor, die besonders zu berücksichtigen ist,

Tabelle 5.20 Eindringtiefeklassen mit Angabe der Eindringtiefeanforderungen und zugehörige Analysenzonen für die Bestimmung der Schutzmittelaufnahme der DIN EN 351-1: 2023-07 nach DIN 68800-3: 2020-03, 5.5.1.1, Tabelle 2[1])

Eindringtiefe-klasse[2])	Eindringtiefe-Anforderung[3])	Analysenzone[4])	Schematische Darstellung der Eindringtiefeanforderungen
NP 1	keine	3 mm seitlich	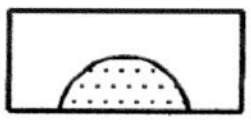
NP 2	mindestens 3 mm seitlich im Splintholz	3 mm seitlich im Splintholz[5])	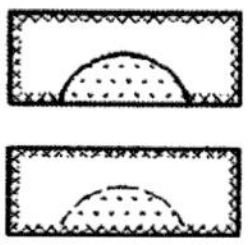 wenn Splint- und Kernholz nicht zu unterscheiden sind
NP 3	mindestens 6 mm seitlich im Splintholz	6 mm seitlich im Splintholz[5])	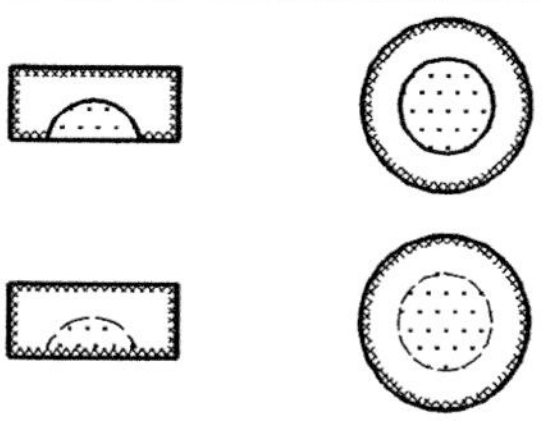 wenn Splint- und Kernholz nicht zu unterscheiden sind

Tabelle 5.20 (Fortsetzung)

Eindringtiefe-klasse[2])	Eindringtiefe-Anforderung[3])	Analysenzone[4])	Schematische Darstellung der Eindringtiefeanforderungen
NP 4[6])	mindestens 25 mm seitlich	25 mm seitlich im Splintholz[5])	Splintholzbreite > 25 mm
NP 5	gesamtes Splintholz	gesamtes Splintholz[5])	wenn Splint- und Kernholz nicht zu unterscheiden sind
NP 6	gesamtes Splintholz und mindestens 6 mm im freiliegenden Kernholz	gesamtes Splintholz und 6 mm im freiliegenden Kernholz	nur wenn Kernholz vorliegt

[1]) Hierin bedeuten
NP New Penetration class (zur Unterscheidung von den bisherigen, anders definierten P-Klassen (P: Penetration)
Legende zu den Bildern in Tabelle 5.20
______ Grenze zwischen Splint- und Kernholz, wenn diese erkennbar ist
--------- Grenze zwischen Splint- und Kernholz, wenn diese nicht erkennbar ist

[2]) die in DIN 68800-3: 2020-03, 8.2.1 festgelegten Eindringtiefeanforderungen für tragende Bauteile sind Tabelle 5.21 zu entnehmen

[3]) ob die Anforderungen an eine Eindringtiefeklasse erfüllt werden können, hängt von der Tränkbarkeit der jeweiligen Holzart ab, s. Tabellen 5.22 und 5.23; bei manchen Hölzern ist es nicht immer möglich, bestimmte Eindringtiefeklassen zu erreichen, hier können besondere Maßnahmen (wie z.B. Perforation, spezielle Trocknungsmaßnahmen, Tauchverfahren) erforderlich sein, um die angestrebte Eindringtiefe zu erreichen, erfahrungsgemäß ist dies bei NP 5- und NP 6-Behandlungen von Fichte (*Picea spp.*) der Fall

[4]) die Analysenzone dient dem Anwender der Schutzbehandlung (Fachbetrieb, auch Imprägnierbetrieb genannt) zur Beurteilung der Aufnahmeanforderung des Holzschutzmittels, sie geht von den seitlichen Flächen des behandelten Holzes aus, s. DIN 68800-3: 2020-03, 3.1

[5]) wenn Splint- und Kernholz nicht zu unterscheiden sind, gilt die für die jeweilige Eindringtiefeklasse festgelegte Splintholzbreite als Eindringtiefeanforderung und Analysenzone

[6]) Eindringtiefeklasse NP 4 gilt nur für Rundholz schwer tränkbarer Hölzer

Tabelle 5.21 Eindringtiefeanforderungen für tragende Holzbauteile nach DIN 68800-3: 2020-03, 8.2.1, Tabelle 3

Gebrauchsklasse GK[1])	Eindringtiefeklasse[2])			
	Schnittholz		Rundholz	
	schwer tränkbar	gut tränkbar	schwer tränkbar	gut tränkbar
1[3])	NP 1			
2[4])[5])	NP 1			
3.1	NP 3[6])	NP 5	NP 3[6])	NP 5
3.2				
4	NP 6[6])	NP 6	NP 4[6])	NP 5
5	es sind vorzugsweise Rundhölzer mit guter Tränkbarkeit des Splintholzes und einer Splintholzbreite von mindestens 40 mm einzusetzen, z.B. Kiefer, das Splintholz ist vollständig zu durchtränken nach DIN 68800-3: 2020-03, 8.2.6.4			

[1]) Gebrauchsklassen GK und deren Gebrauchsbedingungen sind Tabelle 5.4 im Abschn. 5.2.3 angegeben
[2]) die Eindringtiefeklassen NP sind in Tabelle 5.20 angegeben
[3]) in Gebrauchsklasse GK 1 dürfen nach DIN 68800-3: 2020-03, 8.2.2.1 nur Holzschutzmittel mit dem erforderlichen Prüfprädikat „Iv“ eingesetzt werden, dagegen sind Holzschutzmittel, die zusätzlich mit Fungizid ausgerüstet sind, nur in begründeten Ausnahmefällen zu verwenden, dies soll nach *Hertel* [221] (zu 8.2.2) einen nicht notwendigen Biozid-Eintrag in Innenräume durch Kombiprodukte ausschließen, die einen insektiziden Wirkstoff (gegen Holz zerstörende Insekten) und zusätzlich einen fungiziden Wirkstoff (gegen Holz zerstörende Pilze) enthalten, da in GK 1 keine fungiziden Wirkstoffe gegen Holz zerstörende Pilze notwendig sind; ausgenommen hiervon sind Holzschutzmittel mit z.B. Bor, das gleichzeitig insektizide und fungizide Eigenschaften besitzt
[4]) in Gebrauchsklasse GK 2 müssen generell Holzschutzmittel mit den Prüfprädikaten „Iv“ und „P“ verwendet werden, s. Tabelle 5.19, jedoch darf nach DIN 68800-3: 2020-03, 8.2.3.4 bei Holzbauteilen, für die keine vorbeugende Schutzwirkung gegen Holz zerstörende Insekten vorgesehen ist, auf das Prüfprädikat „Iv“ bzw. auf dessen Schutzwirkung verzichtet werden; falls Holzschutzmittel, die ein einzelnes Prüfprädikat gegen Pilze (Fäulnispilze) „P“ mit Biozid-Zulassung oder bauaufsichtlichem Verwendbarkeitsnachweis besitzen, nicht am Markt verfügbar sind, siehe Fußnote [3]) der Tabelle 5.19
[5]) Holzbauteile in der Gebrauchsklasse GK 2, bei denen Holzschutzmittel nur mit dem Prüfprädikat „P“ eingesetzt werden und auf das Prüfprädikat „Iv“ verzichtet wird, können nach DIN 68800-1: 2019-06, 4.1.3 aus Brettschichtholz, Brettsperrholz und vergleichbaren technisch getrockneten Hölzern bestehen, bei denen ein Bauschaden durch Holz zerstörende Insekten nicht zu erwarten oder als unbedeutend einzustufen ist, über technisch getrocknetes Holz s. auch Abschn. 5.2.3 oberhalb Tabelle 5.10; dieser Normentext „Bauschaden nicht zu erwarten“ schließ jedoch einen Befall Holz zerstörender Insekten nicht vollständig aus, so dass nach *Hertel* [221] (zu 8.2.3) in diesen Ausnahmefällen bei Verzicht auf die Schutzwirkung „Iv“ in Gebrauchsklasse GK 2 eine schriftliche Vereinbarung zwischen den Bauparteien zur Streitvermeidung im wahrscheinlich seltenen Eventualfall abgeschlossen werden sollte, wenn Brettschichtholz, Brettsperrholz und vergleichbares technisch getrocknetes Holz eingesetzt werden, da ein Befall Holz zerstörender Insekten nicht zu erwarten ist
[6]) für schwer tränkbare Holzarten in den Gebrauchsklassen GK 3 und GK 4 ist ein bauaufsichtlicher Verwendbarkeitsnachweis erforderlich, nach *Hertel* [221] (zu 8.2.1, Stand 2012) ist die Forderung dieser Fußnote möglicherweise nicht mehr relevant, da nicht bekannt ist, wie die Bauaufsichtsbehörden verfahren werden, da DIN 68800-3: 2020-03 bauaufsichtlich nicht eingeführt wird

um Bauschäden zu vermeiden. Derartige Fälle von Ablagerungen sind unterhalb von Tabelle 5.4 „Gebrauchsklasse GK 3 bzw. GK 3.2“ im Abschn. 5.2.3 näher beschrieben.

Handhabung des Holzes nach dem Schutz mit Holzschutzmittel
Werden **witterungsbeständige Holzschutzmittel** eingesetzt, ist das behandelte Holz nach DIN 68800-3: 2020-03, 5.7.1 am Ort der Schutzmittelbehandlung solange vor Niederschlägen zu schützen, bis die Oberflächentrocknung und Fixierung des Holzschutzmittels abgeschossen sind. In der notwendigen Fixierungszeit werden durch chemische Reaktionen wasserlösliche in schwer lösbare Verbindungen überführt, um witterungsbeständige Holzschutzmittel sicherzustellen.

Nicht witterungsbeständige, Holzschutzmittel (nicht fixierende) dürfen nach DIN 68800-3: 2020-03, 5.7.2 nur in den Gebrauchsklassen GK 1 und GK 2 eingesetzt werden. Das damit behandelte Holz ist während Lagerung, Transport, und Montage bis zur planmäßigen Dachabdeckung vor Niederschlägen z.B. durch Planen, Baufolien durchgängig zu schützen (auch in der Zeit zwischen Aufrichten tragender Holzbauteile und Aufbringen der Dachhaut), um eine Auswaschung und den Teil- oder vollständigen Verlust der Wirksamkeit des Holzschutzmittels sowie gleichzeitig einen nicht zulässigen Eintrag toxischer Komponenten in die Umwelt zu verhindern, s. *Hertel* [221] (zu 5.7). Liegt dagegen ein Nachweis bei nicht witterungsbeständigen Holzschutzmittel vor, dass eine kurzzeitige Beregnung des behandelten Holzes unschädlich für Wirksamkeit und Umwelt ist, kann nach DIN 68800-3: 2020-03, 5.7.3 auf den Niederschlagsschutz verzichtet werden. Dies wurde bisher in den bauaufsichtlichen Verwendbarkeitsnachweisen der Holzschutzmittel geregelt (inwieweit in den Biozid-Zulassungen ist noch nicht absehbar). Für diese Holzschutzmittel mit Zulassung kurzeitiger Bewitterung sollte jedoch nach *Hertel* [221] (zu 5.7) die offene Bauweise nur sehr kurze Zeit (möglichst nicht länger als eine Woche) bis zur provisorischen oder festen Abdeckung betragen, da hier der Verlust der Holzschutzmittel-Wirksamkeit eher durch mögliche Instabilitäten der Wirkstoffe unter UV-Licht als durch Auswaschungen besteht.

Tränkbarkeit von Holz
Die Tränkbarkeit von Holz ist sehr unterschiedlich: Laubholz ist oft aufnahmefähiger als Nadelholz, Splintholz tränkbarer als Kernholz, Fichte und Douglasie schwer tränkbar, s. Tränkbarkeitsklassen in Tabelle 5.22 und 5.23. Wasserlösliche Holzschutzmittel eignen sich nach *Willeitner* [522] für frische, halbtrockene und trockene Hölzer, ölige Holzschutzmittel sind nicht bei nassem Holz einsetzbar, bei Kurzzeitverfahren nimmt sägeraues Holz mehr Schutzmittel auf als gehobeltes. Perforationen (mechanische Vorbehandlung durch radiale Bohrungen, Schlitze oder Einstiche) vergrößern die Schutzmittelaufnahme und Eindringtiefe z.B. bei schwer tränkbaren Hölzern. Bei der Schutzbehandlung dringen Holzschutzmittel überwiegend quer zur Faserrichtung (radial) in das Holz unterschiedlich gut bis schwer ein, s. *Hertel* [221] (zu 4.1.2), dagegen liegt ein oft gutes Eindringvermögen in Faserlängsrichtung, d.h. in Richtung der anatomischen Wasserleitung, vor, jedoch ist dieser Weg bei den vorherrschenden Abmessungen der Holzbauteile nur von geringer Bedeutung.

Tabelle 5.22 Tränkbarkeitsklassen von Holz nach DIN EN 350: 2016-12[1])[2])

Tränkbarkeitsklasse	Beschreibung	Erklärungen	historische Angaben zur Tränkbarkeit
1	leicht tränkbar	einfach zu tränken; Schnittholz wird bei Druckbehandlung ohne Schwierigkeiten vollständig durchdrungen	durchlässig
2[3])	mäßig tränkbar	ziemlich einfach zu tränken; in der Regel ist eine vollständige Eindringung nicht möglich, nach 3 h oder 4 h Druckbehandlung kann jedoch in Nadelhölzern mehr als 6 mm Eindringung senkrecht zur Faserrichtung erreicht werden, und in Laubhölzern wird ein großer Anteil der Gefäße durchdrungen	mäßig widerstehend
3[3])	schwer tränkbar	schwierig zu tränken; 3 h bis 4 h Druckbehandlung ergeben nicht mehr als 3 mm bis 6 mm Eindringtiefe senkrecht zur Faserrichtung	widerstehend
4	sehr schwer tränkbar	praktisch unmöglich zu tränken; nimmt auch nach 3 h bis 4 h Behandlungsdauer nur wenig Schutzmittel auf; Eindringung sowohl in Längsrichtung als auch senkrecht dazu minimal	extrem widerstehend

[1]) Tränkbarkeit von Holz bezieht sich auf allgemeine Beobachtungen bei Kesseldruckverfahren
[2]) Tränkbarkeitsklassen von Bauhölzern der DIN EN 1995-1-1: 2010-12 sind in Tabelle 5.23 angeführt
[3]) insbesondere Tränkbarkeitsklassen 2 und 3 sind nicht genau gegeneinander abgrenzbar

Die Tränkbarkeit (oder Feuchteaufnahmefähigkeit) von Bauholz und seine Dauerhaftigkeit bestimmen wesentlich die **Nutzungsdauer** von Holzbauteilen ohne Holzschutzmittel, s. Abschn. 1.6.

Die Klassifizierung der Tränkbarkeit von Hölzern nach DIN EN 350: 2016-12 beruht auf allgemeinen Beobachtungen in Verbindung mit Unterdruck-/Druckbehandlungsverfahren. Die Tränkbarkeitsklassen sind in Tabelle 5.22 näher beschrieben, eine Zuordnung von Bauhölzern der DIN EN 1995-1-1: 2010-12 zu den einzelnen Tränkbarkeitsklassen ist in Tabelle 5.23 angeführt. Da die Tränkbarkeit von Holz nicht genau definiert und die Klassen deshalb nur unscharf gegeneinander abgegrenzt werden können, treten insbesondere in den Tränkbarkeitsklassen 2 und 3 ungleichmäßige Eindringungen auf. Nach *Hertel* [221] (zu 4.1.2) wird in der Baupraxis oft keine direkte Unterscheidung vor vier Tränkbarkeitsklassen vorgenommen, sondern eine Einteilung in zwei Gruppen: Holzarten der Tränkbarkeitsklasse 1 sind gut tränkbar und Holzarten der Tränkbarkeitsklassen 2 bis 4 schwer tränkbar. Bei gut tränkbaren Holzarten wie z.B. Kiefer kann die erforderliche Einbringmenge und Eindringtiefe meist problemlos erreicht werden, bei schwer tränkbaren wie z.B. Fichte müssen dagegen in bestimmten Fällen vorhergehende Maßnahmen wie z.B. Perforationen angewendet werden, um den Schutzerfolg sicherzustellen.

Tabelle 5.23 Tränkbarkeitsklassen von Bauhölzern der DIN EN 1995-1-1: 2010-12 nach DIN EN 350: 2016-12

Nadelhölzer[1])			Laubhölzer[1])		
Holzart	Tränkbarkeitsklasse[2])		Holzart	Tränkbarkeitsklasse[2])	
	Kernholz	Splintholz		Kernholz	Splintholz
Fichte	3 bis 4	3v	Eiche	4	1
Tanne	2 bis 3	2v	Buche - Rotkern, falls vorhand.	1v 4	1
Kiefer	3 bis 4	1	Teak, – Asien - kultiviert in Asien und in anderen Ländern	4 n/a	3 n/a
Lärche	4	2v	Keruing, Yang	3v	2
Douglasie - Nordamerika - kultiviert in Europa	 4 4	 3 2/3	Afzelia (Doussié)	4	2
Western Hemlock - Nordamerika - kultiviert in Groß-Britannien	 3 2	 2 1	Merbau	4	n/a
Southern Pine	3 bis 4	1	Angélique (Basralocus)	4	2
Yellow Cedar	3	1	Azobé (Bongossi)	4	2

Bezeichnungen

v die Art zeigt ein ungewöhnlich hohes Ausmaß an Variabilität
n/a nur unzureichende Daten verfügbar

[1]) die wissenschaftlichen Namen der Hölzer sind in Tabelle 1.5 angeführt
[2]) die Tränkbarkeitsklassen sind in Tabelle 5.22 näher beschrieben

Nachbehandlungen von Holzbauteilen

Wenn in Holzbauteilen nachträglich (Trocken-) Risse auftreten und ungeschützte Holzteile freigelegt werden, sind nach DIN 68800-3: 2020-03, 5.9 Nachbehandlungen erforderlich, es sei denn, (Trocken-)Risse sind durch eine vorherige Schutzmittelbehandlung ausreichend erfasst worden, Näheres hierzu s. Abschn. 5.9.2 und 5.9.3 dieser Norm. Ursache von nachträglichen (Trocken-) Rissen sind oft zu hohe Einbaufeuchten der Holzbauteile, s. Abschn. 1.4.5, obwohl Bauholz (Schnittholz) für tragende Zwecke nach DIN 20000-5: 2024-01 nur trocken sortiert (Holzfeuchte $\leq 20\%$) verwendet und die Einbaufeuchte der Holzbauteile in den Gebrauchsklassen GK 0, GK 1, GK 2 und GK 3.1 nach DIN 68800-2: 2022-02, 5.1.2.1 $\omega \leq 20\%$ nicht überschritten werden darf, s. Tabelle 5.11, Zeile 2.1 im Abschn. 5.2.4.

Eine Nachbehandlung von (Trocken-)Rissen, die nach dem Einbau der Holzbauteile in der Nutzungszeit auftreten, sollte in jedem Fall durchgeführt werden, insbesondere wenn die Risse tiefer als der mit Holzschutzmittel geschützte Bereich gehen und Eiablagen durch Holz zerstörende Insekten auftreten können. Dies kann in den Gebrauchsklassen GK 1 und auch GK 2 auftreten, da hier meist das Streichen (als Oberflächen- und Nichtdruckverfahren) zur Erfüllung der festgelegten Eindringtiefeklasse NP 1, die keine Eindringtiefe fordert, s. Tabellen 5.20 und 5.21, angewendet wird. In den Gebrauchsklassen GK 3 und GK 4 ist z.B. in nachträglichen, etwa waagerecht verlaufenden (Trocken-) Rissen neben der Eiablage Holz zerstörender Insekten auch länger andauernde stehende Feuchte wahrscheinlich, die einen Befall Holz zerstörender Pilze verursacht, wenn die Eindringtiefe der Holzschutzmittel durchbrochen und ungeschütztes Holz befallen wird.

Nachbehandlungen werden nach DIN 68800-2: 2022-02, 5.9.5 im Allgemeinen mit Oberflächenverfahren, z.B. mehrfaches Streichen, ausgeführt, bei denen nur geeignete Holzschutzmittel verwendet werden dürfen. Derartige Sanierungsmaßnahmen vor Ort können nach *Hertel* [221] (zu 5.9.5) derzeit nur in den Gebrauchsklassen GK 1 und GK 2 mit lösemittehaltigen, anwendungsfertig gelieferten Holzschutzmitteln im Nichtdruckverfahren wie Streichen fachgerecht ausgeführt werden, während in den Gebrauchsklassen GK 3 und GK 4, in denen beim Erstschutz Druckverfahren angewendet werden bzw. vorgeschrieben sind, ein Nachschutz vor Ort mit diesen Einbringverfahren meist schwierig durchzuführen ist und die erforderlichen Einbringmengen im Streichverfahren nicht eingehalten werden können.

Nachbehandlungen bei Holzbauteilen im Bereich von nachträglich aufgetretenen (Trocken- oder Schwind-)Rissen müssen bei der Witterung ausgesetztem Holz mit fixierenden Holzschutzmitteln ausgeführt werden, empfohlen werden Nachschutzmaßnahmen im ersten Spätsommer nach Einbau mit **weiteren Kontrollen**. Mit der **Ausführung von Nachbehandlungen** sind nur Fachbetriebe zu beauftragen, die die Verträglichkeit des Holzschutzmittels für die Sanierung mit dem bereits vorhandenen Holzschutzmittel sicherstellen müssen.

Anforderung an den Ausführenden vorbeugender Schutzmaßnahmen mit Holzschutzmitteln

Die Durchführung von vorbeugenden Schutzmaßnahmen mit Holzschutzmitteln erfordert nach DIN 68800-3: 2020-03, 4.2 ausreichende Kenntnisse über den Baustoff Holz, die einzusetzenden Holzschutzmittel und Holzschutzverfahren, die Tränkbarkeit des Holzes, das zu erreichende Schutzziel sowie die Notwendigkeit und Ausführung von Nachbehandlungsmaßnahmen. Darüber hinaus sind die Anforderungen des Gesundheits-, Umwelt- und Arbeitsschutzes einzuhalten. **Schutzmaßnahmen für tragende Holzbauteile müssen von Fachbetrieben/qualifizierten Fachleuten ausgeführt**, Schutzmaßnahmen für nicht tragende Holzbauteile sollten Fachbetrieben/qualifizierten Fachleuten übertragen werden. Fachbetriebe (auch Imprägnierbetriebe genannt), die Holzschutzmaßnahmen mit Holzschutzmitteln durchführen, müssen nach der Gefahrstoffverordnung 2010 ihre Fachkunde nachgewiesen haben, dies kann nach *Hertel* [221] (zu 4.2.1) z.B. in einem Ausbildungsberuf, Lehrgängen, Fortbildungsmaßnahmen mit anschließender Prüfung oder nachgewiesener Berufserfahrung vorgenommen werden.

Über die Ausführenden von Holzschutzmaßnahmen s. auch Abschn. 5.2.3 unterhalb von Tabelle 5.10.

Die **Verträglichkeit von Holzschutzmitteln** untereinander bei Mehrfachschutz sowie mit Holzklebern, mit nachhaltigen Anstrichen und gegebenenfalls mit Feuerschutz- und Korrosionsschutzmitteln ist zu beachten und nachzuweisen (Hersteller).

Einsatz von Holzbauteilen mit und ohne Holzschutzmittel

Holzbauteile können je nach Gebrauchsklasse GK, s. Tabelle 5.4 im Abschn. 5.2.3, gleichwertig mit oder ohne Holzschutzmittel eingesetzt werden, wenn der bauliche Holzschutz allein nicht ausreichend ist, s. Abschn. 5.2.3, 5.2.4 und auch *Schmidt* [462]. Jedoch sollten bauliche Maßnahmen ohne Holzschutzmittel zur Einstufung von Holzbauteilen in Gebrauchsklasse GK 0 nach Abschn. 5.2.4, Tabelle 5.14 oder zur Einstufung in eine niedrigere Gebrauchsklasse GK als die Ausgangs-Gebrauchsklasse stets Vorrang haben gegenüber Maßnahmen mit Holzschutzmitteln. In Tabelle 5.24 sind Beispiele angeführt, wie Holzbauteile ohne Holzschutzmittel durch Farbkernhölzer entsprechender Dauerhaftigkeitsklasse nach DIN EN 350: 2016-12 ersetzt werden können, s. Abschn. 1.6, Tabelle 1.5 sowie Tabellen 5.7 und 5.8, während bei Holzbauteilen mit Holzschutzmitteln dagegen alle Bauhölzer (Splint- und/oder Kernholz) nach Abschn. 7.2 (Holz) verbaut werden dürfen.

Soweit möglich sollte im Sinne einer holzgerechten Konstruktion bei direkt bewitterten oder direkt wasserbeanspruchten, tragenden Holzbauteilen, ob mit oder ohne Holzschutzmittel behandelt, stets ein baulicher Holzschutz nach Abschn. 5.2.4 oder zumindest eine (obere) Abdeckungen mit Überstand aufgebracht werden. Die Bilder 5.15 und 7.1a, b geben Beispiele, wie durch bauliche Holzschutzmaßnahmen eine Reduzierung der Gebrauchsklassen GK und Nutzungsklassen NKL bewitterter Holzbauteile vorgenommen werden kann; dadurch werden die notwendige Wartung und wahrscheinliche Instandsetzung der tragenden Bauteile verringert sowie ihre Nutzungsdauer erheblich erhöht.

Tabelle 5.24 Beispiele holzschutztechnisch gleichwertiger Holzbauteile mit und ohne Holzschutzmittel nach DIN 68800-1: 2019-06, -2: 2022-02 und -3: 2020-03[1])[2])[13])[14])[16])

Holzbauteil	GK[1])	Beanspruchung, Beispiele	1. Möglichkeit, **ohne** Holzschutzmittel[2])		2. Möglichkeit **mit** Holzschutzmittel[2])	
tragend			Farbkernholz, mind. Dauerhaftigkeitsklasse[3])[17])	Beispiele für Farbkernhölzer nach DIN EN 350[4])[17])	Holzschutzmittel, Prüfprädikat[5])	Einbringverfahren des Holzschutzmittels, Beispiele[6])
Träger/ Stütze	0[13])	keine Witterungsbeanspruchung, keine Befeuchtung, unter Dach, in Aufenthaltsräumen, kein Bauschaden durch Insektenbefall, Holz technisch getrocknet, ständig trocken, Holzfeuchte ≤ 20%, relative Luftfeuchte ≤ 85%	Splint- und Kernholz aller Bauhölzer	Fichte, Tanne, Kiefer, Lärche[8])	–[2])[7])	–[2])[7])
Träger/ Stütze	1[14])	keine Witterungsbeanspruchung, keine Befeuchtung, unter Dach, Insektenbefall nicht ausgeschlossen, ständig trocken, Holzfeuchte ≤ 20%, relative Luftfeuchte ≤ 85%	1, 2, 3[3])	Kiefer, Lärche, Douglasie, Southern Pine, Yellow Cedar, Eiche, Azobé (Bongossi), Teak, Afzelia, Ipe[9])	Iv[2])	Streichen, Sprühtunnel, Fluten[2])
Träger mit unter hoher Umgebungsfeuchte	2[14])	keine Witterungsbeansprucht, unter Dach, hohe Umgebungsfeuchte kann zu gelegentlicher, aber keiner dauernden Feuchte führen, gelegentlich feucht, Holzfeuchte > 20%, relative Luftfeuchte > 85% oder zeitweise Befeuchtung durch Kondensation	1, 2, 3[3])[17])	Kiefer, Lärche, Douglasie, Yellow Cedar, Eiche, Azobé (Bongossi), Teak, Afzelia, Ipe[9]) [17])	Iv, P	Streichen, Sprühtunnel, Fluten

Tabelle 5.24 (Fortsetzung)

Holzbauteil	GK[1])	Beanspruchung, Beispiele	1. Möglichkeit, **ohne** Holzschutzmittel[2])		2. Möglichkeit **mit** Holzschutzmittel[2])	
Stützen, Streben (kein Erdkontakt)	3.1	Witterungsbeanspruchung, nicht unter Dach, ohne ständigen Erd- oder Wasserkontaktkontakt, Anreicherung von Wasser, auch räumlich begrenzt aufgrund rascher Rücktrocknung nicht zu erwarten, Feuchte erreicht Holz trotz oberer Abdeckung, gelegentlich feucht, Holzfeuchte > 20%	1, 2, 3[3])[17])	Lärche, Douglasie, Yellow Cedar, Eiche, Azobé (Bongossi), Teak, Afzelia, Ipe[9])[17])	Iv, P, W	bevorzugt Druckverfahren [10])[11])
Brückenhauptträger aus Vollholz (kein Erdkontakt)	3.2	Witterungsbeanspruchung, nicht unter Dach, ohne ständigen Erd- oder Wasserkontakt, Anreicherung von Wasser, auch räumlich begrenzt zu erwarten, Feuchte erreicht Holz trotz oberer Abdeckung, etwa waagerechter Einbau, Bewitterung an Seitenflächen, Trockenrisse an Seiten- und Unterfläche zu erwarten, stehende Feuchte über längere Zeit, häufig feucht, Holzfeuchte > 20%	1, 2[17])	Eiche, Azobé (Bongossi), Teak, Afzelia, Ipe[9])[17])	Iv, P, W	bevorzugt Druckverfahren [10])
Bohlenbelag aus Vollholz	4	Witterungsbeanspruchung, nicht unter Dach, in Kontakt mit Erde oder Süßwasser, bei mäßiger bis starker Beanspruchung vorwiegend bis ständig einer Befeuchtung ausgesetzt, waagerechter Einbau, mit Erdkontakt vergleichbar, da Schmutzkegel zwischen offenen Fugen und in Trockenrissen zu erwarten, vorwiegend bis ständig feucht, Holzfeuchte > 20%	1[17])	Teak: nicht aus Plantagen, Afzelia, Ipe[9])[17])	Iv, P, W, E	nur Druckverfahren[12])

Dalbe, Holzpfahl, Steganlagen im Meer- oder Brackwasser	5	ständig Meerwasser ausgesetzt, ständig feucht, Holzfeuchte > 20%	1[15])	Azobé (Bongossi)[15])	Iv, P, W, E, zusätzlich nachgewiesene Wirksamkeit gegen Holzschädlinge im Meerwasser	nur Druckverfahren wie in Gebrauchsklasse 4, jedoch mit deutlich höheren Einbringmengen

[1]) GK: Gebrauchsklassen nach DIN 68800-1: 2019-06, s. Tabelle 5.4

[2]) grundsätzliche bauliche Maßnahmen nach Abschn. 5.2.4, Tabelle 5.11 sind stets einzuhalten, auch wenn sich dadurch die Zuordnung zu einer Gebrauchsklasse GK nicht ändert, besondere bauliche Maßnahmen (ohne Holzschutzmittel) zur Einstufung von Holzbauteilen in Gebrauchsklasse GK 0 nach Abschn. 5.2.4, Tabelle 5.14 oder zur Einstufung in eine niedrigere Gebrauchsklasse GK als die Ausgangs-Gebrauchsklasse sollten stets Vorrang haben gegenüber Maßnahmen mit Holzschutzmitteln, darüber hinaus ist ein **Verzicht auf den Einsatz von Holzschutzmittel in Aufenthaltsräumen** vorgeschrieben ist, s. Fußnote [7]), demnach müssen Holzschutzmittel nur noch reduziert verwendet werden, wenn bei tragenden Holzbauteilen die Dauerhaftigkeit mit baulichen Maßnahmen allein nicht sichergestellt werden kann und ergänzende Maßnahmen mit Holzschutzmitteln vorzunehmen sind wie z.B. in Gebrauchsklasse GK 2, wenn ein Befall Holz zerstörender Insekten und Pilze nicht ausgeschlossen werden kann, oder in GK 3 und GK 4 mit direkter Witterungsbeanspruchung sowie in GK 5 mit Meerwasserbeanspruchung

[3]) Mindestanforderungen an die Dauerhaftigkeit des Farbkernholzes gegen einen Befall Holz zerstörender Pilze s. Tabelle 5.7, bauliche Maßnahmen zur Vermeidung eines Befalls Holz zerstörender Pilze s. Tabelle 5.14, Zeile 2 und bauliche Maßnahmen zur Vermeidung eines Befalls Holz zerstörender Insekten s. Tabelle 5.14, Zeile 3 jeweils je nach Gebrauchsklasse, Dauerhaftigkeitsklassen nach DIN EN 350, s. Tabelle 1.5, Farbkernholz mit Splintholzanteil $\leq 5\%$ kann nach DIN 68800-1: 2019-06, 6.8.2.1 wie reines Kernholz eingestuft werden

[4]) Beispiele für Farbkernhölzer tragender Holzbauteile der DIN EN 1995-1-1: 2010-12 s. Tabelle 5.8

[5]) Holzschutzmittel und Prüfprädikate s. Tabelle 5.19

[6]) Einbringverfahren s. unterhalb Tabelle 5.19, Eindringtiefeklassen nach Tabelle 5.20 und Eindringtiefeanforderungen für tragende Holzbauteile nach Tabelle 5.21

[7]) in Aufenthaltsräumen gilt nach DIN 68800-1: 2019-06, 8.1.3, s. oberhalb von Tabelle 5.6, der Verzicht auf den Einsatz von Holzschutzmitteln oder Bauteilen, die mit Holzschutzmitteln behandelt worden sind. Für Arbeitsstätten und Ähnliches gilt dies nur soweit technisch möglich

[8]) in Gebrauchsklasse GK 0 können Splint- oder Kernholz aller Bauhölzer nach Tabelle 5.8 eingesetzt werden, s. auch Abschn. 7.2

[9]) in dieser Gebrauchsklasse GK können die nach Tabelle 5.8 geeigneten Farbkernhölzer eingesetzt werden

[10]) in Gebrauchsklasse GK 3 ist nach *Hertel* [221] (zu 8.2.4.5) für tragende Bauteile kein Oberflächenschutz durch Streichen möglich, da die erforderlichen Eindringtiefen nicht erreichbar sind; für das Nichtdruckverfahren Trogtränkung liegen jedoch bauaufsichtliche Verwendbarkeitsnachweise weniger Holzschutzmittel zur Anwendung in GK 3 vor

Fortsetzung Fußnote zu Tabelle 5.24

[11]) für Brettschichtholz und Kern getrenntes, gehobeltes Schnittholz in Gebrauchsklasse GK 3.1 sind unter den strikt einzuhaltenden Voraussetzungen der DIN 68800-3: 2020-03, 8.2.4 die Eindringtiefeklasse NP 1, s. Tabelle 5.20 und 5.21, und damit auch Oberflächenverfahren wie Streichen, Sprühtunnel, Fluten zulässig, als Voraussetzungen sind einzuhalten z.B. Begrenzung der Abmessungen, Querschnittsflächen und Einbaufeuchten der Holzbauteile, Einsatz nur in den Gebäudeklassen 1, 2 und 3 nach Musterbauordnung, stauwasserfreie Anschlussausbildung, regelmäßige Kontrollen der Holzoberflächen auf (Trocken-) Risse und Durchführung evtl. erforderlicher Nachbehandlungen

[12]) in Gebrauchsklasse GK 4 bieten nach *Hertel* [221] (zu 8.2.5.2) bei tragenden Bauteilen nur die Druckverfahren Kessel-, Vakuum- oder Wechseldruckverfahren einen umfassenden Schutz

[13]) Holzbauteile aus technisch getrocknetem Bauholz, Näheres s. oberhalb Tabelle 5.10, mit Holzfeuchten $\omega \leq 20\%$ im Gebrauchszustand können ohne Holzschutzmittel unabhängig von der Kontrollierbarkeit der Gebrauchsklassen GK 0 zugeordnet werden, wenn sie unter Dach und mit Abdeckung (keine direkte Witterungsbeanspruchung und Holzfeuchten $\omega \leq 20\%$, d.h. im Innenraumbereich und im nicht direkt bewitterten Außenbereich) verwendet werden, s. *Radović* [409] (zu 6.3) und Fußnote[14])

[14]) bei Holzbauteilen aus Brettschichtholz, Brettsperrholz und vergleichbaren technisch getrockneten Hölzern, s. auch Fußnote [13]), ist nach DIN 68800-1: 2019-06, 4.1.3, s. oberhalb Tabelle 5.10, ein Bauschaden durch Holz zerstörende Insekten in den Gebrauchsklassen GK 1 und GK 2 erfahrungsgemäß nicht zu erwarten oder als unbedeutend einzustufen, d.h. bei diesen Bauhölzern sind in GK 1 keine Holzschutzmittel und in GK 2 nur noch Holzschutzmittel mit dem Prüfprädikat „P“ (gegen Holz zerstörende Pilze) erforderlich, s. Tabelle 5.19; über die Verfügbarkeit derartiger Holzschutzmittel s. Tabelle 5.19, Fußnote [3]), über den Einsatz in Gebrauchsklasse GK 2 s. auch Tabelle 5.21, Fußnote [5])

[15]) nur das Farbkernholz von Azobé (Bongossi) ist für den Einsatz in Gebrauchsklasse GK 5 geeignet, s. Tabelle 5.8

[16]) Beispiele der Zuordnung von Holzbauteilen zu einer Gebrauchsklasse GK s. Tabelle 5.5

[17]) wenn in den Gebrauchsklassen GK 2 bis GK 4 die Gefahr des Befalls Holz zerstörender Insekten vorliegt und die eingesetzten Farbkernhölzer gegen den Befall Holz zerstörender Pilze nicht gleichzeitig eine natürliche Dauerhaftigkeit gegen den Befall Holz zerstörender Insekten besitzen, s. Abschn. 1.6, Tabelle 1.5, und auch keine geeigneten baulichen Maßnahmen ausgeführt werden, sind nach DIN 68800-1: 2019-06, 6.8.2.4 Holzschutzmittel gegen Insektenbefall mit dem Prüfprädikat „Iv“ einzusetzen, s. auch Abschn. 5.2.3 unterhalb von Tabelle 5.8

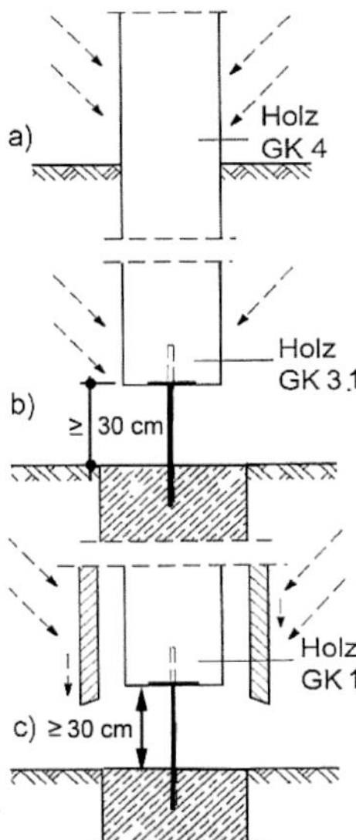

Bild 5.15 Allseits bewitterte Holzstützen nach *Schulze* [473], Reduzierung der Gebrauchsklassen GK nach DIN 68800-1: 2019-06 sowie -3: 2020-03 und Nutzungsklassen NKL nach DIN EN 1995-1-1: 2010-12 durch bauliche Holzschutzmaßnahmen nach DIN 68800-2: 2022-02, Empfehlung: Stets sollte zumindest eine obere Abdeckung mit Überstand zum Schutz gegen Niederschläge angebracht werden, besser sind bauliche Maßnahmen nach Abschn. 5.2.4, so dass die Holzbauteile in GK 0 eingestuft werden können
a) Holzpfahl mit Erdkontakt und den Niederschlägen ausgesetzt, Gebrauchsklasse GK 4 und Nutzungsklasse NKL 3, Hinweis: Tragende Holzstützen ohne weitere Schutzmaßnahmen nie direkt in den Erdboden einbringen, sondern z.B. Einspannung von Brettschichtholzstützen durch fachgerechten Verguss in Stahlbetonfundamente mit bauaufsichtlichem Verwendbarkeitsnachweis (z.B. allgemeine bauaufsichtliche Zulassung Z-9.1-136) nur in Nutzungsklassen 1 und 2, s. auch *Heimeshoff/Eglinger* [211]
b) Holzstütze den Niederschlägen ausgesetzt, ohne Erdkontakt, Gebrauchsklasse GK 3.1 und Nutzungsklasse NKL 3, keine Spritzwassergefahr, da ausreichender senkrechter Abstand von $\geq$ 30 cm von Unterkante Stützenfuß bis Oberkante Fundament/Planum, rasche Rücktrocknung auf Holzfeuchten $\leq$ 20% gewährleistet, da senkrechter Faserverlauf und zügige Wasserableitung
c) Holzstütze durch bauliche Maßnahmen allseits vor Niederschlägen und Spritzwasser geschützt, Gebrauchsklasse GK 1 und Nutzungsklasse NKL 2

5.2.6 Oberflächenbehandlung (Anstriche, Beschichtungen)

Oberflächenbehandlungen von Holzbauteilen werden mit geeigneten Anstrichen/Beschichtungen hergestellt, sie können nach DIN 68800-1: 2019-06, 6.6 einen zusätzlichen Beitrag zum Holzschutz erbringen, da sie die Wasseraufnahme des Holzes behindern. Sie sollten zwischen den Parteien schriftlich vereinbart werden. Mit Anstrichen/Beschichtungen, die den Anforderungen der DIN EN 927-2: 2023-02 entsprechen müssen, kann eine schützende Wirkung gegen Feuchtigkeit (als Voraussetzung für einen Pilzbefall) und Insekten (Verhinderung einer Eiablage) erreicht werden, wenn deren andauernde Funktionstüchtigkeit vorliegt, die nur durch regelmäßige Kontrolle, Wartung und Instandsetzung gewährleistet wird.

Die zusätzliche schützende Wirkung geht jedoch durch Abnutzung und/oder Beschädigungen der Oberflächenschicht (Anstriche/Beschichtungen) verloren, so dass Oberflächenbehandlungen von Holzbauteilen allein keinen wirksamen dauerhaften Holzschutz erzielen können.

Der **Holzschutz tragender Holzbauteile** muss nach DIN 68800-1: 2019-06, 6.6 durch folgende andere Maßnahmen sichergestellt werden: Einsatz der natürlichen Dauerhaftigkeit des Holzes, s. Abschn. 5.2.3, und/oder baulicher Holzschutz, s. Abschn. 5.2.4, und/oder Einsatz von geeigneten Holzschutzmitteln, s. Abschn. 5.2.5, eine Oberflächenbehandlung (Anstriche/Beschichtungen) stellt bei diesen Bauteilen nur eine zusätzliche Maßnahme dar. Der **Holzschutz nicht tragender Holzbauteile** in Verbindung mit einer Oberflächenbehandlung kann nach DIN 68800-3: 2020-03, Anhang C vorgenommen werden.

Oberflächenbehandlungen erzielen nach *Böttcher* [69] eine dekorative Gestaltung (Farbe) und einen Schutz vor Verfärbung, Verschmutzung, übermäßiger Feuchte und gegebenenfalls vor Bläue-/Schimmelpilzbefall. Besonders witterungs- bzw. feuchtebeanspruchte Holzbauteile (durch Niederschläge, Spritzwasser oder vergleichbare Feuchteeinwirkungen) können zusätzlich mit geeigneten, aufeinander abgestimmten Oberflächenbehandlungen je nach Wartung und Instandsetzung zeitweise eine Wasseraufnahme des Holzes verhindern. Derartig beanspruchte Holzbauteile ohne Oberflächenbehandlungen (geeignete Anstriche/Beschichtungen) „vergrauen" durch UV-Strahlung und Auswaschungen mit der Zeit. Bei Holzbauteilen in Gebrauchsklassen GK, die ohne Holzschutzmittel auskommen, kann eine Oberflächenbehandlung zur Farbgebung und/oder zum Schutz vor Verschmutzung aufgebracht werden wie z.B. in Innenräumen und nicht witterungsbeanspruchten Außenbereichen.

Nach *Willeitner* [522] besteht eine Oberflächenbehandlung im Allgemeinen aus einem **Grundier-, einem oder mehreren Zwischen- und einem Deckanstrich** mit z.B. pigmentierten offenporigen Dünn- oder Dickschicht-Lasuren (für feuchtebeanspruchte Bauteile) oder z.B. deckende Lacke (weiß pigmentiert, für dimensionsstabile Bauteile). Der Grundieranstrich bereitet die Holzoberfläche vor und verankert die nachfolgenden Anstriche im Holz, er kann auch bläuewidrig (fungizid gegen Bläue mit Prüfprädikat B und gegen Schimmelpilze) ausgerüstet sein. Über Anstriche im Außenbereich s. *Böttcher* [69].

Die Anstriche/Beschichtungen sind bei witterungs- bzw. feuchtebeanspruchten Holzbauteilen nach ein bis zwei oder mehreren Jahren und danach in weiteren Zeitabständen je nach Bewitterungsgrad zu wiederholen, wenn eine Vergrauung der Holzoberfläche vermieden werden soll; über Nachbehandlung tiefer gehender Schwind- oder Trockenrissbildungen in bewitterten bzw. feuchtebeanspruchten Holzoberflächen s. Abschn. 5.2.5 unterhalb Tabelle 5.23. Bei Außenbauteilen eignen sich helle Anstriche wegen der stärkeren Reflektion des Sonnenlichtes besser als dunkle, die kurzfristig hohe Oberflächentemperaturen und dadurch Bildung von Haarrissen im Holz bei großer Austrocknung bewirken können. Pigmentfreie Anstriche (Klarlacke) sind für Außenbauteile nicht geeignet, weil Pigmente neben der Farbgebung die UV- Beständigkeit sicherstellen.

Da **Abnutzung und/oder nachträgliche Beschädigungen der Oberflächenbehandlung** (Anstriche/Beschichtungen) unvermeidlich sind, können die o.a. zusätzlichen schützenden Wirkungen verloren gehen. Bei witterungs- bzw. feuchtebeanspruchten Holzbauteilen besteht danach die Gefahr, dass Feuchte in tropfbarer Form bzw. flüssiges Wasser durch Schadstellen in das Holz eindringen und aufgrund der in anderen Bereichen noch intakten Beschichtung kaum wieder austrocknen kann (Einkapselung der Feuchte). Deshalb sind die o.a. regelmäßigen Kontrollen, Wartung und Instandsetzung mit evtl. Nachbehandlung von entstandenen (Trocken-) Rissen in Zeitabständen bei witterungs- und feuchtebeanspruchten Holzbauteilen technisch sinnvoll und erforderlich.

5.2.7 Bekämpfungs- und Sanierungsmaßnahmen gegen Holz zerstörende Pilze und Insekten

Bekämpfungs- und Sanierungsmaßnahmen gegen Holz zerstörende Pilze und Insekten werden in **DIN 68800-4: 2020-12** (Holzschutz, Bekämpfungs- und Sanierungsmaßnahmen gegen Holz zerstörende Pilze und Insekten) geregelt. Der Teil 4 dieser Baunorm gilt in Verbindung mit DIN 68800-1: 2019-06 und -3: 2020-03, er legt Maßnahmen zur Bekämpfung eines Befalls durch Holz zerstörende Pilze und Insekten bei verbautem Holz (tragende und nicht tragende Bauteile) und Holzwerkstoffen fest, sie schließen die Behandlung des Mauerwerks gegen den Echten Hausschwamm ein. Die Erhaltung oder Wiederherstellung der Tragfähigkeit und Gebrauchstauglichkeit der Holzbauteile/Tragwerke bei Bekämpfungs- und Sanierungsmaßnahmen müssen gesondert sichergestellt werden.

Dieser Teil 4 der Normenreihe, DIN 68800-4: 2020-12 (und auch der Teil 3, DIN 68800-3: 2020-03, s. Abschn. 5.2.5) ist bauaufsichtlich nicht eingeführt. Für diese beiden Normen gelten die gesetzlich vorgeschriebenen Zulassungen für Holzschutzmittel nach dem Chemikaliengesetz (Biozid-Zulassungen). Demnach benötigen Holzschutzmittel bei ihrer Anwendung für tragende Holzbauteile Biozid-Zulassungen, diese ersetzen die bisherigen bauaufsichtlichen Verwendbarkeitsnachweise, im Zeitraum bis zum Vorliegen von Biozid-Zulassungen sind jedoch weiterhin bauaufsichtliche Verwendbarkeitsnachweise erforderlich. Obwohl Teil 4 (und Teil 3) der DIN 68800 bauaufsichtlich nicht eingeführt ist, darf er trotzdem in der Praxis angewendet werden, da er einen wesentlichen Stand der Bautechnik repräsentiert; hierzu wird empfohlen, eine schriftliche Vereinbarung zwischen den Bauparteien bei Durchführung von Bekämpfungs- und Sanierungsmaßnahmen und Anwendung von Holzschutzmitteln abzuschließen. Holzschutzmittel für nicht tragende Holzbauteile und anderes Holz können ihre Eignung durch Biozid-Zulassungen oder durch eine autorisierte Stelle nachweisen.

Bekämpfungs- und Sanierungsmaßnahmen gegen Befall Holz zerstörender Organismen sollten nach DIN 68800-4: 2020-12, 4 vorgenommen werden, wenn verbautes Holz oder Holzwerkstoffe von Holz zerstörenden Pilzen und/oder Insekten befallen sind und diese die Baustoffe oder die Tragfähigkeit von Holztragwerken oder Holzbauteilen gefährden. Nach Feststellen der Ursache, Art und des Umfangs der Schädigung/des Befalls und der Notwendigkeit der Schadensbehebung sind meist umfangreiche Bekämpfungs- und/ oder Sanierungsmaßnahmen erforderlich.

Als **Regelsanierung** können nach DIN 68800-4: 2020-12, 4.3 grundsätzlich folgende bewährte Verfahren angewendet werden, erforderlichenfalls sind auch mehrere dieser Verfahren auszuführen:

- **Bei Pilzbefall:**

a) die Beseitigung der Ursache der erhöhten Holzfeuchte ($\omega > 20\%$) und Trocknung der geschädigten Bereiche auf $\omega \leq 20\%$,

b) Entfernen von befallenen Materialien, Myzel und Fruchtkörpern,
c) Ausbau befallener Holzbauteile,
d) Behandlung verbleibender Holzbauteile mit vorbeugend wirksamen Holzschutzmitteln,
e) bei Befall durch Echten Hausschwamm eine Behandlung von Mauerwerk mit Schwammsperrmitteln,

- **Bei Insektenbefall:**

f) Ausbau befallener Holzbauteile,
g) Anwendung bekämpfend wirkender Holzschutzmittel,
h) Anwendung des Heißluftverfahrens,
i) Anwendung des Begasungsverfahrens.

Bei **Befall Holz zerstörender Pilze** sind die o.a. Maßnahmen oder Teile/Kombinationen davon durchzuführen, unabhängig, ob tragende oder nicht tragende Holzbauteile befallen sind, da nach *Grosser* [179] (zu 3.4, 3.8, 4.2) ein Pilzbefall oft unbemerkt von nicht tragenden auf tragende Hölzer übergehen und die Tragfähigkeit letzterer gefährden kann. Darüber hinaus ist zu beachten, dass Pilze über längere Zeit nicht aktiv sein (Trockenstarre) und danach wieder wachsen können, wenn bei ansteigender Holzfeuchte ihre Wachstumsbedingungen vorliegen. Zu den Holz zerstörenden Pilzen wie Braunfäule-, Weißfäule- und Moderfäulepilze gehört der Echte Hauschwamm als ein in Gebäuden auftretender besonders gefährlicher Pilz, s. Abschn. 5.2, Tabelle 5.2, bei dem oft nach einer nicht sorgfältig durchgeführten Bekämpfung ein Widerbefall erfolgt. Detaillierte Bekämpfungs- und Sanierungsmaßnahmen bei Befall Holz zerstörender Pilze werden in DIN 68800-4: 2020-12, 8 angeführt und von *Grosser* [179] (zu 8) ausführlich mit Beispielen kommentiert.

Ein **Befall Holz zerstörender Insekten** muss nach DIN 68800-4: 2020-12, 4.2 nur bei Lebendbefall tragender Holzbauteile bekämpft werden, bei nicht tragenden Hölzern sollte die Notwendigkeit von Bekämpfungsmaßnahmen in einer Nutzen/Risiko-Analyse geprüft werden, insbesondere, wenn durch den Insektenbefall weitere tragende Holzbauteile gefährdet sind. Von den Holz zerstörenden Insekten müssen nur lebende Trockenholzinsekten (Bauholzinsekten) bekämpft werden, während Frischholzinsekten praktisch keine Gefahr darstellen, s. Abschn. 5.2, Tabelle 5.3. Zu den wichtigsten Holz zerstörenden Insekten gehören in Deutschland der Hausbockkäfer (*Hylotrupes*), gemeine Nagekäfer (Klopfkäfer, *Anobien*) und verschiedene Splintholzkäfer (*Lyctus*). Detaillierte Bekämpfungs- und Sanierungsmaßnahmen bei Befall Holz zerstörender Insekten werden in DIN 68800-4: 2020-12, 9 angeführt und von *Grosser* [179] (zu 9) ausführlich mit Beispielen kommentiert.

Der Einsatz von **Bekämpfungs- und Begasungsmitteln** ist nach DIN 68800-4: 2020-12, 4.3.2 auf das erforderliche Maß unter Abwägung von Risiko und Nutzen zu beschränken (Bekämpfungsmittel sind bekämpfend wirkende Holzschutzmittel). Das Heißluftverfahren, das als Sondermaßnahme im Einzelfall auch zur Bekämpfung des Echten Hausschwamms eingesetzt werden kann, und Begasungsverfahren bewirken im Gegensatz zu Bekämpfungsmitteln keinen ausreichenden vorbeugenden Schutz gegen Neubefall des behandelten Holzes durch Holz zerstörende Insekten (bzw. Echten Hausschwamm), so dass hier entsprechende vorbeugende Holzschutzmaßnahmen erforderlich werden können, wenn nicht auf vorbeugende Maßnahmen verzichtet werden kann. Als **Holzschutzmittel** dürfen nur geeignete, nach der

Biozid-Verordnung zugelassene (oder zwischenzeitlich mit bauaufsichtlichem Verwendbarkeitsnachweis), vorbeugende oder bekämpfende Holzschutzmittel verwendet werden.

Bekämpfungs- und Sanierungsmaßnahmen dürfen nach DIN 68800-4: 2020-12, 4.5 nur von **erfahrenen qualifizierten Fachfirmen/Fachleuten durchgeführt werden**, die die entsprechende Ausbildung und Ausrüstung besitzen und die Anforderungen der Gefahrstoffverordnung, des Arbeits-, Gesundheits- und Umweltschutzes einhalten, s. *Grosser* [179] (zu 4.5 und 4.7) und *Willeitner* [522]. Maßnahmen, die die Tragfähigkeit und Gebrauchstauglichkeit von (Holz-) Bauwerken/Holzbauteilen beeinträchtigen, sollten stets von fachkundigen Tragwerksplanern begleitet werden.

5.3 Korrosionsschutz metallischer Bauteile und Verbindungsmittel

Ein geeigneter Korrosionsschutz stellt die dauerhafte Tragfähigkeit von metallischen Bauteilen und Verbindungsmitteln während der Nutzungsdauer eines Holzbauwerkes sicher. Als geeignete Maßnahmen gegen Korrosion sind Beschichtungen, Metallüberzüge, korrosionsbeständiges Metall oder Gleichwertiges anzusehen. Beispiele für Mindestanforderungen an den Korrosionsschutz von Baustoffen oder Verbindungsmitteln für unbedeutende und geringe Korrosionsbelastungen (Korrosivitätskategorien C1 und C2) sind in Tabelle 5.25, für mäßige, starke oder sehr starke Korrosionsbelastungen (Korrosivitätskategorien C3, C4 oder C5) in Tabelle 5.26 jeweils für die drei Nutzungsklassen zusammengestellt, die Korrosivitätskategorien C1 bis C5 für atmosphärische Umweltbedingungen und Beispiele für typische Umgebungen können Tabelle 5.27 entnommen werden.

Liegen **metallische Verbindungsmittel** im Holz und sind eng mit Holz umgeben, sind sie durch das Holz meist ausreichend gegen Korrosion geschützt und bedürfen bei unbedeutenden, geringen und mäßigen Korrosionsbelastungen nach Tabellen 5.25 und 5.26 keines oder nur eines geringen Korrosionsschutzes, während bei starker und sehr starker Korrosionsbelastung besondere Schutzmaßnahmen notwendig sind. Korrosion kann auch durch **Kontakt mit bestimmten gerbstoffreichen Hölzern** entstehen, ausgeprägt ist dies z.B. bei Douglasie, Angélique (Basralocus), Azobé (Bongossi) und Eiche, s. Abschn. 1, Tabelle 1.7. Als Korrosionsschutz empfiehlt DIN EN 1995-1-1/NA: 2013-08, NCI Zu 4.2 bei diesen gerbstoffreichen Hölzern den Einsatz geeigneter nicht rostender Stähle, s. Tabelle 5.26.

Mit **Holzschutzmitteln behandelte (imprägnierte) Hölzer** können ebenso den Korrosionsschutz metallischer Bauteile herabsetzen und diese korrodieren. Als Korrosionsschutz bei imprägnierten Hölzern sollten nach DIN EN 1995-1-1/NA: 2013-08, NCI Zu 4.2 die Mindestanforderungen für sehr starke Korrosionsbeanspruchung nach Tabelle 5.26 eingehalten werden. Die Verträglichkeit von Holz- und Korrosionsschutzmitteln ist zu überprüfen (Hersteller).

Über die Korrosion metallischer Verbindungsmittel in Holz- und Holzwerkstoffen mit Planungs- und Ausführungshilfen für Korrosionsschutzmaßnahmen s. *Informationsdienst Holz* [240].

Tabelle 5.25 Beispiele für Mindestanforderungen an Baustoffe oder Korrosionsschutz für Verbindungsmittel für unbedeutende und geringe Korrosionsbelastungen (Korrosivitätskategorien C1 und C2) nach DIN EN 1995-1-1: 2010-12, Tab. 4.1 und DIN EN 1995-1-1/A2: 2014-07 [1][2][3][7][9]

Baustoffe, Verbindungsmittel	**Nutzungsklasse 1**[8] bei unbedeutender (C1) oder geringer (C2) Korrosionsbelastung[2][4][7]	**Nutzungsklasse 2**[8] bei unbedeutender (C1) oder geringer (C2) Korrosionsbelastung[2][4][7]	**Nutzungsklasse 3**[8] bei unbedeutender (C1) oder geringer (C2) Korrosionsbelastung[2][4][7]
Nägel und Holzschrauben mit $d \leq 4$ mm	keine	Fe/Zn 12c[5]	Fe/Zn 25c[5]
Bolzen, Stabdübel[6], Nägel und Holzschrauben mit $d > 4$ mm	keine	keine	Fe/Zn 25c[5]
Klammern	Fe/Zn 12c[5]	Fe/Zn 12c[5]	geeigneter nicht rostender Stahl
Nagelplatten und Stahlbleche mit einer Dicke $t \leq 3$ mm	Fe/Zn 12c[5]	Fe/Zn 12c[5]	geeigneter nicht rostender Stahl
Stahlbleche mit einer Dicke 3 mm $< t \leq 5$ mm	keine	Fe/Zn 12c[5]	Fe/Zn 25c[5]
Stahlbleche mit einer Dicke $t > 5$ mm	keine	keine	Fe/Zn 25c[5]

[1]) Beispiele für Mindestanforderungen an Baustoffe oder Korrosionsschutz für Verbindungsmittel für mäßige (C3), starke (C4) oder sehr starke (C5) Korrosionsbelastungen s. Tabelle 5.26

[2]) Korrosivitätskategorien C für atmosphärische Umgebungsbedingungen nach DIN EN ISO 12944-2: 2018-04 s. Tabelle 5.27

[3]) die Verträglichkeit von Holzschutzmitteln mit dem Korrosionsschutz ist zu beachten

[4]) bei besonderen korrosiven Bedingungen sollten dickere Feuerverzinkungen oder nicht rostender Stahl in Betracht gezogen werden, hierüber s. Tabelle 5.26 für mäßige (C3), starke (C4) oder sehr starke (C5) Korrosionsbelastungen

[5]) bei Feuerverzinkungen von Stahlblechen ist Fe/Zn 12c durch Z275 und Fe/Zn 25c durch Z350 nach DIN EN 10346 zu ersetzen, wird das Schmelztauchverfahren bei stiftförmigen Verbindungsmitteln verwendet, ist Fe/Zn 12C durch eine Zinkschicht von mindestens 39 μm und Fe/Zn 25C durch eine Zinkschicht von mindestens 49 μm nach DIN EN ISO 1461 zu ersetzen

[6]) für eingeklebte Stahlstäbe ist der Korrosionsschutz nach DIN EN 1995-1-1/NA: 2013-08, NCI Zu 4.2, NA.5 wie für Bolzen und Stabdübel nach dieser Tabelle und nach Tabelle 5.26 (DIN SPEC 1052-100: 2013-08) auszuführen

[7]) zur Vermeidung von Korrosion bei Kontakt mit gerbstoffreichen Hölzer wie z.B. Azobé (Bongossi), Eiche (aber auch Angélique (Basralocus), Douglasie nach Tabelle 1.7) empfiehlt DIN EN 1995-1-1/NA: 2013-08, NCI Zu 4.2, NA.6 den Einsatz geeigneter nicht rostender Stähle; zur Vermeidung von Korrosion bei Kontakt von mit Holzschutzmitteln behandelten (imprägnierten) Hölzern sollten die Mindestanforderungen für sehr starke Korrosionsbeanspruchung nach Tabelle 5.26 (DIN SPEC 1052-100: 2013-08) eingehalten werden

[8]) Nutzungsklassen s. Tabelle 7.12

[9]) gilt für unbedeutende (C1) und geringe (C2) Korrosionsbelastungen nach DIN EN 1995-1-1/NA: 2013-08, NCI zu 4.2, NA.3

Tabelle 5.26 Beispiele für Mindestanforderungen an die Baustoffe oder den Korrosionsschutz von Verbindungsmitteln für mäßige, starke oder sehr starke Korrosionsbelastungen (Korrosivitätskategorien C3, C4 oder C5) nach DIN EN 1995-1-1/NA: 2013-08, NCI Zu 4.2, NA.4 und DIN SPEC 1052-100: 2013-08[1])[2])[3])[4])[5])[15])

	Baustoffe, Verbindungsmittel	Korrosionsschutz in Anlehnung an DIN EN ISO 2981 bzw. mittlere Zinkschichtdicke in µm und/oder andere Schutzmaßnahmen			
		bei mäßiger Korrosionsbelastung C3		bei starker und sehr starker Korrosionsbelastung C4 und C5	
		Nutzungsklasse 1[4])[6])	**Nutzungsklasse 2[4])[6])**	**Nutzungsklassen 1, 2 und 3 bei C4[4])[6])**	**Nutzungsklasse 3 bei C5[4])[6])**
1	Nägel und Holzschrauben mit $d \leq 4$ mm	keine[9])	Fe/Zn 12c[7])	55	geeigneter nicht rostender Stahl[11])
2	Nägel und Holzschrauben mit $d > 4$ mm, Dübel besonderer Bauart, Bolzen, Stabdübel[5]), Scheiben, Muttern	keine[8])[9])	keine[8])[9])	55	geeigneter nicht rostender Stahl[10])[11])
		Nutzungsklassen 1 und 2[4])[6])		**Nutzungsklassen 1, 2 und 3 für C4 und Nutzungsklasse 3 für C5[4])[6])**	
3	Klammern	geeigneter nicht rostender Stahl[11])		geeigneter nicht rostender Stahl[11])	
4	Nagelplatten[12]) und Stahlbleche[12])[13]) mit einer Dicke $t \leq 3$ mm	Fe/Zn 12c[7])		geeigneter nicht rostender Stahl[11]) oder Korrosionsschutz nach DIN 55634: 2010-04	
5	Stahlbleche mit einer Dicke 3 mm $< t \leq 5$ mm	30[14])		geeigneter nicht rostender Stahl[11]) oder Korrosionsschutz nach DIN EN ISO 12944-5: 2008-01	
6	Stahlbleche mit einer Dicke $t > 5$ mm	Korrosionsschutz nach DIN EN 1090-2: 2011-10		Korrosionsschutz nach DIN EN 1090-2: 2011-10	

[1]) Beispiele für Mindestanforderungen an Baustoffe oder Korrosionsschutz für Verbindungsmittel für unbedeutende (C1) oder geringe (C2) Korrosionsbelastungen s. Tabelle 5.25

[2]) Korrosivitätskategorien C für atmosphärische Umgebungsbedingungen und Beispiele für typische Umgebungen nach DIN EN ISO 12944-2: 1998-07 s. Tabelle 5.27

[3]) die Verträglichkeit von Holzschutzmitteln mit dem Korrosionsschutz ist zu beachten

[4]) zur Vermeidung von Korrosion bei Kontakt mit gerbstoffreichen Hölzer wie z.B. Azobé (Bongossi), Eiche (aber auch Angélique (Basralocus), Douglasie nach Tabelle 1.7) empfiehlt DIN EN 1995-1-1/NA: 2013-08, NCI Zu 4.2, NA.6 den Einsatz geeigneter nicht rostender Stähle; zur Vermeidung von Korrosion bei Kontakt von mit Holzschutzmitteln behandelten (imprägnierten) Hölzern sollten die Mindestanforderungen für sehr starke Korrosionsbeanspruchung nach dieser Tabelle eingehalten werden

[5]) für eingeklebte Stahlstäbe ist der Korrosionsschutz nach DIN EN 1995-1-1/NA: 2013-08, NCI Zu 4.2, NA.5 wie für Bolzen und Stabdübel nach dieser Tabelle und nach Tabelle 5.25 auszuführen

Fortsetzung Fußnote zu Tabelle 5.26

[6]) Nutzungsklassen s. Tabelle 7.12

[7]) bei Feuerverzinkungen ist in der Regel Fe/Zn 12c durch Z275 nach DIN EN 10346 zu ersetzen

[8]) bei einseitigen Dübeln besonderer Bauart aus Stahlblech muss die mittlere Zinkschichtdicke mind. 55 µm betragen

[9]) bei Stahlblech-Holzverbindungen mit außen liegenden Blechen muss bei Nägeln und Schrauben die mittlere Zinkschichtdicke mind. 7 µm betragen

[10]) bei Verbindungsmitteln, die in ihrem für die Tragfähigkeit relevanten Bereich von Holz oder Holzwerkstoffen vollständig umschlossen sind, wie z.B. Stabdübel und Vollgewindeschrauben, ist eine mittlere Zinkschichtdicke von mind. 55 µm ausreichend

[11]) z.B. nicht rostende Stähle für die entsprechenden Korrosionswiderstandsklassen nach allgemeiner bauaufsichtlicher Zulassung Z-30.3-6 „Erzeugnisse, Verbindungsmittel und Bauteile aus nicht rostenden Stählen"

[12]) statt feuerverzinktem Blech darf auch Blech mit Zink-Aluminium-Überzügen gleicher Schichtdicke eingesetzt werden

[13]) Stahlbleche mit einer Dicke $t \leq 3$ mm dürfen auch mit geschnittenen, unverzinkten Kanten eingesetzt werden

[14]) die übliche Mindestschichtdicke beim Stückverzinken betragt 50 µm

[15]) die DIN SPEC 1052-100: 2013-08 ist eine Vornorm und ergänzt die als Technische Baubestimmungen eingeführten Bemessungsnormen des Holzbaus, auf sie wird in DIN EN 1995-1-1/NA: 2013-08, NCI Zu 4.2 für die Mindestanforderungen mäßiger, starker und sehr starker Korrosionsbelastungen verwiesen

Tabelle 5.27 Korrosivitätskategorien C1 bis C5 für atmosphärische Umweltbedingungen und Beispiele für typische Umgebungen nach DIN EN ISO 12944-2: 2018-04, Tab. 1[1])

Korrosivitätskategorie	**Beispiele für typische Umgebungen in einem gemäßigten Klima**	
	außen	**innen**
C1 unbedeutend	–	beheizte Gebäude mit neutralen Atmosphären z.B. Büros, Läden, Schulen, Hotels
C2 gering	Atmosphären mit geringer Verunreinigung, meistens ländliche Bereiche	Unbeheizte Gebäude, in denen Kondensation auftreten kann z.B. Lager, Sporthallen
C3 mäßig	Stadt- und Industrieatmosphären, mäßige Verunreinigungen durch Schwefeldioxid, Küstenbereiche mit geringer Salzbelastung	Produktionsräume mit hoher Feuchte und etwas Luftverunreinigung z.B. Anlagen zur Lebensmittelherstellung, Wäschereien, Brauereien, Molkereien
C4 stark	industrielle Bereiche und Küstenbereiche mit mäßiger Salzbelastung	Chemieanlagen, Schwimmbäder, küstennahe Werften und Bootshäfen
C5 sehr stark (Industrie)	industrielle Bereiche mit hoher Feuchte und aggressiver Atmosphäre	Gebäude oder Bereiche mit nahezu ständiger Kondensation und mit starker Verunreinigung
C5 sehr stark (Meer)	Küsten mit hoher Salzbelastung	Gebäude oder Bereiche mit nahezu ständiger Kondensation und mit starker Verunreinigung
CX extrem	Offshorebohrung mit hoher Salzbelastung und industrielle Bereiche mit extremer Luftfeuchte und aggressiver Atmosphäre sowie subtropische und tropische Atmosphäre	Industriebereiche mit extremer Luftfeuchte und aggressiver Atmosphäre

Geklebte Holzverbindungen

6

6.1 Übersicht über geklebte Holzverbindungen und Kleber

„Klebstoff" ist nach DIN 16 920 ein nicht metallischer Stoff, der Fügeteile wie Holzteile durch Flächenhaftung (Adhäsion als Bindungskräfte zwischen Fügeteilen und Klebschicht) und durch innere Festigkeit (Kohäsion als molekulare Bindungskräfte in der Klebschicht) verbindet. Klebstoff ist ein Oberbegriff und schließt andere Klebstoffarten wie „Leim" ein. Deshalb wird im Folgenden der Oberbegriff „Kleben" wie in DIN EN 1995-1-1: 2010-12 und DIN EN 1995-1-1/NA: 2013-08 verwendet.

Geklebte Holzverbindungen sind **„flächenhafte (flächenfeste)" Verbindungen** von Holzbauteilen durch Kleber. In der Klebfuge können besonders Scherkräfte (Abscheren) übertragen werden. Geklebte Holzverbindungen sind sehr steif und unter Belastung - praktisch unverschieblich, dagegen sind Holzverbindungen mit mechanischen Verbindungsmitteln nach Abschn. 11 und 12 (wie Nägel, Stabdübel, Bolzen, Holzschrauben, Dübel besonderer Bauart) „punktweise", nachgiebige Verbindungen und weitaus weniger steif als geklebte Holzverbindungen, s. Abschn. 10.1, Bild 10.1. Bei tragenden geklebten Holzbauteilen verbindet der Klebstoff mehrere Holzteile mit beschränkten Einzeldicken flächenhaft zu einem tragfähigen Gesamtquerschnitt, Abschn. 6.2.2, während bei eingeklebten Stahlstäben als stiftförmige Verbindungsmittel der Klebstoff die kraftschlüssige Verbindung zwischen Holz und profiliertem Stahlstab herstellt, s. Abschn. 13.

Geklebte Verbindungen des Holzbaus werden überwiegend bei Holzwerkstoffen, s. Abschn. 2, Brettschichtholz, s. Abschn. 3.3, Balkenschichtholz, s. Abschn. 3.4, Furnierschichtholz, s. Abschn. 3.5, T-, I- und Kastenquerschnitten, s. Abschn. 3.6, Holztafeln, Wand- und Deckenelementen u. dgl., bei Schraubenpressklebung, s. Abschn. 6.2.3, Schäftung, s. Abschn. 6.3, Keilzinkenverbindung, s. Abschn. 6.4, und aufgeklebten Verstärkungen, s. Abschn. 21, verwendet.

H. Neuhaus · L. Peterson (✉)
e-mail: peterson@fh-aachen.de

H. Neuhaus, W. Moorkamp, L. Peterson, T. Uibel, *Ingenieurholzbau*,
DOI 10.1007/978-3-658-44967-4_6

Tragende geklebte Verbindungen des Holzbaus müssen nach DIN EN 1995-1-1: 2010-12, 3.6 aus Klebstoffen bestehen, die während der zu erwartenden Lebensdauer des Tragwerks die volle Festigkeit und Dauerhaftigkeit der hergestellten Verbindung in der vorgesehenen Nutzungsklasse sicherstellen. Die Klebstoffe dürfen nach DIN EN 1995-1-1/NA: 2013-08, NCI Zu 3.6 in Deutschland nur aus dem Klebstofftyp I der DIN EN 301: 2023-05 bestehen oder müssen einen bauaufsichtlichen Verwendbarkeitsnachweis für den vorgesehenen Verwendungszweck besitzen. Weitere Angaben über Klebstoffe zur Herstellung von geklebten Schichtholzprodukten sind in DIN EN 14080: 2013-09 und DIN 1052-10: 2024-12 angeführt.

Geeignete Klebstoffe für tragende Holzbauteile sind überwiegend härtbare Kunstharzkleber, die geklebte Holzbauweisen in Mitteleuropa seit ca. 1960/1970 besonders gefördert haben. Solche Klebstoffe werden auch als Bauholzkleber bezeichnet; derzeit verwendete sind in Tabelle 6.1 angeführt, von denen **Melaminharz-Klebstoffe** oft, dagegen die früher verbreiteten Phenol-Resorcinharz-Klebstoffe nur selten bei besonderen Anforderungen eingesetzt werden. Die Klebfugendicke ist sehr dünn und beträgt z.B. bei Flächenklebungen zwischen Lamellen von Brettschichtholz bis 0,3 mm, der Klebstoffanteil bei Lamellendicken von $t = 40$ mm ca. 0,3% bis 0,5%, s. *Müller/Wiegand* [374]. **Verträglichkeit von Klebern** mit Holzschutz- sowie ggf. Feuerschutz- und Korrosionsschutzmitteln sowie nachträglichen Anstrichen ist zu beachten und nachzuweisen (Hersteller). Einen Überblick über Kleber für Holzverbindungen geben weiter *Radović* [404], *Radović/Goth* [411] und *Raknes* [413], über Klebverbindungen und geklebte Holzstrukturen *Vallée/Bathon/Fecht/Bletz-Mühldorfer* [511]. Die Materialprüfanstalten der Universität Stuttgart, Otto-Graph-Institut, und der Technischen Universität München führen eine jeweils aktuelle Liste aller verwendbaren Kleber.

Tabelle 6.1 Klebstofftypen zum Kleben tragender Holzbauteile der DIN EN 1995-1-1: 2010-12 nach DIN EN 301: 2023-05, 4, DIN EN 14080: 2013-09, 5.5, DIN EN 15425: 2023-05, 4 und *Müller/Wiegand* [374]1)10)14)

Klebstoff	Klassifizierungsnorm	Klebstofftyp nach DIN EN 301 1)	Farbe der Klebfuge	Zulässige Dauertemperatur der Klebstofffugen	Einsatz in Nutzungsklasse 2)
Melaminharz-Klebstoff 3)6)9)	DIN EN 301: 2023-05 11)	I	hell bis braun	50 °C, 70 °C oder 90 °C	1, 2, 3
Phenol-Resorcinharz-Klebstoff (seltener eingesetzt) 3)6)9)	DIN EN 301: 2023-05 11)	I	dunkelbraun	50 °C, 70 °C oder 90 °C	1, 2, 3
PUR-Klebstoff 4)7)9)13)	DIN EN 15425: 2023-05	I	hell bis transparent	keine Angaben	1, 2, 3
EPI-Klebstoff 5)8)12)13)	DIN EN 15425: 2023-05	I		keine Angaben	1, 2

Fußnote zu Tabelle 6.1

[1]) der Klebstofftyp II der DIN EN 301: 2023-05 und DIN EN 15425: 2023-05 darf in Deutschland nach DIN EN 1995-1-1/NA: 2013-08, NCI Zu 3.6 nicht verwendet werden, s. auch Anwendungsnorm DIN 20000-3: 2022-02, Tab. 3
[2]) Nutzungsklassen NKL nach Tabelle 7.12
[3]) Phenolplast- und Aminoplastharz-Klebstoffe
[4]) feuchtigkeitsvernetzende Einkomponenten-Klebstoffe auf Polyurethanbasis (PUR), s. auch Fußnote [13])
[5]) Emulsion-Polymer-Isocyanat-Klebstoffe (EPI), s. auch Fußnoten [12]) und [13])
[6]) maximal zulässige Klebfugendicken für Melaminharz- und Phenol-Resorcinharz-Klebstoffe nach DIN EN 14080: 2013-09, Anhang I: 0,3 mm bei Flächenklebungen zwischen Lamellen, wenn Harz und Härter separat aufgetragen werden, 0,6 mm bei Flächenklebungen zwischen Lamellen, wenn Harz und Härter vor der Verwendung gemischt werden, 0,5 mm bei Brettschichtholz mit Universal-Keilzinkenverbindungen, 1,5 mm bei Verbundbauteilen aus Brettschichtholz zwischen Brettschichtholz-Komponenten (Blockfugen-Verklebungen) und 0,1 mm bei Keilzinkenverbindungen nach DIN EN 301: 2023-05
[7]) maximal zulässige Klebfugendicken für PUR-Klebstoffe nach DIN EN 14080: 2013-09, Anhang I.5: 0,3 mm bei Flächenklebungen zwischen Lamellen
[8]) maximal zulässige Klebfugendicken für EPI-Klebstoffe nach DIN EN 14080: 2013-09, Anhang I.5: 0,3 mm bzw. 0,2 mm bei Flächenklebungen zwischen Lamellen je nach Prüfung
[9]) Polyurethan-Klebstoffe sind formaldehydfrei, Melaminharz- und Phenol-Resorcinharz-Klebstoffe enthalten sehr geringe Formaldehyd-Anteile und erreichen die E1-Klasse der Formaldehyd-Emissionsklassen, da besonders formaldehydarme Klebstoffe eingesetzt werden, über Emission von Formaldehyd s. DIN EN 14080: 2013-09, Anhang A und auch Fußnote [10])
[10]) die Raumluftkonzertration durch Formaldehyd-Emission von geklebten Schichtholzprodukten der E1-Klasse bleibt bei üblichen Gebrauchsbedingungen $\leq 0{,}1$ ppm Formaldehyd, d.h. unterhalb der Grenzwerte, s. auch Fußnoten [9]) und [14])
[11]) bzw. DIN EN 301: 2023-05
[12]) für Brettschichtholz in Nutzungsklasse 3 darf nach DIN 20000-3: 2022-02, Tab. 3 keine Verklebung mit Emulsion-Polymer-Isocyanat-Klebstoffe (EPI) vorgenommen werden
[13]) für Brettschichtholz mit Universal-Keilzinkenverbindung und Verbundbauteilen aus Brettschichtholz mit Rechteckquerschnitt darf nach DIN 20000-3: 2022-02, Tab. 1 für die Verbindung der Brettschichtholz-Komponenten keine Verklebung mit feuchtigkeitsvernetzenden Einkomponenten-Klebstoffen auf Polyurethanbasis (PUR) und mit Emulsion-Polymer-Isocyanat-Klebstoffen (EPI) vorgenommen werden
[14]) in Deutschland dürfen nach DIN 20000-3: 2022-02, 3.11 nur geklebte Schichtholzprodukte der Formaldehydemissionsklasse E1 verwendet werden

6.2 Tragende geklebte Verbindungen im Holzbau

6.2.1 Beanspruchung geklebter Holzverbindungen

Geklebte Verbindungen in tragenden Holzbauteilen der DIN EN 1995-1-1: 2010-12 und DIN EN 1995-1-1/NA: 2013-08 werden überwiegend mit „dünnen“ Klebstofffugen von 0,1 mm bis 0,3 mm Dicke erstellt, Klebschichten (Blockfugen) zwischen Einzelbauteilen von Verbundbauteilen dürfen dagegen Dicken bis zu 1,5 mm besitzen, s. Abschn. 3.3.4 und Tabelle 6.1. Geklebte Holzverbindungen besitzen in Richtung der Klebstofffuge eine hohe Festigkeit, d.h. sie können insbesondere auf Abscheren beansprucht werden. Normal („quer“) zur Klebstofffuge liegt jedoch eine geringere Zugfestigkeit vor, so dass Querzugbeanspruchungen von Klebstofffugen möglichst „klein“ zu halten sind, während dagegen höhere Querdruckbeanspruchungen normal („quer“) zur Klebstofffuge über Flächenpressung im Klebstoff und den verbundenen Hölzern übertragen werden können.

Bei tragenden **faserparallelen (seitlichen) Klebverbindungen** von Holzbauteilen untereinander mit einem Anschnittswinkel $\alpha = 0°$ zwischen Klebfuge und Faserrichtung des Holzes müssen nach *Raknes* [413] die Klebfugen höchstens Beanspruchungen übertragen, die der Scherfestigkeit (Abscheren) parallel zur Faser und der sehr geringen Zugfestigkeit rechtwinklig zur Faser des Holzes entsprechen, ansonsten würde bei darüber hinaus gehenden Beanspruchungen das Holz versagen; für derartige Beanspruchungen sind Bauholzkleber für tragende Zwecke ausgelegt.

Dagegen können **keine direkt geklebten Längsstoßverbindungen** wie tragende Verklebungen von Hirnholz mit Hirnholz (Stumpfstöße mit Anschnittswinkel $\alpha = 90°$) ausgeführt werden, da derzeit kein Kleber eine Beanspruchung aufnehmen kann, die der Zugfestigkeit parallel zur Faser des Holzes entspricht, während Beanspruchungen in der Größenordnung der Druckfestigkeit parallel zur Faser des Holzes übertragen werden können. Aus vergleichbaren Gründen dürfen auch keine Klebverbindungen Hirnholz mit Holzseitenflächen (mit Anschnittswinkel $\alpha = 90°$) ausgeführt werden. Geringe Abweichungen von der Klebung parallel zur Faser sind jedoch nach DIN 1052-10: 2024-12, 7.1 (9) erlaubt, danach muss bei flächiger Klebung von Holzbauteilen der Anschnittswinkel zwischen Klebfuge und Faserrichtung des Holzes auf $\alpha \leq 15°$ begrenzt bleiben, z.B. in Brettschichtholzbauteilen mit geneigten Rändern, in denen die (zwei) außen liegenden randparallelen Lamellen die innen liegenden, unter einem Anschnittswinkel α angeschnittenen Lamellenenden abdecken.

Da direkte Längsstoßverbindungen mit Klebern nicht ausgeführt werden können, sind **indirekt geklebte Längsstoßverbindungen** entwickelt worden, bei denen die Längszugbeanspruchung einer Holzverbindung im Wesentlichen über Scherbeanspruchung (Abscheren) übertragen werden kann. Da die Scherfestigkeit des Holzes nur etwa 1/10 der Zugfestigkeit beträgt, muss die geklebte Fläche einer längsgestoßenen Holzverbindung nach *Raknes* [413] etwa das Zehnfache der Querschnittsfläche der gestoßenen Holzteile erreichen; hierzu stehen die ältere Schäftung, s. Abschn. 6.3, und die derzeit überwiegend verwendete Keilzinkung, s. Abschn. 6.4, als tragende geklebte Längsstoßverbindungen von Holzbauteilen zur Verfügung, bei denen der Anschnittswinkel α zwischen Klebfuge und Faserrichtung des Holzes stets „klein“ bleibt, um überwiegend Scherkräfte in der Klebfuge übertragen zu können. Beanspruchungen der indirekt längsgestoßenen und faserparallelen (seitlichen) geklebten Verbindungen infolge **Quell- und Schwindspannungen** sind gering, da die verbundenen Holzteile sich etwa jeweils in vergleichbaren Richtungen verformen und sich nicht gegenseitig absperren.

Kreuzweise geklebte Verbindungen von Holzbauteilen, bei denen sich die Holzfasern an der Klebfuge miteinander kreuzen, können ebenfalls hergestellt werden, da die Beanspruchungen der Klebfuge höchstens der Scherfestigkeit parallel zur Faser des Holzes und der sehr geringen Zugfestigkeit rechtwinklig zur Faser entsprechen; jedoch entstehen bei Holzfeuchteänderungen durch das unterschiedliche Quell- und Schwindverhalten in und senkrecht zur Faser große Spannungen in der Klebfläche, so dass kreuzweise geklebte Verbindungen nur begrenzt eingesetzt werden: bei Holzwerkstoffplatten mit „dünnen“ Einzelteilen, die sich gegenseitig „absperren“ wie z.B. bei Sperrholz, und bei „begrenzt kleinen“ Klebflächen wie z.B. in T-, I- und Kastenquerschnitten und in Brettsperrholz.

Klebstofffugen in tragenden Holzbauteilen werden demnach überwiegend auf Abscheren beansprucht, um standsichere Konstruktionen auf Dauer zu gewährleisten; bei fachgerechter Ausführung ist die Klebverbindung stets fester als das zu verbindende Holz. Über geklebte Holzverbindungen s. *Radović* [404] und *Raknes* [413], über Festigkeiten der Klebfugen von historischem Brettschichtholz s. *Rug/Linke/Winter* [436].

6.2.2 Herstellen tragender geklebter Holzbauteile

Tragende geklebte Verbindungen dürfen nur bei bestimmten Anforderungen an Holz, Klebstoff und Hersteller hergestellt werden. Im Allgemeinen werden mehrere Holzbauteile mit Beschränkung der Einzeldicke t wie z.B. Brettlamellen bei Brettschichtholz und Brettsperrholz, Furniere bei Sperrholz und Furnierschichtholz sowie Brettlamellen mit Holzwerkstoffplatten zu einem Gesamtquerschnitt miteinander verklebt. Nach DIN 1052-10: 2024-12 dürfen die in Kapitel 7 angeführten Holzbaustoffe miteinander zu tragenden Holzbauteilen verklebt werden.

Tabelle 6.2 Holzbaustoffe der DIN EN 1995-1-1: 2010-12 und DIN EN 1995-1-1/NA: 2013-08, die nach DIN 1052-10: 2024-12, Kapitel 7 miteinander zu tragenden Holzbauteilen (Gesamtquerschnitt) verklebt werden dürfen[1])

* Bauholz nach DIN EN 14081-1 * Brettschichtholz und Balkenschichtholz nach DIN EN 14080 in Verbindung mit DIN 20000-3 * Massivholzplatten nach DIN EN 13353 und DIN EN 13986 in Verbindung mit DIN 20000-1	* Furnierschichtholz nach DIN EN 14374 * Brettsperrholz aus Nadelholz nach ETA * Sperrholz nach DIN EN 636 und DIN EN 13986 in Verbindung mit DIN 20000-1	* geschliffene OSB-Platten nach DIN EN 300 und DIN EN 13986 in Verbindung mit DIN 20000-1 * kunstharzgebundene Spanplatten nach DIN EN 312 und DIN EN 13986 in Verbindung mit DIN 20000-1

[1]) DIN 1052-10: 2024-12 ergänzt DIN EN1995-1-1: 2010-12 und DIN EN 1995-1-1/NA: 2013-08 hinsichtlich Ausführung und Herstellung

Die Holzfeuchte der zu verklebenden Einzelbauteile sollte möglichst gleich sein, sie darf nach DIN EN 14080: 2013-09, Anhang I.4 bis I.7 höchstens 15% betragen und bei mit Holzschutzmittel unbehandelten Brettern/Lamellen zwischen $\omega = 6\%$ und 15% liegen, die Feuchteunterschiede der Einzellamellen sind jedoch auf $\Delta\omega \leq 5\%$ zu beschränken (Schraubenpressklebung und Schäftung $\Delta\omega \leq 4\%$, Universal-Keilzinkenverbindungen $\Delta\omega \leq 2\%$ und BS-Verbundbauteile $\Delta\omega \leq 3\%$); die Holzfeuchte der zu verklebenden Brettlamellen liegt im Mittel bei $\omega = 12\%$. Dazu ist eine technische Holztrocknung der Einzelbauteile (in einer geeigneten technischen Anlage prozessgesteuert mindestens 48 h bei einer Temperatur $T \geq 55\,°C$ auf eine Holzfeuchte $\omega \leq 15\%$, Weiteres s. Abschn. 5.2.3 oberhalb Tabelle 5.10) erforderlich. Holzfeuchten der Einzelbauteile $\omega > 15\%$ sind in den angeführten Fällen unzulässig, um Fehlklebungen und größere Schwindspannungen bei nachträglicher Trocknung auszuschließen. Die Holzfeuchte der fertig geklebten Bauteile sollte etwa der mittleren Gleichgewichtsfeuchte im späteren Einbauort entsprechen, s. Abschn. 7.5.3 und *Radović* [404].

Die zu verklebenden Hölzer werden nach der Holztrocknung vorgehobelt und gemäß den Anforderungen der DIN 4074-1 2012-06 (Nadelholz) in Sortierklassen nach der Festigkeit (Tragfähigkeit) sortiert. Die **Sortierung** kann visuell durch eine erfahrene Fachkraft oder zunehmend apparativ unterstützt visuell (maschinell) durch geeignete, zugelassene Holzsortiermaschinen erfolgen, s. Abschn. 3.2.3.

Als **Längsverbindungen der einzelnen sortierten Hölzer** wie z.B. die Brettlamellen bei Brettschichtholz werden überwiegend Keilzinkungen eingesetzt. Die Einzelhölzer, die aus dem natürlichen Holzangebot nur in begrenzten Längen von wenigen Metern bis zu etwa fünf Metern zur Verfügung stehen, werden damit an den Stirnenden längsgestoßen verklebt, so dass prinzipiell unbegrenzte Lamellenlängen („Endloslamellen") hergestellt werden können, aus denen die erforderlichen Gesamtlängen der Lamellen geschnitten werden, s. Abschn. 6.4. Die **Klebflächen der zugeschnittenen Hölzer (Lamellen)** werden durch Hobeln bearbeitet, um eine genaue Passfähigkeit zu erzielen. Dabei werden Hobelmaschinen mit Absaugeinrichtungen für Staub und Späne eingesetzt. Erfolgt das Verkleben möglichst zeitnah nach dieser Bearbeitung, werden weitere Verschmutzungen oder nachträgliche Quell- und Schwindverformungen in der Regel vermieden.

Bauholzkleber nach Tabelle 6.1 sind überwiegend Mehrkomponentenkleber (Klebstoff, Härter, evtl. Füllmittel), die bei kleineren Mengen im Handverfahren (seltener), jedoch überwiegend in mechanischen Mischern oder in automatischen Dosier- und Mischanlagen zum gebrauchsfertigen Kleber „gerührt" werden, bis die „Kleberflotte" knollenfrei ist. Der **Klebstoffauftrag** kann bei kleineren Klebflächen manuell mit Pinsel, gezahntem Spachtel oder Handwalze vorgenommen werden (seltener); bei größeren Klebflächen wie bei Brettschichtholz stehen Klebstoffauftragsmaschinen (Walzen, Gießen) zur Verfügung, die ein- oder (nur durch Walzen) zweiseitigen Auftrag ermöglichen. Der Klebstoffauftrag sollte je Klebfläche (Klebfuge) gleichmäßig erfolgen, je nach Klebstoffart und Verwendung sind ca. 300 bis 600 g/m2 Klebstoff pro Klebfuge erforderlich. Die Verarbeitungsdauer der gebrauchsfertigen Klebstoffmischung (Tropfzeit) liegt im Normalklima ($T = 20\,°C$, $\varphi = 65\%$) bei ca. ein bis zwei Stunden, sie verringert sich bei höheren Temperaturen und bei kleinerer relativen Luftfeuchte. Die Raumtemperatur beim Verkleben und Aushärten muss nach DIN 1052-10: 2024-12, 6.1 mindestens $T = 20\,°C$ betragen, diejenige der Baustoffe mindestens $T = 18\,°C$. Darunter liegende Temperaturen sind wegen der Gefahr von Fehlklebungen zu vermeiden.

Die zu verklebenden Holzeinzelteile werden mit ihren Klebflächen zusammengefügt und durch **Pressdruck** während der Aushärtezeit des Klebers bei mind. 20 °C gehalten, s. DIN 1052-10: 2024-12. Erforderliche Pressdrücke können dem Anhang A entnommen werden. Mit dem erforderlichen Pressdruck werden eine gegenseitige Fixierung der Einzelteile bis zum Aushärten des Klebers und eine gleichmäßig verteilte dünne Klebfuge erreicht. „Gekrümmte" Bauteile benötigen einen höheren Pressdruck als „gerade" (parallelgurtige). Dazu werden geeignete Pressvorrichtungen wie Spindel- und Hydraulikpressen für Brettschichtholz, Balkenschichtholz und dgl. sowie hydraulische Plattenpressen für

Tafelelemente, Wand- und Deckenbauteile verwendet. Nach Entnahme aus dem Pressbett und weiterer mehrtägiger Lagerung im warmen Lagerraum von mind. 18 °C, s. DIN EN 14080: 2013-09, I.5.10, können die verklebten Holzbauteile in der Regel voll belastet werden.

Tabelle 6.3 Empfohlene Pressdrücke und Presszeiten der Lamellen von geklebten Schichtholzprodukten (Brettschicht- und Balkenschichtholz)[1])[2])

Empfohlene Pressdrücke nach DIN EN 14080: 2013-09, Anhang I.5.9		Empfohlene Mindest-Presszeiten nach *Radović* [404]	
Lamellendicke *t* in mm	Pressdruck in N/mm^2	Bauteil	Presszeiten in h[3])[4])
Brettschichtholz			
$t \leq 35$	0,6 bis 0,8	gerade	6 bis 14
$35 < t \leq 45$	0,8 mit Entlastungsnuten 1,0 ohne Entlastungsnuten	gekrümmt	12 bis 20
Balkenschichtholz			
$45 < t \leq 85$	0,8 bis 1,0		

[1]) die Angaben der Klebstoffhersteller sind zu beachten
[2]) bei gekrümmten geklebten Schichtholzprodukten sollten die angegebenen Pressdrücke um 0,2 N/mm^2 erhöht werden
[3]) die großen Unterschiede in den Presszeiten sind auf verschiedene Kleber-Härter-Kombinationen zurückzuführen
[4]) oft dauern die Presszeiten bis zum Tag nach Pressbeginn

Die Lamellen von **Brettschichtträgern**, s. Abschn. 3.3, werden nach dem Klebstoffauftrag oft hochkant nebeneinander gelegt, die so entstehenden Brettschichtträger-Rohlinge werden waagerecht liegend, meist mehrere übereinander in Winkelbocken verpresst, s. Bild 6.1. Viele in Brettschichtträger-Längsrichtung hintereinander stehende Winkelböcke erlauben das Herstellen und Pressen „gerader" und „gekrümmter" Bauteile. Die Rohlinge werden nach ausreichender Klebstoffaushärtung seitlich gehobelt und weiterbearbeitet (Abbund wie z.B. Bohrungen für Verbindungsmittel, Holzschutzmittelbehandlung und dgl.).

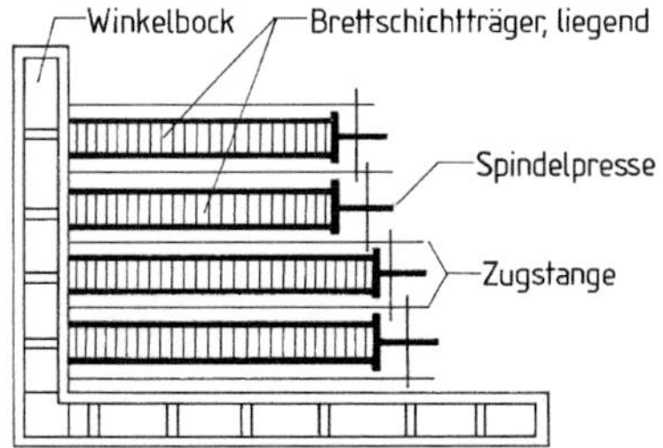

Bild 6.1 Pressen mehrerer übereinander liegender Brettschichtträger mit Winkelbock und Spindelpressen, Prinzipskizze (Querschnitt)

Kalt-, Warm- und Heißklebungen

Geklebte Bauhölzer in Einzelanfertigungen wie Brettschichtträger größerer Abmessungen werden überwiegend mit Kaltklebung (etwa $T \leq 30$ °C) bei $T \geq 20$ °C oder in temperierter

Klebung (etwa $T = 30\,°C$ bis $50\,°C$) hergestellt; über die bei Serienproduktionen häufig eingesetzte Warmklebung (etwa $T = 50\,°C$ bis $80\,°C$) oder Heißklebung (etwa $T > 80\,°C$) mit wesentlich geringeren Press- bzw. Heizzeiten s. *Radović* [404]. Das **Hochfrequenzverfahren**, das in einem hochfrequenten Kondensatorfeld die Klebstoffschichten unter gleichzeitigem Pressdruck erwärmt und schnell aushärtet, wird z.B. bei der Herstellung von Schalungsträgern, Vollwandträgern mit I-Querschnitt, Brettschichtholzbauteilen mit kleineren Querschnittsabmessungen als Lager- oder Listenware oder bei Keilzinkenverbindungen verwendet, s. Abschn. 6.4.

6.2.3 Schraubenpressklebung

Der Pressdruck kann in Sonderfällen auch durch Schraubenpressklebung nach DIN 1052-10: 2024-12, Anhang A aufgebracht werden, s. Tabelle A.1 und Bilder A.1 bis A.5, sie darf beim Aufkleben von Brettlamellen aus Vollholz und bestimmten Holzwerkstoffplatten auf Holzbaustoffe nach Tabelle 6.2 eingesetzt werden. Das Schraubengewinde darf nicht in die aufzuklebende Lamelle oder Platte hineinreichen, s. Bild 6.2a, da dadurch die erforderliche Ausbreitung des Pressdruckes verringert wird. Nach der Aushärtezeit des Klebers dürfen die Schrauben wieder entfernt werden, da sie nur den Pressdruck für den Kleber aufbringen und wegen der sehr großen Steifigkeit des Klebers im fertigen Bauteil keine zusätzlichen tragenden Funktionen übernehmen können, s. Bild 10.1.

Tabelle 6.4 Schraubenpressklebung nach DIN 1052-10: 2024-12, 6.2[1])[2])

Aufzuklebendes Holzteil[3])[4])	Dicke des aufzuklebenden Holzteiles	Nenndurchmesser der Holzschrauben[2])	Gewindelänge der Holzschrauben im Holzteil mit der Schraubenspitze	Lamellen- od. Plattenfläche je Holzschraube	Maximaler Holzschraubenabstand
Brettlamelle[5])	$t \leq 45$ mm	$d \geq 4$ mm	≥ Lamellen- oder Plattendicke[6]) ≥ 40 mm	≤ 15000 mm²	≤ 150 mm
Holzwerkstoffplatte[7])	$t \leq 50$ mm				

[1]) über miteinander zu verklebende Holzbaustoffe s. Tabelle 6.2
[2]) nur selbstbohrende Schrauben mit bauaufsichtlichem Verwendbarkeitsnachweis
[3]) bei mehreren Lagen ist jede Lage für sich zu schrauben, dabei sind die selbstbohrenden Schrauben versetzt anzuordnen, s. Bild 6.2
[4]) Holzfeuchte der zu verklebenden Teile: $\omega \leq 15\%$, Feuchteunterschiede der Einzelteile: $\Delta\omega \leq 4\%$
[5]) aus Vollholz, s. Abschn. 7.2.1
[6]) in der aufzuklebenden Lamelle oder Platte darf kein Schraubengewinde sein, s. Bild 6.2
[7]) aufzuklebende Holzwerkstoffplatten nach DIN EN 1995-1-1/NA: 2013-08, NCI NA.6.8.1, NA.4 sind: Sperrholz nach DIN EN 13986 in Verbindung mit DIN EN 636 und DIN 20000-1 sowie - Furnierschichtholz nach DIN EN 14374 oder DIN EN 13986 in Verbindung mit DIN EN 14279, DIN 20000-1 oder bauaufsichtlichem Verwendbarkeitsnachweis

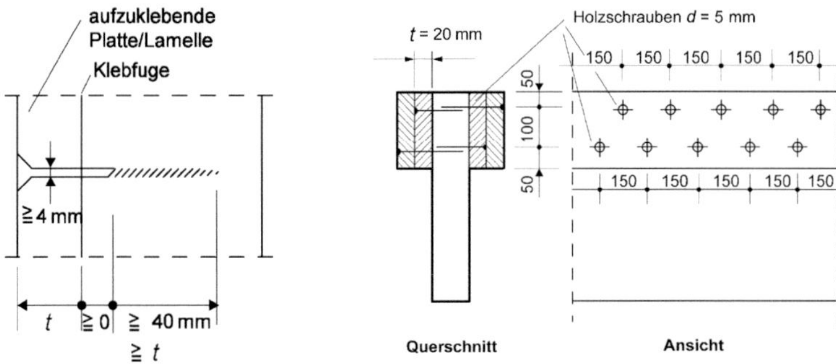

a) einzuhaltende Mindestmaße b) Beispiel: Aufkleben von Brettlamellen

Bild 6.2 Schraubenpressklebung nach DIN 1052-10: 2024-12, Anhang A, s. auch *Erläuterungen zu DIN 1052: 2004-08* [47], E 14.2 a) Mindestmaße nach Tabelle 6.4 b) Beispiel: Aufkleben von Brettlamellen als Gurthölzer bei einem Stegträger; versetzte Anordnung der selbstbohrenden Schrauben mit bauaufsichtlichem Verwendbarkeitsnachweis, Lamellenfläche je Schraube: $A_s = 150 \cdot 100 = 15000\ \text{mm}^2$

Die Schraubenpressklebung eignet sich als vollwertige geklebte Verbindung besonders für das Aufbringen von Brettlamellen oder bestimmter Holzwerkstoffplatten als Gurthölzer auf einen vorgefertigten Steg aus Voll- oder Brettschichtholz bzw. Holzwerkstoffen, für das nachträgliche Aufbringen von Sperrholzplatten auf Brettschichtholz zur Verstärkung besonders beanspruchter Trägerbereiche wie Ausklinkungen, Durchbrüche, Knotenpunkte, s. Abschn. 21, zur Verstärkung von Firstbereichen von Satteldachträgern, s. Abschn. 20.3, sowie zur Sanierung (Instandsetzung) schadhafter Holzbauteile. Die ausführende Fachfirma muss den entsprechenden Nachweis der Eignung zum Kleben tragender Holzbauteile besitzen, s. Abschn. 6.2.4. Über Schraubenpressklebung mit Nagelschrauben berichten *Rug/Gümmer/Gehring* [434].

6.2.4 Nachweis der Eignung zum Kleben tragender Holzbauteile

Herstellung von Holzbauteilen nach harmonisierten europäischen Produktnormen

Die Hersteller (Fachbetriebe) tragender geklebter Schichtholzprodukte aus Brettschichtholz, Brettschichtholz mit Universal-Keilzinkenverbindung, Verbundbauteile aus Brettschichtholz mit rechteckförmigem Querschnitt und Balkenschichtholz der DIN EN 1995-1-1: 2010-12 müssen genau definierte Herstellungsbedingungen einhalten, die in der harmonisierten Produktnorm DIN EN 14080: 2013-09, 5.5 und Anhänge H, I aufgeführt sind, um dauerhafte und zuverlässige Klebverbindungen sicherzustellen. Der Nachweis zur Herstellung tragender geklebter Schichtholzprodukte gilt als erbracht, wenn diese (Mindest-) Anforderungen erfüllt werden und eine Leistungserklärung (Declaration of Performance, DoP) vom Hersteller ausgestellt wird, eine gesonderte Genehmigung („Leimgenehmigung“ wie bisher) ist dazu nicht erforderlich. Dasselbe gilt sinngemäß für europäische technische Zulassungen und andere harmonisierte Produktnormen wie z.B. keilgezinktes Vollholz für tragende Zwecke nach DIN EN 15497: 2014-07. Über Produktnormen s. Tabelle 7.2 und die **Anwendbarkeit** der DIN EN 14080: 2013-09 in Deutschland s. Abschn. 7.2.1.

Herstellung von Holzbauteilen nach nationalen Produktnormen
Die Hersteller (Fachbetriebe) geklebter tragender Holzbauteile wie z.B. Platten aus Brettsperrholz, eingeklebte Stahlstäbe, aufgeklebte Verstärkungen, Schäftungsverbindungen, die nicht in DIN EN 1995-1-1: 2012-12, sondern in dessen Nationalem Anhang (DIN EN 1995-1-1/NA: 2013-08) geregelt sind, sowie die Instandsetzung tragender Holzbauteile oder Hersteller von Bauprodukten mit (nationaler) bauaufsichtlicher Zulassung brauchen in Deutschland nicht mehr die songenannte Leimgenehmigung. Diese wurde durch ein europäisch harmonisiertes System ersetzt, das auf CE-Kennzeichnung, europäischen Normen (z. B. EN 301) und ergänzenden nationalen Bewertungen (z. B. ETA, aBG) basiert. Hierfür sind Klebstoffhersteller auf die Zusammenarbeit mit notifizierte Prüfstellen angewiesen.

Aktuelle Informationen hierzu werden von der *Studiengemeinschaft Holzleimbau* e.V. [499] zur Verfügung gestellt. Dies ist die Organisation der in Deutschland tätigen Hersteller von Brettschichtholz (BS-Holz), Balkenschichtholz, Brettsperrholz und anderen geklebten Produkten und Verbindungen.

Das **Herstellen und Instandsetzen geklebter tragender Holzbauteile** erfordert geeignetes geschultes Fachpersonal und besondere betriebliche Einrichtungen wie technische Holztrocknungsanlage, Festigkeitssortierung, geschlossene, z.T. klimatisierte Werk- und Lagerhallen, Hobel-, Keilzinken- und Klebstoffauftragsmaschinen, Dosier- und Mischanlagen für Klebstoffe, Vorrichtungen für einen geeigneten Pressdruck, Raumklima- und Holzfeuchtemessgeräte sowie eine ausreichende werkseigene Produktions- und Qualitätskontrolle (**Eigenüberwachungen**), um die Anforderungen z.B. der DIN EN 14080: 2013-09 einzuhalten. Die Eigenüberwachung des herstellenden Betriebes umfasst u.a. Festigkeitsprüfungen der Endverbindungen wie Keilzinkungen und Prüfung der Klebfestigkeit sowie Führen eines Produktionstagebuches („Klebstoffbuch") zur Dokumentation. Neben diesen notwendigen Eigenüberwachungen werden für geklebte Schichtholzprodukte nach DIN EN 14080 zweimal in Jahr (unangekündigte) **Überwachungen** (Zwischenprüfungen) der Betriebe durchgeführt.

Die Eigen- und Fremdüberwachungen für tragende geklebte Holzbauteile sind erforderlich, da Fehlklebungen nachträglich schwer zu erkennen sind und im späteren Bauwerk größere Folgen für die Tragfähigkeit nach sich ziehen als z.B. fehlerhafte Ausführungen bei Holzbauteilen mit mechanischen Verbindungen. Einige Herstellerbetriebe geklebter Brettschichtholzbauteile in Deutschland unterwerfen sich zusätzlichen freiwilligen Produktions- und Qualitätskontrollen, die über die Anforderungen der DIN EN 14080: 2013-09 hinausgehen. Diese Betriebe führen das „Überwachungszeichen BS-Holz", s. Studiengemeinschaft Holzleimbau e.V.

6.3 Schäftung

Die Schäftung oder Schäftungsverbindung ist eine Klebverbindung zur Herstellung **tragender faserparalleler Längsstöße** nach DIN EN 1995-1-1/NA: 2013-08, NCI NA.11.4 in Bauteilen aus Voll-, Brettschicht- und Balkenschichtholz. Sie wird überwiegend nur bei dünnen Holzbauteilen wie Holzlamellen und Furnieren verwendet, da sie schwieriger auszuführen ist als die Keilzinkenverbindung, s. Abschn. 6.4. Bei der Schäftung werden die zu verbindenden Hölzer unter einem „flachen" Winkel α zwischen Klebfuge und Faserrichtung des Holzes nach Bild 6.3 angeschnitten und miteinander verklebt; die Klebflächenneigung darf 1/10 nicht überschreiten, s. Abschn. 6.2.1. Die zu verklebenden Hölzer müssen bei der Verklebung eine Holzfeuchte $\omega \leq 15\%$ besitzen, die Feuchteunterschiede der Einzelteile sind auf $\Delta\omega \leq 4\%$ zu beschränken, s. DIN 1052-10: 2012-05, 6.5. Die Schäftung darf nur von Betrieben mit einem entsprechenden Nachweis der Leistungsfähigkeit entsprechend der zugehörigen Produktnormen (Leistungserklärung, CE-Kennzeichnung, Werkseigene Produktionskontrolle, ggfls. Fremdüberwachung durch eine notifizierte Stelle, Verwendung zugelassener Klebstoffe sowie eine Dokumentations- und Archivierungspflicht) hergestellt werden.

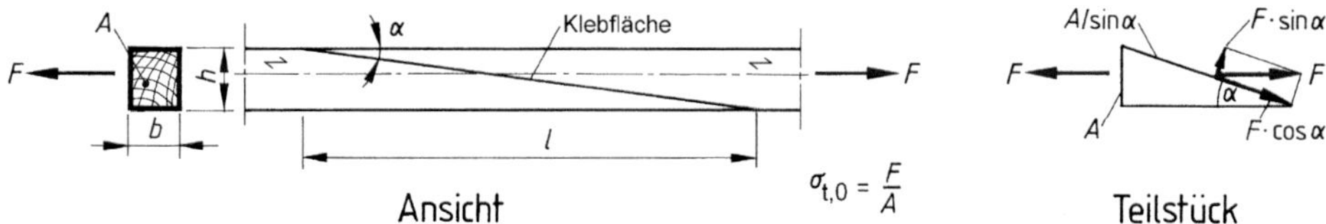

Bild 6.3 Schäftung als geklebter tragender Längsstoß von dünnen Holzbauteilen und Platten, Beispiel; Klebfuge bzw. -fläche unter Zugbeanspruchung, Klebfugenneigung $h/l \leq 1/10$ ($\alpha \leq 5{,}7°$) nach DIN EN 1995-1-1/NA: 2013-08, NCI NA.11.4, Winkel α zwischen Klebfuge und Faserrichtung des Holzes

Die „flache" Ausführung der Schäftung wird gewählt, um hinreichend kleine Spannungen in der Klebfläche zu erzielen. Dazu wird eine Schäftung unter einer Zugbelastung F nach Bild 6.3 betrachtet. Die unter dem Neigungswinkel α (oder Winkel zwischen Klebfuge und Faserrichtung des Holzes) in der Klebfläche auftretenden Scherspannungen τ_{α} (in Richtung der Klebfuge) und Querspannungen $\sigma_{t,\alpha}$ (normal zur Klebfuge) können nach Gl. (6.1) und (6.2) berechnet werden, ihre Verläufe bezogen auf eine aufgebrachte Zugspannung $\sigma_{t,0}$ sind in Bild 6.4 dargestellt. Daraus wird ersichtlich, dass nur bei kleinen Neigungswinkeln α die auftretenden Spannungen in der Klebfläche (Klebfuge) von geringer Größe sind. Bei der maximal zulässigen Klebflächenneigung von 1/10 ($\alpha = 5{,}7°$) beträgt die auftretende Querspannung $\sigma_{t,\alpha} \approx 0{,}01 \cdot \sigma_{t,0}$ (Spannung normal zur Klebfuge, hier: Zug rechtwinklig zur Klebfuge) und die Scherspannung $\tau_{\alpha} \approx 0{,}1 \cdot \sigma_{t,0}$ (Abscheren in der Klebfuge). Da eine Klebfläche überwiegend auf Abscheren beansprucht und diese Beanspruchung möglichst von kleiner Größe sein soll, kann eine standsichere Kraftübertragung nur unter kleinem Neigungswinkel α erfolgen; die auftretenden Quer-(zug-)spannungen werden hierdurch hinreichend klein gehalten.

Querspannungen (normal zur Klebfläche, -fuge):

$$\sigma_{t,\alpha} = F \cdot \sin\alpha/(A/\sin\alpha) = \frac{F}{A} \cdot \sin^2\alpha = \sigma_{t,0} \cdot \sin^2\alpha \tag{6.1}$$

Scherspannungen (in Richtung der Klebfläche, -fuge)

$$\tau_{\alpha} = F \cdot \cos\alpha/(A/\sin\alpha) = \frac{F}{A} \cdot \sin\alpha \cdot \cos\alpha = \sigma_{t,0} \cdot \sin\alpha \cdot \cos\alpha \tag{6.2}$$

Für die **Nachweise der Tragfähigkeit** von Schäftungen gelten die Bemessungswerte der ungeschwächten Stoßteile, d.h. bei Einhaltung der vorgegebenen Anforderungen an die Ausführung einer Schäftung ist ein gesonderter Tragfähigkeitsnachweis an der Stelle der Schäftung entbehrlich; werden Holzbauteile ungleicher Festigkeiten miteinander verbunden, gilt der Bemessungswert der geringeren Festigkeit. Bauteile mit Schäftungen dürfen nur in den Nutzungsklassen 1 und 2 eingesetzt werden, s. Abschn. 7.3.1, Tabelle 7.12.

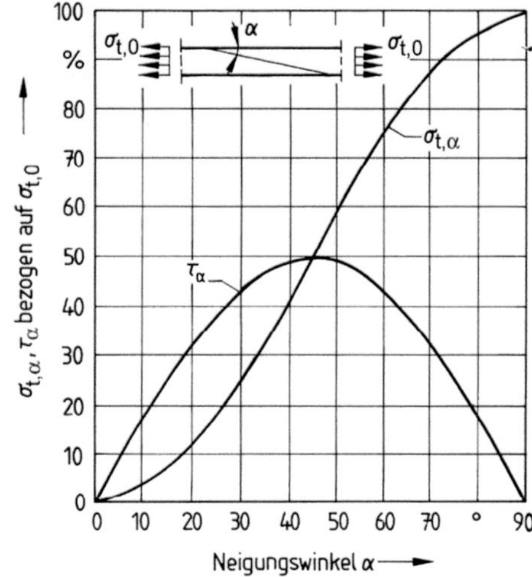

Bild 6.4 Spannungsverläufe in der Klebfläche bzw. -fuge einer Schäftung, Querspannungen $\sigma_{t,\alpha}$ (normal zur Klebfugenrichtung) und Scherspannungen τ_α (in Richtung der Klebfuge) in Abhängigkeit vom Neigungswinkel α (oder Winkel zwischen Klebfuge und Faserrichtung des Holzes) bezogen auf eine aufgebrachte Zugspannung $\sigma_{t,0}$; Angaben in %

6.4 Keilzinkung

Die Keilzinkung ist eine Klebverbindung der DIN EN 1995-1-1: 2010-12 und DIN EN 1995-1-1/NA: 2013-08 zur Herstellung tragender Längsstöße, s. Bild 6.5 am Beispiel der Keilzinkenverbindung der Lamellen von Brettschichtholz. Der Flankenwinkel α ist etwa gleich groß wie der entsprechende Neigungswinkel α bei einer Schäftung, so dass die Klebfuge bei der Keilzinkung überwiegend auf Abscheren beansprucht wird, s. Abschn.

6.2.1 und 6.3. Die Keilzinkenverbindung wird derzeit z.B. bei Brettschicht-, Balkenschicht- und Nadelvollholz verwendet, sie ist mit geeigneten Maschinen einfacher auszuführen als die Schäftung. Die Keilzinkung zwischen Brettern/Lamellen wird als Keilzinkenverbindung bezeichnet, s. Bild 6.6a, zwischen Brettschichtholz-Komponenten (Einzelstücken als mehreren Lamellen) über die gesamte Querschnittsfläche als Universal-Keilzinkenverbindung, s. Bild 6.6b, c.

Keilzinkenverbindungen von Vollholz für tragende Zwecke müssen nach DIN EN 15497: 2014-07 ausgeführt werden, s. auch Bild 6.5. Keilgezinktes Vollholz sowie keilgezinktes Konstruktionsvollholz KVH dürfen nach DIN EN 1995-1-1/NA: 2013-08, NCI Zu 3.2 nur in den Nutzungsklassen 1 und 2 eingesetzt werden, s. Abschn. 7.3.1, Tabelle 7.12, da eine (nicht erlaubte) Verwendung in Nutzungsklasse 3 eindringendes Niederschlags-

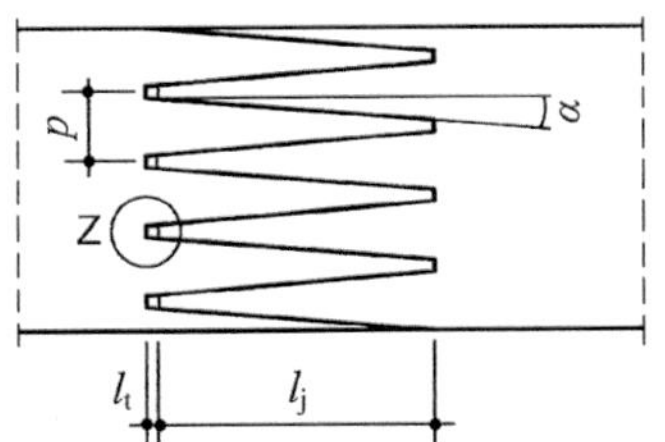

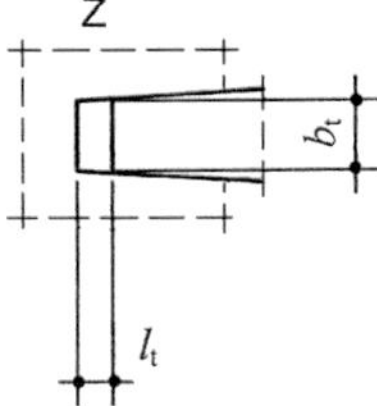

Bild 6.5 Keilzinkenverbindung nach DIN EN 14080: 2013-09, 3.11, Bild 3 als geklebter tragender Längsstoß von Hölzern derselben Holzart, Beispiel
l_j Zinkenlänge
p Zinkenteilung
b_t Breite der Zinkenspitze
l_t Zinkenspiel
α Zinkenwinkel, Flankenneigung
$v = b_t/p$ Abminderungsbeiwert (Verschwächungsgrad)

wasser in den Zinkengrund und damit einen Befall Holz zerstörender Pilze im Querschnittsinnern ermöglichen würde; zumal es kaum möglich ist, größere Querschnitte insbesondere aus dem Splint- und Kernholz des oft eingesetzten Fichtenholzes und aus dem Kernholz fast aller Vollhölzer vollständig mit Holzschutzmitteln zu durchtränken, s. Tabelle 5.23.

Keilzinkenverbindungen der Einzellamellen von Brettschichtholz und Balkenschichtholz müssen nach DIN EN 14080: 2013-09, Anhang I.4.2 mit den einzuhaltenden Bedingungen für die Zinkenlänge $l_j \geq 4 \cdot p \cdot (1 - 2 \cdot v)$ mit $l_j > 10$ mm, den Zinkenwinkel $\alpha \leq 7{,}1°$ und für den Abminderungsbeiwert $v \leq 0{,}18$ ausgeführt werden, s. Bild 6.5, empfohlene Zinkenlängen liegen bei $l_j = 15$, 20 und 30 mm. Brettschichtholz mit Keilzinkungen der Einzellamellen darf in allen drei Nutzungsklassen verwendet werden, dagegen Balkenschichtholz nur in den Nutzungsklassen 1 und 2, s. DIN EN 1995-1-1/NA: 2013-08, NCI NA.3.8.

Universal-Keilzinkenverbindungen von Brettschichtholz sind Voll- oder Generalstöße des gesamten Querschnitts an einer Stelle, sie unterliegen den Anforderungen der DIN EN 14080: 2013-09, Anhang I.6 und müssen mindestens Zinkenlängen lj ≥ 45 mm besitzen, z.B. bei keilgezinkten Rahmenecken aus Brettschichtholz, s. Bild 6.6b und Abschn. 17.4.6, oder beim Stoß von Balken oder Trägern, s. Bild 6.6c. Universal-Keilzinkenverbindungen dürfen nach DIN 1995-1-1/NA: 2013-08, NCI NA.11.3 (NA.2) nur in den Nutzungsklassen 1 und 2 verwendet werden, s. Begründung sinngemäß wie oben unter Keilzinkenverbindungen von Vollholz.

Das **Herstellen von Keilzinkenverbindungen** für Voll- und Brettschichtholz wird vorwiegend in automatischen Keilzinkenanlagen vorgenommen. Die zu verbindenden Enden zweier Hölzer werden mit zueinander passenden, symmetrischen Zinken versehen (gefräst) und unter kurzzeitigem Pressdruck verklebt, bei Universal-Keilzinkenverbindungen mit einem Pressdruck von mindestens 1 Minute, s. Abschn. 6.2.2. So können beliebig lange

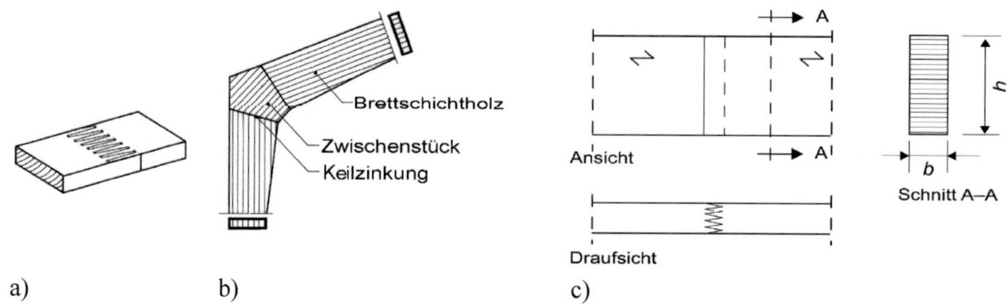

Bild 6.6 Keilzinkenverbindungen nach DIN EN 14080: 2013-09, Beispiele
a) keilgezinkte „kleine" Einzelquerschnitte b) keilgezinkte Rahmenecke aus Brettschichtholz mit zwei Zinkungen als Universal-Keilzinkenverbindungen c) Universal-Keilzinkenverbindung (-Stoß) zweier parallelgurtiger Brettschichtholzbauteile

Holzbauteile (z.B. Bretter, Bohlen, Einzellamellen, Kanthölzer und Träger mit größeren Querschnitten) durch Aneinanderfügen vieler Einzelteile erstellt werden, aus denen die geforderten Bauteillängen geschnitten werden. Der Herstellerbetrieb von Keilzinkenverbindungen nach DIN EN 14080: 2013-09 muss die Herstellungsbedingungen dieser harmonisierten Produktnorm einhalten, s . Abschn. 6.2.4.

Die vorhandenen **Querschnittsschwächungen durch Keilzinkungen** sind im Allgemeinen bei Tragfähigkeitsnachweisen mit den wirksamen Querschnittswerten unter Berücksichtigung der Querschnittsschwächungen zu führen, s. auch Abschn. 8.3.3, für die wirksame Querschnittsfläche A_{ef} gilt Gl. (6.3) und das wirksame Widerstandsmoment W_{ef} Gl. (6.4).

$$A_{ef} = (1 - v) \cdot A \tag{6.3}$$

$$W_{ef} = (1 - v) \cdot W \tag{6.4}$$

A_{ef} wirksame Querschnittsfläche bei Querschnittsschwächungen durch Keilzinkungen
A vorhandene (Brutto-)Querschnittsfläche
$= b \cdot h$ für einen Rechteckquerschnitt
W_{ef} wirksames Widerstandsmoment bei Querschnittsschwächungen durch Keilzinkungen
W vorhandenes (Brutto-)Widerstandsmoment

= $b \cdot h^2/6$ für einen Rechteckquerschnitt

v Abminderungsbeiwert (Verschwächungsgrad)
= b_t/p nach Bild 6.5
= 0,2 bei Universal-Keilzinkenverbindungen ohne genaueren Nachweis nach DIN EN 1995-1-1/NA: 2013-08, NCI NA.11.3

Die **Querschnittsschwächungen durch die Keilzinkungen der Einzellamellen von Brettschichtholzbauteilen** der DIN EN 1995-1-1: 2010-12 dürfen bei der Bemessung vernachlässigt werden, da die Keilzinkenverbindungen der Einzellamellen in unterschiedlichen, meist weit voneinander entfernten Querschnitten liegen, und es sehr unwahrscheinlich ist, dass alle Lamellenlagen in ein und demselben Querschnitt keilgezinkt gestoßen werden.

Ebenso darf beim Tragfähigkeitsnachweis von Bauteilen aus **keilgezinktem Nadelvollholz** die Querschnittsschwächung durch Keilzinkungen nach DIN EN 15497: 2014-07, 5.1.4 vernachlässigt werden, wenn die in dieser Baunorm festgelegten Anforderungen bei der Keilzinkenherstellung eingehalten werden, d.h. es gelten dann die Festigkeits-, Steifigkeits- und Rohdichteeigenschaften von nicht keilgezinktem Nadelvollholz.

Die **Querschnittsschwächungen von Universal-Keilzinkenverbindungen** (Voll- oder Generalstöße) nach DIN EN 14080: 2013-09 bei Brettschichtholz wie z.B. bei keilgezinkten Vollstößen und keilgezinkten Rahmenecken aus Brettschichtholz, s. Bild 6.6b, c sowie Abschn. 8.3.3, müssen dagegen in Rechnung gestellt werden. Ist der Abminderungsbeiwert (Verschwächungsgrad) v der eingesetzten Keilzinkung nicht bekannt, darf ohne genaueren Nachweis 20% der Bruttoquerschnittswerte als Querschnittsschwächung, d.h. $v = 0{,}2$, angesetzt werden, s. Gl. (6.3), (6.4) und DIN EN 1995-1-1/NA: 2013-08, NCI NA.11.3 (NA.5).

7 Eigenschaften von Holzbaustoffen

7.1 Begriffe von Holzbaustoffen und Baunormen

„Holzbaustoffe“ ist ein Oberbegriff, er umfasst alle in DIN EN 1995-1-1: 2010-12 und DIN EN 1995-1-1/NA: 2013-08 angeführten Baustoffe für tragende und aussteifende Bauteile aus Holz und Holzwerkstoffen, die in Tabelle 7.1 neben weiteren Holzbau spezifischen Begriffen dargestellt und zugeordnet sind. Wichtige Begriffe von Baunormen können Tabelle 7.2 entnommen werden.

Tabelle 7.1 Holzbaustoffe als Oberbegriff und Holzbau spezifische Begriffe

Holzbaustoffe als Oberbegriff, Zuordnung von Begriffen nach DIN EN 1995-1-1/NA: 2013-08, NCI Zu 1.5[1])[2])[3])	
Holz[2]) zugeordnet sind:	**Holzwerkstoffe**[3]) zugeordnet sind:
Vollholz aus Nadel- und Laubholz	Furnierschichtholz LVL mit Querlagen
Balkenschichtholz	Sperrholz
Brettschichtholz	OSB-Platten
Furnierschichtholz ohne Querlagen	Spanplatten, kunstharzgebunden
	Spanplatten, zementgebunden
	Faserplatten
	Massivholzplatten
	Plattenwerkstoffe zugeordnet sind:
	Holzwerkstoffe
	Gipswerkstoffe

H. Neuhaus · W. Moorkamp (✉)
e-mail: wilfried.moorkamp@ewetel.net

H. Neuhaus, W. Moorkamp, L. Peterson, T. Uibel, *Ingenieurholzbau*,
DOI 10.1007/978-3-658-44967-4_7

Tabelle 7.1 (Fortsetzung)

Holzbau spezifische Begriffe nach DIN EN 1995-1-1: 2010-12, 1.5.2, DIN EN 1995-1-1/NA: 2013-08, NCI Zu 1.5.2 und NCI NA.3.1.5, DIN EN 14080: 2013-09, 3 und DIN 4074-1: 2012-06	
aufgetrenntes Brettschichtholz	→ Brettschichtholz, das der Länge nach in Teile gesägt wurde
Anschluss	Verbindung eines Stabes mit einem Stab oder Verbindung eines Stabes mit einem Verbindungselement durch mechanische Verbindungsmittel, Kontakt oder Klebung
Balkenschichtholz	Bauholz für tragende Zwecke mit Gesamt-Querschnittsmaßen von maximal 280 mm aus zwei bis fünf im Wesentlichen faserparallel miteinander verklebten Lamellen (Einzelhölzern) gleicher Querschnittsmaße, die derselben Festigkeitsklasse oder Hersteller spezifischen Festigkeitsklassen angehören mit endgültigen Einzeldicken von mehr als 45 mm bis einschließlich 85 mm
Bauschnittholz (→ Schnittholz)	Unterscheidung von Kanthölzern, Bohlen, Brettern und Latten aus Nadel- und Laubholz, darf keilgezinkt sein
Bauteile aus Holz (Holzbauteile, Bauholz)	bestehen aus → Vollholz, → Brettschichtholz, → Balkenschichtholz und Furnierschichtholz ohne Querlagen
Brettschichtholz (BS-Holz oder BSH)	Bauholz für tragende Zwecke aus mindestens zwei im Wesentlichen flachseitig faserparallel miteinander verklebten Lamellen, die aus einem Brett oder zwei nebeneinander liegenden Brettern bestehen können mit einer endgültigen Einzeldicke der Lamellen zwischen 6 mm und einschließlich 45 mm
Brettsperrholz (BSP)	Bauholz für tragende Zwecke aus mindestens drei rechtwinklig miteinander verklebten Lagen aus Vollholz, in denen Vollholzlamellen einer Lage ohne oder mit einem seitlichen Abstand nicht größer als die Nennbreite der Vollholzlamellen angeordnet sind
Dachschalungen	tragende, flächenartige Bauteile aus Brettern, Bohlen oder Holzwerkstoffen; tragen die Dachhaut; werden nur zu Reinigungs-, Instandhaltungs- und Wartungsarbeiten begangen
Fasersättigung	Zustand eines Holzkörpers, bei dem die Zellwände mit Wasser gesättigt sind
geklebte Schichtholzprodukte	Bauteil für tragende Zwecke aus → Brettschichtholz, Brettschichtholz mit → Universal- Keilzinkenverbindung, → Verbundbauteile aus Brettschichtholz und → Balkenschichtholz
gekrümmtes Bauteil aus Brettschichtholz	Bauteil für tragende Zwecke aus → Brettschichtholz oder Brettschichtholz mit → Universal-Keilzinkenverbindungen oder → Verbundbauteil aus Brettschichtholz mit einer Überhöhung von mehr als 1 % seiner Spannweite
Gipsfaserplatten/faserverstärkte Gipsplatten (GF)	werksmäßig gefertigte, ebene rechteckige Platten aus einem abgebundenen Gipskern mit Verstärkung aus verteilten anorganischen und/oder organischen Fasern sowie erlaubten Zusatzstoffen und/oder Füllstoffen für zusätzliche Eigenschaften

Tabelle 7.1 (Fortsetzung)

Gipsplatten/-Gipskartonplatten	werksmäßig gefertigte, ebene rechteckige Platten aus einem Gipskern und einer daran haftenden Ummantelung aus festem widerstandsfähigem Karton, der Kern kann Zusätze erhalten für zusätzliche Eigenschaften
Gipswerkstoffe	→ Gipsplatten (Gipskartonplatten) und → Gipsfaserplatten (faserverstärkte Gipsplatten)
Gleichgewichtsfeuchte	→ Holzfeuchte, bei der Holz an die umgebende Luft weder Feuchte aufnimmt noch abgibt oder Holzfeuchte im Gebrauchszustand, die sich im Jahresmittel im Bauteil/Bauwerk einstellt
Holzfeuchte	Masse des im Holz enthaltenen Wassers, ausgedrückt als Anteil der Trockenmasse des Holzes, meist angegeben als Mittelwert der Holzfeuchte eines Holzkörpers; auch die Feuchte von Holzwerkstoffen
Holztafeln	Verbundkonstruktionen unter Verwendung von Rippen aus → Bauschnittholz, → Brettschichtholz, → Balkenschichtholz, → Holzwerkstoffen und mittragenden oder aussteifenden Beplankungen aus → Vollholz, Holzwerkstoffen oder → Gipswerkstoffen, die ein- oder beidseitig angeordnet sein können; Rippen und Beplankungen werden durch mechanische Verbindungsmittel oder Klebung miteinander verbunden
Holzwerkstoffe	Massivholzplatten, Furnierschichtholz (LVL), Sperrholz, OSB-Platten, kunstharz- und zementgebundene Spanplatten, Faserplatten
homogenes Brettschichtholz	→ Brettschichtholz mit einem Querschnittsaufbau aus Lamellen einer einzelnen Festigkeitsklassen oder Hersteller spezifischer Festigkeitsklasse
Keilzinkenverbindung	selbstzentrierende Endverbindung aus einer Reihe gleichartiger, symmetrischer spitz zulaufender Keilzinken, die mit einer Keilzinkenfräse in die Endstücke der Bretter eingefräst und miteinander verklebt werden
kombiniertes Brettschichtholz	→ Brettschichtholz mit einem Querschnittsaufbau aus inneren und äußeren Lamellen unterschiedlicher Festigkeitsklassen oder Hersteller spezifischen Festigkeitsklassen
Passbolzenverbindung	tragende → Verbindung aus → „Stabdübeln“ mit Kopf, Mutter und Unterlegscheiben zur Übertragung von Kräften rechtwinklig zur oder in Passbolzen-Längsachse
Plattenwerkstoffe	→ Holzwerkstoffe und → Gipswerkstoffe
Rundholz	entrindete oder rundgeschälte Stämme oder Stammabschnitte ohne Äste aus Nadel- und Laubholz
Rollschub	Schubspannung, die in einer Ebene rechtwinklig zur Faserrichtung zu Gleitungen führt
Schnittholz	Holzerzeugnis von mindestens 6 mm Dicke, hergestellt durch Sägen oder Spanen von Rundholz in Stamm-Längsrichtung, unterschieden werden Kantholz, Bohle, Brett, Latte
Stabdübelverbindung	bestehen aus kreisrunden zylindrischen Stäben aus Stahl, ohne Kopf (mit Kopf → Passbolzenverbindung), passgenau in vorgebohrte Löcher eingebaut, zur Übertragung von Kräften rechtwinklig zur Stabdübel-Längsache

Tabelle 7.1 (Fortsetzung)

Steifigkeitseigenschaft	Eigenschaft zur Berechnung von Verformungen einer Konstruktion, verwendet werden z.B. Elastizitätsmodul E (E-Modul), Schubmodul G, → Verschiebungsmodul K
Stoß	Verbindung zweier Stäbe identischen Querschnitts mit gerade durchlaufender Stabachse
Universal-Keilzinkenverbindung	Keilzinkenverbindungen über die gesamte Querschnittsfläche an den Enden von Brettschichtholz-Komponenten, die unter beliebigen Winkeln von 45° bis einschließlich 90° verklebt sind
Verbindung	Zusammenfügen mehrerer Stäbe durch einen Anschluss (direkt) oder durch je einen Anschluss an mindestens ein Verbindungselement (indirekt)
Verbindungseinheit	Dübel besonderer Bauart, zugehöriger Bolzen und Unterlegscheiben
Vollholz (VH)	→ Bauschnitthölzer aus Nadel- und Laubholz, können auch keilgezinkt sein, unterschieden werden Kantholz, Bohle, Brett und Latte
Verbundbauteil aus Brettschichtholz	tragendes Bauteil mit massivem rechteckigem Querschnitt aus zwei oder mehr Brettschichtholz-Komponenten, die mit einem fugenfüllenden Klebstoff verklebt sind
Verbundträger	Stäbe, deren Tragfähigkeit und Steifigkeit sich aus dem Zusammenwirken mehrerer Einzelstäbe ergibt, die sich über die Länge des Verbundträgers erstrecken; Verbund durch mechanische Verbindungsmittel oder Klebung (DIN 1052: 2008-12, 3.1.16)
Verschiebungsmodul	Eigenschaft zur Berechnung von Verformungen zwischen zwei Bauteilen einer Konstruktion

[1]) bautechnische Begriffe von Baunormen sind in Tabelle 7.2 angeführt
[2]) Holz (Bauholz) nach Abschn. 3
[3]) Holzwerkstoffe und Gipswerkstoffe nach Abschn. 2

Tabelle 7.2 Begriffe von Baunormen[1])

Anwendungsnorm	Baunorm der nationalen Normenreihe DIN 20000-X, die die Anwendung eines europäischen Produkts in Deutschland regelt wie z.B. technische Klassen, Klebstofftypen und andere; die Anwendungsnorm einer europäischen → Produktnorm ist (für den Holzbau, DIN EN 1995-1-1: 2012) in der Fußnote 2.5/1 E der Musterliste der Technischen Baubestimmungen (MLTB) der Bauministerkonferenz und den jeweiligen Länderlisten LTB (der einzelnen Bundesländer) angeführt, letztere meist zeitversetzt nach der Musterliste der Technischen Baubestimmungen, s. zukünftige Regelungen in der „neuen" Verwaltungsvorschrift Technische Baubestimmungen (VV TB)

Tabelle 7.2 (Fortsetzung)

harmonisierte Norm	europäische Norm für Produkte, sie wird federführend durch das europäische Normungskomitee CEN (Comité Européen de Normalisation) aufgrund eines Normungsauftrag (Mandat) der Europäischen Kommission erstellt und im Amtsblatt der Europäischen Union (OJEU) bekannt gegeben; europäische harmonisierte Normen müssen als nationale Normen umgesetzt werden z.B. DIN EN ..., ÖNORM EN... und dgl., dazu im Widerspruch stehende nationale (Produkt-) Normen müssen innerhalb eines bestimmten Zeitraums zurückgezogen und durch die harmonisierte (Produkt-) Norm ersetzt werden, harmonisierte Normen sollen den freien Handel von (Bau-) Produkten innerhalb der EU fördern
bauaufsichtlicher Verwendbarkeitsnachweis	Oberbegriff für in den Landesbauordnungen vorgeschriebenen Verwendbarkeitsnachweis für nicht geregelte Bauprodukte oder Bauarten, besteht aus folgenden Zulassungen/Prüfzeugnissen: Allgemeine bauaufsichtliche Zulassung (AbZ), europäische technische Zulassung (ETA) mit zugehörigen nationalen Verwendungsbestimmungen, allgemeines bauaufsichtliches Prüfzeugnis, Zustimmung im Einzelfall; europäische technische Bewertungen (auch ETA) lösen voraussichtlich die bisherigen europäischen technischen Zulassungen ab
Eurocode (EC)	Abkürzung für Europäische Normen der Mitgliedsländer der Europäischen Union (EU) und EFTA (European Fair Trade Association) für die Bemessung im Bauwesen, federführend erstellt durch das europäische Normungskomitee CEN (Comité Européen de Normalisation), vorangestelltes Symbol zur Kennzeichnung einer Europäische Norm ist „EN“ mit anschließender Normen-Nummerierung, für den Holzbau „EN 1995“, die einzelnen EN-Normen besitzen oft noch weitere Teile, wie für den Holzbau z.B. „EN 1995-1-1“; die verabschiedeten europäischen Normen EN werden im Amtsblatt der EU bekannt gegeben und müssen in den einzelnen Mitgliedsländern als nationale Normen umgesetzt werden, sie erhalten nationale Zusatzbezeichnung z.B. in Deutschland „DIN EN“, in Österreich „ÖNORM EN“, für die Bemessung von Holzbauwerken in Deutschland DIN EN 1995; die Eurocodes enthalten in Teilen nur die Regelungen, auf die die Mitgliedsländer sich einigen konnten, so dass nationale Ergänzungen erforderlich werden, die in den → Nationalen Anhängen angeführt sind
Nationaler Anhang (NA) eines Eurocodes	die national eingeführten → Eurocodes z.B. für den Holzbau DIN EN 1995 dürfen nationale Anhänge NA erhalten, in denen besondere nationale Ergänzungen und Regelungen des Mitgliedlandes angeführt werden können, die in den Eurocodes selbst nicht vorhanden sind, die nationalen Regelungen, die den Bestimmungen der Eurocodes nicht widersprechen dürfen, haben folgende Inhalte: National festzulegende Parameter (→ NDP), ergänzende nicht widersprechende Regelungen (→ NCI) und Erläuterungen
NCI (Non- contradictory Complementary Information)	die → Eurocodes erlauben zusätzliche nationale, nicht widersprechende Regelungen und Erläuterungen, diese Regelungen sind in den zugehörigen → Nationalen Anhängen NA mit „NCI NA“ gekennzeichnet und schließen sich nummeriert an diejenigen der Eurocodes an (DIN EN 1995-1-1/NA: 2013-08, Vorwort)

Tabelle 7.2 (Fortsetzung)

NDP (Nationally Determined Parameter)	die → Eurocodes lassen in einigen Bereichen die Festlegung nationaler sicherheitsrelevanter Parameter wie Angaben einzelner Werte oder alternative Nachweisverfahren zu, diese Parameter sind in den zugehörigen → Nationalen Anhängen mit „NDP" gekennzeichnet und schließen sich nummeriert an diejenigen der Eurocodes an (DIN EN 1995-1-1/NA: 2013-08, Vorwort)
Produktnorm	→ harmonisierte Norm, die in den → Eurocodes, z.B. für den Holzbau Eurocode 5, angegeben ist und ein Produkt wie z.B. Vollholz, Brettschichtholz, Holzwerkstoffe, Verbindungsmittel regelt, da im Eurocode 5 (und sinngemäß in anderen Eurocodes) keine Produktregelungen wie Festigkeits- und Steifigkeitsangaben vorhanden sind; eine europäische Produktnorm muss im europäischen Amtsblatt (OJEU) angeführt sein, um in der Europäischen Union anwendbar zu sein, und in den einzelnen Mitgliedsländern der Europäischen Union als nationale Norm umgesetzt werden; nach Urteil des europäischen Gerichtshofes (EuGH) dürfen an CE-gekennzeichnete Bauprodukte keine zusätzlichen nationalen Anforderungen gestellt werden (wie bisher in Deutschland (s. → Anwendungsnorm), zukünftige Regelungen erfolgen durch die „neue" Verwaltungsvorschrift Technische Baubestimmungen (VV TB), die voraussichtlich die Musterliste der Technischen Baubestimmungen und die Bauregelliste für europäische Normen ersetzen soll; für nicht geregelte europäische und nationale Produkte kann ein → bauaufsichtlicher Verwendbarkeitsnachweis oder eine Zustimmung im Einzelfall erforderlich sein

[1]) über den „Oberbegriff Holzbaustoffe" und weitere Holzbau spezifischen Begriffe s. Tabelle 7.1

7.2 Festigkeits-, Steifigkeits- und Rohdichtekennwerte

7.2.1 Charakteristische Kennwerte für Voll- und Brettschichtholz

Im Folgenden werden charakteristische Kennwerte gebräuchlicher Festigkeitsklassen für Voll- und Brettschichtholz angeführt, für Nadelvollholz in Tabelle 7.3, für Laubvollholz in Tabelle 7.4 sowie für kombiniertes und homogenes Brettschichtholz in den Tabellen 7.5 und 7.6. In diesen Tabellen sind ausgewählte Klassen bzw. **Vorzugsklassen** nach *Studiengemeinschaft Holzleimbau* [501], [502], die wirtschaftlich herstellbar sind und/oder überwiegend eingesetzt werden sollten, grau unterlegt dargestellt; bei Brettschichtholz stehen bestimmte Festigkeitsklassen wie GL32, das wirtschaftlich aufgrund der höheren Anforderungen der DIN EN 14080: 2013-09 kaum herstellbar ist, in der Regel nicht zur Verfügung, darüber hinaus sollten größere Mengen von homogenem Brettschichtholz mit Festigkeitsklassen größer als GL24h als Empfehlung der *Studiengemeinschaft Holzleimbau* [501] nicht bestellt werden. Die **Wichten** γ von Holz sind im Abschn. 7.7 dargestellt. Über

Vollholz s. auch Abschn. 3.2, über Brettschichtholz Abschn. 3.3 und charakteristische Kennwerte Abschn. 1.10.6.

Die charakteristischen Werte der Schubfestigkeit für Voll- und Brettschichtholz sind in den Tabellen 7.3 bis 7.6 für Holz ohne (Trocken-) Risse angegeben. Bei Risse behafteten Hölzern wie Voll- und Brettschichtholz ist der Risseinfluss auf die Tragfähigkeit nach DIN EN 1995-1-1: 2010-12 mit der wirksamen (kleineren als vorhandenen) Breite des Trägerquerschnitts zu berücksichtigen, s. Bemessung für Schub (Querkraft) im Abschn. 18.1. Diese Regelung in der europäischen Normung ist gegenüber der „alten" nationalen Normung geändert worden, in letzterer war die tragfähigkeitsmindernde Auswirkung von (Trocken-) Rissen bereits in der Schubfestigkeit mit wesentlich geringeren charakteristischen Werten berücksichtig worden.

Für **Schub aus Querkraft** und **Schub aus Torsion** sind dieselben charakteristischen Schubfestigkeiten festgelegt worden, s. Abschn. 1.10.2, 18.4 und 19.1. Als **Rollschub** werden Schubspannungen bezeichnet, die rechtwinklig zur Faserrichtung wirken bzw. die in einer Ebene rechtwinklig zur Faserrichtung zu Gleitungen führen, s. Tabelle 7.1 und Abschn. 18.1, Bild 18.2.

Vollholz mit rechteckigem Querschnitt und Brettschichtholz nach ihren Produktnormen DIN EN 14081-1: 2019-10 bzw. DIN EN 14080: 2013-09 sind europäische Bauprodukte und dürfen für tragende Zwecke verwendet werden. Die **Anwendbarkeit von Voll- und Brettschichtholz** nach ihren Produktnormen ist in Deutschland mit den Anwendungsnormen DIN 20000-5: 2024-01 bzw. DIN 20000-3: 2022-02 geregelt. Über die Vorgehensweise bis zur endgültigen bauaufsichtlichen Einführung s. Abschn. „Nationale/europäische Normung im Bauwesen" am Anfang dieses Buches. Über Anwendungs- und Produktnormen s. auch Tabelle 7.2.

Die **Bezeichnungen (Symbole) der Festigkeitsklassen** für Voll- und Brettschichtholz entsprechen englischen Abkürzungen: „C" (conifer) für Nadelholzbaum, „D" (deciduous tree) für Laubbaum und „GL" (glued) für geklebt (Brettschichtholz). Die Unterscheidung der Festigkeitsklassen wird nach den Werten der charakteristischen Biegefestigkeiten $f_{m,k}$ vorgenommen, z.B. C24: Festigkeitsklasse für Nadelvollholz mit $f_{m,k} = 24\ N/mm^2$.

Der **Aufbau von kombiniertem und homogenem Brettschichtholz** ist im Abschn. 3.3.1 sowie in den Tabellen 3.11 und 3.12 beschrieben, ebenso kombiniertes Brettschichtholz mit **asymmetrischem Aufbau**.

Bei Auswahl und Montage der Bauteile aus Voll- und Brettschichtholz ist besonders auf die **Einhaltung der festgelegten Sortierklasse** zu achten, s. Abschn. 3.2.3, um die bei der Bemessung gewählte Festigkeitsklasse bzw. zugehörige Sortierklasse der Bauteile sicherzustellen. Dies gilt u.a. für Stützen, Sparren, Sparrenpfetten, Pfetten und Deckenbalken aus Vollholz, da bei üblichen Holzbauten die Einhaltung der Sortierklassen nicht immer gewährleistet wird, so dass in diesen Fällen eine sorgfältige Holzauswahl und Kontrolle zu empfehlen ist. Zugbeanspruchte Holzbauteile bedürfen ebenfalls einer gesonderten Überprüfung der Sortierklasse, da die Zugfestigkeit u.a. stark durch die Ästigkeit beeinflusst wird, s. Abschn. 1.10.3.

Tabelle 7.3 Rechenwerte der charakteristischen Kennwerte für Nadelvollholz mit rechteckigem Querschnitt der DIN EN 1995-1-1: 2010-12, 3.2 nach DIN EN 338: 2016-07, Tab. 1[1]) [5])

Festigkeitsklassen und Holzarten (Beispiele) in Deutschland nach DIN EN 1912: 2024-07: für C18: Fichte, Kiefer; für C24: Fichte, Tanne, Kiefer, Lärche, Douglasie; für C30: Fichte, Tanne, Kiefer, Lärche; für C35: Douglasie[4])[5])

Festigkeitsklasse[3])[4])		**C18**[5])	**C24**[5])	**C30**[5])	**C35**	**C40**
Sortierklassen (S) nach DIN 4074-1: 2012-06[2])[3])		S7 TS, S7K TS	S10 TS, S10K TS	S13 TS, S13K TS	S13 TS, S13K TS	
Festigkeitskennwerte in N/mm²						
Biegung	$f_{m,k}$[6])	18	24	30	35	40
Zug ‖ Faser	$f_{t,0,k}$[6])	10	14,5	19	22,5	26
Zug ⊥ Faser	$f_{t,90,k}$	0,4				
Druck ‖ Faser	$f_{c,0,k}$	18	21	24	25	27
Druck ⊥ Faser	$f_{c,90,k}$	2,2	2,5	2,7	2,7	2,8
Schub	$f_{v,k}$[7])[8])	3,4[7])	4,0[7])	4,0[7])	4,0[7])	4,0[7])
Rollschub	$f_{v,k}$[9])	0,8				
Steifigkeitskennwerte in N/mm²						
E-Modul ‖ Faser	$E_{0,mean}$	9000	11000	12000	13000	14000
E-Modul ‖ Faser	$E_{0,05}$	6000	7400	8000	8700	9400
E-Modul ⊥ Faser	$E_{90,mean}$	300	370	400	430	470
Schubmodul	G_{mean}	560	690	750	810	880
Schubmodul	G_{05}[10])	375	460	500	540	590
Rohdichtekennwerte in kg/m³						
Rohdichte (charakt.)	ρ_k	320	350	380	390	400
Rohdichte (Mittel.)	ρ_{mean}	380	420	460	470	480

[1]) Vollholz nach den Anforderungen der Produktnorm DIN EN 14081-1: 2019-10 und der Anwendungsnorm DIN 20000-5: 2024-01

[2]) Nadelholz ist gemäß DIN 20000-5: 2024-01 nach DIN 4074-1: 2012-06 zu sortieren

[3]) Zuordnung der Sortierklassen zu den Festigkeitsklassen der Nadelhölzer nach DIN EN 1912: 2024-07, weitere Festigkeitsklassen nach DIN EN 338: 2016-07, Tab. 1

[4]) diese Eigenschaften gelten für trocken sortiertes Holz (TS) mit einer Holzfeuchte von 20 %, nach DIN 20000-5: 2024-01 darf nur trocken sortiertes Bauholz verwendet werden; botanische Namen s. Abschn. 1.6, Tabelle 1.5 und DIN EN 1912: 2024-07, Tab. 3

[5]) ausgewählte Klassen von Nadelvollholz sind grau unterlegt nach *Studiengemeinschaft Holzleimbau* [502]

[6]) für Vollholz mit Rechteckquerschnitt und einer charakteristischen Rohdichte von $\rho_k \leq 700$ kg/m³ dürfen nach DIN EN 1995-1-1: 2010-12, 3.2 die charakteristische Biegefestigkeit $f_{m,k}$ bei Querschnittshöhen $h < 150$ mm und die charakteristische Zugfestigkeit $f_{t,0,k}$ bei Querschnittsbreiten $b < 150$ mm mit dem Beiwert k_h erhöht werden: $k_h = \min\{(150/h)^{0,2} \text{ oder } 1,3\}$ mit h in mm als Querschnittshöhe bei Biegung bzw. als größte Querschnittsabmessung max (h oder b) bei Zug (nach DIN EN 1995-1-1/NA: 2013-08, NCI Zu 3.2(3))

[7]) bei biegebeanspruchten Bauteilen, die auf Schub beansprucht werden, muss nach DIN EN 1995-1-1: 2010-12, 6.1.7 der Einfluss von (Trocken-) Rissen mit der wirksamen Breite des Bauteils $b_{ef} = k_{cr} \cdot b$ berücksichtigt werden mit $k_{cr} = 2,0/f_{v,k}$ für Nadelvollholz und für Balkenschichtholz aus Nadelholz mit $f_{v,k}$ in N/mm² nach DIN EN 1995-1-1/NA: 2013-08, NDP Zu 6.1.7(2), s. auch Abschn. 18.1

[8]) bei Stäben aus Nadelschnittholz dürfen die k_{cr}-Werte nach DIN EN 1995-1-1/NA: 2013-08, NDP Zu 6.1.7(2), s. Fußnote [7]), in Bereichen, die mindestens 1,50 m vom Hirnholzende des Holzes liegen, um 30% erhöht werden

[9]) die Rollschubfestigkeit beträgt nach DIN EN 1995-1-1: 2010-12, 6.1.7 näherungsweise das Doppelte der Zugfestigkeit rechtwinklig zur Faser

[10]) der charakteristische Schubmodul G_{05} besitzt nach DIN EN 1995-1-1/NA: 2013-08, NCI Zu 3.2 den Rechenwert $G_{05} = 2 \cdot G_{mean}/3$

Tabelle 7.4 Rechenwerte der charakteristischen Kennwerte für Laubvollholz mit rechteckigem Querschnitt der EN DIN 1995-1-1: 2010-12, 3.2 nach DIN EN 338: 2016-07, Tab. 3[1])

Festigkeitsklasse[4])[5])		**D 30**	**D 35**	**D 40**	**D 60**
Holzarten[3]) (Handelsname)		Eiche	Buche	Buche	
Sortierklasse nach DIN 4074-5: 2008-12[2])[4])		LS10 und besser, LS10K und besser	LS10 und besser, LS10K und besser	LS13, LS13K	
Festigkeitskennwerte in N/mm²					
Biegung	$f_{m,k}$[6])	30	35	40	60
Zug ‖ Faser	$f_{t,0,k}$[6])	18	21	24	36
Zug ⊥ Faser	$f_{t,90,k}$	0,6			
Druck ‖ Faser	$f_{c,0,k}$	24	25	27	33
Druck ⊥ Faser	$f_{c,90,k}$	5,3	5,4	5,5	10,5
Schub	$f_{v,k}$[7])	3,9[7])	4,1[7])	4,2[7])	4,8[7])
Rollschub	$f_{R,k}$[8])	1,2			
Steifigkeitskennwerte in N/mm²					
E-Modul ‖ Faser	$E_{0,mean}$	11000	12000	13000	17000
E-Modul ‖ Faser	$E_{0,05}$	9200	10100	10900	14300
E-Modul ⊥ Faser	$E_{90,mean}$	730	800	870	1130
Schubmodul	G_{mean}	690	750	810	1060
Schubmodul	G_{05}[9])	460	500	540	710
Rohdichtekennwerte in kg/m³					
Rohdichte	ρ_k	530	540	550	700
Rohdichte (Mittelwert)	ρ_{mean}	640	650	660	840

[1]) Vollholz nach den Anforderungen der Produktnorm DIN EN 14081-1: 2019-10 und der Anwendungsnorm DIN 20000-5: 2024-01

[2]) Laubholz ist gemäß DIN 20000-5: 2024-01 nach DIN 4074-5: 2008-12 zu sortieren

[3]) In Deutschland dürfen folgende Laubholzarten verwendet werden: Buche, Eiche, Afzelia, Angélique (Basralocus), Azobé (Bongossi), Ipe, Keruing, Merbau und Teak; botanische Namen s. Abschn. 1.6, Tabelle 1.5 und DIN EN 1912: 2024-07, Tab. 5

[4]) Zuordnung der Sortierklassen zu den Festigkeitsklassen für Buche und Eiche nach DIN EN 1912: 2024-01, Tab. 2, weitere Festigkeitsklassen nach DIN EN 338: 2017-07, Tab. 3

[5]) diese Eigenschaften gelten für trocken sortiertes Holz (TS) mit einer Holzfeuchte von 20 %, nach DIN 20000-5: 2024-01 darf nur trocken sortiertes Bauholz verwendet werden

[6]) für Vollholz mit Rechteckquerschnitt und einer charakteristischen Rohdichte von $\rho_k \leq 700$ kg/m³ dürfen nach DIN EN 1995-1-1: 2010-12, 3.2, die charakteristische Biegefestigkeit $f_{m,k}$ bei Querschnittshöhen $h < 150$ mm und die charakteristische Zugfestigkeit $f_{t,0,k}$ bei Querschnittsbreiten $b < 150$ mm mit dem Beiwert k_h erhöht werden: $k_h = \min\{(150/h)^{0,2}$ der $1{,}3\}$ mit h in mm als Querschnittshöhe bei Biegung bzw. als größte Querschnittsabmessung max (h oder b) bei Zug (nach DIN EN 1995-1-1/NA: 2013-08, NCI Zu 3.2(3))

[7]) bei biegebeanspruchten Bauteilen, die auf Schub beansprucht werden, muss nach DIN EN 1995-1-1: 2010-12, 6.1.7, der Einfluss von (Trocken-) Rissen mit der wirksamen Breite des Bauteils $b_{ef} = k_{cr} \cdot b$ mit $k_{cr} = 0{,}67$ für Laubvollholz berücksichtigt werden, s. auch Abschn. 18.1

[8]) die Rollschubfestigkeit beträgt nach DIN EN 1995-1-1: 2010-12, 6.1.7 näherungsweise das Doppelte der Zugfestigkeit rechtwinklig zur Faser

[9]) der charakteristische Schubmodul G_{05} besitzt nach DIN EN 1995-1-1/NA: 2013-08, NCI Zu 3.2 den Rechenwert $G_{05} = 2 \cdot G_{mean}/3$

Tabelle 7.5 Rechenwerte der charakteristischen Kennwerte für kombiniertes Brettschichtholz (c) aus Nadelholz der DIN EN 1995-1-1: 2010-12, 3.3 nach DIN EN 14080: 2013-09, Tab. 4[1])[6])[7])[8])

Brettschichtholz aus Nadelholz[2]) z.B. Fichte, Tanne, Kiefer, Lärche, Douglasie[3])					
Festigkeitsklasse		**GL24c**[8])	**GL28c**[8])	**GL30c**[8])	**GL32c**[7])
Festigkeitskennwerte in N/mm²					
Biegung	$f_{m,k}$[4])	24	28	30	32
Zug ‖ Faser	$f_{t,0,k}$[4])	17	19,5	19,5	19,5
Zug ⊥ Faser	$f_{t,90,k}$	0,5	0,5	0,5	0,5
Druck ‖ Faser	$f_{c,0,k}$	21,5	24	24,5	24,5
Druck ⊥ Faser	$f_{c,90,k}$	2,5	2,5	2,5	2,5
Schub und Torsion	$f_{v,k}$[5])	3,5[5])	3,5[5])	3,5[5])	3,5[5])
Rollschub	$f_{r,k}$	1,2	1,2	1,2	1,2
Steifigkeitskennwerte in N/mm²					
E-Modul ‖ Faser	$E_{0,mean}$	11000	12500	13000	13500
E-Modul ‖ Faser	$E_{0,05}$	9100	10400	10800	11200
E-Modul ⊥ Faser	$E_{90,mean}$	300	300	300	300
E-Modul ⊥ Faser	$E_{90,05}$	250	250	250	250
Schubmodul	G_{mean}	650	650	650	650
Schubmodul	G_{05}	540	540	540	540
Rollschubmodul	$G_{r,mean}$	65	65	65	65
Rollschubmodul	$G_{r,05}$	54	54	54	54
Rohdichtekennwerte in kg/m³					
Rohdichte	ρ_k	365	390	390	400
Rohdichte (Mittel)	ρ_{mean}	400	420	430	440

[1]) kombiniertes Brettschichtholz nach den Anforderungen der DIN EN 14080: 2013-09 und der Anwendungsnorm DIN 20000-3: 2022-02, s. auch Abschn. 3.3.1 und Tabelle 3.12

[2]) nur aus Nadelholzarten und Pappel nach DIN EN 14080: 2013-09, 5.5.2

[3]) Nadelholz ist gemäß DIN 20000-5: 2024-01 nach DIN 4074-1: 2012-06 zu sortieren

[4]) für Brettschichtholz mit Rechteckquerschnitt dürfen nach DIN EN 1995-1-1: 2010-12, 3.3 die charakteristische Biegefestigkeit $f_{m,k}$ bei Querschnittshöhen $h < 600$ mm und die charakteristische Zugfestigkeit $f_{t,0,k}$ bei Querschnittsbreiten $b < 600$ mm mit $k_h = \min \{(600/h)^{0,1}$ oder $1,1\}$ erhöht werden mit h in mm als Querschnittshöhe bei Biegung (nur bei Flachkantbiegung nach DIN EN 1995-1-1/NA: 2013-08, NCI Zu 3.3, z.B. bei rechtwinklig zu den Klebfugen wirkenden Lasten), s. auch Abschn. 17.1.2, bzw. als größte Querschnittsabmessung max (h oder b) bei Zug (nach DIN EN 1995-1-1/NA: 2013-08, NCI Zu 3.3(3)), s. auch Abschn. 15.1.1 und Fußnote[6])

[5]) bei biegebeanspruchten Bauteilen, die auf Schub beansprucht werden, muss nach DIN EN 1995-1-1: 2010-12, 6.1.7 der Einfluss von (Trocken-)Rissen mit der wirksamen Breite des Bauteils $b_{ef} = k_{cr} \cdot b$ berücksichtigt werden, für Brettschichtholz aus Nadelholz ist $k_{cr} = 2,5/f_{v,k}$ mit $f_{v,k}$ in N/mm² festgelegt, s. DIN EN 1995-1-1/NA: 2013-08, NDP Zu 6.1.7(2) und Abschn. 18.1

[6]) für die Bemessung von Brettschichtholz ist Gl. (1) der DIN EN 14080: 2013-09, 5.1.3 nicht anzuwenden, s. DIN 20000-3: 2022-02, 4.4

[7]) Brettschichtholz der Festigkeitsklasse GL32c steht nach *Studiengemeinschaft Holzleimbau* [501] in der Regel wirtschaftlich herstellbar kaum noch zur Verfügung aufgrund der verschärften Anforderungen der DIN EN 14080: 2013-09

[8]) Vorzugsklassen von Brettschichtholz nach *Studiengemeinschaft Holzleimbau* [502] sind grau unterlegt

Tabelle 7.6 Rechenwerte der charakteristischen Kennwerte für homogenes Brettschichtholz (h) aus Nadelholz der DIN EN 1995-1-1: 2010-12, 3.3 nach DIN EN 14080: 2013-09, Tab. 5[1])[7])[8])[9])

Brettschichtholz aus Nadelholz [2]) z.B. Fichte, Tanne, Kiefer, Lärche, Douglasie[3])					
Festigkeitsklasse		**GL24h**[9])	**GL28h**	**GL30h**	**GL32h**[8])
Festigkeitskennwerte in N/mm²					
Biegung	$f_{m,k}$ [4])[5])	24	28	30	32
Zug ∥ Faser	$f_{t,0,k}$ [4])	19,2	22,3	24	25,6
Zug ⊥ Faser	$f_{t,90,k}$	0,5	0,5	0,5	0,5
Druck ∥ Faser	$f_{c,0,k}$	24	28	30	32
Druck ⊥ Faser	$f_{c,90,k}$	2,5	2,5	2,5	2,5
Schub und Torsion	$f_{v,k}$ [6])	3,5[6])	3,5[6])	3,5[6])	3,5[6])
Rollschub	$f_{r,k}$	1,2	1,2	1,2	1,2
Steifigkeitskennwerte in N/mm²					
E-Modul ∥ Faser	$E_{0,mean}$	11500	12600	13600	14200
E-Modul ∥ Faser	$E_{0,05}$	9600	10500	11300	11800
E-Modul ⊥ Faser	$E_{90,mean}$	300	300	300	300
E-Modul ⊥ Faser	$E_{90,05}$	250	250	250	250
Schubmodul	G_{mean}	650	650	650	650
Schubmodul	G_{05}	540	540	540	540
Rollschubmodul	$G_{r,mean}$	65	65	65	65
Rollschubmodul	$G_{r,05}$	54	54	54	54
Rohdichtekennwerte in kg/m³					
Rohdichte	ρ_k	385	425	430	440
Rohdichte (Mittel)	ρ_{mean}	420	460	480	490

[1]) homogenes Brettschichtholz nach den Anforderungen der DIN EN 14080: 2013-09 und der Anwendungsnorm DIN 20000-3: 2022-02, s. auch Abschn. 3.3.1 und Tabelle 3.11

[2]) nur aus Nadelholzarten und Pappel nach DIN EN 14080: 2013-09, 5.5.2

[3]) Nadelholz ist gemäß DIN 20000-5: 2024-01 nach DIN 4074-1: 2012-06 zu sortieren

[4]) für Brettschichtholz mit Rechteckquerschnitt dürfen nach DIN EN 1995-1-1: 2010-12, 3.3 die charakteristische Biegefestigkeit $f_{m,k}$ bei Querschnittshöhen $h < 600$ mm und die charakteristische Zugfestigkeit $f_{t,0,k}$ bei Querschnittsbreiten $b < 600$ mm mit $k_h = \min\{(600/h)^{0,1}$ oder $1{,}1\}$ erhöht werden mit h in mm als Querschnittshöhe bei Biegung (nur bei Flachkantbiegung nach DIN EN 1995-1-1/NA: 2013-08, NCI Zu 3.3, z.B. bei rechtwinklig zu den Klebfugen wirkenden Lasten), s. auch Abschn. 17.1.2 bzw. als größte Querschnittsabmessung max (h oder b) bei Zug (nach DIN EN 1995-1-1/NA: 2013-08, NCI Zu 3.3(3)), s. auch Abschn. 15.1.1 und Fußnote[7])

[5]) bei Hochkant-Biegebeanspruchung von homogenem Brettschichtholz (z.B. bei in Richtung der Klebfugen wirkenden Lasten) aus mind. vier nebeneinander liegenden Lamellen darf nach DIN EN 1995-1-1/NA: 2013-08, NCI Zu 3.3 der charakteristische Wert der Biegefestigkeit $f_{m,k}$ um 20% erhöht werden

[6]) bei biegebeanspruchten Bauteilen, die auf Schub beansprucht werden, muss nach DIN EN 1995-1-1: 2010-12, 6.1.7 der Einfluss von (Trocken-)Rissen mit der wirksamen Breite des Bauteils $b_{ef} = k_{cr} \cdot b$ berücksichtigt werden, für Brettschichtholz aus Nadelholz ist $k_{cr} = 2{,}5/f_{v,k}$ mit $f_{v,k}$ in N/mm² festgelegt, s. DIN EN 1995-1-1/NA: 2013-08, NDP Zu 6.1.7(2) und Abschn. 18.1

[7]) für die Bemessung von Brettschichtholz ist Gl. (1) der DIN EN 14080: 2013-09, 5.1.3 nicht anzuwenden, s. DIN 20000-3: 2022-02, 4.4

[8]) Brettschichtholz der Festigkeitsklasse GL32h steht nach *Studiengemeinschaft Holzleimbau* [501] in der Regel wirtschaftlich herstellbar kaum noch zur Verfügung aufgrund der verschärften Anforderungen der DIN EN 14080: 2013-09

[9]) Vorzugsklasse von homogenem Brettschichtholz nach *Studiengemeinschaft Holzleimbau* [502] ist grau unterlegt, größere Mengen von homogenem Brettschichtholz mit Festigkeitsklassen größer als GL24h sollten nach *Studiengemeinschaft Holzleimbau* [501] nicht bestellt werden

Besondere Beachtung gilt **querzugbeanspruchten Holzbauteilen** aus Voll- und Brettschichtholz, da die Querzugfestigkeit von Holz gering ist, s. Abschn. 1.10.2. Die sehr niedrigen charakteristischen Querzugfestigkeiten $f_{t,90,k}$ von **Vollholz** nach Tabelle 7.3 und 7.4 berücksichtigen neben der geringen Querzugfestigkeit lastunabhängige Schwind- oder Trockenrisse, die oft erst nach dem Einbau des Vollholzes auftreten und einen großen mindernden Einfluss ausüben, so dass planmäßige lastabhängige Querzugbeanspruchungen bei Vollholz möglichst vermieden werden sollten oder oft nur durch konstruktive Maßnahmen aufgenommen werden können.

Bei **Brettschichtholz** mit vergleichbar niedrigen Querzugfestigkeiten $f_{t,90,k}$ können trotz trockener Herstellung und trockenen Einbaus Schwindspannungen entstehen, die durch spätere größere Änderung des Umgebungsklimas in der Nutzungszeit verursacht werden und sich lastabhängigen Querzugspannungen überlagern. Aus diesen Gründen sind in querzuggefährdeten Trägerbereichen wie z.B. gekrümmten Trägerbereichen und Firstbereichen von Satteldachträgern unter bestimmten Bedingungen konstruktive Verstärkungen zur Aufnahme lastunabhängiger klimabedingter Querzugspannungen vorzusehen, oder die auftretenden lastabhängigen Querzugspannungen werden vollständig durch Verstärkungen aufgenommen, s. Abschn. 20.5. Über Querzugspannungen bei Ausklinkungen, Durchbrüchen und Queranschlüssen s. Abschn. 21.

7.2.2 Charakteristische Kennwerte für ausgesuchte Holzwerkstoffe

Folgende Holzbaustoffe werden als Holzwerkstoffe nach DIN EN 1995-1-1/NA: 2013-08 bezeichnet: Massivholzplatten, Furnierschichtholz (LVL), OSB-Platten, Sperrholz, kunstharz- und zementgebundene Spanplatten und Faserplatten mit je Holzwerkstoff unterschiedlichen technischen Klassen, s. Abschn. 2.1, Tabelle 2.1, zu den Begriffen s. auch Tabelle 7.1.

Im Folgenden werden **charakteristische Werte** ausgesuchter Holzwerkstoffe angeführt: Sperrholz in Tabelle 7.7, kunstharzgebundene Spanplatten in Tabelle 7.8, OSB-Platten in Tabelle 7.9 und Faserplatten in Tabelle 7.10. Die Beanspruchungsarten von Sperrholz sind im Abschn. 2.6, Tabelle 2.2 dargestellt. Die charakteristischen Werte anderer Holzwerkstoffe können DIN EN 1995-1-1/NA: 2013-08, NCI NA.3.5, einigen weiteren, unten angeführten Produktnormen und der Anwendungsnorm DIN 20000-1: 2017-06 sowie u.a. *Colling* [96], *Neuhaus* [382] und *Rautenstrauch/Möller/Hartnack* [419] entnommen werden. Die **Wichten** γ von Holzwerkstoffen sind im Abschn. 7.7 dargestellt. Über Holzwerkstoffe s. auch Abschn. 2, über charakteristische Kennwerte Abschn. 1.10.6.

Holzwerkstoffe nach der Produktnorm DIN EN 13986: 2015-06 und anderen Produktnormen, die je Holzwerkstoff in den folgenden Tabellen 7.7 bis 7.10 angegeben sind, sind europäische Bauprodukte und dürfen für tragende Zwecke verwendet werden. Die **Anwendbarkeit von Holzwerkstoffen** nach ihren Produktnormen ist in Deutschland mit der Anwendungsnorm DIN 20000-1: 2017-06.

Tabelle 7.7 Rechenwerte der charakteristischen Kennwerte für Sperrholz der Biegefestigkeits- (F) und Biege-Elastizitätsmodul-Klassen (E) F40/30 E60/40, F50/25 E70/25 und F60/10 E90/10 mit einer charakteristischen Rohdichte $\rho_k \geq 600$ kg/m³ nach DIN EN 636: 2015-05 und der Anwendungsnorm DIN 20000-1: 2017-06, Tab. 2[1][2][3]

Klasse		F40/30 E60/40		F50/25 E70/25		F60/10 E90/10	
Beanspruchung		parallel	recht-winklig	parallel	recht-winklig	parallel	recht-winklig
		zur Faserrichtung der Deckfurniere					
Festigkeitskennwerte in N/mm²							
Plattenbeanspruchung							
Biegung	$f_{m,k}$	40	30	50	25	60	10
Druck	$f_{c,90,k}$	9		10			
Schub	$f_{v,k}$	2,2		2,5			
Scheibenbeanspruchung							
Biegung	$f_{m,k}$	29	31	36	24	36	24
Zug	$f_{t,k}$	29	31	36	24	36	24
Druck	$f_{c,k}$	21	22	36	17	26	18
Schub	$f_{v,k}$	9,5		11			
Steifigkeitskennwerte in N/mm²							
Plattenbeanspruchung							
E-Modul	E_{mean}	6000	4000	7000	2500	9000	1000
E-Modul	E_{05}	4800	3200	5600	2000	7200	800
G-Modul	G_{mean}	150		200			
G-Modul	G_{05}	120		160			
Scheibenbeanspruchung							
E-Modul	E_{mean}	4400	4700	5500	3650	5500	3700
E-Modul	E_{05}	3520	3760	4400	2920	4400	2960
G-Modul	G_{mean}	600			700		
G-Modul	G_{05}	480			560		
Rohdichtekennwerte in kg/m³							
Rohdichte	ρ_k	600					

[1]) Sperrholz nach den Anforderungen der DIN EN 13986: 2015-06

[2]) über Mindestdicken und den Einsatz von Holzwerkstoffplatten in den Nutzungsklassen s. Tabelle 7.13

[3]) Sperrholz der technischen Klasse „Trocken" darf nach DIN EN 1995-1-1/NA: 2013-08, NCI Zu 3.5 nur in Nutzungsklasse 1, der technischen Klasse „Feucht" nur in den Nutzungsklassen 1 und 2 sowie der technischen Klasse „Außen" in den Nutzungsklassen 1, 2 und 3 verwendet werden

Tabelle 7.8 Rechenwerte der charakteristischen Kennwerte für kunstharzgebundene Spanplatten für tragende Zwecke zur Verwendung im Trockenbereich der technischen Klasse P6 nach DIN 12369-1: 2001-04, Tab. 6, s. auch DIN 1052: 2008-12, Tab. F.17[1)][2)][3)]

Nenndicke der Platten in mm		> 6 bis 13	> 13 bis 20	> 20 bis 25	> 25 bis 32	> 32 bis 40	> 40 bis 50
Festigkeitskennwerte in N/mm²							
Plattenbeanspruchung							
Biegung	$f_{m,k}$	16,5	15,0	13,3	12,5	11,7	10,0
Druck	$f_{c,90,k}$	10,0	10,0	10,0	8,0	6,0	6,0
Schub	$f_{v,k}$	1,9	1,7				
Scheibenbeanspruchung							
Biegung	$f_{m,k}$	10,5	9,5	8,5	8,3	7,8	7,5
Zug	$f_{t,k}$	10,5	9,5	8,5	8,3	7,8	7,5
Druck	$f_{c,k}$	14,1	13,3	12,8	12,2	11,9	10,4
Schub	$f_{v,k}$	7,8	7,3	6,8	6,5	6,0	5,5
Steifigkeitskennwerte in N/mm²							
Plattenbeanspruchung							
E-Modul	E_{mean}	4400	4100	3500	3300	3100	2800
E-Modul	E_{05}	3520	3280	2800	2640	2480	2240
Schubmodul	G_{mean}	200			100		
Schubmodul	G_{05}	160			80		
Scheibenbeanspruchung							
E-Modul	E_{mean}	2500	2400	2100	1900	1800	1700
E-Modul	E_{05}	2000	1920	1680	1520	1440	1360
Schubmodul	G_{mean}	1200	1150	1050	950	900	880
Schubmodul	G_{05}	960	920	840	760	720	705
Rohdichtekennwerte in kg/m³							
Rohdichte	ρ_k	650	600	550	550	500	500

[1)] kunstharzgebundene Spanplatten nach den Anforderungen der DIN EN 312: 2010-12, DIN EN 13986: 2015-06 und DIN 20000-1: 2017-06

[2)] über Mindestdicken und den Einsatz von Holzwerkstoffplatten in den Nutzungsklassen s. Tabelle 7.13

[3)] kunstharzgebundene Spanplatten der technischen Klasse P6 dürfen nach DIN EN 1995-1-1/NA: 2013-08, NCI Zu 3.5 nur in Nutzungsklasse 1 verwendet werden

Tabelle 7.9 Rechenwerte der charakteristischen Kennwerte für OSB-Platten der technischen Klasse OSB/4 nach DIN EN 12369-1: 2001-04, Tab. 3, s. auch DIN 1052: 2008-12, Tab. F.14[1])[2])[3])

Beanspruchung		parallel			rechtwinklig		
		zur Spanrichtung der Deckschicht					
Nenndicke der Platten in mm		6 bis 10	> 10 bis 18	> 18 bis 25	6 bis 10	> 10 bis 18	> 18 bis 25
Festigkeitskennwerte in N/mm²							
Plattenbeanspruchung							
Biegung	$f_{m,k}$	24,5	23,0	21,0	13,0	12,2	11,4
Druck	$f_{c,90,k}$	10,0					
Schub	$f_{v,k}$	1,1					
Scheibenbeanspruchung							
Biegung	$f_{m,k}$	11,9	11,4	10,9	8,5	8,2	8,0
Zug	$f_{t,k}$	11,9	11,4	10,9	8,5	8,2	8,0
Druck	$f_{c,k}$	18,1	17,6	17,0	14,3	14,0	13,7
Schub	$f_{v,k}$	6,9					
Steifigkeitskennwerte in N/mm²							
Plattenbeanspruchung							
E-Modul	E_{mean}	6780			2680		
E-Modul	E_{05}	5760			2280		
Schubmodul	G_{mean}	60					
Schubmodul	G_{05}	51					
Scheibenbeanspruchung							
E-Modul	E_{mean}	4300			3200		
E-Modul	E_{05}	3660			2720		
Schubmodul	G_{mean}	1090					
Schubmodul	G_{05}	930					
Rohdichtekennwerte in kg/m³							
Rohdichte	ρ_k	550					

[1]) OSB-Platten nach den Anforderungen der DIN EN 300: 2006-09, DIN EN 13986: 2015-06 und DIN 20000-1: 2017-06

[2]) über Mindestdicken und den Einsatz von Holzwerkstoffplatten in den Nutzungsklassen s. Tabelle 7.13

[3]) OSB-Platten der technischen Klasse OSB/4 dürfen nach DIN EN 1995-1-1/NA: 2013-08, NCI Zu 3.5 nur in den Nutzungsklassen 1 und 2 verwendet werden

Tabelle 7.10 Rechenwerte der charakteristischen Kennwerte für Faserplatten der technischen Klassen HB.HLA2 und MBH.LA2 nach DIN EN 12369-1: 2001-04, Tab. 8 und 9 sowie DIN EN DIN 1995-1-1/NA: 2013-08, NCI Zu 3.5, Tab. NA.9[1][2][3]

Technische Klasse		HB.HLA2 (harte Platten)		MBH.LA2 (mittelharte Platten)	
Nenndicke der Platten in mm		> 3,5 bis 5,5	> 5,5	≤ 10	> 10
Festigkeitskennwerte in N/mm²					
Plattenbeanspruchung					
Biegung	$f_{m,k}$	35,0	32,0	17,0	15,0
Druck	$f_{c,90,k}$	12,0	12,0	8,0	8,0
Schub	$f_{v,k}$	3,0	2,5	0,3	0,25
Scheibenbeanspruchung					
Biegung	$f_{m,k}$	26,0	23,0	9,0	8,0
Zug	$f_{t,k}$	26,0	23,0	9,0	8,0
Druck	$f_{c,k}$	27,0	24,0	9,0	8,0
Schub	$f_{v,k}$	18,0	16,0	5,5	4,5
Steifigkeitskennwerte in N/mm²					
Plattenbeanspruchung					
E-Modul	E_{mean}	4800	4600	3100	2900
E-Modul	E_{05}	3840	3680	2480	2320
Schubmodul	G_{mean}	200	200	100	100
Schubmodul	G_{05}	160	160	80	80
Scheibenbeanspruchung					
E-Modul	E_{mean}	4800	4600	3100	2900
E-Modul	E_{05}	3840	3680	2480	2320
Schubmodul	G_{mean}	2000	1900	1300	1200
Schubmodul	G_{05}	1600	1520	1040	960
Rohdichtekennwerte in kg/m³					
Rohdichte	ρ_k	850	800	650	600

[1]) Holzfaserplatten nach den Anforderungen der DIN EN 622-2: 2004-07, DIN EN 622-3: 2004-07, DIN EN 13986: 2015-06 und DIN 20000-1: 2017-06

[2]) über Mindestdicken und den Einsatz von Holzwerkstoffplatten in den Nutzungsklassen s. Tabelle 7.13

[3]) Faserplatten der technischen Klasse MBH.LA2 dürfen nach DIN EN 1995-1-1/NA: 2013-08, NCI Zu 3.5 nur in Nutzungsklasse 1, der technischen Klasse HB.HLA2 nur in den Nutzungsklassen 1 und 2 verwendet werden

Nach der Anwendungsnorm DIN 20000-1: 2017-06 gelten für Holzwerkstoffe die charakteristischen Festigkeits-, Steifigkeits- und Rohdichtewerte, die in der Produktnormreihe DIN EN 12369-1: 2001-04 „**OSB, Spanplatten und Faserplatten**", DIN EN 12369-2: 2011-09 „**Sperrholz**" und DIN EN 12369-3: 2022-09 „**Massivholzplatten**" angeführt, für Sperrholz bestimmter Rohdichten diejenigen, die in der Anwendungsnorm selbst genannt sind.

Furnierschichtholz kann gemäß DIN EN 1995-1-1/NA: 2013-08, NCI Zu 3.4 nach zwei Produktnormen hergestellt und verwendet werden: DIN EN 14279: 2009-07 und DIN EN 14374: 2005-02, für diese beiden Produktnormen gibt es nach der Anwendungsnorm DIN 20000-1: 2017-06 derzeit keine festgelegten charakteristischen Festigkeits-, Steifigkeits- und Rohdichtewerte, sondern nur die Bemessung mit deklarierten Werten. Die Angaben und Festlegungen in den genannten Baunormen sind einzuhalten, solange keine neuen charakteristischen Werte vorliegen. Furnierschichtholz (LVL) nach den europäischen Produktnormen besitzt in Teilen andere Anforderungen als das nationale Furnierschichtholz mit bauaufsichtlichem Verwendbarkeitsnachweis. Über die **Anwendbarkeit von Furnierschichtholz** nach ihren Produktnormen in Deutschland gilt sinngemäß dasselbe wie für Holzwerkstoffe oben in diesem Abschn. dargestellt.

Die Produktnorm für Brettsperrholz, DIN EN 16351: 2021-06, wurde bislang nicht im offiziellen Amtsblatt der EU zitiert. Daher sind die charakteristischen Kennwerte von **Brettsperrholz,** das den bauaufsichtlichen Verwendbarkeitsnachweisen zu entnehmen, über Brettsperrholz berichten *Erläut. zu DIN 1052: 2004-08* [47], *Blaß/Fellmoser* [52], *Blaß/Görlacher* [56], *Kreuzinger* [288], [289], *Mestek/Werther/Winter* [326] und *Studiengemeinschaft Holzleimbau* [498].

7.2.3 Charakteristische Kennwerte für Klebfugen bei Verstärkungen

Tabelle 7.11 Rechenwerte der charakteristischen Kennwerte für Klebfugen bei Verstärkungen nach DIN EN 1995-1-1/NA: 2013-08, NCI NA.6.8.5, Tab. NA.12[1])

		Wirksame Einkleblänge l_{ad} des Stahlstabes		
		≤ 250 mm	$250 \text{ mm} < l_{ad} \leq 500$ mm	$500 \text{ mm} < l_{ad} \leq 1000$ mm
Festigkeitskennwerte in N/mm²				
Klebfuge zwischen Stahlstab und Bohrlochwandung	$f_{k1,k}$	4,0	$5{,}25 - 0{,}005 \cdot l_{ad}$	$3{,}5 - 0{,}0015 \cdot l_{ad}$
Klebfuge zwischen Trägeroberfläche und Verstärkungsplatte	$f_{k2,k}$	0,75		
Klebfuge zwischen Trägeroberfläche und Verstärkungsplatte bei gleichmäßiger Einleitung der Schubspannung	$f_{k3,k}$	1,50		

[1]) Tabellenangaben dürfen nur angewendet werden, wenn die Eignung des Klebersystems nachgewiesen ist

7.3 Nutzungsklassen, Lasteinwirkungsdauer und Verformungen

7.3.1 Nutzungsklassen

Holz als hygroskopischer Baustoff reagiert auf Änderungen des Umgebungsklimas (Luftfeuchte und -temperatur), s. Abschn. 1.4.1, die Holzfeuchte steigt oder fällt unterhalb der Fasersättigung nach gewisser Zeit entsprechend. Die Änderung der Holzfeuchte bewirkt eine Änderung der mechanischen und Kriech-Eigenschaften des Holzes, s. Abschn. 1.8 bis 1.10 und Abschn. 2.6 bis 2.8.

Bauteile aus Holzbaustoffen werden deshalb für ihre vorgesehene Nutzungsdauer vereinfachend in drei Nutzungsklassen (NKL) nach Tabelle 7.12 eingeteilt, um die Einflüsse des hygroskopischen Verhaltens auf die Festigkeitseigenschaften und Verformungen (Kriechen) infolge definierter Umgebungsbedingungen zu berücksichtigen. s. Abschn. 7.4. Ändert sich das Umgebungsklima über einige (wenige) Wochen im Jahr auf Werte, die langfristig zu höheren Holzfeuchten führen würden, bewirkt dies nur geringe, vernachlässigbare Holzfeuchteänderungen, da die Feuchte in Holzbauteilen nur langsam transportiert wird. Die nach gewisser (längerer) Zeit sich einstellenden Gleichgewichtsfeuchten (Ausgleichsfeuchten) in Holzbaustoffen können Tabelle 7.19 entnommen werden. Tragwerke aus Holzbaustoffen sind bei der Bemessung einer der Nutzungsklassen 1, 2 oder 3 nach Tabelle 7.12 zuzuordnen, der Einsatz von Bauteilen aus Holz, Holzwerk- und Gipswerkstoffen in den Nutzungsklassen wird in Tabelle 7.13 dargestellt.

Tragende und aussteifende Holzbauteile innerhalb allseitig geschlossener und beheizter Gebäude sind in **Nutzungsklasse 1** einzustufen, die **Nutzungsklasse 2** umfasst Holzbauteile in offenen, jedoch dauerhaft überdachten Bauwerken bzw. ausreichend abgedeckte

Tabelle 7.12 Nutzungsklassen (NKL) nach DIN EN 1995-1-1: 2010-12, 2.3.1.3[1])[2])

Nutzungsklasse	Feuchtegehalt in Holzbaustoffen, entspricht einem Umgebungsklima von	Holzfeuchte ω in Holzbaustoffen, die sich nach gewisser Zeit einstellt	**Beispiele** für Umgebungsklima
1	$T = 20\,°C$, $\varphi = 65\,\%$[3])	etwa bis 12 %[4])	dauerhaft, allseitig geschlossene und beheizte Bauwerke
2	$T = 20\,°C$, $\varphi = 85\,\%$[3])	etwa bis 20 %[4])	überdachte, offene Bauwerke[5])
3	Klimabedingungen, die zu höheren Holzfeuchten als Nutzungsklasse 2 führen	etwa > 20 %	Konstruktionen, frei der Witterung ausgesetzt

[1]) über Gleichgewichtsfeuchten von Holzbaustoffen s. Tabelle 7.19
[2]) über den Einsatz von Holzwerkstoffplatten in den Nutzungsklassen s. Tabelle 7.13
[3]) relative Luftfeuchte, die nur für einige Wochen pro Jahr überschritten wird
[4]) in den meisten Nadelhölzern wird in dieser Nutzungsklasse die angegebene Holzfeuchte als mittlere Gleichgewichtsfeuchte nicht überschritten
[5]) in Ausnahmefällen sind auch überdachte Bauteile in Nutzungsklasse 3 einzustufen

Holzbauteile, so dass unmittelbare Bewitterung ausgeschlossen ist. Nach *Erläut. zu DIN 1052: 2004-08* [47] (E 7.1.1) können auch geschlossene Gebäude wie Gewächs-, Treibhäuser, Wintergärten oder Tierhäuser in zoologischen Gärten in Nutzungsklasse 2 eingeordnet werden. Der **Nutzungsklasse 3** gehören alle Holzbauteile an, die der Witterung direkt ohne bauliche Schutzmaßnahmen oder direkter Wasserbeanspruchung ausgesetzt sind. Holzbauteile, die sowohl innerhalb als auch außerhalb von Gebäuden liegen, können unterschiedlichen Nutzungsklassen angehören, die außen liegenden je nach Abdeckung der Nutzungsklasse 2 oder 3, im Zweifel sind diese stets der Nutzungsklasse 3 zuzuweisen.

Nach *Erläut. zu DIN 1052: 2004-08* [47] (E 7.1.1) sollten Dachkonstruktionen in (offenen) Eissporthallen der **Nutzungsklasse 3** angehören, da an kalten Bauteilen eine länger andauernde Tauwasserbildung vorliegen kann. Vergleichbare Klimabedingungen können über längere Zeiträume in Kompostierungsanlagen und entsprechenden Anlagen mit sehr hohen relativen Luftfeuchten von $\varphi > 85\,\%$ und daraus folgendem Tauwasserausfall auftreten, hierüber s. Abschn. 5.2.4.9. Beispiele zur Einstufung von witterungsbeanspruchten Holzbauteilen in Nutzungsklassen NKL und Gebrauchsklassen GK (nach DIN 68800-1: 2019-06, s. Abschn. 5.2.3, Tabelle 5.4) können Bilder 5.15 und 7.1 entnommen werden.

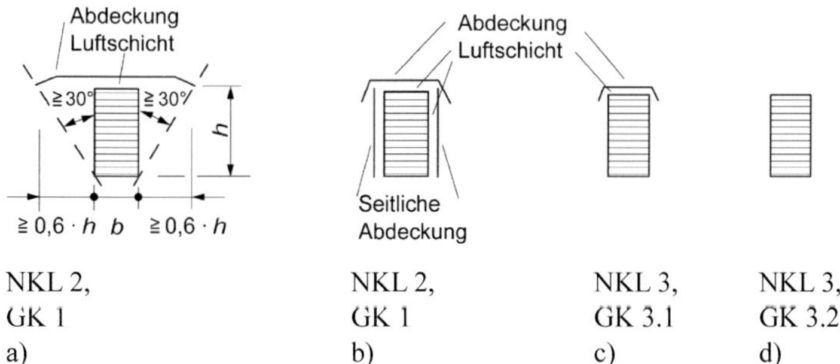

NKL 2, GK 1	NKL 2, GK 1	NKL 3, GK 3.1	NKL 3, GK 3.2
a)	b)	c)	d)

Bild 7.1 Witterungsbeanspruchte Holzbauteile, Einteilung in Nutzungsklassen (NKL) der DIN EN 1995-1-1: 2010-12 nach *Erläut. zu DIN 1052: 2004-08* [47] (E 7.1.1, Bild 7/2) und *Schulze* [475] sowie in Gebrauchsklassen GK nach DIN 68800-1: 2019-06, 5.1 und *Willeitner* [523] (Bild K.3)
a) Schlagregenschutz durch obere Abdeckung mit ausreichendem beidseitigem (Dach-) Überstand (NKL 2 und GK 1), der „obere" $\geq 30°$ Winkel entspricht dem hier nicht eingezeichneten „unteren" $\leq 60°$ Winkel des ausreichenden Dachüberstandes nach DIN 68800, s. Abschn. 5.2.4, Bild 5.7c
b) Schlagregenschutz durch obere und beidseitige Abdeckung (NKL 2 und GK 1)
c) kein Schlagregenschutz der Seitenflächen, da obere Abdeckung ohne ausreichenden beidseitigen (Dach-) Überstand (NKL 3 und GK 3.1)
d) keine obere und keine seitliche Abdeckung (NKL 3 und GK 3.2),
Empfehlung: Ausführungen a) und b) enthalten den besten baulichen Holzschutz tragender, witterungsbeanspruchter Holzbauteile und sollten stets angestrebt werden, Ausführung c) stellt einen minimalen baulichen Holzschutz mit wahrscheinlich größerem Wartungs- und Instandsetzungsaufwand dar, Ausführung d) ohne obere Abdeckung waagerecht oder etwas geneigt liegender Holzoberflächen ist als „schlechter" baulicher Holzschutz anzusehen und sollte nicht ausgeführt werden

Während Voll-, Brettschicht- und Furnierschichtholz LWL/3 sowie Sperrholz der technischen Klasse „Außen“ in allen drei Nutzungsklassen eingesetzt werden können, dagegen Balkenschichtholz, keilgezinktes Vollholz, Brettschichtholz mit Universal- Keilzinkenverbindungen und – aus Verbundbauteilen nur in den Nutzungsklassen 1 und 2, dürfen die übrigen Holzwerk- und Gipsbaustoffe nach Tabelle 7.13 je nach Eignung ausschließlich in den beiden ersten Nutzungsklassen verwendet werden.

Tabelle 7.13 Nutzungsklassen (NKL) und Mindestdicken tragender/aussteifender Bauteile aus Holz sowie Holzwerkstoff- und Gipswerkstoffplatten nach DIN EN 1995-1-1/NA: 2013-08, NCI Zu 3.2 bis 3.5, NCI NA.11[1])[2])

Bauteile aus Holz sowie Holzwerkstoff- und Gipswerkstoffplatten, technische Klasse, Plattentyp	Norm[1])	Nutzungsklassen[2]) der DIN EN 1995-1-1: 2010-12			Mindestdicke der Platten in mm	
		NKL 1	NKL 2	NKL 3	tragend	aussteifend
Vollholz aus Nadel- und Laubholz						
Vollholz	DIN EN 14081-1	x	x	x	[3])	[3])
keilgezinktes Vollholz	DIN EN 15497	x	x	–	[3])	[3])
Brettschichtholz aus Nadelholz						
Brettschichtholz	DIN EN 14080	x	x	x	[3])	[3])
Brettschichtholz mit Universal-Keilzinkenverbind.	DIN EN 14080	x	x	–	[3])	[3])
Verbundbauteile aus Brettschichtholz	DIN EN 14080	x	x	–	[3])	[3])
Balkenschichtholz aus Nadelholz						
Balkenschichtholz	DIN EN 14080	x	x	–	[3])	[3])
Furnierschichtholz LVL						
LVL/1	DIN EN 14279	x	–	–	10	10
LVL/2	DIN EN 14279	x	x	–	10	10
LVL/3	DIN EN 14279	x	x	x	10	10
Furnierschichtholz						
Furnierschichtholz[4])	DIN EN 14374	x	x	–	10	10
Sperrholz						
„Trocken“	DIN EN 636	x	–	–	6[5])[7])	6[6])
„Feucht“	DIN EN 636	x	x	–	6[5])[7])	6[6])
„Außen“	DIN EN 636	x	x	x	6[5])[7])	6[6])
OSB-Platten						
OSB/2	DIN EN 300	x	–	–	8	6[8])
OSB/3, OSB/4	DIN EN 300	x	x	–	8	6[8])

Tabelle 7.13 (Fortsetzung)

Bauteile aus Holz sowie Holzwerkstoff- und Gipswerkstoffplatten, technische Klasse, Plattentyp	Norm[1])	Nutzungsklassen[2]) der DIN EN 1995-1-1: 2010-12			Mindestdicke der Platten in mm	
		NKL 1	NKL 2	NKL 3	tragend	aussteifend
Spanplatten, kunstharzgebundene						
P4, P6	DIN EN 312	x	–	–	8	6[8])
P5, P7	DIN EN 312	x	x	–	8	6[8])
Spanplatten, zementgebundene						
1, 2	DIN EN 634	x	x	–	8	8
Faserplatten						
MBH.LA2, mittelharte	DIN EN 622-3	x	–	–	6	6
HB.HLA2, harte	DIN EN 622-2	x	x	–	4	4
Massivholzplatten						
SWP/1	DIN EN 13 353	x			12[9])	12[9])
SWP/2, SWP/3	DIN EN 13 353	x	x		12[9])	12[9])
Gipsplatten						
GKB, GKF	DIN 18 180	x	–	–	12,5[11])	12,5[11])
GKBI, GKFI	DIN 18 180	x	x	–	12,5[11])	12,5[11])
Gipsfaserplatten /faserverstärkte Gipsplatten						
GF	DIN EN 15 283-2[10])	x	x	–	10[11])	10[11])

[1]) jeweilige Holzwerkstoffe nach DIN EN 13986: 2015-06 und DIN 20000-1: 2017-06, s. Abschn. 2

[2]) Nutzungsklassen nach Tabelle 7.12

[3]) Mindestdicken für Voll- und Brettschichtholz s. Abschn. 8, Tabelle 8.3, für Verbundbauteile aus Brettschichtholz s. Abschn. 3.3.4, für Balkenschichtholz s. Abschn. 3.4

[4]) bei Verwendung von Furnierschichtholz nach DIN EN 14374 in Nutzungsklasse 3 mit bauaufsichtlichem Verwendbarkeitsnachweis

[5]) für tragende Bauteile aus mind. fünf Lagen

[6]) für Aussteifungszwecke aus mind. drei Lagen

[7]) mittragende Beplankungen von Holztafeln für Holzhäuser in Tafelbauart dürfen auch aus drei Lagen bestehen, jedoch nicht für die Scheibenwirkung bei Decken- und Dachscheiben

[8]) für aussteifende Beplankungen von Holztafeln für Holzhäuser in Tafelbauart

[9]) Massivholzplatten (SWP) mit Maximaldicken von 80 mm

[10]) und bauaufsichtlichem Verwendbarkeitsnachweis mit Angaben zum Plattenaufbau sowie charakteristischen Festigkeits-, Steifigkeits- und Rohdichtekennwerten

[11]) für Beplankungen von Dach-, Wand- und Deckentafeln

7.3.2 Lasteinwirkungsdauer

Da die Festigkeiten bei Dauerbeanspruchung von Holz nach Abschn. 1.10.5 gegenüber den Kurzzeitfestigkeiten (charakteristische Festigkeitswerte) abnehmen, muss die zeitliche Dauer der Einwirkungen, die Lasteinwirkungsdauer, bei der Bemessung von Holzbauteilen berücksichtigt werden.

Die Einwirkungen werden nach Tabelle 7.14 in fünf Klassen der Lasteinwirkungsdauer (KLED) eingeteilt, getrennt in eine für ständige Einwirkungen (wie alle Eigenlasten) und vier für veränderliche Einwirkungen (lang, mittel, kurz, sehr kurz). Als Lasteinwirkungsdauer einer Klasse wird die Summe der Zeiten („akkumulierende Dauer") definiert, in der eine konstante Last mit ihrem vollen charakteristischen Wert (Rechenwert) während der gesamten Nutzungsdauer eines Bauwerks/Bauteils auftritt.

Tabelle 7.14 Klassen der Lasteinwirkungsdauer (KLED) nach DIN EN 1995-1-1: 2010-12, Tab. 2.1 und 2.2 sowie DIN EN 1995-1-1/NA: 2013-08, NDP Zu 2.3.1.2(2)P[1])

Klasse der Lasteinwirkungsdauer	Größenordnung der akkumulierenden Dauer der charakteristischen Lasteinwirkung	Beispiele für Lasteinwirkungen
ständig	länger als 10 Jahre	Eigenlasten, Einwirkungen aus ungleichmäßigen Setzungen
lang	6 Monate bis 10 Jahre	Lagerstoffe, Nutzlasten für Decken in Lagerräumen, Werkstätten
mittel	1 Woche bis 6 Monate	Nutzlasten für Wohnungs- und Bürodecken, Schnee- und Eislast[2]), Einwirkungen aus Temperatur- und Feuchteänderungen
kurz	kürzer als 1 Woche	Schnee- und Eislast[3]), Windlast[4])
sehr kurz	kürzer als 1 Minute[5])	Windlast[4]), außergewöhnliche Einwirkungen, Anpralllasten

[1]) über die Einteilung der Einwirkungen in Klassen der Lasteinwirkungsdauer s. Tabelle 7.15
[2]) Geländehöhe des Bauwerkstandortes über NN > 1000 m
[3]) Geländehöhe des Bauwerkstandortes über NN ≤ 1000 m
[4]) bei Windlasten darf nach Tabelle 7.15 für den Modifikationsbeiwert k_{mod} das Mittel aus „kurz" und „sehr kurz" verwendet werden, die k_{mod}-Werte sind in Tabelle 7.16 angegeben
[5]) nach DIN EN 1995-1-1/NA: 2013-08, NCI Zu 2.3.1.2

Bild 7.2 stellt diesen Zusammenhang für veränderliche Lasten dar und verdeutlicht die vergleichsweise große Zeitdauer mit geringeren als den vollen Rechenwerten, da veränderliche Einwirkungen über die gesamte Nutzungsdauer eines Bauteils/Bauwerkes schwanken und meist nur über eine wesentlich kürzere Zeitdauer ihren vollen charakteristischen Wert (Rechenwert) erreichen. Beispielsweise werden in der Klasse der Lasteinwirkungsdauer „lang" die hierin eingeteilten Einwirkungen wie z.B. Nutzlasten in Werkstätten in der Summe sehr wahrscheinlich zwischen sechs Monaten und zehn Jahren mit ihren vollen charakteristischen Werten (Rechenwert) auftreten, obwohl die gesamte Nutzungsdauer von Bauwerken von im Allgemeinen mind. 50 Jahren wesentlich länger ist.

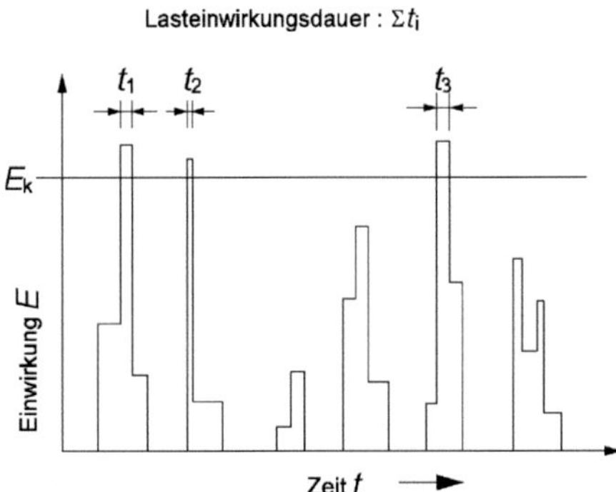

Bild 7.2 Lasteinwirkungsdauer einer veränderlichen Einwirkung (Last) E, Beispiel; E_k als charakteristischer Wert (anzusetzender Rechenwert); prinzipielle Darstellung; als Lasteinwirkungsdauer wird die Summe der Zeiten definiert, in der eine konstante Last mit ihrem vollen charakteristischen Wert (Rechenwert) während der Nutzungsdauer eines Bauwerks/Bauteils auftritt

Die Einteilung der in der Normenreihe DIN EN 1991 angeführten Eigen-, Nutz-, Schnee-, Wind- und Anpralllasten sowie Horizontallasten aus Kran- und Maschinenbetrieb in die Klassen der Lasteinwirkungsdauer kann Tabelle 7.15 entnommen werden. Bei Schneelasten ist die Geländehöhe des Bauwerksstandortes über NN (Normal Null) zu beachten, demnach werden die Schneelasten in den überwiegenden Regionen Deutschlands (bis zum Höhengrenzwert 1000 m) in die Klasse „kurz" eingeordnet. Bei Windlasten darf nach DIN EN 1995-1-1/NA: 2013-08, NDP Zu 2.3.1.2(2)P, Tab. NA.1 für den Modifikationsbeiwert k_{mod} nach Tabelle 7.16 das Mittel aus der Lasteinwirkungsdauer „kurz" und „sehr kurz" eingesetzt werden.

Tabelle 7.15 Einteilung von Einwirkungen der DIN EN 1991-1-1, DIN EN 1991-1-3, DIN EN 1991-1-4, DIN EN 1991-1-7, DIN EN 1991-3 und zugehöriger Nationaler Anhänge in Klassen der Lasteinwirkungsdauer (KLED) nach DIN EN 1995-1-1/NA: 2013-08, NDP Zu 2.3.1.2(2)P, Tab. NA.1[1])[2])[3])

Einwirkungen	KLED[1])
Wichten und Eigenlasten nach DIN EN 1991-1-1: 2010-12, 4 und 5	ständig
Lotrechte Nutzlasten nach DIN EN 1991-1-1: 2010-12, 6	
A Spitzböden, Wohn- und Aufenthaltsräume	mittel
B Büroflächen, Arbeitsflächen, Flure	mittel
C Räume, Versammlungsräume und Flächen, die der Ansammlung von Personen dienen können (mit Ausnahme von unter A, B, D und E festgelegten Kategorien)	kurz
D Verkaufsräume	mittel

Tabelle 7.15 (Fortsetzung)

E1 Lager, Fabriken und Werkstätten, Ställe, Lagerräume und Zugänge	lang
E2 Flächen für den Betrieb von Gabelstablern	mittel
F Verkehrs- und Parkflächen für leichte Fahrzeuge (Gesamtlast $\leq$ 30 kN) Zufahrtsrampen zu diesen Flächen	mittel kurz
H nicht begehbare Dächer, außer für übliche Erhaltungsmaßnahmen, Reparaturen	kurz
K Hubschrauber-Regellasten	kurz
T Treppen und Treppenpodeste	kurz
Z Zugänge, Balkone und Ähnliches	kurz
Horizontale Nutzlasten nach DIN EN 1991-1-1: 2010-12, 6	
horizontale Nutzlasten infolge von Personen auf Brüstungen, Geländern und anderen Konstruktionen, die als Absperrung dienen	kurz
Horizontallasten zur Erzielung einer ausreichenden Längs- und Quersteifigkeit	[4])
Horizontallasten für Hubschrauberlandeplätze auf Dachdecken - für horizontale Nutzlasten - für den Überrollschutz	 kurz sehr kurz
Windlasten nach DIN EN 1991-1-4: 2010-12	kurz/sehr kurz[5])
Schneelast und Eislast nach DIN EN 1991-1-3: 2010-12	
Geländehöhe des Bauwerkstandortes über NN $\leq$ 1000 m	kurz
Geländehöhe des Bauwerkstandortes über NN > 1000 m	mittel
Anpralllasten nach DIN EN 1991-1-7: 2010-12	sehr kurz
Horizontallasten aus Kran- und Maschinenbetrieb nach DIN EN 1991-3: 2010-12	kurz

[1]) über Klassen der Lasteinwirkungsdauer s. Tabelle 7.14
[2]) Einwirkungen aus Temperatur- und Feuchteänderungen: KLED „mittel"
[3]) Einwirkungen aus ungleichmäßigen Setzungen: KLED „ständig"
[4]) entsprechend den zugehörigen Lasten
[5]) bei Windlasten darf für den Modifikationsbeiwert k_{mod} das Mittel aus „kurz" und „sehr kurz" verwendet werden, die k_{mod}-Werte sind in Tabelle 7.16 angegeben

7.3.3 Verformung (Kriechen)

Das Kriechen von Holz wird u.a. von der Änderung der Holzfeuchte beeinflusst, mit zunehmender Holzfeuchte wird das Kriechen z.T. erheblich größer, s. Abschn. 1.9. Dazu werden die Holzbauteile und ihre Verbindungen bei der Bemessung in drei Nutzungsklassen eingeteilt und dieser Einfluss „Kriechen und Holzfeuchte" mit dem Verformungsbeiwert k_{def} nach Tabelle 7.17 rechnerisch berücksichtigt.

Im **Grenzzustand der Gebrauchstauglichkeit** werden die Kriechverformungen proportional zu den elastischen Verformungen angenommen und mit dem Verformungsbeiwert

k_{def} berücksichtigt wie überwiegend bei der Berechnung der Durchbiegung biegebeanspruchter Bauteile nach Abschn. 23.5 und 25.3.

Im **Grenzzustand der Tragfähigkeit** wird der Kriecheinfluss in der Regel durch Abminderung der Steifigkeiten (Moduln) in Rechnung gestellt, dazu dürfen die Steifigkeiten vereinfachend durch $(1 + k_{def})$ dividiert oder gleichbedeutend mit dem Beiwert $k_{red,S}$ nach Gl. (16.9) im Abschn. 16.2.1 multipliziert werden. Dies ist erforderlich bei Verwendung von Bauteilen mit unterschiedlichem Kriechverhalten wie bei Holz-Beton-Verbundkonstruktionen und bei zusammengesetzten Biegeträgern nach Abschn. 22.1, bei druckbeanspruchten Bauteilen mit hohem ständigen Lastanteil nach Abschn. 16.2.1 und bei Nachweisen mit Theorie II. Ordnung nach Abschn. 24.2.2. Über die Berücksichtigung der Kriechverformungen bei **Verbindungen mit mechanischen Verbindungsmitteln** s. Abschn. 10.3 und 23.1 sowie Tabelle 23.4 und 24.1.

7.4 Modifikations- und Verformungsbeiwerte

7.4.1 Modifikationsbeiwerte

Die Modifikationsbeiwerte k_{mod} nach Tabelle 7.16 berücksichtigen den Einfluss der Dauer der Einwirkungen (Lasteinwirkungsdauer nach Abschn. 7.3.2) und der Holzfeuchte (Nutzungsklassen nach Abschn. 7.3.1) auf die Festigkeiten der Holzbaustoffe und Tragfähigkeiten von Verbindungen.

Tabelle 7.16 Rechenwerte der Modifikationsbeiwerte k_{mod} nach DIN EN 1995-1-1: 2010-12, Tab. 3.1 und DIN EN 1995-1-1/NA: 2013-08, NCI Zu 3.1.3, Tab. NA.4[1])[2])

Baustoff/Klasse der Lasteinwirkungsdauer	Nutzungsklasse[4])[5])		
	1	2	3
Vollholz[2])[6]), Brettschichtholz[2]), Balkenschichtholz[2])[6]), Furnierschichtholz LVL[2])[7]), Brettsperrholz[3])[6]), Sperrholz[2])[8]), Massivholzplatten SWP[2])[9])			
ständig	0,60	0,60	0,50
lang	0,70	0,70	0,55
mittel	0,80	0,80	0,65
kurz	0,90	0,90	0,70
sehr kurz	1,10	1,10	0,90
kunstharzgebundene Spanplatten P4 und P5[2])[10]), zementgebundene Spanplatten[2]), Faserplatten, (hart) HB.HLA2[2])			
ständig	0,30	0,20	–
lang	0,45	0,30	–
mittel	0,65	0,45	–
kurz	0,85	0,60	–
sehr kurz	1,10	0,80	–

Tabelle 7.16 (Fortsetzung)

Baustoff/Klasse der Lasteinwirkungsdauer	Nutzungsklasse[4])[5])		
	1	2	3
kunstharzgebundene Spanplatten P6 und P7[2])[10])			
ständig	0,40	0,30	–
lang	0,50	0,40	–
mittel	0,70	0,55	–
kurz	0,90	0,70	–
sehr kurz	1,10	0,90	–
OSB-Platten, OSB/2[2])			
ständig	0,30	–	–
lang	0,45	–	–
mittel	0,65	–	–
kurz	0,85	–	–
sehr kurz	1,10	–	–
OSB-Platten, OSB/3 und OSB/4[2])			
ständig	0,40	0,30	–
lang	0,50	0,40	–
mittel	0,70	0,55	–
kurz	0,90	0,70	–
sehr kurz	1,10	0,90	–
Faserplatten, (mittelhart) MBH.LA2[2]), Gipsplatten, GKB, GKF[2])			
ständig	0,20	–	–
lang	0,40	–	–
mittel	0,60	–	–
kurz	0,80	–	–
sehr kurz	1,10	–	–
Gipsplatten GKBI und GKFI, Gipsfaserplatten[2])			
ständig	0,20	0,15	–
lang	0,40	0,30	–
mittel	0,60	0,45	–
kurz	0,80	0,60	–
sehr kurz	1,10	0,80	–

[1]) bei Einwirkungskombinationen aus Einwirkungen, die zu verschiedenen Klassen der Lasteinwirkungsdauer gehören, ist k_{mod} für die Einwirkung mit der kürzesten Dauer maßgebend, z.B. für eine ständige Last und eine Kurzzeitbelastung ist k_{mod} für die Kurzzeitbelastung maßgebend

[2]) jeweiliger Holzbaustoff oder Gipswerkstoff nach Abschn. 2 bzw. 3 oder 7.2 bzw. Tabelle 7.13

[3]) mit bauaufsichtlichem Verwendbarkeitsnachweis nur in den Nutzungsklassen 1 und 2 nach DIN EN 1995-1-1/NA: 2013-08, NCI NA.3.5.8

[4]) die Nutzungsklassen sind in Tabelle 7.12 angeführt

[5]) über den Einsatz von Bauteilen aus Holz, Holzwerkstoff- und Gipswerkstoffplatten in den Nutzungsklassen s. Tabelle 7.13

[6]) keilgezinktes Vollholz, Brettsperrholz und Balkenschichtholz nach DIN EN 1995-1-1/NA: 2013-08, NCI Zu 3.2, NCI Zu 3.5 bzw. NCI NA.3.8 nur in den Nutzungsklassen 1 und 2

Tabelle 7.16 (Fortsetzung)

[7]) Furnierschichtholz nach DIN EN 14279 der technischen Klasse LVL/1 nur in Nutzungsklasse 1, der technischen Klasse LVL/2 nur in den Nutzungsklassen 1 und 2, der technischen Klasse LVL/3 in allen drei Nutzungsklassen; Furnierschichtholz nach DIN EN 14374 nur in den Nutzungsklassen 1 und 2, in Nutzungsklasse 3 mit bauaufsichtlichem Verwendbarkeitsnachweises (jeweils nach DIN EN 1995-1-1/NA: 2013-08, NCI Zu 3.4)

[8]) Sperrholz der technischen Klasse „Trocken" nur in Nutzungsklasse 1, der technischen Klasse „Feucht" nur in den Nutzungsklassen 1 und 2, der technischen Klasse „Außen" in allen Nutzungsklassen

[9]) Massivholzplatten der technischen Klasse SWP/1 nur in Nutzungsklasse 1, der technischen Klassen SWP/2 und SWP/3 nur in den Nutzungsklassen 1 und 2

[10]) kunstharzgebundene Spanplatten der technischen Klassen P4 und P6 (Trocken) nur in Nutzungsklasse 1, der technischen Klassen P5 und P7 (Feucht) nur in den Nutzungsklassen 1 und 2

Die charakteristischen Festigkeitswerte nach Abschn. 7.2 sind Kurzzeitfestigkeiten, sie werden auf eine Belastungsdauer von ca. drei bis sieben Minuten und auf die Nutzungsklasse 1 bezogen ($k_{mod} = 1$). Da die Festigkeiten von Holz (und weiterer Holzbaustoffe) unter Dauerbeanspruchung nach Abschn. 1.10.5 auf ca. 60% der Kurzzeitfestigkeiten abnehmen und mit zunehmender bzw. wechselnder Holzfeuchte meist noch kleiner werden, müssen diese Einflüsse je nach Lasteinwirkungsdauer und Nutzungsklasse bei der Bemessung durch die Modifikationsbeiwerte k_{mod} (und Teilsicherheitsbeiwerte γ_M) berücksichtigt werden. Dazu werden die charakteristischen Festigkeitswerte X_k von Holzbaustoffen und die charakteristischen Tragfähigkeitswerte $F_{v,Rk}$ von Verbindungen nach Gl. (8.5) und Gl. (8.6) modifiziert, d.h. im Allgemeinen für den kurz, länger oder lang andauernden Einsatz der Bauteile unter verschiedenen Einwirkungen und unter Berücksichtigung der Teilsicherheitswerte γ_M rechnerisch zu Bemessungswerten X_d bzw. $F_{v,Rd}$ verkleinert.

Bei **Kombinationen aus Einwirkungen (oder Kombinationen von Lasten)**, die zu verschiedenen Klassen der Lasteinwirkungsdauer gehören, ist der Modifikationsbeiwert k_{mod} für die Einwirkung mit der kürzesten Dauer zu verwenden, da die Einwirkungsdauer aller Einwirkungen (Lasten) dieser Einwirkungskombination nur für die Zeit der kürzesten Lasteinwirkung vorhanden ist. Beispielsweise ist für die Kombination dreier Einwirkungen mit der Lasteinwirkungsdauer „ständig", „mittel" und „kurz" der k_{mod}-Wert für die Kurzzeitbelastung maßgebend.

Da bei mehreren Einwirkungskombinationen die Bemessungswerte des Tragwiderstandes (Beanspruchbarkeit) von Holzbaustoffen oder Verbindungen durch die verschiedenen k_{mod}-Werte unterschiedlich ausfallen, kann im Holzbau eine Einwirkungskombination (Lastkombinationen) mit einem geringeren als dem betragsmäßig größten Bemessungswert der Beanspruchungen maßgebend werden. Deshalb sind **grundsätzlich alle Einwirkungskombinationen zu überprüfen**. Überwiegend wird jedoch bei Einwirkungskombinationen diejenige mit dem k_{mod}-Wert für die kürzeste Lasteinwirkungsdauer bemessungsbestimmend; der k_{mod}-Wert der ständigen Einwirkung (Eigenlast) wird nur bei hohem Anteil der Eigenlast an der Summe aller Einwirkungen der betreffenden Einwirkungskombination maßgebend.

Folgendes Verfahren zur **direkten Bestimmung der maßgebenden Einwirkungskombination** wird empfohlen, wenn bei Berechnungen/Bemessungen ohne Rechnerunterstützung die aufwändige „Handberechnung" jeder einzelnen Einwirkungskombination vermieden werden soll: Dividieren des Bemessungswertes der Beanspruchung der einzelnen Einwirkungskombinationen durch den zugehörigen k_{mod}-Wert, der betragsmäßig größte Quotient aller betrachteten Einwirkungskombinationen zeigt die maßgebende Einwirkungskombination. Neben den Einwirkungen können hier auch deren Auswirkungen auf Bauteile wie z.B. Kräfte, Linienlasten, Spannungen, Schnittgrößen oder Auflagerkräfte verwendet werden. Diese vereinfachte Vorgehensweise gilt jedoch nur für vergleichbare Einwirkungen oder deren Auswirkungen, die in dieselbe Beanspruchungsrichtung (Trägerrichtung) wirken, ansonsten sollte jede einzelne Einwirkungskombination nachgewiesen werden, insbesondere bei Nachweisen von Druckstützen/-bauteilen mit Berücksichtigung des Kriechens nach Abschn. 16.2.1.

7.4.2 Verformungsbeiwerte

Die Verformungsbeiwerte k_{def} nach Tabelle 7.17 berücksichtigen den Einfluss des Kriechens und der Holzfeuchte nach Abschn. 1.9 auf die Verformungen von Holzbauteilen und Verbindungen. Die k_{def}-Werte sind für **ständige Einwirkungen** (Lasten) angegeben, da nur die ständig wirkenden Einwirkungen Kriechverformungen erzeugen. Bei einem Verformungsbeiwert z.B. von $k_{def} = 0,6$ werden 60% der Anfangsverformung aus ständiger Einwirkung als Kriechverformung ermittelt, s. Abschn. 25.3.2.

Bei **veränderlichen Einwirkungen** bewirken die quasi-ständigen Lastanteile ebenfalls Kriechverformungen, dies sind die Anteile an der gesamten veränderlichen Einwirkung wie z.B. diejenigen der Nutzlast einer Wohnhausdecke, die ständig wirken bzw. als ständig vorhanden angenommen werden können, während die restlichen nicht-ständigen Lastanteile zeitlich bzw. örtlich veränderlich sind und praktisch keine bzw. geringe, meist vernachlässigbare Kriechverformungen erzeugen. Zur Ermittlung dieser kriecherzeugenden Verformungsanteile werden die Verformungsbeiwerte k_{def} mit den zugehörigen (Kombinations-) Beiwerten ψ_2 der DIN EN 1990/NA: 2010-12 nach Tabelle 9.3 multipliziert.

Bei veränderlichen Einwirkungen werden mit diesem Verfahren quasi-ständige Lastanteile und damit Kriechverformungen für die Lasteinwirkungsdauer „lang" und „mittel" ermittelt, die geringer sind als bei ständiger Lasteinwirkung. Beispielsweise ist bei der Nutzlast einer Wohnhausdecke (Lasteinwirkungsdauer „mittel") der Beiwert $\psi_2 = 0,3$ und der Verformungsbeiwert $k_{def} = 0,6$ maßgebend, als Kriechverformung wird hier $k_{def} \cdot \psi_2 = 0,6 \cdot 0,3 = 0,18$, d.h. 18% der Anfangsverformung aus der Nutzlast (veränderliche Einwirkung) ermittelt, s. Abschn. 25.3.2. Für einige veränderliche Einwirkungen mit „kurzer" Lasteinwirkungsdauer wie Wind- und Schneelasten (Orte bis 1000 m über NN) werden keine Kriechverformungen berechnet, da die zugehörigen Beiwerte $\psi_2 = 0$ betragen.

Tabelle 7.17 Rechenwerte der Verformungsbeiwerte k_{def} für Holzbaustoffe und ihre Verbindungen bei ständiger Lasteinwirkung nach DIN EN 1995-1-1: 2010-12, Tab. 3.2 und DIN EN 1995-1-1/NA: 2013-08, NCI Zu 3.1.4, Tab. NA.5[1])

Baustoff	Nutzungsklasse[4])[5])		
	1	2	3
Vollholz[2]), Brettschichtholz, Furnierschichtholz LVL[6])	0,60	0,80	2,00
Balkenschichtholz, Brettsperrholz[3]), Massivholzplatten Vollholz, keilgezinkt	0,60	0,80	–
Sperrholz[6])			
Technische Klasse „Trocken"	0,80	–	–
Technische Klasse „Feucht"	0,80	1,00	–
Technische Klasse „Außen"	0,80	1,00	2,50
OSB-Platten OSB/2	2,25	–	–
OSB/3, OSB/4	1,50	2,25	–
kunstharzgebundene Spanplatten			
Technische Klasse P4	2,25	–	–
Technische Klasse P5	2,25	3,00	–
Technische Klasse P6	1,50	–	–
Technische Klasse P7	1,50	2,25	–
zementgebundene Spanplatten	2,25	3,00	–
Faserplatten mittelharte MBH.LA2	3,00	–	–
Faserplatten harte HB.HLA2	2,25	3,00	–
Gipsplatten GKB, GKF	3,00	–	–
Gipsplatten GKBI, GKFI, Gipsfaserplatten	3,00	4,00	–

[1]) jeweiliger Holzbaustoff oder Gipswerkstoff nach Abschn. 2 bzw. 3 oder 7.2, über die Zuordnung zu den jeweiligen Produktnormen s. Tabelle 7.13

[2]) die k_{def}-Werte für Vollholz, dessen Holzfeuchte beim Einbau gleich oder nahe dem Fasersättigungspunkt liegt und voraussichtlich im eingebauten Zustand unter Belastung austrocknet, sind nach DIN EN 1995-1-1: 2010-12, 3.2 um 1,0 zu erhöhen, s. auch Abschn. 1.9.3

[3]) mit bauaufsichtlichem Verwendbarkeitsnachweis

[4]) die Nutzungsklassen sind in Tabelle 7.12 angeführt

[5]) über den Einsatz von Bauteilen aus Holz, Holzwerk- und Gipswerkstoffplatten in den Nutzungsklassen s. Tabelle 7.13

[6]) Furnierschichtholz mit Querlagen darf wie Sperrholz behandelt werden

7.5 Quell- und Schwindmaße, Querschnitts- und Längenänderungen, Gleichgewichtsfeuchte

7.5.1 Quell- und Schwindmaße

Die Quell- und Schwindmaße nach Tabelle 7.18 für Holzbaustoffe gelten im gesamten hygroskopischen Bereich (bis $\omega = 30\,\%$ Holzfeuchte, unterhalb der Fasersättigung). Dies kann für praktische Zwecke vereinfachend und hinreichend genau nach Bild 7.3 angenommen werden, obwohl ein linearer Verlauf der Quellungskurven nur etwa zwischen Holzfeuchten $\omega = 5\,\%$ und $\omega = 20\,\%$ auftritt, s. Abschn. 1.4.3, Bild 1.11.

Die **Quell- und Schwindmaße $\alpha_\perp$ für Voll- und Brettschichtholz senkrecht zur Faserrichtung** sind als Mittelwerte aus den Werten tangential und radial angegeben, s. Abschn. 1.4.4, da die Jahrringe in Bauhölzern vorwiegend nicht kantenparallel verlaufen, s. Bild 1.15, und die Jahrringlage bei praktischen Berechnungen meist nicht bekannt ist. Darüber hinaus sind die $\alpha_\perp$ -Werte als obere Messwerte angegeben, da die Quell- und Schwindmaße auch innerhalb einer Holzart infolge Rohdichtestreuungen variieren.

Das **Quellen und Schwinden von Voll- und Brettschichtholz in Faserrichtung** kann im Allgemeinen bei kleinen und mittleren Bauteillängen vernachlässigt werden, da die Quell- und Schwindmaße $\alpha_\parallel$ nach Tabelle 7.18 vergleichsweise „klein" sind. Bei großen Bauteillängen und großen Holzfeuchteänderungen treten jedoch in Faserrichtung Längenänderungen auf, die oft nicht mehr zu vernachlässigen sind. Die Anordnung beweglicher Lager, Gleitlager und dgl. bei z.B. „längeren" Brettschichtträgern schafft notwendigen Bewegungsspielraum und verhindert Schäden infolge Zwang.

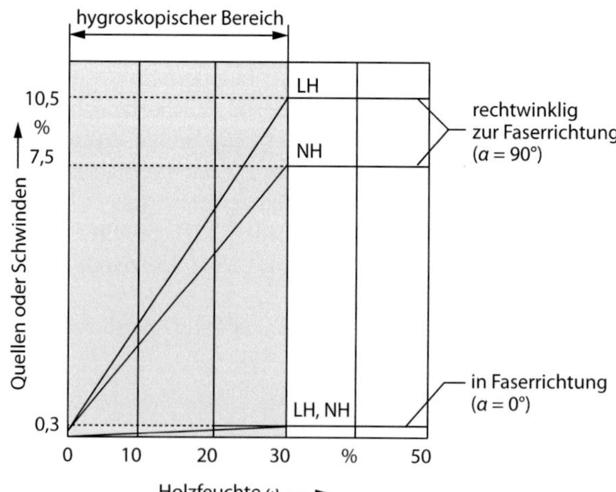

Bild 7.3 Rechnerische Quellungskurven für Nadelholz (NH) einschl. Brettschichtholz und Balkenschichtholz aus Nadelholz sowie Laubholz (LH) nach *Erläut. zu DIN 1052: 2004-08* [47], E 7.1.5, Bild 7/4; ($\alpha = 0°$) in und ($\alpha = 90°$) rechtwinklig zur Faserrichtung

Tabelle 7.18 Rechenwerte der mittleren Schwind- und Quellmaße von Holzbaustoffen bei unbehindertem Quellen und Schwinden nach DIN EN 1995-1-1/NA: 2013-08, NCI NA.3.1.6, Tab. NA.7[1])

Schwind- und Quellmaße von Bauhölzern[2])
in % für Änderung der Materialfeuchte um 1 % unterhalb der Fasersättigung

		$\alpha_\perp$[3])	$\alpha_\parallel$[4])
1	Nadelholz, Balkenschichtholz aus Nadelholz,[2]) Brettschichtholz aus Nadelholz[2])	0,25	0,01
2	Laubholz[2])	0,35	0,01

Schwind- und Quellmaße von Holzwerkstoffen in Plattenebene (α in PE) und rechtwinklig zur Plattenebene ($\alpha\perp$ zur PE)[5])
in % für Änderung der Materialfeuchte um 1 % unterhalb der Fasersättigung

		α in PE[6])	**$\alpha\perp$ zur PE[7])**
3	Sperrholz[5])	0,02	0,32
4	Brettsperrholz, Massivholzplatten[5])	0,02	0,25
5	Furnierschichtholz ohne Querfurniere[5]) in Faserrichtung der Deckfurniere rechtwinklig zur Faserrichtung der Deckfurniere (in Plattenebene)	 0,01 0,32	 0,24[8])
6	Furnierschichtholz mit Querfurnieren[5]) in Faserrichtung der Deckfurniere rechtwinklig zur Faserrichtung der Deckfurniere (in Plattenebene)	 0,01 0,03	 0,24[8])
7	kunstharzgebundene Spanplatten[5])	0,035	0,6[9])
8	zementgebundene Spanplatten[5])	0,03	0,3[9])
9	Faserplatten[5])	0,035	0,8[9])
10	OSB-Platten, Typen OSB/2, OSB/3[5])	0,03	
11	OSB-Platten, Typ OSB/4[5])	0,015	

[1]) Werte gelten für etwa gleichförmige Feuchteänderung über den Querschnitt
[2]) für Bauhölzer können bei behindertem Quellen infolge Zwang geringere Quellmaße als die angegebenen wirksam werden
[3]) rechtwinklig zur Faserrichtung des Holzes (Mittel aus tangential/radial)
[4]) in Faserrichtung des Holzes
[5]) für Holzwerkstoffe können bei behindertem Quellen und behindertem Schwinden infolge Zwang geringere Quell- und Schwindmaße als die angegebenen wirksam werden
[6]) in Plattenebene
[7]) rechtwinklig zur Plattenebene (über die Plattendicke), bei „kleinen" Dicken meist vernachlässigbar
[8]) Werte für $\alpha \perp$ PE für Furnierschichtholz nach *Kerto* [245]
[9]) Werte für $\alpha \perp$ PE für Span- und Faserplatten nach *Noack/Schwab* [386]

Darüber hinaus können nach *Hoffmeyer* [231] unterschiedliche (Längs-) Verformungen über die Querschnittshöhe eines Holzträgers infolge ungleichmäßiger Holzfeuchteverteilung z.B. bei Dachbindern nach Bild 7.4 auftreten, die durch eine Wärmedämmschicht getrennt im unteren Bereich in einem beheizten, trockeneren Raum und im oberen im unbeheizten Klima eines Dachraumes liegen. Die zugehörige erkennbare Durchbiegung w eines Einfeldträgers kann nach Gl. (7.1) berechnet werden.

$$w = \frac{(\varepsilon_0 - \varepsilon_u) \cdot l^2}{8 \cdot h} \tag{7.1}$$

w Durchbiegung des Einfeldträgers nach Bild 7.4

$\varepsilon_0; \varepsilon_u$ Dehnungen auf der Trägerober- bzw. -unterseite

h, l Trägerhöhe, Trägerlänge (-stützweite)

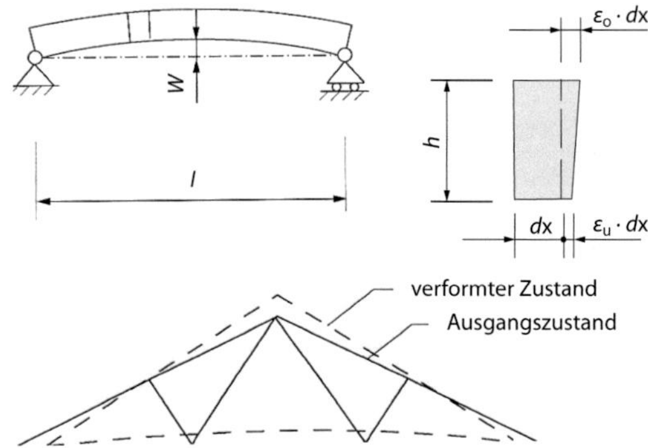

Bild 7.4 Verformung eines Holzträgers mit Nadelholz (NH) Rechteckquerschnitt und eines Fachwerkträgers infolge ungleichmäßiger Holzfeuchteverteilung über die Trägerhöhe nach *Hoffmeyer* [231], Abb. 13

Die **Quell- und Schwindmaße von Holzwerkstoffen** α **in PE** (in Plattenebene) sind insbesondere bei Brettsperrholz, Massivholzplatten, Sperrholz und Furnierschichtholz mit Querlagen etwa um den Faktor zehn kleiner als diejenigen von Vollholz, da Längenänderungen infolge Holzfeuchteänderungen durch das kreuzweise Kleben der einzelnen Lagen („Absperreffekt“) deutlich reduziert werden. Trotzdem sollten große Holzfeuchteänderungen bei Holzwerkstoffen wegen ihrer oft großen Plattenabmessungen in beiden Richtungen in Plattenebene berücksichtigt werden. **Rechtwinklig zur Plattenebene** (über die Plattendicke) darf das Quellen und Schwinden im Allgemeinen vernachlässigt werden, da trotz der hohen Quell- und Schwindmaße $\alpha_\perp$ PE die auftretenden Verformungen rechtwinklig zur Plattenebene wegen der „kleinen“ Plattendicken gering bleiben und diese geringen Verformungen überwiegend bei Holzkonstruktionen nicht zu Schäden führen, s. Abschn. 2.5.

Bei **behindertem Quellen des Holzes und der Holzwerkstoffe** können geringere Quellmaße wirksam werden. Holz- und Holzwerkstoffbauteile unterliegen behindertem Quellen (Zwang), wenn ihre Quellverformungen durch andere Bauteile aus Holz, Holzwerkstoffen, Metall, Stahlbeton und dgl. behindert werden, z.B. wenn Bauteile direkt an anderen anliegen und kraftschlüssig miteinander verbunden sind. Bei derartigem Zwang durch behindertes Quellen dürfen nach *Erläut. zu DIN 1052: 2004-08* [47], E 7.1.5 die halben Quellmaße in Rechnung gestellt werden, da die im Holzinnern auftretenden Spannungen durch das viskoelastische Verhalten des Holzes teilweise oder vollständig wieder abgebaut werden.

Bei **behindertem Schwinden der Holzwerkstoffe** können geringere Schwindmaße wirksam werden; deshalb dürfen nach *Erläut. zu DIN 1052: 2004-08* [47], E 7.1.5 die halben Schwindmaße berücksichtigt werden, da die im Holzwerkstoffinnern infolge Schwindbehinderung auftretenden Spannungen durch das kreuzweise Kleben der einzelnen Lagen („Absperreffekt") vergleichsweise gering sind. Dagegen sind bei **behindertem Schwinden des (Bau-)Holzes**, dessen Fasern weitgehend über den Querschnitt parallel verlaufen, die vollen Schwindmaße in Rechnung zu stellen; hier ist bei Schwindbehinderung mit starken Rissbildungen zu rechnen wie z.B. bei Holz-Stahl-Konstruktionen, wenn Stahlbleche quer zur Faser des Holzes mit stiftförmigen Verbindungsmitteln wie Stabdübel oder Passbolzen angeschlossen sind und eine größere Holzfeuchteabnahme zum Queraufreißen des Holzes führt. Deshalb sollte größeres Schwinden bei derartigen Konstruktionen vermieden werden.

7.5.2 Berechnung von Querschnitts- und Längenänderungen infolge Quellens oder Schwindens

Mit den Quell- und Schwindmaßen α nach Tabelle 7.18 können Querschnitts- und Längenänderungen von Holz- und Holzwerkstoffbauteilen näherungsweise nach Gl. (7.2) bis (7.4) berechnet werden. Für die Nachweise der Tragfähig- und Gebrauchstauglichkeit dürfen jedoch die gewählten (Querschnitts-)Maße, die Nennmaße, verwendet werden, z.B. der Querschnitt b/h nach Bild 7.5.

Für einen Rechteckquerschnitt nach Bild 7.5 gilt:
über den Querschnitt (rechtwinklig zur Faser)

$$\Delta h = \alpha_{\perp} \cdot \Delta\omega \cdot h \tag{7.2}$$

$$\Delta b = \alpha_{\perp} \cdot \Delta\omega \cdot b \tag{7.3}$$

in Bauteillängsrichtung l (parallel zur Faser)

$$\Delta l = \alpha_{\parallel} \cdot \Delta\omega \cdot l \tag{7.4}$$

$\alpha_{\perp}$, $\alpha_{\parallel}$ Rechenwerte der Quell- und Schwindmaße in %/% nach Tafel 7.18
$\Delta\omega$ Holzfeuchtedifferenz zwischen Zustand 1 und Zustand 2 in %
h, b, l Querschnitts- bzw. Längenmaße des Bauteils

Bild 7.5 Rechteckquerschnitt, rechnerisch zu erwartende Querschnittsänderungen unter gleichmäßigem Schwinden, idealisierte Annahme

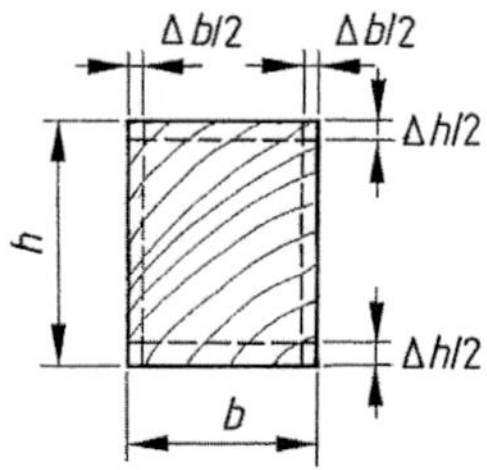

Die in Bild 7.5 dargestellte Querschnittsänderung ist eine rechnerische, idealisierte Annahme, die in Rechteckquerschnitten z.B. bei Vollholz wirklich auftretenden Querschnittsänderungen sind u.a. vom Jahrringverlauf abhängig. Da die Jahrringe überwiegend **nicht kantenparallel** nach Bild 7.6a verlaufen, ist eine meist ungleichmäßige Querschnittsänderung nach Bild 7.6b mit nicht mehr rechten Winkeln zwischen den Querschnittsseiten nach Ablauf des Quellens oder Schwindens zu erwarten. Verlaufen die Jahrringe jedoch nach Bild 7.6c **kantenparallel**, ist eine gleichmäßige Querschnittsänderung nach Bild 7.6d zu erwarten. Derartige kantenparallele Jahrringverläufe kommen in der Baupraxis bei Bauhölzern selten vor oder sind bei Bedarf durch besondere Holzauswahl sicherzustellen. Nur in diesen seltenen Fällen sollten die genaueren tangentialen und radialen Quell- und Schwindmaße in Rechnung gestellt werden, die z.B. in *Erläut. zu DIN 1052: 1988-04* [77], E 4.2.3, Tab. 4/1 oder in *Neuhaus* [379], Tab. 8.17 angegeben sind.

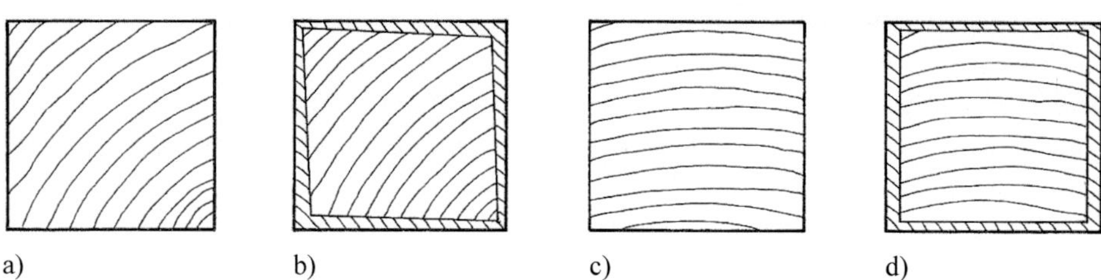

Bild 7.6 Querschnittsänderungen von rechteckigen Holzquerschnitten infolge Schwindens
a) Holzquerschnitt mit nicht kantenparallelem Verlauf der Jahrringe (verbreitet bei Vollholz),
b) Holzquerschnitt a) nach Beendigung des Schwindens, c) Holzquerschnitt mit kantenparallelem Verlauf der Jahrringe (selten bei Vollholz), d) Holzquerschnitt c) nach Beendigung des Schwindens

7.5.3 Gleichgewichtsfeuchte

Die Gleichgewichtsfeuchten (Ausgleichsfeuchten) nach Tabelle 7.19 sind die nach gewisser, meist unterschiedlich langer Zeit je nach vorhandenem Umgebungsklima im Gebrauchszustand im Mittel sich einstellenden Holzfeuchten; die angegebenen Werte schwanken je Nutzungsklasse aufgrund mehrerer Abhängigkeiten wie Einbaufeuchte, Umgebungsklima, Querschnittsabmessungen, Holzart, Holz- und Oberflächenschutz und dgl.

Tabelle 7.19 Gleichgewichtsfeuchten von Holzbaustoffen (Anhaltswerte) nach DIN EN 1995-1-1/NA: 2013-08, NCI NA.3.1.5, Tab. NA.6[1])

Nutzungsklasse[2])	1	2	3
Gleichgewichtsfeuchte ω	5 bis 15 %[3])	10 bis 20 %[4])	12 bis 24 %[5])

[1]) Gleichgewichtsfeuchte im Gebrauchszustand ist die im Mittel nach gewisser Zeit sich einstellende Feuchte im Bauteil/Bauwerk, s. auch Tabelle 7.1
[2]) Nutzungsklassen nach Tabelle 7.12
[3]) in den meisten Nadelhölzern wird in Nutzungsklasse 1 eine mittlere Gleichgewichtsfeuchte von 12 % nicht überschritten
[4]) in den meisten Nadelhölzern wird in Nutzungsklasse 2 eine mittlere Gleichgewichtsfeuchte von 20 % nicht überschritten
[5]) in Nutzungsklasse 3 können sich in Bauteilen/Bauwerken auch höhere Gleichgewichtsfeuchten einstellen

örtlich und zeitlich in einem weiten Bereich, deshalb sind die Gleichgewichtsfeuchten für jeden Einzelfall zu beurteilen. Bei Nadelhölzern beträgt die mittlere Gleichgewichtsfeuchte in Nutzungsklasse 1 meist nicht mehr als $\omega = 12\,\%$, in Nutzungsklasse 2 nicht mehr als $\omega = 20\,\%$. Die **Einbaufeuchte** von Holz und Holzwerkstoffen sollte etwa der zu erwartenden Gleichgewichtsfeuchte im Gebrauchszustand entsprechen, um z.B. nachteilige Schwind- oder Quellverformungen für die Holzkonstruktion oder zu große Schwindrisse bei zu schneller Trocknung zu vermeiden, s. Abschn. 1.4.4 bis 1.4.6. Die Einbaufeuchte der Holzbaustoffe darf nach DIN 68800-2: 2022-02, 5.1.2.1 in den Gebrauchsklassen GK 0, GK 1, GK 2 und GK 3.1 nicht höher als 20% sein, s. Abschn. 5.2.4.2.

7.6 Temperaturänderungen in Holzbauteilen

Im Gebrauchszustand dürfen temperaturabhängige Verformungen von Holz- und Holzwerkstoffbauteilen nach DIN EN 1995-1-1/NA: 2013-08, NDP Zu 2.3.1.2 (2)P vernachlässigt werden. Die Änderungen der Holzbauteil-Abmessungen sind im Vergleich zu anderen Baustoffen „klein“, da die bei Temperaturänderungen gleichzeitig auftretenden Holzfeuchteänderungen entgegengesetzt verlaufende Quell- oder Schwindverformungen bewirken. Nur in Sonderfällen wie z.B. Holz-Metall- und Holz-Stahlbeton-Konstruktionen können Nachweise der Verformungen aus Temperaturänderungen und evtl. auftretender Zwängungskräfte notwendig werden, s. Abschn. 1.5.

7.7 Wichten von Holz und Holzwerkstoffen

Die Wichten γ von Holz und Holzwerkstoffen sind in Tabelle 7.20 angeführt, s. DIN EN 1991-1-1: 2010-12, Anhang A, Tab. A.3, die Wichten γ werden bei der Lastaufstellung zur Ermittlung der Eigenlasten von Holz und Holzwerkstoffen benötigt. Die charakteristischen

Rohdichten ρ_k von Holz und Holzwerkstoffen, die u.a. bei der Berechnung der Tragfähigkeiten von Verbindungsmittel gebraucht werden, sind in den Abschn. 7.2.1 und Abschn. 7.2.2 enthalten.

Tabelle 7.20 Wichten γ von Holz und Holzwerkstoffen nach DIN EN 1991-1-1: 2010-12, Anhang A, Tab. A.3[1][2][3][4]

	Wichten γ in kN/m³							
Nadelholz								
Klasse	C16	C18	C22	C24	C27	C30	C35	C40
Wichte	3,7	3,8	4,1	4,2	4,5	4,6	4,8	5,0
Laubholz								
Klasse	D30	D35	D40	D50	D60	D70		
Wichte	6,4	6,7	7,0	7,8	8,4	10,8		
Brettschichtholz								
Klasse	GL24c	GL24h	GL28c	GL28h	GL30c	GL30h	GL32c[2]	GL32h[2]
Wichte	3,5	3,7	3,7	4,0			4,0	4,2
Sperrholz								
	Weichholz-Sperrholz		Birken-Sperrholz			Laminate und Tischlerplatten		
Wichte	5,0		7,0			4,5		
Spanplatten								
	Spanplatten		zementgebundene Spanplatten			Sandwichplatten		
Wichte	7,0 bis 8,0		12,0			7,0		
Holzfaserplatten								
	Hartfaserplatten		Faserplatten mittlerer Dichte			Leichtfaserplatten		
Wichte	10,0		8,0			4,0		

[1]) Klasse als Abkürzung für Festigkeitsklasse, für Nadel-, Laub- und Brettschichtholz nach Abschn. 7.2.1, für Holzwerkstoffe nach Abschn. 2 und Abschn. 7.2.2

[2]) Brettschichtholz der Festigkeitsklasse GL32 steht nach *Studiengemeinschaft Holzleimbau* [501] in der Regel wirtschaftlich herstellbar kaum noch zur Verfügung, s. auch Vorzugsklassen nach Abschn. 7.2.1

[3]) charakteristische Rohdichten ρ_k von Holz und Holzwerkstoffen sind in den Abschn. 7.2.1 und Abschn. 7.2.2 enthalten

[4]) Die angegebenen Wichten für BSH sind z.T. geringer als die charakteristischen Rohdichten ρ_k – daher wird vom Autor empfohlen für die Lastannahme eine Wichte von ca. 5 kN/m³ anzunehmen.

Grundlagen für Entwurf, Berechnung und Bemessung von Bauteilen aus Holzbaustoffen 8

8.1 Sicherheitskonzept

Das Sicherheitskonzept der DIN EN 1995-1-1: 2010-12 legt für die Bemessung von Holzbauwerken die semiprobabilistische Methode der Teilsicherheitsbeiwerte nach DIN EN 1990: 2021-10 zugrunde (wie auch bei anderen Eurocodes z.B. für Stahlbeton- und Stahlbauwerke). Wesentliche Anforderungen dieses Sicherheitskonzeptes sind: Bauwerke müssen während der Errichtungsphase und vorgesehenen Nutzungsdauer mit angemessener Zuverlässigkeit und Wirtschaftlichkeit den möglichen Einwirkungen und Einflüssen widerstehen; ihre Tragfähig-, Gebrauchstauglich- und Dauerhaftigkeit müssen während der Nutzungsdauer sichergestellt sein. Näheres regelt DIN EN 1990: 2021-10.

Entwurf, Bemessung und Ausführung von Bauwerken müssen für die maßgebenden Bemessungssituationen so gewählt werden, dass alle Bedingungen während der Errichtungs- und Nutzungszeit erfasst werden. Die erforderlichen Nachweise erfolgen gegen festgelegte Grenzzustände, die Grenzzustände der Tragfähigkeit oder der Gebrauchstauglichkeit. Ziel der Bemessung ist der rechnerische Nachweis der Unterschreitung (oder höchstens Gleichsetzung) dieser Grenzzustände unter Berücksichtigung der maßgebenden Einwirkungen und Bemessungssituationen.

H. Neuhaus · L. Peterson (✉)
e-mail: peterson@fh-aachen.de

H. Neuhaus, W. Moorkamp, L. Peterson, T. Uibel, *Ingenieurholzbau*,
DOI 10.1007/978-3-658-44967-4_8

8.2 Methode der Teilsicherheitsbeiwerte zur Bemessung von Bauwerken

8.2.1 Grenzzustände der Tragfähigkeit

Grenzzustände der Tragfähigkeit sind Zustände eines Bauwerkes oder seiner Teile, deren Überschreiten rechnerisch zum Einsturz oder ähnlichem Tragwerksversagen führt, z.B. Übergang in einen Bruchzustand, Versagen durch übermäßige Verformung wie Verlust der mechanischen Stabilität, Verlust des statischen Gleichgewichts oder der Lagesicherheit, Gleiten, Versagen durch Materialermüdung, Übergang in eine kinematische Kette. Die Anforderungen an die Grenzzustände der Tragfähigkeit sind die Sicherheit von Menschen sowie die Sicherheit des Bauwerks und seiner Einrichtungen, sie sind deshalb höher als die Anforderungen an die **Grenzzustände der Gebrauchstauglichkeit**, s. Abschn. 25.1.

8.2.2 Nachweis der Tragfähigkeit in allgemeiner Form

Der Nachweis der Tragfähigkeit von Bauteilen aus Holzbaustoffen und deren Verbindungen wird in allgemeiner Form nach Gl. (8.1a) durch den Vergleich der Beanspruchung E der Bauteile (aus Einwirkungen) mit der Beanspruchbarkeit R geführt (Widerstände oder Tragwiderstände, mit R wie Resistance) geführt. In anderer Schreibweise nach Gl. (8.1b) wird der Ausnutzungsgrad als Quotient der Größen sichtbar.

$$E_{\mathrm{d}} \leq R_{\mathrm{d}} \tag{8.1a}$$

$$\frac{E_{\mathrm{d}}}{R_{\mathrm{d}}} \leq 1 \tag{8.1b}$$

E_{d} Bemessungswert der Beanspruchung (Einwirkung oder deren Auswirkungen)
R_{d} Bemessungswert des Tragwiderstandes (eines Bauteils oder einer Verbindung oder deren Beanspruchbarkeit)

Als Vergleichsgrößen dienen auf der Seite der Beanspruchung E Schnittgrößen oder Spannungen aus einer Einwirkung (oder deren Auswirkungen) oder einer Kombination von Einwirkungen und auf der Seite der Beanspruchbarkeit R Tragwiderstände aus der Festigkeit X eines Holzbaustoffes oder der Tragfähigkeit R einer Verbindung. Die Nachweise mit den Bemessungswerten der jeweiligen Größen nach Abschn. 8.2.5 können auf dem Niveau der Spannungen nach Gl. (8.2) oder der Schnittgrößen nach Gl. (8.3) durchgeführt werden.

Nachweise

auf dem Niveau der Spannungen		auf dem Niveau der Schnittgrößen	
$\frac{\sigma_d}{f_d} \leq 1$	(8.2)	$\frac{E_d}{R_d} \leq 1$	(8.3)

E_d Bemessungswert der Schnittgröße aus Einwirkungen in allgemeiner Schreibweise nach Gl. (8.4), z.B. die mittige Druckkraft eines Stabes $F_{c,d}$ nach Abschn. 9 oder die Beanspruchung eines Verbindungsmittels $F_{v,Ed}$ nach Abschn. 11

R_d Bemessungswert der Tragfähigkeit in allgemeiner Schreibweise (Tragwiderstand des Bauteils), z.B. für die Querschnittstragfähigkeit eines mittig beanspruchten Druckstabes: $f_{c,0,d} \cdot A_n$ oder die Beanspruchbarkeit eines Verbindungsmittels $F_{v,Rd}$

σ_d Bemessungswert der Spannungen, z.B. für die Querschnittstragfähigkeit eines mittig beanspruchten Druckstabes: $F_{c,d}/A_n$

f_d Bemessungswert der Festigkeit nach Gl. (8.5)

8.2.3 Charakteristische Werte

Die Nachweise mit der Methode der Teilsicherheitsbeiwerte setzen eine statistische Verteilung der Einwirkungen E (Beanspruchungen) und der Tragwiderstände (Beanspruchbarkeiten) wie der Festigkeiten X von Baustoffen oder wie der Tragfähigkeiten R von Verbindungen voraus. Dazu werden aus stochastischen Werten (ausreichend große Anzahl von naturbedingten Lasten z.B. bei Wind, Schnee oder anderen (Nutz-)Lasten sowie von Versuchswerten z.B. bei Baustoffeigenschaften) Verteilungsfunktionen f gebildet, aus denen Quantilwerte wie E_k, X_k oder R_k der Grundgesamtheiten mit einer gewählten Unterschreitungswahrscheinlichkeit p (und einer daraus folgenden Überschreitungswahrscheinlichkeit $1 - p$) vorgegeben werden, s. Bild 8.1. Die Quantilwerte E_k, X_k oder R_k, die für die Bemessung benutzt werden, sind keine Zufallsgrößen, sondern feste (Rechen-) Größen, s. *Fischer* [135] und *Schueller* [470].

Bei den **Tragwiderständen** wird eine **niedrige Unterschreitungswahrscheinlichkeit** von überwiegend $p = 5\%$ gewählt, d.h. 5%-Quantilwerte $X_k = X_{05}$ oder $R_k = R_{05}$, die aussagen, dass sie bezogen auf 100 Bauteile wahrscheinlich nur in 5 Bauteilen unterschritten und in 95 Bauteilen überschritten werden. Würde die Unterschreitungswahrscheinlichkeit p größer angesetzt, wären z.B. die rechnerisch anzusetzenden Festigkeiten (als Quantilwerte X_k) höher und Bauteile ließen sich wirtschaftlicher bemessen, gleichzeitig würde jedoch eher ein Bauteilversagen auftreten, da die Wahrscheinlichkeit der Unterschreitung der rechnerisch anzusetzenden Festigkeiten größer wäre, s. Bild 8.1.

Bei den **Einwirkungen** wird eine **hohe Unterschreitungswahrscheinlichkeit** von mindestens $p = 95\%$ (oder 98%) gewählt, so dass wahrscheinlich nur wenige Einwirkungen diese rechnerisch anzusetzenden Lasten überschreiten, d.h. die 95 %- oder 98 %- Quantilwerte $E_k = E_{95}$ oder $E_k = E_{98}$.

Die 5%- und 95 %- (bzw. 98 %-)Quantilwerte sowie die Mittelwerte (50 %-Quantilwerte, s. Bild 8.1) werden als charakteristische Werte einer Verteilung bezeichnet. Bei Nachweisen

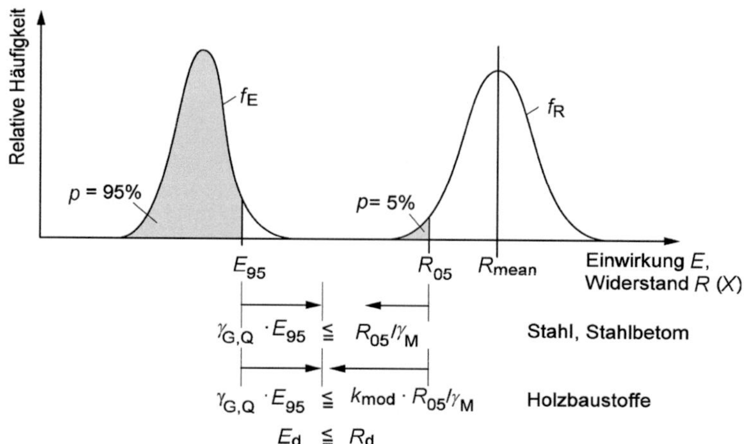

Bild 8.1 Verteilungskurven f (Normalverteilung) der Einwirkungen (Beanspruchungen) E und der Widerstände R (und X), Unterschreitungswahrscheinlichkeit p = 95% für E_{95} und p = 5% für R_{05}, charakteristische Werte $E_k = E_{95}$ als 95%- (bzw. 98%-) Quantilwerte und $R_k = R_{05}$ ($X_k = X_{05}$) als 5%-Quantilwerte sowie charakteristischer Wert $R_k = R_{mean}$ ($X_k = X_{mean}$) als 50%-Quantilwert oder Mittelwert, Ermitteln der Bemessungswerte E_d und R_d (X_d) mit den Teilsicherheitsbeiwerten $\gamma_{G(Q,A)}$ für Einwirkungen und γ_M für Tragwiderstände bei Holz-, Stahl- und Stahlbetonbauteilen sowie für Holzbauteile zusätzlich mit den Modifikationsbeiwerten k_{mod}; für Stahl, Stahlbeton und Holz wird für diese Betrachtung die gleiche Häufigkeitsverteilung angenommen; prinzipielle Darstellung

der Tragfähigkeiten werden im Allgemeinen für Einwirkungen die 95 %- (bzw. 98 %-)Quantilwerte E_{95} bzw. E_{98} und für Tragwiderstände wie Festigkeiten die 5%-Quantilwerte X_{05} oder wie Tragfähigkeiten von Verbindungen die 5%-Quantilwerte R_{05} als charakteristische Kennwerte in Rechnung gestellt, bei Steifigkeiten (Moduln) werden die 5%-Quantilwerte X_{05} und die Mittelwerte X_{mean} als charakteristische Kennwerte benötigt. Über charakteristische Einwirkungen s. auch Abschn. 9.1 und über Steifigkeiten Abschn. 22.1.1.

Charakteristische Werte der Einwirkungen E_k sind die in der Normenreihe DIN EN 1991 angegebenen ständigen Einwirkungen (ständige Lasten wie Eigenlasten) und die veränderlichen Einwirkungen (veränderliche Lasten wie Nutz-, Wind- und Schneelasten) sowie veränderliche Einwirkungen anderer Normen. Charakteristische Werte für die Tragwiderstände X_k (Bauteileigenschaften wie Festig- und Steifigkeiten) sind im Abschn. 1.10.6 näher beschrieben und im Abschn. 7.2 für ausgesuchte Holzbaustoffe angegeben, charakteristische Werte für die Tragwiderstände (Tragfähigkeit) R_k von Verbindungen ($F_{v,Rk}$) sind nach Abschn. 11 bis 14 je nach Verbindungsart zu bestimmen.

8.2.4 Teilsicherheitsbeiwerte

Das Sicherheitskonzept der DIN EN 1990: 2021-10 fordert in seinen grundlegenden Anforderungen als Ziel der Bemessung (Auslegung) von Bauwerken eine niedrige Versagenswahrscheinlichkeit; danach ist die Wahrscheinlichkeit sehr gering, dass die Einwirkungen während der Nutzungsdauer größer sind als der Tragwiderstand (Tragfähigkeit) eines Bauwerkes/Bauteiles oder einer Verbindung. Die Versagenswahrscheinlichkeit liegt unter den im Abschn. 8.2.3 angenommenen Bedingungen einer Normalverteilung sowie 5%- und 95%-Quantilwerten rechnerisch bei $p_f \approx 10^{-6}$.

Dieses Ziel wird mit der Methode der Teilsicherheitsbeiwerte erreicht. Die Unsicherheiten bei den Einwirkungen (wie Abweichungen von den Nutzungsbedingungen und natürliche Streuungen der Lasten) werden mit anderen Teilsicherheitsbeiwerten γ bewertet als beim Tragwiderstand (wie natürliche Streuung der Baustoffeigenschaften, geometrische und strukturelle Imperfektionen der Bauteile).

Im **Grenzzustand der Tragfähigkeit** werden die Teilsicherheitsbeiwerte γ für Einwirkungen in der ständigen und vorübergehenden Bemessungssituation nach Tabelle 8.1 für das oft verwendete Nachweiskriterium STR/GEO (struktural/geotechnical) unterschiedlich

Tabelle 8.1 Teilsicherheitsbeiwerte γ für Einwirkungen (STR/GEO, Gruppe B) im Grenzzustand der Tragfähigkeit in ständigen (P) und vorübergehenden (T) sowie außergewöhnlichen (A) Bemessungssituationen und bei Erdbeben E nach DIN EN 1990: 2021-10, 6.4 und DIN EN 1990/NA: 2010-12 inkl. DIN EN 1990/NA/A1: 2024-05, NDP zu A.1.3.1(4)[1])[2])[8])

Einwirkungen	Auswirkung[2])	Bemessungssituation[3])	
		ständig und vorübergehend P/T[4])	außergewöhnlich und bei Erdbeben A/E[4])
unabhängige ständige Einwirkungen	ungünstig[5])[6])	$\gamma_{G,sup} = 1{,}35$	$\gamma_{G,sup} = 1{,}00$
	günstig[5])[6])	$\gamma_{G,inf} = 1{,}00$	$\gamma_{G,inf} = 1{,}00$
unabhängige veränderliche Einwirkungen	ungünstig[6])[7])	$\gamma_Q = 1{,}50$	$\gamma_Q = 1{,}00$
außergewöhnliche Einwirkungen			$\gamma_A = 1{,}00$

[1]) für das Nachweiskriterium STR: Versagen oder übermäßige Verformung des Tragwerkes oder seiner Teile einschl. der Fundamente, Fundamentkörper, Pfahle, wobei die Tragfähigkeit von Baustoffen und Bauteilen entscheidend ist und für das Nachweiskriterium GEO: Versagen oder übermäßige Verformung des Baugrundes, bei der die Festigkeit von Boden oder Fels wesentlich an der Tragsicherheit beteiligt ist

[2]) über Einwirkungen sowie ungünstige und günstige Auswirkung von Einwirkungen s. Abschn. 9.1

[3]) über Bemessungssituationen s. Abschn. 9.2

[4]) sup: superior (oberer) und inf: inferior (unterer)

[5]) beim Nachweis des Grenzzustandes für das Versagen des Tragwerks werden alle charakteristischen Werte einer unabhängigen Einwirkung (d.h. die charakteristischen Werte aller ständigen Einwirkungen aus dem gleichen Ursprung) mit dem Teilsicherheitsbeiwert $\gamma_{G,sup}$ multipliziert, wenn die insgesamt resultierende Auswirkung auf die betrachtete Beanspruchung ungünstig ist, jedoch mit dem Teilsicherheitsbeiwert $\gamma_{G,inf}$, wenn die insgesamt resultierende Auswirkung günstig ist, s. auch Fußnote [2])

[6]) zur Wahl der Teilsicherheitsbeiwerte beim Nachweis von geotechnischen Grenzzuständen s. DIN 1054-101: 2009-02, Tabellen A 2-1, A 2-2 und A 2-3

[7]) bei günstiger Auswirkung ist $\gamma_Q = 0$

[8]) beim Nachweis des statischen Gleichgewichts, z.B. bei der Bemessung von Verankerungen oder beim Nachweis gegen Abheben an Auflagern von Durchlaufträgern, sind die Bemessungswerte der Einwirkungen für das Nachweiskriterium EQU (Gruppe A) mit den Teilsicherheitsbeiwerten γ nach DIN EN 1990/NA: 2010-12 inkl. DIN EN 1990/NA/A1: 2024-05, Tab. NA.A.1.2(A), soweit zutreffend, zu ermitteln, s. DIN EN 1995-1-1: 2010-12, 2.4.4

angegeben, wie z.B. bei (den überwiegend verwendeten) ungünstigen Einwirkungen γ_G = 1,35 für ständige Einwirkungen und γ_Q = 1,5 für veränderliche Einwirkungen, da die wahrscheinliche Streuung bei ständigen Lasten (Eigenlasten) geringer ist als bei veränderlichen wie Nutz-, Schnee- und Windlasten. Einwirkungen sowie deren ungünstige und günstige Auswirkungen werden im Abschn. 9.1 näher beschrieben. Die Teilsicherheitsbeiwerte auf der Seite der Tragwiderstände (Materialseite) sind für Holz und Holzwerkstoffe einheitlich mit γ_M = 1,3 nach Tabelle 8.2 anzusetzen, bei stiftförmigen Verbindungsmitteln dagegen mit γ_M = 1,1, wenn die vereinfachte Bemessungsmethode nach DIN EN 1995-1-1/NA: 2013-08, NCI Zu 8.2 verwendet wird, s. Abschn. 11. Außergewöhnliche Einwirkungen wie sehr selten auftretende Anprall- und Erdbebenlasten dürfen mit niedrigeren Teilsicherheitsbeiwerten ermittelt werden, auf der Einwirkungs- wie auf der Material- und Verbindungsmittelseite in gleicher Größe mit $\gamma_A = \gamma_M$ = 1,0.

Über Teilsicherheitsbeiwerte im **Grenzzustand der Gebrauchstauglichkeit** s. Tabellen 22.2 und 22.3 sowie Abschn. 25.1.

Tabelle 8.2 Teilsicherheitsbeiwerte γ_M für Festigkeits- und Steifigkeitseigenschaften im Grenzzustand der Tragfähigkeit in ständigen und vorübergehenden Bemessungssituationen nach DIN EN 1995-1-1: 2010-12, 2.4.1, Tab. 2.3 und DIN EN 1995-1-1/NA: 2013-08, NDP Zu 2.4.1(1)P, Tab. NA.2 und NA.3[1])[2])

Grenzzustände der Tragfähigkeit:	γ_M
Vollholz, Brettschichtholz, Furnierschichtholz, Sperrholz, Spanplatten, OSB-Platten, harte und mittelharte Faserplatten, MDF- und weiche Faserplatten Balkenschichtholz, Brettsperrholz, Massivholzplatten, faserverstärkte Gipsplatten, Gipsplatten, zementgebundene Spanplatten[3])	1,3
Stahl in Verbindungen[2])	
- auf Biegung beanspruchte stiftförmige Verbindungsmittel nach dem genaueren Nachweisverfahren, s. Anhang A.1	1,3
- auf Biegung beanspruchte stiftförmige Verbindungsmittel nach den vereinfachten Nachweisverfahren, s. Abschn. 11.3	1,1
- auf Zug oder Scheren beanspruchte Teile beim Nachweis gegen die Streckgrenze im Nettoquerschnitt	1,3
- Plattennachweis auf Tragfähigkeit für Nagelplatten	1,25

[1]) für außergewöhnliche Bemessungssituationen sind die Teilsicherheitsbeiwerte γ_M = 1,0 anzusetzen
[2]) beim Nachweis von Stahlteilen sind die Teilsicherheitsbeiwerte der DIN EN 1993 bzw. seiner jeweiligen Nationalen Anhänge maßgebend
[3]) über diese Begriffe einschl. Brettsperrholz s. Abschn. 7.1, Tabelle 7.1

8.2.5 Bemessungswerte

Im **Grenzzustand der Tragfähigkeit** werden die charakteristischen Werte der Einwirkungen, die als 95 %- oder 98 %-Quantilwerte nach Abschn. 8.2.3 angegeben sind, mit den Teilsicherheitsbeiwerten $\gamma_{G(Q,A)}$ für Einwirkungen nach Tabelle 8.1 multipliziert und demnach im Allgemeinen erhöht; diese erhöhten Werte werden als Bemessungswerte der Einwirkungen (Beanspruchungen) in allgemeiner Schreibweise mit E_d bezeichnet. Für die Bemessung werden dadurch ungünstige wahrscheinliche Streuungen der wirklich vorhandenen Lasten sowie Unsicherheiten im Berechnungsmodell rechnerisch berücksichtigt und ein ausreichender Abstand „nach oben" von den 95 %- bzw. 98 %-Quantilwerten erreicht, s. Bild 8.1 und Gl. (8.4).

Dagegen werden die charakteristischen Werte der Tragwiderstände, die als 5 %-Quantilwerte nach Abschn. 8.2.3 angegeben werden, durch die Teilsicherheitswerte γ_M für Festig- und Steifigkeitseigenschaften nach Tabelle 8.2 dividiert und demnach verkleinert; diese verminderten Werte werden als Bemessungswerte der Tragwiderstände oder Tragfähigkeiten in allgemeiner Schreibweise mit X_d bzw. R_d bezeichnet. Dadurch werden für die Bemessung ungünstige wahrscheinliche Streuungen der wirklich vorhandenen Tragwiderstände (sowie Streuungen der Modifikationsbeiwerte k_{mod} im Holzbau, s. unten) rechnerisch berücksichtigt und ein ausreichenden Abstand „nach unten" von den 5 %-Quantilwerten erreicht, s. Bild 8.1.

Diese Ermittlung der Bemessungswerte für die Einwirkungen und Tragwiderstände entspricht bisher der bei anderen Baustoffen wie z.B. Stahl und Stahlbeton. Da bei **Holzbaustoffen** jedoch die Lasteinwirkungsdauer und Holzfeuchte einen wesentlichen Einfluss auf die Tragwiderstände wie der Festigkeiten und der Tragfähigkeiten von Verbindungen haben – im Gegensatz zu anderen Baustoffen –, werden die charakteristischen Werte der Tragwiderstände X_k bzw. R_k zusätzlich noch mit dem jeweiligen Modifikationsbeiwert k_{mod} nach Abschn. 7.4.1 multipliziert, d.h. die charakteristischen Werte werden bei Holzbaustoffen überwiegend nochmals verkleinert, um diese Einflüsse bei den Bemessungswerten X_d bzw. R_d zu berücksichtigen, s. Bild 8.1 sowie Gl. (8.5) und (8.6).

Die Bemessung von Bauteilen aus Holzbaustoffen und deren Verbindungen wird deshalb allgemein nach Gl. (8.1) geführt, Weiteres kann in allgemeiner Form Gl. (8.2) bis Gl. (8.6) entnommen werden.

Bemessungswerte der Einwirkungen (Beanspruchungen) E_d:

$$E_d = \gamma_{G(Q,A)} \cdot E_k \tag{8.4}$$

Bemessungswerte der Festigkeitseigenschaften X_d von Holzbaustoffen:

$$X_d = k_{mod} \cdot X_k/\gamma_M \tag{8.5}$$

Bemessungswerte der Tragfähigkeit R_d von Verbindungen

$$R_d = k_{mod} \cdot R_k/\gamma_M \tag{8.6}$$

E_k charakteristische Werte der Einwirkungen in allgemeiner Schreibweise nach Abschn. 9

R_k, X_k charakteristische Werte der Tragfähigkeit in allgemeiner Schreibweise von Verbindungen nach Abschn. 10 – 14 bzw. der Festigkeitseigenschaften von Holzbaustoffen nach Abschn. 7.2

$\gamma_{G(Q,A)}$ Teilsicherheitsbeiwerte für Einwirkungen im Grenzzustand der Tragfähigkeit nach Tabelle 8.1

γ_M Teilsicherheitsbeiwerte für Festig- und Steifigkeitseigenschaften im Grenzzustand der Tragfähigkeit nach Tabelle 8.2

k_{mod} Modifikationsbeiwerte für Holzbaustoffe nach Abschn. 7.4.1

8.2.6 Nachweisverfahren im Grenzzustand der Tragfähigkeit

Bei den Tragfähigkeitsnachweisen zur Bemessung von Holzbauteilen/Holzbauwerken werden nach DIN EN 1995-1-1: 2010-12 drei Verfahren unterschieden: Die Nachweise der Querschnittstragfähigkeit sowie die Nachweise mit den Ersatzstabverfahren oder mit der Theorie II. Ordnung.

Die Nachweise der **Querschnittstragfähigkeit** berücksichtigen einzelne Bauteilquerschnitte ohne zusätzliche Einflüsse wie Aussteifungen, Stabilitätsverhalten oder Lagerung, d.h. es wird nur ein bestimmter Querschnitt im Bauteil betrachtet. Diese Nachweise werden überwiegend auf dem Niveau der Spannungen im Bauteilquerschnitt mit der maximalen Beanspruchung nach Gl. (8.2) geführt, s. z.B. Abschn. 15.1, 16.1 und 17.1.

Die Nachweise mit den **Ersatzstabverfahren** berücksichtigen vereinfachend Bauteile, die über ihre gesamte Länge oder Teilen davon durch Stabilitätsversagen (Biege-)Knicken (Druckstäbe) und/oder Biegedrillknicken (Druckgurte von Biegestäben, oder in alter Ausdrucksweise: Kippen) versagen können. Diese Nachweise werden am unverformten System (Theorie I. Ordnung) auf dem Niveau von Spannungen mit Knickbeiwerten k_c bzw. Kippbeiwerten k_{crit} geführt, die die ausmittigen Wirkungen der Stäbe durch Knicken bzw. Biegedrillknicken (Kippen) in Rechnung stellen, s. Abschn. 16.2 und 17.2. Demnach wird bei den Ersatzstabverfahren das Bauteil als Ganzes betrachtet, während bei der Querschnittstragfähigkeit einzelne Bauteilstellen nachgewiesen werden.

Die Nachweise mit **Theorie II. Ordnung** berücksichtigen das Gleichgewicht am verformten System, die baupraktisch unvermeidbaren Vorverformungen von Stäben (geometrische und strukturelle Imperfektionen) werden als Ersatzimperfektionen in Rechnung gestellt. Diese Nachweise können alternativ zu den Nachweisen mit den Ersatzstabverfahren geführt werden, s. Abschn. 24.2.

Die Nachweise in den Grenzzuständen der Tragfähigkeit sind im Allgemeinen mit den **Bemessungswerten der Steifigkeiten** nach DIN EN 1995-1-1: 2010-12, 2.4.1 2(P), s. Gl. (8.7) bis (8.9), zu führen, d.h. den Mittelwerten der Moduln geteilt durch den Teilsicherheitsbeiwert γ_M; bei den Ersatzstabverfahren werden jedoch nur die 5%-Quantilwerte der Moduln eingesetzt (Ermittlung der Knickbeiwerte k_c und Kippbeiwerte k_{crit} mit $E_{0,05}$ bzw. G_{05}, d.h. die 5%-Quantilwerte der Moduln ohne Division durch den Teilsicherheitsbeiwert γ_M), da beide Verfahren mit diesen Werten hergeleitet worden sind, s. Abschn. 16.2.3 und 17.2.5.

In den Nachweisen im Grenzzustand der Tragfähigkeit nach Theorie I. Ordnung sind **für Bauteile zwei Steifigkeitseigenschaften** bei der Berechnung der Bemessungswerte zu unterscheiden, s. DIN EN 1995-1-1: 2010-12, 2.2.2 (1)P: alle Bauteile eines Tragwerks aus Baustoffen mit denselben zeitabhängigen Eigenschaften (z.B. alle Bauteile aus demselben Nadelholz C24), so dass die Schnittkräfte nicht durch unterschiedliche Steifigkeiten beeinflusst werden, und Bauteile eines Tragwerks aus Baustoffen mit unterschiedlichen zeitabhängigen Eigenschaften (z.B. Bauteile aus Nadelholz C30 und Sperrholz oder aus Beton und Brettschichtholz GL24c), so dass die Schnittkräfte durch unterschiedliche Steifigkeiten beeinflusst werden, Näheres s. Abschn. 22.1.1. Bei den Nachweisen nach Theorie II. Ordnung sind die Steifigkeitseigenschaften ohne Berücksichtigung der Einflüsse der Lasteinwirkungsdauer einzusetzen, s. Abschn. 24.2.2.

$$E_d = E = E_{mean}/\gamma_M \tag{8.7}$$

$$G_d = G = G_{mean}/\gamma_M \tag{8.8}$$

$$K_d = K = K_{u,\,mean}/\gamma_M \tag{8.9}$$

mit

$$K_{u,mean} = \frac{2}{3} \cdot K_{ser} \tag{8.10}$$

E_d, G_d, K_d Bemessungswerte des Elastizitäts-, Schub- und Verschiebungsmoduls, bei Schnittkraftermittlung nach Theorie I. Ordnung unterschiedlich für Bauteile eines Tragwerks aus Baustoffen mit denselben oder unterschiedlichen zeitabhängigen Eigenschaften nach Abschn. 22.1.1 und bei Schnittkraftermittlung nach Theorie II. Ordnung nach Abschn. 24.2.2

E_{mean} Mittelwert des Elastizitätsmoduls nach Abschn. 7.2

G_{mean} Mittelwert des Schubmoduls nach Abschn. 7.2

$K_{u,mean}$ Mittelwert des Verschiebungsmoduls im Grenzzustand der Tragfähigkeit nach Abschn. 10.3.3

K_{ser} Mittelwert des Verschiebungsmoduls im Grenzzustand der Gebrauchstauglichkeit nach Abschn. 10.3.3

γ_M Teilsicherheitsbeiwert nach Tabelle 8.2

8.3 Querschnittsmaße und Querschnittsschwächung

8.3.1 Nennmaße

Bei Nachweisen der Tragfähig- und Gebrauchstauglichkeit wird der wirksame Querschnitt eines tragenden Bauteils mit den Nennmaßen a_{nom} berechnet, dies sind in der Regel die geplanten bzw. bei der Bemessung festgelegten Maße wie z.B. beim Rechteckquerschnitt die Querschnittsmaße b/h. Zulässige Maßabweichungen werden bei den Nachweisen nicht zusätzlich berücksichtigt; zulässige Abweichungen (Toleranzen) der Querschnitts- und Längenmaße von den Nennmaßen sind für Bauteile aus Vollholz im Abschn. 3.2.4 und für Brettschichtholz im Abschn. 3.3.3 angeführt, s. auch Abschn. 7.5.2.

8.3.2 Mindest- und Maximalabmessungen für Bauteile aus Holzbaustoffen

Tragende einteilige Einzelquerschnitte aus Holzbaustoffen müssen Mindestdicken besitzen, soweit in den jeweiligen Produktnormen, zugehörigen anderen Normen und DIN EN 1995-1-1/NA: 2013-08, NCI Zu 3.4 und 3.5 festgelegt und soweit nicht vorhandene Verbindungsmittel größere Mindestmaße erfordern, um ein Aufspalten der Bauteile zu verhindern. Die Mindest- und Maximalabmessungen sind für Voll- und Brettschichtholzbauteile in Tabelle 8.3, für Bauteile aus Holzwerkstoffen in Tabelle 7.13 zusammengestellt. Ein Unter- bzw. Überschreiten dieser Mindest- bzw. Maximalwerte ist unzulässig. Für Dachlatten gilt darüber hinaus die Festlegung von Mindest-Querschnittsmaßen b/d = 30 mm × 50 mm für die Sortierklasse S10 nach DIN 18334: 2023-09, Tabelle 1. Die Festlegung von Mindestabmessungen ist notwendig, da bei kleinen Querschnitten Vorkrümmungen, Wuchsunregelmäßigkeiten, Fehlstellen wie Äste und dgl. stärkere nachteilige Auswirkungen auf die Tragfähigkeit haben als bei größeren Querschnitten.

Tabelle 8.3 Mindest- und Maximal-Abmessungen für tragende einteilige Einzelquerschnitte aus Voll- und Brettschichtholz mit Rechteckquerschnitt[1])[2])[5])[6])

	Mindest-Abmessungen Breite b_{min}, Dicke d_{min} oder Höhe h_{min}	Maximal-Abmessungen Breite b_{max}, Dicke d_{max} der Höhe h_{max}
Vollholz nach DIN EN 14081-1: 2019-10 und DIN EN 336: 2013-12		
- allgemein - Dachlatten[3])	$b_{min} = d_{min} =$ 6 mm [2]) , jedoch = 22 mm als Empfehlung[7]) $b_{min} = d_{min} =$ 30 mm [2])[3])	$b_{max} = h_{max} =$ 300 mm [7])
Brettschichtholz nach DIN EN 14080: 2013-09 Grenzwerte der Querschnittsabmessungen sind nicht festgelegt, üblich sind herstellungsbedingt etwa		
	$b_{min} =$ 50 mm [2]) $h_{min} =$ 100 mm [2])	$b_{max} =$ 300 mm [4]) $h_{max} =$ 2 500 mm

[1]) Mindestdicken von Holzwerkstoffplatten s. Tabelle 7.13

[2]) soweit Verbindungsmittel kein größeres Maß erfordern

[3]) Mindestbreite für Dachlatten aus Nadelholz der Sortierklasse S10 (TS), Festigkeitsklasse C27 M nach VOB DIN 18334: 2023-09, Abschn. 3.5, dagegen für Sortierklasse S10 (TS), Festigkeitsklasse C24 M mind. mit einem Querschnitt b/d = 40 mm × 60 mm aus Nadelholz nach DIN 4074-1: 2012-06, Dachlatten sind auf jedem Sparren zu befestigen (TS: trockensortiert)

[4]) die maximale Querschnittsbreite wird herstellungsbedingt durch die einzuhaltende Anzahl von höchstens zwei nebeneinander liegenden Brettern je Lamelle begrenzt, breitere Querschnitte können durch Verbundbauteile aus Brettschichtholz nach Abschn. 3.3.4 hergestellt werden

[5]) über Verbundbauteile aus Brettschichtholz s. Abschn. 3.3.4 und Balkenschichtholz s. Abschn. 3.4

[6]) Tragende einteilige Einzelquerschnitte aus Holz sollten Mindestdicken besitzen, um ein Aufspalten der Bauteile zu verhindern.

[7]) Empfehlung auf der Grundlage von DIN 1052: 2008-12.

8.3.3 Querschnittsschwächungen

Querschnittsschwächungen sind Schwächungen eines (Stab-)Querschnittes durch Aussparungen und Löcher wie notwendige Bohrungen, Einfräsungen infolge Verbindungsmittel, Einschnitte durch Versätze und dgl. mehr, sie sind bei der Ermittlung von Querschnittswerten wie Flächen A, Widerstandsmomenten W und Flächenmomenten 2. Grades I im Allgemeinen in Rechnung zu stellen, Ausnahmen s. unten.

Bei den Nachweisen der Tragfähig- und Gebrauchstauglichkeit tragender Holzbauteile sind **Querschnittsschwächungen rechnerisch zu berücksichtigen**:

- in Zugstäben,
- in der Zugzone von auf Biegung beanspruchten Bauteilen,
- in Druckstäben und in der Druckzone von auf Biegung beanspruchten Bauteilen nur dann, wenn die geschwächte Stelle nicht satt ausgefüllt ist und/oder der ausfüllende Baustoff einen geringeren Elastizitätsmodul (Steifigkeit) als der des Holzbaustoffes des Bauteiles aufweist, d.h. bei allen metallischen Verbindungsmitteln der DIN EN 1995-1-1: 2010-12 sind Querschnittsschwächungen im Druckbereich zu berücksichtigen, wenn die metallischen Verbindungsmittel die geschwächten Stellen nicht satt (mit Spiel) ausfüllen (wie z.B. bei Bolzen), dagegen sind keine Querschnittsschwächungen zu berücksichtigen, wenn die metallischen Verbindungmittel in den geschwächten Stellen ohne Spiel liegen (wie z.B. bei Stabdübeln und Passbolzen).

Querschnittsschwächungen durch Verbindungsmittel und Universal-Keilzinkungen sind in Tabelle 8.4 zusammengestellt.

Folgende **Querschnittsschwächungen** bleiben nach DIN EN 1995-1-1: 2010-12, 5.2 **ohne rechnerische Berücksichtigung,** da sie das Trag- und Verformungsverhalten nicht wesentlich beeinflussen:

- nicht vorgebohrte Nägel mit einem Durchmesser bis zu $d = 6$ mm,
- nicht vorgebohrte Holzschrauben mit einem Durchmesser bis zu $d = 6$ mm,
- Löcher und Aussparungen in der Druckzone von Bauteilen (in Druckstäben und in der Druckzone von auf Biegung beanspruchten Bauteilen), wenn der ausfüllende Baustoff in den Löchern und Aussparungen (Einschnitt) eine größere Steifigkeit als das Holz oder der Holzwerkstoff besitzt,
- Baumkanten, die nicht breiter sind als in DIN EN 14081-1: 2019-10 (oder DIN 4074-1: 2012-06 bzw. 4074-5: 2008-12) zugelassen, s. Abschn. 3.2.3, Tabelle 3.4.

Alle **Querschnittsschwächungen in einem Bauteilquerschnitt**, die rechtwinklig zur Kraftrichtung in einer Reihe nebeneinander liegen, sind bei den Nachweisen zu berücksichtigen. Der wirksame Querschnitt eines Bauteiles im Bereich von **Verbindungen mit mehreren Verbindungsmitteln** ist nach DIN EN 1995-1-1: 2010-12, 5.2 in der Regel so zu bestimmen, dass alle Querschnittsschwächungen (Löcher, Fehlflächen) als im betrachteten Querschnitt vorhanden anzunehmen sind, die um diesen Querschnitt mit einem Ab-

Tabelle 8.4 Querschnittsschwächungen (Fehlflächen) durch Verbindungsmittel bei Holzbaustoffen sowie durch Universal-Keilzinkenverbindungen bei Brettschicht- und Balkenschichtholz nach DIN EN 1995-1-1: 2010-12, 5.2

Verbindungsmittel		Querschnittsschwächung, Fehlfläche	Erläuterungen
Stabdübel[1]), Passbolzen[1]), Klammern[1])		$d \cdot b$	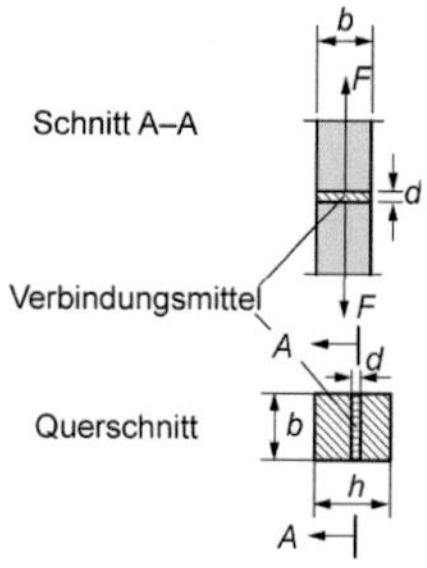
Bolzen[1]), Gewindestangen[1])[2])		$(d + 1\ \text{mm}) \cdot b$	
Nägel[1])	nicht vorgebohrt	$d \cdot b$, nur bei $d > 6$ mm	
	vorgebohrt[6])	$d \cdot b$	
Holzschrauben[1])[3])	nicht vorgebohrt	$d \cdot b$, nur bei $d > 6$ mm	
	vorgebohrt[6])	$d \cdot b$	
Dübel besonderer Bauart[4])[5])	Mittelholz	$2 \cdot \Delta A + (d + 1\ \text{mm}) \cdot (b_2 - 2 \cdot h_e)$	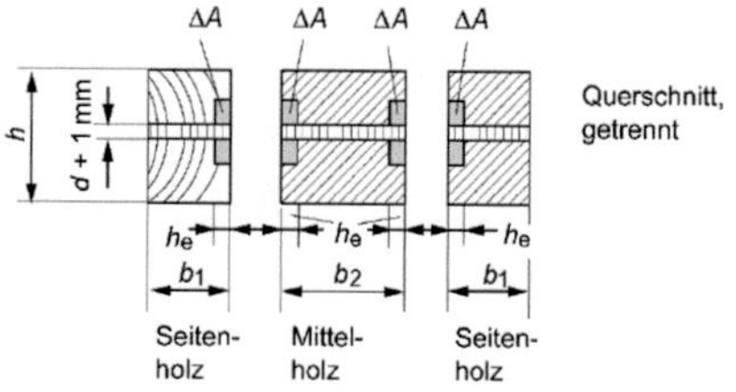
	Seitenholz	$\Delta A + (d + 1\ \text{mm}) \cdot (b_1 - h_e)$	
Universalkeilzinken-Verbindungen Bruttoquerschnitt $b \cdot h$		$\Delta A = 0{,}20 \cdot b \cdot h$ [7])	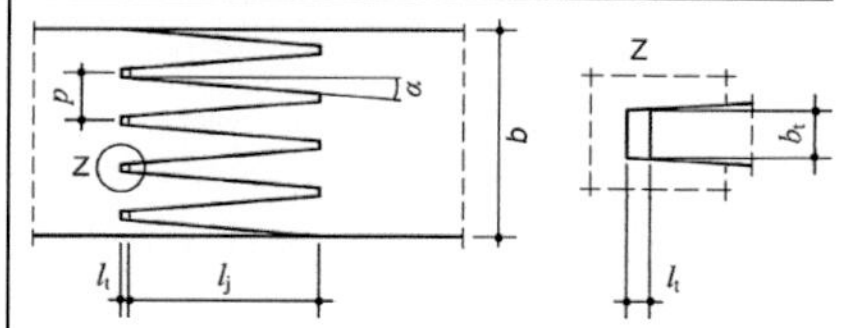

[1]) bei stiftförmigen Verbindungsmitteln ist bei vorgebohrten Hölzern der Bohrlochdurchmesser und bei nicht vorgebohrten Hölzern der Nenndurchmesser d zu verwenden

[2]) bei Gewindestangen ist nach DIN EN 1995-1-1/NA: 2013-08, NCI NA.8.5.3 der Nenndurchmesser d gleich dem Gewindeaußendurchmesser

[3]) bei Holzschrauben ist nach DIN EN 1995-1-1/NA: 2013-08, NCI NA.8.7.1 der Nenndurchmesser d gleich dem Außendurchmesser des Schraubengewindes

[4]) Dübelfehlflächen ΔA und zugehörige Bolzendurchmesser d nach Tabellen 12.6, 12.10 und 12.11

[5]) die Länge der Bohrlöcher darf nach DIN EN 1995-1-1/NA: 2013-08, NCI Zu 8.9 rechnerisch um die Einlass-/Einpresstiefe h_e der Dübel verringert werden, h_e nach Tabellen 12.6, 12.10 und 12.11

[6]) über Bohrlochdurchmesser bei Nägeln s. Tabelle 11.15, bei Holzschrauben s. Tabelle 11.27

[7]) bei Universal-Keilzinkenverbindungen (Vollstößen) dürfen nach DIN EN 1995-1-1/NA: 2013-08, NCI NA.11.3 in Brettschicht- und Balkenschichtholzbauteilen bei der Berechnung der Normalspannungen Querschnittsschwächungen ohne genaueren Nachweis zu 20 % der Bruttoquerschnittsfläche $b \cdot h$ angenommen werden, s. auch Abschn. 6.4

stand von weniger als dem halben Mindestabstand der Verbindungsmittel in Faserrichtung des Holzes auftreten, Beispiele s. Bild 8.2.

Liegen mehrere Querschnittsschwächungen in einem Holzbauteil in Kraftrichtung hintereinander, d.h. mehrere Querschnitte, in deren Bereiche gleiche Schwächungen wirksam werden, so sind sie bei den Nachweisen nur einmal in Rechnung zu stellen.

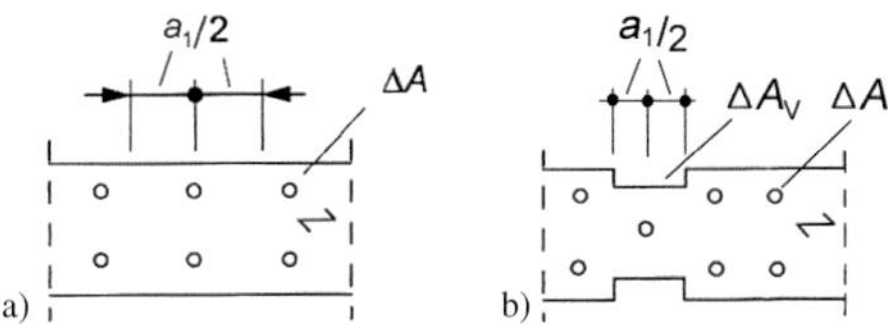

Bild 8.2 Ermittlung von Querschnittsschwächungen; Beispiele,
a_1 Mindestabstand eines Verbindungsmittels in Faserrichtung
ΔA Querschnittsschwächung eines Verbindungsmittels
ΔA_V Querschnittsschwächung durch Einschnitt

Ein Berechnungsbeispiel zur Berücksichtigung örtlicher Querschnittsschwächungen bei der **Ermittlung des Flächenmoment 2. Grades** und des Widerstandsmomentes gibt *Erläut. zu DIN 1052: 2004-08* [47], E 7.2.4 (4). Über die Berücksichtigung wesentlicher **ausmittiger Kraftwirkungen** durch Querschnittsschwächungen s. Abschn. 17.1.4 und 17.1.5.

8.4 Mittig und ausmittig beanspruchte Stäbe

Mittig beanspruchte Stäbe

Mittig beanspruchte Stäbe übertragen im Allgemeinen nur Normalkräfte (Zug oder Druck), die in der Stabachse angreifen. Werden diese mittigen Krafteinleitungen in der Statischen Berechnung oder den Konstruktionszeichnungen angenommen, sind solche Stäbe auch als **planmäßig mittig** beansprucht zu bezeichnen.

Unter idealen Voraussetzungen liegt eine gleichmäßige Spannungsverteilung über den Querschnitt vor, s. Bild 15.1 am Beispiel eines Zugstabes. In der Baupraxis werden diese idealen Voraussetzungen jedoch durch unvermeidbare, **nicht planmäßige Nebenbeanspruchungen** oder **Imperfektionen** gestört. Die Imperfektionen führen zu ungewollten, nicht planmäßigen zusätzlichen Biegebeanspruchungen, da die Kraft ausmittig zur Stabachse angreift. Über unvermeidbare Imperfektionen s. Abschn. 24.1.

Diese Imperfektionen brauchen bei der Bemessung der Stäbe im Allgemeinen nicht in Rechnung gestellt werden, da sie z.B. durch die Teilsicherheitsbeiwerte γ und bei den Ersatzstabverfahren berücksichtigt werden. Darüber hinaus sind Imperfektionen im Einzelfall in der Regel unbekannt, ihre Größenordnung meist hinreichend „klein" und deshalb bei der Stabbemessung vernachlässigbar. Erst wenn Imperfektionen bekannt sind und einen spürbaren Anteil bei den Nachweisen ergeben, dürfen sie nicht mehr vernachlässigt werden; es liegen dann planmäßige Ausmitten in den Stäben vor, s. unten. Beim Nachweis mit Theorie II. Ordnung sind bestimmte Imperfektionen zu berücksichtigen, s. Abschn. 24.2.3.

Ausmittig beanspruchte Stäbe

Ausmittig beanspruchte Stäbe übertragen Normalkräfte (Zug oder Druck) und planmäßige (bekannte) Zusatzbeanspruchungen aus Biegung. Werden die Ausmitten in der Statischen Berechnung oder den Konstruktionszeichnungen angenommen, sind solche Stäbe auch als **planmäßig ausmittig** beansprucht zu bezeichnen.

Planmäßig ausmittig beanspruchte Stäbe treten auf, wenn neben der Normalkraftbeanspruchung folgende Biegebeanspruchungen auftreten:

- Momente aus zusätzlicher Querbelastung (quer zur Stablängsachse), z.B. einer Linienlast aus Wind wie bei Stützen, Rahmen,
- Momente aus Kraftangriff an einem planmäßigen Hebelarm,
- Momente aus Belastungen auf planmäßig gekrümmte Stäbe wie Bögen,
- Momente aus planmäßig ausmittiger Kraftwirkung wie bei Versatzanschlüssen oder Querschnittsschwächungen, s. Abschn. 17.1.4 und 17.1.5.

Planmäßig ausmittig beanspruchte Stäbe mit ausmittiger Krafteinleitung z.B. nach Bild 17.6a sollten möglichst vermieden werden, da zusätzliche Stabbeanspruchungen oft unwirtschaftlichere Lösungen als bei mittiger Krafteinleitung bewirken. Bei bestimmten Konstruktionen wie einseitigen Versatzanschlüssen, s. Abschn. 14.1, oder Stäben mit zusätzlicher Querbelastung, z.B. einer Linienlast aus Nutzlast, sind planmäßig ausmittig belastete Stäbe jedoch unvermeidbar, als Beispiel s. Bild 17.6b. Beispiele ausmittiger Anschlüsse sind im Abschn. 23.4 angeführt.

Nicht planmäßige Nebenbeanspruchungen oder **Imperfektionen**, s. oben, brauchen bei der Bemessung planmäßig ausmittig beanspruchter Stäbe im Allgemeinen nicht berücksichtigt zu werden.

9 Einwirkungen und Lastannahmen

9.1 Einwirkungen

Einwirkungen sind auf ein Tragwerk wirkende Kraft- oder Verformungsgrößen. Nach DIN EN 1990: 2021-10 werden die in Tabelle A1.2 zusammengestellten Einwirkungen unterschieden. Häufig vorkommende Einwirkung im Hochbau sind Eigen-, Nutz-, Wind- und Schneelasten. Charakteristische Werte von Einwirkungen sind im Folgenden und Abschn. 8.2.3, Bemessungswerte von Einwirkungen im Abschn. 8.2.5 näher beschrieben.

Charakteristische Werte von Einwirkungen

Charakteristische Einwirkungen, deren statistische Verteilung im Abschn. 8.2.3 näher erläutert wird, sind in ständige Einwirkungen Gk, z.B. die Eigengewichte von Tragwerken und deren eingebauten Ausrüstungen, veränderliche Einwirkungen Qk, z.B. Nutz-, Schnee- und Windlasten sowie außergewöhnliche Einwirkungen Ak, z.B. Explosionen, Fahrzeuganprall und Erdbeben. Bei **ständigen Einwirkungen** eines Tragwerkes wird angenommen, dass sich ihre charakteristischen Werte während der festgelegten Nutzungsdauer nicht wesentlich oder nicht verändern, s. DIN EN 1990: 2021-10, 1.5.3.3. Die charakteristischen Werte **veränderlicher Einwirkungen** eines Tragwerkes sind oft für die vorgesehene Nutzungsdauer so festgelegt, dass mit vorgegebener Wahrscheinlichkeit ein oberer Wert nicht überschritten oder ein unterer Wert erreicht werden, z.B. werden die charakteristischen Werte zeitlich veränderlicher klimatischer Einwirkungen wie Schnee- und Windlasten im Zeitraum von 50 Jahren im Mittel nur einmal erreicht oder überschritten (bzw. in 100 Jahren im Mittel zweimal, hohe Unterschreitungswahrscheinlichkeit von 98%), s. DIN EN 1990: 2021-10, 4.1.2 (7)P.

H. Neuhaus · L. Peterson (✉)
e-mail: peterson@fh-aachen.de

H. Neuhaus, W. Moorkamp, L. Peterson, T. Uibel, *Ingenieurholzbau*,
DOI 10.1007/978-3-658-44967-4_9

Tabelle 9.1 Einwirkungen, Begriffe (Auszug) nach DIN EN 1990: 2021-10, 1.5.3[1])

Einwirkung	Beschreibung	Beispiele
direkte	eine Gruppe von Kräften (Lasten), die auf ein Tragwerk wirken	Eigenlast, Nutzlast
indirekte	eine Gruppe von aufgezwungenen Verformungen oder Beschleunigung, die z.B. aus Temperatur-, Feuchteänderung, ungleicher Setzung oder Erdbeben entsteht	Brandeinwirkung, Umwelteinwirkung
ständige (G)	Einwirkung, die während der gesamten Nutzungsdauer wirkt und deren zeitliche Größenänderung gegenüber dem Mittelwert vernachlässigbar ist oder bei der die Änderung bis zum Erreichen eines bestimmten Grenzwertes immer in der gleichen Richtung (gleichmäßig) stattfindet	Eigenlast von Tragwerken, von Belägen
veränderliche (Q)	Einwirkung, deren zeitliche Größenänderung nicht vernachlässigbar ist oder für die die Änderung nicht immer in der gleichen Richtung stattfindet	Nutzlast, Windlast, Schneelast
statische	Einwirkung, die keine bemerkenswerte Beschleunigung des Tragwerks oder der Bauteile hervorruft	Eigenlast, Schneelast
dynamische	Einwirkung, die bemerkenswerte Beschleunigungen des Tragwerks oder der Bauteile erzeugt	Erdbeben
quasi-statische	dynamische Einwirkung, die durch eine äquivalente statische Ersatzeinwirkung bei der Berechnung beschrieben wird	Nutzlasten[2])
außergewöhnliche (A)	Einwirkung, in der Regel von kurzer Dauer, aber von bedeutender Größenordnung, tritt jedoch mit keiner nennenswerten Wahrscheinlichkeit während der geplanten Nutzungsdauer des Tragwerks auf, verursacht erhebliche Folgen, wenn keine besonderen Maßnahmen ergriffen werden	Explosion, Anprall von Fahrzeugen, Erdbeben
ortsfeste	Einwirkung mit festgelegter Verteilung über das Tragwerk oder Bauteil, so dass Größe und Richtung der gesamten Einwirkung eindeutig durch die Festlegung der Größe und Richtung an einem Punkt bestimmt sind	Eigenlast
freie	Einwirkung, die eine unterschiedliche räumliche Verteilung über das Tragwerk haben kann	Nutz-, Wind- und Schneelast
Erdbebeneinwirkung (A_E)	Einwirkung aus den Bewegungen des Baugrundes während eines Erdbeben	
Einzeleinwirkung	Einwirkung, die zeitlich und räumlich von jeder anderen Einwirkung unabhängig ist	
Kombination von Einwirkungen	Gesamtheit der Bemessungswerte für den Nachweis der Tragwerkszuverlässigkeit für einen Grenzzustand unter Berücksichtigung der Gleichzeitigkeit des Auftretens	s. Abschn. 9.3

Tabelle 9.1 (Fortsetzung)

Einwirkung	Beschreibung	Beispiele
Begleitwert einer veränderlichen Einwirkung ($\psi \cdot Q_k$)	Wert einer veränderlichen Einwirkung, die die Leiteinwirkung in einer Einwirkungskombination begleitet, kann der Kombinationswert, häufige Wert oder quasiständige Wert sein	
Kombinationswert einer veränderlichen Einwirkung ($\psi_0 \cdot Q_k$)	Wert der Einwirkung, der so gewählt wird, dass die Auswirkung der Kombination von Einwirkungen etwa der gleichen Auftretenswahrscheinlichkeit wie die Auswirkung des charakteristischen Wertes einer Einzeleinwirkung entspricht, kann mittels des Beiwertes $\varphi_0 \leq 1$ als Teil des charakteristischen Wertes angegeben werden	
quasi-ständiger Wert einer veränderlichen Einwirkung ($\psi_2 \cdot Q_k$)	Wert der Einwirkung, der so gewählt wird, dass der Zeitraum, in dem er überschritten wird, einen wesentlichen Teil des Bezugszeitraumes ausmacht, kann mittels des Beiwertes $\varphi_2 \leq 1$ als Teil des charakteristischen Wertes angegeben werden	
Auswirkung von Einwirkungen (E)	Beanspruchungen von Bauteilen (z.B. Schnittkräfte, Momente, Spannungen, Dehnungen) oder Reaktionen des Gesamttragwerks (z.B. Durchbiegungen, Verdrehungen), die durch Einwirkungen hervorgerufen werden	

[1]) über den charakteristischen Wert und Bemessungswert einer Einwirkung s. Abschn. 8.2
2) Nutzlasten sind als quasi-statische Einwirkungen anzusehen, solange keine Gefahr durch Resonanz (durch synchronisierte rhythmische Bewegungen von Personen oder durch Tanzen, Springen) oder keine größeren dynamischen Auswirkungen am Tragwerk auftreten, s. DIN EN 1991-1-1: 2010-12, 2.2

Ungünstige und günstige Wirkung von Einwirkungen

Im Grenzzustand der Tragfähigkeit können nach DIN EN 1990: 2021-10, 6.3.2 ungünstige und günstige Auswirkungen für ständige (und veränderliche) Einwirkungen unterschieden werden. Als **ungünstige Wirkung** werden Laststellungen (Lastfälle) auf einem Tragwerk oder Bauteil innerhalb einer Einwirkung bezeichnet, die die Beanspruchungen (Auswirkungen) vergrößern, demnach an einer Bauteilstelle eine ungünstige Auswirkung wie betragsmäßig höhere Schnittgrößen oder Verformungen erzeugen. Als **günstige Wirkung** werden Laststellungen innerhalb einer Einwirkung bezeichnet, die die Beanspruchungen (Auswirkungen) verkleinern, demnach an einer Bauteilstelle eine günstige Auswirkung wie betragsmäßig kleinere Schnittgrößen oder Verformungen erzeugen.

Bei **veränderlichen Einwirkungen** wie z.B. Nutz-, Schnee- und Windlasten sind die Lasten **in ungünstiger und günstiger Stellung** anzusetzen, da sie gleichzeitig in allen Bereichen (Feldern) oder auch feldweise im jeweiligen statischen System auftreten können. In ungünstig wirkenden Lastfällen werden die charakteristischen Werte veränderlicher

Lasten mit dem Teilsicherheitsbeiwert $\gamma_{Q,\text{ungünstig}} = \gamma_{Q,\text{unf}} = \gamma_Q = 1{,}50$ nach Tabelle 8.1 multipliziert (und als Bemessungswerte verwendet), wenn z.B. das oft verwendete Nachweiskriterium STR/GEO (struktural/geotechnical) der DIN EN 1990: 2021-10, 6.4.1 und 6.4.3 in der ständigen/vorübergehenden Bemessungssituation vorliegt, während in günstig wirkenden Lastfällen die charakteristischen Lasten mit dem Teilsicherheitsbeiwert $\gamma_{Q,\text{günstig}} = 0{,}0$ zu berücksichtigen sind, d.h. die veränderlichen Lasten werden bei günstigen Lastfällen in den betreffenden Bereichen (Feldern) nicht angesetzt z.B. bei der feldweisen Belastung eines Durchlaufträgers.

Bei **ständigen Einwirkungen** wie Eigenlasten des Tragwerks oder Bauteils, ständigen Ausbaulasten wie Putz, Estrich, Fliesen wirken die Lasten stets gleichzeitig in allen Bereichen (Feldern) eines statischen Systems z.B. eines Durchlaufträgers. Die ständigen Lasten werden überwiegend **in ungünstiger Stellung** angesetzt, da viele statische Systeme sich robust gegenüber kleinen feldweisen Änderungen der ständigen Lasten zeigen. In diesen Fällen werden die charakteristischen Werte der ständigen Lasten mit dem Teilsicherheitsbeiwert $\gamma_{G,\text{sup}} = 1{,}35$ nach Tabelle 8.1 multipliziert (und als Bemessungswerte verwendet), wenn z.B. das Nachweiskriterium STR/GEO (struktural/geotechnical) in der ständigen/vorübergehenden Bemessungssituation vorliegt.

Günstig wirkende Laststellungen (Lastfälle) ständiger Lasten sind im Allgemeinen nur bei den Tragwerken anzusetzen, bei denen die Änderung der Größe der ständigen Lasten eine empfindliche Auswirkung auf das Tragwerk nach sich zieht, s. DIN EN 1990: 2021-10, 6.4.3.1; in diesen Fällen werden die charakteristischen Werte der ständigen Lasten mit den Teilsicherheitsbeiwerten $\gamma_{G,\text{inf}} = 1{,}0$ nach Tabelle 8.1 multipliziert (und als Bemessungswerte verwendet), wenn z.B. das Nachweiskriterium STR/GEO in der ständigen/vorübergehenden Bemessungssituation vorliegt. Durch die Kombinationen ständiger und veränderlicher Lasten in günstiger und ungünstiger Wirkung können z.B. die Grenzlinien von Schnittgrößenverläufen, die genauere Lage des Vorzeichenwechsels bei Momenten oder die Extremwerte der Auflagerreaktionen ermittelt werden.

Günstige und ungünstige Wirkungen ständiger Einwirkungen treten besonders beim Nachweiskriterium EQU (equilibrium) wie z.B. „Verlust der Lagesicherheit des Tragwerks" auf. Sie sind nach DIN EN 1990/NA: 2010-12, NDP zu A.1.3.1(3) mit unterschiedlichen Teilsicherheitsbeiwerten $\gamma_{G,\text{dst(stb)}}$ zu berücksichtigen, z.B. beim Nachweis von Bauteilen gegen das Abheben bei Windsog und beim Nachweis der Lagesicherheit gegen das Abheben von Auflagern.

9.2 Bemessungssituationen

Beim Nachweis der Tragfähigkeit werden nach DIN EN 1990: 2021-10, 3.2 die Bemessungssituationen der Tabelle 9.2 unterschieden. Die gewählten Bemessungssituationen müssen alle Bedingungen hinreichend genau erfassen, die während Ausführung und Nutzung eines Tragwerks erwartet werden können. Im Folgenden werden nur die im Hochbau überwiegend vorhandenen Bemessungssituationen „ständig und vorübergehend“ mit den Einwirkungen ständige Lasten, Nutz-, Schnee- und Windlasten betrachtet.

Tabelle 9.2 Bemessungssituationen im Grenzzustand der Tragfähigkeit nach DIN EN 1990: 2021-10, 3.2[1])

Bemessungssituationen	Beispiele für ein Tragwerk
ständige	normale oder übliche Nutzungsbedingungen
vorübergehende	zeitlich begrenzte Zustände wie Bauzustand, Instandsetzung
außergewöhnliche	außergewöhnliche Bedingungen wie Anprall, Brand, Explosion oder Folgen lokalen Versagens
infolge Erdbeben	Bedingungen bei Erdbebeneinwirkungen

[1]) notwendige Angaben der jeweiligen Bemessungssituation sind DIN EN 1991 bis DIN EN 1999 zu entnehmen

9.3 Kombinationsregeln für Einwirkungen

9.3.1 Grundkombination der Einwirkungen im Grenzzustand der Tragfähigkeit

Bei gleichzeitig auftretenden ständigen und veränderlichen Einwirkungen müssen diese Einwirkungen oder deren Auswirkungen nach bestimmten Regeln der DIN EN 1990: 2021-10, 6.4.3.2 überlagert werden, dazu wird im Grenzzustand der Tragfähigkeit und in ständigen und vorübergehenden Bemessungssituationen für linear-elastische Berechnungen der Bemessungswert dieser Einwirkungen E_d durch Superposition (Addition) nach Gl. (9.1) ermittelt, s. DIN EN 1990/NA: 2010-12, NCI zu 6.4.3.2 (3). Über die Bestimmung von Bemessungswerten s. Abschn. 8.2.

Grundkombination in ständigen und vorübergehenden Bemessungssituationen:

$$E_\mathrm{d} = \sum_{j \geq 1} \gamma_{\mathrm{G,j}} \cdot G_{\mathrm{k,j}} \oplus \gamma_{\mathrm{Q,1}} \cdot Q_{\mathrm{k,1}} \oplus \sum_{i > 1} \gamma_{\mathrm{Q,i}} \cdot \psi_{0,\mathrm{i}} \cdot Q_{\mathrm{k,i}} \tag{9.1}$$

$G_{k,j}$ charakteristischer Wert einer ständigen Einwirkung j

$Q_{k,1}$ charakteristischer Wert einer maßgebenden (dominierenden) veränderlichen Einwirkung 1 (Leiteinwirkung)

$Q_{k,i}$ charakteristischer Wert einer begleitenden veränderlichen Einwirkung i (Begleiteinwirkung)

$\gamma_{G,j}$ Teilsicherheitsbeiwert für eine ständige Einwirkung nach Tabelle 8.1

$\gamma_{Q,1}$ Teilsicherheitsbeiwert für eine maßgebende veränderliche Einwirkung nach Tabelle 8.1

$\gamma_{Q,i}$ Teilsicherheitsbeiwert für eine begleitende veränderliche Einwirkung nach Tabelle 8.1

ψ_0 Beiwert (Kombinationsbeiwert) einer veränderlichen Einwirkungen nach Tabelle 9.3

$\oplus$ „ist zu kombinieren“

Die Grundkombination nach Gl. (9.1) besteht nach DIN EN 1990: 2021-10, 6.4.3.2 (2) (bzw. 2010-12, 6.4.3.2 (2)) bei **veränderlichen Einwirkungen** aus dem Bemessungswert der dominierenden (maßgebenden) veränderlichen Einwirkung 1, der **Leiteinwirkung**, und den Bemessungswerten der Kombinationswerte der begleitenden (nicht maßgebenden) veränderlichen Einwirkungen i, den **Begleiteinwirkungen**. Die dominierende (maßgebende) veränderliche Einwirkung $Q_{k,1}$ (Leiteinwirkung) kann auf zwei verschiedene Wege bestimmt werden: entweder direkt mit Gl. (6.10d) der DIN EN 1990/NA: 2010-12, NCI zu 6.4.3.2 (3), so dass der Rechenaufwand verkleinert wird, oder mit zyklischem Vertauschen der veränderlichen Einwirkungen, wie im Folgenden dargestellt wird.

Nach Gl. (9.1) werden die ständigen Einwirkungen $G_{k,j}$ und die erste veränderliche Einwirkung $Q_{k,1}$ stets in ihrem vollen charakteristischen Wert (Rechenwert) berücksichtigt und mit den entsprechenden Teilsicherheitsbeiwerten $\gamma_{G(Q)}$ multipliziert. Bei zwei oder mehr vorhandenen veränderlichen Einwirkungen wird jede veränderliche Einwirkungen $Q_{k,i}$ reihum als dominierende (maßgebende) veränderliche Einwirkung, demnach als jeweils erste veränderliche Einwirkung, eingesetzt, so dass mehrere Lastkombinationen entstehen. Die jeweils zweite und höher nummerierte Einwirkung wird mit den Beiwerten (Kombinationsbeiwerten) ψ_0 nach Tabelle 9.3 abgemindert (und mit den Teilsicherheitsbeiwerten γ_Q multipliziert). Mit diesem Verfahren werden die Leiteinwirkung und die Begleiteinwirkungen der veränderlichen Einwirkungen einer Einwirkungskombination sicher bestimmt, jedoch mit größerem Rechenaufwand, der bei Ermittlung mit geeigneten Software unerheblich ist.

Die Minderungen der Begleitwirkungen mit den jeweiligen Kombinationsbeiwerten ψ_0 ist technisch sinnvoll, da die Wahrscheinlichkeit des Auftretens aller vorhandenen veränderlichen Einwirkungen zum gleichen Zeitpunkt mit ihren vollen charakteristischen (Rechen-) Werten sehr unwahrscheinlich ist, z.B. das gleichzeitige Auftreten einer Nutz-, Schnee- und Windlast auf den Mittelpfetten eines ausgebauten Wohnhausdaches mit dem jeweils vollen charakteristischen (Rechen-)Wert während der üblichen Nutzungsdauer eines Gebäudes von mind. 50 Jahren und mehr. Durch die Minderungen der Rechenwerte im Beispiel von zwei der drei veränderlichen Einwirkungen mit dem jeweiligen Beiwert ψ_0 wird eine wirtschaftlichere Bemessung der Bauteile erreicht.

Einwirkungskombinationen nach der Grundkombination der Gl. (9.1) mit mehreren veränderlichen Einwirkungen lassen sich wegen des größeren Rechenumfanges und der Fehleranfälligkeit bei Handrechnung wirtschaftlich nur mit einer geeigneten Software ermitteln.

Schnee- und Windlasten als Leit- und Begleiteinwirkungen

Sind Schnee- und Windlasten als veränderliche Lasten Begleiteinwirkungen neben einer nicht klimatischen (veränderlichen) Leiteinwirkung z.B. einer Nutzlast, darf nach DIN EN 1990/NA: 2010-12, NDP zu A.1.2.1(1) Anmerkung 2, bei Orten bis NN + 1000 m nur eine der beiden klimatischen Einwirkungen (Schnee- oder Windlast) als Begleiteinwirkung in den Kombinationsregeln für Einwirkungen im Grenzzustand der Tragfähigkeit und Gebrauchstauglichkeit eingesetzt werden. Wenn jedoch als Leiteinwirkung eine der klimati-

Tabelle 9.3 Kombinationsbeiwerte ψ_i im Hochbau nach DIN EN 1990/NA: 2010-12, NDP zu A.1.2.2, Tab. NA.A.1.1

Einwirkungen	ψ_0	ψ_1	ψ_2
Nutzlasten nach DIN EN 1991-1-1: 2010-12[1])			
- Kategorie A - Wohn- und Aufenthaltsräume	0,7	0,5	0,3
- Kategorie B - Büros	0,7	0,5	0,3
- Kategorie C - Versammlungsräume	0,7	0,7	0,6
- Kategorie D - Verkaufsräume	0,7	0,7	0,6
- Kategorie E - Lagerräume	1,0	0,9	0,8
- Kategorie F - Verkehrsflächen, Fahrzeuglast ≤ 30 kN	0,7	0,7	0,6
- Kategorie G - Verkehrsflächen, 30 kN ≤ Fahrzeuglast ≤ 160 kN	0,7	0,5	0,3
- Kategorie H - Dächer	0	0	0
Windlasten nach DIN EN 1991-1-4: 2010-12	0,6	0,2	0
Schnee- und Eislasten nach DIN EN 1991-1-3: 2010-12			
- Orte bis zu NN + 1000 m	0,5	0,2	0
- Orte über NN + 1000 m	0,7	0,5	0,2
Temperatureinwirkungen (nicht Brand) nach DIN EN 1991-1-5	0,6	0,5	0
Baugrundsetzungen nach DIN EN 1997	1,0	1,0	1,0
sonstige Einwirkungen[2])[3])	0,8	0,7	0,5

[1]) Abminderungsbeiwerte für Nutzlasten in mehrgeschossigen Hochbauten s. DIN EN 1991-1-1
[2]) ψ-Beiwerte für Maschinenlasten sind betriebsbedingt festzulegen
[3]) Flüssigkeitsdruck ist im Allgemeinen als eine veränderliche Einwirkung zu behandeln, für die die ψ-Beiwerte standortbedingt festzulegen sind; Flüssigkeitsdruck, dessen Größe durch geometrische Verhältnisse begrenzt ist, darf als eine ständige Einwirkung mit allen ψ-Beiwerten gleich 1,0 behandelt werden

schen Einwirkungen (Schnee- oder Windlast) auftritt, ist die andere als Begleiteinwirkung zu berücksichtigen. Über Leit- und Begleiteinwirkungen s. oben.

Darüber hinaus darf in den Windzonen WZ 3 und WZ 4 in Deutschland (dies sind die Inseln, Küstenbereiche und Teile des Landesinneren an der Nordsee und viele Küstenbereiche der Ostsee, s. Windzonenkarte in DIN EN 1991-1-4/NA: 2024-08, NCI Anhang NA, Bild NA.A.1) bei der Kombination Wind-/Schneelast mit Wind als Leiteinwirkung auf die Kombination mit der Schneelast als Begleiteinwirkung verzichtet werden. Jedoch ist bei der Kombination Wind-/Schneelast mit Normalschnee als Leiteinwirkung der Wind als Begleiteinwirkung immer zu berücksichtigen. Über die Kombination mit der Schneelast als außergewöhnliche Leiteinwirkung s. DIN EN 1990/NA: 2010-12, NDP zu A.1.2.1(1) Anmerkung 2.

9.3.2 Kombination der Einwirkungen im Grenzzustand der Gebrauchstauglichkeit

Einwirkungen im Grenzzustand der Gebrauchstauglichkeit können nach DIN EN 1990/ NA: 2010-12, NCI zu 6.5.3 (2) in der charakteristischen, häufigen und quasi-ständigen Kombination ermittelt werden, im Holzbau werden jedoch nur die charakteristische (seltene) und quasi-ständige Kombination mit zusätzlichen Regelungen angewendet, Näheres s. Abschn. 25.

9.4 Lastannahmen und Lastaufstellung

9.4.1 Lastannahmen

In Nachweisen der Tragfähig- und Gebrauchstauglichkeit sind die Bemessungswerte E_d bzw. charakteristischen Werte E_k der Einwirkungen nach den entsprechenden Baunormen anzusetzen, insbesondere der Normenreihe DIN EN 1991. Diese auch als Lastannahmen bezeichneten Rechengrößen für die auf ein Tragwerk einwirkenden Lasten sind sorgfältig zu ermitteln. Fehlerhaft berechnete oder gar fehlende Lasten können die Tragfähig- oder Gebrauchstauglichkeit der Bauteile/des Bauwerks beeinträchtigen oder gefährden. Deshalb gehören eine korrekte Lastaufstellung und ein eindeutiger Lastabtrag (im Allgemeinen bis in die Bauwerksfundamente und den Baugrund) zu den wichtigsten Bestandteilen einer Statischen Berechnung.

Übliche im Hochbau verwendete Einwirkungen wie ständige Lasten, Nutz-, Schnee- und Windlasten können u.a. *Holschemacher* [232], *Roos* [430] und *Schmidt/Schneider* [466] entnommen werden.

9.4.2 Lastaufstellung

Die allgemeine Schreibweise der Bezeichnungen von Einwirkungen mit den Symbolen „*G*" für ständige Lasten und „*Q*" für veränderliche Lasten nach DIN 1990: 2021-10, s. Gl. (9.1), wird in diesem Abschn. durch die oft verwendete, nicht normierte Schreibweise in Statischen Berechnungen mit den Symbolen „*g*" für ständige Lasten, „*p*" für Nutzlasten, „*s*" für Schneelasten und „*w*" für Windlasten ersetzt und in den weiteren Abschn. überwiegend auch als Fußzeiger (Indices) benutzt.

Bei den Lastannahmen für geneigte (Dach-)Flächen mit $\alpha \geq 0°$ sind die charakteristischen Werte der einzelnen Lasten (Einwirkungen) nach DIN EN 1991 auf verschiedene Bezugsflächen verteilt, s. Tabelle 9.4:

- **Eigenlast $\boldsymbol{g_\mathrm{k}}$** auf 1 m^2 (Dach-)Fläche, g_k wirkt in Richtung des Erdmittelpunktes; (Dach-)Flächen können Neigungswinkel $\alpha \geq 0°$ haben,

- **lotrechte Nutzlast p_k** auf 1 m^2 Fläche, p_k wirkt in Richtung des Erdmittelpunktes; Flächen, auf die lotrechte Nutzlasten wirken, haben meist einen Neigungswinkel $\alpha = 0°$,
- **Schneelast s_k** auf 1 m^2 Bodenfläche (oder Grundrissfläche), s_k wirkt in Richtung des Erdmittelpunktes; sie wird je Dachform und -neigung mit dem Formbeiwert μ_i multipliziert und als waagerechte Schneelast $s_i = \mu_i \cdot s_k$ auf dem Dach ermittelt bzw. auf die waagerechte Projektion der Dachfläche (oder Grundrissfläche) bezogen, (Dach-)Flächen, auf die Schneelasten wirken, können Neigungswinkel $\alpha \geq 0°$ haben,
- **Windlast w_k** auf 1 m^2 (Dach-)Fläche, w_k wirkt senkrecht zur (Dach-)Fläche; Flächen, auf die Windlasten wirken, können Neigungswinkel $\alpha \geq 0°$ haben.

Waagerechte (Dach-)Flächen

Bei waagerechten (Dach-)Flächen vereinfachen sich die Lastaufstellungen, da der Neigungswinkel der (Dach-)Fläche $\alpha = 0°$ ist; Eigenlasten, Nutz-, Schnee- und Windlasten wirken in senkrechter Richtung auf die gleiche Bezugsfläche und können vorzeichengerecht nach Abschn. 9.3 überlagert werden.

Geneigte (Dach-)Flächen

Bei geneigten (Dach-)Flächen ist die Aufteilung der Lasten in Teillasten notwendig, wenn Bauteile dieser geneigten (Dach-)Flächen zu bemessen sind. Eine Übersicht über **Lastverteilungen** ist in Tabelle 9.4, **Lastaufstellungen** sind in Tabelle 9.5 angegeben. Beim Winddruck w nach DIN EN 1991-1-4: 2010-12 ist zu beachten, dass der Winddruck w bezogen auf 1 m^2 (Dach-)Fläche gleich ist dem Winddruck bezogen auf 1 m^2 Grundrissfläche und gleich ist dem Winddruck bezogen auf 1 m^2 Aufrissfläche, s. Gl. (9.2) und (9.3) sowie Tabelle 9.4.

$$w_{\mathrm{Gfl}} = \frac{w \cdot \cos\alpha}{1{,}0 \cdot \cos\alpha} = w \quad \text{Grundrissfläche Gfl} \tag{9.2}$$

$$w_{\mathrm{Afl}} = \frac{w \cdot \sin\alpha}{1{,}0 \cdot \sin\alpha} = w \quad \text{Aufrissfläche Afl} \tag{9.3}$$

Leicht geneigte (Dach-)Flächen mit einem Neigungswinkel etwa $\alpha \leq 3°$ können für praktische Zwecke im Allgemeinen wie waagerechte (Dach-)Flächen mit $\alpha = 0°$ behandelt werden, da die cos-Teillast $\cong$ 1 und die sin-Teillast oft vernachlässigbar klein sind.

Tabelle 9.4 Lastverteilungen für Eigen-, Wind- und Schneelasten bei geneigten (Dach-)Flächen, charakteristische Werte[1–5])

Lastart (Art der Einwirkung)	charakteristische Teillasten
charakteristische Eigenlast (-gewicht) g_k nach DIN EN 1991-1-1: 2010-12	
	bezogen auf 1 m² (Dach-)Fläche: $g_{\perp,k} = g_k \cdot \cos\alpha$ in kN/m² Dfl. $g_{\parallel,k} = g_k \cdot \sin\alpha$ in kN/m² Dfl. bezogen auf 1 m² Grundrissfläche³) $\overline{g_k} = g_k / \cos\alpha$ in kN/m² Gfl.
charakteristischer Winddruck $w_k = c_{pe(pi)} \cdot q(z_{e(i)})$ nach DIN EN 1991-1-4: 2010-12	
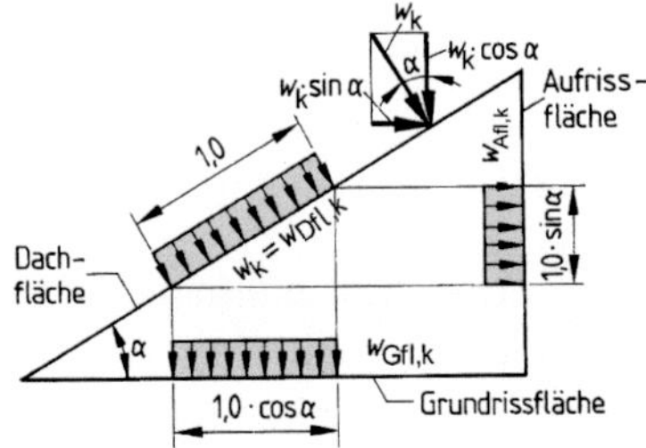	bezogen auf 1 m² (Dach-)Fläche: $w_{Dfl,k} = w_k$ in kN/m² Dfl. bezogen auf 1 m² Grundrissfläche: $w_{Gfl,k} = w_k$ in kN/m² Gfl. bezogen auf 1 m² Aufrissfläche: $w_{Afl,k} = w_k$ in kN/m² Afl.
charakteristische Schneelast $\overline{s_i} = \mu_i \cdot s_k$ nach DIN EN 1991-1-3: 2010-12 ³)	
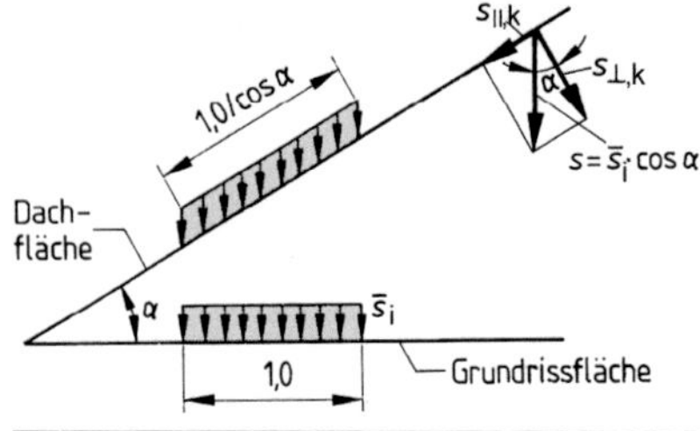	bezogen auf 1 m² (Dach-)Fläche: $s_{\perp,k} = \overline{s_i} \cdot \cos^2\alpha$ in kN/m² Dfl. $s_{\parallel,k} = \overline{s_i} \cdot \sin\alpha \cdot \cos\alpha$ in kN/m² Dfl. bezogen auf 1 m² waagerechter Projektion der Dachfläche (oder Grundrissfläche): $\overline{s_i} = \mu_i \cdot s_k$ ³)

¹) Hierin bedeuten:

$c_{pe(pi)}$ aerodynamische Beiwerte für Außen- oder Innendruck nach DIN EN 1991-1-4: 2010-12

$q(z_{e(i)})$ Geschwindigkeitsdruck in der Höhe $z_{e(i)}$ nach DIN EN 1991-1-4: 2010-12

s_k charakteristische Schneelast auf dem Boden in kN/m² nach DIN EN 1991-1-3: 2010-12

μ_i Formbeiwerte der Schneelast in Abhängigkeit von der Dachform und -neigung nach DIN EN 1991-1-3: 2010-12

²) die Lasten werden üblicherweise in kN/m² angegeben

³) Lasten mit Querstrich ($\overline{g_k}$, $\overline{s_i}$) sind auf die Grundrissfläche bezogen, bei Schneelasten entspricht die Grundrissfläche der waagerechten Projektion der Dachfläche

⁴) Dfl. = Dachfläche; Gfl. = Grundrissfläche; Afl. = Aufrissfläche

⁵) Lastaufstellung s. Tabelle 9.5

Tabelle 9.5 Lastaufstellung für Bauteile geneigter (Dach-)Flächen bei gleichmäßig verteilten Eigen-, Wind- und Schneelasten, Bemessungswerte der Linienlasten q_d[1])[2])

Bauteil, Belastung	Bemessungswerte der Linienlasten auf das Bauteil
geneigtes Bauteil, z.B. Sparren	
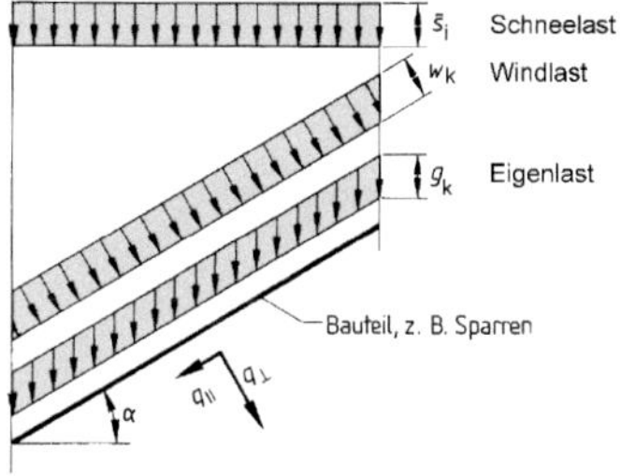	Linienlast ⊥ zum Bauteil:[3]) $q_{\perp,d} = (\gamma_G \cdot g_k \cdot \cos\alpha + \gamma_{Q,1} \cdot \overline{s_i} \cdot \cos^2\alpha + \gamma_{Q,2} \cdot \psi_{0,2} \cdot w_k) \cdot e$ $= (\gamma_G \cdot g_k \cdot \cos\alpha + \gamma_{Q,1} \cdot w_k + \gamma_{Q,2} \cdot \psi_{0,2} \cdot \overline{s_i} \cdot \cos^2\alpha) \cdot e$ Linienlast ∥ zum Bauteil: $q_{\parallel,d} = (\gamma_G \cdot g_k \cdot \sin\alpha + \gamma_{Q,1} \cdot \overline{s_i} \cdot \sin\alpha \cdot \cos\alpha) \cdot e$ e Abstand der Bauteile untereinander in m $g_k, \overline{s_i} = \mu_i \cdot s_k, w_k$ in kN/m²
waagerechtes Bauteil zur (Dach-)Flächenunterstützung, z.B. Pfette	
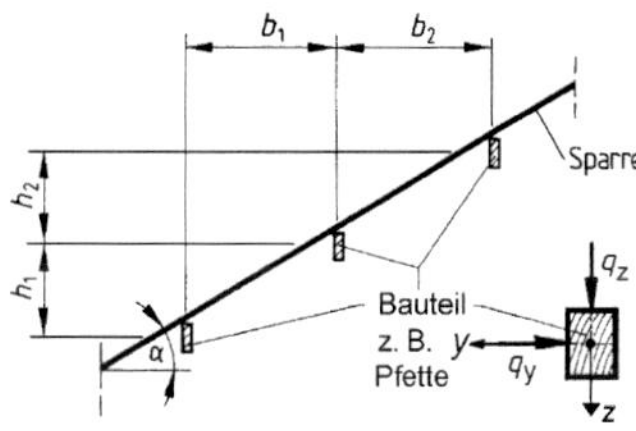	Linienlast in Richtung der z-Achse:[3]) $q_{z,d} = (\gamma_G \cdot g_k / \cos\alpha + \gamma_{Q,1} \cdot \overline{s_i} + \gamma_{Q,2} \cdot \psi_{0,2} \cdot w_k) \cdot (b_1 + b_2)/2$ $= (\gamma_G \cdot g_k / \cos\alpha + \gamma_{Q,1} \cdot w_k + \gamma_{Q,2} \cdot \psi_{0,2} \cdot \overline{s_i}) \cdot (b_1 + b_2)/2$ Linienlast in Richtung der y-Achse: $q_{y,d} = (\gamma_{Q,1} \cdot w_k) \cdot (h_1 + h_2)/2$ $b_{1,2}, h_{1,2}$ in m $g_k, \overline{s_i} = \mu_i \cdot s_k, w_k$ in kN/m²

[1]) Hierin bedeuten:
$\psi_{0,i}$ Beiwerte nach Tabelle 9.3, s. auch Abschn. 9.3.1 weitere Größen s. Tabelle 9.4
[2]) die Linienlasten werden in kN/m angegeben
[3]) der ungünstigere Wert aus den zwei Gleichungen ist für die Bemessung maßgebend

Mechanische Holzverbindungen, Allgemeines 10

10.1 Übersicht über mechanische Holzverbindungen

Mechanische Holzverbindungen nach DIN EN 1995-1-1: 2010-12 und DIN EN 1995-1-1/NA: 2013-08 sind tragende Verbindungen von Bauteilen aus Holzbaustoffen untereinander und mit Stahl. Die zur Verbindung der einzelnen Teile benötigten Verbindungsmittel werden als stiftförmige und nicht stiftförmige Verbindungsmittel bezeichnet. Die miteinander verbundenen Teile erfahren infolge Scherbelastung lastabhängige Verschiebungen. Diese Verschiebungen resultieren aus Lochleibungsverformungen in den einzelnen Teilen und aus Verformungen der Verbindungsmittel. Im Vergleich zu den starren „flächenfesten“ geklebten Holzverbindungen nach Abschn. 6 sind mechanische Holzverbindungen nachgiebigere „punktweise“ Verbindungen.

Als **stiftförmige metallische Verbindungsmittel** werden nach DIN EN 1995-1-1: 2010-12, 8 und DIN EN 1995-1-1/NA: 2013-08, Zu 8 unterschieden: Stabdübel, Passbolzen, Bolzen, Gewindestangen (Gewindebolzen), Nägel, Holzschrauben und Klammern, die alle rechtwinklig zu ihrer Längsachse (Stiftachse) „auf Abscheren“, einige auch planmäßig in Richtung ihrer Längsachse „auf Herausziehen“ oder kombiniert beansprucht werden können, s. Abschn. 11; über eingeklebte Stahlstäbe s. Abschn. 13. Als **nicht stiftförmige Verbindungsmittel** werden bezeichnet: Dübel besonderer Bauart nach Abschn. 12, die in Richtung ihrer meist etwa scheiben- oder kreisringartigen Fläche „auf Abscheren“ beansprucht werden, sowie Nagelplatten.

Zimmermannsmäßige Holzverbindungen wie Versätze, Zapfen und Holznägel aus Eichenholz, die in DIN EN 1995-1-1/NA: 2013-08, NCI NA.12 angeführt sind, bedürfen keiner metallischen Verbindungsmittel zur planmäßigen Kraftübertragung, sie sind im

H. Neuhaus · T. Uibel (✉)
e-mail: holzbau@ing-uibel.de

H. Neuhaus, W. Moorkamp, L. Peterson, T. Uibel, *Ingenieurholzbau*,
DOI 10.1007/978-3-658-44967-4_10

Abschn. 14 dargestellt. Zu den **metallischen Verbindungen von Holzbauteilen** gehören Stahlblechformteile nach Abschn. 11.7.5 und Lochbleche.

Kraft-Verschiebungs-Kurven von Holzverbindungen

Das Trag- und Verformungsverhalten von Verbindungen unter Scherbelastung (Abscheren) kann aus Bild 10.1 am Beispiel einiger Kraft-Verschiebungs-Kurven entnommen werden. Danach ist eine geklebte „flächenfeste" Verbindung praktisch als starr mit sprödem Tragverhalten anzusehen, während stiftförmige metallische Verbindungsmittel und Einpressdübel größeren lastabhängigen Verformungen unterliegen, bei Verbindungen mit Bolzen (und Gewindestangen) treten zusätzlich noch lastunabhängige Verschiebungen durch die zulässigen, etwas größeren Bohrlöcher („mit Spiel") auf. Dagegen verläuft die Kraft-Verschiebungs-Kurve von Einlassdübeln und Nagelplatten anfänglich wesentlich steiler als diejenige von Einpressdübeln und stiftförmigen Verbindungsmitteln.

Bild 10.1 Kraft-Verschiebungs-Kurven (Versuchswerte) verschiedener Verbindungen unter Zugbeanspruchung in Faserrichtung nach *Racher* [402], dargestellt ist F als Belastung je Scherfuge:
a) geklebte Verbindung (A = 12500 mm^2)
b) Einlassdübel (d = 100 mm)
c) zweiseitiger Einpressdübel (d = 62 mm)
d) Stabdübel (d = 14 mm)
e) Bolzen (d = 14 mm)
f) Nagelplatte (A = 10000 mm^2)
g) Nägel (d = 4,4 mm)

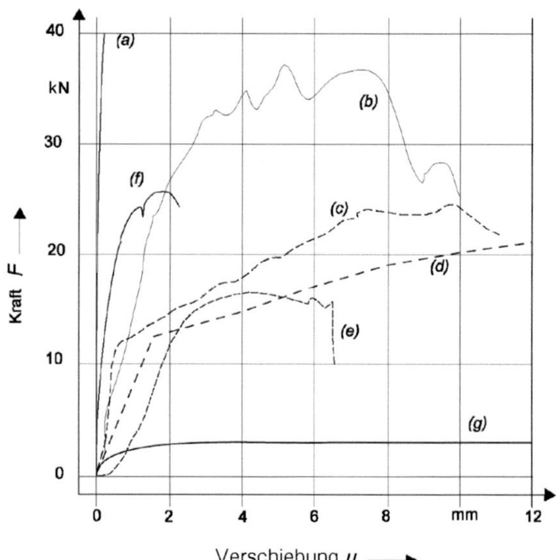

Die Beanspruchbarkeit eines einzigen „dünnen" Nagels ist geringer als die anderer „dickerer" stiftförmiger Verbindungsmittel, s. Bild 10.1, in dem die Verformungen pro Scherfuge angegeben sind; da jedoch in einer Verbindung mehrere stiftförmige Verbindungsmittel in Gruppen angeordnet sind, können pro Flächeneinheit mit „dünnen" stiftförmigen Verbindungsmitteln wie Nägeln vergleichbare Beanspruchungen (zu anderen Verbindungsmitteln) übertragen werden.

Einen Überblick über Verbindungen im Holzbau geben *Ehlbeck/Hättich* [119], *Ehlbeck/Larsen* [122] und *Racher* [402], über zimmermannsmäßige Holzverbindungen *Ehlbeck/Kromer* [120] und *Scheer/Kickler* [446].

10.2 Anordnung von Verbindungsmitteln

Symmetrische Anordnung von Verbindungsmitteln

Stiftförmige und nicht stiftförmige Verbindungsmittel sollten möglichst symmetrisch und mittig zur Stabachse angeordnet werden, s. Bilder 10.2 bis 10.4. Unsymmetrische und ausmittige Anordnungen sind zu vermeiden, da durch ausmittige Anschlüsse zusätzliche Beanspruchungen wie Biegemoment und Schub auftreten. Können ausmittige Anschlüsse aus konstruktiven Gründen nicht vermieden werden, sind die zusätzlichen Beanspruchungen bei der Bemessung der Verbindungsmittel und Bauteile zu berücksichtigen, s. Abschn. 17.1.4, 17.1.5 und 23.4.

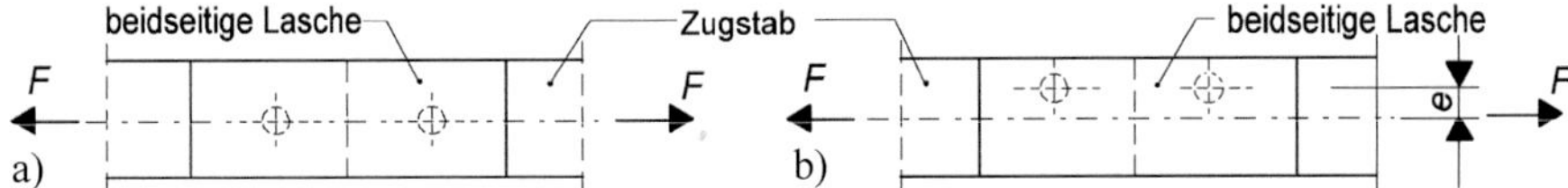

Bild 10.2 Symmetrische und unsymmetrische Anordnung von Verbindungsmitteln beim Stoß eines einteiligen Zugstabes mit beidseitigen Laschen (Beispiele)
a) symmetrisch und mittig: Anschlussschwerpunkte (Verbindungsmittelschwerpunkte) liegen in der Stabachse,
b) unsymmetrisch und ausmittig: Anschlussschwerpunkte (Verbindungsmittelschwerpunkte) liegen nicht in der Stabachse, möglichst vermeiden; zusätzliche Momentenbeanspruchung $M = F \cdot e$

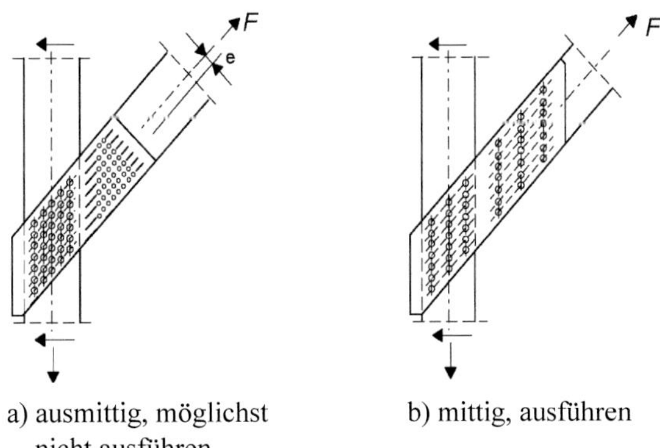

a) ausmittig, möglichst nicht ausführen

b) mittig, ausführen

Bild 10.3 Ausmittige und mittige Anschlüsse von Verbindungsmitteln nach *Racher* [402]
a) ausmittig: Anschlussschwerpunkt (Verbindungsmittelschwerpunkt) im „rechten" Laschenteil nicht in der Stabachse, zusätzliches Biegemoment $M = F \cdot e$
b) mittig: Anschlussschwerpunkt (Verbindungsmittelschwerpunkt) in beiden Laschenteilen in der Stabachse

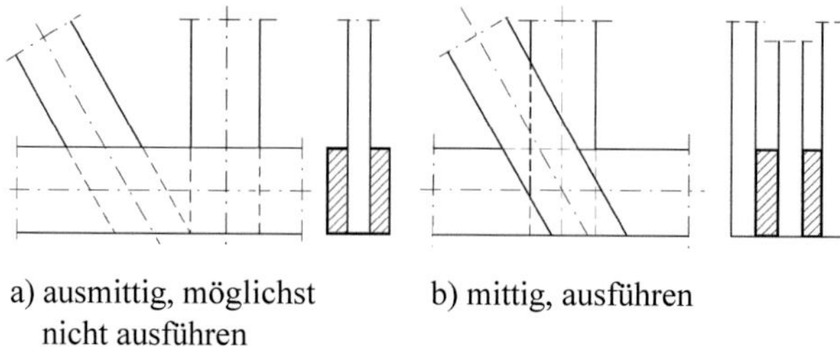

Bild 10.4 Ausmittige und mittige Anschlüsse von Bauteilen
a) ausmittig: Stabachsen schneiden sich nicht in einem Punkt, zusätzliche Biege- und Schubbeanspruchung
b) mittig: Stabachsen (Bauteilschwerachsen) schneiden sich in einem Punkt

Mindestabstände von Verbindungsmitteln

Bei Verbindungsmitteln sind Mindestabstände untereinander in und senkrecht zur Faserrichtung des Holzes sowie vom beanspruchten und unbeanspruchten Holzende (Hirnholz) und Holzrand, teilweise in Abhängigkeit vom Winkel α zwischen Kraft- und Faserrichtung erforderlich, um notwendige Krafteinleitungsbereiche sicherzustellen und die Spaltgefahr des Holzes zu minimieren bzw. auszuschließen, s. Bild 10.5.

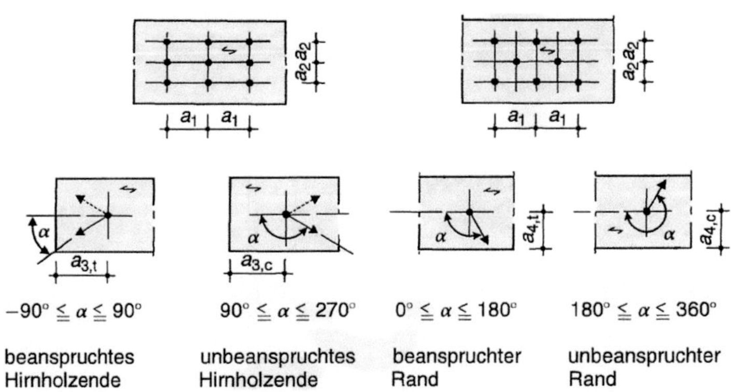

Bild 10.5 Definition der Verbindungsmittelabstände nach DIN EN 1995-1-1: 2010-12, 8.3.1.2, Bild 8.7
a_1 untereinander parallel zur (in) Faserrichtung
a_2 untereinander rechtwinklig zur Faserrichtung
$a_{3,t}$ vom beanspruchten Hirnholzende
$a_{3,c}$ vom unbeanspruchten Hirnholzende
$a_{4,t}$ vom beanspruchten Holzrand
$a_{4,c}$ vom unbeanspruchten Holzrand
α Winkel zwischen Kraft- und Faserrichtung

Erläuterungen zu den Mindestabständen und beanspruchten bzw. unbeanspruchten Bauteilrändern sind in Bild 10.6 für einen Queranschluss mit dem Winkel $\gamma = 90°$ zwischen Zug-/Druckstab und Gurtstab angeführt. Die Angaben in Bild 10.6 gelten sinngemäß auch für Schräganschlüsse unter einem Winkel $0° < \gamma < 90°$ zwischen dem angeführten Zug-/Druckstab und Gurtstab. Verbindungsmittel in vorgebohrten Löchern besitzen eine deutlich geringere Spaltgefahr als nicht vorgebohrte Verbindungsmittel wie Nägel ohne Vorbohrung, letztere benötigen deshalb größere Mindestabstände.

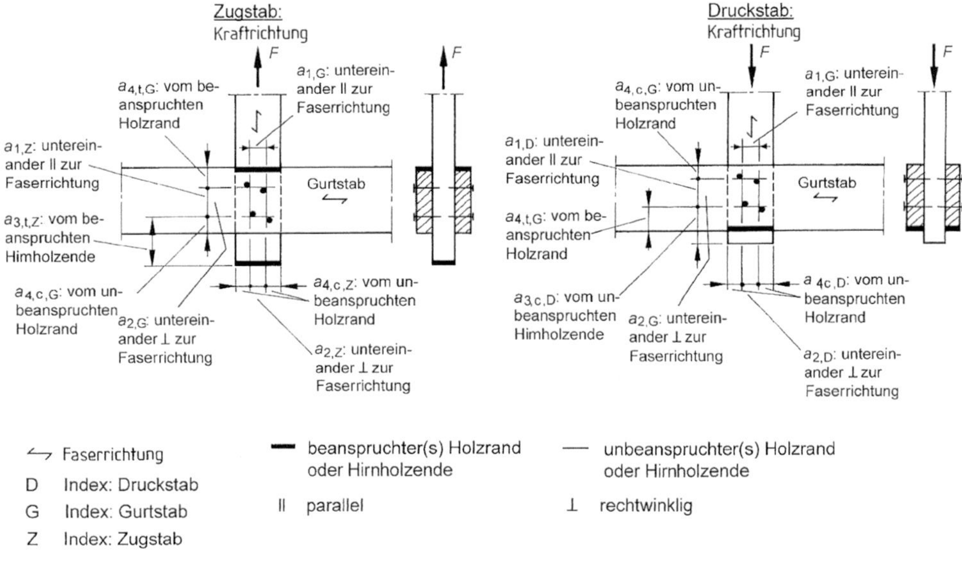

a) Zugstabanschluss b) Druckstabanschluss

Bild 10.6 Erläuterung von Bezeichnungen bei Mindestabständen von Verbindungsmitteln am Beispiel eines Zug- und Druckstabanschlusses mit dem Winkel $\gamma = 90°$ zwischen Zug-/Druckstab und Gurtstab (Queranschluss), die Angaben gelten sinngemäß auch für Anschlüsse mit den Winkeln $0° < \gamma < 90°$ zwischen Zug-/Druckstab und Gurtstab (Schräganschluss)

Die **Mindestabstände** mechanischer Verbindungsmittel werden einheitlich mit demselben Symbol a und denselben Fußzeigern (Indices) gekennzeichnet: Der Fußzeiger „1“ steht für die Richtung „untereinander parallel zur (in) Faserrichtung“ und „2“ für die Richtung „untereinander rechtwinklig zur Faserrichtung“, der Fußzeiger „3“ für „vom Hirnholzende“ und „4“ für „vom Holzrand“, der Fußzeiger „t“ für „beansprucht“ und „c“ für „unbeansprucht“. Bei der Festlegung der Mindestabstände sollte stets jedes Holzbauteil einzeln betrachtet werden. Ein **beanspruchtes Holzende** (oder Stabende mit Hirnholz) liegt vor (gilt als belastet), wenn eine Schnittkraft oder deren Kraftkomponente in Richtung des Holzendes zeigt, andernfalls gilt das Holzende als unbeansprucht (unbelastet). **Holzränder** gelten in gleicher Weise als beansprucht oder unbeansprucht.

Versetzte und nicht versetzte Anordnung von stiftförmigen metallischen - Verbindungsmitteln
Stiftförmige metallische Verbindungsmittel dürfen nach DIN EN 1995-1-1/NA: 2013-08, NCI Zu 8.2.1 in Verbindungen um die Hälfte ihres Durchmessers $d/2$ gegenüber den Risslinien versetzt oder nicht versetzt angeordnet werden, s. Bild 10.7, wenn die Mindestabstände eingehalten werden. Der Begriff „Versetzung um $d/2$ gegenüber der Risslinie" ist gleichbedeutend mit „einer rechtwinklig zur Faserrichtung um mind. $1 \cdot d$ gegeneinander versetzten Anordnung", da der Abstand der Mittelpunkte der stiftförmigen Verbindungsmittel untereinander gemessen wird. Über das Versetzen oder Nicht-Versetzen von Nägeln und die Bestimmung der wirksamen Anzahl n_{ef} s. Abschn. 10.3.4 und Abschn. 11.7.2, Tabelle 11.16.

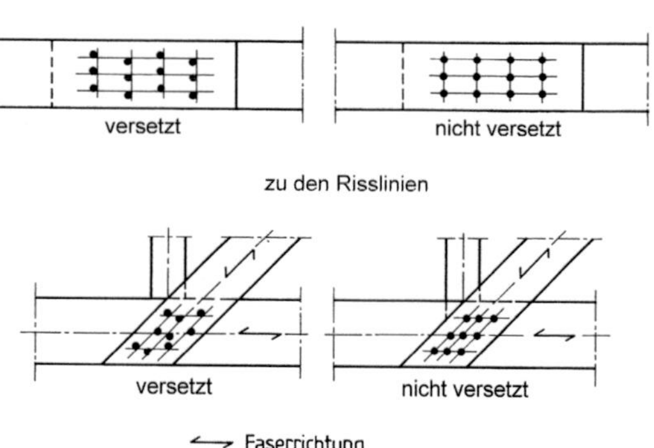

Bild 10.7 Anordnung von stiftförmigen metallischen Verbindungsmitteln in Stößen und Anschlüssen bei Einhaltung der Mindestabstände; erlaubt ist: Nicht-Versetzen oder Versetzen um die Hälfte ihres Durchmessers gegenüber den Risslinien bei Einhaltung der Mindestabstände

Bei Nageldurchmessern $d > 4$ mm empfiehlt *Erläut. zu DIN 1052: 2004-08* [47], E 12.2.1 (4) in Holz-Holz-Verbindungen die Nägel zu versetzen, wenn die Risslinien parallel zur Faserrichtung verlaufen. Die Spaltneigung des Holzes beim Einschlagen kann neben der versetzten Anordnung und größerer Holzdicken auch durch größere Abstände (als die Mindestabstände) a_1 untereinander parallel der Faserrichtung sowie $a_{3,t(c)}$ zum Hirnholzende und insbesondere $a_{4,t(c)}$ zum Rand verkleinert werden, s. Tabelle 11.18. Darüber hinaus kann das Spalten des Holzes bei „dickeren" stiftförmigen Verbindungsmitteln auch durch wirksame Querzugbewehrungen verhindert werden, s. als Beispiel Bild 10.11. Über Stabdübel s. *Ehlbeck/Werner* [126] und Nägel s. *Reyer/Linzner* [423].

Verbindungsmittel in Hirnholzflächen
Verbindungsmittel werden im Allgemeinen in die Seitenflächen eines Holzbauteiles (rechtwinklig zur Faserrichtung) bzw. einer Holzwerkstoffplatte eingebracht. Verbindungsmittel in Hirnholzflächen (parallel zur (in) Faserrichtung des Holzes) bzw. in Schnittflächen von Holzwerkstoffplatten dürfen nicht als tragend in Rechnung gestellt werden, s. als Beispiel die Regeln für Nägel in DIN EN 1995-1-1: 2010-12, 8.3.1.2 (3), ebenso darf die alternative Regel in (4) z.B. bei Nägeln (und anderen Verbindungsmitteln) in Sekundärbauteilen nach DIN EN 1995-1-1/NA: 2013-08, NDP Zu 8.3.1.2(4) in Deutschland nicht angewendet werden. Hiervon ausgenommen sind Hirnholzanschlüsse bei Voll-, Brettschicht- und Balken-

schichtholz mit bestimmten Dübeln besonderer Bauart nach Abschn. 12.5 zur Übertragung von Auflagerkräften, eingeklebte Gewindestangen (Gewindebolzen oder Stahlstäbe) nach Abschn. 13 und besondere Regelungen in bauaufsichtlichen Verwendbarkeitsnachweisen.

Stiftförmige Verbindungsmittel, die parallel zur Holzfaserrichtung eingebracht werden, besitzen eine geringe Lochleibungsfestigkeit und deshalb eine weitaus kleinere Tragfähigkeit auf Abscheren als rechtwinklig zur Faser eingetriebene. Ebenfalls gering ist der Herausziehwiderstand stiftförmiger Verbindungsmittel, wenn sie parallel zur Holzfaserrichtung eingetrieben in Richtung ihrer Stiftachse beansprucht werden. Da deshalb zusätzlich die notwendige Klemmwirkung, die derartig eingetriebene Verbindungsmittel zur Lagesicherung der verbundenen Holzbauteile in der langen Nutzungsdauer übernehmen müssen, nicht zuverlässig sichergestellt werden kann, sind parallel zur (in) Faser eingetriebene tragende Verbindungsmittel wie in Hirnholzflächen oder in Schnittflächen von Holzwerkstoffplatten nicht zur Kraftübertragung weder auf Abscheren noch auf Herausziehen erlaubt bis auf die o.a. Ausnahmen.

Über axial beanspruchte Holzschrauben, die unter einem Winkel α von mind. 30° zwischen Schraubenachse und Faserrichtung eingebracht sind, s. Abschn. 11.8.3, über vergleichbar beanspruchte Vollgewindeschrauben s. Abschn. 11.8.4.

Holzfeuchteänderungen in Bauteilen von Verbindungen

Holzfeuchteänderungen in Bauteilen von Verbindungen führen zu Maßänderungen der Bauteilquerschnitte. Werden Quell- und Schwindverformungen durch Verbindungsmittel behindert, können auftretende Querzugspannungen Rissbildungen in den Bauteilen bewirken, s. Bild 10.8. Deshalb sollten die Verbindungsmittel in Gruppen auf jeweils einer Seite der zu verbindenden Bauteile angeordnet werden, um Bereiche behinderter Dehnungen „klein" zu halten und ein Aufreißen weitgehend zu vermieden. Langlöcher in Richtung der auftretenden Verschiebung bei Verbindungsmitteln, die nur zur Lagesicherung der verbundenen Bauteile angeordnet werden, verhindern ebenso Rissbildungen.

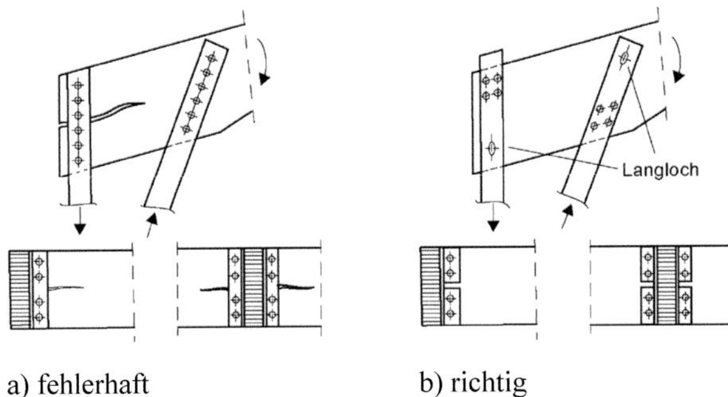

Bild 10.8 Anordnung von Verbindungsmitteln bei Holzfeuchteänderungen in Bauteilen von Verbindungen nach *Racher* [402]
a) fehlerhaft: Aufreißen durch Schwinden, da Anordnung zu lang und ohne Unterbrechung,
b) richtig: Anordnung auf jeweils einer Seite, mit Langlöchern, falls nur zur Lagesicherung der Bauteile erforderlich

Schräg- und Queranschlüsse

Schräganschlüsse sind Verbindungen in Bauteilen, in denen Kräfte oder Kraftkomponenten unter einem Winkel α zur Faserrichtung im lastaufnehmenden Träger wirken, Queranschlüsse sind Anschlüsse, bei denen Kräfte oder Kraftkomponenten quer zur Faserrichtung des Holzes ($\alpha = 90°$) in einen lastaufnehmenden Träger eingeleitet werden. Da im lastaufnehmenden Träger Zugkräfte quer zur Faserrichtung auftreten, s. Bilder 10.9, 21.12 und 21.13, entstehen im Bereich der Queranschlüsse u.a. hohe Querzugspannungen, die die aufnehmbare Last mit abnehmendem Abstand zum beanspruchten Holzrand wesentlich herabsetzten bzw. zum Versagen der Verbindung im lastaufnehmenden Träger führen können, da die Querzugfestigkeit von Holz sehr gering ist, s. Abschn. 1.10.2. Unter diesen Anschlussbedingungen wird die Tragfähigkeit des Queranschlusses nicht von den Verbindungsmitteln, sondern von der Querzugtragfähigkeit des lastaufnehmenden Trägers bestimmt.

Bild 10.9 zeigt wesentliche Einflüsse auf die Tragfähigkeit von Queranschlüssen, danach sind sie möglichst flächig (mit mehreren Verbindungsmitteln) anzuordnen; die Anschlussschwerpunkte (Schwerpunkt der Verbindungsmittel) sollten möglichst in oder oberhalb der Längsstabachse (Schwerlinie) des lastaufnehmenden Trägers, d.h. mit weitem Abstand vom beanspruchten Holzrand liegen; es wird empfohlen, unverstärkte Queranschlüsse, die unterhalb der Längsstabachse (Schwerlinie) liegen, nicht auszuführen; diejenigen, die zu nah am beanspruchten Holzrand liegen, dürfen nach DIN EN 1995-1-1/NA: 2013-08, NCI Zu 8.1.4 nicht oder nur mit kurzer Lasteinwirkungsdauer beansprucht werden. Ein Nachweis ist für jeden Schräg- oder Queranschluss nach Abschn. 21.3.1 zu führen, um seine Ausführbarkeit und die Notwendigkeit des Nachweises zu klären sowie die aufnehmbare Last zu bestimmen. Verstärkte Schräg- oder Queranschlüsse nach Abschn. 21.3.2 besitzen eine wesentlich höhere Tragfähigkeit als unverstärkte.

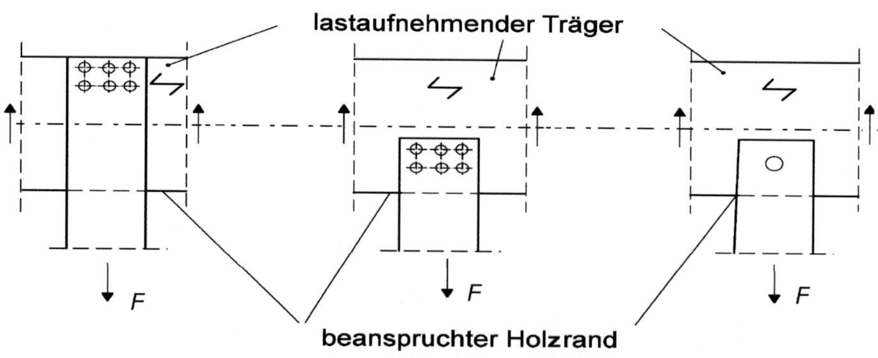

a) richtig, ausführen, Anschlussschwerpunkt oberhalb der Stabachse

b) schlecht, möglichst nicht ausführen, Anschlussschwerpunkt unterhalb der Stabachse

c) fehlerhaft, nicht ausführen, nur ein Verbindungsmittel und unterhalb der Stabachse

Bild 10.9 Unverstärkte Queranschlüsse, prinzipielle Darstellung; Anordnung möglichst weit vom beanspruchten Holzrand; Empfehlung: Anschlussschwerpunkt (Verbindungsmittelschwerpunkt) in oder oberhalb der Längsstabachse (Schwerachse) des lastaufnehmenden Trägers sowie möglichst flächige Anordnung (mehrere Verbindungsmittel)

10.3 Trag- und Verformungsverhalten von Holzverbindungen

10.3.1 Verbindungen von Holzbauteilen

In Holzverbindungen können die anstehenden Kräfte direkt und indirekt mit unterschiedlichen Mechanismen übertragen werden, s. Abschn. 23.2. Bei **direkten Verbindungen** von Stäben werden die Kräfte entweder über Flächenpressung von Holz zu Holz (Kontaktstöße) oder über mechanische Verbindungsmittel nach Abschn. 10.1 (Abscheren und/oder in Richtung der Stiftachse) von einem in das andere Holzteil weitergeleitet. Die alten zimmermannsmäßigen Verbindungen wie Blatt, Kamm, Klaue (oder Kerve), Versatz und Zapfen, die auch derzeit noch in Teilen verwendet werden, benutzen überwiegend die Flächenpressung zur Krafteinleitung. Tabelle 10.1 zeigt unterschiedliche Mechanismen zur Kraftüber-

Tabelle 10.1 Kraftübertragung in direkten Holzverbindungen über Flächenpressung oder mit mechanischen Verbindungsmitteln, Beispiele, prinzipielle Darstellung[1])

Art der Kraftübertragung	Beanspruchungen in der Verbindung, Beispiele
Kontaktstoß in Faserrichtung (Flächenpressung)	
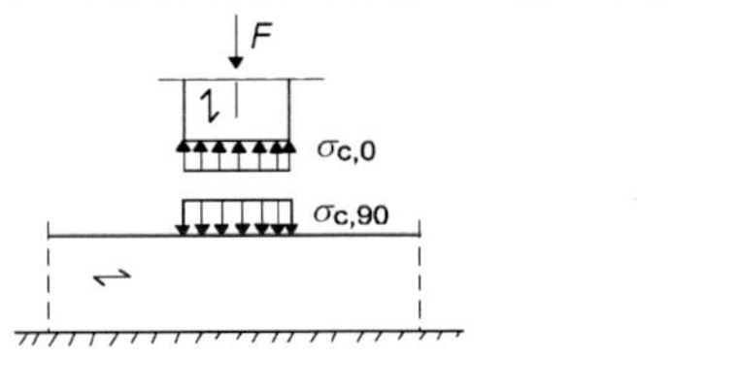	Druckspannungen $\sigma_{c,0}$ in beiden Holzteilen, Beispiel: faserparalleler Passstoß[2])[3])
Kontaktanschluss senkrecht oder unter einem Winkel α zur Faserrichtung (Flächenpressung)	
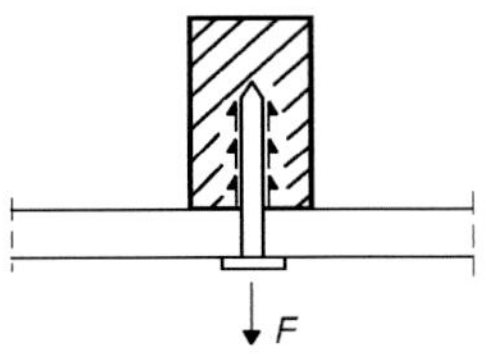	Druckspannungen $\sigma_{c,0}$ im lastbringenden Holzteil, Druckspannungen $\sigma_{c,90}$ im lastaufnehmenden Holzteil[2]), Beispiele: Anschluss Stiel-Schwelle[4]), Auflagerkonstruktionen Holz auf Holz (Flächenpressung senkrecht)[5]); Versätze (Flächenpressung unter Winkel α)[6])
stiftförmiges Verbindungsmittel mit glattem Schaft auf Herausziehen (Haftreibung)	
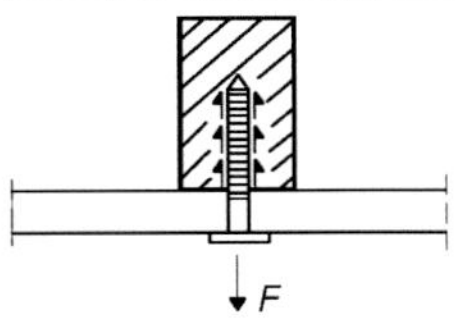	Axialkraft im Verbindungsmittel, Haftreibung zwischen Holz und Verbindungsmittel mit glattem Schaft; nur für sehr kurze, kurze und mittlere Lasteinwirkungsdauer (z.B. Windsoglasten), da Haftreibung bei längerer Belastung plötzlich versagen kann, Beispiele: glattschaftige Nägel[7]), Klammern auf Herausziehen
stiftförmiges Verbindungsmittel mit profiliertem Schaft auf Herausziehen (Verzahnung)	
F	Axialkraft im Verbindungsmittel, Verzahnung zwischen Holz und Verbindungsmittel mit profiliertem Schaft durch Rillen oder Schraubgewinde; für sehr kurze, kurze, mittlere, lange und ständige Lasteinwirkungsdauer; Beispiele: profilierte Nägel, Holzschrauben auf Herausziehen[8])[9])

Tabelle 10.1 (Fortsetzung)

Art der Kraftübertragung	Beanspruchungen in der Verbindung, Beispiele
stiftförmiges Verbindungsmittel rechtwinklig zur Längsachse „ohne Spiel“ (Abscheren)	
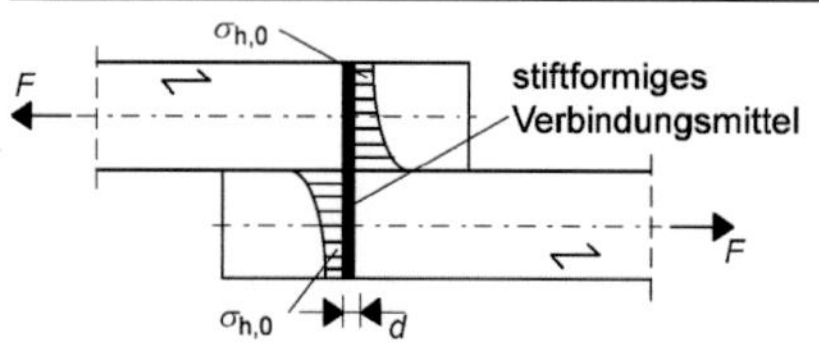	Abscheren und Biegung im Verbindungsmittel[10]), Lochleibungsspannungen $\sigma_{h,0}$ in beiden Holzteilen[11]), Bohrlochdurchmesser gleich Verbindungsmitteldurchmesser *d*, Beispiele: Stabdübel, Passbolzen, Nägel auf Abscheren[12])
stiftförmiges Verbindungsmittel rechtwinklig zur Längsachse „mit Spiel“ (Abscheren)	
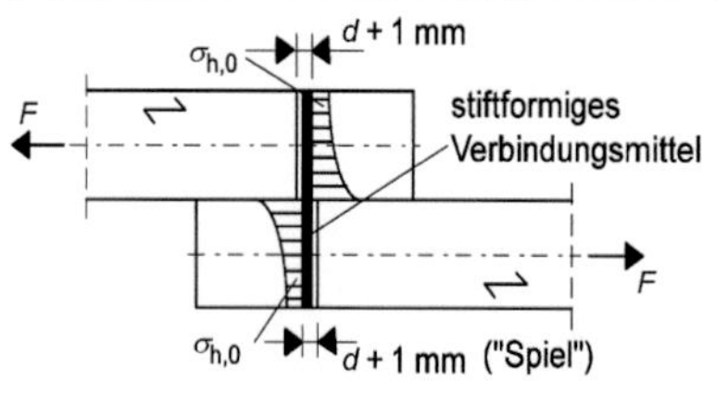	Abscheren und Biegung im Verbindungsmittel[10]), Lochleibungsspannungen $\sigma_{h,0}$ in beiden Holzteilen[11]), Bohrlochdurchmesser größer als Verbindungsmitteldurchmesser *d*, da zulässiges größeres Bohrloch $d + 1$ mm, Beispiele: Bolzen, Gewindestangen auf Abscheren[13])
Dübel besonderer Bauart (Abscheren)	
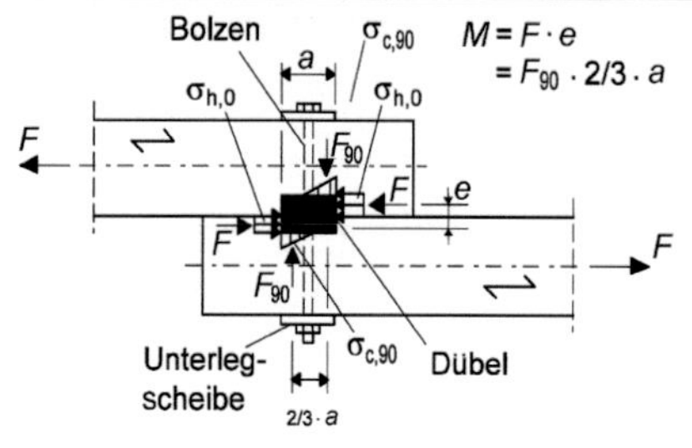	Abscheren im Dübel, Bolzen zur Lagesicherung[14]), Lochleibungsspannungen $\sigma_{h,0}$, Scherspannungen σ_v und Querdruckspannungen $\sigma_{c,90}$ in den Hölzern[11]), Exzentrizitätsmoment $M = F \cdot e$ durch ausmittigen Anschluss von F, Gleichgewicht durch gegenläufiges Moment $M = F_{90} \cdot 2/3 \cdot a$, das in der Regel über notwendige Bolzen mit beidseitigen Unterlegscheiben je Dübelachse aufgebracht wird, Beispiele: Dübel besonderer Bauart[15])

[1]) über direkte und indirekte Verbindungen von Stäben s. Abschn. 23.2
[2]) notwendige Lagesicherung z.B. durch beidseitige Laschen nicht dargestellt
[3]) über faserparallele Passstöße s. Abschn. 16.3
[4]) über Anschlüsse bei Druckstäben s. Abschn. 16.3
[5]) über Auflager mit Flächenpressung senkrecht zur Faserrichtung s. Abschn. 16.1.2
[6]) über Versätze s. Abschn. 14.1
[7]) über glattschaftige Nägel auf Herausziehen s. Abschn. 11.7.3
[8]) über profilierte Nägel und Holzschrauben auf Herausziehen s. Abschn. 11.7.3 und 11.8.3
[9]) über eingeklebte Stahlstäbe s. Abschn. 13
[10]) s. Abschn. 11.1
[11]) angenommene Verteilung der Spannungen in den Holzteilen, s. Abschn. 11.2
[12]) über Stabdübel, Passbolzen und Nägel s. Abschn. 11.5 und 11.7
[13]) über Bolzen und Gewindestangen s. Abschn. 11.6
[14]) über unterschiedliches Tragverhalten der Bolzen bei Einlass- und Einpressdübel s. Abschn. 12.1
[15]) über Einlassdübel s. Abschn. 12.2 und Einpressdübel s. Abschn. 12.3

tragung in direkten Holzverbindungen auf. Geklebte Holzverbindungen wie Keilzinkungen sind in Abschn. 6, eingeklebte Stahlstäbe in Abschn. 13 dargestellt.

10.3.2 Nachgiebigkeit einer Holzverbindung

In einer Holzverbindung mit mechanischen Verbindungsmitteln kann die anstehende Kraft erst dann übertragen werden, wenn ein kraftschlüssiger Kontakt zwischen Verbindungsmitteln und Holz hergestellt ist. Vor der Kraftübertragung kann bereits eine Verformung (Verschiebung) auftreten, wenn z.B. Bohrlochdurchmesser größer sein dürfen (oder infolge Herstellungsungenauigkeiten sind) als die Nenndurchmesser der Verbindungsmittel. Diese **lastunabhängige (Anfangs-)Verformung** wird auch als „Anfangsschlupf" oder „Spiel" bezeichnet, er ist z.B. bei Bolzen und Gewindestangen (Gewindebolzen) zugelassen und ausgeprägt (Bohrloch 1 mm größer als Nenndurchmesser). Unter Belastung treten unterschiedlich große elastische und plastische Verformungen im Holz und den Verbindungsmitteln auf, s. Bild 10.1 und Abschn. 10.3.3, diese **lastabhängigen Verformungen** und die lastunabhängigen (Anfangs-)Verformungen ergeben die **Gesamtverformung** einer Verbindung, die auch als Nachgiebigkeit der Verbindung bezeichnet wird.

Die Nachgiebigkeit bewirkt bei jeder Kraftübertragung eine gegenseitige Verformung (Verschiebung) der mit mechanischen Verbindungsmitteln verbundenen Holzteile. Für Holzverbindungen mit verschiedenen Verbindungsmitteln ergeben sich unterschiedliche Nachgiebigkeiten, wie aus den Kraft-Verschiebungs-Kurven nach Bild 10.1 und 10.13 zu entnehmen ist, geklebte Verbindungen gelten dagegen als sehr steif und praktisch unnachgiebig. Über den Einfluss der Lasteinwirkungsdauer, der Holzfeuchte und des Kriechens auf die Tragfähigkeit und das Verformungsverhalten von mechanischen Holzverbindungen s. *van de Kuilen* [300]. Die Berechnung der Verformungen von Holztragwerken ist im Abschn. 23.5 dargestellt.

10.3.3 Steifigkeitswerte mechanischer Holzverbindungen

Steifigkeitswerte mechanischer Holzverbindungen werden mit Verschiebungsmoduln K ermittelt und zum Nachweis der Tragfähig- und Gebrauchstauglichkeit nachgiebig mit Verbindungsmitteln verbundener Holzbauteile gebraucht.

Verschiebungsmoduln

Ist die gegenseitige Verschiebung u in einer Verbindung mit Verbindungsmitteln der aufgebrachten Kraft F nach Gl. (10.1) proportional und wird der Proportionalitätsfaktor als Federkonstante, s. Abschn. 23.1.2, oder im Holzbau als Verschiebungsmodul K nach Gl. (10.2) bezeichnet, kann die Verschiebung u infolge der Kraft F nach Gl. (10.3) ermittelt werden. Die Verschiebung wird auch als Nachgiebigkeit der Verbindungsmittel/ Verbindung bezeichnet.

$$F \sim u \tag{10.1}$$

$$F = K \cdot u \tag{10.2}$$

$$u = F/K \tag{10.3}$$

Der Verschiebungsmodul K wird aus der zugehörigen Kraft-Verschiebungs-Kurve abgeleitet, wie aus Bild 10.10 am Beispiel einer idealisierten Kraft-Verschiebungs-Kurve eines Verbindungsmittels zu entnehmen ist. Da die Kraft-Verschiebungs-Kurven im Allgemeinen gekrümmt, d.h. nicht-linear verlaufen, kann der Verschiebungsmodul K oft nur näherungsweise als „Sekantenmodul", insbesondere für den Traglastbereich, angegeben werden, im Gegensatz zum Elastizitätsmodul E nach Bild 1.18, für den zum größeren Teil eine geradlinige Spannungs-Dehnungs-Linie vorliegt.

Da bei einer mechanischen Verbindung nicht-lineares Verformungsverhalten mit elastischen und plastischen Anteilen vorliegt, werden nach DIN EN 1995-1-1: 2012, 2.2.2 und 7.1 zwei Verschiebungsmoduln unterschieden: K_{ser} für den Nachweis der Gebrauchstauglichkeit und K_u für den Nachweis der Tragfähigkeit. Die Geradensteigung beim (idealisierten) Verschiebungsmodul K_u nach Bild 10.10 ist stets kleiner als diejenige beim K_{ser}, deshalb ist der Verschiebungsmodul K_u vereinfachend mit nur 2/3 der Geradensteigung von K_{ser} zu ermitteln; K_u wird nach Gl. (10.4) als Mittelwert $K_{u,mean}$ angegeben, da ihm die Rechenwerte (Mittelwerte) des jeweiligen Verschiebungsmoduls K_{ser} nach Tabelle 10.2 zugrunde liegen. Die Verschiebungsmoduln von Nagelplatten sind den jeweiligen bauaufsichtlichen Verwendbarkeitsnachweisen zu entnehmen. Über Modelle zur Festlegung und vereinfachenden Bestimmung von Verschiebungsmoduln s. *Blaß* [36], [37] und *Racher* [402].

$$K_{u,mean} = \frac{2}{3} \cdot K_{ser} \tag{10.4}$$

$K_{u,mean}$ Verschiebungsmodul (Mittelwert) für den Nachweis der Tragfähigkeit nach DIN EN 1995-1-1: 2010-12, 2.2.2

K_{ser} Verschiebungsmodul für den Nachweis der Gebrauchstauglichkeit nach Tabelle 10.2

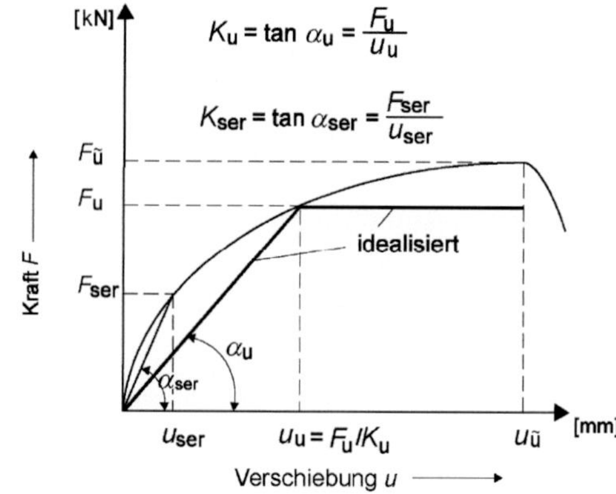

Bild 10.10 Verschiebungsmoduln K_{ser} und K_u; prinzipielle Darstellung am Beispiel einer idealisierten Kraft-Verschiebungs-Kurve eines Verbindungsmittels
F Kraft pro Scherfuge
u gegenseitige Verschiebung
K_{ser} Verschiebungsmodul für den Nachweis der Gebrauchstauglichkeit
K_u Verschiebungsmodul für den Nachweis der Tragfähigkeit

Tabelle 10.2 Rechenwerte (Mittelwerte) für Verschiebungsmoduln K_{ser} in N/mm je Scherfuge stiftförmiger Verbindungsmittel und je Scherfuge von Dübeln besonderer Bauart nach DIN EN 1995-1-1: 2010-12, 7.1, Tab. 7.1[1])[2])[4])

Verbindungsmittel	Verbindung Holz-Holz und Holz-Holzwerkstoff
Stiftförmige metallische Verbindungsmittel[4])	
Stabdübel, Passbolzen, Holzschrauben, Bolzen, Gewindestangen[3]), eingeklebte Stahlstäbe[5])	$\rho_m^{1,5} \cdot d/23$
Nägel in vorgebohrten Löchern	
Nägel in nicht vorgebohrten Löchern	$\rho_m^{1,5} \cdot d^{0,8}/30$
Klammern	$\rho_m^{1,5} \cdot d^{0,8}/80$
Dübel besonderer Bauart nach DIN EN 912 [4])	
Ringdübel Typ A, Scheibendübel Typ B	$\rho_m \cdot d_c/2$
Scheibendübel mit Zähnen Typ C1 bis C9	$1,5 \cdot \rho_m \cdot d_c/4$
Scheibendübel mit Zähnen Typ C10, C11	$\rho_m \cdot d_c/2$

[1]) Hierin bedeuten:
ρ_m Mittelwert der Rohdichte der miteinander verbundenen Teile in kg/m³,
$= \sqrt{\rho_{m,1} \cdot \rho_{m,2}}$ bei unterschiedlichen Werten $\rho_{m,1}$ und $\rho_{m,2}$ der Mittelwerte der Rohdichte der beiden miteinander verbundenen Teile
d Stiftdurchmesser in mm
d_c Dübeldurchmesser in mm,
$= \sqrt{a_1 \cdot a_2}$ bei Dübeltyp C3 und C4
[2]) die Rechenwerte der Verschiebungsmoduln für Nagelplatten sind den jeweiligen bauaufsichtlichen Verwendbarkeitsnachweisen zu entnehmen
[3]) bei mit Spiel eingebauten Bolzen- und Gewindestangen (nicht bei eingeklebten Gewindestangen und Passbolzen) ist mit einem zusätzlichen Schlupf von 1 mm zu rechnen, der zu den mit Hilfe des Verschiebungsmoduls ermittelten rechnerischen Verschiebungen jeweils hinzuzufügen ist
[4]) bei Stahlblech-Holz- oder Beton-Holz-Verbindungen sollte K_{ser} mit dem Faktor 2,0 multipliziert werden
[5]) der Verschiebungsmodul K_{ser} rechtwinklig zur Stabachse für eingeklebte Stahlstäbe ist nach DIN EN 1995-1-1/NA: 2013-08, NCI Zu 7.1 wie für Bolzen und Stabdübel anzunehmen

Verschiebungswerte von Verbindungen

Bei Holzverbindungen wie **Versätzen, faserparallelen Passstößen** und **anderen Kontaktanschlüssen** schräg oder rechtwinklig zur Faser können keine Verschiebungsmoduln angegeben, sondern nur Verschiebungswerte für die gesamte Verbindung abgeschätzt werden, die herstellungsbedingt entstehen. Die Verschiebungswerte (auch Schlupf genannt) betragen nach *Möhler* [345] sowie *Erläut. zu DIN 1052: 1988-04* [77], Teil 2, E 13, $u_V = 1,5$ mm bei Versätzen und anderen Kontaktanschlüssen schräg oder rechtwinklig zur Faser sowie $u_{PS} = 1,0$ mm bei faserparallelen Passtößen, hierüber s. Abschn. 23.1.2.

Bei **Bolzen- und Gewindestangen,** die mit einem zulässigen größeren Bohrloch (d + 1 mm) als dem Nenndurchmesser d („mit Spiel") eingebaut werden (nicht bei eingeklebten Gewindestangen und Passbolzen), ist mit einer zusätzlichen Verschiebung (Schlupf) von $u_{B(GS)} = 1$ mm zu rechnen, die zu den mit Hilfe des Verschiebungsmoduls ermittelten rechnerischen Verschiebungen jeweils hinzuzufügen ist, s. Abschn. 23.1.2 und DIN EN 1995-1-1: 2010-12, Tabelle 7.1.

10.3.4 Wirksame Anzahl hintereinander liegender Verbindungsmittel

In Anschlüssen und Stößen liegen oft mehrere Verbindungsmittel derselben Art in Faserrichtung hintereinander und werden in dieser Richtung auf Abscheren beansprucht. Nach *Blaß* [38] ist die Tragfähigkeit mehrerer Verbindungsmittel in einer Verbindungsmittelreihe oft kleiner als die Summe der Einzeltragfähigkeiten, da plastische Verformungen, Kriechen, Herstellungsungenauigkeiten, unterschiedliches Last-Verformungsverhalten und veränderliche Holzeigenschaften die Tragfähigkeit unterschiedlich beeinflussen, insbesondere vermindert das schnell beginnende Spalten des Holzes in Richtung der Verbindungsmittelreihen die Tragfähigkeit je Verbindungsmittel.

Liegen mehrere **„dickere" stiftförmige Verbindungsmittel** wie Bolzen, Stabdübel, Passbolzen und „dickere" Holzschrauben (Durchmesser $d \geq 6$ mm) in Faserrichtung hintereinander und werden sie in dieser Richtung oder schräg zur Faserrichtung beansprucht, d.h. ist der Kraft-Faser-Winkel $\alpha = 0°$ oder größer, ist nach DIN EN 1995-1-1: 2010-12, 8.5.1.1 die charakteristische Tragfähigkeit der vorhandenen Anzahl n Verbindungsmittel abzumindern und eine gegenüber n geringere, **wirksame Anzahl** $\boldsymbol{n_{ef}}$ zu bestimmen, s. *Jorissen* [243] und Abschn. 11.5.2.

Bei **„dünnen" stiftförmigen Verbindungsmitteln** wie Nägeln und „dünnen" Holzschrauben muss entgegen der früheren Vorgehensweise nach DIN EN 1995-1-1: 2010-12, 8.3.1.1 die Tragfähigkeit ebenso mit einer wirksamen Anzahl n_{ef} in Abhängigkeit vom Abstand a_1 untereinander verkleinert werden, wenn diese in Faserrichtung hintereinander liegen und – wie oft in der Baupraxis bei Nägeln bzw. dünnen Holzschrauben ausgeführt – nicht versetzt bezogen auf die Risslinie um mind. $d/2$ gegeneinander versetzt bzw. nicht rechtwinklig zur Faserrichtung um mind. $1 \cdot d$ gegeneinander versetzt sind, s. Abschn. 11.7.2, Tabelle 11.16. Wenn dagegen „dünne" stiftförmige Verbindungsmittel um mindestens $1 \cdot d$ gegeneinander versetzt sind, braucht keine Minderung der Tragfähigkeit vorgenommen werden. Über versetzte und nicht versetzte Anordnung von Verbindungsmitteln s. Bild 10.7.

Bei mehreren, in Faserrichtung hintereinander liegenden **Dübeln besonderer Bauart** wird für eine Anzahl $n > 2$ nach Abschn. 12.2 ebenfalls mit verminderter Tragfähigkeit gerechnet, jedoch ist die maximale Anzahl, die als tragend in Rechnung gestellt werden darf, auf $n = 20$ zu begrenzen.

Werden dagegen Verbindungsmittel in Faserrichtung angeordnet und senkrecht dazu durch eine Kraft oder Kraftkomponente beansprucht, d.h. ist der Kraft-Faser-Winkel $\alpha = 90°$, tritt kein Spalten des Holzes auf und eine Abminderung der Tragfähigkeit hinsichtlich hintereinander liegender Verbindungsmittel ist nicht vorzunehmen ($n_{ef} = n$), s. Abschn. 11.5.2. Derartige Queranschlüsse können jedoch aufgrund hoher Querzugspannungen quer

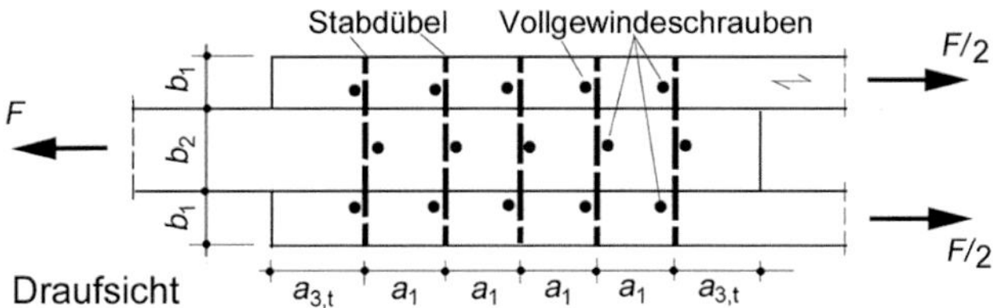

Bild 10.11 Abscher-Beanspruchung von „dickeren" stiftförmigen Verbindungsmitteln wie Bolzen, Stabdübel und Passbolzen, die in Faserrichtung hintereinander liegen und in dieser Richtung belastet werden, Verhindern des Aufspaltens des Holzes durch Querzugbewehrung über eingedrehte Vollgewindeschrauben, die direkt hinter den „dickeren" Verbindungsmitteln rechtwinklig zur Faserrichtung liegen, so dass die wirksame Anzahl $n_{ef} = n$ der „dickeren" stiftförmigen Verbindungsmittel in Rechnung gestellt werden kann;
Beispiel: Stabdübel auf Abscheren als lastragende Verbindungsmittel; prinzipielle Darstellung, genauere Anordnung der Vollgewindeschrauben s. Abschn. 11.8.4

zur Faser versagen und aufspalten, dazu ist der Nachweis eines Queranschlusses nach Abschn. 21.3 vorzunehmen.

Wird das Spalten des Holzes in Faserrichtung bei hintereinander liegenden „dickeren" stiftförmigen Verbindungsmitteln durch **aufgebrachte Verstärkungen** rechtwinklig zur Faserrichtung wirksam verhindert, braucht nach DIN EN 1995-1-/NA: 2013-08, NCI Zu 8.5 und 8.6 ebenfalls keine Minderung der Tragfähigkeit vorgenommen werden ($n_{ef} = n$), s. Abschn. 11.5.2. Ein Beispiel zur wirksamen Verhinderung der Spaltzugkräfte bei „dickeren" stiftförmigen Verbindungsmitteln durch eine Querzugbewehrung mit eingedrehten Vollgewindeschrauben ist in Bild 10.11 angeführt, Näheres hierzu s. Abschn. 11.8.4.

10.3.5 Zusammenwirken verschiedener Verbindungsmittel in einer Holzverbindung

Holzverbindungen mit Verbindungsmitteln unterschiedlicher Nachgiebigkeiten

Holzverbindungen sollten als Empfehlung möglichst mit einem Verbindungsmitteltyp ausgeführt werden, z.B. nur Stabdübel oder nur Nägel; sollte dies nicht machbar sein, ergeben unterschiedliche Nachgiebigkeiten der Verbindungsmittel, s. Bild 10.1, ungleichmäßige Kraftverteilungen auf die Verbindungsmittel, die bei der Bemessung zu berücksichtigen sind, s. DIN EN 1995-1-1: 2010-12, 8.1.2.

Da die Kraft-Verschiebungs-Kurve einzelner Verbindungsmittel im Traglastbereich nicht-linear verläuft, s. Bild 10.1, und die Steifigkeiten abnehmen, erhalten die Verbindungsmittel mit geringerer Beanspruchung einen höheren Anteil aus der zu übertragenden Gesamtlast der Verbindung. Ein Zusammenwirken der Verbindungsmittel mit unterschiedlichen Nachgiebigkeiten kann in einer Verbindung nur dann erwartet werden, wenn sie ein etwa vergleichbares Verformungsverhalten, d.h. duktiles Tragverhalten, aufweisen. In diesen Fällen darf der **vereinfachte Nachweis** nach Gl. (10.5) durch pauschale Abminderung der Tragfähigkeit der geringer beanspruchten Verbindungsmittel vorgenommen werden, s. unten. In allen anderen Fällen (Verbindungsmittel und Verbindungen mit nichtduktilem Tragverhalten) ist ein **genauerer Nachweis** mit Hilfe der Verschiebungsmoduln erforderlich, s. unten; dieser genauere Nachweis kann auch bei Verbindungsmitteln mit duktilem Tragverhalten eingesetzt werden.

Geklebte Verbindungen, die hoch belastbar bereits bei kleinen Verformungen spröde versagen, s. Bild 10.1, und mechanische Verbindungsmittel, die bei derart kleinen Verformungen praktisch keine Last übertragen, können wegen des ausgeprägt unterschiedlichen Verformungsverhaltens nicht als gleichzeitig zusammenwirkend in einer Verbindung berücksichtigt werden, da die starre geklebte Verbindung die gesamte Beanspruchung überträgt, s. DIN EN 1995-1-1/NA: 2013-08, NCI Zu 8.1.2.

Vereinfachter Nachweis des Zusammenwirkens verschiedener Verbindungsmittel mit duktilem Tragverhalten

Nach DIN EN 1995-1-1/NA: 2013-08, NCI Zu 8.1.2 darf die unterschiedliche Verformung von Verbindungsmitteln mit duktilem Tragverhalten bei Erreichen der Traglast vereinfachend dadurch berücksichtigt werden, dass die Tragfähigkeit des Verbindungsmittels mit dem rechnerisch kleineren Teil der zu übertragenden Kraft auf zwei Drittel nach Gl. (10.5) abgemindert wird. Verbindungsmittel bzw. Verbindungen mit duktilem Tragverhalten sind in Tabelle 10.3 angeführt.

Vereinfachter Nachweis für Verbindungsmittel mit duktilem Tragverhalten in allgemeiner Schreibweise:

$$F_{v,Rd} = F_{1,Rd} + 0{,}666 \cdot F_{2,Rd} \tag{10.5}$$

$F_{v,Rd}$ Bemessungswert der Tragfähigkeit einer gesamten Verbindung als Summe der Tragfähigkeit verschieden nachgiebiger Verbindungsmittel mit duktilem Tragverhalten

$F_{1,Rd}$ Bemessungswert der Tragfähigkeit der Verbindungsmittel mit dem größeren Kraftanteil, $F_{1,Rd} \geq F_{2,Rd}$

$F_{2,Rd}$ Bemessungswert der Tragfähigkeit der Verbindungsmittel mit dem kleineren Kraftanteil

Genauerer Nachweis des Zusammenwirkens von Verbindungsmitteln unterschiedlicher Nachgiebigkeiten

Wird in einer Verbindung eine Kraft F durch Verbindungsmittel verschiedener Nachgiebigkeit a und b übertragen, s. Bild 10.12, so verteilt sich die Kraft ungleichmäßig auf die Verbindungsmittel. Der Bemessungswert $F_{v,tot,Rd}$ der Gesamttragfähigkeit aller Verbindungsmittel in der Verbindung kann nach Gl. (10.14) je nach Steifigkeitsverhältnis berechnet werden, s. auch *Erläut. zu DIN 1052: 2004-08* [47], E 11.1.4, *Ehlbeck/Hättich* [119] und *Racher* [402]. Dabei wird vorausgesetzt, dass die Verschiebung u der Verbindung Gl. (10.6) genügt und das Verformungsverhalten mit den Verschiebungsmoduln K_a und K_b beschrieben werden kann, s. K_{ser} und $K_{u,mean}$ nach Abschn. 10.3.3, demnach dass elastisches Verhalten vorliegt oder angenommen wird.

Tabelle 10.3 Verbindungsmittel und Verbindungen mit duktilem und nicht-duktilem Tragverhalten

duktiles Tragverhalten nach DIN EN 1995-1-1/NA: 2013-08, NCI Zu 8.1.2
- stiftförmige Verbindungsmittel bei Beanspruchung auf Abscheren, die nach den vereinfachten Regeln der Abschn. 11.3 bis 11.8 bemessen werden: Stabdübel, Passbolzen, Bolzen, Gewindestangen, Nägel, Holzschrauben, Klammern, - stiftförmige schlanke Verbindungsmittel bei Beanspruchung auf Abscheren, die nach den genaueren Regeln der DIN EN 1995-1-1: 2010-12, 8.2 mit einem Verhältnis Holzdicke t zu Stiftdurchmesser d von $t/d \geq 6$ bemessen werden, s. auch Abschn. 11.2 - Dübel besonderer Bauart: Scheibendübel mit Zähnen bzw. Dornen Typ C1 bis C5 und C10, C11 (Einpressdübel) nach Abschn. 12.3, - Kontaktanschlüsse in, schräg oder senkrecht zur Faser wie Versätze, faserparallele Stöße, - Verbindungsmittel in Verbindungen, in denen Verstärkungen quer zur Faser sinngemäß nach Bild 10.11 ein Spalten des Holzes verhindern
nicht-duktiles Tragverhalten nach *Erläut. zu DIN 1052: 2004-08* [47], E 11.1.4
- stiftförmige Verbindungsmittel bei Beanspruchung auf Herausziehen: Nägel, Holzschrauben, Klammern, - stiftförmige gedrungene Verbindungsmittel bei Beanspruchung auf Abscheren, die nach den genaueren Regeln der DIN EN 1995-1-1: 2010-12, 8.2 mit einem Verhältnis Holzdicke t zu Stiftdurchmesser d von $t/d < 6$ bemessen werden, s. auch Abschn. 11.2 - Dübel besonderer Bauart: Ring- und Scheibendübeln Typ A1 und B1 (Einlassdübel) nach Abschn. 12.2, - Nagelplatten, - eingeklebte Stahlstäbe nach Abschn. 13.

Der Bemessungswert der Tragfähigkeit $F_{v,Rd}$ wird zunächst nach Gl. (10.7) aus der Summe der Bemessungswerte der Tragfähigkeiten $F_{v,a,Rd}$ und $F_{v,b,Rd}$ gebildet, die wiederum jeweils aus der Anzahl der Tragfähigkeit der einzelnen Verbindungsmittel des Typs a, b ermittelt werden, s. Gl. (10.8) und (10.9).

$$u = u_a = u_b \tag{10.6}$$

$$F_{v,Rd} = F_{v,a,Rd} + F_{v,b,Rd} \tag{10.7}$$

$$F_{v,a,Rd} = n_{a,ef} \cdot F_{a,1,Rd} \tag{10.8}$$

$$F_{v,b,Rd} = n_{b,ef} \cdot F_{b,1,Rd} \tag{10.9}$$

Mit den Beziehungen (10.10) und (10.11), s. Abschn. 23.1.2, wird der Bemessungswert der anteiligen Tragfähigkeit $F_{v,a,Rd}$ nach Gl. (10.12) bestimmt, derjenige der anteilige Tragfähigkeit $F_{v,b,Rd}$ entsprechend:

$$u = F_{v,Rd}/K \tag{10.10}$$

$$u = u_a = u_b = F_{v,a,Rd}/K_{a,n} = F_{v,b,Rd}/K_{b,n} \tag{10.11}$$

$$F_{v,a,Rd} = F_{v,b,Rd} \cdot \frac{K_{a,n}}{K_{b,n}} = (F_{v,Rd} - F_{v,a,Rd}) \cdot \frac{K_{a,n}}{K_{b,n}} \tag{10.12}$$

$$F_{v,a,Rd} = F_{v,Rd} \cdot \frac{K_{a,n}}{K_{a,n} + K_{b,n}} \quad (10.13a) \qquad F_{v,b,Rd} = F_{v,Rd} \cdot \frac{K_{b,n}}{K_{a,n} + K_{b,n}} \quad (10.13b)$$

$n_{a(b),ef}$ wirksame Anzahl der Verbindungsmittel des Typs *a*(*b*) nach Abschn. 10.3.4
$n_{a(b)}$ Anzahl der Verbindungsmittel des Typs *a*(*b*)
$F_{v,Rd}$ Bemessungswert der Tragfähigkeit aller Verbindungsmittel in der Verbindung
$F_{v,a,Rd}$ Bemessungswert der Tragfähigkeit aller Verbindungsmittel des Typs *a*
$F_{v,b,Rd}$ Bemessungswert der Tragfähigkeit aller Verbindungsmittel des Typs *b*
$F_{a,1,Rd}$ Bemessungswert der Tragfähigkeit eines einzelnen Verbindungsmittels des Typs *a*
$F_{b,1,Rd}$ Bemessungswert der Tragfähigkeit eines einzelnen Verbindungsmittels des Typs *b*
$K_{a(b),1}$ Verschiebungsmodul eines einzelnen Verbindungsmittels *a* und *b*
$= K_{ser}$ für Nachweise der Gebrauchstauglichkeit nach Abschn. 10.3.3
$= K_{u,mean}$ für Nachweise der Tragfähigkeit nach Abschn. 10.3.3
$K_{a(b),n}$ Verschiebungsmoduln aller Verbindungsmittel des Typs *a*(*b*) in der Verbindung
$= n_{a(b)} \cdot K_{a(b),1}$

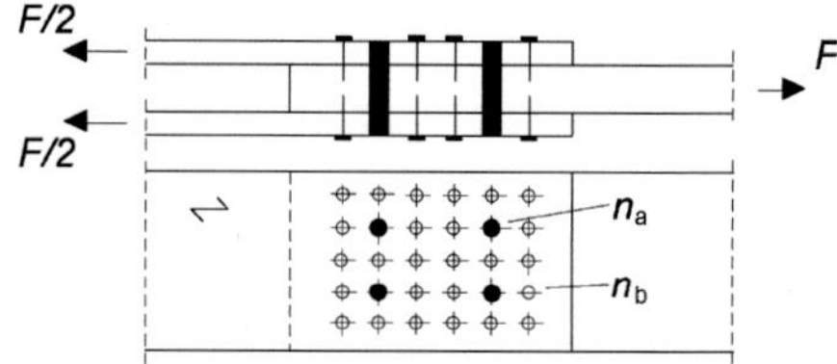

Bild 10.12 Verbindung mit unterschiedlichen Verbindungsmitteltypen *a*, *b* nach *Racher* [402]
n_a Anzahl des Verbindungsmittels Typ *a*
n_b Anzahl des Verbindungsmittels Typ *b*

Ein Verbindungsmittel mit großem Verschiebungsmodul *K* besitzt in einer derartigen Verbindung auch den größeren Anteil an der Tragfähigkeit $F_{v,Rd}$, s. Gl. (10.13a) und (10.13b). Bei Kombination einer starren (spröden) geklebten Verbindung ($K \rightarrow \infty$) mit nachgiebigen Verbindungsmitteln übertragen die nachgiebigen Verbindungsmittel rechnerisch (und praktisch) keine Kraft. Deshalb dürfen nach DIN EN 1995-1-1/NA: 2013-08, NCI Zu 8.1.2 geklebte Verbindungen und mechanische Verbindungsmittel oder andere Verbindungen nicht als gemeinsam wirkend in Rechnung gestellt werden.

$$F_{v,tot,Rd} = \min\left\{ n_{a,ef} \cdot F_{a,1,Rd} \cdot \frac{K_{a,n} + K_{b,n}}{K_{a,n}} \text{ oder } n_{b,ef} \cdot F_{b,1,Rd} \cdot \frac{K_{a,n} + K_{b,n}}{K_{b,n}} \right\} \tag{10.14}$$

Ein Zusammenwirken verschiedener Verbindungsmittel kann nur bei etwa vergleichbarer Nachgiebigkeit, d.h. duktilem Tragverhalten, erwartet werden. Ein vollständiges Zusammenwirken liegt dann vor, wenn die Verformung beider Verbindungsmitteltypen gleich groß ist. Demnach können die Tragfähigkeiten zweier Verbindungsmitteltypen nur bei gleicher

Verformung zur Gesamttragfähigkeit addiert werden, wie im Beispiel des Bildes 10.13, in dem der Bemessungswert der Tragfähigkeit der Verbindungsmittel Typ *a* seine größte Verformung bei u_a erreicht, derjenige der Verbindungsmittel Typ *b* jedoch bei der größeren Verformung u_b. Die kleinere Verformung aus beiden Verbindungsmittelgruppen (hier u_a) wird zur Festlegung der Gesamtragfähigkeit herangezogen, die sich aus der Tragfähigkeit der Verbindungsmittel Typ *a* an der Stelle u_a und der kleineren rechnerischen Tragfähigkeit der Verbindungsmittel Typ *b* an dieser Stelle u_a zusammensetzt. Mit Gl. (10.14) wird dieselbe anteilige Aufteilung der Gesamttragfähigkeit für gleiche Verformung erzielt. Gl. (10.14) gewährleistet damit eine wirklichkeitsnähere Aufteilung als Gl. (10.13), mit der die Gesamttragfähigkeit beider Verbindungsmitteltypen nach den jeweiligen Steifigkeiten verteilt wird. In einigen Verbindungen kann jedoch die Gesamttragfähigkeit durch zusätzliche andere Verbindungsmitteltypen nicht erhöht werden. Der genauere Nachweis nach Gl. (10.14) ist darüber hinaus oft günstiger als der vereinfachte Nachweis nach Gl. (10.5).

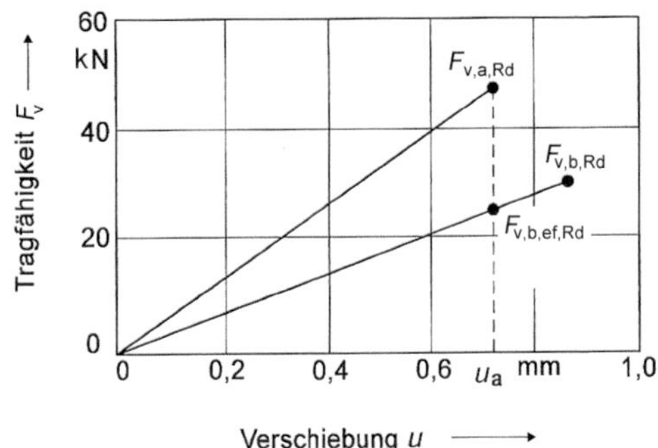

Bild 10.13 Kraft-Verschiebungs-Diagramm einer Holzverbindung mit zwei Verbindungsmitteltypen *a,b* unterschiedlicher Nachgiebigkeiten nach *Erläut. zu DIN 1052: 2004-08* [47], F 11.1.4, Bild 11/7, Beispiel; Ermitteln des Bemessungswertes der Gesamttragfähigkeit $F_{v,tot,Rd}$ der Verbindung:
$F_{v,tot,Rd} = F_{v,a,Rd} + F_{v,b,ef,Rd}$
$F_{v,b,ef,Rd}$ wirksame Tragfähigkeit der Verbindungsmittel *b* bei gleich großer Verschiebung u_a der Verbindungsmittel *a*
weitere Bezeichnungen s. Bild 10.10

10.3.6 Holzverbindungen unter wechselnden Beanspruchungen

Bauteile unter wechselnden Beanspruchungen werden wiederholt durch Zugkräfte F_t und Druckkräfte F_c belastet, d.h. sie werden mit wechselnden Lastrichtungen bzw. Vorzeichenänderungen beansprucht. Dies gilt sinngemäß auch für Bauteile, die mit wechselnden Biegemomenten $\pm M$ beansprucht werden, z.B. Rahmenecken. Wechselnde Beanspruchungen bewirken eine Abnahme der Tragfähigkeit einer Verbindung gegenüber einer Verbindung unter ständiger oder Schwell-Belastung. Wechselnde Beanspruchungen ermüden die Lochleibungsfestigkeit des Holzes und die Verbindungsmittel, die Tragfähigkeit wird besonders unter mittlerer bis ständiger Lasteinwirkungsdauer reduziert, s. Abschn. 1.10.5.

Wechselbeanspruchte Verbindungen sind nach DIN EN 1995-1-1: 2010-12, 8.1.5 für den größten Bemessungswert $F_{v,Ed}$ nach Gl. (10.15) nachzuweisen, der Nachweis ist bei mittlerer und langer Lasteinwirkungsdauer nach Abschn. 7.3.2 durchzuführen. Darüber hinaus müssen die Verbindungsmittel auch die anstehenden Zug- bzw. Druckkräfte übertragen können.

$$F_{v,Ed} = \max \{F_{t,Ed} + 0{,}5 \cdot F_{c,Ed} \quad \text{oder} \quad F_{c,Ed} + 0{,}5 \cdot F_{t,Ed}\} \tag{10.15}$$

$F_{t,Ed}$ Bemessungswert der Zugbeanspruchung einer Holzverbindung
$F_{c,Ed}$ Bemessungswert der Druckbeanspruchung einer Holzverbindung

Die Wechselbeanspruchung einer Holzverbindung wird demnach durch eine erhöhte Beanspruchung berücksichtigt, die aus der vorliegenden Zug- oder Druckbeanspruchung und aus der Hälfte der jeweilig entgegengesetzt wirkenden Beanspruchung besteht. Dadurch kann die Bemessung der Holzverbindung mit der „normalen" Tragfähigkeit $F_{v,Ed}$ für vorwiegend ruhende Lasten nach Abschn. 11 bis 13 geführt werden.

10.3.7 Scher- oder Zugversagen (Blockscherversagen) bei Stahl-Holz-Verbindungen an belasteten Hirnholzenden

Eine Stahl-Holz-Verbindung mit stiftförmigen mechanischen Verbindungsmitteln kann nach DIN EN 1995-1-1: 2010-12, 8.2.3 (5)P im Bereich der Verbindungsmittel auch durch ein Scherversagen des Holzes parallel zur Faserrichtung entlang der äußeren Verbindungsmittelreihen oder durch ein Zugversagen des Holzes rechtwinklig dazu versagen, s. Bild 10.14, bevor die Tragfähigkeit der Verbindung erreicht wird. In diesen Fällen, die überwiegend bei konzentrierten Verbindungsmittelgruppen wie in Stahlblech-Holz-Verbindungen nahe am Hirnholzende auftreten können und auch als Blockscherversagen bezeichnet werden, bestimmen nicht die Tragfähigkeit der Verbindungsmittel, sondern die Festigkeitseigenschaften des Holzes die Bemessung.

Beim Blockscheren versagt zunächst eine der Flächen für Scheren $A_{net,v}$ parallel zur Faserrichtung oder für Zug $A_{net,t}$ rechtwinklig dazu, s. Bild 10.14. Da bei Holz sprödes Scher- und Zugversagen vorliegen, können die Tragfähigkeiten der Scher- und Zugflächen nicht gleichzeitig zusammenwirken. Deshalb wird beim Nachweis des Blockscherens nach *Erläut. zu DIN 1052: 2004-08* [47], E 12.1 und *Racher* [402] angenommen, dass die gesamte Kraft der Verbindung entweder über die wirksame Scherfläche $A_{net,v}$ oder über die wirksame Zugfläche $A_{net,t}$ übertragen wird.

Die **charakteristische Blockschertragfähigkeit $F_{bs,Rk}$** einer Stahlblech-Holz-Verbindung mit mehreren stiftförmigen Verbindungsmitteln, die nahe am Hirnholzende durch eine Kraftkomponente in Faserrichtung beansprucht werden, kann nach Tabelle 10.4 berechnet werden; die Blockschertragfähigkeit wird infolge Scherversagens entlang der äußeren Verbindungsmittelreihen oder infolge Zugversagens des Holzes bestimmt. Der **Bemessungswert der Blockschertragfähigkeit $F_{bs,Rd}$** kann nach Gl. (10.16) ermittelt werden.

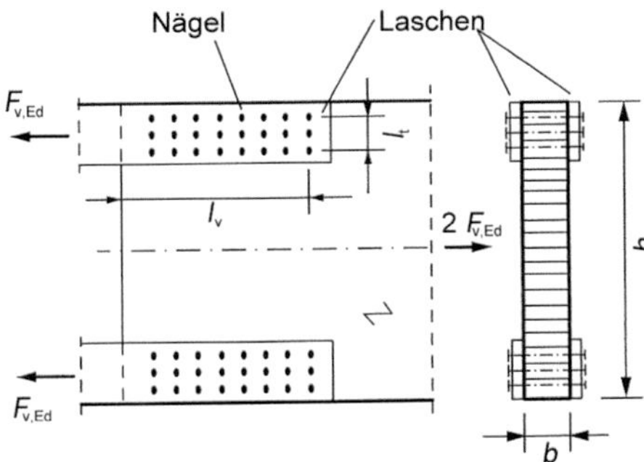

Bild 10.14 Holzverbindung nahe am Hirnholzende unter Zugbeanspruchung mit beidseitigen Laschen und Verbindungsmittelgruppen am Beispiel einer Nagelverbindung, mögliches Versagen des Holzes im Bereich der oberen und unteren Verbindungsmittelgruppe durch Blockscheren vor Erreichen der Tragfähigkeit der Verbindungsmittel entweder durch Scherversagen des Holzes entlang der äußeren Verbindungsmittelreihen mit der Länge der Scherbruchfläche l_v (genauer $l_{net,v}$) oder durch Zugversagen des Holzes rechtwinklig dazu mit der Breite des Blockquerschnitts l_t (genauer $l_{net,t}$)

Tabelle 10.4 Charakteristische Blockschertragfähigkeit infolge Scher- oder Zugversagens von Stahlblech-Holz-Verbindungen mit mehreren stiftförmigen Verbindungsmitteln nahe am Hirnholzende nach DIN EN 1995-1-1: 2010-12, Anhang A und DIN EN 1995-1-1/A2: 2014-07[1–3])[5])

Charakteristische Blockschertragfähigkeit $F_{bs,Rk}$	
$F_{bs,Rk} = \max\{1{,}5 \cdot A_{net,t} \cdot f_{t,0,k}$ oder $0{,}7 \cdot A_{net,v} \cdot f_{v,k}\}$	
für Zugversagen	
$A_{net,t} = L_{net,t} \cdot t_1 \qquad L_{net,t} = \sum_i l_{t,i}$	
für Scherversagen	
$A_{net,v} = L_{net,v} \cdot t_1$	für Versagensmechanismen (c), (f), (j/l), (k), (m)[2])
$A_{net,v} = \dfrac{L_{net,v}}{2} \cdot (L_{net,t} + 2 \cdot t_{ef})$	für alle anderen Versagensmechanismen[2])
$L_{net,v} = \sum_i l_{v,i}$	
Wirksame Höhe t_{ef}	
für dünne Stahlbleche[4])	
$t_{ef} = 0{,}4 \cdot t_1$	für Versagensmechanismus (a)[2])
$t_{ef} = 1{,}4 \cdot \sqrt{\dfrac{M_{y,Rk}}{f_{h,k} \cdot d}}$	für Versagensmechanismus (b)[2])

Tabelle 10.4 (Fortsetzung)

für dicke Stahlbleche[4])

$$t_{ef} = 2 \cdot \sqrt{\frac{M_{y,Rk}}{f_{h,k} \cdot d}}$$ für Versagensmechanismen (e), (h)[2])

$$t_{ef} = t_1 \cdot \left(\sqrt{2 + \frac{4 \cdot M_{y,Rk}}{f_{h,k} \cdot d \cdot t_1^2}} - 1 \right)$$ für Versagensmechanismen (d), (g)[2])

Blockscherversagen (Fall 1)	**Blockscherversagen (Fall 2)**
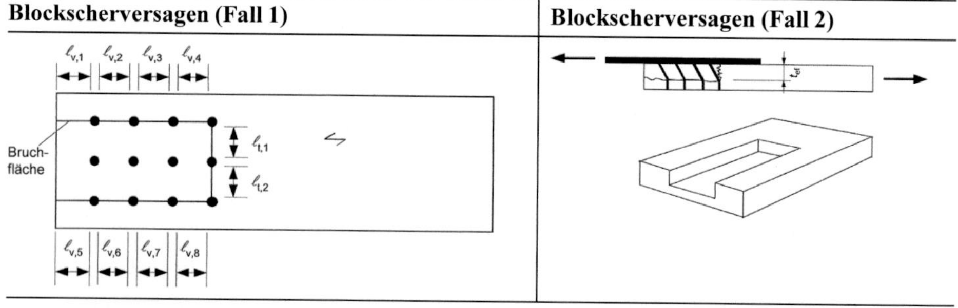	

[1]) Hierin bedeuten:

$A_{net,t}$ Nettofläche des Blockquerschnitts rechtwinklig zur Faserrichtung des Holzes
$A_{net,v}$ Nettoscherfläche in Faserrichtung des Holzes
$F_{bs,Rk}$ charakteristischer Wert der Blockschertragfähigkeit
$L_{net,t}$ Nettobreite des Blockquerschnitts rechtwinklig zur Faserrichtung des Holzes
$L_{net,v}$ gesamte Nettolänge der Scherbruchfläche
$M_{y,Rk}$ charakteristischer Wert des Fließmomentes des Verbindungsmittels
d Durchmesser des Verbindungsmittels
$f_{h,k}$ charakteristischer Wert der Lochleibungsfestigkeit des Holzes (Holzbauteil)
$f_{t,0,k}$ charakteristischer Wert der Zugfestigkeit des Holzes in Faserrichtung (Holzbauteil)
$f_{v,k}$ charakteristischer Wert der Schubfestigkeit des Holzes (Holzbauteil)
$l_{t,i}$; $l_{v,i}$ lichte Abstände zwischen den einzelnen stiftförmigen Verbindungsmitteln, bei l_v zusätzlich noch zum beanspruchten Hirnholzende, s. Bild in dieser Tabelle (Fall 1)
t_{ef} wirksame Höhe, je nach Versagensmechanismus des Verbindungsmittels, s. Bilder zu den in Fußnote [2]) angegebenen Gleichungen von Versagensmechanismen und Bild in dieser Tabelle (Fall 2)
t_1 Dicke des Holzbauteils oder Eindringtiefe des Verbindungsmittels

[2]) die Versagensmechanismen der angegebenen Gleichungen beziehen sich auf Bild 8.3 der DIN EN 1995-1-1: 2010-12, 8.2.3 zu den Gleichungen (8.9) bis (8.13) der Versagensmechanismen stiftförmiger metallischer Verbindungsmittel in ein- und zweischnittigen Stahl-Holz-Verbindungen, s. auch genaueres Nachweisverfahren nach Anhang A.1

[3]) neben dem Nachweis der Blockschertragfähigkeit nach dieser Tabelle ist auch der Nachweis der Tragfähigkeit stiftförmiger Verbindungsmittel in ein- oder zweischnittigen Stahlblech-Holz-Verbindungen nach dem vereinfachten Nachweisverfahren der Abschn. 11.4 bzw. 11.7 oder dem entsprechenden genaueren Nachweisverfahren, s. Anhang A.1, zu führen

[4]) über die Definition von „dünnen" und „dicken" Stahlblechen s. Abschn. 11.4, Tab. 11.2

[5]) der Bemessungswert der Blockschertragfähigkeit $F_{bs,Rd}$ kann nach Gl. (10.16) berechnet werden

$$F_{bs,Rd} = \frac{k_{mod} \cdot F_{bs,Rk}}{\gamma_M} \qquad (10.16)$$

$F_{bs,Rd}$ Bemessungswert der Blockschertragfähigkeit
$F_{bs,Rk}$ charakteristische Blockschertragfähigkeit nach Tab. 10.4
k_{mod} Modifikationsbeiwert nach Abschn. 7.4.1
γ_M Teilsicherheitsbeiwert für Holz nach Tabelle 8.2
= 1,3

Maßgebend für die Stahlblech-Holz-Verbindung ist der kleinere Bemessungswert aus der Tragfähigkeit stiftförmiger Verbindungsmittel in ein- oder zweischnittigen Stahlblech-Holz-Verbindungen nach dem vereinfachten Nachweisverfahren des Abschn. 11.4 bzw. 11.7 (bzw. der entsprechende nach dem genaueren Nachweisverfahren des Anhangs A.1) oder aus der Blockschertragfähigkeit nach Gl. (10.16).

11 Verbindungen mit stiftförmigen metallischen Verbindungsmitteln

11.1 Überblick über stiftförmige metallische Verbindungsmittel

Stiftförmige Verbindungsmittel nach DIN EN 1995-1-1: 2010-12 und DIN EN 1995-1-1/NA: 2013-08 sind tragende Verbindungsmittel aus metallischen zylindrischen Stahlstiften: Stabdübel, Passbolzen, Bolzen, Gewindestangen (Gewindebolzen), Nägel, Holzschrauben und Klammern, die rechtwinklig zu ihrer Längsachse überwiegend auf Biegung beansprucht werden und im Holz vornehmlich Lochleibungsspannungen bewirken; in Holzverbindungen übertragen sie Scherkräfte (Abscheren), Nägel, Holzschrauben und Klammern zusätzlich auch Zugkräfte in Richtung ihrer Längsachse (Herausziehen) oder kombinierte Beanspruchungen (Abscheren und Herausziehen). Passbolzen, Bolzen und Gewindestangen (Gewindebolzen) sind ebenfalls in Richtung ihrer Längsachse (Stiftachse) belastbar, wenn diese Beanspruchung über beidseitige Unterlegscheiben kraftschlüssig in die Holzteile eingeleitet werden kann. Über das Trag- und Verformungsverhalten und weitere - allgemeine Festlegungen bei Verbindungsmitteln s. Abschn. 10.1 bis 10.3. Bemessungsvorschläge für Verbindungsmittel in Brettsperrholz geben Blaß/Uibel [65].

Die o.a. stiftförmigen Verbindungsmittel müssen der **Produktnorm** DIN EN 14592: 2012-07 (neueste Ausgabe 2022-08 ist noch nicht im europäischem Amtsblatt veröffentlicht und somit nicht harmonisiert) entsprechen und können für tragende Zwecke eingesetzt werden, da diese Produktnorm in der Europäischen Union eingeführt ist. Die **Anwendbarkeit dieser stiftförmigen Verbindungsmittel** nach ihrer Produktnorm ist in Deutschland mit der Anwendungsnorm DIN 20000-6: 2015-02 aktuell für die Ausgabe DIN EN 14592: 2012-07 geregelt. Eine Überarbeitung der DIN 20000-6 liegt als Entwurf vor.

H. Neuhaus · T. Uibel (✉)
e-mail: holzbau@ing-uibel.de

H. Neuhaus, W. Moorkamp, L. Peterson, T. Uibel, *Ingenieurholzbau*,
DOI 10.1007/978-3-658-44967-4_11

Stiftförmige metallische Verbindungsmittel auf Abscheren und Herausziehen
Stiftförmige metallische Verbindungsmittel können bei Beanspruchung rechtwinklig zur Stiftachse (Abscheren) mit zwei Nachweisverfahren ausgelegt werden: mit dem **genaueren Nachweisverfahren** nach Anhang A.1, s. auch Abschn. 11.2.1, oder mit dem **vereinfachten Nachweisverfahren** nach Abschn. 11.3 für Holz-Holz- und Holz-Holzwerkstoff-Verbindungen sowie nach Abschn. 11.4 für Stahlblech-Holz-Verbindungen, s. auch Abschn. 11.2.3. Weitere Angaben für die einzelnen Verbindungsmittel sind in den Abschn. 11.5 bis 11.8 angeführt mit zusätzlichen Festlegungen für die o.a. geeigneten Verbindungsmittel bei Beanspruchung in Richtung der Stiftachse (Herausziehen).

Auf Abscheren beanspruchte Bauteilverbindungen werden nach Bild 11.1 ein- und mehrschnittig (oft zweischnittig) ausgebildet. Die charakteristische Tragfähigkeit $F_{v,Rk}$ und der Bemessungswert $F_{v,Rd}$ stiftförmiger Verbindungsmittel wird pro Scherfuge (einschnittige Verbindung) bestimmt, s. Abschn. 11.3 und 11.4 sowie Anhang A.1, so dass bei zweischnittiger Verbindung ein stiftförmiges Verbindungsmittel zwei Scherfugen besitzt und somit $2 \cdot F_{v,Rk}$ bzw. $2 \cdot F_{v,Rd}$ überträgt.

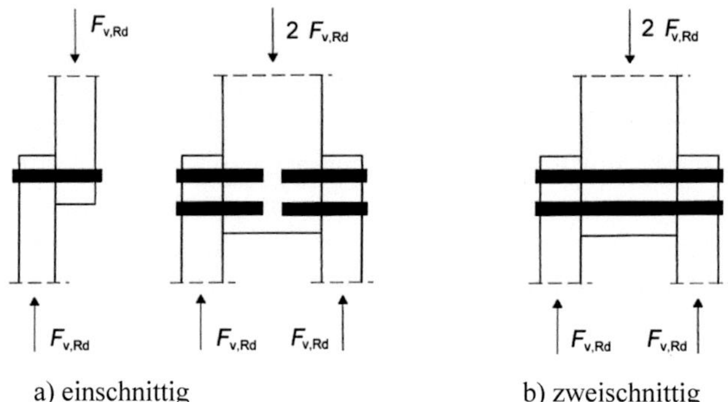

Bild 11.1 Verbindungen mit stiftförmigen metallischen Verbindungsmitteln auf Abscheren nach *Hilson* [223]
a) einschnittig (eine Scherfuge pro Stift)
b) zweischnittig (zwei Scherfugen pro Stift)

Lochleibungsfestigkeit des Holzes und der Holzwerkstoffe
Die Lochleibungsfestigkeit f_h ist eine wichtige bestimmende Größe der Tragfähigkeit von Verbindungen mit stiftförmigen metallischen Verbindungsmitteln. Sie ist nach DIN EN 383: 2007-03 definiert als die mittlere Druckspannung, die bei Höchstlast in einem Holzstück oder einer Holzwerkstoffplatte unter der Einwirkung eines geraden steifen Verbindungsmittels mit Beanspruchung auf Abscheren auftritt. Die Lochleibungsfestigkeit wird nach *Ehlbeck/Werner* [127] gleichmäßig verteilt angenommen und ist vom Verbindungsmitteltyp (Durchmesser), von der Rohdichte des Holzes bzw. der Qualität der Holzwerkstoffe und von der Herstellung der Verbindung (z.B. Vorbohren) abhängig; sie ist demnach keine Material-, sondern eher eine Systemeigenschaft.

Die Lochleibungsfestigkeit f_h wird aus Versuchen bestimmt und kann für die einzelnen metallischen Verbindungsmittel empirischen Gleichungen in den Teilabschnitten 11.5 bis 11.8 entnommen werden. Nicht vorgebohrte Hölzer besitzen aufgrund der Spaltzugkräfte, die beim Eintreiben (Nägel) auftreten, überwiegend geringere Lochleibungsfestigkeiten als vorgebohrte. Die Abhängigkeit der Lochleibungsfestigkeit vom Winkel α zwischen Kraft- und Faserrichtung ist in Bild 11.2 dargestellt, sie wird bei der Bestimmung der charakteristischen Tragfähigkeit stiftförmiger Verbindungsmittel je Verbindungsmitteltyp mit „großem" Durchmesser bei $d > 6$ mm bzw. $d > 8$ mm berücksichtigt, bei „kleinem" Durchmesser $d \leq 6$ mm bzw. $d \leq 8$ mm ist der geringere Einfluss des Winkels α nach DIN EN 1995-1-1: 2010-12 vernachlässigbar. Weitere Untersuchungen zur Lochleibungsfestigkeit führen *Schmid/Tharaud* [460] durch.

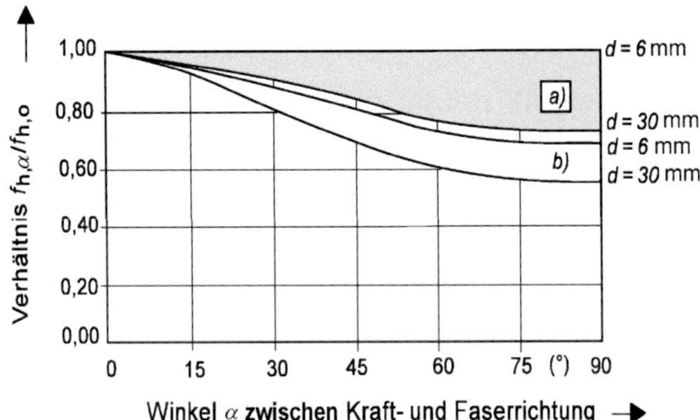

Bild 11.2 Lochleibungsfestigkeit von Laub- und Nadelholz in Abhängigkeit vom Winkel α zwischen Kraft- und Faserrichtung am Beispiel von Bolzen und Stabdübeln mit Durchmessern bis d = 30 mm nach *Ehlbeck/Werner* [127]

a) Laubholz

b) Nadelholz

$f_{h,0}$ Lochleibungsfestigkeit für $\alpha = 0$

$f_{h,\alpha}$ Lochleibungsfestigkeit für $\alpha \neq 0$

Fließmoment der Verbindungsmittel

Das Fließmoment M_y stiftförmiger metallischer Verbindungsmittel ist neben der Lochleibungsfestigkeit des Holzes eine wichtige bestimmende Größe der Tragfähigkeit von Bauteilverbindungen, die nach der Fließgelenktheorie ermittelt wird, s. unten. Das Fließmoment wird für stiftförmige Verbindungsmittel nach DIN EN 409: 2009-08 bestimmt und ist als das Biegemoment definiert, das ein stiftförmiges Verbindungsmittel unter Prüfungsbedingungen bei einer Verformung durch einen vorgegebenen Biegewinkel α aufnimmt, bei Nägeln und Klammern von $\alpha = 45°$ sowie bei Bolzen, Stabdübel und Holzschrauben in Abhängigkeit vom Durchmesser d, s. als Beispiel Bild 11.3.

Das Fließmoment M_y ist im Wesentlichen von der Zugfestigkeit f_u des Stahls und dem Stiftdurchmesser d abhängig, es kann für die einzelnen stiftförmigen Verbindungsmittel aus Gleichungen in den Teilabschnitten 11.5 bis 11.8 ermittelt werden.

Bild 11.3 Belastung und Belastungsverformung zur Bestimmung des Fließmomentes M_y für stiftförmige Verbindungsmittel am Beispiel der Nägel nach DIN EN 409: 2009-08
α Biegewinkel
d Nenndurchmesser des Nagels
l_i Abstände zwischen den Lastpunkten bzw. den nächsten Auflagern

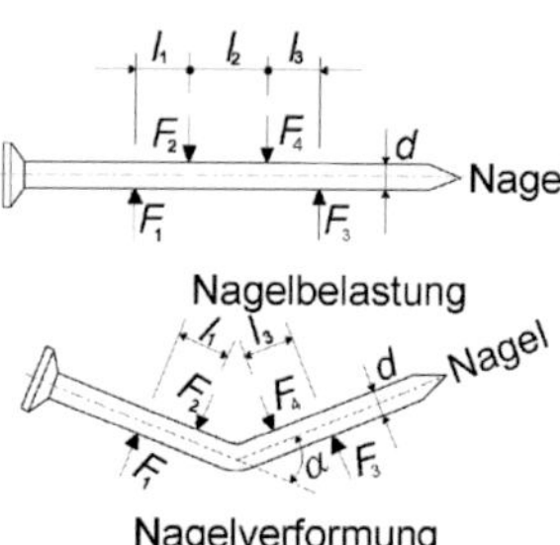

Tragfähigkeit stiftförmiger metallischer Verbindungsmittel auf Abscheren

Die Berechnung der Tragfähigkeit aller stiftförmigen metallischen Verbindungsmittel der DIN EN 1995-1-1: 2010-12 (genaueres Nachweisverfahren) und DIN EN 1995-1-1/NA: 2013-08 (vereinfachtes Nachweisverfahren) geht auf die grundlegende Arbeit von *Johansen* [241] zurück, der die Fließgelenktheorie in Holzverbindungen unter der Voraussetzung **ideal-plastischen Verhaltens** für Holz und Holzwerkstoffe unter Lochleibungsbeanspruchung sowie für die Stifte unter Biegebeanspruchung anwendet, s. Bild 11.4. Die Annahme ideal-plastischen Verhaltens vereinfacht die Berechnung, die Ergebnisse der genaueren Berechnung nach dem wirklichen (typischen) Kraft-Eindrückungs-Verhalten weichen nur wenig von denen der Berechnung mit der Näherung (vereinfachte Annahme) ab, s. *Hilson* [223].

Die Tragfähigkeit einer Verbindung auf Abscheren hängt von der Lochleibungsfestigkeit des Holzes bzw. des Holzwerkstoffes, vom Biegewiderstand der Stifte und von der Geometrie der Verbindung ab. Die Tragfähigkeit wird begrenzt, wenn die Lochleibungsfestigkeit in mindestens einem der miteinander verbundenen Bauteile erreicht wird und in bestimmten Fällen gleichzeitig zusätzlich mindestens ein plastisches Gelenk im stiftförmigen Verbindungsmittel auftritt. Die Herleitung von Gleichungen zur Berechnung der Tragfähigkeit von Verbindungen mit stiftförmigen Verbindungsmittel auf Abscheren kann Abschn.11.2.2 entnommen werden.

Darüber hinaus darf **kein sprödes Versagen der Verbindung** z.B. durch Spalten des Holzes auftreten, dies wird z.B. durch Mindestabstände der Verbindungsmittel und be-

Bild 11.4 Typische und vereinfachte, ideal-plastische Kraft-Eindrückungs-Beziehung bei stiftförmigen metallischen Verbindungsmitteln und verbundenen Bauteilen

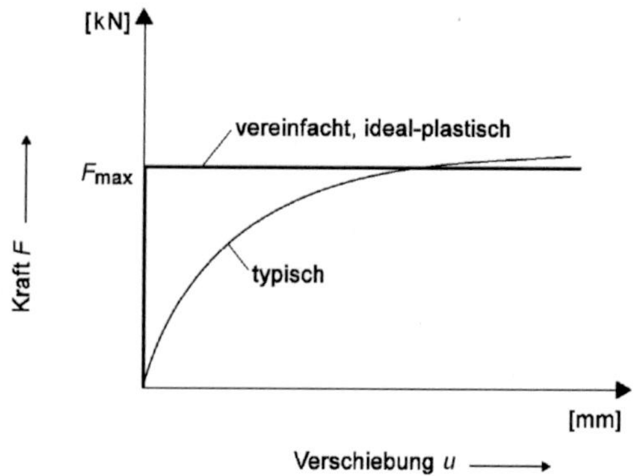

stimmte Dicken der Hölzer oder Holzwerkstoffe verhindert. Bei Verbindungen mit mehreren stiftförmigen Verbindungsmitteln in Faserrichtung hintereinander wird das vorzeitige Aufspalten auch durch eine abgeminderte Tragfähigkeit ausgeschlossen, s. Abschn. 10.3.4. Nach *Blaß* [41] und *Erläut. zu DIN 1052: 2004-08* [47], E 12.2.1 können spröde Versagensformen von Verbindungen durch folgende weitere Maßnahmen vermieden werden:

- Verwenden von schlanken Stiften mit einem Verhältnis von Holzdicke t (Einbindetiefe) zu Stiftdurchmesser d von mind. $t/d \geq 6$, besser 8,
- Verwenden von Stiften aus Stahl niedriger Festigkeitsklassen,
- Verwenden von Holzwerkstoffen mit hoher Querzugfestigkeit wie z.B. rechtwinklig zur Faserrichtung der Deckfurniere bei Sperrholz und auch bei Furnierschichtholz mit Querlagen,
- Verstärken des Holzes im Anschlussbereich rechtwinklig zur Faserrichtung durch außen oder innen liegende Verstärkungen,
- Vermeiden von vielen in Kraft- und Faserrichtung hintereinander liegenden Verbindungsmitteln,
- Erhöhen der Mindestabstände in Faserrichtung.

11.2 Genaueres und vereinfachtes Nachweisverfahren zur Berechnung der Tragfähigkeit stiftförmiger metallischer Verbindungsmittel

Die charakteristische Tragfähigkeit $F_{v,Rk}$ (entspricht R_k in allgemeiner Schreibweise) von Verbindungen mit allen o.a. stiftförmigen metallischen Verbindungsmitteln bei Beanspruchung rechtwinklig zur Stiftachse (Abscheren) kann nach dem genaueren (aufwändigeren) Nachweisverfahren der DIN EN 1995-1-1: 2010-12, s. Abschn. 11.2.1 und Anhang A.1, oder dem vereinfachten Nachweisverfahren der DIN EN 1995-1-1/NA: 2013-08, s. Abschn. 11.2.3, 11.3 und 11.4, berechnet werden.

11.2.1 Genaueres Nachweisverfahren stiftförmiger metallischer - Verbindungsmittel auf Abscheren

Die charakteristischen Tragfähigkeiten $F_{v,Rk}$ und die Bemessungswerte $F_{v,Rd}$ (entsprechen R_k bzw. R_d in allgemeiner Schreibweise) des genaueren Nachweisverfahrens nach DIN EN 1995-1-1: 2010-12, 8.2 sowie weitere Hinweise zur Bemessung können Anhang A.1 entnommen werden, dabei wird ein duktiles Verhalten der Verbindungen vorausgesetzt. Die Tragfähigkeit einer Verbindung entspricht dem kleinsten Rechenwert aus den Gleichungen der jeweils zusammengehörenden Versagensmechanismen.

Der Vorteil dieses genaueren Nachweisverfahrens liegt in der überwiegend besseren Anpassung der Berechnung an die geometrischen und materialtechnischen Verhältnisse der Verbindung bzw. an die realistischen Versagensmechanismen. Dies hat jedoch als Nachteil mehrere, teilweise komplizierte Gleichungen zur Folge, die „per Hand“ meist zeitaufwändig und oft fehleranfällig zu lösen sind. Deshalb wird für praktische Berechnungen empfohlen, das genauere Nachweisverfahren nur rechnergestützt und bei erforderlichen exakteren, an die jeweilige Verbindung angepassten Ergebnissen zu verwenden.

11.2.2 Herleitung von Gleichungen des genaueren Nachweisverfahrens stiftförmiger metallischer Verbindungsmittel auf Abscheren

Im Folgenden werden als Beispiele zwei Gleichungen zur Berechnung der charakteristischen Tragfähigkeit $F_{v,Rk}$ pro Scherfuge und Verbindungsmittel von Holz-Holz- und Holz-Holzwerkstoff-Verbindungen mit stiftförmigen metallischen Verbindungsmitteln für die entsprechenden Versagensmechanismen kurz hergeleitet. Andere Versagensmechanismen und zugehörige Gleichungen werden in *Hilson* [223] näher beschrieben.

Bei der Herleitung wird nach *Johansen* [241] und DIN EN 1995-1-1: 2010-12, 8.2 ideal-plastisches Verhalten nach Bild 11.4 für Holz und Holzwerkstoffe unter Lochleibungsbeanspruchung sowie für die Stifte unter Biegebeanspruchung angenommen. Der Ansatz der Gleichgewichtsbedingungen führt zu den angeführten Lösungen, die Seilwirkung bei Ausbildung von Fließgelenken wird in dieser Herleitung vernachlässigt. Über die Berücksichtigung der Seilwirkung s. DIN EN 1995-1-1: 2010-12, 8.2, *Ehlbeck/Larsen* [122], Abschn. 11.2.3 und Anhang A.1.

Versagensmechanismus (a) nach Bild 11.5(a)
einschnittig, Stift verschoben, bleibt gerade, Lochleibungsfestigkeit im Bauteil 1 über Länge t_1 erreicht, Lochleibungsfestigkeit im Bauteil 2 nicht erreicht, Gleichgewicht im Bauteil 1 mit der Dicke t_1:

$$\sum V = 0 = F_{v,Rk} - f_{h,1,k} \cdot t_1 \cdot d \tag{11.1}$$

$$F_{v,Rk} = f_{h,1,k} \cdot t_1 \cdot d \tag{11.2}$$

Versagensmechanismus (f) nach Bild 11.5(f)
einschnittig, Stift verschoben und verdreht, Lochleibungsfestigkeiten in den Bauteilen 1 und 2 über Länge b_1 und b_2 erreicht, ein Fließgelenk im Stift jeweils im Bauteil 1 und 2, Gleichgewicht im Stiftteil zwischen den zwei Fließgelenken, Normalkräfte im Stift werden vernachlässigt, Querkräfte im Stift an den Fließgelenken sind gleich Null:

$$\sum M_{\text{rechts}} = 0 = 2 \cdot M_{y,Rk} - f_{h,1,k} \cdot d \cdot b_1 \cdot \left(\frac{b_1}{2} + b_2 \right) + f_{h,2,k} \cdot b_2 \cdot \frac{b_2}{2} \tag{11.3}$$

$$\sum V = 0 = f_{h,1,k} \cdot d \cdot b_1 - f_{h,2,k} \cdot d \cdot b_2 \tag{11.4}$$

Bild 11.5 Versagensmechanismen (a) und (f) bei stiftförmigen metallischen Verbindungsmitteln nach DIN EN 1995-1-1: 2010-12, 8.2.2, Bild 8.2 und *Hilson* [223], (a) Lochleibungsfestigkeit im Bauteil 1 über t_1 erreicht, Stift verschoben, bleibt - gerade (f) Lochleibungsfestigkeit in beiden Bauteilen über b_1 bzw. b_2 erreicht, Stift verschoben und verdreht, ein Fließgelenk im Stift jeweils im Bauteil 1 und Bauteil 2

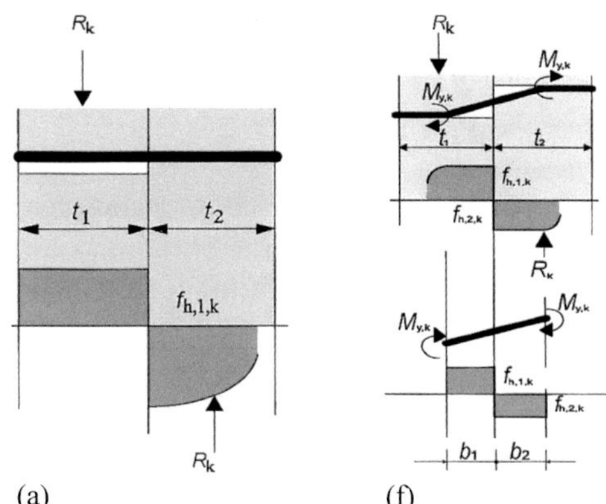

Beziehung zwischen den beiden Bauteilen, wenn unterschiedliche Baustoffe vorliegen:

$$f_{h,2,k} = \beta \cdot f_{h,1,k} \tag{11.5}$$

Aus Gl. (11.4) folgt mit Gl. (11.5)

$$b_1 = \beta \cdot b_2 \qquad \text{oder} \qquad b_2 = b_1/\beta \tag{11.6}$$

Aus Gl. (11.3) folgt mit Gl. (11.6)

$$2 \cdot M_{y,Rk} = f_{h,1,k} \cdot d \cdot b_1 \cdot \left(\frac{b_1}{2} + \frac{b_2}{\beta}\right) - \beta \cdot f_{h,1,k} \cdot d \cdot \frac{b_1}{\beta} \cdot \frac{b_1}{2 \cdot \beta} \tag{11.7}$$

$$2 \cdot M_{y,Rk} = f_{h,1,k} \cdot d \cdot b_1^2 \cdot \left(\frac{1}{2} + \frac{1}{2 \cdot \beta}\right) \tag{11.8}$$

$$b_1 = \sqrt{\frac{2 \cdot M_{y,Rk}}{f_{h,1,k} \cdot d}} \cdot \sqrt{\frac{2 \cdot \beta}{1+\beta}} \tag{11.9}$$

Der charakteristische Wert der Tragfähigkeit $F_{v,Rk}$ errechnet sich für das Bauteil 1 und die Breite b_1 sinngemäß nach der Gleichgewichtsbedingung Gl. (11.2) und durch Einsetzen von Gl. (11.9) zu Gl. (11.10) und Gl. (11.11).

$$F_{v,Rk} = f_{h,1,k} \cdot d \cdot b_1 = f_{h,1,k} \cdot d \cdot \sqrt{\frac{2 \cdot M_{y,Rk}}{f_{h,1,k} \cdot d}} \cdot \sqrt{\frac{2 \cdot \beta}{1+\beta}} \tag{11.10}$$

$$F_{v,Rk} = \sqrt{\frac{2 \cdot \beta}{1+\beta}} \cdot \sqrt{2 \cdot M_{y,Rk} \cdot f_{h,1,k} \cdot d} \tag{11.11}$$

Gl. (11.2) und Gl. (11.11) sind beim genaueren Nachweisverfahren in DIN EN 1995-1-1: 2010-12, 8.2.2, Gl. (8.6)(a) und (8.6)(f) als charakteristische Werte $F_{v,Rk}$ für einschnittige

Holz-Holz- und Holz-Holzwerkstoff-Verbindungen angeführt, die letztere Gl. mit einem zusätzlichen vorangestellten Faktor 1,15 und dem Anteil aus Seilwirkung $F_{ax,Rk}/4$, s. auch Abschn. 11.2.3 und Anhang A.1, Tabelle A.1.

Verlauf der Tragfähigkeiten im genaueren und vereinfachten Nachweisverfahren stiftförmiger metallischer Verbindungsmittel auf Abscheren

Die Tragfähigkeit eines stiftförmigen Verbindungsmittels in Abhängigkeit vom Verhältnis Eindringtiefe t_1 (Holzdicke) zum Stiftdurchmesser d zeigt Bild 11.6 für Holz-Holz- und Holz-Holzwerkstoff-Verbindungen bei Beanspruchung auf Abscheren. Die durchgezogene obere Kurve stellt den Verlauf der Gleichungen des genaueren Verfahrens (*Johansen*-Gleichungen) nach DIN EN 1995-1-1: 2010-12, 8.2.2, s. auch Anhang. 1, für drei Versagensmechanismen dar: Im linearen Bereich a) liegt reines Lochleibungsversagen des Holzes ohne Ausbildung eines Fließgelenkes im Stift vor, im Bereich b) mit ansteigender Kurve Versagensmechanismen mit einem Fließgelenk pro Scherfuge und im Bereich c) mit waagerechter Gerade die maximale Tragfähigkeit $F_{v,Rk,max}$ mit zwei Fließgelenken pro Scherfuge.

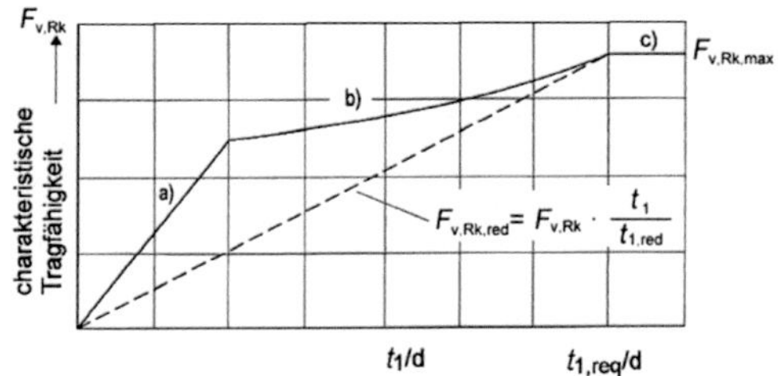

Bild 11.6 Tragfähigkeit $F_{v,Rk}$ eines stiftförmigen Verbindungsmittels auf Abscheren pro Scherfuge bei Holz-Holz-Verbindungen in Abhängigkeit vom Verhältnis Eindringtiefe t_1 (Holzdicke) zum Stiftdurchmesser d nach *Erläut. zu DIN 1052: 2004-08* [47], E 12.2.2, Bild 12/4,
durchgezogene Kurve: genauerer Nachweis nach DIN EN 1995-1-1: 2010, s. auch Anhang A.1, für drei Versagensformen:
a) Versagen nur durch Lochleibung,
b) Versagen durch **ein** Fließgelenk, und Lochleibungsbeanspruchung
c) Versagen durch **zwei** Fließgelenke und Lochleibungsbeanspruchung mit der größten Tragfähigkeit $F_{v,Rk,max}$,
gestrichelte Kurve: vereinfachter Nachweis nach DIN EN 1995-1-1/NA: 2013-08, s. auch Abschn. 11.2.3 und 11.3, bei reduzierter Tragfähigkeit $F_{v,Rk,red}$, wenn Holzdicke t_1 kleiner Mindestholzdicke $t_{1,req}$

Für einschnittige Verbindungen mit zwei Fließgelenken pro Scherfuge gilt Gl. (11.11), die das vereinfachte Verfahren nach DIN EN 1995-1-1/NA: 2013-08, NCI NA.8.2.4, s. auch Abschn. 11.2.3 und 11.3, zur Bestimmung der Tragfähigkeit $F_{v,Rk} = F_{v,Rk,max}$ unter Einhaltung ausreichend großer Eindringtiefen des Stiftes im Holz zugrunde legt. Wird die erforderliche Eindringtiefe t_{req} (Mindesteindringtiefe bzw. Mindestholzdicke) unterschritten, muss im vereinfachten Verfahren die reduzierte Tragfähigkeit $F_{v,Rk,red}$ verwendet werden, die aus der Tragfähigkeit $F_{v,Rk} = F_{v,Rk,max}$ proportional mit kleiner werdender Holzdicke t_1 bezogen auf die erforderliche $t_{1,req}$ bestimmt wird. Die gestrichelte Gerade in Bild 11.6 stellt diese Vereinfachung für $F_{v,Rk,red}$ dar, die bezogen auf den Verlauf des genaueren Verfahrens (durchgezogene obere Kurve) konservativ ausgelegt ist. Sind die Holzdicken größer als die Mindestholzdicken t_{req}, ergeben nach *Erläut. zu DIN 1052: 2004-08* [47], E 12.2.2 die genauen *Johansen*-Gleichungen dieselben Ergebnisse wie die Gleichungen nach dem vereinfachten Verfahren.

11.2.3 Vereinfachtes Nachweisverfahren stiftförmiger metallischer - Verbindungsmittel auf Abscheren

Im vereinfachten Nachweisverfahren werden zur Reduzierung des Berechnungsaufwandes bei Holz-Holz- und Holz-Holzwerkstoff-Verbindungen zwei Gleichungen des genaueren Verfahrens nach DIN EN 1995-1-1: 2010-12, 8.2.2 gewählt: Die Gl. (8.6)(f) für einschnittige Verbindungen, s. Gl. (11.11), und diejenige des Versagensmechanismus nach Gl. (8.6)(k) für zweischnittige Verbindungen, s. *Blaß* [41], jedoch jeweils ohne den vorangestellten Faktor 1,15 und den Anteil der Seilwirkung $F_{ax,Rk}/4$. Diese beiden Versagensmechanismen ergeben zwei Fließgelenke pro Scherfuge und die größtmögliche Tragfähigkeit einer Verbindung bei schlanken Stiften unter der Voraussetzung ausreichender Eindringtiefen des Stiftes im Holz bzw. Holzdicken, s. Mindestholzdicken t_{req} für Seiten- und Mittelhölzer in Tabelle 11.1. Beide Versagensmechanismen werden mit identischen Gleichungen beschrieben, so dass alle *Johansen*-Gleichungen des genaueren Verfahrens vereinfacht auf eine Gleichung zur Bestimmung der charakteristischen Tragfähigkeit $F_{v,Rk}$ ein- und zweischnittiger Verbindungen zurückgeführt werden können.

Der Vorteil dieses vereinfachten Verfahrens liegt in der wesentlichen Reduzierung des Berechnungsumfangs, die Gleichungen für die charakteristische Tragfähigkeit $F_{v,Rk}$ und die Mindestholzdicken t_{req} können mit geringerem Aufwand gelöst werden. Für Holz-Holz- und Holz-Holzwerkstoff-Verbindungen ist das vereinfachte Nachweisverfahren im Abschn. 11.3 angeführt, für Stahlblech-Holz-Verbindungen im Abschn. 11.4.

Vergleichbare Ergebnisse bei der Bemessung mit dem genaueren und vereinfachten Nachweisverfahren

Das genauere und vereinfachte Nachweisverfahren stiftförmiger metallischer Verbindungsmittel bei Beanspruchung auf Abscheren führt in den meisten Anwendungsfällen zu vergleichbaren Ergebnissen, wie im Folgenden kurz aufgezeigt wird.

Der **Teilsicherheitsbeiwert** stiftförmiger metallischer Verbindungsmittel zur Berechnung der Bemessungswerte $F_{v,Rd}$ nach dem vereinfachten Verfahren ist mit $\gamma_M = 1{,}1$ festgelegt, derjenige im genaueren Verfahren mit $\gamma_M = 1{,}3$, s. Abschn. 8.2.4, Tab. 8.2 und s. den jeweiligen Bemessungswert im Abschn. 11.3, Gl. (11.13) und Anhang A.1, Gl. (A.1). Da beide Verfahren z.B. für einschnittige Verbindungen auf dieselbe Gl. (8.6)(f) des Versagensmechanismus f (*Johansen*-Gleichung nach Gl. (11.11)) zurückgreifen, s. Abschn. 11.3, Tabelle 11.1 und Anhang A.1, Tabelle A.1, liegt der Unterschied zwischen beiden Verfahrensgleichungen nur im vorangestellten Faktor 1,15, wenn die Seilwirkung $F_{ax,Rk}/4$ zunächst nicht berücksichtigt wird. Unter diesen Bedingungen bestehen nur geringe Unterschiede zwischen den Bemessungswerten $F_{v,Rd}$ des genaueren und vereinfachten Verfahren, da die mit dem Faktor 1,15 höhere charakteristische Tragfähigkeit im genaueren Verfahren durch den größeren Teilsicherheitsbeiwert $\gamma_M = 1{,}3$ geteilt wird und somit fast den gleichen Bemessungswert des vereinfachten Verfahrens erreicht, das ohne vorangestellten Faktor („1,0“) zwar eine kleinere charakteristische Tragfähigkeit berechnet, die jedoch durch den kleinerem Teilsicherheitsbeiwert $\gamma_M = 1{,}1$ dividiert wird.

Der Anteil der **Seilwirkung** wird im genaueren Verfahren beim Versagensmechanismus (f) mit dem Faktor $F_{ax,Rk}/4$ berücksichtigt, s. Anhang A.1, Tabelle A1, und begrenzt auf die in Tabelle A.3 angegebenen Werte, im vereinfachten Verfahren werden dieselben Werte der Seilwirkung und Begrenzungen angesetzt (außerhalb von Tabelle 11.1, s. Abschn. 11.5 bis 11.8) bis auf wenige Ausnahmen. Demnach unterscheiden sich die **Bemessungswerte $F_{v,Rd}$** der (Gesamt-)Tragfähigkeiten stiftförmiger metallischer Verbindungsmittel beim genaueren und vereinfachten Nachweisverfahren in den meisten Anwendungsfällen nur geringfügig, so dass beide Verfahren zu vergleichbaren Ergebnissen führen.

11.3 Vereinfachtes Nachweisverfahren zur Berechnung der Tragfähigkeit stiftförmiger metallischer Verbindungsmittel in Holz-Holz- und Holz-Holzwerkstoff-Verbindungen (Abscheren)

Charakteristische Tragfähigkeit $F_{v,Rk}$ stiftförmiger metallischer Verbindungsmittel
Die charakteristische Tragfähigkeit $F_{v,Rk}$ aller stiftförmigen metallischen Verbindungsmittel nach Abschn. 11.1, die in ein- und zweischnittigen Verbindungen aus Holz und Holzwerkstoffen auf Abscheren beansprucht werden, kann nach dem vereinfachten Nachweisverfahren der DIN EN 1995-1-1/NA: 2013-08, NCI NA.8.2.4, s. Tabelle 11.1, berechnet werden, dabei sind die dort angeführten Bedingungen für die Mindestholzdicken und Mindesteindringtiefen einzuhalten. Sind die Holzdicken bzw. Eindringtiefen t_1 und t_2 geringer als die Mindestholzdicken bzw. Mindesteindringtiefen $t_{1,req}$ bzw. $t_{2,req}$, ist mit der abgeminderten charakteristischen Tragfähigkeit $F_{v,Rk,red}$ wie in Tabelle 11.1 angegeben zu rechnen. Dagegen dürfen die Mindestdicken und -abmessungen tragender einteiliger Ein-

Tabelle 11.1 Vereinfachtes Nachweisverfahren für die charakteristische Tragfähigkeit $F_{v,Rk}$ stiftförmiger metallischer Verbindungsmittel in ein- und zweischnittigen Holz-Holz- und Holzwerkstoff-Holz-Verbindungen pro Scherfuge und Verbindungsmittel bei Beanspruchung auf Abscheren nach DIN EN 1995-1-1/NA: 2013-08, NCI NA.8.2.4[1])[3])[4])[5])[7])

Charakteristischer Wert der Tragfähigkeit $F_{v,Rk}$ für ein- und zweischnittige Verbindungen[4])[6])
$F_{v,Rk} = \sqrt{\frac{2\cdot\beta}{1+\beta}}\cdot\sqrt{2\cdot M_{y,Rk}\cdot f_{h,1,k}\cdot d}$

Tabelle 11.1 (Fortsetzung)

Mindestholzdicken bzw. Mindesteindringtiefen für Seitenhölzer und Mittelholz[2])[3])

Mindestdicke $t_{1,\text{req}}$ für das Seitenholz 1[6])

$$t_{1,\text{req}} = 1{,}15 \cdot \left(2 \cdot \sqrt{\frac{\beta}{1+\beta}} + 2\right) \cdot \sqrt{\frac{M_{\text{y,Rk}}}{f_{\text{h,1,k}} \cdot d}}$$

bei einschnittigen Verbindungen	bei zweischnittigen Verbindungen
Mindestdicke $t_{2,\text{req}}$ für das Seitenholz 2[6])	Mindestdicke $t_{2,\text{req}}$ für das Mittelholz[6])
$t_{2,\text{req}} = 1{,}15 \cdot \left(2 \cdot \frac{1}{\sqrt{1+\beta}} + 2\right) \cdot \sqrt{\frac{M_{\text{y,Rk}}}{f_{\text{h,2,k}} \cdot d}}$	$t_{2,\text{req}} = 1{,}15 \cdot \left(\frac{4}{\sqrt{1+\beta}}\right) \cdot \sqrt{\frac{M_{\text{y,Rk}}}{f_{\text{h,2,k}} \cdot d}}$

Reduzierter charakteristischer Wert der Tragfähigkeit $F_{\text{v,Rk,red}}$ bei Holzdicken bzw. Eindringtiefen t_1, t_2 kleiner als die Mindestholzdicken bzw. Mindesteindringtiefen $t_{1,\text{req}}$ und $t_{2,\text{req}}$

$F_{\text{v,Rk,red}} = F_{\text{v,Rk}} \cdot t_1 / t_{1,\text{req}}$ oder $F_{\text{v,Rk,red}} = F_{\text{v,Rk}} \cdot t_2 / t_{2,\text{req}}$ der kleinere Wert ist maßgebend

Holzdicken und Eindringtiefe/Einschlagtiefe, Definition von t_1 und t_2 nach DIN EN 1995-1-1: 2010-12, 8.3.1.1, Bild 8.4

einschnittige Verbindung	zweischnittige Verbindung
t_1 t_2	t_1 t_2 t_1

[1]) Hierin bedeuten:

t_1, t_2 Holz- oder Holzwerkstoffdicken bzw. Eindringtiefe/Einschlagtiefe der Verbindungsmittel, der kleinere Wert ist maßgebend, s. Bild in Tabelle 11.1,

$f_{\text{h,1,k}}$, $f_{\text{h,2,k}}$ charakteristischer Wert der Lochleibungsfestigkeit im Holz 1 bzw. 2 je nach stiftförmigem Verbindungsmittel in Abschn. 11.5 bis 11.8

β $= f_{\text{h,2,k}} / f_{\text{h,1,k}}$

d Durchmesser des Verbindungsmittels

$M_{\text{y,Rk}}$ charakteristischer Wert des Fließmomentes des Verbindungsmittels nach Abschn. 11.5 bis 11.8

[2]) Mindestdicken und Mindestmaße tragender einteiliger Einzelquerschnitte aus Voll- und Brettschichtholz nach Tabelle 8.3 bzw. tragender/aussteifender Holzwerkstoff- und Gipswerkstoffplatten nach Tabelle 7.13 dürfen nicht unterschritten werden

[3]) zusätzliche Festlegungen für stiftförmige Verbindungsmittel in den Abschn. 11.5 bis 11.8 bei Beanspruchung auf Abscheren einhalten

[4]) für Nagelverbindungen mit Nadelholzbauteilen darf – abweichend von dem in Tabelle 11.1 angeführten vereinfachten Nachweisverfahren – ein vereinfachtes Nachweisverfahren für Nagelverbindungen angewendet werden, s. Abschn. 11.7.2

[5]) Bemessungswerte der Tragfähigkeit $F_{\text{v,Rd}}$ für stiftförmige Verbindungsmittel nach Gl. (11.13)

[6]) die Mindestholzdicken bzw. Mindesteindringtiefen sind bei Verwendung von $F_{\text{v,Rk}}$ einzuhalten, ansonsten ist der reduzierte charakteristische Wert $F_{\text{v,Rk,red}}$ maßgebend

[7]) effektive charakteristische Tragfähigkeit $F_{\text{v,ef,Rk}}$ einer Verbindungsmittelreihe, in der mehrere Verbindungsmittel in Faserrichtung hintereinander liegen, nach Gl. (11.12) nachweisen

zelquerschnitte aus Voll- und Brettschichtholz nach Tabelle 8.3 bzw. tragender/aussteifender Holzwerkstoff- und Gipswerkstoffplatten nach Tabelle 7.13 nicht unterschritten werden. Für Nagelverbindungen mit Nadelholzbauteilen darf bei Beanspruchung auf Abscheren – abweichend von dem in Tabelle 11.1 angeführten vereinfachten Nachweisverfahren – ein vereinfachtes Nachweisverfahren für Nagelverbindungen angewendet werden, s. Abschn. 11.7.2.

Effektive charakteristische Tragfähigkeit $F_{v,ef,Rk}$ einer Verbindungsmittelreihe nach DIN EN 1995-1-1: 2010-12, 8.1.2
Sind in einer Verbindungsmittelreihe **mehrere Verbindungsmittel in Faserrichtung hintereinander** angeordnet, ist die effektive charakteristische Tragfähigkeit $F_{v,ef,Rk}$ nach Gl. (11.12) zu bestimmen, die wirksame Anzahl n_{ef} der Verbindungsmittel kann den einzelnen Abschn. 11.5 bis 11.8 für stiftförmige metallische Verbindungsmittel und Abschn. 12 für Dübel besonderer Bauart entnommen werden, s. auch Abschn. 10.3.4.

$$F_{v,ef,Rk} = n_{ef} \cdot F_{v,Rk} \tag{11.12}$$

$F_{v,ef,Rk}$ effektive charakteristische Tragfähigkeit parallel zu einer Verbindungsmittelreihe, deren Verbindungsmittel in Faserrichtung hintereinander liegend angeordnet sind
$F_{v,Rk}$ charakteristische Tragfähigkeit je Verbindungsmittel in Faserrichtung nach Tabelle 11.1 bzw. Abschn. 11.7.2 für stiftförmige Verbindungsmittel und nach Abschn. 12 für Dübel besonderer Bauart
n_{ef} wirksame Anzahl der Verbindungsmittel, die in Faserrichtung hintereinander liegen, je Verbindungsmittel nach Abschn. 11.5 bis 11.8 für stiftförmige Verbindungsmittel und Abschn. 12 für Dübel besonderer Bauart

Für eine **schräg zur Verbindungsmittelreihe wirkende Kraft** ist nachzuweisen, dass die Kraftkomponente in Richtung der Verbindungsmittelreihe kleiner gleich der rechnerischen Tragfähigkeit nach Gl. (11.12) ist. Der Nachweis von Bauteilen mit **Schräg- und Queranschlüssen** (Verbindungsmittelkräfte unter einen Winkel α zur Faserrichtung) kann nach Abschn. 21.3 erfolgen.

Bemessungswert der Tragfähigkeit $F_{v,Rd}$ stiftförmiger metallischer Verbindungsmittel
Der **Bemessungswert der Tragfähigkeit $F_{v,Rd}$** von Verbindungen mit stiftförmigen Verbindungsmitteln auf Abscheren für das vereinfachte Nachweisverfahren ist nach Gl. (11.13) zu ermitteln, s. DIN EN 1995-1-1/NA: 2013-08, NCI NA.8.2.4, bei unterschiedlichen Modifikationsbeiwerten $k_{mod,1}$ und $k_{mod,2}$ in Holzwerkstoff-Holz-Verbindungen ist das geometrische Mittel für k_{mod} zu bilden. Als Teilsicherheitsbeiwert wird $\gamma_M = 1{,}1$ für auf Biegung beanspruchte stiftförmige Verbindungsmittel des vereinfachten Nachweisverfahrens nach Tabelle 8.2 angesetzt, zur Herleitung dieses Wertes für $\gamma_M = 1{,}1$ s. Gl. (11.16) bis (11.20). Der **Nachweis von Verbindungen** mit stiftförmigen Verbindungsmitteln kann nach Gl. (11.14) vorgenommen werden.

Verbindungen mit stiftförmigen metallischen Verbindungsmitteln auf Abscheren: Bemessungswert der Tragfähigkeit $F_{v,Rd}$

$$F_{v,Rd} = \frac{k_{mod} \cdot F_{v,Rk}}{\gamma_M} \tag{11.13}$$

Nachweis einer Verbindung

$$\frac{F_{v,Ed}}{F_{v,Rd}} \leq 1 \tag{11.14}$$

$F_{v,Ed}$ Bemessungswert der Beanspruchung einer Verbindung mit stiftförmigen metallischen Verbindungsmitteln auf Abscheren

$F_{v,Rd}$ Bemessungswert der Tragfähigkeit (Beanspruchbarkeit) einer Verbindung mit stiftförmigen metallischen Verbindungsmitteln auf Abscheren

$F_{v,Rk}$ charakteristische Tragfähigkeit stiftförmiger Verbindungsmittel auf Abscheren, für Verbindungen mit stiftförmigen metallischen Verbindungsmitteln nach Tabelle 11.1 bzw. 11.2, für Nagelverbindungen nach Abschn. 11.7.2

k_{mod} Modifikationsbeiwert nach Abschn. 7.4.1
$= \sqrt{k_{mod,1} \cdot k_{mod,2}}$ bei unterschiedlichen Modifikationsbeiwerten in Holzwerkstoff-Holz-Verbindungen nach DIN EN 1995-1-1/NA: 2013-08, NCI NA.8.2.4

γ_M Teilsicherheitsbeiwert für auf Biegung beanspruchte stiftförmige Verbindungsmittel nach Tabelle 8.2 für das vereinfachte Nachweisverfahren:
$= 1{,}1$

Alternativer Bemessungswert der Tragfähigkeit $F_{v,Rd}$ auf Abscheren von Verbindungen mit stiftförmigen Verbindungsmitteln

Der Bemessungswert der Tragfähigkeit $F_{v,Rd}$ einer Holzverbindung mit stiftförmigen Verbindungsmitteln wird im Allgemeinen beim vereinfachten Nachweisverfahren nach den Festlegungen der DIN EN 1995-1-1/NA: 2013-08, NCI NA.8.2.4 mit Gl. (11.13) bestimmt, diese Gl. kann allgemein auch durch Gl. (11.15) ersetzt werden, darin beträgt der Teilsicherheitsbeiwert $\gamma_{M,Verbindung} = 1{,}1$.

$$F_{v,Rd} = \frac{k_{mod} \cdot F_{v,Rk}}{\gamma_{M,Verbindung}} \tag{11.15}$$

Der Bemessungswert $F_{v,Rd}$ nach Gl. (11.15) bzw. (11.13) wird vereinfacht ermittelt, um den Rechenaufwand zu reduzieren. Er kann nach *Erläut. zu DIN 1052: 2004-08* [47], E 12.2.2 auch über einen anderen und genaueren Weg bestimmt werden: Dazu werden die Bemessungswerte des Fließmomentes $M_{y,Rd}$ und der Lochleibungsfestigkeit $f_{h,1,d}$ nach Gl. (11.16) und (11.17) verwendet. Diese sind mit dem charakteristischen Fließmoment $M_{y,Rk}$ und der Lochleibungsfestigkeit $f_{h,1,k}$ nach Tabelle 11.1 zu ermitteln, für die unterschiedliche Teilsicherheitsbeiwerte $\gamma_{M,Stahl} = 1{,}1$ und $\gamma_{M,Holz} = 1{,}3$ gelten; bei der Lochleibungsfestigkeit des Holzes oder der Holzwerkstoffe muss noch der Beiwert k_{mod} berücksichtigt werden, da sie von der Holzfeuchte und der Lasteinwirkungsdauer abhängt.

$$M_{\mathrm{y,Rd}} = \frac{M_{\mathrm{y,Rk}}}{\gamma_{\mathrm{M,Stahl}}} \tag{11.16}$$

$$f_{\mathrm{h,1,d}} = \frac{k_{\mathrm{mod}} \cdot f_{\mathrm{h,1k}}}{\gamma_{\mathrm{M,Holz}}} \tag{11.17}$$

Der **alternative und genauere Bemessungswert der Tragfähigkeit $F_{\mathrm{v,Rd}}$ von Verbindungen mit stiftförmigen Verbindungsmittel** nach Gl. (11.18) wird durch Einsetzen der Gl. (11.16) und (11.17) in die Gl. für den Bemessungswert der Tragfähigkeit $F_{\mathrm{v,Rd}}$ gebildet, der aus der Gl. für die charakteristische Tragfähigkeit $F_{\mathrm{v,Rk}}$ nach Tabelle 11.1 für $\beta = 1{,}0$ bestimmt wird.

$$F_{\mathrm{v,Rd}} = \sqrt{\frac{k_{\mathrm{mod}}}{\gamma_{\mathrm{M,Stahl}} \cdot \gamma_{\mathrm{M,Holz}}}} \cdot \sqrt{2 \cdot M_{\mathrm{y,Rk}} \cdot f_{\mathrm{h,1,d}} \cdot d} = \sqrt{\frac{k_{\mathrm{mod}}}{\gamma_{\mathrm{M,Stahl}} \cdot \gamma_{\mathrm{M,Holz}}}} \cdot F_{\mathrm{v,Rk}} \tag{11.18}$$

$\gamma_{\mathrm{M,Stahl}}$ Teilsicherheitsbeiwert für Stahl nach DIN EN 1993-1-1: 2010-12, $= 1{,}1$

$\gamma_{\mathrm{M,Holz}}$ Teilsicherheitsbeiwert für Holz und Holzwerkstoffe nach Tabelle 8.2, $= 1{,}3$

Weitere Größen s. Gl. (11.13) und Tabelle 11.1

Teilsicherheitsbeiwert $\gamma_{\mathrm{M}} = 1{,}1$ für auf Biegung beanspruchte stiftförmige - Verbindungsmittel

Aus Gl. (11.15) und (11.18) wird der Teilsicherheitsbeiwert $\gamma_{\mathrm{M}} = 1{,}1$ für auf Biegung beanspruchte stiftförmige Verbindungsmittel im vereinfachten Nachweisverfahren nach Tabelle 8.2 bestimmt: Da der „vereinfachte" Bemessungswert nach Gl. (11.15) bzw. (11.13) mit dem „alternativen und genaueren" Bemessungswert nach Gl. (11.18) übereinstimmen soll, kann dies durch Gleichsetzen mit Gl. (11.19) ermittelt werden, aus der Gl. (11.20) als Bestimmungsgleichung für den Teilsicherheitsbeiwert $\gamma_{\mathrm{M,Verbindung}}$ der Gl. (11.15) bzw. (11.13) folgt. Werden die Teilsicherheitsbeiwerte $\gamma_{\mathrm{M,Stahl}} = 1{,}1$ und $\gamma_{\mathrm{M,Holz}} = 1{,}3$ sowie k_{mod}-Werte von 0,6 bis 0,9 in Gl. (11.20) eingesetzt, wird als ungünstigster Wert $\gamma_{\mathrm{M,Verbindung}} = \gamma_{\mathrm{M}} = 1{,}1$ gefunden und für auf Biegung beanspruchte stiftförmige Verbindungsmittel des vereinfachten Nachweisverfahrens nach Tabelle 8.2 festgelegt.

$$\frac{k_{\mathrm{mod}}}{\gamma_{\mathrm{M,Verbindung}}} = \sqrt{\frac{k_{\mathrm{mod}}}{\gamma_{\mathrm{M,Stahl}} \cdot \gamma_{\mathrm{M,Holz}}}} \tag{11.19}$$

$$\gamma_{\mathrm{M,Verbindung}} = \sqrt{k_{\mathrm{mod}} \cdot \gamma_{\mathrm{M,Stahl}} \cdot \gamma_{\mathrm{M,Holz}}} \tag{11.20}$$

Für die **Mindestholzdicken bei Verbindungen mit stiftförmigen Verbindungsmitteln** nach Tabelle 11.1 gilt eine vergleichbare Vorgehensweise der DIN EN 1995-1-1/NA: 2013-08, s. *Erläut. zu DIN 1052: 2004-08* [47], E.12.2.2. Zur Vereinfachung des Rechenweges werden auch hier nicht die Bemessungswerte des Fließmomentes $M_{y,Rd}$ und der Lochleibungsfestigkeit $f_{h,1,d}$ nach Gl. (11.16) und (11.17) verwendet, sondern deren charakteristische Werte; der Einfluss der unterschiedlichen Teilsicherheitsbeiwerte $\gamma_{M,Stahl}$ und $\gamma_{M,Holz}$ sowie der k_{mod}-Werte wird sinngemäß über den Faktor 1,15 als ungünstigsten Wert berücksichtigt.

11.4 Vereinfachtes Nachweisverfahren zur Berechnung der Tragfähigkeit stiftförmiger metallischer Verbindungsmittel in Stahlblech-Holz-Verbindungen (Abscheren)

Charakteristische Tragfähigkeit $F_{v,Rk}$ stiftförmiger metallischer Verbindungsmittel in Stahlblech-Holz-Verbindungen

Die charakteristische Tragfähigkeit $F_{v,Rk}$ dieser Verbindungsmittel nach Abschn. 11.1, die in Stahlblech-Holz-Verbindungen auf Abscheren beansprucht werden dürfen, kann nach dem vereinfachten Nachweisverfahren der DIN EN 1995-1-1/NA: 2013-08, NCI NA.8.2.5, s. Tabelle 11.2, berechnet werden. Dabei werden Verbindungen mit innen liegenden Stahlblechen und mit außen liegenden „dicken" Stahlblechen sowie Verbindungen mit außen liegenden „dünnen" Stahlblechen unterschieden; die Bedingungen für „dicke" und „dünne" Stahlbleche sowie für Sondernägel der Tragfähigkeitsklasse 3 bei „dicken" Stahlblechen sind in Tabelle 11.2 angeführt. Geeignete stiftförmige Verbindungsmittel in außen liegenden Stahlblechen sind z.B. Nägel, Holzschrauben und Passbolzen, Stabdübel sind hier nicht zulässig.

Die in Tabelle 11.2 angeführten Bedingungen für die Mindestholzdicken sind einzuhalten. Werden die Holzdicken t_1 und t_2 geringer als die Mindestholzdicken t_{req} ausgebildet, ist mit der abgeminderten charakteristischen Tragfähigkeit $F_{v,Rk,red}$ wie in Tabelle 11.2 angegeben zu rechnen. Dagegen dürfen die Mindestdicken und -abmessungen tragender einteiliger Einzelquerschnitte aus Voll- und Brettschichtholz nach Tabelle 8.3 nicht unterschritten werden. Für Nagelverbindungen mit Stahlblech-Nadelholzbauteilen darf bei Beanspruchung auf Abscheren – abweichend von dem in Tabelle 11.2 angeführten vereinfachten Nachweisverfahren – ein vereinfachtes Nachweisverfahren für Nagelverbindungen angewendet werden, s. Abschn. 11.7.2.

Sind in einer Verbindungsmittelreihe mehrere Verbindungsmittel in Faserrichtung hintereinander angeordnet, ist die **effektive charakteristische Tragfähigkeit $F_{v,ef,Rk}$** nach Abschn. 11.3, Gl. (11.12) zu bestimmen. Liegen Stahlblech-Holz-Verbindungen an belasteten Hirnholzenden, muss der **Nachweis des Scher- oder Zugversagens (Blockscherversagen)** nach Abschn. 10.3.7 geführt werden.

Bemessungswert der Tragfähigkeit $F_{v,Rd}$ stiftförmiger metallischer Verbindungsmittel in Stahlblech-Holz-Verbindungen

Der Bemessungswert der Tragfähigkeit $F_{v,Rd}$ dieser Verbindungsmittel ist nach Gl. (11.13) mit dem Teilsicherheitsbeiwert $\gamma_M = 1{,}1$ für auf Biegung beanspruchte stiftförmige Verbindungsmittel des vereinfachtes Nachweisverfahrens zu ermitteln. Stahlteile sind nach DIN EN 1993-1-1: 2010-12 bzw. dessen Nationalem Anhang nachzuweisen.

Tabelle 11.2 Vereinfachtes Nachweisverfahren für die charakteristische Tragfähigkeit $F_{v,Rk}$ stiftförmiger metallischer Verbindungsmittel in Stahlblech-Holz-Verbindungen pro Scherfuge und Verbindungsmittel bei Beanspruchung auf Abscheren nach EN 1995-1-1/NA: 2013-08, NCI NA.8.2.5[1–5)][8)][9)]

Charakteristischer Wert der Tragfähigkeit $F_{v,Rk}$ für Verbindungen[2)][5)][8)]	
mit innen liegenden Stahlblechen oder außen liegenden dicken Stahlblechen	mit außen liegenden dünnen Stahlblechen
$F_{v,Rk} = \sqrt{2} \cdot \sqrt{2 \cdot M_{y,Rk} \cdot f_{h,k} \cdot d}$	$F_{v,Rk} = \sqrt{2 \cdot M_{y,k} \cdot f_{h,k} \cdot d}$
Mindestholzdicken bzw. Eindringtiefen t_{req}[2)][3)]	
für alle Hölzer $t_{req} = 1{,}15 \cdot 4 \cdot \sqrt{\dfrac{M_{y,Rk}}{f_{h,k} \cdot d}}$	für Mittelhölzer mit zweischnittig beanspruchten Verbindungsmitteln $t_{req} = 1{,}15 \cdot (2 \cdot \sqrt{2}) \cdot \sqrt{\dfrac{M_{y,Rk}}{f_{h,k} \cdot d}}$
	für alle anderen Fälle $t_{req} = 1{,}15 \cdot (2 + \sqrt{2}) \cdot \sqrt{\dfrac{M_{y,Rk}}{f_{h,k} \cdot d}}$

Reduzierter charakteristischer Wert der Tragfähigkeit $F_{v,Rk,red}$

$F_{r,Rk,red} = F_{v,Rk} \cdot t/t_{req}$ bei einer Holzdicke t_1, t_2 kleiner als die Mindestholzdicke t_{req}[3)]

Dicke und dünne Stahlbleche nach DIN EN 1995-1-1: 2010-12; 8.2.3 (1)[4)]

„dicke" Stahlbleche liegen vor, wenn $t_s \geq d$ oder[6)]
„dünne" Stahlbleche liegen vor, wenn $t_s \leq 0{,}5\ d$
für $0{,}5\ d < t_s < d$ darf geradlinig interpoliert werden[7)]

Stahlblech-Holz-Verbindungen, Beispiele

einschnittig, ein Stahlblech außen liegend	einschnittig, je ein Stahlblech außen liegend	zweischnittig, ein Stahlblech innen liegend	zweischnittig, je ein Stahlblech außen liegend

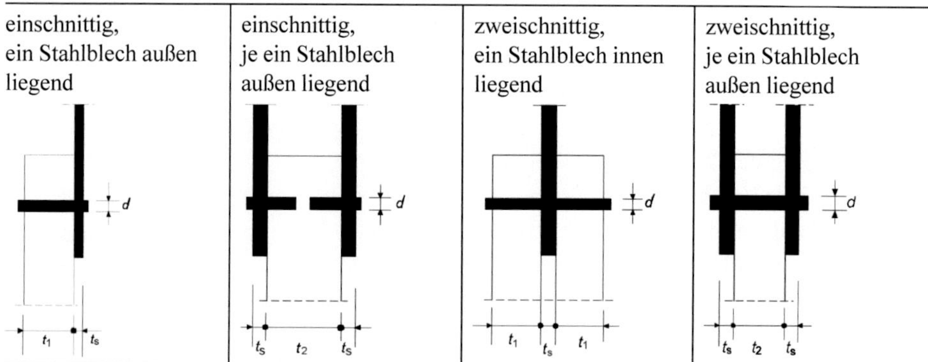

[1)] Hierin bedeuten

t_1 der kleiner Wert der Seitenholzdicke oder der Eindringtiefe

t_2 Dicke des Mittelholzes

t_s Stahlblechdicke

$f_{h,k}$ charakteristischer Wert der Lochleibungsfestigkeit im Holz je nach geeignetem stiftförmigen Verbindungsmittel der Abschn. 11.5 bis 11.8

d Durchmesser des Verbindungsmittels

$M_{y,Rk}$ charakteristischer Wert des Fließmomentes des Verbindungsmittels je nach geeignetem stiftförmigen Verbindungsmittel der Abschn. 11.5 bis 11.8

Tabelle 11.2 (Fußnoten)

[2]) die Mindestholzdicken sind bei Verwendung von $F_{v,Rk}$ einzuhalten, sind sie geringer, ist die reduzierte charakteristische Tragfähigkeit $F_{v,Rk,red}$ maßgebend

[3]) Mindestdicken und -abmessungen tragender einteiliger Einzelquerschnitte aus Voll- und Brettschichtholz nach Tabelle 8.3 dürfen nicht unterschritten werden

[4]) zusätzliche Festlegungen für geeignete stiftförmige Verbindungsmittel in den Abschn. 11.5 bis 11.8 einhalten

[5]) für Nagelverbindungen mit Stahlblech-Nadelholzbauteilen darf bei Beanspruchung auf Abscheren – abweichend von dem in Tabelle 11.2 angeführten vereinfachten Nachweisverfahren – ein vereinfachtes Nachweisverfahren für Nagelverbindungen angewendet werden, s. Abschn. 11.7.2

[6]) sowie bei Stahlblechen mit einer Dicke $d \geq 2$ mm gilt die Annahme dicker Stahlbleche als erfüllt, die mit profilierten Nägeln (Sondernägeln) der Tragfähigkeitsklasse 3 und mit Nageldurchmessern $d \leq 2 \cdot t_s$ angeschlossen sind, s. DIN EN 1995-1-1/NA: 2013-08, NCI Zu 8.3.1.4 (NA.6)

[7]) bei Stahlblechdicken $0{,}5\,d < t_s < d$ darf bei der Berechnung des charakteristischen Wertes der Tragfähigkeit $F_{v,Rk}$ geradlinig zwischen den $F_{v,Rk}$-Werten von innen/außen liegenden dicken und außen liegenden dünnen Stahlblechen interpoliert werden, Mindestholzdicken für diese Fälle vereinfachend aus den Mindestholzdicken für innen/außen liegende dicke Stahlbleche (für alle Hölzer) und außen liegende dünne Stahlbleche (für Mittelhölzer mit zweischnittig beanspruchten Verbindungsmitteln) ermitteln und erforderlichenfalls geradlinig interpolieren

[8]) Bemessungswerte der Tragfähigkeit $F_{v,Rd}$ nach Gl. (11.13)

[9]) effektive charakteristische Tragfähigkeit $F_{v,ef,Rk}$ einer Verbindungsmittelreihe, in der mehrere Verbindungsmittel in Faserrichtung hintereinander liegen, nach Gl. (11.12) nachweisen

Herleitung der Gl. für die charakteristische Tragfähigkeit $F_{v,Rk}$ stiftförmiger - metallischer Verbindungsmittel in Stahlblech-Holz-Verbindungen

Die Herleitung dieser Gleichungen wird sinngemäß wie für Holz-Holz- und Holz-Holzwerkstoff-Verbindungen nach Abschn. 11.2.2 vorgenommen. Dabei wird bei außen liegenden dicken und bei innen liegenden Stahlblechen nach Tabelle 11.2 angenommen, dass eine volle Einspannung des Stiftes im Stahlblech vorliegt, während für außen liegende dünne Bleche eine gelenkige Lagerung vorausgesetzt wird; bei Stahlblechdicken zwischen dünnen und dicken Stahlblechen $0{,}5\,d < t_s < d$ wird eine Teileinspannung des Stiftes im Blech angenommen, so dass die Tragfähigkeit zwischen voller Einspannung (dickes Stahlblech) und gelenkiger Lagerung (dünnes Stahlblech) liegt und zwischen diesen Grenzwerten vereinfachend geradlinig interpoliert werden darf. Bei Verbindungen mit innen liegenden Stahlblechen und mit außen liegenden dicken Stahlblechen werden die Gleichungen für die Versagensmechanismen (e), (h) und (m) nach DIN EN 1995-1-1: 2010-12, 8.2.3, Bild 8.3 mit zwei Fließgelenken pro Scherfuge bestimmt, bei Verbindungen mit außen liegenden dünnen Stahlblechen, in denen nur ein Fließgelenk pro Scherfuge auftreten kann, werden die Gleichungen für die entsprechenden Versagensmechanismen (b) und (k) aufgestellt s. *Ehlbeck/Larsen* [122], *Erläut. zu DIN 1052: 2004-08* [47], E 12.2.3 und *Hilson* [223].

11.5 Stabdübel- und Passbolzenverbindungen

Die charakteristischen Tragfähigkeiten $F_{v,Rk}$ und Bemessungswerte $F_{v,Rd}$ von Stabdübel- und Passbolzenverbindungen bei **Beanspruchung auf Abscheren** nach dem **genaueren Nachweisverfahren** können Anhang A.1, nach dem **vereinfachten Nachweisverfahren** Abschn. 11.3 und 11.4 entnommen werden. Die Übersicht im Abschn. 11.5.1 betrifft beide Nachweisverfahren. Die Angaben und Festlegungen in den Abschn. 11.5.2 und 11.5.3 bei Beanspruchung auf Abscheren sind zusätzlich einzuhalten, sie gelten für das genauere und vereinfachte Nachweisverfahren. Im Abschn. 11.5.4 werden Passbolzenverbindungen bei Beanspruchung **in Richtung der Stiftachse** darstellt, für die nur ein Nachweisverfahren sinngemäß nach DIN EN 1995-1-1: 2010-12, 8.6 bzw. 8.5.2 vorliegt.

11.5.1 Übersicht über Stabdübel und Passbolzen

Stabdübel und Passbolzen nach DIN EN 1995-1-1: 2010-12, 8.6 und DIN EN 1995-1-1/NA: 2013-08, NCI Zu 8.6 sind stiftförmige metallische Verbindungsmittel nach Abschn. 11.1, die rechtwinklig zu ihrer Längsachse Scherkräfte (Abscheren) übertragen, Passbolzen mit Unterlegscheiben und Kopf/Mutter auch zusätzlich Zugkräfte in Richtung ihrer Längsachse (Stiftachse), da die Unterlegscheiben die Kräfte in das jeweilige (Holz-)Bauteil einleiten. Stabdübel müssen den Festlegungen der Produktnorm DIN EN 14592: 2012-07 (neueste Ausgabe 2022-08 ist noch nicht im europäischem Amtsblatt veröffentlicht und somit nicht harmonisiert) entsprechen, s. auch Anwendungsnorm DIN 20000-6: 2015-02. Über weitere allgemeine Festlegungen bei stiftförmigen Verbindungsmitteln s. Abschn. 11.1 bis 11.4.

Stabdübel nach Bild 11.7 sind schlanke zylindrische, in der Regel nicht profilierte (glatte) Stifte ohne Kopf und Mutter aus bestimmten Stahlsorten (mind. Festigkeitsklasse S235). Sie werden in vorgebohrte Löcher mit dem Nenndurchmesser d des Stabdübels eingetrieben, bei Stahlblech-Holz-Verbindungen dürfen nach DIN EN 1995-1-1/NA: 2013-08, NCI Zu 8.6 (NA.7) die Löcher im Stahlteil bis zu $(d + 1)$ mm größer sein. An ihren Enden sind Stabdübel leicht angefast, um das Eintreiben zu erleichtern und ein Aufsplittern des Holzes zu vermeiden. Der gute Passsitz der Stabdübel im Holz garantiert eine ausreichende Klemmwirkung der Verbindung bei vorwiegend ruhender Belastung. Stabdübelverbindungen dürfen in allen Holzbauwerken und -bauteilen verwendet werden.

Passbolzen sind Stabdübel mit Kopf und Mutter oder mit beidseitigen Muttern einschließlich zugehöriger Unterlegscheiben. Passbolzenverbindungen dürfen in allen Holz-

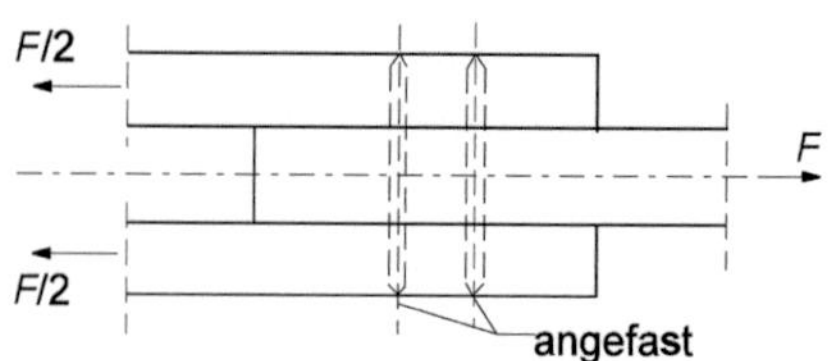

Bild 11.7 Stabdübelverbindung, Draufsicht

bauwerken und -bauteilen verwendet werden. Passbolzen dienen darüber hinaus zur Verbesserung der Klemmwirkung in Holz-Holz-Verbindungen z.B. als zusätzliche Sicherung bei mehreren Stabdübeln; sind in Holz-Holzverbindungen bei mehr als sechs Stabdübeln keine zusätzlichen Klemmbolzen vorgesehen, empfiehlt *Erläut. zu DIN 1052: 1988-04* [77], zu Teil 2, E 5.1, etwa jeden sechsten statisch erforderlichen Stabdübel als Passbolzen auszuführen, um die Klemmwirkung zu erhöhen.

Bei außen liegenden Stahlblechen müssen nach DIN EN 1995-1-1/NA: 2013-08, NCI Zu 8.6 (NA.7) Passbolzen anstelle von Stabdübeln zur Sicherung der Verbindung eingesetzt werden, dabei muss der volle Schaftquerschnitt der Passbolzen (ohne Gewinde) über das gesamte Bohrloch zur Aufnahme der Lochleibungskräfte vorhanden sein.

Tragverhalten auf Abscheren von Stabdübel- und Passbolzenverbindungen

Stabdübel werden bei Beanspruchung auf Abscheren in das Bohrloch eingezogen („Einziehzustand"), da sie aufgrund der glatten Oberfläche und fehlender Unterlegscheiben keine Rückverankerung mit dem Holz besitzen, während Passbolzen weitaus weniger eingezogen werden und sich über die beidseitigen Unterlegscheiben mehr in die Verbindung einhängen („Einhängezustand" oder „Einhängeeffekt"), s. Bild 11.8. Die dabei auftretende Zugkraft in Richtung der Passbolzenachse bewirkt ein Aneinanderpressen der Bauteile (Querdruckkraft) in der Kontaktfuge und damit durch Reibung eine Kraftkomponente in Richtung des Abscherens, die die Passbolzentragfähigkeit erhöht. Aus diesem Grunde besitzen Passbolzenverbindungen eine höhere Tragfähigkeit auf Abscheren als vergleichbare Stabdübelverbindungen, die bei der Bemessung berücksichtigt werden darf.

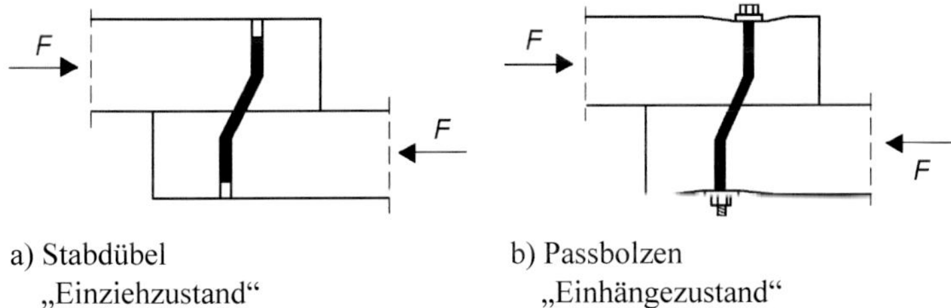

a) Stabdübel „Einziehzustand"

b) Passbolzen „Einhängezustand"

Bild 11.8 Tragverhalten von Stabdübeln und Passbolzen auf Abscheren im Bruchzustand
a) Einziehen eines Stabdübels in das Bohrloch („Einziehzustand"),
b) Rückverankerung eines Passbolzens im Holz über beidseitige Unterlegscheiben („Einhängezustand")

Werden **Stabdübel und Passbolzen in einem Anschluss** gleichzeitig verwendet, können nach *Erläut. zu DIN 1052: 2004-08* [47], E 12.3 die Tragfähigkeitswerte für Stabdübel auf Abscheren auch für Passbolzen gleichen Durchmessers d angesetzt werden, wenn eine geringere Stahlzugfestigkeit $f_{u,k}$ des Passbolzenmaterials durch ihre erhöhte Tragfähigkeit infolge des Einhängeeffektes gegenüber einer höheren Stahlzugfestigkeit $f_{u,k}$ der Stabdübel ausgeglichen wird, s. Abschn. 11.5.3. Andernfalls kann auch der vereinfachte oder genauere (meist günstigere) Nachweis des Zusammenwirkens verschiedener Verbindungsmittel auf Abscheren in einer Holzverbindung nach Abschn. 10.3.5 geführt werden, auch wenn in diesem Fall

Stabdübel und Passbolzen denselben Rechenwert des Verschiebungsmodul K_{ser} besitzen, s. Tabelle 10.2. Als Empfehlung und auf der sicheren Seite liegend darf auch vereinfachend für Stabdübel und Passbolzen in einem Anschluss die Tragfähigkeit auf Abscheren der Stabdübel angenommen werden, wenn die Stahlzugfestigkeiten $f_{u,k}$ etwa vergleichbar sind.

Stabdübel- und Passbolzenverbindungen eignen sich besonders zur Übertragung großer Beanspruchungen, sind steifer als Bolzenverbindungen, s. Abschn. 11.6, und vergleichsweise leicht und wirtschaftlich herzustellen. Über Stabdübelverbindungen berichten *Blaß/Werner* [66], *Colling/Blaß* [97], *Ehlbeck/Werner* [125], [127], [128], *Gehri* [147], *Kolb/Radovic* [264] und *Werner* [519].

11.5.2 Tragfähigkeit von Stabdübelverbindungen bei Beanspruchung rechtwinklig zur Stiftachse (Abscheren)

Charakteristische Werte der Tragfähigkeit $F_{v,Rk}$ und Bemessungswert $F_{v,Rd}$ von Stabdübeln nach dem vereinfachen Nachweisverfahren

Die **charakteristische Tragfähigkeit $F_{v,Rk}$** von Stabdübelverbindungen wird bei Berechnungen „per Hand" im Allgemeinen nach dem vereinfachen Nachweisverfahren ermittelt, für Holz-Holz- bzw. Holzwerkstoff-Holz-Verbindungen nach Abschn. 11.3 und für Stahlblech-Holz-Verbindungen mit innen liegenden Stahlblechen nach Abschn. 11.4. Charakteristische Tragfähigkeiten $F_{v,Rk}$ ausgesuchter Holz-Holz-Verbindungen mit Stabdübeln sind in Tabelle 11.6 dargestellt. Die **Bemessungswerte der Tragfähigkeit $F_{v,Rd}$** können nach Gl. (11.13) bestimmt, der **Nachweis der Stabdübelverbindung** sinngemäß nach Gl. (11.14) vorgenommen werden. Die folgenden weiteren Festlegungen für Stabdübel in diesem Abschn. sind einzuhalten.

Charakteristische Werte der Tragfähigkeit $F_{v,Rk}$ und Bemessungswert $F_{v,Rd}$ von Stabdübeln nach dem genaueren Nachweisverfahren

Sollen jedoch charakteristische Tragfähigkeiten $F_{v,Rk}$ und Bemessungswerte $F_{v,Rd}$ mit - besserer Anpassung an die geometrischen und materialtechnischen Verhältnisse einer Verbindung erforderlich werden, s. auch Abschn. 11.2, sind die „aufwändigeren" Gl. des - genaueren Nachweisverfahrens nach Anhang A.1 zu verwenden z.B. mit geeigneter Software. Der Bemessungswert $F_{v,Rd}$ ist im genaueren Nachweisverfahren nach Anhang A.1, Gl. (A.1) zu bestimmen, der **Nachweis der Stabdübelverbindung** kann sinngemäß nach Gl. (11.14) vorgenommen werden. Die folgenden weiteren Festlegungen für Stabdübel in diesem Abschn. sind einzuhalten.

Charakteristische Werte der Lochleibungsfestigkeit $f_{h,k}$, des Fließmomentes $M_{y,Rk}$ und der Stahlzugfestigkeiten $f_{u,k}$ für Stabdübel

Die charakteristischen Werte der Lochleibungsfestigkeit $f_{h,k}$ für Voll-, Brettschicht-, Balkenschicht-, Furnierschicht-, Sperrholz, OSB-Platten und kunstharzgebundene Spanplatten sowie die charakteristischen Werte des Fließmomentes $M_{y,Rk}$ und der Stahlzugfestigkeiten $f_{u,k}$ für Stabdübel sind in Tabelle 11.3 angegeben.

Tabelle 11.3 Charakteristische Werte der Lochleibungsfestigkeit für Holz und Holzwerkstoffe sowie charakteristische Werte des Fließmomentes und der Stahlzugfestigkeiten für Stabdübel nach DIN EN 1995-1-1: 2010-12, 8.5.1 und 8.6[1])[2])[3])

Charakteristische Werte $f_{h,k}$ der Lochleibungsfestigkeit in N/mm²			
für Voll-, Brettschicht-, Balkenschicht- und Furnierschichtholz LVL nach DIN EN 14374: 2005-02[2])			
für einen Kraft-Faserwinkel $\alpha = 0°$	$f_{h,0,k} = 0{,}082 \cdot (1 - 0{,}01 \cdot d) \cdot \rho_k$		
für Kraft-Faserwinkel $0° < \alpha \leq 90°$	$f_{h,\alpha,k} = \dfrac{f_{h,0,k}}{k_{90} \cdot \sin^2 \alpha + \cos^2 \alpha}$		
mit den Beiwerten k_{90}			
für Nadelhölzer	$k_{90} = 1{,}35 + 0{,}015 \cdot d$		
für Furnierschichtholz LVL	$k_{90} = 1{,}30 + 0{,}015 \cdot d$		
für Laubhölzer	$k_{90} = 0{,}90 + 0{,}015 \cdot d$		
für Sperrholz[2])			
unabhängig vom Winkel α zwischen Kraft- und Faserrichtung der Deckfurniere	$f_{h,k} = 0{,}11 \cdot (1 - 0{,}01 \cdot d) \cdot \rho_k$		
für OSB-Platten und kunstharzgebundene Spanplatten[2])			
unabhängig vom Winkel α zwischen Kraft- und Spanrichtung der Deckschicht (OSB)	$f_{h,k} = 50 \cdot d^{-0{,}6} \cdot t^{0{,}2}$		
Charakteristischer Wert $M_{y,Rk}$ des Fließmomentes in Nmm			
für Stabdübel aus Stahl mit kreisförmigem Querschnitt[4])	$M_{y,Rk} = 0{,}3 \cdot f_{u,k} \cdot d^{2{,}6}$		
Charakteristische Werte der Zugfestigkeiten $f_{u,k}$ des Stahles für Stabdübel[5])			
Stahlsorte nach DIN EN 10 025-2: 2019-10	S235	S275	S355
Charakteristische Festigkeit $f_{u,k}$ in N/mm²	360[6])	410[6])	470[6])

[1]) Hierin bedeuten:
α Winkel zwischen Kraft- und Faserrichtung
d Stabdübeldurchmesser in mm
$f_{h,0,k}$ charakteristischer Wert der Lochleibungsfestigkeit in Faserrichtung des Holzes in N/mm²
$f_{u,k}$ charakteristischer Wert der Zugfestigkeit des Stahls in N/mm²
t Dicke der Holzwerkstoffplatte in mm
ρ_k charakteristischer Wert der Rohdichte in kg/m³ nach Abschn. 7.2.1 und 7.2.2

[2]) Holz und Holzwerkstoffe mit Anforderungen nach Abschn. 3 bzw. 2

[3]) Stabdübel nach den Anforderungen der DIN EN 14 592: 2012-02, 6.4 und DIN 20 000-6: 2015-02, 3.3.4

[4]) bei Gewindestangen nach Abschn. 11.6.2 sind die charakteristischen Werte des Fließmomentes mit d als Mittelwert aus Kerndurchmesser und Gewindeaußendurchmesser zu bestimmen, über den Mittelwert s. Tabelle 13.1 und DIN EN 1995-1-1/NA: 2013-08, NCI NA.8.5.3 (NA.5)

[5]) charakteristische Stahlzugfestigkeiten $f_{u,k}$ für Passbolzen s. Tabelle 11.9

[6]) Mindestzugfestigkeit für Nenndicken ≥ 3 mm bis ≤ 100 mm nach DIN EN 10 025-2: 2019-10, Tab. 7

Anzahl, Durchmesser, Scherflächen und Vorzugsmaße von Stabdübeln

Bei tragenden Stabdübelverbindungen sind die in Tabelle 11.4 angegebene(n) Durchmesser, Anzahl und Scherflächen einzuhalten. Demnach sind stets mindestens vier Scherflächen und mind. zwei Stabdübel für eine ausreichende Klemmwirkung je Verbindung notwendig, s. DIN EN 1995-1-1/NA: 2013-08, NCI Zu 8.6 (NA.8). Eine tragende Verbindung muss deshalb mind. zwei Stabdübel enthalten, auch wenn ein Stabdübel zur anstehenden Kraftübertragung ausreicht; jedoch sind Verbindungen mit einem Stabdübel zulässig, wenn die charakteristische Tragfähigkeit $F_{v,Rk}$ rechnerisch nur zur Hälfte angesetzt wird. Weiterhin sind in Tabelle 11.4 Vorzugsmaße von Stabdübeln nach DIN 1052: 2008-12, Anhang G.3.1 angeführt.

Tabelle 11.4 Zulässige Durchmesser, Anzahl, Scherflächen und Vorzugsmaße von Stabdübeln bei tragenden Stabdübelverbindungen nach DIN EN 1995-1-1: 2010-12, 8.6 und DIN EN 1995-1-1/NA: 2013-08, NCI Zu 8.6 (NA.8)

(Nenn-)Durchmesser d in mm		Anzahl[1]) min[5])	Scherflächen min[5])	Bohrlochdurchmesser im Holz[2])[3])
min[4])	max[4])			
$d \geq 6$	$d < 30$	$n \geq 2$	$n \geq 4$ [5])	d

Vorzugsmaße für Stabdübel nach DIN 1052: 2008-12, Anhang G.3.1

Durchmesser d in mm	6	8	10	12	16	20	24
Abfasung f in mm	1	1	1,5	2	2,5	3	3,5

[1]) Verbindungen mit einem Stabdübel sind nach DIN EN 1995-1-1/NA: 2013-08, NCI Zu 8.6 (NA.8) zulässig, wenn die charakteristische Tragfähigkeit $F_{v,Rk}$ rechnerisch nur zur Hälfte angesetzt wird

[2]) bei Stahlblech-Holzverbindungen dürfen nach DIN EN 1995-1-1/NA: 2013-08, NCI Zu 8.6 (NA.7) die Löcher im Stahlteil bis zu (d + 1) mm größer als der Nenndurchmesser d des Stabdübels sein

[3]) bei außen liegenden Stahlblechen sind nach DIN EN 1995-1-1/NA: 2013-08, NCI zu 8.6 (NA.7) anstelle der Stabdübel Passbolzen zu verwenden, dabei muss zur Aufnahme der Lochleibungskräfte der volle Schaftquerschnitt (ohne Gewinde) auf der erforderlichen Länge (Bohrloch) vorhanden sein

[4]) nach DIN EN 1995-1-1: 2010-12, 10.4.4 beträgt der kleinste Durchmesser von Stabdübeln d = 6 mm und nach DIN EN 1995-1-1: 2010-12, 8.6 (2) der größte Durchmesser d < 30 mm

[5]) Festlegung nach DIN EN 1995-1-1/NA: 2013-08, NCI Zu 8.6 (NA.8)

Wirksame Anzahl n_{ef} mehrerer in Kraft- und Faserrichtung hintereinander liegender Stabdübel

Liegen mehrere n Stabdübel in Anschlüssen und Stößen in Kraft- und Faserrichtung hintereinander, ist die wirksame Anzahl n_{ef} nach DIN EN 1995-1-1: 2010-12, 8.6 und 8.5.1.1, s. Gl. (11.21), zu errechnen (der kleinere Wert ist maßgebend) und beim Nachweis der - **effektiven charakteristischen Tragfähigkeit $F_{v,ef,Rk}$ einer Verbindungsmittelreihe** nach Abschn. 11.3, Gl. (11.12) zu berücksichtigen, um die Spaltgefahr des Holzes auszuschließen, s. auch Abschn. 10.3.4.

Wirksame Anzahl n_{ef} bei in Faserrichtung hintereinander liegenden stiftförmigen Verbindungsmitteln (z.B. Stabdübel):

- Kraftrichtung in Faserrichtung $\alpha = 0°$

$$n_{ef} = \min\left\{ n \quad \text{oder} \quad n^{0,9} \cdot \sqrt[4]{\frac{a_1}{13 \cdot d}} \right\} \tag{11.21a}$$

- Kraftrichtung rechtwinklig zur Faserrichtung $\alpha = 90°$

$$n_{ef} = n \tag{11.21b}$$

- bei Kraft-Faser-Winkeln $0° < \alpha < 90°$ ist die wirksame Anzahl n_{ef} linear zwischen den Gl. (11.21a) und (11.21.b) zu interpolieren.

n vorhandene Anzahl der Stabdübel, die in Faserrichtung hintereinander liegen
d Durchmesser der Stabdübel
a_1 vorhandener Abstand der Stabdübel untereinander in Faserrichtung des Holzes, für Winkel $0° < \alpha < 90°$ darf bei Stabdübeln nach DIN EN 1995-1-1/NA: 2013-08, NCI zu 8.6 (NA.9) der Mindestabstand a_1 für $\alpha = 0°$ eingesetzt werden, für Stabdübel und Passbolzen s. Tabelle 11.5,
für Bolzen und Gewindestangen darf nach DIN EN 1995-1-1/NA: 2013-08, NCI NA.8.5.3 (NA.7) sinngemäß verfahren werden, s. Tabelle 11.12

Für Stabdübel und Passbolzen darf die **wirksame Anzahl $n_{ef} = n$** nach DIN EN 1995-1-1/NA: 2013-08, NCI Zu 8.6 gesetzt werden (mit n als Anzahl der vorhandenen Verbindungsmittel):

- wenn das Spalten des Holzes durch eine Verstärkung rechtwinklig zur Faserrichtung dauerhaft verhindert wird, z.B. durch Verstärkungen sinngemäß nach Abschn. 10.3.4, Bild 10.11, insbesondere durch innen liegende selbstbohrende Vollgewindeschrauben, s. Abschn. 11.8.4, oder durch außen aufgeklebte Holzwerkstoffplatten mit höherer Lochleibungsfestigkeit als das Holz,[1])
- in biegesteifen Verbindungen mit einem Stabdübelkreis, z.B. in Rahmenecken nach Abschn. 17.4.5,
- in den Fugen nachgiebig verbundener Bauteile, z.B. zusammengesetzte Bauteile nach Abschn. 22.3[1]) und
- in Verbindungen zwischen Rippen und Beplankungen aussteifender Scheiben nach DIN EN 1995-1-1: 2010-12, 9.2.3 und 9.2.4 sowie DIN EN 1995-1-1/NA: 2013-08, NCI Zu 9.2.3 und NCI Zu 9.2.4.2.[1])

Die **wirksame Anzahl muss $n_{ef} = 0{,}85 \cdot n$** gesetzt werden in biegesteifen Verbindungen mit mehreren Stabdübelkreisen (mit n als Gesamtanzahl der Stabdübel in den Stabdübelkreisen),

[1]) gilt auch für Bolzen und Gewindestangen nach DIN EN 1995-1-1/NA: 2013-08, NCI NA.8.5.3 (NA.7) bzw. (NA.8)

s. DIN EN 1995-1-1/NA: 2013-08, NCI Zu 8.6 (NA.11). Wird jedoch das Spalten des Holzes durch eine Verstärkung rechtwinklig zur Faser z.B. durch selbstbohrende Vollgewindeschrauben dauerhaft verhindert, darf mit $n_{ef} = n$ gerechnet werden, Näheres s. Abschn. 10.3.4, 11.8.4 und 17.4.5, *Erläut. zu DIN 1052: 2004-08* [47], E 12.3 (9) sowie *Heimeshoff* [201].

Für eine **schräg zur Verbindungsmittelreihe wirkende Kraft** ist nachzuweisen, dass die Kraftkomponente in Richtung der Verbindungsmittelreihe kleiner gleich der rechnerischen Tragfähigkeit nach Gl. (11.12) ist. Der Nachweis von Bauteilen mit **Schräg- und Queranschlüssen** (Verbindungsmittelkräfte unter einen Winkel α zur Faserrichtung) kann nach Abschn. 21.3 erfolgen, s. auch Abschn. 10.2.

Querschnittsschwächungen durch Stabdübel sind nach Abschn. 8.3.3 zu ermitteln.

Mindestabstände von Stabdübeln und Passbolzen

Die Mindestabstände von Stabdübeln und Passbolzen können Tabelle 11.5 entnommen werden, die Bezeichnungen der Verbindungsmittelabstände sind in Bild 10.5 dargestellt, Erläuterungen dazu in Bild 10.6 angeführt. Bei Passbolzenverbindungen kann ein größerer Abstand a_2 untereinander rechtwinklig zur Faserrichtung aufgrund der Durchmesser der gewählten Unterlegscheiben erforderlich werden, z.B. $a_2 = 4 \cdot d$.

Tabelle 11.5 Mindestabstände von Stabdübeln und Passbolzen nach DIN EN 1995-1-1: 2010-12, 8.6, Tabelle 8.5 und DIN EN 1995-1-1/A2: 2014-07, 12[1])

Bezeichnungen nach Bild 10.5	Benennung der Bezeichnungen	Winkel α zur Faserrichtung	Mindestabstände
a_1	untereinander parallel zur Faserrichtung	$0° \le \alpha \le 360°$	$(3 + 2 \cdot \lvert \cos\alpha \rvert) \cdot d$
a_2	untereinander rechtwinklig zur Faserrichtung	$0° \le \alpha \le 360°$	$3 \cdot d$
$a_{3,t}$	vom beanspruchten Hirnholzende	$-90° \le \alpha \le 90$	$7 \cdot d, \quad \ge 80$ mm
$a_{3,c}$	vom unbeanspruchten Hirnholzende	$90° \le \alpha \le 150°$ $150° \le \alpha \le 210°$ $210° \le \alpha \le 270°$	$a_{3,t} \cdot \lvert \sin\alpha \rvert$ $3{,}5 \cdot d, \quad \ge 40$ mm $a_{3,t} \cdot \lvert \sin\alpha \rvert$
$a_{4,t}$	vom beanspruchten Holzrand	$0° \le \alpha \le 180°$	$(2 + 2 \cdot \sin\alpha) \cdot d$, $\ge 3 \cdot d$
$a_{4,c}$	vom unbeanspruchten Holzrand	$180° \le \alpha \le 360°$	$3 \cdot d$

[1]) Hierin bedeuten
α Winkel zwischen Kraft- und Faserrichtung
d Nenndurchmesser des Stabdübels oder Passbolzens

Selbstbohrende Stabdübelverbindungen auf Abscheren

Selbstbohrende Stabdübel sind eine alternative Lösung zur Verbindung von mehrschnittigen Stahlblech-Holz-Konstruktionen in Bauteilen aus Nadelschnittholz und Brettschichtholz aus Nadelholz mit innen liegenden Stahlblechen. Dabei werden die Holzbauteile und Stahlbleche gleichzeitig ohne Vorbohren durch die selbstbohrenden Stabdübel verbunden. Hierüber berichtet *Blaß* [42].

Tabelle 11.6 Charakteristische Werte der Tragfähigkeit $F_{v,Rk}$ von Stabdübeln in Holz-Holz-Verbindungen pro Scherfuge und Verbindungsmittel bei Beanspruchung auf Abscheren für ausgesuchte Verhältnisse nach DIN EN 1995-1-1: 2010-12, 8.6 und DIN EN 1995-1-1/NA: 2013-08, NCI Zu 8.6, errechnet mit dem vereinfachten Nachweisverfahren nach Tabellen 11.1 und 11.3[1–4], [6]

Stabdübel S235	Stahlfestigkeit $f_{u,k}$ = 360 N/mm²
Nadelvollholz C24 (S10)[4]	Rohdichte ρ_k = 350 kg/m³

einschnittige Verbindung	zweischnittige Verbindung
Seitenholz 2, Seitenholz 1, α, t_1, t_2	Seitenholz 1, Mittelholz 2, α, t_1, t_2, t_1

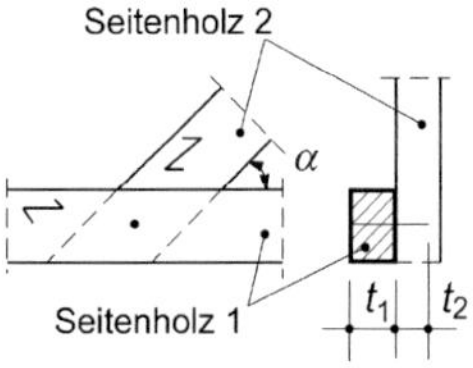

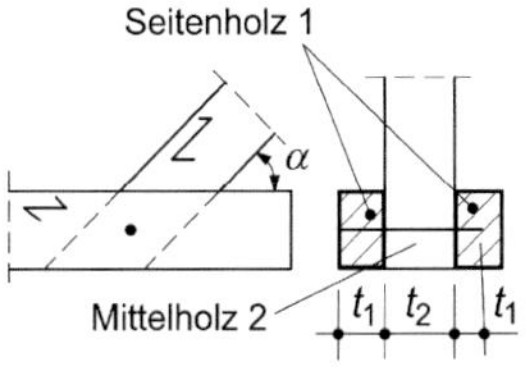

α_1 Winkel zwischen Kraft- und Faserrichtung des Seitenholzes 1

α_2 Winkel zwischen Kraft- und Faserrichtung des Seitenholzes 2 bzw. des Mittelholzes 2 = 0 für Seitenholz 2 bzw. Mittelholz 2 dieser Tabelle

Winkel $\alpha = \alpha_1$	$F_{v,Rk}$ [3][4][7]	$t_{1,req}$ Seiten-holz 1 [3][4]	$t_{2,req}$ Seiten-holz 2 [3][4]	$t_{2,req}$ Mittel-holz [3][4][6]	$F_{v,Rk}$ [3][4][7]	$t_{1,req}$ Seiten-holz 1 [3][4]	$t_{2,req}$ Seiten-holz 2 [3][4]	$t_{2,req}$ Mittel-holz [3][4][6]
	in kN	in mm	in mm	in mm	in kN	in mm	in mm	in mm
	***d* = 10 mm**				***d* = 12 mm**			
0°	4,71	51	51	42[5]	6,47	59	59	49[5]
15°	4,67	52	51	42[5]	6,41	61	59	49[5]
30°	4,57	54	50	41[5]	6,27	64	59	48[5]
45°	4,44	58	49[5]	40[5]	6,08	68	58	46[5]
60°	4,33	61	49[5]	39[5]	5,91	72	57	45[5]
75°	4,24	64	49[5]	38[5]	5,79	75	57	44[5]
90°	4,22	65	48[5]	38[5]	5,75	76	57	44[5]
	***d* = 16 mm**				***d* = 20 mm**			
0°	10,61	76	76	63	15,47	94	94	78
15°	10,51	78	76	63	15,31	96	93	77
30°	10,24	83	75	61	14,88	102	92	75
45°	9,90	89	74	59	14,35	111	91	72
60°	9,60	95	73	57	13,87	119	90	69
75°	9,40	99	73	56	13,55	124	89	68
90°	9,32	101	73	56	13,44	126	88	67

Tabelle 11.6 (Fortsetzung)

Winkel $\alpha = \alpha_1$	$F_{v,Rk}$ [3][4][7]	$t_{1,req}$ Seitenholz 1 [3][4]	$t_{2,req}$ Seitenholz 2 [3][4]	$t_{2,req}$ Mittelholz [3][4][6]	$F_{v,Rk}$ [3][4][7]	$t_{1,req}$ Seitenholz 1 [3][4]	$t_{2,req}$ Seitenholz 2 [3][4]	$t_{2,req}$ Mittelholz [3][4][6]
	in kN	in mm	in mm	in mm	in kN	in mm	in mm	in mm
	d = 24 mm							
0°	20,94	111	111	92				
15°	20,69	114	111	91				
30°	20,07	123	109	88				
45°	19,30	133	107	85				
60°	18,61	143	106	82				
75°	18,15	150	105	80				
90°	17,99	153	105	79				

[1]) Hierin bedeuten

d Stabdübeldurchmesser in mm

α Winkel zwischen Kraft- und Faserrichtung

$t_{1,req}$, $t_{2,req}$ Mindestdicke der Seitenhölzer bzw. des Mittelholzes nach Tabelle 11.1

[2]) für Hölzer nach Abschn. 7.2.1

[3]) für andere Holz-Festigkeitsklassen (mit Rohdichten $\rho_k > 350$ kg/m³) und andere Stahlsorten (mit Stahlfestigkeiten $f_{u,k} > 360$ N/mm²) gilt:

- $F_{v,Rk}$ multiplizieren mit dem Beiwert $k_{v,Rk} = \sqrt{\dfrac{\rho_k}{350} \cdot \dfrac{f_{u,k}}{360}}$

- t_{req} multiplizieren mit dem Beiwert $k_{treq} = \sqrt{\dfrac{350}{\rho_k} \cdot \dfrac{f_{u,k}}{360}}$

[4]) Werte gelten für gleiches Holz in beiden Seitenhölzern bzw. im Mittelholz

[5]) für Brettschichtholz wird empfohlen, die (Mindest-)Holzdicken von etwa $t_{req} = 50$ mm nach Tabelle 8.3 einzuhalten

[6]) Angaben für $t_{2,req}$ gelten für Mittelholz (Stab 2) mit höherer Lochleibungsfestigkeit (gegenüber Seitenhölzern Stäbe 1), andernfalls eine gesonderte Berechnung für $t_{2,req}$ (Mittelholz) durchführen

[7]) Bemessungswerte der Tragfähigkeit $F_{v,Rd}$ nach Gl. (11.13) ermitteln

11.5.3 Tragfähigkeit von Passbolzenverbindungen bei Beanspruchung rechtwinklig zur Stiftachse (Abscheren)

Passbolzen unterliegen bei Beanspruchung auf Abscheren denselben Anforderungen wie Stabdübel, sie sind demnach gemäß Abschn. 11.5.2 auszubilden mit folgenden zusätzlichen Festlegungen:

Charakteristische Werte der Tragfähigkeit $F_{v,Rk,Pb}$ von Passbolzenverbindungen nach dem vereinfachen Nachweisverfahren (Abscheren)

Da Passbolzen aufgrund des Einhängeeffekts nach Abschn. 11.5.1 eine höhere Tragfähigkeit auf Abscheren besitzen als Stabdübel gleichen Durchmessers d und gleicher Stahlzugfestigkeit $f_{u,k}$, darf beim vereinfachten Nachweisverfahren die charakteristische Tragfähigkeit $F_{v,Rk}$ von Passbolzen in Holz-Holz- und Holz-Holzwerkstoff-Verbindungen nach Tabelle 11.1 sowie in Stahlblech-Holz-Verbindungen nach Tabelle 11.2 um den Anteil $\Delta F_{v,Rk}$ nach Gl. (11.22) erhöht und mit der charakteristischen Tragfähigkeit $F_{v,Rk,Pb}$ nach Gl. (11.23) gerechnet werden, s. DIN EN 1995-1-1/NA: 2013-08, NCI Zu 8.6 (NA.12).

Charakteristische Tragfähigkeit $F_{v,Rk,Pb}$ von Passbolzenverbindungen nach dem vereinfachten Nachweisverfahren (Abscheren):

$$\Delta F_{v,Rk} = \min \{0{,}25 \cdot F_{v,Rk} \quad \text{oder} \quad 0{,}25 \cdot F_{ax,Rk}\} \tag{11.22}$$

$$F_{v,Rk,Pb} = F_{v,Rk} + \Delta F_{v,Rk} \tag{11.23}$$

$F_{v,Rk,Pb}$ charakteristische Tragfähigkeit von Passbolzenverbindungen

$F_{v,Rk}$ charakteristische Tragfähigkeit für stiftförmige Verbindungsmittel nach Tabelle 11.1 oder Tabelle 11.2 mit den Stahlfestigkeiten $f_{u,k}$ für Passbolzen nach Tabelle 11.9 und den Lochleibungsfestigkeiten $f_{h,k}$ für Stabdübel nach Tabelle 11.3

$F_{ax,Rk}$ charakteristische Tragfähigkeit des Passbolzens in Richtung der Stiftachse nach Abschn. 11.5.4

$\Delta F_{v,Rk}$ Anteil, um den bei Passbolzenverbindungen der $F_{v,Rk}$-Wert erhöht werden darf

Die charakteristische Tragfähigkeit $F_{v,Rk}$ für Passbolzen auf Abscheren ist nach Tabelle 11.1 oder Tabelle 11.2 wie für stiftförmige Verbindungsmittel zu bestimmen, jedoch mit den Stahlfestigkeiten $f_{u,k}$ für Passbolzen nach Tabelle 11.9 (wie für Bolzen) und den Lochleibungsfestigkeiten $f_{h,k}$ für Stabdübel nach Tabelle 11.3. Über die gemeinsame Verwendung von Stabdübeln und Passbolzen in einer Verbindung s. Abschn. 11.5.1.

Die **charakteristische Tragfähigkeit $F_{ax,Rk}$ in Richtung der Passbolzenachse** kann nach Abschn. 11.5.4 errechnet werden.

Charakteristische Tragfähigkeiten $F_{v,Rk,Pb}$ von Passbolzenverbindungen nach dem genaueren Nachweisverfahren (Abscheren)

Sollen jedoch charakteristische Tragfähigkeiten $F_{v,Rk,Pb}$ mit besserer Anpassung an die geometrischen und materialtechnischen Verhältnisse einer Verbindung erforderlich werden, s. auch Abschn. 11.2, sind die „aufwändigeren" Gl. des genaueren Nachweisverfahrens (Abscheren) nach Anhang A.1 zu verwenden z.B. mit geeigneter Software. Dabei ist mit den Stahlfestigkeiten $f_{u,k}$ für Passbolzen nach Tabelle 11.9 (wie für Bolzen) und den Lochleibungsfestigkeiten $f_{h,k}$ für Stabdübel nach Tabelle 11.3 zu rechnen. Weiteres gilt sinngemäß wie für das genauere Nachweisverfahren bei Stabdübeln auf Abscheren nach Abschn. 11.5.2.

Unterlegscheiben von Passbolzen

Die Unterlegscheiben von tragenden Passbolzen können wie bei tragenden Bolzen mit den Vorzugsmaßen oder Mindestmaßen nach Tabelle 11.11 ausgeführt werden, jedoch dürfen nach *Erläut. zu DIN 1052: 2004-08* [47], E 12.4 (4) bei Passbolzen auch kleinere Unterlegscheiben nach DIN EN ISO 7094: 2000-12 eingesetzt werden, s. Tabelle 11.7, da Passbolzen in Löcher eingetrieben werden, die mit ihrem Nenndurchmesser *d* vorgebohrt sind, keinen Schlupf aufweisen und deshalb mit geringerem Drehmoment angezogen werden müssen als mit Spiel eingebaute Bolzen. Aus diesem Grund ist ein Nachziehen von Passbolzen nach Erreichen der Gleichgewichtsfeuchte des Holzes oft entbehrlich. Als einzuhaltende Mindestmaße der Unterlegscheiben von Passbolzen gelten die Mindestmaße nach Tabelle 11.11.

Tabelle 11.7 Maße der Unterlegscheiben für Passbolzen der DIN EN 1995-1-1: 2010-12 und DIN EN 1995-1-1/NA: 2013-08 nach DIN EN ISO 7094: 2000-12[1])[2])

Unterlegscheiben Maße in mm	Nenndurchmesser *d* der Passbolzen in mm						
	6	8	10	12	16	20	24
Unterlegscheiben-Typ	22/2	28/3	34/3	44/4	56/5	72/6	85/6[3])
Außendurchmesser d_a	22,0	28,0	34,0	44,0	56,0	72,0	85,0
Lochdurchmesser d_i	6,6	9,0	11,0	13,5	17,5	22,0	26,0
Dicke s	2	3	3	4	5	6	6

[1]) es können auch die „größeren" Unterlegscheiben oder diejenigen mit Mindestmaßen nach Tabelle 11.11 verwendet werden

[2]) über einzuhaltende Mindestmaße von Unterlegscheiben s. Tabelle 11.11

[3]) diese Unterlegscheibe erfüllt nicht die Mindestmaße für Unterlegscheiben nach Tabelle 11.11

11.5.4 Tragfähigkeit von Passbolzenverbindungen bei Beanspruchung in Richtung der Stiftachse (Zug)

Treten bei Passbolzen planmäßige Zugkräfte in Richtung der Stiftachse auf, ist die Tragfähigkeit von der Zugtragfähigkeit des Stahlquerschnitts und insbesondere von der Querdrucktragfähigkeit des Holzes im Bereich der beidseitigen Unterlegscheiben abhängig. Die Zugkraft im Passbolzen wird über die Unterlegscheiben (und Kopf/Mutter) in das Holz übertragen und erzeugt in der Berührungsfläche/Kontaktfläche eine Querdruckbeanspruchung im Holz.

Nachweis einer Passbolzenverbindung in Richtung der Stiftachse

Die Tragfähigkeit einer Passbolzenverbindung in Richtung der Stiftachse ist nachzuweisen für die **Tragfähigkeit des Passbolzenquerschnitts auf Zug** (nach DIN EN 1993-1-1: 2010-12 bzw. dem Nationalen Anhang mit den charakteristischen Stahlfestigkeiten, s. auch Tabelle 11.9) und für die Querdrucktragfähigkeit des Holzes im Bereich der Unterlegscheiben, die auch als Tragfähigkeit der Unterlegscheiben bezeichnet wird. Dies gilt sinngemäß auch für Bolzenverbindungen nach Abschn. 11.6.3.

Die **charakteristische Tragfähigkeit einer Unterlegscheibe $F_{c,90,Rk}$** kann nach Gl. (11.24) berechnet werden, sie ist nach DIN EN 1995-1-1: 2010-12, 8.5.2 (2) vereinfachend mit einer charakteristischen (Quer-)Druckfestigkeit des Holzes von 3,0 · $f_{c,90,k}$ in der Berührungsfläche zwischen Holz und Unterlegscheibe zu ermitteln. Durch diese erhöhte (Quer-)Druckfestigkeit wird der Einhängezustand des Passbolzens nach Bild 11.8 berücksichtigt, so dass die wirkliche Berührungsfläche A_n Holz/Unterlegscheibe (Netto-Fläche) in Rechnung gestellt werden kann und nicht die wirksame Kontaktfläche A_{ef} nach Abschn. 16.1.2. Die **Bemessungswerte der Tragfähigkeit der Unterlegscheiben** von Passbolzen (und von Bolzen) können sinngemäß nach Gl. (11.27) (in Abschn. 11.7.3) ermittelt, der **Nachweis der Passbolzenverbindung** (und Bolzenverbindung) in Richtung der Stiftachse sinngemäß nach Gl. (11.28) vorgenommen werden.

charakteristische Tragfähigkeit einer Unterlegscheibe $F_{c,90,Rk}$ (Querdrucktragfähigkeit):

$$F_{c,90,Rk} = 3 \cdot f_{c,90,k} \cdot A_n \quad (11.24)$$

$$A_n = (d_a^2 - d_i^2) \cdot \pi/4 \quad (11.25)$$

$F_{c,90,Rk}$ charakteristische Tragfähigkeit (Querdrucktragfähigkeit im Bereich) einer Unterlegscheiben von Passbolzen (oder Bolzen) mit den Scheibenmaßen nach Tabelle 11.7 bzw. 11.11

$f_{c,90,k}$ charakteristische Druckfestigkeit des Holzes rechtwinklig zur Faserrichtung nach Abschn. 7.2.1

A_n Berührungsfläche oder Kontaktfläche (Nettofläche, Querdruckfläche) zwischen Unterlegscheibe und Holzoberfläche bei Passbolzen (oder Bolzen) nach Gl. (11.25) und Bild 11.9

Der **Nachweis einer Passbolzenverbindungen in Richtung der Stiftachse** kann alternativ mit der charakteristischen Tragfähigkeit $F_{c,90,Rk}$ von Unterlegscheiben für Passbolzen (und Bolzen) nach Tabelle 11.8 vorgenommen werden, die für Nadelholz C24 und alle Brettschichtholz-Festigkeitsklassen GL berechnet sind. Darüber hinaus ist die Tragfähigkeit des Passbolzenquerschnitts auf Zug nach DIN EN 1993-1-1: 2010-12 bzw. dem Na-

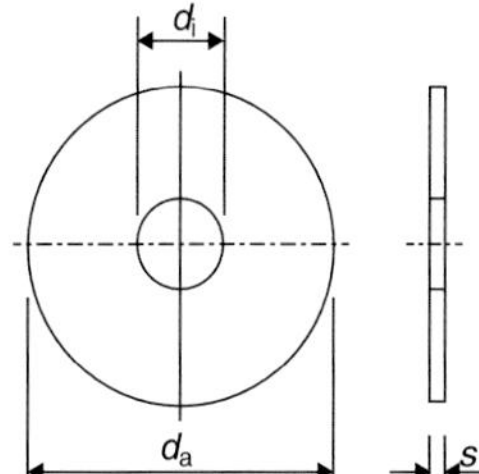

Bild 11.9 Querdruckfläche A_n (Nettofläche) unter der Unterlegscheibe eines Passbolzen (oder Bolzens) als Berührungsfläche zwischen Unterlegscheibe und Holzoberfläche nach Gl. (11.25) zur Berechnung der charakteristischen Tragfähigkeit (Querdrucktragfähigkeit) $F_{c,90,Rk}$ einer Unterlegscheibe nach Gl. (11.24)
d_a Außendurchmesser der Unterlegscheibe
d_i Innen(Loch-)durchmesser der Unterlegscheibe
s Dicke der Unterlegscheibe

Tabelle 11.8 Charakteristische Tragfähigkeit $F_{c,90,Rk}$ sowie Kontaktfläche A_n einer Unterlegscheibe von Passbolzen- und Bolzenverbindungen bei Beanspruchungen des Passbolzen oder Bolzens in Richtung der Stiftachse als charakteristische Querdrucktragfähigkeit zwischen Holz und Unterlegscheibe für Nadelvollholz C24 und alle Brettschichtholz-Festigkeitsklassen GL der DIN EN 1995-1-1: 2010-12 und DIN EN 1995-1-1/NA: 2013-08, berechnet nach Gl. (11.24) und (11.25) mit den Querdruck-Festigkeitswerten für C24 und alle GL nach Abschn. 7.2.1[1])[2])[8])

Charakteristische Tragfähigkeit $F_{c,90,Rk}$ und Kontaktfläche A_n einer Unterlegscheibe von Passbolzen

Nenndurchmesser d in mm	6	8	10	12	16	20	24
Unterlegscheiben-Typ[3])[4])	22/2	28/3	34/3	44/4	56/5	72/6	85/6[5])
Kontaktfläche (Querdruckfläche) A_n in mm²	346	552	813	1377	2222	3691	5 143
Charakteristische Tragfähigkeit $F_{c,90,Rk}$ in kN [2])	2,59	4,14	6,10	10,33	16,67	27,68	38,58

Charakteristische Tragfähigkeit $F_{c,90,Rk}$ und Kontaktfläche A_n einer Unterlegscheibe von Bolzen

Nenndurchmesser d in mm			M12	M16	M20	M22	M24
Unterlegscheiben-Typ[6])[7])			58/6	68/6	80/8	92/8	105/8
Kontaktfläche (Querdruckfläche) A_n in mm²			2488	3777	4646	6157	8086
Charakteristische Tragfähigkeit $F_{c,90,Rk}$ in kN [2])			18,66	25,33	34,85	46,17	60,65

[1]) je Stiftachse sind auf jeder Seite je eine Unterlegscheibe vorhanden
[2]) die Bemessungswerte der Querdrucktragfähigkeit $F_{c,90,Rd}$ sind sinngemäß nach Gl. (11.27) zu ermitteln
[3]) Unterlegscheiben für Passbolzen der DIN EN ISO 7094: 2000-12 nach Tabelle 11.7, s. auch *Erläut. zu DIN 1052: 2004-08* [47], E 12.4 (4)
[4]) es können auch geeignete Unterlegscheiben für Bolzen verwendet werden
[5]) diese Unterlegscheibe erfüllt nicht die Mindestmaße für Unterlegscheiben nach Tabelle 11.11
[6]) Unterlegscheiben für Bolzen (Vorzugsmaße) der DIN 1052: 2008-12, G.3.4 nach Tabelle 11.11
[7]) es können auch geeignete Unterlegscheiben für Passbolzen verwendet werden, jedoch in Verbindung mit Dübeln besonderer Bauart nur geeignete Unterlegscheiben z.B. für Bolzen
[8]) die Tragfähigkeit des Bolzen- und Passbolzenquerschnitts auf Zug ist nach DIN EN 1993-1-1: 2010-12 bzw. dem Nationalen Anhang mit den charakteristischen Stahlfestigkeiten zu ermitteln, s. auch Tabelle 11.9

tionalen Anhang mit den charakteristischen Stahlfestigkeiten zu ermitteln, s. auch Tabelle 11.9.

Die (Querdruck-)**Tragfähigkeit $F_{c,90,Rk}$ eines Stahlbleches**, das anstelle einer Unterlegschiebe bei Passbolzen (oder Bolzen) verwendet werden kann, sollte nach DIN EN 1995-1-1: 2010-12, 8.5.2 (3) auf diejenige einer kreisrunden Unterlegscheibe mit dem Durchmesser d aus dem kleineren Wert von $12 \cdot t$ oder $4 \cdot d$ begrenzt werden mit t als Stahlblechdicke und d als Passbolzen- oder Bolzendurchmesser.

Kombinierte Beanspruchung von Passbolzenverbindungen (Abscheren und Zug)
Bei gleichzeitiger Beanspruchung von Passbolzenverbindungen rechtwinklig zur und in Richtung der Stiftachse sollte der Interaktionsnachweis sinngemäß nach Abschn. 11.7.4 geführt werden.

11.6 Bolzen- und Gewindestangenverbindungen

11.6.1 Übersicht über Bolzen und Gewindestangen

Bolzen und Gewindestangen nach DIN EN 1995-1-1: 2010-12, 8.5 und DIN EN 1995-1-1/NA: 2013-08, NCI Zu 8.5 sind stiftförmige Verbindungsmittel aus Stahl nach Abschn. 11.1, die überwiegend rechtwinklig zu ihrer Längsachse Scherkräfte (Abscheren) übertragen; sie können auch auf Zug in Richtung ihrer Längsachse (Stiftachse) beansprucht werden, da die Unterlegscheiben die Kräfte in das jeweilige (Holz-)Bauteil einleiten. Bolzen müssen den Festlegungen der Produktnorm DIN EN 14592: 2012-07 (neueste Ausgabe 2022-08 ist noch nicht im europäischem Amtsblatt veröffentlicht und somit nicht harmonisiert) entsprechen, s. auch Anwendungsnorm DIN 20000-6: 2015-02. Über weitere allgemeine Festlegungen bei stiftförmigen Verbindungsmitteln s. Abschn. 11.1 bis 11.4.

Bolzen nach Bild 11.10 sind schlanke zylindrische, in der Regel glatte Stifte aus bestimmten Stahlsorten (mind. Festigkeitsklasse 4.6) mit Kopf und Mutter sowie Gewinde an einem (oder beiden) Ende(n) einschl. zugehöriger Unterlegscheiben. Sie werden mit geringem Spiel in vorgebohrte Bolzenlöcher (Bolzendurchmesser $d + 1$ mm) eingebaut und anschließend fest angezogen. Bolzen der DIN EN 1995-1-1: 2010-12 müssen den Anforderungen der DIN EN 14592 entsprechen.

Tragende Bolzen sind nach DIN EN 1995-1-1/NA: 2013-08, NCI NA.8.5.3 nicht in Dauerbauten zu verwenden, bei denen Steifigkeit und Formbeständigkeit der Konstruktion gefordert sind. Bolzen sind für die meisten Dauerbauten ungeeignet, da größere Verschiebungen in den Bolzenverbindungen auftreten. Diese werden durch das vorhandene Spiel im Bolzenloch und durch die fehlende Klemmwirkung hervorgerufen, die insbesondere nach dem Schwinden des Holzes bei nicht nachgespannten Bolzen auftritt. Deshalb sollten Bolzenverbindungen z.B. nur in untergeordneten Bauteilen, in einfachen Bauten des landwirtschaftlichen Bauwesens sowie bei Gerüsten und Fliegenden Bauten zur Kraftübertragung (Beanspruchung auf Abscheren) verwendet werden. Bolzen dürfen jedoch zur Kraftübertragung in Dauerbauten herangezogen werden, wenn durch besondere Maßnahmen das Eintreten eines Schlupfes ver-

Bild 11.10 Bolzenverbindung, Draufsicht

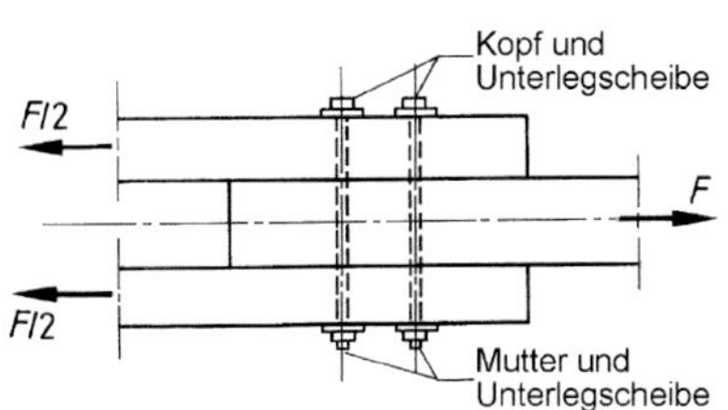

hindert wird, z.B. durch Passbohrungen (dann sind es praktisch Passbolzen nach Abschn. 11.5.3) oder aufwändiges nachträgliches Verfüllen des Lochspiels durch z.B. geeignetes Epoxidharz.

Anziehen und Nachziehen von Bolzen

Bolzenverbindungen sollten bei der Montage so angezogen werden, dass die Holzteile eng aneinander und die Unterlegscheiben vollflächig an den (Holz-)Bauteilen liegen (Eindrückung durch Unterlegscheiben im Holz quer zur Faser bis zu ca. 1 mm), um die notwendige Klemmwirkung der Bolzenverbindung zu erzielen, die mit kleineren als den Mindestmaßen für Unterlegscheiben nach Abschn. 11.6.2 dauerhaft nicht erreichbar ist. Die Bolzen sollten nach Schwindende bei Bedarf und Erreichen der Ausgleichsfeuchte (Gleichgewichtsfeuchte) des Holzes nachgezogen werden, erforderlichenfalls mehrmals, falls dies zur Sicherstellung der Tragfähigkeit und Steifigkeit der Konstruktion erforderlich ist, s. DIN EN 1995-1-1: 2010-12, 10.4.3; dazu wird empfohlen, eine ausreichende Gewindelänge vorzusehen und Zugang zu den Bolzen bis Schwindende zu gewährleisten. Das Nachziehen ist besonders für Holz mit (im Allgemeinen zu vermeidenden) höheren Einbaufeuchten ω und zu erwartender Rücktrocknung notwendig und zu empfehlen. Bei Einbau von Bolzen in trockene Hölzer ist ein späteres Nachziehen der Schraubbolzen meist entbehrlich, jedoch wird empfohlen, Bolzen dann nachzuziehen, wenn der Holzfeuchteunterschied zwischen Einbau- und zu erwartender mittlerer Ausgleichsfeuchte mehr als $\Delta\omega = 5\%$ beträgt und die Steifigkeit der Konstruktion dies erfordert.

Tragende Bolzenverbindungen sind aufgrund der größeren Bohrlochdurchmesser montagetechnisch leichter auszuführen als vergleichbare Stabdübel- oder Passbolzenverbindungen; letztere sollten im Allgemeinen bevorzugt eingesetzt werden, da sie weitaus größeres Tragverhalten und höhere Steifigkeit besitzen, s. Abschn. 11.5.1. Über Bolzenverbindungen berichten *Egner* [112], *Ehlbeck/Werner* [125], [127], [128] und *Werner* [519].

Heftbolzen

Heftbolzen werden nur zur Lagesicherung von Bauteilen benutzt, sie übertragen planmäßig keine Beanspruchungen. Deshalb dürfen Heftbolzen „kleinere" Unterlegscheiben nach Tabelle 11.7 besitzen, die „größeren" für tragende Bolzen mit den Vorzugsmaßen nach Tabelle 11.11 sind meist entbehrlich.

Gewindestangen

Gewindestangen sind schlanke zylindrische Stifte mit durchgehendem Gewinde aus bestimmten Stahlsorten (mind. Festigkeitsklasse 4.8) sowie Kopf und Mutter oder beidseitigen Muttern einschl. zugehöriger Unterlegscheiben. Sie werden mit geringem Spiel in vorgebohrte Löcher (Gewinde-Außendurchmesser $d + 1$ mm) eingebaut und anschließend fest angezogen. Gewindestangen nach DIN EN 1995-1-1/NA: 2013-08, NCI NA.8.5.3 sind Gewindebolzen mit metrischem Gewinde nach DIN 976-1. Weitere Festlegungen für Bolzen gelten sinngemäß auch für Gewindestangen.

Verbindungen mit **eingeklebten Stahlstäben** nach Abschn. 13 besitzen ein anderes Tragverhalten als Verbindungen mit Gewindestangen diesen Abschn., die mit Spiel eingebaut werden.

11.6.2 Tragfähigkeit von Bolzen- und Gewindestangenverbindungen bei Beanspruchung rechtwinklig zur Stiftachse (Abscheren)

Bolzen und Gewindestangen unterliegen bei Beanspruchung auf Abscheren denselben Anforderungen wie Passbolzen, sie sind deshalb nach Abschn. 11.5.3 auszubilden mit folgenden zusätzlichen Festlegungen:

Charakteristische Werte der Tragfähigkeit $F_{v,Rk}$ und Bemessungswert $F_{v,Rd}$ (Abscheren) von Bolzen und Gewindestangen
Die charakteristische Tragfähigkeit auf Abscheren $F_{v,Rk,Bo}$ für Bolzen und Gewindestangen $F_{v,Rk,Gs}$ ist für das vereinfachte Nachweisverfahren (Abscheren) sinngemäß wie für Passbolzen nach Gl. (11.22) und (11.23) zu bestimmen, für das genauere Nachweisverfahren nach Abschn. 11.5.3, jedoch mit den charakteristischen Stahlfestigkeiten $f_{u,k}$ für Bolzen und Gewindestangen nach Tabelle 11.9 und den Lochleibungsfestigkeiten $f_{h,k}$ für Stabdübel nach Tabelle 11.3. Bei Gewindestangen (Gewindebolzen) ist der Durchmesser d zur Berechnung des charakteristischen Fließmomentes $M_{y,k}$ mit dem Mittelwert aus Gewindeaußen- und Kerndurchmesser zu berechnen, über den Mittelwert s. Tabelle 13.1 und DIN EN 1995-1-1/NA: 2013-08, NCI NA.8.5.3 (NA.5). Die charakteristische Tragfähigkeit $F_{ax,Rk}$ in Richtung der Bolzen- bzw. Gewindestangenachse kann nach Abschn. 11.6.3 errechnet werden.

Tabelle 11.9 Charakteristische Werte der Stahlfestigkeiten für Bolzen und Passbolzen sowie für Gewindestangen der DIN EN 1995-1-1: 2010-12 und DIN EN 1995-1-1/NA: 2013-08, NCI Zu 8.5

Charakteristische Werte der Stahlfestigkeiten für Bolzen und Passbolzen[1]				
Festigkeitsklasse nach DIN EN ISO 898-1: 2013-05	4.6	4.8	5.6	8.8
Charakteristische Zugfestigkeit $f_{u,k}$ in N/mm²	400	400	500	800
Charakteristische Streckgrenze $f_{y,k}$ in N/mm²	240	320	300	640
Charakteristische Werte der Stahlfestigkeiten für Gewindestangen[2][3]				
Festigkeitsklasse nach DIN EN ISO 898-1: 2009-08	4.8	5.6	5.8	8.8
Charakteristische Zugfestigkeit $f_{u,k}$ in N/mm²	400	500	500	800
Charakteristische Streckgrenze $f_{y,k}$ in N/mm²	320	300	400	640

[1]) Festlegung der Stahlsorten von Bolzen nach DIN EN 14592: 2012-07, nach DIN EN ISO 4014: 2022-10, DIN EN ISO 4016: 2022-10, DIN EN ISO 4017: 2015-05, DIN EN ISO 4018: 2022-10, s. auch Anwendungsnorm DIN 20000-6: 2015-02

[2]) Gewindebolzen mit metrischem Gewinde nach DIN 976-1: 2016-09

[3]) Stahlfestigkeiten für Gewindestangen nach DIN 1052-10: 2024-12, Tab. 2

Tabelle 11.10 Zulässige Durchmesser, Anzahl, Scherflächen und Bohrlochdurchmesser für Bolzen und Gewindestangen nach DIN EN 1995-1-1/NA: 2013-08, NCI NA.8.5.3 und DIN EN 1995-1-1: 2010-12, 10.4.3[1])

	Durchmesser		Anzahl[2]) min.	Scherflächen min.	Bohrlochdurchmesser im Holz[4])[5])
	min.	max.			
Bolzen	$d \geq 6$ mm	$d \leq 30$ mm	$n \geq 2$	$n \geq 4$	$\geq d$
Gewindestangen[3])[4])	$d \geq$ M 6	$d \leq$ M 30			$\leq (d + 1$ mm)

[1]) Hierin bedeuten:
d Nenndurchmesser: bei Bolzen: Durchmesser des glatten Schaftes
bei Gewindestangen: Gewindeaußendurchmesser

[2]) Verbindungen mit einem Bolzen oder einer Gewindestange sind zulässig, wenn der charakteristische Wert der Tragfähigkeit $F_{v,Rk}$ nur zur Hälfte rechnerisch angesetzt wird

[3]) Gewindebolzen mit metrischem Gewinde nach DIN 976-1: 2016-09

[4]) bei Gewindestangen dürfen die Durchmesser der Löcher max. 1 mm größer sein als der Nenndurchmesser *d* der Gewindestange

[5]) bei Stahlblech-Holzverbindungen sollten die Bolzenlöcher in Stahlblechen einen Durchmesser haben, der nicht mehr als max(d + 2 mm *oder* $0{,}1 \cdot d$) größer sein darf als der Nenndurchmesser

Anzahl, Durchmesser, Scherflächen von Bolzen und Gewindestangen

Bei tragenden Bolzen- und Gewindestangenverbindungen sind die in Tabelle 11.10 angegebene(n) Durchmesser, Anzahl und Scherflächen einzuhalten, s. DIN EN 1995-1-1: 2010-12, 10.4.3 und DIN EN 1995-1-1/NA: 2013-08, NCI NA.8.5.3. Demnach sind stets mindestens vier Scherflächen und mind. zwei Bolzen- oder Gewindestangen für eine ausreichende Klemmwirkung je Verbindung notwendig. Eine tragende Verbindung muss deshalb mind. zwei Bolzen oder Gewindestangen enthalten, auch wenn ein Bolzen oder eine Gewindestange zur anstehenden Kraftübertragung ausreicht; jedoch sind Verbindungen mit einem Bolzen oder einer Gewindestange zulässig, wenn die charakteristische Tragfähigkeit $F_{v,Rk,Bo}$ bzw. $F_{v,Rk,Gs}$ rechnerisch nur zur Hälfte angesetzt wird. Weiterhin sind in Tabelle 11.11 Vorzugsmaße für Bolzen und Gewindestangen angeführt.

Unterlegscheiben in tragenden Bolzen- und Gewindestangenverbindungen

Nach DIN EN 1995-1-1: 2010-12 müssen bestimmte **Mindestmaße** für die Unterlegscheiben unter Kopf und Mutter jedes Bolzens und jeder Gewindestange nach Tabelle 11.11 eingehalten werden, in der auch **Vorzugsmaße** für Unterlegscheiben von Bolzen und Passbolzen nach DIN 1052: 2008-12 angeführt sind; „kleinere“ Unterlegscheiben für Passbolzen sind darüber hinaus in Tabelle 11.7 dargestellt. Über das notwendige Anziehen und evtl. Nachziehen der Bolzen und Gewindestangen s. Abschn. 11.6.1

Wirksame Anzahl n_{ef} mehrerer in Kraft- und Faserrichtung hintereinander liegender Bolzen oder Gewindestangen

Liegen mehrere n Bolzen oder Gewindestangen in Anschlüssen und Stößen in Kraft- und Faserrichtung hintereinander, ist wie bei Stabdübeln die wirksame Anzahl n_{ef} nach Gl. (11.21) zu errechnen, s. Abschn. 11.5.2.

Tabelle 11.11 Mindestmaße und Vorzugsmaße für Unterlegscheiben von Bolzen, Passbolzen und Gewindestangen

Mindestmaße für Unterlegscheiben von Bolzen, Passbolzen und Gewindestangen
nach DIN EN 1995-1-1: 2010-12, 10.4.3

Außendurchmesser d_a[1])	$\geq 3 \cdot d$[2])
Scheibendicke s	$\geq 0{,}3 \cdot d$[2])

Vorzugsmaße für Unterlegscheiben von Bolzen, Passbolzen[3]) und Gewindestangen
nach DIN 1052: 2008-12, G.3.4

Schraubenbolzen		M12	M16	M20	M22	M24
Unterlegscheiben						
Scheibendicke s	in mm	6		8		
Außendurchmesser d_a	in mm	58	68	80	92	105
Innendurchmesser d_i	in mm	14	18	22	25	27

[1]) oder Seitenlänge bei quadratischen Unterlegscheiben
[2]) d Nenndurchmesser des Bolzens, Passbolzens oder der Gewindestange
[3]) kleinere Unterlegscheiben für Passbolzen sind in Tabelle 11.7 dargestellt

Tabelle 11.12 Mindestabstände von Bolzen nach DIN EN 1995-1-1: 2010-12, 8.5, Tab. 8.4[1])[2])

Bezeichnungen nach Bild 10.5	Benennung der Bezeichnungen	Winkel α	Mindestabstände
a_1	untereinander in (parallel zur) Faserrichtung	$0° \leq \alpha \leq 360°$	$(4 + \lvert\cos \alpha\rvert) \cdot d$
a_2	untereinander rechtwinklig zur Faserrichtung	$0° \leq \alpha \leq 360°$	$4 \cdot d$
$a_{3,t}$	vom beanspruchten Hirnholzende	$-90° \leq \alpha \leq 90°$	$\max(7 \cdot d$ *oder* 80 mm$)$
$a_{3,c}$	vom unbeanspruchten Hirnholzende	$90° \leq \alpha < 150°$	$(1 + 6 \cdot \sin \alpha) \cdot d$
		$150° \leq \alpha < 210°$	$4 \cdot d$
		$210° \leq \alpha \leq 270°$	$(1 + 6 \cdot \lvert\sin \alpha\rvert) \cdot d$
$a_{4,t}$	vom beanspruchten Rand	$0° \leq \alpha \leq 180°$	$\max[(2 + 2 \cdot \sin \alpha) \cdot d$ oder $3 \cdot d]$
$a_{4,c}$	vom unbeanspruchten Rand	$180° \leq \alpha \leq 360°$	$3 \cdot d$

[1]) Hierin bedeuten
α Winkel zwischen Kraft- und Faserrichtung
d Nenndurchmesser: bei Bolzen: Durchmesser des glatten Schaftes
bei Gewindestangen: Gewindeaußendurchmesser
[2]) und für Gewindestangen nach DIN 976-1: 2016-09

Mindestabstände von Bolzen und Gewindestangen
Die Mindestabstände von Bolzen und Gewindestangen können Tabelle 11.12 entnommen werden, die Bezeichnungen der Verbindungsmittelabstände sind in Bild 10.5 dargestellt, Erläuterungen dazu in Bild 10.6 angeführt. Die Mindestabstände a_1 untereinander und a_2 rechtwinklig zur Faserrichtung sind bei Bolzen- und Gewindestangenverbindungen wegen der Unterlegscheiben größer als bei Stabdübelverbindungen und betragen mind. $4 \cdot d$ anstatt $3 \cdot d$.

Querschnittsschwächungen durch Bolzen und Gewindestangen sind nach Abschn. 8.3.3 zu ermitteln. Der Nachweis von Bauteilen mit **Schräg- und Queranschlüssen** (Verbindungsmittelkräfte unter einen Winkel α zur Faserrichtung) kann nach Abschn. 21.3 erfolgen, s. auch Abschn. 10.2.

11.6.3 Tragfähigkeit von Bolzen- und Gewindestangenverbindungen bei Beanspruchung in Richtung der Stiftachse (Zug)

Treten bei Bolzen- und Gewindestangenverbindungen planmäßige Zugkräfte in Richtung der Stiftachse auf, kann die Tragfähigkeit sinngemäß wie für Passbolzenverbindungen nach Abschn. 11.5.4 ermittelt werden, dies sind die Nachweise der Tragfähigkeit des Bolzens oder der Gewindestange (in Stiftrichtung) und der gewählten Unterlegscheiben (Quer-Druckfestigkeit des Holzes in der Berührungsfläche zwischen Holz und Unterlegscheibe). Die charakteristische Querdrucktragfähigkeit $F_{c,90,Rk}$ sowie Kontaktfläche A_n einer Unterlegscheibe von Bolzen- oder Gewindestangenverbindungen bei Beanspruchungen des Bolzens oder der Gewindestange in Richtung der Stiftachse kann sinngemäß nach Gl. (11.24) und (11.25) bestimmt werden. Für Nadelvollholz C24 und alle Brettschichtholz-Festigkeitsklassen GL sind charakteristische Werte der Querdrucktragfähigkeit von Unterlegscheiben in Tabelle 11.8 angegeben, die Mindestmaße für Unterlegscheiben nach Tabelle 11.11 sind enthalten.

Kombinierte Beanspruchung von Bolzen- und Gewindestangenverbindungen (Abscheren und Zug)
Bei gleichzeitiger Beanspruchung von Bolzen- bzw. Gewindestangenverbindungen rechtwinklig zur und in Richtung der Stiftachse sollte der Interaktionsnachweis sinngemäß nach Abschn. 11.7.4 geführt werden, als Potenzexponent wird $m = 1$ empfohlen.

11.7 Nagelverbindungen

11.7.1 Übersicht über Nägel

Nägel der DIN EN 1995-1-1: 2010-12, 8.3 und DIN EN 1995-1-1/NA: 2013-08, NCI Zu 8.3 sind stiftförmige Verbindungsmittel mit Durchmessern $d \leq 8$ mm nach Abschn. 11.1, die vorwiegend rechtwinklig zu ihrer Längsachse (Abscheren), aber auch auf Zug in Richtung ihrer Längsachse (Herausziehen) auf Dauer oder nur bei mittlerer Dauer bis kurzfristig je nach Eignung beansprucht werden können. Sie werden vorwiegend flächenhaft (in Gruppen) angeordnet. Über weitere allgemeine Festlegungen bei stiftförmigen Verbindungsmitteln s. Abschn. 11.1 bis 11.4.

Nägel müssen den Anforderungen der Produktnorm DIN EN 14592: 2012-07 (neueste Ausgabe 2022-08 ist noch nicht im europäischem Amtsblatt veröffentlicht und somit nicht harmonisiert), 6 genügen und sind aus Draht mit einer Zugfestigkeit von mind. $f_{u,k}$ = 600 N/mm² herzustellen, s. auch Anwendungsnorm DIN 20000-6: 2015-02. In DIN EN 10230-1: 2000-01 sind bevorzugte Formen und Maße von Nägeln enthalten, dies sind z.B.: runde

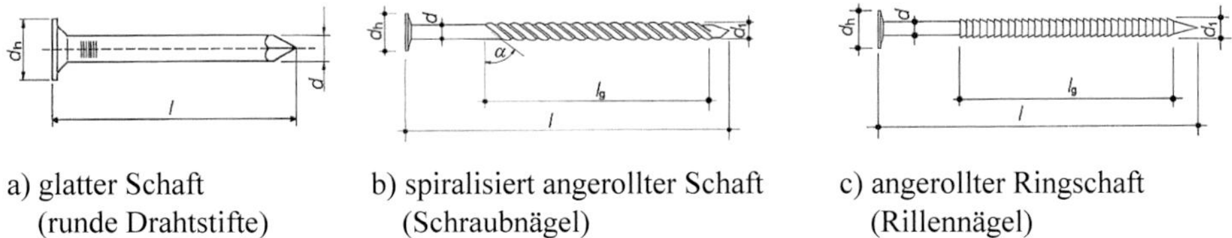

a) glatter Schaft (runde Drahtstifte)　b) spiralisiert angerollter Schaft (Schraubnägel)　c) angerollter Ringschaft (Rillennägel)

Bild 11.11 Nägel für tragende Nagelverbindungen der DIN EN 1995-1-1: 2010-12 und DIN EN 1995-1-1/NA: 2013-08 nach DIN EN 14592: 2012-07, 3.9, Bild 1, Beispiele

Nägel mit glatter oder gerillter Schaftform, mit rundem Flachkopf oder Senkkopf mit und ohne Einsenkung sowie Sondernägel mit Erstprüfung und profilierter Schaftausbildung (Rillen- und Schraubnägel), s. Bild 11.11.

Der Nenndurchmesser von Nägeln muss mind. 1,9 mm betragen und darf d = 8,0 mm nicht überschreiten, die Fläche des Nagelkopfes muss $A_h \geq 2{,}5 \cdot d^2$ sein, um einen ausreichenden Widerstand gegen Kopfdurchziehen sicherzustellen. Die Nagelspitzenlänge l_p muss innerhalb der Grenzwerte nach Bild 11.12 liegen. Eine Mindestlänge der Nagelspitze ist notwendig, um nicht vorgebohrte Nägel fachgerecht eintreiben zu können. Bei profilierten Nägeln (Schrauben- oder Rillennägel) darf die Eindringtiefe t_{pen} nur mit der Länge des profilierten Länge l_g des Schaftteils, d.h. ohne Nagelspitze berechnet werden, s. Bild 11.11b,c und Tabelle 11.23.

Neben der bei Nägeln überwiegend eingesetzten runden Querschnittsform dürfen auch annähernd quadratische verwendet werden, die eine geringere Spaltgefahr beim Eintreiben

Bild 11.12 Nagelspitzen, Festlegung der Längen nach DIN EN 14592: 2012-07, 6.1.3, Bild 2

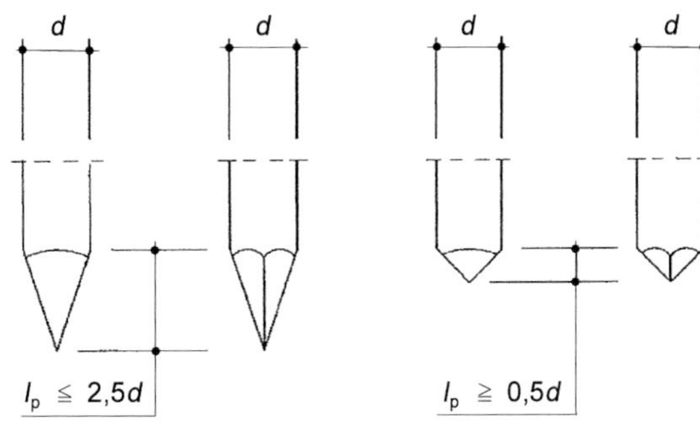

und höhere Tragfähigkeit bei Beanspruchung auf Abscheren und Herausziehen bewirken, da sie vergleichsweise einen höheren Biegewiderstand und eine größere Mantelfläche erzielen.

Runde Nägel sind glattschaftige Nägel, die seit Jahrzehnten als das Verbindungsmittel „Nagel" bekannt sind. Sie sind die oft in Nagelverbindungen eingesetzten Nägel und meist auf Abscheren beansprucht. Sie dürfen auf Herausziehen nur für sehr kurze, kurze und mittlere Lasteinwirkungen (z.B. Windsogkräfte) wegen ihrer geringen Haftkraft in Nagellängsrichtung (Stiftachse) und auch kombiniert eingesetzt werden. Runde glattschaftige Nägel werden mit dem Hammer in die zu verbindenden Holzteile eingeschlagen, sie dürfen beharzt sein.

Runde „Maschinenstifte" sind glattschaftige Nägel und werden in automatischen Nageleintriebgeräten wie Druckluftnageln eingesetzt. Aufgrund des geringeren Arbeitsaufwandes werden sie oft in Nagelverbindungen verwendet und vorwiegend auf Abscheren beansprucht, sie dürfen auf Herausziehen nur für sehr kurze, kurze und mittlere Lasteinwirkungen (z.B. Windsogkräfte) eingesetzt werden. Runde „Maschinenstifte" dürfen beharzt sein. Beim „Einschießen" der Stifte in das Holz entsteht Reibungswärme, die das Harz verflüssigt, das als Gleitmittel wirkt und den Eintriebwiderstand vermindert.

Rillennägel sind Nägel mit profiliertem Schaftteil aus Rillen, sie werden als Sondernägel bezeichnet und bedürfen einer Erstprüfung (Initial Type Testing, ITT) nach DIN EN 14592: 2012-07, s. Anwendungsnorm DIN 20000-6: 2015-02 (früher Einstufungsnachweis, so dass eine Leistungserklärung erstellt werden kann). Sie besitzen eine hohe Haftkraft im Holz, die durch die Verzahnung zwischen Holz und Profilierung entsteht. Deshalb werden sie meist dann eingesetzt, wenn planmäßige Dauerlasten auf Herausziehen (in Richtung der Stiftachse) zu übertragen sind. Sie dürfen ebenso auf Abscheren und auch kombiniert, d.h. auf Abscheren und Herausziehen, mit sehr kurzer bis ständiger Lasteinwirkungen beansprucht werden.

Schraubnägel sind Nägel mit profiliertem Schaftteil aus Gewinde, bei denen u.a. die Gewindesteigung α die Tragfähigkeit der Nägel auf Herausziehen beeinflusst s. Bild 11.11. Im Weiteren gelten die o.a. Angaben für Rillennägel auch für Schraubnägel.

Heftnägel werden nur zur Lagesicherung von Bauteilen angeordnet, sie übertragen planmäßig keine Beanspruchungen.

Trag- und Verformungsverhalten von Nagelverbindungen

Das Trag- und Verformungsverhalten von Nägeln bei Beanspruchung **auf Abscheren** kann Abschn. 10.1 entnommen werden. Nägel auf Abscheren sollten rechtwinklig zur Faserrichtung des Holzes eingetrieben werden, da hierfür die Lochleibungsfestigkeiten $f_{h,k}$ bekannt sind, die mit kleiner werdendem Winkel zwischen Faserrichtung und Nagelachse abnehmen. Kraft-Ausziehweg-Diagramme von Nägeln **auf Herausziehen** sind am Beispiel dreier Nageltypen in Bild 11.13 dargestellt. Danach besitzen runde Nägel mit glattem Schaft (glattschaftige Nägel) nur kleine Haftkräfte in Richtung der Stiftachse (Haftreibung, abhängig u.a. von der Holzfeuchte, Schwinden), während Nägel mit profiliertem Schaftteil (Rillen- und Schraubnägel) große Haftkräfte aufweisen (Verzahnung mit dem Holz, ab-

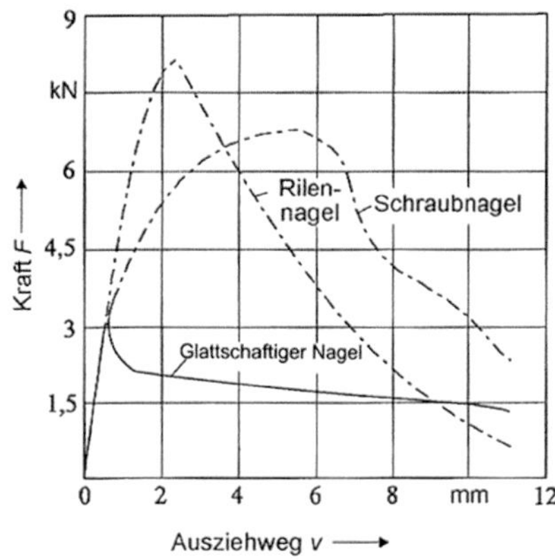

Bild 11.13 Kraft- Ausziehweg-Diagramme von - Nägeln mit gleichem Schaftdurchmesser und gleicher Einschlagtiefe bei Beanspruchung auf Herausziehen nach *Erläut. zu DIN 1052: 1988-04* [77]; zu Teil 2, E 2, Bild 2/2

hängig u.a. von der Festigkeit des umgebenden Holzes).

Der größte Ausziehwiderstand von Nägeln liegt vor, wenn Nägel rechtwinklig oder schräg zur Faserrichtung eingetrieben werden. Nägel, die parallel zur Faserrichtung eingetrieben werden wie Nägel im Hirnholz, besitzen eine sehr geringe Tragfähigkeit, die rechnerisch nach DIN EN 1995-1-1/NA: 2013-08, NDP Zu 8.3.1.2(4) nicht angesetzt werden darf. Holzfeuchteänderungen (Schwinden) reduzieren den Ausziehwiderstand insbesondere von glattschaftigen Nägeln.

Genauere Kenntnisse über das Trag- und Verformungsverhalten von Nagelverbindungen liegen erst im zwanzigsten Jahrhundert vor. *Stoy* [493], [494] führte die ersten wesentlichen Untersuchungen in Deutschland durch. Einen Überblick über Nagelverbindungen geben *Ehlbeck/Hättich* [119], über Untersuchungen und Berechnungen berichten *Blaß* [33], *Hilson* [224], [225], *Kuipers/van der Put* [303], *Meyer* [327], *Möhler* [337], [340], *Möhler/Ehlbeck* [348] und *Reyer/Linzner* [423].

11.7.2 Tragfähigkeit von Nagelverbindungen bei Beanspruchung rechtwinklig zur Stiftachse (Abscheren)

Charakteristische Werte der Tragfähigkeit $F_{v,Rk}$ und Bemessungswerte $F_{v,Rd}$ - (Abscheren) von Nägeln nach dem vereinfachen Nachweisverfahren

Die charakteristische Tragfähigkeit $F_{v,Rk}$ von **Nagelverbindungen mit Nadelholzbauteilen** kann bei Berechnungen „per Hand" – abweichend von den vereinfachenden Festlegungen der Abschn. 11.3 und 11.4 – nach dem (weiter) vereinfachen Nachweisverfahren für Nagelverbindungen der Tabelle 11.13 unter Einhaltung der Mindestholzdicken nach Tabelle 11.17 und der Mindesteinschlagtiefen nach Tabelle 11.19 ermittelt werden. Die Tragfähigkeiten gelten unabhängig vom Winkel α zwischen Kraft- und Faserwinkel des Holzes. Können die Mindestholzdicken und Mindesteinschlagtiefen nicht eingehalten werden, ist die charakteristische Tragfähigkeit $F_{v,Rk}$ abzumindern und der reduzierte charakteristische

Tabelle 11.13 Vereinfachtes Nachweisverfahren für die charakteristische Tragfähigkeit $F_{v,Rk}$ von Nägeln auf Abscheren mit Nageldurchmessern $d \leq 8$ mm in ein- und zweischnittigen Holz-Holz-, Holzwerkstoff-Holz-, Gipswerkstoff-Holz- und Stahlblech-Holz-Verbindungen aus Nadelholz- und Holzwerkstoffbauteilen pro Scherfuge und Nagel nach DIN EN 1995-1-1/NA: 2013-08, NCI Zu 8.3.1.2 bis 8.3.1.4[1])[2])[16])

Charakteristische Werte der Tragfähigkeit $F_{v,Rk}$ für Nagelverbindungen[2])		
1	Für alle Nagelverbindungen außer nach Zeile 2 $F_{v,Rk} = A \cdot \sqrt{2 \cdot M_{y,Rk} \cdot f_{h,1,k} \cdot d}$ [3–5])[7])[8])[16])	
2	Für Nagelverbindungen mit profilierten Nägeln (Sondernägeln) - einschnittige Stahlblech-Holz-Verbindungen aus Nadelvoll-, Brettschicht-, Balkenschicht- und Furnierschichtholz sowie - einschnittige Holzwerkstoff-Holz-Verbindungen[6]) $F_{v,Rk} = A \cdot \sqrt{2 \cdot M_{y,Rk} \cdot f_{h,1,k} \cdot d} + \Delta F_{v,Rk}$ [3–5])[7])[8])[16]) mit $\Delta F_{v,Rk} = \min\{0{,}5 \cdot F_{v,Rk}$ oder $0{,}25 \cdot F_{ax,Rk}\}$	
Werte des Faktors A in Zeile 1 und 2		
in Holz-Holz-Verbindungen aus Nadelholz		
	Nadelvoll-, Brettschicht-, Balkenschichtholz nach Abschn. 3 und Furnierschichtholz ohne Querlagen[10]), Brettsperrholz (Massivholzplatten)[11])	$A = 1{,}0$
in Holzwerkstoff-Holz-Verbindungen mit Nadelholz und folgenden Holzwerkstoffen		
	Sperrholz F20/10 E40/20 und F20/15 E30/25 mit $\rho_k \geq 350$ kg/m³ nach DIN EN 13986 und DIN EN 636: 2003-11, s. Abschn. 2 zementgebundene Spanplatten Klasse 1 und 2 nach DIN EN 13986, s. Abschn. 2	$A = 0{,}9$
	Sperrholz F40/30 E60/40, F50/25 E70/25 und F60/10 E90/10 mit $\rho_k \geq 600$ kg/m³ nach DIN EN 13986 und DIN EN 636:2003-11, s. Abschn. 2, und Tabelle 7.7	$A = 0{,}8$
	OSB-Platten OSB/2, OSB/3 und OSB/4 nach DIN EN 13986 und DIN EN 12369-1: 2001-04, s. Abschn. 2, für OSB/4 s. Tabelle 7.9 kunstharzgebundene Spanplatten P4, P5, P6 und P7 nach DIN EN 13986 und DIN EN 12369-1: 2001-04, s. Abschn. 2, für P6 s. Tabelle 7.8	$A = 0{,}8$
	Faserplatten HB.HLA2 (harte Platten) nach DIN EN 13986, s. Abschn. 2	$A = 0{,}7$
	Gipskartonplatten nach DIN 18 180[9])	$A = 1{,}1$
in Stahlblech-Holz-Verbindungen mit Stahlblechen und Bauteilen aus[3])[14]) Nadelvoll-, Brettschicht-, Balkenschicht- und Furnierschichtholz LVL und Brettsperrholz (Massivholzplatten)[11])		
	Vorgebohrte Stahlbleche innen liegend oder dick und außen liegend[13])[15])	$A = 1{,}4$
	Vorgebohrte Stahlbleche dünn und außen liegend[13])	$A = 1{,}0$
Reduzierter charakteristischer Wert der Tragfähigkeit $F_{v,Rk,red}$ für Verbindungen bei Holzdicken t_1, t_2 kleiner als die Mindestdicken $t_{i,req}$[7])[8])[10])[12])		
$F_{v,Rk,red} = F_{v,Rk} \cdot t_1 / t_{1,req}$ oder $F_{v,Rk,red} = F_{v,Rk} \cdot t_2 / t_{2,req}$ der kleinere Wert ist maßgebend		

Tabelle 11.13 (Fortsetzung)

Holzdicken und Eindringtiefe des Nagels, Definition von t_1 und t_2		
Einschnittige Holz-Holz- und Holz-Holzwerkstoff-Verbindung	Zweischnittige Holz-Holz- und Holz-Holzwerkstoff-Verbindung	Einschnittige Stahlblech-Holz-Verbindungen, weitere Beispiele, s. Tabelle 11.2
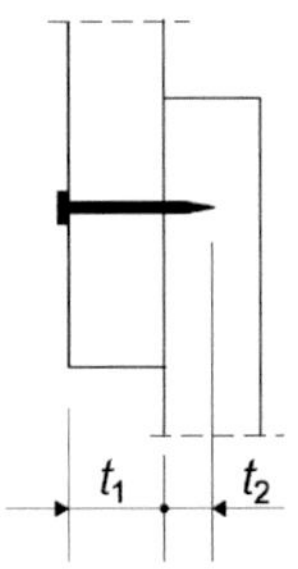 t_1 t_2	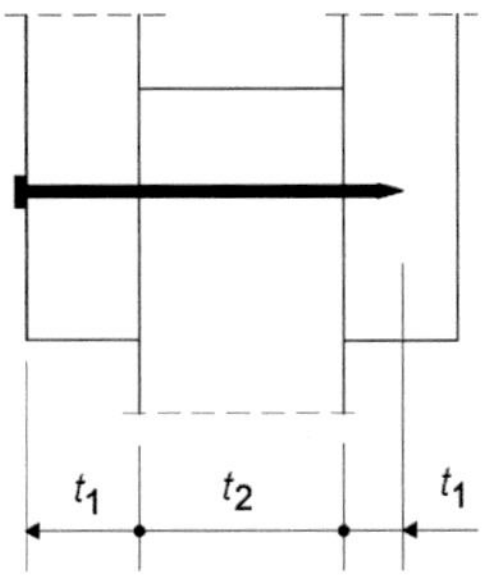 t_1 t_2 t_1	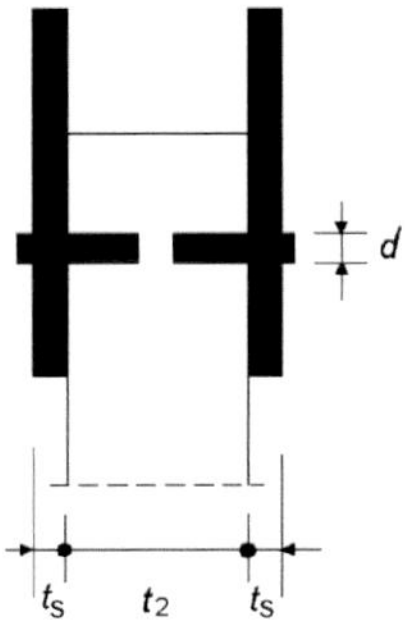 d t_s t_2 t_s

[1]) Hierin bedeuten:

t_1, t_2 Holzdicken bzw. Eindringtiefe der Verbindungsmittel, der kleinere Wert ist maßgebend, s. Bilder in Tabelle 11.13, bei zweischnittigen Verbindungen ist t_1 der kleinere Wert aus Seitenholzdicke und Eindringtiefe des Nagels

$t_{i,req}$ Mindestholzdicken nach Tabelle 11.17, 11.18 oder Eindringtiefen nach Tabelle 11.19

$f_{h,1,k}$ charakteristischer Wert der Lochleibungsfestigkeit nach Tabelle 11.14
- bei Holz-Holz-Nagelverbindungen:
die größere charakteristische Lochleibungsfestigkeit $f_{h,i,k}$ der miteinander verbundenen Nadelholzbauteile 1 bzw. 2
- bei Holzwerkstoff-Holz- oder Gipswerkstoff-Holz-Nagelverbindungen:
die charakteristische Lochleibungsfestigkeit $f_{h,1,k}$ des Holz- oder Gipswerkstoffes
- bei Stahlblech-Holz-Verbindungen:
die Lochleibungsfestigkeit $f_{h,k}$ des Holzes

d Nenndurchmesser,
- für runde glattschaftige Nägel und runde profilierte Sondernägel:
Durchmesser des glatten Schaftteils in mm
- für Nägel mit etwa rechteckigem oder quadratischem Querschnitt:
kleinste Seitenlänge des Nagelquerschnittes in mm

$M_{y,Rk}$ charakteristischer Wert des Fließmomentes in Nmm nach Tabelle 11.14

$F_{ax,Rk}$ charakteristischer Wert des Ausziehwiderstandes des profilierten Sondernagels nach Abschn. 11.7.3

$\Delta F_{v,Rk}$ Erhöhung des $F_{v,Rk}$-Wertes von profiliderten Sondernägeln bei einschnittigen Holzwerkstoff-Holz-Nagelverbindungen (nicht bei Gipswerkstoff-Holz-Nagelverbindungen) und bei einschnittigen Stahlblech-Holz-Nagelverbindungen

[2]) abweichend von dem vereinfachten Nachweisverfahren nach Abschn. 11.3 und 11.4, gilt für - Nagelverbindungen mit Nadelholzbauteilen

[3]) bei Stahlblech-Holz-Nagelverbindungen ist für $f_{h,k}$ die charakteristische Lochleibungsfestigkeit $f_{h,1,k}$ des Holzes anzusetzen

[4]) die Mindestholzdicken bzw. Mindesteindringtiefen nach Tabelle 11.17 und 11.19 sind bei Verwendung von $F_{v,Rk}$ einzuhalten, ansonsten ist die reduzierte charakteristische Tragfähigkeit $F_{v,Rk,red}$ nach Tabelle 11.13 maßgebend, zusätzlich sind für spaltgefährdete Hölzer noch die Mindestholzdicken nach Tabelle 11.18 zur Verhinderung der Spaltgefahr einzuhalten

Tabelle 11.13 (Fortsetzung Fußnoten)

[5]) charakteristische Lochleibungsfestigkeit $f_{h,k}$ und charakteristisches Fließmoment $M_{y,Rk}$ nach Tabelle 11.14

[6]) jedoch nicht bei Gipsplatten-Holz-Nagelverbindungen

[7]) Mindestholzdicken nach Tabelle 11.17 einhalten

[8]) bei Eindringtiefen (Einschlagtiefen) $t < 4 \cdot d$ darf die Scherfuge, die der Nagelspitze nächst liegend ist, nicht in Rechnung gestellt werden, s. Tabelle 11.19

[9]) bei Gipswerkstoff-Holz-Verbindungen mit Gipsplatten nach DIN 18180 nur Nägel nach DIN 18 182-2 einsetzen, s. DIN 1052-10: 2024-12, bei faserverstärkten Gipsplatten sind nur Nägel mit bauaufsichtlichem Verwendbarkeitsnachweis zulässig

[10]) Mindestdicken und -abmessungen tragender einteiliger Einzelquerschnitte aus Voll- und Brettschichtholz nach Tabelle 8.3 bzw. tragender/aussteifender Holzwerk- und Gipswerkstoffplatten nach Tabelle 7.13 stets einhalten bzw. beachten

[11]) mit bauaufsichtlichem Verwendbarkeitsnachweis

[12]) bei Stahlblech-Holz-Verbindungen gilt $F_{v,Rk,red}$ sinngemäß

[13]) zur Definition von dünnen und dicken Stahlblechen s. Tabelle 11.2

[14]) die Lochdurchmesser im Stahlblech bei Stahlblech-Holz-Nagelverbindungen sind weder in DIN EN 1995-1-1: 2010-12 noch in DIN EN 1995-1-1/NA: 2013-08 geregelt, es wird bis zu einer Regelung in diesen Normen empfohlen, die bisherige Regelung nach DIN 1052: 2008-12 anzuwenden, danach dürfen die Löcher im Stahlblech bis zu $(d + 1)$ mm größer sein als der Nageldurchmesser

[15]) die Annahme dicker Stahlbleche gilt als erfüllt, wenn die Bedingung Stahlblechdicke $t_s \geq d$ eingehalten wird sowie bei Stahlblechen mit einer Dicke $d \geq 2$ mm, die mit profilierten Nägeln (Sondernägeln) der Tragfähigkeitsklasse 3 und mit Nageldurchmessern $d \leq 2 \cdot t_s$ angeschlossen sind, s. DIN EN 1995-1-1/NA: 2013-08, NCI Zu 8.3.1.4 (NA.6) und auch Tabelle 11.2

[16]) Bemessungswerte der Tragfähigkeit $F_{v,Rd}$ nach Gl. (11.13), s. Abschn. 11.3

Wert $F_{v,Rk,red}$ nach Tabelle 11.13 in Rechnung zu stellen. Zusätzlich sind noch die Mindestholzdicken für Hölzer nach Tabelle 11.18 zur Verhinderung der Spaltgefahr einzuhalten. Charakteristische Tragfähigkeiten $F_{v,Rk}$ ausgesuchter Holz-Holz-Nagelverbindungen sind in Tabelle 11.22 dargestellt. Die **Bemessungswerte der Tragfähigkeit $F_{v,Rd}$** können nach Gl. (11.13) bestimmt, der **Nachweis der Nagelverbindung** auf Abscheren sinngemäß nach Gl. (11.14) vorgenommen werden, s. Abschn. 11.3.

Für **Nagelverbindungen mit Laubholzbauteilen** gelten die vereinfachten Nachweisverfahren für Holz-Holz- bzw. Holzwerkstoff-Holz-Verbindungen nach Abschn. 11.3 und für Stahlblech-Holzverbindungen nach Abschn. 11.4.

Charakteristische Werte der Tragfähigkeit $F_{v,Rk}$ und Bemessungswert $F_{v,Rd}$ von Nägeln nach dem genaueren Nachweisverfahren

Sollen jedoch charakteristische Tragfähigkeiten $F_{v,Rk}$ und Bemessungswerte $F_{v,Rd}$ mit besserer Anpassung an die geometrischen und materialtechnischen Verhältnisse einer Verbindung berechnet werden, s. auch Abschn. 11.2, sind die „aufwändigeren" Gl. des genaueren Nachweisverfahrens nach Anhang A.1 z.B. mit geeigneter Software zu verwenden. Der **Bemessungswert der Tragfähigkeit $F_{v,Rd}$** ist im genaueren Nachweisverfahren nach Anhang A.1, Gl. (A.1) zu bestimmen, der **Nachweis der Nagelverbindung** kann sinngemäß nach Gl. (11.14) vorgenommen werden. Die Festlegungen für Nagelverbindungen auf

Abscheren, die in diesem Abschn. nach DIN 1995-1-1: 2010-12, 8.3 angeführt sind, müssen sinngemäß eingehalten werden wie z.B. Mindest- und Maximaldurchmesser, Mindestzugfestigkeit $f_{u,k}$ des Nageldrahtes für glattschaftige Nägel, Lochleibungsfestigkeiten für Holz und Holzwerkstoffe, wirksame Nagelanzahl n_{ef} bei einer Reihe in Faserrichtung hintereinander liegender Nägel, Mindestabstände, Vorbohren des Holzes in Abhängigkeit von der Rohdichte sowie in Abhängigkeit von der Holzdicke und spaltgefährdetem Holz, übergreifende Nägel.

Charakteristische Werte der Lochleibungsfestigkeit, des Fließmomentes und der Mindestdrahtzugfestigkeit für Nägel (Abscheren)

Die charakteristische Lochleibungsfestigkeit $f_{h,k}$ und das charakteristische Fließmoment $M_{y,Rk}$ für Nägel mit Nageldurchmessern $d \leq 8$ mm und einer Mindestzugfestigkeit des

Tabelle 11.14 Charakteristische Werte der Lochleibungsfestigkeit für nicht vorgebohrte, vorgebohrte Hölzer, Holzwerk- und Gipswerkstoffe sowie charakteristische Werte des Fließmomentes für Nägel auf Abscheren mit Nageldurchmessern $d \leq 8$ mm nach DIN EN 1995-1-1: 2010-12, 8.3.1.1, 8.3.1.3 und DIN EN 1995-1-1/NA: 2013-08, NCI Zu 8.3.1.3[1])[2])[4])

charakteristische Werte $f_{h,k}$ der Lochleibungsfestigkeit in N/mm² für alle Winkel α zwischen Kraft- und Faserrichtung des Holzes[2])	
für Nadelvoll-, Laubvoll-, Brettschicht-, Balkenschichtholz nach Abschn. 3 und Furnierschichtholz (LVL) nach DIN EN 14279[3])	
nicht vorgebohrte Hölzer	$f_{h,k} = 0{,}082 \cdot \rho_k \cdot d^{-0,3}$
vorgebohrte Hölzer	$f_{h,k} = 0{,}082 \cdot (1 - 0{,}01 \cdot d) \cdot \rho_k$
für Sperrholz nach DIN EN 13986 und DIN EN 636, s. Abschn. 2	
nicht vorgebohrte Sperrhölzer	$f_{h,k} = 0{,}11 \cdot \rho_k \cdot d^{-0,3}$
vorgebohrte Sperrhölzer	$f_{h,k} = 0{,}11 \cdot (1 - 0{,}01 \cdot d) \cdot \rho_k$
für OSB-Platten nach DIN EN 13986 und DIN EN 300, s. Abschn. 2, und für kunstharzgebundene Spanplatten nach DIN EN 13986 und DIN EN 312, s. Abschn. 2	
nicht vorgebohrte Platten	$f_{h,k} = 65 \cdot d^{-0,7} \cdot t^{0,1}$
vorgebohrte Platten	$f_{h,k} = 50 \cdot d^{-0,6} \cdot t^{0,2}$
für zementgebundene Spanplatten nach DIN EN 13986 und DIN EN 634-2, s. Abschn. 2	
zementgebundene Spanplatten	$f_{h,1,k} = (75 + 1{,}9 \cdot d) \cdot d^{-0,5} + d/10$
für Faserplatten nach DIN EN 13986 und DIN EN 622-2, s. Abschn. 2	
harte Faserplatten HB.HLA2	$f_{h,k} = 30 \cdot d^{-0,3} \cdot t^{0,6}$
für Gipsplatten nach DIN 18180, s. Abschn. 2	
Gipsplatten[3])	$f_{h,k} = 3{,}9 \cdot d^{-0,6} \cdot t^{0,7}$
Charakteristischer Wert $M_{y,Rk}$ des Fließmomentes in Nmm [2]) Mindestzugfestigkeit des Nageldrahtes $f_{u,k} = 600$ N/mm²	
runde glattschaftige Nägel und Sondernägel	$M_{y,Rk} = 0{,}3 \cdot f_{u,k} \cdot d^{2,6}$
glattschaftige Nägel mit etwa rechteckigem oder quadratischem Querschnitt	$M_{y,Rk} = 0{,}45 \cdot f_{u,k} \cdot d^{2,6}$

Tabelle 11.14 (Fortsetzung Fußnoten)

[1]) Hierin bedeuten:
d Nageldurchmesser in mm, s. Fußnote [1]) zur Tafel 11.13
t Plattendicke in mm
ρ_k charakteristischer Wert der Rohdichte des Holzes oder Holzwerkstoffes in kg/m³ nach Abschn. 7.2
[2]) für rechtwinklig zur Faserrichtung des Holzes eingeschlagene Nägel, s. DIN 1995-1-1: 2010-12, 10.4.2
[3]) bei Gipsplatten-Holz-Verbindungen mit Gipsplatten nach DIN 18180 sind nur Nägel nach DIN 18182-2 einzusetzen, s. DIN 1052-10: 2024-12, bei faserverstärkten Gipsplatten sind nur Nägel mit bauaufsichtlichem Verwendbarkeitsnachweis zulässig
[4]) weitere Fußnoten der Tabelle 11.13 gelten sinngemäß

Drahtes von $f_{u,k}$ = 600 N/mm² können nach Tabelle 11.14 errechnet werden. Die Lochleibungsfestigkeit dieser Nägel ist wie für „dünne" stiftförmige Verbindungsmittel nach Abschn. 11.1 unabhängig von der Kraft- und Faserrichtung.

Durchmesser, Anzahl und Bohrlochdurchmesser von Nägeln (Abscheren)
Eine tragende Nagelverbindung muss mind. zwei Nägel enthalten, auch wenn rechnerisch ein Nagel ausreichen würde, s. Tabelle 11.15. Die Mindestanzahl von zwei Nägeln bewirkt die notwendige Klemmwirkung einer Verbindung und zusätzlich eine Sicherung, wenn ein Nagel in einer Fehlstelle sitzt, z.B. in einem Schwindriss, und wenig zur Kraftübertragung beitragen kann. Demnach müssen bei ein- und zweischnittigen Nagelverbindungen nach Bild 11.14 je Scherfuge mind. zwei tragende Nägel vorhanden sein.

Die **Lochdurchmesser im Stahlblech** bei Stahlblech-Holz-Nagelverbindungen sind weder in DIN EN 1995-1-1: 2010-12 noch in DIN EN 1995-1-1/NA: 2013-08 geregelt, es

Tabelle 11.15 Durchmesser, Anzahl, Bohrlochdurchmesser für tragende Nägel nach DIN EN 1995-1-1: 2010-12, 8.3.1.1 und 10.4.2[1])[2])[3])

Nägel	Durchmesser max.	Anzahl pro Anschluss[4]) min.	Vorbohren[5])[6])[7]) über die ganze Nagellänge bei	Bohrlochdurchmesser[8])[9])
nicht vorgebohrt	$d \leq 6$ mm	$n \geq 2$	–	–
vorgebohrt	6 mm $< d \leq 8$ mm		$\rho_k > 500$ kg/m³ und $d > 6$ mm	$\leq 0{,}8 \cdot d$

[1]) Hierin bedeuten:
d Nageldurchmesser in mm, s. Fußnote [1]) zur Tabelle 11.13
ρ_k charakteristische Rohdichte in kg/m³ nach Abschn. 7.2
[2]) Nägel nach DIN EN 10 230-1: 2000-01 oder profilierte Sondernägel mit Erstprüfung
[3]) Nägel nach den Anforderungen der DIN EN 14592: 2012-07 und DIN 20000-6: 2015-02
[4]) folgende Anschlüsse dürfen nach DIN EN 1995-1-1/NA: 2013-08, NCI Zu 8.3.1.2 (NA.10) mit einem Nagel erfolgen: Befestigung von Schalungen, von Trag- und Konterlatten, von Zwischenanschlüssen bei Windrispen, von Sparren und Pfetten auf Bindern und Rähmen, von Querträgern auf Rahmenhölzern, wenn diese Bauteile insgesamt mit mind. 2 Nägeln angeschlossen sind
[5]) Vorbohren auch bei „kleineren" Holzdicken nach Tabelle 11.18, Zeile 1 und bei besonders spaltgefährdeten Hölzern nach Tafel 11.18, Zeile 2 und 3

Tabelle 11.15 (Fortsetzung Fußnoten)

[6]) Vorbohren nach DIN EN 1995-1-1/NA: 2013-08, NCI Zu 8.3.1.3 (NA.14) stets über die ganze Nagellänge in Holz mit $\rho_k > 500$ kg/m³ und stets in Douglasienholz erforderlich; bei $\rho_k < 500$ kg/m³ (in der Regel Nadel- und Pappelholz) darf für Nageldurchmesser $d \leq 6$ mm vorgebohrt werden

[7]) zementgebundene Spanplatten sind nach DIN EN 1995-1-1/NA: 2013-08, NCI Zu 8.3.1.3 (NA.14) stets vorzubohren

[8]) der Bohrlochdurchmesser sollte $\leq 0{,}8 \cdot d$ sein, s. DIN EN 1995-1-1: 2010-12, 10.4.2, er darf nach DIN EN 1995-1-1/NA: 2013-08, NCI Zu 8.3.1.3 (NA.14) zwischen $0{,}6 \cdot d$ und $0{,}8 \cdot d$ liegen

[9]) die Lochdurchmesser im Stahlblech bei Stahlblech-Holz-Nagelverbindungen sind weder in DIN EN 1995-1-1: 2010-12 noch in DIN EN 1995-1-1/NA: 2013-08 geregelt, es wird bis zu einer Regelung in diesen Normen empfohlen, die bisherige Regelung nach DIN 1052: 2008-12 anzuwenden, danach dürfen die Löcher im Stahlblech bis zu (d + 1) mm größer sein als der Nageldurchmesser

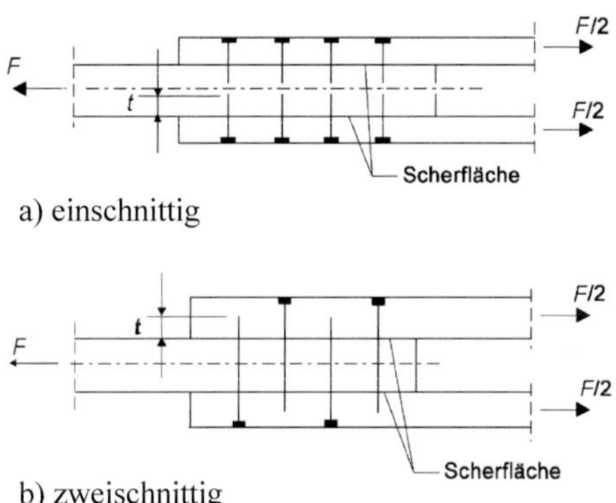

Bild 11.14 Ein- und zweischnittige tragende Nagelverbindungen, Schema; Einschlagtiefe t

wird bis zu einer Regelung in diesen Normen empfohlen, die bisherige Regelung nach DIN 1052: 2008-12 anzuwenden, danach dürfen die Löcher im Stahlblech bis zu (d + 1) mm größer sein als der Nageldurchmesser.

Wirksame Anzahl n_{ef} mehrerer in Faserrichtung hintereinander liegender Nägel - (Abscheren)

Liegen mehrere n Nägel in Anschlüssen und Stößen in Kraft- und Faserrichtung hintereinander und sind die Nägel in dieser Reihe rechtwinklig zur Faserrichtung nicht um mind. $1 \cdot d$ gegeneinander versetzt angeordnet, muss die charakteristische Tragfähigkeit der Nägel über die wirksame Anzahl n_{ef} der Nägel gemindert werden, um die Spaltgefahr des Holzes zu vermeiden, s. auch Abschn. 10.3.4 und Abschn. 11.3. Dazu ist die wirksame Anzahl n_{ef} nach Tabelle 11.16 zu errechnen und die **effektive charakteristische Tragfähigkeit $F_{v,ef,Rk}$ einer Verbindungsmittelreihe** nach Gl. (11.12) zu bestimmen. Da bei Nagelverbindungen in der Baupraxis die Nägel oft ohne oder nur geringfügiges Versetzen bezogen auf die „gerade" Risslinie in Faserrichtung angeordnet werden, ist die wirksame Anzahl n_{ef} in diesen Fällen zu berücksichtigen. Werden jedoch die Nägel gegeneinander um mind. $1 \cdot d$ versetzt, kann die wirksame Anzahl n_{ef} gleich der vorhandenen Anzahl n gesetzt werden:

Tabelle 11.16 Wirksame Anzahl n_{ef} bei n in Faserrichtung des Holzes hintereinander liegenden Nägeln nach DIN EN 1995-1-1: 2010-12, 8.3.1.1[1])[2])

Wirksame Anzahl n_{ef} für die Tragfähigkeit in Faserrichtung des Holzes, wenn die Nägel in dieser Reihe rechtwinklig zur Faserrichtung nicht um mind. $1 \cdot d$ gegeneinander versetzt angeordnet sind, s. Bild

$n_{ef} = n^{k_{ef}}$	Nagel	
Werte für k_{ef}[3])		
Nagelabstand a_1[3]) untereinander in Faserrichtung	k_{ef}[3])	
	nicht vorgebohrt	vorgebohrt
$a_1 \geq 14 \cdot d$	1,0	1,0
$a_1 = 10 \cdot d$	0,85	0,85
$a_1 = 7 \cdot d$	0,7	0,7
$a_1 = 4 \cdot d$	–	0,5

[1]) Hierin bedeuten
k_{ef} Beiwert nach dieser Tabelle
n Nagelanzahl in einer Reihe in Faserrichtung
n_{ef} wirksame Nagelanzahl in einer Reihe in Faserrichtung
[2]) die effektive charakteristische Tragfähigkeit $F_{v,ef,Rk}$ einer Verbindungsmittelreihe kann nach Gl. (11.12) bestimmt werden, s. Abschn. 11.3
[3]) für Zwischenwerte der Nagelabstände darf linear interpoliert werden

$n_{ef} = n$. Ein Versetzen der Nägel um mind. $1 \cdot d$ ist bautechnisch zu empfehlen, dies wird jedoch – obwohl auf Konstruktionsplänen vorgeschrieben – oft in der Praxis nicht umgesetzt. Über versetzte und nicht versetzte Anordnung von stiftförmigen metallischen Verbindungsmitteln und die Spaltgefahr s. Abschn. 10.2, Bild 10.7.

Werden dagegen Verbindungsmittel in Faserrichtung angeordnet und senkrecht dazu durch eine Kraft oder Kraftkomponente beansprucht, d.h. ist der Kraft-Faser-Winkel $\alpha = 90°$, tritt kein Spalten des Holzes auf und eine Minderung der Tragfähigkeit hinsichtlich hintereinander liegender Verbindungsmittel ist nicht vorzunehmen ($n_{ef} = n$), s. Abschn. 10.3.4.

Für eine **schräg zur Verbindungsmittelreihe wirkende Kraft** ist nachzuweisen, dass die Kraftkomponente in Richtung der Verbindungsmittelreihe kleiner gleich der rechnerischen Tragfähigkeit nach Gl. (11.12) ist. Der Nachweis von Bauteilen mit **Schräg- und Queranschlüssen** (Verbindungsmittelkräfte unter einen Winkel α zur Faserrichtung) kann nach Abschn. 21.3 erfolgen, s. auch Abschn. 10.2.

Mindestholzdicken bei Berechnung der Tragfähigkeit von Nagelverbindungen - (Abscheren)

Die Mindestholzdicken, die bei der Berechnung der charakteristischen Tragfähigkeit Fv,Rk von Nagelverbindungen nach Tabelle 11.13 einzuhalten sind, können Tabelle 11.17 entnommen werden. Werden die Holzdicken t1 und t2 jedoch geringer als die Mindestholzdicken treq ausgebildet, ist mit der abgeminderten charakteristischen Tragfähigkeit Fv,Rk,red wie in Tabelle 11.13 angegeben zu rechnen. Darüber hinaus sind die Mindestdicken und -abmessungen tragender einteiliger Einzelquerschnitte aus Voll- und Brettschichtholz nach Tabelle 8.3 bzw. tragender/aussteifender Holzwerkstoff- und Gipswerkstoffplatten nach Tabelle 7.13 einzuhalten bzw. zu beachten. Des Weiteren müssen die Holzdicken, bei denen zur Verhinderung der Spaltgefahr vorzubohren ist, nach Tabelle 11.18 zusätzlich eingehalten werden.

Tabelle 11.17 Mindestholzdicken beim vereinfachten Nachweisverfahren für die charakteristische Tragfähigkeit $F_{v,Rk}$ von Nagelverbindungen der DIN EN 1995-1-1/NA: 2013-08[1])[2])[8])[10])

Mindestholzdicken t_{req} und Mindesteindringtiefen t_{req} der Nägel bei Holz-Holz-Nagelverbindungen zwischen Bauteilen aus Nadelholz[9]) nach DIN EN 1995-1-1/NA: 2013-08, NCI Zu 8.3.1.2 (NA. 9)[2])[3])[4])[5])[8])		
$t_{req} = 9 \cdot d$ für Nägel mit rundem Querschnitt		
Mindestdicken t_{req} von Holzwerk- und Gipswerkstoffplatten bei Holz-Holzwerkstoff-Nagelverbindungen zwischen Bauteilen aus Holzwerk- oder Gipswerksstoffen und Holz nach DIN EN 1995-1-1/NA: 2013-08, NCI Zu 8.3.1.3, Tabelle NA.14[2])[3])[4])[5])[10])		
Holzwerkstoff oder Gipswerkstoff[10])	t_{req} für außen liegende Holzwerkstoff- oder Gipswerkplatten (einschnittig)	t_{req} für innen liegende Holzwerkstoff- oder Gipswerkplatten (zweischnittig)
- Sperrholz F20/10 E40/20 und F20/15 E30/25 mit $\rho_k \geq 350$ kg/m³, s. Abschn. 2	$7{\cdot}d$	$6{\cdot}d$
- Sperrholz F40/30 E60/40, F50/25 E70/25 und F60/10 E90/10 mit $\rho_k \geq 600$ kg/m³, s. Abschn. 2 und Tabelle 7.7	$6{\cdot}d$	$4{\cdot}d$
- OSB-Platten OSB/2, OSB/3 und OSB/4, s. Abschn. 2, für OSB/4 s. Tabelle 7.9 - kunstharzgebundene Spanplatten P4, P5, P6 und P7, s. Abschn. 2, für P6 s. Tabelle 7.8	$7{\cdot}d$	$6{\cdot}d$
- zementgebundene Spanplatten der Klasse 1 und 2	$4{\cdot}d$	$4{\cdot}d$
- Faserplatten HB.HLA2 (harte Platten), s. Abschn. 2	$6{\cdot}d$	$4{\cdot}d$
Gipsplatten[6])	$10{\cdot}d$	–
Mindestholzdicken t_{req} bei Stahlblech-Holz-Nagelverbindungen zwischen Bauteilen aus Stahlblech und Holz[9]) nach DIN EN 1995-1-1/NA: 2013-08, NCI Zu 8.3.1.4, Tabelle NA.15[2])[3])[4])[7])[8])		
Stahlblech, vorgebohrt	t_{req} Mittelholzdicke (zweischnittig)	t_{req} Dicke in allen - anderen Fällen
innen liegend oder dick und außen liegend[7])	$10{\cdot}d$	$10{\cdot}d$
dünn und außen liegend[7])	$7{\cdot}d$	$9{\cdot}d$

Tabelle 11.17 (Fußnoten)

[1]) Hierin bedeuten:

t_{req} Mindestholzdicken in mm

d Durchmesser des Nagels in mm, s. Fußnote [1]) zu Tabelle 11.13

[2]) Mindestdicken und -abmessungen tragender einteiliger Einzelquerschnitte aus Voll- und Brettschichtholz nach Tabelle 8.3 bzw. tragender/aussteifender Holzwerk- und Gipswerkstoffplatten nach Tabelle 7.13 stets einhalten bzw. beachten

[3]) abweichend von dem vereinfachten Nachweisverfahren nach Abschn. 11.3 bzw. 11.4

[4]) werden die Mindestholzdicken unterschritten, sind die $F_{v,Rk}$-Werte entsprechend den reduzierten charakteristischen Werten $F_{v,Rk,red}$ sinngemäß nach Tabelle 11.13 abzumindern, bei Eindringtiefen $t < 4 \cdot d$ in das Holz darf die Scherfuge, die der Nagelspitze nächst liegend ist, nicht in Rechnung gestellt werden, s. Tabelle 11.19

[5]) zur Definition von Holzdicken t s. Tabelle 11.13

[6]) bei Gipsplatten-Holz-Verbindungen mit Gipsplatten nach DIN 18180 dürfen nur Nägel nach DIN 18182-2 einsetzt werden, s. DIN 1052-10: 2024-12, für faserverstärkte Gipsplatten sind nur Nägel mit bauaufsichtlichem Verwendbarkeitsnachweis zu verwenden

[7]) zur Definition von dünnen und dicken Stahlblechen s. Tabelle 11.2 im Abschn. 11.4

[8]) bei nicht vorgebohrten Nägeln sind die Holzdicken zur Verhinderung der Spaltgefahr des Holzes nach Tabelle 11.18 zusätzlich einzuhalten

[9]) für Holz aus Nadelvoll-, Brettschicht-, Balkenschicht- und Furnierschichtholz (LVL)

[10]) Holzwerkstoff- und Gipsplatten nach den jeweils in Tabelle 11.14 angeführten Baunormen

Bei Holz-Holz-Nagelverbindungen und Stahlblech-Holz-Nagelverbindungen z.B. mit dicken Stahlblechen werden zwei Fließgelenke pro Scherfuge erreicht, wenn die Berechnung der Tragfähigkeit $F_{v,Rk}$ nach dem vereinfachten Nachweisverfahren der Tabelle 11.13 mit den Mindestholzdicken der Tabelle 11.17 erfolgt, s. auch Abschn. 11.4, während bei Holz-Holzwerkstoff-Nagelverbindungen wegen der „dünnen" Platten selten zwei Fließgelenke pro Scherfuge vorliegen, so dass die Berechnung der Tragfähigkeit $F_{v,Rk}$ nach Tabelle 11.13 mit den Mindestholzdicken nach Tabelle 11.17 überwiegend unwirtschaftlich ist; erforderlichenfalls kann in derartigen Fällen das genauere Nachweisverfahren nach Anhang A.1 Anwendung finden.

Holzdicken, bei denen Holzbauteile in Nagelverbindungen zur Verhinderung der Spaltgefahr vorzubohren sind

Bei Nagelverbindungen sind Holzbauteile nach DIN EN 1995-1-1: 2010-12, 8.3.1.2 (6), (7) vorzubohren, wenn ihre Holzdicken t kleiner sind als in Tabelle 11.18 angegeben, um das Spalten des Holzes beim Eintreiben von nicht vorgebohrten Nägeln zu verhindern. Werden dagegen die Bedingungen in Tabelle 11.18 eingehalten, können Nägel ohne Vorbohren eingetrieben werden (soweit sie nicht aufgrund höherer Rohdichte grundsätzlich vorgebohrt werden müssen). Diese Holzdicken t zur Verhinderung der Spaltgefahr nach Tabelle 11.18 sind zusätzlich zu den Mindestholzdicken t_{req} in Holz-Holz-Nagelverbindungen (die zur Berechnung der Tragfähigkeit gehören) nach Tabelle 11.17 einzuhalten.

Nach Untersuchungen von *Schmid* [459] besitzen die meisten europäischen Nadelhölzer der DIN EN 1995-1-1 einschl. Western Hemlock und Yellow Cedar größere Neigungen zum Spalten beim Einschlagen von Nägeln, während die europäische Kiefer und die amerikanische Kiefernart Southern Pine wesentlich spaltunempfindlicher sind. Deshalb sind die Holzdicken *t*, bei deren Unterschreiten Holzbauteile nach Tabelle 11.18 zur Verhinderung der Spaltgefahr vorzubohren sind, für spaltgefährdete Holzarten (Zeile 2) doppelt so groß zu wählen wie bei nicht spaltgefährdeten (Zeile 1). Nach DIN EN 1995-1-1/NA: 2013-08, NDP Zu 8.3.1.2(7) ist Kiefernholz (*pinus sylvestris*) eine nicht gefährdete Holzart (nach Zeile 1 in Tabelle 11.18 auslegen), während alle anderen (Bau-)Holzarten als spaltgefährdet gelten (nach Zeile 2 in Tabelle 11.18).

Werden jedoch die Mindestnagelabstände $a_{4,c(t)}$ zum Holzrand rechtwinklig zur Faser nach Tabelle 11.20 für die spaltgefährdeten Holzarten wesentlich vergrößert, s. Tabelle 11.18, Zeile 3, und damit ein ausreichend großer Widerstand des Querschnitts gegenüber dem Spalten zwischen Holzrand und äußerer Nagelreihe erreicht, können für spaltgefährdete Holzarten auch die geringeren Holzdicken nach Zeile 1 der Tabelle 11.18 angesetzt werden.

Da beim **Einschlagen von Nägeln in vorgebohrte Löcher keine Spaltgefahr** besteht, müssen bei vorgebohrten Nägeln in Nadelholz- und Laubholzbauteilen keine zusätzlich größeren Holzdicken eingehalten werden, nur diejenigen nach Tabelle 11.17 für Holz-

Tabelle 11.18 Holzdicken *t*, bei denen Holzbauteile zur Verhinderung der Spaltgefahr bei nicht vorgebohrten Nägeln vorzubohren sind nach DIN EN 1995-1-1: 2010-12, 8.3.1.2 (6), (7)[1])[2])[3])

1	Holz ist in der Regel vorzubohren, wenn Holzdicken *t* von Bauteilen kleiner sind als[4])[6])[7])[8])
	$t = \max\left\{7 \cdot d \quad \text{oder} \quad (13 \cdot d - 30) \cdot \frac{\rho_k}{400}\right\}$
2	Besonders spaltgefährdetes Holz ist vorzubohren, wenn Holzdicken *t* von Bauteilen kleiner als[4])[7])[8])
	$t = \max\left\{14 \cdot d \quad \text{oder} \quad (13 \cdot d - 30) \cdot \frac{\rho_k}{200}\right\}$
3	Besonders spaltgefährdetes Holz darf nach der Regel in Zeile 1 vorgebohrt werden, wenn folgende Bedingungen eingehalten werden:
	Bei Randabständen:[5]) $a_{4,t}, a_{4,c} \geq 10 \cdot d$ für $\rho_k \leq 420$ kg/m^3 $\geq 14 \cdot d$ für 420 kg/m$^3 < \rho_k < 500$ kg/m^3
4	Besonders spaltgefährdete Hölzer sind nach DIN EN 1995-1-1/NA: 2013-08, NDP Zu 8.3.1.2(7)
	Alle Holzarten außer Kiefernholz[9])

[1]) Hierin bedeuten:
t Holzdicken in mm
d Nageldurchmesser in mm, s. Fußnote [1]) zu Tabelle 11.13
ρ_k charakteristische Rohdichte des Holzes in kg/m^3, s. Abschn. 7.2.1
[2]) Mindestdicken und -abmessungen tragender einteiliger Einzelquerschnitte aus Voll- und Brettschichtholz nach Tabelle 8.3 stets einhalten bzw. beachten

Tabelle 11.18 (Fortsetzung Fußnoten)

[3]) werden die Mindestholzdicken nach Tabelle 11.17 für Nadelholz unterschritten, sind die charakteristischen Tragfähigkeiten $F_{v,Rk}$ entsprechend den reduzierten charakteristischen Werten $F_{v,Rk,red}$ nach Tabelle 11.13 abmindern

[4]) über das Vorbohren von Holz (Bohrlochdurchmesser) s. auch Tabelle 11.15

[5]) Hölzer mit charakteristischen Rohdichten $\rho_k \leq 500$ kg/m^3 sind in der Regel Nadelhölzer einschl. Pappelholz

[6]) die Regel in Zeile 1 darf nach DIN EN 1995-1-1/NA: 2013-08, NDP Zu 8.3.1.2(7) bei allen Holzarten angewendet werden für Schalungen, Trag- oder Konterlatten und die Zwischenanschlüsse von Windrispen, sowie von Querriegeln auf Rahmenhölzern, wenn diese Bauteile insgesamt mit mind. 2 Nägeln angeschlossen sind

[7]) bei vorgebohrten Nägeln besteht keine Spaltgefahr

[8]) Holzarten mit einer charakteristischen Rohdichte $\rho_k > 500$ kg/m^3 sind stets vorzubohren, s. Tabelle 11.15, dies sind in der Regel alle Laubhölzer mit Ausnahme von Pappelholz

[9]) Kiefernholz (*pinus sylvestris*) ist nach DIN EN 1995-1-1/NA: 2013-08, NDP Zu 8.3.1.2(7) eine nicht spaltgefährdete Holzart und kann nach den Bedingungen der Zeile 1 dieser Tabelle 11.18 ausgelegt werden, während alle anderen Holzarten als besonders spaltgefährdet gelten und nach Zeile 2 auszulegen sind, es sei denn die Bedingungen der Zeile 3 werden eingehalten

Holz-Nagelverbindungen (gelten für alle Holzbauteile in Nagelverbindungen). Holzarten mit einer charakteristischen Rohdichte $\rho_k > 500$ kg/m^3 sind stets vorzubohren, s. Tabelle 11.15, dies sind in der Regel alle Laubhölzer mit Ausnahme von Pappelholz.

Einschlagtiefen (-eindringtiefen) von Nägeln (Abscheren)

Die Einschlagtiefen bzw. Eindringtiefen von glattschaftigen runden Nägeln und profilierten Sondernägeln bei Beanspruchung rechtwinklig zur Stiftachse (Abscheren) sind in Tabelle 11.19 dargestellt. Sie sind für gebräuchliche Nägel auch in Tabelle 11.22 angegeben. Als Einschlagtiefe t von Nägeln ist die Länge des Nagels im Holz mit der Nagelspitze (im „letzten“ Holz einer Nagelverbindung) definiert, s. Tabelle 11.19 und Bild 11.14. Die Mindesteinschlagtiefe stellt die Tragfähigkeit der betreffenden Scherfuge und eine ausreichende Klemmwirkung der Nagelverbindung sicher.

Im **genaueren Nachweisverfahren** nach Anhang A.1 sollte für glattschaftige Nägel die Eindringtiefe in das Holz mindestens $t_{req} = 8 \cdot d$, für profilierte Nägel $t_{req} = 6 \cdot d$ betragen, s. DIN EN 1995-1-1: 2010-12, 8.3.1.2 und DIN EN 14592: 2012-07.

Im **vereinfachten Nachweisverfahren** für Nagelverbindungen nach Tabelle 11.13 beträgt die erforderliche Mindesteinschlagtiefe zur Berechnung der charakteristischen Tragfähigkeit $F_{v,Rk}$ für runde glattschaftige und profilierte Nagelquerschnitte bei Bauteilen aus Nadelholz $t_{req} = 9 \cdot d$, s. DIN EN 1995-1-1/NA: 2013-08, NCI Zu 8.3.1.2, bei profilierten Sondernägeln können auch Mindesteinschlagtiefen t_{req} in den Festlegungen der Erstprüfung (Initial Type Testing, ITT) bzw. im bauaufsichtlichen Verwendbarkeitsnacheis enthalten sein. Wird die Einschlagtiefe t_{req} unterschritten, ist die abgeminderte charakteristische Tragfähigkeit $F_{v,Rk,red}$ nach Tabelle 11.19 anzusetzen, s. auch Tabelle 11.13. Bei Einschlagtiefen $t < 4 \cdot d$ ist die Scherfuge, die der Nagelspitze nächst liegend ist, nicht in

Tabelle 11.19 Einschlagtiefen t und charakteristische Tragfähigkeit $F_{v,Rk}$ von Nägeln in Nadelholzbauteilen bei Beanspruchung auf Abscheren im vereinfachten Nachweisverfahren nach DIN EN 1995-1-1/NA: 2013-08, NCI Zu 8.3.1.2[1])[2])[3])[5])

Nagelquerschnitt	Einschlagtiefen[4]) - t_{req} erforderliche - t vorhandene	Charakteristische Tragfähigkeit $F_{v,Rk}$[3])[5]) für einschnittige Nagelverbindungen
- rund und glattschaftig	$t_{req} \geq 9 \cdot d$	$F_{v,Rk}$
	$4 \cdot d \leq t < 9 \cdot d$	$F_{v,Rk,red} = F_{v,Rk} \cdot t/(9 \cdot d)$
	$t < 4 \cdot d$	$F_{v,Rk,red} = 0$
- rund und profiliert[4])	$t_{req} \geq 9 \cdot d$[4])	$F_{v,Rk}$
	$4 \cdot d \leq t < 9 \cdot d$	$F_{v,Rk,red} = F_{v,Rk} \cdot t/(9 \cdot d)$
	$t < 4 \cdot d$	$F_{v,Rk,red} = 0$

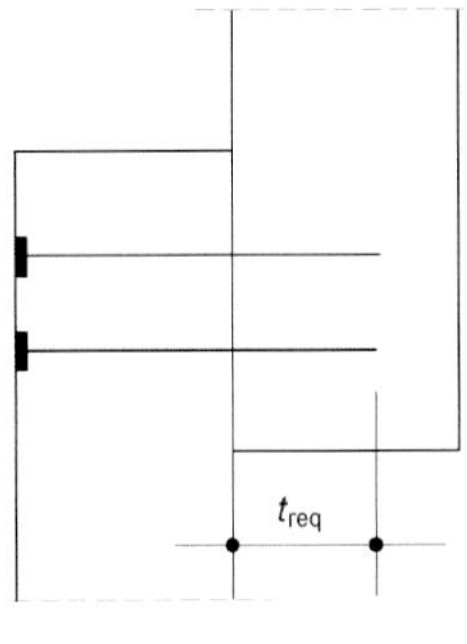

[1]) Hierin bedeuten:
d - für runde glattschaftige Nägel und runde profilierte Sondernägel: Durchmesser des glatten Schaftteils in mm
- für Nägel mit etwa rechteckigem/quadratischem Querschnitt: kleinste Seitenlänge des Nagelquerschnittes

[2]) Einschlag-/Eindringtiefe t im Holz mit der Nagelspitze

[3]) charakteristische Tragfähigkeit $F_{v,Rk}$ nach Tabelle 11.13 oder Tabelle 11.22

[4]) Mindesteinschlagtiefen t_{req} für profilierte Sondernägel s. auch Festlegungen bei der Erstprüfung (Initial Type Testing, ITT) bzw. im bauaufsichtlichen Verwendbarkeitsnacheis

[5]) Bemessungswerte der Tragfähigkeit $F_{v,Rd}$ nach Gl. (11.13), s. Abschn. 11.3

Rechnung zu stellen, da bei zu geringen Einschlagtiefen z.B. durch Abweichungen von den Sollquerschnittsmaßen der Nagel aus dem „letzten" Holz herausgezogen werden und die Tragfähigkeit dieser Scherfuge versagen kann.

Mindestabstände von tragenden Nägeln (Abscheren)

Die Mindestabstände von nicht vorgebohrten und vorgebohrten Nägeln in Holz-Holz-, Holz- Holzwerkstoff- und Stahlblech-Holz-Nagelverbindungen können Tabelle 11.20 entnommen werden, s. DIN EN 1995-1-1: 2010-12, 8.3.1. Die Bezeichnungen der Verbindungsmittelabstände sind im Abschn. 10.2, Bild 10.5 dargestellt, Erläuterungen dazu in Bild 10.6 angeführt. Bei Brettschichtholz aus Nadelholz darf eine charakteristische Rohdichte von $\rho_k \leq 420$ kg/m^3 für die Bestimmung der Nagelabstände angenommen werden, s. DIN EN 1995-1-1/NA: 2013-08, NCI Zu 8.3.1.2 (NA.13).

Für Holzwerkstoff-Holz-Nagelverbindungen gelten als Mindestabstände a_1 und a_2 untereinander die 0,85fachen Tabellenwerte für Holz-Holz-Verbindungen, s. Tabelle 11.20, für die Abstände zu den Rändern und zum Hirnholzende sind zusätzliche Festlegungen angeführt. Bei Holzwerkstoff-Holz-Nagelverbindungen können die Mindestabstände a_1 und a_2 untereinander geringer als bei Holz-Holz-Verbindungen angesetzt werden, da die Holzwerkstoffe einen mindernden Einfluss auf das Spalten des Holzes bewirken, der jedoch zu den Rändern nicht vorliegt. Bei Stahlblech-Holz-Verbindungen sind ebenso

Tabelle 11.20 Mindestabstände von Nägeln in Holz-Holz-, Holz-Holzwerkstoff- und Stahlblech-Holz-Verbindungen

Mindestnagelabstände in Holz-Holz-Verbindungen nach DIN EN 1995-1-1: 2010-12, 8.3.1.2, Tab. 8.2[1])[2])[3])

	Bezeichnungen nach Bild 10.5	Winkel α	nicht vorgebohrt		vorgebohrt
			$\rho_k \leq 420$ kg/m³ [2])	$420 < \rho_k < 500$ kg/m³	
a_1	untereinander in Faserrichtung	$0° \leq \alpha \leq 360°$	$d < 5$ mm: $(5 + 5 \cdot \lvert\cos\alpha\rvert) \cdot d$ $d \geq 5$ mm: $(5 + 7 \cdot \lvert\cos\alpha\rvert) \cdot d$	$(7 + 8 \cdot \lvert\cos\alpha\rvert) \cdot d$	$(4 + \lvert\cos\alpha\rvert) \cdot d$
a_2	untereinander ⊥ zur Faserrichtung	$0° \leq \alpha \leq 360°$	$5 \cdot d$	$7 \cdot d$	$(3 + \lvert\sin\alpha\rvert) \cdot d$
$a_{3,t}$	vom belasteten Hirnholzende	$-90° \leq \alpha \leq 90°$	$(10 + 5 \cdot \cos\alpha) \cdot d$	$(15 + 5 \cdot \cos\alpha) \cdot d$	$(7 + 5 \cdot \cos\alpha) \cdot d$
$a_{3,c}$	vom unbelasteten Hirnholzende	$90° \leq \alpha \leq 270°$	$10 \cdot d$	$15 \cdot d$	$7 \cdot d$
$a_{4,t}$	vom belasteten Rand	$0° \leq \alpha \leq 180°$	$d < 5$ mm: $(5 + 2 \cdot \sin\alpha) \cdot d$ $d \geq 5$ mm: $(5 + 5 \cdot \sin\alpha) \cdot d$	$d < 5$ mm: $(7 + 2 \cdot \sin\alpha) \cdot d$ $d \geq 5$ mm: $(7 + 5 \cdot \sin\alpha) \cdot d$	$d < 5$ mm: $(3 + 2 \cdot \sin\alpha) \cdot d$ $d \geq 5$ mm: $(3 + 4 \cdot \sin\alpha) \cdot d$
$a_{4,c}$	vom unbelasteten Rand	$180° \leq \alpha \leq 360°$	$5 \cdot d$	$7 \cdot d$	$3 \cdot d$

Mindestnagelabstände in Holzwerkstoff-Holz-Verbindungen nach DIN EN 1995-1-1: 2010-12, 8.3.1.3 und DIN EN 1995-1-1/NA: 2013-08, NCI Zu 8.3.1.3[1])[3])

a_1, a_2	untereinander in und senkrecht zur Faserrichtung des Holzes[4]) (außer a_1 bei Gipsplatten-Holz-Verbindungen)	die 0,85fachen Tabellenwerte für Holz-Holz-Verbindungen
	- Gipsplatten, für a_1[5])	$20 \cdot d$
$a_{3,t}$	vom belasteten Hirnholzende	
	- Sperrholz	$(3 + 4 \cdot \sin\alpha) \cdot d$
	- OSB-Platten, kunstharzgebundene Spanplatten, -zementgebundene Spanplatten, Faserplatten, Gipsplatten	Tabellenwerte für Holz-Holz-Verbindungen
$a_{3,c}$	vom unbelasteten Hirnholzende	
	- Sperrholz	$3 \cdot d$
	- OSB-Platten, kunstharzgebundene Spanplatten, -zementgebundene Spanplatten, Faserplatten, Gipsplatten	Tabellenwerte für Holz-Holz-Verbindungen
$a_{4,t}$	vom belasteten Plattenrand[6])	
	- Sperrholz[1])[7])	$(3 + 4 \cdot \sin\alpha) \cdot d$
	- OSB-Platten, kunstharzgebundene Spanplatten, -zementgebundene Spanplatten[8]) und harte Faserplatten HB.HLA2	$7 \cdot d$
	- Gipsplatten	$10 \cdot d$
$a_{4,c}$	vom unbelasteten Plattenrand[6])	
	- Sperrholz[7]), OSB-Platten, kunstharzgebundene Spanplatten, zementgebundene Spanplatten[8]) und harte Faserplatten HB.HLA2	$3 \cdot d$
	- Gipsplatten	$7 \cdot d$

Tabelle 11.20 (Fortsetzung)

Mindestnagelabstände in Stahlblech-Holz-Verbindungen nach DIN EN 1995-1-1: 2010-12, 8.3.1.4³)⁹)		
a_1, a_2	untereinander in und senkrecht zur Faserrichtung des Holzes	die 0,7fachen Tabellenwerte für Holz-Holz-Verbindungen
$a_{3,t(c)}$	vom belasteten und unbelasteten Hirnholzende	Tabellenwerte für Holz-Holz-Verbindungen
$a_{4,t(c)}$	vom belasteten und unbelasteten Holzrand	

¹) Hierin bedeuten:
α - Winkel zwischen Kraft- und Faserrichtung des Holzes
- Winkel zwischen Kraftrichtung und belastetem Plattenrand bei Sperrholzplatten
d Nageldurchmesser in mm, s. Fußnote ¹) zur Tabelle 11.13
ρ_k charakteristischer Wert der Rohdichte in kg/m³ nach Abschn. 7.2
²) bei Brettschichtholz aus Nadelholz darf für die Ermittlung der Mindestnagelabstände $\rho_k \leq 420$ kg/m³ angenommen werden, s. DIN EN 1995-1-1/NA: 2013-08, NCI Zu 8.3.1.2 (NA.13)
³) Holz nach Abschn. 3 sowie Holzwerk- und Gipswerkstoffe nach Abschn. 2 und nach den jeweils in Tabelle 11.14 angeführten Baunormen
⁴) diese Mindestabstände a_1 und a_2 gelten für die Holzwerkstoffplatten und ebenso für das Holzbauteil in Holzwerkstoff-Holz-Verbindungen (außer bei Gipsplatten)
⁵) bei Gipsplatten-Holz-Verbindungen ist nach DIN EN 1995-1-1/NA: 2013-08, NCI Zu 8.3.1.3 (NA.11) für $a_1 = 20 \cdot d$ einzusetzen
⁶) Mindestrandabstände für OSB-Platten, kunstharzgebundene Spanplatte, harte Faserplatten HB. HLA2 und Gipsplatten nach DIN EN 1995-1-1: 2013-08, NCI Zu 8.3.1.3 (NA.13)
⁷) für Mindestrandabstände bei Bauteilen aus Sperrholz gelten nach DIN EN 1995-1-1/NA: 2013-08, NCI Zu 8.3.1.3 (NA.13) Anmerkung, die Regeln nach DIN EN 1995-1-1: 2010-12, 8.3.1.3(2)
⁸) Mindestrandabstände für zementgebundene Spanplatten nach DIN EN 1995-1-1: 2013-08, NCI Zu 8.3.1.3 (NA.18)
⁹) Abstand der Nägel im Stahlblech untereinander und vom Stahlblechrand sinngemäß nach DIN EN 1993

wesentlich geringere Mindestabstände a_1 und a_2 untereinander als in Holz-Holz-Nagelverbindungen einzuhalten, da die verstärkende Wirkung des Stahlblechs das Spalten des Holzes herabsetzt, während die Mindestanstände zum Hirnholzende und zu den Holzrändern wie für Holz-Holz-Nagelverbindungen auszulegen sind.

Maximale Abstände von tragenden Nägeln und Heftnägel (Abscheren)

Die maximalen Abstände von tragenden Nägeln und Heftnägeln können Tabelle 11.21 entnommen werden. Bei Holzwerkstoffplatten verhindern die maximalen Abstände weitgehend ein Werfen oder Verziehen der Platten infolge Holzfeuchteänderungen und damit auch zusätzliche Beanspruchungen der Nägel in Richtung der Stiftachse (auf Herausziehen).

Vorgebohrte Nägel (Abscheren)

Nägel sind in Nagelverbindungen von Holz oder Holzwerkstoffen mit einer charakteristischen Rohdichte $\rho_k > 500$ kg/m³ (in der Regel Laubholz und viele Holzwerkstoffe) über die ganze Nagellänge mit einem Bohrlochdurchmesser von $\leq 0{,}8 \cdot d$ (mit d als Nagelnenn-

Tabelle 11.21 Maximale Abstände von tragenden Nägeln und Heftnägeln nach DIN EN 1995-1-1/NA: 2013-08, NCI Zu 8.3.1.2 (NA.12) und NCI Zu 8.3.1.3 (NA.12)[1])

	Lage zur Faserrichtung	Nagelabstände bei	
		Holz	Holzwerkstoffplatten
untereinander	in	$40 \cdot d$	$40 \cdot d$ [2])[3])[4])
untereinander	rechtwinklig	$20 \cdot d$	$40 \cdot d$ [2])[3])[4])

[1]) Hierin bedeuten:
d Nageldurchmesser in mm, s. Fußnote [1]) zur Tabelle 11.13
[2]) bei Holzwerkstoffplatten mit nur aussteifender Funktion: $80 \cdot d$ (außer bei Gipskartonplatten, s. Fußnote [3]), dies gilt auch für den Anschluss mittragender Beplankungen an Mittelrippen von Wandtafeln
[3]) bei Gipsplatten-Holz-Verbindungen: größter Abstand $60 \cdot d$, jedoch ≤ 150 mm
[4]) bei Holzwerkstoffplatten: größter Abstand in jeder Richtung

durchmesser) stets vorzubohren, s. DIN EN 1995-1-1: 2010-12, 10.4.2, er darf nach DIN EN 1995-1-1/NA: 2013-08, NCI Zu 8.3.1.3 (NA.14) zwischen $0{,}6 \cdot d$ und $0{,}8 \cdot d$ liegen, Näheres s. Tabelle 11.15. In Nagelverbindungen von Bauholz mit einer charakteristischen Rohdichte $\rho_k \leq 500$ kg/m^3 (in der Regel Nadel- und Pappelholz) dürfen die Nägel vorgebohrt werden, eine Pflicht dazu besteht nicht. Nach *Erläut. zu DIN 1052: 2004-08,* [47], E 12.5.1 darf bei Nägeln mit etwa quadratischem Querschnitt der Bohrlochdurchmesser auch gleich der Seitenlänge des Nagelquerschnitts sein.

Das Vorbohren von Nagellöchern vermindert die Spaltgefahr, insbesondere bei spaltempfindlichen Nadelhölzern, und erhöht die Lochleibungsfestigkeit und damit die Tragfähigkeit der Nagelverbindung, s. Abschn. 11.1. Deshalb sind bei vorgebohrten Nägeln geringere Mindestabstände anzusetzen, so dass vorgebohrte Nägel mit gleichem Durchmesser und auf gleicher Anschlussfläche mehr Kraft übertragen können als nicht vorgebohrte. Darüber hinaus wird das Eintreiben (Einschlagen) der Nägel in Laubhölzer durch die Vorbohrung erleichtert bzw. erst ermöglicht, da ohne Vorbohren Nägel sich nicht oder nur erschwert in Hölzer mit großer Rohdichte einschlagen lassen. Da das Vorbohren arbeitszeit- und deshalb bei hohem Lohnniveau kostenintensiv ist (außer mit Abbundmaschinen), wird es im Allgemeinen in Nadelholzverbindungen nur in seltenen Fällen angewendet, z.B. wenn höhere Tragfähigkeiten bei kleiner Anschlussfläche erzielt werden müssen.

Die **Lochdurchmesser im Stahlblech** bei Stahlblech-Holz-Verbindungen sind weder in DIN EN 1995-1-1: 2010-12 noch in DIN EN 1995-1-1/NA: 2013-08 geregelt, es wird bis zu einer Regelung in diesen Normen empfohlen, die bisherige Regelung nach DIN 1052: 2008-12, 12.5.1 anzuwenden, danach darf der Stahlblech-Lochdurchmesser bis zu (d + 1 mm) größer als der Nageldurchmesser d sein, s. auch Tabelle 11.15.

Übergreifende Nägel (Abscheren)

Nägel, die von zwei verschiedenen Seiten in ein Mittelholz eingeschlagen werden und in diesem etwa in einer Ebene eng aneinander liegen, werden je nach Anordnung als „über-

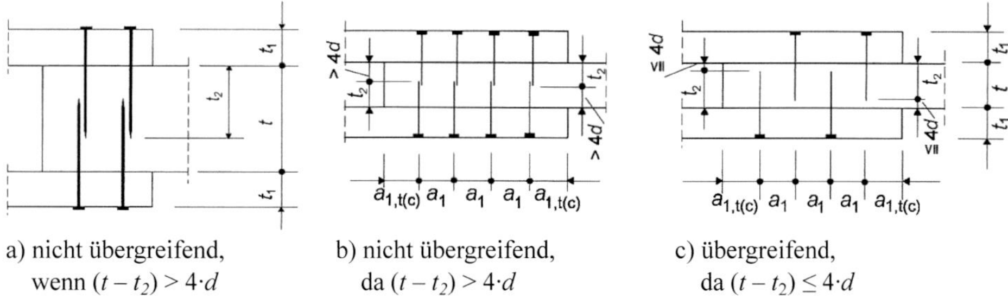

a) nicht übergreifend, wenn $(t - t_2) > 4 \cdot d$

b) nicht übergreifend, da $(t - t_2) > 4 \cdot d$

c) übergreifend, da $(t - t_2) \leq 4 \cdot d$

Bild 11.15 Übergreifende Nägel in vorgebohrten und nicht vorgebohrten Nagellöchern nach DIN EN 1995: 2010-12, 8.3.1.1, Bild 8.5, a) Definition nicht übergreifender Nägel, b) Nagelanordnung bei nicht übergreifenden Nägeln, c) Nagelanordnung bei übergreifenden Nägeln

a_1 Mindestabstand der Nägel untereinander in Faserrichtung
d Nageldurchmesser
t_1, t Seiten-, Mittelholzdicke
t_2 Einschlagtiefe des Nagels im Mittelholz
$(t - t_2)$ Abstand von der Nagelspitze zur gegenüberliegenden Scherfuge

greifende“ oder „nicht übergreifende“ Nägel“ bezeichnet. Nicht übergreifende Nägel im Mittelholz liegen vor und sind nach DIN EN 1995-1-1: 2010-12, 8.3.1.1 (7) erlaubt, wenn die Ungleichung (11.26) eingehalten wird und die Nagelspitze mehr als $4 \cdot d$ von der gegenüberliegenden Scherfläche entfernt ist, s. Bild 11.15a, in diesen Fällen dürfen die Nägel nach Bild 11.15b angeordnet werden. Kann die Ungleichung (11.26) nicht eingehalten werden, liegen übergreifende Nägel vor; eine derartige Nagelverbindung darf im Mittelholz nur dann ausgeführt werden, wenn die gegenüberliegenden Nägel mit den Mindestabständen untereinander a_1 nach Tabelle 11.20 angeordnet werden (neben den anderen notwendigen Mindestabständen), s. Bild 11.15c.

$$(t - t_2) > 4 \cdot d \quad \text{Größen s. Bild 11.15} \qquad (11.26)$$

Übergreifende, insbesondere nicht vorgebohrte Nägel bewirken im Mittelholz erhöhte Spaltgefahr, da die Schafte der beidseitig in gleicher Ebene eingeschlagenen Nägel sich eng und in größerer Länge übergreifen und die Nageltragfähigkeit mindern, weiterhin wird die korrekte Ausbildung der Fließgelenke und der Lochleibungsspannungen beeinträchtigt; prinzipiell gilt dies ebenso bei vorgebohrten Nägeln. Zur standsicheren Kraftübertragung müssen derartige Nägel getrennt und die Mindestnagelabstände untereinander a_1 eingehalten werden, während bei geringerem bzw. nicht vorliegendem Übergreifen diese Mindestabstände entbehrlich sind. Die Regelung übergreifender Nägel nach der Ungleichung (11.26) gilt demnach **für nicht vorgebohrte und vorgebohrte Nägel** im Mittelholz.

Einschlagen (Eintreiben) von Nägeln in Holz (Abscheren)

Nägel sollten rechtwinklig zur Faserrichtung des Holzes eingeschlagen (eingetrieben) werden, da ihre Beanspruchbarkeit in dieser Lage am größten ist, s. Lochleibungsfestigkeit im Abschn. 11.1. Wird der Winkel zwischen Nagelachse und Faserrichtung kleiner als 90°, nimmt die Lochleibungsfestigkeit und damit die Tragfähigkeit der Nägel auf Abscheren ab, s. unten Nägel im Hirnholz. Nägel sind so tief einzuschlagen, dass die Nagelköpfe mit der Holzoberfläche bündig abschließen, s. DIN EN 1995-1-1: 2010-12, 10.4.2.

Einschlagen von Nägeln in Holzwerkstoffplatten (Abscheren)
Werden Holzwerkstoffplatten an Bauteile aus Holz angeschlossen, dürfen die Nägel ≤ 2 mm tief, jedoch mind. bündig mit der Oberfläche der Holzwerkstoffplatte eingeschlagen werden. Liegt ein bündiger Abschluss des Nagelkopfes mit der Plattenoberfläche vor, so gilt der Nagelkopf als nicht versenkt. Liegt eine versenkte Anordnung der Nägel in der Holzwerkstoffplatte vor, so muss die Mindestdicke der Platte um 2 mm vergrößert werden, s. DIN EN 1995-1-1/NA: 2013-08, NCI Zu 8.3.1.1 (NA.14).

Beim Anschluss von Holzbauteilen an Span- oder Gipskarton- oder Gipsfaserplatten können Abplatzungen auf den Plattenunterseiten durch das Einschlagen von Nägeln auftreten, wenn die Nägel aus der Platte heraustreten. Die damit verbundene Tragfähigkeitsminderung der Nagelverbindung sollte durch geeignete Maßnahmen wie das Anordnen von Beihölzern verhindert werden, s. DIN EN 1995-1-1/NA: 2013-08, NCI Zu 8.3.1.3, (NA.4). Werden dagegen umgekehrt Span- oder Gipskarton- und -faserplatten an Bauteile aus Holz über Nägel angeschlossen, treten keine Abplatzungen auf.

Schrägnagelungen
Schrägnagelungen sind nach Tabellen 11.23 bzw. 11.24 auszuführen; dabei sind die dort angegebenen Mindesteinschlagtiefen der Nägel einzuhalten.

Nägel im Hirnholz (Abscheren)
Nägel im Hirnholz, die parallel zur Faserrichtung des Holzes eingeschlagen werden, dürfen in Deutschland nicht zur Kraftübertragung auf Abscheren (und Herausziehen) beansprucht werden, s. DIN EN 1995-1-1/NA: 2013-08, NDP Zu 8.3.1.2(4) und Abschn. 10.2, da sie eine sehr geringe Beanspruchbarkeit auf Abscheren (und Herausziehen) besitzen und deshalb Beanspruchungen von sehr kurzer bis ständiger Lasteinwirkungsdauer nicht standsicher übertragen können.

Nagelanschluss bei Rundhölzern (Abscheren)
Werden Bretter, Bohlen, Holzwerkstoffplatten u. dgl. mit Nägeln an Rundhölzer angeschlossen, darf nach DIN EN 1995-1-1/NA: 2013-08, NCI Zu 8.3.1.1 (NA.15) ohne genaueren Nachweis nur zwei Drittel der charakteristischen Tragfähigkeit $F_{v,Rk}$ der Nägel in Rechnung gestellt werden, wenn die Berührungsflächen (Kontaktflächen) der Rundhölzer mit den Brettern/Bohlen oder Platten nicht passend gearbeitet sind, s. Bild 11.16a. Soll dagegen die volle charakteristische Tragfähigkeit $F_{v,Rk}$ der Nägel bei nicht passend ausgeführten Berührungsflächen angesetzt werden, ist ein genauerer Nachweis erforderlich, hierzu s. *Erläut. zu DIN 1052: 2004-08* [47], E 12.5.1 (9).

Konstruktiv vorzuziehen ist jedoch die passende Bearbeitung der Anschlussflächen (Kontaktflächen) zwischen Rundhölzern und Brettern, Bohlen, Platten oder dgl. singngemäß

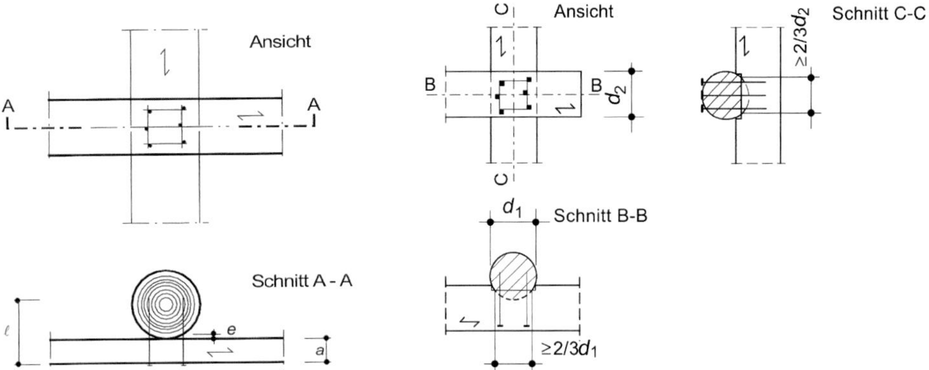

a) Nagelanschluss Brett/Bohle an Rundholz b) Nagelanschluss Rundholz an Rundholz

Bild 11.16 Nagelanschluss von Bauteilen an Rundholz
a) Anschluss Brett/Bohle an Rundholz mit 2/3 der Tragfähigkeit $F_{v,Rk}$ der Nägel, da keine passende Bearbeitung der Anschlussfläche (Kontaktfläche) vorliegt, dabei sollte der lichte Abstand e an der Stelle der Nägel nicht größer als etwa $e \leq 2{,}5 \cdot d$ mit d als Nageldurchmesser sein, nach *Erläut. zu DIN 1052: 2004-08* [47], E 12.5.1 (9), Bild 12/10
b) Anschluss Rundholz an Rundholz mit voller Tragfähigkeit $F_{v,Rk}$ der Nägel, da eine passende - Bearbeitung der Anschlussfläche (Kontaktfläche) mit mind. 2/3 der Rundholzdurchmesser d nach DIN 18 334: 2012-09, 3.2.2 (VOB) vorliegt, nach *Erläut. zu DIN 1052: 1988-04* [77], Teil 2, E 6.2.8, Bild 6/5b und *Steck* [488]

nach Bild 11.16b, in diesen Fällen darf die volle charakteristische Tragfähigkeit $F_{v,Rk}$ der Nägel einer einschnittigen Nagelverbindung unter Einhaltung der Mindestabstände und -einschlagtiefen berücksichtigt werden. Nach DIN 18 334: 2012-09, 3.2.2 (VOB) muss die Auflagerfläche (Kontaktfläche) an den Verbindungsstellen mind. zwei Drittel des Rundholzdurchmessers d breit sein.

Querschnittsschwächungen durch Nägel

Bei vorgebohrten Nagellöchern und bei nicht vorgebohrten Nägeln mit $d > 6$ mm sind die entstehenden Querschnittschwächungen im Holz oder in den Holzwerkstoffplatten bei bestimmten Nachweisen der Tragfähigkeit zu berücksichtigen, s. Abschn. 8.3.3 und Tabelle 8.4. Bei „dünnen" nicht vorgebohrten Nagelöchern mit $d \leq 6$ mm ist die Berücksichtigung einer Querschnittsschwächung nicht erforderlich, da „dünne" Nägel die Fasern beim Eintreiben überwiegend zur Seite drücken und das Holz nur in geringem Maße zerstören.

Tabelle 11.22 Charakteristische Tragfähigkeiten $F_{v,Rk}$ von Nägeln in Holz-Holz-Verbindungen aus Nadelholz pro Scherfuge und Nagel bei Beanspruchung auf Abscheren nach dem vereinfachten Nachweisverfahren der DIN EN 1995-1-1/NA: 2013-08, NCI zu 8.3.1.2 sowie DIN EN 1995-1-1: 2010-12, 8.3.1.1 und 8.3.1.2, errechnet nach Tabellen 11.13, 11.14, 11.17 und 11.18[1])[11])

1	2	3	4	5	6	7	8
Nadelvollholz C24 **andere Nadelholz-Festigkeitsklassen** s. Fußnoten[14–16])				für Stahlzugfestigkeit $f_{u,k}$ = 600 N/mm² Rohdichte ρ_k = 350 kg/m³			
Nenndurchmesser	Mindest-einschlag-(eindring-)tiefe/Mindest-holzdicke [2–4])[11])	nicht vorgebohrt			vorgebohrt[17])[18])[19])		
		wenn Holzdicke *t* größer als das angegebene Maß		Charakteristische Tragfähigkeit [13])[14])	wenn Holzdicke *t* kleiner als das angegebene Maß		Charakteristische Tragfähigkeit [13])[14])
		bei Randabstand $a_{4,t(c)} < 10 \cdot d$, [6]) $a_{4,t(c)} < 14 \cdot d$ [6]) [2])[5])[7])[11])	bei Randabstand $a_{4,t(c)} \geq 10 \cdot d$, [6]) $a_{4,t(c)} \geq 14 \cdot d$ [6]) [2])[5])[8])[11])		bei Randabstand $a_{4,t(c)} < 10 \cdot d$, [6]) $a_{4,t(c)} < 14 \cdot d$ [6]) [2])[5])[9])[11])	bei Randabstand $a_{4,t(c)} \geq 10 \cdot d$, [6]) $a_{4,t(c)} \geq 14 \cdot d$ [6]) [2])[5])[10])[11])	
$d \times l$ (l Länge)	t_{req}	t	t	$F_{v,Rk}$	t	t	$F_{v,Rk}$
in mm	in mm	in mm	in mm	in N	in mm	in mm	in N
Glattschaftige Nägel mit rundem Querschnitt nach DIN EN 10230-1: 2000-01[1]) und DIN EN 14592: 2012-07							
2,0 × 30/× 40/× 45	18/22[11])	≥ 28	≥ 22[11])	320	< 28	= 22[11])	350
2,2 × 30/× 40/× 50	20/22[11])	≥ 31	≥ 22[11])	375	< 31	= 22[11])	415
2,4 × 30/× 40/× 50	22/22[11])	≥ 34	≥ 22[11])	430	< 34	= 22[11])	485
2,7 × 40/× 50/× 60	24/24	≥ 38	≥ 22[11])	525	< 38	= 22[11])	600
3,0 × 50/× 60/× 70/× 80	27/27	≥ 42	≥ 22[11])	625	< 42	= 22[11])	725
3,4 × 60/× 70/× 80/× 90	31/31	≥ 48	≥ 24	765	< 48	< 24	905
3,8 × 70/× 80/× 90/ × 100	34/34	≥ 53	≥ 27	920	< 53	< 27	1100
4,2 × 90/× 100/× 110	38/38	≥ 59	≥ 29[16])	1090	< 59	< 29[16])	1320

4,6 × 90 /× 100/× 120	41/41	≥ 64[15])	≥ 32[16])	1260	< 64[15])	< 32[16])	1550
5,0 × 100 /× 120/× 140	45/45	≥ 70[15])	≥ 35[16])	1450	< 70[15])	< 35[16])	1800
5,5 × 140	50 /50	≥ 77[15])	≥ 39[16])	1690	< 77[15])	< 39[16])	2130
6,0 × 150 /× 160/× 180	54 /54	≥ 84[15])	≥ 42[16])	1950	< 84[15])	< 42[16])	2480
7,0 × 200	63 /63	–	–	–	< 107[15])	< 53[16])	3250
8,0 × 280	72 /72	–	–	–	< 130[15])	< 65[16])	4120

Profilierte Nägel (Sondernägel) mit rundem Querschnitt der Tragfähigkeitsklasse 1, 2 und 3 mit (Initial Type Testing, ITT) nach DIN EN 14592: 2012-07 (bisher Einstufungsnachweis)

2,5[12])	23/23	≥ 35	≥ 22[11])	460	< 35	= 22[11])	520
2,9	26/26	≥ 41	≥ 22[11])	590	< 41	= 22[11])	680
3,1	28/28	≥ 43	≥ 22[11])	655	< 43	= 22[11])	765
4,0	36/36	≥ 46	≥ 28	1000	< 56	< 28	1210
5,1	46/46	≥ 71[15])	≥ 36[16])	1490	< 71[15])	< 36[16])	1860
6,0	54/54	≥ 84[15])	≥ 42[16])	1950	< 84[15])	< 42[16])	2480

Tabelle 11.22 (Fußnoten)

[1]) Nägel mit glattem Schaft, rundem Flachkopf, Senkkopf und Senkkopf mit Einsenkungen; Holz nach Abschn. 3; für alle Winkel α zwischen Kraft- zur Faserrichtung des Holzes

[2]) über die Definition von Einschlag-/Eindringtiefen und Holzdicken s. Tabelle 11.13

[3]) bei Einschlagtiefen $< 4 \cdot d$ ist die Scherfuge, die der Nagelspitze nächst liegend ist, nicht in Rechnung zu stellen

[4]) liegen die Einschlagtiefen bzw. Holzdicken t unterhalb der Mindesteinschlagtiefen bzw. Mindestholzdicken t_{req} im Bereich $4 \cdot d \leq t < 9 \cdot d$, sind die $F_{v,Rk}$-Werte entsprechend den $F_{v,Rk,red}$-Werten nach Tabelle 11.19 abzumindern; sind Einschlagtiefen bzw. Holzdicken $t < 4 \cdot d$ vorhanden, ist die betreffende Scherfuge nicht in Rechnung zu stellen, d.h. für diese Scherfuge ist der $F_{v,Rk}$-Wert gleich null zu setzen

[5]) liegen die Holzdicken t unterhalb der Mindestholzdicken t_{req} nach Spalte 2, sind die $F_{v,Rk}$-Werte entsprechend den $F_{v,Rk,red}$-Werten nach Tabelle 11.19 abzumindern

[6]) Randabstände $a_{4,t(c)} < 10 \cdot d$ (oder $a_{4,t(c)} \geq 10 \cdot d$) für $\rho_k \leq 420$ kg/m³ und $a_{4,t(c)} < 14 \cdot d$ (oder $a_{4,t(c)} \geq 14 \cdot d$) für 420 kg/m³ $< \rho_k \leq 500$ kg/m³, s. auch Tafel 11.18, Zeile 3

[7]) diese Holzdicken gelten für alle Nadelhölzer, wenn die Randabstände $a_{4,t(c)} < 10 \cdot d$ bzw. $a_{4,t(c)} < 14 \cdot d$ gewählt werden (bei Kiefernholz darf die Spalte 4 verwendet werden), Definition der Randabstände nach Tabelle 11.20; werden die Holzdicken der Spalte 3 jedoch unterschritten, müssen die Hölzer nach Spalte 6 vorgebohrt werden, s. Tabelle 11.18, Zeile 3

[8]) diese Holzdicken t gelten für alle Nadelhölzer, wenn die Randabstände $a_{4,t(c)} \geq 10 \cdot d$ bzw. $a_{4,t(c)} \geq 14 \cdot d$ gewählt werden (bei Kiefernholz dürfen die Holzdicken der Spalte 4 ohne Einhaltung der besonderen Bedingung für die Randabstände verwendet werden, d.h. nur Einhaltung der Mindestabstände nach Tabelle 11.20), Definition der Randabstände nach Tabelle 11.20; werden die Holzdicken der Spalte 4 jedoch unterschritten, müssen die Hölzer nach Spalte 7 vorgebohrt werden, s. Tabelle 11.18, Zeile 1

[9]) diese Holzdicken t gelten für alle Nadelhölzer, wenn die Randabstände $a_{4,t(c)} < 10 \cdot d$ bzw. $a_{4,t(c)} < 14 \cdot d$ gewählt werden (bei Kiefernholz darf die Spalte 7 verwendet werden), Definition der Randabstände nach Tafel 11.20

[10]) diese Holzdicken t gelten für alle Nadelhölzer, wenn die Randabstände $a_{4,t(c)} \geq 10 \cdot d$ bzw. $a_{4,t(c)} \geq 14 \cdot d$ gewählt werden (bei Kiefernholz dürfen die Holzdicken der Spalte 7 ohne Einhaltung der besonderen Bedingung für die Randabstände verwendet werden, d.h. nur Einhaltung der Mindestabstände nach Tabelle 11.20)

[11]) Empfohlene Mindestdicken tragender einteiliger Einzelquerschnitte aus Vollholz $t_{min} = 22$ mm nach Abschn. 8.3.2, Tabelle 8.3 maßgebend bzw. nicht unterschreiten, für Brettschichtholz gilt der übliche herstellungsbedingte Grenzwert von etwa $t_{req} = 50$ mm

[12]) Längen von profilierten Nägeln (Sondernägeln) je nach Hersteller

[13]) Bemessungswerte der Tragfähigkeit $F_{v,Rd}$ nach Gl. (11.13), s. Abschn. 11.3

[14]) für andere Nadelholz-Festigkeitsklassen (mit Rohdichten $\rho_k > 350$ kg/m³) sowie Stahlzugfestigkeiten $f_{u,k} = 600$ N/mm² kann die charakteristische Tragfähigkeit eines Nagels wie folgt erhöht werden: $F_{v,Rk}$ multiplizieren mit dem Beiwert $k_R = \sqrt{\rho_k / 350}$

[15]) für andere Nadelholz-Festigkeitsklassen (mit Rohdichten $\rho_k > 350$ kg/m³) ist (bei den „größeren" Mindestholzdicken) die Holzdicke t als das Maximum aus dem vorhandenen Tabellenwert oder aus $t = (13 \cdot d - 30) \cdot \rho_k / 200$ zu verwenden

[16]) für andere Nadelholz-Festigkeitsklassen (mit Rohdichten $\rho_k > 350$ kg/m³) ist (bei den „kleineren" Mindestholzdicken) die Holzdicke t als das Maximum aus dem vorh. Tabellenwert oder aus $t = (13 \cdot d - 30) \cdot \rho_k / 400$ zu verwenden

[17]) in Douglasienholz ist stets über die ganze Nagellänge vorzubohren

[18]) über Vorbohren von Nagellöchern s. auch Tafel 11.15

[19]) bei $\rho_k < 500$ kg/m³ (in der Regel Nadel- und Pappelholz) darf für Nageldurchmesser $d \leq 6$ mm vorgebohrt werden

11.7.3 Tragfähigkeit von Nagelverbindungen bei Beanspruchung in Richtung der Stiftachse (Herausziehen)

Charakteristische Werte der Tragfähigkeit auf Herausziehen $F_{ax,Rk}$ (Ausziehwiderstand) von Nägeln

Die charakteristischen Werte der Tragfähigkeit auf Herausziehen Fax,Rk werden auch als charakteristische Werte des Ausziehwiderstandes Fax,Rk bezeichnet, die für Nagelverbindungen bei Nagelung rechtwinklig zur Faserrichtung und bei Schrägnagelung nach Tabelle 11.23, Zeile 1 und 2, ermittelt werden können, s. DIN EN 1995-1-1: 2010-12, 8.3.2 und DIN EN 1995-1-1/NA: 2013-08, NCI Zu 8.3.2. Das Herausziehen des Nagels aus dem Holzteil mit der Nagelspitze wird mit der ersten Gleichung, das Kopfdurchziehen durch das Holzteil mit dem Nagelkopf mit der zweiten Gleichung berechnet, der kleinere Wert ist maßgebend, s. Bild in Tabelle 11.23.

Die Berechnungen der charakteristischen Werte des Herausziehparameters $f_{ax,k}$ und des Kopfdurchziehparameters $f_{head,k}$ nach Tabelle 11.23 sind mit den jeweiligen charakteristischen Rohdichten ρ_k vorzunehmen, jedoch darf bei Holzbaustoffen mit höheren Rohdichten ρ_k nur die maximale Rohdichte $\rho_k \leq 500$ kg/m^3 angesetzt werden, s. DIN EN 1995-1-1/NA: 2013-08, NCI Zu 8.3.2, Tab. NA.16. Die charakteristischen Herausziehparameter $f_{ax,k}$ der Tabelle 11.23 gelten für Nadelvollholz, Brettschichtholz aus Nadelholz und Balkenschichtholz aus Nadelholz, s. Anwendungsnorm DIN 20000-6, 2015-02, 3.3.1.

Bei profilierten Nägeln (Sondernägeln) wird der charakteristische Wert des Herausziehwiderstandes Fax,Rk nach der Produktnorm DIN EN 14592: 2012-07, Bild 1b auf die profilierte Länge ohne Nagelspitze bezogen, deshalb ist zur Berechnung der Eindringtiefe

Tabelle 11.23 Charakteristische Werte der Herausziehwiderstandes $F_{ax,Rk}$, des Herausziehparameters $f_{ax,k}$ und Kopfdurchziehparameter $f_{head,k}$ für Nagelverbindungen bei Beanspruchung in Richtung der Nagelachse (Herausziehen)[1])

Charakteristischer Wert des Herausziehwiderstandes $F_{ax,Rk}$ von Nägeln bei Nagelung rechtwinklig zur Faserrichtung und bei Schrägnagelung nach DIN EN 1995-1-1: 2010-12, 8.3.2 (4), DIN EN 14592: 2012-07 und DIN 20000-6, 2015-02			
1	für glattschaftige Nägel $F_{ax,Rk} = \min\{f_{ax,k} \cdot d \cdot t_{pen}$ oder $f_{ax,k} \cdot d \cdot t + f_{head,k} \cdot d_h^2\}$ [4])[6])[7])[11])		
2	für profilierte Nägel (Sondernägel) $F_{ax,Rk} = \min\{f_{ax,k} \cdot d \cdot t_{pen}$ oder $f_{head,k} \cdot d_h^2\}$ [5])[7])[8])[10])[11])		
Charakteristische Werte des Herausziehparameters (-festigkeit) $f_{ax,k}$[11])		**Charakteristische Werte des Kopfdurchziehparameters (-festigkeit) $f_{head,k}$**	
Nageltyp	$f_{ax,k}$ in N/mm^2	Nageltyp	$f_{head,k}$ in N/mm^2
Glattschaftige Nägel nach DIN EN 1995-1-1: 2010-12, 8.3.2 (6)[9])			
glattschaftig[4])[6])[7])	$20 \cdot 10^{-6} \cdot \rho_k^2$	glattschaftig[4])[6])[7])	$70 \cdot 10^{-6} \cdot \rho_k^2$

Tabelle 11.23 (Fortsetzung)

Profilierte Nägel (Sondernägel) nach DIN EN 1995-1-1/NA: 2013-08, NCI Zu 8.3.2, Tab. NA.16 [2][9]

Nageltyp	$f_{ax,k}$ in N/mm²	Nageltyp	$f_{head,k}$ in N/mm²
Tragfähigkeitsklasse 1 [3][5][6][7]	$30 \cdot 10^{-6} \cdot \rho_k^2$	Tragfähigkeitsklasse A [3][5][6][7][8]	$60 \cdot 10^{-6} \cdot \rho_k^2$
Tragfähigkeitsklasse 2 [3][5][6][7]	$40 \cdot 10^{-6} \cdot \rho_k^2$	Tragfähigkeitsklasse B [3][5][6][7][8]	$80 \cdot 10^{-6} \cdot \rho_k^2$
Tragfähigkeitsklasse 3 [3][5][6][7]	$50 \cdot 10^{-6} \cdot \rho_k^2$	Tragfähigkeitsklasse C [3][5][6][7][8]	$100 \cdot 10^{-6} \cdot \rho_k^2$
		Tragfähigkeitsklasse D [3][5][6][7][8]	$120 \cdot 10^{-6} \cdot \rho_k^2$
		Tragfähigkeitsklasse E [3][5][6][7][8]	$140 \cdot 10^{-6} \cdot \rho_k^2$
		Tragfähigkeitsklasse F [3][5][6][7][8]	$160 \cdot 10^{-6} \cdot \rho_k^2$

Nagelung rechtwinklig zur Faserrichtung des Holzes und Schrägnagelung nach DIN EN 1995-1-1: 2010-12, 8.3.2, Bild 8.8

Nagelung rechtwinklig zur Faserrichtung	Schrägnagelung[9]
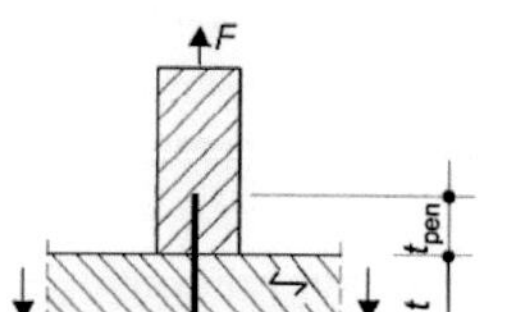	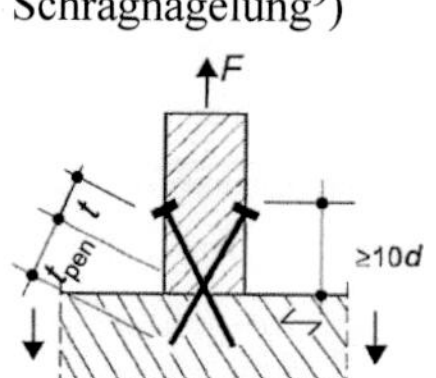

1) Hierin bedeuten:

d Nenndurchmesser des Nagels in mm

d_h Kopfdurchmesser des Nagels

$f_{ax,k}$ charakteristischer Wert des Ausziehparameters (-festigkeit) auf der Seite der Nagelspitze für Nadelvollholz, Brettschichtholz aus Nadelholz und Balkenschichtholz aus Nadelholz[11]

$f_{head,k}$ charakteristischer Wert des Kopfdurchziehparameters (-festigkeit) auf der Seite des Nagelkopfes

t Dicke des Bauteils auf der Seite des Nagelkopfes, s. Bilder oben

t_{pen} Eindringtiefe auf der Seite der Nagelspitze oder bei profilierten Nägeln die Länge des profilierten Schaftteils l_g im Bauteil ohne Berücksichtigung der Nagelspitze, s. Bilder oben und Tabelle 11.24 sowie Bild 11.11b,c, s. auch Hinweis in Fußnote [10]

ρ_k charakteristischer Wert der Rohdichte in kg/m³ nach Abschn. 7.2

2) für Nägel nach DIN EN 14592: 2012-07, sie sind nach Anwendungsnorm DIN 20000-6: 2015-02 einer Tragfähigkeitsklasse zuzuordnen

3) charakteristischer Wert ρ_k der Rohdichte, jedoch $\rho_k \leq 500$ kg/m³

4) glattschaftige Nägel in vorgebohrten Nagellöchern dürfen nicht auf Herausziehen beansprucht werden, s. DIN EN 1995-1-1/NA: 2013-08, NCI Zu 8.3.2 (NA.11)

Tabelle 11.23 (Fortsetzung Fußnoten)

[5]) profilierte Nägel (Sondernägel) in vorgebohrten Nagellöchern nur auf Herausziehen beanspruchen, wenn der Bohrlochdurchmesser nicht größer als der Kerndurchmesser des profilierten Nagels (Sondernagels) ist, und wenn gleichzeitig der Herausziehparameter $f_{ax,k}$ nur mit 70% des Wertes der Gl. in Zeile 2 in Rechnung gestellt wird; ist der Bohrlochdurchmesser größer als der Kerndurchmesser, darf der profilierte Nagel (Sondernägel) nicht auf Herausziehen belasten werden, s. DIN EN 1995-1-1/NA: 2013-08, NCI Zu 8.3.2 (NA.13)

[6]) glattschaftige Nägel und profilierte Nägel (Sondernägel) der Tragfähigkeitsklasse 1 dürfen im Anschluss von Koppelpfetten auf Herausziehen beansprucht werden, wenn sie infolge einer Dachneigung dauernd (ständig) auf Herausziehen belastet, die Dachneigung $\gamma \leq 30°$ beträgt und der charakteristische Wert des Herausziehparameters (-festigkeit) $f_{ax,k}$ nur zu 60% rechnerisch angesetzt wird, s. DIN EN 1995-1-1/NA: 2013-08, NCI Zu 8.3.2 (NA.11)

[7]) bei Bauholz mit einer Einbauholzfeuchte im Mittel von etwa $\omega \geq 30\%$ (Fasersättigung und darüber) und einer voraussichtlichen Rücktrocknung unter Lasteinwirkung dürfen die charakteristischen Werte des Herauszieh- und Kopfdurchziehparameters $f_{ax,k}$ bzw. $f_{head,k}$ rechnerisch nur zu 2/3 berücksichtigt werden, s. DIN 1995-1-1: 2010-12, 8.3.2 (8), über den Einbau trockenen Holzes mit $\omega \leq 20\%$ s. auch Abschn. 1.4.6 „Einbaufeuchte“

[8]) der charakteristische Wert des Kopfdurchziehparameters (-festigkeit) $f_{head,k}$ für profilierte Nägel (Sondernägel) darf beim Anschluss von Massivholz-, Sperrholz- und OSB-Platten sowie kunstharzgebundenen und zementgebundenen Spanplatten höchstens den Wert der Tragfähigkeitsklasse C erhalten, wenn diese Platten eine Dicke von mind. 20 mm besitzen, dabei ist für die charakteristische Rohdichte $\rho_k = 380$ kg/m^3 einzusetzen; für Platten mit einer Dicke zwischen 12 mm und 20 mm darf in allen Fällen nur mit $f_{head,k} = 8$ N/mm^2 gerechnet werden, bei Plattendicken kleiner 12 mm mit $F_{ax,Rk} = 400$ N, s. DIN EN 1995-1-1/NA: 2013-08, NCI Zu 8.3.2 (NA.15)

[9]) bei Schrägnagelung bis 45° empfiehlt *Erläut. zu DIN 1052: 2004-08* [47], E 12.8.1 (6) als wirksame Nageleinschlaftiefe t_{pen} nur die in Faserrichtung projizierte Länge rechnerisch anzusetzen

[10]) nach der Produktnorm DIN EN 14592: 2012-07, Bild 1b bezieht sich der charakteristische Wert des Herausziehparameters für profilierte Nägel auf die profilierte Länge ohne Berücksichtigung der Nagelspitze, deshalb ist zur Berechnung des Herausziehwiderstandes $F_{ax,Rk}$ bei profilierten Nägeln für die Eindringtiefe t_{pen} der profilierte Schaftteil im Bauteil ohne die Länge der Nagelspitze anzusetzen, die üblichen Nagelspitzenlängen liegen zwischen $1{,}0 \cdot d$ und $1{,}5 \cdot d$, maximal möglich $2{,}5 \cdot d$, s. Bild 11.12

[11]) charakteristischer Wert des Herausziehparameters (-festigkeit) $f_{ax,k}$ für Nadelvollholz, Brettschichtholz aus Nadelholz und Balkenschichtholz aus Nadelholz nach der Anwendungsnorm DIN 20000-6, 2015-02, 3.3.1

tpen der profilierte Schaftteil im Bauteil ohne Nagelspitze anzusetzen, s. Tabelle 11.23. Die üblichen Nagelspitzen liegen zwischen 1,0·d und 1,5·d, maximal 2,5·d, s. Bild 11.12, genauere Angaben sind z.B. aus den Herstellerunterlagen oder der Erstprüfung (ITT) der profilierten Nägel zu entnehmen.

Das Versagen des Nagelquerschnitts (Stahl) auf Zug wird bei den vorliegenden Nagelformen nicht maßgebend und braucht deshalb in der Regel nicht berücksichtigt zu werden, s. Anwendungsnorm DIN 20000-6: 2015-02. Bei Nagelverbindungen mit Holzwerkstoffplatten sind zusätzliche Anforderungen einzuhalten, s. unten.

Bemessungswerte der Tragfähigkeit auf Herausziehen $F_{ax,Rd}$ (Herausziehwiderstand) von Nägeln

Der Bemessungswert $F_{ax,Rd}$ der Tragfähigkeit auf Herausziehen bzw. der **Bemessungswert des Herausziehwiderstandes $F_{ax,Rd}$** von Nagelverbindungen kann nach Gl. (11.27) berechnet werden; hier ist der Teilsicherheitsbeiwert $\gamma_M = 1{,}3$ für Holz bzw. Holzwerkstoffe nach Abschn. 8.2.4 einzusetzen, da bei Beanspruchung in Richtung der Stiftachse nur das Versagen des Holzes beteiligt ist, einmal die Scherfestigkeit in der Fläche zwischen Holz und Nagel (Herausziehen) und zum anderen die Querdruckfestigkeit unter dem Nagelkopf (Kopfdurchziehen). Der **Nachweis der Nagelverbindung** auf Herausziehen ist nach Gl. (11.28) vorzunehmen.

Nagelverbindungen bei Beanspruchung in Richtung der Stiftachse (Herausziehen):

Bemessungswert der Tragfähigkeit $F_{ax,Rd}$ auf Herausziehen (des Herausziehwiderstandes)

$$F_{ax,Rd} = \frac{k_{mod} \cdot F_{ax,Rk}}{\gamma_M} \leq 1 \qquad (11.27)$$

Nachweis der Nagelverbindung auf Herausziehen

$$\frac{F_{ax,Ed}}{F_{ax,Rd}} \leq 1 \qquad (11.28)$$

$F_{ax,Ed}$ Bemessungswert der Beanspruchung in Richtung der Stiftachse (Herausziehen) stiftförmiger Verbindungsmittel

$F_{ax,Rk}$ charakteristischer Wert des Ausziehwiderstandes (Herausziehen) stiftförmiger Verbindungsmittel nach Tabelle 11.23

k_{mod} Modifikationsbeiwert nach Abschn. 7.4.1

γ_M Teilsicherheitsbeiwert für Holz und Holzwerkstoffe nach Abschn. 8.2.4, Tabelle 8.2: = 1,3

Profilierte Nägel (Sondernägel) auf Herausziehen, Einteilung in Klassen

Profilierte Nägel (Sondernägel) werden bei Beanspruchung in Richtung ihrer Stiftachse hinsichtlich ihres Widerstandes gegen Herausziehen (im Holzteil mit der Nagelspitze) in die Tragfähigkeitsklassen 1, 2 und 3 eingeteilt, hinsichtlich ihres Widerstandes gegen Kopfdurchziehen (im Holzteil mit dem Nagelkopf) in die Tragfähigkeitsklassen A, B, C, D, E und F, s. Tabelle 11.23. Die Einteilungen werden notwendig, da die empirisch ermittelten Widerstände gegen Herausziehen und Kopfdurchziehen neben der Geometrie, Profilierung und Kopfform noch von weiteren Parametern wie Nadeldraht und Herstellungsverfahren abhängig sind.

Lasteinwirkungsdauer bei Nägeln auf Herausziehen

Glattschaftige Nägel dürfen nach DIN EN 1995-1-1: 2010-12, 8.3.2 (1)P nur bei sehr kurzer, kurzer und mittlerer Lasteinwirkungsdauer (z.B. durch Windsogkräfte) auf Herausziehen beansprucht werden, wenn die Mindesteinschlagtiefen nach Tabelle 11.24 eingehalten werden. Profilierte Nägel (Sondernägel) sind dagegen von sehr kurzer bis ständiger Lasteinwirkungsdauer auf Herausziehen beanspruchbar, auch hier gelten die Mindesteinschlagtiefen nach Tabelle 11.24. Über Lasteinwirkungsdauer s. Abschn. 7.3.2, Tabelle 7.14.

Eindringtiefen/Einschlagtiefen bei Nägeln auf Herausziehen

Die Mindest- und die rechnerisch maximal anzusetzenden Eindringtiefen/Einschlagtiefen t_{pen} der Nägel bei Beanspruchung in Richtung der Stiftachse (auf Herausziehen) nach -

Tabelle 11.24 Eindringtiefen/Einschlagtiefen und anzusetzende charakteristische Herausziehfestigkeiten von Nägeln bei Beanspruchung in Richtung der Stiftachse (auf Herausziehen)[1])[2])[12])

Mindest-Eindringtiefen/Mindest-Einschlagtiefen und anzusetzende Herausziehfestigkeiten bei Nagelung rechtwinklig zur Faserrichtung des Holzes und Schrägnagelung[11])
nach DIN EN 1995-1-1: 2010-12, 8.3.2 (7)

Nägel	**Beanspruchungsart, Lasteinwirkungs-dauer**[4])	**Eindringtiefen/ Einschlagtiefen** t_{pen}[8])	**charakteristische Herausziehfestig-keiten** $f_{ax,k}$[3])[5])[7])
Glattschaftige Nägel[2])	nur sehr kurze, kurze und mittlere Lasteinwirkungsdauer z.B. Windsogkräfte	$t_{pen} \geq 12 \cdot d$	$f_{ax,k}$
		$8 \cdot d \leq t_{pen} < 12 \cdot d$	$f_{ax,k} \cdot [t_{pen}/(4 \cdot d) - 2]$
		$t_{pen} < 8 \cdot d$	$f_{ax,k} = 0$
Profilierte Nägel (Sondernägel) der Tragfähigkeitsklassen 1, 2 und 3[2])[3])[6])	sehr kurze bis ständige Lasteinwirkungsdauer	$t_{pen} \geq 8 \cdot d$	$f_{ax,k}$
		$6 \cdot d \leq t_{pen} < 8 \cdot d$	$f_{ax,k} \cdot [t_{pen}/(2 \cdot d) - 3]$
		$t_{pen} < 6 \cdot d$	$f_{ax,k} = 0$

maximale Eindringtiefen/maximale Einschlagtiefen bei Nagelung rechtwinklig zur Faserrichtung des Holzes und Schrägnagelung,[11]) **die höchstens in Rechnung zu stellen sind**[1])[2])[7])

Nägel	**Beanspruchungsart, Lasteinwirkungs-dauer**[4])	**Eindringtiefen/Einschlagtiefen, maximal in Rechnung zu stellen** $t_{pen,max}$[8])
Glattschaftige Nägel[2])	nur sehr kurze, kurze und mittlere Lasteinwirkungsdauer z.B. Windsogkräfte	$t_{pen,max} \leq 20 \cdot d$[9])
Profilierte Nägel (Sondernägel) der Tragfähigkeitsklassen 1, 2 und 3 [2])[3])[6])	sehr kurze bis ständige Lasteinwirkungsdauer	$t_{pen,max} \leq l_g$[10])

Einschlagtiefen bei
Nagelung rechtwinklig zur Faserrichtung des Holzes und Schrägnagelung
nach DIN EN 1995-1-1: 2010-12, 8.3.2, Bild 8.8

Nagelung rechtwinklig zur Faserrichtung	Schrägnagelung[8])[11])

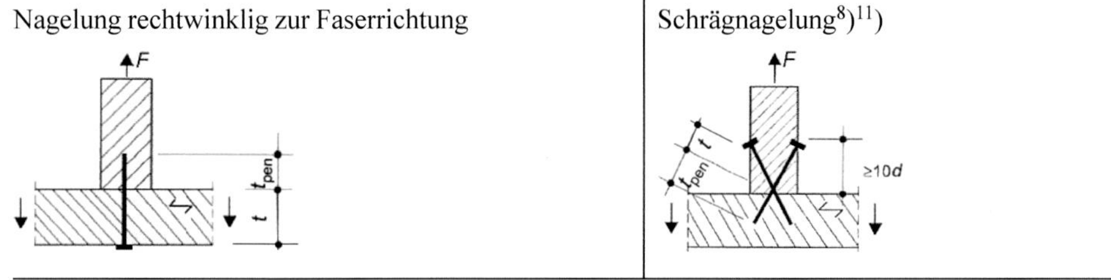

Tabelle 11.24 (Fußnoten)

[1]) Hierin bedeuten:

d Durchmesser
- für glattschaftige Nägel und profilierte Nägel: Durchmesser des glatten Schaftteils in mm
- für Nägel mit etwa quadratischem Querschnitt: kleinste Seitenlänge des Nagelquerschnitts in mm

t_{pen} Eindringtiefe/Einschlagtiefe auf der Seite der Nagelspitze oder bei profilierten Nägeln (Sondernägeln) Länge l_g des profilierten Schaftteils im Bauteil ohne Berücksichtigung der Nagelspitze, s. Bilder in Tabelle 11.24 und Tabelle 11.23

l_g Länge des profilierten Schaftteils ohne Länge der Nagelspitze bei profilierten Nägeln (Sondernägeln), s. Abschn. 11.7.1, Bild 11.11b,c und Angaben der Hersteller der Sondernägel

[2]) weitere Festlegungen s. Fußnoten zur Tabelle 11.23

[3]) profilierte Nägel (Sondernägel) werden nach DIN EN 1995-1-1/NA: 2013-08, NCI Zu 8.3.2, Tab. NA.16 in die Tragfähigkeitsklassen 1, 2 und 3 (Widerstand gegen Herausziehen) und in die Tragfähigkeitsklassen A, B, C, D, E und F (Widerstand gegen Kopfdurchziehen) eingeteilt, s. auch Tabelle 11.23

[4]) über Klassen der Lasteinwirkungsdauer s. Abschn. 7.3.2, Tabelle 7.14

[5]) charakteristische Herausziehfestigkeiten nach Tabelle 11.23

[6]) bei profilierten Nägeln (Sondernägeln) sollte nur die Länge des profilierten Schaftteils zur Übertragung von Kräften in Richtung der Nagelachse in Rechnung gestellt werden bzw. die Länge des profilierten Schaftteils ohne Berücksichtigung der Nagelspitze im Bauteil mit der Nagelspitze, s. DIN EN 1995-1-1: 2010-12, 8.3.2 (2) und Tabelle 11.23, Fußnote [10])

[7]) über die Eindringtiefe t_{pen} bei profilierten Nägeln s. auch Fußnote [10]) in Tabelle 11.23

[8]) bei Schrägnagelungen bis 45° empfiehlt *Erläut. zu DIN 1052: 2004-08* [47], E 12.8.1 (6) als wirksame Nageleinschlagtiefe t_{pen} nur die in Faserrichtung projizierte Länge anzusetzen

9) bei glattschaftigen Nägeln ist die Eindringtiefe auf der Seite der Nagelspitze rechnerisch auf tpen = 20·d zu begrenzen, s. DIN EN 1995-1-1/NA: 2013-08, NCI Zu 8.3.2 (NA.16) und Bilder in Tabelle 11.24

[10]) bei profilierten Nägeln (Sondernägeln) ist die maximale Eindringtiefe t_{pen} auf die Länge des profilierten Schaftteils ohne Nagelspitze im Bauteil mit der Nagelspitze zu begrenzen, s. DIN EN 1995-1-1: 2010-12, 8.3.2 (4), Bilder in Tabelle 11.24 und Tabelle 11.23 sowie Tabelle 11.23, Fußnote [10])

[11]) bei Schrägnagelungen sollten mindestens zwei schräg eingeschlagene Nägel in einer Verbindung vorhanden sein, s. DIN EN 1995-1-1: 2010-12, 8.3.2 (10)

[12]) Nägel in Hirnholz sind zur Übertragung von Beanspruchungen in Richtung ihrer Stiftachse (auf Herausziehen) nicht geeignet, s. DIN EN 1995-1-1: 2010-12, 8.3.2 (3)

Tabelle 11.24 sind einzuhalten, s. DIN EN 1995-1-1: 2010-12, 8.3.2 (7). Mindest-Eindringtiefen/schlagtiefen t_{pen} sind erforderlich, um die notwendige Haftkraft im Holz sicherzustellen, und maximal in Rechnung zu stellende Eindringtiefen/Einschlagtiefen, um das Versagen durch Kopfdurchziehen zu verhindern bzw. die Tragfähigkeit des Nageldrahtes (-querschnitts) sicherzustellen. Werden die Mindest-Einschlagtiefen für glattschaftige Nägel von $t_{pen} = 12 \cdot d$ bzw. für profilierte Nägel (Sondernägel) von $t_{pen} = 8 \cdot d$ unterschritten, sind die charakteristischen Ausziehfestigkeiten $f_{ax,k}$ wie angeführt zu mindern und damit auch die charakteristischen Tragfähigkeiten $F_{ax,Rk}$ nach Tabelle 11.23, Zeilen 1 und 2. Betragen die Einschlagtiefen für glattschaftige Nägel $t_{pen} < 8 \cdot d$ bzw. für profilierte Nägel (Sondernägel) $t_{pen} < 6 \cdot d$, dürfen diese Nägel nicht in Richtung ihrer Stiftachse (auf Herausziehen) beansprucht werden.

Mindest-Nagelabstände bei Nägeln auf Herausziehen

Die Mindest-Nagelabstände bei in Richtung der Stiftachse (auf Herausziehen) beanspruchten Nägeln müssen den Mindestabständen von auf Abscheren beanspruchter Nägel nach Tabelle 11.20 im Abschn. 11.7.2 entsprechen, s. DIN EN 1995-1-1: 2010-12, 8.3.2 (9). Bei **Schrägnagelungen** sollte der Abstand zum beanspruchten Hirnholzende $\geq 10 \cdot d$ betragen, s. Bild in Tabelle 11.24. Dabei sollten mindestens zwei schräg eingeschlagene Nägel in einer Verbindung vorhanden sein, s. DIN EN 1995-1-1: 2010-12, 8.3.2 (10).

Glattschaftige Nägel auf Herausziehen in vorgebohrten Nagellöchern

Glattschaftige Nägel in vorgebohrten Nagellöchern dürfen nicht auf Herausziehen in Rechnung gestellt und beansprucht werden, da die notwendige Klemmwirkung insbesondere unter Feuchteänderung fehlt, s. DIN EN 1995-1-1/NA: 2013-08, NCI Zu 8.3.2 (NA.11).

Glattschaftige Nägel auf Herausziehen im Anschluss von Koppelpfetten

Glattschaftige Nägel dürfen im Anschluss von Koppelpfetten ständig auf Herausziehen beansprucht werden, wenn diese Beanspruchung infolge der Dachneigung auftritt und die Dachneigung $\gamma = 30°$ nicht überschreitet. In diesen Fällen ist der charakteristische Wert des Herausziehparameters $f_{ax,k}$ nach Tabelle 11.23 rechnerisch nur zu 60% anzusetzen, s. DIN EN 1995-1-1/NA: 2013-08, NCI Zu 8.3.2 (NA.11).

Profilierte Nägel (Sondernägel) auf Herausziehen in vorgebohrten Nagellöchern

Profilierte Nägel (Sondernägel) in vorgebohrten Nagelöchern dürfen nur dann rechnerisch in Richtung ihrer Stiftachse (auf Herausziehen) beansprucht werden, wenn der Bohrlochdurchmesser nicht größer als der Kerndurchmesser des profilierten Nagels (Sondernagels) ist. In diesen Fällen darf der charakteristische Herausziehparameter $f_{ax,k}$ nach Tabelle 11.23 nur zu 70% angesetzt werden. Ist der Bohrlochdurchmesser größer als der Kerndurchmesser, dürfen die profilierten Nägel (Sondernägel) nicht auf Herausziehen belastet werden, s. DIN EN 1995-1-1/NA: 2013-08, NCI Zu 8.3.2 (NA.13).

Nägel auf Herausziehen in Hirnholz

Nägel, die in das Hirnholz von Holzbauteilen in Faserrichtung eingetrieben werden, sind zur Übertragung von Beanspruchungen in Richtung ihrer Stiftachse (auf Herausziehen) nicht geeignet, s. DIN EN 1995-1-1: 2010-12, 8.3.2 (3) und Abschn. 10.2.

Einbau-Holzfeuchte bei Nägeln auf Herausziehen

Die Einbau-Holzfeuchte bei in Richtung ihrer Stiftachse (auf Herausziehen) beanspruchten Nägeln sollte stets $\omega \leq 20\%$ betragen, s. Abschn. 1.4.6. Sollten trotzdem bei Bauholz Einbauholzfeuchten von etwa $\omega = 30\%$ und höher (Fasersättigungsbereich und höher, s. Abschn. 1.4.1) vorliegen und diese Holzbauteile voraussichtlich im eingebauten Zustand unter Lasteinwirkung rücktrocknen, dürfen die charakteristischen Werte des Herausziehparameters (-festigkeit) $f_{ax,k}$ und des Kopfdurchziehparameters (-festigkeit) $f_{head,k}$ nach Tabelle 11.23 nur zu zwei Dritteln in Rechnung gestellt werden, da die Klemmwirkung der Nägel beim Schwinden des Holzes abnimmt, s. DIN EN 1995-1-1: 2010-12, 8.3.2 (8). Bei

Holzbauteilen mit geringen Herstellungsfeuchten $\omega < 20\,\%$ wie Konstruktionsvollholz sowie Brettschicht- und Balkenschichtholz entfällt diese Minderung; erst wenn bei diesen Hölzern vergleichbare Bedingungen vorliegen sollten, ist auch hier abzumindern.

Nägel auf Herausziehen in Holzwerkstoff- Holz-Verbindungen

Bei Beanspruchung in Richtung ihrer Stiftachse (auf Herausziehen) in Anschlüssen von Holzbauteilen mit Holzwerkstoffplatten, insbesondere Span- und Gipsbauplatten, sind die Nägel von der Holzwerkstoffseite einzutreiben, um Abplatzungen auf der Unterseite der Holzwerkstoffplatten beim Nageldurchtritt und damit verbundene Tragfähigkeitsminderungen auszuschließen. Werden dagegen Holzbauteile an Holzwerkstoffplatten durch Nägel verbunden, sollten die Tragfähigkeiten (auf Herausziehen) unter Einhaltung der weiteren Festlegungen nur dann angesetzt werden, wenn Abplatzungen auf der Unterseite der Holzwerkstoffplatten z.B. durch geeignete Beihölzer vermieden werden, s. DIN EN 1995-1-1/NA: 2013-08, NCI Zu 8.3.1.3 (NA.4).

Darüber hinaus dürfen bei **Beanspruchung von profilierten Nägeln (Sondernägeln)** in Richtung der Stiftachse (auf Herausziehen) in Anschlüssen von Massivholz-, Sperrholz-, OSB-Platten, kunstharz- oder zementgebundenen Spanplatten die charakteristischen Kopfdurchziehparameter $f_{\text{head,k}}$ für profilierte Nägel (Sondernägel) nach Tabelle 11.23 höchstens den Wert der Tragfähigkeitsklasse C erhalten und nur dann rechnerisch angesetzt werden, wenn die Plattendicken $t \geq 20$ mm sind und gleichzeitig eine charakteristische Rohdichte $\rho_k = 380$ kg/m^3 in Rechnung gestellt wird. Für Platten mit einer Dicke 12 mm $\leq t < 20$ mm darf in allen Fällen nur mit $f_{\text{head,k}} = 8$ N/mm^2 gerechnet werden. Bei kleineren Plattendicken $t <$ 12 mm darf der charakteristische Herausziehwiderstand mit $F_{\text{ax,Rk}} = 400$ N berücksichtigt werden, s. DIN EN 1995-1-1/NA: 2013-08, NCI Zu 8.3.2 (NA.15). Die geminderten Werte bei dünneren Platten berücksichtigen eine geringere Tragfähigkeit durch das Ausbrechen eines Kegels auf der Plattenunterseite, wenn der Nagelkopf auf der Plattenoberseite in die Plattenoberfläche eingedrückt wird, s. *Erläut. zu DIN 1052: 2004-08* [47], E 12.8.1 (11).

11.7.4 Tragfähigkeit kombiniert beanspruchter Nagelverbindungen (Abscheren und Herausziehen)

Bei gleichzeitiger Beanspruchung von Nagelverbindungen rechtwinklig zur und in Richtung der Stiftachse (Abscheren und Herausziehen) ist der Interaktionsnachweis nach Gl. (11.29) zu führen, da die einzelnen Tragfähigkeiten nicht mehr vollständig ausgenutzt werden dürfen. Die Potenzexponenten für Nägel und Holzschrauben können Tabelle 11.25 entnommen werden, s. DIN EN 1995-1-1: 2010-12; 8.3.3. Ist der Potenzexponent $m > 1$, kann wesentlich mehr kombinierte Beanspruchung je Verbindung übertragen werden.

$$\left(\frac{F_{\text{ax,Ed}}}{F_{\text{ax,Rd}}}\right)^{\text{m}} + \left(\frac{F_{\text{v,Ed}}}{F_{\text{v,Rd}}}\right)^{\text{m}} \leq 1 \tag{11.29}$$

Tabelle 11.25 Potenzexponenten m in Gl. (11.29) nach DIN EN 1995-1-1: 2010-12; 8.3.3 und 8.7.3

Potenz-exponent	glattschaftige Nägel		profilierte Nägel (Sondernägel), Holzschrauben, eingeklebte Stahlstäbe[2])
	allgemein	in Koppelpfettenanschlüssen[1])	
m	1	1,5	2

[1]) glattschaftige Nägel auf Abscheren und Herausziehen in bestimmten Koppelpfettenanschlüssen unter den Bedingungen des Abschn. 11.7.3, s. DIN EN 1995-1-1/NA: 2013-08, NCI Zu 8.3.3
[2]) eingeklebte Stahlstäbe auf Abscheren und Herausziehen nach Abschn. 13.2 und 13.3, s. DIN EN 1995-1-1/NA: 2013-08, NCI NA.11.2.4

$F_{ax,Rd}$ Bemessungswert der Tragfähigkeit der Verbindung in Richtung der Stiftachse - (Herausziehen)
$F_{ax,Ed}$ Bemessungswert der Einwirkungen in Richtung der Stiftachse (Herausziehen)
$F_{v,Rd}$ Bemessungswert der Tragfähigkeit der Verbindung rechtwinklig zur Stiftachse - (Abscheren)
$F_{v,Ed}$ Bemessungswert der Einwirkungen rechtwinklig zur Stiftachse (Abscheren)
m Potenzexponent nach Tabelle 11.25

Kombinierte Nagelbeanspruchungen treten z.B. bei Stahlblech-Holz-Nagelverbindungen wie Balkenschuhen, s. Bild 11.18, und bei geneigten Koppelpfettenanschlüssen auf. Sie lassen sich durch Sondernägel besser übertragen als durch glattschaftige Nägel. Letztere dürfen nur bei sehr kurzer, kurzer und mittlerer Lasteinwirkungsdauer in Richtung ihrer Stiftachse (auf Herausziehen) beansprucht werden mit der Ausnahme in bestimmten Koppelpfettenanschlüssen, s. Abschn. 11.7.3. Über kombinierte Nagelbeanspruchung berichten *Ehlbeck/Siebert* [124], über glattschaftige Nägel in Koppelpfettenanschlüssen *Brüninghoff* [74].

11.7.5 Nagelverbindungen mit Stahlteilen oder Stahlblechen

Holzbauteile aus Nadel-, Laub-, Brettschicht-, Balkenschicht- und Furnierschichtholz ohne Querlagen dürfen nach DIN EN 1995-1-1: 2010-12, 8.2.3 und 8.3 sowie DIN EN 1995-1-1/NA: 2013-08, NCI Zu 8.3.1.4 mit Stahlteilen und Stahlblechen durch Nagelung verbunden werden. Stahlteile sind **Stahlplatten und -profile** wie L-, U-, T-, I- und Hohlprofile. Stahlbleche sind **ebene Bleche**, die innen und außen liegend in Holzquerschnitten ein-, zwei- und mehrschnittig ausgeführt werden, oder räumliche **Stahlblechformteile**, die überwiegend außen liegend durch einschnittige Nagelung an die Holzbauteile angeschlossen werden. Stahlteile und Stahlblechformteile bedürfen eines ausreichenden **Korrosionsschutzes** nach Abschn. 5.3.

Nagelverbindungen mit Stahlteilen

Stahlteile sind mit dem erforderlichen Lochdurchmesser vorzubohren oder zu stanzen, der Lochdurchmesser d im Stahlblech bei Stahlblech-Holz-Verbindungen ist weder in DIN EN

1995-1-1: 2010-12 noch in DIN EN 1995-1-1/NA: 2013-08 geregelt. Es wird empfohlen, die bisherige Regelung nach DIN 1052: 2008-12, 12.5.1 anzuwenden, danach darf der Lochdurchmesser im Stahlteil bis zu (d + 1 mm) größer sein als der Nageldurchmesser d, s. auch Abschn. 11.7.2. Das Vorbohren der Nagellöcher im Nadelholz ist bei einschnittigen außen liegenden Verbindungen im Allgemeinen nicht erforderlich, andernfalls ist ein Bohrlochdurchmesser von $\leq 0{,}8 \cdot d$ zu verwenden, s. Abschn. 11.7.2, Tabelle 11.15. Die charakteristische Tragfähigkeit und der Bemessungswert von Stahlteil-Holz-Nagelverbindungen kann nach Abschn. 11.7.2 und 11.7.3 ermittelt werden, als Beispiel s. Bild 11.18. Die Stahlteile selbst sind nach DIN EN 1993 zu bemessen.

Stahlprofile oder zusammengesetzte, geschweißte Stahlquerschnitte werden bei großen Anschlusskräften, insbesondere bei Brettschichtträgern, eingesetzt. Als Verbindungsmittel kommen überwiegend Stabdübel, Passbolzen, Dübel besonderer Bauart und Holzschrauben, in einigen Fällen auch Nägel zur Anwendung.

Nagelverbindungen mit Stahlblechformteilen

Stahlblechformteile nach DIN EN 1995-1-1: 2010-12 und DIN EN 1995-1-1/NA: 2013-08 sind fabrikmäßig hergestellte kaltverformte Stahlbleche mit Blechdicken $t \leq 4$ mm zur Verbindung von Holzbauteilen, die bezogen auf die Holzteile überwiegend außen liegen und einschnittig in der Regel durch nicht vorgebohrte profilierte Nägel (Sondernägel, meist Rillennägel, aber auch andere stiftförmige Verbindungsmittel z.B. Stabdübel) verbunden werden. Bild 11.17 zeigt Beispiele von Stahlblechformteilen.

Stahlblechformteile können planmäßig Kräfte von einem Holzbauteil in das andere (Nebenträger auf Hauptträger) übertragen, dienen der Lagesicherung oder einer Kombination von beiden. Da die Tragfähigkeiten von Stahlblechformteilen sich oft rechnerisch nicht eindeutig bestimmen lassen, wird die jeweilige Brauchbarkeit durch bauaufsichtliche Verwendbarkeitsnachweise bestimmt wie z.B. bei Balkenträgern, bestimmten Winkelverbindern, anderen Verbindern und Balkenschuhen, hierüber s. Bild 11.18.

Der Nachweis der Tragfähigkeit von planmäßig beanspruchten Stahlblechformteilen ist rechnerisch nach der jeweiligen Festlegung des bauaufsichtlichen Verwendbarkeitsnachweises oder nach üblichen statischen Erfordernissen vorzunehmen. Bei einigen Stahlblechformteil-Verbindungen wie Balkenschuhen und -trägern können die Querzugspannungen im lastaufnehmenden Hauptträger die Tragfähigkeit bestimmen, so dass Nachweise der Queranschlüsse nach Abschn. 21.3 geführt werden müssen. Tragende Stahlblechformteile dürfen im Allgemeinen nur in Holzkonstruktionen mit vorwiegend ruhender Belastung eingesetzt werden, Genaueres regeln die bauaufsichtlichen Verwendbarkeitsnachweise.

Charakteristische Tragfähigkeiten und Bemessungswerte von Stahlblechformteilen

Die Tragfähigkeiten von Stahlblechformteil-Holz-Verbindungen können grundsätzlich nach Abschn. 11.7.2 bis 11.7.4 ermittelt werden, bei Stahlblechformteilen mit bauaufsichtlichen Verwendbarkeitsnachweisen können sie den entsprechenden Unterlagen entnommen werden; oft bieten Herstellerfirmen geprüfte statische Berechnungen, geprüfte Tragfähigkeitstabellen oder geeignete Bemessungssoftware an.

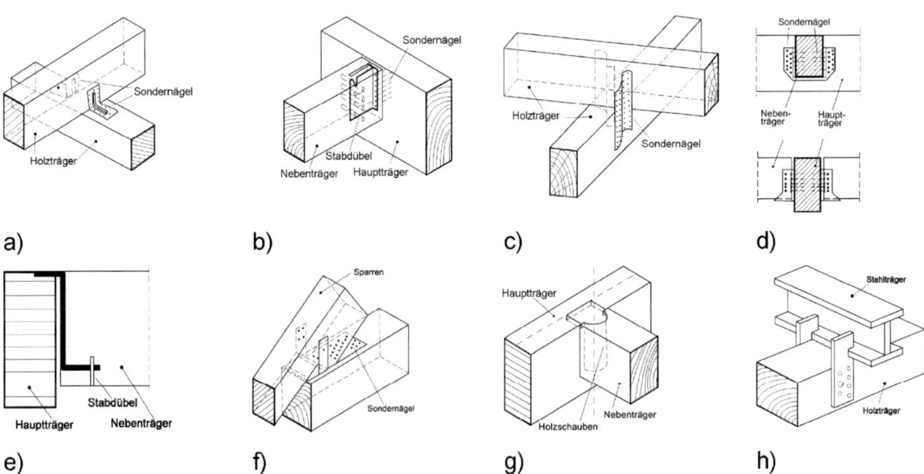

Bild 11.17 Stahlblechformteile, Beispiele
a) Winkelverbinder b) Balkenträger c) Sparrenpfettenanker d) Balkenschuh e) Z-Verbinder
f) Sparrenfußverbinder g) Neben-Hauptträger-Verbinder (NHT) h) Stahlträger-Balken-Verbinder

Einsatz von Stahlblechformteilen

Verbindungen mit Stahlblechformteilen ersetzen in vielen Fällen alte zimmermannsmäßige, oft aufwändiger herzustellende Verbindungen zwischen Holzbauteilen. Stahlblechformteile mit Nagelverbindungen lassen sich auf der Baustelle zügig herstellen, da die erforderlichen, nicht vorgebohrten Sondernägel in bereits vorhandene Lochungen der Stahlbleche eingeschlagen werden. Beispielsweise erfolgt bei Balkenträgern die Hauptträgerverbindung durch Sondernägel und die Nebenträgerverbindung über Stabdübel, hier ist zusätzlich ein Schlitzen und Vorbohren (mit Bohrschablone) des Nebenträgers notwendig, s. Bild 11.17b. Winkelverbinder nach Bild 11.17a werden oft nur zur Lagesicherung von Holzbauteilen eingesetzt; sind jedoch planmäßig Kräfte zu übertragen, sollten wegen des ausmittigen Anschlusses nur geprüfte Winkelverbinder mit bauaufsichtlichem Verwendbarkeitsnachweis eingesetzt werden, hierüber s. *Blaß/Eberhart/Wagner* [44].

Tragverhalten und ausmittige Beanspruchung von Stahlblechformteilen

Das Tragverhalten von Stahlblechformteil-Holz-Verbindungen ist im Allgemeinen so ausgelegt, dass zuerst ein Versagen im Holz oder der Nagelverbindung auftritt, ein Versagen des Stahl-Nettoquerschnitts wird durch die begrenzte Anzahl der vorhandenen Nagellöcher im Stahl und damit der übertragbaren Kraft weitgehend vermieden.

In vielen Stahlblechformteil-Holz-Verbindungen liegen **ausmittige Beanspruchungen** vor, da Kräfte in verschiedenen Ebenen übertragen werden. Die zur Kraftübertragung eingesetzten profilierten Nägel (Sondernägel) werden hierdurch oft gleichzeitig auf Abscheren und Herausziehen belastet, so dass ein Nachweis kombinierter Beanspruchung nach Abschn. 11.7.4 geführt werden muss.

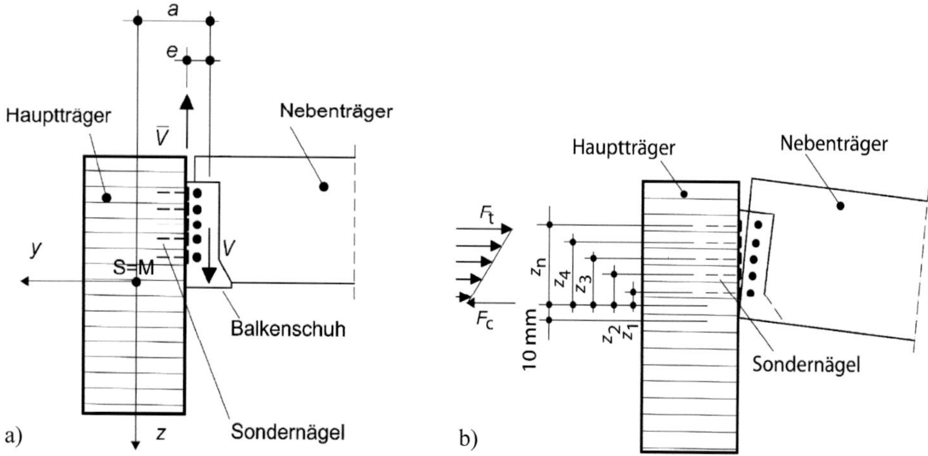

Bild 11.18 Balkenschuh zur Verbindung eines Nebenträgers an einen Hauptträger, prinzipielle Darstellung;
a) ausmittiger Anschluss der Auflagerkraft V des Nebenträgers über Stahlblech und Sondernägel mit Ausmitte e
b) angenommene Verteilung der Nagel-Ausziehkräfte F_t und der durch Kontakt übertragenen Druckkraft F_c im Hauptträger, mögliche Verformung des Nagelanschlusses
z_n Abstand zwischen „oberster" Nagelreihe und „unterem" Drehpunkt im Hauptträger

Die ausmittige Beanspruchung und kombinierte Nagelbelastung bei Stahlblechformteil-Holz-Verbindungen soll kurz und vereinfachend am Beispiel einer Balkenschuh-Verbindung aufgezeigt werden, das genauere Kraft- und Verformungsverhalten ist jedoch wesentlich komplizierter und kann durch Versuche bestimmt werden, s. bauaufsichtliche Verwendbarkeitsnachweise.

Im Beispiel wird nur die Nagelverbindung im lastaufnehmenden Hauptträger betrachtet, weiterführende Darstellungen sind in *Blaß/Ehlbeck/Görlacher* [45] und *Gehri* [148] angeführt. Da die Auflagerkraft V des Nebenträgers nach Bild 11.18a über die Nagelverbindung mit dem Nebenträger und über Kontaktdruck in der Bodenplatte des Stahlblechs im Balkenschuh ausmittig, d.h. mit einem Abstand e vom Hauptträger, übertragen wird, entsteht neben der senkrechten Abscherbeanspruchung $\overline{V}$ in der Trennfuge zwischen Haupt- und Nebenträger ein Biegemoment $M_a = V \cdot e$ (Aktio), das durch die Sondernägel (Zugbeanspruchung) und durch eine Druckkontaktfläche zwischen Nebenträger-Hirnholzfläche und Hauptträger-Seitenfläche übertragen wird. Die Resultierende der Druckspannungen dieser Kontaktfläche ist die Druckkraft F_c nach Bild 11.18b, deren Lage von der Kontaktflächengröße abhängt, und die gleichzeitig als Drehpunkt des Nebenträgerquerschnittes anzusehen ist. Ihr Angriffspunkt wird näherungsweise ca. 10 mm oberhalb der Unterkante des Nebenträgers angenommen, da die Unterkante des Nebenträgers sich bei hoher Beanspruchung in den Hauptträger eindrückt; Genaueres kann nur durch Versuche ermittelt werden.

Die profilierten Nägel (Sondernägel) werden neben der Abscherbeanspruchung $\overline{V}$, die gleichmäßig verteilt auf alle Nägel im Hauptträger angenommen werden kann, insbesondere auf Herausziehen beansprucht. Die Nagel-Ausziehkräfte $F_{t,i}$ nehmen linear mit dem Abstand z_i vom Drehpunkt zu, wenn proportionales Verhalten zwischen den Ausziehkräften $F_{t,i}$ und den Abständen z_i vom „unteren" Drehpunkt vorausgesetzt wird, so dass die „oberste" Nagelreihe die größte Ausziehkraft F_t übertragen muss, s. Bild 11.18b. Werden die profilierten Nägel (Sondernägel) für eine ausreichende Tragfähigkeit kombinierter Beanspruchung (Abscheren und Herausziehen) ausgelegt, und ist der Abstand z_n der größte Abstand vom Drehpunkt, stellt das Kräftepaar $-F_c = -F_t = M_{re} / z_n$, gebildet aus dem Reaktio- Biegemoment M_{re}, das Gleichgewicht zum Kräftepaar $\overline{V} = V = M_a / e$ im Balkenschuhanschluss her. Dabei wird vereinfachend für diese kurze Betrachtung angenommen, dass nur die „oberste" Nagelreihe an der Übertragung der Momentenbeanspruchung beteiligt ist, die genaueren Beanspruchungen können sinngemäß nach Abschn. 17.4.2 berechnet werden. Neben Biegung und Querkraft wird in Bild 11.18a der lastaufnehmende Hauptträger ausmittig durch das Torsionsmoment $M_t = V{\cdot}a$ beansprucht, das nach Abschn. 19 berücksichtigt werden kann.

Über die Tragfähigkeiten von Stahlblechformteilen s. auch *Blaß/Eberhart/Wagner* [44], *Blaß/Ehlbeck/Görlacher* [45], *Ehlbeck/Görlacher* [116], *Gränzer/Ruhm* [144], *Gehri* [148], *Riberholt* [425], *Römhild* [428] und *Schutte* [476].

Nagelverbindungen mit ebenen Stahlblechen

Werden ebene Stahlbleche als außen liegende Laschen bei Anschlüssen und Stößen eingesetzt, besteht bei **druckbeanspruchten Nagelverbindungen** die Gefahr des Ausbeulens der ebenen Stahlbleche, die in der Regel nur zur Lagesicherung eingesetzt werden; hier ist auf einen guten Kontakt der verbundenen Hölzer (Kontakt- oder Flächenpressung) zu achten, gegebenenfalls werden zusätzliche Maßnahmen für eine ausreichende Beulsicherheit erforderlich. Bei **zugbeanspruchten Nagelverbindungen** ist ein rechnerischer Tragfähigkeitsnachweis der Stahlbleche und des Nagelanschlusses im Holz unter Berücksichtigung der Querschnittschwächungen durch die Nagellöcher zu führen, da die ebenen Stahlbleche hier als tragende Laschen angeordnet werden.

Ebene Stahlbleche mit Nagelverbindungen werden z.B. auch zur Aussteifung von Gebäuden oder Gebäudeteilen wie Dächern genutzt und hier als Windrispenbänder bezeichnet. Über Untersuchungen zur Nagelung ebener Stahlbleche s. *Ehlbeck/Görlacher* [115] und *Möhler* [338].

Sonderbauweisen bei Nagelverbindungen mit ebenen Stahlblechen

Nagelverbindungen mit ebenen Stahlteilen unter besonderen Bedingungen wie z.B. Nagelung dünner Stahlbleche besitzen bauaufsichtliche Verwendbarkeitsnachweise. Dies sind z.B. der „Greimbau", der durch Einbringen von Stahlblechen in ein-, zwei- oder mehrere Holzschlitze mehrschnittige Nagelverbindungen in Anschlüssen und Stößen erzeugen, die auf vergleichsweise kleiner Anschlussfläche große Kräfte übertragen können. Näheres regeln der bauaufsichtliche Verwendbarkeitsnachweis. Über die Greimbauweise berichten Blaß/Enders-Comberg [50].

11.8 Holzschraubenverbindungen

11.8.1 Übersicht über Holzschrauben

Holzschrauben der DIN EN 1995-1-1: 2010-12 sind stiftförmige Verbindungsmittel mit Durchmessern $d \geq 2{,}4$ mm, die vorwiegend rechtwinklig zu ihrer Längsachse (Abscheren), aber auch auf Zug in Richtung ihrer Längsachse (Herausziehen) und kombiniert (Abscheren und Herausziehen) kurzfristig und auf Dauer beansprucht werden können, s. Abschn. 11.1. Sie müssen den Festlegungen der Produktnorm DIN EN 14592: 2012-07 (neueste Ausgabe 2022-08 ist noch nicht im europäischem Amtsblatt veröffentlicht und somit nicht harmonisiert) entsprechen, s. auch Anwendungsnorm DIN 20000-6: 2015-02, haben einen profilierten (Ge-

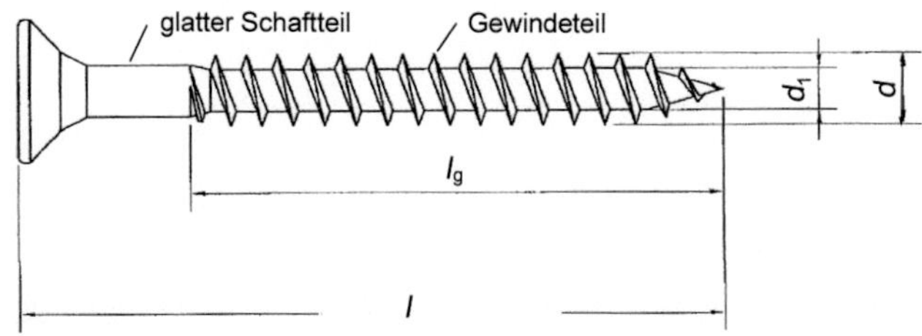

Bild 11.19 Holzschrauben für tragende Holzschraubenverbindungen der DIN EN 1995-1-1: 2010-12, 8.7 und DIN EN 1995-1-1/NA: 2013-08, NCI Zu 8.7 mit glattem und profilierten -(Gewinde) Schaftteil nach DIN EN 14592: 2012-07, Bild 3
d Gewinde-Außendurchmesser (Nenndurchmesser)
d_1 Gewinde-Innendurchmesser mit $0{,}6 \cdot d \leq d_1 \leq 0{,}9 \cdot d$
l Schraubenlänge
l_g profilierter Schaftteil (Gewindelänge) mit $l_g \geq 4 \cdot d$

winde) und einen glatten Schaftteil, s. Bild 11.19, im Gegensatz zu nicht genormten Holzschrauben wie selbstbohrende Holzschrauben mit Teil- oder Vollgewinde, die den Anforderungen der DIN EN 1995-1-1: 2010-12 nicht entsprechen und deshalb einen bauaufsichtlichen Verwendbarkeitsnachweis besitzen müssen, über Vollgewindeschrauben s. Abschn. 11.8.4. Holzschrauben werden im Allgemeinen flächenhaft (in Gruppen) angeordnet. Über weitere allgemeine Festlegungen bei stiftförmigen Verbindungsmitteln s. Abschn. 11.2 bis 11.4.

Nennmaße genormter Holzschrauben mit Durchmessern $d \geq 4$ mm und einem Gewinde nach DIN 7998: 1975-02 sind in Tabelle 11.26 enthalten, sie besitzen einen profilierten Schaftteil l_g von mindestens 60 % der Länge l mit $l_g \geq 0{,}6 \cdot l$. Die Nennmaße anderer Holzschrauben können z.B. den bauaufsichtlichen Verwendbarkeitsnachweisen entnommen werden. Für Verbindungen mit Gipsplatten nach DIN 18180 dürfen nur Schnellbauschrauben nach DIN 18 182-2: 2019-12 eingesetzt werden, s. DIN 1052-10: 2024-12, für faserverstärkte Gipsplatten nur Holzschrauben mit bauaufsichtlichem Verwendbarkeitsnachweis.

Trag- und Verformungsverhalten von Holzschraubenverbindungen

Das Trag- und Verformungsverhalten von Holzschrauben nach DIN EN 14592: 2012-07 bei Beanspruchung **auf Abscheren** kann sinngemäß Abschn. 10.1 entnommen werden; bei „klei-

Tabelle 11.26 Nennmaße genormter Holzschrauben mit einem Gewinde nach DIN 7998: 1975-02, Beispiele[1])[6])

Nenndurch-messer d_s [6])	Kopfdurch-messer[2]) $d_k = d_h$	Kopf-dicke k	Nennlängen[3]) l	Nenndurch-messer d_s	Kopf-durchmes-ser[2]) $d_k = d_h$	Kopf-dicke k	Nennlängen[3]) l
in mm	in mm		in mm	in mm	in mm		in mm
Halbrund-Holzschrauben mit Schlitz nach DIN 96: 2016-12[4])							
4	8	2,8	30, 35, 40, 45, 50, 60	6	12	4,2	50, 60, 70, 80
5	10	3,5	40, 45, 50, 60, 70				
Senk-Holzschrauben mit Schlitz nach DIN 97: 2016-12[4])							
4	7,5	2,2	30, 35, 40, 45, 50, 60	6	11	3	50, 60, 70, 80
5	9,2	2,5	40, 45, 50, 60, 70, 80	8	14,5	4	50, 60, 70, 80

Tabelle 11.26 (Fortsetzung)

Nenndurch-messer d_s [6])	Kopfdurch-messer[2]) $d_k = d_h$	Kopf-dicke k	Nennlängen[3]) l	Nenndurch-messer d_s	Kopf-durchmes-ser[2]) $d_k = d_h$	Kopf-dicke k	Nennlängen[3]) l
in mm	in mm		in mm	in mm	in mm		in mm
Sechskant-Holzschrauben nach DIN 571: 2016-12[2])[5])							
4	7	2,8	30, 35, 40	10	17	7	60, 65, 70, 75, 80, 90, 100
5	8	3,5	40, 45, 50	12	19	8	70, 75, 80, 90, 100, 110, 120
6	10	4	50, 55, 60	16	24	10	80 bis 160, Stufung 10
8	13	5,5	60, 65, 70, 75, 80, 90, 100	20	30	13	80 bis 200, Stufung 10

[1]) weitere genormte Holzschrauben z.B. nach DIN 7996 und DIN 7997

[2]) als Kopfdurchmesser der Holzschrauben nach DIN 571 wird das Nennmaß s verwendet

[3]) Gewindelänge $l_g \geq 0{,}6 \cdot l$ mit l als Nennlänge der Holzschrauben, s. Bilder in dieser Tabelle 11.26

[4]) die kleineren Nennlängen sind nicht angeführt, Längen über 80 mm sind von 10 mm zu 10 mm zu stufen

[5]) die kleineren Nennlängen sind nicht angeführt, Längen über 200 mm sind von 20 mm zu 20 mm zu stufen

[6]) der Gewinde-Innendurchmesser d_1 (Kerndurchmesser) dieser genormten Holzschrauben beträgt etwa $0{,}7 \cdot d$ mit d als Nenndurchmesser

neren“ Durchmessern $d \leq 6$ mm verhalten sich Holzschrauben wie Nägel, bei „größeren“ Durchmessern $d > 6$ mm wie Bolzen bzw. Passbolzen. Genormte Holzschrauben auf Abscheren sollten rechtwinklig zur Faserrichtung des Holzes eingedreht werden, da hierfür die Lochleibungsfestigkeiten $f_{h,k}$ bekannt sind, die mit kleiner werdendem Winkel zwischen Faserrichtung und Stiftachse abnehmen. Bei Beanspruchung auf Abscheren werden genormte Holzschrauben durch den profilierten Schaftteil in Richtung ihrer Stiftachse im Holz „rückverankert“, dieser **„Einhängeeffekt“** oder „Einhängezustand“ erhöht insbesondere bei einschnittigen Holzschrauben die Tragfähigkeit auf Abscheren, s. sinngemäß Bild 11.8 im Abschn. 11.5.1.

Das Last-Verformungsverhalten von Holzschrauben bei axialer Beanspruchung **auf Herausziehen** kann sinngemäß wie für Sondernägel mit profiliertem Schaftteil Bild 11.13 im Abschn. 11.7.1 entnommen werden. Danach besitzen Holzschrauben aufgrund ihrer Profilierung große Haftkräfte in Richtung der Stiftachse (Verzahnung mit dem Holz, abhängig u.a. von der Festigkeit des umgebenden Holzes); bei größerer Verankerungslänge im Holz wird die axiale Beanspruchung so groß, dass der Stahlquerschnitt der Holzschraube auf Zug versagt und nicht die profilierte Verbindung mit dem Holz. Holzschrauben besitzen die größte Tragfähigkeit auf Herausziehen aller stiftförmiger Verbindungsmittel. Bei Beanspruchung auf Herausziehen dürfen genormte Holzschrauben bis zu einem Winkel $30° \leq \alpha \leq 90°$ zwischen Schraubenachse und Faserrichtung in das Holz eingedreht werden, s. DIN EN 1995-1-1: 2010-12, 8.7.2 (4).

Die Tragfähigkeit auf Herausziehen genormter Holzschrauben mit glattem und profiliertem Schaftteil wird oft durch das Kopfdurchziehen bestimmt bzw. beschränkt, da der Kopfdurchziehwiderstand des Schraubenkopfes im Holzbauteil mit dem Schraubenkopf meist kleiner ist als der Herausziehwiderstand des Gewindeteils im Holzbauteil mit der Schraubenspitze, s. Bilder 11.20 und 11.22a. Im Holzbauteil mit dem Schraubenkopf bewirkt der glatte Schaftteil praktisch keine Verankerung, nur der Kopfdurchziehwiderstand darf rechnerisch angesetzt werden. Das Kopfdurchziehen kann jedoch durch geeignete Unterlegscheiben erhöht werden.

Holzschrauben, die parallel zur Faserrichtung mit $\alpha = 0°$ eingedreht werden, wie z.B. **in das Hirnholz**, besitzen sehr geringe Tragfähigkeiten auf Abscheren und Herausziehen, die rechnerisch nicht angesetzt werden dürfen; Holzfeuchteänderungen (Schwinden) reduzieren den Herausziehwiderstand darüber hinaus.

Eindrehen und Vorbohren von Holzschrauben

Holzschraubenverbindungen werden meist einschnittig ausgeführt. Die zu verbindenden Teile sind im Allgemeinen **vorzubohren** bzw. die Schrauben drehen sich bei selbstbohrenden Holzschrauben ein. Holzschrauben müssen maschinell oder von Hand **eingedreht** werden. Werden sie eingeschlagen oder in vorgebohrte Löcher eingeschlagen, zerstört das Schraubengewinde das Holz erheblich. Dadurch wird die Tragfähigkeit auf Abscheren und insbesondere auf Herausziehen stark herabgesetzt. In diesen Fällen dürfen die charakteristischen Tragfähigkeiten und Bemessungswerte nicht in Rechnung gestellt werden.

Das Torsionsmoment, das beim Eindrehen von Holzschrauben notwendig wird, nimmt mit wachsender(m) Schraubenlänge und -durchmesser zu, so dass größere nicht vorgebohrte, genormte Holzschrauben mit Durchmessern etwa $d > 6$ mm „abgedreht" werden können (Versagen des Stahlquerschnitts), während selbstbohrende Holzschrauben mit bauaufsichtlichem Verwendbarkeitsnachweis für die Torsionsbeanspruchung ausgelegt sind, s. Abschn. 11.8.4. Darüber hinaus erleichtert das Vorbohren der Hölzer das Eindrehen der Holzschrauben, insbesondere bei Hölzern und Holzwerkstoffen mit höheren charakteristischen Rohdichten $\rho_k \geq 500$ kg/m^3. Das Eindrehen ohne Vorbohren darf deshalb z.B. nur bei genormten selbstbohrenden Holzschrauben mit Durchmessern des glatten Schaftteils von $d \leq 6$ mm und geringeren charakteristischen Rohdichten $\rho_k < 500$ kg/m^3 (Nadelholz) vorgenommen werden, dagegen müssen genormte Holzschrauben mit Durchmessern $d > 6$ mm in Nadelholz und sämtliche Holzschrauben in Laubholz (charakteristische Rohdichten $\rho_k \geq 500$ kg/m^3) vorgebohrt werden, s. DIN EN 1995-1-1: 2010-12, 10.4.5. Weitere Festlegungen hierzu wie Bohrlochdurchmesser s. Abschn. 11.8.2. Bei zu kleinen Bohrlöchern nimmt der Eindrehwiderstand zu, bei zu großen reduziert sich der Herausziehwiderstand (Herausziehen). Zum Eindrehen von Holzschrauben werden vorwiegend praxisgerechte Einschraubgeräte mit Fixierung am Schraubenkopf eingesetzt.

Das Vorbohren von Holzschrauben mindert die Spaltgefahr und erhöht die Tragfähigkeit auf Abscheren. Deshalb dürfen bei vorgebohrten Holzschrauben geringere Mindestabstände angesetzt werden, so dass vorgebohrte Holzschrauben mit gleichem Durchmesser und auf gleicher Anschlussfläche mehr Kraft übertragen können als nicht vorgebohrte. Da das Vorbohren arbeitszeit- und deshalb bei hohem Lohnniveau kostenintensiv ist, werden mit der „Hand" vorgebohrte Holzschraubenverbindungen nur in notwendigen Fällen ausgeführt, dagegen ist der Einsatz selbstbohrender Holzschrauben verbreitet. Das Vorbohren mit rechnergesteuerten Abbundanlagen ist ebenfalls effizienter.

11.8.2 Tragfähigkeit von Holzschraubenverbindungen bei Beanspruchung rechtwinklig zur Stiftachse (Abscheren)

Charakteristische Werte der Tragfähigkeit $F_{v,Rk}$ und Bemessungswerte $F_{v,Rd}$ (Abscheren) von Holzschrauben nach dem vereinfachen Nachweisverfahren
Holzschrauben nach DIN EN 1995-1-1: 2010-12 unterliegen bei Beanspruchung auf Abscheren je nach Durchmesser denselben Anforderungen wie Nägel und Bolzen/Stabdübel: Holzschrauben sind bei Nenndurchmessern (Gewindeaußendurchmesser) $d \leq 6$ mm **wie entsprechende Nägel** nach dem vereinfachten Nachweisverfahren auszulegen, s. Abschn. 11.7.2, während Nenndurchmessern $d > 6$ mm die Anforderungen **für stiftförmige Verbindungsmittel** nach dem vereinfachten Nachweisverfahren des Abschn. 11.3 und 11.4 einhalten sollten, dies entspricht sinngemäß den Anforderungen des vereinfachten Nachweisverfahrens für Bolzen/Stabdübel nach Abschn. 11.6.2 bzw. 11.5.2, s. DIN EN 1995-1-1/NA: 2013-08, NCI Zu 8.7.1. Über Nennmaße genormter Holzschrauben s. Tabelle 11.26. Darüber hinaus sind die unten angeführten **zusätzlichen Festlegungen** für Holzschrauben einzuhalten.

Bei **einschnittigen Holzschraubenverbindungen** und Nenndurchmessern $d > 6$ mm darf im vereinfachten Nachweisverfahren die charakteristische Tragfähigkeit $F_{v,Rk}$ nach

Gl. (11.30) bzw. (11.31) erhöht werden, da der Einhängeeffekt die Tragfähigkeit auf Abscheren wesentlich erhöht, s. Abschn. 11.8.1 und DIN EN 1995-1-1/NA: 2013-08, NCI Zu 8.7.1 (NA.11).

$$\Delta F_{\mathrm{v,Rk}} = \min \{F_{\mathrm{v,Rk}} \quad \text{oder} \quad 0{,}25 \cdot F_{\mathrm{ax,Rk}}\} \tag{11.30}$$

$$F_{\mathrm{v,Rk,tot}} = F_{\mathrm{v,Rk}} + \Delta F_{\mathrm{v,Rk}} \tag{11.31}$$

$F_{\mathrm{v,Rk,tot}}$ charakteristischer Wert der Gesamttragfähigkeit von einschnittigen Holzschraubenverbindungen

$F_{\mathrm{v,Rk}}$ charakteristischer Wert der Tragfähigkeit von einschnittigen Holzschrauben für $d > 6$ mm, s. oben

$\Delta F_{\mathrm{v,Rk}}$ Anteil, um den bei einschnittigen Holzschraubenverbindungen der charakteristische Wert $F_{\mathrm{v,Rk}}$ erhöht werden darf

$F_{\mathrm{ax,Rk}}$ charakteristischer Wert des Herausziehwiderstandes der Holzschraube nach Abschn. 11.8.3, bei Stahlblech-Holz-Schraubenverbindungen darf das Kopfdurchziehen entfallen

Charakteristische Werte der Tragfähigkeit $F_{\mathrm{v,Rk}}$ und Bemessungswert $F_{\mathrm{v,Rd}}$ - (Abscheren) von Holzschrauben nach dem genaueren Nachweisverfahren

Sollen jedoch charakteristische Tragfähigkeiten $F_{\mathrm{v,Rk}}$ und Bemessungswerte $F_{\mathrm{v,Rd}}$ mit besserer Anpassung an die geometrischen und materialtechnischen Verhältnisse einer Verbindung erforderlich werden, s. auch Abschn. 11.2, sind die „aufwändigeren“ Gl. des genaueren Nachweisverfahrens nach Anhang A.1 z.B. mit geeigneter Software zu verwenden. Der Bemessungswert $F_{\mathrm{v,Rd}}$ ist im genaueren Nachweisverfahren nach Anhang A.1, Gl. (A.1) zu bestimmen. Dabei ist für Holzschrauben mit teilweise glattem Schaft und einem Außendurchmesser des Gewindeteils, der gleich dem Schaftdurchmesser ist, der Durchmesser des glatten Schaftes als wirksamer Durchmesser d_{ef} (Nenndurchmesser) einzusetzen, zusätzlich darf die Einbindetiefe t des glatten Schaftes im Holz mit der Holzschraubenspitze nicht weniger als $4 \cdot d$ betragen. Können diese beiden Bedingungen für den Nenndurchmesser d und die Einbindetiefe t des glatten Schaftes nicht eingehalten werden, ist die Tragfähigkeit der Holzschraube in der Regel mit einem wirksamen Durchmesser $d_{\mathrm{ef}} = 1{,}1 \cdot d_{\mathrm{Kern}}$ mit d_{Kern} als Gewindekerndurchmesser zu berechnen, s. DIN EN 1995-1-1: 2010-12, 8.7.1 (2), (3). Über genormte Holzschrauben s. Tabelle 11.26. Der **Nachweis der Holzschraubenverbindung** kann sinngemäß nach Gl. (11.14) vorgenommen werden.

Bei Holzschrauben mit Nenndurchmessern (Gewindeaußendurchmesser) $d \leq 6$ mm gelten die Festlegungen **wie entsprechende Nägel** nach dem genaueren Nachweisverfahren, s. Abschn. 11.7.2, während bei Nenndurchmessern $d > 6$ mm die Anforderungen **für Bolzen** (bzw. Passbolzen) nach dem genaueren Nachweisverfahren einzuhalten sind, s. Abschn. 11.6.2 bzw. 11.5.3 und DIN EN 1995-1-1/A2: 2014-07, 13 Änderung zu 8.7.1 (4), (5). Die folgenden **zusätzlichen Festlegungen** für Holzschrauben in diesem Abschn. sind darüber hinaus zu berücksichtigen.

Zusätzlich einzuhaltende Anforderungen für Holzschrauben

Charakteristischer Wert $M_{y,k}$ des Fließmomentes

Für Holzschrauben muss im vereinfachten und genaueren Nachweisverfahren das charakteristische Fließmoment $M_{y,k}$ für Nenndurchmesser $d > 6$ mm (s. Tabelle 11.3 im Abschn. 11.5.2) bzw. für $d \leq 6$ mm (s. Tabelle 11.14 im Abschn. 11.7.2) mit einer charakteristischen Zugfestigkeit von $f_{u,k} = 400$ N/mm² berechnet werden, s. Anwendungsnorm DIN 20000-6: 2015-02.

Mindestanzahl von Holzschrauben (Abscheren)

Eine tragende Holzschraubenverbindung muss mind. zwei Holzschrauben enthalten, auch

Tabelle 11.27 Durchmesser, Anzahl, Abstände, Vorbohren und Bohrlochdurchmesser von genormten Holzschrauben in tragenden Holzschraubenverbindungen der DIN EN 1995-1-1: 2010-12 und DIN EN 1995-1-1/NA: 2013-08[1])[10])[11])

Nenndurchmesser[2]) min./max	Anzahl n pro Verbindung [3])[4]) min.	Mindestabstände		Vorbohren der zu verbindenden Teile über die ganze Schraubenlänge		
		$d \leq 6$ mm	$d > 6$ mm	nicht erforderlich bei selbstbohrenden Schrauben in Nadelholz mit[5])[6])[7])[8])	stets bei Schrauben in Nadelholz mit [7])[8])[9])	stets bei sämtlichen Schrauben in Laubholz[8])[9])
				$d \leq 6$ mm	$d > 6$ mm	alle d [7])
d $\geq 2{,}4$ mm ≤ 24 mm	$n \geq 2$	wie Nägel nach Tabelle 11.20	wie Bolzen nach Tabelle 11.12		Bohrlochdurchmesser: glatter Schaft: d Gewindeteil: ca. $0{,}7 \cdot d$	

[1]) Hierin bedeuten:

d Nenndurchmesser: Außendurchmesser des Schraubengewindes in mm

d_s Durchmesser des glatten Schaftes in mm, wie z.B. bei genormten Holzschrauben nach Tabelle 11.26

ρ_k charakteristische Rohdichte in kg/m³ nach Abschn. 7.2

[2]) Mindest- und maximaler Durchmesser d nach DIN EN 14592: 2012-07, 6.3.3

[3]) Mindestanzahl von Holzschrauben nach DIN EN 1995-1-1/NA: 2013-08, NCI Zu 8.7.1 (NA.9)

[4]) gilt nicht für die Befestigung von Schalungen, von Trag- und Konterlatten, von Windrispen, von Sparren, Pfetten und dgl. auf Bindern und Rähmen, von Querträgern auf Rahmenhölzern, wenn das Bauteil insgesamt mit mind. 2 Holzschrauben angeschlossen sind, s. DIN EN 1995-1-1/NA: 2013-08, NCI Zu 8.7.1 (NA.9)

[5]) bei Nadelholz (und Pappelholz mit $\rho_k \leq 500$ kg/m³) darf für $d \leq 6$ mm vorgebohrt werden, s. sinngemäß Abschn. 11.7.2, Tabelle 11.15

[6]) Vorbohren stets bei Douglasienholz sowie zementgebundenen Spanplatten, s. sinngemäß Abschn. 11.7.2, Tabelle 11.15

[7]) über selbstbohrende Holzschrauben s. bauaufsichtlichen Verwendbarkeitsnachweis und Abschn. 11.8.4

Tabelle 11.27 (Fortsetzung Fußnoten)

[8]) beim Vorbohren von selbstbohrenden Holzschrauben muss der Durchmesser des Führungsloches ≤ Innendurchmesser des Gewindes d_1 sein, s. DIN EN 1995-1-1: 2010-12, 10.4.5 (3)P

[9]) das Führungsloch für den Schaft mit dem Schaftdurchmesser und auf die gleiche Tiefe wie die Länge des gewindefreien Schaftteils vorbohren sowie das Führungsloch für den Gewindeteil mit einem Durchmesser von ca. 70% des Schaftdurchmessers, s. DIN EN 1995-1-1: 2010-12, 10.4.5 (1)

[10]) für Gipsplatten-Holz-Verbindungen mit Gipsplatten nach DIN 18180 nur Schnellbauschrauben nach DIN 18182-2: 2019-12 verwenden, s. DIN 1052-10: 2024-12, 4.1, für faserverstärkte Gipsplatten nur Schrauben mit bauaufsichtlichem Verwendbarkeitsnachweis, s. DIN EN 1995-1-1/NA: 2013-08, NCI Zu 8.7.1 (NA.10)

[11]) über Nennmaße genormter Holzschrauben s. Tabelle 11.26, über Vollgewindeschrauben Abschn. 11.8.4

wenn rechnerisch eine Holzschraube ausreichen würde, s. Tabelle 11.27 und für einschnittige Holzschraubenverbindungen sinngemäß Bild 11.14. Die Mindestanzahl von zwei Holzschrauben bewirkt die notwendige Klemmwirkung einer Verbindung und zusätzlich eine Sicherung, wenn eine Holzschraube in einer Fehlstelle sitzt, z.B. in einem Schwindriss, und wenig zur Kraftübertragung beitragen kann. Für bestimmte Anschlüsse mit nur einer Holzschraube je Verbindung gelten die Festlegungen für Nägel bei der Befestigung von Schalungen, Latten und dgl. nach Abschn. 11.7.2 sinngemäß, s. auch Tabelle 11.27 und DIN EN 1995-1-1/NA: 2013-08, NCI Zu 8.7.1 (NA.9).

Vorbohrte und nicht vorbohrte Holzschrauben (Abscheren)

Genormte Holzschrauben mit einem Nenndurchmesser $d > 6$ mm **müssen** stets unabhängig von der Rohdichte und Plattenart **vorgebohrt** werden, und zwar auf die Länge des glatten Schaftbereiches mit dem Bohrlochdurchmesser d, der dem Nenndurchmesser der Holzschraube entspricht, und auf die Länge des Gewindeteils mit dem Bohrlochdurchmesser von etwa $0{,}7 \cdot d$. Bei Nenndurchmessern $d \leq 6$ mm und Bauholz mit einer charakteristischen Rohdichte $\rho_k > 500$ kg/m^3 (wie Laubholz), bei Douglasienholz und zementgebundenen Spanplatten ist stets wie oben angeführt vorzubohren, s. auch Tabelle 11.27. Holzschrauben mit einem Nenndurchmesser $d \leq 6$ mm (und $\rho_k \leq 500$ kg/m^3, wie Nadelholz) dürfen vorgebohrt werden. Selbstbohrende Holzschrauben mit glattem und Gewinde-Schaftteil in Nadelholz und einem Nenndurchmesser $d \leq 6$ brauchen nicht vorgebohrt zu werden. Über das Vorbohren s. auch Abschn. 11.8.1.

Mindest- und Maximalabstände von Holzschrauben

Für die Abstände von Holzschrauben gelten jeweils für das vereinfachte oder genauere Nachweisverfahren bei Nenndurchmessern $d \leq 6$ mm sinngemäß die Reglungen für Nägel nach Abschn. 11.7.2, bei Nenndurchmessern $d > 6$ mm die Reglungen für Bolzen nach Abschn. 11.6.2, s. DIN EN 1995-1-1/A2: 2014-07, 13 Änderung zu 8.7.1 (4), (5).

Holzdicken bei Holzschrauben

Neben den Mindestholzdicken für Holzschraubenverbindungen, die sinngemäß wie für Nägel und Bolzen je nach vorliegendem Durchmesser der Holzschrauben gelten, sind bei Holzschrauben mit Nenndurchmessern $d \leq 6$ mm auch die Reglungen für Holzdicken, bei denen Holzbauteile zur Verhinderung der Spaltgefahr vorzubohren sind, einzuhalten,

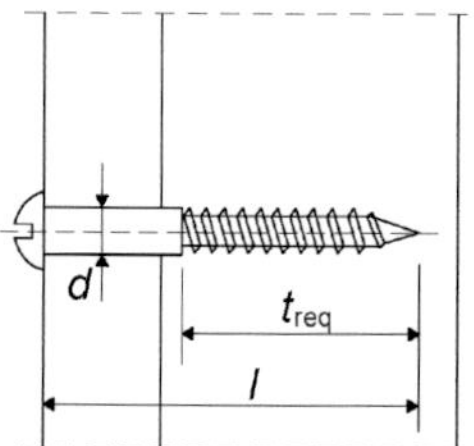

Bild 11.20 Einschraubtiefe t_{req} bei Holzschrauben (Abscheren)
d Nenndurchmesser, entspricht d_s bei genormten Holzschrauben nach Tabelle 11.26
d_s Durchmesser des glatten Schaftteils
t_{req} Einschraubtiefe des Gewindeteils der Holzschraube im Holz mit der Schraubenspitze

s. Tabelle 11.18 im Abschn. 11.7.2.

Mindesteinschraubtiefen von Holzschrauben

Die erforderlichen Mindesteinschraubtiefen t_{req} von Holzschrauben gelten bei Beanspruchung auf Abscheren sinngemäß wie für Nägel und Bolzen je nach vorliegendem Nenndurchmesser der Holzschrauben, s. Bild 11.20. Wird die Einschraubtiefe t_{req} im Bauteil mit der Schraubenspitze unterschritten, sind die entsprechenden abgeminderten Tragfähigkeiten $F_{v,Rk,red}$ anzusetzen, sinngemäß wie die Regelungen in den entsprechenden Abschn. Bei Einschraubtiefen $t < 4{\cdot}d$ ist die Scherfuge, die der Holzschraubenspitze nächst liegend ist, nicht in Rechnung zu stellen, da bei zu geringen Einschraubtiefen die Holzschraube aus dem „letzten" Holz herausgezogen werden (z.B. durch Abweichungen von den Sollquerschnittsmaßen) und die Tragfähigkeit dieser Scherfuge versagen kann. Darüber hinaus darf bei Holzschrauben mit teilweise glattem Schaft, wie z.B. genormte Holzschrauben nach Tabelle 11.26, die Einbindetiefe des glatten Schaftes in das Holz mit der Schraubenspitze nicht weniger als $4{\cdot}d$ betragen, andernfalls ist die Tragfähigkeit der Holzschraube mit - einem wirksamen Durchmesser $d_{ef} = 1{,}1 \cdot d_{Kern}$ mit d_{Kern} als Gewindekerndurchmesser zu berechnen, s. DIN EN 1995-1-1: 2010-12, 8.7.1 (2), (3).

11.8.3 Tragfähigkeit von Holzschraubenverbindungen bei Beanspruchung in Richtung der Stiftachse

Die Nachweise der Tragfähigkeit von Holzschrauben bei Beanspruchung in Richtung der Stiftachse sind in DIN EN 1995-1-1: 2010-12, 8.7.2 geregelt, für tragende Holzschrauben nach dieser Baunorm existiert nur das unten angeführte Verfahren. Selbstbohrende Holzschrauben mit Teil- oder Vollgewinde, die den Anforderungen der DIN EN 1995-1-1: 2010-12, 8.7.2 nicht entsprechen, müssen einen bauaufsichtlichen Verwendbarkeitsnachweis besitzen, hierüber s. Abschn. 11.8.4.

Beim Nachweis der Tragfähigkeit von Holzschrauben bei Beanspruchung in Richtung der Stiftachse müssen folgende Versagensmechanismen berücksichtigt werden:

- das Herausziehversagen des eingeschraubten Gewindeteils der Holzschraube,
- das Abreißversagen des Kopfes von Holzschrauben, die in Verbindung mit Stahlblechen verwendet werden,
- das Durchziehversagen des Schraubenkopfes,
- das Abreißen der Schraube auf Zug,
- das Knickversagen der Holzschraube bei Druckbelastung,

- das Scherversagen entlang des Umfangs einer Gruppe von Holzschrauben, die in Verbindung mit Stahlblechen eingesetzt werden (Blockscherversagen).

Charakteristische Werte der Tragfähigkeit auf Herausziehen $F_{ax,Rk}$ und $F_{t,Rk}$ von Holzschrauben nach DIN EN 1995-1-1: 2010-12

Die charakteristischen Werte der Tragfähigkeit auf Herausziehen $F_{ax,Rk}$ werden auch als **charakteristische Werte des Herausziehwiderstandes $F_{ax,Rk}$** bezeichnet, die für Holzschraubenverbindungen bei Einschrauben unter einem Winkel $30° \leq \alpha \leq 90°$ zwischen Schraubenachse und Faserrichtung des Holzes nach Tabelle 11.28 ermittelt werden können. Weitere Festlegungen in Tabelle 11.28 sind in der Anwendungsnorm DIN 20000-6: 2015-02, 3.3.3 enthalten: die Berechnungen des charakteristischen Herausziehparameters $f_{ax,k}$ und des Kopfdurchziehparameters $f_{head,k}$ von Holzschrauben mit den jeweiligen charakteristischen Rohdichten ρ_k, jedoch bei Holzbaustoffen mit höheren Rohdichten ρ_k nur die maximale Rohdichte $\rho_k \leq 500$ kg/m³, die charakteristischen Herausziehparameter $f_{ax,k}$ für Nadelvollholz, Brettschichtholz aus Nadelholz und Balkenschichtholz aus Nadelholz sowie **der charakteristische Zugwiderstand $f_{tens,k}$** der Holzschraube.

Bei einer Verbindung von mehreren Holzschrauben in einer Schraubengruppe, die durch eine Kraftkomponente in Schaftrichtung beansprucht wird, ist die **wirksame Anzahl n_{ef}** Tabelle 11.28 zu entnehmen. Aus den beiden letzten Parametern kann die **charakteristische Zugfestigkeit $F_{t,Rk}$** der Verbindung (Abreißwiderstand des Schraubenkopfes oder Zugwiderstand des Schaftes) berechnet werden, s. DIN EN 1995-1-1: 2010-12, 8.7.2 (4) bis

Tabelle 11.28 Charakteristische Werte des Herausziehwiderstandes $F_{ax,\alpha,Rk}$, des Herauszieh- und Kopfdurchziehparameter $f_{ax,k}$ und $f_{head,k}$ sowie der Zugfestigkeit $F_{t,Rk}$ für Holzschraubenverbindungen bei Beanspruchung in Richtung der Stiftachse (Herausziehen) nach DIN EN 1995-1-1: 2010-12, 8.7.2[1])[6])

Charakteristischer Herausziehwiderstandes $F_{ax,\alpha,Rk}$ einer Holzschraubenverbindung bei Einschrauben unter einem Winkel $\alpha \geq 30°$ zwischen Schraubenachse und Faserrichtung	
1	für Schraubendurchmesser 6 mm $\leq d \leq$ 12 mm und $0{,}6 \leq d_1/d \leq 0{,}75$ bei Verbindungen von Nadelhölzern mit Holzschrauben[5]) $F_{ax,\alpha,Rk} = \dfrac{n_{ef} \cdot f_{ax,k} \cdot d \cdot l_{ef} \cdot k_d}{1{,}2 \cdot \cos^2\alpha + \sin^2\alpha}$ in N [2])[3])[4]) mit $f_{ax,k}$ in N/mm² als charakteristische Herausziehfestigkeit (-parameter) rechtwinklig zur Faserrichtung für Nadelvollholz, Brettschichtholz aus Nadelholz und Balkenschichtholz aus Nadelholz:[7]) $f_{ax,k} = 0{,}52 \cdot d^{-0{,}5} \cdot l_{ef}^{-0{,}1} \cdot \rho_k^{0{,}8}$ in N/mm² und $k_d = \min\{d/8 \quad \text{oder} \quad 1\}$
2	für Schrauben, die die in Zeile 1 festgelegten Anforderungen an den Außen- und Innendurchmesser des Gewindes nicht erfüllen $F_{ax,\alpha,Rk} = \dfrac{n_{ef} \cdot f_{ax,k} \cdot d \cdot l_{ef}}{1{,}2 \cdot \cos^2\alpha + \sin^2\alpha} \cdot \left(\dfrac{\rho_k}{\rho_a}\right)^{0{,}8}$ in N [2])[3])[4]) mit $\rho_k \leq 500$ kg/m³ [7]) mit $f_{ax,k}$ in N/mm² als charakteristische Herausziehfestigkeit (-parameter) rechtwinklig zur Faserrichtung mit ρ_a als zugehörige Rohdichte in kg/m³ für $f_{ax,k}$ [8]) $0{,}666 \cdot f_{ax,k}$ für Holzschrauben mit $d_1/d > 0{,}75$ mit $f_{ax,k}$ aus Zeile 1 [7])

Tabelle 11.28 (Fortsetzung)

Charakteristischer Kopf-Durchziehwiderstand $F_{ax,\alpha,Rk}$ einer Holzschraubenverbindung
bei Einschrauben unter einem Winkel $\alpha \geq 30°$ zwischen Schraubenachse und Faserrichtung

3	für Holzschrauben mit einem Verhältnis Kopfdurchmesser zu Nenndurchmesser $d_h/d \geq 1{,}7$ [7] $F_{ax,\alpha,Rk} = n_{ef} \cdot f_{head,k} \cdot d_h^2 \cdot \left(\frac{\rho_k}{\rho_a}\right)^{0,8}$ in N [2][4] mit $\rho_k \leq 500$ kg/m³ [7] mit $f_{head,k}$ in N/mm² als charakteristischer Durchziehparameter (-festigkeit) der Schraube, bestimmt nach DIN EN 14592: 2012-07 für die zugehörige Rohdichte ρ_a in kg/m³ für $f_{ax,k}$ [8]

Charakteristische Zugfestigkeit $F_{t,Rk}$ einer Holzschraubenverbindung
(Abreißwiderstand des Schraubenkopfes oder Zugwiderstand des Schaftes)

4	$F_{t,Rk} = n_{ef} \cdot f_{tens,k}$ mit $f_{tens,k}$ als charakteristischer Zugwiderstand der Holzschraube $f_{tens,k} = 300 \cdot \pi \cdot d_1^2/4$ in N [7] mit d_1 als Kerndurchmesser (Gewinde-Innendurchmesser) der Holzschraube in mm [7]

Wirksame Anzahl n_{ef} einer Holzschraubengruppe,
die durch eine Kraftkomponente in Schaftrichtung beansprucht wird

5	$n_{ef} = n^{0,9}$ mit n als Anzahl der Schrauben, die in einer Verbindung zusammenwirken

Einschrauben rechtwinklig $\alpha = 90°$ und unter Winkel $\alpha \geq 30°$

Einschrauben rechtwinklig, d. h. Winkel $\alpha = 90°$ zwischen Schraubenachse und Faserrichtung[3]	Einschrauben unter Winkel $\alpha \geq 30°$ zwischen Schraubenachse und Faserrichtung[3]
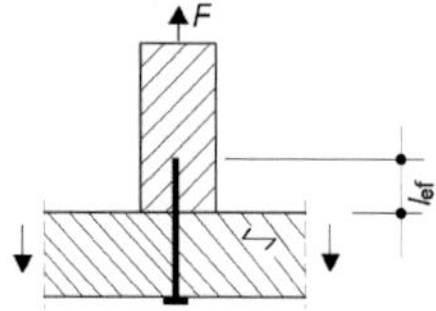	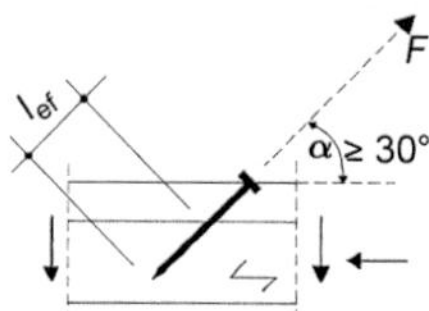

[1]) Hierin bedeuten:

d Nenndurchmesser der Holzschraube in mm (Außendurchmesser des Schraubengewindes), s. Tabelle 11.26

d_1 Innendurchmesser des Schraubengewindes (Kerndurchmesser der Holzschraube) in mm

d_h Außendurchmesser des Schraubenkopfes, ggf. einschl. Unterlegscheibe, s. Tabelle 11.26

l_{ef} wirksame Einschraubtiefe als Gewindelänge im Holzteil mit der Schraubenspitze, s. Bild in der Tabelle 11.28
$\geq 6 \cdot d$

ρ_k charakteristischer Wert der Rohdichte in kg/m³ nach Abschn. 7.2

ρ_a zugehöriger Wert der Rohdichte in kg/m³ für $f_{ax,k}$ [8])

[2]) Mindestabstände von Holzschrauben, die in Richtung der Schraubenachse (Herausziehen) beansprucht werden, nach Tabelle 11.29 und Bild 11.21

[3]) die Einbindetiefe(-schraubtiefe) des Gewindeteils auf der Seite der Schraubenspitze sollte $l_{ef} \geq 6 \cdot d$ betragen, s. DIN EN 1995-1-1: 2010-12, 8.7.2 (3)

Tabelle 11.28 (Fortsetzung Fußnoten)

[4]) Bemessungswerte der Tragfähigkeit auf Herausziehen $F_{ax,\alpha,Rd}$ sinngemäß nach Gl. (11.27), s. Abschn. 11.7.3

[5]) s. DIN EN 1995-1-1/A2: 2014-07, 14 Änderung zu 8.7.2

[6]) Vorbohren der zu verbindenden Teile nach Tabelle 11.27 (wie auf Abscheren)

[7]) nach der Anwendungsnorm DIN 20000-6, 2015-02, 3.3.3

[8]) der Wert der Rohdichte ρ_a ist in DIN EN 1995-1-1: 2010-12, 8.7.2 bzw. zugehöriger Baunormen bisher nicht angegeben, ρ_a ist die Rohdichte, die bei den Versuchen zur Bestimmung der charakteristischen Herausziehfestigkeit (-parameter) $f_{ax,k}$ zugrunde gelegt wird

(8). Genormte Holzschrauben nach Tabelle 11.26 entsprechen diesen Anforderungen.

Das Versagen des Holzschraubenquerschnitts auf Zug (Stahlquerschnitt, Zugfestigkeit $F_{t,Rk}$) kann aufgrund des großen Herausziehwiderstandes des Schraubengewindes im Holz maßgebend werden und ist bei der Bemessung zu berücksichtigen.

Bemessungswerte der Tragfähigkeit auf Herausziehen $F_{ax,Rd}$ von Holzschrauben nach DIN EN 1995-1-1: 2010-12

Der Bemessungswert $F_{ax,Rd}$ von Holzschraubenverbindungen kann sinngemäß nach Gl. (11.27) berechnet, der **Nachweis der Verbindung** auf Herausziehen sinngemäß nach Gl. (11.28) vorgenommen werden, s. Abschn. 11.7.3.

Erhöhen des Widerstandes gegen Kopfdurchziehen

Der Widerstand gegen Kopfdurchziehen kann durch geeignete Unterlegscheiben erhöht werden; als Kopfdurchmesser d_h kann der Durchmesser der Unterlegscheibe berücksichtigt werden, der jedoch als Empfehlung nach *Erläut. zu DIN 1052: 2004-08* [47], E 12.8.2 auf Durchmesser $d_h \leq 35$ mm beschränkt bleiben sollte.

Mindestabstände von Holzschrauben auf Herausziehen

Die Mindestabstände bei auf Herausziehen beanspruchten Holzschrauben nach Tabelle 11.29 sind einzuhalten, s. Bild 11.21. Dabei wird vorausgesetzt, dass die Holzdicke $t \geq 12 \cdot d$

Tabelle 11.29 Mindestabstände von Holzschrauben, die in Richtung der Schraubenachse (Herausziehen) beansprucht werden, nach DIN EN 1995-1-1: 2010-12, 8.7.2, Tab. 8.6[1])[2])

a_1	a_2	$a_{1,CG}$	$a_{2,CG}$
in einer parallel zur Faserrichtung und Schraubenachse liegenden Ebene	rechtwinklig zu einer parallel zur Faserrichtung und Schraubenachse liegenden Ebene	vom Hirnholzende zum Schwerpunkt des Schraubengewindes im Bauteil	vom Holzrand zum Schwerpunkt des Schraubengewindes im Bauteil
$7 \cdot d$	$5 \cdot d$	$10 \cdot d$	$4 \cdot d$
Voraussetzung für alle Mindestabstände: Holzdicke $t \geq 12 \cdot d$			

[1]) d Nenndurchmesser (Gewinde-Außendurchmesser)

[2]) Erläuterungen zu den Mindestabständen s. Bild 11.21

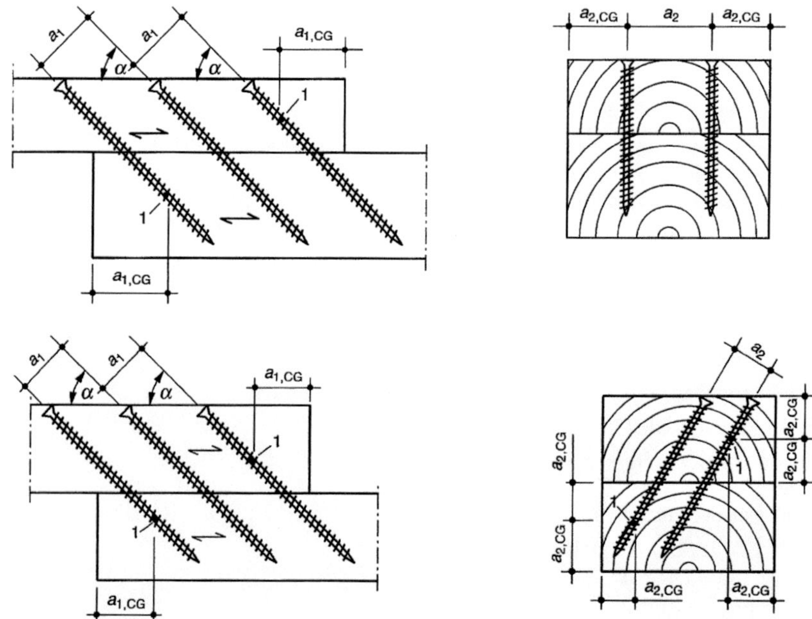

1 Schwerpunkt des Schraubengewindes im Bauteil

Bild 11.21 Mindestabstände untereinander sowie von Hirnholzenden und Rändern von Holzschrauben bei Beanspruchung in Richtung der Schraubenachse (Herausziehen) nach DIN EN 1995-1-1: 2010-12, 8.7.2, Bild 8.11.a, s. auch Tabelle 11.29

beträgt mit d als Nenndurchmesser der Holzschraube.

Mindestholzdicken und Einschraubtiefen von Holzschrauben auf Herausziehen
Die **Mindestholzdicken** bei auf Herausziehen beanspruchten Holzschrauben müssen eine Holzdicke $t \geq 12 \cdot d$ besitzen, Tabelle 11.29, die **Einschraubtiefen** (Einbindetiefen) des Gewindeteils auf der Seite der Schraubenspitze sollte $l_{ef} \geq 6 \cdot d$ betragen, s. Tabelle 11.28.

Vorbohren von Holzschrauben auf Herausziehen
Für das Vorbohren von Holzschrauben gelten die Festlegungen wie für auf Abscheren beanspruchte Holzschrauben nach Tabelle 11.27, s. Abschn. 11.8.2.

Tragfähigkeit einer Holzschraube auf Zug in Schaftrichtung (Stahlquerschnitt)
Die **charakteristische Zugtragfähigkeit** $F_{t,Rk}$ einer in Stiftrichtung beanspruchten Holzschraube (Stahlquerschnitt), z.B. genormter Holzschrauben mit einem Gewinde nach DIN 7998, s. Tabelle 11.26, kann nach Tabelle 11.28, Zeile 4 berechnet werden. Der **Bemessungswert der Tragfähigkeit** $F_{t,Rd}$ einer Holzschraube auf Zug (Stahlquerschnitt) kann sinngemäß Gl. (11.27), s. Abschn. 11.7.3 ermittelt werden; da hier ein reiner Stahlquerschnitt vorliegt, wird der Teilsicherheitsbeiwert γ_M für Stahl auf Zug in Verbindungen nach

Tabelle 8.2 eingesetzt, der Modifikationsbeiwert k_{mod} für Holz ist entbehrlich. Der **Nachweis der Tragfähigkeit** der Holzschraubenverbindung auf Zug (Stahlquerschnitt) kann sinngemäß nach Gl. (11.28), Abschn. 11.7.3 vorgenommen werden.

Tragfähigkeit kombiniert beanspruchter Holzschraubenverbindungen (Abscheren und Herausziehen)
Bei gleichzeitiger Beanspruchung von Holzschraubenverbindungen rechtwinklig zur und in Richtung der Stiftachse (Abscheren und Herausziehen) ist der Interaktionsnachweis nach Gl. (11.29) mit dem Potenzexponenten für Holzschrauben nach Tabelle 11.25 zu führen, s. Abschn. 11.7.4 und DIN EN 1995-1-1: 2010-12, 8.7.3.

11.8.4 Tragfähigkeit von Verbindungen mit Vollgewindeschrauben

Vollgewindeschrauben gewinnen zunehmend an Bedeutung im Holzbau, da sie vielfältig einsetzbar und im Vergleich zu anderen Verbindungen und Verbindungsmitteln oft kostengünstiger und von jedem Fachbetrieb meist über Einschraubhilfen problemlos einzubringen sind. Sie können andere Verbindungsmittel und Verbindungen wie Stahlblechformteile in Teilen ersetzen, darüber hinaus eröffnen sie neue Einsatzbereiche, die die Konkurrenzfähigkeit des Holzbaus im Vergleich zu anderen Baustoffen verbessern können, wenn sie fach- und holzgerecht verwendet werden.

Tragfähigkeit von Vollgewinde-Holzschrauben im Vergleich zu Teilgewinde-Holzschrauben
Holzschrauben mit Vollgewinde entsprechen im Allgemeinen nicht den Bedingungen der DIN EN 1995-1-1: 2012, 8.7 und bedürfen deshalb eines **bauaufsichtlichen Verwendbarkeitsnachweises**. Ihre Tragfähigkeit entspricht bei **Beanspruchung auf Abscheren** (rechtwinklig zur Schraubenachse) derjenigen mit Teilgewinde nach DIN EN 1995-1-1 wie genormten Holzschrauben nach Abschn. 11.8.1 und 11.8.2; auch bei Vollgewinde-Holzschrauben erhöht der erzielbare „Einhängeeffekt" oder „Einhängezustand" die Tragfähigkeit auf Abscheren, s. Abschn. 11.8.1.

Unter **Beanspruchung auf Herausziehen** (in Richtung der Schraubenachse) liegen jedoch teilweise unterschiedliche Tragfähigkeiten bei Teil- und Vollgewinde-Holzschrauben vor: Dazu werden als Beispiele eine Teilgewinde-Holzschraube und eine Vollgewinde-Holzschraube betrachtet, s. Bild 11.22, die jeweils zwei Holzbauteile miteinander verbinden, bei denen das Holzteil 1 (anzuschließendes Bauteil) durch eine äußere Kraft F_t auf Abheben beansprucht wird, die Holzschraube die Kraftübertragung in Richtung ihrer Schraubenachse (Herausziehen) zur Verbindung beider Holzteile und die Verankerung der äußeren Kraft im Holzbauteil 2 übernimmt.

Eine **Teilgewinde-Holzschraube**, s. Bild 11.22a, überträgt die anstehende äußere Kraft F_t im Bauteil mit der Schraubenspitze durch den Herausziehwiderstand F_{ax} (mechanischer Verbund zwischen Teilgewinde/Holz, Verankerung im Holzteil 2) und im Holzteil mit dem

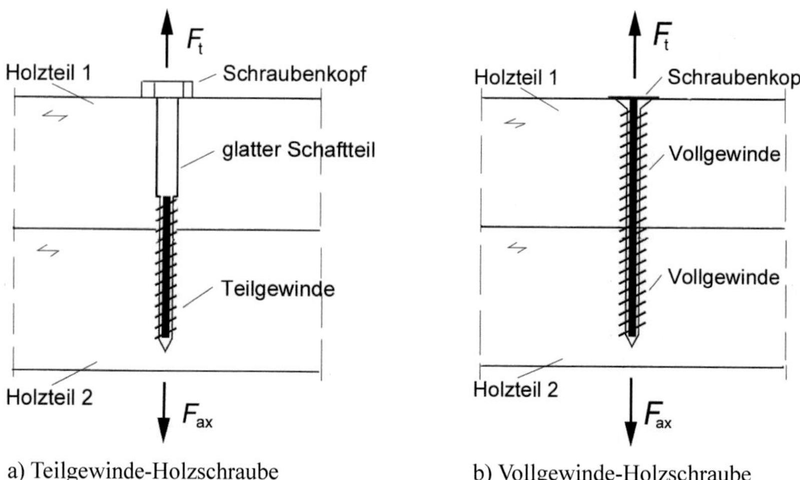

Bild 11.22 Beanspruchung von Holzschrauben auf Herausziehen (in Richtung der Schraubenachse), Beispiel
a) Teilgewinde-Holzschraube: Die äußere Kraft F_t wird im Holzteil mit der Schraubenspitze durch den Herausziehwiderstand F_{ax} (mechanischer Verbund zwischen Teilgewinde/Holz im Holzteil 2) und im anzuschließenden Holzteil (Holzteil 1) durch den Kopf (Kopfdurchziehwiderstand) übertragen,
b) Vollgewinde-Holzschraube: Die äußere Kraft F_t wird in beiden Holzteilen durch den Herausziehwiderstand F_{ax} (mechanischer Verbund zwischen Vollgewinde/Holz im jeweiligen Holzteil 1 und 2) übertragen, der Kopfdurchziehwiderstand wird in der Regel nicht maßgebend

Schraubenkopf (Holzteil 1 als anzuschließendes Bauteil) nur mit dem Schraubenkopf (Kopfdurchziehen), da der glatte Schaftteil keinen Verbund mit dem Holz besitzt. Der kleine Gewindeteil, der im Holzteil 1 in einigen, aber nicht in allen Anschlüssen auftreten kann, darf nicht zur Kraftübertragung angesetzt werden. Der Kopfdurchziehwiderstand im Holzteil 1 ist oft wesentlich geringer als der Herausziehwiderstand des Teilgewindes im Holzteil 2, so dass die Tragfähigkeit auf Herausziehen von Teilgewinde-Holzschrauben meist durch das Kopfdurchziehen beschränk wird.

Eine **Vollgewinde-Holzschraube**, s. Bild 11.22b, überträgt die anstehende äußere Kraft F_t in beiden Bauteilen, d.h. im Bauteil mit der Schraubenspitze (Holzteil 2) und im Bauteil mit dem Schraubenkopf (Holzteil 1 als anzuschließendes Bauteil), jeweils durch den Herausziehwiderstand F_{ax} (mechanischer Verbund zwischen Vollgewinde/Holz im jeweiligen Bauteil); der Schraubenkopf (Kopfdurchziehen) wird in der Regel nicht maßgebend, da der Herausziehwiderstand F_{ax} des Vollgewindes im Holzteil 1 meist wesentlich größer ist als der Kopfdurchziehwiderstand. Deshalb ist die Tragfähigkeit auf Herausziehen (in Richtung der Schraubenachse) von Vollgewinde-Holzschrauben im Allgemeinen wesentlich größer als diejenige von Teilgewinde-Holzschrauben mit vergleichbarer Geometrie.

Aus diesem Grund hat der Schraubenkopf von Vollgewinde-Holzschrauben keine tragende Funktion mit Ausnahme von Anschlüssen Stahlblech/Holz, er wird nur zum Eindrehen benötigt, so dass Vollgewindeschrauben über spezielle Senk-/Zylinderköpfe auch in das Holz versenkt werden können und der Schraubenkopf nicht bündig mit der Holzoberfläche abschließt.

Die Herausziehkräfte von Vollgewindeschrauben wachsen mit zunehmender Verankerungslänge im Holz und können die **Zugfestigkeit des Stahlquerschnitts** überschreiten, so dass neben dem Herausziehwiderstand F_{ax} (aus der mechanischen Verbindung des Schraubengewindes mit dem Holz) auch stets die Stahl-Zugfestigkeit F_t des Holzschrauben-Querschnitts nachzuweisen ist.

Selbstbohrende Vollgewinde-Holzschrauben besitzen dazu noch den Vorteil, ohne Vorbohren eingedreht werden zu können, viele dürfen jedoch vorgebohrt verwendet werden, geregelt im bauaufsichtlichen Verwendbarkeitsnachweis, während **Teilgewinde-Holzschrauben** im glatten Schaftteil mit $1{,}0 \cdot d$ und im Gewindeteil mit $0{,}7 \cdot d$ vorgebohrt werden müssen mit d als Nenndurchmesser, Näheres s. Tabelle 11.27; dazu werden spezielle Bohrer verwendet.

Geometrie von Holzschrauben mit bauaufsichtlichem Verwendbarkeitsnachweis
Als Holzschrauben mit bauaufsichtlichem Verwendbarkeitsnachweis werden selbstbohrende Holzschrauben und vorgebohrte Gewindestangen unterschieden. **Selbstbohrende Holzschrauben mit Vollgewinde** (werden auch mit Teilgewinde angeboten) haben unterschiedliche Durchmesser bis etwa $d = 12$ mm oder 14 mm und Längen bis etwa $l = 600$ mm oder 2000 mm, **vorgebohrte Gewindestangen** Durchmesser $d = 14$ mm oder 16 mm und Längen bis 2200 mm bzw. 3000 mm. Nicht immer sind alle in den Europäischen technischen Bewertungen (ETA) angegebenen Geometrien verfügbar. Da beim Eindrehen selbstbohrender Vollgewindeschrauben mit zunehmender Länge größer werdende Beanspruchungen auftreten, werden Schrauben mit besonderen Stahleigenschaften, speziellen Gewindeformen, Schraubenköpfen und Schraubenspitzen (Bohrspitzen) verwendet.

Einsatzgebiete von Holzschrauben mit bauaufsichtlichem Verwendbarkeitsnachweis
Während **vorgebohrte Gewindestangen** z.B. als Verstärkungen in hohen querzugbeanspruchten Brettschichtholzquerschnitten eingesetzt werden, wie in Satteldach- und gekrümmten Trägern nach Abschn. 20.3 bis 20.5, finden **selbstbohrende Holzschrauben mit Vollgewinde zunehmend vielfältige Einsatzgebiete** wie z.B. zur Querzug-Verstärkung von Ausklinkungen, Durchbrüchen und Queranschlüssen nach Abschn. 21 sowie zur Verhinderung der Spaltgefahr stiftförmiger Verbindungsmittel wie Stabdübel, Passbolzen und Bolzen, die in Faserrichtung hintereinander liegen und in dieser Richtung beansprucht werden, s. Bilder 10.11, 11.28 bis 11.31, zur Querdruck-Verstärkung von End- und Zwischen-Auflagern nach Abschn. 17.3.1, zum Anschluss von Zugstäben nach Abschn. 15.2 wie in Fachwerkträgern, von Riegeln an Stützen, von Neben- an Hauptträgern und von Koppelpfetten sowie zur Koppelung von nachgiebig verbundenen Querschnitten nach Abschn. 22.3 und zur Schubverstärkung von Biegeträgern, s. auch Tabelle 11.30. Näheres regeln die jeweiligen bauaufsichtlichen Verwendbarkeitsnachweise.

Angebot von Vollgewindeschrauben mit bauaufsichtlichem Verwendbarkeitsnachweis
Das Angebot von Vollgewindeschrauben mit unterschiedlichen Längen, Gewinde- und Kopfformen sowie Kopf-, Kern- und Außendurchmessern ist sehr vielfältig. Deshalb können einheitliche Angaben zur Bemessung und Ausführung von selbstbohrenden Vollgewindeschrauben derzeit nicht zusammengestellt werden, obwohl in den neueren bauaufsichtlichen Verwendbarkeitsnachweisen zunehmende Übereinstimmungen, jedoch auch noch Unterschiede z.B. bei den Schraubenabständen, charakteristischen Materialfestigkeiten, Bemessungsgleichungen und zulässigen Einsatzgebieten festzustellen sind.

Deshalb werden im Folgenden nur **allgemeine wichtige Angaben** zum Tragverhalten, zur Verwendung und zum Einschrauben (Montage) von Vollgewindeschrauben angeführt, für die Bemessung und Ausführung wird auf den bauaufsichtlichen Verwendbarkeitsnachweis der gewählten Vollgewindeschrauben verwiesen. Darüber hinaus werden zu beachtende Hinweise zu Risiken beim Einsatz von Vollgewindeschrauben in Holzbauteilen mit zu erwartenden größeren Holzfeuchteänderungen angegeben.

Tragverhalten von Vollgewindeschrauben mit bauaufsichtlichem Verwendbarkeitsnachweis
Grundlegende Untersuchungen über das Tragverhalten von selbstbohrenden Vollgewindeschrauben haben Bejtka [21], Blaß [40] und Blaß/Bejtka [43] durchgeführt, den folgenden Ausführungen liegen im Wesentlichen diese Arbeiten zugrunde. Dietsch [104], [106] und Dietsch/Mestek/Winter [105] untersuchen Vollgewindeschrauben als Schubverstärkungen für Brettschichtholzbauteile, das Bewehren und biegesteife Rahmenecken mit Vollgewindeschrauben Ayoubi/Koj/Trautz [13], [14], Koj/Trautz [258] und Trautz/Koj [505], eine ausführliche Darstellung des Tragverhaltens von Vollgewindeschrauben ist in Colling [94], eine übersichtliche Zusammenstellung ihres Einsatzes mit Bemessungsbeispielen in Schiermeyer [458] zu finden.

Vollgewindeschrauben besitzen dieselbe **Tragfähigkeit auf Abscheren** (rechtwinklig zur Schraubenachse) wie Teilgewinde-Holzschrauben und können für diese Beanspruchung mit dem genaueren und vereinfachten Nachweisverfahren stiftförmiger Verbindungsmittel bemessen werden, s. Abschn. 11.8.2. Bei Beanspruchung auf Abscheren besitzen Vollgewindeschrauben keinen Vorteil gegenüber anderen vergleichbaren stiftförmigen Verbindungsmitteln.

Die wesentlichen **Vorteile von selbstbohrenden Vollgewindeschrauben** liegen in der Profilierung des gesamten Schraubenbereiches (Gewinde praktisch vom Schraubenkopf bis zur Schraubenspitze) und der hohen Zugtragfähigkeit des Schraubenstahls. Deshalb eignen sich Vollgewindeschrauben besonders zur **Übertragung von Beanspruchungen in Richtung ihrer Schraubenachse** sowohl auf Herausziehen (Zug) als auch auf Hineindrücken (Druck), da sie einen hohen Herausziehwiderstand (mechanischer Verbund zwischen Vollgewinde/Holz) in den zu verbindenden Holzteilen bewirken. Die Richtung des zu übertragenden Kraftflusses sollte möglichst in Richtung ihrer Schraubenachse liegen. Dies wird bei Querzug- und Querdruckbeanspruchungen durch Eindrehen der Vollgewindeschrauben rechtwinklig zur Faserrichtung des Holzes ($\alpha = 90°$) und bei anderen Beanspruchungen durch

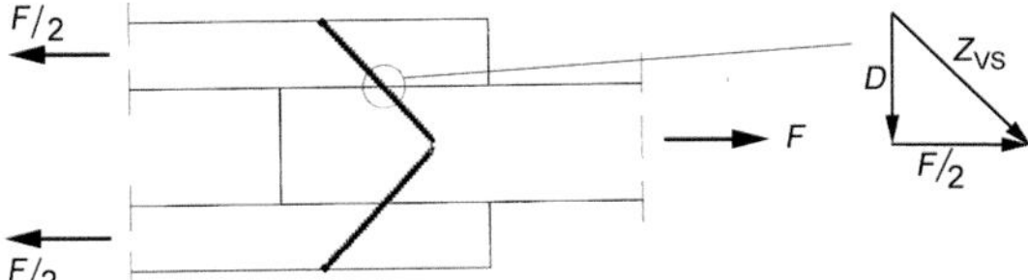

Bild 11.23 Geneigte parallele Anordnung von Vollgewindeschrauben unter Herausziehbeanspruchung und Kontaktpressung zwischen den zu verbindenden Holzbauteilen (mit eng anliegender Fuge), prinzipielle Kraftzerlegung bezogen auf die Zugkraft Z_{VS} in der Vollgewindeschrauben (VS) auf der Grundlage von *Bejtka* [21], Beispiel:
Tragverhalten in einem Zuganschluss: Eindrehen der Vollgewindeschrauben unter einem Winkel α zwischen Schraubenachse und Faserrichtung des Holzes, Beanspruchung der Vollgewindeschraube in Richtung ihrer Schraubenachse auf Herausziehen, die äußere Zugkraft F bewirkt in der Schraube eine Zugkraft Z_{VS}, die näherungsweise in eine Kraftkomponente $F/2$ (die in der Fuge zwischen den Holzbauteilen wirkt) und eine Druckkraft-Komponente D zerlegt werden kann, letztere drückt beide Holzbauteile in der Fuge über Kontaktpressung zusammen. Es ist zu beachten, dass im Mittelholz, je nach Einbindetiefe des Schraubenteils mit der Schraubenspitze, maßgebende Querzugbeanspruchungen entstehen können.

Eindrehen unter einem „kleinen" Winkel α zwischen Schraubenachse und Faserrichtung des Holzes vorgenommen. Bei Letzterem kann die Schraubenbeanspruchung in Richtung der Schraubenachse näherungsweise durch Kraftzerlegung der zu übertragenden äußeren Kraft F in Zug- und Druckkraft-Komponenten ermittelt werden (Fachwerkanalogie).

Zur Veranschaulichung dieses Tragverhaltens werden geneigte parallele und gekreuzt angeordnete Vollgewindeschrauben im Anschluss zweier Holzstäbe an einen Holzstab unter Zugbeanspruchung betrachtet.

Vollgewindeschrauben unter Herausziehbeanspruchung in geneigter paralleler Anordnung

Der prinzipielle Anschluss von Holzbauteilen unter Zugbelastung F mit geneigt zur Bauteilfuge angeordneten Vollgewinde-Holzschrauben ist in Bild 11.23 dargestellt, die äußere Zugkraft F wird über die Vollgewindeschrauben unter Herausziehbeanspruchung in den beiden Bauteilfugen übertragen. Diese Schraubenanordnung wird als „parallel" bezeichnet, insbesondere wenn mehrere hintereinander liegende Schrauben je Fuge parallel zueinander eingedreht werden. Die Herausziehbeanspruchung der Vollgewindeschraube wächst mit kleiner werdendem Winkel α zwischen Schraubenachse und Kraftrichtung F, während die Abscherbeanspruchung abnimmt, s. *Bejtka* [21]. Die einzuhaltenden Mindestwinkel α zwischen Schraubenachse und Faserrichtung des Holzes sind in den bauaufsichtlichen Verwendbarkeitsnachweisen geregelt.

Die Tragwirkung der Vollgewindeschraube kann in guter Näherung eine Kraftzerlegung (Kräftedreieck) erklären, s. Bild 11.23. Durch ihre mechanische Gewindeverankerung in beiden Hölzern erfährt die Vollgewindeschraube (VS) eine Zugkraft Z_{VS}, die beide Hölzer durch die Druckkraftkomponente D über Kontaktpressung gegeneinander drückt. Diese Druckkraft D bewirkt Reibung (Haftwiderstand) zwischen den beiden zu verbindenden Bauteilen und erhöht die Tragfähigkeit in Richtung der Fuge. Die Tragfähigkeit in der Fuge setzt sich demnach zusammen aus der Kraftkomponente in Fugenrichtung der axialen Tragfähigkeit der Vollgewindeschraube und aus der Reibung zwischen den Bauteilen in Richtung der Fuge, die Summe aus beiden Kraftanteilen je Schraube überträgt die anteilige äußere Zugkraft $F/2$ in jeder Fuge.

Die **Reibung (Haftwiderstand)** in jeder Bauteilfuge bei parallel angeordneten Vollgewindeschrauben nach Bild 11.23 darf ebenso wie der praktisch entsprechende „Einhängeeffekt" oder „Einhängezustand" bei anderen vergleichbaren stiftförmigen Verbindungsmitteln rechnerisch zur Erhöhung der Tragfähigkeit auf Abscheren berücksichtigt werden, wie bei genormten Holzschrauben, Passbolzen, Bolzen und bestimmten Sondernägeln im genaueren und vereinfachten Nachweisverfahren nach DIN EN 1995-1-1: 2010-12 bzw. DIN EN 1995-1-1/NA: 2013-08, s. auch Abschn. 11.8.1.

Die zusätzliche Tragfähigkeit aus Reibung (Haftwiderstand) liegt nur vor, wenn die zu verbindenden Holzbauteile durch Kontaktpressung (verursacht durch die Vollgewindeschrauben) eng aneinander liegen (keine klaffende Fuge), sie darf ohne besonderen Nachweis der Kontaktpressung rechnerisch berücksichtigt werden. Tritt jedoch eine Fugenöffnung zwischen den Bauteilen z.B. durch nachträgliches großes Schwinden oder fehlerhafte Montage auf, nimmt die Tragfähigkeit parallel angeordneter Vollgewinde-Holzschrauben ab, da sie sich unter äußerer Last erheblich verformen, bis sie wieder am Holzbauteil anliegen.

Bisher sind keine Untersuchungen der Tragfähigkeit geneigter parallel angeordneter Vollgewindeschrauben unter Fugenausbildung bekannt, deshalb wird bis zum Vorliegen gesicherter Erkenntnisse empfohlen, die zusätzliche Tragfähigkeit aus Reibung nur bei Gewährleistung ständiger Kontaktpressung zwischen den zu verbindenden Holzbauteilen (mit eng anliegender Fuge) rechnerisch zu berücksichtigen und größere Holzfeuchteänderungen möglichst auszuschießen. Hinweise zum Einsatz von Vollgewindeschrauben in Holzbauteilen mit zu erwartenden größeren Holzfeuchteänderungen und zur Begrenzung von nachträglichen Schwindverformungen sind unten angeführt, ebenso zu ihrer richtigen Montage.

Vollgewindeschrauben in falscher geneigter paralleler Anordnung unter Druckbeanspruchung (nicht ausführen!!)

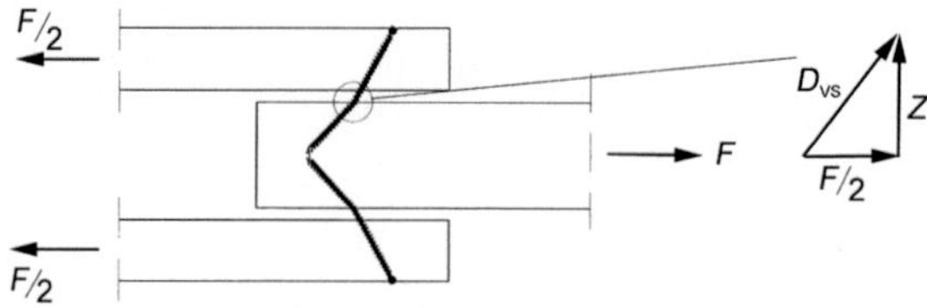

Bild 11.24 Falsche geneigte parallele Anordnung von Vollgewindeschrauben unter Druckbeanspruchung und Zugbeanspruchung zwischen den zu verbindenden Holzbauteilen (mit offener Fuge), **nicht ausführen !!!**, Beispiel, prinzipielle Kraftzerlegung bezogen auf die Druckkraft D_{VS} in der Vollgewindeschraube (VS) auf der Grundlage von *Colling* [94]

Ein falscher Anschluss von Holzbauteilen unter Zugbelastung F mit geneigt zur Bauteilfuge parallel angeordneten Vollgewindeschrauben ist in Bild 11.24 dargestellt, die äußere

Zugkraft *F* wird über die Vollgewindeschrauben unter Druckbeanspruchung in den beiden Bauteilfugen übertragen. Durch ihre mechanische Gewindeverankerung in beiden Hölzern erfährt die Vollgewindeschraube (VS) eine Druckkraft D_{VS}, die beide Hölzer durch die Zugkraftkomponente *Z* auseinander zieht. Die so entstehende offene Fuge zwischen den Holzbauteilen reduziert die Tragfähigkeit parallel angeordneter Vollgewinde-Holzschrauben, da sie sich unter äußerer Last erheblich verformen, bis sie wieder am Holzbauteil anliegen. Eine derartige **geneigte parallele Anordnung von Vollgewindeschrauben unter Druckbeanspruchung ist nicht zulässig** und darf nicht ausgeführt werden.

Vollgewindeschrauben unter Zug- und Druckbeanspruchung in gekreuzter Anordnung
Der prinzipielle Anschluss von Holzbauteilen unter Zugbelastung *F* mit gekreuzt angeordneten Vollgewindeschrauben ist in Bild 11.25 dargestellt, die äußere Zugkraft *F* wird jeweils über ein Paar Vollgewinde-Holzschrauben in den beiden Bauteilfugen übertragen. Vollgewinde-Holzschrauben besitzen auf Herausziehen und Hineindrücken die gleiche Tragfähigkeit.

Die Tragwirkung eines Paares gekreuzter Vollgewindeschrauben kann in guter Näherung wieder eine Kraftzerlegung (Kräftedreieck) erklären, s. Bild 11.25 und *Bejtka* [21]. Durch ihre mechanische Gewindeverankerung in beiden Hölzern erfährt die eine Vollgewindeschraube (VS) eine Zugkraft Z_{VS} und die andere eine Druckkraft D_{VS}, so dass beide Hölzer keine Druckkraftkomponente *D* erhalten und auch **keine Reibung (Haftwiderstand)** zwischen den beiden zu verbindenden Bauteilen auftritt, die die Tragfähigkeit erhöhen kann. Die Tragfähigkeit setzt sich demnach zusammen aus den parallel zur Fugenrichtung wirkenden Kraftkomponenten der axialen Tragfähigkeit beider Vollgewindeschrauben. Die Summe aus beiden Kraftanteilen je Schraube überträgt die anteilige äußere Zugkraft *F*/2.

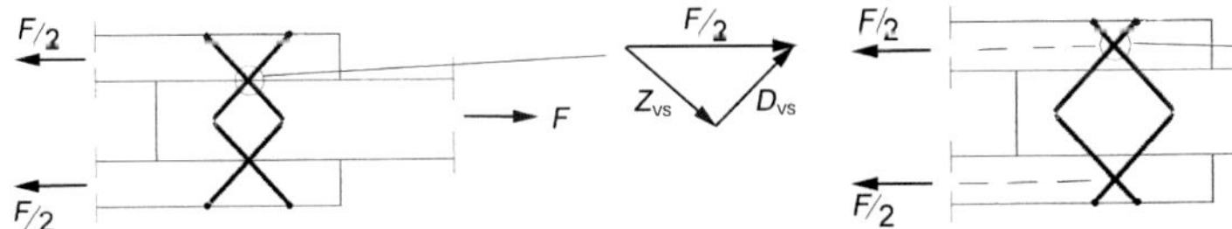

a) Kreuzungspunkt der Vollgewindeschrauben in der Fuge zwischen den Bauteilen

b) Kreuzungspunkt der Vollgewindeschrauben im außen liegenden Bauteil

Bild 11.25 Gekreuzte Anordnung von Vollgewinde-Holzschrauben unter Beanspruchung auf Herausziehen und Hineindrücken, prinzipielle Kraftzerlegung bezogen auf die äußere Kraft *F*/2 auf der Grundlage von *Bejtka* [21] und *Colling* [94], Beispiele:
Tragverhalten in einem Zuganschluss: Eindrehen der Vollgewindeschrauben unter einem Winkel α zwischen Schraubenachse und Faserrichtung des Holzes, die äußere Zugkraft *F* bewirkt eine Beanspruchung der einen Vollgewindeschraube in Richtung ihrer Schraubenachse auf Herausziehen (Zugkraft Z_{VS}) und der anderen auf Hineindrücken (Druckkraft D_{VS}), der Kreuzungspunkt beider Vollgewindeschrauben ist der Gelenkpunkt des Anschlusses beider Schrauben, in ihm wird die anstehende Kraft übertragen, auftretende Ausmitten sind auf diesen Kreuzungspunkt zu beziehen

Nach dem Fachwerkprinzip wird am Schnittpunkt der Wirkungslinien der äußeren Kraft und der axialen Kräfte der beiden Vollgewindeschrauben die Beanspruchung eines Anschlusses übertragen, s. *Bejtka* [21]. Der **Kreuzungspunkt** beider Vollgewindeschrauben kann demnach als Gelenkpunkt des Anschlusses dieser beiden Schrauben angesehen werden, in ihm wird die anstehende Kraft übertragen, er liegt im Beispiel des Bildes 11.25a in der Bauteilfuge, in Bild 11.25b im äußeren Bauteil. Vorhandene **Ausmitten der Kraftübertragung** sind auf diesen Gelenkpunkt zu beziehen, die daraus entstehende Momentenbeanspruchung ist zusätzlich zu berücksichtigen, z.B. wenn eine Ausmitte zwischen der äußeren Kraft und dem Schnittpunkt der Vollgewindeschrauben auftritt.

Einseitige und beidseitige Haupt-Nebenträger-Anschlüsse mit Vollgewindeschrauben
Als einseitige Haupt-Nebenträger-Anschlüsse (HT-NT-Anschlüsse) werden Anschlüsse bezeichnet, an die nur auf einer Seite des Last aufnehmenden Hauptträgers ein Nebenträger liegt, als Beispiel s. Bild 11.26. Bei beidseitigen Anschlüssen sind die Hauptträger durch jeweils zwei gegenüber liegende Nebenträger beansprucht, die möglichst mit symmetrischer Schrauben- und Belastungs-Anordnungen auszubilden sind, damit keine zusätzlichen Ausmitten, Verdrehungen bzw. Torsionsmomente im gesamten Anschluss auftreten. Dies ist z.B. bei beidseitig gleichen Anschlusskonstruktionen mit gleichen oder annähernd gleich großen Auflagerkräften der beiden Nebenträger der Fall. Sind dagegen bei HT-NT-Anschlüssen Ausmitten und Verdrehungen nicht zu vermeiden oder ist kein Kräftegleichgewicht im jeweiligen Anschluss erreichbar, sind die daraus resultierenden Torsionsmomente des Hauptträgers rechnerisch nachzuweisen und ggf. kraftschlüssig weiterzuleiten.

Torsionsweiche und -steife Träger bei Haupt-Nebenträger-Anschlüssen
Die überwiegend im Holzbau bei Haupt-Nebenträger-Anschlüssen (HT-NT-Anschlüssen) verwendeten Träger wie Pfetten, Unterzüge oder Deckenbalken besitzen eine meist geringe Torsionssteifigkeit und verdrehen sich bei vorhandenen Anschlussausmitten in einseitigen HT-NT-Anschlüssen um ihre Stablängsachse, so dass Verformungen bzw. Torsionsmomente im Hautträger auftreten, auch wenn sie konstruktiv durch eine Deckenscheibe oder Holzschalung kraftschlüssig gehalten werden. Derartige Hautträger mit üblichen kleineren Querschnittsmaßen sind in diesen Anschlüssen nach *Bejtka* [21] und *Colling* [94] als „gelenkig gelagert“ oder „torsionsweich“ zu bezeichnen. Die Torsionsmomente in derartigen Anschlüssen können durch ein Kräftegleichgewicht im jeweiligen Anschluss verhindert werden, s. Bilder 11.26 und 11.27.

Torsionssteife (verdrehungssteife) Hauptträger in einseitigen (und zweiseitigen) Anschlüssen können durch konstruktive Maßnahmen hergestellt werden, dies ist jedoch sehr aufwändig und in den meisten Fällen nicht ausreichend durchführbar, so dass eine überwiegend torsionsweiche Ausführung verbleibt. Torsionssteife Hauptträger sind im Holzbau jedoch bei kompakten Trägern mit größeren Querschnittsmaßen ausführbar bzw. können als überwiegend verdrehungssteif angesehen werden, wenn zusätzlich kraftschlüssige Verbindungen gegen feste Punkte oder Gleichwertiges und anzustrebende sehr geringe Verformungen, die möglichst rechnerisch nachgewiesen werden sollten, die Torsionssteifigkeit erhöhen. Da torsionssteife Hauptträger in der Holzbaupraxis seltener vorkommen, bleiben sie im Folgenden unberücksichtigt.

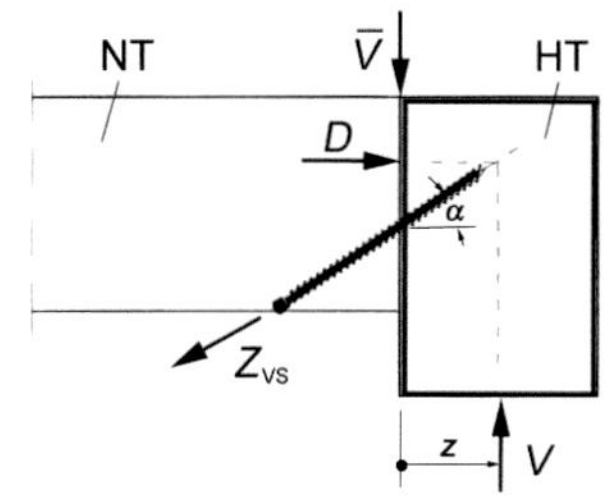

Bild 11.26 Kraftangriff in einem einseitigen Hauptträger (HT)-Nebenträger (NT)-Anschluss bei geneigter paralleler Anordnung der Vollgewindeschrauben und torsionsweichem Hauptträger, qualitative Darstellung nach *Bejtka* [21]:
Es liegt ein Kräftegleichgewicht vor, da die Wirkungslinien der Auflagerkraft V im HT, der Druckkraft D in der Kontaktfläche NT/HT und der Zugkraft Z_{VS} der Vollgewindeschraube sich in einem Punkt innerhalb des HT schneiden

Einseitige Haupt-Nebenträger-Anschlüsse bei torsionsweichen Hautträgern

In einseitigen Haupt-Nebenträger-Anschlüssen mit **geneigter paralleler Anordnung der Vollgewindeschrauben** (unter einem Einschraubwinkel α) ist bei torsionsweichen Hauptträgern sicherzustellen, dass ein Kräftegleichgewicht vorhanden ist, s. Bild 11.26. Dazu müssen sich die Wirkungslinien der Auflagerkraft V im HT, der Druckkraft D in der Kontaktfläche NT/HT und der Zugkraft Z_{VS} der Vollgewindeschraube in einem Punkt (innerhalb des Hautträgers) schneiden. Auch hier erzeugt die Zugkraft Z_{VS} in der Vollgewindeschraube sinngemäß nach Bild 11.23 eine Druckkraft D in der Kontaktfläche NT/HT.

Die Lage der Vollgewindeschraube bestimmt den Schnittpunkt der Wirkungslinien der drei Kräfte, s. *Bejtka* [21]. Greift die Auflagerkraft V in der Systemachse des Hauptträgers an, – dies sollte angestrebt werden –, s. Bild 11.26, d.h. bleibt der Abstand z von der Kontaktfuge zwischen NT/HT bis zur Auflagerkraft V konstant, und wird der Einschraubwinkel α vergrößert, geht der Wirkungslinien-Schnittpunkt der drei Kräfte und gleichzeitig der Angriffspunkt der Druckkraft D noch oben in Richtung Hauptträger-Oberkante. Liegt der Wirkungslinien-Schnittpunkt der drei Kräfte außerhalb des Hauptträger-Querschnitts, kann keine Druckkraft D angreifen, die für das Kräftegleichgewicht notwendig ist, und der Anschluss wird instabil. Aus diesem Grunde ist der Einschraubwinkel α bei geneigter paralleler Schraubenanordnung und torsionsweichem Hauptträger begrenzt und abhängig von der Geometrie der Neben- und Hauptträger. Ist das Kräftegleichgewicht nicht einzuhalten, sollte ein derartiger Anschluss nicht ausgeführt werden, da im Hautträger Verdrehungen bzw. Torsionsmomente auftreten, die gesondert und aufwändig zu berücksichtigen sind.

In einseitigen Haupt-Nebenträger-Anschlüssen mit **geneigter gekreuzter Anordnung der Vollgewindeschrauben** (jeweils unter einem Einschraubwinkel α) ist bei torsionsweichen Hauptträgern ebenfalls ein Kräftegleichgewicht sicherzustellen, so dass keine Ausmitten und keine Torsionsmomente auftreten, s. Bild 11.27. Dazu müssen sich die Wirkungslinien der Auflagerkraft V im HT, der Druckkraft D_{VS} der einen Vollgewindeschraube und der Zugkraft Z_{VS} der anderen Vollgewindeschraube in einem Punkt (innerhalb des Hautträgers) schneiden. Eine Druckkraft D entsteht hier sinngemäß nach Bild 11.25 nicht. Es wird davon ausgegangen, dass die Kraftübertragung nur durch die beiden Vollgewindeschrauben erfolgt.

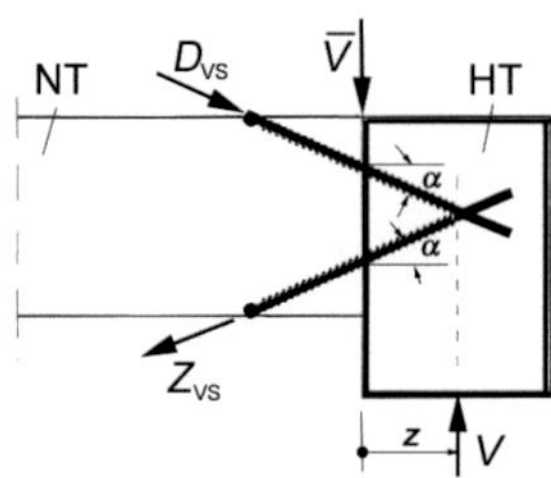

Bild 11.27 Kraftangriff in einem einseitigen Hauptträger (HT)-Nebenträger (NT)-Anschluss bei geneigter gekreuzter Anordnung der Vollgewindeschrauben und torsionsweichem Hauptträger, qualitative Darstellung nach *Bejtka* [21]:
Es liegt ein Kräftegleichgewicht vor, da die Wirkungslinien der Auflagerkraft V im HT, der Druckkraft D_{VS} der einen Vollgewindeschraube und der Zugkraft Z_{VS} der anderen Vollgewindeschraube sich in einem Punkt innerhalb des HT schneiden; liegt der Kreuzungspunkt der beiden Vollgewindeschrauben in einem Abstand links oder rechts von der senkrechten Systemlinie des Hauptträges bzw. Wirkungslinie der Auflagerkraft V, entsteht eine Ausmitte des Kräfteangriffs und damit ein zusätzliches Torsionsmoment, das die beiden Vollgewindeschrauben zusätzlich beansprucht

Die Lage der gekreuzten Vollgewindeschrauben bestimmt ihre Wirkungslinien und damit auch den Schnittpunkt der drei Kräfte, s. *Bejtka* [21]. Greift die Auflagerkraft V in der Systemachse des Hauptträgers an, – dies sollte angestrebt werden –, s. Bild 11.27, d.h. ist der Abstand z von der Kontaktfuge zwischen NT/HT bis zur Auflagerkraft V gleich der Hälfte der Hauptträgerbreite ($z = b/2$), müssen die Wirkungslinien der Druckkraft D_{VS} und der Zugkraft Z_{VS} der beiden gekreuzten Vollgewindeschrauben sich in einem Punkt auf der Systemachse des Hauptträgers schneiden, damit ein Kräftegleichgewicht herrscht und keine zusätzlichen Torsionsmomente auftreten. Liegt der Kreuzungspunkt der beiden Vollgewindeschrauben jedoch mit einem Anstand links oder rechts von der senkrechten Systemachse des Hauptträgers (oder von der Wirkungslinie der Auflagerkraft V des Hauptträgers), entsteht eine Ausmitte des Kraftangriffs und somit ein Torsionsmoment, das die beiden Vollgewindeschrauben zusätzlich beansprucht und die Tragfähigkeit des Anschlusses verringert. Ein derartiger ausmittiger Anschluss sollte möglichst nicht ausgeführt werden.

Spaltgefahr des Holzes und Aufnahme der Spaltzugkräfte durch Vollgewindeschrauben (Spaltbewehrung)

Wird ein Bauteil durch eine konzentrierte Drucklast beansprucht, treten unterhalb der Lasteinleitungsfläche rechtwinklig zur Kraftwirkungslinie hohe Zugspannungen auf, die das Material stark beanspruchen, zu Rissen und zum Bruch führen können. Im Stahlbeton werden diese hohen Zugspannungen durch Bewehrung (Spaltzugbewehrung) aufgenommen, da Beton eine geringe Zugfestigkeit besitzt.

Vergleichbare konzentrierte Lasten liegen im Holzbau vor, wenn auf Abscheren beanspruchte stiftförmige Verbindungsmittel Lochleibungskräfte im Holzbauteil und rechtwinklig dazu auftretende (Quer-)Zugspannungen verursachen, die unterhalb („hinter“) der

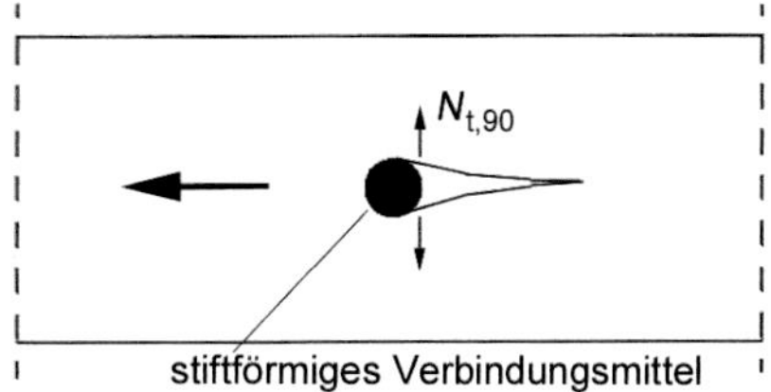

Bild 11.28 Spalten des Holzes durch die Lochleibungskräfte eines auf Abscheren beanspruchten stiftförmigen Verbindungsmittels, Spaltzugkräfte $N_{t,90}$, die rechtwinklig zur verursachenden Kraft auftreten, Beispiel auf der Grundlage von *Bejtka* [21] und *Colling* [94]

Lasteinleitungsfläche auftreten. Da Holz eine geringe Zugfestigkeit rechtwinklig zur Faser (Querzugfestigkeit) besitzt, s. Abschn. 1.10.2, besteht die Gefahr des Holzspaltens durch die auftretenden Spaltzugkräfte $N_{t,90}$ (bzw. Querzugspannungen), s. Bild 11.28. Das Spalten des Holzes kann als sprödes Versagen bezeichnet werden, s. *Bejtka* [21], *Jorissen* [243] und *Schmid* [459].

Das Spalten des Holzes tritt insbesondere bei mehreren stiftförmigen Verbindungsmitteln auf, die in Faserrichtung des Holzes hintereinander liegen und durch eine Kraft auf Abscheren beansprucht sind, meist bevor die Tragfähigkeit aller stiftförmigen Verbindungsmittel erreicht wird. Deshalb muss diese mit der wirksamen Anzahl n_{ef} abgemindert werden, s. Abschn. 10.3.4 sowie 11.5.2 (Stabdübel, Passbolzen), 11.6.2 (Bolzen, Gewindestangen), 11.7.2 (Nägel) und 11.8.2 (Holzschrauben). Wird jedoch das Spalten des Holzes wirksam verhindert, z.B. durch verstärkende Vollgewindeschrauben, s. unten, darf die gesamte vorhandene Anzahl n der auf Abscheren beanspruchten stiftförmigen Verbindungsmittel angesetzt werden ($n_{ef} = n$).

Die Gefahr des Holzspaltens durch stiftförmige Verbindungsmittel kann durch verschiedene Methoden gemindert oder verhindert werden, von denen die beiden folgenden angeführt werden. Da die Spaltgefahr vom faserparallelen Verbindungsmittelabstand a_1 abhängt, s. Bild 10.5, kann sie durch Vergrößern des Mindestabstandes a_1 reduziert werden, soweit dazu im Anschluss ausreichend Platz besteht. Bei dieser Methode werden die Spaltzugkräfte dem Holz allein zugewiesen, die Spaltgefahr wird nur vermindert und nicht beseitigt. Durch einen größeren Abstand a_1 wird darüber hinaus die wirksame Anzahl n_{ef} vergrößert.

Weiterhin ist die Aufnahme der Spaltzugkräfte durch zusätzliche stiftförmige Verbindungsmittel möglich, die auf Herausziehen beansprucht rechtwinklig zur Faserrichtung und rechtwinklig zur Achse des auf Abscheren beanspruchten Verbindungsmittels angeordnet werden, als Beispiel s. Bild 11.29. Bei dieser Methode wird die Spaltgefahr verhindert und

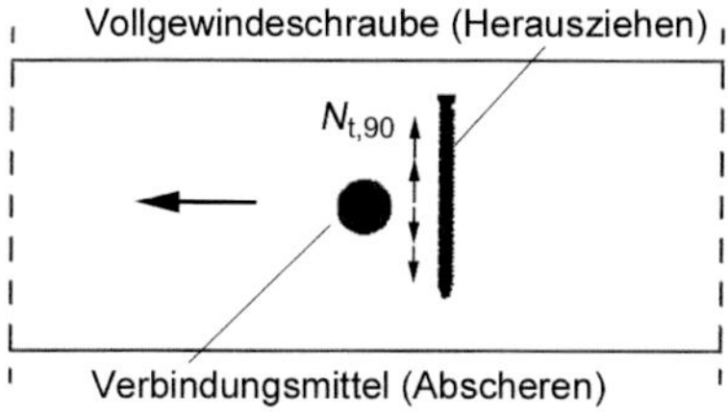

Bild 11.29 Spalten des Holzes durch die Lochleibungskräfte eines auf Abscheren beanspruchten stiftförmigen Verbindungsmittels, Aufnahme der Spaltzugkräfte $N_{t,90}$ durch eine Vollgewindeschraube, Beispiel auf der Grundlage von *Bejtka* [21] und *Colling* [94], s. auch Bild 11.28

die Spaltzugkräfte werden vergleichbar mit dem Stahlbetonbau vollständig durch „stählerne Bewehrung“ aufgenommen, z.B. durch geeignete stiftförmige Verbindungsmittel.

Diese verstärkenden Verbindungsmittel, die die Spaltzugkräfte aufnehmen, werden in der Regel nur bei „dickeren“, auf Abscheren beanspruchten stiftförmigen Verbindungsmittel wie Stabdübeln, Passbolzen, Gewindestangen und Holzschrauben verwendet, bei „dünneren“ wie Nägeln und Klammern dagegen nicht, da u.a. der Aufwand zu groß ist. Als verstärkende Verbindungsmittel sind alle stiftförmigen Verbindungsmittel einsetzbar, die dauernd auf Herausziehen beanspruchbar sind wie z.B. Sondernägel, Holzschrauben und Vollgewindeschrauben.

Bemessung und Anordnung der Vollgewindeschrauben zur Aufnahme der Spaltzugkräfte

Vollgewindeschrauben sind wegen ihres durchgehenden Gewindes besonders geeignet, die Spaltzugkräfte zu übertragen und die Spaltgefahr zu vermeiden. Ihre **Bemessung auf Herausziehen** ist dem jeweiligen bauaufsichtlichen Verwendbarkeitsnachweis der gewählten Vollgewindeschrauben zu entnehmen. Die Größe der Spaltzugkräfte $N_{t,90}$ ist weder in DIN 1995-1-1: 2010-12 noch in DIN EN 1995-1-1/NA: 2013-08 angegeben. *Erläut. zu DIN 1052: 2004-08* [47], E 12.3 (9) empfehlen, diese Spaltzugkräfte, die die verstärkenden Vollgewindeschrauben auf Herausziehen beanspruchen, für 30% der Beanspruchung der auf Abscheren beanspruchten stiftförmigen Verbindungsmittel auszulegen, s. Gl. (11.32).

$$N_{t,90,k} = 0{,}30 \cdot F_{v,Rk} \qquad (11.32)$$

$N_{t,90,k}$ charakteristischer Wert der Spaltzugkraft je Scherfuge, die durch ein auf Abscheren beanspruchtes stiftförmiges Verbindungsmittel verursacht wird, diese Spaltzugkraft beansprucht die verstärkende Vollgewindeschraube auf Herausziehen

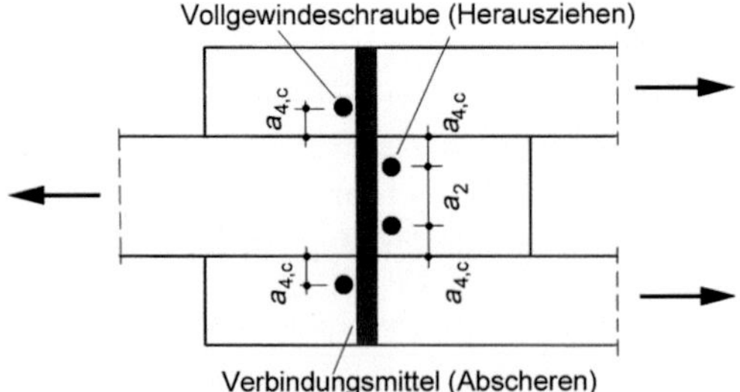

Bild 11.30 Anordnung von Vollgewindeschrauben zur Aufnahme der Spaltzugkräfte in mehrteiligen Holzbauteilen in der Nähe der Bauteilfugen mit Mindestabstand $a_{4,c}$, Beispiel auf der Grundlage von *Bejtka* [21] und *Colling* [94]

$F_{v,Rk}$ charakteristischer Wert der Tragfähigkeit eines auf Abscheren beanspruchten stiftförmigen Verbindungsmittels

Die **Anordnung** der verstärkenden Vollgewindeschrauben sollte so nah wie möglich am auf Abscheren beanspruchten Verbindungsmittel liegen; die größte Wirkung besteht, wenn sich beide Verbindungsmittel berühren, s. *Bejtka* [21]. Eine Regelung dieser Abstände zwischen den Verbindungsmitteln liegt in DIN 1995-1-1: 2010-12 bzw. DIN EN 1995-1-1/NA: 2013-08 nicht vor. Bei mehrteiligen Holzbauteilen treten die größten Spalt-

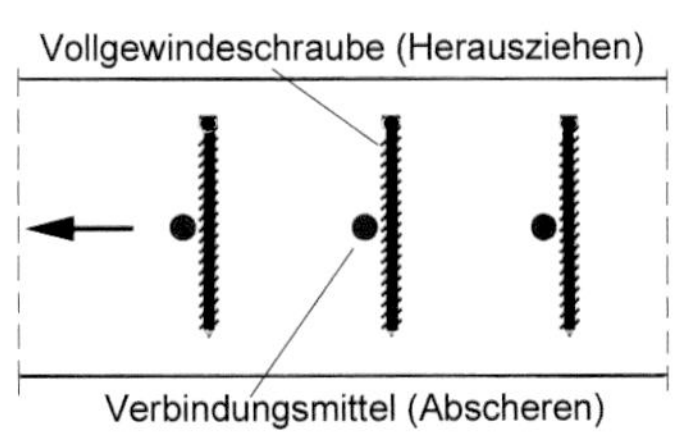

a) hintereinander angeordnete VM

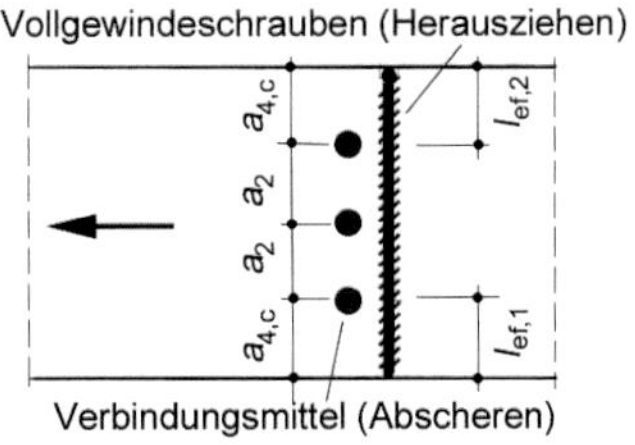

b) nebeneinander angeordnete VM

Bild 11.31 Anordnung von Vollgewindeschrauben bei hintereinander und nebeneinander auf Abscheren beanspruchten stiftförmigen Verbindungsmitteln (VM), Beispiele auf der Grundlage von *Bejtka* [21] und *Colling* [94]
a) hintereinander angeordnete stiftförmige Verbindungsmittel mit jeweils einer Vollgewindeschraube zur Aufnahme der zugehörigen Spaltzugkraft
b) nebeneinander (in einer Reihe) angeordnete stiftförmige Verbindungsmittel mit den erforderlichen Mindestabständen (a_2 untereinander rechtwinklig zur Faser und $a_{4,c}$ zum Rand); zur Aufnahme der Spaltzugkräfte der drei stiftförmigen Verbindungsmittel reicht eine Vollgewindeschraube aus, die nur für die Spaltzugkraft eines stiftförmigen Verbindungsmittels auszulegen ist, die erforderlichen Verankerungslängen $l_{ef,1(2)}$ sind einzuhalten

kräfte in der Nähe der Bauteilfugen auf, so dass die verstärkenden Vollgewindeschrauben so nah wie möglich (mit Mindestabstand $a_{4,c}$) an den Fugen angeordnet werden sollten, s. Bild 11. 30.

Liegen mehrere auf Abscheren beanspruchte stiftförmige Verbindungsmittel hintereinander, wird empfohlen, jedem Verbindungsmittel eine verstärkende Vollgewindeschraube zuzuordnen, s. Bild 11.31a. Sind dagegen mehrere auf Abscheren beanspruchte stiftförmige Verbindungsmittel nebeneinander (in einer Reihe) vorhanden, kann nach den Empfehlungen von *Bejtka* [21] und *Colling* [94] eine verstärkende Vollgewindeschraube angeord-

Tabelle 11.30 Verwendung von Vollgewindeschrauben mit bauaufsichtlichem Verwendbarkeitsnachweis bei Beanspruchung in Richtung ihrer Achse (Herausziehen, Hineindrücken), Beispiele[1])[2])

Angehängter Balken

Senkrechte Anordnung der Vollgewindeschrauben[1])	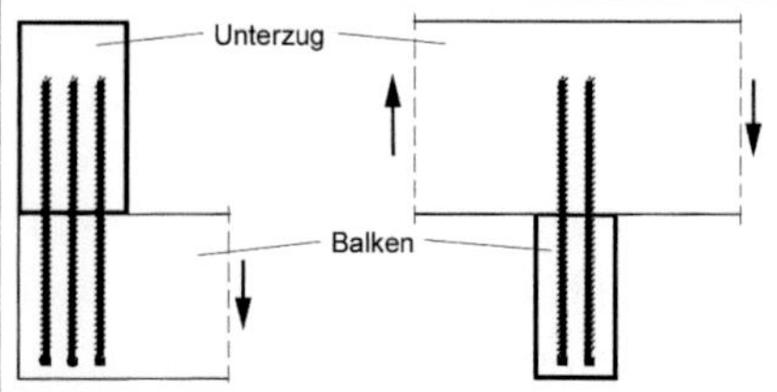

Haupt-Neben-Träger-Anschlüsse mit torsionsweichem Hauptträger (HT)

Einseitiger Anschluss des Nebenträgers (NT)

Geneigte parallele Anordnung der Vollgewindeschrauben: Näheres zum Tragverhalten s. Bild 11.26[1])	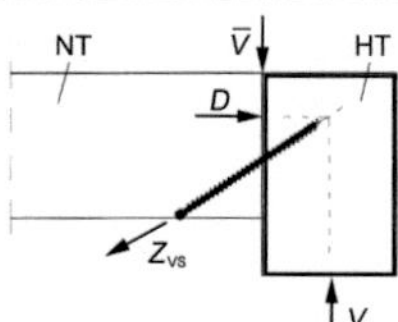
Gekreuzte Anordnung der Vollgewindeschrauben: Näheres zum Tragverhalten s. Bild 11.27[1])	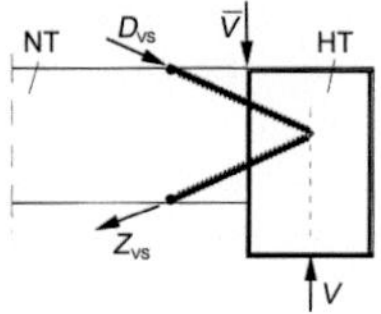

Beidseitiger Anschluss von Nebenträgern (NT)
Sinngemäß wie einseitige Anschlüsse von Nebenträgern auf beiden Seiten des Hautträgers (nicht dargestellt)

Koppelpfettenanschlüsse

Näheres zur Ausführung und Bemessung s. Abschn. 17.4.3[1])	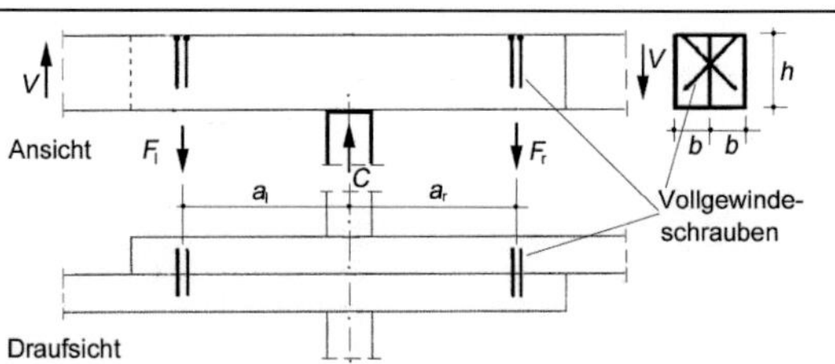

Querdruckverstärkungen[3])

Auflager von Biegeträgern Näheres zur Ausführung und Bemessung s. Abschn. 17.3.1[1])	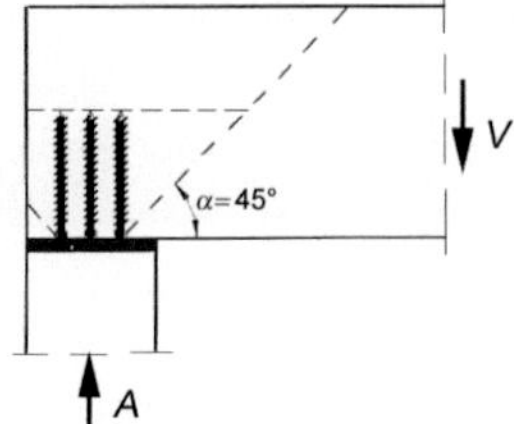

Tabelle 11.30 (Fortsetzung)

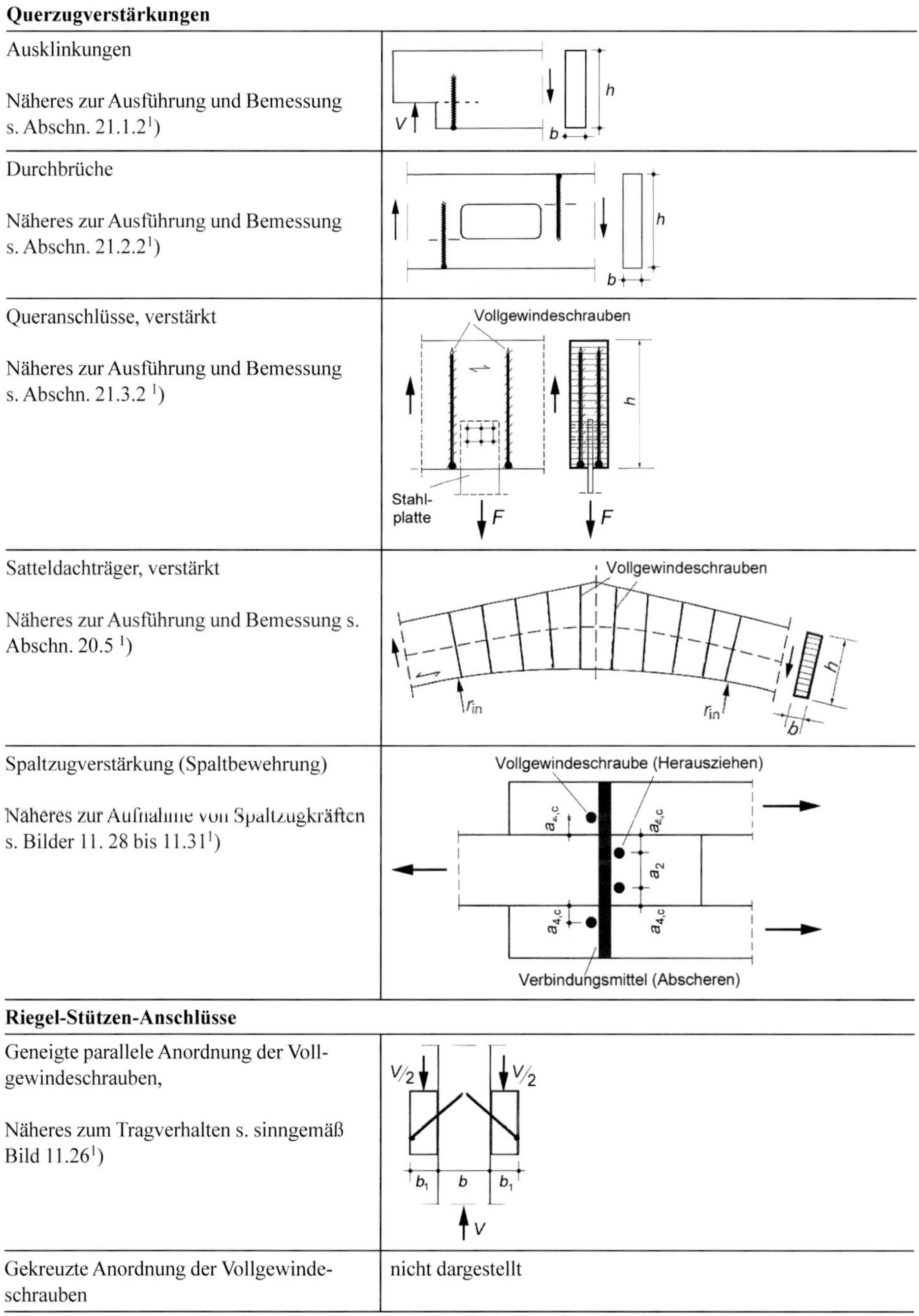

Querzugverstärkungen	
Ausklinkungen Näheres zur Ausführung und Bemessung s. Abschn. 21.1.2[1])	
Durchbrüche Näheres zur Ausführung und Bemessung s. Abschn. 21.2.2[1])	
Queranschlüsse, verstärkt Näheres zur Ausführung und Bemessung s. Abschn. 21.3.2 [1])	
Satteldachträger, verstärkt Näheres zur Ausführung und Bemessung s. Abschn. 20.5 [1])	
Spaltzugverstärkung (Spaltbewehrung) Näheres zur Aufnahme von Spaltzugkräften s. Bilder 11. 28 bis 11.31[1])	
Riegel-Stützen-Anschlüsse	
Geneigte parallele Anordnung der Vollgewindeschrauben, Näheres zum Tragverhalten s. sinngemäß Bild 11.26[1])	
Gekreuzte Anordnung der Vollgewindeschrauben	nicht dargestellt

Tabelle 11.30 (Fortsetzung)

Zugstöße	
Geneigte parallele Anordnung der Vollgewindeschrauben Näheres zum Tragverhalten s. Bild 11.23[1])	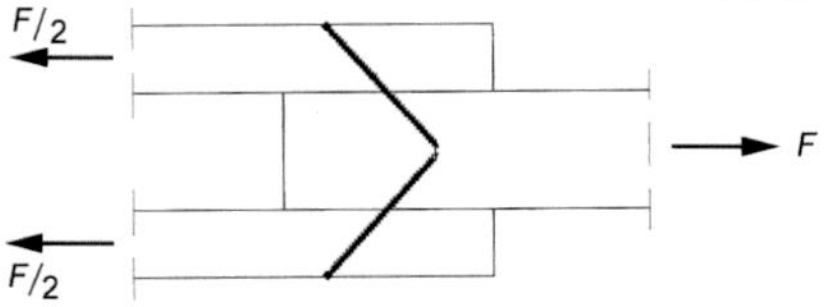 F/2, F/2, F
Gekreuzte Anordnung der Vollgewindeschrauben Näheres zum Tragverhalten s. Bild 11.25[1])	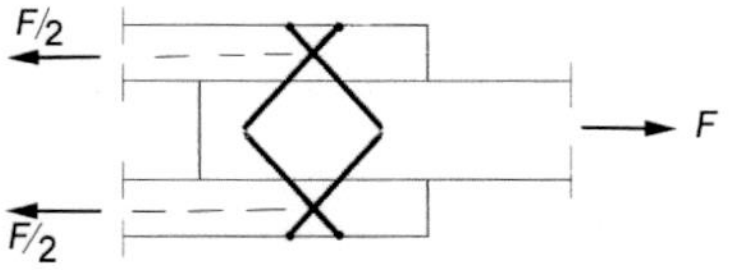 F/2, F/2, F

[1]) die Bemessung und einzuhaltenden weiteren Anforderungen sind dem bauaufsichtlichen Verwendbarkeitsnachweis der gewählten Vollgewindeschrauben zu entnehmen

[2]) weitere Verwendungsmöglichkeiten von Vollgewindeschrauben sind z.B. Verbindung zusammengesetzter Biegestäbe mit nachgiebigem Verbund, s. Abschn. 22.3, Schubverstärkung von Biegeträgern, s. *Dietsch* [104], [106], gelenkige und eingespannte Fußpunktausbildungen von Stützen, Anschlüsse von Diagonalen an Gurten in Fachwerkträgern, s. *Schiermeyer* [458], sowie Ausbildung biegesteifer Anschlüsse und Rahmenecken

[3]) Querdruckverstärkungen können sinngemäß auch bei Auflagern von Stielen oder Stützen auf Schwellen ausgeführt werden

net werden, die nur für die Spaltzugkraft $N_{t,90}$ eines Verbindungsmittels zu bemessen ist. Dabei sind die notwendigen beidseitigen Verankerungslängen der Vollgewindeschraube $l_{ef,1(2)}$ sicherzustellen, s. Bild 11.31b.

Beispiele der Verwendung von Vollgewindeschrauben bei Beanspruchung in Richtung ihrer Achse

In Tabelle 11.30 sind einige Beispiele zur Verwendung von Vollgewindeschrauben bei Beanspruchung in Richtung ihrer Achse (Herausziehen, Hineindrücken) angeführt. Die Bemessung und einzuhaltenden weiteren Anforderungen sind dem bauaufsichtlichen Verwendbarkeitsnachweis der gewählten Vollgewindeschrauben zu entnehmen.

Montage von selbstbohrenden Vollgewindeschrauben

Die Montage selbstbohrender Vollgewindeschrauben sollte in der Regel nur mit Schablonen oder Setzgeräten, die die Hersteller anbieten, durchgeführt werden, da die Vollgewindeschrauben oft unter einem vorgegebenen Winkel α zwischen ihrer Achse und der Faserrichtung des Holzes eingedreht werden müssen; eine freihändige Montage kann die notwendigen exakten Einschraubwinkel nicht gewährleisten. Beim Einschrauben sind die zu verbindenden Holzbauteile gegenseitig zu sichern, so dass keine Fugen auftreten können. Die gegenseitige Fixierung ist insbesondere in Anschlüssen vorzunehmen, bei denen Druckkräfte über Kontakt zwischen den Holzbauteilen auftreten müssen (Vermeiden von klaffenden Fugen), als Beispiele s. Bilder 11.23 und 11.25. Werden Abbundanlagen verwendet, können vorgebohrte Löcher den notwendigen Einschraubwinkel vorgeben; jedoch dürfen selbstbohrende Vollgewindeschrauben nur vorgebohrt werden, wenn dies im zugehörigen bauaufsichtlichen Verwendbarkeitsnachweis erlaubt ist.

Hinweise und Empfehlungen zum Einsatz von Verstärkungselementen wie Vollgewindeschrauben in Holzbauteilen mit zu erwartenden größeren Holzfeuchteänderungen
Werden Holzbauteile durch rechtwinklig zur Faserrichtung des Holzes angeordnete Verstärkungselemente aus Holz oder Stahl an ihrer freien Verformung in dieser Richtung behindert, entstehen z.B. bei Schwindvorgängen hohe (Querzug-)Spannungen in den Querschnitten, die bei größeren Feuchtegradienten zu Rissbildungen führen. Diese Querzugrisse vermindern die Tragfähigkeit von Holzbauteilen, insbesondere gegenüber Schub- und Querzugbeanspruchungen, und sollten deshalb vermieden werden.

Nach ersten Kurzzeituntersuchungen und Vergleichsrechnungen von *Dietsch* [104], [106], die noch keinen endgültigen Aussagewert besitzen, deuten sind folgende Erkenntnisse an: Bei Verstärkungselementen wie Vollgewindeschrauben, die rechtwinklig zur - Faserrichtung ($\alpha = 90°$) in Brettschichtholzbauteile eingebracht werden, kann eine Holzfeuchteabnahme um ca. $\omega = 3\%$ bis 4% zu kritischen Spannungen im Bereich der Vollgewindestangen und zu Rissbildungen führen. Sind die Vollgewindeschrauben dagegen mit einem Winkel von etwa $\alpha = 45°$ zur Faserrichtung geneigt eingedreht, reduzieren sich die Querzugspannungen auf etwa die Hälfte. Darüber hinaus beeinflusst wahrscheinlich die Anordnung mehrerer nebeneinander liegender Vollgewindeschrauben die auftretenden feuchteinduzierten Querzugspannungen, geringer werdende Abstände der Verstärkungselemente führen demnach zu geringeren tolerierbaren Holzfeuchteabnahmen. Es wird empfohlen, erst bei Vorliegen gesicherter Ergebnisse diese ersten Erkenntnisse beim Einsatz von unter einem Winkel bzw. rechtwinklig zur Faser angeordneten Verstärkungselementen zu berücksichtigen, obwohl sie zumindest einen Trend aufzeigen, Querzugrisse zu vermeiden.

Weiterhin wird bei verstärkten Brettschicht-Holzbauteilen empfohlen, diese mit einer Holzfeuchte herzustellen und einzubauen, die der **späteren Gleichgewichtsfeuchte (Ausgleichsfeuchte) im Bauwerk** entspricht, und größere Holzfeuchteänderungen während der Bauphase und Nutzungszeit durch geeignete Maßnahmen möglichst auszuschießen oder stark zu reduzieren, wie dies in der Holzbau-Fachliteratur seit langer Zeit angeführt ist und neuere Forschungsergebnisse von *Dietsch* [104], [106] sowie von *Gamper/Dietsch/Merk/Winter* [145] ebenfalls fordern. Hierüber s. auch Abschn. 1.4.2 und 1.4.5.

Bei mit Verstärkungselementen versehenen Vollholz-Bauteilen wird ebenfalls empfohlen, möglichst technisch getrocknetes Holz mit einer Holzfeuchte zu verwenden, die etwa der späteren Gleichgewichtsfeuchte im Bauwerk entspricht und größere Holzfeuchteänderungen während der Bauphase und Nutzungszeit durch geeignete Maßnahmen möglichst auszuschießen oder stark zu reduzieren, um nachträglich auftretende Schwindverformungen zu begrenzen und schädliche Querzugrisse zu vermeiden, auch wenn der Aufwand bei Vollholz anfänglich ungewohnt und zu groß erscheint.

Des Weiteren wird empfohlen, **mit Verstärkungselementen versehene Holzbauteile nicht direkt der Witterung oder Wasserbeanspruchung auszusetzen**. Sie sollten nicht in Nutzungsklasse 3, s. Abschn. 7.3.1, sondern bei Anordnung im Freien stets mit einem baulichen Holzschutz und ausreichender Abdeckung versehen dauerhaft mindestens in Nutzungsklasse 2 oder besser darunter verbleiben. Über ausreichende - Abdeckung bewitterter Holzbauteile s. Abschn. 5.2.4 sowie z.B. Bilder 5.7c und 7.1a,b. Darüber hinaus kann ein dauerhaft wirksamer Witterungsschutz aus umfassenden geeigneten Bekleidungen derartige Bauteile gegen zu große Holzfeuchteänderungen - schützen.

11.9 Verbindungen mit stiftförmigen Verbindungsmitteln und Zwischenschichten

Die Bemessungsregeln für stiftförmige Verbindungsmittel auf Abscheren nach dem genaueren Nachweisverfahren der DIN EN 1995-1-1: 2010-12 und dem vereinfachten Nachweisverfahren der DIN EN 1995-1-1/NA: 2013-08, s. entsprechende Teilabschn. im - Abschn. 11 oben, gelten unter der Bedingung eines direkten Kontaktes (ohne Abstand) zwischen den zu verbindenden Holz-, Holzwerkstoff- und Stahlbauteilen. Eine Zwischenschicht oder ein Abstand zwischen den kraftschlüssig zu verbindenden Bauteilen ist nicht zulässig, da sie einen großen Einfluss auf die Tragfähigkeit der stiftförmigen Verbindungsmittel bewirken.

Im Holzbau liegen jedoch Konstruktionen mit Zwischenschichten vor, wie z.B. im Holztafelbau mit Außen-Innenwänden aus Stielen/Riegeln und beidseitiger Beplankung durch Holzwerkstoffplatten, auf die Stahlblechwinkel zur tragenden Verbindung Holztafelwand-Bodenplatte oder auf die Balkenschuhe zur Verbindung Holztafelwand-Holzträger aufgebracht werden. Ebenso liegen Konstruktionen vor, bei denen z.B. Zwischenschichten aus Holzwerkstoffen in Holz-Holz- oder Holzwerkstoff-Holz-Verbindungen vorliegen.

Verbindungen mit stiftförmigen Verbindungsmitteln auf Abscheren und Zwischenschichten haben *Blaß/Laskewitz* [61] untersucht und die dem genaueren Nachweisverfahren der DIN EN 1995-1-1: 2010-12 zugrunde liegenden Gleichungen nach *Johansen* [241], s. Abschn. 11.2.1, bearbeitet und erweitert, die aufgezeigten theoretischen Modelle zur Bestimmung der Tragfähigkeit sind durch Versuche überprüft worden. Nach *Blaß/Laskewitz* [61] werden unterschiedliche Fälle bei Zwischenschichten zwischen zwei Bauteilen unterschieden:

- dünne und dicke Zwischenschichten und
- verschiebliche und unverschiebliche Zwischenschichten.

Eine **Zwischenschicht** gilt als **unverschieblich**, wenn sie kraftschlüssig mit einem der beiden zu verbindenden Bauteile verbunden ist z.B. durch Kleben, Klammern, Nägel,

Holzschrauben, als **verschieblich**, wenn keine derartige Verbindung vorliegt. Eine unverschiebliche Zwischenschicht bildet demnach einen kraftschlüssigen Verbund mit dem Bauteil, an dass sie angeschlossen ist, jedoch haben diese beiden Schichten in der Regel unterschiedliche Lochleibungsfestigkeiten. Wird das zweite Bauteil an diese beiden verbundenen Schichten (als zusammengesetztes Bauteil) angeschlossen, wird die Zwischenschicht über das stiftförmige Verbindungsmittel mit einen Teil der anzuschließenden Kraft beansprucht, das dahinter liegende Bauteil übernimmt den anderen Teil der Kraft.

Die Unterscheidung, ob eine Zwischenschicht als dünn oder dick anzusehen ist, erfolgt bei verschieblicher und unverschieblicher Zwischenschicht über die Tragfähigkeit der stiftförmigen Verbindungsmittel, jeweils ist der geringere Tragfähigkeitswert für die Bemessung maßgebend. Als Beispiel wird hier die unverschiebliche Zwischenschicht kurz angeführt, Vergleichbares liegt für eine verschiebliche Zwischenschicht vor.

Bei **unverschieblicher dünner Zwischenschicht** wird die Lochleibungsfestigkeit der Zwischenschicht und des dahinter liegenden Bauteils erreicht, so dass die Zwischenschicht und das dahinter liegende Bauteil die Kraftübertragung in meist unterschiedlichen Teilen übernehmen, als Beispiel s. Bild 11.32a, für dieses Tragverhalten können die Gleichungen des genaueren Nachweisverfahrens nach DIN EN 1995-1-1: 2010-12 nicht verwendet werden. Bei **unverschieblicher dicker Zwischenschicht** wird in diese die gesamte anzu-

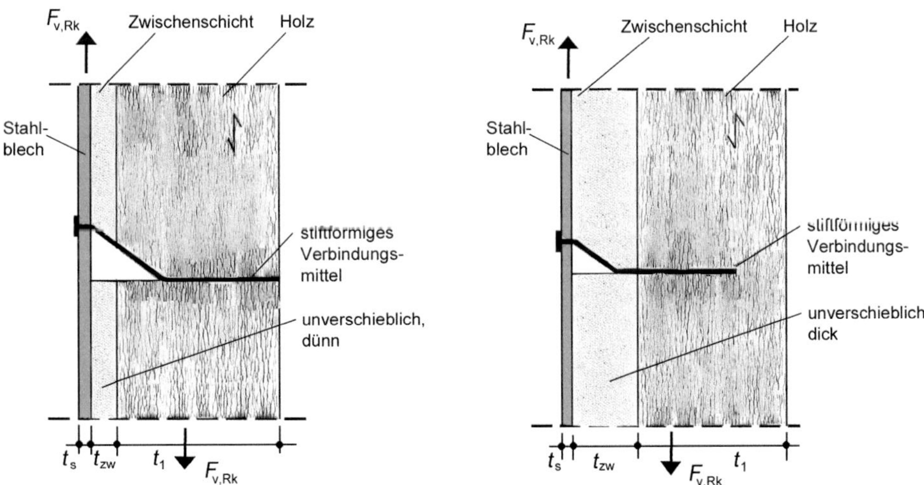

a) unverschiebliche dünne Zwischenschicht b) unverschiebliche dicke Zwischenschicht

Bild 11.32 Verbindungen mit stiftförmigen Verbindungsmitteln und Zwischenschicht nach *Blaß/Laskewitz* [61], Beispiel, einschnittige Stahlblech-Holz-Verbindung,
a) möglicher Versagensmechanismus bei unverschieblicher dünner Zwischenschicht, Beispiel
b) möglicher Versagensmechanismus bei unverschieblicher dicker Zwischenschicht, Beispiel

schließende Kraft eingeleitet, die Lochleibungsfestigkeit des dahinter liegenden Bauteils wird nicht maßgebend, als Beispiel s. Bild 11.32b, für dieses Tragverhalten kann die Verbindungen mit den Gleichungen des genaueren Nachweisverfahrens nach DIN EN 1995-1-1: 2010-12 bemessen werden. Weiteres und Näheres zum Tragverhalten bei Zwischenschichten s. *Blaß/Laskewitz* [61].

Die auf der Grundlage der Gleichungen nach *Johansen* [241] bzw. des genaueren Nachweisverfahrens der DIN EN 1995-1-1: 2010-12 erweiterten und teilweise umfangreichen Gleichungen zur Berechnung der Tragfähigkeit von einschnittigen Holz-Holz- und Stahlblech-Holz-Verbindungen mit stiftförmigen Verbindungsmitteln auf Abscheren und dünnen Zwischenschichten sind in *Blaß/Laskewitz* [61] einschl. eines Berechnungsbeispiels angeführt.

Verbindungen mit Dübeln besonderer Bauart 12

12.1 Überblick über Holzverbindungen mit Dübeln besonderer Bauart

Dübel besonderer Bauart nach DIN EN 1995-1-1: 2010-12 und DIN EN 1995-1-1/NA: 2013-08 sind tragende Verbindungsmittel aus metallischen Werkstoffen, die über Abscherbeanspruchung Kräfte von einem Bauteil in das andere übertragen; dabei werden sie selbst in der Dübelebene auf Abscheren, in der Dübelstirnfläche und im anzuschließenden Holzbauteil vorwiegend auf Leibungsdruck beansprucht. Nach DIN EN 1995-1-1: 2010-12 werden folgende Dübel besonderer Bauart unterschieden:

- **Ringdübel Typ A und Scheibendübel Typ B** als **Einlassdübel,** sie werden in vorbereitete, gefräste Vertiefungen der zu verbindenden Holzteile eingelegt, s. Abschn. 12.2,
- **Scheibendübel mit Zähnen Typ C** als **Einpressdübel,** sie werden in die zu verbindenden Holzteile eingepresst, s. Abschn. 12.3. Über das Trag- und Verformungsverhalten und weitere Festlegungen bei Verbindungsmitteln s. Abschn. 10.1 bis 10.3.

Die o.a. Dübel besonderer Bauart sind in DIN EN 912: 2011-09 enthalten, in der alle derzeit gebräuchlichen europäischen Dübel besonderer Bauart genormt sind. Sie müssen der **Produktnorm** DIN EN 14545: 2009-02 entsprechen und können für tragende Zwecke eingesetzt werden, da diese Produktnorm in der Europäischen Union eingeführt ist. Die **Anwendbarkeit dieser Dübel besonderer Bauart** nach ihrer Produktnorm ist in Deutschland mit der Anwendungsnorm DIN 20000-6: 2015-02 (bei Redaktionsschluss) geregelt. Dübel besonderer Bauart nach DIN EN 1995-1-1: 2010-12 besitzen die in Tabelle 12.1 angeführ-

H. Neuhaus · T. Uibel (✉)
e-mail: holzbau@ing-uibel.de

H. Neuhaus, W. Moorkamp, L. Peterson, T. Uibel, *Ingenieurholzbau*,
DOI 10.1007/978-3-658-44967-4_12

ten Bezeichnungen, Werkstoffe und Anwendungsmöglichkeiten, in dieser Tabelle sind nur die derzeit in Deutschland üblichen Dübel enthalten. Die Dübelformen sind in Bild 12.1 dargestellt. Dübel besonderer Bauart der DIN EN 1995-1-1: 2010-12 dürfen nur in Verbindungen von Nadelvoll-, Brettschicht- und Balkenschichtholz sowie von Furnierschichtholz ohne Querfurniere (Querlagen) eingebaut werden, Einlassdübel auch in Verbindungen von Laubvollholz, hierüber s. Tabelle 12.1. Da die Schwierigkeit, Scheibendübel mit Zähnen in Holz einzupressen, mit steigender Rohdichte zunimmt, wird bei Holzverbindungen mit Einpressdübeln die charakteristische Rohdichte auf $\rho_k \leq 525$ kg/m^3 begrenzt (überwiegend nur Nadelholz nach DIN EN 1995-1-1: 2010-12), während Einlassdübel in das Holz einlegt und deshalb bis zu einer charakteristischen Rohdichte $\rho_k \leq 612{,}5$ kg/m^3 (Nadel- und Laubholz) eingebaut werden.

Tabelle 12.1 Bezeichnungen, Werkstoffe und Anwendungsbereiche von Dübeln besonderer Bauart der DIN EN 1995-1-1: 2010-12, 8.9 und 8.10 und DIN EN 912: 2011-09[1])[6])

Dübel-Typ[2]), Beispiele[3])	Werkstoff[4])	zweiseitiger Dübel	einseitiger Dübel	einseitiger Dübel
		Verbindung mit[5])[6])		
		einem Dübel in Holz-Holz aus	zwei Dübeln[7]) in Holz-Holz aus	einem Dübel in Stahl-Holz aus
Ringdübel (Einlassdübel)[9]) eingelegt in vorbereitete, gefräste Vertiefungen des Holzes				
A1[11]) zweiseitig	Alu-Guss-legierung	NH, LH, BSH, BalSH, FSH; in Hirnholz von NH, LH, BSH, BalSH[8])	–	–
Scheibendübel (Einlassdübel)[9]) eingelegt wie Ringdübel				
B1[11]) einseitig	Alu-Guss-legierung	–	–	NH, LH, BSH, BalSH, FSH
Scheibendübel mit Zähnen[10]) (Einpressdübel) eingepresst in die zu verbindenden Holzbauteile				
C1 zweiseitig	Stahl	NH, BSH, BalSH, FSH; in Hirnholz von NH, BSH, BalSH[8])	–	–
C2 einseitig		–	NH, BSH, BalSH, FSH	NH, BSH, BalSH, FSH
C3 zweiseitig		NH, BSH, BalSH, FSH	–	–
C4 einseitig		–	NH, BSH, BalSH, FSH	NH, BSH, BalSH, FSH
C5 zweiseitig		NH, BSH, BalSH, FSH	–	–

Tabelle 12.1 (Fortsetzung)

Dübel-Typ[2]), Beispiele[3])	Werkstoff[4])	zweiseitiger Dübel	einseitiger Dübel	einseitiger Dübel
		Verbindung mit[5])[6])		
		einem Dübel in Holz-Holz aus	zwei Dübeln[7]) in Holz-Holz aus	einem Dübel in Stahl-Holz aus
C10 zweiseitig	Temperguss	NH, BSH, BalSH, FSH; in Hirnholz von NH, BSH, BalSH[8])	–	–
C11 einseitig		–	NH, BSH, BalSH, FSH	NH, BSH, BalSH, FSH

[1]) Dübel besonderer Bauart nach DIN EN 14545: 2009-02 und DIN 20000-6: 2015-02
[2]) einseitiger Dübel zur Verbindung von Stahl-Holz, zweiseitiger Dübel zur Verbindung von Holz-Holz
[3]) es sind die in Deutschland überwiegend verwendeten Dübeltypen angeführt, weitere Dübeltypen nach DIN EN 912: 2011-09
[4]) genauere Werkstoffbezeichnungen s. DIN EN 912: 2011-09
[5]) NH: Nadelvollholz einschl. Bauhölzer mit einer charakteristischen Rohdichte $\rho_k \leq 525$ kg/m^3, LH: Laubvollholz einschl. Bauhölzer mit einer charakteristischen Rohdichte $\rho_k \leq 612{,}5$ kg/m^3, BSH: Brettschichtholz aus Nadelholz, BalSH: Balkenschichtholz aus Nadelholz, FSH: Furnierschichtholz (LVL), s. Abschn. 2 und 3
[6]) Berechnung der Tragfähigkeit s. Abschn. 12.2, 12.3 und 12.5
[7]) Rückseite an Rückseite je Scherfuge, z.B. für demontierbare Konstruktionen, s. Bild 12.2c
[8]) in Hirnholzflächen zur Übertragung von Auflagerkräften nach DIN EN 1995-1-1/NA: 2013-08, NCI NA.8.11, nur bei bestimmten Dübeln besonderer Bauart, s. Abschn. 12.5
[9]) in Verbindungen mit Holz bis zu einer charakteristischen Rohdichte von $\rho_k \leq 612{,}5$ kg/m^3 (Nadel- und Laubholz)
[10]) in Verbindungen mit Holz bis zu einer charakteristischen Rohdichte von $\rho_k \leq 525$ kg/m^3 (überwiegend nur Nadelholz)
[11]) Dübel besonderer Bauart aus Aluminiumlegierung dürfen nur in Nutzungsklasse 1 und 2 verwendet werden, s. DIN EN 1995-1-1/NA: 2013-08, NCI Zu 8.9 (NA.16)

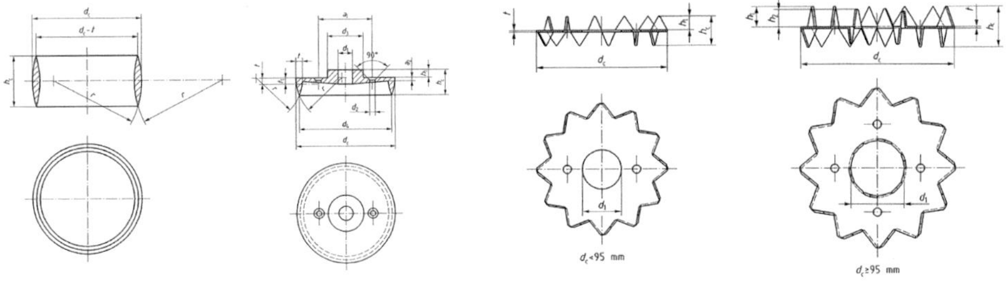

Ringdübel Typ A1 zweiseitig, aus Alu-Guss

Scheibendübel Typ B1 einseitig, aus Alu-Guss

Scheibendübel mit Zähnen Typ C1 zweiseitig, aus weichem Stahl

Bild 12.1 Dübel besonderer Bauart, Formen der Typen A bis C und Werkstoffe nach DIN EN 912: 2011-09, angeführt sind die in Deutschland überwiegend verwendeten Dübeltypen

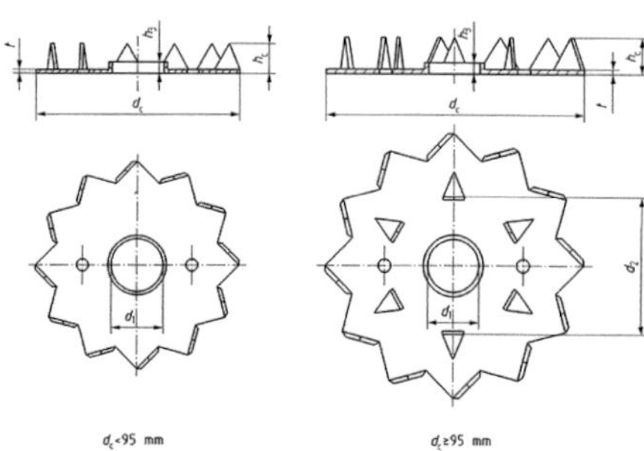

Scheibendübel mit Zähnen Typ C2, einseitig, aus weichem Stahl

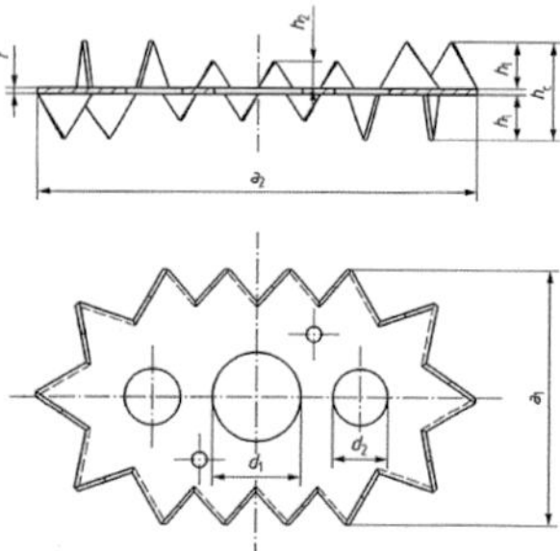

Scheibendübel mit Zähnen Typ C3, zweiseitig, aus weichem Stahl

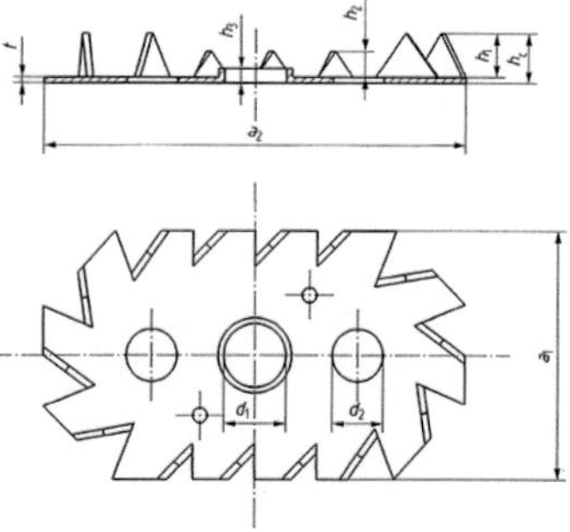

Scheibendübel mit Zähnen Typ C4, einseitig, aus weichem Stahl

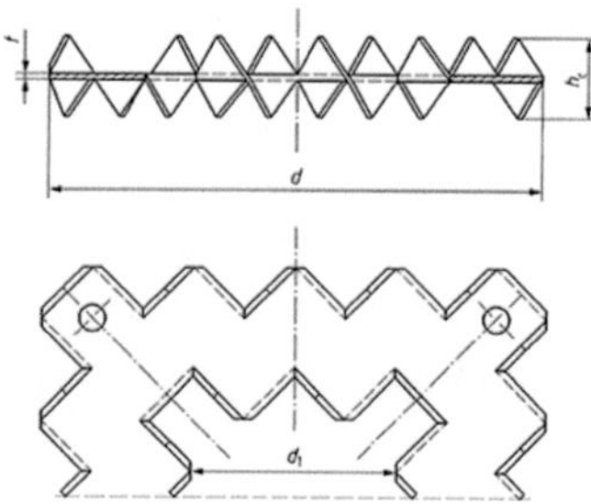

Scheibendübel mit Zähnen Typ C5, zweiseitig, aus weichem Stahl

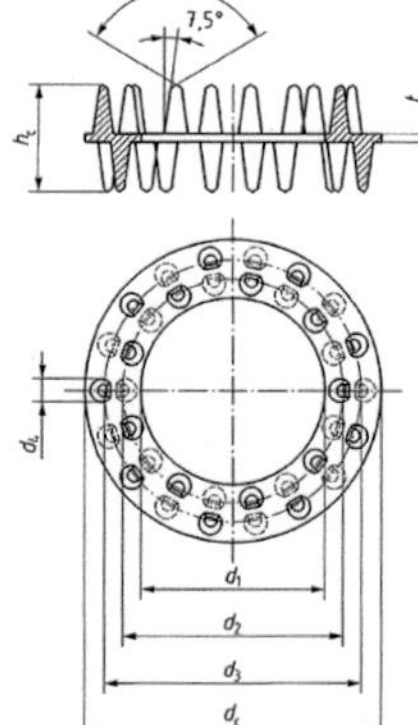

Scheibendübel mit Zähnen Typ C10, zweiseitig, aus Temperguss

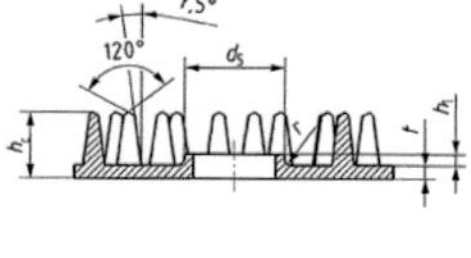

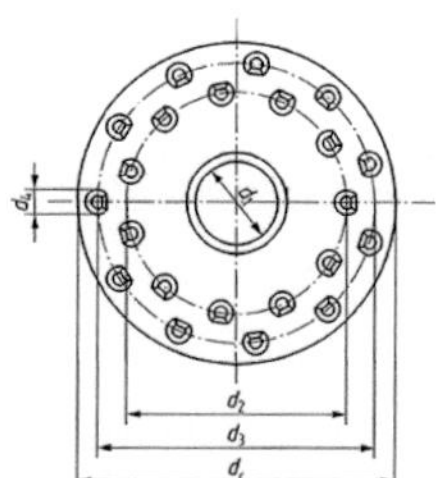

Scheibendübel mit Zähnen Typ C11, einseitig, aus Temperguss

Bild 12.1 (Fortsetzung)

Verbindungseinheiten bei Dübeln besonderer Bauart

Die in Tabelle 12.2 dargestellten Verbindungen mit Dübeln besonderer Bauart einschl. Bolzen (und Unterlegscheiben) gelten nach DIN EN 1995-1-1 jeweils als eine Verbindungseinheit. Bei mehrschnittigen Verbindungen kann ein Bolzen auch für mehrere Verbindungseinheiten eingesetzt werden.

Tabelle 12.2 Verbindungseinheiten von Dübeln besonderer Bauart der DIN EN 1995-1-1: 2010-12 und DIN 1995-1-1/NA: 2013-08, NA.1.5.2.26[1])[2])

Verbindungseinheiten[3])	Beispiele
in einer Holz-Holz-Verbindung	
- ein zweiseitiger Dübel Typ A1, C1, C3, C5 oder C10 mit zugehörigem Bolzen und beidseitigen Unterlegscheiben	
- zwei einseitige Dübel Typ C2/C2, C4/C4 oder C11/C11, Rückseite an Rückseite angeordnet, mit zugehörigem Bolzen und beidseitigen Unterlegscheiben	
in einer Stahl-Holz-Verbindung[4])	
- ein einseitiger Dübel Typ B1, C2, C4 oder C11 mit zugehörigem Bolzen und beidseitigen Unterlegscheiben	

[1]) es sind nur die in Deutschland überwiegend verwendeten Dübeltypen angeführt, s. Tabelle 12.1
[2]) beim Ersatz der Bolzen einschl. Unterlegscheiben durch andere Verbindungsmittel nach Abschn. 12.4 gelten die Verbindungseinheiten sinngemäß
[3]) Dübeltypen s. Bild 12.1 und Tabellen 12.6, 12.10 und 12.11
[4]) Festlegung als Verbindungseinheit in DIN EN 1995-1-1

Zwei- und einseitige Dübel besonderer Bauart

Zweiseitige Dübel besonderer Bauart werden zur Kraftübertragung zwischen zwei Holzbauteilen (Holz-Holz) herangezogen, s. Tabelle 12.1, sie liegen gleich tief in den beiden sich berührenden Holzflächen, s. Bild 12.2a.

Einseitige Dübel besonderer Bauart dienen in der Regel zur Verbindung eines Holz- mit einem Stahlbauteil, s. Bild 12.2b, sie sind nur mit einer Dübelseite im Holzteil eingebettet,

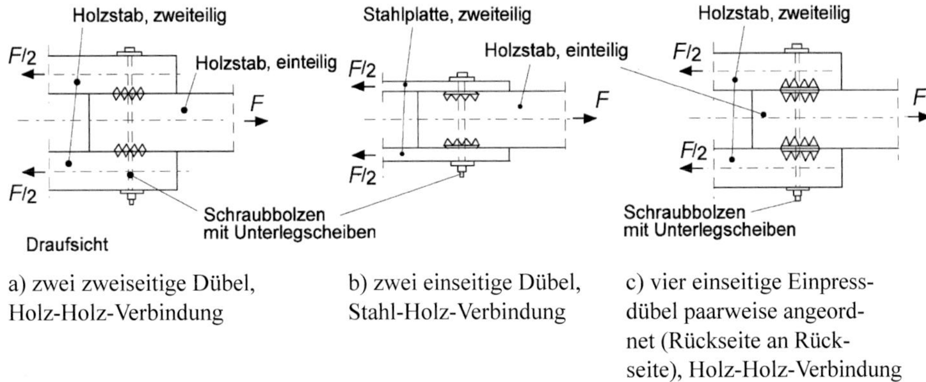

a) zwei zweiseitige Dübel, Holz-Holz-Verbindung

b) zwei einseitige Dübel, Stahl-Holz-Verbindung

c) vier einseitige Einpressdübel paarweise angeordnet (Rückseite an Rückseite), Holz-Holz-Verbindung

Bild 12.2 Verbindungen mit zwei- und einseitigen Dübeln besonderer Bauart, prinzipielle Darstellung, Beispiele

die Kraftübertragung in das anzuschließende Stahlteil geschieht auf zwei unterschiedliche Weisen: Bei einseitigen Scheibendübeln Typ B1 (Einlassdübel) nach Bild 12.1 wird die Kraft über die Dübelnabe übertragen, die in ein Passloch des Stahlteils greift, s. Bild 12.3a; bei einseitigen Scheibendübeln mit Zähnen Typ C2, C4 oder C11 (Einpressdübel) fehlt die Dübelnabe, hier überträgt der Schraubbolzen die Kraft vom Dübel in das Stahlteil (Lochleibung, Abscheren), s. Bild 12.3b. Der Lochdurchmesser d_1 im einseitigen Einpressdübel muss daher dem Bolzendurchmesser entsprechen zuzgl. einer kleinen Toleranz für den Einbau, s. Tabelle 12.10 und 12.11 sowie Bild 12.1. Diese notwendige Toleranz bewirkt bei einseitigen Einpressdübeln einen Anfangsschlupf.

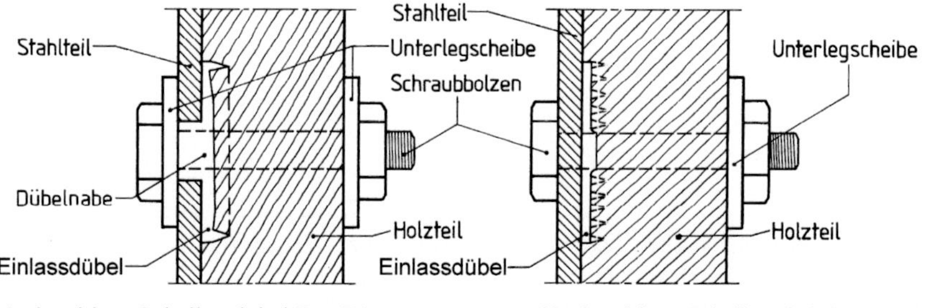

a) einseitiger Scheibendübel Typ B1

b) einseitiger Scheibendübel mit Zähnen oder Dornen Typ C2, C4 oder C11

Bild 12.3 Verbindungen von Stahl- und Holzbauteilen mit einseitigen Dübeln besonderer Bauart, prinzipielle Darstellung

Als **Stahlteile** werden **bei einseitigen Dübeln** besonderer Bauart überwiegend Stahllaschen verwendet, die ausreichend biegesteif auszubilden sind, um das entstehende Kippmoment aufnehmen zu können, s. unten: Beanspruchung einer Dübelverbindung. Bei einseitigen Scheibendübeln Typ B1 (Einlassdübel) muss die Stahllaschendicke t mindestens dem Dübelmaß h_1 („Höhe" der Dübelnabe) nach Bild 12.1 entsprechen, bei einseitigen Einpressdübeln mit kleinen Durchmessern sollte die Stahllaschendicke von t_{min} = 6 mm nicht unterschritten werden, mit zunehmenden Dübeldurchmessern sind die Stahllaschendicken t zu erhöhen, s. Empfehlung nach *Erläut. zu DIN 1052: 1988-04* [77], Teil 2, E 4.3.3. Weiterhin sollten die Dübelflächen von den Stahllaschen voll überdeckt werden (Laschenbreite ≥ Dübelaußenmaß d_c). Bei einseitigen Einpressdübeln ist darüber hinaus sicherzustellen, dass der Gewindeteil der Schraubbolzen nur zu einem geringen Teil in die Stahllasche hineinragt, da der volle Bolzenschaft zur Kraftübertragung gebraucht wird; andernfalls wird die Nachgiebigkeit einer derartigen Verbindung erhöht, so dass der Verschiebungsmodul einseitiger Einpressdübel sinngemäß nach Abschn. 12.4 abgemindert werden sollte.

Einseitige Einpressdübel besonderer Bauart können auch **in Holz-Holz-Verbindungen** nach Bild 12.2c (Rückseite an Rückseite) eingesetzt werden; derartige Verbindungen sind demontierbar oder bieten Montageerleichterungen, wenn einseitige Einpressdübel vor der Montage in das Holz eingebaut werden.

Tragverhalten einer Dübelverbindung (Abscheren)

Dübeln besonderer Bauart stehen im Vergleich zu stiftförmigen Verbindungsmitteln nach Abschn. 11 wesentlich größere Flächen für die Lastabtragung zur Verfügung. Bei zweiseitigen Dübeln wird die anstehende Kraft zunächst auf einer Holzseite über Lochleibungsspannungen in den Dübel bzw. in die Zähne des Dübels und somit in den Kreisring bzw. die Grundplatte des Dübels übertragen, die Weiterleitung in die andere Holzseite geschieht auf demselben Weg. **Einlassdübel** wie Ring- und Scheibendübel Typ A1 und B1 versagen unter Höchstlast im Holz überwiegend bei kleinen Verformungen, da sie eine steife Verbindung bewirken, so dass diese Dübel die anstehende Kraft weitgehend vollständig übertragen und der notwendige Bolzen in der Dübelverbindung aufgrund der geringen Verformung praktisch nicht zur Kraftübertragung herangezogen werden kann, s. *Blaß* [36]. Die Tragfähigkeit einer Verbindungseinheit „Einlassdübel" wird daher nur von den Dübeln bestimmt.

Bei **Einpressdübeln** wie Scheibendübel mit Zähnen Typ C treten dagegen bis zur Höchstlast überwiegend große plastische Verformungen im Holz, Bolzen und Dübelzähnen auf, s. *Blaß* [37]; durch diese Nachgiebigkeit der Zähne im Holz entstehen große Verformungen, die den notwendigen Bolzen an der Übertragung der anstehenden Kraft beteiligen. Die Tragfähigkeit einer Verbindungseinheit „Einpressdübel" wird daher von den Dübeln und Bolzen bestimmt.

Die Kraftübertragung in Holzverbindungen mit Einlassdübeln wie Ring- und Scheibendübeln Typ A1 und B1 ist weitgehend abhängig vom **Winkel α zwischen Kraft- und Faserrichtung**, während in Holzverbindungen mit Einpressdübeln wie Scheibendübel mit Zähnen Typ C Kraftübertragungen vorliegen, die überwiegend unabhängig vom Winkel α sind; dagegen ist die Tragfähigkeit des Bolzens abhängig vom Winkel α zwischen Kraft- und Faserrichtung, s. Abschn. 11.6.2. Demnach wird bei einer Verbindungseinheit „Einlassdübel" nur der Einfluss des Winkels α vom Dübel auf die gesamte Tragfähigkeit berücksichtigt, während der Bolzen hier nicht mit trägt; bei einer Verbindungseinheit „Einpressdübel" wird dagegen nur der Einfluss des Winkels α vom Bolzen auf die gesamte Tragfähigkeit in Rechnung gestellt, der geringe Einfluss vom Dübel bleibt unberücksichtigt.

Das Tragverhalten von Einlass- und Einpressdübeln wird von der **Rohdichte** beeinflusst, weicht die Rohdichte der verbundenen Hölzer vom festgelegten Basiswert ρ_k = 350 kg/m^3 nach oben oder unten ab, ist die Tragfähigkeit im Allgemeinen entsprechend zu erhöhen oder zu vermindern. Der Einfluss der **Holzdicken** auf die Tragfähigkeit von Dübelverbindungen wird vergleichbar zu denjenigen stiftförmiger Verbindungsmittel berücksichtigt. Bei Unterschreiten der erforderlichen Mindestholzdicke t_{req} muss die Tragfähigkeit der Einlass-/Einpressdübel entsprechend abgemindert werden; bestimmte Mindestholzdicken t_i müssen dagegen stets eingehalten werden.

Beanspruchung einer Dübelverbindung

Die Beanspruchung einer Holzverbindung mit Dübeln besonderer Bauart kann Tabelle 10.1 entnommen werden. Der zu gleichen Teilen in beide Hölzer eingelassene Dübel verhindert die gegenseitige Verschiebung dieser Hölzer weitgehend je nach Steifigkeit und kann eine bestimmte Belastung von einem Holz in das andere übertragen, s. Abschn. 12.2 und 12.3. Durch den ausmittigen Anschluss von F im Dübelbereich entsteht ein Kippmoment (oder

Versatzmoment) $M = F \cdot e$, diesem wirkt das Moment $M = F_{90} \cdot 2/3 \cdot a$ entgegen (Gleichgewicht). Die dazu notwendige Kraft F_{90} wird durch den Schraubbolzen und seine beiden Unterlegscheiben aufgebracht, die zusammen die Dübelverbindung in ihrer Lage sichern und zusammenhalten. Wäre der Schraubbolzen mit beiden Unterlegscheiben nicht vorhanden, würde das Kippmoment den Dübel aus seiner Lage verdrehen, so dass keine Kraft in der Scherfuge übertragen werden könnte.

Notwendige Bolzen in einer Dübelverbindung

Jede Holzverbindung mit Dübeln besonderer Bauart der DIN EN 1995-1-1: 2010-12 muss in der Regel durch nachziehbare Bolzen (Schraubbolzen) in ihrer Lage gehalten werden, dabei ist jeder Dübel durch einen Bolzen zu sichern, s. Tabelle 12.2. Die Schraubbolzen aus Stahl mit beidseitigen Unterlegscheiben nach Tabellen 12.6, 12.10 und 12.11 übernehmen bei allen Dübeln besonderer Bauart die Lagesicherung und die Aufnahme des o.a. Kippmomentes, bei Scheibendübeln mit Zähnen übertragen die Bolzen (gemeinsam mit den Dübeln, s. Abschn. 12.3) zusätzlich die anstehenden Abscherbeanspruchungen.

Die **Bolzen sind** so **anzuziehen**, dass die Unterlegscheiben vollflächig am Holz anliegen, d.h. in der Praxis geringfügig in das Holz eingedrückt werden (bis ca. 1 mm), s. DIN 1995-1-1: 2010-12, 10.4.3. Die großen Unterlegscheiben nach Tabelle 12.6, 12.10 und 12.11 sind erforderlich, um die durch den Bolzen aufzunehmende **Zugkraft aus dem Kippmoment** standsicher in die Hölzer weiterzuleiten. Ein rechnerischer Nachweis der Schraubbolzen und zugehörigen Unterlegscheiben ist aufgrund durchgeführter Versuche aus der Beanspruchung „Kippmoment" allein nicht mehr erforderlich. Werden die Schraubbolzen jedoch neben der Beanspruchung aus Dübelsicherung (Kippmoment) noch planmäßig durch eine Zugkraft in Richtung der Bolzenlängsachse belastet, sollten die Schraubbolzen neben dieser Zugkraft noch für eine charakteristische Bolzenzuglast von ca. einem Viertel der vorhandenen charakteristischen Tragfähigkeit einer Verbindungseinheit ausgelegt werden, s. Empfehlung nach *Erläut. zu DIN 1052: 1988-04* [77], Teil 2, E 4.1.3.

Fest angezogene Bolzen sind in Verbindungen mit Dübeln besonderer Bauart stets sicherzustellen, da die rechnerisch anzusetzende Tragfähigkeit für diesen Zustand ermittelt wurde. Ist mit einem erheblichen Schwinden des Holzes zu rechnen, sollten die **Bolzen nachgezogen** werden, wenn die Ausgleichsfeuchte (Gleichgewichtsfeuchte) der Holzbauteile erreicht ist, s. DIN EN 1995-1-1: 2012, 10.4.3; dazu wird empfohlen, eine ausreichende Gewindelänge vorzusehen und Zugang zu den Bolzen bis Schwindende zu gewährleisten. Bei Einbau von Dübeln in trockene Hölzer ist ein späteres Nachziehen der Schraubbolzen meist entbehrlich, jedoch sollten Bolzen dann nachgezogen werden, wenn der Holzfeuchteunterschied zwischen Einbau- und zu erwartender mittlerer Ausgleichsfeuchte mehr als $\Delta\omega = 5\%$ beträgt, s. Empfehlung nach DIN 1052: 2008-12, 13.3.1 (9). Kann die Lockerung der Bolzen nicht verhindert werden, ist mit einer Abnahme der Tragfähigkeit der Verbindungseinheiten und Steifigkeit der Konstruktion zu rechnen, in diesen Fällen wird empfohlen, möglichst andere Verbindungsmittel einsetzen.

Die **Dübelsicherung durch Bolzen** darf bei bestimmten Dübeln auch durch profilierte Nägel (Sondernägel) oder Holzschrauben vorgenommen werden, s. Abschn. 12.4. Bei zwei oder mehr Dübel in Kraftrichtung hintereinander werden oft zusätzliche Bolzen als Klemm-

Bild 12.4 Anordnung von Klemmbolzen (Schraubbolzen) bei Verbindungen mit Dübeln besonderer Bauart an Laschen-, Außenhölzer- oder Stabenden, bei zwei und mehr in Kraftrichtung hintereinander liegenden Dübeln werden oft zusätzlich Klemmbolzen (oder andere ausziehfeste Verbindungsmittel) erforderlich, s. Abschn. 15.2 „Zugverbindungen"

bolzen (Schraubbolzen oder andere ausziehfeste Verbindungsmittel) an den Laschen- und Außenhölzerenden nach Bild 12.4 erforderlich, um ein Abheben der Laschen- oder Stabenden zu verhindern, Genaueres hierzu s. Abschn. 15.2. Als zusätzliche Klemmbolzen reichen überwiegend Schraubbolzen M12 mit beidseitigen großen Unterlegscheiben aus. Diese Klemmbolzen sind gleichzeitig ausziehfeste Verbindungsmittel nach Tabelle 15.2.

Einbau von Dübeln besonderer Bauart

Einlassdübel wie Ring- und Scheibendübel Typ A1 und B1 werden in gefräste Vertiefungen der zu verbindenden Holzteile eingelegt. Die Vertiefungen werden mit speziellen Fräßköpfen hergestellt, die einen passgenauen Einbau ermöglichen und gleichzeitig ein zu großes Lochspiel und damit eine unzulässig größere Nachgiebigkeit der Verbindung verhindern.

Einpressdübel wie Scheibendübel mit Zähnen Typ C werden in die zu verbindenden Holzteile eingepresst. Das Einpressen wird bei kleineren Dübeldurchmessern durch Anziehen der zugehörigen Bolzen über die Unterlegscheiben vorgenommen, bei großen Dübeldurchmessern mit etwa $d_c \geq 80$ mm müssen Spindel- oder hydraulische Pressen eingesetzt werden; dabei ist sicherzustellen, dass die Zähne vollständig im Holz sitzen. Nach *Erläut. zu DIN 1052: 2004-08* [47], 13.3.1 (6) dürfen bei Scheibendübeln mit Zähnen Typ C10 und C11 die Scheiben (Grundplatten) auch bis zur Scheibendicke $t \leq 3$ mm in eines oder beide Hölzer eingelassen werden, s. Bild 12.1 und Tabelle 12.1, um zu starke Eindrückungen oder zu große Fugen zu vermeiden. Die Fräßtiefe sollte dabei kleiner oder höchstens gleich der Scheibendicke t sein.

Einsatz von Dübeln besonderer Bauart in den Nutzungsklassen

Dübel besonderer Bauart aus Aluminiumlegierung wie die Einlassdübel Typ A1 und B1 dürfen nur in den Nutzungsklassen 1 und 2 verwendet werden, s. DIN EN 1995-1-1/NA: 2013-08, NCI Zu 8.9 (NA.16), während die Einpressdübel Typ C1 bis C5 (aus Stahl) sowie Typ C10 und C11 (aus Temperguss) in allen drei Nutzungsklassen eingesetzt werden können, über Nutzungsklassen s. Tabelle 7.12.

Querschnittsschwächungen, Dübelfehlflächen

Die Querschnittsschwächungen, die durch Dübel besonderer Bauart in den Hölzern entstehen, werden in den Tabellen 12.6, 12.10 und 12.11 als Dübelfehlflächen ΔA angegeben. Diese Rechenwerte von ΔA sind in jedem Einzelholz zu berücksichtigen; zuzüglich treten Querschnittsschwächungen durch die Bohrlöcher der Bolzen auf, deren Länge um die Einlass-/Einpresstiefe h_e der Dübel verringert werden darf; über die Berücksichtigung und Berechnung von Querschnittsschwächungen s. Abschn. 8.3.3 und Tabelle 8.4.

Querzugnachweis bei Schräg- und Queranschlüssen

Bei Verbindungsmittelanschlüssen, in denen Stäbe „schräg" oder rechtwinklig zur Faserrichtung (unter einem Kraft-Faserwinkel α) durch eine Kraft oder Kraftkomponente beansprucht werden (Schräg- oder Queranschlüsse), ist im Allgemeinen ein Querzugnachweis nach Abschn. 21.3 zu führen, s. auch Abschn. 10.2.

Über Versuche mit verdübelten Holzbalken Mitte des 20. Jahrhunderts berichten *Graf* [171], *Stoy/Mlynek* [495] und *Trysna* [510]. Die derzeit im Holzbau eingesetzten Dübel besonderer Bauart wurden aus den „alten" quaderförmigen Hartholzdübeln des Zimmermanns entwickelt, über die Bemessung von Rechteckdübeln s. DIN 1052-2: 1988-04, 4.2 und *Neuhaus* [379]. Untersuchungen zu den derzeitigen Dübelverbindungen haben *Blaß* [36], [37], *Blaß/Ehlbeck/Schlager* [48], [49] und *Blaß/Krämer* [60] durchgeführt.

12.2 Holzverbindungen mit Ringdübeln Typ A und Scheibendübeln Typ B

Das Verfahren zur Bemessung von Ringdübeln Typ A und Scheibendübeln Typ B ist in DIN EN 1995-1-1: 2010-12, 8.9 geregelt, ein dazu vereinfachtes Verfahren für Dübel besonderer Bauart nach dem zugehörigen Nationalen Anhang DIN EN 1995-1-1/NA: 2013-08 (wie bei stiftförmigen Verbindungsmitteln) existiert nicht.

Charakteristische Werte der Tragfähigkeiten $F_{v,\alpha,Rk}$ für Kraft-Faserwinkel α und $F_{v,0,Rk}$ für $\alpha = 0°$ von Holzverbindungen mit Ring- und Scheibendübeln Typ A und B

Die **charakteristische Tragfähigkeit $F_{v,\alpha,Rk}$** einer Verbindungseinheit nach Tabelle 12.2 von Ring- und Scheibendübeln Typ A und B unter einem Kraft-Faserwinkel α ist nach Gl. (12.1) mit (12.2) zu ermitteln, s. DIN EN 1995-1-1: 2010-12, 8.9 (8). Die **charakteristische Tragfähigkeit $F_{v,0,Rk}$** einer Verbindungseinheit in Faserrichtung (Kraft-Faserwinkel $\alpha = 0°$) für Verbindungen aus Holzbauteilen mit einer charakteristischen Rohdichte bis zu $\rho_k \leq 612{,}5$ kg/m³ aus Nadelvoll- und Laubvollholz, Brettschichtholz, Balkenschichtholz oder Furnierschichtholz ohne Querfurniere (Querlagen) kann nach Tabelle 12.3, Zeile 1, bestimmt werden. Die Abmessungen, Holzdicken, Mindestabstände und charakteristischen Tragfähigkeiten $F_{v,0,Rk}$ von Verbindungseinheiten aus Ringdübeln Typ A1 und Scheibendübel Typ B1 sind in Tabelle 12.6 für die einzelnen Dübeldurchmesser (mit Kraft-Faserwinkel $\alpha = 0°$, charakteristische Rohdichte $\rho_k = 350$ kg/m³ und Modifikationsbeiwerte $k_i = 1{,}0$) errechnet angegeben.

Tabelle 12.3 Charakteristische Werte der Tragfähigkeit $F_{v,0,Rk}$ einer Verbindungseinheit von Ringdübeln Typ A und Scheibendübeln Typ B sowie Modifikationsbeiwerte k_i nach DIN EN 1995-1-1: 2010-12, 8.9[1][2][3][5]

Charakteristische Tragfähigkeit $F_{v,0,Rk}$ einer Verbindungseinheit in Faserrichtung (für $\alpha = 0°$) je Dübel und Scherfuge[2][3]		
1	$F_{v,0,Rk} = \min\{k_1 \cdot k_2 \cdot k_3 \cdot k_4 \cdot (35 \cdot d_c^{1,5})$ oder $k_1 \cdot k_3 \cdot (31{,}5 \cdot d_c \cdot h_e)\}$ in N mit d_c, h_e in mm	
2	bei nur einer Verbindungseinheit (Dübel) je Scherfuge darf bei unbeanspruchtem Hirnholzende ($150° \leq \alpha \leq 210°$) $F_{v,0,Rk}$ abweichend ermittelt werden: $F_{v,0,Rk} = k_1 \cdot k_3 \cdot (31{,}5 \cdot d_c \cdot h_e)$ (erster Teil der Gl. in Zeile 1 darf unberücksichtigt bleiben)	
Modifikationsbeiwerte für Gleichungen in Zeilen 1 und 2		
3	**Modifikationsbeiwert k_1** für Seiten- und Mittelholzdicken t_1 bzw. t_2 [4]	
	$k_1 = \min\{1$ oder $t_1/(3 \cdot h_e)$ oder $t_2/(5 \cdot h_e)\}$	h_e, d, t_1, t_2, t_1
	Seitenholzdicke $t_1 \geq 2{,}25 \cdot h_e$	Mittelholzdicke[4] $t_2 \geq 3{,}75 \cdot h_e$
4	**Modifikationsbeiwert k_2** für beanspruchte Hirnholzenden ($-30° \leq \alpha \leq 30°$)	
	$k_2 = \min\{k_a$ oder $a_{3,t}/(2 \cdot d_c)\}$ mit $k_a = 1{,}25$ für Verbindungen mit einem Dübel pro Scherfuge $= 1{,}0$ für Verbindungen mit mehr als einem Dübel pro Scherfuge $k_2 = 1{,}0$ für andere Werte von α	
5	**Modifikationsbeiwert k_3** für charakteristische Rohdichten ρ_k in kg/m³	
	$k_3 = \min\{1{,}75$ oder $\rho_k/350\}$	
6	**Modifikationsbeiwert k_4** für verbundene Baustoffe	
	$k_4 = 1{,}0$ für Holz-Holz-Verbindungen $= 1{,}1$ für Stahlblech-Holz-Verbindungen	

[1] Hierin bedeuten:

$a_{3,t}$ Mindestdübelabstand vom beanspruchten Hirnholzende nach Tabelle 12.5
d_c Dübeldurchmesser in mm nach Tabelle 12.6
h_e Einbindetiefe (Einlasstiefe) der Dübel im Holz in mm nach Tabelle 12.6
t_1, t_2 Dicken des Seiten- und Mittelholzes nach Tabelle 12.6
α Winkel zwischen Kraft- und Faserrichtung

[2] für Verbindungen zwischen Bauteilen aus Nadelvoll-, Laubvoll-, Brettschicht-, Balkenschicht- oder Furnierschichtholz ohne Querfurniere (Querlagen) bis zu einer charakteristischen Rohdichte von $\rho_k \leq 612{,}5$ kg/m³

[3] charakteristische Tragfähigkeiten $F_{v,0,Rk}$ für Durchmesser von Ringdübel Typ A1 und Scheibendübel Typ B1 sowie Modifikationsbeiwerte $k_i = 1{,}0$ (d.h. für Holz-Holz-Verbindungen, $\alpha = 0°$ und $\rho_k = 350$ kg/m³) sind in Tafel 12.6 errechnet

[4] Mittelholz zwischen zwei- und mehreren Scherfugen

[5] Bemessungswerte der Tragfähigkeiten nach Gl. (12.3) sinngemäß für $\alpha = 0°$ oder $\alpha \neq 0°$

$$F_{v,\alpha,Rk} = \frac{F_{v,0,Rk}}{k_{90} \cdot \sin^2 \alpha + \cos^2 \alpha} \quad (12.1)$$

$$\text{mit } k_{90} = 1{,}3 + 0{,}001 \cdot d_c \quad (12.2)$$

$F_{v,0,Rk}$ charakteristische Tragfähigkeit je Dübel und Scherfuge (Verbindungseinheit) für Kraftrichtung in Faserrichtung (Kraft-Faserwinkel $\alpha = 0°$) nach Tabelle 12.3, Zeile 1

d_c Dübeldurchmesser in mm nach Tabelle 12.6 für Ring- und Scheibendübel Typ A1 und B1, nach Tabelle 12.10 für Scheibendübel Typ C1 bis C5 und nach Tabelle 12.11 für Scheibendübel Typ C10, C11

α Winkel zwischen Kraft- und Faserrichtung

Bemessungswert der Tragfähigkeit $F_{v,\alpha,Rd}$ unter Kraft-Faserwinkel $0° \leq \alpha \leq 90°$ von Holzverbindungen mit Ring- und Scheibendübeln Typ A1 und B1

Der Bemessungswert der Tragfähigkeit $F_{v,\alpha,Rd}$ einer Verbindungseinheit unter Kraft-Faserwinkel $0° \leq \alpha \leq 90°$ ist nach Gl. (12.3) zu berechnen.

$$F_{v,\alpha,Rd} = \frac{k_{mod} \cdot F_{v,\alpha,Rk}}{\gamma_M} \quad (12.3)$$

$F_{v,\alpha,Rk}$ charakteristischer Wert der Tragfähigkeit je Dübel und Scherfuge (Verbindungseinheit) unter einem Kraft-Faserwinkel $0° \leq \alpha \leq 90°$ nach Gl. (12.1)

k_{mod} Modifikationsbeiwert nach Tabelle 7.16 im Abschn. 7.4.1

α Winkel zwischen Kraft- und Faserrichtung

γ_M Teilsicherheitsbeiwert für Holz nach Tabelle 8.2 im Abschn. 8.2.4 $= 1{,}3$

Dübel besonderer Bauart aus Aluminiumlegierung wie **Ring- und Scheibendübel Typ A1 und B1** dürfen nur in den **Nutzungsklassen 1 und 2** verwendet werden, s. DIN EN 1995-1-1/NA: 2013-08, NCI Zu 8.9 (NA.16), über Nutzungsklassen s. Tabelle 7.12.

Effektive charakteristische Tragfähigkeit $F_{v,ef,\alpha,Rk}$ von in Faserrichtung hintereinander liegender Verbindungseinheiten aus Ring- und Scheibendübeln Typ A1 und B1 nach DIN EN 1995-1-1: 2010-12, 8.1.2 (4)

In einer Verbindung aus Dübeln besonderer Bauart mit mehreren Verbindungseinheiten, die in einer Verbindungsmittelreihe in Faserrichtung hintereinander liegen, ist die effektive charakteristische Tragfähigkeit $F_{v,ef,\alpha,Rk,}$ nach Gl. (12.4) aus der Summe der einzelnen charakteristischen Tragfähigkeiten $F_{v,\alpha,Rk}$ zu bestimmen unter Berücksichtigung der wirksamen Anzahl der Verbindungsmittel (Dübelanzahl) n_{ef} nach Gl. (12.5).

$$F_{v,ef,\alpha,Rk} = n_{ef} \cdot F_{v,\alpha,Rk} \quad (12.4)$$

$F_{v,ef,\alpha,Rk}$ effektive charakteristische Tragfähigkeit von Verbindungseinheiten aus Dübeln besonderer Bauart parallel zu einer Verbindungsmittelreihe, in der die Dübel in Faserrichtung hintereinander liegend angeordnet sind und in Faserrichtung durch eine Kraft oder Kraftkomponente beansprucht werden

$F_{v,\alpha,Rk}$ charakteristische Tragfähigkeit einer Verbindungseinheit aus Dübeln besonderer Bauart (je Dübel und Scherfuge) unter einem Kraft-Faserwinkel $0° \leq \alpha \leq 90°$ nach Gl. (12.1)

n_{ef} wirksame Anzahl der Verbindungseinheiten aus Dübeln besonderer Bauart, die in Faserrichtung hintereinander liegen, nach Gl. (12.5)

Wirksame Anzahl n_{ef} von Verbindungseinheiten aus Dübeln besonderer Bauart, die in Faserrichtung hintereinander liegen nach DIN EN 1995-1-1: 2010-12, 8.9 (12)
Liegen mehr als zwei Verbindungseinheiten in einer Verbindungsmittelreihe in Faserrichtung des Holzes hintereinander, kann nach Abschn. 10.3.4 nur mit einer abgeminderten Tragfähigkeit nach Gl. (12.4) gerechnet werden, dazu muss die **wirksame Anzahl $n_{ef} < n$** aus Gl. (12.5) berücksichtigt werden; n_{ef}-Werte sind errechnet in Tabelle 12.4 dargestellt. Mehr als zwanzig Verbindungseinheiten, die in Kraft- und Faserrichtung in einer Verbindungsmittelreihe hintereinander liegen, dürfen nicht als tragend in Rechnung gestellt werden, mehr als zehn werden zunehmend unwirtschaftlicher und sind nicht zu empfehlen. Deshalb ist es meist sinnvoll, bei größerer Anzahl von Verbindungseinheiten mehrere Verbindungsmittelreihen neben- bzw. untereinander in Faserrichtung anzuordnen.

$$n_{ef} = 2 + \left(1 - \frac{n}{20}\right) \cdot (n - 2) \tag{12.5}$$

n Anzahl der in Faserrichtung des Holzes hintereinander liegenden Verbindungseinheiten aus Dübeln besonderer Bauart in einer Verbindungsmittelreihe in Faserrichtung, nur $n \leq 20$ in einer Reihe in Rechnung stellen, jedoch werden mehr als 10 Verbindungseinheiten in einer Reihe in Faserrichtung zunehmend unwirtschaftlicher

n_{ef} wirksame Anzahl für $2 < n \leq 20$ Verbindungseinheiten nach Gl. (12.5) oder Tabelle 12.4

Tabelle 12.4 Wirksame Anzahl n_{ef} von in Faserrichtung hintereinander liegenden Verbindungseinheiten aus Dübeln besonderer Bauart ($2 < n \leq 20$) nach Gl. (12.5)[1])[2])

n	1	2	3	4	5	6	7	8	9	10
n_{ef}	1	2	2,85	3,60	4,25	4,80	5,25	5,60	5,85	6,00
n	11	12	13	14	15	16	17	18	19	20
n_{ef}	6,05	6,00	5,85	5,60	5,25	4,80	4,25	3,60	2,85	2,00

[1]) s. Hinweise zu Gl. (12.5)
[2]) mehr als zehn Verbindungseinheiten, die in Faserrichtung in einer Verbindungsmittelreihe hintereinander liegen, werden zunehmend unwirtschaftlicher und sind nicht zu empfehlen

Nachweis einer Dübelverbindung
Der Nachweis einer Dübelverbindung aus Verbindungseinheiten mit Ring- und Scheibendübel Typ A1 und B1 kann nach Gl. (12.6) vorgenommen werden.

$$\frac{F_{v,Ed}}{F_{v,\alpha,Rd}} \leq 1 \tag{12.6}$$

$F_{v,Ed}$ Bemessungswert der Beanspruchung einer Dübelverbindung auf Abscheren

$F_{v,\alpha,Rd}$ Bemessungswert der Tragfähigkeit (Beanspruchbarkeit) auf Abscheren einer (oder mehrerer) Verbindungseinheit(en) unter Kraft-Faserwinkel $0° \leq \alpha \leq 90°$ nach Gl. (12.3)

Mindestabstände von Ring- und Scheibendübeln Typ A und B

Die Mindestabstände von Ring- und Scheibendübeln Typ A und B können Tabelle 12.5 entnommen werden, sie sind in Tabelle 12.6 für die Dübeldurchmesser des Typs A1, B1 und für den Kraft-Faserwinkel $\alpha = 0°$ errechnet angeführt. Die Bezeichnungen der Verbindungsmittelabstände sind in Bild 10.5 dargestellt, Erläuterungen dazu in Bild 10.6 angeführt. Werden Ring- oder Scheibendübeln Typ A1 und B1 gegeneinander versetzt (d.h. Dübelschwerpunkte liegen nicht auf der Risslinie, sondern sind gegenüber der Risslinie versetzt angeordnet), sollten die Bedingungen für die Mindestabstände nach DIN EN 1995-1-1: 2010-12, 8.9 (10) berücksichtigt werden.

Tabelle 12.5 Mindestabstände von Ringdübeln Typ A und Scheibendübeln Typ B nach DIN EN 1995-1-1/A2: 2014-07, 17 Änderung zu 8.9, Tabelle 8.7[1])[2])

Bezeichnungen nach Bild 10.5	Benennung der Bezeichnungen	Winkel α	Mindestabstände
a_1	untereinander in (parallel zur) Faserrichtung	$0° \leq \alpha \leq 360°$	$(1{,}2 + 0{,}8 \cdot \lvert\cos \alpha\rvert) \cdot d_c$
a_2	untereinander rechtwinklig zur Faserrichtung	$0° \leq \alpha \leq 360°$	$1{,}2 \cdot d_c$
$a_{3,t}$	vom beanspruchten Hirnholzende	$-90° \leq \alpha \leq 90°$	$2{,}0 \cdot d_c$
$a_{3,c}$	vom unbeanspruchten Hirnholzende	$90° \leq \alpha \leq 150°$	$(0{,}4 + 1{,}6 \cdot \lvert\sin \alpha\rvert) \cdot d_c$
		$150° \leq \alpha \leq 210°$	$1{,}2 \cdot d_c$
		$210° \leq \alpha \leq 270°$	$(0{,}4 + 1{,}6 \cdot \lvert\sin \alpha\rvert) \cdot d_c$
$a_{4,t}$	vom beanspruchten Rand	$0° \leq \alpha \leq 180°$	$(0{,}6 + 0{,}2 \cdot \lvert\sin \alpha\rvert) \cdot d_c$
$a_{4,c}$	vom unbeanspruchten Rand	$180° \leq \alpha \leq 360°$	$0{,}6 \cdot d_c$

[1]) Hierin bedeuten
α Winkel zwischen Kraft- und Faserrichtung
d_c Nenndurchmesser des Ring- oder Scheibendübels nach Tabelle 12.6
[2]) bei versetzter Anordnung von Ring- und Scheibendübeln Typ A und Typ B (d.h. Dübelschwerpunkte liegen nicht auf der Risslinie, sondern sind gegenüber der Risslinie versetzt angeordnet) sollten die Bedingungen für die Mindestabstände nach DIN EN 1995-1-1: 2010-12, 8.9 (10) berücksichtigt werden

12.3 Holzverbindungen mit Scheibendübeln mit Zähnen Typ C

Das Verfahren zur Bemessung von Scheibendübeln mit Zähnen Typ C ist in DIN EN 1995-1-1: 2010-12, 8.10 geregelt, ein dazu vereinfachtes Verfahren für Dübel besonderer Bauart nach dem zugehörigen Nationalen Anhang DIN EN 1995-1-1: 2013-08 (wie bei stiftförmigen Verbindungsmitteln) existiert nicht.

Charakteristischer Wert der Tragfähigkeit von Holzverbindungen mit Scheibendübeln mit Zähnen Typ C

Der charakteristische Wert der Tragfähigkeit $F_{v,\alpha,Rk}$ einer Verbindungseinheit nach Tabelle 12.2 von Scheibendübeln mit Zähnen Typ C für Verbindungen zwischen Holzbauteilen mit

Tabelle 12.6 Abmessungen, Abstände und charakteristische Tragfähigkeiten $F_{v,0,Rk}$ von Ringdübeln Typ A1 und Scheibendübeln Typ B1 je Scherfuge und Dübel (Verbindungseinheit) für eine charakteristische Rohdichte $\rho_k = 350$ kg/m³ und Modifikationsbeiwerte $k_i = 1,0$ nach DIN EN 1995-1-1: 2010-12, 8.9, errechnet nach Tabelle 12.3[1])

1	2	3	4	5	6	7	8	9	10	11	12	13	14	15	16	17
Dübel-typ	Dübelabmessungen			Bolzen und Unterlegscheiben				Mindestdicke der Hölzer[7])		Mindestdübelabstände[10])						Charakteristische Tragfähigkeit für eine Verbindungseinheit, nach Tafel 12.3, Zeile 1 für $\alpha = 0°$ [11])[12])[13])
				Mindest- bzw. Maximalwerte		Vorschlag[6])				nach Tafel 12.5 für Kraft-Faserwinkel $\alpha = 0°$						
	Dübeldurchmesser[2])	Einlasstiefe [2])	Dübelfehlfläche[3])	Bolzendurchmesser[4])	Unterlegscheibe/ Dicke[5])	für Bolzen[6])	für Unterlegscheibe[6])	Seitenholz $t_1 = 3 \cdot h_e$ [8])[9])	Mittelholz $t_2 = 5 \cdot h_e$ [8])[9])	$a_1 = 2{,}0 \cdot d_c$	$a_2 = 1{,}2 \cdot d_c$	$a_{3,t} = 2{,}0\ d_c$	$a_{3,c} = 1{,}2 \cdot d_c$	$a_{4,t} = 0{,}6 \cdot d_c$	$a_{4,c} = 0{,}6 \cdot d_c$	
	d_c	h_e	ΔA	$d_{b,min}$/ $d_{b,max}$	$d_{a,min}$/ s_{min}	d_b	d_a/s	t_1	t_2	a_1	a_2	$a_{3,t}$	$a_{3,c}$	$a_{4,t}$	$a_{4,c}$	$F_{v,0,Rk}$
	in mm		in cm²	in mm				in mm		in mm						in N
A1 zweiseitig [1])	65	15	9,8	12/24	36/3,6	M12	58/6	45	75	130	78	130	78	39	39	18300
	80		12,0							160	96	160	96	48	48	25 000
	95		14,3							190	114	190	114	57	57	32400
	126		18,9							252	151	252	151	76	76	49500
	128	22,5	28,8					67,5	112,5	256	154	256	154	77	77	50700
	160		36,0	16/24	48/4,8	M16	68/6			320	192	320	192	96	96	70800
	190		42,8	19/24	57/5,7	M20	80/8			380	228	380	228	114	114	91700
B1 einseitig [1])	65	15	9,8	12/13	36/3,6	M12	58/6	45	75	130	78	130	78	39	39	18300
	80		12,0							160	96	160	96	48	48	25000
	95		14,3							190	114	190	114	57	57	32400
	128	22,5	28,8					67,5	112,5	256	154	256	154	77	77	50700
	160		36,0	15,5/ 16,5	47/4,7	M16	68/6			320	192	320	192	96	96	70800
	190		42,8							380	228	380	228	114	114	91700

Tabelle 12.6 (Fußnoten)

[1]) Dübel besonderer Bauart aus Aluminiumlegierung wie Ringdübel Typ A1 und Scheibendübel B1 dürfen nur in den Nutzungsklassen 1 und 2 verwendet werden, s. DIN EN 1995-1-1/NA: 2013-08, NCI Zu 8.9 (NA.16), über Nutzungsklassen s. Tabelle 7.12

[2]) Abmessungen der Dübel nach DIN EN 912: 2011-09

[3]) Dübelfehlflächen nach DIN EN 1995-1-1/NA: 2013-08, NCI Zu 8.9, Tab. NA.17

[4]) Bolzendurchmesser entsprechend der Größen der Mittellöcher nach DIN EN 1995-1-1: 2010-12, 10.4.3, Tabelle 10.1

[5]) Mindestdurchmesser und -scheibendicken für Unterlegscheiben nach Tabelle 11.11 im Abschn. 11.6.2, errechnete Mindestdurchmesser bzw. -scheibendicken für $d_{b,min}$ nach Spalte 5

[6]) Vorzugsmaße für Bolzen und Unterlegscheiben nach Tabelle 11.11 im Abschn. 11.6.2

[7]) für Modifikationsbeiwerte $k_1 = 1{,}0$ nach Tabelle 12.3, Zeile 3

[8]) Mindestdicken für Seiten- und Mittelhölzer nach Tabelle 12.3, Zeile 3

[9]) herstellungsbedingte Mindestdicken für Brettschichtholzbauteile nach Tabelle 8.3 im Abschn. 8.3.2 einhalten

[10]) Mindestabstände nach DIN EN 1995-1-1/A2: 2014-07, 17 Änderung zu 8.9, Tabelle 8.7

[11]) charakteristische Tragfähigkeit $F_{v,0,Rk}$ einer Verbindungseinheit für Kraft-Faserwinkel $\alpha = 0$ sind nach Tabelle 12.3, Zeile 1 errechnet, liegen Kraft-Faserwinkel $\alpha \neq 0$ vor, charakteristische Tragfähigkeit $F_{v,\alpha,Rk}$ nach Gl. (12.1) ermitteln

[12]) Bemessungswerte der Tragfähigkeit $F_{v,\alpha,Rd}$ für Kraft-Faserwinkel $\alpha = 0$ und $\alpha \neq 0$ sinngemäß nach Gl. (12.3)

[13]) liegen in einer Verbindungsmittelreihe in Faserrichtung mehrere Verbindungseinheiten hintereinander, ist die effektive charakteristische Tragfähigkeit $F_{v,ef,\alpha,Rk}$ sinngemäß nach Gl. (12.4) zu ermitteln

einer charakteristischen Rohdichte bis zu $\rho_k \leq 525$ kg/m³ aus Nadelvollholz, Brettschichtholz, Balkenschichtholz und Furnierschichtholz ohne Querfurniere (Querlagen) kann nach Gl. (12.7) errechnet werden. Da bei Holzverbindungen von Scheibendübeln mit Zähnen Typ C Dübel und Bolzen gemeinsam an der Übertragung der anstehenden Beanspruchung beteiligt sind, s. Abschn. 12.1, werden in Gl. (12.7) die Anteile der charakteristischen Tragfähigkeiten des Dübels und des Bolzens überlagert.

$$F_{v,\alpha,Rk} = F_{v,Rk,Dü} + F_{v,\alpha,Rk,Bo} \tag{12.7}$$

$F_{v,\alpha,Rk}$ charakteristische Tragfähigkeit einer Verbindungseinheit aus Scheibendübeln mit Zähnen Typ C (Überlagerung der Anteile von Scheibendübel und Bolzen)

$F_{v,Rk,Dü}$ charakteristische Tragfähigkeit eines Scheibendübels mit Zähnen Typ C nach Tabelle 12.7, errechnet für die Dübelabmessungen des Typs C1 bis C5 in Tabelle 12.10 und für diejenigen des Typs C10, C11 in Tabelle 12.11

$F_{v,\alpha,Rk,Bo}$ charakteristische Tragfähigkeit eines Bolzen in Abhängigkeit vom Winkel α in Kraft-Faserrichtung nach Abschn. 11.6.2, für Kraft-Faserwinkel $\alpha = 0°$ ist $F_{v,0,Rk,Bo}$ in Tabelle 12.10 und 12.11 errechnet

Die **charakteristische Tragfähigkeit $F_{v,Rk,Dü}$ der Scheibendübel mit Zähnen Typ C** wird nach Tabelle 12.7, Zeile 1 bestimmt; eine Zusammenstellung der Abmessungen, Holzdicken, Mindestabstände und charakteristischen Tragfähigkeiten $F_{v,Rk,Dü}$ von Verbindungseinheiten mit Scheibendübeln mit Zähnen Typ C1 bis C5 bzw. Typ C10, C11 ist unter ausgesuchten Bedingungen (charakteristische Rohdichte ρ_k = 350 kg/m³ und Modifikationsbeiwerte k_i = 1,0) für die einzelnen Dübeldurchmesser errechnet in den Tabellen 12.10 bzw. 12.11 angeführt. Die **charakteristische Tragfähigkeit $F_{v,\alpha,Rk,Bo}$ der Bolzen** in Abhängigkeit vom Kraft-Faserwinkel α ist nach Abschn. 11.6.2 zu ermitteln, $F_{v,\alpha,Rk,Bo}$ ist für Kraft-Faserwinkel α = 0° und bestimmte Bolzendurchmesser errechnet in Tabelle 12.10 und 12.11 dargestellt. Da die Bolzendurchmesser d innerhalb bestimmter Grenzen, die in Tabelle 12.10 und 12.11 angeführt sind, frei gewählt werden dürfen, wird die charakteristische Tragfähigkeit einer Verbindungseinheit mit Scheibendübel mit Zähnen Typ C auch von der Bolzenwahl beeinflusst.

Bemessungswert der Tragfähigkeit von Holzverbindungen mit Scheibendübeln mit Zähnen Typ C

Der Bemessungswert der Tragfähigkeit $F_{v,\alpha,Rd}$ einer Verbindungseinheit nach Tabelle 12.2 von Scheibendübeln mit Zähnen Typ C ist nach Gl. (12.8) zu berechnen. Hierbei werden die unterschiedlichen Bemessungswerte des Dübels und zugehörigen Bolzens überlagert, da beide gemeinsam an der Übertragung der anstehenden Beanspruchung beteiligt sind: Der Bemessungswert der Tragfähigkeit $F_{v,Rd,Dü}$ des Scheibendübels mit Zähnen wird aus der charakteristischen Tragfähigkeit $F_{v,Rk,Dü}$ nach Gl. (12.7) bzw. nach Tabelle 12.7 (oder errechnet in Tabelle 12.10 und 12.11) bestimmt, der Bemessungswert der Tragfähigkeit $F_{v,\alpha,Rk,Bo}$ des Bolzens in Abhängigkeit vom Kraft-Faserwinkel α nach Abschn. 11.6.2 ermittelt.

$$F_{v,\alpha,Rd} = F_{v,Rd,Dü} + F_{v,\alpha,Rd,Bo} \tag{12.8a}$$

$$= \frac{k_{mod} \cdot F_{v,Rk,Dü}}{\gamma_{M,Ho}} + \frac{k_{mod} \cdot F_{v,\alpha,Rk,Bo}}{\gamma_{M,St}} \tag{12.8b}$$

$F_{v,\alpha,Rd}$ Bemessungswert der Tragfähigkeit einer Verbindungseinheit aus Scheibendübeln mit Zähnen Typ C (Überlagerung der Anteile von Scheibendübel und Bolzen)

$F_{v,Rd,Dü}$ Bemessungswert der Tragfähigkeit eines Scheibendübels mit Zähnen Typ C

$F_{v,\alpha,Rd,Bo}$ Bemessungswert der Tragfähigkeit eines Bolzens nach Abschn. 11.6.2

$F_{v,Rk,Dü}$ charakteristische Tragfähigkeit eines Scheibendübels mit Zähnen Typ C nach Gl. (12.7)

$F_{v,\alpha,Rk,Bo}$ charakteristische Tragfähigkeit eines Bolzens für den Kraft-Faserwinkel α nach Gl. (12.7)

k_{mod} Modifikationsbeiwert nach Tabelle 7.16 im Abschn. 7.4.1

$\gamma_{M,Ho}$ = 1,3, Teilsicherheitsbeiwert für Holz nach Tabelle 8.2

$\gamma_{M,St}$ = 1,1, Teilsicherheitsbeiwert für auf Biegung beanspruchte stiftförmige Verbindungsmittel nach dem vereinfachten Nachweisverfahren, s. Tabelle 8.2 und Abschn. 11.6.2

= 1,3, Teilsicherheitsbeiwert für auf Biegung beanspruchte stiftförmige Verbindungsmittel nach dem genaueren Nachweisverfahren, s. Tabelle 8.2, Abschn. 11.6.2 und Anhang A1

Tabelle 12.7 Charakteristische Werte der Tragfähigkeit $F_{v,Rk}$ von Scheibendübeln mit Zähnen Typ C sowie Modifikationsbeiwerte k_i nach DIN EN 1995-1-1: 2010-12, 8.10[1])[2])[3])[4])[6])

Charakteristische Tragfähigkeit $F_{v,Rk}$ von Scheibendübel mit Zähnen (für alle α) je Dübel und Scherfuge[3])[4])		
1	für Dübeltyp C1 bis C9 $F_{v,Rk} = k_1 \cdot k_2 \cdot k_3 \cdot (18 \cdot d_c^{1,5})$ in N mit d_c[1])	für Dübeltyp C10 und C11 $F_{v,Rk} = k_1 \cdot k_2 \cdot k_3 \cdot (25 \cdot d_c^{1,5})$ in N mit d_c[1])
Modifikationsbeiwerte für Gleichungen in Zeile 1		
2	**Modifikationsbeiwert k_1** für Seiten- und Mittelholzdicken t_1 bzw. t_2[5])	
	$k_1 = \min\{1$ oder $t_1/(3 \cdot h_e)$ oder $t_2/(5 \cdot h_e)\}$	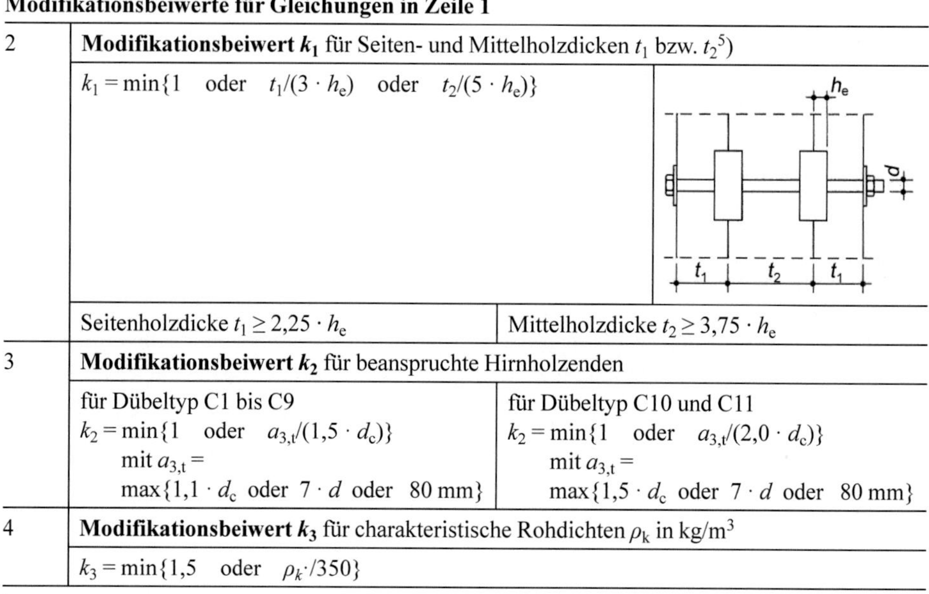
	Seitenholzdicke $t_1 \geq 2{,}25 \cdot h_e$	Mittelholzdicke $t_2 \geq 3{,}75 \cdot h_e$
3	**Modifikationsbeiwert k_2** für beanspruchte Hirnholzenden	
	für Dübeltyp C1 bis C9 $k_2 = \min\{1$ oder $a_{3,t}/(1{,}5 \cdot d_c)\}$ mit $a_{3,t} =$ $\max\{1{,}1 \cdot d_c$ oder $7 \cdot d$ oder $80\ \text{mm}\}$	für Dübeltyp C10 und C11 $k_2 = \min\{1$ oder $a_{3,t}/(2{,}0 \cdot d_c)\}$ mit $a_{3,t} =$ $\max\{1{,}5 \cdot d_c$ oder $7 \cdot d$ oder $80\ \text{mm}\}$
4	**Modifikationsbeiwert k_3** für charakteristische Rohdichten ρ_k in kg/m³	
	$k_3 = \min\{1{,}5$ oder $\rho_k/350\}$	

[1]) Hierin bedeuten:

d Bolzendurchmesser in mm

d_c - Durchmesser der Scheibendübel mit Zähnen in mm für die Dübeltypen C1 und C2 (s. Tabelle 12.10), C6, C7 sowie C10 und C11 (s. Tabelle 12.11)
- $\sqrt{a_1 \cdot a_2}$ mit a_1, a_2 als Seitenlängen der Scheibendübel mit Zähnen in mm für die Dübeltypen C3 und C4, s. Tabelle 12.10
- Seitenlänge der Scheibendübel mit Zähnen in mm für die Dübeltypen C5 (s. Tabelle 12.10), C8 und C9

h_e Einbindetiefe (Einpresstiefe) der Dübel(-zähne) im Holz in mm nach Tabelle 12.10 bzw. 12.11

$a_{3,t}$ Mindestdübelabstände vom beanspruchten Hirnholzende nach Tabellen 12.8 bzw. 12.9

t_1, t_2 Dicken des Seiten- bzw. Mittelholzes, s. Bild oben und auch Tabelle 12.10 bzw. 12.11

α Winkel zwischen Kraft- und Faserrichtung

[2]) für Verbindungen zwischen Bauteilen aus Nadelvoll-, Brettschicht-, Balkenschicht- oder Furnierschichtholz ohne Querfurniere (Querlagen) bis zu einer charakteristischen Rohdichte von $\rho_k \leq 525$ kg/m³

[3]) charakteristische Tragfähigkeiten $F_{v,Rk}$ für Durchmesser von Scheibendübeln mit Zähnen C1 bis C5 sowie C10 und C11 sind für Modifikationsbeiwerte $k_i = 1{,}0$ (d.h. Holz-Holz-Verbindungen mit $\rho_k = 350$ kg/m³) und für zugegeordnete Bolzen ($\alpha = 0°$) in Tabelle 12.10 und 12.11 errechnet dargestellt

[4]) charakteristische Tragfähigkeit einer Verbindungseinheit aus Scheibendübel mit Zähnen und zugeordneter Bolzen s. Gl. (12.7)

[5]) Mittelholz zwischen zwei- und mehreren Scherfugen

[6]) Bemessungswerte für Scheibendübel mit Zähnen und zugeordneter Bolzen nach Gl. (12.8)

Effektive charakteristische Tragfähigkeit $F_{v,ef,\alpha,Rk}$ von in Faserrichtung hintereinander liegender Verbindungseinheiten aus Scheibendübeln Typ C

In einer Verbindung aus Dübeln besonderer Bauart mit mehreren Verbindungseinheiten, die in einer Verbindungsmittelreihe in Faserrichtung hintereinander liegen, ist die effektive charakteristische Tragfähigkeit $F_{v,ef,\alpha,Rk,}$ sinngemäß nach Gl. (12.4) aus der Summe der einzelnen charakteristischen Tragfähigkeiten $F_{v,\alpha,Rk}$ zu bestimmen unter Berücksichtigung der wirksamen Anzahl der Verbindungsmittel (Dübelanzahl) n_{ef} nach Gl. (12.5).

Wirksame Anzahl n_{ef} von Verbindungseinheiten aus Scheibendübeln mit Zähnen Typ C, die in Faserrichtung hintereinander liegen

Liegen mehr als zwei Verbindungseinheiten in Faserrichtung des Holzes hintereinander, kann nach Abschn. 10.3.4 nur mit einer abgeminderten Tragfähigkeit nach Gl. (12.4) gerechnet werden, dazu muss die **wirksame Anzahl $n_{ef} < n$** sinngemäß aus Gl. (12.5) berücksichtigt werden; n_{ef}-Werte sind errechnet in Tabelle 12.4 dargestellt. Bei Scheibendübeln mit Zähnen Typ C wird die wirksame Anzahl n_{ef} für die gesamte Verbindungseinheit (Dübel und Bolzen) bestimmt, eine gesonderte Berücksichtigung der wirksamen Anzahl n_{ef} für die Bolzen allein ist nicht notwendig. Die Angaben zur unwirtschaftlichen und maximalen Anzahl von Verbindungseinheiten, die in Kraft- und Faserrichtung in einer Verbindungsmittelreihe hintereinander liegen dürfen, und die Empfehlungen zur Anordnung nach Gl. (12.5) gelten sinngemäß.

Nachweis einer Dübelverbindung

Der Nachweis einer Dübelverbindung mit Scheibendübel mit Zähnen Typ C kann sinngemäß nach Gl. (12.6) vorgenommen werden.

Mindestabstände von Scheibendübeln mit Zähnen Typ C

Die Mindestabstände von Scheibendübeln mit Zähnen Typ C1 bis C9 können Tabelle 12.8, diejenigen von Scheibendübeln Typ C10 und C11 Tabelle 12.9 entnommen werden, sie sind auch für die Dübelabmessungen des Typs C1 bis C5 in Tabelle 12.10 und des Typs C10, C11 in Tabelle 12.11 sowie für $\alpha = 0°$ errechnet angeführt. Die Bezeichnungen der Verbindungsmittelabstände sind in Bild 10.5 dargestellt, Erläuterungen dazu in Bild 10.6. Die Mindestabstände von tragenden Bolzen nach Tabelle 11.12 sind ebenfalls einzuhalten.

Tabelle 12.8 Mindestabstände von Scheibendübeln mit Zähnen Typ C1 bis C9 nach DIN EN 1995-1-1/A2: 2014-07, 18 Änderung zu 8.10, Tabelle 8.8[1])[2])

Bezeichnungen nach Bild 10.5	Benennung der Bezeichnungen	Winkel α	Mindestabstände
a_1	untereinander in (parallel zur) Faserrichtung	$0° \leq \alpha \leq 360°$	$(1{,}2 + 0{,}3 \cdot \lvert\cos \alpha\rvert) \cdot d_c$
a_2	untereinander rechtwinklig zur Faserrichtung	$0° \leq \alpha \leq 360°$	$1{,}2 \cdot d_c$
$a_{3,t}$	vom beanspruchten Hirnholzende	$-90° \leq \alpha \leq 90°$	$1{,}5 \cdot d_c$
$a_{3,c}$	vom unbeanspruchten Hirnholzende	$90° \leq \alpha \leq 150°$	$(0{,}9 + 0{,}6 \cdot \lvert\sin \alpha\rvert) \cdot d_c$
		$150° \leq \alpha \leq 210°$	$1{,}2 \cdot d_c$
		$210° \leq \alpha \leq 270°$	$(0{,}9 + 0{,}6 \cdot \lvert\sin \alpha\rvert) \cdot d_c$
$a_{4,t}$	vom beanspruchten Rand	$0° \leq \alpha \leq 180°$	$(0{,}6 + 0{,}2 \cdot \lvert\sin \alpha\rvert) \cdot d_c$
$a_{4,c}$	vom unbeanspruchten Rand	$180° \leq \alpha \leq 360°$	$0{,}6 \cdot d_c$

[1]) Hierin bedeuten
α Winkel zwischen Kraft- und Faserrichtung
d_c Nenndurchmesser des Scheibendübels mit Zähnen nach Tabelle 12.10 (für C1 bis C5)
[2]) bei versetzter Anordnung von Scheibendübeln mit Zähnen des Typs C1, C2, C6 und C7 mit kreisrunder Form (d.h. Dübelschwerpunkte liegen nicht auf der Risslinie, sondern sind gegenüber der Risslinie versetzt angeordnet) sollten die Bedingungen für die Mindestabstände nach DIN EN 1995-1-1: 2010-12, 8.9 (10) berücksichtigt werden

Tabelle 12.9 Mindestabstände von Scheibendübeln mit Zähnen Typ C10 und C11 nach DIN EN 1995-1-1: 2010-12, Tabelle 8.9[1])

Bezeichnungen nach Bild 10.5	Benennung der Bezeichnungen	Winkel α	Mindestabstände
a_1	untereinander in (parallel zur) Faserrichtung	$0° \leq \alpha \leq 360°$	$(1{,}2 + 0{,}8 \cdot \lvert\cos \alpha\rvert) \cdot d_c$
a_2	untereinander rechtwinklig zur Faserrichtung	$0° \leq \alpha \leq 360°$	$1{,}2 \cdot d_c$
$a_{3,t}$	vom beanspruchten Hirnholzende	$-90° \leq \alpha \leq 90°$	$2{,}0 \cdot d_c$
$a_{3,c}$	vom unbeanspruchten Hirnholzende	$90° \leq \alpha < 150°$	$(0{,}4 + 1{,}6 \cdot \lvert\sin \alpha\rvert) \cdot d_c$
		$150° \leq \alpha < 210°$	$1{,}2 \cdot d_c$
		$210° \leq \alpha \leq 270°$	$(0{,}4 + 1{,}6 \cdot \lvert\sin \alpha\rvert) \cdot d_c$
$a_{4,t}$	vom beanspruchten Rand	$0° \leq \alpha \leq 180°$	$(0{,}6 + 0{,}2 \cdot \lvert\sin \alpha\rvert) \cdot d_c$
$a_{4,c}$	vom unbeanspruchten Rand	$180° \leq \alpha \leq 360°$	$0{,}6 \cdot d_c$

[1]) Hierin bedeuten
α Winkel zwischen Kraft- und Faserrichtung
d_c Nenndurchmesser des Scheibendübels mit Zähnen Typ C10 bis C11 nach Tabelle 12.11

Tabelle 12.10 Abmessungen, Abstände und charakteristische Tragfähigkeit $F_{v,Rk}$ von Scheibendübeln mit Zähnen C1 bis C5 je Scherfuge und Dübel (Verbindungseinheit) für eine charakteristische Rohdichte $\rho_k = 350$ kg/m³ und Modifikationsbeiwerte $k_i = 1{,}0$ sowie zugeordnete Bolzen nach DIN EN 1995-1-1: 2010-12, 8.10 und DIN EN 1995-1-1/A2: 2014-07, 18 Änderung zu 8.10, errechnet nach Tabelle 12.7

1	2	3	4	5	6	7	8	9		10		11	12	13	14	15	16	17	18
Dübeltyp	Dübelabmessungen			Bolzen und Unterlegscheiben				Mindestdicke der Hölzer[9])[10])[11])				Mindestdübelabstände[14])						Charakteristische Tragfähigkeit, [15])[16])[17]) für $\rho_k = 350$ kg/m³ und $k_i = 1{,}0$	
				Mindest- bzw. Maximalwerte		Vorschlag für[5])		Seitenholz[12])[13])		Mittelholz[12])[13])		einzuhalten nach Tabelle 12.8, errechnet für $\alpha = 0°$							
	Dübel-durch-messer[1])[6])	Ein-press-tiefe[1])	Dübel-fehl-fläche[2])	Bolzen-durch-messer[3])	Unter-leg-scheibe, Durch-messer/Dicke[4])	Bolzen	Unter-leg-scheibe	Dübel $t_1 = 3 \cdot h_e$	Bolzen $t_{1,req}$	Dübel $t_2 = 5 \cdot h_e$	Bolzen $t_{2,req}$	$a_1 = 1{,}5 \cdot d_c$	$a_2 = 1{,}2 \cdot d_c$	$a_{3,t} = 1{,}5 \cdot d_c$	$a_{3,c} = 1{,}2 \cdot d_c$	$a_{4,t} = 0{,}6 \cdot d_c$	$a_{4,c} = 0{,}6 \cdot d_c$	Dübel nach Spalte 2 und Tabelle 12.7	Bolzen 4.6[18]) nach Spalte 7, für $\alpha = 0°$
	d_c	h_e	ΔA	$d_{b,min}/d_{b,max}$[7])	$d_{a,min}/s_{min}$	d_b	d_a/s	t_1	$t_{1,req}$	t_2	$t_{2,req}$	a_1	a_2	$a_{3,t}$	$a_{3,c}$	$a_{4,t}$	$a_{4,c}$	$F_{v,Rk,Dü}$	$F_{v,Rk,Bo}$[18])
	in mm		cm²	in mm				in mm				in mm						in N	
C1	50	6,0	1,7	10/17	30/3[8])	M12	58/6	22[9])	62	30	52	75	60	75	60	30	30	6360	6820
	62	7,4	3,0	10/21				22[9])		37		93	74	93	74	37	37	8790	6820
zweiseitig	75	9,1	4,2	10/26		M16	68/6	27	81	46	67	113	90	113	90	45	45	11700	11200
	95	11,3	6,7					34		57		143	114	143	114	57	57	16700	11200
	117	14,3	10,0	10/30	30/3[8]) bis 90/9	M20	80/8	43	99	72	82	176	140	176	140	70	70	22800	16300
	140	14,5	12,4			M24	105/8	44	117	73	97	210	168	210	168	84	84	29800	22100
	165	15,5	14,9					47		78		248	198	248	198	99	99	38200	22100
C2	50	5,6	1,7	11,4[7])	34/4[8])	M12	58/6	22[9])	62	28	52	75	60	75	60	30	30	6360	6820
	62	7,5	3,0	11,4[7])				23		38		93	74	93	74	37	37	8790	6820
einseitig	75	9,2	4,2	15,4[7])	46/5[8])	M16	68/6	28	81	46	67	113	90	113	90	45	45	11700	11200
	95	11,4	6,7	15,4[7])				34		57		143	114	143	114	57	57	16700	11200
	117	14,5	10,0	19,4[7])	58/6[8])	M20	80/8	44	99	73	82	176	140	176	140	70	70	22800	16300
C3	73 × 130[6])	13,3	11,1	10/26	30/3[8])	M20	80/8	40	99	67	82	146	117	146	117	58	58	17300	16300
C4			11,1	19,4[7])	58/6[8])														
C5	100	7,3	4,3	10/30	30/3[8])	M20	80/8	22[9])	99	37	82	150	120	150	120	60	60	18000	16300
	130	9,3	6,9			M24	105/8	28	117	47	97	195	156	195	156	78	78	26700	22100

Fußnoten s. Tabelle 12.11

Tabelle 12.11 Abmessungen, Abstände und charakteristische Tragfähigkeit $F_{v,Rk}$ von Scheibendübeln mit Zähnen C10 und C11 je Scherfuge und Dübel (Verbindungseinheit) für eine charakteristische Rohdichte $\rho_k = 350\ kg/m^3$ und Modifikationsbeiwerte $k_i = 1{,}0$ sowie zugeordnete Bolzen nach DIN EN 1995-1-1: 2010-12, 8.10, errechnet nach Tabelle 12.7

1	2	3	4	5	6	7	8	9		10		11	12	13	14	15	16	17	18
Dübel-typ	Dübelabmessungen			Bolzen und Unterlegscheiben				Mindestdicke der Hölzer [9])[10])[11])				Mindestdübelabstände[14])						Charakteristische Tragfähigkeit[15])[16])[17]) für $\rho_k = 350\ kg/m^3$ und $k_i = 1{,}0$	
				Mindest- bzw. Maximalwerte		Vorschlag für[5])		Seitenholz[12])[13])		Mittelholz[12])[13])		einzuhalten nach Tabelle 12.9, errechnet für $\alpha = 0°$							
	Dübeldurchmesser [1])	Einpresstiefe[1])	Dübelfehlfläche[2])	Bolzendurchmesser[3])	Unterlegscheibe, Durchmesser/ Dicke[4])	Bolzen	Unterlegscheibe	Dübel $t_1 = 3 \cdot h_e$	Bolzen $t_{1,req}$	Dübel $t_2 = 5 \cdot h_e$	Bolzen $t_{2,req}$	$a_1 = 2{,}0 \cdot d_c$	$a_2 = 1{,}2 \cdot d_c$	$a_{3,t} = 2{,}0 \cdot d_c$	$a_{3,c} = 1{,}2 \cdot d_c$	$a_{4,t} = 0{,}6 \cdot d_c$	$a_{4,c} = 0{,}6 \cdot d_c$	Dübel nach Spalte 2 und Tabelle 12.7	Bolzen 4.6[18]) nach Spalte 7, für $\alpha = 0°$
	d_c	h_e	ΔA	$d_{b,min}/d_{b,max}$ [7])	$d_{a,min}/s_{min}$	d_b	d_a / s	t_1	$t_{1,req}$	t_2	$t_{2,req}$	a_1	a_2	$a_{3,t}$	$a_{3,c}$	$a_{4,t}$	$a_{4,c}$	$F_{v,Rk,Dü}$	$F_{v,Rk,Bo}$[18])
	in mm		cm²	in mm				in mm				in mm						in N	
C10	50	12	4,6	10/30	30/3[8]) bis 90/9	M12	58/6	36	62	60	52	100	60	100	60	30	30	8840	6820
	65		5,9			M16	68/6		81		67	130	78	130	78	39	39	13100	11200
	80		7,5			M20	80/8		99		82	160	96	160	96	48	48	17900	16300
	95		9,0			M24	105/8		117		97	190	114	190	114	57	57	23100	22100
	115		10,4									230	138	230	138	69	69	30800	22100
C11	50	12	5,4	11,5[7])	35/4[8])	M12	58/6	36	62	60	52	100	60	100	60	30	30	8840	6820
	65		7,1	15,5[7])	47/5[8])	M16	68/6		81		67	130	78	130	78	39	39	13100	11200
	80		8,7	19,5[7])	59/6[8])	M20	80/8		99		82	160	96	160	96	48	48	17900	16300
	95		10,7	23,5[7])	71/7[8])	M24	105/8		117		97	190	114	190	114	57	57	23100	22100
	115		12,4	23,5[7])								230	138	230	138	69	69	30800	22100

[1]) Abmessungen der Dübel nach DIN EN 912: 2011-09
[2]) Dübelfehlflächen nach DIN EN 1995-1-1/NA: 2013-08, NCI Zu 8.9, Tab. NA.17
[3]) Bolzendurchmesser entsprechend der Größen der Mittellöcher nach DIN EN 912: 2011-09
[4]) Mindestdurchmesser bzw. -dicke der Unterlegscheiben entsprechend der Bolzendurchmesser $d_{b,min}$ nach Spalte 5, s. auch Tabelle 11.11
[5]) Vorzugmaße für Bolzenverbindungen nach Tabelle 11.11
[6]) bei Dübeltypen C3 und C4 gilt als Dübeldurchmesser $d_c = \sqrt{a_1 \cdot a_2}$ mit a_1,a_2 als Seitenlängen der Dübel nach DIN EN 912: 2011-09
[7]) gewählter Mindest- Bolzendurchmesser $d_{b,min}$ je nach Durchmesser des Mittelloches d_1 nach DIN EN 912: 2011-09, $d_{b,max} = d_{b,min}$ +1 mm, für die Dübeltypen C2 und C4 existieren noch andere Durchmesser des Mittelloches d_1, s. DIN EN 912: 2011-09
[8]) Mindestdurchmesser $d_{a,min}$ und -dicke s_{min} der Unterlegscheiben entsprechend den Mindestdurchmessern $d_{b,min}$ der Bolzen nach Spalte 5, s. auch Tabelle 11.11
[9]) empfohlene Mindest-Holzdicke b_{min} = 22 mm für Vollholz- Einzelquerschnitte nach Tafel 8.3 nicht unterschreiten
[10]) für Modifikationsbeiwert k_1 = 1,0 nach Tabelle 12.7, Zeile 2
[11]) Mindestdicke für Brettschichtholzbauteile von etwa b_{min} = 50 mm nach Tafel 8.3
[12]) die größere der (Mindest-)Holzdicken aus Dübel bzw. Bolzen ist jeweils für die Bemessung maßgebend
[13]) Mindestdicken für Seiten- bzw. Mittelhölzer entsprechend den Bolzen nach Spalte 7, Mindestdicken für Seiten- und Mittelhölzer nach Tabelle 12.7, Zeile 2
[14]) die Mindestabstände für Bolzen nach Tabelle 11.12 sind ebenfalls einzuhalten
[15]) charakteristische Tragfähigkeit $F_{v,\alpha,Rk}$ für Scheibendübel mit Zähnen und zugeordneten Bolzen sinngemäß nach Gl. (12.7)
[16]) Bemessungswerte der Tragfähigkeit $F_{v,\alpha,Rd}$ für Scheibendübel mit Zähnen und zugeordneten Bolzen sinngemäß nach Gl. (12.8)
[17]) liegen in einer Verbindungsmittelreihe in Faserrichtung mehrere Verbindungseinheiten hintereinander, ist die effektive charakteristische Tragfähigkeit $F_{v,ef,\alpha,Rk}$ sinngemäß nach Gl. (12.4) zu ermitteln
[18]) charakteristische Tragfähigkeit der Bolzen (Abscheren) nach Abschn. 11.6.2, Festigkeitsklasse 4.6 mit $f_{u,k}$ = 400 N/mm² nach Tabelle 11.9, charakteristische Tragfähigkeit der Bolzen nach Tabelle 11.1 und 11.3, zusätzlich kann die charakteristische Tragfähigkeit um $\Delta F_{v,Rk}$ nach Gl. (11.23) erhöht werden, charakteristische Rohdichte der zu verbindenden Hölzer $\rho_k = 350$ kg/m³

12.4 Dübelsicherung durch Sondernägel und Holzschrauben

Bolzenersatz durch Sondernägel und Holzschrauben

Beim Anschluss von Voll-, Brettschicht- und Balkenschichtholz sowie Furnierschichtholz ohne Querfurniere (Querlagen) an Brettschichtholz dürfen nach DIN EN 1995-1-1/NA: 2013-08, NCI Zu 8.9 (NA.14) bei folgenden Dübeln besonderer Bauart die Bolzen durch unten näher beschriebene profilierte Nägel (Sondernägel) oder Holzschrauben ersetzt werden, Beispiele s. Bilder 12.5 und 12.6: bei zweiseitigen Ringdübeln A1 mit Dübeldurchmessern $d_c \leq 95$ mm und bei zweiseitigen Scheibendübeln mit Zähnen C1, C3, C5 und C10, jeweils mit Dübeldurchmessern $d_c \leq 117$ mm. Dies gilt ebenso mit entsprechenden Dübeldurchmessern auch bei Stahl-Brettschichtholz-Verbindungen mit einseitigen Scheibendübeln B1 und einseitigen Scheibendübeln mit Zähnen C2, C4 und C11.

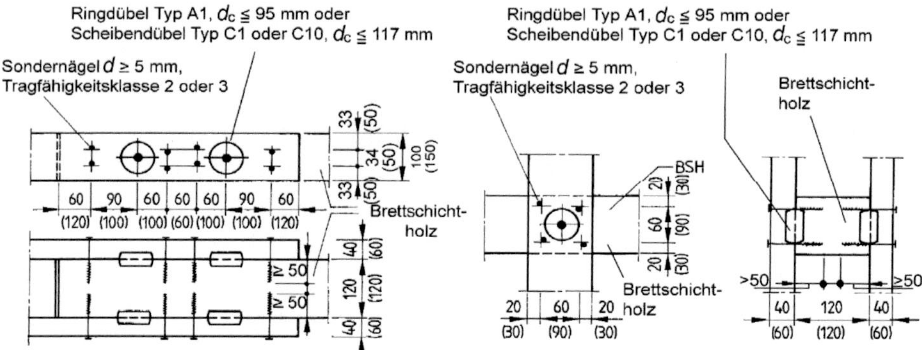

Bild 12.5 Anordnung von Sondernägeln als Schraubbolzen-Ersatz beim Anschluss von Voll-, Brettschicht- und Balkenschichtholz sowie Furnierschichtholz ohne Querfurniere (Querlagen) an Brettschichtholz bei zweiseitigen Ringdübeln (Typ A1) und zweiseitigen Scheibendübeln mit Zähnen (Typen C1, C3, C5 oder C10) mit bestimmten Durchmessern nach *Erläut. zu DIN 1052: 2004-08* [47], E 13.3.1, Bild 13/9, Beispiele

Bild 12.6 Anordnung einer Sechskant-Holzschraube entsprechenden Durchmessers als Bolzen-Ersatz beim Anschluss von Voll-, Brettschicht- und Balkenschichtholz sowie Furnierschichtholz ohne Querfurniere (Querlagen) an Brettschichtholz durch zweiseitige Ringdübel (Typ A1) und zweiseitige Scheibendübel mit Zähnen (Typen C1, C3, C5 oder C10) mit bestimmten Durchmessern, Beispiel

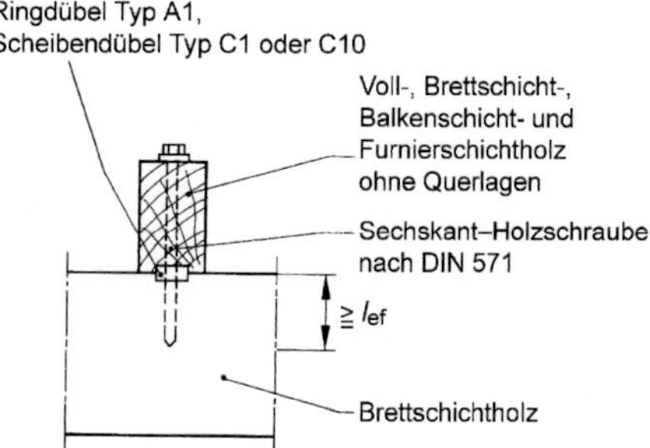

Die Sondernägel oder Holzschrauben, die nach den Anforderungen des Abschn. 11.7.3 bzw. Abschn. 11.8.3 auszubilden sind, müssen dazu einen charakteristischen Wert des Herausziehwiderstandes $F_{ax,Rk}$ von mindestens dem 0,25fachen der charakteristischen Tragfähigkeit einer Verbindungseinheit der Dübel besonderer Bauart besitzen. Bei Scheibendübeln mit Zähnen Typ C darf der Anteil der Bolzen an der Tragfähigkeit der Verbindungseinheit $F_{v,\alpha,Rk,Bo}$ nach Gl. (12.7) rechnerisch nicht angesetzt werden, d.h. der Anteil der Tragfähigkeit der Sondernägel oder Holzschrauben (als Bolzenersatz) bleibt unberücksichtigt. Wird demnach bei Scheibendübeln mit Zähnen Typ C ein derartiger Bolzenersatz gewählt, ist die Tragfähigkeit der Verbindungseinheit wesentlich kleiner als mit Schraubbolzen. Untersuchungen zum Schraubbolzen-Ersatz haben *Möhler/Herröder* [356] durchgeführt.

Wird ein Bolzenersatz durch Holzschrauben entsprechenden Durchmessers sinngemäß nach Bild 12.6 gewählt, sollten bei zutreffenden Nachweisen die Verschiebungsmoduln einseitiger Scheibendübel mit Zähnen Typ C2, C4 und C11 nach Tabelle 10.2 um 30% abgemindert werden, da sich die Nachgiebigkeit einer derartigen Verbindung erhöht, s. Empfehlung nach DIN 1052: 2008-12, 13.3.1 (8).

12.5 Holzverbindungen mit Dübeln besonderer Bauart in Hirnholzflächen

Holzverbindungen können nach DIN EN 1995-1-1/NA: 2013-08, NCI NA.8.11 mit bestimmten zweiseitigen Dübeln besonderer Bauart in Hirnholzflächen von Voll-, Brettschicht- und Balkenschichtholz zur Übertragung von Auflagerkräften z.B. bei Querträgeranschlüssen und Anschlüssen an Binderstützen u. dgl. ausgeführt werden. Der Aufbau einer Hirnholz- Dübelverbindung wird am Beispiel eines Querträgeranschlusses aus Bild 12.7 ersichtlich. Die Festlegungen gehen auf Untersuchungen von *Ehlbeck/Schlager* [123] und *Möhler/Hemmer* [353] zurück.

Danach dürfen in rechtwinklig oder schräg ($\varphi \geq 45°$) zur Faserrichtung verlaufenden Hirnholzflächen von Voll-, Brettschicht- und Balkenschichtholz Ringdübel Typ A1 mit Durchmessern $d_c \leq 126$ mm, Scheibendübel mit Zähnen Typ C1 mit Durchmessern $d_c \leq 140$ mm sowie Scheibendübel mit Zähnen Typ C10 zur Kraftübertragung herangezogen werden, wenn die Mindestabstände, -breiten und die zugehörigen Bolzendurchmesser nach Tabelle 12.12 sowie die Ausbildung der Anschlüsse nach Bild 12.8 eingehalten und die Tragfähigkeiten nach Gl. (12.9) bis (12.11) ermittelt werden. Die Dübel sind mittig zur Trägerbreite in die Hirnholzfläche des anzuschließenden Trägers (Nebenträger) einzubauen, die Mindestrandabstände und Mindestbreiten dürfen nicht unterschritten werden. Vollholz muss bei der Herstellung der Verbindung eine Holzfeuchte $\omega < 20\%$ (trocken) haben (gilt auch für andere Hölzer), um Schwindrisse und damit einen Tragfähigkeitsverlust zu verhindern.

Die **Lagesicherung** wird durch Bolzen und zugehörige Unterlegscheiben, bei denen die Mindestmaße nach Tabelle 11.11 zu einzuhalten sind, sowie durch eine Klemmvorrichtung am Bolzenende sichergestellt, s. Bild 12.7 und 12.8. Die Klemmvorrichtung kann aus ei-

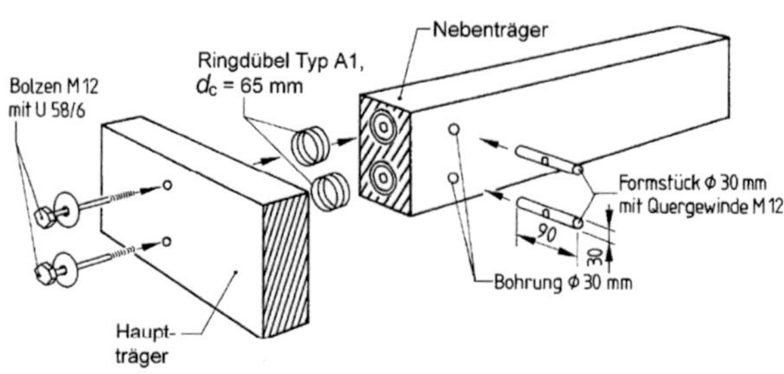

Bild 12.7 Aufbau und Einzelteile einer Dübelverbindung im Hirnholz von Voll-, Brettschicht- und Balkenschichtholz nach *Möhler/Hemmer* [353]; Beispiel für Ringdübel Typ A1, Ø 65 mm

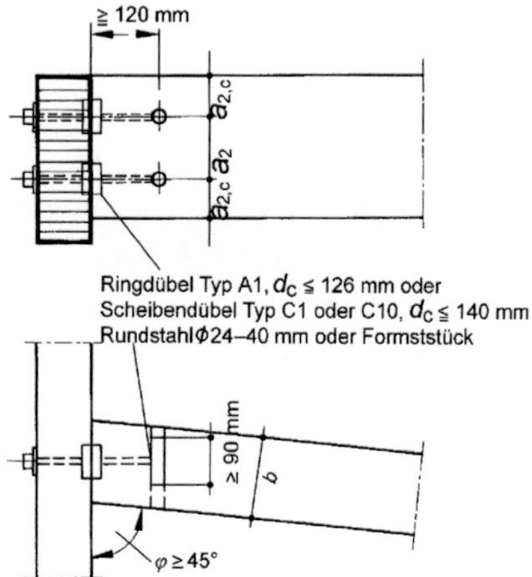

Bild 12.8 Ausbildung einer Dübelverbindung in rechtwinklig oder schräg ($\varphi \geq 45°$) zur Faserrichtung verlaufenden Hirnholzflächen von Voll-, Brettschicht- und Balkenschichtholz nach DIN EN 1995-1-1/ NA: 2013-08, NCI NA.8.11, Bild NA.18

nem Rundstahl mit Querbohrung und Innengewinde, einem entsprechenden Formstück oder einer Unterlegscheibe mit Mutter bestehen.

Charakteristischer Wert der Tragfähigkeit $F_{v,H,Rk}$ beim Hirnholzanschluss mit Ringdübeln Typ A1 nach DIN 1995-1-1/NA: 2013-08, NCI NA.8.11

Die charakteristische Tragfähigkeit $F_{v,H,Rk}$ einer Verbindungseinheit nach Tabelle 12.2 in einem Hirnholzanschluss mit Ringdübeln Typ A1 und Durchmessern $d_c \leq 126$ mm kann nach Gl. (12.9) errechnet werden, wenn die charakteristische Rohdichte der miteinander verbundenen Bauteile $\rho_k \geq 350$ kg/m^3 (bei Nadel- und Laubholz) beträgt und die Angaben in Tabelle 12.12 sowie Bild 12.8 eingehalten werden. Charakteristische Rohdichten $\rho_k < 350$ kg/m^3 sind ebenso unzulässig wie die Vergrößerung der charakteristischen Tragfähigkeit mit dem Beiwert k_3 nach Tabelle 12.3, da hierzu derzeit keine Erfahrungen und Untersuchungswerte vorliegen (bei Hirnholzanschlüssen ist stets $k_3 = 1{,}0$ zu setzen). Dübel besonderer Bauart aus Aluminiumlegierung wie Ringdübel Typ A1 dürfen nur in den Nutzungsklassen 1 und 2 verwendet werden, über Nutzungsklassen s. Tabelle 7.12.

$$F_{v,H,Rk} = \frac{k_H}{(1,3+0,001 \cdot d_c)} \cdot F_{v,0,Rk} \tag{12.9}$$

$F_{v,0,Rk}$ charakteristischer Wert der Tragfähigkeit einer Verbindungseinheit nach Tabelle 12.2, für Ringdübel Typ A1 nach Tabelle 12.3, Zeile 1 oder Tabelle 12.6

d_c Dübeldurchmesser in mm, für Ringdübel Typ A1 nach Tabelle 12.12

k_H Beiwert zur Berücksichtigung des Hirnholzeinflusses des anzuschließenden Trägers
= 0,65 bei $n = 1$ oder 2 Dübel hintereinander
= 0,80 bei $n = 3$, 4 oder 5 Dübel hintereinander
$n > 5$ Verbindungseinheiten dürfen nicht in Rechnung gestellt werden

Charakteristischer Wert der Tragfähigkeit $F_{v,H,Rk}$ beim Hirnholzanschluss mit Scheibendübeln mit Zähnen Typ C1 und C10 nach DIN 1995-1-1/NA: 2013-08, NCI NA.8.11
Der charakteristische Wert der Tragfähigkeit $F_{v,H,Rk}$ einer Verbindungseinheit nach Tabelle 12.2 in einem Hirnholzanschluss mit Scheibendübeln mit Zähnen Typ C1 und C10 setzt sich aus der charakteristischen Tragfähigkeit des Scheibendübels und derjenigen des Bolzens zusammen. Die charakteristische Tragfähigkeit $F_{v,H,Rk}$ kann nach Gl. (12.10) errechnet werden, wenn die charakteristische Rohdichte der miteinander verbundenen Bauteile $\rho_k \geq 350$ kg/m³, jedoch $\rho_k \leq 500$ kg/m³ beträgt (überwiegend Nadelholz) und die Angaben in Tabelle 12.12 sowie Bild 12.8 eingehalten werden. Charakteristische Rohdichten $\rho_k < 350$ kg/m³ sind ebenso unzulässig wie die Vergrößerung der charakteristischen Tragfähigkeit mit dem Beiwert k_3 nach Tabelle 12.7, da hierzu derzeit keine Erfahrungen und Untersuchungswerte vorliegen (bei Hirnholzanschlüssen ist stets $k_3 = 1,0$ zu setzen).

Die charakteristische Tragfähigkeit des Bolzens $F_{b,90,Rk}$ oder der Gewindestange nach Abschn. 11.6 ist mit $F_{v,Rk}$ der Gl. für außen liegende dünne Stahlbleche in Tabelle 11.2 mit der charakteristischen Lochleibungsfestigkeit $f_{h,1,k}$ für einen Kraft-Faserwinkel $\alpha = 90°$ zu ermitteln. Der Einhängeeffekt $\Delta F_{v,Rk}$ bei Bolzen und Gewindestangen, d.h. die zusätzliche Erhöhung der charakteristischen Tragfähigkeit nach Gl. (11.22) bleibt bei Hirnholzanschlüssen unberücksichtigt. Dübel besonderer Bauart Typ C1 und C10 (aus Stahl und Temperguss) dürfen in allen drei Nutzungsklassen eingesetzt werden, über Nutzungsklassen s. Tabelle 7.12.

$$F_{v,H,Rk} = 14 \cdot d_c^{1,5} + 0,8 \cdot F_{b,90,Rk} \tag{12.10}$$

$F_{b,90,Rk}$ charakteristischer Wert der Tragfähigkeit des verwendeten Bolzens oder der Gewindestange nach Abschn. 11.6 (als $F_{v,Rk}$-Wert für außen liegende dünne Stahlbleche nach Tabelle 11.2 mit der charakteristischen Lochleibungsfestigkeit $f_{h,1,k}$ für $\alpha = 90°$ nach Tabelle 11.3)

d_c Dübeldurchmesser in mm für Scheibendübel mit Zähnen Typ C1 und C10 nach Tabelle 12.12

Bemessungswert der Tragfähigkeit $F_{v,H,Rd}$ beim Hirnholzanschluss mit Ringdübeln und Scheibendübel mit Zähnen

Der Bemessungswert $F_{v,H,Rd}$ der Tragfähigkeit eines Hirnholzanschlusses mit Verbindungseinheiten aus bestimmten Dübeln besonderer Bauart ist nach Gl. (12.11) zu bestimmen, wenn bei Verwendung von Ringdübeln Typ A1 die charakteristische Tragfähigkeit $F_{v,H,Rk}$ nach Gl. (12.9) und von Scheibendübeln mit Zähnen Typ C1 oder C10 die charakteristische Tragfähigkeit $F_{v,H,Rk}$ nach Gl. (12.10) eingesetzt werden. Mehr als fünf Verbindungseinheiten dürfen in einem Hirnholzanschluss nicht als tragend in Rechnung gestellt werden.

$$F_{v,H,Rd} = n_c \cdot \frac{k_{mod} \cdot F_{v,H,Rk}}{\gamma_M} \tag{12.11}$$

$F_{v,H,Rk}$ charakteristischer Wert der Tragfähigkeit einer Verbindungseinheit mit Ringdübeln Typ A1 nach Gl. (12.9) oder Scheibendübeln mit Zähnen Typ C1 oder C10 nach Gl. (12.10)

n_c Anzahl der Verbindungseinheiten in einem Hirnholzanschluss ≤ 5

k_{mod} Modifikationsbeiwert nach Tabelle 7.16 im Abschn. 7.4.1

γ_M Teilsicherheitsbeiwert für Holz nach Tabelle 8.2 $= 1{,}3$

Nachweis einer Dübelverbindung in einem Hirnholzanschluss

Der Nachweis einer Dübelverbindung in einem Hirnholzanschluss mit bestimmten Ringdübeln Typ A1, bestimmten Scheibendübel mit Zähnen Typ C1 und C10 kann nach Gl. (12.12) vorgenommen werden.

$$\frac{F_{v,Ed}}{F_{v,H,Rd}} \leq 1 \tag{12.12}$$

$F_{v,Ed}$ Bemessungswert der Beanspruchung einer Dübelverbindung in einem Hirnholzanschluss

$F_{v,H,Rd}$ Bemessungswert der Tragfähigkeit (Beanspruchbarkeit) aller Verbindungseinheiten einer Dübelverbindung in einem Hirnholzanschluss für bestimmte Ringdübel Typ A1 und Scheibendübel mit Zähnen Typ C1 und C10 nach Gl. (12.11)

Querzugnachweis bei Schräg- und Queranschlüssen

Bei Verbindungsmittelanschlüssen, in denen Stäbe schräg oder rechtwinklig zur Faserrichtung durch eine Kraft oder Kraftkomponente beansprucht werden (Verbindungsmittelkräfte unter einem Winkel α zur Faserrichtung), ist im Allgemeinen ein Querzugnachweis nach Abschn. 21.3 zu führen, s. auch Abschn. 10.2; bei Hirnholzanschlüssen ist dies für den Last aufnehmenden Träger vorzunehmen, in Bild 12.7 für den Hauptträger.

Ausbildung von Hirnholzanschlüssen

Hirnholzanschlüsse mit den vorbezeichneten Dübeln besonderer Bauart werden oft **als verdeckte Konstruktionen** ausgeführt. Dazu werden die Bolzenköpfe mit Unterlegscheiben im Last aufnehmenden Hauptträger und die Formstücke mit Quergewinde im Nebenträger jeweils in das Holz eingelassen und die Bohrlochenden mit Holzscheiben bündig zur Holzoberfläche verklebt, so dass die Konstruktion von außen nicht oder kaum erkennbar ist.

Hirnholzanschlüsse mit Scheibendübeln mit Zähnen Typ C1 und C10 dürfen in allen drei Nutzungsklassen verwendet werden (mit Ringdübeln A1 nur in den Nutzungsklassen 1 und 2). Im Sinne einer holzgerechten Konstruktion wird jedoch empfohlen, **Hirnholzanschlüsse nicht direkt der Witterung oder Wasserbeanspruchung auszusetzten**, auch wenn die Bolzen und Formstücke in das Holz eingelassen und mit Holzscheiben verklebt sind, da in die Bauteilfuge zwischen Haupt- und Nebenträger (Niederschlags-)Wasser und dieses über die Bohrlöcher der Dübel/Bolzen in das Holz gelangen kann und hier mittelfristig, meist weitgehend unbemerkt, Holzschäden durch Pilzbefall (trotz aufgebrachter Holzschutzmittel) nicht auszuschließen sind. Deshalb wird empfohlen, Hirnholzanschlüsse, die direkt der Witterung oder Wasserbeanspruchung ausgesetzt sind, stets ausreichend abzudecken, s. Abschn. 5.2.4 oder als Beispiele Bilder 5.7c und 7.1a und b, so dass sie dauerhaft in Nutzungsklasse 2 oder kleiner verbleiben.

Tabelle 12.12 Dübeltypen, Mindestbreiten, Mindestdübelabstände und charakteristische Tragfähigkeiten $F_{v,H,Rk}$ von Verbindungen mit bestimmten Ringdübeln und Scheibendübeln mit Zähnen in rechtwinklig oder schräg ($\varphi \geq 45°$) zur Faserrichtung verlaufenden Hirnholzflächen von Voll-, Brettschicht- und Balkenschichtholz nach DIN EN 1995-1-1/NA: 2013-08, NCI NA.8.11[13])[14])

1	2	3	4	5	6	7	8	9	10	11	12
Dübeltyp	Dübeldurchmesser[1])	Bolzen und Unterlegscheiben				Mindestbreite des anzuschließenden Trägers	Mindestdübelabstände nach Bild 12.8[7])		charakt. Rohdichte der miteinander verbundenen Bauteile[8])	charakteristische Tragfähigkeit für eine Verbindungseinheit [8])[9])[11])[12])	
		Mindestwerte		Vorschlag für [4])			Randabstand	Abstand der Dübel untereinander			
		Bolzendurchmesser [2])	Unterlegscheibe[3]) Durchmesser/ Dicke	Bolzen [5])	Unterlegscheibe, Durchmesser/ Dicke						
	d_c	$d_{b,min}$/ $d_{b,max}$	$d_{a,min}$/ s_{min}	d_b	d_a/ s	b	$a_{2,c}$	a_2	ρ_k	$F_{v,H,Rk}$	$F_{v,H,Rk}$
	in mm	in mm		in mm		in mm	in mm	in mm	in kg/m³	in N	
										für eine Verbindungseinheit mit Ringdübel Typ A1	
										bei 1 oder 2	bei 3, 4 oder 5
										Verbindungseinheiten hintereinander	
A1 zweiseitig	65	12/24	36/3,6 [6])	M12	58/6	110	55	80	≥ 350	8730	10700
	80					130	65	95		11800	14500
	95					150	75	110		15100	18600
	126					200	100	145		22600	27800

										für eine Verbindungseinheit mit Scheibendübeln Typ C1 oder C10		
										Dübel	+ Bolzen[10])	$= F_{v,H,Rk}$
C1	50	10/17	30/3 [6])	M12	58/6	100	50	55	≥ 350, jedoch ≤ 500	4950	4410	9360
	62	10/21				115	55	70		6830	4410	11200
zwei-seitig	75	10/26		M16	68/6	125	60	90		9100	7100	16200
	95	10/30	30/3 [6]) bis 90/9			140	70	110		13000	7100	20100
	117			M20	80/8	170	85	130		17700	10200	27900
	140			M24	105/8	200	100	155		23200	13500	36700
C10	50	10/30	30/3 [6]) bis 90/9	M12	58/6	100	50	65	≥ 350, jedoch ≤ 500	4950	4410	9360
	65			M16	68/6	115	60	85		7350	7100	14500
zwei-seitig	80			M20	80/8	130	65	100		10000	10200	20200
	95			M24	105/8	150	75	115		13000	13500	26500
	115					170	85	130		17250	13500	30800

1) Abmessungen der Dübel nach DIN EN 912: 2011-09 und DIN EN 1995-1-1/NA: 2013-08, NCI NA.8.11, Tab. NA.20
2) Bolzendurchmesser nach DIN EN 1995-1-1/NA: 2013-08, NCI NA.8.11, Tab. NA.18 und NA.19
3) Mindestdurchmesser bzw. -dicke der Unterlegscheiben nach Tabelle 11.11 für Mindestdurchmesser der Bolzen $d_{b,min}$ nach Spalte 3
4) Vorzugmaße für Bolzenverbindungen und Unterlegscheiben nach Tabelle 11.11
5) Bolzen mit Unterlegscheiben nach Spalte 6 unter dem Bolzenkopf einschl. Klemmvorrichtung am Bolzenende aus z.B. Rundstahl Ø 24–40 mm mit Querbohrung und Innengewinde, s. Bild 12.8, oder einem entsprechenden Formstück oder einer Unterlegscheibe mit Mutter
6) Mindest-Durchmesser und -Dicke der Unterlegscheiben $d_{a,min}/s_{min}$ für Mindestdurchmesser $d_{b,min}$ nach Spalte 3
7) Dübel mittig in die Hirnholzflächen des anzuschließenden Trägers (Nebenträger) einbauen
8) charakteristische Rohdichten der miteinander verbundenen Bauteile $\rho_k < 350$ kg/m³ nicht zulässig
9) Vergrößerung der charakteristischen Tragfähigkeit mit dem Modifikationsbeiwert k_3 nach Tabelle 12.3 bzw. 12.7 nicht zulässig (bei Hirnholzanschlüssen ist stets $k_3 = 1{,}0$)
10) charakteristische Tragfähigkeit der Bolzen (Abscheren) nach Abschn. 11.6.2, Tabelle 11.2 (für außen liegende dünne Stahlbleche) und Tabelle 11.3 für Kraft-Faserwinkel $\alpha = 90°$ sowie nach Gl. (12.10), Festigkeitsklasse 4.6 mit $f_{u,k} = 400$ N/mm² nach Tabelle 11.9, charakteristische Rohdichte der zu verbindenden Hölzer $\rho_k = 350$ kg/m³, eine Erhöhung der charakteristischen Tragfähigkeit um $\Delta F_{v,Rk}$ nach Gl. (11.22) ist bei Hirnholzanschlüssen unzulässig
11) charakteristische Tragfähigkeiten $F_{v,H,Rk}$ errechnet für Ringdübel Typ A1 nach Gl. (12.9) bzw. Scheibendübel mit Zähnen Typ C1 und C10 nach Gl. (12.10) mit Bolzen nach Spalte 5
12) Bemessungswerte $F_{v,H,Rd}$ der Ringdübel Typ A1 sowie Scheibendübel mit Zähnen Typ C1 und C10 nach Gl. (12.11)
13) Hirnholzverdübelung zur Übertragung von Auflagerkräften (Nebenträger an Hauptträger) nach Bild 12.7 und 12.8
14) Vollholz muss bei Herstellung der Verbindung eine Holzfeuchte $\omega < 20\%$ („trocken“) besitzen (gilt auch für andere Hölzer)

Verbindungen mit eingeklebten Stahlstäben 13

13.1 Überblick über Verbindungen mit eingeklebten Stahlstäben

Verbindungen mit eingeklebten Stahlstäben nach DIN EN 1995-1-1/NA: 2013-08, NCI NA.11.2 sind mechanische Verbindungen in Voll-, Brettschicht- und Balkenschichtholz sowie in Furnierschichtholz ohne Querfurniere (Querlagen). Sie übertragen in Richtung der Stahlstab-Längsachse Zug- oder Druckkräfte und können quer zur Stahlstab-Längsachse auf Abscheren beansprucht werden. Das Einkleben der Stahlstäbe kann in und rechtwinklig zur Faserrichtung des Holzes erfolgen. Der vorliegende Abschn. beschreibt die Anordnung, Tragfähigkeit und Bemessung eingeklebter Stahlstäbe als **eigenständige Verbindungsmittel**, die Kräfte von einem Holzbauteil in ein anderes Bauteil z.B. in Anschlüssen und Stößen oder von einem Holzbauteil in ein Fundament übertragen.

Eingeklebte Stahlstäbe werden auch zur **Verstärkung querzugbeanspruchter Bereiche** in gekrümmten Trägern, im Firstbereich von Satteldachträgern, in Ausklinkungen, Durchbrüchen und Queranschlüssen eingesetzt; die Bemessung dieser eingeklebten Stahlstäbe als Verstärkungselemente ist in den entsprechenden Abschn. 20 und 21 geregelt. Bild 13.1 zeigt Anwendungsbeispiele eingeklebter Stahlstäbe als Verstärkungselemente und als eigenständige Verbindungsmittel.

Den Verbindungen mit eingeklebten Stahlstäben stehen **Verbindungen mit Vollgewindeschrauben** mit vergleichbaren und erweiterten Einsatzmöglichkeiten nach Abschn. 11.8.4 gegenüber. Vollgewindeschrauben sind einfacher zu montieren, da sie oft selbstbohrend in das Holz eingedreht und nicht zeitaufwändiger verklebt werden.

H. Neuhaus · L. Peterson (✉)
e-mail: peterson@fh-aachen.de

H. Neuhaus, W. Moorkamp, L. Peterson, T. Uibel, *Ingenieurholzbau*,
DOI 10.1007/978-3-658-44967-4_13

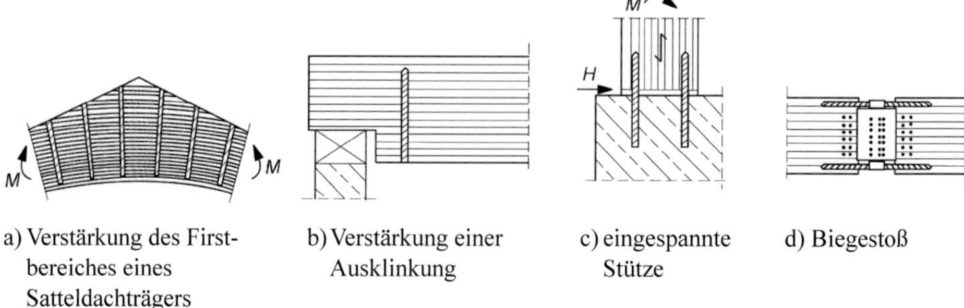

a) Verstärkung des Firstbereiches eines Satteldachträgers
b) Verstärkung einer Ausklinkung
c) eingespannte Stütze
d) Biegestoß

Bild 13.1 Anwendungsbeispiele für eingeklebte Stahlstäbe nach *Möhler/Hemmer* [355]

Als eingeklebte Stahlstäbe können **Gewindebolzen** (Gewindestangen) mit metrischem Gewinde nach DIN 976-1: 2016-09 und **Betonrippenstähle** nach DIN 488-1: 2009-08 mit Nenndurchmessern 6 mm $\leq d \leq$ 30 mm verwendet werden, sie besitzen die in Tabelle 13.1 angeführten Maße und Materialeigenschaften.

Bohrlöcher und Einkleben der Stahlstäbe im Holz
Die Bohrlöcher eingeklebter Stahlstäbe sind vor dem Verkleben z.B. mit Pressluft zu reinigen, s. DIN 1052-10: 2024-12, 7.3.1 (7), danach werden die gereinigten und entfetteten Stahlstäbe eingedreht oder eingeführt. Der Klebstoff darf durch Injizieren in den Hohlraum zwischen Stahlstab und Bohrlochwandung eingebracht werden, wenn der Stahlstab bereits in das Bohrloch eingesetzt ist. Alternativ darf der Stahlstab auch in das teilweise mit Kleber gefüllte Bohrloch eingeführt werden. Stets ist zu gewährleisten, dass der Hohlraum zwischen Stahlstab und Bohrlochwandung vollständig mit Kleber ausgefüllt ist, d.h. der Klebstoff muss nach Eindrehen oder Einführen der Stahlstäbe an der Oberkante der Bohrlöcher vorhanden sein.

Kleber für Verbindungen mit eingeklebten Stahlstäbe
Die verwendeten Kleber müssen einen bauaufsichtlichen Verwendbarkeitsnachweis besitzen, dessen Vorgaben zu berücksichtigen sind. Das Einkleben von Stahlstangen und Stahlstäben dürfen nur Betriebe mit der erforderlichen Eignung zum Kleben tragender Holzbauteile („Klebgenehmigung“ oder „Leimgenehmigung“) durchführen, für Stahlstangen und Stahlstäbe Betriebe mit der Bescheinigung B, s. Abschn. 6.2.4.

Holzfeuchten bei eingeklebten Stahlstäben
Die **Holzfeuchte ω beim Einkleben** der Stahlstäbe sollte etwa der zu erwartenden Gleichgewichtsfeuchte (Ausgleichsfeuchte) im Gebrauchszustand entsprechen, sie darf jedoch $\omega \leq 15\%$ nicht überschreiten, s. DIN 1052-10: 2024-12, 7.4.1(2), über Gleichgewichtsfeuchte s. Abschn. 7.5.3. Wird eine Holzfeuchte etwa $\omega < 10\%$ im Gebrauchszustand erwartet, sollte die Einklebefeuchte entsprechend geringer ausfallen.

Tabelle 13.1 Bezeichnungen, Werkstoffe, Durchmesser und Querschnitte von eingeklebten Stahlstäben der DIN EN 1995-1-1: 2013-08, NCI NA.11.2 nach Erläut. zu DIN 1052: 2004-08 [47], E 14.3.1, Tabelle 14/3 und 14/4

Gewindebolzen (Gewindestangen) mit metrischem Gewinde nach DIN 976-1: 2016-09			
Nenndurchmesser = Gewindeaußendurchmesser d	Kerndurchmesser d_k	Mittelwert aus Gewindeaußen- und Kerndurchmesser $0{,}5 \cdot (d + d_k)$	Spannungsquerschnitt A_s
in mm	in mm	in mm	in mm²
6	4,77	5,39	20,1
8	6,47	7,23	48,1
10	8,16	9,08	58,0
12	9,85	10,9	84,3
16	13,5	14,8	157
20	16,9	18,5	245
24	20,3	22,2	353
30	25,7	27,9	561
Festigkeitsklassen für Gewindebolzen (Gewindestangen): 4.8, 5.6, 5.8 und 8.8, über charakteristische Stahlfestigkeiten von Gewindestangen s. Tabelle 11.9, Gewindebolzen aus nichtrostendem Stahl und Nichteisenmetall s. DIN 976-1: 2016-09, Tabelle 2			
Gewindebolzenlängen[1]) in mm	80 bis 200: Stufung 10; 220 bis 500: Stufung 20; 1000, 2000, 3000		
Betonrippenstähle nach DIN 488-1: 2009-08			
Nenndurchmesser d	6, 8, 10, 12, 14, 16, 20, 25, 28 mm		
Betonstahlsorte	Charakteristische Zugfestigkeit $f_{u,k}$ in N/mm²	Charakteristische Streckgrenze $f_{y,k}$ in N/mm²	Spannungsquerschnitt A_s
B500B	540	500	mit Nenndurchmesser d: $A_s = \pi \cdot d^2/4$

[1]) Gewindebolzenlängen $l < 80$ mm s. DIN 976-1: 2016-09

Eingeklebte Stahlstäbe als Verbindungsmittel dürfen in allen drei Nutzungsklassen eingesetzt werden, über Nutzungsklassen s. Abschn. 7.3.1. Es wird jedoch empfohlen, sie nicht in Nutzungsklasse 3 ohne weitere bauliche Schutzmaßnahmen zu verwenden, um wahrscheinliche Trockenrissbildungen und zusätzliche Schubspannungen in der Klebfuge zwischen Holz und Stahlstab zu vermeiden, s. auch *Blaß* [39] und *Johansson* [242]. Im Sinne einer holzgerechten Konstruktion sollten bei bewitterten oder direkt wasserbeanspruchten Holzbauteilen mit eingeklebten Stahlstäben stets ein Holzschutz und ausreichende Abdeckungen nach Abschn. 5.2.4 aufgebracht werden, so dass die Verbindungen dauerhaft mindestens in Nutzungsklasse 2 oder besser kleiner darunter verbleiben, als Beispiele s. Bilder 5.7c und 7.1a, b. Darüber hinaus kann ein dauerhaft wirksamer Witterungsschutz aus umfassenden geeigneten Bekleidungen derartige Bauteile gegen zu große Holzfeuchteänderungen schützen.

Korrosionsschutz eingeklebter Stahlstäbe
Eingeklebte Stahlstäbe müssen in den Stahlteilen, die außerhalb des Holzes liegen, einen geeigneten Korrosionsschutz nach Abschn. 5.3 erhalten.

Zusammenwirken mehrerer Gewindebolzen (Gewindestangen)
Werden mehrere zusammenwirkende Gewindebolzen (Gewindestangen) in Richtung ihrer Stabachse beansprucht und mit einem anderen Bauteil z.B. einer Kopfplatte aus Stahl über Muttern verbunden, müssen die Muttern so angezogen werden, dass die Zugkräfte gleichmäßig auf die einzelnen Gewindestangen verteilt werden. Dazu kann ein Drehmomentenschlüssel alle Muttern mit gleichem Drehmoment anziehen, s. DIN 1052-10: 2024-12, 7.3.1(9) und *Erläut. zu DIN 1052: 2004-08* [47], E 14.3.1 (2).

Tragverhalten eingeklebter Stahlstäbe als Verbindungsmittel
Eingeklebte Stahlstäbe können auf Abscheren (quer zu ihrer Längsachse), auf Herausziehen bzw. Hineindrücken (in Richtung ihrer Längsachse) oder in einer Kombination von beiden beansprucht werden. Dazu dürfen die Stahlstäbe parallel und senkrecht zur Faserrichtung des Holzes eingeklebt sein, so dass verschiedene Beanspruchungsarten, der Winkel α zwischen Kraft- und Faserrichtung des Holzes sowie der Winkel β zwischen Längsachse des Stahlstabes und Faserrichtung des Holzes unterschieden werden müssen, s. Bild 13.2, danach sind für $\beta < 90°$ nur bestimmte Winkel α möglich.

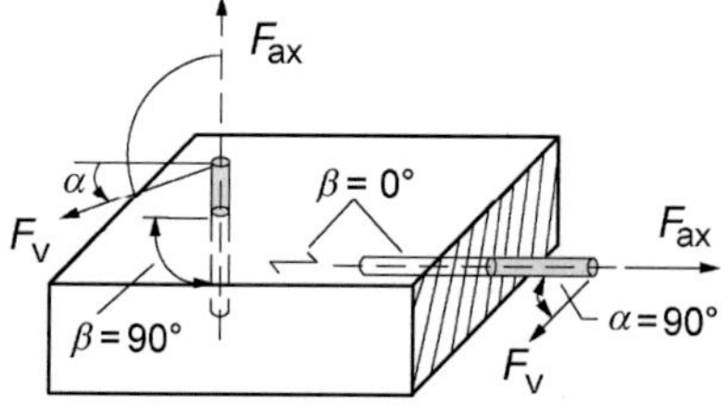

a) Definition der Winkel α und β

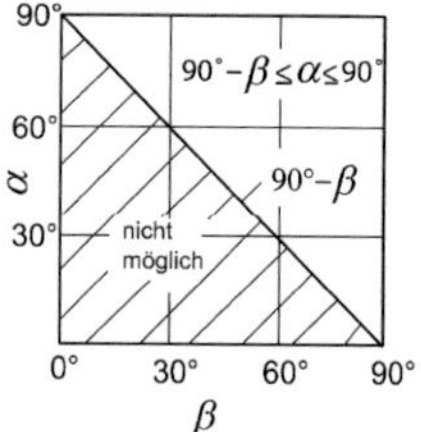

b) Mögliche Winkel α in Abhängigkeit vom Winkel β

Bild 13.2 Eingeklebte Stahlstäbe nach DIN EN 1995-1-1/NA: 2013-08, NCI NA.11.2; Definition der Winkel α und β nach *Erläut. zu DIN 1052: 2004-08* [47], E 14.3.1, Bild 14/6
α Winkel zwischen Kraft- und Faserrichtung des Holzes
β Winkel zwischen Längsachse des Stahlstabes und Faserrichtung des Holzes
F_v Beanspruchung (Kraft) auf Abscheren (quer zur Längsachse des Stahlstabes)
F_{ax} Beanspruchung (Kraft) auf Herausziehen (in Richtung der Längsachse des Stahlstabes)

Bei **Beanspruchung rechtwinklig zur Stahlstabachse (Abscheren)** ist die Tragfähigkeit eingeklebter Stahlstäbe vergleichbar mit derjenigen von Bolzen bzw. (nicht eingeklebten) Gewindestangen nach Abschn. 11.6, sie wird im Wesentlichen von der Lochleibungsfestigkeit bestimmt. Für rechtwinklig zur Faserrichtung eingeklebte Stahlstäbe liegt bedingt durch das Einkleben eine vergleichsweise erhebliche Steigerung der Lochleibungsfestigkeiten und Steifigkeit vor, während parallel zur Faserrichtung eingeklebte Stahlstäbe eine dazu wesentlich geringere, auf etwa ein Zehntel abfallende Lochleibungsfestigkeit besitzen, da quer zur Stahlstabachse einwirkende Kräfte (Abscheren) das Holz parallel zur Faser beanspruchen. Demnach dürfen Stahlstäbe, die in das Hirnholz, d.h. parallel zur Faserrichtung eingeklebt werden, zur Kraftübertragung auf Abscheren planmäßig, wenn auch nur gering, beansprucht werden, während andere in das Hirnholz eingebrachte stiftförmige Verbindungsmittel wie Nägel, Bolzen, Stabdübel und Holzschrauben rechnerisch nicht belastet werden dürfen.

Bei **Beanspruchung parallel zur Stahlstabachse (Herausziehen bzw. Hineindrücken)** ist die Tragfähigkeit eingeklebter Stahlstäbe vom Versagen des Stahlstabes, der Klebfuge bzw. des Holzes entlang der Bohrlochwandung und des Holzbauteiles (z.B. Zugbeanspruchung) abhängig. Da darüber hinaus die Beanspruchungen in diesen Bereichen und in den Fugen meist nicht gleichmäßig verteilt sind, sollte aufgrund dieses komplexen Zustandes für die Tragfähigkeit der gesamten Verbindung in Richtung der Stahlstabachse stets die Tragfähigkeit des Stahlstabes (Erreichen eines duktilen Verhaltens der Verbindung, wichtig für Kraftumlagerung bei mehreren Stäben) und nicht die Festigkeit des Holzes oder der Klebfuge maßgebend werden, s. *Blaß* [39]. Über andere stiftförmige Verbindungsmittel in Hirnholzflächen s. Abschn. 10.2.

Durch einzuhaltende **Mindestabstände** eingeklebter Stahlstäbe untereinander und von den Rändern wird das Spalten des Holzes verhindert. Darüber hinaus kann bei eingeklebten Stahlstäben, die in Richtung ihrer Stabachse auf Zug beansprucht werden, die **Zugfestigkeit** $f_{0,k}$ **des Holzes** parallel zur Faserrichtung erreicht werden, so dass der Nettoquerschnitt des Holzes im Bereich des eingeklebten Stahlstabes oder der Holzquerschnitt hinter dem Stahlstab auf Zug versagt. Deshalb wird beim Nachweis der Zugtragfähigkeit des Holzes derartig beanspruchter eingeklebter Stahlstäbe nur eine geringe rechnerisch wirksame Querschnittsfläche A_{ef} pro Stahlstab berücksichtigt. Der verwendete **Kleber** muss eine nachgewiesene Eignung für die vorliegenden Beanspruchungen besitzen, da z.B. Versagen zwischen Kleber und Stahlstabmantelfläche, zwischen Kleber und Holzoberfläche des Bohrloches oder innerhalb der Klebfuge sowie Kombinationen davon auftreten können. Die Profilierung der Stahlstäbe erhöht die Scherfestigkeit zwischen ausgehärtetem Kleber und Stahlstab.

Querschnittsschwächungen durch eingeklebte Stahlstäbe

Die Querschnittsschwächungen, die durch die Bohrlöcher eingeklebter Stahlstäbe in den Hölzern entstehen, sind nach Abschn. 8.3.3 und sinngemäß nach Tabelle 8.4 zu berücksichtigen.

Querzugnachweis bei Schräg- oder Queranschlüssen

Bei Verbindungsmittelanschlüssen, in denen Stäbe schräg oder rechtwinklig zur Faserrichtung durch eine Kraft oder Kraftkomponente beansprucht werden (Verbindungsmittelkräfte unter einem Winkel α zur Faserrichtung), ist im Allgemeinen ein Querzugnachweis nach Abschn. 21.3 zu führen, über Besonderheiten bei eingeklebten Stahlstäben s. Abschn. 13.3.

Über eingeklebte Stahlstäbe berichten *Aicher* [1], *Blaß* [39], *Gerold* [150], *Johansson* [242], *Möhler/Hemmer* [355] und *Riberholt* [426]. Über Fachwerkknoten mit eingeklebten Stahlstäben berichten *Blaß/Enders-Comberg* [50].

13.2 Eingeklebte Stahlstäbe bei Beanspruchung rechtwinklig zur Stabachse (Abscheren)

Charakteristische Tragfähigkeit $F_{v,Rk}$ und Bemessungswerte der Tragfähigkeit $F_{v,Rd}$ eingeklebter Stahlstäbe (Abscheren) nach DIN EN 1995-1-1/NA: 2013-08, NCI NA.11.2.2
Die **charakteristische Tragfähigkeit $F_{v,Rk}$** eingeklebter Stahlstäbe ist bei Beanspruchung rechtwinklig zur Stabachse (Abscheren) sinngemäß nach Abschn. 11.6.2 (dies entspricht den Angaben im Abschn. 11.5.2) wie für nicht eingeklebte Gewindestangen mit dem vereinfachten oder genaueren Nachweisverfahren zu berechnen, soweit im Folgenden nichts anderes angeführt ist. Der Durchmesser d zur Berechnung des charakteristischen Fließmomentes $M_{y,k}$ ist bei Gewindestangen (Gewindebolzen) mit dem Mittelwert aus Gewindeaußen- und Kerndurchmesser (nach DIN EN 1995-1-1/NA: 2013-08, NCI NA.8.5.3 (NA.5)) und bei Betonrippenstählen mit dem Nenndurchmesser nach Tabelle 13.1 einzusetzen, die charakteristischen Stahlfestigkeiten sind der gleichen Tabelle zu entnehmen.

Charakteristische Lochleibungsfestigkeiten eingeklebter Stahlstäbe (Abscheren)
Sind eingeklebte Stahlstäbe (Gewindestangen bzw. Gewindebolzen und Betonrippenstähle) auf Abscheren beansprucht und **rechtwinklig zur Faserrichtung eingeklebt,** dürfen die charakteristischen Lochleibungsfestigkeiten sinngemäß nach Abschn. 11.6.2 wie für nicht eingeklebte Gewindestangen (dies sind die gleichen Lochleibungsfestigkeiten wie für Stabdübel nach Abschn. 11.5.2, Tabelle 11.3) eingesetzt und um 25% erhöht werden, während **bei parallel zur (in) Faserrichtung eingeklebten** Stahlstäben nur 10% der entsprechenden Lochleibungsfestigkeiten von rechtwinklig zur Faser eingeklebten Stahlstäben rechnerisch zu berücksichtigen sind, s. auch Abschn. 13.1.

Liegt der **Winkel β zwischen Stahlstabachse und Faserrichtung** des Holzes nach Bild 13.2a zwischen $0° \leq \beta < 90°$, darf die charakteristische Lochleibungsfestigkeit $f_{h,\beta,k}$ durch lineare Interpolation bestimmt werden, hierzu gibt *Erläut. zu DIN 1052: 2004-08* [47], E 14.3.2 (6) die Gl. (13.1) an. Dabei ist zu beachten, dass für $\beta < 90°$ nur bestimmte Winkel α möglich sind, s. Bild 13.2b.

$$f_{h,\beta,k} = \max\left\{0{,}125 \cdot f_{h,0,k} \quad \text{oder} \quad \frac{1{,}25 \cdot (0{,}1 + 0{,}01 \cdot \beta)}{k_{90} \cdot \sin^2 \alpha + \cos^2 \alpha} \cdot f_{h,0,k}\right\} \tag{13.1}$$

α Winkel zwischen Kraft- und Faserrichtung des Holzes nach Bild 13.2

β Winkel zwischen Längsachse des Stahlstabes und Faserrichtung des Holzes nach Bild 13.2, für $\beta < 90°$ sind nur bestimmte Winkel α möglich

$f_{h,0,k}$ charakteristische Lochleibungsfestigkeit eingeklebter Stahlstäbe nach Abschn. 11.5.2, Tabelle 11.3, errechnet wie für Stabdübel

$f_{h,\beta,k}$ charakteristische Lochleibungsfestigkeit eingeklebter Stahlstäbe für $0° \leq \beta < 90°$ in Abhängigkeit vom Winkel α und β

k_{90} Beiwert für Nadel-, Laub- oder Furnierschichtholz nach Abschn. 11.5.2, Tabelle 11.3

Eine **ausmittige Beanspruchung *e* eingeklebter Stahlstäbe** bezogen auf die Holzoberfläche nach Bild 13.3 ist bei der Tragfähigkeit der Verbindung zu berücksichtigen. In *Erläut. zu DIN 1052: 2004-08* [47], E 14.3.2 (7) sind hierzu die charakteristischen Tragfähigkeiten dreier möglicher Versagensfälle angegeben.

Mindestabstände rechtwinklig zur Stabachse beanspruchter Stahlstäbe (Abscheren)
Die Mindestabstände eingeklebter Stahlstäbe, die rechtwinklig zur Stabachse beansprucht sind, können Tabelle 13.2 und Bild 13.3 entnommen werden. Bei eingeklebten, auf Abscheren beanspruchten Stahlstäben müssen folgende Mindestabstände unterschieden werden: Mindestabstände für rechtwinklig zur Faserrichtung eingeklebte Stahlstäbe, die denen auf

Tabelle 13.2 Mindestabstände von rechtwinklig zur Stabachse beanspruchten eingeklebten Stahlstäben nach DIN EN 1995-1-1/NA: 2013-08, NCI NA.11.2.2, Tabelle NA.22[1])

Bezeichnungen	Benennung der Bezeichnungen	Mindestabstände
Parallel zur (in) Faserrichtung eingeklebte Stahlstäbe nach Bild 13.3		
a_2	untereinander	$5 \cdot d$
$a_{2,t}$	vom beanspruchten Rand	$4 \cdot d$
$a_{2,c}$	vom unbeanspruchten Rand	$2{,}5 \cdot d$
Rechtwinklig zur Faserrichtung eingeklebte Stahlstäbe sinngemäß nach Bild 10.5		
	Mindestabstände nach Tabelle 11.5 (wie für Stabdübel)	

[1]) Hierin bedeuten:
d Nenndurchmesser der Stahlstäbe, s. Tabelle 13.1
$6 \text{ mm} \leq d \leq 30 \text{ mm}$

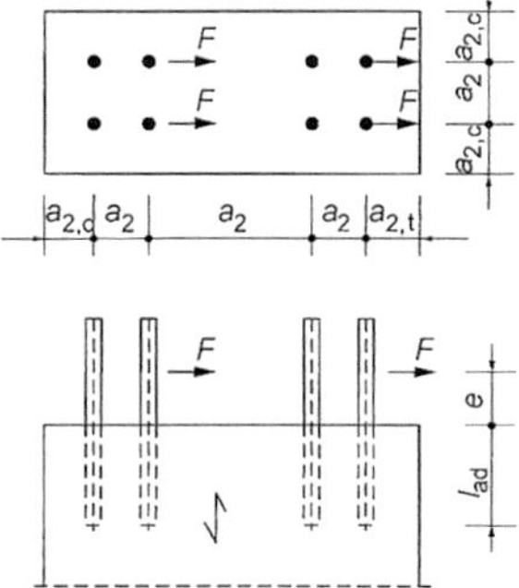

Bild 13.3 Definition der Mindestabstände rechtwinklig zur Stabachse beanspruchter Stahlstäbe, die parallel zur (in) Faserrichtung eingeklebt sind, nach DIN EN 1995-1-1/NA: 2013-08, NCI NA.11.2.2, Bild NA.19

Abscheren beanspruchter Stabdübel oder Passbolzen nach Abschn. 11.5.2, Tabelle 11.5 entsprechen, und Mindestabstände für parallel zur (in) Faserrichtung eingeklebte Stahlstäbe nach Tabelle 13.2.

Kombinierte Beanspruchung eingeklebter Stahlstäbe
Bei gleichzeitiger Beanspruchung eingeklebter Stahlstäbe auf Abscheren und Herausziehen ist der Interaktionsnachweis sinngemäß nach Abschn. 11.7.4 einzuhalten. Ein Berechnungsbeispiel hierzu ist in *Erläut. zu DIN 1052: 2004-08* [47], E 14.3.4 enthalten.

13.3 Eingeklebte Stahlstäbe bei Beanspruchung in Richtung der Stabachse (Herausziehen oder Hineindrücken)

Bemessungswerte der Tragfähigkeit eingeklebter Stahlstäbe (Herausziehen)
nach DIN EN 1995-1-1/NA: 2013-08, NCI NA.11.2.3
Der Nachweis der Tragfähigkeit eingeklebter Stahlstäbe, die in Richtung der Stabachse beansprucht werden, sollte drei Versagensmechanismen beinhalten: Versagen des Stahlstabes, Versagen der Klebfuge bzw. des Holzes entlang der Bohrlochwandung und Versagen des Holzteils. Der Nachweis kann nach Tabelle 13.3 erfolgen. Der dort angeführte **Bemessungswert des Herausziehwiderstandes $F_{ax,Rd}$** eingeklebter Stahlstäbe wird als kleinerer Wert des Bemessungswertes aus dem Versagens des Stahlstabes $F_{ax,S,Rd}$ und aus dem Versagen der Klebfuge $F_{ax,F,Rd}$ bestimmt, jedoch sollte aufgrund des in Abschn. 13.1 näher beschriebenen komplexen Tragverhaltens stets der Bemessungswert $F_{ax,S,Rd}$ für das Versagen des Stahlstabes maßgebend werden (auch wenn der Bemessungswert $F_{ax,F,Rd}$ für das Versagen der Klebfuge günstiger ist), demnach sollte $F_{ax,S,Rd} < F_{ax,F,Rd}$ eingehalten werden, um eine ausreichend sichere Tragfähigkeit der Verbindung zu gewährleisten, s. DIN EN 1995-1-1/NA: 2013-08, NCI NA.11.2.3 (NA.2) und Empfehlung nach *Erläut. zu DIN 1052: 2004-08* [47], E 14.3.3.

Der **Nachweis der Verbindung** ist sinngemäß nach Abschn. 11.7.3, Gl. (11.28) zu führen, zusätzlich wird der **Nachweis der Stahlstäbe** nach DIN EN 1993-1-1: 2010-12 mit dem Bemessungswert der Tragfähigkeit $F_{ax,St,Rd}$ (Zug) erforderlich, s. Tabelle 13.3. Darüber hinaus ist die **Mindesteinkleblänge $l_{ad,min}$** des Stahlstabes, die nach Tabelle 13.3 berechnet werden kann, stets einzuhalten, um die Tragfähigkeit des Herausziehwiderstandes $F_{ax,Rd}$ zu gewährleisten.

Nachweis der Zugspannung im Holz am Ende des Stahlstabes
Bei zugbeanspruchten Stahlstäben, die parallel zur (in) Faserrichtung eingeklebt sind, ist die Zugspannung im Holz am Ende des Stahlstabes mit der maximal wirksamen Querschnittsfläche des Holzes Aef,max je Stahlstab nach Tabelle 13.3 nachzuweisen. Diese rechnerisch anzusetzende maximal wirksame Querschnittsfläche darf nicht überschritten werden, da die Kraftausbreitung in Faserrichtung gering ist. Darüber hinaus sollte bei Anordnung von mehreren Stahlstäben zu einer Stahlstabgruppe nachgewiesen werden, dass die gesamte Zugkraft, die diese Stahlstabgruppe in Richtung ihrer Stabachsen überträgt,

Tabelle 13.3 Bemessungswerte des Herausziehwiderstandes $F_{ax,Rd}$ und Nachweis eingeklebter Stahlstäbe bei Beanspruchung in Richtung der Stabachse nach DIN EN 1995-1-1/NA: 2013-08, NCI NA 11.2.3[1])

<table>
<tr><td colspan="2">Bemessungswert des Herausziehwiderstandes $F_{ax,Rd}$ eingeklebter Stahlstäbe[2])</td></tr>
<tr><td colspan="2">$F_{ax,Rd} = \min\{f_{y,d} \cdot A_{ef}$ oder $\pi \cdot d \cdot l_{ad} \cdot f_{k1,d}\}$
besteht aus den einzelnen Versagensmechanismen:
Versagen des Stahlstabes: $F_{ax,S,Rd} = f_{y,d} \cdot A_{ef}$ und der Klebfuge: $F_{ax,F,Rd} = \pi \cdot d \cdot l_{ad} \cdot f_{k1,d}$</td></tr>
<tr><td colspan="2">Bemessungswerte</td></tr>
<tr><td>der Streckgrenze des Stahles[3])</td><td>der Klebfugenfestigkeit</td></tr>
<tr><td>$f_{y,d}$ Bemessungswert der Streckgrenze nach DIN EN 1993
$= f_{y,k} / \gamma_{M2}$
$f_{y,k}$ charakteristische Streckgrenze nach Tabelle 13.1
γ_{M2} Teilsicherheitsbeiwert nach DIN EN 1993
$= 1{,}25$</td><td>$f_{k1,d} = k_{mod} \cdot f_{k1,k}/\gamma_{M,H}$
$\gamma_{M,H}$ Teilsicherheitsbeiwert für Holz nach Tabelle 8.2:
$= 1{,}3$
k_{mod} Modifikationsbeiwert nach Abschn. 7.4.1
$f_{k1,k}$ charakteristische Klebfugenfestigkeit nach Abschn. 7.2.3</td></tr>
<tr><td colspan="2">Bemessungswert der Tragfähigkeit Fax,St,Rd eingeklebter Stahlstäbe nach DIN EN 1993-1-1: 2010-12</td></tr>
<tr><td>des Stahlstabes auf Zug[3])</td><td>der Zugfestigkeit des Stahles</td></tr>
<tr><td>$F_{ax,St,Rd} = A_s \cdot f_{u,d}$</td><td>$f_{u,d} = 0{,}9 \cdot f_{u,k}/\gamma_{M2}$
$f_{u,k}$ charakteristische Zugfestigkeit des Stahlstabes nach Tabelle 13.1
γ_{M2} Teilsicherheitsbeiwert nach DIN EN 1993
$= 1{,}25$</td></tr>
<tr><td colspan="2">Mindest-Einkleblänge des Stahlstabes $l_{ad,min}$</td></tr>
<tr><td colspan="2">$l_{ad,min} = \max\{0{,}5 \cdot d^2$ oder $10 \cdot d\}$ d Nenndurchmesser des Stahlstabes in mm, s. Tabelle 13.1</td></tr>
<tr><td colspan="2">Nachweis der Zugspannung im Holz am Ende des Stahlstabes mit der wirksamen Querschnittsfläche des Holzes $A_{ef,max}$[3])</td></tr>
<tr><td colspan="2">bei parallel zur (in) Faserrichtung eingeklebten Stahlstäben, die auf Zug beansprucht werden:
$A_{ef,max} = 36 \cdot d^2$ $A_{ef,max}$ wirksame Querschnittsfläche des Holzes pro Stahlstab, die höchstens rechnerisch angesetzt werden darf</td></tr>
</table>

[1]) Hierin bedeuten:

$f_{y,d}$ Bemessungswert der Streckgrenze des Stahlstabes
$f_{k1,d}$ Bemessungswert der Klebfugenfestigkeit
A_{ef} Spannungsquerschnitt A_s für Gewindestangen oder Betonrippenstahl nach Tabelle 13.1
A_s Spannungsquerschnitt des Stahlstabes nach Tabelle 13.1
d Nenndurchmesser des Stahlstabes, s. Tabelle 13.1, $6\text{ mm} \le d \le 30\text{ mm}$
l_{ad} Einkleblänge des Stahlstabes, Mindesteinkleblänge $l_{ad,min}$ nach Tabelle 13.3

[2]) aufgrund des komplexen Tragverhaltens sollte jedoch stets der Bemessungswert $F_{ax,S,Rd}$ für das Versagen des Stahlstabes maßgebend werden, demnach sollte $F_{ax,S,Rd} < F_{ax,F,Rd}$ eingehalten werden, s. DIN EN 1995-1-1/NA: 2013-08, NCI NA.11.2.3 (NA.2) und Empfehlung nach *Erläut. zu DIN 1052: 2004-08* [47], E 14.3.3

[3]) bei einer Stahlstabgruppe kann auch der Zugspannungsnachweis für die gesamte übertragbare Kraft in der wirksamen Holzfläche der Stahlstabgruppe maßgebend werden, s. DIN EN 1995-1-1/NA: 2013-08, NCI NA.11.2.3 (NA.6) und *Erläut. zu DIN 1052: 2004-08* [47], E 14.3.3 (7)

kleiner ist als die Zugtragfähigkeit des Holzes bezogen auf die wirksame Holzfläche der Stahlstabgruppe, s. DIN EN 1995-1-1/NA: 2013-08, NCI NA.11.2.3 (NA.6), Erläut. zu DIN 1052: 2004-08 [47], E 14.3.3 (7) und Johansson [242].

Nachweis der Tragfähigkeit für druckbeanspruchte eingeklebte Stahlstäbe
Bei sehr hoher Druckbeanspruchung eingeklebter Stahlstäbe in Richtung der Längsachse besteht die Möglichkeit des Knickens der Stahlstäbe. Deshalb wird empfohlen, einen Knicknachweis für eingeklebte Stahlstäbe, die in Richtung ihrer Längsachse druckbeansprucht sind, dann zu führen, wenn durch eine Druckspannung ein Bemessungswert über 300 N/mm^2 auftritt, s. *Blaß* [39].

Mindestabstände von in Richtung der Stabachse beanspruchten, eingeklebten Stahlstäben
Die Mindestabstände eingeklebter Stahlstäbe, die in Richtung der Stabachse beansprucht sind, können Tabelle 13.4 und Bild 13.4 entnommen werden. Bei eingeklebten, auf Herausziehen oder Hineindrücken beanspruchten Stahlstäben müssen Mindestabstände für rechtwinklig zur Faserrichtung und parallel zur (in) Faserrichtung eingeklebte Stahlstäbe unterschieden werden.

Kombinierte Beanspruchung eingeklebter Stahlstäbe

Tabelle 13.4 Mindestabstände von in Richtung der Stabachse beanspruchten eingeklebten Stahlstäben nach DIN EN 1995-1-1/NA: 2013-08, NCI NA.11.2.3, Tabelle NA.23[1])

Bezeichnungen	Benennung der Bezeichnungen	Mindestabstände
Parallel zur (in) Faserrichtung eingeklebte Stahlstäbe nach Bild 13.4a		
a_2	untereinander	$5 \cdot d$
$a_{2,c}$	vom unbeanspruchten Rand	$2{,}5 \cdot d$
Rechtwinklig zur Faserrichtung eingeklebte Stahlstäbe nach Bild 13.4b		
a_1	untereinander in Faserrichtung	$4 \cdot d$
a_2	untereinander ⊥ zur Faserrichtung	$4 \cdot d$
$a_{1,c}$	vom unbeanspruchten Hirnholzende	$2{,}5 \cdot d$
$a_{2,c}$	vom unbeanspruchten Rand	$2{,}5 \cdot d$

[1]) Hierin bedeuten:
d Durchmesser der Stahlstäbe, s. Tabelle 13.1,
6 mm $\leq d \leq$ 30 mm

Bei gleichzeitiger Beanspruchung eingeklebter Stahlstäbe auf Abscheren und Herausziehen ist der Interaktionsnachweis sinngemäß nach Abschn. 11.7.4 einzuhalten. Ein Berechnungsbeispiel hierzu ist in *Erläut. zu DIN 1052: 2004-08* [47], E 14.3.4 enthalten.

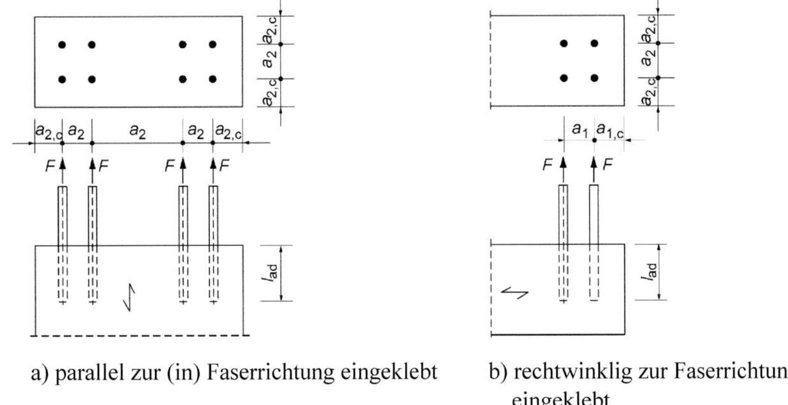

a) parallel zur (in) Faserrichtung eingeklebt b) rechtwinklig zur Faserrichtung eingeklebt

Bild 13.4 Definition der Mindestabstände von in Richtung der Stabachse beanspruchten eingeklebten Stahlstäben nach DIN EN 1995-1-1/NA: 2013-08, NCI NA.11.2.3, Bild NA.20

Querzugnachweis bei Schräg- oder Queranschlüssen

Bei Verbindungsmittelanschlüssen, in denen Stäbe schräg oder rechtwinklig zur Faserrichtung durch eine Kraft oder Kraftkomponente beansprucht werden (Verbindungsmittelkräfte unter einem Winkel α zur Faserrichtung), ist im Allgemeinen ein Querzugnachweis nach Abschn. 21.3 zu führen. Bei Queranschlüssen eingeklebter Stahlstäbe mit einer Verbindungsmittelspalte ist der Querzugnachweis nach Tabelle 21.7 zu berechnen mit h_e als projizierte Einklebelänge $h_e = l_{ad} \cdot \sin \alpha$ sowie l_{ad} als Einkleblänge und α als Winkel nach dem Bild in Tabelle 21.7, s. DIN EN 1995-1-1/NA: 2013-08, NCI NA.11.2.3 (NA.7). Bei Queranschlüssen eingeklebter Stahlstäbe mit mehreren Verbindungsmittelspalten ist sinngemäß nach Tabelle 21.8 zu verfahren. Bei beiden Querzugnachweisen kann das Ende des Stahlstabes als gefährdeter Bereich (oder gefährdete Fuge) angenommen werden, auf den der Abstand h_e (projizierte Einkleblänge) bezogen wird.

Zimmermannsmäßige Verbindungen 14

14.1 Verbindungen mit Versätzen

Versätze sind „alte" zimmermannsmäßige Holzverbindungen, die nur Druckkräfte übertragen können. Sie werden neben den Zapfen, s. Abschn. 14.2, und Holznägeln, s. Abschn. 14.3, als einzige traditionelle Zimmermannsverbindung in DIN EN 1995-1-1/NA: 2013-08, NCI NA.12 behandelt. Weitere zimmermannsmäßige Holzverbindungen sind das Blatt, der Kamm und die Klaue oder Kerve, die in teilweise unterschiedlichen Formen oder Mischformen auch heute noch als handwerkliche Verbindungen genutzt werden. Von der Vielzahl der „alten" Versätze werden derzeit vorwiegend noch der Stirn-, Brust- und der Fersenversatz als einfache Versätze eingesetzt, von den doppelten Versätzen der Stirn- Fersenversatz, s. Tabelle 14.1.

Die Kraftübertragung geschieht über Flächenpressung (Kontakt) in den Druckflächen der Hölzer. Versätze sind stets in ihrer Lage zu sichern, s. unten, sie werden zum Anschluss von „schrägen" Druckstäben verwendet, z.B. bei Fachwerkstäben zum Anschluss von Füllstäben an Gurthölzer, bei Kopfbändern und Streben; ihre Kenntnis wird auch in zunehmendem Maße für die Sanierung und Erhaltung älterer Bauwerke notwendig.

Kraftübertragung in Versätzen

Die Kraftübertragung in Versätzen kann rechnerisch ermittelt werden im Gegensatz zu den Versätzen des „alten" Zimmermanns, der nur Erfahrungswerte besaß. Sie wird am Beispiel des Stirnversatzes näher beschrieben wie bereits u.a. auch von *Dröge/Stoy* [107], *Heimeshoff* [209] und *Troche* [506], [508], [509].

Die übertragbare Druckkraft eines Versatzes ist abhängig von der charakteristischen Druckfestigkeit $f_{c,\alpha,k}$ des Holzes in Abhängigkeit vom Kraft-Faserwinkel α in den geneigten

H. Neuhaus · L. Peterson (✉)
e-mail: peterson@fh-aachen.de

H. Neuhaus, W. Moorkamp, L. Peterson, T. Uibel, *Ingenieurholzbau*,
DOI 10.1007/978-3-658-44967-4_14

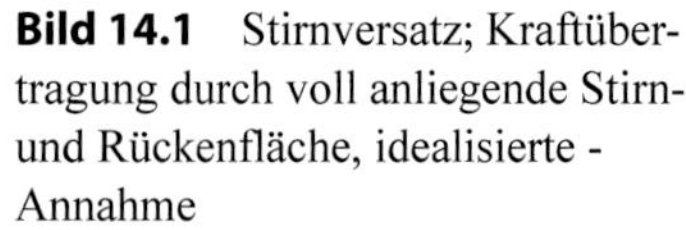

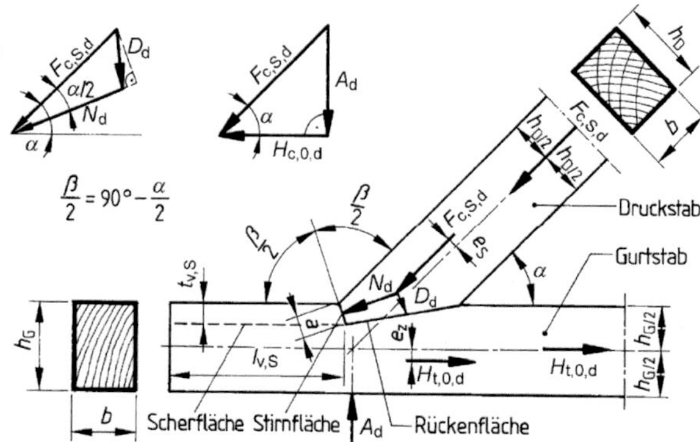

Bild 14.1 Stirnversatz; Kraftübertragung durch voll anliegende Stirn- und Rückenfläche, idealisierte - Annahme

Versatzflächen und den entsprechenden Flächen des Last aufnehmenden Stabes sowie von der Größe der Versatzflächen. Weiterhin ist die charakteristische Schubfestigkeit (Scherfestigkeit) $f_{v,k}$ des Holzes maßgebend, um die horizontale Druckkraftkomponente in der Scherfläche der Vorholzlänge des Last aufnehmenden Stabes aufzunehmen. Für die folgenden Betrachtungen werden jeweils die Bemessungswerte der Kräfte, Kraftkomponenten und Festigkeiten angeführt.

Die Kraftübertragung bei Versätzen wird am Beispiel eines Stirnversatzes erläutert. Nach Bild 14.1 wird die zu übertragende Druckkraft $F_{c,S,d}$ des Stirnversatzes (Fußzeiger S für Stirnversatz) in die Komponenten N_d und D_d aufgeteilt, die jeweils senkrecht auf die **Stirn- und Rückenfläche** wirken. Durch Schwinden des Holzes senkrecht zur Faser, durch unvermeidbare Ungenauigkeiten bei der Herstellung und auch durch geringes Verdrehen der Stäbe unter Last können sich die Versatzflächen öffnen; besonders in der Rückenfläche entsteht eine größere klaffende Fuge, so dass die Kraftübertragung nach Bild 14.1 als idealisierte Annahme angesehen werden muss.

Die zu übertragende Druckkraft $F_{c,S,d}$ wird deshalb in der Regel rechnerisch nur in der Stirnfläche nach Bild 14.2 durch die Normalkraft N_d und die Schubkraft T_d übertragen; dadurch vergrößert sich der ausmittige Anschluss e_s von $F_{c,S,d}$ gegenüber dem Anschluss nach Bild 14.1. Bei der Bemessung wird nur die Normalkraft N_d in Rechnung gestellt. Die Schubkraft T_d wird durch Reibung in der Stirnfläche (Reibkraft über kurze Fläche) oder in einem anderen Rechenmodell über den vorderen Teil der Rückenfläche übertragen; sie braucht rechnerisch im Allgemeinen nicht nachgewiesen zu werden, da die zur Kraftübertragung zur Verfügung stehende Teil-Rückenfläche meist ausreichend groß ist.

Die günstigste Neigung der Stirnfläche liegt bei Halbierung des stumpfen Anschlusswinkels β vor, s. Bild 14.2; dies führt zum kleinsten Wert für den Winkel $\alpha/2$ zwischen Kraft- und Faserwinkel (hier ist α der Anschlusswinkel zwischen den Stäben), damit zur größten Druckfestigkeit $f_{c,\alpha,d}$ und zur geringsten Einschnitttiefe $t_{v,S}$ bzw. zur geringsten Querschnittsschwächung des Last aufnehmenden Gurtstabes. Die aufnehmbare Druckspannung in der Stirnfläche nach Bild 14.2 kann für die Druckkraftkomponente N_d nach Gl. (14.1) errechnet werden; mit den Gl. (14.2) und (14.3) wird diese aufnehmbare Druckspannung in der Stirnfläche auf die zu übertragende Druckkraft $F_{c,S,d}$ und die notwendige

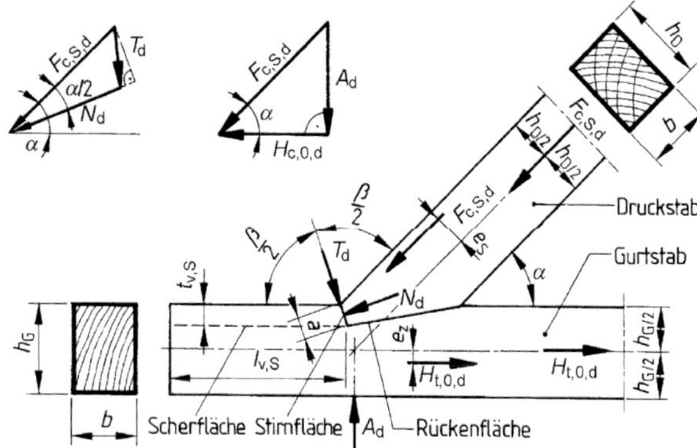

Bild 14.2 Stirnversatz; Kraftübertragung nur durch die Stirnfläche

Einschnitttiefe $t_{v,S}$ bezogen. Die Ausmitte e_S, mit der die Druckkraft $F_{c,S,d}$ im Bereich des Stirnversatzes angeschlossen wird, kann nach Gl. (14.5) ermittelt werden.

$$\sigma_{c,\alpha/2,d} = \frac{N_d}{a \cdot b} \tag{14.1}$$

$$N_d = F_{c,S,d} \cdot \cos(\alpha/2) \tag{14.2}$$

$$a = t_{v,S}/\cos(\alpha/2) \tag{14.3}$$

$$\sigma_{c,\alpha/2,d} = \frac{F_{c,S,d} \cdot \cos^2(\alpha/2)}{t_{v,S} \cdot b} \tag{14.4}$$

$$e_S = 0{,}5 \cdot (h_D - t_{v,S}) \tag{14.5}$$

mit Bezeichnungen der Bilder 14.1 und 14.2

Der Last aufnehmende Gurtstab wird in der Scherfläche nach Bild 14.3 auf Abscheren beansprucht. Die Schubspannungen in dieser **Vorholzfläche** (Scherfläche) sind nach Bild 14.3 ungleichmäßig verteilt, ihr größter Wert liegt im Bereich der Stirnfläche und geht mit zunehmender Vorholzlänge gegen Null. Für praktische Berechnungen kann jedoch näherungsweise eine gleichmäßige Verteilung der Schubspannungen in der Scherfläche nach Gl. (14.6) angenommen werden. Als Querschnittsbreite ist in den Schubnachweisen für das Vorholz des Last aufnehmenden (eingeschnittenen) Gurtstabes anstatt der vorhandenen Breite b die wirksame Breite b_{ef} nach Abschn. 18.1 mit $b_{ef} = k_{cr} \cdot b$ einzusetzen, um den Einfluss von (Trocken-)Rissen zu berücksichtigen, s. DIN EN 1995-1-1/NA: 2013-08, NCI NA.12.1 (NA.4).

Die rechnerisch erforderliche Vorholzlänge $l_{v,S}$ sollte einen maximalen Wert von $l_{v,S,max} = 8 \cdot t_{v,S}$ nicht überschreiten, da am Ende dieser rechnerischen Scherfläche die

Bild 14.3 Schubspannungsverteilung (Abscheren) in der Vorholzfläche eines Stirnversatzes nach *Troche* [507]

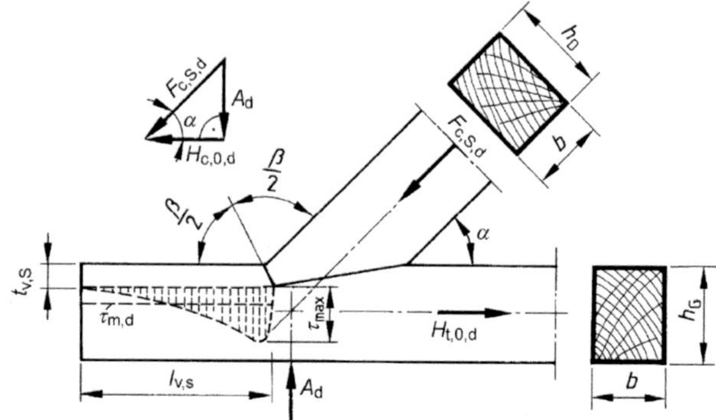

Schubspannungen bereits gegen Null gehen. Die erforderliche Vorholzlänge kann nach Gl. (14.8) mit der Horizontalkomponente $H_{c,0,d}$, die auf die Scherfläche im Last aufnehmenden Gurtstab wirkt, bestimmt werden. Nach *Heimeshoff* [209] sollte die Vorholzlänge bei allen Versätzen mit 20 cm $\leq l_v \leq 8 \cdot t_v$ in Rechnung gestellt werden; die Mindestvorholzlänge von $l_{v,min} \geq 20$ cm ist aufgrund evtl. auftretender Schwind-(Trocken-)risse im Bereich der Scherfläche und der Spaltgefahr des Holzes zu wählen.

$$\tau_{m,d} = \tau_d = \frac{H_{c,0,d}}{l_{v,S} \cdot b_{ef}} \tag{14.6}$$

$$H_{c,0,d} = F_{c,S,d} \cdot \cos(\alpha) \tag{14.7}$$

Bei Versätzen werden oft keine **Bemessungswerte der Tragfähigkeiten**, sondern aus praktischen Gründen die erforderlichen Vorholzlängen $l_{v,S}$ und Einschnitttiefen $t_{v,S}$ errechnet, die bei der Herstellung der Versätze benötigt werden; beide Werte sind für den Stirnversatz nach Gl. (14.8) und (14.9) zu berechnen und auch in Tabelle 14.1 angeführt mit $f_{v,d}$ als Bemessungswert der Schubfestigkeit und $f_{c,\alpha/2,d}$ als Bemessungswert der Druckfestigkeit für den Kraft-Faserwinkel α bzw. $\alpha/2$ nach Tabelle 14.1; Gl. (14.9) wird durch einfache Umstellung aus Gl. (14.4) für die erforderlichen Einschnitttiefen $t_{v,s}$ bei Stirnversätzen ermittelt.

Vorholzlänge $l_{v,S}$ des Stirnversatzes

$$l_{v,S} = \frac{F_{c,S,d} \cdot \cos\alpha}{b_{ef} \cdot f_{v,d}} \tag{14.8}$$

Einschnitttiefe $t_{v,S}$ des Stirnversatzes

$$t_{v,S} = \frac{F_{c,S,d} \cdot \cos^2(\alpha/2)}{b \cdot f_{c,\alpha/2,d}} \tag{14.9}$$

Über Berechnung und Konstruktion von **Versätzen** berichten *Dröge/Stoy* [107], *Ehlbeck/Kromer* [120], *Fonrobert* [136], *Fritzen/Hemmer/Hinkes/Kessel/König/Kuhlenkamp/Speich/Steinmetz* [142], *Heimeshoff* [209], *Krabbe* [272], *Lehmann/Stolze* [305] und *Tro-*

che [507]. In *Becker/Rautenstrauch* [19], *Colling* [94], [96], *Lißner/Felkel/Hemmer/Kuhlenkamp/Radovic/Rug/Steinmetz* [313], *Nebgen/Peterson* [375] und *Steck/Nebgen* [491] sind tabellarische Angaben zur Bemessung von Versätzen enthalten. Über die Entwicklung von Treppenversätzen s. *Blaß/Enders-Comberg* [50]. **Zimmermannsmäßige Verbindungen** und Anderes **in historischen Holztragwerken** untersuchen *Köck/Holzer* [257] und *Meisel/Bogensperger/Moosbrugger/Schickhofer* [324].

Erforderliche Einschnitttiefen t_v, Vorholzlängen l_v und Ausmitten e von Versätzen
Die erforderlichen Einschnitttiefen t_v, Vorholzlängen l_v und Ausmitten e von Stirn-, Brust-, Fersen- und Stirn-Fersen-Versätzen (doppelter Versatz) aus Voll-, Brettschicht- und Balkenschichtholz sowie aus Furnierschichtholz ohne Querlagen (Querfurniere) können nach Tabelle 14.1 berechnet werden. Sollen jedoch die **Nachweise der Druck- und Schubbeanspruchungen** dieser Versätze nach Gl. (14.10) und (14.11) geführt werden, sind die Bemessungswerte der Druckspannungen sinngemäß nach Gl. (14.4) und die Bemessungswerte der Schubspannungen nach Gl. (14.6) einzusetzen; dazu ist in Gl. (14.4) bei Fersenversätzen der Winkel α und bei Brust- und Stirnversätzen der Winkel $\alpha/2$ mit α als Anschlusswinkel zu berücksichtigen.

Bei Versätzen wird der Bemessungswert der Druckfestigkeit $f_{c,\alpha,d}$ in Abhängigkeit vom Kraft-Faserwinkel α abweichend von den Angaben des Abschn. 16.1.3 nach Tabelle 14.1 ermittelt.

Nachweis der Druckbeanspruchung in den Versatzflächen

$$\frac{\sigma_{c,\alpha,d}}{f_{c,\alpha,d}} \leq 1 \tag{14.10}$$

Nachweis der Schubbeanspruchung in der Scherfläche des Last aufnehmenden Trägers

$$\frac{\tau_d}{f_{v,d}} \leq 1 \tag{14.11}$$

$f_{c,\alpha,d}$ Bemessungswert der Druckfestigkeit der Versatzflächen (Stirnflächen) in Abhängigkeit vom Kraft-Faserwinkel α nach Tabelle 14.1

$f_{v,d}$ Bemessungswert der Schubfestigkeit im Last aufnehmenden Träger nach Gl. (8.5)

$\sigma_{c,\alpha,d}$ Bemessungswert der Druckspannung in den Versatzflächen (Stirnflächen) sinngemäß nach Gl. (14.4), in der der Winkel α für den Fersenversatz und der Winkel $\alpha/2$ für den Brust- und Stirnversatz einzusetzen sind

τ_d Bemessungswert der Schubspannungen in der Scherfläche des Last aufnehmenden Trägers sinngemäß nach Gl. (14.6)

Stirn- und Brustversatz besitzen eine höhere Tragfähigkeit als der Fersenversatz, der Stirn-Fersenversatz als doppelter Versatz überträgt die Tragfähigkeiten der beiden einzelnen Versätze. Bei der Montage des Stirn-Fersenversatzes (doppelter Versatz) ist besonders auf eine passgenaue Herstellung der beiden Kontaktflächen zur Kraftübertagung zu achten, kleine

Tabelle 14.1 Einschnitttiefen t_v, Vorholzlängen l_v und Ausmitten e von Versätzen nach DIN EN 1995-1-1/NA: 2013-08, NCI NA.12.1[1][2][4]

<table>
<tr><th>Versätze</th><th>Bemessung für t_v und l_v</th></tr>
<tr><td colspan="2">Stirnversatz (S)</td></tr>
<tr><td>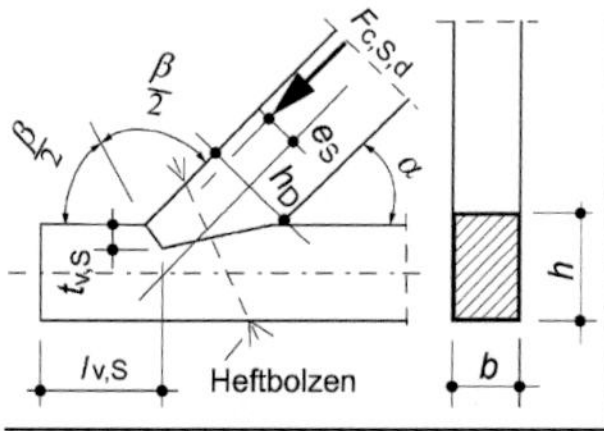</td><td>$t_{v,S} = \frac{F_{c,S,d} \cdot \cos^2(\alpha/2)}{b \cdot f_{c,\alpha/2,d}}$ $l_{v,S} = \frac{F_{c,S,d} \cdot \cos\alpha}{b_{ef} \cdot f_{v,d}}$ [4][6]
$e = 0{,}5 \cdot (h_D - t_{v,S})$ [3]</td></tr>
<tr><td colspan="2">Brustversatz (B)</td></tr>
<tr><td>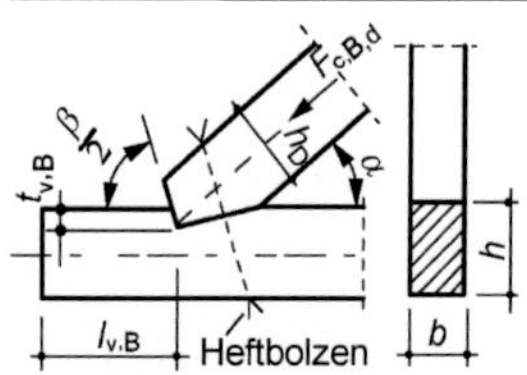</td><td>$t_{v,B} = \frac{F_{c,B,d} \cdot \cos^2(\alpha/2)}{b \cdot f_{c,\alpha/2,d}}$ $l_{v,B} = \frac{F_{c,B,d} \cdot \cos\alpha}{b_{ef} \cdot f_{v,d}}$ [4][6]
$e \cong 0$ [3]</td></tr>
<tr><td colspan="2">Fersenversatz (F)</td></tr>
<tr><td>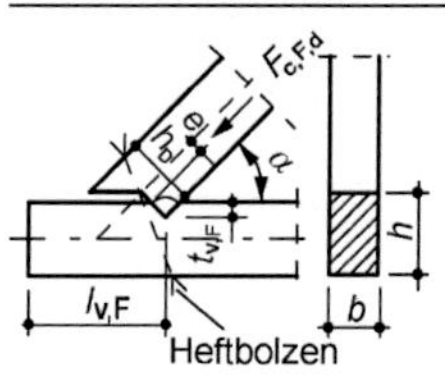</td><td>$t_{v,F} = \frac{F_{c,F,d} \cdot \cos\alpha}{b \cdot f_{c,\alpha,d}}$ $l_{v,F} = \frac{F_{c,F,d} \cdot \cos\alpha}{b_{ef} \cdot f_{v,d}}$ [4][6]
$e = 0{,}5 \cdot \left(h_D - \frac{t_{v,F}}{\cos\alpha}\right)$ [3]</td></tr>
<tr><td colspan="2">Stirn-Fersenversatz (SF) (doppelter Versatz)</td></tr>
<tr><td>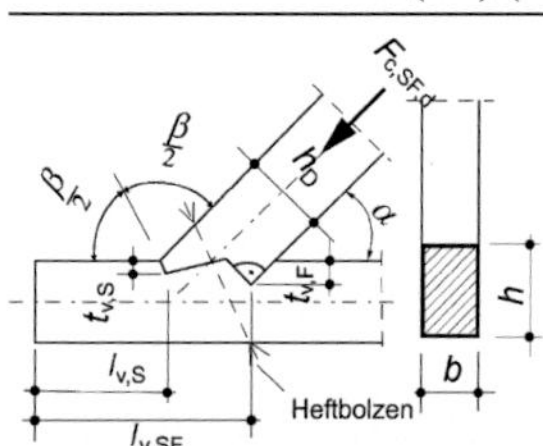</td><td>$F_{c,SF,d} = F_{c,S,d} + F_{c,F,d}$ [5] $t_{v,S} \le 0{,}8 \cdot t_{v,F}$
$l_{v,SF} = \frac{F_{c,SF,d} \cdot \cos\alpha}{b_{ef} \cdot f_{v,d}}$ [4][6] $\le t_{v,F} - 1{,}0$ cm [4]
$e \cong 0$ [3]</td></tr>
<tr><td>Bemessungswert der Druckfestigkeit der Stirnfläche unter dem Winkel α für Versätze (abweichend von Abschn. 16.1.3)</td><td>$f_{c,\alpha,d} = \frac{f_{c,0,d}}{\sqrt{\left(\frac{f_{c,0,d} \cdot \sin^2\alpha}{2 \cdot f_{c,90,d}}\right)^2 + \left(\frac{f_{c,0,d} \cdot \sin\alpha \cdot \cos\alpha}{2 \cdot f_{v,d}}\right)^2 + \cos^4\alpha}}$</td></tr>
</table>

Tabelle 14.1 (Fortsetzung)

zulässige Einschnitttiefen											
einseitiger Versatz											**zweiseitiger Versatz**
α	$\leq 50°$	51°	52°	53°	54°	55°	56°	57°	58°	59°	$\geq 60°$	
$t_{v,req}$	0,250 $\cdot h$	0,242 $\cdot h$	0,233 $\cdot h$	0,225 $\cdot h$	0,217 $\cdot h$	0,208 $\cdot h$	0,200 $\cdot h$	0,192 $\cdot h$	0,183 $\cdot h$	0,175 $\cdot h$	0,167 $\cdot h$	unabhängig vom Anschlusswinkel α

[1]) Hierin bedeuten:

α Anschlusswinkel zwischen den beiden Stäben einer Versatzverbindung
$f_{c,0,d}$ Bemessungswert der Druckfestigkeit in Faserrichtung nach Gl. (8.5)
$f_{c,90,d}$ Bemessungswert der Druckfestigkeit rechtwinklig zur Faserrichtung nach Gl. (8.5)
$f_{v,d}$ Bemessungswert der Schubfestigkeit nach Gl. (8.5)
$F_{c,S(B,F),d}$ Bemessungswert der zu übertragenden Druckkraft je Versatzart nach Gl. (8.4)
h Höhe des eingeschnittenen Holzes bzw. des Last aufnehmenden Stabes
h_D Höhe des Last bringenden Druckstabes
t_v Einschnitttiefe
l_v Vorholzlänge

[2]) aus Voll-, Brettschicht- und Balkenschichtholz sowie aus Furnierschichtholz ohne Querlagen

[3]) Ausmitten nach *Heimeshoff* [209]

[4]) rechnerische Vorholzlänge l_v: 20 cm $\leq l_v \leq 8 \cdot t_v$, 20 cm ist eine Empfehlung nach *Heimeshoff* [209], s. DIN EN 1995-1-1/NA: 2013-08, NCI NA.12.1 (NA.4)

[5]) s. Stirn- und Fersenversatz

[6]) bei der Berechnung der Querschnittsfläche für den Nachweis der Schubspannungen im Vorholz ist anstatt der Breite b die wirksame Breite $b_{ef} = k_{cr} \cdot b$ nach Abschn. 18.1 einzusetzen, s. DIN EN 1995-1-1/NA: 2013-08, NCI NA.12.1 (NA.4)

Ungenauigkeiten (oder nachträgliches Schwinden) können bereits zum (Teil-)Ausfall einer der rechnerisch angesetzten Flächen führen, so dass eine Überbeanspruchung der anderen nicht auszuschließen ist. Deshalb sollten andere Versätze dem doppelten vorgezogen werden.

Zulässige Einschnitttiefen von Versätzen

Bei einseitigen Versätzen sind die zulässigen Einschnitttiefen t_v vom Anschlusswinkel α abhängig, für Anschlusswinkel $\alpha \leq 50°$ darf der Last aufnehmende Stab bis $h/4$, für Anschlusswinkel $\alpha > 60°$ bis $h/6$ eingeschnitten werden, dazwischen kann geradlinig interpoliert werden; bei beidseitigen Versätzen darf jeder Einschnitt unabhängig vom Anschlusswinkel α nur bis $h/6$ eingeschnitten werden, s. Tabelle 14.1. Diese Festlegungen verhindern eine zu große Querschnittsschwächung und damit eine zu große Kerbwirkung im Last aufnehmenden Stab, s. DIN EN 1995-1-1/NA: 2013-08, NCI NA.12.1 (NA.1).

Ausmittige Anschlüsse bei Versätzen

In den **Druckstäben** entstehen beim Stirn- und Fersenversatz durch die ausmittig angeschlossenen Druckkräfte zusätzliche Biegebeanspruchungen, Ausmitten *e* s. Tabelle 14.1, während beim Brust- und Stirn-Fersenversatz die Ausmitte praktisch gleich Null ist. Über die Berücksichtigung dieser Ausmitten durch Versätze bei der Bemessung der Druck- und Gurtstäbe s. Abschn. 23.4.

In den **Last aufnehmenden Stäben** entstehen bei allen Versätzen ebenfalls zusätzliche Biegebeanspruchungen mit den Ausmitten e_z, die durch die Querschnittsschwächungen des Einschnitts hervorgerufen werden, als Beispiel s. Bilder 14.1 und 14.2, diese Last aufnehmenden Stäbe sind für Zug und Biegung an der Stelle der größten Querschnittsschwächung des Einschnitts nach Abschn. 17.1.4 zu bemessen.

Lagesicherung von Versätzen

Als stets notwendige Lagesicherung von Versätzen können Heftbolzen, beidseitig aufgenagelte oder aufgeschraubte Laschen, Sondernägel oder selbstbohrende Holzschrauben verwendet werden, s. Bild 14.4 mit Beispielen für den Stirnversatz. Die Lagesicherung überträgt planmäßig keine Kraft. Heftbolzen, Sondernägel und selbstbohrende Holzschrauben werden meist mittig, etwa rechtwinklig zur Rückenfläche angeordnet, s. DIN EN 1995-1-1/NA: 2013-08, NCI NA.12.1 (NA.5).

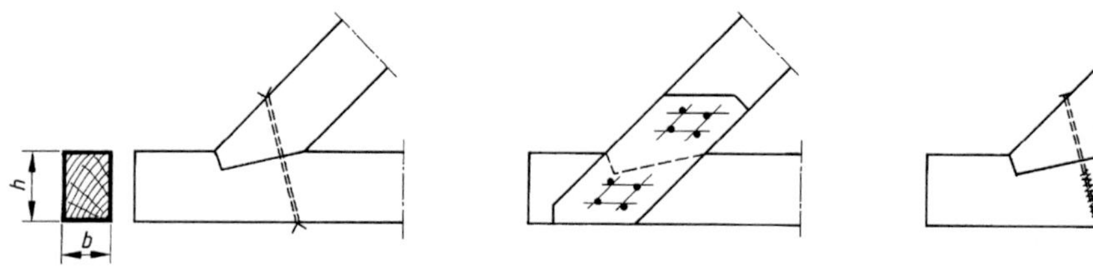

Bild 14.4 Lagesicherung von Versätzen am Beispiel des Stirnversatzes, Beispiele

Verstärkung und besondere Anschlüsse von Versätzen

Die Tragfähigkeit eines Versatzes kann z.B. durch beidseitig angedübelte Laschen erhöht werden, s. Bild 14.5a. Wenn der Querschnitt des Last aufnehmenden Stabes nicht durch einen Einschnitt t_v geschwächt werden soll, kann ein Vorholz nach Bild 14.5b aufgedübelt, -genagelt oder -geschraubt werden; dazu ist eine größere Vorholzlänge l_v notwendig. Durch einen Stahlschuh nach Bild 14.5c wird die Vorholzlänge „zurückverlegt".

Herstellen und baulicher Holzschutz von Versätzen

Bei Versätzen ist eine hohe **Passgenauigkeit** der Kontaktflächen sicherzustellen, um klaffende Fugen und damit örtliche Überbeanspruchungen möglichst auszuschließen; deshalb sollte **trockenes Holz** mit einer Einbaufeuchte von $\omega \leq 20\%$ oder besser je nach zu erwartender

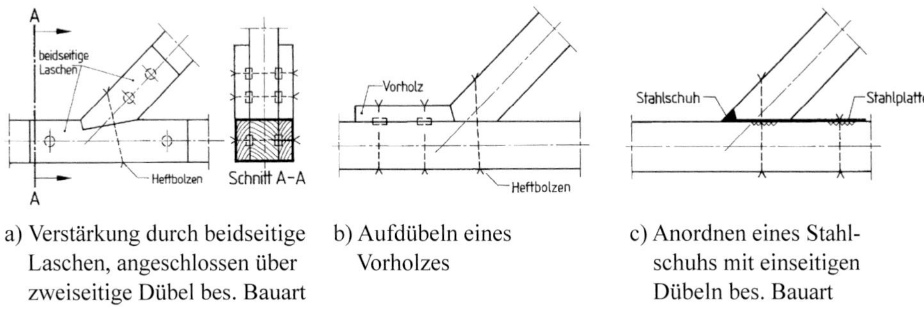

a) Verstärkung durch beidseitige Laschen, angeschlossen über zweiseitige Dübel bes. Bauart

b) Aufdübeln eines Vorholzes

c) Anordnen eines Stahlschuhs mit einseitigen Dübeln bes. Bauart

Bild 14.5 Besondere Konstruktionen von Versätzen, Beispiele

Gleichgewichtsfeuchte (Ausgleichsfeuchte) technisch getrocknetes Holz, s. Abschn. 5.2.3, mit noch kleineren Einbaufeuchten eingesetzt werden, um ein geringes nachträgliches Schwinden und damit kleine Formänderungen sowie nur geringe Rissneigung bei Vollholz zu erreichen. Können witterungs- oder wasserbeanspruchte Bauteile mit Versätzen nicht vermieden werden, sollte im Sinne einer holzgerechten Konstruktion ein dauerhafter baulicher (konstruktiver) Holzschutz nach Abschn. 5.2.4 z.B. durch beidseitig ausreichende Abdeckungen gewährleistet werden, so dass die Versatzverbindungen dauerhaft in Nutzungsklasse 2 oder kleiner verbleiben, als Beispiele s. Bild 5.7c und 7.1a, b, um größere Feuchtebeanspruchungen, stehende Feuchte in den Versatzflächen und daraus entstehende wahrscheinliche Holzzerstörungen durch Pilze auszuschließen. Deshalb wird empfohlen, Versätze den Bedingungen der Nutzungsklasse 3 nicht auszusetzen, über Nutzungsklassen s. Abschn. 7.3.1.

14.2 Verbindungen mit Zapfen

Zapfenverbindungen sind „alte“ zimmermannsmäßige Konstruktionselemente bei Vollholzbauteilen, die zur Lagesicherung und zur Übertragung von Querkräften z.B. in Dach-, Decken- und Wandbauteilen eingesetzt wurden und werden. Die alten von Hand, oft kunstvoll hergestellten Zapfenverbindungen sind heute zu zeitaufwändig; moderne Holzbearbeitungsmaschinen können Zapfenverbindungen kostengünstiger und mit hoher Genauigkeit herstellen, so dass diese alten Konstruktionselemente derzeit wieder vermehrt eingesetzt werden. Zapfen, Zapfenlöcher, und falls erforderlich die Lagesicherung zusammen ergeben die Zapfenverbindung, wie aus Bild 14.6 zu entnehmen ist.

Zapfenverbindungen, die Querkräfte übertragen, besitzen aufgrund der Querschnittsschwächungen und auftretenden Querzugspannungen eine wesentlich geringere Tragfähigkeit als die ungeschwächten Holzbauteile. Das Tragverhalten ist etwa vergleichbar mit dem eines ausgeklinkten Trägers nach Abschn. 21.1.3. Über Berechnung und Konstruktion von Zapfenverbindungen berichten *Ehlbeck/Kromer* [120], *Fritzen/Hemmer/Hinkes/Kessel/König/Kuhlenkamp/Speich/Steinmetz* [142], *Hinkes* [226] und *Schelling* [454], in *Lißner/Felkel/Hemmer/Kuhlenkamp/Radovic/Rug/Steinmetz* [313] sind tabellarische Angaben zur

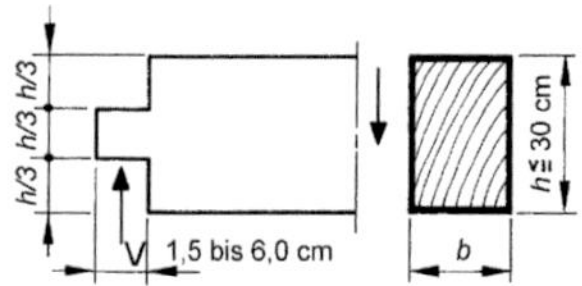

a) mittiger Zapfen zur Übertragung von Querkräften

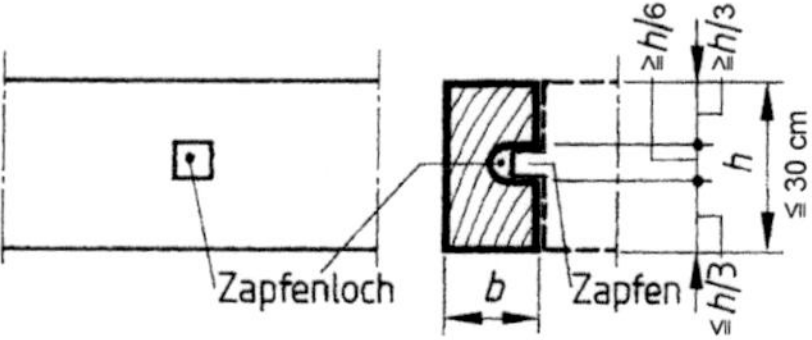

b) Zapfen im Balken aus Vollholz

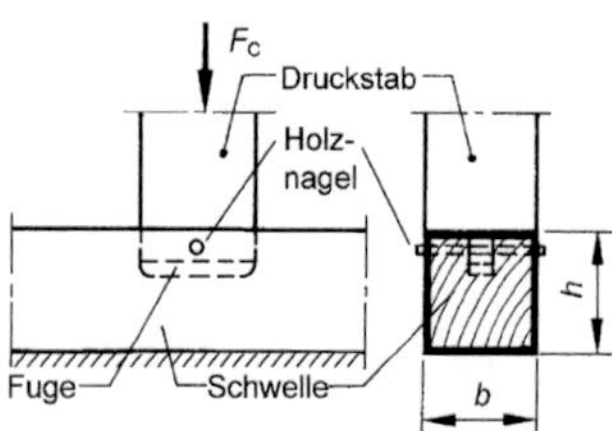

c) Zapfen als Lagesicherung eines Druckstabanschlusses an eine Schwelle

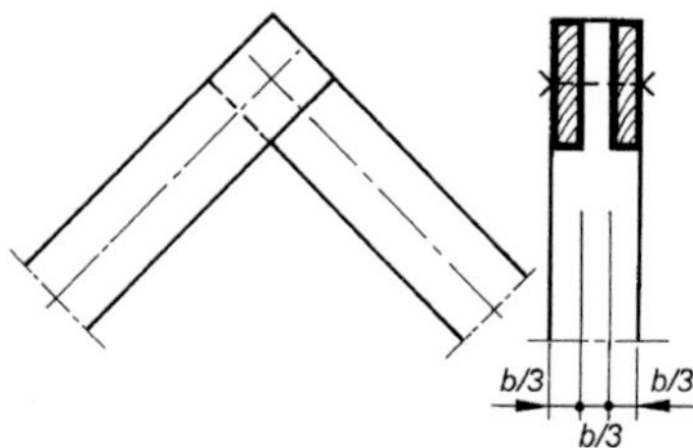

d) Scher- oder Schlitzzapfen bei Dachsparren

Bild 14.6 Zapfen als zimmermannsmäßige Holzverbindungen bei Vollhölzern, Beispiele

Bemessung von Zapfenverbindungen enthalten. Über Schwalbenschwanzverbindungen berichten *Blaß/Enders-Comberg* [50].

Charakteristische Tragfähigkeit und Bemessungswerte von Zapfenverbindungen
Die **charakteristische Tragfähigkeit F_{Rk}** von Trägern mit Zapfen und Höhen $h \leq 30$ cm zur Übertragung von Querkräften V zwischen Holzträgern aus Voll-, Brettschicht- und Balkenschichtholz sowie aus Furnierschichtholz ohne Querlagen (Querfurniere) kann Tabelle 14.2 entnommen werden. Die angeführten Mindest- und Höchstmaße sind einzuhalten, da die Tragfähigkeit auf Versuche mit dieser Geometrie zurückgeführt wird. Die **Bemessungswerte der Tragfähigkeit F_{Rd}** können nach Gl. (14.12) bestimmt, der **Nachweis** von Zapfenverbindungen nach Gl. (14.13) vorgenommen werden.

Bemessungswert der Tragfähigkeit F_{Rd}

$$F_{Rd} = \frac{k_{mod} \cdot F_{Rk}}{\gamma_M} \tag{14.12}$$

Nachweis der Zapfenverbindung

$$\frac{F_{Ed}}{F_{Rd}} \leq 1 \tag{14.13}$$

F_{Ed} Bemessungswert der Beanspruchung einer Zapfenverbindung auf Abscheren, entspricht dem Bemessungswert der zu übertragenden Querkraft V_d, s. Bild in Tabelle 14.2

F_{Rd} Bemessungswert der Tragfähigkeit (Beanspruchbarkeit) einer Zapfenverbindung zur Übertragung von Querkräften nach Gl. (14.12)

F_{Rk} charakteristische Tragfähigkeit einer Zapfenverbindung zur Übertragung von Querkräften nach Tabelle 14.2

k_{mod} Modifikationsbeiwert nach Abschn. 7.4.1

γ_{M} Teilsicherheitsbeiwert für Holz nach Tabelle 8.2
$= 1{,}3$

Tabelle 14.2 Charakteristischer Wert der Tragfähigkeit und Geometrie von Zapfenverbindungen nach DIN EN 1995-1-1/NA: 2013-08, NCI NA.12.2[1–4])

Charakteristischer Wert der Tragfähigkeit F_{Rk} von Trägern mit Zapfen und Höhen $h \leq 300$ mm

$$F_{\text{Rk}} = \min\left\{\frac{2}{3} \cdot b_{\text{ef}} \cdot h_{\text{e}} \cdot k_{\text{z}} \cdot k_{\text{v}} \cdot f_{\text{v,k}} \quad \text{oder} \quad 1{,}7 \cdot b \cdot l_{\text{z,ef}} \cdot f_{\text{c,90,k}}\right\}$$

mit $l_{\text{z,ef}} = \min\{l_{\text{z}} + 30\ \text{mm} \quad \text{oder} \quad 2 \cdot l_{\text{z}}\}$ [5])

Beiwerte, Verhältnisse und Kräfte	Zapfengeometrie
b Breite des Trägers mit der Zapfenverbindung nach Bild rechts b_{ef} wirksame Breite: $b_{\text{ef}} = k_{\text{cr}} \cdot b$ nach Abschn. 18.1 k_{v} Beiwert nach Tabelle 21.1 für Ausklinkung unten rechtwinklig auf der belasteten Seite k_{z} Beiwert, abhängig von der Zapfengeometrie $k_{\text{z}} = \beta \cdot [1 + 2 \cdot (1 - \beta)^2] \cdot (2 - \alpha)$ $\alpha = h_{\text{e}}/h$ $\beta = h_{\text{z}}/h_{\text{e}}$ $b, h, h_{\text{e}}, h_{\text{z}}, h_{\text{o}}, h_{\text{u}}, l_{\text{z}}$ nach Bild rechts V zu übertragende Querkraft	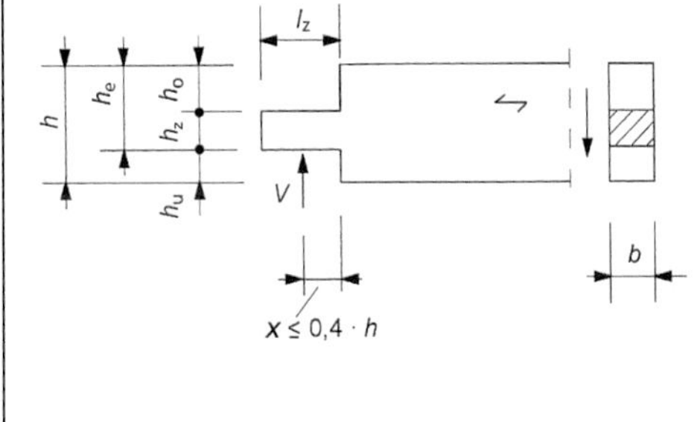

Mindest- und Höchstmaße der Zapfenverbindung

$15\ \text{mm} \leq l_{\text{z}} \leq 60\ \text{mm}$	$1{,}5 \leq h/b \leq 2{,}5$	$h_{\text{o}} \geq h_{\text{u}}$	$h_{\text{u}}/h \leq 1/3$	$h_{\text{z}} \geq h/6$

[1]) zur Übertragung von Querkräften V für Träger mit Zapfen und Höhen $h \leq 300$ mm
[2]) der Zapfen muss über die ganze Länge l_{z} im Zapfenloch aufliegen
[3]) für den Last aufnehmenden Träger ist im Allgemeinen ein Querzugnachweis mit $t_{\text{ef}} = l_{\text{z}}$ nach Abschn. 21.3 zu führen, s. DIN EN 1995-1-1/NA: 2013-08, NCI NA.12.2 (NA.2)
[4]) Bemessungswerte der Tragfähigkeit nach Gl. (14.12)
[5]) Angaben zu $l_{\text{z,ef}}$ als Empfehlung nach DIN 1052: 2008-12, 15.2 (1) (sind in DIN EN 1995-1-1/NA: 2013-08, NCI NA.12.2 nicht enthalten)

Querschnittschwächungen durch Zapfenlöcher

Zapfenlöcher stellen eine Querschnittschwächung dar, sie sind beim Nachweis des Last aufnehmenden Trägers sinngemäß nach Abschn. 8.3.3 zu berücksichtigen.

Querzugnachweis bei Queranschlüssen

Bei Anschlüssen mit Verbindungen, in denen Stäbe schräg oder rechtwinklig zur Faserrichtung durch eine Kraft oder Kraftkomponente beansprucht werden (Verbindungskräfte unter einem Winkel α zur Faserrichtung), ist im Allgemeinen ein Querzugnachweis nach Abschn. 21.3, Tabelle 21.7b zu führen. Bei Zapfenverbindungen ist dabei die wirksame Anschlusstiefe $t_{ef} = l_z$ in Tabelle 21.8 zu setzen mit l_z nach Tabelle 14.2, s. DIN EN 1995-1-1/NA: 2013-08, NCI NA.12.2 (NA.2). Des Weiteren sind beim Querzugnachweis die Beiwerte $k_s = 1{,}0$ und $k_r = 1{,}0$ zu setzen, da die jeweils günstigen Einflüsse bei Zapfenanschlüssen nicht vorliegen, s. Empfehlung nach *Erläut. zu DIN 1052: 2004-08* [47], E 15.2 (1).

Herstellen und baulicher Holzschutz von Zapfenverbindungen
Die Zapfen müssen über die gesamte Länge l_z im Zapfenloch aufliegen, die Zapfenlöcher sollten möglichst mittig im Last aufnehmenden Träger liegen, bei Biegeträgern in oder oberhalb der Stabachse im Biegedruckbereich, s. Abschn. 10.2. Die Zapfen und die Bereiche um die Zapfenlöcher sollten als Empfehlung aus besonders ausgewählten, sortierten und astfreien Hölzern bestehen mit geringer Neigung zu Schwindrissen, bei Vollhölzern möglichst aus markfreien (herzfreien) Querschnitten nach Abschn. 1.4.5. Zur Vermeidung größeren nachträglichen Schwindens sollte **trockenes Holz** mit einer Einbaufeuchte von $\omega \leq 20\%$ oder besser je nach zu erwartender Gleichgewichtsfeuchte (Ausgleichsfeuchte) technisch getrocknetes Holz, s. Abschn. 5.2.3, mit noch kleineren Einbaufeuchten eingesetzt werden, um geringe Formänderungen und passgenaue Auflagerflächen sicherzustellen. Können witterungs- oder wasserbeanspruchte Bauteile mit Zapfenverbindungen nicht vermieden werden, sollte im Sinne einer holzgerechten Konstruktion ein dauerhafter - baulicher (konstruktiver) Holzschutz nach Abschn. 5.2.4 gewährleistet werden z.B. durch beidseitig ausreichende Abdeckungen, so dass die Zapfenverbindungen dauerhaft in Nutzungsklasse 2 oder kleiner verbleiben, als Beispiele s. Bild 5.7c und 7.1a, b, um größere Feuchtebeanspruchungen, stehende Feuchte in den Zapfenflächen und -löchern sowie daraus entstehende wahrscheinliche Holzzerstörungen durch Pilze auszuschließen. Es wird empfohlen, Zapfenverbindungen unter den Bedingungen der Nutzungsklasse 3 nicht auszuführen, über Nutzungsklassen s. Abschn. 7.3.1.

14.3 Verbindungen mit Holznägeln

Holznägel aus Eichenholz wurden und werden in „alten“ Holzkonstruktionen verwendet, um Blatt- oder Zapfenverbindungen in ihrer Lage zu sichern oder um Zugkräfte von einem Holzbauteil in ein anderes zu übertragen, in diesen Fällen werden die Holznägel auf Abscheren beansprucht. Ein Beispiel von Holznägeln zur Lagesicherung ist in Bild 14.6c dargestellt. Untersuchungen zur Tragfähigkeit von Holznägeln führten *Blaß/Ernst/Werner* [51] und *Görlacher* [166] durch. Danach versagen Eichenholznägel überwiegend bei Erreichen des Biegewiderstandes.

Charakteristische Tragfähigkeit und Bemessungswerte von Holznagelverbindungen
Die **charakteristische Tragfähigkeit F_{Rk}** von ein- und zweischnittigen Eichenholznagelverbindungen bei Beanspruchung rechtwinklig zur Stiftlängsachse (Abscheren) kann -

Tabelle 14.3 Charakteristische Werte der Tragfähigkeit von Eichenholznägeln auf Abscheren je Scherfuge in ein- oder zweischnittigen Holz-Holz-Verbindungen und einer charakteristischen Rohdichte der zu verbindenden Holzbauteile $\rho_k \geq 350$ kg/m^3 nach DIN EN 1995-1-1/NA: 2013-08, NCI NA.12.3[1])

Charakteristischer Wert der Tragfähigkeit F_{Rk} für Eichenholznägel[1])[5]) mit konstantem Querschnitt (z.B. rund oder achteckig) und 20 mm $\leq d \leq$ 30 mm						
$F_{Rk} = 9{,}5 \cdot d^2$ in N [1])[2])		d Durchmesser des Eichenholznagels in mm				
Beispiele für Holznägel mit konstantem rundem Querschnitt						
d mm	20	22	24	26	28	30
F_{Rk} in N	3800	4600	5470	6420	7450	8550
Mindestholzdicken bzw. -eindringtiefen[3])[4]) $t_{req} \geq 2 \cdot d$				Holznagel mit rundem Querschnitt		
Mindestabstände untereinander und von den Holzrändern $a_{1,2,3,4} \geq 2 \cdot d$		unabhängig von der Faserrichtung des Holzes				
Reduzierter charakteristischer Wert der Tragfähigkeit $F_{Rk,red}$ bei Holzdicken t_1, t_2 kleiner als Mindestdicken t_{req}						
$F_{Rk,red} = F_{Rk} \cdot t_1/t_{1,req}$ oder $F_{Rk,red} = F_{Rk} \cdot t_2/t_{2,req}$ der kleiner Wert ist maßgebend						

[1]) zur Verbindung von Bauteilen aus Voll-, Brettschicht- und Balkenschichtholz sowie aus Furnierschichtholz ohne Querlagen (Querfurniere) mit einer charakteristischen Rohdichte $\rho_k \geq 350$ kg/m^3
[2]) unabhängig vom Winkel α zwischen Kraft- und Faserrichtung
[3]) die Mindestholzdicken bzw. -eindringtiefen sind bei Verwendung von F_{Rk} einzuhalten, ansonsten ist der reduzierte charakteristische Wert der Tragfähigkeit $F_{Rk,red}$ nach dieser Tabelle 14.3 maßgebend
[4]) Mindestholzdicken bzw. Eindringtiefen sinngemäß nach den Bildern in Tabelle 11.1
[5]) Bemessungswerte der Tragfähigkeit F_{Rd} sinngemäß nach Gl. (14.12)

Tabelle 14.3 entnommen werden; Eichenholznägel mit Durchmessern von 20 mm $\leq d \leq$ 30 mm dürfen zur Verbindung von Holzträgern aus Voll-, Brettschicht- und Balkenschichtholz sowie aus Furnierschichtholz ohne Querlagen (Querfurniere) mit charakteristischen Rohdichten von $\rho_k \geq 350$ kg/m^3 eingesetzt werden. Die **Bemessungswerte der Tragfähigkeiten F_{Rd}** können sinngemäß nach Gl. (14.12) bestimmt, der **Nachweis** von Holznagelverbindungen sinngemäß nach Gl. (14.13) vorgenommen werden.

Die in Tabelle 14.3 angeführten **Mindestholzdicken bzw. -eindringtiefen t_{req}** sind einzuhalten. Werden die Holzdicken bzw. Eindringtiefen t_1 und t_2 geringer als die Mindestholzdicken bzw. Mindesteindringtiefen t_{req} (s. entsprechende Bilder in Tabelle 11.1) ausgeführt, ist mit der geminderten charakteristischen Tagfähigkeit $F_{Rk,red}$ wie in Tabelle 14.3 angegeben zu rechnen. Die erforderlichen **Mindestabstände $a_{1,2,3,4}$** von Holznägeln nach Tabelle 14.3 sind unabhängig von der Faserrichtung des Holzes und kleiner als bei anderen stiftförmigen Verbindungsmitteln wie z.B. Stabdübeln, da Holznägel eine vergleichsweise geringere Tragfähigkeit aufweisen und deshalb praktisch keine Spaltgefahr des Holzes vorliegt.

Nach Empfehlung der *Erläut. zu DIN 1052: 2004-08* [47], E 15.3 (1) kann die charakteristische Tragfähigkeit von Verbindungen mit Eichenholznägeln nach Tabelle 14.3 auch auf Verbindungen mit **Buchenholznägeln** angewendet werden, da diese eine höhere Biegetragfähigkeit als Eichenholznägel besitzen.

Herstellen und baulicher Holzschutz bei Verbindungen mit Holznägeln
Die Bereiche um die Holznägel sollten aus ausgewählten, sortierten und astfreien Hölzern bestehen mit geringer Neigung zu Schwindrissen. Zur Vermeidung größeren nachträglichen Schwindens sollte **trockenes Holz** mit einer Einbaufeuchte von $\omega \leq 20\%$ oder besser je nach zu erwartender Gleichgewichtsfeuchte (Ausgleichsfeuchte) technisch getrocknetes Holz, s. Abschn. 5.2.3, mit noch kleineren Einbaufeuchten eingesetzt werden, um geringe Formänderungen sicherzustellen und ein Öffnen der Holznagellöcher zu vermeiden. Können witterungs- oder wasserbeanspruchte Bauteile mit Holznagelverbindungen nicht vermieden werden, sollte im Sinne einer holzgerechten Konstruktion ein dauerhafter baulicher (konstruktiver) Holzschutz nach Abschn. 5.2.4 gewährleistet werden z.B. durch beidseitig ausreichende Abdeckungen, so dass die Holznagelverbindungen dauerhaft in Nutzungsklasse 2 oder kleiner verbleiben, als Beispiele s. Bild 5.7c und 7.1a, b, um größere Feuchtebeanspruchungen, stehende Feuchte in den Holznagellöchern sowie daraus entstehende wahrscheinliche Holzzerstörungen durch Pilze auszuschließen. Es wird empfohlen, Verbindungen mit Holznägeln unter den Bedingungen der Nutzungsklasse 3 nicht auszuführen, über Nutzungsklassen s. Abschn. 7.3.1.

Buchenholznägel ohne zusätzliche Holzschutzmaßnahmen sollten nur in Gebrauchsklasse GK 0 eingesetzt werden, s. Tabelle 5.8, da ungeschütztes Buchensplint- und -kernholz der Dauerhaftigkeitsklasse 5 angehört, s. Tabelle 1.5, und demnach keine natürliche Resistenz gegen Holz zerstörende Insekten und Pilze besitzen.

Nachweise für Zug 15

15.1 Querschnittstragfähigkeit für Zug

15.1.1 Zug in Faserrichtung des Holzes (mittiger Zug)

Für planmäßig mittig, in Faserrichtung beanspruchte Zugstäbe ist der Nachweis der Querschnittstragfähigkeit nach Gl. (15.1) zu führen, s. DIN EN 1995-1-1: 2010-12, 6.1.2. Für diesen Spannungsnachweis ist die Netto-Querschnittsfläche maßgebend, dies ist die kleinste **wirksame Querschnittsfläche** $\boldsymbol{A_n}$ in einem Zugstab unter Berücksichtigung aller an dieser Stabstelle auftretenden **Querschnittsschwächungen** nach Abschn. 8.3.3. Die Querschnittsschwächungen von Verbindungsmitteln können für die Vorbemessung näherungsweise nach Tabelle 15.1 ermittelt werden.

$$\frac{\sigma_{t,0,d}}{f_{t,0,d}} = \frac{F_{t,d}/A_n}{f_{t,0,d}} \leq 1 \tag{15.1}$$

$F_{t,d}$ Bemessungswert der mittigen Zugkraft nach Gl. (8.4)
A_n wirksame Querschnittsfläche (Nettoquerschnitt) nach Abschn. 8.3.3
$f_{t,0,d}$ Bemessungswert der Zugfestigkeit in Faserrichtung nach Gl. (8.5)

Der Spannungsnachweis für Zugstäbe nach Gl. (15.1) setzt planmäßig mittige Zugbeanspruchungen voraus, d.h. es liegt unter idealen Voraussetzungen eine gleichmäßige Spannungsverteilung über den Stabquerschnitt vor, s. Bild 15.1. Über Abweichungen von diesen idealen Voraussetzungen in der Praxis durch nicht planmäßige Nebenbeanspruchungen oder Imperfektionen der Stäbe s. Abschn. 8.4.

H. Neuhaus · L. Peterson (✉)
e-mail: peterson@fh-aachen.de

H. Neuhaus, W. Moorkamp, L. Peterson, T. Uibel, *Ingenieurholzbau*,
DOI 10.1007/978-3-658-44967-4_15

Tabelle 15.1 Näherungsberechnung von Querschnittsschwächungen durch Verbindungsmittel in Zugstäben

Verbindungsmittel	Querschnittsschwächung ΔA bezogen auf den Bruttoquerschnitt A
Nägel (vorgebohrt oder nicht vorgebohrt bei $d > 6$ mm)	$\Delta A \cong 0{,}1 \cdot A$
Bolzen, Stabdübel, Passbolzen	$\Delta A \cong 0{,}15 \cdot A$
Dübel besonderer Bauart	$\Delta A \cong 0{,}25 \cdot A$
Einseitiger Versatz	$\Delta A \cong 0{,}25 \cdot A$

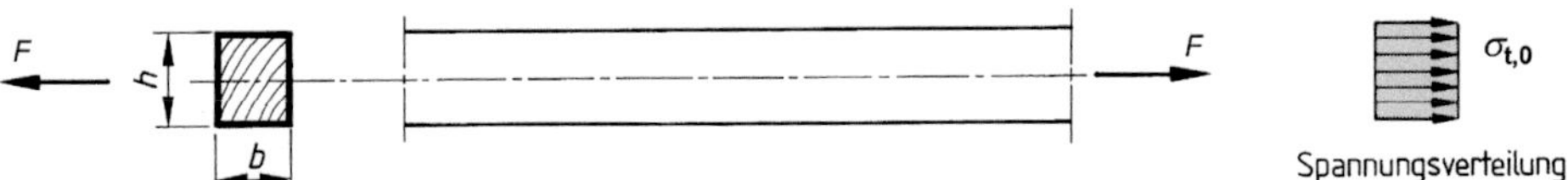

Bild 15.1 Planmäßig mittig beanspruchter Zugstab mit Rechteckquerschnitt; Kraftangriff mittig in der Stabachse (Schwer- und Symmetrieachse); gleichmäßige Spannungsverteilung $\sigma_{t,0}$

Da die Zugfestigkeit von Vollholz besonders von der Ästigkeit abhängt, s. Abschn. 1.10.3, ist bei Zugstäben stets eine sorgfältige Holzauswahl sicherzustellen, so dass bei der Bemessung die gewählte Festigkeitsklasse mit der entsprechenden Sortierklasse übereinstimmt.

Erhöhen der charakteristischen Zugfestigkeit $f_{t,0,k}$ von Nadel- und Laubvollholz

Bei Zugstäben mit kleineren Querschnittsabmessungen dürfen die charakteristischen Zugfestigkeiten in Faserrichtung $f_{t,0,k}$ erhöht werden; sie werden auf die Bezugshöhe $h = 150$ mm ausgelegt, dies ist die Referenzabmessung bei der Bestimmung charakteristischer Werte der Zugfestigkeiten von Bauholz für tragende Zwecke nach DIN EN 384: 2022-08, 5.3.3.

Für Nadel- und Laubvollholz mit Rechteckquerschnitt und einer charakteristischen Rohdichte von $\rho_k \leq 700$ kg/m^3 darf nach DIN EN 1995-1-1: 2010-12, 3.2 (3) die charakteristische Zugfestigkeit $f_{t,0,k}$ bei Querschnittsbreiten $b < 150$ mm mit dem Beiwert k_h nach Gl. (15.2) erhöht werden.

$$k_h = \min\{(150/h)^{0,2} \quad \text{oder} \quad 1{,}3\} \tag{15.2}$$

h in mm < 150 mm als größte Querschnittsabmessung max(h oder b) bei Zugbeanspruchung von Nadel- und Laubvollholz, s. DIN EN 1995-1-1/NA: 2013-08, NCI Zu 3.2(3)

Erhöhen der charakteristischen Zugfestigkeit $f_{t,0,k}$ von Brettschichtholz

Bei Zugstäben mit bestimmten Querschnittsabmessungen dürfen die charakteristischen Zugfestigkeiten in Faserrichtung $f_{t,0,k}$ erhöht werden; sie werden auf die Bezugsabmessungen $h = 600$ mm bzw. $b = 600$ mm ausgelegt, dies sind die Referenzabmessungen bei der Bestimmung charakteristischer Werte der Zugfestigkeiten von Brettschichtholz nach DIN EN 14080: 2013-09, 5.1.3.

Für Brettschichtholz mit Rechteckquerschnitt darf nach DIN EN 1995-1-1: 2010-12, 3.3 (3) die charakteristische Zugfestigkeit $f_{t,0,k}$ bei Querschnittsbreiten $b < 600$ mm mit dem Beiwert k_h nach Gl. (15.3) erhöht werden.

$$k_h = \min\{(600/h)^{0,1} \quad \text{oder} \quad 1,1\} \tag{15.3}$$

h in mm < 600 mm als größte Querschnittsabmessung max(h oder b) bei Zugbeanspruchung von Brettschichtholz, s. DIN EN 1995-1-1/NA: 2013-08, NCI Zu 3.3(3)

Erhöhen der charakteristischen Zugfestigkeit $f_{t,0,k}$ von Furnierschichtholz ohne Querlagen

Über die Erhöhung der charakteristischen Zugfestigkeit $f_{t,0,k}$ bei Furnierschichtholz ohne Querlagen mit Rechteckquerschnitt s. DIN EN 1995-1-1: 2010-12, 3.4, DIN EN 14374: 2005-02, 4.4.4 bzw. jeweiligen bauaufsichtlichen Verwendbarkeitsnachweis.

15.1.2 Zug unter einem Winkel α

Der Nachweis der Querschnittstragfähigkeit für **Sperrholz, Brettsperrholz, Massivholzplatten, OSB- Platten und Furnierschichtholz mit Querlagen** nach Abschn. 7.2.2, die unter einem Winkel α nach Bild 15.2 im Bereich $0° < \alpha < 90°$ belastet werden, ist nach Gl. (15.4) und (15.5) zu führen, DIN EN 1995-1-1/NA: 2013-08, NCI NA.6.2.5. Da diese Holzwerkstoffe in Plattenebene anisotrope Baustoffeigenschaften besitzen, wird die daraus resultierende Abhängigkeit der Zugfestigkeit von der Beanspruchungsrichtung über den Beiwert k_α nach Gl. (15.5) berücksichtigt. Die Abhängigkeit des Beiwertes k_α vom Winkel α kann für OSB/4 und Sperrholz F20/10 E40/20 Bild 15.3 entnommen werden.

$$\frac{\sigma_{t,\alpha,d}}{k_\alpha \cdot f_{t,0,d}} = \frac{F_{t,\alpha,d}/A_n}{k_\alpha \cdot f_{t,0,d}} \leq 1 \tag{15.4}$$

mit

$$k_\alpha = 1 \Bigg/ \left(\frac{f_{t,0,d}}{f_{t,90,d}} \cdot \sin^2 \alpha + \frac{f_{t,0,d}}{f_{v,d}} \cdot \sin \alpha \cdot \cos \alpha + \cos^2 \alpha \right) \tag{15.5}$$

- α Winkel zwischen Beanspruchungs- und Faserrichtung bzw. Spanrichtung der Decklagen nach Bild 15.2
- k_α Beiwert nach Gl. (15.5)
- $f_{t,0,d}$ Bemessungswert der Zugfestigkeit in Faserrichtung bzw. Spanrichtung der Decklagen nach Gl. (8.5)
- $f_{t,90,d}$ Bemessungswert der Zugfestigkeit rechtwinklig zur Faserrichtung bzw. Spanrichtung der Decklagen nach Gl. (8.5)
- $f_{v,d}$ Bemessungswert der Schubfestigkeit nach Gl. (8.5)
- $F_{t,\alpha,d}$ Bemessungswert der Zugkraft unter dem Winkel α nach Gl. (8.4)
- A_n wirksame Querschnittsfläche (Nettoquerschnitt) nach Abschn. 8.3.3

Bild 15.2 Zugbeanspruchung unter einem Winkel α zwischen Beanspruchungsrichtung und Faserrichtung bzw. Spanrichtung der Decklagen bei bestimmten Holzwerkstoffen

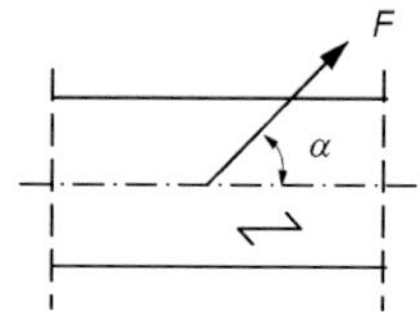

Für **Spanplatten, Faserplatten und Gipsplatten** ist Gl. (15.4) nicht anzuwenden, da die Zugfestigkeit dieser Platten aufgrund ihrer isotropen Baustoffeigenschaften in Plattenebene nicht von der Beanspruchungsrichtung abhängt, s. Abschn. 2.8.

Bei den o.a. **Holzwerkstoffen** mit anisotropem Bauteileigenschaften ist nach *Kreuzinger/Scholz* [292] die Kombination von Spannungen parallel und rechtwinklig zur Faserrichtung sowie von Schubspannungen zu berücksichtigen, wenn diese Holzwerkstoffe unter einem Winkel α zwischen Faser- bzw. Spanrichtung der Decklagen und der Beanspruchungs-(Kraft-)richtung nach Bild 15.2 im Bereich $0° < \alpha < 90°$ belastet werden. Aus der linearen Spannungsinteraktion mit den Anteilen aus Zug parallel und senkrecht sowie Schub wird Gl. (15.4) mit dem Beiwert k_α nach Gl. (15.5) abgeleitet, s. auch *Erläut. zu DIN 1052: 2004-08* [47], E 10.2.2 (1).

Für **Pultdach-, Satteldach- und gekrümmte Träger** wird im Abschn. 20 der Nachweis von Biegezugspannungen unter einem Winkel α bei Voll-, Brettschicht-, Balkenschicht- und Furnierschichtholz angeführt.

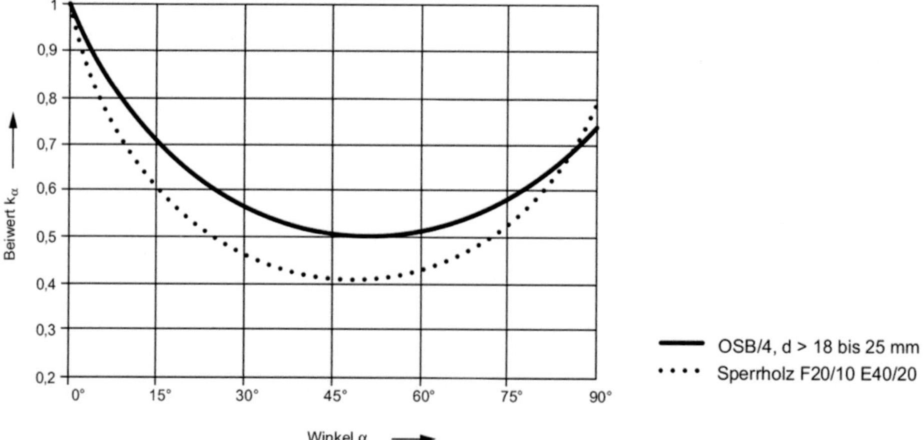

Bild 15.3 Beiwert k_α nach Gl. (15.5) für OSB/4 nach Tabelle 7.9 und Sperrholz F20/10 E40/20 nach Tabelle 1 der Anwendungsnorm DIN 20000-1: 2017-06 in Abhängigkeit vom Winkel α zwischen Kraftrichtung und Spanrichtung der Decklagen bzw. Faserrichtung der Deckfurniere

15.1.3 Zug und Biegung (ausmittiger Zug)

Die Nachweise entsprechen denjenigen im Abschn. 17.1.4 Biegung und Zug.

15.2 Zugverbindungen

Zugverbindungen sind **Zuganschlüsse und -stöße,** sie sind in der Regel symmetrisch zu der bzw. den Stabachsen auszubilden. Stöße sollten möglichst an Stellen geringer Beanspruchung gelegt werden. Stoßausbildungen erfolgen oft mit Laschen aus Holzbaustoffen oder Stahlblech und stiftförmigen Verbindungsmitteln nach Abschn. 11 oder Dübeln besonderer Bauart nach Abschn. 12. Darüber hinaus können z.B. Nagelplatten, innen liegende Stahlplatten, geklebte Holzverbindungen wie Keilzinkungen nach Abschn. 6.4 oder eingeklebte Stahlstäbe nach Abschn. 13 sowie Verbindungen mit Vollgewindeschrauben nach Abschn. 11.8.4 verwendet werden.

Die Bemessung **einseitig beanspruchter Holzbauteile** wie Laschen oder Stäbe kann vereinfachend nach Tabelle 15.2 vorgenommen werden. Diese ausmittig beanspruchten Bauteile werden außer durch die Zugkraft zusätzlich durch ein Biegemoment beansprucht, das eine Verkrümmung dieser Bauteile insbesondere am Ende der Verbindung bewirkt. Die Bemessung wird vereinfachend als Tragfähigkeitsnachweis für Zug (Querschnittstragfähigkeit) mit abgeminderter Zugtragfähigkeit durchgeführt bei im Allgemeinen gleichzeitiger Anordnung von (zusätzlichen) Verbindungsmitteln an den Enden der Verbindung zur Verhinderung der Verkrümmung der einseitig beanspruchten Bauteile. Beispiele für die Bemessung dieser Holzbauteile sind in den Bildern 15.4 bis 15.6 angeführt, über die genauere Berücksichtigung dieses zusätzlichen Biegemomentes s. unten „Einseitig beanspruchte Bauteile“ und Bild 15.7.

Werden ausziehfeste Verbindungsmittel wie **Holzschrauben, Bolzen, Passbolzen oder nicht vorgebohrte Nägel** in der Zugverbindung angeordnet, die die Verkrümmung an den Enden der Verbindung selbst verhindern (über ihre Zugtragfähigkeit in Richtung der Stiftachse), braucht nach Tabelle 15.2 nur die Zugtragfähigkeit der einseitig beanspruchten Holzbauteile um ein Drittel verringert werden. Weitere Nachweise oder Maßnahmen sind nicht erforderlich.

Werden dagegen nicht ausziehfeste Verbindungsmittel wie **Stabdübel, vorgebohrte Nägel und Dübel besonderer Bauart** in der Zugverbindung angeordnet, müssen nach Tabelle 15.2 die Zugtragfähigkeit der einseitig beanspruchten Holzbauteile um ein Drittel verringert und gleichzeitig an den Enden der Verbindung zusätzliche ausziehfeste Verbindungsmittel angeordnet werden, die für eine Zugkraft $F_{t,d}$ in Richtung ihrer Stiftachse auszulegen sind. Werden jedoch keine ausziehfesten Verbindungsmittel eingesetzt, ist die Zugtragfähigkeit der einseitig beanspruchten Holzbauteile um 60% zu verringern (meist unwirtschaftlich) ohne weitere Maßnahmen, s auch unten „Einseitig beanspruchte Bauteile“.

Die **Verbindungsmittel einer Zugverbindung** sind in jeder Fuge für die anteilige Zugkraft auszulegen. Dabei ist stets anzustreben, in alle Fugen die gleiche Art und Anzahl der Verbindungsmittel zu legen. Hierdurch wird sichergestellt, dass der Verschiebungswiderstand aller Fugen gleich groß ist und in jeder Fuge die gleiche anteilige Zugkraft übertragen werden kann. Unsymmetrische Anschlüsse und Stöße sollten nur in Ausnahmefällen vorgesehen werden.

Tabelle 15.2 Vereinfachte Berücksichtigung des Zusatzmomentes in einseitig beanspruchten Bauteilen symmetrischer Zugverbindungen nach DIN EN 1995-1-1/NA: 2013-08, NCI NA.8.1.6

Vereinfachter Tragfähigkeitsnachweis einseitig beanspruchter Bauteile

$\frac{F_d / A_n}{k_{t,Ver} \cdot f_{t,0,d}} \le 1$	A_n wirksame Querschnittsfläche (Netto-Querschnittsfläche) F_d Bemessungswert der anteiligen Zugkraft im einseitig beanspruchten Bauteil $f_{t,0,d}$ Bemessungswert der Zugfestigkeit in Faserrichtung nach Gl. (8.5) $k_{t,Ver}$ Beiwert für Zugverbindungen (nicht in DIN EN 1995-1-1/NA: 2013-08, NCI NA.8.1.6 enthalten)

Beiwert $k_{t,Ver}$ für

1	**Holzschrauben, Bolzen, Passbolzen und nicht vorgebohrte Nägel** als ausziehfeste Verbindungsmittel
	$k_{t,Ver} = 2/3$ Abminderung des Bemessungswertes der Zugtragfähigkeit, ohne weitere Maßnahmen
2	**Stabdübel, vorgebohrte Nägel, Dübel besonderer Bauart** als nicht ausziehfeste Verbindungsmittel (andere Verbindungsmittel als in Zeile 1 angeführt)
2.1	**mit Maßnahmen zur Verhinderung der Verkrümmung** der einseitig beanspruchten Bauteile durch ausziehfeste (auf Herausziehen beanspruchbare) Verbindungsmittel
a)	$k_{t,Ver} = 2/3$ Abminderung des Bemessungswertes der Zugtragfähigkeit mit weiteren Maßnahmen siehe b) oder c) und d)
b)	zusätzlich zu a) bei stiftförmigen Verbindungsmitteln (Stabdübel, vorgebohrte Nägel) sind ausziehfeste Verbindungsmittel anzuordnen in der ersten bzw. letzten Verbindungsmittelreihe: im Beispiel: $n = 4$ 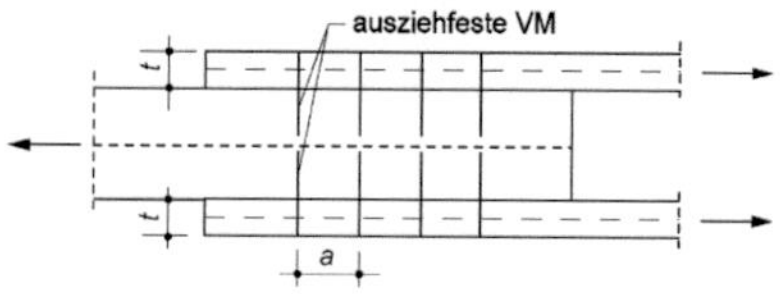 ausziehfeste VM; t; a
c)	zusätzlich zu a) bei anderen Verbindungsmitteln (Dübeln besonderer Bauart) sind ausziehfeste Verbindungsmittel anzuordnen zusätzlich vor bzw. hinter dem eigentlichen Anschluss: im Beispiel: $n = 3$ 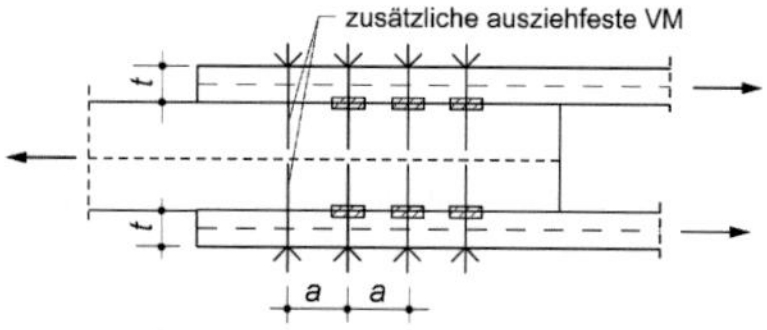 zusätzliche ausziehfeste VM; t; a; a
d)	Bemessung der ausziehfesten Verbindungsmittel für eine Zugkraft $F_{t,d}$, die in Richtung der Stiftachse wirkt, nach Abschn. 11 $F_{t,d} = \frac{F_d \cdot t}{2 \cdot n \cdot a}$ F_d anteilige Zugkraft im einseitig beanspruchten Bauteil n Anzahl der zur Übertragung der Scherkraft in Richtung der Kraft F_d hintereinander angeordneten Verbindungsmittel ohne die zusätzlichen ausziehfesten Verbindungsmittel vor bzw. hinter dem eigentlichen Anschluss t Dicke des einseitig beanspruchten Bauteils a Abstand der auf Herausziehen beanspruchten Verbindungsmittel von der nächsten Verbindungsmittelreihe
2.2	**ohne Maßnahmen zur Verhinderung der Verkrümmung** der einseitig beanspruchten Bauteile
	$k_{t,Ver} = 0{,}4$ Abminderung des Bemessungswertes der Zugtragfähigkeit

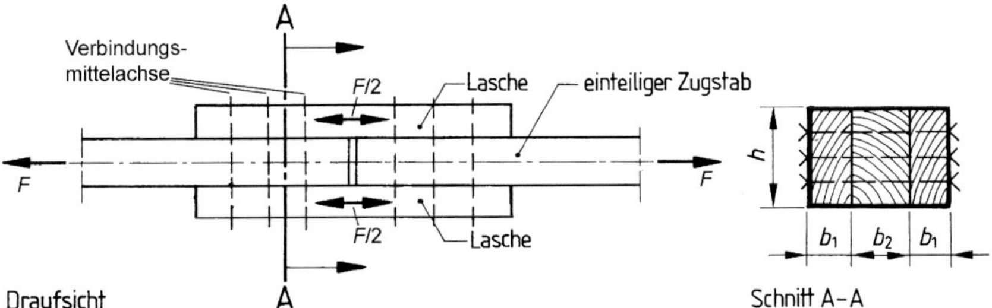

Bild 15.4 Symmetrischer Stoß eines einteiligen Zugstabes mit zwei außen liegenden Laschen; Bemessung des innen liegenden Stabes als mittig beanspruchter Zugstab für die Zugkraft F, der außen liegenden Laschen als einseitig beanspruchte Bauteile jeweils für die anteilige Zugkraft $F/2$

Beispiele nach Tabelle 15.2 zur Bemessung der Laschen in Bild 15.4:

a) in allen Verbindungsmittelachsen liegen Stabdübel oder vorgebohrte Nägel oder Dübel besonderer Bauart: $k_{t,Ver} = 0{,}4$ (ohne weitere Maßnahmen)

b) in den jeweils zwei inneren Verbindungsmittelachsen liegen Stabdübel und in der jeweils äußeren Achse (an den Enden der Laschen) liegen ausziehfeste Passbolzen: $k_{t,Ver} = 2/3$ ($n = 3$ je Verbindungsmittelreihe, zusätzlicher Nachweis der Passbolzen auf Zug mit $F_{t,d}$)

c) in den jeweils zwei inneren Verbindungsmittelachsen liegen Dübel besonderer Bauart und in der jeweils äußeren Achse (an den Enden der Laschen) liegen ausziehfeste Bolzen (ohne Dübel besonderer Bauart) oder beidseitige Holzschrauben oder Sondernägel: $k_{t,Ver} = 2/3$ ($n = 2$ je Verbindungsmittelreihe, zusätzlicher Nachweis der Bolzen oder Holzschrauben oder Sondernägel auf Zug mit $F_{t,d}$)

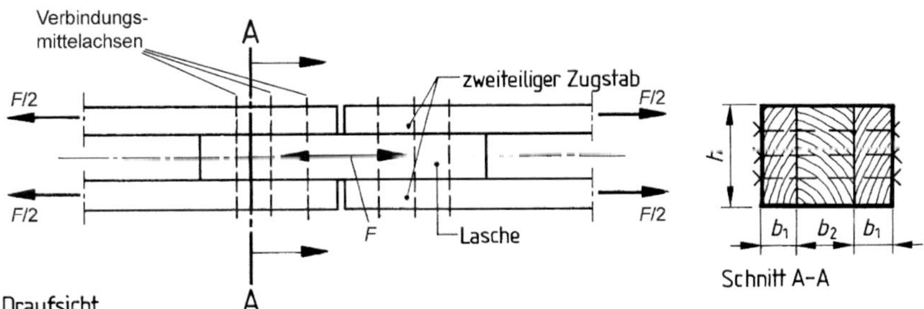

Bild 15.5 Symmetrischer Stoß eines zweiteiligen Zugstabes mit innen liegender Lasche; Bemessung der innen liegenden Lasche als mittig beanspruchter Zugstab für die Zugkraft F, der außen liegenden Stäbe als einseitig beanspruchte Bauteile jeweils für die anteilige Zugkraft $F/2$

Beispiele nach Tabelle 15.2 zur Bemessung der Zugstäbe in Bild 15.5:

a) in allen Verbindungsmittelachsen liegen Stabdübel oder Dübel besonderer Bauart: $k_{t,Ver} = 0{,}4$ (ohne weitere Maßnahmen)

b) in den jeweils zwei äußeren Verbindungsmittelachsen liegen Stabdübel und in der jeweils inneren Achse (an den Enden der Zugstäbe) liegen ausziehfeste Passbolzen: $k_{t,Ver} = 2/3$ ($n = 3$ je Verbindungsmittelreihe, zusätzlicher Nachweis der Passbolzen auf Zug mit $F_{t,d}$)

c) in den jeweils zwei äußeren Verbindungsmittelachsen liegen Dübel besonderer Bauart und in der jeweils inneren Achse (an den Enden der Zugstäbe) liegen ausziehfeste Bolzen (ohne Dübel besonderer Bauart) oder beidseitige Holzschrauben oder Sondernägel: $k_{t,Ver} = 2/3$ ($n = 2$ je Verbindungsmittelreihe, zusätzlicher Nachweis der Bolzen oder Holzschrauben oder Sondernägel auf Zug mit $F_{t,d}$)

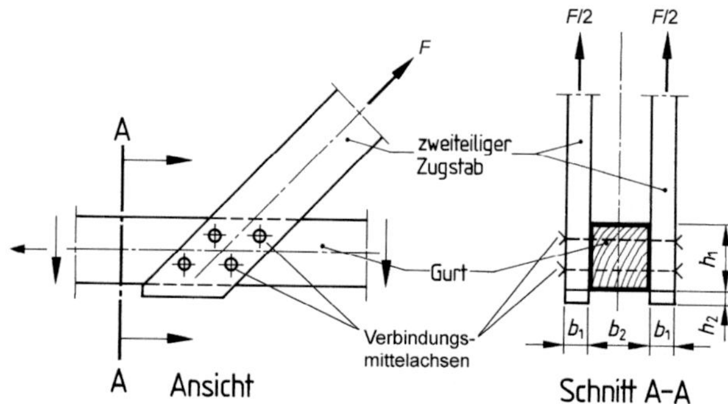

Bild 15.6 Symmetrischer Anschluss eines zweiteiligen Zugstabes an einen einteiligen Gurt; Bemessung der außen liegenden Stäbe als einseitig beanspruchte Bauteile jeweils für die anteilige Zugkraft $F/2$

Beispiele nach Tabelle 15.2 zur Bemessung der Zugstäbe in Bild 15.6:

a) in allen Verbindungsmittelachsen liegen Stabdübel oder Dübel besonderer Bauart oder vorgebohrte Nägel: $k_{t,Ver} = 0{,}4$ (ohne weitere Maßnahmen)

b) in den beiden oberen Verbindungsmittelachsen liegen Stabdübel und in den beiden unteren Achsen (an den Enden der Zugstäbe) liegen ausziehfeste Passbolzen: $k_{t,Ver} = 2/3$ ($n = 2$ je Verbindungsmittelreihe, zusätzlicher Nachweis der Passbolzen auf Zug mit $F_{t,d}$)

c) in allen Verbindungsmittelachsen liegen Passbolzen oder nicht vorgebohrte Nägel oder Holzschrauben: $k_{t,Ver} = 2/3$ (ohne weitere Maßnahmen)

Einseitig beanspruchte Bauteile

Das zusätzliche Biegemoment nach Bild 15.7 wird im Allgemeinen dadurch berücksichtigt, dass die Zugtragfähigkeit der einseitig beanspruchten Holzbauteile um ein Drittel verringert wird, so dass die anteilig übertragbare Zugkraft in diesen ausmittigen Holzbauteilen und somit auch das auftretende Biegemoment kleiner werden. Das so verringerte bzw. verbleibende Biegemoment aus ausmittiger Zugkraft kann einmal durch ein gegengerichtetes Moment aufgenommen werden, das insbesondere durch ausziehfeste Verbindungsmittel bewirkt wird, die an den Enden der Verbindung angeordnet sind, s. Bild 15.7 am Beispiel eines einteiligen Zugstabes mit außen liegenden Laschen. Diese Verbindungsmittel werden in Richtung ihrer Stiftachse auf Zug beansprucht und verhindern so das Verkrümmen dieser Bauteile (wie bei zusätzlichen ausziehfesten Verbindungsmitteln). Die Zugbeanspruchung dieser jeweils an den Enden der Verbindung angebrachten ausziehfesten Verbindungsmittel braucht nicht gesondert nachgewiesen zu werden, da die Zugkraft in diesen Verbindungsmitteln entsprechende Druckkräfte und damit Reibungskräfte in der jeweiligen Bauteilfuge erzeugt, die ihre Tragfähigkeit auf Abscheren erhöht und damit auch ihre kombinierte Tragfähigkeit auf Abscheren und Zug, s. *Erläut. zu DIN 1052: 2004-08* [47], E 11.1.2.

Kann kein gegengerichtetes Moment wie bei nicht ausziehfesten Verbindungsmitteln aufgebracht werden, die nicht auf Zug in Richtung ihrer Stabachse beansprucht werden können, ist das auftretende Moment aus ausmittiger Zugkraft vergleichsweis größer und darf entweder durch Anordnung zusätzlicher ausziehfester Verbindungsmittel an den Enden

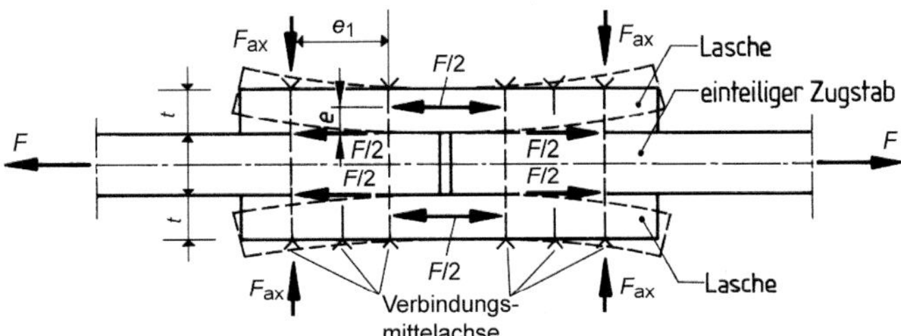

Bild 15.7 Symmetrischer Stoß eines einteiligen Zugstabes mit außen liegenden Laschen; die mögliche Verformung (Verkrümmung) der Laschen, insbesondere der Enden der Laschen, durch das Biegemoment $M_{\text{actio}} = F/2 \cdot e$ infolge des ausmittigen Anschlusses der anteiligen Zugkraft $F/2$ ist gestrichelt dargestellt; gegengerichtetes Moment $M_{\text{reactio}} = F_{\text{ax}} \cdot e_1$ infolge der an den Enden der Laschen angeordneten ausziehfesten Verbindungsmittel, die durch die Zugkräfte $F_{\text{a,x}}$ in Richtung ihrer Verbindungsmittelachse die Verkrümmung der Laschen verhindern; prinzipielle Darstellung

der Verbindung oder durch Minderung der Zugtragfähigkeit (meist unwirtschaftlich) um 60% berücksichtigt werden. Bei Stabdübeln besteht jedoch die Möglichkeit, die entsprechenden Stabdübel an den Enden der Verbindung durch Passbolzen, die auf Abscheren und Zug beansprucht werden, zu ersetzen.

In allen Fällen brauchen die einseitig beanspruchten Bauteile nicht mehr auf Biegung bemessen werden. Bei **Anordnung ausziehfester Verbindungsmittel** nach Tabelle 15.2, Zeile 1 sind folgende Nachweise zu führen: Verbindungsmittel auf Abscheren und einseitig beanspruchte Bauteile auf Zug mit Minderung der Zugtragfähigkeit auf zwei Drittel; bei **Anordnung nicht ausziehfester Verbindungsmittel** nach Tabelle 15.2, Zeile 2 sind folgende Nachweise zu führen: Verbindungsmittel auf Abscheren, einseitig beanspruchte Bauteile auf Zug mit Minderung der Zugtragfähigkeit auf zwei Drittel und angeordnete ausziehfeste Verbindungsmittel auf Zug nach Zeile 2.1d für ausziehfeste Verbindungsmittel nach Zeile 2.1b und c; alternative Möglichkeit nach Tabelle 15.2, Zeile 2.2: Verbindungsmittel auf Abscheren und einseitig beanspruchte Bauteile auf Zug mit Minderung der Zugtragfähigkeit auf vierzig Prozent (ohne weitere ausziehfeste Verbindungsmittel).

Ein genaueres Nachweisverfahren mit Ermittlung der genaueren Ausmitte gibt *Steck* [489] an.

Nachweise für Druck 16

16.1 Querschnittstragfähigkeit für Druck

16.1.1 Druck in Faserrichtung des Holzes (mittiger Druck) (Knicken nicht maßgebend)

Für planmäßig mittig beanspruchte Druckstäbe ohne Knickgefahr ist der Nachweis der Querschnittstragfähigkeit nach Gl. (16.1) zu führen, s. DIN EN 1995-1-1: 2010-12, 6.1.4. Für diesen Spannungsnachweis ist die Netto-Querschnittsfläche maßgebend, dies ist die kleinste **wirksame Querschnittsfläche** $\boldsymbol{A_n}$ in einem Druckstab unter Berücksichtigung aller an dieser Stabstelle auftretenden **Querschnittsschwächungen.** Nach Abschn. 8.3.3 sind bei Druckstäben nur diejenigen Querschnittsschwächungen rechnerisch zu berücksichtigen, die nicht vollständig mit einem Material gleicher bzw. höherer Festigkeit/Steifigkeit ausgefüllt sind im Vergleich zum umgebenden Holzbaustoff.

$$\frac{\sigma_{c,0,d}}{f_{c,0,d}} = \frac{F_{c,d}/A_n}{f_{c,0,d}} \leq 1 \tag{16.1}$$

$F_{c,d}$ Bemessungswert der mittigen Druckkraft in Faserrichtung nach Gl. (8.4)
A_n wirksame Querschnittsfläche (Nettoquerschnitt) nach Abschn. 8.3.3
$f_{c,0,d}$ Bemessungswert der Druckfestigkeit in Faserrichtung nach Gl. (8.5)

H. Neuhaus · W. Moorkamp (✉)
e-mail: wilfried.moorkamp@ewetel.net

H. Neuhaus, W. Moorkamp, L. Peterson, T. Uibel, *Ingenieurholzbau*,
DOI 10.1007/978-3-658-44967-4_16

Der Nachweis der Querschnittstragfähigkeit für Druck in Faserrichtung ist u.a. zu führen

- bei Druckstäben mit Querschnittsschwächungen,
- bei Druckstäben mit kleinem Schlankheitsgrad λ (wie bei gedrungenen Stäben mit einem bezogenen Schlankheitsgrad $\lambda_{rel} \leq 0{,}3$, wenn das Knicken nach Abschn. 16.2.1 nicht maßgebend ist),
- im Bereich von Anschlüssen mit Querschnittsschwächungen wie z.B. Anschlüsse nach Bild 16.1 und 16.2.

Wird das Knicken maßgebend, ist ein Knicknachweis nach Abschn. 16.2.1 führen.

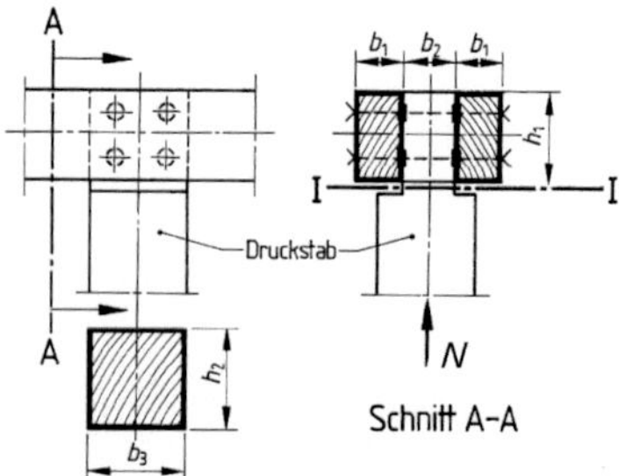

Bild 16.1 Druckstab mit Rechteckquerschnitt; Anschluss des Stabes mit reduzierter Querschnittsfläche; Nachweis der Querschnittstragfähigkeit im Schnitt I-I erforderlich

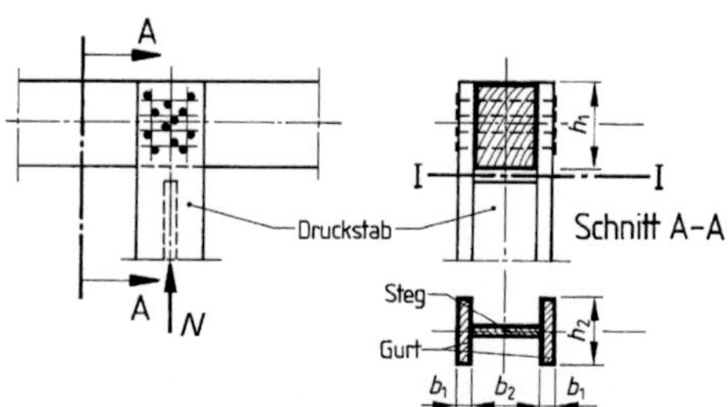

Bild 16.2 Druckstab mit I-Querschnitt; Anschluss des Stabes nur über die Gurte; Nachweis der Querschnittstragfähigkeit im Schnitt I-I erforderlich

Für planmäßig mittige Druckbeanspruchungen gelten sinngemäß die entsprechenden Voraussetzungen wie für planmäßig mittige Zugbeanspruchungen, s. Abschn. 15.1.1. Über Abweichungen durch nicht planmäßige Nebenbeanspruchungen oder Imperfektionen der Stäbe s. Abschn. 8.4.

16.1.2 Druck rechtwinklig zur Faserrichtung des Holzes

Der Nachweis von Druckflächen, die rechtwinklig zur Faser belastet sind, ist nach Gl. (16.2) zu führen, s. DIN EN 1995-1-1: 2010-12, 6.1.5 und DIN EN 1995-1-1/NA: 2013-08, NCI Zu 6.1.5. Die wirksame Kontaktfläche (Querdruckfläche) A_{ef} ist nach Tabelle 16.1 zu bestimmen, sie wird aus der tatsächlich vorhandenen Querdruckfläche A bestimmt, die rechnerisch um beidseitige Überstände $ü$ von jeweils bis zu 30 mm in Faserrichtung des Holzes, jedoch nicht größer als die Aufstandslänge l in Faserrichtung (bzw. die Maße a oder $l_1/2$ nach Bild 16.3) vergrößert werden darf (falls Überstände vorhanden sind), da das Holz in Faserrichtung beidseitig der Kontaktfläche (Querdruckfläche) bei der Abtragung des Querdrucks mitwirkt, indem die Zugtragwirkung der Fasern in dieser Richtung aktiviert und dadurch die Eindrückung abgeschwächt wird.

$$\frac{\sigma_{c,90,d}}{k_{c,90} \cdot f_{c,90,d}} = \frac{F_{c,90,d}/A_{ef}}{k_{c,90} \cdot f_{c,90,d}} \leq 1 \qquad (16.2)$$

$F_{c,90,d}$ Bemessungswert der Druckkraft rechtwinklig zur Faserrichtung nach Gl. (8.4)
A_{ef} wirksame Kontaktfläche (Querdruckfläche) nach Tabelle 16.1
$k_{c,90}$ Querdruckbeiwert nach Tabelle 16.1 in Verbindung mit Bild 16.3, berücksichtigt die Art der Einwirkung, die Spaltgefahr und den Grad der Druckverformung
$f_{c,90,d}$ Bemessungswert der Druckfestigkeit rechtwinklig zur Faserrichtung nach Gl. (8.5)

Der Querdruckbeiwert $k_{c,90}$ nach Tabelle 16.1 berücksichtigt das unterschiedliche Tragverhalten von Voll- und Brettschichtholz bei Schwellen- oder Auflagerdruck nach Bild 16.3 bzw. bei Druckflächen ohne bzw. mit geringem Überstand. **Beispiele** zur Bestimmung des Querdruckbeiwertes $k_{c,90}$ und der wirksamen Kontaktfläche (Querdruckfläche) A_{ef} sind in Tabelle 16.2 angeführt.

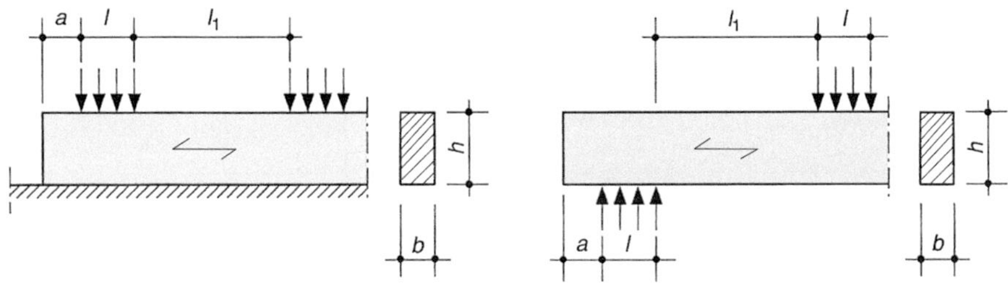

a) Schwellendruck (kontinuierliche Lagerung) b) Auflagerdruck (Einzellagerung)

Bild 16.3 Druck rechtwinklig zur Faserrichtung des Holzes nach DIN EN 1995-1-1: 2010-12, 6.1.5, Bild 6.2

Zur Herleitung der wirksamen Kontaktfläche (Querdruckfläche) A_{ef}

Nach Abschn. 1.10.2 ist das Trag- und Verformungsverhalten von Querdruck beanspruchten Holzbauteilen ohne Überstand in Faserrichtung ungünstiger als dasjenige mit ein- oder besser beidseitigem Überstand, bei denen die überstehenden Fasern bei der Lastabtragung mitwirken mit der Folge geringerer Eindrückungen (Verformungen) bzw. höherer Tragfähigkeit. Dieser „Einhängeeffekt" der Fasern, der nur in Faserrichtung wirkt, wird durch die rechnerisch vergrößerte (wirksame) Auflagerfläche A_{ef} näherungsweise berücksichtigt, ebenso die höhere Tragfähigkeit sehr kurzer Druckflächen, da die rechnerischen Überstände von bis zu 30 mm bei kleinen Druckflächen stärker anwachsen als bei größeren, s. *Blaß/Görlacher* [57].

Zur Herleitung des Querdruckbeiwertes $k_{c,90}$

Da nach Abschn. 1.10.2 Querdruck beanspruchte Bauteile aus Brettschichtholz mit überwiegend (zu den Bauteilkanten) „stehenden" oder „liegenden" **Jahrringverläufen** ein günstigeres Querdruck-Tragverhalten besitzen als Bauteile aus Vollholz mit überwiegend

Tabelle 16.1 Querdruckbeiwert $k_{c,90}$ und wirksame Kontaktfläche (Querdruckfläche) A_{ef} bei Druck rechtwinklig zur Faserrichtung des Holzes nach DIN EN 1995-1-1: 2010-12, 6.1.5 und DIN EN 1995-1-1/NA: 2013-08, NCI Zu 6.1.5[1])[2])[3])[4])

Querdruckbeiwert $k_{c,90}$

Holzbaustoff	$k_{c,90}$	Längen a, l, l_1 und Höhe h nach Bild 16.3
Laubholz	1,0	–
Nadelvollholz	1,0 1,25 1,5	mit $l_1 < 2 \cdot h$ mit $l_1 \geq 2 \cdot h$ bei Schwellendruck (kontinuierliche Lagerung) mit $l_1 \geq 2 \cdot h$ bei Auflagerdruck (Einzellagerung)
Brettschichtholz aus Nadelholz	1,0 1,5 1,75	mit $l_1 < 2 \cdot h$ mit $l_1 \geq 2 \cdot h$ bei Schwellendruck (kontinuierliche Lagerung) mit $l_1 \geq 2 \cdot h$ bei Auflagerdruck (Einzellagerung)[3])

wirksame Kontaktfläche (Querdruckfläche) A_{ef}

$A_{ef} = (\ddot{u}_{li} + l + \ddot{u}_{re}) \cdot b$

l tatsächliche Aufstandslänge in Faserrichtung des Holzes

$\ddot{u}_{li}$, $\ddot{u}_{re}$ rechnerische Überstände, rechts und links von der Querdruckfläche in Faserrichtung des Holzes ≤ 30 mm und $\leq a$, l oder $l_1/2$ nach Bild 16.3

[1]) für andere als die in dieser Tabelle 16.1 angeführten Bedingungen ist der Querdruckbeiwert in der Regel mit $k_{c,90} = 1{,}0$ anzusetzen

[2]) bei Auflagerknoten von Stabwerken mit indirekten Verbindungen gilt $k_{c,90} = 1{,}5$, s. DIN EN 1995-1-1/NA: 2013-08, NCI Zu 6.1.5, über indirekte Verbindungen s. Abschn. 23.2

[3]) bei Brettschichtholz aus Nadelholz mit Auflagerdruck gilt nach DIN EN 1995-1-1/NA: 2013-08, NCI Zu 6.1.5 $k_{c,90} = 1{,}75$ auch für Auflagerlängen $l > 400$ mm

[4]) Beispiele s. Tabelle 16.2

„geneigten“ Jahrringverläufen, sind die Querdruckbeiwerte $k_{c,90}$ von Brettschichtholz prinzipiell größer als die von Nadelvollholz anzusetzen.

Bei **Schwellendruck** (kontinuierliche Lagerung) mit vergleichsweise meist kleineren Bauteilhöhen sind die Querdruckbeiwerte $k_{c,90}$ prinzipiell kleiner als bei **Auflagerdruck** (Einzellagerung), weil bei Schwellen für die Ausbreitung der Druckspannungen eine geringere Höhe zur Verfügung steht, während im Bereich von Auflagern (bei Biegeträgern) überwiegend größere Querschnittshöhen zur Lastabtragung vorhanden sind, s. Bild 16.3.

Nach Untersuchungen von *Blaß/Görlacher* [57] wird auf der Grundlage von *Madsen* [319] beim Querdrucknachweis der Gl. (16.2) ein Tragfähigkeitsnachweis geführt, wenn ein Bauteilversagen auftreten kann, z.B. wenn ein geringer Abstand zwischen zwei Druckflächen $l_1 < 2 \cdot h$ vorliegt, s. Tabelle 16.1 und Bild 16.3. In diesen Fällen wird unabhängig vom Holz der Querdruckbeiwert $k_{c,90} = 1{,}0$ gesetzt.

Wenn jedoch durch Querdruck nur lokale Mängel (wie größere Eindrückungen) auftreten können, die kein direktes Bauteilversagen bewirken, wird ein Gebrauchstauglichkeitsnachweis für vorwiegend ständige Lasten geführt, da diese über die Zeit überwie-

Tabelle 16.2 Beispiele zur Bestimmung der wirksamen Querdruckfläche A_{ef} und des Querdruckbeiwerts $k_{c,90}$ bei Druck rechtwinklig zur Faserrichtung des Holzes für Gl. (16.2) und Tabelle 16.1[1])[2])[3])

a) Holzträger auf Holzschwelle

Schwelle/ Träger aus	Wirksame Kontaktfläche (Auflagerfläche) $A_{ef} = (ü_{li} + l + ü_{re}) \cdot b$ in cm², [2]) Querdruckbeiwert $k_{c,90}$ für		
	Holzschwelle (S) (Schwellendruck)	Holzträger (T) (Auflagerdruck)	

mit beidseitigen Überständen *ü* ≥ 3 cm und $l_1 \geq 2 \cdot h_S$ (ein Auflager mit zwei Querdruckflächen)

Nadel- vollholz	$A_{ef,S} = (3 + b_T + 3) \cdot b_S$ [cm²] $k_{c,90} = 1{,}25$	$A_{ef,T} = (3 + b_S + 3) \cdot b_T$ [cm²] $k_{c,90} = 1{,}50$	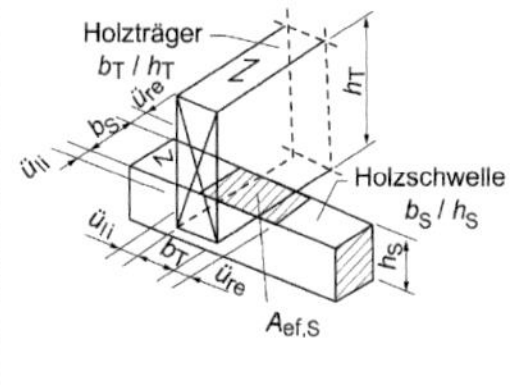
Laub- vollholz	$A_{ef,S} = (3 + b_T + 3) \cdot b_S$ [cm²] $k_{c,90} = 1{,}00$	$A_{ef,T} = (3 + b_S + 3) \cdot b_T$ [cm²] $k_{c,90} = 1{,}00$	
Brettschicht- holz[3])	$A_{ef,S} = (3 + b_T + 3) \cdot b_S$ [cm²] $k_{c,90} = 1{,}50$	$A_{ef,T} = (3 + b_S + 3) \cdot b_T$ [cm²] $k_{c,90} = 1{,}75$	

Holzträger mit einseitigem Überstand, Holzschwelle mit beidseitigen Überständen *ü* ≥ 3 cm und $l_1 \geq 2 \cdot h_S$ (ein Auflager mit zwei Querdruckflächen)

Nadel- vollholz	$A_{ef,S} = (3 + b_T + 3) \cdot b_S$ [cm²] $k_{c,90} = 1{,}25$	$A_{ef,T} = (b_S + 3) \cdot b_T$ [cm²] $k_{c,90} = 1{,}50$	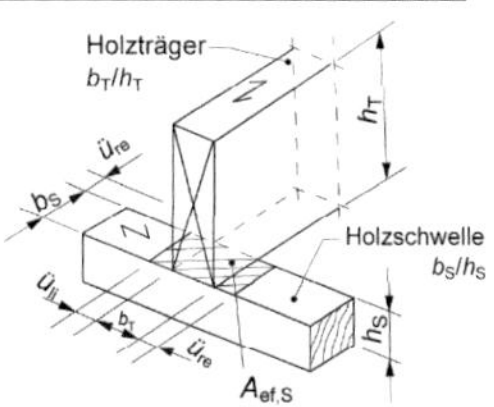
Laub- vollholz	$A_{ef,S} = (3 + b_T + 3) \cdot b_S$ [cm²] $k_{c,90} = 1{,}00$	$A_{ef,T} = (b_S + 3) \cdot b_T$ [cm²] $k_{c,90} = 1{,}00$	
Brettschicht- holz[3])	$A_{ef,S} = (3 + b_T + 3) \cdot b_S$ [cm²] $k_{c,90} = 1{,}50$	$A_{ef,T} = (b_S + 3) \cdot b_T$ [cm²] $k_{c,90} = 1{,}75$	

Holzträger und Holzschwelle mit einseitigen Überständen *ü* ≥ 3 cm und $l_1 \geq 2 \cdot h_S$ (ein Auflager mit zwei Querdruckflächen)

Nadel- vollholz	$A_{ef,S} = (3 + b_T) \cdot b_S$ [cm²] $k_{c,90} = 1{,}25$	$A_{ef,T} = (b_S + 3) \cdot b_T$ [cm²] $k_{c,90} = 1{,}50$	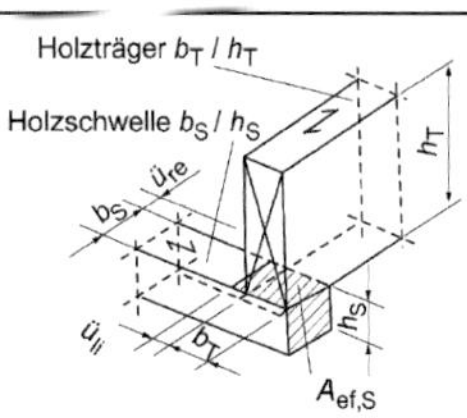
Laub- vollholz	$A_{ef,S} = (3 + b_T) \cdot b_S$ [cm²] $k_{c,90} = 1{,}00$	$A_{ef,T} = (b_S + 3) \cdot b_T$ [cm²] $k_{c,90} = 1{,}00$	
Brettschicht- holz[3])	$A_{ef,S} = (3 + b_T) \cdot b_S$ [cm²] $k_{c,90} = 1{,}50$	$A_{ef,T} = (b_S + 3) \cdot b_T$ [cm²] $k_{c,90} = 1{,}75$	

b) (Holz-)Pfosten auf Holzschwelle

Holz- schwelle aus	Wirksame Kontaktfläche (Auflagerfläche) $A_{ef} = (ü_{li} + l + ü_{re}) \cdot b$ in cm² [2]) Querdruckbeiwert $k_{c,90}$ für Holzschwelle	

Holzschwelle mit beidseitigem Überstand *ü* ≥ 3 cm und $l_1 \geq 2 \cdot h_S$ (je eine Pfosten-Aufstandsfläche mit einer Querdruckfläche in der Holzschwelle)

Nadel- vollholz	$A_{ef,S} = (3 + h_P + 3) \cdot b_S$ [cm²] $k_{c,90} = 1{,}25$	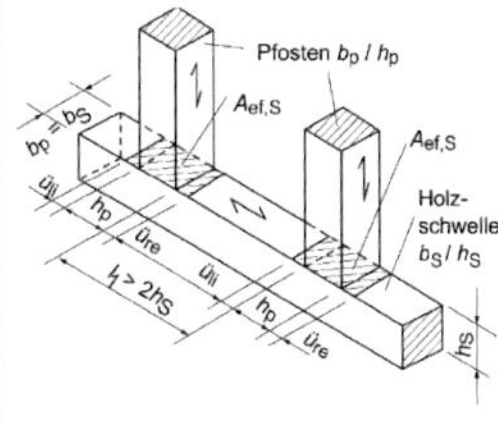
Laub- vollholz	$A_{ef,S} = (3 + h_P + 3) \cdot b_S$ [cm²] $k_{c,90} = 1{,}00$	
Brettschicht- holz[3])	$A_{ef,S} = (3 + h_P + 3) \cdot b_S$ [cm²] $k_{c,90} = 1{,}50$	

Tabelle 16.2 (Fortsetzung)

Holzschwelle mit einseitigem bzw. beidseitigem Überstand $ü \geq 3$ cm und $l_1 < 2 \cdot h_S$ (je eine Pfosten-Aufstandsfläche mit einer Querdruckfläche in der Holzschwelle)			
Nadel-vollholz	$A_{ef,1,S} = (3 + h_P) \cdot b_P$ [cm^2] $k_{c,90} = 1{,}0$	$A_{ef,2,S} = (3 + h_P + 3) \cdot b_P$ [cm^2] $k_{c,90} = 1{,}0$	
Laub-vollholz	$A_{ef,1,S} = (3 + h_P) \cdot b_P$ [cm^2] $k_{c,90} = 1{,}0$	$A_{ef,2,S} = (3 + h_P + 3) \cdot b_P$ [cm^2] $k_{c,90} = 1{,}0$	
Brettschicht-holz [3])	$A_{ef,1,S} = (3 + h_P) \cdot b_P$ [cm^2] $k_{c,90} = 1{,}0$	$A_{ef,2,S} = (3 + h_P + 3) \cdot b_P$ [cm^2] $k_{c,90} = 1{,}0$	

[1]) es ist prinzipiell der Querdrucknachweis nach Gl. (16.2) für beide Querdruckflächen einer Aufstandsfläche bzw. eines Auflagers zu führen

[2]) die rechnerischen Überstände sind $ü_{li}$, $ü_{re} \leq 3$ cm zu wählen, jedoch $\leq l$ mit l als Aufstands-/Auflagerlänge in Faserrichtung des Holzes sowie $\leq a$ oder $l_1/2$ nach Bild 16.3

[3]) Brettschichtholz aus Nadelholz

gend größere Eindrückungen verursachen. Für diese Fälle mit größeren Abständen zwischen den Druckflächen $l_1 \geq 2 \cdot h$ wird bei Nadelvollholz und Brettschichtholz aus Nadelholz der Querdrucknachweis nach Gl. (16.2) weiterhin formal und vereinfachend als Tragfähigkeitsnachweis geführt, der jedoch aus dem Gebrauchstauglichkeitsnachweis abgeleitet worden ist. Die Querdruckbeiwerte $k_{c,90} > 1{,}0$ werden z.B. für Brettschichtholz und Auflagerdruck aus den Teilsicherheitsbeiwerten $\gamma_G = 1{,}35$ für ständige Einwirkungen und $\gamma_M = 1{,}3$ für Holz bestimmt, da sich Tragfähigkeits- und Gebrauchstauglichkeitsnachweis jeweils um diese Teilsicherheitsbeiwerte unterscheiden, d.h. $k_{c,90} = 1{,}35 \cdot 1{,}3 = 1{,}75$. Die bei Brettschicht- und Vollholz sowie Auflager- und Schwellendruck abgestuften Querdruckbeiwerte berücksichtigen das o.a. unterschiedliche Tragverhalten bei Querdruck. Wird der Querdrucknachweis eingehalten, werden auch die Verformungen (Eindrückungen) begrenzt.

16.1.3 Druck unter einem Winkel α zwischen Kraft- und Faserrichtung

Der Nachweis von Druckflächen, die unter einem Winkel α zwischen Kraft- und Faserrichtung des Holzes bzw. Faser- oder Spanrichtung der Decklagen bei Holzwerkstoffen im Bereich $0° < \alpha < 90°$ nach Bild 16.4 belastet sind, ist mit Gl. (16.3) zu führen, s. DIN EN 1995-1-1: 2010-12, 6.2.2.

$$\frac{\sigma_{c,\alpha,d}}{f_{c,\alpha,d}} = \frac{F_{c,\alpha,d} / A_{ef}}{f_{c,\alpha,d}} \leq 1 \qquad (16.3)$$

mit

der wirksamen Kontaktfläche (Querschnittsfläche):

$$A_{\text{ef}} = l_{\text{ef}} \cdot b \tag{16.4}$$

und

dem Bemessungswert der Druckfestigkeit in Abhängigkeit vom Winkel α

$$f_{\text{c},\alpha,\text{d}} = \frac{f_{\text{c},0,\text{d}}}{\frac{f_{\text{c},0,\text{d}}}{k_{\text{c},90} \cdot f_{\text{c},90,\text{d}}} \cdot \sin^2 \alpha + \cos^2 \alpha} \tag{16.5}$$

α Winkel zwischen Beanspruchungs- und Faserrichtung des Holzes bzw. Winkel zwischen Beanspruchungsrichtung und Faserrichtung bzw. Spanrichtung der Decklagen nach Bild 16.4

b Auflager- oder Trägerbreite

$F_{\text{c},\alpha,\text{d}}$ Bemessungswert der Druckkraft in Abhängigkeit von Winkel α nach Gl. (8.4)

$f_{\text{c},0,\text{d}}$ Bemessungswert der Druckfestigkeit in Faserrichtung nach Gl. (8.5)

$f_{\text{c},90,\text{d}}$ Bemessungswert der Druckfestigkeit rechtwinklig zur Faserrichtung nach Gl. (8.5)

$f_{\text{c},\alpha,\text{d}}$ Bemessungswert der Druckfestigkeit in Abhängigkeit vom Winkel α nach Gl. (16.5), in Tabelle 16.4 für ausgesuchte Hölzer

$k_{\text{c},90}$ Querdruckbeiwert nach Tabelle 16.1

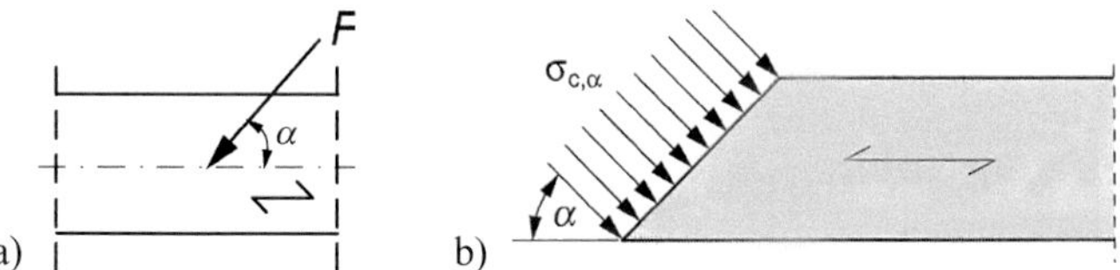

Bild 16.4 Druckbeanspruchung unter einem Winkel α zwischen Kraft- und Faserrichtung des Holzes bzw. zwischen Beanspruchungsrichtung und Faser- bzw. Spanrichtung der Decklagen bei Holzwerkstoffen, a) unter Druckkraft F_{c} b) unter Druckspannung $\sigma_{\text{c},\alpha}$ über die gesamte Druckfläche nach DIN EN 1995-1-1: 2010-12, 6.2.2, Bild 6.7

l_{ef} wirksame Auflager-/Aufstandslänge nach Tabelle 16.3

Dabei sind die wirksamen Querdruckflächen A_{ef} entsprechend Tabelle 16.1 unter Berücksichtigung des Winkels α einzusetzen. Beispiele zur Ermittlung der wirksamen Auflagerlänge l_{ef} in Gl. (16.4) sind in Tabelle 16.3 angeführt, dabei werden auch teilbelastete Druckflächen unter dem Winkel α nach DIN EN 1995-1-1/NA: 2013-08, NCI Zu 6.2.2 berücksichtigt. Ausgesuchte Bemessungswerte der Druckfestigkeit $f_{\text{c},\alpha,\text{d}}$ in Abhängigkeit vom Winkel α sind in Tabelle 16.4 enthalten.

Bei Druckbeanspruchung unter einem Winkel α ist wegen der **anisotropen Eigenschaften** des Holzes die Kombination von Spannungen parallel und rechtwinklig zur Faserrichtung zu berücksichtigen, wenn Holz sowie bestimmte Holzwerkstoffe wie Sperrholz, Brettsperrholz, OSB-Platten und Furnierholz mit Querlagen unter einem Winkel α zwischen Faser- bzw. Spanrichtung der Decklagen und der Beanspruchungs- (Kraft-)richtung nach Bild 16.4 im Bereich $0° < \alpha < 90°$ belastet werden, s. auch sinngemäß *Kreuzinger/*

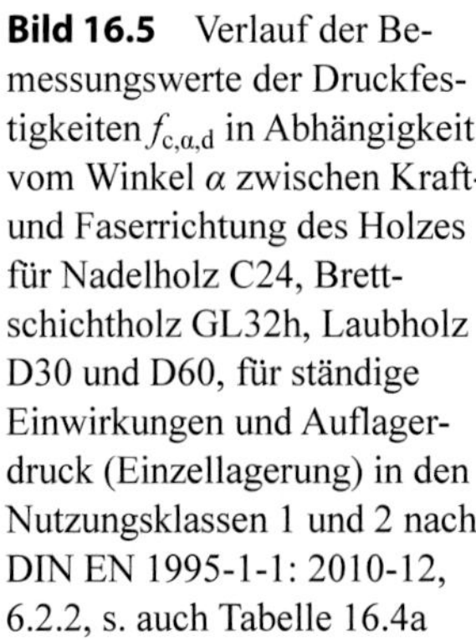

Bild 16.5 Verlauf der Bemessungswerte der Druckfestigkeiten $f_{c,\alpha,d}$ in Abhängigkeit vom Winkel α zwischen Kraft- und Faserrichtung des Holzes für Nadelholz C24, Brettschichtholz GL32h, Laubholz D30 und D60, für ständige Einwirkungen und Auflagerdruck (Einzellagerung) in den Nutzungsklassen 1 und 2 nach DIN EN 1995-1-1: 2010-12, 6.2.2, s. auch Tabelle 16.4a

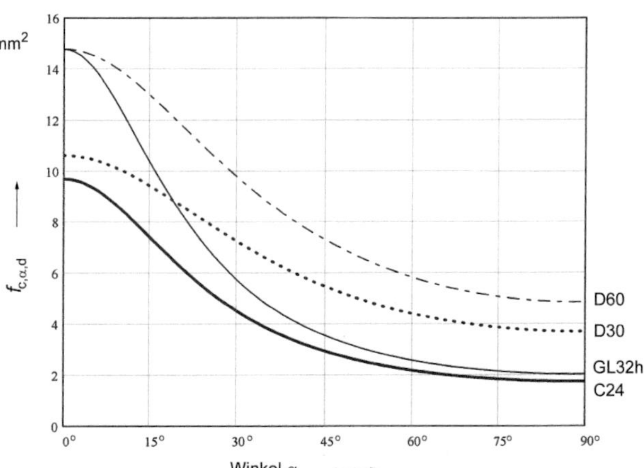

Scholz [292]. Die Abhängigkeiten ausgesuchter Festigkeiten von der Beanspruchungsrichtung sind aus Bild 16.5 am Beispiel der Bemessungswerte der Druckfestigkeiten $f_{c,\alpha,d}$ bestimmter Laub- und Nadelhölzer ersichtlich. In den Druckfestigkeiten $f_{c,\alpha,d}$ nach Bild 16.5 sind die Querdruckbeiwerte $k_{c,90}$ enthalten, s. Gl. (16.5), deshalb können sie nicht mit anderen Festigkeiten, die vom Winkel α abhängig sind, verglichen werden.

Für **Spanplatten, Faserplatten und Gipsbauplatten** sind Gl. (16.3) und (16.5) nicht anzuwenden, da die Druckfestigkeiten dieser Platten wegen ihrer überwiegend isotropen Baustoffeigenschaften in Plattenebene nicht von der Beanspruchungsrichtung abhängen, s. Abschn. 2.8.

Für **Pultdach-, Satteldach- und gekrümmte Träger** wird im Abschn. 20 der Nachweis von Biegedruckspannungen unter einem Winkel α bei Voll-, Brettschicht-, Balkenschicht- und Furnierschichtholz ohne Querlagen angeführt.

Tabelle 16.3 Beispiele der wirksamen Aufstands- bzw. Auflagerlänge l_{ef} in Faserrichtung des Holzes nach DIN EN 1995-1-1/NA: 2013-08, NCI Zu 6.2.2[1])

Schnittflächen unter einem Kraft-Faser-Winkel *α*, s. auch *Erläut. zu DIN 1052: 2004-08* [47], E 10.2.5, Bild 10/5	
Spannungsfläche mit beidseitigem Überstand	Spannungsfläche mit einseitigem Überstand
l_A, l_{ef}, $30 \cdot \sin\alpha$, $\sigma_{c,\alpha}$, 30, $\beta = 90° - \alpha$, β, α	l_A, l_{ef}, $30 \cdot \sin\alpha$, $\sigma_{c,\alpha}$, 30, $\beta = 90° - \alpha$, β, α
$l_{ef} = 30 \cdot \sin\alpha + l_A + 30 \cdot \sin\alpha$	$l_{ef} = l_A + 30 \cdot \sin\alpha$

Tabelle 16.3 (Fortsetzung)

Auflagerflächen unter einem Kraft-Faser-Winkel α, s. auch DIN EN 1995-1-1/NA: 2013-08, NCI Zu 6.2.2, Bild NA.6

Auflagerfläche „waagerecht" mit beidseitigem Überstand

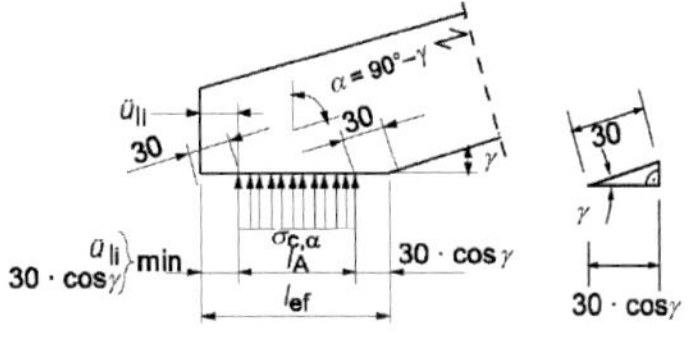

$l_{ef} = \min\{\ddot{u}_{li}$ oder $30 \cdot \cos\gamma\} + l_A + 30 \cdot \cos\gamma$

Auflagerflächen „waagerecht" und „horizontal" jeweils mit einseitigem Überstand

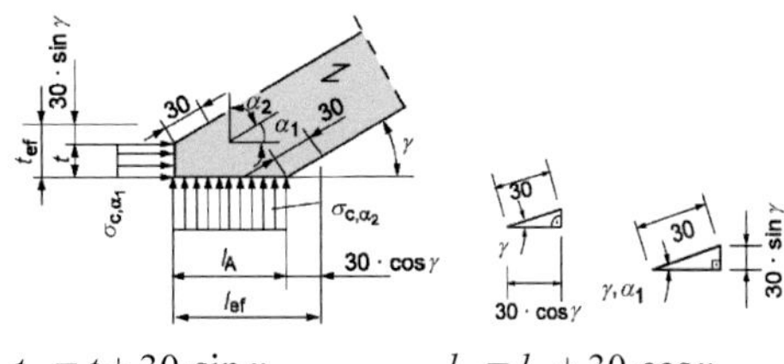

$t_{ef} = t + 30 \cdot \sin\gamma$ $\qquad$ $l_{ef} = l_A + 30 \cdot \cos\gamma$

Aufstandsfläche unter einem Kraft-Faser-Winkel α

Klaue oder Kerve mit beidseitigem Überstand

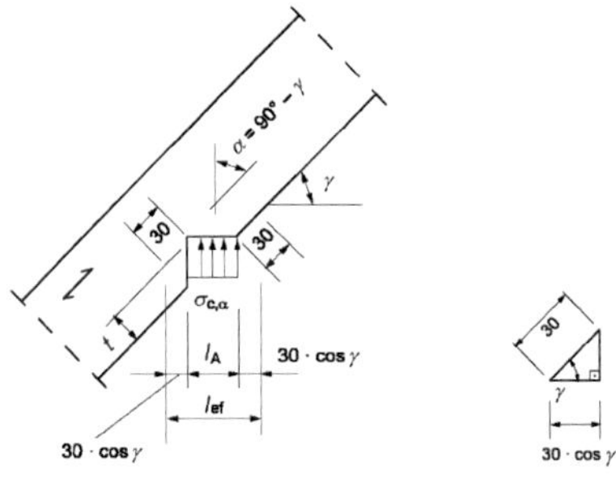

$l_{ef} = 30 \cdot \cos\gamma + t/\sin\gamma + 30 \cdot \cos\gamma$

Umrechnung der Aufstandslänge l_A auf die Einschnitttiefe t

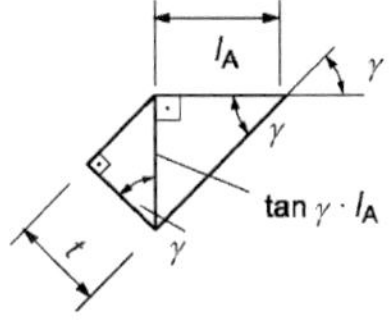

$$\cos\gamma = \frac{t}{\tan\gamma \cdot l_A}$$

$$l_A = \frac{t}{\cos\gamma \cdot \tan\gamma} = \frac{t \cdot \cos\gamma}{\cos\gamma \cdot \sin\gamma} = \frac{t}{\sin\gamma}$$

[1]) die rechnerischen Nachweise dürfen auch mit der tatsächlichen Aufstands-/Auflagerlänge l_A geführt werden, jedoch ist die wirksame Aufstands-/Auflagerlänge l_{ef} wirtschaftlicher

Tabelle 16.4 Bemessungswerte der Druckfestigkeiten $f_{c,\alpha,d}$ in N/mm² in Abhängigkeit vom Winkel α zwischen Kraft- und Faserrichtung des Holzes für ausgesuchte Hölzer und Winkel α sowie für ständige Einwirkungen in den Nutzungsklassen 1 und 2 nach DIN EN 1995-1-1: 2010-12, 6.2.2, s. Gl. (16.5)[1])[2])

Winkel α [2])	**Bemessungswerte der Druckfestigkeiten $f_{c,\alpha,d}$** in Abhängigkeit vom Winkel α für ständige Einwirkungen in den Nutzungsklassen 1 und 2 in N/mm²											
a) Auflagerdruck für ständige Einwirkungen in den Nutzungsklassen 1 und 2 [1])												
	Nadelvollholz nach DIN 338: 2016-07, s. Tab. 7.3, 7.4				Laubvollholz		Brettschichtholz aus Nadelholz nach DIN EN 14080: 2013-09, s. Tab. 7.5, 7.6					
	C24	**C30**	**C35**	**C40**	**D30**	**D35**	**GL24c**	**GL24h GL28c**	**GL30c GL32c**	**GL28h**	**GL30h**	**GL32h**
0°	9,692	10,62	11,54	12,00	10,62	11,54	9,923	11,08	11,31	12,92	13,85	14,77
5°	9,365	10,25	11,12	11,56	10,47	11,36	9,637	10,71	10,93	12,41	13,26	14,09

Tabelle 16.4 (Fortsetzung)

Winkel α [2])	Bemessungswerte der Druckfestigkeiten $f_{c,\alpha,d}$ in Abhängigkeit vom Winkel α für ständige Einwirkungen in den Nutzungsklassen 1 und 2 in N/mm²											
a) Auflagerdruck für ständige Einwirkungen in den Nutzungsklassen 1 und 2 [1])												
	Nadelvollholz nach DIN 338: 2016-07, s. Tab. 7.3, 7.4				Laubvollholz		Brettschichtholz aus Nadelholz nach DIN EN 14080: 2013-09, s. Tab. 7.5, 7.6					
	C24	**C30**	**C35**	**C40**	**D30**	**D35**	**GL24c**	**GL24h GL28c**	**GL30c GL32c**	**GL28h**	**GL30h**	**GL32h**
10°	8,512	9,303	10,04	10,43	10,05	10,86	8,876	9,757	9,930	11,11	11,77	12,41
15°	7,409	8,082	8,664	9,000	9,431	10,12	7,862	8,518	8,644	9,490	9,944	10,38
20°	6,301	6,860	7,306	7,584	8,706	9,275	6,806	7,265	7,352	7,920	8,217	8,495
25°	5,321	5,783	6,123	6,353	7,952	8,406	5,840	6,150	6,208	6,578	6,767	6,941
30°	4,508	4,892	5,155	5,347	7,227	7,583	5,015	5,221	5,259	5,499	5,619	5,728
35°	3,856	4,180	4,388	4,550	6,565	6,842	4,337	4,474	4,499	4,654	4,731	4,799
40°	3,341	3,619	3,788	3,926	5,981	6,197	3,791	3,882	3,898	4,000	4,049	4,092
45°	2,937	3,179	3,319	3,440	5,479	5,647	3,356	3,416	3,427	3,493	3,524	3,553
50°	2,620	2,834	2,954	3,061	5,054	5,187	3,010	3,050	3,057	3,100	3,121	3,139
55°	2,372	2,564	2,669	2,765	4,701	4,808	2,736	2,762	2,767	2,795	2,808	2,820
60°	2,178	2,354	2,448	2,536	4,412	4,499	2,521	2,538	2,541	2,559	2,567	2,575
65°	2,028	2,192	2,277	2,358	4,179	4,252	2,354	2,365	2,366	2,378	2,383	2,387
70°	1,915	2,069	2,147	2,224	3,997	4,059	2,227	2,233	2,234	2,240	2,243	2,246
75°	1,832	1,978	2,053	2,126	3,861	3,916	2,133	2,136	2,137	2,140	2,142	2,143
80°	1,775	1,917	1,988	2,059	3,766	3,816	2,069	2,070	2,071	2,072	2,073	2,073
85°	1,742	1,881	1,951	2,020	3,711	3,758	2,032	2,032	2,032	2,032	2,032	2,033
90°	1,731	1,869	1,938	2,008	3,692	3,738	2,019	2,019	2,019	2,019	2,019	2,019
b) Schwellendruck für ständige Einwirkungen in den Nutzungsklassen 1 und 2 [1])												
0°	9,692	10,62	11,54	12,00	10,62	11,54	9,923	11,08	11,31	12,92	13,85	14,77
5°	9,289	10,17	11,02	11,46	10,47	11,36	9,579	10,64	10,85	12,32	13,15	13,97
10°	8,267	9,032	9,735	10,12	10,05	10,86	8,684	9,526	9,691	10,81	11,43	12,04
15°	7,007	7,640	8,175	8,490	9,431	10,12	7,534	8,134	8,250	9,017	9,426	9,816
20°	5,807	6,318	6,714	6,968	8,706	9,275	6,387	6,789	6,864	7,357	7,613	7,851
25°	4,794	5,207	5,502	5,708	7,952	8,406	5,377	5,639	5,687	5,997	6,153	6,297
30°	3,989	4,326	4,550	4,719	7,227	7,583	4,545	4,714	4,744	4,939	5,035	5,122
35°	3,363	3,644	3,819	3,960	6,565	6,842	3,880	3,989	4,009	4,132	4,192	4,246
40°	2,882	3,120	3,261	3,380	5,981	6,197	3,357	3,428	3,441	3,519	3,557	3,591
45°	2,511	2,717	2,834	2,937	5,479	5,647	2,947	2,994	3,002	3,053	3,077	3,098
50°	2,225	2,406	2,506	2,596	5,054	5,187	2,627	2,657	2,662	2,695	2,711	2,725
55°	2,003	2,166	2,253	2,334	4,701	4,808	2,376	2,396	2,399	2,420	2,430	2,439

Tabelle 16.4 (Fortsetzung)

60°	1,832	1,980	2,058	2,132	4,412	4,499	2,181	2,193	2,196	2,209	2,215	2,221
65°	1,701	1,838	1,908	1,977	4,179	4,252	2,030	2,038	2,039	2,047	2,051	2,055
70°	1,602	1,730	1,796	1,860	3,997	4,059	1,916	1,920	1,921	1,926	1,928	1,930
75°	1,530	1,652	1,714	1,775	3,861	3,916	1,832	1,834	1,835	1,837	1,839	1,840
80°	1,480	1,599	1,658	1,718	3,766	3,816	1,775	1,776	1,776	1,777	1,778	1,778
85°	1,452	1,568	1,626	1,684	3,711	3,758	1,742	1,742	1,742	1,742	1,742	1,742
90°	1,442	1,558	1,615	1,673	3,692	3,738	1,731	1,731	1,731	1,731	1,731	1,731

Umrechnungsfaktoren für die Werte von $f_{c,\alpha,d}$ für Voll- und Brettschichtholz der Klasse der Lasteinwirkungsdauer „ständig" und den Nutzungsklassen 1und 2 in andere Klassen:[1])

Klasse der Lasteinwirkungsdauer	ständig	lang	mittel	kurz	kurz/ sehr kurz
Nutzungsklasse 1 und 2	1,000	1,167	1,333	1,500	1,667
Nutzungsklasse 3	0,833	0,917	1,083	1,167	1,333

[1]) die $f_{c,\alpha,d}$ -Werte für andere Klassen der Lasteinwirkungsdauer und Nutzungsklassen können mit den unten in dieser Tabelle angeführten Umrechnungsfaktoren bestimmt werden, Beispiel: Umrechnung für C24, Auflagerdruck, $\alpha = 0°$ in Nutzungsklasse 3 und kurze Lasteinwirkungsdauer: 9,692 · 1,167 = 11,31 N/mm²

[2]) die Festigkeitswerte zwischen den angegebenen Winkel α einer Festigkeitsklasse können hinreichend genau geradlinig interpoliert werden

16.1.4 Druck und Biegung (ausmittiger Druck) (Knicken und Biegedrillknicken (Kippen) nicht maßgebend)

Die Nachweise für Stäbe unter gleichzeitiger Druck- und Biegebeanspruchung ohne Knick- und Biegedrillknickgefahr (Kippgefahr) sind im Abschn. 17.1.5 Biegung und Druck angeführt.

16.2 Ersatzstabverfahren für Druckstäbe (Biegeknick- und ggf. Biegedrillknicknachweise (Kippnachweise) maßgebend)

Nachweise mit Ersatzstabverfahren berücksichtigen vereinfachend Bauteile, die über die gesamte Länge durch Stabilitätsverlust (Biege-)Knicken (und/oder Biegedrillknicken (oder Kippen)) versagen können. Auf Druck beanspruchte, knickgefährdete Holzstabwerke können nach dem **Ersatzstabverfahren** bemessen werden, dabei werden die Schnittkräfte am unverformten Tragsystem nach Theorie I. Ordnung ermittelt, die auftretenden Verformungen (Wirkungen nach Theorie II. Ordnung) werden mit dem Knickbeiwert k_c nach Abschn. 16.2.3 berücksichtigt. Für viele Holztragwerke liefern Nachweise mit dem Ersatzstabverfahren (Knicken) ausreichende und wirtschaftliche Ergebnisse mit vergleichsweise vertretbarem Berechnungsaufwand, zusätzlich sind ggf. Nachweise der Querschnittstragfähigkeit nach Abschn. 16.1.1 bzw. 16.1.4 erforderlich. Über die **Schnittkraftermittlung** beim Ersatzstabverfahren s. auch Abschn. 23.1.3. Eine kurze **Einführung in das Knicken** von Druckstäben wird in Abschn. 16.2.5 gegeben.

Alternativ können für Druckstäbe (Knicken) Nachweise mit **Theorie II. Ordnung** geführt werden, s. Abschn. 24, u.a. bei unbekannter Ersatzstablänge (Knicklänge), bei aufwändiger rechnerischer Ermittlung der Knicklänge unter Verwendung eines geeigneten Stabwerksprogrammes. Ein Vergleich der Nachweise von Druckstäben mit dem Ersatzstabverfahren oder mit Theorie II. Ordnung wird im Abschn. 24.3 gegeben.

16.2.1 Mittiger Druck (Biegeknicken maßgebend)

Für planmäßig mittig beanspruchte Druckstäbe ist der Nachweis mit dem Ersatzstabverfahren (Knicknachweis) um beide Achsen, die y- und z- Achse, nach Gl. (16.6) bzw. (16.7) zu führen, s. DIN EN 1995-1-1: 2010-12, 6.3.2. Der Nachweis ist im Allgemeinen auf den **ungeschwächten Querschnitt** zu beziehen, da kleinere Querschnittsschwächungen, solange sie außerhalb des mittleren Drittels der Ersatzstablänge (Knicklänge) liegen, in der Regel nur einen geringen Einfluss auf die Knickstabilität haben.

Knicken um die y-Achse

$$\frac{\sigma_{c,0,d}}{k_{c,y} \cdot f_{c,0,d}} = \frac{F_{c,d}/A}{k_{c,y} \cdot f_{c,0,d}} \leq 1 \tag{16.6}$$

Knicken um die z-Achse

$$\frac{\sigma_{c,0,d}}{k_{c,z} \cdot f_{c,0,d}} = \frac{F_{c,d}/A}{k_{c,z} \cdot f_{c,0,d}} \leq 1 \tag{16.7}$$

A Querschnittsfläche
$f_{c,0,d}$ Bemessungswert der Druckfestigkeit in Faserrichtung nach Gl. (8.5)
$F_{c,d}$ Bemessungswert der Druckkraft nach Gl. (8.4)
k_c Knickbeiwert nach Abschn. 16.2.3,
$k_{c,y}$ für Knicken um die y-Achse (oder Knicken (Ausbiegung) in z-Richtung), s. Bild 16.6,
$k_{c,z}$ für Knicken um die z-Achse (oder Knicken (Ausbiegung) in y-Richtung), s. Bild 16.6
$\sigma_{c,0,d}$ Bemessungswert der Druckspannungen in Faserrichtung

Ist die Bedingungen für den bezogenen Schlankheitsgrad $\lambda_{rel,y} \leq 0,3$ für Knicken um die y-Achse bzw. $\lambda_{rel,z} \leq 0,3$ für Knicken um die z-Achse nach Abschn. 16.2.3, Tabelle 16.6 erfüllt, kann der Nachweis der Querschnittstragfähigkeit sinngemäß nach Abschn. 16.1 geführt werden, da diese Druckstäbe mit sehr kleiner Schlankheit λ (gedrungene Stäbe mit einer Stabschlankheit etwa $\lambda < 20$) nur eine sehr geringe oder keine Knickgefahr besitzen, s. DIN EN 1995-1-1: 2010-12, 6.3.2 (2).

Über die „Berücksichtigung des Kriechens bei Druckstützen" s. unten.

Querschnittsschwächungen im mittleren Drittel der Ersatzstablänge (Knicklänge) sollten vermieden werden, da hierdurch die Knickgefahr erhöht und die Tragfähigkeit des Druckstabes vermindert wird. Liegen jedoch in diesem Bereich Querschnittsschwächungen vor, sind die Druckspannungen mit der wirksamen Querschnittsfläche A_n (Nettoquerschnittsfläche) zu berechnen. Diese Querschnittsschwächungen bewirken überwiegend planmäßige Ausmitten, so dass zusätzlich ein Biegemoment auftritt. Der Druckstab ist dann nach Abschn. 17.2.4 Biegung und Druck (Ersatzstabverfahren, Knicken und Biegedrillknicken (Kippen) maßgebend) nachzuweisen. Über die Ermittlung von Querschnittsschwächungen s. Abschn. 8.3.3.

Das **Knicken eines Druckstabes** ist grundsätzlich in zwei Richtungen zu untersuchen, da das Ausknicken des Druckstabes um beide Stabachsen (oder rechtwinklig zu den Stabachsen) erfolgen kann, s. Bild 16.6 am Beispiel eines Druckstabes mit Rechteckquerschnitt. Maßgebend für den Ersatzstabnachweis (Knicknachweis) ist in der Regel das Knicken um die Achse mit dem größeren **Schlankheitsgrad** λ nach Gl. (16.8) bzw. mit dem kleineren Knickbeiwert k_c nach Abschn. 16.2.3. Wird der größere Wert von λ für eine der beiden Stabachsen ermittelt, ist der Nachweis nur um diese Achse zu führen, um die andere Achse ist er meist entbehrlich. Verschiedene Stabschlankheiten treten z.B. in einem Stab mit unterschiedlichen Querschnittsseiten b und h sowie mit unterschiedlichen Knicklängen um die y- und z- Achsen auf, als Beispiel s. Bild 16.11b.

Schlankheit eines Druckstabes

Der Schlankheitsgrad λ eines Druckstabes wird nach Gl. (16.8) berechnet, er wird von

$$\lambda = l_{ef}/i \qquad (16.8)$$

λ Schlankheitsgrad des Stabes um die y- bzw. z- Achse, d.h. der Wert von $\lambda_y = l_{ef,y}/i_y$ bzw. $\lambda_z = l_{ef,z}/i_z$

l_{ef} Ersatzstablänge (Knicklänge) nach Abschn. 16.2.4

i Trägheitshalbmesser (-radien) nach Tabelle 16.5

DIN EN 1995-1-1: 2010-12, 6.3.2 nach „oben" nicht begrenzt; jedoch wird empfohlen, Stabschlankheiten etwa $\lambda > 200$ nur in Ausnahmefällen zu verwenden, da sie wegen der geringen übertragbaren Druckkraft überwiegend unwirtschaftlich sind.

Tabelle 16.5 Trägheitshalbmesser (-radien) für Stabquerschnitte

Allgemeiner Querschnitt	**Rechteckquerschnitt**	**Kreisquerschnitt**
I Flächenmoment 2. Grades A Querschnittsfläche	y, (x), h, b, z	d
$i = \sqrt{I/A}$	$i_y = \sqrt{I_y/A} = 0{,}289 \cdot h$ $i_z = \sqrt{I_z/A} = 0{,}289 \cdot b$	$i = \sqrt{I/A} = d/4$

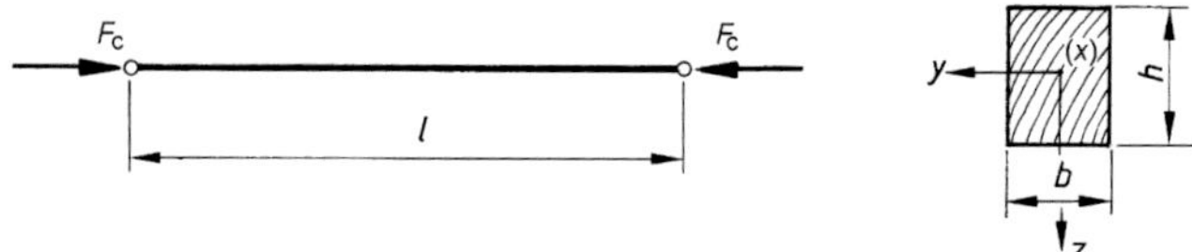

Bild 16.6 Planmäßig mittig gedrückter Stab mit beidseitig gelenkiger Lagerung und Rechteckquerschnitt; Ersatzstablänge (Knicklänge) dieses Stabes für das Ausknicken um die y-Achse (oder in z-Richtung) und um die z-Achse (oder in y-Richtung) jeweils $l_{ef} = 1{,}0 \cdot l$ (Pendelstab oder Pendelstütze, s. Abschn. 16.2.4)

Berücksichtigung des Kriechens bei Druckstützen

Der **Kriecheinfluss bei Druckstäben mit hoher ständiger Last** ist zu berücksichtigen, s. Abschn. 1.9.4, wenn in den Nutzungsklassen 2 und 3, s. Tabelle 7.12, der Bemessungswert des ständigen und des quasi-ständigen Lastanteils 70% des Bemessungswertes der Gesamtlast überschreitet, s. DIN EN 1995-1-1/NA: 2013-08, NCI NA.5.9. Dazu darf die Steifigkeit $E_{0,05}$ in der Gl. für den bezogenen Schlankheitsgrad $\lambda_{rel,c}$ (Knicken) bzw. für die kritische Spannung $\sigma_{c,crit}$ nach Tabelle 16.6 vereinfachend mit dem Beiwert $k_{red,S}$ nach Gl. (16.9) abgemindert werden; der bezogene Schlankheitsgrad $\lambda_{rel,c}$ wird dadurch um den Wert $\sqrt{1+k_{def}}$ erhöht und der Knickbeiwert k_c kleiner, s. Bild 16.7.

$$k_{red,S} = 1/(1 + k_{def}) \tag{16.9}$$

$k_{red,S}$ Beiwert zur Abminderung der Steifigkeiten bei hoch druckbeanspruchten Bauteilen in Nutzungsklasse 2 und 3 (nicht in DIN EN 1995-1-1/NA: 2013-08 enthalten)

k_{def} Verformungsbeiwert nach Tabelle 7.17 im Abschn. 7.4.2

Liegen die beiden Bedingungen zur Berücksichtigung des Kriechens (Nutzungsklassen 2 oder 3 sowie Bemessungswert des ständigen und des quasi-ständigen Lastanteils größer 70% des Bemessungswertes der Gesamtlast) nicht gleichzeitig vor, muss das Kriechen bei Druckstützen nicht berücksichtigt zu werden, ebenso nicht bei Stützen in Nutzungsklasse 1 unabhängig vom Lastanteil.

Beispiel für die Minderung eines *E*-Moduls nach Gl. (16.9):
Brettschichtholz GL24c, Nutzungsklasse 2,
Bemessungswert der ständigen Last > 70% des Bemessungswertes der Gesamtlast

k_{def}	$= 0{,}8$	Verformungsbeiwert,	s. Abschn. 7.4.2, Tab. 7.17
$E_{0,05}$	$= 9\,100$ N/mm²,		s. Abschn. 7.2.1, Tab. 7.5
$k_{red,S}$	$= 1/(1 + 0{,}8)$		$= 0{,}5556$
$E_{0,05,red}$	$= 9\,100 \cdot 1/(1 + 0{,}8)$		$= 5\,060$ N/mm²

Wird das Kriechen bei der Druckstabbemessung maßgebend, sollte jede einzelne Einwirkungskombination untersucht und auf ihre jeweilige Gesamtlast bezogen werden. Der **Bemessungswert des ständigen Lastanteils** (ständige Einwirkung) kann nach Abschn. 9.3.1, Gl. (9.1) ermittelt werden, er ist stets eine eigenständige Einwirkungskombination, der Bemessungswert der Gesamtlast ist in dieser eigenständigen Einwirkungskombination gleich

Bild 16.7 Einfluss des Kriechens auf den Knickbeiwert k_c nach *Erläut. zu DIN 1052: 2004-08* [47], E 8.3, Bild 8/6

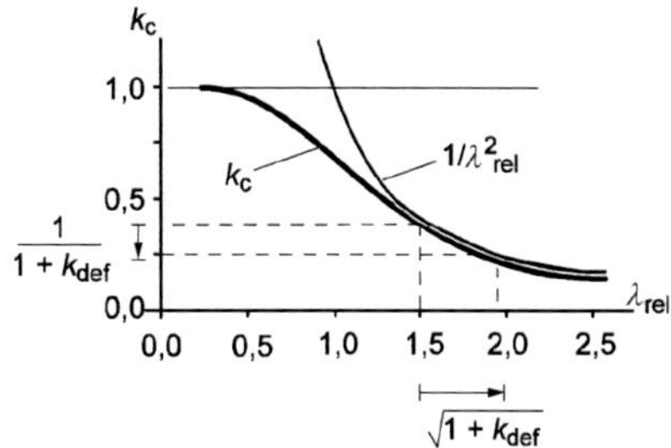

dem Bemessungswert der ständigen Einwirkung (Last). Der **Bemessungswert des quasiständigen Lastanteils** (quasi-ständige Einwirkung) kann sinngemäß nach Gl. (25.2) im Grenzzustand der Tragfähigkeit mit den Teilsicherheitsbeiwerten $\gamma_{G,Q}$ untersucht werden, er setzt sich zusammen aus dem ständigen Lastanteil (ständige Einwirkung) und den quasiständigen Lastanteilen einer oder mehrerer veränderlicher Einwirkungen, dabei werden Windlasten w und Schneelasten s (Orte bis 1000 m über NN) nicht berücksichtigt, da die Kombinationsbeiwerte $\psi_{2,w(s)} = 0$ für Wind und Schnee sind, s. Tabelle 9.3. Die quasi-ständigen Lastanteile können als Kriechen erzeugende ständige Lastanteile veränderlicher Einwirkungen angesehen werden, da nur ständig vorhandene Lasten maßgebende Kriechverformungen bewirken. Über die Begriffe „quasi-ständig" und „quasi-ständige Kombination" s. sinngemäß Abschn. 25.2.2.

Das **Kriechen beeinflusst die Tragfähigkeit druckbeanspruchter Bauteile**, nachgewiesen durch viele Untersuchungen und Messungen in den etwa letzten Jahrzehnten, s. u.a. *Becker* [20], *Blaß* [32], *Moorkamp* [372], *Rautenstrauch/Becker* [416], *Schänzlin* [440]. Durch Kriechverformungen entstehen (zusätzlich zu den Knickverformungen) größere Imperfektionen im Druckstab, insbesondere unter höherer Holzfeuchte. Daraus folgen größere Exzentrizitätsmomente, größere Beanspruchungen und geringere Tragfähigkeiten, s. als Beispiel sinngemäß Bild 16.11a. Kriechverformungen sind deshalb bei der Bemessung von Druckstäben unter höheren Holzfeuchten und hohen ständigen Lastanteilen $\geq 70\%$ an der Gesamtlast zu berücksichtigen. Bereits für ständige Lastanteile $< 70\%$ treten bei höheren Holzfeuchten Kriechverformungen auf, die jedoch nach DIN EN 1995-1-1/NA: 2013-08 nicht berücksichtigt werden.

Druckstäbe mit linear veränderlicher Querschnittshöhe werden in DIN EN 1995-1-1: 2010-12 nicht näher geregelt, DIN EN 1995-1-1/NA: 2013-08, NCI NA.13.2, Tabelle NA.24, Zeile 5 gibt einen kleinen Hinweis auf das unten angeführte Verfahren, s. auch Abschn. 16.2.4, Tabelle 16.10, Zeile 10. Wenn aufwändige Knickberechnungen vermieden werden sollen, wird bis zur Regelung in diesen Baunormen empfohlen, das Verfahren nach DIN 1052: 2008-12, 8.4.2 (3) anzuwenden: Danach dürfen Druckstäbe mit linear veränderlicher Querschnittshöhe vereinfachend mit dem Größtwert der Normalkraft im Stab und mit den Querschnittswerten nachgewiesen werden, die im Abstand der 0,65-fachen Stablänge vom Stabende mit dem kleineren Stabquerschnitt liegen, als Beispiel s. Bild 16.8. Der Nachweis darf demnach für einen Stab mit über der gesamten Stablänge konstantem Querschnitt geführt werden, dessen Querschnittswerte an der angegebenen Stelle (0,65-fache Stablänge) zu ermitteln sind.

Bild 16.8 Druckstab mit veränderlicher Querschnittshöhe und Rechteckquerschnitt, Beispiel; Querschnittswerte bei $0{,}65 \cdot l$ vom Stabende mit dem kleineren Querschnitt nach *Erläut. zu DIN 1052: 2004-08* [47], E 8.4.2, Bild 8/11

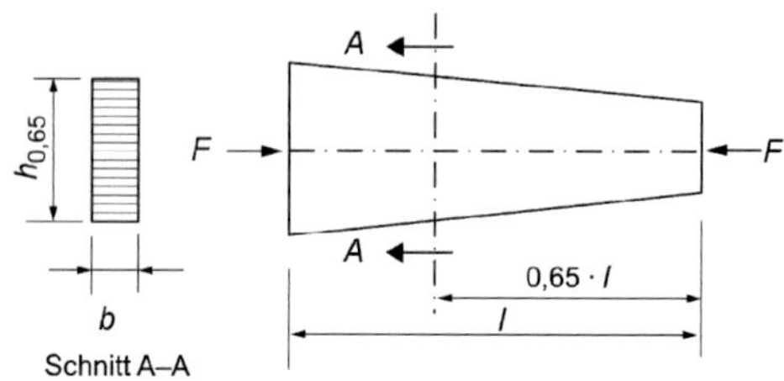

16.2.2 Druck und Biegung (ausmittiger Druck)

Druck und Biegung (nur (Biege-)Knicken maßgebend)

Die Nachweise für Stäbe unter gleichzeitiger Druck- und Biegebeanspruchung mit (Biege-)Knickgefahr können nach Gl. (16.10) geführt werden, wenn das Biegedrillknicken (Kippen) nicht maßgebend ist. Dabei sind beide Gl. (16.10a) und (16.10b) einzuhalten, s. DIN EN 1995-1-1: 2010-12, 6.3.2 (3).

$$\frac{\sigma_{c,0,d}}{k_{c,y} \cdot f_{c,0,d}} + \frac{\sigma_{m,y,d}}{f_{m,y,d}} + k_m \cdot \frac{\sigma_{m,z,d}}{f_{m,z,d}} \leq 1 \tag{16.10a}$$

$$\frac{\sigma_{c,0,d}}{k_{c,z} \cdot f_{c,0,d}} + k_m \cdot \frac{\sigma_{m,y,d}}{f_{m,y,d}} + \frac{\sigma_{m,z,d}}{f_{m,z,d}} \leq 1 \tag{16.10b}$$

$\sigma_{c,0,d}$ Bemessungswert der Druckspannungen in Faserrichtung $= F_{c,d}/A$

$\sigma_{m,y,d}$ Bemessungswert der Biegespannungen um die y-Achse $= M_{y,d}/W_y$

$\sigma_{m,z,d}$ Bemessungswert der Biegespannungen um die z-Achse $= M_{z,d}/W_z$

A Querschnittsfläche

$f_{c,0,d}$ Bemessungswert der Druckfestigkeit nach Gl. (8.5)

$f_{m,y,d}$; $f_{m,z,d}$ Bemessungswerte der Biegefestigkeiten um die y- bzw. z-Achse nach Gl. (8.5)

$F_{c,d}$ Bemessungswert der Druckkraft nach Gl. (8.4)

$k_{c,y}$; $k_{c,z}$ Knickbeiwerte für Knicken um die y- bzw. z-Achse nach Abschn. 16.2.3

k_m = 0,7 für Rechteckquerschnitte aus Voll-, Brettschicht- und Furnierschichtholz
= 1,0 für andere Querschnitte aus Voll-, Brettschicht- und Furnierschichtholz
= 1,0 für alle Querschnitte anderer Holzwerkstoffe

$M_{y,d}$; $M_{z,d}$ Bemessungswerte der Biegemomente um die y- bzw. z-Achse

W_y ; W_z Widerstandsmomente um die y- bzw. z-Achse

Gl. (16.10a) und (16.10b) sind beide einzuhalten.

Wird in (Gl. 16.10a) und (16.10b) eine der Biegespannungen um die *y*- oder *z*- Achse gleich null, ist $k_m = 1{,}0$ zu setzen. Sind die Bedingungen für den bezogenen Schlankheitsgrad $\lambda_{rel,y} \leq 0{,}3$ für (Biege-)Knicken um die *y*-Achse und auch $\lambda_{rel,z} \leq 0{,}3$ für (Biege-)Knicken um die *z*-Achse nach Abschn. 16.2.3, Tabelle 16.6 erfüllt, kann der Nachweis der Querschnittstragfähigkeit sinngemäß Abschn. 16.1.4 geführt werden, da diese Druckstäbe mit sehr kleiner Schlankheit λ (gedrungene Stabe mit einer Stabschlankheit etwa $\lambda < 20$) nur eine sehr geringe oder keine Knickgefahr besitzen, s. DIN EN 1995-1-1: 2010-12, 6.3.2 (2). Über die *y*-Achse und *z*-Achse beim Rechteckquerschnitt s. Bild 16.6.

Über die Erhöhung der charakteristischen Biegefestigkeit $f_{m,k}$ von Voll- und Brettschichtholz s. Abschn. 17.1.2., Berücksichtigung des Kriechens bei druckbeanspruchten Bauteilen nach Abschn. 16.2.1 und Gl. (16.9).

Druck und Biegung ((Biege-)Knicken und Biegedrillknicken (Kippen) maßgebend)
Tritt zusätzlich zum Biegeknicken noch das Biegedrillknicken (Kippen) auf, sind - Nachweise für Stäbe unter gleichzeitiger Druck- und Biegebeanspruchung mit (Biege-)Knick- und Biegedrillknickgefahr (Kippgefahr) nach Abschn. 17.2.4 Biegung und Druck zu führen.

16.2.3 Knickbeiwerte k_c

Die Berechnung der Knickbeiwerte k_c kann nach Tabelle 16.6 für alle Holzbaustoffe vorgenommen werden, die Knickbeiwerte liegen zwischen $0 < k_c \leq 1$. Die k_c-Werte sind für ausgesuchtes Nadelvoll-, Laubvoll- und Brettschichtholz in den Tabellen 16.7 bis 16.9 dargestellt. Die k_c-Werte in diesen Tabellen gelten nicht für Druckstäbe mit hohen ständigen Lasten in den Nutzungsklassen 2 und 3, bei denen der Kriecheinfluss berücksichtigt und die Steifigkeit mit den Beiwert $k_{red,S}$ nach Gl. (16.9) abgemindert werden müssen, s. auch Tabelle 16.6 und Abschn. 16.2.1. Weitere k_c-Werte in Tabellenform können *Colling* [94], [95], [96], *Nebgen/Peterson* [375], *Moorkamp/Neuhaus* [382] und *Rautenstrauch/Möller/Hartnack* [419] entnommen werden. Die Abhängigkeit der Knickbeiwerte k_c von der Schlankheit λ ist an zwei Beispielen in Bild 16.9 dargestellt.

Beim Nachweis mit dem Ersatzstabverfahren (Knicknachweis) berücksichtigen die Knickbeiwerte k_c die Abnahme der Tragfähigkeit eines Druckstabes mit wachsender Stabschlankheit. Dazu werden die Bemessungswerte der Druckfestigkeiten $f_{c,0,d}$ mit dem jeweiligen k_c-Wert abgemindert, der Nachweis wird als Spannungsnachweis geführt, s. Abschn. 16.2.1. Ersatzstablängen (Knicklängen) l_{ef} können Abschn. 16.2.4 entnommen werden. Über die Schnittkraftermittlung beim Ersatzstabverfahren s. Abschn. 23.1.3, über die Stabilität und die Herleitung der Knickbeiwerte k_c s. Abschn. 16.2.5.

Der **bezogene Schlankheitsgrad** $\boldsymbol{\lambda_{rel,y(z)}}$ (Biege-Knicken) nach Tabelle 16.6 wird mit dem 5%-Quantilwert des *E*-Moduls $E_{0,05}$ ermittelt, weil das Ersatzstabverfahren mit diesen Werten hergeleitet wurde, s. auch *Erläut. zu DIN 1052: 2004-08* [47], E 8.4.2 (1). Dies ist neben dem bezogenen Kippschlankheitsgrad $\lambda_{rel,m}$ (Biegedrillknicken (Kippen), s. Abschn.

Tabelle 16.6 Berechnung des Knickbeiwertes k_c, des bezogenen Schlankheitsgrades λ_{rel} und des Schlankheitsgrades λ bei Druckstäben (Biege-Knicken) nach DIN EN 1995-1-1: 2010-12, 6.3.2[1])[2])

	Knickbeiwert $k_{c,y(z)}$
1	$k_{c,y} = \dfrac{1}{k_y + \sqrt{k_y^2 - \lambda_{rel,y}^2}}$ mit $k_y = 0{,}5 \cdot \left[1 + \beta_c \cdot (\lambda_{rel,y} - 0{,}3) + \lambda_{rel,y}^2\right]$ $k_{c,z} = \dfrac{1}{k_z + \sqrt{k_z^2 - \lambda_{rel,z}^2}}$ mit $k_z = 0{,}5 \cdot \left[1 + \beta_c \cdot (\lambda_{rel,z} - 0{,}3) + \lambda_{rel,z}^2\right]$
	Bezogener Schlankheitsgrad $\lambda_{rel,y(z)}$ [2]), kritische Spannung $\sigma_{c,crit}$ [2]), Schlankheitsgrad $\lambda_{y(z)}$
2	$\lambda_{rel,y} = \dfrac{\lambda_y}{\pi} \cdot \sqrt{\dfrac{f_{c,0,k}}{E_{0,05}}} = \sqrt{\dfrac{f_{c,0,k}}{\sigma_{c,crit}}}$ mit $\lambda_y = l_{ef,y}/i_y$ allgemein: $\sigma_{c,crit} = \dfrac{\pi^2 \cdot E_{0,05}}{\lambda^2}$ $\lambda_{rel,z} = \dfrac{\lambda_z}{\pi} \cdot \sqrt{\dfrac{f_{c,0,k}}{E_{0,05}}} = \sqrt{\dfrac{f_{c,0,k}}{\sigma_{c,crit}}}$ mit $\lambda_z = l_{ef,z}/i_z$
	Imperfektionsbeiwert β_c
3	$\beta_c = 0{,}2$ für Vollholz $= 0{,}1$ für Brettschichtholz und Furnierholz

[1]) Hierin bedeuten:

$E_{0,05}$ *E*-Modul in (parallel zur) Faserrichtung (5%-Quantile) nach Abschn. 7.2

$f_{c,0,k}$ charakteristische Druckfestigkeit in Faserrichtung nach Abschn. 7.2

$i_{y(z)}$ Trägheitsradius, jeweils der *y*- bzw. *z*-Achse zugeordnet, s. Tabelle 16.5

$l_{ef,y(z)}$ Ersatzstablängen (Knicklängen) der Tragsysteme für das Ausknicken um die *y*- bzw. *z*-Achse, Beispiele s. Abschn. 16.2.4

λ_y Schlankheitsgrad des Stabes für (Biege-)Knicken um die *y*-Achse (oder Knicken (Ausbiegung) in *z*-Richtung), s. Gl. (16.8) im Abschn. 16.2.1

λ_z Schlankheitsgrad des Stabes für (Biege-)Knicken um die *z*-Achse (oder Knicken (Ausbiegung) in *y*-Richtung), s. Gl. (16.8) im Abschn. 16.2.1

[2]) über die Abminderung des *E*-Moduls $E_{0,05}$ in den Gleichungen für $\lambda_{rel,y(z)}$ bzw. $\sigma_{c,crit}$ bei hohen ständigen Drucklasten in den Nutzungsklassen 2 und 3 (Kriecheinfluss) s. Abschn. 16.2.1 und Gl. 16.9

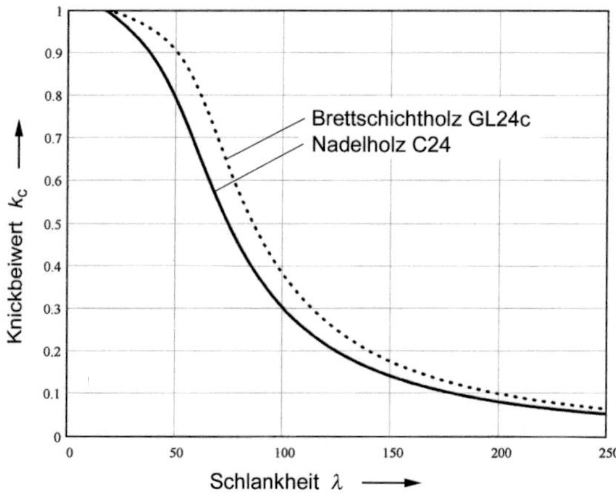

Bild 16.9 Knickbeiwerte k_c in Abhängigkeit von der Stabschlankheit λ für Nadelvollholz C24 nach Tabelle 7.3 und kombiniertes Brettschichtholz GL24c aus Nadelholz nach Tabelle 7.5, errechnet nach Tabelle 16.6; Beispiele

17.2.5) eine der wenigen Ausnahmen bei Berechnungen im Grenzzustand der Tragfähigkeit, bei denen mit den 5%-Quantilwerten der Steifigkeiten gerechnet wird; ansonsten sind bei Tragfähigkeitsnachweisen nach DIN EN 1995-1-1: 2010-12 und DIN EN 1995-1-1/NA: 2013-08 die Moduln überwiegend nach Gl. (8.7) bis (8.9) zu verwenden, d.h. die Mittelwerte der Moduln geteilt durch den Teilsicherheitsbeiwert γ_M. Über die Berücksichtigung des Kriecheinfluss bei hohen ständigen Drucklasten in den Nutzungsklassen 2 und 3 s. Abschn. 16.2.1.

Tabelle 16.7 Knickbeiwerte k_c für ausgesuchtes Nadelvollholz nach DIN EN 338: 2010-02, s. Tabelle 7.3, errechnet nach Tabelle 16.6[1])[2])

Schlankheitsgrad	Festigkeitsklasse[1])[2]) (Sortierklasse)				
λ	**C18** (S7)	**C24** (S10)	**C30** (S13)	**C35** (S13)	**C40**
10	1,000	1,000	1,000	1,000	1,000
20	0,989	0,991	0,989	0,991	0,991
30	0,943	0,948	0,943	0,947	0,947
40	0,878	0,887	0,878	0,885	0,885
50	0,781	0,796	0,781	0,793	0,793
60	0,655	0,676	0,655	0,672	0,672
70	0,531	0,554	0,531	0,549	0,549
80	0,429	0,450	0,429	0,445	0,445
90	0,351	0,368	0,351	0,364	0,364
100	0,290	0,305	0,290	0,302	0,302
110	0,244	0,256	0,244	0,253	0,254
120	0,207	0,218	0,207	0,216	0,216
130	0,178	0,188	0,178	0,185	0,186
140	0,155	0,163	0,155	0,161	0,161
150	0,136	0,143	0,136	0,141	0,141
160	0,120	0,126	0,120	0,125	0,125
170	0,107	0,112	0,107	0,111	0,111
180	0,095	0,101	0,095	0,100	0,100
190	0,086	0,091	0,086	0,090	0,090
200	0,078	0,082	0,078	0,081	0,081
210	0,071	0,075	0,071	0,074	0,074
220	0,065	0,068	0,065	0,067	0,067
230	0,059	0,063	0,059	0,062	0,062
240	0,055	0,058	0,055	0,057	0,057
250	0,050	0,053	0,050	0,053	0,053

[1]) die genaue Berechnung der fehlenden Zwischenwerte der Knickbeiwerte k_c kann nach Tabelle 16.6 vorgenommen werden, die Knickbeiwerte können auch hinreichend genau geradlinig interpoliert werden

[2]) die k_c-Werte gelten nicht für Druckstäbe mit hohen ständigen Lasten in den Nutzungsklassen 2 und 3, bei denen die Steifigkeit mit dem Beiwert $k_{red,S}$ nach Gl. (16.9) abgemindert werden muss, s. Berücksichtigung des Kriecheinflusses nach Abschn. 16.2.1

Tabelle 16.8 Knickbeiwerte k_c für ausgesuchtes Laubvollholz nach DIN EN 338: 2010-02, s. Tabelle 7.4, errechnet nach Tabelle 16.6[1])[2])

Schlankheitsgrad	Festigkeitsklasse[1])[2]) (Sortierklasse)			
λ	**D30** (LS10)	**D35** (LS10)	**D40** (LS13)	**D60**
10	1,000	1,000	1,000	1,000
20	0,994	0,996	0,996	0,999
30	0,954	0,957	0,957	0,962
40	0,898	0,905	0,905	0,913
50	0,818	0,830	0,830	0,845
60	0,707	0,726	0,726	0,749
70	0,588	0,609	0,609	0,637
80	0,481	0,502	0,501	0,529
90	0,396	0,414	0,414	0,439
100	0,329	0,345	0,345	0,367
110	0,277	0,291	0,290	0,310
120	0,236	0,248	0,248	0,264
130	0,203	0,213	0,213	0,228
140	0,177	0,186	0,186	0,198
150	0,155	0,163	0,163	0,174
160	0,137	0,144	0,144	0,154
170	0,122	0,128	0,128	0,137
180	0,109	0,115	0,115	0,123
190	0,098	0,104	0,103	0,111
200	0,089	0,094	0,094	0,100
210	0,081	0,085	0,085	0,091
220	0,074	0,078	0,078	0,083
230	0,068	0,071	0,071	0,077
240	0,063	0,066	0,066	0,070
250	0,058	0,061	0,061	0,065

[1]), [2]) s. Fußnoten zur Tabelle 16.7

Tabelle 16.9 Knickbeiwerte k_c für kombiniertes (c) und homogenes (h) Brettschichtholz nach DIN EN 14080: 2013-09, s. Tabelle 7.5 und 7.6, errechnet nach Tabelle 16.6[1])[2])

Schlank-heitsgrad	Festigkeitsklasse[1])[2]) (Sortierklasse)							
λ	**GL24**		**GL28**		**GL30**		**GL32**	
	c	**h**	**c**	**h**	**c**	**h**	**c**	**h**
10	1,000	1,000	1,000	1,000	1,000	1,000	1,000	1,000
20	1,000	0,998	0,999	0,997	1,000	0,997	1,000	0,996
30	0,980	0,978	0,980	0,975	0,981	0,975	0,982	0,975
40	0,952	0,948	0,954	0,943	0,955	0,943	0,957	0,942
50	0,906	0,897	0,910	0,885	0,912	0,886	0,917	0,882

Tabelle 16.9 (Fortsetzung)

Schlank-heitsgrad	Festigkeitsklasse[1])[2]) (Sortierklasse)							
λ	**GL24**		**GL28**		**GL30**		**GL32**	
	c	**h**	**c**	**h**	**c**	**h**	**c**	**h**
60	0,823	0,803	0,830	0,779	0,835	0,781	0,846	0,773
70	0,698	0,672	0,709	0,641	0,717	0,643	0,733	0,633
80	0,571	0,545	0,582	0,516	0,590	0,518	0,608	0,508
90	0,466	0,443	0,476	0,418	0,484	0,420	0,499	0,412
100	0,385	0,365	0,394	0,344	0,400	0,345	0,413	0,339
110	0,322	0,305	0,329	0,287	0,335	0,288	0,346	0,283
120	0,273	0,259	0,279	0,243	0,284	0,244	0,294	0,239
130	0,234	0,222	0,240	0,208	0,244	0,209	0,252	0,205
140	0,203	0,192	0,208	0,181	0,211	0,181	0,219	0,178
150	0,178	0,168	0,182	0,158	0,185	0,159	0,191	0,155
160	0,157	0,148	0,160	0,139	0,163	0,140	0,169	0,137
170	0,139	0,132	0,142	0,124	0,145	0,124	0,150	0,122
180	0,124	0,118	0,127	0,110	0,129	0,111	0,134	0,109
190	0,112	0,106	0,114	0,099	0,116	0,100	0,121	0,098
200	0,101	0,096	0,104	0,090	0,105	0,090	0,109	0,088
210	0,092	0,087	0,094	0,082	0,096	0,082	0,099	0,080
220	0,084	0,079	0,086	0,074	0,087	0,075	0,090	0,073
230	0,077	0,073	0,079	0,068	0,080	0,068	0,083	0,067
240	0,071	0,067	0,072	0,063	0,074	0,063	0,076	0,062
250	0,065	0,062	0,067	0,058	0,068	0,058	0,070	0,057

[1]), [2]) s. Fußnoten zur Tabelle 16.7

16.2.4 Ersatzstablängen (Knicklängen) l_{ef}

Die Nachweise mit dem **Ersatzstabverfahren (Knicknachweise)** von Holz-Tragwerken benötigen Ersatzstablängen (Knicklängen). Als Ersatzstablänge l_{ef} (des Ersatzstabes) wird der Abstand zweier Wendepunkte aus der Verformungsfigur (Knickfigur) des betreffenden Tragsystems gewählt, als Beispiel s. Bild 16.10. Die Ersatzstablänge (Knicklänge) lässt sich nach Gl. (16.11) errechnen; die Knicklängenbeiwerte β oder Knicklängen l_{ef} können der Literatur bzw. Normen entnommen werden, sie sind für übliche Holztragwerke in Tabelle 16.10 zusammengestellt. Eine ausführlichere Darstellung über Knicklängen gibt *Blaß* [35].

$$l_{ef} = \beta \cdot h \tag{16.11a}$$

oder

$$l_{ef} = \beta \cdot s \tag{16.11b}$$

l_{ef} Ersatzstablänge (Knicklänge)
β Knicklängenbeiwert nach Tabelle 16.10 oder Literatur
h, s Stablänge

Die **Ersatzstablänge l_{ef} (Knicklänge)** ist u.a. von der Lagerung des Druckstabes abhängig, wie dies am Beispiel einer Pendelstütze (-stab) in Bild 16.11 dargestellt ist. Da ein Druckstab

Bild 16.10 Beidseitig eingespannter Druckstab (*Euler*fall 4) mit Knickbiegelinie

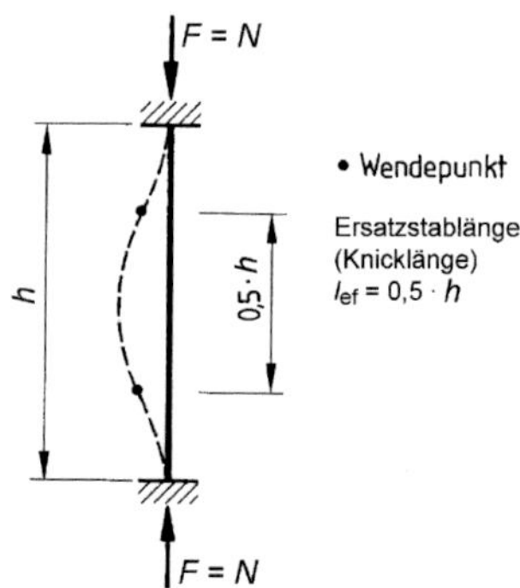

grundsätzlich um beide Stabachsen (y- und z-Achse) knickgefährdet ist, sind die Knicklängen für das Ausknicken um beide Achsen zu berücksichtigen. Wird ein Druckstab zusätzlich in Zwischenpunkten seitlich unverschieblich gehalten, s. Bild 16.11b, so darf als Ersatzstablänge (Knicklänge) für das Ausknicken in die Richtung, in der die Abstützung wirksam ist (dies ist in Bild 16.11b die Richtung der y-Achse für Knicken um die z-Achse), im Allgemeinen der Abstand der Abstützungen (Systemlinien der Abstützungen) angenommen werden.

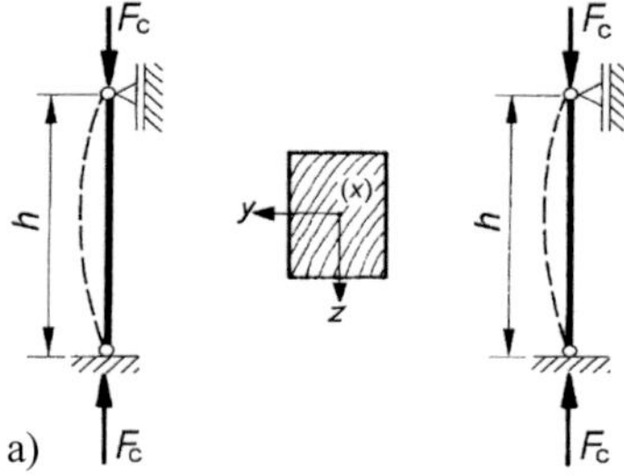

a)

Lagerung des Stabes für das Ausknicken um die

z-Achse $l_{ef,z} = h$ — y-Achse $l_{ef,y} = h$

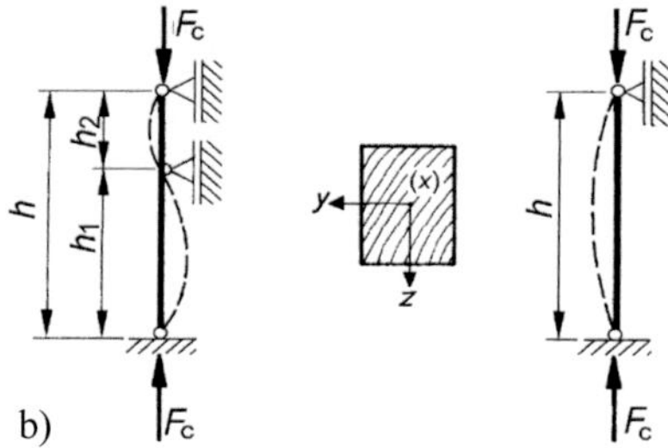

b)

Lagerung des Stabes für das Ausknicken um die

z-Achse $l_{ef,z} = h_1$ bzw. $= h_2$ — y-Achse $l_{ef,y} = h$

Bild 16.11 Druckstab mit gelenkiger Lagerung an den Stabenden (Pendelstütze/-stab) und Rechteckquerschnitt; Knicklängen in Abhängigkeit von der Lagerung; Beispiele
a) Druckstab mit gelenkiger Lagerung an den Stabenden, die für das Ausknicken um die z-Achse (oder in Richtung der y-Achse) und Ausknicken um die y-Achse (oder in Richtung der z-Achse) seitlich unverschieblich gehalten sind, mögliche Ausbiegung des Stabes,
b) Druckstab wie unter a) mit zusätzlicher Abstützung in einem Zwischenpunkt, der nur für das Ausknicken um die z-Achse seitlich unverschieblich gehalten ist; mögliche Ausbiegung des Stabes

Die **Ersatzstablängen (Knicklängen)** sind in den Fällen, in denen die Biege- ($E \cdot I$) und Drehfeder-(K_{φ})Steifigkeiten benötigt werden, s. auch Tabelle 16.10, mit den Bemessungswerten der Moduln E, G und K nach Gl. (8.7) bis (8.9) zu ermitteln, d.h. den Mittelwerten der Moduln geteilt durch den Teilsicherheitsbeiwert γ_M, da die Nachweise im Grenzzustand der Tragfähigkeit dies nach DIN EN 1995-1-1: 2010-12, 2.4.1 (2)P erfordern. Dabei sind unterschiedliche Bemessungswerte zu berücksichtigen, s. Abschn. 8.2.6: für Bauteile eines Tragwerks aus Baustoffen mit denselben oder verschiedenen zeitabhängigen Eigenschaften (bei Schnittkraftermittlung nach Theorie I. Ordnung) nach Abschn. 22.1.1 und bei Schnittkraftermittlung nach Theorie II. Ordnung nach Abschn. 24.2.2.

Bei der Ermittlung der Ersatzstablängen (Knicklängen) können nur die Mittelwerte der Moduln in den Fällen verwendet werden, in denen die Verhältnisse von Biege- zu Biegesteifigkeit $E{\cdot}I/E{\cdot}I$, Biege- zu Schubsteifigkeit $E{\cdot}I/G{\cdot}A$ oder Biege- zu Drehfedersteifigkeit $E{\cdot}I/K_\varphi$ notwendig werden, so dass sich die Teilsicherheitsbeiwerte γ_M aufheben, s. Tabelle 16.10.

Ersatzstablängen (Knicklängen) bei elastischen Anschlüssen/elastischen - Rahmenecken, Tabelle 16.10, Zeile 5, 6 und 10
Die Nachgiebigkeit der Verbindungen ist bei der Ermittlung der Ersatzstablänge (Knicklänge) zu berücksichtigen, wenn sich dies maßgeblich auf die Bemessung auswirkt, z.B. Vergrößerung des Stabquerschnitts, s. DIN EN 1995-1-1: 2010-12, 5.1 (5). Die Nachgiebigkeit einer Verbindung vergrößert die Ersatzstablänge (Knicklänge) bzw. vermindert die Knicklast bezogen auf das jeweils starre System und zwar mit abnehmender Drehfedersteifigkeit K_φ. Weitere Ersatzstablängen (Knicklängen), insbesondere für veränderliche Stab- und Rahmenstiele sind *Heimeshoff* [208] zu entnehmen.

Das **Zusatzmoment** in der elastischen Feder beim nachgiebig eingespannten Stab, bei einer Stützenreihe mit nachgiebig eingespannter Stütze und bei Zwei- und Dreigelenkrahmen mit nachgiebigen Rahmenecken darf nach Tabelle 16.10, Zeile 12 ermittelt werden, dabei ist bei Zwei- und Dreigelenkrahmen das größte Moment aus Stiel oder Riegel maßgebend, s. DIN EN 1995-1-1/NA: 2013-08, NCI NA.13.2 (NA.9).

Ersatzstablänge (Knicklänge) eines eingespannten Stabes (Stütze)
(*Euler*fall 1), Tabelle 16.10, Zeile 1
Die Knicklänge für einen **voll eingespannten Stab** kann für Brettschichtholz-Stützen angenommen werden, die nach *Heimeshoff/Eglinger* [211] direkt ins Fundament einbetoniert werden. Eine derartige volle Einspannung durch Einbetonieren sollte jedoch nur bei sehr sorgfältiger Montage unter Einhaltung der angegebenen Randbedingungen vorgenommen werden, wie Einspannung von Brettschichtholzstützen durch fachgerechten Verguss in Stahlbetonfundamente mit bauaufsichtlichem Verwendbarkeitsnachweis (z.B. allgemeine bauaufsichtliche Zulassung Z 9.1-136) nur in Nutzungsklassen 1 und 2, s. auch Abschn. 5.2.5, Bild 5.15a.

Wird eine Holzstütze über Stahlteile und nachgiebige Verbindungsmittel in ein Fundament „eingespannt", sollte die Knicklänge eines **elastisch eingespannten Stabes** nach Tabelle 16.10, Zeile 5, in Rechnung gestellt werden, wenn dies für die Bemessung bestimmend wird. Bei der Ermittlung der Knicklänge ist gegebenenfalls die Steifigkeit des Fundamentes im Baugrund zu berücksichtigen, s. auch *Heimeshoff* [203] und *Möhler/Freiseis* [349]. Nach DIN EN 1995-1-1/NA: 2013-08, NCI NA.5.8 ist der Einfluss des Baugrundes auf das Tragverhalten eines Tragwerkes im Grenzzustand der Tragfähigkeit nur dann zu beachten, wenn er sich auf die Beanspruchungen wesentlich mit einem angegebenen Richtwert von 10% auswirkt.

Tabelle 16.10 Ersatzstablängen l_{ef} (Knicklängen bei Biegeknicken) von Holztragwerken nach *Euler* und DIN EN 1995-1-1/NA: 2013-08, NCI NA.13.2, Tabelle NA.24[1][2][3][4][14]

	Tragwerk und Knicklänge l_{ef}			Tragwerk und Knicklänge l_{ef}
1	**Eingespannter Stab,** *Euler*fall 1		6	**Stützenreihe mit nachgiebig eingespannter Stütze**[5][6][7][13]
	F = N, h, F = N	$\beta = 2$ $l_{ef} = \beta \cdot h$		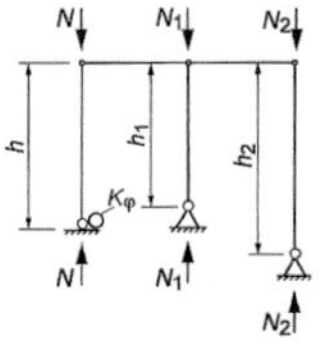 N, N1, N2, h, h1, h2, Kφ für die eingespannte Stütze: $\beta = \sqrt{\left(4 + \frac{\pi^2 \cdot E \cdot I}{h \cdot K_\varphi}\right) \cdot (1 + \alpha)}$ mit: $\alpha = \frac{h}{N} \cdot \sum \frac{N_i}{h_i}$ $\quad l_{ef} = \beta \cdot h$
2	**Pendelstab,** *Euler*fall 2			
	F = N, h, F = N	$\beta = 1$ $l_{ef} = \beta \cdot h$		
				Zwei- und Dreigelenkbogen
3	**Unten eingespannter Stab mit gelenkiger Lagerung oben,** *Euler*fall 3		7	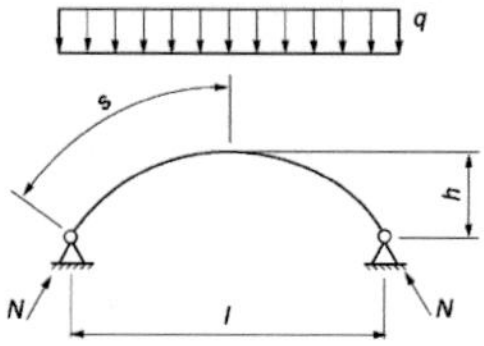 q, s, h, l, N für $0{,}15 \leq h/l \leq 0{,}5$ und antimetrisches Knicken: $\quad l_{ef} = 1{,}25 \cdot s$
	F = N, h, F = N	$\beta = 0{,}707$ $l_{ef} = \beta \cdot h$		
4	**Beidseitig eingespannter Stab,** *Euler*fall 4		8	**Kehlbalkendach,** antimetrisches Knicken
	F = N, h, F = N	$\beta = 0{,}5$ $l_{ef} = \beta \cdot h$		N, s, s1, s2 für $s_1 < 0{,}7 \cdot s$: $\quad l_{ef} = 0{,}8 \cdot s$ für $s_1 \geq 0{,}7 \cdot s$: $\quad l_{ef} = 1{,}0 \cdot s$
5	**Nachgiebig eingespannter Stab**[5][6][7][13]		9	**Fachwerkbinder**[8][9][10]
	F = N, h, EI, Kφ, F = N	$\beta = \sqrt{4 + \frac{\pi^2 \cdot E \cdot I}{h \cdot K_\varphi}}$ $l_{ef} = \beta \cdot h$		N, Kφ, s gelenkige Lagerung: $\quad l_{ef} = 1{,}0 \cdot s$ ($K_\varphi \approx 0$) nachgiebige Einspannung: $\quad l_{ef} = 0{,}8 \cdot s$ ($K_\varphi >> 0$)

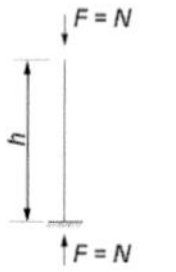

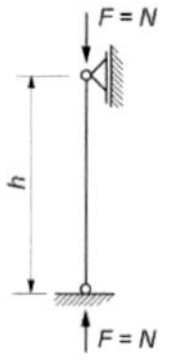

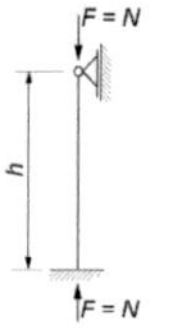

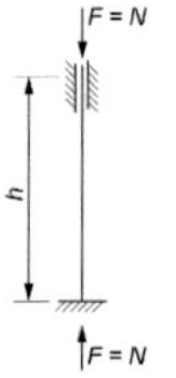

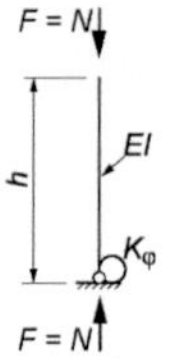

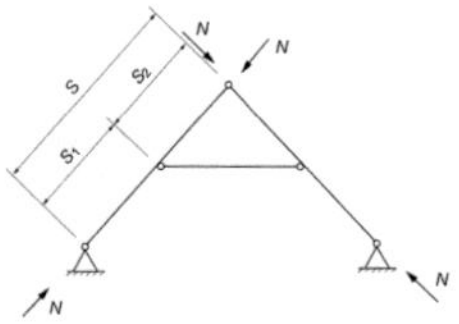

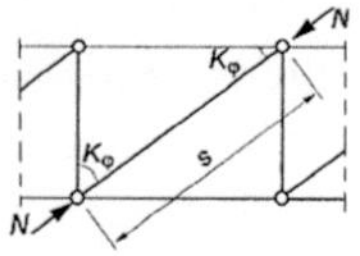

Tabelle 16.10 (Fortsetzung)

	Tragwerk und Knicklänge l_{ef}		Tragwerk und Knicklänge l_{ef}
10	**Zwei- und Dreigelenkrahmen mit nachgiebigen Rahmenecken**[3])[5])[6])[7])[13])		
	Stiel: ($\alpha_S \leq 15°$) $\beta_s = \sqrt{4 + \frac{\pi^2 \cdot E \cdot I_s}{h} \cdot \left(\frac{1}{K_\varphi} + \frac{s}{3 \cdot E \cdot I_R}\right) + \frac{E \cdot I_S \cdot N_R \cdot s^2}{E \cdot I_R \cdot N_S \cdot h^2}}$		für antimetrisches Knicken Riegel: ($\alpha_R \leq 20°$) $\beta_R = \beta_S \cdot \sqrt{\frac{E \cdot I_R \cdot N_S}{E \cdot I_S \cdot N_R}} \cdot \frac{h}{s}$ $l_{ef} = \beta_R \cdot s$ $l_{ef} = \beta_S \cdot h$
11	**Fachwerkrahmen, Rahmenstiele**	12	**Zusatzmoment der elastischen Feder**
	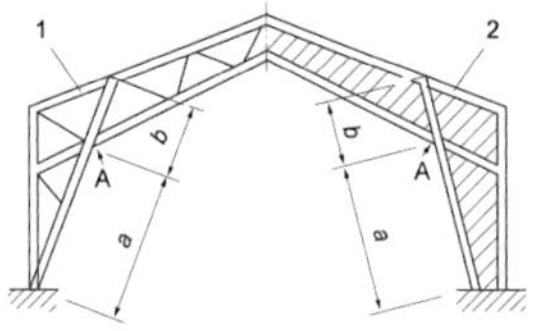 Knicken des Druckgurtes der Rahmenstiele aus der Rahmenebene: Punkt A seitlich nicht gehalten: $l_{ef} = a + b$ [11]) Punkt A seitlich gehalten: $l_{ef} = a$ und $l_{ef} = b$ 1 Fachwerkrahmen 2 Vollwandrahmen mit I-Querschnitt		bei den Systemen in Zeile 5, 6 und 10 $M = N \cdot \frac{h}{6} \cdot \left(\frac{1}{k_c} - 1\right)$ h Querschnittshöhe des an die Feder angeschlossenen Stabes k_c Knickbeiwert des an die Feder angeschlossenen Stabes nach Abschn. 16.2.3 bei System 10 ist das größere Moment aus Stiel oder Riegel maßgebend
13	**Berücksichtigung der Schubsteifigkeit S bei der Bestimmung der Ersatzstablängen (Knicklängen)**[5])[6])[12])		
	$l_{ef} = \beta \cdot s \cdot \sqrt{1 + \frac{E \cdot I \cdot \pi^2}{(\beta \cdot s)^2 \cdot S}}$ oder $l_{ef} = \beta \cdot h \cdot \sqrt{1 + \frac{E \cdot I \cdot \pi^2}{(\beta \cdot h)^2 \cdot S}}$ mit der Schubsteifigkeit S für den Rechteckquerschnitt: $S = G \cdot A / 1{,}2$ für den I-Träger: $S = G_w \cdot b_w \cdot h_{w,ef}$		

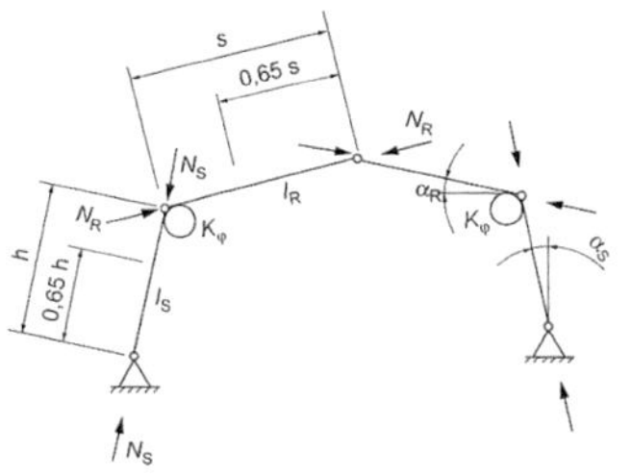

[1]) Ersatzstablängen (Knicklängen) gelten für das Ausknicken in der Tragwerksebene (Zeichenebene) mit den Ausnahmen, bei denen das Ausknicken aus der Tragwerksebene angegeben ist

[2]) das Knicken aus der Tragwerksebene ist stets gesondert nachzuweisen; als Knicklänge l_{ef} gilt hier im Allgemeinen der Abstand von Queraussteifungen, die Tragwerkspunkte seitlich unverschieblich halten, es sei denn, in dieser Tabelle sind gesonderte Angaben angeführt

[3]) Stäbe mit linear veränderlichen Querschnitten sind in DIN EN 1995-1-1: 2010-12 nicht geregelt, als Empfehlung kann das Verfahren nach DIN 1052: 2008, 8.4.2 (3) angewendet werden: die Querschnittswerte dürfen im Abstand der 0,65fachen Stablänge vom Stabende mit dem kleineren Stabquerschnitt berechnet werden, beim Nachweis ist der Größtwert der Normalkraft bzw. des Biegemomentes im Stab anzusetzen, s. auch Bild 16.8 im Abschn. 16.2.1

[4]) weitere Ersatzstablängen (Knicklängen) können der Fachliteratur entnommen werden

Tabelle 16.10 (Fußnoten)

[5]) für Querschnitts- und Verbindungssteifigkeiten gilt für die Moduln:
$E = E_{mean}/\gamma_M$; $G = G_{mean}/\gamma_M$; $K = K_{u,mean}/\gamma_M$, dabei sind unterschiedliche Bemessungswerte der Moduln zu berücksichtigen, s. Abschn. 8.2.6: für Bauteile eines Tragwerks aus Baustoffen mit denselben oder verschiedenen zeitabhängigen Eigenschaften (bei Schnittkraftermittlung nach Theorie I. Ordnung) nach Abschn. 22.1.1 und bei Schnittkraftermittlung nach Theorie II. Ordnung nach Abschn. 24.2.2, Steifigkeiten nach Abschn. 7.2 bzw. 10.3.3, Tabelle 10.2

[6]) γ_M Teilsicherheitsbeiwert für Holz und Holzwerkstoffe nach Tabelle 8.2

[7]) K_φ (Dreh-)Federkonstante der elastischen Einspannung (Kraft · Länge /Winkel), kann sinngemäß nach Tabelle 23.1 berechnet werden, Zusatzmoment in der elastischen Feder nach dieser Tabelle 16.10, Zeile 12, s. DIN EN 1995-1-1/NA: 2013-08, NCI NA.13.2 (NA.9)

[8]) für Gurtstäbe gilt: als Knicklänge für das Knicken in der Fachwerkebene ist die Länge der Systemlinien einzusetzen, falls kein genauerer Nachweis geführt wird

[9]) für Füllstäbe (Diagonalen, Pfosten) gilt: als gelenkige Lagerungen sind Anschlüsse mit Versatz, mit Dübeln besonderer Bauart mit einem Bolzen und nur mit Bolzen anzunehmen (beim Knicken in der Fachwerkebene), s. DIN EN 1995-1-1/NA: 2013-08, NCI NA.13.2 (NA.3)

[10]) für Gurtstäbe gilt: als Knicklänge beim Knicken aus der Fachwerkebene ist der Abstand der Queraussteifungen anzunehmen, für Füllstäbe (Diagonalen, Pfosten) gilt: als Knicklänge beim Knicken aus der Fachwerkebene ist stets die Länge der Systemlinien anzunehmen, s. DIN EN 1995-1-1/NA: 2013-08, NCI NA.13.2 (NA.4)

[11]) zusätzlich Ansatz einer Seitenkraft von 1/100 der größten im inneren Rahmeneckpunkt *A* einlaufenden Stabkraft an dieser Stelle, s. DIN EN 1995-1-1/NA: 2013-08, NCI NA.13.2 (NA.6)

[12]) für *I*-Träger bedeuten, s. DIN EN 1995-1-1/NA: 2013-08, NCI NA.13.2 (NA.2):
G_w Schubmodul des Steges für Scheibenbeanspruchung
b_w Gesamtbreite des Steges
$h_{w,ef}$ wirksame Höhe des Steges (Schwerpunktabstand der Gurte)

[13]) Zusatzmoment in der elastischen Feder nach dieser Tabelle 16.10, Zeile 12, s. DIN EN 1995-1-1/NA: 2013-08, NCI NA.13.2 (NA.9)

[14]) s. auch die Hinweise zu den Ersatzstablängen (Knicklängen) ober- und unterhalb dieser Tabelle 16.10

Ersatzstablänge (Knicklänge) eines Pendelstabes (-stütze)
(*Euler*fall 2), Tabelle 16.10, Zeile 2
Bei einem (Holz-)Druckstab ist im Allgemeinen eine gelenkige Lagerung der beiden Stabenden anzunehmen, wenn diese Stabenden durch abstützende Bauteile (Verbände, Scheiben und dgl.) seitlich unverschieblich gehalten sind, und wenn die Konstruktion der Stabenden-Anschlüsse eine hinreichend kleine Winkelverdrehung des Stabes zulassen kann, s. Bild 16.11. Eine gelenkige Lagerung ist oft auch dann anzunehmen, wenn eine teilweise Einspannung der Stabenden – meist aus konstruktiven Gründen nicht vermeidbar – vorliegt. Beispiele zu Lagerung von Stabenden mit ausreichend gelenkiger Lagerung s. Bild 16.17.

Ersatzstablängen (Knicklängen) von Zwei- und Dreigelenkbogen, Tabelle 16.10, Zeile 7
Bei Bögen mit wenig veränderlichem Querschnitt kann die Ersatzstablänge (Knicklänge) wie angegeben in guter Näherung angenommen werden, wenn die zur Belastung (z.B. gleichmäßige Belastung bezogen auf die Bogenprojektion) gehörende Stützlinie mit der Bogenachse übereinstimmt, s. als Empfehlung *Erläut. zu DIN 1052: 1988-04* [77], Teil 1, E 9.1.5. Bei stark veränderlichem Querschnitt und bei Verhältnissen Höhe zur Stützweite $h/l > 0{,}5$ sind genauere Nachweise, z.B. nach *Petersen* [393], *Pflüger* [394] notwendig.

Ersatzstablängen (Knicklängen) von symmetrischen Zwei- und Dreigelenkrahmen, Tabelle 16.10, Zeile 10

Sind bei symmetrischen Zwei- und Dreigelenkrahmen mit Stielneigungen $\alpha_S \leq 15°$ und Riegelneigungen $\alpha_R \leq 20°$ die Querschnitte der Stiele oder Riegel veränderlich, so können in guter Näherung die Flächenmomente 2. Grades I_S bzw. I_R an den Stellen $0{,}65 \cdot h$ bzw. $0{,}65 \cdot s$ für die Ermittlung der Knicklängen eingesetzt werden, s. auch Bild 16.8. Beim Ersatzstabnachweis (Knicknachweis) für Biegung und Druck nach Abschn. 17.2.4 sind die maximal im Rahmenteil auftretenden Normalkräfte $F_{max} = N$ und Biegemomente M_{max} in Rechnung zu stellen sind, dabei können die Trägheitsradien i und Querschnittsflächen A auf die Stellen bei $0{,}65 \cdot h$ bzw. $0{,}65 \cdot s$ bezogen werden, während die Widerstandsmomente W an der zu M_{max} gehörenden Stelle (im Allgemeinen der Rahmeneckpunkt) eingesetzt werden sollten, s. als Empfehlungen für diese Angaben sinngemäß DIN 1052: 2008-12, 8.4.4 (2) und *Erläut. zu DIN 1052: 1988-04* [77], Teil 1, E 9.1.6.

Durchschlagproblem bei Dreigelenkrahmen

Bei Stabilitätsuntersuchungen von Dreigelenkrahmen ist das Durchschlagproblem zu berücksichtigen, s. als Empfehlung *Erläut. zu DIN 1052: 1988-04* [77], Teil 1, E 9.1.6; es kann z.B. auftreten bei geringer Stielhöhe ($h < s/2$) oder bei im Verhältnis zum Stiel geringer Riegelsteifigkeit. Die Berechnung derartiger Dreigelenkrahmen kann nach *Heimeshoff* [208] durchgeführt werden.

Ersatzstablängen (Knicklängen) der Stiele von Fachwerkrahmen, Tabelle 16.10, Zeile 11

Die Ersatzstablängen (Knicklängen) der Druckgurte von Fachwerk-Rahmenstielen und Vollwandrahmen mit I-Querschnitt sind für Knicken aus der Rahmenebene davon abhängig, ob der innere Rahmenpunkt A seitlich unverschieblich gehalten ist oder nicht. Dabei wird vorausgesetzt, dass die Endpunkte der Druckgurte (Endpunkte der Strecke $a + b$) seitlich unverschieblich durch Auflager und Verbände oder dgl. gehalten sind.

Ist der **innere Rahmeneckpunkt** A **seitlich nicht gehalten** und verläuft der Druckgurt des Rahmenstiels ungestoßen über die Länge $(a + b)$, muss dieser Druckgurt für die größte Normalkraft $F_{max,d}$ bemessen werden, die auf seiner Länge $(a + b)$ auftritt. Zusätzlich ist im Rahmeneckpunkt A eine Seitenkraft $F_{in,d}$ nach Gl. (16.12) anzusetzen, s. DIN EN 1995-1-1/NA: 2013-08, NCI NA.13.2 (NA.6). Weiterhin wird im Rahmeneckpunkt A der Druckgurt des Rahmenstiels durch die Seitenkraft $F_{in,d}$ auf Biegung mit dem Zusatzmoment M_d nach Gl. (16.13) beansprucht, über das Zusatzmoment s. als Empfehlung *Erläut. zu DIN 1052: 1988-04* [77], Teil 1, E 9.1.8.

$$F_{in,d} = N_{max,d}/100 \qquad (16.12)$$

$$M_d = \frac{F_{in,d} \cdot a \cdot b}{a + b} \qquad (16.13)$$

$N_{max,d}$ größte im inneren Rahmeneckpunkt A angreifende Druckkraft

a, b Längen, s. Tabelle 16.10, Bild in Zeile 11

Ist der **innere Rahmeneckpunkt *A* seitlich unverschieblich gehalten**, sollte die seitliche Abstützung für eine Stabilisierungskraft F_d bei Einzelabstützungen von Druckstäben nach Abschn. 26.2.1 mit $N_{max,d}$ als größte im inneren Rahmeneckpunkt *A* vorhandene Druckkraft ausgelegt werden, s. Abschn. 26.2.1 und DIN EN 1995-1-1: 2010-12, 9.2.5.2 (3) und auch als Empfehlung *Erläut. zu DIN 1052: 1988-04* [77], Teil 1, E 9.1.8. Die seitliche Abstützung kann z.B. mit Kopfbändern nach Abschn. 26.3.1 vorgenommen werden.

16.2.5 Stabilität (kurze Einführung in das Biege-Knicken)

Als Stabilität wird der Gleichgewichtszustand eines Systems (Tragwerk) unter äußerer Belastung bei hinreichend kleinen Verformungen bezeichnet.

Stabilitätsprobleme

Stabilitätsprobleme treten auf, wenn zu einem Belastungszustand mehrere Verschiebungszustände möglich sind. Zu den Stabilitätsproblemen gehören Verzweigungs- und Durchschlagprobleme. Verzweigungsprobleme sind dadurch gekennzeichnet, dass bei höheren Belastungen weitere Kurven von der Kraft-Verschiebungskurve abzweigen.

Stabilitätsprobleme werden im Allgemeinen von Druckkräften verursacht; dabei auftretende große Systemverformungen bewirken Biegemomente, die das Tragwerk zusätzlich beanspruchen. Die kritische Last kann als Brauchbarkeitsgrenze angesehen werden; bei Überschreiten der kritischen Last erleidet das Tragwerk einen Stabilitätsverlust, es wird meist instabil und seine Tragfähigkeit versagt. Stabilitätsprobleme sind z.B. das Biegedrillknicken (Kippen), Biegeknicken und Drillknicken bei Stabtragwerken sowie das Beulen bei Flächentragwerken (Platten, Schalen).

In Folgenden wird eine kurze Einführung in das Biegeknicken insbesondere eines Holzstabes gegeben, wie dies in der Grundlagenliteratur mehrfach angeführt ist, z.B. *Andresen/Laschinski* [7], *Blaß* [34], [35], *Gross/Hauger/Schröder/Wall* [176], *Lehmann* [308], -*Petersen* [393], *Pflüger* [394], *Roik* [429], *Rothert/Gensichen* [431].

Biegeknicken (kurze Einführung)

Als Biegeknicken – im Folgenden vereinfachend „Knicken" genannt – wird die plötzliche Verformung eines Stabes vom planmäßig geraden in einen gekrümmten Zustand unter mittiger Druckbeanspruchung bezeichnet (entsprechendes gilt auch für planmäßig gekrümmte Stäbe) *oder* das seitliche Ausweichen eines planmäßig geraden Stabes ab einer bestimmten mittigen Druckkraft bei weiterer Laststeigerung. Die Last, bei der das Knicken beginnt, wird als **kritische Last** oder **Knicklast** bezeichnet.

Die Knicklast eines beidseitig gelenkig gelagerten Druckstabes nach *Euler* kann aus Gl. (16.14) errechnet werden, dabei wird ein ideal gerader, mittig belasteter Druckstab vorausgesetzt. Aufgrund dieser Annahmen wird die Knicklast in Gl. (16.14) auch als **ideale Knicklast F_{Ki}** bezeichnet. Die zugehörige, auf den Stabquerschnitt bezogene **ideale Knickspannung σ_{Ki}** kann Gl. (16.15) entnommen werden, sie ist vom Elastizitätsmodul und von der Stabschlankheit abhängig; sie besitzt einen hyperbolischen Kurvenverlauf (*Euler*hyperbel).

$$F_{\text{Ki}} = \frac{\pi^2 \cdot E \cdot I}{l^2} \tag{16.14}$$

$$\sigma_{\text{Ki}} = \frac{F_{\text{Ki}}}{A} = \frac{\pi^2 \cdot E \cdot I}{A \cdot l^2} = \frac{\pi^2 \cdot E \cdot i^2}{l^2} = \frac{\pi^2 \cdot E}{\lambda^2} \tag{16.15}$$

F_{ki} ideale Knicklast nach *Euler*
σ_{ki} ideale Knickspannung nach *Euler*
E Elastizitätsmodul des Stabmaterials
I Flächenmoment 2. Grades des Stabes
l Stablänge (Ersatzstablänge, Knicklänge l_{ef})
A Querschnittsfläche des Stabes
λ Schlankheit des Stabes
$= l/i$ bzw. l_{ef}/i
i Trägheitsradius

Theoretisch nimmt die ideale Knickspannung bei gedrungenen Stäben mit kleiner werdender Schlankheit sehr große Werte an, s. Bild 16.16, die jedoch durch die Materialfestigkeit begrenzt wird. Diese wichtige Abhängigkeit von der Druckfestigkeit wird bei der idealen Knickspannung nicht berücksichtigt, sie ist jedoch aus baupraktischer Sicht nicht zu vernachlässigen.

Da in diesem ideal geraden, planmäßig mittig belasteten Druckstab mit beidseitig gelenkig gelagerten Stabenden (*Euler*fall 2) keine Exzentrizitäten und demnach auch keine Biegemomente auftreten, bleibt der Stab für $F < F_{\text{Ki}}$ zunächst gerade; er erfährt nur eine axiale Zusammendrückung und befindet sich im stabilen Gleichgewicht, da nach einer (kleinen) Störung der Stab wieder in seine ursprüngliche Gleichgewichtslage zurückgeht, s. Bild 16.12; hier ist für $e = 0$ die Verschiebung $w(x) = 0$.

Bei Erreichen der kritischen Last F_{Ki} liegt ein indifferenter Zustand vor, da mehrere Gleichgewichtszustände möglich sind. Diese können $w = 0$ oder für alle Zustände mit sehr kleinen Verschiebungen in der Nähe des Punktes F_{Ki} auftreten, sie liegen auf beiden horizontal abzweigenden Kurven. Es liegt ein **Verzweigungsproblem** vor, die kritische Last F_{Ki} wird auch als ideale Verzweigungslast oder ideale Knicklast bezeichnet.

Für $F > F_{\text{Ki}}$ ist die Gleichgewichtslage für $w = 0$ labil. Der Stab erfährt bei geringer Laststeigerung große Verschiebungen. Er kehrt nicht mehr in seinen „alten" Gleichgewichtszustand zurück, sondern verbleibt im „neuen" gekrümmten Zustand. Der „neue" Gleichgewichtszustand ist bei weiterer Laststeigerung stabil, er liegt auf einer der beiden Kurvenäste, s. Bild 16.12b.

Die für $F > F_{\text{Ki}}$ auftretenden großen Verschiebungen bzw. Exzentrizitäten bewirken zusätzlich zur Druckkraft große Biegemomente, die meist ein Versagen des Stabes zur Folge haben, da z.B. die Materialfestigkeit überschritten oder die Gebrauchstauglichkeit des Stabes durch zu große Durchbiegungen stark beeinträchtigt wird. Die kritische Last F_{Ki} wird deshalb im Allgemeinen als Belastbarkeitsgrenze angesehen.

Bild 16.12 Exzentrisch belasteter Druckstab

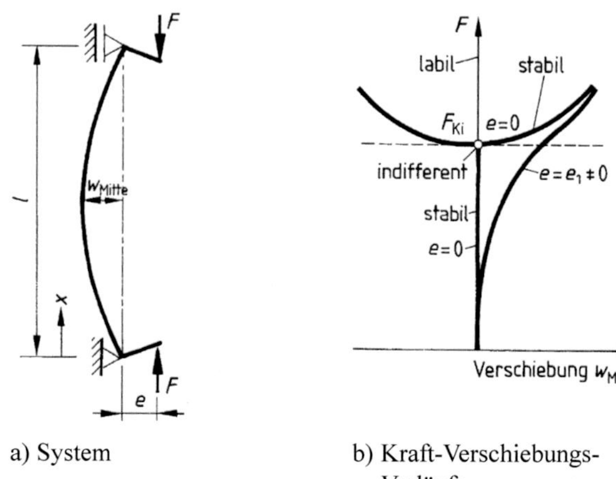

a) System

b) Kraft-Verschiebungs-Verläufe

Traglast von (Holz-)Druckstäben

Da Holzstäbe (und auch andere Stäbe im Bauwesen) stets mit **unvermeidbaren Imperfektionen** behaftet sind, z.B. Vorkrümmungen, nicht planmäßige exzentrische Lasteinleitungen, Werkstoffinhomogenitäten und dgl., s. Abschn. 24.1, gelten die Annahmen eines ideal geraden, zentrisch belasteten Druckstabes nach *Euler* aus baupraktischer Sicht nicht. Im oben genannten *Euler*stab 2 treten demnach stets Vorverformungen (Exzentrizitäten *e*) und damit neben der Druckkraft auch zusätzlich Biegemomente auf. Deshalb können - genauere Untersuchungen nur am verformten System, also unter Berücksichtigung der Theorie II. Ordnung erfolgen, s. Abschn. 24.

Beim **exzentrisch belasteten Druckstab** nach Bild 16.12a wird für eine Exzentrizität $e = e_1$ die in Bild 16.12b angegebene stetige Kraft-Verschiebungskurve gefunden. Diese Kraft-Verschiebungskurve verläuft asymptotisch zur Kurve, die das Stabilitätsproblem charakterisiert; dies gilt auch für Kraft-Verschiebungskurven anderer Exzentrizitäten. Es liegt ein **Spannungsproblem** vor, da Kraft und Verschiebung stets eindeutig definiert sind. Die kritische Last dieses Problems wird als **Traglast F_K** bezeichnet, sie ist kleiner als die zugehörige ideale Knicklast F_{Ki}.

Knickspannungslinien der DIN 1052 bis zum Jahr 1969

Tetmajer [504] hat durch Knickversuche an mittig belasteten **Holzdruckstäben** die *Euler*hyperbel für schlanke Stäbe ($\lambda > 100$) bestätigt, für gedrungene Holzdruckstäbe ($\lambda < 100$) bestimmt er abweichend von *Euler* eine Geradengleichung, die die Druckfestigkeit des Holzes berücksichtigt. Die in beiden Bereichen ermittelten Knickspannungen wurden durch definierte Sicherheitsbeiwerte dividiert; die hierdurch festgelegten zulässigen Knickspannungen wurden bis 1969 zur Bemessung von Holzdruckstäben nach DIN 1052 herangezogen.

Knickspannungslinien der DIN 1052 vom Jahr 1969 bis zum Jahr 2004

Möhler [335] hat die **Traglast von Holzdruckstäben** unter wirklichkeitsnahen Bedingungen durch Berechnung und Traglastversuche ermittelt; er berücksichtigt die bei Holzstäben unvermeidbaren Imperfektionen und bestimmt die Traglast F_K am exzentrisch belasteten Druckstab nach Bild 16.12a unter definierten Ersatzimperfektionen mit Hilfe der Theorie II. Ordnung. Die zugehörige Traglastspannung (oder kritische Spannung) ist neben der Schlankheit λ und dem Elastizitätsmodul E, die beide die ideale Knickspannung nach *Euler* charakterisieren, von der Druckfestigkeit und unvermeidbaren Imperfektionen des Stabes abhängig. Der hierbei definierte Ausmittigkeitsgrad ε berücksichtigt Ungenauigkeiten bei der Lasteinleitung und bei Querschnittsabmessungen, die von der Stablänge l unabhängig sind und als konstanter Wert eingehen, sowie Vorkrümmungen, die von der Stablänge l und von festgelegten Vorkrümmungsbeiwerten a abhängig sind.

Die Auswertung der durchgeführten Traglastuntersuchungen von *Möhler* [335] ergeben „Knickfestigkeitskurven", die für kleine bis mittlere Stabschlankheiten aus der Traglastkurve und für größere bis große Schlankheiten ($\lambda > 100$) aus der *Euler*hyperbel bestehen. Zur Ermittlung zulässiger Werte zur Bemessung von Holzdruckstäben werden für das bis zum Jahr 2004 gültige „alte" Sicherheitskonzept der DIN 1052 die Werte der ermittelten Knickfestigkeitskurven durch festgelegte globale Sicherheitsbeiwerte dividiert; mit den so ermittelten zulässigen Knickspannungen kann die Bemessung direkt vorgenommen werden, jedoch wird überwiegend der Knicknachweis mit der Knickzahl ω (mit $\omega \geq 1$) als Verhältnis der zulässigen Druckspannung zur zulässigen Knickspannung geführt. Zur Bemessung von Holzdruckstäben wird der Knicknachweis als Ersatzstabnachweis verwendet, er ist formal ein Spannungsnachweis, der bis zum Jahr 2004 in dieser Form nach DIN 1052 geführt wird; verglichen werden vorhandene Druckspannungen aus Beanspruchung mit zulässigen Knickspannungen (als Quotient aus der zulässigen Druckspannung und der Knickzahl ω) des Druckstabes.

Knickspannungslinien der DIN 1052 ab dem Jahr 2004

Blaß [29], [30] wählt eine andere Methode zur Herleitung der Traglast von Druckstäben aus Brettschichtholz, er simuliert rechnergestützt Traglastversuche und modelliert die Baustoffeigenschaften und geometrischen Imperfektionen auf der Grundlage einer Vielzahl ausgeführter Untersuchungen an Druckstäben. Dazu werden die streuenden Eigenschaften des Holzes und Merkmale der Stäbe für einen bestimmten Druckstab zufällig ausgewählt wie zueinander korrelierende Festigkeits- und Steifigkeitswerte (z.B. Rohdichte, Ästigkeit und Holzfeuchte) und geometrische Imperfektionen (z.B. Vorkrümmungswerte, Abweichungen von den Sollmaßen des Querschnitts, Ausmitten bei der Lasteinleitung). Aus dem großen Umfang simulierter Druckstäbe wird für eine bestimmte Stabschlankheit die statistische Verteilung der Tragfähigkeit ermittelt, deren 5%-Quantile als charakteristischer Wert der Tragfähigkeit festgelegt wird. In Bild 16.13 sind als Beispiel für eine untersuchte Festigkeitsklasse die Ergebnisse der rechnergestützten Simulation und Traglastberechnungen für Stabschlankheiten als einzelne Punkte dargestellt; die eingezeichnete Näherungskurve aus diesen Traglastspannungen wird als Knickspannungslinie bezeichnet, diese ist Grundlage der Bemessungsgleichungen für das Ersatzstabverfahren.

Die Berechnungen der Traglasten der Druckstäbe von *Blaß* erfolgen nach der Plastizitätstheorie II. Ordnung unter Ansatz eines physikalisch nichtlinearen Materialgesetzes,

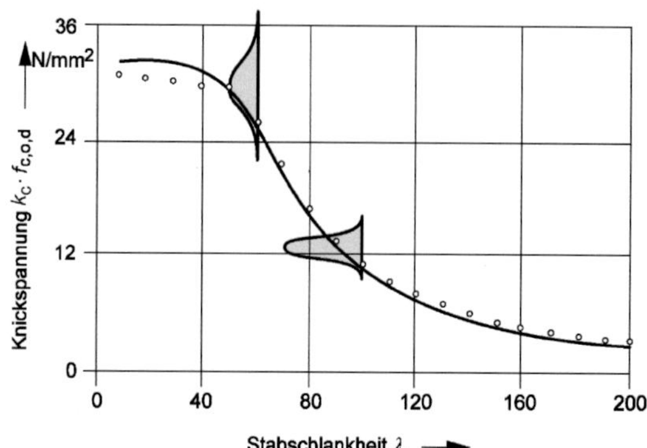

Bild 16.13 Beispiel für den Verlauf der charakteristischen Werte der Traglastspannungen und der Knickspannungslinie nach *Blaß* [34]; im Einzelnen: Verteilung der charakteristischen Werte der Traglastspannungen für Schlankheitsgrade mit Angabe der 5%-Quantile, Darstellung der Einzelwerte der 5%-Quantilen für Stabschlankheiten im Abstand von $\lambda = 10$, Näherungskurve für die charakteristischen Werte der Knickspannungen (Knickspannungslinie)

s. *Buchanan* [84]; dazu wird das Arbeitsvermögen des Holzes unter Druckbeanspruchung herangezogen, s. Bild 16.14, so dass höhere Traglasten – insbesondere unter gleichzeitiger Druck- und Biegebeanspruchung – genutzt werden können als bei Anwendung der Elastizitätstheorie II. Ordnung, die die Holz-Druckfestigkeit als Grenzwert am Rand des - kritischen Querschnitts ansetzt. In Bild 16.15 ist das Beispiel eines Biegemoment-Normalkraft-Interaktionsdiagramms für Druckstäbe ohne bzw. geringer Knickgefahr dargestellt (durchgezogene Kurve), das die höhere charakteristische Tragfähigkeit unter Druckbeanspruchung bei Ausnutzung des plastischen Arbeitsvermögens des Holzes zeigt gegenüber der Annahme elastisch-spröden Verhaltens (strich-punktierte Gerade). Bei knickgefährdeten Stäben unter Druck- und Biegebeanspruchung ändert sich jedoch der (durchgezogene) Kurvenverlauf mit wachsender Stabschlankheit in eine überwiegend lineare Abhängigkeit.

Deshalb wird bei der Bemessung von Holz-Druckstäben unter gleichzeitiger Druck- und Biegebeanspruchung das plastische Arbeitsvermögen des Holzes berücksichtigt, wenn keine Knickgefahr besteht (Querschnittstragfähigkeit) oder wenn die Schnittgrößen nach Theorie II. Ordnung berechnet werden. Die gestrichelte Kurve in Bild 16.15 zeigt als Grenzzustandslinie die höhere Ausnutzung des Querschnitts für die nach DIN 1052 ab 2004 gewählte Bemessungsformel. Bei der Bemessung von knickgefährdeten Holz-Druckstäben mit dem Ersatzstabverfahren wird das plastische Arbeitsvermögen des Holzes wie oben angeführt nicht berücksichtigt werden, hier wird die lineare Interaktion zugrunde gelegt (strich-punktierte Linie).

Knickspannungslinien der DIN EN 1995-1-1 und Nationalem Anhang ab dem Jahr 1994

Die Knickspannungslinien der DIN EN 1995-1-1 mit Nationalem Anhang existieren seit dem Jahr 1994, es sind dieselben, die DIN 1052 im Jahr 2004 übernimmt, wie oben dar-

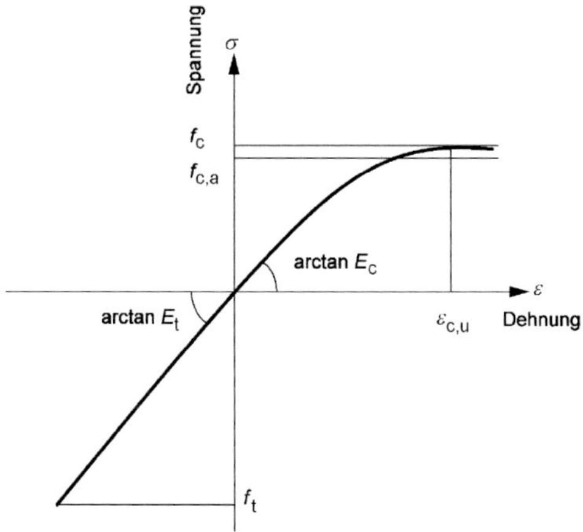

Bild 16.14 Spannungs-Dehnungs-Beziehung für Bauholz nach *Glos* [155]; unter Zugbeanspruchung: elastisch-sprödes Verhalten, unter Druckbeanspruchung: größeres plastisches Arbeitsvermögen

f_c Druckfestigkeit
$f_{c,\alpha}$ asymptotischer Wert der Druckfestigkeit
f_t Zugfestigkeit
$\varepsilon_{c,u}$ Stauchung des Holzes bei Erreichen der Druckfestigkeit
$E_{c(t)}$ Elastizitätsmodul für den Druck-(Zug-)bereich

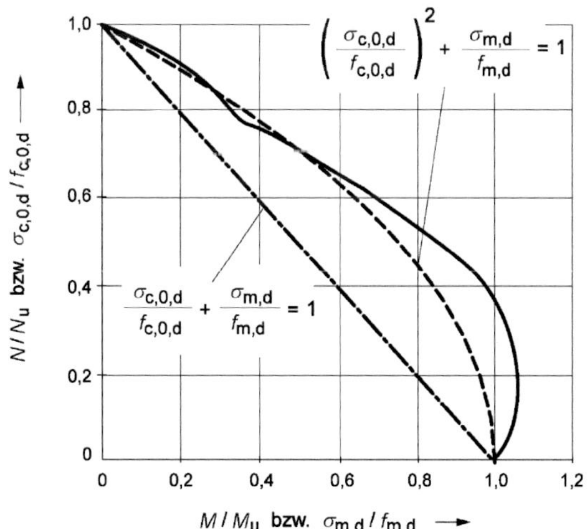

Bild 16.15 Grenzzustandslinien für kombinierte Biege- und Druckbeanspruchungen (und Biegemoment-Normalkraft-Interaktion) nach *Blaß* [34] und *Erläut. zu DIN 1052: 2004-08* [47], Beispiel;

—— Tragfähigkeit bei plastischem Arbeitsvermögen (Biegemoment-Normalkraft-Interaktion)

—·—·— Grenzzustandslinie bei elastisch-sprödem Verhalten mit Bemessungsgleichung, lineare - Interaktion (zum Vergleich)

- - - - Grenzzustandslinie bei Stäben ohne Knickgefahr (Querschnittstragfähigkeit) oder bei - Stäben nach Theorie II. Ordnung mit Bemessungsgleichung gestellt. Danach wird bei der Bemessung von Holz-Druckstäben unter **gleichzeitiger Druck- und Biegebeanspruchung** das plastische Arbeitsvermögen des Holzes berücksichtigt, wenn **keine Knickgefahr (Querschnittstragfähigkeit)** besteht oder wenn die Schnittgrößen nach **Theorie II. Ordnung** berechnet werden, s. Abschn. 16.1.4 bzw. 17.1.5 und Abschn. 24. Die gestrichelte Kurve in Bild 16.15 zeigt als Grenzzustandslinie die höhere Ausnutzung des Querschnitts für die Bemessung bei Querschnittstragfähigkeit (ohne Knick- und ohne Biegedrillknick(Kipp-)gefahr), hier wird durch Quadrieren des Druckterms eine höhere Beanspruchbarkeit gegenüber der linearen Interaktion (strich- punktierte Linie) erreicht.

Ist bei gleichzeitiger Druck- und Biegebeanspruchung nur **das (Biege-)Knicken maßgebend**, wird im Ersatzstabverfahren das plastische Arbeitsvermögen nicht berücksichtigt und der Druckterm bzw. (Biege-)Knickterm nicht quadriert, s. Abschn. 16.2.2. Die strichpunktierte Linie in Bild 16.15 zeigt als Grenzzustandslinie die vergleichsweise geringere Ausnutzung des Querschnitts für die Bemessung bei Knickgefahr im Ersatzstabverfahren (ohne Biegedrillknick(Kipp-)gefahr). In DIN EN 1995-1-1 mit Nationalem Anhang ist seit dem Jahr 2010 eine Änderung gegenüber der bisherigen Bemessung vorhanden: Sind **das (Biege-)Knicken und das Biegedrillknicken (Kippen)** maßgebend, wird im Ersatzstabverfahren bei gleichzeitiger Druck- und Biegebeanspruchung das plastische Arbeitsvermögen des Holzes berücksichtigt, jedoch hier durch Quadrieren des Biegeterms bzw. Biegedrillknickterms (anstatt des Druckterms bei Querschnittstragfähigkeit in der gestrichelten Kurve in Bild 16.15), s. Abschn. 17.2.4. Das plastische Arbeitsvermögen des Holzes wurde vorher bei Knick- und Biegedrillgefahr durch Verwenden der linearen Interaktion (strich- punktierte Linie in Bild 16.15 mit geringerer Beanspruchbarkeit) nicht berücksichtigt.

Knickspannungslinien, Verlauf und Abhängigkeiten

In Bild 16.16 sind Knickspannungslinien am Beispiel von kombiniertem Brettschichtholz GL24c und Nadelholz C24 dargestellt; sie werden aus den charakteristischen Werten der Traglastspannungen hergeleitet und für die Bemessung mit dem Ersatzstabverfahren - verwendet. Bei sehr großen Schlankheiten (ca. $\lambda > 200$) entsprechen die maßgebenden Knickspannungen (für die einzelnen Festigkeitsklassen unterschiedlich) etwa den idealen Knickspannungen σ_{Ki} der *Euler*hyperbel nach Gl. 16.15; in diesem Bereich sind die Knickspannungen praktisch nur vom Elastizitätsmodul E und der Schlankheit λ abhängig, eine höhere Druckfestigkeit f_{c} hat bei gleichem Elastizitätsmodul E keine Zunahme der Knickspannungen zur Folge.

Bei kleinen, mittleren bis großen Stabschlankheiten (etwa $20 < \lambda < 200$) bestimmen die Traglastspannungen die maßgebenden Knickspannungen; in diesem Bereich wird der Einfluss der Druckfestigkeit f_{c} (und anderer untersuchter Größen) auf die maßgebenden Knickspannungen mit fallender Schlankheit größer. Bei sehr kleinen Schlankheiten (etwa $\lambda < 20$, gedrungene Druckstäbe) besteht nur eine sehr geringe oder keine Knickgefahr, so dass in diesem Bereich die maßgebenden Knickspannungen σ_{K} praktisch gleich den Druckfestigkeiten f_{c} gesetzt werden können. Aus Bild 16.16 wird zudem ersichtlich, dass die idealen

Bild 16.16 Knickspannungslinien und *Euler*hyperbeln für Brettschichtholz GL24c und Nadelholz C24 in Abhängigkeit von der Schlankheit λ mit charakteristischen Kennwerten nach Abschn. 7.2.1, Eulerhyperbel: $\sigma_{\text{ki}} = \pi^2 \cdot E/\lambda^2$ Knickspannungslinie: $\sigma_{\text{k}} = k_{\text{c}} \cdot f_{\text{c,0,k}}$

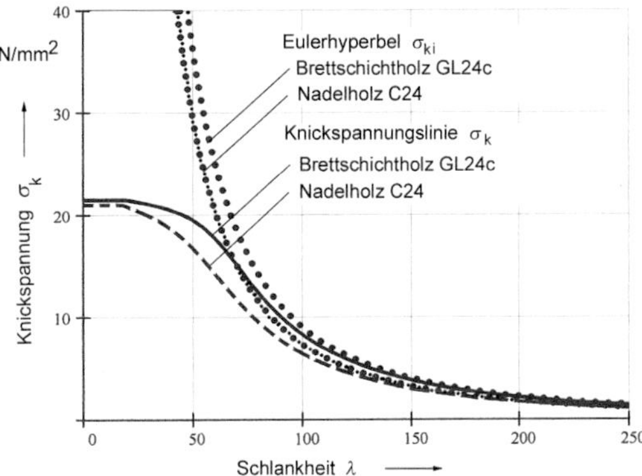

Knickspannungen σ_{Ki} der *Euler*hyperbel bei sehr kleinen, kleinen bis etwa mittleren Schlankheiten weit über den Druckfestigkeiten f_{c} des Holzes liegen, so dass die Notwendigkeit der Begrenzung der maßgebenden Knickspannungen auf die Druckfestigkeiten in diesem Bereich ersichtlich wird.

Die höheren Werte der Knickspannungen von Brettschichtholz im Vergleich zum Nadelholz etwa im Bereich kleinerer, mittlerer bis großer Schlankheiten resultieren u.a. aus geringeren geometrischen Imperfektionen und geringeren Holzfeuchten bei Brettschichtholz, dies gilt auch bei Hölzern mit etwa gleicher Druckfestigkeit $f_{\text{c,0,k}}$, wie im Bild 16.16 am Beispiel des Brettschichtholzes GL24c und Nadelholzes C24 dargestellt ist.

Ersatzstabverfahren für Druckstäbe

Die bisher dargestellten Knickspannungen gelten zunächst nur für den von *Blaß* untersuchten *Euler*stab 2. Für andere Tragsysteme werden die notwendigen Stabilitätsuntersuchungen (Knicken) mit Hilfe von **Ersatzstäben** geführt. Als Ersatzstablänge (Ersatzknicklänge) wird der Bereich der Knickfigur (Knickbiegelinie) des betreffenden Systems gewählt, der zwischen zwei Wendepunkten liegt, als Beispiel s. Bild 16.10. Dieser Ersatzstab mit der Ersatzstablänge wird als beidseitig gelenkig gelagerter Druckstab (*Euler*fall 2) aufgefasst, der Stabilitätsnachweis (Knicknachweis) dieses Ersatzstabes wird mit den Knickspannungen des untersuchten *Euler*stabes 2 vorgenommen, d.h. der Ersatzstab wird auf den *Euler*stab 2 zurückgeführt.

Dieses Verfahren zur Untersuchung knickgefährdeter Tragwerke wird deshalb auch als **Ersatzstabverfahren** bezeichnet. Das Problem dieses Verfahrens liegt oft im Auffinden der entsprechenden Ersatzstablänge (Ersatzknicklänge) für das vorliegende Stabilitätsproblem. Die Stabilitätsuntersuchungen können deshalb nur als gute Näherungen angesehen werden, die jedoch aus baupraktischer Sicht bei vielen Tragsystemen ausreichend sind. Das Ersatzstabverfahren hat sich in der Holzbaupraxis bei üblichen Tragwerken bewährt, deren Knicklängen aus Normen und der Literatur entnommen werden können. Sind jedoch die Ersatzstablängen (Knicklängen) eines Tragsystems nicht bekannt, erübrigt sich eine aufwändige Ermittlung der Ersatzstablängen, da insbesondere eine rechnergestützte Berechnung der Schnittgrößen nach Theorie II. Ordnung die für den Nachweis erforderlichen Bemessungsschnittgrößen ergibt.

Knickbeiwert k_c
Der Nachweis mit dem Ersatzstabverfahren nach DIN EN 1995-1-1 und Nationalem Anhang wird mit dem Knickbeiwert k_c geführt, der für den gelenkig gelagerten Druckstab (*Euler*stab 2, s. Bild 16.12a) und für die einzelnen Schlankheiten λ auf der Grundlage der ermittelten Knickspannungslinien hergeleitet und nach Abschn. 16.2.3 berechnet wird. Der Knickbeiwert k_c kann als das Verhältnis von maßgebender Knickspannung σ_K zur Druckfestigkeit f_c angesehen werden und ist stets $k_c \leq 1$. Er ermöglicht den Ersatzstabnachweis (oder Knicknachweis oder Stabilitätsnachweis) in Form eines Spannungsnachweises zu führen, s. Gl. (16.6), (16.7) und (16.10) bzw. Gl. (17.21, 17.22 und 17.26); verglichen werden Bemessungswerte vorhandener Druckspannungen aus Beanspruchung mit Bemessungswerten der maßgebenden Knickfestigkeiten (als Produkt aus dem Knickbeiwert k_c und dem Bemessungswert der Druckfestigkeit $f_{c,0,d}$) des Holzdruckstabes; die Schnittgrößen werden am unverformten System (Theorie I. Ordnung) bestimmt.

Ermittlung von Schnittgrößen
Schnittgrößen dürfen am unverformten System nach **Theorie I. Ordnung** bei Tragwerken ermittelt werden, deren räumliches Tragverhalten bekannt ist, s. auch Abschn. 23.1.3; dabei sind Tragwerksteile mit möglichem Stabilitätsversagen – Bereiche mit Druckbeanspruchung wie knickgefährdete (und biegedrillknick-(kipp-)gefährdete) Stabteile – besonders nachzuweisen. Dies kann z.B. mit den Ersatzstabverfahren erfolgen, die die Wirkung der Theorie II. Ordnung (Verformungen durch unvermeidbare Stab-Imperfektionen) durch Knickbeiwerte k_c (und Kippbeiwerte k_{crit} (Biegedrillknicken)) berücksichtigen. Zusätzlich sind aussteifende Bauteile notwendig, die – für Ersatzlasten ausgelegt – die Auswirkungen dieser Imperfektionen einschl. der Verformungen begrenzen und abtragen.

Nachweise mit **Theorie II. Ordnung** ermitteln die Schnittgrößen am verformten System unter Berücksichtigung der unvermeidbaren Stab-Imperfektionen, s. Abschn. 24; besondere Nachweise für Tragwerksteile mit möglichem Stabilitätsversagen sind nicht erforderlich, da die Imperfektionen und deren Verformungen direkt berücksichtigt werden. Demnach sind Knickbeiwerte k_c (und Kippbeiwerte k_{crit} (Biegedrillknicken)) bei Nachweisen mit Theorie II. Ordnung entbehrlich.

16.3 Anschlüsse und Stöße bei Druckstäben

Anschlüsse und Stöße von planmäßig mittig beanspruchten Druckstäben sollten in der Regel symmetrisch zu der bzw. den Stabachsen ausgebildet werden. Anschlüsse und Stöße erfolgen oft mit Laschen und mechanischen Verbindungsmitteln, Stöße werden bei Nadelvoll-, Balkenschicht- und Brettschichtholz auch durch Keilzinkungen hergestellt, s. Abschn. 6.4.

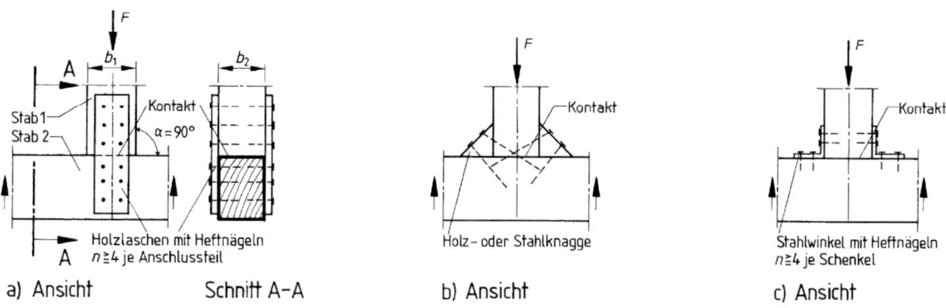

Bild 16.17 Anschlüsse senkrecht zur Faser als Kontaktanschlüsse bei Druckstäben; Beispiele a) beidseitige Laschen mit Heftnägeln als Lagesicherung b) zwei Knaggen mit Sparrennägeln als Lagesicherung c) zwei Stahlwinkel mit Heftnägeln als Lagesicherung

Anschlüsse bei Druckstäben

Anschlüsse senkrecht zur Faser (α = 90°) werden oft als Kontaktanschlüsse ausgebildet, Beispiele s. Bild 16.17. Zur Lagesicherung können außen liegende Laschen oder Knaggen aus Holz bzw. Stahlwinkel einschließlich Heftnägel dienen. Zapfenausbildungen mit Holznägeln nach Abschn. 14.2 sind überwiegend in alten Holzkonstruktionen aufzufinden und werden wieder mit modernen Abbundmaschinen kostengünstig in neueren Holzkonstruktionen eingesetzt. Die anstehende Druckkraft wird über die Kontaktfläche zwischen beiden Stäben übertragen. Maßgebend für die Bemessung ist im Allgemeinen die Querdruckfestigkeit des Last aufnehmenden Stabes; der (Querdruck-)Nachweis kann nach Abschn. 16.1.2 für Druck rechtwinklig zur Faserrichtung des Holzes geführt werden.

„Schräge" Anschlüsse (α < 90°) bei Druckstäben können u.a. mit Versätzen nach Abschn. 14.1 oder wie bei entsprechenden Fachwerkknoten nach Abschn. 23.3 ausgeführt werden.

Stöße bei Druckstäben

Stöße mit allen eingesetzten Elementen sind Verbindungen, deren Tragfähigkeiten unter Berücksichtigung der auftretenden Kräfte, Momente und Verformungen an den Stoßstellen auszubilden sind, s. DIN EN 1995-1-1: 2010-12, 5.3.

Stöße bei planmäßig mittig beanspruchten Druckstäben können als **Kontaktstöße (Passstöße)** oder als **Stöße ohne Kontakt** der zustoßenden Holzteile hergestellt werden. Stöße sind u.a. aus konstruktiven Gründen oder infolge Lieferbegrenzungen der Holzteile notwendig, um z.B. die erforderliche Stablänge aus zwei hintereinander liegenden Einzelstäben zusammenzusetzen. Beispiele für die Ausbildung von Stößen bei Druckstäben sind in Bild 16.18 dargestellt.

Stöße können die Tragfähigkeit eines Druckstabes je nach Ausbildung und Lage erheblich schwächen, da die Biegesteifigkeit $E \cdot I$ des Gesamtstabes durch den Stoß vermindert wird und deshalb zusätzliche Verformungen bzw. größere zusätzliche Biegebeanspruchungen im Gesamtstab auftreten. Deshalb sollten Druckstöße insbesondere in knickgefährdeten Bereichen möglichst vermieden werden. Andernfalls sind die zusätzlichen Verformungen durch den Stoß bzw. die teilweise erhebliche Tragfähigkeitsminderung stets rechnerisch zu berücksichtigen. Liegen jedoch Stöße in Bereichen der Ersatzstablänge (Knicklänge) mit geringeren zusätzlichen Verformungen wie in den äußeren Vierteln der Knicklänge, reicht eine vereinfachte rechnerische und konstruktive Berücksichtigung aus, wie unten dargestellt wird.

Kontaktstöße (Passstöße) bedürfen einer einwandfreien Herstellung, so dass eine vollflächige Kraftübertragung sichergestellt ist. Dazu können z.B. die zu stoßenden Hölzer durch einen gemeinsamen Sägeschnitt einen wenige Millimeter breiten Spalt erhalten, der durch ein Bleiblech satt ausgefüllt oder durch Kunstharzmörtel nachträglich geschlossen wird. Liegt infolge Stoß-Herstellung keine gleichmäßig beanspruchbare Kontaktfläche vor, treten weitere zusätzliche Ausmitten und damit Tragfähigkeitsminderungen des Gesamtstabes auf. Die **Lagesicherung der Stöße** gegen gegenseitiges Verschieben der Stabenden ist besonders auszuführen.

Da DIN EN 1995-1-1: 2010-12 und DIN EN 1995-1-1/NA: 2013-08 keine näheren Festlegungen zur Ausführung von Stößen enthalten, werden im Folgenden als Empfehlungen die Angaben der DIN 1052: 2008-12, 11.1.3 zur Berechnung und konstruktiven Ausbildung angeführt:

Liegen Kontaktstöße (Passstöße) **in den äußeren Vierteln der Ersatzstablänge (Knicklänge)** oder in der Nähe von Knotenpunkten, so dass ein seitliches Ausweichen nicht oder nur geringfügig möglich ist, darf der Einfluss der Verformungen auf die Beanspruchungen unberücksichtigt bleiben, da in diesen Bereichen nur geringe zusätzliche (unplanmäßige) Biegebeanspruchungen auftreten und damit auch nur ein geringer Einfluss auf das Verformungsverhalten des gesamten Stabes infolge Druckstoßes zu erwarten ist. Zur gegenseitigen Lagesicherung der beiden Stabenden an der Stoßstelle genügen in diesen Fällen jeweils beidseitige Laschen und Verbindungsmittel, die für die halbe zu übertragende Druckkraft an der Stoßstelle (ohne Knickbeiwert) auszulegen sind.

In allen anderen Fällen, d.h. bei **Kontaktstößen (Passstößen) in knickgefährdeten**

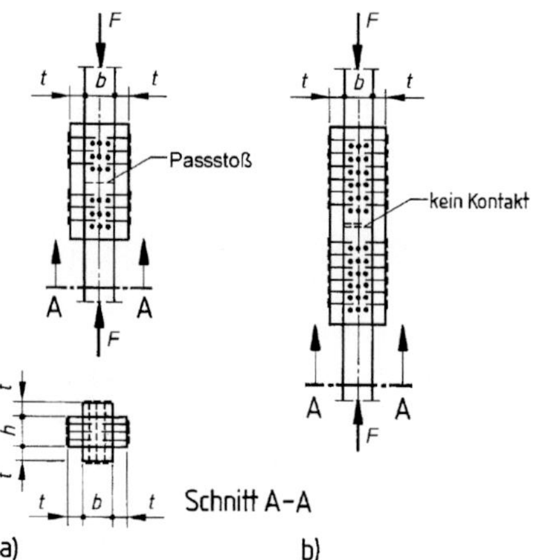

Bild 16.18 Stöße bei Druckstäben; Beispiele nach *Erläut. zu DIN 1052: 1988-04* [77], Teil 1, E 9.5, Bild 9/12b,c
a) Kontaktstoß (Passstoß) mit geeigneten Zwischenlagen (z.B. Bleiblech) in der Kontaktfläche, Lagesicherung durch Laschen, rechnerische Berücksichtigung der durch den Stoß verursachten zusätzlichen Verformungen im Gesamt-Druckstab
b) Stoß ohne Kontakt, Laschen bemessen mit mindestens der vollen Biegesteifigkeit des Stabes in beiden Richtungen und Verbindungsmittel für die gesamte Druckkraft F einschl. rechnerischer Berücksichtigung der durch den Stoß verursachten zusätzlichen Verformungen im Gesamt-Druckstab

Bereichen (innerhalb der beiden innen liegenden Viertel der Ersatzstablänge) nach Bild 16.18a oder bei **Stößen ohne Kontakt** nach Bild 16.18b sind die durch den Druckstoß auftretenden Änderungen des Verformungsverhaltens des Stabes bei der Berechnung der Beanspruchung zu berücksichtigen (einschließlich Knickbeiwert). Dazu kann nach *Erläut. zu DIN 1052: 2004-08* [47], E. 11.1.3 (1) mit Beispiel, der Druckstoß im statischen System um beide Achsen wirkend als Drehfeder (einschl. der Nachgiebigkeit der Verbindungsmittel) und als je Stabteil (an der Stoßstelle) elastisch eingespannter Stab angenommen werden, um den Einfluss der größeren Verformungen bzw. zusätzlichen Biegebeanspruchungen durch den Stoß zu ermitteln.

Bei Stößen ohne Kontakt sollte darüber hinaus die Biegesteifigkeit $E \cdot I$ des Druckstabes in beiden Richtungen durch eine mindestens gleichwertige Laschenverbindung im Stoßbereich ersetzt werden, die Verbindungsmittel sollten für die zu übertragende Druckkraft unter Berücksichtigung der zusätzlichen Verformungen infolge Druckstoß ausgelegt werden, s. als Empfehlung *Erläut. zu DIN 1052: 1988-04* [77], Teil 1, E 9.5.

Nachweise für Biegung

17

17.1 Querschnittstragfähigkeit für Biegung

17.1.1 Einfache (einaxiale) Biegung (Biegedrillknicken (Kippen) nicht maßgebend)

Bei einaxial auf Biegung beanspruchten Bauteilen ohne Biegedrillknick-(Kipp-)gefahr ist der Nachweis der Querschnittstragfähigkeit nach Gl. (17.1) bzw. (17.2) zu führen, s. DIN EN 1995-1-1: 2010-12, 6.1.6. Für diesen Spannungsnachweis sind Querschnittsschwächungen, soweit vorhanden, nach Abschn. 8.3.3 zu berücksichtigen.

Biegebeanspruchung um die y-Achse:

$$\frac{\sigma_{m,y,d}}{f_{m,y,d}} = \frac{M_{y,d}/W_{y,n}}{f_{m,y,d}} \leq 1 \tag{17.1}$$

Biegebeanspruchung um die z-Achse:

$$\frac{\sigma_{m,z,d}}{f_{m,z,d}} = \frac{M_{z,d}/W_{z,n}}{f_{m,z,d}} \leq 1 \tag{17.2}$$

$\sigma_{m,y,d}$; $\sigma_{m,z,d}$ Bemessungswerte der Biegespannungen um die y- oder z-Achse
$f_{m,y,d}$; $f_{m,z,d}$ Bemessungswerte der Biegefestigkeit um die y- oder z-Achse nach Gl. (8.5)
$M_{y,d}$; $M_{z,d}$ Bemessungswerte der Biegemomente um die y- oder z-Achse nach Gl. (8.4)
$W_{y,n}$; $W_{z,n}$ nutzbare Widerstandsmomente oder Widerstandsmomente des Nettoquerschnitts um die y- oder z-Achse

H. Neuhaus · W. Moorkamp (✉)
e-mail: wilfried.moorkamp@ewetel.net

H. Neuhaus, W. Moorkamp, L. Peterson, T. Uibel, *Ingenieurholzbau*,
DOI 10.1007/978-3-658-44967-4_17

Danach ist das **wirksame Widerstandsmoment** W_n oder Widerstandsmoment der Netto-Querschnittsfläche zu verwenden, das alle in der Biegezugzone an einer Stabstelle auftretenden Querschnittsschwächungen berücksichtigt, in der Biegedruckzone jedoch nur diejenigen Querschnittsschwächungen, die nicht mit einem Material gleicher bzw. höherer Festigkeit/Steifigkeit ausgefüllt sind im Vergleich zum umgebenden Holzbaustoff, s. Abschn. 8.3.3.

Als **einaxiale Biegung** wird die Beanspruchung eines Stabes durch Biegemomente bezeichnet, die um eine Stabachse, die y- oder z- Achse, wirken, s. Bild 17.1 am Beispiel eines Einfeldträgers mit Rechteckquerschnitt. Dabei sind planmäßig mittige Lasteinleitungen in der Stabachse, die rechtwinklig zur Biegemomentenachse stehen, sicherzustellen, so dass die Lasten bzw. die Lastwirkungslinie im Schwerpunkt S bzw. im Schubmittelpunkt M angreifen. Bei Lastangriffen, die z.B. bei Rechteckquerschnitten ausmittig zum Schwerpunkt S bzw. zum Schubmittelpunkt M erfolgen, wird der Stab neben der Biegung zusätzlich durch Torsion beansprucht, s. Abschn. 19. Die Bemessung für **Querkraft** wird in Abschn. 18.1 näher erläutert. Über die Erhöhung der charakteristischen Biegefestigkeiten $f_{m,k}$ von Nadel- und Laubvollholz sowie Brettschichtholz mit Rechteckquerschnitt s. Abschn. 17.1.2, **biegedrillknick-(kipp-)gefährdete Biegeträger** sind nach Abschn. 17.2.1 nachzuweisen.

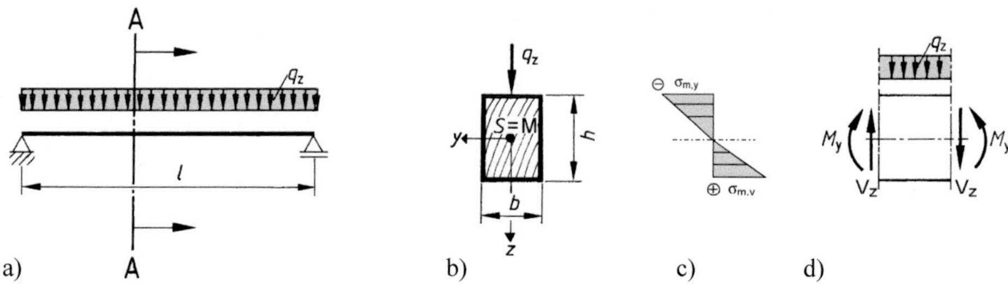

Bild 17.1 Einfeldträger mit Rechteckquerschnitt unter einaxialer Biegung (einfache Biegung); Beispiel: Biegebeanspruchung durch ein Moment M_y infolge einer Linienlast q_z und Querkraftbeanspruchung durch V a) statisches System mit Linienlast b) Querschnitt, Schnitt A-A, mit Schwerpunkt S und Schubmittelpunkt M c) Biegespannungsverteilung d) Schnittkräfte

17.1.2 Erhöhung der charakteristischen Biegefestigkeiten von Voll-, Brettschicht- und Furnierschichtholz

Erhöhen der charakteristischen Biegefestigkeiten von Vollholz

Für Nadel- und Laubvollholz mit Rechteckquerschnitt unter Biegung und einer charakteristischen Rohdichte von $\rho_k \leq 700$ kg/m³ darf nach DIN EN 1995-1-1: 2010-12, 3.2 (3) die charakteristische Biegefestigkeit $f_{m,k}$ bei Querschnittshöhen $h < 150$ mm mit dem Beiwert k_h nach Gl. (17.3) multipliziert, d.h. erhöht werden.

$$k_h = \min\{(150/h)^{0,2} \quad \text{oder} \quad 1,3\} \tag{17.3}$$

h Querschnittshöhe des Vollholzträgers in mm < 150 mm

Da die charakteristische Biegefestigkeit $f_{m,k}$ von Vollholz im Allgemeinen für eine Bezugshöhe von h_0 = 150 mm ermittelt und angegeben ist, s. Referenzbedingung nach DIN EN 384: 2022-08, 5.3.2, liegen bei hierzu kleineren Querschnittshöhen h < 150 mm größere Biegefestigkeiten mit abnehmender Höhe h vor. Theoretisch ist bei einer Trägerhöhe von etwa h = 40 mm die maximal nach Gl. (17.3) anzusetzende Erhöhung der Biegefestigkeit von 30% erreicht, jedoch sollten sehr kleine Querschnittshöhen wie h = 40 mm nur bei biegebeanspruchten Brettern/Bohlen eingesetzt werden, über Mindest-Querschnittsabmessungen von Vollholzbauteilen und Dachlatten s. Abschn. 8.3.2. Als Beispiel kann bei einem Nadelvollholzträger der Festigkeitsklasse C24, s. Abschn. 7.2.1, mit einer Trägerhöhe von h = 80 mm rechnerisch eine um etwa 13% höhere charakteristische Biegefestigkeit $f_{m,k} = 1{,}13 \cdot 24 = 27{,}1$ N/mm² angesetzt werden.

Erhöhen der charakteristischen Biegefestigkeiten von Brettschichtholz

Für Brettschichtholz mit Rechteckquerschnitt unter Biegung darf nach DIN EN 1995-1-1: 2010-12, 3.3 (3) die charakteristische Biegefestigkeit $f_{m,k}$ bei Querschnittshöhen h < 600 mm mit dem Beiwert k_h nach Gl. (17.4) erhöht werden. Diese Regelung gilt für **Flachkant-Biegebeanspruchung** der Lamellen von homogenem und kombiniertem Brettschichtholz. Als Flachkantbiegung wird die Biegebeanspruchung der Lamellen mit dem Querschnitt t/b um die y-Achse nach Bild 17.2 bezeichnet, z.B. bei Lasten, die rechtwinklig zu den Klebfugen wirken, s. DIN EN 1995-1-1/NA: 2013-08, NCI Zu 3.3 (NA.9); demnach werden sie in diesem Beispiel bei Flachkant-Biegung durch ein Moment M_y beansprucht.

$$k_h = \min\{(600/h)^{0,1} \quad \text{oder} \quad 1{,}1\} \tag{17.4}$$

h Trägerhöhe des Brettschichtholzträgers in mm
< 600 mm

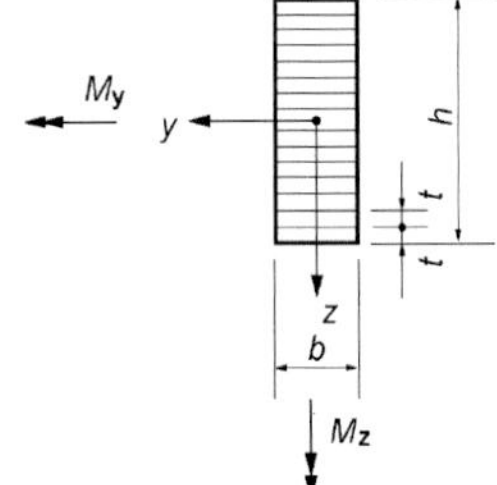

Bild 17.2 Flachkant- und Hochkantbiegung eines Brettschichtholzquerschnittes b/h, Querschnitt einer einzelnen Lamelle: t/b; für diesen Querschnitt gilt:
Flachkantbiegung (z.B. bei Lasten, die rechtwinklig zu den Klebfugen wirken): Biegung einer Lamelle um die y-Achse, Biegemoment M_y
Hochkantbiegung (z.B. bei Lasten, die in Richtung der Klebfugen wirken): Biegung einer Lamelle um die z-Achse, Biegemoment M_z

Da die charakteristische Biegefestigkeit $f_{m,k}$ von Brettschichtholz im Allgemeinen für eine Bezugshöhe von $h_0 \geq 600$ mm ermittelt und angegeben ist, s. sinngemäß DIN EN 14080: 2013-09, Anhang F.3, liegen bei hierzu kleineren Querschnittshöhen h < 600 mm größere Biegefestigkeiten mit abnehmender Höhe h vor, bei einer Trägerhöhe h = 230 mm ist die maximal nach Gl. (17.4) anzusetzende Erhöhung der Biegefestigkeit von 10% für Flachkantbiegung erreicht (kleinere Querschnittshöhen bei Brettschichtholz wie z.B. h = 230 mm werden seltener eingesetzt). Demnach kann z.B. bei einem Brettschichtholzträger der Festigkeitsklasse GL24c(h) (kombiniert oder homogen) mit Trägerhöhen $h \leq 230$ mm unter Flachkantbiegung der Lamellen rechnerisch eine um 10% höhere charakteristische Biegefestigkeit $f_{m,k}$ angesetzt werden als bei einem Nadelholzträger C24, obwohl beide Träger dieselbe charakteristische Biegefestigkeit $f_{m,k} = 24$ N/mm^2 haben, s. Abschn. 7.2.1.

Bei **Hochkant-Biegebeanspruchung von homogenem Brettschichtholz** (z.B. bei Lasten, die in Richtung der Klebfugen wirken) aus mind. vier nebeneinander liegenden Lamellen darf die charakteristische Biegefestigkeit $f_{m,k}$ mit $k_l = 1{,}2$ multipliziert, d.h. um 20% erhöht werden, s. DIN EN 1995-1-1/NA: 2013-08, NCI Zu 3.3 (NA.6). Als Hochkantbiegung wird die Biegebeanspruchung der Lamellen mit dem Querschnitt t/b um die z-Achse nach Bild 17.2 bezeichnet, demnach werden sie in diesem Beispiel bei Hochkant-Biegung durch ein Moment M_z beansprucht.

Hochkant biegebeanspruchte Lamellen haben bei vergleichbaren Holzeigenschaften eine höhere Biegefestigkeit als flachkant beanspruchte. Die Berücksichtigung dieser höheren Biegefestigkeiten mit dem Beiwert $k_l = 1{,}2$ kann nur in Brettschichtholzquerschnitten erfolgen, in denen eine ausreichende Anzahl (≥ 4) von nebeneinander hochkant stehenden Lamellen vorhanden sind und die über den beanspruchten Querschnitt Lamellen derselben Festigkeitsklasse (homogener Aufbau) haben.

Erhöhen der charakteristischen Biegefestigkeiten von Furnierschichtholz

Über die Erhöhung der charakteristischen Biegefestigkeiten $f_{m,k}$ von Furnierschichtholz (LVL) ohne Querlagen mit Rechteckquerschnitt s. DIN EN 1995-1-1: 2010-12, 3.4, DIN EN 14374: 2005-02, 4.4.2 bzw. den jeweiligen bauaufsichtlichen Verwendbarkeitsnachweis.

17.1.3 Doppelbiegung (zweiaxiale Biegung) (Biegedrillknicken (Kippen) nicht maßgebend)

Bei Bauteilen unter zweiaxialer Biegung (Doppelbiegung) ohne Biegedrillknick-(Kipp-) gefahr ist der Nachweis der Querschnittstragfähigkeit nach Gl. (17.5) bzw. (17.6) zu führen, aus beiden Gl. ist diejenige mit dem größeren Überlagerungswert für die Bemessung maßgebend, s. DIN EN 1995-1-1: 2010-12, 6.1.6 (1)P, (2). Für diese Spannungsnachweise sind Querschnittsschwächungen, soweit vorhanden, nach Abschn. 8.3.3 zu berücksichtigen. Erläuterungen zu den Biegemomenten M_y und M_z sowie zu den wirksamen Widerstandsmomenten $W_{y,n}$ und $W_{z,n}$ sind sinngemäß im Abschn. 17.1.1 angeführt.

$$\frac{\sigma_{m,y,d}}{f_{m,y,d}} + k_m \cdot \frac{\sigma_{m,z,d}}{f_{m,z,d}} \leq 1 \qquad (17.5)$$

$$k_m \cdot \frac{\sigma_{m,y,d}}{f_{m,y,d}} + \frac{\sigma_{m,z,d}}{f_{m,z,d}} \leq 1 \qquad (17.6)$$

$\sigma_{m,y,d}$; $\sigma_{m,z,d}$ Bemessungswerte der Biegespannungen um die y- oder z-Achse
$f_{m,y,d}$; $f_{m,z,d}$ Bemessungswerte der Biegefestigkeit nach Gl. (8.5)

k_m = 0,7 für Rechteckquerschnitte aus Voll-, Brettschicht- und Furnierschichtholz
= 1,0 für andere Querschnitte aus Voll-, Brettschicht- und Furnierschichtholz
= 1,0 für alle Querschnitte anderer tragender Holzwerkstoffe
Weitere Bezeichnungen s. Abschn. 17.1.1, Gl. (17.5) und (17.6) sind einzuhalten.

Als **zweiaxiale Biegung** wird die Beanspruchung eines Stabes durch Biegemomente bezeichnet, die gleichzeitig um beide Stabachsen, die y- und z-Achse, wirken, s. Bild 17.3 am Beispiel eines Einfeldträgers mit Rechteckquerschnitt unter zweiaxialer Biegung. Bei Doppelbiegung ist wie bei einfacher Biegung, s. Abschn. 17.1.1, planmäßiger mittiger Lastangriff in beiden Stabachsen sicherzustellen. Die Bemessung für **Querkraft** wird in Abschn. 18.2 näher erläutert. Über die Erhöhung der charakteristischen Biegefestigkeit $f_{m,k}$ von Voll-, Brettschicht- und Furnierschichtholz s. Abschn. 17.1.2, **biegedrillknick-(kipp-)gefährdete Biegeträger** sind nach Abschn. 17.2.2 nachzuweisen.

Bei den Nachweisen der Querschnittstragfähigkeit nach Gl. (17.5) und (17.6) werden die Nachweise je Stabachse wie für einfache Biegung geführt, die Spannungsverteilung über den Querschnitt wird durch **Überlagerung (Superposition)** der beiden einzelnen Biegespannungsbilder gefunden. Die betragsmäßig größten Biegespannungen (Längsspannungen) in einem mit Doppelbiegung beanspruchten Rechteckquerschnitt treten an zwei diagonal gegenüber liegenden Querschnittsecken (Punkten) auf, alle anderen Querschnittsbereiche sind geringer ausgenutzt, s. als Beispiel Bild 17.3. Der **Grenzzustand der Tragfähigkeit** bei Doppelbiegung wird als lineare Interaktion ermittelt, s. Bild 17.4.

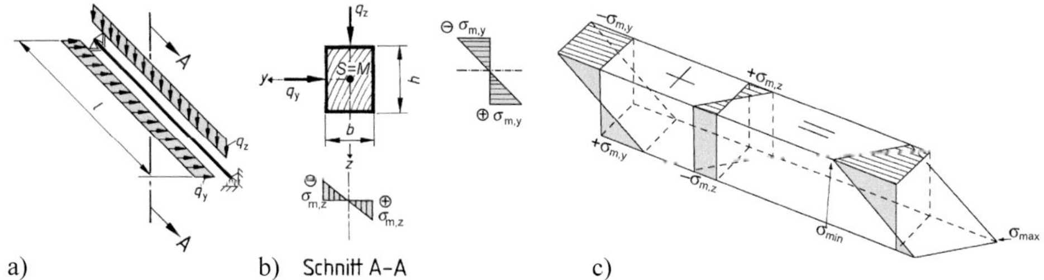

Bild 17.3 Einfeldträger mit Rechteckquerschnitt unter zweiaxialer Biegung (Doppelbiegung); Beispiel; Biegebeanspruchung durch ein Moment M_y infolge einer Linienlast q_z und durch ein Moment M_z infolge einer Linienlast q_y (Querkraftbeanspruchung nicht dargestellt);
a) Statisches System mit zwei Linienlasten b) Querschnitt mit Biegespannungsverteilung, Schwerpunkt S und Schubmittelpunkt M c) Überlagerung der einzelnen Biegespannungsbilder infolge M_y und M_z zur gesamten Biegespannungsverteilung in einem Querschnitt mit den größten Biegespannungen (Längsspannungen) in zwei gegenüber liegenden Querschnittsecken: σ_{max} als größte positive und σ_{min} als betragsmäßig größte negative Biegespannung

Der **Beiwert k_m** in den Gl. (17.5) und (17.6) berücksichtigt die Spannungsverteilung in Verbindung mit wahrscheinlichen Inhomogenitäten des Holzes und erlaubt (bei k_m = 0,7) die Reduzierung jeweils eines Biegespannungsanteils bei Doppelbiegung für Rechteckquerschnitte aus Voll-, Brettschicht- und Furnierschichtholz. In allen anderen Fällen ist die volle Überlagerung beider Biegespannungsanteile (mit k_m = 1,0) durchzuführen.

Bild 17.4 Grenzzustandslinie für zweiaxiale Biegung (Doppelbiegung) sowie für Biegung und Zug; Querschnittstragfähigkeit ohne Biegedrillknick-(Kipp-)gefahr, lineare Interaktion

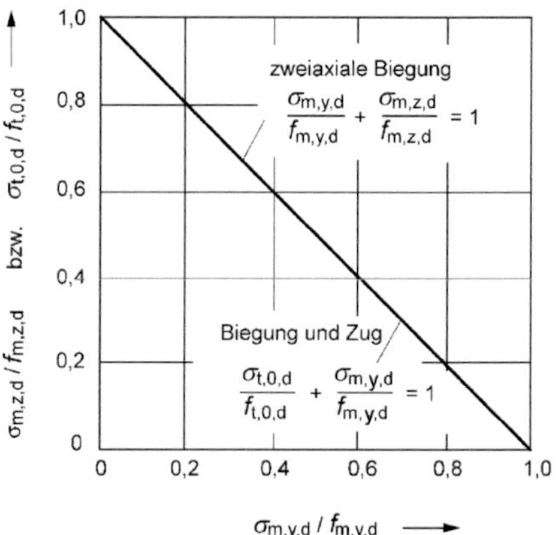

Die Reduzierung jeweils eines Biegespannungsanteils mit $k_m = 0{,}7$ um die y- und z-Achse kann unter den o.a. Bedingungen deshalb vorgenommen werden, da die Wahrscheinlichkeit geringer ist, dass die beiden nur punktförmig, maximal beanspruchten Querschnittsecken bei Doppelbiegung eher versagen als – im Vergleich dazu bei einachsiger Biegung – die beiden wesentlich größeren Bereiche der linienförmig, maximal beanspruchten Ränder des Holzquerschnittes, s. *Erläut. zu DIN 1052: 2004-08* [47], E 10.2.6 (1). Darüber hinaus ist es weniger wahrscheinlich, dass in einer oder beiden punktförmig, maximal beanspruchten Querschnittsecken eine Materialinhomogenität (z.B. ein Ast) liegt und dies zum Versagen der Querschnittstragfähigkeit führt.

Bei auf **Doppelbiegung beanspruchten Brettschichtholzträgern** mit Rechteckquerschnitt, Trägerhöhen $h < 60$ cm und homogenem Aufbau, z.B. bei Mittelpfetten, ergibt die Erhöhung der Biegefestigkeiten für Flachkant- und Hochkantbiegung nach Abschn. 17.1.2 und Reduzierung der jeweiligen Biegespannungsanteile mit dem Beiwert $k_m = 0{,}7$ nach Gl. (17.5) und (17.6) wesentlich wirtschaftlichere Querschnittsabmessungen im Vergleich zu Trägern aus kombiniertem Brettschichtholz und zu Vollholzbalken (vergleichbar etwa h, $b \leq 30$ cm) unter jeweils gleicher Beanspruchung, da erhöhte Biegefestigkeiten bei homogenem Brettschichtholz zusätzlich für Hochkantbiegung und bei biegebeanspruchten Vollholzträgern nur bis Querschnittshöhen $h < 15$ cm angesetzt werden können.

17.1.4 Biegung und Zug (ausmittiger Zug) (Biegedrillknicken (Kippen) nicht maßgebend)

Bei Bauteilen unter Zug- und zweiaxialer Biegebeanspruchung (Doppelbiegung) ohne Biegedrillknick-(Kipp-)gefahr ist der Nachweis der Querschnittstragfähigkeit nach Gl. (17.7) bzw. (17.8) zu führen, aus beiden Gl. ist diejenige mit dem größeren Überlagerungswert für die Bemessung maßgebend, s. DIN EN 1995-1-1: 2010-12, 6.2.3 (1)P. Diese Nachweise für Biegung und Zug gelten für den Rechteckquerschnitt, bei unsymmetrischen Querschnitten sind sinngemäß die Vorzeichen der Biege- und Normalkraftspannungen zu berücksichtigen. Liegt neben der Zug- nur eine Biegebeanspruchung um eine der beiden Stabachsen, der y- oder z-Achse, vor, ist Gl. (17.7) oder (17.8) mit dem zutreffenden Bieganteil und dem Beiwert $k_m = 1{,}0$ zu verwenden. Für diese Spannungsnachweise sind Querschnittsschwächungen, soweit vorhanden, nach Abschn. 8.3.3 zu berücksichtigen. Erläuterungen zur Doppelbiegung und zum Beiwert k_m sind sinngemäß im Abschn. 17.1.3, zur Zugbeanspruchung in Faserrichtung im Abschn. 15.1.1 angeführt.

$$\frac{\sigma_{t,0,d}}{f_{t,0,d}} + \frac{\sigma_{m,y,d}}{f_{m,y,d}} + k_m \cdot \frac{\sigma_{m,z,d}}{f_{m,z,d}} \le 1 \tag{17.7}$$

$$\frac{\sigma_{t,0,d}}{f_{t,0,d}} + k_m \cdot \frac{\sigma_{m,y,d}}{f_{m,y,d}} + \frac{\sigma_{m,z,d}}{f_{m,z,d}} \le 1 \tag{17.8}$$

k_m Beiwert, s. Erläuterungen zu Gl. (17.5)
$\sigma_{m,y,d}$; $\sigma_{m,z,d}$ Bemessungswerte der Biegespannungen um die y- oder z-Achse
$\sigma_{t,0,d}$ Bemessungswert der Zugspannungen
$f_{m,y,d}$; $f_{m,z,d}$ Bemessungswerte der Biegefestigkeiten um die y- oder z-Achse nach Gl. (8.5)
$f_{t,0,d}$ Bemessungswert der Zugfestigkeit nach Gl. (8.5)
Weitere Bezeichnungen s. Abschn. 15.1.1 und 17.1.3, Gl. (17.7) und (17.8) sind einzuhalten.

Stäbe unter **Biegung und Zug (ausmittiger Zug)** werden gleichzeitig durch eine Normalkraft in Richtung der x-Achse (Stablängsachse) und durch ein Biegemoment um eine oder zwei Biegemomente um beide Stabachsen, die y- und/oder z-Achse, beansprucht, s. Bild 17.5 am Beispiel eines Rechteckquerschnitt unter Zug und zweiaxialer Biegung. Die Bemessung für **Querkraft** wird in Abschn. 18 näher erläutert. Über die Erhöhung der charakteristischen Biegefestigkeit $f_{m,k}$ von Voll-, Brettschicht- und Furnierschichtholz s. Abschn.

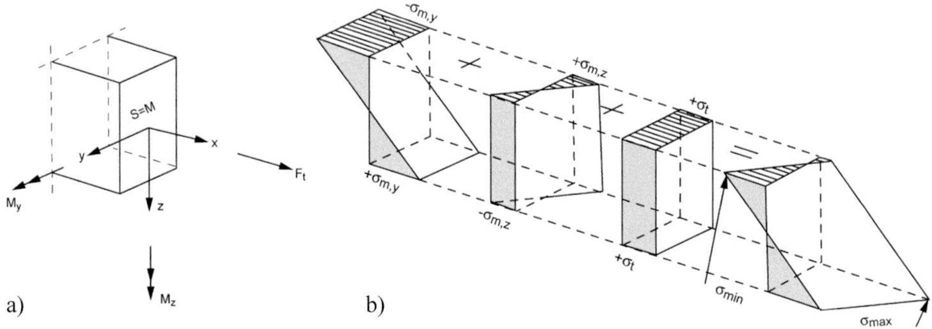

Bild 17.5 Rechteckquerschnitt unter Zug und zweiaxialer Biegung (Doppelbiegung); Beispiel; Normalkraftbeanspruchung durch eine Zugkraft F_t in Richtung der x-Achse und Biegebeanspruchung durch ein Moment M_y und ein Moment M_z (Querkraftbeanspruchung nicht dargestellt);
a) Querschnitt mit Zug- und Momentenbeanspruchung, Schwerpunkt S und Schubmittelpunkt M
b) Überlagerung der einzelnen Zug- infolge F_t und Biegespannungsbilder infolge M_y und M_z zur Gesamtspannungsverteilung (Längsspannung) im Querschnitt: σ_{max} als größte positive und σ_{min} als betragsmäßig größte negative Gesamtspannung (Längsspannung aus Zug und Biegung)

17.1.2, **biegedrillknick-(kipp-)gefährdete Biegeträger** unter gleichzeitiger Zugbeanspruchung sind nach Abschn. 17.2.3 nachzuweisen.

Bei den Nachweisen der Querschnittstragfähigkeit nach Gl. (17.7) und (17.8) werden die Nachweise je Stabachse wie für Zug und jeweils wie für einfache Biegung geführt, die Spannungsverteilung über den Querschnitt wird durch **Überlagerung (Superposition)** der einzelnen Zug- und Biegespannungsbilder gefunden. Die betragsmäßig größte Summe der Zug- und Biegespannungen (Längsspannungen) treten an zwei diagonal gegenüber liegenden Querschnittsecken auf, s. als Beispiel Bild 17.5. Der **Grenzzustand der Tragfähigkeit** bei Doppelbiegung und Zug wird als lineare Interaktion ermittelt, in Bild 17.4 ist als Beispiel die lineare Interaktion für einaxiale Biegung und Zug dargestellt. Die Reduzierung eines Biegespannungsanteiles bei Doppelbiegung mit dem **Beiwert k_m** wird in Abschn. 17.1.3 näher beschrieben.

Stäbe unter **Biegung und Zug (ausmittig belastete Zugstäbe)** liegen vor, wenn z.B. die Zugkraft planmäßig ausmittig angreift, s. als Beispiel Bild 17.6a, oder eine Belastung quer zur Stablängsachse zusätzlich zur mittigen Zugkraft angreift, s. als Beispiel Bild 17.6b, oder ausmittige Kraftwirkungen infolge Querschnittsschwächungen in Zugstäben entstehen, s. Tabelle 17.1. Über Abweichungen von diesen idealen Voraussetzungen in der Praxis durch nicht planmäßige Nebenbeanspruchungen oder Imperfektionen der Stäbe s. Abschn. 8.4.

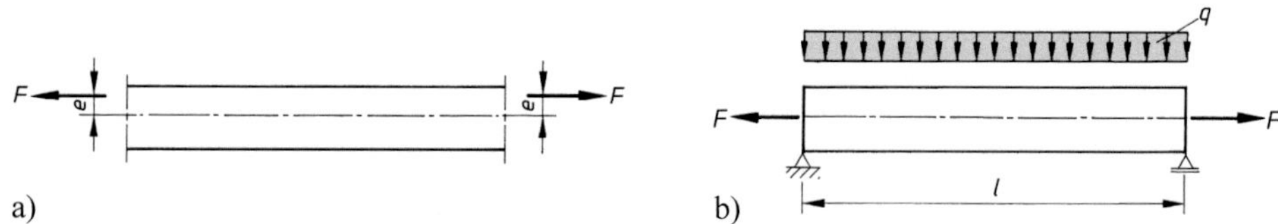

Bild 17.6 Stäbe unter Biege- und Zugbeanspruchung oder planmäßig ausmittig beanspruchte Zugstäbe (Biegung und Zug), nicht biegedrillknick-(kipp-)gefährdete Stäbe; Beispiele
a) planmäßig ausmittig belasteter Zugstab; Kraftangriff ausmittig zur Stablängsachse; Beanspruchung durch die Zugkraft F und durch das Moment $M = F \cdot e$ (Zug und einaxiale Biegung)
b) ein durch eine zusätzliche Zugkraft beanspruchter Biegestab (oder ein quer zur Stablängsachse zusätzlich durch eine Linienlast q beanspruchter Zugstab); Beanspruchung durch die Zugkraft F und durch das Moment $M_{max} = q \cdot l^2 / 8$ (sowie in diesem Beispiel durch eine Querkraft V)

Biege- und Zugbeanspruchung in Stäben mit Querschnittsschwächungen

Entstehen durch Querschnittsschwächungen größere ausmittige Kraftwirkungen, so sind diese bei den Nachweisen der Querschnittsträgfähigkeit nach Gl. (17.7) und (17.8) zu berücksichtigen. Bereits bei kleinen Querschnittsschwächungen erhöhen sich die vorhandenen Spannungen im geschwächten Stabteil erheblich und können meist rechnerisch nicht mehr vernachlässigt werden. Die Berücksichtigung von ausmittigen Kraftwirkungen bei einaxialen Biege- und Zugbeanspruchungen von Rechteckquerschnitten kann Tabelle 17.1 entnommen werden.

Wird die Querschnittsschwächung wie in Tabelle 17.1, Zeile 1, nicht ausgefüllt, sind die Netto-Querschnittsfläche und das Netto-Widerstandsmoment (wirksames Widerstandsmo-

Tabelle 17.1 Planmäßig ausmittig beanspruchte Stäbe mit Rechteckquerschnitt unter einaxialer Biege- und Zugbeanspruchung (Querschnittstragfähigkeit) bei kleinen Querschnittsschwächungen nach *Erläut. zu DIN 1052 :2004-08* [47], E 10.2.7, Beispiele; Nachweise der Randspannungen in der Schwächung s. Gl. (17.7)

Querschnittsschwächung „unten"	Querschnittsschwächung „oben"

1) Stab unter Biege- und Zugbeanspruchung mit Querschnittsschwächung,
Schwächung nicht ausgefüllt, zusätzliche Biegung am planmäßigen Hebelarm

Bei positivem und negativem Biegemoment $\pm M_{y,d}$

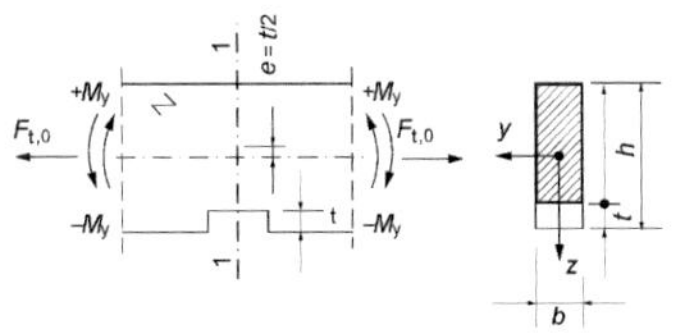

Moment aus ausmittiger Zugkraft: $-M_{y,F,d}$

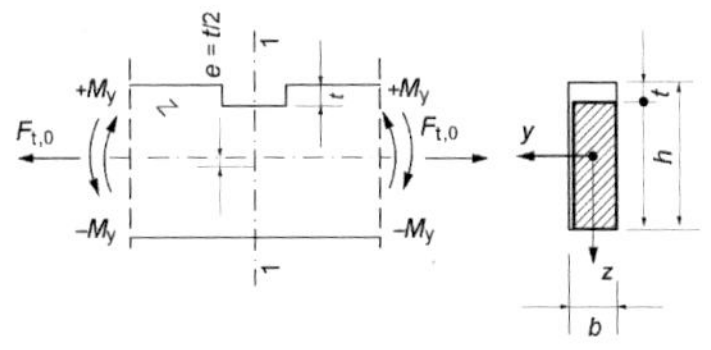

Moment aus ausmittiger Zugkraft: $+M_{y,F,d}$

$$\frac{\sigma_{t,0,d}}{f_{t,0,d}}+\frac{\sigma_{m,y,d}+\sigma_{m,F,d}}{f_{m,y,d}}\leq 1 \quad\rightarrow\quad \frac{F_{t,0,d}/A_n}{f_{t,0,d}}\pm\frac{(M_{y,d}+M_{y,F,d})/W_{y,n}}{f_{m,y,d}}\leq 1$$

2) Stab unter Biege- und Zugbeanspruchung mit Querschnittsschwächung,
Schwächung satt ausgefüllt (Passsitz) und $E\cdot A_{\text{Füllung}}\geq E_0\cdot A_{\text{Stab}}$

a) Zugspannung in der Füllung $|\sigma_{m,y,d}|\leq|\sigma_{t,0,d}|$ und $E\cdot A_{\text{Füllung}}\geq E_0\cdot A_{\text{Stab}}$

Bei positivem und negativem Biegemoment $\pm M_{y,d}$, wenn
$|\sigma_{m,y,d}|\leq|\sigma_{t,0,d}| \rightarrow |M_{y,d}/W_y|\leq|F_{t,0,d}/A|$

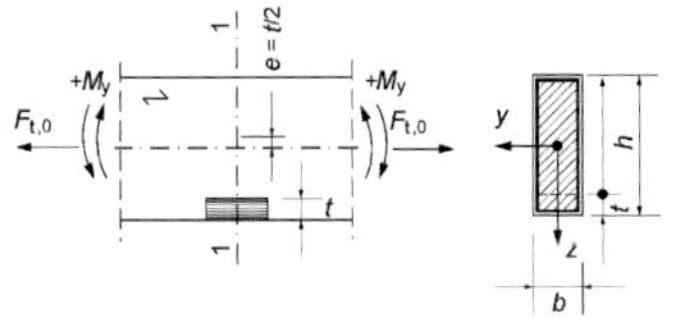

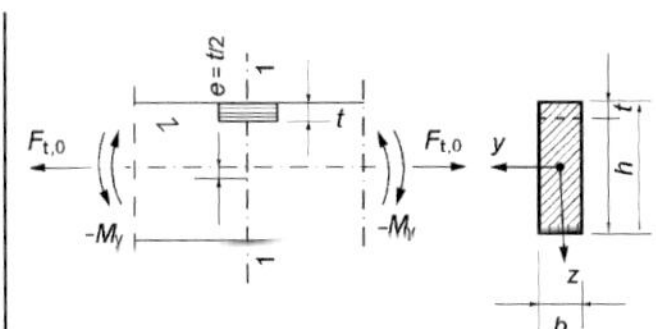

Nachweis der Querschnittstragfähigkeit wie in Zeile 1) ausführen

b) Druckspannung in der Füllung $|\sigma_{m,y,d}|>|\sigma_{t,0,d}|$, Füllung stets unter Druck und mit Passsitz

Bei negativem Biegemoment $-M_y$, wenn	Bei positivem Biegemoment $+M_y$, wenn

$|\sigma_{m,y,d}|>|\sigma_{t,0,d}| \rightarrow |M_{y,d}/W_y|>|F_{t,0,d}/A|$ und $E\cdot A_{\text{Füllung}}\geq E_0\cdot A_{\text{Stab}}$

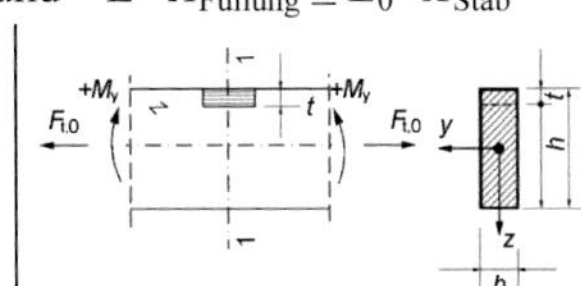

$$\frac{\sigma_{t,0,d}}{f_{t,0,d}}+\frac{\sigma_{m,y,d}}{f_{m,y,d}}\leq 1 \quad\rightarrow\quad \frac{F_{t,0,d}/A}{f_{t,0,d}}\pm\frac{M_{y,d}/W_y}{f_{m,y,d}}\leq 1$$

zusätzliches Moment: $M_{y,F,d}=0$

Tabelle 17.1 (Fortsetzung)

Bemessungswerte und statische Größen	t Ausklinkungshöhe der Schwächung
A	Querschnittsfläche des ungeschwächten Stabes: $A = b \cdot h$
A_n	Querschnittsfläche in der Schwächung (Schnitt 1-1): $A_n = b \cdot (h - t)$
$E{\cdot}A$	Dehnsteifigkeit, beim Holzstab mit E_0 als Elastizitätsmodul in Faserrichtung
$F_{t,0,d}$	Bemessungswert der Zugkraft in Faserrichtung (Stablängsachse) aus äußerer Beanspruchung nach Gl. (8.4)
$M_{y,d}$	Bemessungswert des Momentes in der Schwächung (Schnitt 1-1) aus äußerer Beanspruchung nach Gl. (8.4)
$M_{y,F,d}$	Bemessungswert des zusätzlichen Momentes durch Ausmitte von $F_{t,0,d}$ in der Schwächung (Schnitt 1-1): $M_{y,F,d} = F_{t,0,d} \cdot t/2$
W_y	Widerstandsmoment des ungeschwächten Stabes: $W_y = b \cdot h^2/6$
$W_{y,n}$	Wirksames Widerstandsmoment in der Schwächung (Schnitt 1-1): $W_{y,n} = b \cdot (h - t)^2/6$

ment) in der Schwächung beim Nachweis der Querschnittstragfähigkeit zu berücksichtigen; es entsteht im Allgemeinen ein zusätzliches Biegemoment durch die Ausmitte der Zugkraft in der Schwächung, das zum Biegemoment aus äußerer Beanspruchung (soweit vorhanden) überlagert werden muss. Wird die Querschnittsschwächung jedoch mit einem Material vollständig und mit Passsitz (satt) ausgefüllt wie in Tabelle 17.1, Zeile 2, so dass die Dehnsteifigkeit $E{\cdot}A$ der Füllung größer oder gleich derjenigen des Stabmaterials ist, müssen zwei Spannungszustände unterschieden werden: Treten in der Füllung rechnerisch nur Zugspannungen (Randspannungen in Stablängsrichtung) bei Überlagerung der Biege- und Zugspannungen wie in Tabelle 17.1, Zeile 2a, auf, kann die Füllung bei der Übertragung dieser Zugbeanspruchung (Längsspannungen) nicht mitwirken, so dass diese Stabstelle wie eine nicht ausgefüllte Schwächung nach Tabelle 17.1, Zeile 1, nachzuweisen ist. Sind jedoch rechnerisch stets Druckspannungen (Randspannungen in Stablängsrichtung) in der Füllung wie in Tabelle 17.1, Zeile 2b vorhanden, kann die Füllung – eine ausreichende Dehnsteifigkeit und Passsitz vorausgesetzt – die Druckbeanspruchung (Längsspannungen) an dieser Stabstelle vollständig übertragen, so dass die Querschnittsschwächung in diesem Druckbereich nicht berücksichtigt werden muss und der Stab als ungeschwächt gilt. Über Querschnittsschwächungen s. auch Abschn. 8.3.3.

Alle metallischen Verbindungsmittel der DIN EN 1995-1-1: 2010-12 und DIN EN 1995-1-1/NA: 2013-08 besitzen eine gegenüber Holzbaustoffen größere **Dehnsteifigkeit $E{\cdot}A$**; werden die Verbindungsmittel mit Passsitz (außer z.B. bei Bolzen und Gewindestangen (nicht eingeklebt) mit größerem Bohrloch als dem Bolzen- und Gewindestangen-Nenndurchmesser) eingebaut, brauchen die entstehenden Schwächungen in Querschnittsbereichen mit ständigen Druckbeanspruchungen nicht berücksichtigt zu werden.

17.1.5 Biegung und Druck (ausmittiger Druck) (Biegedrillknicken (Kippen) nicht maßgebend und Knicken nicht maßgebend)

Bei Bauteilen unter Druck- und zweiaxialer Biegebeanspruchung (Doppelbiegung) ohne Biegedrillknick-(Kipp-) und Knickgefahr ist der Nachweis der Querschnittstragfähigkeit nach Gl. (17.9) bzw. (17.10) zu führen, aus beiden Gl. ist diejenige mit dem größeren Überlagerungswert für die Bemessung maßgebend, s. DIN EN 1995-1-1: 2010-12, 6.2.4 (1)P. Diese Nachweise für Biegung und Druck gelten für den Rechteckquerschnitt, bei unsymmetrischen Querschnitten sind sinngemäß die Vorzeichen der Biege- und Normalkraftspannungen zu berücksichtigen. Liegt neben der Druck- nur eine Biegebeanspruchung um eine der beiden Stabachsen, der y- oder z-Achse, vor, ist Gl. (17.9) oder (17.10) mit dem zutreffenden Biegeanteil und dem Beiwert $k_m = 1{,}0$ zu verwenden. Für diese Spannungsnachweise sind Querschnittsschwächungen, soweit vorhanden, nach Abschn. 8.3.3 zu berücksichtigen. Erläuterungen zur Doppelbiegung und zum Beiwert k_m sind sinngemäß im Abschn. 17.1.3, zur Druckbeanspruchung in Faserrichtung im Abschn. 16.1.1 angeführt.

$$\left(\frac{\sigma_{c,0,d}}{f_{c,0,d}}\right)^2 + \frac{\sigma_{m,y,d}}{f_{m,y,d}} + k_m \cdot \frac{\sigma_{m,z,d}}{f_{m,z,d}} \leq 1 \tag{17.9}$$

$$\left(\frac{\sigma_{c,0,d}}{f_{c,0,d}}\right)^2 + k_m \cdot \frac{\sigma_{m,y,d}}{f_{m,y,d}} + \frac{\sigma_{m,z,d}}{f_{m,z,d}} \leq 1 \tag{17.10}$$

k_m Beiwert, s. Erläuterungen zu Gl. (17.5)
$\sigma_{m,y,d}$, $\sigma_{m,z,d}$ Bemessungswerte der Biegespannungen um die y- oder z-Achse
$\sigma_{c,0,d}$ Bemessungswert der Druckspannung
$f_{m,y,d}$, $f_{m,z,d}$ Bemessungswerte der Biegefestigkeiten um die y- oder z-Achse nach Gl. (8.5)
$f_{c,0,d}$ Bemessungswert der Druckfestigkeit nach Gl. (8.5)
Weitere Bezeichnungen s. Abschn. 16.1.1 und 17.1.3, Gl. (17.9) und (17.10) sind einzuhalten.

Stäbe unter **Biegung und Druck (ausmittiger Druck)** werden gleichzeitig durch eine Normalkraft in Richtung der x-Achse (Stablängsachse) und durch ein Biegemoment um eine oder zwei Biegemomente um beide Stabachsen, die y- und/oder z-Achse, beansprucht, s. Bild 17.7 am Beispiel eines Rechteckquerschnitt unter Druck und zweiaxialer Biegung. Die Bemessung für **Querkraft** wird in Abschn. 18 näher erläutert. Über die Erhöhung der charakteristischen Biegefestigkeit $f_{m,k}$ von Voll-, Brettschicht- und Furnierschichtholz s. Abschn. 17.1.2, **biegedrillknick-(kipp-) und knickgefährdete Biegeträger** unter gleichzeitiger Druckbeanspruchung sind nach Abschn. 17.2.4 nachzuweisen.

Bei den Nachweisen der Querschnittstragfähigkeit nach Gl. (17.9) und (17.10) werden die Nachweise je Stabachse einzeln geführt: Der Druckterm wird quadriert und die Biege-

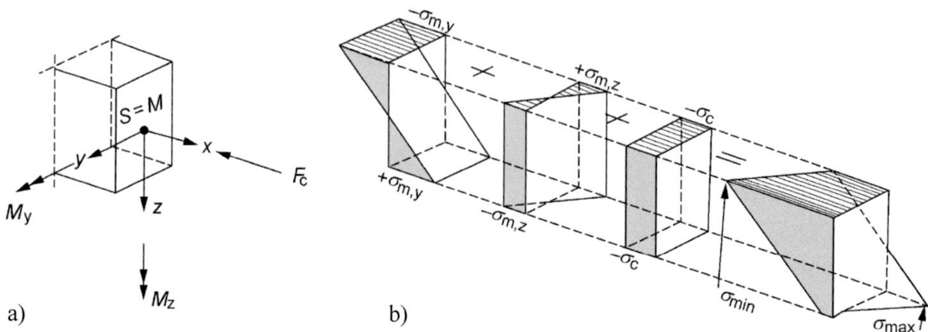

Bild 17.7 Rechteckquerschnitt unter Druck und zweiaxialer Biegung (Doppelbiegung); Beispiel; Normalkraftbeanspruchung durch eine Druckkraft F_c in Richtung der x- Achse und Biegebeanspruchung durch ein Moment M_y und ein Moment M_z (Querkraftbeanspruchung nicht dargestellt); a) Querschnitt mit Druck- und Momentenbeanspruchung, Schwerpunkt S und Schubmittelpunkt M b) Überlagerung der einzelnen Druck- infolge F_c und Biegespannungsbilder infolge M_y und M_z zur Gesamtspannungsverteilung (Längsspannung) im Querschnitt: σ_{max} als größte positive und σ_{min} als betragsmäßig größte negative Gesamtspannung (Längsspannung aus Druck und Biegung)

terme werden jeweils wie für einfache Biegung berechnet, die Spannungsverteilung über den Querschnitt folgt aus der **Überlagerung (Superposition)** der einzelnen Druck- und Biegespannungsbilder. Die betragsmäßig größte Summe der Druck- und Biegespannungen (Längsspannungen) treten an zwei diagonal gegenüber liegenden Querschnittsecken auf, s. als Beispiel Bild 17.7. Die Reduzierung eines Biegespannungsanteiles bei Doppelbiegung mit dem **Beiwert k_m** wird in Abschn. 17.1.3 näher beschrieben.

Der **Grenzzustand der Tragfähigkeit** bei (Doppel-)Biegung und Druck wird als nichtlineare Interaktion ermittelt, s. Bild 16.15, die das plastische Arbeitsvermögen des Holzes unter Druck- und Biegebeanspruchung rechnerisch durch Quadrieren des Druckterms berücksichtigt, so dass die Querschnittstragfähigkeit von Stäben unter Biegung und Druck gegenüber einem linearen Ansatz wie z.B. unter Biegung und Zug, s. Bild 17.4, wesentlich erhöht wird.

Stäbe unter **Biegung und Druck (ausmittig belastete Druckstäbe)** liegen vor, wenn z.B. die Druckkraft planmäßig ausmittig angreift, s. als Beispiel Bild 17.8a, oder eine Belastung quer zur Stablängsachse zusätzlich zur mittigen Druckkraft angreift wie bei Stützen unter horizontaler Windlast, s. als Beispiel Bild 17.8b, oder ausmittige Kraftwirkungen infolge Querschnittsschwächungen in Druckstäben entstehen, s. Tabelle 17.2. Über Abweichungen von diesen idealen Voraussetzungen in der Praxis durch nicht planmäßige Nebenbeanspruchungen oder Imperfektionen der Stäbe s. Abschn. 8.4.

Biege- und Druckbeanspruchung in Stäben mit Querschnittsschwächungen

Entstehen durch Querschnittsschwächungen größere ausmittige Kraftwirkungen, so sind diese bei den Nachweisen der Querschnittsträgfähigkeit nach Gl. (17.9) und (17.10) zu berücksichtigen. Bereits bei kleinen Querschnittsschwächungen erhöhen sich die vorhandenen Spannungen im geschwächten Stabteil erheblich und können meist rechnerisch nicht

Bild 17.8 Stäbe unter Biege- und Druckbeanspruchung oder planmäßig ausmittig beanspruchte Druckstäbe (Biegung und Druck); nicht biegedrillknick-(kipp-) und nicht knickgefährdete Stäbe; Beispiele
a) planmäßig ausmittig belasteter Druckstab; Kraftangriff ausmittig zur Stablängsachse; Beanspruchung durch die Druckkraft F_c und durch das Moment $M = F_c \cdot e$ (Druck und einaxiale Biegung)
b) ein durch eine zusätzliche Druckkraft beanspruchter Biegestab (oder ein quer zur Stablängsachse zusätzlich durch eine Linienlast q beanspruchter Druckstab); Beanspruchung durch die Druckkraft F_c und durch das Moment M aus der Linienlast q (einaxiale Biegung und Druck) (sowie in diesem Beispiel durch eine Querkraft V)

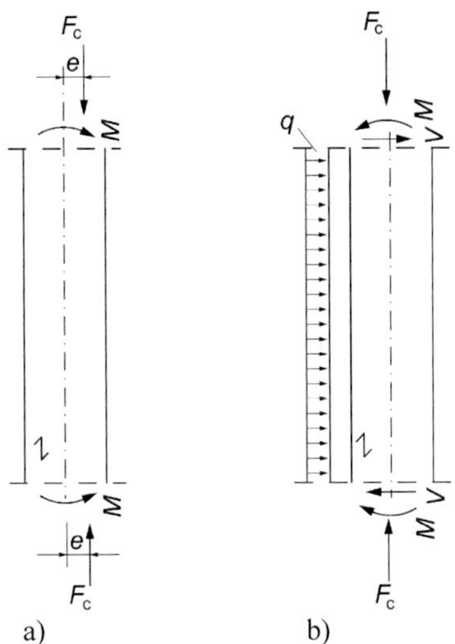

mehr vernachlässigt werden. Die Berücksichtigung von ausmittigen Kraftwirkungen bei einaxialen Biege- und Druckbeanspruchungen von Rechteckquerschnitten kann den Beispielen der Tabelle 17.2 entnommen werden.

Wird die Querschnittsschwächung wie in Tabelle 17.2, Zeile 1, nicht ausgefüllt, sind die Netto-Querschnittsfläche und das Netto-Widerstandsmoment (nutzbares Widerstandsmoment) in der Schwächung beim Nachweis der Querschnittstragfähigkeit zu berücksichtigen; es entsteht im Allgemeinen ein zusätzliches Biegemoment durch die Ausmitte der Druckkraft in der Schwächung, das zum Biegemoment aus äußerer Beanspruchung (soweit vorhanden) überlagert werden muss. Wird die Querschnittsschwächung jedoch mit einem Material vollständig und mit Passsitz (satt) ausgefüllt wie in Tabelle 17.2, Zeile 2, so dass die Dehnsteifigkeit $E \cdot A$ der Füllung größer oder gleich derjenigen des Stabmaterials ist, müssen zwei Spannungszustände unterschieden werden: Treten in der Füllung rechnerisch nur Zugspannungen (Randspannungen in Stablängsrichtung) bei Überlagerung der Biege- und Druckspannungen wie in Tabelle 17.2, Zeile 2a, auf, kann die Füllung bei der Übertragung dieser Zugbeanspruchung (Längsspannungen) nicht mitwirken, so dass diese Stabstelle wie eine nicht ausgefüllte Schwächung nach Tabelle 17.2, Zeile 1, nachzuweisen ist.

Sind jedoch rechnerisch stets Druckspannungen (Randspannungen in Stablängsrichtung) in der Füllung bei Überlagerung der Biege- und Druckspannungen vorhanden wie bei den angeführten vier Fällen in Tabelle 17.2, Zeile 2b, kann die Füllung – eine ausreichende Dehnsteifigkeit und Passsitz vorausgesetzt – die Druckbeanspruchung (Längsspannungen) an dieser Stabstelle vollständig übertragen, so dass die Querschnittsschwächung in diesem Druckbereich nicht berücksichtigt werden muss und der Stab als ungeschwächt gilt. Über Querschnittsschwächungen s. auch Abschn. 8.3.3.

Alle metallischen Verbindungsmittel der DIN EN 1995-1-1: 2010-12 und DIN EN 1995-1-1/NA: 2013-08 besitzen eine gegenüber Holzbaustoffen größere **Dehnsteifigkeit** $\boldsymbol{E \cdot A}$;

Tabelle 17.2 Planmäßig ausmittig beanspruchte Stäbe mit Rechteckquerschnitt unter einaxialer Biege- und Druckbeanspruchung (Querschnittstragfähigkeit) bei kleinen Querschnittsschwächungen nach *Erläut. zu DIN 1052: 2004-08* [47], E 10.2.8, Beispiele; Nachweise der Randspannungen in der Schwächung, s. Gl. (17.9)

Querschnittsschwächung „unten"	Querschnittsschwächung „oben"

1) Stab unter Biege- und Druckbeanspruchung mit Querschnittsschwächung,
Schwächung nicht ausgefüllt, zusätzliche Biegung am planmäßigen Hebelarm

Bei positivem und negativem Biegemoment $\pm M_{y,d}$

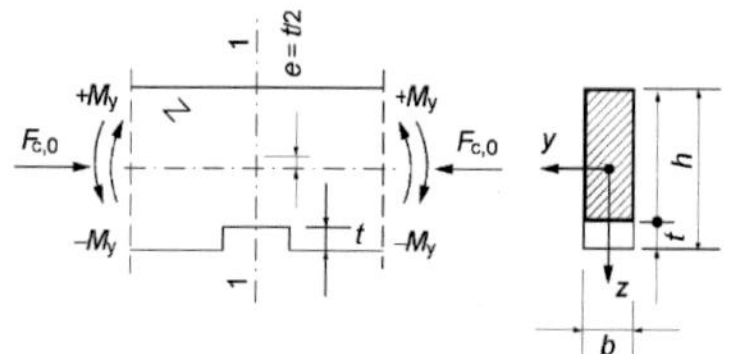

Moment aus ausmittiger Druckkraft: $+M_{y,F,d}$

Moment aus ausmittiger Druckkraft: $-M_{y,F,d}$

$$\left(\frac{\sigma_{c,0,d}}{c_{c,0,d}}\right)^2 + \frac{\sigma_{m,y,d} + \sigma_{m,F,d}}{f_{m,y,d}} \leq 1 \quad \rightarrow \quad -\left(\frac{F_{c,0,d}/A_n}{f_{c,0,d}}\right)^2 \pm \frac{(M_{y,d} + M_{y,F,d})/W_{y,n}}{f_{m,y,d}} \leq 1$$

2) Stab unter Biege- und Druckbeanspruchung mit Querschnittsschwächung,
Schwächung satt ausgefüllt (Passsitz) und $E \cdot A_{\text{Füllung}} \geq E_0 \cdot A_{\text{Stab}}$

a) Zugspannung in der Füllung $|\sigma_{m,y,d}| > |\sigma_{c,0,d}|$ und $E \cdot A_{\text{Füllung}} \geq E_0 \cdot A_{\text{Stab}}$

wenn $|\sigma_{m,y,d}| > |\sigma_{c,0,d}| \quad \rightarrow \quad |M_{y,d}/W_y| > |F_{c,0,d}/A|$

bei positivem Biegemoment $+M_{y,d}$

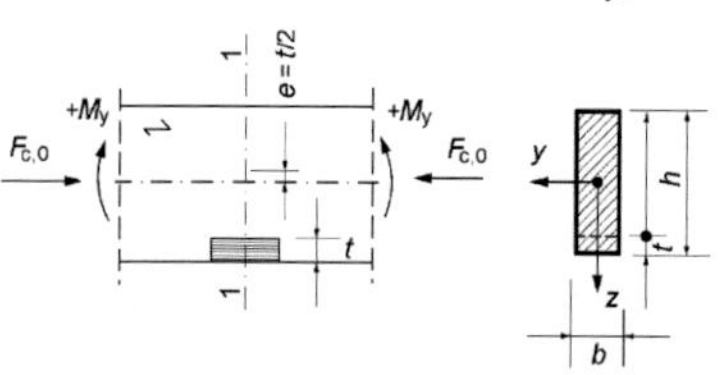

bei negativem Biegemoment $-M_{y,d}$

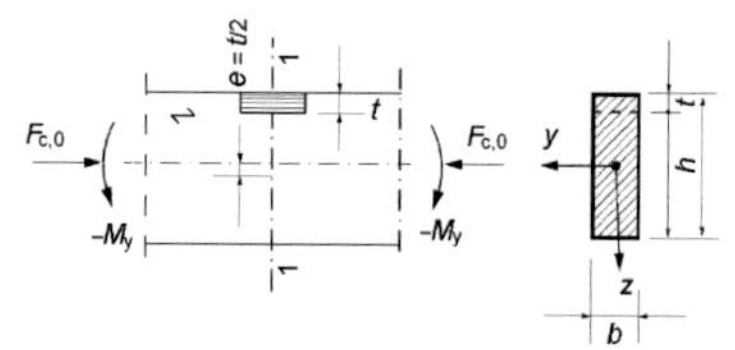

Nachweis der Querschnittstragfähigkeit wie in Zeile 1) ausführen

b) Druckspannung in der Füllung, Füllung stets unter Druck und mit Passsitz

wenn $|\sigma_{m,y,d}| \leq |\sigma_{c,0,d}| \quad \rightarrow \quad |M_{y,d}/W_y| \leq |F_{c,0,d}/A|$ mit $E \cdot A_{\text{Füllung}} \geq E_0 \cdot A_{\text{Stab}}$

bei positivem Biegemoment $+M_{y,d}$

bei negativem Biegemoment $-M_{y,d}$

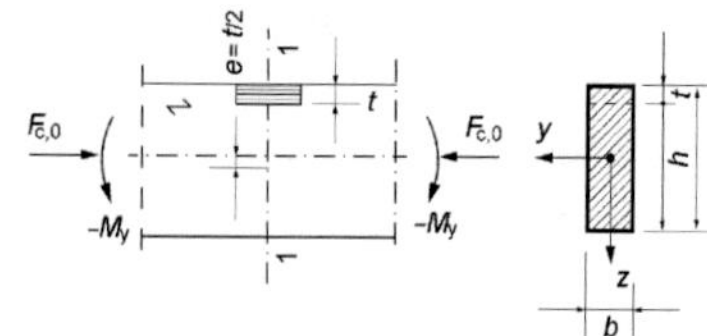

Tabelle 17.2 (Fortsetzung)

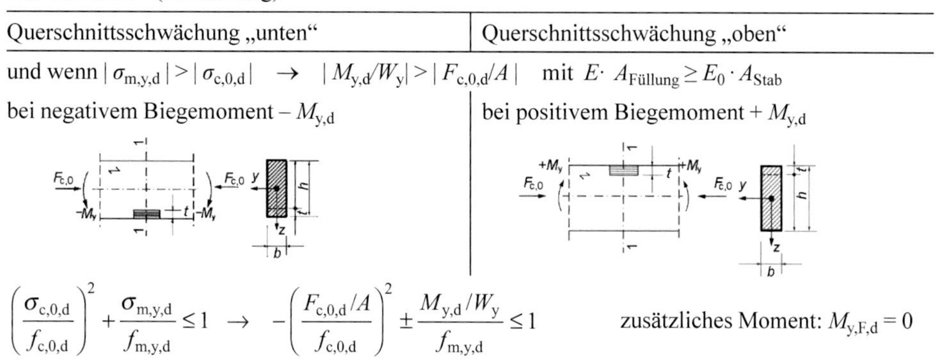

Querschnittsschwächung „unten“	Querschnittsschwächung „oben“
und wenn $\lvert \sigma_{m,y,d} \rvert > \lvert \sigma_{c,0,d} \rvert \;\rightarrow\; \lvert M_{y,d}/W_y \rvert > \lvert F_{c,0,d}/A \rvert$	mit $E \cdot A_{Füllung} \geq E_0 \cdot A_{Stab}$
bei negativem Biegemoment $-M_{y,d}$	bei positivem Biegemoment $+M_{y,d}$
$\left(\dfrac{\sigma_{c,0,d}}{f_{c,0,d}}\right)^2 + \dfrac{\sigma_{m,y,d}}{f_{m,y,d}} \leq 1 \;\rightarrow\; -\left(\dfrac{F_{c,0,d}/A}{f_{c,0,d}}\right)^2 \pm \dfrac{M_{y,d}/W_y}{f_{m,y,d}} \leq 1$	zusätzliches Moment: $M_{y,F,d} = 0$

Bemessungswerte und statische Größen t Ausklinkungshöhe in der Schwächung

A	Querschnittsfläche des ungeschwächten Stabes: $A = b \cdot h$
A_n	Querschnittsfläche in der Schwächung (Schnitt 1-1): $A_n = b \cdot (h - t)$
$E \cdot A$	Dehnsteifigkeit, beim Holzstab mit E_0 als Elastizitätsmodul in Faserrichtung
$F_{c,0,d}$	Druckkraft in Faserrichtung (Stablängsachse) aus äußerer Beanspruchung
$M_{y,d}$	Moment in der Schwächung (Schnitt 1-1) aus äußerer Beanspruchung
$M_{y,F,d}$	zusätzliches Moment durch Ausmitte von $F_{c,0,d}$ in der Schwächung (Schnitt 1-1): $M_{y,F,d} = F_{c,0,d} \cdot t/2$
W_y	Widerstandsmoment des ungeschwächten Stabes: $W_y = b \cdot h^2/6$
$W_{y,n}$	Nutzbares Widerstandsmoment in der Schwächung (Schnitt 1-1): $W_{y,n} = b \cdot (h - t)^2/6$

werden die Verbindungsmittel mit Passsitz (außer z.B. bei Bolzen und Gewindestangen (nicht eingeklebt) mit größerem Bohrloch als dem Bolzen- bzw. Gewindestangen-Nenndurchmesser) eingebaut, brauchen die entstehenden Schwächungen in Querschnittsbereichen mit ständigen Druckbeanspruchungen nicht berücksichtigt zu werden.

17.2 Ersatzstabverfahren für Biegestäbe (Biegedrillknicken (Kippen) und ggf. Knicken maßgebend)

Nachweise mit Ersatzstabverfahren berücksichtigen vereinfachend Bauteile, die über die gesamte Länge durch Stabilitätsverlust Biegedrillknicken (Kippen) (und/oder Knicken) versagen können. Auf Biegung beanspruchte, biegedrillknick-(kipp-)gefährdete Holzstabwerke können mit dem **Ersatzstabverfahren** bemessen werden, dabei werden die Schnittkräfte am unverformten Tragsystem nach Theorie I. Ordnung ermittelt, die auftretenden Verformungen (Wirkungen nach Theorie II. Ordnung) werden mit dem Kippbeiwert k_{crit} berücksichtigt, s. Abschn. 17.2.5. Für die überwiegende Anzahl der Holztragwerke liefern Nachweise mit dem Ersatzstabverfahren (Biegedrillknicken (Kippen)) ausreichende und wirtschaftliche Ergebnisse mit vergleichsweise vertretbarem Berechnungsaufwand, zusätzlich sind ggf. Nachweise der Querschnittstragfähigkeit nach Abschn. 17.1.1 bis 17.1.5 erforderlich. Über die **Schnittkraftermittlung** beim Ersatzstabverfahren und bei auf Biegedrillknicken (Kippen) beanspruchten Bauteilen s. *Erläut. zu DIN 1052: 2004-08* [47], E 10.3.2 sowie auch sinngemäß Abschn. 16.2.5. Eine kurze **Einführung in das Biegedrillknicken (Kippen)** von Biegeträgern wird in Abschn. 17.2.7 gegeben.

Alternativ können für Biegestäbe Nachweise mit **Theorie II. Ordnung** (Biegedrillknicken (Kippen)) geführt werden, s. sinngemäß Abschn. 24, u.a. bei unbekannter Ersatzstablänge (Kipplänge), bei aufwändiger rechnerischer Ermittlung der Ersatzstablänge oder bei Verwendung eines geeigneten Stabwerksprogrammes.

17.2.1 Einfache (einaxiale) Biegung (Biegedrillknicken (Kippen) maßgebend)

Bei Bauteilen unter einaxialer Biegung (einfache Biegung) mit Biegedrillknick-(Kipp-)-gefahr kann der Nachweis mit dem Ersatzstabverfahren (Biegedrillknick-(Kipp-)nachweis) nach Gl. (17.11) geführt werden, wenn die Auflager und ggf. Zwischenauflager gegen Verdrehen (z.B. durch Gabellager) gesichert sind. Gl. (17.11) gilt nach DIN EN 1995-1-1: 2010-12, 6.3.3 (3) zunächst nur für einaxiale Biegung um die starke y-Achse, jedoch kann sie ebenso sinngemäß auf einaxiale Biegung um die z-Achse angewendet werden. Der Begriff „starke y-Achse“ ist im Abschn. 17.2.4, Bild 17.11 erläutert.

$$\frac{\sigma_{\mathrm{m,d}}}{k_{\mathrm{crit}} \cdot f_{\mathrm{m,d}}} = \frac{M_{\mathrm{d}} / W_{\mathrm{n}}}{k_{\mathrm{crit}} \cdot f_{\mathrm{m,d}}} \leq 1 \qquad (17.11)$$

$\sigma_{\mathrm{m,d}}$ Bemessungswert der Biegespannungen
$f_{\mathrm{m,d}}$ Bemessungswert der Biegefestigkeit um die y- bzw. z-Achse nach Gl. (8.5)
k_{crit} Kippbeiwert um die y- bzw. z-Achse nach Abschn. 17.2.5
Weitere Erläuterungen s. sinngemäß Gl. (17.1) im Abschn. 17.1.1.

Dieser Nachweis einer ausreichenden Biegedrillknick-(Kipp-)stabilität eines Biegeträgers wird als Spannungsnachweis wie für einfache Biegung geführt, zusätzlich jedoch mit dem Kippbeiwert k_{crit}, der nach Abschn. 17.2.5 zu ermitteln ist. Wird der Kippbeiwert $k_{\mathrm{crit}} = 1$, geht der Ersatzstabnachweis der Gl. (17.11) in den Nachweis der Querschnittstragfähigkeit für einfache Biegung nach Abschn. 17.1.1 über, da das Biegedrillknicken (Kippen) nicht mehr maßgebend ist. Für den Spannungsnachweis sind Querschnittsschwächungen, soweit vorhanden, nach Abschn. 8.3.3 zu berücksichtigen. Die Erhöhung der charakteristischen Biegefestigkeit $f_{\mathrm{m,k}}$ von Voll-, Brettschicht- und Furnierschichtholz ist in Abschn. 17.1.2. angeführt, die Bemessung für **Querkraft** wird in Abschn. 18.1 näher erläutert, **Gabellagerungen** sind nach Abschn. 17.3.2 auszulegen.

Als **Biegedrillknicken (Kippen) eines biegebeanspruchten Stabes** wird das seitliche Ausweichen (Instabilität) des Biege-Druckgurtes bezeichnet, dessen Biegedrillknick-(Kipp-)gefahr mit zunehmender Druckgurtlänge, steigendem Verhältnis Trägerhöhe zur -breite h/b bei Rechteckquerschnitten und wachsender Beanspruchung zunimmt, Näheres hierüber s. Abschn. 17.2.7. Ein Nachweis der Biegedrillknick-(Kipp-)stabilität nach

Gl. (17.11) (Ersatzstabverfahren) ist bei den überwiegend eingesetzten Trägern mit Rechteckquerschnitt im Allgemeinen nur bei höheren und hohen schlanken Biegeträgern (unter meist „senkrechter" Beanspruchung in Richtung der z-Achse) etwa ab dem Verhältnis $h/b > 3$ zu führen, wenn z.B. übliche Stützweiten vorliegen.

Im Beispiel des Bildes 17.9 wird der Biegeträger durch eine Linienlast q_z in Richtung der z-Achse beansprucht, der (im Beispiel „oben" liegende) Biege-Druckgurt hat das Bestreben, sich der Druckbeanspruchung zu entziehen und mit wachsender, nicht ausgesteifter Druckgurtlänge l seitlich in Richtung der y-Achse auszuweichen; durch unverschiebliche Aussteifungen des Biegedruckgurtrandes, die in y-Richtung in Aussteifungsabständen a (oder in kontinuierlicher Halterung) wirken, wird das Biegedrillknicken (Kippen) in zulässigen Grenzen gehalten (oder verhindert). Beim Nachweis mit dem Ersatzstabverfahren nach Gl. (17.11) wird über den Kippbeiwert k_{crit} u.a. der zulässige Aussteifungsabstand a festgelegt, s. Abschn. 17.2.5.

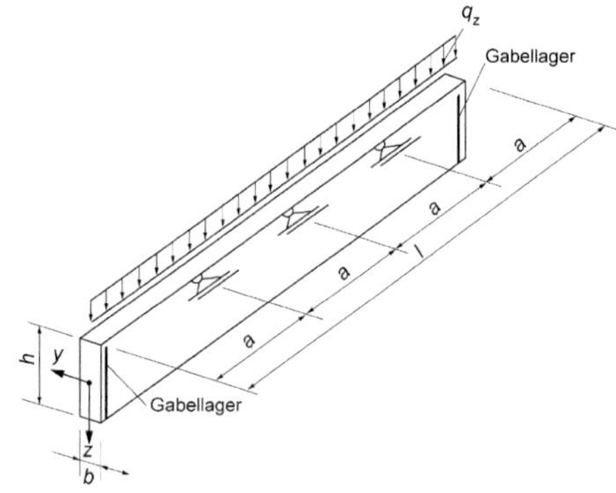

Bild 17.9 Aussteifung des Biegedruckbereiches eines einfeldrigen Biegeträgers mit Rechteckquerschnitt, Beispiel; Gabellager an den Auflagern, Anordnung von mehreren seitlichen Abstützungen an der Oberkante des Druckbereiches (der im Beispiel im „oberen" Bereich des Einfeldträgers liegt), Aussteifungsabstände a (Schema)

Wenn der Biegedruckgurt durch eine Scheibe (mit nachgewiesener oder zugelassener Scheibenwirkung z.B. aus geeigneten Holzwerkstoffplatten oder Stahl-Trapezprofilblechen, s. Abschn. 26.3.3) kontinuierlich gehalten und damit gegen seitliches Ausweichen unverschieblich ausgesteift ist, oder wenn die Aussteifungsabstände a hinreichend „klein" sind, s. Abschn. 17.2.5, ist das Biegedrillknicken (Kippen) nicht mehr maßgebend und die Kippbeiwerte können $k_{crit} = 1$ in Gl. (17.11) gesetzt werden.

Die Berücksichtigung des **Kriecheinflusses** ist für den Nachweis des Biegedrillknickens (Kippens) nach DIN EN 1995-1-1: 2010-12 nicht geregelt. Dagegen legt DIN EN 1995-1-1/NA: 2013-08, NCI NA 5.9 ein Verfahren zur Berücksichtigung des Kriecheinflusses bei druckbeanspruchten Bauteilen mit hohen ständigen und quasi-ständigen Lastanteilen in den Nutzungsklassen 2 und 3 fest; nach der Überschrift zu diesem Abschn. NCI NA 5.9 gilt das Verfahren für das Knicken von Druckstützen, jedoch sind Biegestäbe mit Biegedrillknick-(Kipp-)gefahr in ihrem Druckbereich ebenso druckbeanspruchte Bauteile, bei denen der Kriecheinfluss auftritt.

Deshalb wird empfohlen, bei Nachweisen des Biegedrillknickens (Kippens) den Kriecheinfluss – sinngemäß wie bei Druckstäben nach Abschn. 16.2.1 – zu berücksichtigen, wenn in den Nutzungsklassen 2 und 3, s. Tabelle 7.12, der Bemessungswert des ständigen und quasi-ständigen Lastanteils 70% des Bemessungswertes der Gesamtlast überschreitet. Dazu dürfen die Steifigkeiten $E_{0,05}$ und G_{05} in der Gl. für den bezogenen Schlankheitsgrad $\lambda_{\text{rel,m}}$ (Biegedrillknicken (Kippen)) nach Tabelle 17.3 vereinfachend mit dem Beiwert $k_{\text{red,S}}$ nach Gl. (16.9) abgemindert werden, s. auch *Erläut. zu DIN 1052: 2004-08* [47], E 8.3 (3). Es wird empfohlen, das Produkt beider Moduln ($E_{0,05} \cdot G_{05}$) mit dem Beiwert $k_{\text{red,S}}$ abzumindern.

Biegestäbe mit linear veränderlichem Querschnitt werden in DIN EN 1995-1-1: 2010-12 und DIN EN 1995-1-1/NA: 2013-08 nicht geregelt. Wenn aufwändige Biegedrillknick-(Kipp-)berechnungen vermieden werden sollen, wird bis zur Regelung in diesen Baunormen empfohlen, das Verfahren nach DIN 1052: 2008-12, 8.4.3 (4) anzuwenden: Danach dürfen Biegestäbe mit linear veränderlicher Querschnittshöhe vereinfachend mit dem Größtwert des Biegemomentes im Stab und mit den Querschnittswerten nachgewiesen werden, die im Abstand der 0,65-fachen Stablänge vom Stabende mit dem kleineren Stabquerschnitt liegen, als Beispiel s. Bild 16.8. Der Nachweis darf demnach für einen Stab mit über der gesamten Stablänge konstantem Querschnitt geführt werden, dessen Querschnittswerte an der angegebenen Stelle (0,65-fache Stablänge) zu ermitteln sind.

17.2.2 Doppelbiegung (zweiaxiale Biegung) (Biegedrillknicken (Kippen) maßgebend)

Bei Bauteilen unter zweiaxialer Biegung (Doppelbiegung) mit Biegedrillknick-(Kipp-)-gefahr kann der Nachweis mit dem Ersatzstabverfahren (Biegedrillknick-(Kipp-)nachweis) nach Gl. (17.12) und (17.13) geführt werden, wenn die Auflager und ggf. Zwischenauflager gegen Verdrehen (z.B. durch Gabellager) gesichert sind; aus beiden Gl. ist diejenige mit dem größeren Überlagerungswert für die Bemessung maßgebend, s. DIN EN 1995-1-1: 2010-12, 6.2.3 und 6.3.3 sowie DIN EN 1995-1-1/A2: 2014-07, 8 Änderung zu 6.2.3, Biegung und Zug, Anmerkung.

Dieser Nachweis einer ausreichenden Biegedrillknick-(Kipp-)stabilität eines Biegeträgers unter Doppelbiegung wird als Spannungsnachweis wie für einfache Biegung jeweils um die *y*- und *z*-Achse geführt, jedoch mit dem Kippbeiwert k_{crit} um die *y*- und *z*-Achse, der nach Abschn. 17.2.5 zu ermitteln ist, und mit dem Beiwert k_{m}, der im Abschn. 17.1.3 erläutert wird. Querschnittsschwächungen sind, soweit vorhanden, nach Abschn. 8.3.3 zu berücksichtigen, die Erhöhung der charakteristischen Biegefestigkeit $f_{\text{m,k}}$ von Voll-, Brettschicht- und Furnierschichtholz ist in Abschn. 17.1.2 angeführt. Über die Empfehlung zur Berücksichtigung des Kriecheinflusses unter hoher ständiger Last in den Nutzungsklassen 2 und 3 s. Abschn. 17.2.1.

$$\frac{\sigma_{\text{m,y,d}}}{k_{\text{crit}} \cdot f_{\text{m,y,d}}} + k_{\text{m}} \cdot \frac{\sigma_{\text{m,z,d}}}{f_{\text{m,z,d}}} \le 1 \qquad (17.12)$$

$$k_{\text{m}} \cdot \frac{\sigma_{\text{m,y,d}}}{k_{\text{crit}} \cdot f_{\text{m,y,d}}} + \frac{\sigma_{\text{m,z,d}}}{f_{\text{m,z,d}}} \le 1 \qquad (17.13)$$

mit

$$\sigma_{m,y,d} = \frac{M_{y,d}}{W_{y,n}} \tag{17.14}$$

$$\sigma_{m,z,d} = \frac{M_{z,d}}{W_{z,n}} \tag{17.15}$$

$\sigma_{m,y,d}$; $\sigma_{m,z,d}$ Bemessungswerte der Biegespannungen um die y- bzw. z-Achse
$f_{m,y,d}$, $f_{m,z,d}$ Bemessungswerte der Biegefestigkeit um die y- bzw. z-Achse nach Gl. (8.5)
b Querschnittsbreite
h Querschnittshöhe
k_m = 0,7 für Rechteckquerschnitte aus Voll-, Brettschicht- und Furnierschichtholz
= 1,0 für andere Querschnitte aus Voll-, Brettschicht- und Furnierschichtholz
= 1,0 für alle Querschnitte anderer tragender Holzwerkstoffe
k_{crit} Kippbeiwert nach Abschn. 17.2.5
$M_{y,d}$; $M_{z,d}$ Bemessungswerte der Biegemomente um die y- bzw. z-Achse nach Gl. (8.4)
$W_{y,n}$; $W_{z,n}$ wirksame Widerstandsmomente oder Widerstandsmomente des Nettoquerschnitts um die y- oder z-Achse

Gl. (17.12) und (17.13) sind einzuhalten.

Der **Kippbeiwert k_{crit}** ist in den Gl. (17.12) und (17.13) nur im Term für Biegung um die y-Achse angegeben, da für diese Achse oft ein Wert $k_{crit} < 1$ vorliegt, insbesondere bei höheren und hohen schlanken Rechteckquerschnitten, bei denen im Allgemeinen Biegedrill-(Kipp-)gefahr für Biegung um die y-Achse vorliegt, s. als Beispiel Bild 17.10 mit Querschnittsverhältnissen $h/b \leq 4$. Der Kippbeiwert k_{crit} für Biegung um die z-Achse wird bei diesen Rechteckquerschnitten meist $k_{crit} = 1$ und ist deshalb in den Gl. (17.12) und (17.13) nicht enthalten, da überwiegend bei Biegung um die z-Achse für die o.a. Rechteckquerschnitte mit $h/b \leq 4$ und darüber keine Biegedrill-(Kipp-)gefahr besteht. Bei anderen Verhältnissen und Querschnittsformen müssen ggf. die Kippbeiwerte k_{crit} für beide Hauptquerschnittsachsen berechnet werden. Näheres zum Biegedrillknicken (Kippen) s. Abschn. 17.2.7.

Erläuterungen zur **Doppelbiegung** sind im Abschn. 17.1.3 angeführt, weitere Hinweise zum **Kippbeiwert k_{crit}** im Abschn. 17.2.1 und 17.2.5.

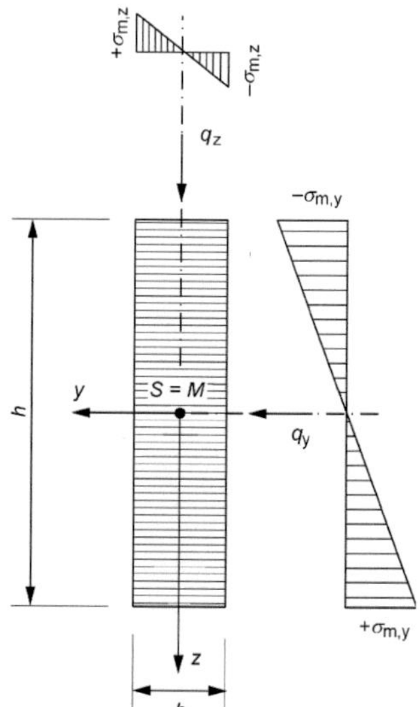

Bild 17.10 Rechteckquerschnitt unter zweiaxialer Biegung (Doppelbiegung) mit Biegespannungsbildern, Beispiel; Abschätzen der Biegedrillknick-(Kipp-)gefahr, s. auch Abschn. 17.2.5,
Annahme im Beispiel: Verhältnis Querschnittshöhe h zur -breite b: $h/b = 4$,
Biegemoment um die y-Achse infolge Belastung q_z:
– Biegedrillknick-(Kipp-)gefahr des Druckgurtes in y-Richtung, da $h/b = 4 \rightarrow h = 4 \cdot b$ (größere Höhe mit dazu geringer Breite)
Biegemoment M_z um die z-Achse infolge Belastung q_y:
– keine Biegedrillknick-(Kipp-)gefahr des Druckgurtes in z-Richtung, da $b/h = 0{,}25 \rightarrow b = 0{,}25 \cdot h$ (geringe Höhe mit dazu großer Breite, bei Biegedrillknickgefahr des Druckgurtes in z-Richtung ist die Querschnittsbreite b die maßgebende Höhe und die Querschnittshöhe h die maßgebende Breite)

17.2.3 Biegung und Zug (ausmittiger Zug) (Biegedrillknicken (Kippen) maßgebend)

Bei Bauteilen unter Zug- und zweiaxialer Biegebeanspruchung (Doppelbiegung) mit Biegedrillknick-(Kipp-)gefahr kann der Nachweis mit dem Ersatzstabverfahren nach Gl. (17.16) und (17.17) geführt werden, wenn die Auflager und ggf. Zwischenauflager gegen Verdrehen (z.B. durch Gabellager) gesichert sind; aus beiden Gl. ist diejenige mit dem größeren Überlagerungswert für die Bemessung maßgebend, s. DIN EN 1995-1-1: 2010-12, 6.3.3 und sinngemäß nach DIN EN 1995-1-1/A2: 2014-07, 8 Änderung zu 6.2.3, Biegung und Zug, Anmerkung.

Diese Nachweise für Biegung und Zug gelten für den Rechteckquerschnitt, bei unsymmetrischen Querschnitten sind sinngemäß die Vorzeichen der Biege- und Normalkraftspannungen zu berücksichtigen. Liegt neben der Zug- nur eine Biegebeanspruchung um eine der beiden Stabachsen, der y- oder z-Achse, vor, ist Gl. (17.16) oder (17.17) mit dem zutreffenden Biegeanteil und dem Beiwert $k_m = 1{,}0$ zu verwenden; bei einaxialer Biegung um die z-Achse ist jedoch ggf. der Kippbeiwert k_{crit} sinngemäß zu berücksichtigen.

$$\frac{\sigma_{t,0,d}}{f_{t,0,d}} + \frac{\sigma_{m,y,d}}{k_{crit} \cdot f_{m,y,d}} + k_m \cdot \frac{\sigma_{m,z,d}}{f_{m,z,d}} \leq 1 \tag{17.16}$$

$$\frac{\sigma_{t,0,d}}{f_{t,0,d}} + k_m \cdot \frac{\sigma_{m,y,d}}{k_{crit} \cdot f_{m,y,d}} + \frac{\sigma_{m,z,d}}{f_{m,z,d}} \leq 1 \tag{17.17}$$

mit

$$\sigma_{t,0,d} = \frac{F_{t,d}}{A_n} \tag{17.18}$$

$$\sigma_{m,y,d} = \frac{M_{y,d}}{W_{y,n}} \tag{17.19}$$

$$\sigma_{m,z,d} = \frac{M_{z,d}}{W_{z,n}} \tag{17.20}$$

$\sigma_{t,0,d}$ Bemessungswert der Zugspannungen in Faserrichtung
$\sigma_{m,y,d}$; $\sigma_{m,z,d}$ Bemessungswerte der Biegespannungen um die y- bzw. z- Achse
$f_{t,0,d}$ Bemessungswert der Zugfestigkeit nach Gl. (8.5)
$f_{m,y,d}$, $f_{m,z,d}$ Bemessungswerte der Biegefestigkeit nach Gl. (8.5)
k_m s. Erläuterungen zu Gl. (17.12) im Abschn. 17.2.2
k_{crit} Kippbeiwert um die y- bzw. z-Achse nach Abschn. 17.2.5
$M_{y,d}$; $M_{z,d}$ Bemessungswerte der Biegemomente um die y- bzw. z-Achse nach Gl. (8.4)
$W_{y,n}$; $W_{z,n}$ wirksame Widerstandsmomente oder Widerstandsmomente des Nettoquerschnitts um die y- oder z-Achse

Gl. (17.16) und (17.17) sind einzuhalten.

Dieser Nachweis einer ausreichenden Biegedrillknick-(Kipp-)stabilität eines Biegeträgers unter Doppelbiegung und Zug wird als Spannungsnachweis je Stabachse für Zug in Richtung der x-Achse (Stablängsachse) sowie wie für einfache Biegung jeweils um die y- und z-Achse geführt, zusätzlich jedoch mit dem Kippbeiwert k_{crit}, der nach Abschn. 17.2.5 zu ermitteln ist, und mit dem Beiwert k_m, der im Abschn. 17.1.3 erläutert wird. Querschnittsschwächungen sind, soweit vorhanden, nach Abschn. 8.3.3 zu berücksichtigen, zusätzliche Ausmitten infolge Querschnittsschwächungen sinngemäß nach Abschn. 17.1.4, Tabelle 17.1. Über die Empfehlung zur Berücksichtigung des Kriecheinflusses unter hoher ständiger Last in den Nutzungsklassen 2 und 3 s. Abschn. 17.2.1.

Der **Grenzzustand der Tragfähigkeit** bei Zug und Doppelbiegung unter Biegedrillknick-(Kipp-)gefahr wird als lineare Interaktion ermittelt, s. sinngemäß Bild 17.4. Erläuterungen zur **Doppelbiegung** und Zugbeanspruchung sowie zum **Beiwert k_m** sind in den Abschn. 17.1.3 und 17.1.4 angeführt, Hinweise zum **Kippbeiwert k_{crit}** in den Abschn. 17.2.1, 17.2.2 und 17.2.5.

17.2.4 Biegung und Druck (ausmittiger Druck) (Biegedrillknicken (Kippen) und Knicken maßgebend)

Zweiaxiale Biegebeanspruchung (Doppelbiegung) und Druck

Bei Bauteilen unter Druck- und zweiaxialer Biegebeanspruchung (Doppelbiegung) mit Knick- und Biegedrillknick-(Kipp-)gefahr kann der Nachweis mit dem Ersatzstabverfahren nach Gl. (17.21) und (17.22) für Querschnittsverhältnisse $h/b \leq 4$ geführt werden, wenn die Auflager und ggf. Zwischenauflager gegen Verdrehen (z.B. durch Gabellager) gesichert sind; aus beiden Gl. ist diejenige mit dem größeren Überlagerungswert für die Bemessung maßgebend, s. DIN EN 1995-1-1/NA: 2013-08, NCI Zu 6.3.3 (NA.7). Diese Nachweise für Biegung und Druck gelten für den Rechteckquerschnitt, bei unsymmetrischen Querschnitten sind sinngemäß die Vorzeichen der Biege- und Normalkraftspannungen zu berücksichtigen. Bei Querschnittsverhältnissen $h/b > 4$ sind genauere Nachweise zu führen, z.B. nach Theorie II. Ordnung, s. sinngemäß Abschn. 24.

Liegt nur **eine Biegebeanspruchung um die starke *y*-Achse mit einer Druckkraft** vor, ist Gl. (17.26) zu berücksichtigen, s. unten.

Für Querschnittsverhältnisse $h/b \leq 4$ gilt:

$$\frac{\sigma_{c,0,d}}{k_{c,y} \cdot f_{c,0,d}} + \frac{\sigma_{m,y,d}}{k_{crit} \cdot f_{m,y,d}} + \left(\frac{\sigma_{m,z,d}}{f_{m,z,d}}\right)^2 \leq 1 \tag{17.21}$$

$$\frac{\sigma_{c,0,d}}{k_{c,z} \cdot f_{c,0,d}} + \left(\frac{\sigma_{m,y,d}}{k_{crit} \cdot f_{m,y,d}}\right)^2 + \frac{\sigma_{m,z,d}}{f_{m,z,d}} \leq 1 \tag{17.22}$$

mit

$$\sigma_{c,0,d} = \frac{F_{c,d}}{A} \tag{17.23}$$

$$\sigma_{m,y,d} = \frac{M_{y,d}}{W_y} \tag{17.24}$$

$$\sigma_{m,z,d} = \frac{M_{z,d}}{W_z} \tag{17.25}$$

$\sigma_{c,0,d}$ Bemessungswert der Druckspannungen in Faserrichtung
$\sigma_{m,y,d}$; $\sigma_{m,z,d}$ Bemessungswerte der Biegespannungen um die *y*- bzw. *z*-Achse
h/b Querschnittshöhe/Querschnittsbreite
≤ 4
$f_{c,0,d}$ Bemessungswert der Druckfestigkeit nach Gl. (8.5)
$f_{m,y,d}$, $f_{m,z,d}$ Bemessungswerte der Biegefestigkeit um die *y*- bzw. *z*-Achse nach Gl. (8.5)
$k_{c,y}$; $k_{c,z}$ Knickbeiwerte für Knicken um die *y*- bzw. *z*-Achse nach Abschn. 16.2.3
k_{crit} Kippbeiwert um die *y*- bzw. *z*-Achse nach Abschn. 17.2.5
$M_{y,d}$; $M_{z,d}$ Bemessungswerte der Biegemomente um die *y*- bzw. *z*-Achse nach Gl. (8.4)
W_y; W_z Widerstandsmomente um die *y*- bzw. *z*-Achse
Gl. (17. 21) und (17.22) sind einzuhalten.

In den Gl. (17.21) und (17.22) wird jeweils ein Biegeterm quadriert, so dass dieser jeweils einen kleineren normierten Spannungsanteil an der Gesamtspannung als der nicht quadrierte besitzt, der ohne Abminderung angesetzt wird. In jeder der beiden Gl. werden stets die Druck- und Biegeterme vollständig überlagert, die die gleichen Verformungen in Richtung einer

Achse erhalten, z.B. bewirken in Gl. (17.21) der Term mit Knicken um die y-Achse und der Term mit Biegung um die y-Achse jeweils Verformungen in Richtung der z-Achse.

Dieser Nachweis einer ausreichenden Biegedrillknick-(Kipp-) und Knickstabilität eines Biegeträgers unter Biegung und Druck wird je Stabachse als Spannungsnachweis für Druck (Knicken) in Richtung der x-Achse (Stablängsachse) sowie wie für einfache Biegung jeweils um die y- und z-Achse geführt, zusätzlich jedoch mit dem Kippbeiwert k_{crit}, der nach Abschn. 17.2.5 zu ermitteln ist. Querschnittsschwächungen können, soweit vorhanden, nach Abschn. 8.3.3 ermittelt werden; Querschnittsschwächungen im mittleren Drittel der Ersatzstablänge (Knicken) sind nach Abschn. 16.2.1 und zusätzliche Ausmitten infolge Querschnittsschwächungen sinngemäß nach Abschn. 17.1.5, Tabelle 17.2, zu berücksichtigen. Über die Empfehlung zur Berücksichtigung des Kriecheinflusses unter hoher ständiger Last in den Nutzungsklassen 2 und 3 s. Abschn. 16.2.1 für Druck und Abschn. 17.2.1 für Biegung.

Der **Grenzzustand der Tragfähigkeit** bei Druck und (Doppel-)Biegung unter Knick- und Biegedrillknick-(Kipp-)gefahr wird beim Ersatzstabverfahren als nichtlineare Interaktion ermittelt. Erläuterungen zur **Doppelbiegung** und Druckbeanspruchung sind in den Abschn. 17.1.3 und 17.1.5 angeführt, Hinweise zum **Kippbeiwert k_{crit}** in den Abschn. 17.2.1, 17.2.2 und 17.2.5.

Einaxiale Biegebeanspruchung (einfache Biegung) um die starke y-Achse mit Druckkraft

Bei Bauteilen unter einaxialer Biegebeanspruchung (einfache Biegung) um die starke y-Achse und einer Druckkraft in Bauteillängsrichtung mit Knick- und Biegedrillknick-(Kipp-)gefahr kann der Nachweis mit dem Ersatzstabverfahren nach Gl. (17.26) geführt werden, wenn die Auflager und ggf. Zwischenauflager gegen Verdrehen (z.B. durch Gabellager) gesichert sind, s. DIN EN 1995-1-1: 2010-12, 6.3.3 (6). Der Begriff „starke y-Achse“ ist in Bild 17.11 erläutert.

$$\frac{\sigma_{c,0,d}}{k_{c,z} \cdot f_{c,0,d}} + \left(\frac{\sigma_{m,y,d}}{k_{crit} \cdot f_{m,y,d}} \right)^2 \leq 1 \qquad (17.26)$$

$k_{c,z}$ Knickbeiwert für Knicken um die z-Achse nach Abschn. 16.2.3

k_{crit} Kippbeiwert für Biegedrillknicken (Kippen) um die starke y-Achse nach Abschn. 17.2.5

weitere Erläuterungen s. Gl. (17.21) und (17.22)

In Gl. (17.26) wird der Biegeterm quadriert, so dass dieser einen kleineren normierten Spannungsanteil an der Gesamtspannung als der nicht quadrierte Druckterm besitzt, der ohne Abminderung angesetzt wird. Diese Gl. entspricht der Gl. (17.22) ohne Biegeterm um die z-Achse, in der auch die Terme mit unterschiedlicher Verformungsrichtung nicht vollständig angesetzt werden, wie in Gl. (17.26), in der der Term für Knicken um die z-Achse eine Verformung in y-Richtung und der Term für Biegung um die y-Achse eine Verformung in z-Richtung bewirken.

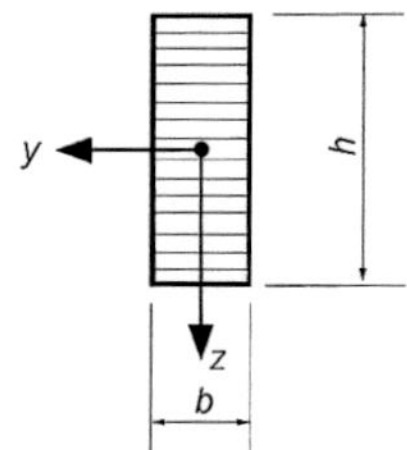

Bild 17.11 Starke und schwache Achse am Beispiel eines Rechteckquerschnitts, Beispiel;
- starke y-Achse mit größerem Widerstandsmoment W_y bei Biegung um die y-Achse,
- schwache z-Achse mit kleinerem Widerstandsmoment W_z bei Biegung um die z-Achse

17.2.5 Kippbeiwert k_{crit}

Die Berechnung der Kippbeiwerte k_{crit} kann nach Tabelle 17.3 für alle Holzbaustoffe vorgenommen werden, die Kippbeiwerte liegen zwischen $0 < k_{crit} \leq 1$, s. DIN EN 1995-1-1: 2010-12, 6.3.3 (4). Bei der Ermittlung des Kippbeiwertes k_{crit} von Biegestäben aus Brettschichtholz darf in den Gl. für den bezogenen Kippschlankheitsgrad $\lambda_{rel,m}$ und für die kritische Biegedruckspannung $\sigma_{m,crit}$ der Tabelle 17.3, Zeile 2, das Produkt aus $(E_{0,05} \cdot G_{05})$ mit dem Faktor 1,4 multipliziert werden, s. DIN EN 1995-1-1/NA: 2013-08, NCI Zu 6.3.3 (2), Anmerkung 1. Die Kippbeiwerte k_{crit} können auch in Abhängigkeit vom bezogenen Kippschlankheitsgrad $\lambda_{rel,m}$ Tabelle 17.4 entnommen werden.

Die Kippbeiwerte k_{crit} sind in Tabelle 17.3 in einen konstanten, linearisierten und hyperbelförmigen Bereich aufgeteilt und so in guter Näherung dem wirklichen Verlauf angeglichen, der Verlauf der Kippbeiwerte ist in Abhängigkeit vom bezogenen Kippschlankheitsgrad $\lambda_{rel,m}$ in Bild 17.12 dargestellt. Die Kurvenverläufe des Kippbeiwertes k_{crit} und des Knickbeiwert k_c in Abhängigkeit von den jeweiligen Schlankheiten sind vergleichbar, s. Bilder 16.9 bzw. 16.16 und 17.12.

Tabelle 17.3 Berechnung des Kippbeiwertes k_{crit} und des bezogenen Kippschlankheitsgrades $\lambda_{rel,m}$ bei Biegebeanspruchung (Biegedrillknicken (Kippen)) nach DIN EN 1995-1-1: 2010-12, 6.3.3 (2) und (4)[1][2][3][4][5]

1 Kippbeiwert k_{crit} für Biegeträger

$$k_{crit} = \begin{cases} 1 & \text{für } \lambda_{rel,m} \leq 0{,}75 \\ 1{,}56 - 0{,}75 \cdot \lambda_{rel,m} & \text{für } 0{,}75 < \lambda_{rel,m} \leq 1{,}4 \\ 1/\lambda^2_{rel,m} & \text{für } 1{,}4 < \lambda_{rel,m} \end{cases}$$

2 bezogener Kippschlankheitsgrad $\lambda_{rel,m}$

2a für Biegeträger mit allgemeinem Querschnitt[3][5]

$$\lambda_{rel,m} = \sqrt{\frac{f_{m,k}}{\sigma_{m,crit}}} = \sqrt{\frac{l_{ef}}{\pi \cdot i_m}} \cdot \sqrt{\frac{f_{m,k}}{\sqrt{E_{0,05} \cdot G_{05}}}} \quad \text{und} \quad i_m = \frac{\sqrt{I_z \cdot I_{tor}}}{W_y}$$

$$\text{mit} \quad \sigma_{m,crit} = \frac{M_{y,crit}}{W_y} = \frac{\pi \cdot \sqrt{E_{0,05} \cdot I_z \cdot G_{0,05} \cdot I_{tor}}}{l_{ef} \cdot W_y}$$

Tabelle 17.3 (Fortsetzung)

2b für Biegeträger mit Rechteckquerschnitten üblicher Abmessungen der Breite b und Höhe h [5)][6)]

$$\lambda_{\text{rel,m}} = \sqrt{\frac{f_{\text{m,k}}}{\sigma_{\text{m,crit}}}} = \sqrt{\frac{l_{\text{ef}} \cdot h}{\pi \cdot b^2}} \cdot \sqrt{\frac{f_{\text{m,k}}}{\sqrt{E_{0,05} \cdot G_{05}}}}$$

2c für Biegeträger aus Nadelvollholz mit vollem Rechteckquerschnitt der Breite b und Höhe h [7)]

$$\lambda_{\text{rel,m}} = \sqrt{\frac{f_{\text{m,k}}}{\sigma_{\text{m,crit}}}} = \sqrt{\frac{l_{\text{ef}} \cdot h}{0{,}78 \cdot b^2}} \cdot \sqrt{\frac{f_{\text{m,k}}}{E_{0,05}}} \quad \text{mit} \quad \sigma_{\text{m,crit}} = \frac{0{,}78 \cdot b^2 \cdot E_{0,05}}{l_{\text{ef}} \cdot h}$$

3 Kippbeiwert k_{crit} für Biegeträger bei besonderen Anforderungen[8)]

$k_{\text{crit}} = 1$

- für Biegeträger, bei denen eine seitliche Verschiebung des gedrückten Randes (Druckgurtes) über die gesamte Länge verhindert wird, und mit Gabellagern an den Auflagern, s. DIN EN 1995-1-1: 2010-12, 6.3.3 (5)

[1)] Hierin bedeuten:

$\sigma_{\text{m,crit}}$ kritische Biegedruckspannung, berechnet mit den 5%-Quantilen der Steifigkeitskennwerte, s. Fußnote [3)]

$f_{\text{m,k}}$ charakteristische Biegefestigkeit nach Abschn. 7.2

b, h Querschnittsbreite, -höhe

l_{ef} wirksame Länge (Ersatzstablänge, Kipplänge) für Biegeträger (Biegedrillknicken (Kippen)) nach Abschn. 17.2.6, Tabelle 17.8 oder 17.9

G_{05} Schubmodul, bezogen auf die 5%-Quantile nach Abschn.7.2

$E_{0,05}$ Elastizitätsmodul in Faserrichtung, bezogen auf die 5%-Quantile nach Abschn. 7.2

I_z Flächenmoment 2. Grades um die z-Achse

I_{tor} Torsionsflächenmoment 2. Grades, für Rechteckquerschnitte nach Tabelle 19.1

W_y Widerstandsmoment

[2)] der Kippbeiwert k_{crit} kann auch Tabelle 17.4 entnommen werden

[3)] kritische Biegespannung und kritisches Kippmoment nach Abschn. 17.2.7

[4)] über die Berücksichtigung des Kriechcinflusses beim Biegedrillknicken (Kippen) und Abminderung des E-Moduls $E_{0,05}$ und Schubmoduls G_{05} bzw. des Produktes ($E_{0,05} \cdot G_{05}$) in der Gl. für $\lambda_{\text{rel,m}}$ bzw. $\sigma_{\text{m,crit}}$ bei hohen ständigen Lasten in den Nutzungsklassen 2 und 3 s. Abschn. 17.2.1

[5)] bei Biegestäben aus Brettschichtholz darf das Produkt aus ($E_{0,05} \cdot G_{05}$) mit dem Faktor 1,4 multipliziert werden, s. DIN EN 1995-1-1/NA: 2013-08, NCI Zu 6.3.3 (2), Anmerkung 1

[6)] Gl. in Zeile 2b gilt vereinfachend für Biegeträger mit Rechteckquerschnitten üblicher Abmessungen, errechnet aus der Gl. für Biegeträger mit allgemeinem Querschnitt nach Zeile 2a und $i_m = b^2/h$, s. Ausführungen unter Tabelle 17.4

[7)] Gl. in Zeile 2c gilt für Biegeträger aus Nadelvollholz mit vollen Rechteckquerschnitten, errechnet aus der Gl. für Biegeträger mit Rechteckquerschnitten üblicher Abmessungen nach Zeile 2b und dem Verhältnis $E_{0,05} / G_{05} = 16$, s. Ausführungen unter Tabelle 17.4

[8)] bei Biegeträgern mit Rechteckquerschnitt der Breite b und Höhe h kann auch für bestimmte Werte des Terms ($l_{\text{ef}} \cdot h/b^2$) der Kippbeiwert $k_{\text{crit}} = 1$ gesetzt werden, s. Ergebnisse in den Tabellen 17.6 und 17.7

Tabelle 17.4 Kippbeiwert k_{crit} für Biegeträger, berechnet nach Tabelle 17.3

$\lambda_{rel,m}$	Kippbeiwert k_{crit} bei einem Kippschlankheitsgrad $\lambda_{rel,m}$ von									
	0,00	0,01	0,02	0,03	0,04	0,05	0,06	0,07	0,08	0,09
≤0,75	1,000									
0,70	1,000	1,000	1,000	1,000	1,000	1,000	0,990	0,983	0,975	0,968
0,80	0,960	0,953	0,945	0,938	0,930	0,923	0,915	0,908	0,900	0,893
0,90	0,885	0,878	0,870	0,863	0,855	0,848	0,840	0,833	0,825	0,818
1,00	0,810	0,803	0,795	0,788	0,780	0,773	0,765	0,758	0,750	0,743
1,10	0,735	0,728	0,720	0,713	0,705	0,698	0,690	0,683	0,675	0,668
1,20	0,660	0,653	0,645	0,638	0,630	0,623	0,615	0,608	0,600	0,593
1,30	0,585	0,578	0,570	0,563	0,555	0,548	0,540	0,533	0,525	0,518
1,40	0,510	0,503	0,496	0,489	0,482	0,476	0,469	0,463	0,457	0,450
1,50	0,444	0,439	0,433	0,427	0,422	0,416	0,411	0,406	0,401	0,396
1,60	0,391	0,386	0,381	0,376	0,372	0,367	0,363	0,359	0,354	0,350
1,70	0,346	0,342	0,338	0,334	0,330	0,327	0,323	0,319	0,316	0,312
1,80	0,309	0,305	0,302	0,299	0,295	0,292	0,289	0,286	0,283	0,280
1,90	0,277	0,274	0,271	0,268	0,266	0,263	0,260	0,258	0,255	0,253
2,00	0,250	0,248	0,245	0,243	0,240	0,238	0,236	0,233	0,231	0,229

Es wird empfohlen, den bezogenen Kippschlankheitsgrad $\lambda_{rel,m}$ zur **Berücksichtigung des Kriecheinflusses** bei hohen ständigen Lasten und höheren Holzfeuchten abzumindern – s. Abschn. 17.2.1 und sinngemäß wie bei Druckstäben nach Abschn. 16.2.1 –, wenn in den Nutzungsklassen 2 und 3 der Bemessungswert des ständigen und des quasi-ständigen Lastanteils 70% des Bemessungswertes der Gesamtlast überschreitet, s. DIN EN 1995-1-1/NA: 2013-08, NCI NA.5.9. Dazu dürfen die Steifigkeiten $E_{0,05}$ und G_{05} in der Gl. für den bezogenen Schlankheitsgrad $\lambda_{rel,m}$ und für die kritische Biegedruckspannung $\sigma_{m,crit}$ (Biegedrillknicken (Kippen)) nach Tabelle 17.3 vereinfachend mit dem Beiwert $k_{red,S}$ nach Gl. (16.9) abgemindert werden, s. auch *Erläut. zu DIN 1052: 2004-08* [47], E 8.3 (3). Es wird empfohlen, das Produkt beider Moduln ($E_{0,05} \cdot G_{05}$) in der Gl. für $\lambda_{rel,m}$ und $\sigma_{m,crit}$ in Tabelle 17.3 mit dem Beiwert $k_{red,S}$ abzumindern.

Beim **Nachweis mit dem Ersatzstabverfahren (Biegedrillknick-(Kipp-)nachweis)** berücksichtigen die Kippbeiwerte k_{crit} die Abnahme der Tragfähigkeit eines Biegestabes (Druckbereich) mit wachsender Kippschlankheit. Dazu werden die Bemessungswerte der Biegefestigkeiten $f_{m,d}$ mit dem jeweiligen k_{crit}-Wert abgemindert, der Nachweis wird als Spannungsnachweis geführt, s. Abschn. 17.2.1 bis 17.2.4. Für Kippschlankheitsgrade $\lambda_{rel,m} \leq 0,75$ werden die Kippbeiwerte $k_{crit} = 1$, so dass der Ersatzstabnachweis (Biegedrillknick-(Kipp-)nachweis) in den Nachweis für Querschnittstragfähigkeit (Biegung) nach Abschn. 17.1.1 übergeht. Die Ersatzstablängen l_{ef} (wirksame Längen, Kipplängen) können Abschn. 17.2.6 entnommen werden. Über die Herleitung des Kippbeiwertes k_{crit} s. Abschn. 17.2.7.

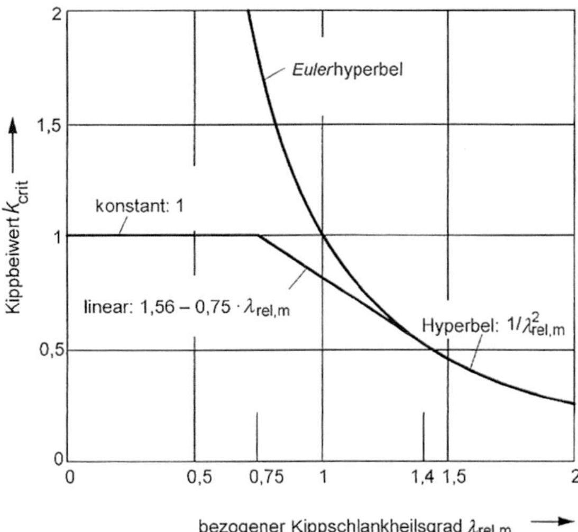

Bild 17.12 Kippbeiwert k_{crit} in Abhängigkeit vom Kippschlankheitsgrad $\lambda_{rel,m}$; eingeteilt in einen konstanten, linearen und hyperbelförmigen Bereich nach Tabelle 17.3

Der **bezogene Kippschlankheitsgrad $\lambda_{rel,m}$** (Biegedrillknicken (Kippen)) nach Tabelle 17.3 wird mit dem 5%-Quantilwert des *E*-Moduls $E_{0,05}$ und Schubmoduls G_{05} ermittelt, weil das Ersatzstabverfahren mit diesen Werten hergeleitet wurde, s. auch *Erläut. zu DIN 1052: 2004-08* [47], E 10.3.2. Dies ist neben dem bezogenen Schlankheitsgrad $\lambda_{rel,c}$ (Knicken, s. Abschn. 16.2.3) eine der wenigen Ausnahmen bei Berechnungen im Grenzzustand der Tragfähigkeit, bei denen mit den 5%-Quantilwerten der Steifigkeiten gerechnet wird; ansonsten sind bei Tragfähigkeitsnachweisen nach DIN EN 1995-1-1: 2010-12 und DIN EN 1995-1-1/NA: 2013-08 die Moduln überwiegend nach Gl. (8.7) bis (8.9) zu verwenden, d.h. die Mittelwerte der Moduln geteilt durch den Teilsicherheitsbeiwert γ_M.

Der bezogene Kippschlankheitsgrad $\lambda_{rel,m}$ wird **für Biegeträger mit allgemeinem Querschnitt** durch die Gl. in Tabelle 7.3, Zeile 2a bestimmt, dies ist die allgemeine Gl. zur Ermittlung der bezogenen Kippschlankheit, sie wird aus dem Quotienten der charakteristischen Biegefestigkeit $f_{m,k}$ und der kritischen Biegespannung $\sigma_{m,crit}$ gebildet, s. DIN EN 1995-1-1: 2010-12, 6.3.3 (2) und *Choo* [89]. Aus dieser allgemeinen Formel sind die weiteren Gl. in Tabelle 7.3, Zeile 2 abgeleitet worden: Der bezogene Kippschlankheitsgrad $\lambda_{rel,m}$ **für Biegeträger mit Rechteckquerschnitten üblicher Abmessungen** der Breite *b* und Höhe *h* kann mit der Gl. in Zeile 2b ermittelt werden, die aus der Gl. für Biegeträger mit allgemeinem Querschnitt und dem Hilfswert $i_m = b^2/h$, d.h. für ein Torsionsmoment 2. Grades $I_{tor} = h \cdot b^3/3$, s. Abschn. 19.1, Tabelle 19.1, errechnet wird, dies schließt vereinfachend übliche Rechteckquerschnitte im Holzbau mit Verhältnissen *h*/*b* etwa zwischen 4 und 10 ein. Mit dieser Gl. in Zeile 2b kann der bezogene Kippschlankheitsgrad $\lambda_{rel,m}$ hinreichend genau für diese Rechteckquerschnitte bestimmt werden wie bisher auch in DIN 1052: 2008-12, 10.3.2 (3), s. auch *Erläut. zu DIN 1052: 2004-08* [47], E 10.3.2 (3).

Der bezogene Kippschlankheitsgrad $\lambda_{rel,m}$ **für Biegeträger aus Nadelvollholz mit vollem Rechteckquerschnitt** üblicher Abmessungen der Breite *b* und Höhe *h* kann mit der Gl. in Zeile 2c, Tabelle 7.3, ermittelt werden, die aus der Gl. in Zeile 2b für Biegeträger mit

Rechteckquerschnitten üblicher Abmessungen und dem Verhältnis der Steifigkeiten $E_{0,05}$ / G_{05} = 16 errechnet wird, s. DIN EN 1995-1-1: 2010-12, 6.3.3 (2) und *Choo* [89]. Diese Gl. in Zeile 2c gilt nicht für Laubvollholz und Brettschichtholz, da hier wesentlich andere Verhältnisse der Steifigkeiten $E_{0,05}$ /G_{05} vorliegen; mit der Gl. kann der bezogene Kippschlankheitsgrad $\lambda_{\text{rel,m}}$ hinreichend genau für Rechteckquerschnitte aus Nadelvollholz bei vergleichbaren Ergebnissen zur Gl. nach Zeile 2b bestimmt werden, jedoch bei Handrechnungen mit etwas reduziertem Aufwand.

Vereinfachte Berechnung des Kippschlankheitsgrades $\lambda_{\text{rel,m}}$ mit dem Materialbeiwert $k_{\kappa,\text{M}}$ für Biegeträger mit Rechteckquerschnitt

Eine vereinfachte Berechnung der Kippbeiwerte k_{crit} kann für Biegeträger mit Rechteckquerschnitt aus der Gl. für den bezogenen Kippschlankheitsgrad $\lambda_{\text{rel,m}}$ abgeleitet werden, s. Tabelle 17.3, Zeile 2b. Diese Berechnung, s. Gl. (17.27), kann in zwei Bereiche aufgeteilt werden: In einen ersten Teil mit Größen, die nur vom Material des Biegeträgers abhängen, und einen zweiten Teil mit Größen, die nur von der Geometrie des Biegeträgers bestimmt werden, s. auch *Erläut. zu DIN 1052: 2004-08* [47], E 10.3.2 (2).

$$\lambda_{\text{rel,m}} = \sqrt{\frac{l_{\text{ef}} \cdot h}{\pi \cdot b^2}} \cdot \sqrt{\frac{f_{\text{m,k}}}{\sqrt{E_{0,05} \cdot G_{05}}}} = \sqrt{\frac{f_{\text{m,k}}}{\pi \cdot \sqrt{E_{0,05} \cdot G_{05}}}} \cdot \sqrt{\frac{l_{\text{ef}} \cdot h}{b^2}} \qquad (17.27)$$

Erläuterungen s. Tabelle 17.3.

Der erste Teil in Gl. (17.27) wird als Materialbeiwert $k_{\kappa,\text{M}}$ nach Gl. (17.28) bezeichnet, hierin darf bei Biegestäben aus Brettschichtholz das Produkt aus ($E_{0,05} \cdot G_{05}$) mit dem Faktor 1,4 multipliziert werden. Die Werte für $k_{\kappa,\text{M}}$ sind in Tabelle 17.5 für Vollholz und Brettschichtholz aus Nadelholz angeführt, als Empfehlung sollten sie jedoch zur Berücksichtigung des Kriecheinflusses bei hohen ständigen Lasten in den Nutzungsklassen 2 und 3 sinngemäß wie der bezogene Kippschlankheitsgrad $\lambda_{\text{rel,m}}$ abgemindert werden, s. oben und Abschn. 17.2.1. Der bezogene Kippschlankheitsgrad $\lambda_{\text{rel,m}}$ kann vereinfacht nach Gl. (17.29) ermittelt werden. Die Kippbeiwerte k_{crit} können dann aus den drei abschnittsweise einzusetzenden Gl. in Tabelle 17.3 oder aus Tabelle 17.4 berechnet werden. Die Ersatzstablängen (Kipplängen, Biegedrillknicken) sind nach Abschn. 17.2.6 zu bestimmen.

Materialbeiwert $k_{\kappa,\text{M}}$, Werte s. Tabelle 17.5

$$k_{\kappa,\text{M}} = \sqrt{\frac{f_{\text{m,k}}}{\pi \cdot \sqrt{E_{0,05} \cdot G_{05}}}} \qquad (17.28)$$

bezogener Kippschlankheitsgrad

$$\lambda_{\text{rel,m}} = k_{\kappa,\text{M}} \cdot \sqrt{\frac{l_{\text{ef}} \cdot h}{b^2}} \qquad (17.29)$$

Erläuterungen s. Tabelle 17.3

Materialbeiwert $k_{\kappa,\text{M}}$ ist nicht in DIN EN 1995-1-1: 2010-12 und DIN EN 1995-1-1/NA: 2013-08 enthalten.

Tabelle 17.5 Werte des Materialbeiwertes $k_{\kappa,M}$ nach Gl. (17.28) zur vereinfachten Ermittlung des Kippschlankheitsgrades $\lambda_{rel,m}$ der Gl. (17.29) nach Tabelle 7.3, Zeile 2b, s. DIN EN 1995-1-1: 2010-12, 6.3.3 (2)[1])[3])

	Nadelvollholz				Laubvollholz			
Klasse[2])	**C24**	**C30**	**C35**	**C40**	**D30**	**D35**	**D40**	**D60**
$k_{\kappa,M}$	0,0643	0,0691	0,0717	0,0735	0,0681	0,0704	0,0724	0,0774
	kombiniertes Brettschichtholz aus Nadelholz[3])				homogenes Brettschichtholz aus Nadelholz[3])			
Klasse[2])	**GL24c**	**GL28c**	**GL30c**	**GL32c**	**GL24h**	**GL28h**	**GL30h**	**GL32h**
$k_{\kappa,M}$	0,0540	0,0564	0,0578	0,0592	0,0533	0,0562	0,0572	0,0584

[1]) die $k_{\kappa,M}$-Werte dieser Tabelle gelten nicht für Biegeträger mit hohen ständigen Lasten in den Nutzungsklassen 2 und 3, s. Berücksichtigung des Kriecheinflusses nach der Empfehlung im Abschn. 17.2.1

[2]) Festigkeitsklasse, Kennwerte s. Abschn. 7.2

[3]) für Biegestäbe aus Brettschichtholz ist das Produkt aus $(E_{0,05} \cdot G_{05})$ mit dem Faktor 1,4 multipliziert worden, s. Gl. (17.28)

Vereinfachte Berechnung des Kippbeiwertes k_{crit} mit dem Term $l_{ef} \cdot h / b^2$ für Biegeträger mit Rechteckquerschnitt

Eine weitere vereinfachte Berechnung der Kippbeiwerte k_{crit} kann für Biegeträger mit Rechteckquerschnitt aus Gl. (17.29) für den bezogenen Kippschlankheitsgrad $\lambda_{rel,m}$ abgeleitet werden, s. auch *Erläut. zu DIN 1052: 2004-08* [47], E 10.3.2 (3). Der Term $l_{ef} \cdot h / b^2$ in dieser Gl. nimmt für Biegeträger mit Rechteckquerschnitt Zahlenwerte etwa zwischen 100 und 1000 an, so dass die Kippbeiwerte k_{crit} nach den drei abschnittsweise einzusetzenden Gl. in Tabelle 17.3 vereinfacht auch in Abhängigkeit vom Term $l_{ef} \cdot h / b^2$ bestimmt werden können, sie sind in den Tabellen 17.6 und 17.7 für Voll- und Brettschichtholz aus Nadelholz zusammengefasst. Diese Tabellenwerte gelten jedoch nicht für Biegeträger mit hohen ständigen Lasten in den Nutzungsklassen 2 und 3 zur Berücksichtigung des Kriecheinflusses, wenn in diesen Fällen die Gl. (17.28), (17.29) nach der Empfehlung im Abschn. 17.2.1 abgemindert werden. Die Berechnung der Ersatzstablängen (Kipplängen, Biegedrillknicken) kann nach Abschn. 17.2.6 vorgenommen werden.

Nach den Ergebnissen der Tabelle 17.6 darf bei Biegeträgern mit Rechteckquerschnitt aus Nadelvollholz C24 und C30 sowie Laubvollholz D30 mit den Werten des Terms $l_{ef} \cdot h / b^2 \leq 140$ hinreichend genau der Kippbeiwert $k_{crit} = 1$, gesetzt werden, für Biegeträger mit Rechteckquerschnitt aus Brettschichtholz (aus Nadelholz) aller Festigkeitsklassen nach Tabelle 17.7 gilt dies für Werte des Terms $l_{ef} \cdot h / b^2 \leq 160$. Aus den Tabellen 17.6 und 17.7 wird ersichtlich, dass die k_{crit}-Werte in diesem Bereich mit $l_{ef} \cdot h / b^2$-Werten bei 140 durch eine Näherungskurve (konstant und linearisiert) ermittelt werden, s. Bild 17.12.

Tabelle 17.6 Kippbeiwert k_{crit} für Biegeträger aus Nadelvoll- und Laubvollholz mit Rechteckquerschnitt der DIN EN 1995-1-1: 2010-12 nach DIN EN 338: 2010-02 in Abhängigkeit vom Term $l_{ef} \cdot h / b^2$, berechnet nach Gl. (17.29) und Tabelle 17.3[1])[2])[3])

$l_{ef} \cdot h/b^2$	Kippbeiwert k_{crit}							
	Nadelvollholz				Laubvollholz			
	C24	C30	C35	C40	D30	D35	D40	D60
≤ 100	1,000	1,000	1,000	1,000	1,000	1,000	1,000	0,979
120	1,000	0,992	0,971	0,956	1,000	0,982	0,965	0,924
140	0,989	0,947	0,924	0,907	0,955	0,935	0,917	0,873
160	0,950	0,904	0,880	0,862	0,914	0,892	0,873	0,826
180	0,913	0,865	0,839	0,820	0,874	0,852	0,831	0,781
200	0,877	0,827	0,800	0,780	0,837	0,813	0,792	0,739
220	0,844	0,791	0,762	0,742	0,802	0,777	0,754	0,699
240	0,812	0,757	0,727	0,706	0,768	0,742	0,718	0,660
260	0,782	0,724	0,693	0,671	0,736	0,709	0,684	0,624
280	0,752	0,693	0,660	0,637	0,705	0,676	0,651	0,588
300	0,724	0,662	0,629	0,605	0,675	0,645	0,619	0,554
320	0,697	0,633	0,598	0,574	0,646	0,615	0,588	0,521
340	0,670	0,604	0,569	0,543	0,618	0,586	0,558	0,491
360	0,644	0,577	0,540	0,514	0,590	0,558	0,529	0,463
380	0,619	0,550	0,512	0,487	0,564	0,531	0,501	0,439
400	0,595	0,524	0,486	0,462	0,538	0,504	0,476	0,417
420	0,571	0,499	0,463	0,440	0,513	0,480	0,454	0,397
440	0,548	0,476	0,442	0,420	0,490	0,458	0,433	0,379
460	0,525	0,455	0,423	0,402	0,468	0,439	0,414	0,363
480	0,503	0,436	0,405	0,385	0,449	0,420	0,397	0,348
500	0,483	0,419	0,389	0,370	0,431	0,403	0,381	0,334
520	0,464	0,403	0,374	0,356	0,414	0,388	0,366	0,321
540	0,447	0,388	0,360	0,343	0,399	0,374	0,353	0,309
560	0,431	0,374	0,347	0,330	0,385	0,360	0,340	0,298
580	0,416	0,361	0,335	0,319	0,371	0,348	0,329	0,288
600	0,403	0,349	0,324	0,308	0,359	0,336	0,318	0,278
640	0,377	0,327	0,304	0,289	0,337	0,315	0,298	0,261
680	0,355	0,308	0,286	0,272	0,317	0,297	0,280	0,245
720	0,335	0,291	0,270	0,257	0,299	0,280	0,265	0,232
760	0,318	0,276	0,256	0,243	0,283	0,265	0,251	0,220
800	0,302	0,262	0,243	0,231	0,269	0,252	0,238	0,209
840	0,288	0,249	0,232	0,220	0,256	0,240	0,227	0,199
880	0,274	0,238	0,221	0,210	0,245	0,229	0,217	0,190
920	0,263	0,228	0,211	0,201	0,234	0,219	0,207	0,181
960	0,252	0,218	0,203	0,193	0,224	0,210	0,198	0,174
1000	0,242	0,209	0,195	0,185	0,215	0,202	0,191	0,167

[1]) Festigkeitsklassen nach Abschn. 7.2

[2]) Zwischenwerte können geradlinig interpoliert werden

[3]) die k_{crit}-Werte gelten nicht für Biegeträger mit hohen ständigen Lasten in den Nutzungsklassen 2 und 3, s. Berücksichtigung des Kriecheinflusses nach der Empfehlung im Abschn. 17.2.1

Tabelle 17.7 Kippbeiwert k_{crit} für Biegeträger aus kombiniertem und homogenem Brettschichtholz (aus Nadelholz) mit Rechteckquerschnitt der DIN EN 1995-1-1: 2010-12 nach DIN EN 14080: 2013-09 in Abhängigkeit vom Term $l_{ef} \cdot h / b^2$, berechnet nach Gl. (17.29) und Tabelle 17.3[1])[2])[3])[4])

$l_{ef} \cdot h/b^2$	Kippbeiwert k_{crit}							
	kombiniertes Brettschichtholz[4])				homogenes Brettschichtholz[4])			
	GL24c	GL28c	GL30c	GL32c	GL24h	GL28h	GL30h	GL32h
≤ 100	1,000	1,000	1,000	1,000	1,000	1,000	1,000	1,000
120	1,000	1,000	1,000	1,000	1,000	1,000	1,000	1,000
140	1,000	1,000	1,000	1,000	1,000	1,000	1,000	1,000
160	1,000	1,000	1,000	0,999	1,000	1,000	1,000	1,000
180	1,000	0,993	0,978	0,965	1,000	0,994	0,985	0,972
200	0,988	0,962	0,947	0,932	0,995	0,963	0,954	0,941
220	0,960	0,933	0,917	0,902	0,968	0,934	0,924	0,910
240	0,933	0,905	0,888	0,873	0,941	0,907	0,896	0,881
260	0,907	0,878	0,861	0,844	0,916	0,880	0,869	0,854
280	0,883	0,852	0,834	0,817	0,892	0,854	0,843	0,827
300	0,859	0,828	0,809	0,791	0,868	0,829	0,817	0,801
320	0,836	0,804	0,784	0,766	0,846	0,805	0,793	0,777
340	0,814	0,780	0,761	0,742	0,824	0,782	0,770	0,752
360	0,792	0,758	0,737	0,718	0,802	0,760	0,747	0,729
380	0,771	0,736	0,715	0,695	0,781	0,738	0,724	0,706
400	0,750	0,714	0,693	0,673	0,761	0,716	0,703	0,684
420	0,730	0,693	0,671	0,651	0,742	0,696	0,681	0,662
440	0,711	0,673	0,651	0,629	0,722	0,675	0,661	0,641
460	0,692	0,653	0,630	0,608	0,703	0,655	0,641	0,621
480	0,673	0,634	0,610	0,588	0,685	0,636	0,621	0,600
500	0,655	0,614	0,591	0,568	0,667	0,617	0,601	0,581
520	0,637	0,596	0,571	0,548	0,649	0,598	0,582	0,561
540	0,619	0,577	0,552	0,529	0,632	0,580	0,564	0,542
560	0,602	0,559	0,534	0,510	0,615	0,562	0,546	0,524
580	0,585	0,542	0,516	0,493	0,598	0,544	0,528	0,506
600	0,569	0,524	0,499	0,476	0,582	0,527	0,510	0,489
640	0,536	0,492	0,468	0,446	0,550	0,494	0,478	0,458
680	0,505	0,463	0,440	0,420	0,519	0,465	0,450	0,431
720	0,477	0,437	0,416	0,397	0,490	0,439	0,425	0,407
760	0,452	0,414	0,394	0,376	0,464	0,416	0,403	0,386
800	0,429	0,393	0,374	0,357	0,441	0,395	0,383	0,367
840	0,409	0,375	0,356	0,340	0,420	0,376	0,364	0,349
880	0,390	0,358	0,340	0,325	0,401	0,359	0,348	0,333
920	0,373	0,342	0,325	0,311	0,383	0,344	0,333	0,319
960	0,358	0,328	0,312	0,298	0,367	0,329	0,319	0,305
1000	0,343	0,315	0,299	0,286	0,353	0,316	0,306	0,293

[1–3]) Fußnoten s. Tabelle 17.6

[4]) für Biegestäbe aus Brettschichtholz ist das Produkt aus ($E_{0,05} \cdot G_{05}$) mit dem Faktor 1,4 multipliziert worden, s. Gl. (17.28), (17.29)

17.2.6 Ersatzstablängen l_{ef} (Biegedrillknicken, Kipplängen)

Die Nachweise mit dem **Ersatzstabverfahren (Biegedrillknicken, Kippnachweise)** von Holz-Tragwerken benötigen Ersatzstablängen l_{ef} (wirksame Längen oder Kipplängen). Die Ersatzstablängen l_{ef} können mit zwei Verfahren ermittelt werden: dem **vereinfachten Verfahren** nach Tabelle 17.8, s. DIN EN 1995-1-1: 2010-12, 6.3.3 (3), und dem **genaueren Verfahren** nach Tabelle 17.9 und 17.10, das bei Handrechnungen aufwändiger ist, s. DIN EN 1995-1-1/NA: 2013-08, NCI NA.13.3 (NA.1). Diese Ersatzstablängen l_{ef} (Kipplängen oder wirksame Längen) gelten für Biegeträger mit näherungsweise steifen Gabellagern an den Auflagern, für nachgiebige Gabellager kann das genauere Verfahren nach Tabelle 17.11 Anwendung finden.

Die notwendigen **Gabellager** an den Auflagern sind nach Abschn. 17.3.2 auszulegen. **Zwischenabstützungen** (Einzelabstützungen) stellen die seitlich unverschiebliche Lagerung von Trägerstellen im Biegedruckbereich sicher (und stützen sich z.B. gegen Fachwerkverbände, Scheiben oder feste Punkte ab), Ersatzlasten von Zwischenabstützungen (Einzelabstützungen) sind nach Abschn. 26.2 zu bestimmen.

Die **Ersatzstablängen l_{ef}** (wirksame Längen oder Kipplängen) können rechnerisch größer oder kleiner als die wirklich vorhandenen Abstände l der seitlichen Aussteifungen des Biegeträgers sein. In die Gl. der Tabelle 17.8 und 17.9 ist als **Länge l** (Aussteifungsabstand) entweder der Abstand l zwischen den Gabellagern zweier Auflager (End- und/oder Zwischenauflager) eines Biegeträgers oder, falls kleinere Abstände erforderlich werden, der Abstand a zwischen zwei Zwischenabstützungen im Druckbereich des Biegeträgers einzusetzen (dann wird $l = a$), als Beispiel s. Bild 17.13.

Die Ersatzstablänge l_{ef} wird nur dann gleich dem Abstand zwischen zwei Gabellagern ($l_{ef} = l$) oder gleich dem Abstand a zwischen zwei Zwischenabstützungen ($l_{ef} = a$), wenn ein konstantes Biegemoment M in diesen Bereichen vorliegt, da die allgemeine Gl. des Biegedrillknickens (Kippens) für die Beanspruchung eines Einfeldträgers, der nur durch reine Biegung M (konstantes Biegemoment infolge beidseitig gegengleicher Randmomente) belastet wird, eine seitliche Vorkrümmung und konstante Querschnittswerte über die Stablängsachse sowie Gabellagerungen an beiden Auflagern besitzt, hergeleitet worden ist, s. sinngemäß auch Bild 17.15 und *Choo* [89]. Für andere Belastungsfälle und Auflagerbedingungen ergeben sich etwa vergleichbare, jedoch abweichende Ausdrücke mit anderen Zahlenwerten. In den Gl. der Tabellen 17.8 und 17.9 werden diese Abweichungen (bezogen auf den Fall reiner Biegung M und Einfeldträger mit $l_{ef} = 1{,}0 \cdot l$) berücksichtigt, so dass die Ersatzstablängen in der Regel $l_{ef} \neq l$ bzw. a werden: im **vereinfachten Verfahren** nach Tabelle 17.8 durch geminderte Ersatzstablängen l_{ef} und deren pauschale Erhöhung oder Minderung je nach Lasteintrag am Druck- oder Zugrand des Biegeträgers, **im genaueren Verfahren** nach Tabelle 17.9 durch die Kipplängenbeiwerte a_1 und a_2 in Tabelle 17.10.

Weicht in einem Biegedruckbereich der Verlauf des vorhandenen Biegemomentes M nur wenig von demjenigen eines äquivalenten konstanten Biegemomentes aus reiner Biegung ab, kann in praktischen Fällen auch die Aussteifungslänge l näherungsweise als Ersatzstablänge l_{ef} eingesetzt werden, jedoch sollte die zusätzliche Torsionsbeanspruchung eines

Querschnitts durch die äußere Lasteinleitung berücksichtigt werden, s. auch Bild 17.14: im **vereinfachten Verfahren** nach Tabelle 17.8 durch die pauschale Erhöhung oder Minderung je nach Lasteintrag am Druck- oder Zugrand des Biegeträgers, **im genaueren Verfahren** nach Tabelle 17.9 durch ein näherungsweise geeignetes Lastbild (Momentenverlauf) über die zugehörigen Kipplängenbeiwerte a_1 und a_2 in Tabelle 17.10.

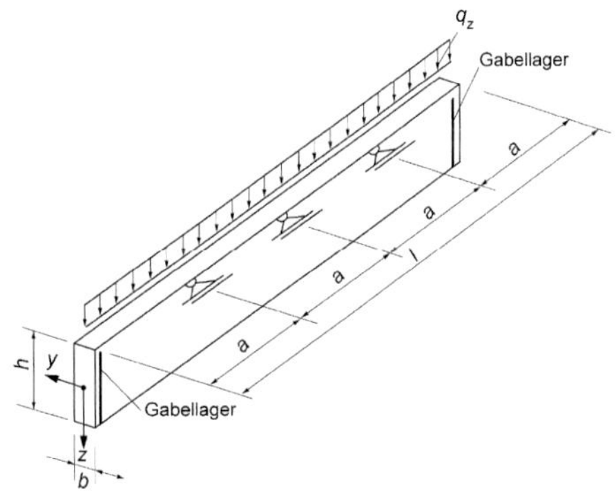

Bild 17.13 Aussteifung des Druckbereiches eines einfeldrigen Biegeträgers mit Rechteckquerschnitt, Beispiel; Gabellager an den Auflagern, Anordnung von mehreren seitlichen Abstützungen (Zwischenabstützungen) an der Oberkante des Druckbereiches, Aussteifungsabstände *a* (Schema); im Beispiel: Biegedruckbereich „oben", Biegezugbereich „unten"

Ersatzstablänge l_{ef} für Biegestäbe (Biegedrillknicken (Kippen)) mit steifen Gabellagern nach dem vereinfachten Verfahren

Die Berechnungen können für zwei Tragsysteme und jeweils zwei (bzw. drei) Lastfälle Tabelle 17.8 entnommen werden, dabei ist die Art des Lasteintrages am Druck- oder Zuggurt des Biegeträgers mit der pauschalen Erhöhung der Ersatzstablänge l_{ef} um $2 \cdot h$ bzw. Minderung um $h/2$ zu berücksichtigen, s. Fußnoten der Tabelle 17.8 und DIN EN 1995-1-1: 2010-12, 6.3.3 (2).

Tabelle 17.8 Berechnung der Ersatzstablänge l_{ef} (wirksame Länge, Kipplänge) für Biegestäbe (Biegedrillknicken (Kippen)) mit steifen Gabellagern nach dem vereinfachten Verfahren, s. DIN EN 1995-1-1: 2010-12, 6.3.3 (2), Tab. 6.1[1–3])

Art des Biegestabes	Art der Belastung	l_{ef}/l [1–3])
einfach unterstützt	konstantes Biegemoment	1,0
	gleichmäßig verteilte Belastung	0,9
	Einzellast in Feldmitte	0,8
auskragend	gleichmäßig verteilte Belastung	0,5
	Einzellast am freien Kragende	0,8

[1]) der Quotient aus wirksamer Länge l_{ef} und Stützweite l gilt für einen Biegestab, der an den Auflagern ausreichend gegen Verdrehen (z.B. durch ein Gabellager) gesichert ist, und Lasteintrag in der Schwerachse des Querschnitts

[2]) greift die Last am Druckrand des Biegestabes an, dann sollte l_{ef} um $2 \cdot h$ erhöht werden (mit h als Querschnittshöhe)

[3]) greift die Last am Zugrand des Biegestabes an, dann darf l_{ef} um $0{,}5 \cdot h$ verringert werden (mit h als Querschnittshöhe)

Ersatzstablänge l_{ef} für Biegestäbe (Biegedrillknicken (Kippen)) mit steifen Gabellagern nach dem genaueren Verfahren

Die Berechnungen können nach Tabelle 17.9 erfolgen, die zugehörigen **Kipplängenbeiwerte a_1 und a_2** sind für vier Tragsysteme und jeweils mehrere Lastbilder (Momentenverläufe) in Tabelle 17.10 enthalten, s. DIN EN 1995-1-1/NA: 2013-08, NCI NA.13.3. Der **Abstand a_z** des Lastangriffes vom Schubmittelpunkt M des Querschnitts nach Tabelle 17.9

Tabelle 17.9 Berechnung der Ersatzstablänge l_{ef} (wirksame Länge oder Kipplänge) für Biegestäbe (Biegedrillknicken (Kippen)) mit steifen Gabellagern nach dem genaueren Verfahren, s. DIN EN 1995-1-1/NA: 2013-08, NCI NA.13.3 (NA.1)[1])[2])

Ersatzstablänge l_{ef} (Kippen)	
$$l_{ef} = \frac{l}{a_1 \cdot \left[1 - a_2 \cdot \frac{a_z}{l} \cdot \sqrt{\frac{B}{T}}\right]}$$	Rechteckquerschnitt q_z, y, a_z, $S \cong M$, h, z, b
Biegesteifigkeit B um die z-Achse	
für allgemeinen Querschnitt $B = E \cdot I_z$	für Rechteckquerschnitt $B = E \cdot b^3 \cdot h / 12$
Torsionssteifigkeit T	
für allgemeinen Querschnitt $T = G \cdot I_{tor}$	für Rechteckquerschnitt $T \cong G \cdot b^3 \cdot h / 3$

[1]) Hierin bedeuten:

a_1, a_2 Kipplängenbeiwerte nach Tabelle 17.10

a_z Abstand des Lastangriffs vom Schubmittelpunkt, s. Bild in Tabelle 17.9,
- positives Vorzeichen in Richtung der Biegedruckzone, im Bild: positiv nach „oben"; oft: $h/2$ am „oberen" Rand
- negatives Vorzeichen in Richtung der Biegezugzone, im Bild: negativ nach „unten"

b, h Trägerbreite, -höhe beim Rechteckquerschnitt

l = l als Trägerlänge bzw. Abstand zwischen den Gabellagern zweier Auflager
= a als Abstand zwischen zwei Zwischenabstützungen im Biegedruckbereich, s. Bild 17.13

q_z Last, hier: Linienlast in Richtung der z-Achse, Lastangriff beim Rechteckquerschnitt meist bei $h/2$ am „oberen" Rand

γ_M = 1,3, Teilsicherheitsbeiwert für Holz und Holzwerkstoffe nach Tabelle 8.2

E = E_{mean}/γ_M, Elastizitätsmodul nach Gl. (8.7)

G = G_{mean}/γ_M, Schubmodul nach Gl. (8.8)

I_z Flächenmoment 2. Grades um die z-Achse („schwache" Achse)

I_{tor} Torsionsflächenmoment 2. Grades

M Schubmittelpunkt des Querschnitts

S Schwerpunkt des Querschnitts

[2]) näherungsweise steife Gabellager nach Abschn. 17.3.2

Tabelle 17.10 Kipplängenbeiwerte a_1 und a_2 zur Berechnung der Ersatzstablänge l_{ef} (wirksame Länge oder Kipplänge) für Biegestäbe (Biegedrillknicken (Kippen)) nach dem genaueren Verfahren, s. DIN EN 1995-1-1/NA: 2013-08, NCI NA.13.3, Tab. NA.25

System	Momentenverlauf	a_1	a_2
gabelgelagerter Einfeldträger 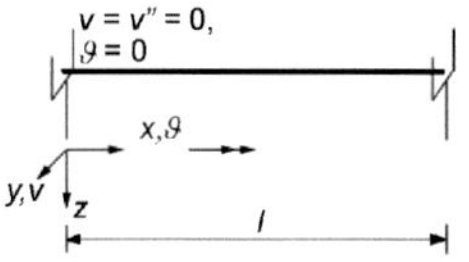 $v = v'' = 0$, $\vartheta = 0$; x, ϑ; y, v; z; l 	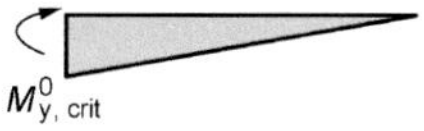 $M^0_{y,\,crit}$	1,77	0
	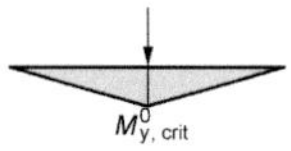 $M^0_{y,\,crit}$	1,35	1,74
Draufsicht	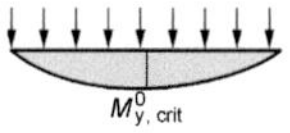 $M^0_{y,\,crit}$	1,13	1,44
	 $M^0_{y,\,crit}$	1	0
Kragarm 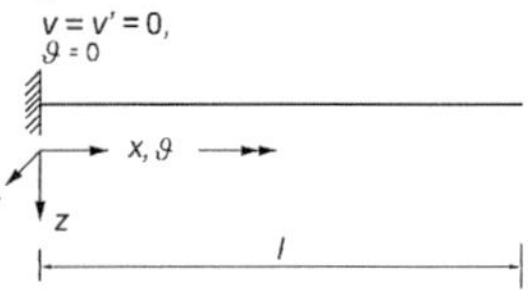 $v = v' = 0$, $\vartheta = 0$; x, ϑ; y, v; z; l	 $M^0_{y,\,crit}$	1,27	1,03
	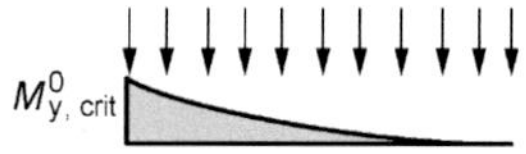 $M^0_{y,\,crit}$	2,05	1,50
beidseitig eingespannter Träger 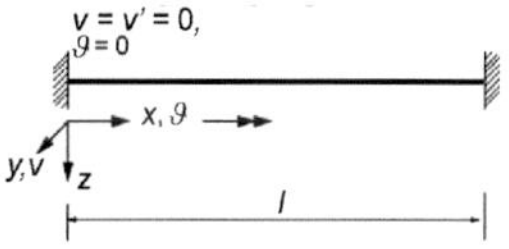 $v = v' = 0$, $\vartheta = 0$; x, ϑ; y, v; z; l 	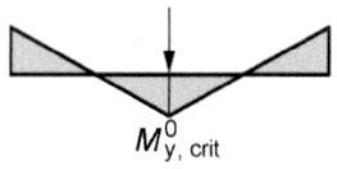 $M^0_{y,\,crit}$	6,81	0,40
Draufsicht	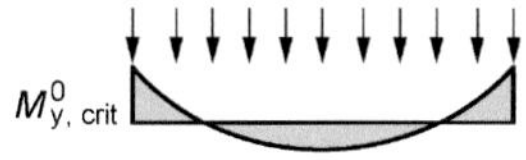 $M^0_{y,\,crit}$	5,12	0,40
Durchlaufträger, Mittelfeld 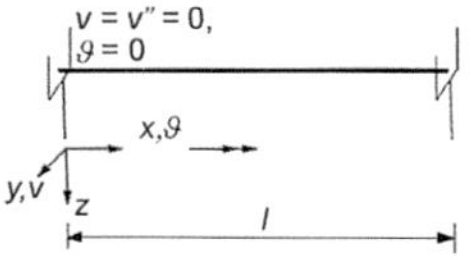 $v = v'' = 0$, $\vartheta = 0$; x, ϑ; y, v; z; l 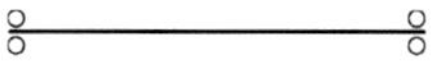	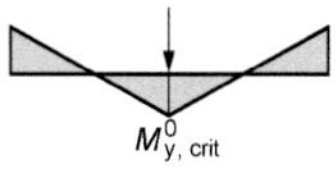 $M^0_{y,\,crit}$	1,70	1,60
Draufsicht	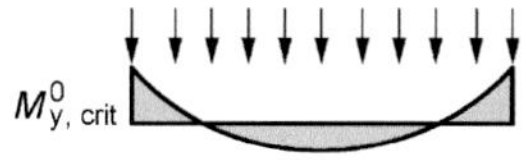 $M^0_{y,\,crit}$	1,30	1,60

ist in Richtung der Biegedruckzone positiv, in Richtung der Biegezugzone negativ anzusetzen. Neben der **Torsionssteifigkeit *T*** beeinflusst die **Biegesteifigkeit *B*** das Biegedrillknicken (Kippen) eines Biegeträgers; als Biegesteifigkeit B ist diejenige des Querschnitts in Richtung des möglichen Ausweichens des Biegedruckgurtes zu verwenden; beim Rechteckquerschnitt im Bild der Tabelle 17.9 weicht der Druckgurt (möglicherweise) in Richtung der y-Achse seitlich aus, wenn der Lastangriff q_z wie angegeben in Richtung der z-Achse ein Biegemoment M_y bewirkt, und die Biegesteifigkeit B um die z-Achse (oder hier „schwache" Achse) für die Bestimmung der Ersatzstablänge (besser das Verhältnis B/T) maßgebend wird. Als Elastizitäts- und Schubmodul E bzw. G sind die Mittelwerte der Moduln E_{mean} und G_{mean} des verwendeten Holzbaustoffes geteilt durch den Teilsicherheitsbeiwert $\gamma_M = 1{,}3$ nach Gl. (8.7) und (8.8) einzusetzen, s. DIN EN 1995-1-1/NA: 2013-08, NCI NA.13.1.

Abstand a_z des Lastangriffes vom Schubmittelpunkt *M* des Querschnitts

Das Biegedrillknicken (Kippen, seitliches Ausweichen des Druckbereiches) eines Biegeträgers wird u.a. vom Abstand a_z des Lastangriffes vom Schubmittelpunkt M des Querschnitts beeinflusst. In Bild 17.14 ist als Beispiel ein Rechteckquerschnitt infolge Biegedrillknickens (Kippens) des Druckbereiches um den Weg v in y-Richtung verschoben und gleichzeitig um den Winkel φ um die x-Achse (Stablängsachse) verdreht worden. Ein Lastangriff q_z am oberen Trägerrand nach Bild 17.14a vergrößert das Biegedrillknicken (Kippen, die Verdrehung um die x-Achse, Torsion des Trägers) mit wachsendem Abstand a_z vom Schubmittelpunkt M und wirkt destabilisierend, während ein Lastangriff q_z am unteren Trägerrand nach Bild 17.14b dem Biegedrillknicken (Kippen) entgegenwirkt und den Querschnitt stabilisiert. Da jedoch die Lasteinleitung aus praktischen Erwägungen überwiegend am „oberen" Trägerrand von Querschnitten vorgenommen werden muss, wird die dadurch zusätzlich auftretende Torsionsbeanspruchung der Biegeträger beim Nachweis der Biegedrillknick-(Kipp-)stabilität (Ersatzstabverfahren) berücksichtigt.

Diese stabilisierende oder destabilisierende Wirkung des Lastangriffes wird beim **genaueren Verfahren** in der Gl. zur Ermittlung der Ersatzstablänge l_{ef} nach Tabelle 17.9 und 17.11 durch das Vorzeichen und den Zahlenwert des Abstand a_z vom Schubmittelpunkt M berücksichtigt: Das positiv zu setzende Vorzeichen von a_z in Richtung des Biegedruckbereiches (im Beispiel des Bildes 17.14a nach „oben") bewirkt in der Gl. eine Vergrößerung der Ersatzstablänge l_{ef}, ein negatives Vorzeichen von a_z in Richtung des Biegezugbereiches (im Beispiel des Bildes 17.14b nach „unten") eine Verkleinerung der Ersatzstablänge l_{ef}. Im **vereinfachten Verfahren** nach Tabelle 17.8 wird die stabilisierende bzw. destabilisierende Wirkung des Lastangriffes durch die Erhöhung der Ersatzstablänge l_{ef} um $2 \cdot h$ bei Lastangriff am Druckrand bzw. durch Minderung von l_{ef} um $h/2$ bei Lastangriff am Zugrand in Rechnung gestellt.

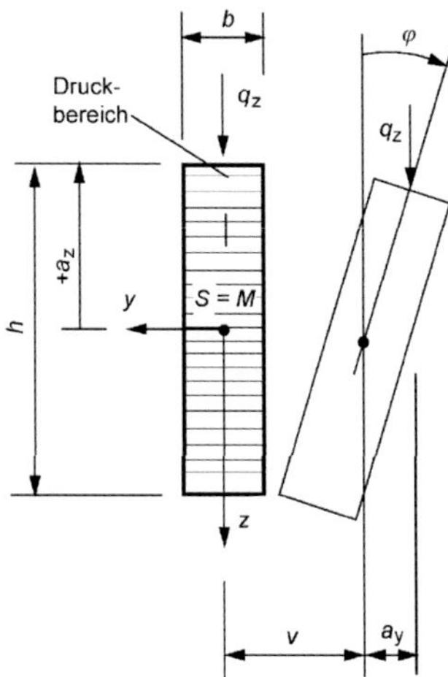

a) Lastangriff am „oberen“ Trägerrand mit Abstand $a_z = + h/2$ (positiv), M_x dreht „rechts“ und vergrößert das Biegedrillknicken (Kippen), wirkt destabilisierend

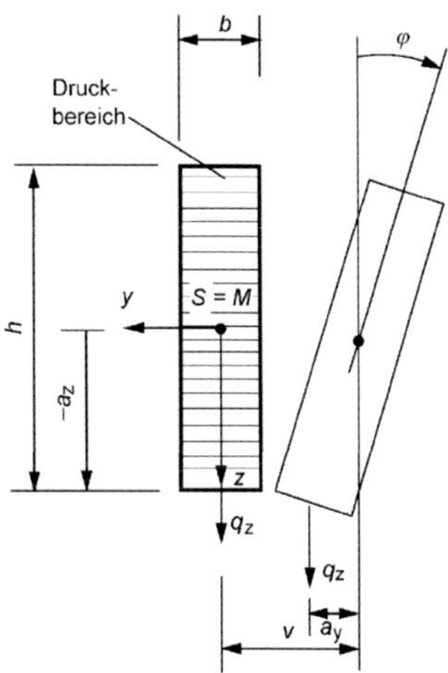

b) Lastangriff am „unteren“ Trägerrand mit Abstand $a_z = - h/2$ (negativ), M_x dreht „links“ und verkleinert das Biegedrillknicken (Kippen), wirkt stabilisierend

Bild 17.14 Biegedrillknicken (Kippen, seitliches Ausweichen) eines biegebeanspruchten Rechteckquerschnittes mit Druckbereich im „oberen“ Querschnittsteil; Querschnitt ist verschoben (um v) und gleichzeitig verdreht (um φ), die Last q_z erhält infolge Biegedrillknickens (Kippens) einen Hebelarm a_y, dreht um den Schubmittelpunkt M und bewirkt ein Moment $M_x = q_z \cdot a_y$ (um die x-Achse als Stablängsachse)

Ersatzstablänge l_{ef} für Biegestäbe (Biegedrillknicken (Kippen)) mit nachgiebigen Gabellagern im genaueren Verfahren

Sind die Gabellager nicht mehr näherungsweise steif, sondern müssen als nachgiebig angenommen werden, können die Einflüsse der Nachgiebigkeit auf die Ersatzstablänge l_{ef} nach Tabelle 17.11 berücksichtigt werden, s. DIN EN 1995-1-1/NA: 2013-08, NCI NA.13.3 (NA.2). Der Einfluss der Nachgiebigkeit der Torsionseinspannung am Auflager wird mit dem Beiwert α, derjenige der elastischen Bettung durch Verschieben oder durch Verdrehen mit dem Beiwert β berücksichtigt. Der weitere Berechnungsvorgang ist sinngemäß nach Tabelle 17.9 vorzunehmen.

Tabelle 17.11 Berechnung der Ersatzstablänge l_{ef} (wirksame Länge oder Kipplänge) für Biegestäbe (Biegedrillknicken (Kippen)) mit nachgiebigen Gabellagern nach dem genaueren Verfahren, s. DIN EN 1995-1-1/NA: 2013-08, NCI NA.13.3 (NA.2)[1])[2])

Ersatzstablänge l_{ef} (Kippen)

	Rechteckquerschnitt
$l_{ef} = \dfrac{l}{a_1 \cdot \left[1 - a_2 \cdot \dfrac{a_z}{l} \cdot \sqrt{\dfrac{B}{T}}\right]} \cdot \dfrac{1}{\alpha \cdot \beta}$	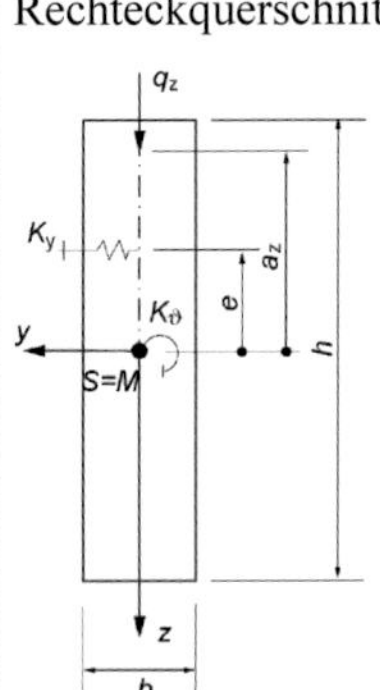

Beiwert α und Beiwert β

$$\alpha = \sqrt{\dfrac{1}{1 + \dfrac{3{,}5 \cdot T}{K_G \cdot l}}} \qquad \beta = \sqrt{\left(1 + \dfrac{K_y \cdot l^4}{B \cdot \pi^4}\right) \cdot \left(1 + \dfrac{(K_\theta + e^2 \cdot K_y) \cdot l^2}{T \cdot \pi^2}\right)} + \dfrac{e \cdot K_y \cdot l^3}{\sqrt{B \cdot T} \cdot \pi^3}$$

Biegesteifigkeit B um die z-Achse

für allgemeinen Querschnitt	für Rechteckquerschnitt
$B = E \cdot I_z$	$B = E \cdot b^3 \cdot h / 12$

Torsionssteifigkeit T

für allgemeinen Querschnitt	für Rechteckquerschnitt
$T = G \cdot I_{tor}$	$T \cong G \cdot b^3 \cdot h / 3$

[1]) Hierin bedeuten:
e Abstand vom Schubmittelpunkt zur Bettung in mm
θ Verdrehung um die z-Achse
K_θ elastische Bettung (Verdrehung) in N
K_y elastische Bettung (Verschiebung) in N/mm^2
K_G Drehfeder am Auflager in Nmm
weitere Größen s. Tabelle 17.9
[2]) nachgiebige Gabellager, die den Biegeträger an den Auflagern nicht mehr näherungsweise steif halten können

17.2.7 Biegedrillknicken (Kippen) (kurze Einführung)

Als Stabilitätsproblem **„Biegedrillknicken“** wird im Allgemeinen eine Instabilität unter exzentrischer Druckbeanspruchung und als Stabilitätsproblem **„Kippen“** eine Instabilität unter Biegebeanspruchung bezeichnet; im Holzbau wurde bisher jedoch nur der Begriff „Kippen“ verwendet, Genaueres hierzu siehe z.B. *Brünighoff/Klapp* [79]. Im Folgenden werden beide Begriffe vereinfachend nicht näher unterschieden.

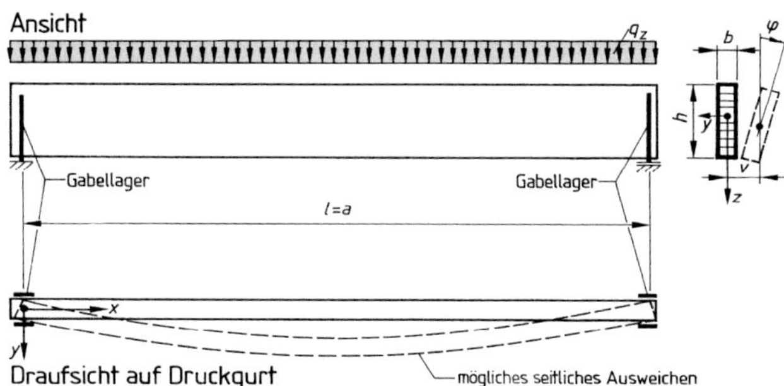

Bild 17.15 Biegebeanspruchter Einfeldträger mit Rechteckquerschnitt *b*/*h*, Gabellagerung an beiden Auflagern mit Aussteifungsabstand *l*, der hier der Stützweite *l* entspricht; mögliches seitliches Ausweichen (Biegedrillknicken (Kippen))

Unter dem **Stabilitätsproblem „Biegedrillknicken (oder Kippen)"** wird demnach die Instabilität eines ideal geraden, biegebeanspruchten Bauteils verstanden, bei dem sich der Druckbereich ab einer bestimmten Biegemomentenbeanspruchung gleichzeitig seitlich verschiebt (seitlich ausweicht) und insgesamt verdreht (verdrillt), wie am Beispiel eines Einfeldträgers mit Rechteckquerschnitt und beidseitiger Gabellagerung aus Bild 17.15 zu entnehmen ist. Der Zugbereich weicht im Allgemeinen nicht seitlich aus; da er jedoch beim Rechteckquerschnitt (als Vollwandquerschnitt) mit dem Druckbereich über den Gesamtquerschnitt verbunden ist, wird der Zugbereich auch anteilig verschoben und verdreht, so dass der Gesamtquerschnitt insgesamt seitlich ausweicht.

Da Bauteile in der Praxis im unbelasteten Zustand nicht ideal gerade, sondern überwiegend vorgekrümmt sind, s. Abschn. 24.1, bewirken z.B. planmäßige Belastungen in *z*-Richtung eine Verschiebung des Trägers in *y*-Richtung und gleichzeitig eine Verdrehung um die *x*-Achse, s. Bild 17.15. Bei Berücksichtigung dieser baupraktisch unvermeidbaren Imperfektionen liegt ein **Spannungsproblem** vor, s. auch Abschn. 16.2.5, genauere Untersuchungen sind deshalb mit Theorie II. Ordnung durchzuführen.

Der Stabilitätsverlust beim Biegedrillknicken (oder Kippen) tritt bei der **kritischen Biegedrillknick-(Kipp-)belastung** auf. Für einen beidseitig gabelgelagerten Einfeldträger mit konstantem Biegemoment und konstantem Rechteckquerschnitt kann das kritische Biegedrillknick-(Kipp-)moment $M^0_{y,crit}$ nach Gl. (17.30) und die kritische Biegespannung $\sigma_{m,crit}$ nach Gl. (17.31) errechnet werden. Für andere Belastungen, Lagerbedingungen und Querschnittsformen müssen Ersatzstablängen l_{ef} (wirksame Längen oder Kipplängen) nach Abschn. 17.2.6 bestimmt und in Gl. (17.30) eingesetzt werden, ebenso muss l_{ef} ermittelt werden, wenn die Nachweise der Biegedrillknick(Kipp-)stabilität mit dem Ersatzstabverfahren nach Abschn. 17.2.1 bis 17.2.5 vorgenommen werden. Bei Biegestäben aus Brettschichtholz darf zur Berechnung des kritischen Biegedrillknick(Kipp-)momentes $M^0_{y,crit}$ bzw. der kritischen Biegedruckspannung $\sigma_{m,crit}$ das Produkt der 5%-Quantilen der Steifigkeitskennwerte ($E_{0,05} \cdot G_{05}$) in Gl. (17.30) mit dem Faktor 1,4 multipliziert werden. Der Kriecheinfluss (der Biegedruckkraft in Biegeträgern) bei hohen ständigen Lasten in den Nutzungsklassen 2 und 3 sollte als Empfehlung sinngemäß nach Abschn. 17.2.1 berücksichtigt werden.

$$M^0_{\text{y,crit}} = \frac{\pi}{l} \cdot \sqrt{B \cdot T} \tag{17.30}$$

$$\sigma_{\text{m,crit}} = \frac{M^0_{\text{y,crit}}}{W_{\text{y}}} \tag{17.31}$$

l Abstand zwischen den Gabellagern eines beidseitig gabelgelagerten Einfeldträger mit konstantem Biegemoment und konstantem Rechteckquerschnitt $= l_{\text{ef}}$ als Ersatzstablängen nach Abschn. 17.2.6 bei anderen Belastungen, Lagerungen und Querschnittsformen

B Biegesteifigkeit in Richtung des seitlichen Ausweichens des Trägerquerschnitts mit dem Elastizitätsmodul $E_{0,05}$, im Beispiel des Bildes 17.15 bei Belastung eines Rechteckquerschnitts in z-Richtung: die Biegesteifigkeit B_{z} um die z-Achse

T Torsionssteifigkeit des Trägers mit dem Schubmodul G_{05}

W_{y} Widerstandsmoment für die Druckspannung bei Biegung um die y-Achse, im Beispiel des Bildes 17.15 um die y-Achse

$M^0_{\text{y,crit}}$ kritisches Biegedrillknick-(Kipp-)moment für den beidseitig gabelgelagerten Einfeldträger mit konstantem Biegemoment und konstantem Rechteckquerschnitt

Als wesentliche **Einflüsse auf die Biegedrillknick-(Kipp-)stabilität** von Biegeträgern sind die Gabellagerungen an den End- und Zwischenauflagern, der Abstand l zwischen den Gabellagern bzw. der Abstand $l = a$ der seitlichen Abstützungen der Druckbereiche, die Biegesteifigkeit $B = E \cdot I$ in Richtung des seitlichen Ausweichens und die Torsionssteifigkeit $T = G \cdot I_{\text{tor}}$ zu nennen. Einflussreich ist ebenfalls die Lasteinleitung, die im Idealfall im Schubmittelpunkt M des Querschnitts erfolgt, siehe z.B. die Gl. für die Ersatzstablänge l_{ef} in Tabelle 17.9 oder 17.11. In der Praxis wird jedoch die Last überwiegend auf dem „oberen“ Trägerrand (oder im Bereich von diesem) eingeleitet, dies erhöht die Biegedrillknick-(Kipp-)gefahr, s. Bild 17.14a, da der Träger zusätzlich auf Torsion beansprucht wird, während die seltenere Lasteinleitung am „unteren“ Trägerrand die Biegedrillknick-(Kipp-)gefahr verringert, s. Bild 17.14b, da sie dem Biegedrillknicken (Kippen) entgegenwirkt.

Eine möglichst **mittige Lasteinleitung** im Bereich des Schubmittelpunktes M ist weiterhin erforderlich, wie bei einem Rechteckquerschnitt nach Bild 17.14a auf dem „oberen“ Trägerrand in der z-Achse, damit neben dem Biegemoment M_{y} und Biegedrillknicken (Kippen) kein zusätzliches Torsionsmoment M_{tor} im Biegeträger auftritt; über die evtl. Berücksichtigung eines Torsionsmomentes M_{tor} s. Abschn. 19.

Das **Biegedrillknicken (Kippen)** tritt bei allen biegebeanspruchten Bauteilen wie Biegeträgern mit Rechteckquerschnitt, I- oder Kastenquerschnitt und dgl. auf. Biegedrillknick-(kipp-)-gefährdet sind u.a. Biegeträger mit großen Seitenverhältnissen h/b, z.B. Rechteckquerschnitte mit etwa $h/b > 3$, Träger mit großen Aussteifungsabständen l bzw. a, s. Bild 17.13 und 17.15, sowie Biegeträger ohne ausreichende Gabellagerungen. Vollholzbalken sind bei üblichen Längen- und Querschnittsabmessungen etwa $h/b < 3$ im Allgemeinen nicht biegedrillknick(kipp-)gefährdet, wenn zusätzlich eine scheibenartige Konstruktion oder dgl. den Biegedruckgurt näherungsweise seitlich hält. Fachwerkträger, die fast keine Torsionssteifigkeit besitzen, können ebenso durch seitliches Ausweichen der Druckgurte instabil werden;

jedoch ist es genauer, dies nicht als Biegedrillknicken (Kippen), sondern als Instabilität durch Ausknicken der Druckgurte zu bezeichnen. Biegeträger mit Kastenquerschnitt besitzen wegen ihrer hohen Torsionssteifigkeit eine vergleichsweise geringere Biegedrillknick-(Kipp-)-gefahr. Biegedrillknick(kipp-)gefährdete Bauteile bedürfen einer ausreichenden Biegedrillknick-(Kipp-)stabilität durch Nachweis mit dem Ersatzstabverfahren, s. Abschn. 17.2 1 bis 17.2.6, oder durch Nachweis mit Theorie II. Ordnung sinngemäß nach Abschn. 24.

Biegebeanspruchte Bauteile müssen mindestens an ihren End- und Zwischenauflagern eine ausreichende **Gabellagerung** nach Abschn. 17.3.2 besitzen. Ergibt der Nachweis der Biegedrillknick(Kipp-)stabilität mit dem Ersatzstabverfahren geringere **Aussteifungsabstände *l*** als der vorhandene Abstand zwischen zwei gabelgelagerten Auflagern, so sind die Druckbereiche der biegebeanspruchten Bauteile zusätzlich in mehreren Punkten oder kontinuierlich seitlich unverschieblich zu halten, s. Bild 17.13 und 17.15 am Beispiel eines Einfeldträgers. Diese meist „horizontalen" Abstützungen der Druckbereiche können direkt durch Aussteifungskonstruktionen (Verbände, Scheiben), durch Einzelabstützungen gegen Aussteifungskonstruktionen oder gegen feste Punkte sowie durch Halbrahmen und dgl. vorgenommen werden, s. Abschn. 26.2.2 und 26.3. Bei biegebeanspruchten Bauteilen mit wechselnder Lage der Druckbereiche wie z.B. bei Durchlaufträgern oder Rahmen sind oft zusätzliche Maßnahmen für die Biegedrillknick-(Kipp-)stabilität wie ggf. die Anordnung von Kopfbändern erforderlich, s. Abschn. 26.3.1. Über das Biegedrillknicken (Kippen) siehe u.a. *Andresen/Laschinski* [7], *Brünighoff/Klapp* [79], *Choo* [89], *Möller* [363], [366], *Petersen* [393], *Pflüger* [394], *Reyer/Benning* [422] und *Roik* [429].

17.3 Auflagerung, Gabellager und Stützweiten von Biegeträgern

17.3.1 Auflagerung von Biegeträgern

Biegebeanspruchte Bauteile werden überwiegend an ihren End- und Zwischenauflagern mit ihrer Unterseite – meist über Auflagerteile – aufgelegt. Die anstehende Auflagerkraft, überwiegend rechnergestützt mit leistungsfähiger Software oder mit geeigneten Tabellenwerken berechnet, wird über die Kontaktfläche zwischen Holzbau- und Auflagerteil übertragen, s. als Beispiel Bild 17.16. Die dabei entstehende Auflagerpressung darf als gleichmäßig verteilt in Rechnung gestellt werden, obwohl z.B. an den innen liegenden

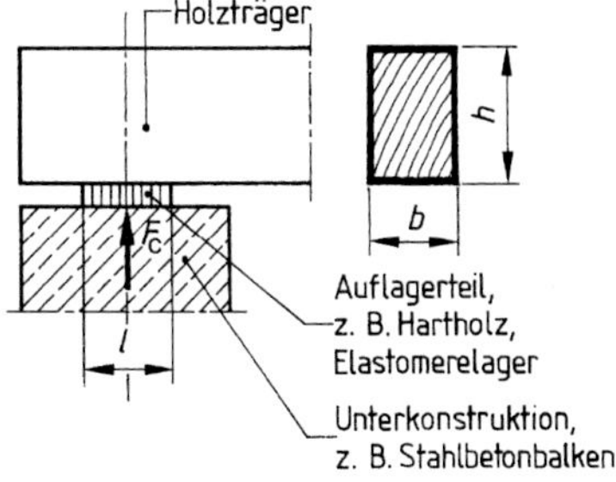

Bild 17.16 Endauflager eines Holzträgers mit Rechteckquerschnitt, notwendige Gabellagerung nicht dargestellt

Auflagerkanten höhere Pressungen infolge Trägerdurchbiegungen auftreten. Das zwischen Holzträger und Unterkonstruktion liegende Auflagerteil, z.B. ein Hartholz oder Elastomerelager, sorgt für gleichmäßigere Lasteinleitung über die Auflagerflächen in die Holzträgerunterseite und Unterkonstruktion, da Auflagerflächen üblicher Unterkonstruktionen meist nicht vollständig eben und nicht parallel zur Holzträgerunterseite ausführbar sind. Aus diesen Gründen sollte eine direkte Auflagerung einer Holzträgerunterseite auf Mauerwerk, Stahlbeton und vergleichbarer „rauer" Oberfläche vermieden werden.

Der Holzträger wird bei Auflagerung nach Bild 17.16 in seiner Auflagerfläche auf Querdruck beansprucht, der Nachweis der Auflagerpressungen kann nach Gl. (17.32), s. auch Abschn. 16.1.2, geführt werden. Das zwischen Holzträger und Unterkonstruktion liegende Auflagerteil sowie die Unterkonstruktion müssen ebenfalls die Beanspruchungen sicher übertragen können. Eine Auflagerung bedarf einer seitlichen Lagesicherung; da die Auflagerung eines Biegeträgers meist gleichzeitig als End- oder Zwischenauflager dient, sind sie als **Gabellager** nach Abschn. 17.3.2 auszuführen.

$$\frac{\sigma_{c,90,d}}{k_{c,90} \cdot f_{c,90,d}} = \frac{F_{c,90,d}/A_{ef}}{k_{c,90} \cdot f_{c,90,d}} \leq 1 \tag{17.32}$$

$F_{c,d}$ Bemessungswert der Auflagerkraft nach Gl. (8.4)
$= F_{c,90,d}$

$F_{c,90,d}$ Bemessungswert der Druckkraft rechtwinklig zur Faserrichtung des Holzträgers
$= F_{c,d}$

A_{ef} wirksame Querdruckfläche nach Tabelle 16.1

$k_{c,90}$ Querdruckbeiwert nach Tabelle 16.1 in Verbindung mit Bild 16.3

$f_{c,90,d}$ Bemessungswert der Druckfestigkeit rechtwinklig zur Faserrichtung nach Gl. (8.5)

Zur **Verstärkung einer Auflagerfläche** können rechtwinklig zur Faserrichtung eingedrehte Vollgewindeschrauben mit bauaufsichtlichem Verwendbarkeitsnachweis eingesetzt werden, wenn die zur Verfügung stehende Querdruckfläche des Holzes zur Übertragung der anstehenden Auflagerkraft nicht ausreicht; die Vollgewindeschrauben vergrößern die wirksame Auflagerfläche und erhöhen die übertragbare Auflagerkraft. Die Bemessung und einzuhaltenden weiteren Anforderungen sind dem bauaufsichtlichen Verwendbarkeitsnachweis der gewählten Vollgewindeschrauben zu entnehmen, über Vollgewindeschrauben s. Abschn. 11.8.4 und Tabelle 11.30 (Querdruckverstärkungen). Alternativ kann die Auflagerfläche z.B. durch in das Holz eingelassene halbe I-Träger oder U-Träger aus Stahl vergrößert werden, die ein- oder beidseitig über das Auflagerteil bzw. die Unterkonstruktion auskragen.

17.3.2 Gabellager von Biegeträgern

Nachweis von Gabellagern

End- und Zwischenauflager von biegebeanspruchten Bauteilen sind durch Gabellager oder entsprechenden Verband gegen Verdrehen zu sichern; dazu sind die Gabellager oder der Verband für ein Gabelmoment (Torsionsmoment) $M_{tor,d}$ nach Gl. (17.33) auszulegen, s. DIN EN 1995-1-1/NA: 2013-08, NCI Zu 9.2.5.3 (NA.4).

Die Trägersicherung an den Auflagern ist einmal erforderlich, um den Biegeträger in seiner geplanten Lage zu fixieren, d.h. gegen einfaches Verschieben und Verdrehen („Umkippen“) mit einer geeigneten Lagesicherung festzuhalten; zum anderen sind Biegeträger an ihren Auflagern gegen Verdrehen aus Biegedrillknicken (Kippen, seitliches Ausweichen) zu stabilisieren, s. Abschn. 17.2.7. Weitere Hinweise zur Beanspruchung von Gabellagern sind im unteren Teil dieses Abschn. angeführt.

$$M_{\text{tor,d}} = \frac{M_{\text{d}}}{80} \qquad (17.33)$$

$M_{\text{tor,d}}$ Bemessungswert des Gabelmomentes (Torsionsmomentes) der Gabellagerung eines Biegeträgerauflagers

M_{d} Bemessungswert des größten Biegemomentes im Träger

Nachweis von Biegeträgern im Auflager-Gabellagerbereich

Die Querschnittstragfähigkeit an den Auflagern der Biegeträger darf ohne Berücksichtigung der Torsionsspannungsanteile aus Gabelmoment $M_{\text{tor,d}}$ (Torsionsmoment) nach Gl. (17.33) nachgewiesen werden, wenn die Bedingung (17.34) für die Kippschlankheit λ_{ef} eingehalten und die Stabilisierungskräfte im Bereich der Gabellagerung oder des entsprechenden Verbandes abgeleitet werden, s. DIN EN 1995-1-1/NA: 2013-08, NCI Zu 9.2.5.3 (NA.4) und auch bezogenen Kippschlankheitsgrad $\lambda_{\text{rel,m}}$ (Biegedrillknicken) nach Abschn. 17.2.5.

$$\lambda_{\text{ef}} = l_{\text{ef}} \cdot h/b^2 \leq 225 \qquad (17.34)$$

b, h Breite und Höhe des Biegeträgers mit Rechteckquerschnitt

l_{ef} wirksame Länge oder Ersatzstablänge (Biegedrillknicken, Kippen) nach Abschn. 17.2.6

λ_{ef} Kippschlankheit als Bedingung der Nachweise an Auflagern ohne (≤ 225) Berücksichtigung der Torsionsspannungsanteile aus Gabelmoment nach Gl. (17.33)

Für andere Nachweisverfahren darf die spannungslose seitliche Verformung e nach Gl. (17.35) angenommen werden, s. DIN EN 1995-1-1/NA: 2013-08, NCI Zu 9.2.5.3 (NA.5).

$$e = k_{\text{l}} \cdot l/400 \qquad (17.35)$$

k_{l} Beiwert nach Tabelle 26.5, berücksichtigt die Trägervorkrümmung

Werden die Bedingung (17.34) für die Kippschlankheit λ_{ef} eingehalten und die Stabilisierungskräfte im Bereich der Gabellagerung oder des entsprechenden Verbandes abgeleitet, sind die Auflager neben dem Querdrucknachweis nach Abschn. 17.3.1 für die Schubbeanspruchung aus Querkraft (Auflagerkraft) nach Abschn. 18.1 bzw. 18.2 nachzuweisen. Kann dagegen die Bedingung (17.34) nicht eingehalten werden, müssen die Biegeträgerauflager neben dem Querdrucknachweis nach Abschn. 17.3.1 zusätzlich für Schub und Torsion nach Abschn. 19.2 infolge der Beanspruchungen aus Querkraft (Auflagerkraft) und Gabelmoment $M_{\text{tor,d}}$ (Torsionsmoment) aus Gl. (17.33) bemessen werden.

Weitere Hinweise zur Beanspruchung von Biegeträger-Querschnitten im Auflager-Gabellagerbereich sind im unteren Teil dieses Abschn. angeführt.

Beanspruchung von Gabellagern

Bei schlanken „hohen" Trägerquerschnitten ist im Allgemeinen eine gesonderte Bemessung und Konstruktion der Gabellager erforderlich, während bei Rechteckquerschnitten mit gedrungenen Verhältnissen von Höhe/Breite h/b, wie z.B. bei üblichen Sparren und Deckenbalken, meist je Auflager eine gut dimensionierte Lagesicherung z.B. aus beidseitig je einem großen Stahlblechwinkel mit mind. vier Sondernägeln je Winkelschenkel, aus Sparrennägeln als Kreuznagelung oder Gleichwertigem ausreicht, wenn die Sparren- oder Balkenoberseiten durch eine scheibenartige Konstruktion oder dgl. gehalten sind.

Die **Gabellagerung** stellt sicher, dass der Biegeträger am Auflager über seine Trägerhöhe gegen Verdrehen (Torsion) um die Stablängsachse (x-Achse) und gegen Verschieben in Richtung der y-Achse gehalten ist, s. als Beispiel in schematischer Darstellung Bild 17.17a; gleichzeitig kann sich der Biegeträger jedoch um die y- und z-Achse frei verdrehen, so dass bei gelenkigen Endauflagern der notwendige Drehwinkel δ um die y-Achse infolge Biegebeanspruchung um diese Achse (und ggf. um die z-Achse) entstehen kann bzw. die daraus entstehenden Durchbiegungen im Auflagerbereich nicht behindert werden, s. Bild 17.17b. Bei Ausführung eines Auflagers als **vollständige Einspannung** wird der Träger zusätzlich zur Gabellagerung noch gegen Verdrehen um die y-Achse mit Drehwinkel $\delta = 0$ (und ggf. um die z-Achse) gehalten.

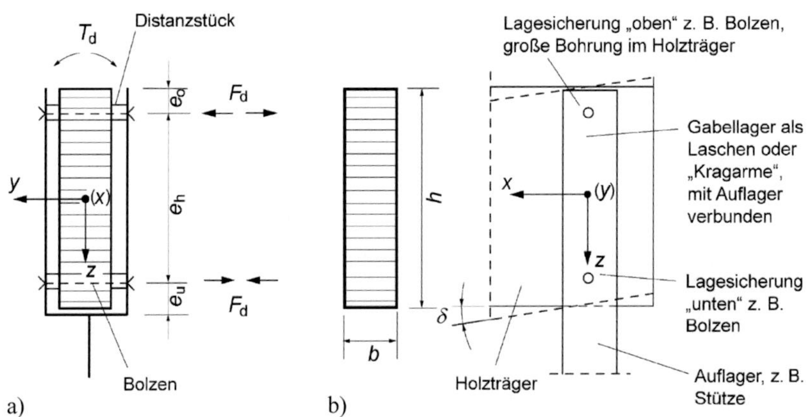

Bild 17.17 Gabellagerung eines Biegeträger-Endauflagers, Beispiel; Ausbildung einer verdrehungssteifen (biegesteifen) Gabel um die Stablängsachse (x-Achse), die Gabel ist mit der Unterkonstruktion ebenfalls biegesteif verbunden; gelenkige Lagerung des Trägers um die y-Achse;
a) schematische Darstellung als Gabel mit seitlichem Zwischenraum zwischen Gabel und Holzträger sowie Distanzstücken (z.B. bei Gabelteilen aus Stahlbeton)
b) prinzipielle Ausbildung der Gabel als Kragarme aus Holzlaschen (Balken), Stahllaschen aus U-Profilen oder aus Stahlbeton; Verdrehung des Holzträgers um die y-Achse mit dem Drehwinkel δ infolge Biegemoment M_y; Verdrehungsmöglichkeit des Trägers um die y-Achse durch große Bohrung im Holzträger an „oberer" Lagesicherung (einschl. Möglichkeit zur vertikalen Verschiebung des Trägerquerschnitts infolge Quellens oder Schwindens)

Als **Gabellagerkonstruktionen** können Auflageraussteifungen durch Ausbildung einer verdrehungssteifen (biegesteifen) Gabel nach Bild 17.17, die ebenfalls biegesteif mit der Unterkonstruktion, z.B. Stütze, verbunden ist, oder durch Verbände (z.B. Auskreuzung zwischen zwei Trägerauflagern) nach Bild 17.18a gewählt werden. Der Abstand h_1 ist der Abstand zwischen der Aussteifungskonstruktion (meist etwa „waagerecht" liegende Verbände oder Scheiben) und der horizontalen Festhaltung des Trägers am Auflager, dazu ist eine direkte Verbindung zu dieser Aussteifungskonstruktion notwendig.

Ist ein Biegeträger durch ein **verdrehungssteifes Gabellager** (näherungsweise gegen ∞) nach Bilder 17.17 und 17.18b gehalten und liegt keine horizontale Festhaltung des Trägers am Auflager vor, stabilisiert die Gabel selbst den Träger am Auflager. Ist ein Biegeträger **am Auflager durch einen Verband** (z.B. Auskreuzung zwischen zwei Trägern) nach Bild 17.18a (ohne Gabellager) gehalten und liegt die Aussteifungskonstruktion (meist etwa „waagerecht" liegende Verbände oder Scheiben) z.B. an der Trägeroberseite, ist als Abstand h_1 der Mittenabstand zwischen Aussteifungskonstruktion und „unterer" Trägerkante zu wählen, d.h. der Träger ist an seiner Unter- und Oberseite am Auflager durch den Verband seitlich gehalten.

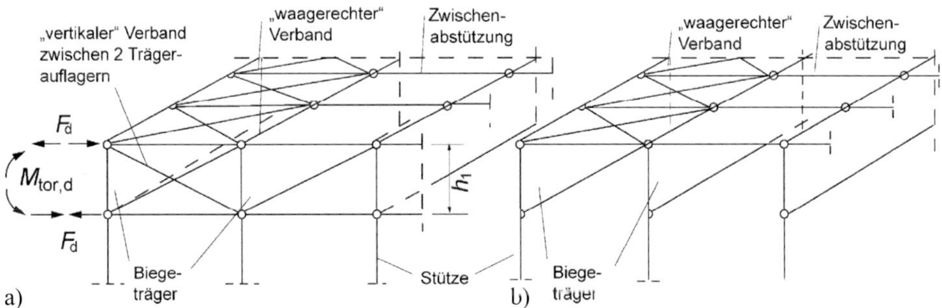

Bild 17.18 Gabellagerung von Biegeträgerauflagern nach *Erläut. zu DIN 1052: 2004-08* [47], E 8.4.3, Bilder 8/16 und 8/17, Beispiele; a) Gabellagerung durch Ausbildung eines „vertikalen" Verbandes (Auskreuzung) zwischen zwei Trägerauflagern; Höhe h_1 als Abstand zwischen der Aussteifungskonstruktion („waagerechter" Verband) und der seitlichen Festhalterung des Biegeträgers an seiner Unterkante durch den „vertikalen" Verband; Aufnahme des Torsionsmomentes $M_{tor,d}$ nach Gl. (17.33) durch ein Kräftepaar $F_d = M_{tor,d} / h_1$ im „vertikalen" Verband
b) Gabellagerung durch Ausbildung einer verdrehungssteifen (biegesteifen) Gabel für jedes Biegeträgerauflager; Aufnahme des Torsionsmomentes $M_{tor,d}$ nach Gl. (17.33) durch jede Gabel selbst

Die **Bemessung eines verdrehungssteifen (biegesteifen) Gabellagers** erfolgt für das Torsionsmoment $M_{tor,d}$ nach Gl. (17.33). Beide Gabelteile nach Bild 17.17a sind für ein beidseitig drehendes Kräftepaar $F_d = M_{tor,d} / e_h$ auszulegen, der Gabelfuß ist ebenso biegesteif mit der Unterkonstruktion z.B. der Stütze zu verbinden. Als Lagesicherungen „oben" und „unten" zwischen den Gabellagerteilen und dem Holzträger können z.B. ausreichend dimensionierte Bolzen mit Unterlegscheiben und Distanzstücken (bei vergleichsweise rauen oder unebenen Gabellagerteilen z.B. aus Stahlbeton) angeordnet werden. Die „obere" Lagesicherung darf bei gelenkigen Auflagern die Verdrehung des Holzträgers um die y-Achse infolge des Biegemomentes M_y und die mögliche vertikale Verschiebung des Trägerquerschnitts in z-Richtung infolge Quellens oder Schwindens nicht behindern, hierzu kann eine größere Bohrung für den „oberen" Bolzen im Holzträger vorgesehen werden, s. Bild 17.17b.

Die **Bemessung eines Verbandes als Gabellagerung** eines Biegeträgerauflagers erfolgt für das Torsionsmoment $M_{tor,d}$ nach Gl. (17.33), der „vertikale" Verband nach Bild 17.18a ist für ein beidseitig drehendes Kräftepaar $F_d = M_{tor,d} / h_1$ auszulegen. Der „vertikale" Verband und die (im Bild 17.18a „oben" liegende) Aussteifungskonstruktion sind für die Beanspruchungen aus den Torsionsmomenten $M_{tor,d,n}$ aller n angeschlossenen Biegeträgerauflager zu bemessen.

Das Torsionsmoment $M_{tor,d}$, das beidseitig um die x-Achse (Stablängsachse) auf die Gabellagerung wirken kann, wird durch ein **gegen gerichtetes Kräftepaar F_d** aufgenommen, entweder durch die Gabelteile nach Bild 17.17 oder durch einen „vertikalen" Verband (z.B. Auskreuzung) zwischen zwei Trägerauflagern nach Bild 17.18a. Fehlt die „untere" horizontale Festhaltung des Trägers am Auflager wie z.B. der „untere" Verbandsteil („waagerecht" verlaufender Stab) in Bild 17.18a, kann das Kräftepaar und damit das Torsionsmoment $M_{tor,d}$ nicht aufgenommen werden; ein derartiges Trägerauflager ist nicht ausreichend stabilisiert, da nur die „obere" Kraft durch den „oberen" Teil des „vertikalen" Verbandes bzw. durch den „waagerechten" Aussteifungsverband unzureichend angeschlossen ist. In diesen Fällen muss ein verdrehungssteifes Gabellager je Binderauflager nach Gl. (17.33) bemessen und angeordnet werden, s. Bild 17.18b.

Beanspruchung von Biegeträger-Querschnitten im Auflager-Gabellagerbereich

End- und Zwischenauflager müssen Biegeträger (biegebeanspruchte Bauteile) gegen einfaches Verschieben und Verdrehen („Umkippen") festhalten und gegen Verdrehen/Verschieben aus Biegedrillknicken (Kippen, seitliches Ausweichen) stabilisieren. Diese beiden Aufgaben übernehmen im Allgemeinen jeweils biegesteif ausgebildete Gabellager oder entsprechende Verbände, die das Verdrehen/Verschieben weitgehend verhindern. Durch das entstehende Torsionsmoment M_{tor} bzw. Verdrehen/Verschieben „lehnen" sich die Biegeträger-Querschnitte meist im „oberen" und „unteren" Bereich der Gabellager an das jeweilige Gabelteil (oder das entsprechende Verbandsteil) an und beanspruchen diese jeweils mit einer Einzellast F_d, s. Bild 17.17a. Für diese Belastung ist das jeweilige Gabellager oder der entsprechende Verband auszulegen, wie oben dargestellt.

Gleichzeitig beansprucht das Torsionsmoment M_{tor} nach Gl. (17.33) bzw. die daraus entstehenden Einzellasten F_d auch den Biegeträger-Querschnitt, da dessen Verdrehen/Verschieben durch das Gabellager oder den Verband verhindert wird. Diese Beanspruchung ist bei der Bemessung des Biegeträger-Querschnitts im Auflagerbereichs zu berücksichtigen, s. DIN EN 1995-1-1/NA: 2013-08, NCI Zu 9.2.5.3 (NA.4). Jedoch darf bis zum festgelegten Grenzwert für die Kippschlankheit λ_{ef} nach der Bedingung (17.34) die Torsionsbeanspruchung des Trägerquerschnitts aus Gabellagerung im Auflagerbereich vernachlässigt werden. Demnach ist die Bemessung von gabelgelagerten (oder mit entsprechenden Verbänden ausgesteiften) End- und Zwischenauflagern von Biegeträgern (biegebeanspruchten Bauteilen) in Abhängigkeit von der Bedingung (17.34) ohne oder mit Berücksichtigung des Torsionsmomentes M_{tor} nach Gl. (17.33) vorzunehmen, wenn gleichzeitig die Stabilisierungskräfte im Bereich der Gabellagerung oder des entsprechenden Verbandes abgeleitet werden. Der Nachweis des Trägerquerschnitts beinhaltet weiterhin die Beanspruchungen aus Schub (Querkraft, Auflagerkraft) und Querdruckbeanspruchung („vertikale" Auflagerkraft) im Auflagerbereich, bei Aufnahme einer „horizontalen" Auflagerkraft oder biegesteifen Einspannung entsprechend mehr.

Herleitung des Torsionsmomentes $M_{tor,d}$ für die Gabellagerung eines Biegeträgers

Der Bemessungswert des Torsionsmomentes $M_{tor,d}$ einer Gabellagerung wird mit dem Berechnungsansatz der Gl. (17.36) bestimmt s. sinngemäß *Erläut. zu DIN 1052: 2004-08* [47], E 8.4.3 (2). Die anzusetzende gesamte seitliche Auslenkung e_y des Biegedruckbereiches eines Biegeträgers in *y*-Richtung und in Feldmitte, s. Bild 17.19, setzt sich nach Gl. (17.37) zusammen aus der seitlichen Vorverformung (Vorkrümmung) des Trägers im unbelasteten Zustand $e_1 = 0{,}0025 \cdot l$ nach Abschn. 24.2.3 und der seitlichen elastischen Verformung des Trägers durch die elastische Ausbiegung der Aussteifungskonstruktion, die nach Abschn. 26.3.1 auf $e_2 = l/500$ zu begrenzen ist.

$$M_{tor,d} = q_{z,d} \cdot \frac{l}{2} \cdot e_y \cdot \frac{2}{3} \tag{17.36}$$

$$e_y = 0{,}0025 \cdot l + l/500 \tag{17.37}$$

Die „vertikale" Linienlast $q_{z,d}$ resultiert aus üblichen äußeren Einwirkungen. Wird Gl. (17.37) in Gl. (17.36) eingesetzt, kann das Torsionsmoment $M_{tor,d}$ einer Gabellagerung nach Gl. (17.33) bestimmt werden (der errechnete Zahlenwert 1/83,3 wird näherungsweise durch 1/80 ersetzt).

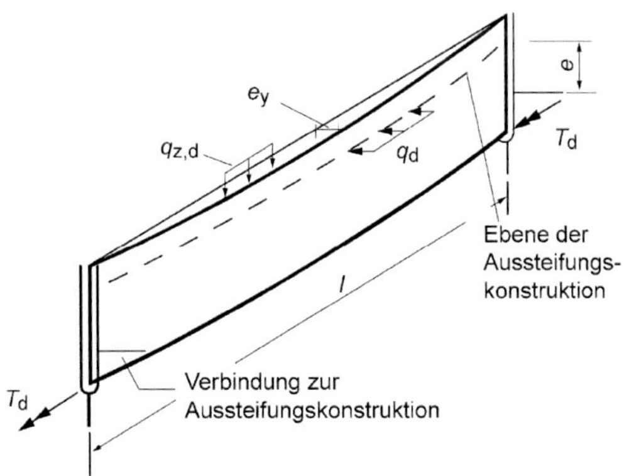

Bild 17.19 Beanspruchung der Gabellagerung eines Biegeträgerauflagers nach *Erläut. zu DIN 1052: 2004-08* [47], E 8.4.3, Bild 8/14; Auslenkung e_y durch Vorverformung (Vorkrümmung) des Trägers und durch elastische Verformung des Trägers infolge elastischer Ausbiegung der Aussteifungskonstruktion; vertikale Linienlast $q_{z,d}$ aus äußerer Belastung, horizontale Linienlast q_d aus Ersatzlast der Aussteifungskonstruktion; zur Ermittlung des Torsionsmomentes $M_{tor,d}$ nach Gl. (17.33) wird das Moment in Feldmitte aus „vertikaler" Linienlast $q_{z,d}$ und Auslenkung e_y berücksichtigt, s. Gl. (17.36)

Der Term in Gl. (17.36) stellt das Torsionsmoment $M_{tor,d}$ dar, das durch das seitliche Ausweichen des Trägerdruckgurtes und der „vertikalen" Linienlast $q_{z,d}$ entsteht. Für dieses Torsionsmoment ist die Gabellagerung nach Gl. (17.33) zu bemessen.

17.3.3 Stützweiten von Biegeträgern

Als **Stützweite *l*** eines biegebeanspruchten Bauteils ist im Allgemeinen der Abstand der Auflagermitten zu wählen, dies gilt für Endauflager mit Auflagerteilen und für Zwischenauflager von Durchlaufträgern, s. Bild 17.20. Bei Durchlaufträgern mit gleichen oder unterschiedlichen Stützweiten ist die Durchlaufwirkung zur Ermittlung der Schnittgrößen und Verformungen zu berücksichtigen. Nutzlasten nach DIN EN 1991-1-1: 2010-12 und DIN EN 1991-1-1/NA: 2010-12 sind in feldweise ungünstiger Anordnung anzusetzen, wenn dies für die Ermittlung der Bemessungsgrößen und Verformungen erforderlich ist, s. Abschn. 9.1.

Bei **durchlaufenden Brettern, Bohlen oder Holzwerkstoffplatten** ist zu beachten, dass abhebende Auflagerkräfte, die möglicherweise auftreten können, durch geeignete Verbindungsmittel (dauernd auf Herausziehen beanspruchbar) übertragen werden können, und rechnerische Annahmen wie z.B. Bauteillängen, Lage von Stoßstellen, Befestigungsart, Art und Anzahl von Verbindungsmitteln und dgl. auf Konstruktionszeichnungen dargestellt sind. Über freie Ränder von Platten, Bohlen oder Brettern bei Dach-, Decken- und Wandscheiben, Anordnung von Stoßstellen, unterstützende Bauteile oder unterstütze Stöße s. auch DIN EN 1995-1-1: 2010-12, 9.2.3, 9.2.4 und DIN EN 1995-1-1/NA: 2013-08, NCI Zu 9.2.3, 9.2.4.

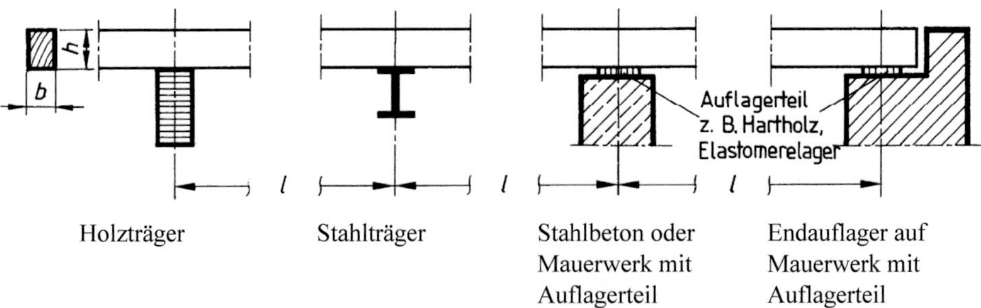

Bild 17.20 Stützweiten *l* von Holz-Biegeträgern auf verschiedenen Auflagern; Beispiele; notwendige Lagesicherung bzw. Gabellager nicht dargestellt; Stützweiten *l* als Abstand der Auflagermitten

17.4 Biegesteife Stöße und Eckverbindungen

17.4.1 Überblick über biegesteife Stöße und Eckverbindungen

Stöße und Eckverbindungen von Holzbauteilen können notwendig werden, wenn Konstruktion, Herstellung, Transport, Montage oder die zur Verfügung stehenden Lieferlängen eine Unterbrechung durchlaufender Tragteile erfordern. Stöße und Eckverbindungen werden als biegesteif bezeichnet, wenn an den Stoßstellen bzw. Ecken planmäßig Biegemomente übertragen werden, zu denen im Allgemeinen noch Querkräfte und Normalkräfte hinzukommen. Diese anstehenden Schnittgrößen M, V und N werden durch Stoßdeckungsteile, z.B. Laschen, mechanische Verbindungsmittel oder geklebte Verbindungen übertragen. Eckverbindungen können in geschlossener Form oder in aufgelöster Form ausgeführt werden. Beispiele biegesteifer Stöße und Eckverbindungen sind in Tabelle 17.12 dargestellt. Über Stöße, die nur durch Normalkräfte beansprucht werden, s. Abschn. 15.2 (Zugverbindungen) und Abschn. 16.3 (Anschlüsse und Stöße bei Druckstäben).

Biegesteife Eckverbindungen sind z.B. Rahmenecken, die mit Stabdübel- oder Dübelverbindungen, mit Keilzinkenverbindungen, in gekrümmter Form mit durchlaufenden Brettschichtholzlamellen oder in aufgelöster Form mit Zug- und Druckstab ausgeführt werden. Gekrümmte Rahmenecken nach Abschn. 20.4.1 besitzen (bei negativen Eckmomenten) eine größere spezifische Tragfähigkeit infolge der Bogenwirkung als mit unvermeidbaren Querschnittsschwächungen versehene, verdübelte Rahmenecken nach Abschn. 17.4.5 und keilgezinkte Rahmenecken nach Abschn. 17.4.6; bei den letzten beiden können jedoch Stiele und Riegel einfacher mit veränderlichen Querschnittshöhen ausgeführt und diese etwa dem Schnittkraftverlauf angeglichen werden; darüber hinaus steht bei verdübelten und keilgezinkten Rahmenecken ein größerer lichter Innenraum im Vergleich zu gekrümmten Rahmenecken zur Verfügung. Biegesteife Rahmenecken mit Vollgewindeschrauben untersuchen *Ayoubi/Koj/Trautz* [14].

Die **Lage biegesteifer Stöße** sollte möglichst an Stellen geringer Beanspruchungen gelegt werden, um den Arbeits- und Materialaufwand zu reduzieren. Über die Berücksichtigung der **Nachgiebigkeit mechanischer Verbindungsmittel** in biegesteifen Stößen und Eckverbindungen s. Abschn. 17.4.7.

Biegesteife Stöße müssen eine **ausreichende Biegedrillknick-(Kipp-)stabilität** haben, s. Abschn. 17.2, die Schwächung der Stoßstelle muss durch das Widerstandsmoment der Stoßdeckungsteile in Trägerquerrichtung (oft in Richtung der y-Achse) oder durch andere konstruktive Maßnahmen ausgeglichen werden.

Bei **Durchlaufträgern** aus Brettschichtholz sollten Gelenkträger, s. Abschn. 17.5.2, den biegesteifen Stößen aufgrund der günstigeren Herstellung und Montage von (Momenten-)Gelenken vorgezogen werden; bei durchlaufenden Vollholzbalken haben sich dagegen biegesteife Stöße über den Auflagern als Koppelpfetten nach Abschn. 17.4.3 oder durchlaufende *Gerber*gelenkträger nach Abschn. 17.5.2 bewährt.

Tabelle 17.12 Biegesteife Stöße und Eckverbindungen, Beispiele

Biegesteife Stöße			
Laschenstoß von Vollholzbalken über einem Auflager[1])	Koppelträger oder Koppelpfette bei Vollholzbalken[1])	Stoß eines geraden Biegeträgers aus Brettschichtholz	Eingespannter Stützenfuß
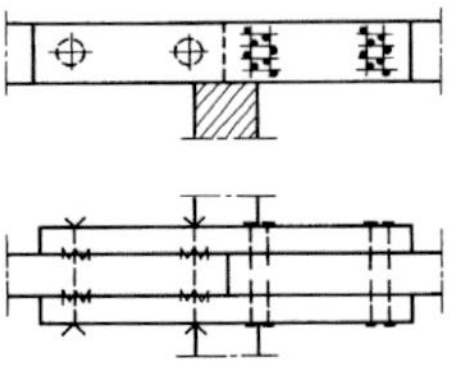	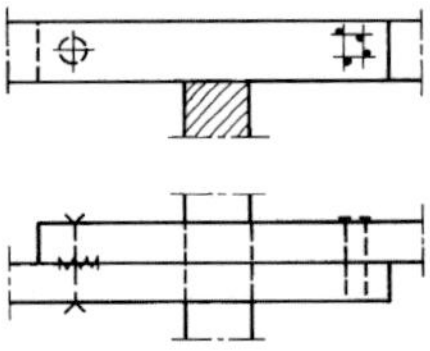	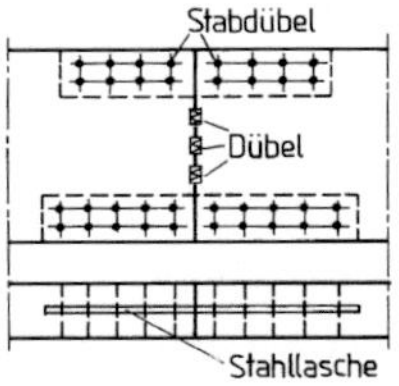 Stabdübel, Dübel, Stahllasche	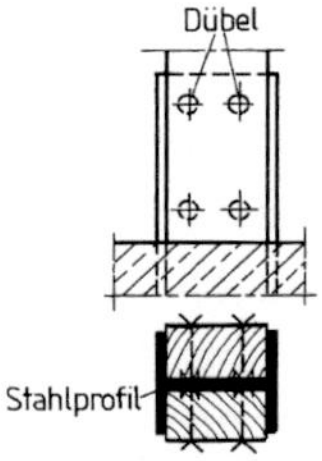 Dübel, Stahlprofil
Biegesteife Eckverbindungen in geschlossener Form (Rahmenecken)			
Verdübelte Rahmenecke aus Brettschichtholz mit zwei Dübelkreisen	Keilgezinkte Rahmenecke aus Brettschichtholz mit Zwischenstück	Gekrümmte Rahmenecke mit durchlaufenden Brettschichtholzlamellen	Eckverbindung aus Brettschichtholz bei geringerer Beanspruchung[2])[3])
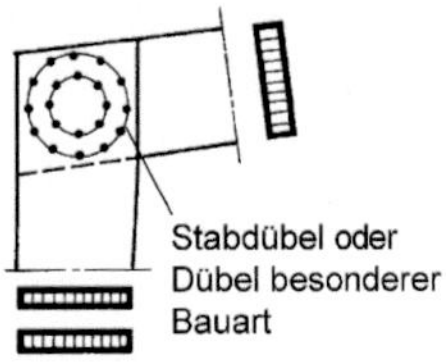 Stabdübel oder Dübel besonderer Bauart	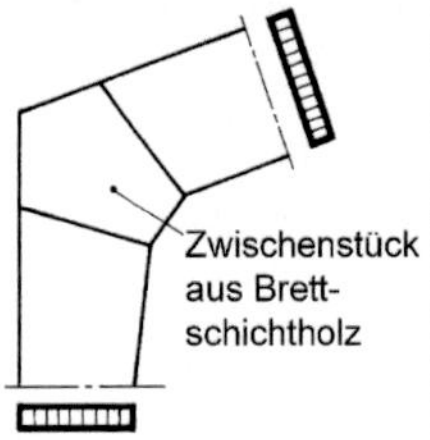 Zwischenstück aus Brettschichtholz	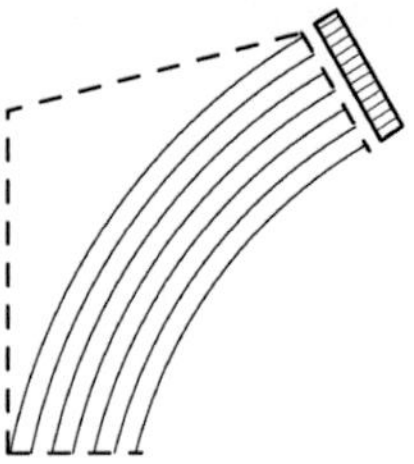	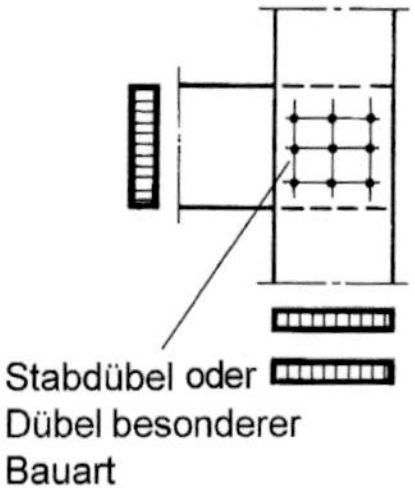 Stabdübel oder Dübel besonderer Bauart
Biegesteife Eckverbindungen in aufgelöster Form (Rahmenecken)			
Aufgelöste Rahmenecke mit senkrechtem Zug- und geneigtem Druckstab aus Holz	Aufgelöste Rahmenecke mit zwei geneigten Holzstäben	Aufgelöste Rahmenecke mit Holzdruckstab und Zugstab aus Rundstahl	Aufgelöste Rahmenecke mit Brettschichtholzriegel und Stahlstütze (-stiel)
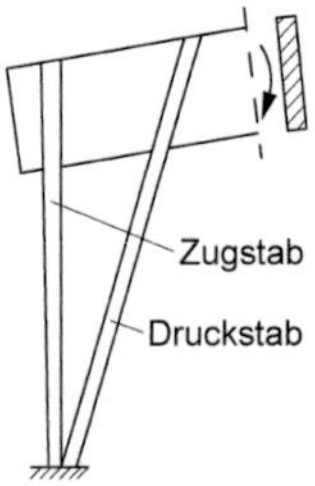 Zugstab, Druckstab	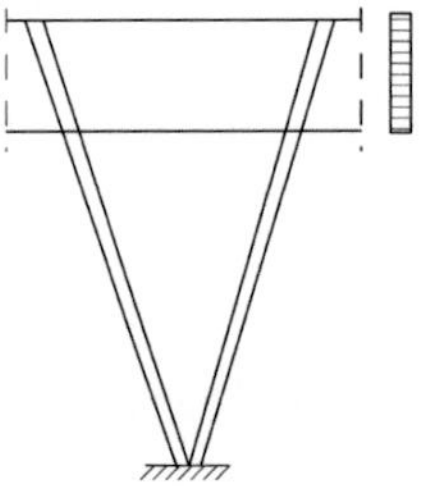	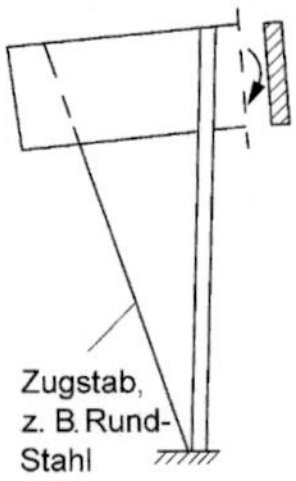 Zugstab, z. B. Rund-Stahl	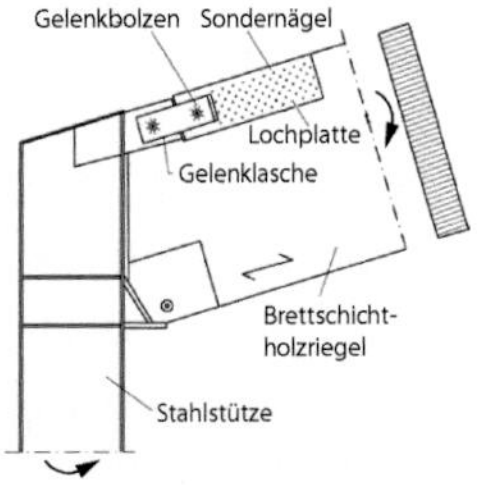 Gelenkbolzen, Sondernägel, Lochplatte, Gelenklasche, Brettschichtholzriegel, Stahlstütze

[1]) schematische Darstellung, bei Ausführung stets nur eine Verbindungsmittelart beidseitig anordnen
[2]) eine Ecksicherung an beiden Ecken des waagerechten Brettschichtholzbauteils sollte sinngemäß nach Abschn. 17.4.5 (Dübelkreis) angeordnet werden
[3]) die Tragfähigkeit der dargestellten Reihenanordnung von Dübeln entlang der Bauteilränder ist geringer als diejenige vergleichbarer Dübelkreise nach Abschn. 17.4.5

17.4.2 Biegesteifer Stoß mit mechanischen Verbindungsmitteln

Die Momentenbeanspruchung in biegesteifen Stößen wird bei mechanischen Verbindungsmitteln durch ein oder mehrere Kräftepaare übertragen. Die Belastung der Verbindungsmittel infolge Momentenbeanspruchung M wird an einem einfachen Beispiel nach Bild 17.21 hergeleitet; darin sind zwei Gruppen von je drei mechanischen Verbindungsmitteln auf beiden Seiten der Stoßstelle angeordnet, diese haben vom Schwerpunkt S der sechs Verbindungsmittel je Seite die Radien r_i. Aus der Gleichgewichtbedingung $\Sigma\, M = 0$ für den Schwerpunkt S folgt Gl. (17.38).

$$M = N_1^M \cdot r_1 + N_2^M \cdot r_2 + \ldots + N_n^M \cdot r_n = \sum_{i=1}^{n} N_i^M \cdot r_i \qquad (17.38)$$

Unter der Annahme, dass die Verbindungsmittelkräfte N_i^M aus Momentenbeanspruchung M sich proportional zum Abstand vom Schwerpunkt S aller sechs Verbindungsmittel verhalten, gilt Gl. (17.39), d.h. das Verbindungsmittel mit dem größten Abstand r_i vom Schwerpunkt S erhält die größte Beanspruchung infolge Moment M, näher liegende übertragen entsprechend weniger Beanspruchung. Wird Gl. (17.39) in Gl. (17.38) eingesetzt, folgt Gl. (17.40) und (17.41).

In Komponentenschreibweise erhält das $i = j$-te Verbindungsmittel die Belastung nach Gl. (17.42) und (17.43). Die resultierende Beanspruchung N_i^M kann aus Gl. (17.44), der Winkel α zwischen Kraft- und Faserrichtung aus Gl. (17.45) und (17.46) bestimmt werden.

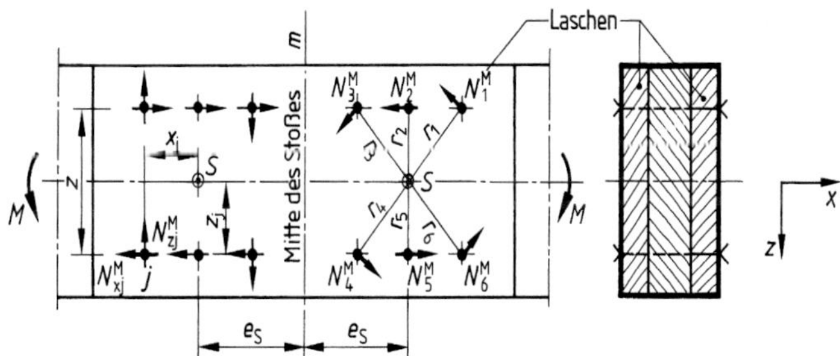

Bild 17.21 Biegesteifer Laschenstoß; Momentenbeanspruchung M; an den Verbindungsmitteln angreifende Kräfte N_i^M zur Erzielung des Gleichgewichts; in der linken Anschlusshälfte in Komponentenschreibweise (ohne Angabe von Vorzeichen)

Biegesteifer Stoß unter der Biegebeanspruchung M

$$\frac{N_1^M}{N_1^M} = \frac{r_1}{r_1}; \quad \frac{N_2^M}{N_1^M} = \frac{r_2}{r_1}; \quad \frac{N_n^M}{N_1^M} = \frac{r_n}{r_1} \quad \rightarrow \quad N_n^M = N_1^M \cdot \frac{r_n}{r_1} \qquad (17.39)$$

$$M = \frac{N_1^M}{r_1} \cdot \sum_{i=1}^{n} r_i^2 \qquad (17.40)$$

$$N_{\mathrm{j}}^{\mathrm{M}} = \frac{M \cdot r_{\mathrm{j}}}{\sum_{i=1}^{n} r_{\mathrm{i}}^2} \tag{17.41}$$

$$N_{\mathrm{xj}}^{\mathrm{M}} = \frac{M \cdot z_{\mathrm{j}}}{\sum_{i=1}^{n} \left(x_{\mathrm{i}}^2 + z_{\mathrm{i}}^2\right)} \tag{17.42}$$

$$N_{\mathrm{zj}}^{\mathrm{M}} = \frac{M \cdot x_{\mathrm{j}}}{\sum_{i=1}^{n} \left(x_{\mathrm{i}}^2 + z_{\mathrm{i}}^2\right)} \quad \text{mit } r_{\mathrm{i}}^2 = x_{\mathrm{i}}^2 + z_{\mathrm{i}}^2 \tag{17.43}$$

$$N_{\mathrm{j}}^{\mathrm{M}} = \sqrt{(N_{\mathrm{xj}}^{\mathrm{M}})^2 + (N_{\mathrm{zj}}^{\mathrm{M}})^2} \tag{17.44}$$

$$\alpha_{\mathrm{j}}^{\mathrm{x}} = \arctan\,(N_{\mathrm{zj}}^{\mathrm{M}}/N_{\mathrm{xj}}^{\mathrm{M}}) \quad \text{bezogen auf die } x\text{-Achse} \tag{17.45}$$

$$\alpha_{\mathrm{j}}^{\mathrm{z}} = \arctan\,(N_{\mathrm{xj}}^{\mathrm{M}}/N_{\mathrm{zj}}^{\mathrm{M}}) \quad \text{bezogen auf die } z\text{-Achse} \tag{17.46}$$

n Anzahl der Verbindungsmittel in einer Stoßhälfte nach Bild 17.21

Neben der **Momentenbeanspruchung *M*** werden in biegesteifen Stößen im Allgemeinen auch **Querkräfte *V*** und **Längskräfte *H*** übertragen (die Längskräfte bzw. die Normalkräfte werden hier mit H bezeichnet, um Verwechselungen auszuschließen). Das im biegesteifen Stoß zu übertragende Moment M verändert sich nach Gl. (17.47), da die Querkraft V nicht in der Stoßmitte, sondern um den Hebelarm e_s versetzt im Schwerpunkt S der Verbindungsmittel einer Anschlusshälfte übertragen wird, s. Bild 17.22. Unter der Annahme, dass sich die Quer- und Längskräfte gleichmäßig auf alle Verbindungsmittel einer Anschlusshälfte verteilen, erhält das $i = j$-te Verbindungsmittel die Belastungen nach Gl. (17.48) und (17.49) bei vorzeichengerechter Überlagerung der Kraftkomponenten in x- und z-Richtung infolge M, V und H, s. Bild 17.22. Die resultierende Gesamtbelastung kann nach Gl. (17.50) bestimmt werden.

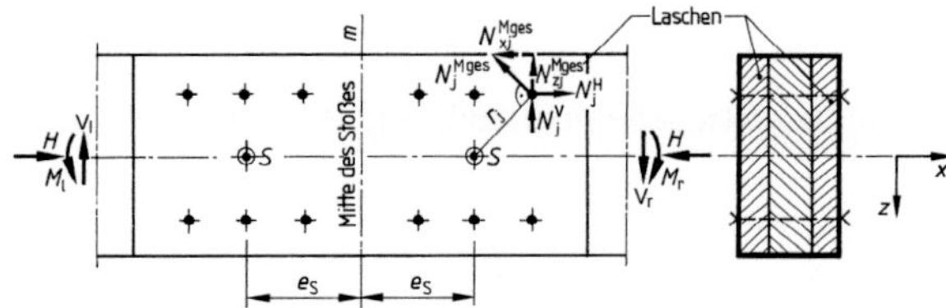

Bild 17.22 Biegesteifer Laschenstoß; Beanspruchung durch Biegemoment $M_{\mathrm{ges}} = M_{\mathrm{m}} + V_{\mathrm{m}} \cdot e_{\mathrm{s}}$, Querkraft V und Längskraft (Normalkraft) H; am $i = j$-ten Verbindungsmittel angreifende Kräfte zu Erzielung des Gleichgewichts (ohne Angaben von Vorzeichen)

Biegesteifer Stoß unter der Beanspruchung *M, V* und *H*

$$M_{\text{ges}} = M_{\text{m}} + V_{\text{m}} \cdot e_{\text{s}} \tag{17.47}$$

$$N_{\text{xj,max}} = N_{\text{xj}}^{\text{Mges}} + N_{\text{j}}^{\text{H}} = \frac{M_{\text{ges}} \cdot z_{\text{j}}}{\sum_{i=1}^{n} (x_{\text{i}}^2 + z_{\text{i}}^2)} + \frac{H}{n} \tag{17.48}$$

$$N_{\text{zj,max}} = N_{\text{zj}}^{\text{Mges}} + N_{\text{j}}^{\text{V}} = \frac{M_{\text{ges}} \cdot x_{\text{j}}}{\sum_{i=1}^{n} (x_{\text{i}}^2 + z_{\text{i}}^2)} + \frac{V}{n} \tag{17.49}$$

n Anzahl der Verbindungsmittel in einer Stoßhälfte mit $m = 1$ Scherfläche

Die resultierende Gesamtbelastung des $i = j$-ten Verbindungsmittels infolge M, V und H, s. Bild 17.22:

$$N_{\text{j,max}} = \sqrt{N_{\text{xj, max}}^2 + N_{\text{zj, max}}^2} \tag{17.50}$$

Die Winkel α zwischen Kraft- und Faserrichtung können sinngemäß nach Gl. (17.45) und (17.46) bestimmt werden. Die oben genannten Berechnungen beziehen sich auf die Belastung des $i = j$-ten Verbindungsmittels (mit $m = 1$ Scherfläche), $m \geq 2$ Scherflächen je Verbindungsmittel sind bei der Berechnung entsprechend zu berücksichtigen.

Die bisherigen Überlegungen entsprechen denen der Berechnung eines Niet- oder Schraubenanschlusses im Stahlbau; hier wird der gesamte Anschluss für das Verbindungsmittel mit der größten Beanspruchung ausgelegt, da beim isotropen Material Stahl die charakteristische Tragfähigkeit $F_{\text{v,Rk}}$ nicht richtungsabhängig ist. Im Holzbau ist dagegen die charakteristische Tragfähigkeit $F_{\text{v,Rk}}$ eines Verbindungsmittels aufgrund der Anisotropie des Holzes (bis auf dünne stiftförmige Verbindungsmittel wie z.B. Nägel) vom Winkel α zwischen Kraft- und Faserrichtung abhängig; bemessungsbestimmend ist deshalb das Verbindungsmittel mit dem größten Verhältnis vom Bemessungswert der Beanspruchung $F_{\text{v,Ed}}$ zum Bemessungswert der Tragfähigkeit $F_{\text{v,Rd}}$, und nicht zwangsläufig dasjenige mit dem größten Bemessungswert der Beanspruchung $F_{\text{v,Ed}}$.

Neben dem vorbenannten genaueren Nachweis biegesteifer Stöße kann die Momentenbeanspruchung M_{ges} nach Gl. (17.47) in bestimmten Fällen näherungsweise als Kräftepaar auf die Verbindungsmittelgruppen nach Gl. (17.51) verteilt werden, s. auch Bild 17.21.

$$N_{\text{j}}^{\text{M}} \cong \frac{M_{\text{ges}}}{z \cdot (n/2)} \tag{17.51}$$

z Hebelarm der inneren Kräfte als Abstand zwischen den Schwerpunkten zweier Verbindungsmittelgruppen innerhalb der Hälfte eines biegesteifen Stoßes

n Anzahl der Verbindungsmittel in zwei Verbindungsmittelgruppen innerhalb der Hälfte des biegesteifen Stoßes, s. Bild 17.21

Alle Verbindungsmittel in biegesteifen Stößen und Eckverbindungen werden überwiegend von gleicher Art und Größe gewählt, symmetrisch angeordnet und ausgelegt für das am höchsten beanspruchte Verbindungsmittel, das aus der Bemessung hervorgeht; eine Abstufung der Verbindungsmittel innerhalb eines Stoßes oder einer Eckverbindung hinsichtlich ihrer Beanspruchung ist meist aus Konstruktions-, Herstellungs- und Montagegründen nicht zu empfehlen.

17.4.3 Biegesteife gerade Stöße bei Koppelträgern (Koppelpfetten)

Koppelträger werden überwiegend als Koppelpfetten (z.B. bei Sparrenpfetten) ausgebildet und sind montagetechnisch günstige Durchlaufträger. Sie bestehen aus Einfeldträgern mit beidseitigen Kragarmen, die über den Stützen (Unterzügen, z.B. Dachbindern) durch Nagelung, Verschraubung oder Dübelung biegesteif zu Durchlaufträgern verbunden werden. Bolzen allein als Verbindungsmittel sollten wegen ihrer Nachgiebigkeit keine Verwendung finden. Die einzelnen Träger (meist Kanthölzer aus Nadelholz) werden feldweise um Balkenbreite gegeneinander versetzt, s. Bild 17.23. Die Bemessung von Koppelträgern mit gleicher Stützweite und Gleichlast kann nach Tabelle 17.13 erfolgen; Biegemomente und Auflagerkräfte können für Durchlaufträger (ohne Gelenke) z.B. *Berner* [25], *Krings* [293], *Rubin/ Schneider* [433] und *Scheer/Knauf* [447] entnommen oder rechnergestützt bestimmt werden.

Die **Koppelpfetten** werden überwiegend nach dem größten Feldmoment der Innenfelder bemessen. Der über den Unterzügen (Dachbindern) liegende doppelte Querschnitt deckt die vorhandenen Stützmomente ab, da die Übergreifungslängen *a* nach Tabelle 17.13 entsprechend gewählt sind; eine Bemessung nach den Stützmomenten ist deshalb entbehrlich. Die größeren Feldmomente in den Endfeldern können durch Verbreiterung der jeweiligen Endfeld-Koppelpfetten (bei gleicher Höhe) aufgenommen werden, oder in den Endfeldern werden die Innenfeldquerschnitte doppelt verlegt. Der Einfluss der Querschnittsänderungen auf die Schnittkräfte ist „klein“ und wird vernachlässigt.

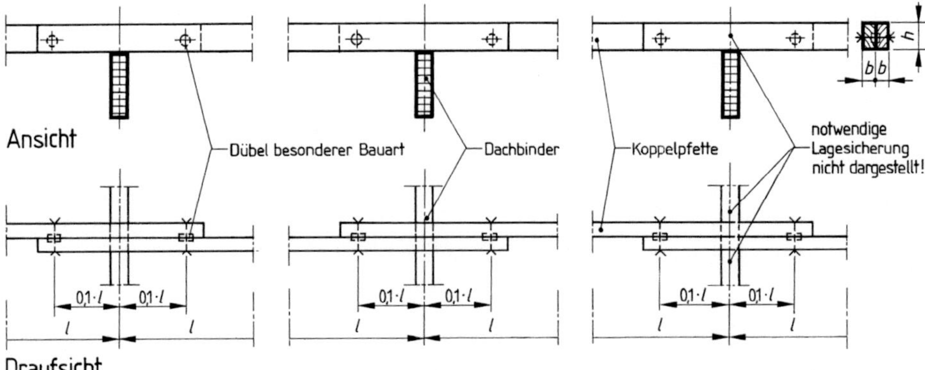

Bild 17.23 Koppelträger (Koppelpfetten) als biegesteife Stöße mit Dübeln besonderer Bauart als Verbindungsmittel; Beispiele

Tabelle 17.13 Koppelträger (Koppelpfetten) mit gleichen Stützweiten l und Bemessungswerten der Gleichlast q_d; Bemessungswerte der Kopplungskräfte $F_{B(C,D),d}$ und Übergreifungslängen a [1])

Koppelträger (Koppelpfette) als Durchlaufträger

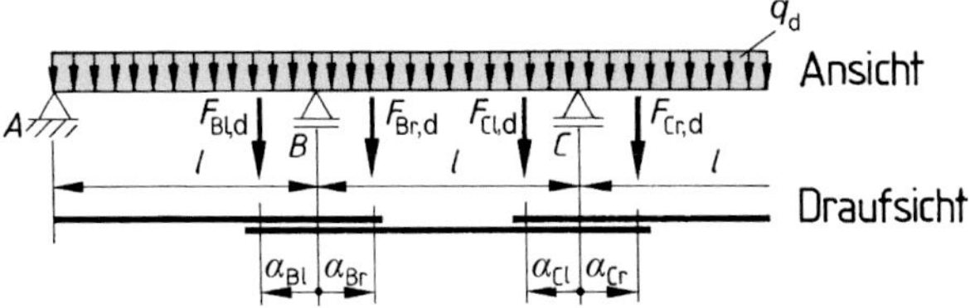

Kopplungskräfte *F* und Übergreifungslängen *a*

Felder-anzahl	Belastungsfall, Statisches System, Durchlaufträger, jeweils nur zur Hälfte dargestellt	Bemessungswerte der Kopplungskräfte $F_{B(C,D),d}$ = Tabellenwert · q_d · l Übergreifungslängen a = Tabellenwert · l				
		$F_{Bl,d}$ a_{Bl}	$F_{Br,d}$ a_{Br}	$F_{Cl,d}$ a_{Cl}	$F_{Cr,d}$ a_{Cr}	$F_{Dl,d}$ a_{Dl}
2	A 1 B (Symmetrieebene)	0,625 0,10	0,625 0,10			
3	A 1 B 2 (Symmetrieebene)	0,250 0,10	0,420 0,18			
4	A 1 B 2 C (Symmetrieebene)	0,360 0,10	0,442 0,16	0,354 0,10	0,354 0,10	
5	A 1 B 2 C 3 (Symmetrieebene)	0,330 0,10	0,425 0,17	0,460 0,10	0,330 0,10	
6	A 1 B 2 C 3 D (Symmetrieebene)	0,340 0,10	0,423 0,17	0,430 0,10	0,340 0,10	0,430 0,10
≥ 7	A 1 B 2 C 3 D 4 (Symmetrieebene)	0,340 0,10	0,423 0,17	0,430 0,10	0,340 0,10	0,430 0,10

[1]) s. auch Bild 17.23

Die **Koppelkräfte** entstehen aus dem biegesteifen Anschluss der Kragarme über den Unterzügen. Die Verbindungsmittel sind für die Bemessungswerte der Koppelkräfte $F_{B(C,D),d}$ auszulegen. Die Nachgiebigkeit der Verbindungsmittel ist nach *Möhler* [342] unter Gebrauchslasten gering und darf bei der Bemessung vernachlässigt werden. Bei **geneigten Dachflächen** werden die Koppelpfetten auf Doppelbiegung, s. Abschn. 17.1.3 (nicht biegedrillknick-(kipp-)gefährdete Biegeträger, soweit Querschnittsverhältnisse etwa $h/b \leq 3$ und eine ausreichende Aussteifung z.B. durch eine scheibenartige Schalung oder dgl. vorhanden sind), und die Verbindungsmittel auf Abscheren und Herausziehen beansprucht, siehe z.B. Abschn. 11.7.2 bis 11.7.4 (Nägel) und Abschn. 12.2 bzw. 12.3 (Dübel besonderer Bauart).

17.4.4 Biegesteife abgewinkelte Stöße und Bauteile

Abgewinkelte Bauteile oder biegesteife Stöße in Ecken (Knicken) von Bauteilen werden oft aus statischen, konstruktiven, gestalterischen oder montagetechnischen Gründen notwendig, z.B. Rahmenecken, Firstausbildung von Dächern, abgewinkelte Dachträger. Die Bauteile mit abgewinkelten Trägerkanten unterliegen gegenüber geraden Bauteilen mit parallelen Trägerkanten besonderen Beanspruchungen aufgrund ihrer Geometrie, unabhängig davon, ob die abgewinkelte Stelle monolithisch oder biegesteif gestoßen hergestellt wird, und zunächst unabhängig vom Baustoff.

Die besondere Beanspruchung wird näherungsweise am Beispiel eines abgewinkelten Bauteils unter Momentenbeanspruchung M erläutert, dazu wird der in Bild 17.24 dargestellte vereinfachte Kraftfluss angenommen, die tatsächliche Spannungsverteilung ist komplizierter, als Beispiele s. Bilder 17.25, 20.13 und 20.15.

In Bild 17.24a wird das Bauteil unter positiver, in Bild 17.24b unter negativer Biegemomentenbeanspruchung dargestellt. Das Biegemoment M an der abgewinkelten Stelle (oder Stoßstelle) wird durch ein Kräftepaar $|D| = Z$ mit innerem Hebelarm z nach Gl. (17.52) übertragen. Die horizontalen Kraftkomponenten von D und Z in Bild 17.24 erzeugen im Bereich der abgewinkelten Stelle oder Stoßstelle Druck- und Zugkräfte, die schräg zur jeweiligen Trägerschwerachse bzw. bei Holz schräg zur Faserrichtung verlaufen. Die vertikalen Kraftkomponenten von D und Z in Bild 17.24 erzeugen bei positivem Biegemoment eine Zugbeanspruchung und bei negativem Biegemoment eine Druckbeanspruchung an der abgewinkelten Stelle in vertikaler Richtung, d.h. diese Stelle wird neben den horizontalen Kraftkomponenten noch zusätzlich durch so genannte **Umlenkkräfte** U_D oder U_Z beansprucht, die allein aus den geometrischen Verhältnissen zu erklären sind; die Umlenkkraft U_D bewirkt Querdruckspannungen, die Umlenkkraft U_Z Querzugspannungen im Bereich der abgewinkelten Stelle.

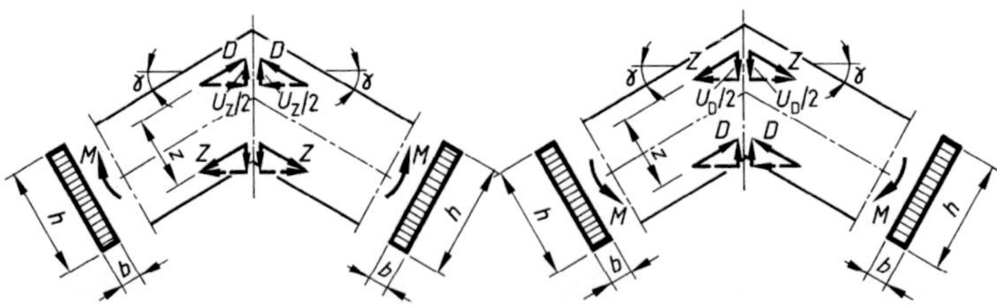

a) positives Biegemoment M; Umlenkkraft U_Z als Querzugkraft

b) negatives Biegemoment M; Umlenkkraft U_D als Querdruckkraft

Bild 17.24 Biegesteifer, abgewinkelter Stoß von Bauteilen oder abgewinkeltes Bauteil unter verschiedenen Momentenbeanspruchungen; Annahme eines vereinfachten Kraftflusses

Die Umlenkkräfte können unter dem o.a. vereinfacht angenommenen Kraftfluss nach Gl. (17.53) errechnet werden, sie lassen sich aus den Kraftzerlegungen in Bild 17.24 ableiten, für die Bemessung sind jedoch die genaueren Spannungsverläufe heranzuziehen.

$$|D| = |Z| = \frac{M}{z} \tag{17.52}$$

$$U_D = 2 \cdot D(Z) \cdot \sin\gamma \tag{17.53a}$$

$$U_Z = 2 \cdot D(Z) \cdot \sin\gamma \tag{17.53b}$$

mit Bezeichnungen nach Bild 17.24

Die Umlenkkräfte müssen bei der Bemessung abgewinkelter Stellen berücksichtigt werden. Beim Baustoff Stahl und einem I-Querschnitt können z.B. zusätzliche Steifen in Richtung der Stoßfuge eingeschweißt werden; bei Stahlbeton übernehmen enger liegende Bügel im abgewinkelten Bereich die Zug-Umlenkkräfte.

Beim **Baustoff Holz** muss dagegen unterschieden werden zwischen Umlenkkräften, die Querdruck- oder Querzugspannungen im abgewinkelten Bereich erzeugen, da die Querzugfestigkeit $f_{t,90}$ von Holz, s. Abschn. 1.10.2, sehr gering ist, während die Querdruckfestigkeit $f_{c,90}$ wesentlich höher liegt. Im Holzbau lassen sich deshalb abgewinkelte Bauteile oder biegesteife, abgewinkelte Stöße unter **negativem Biegemoment** meist ohne größere Probleme, z.B. als gekrümmtes Bauteil bzw. gekrümmte Rahmenecke, herstellen, während derartige abgewinkelte Stellen unter **positivem Biegemoment** aufgrund der Gefahr des Aufreißens durch hohe Querzugspannungen besonders aufmerksam berechnet und konstruiert werden müssen. Dies kann bei positivem Biegemoment z.B. durch geeignete abgesicherte Bemessungsverfahren wie bei Satteldachträgern oder gekrümmten Trägern nach Abschn. 20.3 bzw. 20.4 und durch zusätzliche Verstärkungsmaßnahmen wie eingedrehte Vollgewindeschrauben oder eingeklebte Gewindestangen nach Abschn. 20.5 oder durch eine gezielte Übertragung des Kräftepaares aus Biegemoment über Druck bzw. mechanische Verbindungsmittel (Zug) und der Querzugkräfte über Vollgewindeschrauben bzw. eingeklebte Gewindestangen vorgenommen werden.

Neben der Biegemomentenbeanspruchung M und den daraus entstehenden Umlenkkräften U werden in abgewinkelten Stellen im Allgemeinen auch Querkräfte V und Normalkräfte N übertragen, diese Kräfte sind entsprechen zu überlagern, s. als Beispiel Tabelle 17.14.

17.4.5 Verdübelte Rahmenecken

Biegesteife abgewinkelte Stöße mit mechanischen Verbindungsmitteln nach Abschn. 17.4.1 werden z.B. als verdübelte Rahmenecken bei Zwei- und Dreigelenkrahmen aus Brettschichtholz mit Rechteckquerschnitt ausgeführt; sie können ohne erhöhten Aufwand auf der Baustelle montiert werden und haben gegenüber keilgezinkten Rahmenecken, s. Abschn. 17.4.6, und gekrümmten Rahmenecken, s. Abschn. 20.4.1, den Vorteil, die einzelnen meist geraden Brettschichtholzbauteile einfacher transportieren zu können als bereits im Werk hergestellte große Rahmenbauteile mit geklebten oder gekrümmten Rahmenecken.

Eine Dübelanordnung in ein oder höchstens zwei Dübelkreisen ist nach *Kolb* [259], [260], [261] günstiger als eine Reihenanordnung entlang der Bauteilränder, z.B. entsprechend Bild 17.22, bei der in der Nähe des Hirnholzendes wesentlich höhere Querzugspannungen vorliegen und dadurch die Spaltgefahr des Holzes erhöht wird, s. *Racher* [403].

Nachweis der Dübeltragfähigkeit in verdübelten Rahmenecken mit ein- oder zwei Dübelkreisen

Der Nachweis der Stabdübeltragfähigkeit in verdübelten Rahmenecken mit ein oder zwei Stabdübelkreisen unter Beanspruchung von negativem Eckmoment, negativer Längskraft (Druckkraft) und Querkraft in Brettschichtholzbauteilen mit Rechteckquerschnitt ist nach *Heimeshoff* [201] in Tabelle 17.14 dargestellt; der Nachweis kann auch sinngemäß unter denselben Annahmen für Dübelkreise aus Dübeln besonderer Bauart erfolgen.

Beim Nachweis wird vorausgesetzt, dass die Längs- und Querkräfte sich gleichmäßig auf alle Dübel verteilen und die Dübelbeanspruchung infolge des Biegemomentes sich proportional zum Abstand des Schwerpunktes aller Dübel verhält. Demnach erhalten die Dübel auf dem äußeren Dübelkreis die größte Beanspruchung infolge des Biegemomentes; mehr als zwei Dübelkreise sind unwirtschaftlich, da Dübel in der Nähe des Schwerpunktes aller Dübel nur noch geringe Kräfte aus Moment übertragen. Eine Vergrößerung der Querschnitte um einen dritten Dübelkreis aussen anzubringen ist ebenfalls i.d.R. unwirtschaftlich.

Dübeltragfähigkeit bei zwei Dübelkreisen

Bei zwei Dübelkreisen liegt nach *Kolb* [261] eine etwas geringere Tragfähigkeit vor, so dass der Bemessungswert der Tragfähigkeit $F_{v,Rd}$ der einzelnen Stabdübel um 15% abgemindert und mit einer **wirksamen Anzahl n_{ef}** = 0,85 nach Tabelle 17.14 gerechnet werden muss, s. DIN EN 1995-1-1/NA: 2013-08, NCI Zu 8.6, (NA.10) und (NA.11). Soll die

Tabelle 17.14 Verdübelte Rahmenecken mit Stabdübeln in Brettschichtholzbauteilen und Rechteckquerschnitt mit ein oder zwei Dübelkreisen unter negativem Eckmoment, negativer Längskraft (Druckkraft) und Querkraft nach *Heimeshoff* [201][1–4)][10)][12)]

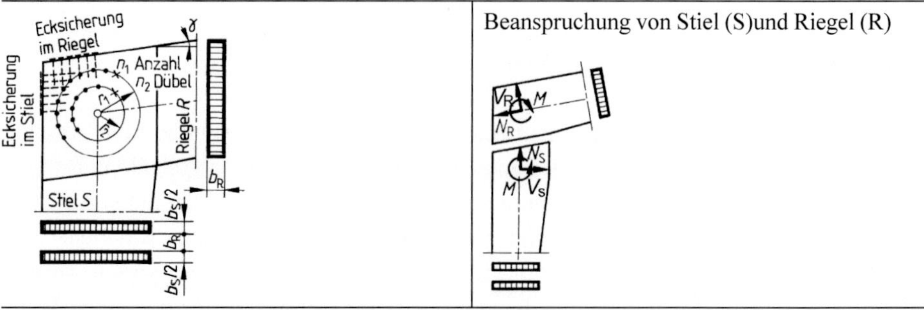

Bemessungswerte der Schnittgrößen von Stiel (S) und Riegel (R)

$N_{R,d} = N_{S,d} \cdot \sin\gamma + V_{S,d} \cdot \cos\gamma$ $\quad$ $V_{R,d} = V_{S,d} \cdot \sin\gamma - N_{S,d} \cdot \cos\gamma$

Tabelle 17.14 (Fortsetzung)

Nachweise der Dübeltragfähigkeiten	
Bemessungswerte der Beanspruchungen $F_{M(N,V),Ed}$ eines Stabdübels	
bei einem Dübelkreis:	bei zwei Dübelkreisen:
aus Biegemoment M: $\lvert F_{M,Ed} \rvert = \dfrac{\lvert M_d \rvert \cdot r}{n \cdot r^2}$	$\lvert F_{M,Ed} \rvert = \dfrac{\lvert M_d \rvert \cdot r_1}{n_1 \cdot r_1^2 + n_2 \cdot r_2^2}$
aus Längskraft $N_{R,d}$: $\lvert F_{N,R,Ed} \rvert = \lvert N_{R,d} \rvert / n$ $N_{S,d}$: $\lvert F_{N,S,Ed} \rvert = \lvert N_{S,d} \rvert / n$	$\lvert F_{N,R,Ed} \rvert = \lvert N_{R,d} \rvert / (n_1 + n_2)$ $\lvert F_{N,S,Ed} \rvert = \lvert N_{S,d} \rvert / (n_1 + n_2)$
aus Querkraft $V_{R,d}$: $\lvert F_{V,R,Ed} \rvert = \lvert V_{R,d} \rvert / n$ $V_{S,d}$: $\lvert F_{V,S,Ed} \rvert = \lvert V_{S,d} \rvert / n$	$\lvert F_{V,R,Ed} \rvert = \lvert V_{R,d} \rvert / (n_1 + n_2)$ $\lvert F_{V,S,Ed} \rvert = \lvert V_{S,d} \rvert / (n_1 + n_2)$
Maßgebende Bemessungswerte der Beanspruchung $F_{R,Ed}$ und $F_{S,Ed}$ eines Stabdübels[5])	
Riegel: $F_{R,Ed,max} = F_{M,Ed} + \sqrt{F_{V,R,Ed}^2 + F_{N,R,Ed}^2}$	Stiel: $F_{S,Ed,max} = F_{M,Ed} + \sqrt{F_{V,S,Ed}^2 + F_{N,S,Ed}^2}$
Bemessungswerte der Tragfähigkeit $F_{v,R(S),Rd}$ eines Stabdübels für eine Scherfläche[6])[11])	
bei einem Dübelkreis:	bei zwei Dübelkreisen:[7])
Riegel $F_{v,R,Rd} = \dfrac{k_{mod} \cdot F_{v,R,Rk}}{\gamma_M}$	$F_{v,R,Rd} = n_{ef} \cdot \dfrac{k_{mod} \cdot F_{v,R,Rk}}{\gamma_M}$ mit $n_{ef} = 0{,}85$
Stiel $F_{v,S,Rd} = \dfrac{k_{mod} \cdot F_{v,S,Rk}}{\gamma_M}$	$F_{v,S,Rd} = n_{ef} \cdot \dfrac{k_{mod} \cdot F_{v,S,Rk}}{\gamma_M}$
Bemessungswerte der Tragfähigkeit $F_{v,R(S),j,Rd}$ eines Stabdübels für m-Scherflächen[6])	
Riegel: $F_{v,R,j,Rd} = m \cdot F_{v,R,Rd}$	Stiel: $F_{v,S,j,Rd} = m \cdot F_{v,S,Rd}$
Nachweise der Stabdübelverbindung der Dübelkreise für einen Stabdübel	
Riegel: $\dfrac{F_{R,Ed,max}}{F_{v,R,j,Rd}} \leq 1$	Stiel: $\dfrac{F_{S,Ed,max}}{F_{v,S,j,Rd}} \leq 1$
Nachweise der Querkraft im Bereich der Dübelkreise	
Bemessungswerte der Querkraftbeanspruchung $V_{M(Ri,St),d}$	
bei einem Dübelkreis:	bei zwei Dübelkreisen:
aus Biegemoment M: $V_{M,d} = \dfrac{M_d}{\pi \cdot r}$	$V_{M,d} = \dfrac{M_d}{\pi} \cdot \dfrac{n_1 \cdot r_1 + n_2 \cdot r_2}{n_1 \cdot r_1^2 + n_2 \cdot r_2^2}$
Riegel: $V_{Ri,d} = \lvert V_{M,d} \rvert - \lvert V_{R,d}/2 \rvert$	Stiel: $V_{St,d} = \lvert V_{M,d} \rvert - \lvert V_{St,d}/2 \rvert$
Bemessungswerte der maximalen Schubspannungen $\tau_{R(S),d}$ in Rechteckquerschnitten	
Riegel: $\tau_{R,d} = \dfrac{1{,}5 \cdot V_{Ri,d}}{A_R}$ [13])	Stiel: $\tau_{S,d} = \dfrac{1{,}5 \cdot V_{St,d}}{A_S}$ [13])
Nachweis der Querkraft in den Dübelkreisen	
Riegel: $\dfrac{\tau_{R,d}}{f_{v,d}} \leq 1$ [13])	Stiel: $\dfrac{\tau_{S,d}}{f_{v,d}} \leq 1$ [13])

Tabelle 17.14 (Fortsetzung)

Ecksicherung (Querzugverstärkung) bei zwei Dübelkreisen[8]), wenn keine Abminderung der Tragfähigkeit pro Stabdübel vorgenommen worden ist, s. oben	
Bemessungswert der Beanspruchung $F_{ax,Ed}$ auf Herausziehen für die Ecksicherung[9]) (Querzugverstärkung)	Nachweis der Ecksicherung auf Herausziehen (Querzugverstärkung) jeweils im Riegel und Stiel
$F_{ax,Ed} = n_1 \cdot F_{M,Ed} \cdot 30°/360° = n_1 \cdot F_{M,Ed}/12$	$\frac{F_{ax,Ed}}{F_{ax,Rd}} \leq 1$

[1]) Hierin bedeuten:

$f_{v,d}$ Bemessungswert der Schubfestigkeit nach Gl. (8.5), beim Nachweis der Schubspannungen ist die wirksame Breite $b_{ef} = k_{cr} \cdot b$ nach Abschn. 18.1 zu berücksichtigen
n_1 Anzahl der Stabdübel auf dem äußeren Stabdübelkreis
n_2 Anzahl der Stabdübel auf dem inneren Stabdübelkreis
r_1 Radius des äußeren Dübelkreises bezogen auf den Schwerpunkt aller Stabdübel
r_2 Radius des inneren Dübelkreises bezogen auf den Schwerpunkt aller Stabdübel
γ Riegelneigung bezogen auf die waagerechte Bezugsebene
$A_{R(S)}$ Querschnittsfläche des Riegels (R) oder des Stiels (S) im Schwerpunkt aller Stabdübel
M_d Bemessungswert des Biegemomentes, ermittelt für den Schwerpunkt aller Stabdübel
$N_{R(S),d}$ Bemessungswert der Längskraft im Riegel (R) oder Stiel (S), ermittelt für den Schwerpunkt aller Stabdübel
$F_{ax,Rd}$ Bemessungswert der Tragfähigkeit auf Herausziehen stiftförmiger Verbindungsmittel zur Ecksicherung z.B. durch Sondernägel oder Vollgewindeschrauben mit bauaufsichtlichem Verwendbarkeitsnachweis
$V_{R(S),d}$ Bemessungswert der Querkraft im Riegel (R) oder Stiel (S), ermittelt für den Schwerpunkt aller Stabdübel

[2]) Rahmenecken mit Stabdübeln besitzen eine etwas höhere spezifische Tragfähigkeit als Rahmenecken mit Dübeln besonderer Bauart, bei letzteren ist sinngemäß zu verfahren

[3]) die Schnittgrößen M, N und V sind für den Schwerpunkt der Dübelkreise zu ermitteln

[4]) Rahmenecke mit einteiligem Riegel (Mittelholz) und zweiteiligem Stiel (Seitenhölzer)

[5]) die maximalen Dübelbeanspruchungen $F_{S(R),Ed,max}$ liegen auf der sicheren Seite; es kann auch mit einer etwas geringeren Dübelbeanspruchung in Abhängigkeit vom Winkel α zwischen Kraft- und Faserrichtung gerechnet werden, wenn die Bedingungen nach *Heimeshoff* [201] eingehalten werden

[6]) Bemessungswert der Tragfähigkeit $F_{v,Rd}$ eines Stabdübels auf Abscheren nach Abschn. 11.5.2

[7]) Abminderung der Tragfähigkeit bei zwei Dübelkreisen um 15% je Stabdübel, wenn keine Ecksicherung gegen Aufspalten des Holzes vorgenommen wird, s. DIN EN 1995-1-1/NA: 2013-08, NCI Zu 8.6, (NA.10) und (NA.11)

[8]) Ecksicherung im Riegel und Stiel jeweils durch z.B. Sondernägel oder Vollgewindeschrauben mit bauaufsichtlichem Verwendbarkeitsnachweis

[9]) Auslegung auf Herausziehen für die Verbindungsmittel der Ecksicherung nach *Heimeshoff* [201] und *Erläut. zu DIN 1052: 2004-08* [47], E 12.3 (11)

[10]) Rahmenecken gegen seitliches Ausweichen (Biegedrillknicken (Kippen)) aus der Binderebene aussteifen, bei negativen Eckmomenten können Abstützungen des auf Druck beanspruchten Untergurtes (innere Rahmenecke) z.B. durch Kopfbänder erforderlich werden; eine geeignete, gabelgelagerte Rahmenfußkonstruktion ist eine weitere zusätzliche Stabilisierungsmaßnahme, s. Bild 26.11

[11]) bei der Berechnung der Tragfähigkeit der Stabdübel ist der Kraft-Faserwinkel α zu beachten

[12]) positive Eckmomente bei Rahmenecken sollten wegen auftretender Querzugspannungen vermieden werden

[13]) beim Nachweis der Schubspannungen ist die wirksame Breite $b_{ef} = k_{cr} \cdot b$ nach Abschn. 18.1 zu berücksichtigen

Abminderung der Stabdübeltragfähigkeit nicht vorgenommen werden, muss alternativ das Spalten des Holzes rechtwinklig zur Faserrichtung, verursacht durch hohe Querzugspannungen, mit einer **Ecksicherung in Stiel und Riegel**, d.h. im äußeren Viertel der Rahmenecke, verhindert werden, s. *Heimeshoff* [201]; in diesen Fällen darf für einen Stabdübel $n_{ef} = 1{,}0$ gesetzt werden.

Die **Querzugverstärkung** ist für eine Kraft auf Herausziehen nach Tabelle 17.14 zu bemessen, diese entspricht der Abscherbeanspruchung der Stabdübel des äußeren Stabdübelkreises in einen Kreisausschnitt von 30°. Die Länge der Verbindungsmittel zur Querzugverstärkung sollte so ausgelegt werden, dass Rissbildungen tangential zum Stabdübelkreis und rechtwinklig zur Faserrichtung des Holzes im Riegel- und Stieleckbereich verhindert werden, im Allgemeinen sind Längen von etwa dem zehn- bis zwölffachen des Stabdübeldurchmessers und auch darüber erforderlich, s. auch *Erläut. zu DIN 1052: 2004-08* [47], E 12.3 (11).

Nachweise der Schubtragfähigkeiten

Die Nachweise der Schubtragfähigkeiten können ebenfalls nach Tabelle 17.14 geführt werden, sie dürfen auf den ungeschwächten Querschnitt von Stiel und Riegel bezogen werden, da die maximalen Schubspannungen im Schwerpunkt der Querschnitte auftreten.

Dübelabstände in biegesteifen Verbindungen

Die Abstände von Stabdübeln in biegesteifen Verbindungen wie Dübelkreisen und Dübelrechtecken sind in DIN EN 1995-1-1: 2010-12 und DIN EN 1995-1-1/NA: 2013-08 nicht geregelt. In Tabelle 17.15 sind hierzu Empfehlungen über einzuhaltende Mindestabstände angegeben.

Tabelle 17.15 Empfehlungen für Mindestabstände von Stabdübeln und Passbolzen in biegesteifen Verbindungen nach *Becker/Blaß* [18], *Racher* [403] und Tabelle 11.5[1])

Bezeichnungen	Benennung der Bezeichnungen	Mindestabstände
$a_{z,1}$	untereinander innerhalb der Dübelkreise oder Dübelrechtecke	$6 \cdot d$
$a_{z,2}$	untereinander zwischen den Dübelkreisen oder Dübelrechtecken	$5 \cdot d$
$a_{3,t}$	vom beanspruchten Hirnholzende	$7 \cdot d, \quad \geq 80$ mm
$a_{4,t}$	vom beanspruchten Holzrand rechtwinklig zur Faser	$3 \cdot d$
$a_{4,c}$	vom unbeanspruchten Holzrand rechtwinklig zur Faser	$3 \cdot d$

[1]) Hierin bedeuten:
d Nenndurchmesser des Stabdübels oder Passbolzens

Biegedrillknick-(Kipp-)aussteifungen von verdübelten Rahmenecken

Bei negativem Eckmoment ist die „innere" Rahmenecke biegedrillknick-(kipp-)gefährdet, sie ist ausreichend gegen seitliches Ausweichen zu sichern, z.B. durch ein Kopfband, s. z.B.

Abschn. 26.3.1. Positive Eckmomente bei Rahmenecken sollten wegen auftretender Querzugspannungen vermieden werden.

17.4.6 Keilgezinkte Rahmenecken

Biegesteife abgewinkelte Stöße mit Keilzinkenverbindungen nach Abschn. 17.4.1 werden z.B. als keilgezinkte Rahmenecken bei Zwei- und Dreigelenkrahmen aus Brettschichtholz mit Rechteckquerschnitt ausgeführt. Da die keilgezinkten Rahmenecken im Allgemeinen komplett im Werk hergestellt und die geklebten Keilzinkenverbindungen nicht mehr lösbar sind, unterliegen Halbrahmen mit keilgezinkten Rahmenecken beschränkten Transportmöglichkeiten.

Die Spannungsverläufe von Rahmenecken mit ein oder zwei Keilzinkenverbindungen und Zwischenstück unter negativem Biegemoment M nach *Heimeshoff* [200] sind in Bild 17.25 dargestellt, s. auch *Krabbe/Tersluisen* [283]. An der innen liegenden Rahmenecke treten große Druckspannungsspitzen infolge des Biegemomentes M auf, während die Biegezugspannungen geringer ausfallen, die Querspannungen sind hier Querdruckspannungen, s. Bild 17.24b. Darüber hinaus treten aus den Normalkräften des Stiels und Riegels noch weitere Druckspannungen im Bereich der Rahmenecke auf, so dass die Zugspannungen im äußeren Eckbereich verkleinert und die Druckspannungen im inneren Eckbereich vergrößert werden.

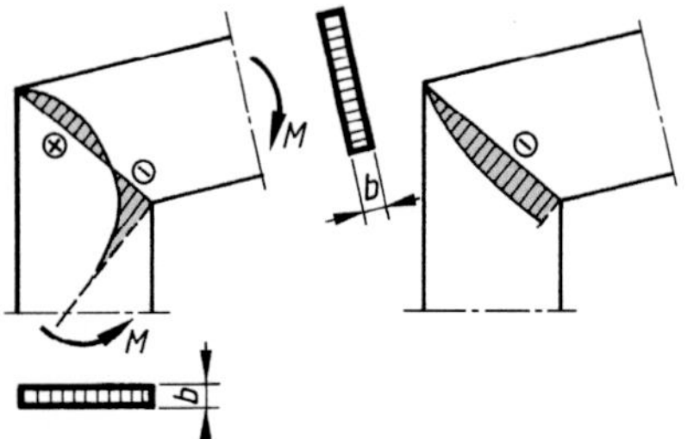

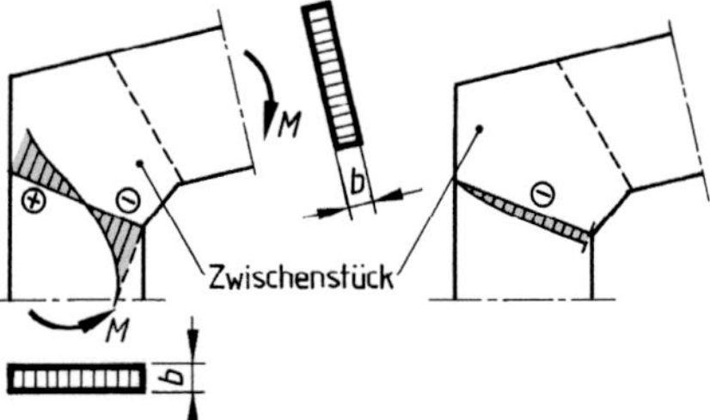

Längsspannungen Querspannungen (hier: Querdruck)
a) Rahmenecke mit einer Keilzinkung

Längsspannungen Querspannungen (hier: Querdruck)
b) Rahmenecke mit zwei Keilzinkungen

Bild 17.25 Keilgezinkte Rahmenecke; Längs- und Querspannungsverlauf infolge negativen Biegemomentes M nach *Heimeshoff* [200]

Bei zwei Keilzinkungen reduzieren sich die auftretenden Druckspannungsspitzen an den beiden innen liegenden Eckstellen und die Querdruckspannungen. Keilgezinkte Rahmenecken mit zwei Keilzinkungen und Zwischenstück übertragen größere Normalkräfte als mit einer Keilzinkung, da eine größere Druckfestigkeit $f_{c,\alpha}$ an den beiden Keilzinkenstellen aufgrund des kleineren Winkels α zwischen Kraft- und Faserrichtung im Vergleich zum größeren Winkel α bei einer Keilzinkung vorliegt.

Nachweis der Tragfähigkeit keilgezinkter Rahmenecken mit ein- oder zwei Keilzinkungen

Der Nachweis keilgezinkter Rahmenecken mit ein oder zwei Universal- Keilzinkenverbindungen unter Beanspruchung von negativem oder positivem Eckmoment, negativer Längskraft (Druckkraft) und Querkraft in Bauteilen aus Brettschichtholz und Rechteckquerschnitt ist in Tabelle 17.16 dargestellt. Keilgezinkte Rahmenecken unter positivem Eckmoment dürfen wegen der hohen auftretenden Querzugspannungen nur bei kleinerem positiven Eckmoment bzw. geringen Zugspannungen an der inneren Rahmenecke ausgeführt werden. Für den Nachweis sind die Druckfestigkeiten $f_{c,\alpha}$ unter dem Winkel α nach Abschn. 14, Tabelle 14.1 wie für Versätze, jedoch mit den Werten der Brettschichtholz-Festigkeitsklassen zu berechnen (abweichend von Abschn. 16.1.3), s. DIN EN 1995-1-1/ NA: 2013-08, NCI NA.11.3 (NA.3) und (NA.4) sowie *Heimeshoff* [200].

Die Querschnittsschwächung durch die Universal-Keilzinkenverbindung darf ohne genaueren Nachweis zu 20% der Bruttoquerschnittswerte angenommen werden. Die Verminderung der Tragfähigkeit von Universal-Keilzinkenverbindungen durch Äste, die im unmittelbaren Bereich der Keilzinkungen nicht auszuschließen sind, wird dadurch berücksichtigt, dass die Bemessungswerte der Zug-, Druck- und Biegefestigkeiten $f_{t,0,d}$, $f_{c,0,d}$ und $f_{m,d}$ der Brettschichtholz-Festigkeitsklassen GL28 und höher wie GL30 und GL32 jeweils um 15% abzumindern sind, s. Abschn. 7.2.1 und DIN EN 1995-1-1/NA: 2013-08, NCI NA.11.3 (NA.5) sowie (NA.6). Über Universal-Keilzinkenverbindungen bei Brettschichtholz s. Abschn. 6.4.

Keilgezinkte Rahmenecken in den Nutzungsklassen

Rahmenecken mit Universal-Keilzinkungen dürfen nur in den Nutzungsklassen 1 und 2 nach Abschn. 7.3.1 verwendet werden. Eine direkte Bewitterung von Universal-Keilzinkenverbindungen in Nutzungsklasse 3 ist aus den in Abschn. 6.4 dargestellten Gründen auszuschließen. Werden keilgezinkte Rahmen im Freien verwendet, sind ausreichende und dauerhafte Abdeckungen z.B. nach Bild 7.1a oder b, oder andere Maßnahmen des baulichen Holzschutzes nach Abschn. 5.2.4 erforderlich, um die Bedingungen der Nutzungsklasse 2 zuverlässig sicherzustellen.

Biegedrillknick-(Kipp-)aussteifungen von keilgezinkten Rahmenecken

Bei negativem Eckmoment ist die „innere" untere Rahmenecke biegedrillknick(kipp-)gefährdet, sie ist ausreichend gegen seitliches Ausweichen zu sichern, z.B. durch Kopfbänder, siehe Abschn. 26.3.1. Ein positives Eckmoment, das wegen auftretender Querzugspannungen wenn möglich vermieden werden oder nur in kleiner Größe auftreten sollte, s. Tabelle 17.16, bewirkt an der „äußeren", oberen Rahmenecke ein seitliches Ausweichen, das z.B. durch Anschluss an den meist „oben" liegenden Aussteifungsverband verhindert werden kann.

Tabelle 17.16 Rahmenecken aus Brettschichtholz mit Universal- Keilzinkenverbindungen unter Beanspruchung von negativem oder positivem Eckmoment und negativer Längskraft (Druckkraft) nach DIN EN 1995-1-1/NA: 2013-08, NCI NA.11.3[1])[2])[3])[5])

Nachweis der Rahmenecken, folgende Bedingungen sind einzuhalten:
- Faserrichtung der zu verbindenden Brettschichtholzbauteile schließen einen Winkel von $2 \cdot \alpha$ ein, s. Bilder unten

Druckspannungen an der inneren Rahmenecke (negatives Biegemoment)	**Zugspannungen an der inneren Rahmenecke** (positives Biegemoment)
$\frac{f_{c,0,d}}{f_{c,\alpha,d}} \cdot \left(\frac{\sigma_{c,0,d}}{k_c \cdot f_{c,0,d}} + \frac{\sigma_{m,d}}{f_{m,d}} \right) \leq 1$	$\frac{f_{c,0,d}}{f_{c,\alpha,d}} \cdot \left(\frac{\sigma_{c,0,d}}{k_c \cdot f_{c,0,d}} + \frac{\sigma_{m,d}}{f_{m,d}} \right) \leq 0,2$
- die Universal-Keilzinkenverbindung wird über ihren Verlauf mit Querdruckspannungen beansprucht	- die Universal-Keilzinkenverbindung wird über ihren Verlauf mit Querzugspannungen beansprucht

k_c Knickbeiwert nach Tabelle 16.6 bzw. 16.9
= 1 beim Nachweis nach Theorie II. Ordnung, s. Abschn. 24

$f_{c,\alpha,d}$ Bemessungswert der Druckfestigkeit unter dem Winkel α nach Tabelle 14.1 (wie für Versätze, jedoch mit den Werten der Brettschichtholz-Festigkeitsklassen)

σ, f andere Größen sinngemäß nach Abschn. 17.2.4

Ermitteln der Spannungen und Querschnittswerte, s. Bilder unten

Spannungen:
- $\sigma_{c,0}$ und σ_m mit den Schnittgrößen an den Stellen 1 und 2

Querschnittswerte:
- A und W mit den Querschnitten rechtwinklig zur Faserrichtung unmittelbar neben den Universal-Keilzinkenverbindungen (Schnitte 1-1 und 2-2)

Querschnittsschwächungen durch die Universal-Keilzinkenverbindung:[4])
- 20% der Bruttoquerschnittswerte ansetzen bei Berechnung der Normalspannungen:

$A_n = 0{,}8 \cdot b \cdot h$ und $W_n = 0{,}8 \cdot b \cdot h^2/6$

Abmindern der Bemessungswerte der Zug-, Druck- und Biegefestigkeiten

Berücksichtigung des Äste-Einflusses im Bereich der Universal- Keilzinkungen:
- die Bemessungswerte der Zug-, Druck- und Biegefestigkeiten $f_{t,0,d}$, $f_{c,0,d}$ und $f_{m,d}$ sind bei den Brettschichtholz-Festigkeitsklassen GL28 und höher (wie GL30 und GL32) um jeweils 15% abzumindern

Beispiele für Rahmenecken mit Universal- Keilzinkenverbindungen
nach DIN EN 1995-1-1/NA: 2013-08, NCI NA.11.3, Bild NA.21

Tabelle 17.16 (Fortsetzung)

Rahmenecke mit einer Zinkung[1][2][3] $\alpha = \beta/2 \quad \beta = 90° - \gamma$	Rahmenecke mit zwei Zinkungen[1][2][3] $\alpha = \beta/4 \quad \beta = 90° - \gamma$

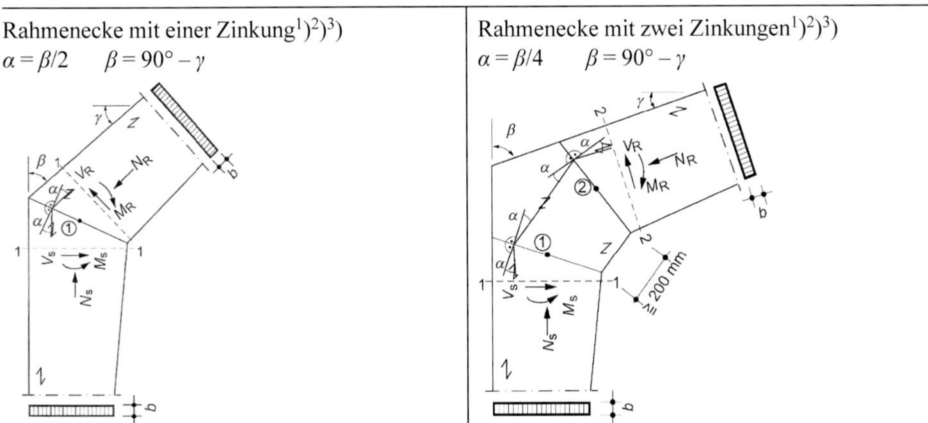

[1]) Universal-Keilzinkenverbindungen von Brettschichtholz nach DIN EN 14080: 2013-09, s. Abschn. 6.4

[2]) Universal-Keilzinkenverbindungen nur in Nutzungsklassen 1 und 2 verwenden

[3]) Rahmenecken gegen seitliches Ausweichen (Biegedrillknicken (Kippen)) aus der Binderebene aussteifen, bei negativen Eckmomenten können Abstützungen des auf Druck beanspruchten Untergurtes (innere Rahmenecke) z.B. durch Kopfbänder erforderlich werden; bei positiven Eckmomenten (sollten nur in kleiner Größe auftreten, wenn möglich jedoch vermieden wegen auftretender Querzugspannungen) an der „äußeren", oberen Rahmenecke ein seitliches Ausweichen verhindern z.B. durch Anschluss an den meist „oben" liegenden Aussteifungsverband; eine geeignete, gabelgelagerte Rahmenfußkonstruktion ist eine weitere zusätzliche Stabilisierungsmaßnahme, s. Bild 26.11

[4]) wenn kein genauerer Nachweis geführt wird, s. DIN EN 1995-1-1/NA: 2013-08, NCI NA.11.3 (NA.5)

[5]) beim Nachweis der Schubspannungen ist die wirksame Breite $b_{ef} = k_{cr} \cdot b$ nach Abschn. 18.1 zu berücksichtigen

17.4.7 Nachgiebigkeit mechanischer Verbindungsmittel in biegesteifen Stößen und Eckverbindungen

Die Nachgiebigkeit mechanischer Verbindungsmittel sollte berücksichtigt werden, wenn sich dies auf die Bemessung von Bauteilen auswirkt, s. DIN EN 1995-1-1: 2010-12, 5.1 (5): Biegesteife Stöße in Bauteilen, die mit nachgiebigen Verbindungsmitteln hergestellt werden, sollten ggf. beim Nachweis der Gebrauchstauglichkeit (Durchbiegung) oder bei der Berechnung statisch unbestimmter Systeme berücksichtigt werden; der durch die Nachgiebigkeit der Verbindungsmittel hervorgerufene Steifigkeitsverlust führt zur Erhöhung der Durchbiegung von Trägern bzw. bei statisch unbestimmten Systemen zur Umlagerung von Momenten. Nach *Möhler* [339] und *Erläut. zu DIN 1052: 1988-04* [77], Teil 1, E 8.1.3 braucht jedoch der Steifigkeitsverlust biegesteifer Stöße bei Vollholzbauteilen nur in besonderen Fällen berücksichtigt zu werden, da die Durchbiegungszunahme durch nachgiebige Stöße von Durchlaufträgern bei normaler Ausführung gering ist.

Die Verformung z.B. einer verdübelten Rahmenecke infolge des Steifigkeitsverlustes durch nachgiebige Verbindungsmittel führt im Allgemeinen zur Vergrößerung der Durchbiegungen und Ersatzstablängen (Knicklängen) der betreffenden Rahmenteile, s. Abschn. 25.3 und 16.2.4; bei statisch unbestimmten Systemen ergibt die Nachgiebigkeit biegesteifer Eckverbindungen eine Momentenumlagerung, die z.B. bei einem Zweigelenkrahmen eine meist wünschenswerte Abminderung der Eckmomente und eine Vergrößerung der Feldmomente im Riegel zur Folge hat (bezogen auf eine starre Eckverbindung), so dass oft eine wirtschaftlichere Bemessung erfolgen kann. Über die Berücksichtigung nachgiebiger Verbindungsmittel s. Abschn. 23.1 und 23.5, über den genaueren Einfluss der Steifigkeit von Verbindungsmitteln auf das Tragverhalten biegesteifer Verbindungen berichtet *Racher* [403].

17.5 Einfeldträger und Durchlaufträger ohne und mit Gelenken

17.5.1 Einfeldträger

Einfeldträger (oder Träger auf zwei Stützen) finden als Sparren, Sparrenpfetten, Pfetten, Deckenbalken, Unterzüge, Dachbinder und dgl. mehr Verwendung. Die Bemessung von Einfeldträgern kann nach Abschn. 17.1 oder 17.2 erfolgen, über Fachwerkträger s. Abschn. 23.3 und u.a. *Neuhaus* [379].

Sparrenpfetten als Einfeldträger (meist aus Nadelvollholz) werden im Allgemeinen nur bei kleinen Stützweiten (etwa 3 m < l < 5 m) eingesetzt oder in Sonderkonstruktionen erforderlich wie bei Dach-, Decken und Wandscheiben aus Holzwerkstoffplatten sowie bei Dachkonstruktionen, in denen die Bauhöhe beschränkt werden soll. In diesen Fällen liegen die Oberkanten von Sparrenpfetten und Dachbindern auf einer Höhe, s. Bild 17.26. Bei größeren Stützweiten werden Sparrenpfetten auch aus Brettschichtholz, als Sonderbauweisen, s. Abschn. 3.6, oder als kleine Fachwerkträger ausgebildet. In den meisten üblichen Dachkonstruktionen finden jedoch die wirtschaftlicheren Durchlaufpfetten aus Nadelvollholz nach Abschn. 17.5.2 Verwendung.

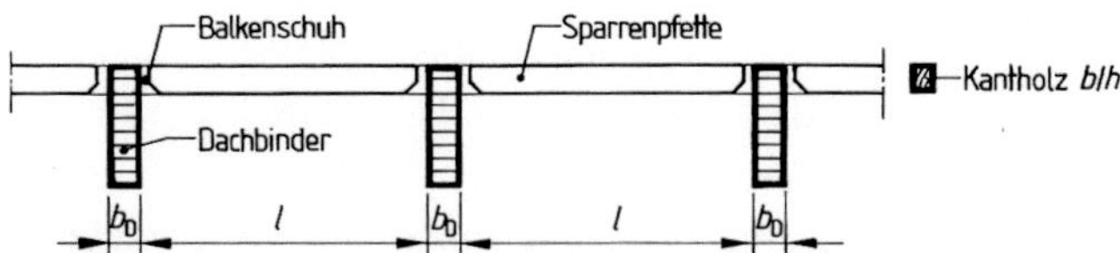

Bild 17.26 Sparrenpfetten als Einfeldträger „zwischen" den Obergurten von Dachbindern, Beispiel; Oberkante Binder und Sparrenpfette schließen bündig ab

17.5.2 Durchlaufträger

Durchlaufträger (oder Mehrfeldträger) werden als Sparren, Sparrenpfetten, Pfetten, Gurte, Deckenbalken, Unterzüge, Dachbinder und dgl. mehr mit meist gleichen Stützweiten oder etwa gleichen Stützweiten eingesetzt. Durchlaufträger können ohne und mit Gelenken oder als Koppelträger ausgebildet werden, über **Koppelträger (Koppelpfetten)** s. Abschn. 17.4.3.

Durchlaufträger ohne Gelenke
Die Anzahl der zu überspannenden Felder wird durch die Lieferlängen (z.B. bei Nadelvollholz) oder durch die Transportlängen (z.B. bei Brettschichtholz) beschränkt. Die Durchbiegungen von Durchlaufträgern sind bei gleicher Einwirkungskombination und gleicher Stützweite geringer als bei vergleichbaren Einfeldträgern.

Dachbinder oder Unterzüge aus Brettschichtholz mit Rechteckquerschnitt und größeren Stützweiten werden seltener als Durchlaufträger ohne Gelenke ausgeführt, da sie hinsichtlich Transport und Montage oft ungünstiger sind als vergleichbare Durchlaufträger mit Gelenken, s. unten. **Durchlaufpfetten**, meist aus Nadelvollholz, können bei beschränkten Lieferlängen als Zwei- oder noch als Dreifeldträger ohne Gelenke hergestellt werden. Bei größerer Felderanzahl werden mehrere Zwei- oder Dreifeldpfetten hintereinander angeordnet, die meist gelenkig über Innenstützen, z.B. mit einem geraden Blatt gestoßen werden, s. Bild 17.27.

Biegesteife Stöße von Durchlaufpfetten im Trägerfeld oder über Innenstützen sind dagegen arbeits- und materialaufwändiger (Ausnahme: Koppelpfetten) und deshalb im Allgemeinen unwirtschaftlicher, über biegesteife Stöße bei Durchlaufpfetten s. *Möhler* [339] und *Neuhaus* [379].

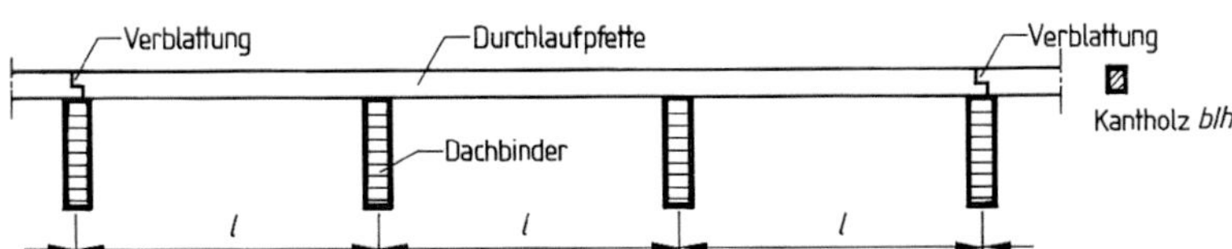

Bild 17.27 Durchlaufpfette aus Nadelvollholz über drei Felder; gelenkiger Stoß über Innenstützen durch gerades Blatt zur Verbindung mit weiteren Durchlaufpfetten; Beispiel

Bei der **Montage** und folgend im **Gebrauchszustand** von „langen" Durchlaufpfetten aus Nadelvollholz können Probleme entstehen, wenn die Hölzer größeren Verformungen z.B. Verdrehungen und Krümmungen infolge Schwindvorgängen unterliegen und sie nicht mit etwa der im Gebrauchszustand zu erwartenden Holzfeuchte (mindestens „trocken") eingebaut werden, s. Abschn. 1.4.6. Bei größeren Stützweiten werden Durchlaufpfetten ohne Gelenke auch aus Brettschichtholz hergestellt. Überwiegend finden jedoch die wirtschaftlicheren Durchlaufpfetten mit Gelenken oder Koppelpfetten, s. Abschn. 17.4.3, Verwendung, die bei üblichen Hallenbauwerken vergleichsweise „kleinere" Stablängen besitzen.

Durchlaufträger mit Gelenken (Gelenkträger)

Durchlaufträger werden häufig aus Transport- und Montagegründen als Durchlaufträger mit Gelenken (*Gerber*-Gelenkträger) ausgebildet. ***Gerber*-Gelenke sind Momentengelenke**, sie übertragen im Allgemeinen Querkräfte V und Normalkräfte N, das Biegemoment M ist an dieser Trägerstelle gleich null. Die Querkräfte V ergeben sich meist aus den Vertikallasten der Durchlaufträger, die Normalkräfte oft aus Windlasten w und Aussteifungslasten q_d, wenn die Durchlaufträger gleichzeitig Gurte von Aussteifungskonstruktionen sind oder als Sparrenpfetten gleichzeitig zur Übertragung von Windlasten w und Aussteifungslasten q_d herangezogen werden, s. Abschn. 26.3.

Sparrenpfetten und **Dachbinder** werden oft als Durchlaufträger mit Gelenken ausgebildet und im Allgemeinen statisch bestimmt gelagert.

Die **Anordnung der Gelenke** sollte so vorgenommen werden, dass keine kinematische Kette entstehen kann, s. DIN EN 1990: 2021-10, 2.1 (5)P. In Bild 17.28a und b ist die richtige Gelenkanordnung dargestellt, die eine kinematische Kette vermeidet: Hier folgt ein Gelenkfeld jeweils einem gelenkfreien Feld, die Stäbe haben mehrere unterschiedliche Längen. Bei der fehlerhaften Anordnung der Gelenke nach Bild 17.28c mit nur einem gelenkfreien Feld würde bei Ausfall eines Trägerteils oder eines Gelenkes eine kinematische Kette entstehen, die im Schadensfall die auftretenden Schäden auch in die zunächst schadensfreien Felder trägt. Deshalb sollte eine Gelenkanordnung nach Bild 17.28c vermieden werden, obwohl sie den Vorteil gleicher Stablängen in den Innenfeldern ausweist. Bei Verwendung von Gelenkpfetten als Pfosten in Aussteifungskonstruktionen sollten im Bereich der Verbandsfelder keine Gelenke liegen.

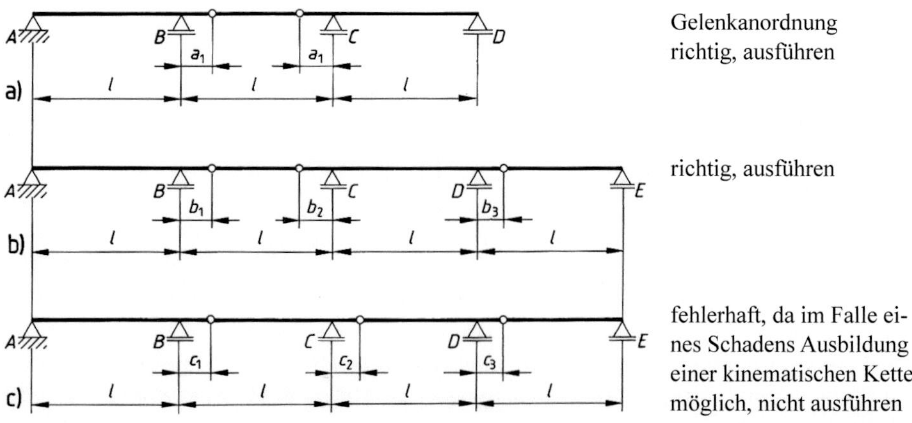

Bild 17.28 Anordnung von Gelenken bei Durchlaufträgern (*Gerber*gelenkträgern) am Beispiel von Drei- und Vierfeldträgern a) und b; Beispiel c) sollte wegen möglicher Ausbildung einer kinematischen Kette nicht ausgeführt werden

Durch **günstige Anordnung der Gelenke** können Schnittkräfte und die Durchbiegungen der Gelenkträger beeinflusst werden. Oft wird ein **Momentenausgleich** gewählt, der überwiegend gleiche Beträge der Feldmomente M_F und Stützmomente M_{St} erzielt. Die Herleitung kann am Beispiel eines Zweifeldträgers Bild 17.29 entnommen werden. Für die Bemessung von Gelenkträgern mit gleichen Stützweiten und Gleichlast unter Momentenausgleich können die Momente, Auflagerkräfte und Gelenkabstände z.B. *Berner* [25], *Krings* [293], *Rubin/Schneider* [433] und *Scheer/Knauf* [447] entnommen oder rechnergestützt bestimmt werden. Bei Gelenkträgern mit ungleichen Stützweiten ist ein weitgehender Momentenausgleich (annähernd gleiche Beträge der Feld- und Stützmomente) ohne größeren Aufwand rechnergestützt zu erzielen, wenn die Gelenkanstände a von den Auflagern entsprechend verschoben werden.

$$|M_F| = |M_{St}|\ ; \quad a = l - x$$

$$M_{St} = q \cdot \frac{a^2}{2} + q \cdot \frac{x}{2} \cdot a$$

$$M_F = q \cdot \frac{x^2}{8}$$

Lösung einer Gleichung 2. Grades:

$x \;\; = 0{,}8284 \cdot l$

$a \;\; = 0{,}1716 \cdot l$

$M_F = 0{,}0858 \cdot q \cdot l^2 = - M_{St}$

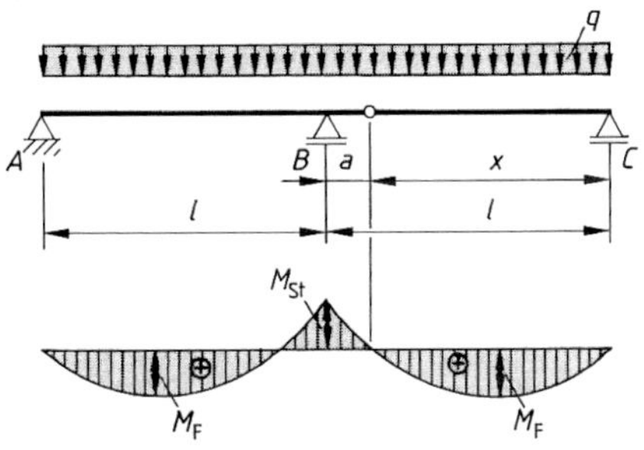

Bild 17.29 Zweifeld-Gelenkträger mit gleichen Stützweiten l unter Gleichlast q; Momentenausgleich zwischen Feldmoment M_F und Stützmoment M_{St} (über dem Zwischenauflager/-stütze)

Werden die Gelenke hinsichtlich eines Momentenausgleiches angeordnet, ergeben sich größere Durchbiegungen in den gelenkfreien Feldern und kleinere Durchbiegungen in den Gelenkfeldern, s. auch Bild 17.28a und b. Soll jedoch ein **Durchbiegungsausgleich** in den Feldern erzielt werden, sind die Gelenkabstände a von den Auflagern zu vergrößern; dabei wird gleichzeitig auf einen Momentenausgleich verzichtet. Dies wird aus Tabelle 17.17 ersichtlich, in der die Feld- und Stützmomente sowie die Durchbiegung w des gelenkfreien Feldes eines mehrfeldrigen Gelenkträgers mit gleicher Stützweite unter Gleichlast in Abhängigkeit vom Verhältnis a/l (Abstand der Gelenke vom Auflager a zur Stützweite l) dargestellt sind. Bei einem Gelenkabstand von $a = 0{,}211 \cdot l$ wird die Durchbiegung w in allen dargestellten Feldern gleich groß.

Gelenkausbildung

Oft verwendete **Gelenkausbildungen bei Gelenkträgern aus Nadel- oder Laubvollholz** sind in Tabelle 17.18 angeführt. Gerade oder „schräge" Blätter als Gelenke sind trotz erschwerter Montage stets „einzuhängen" wie dargestellt, dadurch werden die Kerbstellen

Tabelle 17.17 Mehrfeldriger Durchlaufträger mit Gelenken, gleicher Stützweite l und Gleichlast q; Feld- und Stützmomente sowie Durchbiegung w in Feldmitte der gelenkfreien Felder in Abhängigkeit vom Verhältnis a/l [1][2][4]

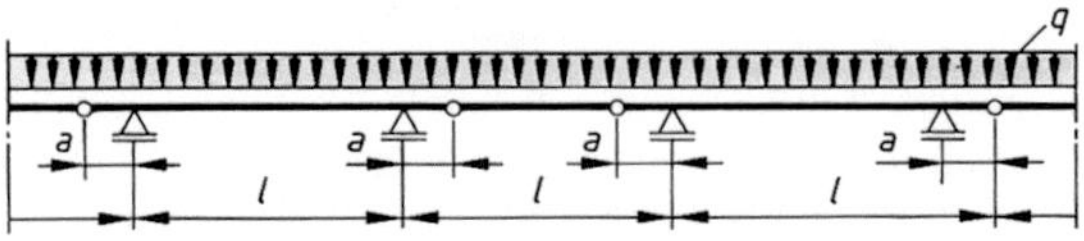

Verhältnis a/l	0	0,147	0,15	0,16	0,17	0,18	0,19	0,20	0,21	0,211	Faktor
Feldmomente M_F	0,1250	0,0625	0,0612	0,0578	0,0544	0,0512	0,0480	0,0450	0,0420	0,0417	$\cdot q \cdot l^2$
Stützmomente M_{St}	0	–0,0625	–0,0637	–0,0672	–0,0705	–0,0738	–0,0769	–0,0800	–0,0829	–0,0833	$\cdot q \cdot l^2$
Durchbiegungen w [3][4]	13,0	5,2	5,1	4,6	4,2	3,8	3,4	3,0	2,7	2,6	$\cdot q \cdot l^4/I$

[1]) mit: q in kN/m, l in m, w in cm, I in cm^4, Beispiel: M_F = Tafelwert · Faktor = Tafelwert · $q \cdot l^2$
[2]) bei a/l = 0,211 wird die Durchbiegung w in allen dargestellten Feldern gleich groß
[3]) in Feldmitte der gelenkfreien Felder für E_{mean} = 10 000 N/mm^2 = 1000 kN/cm^2, für andere E-Module nach Abschn. 7.2.1 ist sinngemäß umzurechnen
[4]) die angegebenen Durchbiegungswerte w sind ohne Kriechverformungen berechnet, s. Abschn. 25.3.2

der Blätter (innere Ecken) auf Querdruck beansprucht. Die Gelenke bei Durchlaufträgern aus Vollholz können auch mit vorgefertigten Stahlblechformteilen ausgebildet werden, s. Tabelle 17.18, 3. Zeile, über Stahlblechformteile s. Abschn. 11.7.5.

Die umgekehrte Montage, das „Auflegen" eines Blattes, ist vergleichsweise montagetechnisch günstiger, sollte jedoch ohne geeignete Verstärkungsmaßnahmen nicht ausgeführt werden, da hier die Kerbstellen (innere Ecken) des lastbringenden und lastaufnehmenden Blattes auf Querzug belastet werden und die Gefahr des Queraufreißens der Hölzer im Bereich der Blattecken groß ist. Wird dagegen ein „aufgelegtes" Blatt (demnach das lastbringende und lastaufnehmende Blatt eines Gelenkes) rechnerisch als verstärkte Ausklinkung (am Endauflagern eines Biegeträgers mit Rechteckquerschnitt) nach Abschn. 21.1.2 bemessen und z.B. durch Vollgewindeschrauben mit bauaufsichtlichem Verwendbarkeitsnachweis, s. Abschn. 11.8.4, fachgerecht verstärkt, werden die auftretenden Querzugspannungen durch die Verstärkung aufgenommen und die anstehenden Lasten können übertragen werden. Dabei wird empfohlen, das jeweilige Blatt nur bis zur Hälfte der Querschnittshöhe h im Sinne einer holzgerechten Konstruktion auszuklinken und stets zu verstärken, dagegen sollte eine „sehr große" verstärkte Ausklinkung mit kleiner Resthöhe h_{ef} nicht ausführt werden. Die erforderlichen Verstärkungsmaßnahmen je „aufgelegtem" Blatt ergeben im Vergleich zum „eingehängten" Blatt zusätzliche Kosten.

Tabelle 17.18 Gelenkkonstruktionen bei Vollholzträgern mit Rechteckquerschnitt aus Nadel- und Laubvollholz, Beispiele

	Konstruktion	Kraftübertragung	Bemessungshinweise
Gerades (oder schräges) Blatt mit einem Bolzen[1])			
1	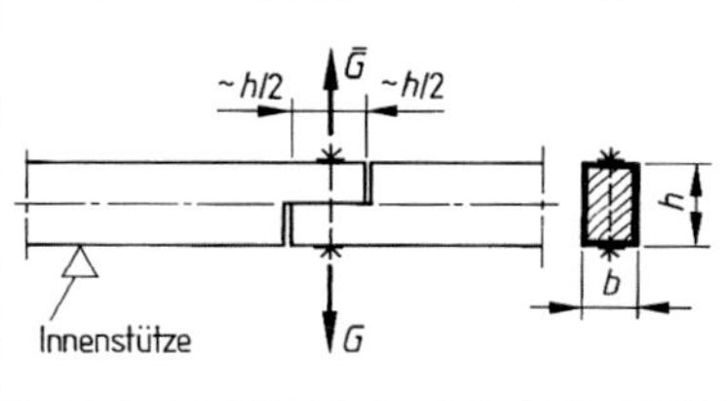 ~h/2, $\bar{G}$, ~h/2, h, b, Innenstütze, G	- Gelenkkraft $G = \bar{G} = V_{max}$ an der Gelenkstelle - mit Bolzen allein keine Normalkraftübertragung in Dauerbauten	- Bolzen (Zug)[3]) - Unterlegscheibe und Flächenpressung der Unterlegscheibe (Querdruck im Holz)[4]) - Restquerschnitt: Biegung und Schub[5])[6])
Gerades (oder schräges) Blatt mit Dübeln besonderer Bauart[1])			
2	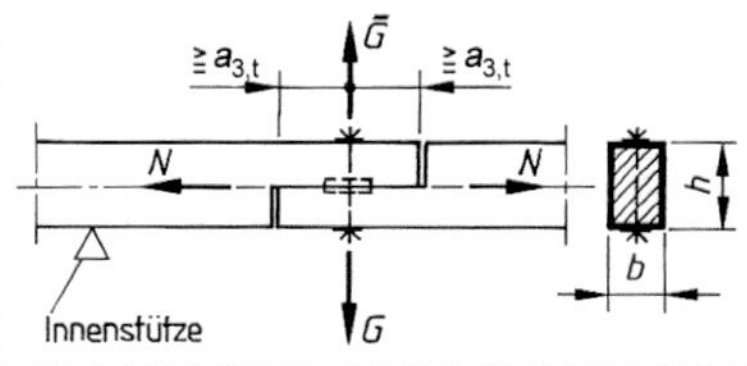 $\geq a_{3,t}$, $\bar{G}$, $\geq a_{3,t}$, N, N, h, b, Innenstütze, G	Quer- und Normalkräfte: - Gelenkraft $G = \bar{G} = V_{max}$ an der Gelenkstelle - Normalkraft N, falls vorhanden	- wie Zeile 1 zusätzlich: Normalkraft N, falls vorhanden, über Dübel besonderer Bauart[7])
Stahlblechformteil mit Nägeln als Gelenkschuh[2])			
3	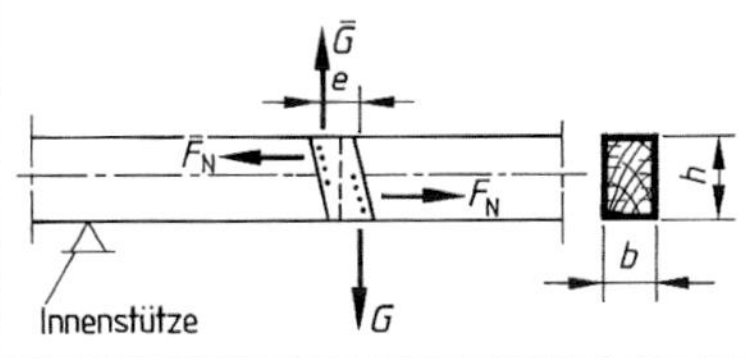 $\bar{G}$, e, F_N, F_N, h, b, Innenstütze, G	Querkräfte: - Gelenkraft G Zusatzbeanspruchung infolge ausmittigem Anschluss von G	- nach gesonderter Bemessung, z.B. überprüfter Statischer Berechnung des Herstellers des Stahlblechformteils

[1]) „Einhängen" der Blätter vornehmen wie dargestellt, ansonsten bei „umgekehrter" Montage mit „aufgelegtem" Blatt als verstärkte Ausklinkung z.B. durch Vollgewindeschrauben mit bauaufsichtlichem Verwendbarkeitsnacheis bemessen und ausführen, s. Abschn. 21.1.2

[2]) Normalkräfte N, falls vorhanden, müssen gesondert berechnet und aufgenommen werden, die Nägel des Gelenkschuhs sind hierfür nicht ausgelegt

[3]) Nachweis der Zugkraft des Bolzens in Richtung der Stiftachse nach Abschn. 11.6.3

[4]) charakteristische Tragfähigkeit $F_{c,90,Rk}$ einer Unterlegscheibe von Bolzen s. Tabelle 11.8

[5]) Nachweis der Biegespannungen bei „eingehängtem" Blatt (wie dargestellt) in jedem Blattteil für das Biegemoment M aus der Gelenkkraft G und deren Abstand zur Blattecke (Kerbstelle) mit dem Widerstandsmoment W des Restquerschnitts an dieser Stelle, s. Abschn. 17.1.1

[6]) Nachweis der Schubspannungen für Rechteckquerschnitt für V_{max} an der Gelenkstelle mit der Gelenkkraft G als Querkraft V und der Querschnittsfläche A an der Stelle des Lastangriffes der Gelenkkraft G, bei Nadel- oder Laubvollholz unter Berücksichtigung der wirksamen Breite $b_{ef} = k_{cr} \cdot b$, s. Abschn. 18.1

[7]) Bemessung der Dübel besonderer Bauart nach Abschn. 12.2 oder 12.3

Die **Gelenkausbildung bei Brettschichtträgern** wird im Allgemeinen durch Stahlkonstruktionen und mechanische Verbindungsmittel vorgenommen, die für jeden Fall zu konstruieren und zu bemessen sind, da keine vorgefertigten Gelenkkonstruktionen für größere Brettschichtholz-Querschnitte auf dem Markt vorhanden sind. Nach *Krabbe/Kintrup* [278] werden die **gelenkkraft-zentrische** und die **gelenkkraft-exzentrische Form** unterschieden, Beispiele sind in Tabelle 17.19 angeführt. Die gelenkkraft-exzentrische Form ist vergleichsweise montagetechnisch günstiger, da der „aufzulegende" Trägerteil in das Gelenkteil, das bereits an dem auskragenden Trägerteil angeschlossen ist, „senkrecht von oben" eingebracht werden kann; deshalb wird die gelenkkraft-exzentrische Form der gelenkkraft-zentrischen überwiegend vorgezogen.

Bei der zentrischen Form werden die Gelenkkräfte $G = \overline{G}$ durch Flächenpressung übertragen, eine Momentenbeanspruchung des Stahlgelenkes tritt nicht auf; zur notwendigen Lagesicherung s. unten. Bei der exzentrischen Form werden die Gelenkkräfte $G = \overline{G}$ eben-

Tabelle 17.19 Gelenkkonstruktionen aus Stahlteilen bei Brettschichtholzträgern mit Rechteckquerschnitt, Beispiele[1])[12])

	Konstruktion	Bemessungshinweise[2])
Gelenkraft – zentrische Form nach *Krabbe/Kintrup* [278]		
1	Kragarm; Kopfplatte; eingehängter Teil; Heftbolzen; Stegblech; N; N; Stirnblech; Heftbolzen; beidseitige Flachstähle mit einseitigen Dübeln; Fußplatte; l_G; b; h; $\overline{G}$; G	- Gelenkkraft: $G = \overline{G} = V_{max}$ an der Gelenkstelle - Schubspannung im Brettschichtträger[3]) - Auflagerpressung Kopf-/Fußplatte[5]) - zentrischer Anschluss einer planmäßigen Zugkraft $Z = N$, falls vorhanden, mit beidseitigen Stahllaschen und einseitigen Dübeln besonderer Bauart[6]) $\frac{Z_d/n}{F_{v,Rd}} \leq 1$ - Aufnahme nicht planmäßiger Normalkräfte[13])
Gelenkraft – exzentrische Form nach *Krabbe/Kintrup* [278][4])		
2	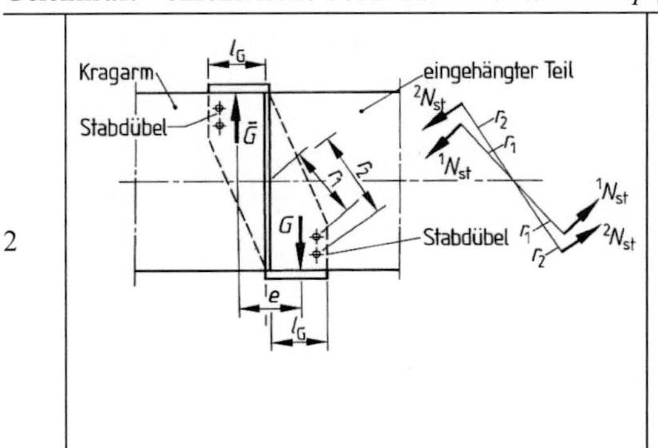	- Gelenkkraft: $G = \overline{G} = V_{max}$ wie Zeile 1 - Schubspannung im Brettschichtträger[3]) - Auflagerpressung Kopf-/Fußplatte[5]) - Moment infolge exzentrischem Anschluss (Versatzmoment): $M = G \cdot e$ - größte Stabdübelbeanspruchung infolge M: [7]) [8]) ${}^2N_{st} = \frac{G \cdot e \cdot r_2}{2 \cdot (r_1^2 + r_2^2)}$ - Aufnahme nicht planmäßiger Normalkräfte[13])

Tabelle 17.19 (Fortsetzung)

Gelenkraft – exzentrische Form nach *Schelling/Hinkes/Speich/Zietz* [456] [4])		
3	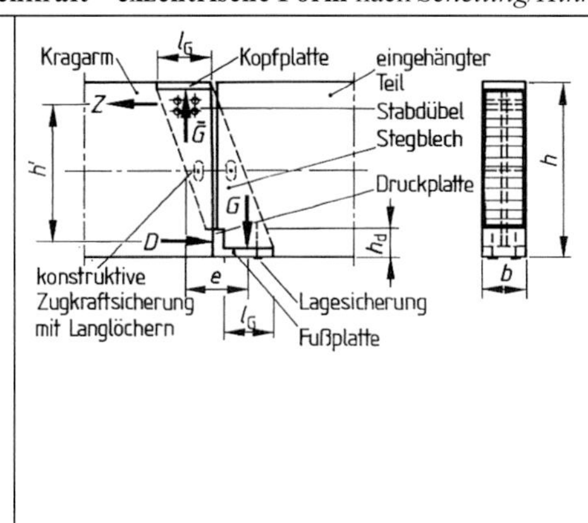	- Gelenkkraft: $G = \overline{G} = V_{max}$ wie Zeile 1 - Schubspannung im Brettschichtträger[3]) - Auflagerpressung Kopf-/Fußplatte[5]) - Moment infolge exzentrischem Anschluss (Versatzmoment): $M = G \cdot e$ - Zug- bzw. Druckkraft aus Versatzmoment: $\mid Z \mid = \mid D \mid = M/h'$ - Übertragung der Zugkraft Z (Stabdübel)[7])[8]) bzw. Druckkraft D (Druckplatte)[9]) aus Versatzmoment: $\frac{Z_d/n}{F_{v,Rd}} \leq 1 \quad \frac{D_d/(h_d \cdot b)}{f_{c,0,d}} \leq 1$ - Aufnahme nicht planmäßiger Normalkräfte[13])
Gelenkraft – exzentrische Form mit Sondernägeln oder Holzschrauben[4])		
4	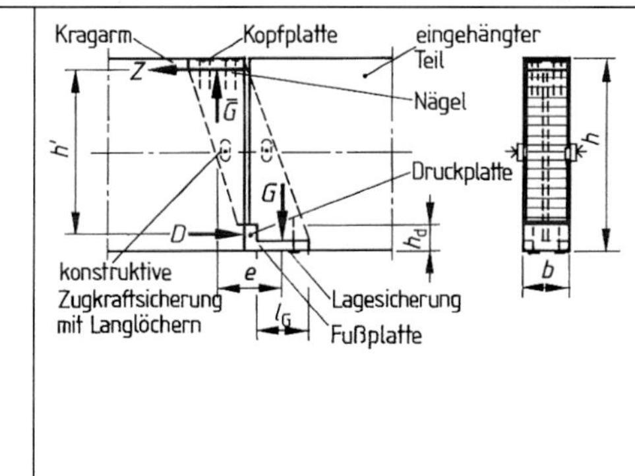	- Gelenkkraft: $G = \overline{G} = V_{max}$ wie Zeile 1 - Schubspannung im Brettschichtträger[3]) - Auflagerpressung Kopf-/Fußplatte[5]) - Moment infolge exzentrischem Anschluss (Versatzmoment): $M = G \cdot e$ - Zug- bzw. Druckkraft aus Versatzmoment: $\mid Z \mid = \mid D \mid = M/h'$ - Übertragung der Zugkraft Z (Nägel/ Holzschrauben)[10])[11]) bzw. Druckkraft D (Druckplatte) [9]) aus Versatzmoment: $\frac{Z_d/n}{F_{v,Rd}} \leq 1 \quad \frac{D_d/(h_d \cdot b)}{f_{c,0,d}} \leq 1$ - Aufnahme nicht planmäßiger Normalkräfte[13])

[1]) Hierin bedeuten:

b Breite des Querschnitts

b_{ef} wirksame Breite des Querschnitts für die Schubbemessung nach Abschn. 18.1

e Hebelarm zwischen den Gelenkkräften G, $\overline{G}$ beim exzentrischen Anschluss der Gelenkkraft G

$f_{c,0,d}$ Bemessungswert der Druckfestigkeit nach Gl. (8.5)

h Höhe des Querschnitts

h' Hebelarm der inneren Kräfte zwischen Zugkraft Z und Druckkraft D

n Anzahl der mechanischen Verbindungsmittel je Anschlussseite

r_1, r_2 innerer und äußerer Radius beim Anschluss mit mechanischen Verbindungsmittel (hier: Stabdübel)

D Druckkraft, resultiert aus dem ausmittigen Anschluss der Gelenkkraft G, s. Versatzmoment M

D_d Bemessungswert der Druckkraft

Tabelle 17.19 (Fußnoten)

$F_{v,Rd}$ Bemessungswert der Tragfähigkeit eines mechanischen Verbindungsmittels
G Gelenkkraft, ist die Querkraft V an der Gelenkstelle
M Versatzmoment, Moment aus ausmittigem Anschluss der Gelenkkraft G, $\overline{G}$, $= G \cdot e$
N Normalkraft, z.B. aus Verwendung des Brettschichtträgers als Gurt einer Aussteifungskonstruktion zur Übertragung von Windlasten w und Aussteifungslasten q_d
V Querkraft an der Gelenkstelle, ist gleich der zu übertragenden Gelenkkraft G
Z Zugkraft, resultiert aus dem ausmittigen Anschluss der Gelenkkraft G, s. Versatzmoment M
Z_d Bemessungswert der Zugkraft

[2]) Nachweise der Stahlteile und Schweißnähte nach DIN EN 1993-1-1: 2010-12 und DIN EN 1993-1-1/NA: 2010-12; Empfehlung: Stahlteile mit einer Dicke $t \geq 8$ mm

[3]) Nachweise der Schubspannungen für Rechteckquerschnitt mit V_{max} an der Gelenkstelle und der Querschnittsfläche A an der Stelle des Lastangriffes der Gelenkkraft G, bei Brettschichtholz unter Berücksichtigung der wirksamen Breite $b_{ef} = k_{cr} \cdot b$ nach Abschn. 18.1

[4]) zentrischer Anschluss einer planmäßigen Zugkraft, falls vorhanden (z.B. aus Verwendung des Brettschichtträgers als Gurt einer Aussteifungskonstruktion zur Übertragung von Windlasten w und Aussteifungslasten q_d, s. Abschn. 26.3), nach Zeile 1

[5]) Nachweis der Auflagerpressung von Kopf- und Fußplatten nach Abschn. 16.1.2

[6]) Bemessung der Dübel besonderer Bauart nach Abschn. 12.2 oder 12.3

[7]) zur Berechnung der Beanspruchungen von mechanischen Verbindungsmitteln in Anschlüssen und Stößen s. auch Abschn. 17.4.2

[8]) Nachweise von Stabdübelbeanspruchungen nach Abschn. 11.5.2

[9]) Nachweis der Flächenpressung des Brettschichtträgers auf der Druckplatte mit dem Bemessungswert der Druckfestigkeit $f_{c,0,d}$ in Faserrichtung nach Abschn. 16.1.1

[10]) Nachweis der Nagelbeanspruchungen rechtwinklig zur Stiftachse (Abscheren) nach Abschn. 11.7.2, Empfehlung: Verwendung von Sondernägeln z.B. Rillennägel

[11]) Nachweise von Holzschraubenbeanspruchungen rechtwinklig zur Stiftachse (Abscheren) nach Abschn. 11.8.2

[12]) die Ausbildung von Gelenken unter Brandbeanspruchung ist DIN EN 1995-1-2: 2010-12, DIN EN 1995-1-2/NA: 2010-12 und *Winter/Hofmann* [531] zu entnehmen, s. auch Abschn. 4.6

[13]) zur Aufnahme nicht-planmäßiger Normalkräfte, z.B. aus Schrägstellung von Stützen, sollte eine konstruktive Zugkraftsicherung, z.B. Bolzen mit Langlöchern nach Zeile 3, vorgenommen werden, wenn keine planmäßigen Normalkräfte aufzunehmen sind

falls durch Flächenpressung übertragen, das Moment infolge exzentrischem Anschluss von G und $\overline{G}$ muss durch mindestens ein Kräftepaar $|Z| = |D|$ übernommen werden, s. Tabelle 17.19; hierzu stehen mechanische Verbindungsmittel oder für die Druckkraft eine Stahl-Druckplatte zur Verfügung. Der „schräg" verlaufende Stahlsteg wird mittig in die beiden geschlitzten Enden der Brettschichtholzteile an der Stoßstelle gelegt; die angeschweißten Kopf- und Fußplatten können bündig mit Ober- und Unterkante Brettschichtträger abschließen. Diese Gelenkkonstruktionen übertragen ausschließlich die Gelenkkräfte, also die an der Gelenkstelle (Stoßstelle) anstehende Querkraft V. Die Unverschieblichkeit des Gesamtsystems ist sicherzustellen.

Sind **planmäßige Normalkräfte** an der Gelenkstelle vorhanden, ist eine möglichst zentrische Einleitung dieser Kräfte anzustreben. Zugkräfte F_t können z.B. durch beidseitige Flachstähle und einseitige Dübel besonderer Bauart aufgenommen werden; bei größeren Druckkräften F_c kann die Ausbildung eines Kontaktstoßes erforderlich werden, s. Abschn. 16.3.

Zur Aufnahme **nicht-planmäßiger Normalkräfte**, z.B. aus Schrägstellung von Stützen, sollte eine konstruktive Zugkraftsicherung, z.B. Bolzen mit Langlöchern, vorgenommen werden, wenn keine planmäßigen Normalkräfte aufzunehmen sind. Die beabsichtigte Gelenkwirkung sollte durch **ungewollte Einspannungen** nicht (oder nur teilweise) eingeschränkt sein.

Die Bemessung von Gelenkkonstruktionen bei Brettschichtholzträgern kann nach Tabelle 17.19 sowie sinngemäß nach *Milbrandt* [328] und *Schelling/Hinkes/Speich/Zietz* [456] vorgenommen werden. Die Ausbildung von **Gelenken unter Brandbeanspruchung** ist DIN EN 1995-1-2: 2010-12, DIN EN 1995-1-2/NA: 2010-12 und *Winter/Hofmann* [531] zu entnehmen, s. auch Abschn. 4.6.

18 Nachweise für Querkraft

18.1 Schub aus einaxialer Querkraft (Querschnittstragfähigkeit)

Bei Beanspruchung durch eine Querkraft V treten in einem Träger Schubspannungen τ auf, die allgemein nach Gl. (18.1) berechnet werden; für einen Rechteckquerschnitt vereinfacht sich Gl. (18.1) zu Gl. (18.2), wenn die größte Schubspannung in der Schwerachse des Rechteckquerschnitts ermittelt wird, s. Bild 18.1 und 18.5a. Der **Nachweis der Schubspannungen** aus einfacher (einaxialer) Querkraft V ist nach Gl. (18.3) zu führen, s. DIN EN 1995-1-1: 2010-12, 6.1.7 (1)P. Einfache (einaxiale) Querkraft greift im Querschnitt in Richtung der y- oder z-Achse an, s. Bild 18.1 am Beispiel eines Rechteckquerschnittes mit einfacher Querkraft V_z. Muss der Einfluss von (Trocken- oder Schwind-)Rissen in Bauteilen berücksichtigt werden, s. unten, ist in den Gl. (18.1) und (18.2) die Breite b durch die wirksame Breite b_{ef} nach Gl. (18.4) zu ersetzen.

Schubspannungen allgemein:

$$\tau = \frac{V \cdot S}{I \cdot b} \tag{18.1}$$

Maximale Schubspannungen im Rechteckquerschnitt:

$$\tau_{max} = \frac{1{,}5 \cdot V}{b \cdot h} \quad \text{aus:} \left(\tau_{max} = \frac{V \cdot S_{z,max}}{I_y \cdot b} = \frac{V \cdot b \cdot h^2 \cdot 12}{b \cdot h^3 \cdot 8 \cdot b} = \frac{3}{2} \cdot \frac{V}{b \cdot h} \right) \tag{18.2}$$

Nachweis der Schubspannung aus einaxialer Querkraft:

$$\frac{\tau_d}{f_{v,d}} \leq 1 \tag{18.3}$$

H. Neuhaus · L. Peterson (✉)
e-mail: peterson@fh-aachen.de

H. Neuhaus, W. Moorkamp, L. Peterson, T. Uibel, *Ingenieurholzbau*,
DOI 10.1007/978-3-658-44967-4_18

τ_d Bemessungswert der Schubspannungen

$f_{v,d}$ Bemessungswert der Schubfestigkeit nach Gl. (8.5)

b Querschnittsbreite, s. wirksame Breite b_{ef}

b_{ef} wirksame Breite nach Gl. (18.4)

h Querschnittshöhe

I Flächenmoment 2. Grades

S Flächenmoment 1. Grades; beim Rechteckquerschnitt liegt S_{max} in der y- oder z-Achse, für die y-Achse gilt:

$$S_{z,max} = b \cdot \frac{h}{2} \cdot \frac{h}{4} = b \cdot \frac{h^2}{8}$$

V maßgebende Querkraft

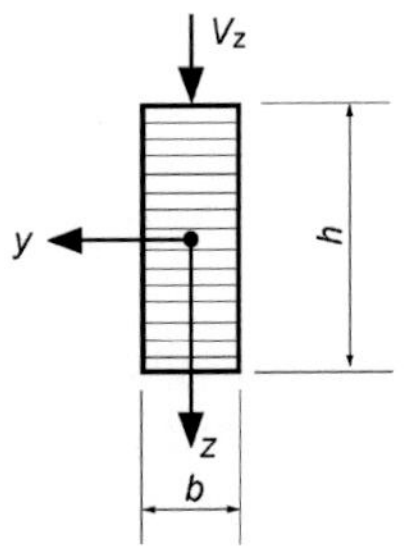

Bild 18.1 Rechteckquerschnitt mit einfacher (einaxialer) Querkraft V, Beispiel; V_z wirkt hier in Richtung der z-Achse

Bei **Schub mit Spannungskomponenten in Faserrichtung** nach Bild 18.2a, wie z.B. bei einfacher und Doppel-Biegung in Stabtragwerken, muss der Nachweis nach Gl. (18.3) eingehalten werden, ebenso wie bei **Schub mit beiden Spannungskomponenten rechtwinklig zur Faserrichtung (Rollschub)** nach Bild 18.2b, wie z.B. bei Beanspruchung rechtwinklig zur Plattenebene von Brettsperrholz, Massivholzpatten und dgl. Über Rollschub bei Holzwerkstoffplatten s. auch Abschn. 2.8, über Schubspannungen bei Querkraft s. Abschn. 18.4 und über Schubfestigkeiten s. Abschn. 1.10.2 und 7.2.

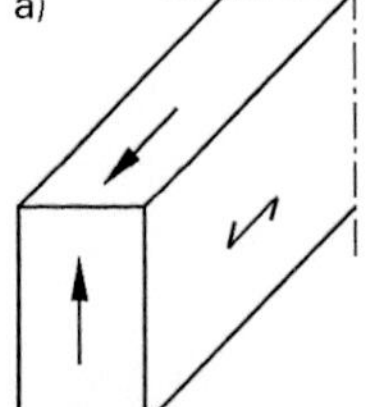

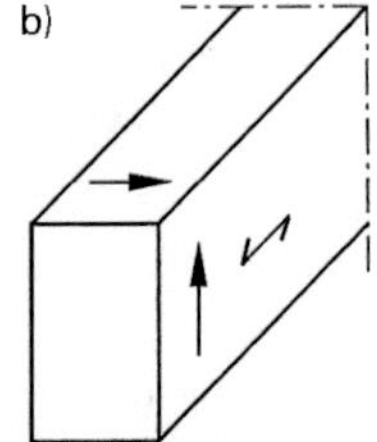

Bild 18.2 Bauteile mit Schubspannungskomponenten nach DIN EN 1995-1-1: 2010-12, 6.1.7, Bild 6.5
a) eine Schubspannungskomponente in Faserrichtung
b) beide Schubspannungskomponenten rechtwinklig zur Faserrichtung (Rollschub)

Wirksame Breite b_{ef} in auf Schub beanspruchten Biegebauteilen

Bei biegebeanspruchten Bauteilen, die auf Schub beansprucht werden, muss der Einfluss der (Trocken- oder Schwind-)Risse für bestimmte Holzbaustoffe mit der wirksamen Breite b_{ef} nach Gl. (18.4) berücksichtigt werden, s. DIN EN 1995-1-1: 2010-12, 6.1.7 (2).

$$b_{ef} = k_{cr} \cdot b \tag{18.4}$$

b Breite des entsprechenden Abschnitts des Bauteils

k_{cr} Beiwert nach Tabelle 18.1 zur Berücksichtigung von (Trocken-)Rissen bei auf Schub beanspruchten Biegebauteilen

Tabelle 18.1 Beiwert k_{cr} bei auf Schub beanspruchten Biegebauteilen zur Berechnung der wirksamen Breite b_{ef} nach Gl. (18.4) (Berücksichtigung (von Trocken- oder Schwind-)Rissen)[1])

Holzbaustoffe	k_{cr} [2])[3])	$f_{v,k}$
- nach DIN EN 1995-1-1/NA: 2013-08, NDP Zu 6.1.7 (2)		
für Nadelvollholz	$2{,}0/f_{v,k}$	in N/mm²
für Balkenschichtholz aus Nadelholz	$2{,}0/f_{v,k}$	in N/mm²
für Brettschichtholz	$2{,}5/f_{v,k}$	in N/mm²
für Brettsperrholz	1,0	
- nach DIN EN 1995-1-1: 2010-12; 6.1.7 (2)		
für Laubvollholz	0,67	
für Holzwerkstoffe (andere holzbasierte Produkte) nach DIN EN 13986 und DIN EN 14374	1,0	

[1]) Hierin bedeuten:
$f_{v,k}$ charakteristische Schubfestigkeit nach Abschn. 7.2

[2]) der k_{cr}-Beiwert kann nicht mit einer zulässigen Risstiefe im Endzustand gleich gesetzt werden, s. DIN EN 1995-1-1/NA: 2013-08, NDP Zu 6.1.7 (2), Anmerkung

[3]) der k_{cr}-Beiwert darf bei Stäben aus Nadelschnittholz in Bereichen, die mindestens 1,50 m vom Hirnholzende des Holzes entfernt liegen, um 30% erhöht werden, s. DIN EN 1995-1-1/NA: 2013-08, NDP Zu 6.1.7 (2)

Der **Beiwert k_{cr}** berücksichtigt die unterschiedlichen Tragfähigkeiten von überwiegend rissfreien Holzbauteilen beim Einbau und meist (oder möglicherweise) rissbehafteten Bauteilen nach längerer Nutzungsdauer, er kann nicht mit einer zulässigen Risstiefe im Endzustand gleich gesetzt werden, s. DIN EN 1995-1-1/NA: 2013-08, NDP Zu 6.1.7 (2), Anmerkung. Bauteile aus Nadelvoll- und Laubvollholz besitzen oft bereits beim Einbau kleinere, nicht zu vermeidende (Trocken-)Rissbildungen, die ebenso nachträglich auftreten und/oder größer werden können. Auch bei Brettschicht- und Balkenschichtholz, die im Allgemeinen rissfrei geliefert, eingebaut und in diesem Zustand verbleiben, sind nachträgliche (Trocken-)Rissbildungen nicht vollständig auszuschließen, die durch spätere wesentliche Änderungen des Umgebungsklimas und daraus folgende größere Holzfeuchteänderungen, die über die lange Nutzungszeit eines Bauwerk auftreten können, verursacht werden, s. Abschn. 7.2.1 und 7.3.1. Deshalb ist der Beiwert k_{cr} bzw. die wirksame Breite b_{ef} bei der Schubbemessung von Voll-, Brettschicht- und Balkenschichtholz sowie vergleichbaren Holzbauteilen stets zu berücksichtigen. Über zulässige (Trocken-)Risstiefen ohne Tragfähigkeitsminderung s. Tabelle 3.4 in Abschn. 3.2.3.

(Trocken- oder Schwind-)Risse in Holzbauteilen mindern die Schubfestigkeiten von Holzbaustoffen, über den Beiwert k_{cr} wird dieser tragfähigkeitsmindernde Einfluss berücksichtigt. Da die Schubfestigkeiten aller Holzbaustoffe in den zu DIN EN 1995-1-1: 2010-12 gehörenden Produktnormen für rissfreies Holz angegeben sind, muss die (Trocken- oder Schwind-)Rissneigung von Bauhölzern wie Voll-, Brettschicht- und Balkenschichtholz bei der Bemessung berücksichtigt werden, dagegen nicht bei Holzwerkstoffen (andere holzbasierte Produkte), da diese im Allgemeinen weitgehend rissfrei bleiben, s. auch Abschn. 7.2.1. Dazu wird die geplante und ausgeführte Bauteilbreite b rechnerisch bei der Schubbemessung ersetzt durch eine verkleinerte Breite, die wirksame Breite b_{ef} nach Gl. (18.4), demnach wird die tragfähigkeitsmindernde Rissbildung bei Voll-, Brettschicht- und Balkenschichtholz pauschal durch eine kleinere Querschnittsbreite bei der Schubbemessung in Rechnung gestellt.

Die Regelung der Angabe der Schubfestigkeiten für rissfreies Holz in den zu DIN EN 1995-1-1: 2010-12 gehörenden Produktnormen ist gegenüber der „alten" nationalen DIN 1052: 2008-12 und früherer Ausgaben geändert worden, hier waren die Schubfestigkeiten von Voll-, Brettschicht- und Balkenschichtholz (bzw. Duo- und Triobalken) mit vergleichsweise wesentlich kleineren charakteristischen Werten $f_{v,k}$ angegeben und die tragfähigkeitsmindernde Auswirkung von (Trocken-)Rissen auf die Schubfestigkeiten mit diesem Verfahren pauschal berücksichtigt worden. Die Schubbemessung von Bauteilen nach europäischer und „alter" nationaler Normung führt im Vergleich praktisch zu denselben Querschnittsbreiten, geändert ist nur das Bemessungsverfahren.

Erhöhen des k_{cr}-Beiwertes bei Biegestäben aus Nadelschnittholz

Der k_{cr}-Beiwert nach Tabelle 18.1 darf bei Biegeträgern aus Nadelschnittholz in Bereichen, die mind. 1,5 m vom Hirnholzende entfernt liegen, um 30% erhöht werden, s. DIN EN 1995-1-1/NA: 2013-08, NDP Zu 6.1.7 (2). Über dieses Verfahren wird indirekt die Schubfestigkeit $f_{v,k}$ von Nadelschnittholz erhöht. Da diese überwiegend durch Trocken- oder Schwindrisse herabgesetzt wird, die meist an den Balkenenden im Hirnholzbereich auftreten, ist eine (indirekte) Erhöhung der Schubfestigkeit in ausreichendem Abstand vom Hirnholz zulässig; jedoch sollte eine Erhöhung nur bei trocken eingebautem und verbleibendem Nadelschnittholz bzw. bei Nadelschnittholz vorgenommen werden, bei dem nur geringe Schwind- oder Trockenrisse vorhanden und zu erwarten sind.

Bei Brettschichtholz ist keine derartige Erhöhung der Schubfestigkeit erlaubt.

18.2 Schub aus zweiaxialer Querkraft (Querschnittstragfähigkeit)

Bei zweiaxialer Querkraft in Rechteckquerschnitten, die bei zweiaxialer Biegung (Doppelbiegung) z.B. nach Abschn. 17.1.3 bzw. 17.2.2 auftritt, ist die Interaktion nach Gl. (18.5) einzuhalten, s. DIN EN 1995-1-1/NA: 2013-08, NCI Zu 6.1.7 (NA.4). Ein Beispiel für zweiaxiale Querkraft zeigt Bild 18.3. Die wirksame Breite b_{ef} nach Gl. (18.4) mit dem Beiwert k_{cr} nach Tabelle 18.1 ist für Einwirkungen rechtwinklig zu möglichen Rissebenen anzusetzen. In schlanken hohen Rechteckquerschnitten überwiegt bei Doppelbiegung

Bild 18.3 Rechteckquerschnitt mit zweiaxialer Querkraft V, Beispiel; V_z in Richtung der z-Achse und V_y in Richtung der y-Achse

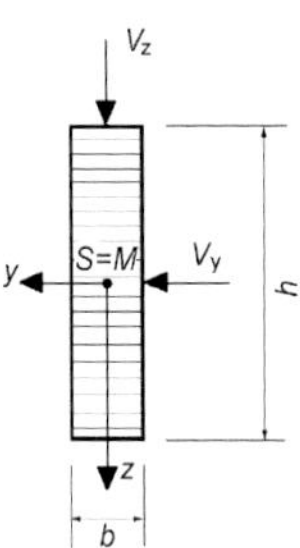

meist der Biegespannungsanteil um die y-Achse („starke" Achse), so dass die zugehörige Querkraft V_z den größten Schubspannungsanteil in z-Richtung ergibt, während der Schubspannungsanteil in y-Richtung oft wesentlich geringer ausfällt.

$$\left(\frac{\tau_{y,d}}{f_{v,d}}\right)^2 + \left(\frac{\tau_{z,d}}{f_{v,d}}\right)^2 \leq 1 \qquad (18.5)$$

$\tau_{y,d}$; $\tau_{z,d}$ Bemessungswert der Schubspannungen in Richtung der y- bzw. z-Achse für den Rechteckquerschnitt sinngemäß nach Gl. (18.2)

$f_{v,d}$ Bemessungswert der Schubfestigkeit nach Gl. (8.5)

18.3 Schub bei reduzierter Querkraft (Querschnittstragfähigkeit)

Die Querkraft an End- und Zwischenauflagern von Biegeträgern darf abgemindert werden, dazu stehen zwei Verfahren zur Verfügung:

1. Verfahren zur Abminderung der Querkraft

An End- und Zwischenauflagern von Biegeträgern darf die Querkraft für den Nachweis der Schubspannungen und ggf. Schubverbindungsmittel nach Tabelle 18.2 reduziert werden, wenn die Auflagerung am unteren Trägerrand und der Lastangriff am oberen Trägerrand erfolgen und wenn keine Ausklinkungen und Durchbrüche im Auflagerbereich vorhanden sind, s. Tabelle 18.2, 1. Spalte. Maßgebend ist die reduzierte Querkraft V_{red} im Abstand h vom Auflagerrand mit h als Trägerhöhe über der Auflagermitte. Bei Trägern mit geneigtem Trägerrand kann die Bauteilhöhe über der Symmetrieachse des Auflagers angesetzt werden, s. DIN EN 1995-1-1/NA: 2013-08, NCI Zu 6.1.7 (NA.5). Der Nachweis der Schubspannungen bei Trägern mit geneigtem Rand sollte mit der kleineren Trägerhöhe h geführt werden: entweder h über Auflagermitte oder im Abstand h vom Auflagerrand.

2. Verfahren zur Abminderung der Querkraft

Bei End- und Zwischenauflagern darf der Anteil einer auflagernahen Einzellast F an der gesamtem Querkraft unberücksichtigt bleiben, wenn diese Einzellast auf der Oberseite des Biegestabes innerhalb eines Abstandes h vom Auflagerrand angreift mit h als Trägerhöhe,

s. Tabelle 18.2, 2. Spalte, Bild a. Diese Reduzierung der Querkraft gilt auch bei Biegestäben mit einer Ausklinkung am Auflager, wenn die Ausklinkung auf der Gegenseite des Auflagers liegt und die Einzellast innerhalb eines Abstandes h_{ef} vom Auflagerrand wirkt mit h_{ef} als wirksame (reduzierte) Höhe (Resthöhe) der Ausklinkung, s. Tabelle 18.2, 2. Spalte, Bild b. Diese Festlegungen sind in DIN EN 1995-1-1: 2010-12, 6.1.7 (3) nur für Querkraft aus Einzellast enthalten. Sie kann sinngemäß auch für Querkraft aus Linienlasten angewendet werden, s. DIN EN 1995-1-1/NA: 2013-08, NCI Zu 6.1.7 (NA.6).

Die Abminderung der Querkraft sollte nicht in jedem Fall durchgeführt werden, sinnvoll ist sie nur, wenn der „normale" Nachweis der Querkraft ohne Abminderung nicht eingehalten werden kann.

Werden Biegeträger nach Tafel 18.2 „unten aufgelagert und oben belastet", so wird der Auflagerbereich gleichzeitig durch **Schub und Querdruck** beansprucht. Die Schubfestigkeit des Holzes erhöht sich wesentlich bei gleichzeitiger Querdruckbeanspruchung bezogen auf die Schubfestigkeit ohne Querdruckbeanspruchung. Die im Auflagerbereich wirksame Querkraft ist nach *Maier* [320] und *Möhler* [343] kleiner als die (rechnerisch ermittelte) maximale Querkraft, so dass mit einer abgeminderten Querkraft gerechnet werden darf, s. auch *Aune* [11].

Tabelle 18.2 Maßgebende abgeminderte Querkraft V_{red} an End- und Zwischenauflagern von Biegeträgern mit Auflagerung am unteren Trägerrand und Lastangriff am oberen Trägerrand[1])

1. Biegeträger[2])[3]) nach DIN EN 1995-1-1/NA: 2013-08, NCI Zu 6.1.7 (NA.5)	2. Biegeträger mit Einzellast[4]) und Linienlast[5]) im auflagernahen Bereich nach DIN EN 1995-1-1: 2010-12, 6.1.7 (3)
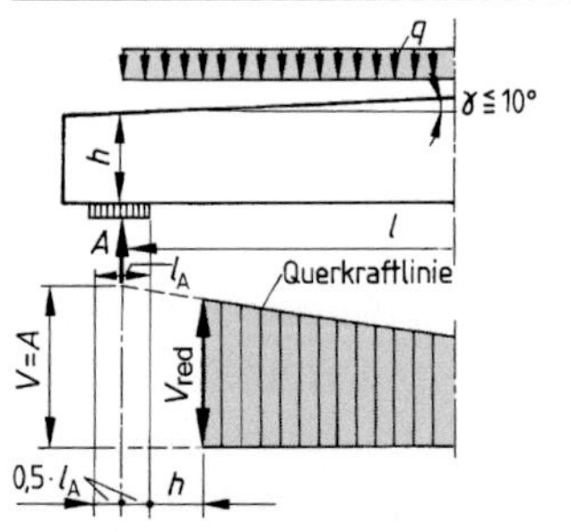 an Auflagern ohne Ausklinkung im Abstand h vom Auflagerrand	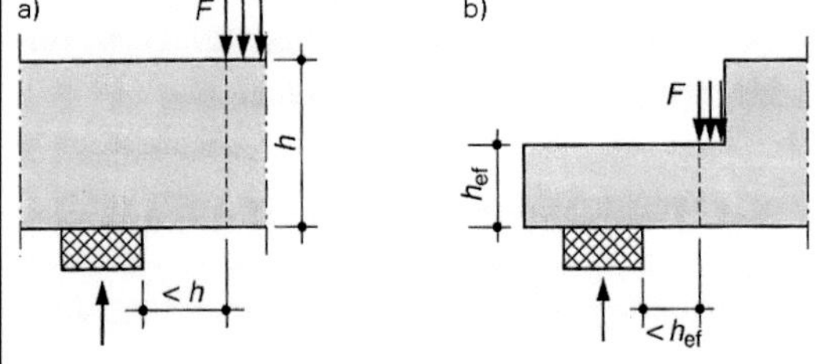 an Auflagern an Auflagern mit Ausklinkung[6]) innerhalb eines Abstandes vom Auflagerrand von $< h$ von $< h_{ef}$
Maßgebende abgeminderte Querkraft V_{red}	
Bestimmung von V_{red} an der Stelle im Abstand h vom Auflagerrand - für einen Einfeldträger mit Gleichlast q gilt: $V_{red} = 0{,}5 \cdot q \cdot (l - l_A - 2 \cdot h)$	Bestimmung von V_{red} durch: - Vernachlässigung des Anteils an der gesamtem Querkraft einer Einzellast F und einer Linienlast [5]) im auflagernahen Bereich innerhalb eines Abstandes h oder h_{ef} vom Auflagerrand

Tabelle 18.2 Fußnote

[1]) Hierin bedeuten:
h Trägerhöhe über Auflagermitte
h_{ef} wirksame (reduzierte) Höhe (Resthöhe) der Ausklinkung
l Stützweite des Biegeträgers
l_A Auflagerlänge
A Auflagerkraft, hier infolge Gleichlast q
V Querkraft
V_{red} reduzierte Querkraft
[2]) unter den Voraussetzungen: Auflagerung am „unteren“ Trägerrand, Lastangriff am „oberen“ Trägerrand, keine Ausklinkungen und keine Durchbrüche im Auflagerbereich
[3]) beim Nachweis der Schubspannungen von Trägern mit geneigtem Rand ist die kleinere Trägerhöhe h einzusetzen: entweder h über Auflagermitte oder im Abstand h vom Auflagerrand
[4]) unter den Voraussetzungen: Lastangriff am „oberen“ Trägerrand, Auflagerung am „unteren“ Trägerrand
[5]) gilt auch sinngemäß für Querkraft aus auflagernaher Linienlast nach DIN EN 1995-1-1/NA: 2013-08, NCI Zu 6.1.7 (NA.6)
[6]) unter der Voraussetzung: Ausklinkung auf der Gegenseite des Auflagers

18.4 Verteilung der Querkraft und Schubspannung in einem Biegeträger

Die **größte Querkraftbeanspruchung** eines Biegeträgers über die Trägerlänge wird aus der Zustandslinie für V (Querkraftlinie) ersichtlich. Bei einem Einfeldträger mit Gleichlast q nach Bild 18.4a tritt die größte Querkraft V_{max} an den Auflagern auf. Bei Durchlaufträgern mit Gleichlast q ist über den Innenstützen (Zwischenauflagern) als maßgebende Querkraft für den Schubspannungsnachweis die betragsmäßig größte von V_l oder V_r einzusetzen, s. als Beispiel Bild 18.4.b, während die Auflagerkraft über den Innenstützen aus der Summe der Beträge der beiden Querkräfte V_l und V_r gebildet wird.

Die **größte Schubspannung τ_{max}** für einen Rechteckquerschnitt nach Gl. (18.2) liegt bezogen auf die Trägerlänge an der Trägerstelle, an der das Verhältnis von Querkraft V und Querschnittsfläche $A = b \cdot h$ am größten ist; dies liegt z.B. beim einfeldrigen Parallelträger mit Rechteckquerschnitt und Gleichlast an den Auflagern vor, bei veränderlichen Trägerhöhen können andere Trägerstellen maßgebend werden.

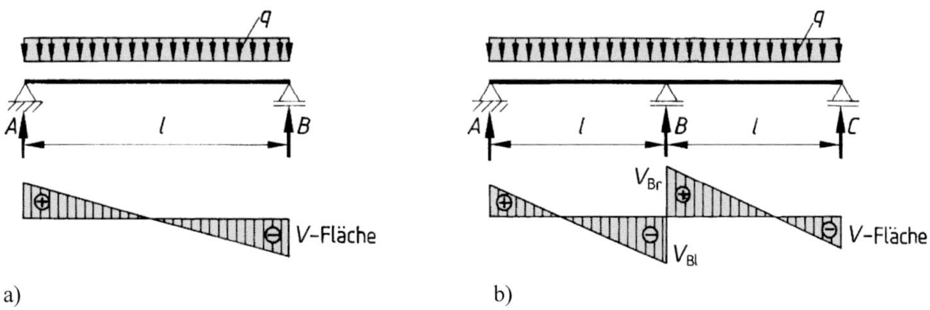

Bild 18.4 Zustandslinien für die Querkraft V bei einem Ein- und Zweifeldträger, Beispiele; a) Einfeldträger mit Gleichlast b) Zweifeldträger mit Gleichlast

Die **größte Schubspannung τ_{max}** innerhalb der Querschnittsfläche liegt bei einem Rechteckquerschnitt nach Bild 18.5a in der Schwerachse des Querschnitts bei *h*/2; die Schubspannungen sind gleichmäßig über die Querschnittsbreite *b* verteilt; über die Trägerhöhe *h* liegt eine parabelförmige Schubspannungsverteilung vor. Die Resultierende der Schubspannungen, die im Trägerquerschnitt auftreten, ist die Querkraft *V*. Die Schubspannungsverteilung an einem Trägerelement der Länge *d*x nach Bild 18.5b zeigt auf, dass die Schubspannungen $\tau_{xz} = \tau_{zx} = \tau_{(z)}$ sind infolge der Gleichheit der einander zugeordneten Schubspannungen; es liegt ein ebener Schubspannungszustand vor, s. Bild 18.5c. Demnach treten in Stäben bei **Schub aus Querkraft** gleichzeitig Schubspannungen in Richtung der *z*-Achse (Querschnittsfläche rechtwinklig zur Stablängsrichtung) und jeweils zugeordnete Schubspannungen in Richtung der *x*-Achse (Flächen in Stablängsrichtung) auf.

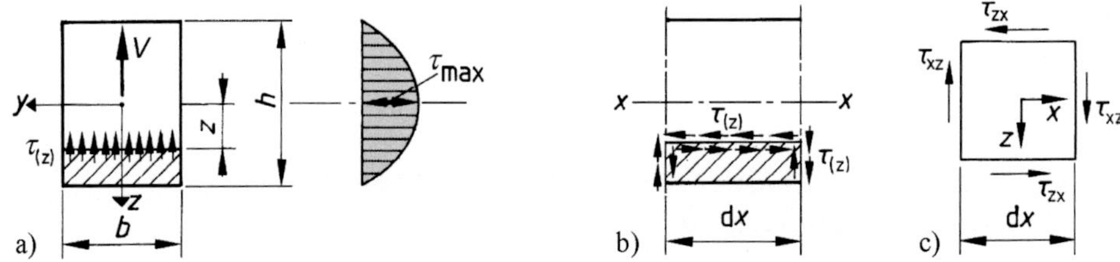

Bild 18.5 Schubspannungsverteilung in einem Träger mit Rechteckquerschnitt infolge Querkraft *V*
a) Schubspannungsverteilung über den Rechteckquerschnitt b) Schubspannungen an einem Trägerelement der Länge *d*x: $\tau_{(z)} = \tau_{xz} = \tau_{zx}$ c) ebener Spannungszustand, Schubspannungen

Neben der zweiachsigen Schubspannungen infolge Querkraft sind die einachsigen **Scherspannungen (Schubspannungen) aus Abscheren**, die in einer Stabebene auftreten, zu unterscheiden, wie z.B. aus Abschn. 10.3.7 (Blockscherversagen an belasteten Hirnholzenden), aus Bild 14.3 (Stirnversatz, Abscheren der Vorholzfläche) und aus Tabelle 10.1 (Dübel besonderer Bauart, Abscheren eines Rechteckdübels) zu entnehmen ist. Da die Kraft *F* im Rechteckdübel der Tabelle 10.1 mit einem Hebelarm *e*/2 bezogen auf die Scherfuge angreift, liegt neben dem Abscheren im Allgemeinen noch eine Momentenbeanspruchung *M* vor. Erst wenn $e/2 \rightarrow 0$ und $M \rightarrow 0$ geht, liegt reines Abscheren vor. In den kurzen Klebflächen einer Keilzinkung nach Bild 6.5 kann zum Beispiel von überwiegend reinem Abscheren ausgegangen werden. Über die Beanspruchungsarten Schub aus Querkraft und Abscheren s. auch Tabelle 1.11.

Nachweise für Torsion

19

19.1 Schub aus Torsion (Querschnittstragfähigkeit)

Bei Torsionsbeanspruchung treten in einem Träger Schubspannungen aus Torsion τ_{tor} (Tangentialspannungen) auf, die näherungsweise nach der Elastizitätstheorie isotroper Werkstoffe berechnet werden dürfen (*Saint-Venant*sche Torsion), s. *Möhler/Hemmer* [352]. Der Nachweis der Torsion ist nach Gl. (19.1) mit dem Beiwert k_{shape} nach Gl. (19.2) zu führen, s. DIN EN 1995-1-1: 2010-12, 6.1.8 (1)P und für den Beiwert k_{shape} DIN EN 1995-1-1/A2: 2014-07, Änderung zu 6.1.8, Torsion. Die Torsions-Schubspannungen (Torsionsspannungen) können nach Gl. (19.3) berechnet werden. Das Torsionsmoment M_{tor} lässt sich sinngemäß nach Tabelle 19.2 oder Bild 19.2 bestimmen, das Torsionswiderstandsmoment W_{tor} für Rechteck- und Kreisquerschnitte aus Tabelle 19.1. Bei der Berechnung der Torsionsspannungen braucht der Beiwert k_{cr} bzw. die wirksame Breite b_{ef} nach Gl. (18.4) zur Berücksichtigung von Trocken-(Rissen) nicht in Rechnung gestellt werden, s. DIN EN 1995-1-1/NA: 2013-08, NCI Zu 6.1.8 (NA.2).

Nachweis der Torsionsspannungen:

$$\frac{\tau_{tor,d}}{k_{shape} \cdot f_{v,d}} \leq 1 \tag{19.1}$$

Beiwert k_{shape}, abhängig von der Querschnittsform:

- für einen runden Querschnitt:

$$k_{shape} = 1{,}2 \tag{19.2a}$$

H. Neuhaus · L. Peterson (✉)
e-mail: peterson@fh-aachen.de

H. Neuhaus, W. Moorkamp, L. Peterson, T. Uibel, *Ingenieurholzbau*,
DOI 10.1007/978-3-658-44967-4_19

- für einen rechteckigen Querschnitt:

$$k_{\text{shape}} = \min\{1 + 0{,}05 \cdot h/b \;\; oder \;\; 1{,}3\} \qquad (19.2b)$$

Bemessungswerte der maximalen Torsionsspannungen:

- für Rechteckquerschnitte

$$\tau_{\text{tor,max,d}} = M_{\text{tor,d}}/W_{\text{tor}} \qquad (19.3a)$$

- für Kreisquerschnitte

$$\tau_{\text{tor,max,d}} = \frac{2 \cdot M_{\text{tor,d}}}{\pi \cdot r^3} \qquad (19.3b)$$

b die kleinere Querschnittsabmessung, bei Torsion allein nach Gl. (19.1) braucht die wirksame Breite b_{ef} nach Gl. (18.4) nicht berücksichtigt zu werden, jedoch bei Kombination von Schub aus Querkraft und Torsion nach Gl. (19.4) ist die wirksame Breite b_{ef} nach Gl. (18.4) für Einwirkungen rechtwinklig zu möglichen Rissebenen anzusetzen

h die größere Querschnittsabmessung

r Kreisradius

$\tau_{\text{tor,d}}$ Bemessungswert der Torsionsspannungen, bei Bestimmung der Torsionsspannungen gelten dieselben Angaben zur Berücksichtigung des Beiwertes k_{cr} bzw. der wirksamen Breite b_{ef} nach Gl. (18.4) wie zu b (kleinere Querschnittsabmessung) angegeben

$f_{\text{v,d}}$ Bemessungswert der Schubfestigkeit nach Gl. (8.5)

k_{shape} Beiwert in Abhängigkeit von der Querschnittsform nach Gl. (19.2)

M_{tor} Bemessungswert des Torsionsmoments nach Gl. (8.4), s. auch Tabelle 19.2 und Bild 19.2

W_{tor} Torsionswiderstandsmoment, für Rechteck- und Kreisquerschnitte nach Tabelle 19.1

Bei Beanspruchung eines Stabquerschnittes auf Torsion treten die **Schubspannungen aus Torsion** in einer Ebene, der Querschnittsfläche rechtwinklig zur Stablängsachse, auf, ihre Verteilung in einem Rechteckquerschnitt kann als Beispiel Bild 19.1 entnommen werden. Die maximalen Torsions-(Schub-)spannungen $\tau_{\text{tor,max}}$ treten bei Rechteckquerschnitten in der Mitte der Längsseiten auf, sie können nach Gl. (19.3a) und für Kreisquerschnitte nach Gl. (19.3b) berechnet werden, s. auch *Erläut. zu DIN 1052: 2004-08* [47], E 10.2.10 und *Möhler/Hemmer* [352]. Über die genaueren Torsionsspannungsverläufe in Stäben mit Rechteckquerschnitten aus anisotropem Holz berichtet *Heimeshoff* [206].

In den Produktnormen der DIN EN 1995-1-1: 2010-12 sind keine eigenen **charakteristischen Werte der Torsionsfestigkeit** z.B. für Voll-, Brettschicht- und Balkenschichtholz angegeben, für die Schub- und Torsionsfestigkeiten werden dieselben charakteristischen Werte $f_{\text{v,k}}$ verwendet, s. Abschn. 7.2.1. Die Nachweise der Torsion nach Gl. (19.1) werden

Tabelle 19.1 Berechnung des Torsionswiderstandsmomentes W_{tor} und des Torsions-Flächenmomentes 2. Grades I_{tor} für Rechteck- und Kreisquerschnitte nach *Möhler/Hemmer* [352]

Rechteckquerschnitte

	Seitenverhältnis $\alpha = h/b$												
	1	1,5	2	3	4	5	6	7	8	9	10	12	14
	Beiwerte $k_{\eta}(\alpha)$ [1]												
Torsionswiderstandsmoment W_{tor}													
$W_{tor} = \frac{h \cdot b^2}{3 \cdot k_{\eta 1(\alpha)}}$	1,609	1,433	1,356	1,247	1,183	1,144	1,117	1,099	1,086	1,075	1,067	1,055	1,047
Torsions-Flächenmoment 2. Grades I_{tor}													
$I_{tor} = \frac{h \cdot b^3}{3} \cdot k_{\eta 2}$	0,422	0,588	0,686	0,790	0,842	0,874	0,895	0,910	0,921	0,930	0,937	0,947	0,955

Kreisquerschnitte

	Torsionswiderstandsmoment W_{tor} [2]	Torsions-Flächenmoment 2. Grades I_{tor} [2]
	$W_{tor} = \frac{\pi \cdot d^3}{16} = \frac{\pi \cdot r^3}{2}$	$I_{tor} = \frac{\pi \cdot d^4}{32} = \frac{\pi \cdot r^4}{2}$

[1]) Zwischenwerte dürfen geradlinig interpoliert werden
[2]) die maximalen Schubspannungen aus Torsion (Torsionsspannungen) τ_{max} treten am Kreisumfang auf

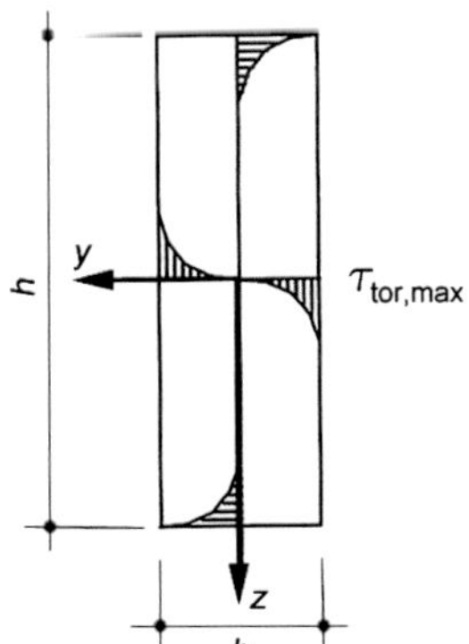

Bild 19.1 Rechteckquerschnitt unter Torsionsbeanspruchung nach *Erläut. zu DIN 1052: 2004-08* [47], E 10.2.10, Bild 10/13, Beispiel; Verteilung der Schubspannungen aus Torsion entlang der Hauptachsen, Beispiel

auf der sicheren Seite liegend mit den Bemessungswerten der Schubfestigkeit $f_{v,d}$ geführt, da z.B. die rechnerisch anzusetzenden Schubfestigkeiten von Nadelvoll- und Brettschichtholz nach *Aune* [11] und *Möhler/Hemmer* [350], [352] kleiner sind als die Torsionsfestigkeiten, s. auch Abschn. 1.10.2.

Nachweis der Torsionsbeanspruchung eines Trägers

Ein Nachweis der Torsionsbeanspruchung muss stets geführt werden, wenn die Torsion zur **Erhaltung des Gleichgewichts notwendig** ist, wie aus Bild 19.2a am Beispiel eines Einfeldträgers unter Einzel-Torsionsmoment M_{tor} hervorgeht. Das Torsionsmoment M_{tor} verdreht den Träger, ohne dass diese Verdrehung durch andere Bauteile behindert wird. Der Träger selbst muss diese Torsionsbeanspruchung aufnehmen und an die beidseitig angeordneten Gabellager weiterleiten, die hierfür nach Abschn. 17.3.2 auszulegen sind.

Ein Nachweis der Torsionsbeanspruchung braucht nicht geführt werden, wenn die Torsion zur **Erhaltung des Gleichgewichts nicht notwendig** ist, wie aus Bild 19.2b am Beispiel eines Einfeldträgers (Hauptträger) zu entnehmen ist, an den ein Nebenträger, z.B. Pfette, Sparren, Sparrenpfette oder Balken üblicher Dach- und Deckenkonstruktionen, über eine Anschlusskonstruktion angeschlossen ist. Der Hauptträger mit Holz-Rechteckquerschnitt besitzt eine geringe Torsionssteifigkeit; er verdreht sich, dabei entstehen jedoch nur Torsionsspannungen von untergeordneter Größe. Dieser drillweiche Hauptträger stützt sich nach *Ewald/Lischke* [132] über die Anschlusskonstruktion am Nebenträger ab und überträgt das Versatzmoment infolge exzentrischer Lasteinleitung $M_{tor} = F_N \cdot e$ auf den Nebenträger. Wird dieses Versatzmoment dem Nebenträger und der Anschlusskonstruktion zuge-

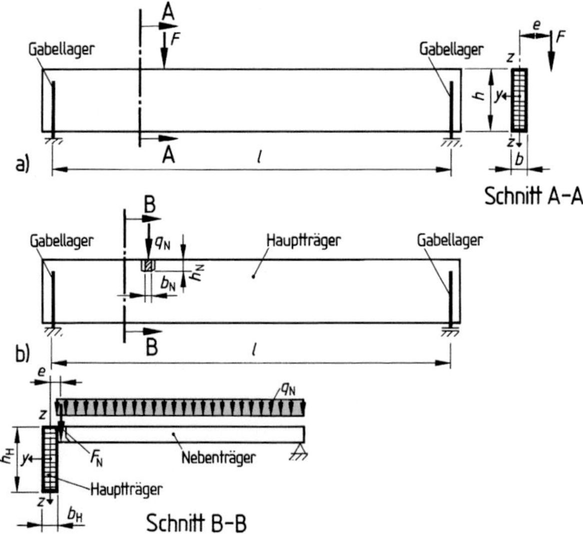

Bild 19.2 Einfeldträger mit Rechteckquerschnitt unter Torsionsbeanspruchung, s. auch *Ewald/Lischke* [132],

a) Torsionsbeanspruchung, die zur Erhaltung des Gleichgewicht notwendig ist; Torsionsmoment $M_{tor} = F \cdot e$, Torsionsnachweis erforderlich,

b) Torsionsbeanspruchung des Hauptträgers, die aus der Verträglichkeit der Verformungen aufgezwungen und nicht zur Erhaltung des Gleichgewicht notwendig ist; Torsionsnachweis des Hauptträgers nicht erforderlich, Versatzmoment $M_{tor} = F_N \cdot e$ muss von Nebenträger und Anschlusskonstruktion aufgenommen werden

wiesen, ist das Kräftegleichgewicht vorhanden. Der Hauptträger wird vernachlässigbar klein auf Torsion beansprucht. Es liegt eine Torsionsbeanspruchung vor, die einem Bauteil aus der Verträglichkeit der Verformungen aufgezwungen wird. Ein Torsionsnachweis des Hauptträgers ist bei Einhaltung der o.a. Voraussetzungen nicht erforderlich, s. auch *Erläut. zu DIN 1052: 2004-08* [47], E 10.2.10.

Torsionsbeanspruchung eines Trägers (Stabes)
Ein Stab wird auf Torsion beansprucht, wenn eine Kraft F (Last) außerhalb des **Schubmittelpunktes** $\boldsymbol{M}$ eines Querschnitts angreift; der Stab bleibt torsionsfrei, wenn der Kraftangriff (bzw. die Kraftwirkungslinie) im Schubmittelpunkt M liegt. Bei doppeltsymmetrischen Rechteck-, Kasten- und I-Querschnitten fallen Schwerpunkt S und Schubmittelpunkt M zusammen. Krafteinleitungen sind deshalb bei Trägern mit vorbenannten Querschnitten stets mittig im Schwerpunkt S (= M) sicherzustellen, um zusätzliche Torsionsbeanspruchungen zu vermeiden. Über ungewollte Ausmitten s. Abschn. 8.4.

Bei planmäßig ausmittigem Kraftangriff außerhalb des Schubmittelpunktes M tritt neben dem Torsionsmoment M_{tor} im Allgemeinen ein Biegemoment M_y (bzw. M_z) und eine Querkraft V auf, wie aus Tabelle 19.2 am Beispiel eines Einfeldträgers mit Rechteckquerschnitt zu entnehmen ist. Die Zustandslinien eines Einfeldträgers unter Torsionsbeanspruchung können für einige Belastungs- und Lagerungsfälle Tabelle 19.3 entnommen werden.

Die **planmäßige Torsionsbeanspruchung** eines Trägers aus Voll-, Brettschicht-, Balkenschicht- und Furnierschichtholz sollte möglichst vermieden werden, da unter Langzeitbeanspruchung ein Kriechen infolge Torsion auftritt, das nach Abschn. 1.9 stark ausgeprägt ist und sich mit zunehmender Holzfeuchte vergrößert. Deshalb wird empfohlen, unvermeidbare Torsionsbeanspruchungen in Holzträgern „klein" zu halten und höhere Holzfeuchten zu verhindern; besser ist jedoch, die Torsionsbeanspruchung durch konstruktive Maßnahmen aufzunehmen, als Beispiel s. Bild 19.2b. Bei größeren Torsionsbeanspruchungen sind Träger mit Kasten- oder Hohlquerschnitten wegen ihrer gegenüber vergleichbaren Rechteck- und I-Querschnitten größeren Seiten- und Torsionssteifigkeit von Vorteil, der Nachweis von Trägern mit Kastenquerschnitt und nachgiebig verbundenen Einzelteilen kann sinngemäß nach *Heimeshoff* [205] vorgenommen werden.

Tabelle 19.2 Beanspruchung eines Einfeldträgers mit Rechteckquerschnitt bei mittigem und ausmittigem Kraftangriff, Beispiele[1])

Einfeldträger mit beidseitiger Gabellagerung	Kraftangriff zur Schwerachse bzw. zum Schubmittelpunkt M	Beanspruchung des Stabes		
		Biegung	Torsion	Querkraft
mit Torsionsbeanspruchung, planmäßiger Hebelarm *e*				
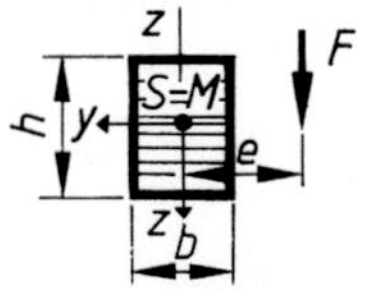	ausmittig	M_y	$M_{tor} = M_x = F \cdot e$	V
ohne Torsionsbeanspruchung				
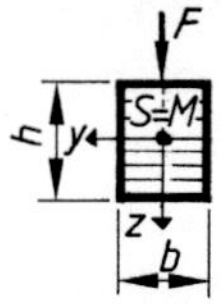	mittig	M_y	–	V

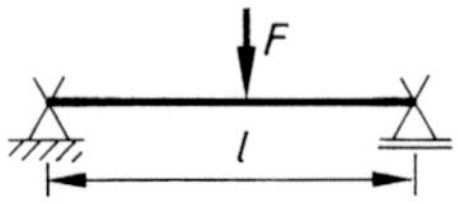

[1]) Hierin bedeuten:

e planmäßiger Hebelarm (Ausmitte)
M Schubmittelpunkt des Querschnitts
M_{tor} Torsionsmoment oder Moment um die *x*-Achse (Stab- oder Trägerlängsachse)
M_x Moment um die *x*-Achse (Stab- oder Trägerlängsachse) oder Torsionsmoment
M_y Biegemoment um die *y*-Achse
S Schwerpunkt (Schwerachse) des Querschnitts
V Querkraft

Tabelle 19.3 Zustandslinien für Torsion eines Einfeldträgers bei verschiedenen Belastungs- und Lagerungsfällen, Beispiele[1])

Einseitige Gabellager	
Einzel-Torsionsmoment M_{tor}	konstante Torsionsbelastung m_{tor}
M_{tor} 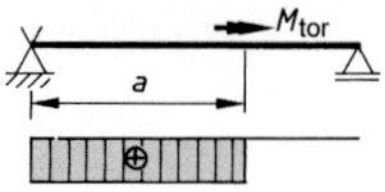 M_{tor}-Fläche	$m_{tor} \cdot a$ 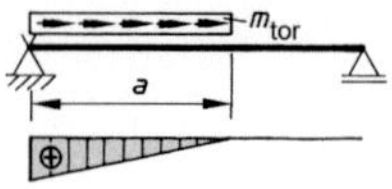 M_{tor}-Fläche

Tabelle 19.3 (Fortsetzung)

Beidseitige Gabellager	
Einzel-Torsionsmoment M_{tor}	konstante Torsionsbelastung m_{tor}
$M_{tor} \cdot b/l$ $M_{tor} \cdot a/l$	$m_{tor} \cdot l/2$ $m_{tor} \cdot l/2$

[1]) mit $G_{tor} \cdot I_{tor}$ = konstant

19.2 Schub aus Torsion und Querkraft (Querschnittstragfähigkeit)

Bei gleichzeitiger Wirkung von Schubspannungen aus Querkraft und Torsion muss die Interaktion nach Gl. (19.4) eingehalten werden, liegt nur einaxiale Querkraft vor, entfällt der jeweils andere Term. Der Beiwert k_{cr} bzw. die wirksame Breite b_{ef} nach Gl. (18.4) ist für Einwirkungen rechtwinklig zu möglichen Rissebenen anzusetzen, s. DIN EN 1995-1-1/NA: 2013-08, NCI Zu 6.1.9 (NA.1).

$$\frac{\tau_{tor,d}}{k_{shape} \cdot f_{v,d}} + \left(\frac{\tau_{y,d}}{f_{v,d}}\right)^2 + \left(\frac{\tau_{z,d}}{f_{v,d}}\right)^2 \leq 1 \qquad (19.4)$$

$\tau_{tor,d}$ Bemessungswert der Torsionsspannungen nach Abschn. 19.1

$\tau_{y,d}$; $\tau_{z,d}$ Bemessungswerte der Schubspannungen in Richtung der y- bzw. z-Achse nach Abschn. 18.1 bzw. 18.2

$f_{v,d}$ Bemessungswert der Schubfestigkeit nach Gl. (8.5)

Die Interaktion Gl. (19.4) gilt nach *Möhler/Hemmer* [350] zunächst nur für Fichtenholz und verallgemeinert für Nadelholz, sie kann nach Vorschlag von *Erläut. zu DIN 1052: 2004-08* [47], E 10.2.11 auch für Laubholz angewendet werden, da der Bemessungswert der Schubfestigkeit auf der sicheren Seite liegend beim Nachweis der Torsion eingesetzt wird, s. *Aune* [11] und Abschn. 1.10.2.

Nachweise für Pultdach-, Satteldach- und gekrümmte Biegeträger

20

20.1 Biegeträger mit linear veränderlicher Querschnittshöhe

Träger mit Rechteckquerschnitt und mit über ihrer Länge veränderlicher Querschnittshöhe werden aus gestalterischen oder funktionalen Gründen vorwiegend bei Brettschichtholzträgern gewählt (z.B. Erreichen der Dachneigung, Angleichen der Querschnittshöhe an den Biegemomentenverlauf). Bei der Herstellung werden die Brettschichtholz-Lamellen üblicherweise parallel zum „geraden" Trägerrand geklebt, der „geneigte" Trägerrand wird durch Anschnitt der hier liegenden Lamellen unter dem Winkel δ erreicht, der z.B. - gleichzeitig der Dachneigung α entsprechen kann, s. Bild 20.1. Unterschieden werden der „gerade" faserparallele und der „geneigte" angeschnittene Trägerrand.

Träger mit linear veränderlicher Querschnittshöhe $h(x)$ sind z.B. Pultdach- und Satteldachträger sowie Stützen und Riegel von Rahmen, sie haben gegenüber parallelgurtigen Trägern mit konstanter Querschnittshöhe h einige Besonderheiten, die auf ihre Geometrie zurückzuführen sind und in den folgenden Abschn. dargestellt werden. Zusätzlich wird in Abschn. 25.3.3 die Berücksichtigung des veränderlichen Flächenmomentes 2. Grades $I(x)$ beim Nachweis der Gebrauchstauglichkeit angeführt.

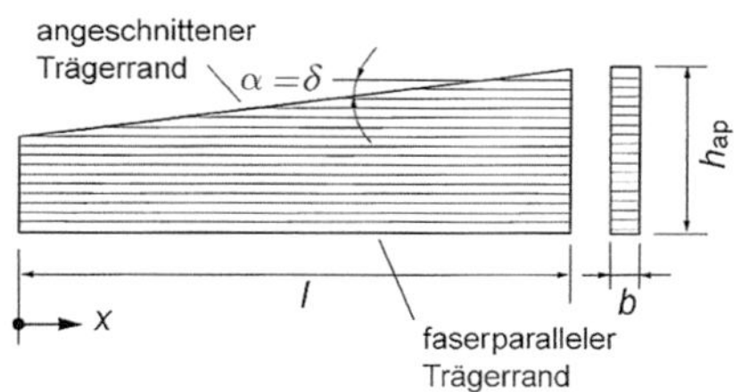

Bild 20.1 Träger mit linear veränderlicher Querschnittshöhe $h(x)$ am Beispiel eines Pultdachträgers; Winkel δ am „geneigten", oberen angeschnittenen Trägerrand, „gerader", unterer faserparalleler Trägerrand; Dachneigungswinkel α, Darstellung der Lamellierung (Schema); Biegespannungsverlauf über die Trägerhöhe s. Bild 20.2

H. Neuhaus · W. Moorkamp (✉)
e-mail: wilfried.moorkamp@ewetel.net

H. Neuhaus, W. Moorkamp, L. Peterson, T. Uibel, *Ingenieurholzbau*,
DOI 10.1007/978-3-658-44967-4_20

20.1.1 Biegespannungsverlauf in Trägern mit linear veränderlicher Querschnittshöhe

Biegespannungsverlauf über die Trägerhöhe $h(x)$

Die Biegespannung σ_m ist bei Trägern mit Rechteckquerschnitt und über die in Trägerlänge l linear veränderliche Trägerhöhe $h(x)$ nicht geradlinig über die Querschnittshöhe verteilt wie bei vergleichbaren parallelgurtigen Biegeträgern mit konstanter Trägerhöhe, sondern nicht linear, s. Bild 20.2. Die Randspannung $\sigma_{m,\alpha}$ am geneigten (angeschnittenen) Trägerrand ist bei linear veränderlicher Trägerhöhe nach genaueren Berechnungen kleiner als die Randspannung σ_m bei konstanter Trägerhöhe. Die Bemessung kann jedoch bei veränderlicher Trägerhöhe näherungsweise und auf der sicheren Seite liegend mit $\sigma_{m,\alpha} = \sigma_m$ durchgeführt werden, um den Rechenaufwand zu vereinfachen, s. auch Abschn. 20.1.2.

Die Randspannung am geraden (faserparallelen) Trägerrand $\sigma_{m,u}$ wird aufgrund der Trägergeometrie nach genaueren Berechnungen mit zunehmendem Faseranschnittswinkel δ, der oft gleichzeitig auch der Dachneigungswinkel α sein kann, größer als σ_m bei konstanter Trägerhöhe, die größere Randspannung darf jedoch bei der Auslegung des Trägers nach DIN EN 1995-1-1: 2010-12, 6.4.2 (2) vernachlässigt werden. Bei der Bemessung von Trägern mit linear veränderlicher Trägerhöhe werden die Biegespannungen deshalb vereinfachend nach Gl. (20.1) geführt. Jedoch werden die erhöhten Randspannungen am inneren, unteren Trägerrand bei der Bemessung der gekrümmten und Firstbereiche von gekrümmten Trägern bzw. Satteldachträgern berücksichtigt, s. Abschn. 20.3, 20.4 und Bild 20.15.

für Faseranschnittswinkel $\alpha = \delta \leq 24°$:

$$\sigma_{m,0,d} = \sigma_{m,\alpha,d} = \frac{M_d}{W_y} \tag{20.1}$$

$\sigma_{m,0,d}$ Bemessungswert der Biegespannungen an der „geraden" („unteren") faserparallelen Trägerkante in einem Träger mit linear veränderlicher Querschnittshöhe $h(x)$, s. Bild 20.1 und 20.2

$\sigma_{m,\alpha,d}$ Bemessungswert der Biegespannungen an der „geneigten" („oberen") angeschnittenen Trägerkante in einem Träger mit linear veränderlicher Querschnittshöhe $h(x)$, s. Bild 20.1 und 20.2

M_d Bemessungswert des Biegemomentes nach Gl. (8.4)

W_y Widerstandsmoment um die y-Achse

α Dachneigungswinkel, oft gleichzeitig auch Neigungswinkel δ des „angeschnittenen" Trägerrandes „schräg" zur Faserrichtung mit der Grenze: $\alpha = \delta \leq 24°$

Das Bemessungsverfahren nach Gl. (20.1) ist für Faseranschnittswinkel δ, die oft gleichzeitig auch die Dachneigungswinkel α sein können, auf $\alpha = \delta \leq 24°$ begrenzt, s. DIN EN 1995-1-1/NA: 2013-08, NCI Zu 6.4.2 (NA.3). Größere Winkel zwischen „unterem" und „oberem" Trägerrand sind aufgrund der über die Trägerhöhe h nicht linear auftretenden Spannungen nicht sinnvoll und werden zudem aus konstruktiven Gründen meist nicht ausgeführt. Über die Berechnung dieser nicht linear auftretenden Spannungen berichten u.a. *Erläut. zu DIN 1052: 2004-08* [47], E 10.4.1 (2), *Ehlbeck/Kürth* [121], *Möhler/Blumer* [346] und *Neuhaus* [381].

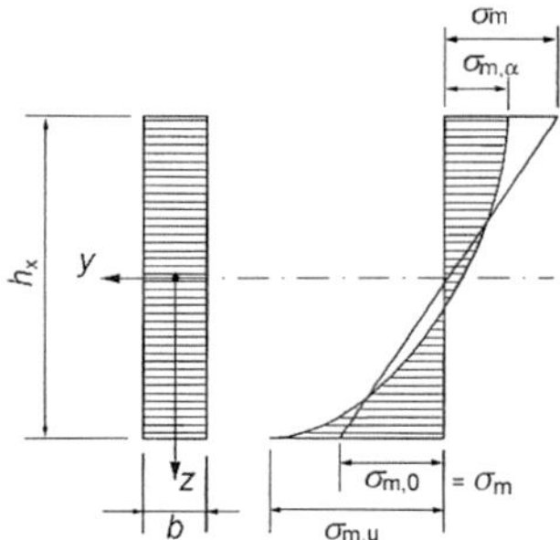

Bild 20.2 Biegespannungsverteilung bei Trägern mit über der Trägerlänge l linear veränderlicher Trägerhöhe $h(x)$, s. Bild 20.1, prinzipieller nicht linearer Verlauf beim Rechteckquerschnitt an der Trägerstelle x mit der Höhe h_x, zum Vergleich: linearer Verlauf beim Rechteckquerschnitt von Trägern mit konstanter Trägerhöhe h,

$\sigma_{m,u}$ Biegespannungen, die nach genaueren Berechnungen an der „geraden" („unteren") faserparallelen Trägerkante auftritt, darf vernachlässigt werden

$\sigma_{m,0}$ Biegespannungen an der „geraden" („unteren") faserparallelen Trägerkante für die Bemessung, darf gleich gesetzt werden zu $= \sigma_m$

$\sigma_{m,\alpha}$ Biegespannungen, die nach genaueren Berechnungen an der „geneigten" (oberen) angeschnittenen Trägerkante auftritt, darf vernachlässigt werden und bei der Bemessung gleich gesetzt werden zu $= \sigma_m$

σ_m Biegespannungen mit linearem Verlauf in einem Träger mit konstanter Querschnittshöhe h zum Vergleich

Biegespannungsverlauf über die Trägerlänge *l*

Die maximale Biegespannung $\sigma_{m,max}$ tritt bei Trägern mit über der Trägerlänge l linear veränderlicher Trägerhöhe $h(x)$ nach Bild 20.3 nicht an der Stelle des maximalen Biegemomentes M_{max}, sondern an der Stelle $x = \bar{x}$ auf, an der die Biegespannung $\sigma_{m(x)}$ nach Gl. (20.2) einen Größtwert erreicht. Das Biegemoment M und das Widerstandsmoment W hängen von der Variablen x ab bzw. ändern sich über die Trägerlänge l. Die Stelle $\bar{x}$ der maximalen Biegespannung wird durch Lösen der Extremwertaufgabe Gl. (20.3) gefunden, s. *Pischl* [395]. Für die Sonderfälle des symmetrischen Satteldachbinders mit $l_{ap} = l/2$ und Gleichlast q und des Pultdachträgers mit $l_{ap} = l$ mit Gleichlast q sind die Stellen $\bar{x}$ der maximalen Biegespannung $\sigma_{m,max}$ in Tabelle 20.1 angegeben, über weitere Angaben und Lösungen siehe z.B. *Colling* [92], *Ehlbeck/Kürth* [121] und *Schild/Völkner* [457].

$$\sigma_{m(x)} = \frac{M_{(x)}}{W_{(x)}} \tag{20.2}$$

$$\frac{d\sigma_{m(x)}}{dx} = 0 \tag{20.3}$$

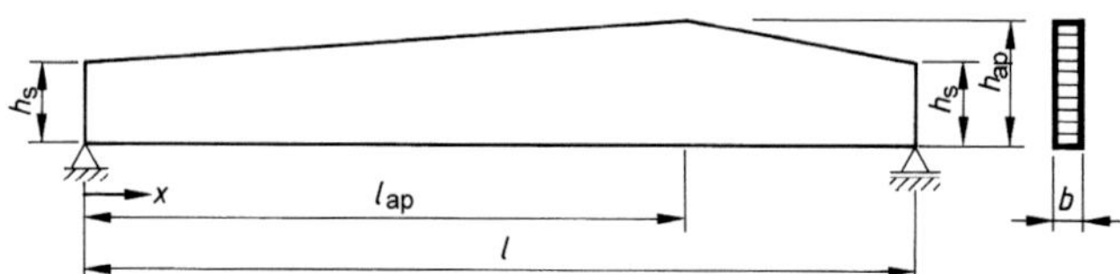

Bild 20.3 Brettschichtträger mit veränderlicher Trägerhöhe und Rechteckquerschnitt; unsymmetrische Lage des Firstpunktes, Beispiel

h_{ap} Höhe am First

h_s Höhe am Auflager

Tabelle 20.1 Stelle $\bar{x}$ der maximalen Biegespannung bei ausgesuchten Biegeträgern mit veränderlicher Trägerhöhe $h(x)$ und Rechteckquerschnitt unter Gleichstreckenlast q[1][2]

Pultdachträger		$\bar{x} = \frac{h_s}{h_s + h_{ap}} \cdot l$
symmetrischer Satteldachträger mit geradem Untergurt		$\bar{x} = \frac{h_s}{2 \cdot h_{ap}} \cdot l$
symmetrischer Satteldachträger mit gekrümmtem Untergurt		$\bar{x} = \frac{h_s}{2 \cdot h_1} \cdot l$

[1]) Hierin bedeuten:

b Trägerbreite

h_{ap} Trägerhöhe am First beim Satteldachträger bzw. größte Trägerhöhe beim Pultdachträger

h_s Trägerhöhe am Auflager beim Satteldachträger bzw. kleinste Trägerhöhe beim Pultdachträger

l Stützweite

$\bar{x}$ Stelle der maximalen Biegespannung

α Dachneigungswinkel, oft auch gleich dem Neigungswinkel δ des „oberen" angeschnittenen Trägerrandes = δ

σ_m Biegespannung

[2]) Pultdach- und Satteldachträger werden im Allgemeinen aus Brettschichtholz hergestellt, Satteldachträger nach Abschn. 20.3 dürfen nur aus Brettschichtholz und Furnierschichtholz ohne Querlagen hergestellt werden, s. DIN EN 1995-1-1: 2010-12, 6.4.3 (1)

20.1.2 Spannungskombination am geneigten Trägerrand

Nachweis der Spannungskombination am geneigten Trägerrand

Verläuft bei biegebeanspruchten Trägern aus Brettschichtholz und Furnierschichtholz ohne Querlagen die Faserrichtung nicht parallel zum Trägerrand, Beispiele s. Bild 20.1 und Tabelle 20.3, treten an diesem geneigten Trägerrand zusätzlich zu den Längsspannungen σ_0 in Faserrichtung noch Querspannungen σ_{90} rechtwinklig zur Faser und Schubspannungen τ auf, die gemeinsam als Spannungskombination bezeichnet werden, s. unten.

Der Nachweis der Spannungskombination am geneigten Trägerrand kann vereinfacht als Biegespannungsnachweis mit abgeminderten Biegefestigkeiten nach Gl. (20.4) für Faseranschnittswinkel bzw. **geneigte (angeschnittene) Trägerränder $\alpha = \delta \leq 24°$** geführt werden, s. DIN EN 1995-1-1: 2010-12, 6.4.2 (2) und DIN EN 1995-1-1/NA: 2013-08, NCI Zu 6.4.2 (NA.3). Die Minderung des Bemessungswertes $f_{m,d}$ der Biegefestigkeit am geneigten („angeschnittenen") Trägerrand wird über Beiwerte $k_{m,\alpha}$ berücksichtigt, für einen geneigten Biegezugrand mit dem **Beiwert $k_{m,\alpha} = k_{m,\alpha,t}$** nach Gl. (20.6) und für einen geneigten Biegedruckrand mit dem **Beiwert $k_{m,\alpha} = k_{m,\alpha,c}$** nach Gl. (20.7). Die Beiwerte können auch für kombiniertes und homogenes Brettschichtholz, das überwiegend bei Trägern mit linear veränderlicher Trägerhöhe eingesetzt wird, Tabelle 20.2 entnommen werden. Der Verlauf beider Beiwerte $k_{m,\alpha}$ ist am Beispiel des Brettschichtholzes GL24c(h) in Bild 20.4 dargestellt.

Der Nachweis ist an der Stelle $\bar{x}$ der größten Biegespannung zu führen, Beispiele sind in Tabelle 20.1 enthalten.

Nachweis der Spannungskombination für geneigte („angeschnittene") Trägerränder mit Winkeln $\alpha = \delta$ <= 24°:

$$\frac{\sigma_{m,\alpha,d}}{k_{m,\alpha} \cdot f_{m,d}} \leq 1 \tag{20.4}$$

mit

$$\sigma_{m,\alpha,d} = \frac{M_d}{W_y} \tag{20.5}$$

α Winkel am geneigten („angeschnittenen") Trägerrand, meist Dachneigungswinkel, s. Bild 20.1, oft auch gleich dem Faseranschnittswinkel δ am geneigten („angeschnittenen") Trägerrand
$= \delta$

$\sigma_{m,\alpha,d}$ Bemessungswert der maximalen Biegerandspannung am geneigten („angeschnittenen") Trägerrand an der Trägerstelle $\bar{x}$ nach Tabelle 20.1, s. auch Abschn. 20.1.1

$f_{m,d}$ Bemessungswert der Biegefestigkeit nach Gl. (8.5)

$k_{m,\alpha}$ Beiwert zur Berücksichtigung der Spannungskombination am geneigten („angeschnittenen") Trägerrand mit $\alpha = \delta \leq 24°$:
$= k_{m,\alpha,t}$ für den Biegezugbereich nach Gl. (20.6) oder Tabelle 20.2
$= k_{m,\alpha,c}$ für den Biegedruckbereich nach Gl. (20.7) oder Tabelle 20.2

M_d Bemessungswert des Biegemomentes nach Gl. (8.4)

W_y Widerstandsmoment um die y-Achse

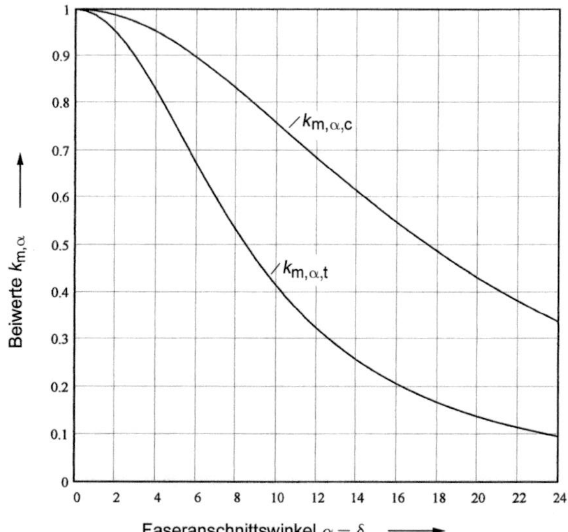

Bild 20.4 Spannungskombination am geneigten („angeschnittenen") Trägerrand; Verlauf der Beiwerte $k_{m,\alpha,t}$ des Biegezugbereiches und $k_{m,\alpha,c}$ des Biegedruckbereiches für Faseranschnittswinkel $\delta \leq 24°$ bzw. Winkel α des geneigten Trägerrandes von kombiniertem und homogenem Brettschichtholz GL24c(h) mit jeweils denselben Zahlenwerten

Das Bemessungsverfahren der Gl. (20.4) ist für Träger mit linear veränderlicher Trägerhöhe h(x) nach Bild 20.1 auf Faseranschnittswinkel (Dachneigungswinkel) $\alpha = \delta \leq 24°$ begrenzt. Größere Winkel zwischen „unterem" und „oberem" Trägerrand sind aufgrund der über die Trägerhöhe h nicht linear auftretenden Spannungen durch das Bemessungsverfahren nicht abgedeckt, s. Abschn. 20.1.1, und werden zudem aus konstruktiven Gründen meist nicht ausgeführt. Darüber hinaus werden Träger mit geneigter („angeschnittener") Trägerkante mit wachsendem Winkel α wegen der auftretenden Spannungskombination unwirtschaftlicher, da die Beiwerte km,α stark abnehmen, s. Tabelle 20.2 und Bild 20.4, und deshalb die rechnerisch ansetzbaren Biegefestigkeiten nach Gl. (20.4) zunehmend geringfügiger ausgenutzt werden können, insbesondere bei Biegezugrändern mit Winkeln $\alpha > 10°$. Letztere sollten als Empfehlung wegen der auftretenden höheren Querzugspannungen in Kombination mit Schubspannungen möglichst mit konstruktiven Querzugverstärkungen nach Abschn. 20.5.1 ausgeführt werden.

Beiwert $k_{m,\alpha} = k_{m,\alpha,t}$ für Biegezug am geneigten („angeschnittenen") Trägerrand:

$$k_{m,\alpha,t} = 1 \Bigg/ \sqrt{1 + \left(\frac{f_{m,d}}{0,75 \cdot f_{v,d}} \cdot \tan\alpha \right)^2 + \left(\frac{f_{m,d}}{f_{t,90,d}} \cdot \tan^2\alpha \right)^2} \qquad (20.6)$$

Beiwert $k_{m,\alpha} = k_{m,\alpha,c}$ für Biegedruck am geneigten („angeschnittenen") Trägerrand:

$$k_{m,\alpha,c} = 1 \Bigg/ \sqrt{1 + \left(\frac{f_{m,d}}{1,5 \cdot f_{v,d}} \cdot \tan\alpha \right)^2 + \left(\frac{f_{m,d}}{f_{c,90,d}} \cdot \tan^2\alpha \right)^2} \qquad (20.7)$$

α Winkel am geneigten („angeschnittenen") Trägerrand, meist Dachneigungswinkel, s. Bild 20.1, oft auch gleich dem Faseranschnittswinkel δ am geneigten („angeschnittenen") Trägerrand
$= \delta$

$f_{c,90,d}$ Bemessungswert der Druckfestigkeit rechtwinklig zur Faserrichtung nach Gl. (8.5)

$f_{t,90,d}$ Bemessungswert der Zugfestigkeit rechtwinklig zur Faserrichtung nach Gl. (8.5)

$f_{m,d}$ Bemessungswert der Biegefestigkeit nach Gl. (8.5)

$f_{v,d}$ Bemessungswert der Schubfestigkeit nach Gl. (8.5)

Tabelle 20.2 Beiwerte $k_{m,\alpha} = k_{m,\alpha,t}$ für den Biegezugrand und $k_{m,\alpha} = k_{m,\alpha,c}$ für den Biegedruckbereich des Nachweises der Biegespannungen (Spannungskombination) am geneigten („angeschnittenen") Trägerrand nach Gl. (20.4) für kombiniertes (c) und homogenes (h) Brettschichtholz der DIN EN 14080: 2013-09 nach DIN EN 1995-1-1: 2010-12, 6.4.2 (2), errechnet nach Gl. (20.6) und (20.7)

Winkel	**Beiwerte $k_{m,\alpha,t}$ für den Biegezugrand**[1][2]				**Beiwert $k_{m,\alpha,c}$ für den Biegedruckrand**[1][2]			
α	GL24c(h)	GL28c(h)	GL30c(h)	GL32c(h)	GL24c(h)	GL28c(h)	GL30c(h)	GL32c(h)
0,0°	1,000	1,000	1,000	1,000	1,000	1,000	1,000	1,000
1,0°	0,987	0,983	0,981	0,978	0,997	0,996	0,995	0,994
2,0°	0,951	0,935	0,927	0,918	0,987	0,983	0,981	0,978
3,0°	0,896	0,865	0,849	0,834	0,972	0,963	0,957	0,952
4,0°	0,827	0,783	0,761	0,740	0,952	0,936	0,927	0,918
5,0°	0,751	0,698	0,673	0,649	0,926	0,903	0,891	0,879
6,0°	0,673	0,616	0,589	0,564	0,897	0,867	0,852	0,836
7,0°	0,599	0,540	0,514	0,490	0,865	0,828	0,810	0,791
8,0°	0,531	0,473	0,448	0,425	0,831	0,788	0,767	0,746
9,0°	0,469	0,414	0,391	0,370	0,795	0,747	0,724	0,701
10,0°	0,414	0,363	0,342	0,323	0,758	0,706	0,681	0,657
11,0°	0,366	0,320	0,300	0,283	0,721	0,666	0,640	0,616
12,0°	0,325	0,282	0,265	0,249	0,685	0,627	0,601	0,576
13,0°	0,289	0,250	0,234	0,221	0,649	0,590	0,563	0,539
14,0°	0,257	0,223	0,208	0,196	0,614	0,554	0,528	0,504
15,0°	0,230	0,199	0,186	0,175	0,580	0,521	0,495	0,471
16,0°	0,207	0,178	0,166	0,156	0,547	0,489	0,463	0,440
17,0°	0,186	0,160	0,150	0,140	0,516	0,459	0,434	0,412
18,0°	0,168	0,144	0,135	0,127	0,486	0,430	0,406	0,385
19,0°	0,152	0,131	0,122	0,115	0,458	0,404	0,381	0,360
20,0°	0,138	0,119	0,111	0,104	0,431	0,379	0,357	0,337

[1]) die Beiwerte $k_{m,\alpha,t}$ und $k_{m,\alpha,c}$ können für Winkel bis $\alpha \leq 24°$ berechnet werden

[2]) für kombiniertes (c) und homogenes (h) Brettschichtholz haben die Beiwerte $k_{m,\alpha,t}$ und $k_{m,\alpha,c}$ jeweils dieselben Werte

Biegeträger mit Spannungskombination am geneigten („angeschnittenen") Rand
Bei biegebeanspruchten Brettschichtholzkonstruktionen wie z.B. Pultdach- und Satteldachträgern, Fischbauchträgern, Rahmenkonstruktionen mit veränderlichen Querschnittshöhen, „schrägen" Ausklinkungen und Durchlaufträgern mit Vouten treten geneigte („angeschnittene") Trägerränder auf, die „schräg" zur Faserrichtung des Holzes verlaufen, s. Tabelle 20.3. Geneigte Ränder werden überwiegend bei Trägern mit Rechteckquerschnitt aus Brettschichtholz hergestellt.

Tabelle 20.3 Spannungskombinationen bei biegebeanspruchten Brettschichtholz-Bauteilen mit geneigtem („angeschnittenem") Trägerrand und Rechteckquerschnitt; Faserrichtung verläuft nicht parallel zum Trägerrand; Beispiele

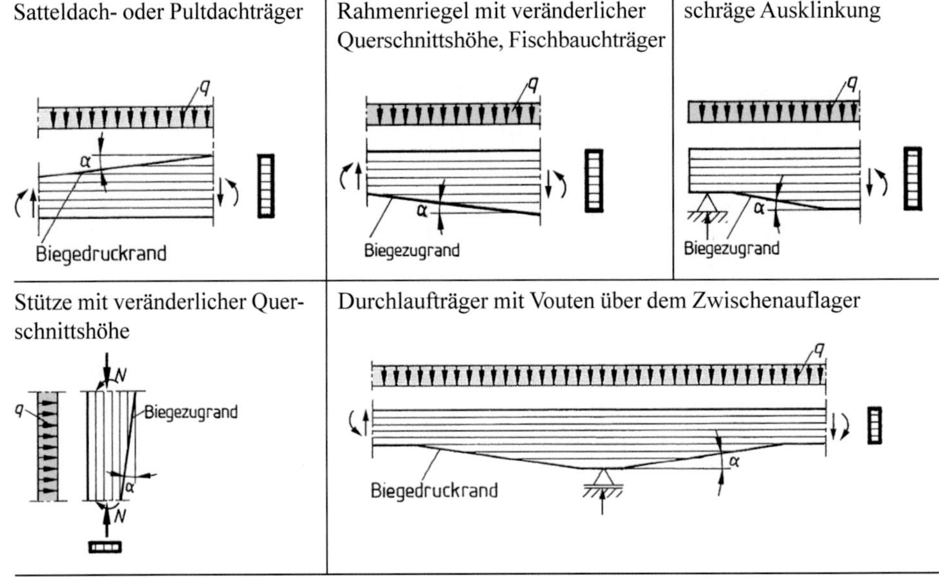

Die Spannungsverteilung an einer Querschnittsstelle eines derartigen Biegeträgers mit linear veränderlicher Querschnittshöhe kann Bild 20.5 entnommen werden. Hier treten gleichzeitig (Biege-)Längsspannungen $\sigma_0 = \sigma_m$, Schubspannungen τ und Querspannungen σ_{90} auf, von denen τ und σ_{90} ihre Maximalwerte am geneigten Trägerrand besitzen. Die gleichzeitige Wirkung dieser drei Spannungen an einer Querschnittsstelle wird als Spannungskombination bezeichnet und muss bei der Bemessung gesondert berücksichtigt werden, s. oben.

Die Querspannung σ_{90} ist eine **Querzugspannung** $\boldsymbol{\sigma_{t,90}}$, wenn $\sigma_0 = \sigma_m$ eine Biegezugspannung $\sigma_{m,t}$ und eine **Querdruckspannung** $\boldsymbol{\sigma_{c,90}}$, wenn $\sigma_0 = \sigma_m$ eine Biegedruckspannung $\sigma_{m,c}$ ist. Beispiele für Biegezug- und Biegedruckränder sind in Tabelle 20.3 dargestellt.

Bei Biegeträgern mit geraden parallelen Trägerkanten bzw. konstanter Querschnittshöhe liegen Spannungskombinationen nach Bild 20.5 nicht vor, da die maximalen (Biege-)-Längs- und Schubspannungen in einem Querschnitt an verschiedenen Stellen auftreten und lastabhängige Querspannungen nicht existieren.

Die Spannungskombination am geneigten („angeschnittenen") Biegedruckrand verhält sich wesentlich günstiger als am Biegezugrand, s. unterschiedlichen Verlauf der Beiwerte $k_{m,\alpha,t}$ und $k_{m,\alpha,c}$ in Bild 20.4, da einmal die charakteristischen Querdruckfestigkeiten $f_{c,90,k}$ ein Mehrfaches größer sind als die charakteristischen Querzugfestigkeiten $f_{t,90,k}$ (z.B. bei Voll- und Brettschichtholz um den Faktor ≥ 5, s. Abschn. 7.2.1) und zum andern die Schubfestigkeiten $f_{v,k}$ von z.B. Voll- und Brettschichtholz bei gleichzeitigem Auftreten von Querdruck- und Schubbeanspruchung erhöht werden und dagegen das gleichzeitige Zusammentreffen von Querzug- und Schubbeanspruchung ungünstigere Schubfestigkeiten bewirkt.

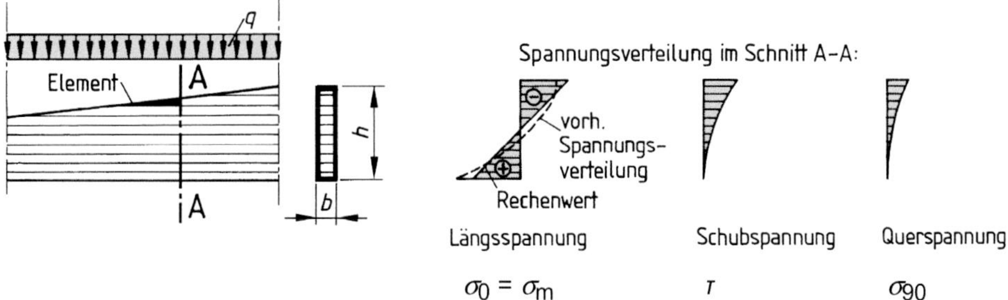

Bild 20.5 Spannungsverteilung bei biegebeanspruchten Brettschichtholz-Bauteilen mit linear veränderlicher Querschnittshöhe und Rechteckquerschnitt nach *Möhler/Hemmer* [354]

Spannungsverteilung an einem dreieckförmigen Element des Biegedruckrandes

Die Spannungsverteilung an einem dreieckförmigen Element des Biegedruckrandes ist in Bild 20.6 dargestellt, die Lage dieses Elementes geht aus Bild 20.5 hervor. Werden die Gleichgewichtsbedingungen an diesem Element nach den Gl. (20.8) und (20.10) angesetzt, kann die Schub- und Querspannung τ und σ_{90} nach Gl. (20.9) bzw. (20.11) in Abhängigkeit von der Längsspannung σ_0 nach Gl. (20.12) ermittelt werden, letztere kann neben dem Biegeanteil σ_m auch noch einen Normalkraftanteil σ_n erhalten, s. *Möhler/Hemmer* [354].

Gleichgewichtbedingungen am dreieckförmigen Element nach Bild 20.6:

$$\sum H = 0 \quad \rightarrow \quad \sigma_0 \cdot 1 \cdot b - \tau \cdot \frac{1}{\tan\alpha} \cdot b = 0 \tag{20.8}$$

$$\rightarrow \quad \tau = \sigma_0 \cdot \tan\alpha \tag{20.9}$$

$$\sum V = 0 \quad \rightarrow \quad \sigma_{90} \cdot \frac{1}{\tan\alpha} \cdot b - \tau \cdot 1 \cdot b = 0 \tag{20.10}$$

$$\rightarrow \quad \sigma_{90} = \tau \cdot \tan\alpha = \sigma_0 \cdot \tan^2\alpha \tag{20.11}$$

$$\sigma_0 = \frac{F}{A_n} \pm \frac{M}{W_n} \tag{20.12}$$

b Element- bzw. Trägerbreite

α Neigungswinkel des angeschnittenen Trägerrandes oder Winkel zwischen Trägerrand und Faserrichtung des Holzes
$= \delta$

σ_0 Längsspannung in Richtung der Holzfaser

σ_{90} Querspannung rechtwinklig zur Holzfaser

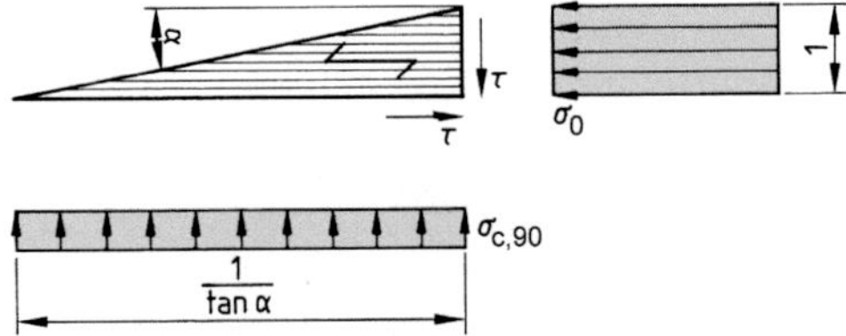

Bild 20.6 Längs-, Quer- und Schubspannungen an einem dreieckförmigen Element des Biegedruckrandes nach *Möhler/Hemmer* [354]; die Querspannung σ_{90} ist hier eine Querdruckspannung $\sigma_{c,90}$, weil die Längsspannung σ_0 eine Biegedruckspannung $\sigma_{m,c}$ ist (Biegedruckrand)

Die **Grenzzustandsgleichung** für die Spannungskombination an einer Trägerstelle ist nach *Erläut. zu DIN 1052: 2004-08* [47], E 10.4.1 (1) in Gl. (20.13) dargestellt; werden hierin die Gl. (20.9) und (20.11) bzw. für die Größe f_{90} die Querzug- oder Querdruckfestigkeiten $f_{t,90}$ und $f_{c,90}$

$$\left(\frac{\sigma_{90}}{f_{90}}\right)^2 + \left(\frac{\tau}{f_v}\right)^2 + \left(\frac{\sigma_m}{f_m}\right)^2 \leq 1 \qquad (20.13)$$

eingesetzt, können die Interaktion für die Spannungskombination bzw. die Beiwerte $k_{m,\alpha}$ nach Gl. (20.6) und (20.7) ermittelt werden.

20.1.3 Nachweis des Biegedrillknickens (Kippens) bei Trägern mit linear veränderlicher Querschnittshöhe

Ist der biegedrillknick- (kipp-)gefährdete, druckbeanspruchte Trägerrand durch eine Scheibe (mit nachgewiesener oder zugelassener Scheibenwirkung z.B. aus geeigneten Holzwerkstoffplatten oder Stahl-Trapezprofilblechen, s. Abschn. 26.3.1) kontinuierlich gehalten und damit gegen seitliches Ausweichen unverschieblich ausgesteift, ist ein Nachweis des Biegedrillknickens (Kippens) nicht erforderlich; wird jedoch der druckbeanspruchte Trägerrand in Abständen l oder a z.B. durch Einzelabstützungen gehalten, muss ein Biegedrillknick- (Kipp-)nachweis z.B. nach dem Ersatzstabverfahren des Abschn. 17.2.1 geführt werden.

Bei biegebeanspruchten Bauteilen mit über ihrer Länge veränderlicher Querschnittshöhe $h(x)$ ist die maßgebende Trägerstelle des Biegedrillknickens (Kippens) meist nicht direkt feststellbar, da die größte Biegespannung $\sigma_{m,max}$ nicht an der Stelle der größten Querschnittshöhe h_{max} auftritt. Für diese Biegeträger liegen keine gesonderten Festlegungen zum Biegedrillknick- (Kipp-)nachweis in DIN EN 1995-1-1: 2010-12 vor, aus diesem Grunde muss die Biegedrillknick- (Kipp-)stabilität näherungsweise in Einzelschritten - sichergestellt werden.

Deshalb wird empfohlen, den Träger in mehrere Bereiche aufzuteilen und die **Biegedrillknick- (Kipp-)stabilität** nach Abschn. 17.2 in jedem Trägerbereich nachzuweisen. Dazu können z.B. zwei Biegedrillknick- (Kipp-)bereiche je Trägerhälfte ausgewählt werden, wie am Beispiel eines Satteldachträgers mit geradem Untergurt in Bild 20.7 dargestellt: Der erste Biegedrill- (Kipp-)bereich ist der Trägerbereich mit der maximalen Biegespannung $\sigma_{m,max}$, der zweite derjenige mit der maximalen Trägerhöhe h_{max}.

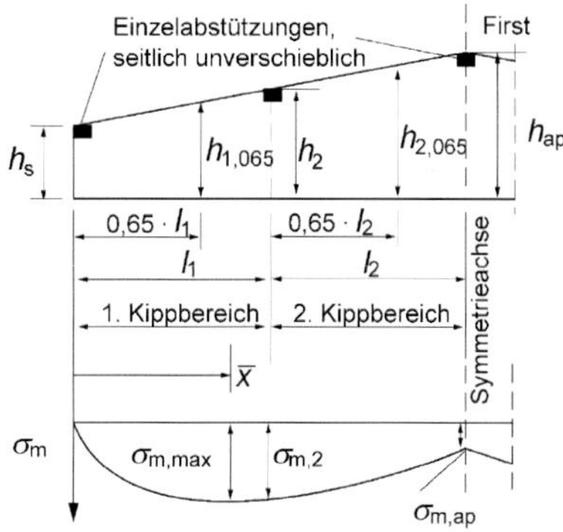

Bild 20.7 Empfehlung zum Nachweis des Biegedrillknickens (Kippens) bei biegebeanspruchten Bauteilen mit veränderlicher Trägerhöhe $h(x)$ am Beispiel eines Satteldachträgers mit geradem Untergurt; Aufteilung der Trägerhälfte in einzelne Biegedrillknick- (Kipp-)bereiche, im Beispiel sind zwei Biegedrillknick- (Kipp-) bereiche je Trägerhälfte gewählt worden

Der **Kippbeiwert k_{crit}** nach Abschn. 17.2.5 kann in jedem Biegedrillknick- (Kipp-)bereich der Länge l_i mit den Querschnittswerten an der Stelle von $0{,}65 \cdot l_i$ ermittelt werden, s. Bild 20.7 und Abschn. 17.2.1. Als maßgebende Biegespannungen in jedem Biegedrillknick- (Kipp-)bereich sind für den Nachweis des Biegedrillknickens (Kippens) die jeweils maximalen Biegespannungen σ_m zu verwenden, im Beispiel des Bildes 20.7 sind dies im ersten Biegedrillknick- (Kipp-)bereich die Biegespannung $\sigma_{m,max}$ an der Stelle $\bar{x}$ der maximalen Biegespannungen in der Trägerhälfte nach Tabelle 20.1 und im zweiten Biegedrillknick- (Kipp-)bereich die maximale Biegespannung $\sigma_{m,2}$. Zur Berechnung der **Ersatzstablänge l_{ef}** nach Abschn. 17.2.6 wird als Länge l oder Abstand a die jeweilige Länge l_i des gewählten Biegedrillknick- (Kipp-)bereiches eingesetzt.

Bei Satteldachträgern mit gekrümmtem Untergurt nach Abschn. 20.3.1 und bei gekrümmten Trägern mit linear veränderlichen Querschnittshöhen nach Abschn. 20.4.1 können ggf. auch Nachweise des Biegedrillknickens (Kippens) im Firstbereich erforderlich werden, nähere Angaben hierzu sind in *Colling* [92] enthalten.

20.2 Pultdachträger

20.2.1 Nachweise von Pultdachträgern

Pultdachträger werden überwiegend aus Brettschichtholz mit Rechteckquerschnitt hergestellt, der „geneigte“ Trägerrand entspricht oft der Neigung eines Gebäudedaches, s. Bild 20.1. Pultdachträger sind Biegeträger mit linear veränderlicher Querschnittshöhe und daraus folgenden Besonderheiten, die bei der Bemessung gegenüber parallelgurtigen Biegeträgern zu berücksichtigen sind und im Folgenden näher erläutert werden: Der Faseranschnittswinkel $\alpha = \delta$ in Abschn. 20.1, der Biegespannungsverlauf über die Trägerhöhe und -länge in Abschn. 20.1.1, die Spannungskombination am geneigten Trägerrand in Abschn. 20.1.2 und das Biegedrillknicken (Kippen) des Biegedruckgurtes in Abschn. 20.1.3. In Abschn. 25.3.3 wird die Berücksichtigung des veränderlichen Flächenmomentes 2. Grades $I(x)$ beim Nachweis der Gebrauchstauglichkeit angeführt, soweit dieser erforderlich ist.

Der Nachweis eines Pultdachträgers mit Rechteckquerschnitt kann Tabelle 20.4 entnommen werden, in der wichtige Gleichungen zusammengestellt sind, s. DIN EN 1995-1-1: 2010-12, 6.4.2 und DIN EN 1995-1-1/NA: 2013-08, NCI Zu 6.4.2 (NA.3); das Nachweisverfahren für die Biegespannungen ist auf Winkel $\alpha = \delta \leq 24°$ begrenzt, da u.a. größere Winkel aus konstruktiven Gründen, wegen des erhöhten Materialaufwandes und der zunehmenden Spannungskombination nicht sinnvoll bzw. durch das Bemessungsverfahren nicht abgedeckt sind, hierüber s. auch Abschn. 20.1.2, insbesondere geneigte („angeschnittene“) Biegezugränder mit Winkeln $\alpha = \delta > 10°$.

Tabelle 20.4 Nachweis der Tragfähigkeit (Biegespannungen) von Pultdachträgern mit Rechteckquerschnitt nach DIN EN 1995-1-1: 2010-12, 6.4.2[1])[2])[3])[4])

Für einen Faseranschnittswinkel $\alpha = \delta \leq 24°$ [5])	
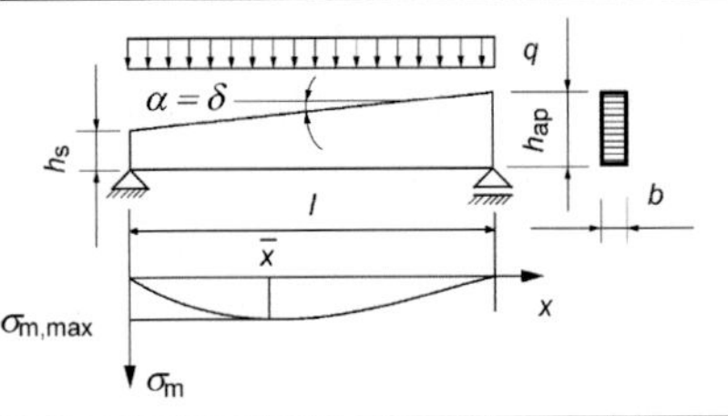	Trägerstelle mit der größten Biegespannung, s. auch Abschn. 20.1.1 und Tabelle 20.1 $\bar{x} = \dfrac{h_s}{h_s + h_{ap}} \cdot l$
Faserparalleler („unterer“) Trägerrand, s. auch Abschn. 20.1.1	
Nachweis der Tragfähigkeit[6]) $\dfrac{\sigma_{m,0,d}}{f_{m,d}} \leq 1$	Biegerandspannungen[6]) $\sigma_{m,0,d} = \dfrac{M_d}{W_y}$
Geneigter („oberer“) „angeschnittener“ Trägerrand (schräg zur Faserrichtung), s. auch Abschn. 20.1.2[6])	
Nachweis der Tragfähigkeit[6]) $\dfrac{\sigma_{m,\alpha,d}}{k_{m,\alpha} \cdot f_{m,d}} \leq 1$	Biegerandspannungen für $\alpha = \delta \leq 24°$ [5])[6]) $\sigma_{m,\alpha,d} = \dfrac{M_d}{W_y}$
Beiwert $k_{m,\alpha} = k_{m,\alpha,t}$ für den Biegezugbereich, s. Abschn. 20.1.2:[7]) $k_{m,\alpha,t} = 1 \Big/ \sqrt{1 + \left(\dfrac{f_{m,d}}{0{,}75 \cdot f_{v,d}} \cdot \tan\alpha\right)^2 + \left(\dfrac{f_{m,d}}{f_{t,90,d}} \cdot \tan^2\alpha\right)^2}$	
Beiwert $k_{m,\alpha} = k_{m,\alpha,c}$ für den Biegedruckbereich, s. Abschn. 20.1.2:[7]) $k_{m,\alpha,c} = 1 \Big/ \sqrt{1 + \left(\dfrac{f_{m,d}}{1{,}5 \cdot f_{v,d}} \cdot \tan\alpha\right)^2 + \left(\dfrac{f_{m,d}}{f_{c,90,d}} \cdot \tan^2\alpha\right)^2}$	

Tabelle 20.4 (Fußnoten)

[1]) Hierin bedeuten:

$\sigma_{m,0,d}$ Bemessungswert der Biegespannungen an der faserparallelen Trägerkante
$\sigma_{m,\alpha,d}$ Bemessungswert der Biegespannungen an der geneigten („angeschnittenen") Trägerkante
$\sigma_{m,max}$ größte Biegespannung an der Trägerstelle $\bar{x}$, s. Zeile 1 und auch Abschn. 20.1.1
$f_{m,d}$ Bemessungswert der Biegefestigkeit nach Gl. (8.5)
M_d Bemessungswert des Biegemomentes nach Gl. (8.4)
W_y Widerstandsmoment um die y-Achse
b Querschnittsbreite
h_{ap}, h_s Querschnittshöhe am größten bzw. kleinsten Trägerende
l Stützweite des Pultdachträgers
α Neigungswinkel des („angeschnittenen") Trägerrandes „schräg" zur Faserrichtung: $\alpha = \delta \leq 24°$

[2]) über die Spannungskombination am zug- und druckbeanspruchten geneigten („angeschnittenen") Trägerrand s. Abschn. 20.1.2

[3]) weitere Nachweise der Tragfähigkeit wie Schub s. Abschn. 18.1, Biegedrillknicken (Kippen) s. Abschn. 17.2.1 und 20.1.3, Gebrauchstauglichkeit s. Abschn. 25.3.3, soweit dieser erforderlich ist

[4]) nähere Erläuterungen zu den einzelnen Nachweisen sind in den Abschn. 20.1, 20.1.1 bis 20.1.3 enthalten

[5]) der Faseranschnittswinkel ist begrenzt auf Winkel $\alpha = \delta \leq 24°$, s. DIN EN 1995-1-1/NA: 2013-08, NCI Zu 6.4.2 (NA.3)

[6]) der Nachweis ist an der Trägerstelle $\bar{x}$ mit der größten Biegespannung $\sigma_{m,max}$ zu führen, s. Zeile 1 und auch Abschn. 20.1.1

[7]) für kombiniertes und homogenes Brettschichtholz sind die Beiwerte $k_{m,\alpha,t}$ und $k_{m,\alpha,c}$ in Tabelle 20.2 angegeben

20.3 Satteldachträger

20.3.1 Nachweise von Satteldachträgern

Satteldachträger werden überwiegend symmetrisch zur Trägermitte und aus Brettschichtholz mit Rechteckquerschnitt hergestellt, der „geneigte" obere Trägerrand entspricht oft der Neigung eines Gebäudedaches, während der untere Trägerrand als gerader oder gekrümmter Untergurt ausgeführt werden kann, s. Beispiele in Tabelle 20.5. Durch den geneigten oder gekrümmten Trägerverlauf sowie durch den Firstbereich treten nicht lineare Spannungsverläufe über die Querschnittshöhe auf, die bei der Bemessung gesondert zu berücksichtigen sind.

Trägerbereiche mit linear veränderlichen Querschnittshöhen, die bei Satteldachträgern außerhalb des Firstbereiches überwiegend ausgeführt werden, besitzen Spannungsverläufe wie Pultdachträger nach Abschn. 20.2.1. Im Firstbereich treten neben Längs- auch Querspannungen auf, die im Abschn. 20.6 näher erläutert werden. Über das Auftreten von Querdruck- oder Querzugbeanspruchungen im Firstbereich von Satteldachträgern s. auch Bild 20.16.

Nachweise von Satteldachträgern im Firstbereich

Die Nachweise von Satteldachträgern mit geradem und gekrümmtem Untergurt sowie Rechteckquerschnitt gelten **für Brettschichtholz und Furnierschichtholz** ohne Querlagen (mit allen Furnieren in Richtung der Stablängsachse), sie können Tabelle 20.5 entnommen werden, in der die Gleichungen für die Bemessung des Firstquerschnittes zusammengestellt sind. Diese Nachweisverfahren regeln die Biege- und Querspannungen bei Satteldachträgern mit geradem Untergurt, die auch als zwei zusammengesetzte Pultdachträger angesehen werden können, und bei Satteldachträgern mit gekrümmtem Untergurt, s. DIN EN 1995-1-1: 2010-12, 6.4.3, während in den geraden Satteldachträger-Bereichen (außerhalb des Firstes) mit geneigtem Trägerrand („angeschnittenen" Holzfasern) und linear veränderlicher Trägerhöhe die Anforderungen von Pultdachträgern nach Abschn. 20.2.1 (Spannungskombination) einzuhalten sind, s. DIN EN 1995-1-1: 2010-12, 6.4.3 (2). Deshalb sind die Winkel am geneigten („angeschnittenen") Trägerrand bei Satteldachträgern wie bei Pultdachträgern auf $\alpha = \delta \leq 24°$ begrenzt, s. DIN EN 1995-1-1/NA: 2013-08, NCI Zu 6.4.2 (NA.3).

Über zulässige Biegeradien r der Einzellamellen bzw. Lamellendicken t von Brettschichtholz bei der Ausbildung von Satteldachträgern mit gekrümmtem Untergurt s. Tabelle 3.13.

Beiwerte zur Ermittlung der maximalen Biege- und Querzugspannungen im Firstquerschnitt

Bei der Bemessung von Satteldachträgern mit Rechteckquerschnitt nach Tabelle 20.5 werden die **maximalen Biegespannungen** (Längsrandspannungen) am unteren Trägerrand im Firstquerschnitt mit Beiwerten ermittelt: mit dem Beiwert $k_{l,ger}$ bei Satteldachträgern mit geradem Untergurt, Zahlenwerte s. Tabelle 20.6, und mit dem Beiwert $k_{l,gek}$ bei Satteldachträgern mit gekrümmtem Untergurt, Zahlenwerte s. Tabelle 20.7. Die Verläufe der $k_{l,gek}$-Werte sind in Bild 20.8 dargestellt.

Die **maximalen Querzugspannungen** (Zugspannungen rechtwinklig zur Faserrichtung) im Firstquerschnitt nach Tabelle 20.5 werden ebenfalls mit Beiwerten errechnet: mit dem Beiwert $k_{p,ger}$ bei Satteldachträgern mit geradem Untergurt, Zahlenwerte s. Tabelle 20.6, und mit dem Beiwert $k_{p,gek}$ bei Satteldachträgern mit gekrümmtem Untergurt, Zahlenwerte s. Tabelle 20.8. Die Verläufe der $k_{p,gek}$-Werte sind in Bild 20.9 dargestellt.

Treten **im Firstbereich Schubspannungen** auf, z.B. bei unsymmetrischen Satteldachträgern mit Gleichlast, wenn der First nicht in Trägermitte liegt und/oder wenn nennenswerte Querkräfte auftreten, sind sie mit den Querzugspannungen in der Spannungskombination nach Tabelle 20.5 zu überlagern. Bei den Schubspannungen muss der Einfluss von (Trocken- oder Schwind-)Rissen in Bauteilen aus Brettschichtholz nach Abschn. 18.1 berücksichtigt werden, in den Gl. der Tabelle 20.5 ist beim Schubnachweis die Breite b durch die wirksame Breite b_{ef} nach Gl. (18.4) zu ersetzen.

Beiwert zur Berücksichtigung der Vorbelastung infolge Biegens der Einzellamellen

Bei der Herstellung von Satteldachträgern aus Brettschichtholz mit gekrümmtem Untergurt werden Einzellamellen gebogen. Die beim Krümmen entstehenden Biegespannungen - bauen sich nur zu einem Teil durch rheologisches Verhalten des Holzes wieder ab. Der Beiwert k_r nach Tabelle 20.5 berücksichtigt näherungsweise die verbleibende Vorbelastung bei stärkerem Krümmen durch Abminderung der Bemessungswerte der Biegefestigkeit $f_{m,d}$. Bleibt das Verhältnis Krümmungsradius zu Lamellendicke r_{in}/t vergleichsweise groß, werden die Lamellen nur gering gekrümmt und die Vorbelastung wird mit $k_r = 1$ nicht berücksichtigt. Bei Satteldachträgern aus Brettschichtholz mit geradem Untergurt werden die Einzellamellen nicht gekrümmt und der Beiwert $k_r = 1$.

Weitere Nachweise für Satteldachträger
Die Bemessung von Satteldachträgern mit Rechteckquerschnitt in Bereichen mit linear veränderlicher Trägerhöhe (außerhalb des Firstquerschnitts) wird an der **Stelle $\bar{x}$ der größten Biegespannung** am faserparallelen und „geneigten" angeschnittenen Trägerrand wie bei Pultdachträgern nach Abschn. 20.2.1 durchgeführt. Der **Nachweis der Biegedrillknick-(Kipp-)stabilität** des druckbeanspruchten „oberen" Trägerrandes kann nach Abschn. 17.2.1 und 20.1.3 geführt werden, beim **Nachweis für Querkraft** nach Abschn. 18.1 muss der Einfluss von (Trocken- oder Schwind-)Rissen in Brettschichtholz-Bauteilen berücksichtigt werden, die Breite b ist durch die wirksame Breite b_{ef} nach Gl. (18.4) zu ersetzen. Der **Nachweis der Gebrauchstauglichkeit,** soweit erforderlich, ist Abschn. 25.3.2 und 25.3.3 zu entnehmen. Die für die Bemessung notwendigen **geometrischen Größen von Satteldachträgern** sind in Tabelle 20.9 zusammengestellt, sie lassen sich aus einfachen geometrischen Beziehungen ermitteln.

Über das Auftreten von Querzugspannungen im Firstbereich von Satteldachträgern s. Abschn. 20.6, über Verstärkungen zur Aufnahme **zusätzlicher klimabedingter Querzugspannungen** und deren Bemessung s. Abschn. 20.3.2 und 20.5.1. Zu deren Berücksichtigung wird in DIN EN 1995-1-1/NA: 2013-08, NCI Zu 6.4.3, Anmerkung 2 empfohlen, Satteldachträger mit gekrümmtem Untergurt im querzugbeanspruchten Firstbereich nach Tabelle 20.5, 2. Zeile, stets zu verstärken, Satteldachträger mit geradem Untergurt ab einem Ausnutzungsgrad $\eta \geq 0{,}8$ nach der Gl. zum Nachweis der Tragfähigkeit in Tabelle 20.5, 2. und 3. Zeile. In der Baupraxis werden in derartigen querzugbeanspruchten Bereichen seit langem Querzugverstärkungen mit Erfolg eingebaut, unabhängig vom Ausnutzungsgrad.

Über Verstärkungen zur **vollständigen Aufnahme der Querzugspannungen** in den querzugbeanspruchten Firstbereichen von Satteldachträgern und deren Bemessung s. Abschn. 20.5.2.

Satteldachträger in Nutzungsklasse 3
Eine direkte Bewitterung von Satteldachträgern in Nutzungsklasse 3 sollte im Sinne einer holzgerechten Konstruktion möglichst vermieden werden, um neben den nicht zu vermeidenden lastabhängigen Querzugspannungen nicht noch größere zusätzliche Querzugspannungen aus Schwinden auftreten zu lassen mit nicht auszuschließenden (Schwind-)Rissen und schadensträchtigen Folgen. Deshalb wird empfohlen, Satteldachträger im Freien mit ausreichenden und dauerhaften Abdeckungen z.B. nach Bild 7.1a oder b, oder anderen Maßnahmen des baulichen Holzschutzes nach Abschn. 5.2.4 zu versehen, um die Bedingungen der Nutzungsklasse 2 oder kleiner zuverlässig sicherzustellen.

20.3.2 Verstärkungen von Satteldachträgern

Im Firstbereich von Satteldachträgern mit Rechteckquerschnitt treten **lastabhängige Querzugspannungen** auf, die durch den Holzquerschnitt, nachgewiesen nach Tabelle 20.5, oder vollständig durch geeignete Verstärkungen nach Abschn. 20.5.2 aufzunehmen

Tabelle 20.5 Nachweis der Tragfähigkeit (Biege- und Querzugspannungen) im Firstquerschnitt von Satteldachträgern mit Rechteckquerschnitt aus Brettschichtholz und Furnierschichtholz ohne Querlagen[10]) nach DIN EN 1995-1-1: 2010-12, 6.4.3[1–7])

Satteldachträger mit gekrümmtem Untergurt[3])	**Satteldachträger mit geradem Untergurt**[3])
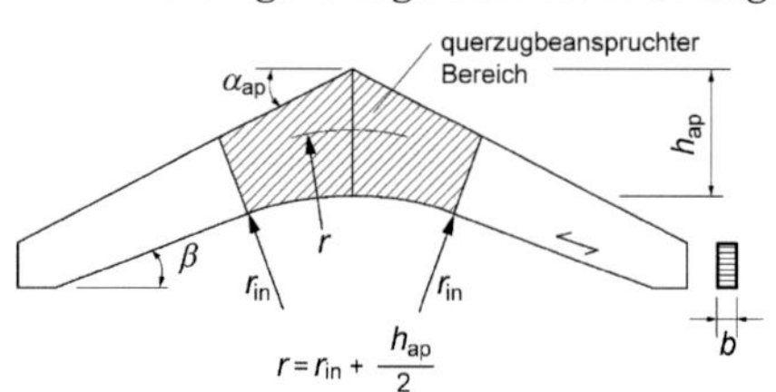	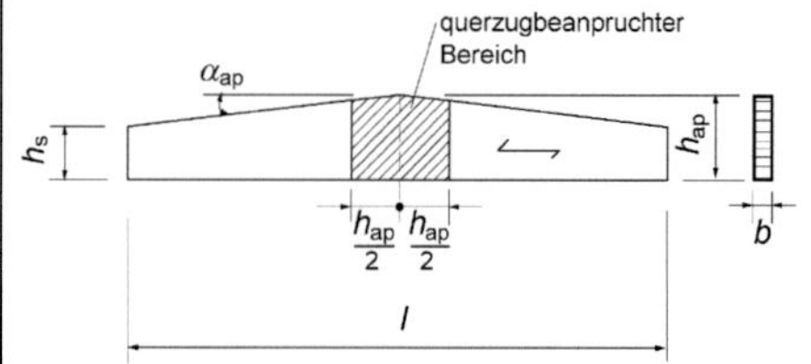
1. maximale Biegespannungen im Firstquerschnitt (Längsrandspannungen am „unteren" Trägerrand)	
Nachweis der Tragfähigkeit von Satteldachträgern mit gekrümmtem Untergurt und Neigungswinkel α_{ap} [3])[4])[5])[6])	Nachweis der Tragfähigkeit von Satteldachträgern mit geradem Untergurt und Neigungswinkel α_{ap} [3])[4])[5])[7])
$\frac{\sigma_{m,d}}{k_r \cdot f_{m,d}} \leq 1 \quad \text{mit} \quad \sigma_{m,d} = k_{l,gek} \cdot \frac{M_{ap,d}}{W_{ap,y}}$	$\frac{\sigma_{m,d}}{f_{m,d}} \leq 1 \quad \text{mit} \quad \sigma_{m,d} = k_{l,ger} \cdot \frac{M_{ap,d}}{W_{ap,y}}$
Beiwerte $k_{l,gek}$ und $k_{l,ger}$ (berücksichtigen die erhöhten Biegespannungen im Firstquerschnitt)	
$k_{l,gek} = k_1 + k_2 \cdot k_{ap} + k_3 \cdot k_{ap}^2 + k_4 \cdot k_{ap}^3$ Zahlenwerte s. auch Tabelle 20.7	$k_{l,ger} = 1 + 1{,}4 \cdot \tan \alpha_{ap} + 5{,}4 \cdot \tan^2 \alpha_{ap}$ Zahlenwerte s. auch Tabelle 20.6
$k_1 = 1 + 1{,}4 \cdot \tan \alpha_{ap} + 5{,}4 \cdot \tan^2 \alpha_{ap}$ $k_2 = 0{,}35 - 8 \cdot \tan \alpha_{ap}$ $k_3 = 0{,}6 + 8{,}3 \cdot \tan \alpha_{ap} - 7{,}8 \cdot \tan^2 \alpha_{ap}$ $k_4 = 6 \cdot \tan^2 \alpha_{ap}$ $k_{ap} = h_{ap} / r$	innerer Radius r_{in} Radius $r = r_{in} + h_{ap}/2$ Lamellendicke t Faseranschnittswinkel α_{ap} Dachneigungswinkel α_{ap} Höhe im Firstquerschnitt h_{ap}
Beiwert k_r (berücksichtigt die Spannungen infolge Biegens der Lamellen während der Herstellung)	
$k_r = 1$ für $r_{in}/t \geq 240$ $k_r = 0{,}76 + 0{,}001 \cdot r_{in}/t$ für $r_{in}/t < 240$	
2. maximale Zugspannung rechtwinklig zur Faserrichtung (Querzugspannung) im Firstquerschnitt	
Nachweis der Tragfähigkeit von Satteldachträgern mit gekrümmtem Untergurt und Neigungswinkel α_{ap} [3])[4])[5])[6])	Nachweis der Tragfähigkeit von Satteldachträgern mit geradem Untergurt und Neigungswinkel α_{ap} [3])[4])[5])[7])
$\frac{\sigma_{t,90,d}}{k_{dis} \cdot (V_0/V)^{0,2} \cdot f_{t,90,d}} \leq 1$ $\text{mit} \quad \sigma_{t,90,d} = k_{p,gek} \cdot \frac{M_{ap,d}}{W_{ap,y}}$	$\frac{\sigma_{t,90,d}}{k_{dis} \cdot (V_0/V)^{0,2} \cdot f_{t,90,d}} \leq 1$ $\text{mit} \quad \sigma_{t,90,d} = k_{p,ger} \cdot \frac{M_{ap,d}}{W_{ap,y}}$

V querzugbeanspruchtes Volumen im Firstbereich in m^3 $\leq 2 \cdot V_b/3$, s. Bilder oben

V_b Gesamtvolumen des Biegestabes

V_0 Bezugsvolumen $= 0{,}01\ m^3$

Tabelle 20.5 (Fortsetzung)

<table>
<tr><td colspan="2">Beiwert k_{dis} (berücksichtigt die Spannungsverteilung im Firstquerschnitt)</td></tr>
<tr><td>$k_{dis} = 1,7$</td><td>$k_{dis} = 1,4$</td></tr>
<tr><td colspan="2">Beiwerte $k_{p,gek}$ und $k_{p,ger}$ (berücksichtigen die maximalen Querzugspannungen im Firstquerschnitt)</td></tr>
<tr><td>$k_{p,gek} = k_5 + k_6 \cdot k_{ap} + k_7 \cdot k_{ap}^2$
Zahlenwerte s. auch Tabelle 20.8</td><td>$k_{p,ger} = 0,2 \cdot \tan \alpha_{ap}$
Zahlenwerte s. auch Tabelle 20.6</td></tr>
<tr><td>$k_5 = 0,2 \cdot \tan \alpha_{ap}$
$k_6 = 0,25 - 1,5 \cdot \tan \alpha_{ap} + 2,6 \cdot \tan^2 \alpha_{ap}$
$k_7 = 2,1 \cdot \tan \alpha_{ap} - 4 \cdot \tan^2 \alpha_{ap}$
$k_{ap} = h_{ap}/r$, weitere Größen s. 1. Zeile oben</td><td></td></tr>
<tr><td colspan="2">3. kombinierte Beanspruchung aus Querzug und Schub (aus maximaler Zugspannung rechtwinklig zur Faserrichtung (Querzugspannungen) und Schub aus Querkraft)</td></tr>
<tr><td>Nachweis der Tragfähigkeit
von Satteldachträgern mit gekrümmtem Untergurt
und Neigungswinkel α_{ap} [8])[9])
$\frac{\tau_d}{f_{v,d}} + \frac{\sigma_{t,90,d}}{k_{dis} \cdot (V_0/V)^{0,2} \cdot f_{t,90,d}} \leq 1$
weitere Größen und Hinweise s. 2. Zeile</td><td>Nachweis der Tragfähigkeit
von Satteldachträgern mit geradem Untergurt
und Neigungswinkel α_{ap} [8])[9])
$\frac{\tau_d}{f_{v,d}} + \frac{\sigma_{t,90,d}}{k_{dis} \cdot (V_0/V)^{0,2} \cdot f_{t,90,d}} \leq 1$
weitere Größen und Hinweise s. 2. Zeile</td></tr>
</table>

[1]) Hierin bedeuten:
$f_{m,d}$ Bemessungswert der Biegefestigkeit nach Gl. (8.5)
$f_{t,90,d}$ Bemessungswert der Zugfestigkeit rechtwinklig zur Faser nach Gl. (8.5)
$f_{v,d}$ Bemessungswert der Schubfestigkeit nach Gl. (8.5)
$\sigma_{m,d}$ Bemessungswert der Biegespannungen
$\sigma_{t,90,d}$ Bemessungswert der Zugspannungen rechtwinklig zur Faserrichtung (Querzugspannungen)
τ_d Bemessungswert der Schubspannungen
$M_{ap,d}$ Bemessungswert des Biegemomentes im First nach Gl. (8.4)
V_d Bemessungswert der maßgebenden Querkraft nach Gl. (8.4)
$W_{ap,y}$ Widerstandsmoment um die y-Achse im Firstquerschnitt
b, h_{ap} Querschnittsbreite, Querschnittshöhe im Firstquerschnitt

[2]) weitere Nachweise der Tragfähigkeit wie Schub aus Querkraft, Biegedrillknicken (Kippen) und Gebrauchstauglichkeit, wenn erforderlich, s. entsprechende Abschnitte

[3]) bei Satteldachträgern mit geradem und gekrümmtem Untergurt sind die Nachweise für geneigte Trägerränder („angeschnittene" Holzfasern in „geraden" Bereichen mit linear veränderlicher Querschnittshöhe) wie für Pultdachträger nach Tabelle 20.4 zu führen, s. DIN EN 1995-1-1: 2010-12, 6.4.3 (2)

[4]) die Winkel am geneigten „angeschnittenen" Trägerrand im geraden Bereich von Satteldachträgern sind wie bei Pultdachträger auf $\alpha_{ap} = \delta \leq 24°$ begrenzt, s. DIN EN 1995-1-1/NA: 2013-08, NCI Zu 6.4.2 (NA.3)

[5]) über die Geometrie von Satteldachträgern s. Tabelle 20.9

[6]) für Satteldachträger mit gekrümmtem Untergurt werden nach DIN EN 1995-1-1/NA: 2013-08, NCI Zu 6.4.3, Anmerkung 2 im Hinblick auf zusätzliche klimabedingte Querzugspannungen immer Verstärkungen nach Abschn. 20.3.2 und 20.5.1 empfohlen, in der Baupraxis werden in den querzugbeanspruchten Bereichen seit langem derartige Querzugverstärkungen mit Erfolg eingebaut

[7]) für Satteldachträger mit geradem Untergurt werden nach DIN EN 1995-1-1/NA: 2013-08, NCI Zu 6.4.3, Anmerkung 2 im Hinblick auf zusätzliche klimabedingte Querzugspannungen Verstärkungen nach Abschn. 20.3.2 und 20.5.1 empfohlen, wenn in den Nachweisen der Tragfähigkeit nach der 2. Zeile und 3. Zeile dieser Tabelle 20.5 ein Ausnutzungsgrad $\eta \geq 0,8$ vorliegt, in der Baupraxis werden in den querzugbeanspruchten Bereichen seit langem derartige Querzugverstärkungen mit Erfolg eingebaut, unabhängig vom Ausnutzungsgrad

[8]) mit dem Bemessungswert der maximalen Schubspannung im Rechteckquerschnitt des Firstquerschnitts: $\tau_{max,d} = 1,5 \cdot V_d/(b \cdot h_{ap})$, s. auch Fußnote[9])

[9]) in Brettschichtholz-Bauteilen muss der Einfluss von (Trocken- oder Schwind-)Rissen bei der Berechnung der Schubspannungen berücksichtigt werden, dazu ist die Breite b in auf Schub beanspruchten Biegebauteilen beim Schubnachweis durch die wirksame Breite b_{ef} nach Gl. (18.4) zu ersetzen

[10]) Furnierschichtholz mit allen Furnieren in Richtung der Stablängsachse, s. auch Abschn. 3.5

Tabelle 20.6 Beiwerte $k_{l,ger}$ und $k_{p,ger}$ für Satteldachträger mit geradem Untergurt und Rechteckquerschnitt zur Berechnung der maximalen Längs- und Querzugspannungen im Firstbereich nach Tabelle 20.5[1])

Winkel α_{ap}	0,0°	1,0°	2,0°	3,0°	4,0°	5,0°	6,0°	7,0°	8,0°	9,0°	10,0°
$k_{l,ger}$	1,0	1,026	1,055	1,088	1,124	1,164	1,207	1,253	1,303	1,357	1,415
$k_{p,ger}$	0,0	0,003	0,007	0,010	0,014	0,017	0,021	0,025	0,028	0,032	0,035
Winkel α_{ap}		11,0°	12,0°	13,0°	14,0°	15,0°	16,0°	17,0°	18,0°	19,0°	20,0°
$k_{l,ger}$		1,476	1,542	1,611	1,685	1,763	1,845	1,933	2,025	2,122	2,225
$k_{p,ger}$		0,039	0,043	0,046	0,050	0,054	0,057	0,061	0,065	0,069	0,073

[1]) der Faseranschnittswinkel am geneigten „angeschnittenen" Trägerrand im geraden Bereich von Satteldachträgern ist begrenzt auf Winkel $\alpha_{ap} = \delta \leq 24°$, s. Tabelle 20.5

Tabelle 20.7 Beiwerte $k_{l,gek}$ für Satteldachträger mit gekrümmtem Untergurt und Rechteckquerschnitt zur Berechnung der maximalen Längsspannungen im Firstbereich nach Tabelle 20.5[1])[2])

Winkel	h_{ap}/r										
α_{ap}	0,00	0,02	0,04	0,06	0,08	0,10	0,12	0,14	0,16	0,18	0,20
0°	1,000	1,007	1,015	1,023	1,032	1,041	1,051	1,061	1,071	1,082	1,094
1°	1,026	1,031	1,036	1,041	1,048	1,055	1,062	1,070	1,079	1,088	1,098
2°	1,055	1,057	1,060	1,063	1,067	1,071	1,077	1,083	1,089	1,097	1,105
3°	1,088	1,087	1,087	1,088	1,089	1,091	1,095	1,098	1,103	1,109	1,115
4°	1,124	1,121	1,118	1,116	1,115	1,115	1,116	1,117	1,120	1,124	1,128
5°	1,164	1,157	1,152	1,147	1,144	1,142	1,140	1,140	1,140	1,142	1,145
6°	1,207	1,198	1,189	1,182	1,176	1,172	1,168	1,165	1,164	1,164	1,165
7°	1,253	1,241	1,230	1,221	1,212	1,205	1,199	1,194	1,191	1,189	1,188
8°	1,303	1,289	1,275	1,263	1,252	1,242	1,234	1,227	1,221	1,217	1,214
9°	1,357	1,340	1,323	1,308	1,295	1,283	1,272	1,263	1,255	1,249	1,244
10°	1,415	1,394	1,375	1,358	1,342	1,327	1,314	1,302	1,292	1,284	1,277
11°	1,476	1,453	1,431	1,411	1,392	1,375	1,360	1,346	1,333	1,323	1,314
12°	1,542	1,515	1,491	1,468	1,447	1,427	1,409	1,393	1,378	1,365	1,354
13°	1,611	1,582	1,555	1,529	1,505	1,483	1,462	1,444	1,427	1,412	1,398
14°	1,685	1,653	1,622	1,594	1,567	1,543	1,519	1,498	1,479	1,462	1,446
15°	1,763	1,728	1,695	1,663	1,634	1,607	1,581	1,557	1,536	1,516	1,498
16°	1,845	1,808	1,771	1,737	1,705	1,675	1,647	1,620	1,596	1,574	1,554
17°	1,933	1,892	1,853	1,816	1,781	1,748	1,717	1,688	1,661	1,637	1,614
18°	2,025	1,981	1,939	1,899	1,861	1,825	1,792	1,760	1,731	1,704	1,679
19°	2,122	2,075	2,030	1,987	1,946	1,908	1,871	1,837	1,805	1,776	1,748
20°	2,226	2,175	2,127	2,081	2,037	1,995	1,956	1,919	1,885	1,852	1,822

[1]) der Faseranschnittswinkel am geneigten „angeschnittenen" Trägerrand im geraden Bereich von Satteldachträgern ist begrenzt auf Winkel $\alpha_{ap} = \delta \leq 24°$, s. Tabelle 20.5

[2]) Verläufe der $k_{l,gek}$-Werte s. Bild 20.8

Tabelle 20.8 Beiwerte $k_{p,gek}$ für Satteldachträger mit gekrümmtem Untergurt und Rechteckquerschnitt zur Berechnung der maximalen Querzugspannungen im Firstbereich nach Tabelle 20.5[1])[2])

Winkel α_{ap}	h_{ap}/r										
	0,00	0,02	0,04	0,06	0,08	0,10	0,12	0,14	0,16	0,18	0,20
0°	0,0000	0,0050	0,0100	0,0150	0,0200	0,0250	0,0300	0,0350	0,0400	0,0450	0,0500
1°	0,0035	0,0080	0,0125	0,0171	0,0217	0,0263	0,0310	0,0356	0,0403	0,0451	0,0498
2°	0,0070	0,0110	0,0151	0,0193	0,0235	0,0277	0,0321	0,0364	0,0409	0,0453	0,0499
3°	0,0105	0,0141	0,0178	0,0215	0,0254	0,0293	0,0333	0,0374	0,0416	0,0458	0,0502
4°	0,0140	0,0172	0,0205	0,0239	0,0274	0,0310	0,0348	0,0386	0,0425	0,0465	0,0506
5°	0,0175	0,0203	0,0233	0,0264	0,0296	0,0329	0,0363	0,0399	0,0436	0,0474	0,0514
6°	0,0210	0,0235	0,0261	0,0289	0,0318	0,0349	0,0381	0,0414	0,0449	0,0485	0,0523
7°	0,0246	0,0267	0,0291	0,0316	0,0342	0,0370	0,0400	0,0431	0,0464	0,0499	0,0535
8°	0,0281	0,0300	0,0321	0,0343	0,0367	0,0393	0,0421	0,0450	0,0481	0,0514	0,0549
9°	0,0317	0,0333	0,0352	0,0372	0,0394	0,0418	0,0443	0,0471	0,0500	0,0532	0,0565
10°	0,0353	0,0367	0,0383	0,0401	0,0421	0,0444	0,0468	0,0494	0,0522	0,0552	0,0584
11°	0,0389	0,0401	0,0416	0,0432	0,0451	0,0471	0,0494	0,0518	0,0545	0,0574	0,0605
12°	0,0425	0,0436	0,0449	0,0464	0,0481	0,0500	0,0522	0,0545	0,0571	0,0599	0,0629
13°	0,0462	0,0471	0,0483	0,0497	0,0513	0,0531	0,0552	0,0574	0,0599	0,0626	0,0655
14°	0,0499	0,0507	0,0518	0,0531	0,0546	0,0564	0,0583	0,0605	0,0629	0,0655	0,0684
15°	0,0536	0,0544	0,0554	0,0567	0,0581	0,0598	0,0617	0,0639	0,0662	0,0688	0,0716
16°	0,0573	0,0581	0,0591	0,0604	0,0618	0,0634	0,0653	0,0674	0,0697	0,0723	0,0750
17°	0,0611	0,0619	0,0630	0,0642	0,0656	0,0673	0,0691	0,0712	0,0735	0,0760	0,0788
18°	0,0650	0,0658	0,0669	0,0681	0,0696	0,0713	0,0732	0,0753	0,0776	0,0801	0,0828
19°	0,0689	0,0698	0,0709	0,0723	0,0738	0,0755	0,0775	0,0796	0,0819	0,0844	0,0872
20°	0,0728	0,0739	0,0751	0,0765	0,0782	0,0800	0,0820	0,0842	0,0866	0,0891	0,0919

[1]) der Faseranschnittswinkel am geneigten „angeschnittenen“ Trägerrand im geraden Bereich von Satteldachträgern ist begrenzt auf Winkel $\alpha_{ap} = \delta \leq 24°$, s. Tabelle 20.5

[2]) Verläufe der $k_{p,gek}$-Werte s. Bild 20.9

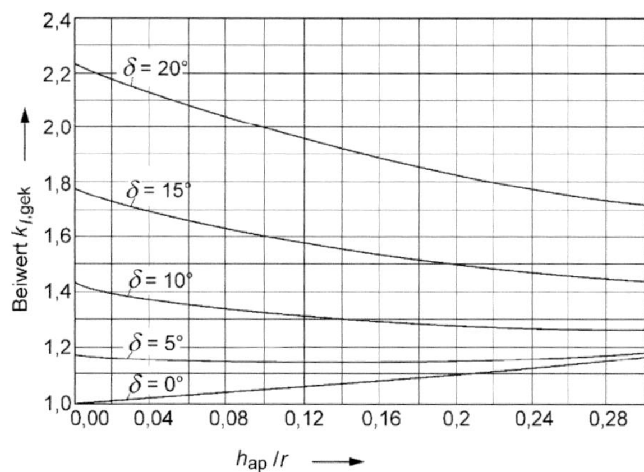

Bild 20.8 Beiwerte $k_{l,gek}$ für Satteldachträger mit gekrümmtem Untergurt zur Berechnung der maximalen Längsspannungen im Firstbereich nach Tabelle 20.5 bzw. 20.7

Bild 20.9 Beiwerte $k_{p,gek}$ für Satteldachträger mit gekrümmtem Untergurt zur Berechnung der maximalen Querzugspannungen im Firstbereich nach Tabelle 20.5 bzw. 20.8

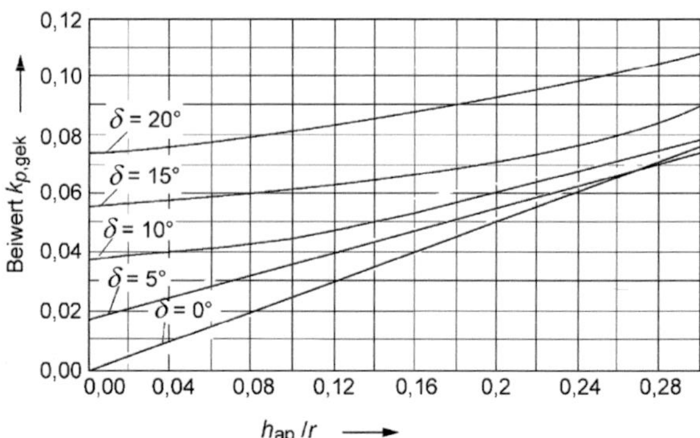

Tabelle 20.9 Geometrie von Satteldachträgern[1])

Satteldachträger mit gekrümmtem Untergurt	**Satteldachträger mit geradem Untergurt** 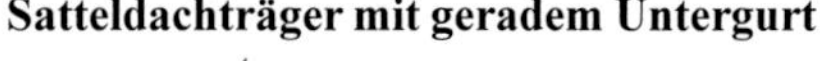
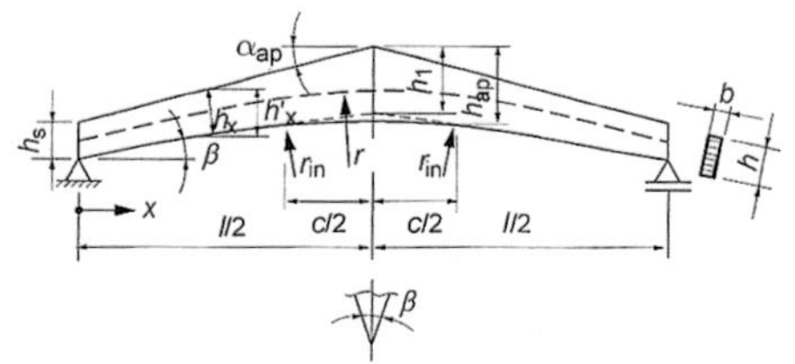	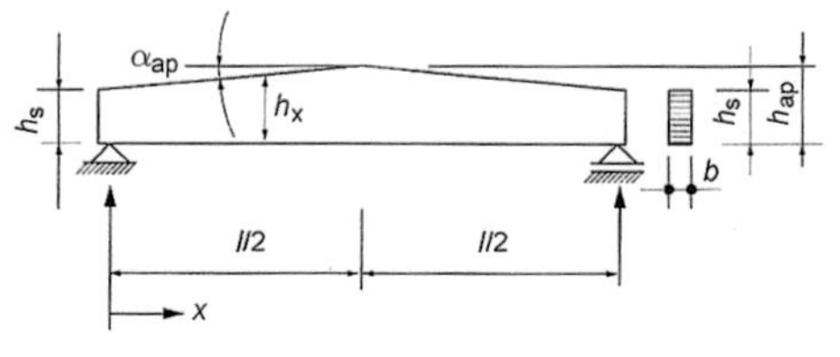
$r_{in} = \dfrac{c}{2 \cdot \sin\beta}$ $\quad r = r_{in} + 0{,}5 \cdot h_{ap}$ $h_1 = h_s + \dfrac{l}{2} \cdot (\tan\alpha_{ap} - \tan\beta)$ $\quad \alpha = \alpha_{ap} - \beta$ $h_{ap} = h_1 + \dfrac{c}{2} \cdot \tan\beta - r_{in} \cdot (1 - \cos\beta)$ $h'_x = h_s + x \cdot (\tan\alpha_{ap} - \tan\beta)$ $h_x \cong h'_x \cdot \cos\alpha$ Trägerstelle $\bar{x}$ mit der maximalen Biegespannung außerhalb des Firstquerschnitts $\bar{x} = \dfrac{h_s}{2 \cdot h_1} \cdot l$	$h_{ap} = h_s + \dfrac{l}{2} \cdot \tan\alpha_{ap}$ $h_x = h_s + x \cdot \tan\alpha_{ap}$ Trägerstelle $\bar{x}$ mit der maximalen Biegespannung außerhalb des Firstquerschnitts $\bar{x} = \dfrac{h_s}{2 \cdot h_{ap}} \cdot l$

[1]) Trägerstellen $\bar{x}$ mit der maximalen Biegespannung außerhalb des Firstquerschnitts s. auch Abschn. 20.1.1 und Tabelle 20.1

sind. Zusätzlich können **lastunabhängige klimabedingte Querzugspannungen** im Firstbereich während der Nutzungsdauer (oder der Montagezeit) auftreten, die durch zusätzliche Verstärkungen nach den folgenden Angaben abgesichert werden sollten, hierüber s. auch Abschn. 1.10.2, DIN EN 1995-1-1/NA: 2013-08, NCI Zu 6.4.3 Anmerkung 1 und *Erläut. zu DIN 1052: 2004-08* [47], E 10.4.2 (4) und (5).

Verstärkung von Satteldachträgern im Firstbereich zur Aufnahme klimabedingter Querzugspannungen können Tabelle 20.10 und Abschn. 20.5.1 entnommen werden, sie dürfen

Tabelle 20.10 Verstärkung des Firstbereiches von Satteldachträgern mit geraden und gekrümmten Untergurten zur Aufnahme zusätzlicher, klimabedingter Querzugspannungen nach DIN EN 1995-1-1/NA: 2013-08, NCI NA.6.8.5 (NA.1)[1])

Satteldachträger mit geraden und gekrümmten Untergurten in den Nutzungsklassen 1 und 2
Für **Verstärkungen zur Aufnahme zusätzlicher, klimabedingter Querzugspannungen** nach Abschn. 20.5.1 gilt: - die Bedingungen der Gl. zur Bemessung der Tragfähigkeit in Tabelle 20.5, 2. und 3. Zeile[2]) dürfen unbeachtet bleiben, wenn die maximale Zugspannung rechtwinklig zur Faserrichtung (Querzugspannungen) im Firstquerschnitt folgende Gl. erfüllt: $\frac{\sigma_{t,90,d}}{1,3\cdot(h_0/h_{ap})^{0,3}\cdot f_{t,90,d}}+\left(\frac{\tau_d}{f_{v,d}}\right)^2\leq 1$ mit $h_0 = 600$ mm (Bezugshöhe) die Bemessung der Verstärkungen zur Aufnahme zusätzlicher, klimabedingter Querzugspannungen sind nach Abschn. 20.5.1 auszuführen
Werden **Verstärkungen zur vollständigen Aufnahme der Querzugspannungen** im querzugbeanspruchten Trägerbereich nach Abschn. 20.5.2 ausgeführt, sind Verstärkungen für die Aufnahme zusätzlicher klimabedingter Querzugspannungen nach dieser Tabelle 20.10 und Abschn. 20.5.1 nicht erforderlich
Satteldachträger in Nutzungsklasse 3[3])
Keine Verstärkungen zur Aufnahme zusätzlicher klimabedingter Querzugspannungen erforderlich, da stets eine vollständige Aufnahme der Querzugspannungen durch Verstärkungen nach Abschn. 20.5.2 vorgenommen werden sollte

[1]) Größen und Fußnote [1]) der Tabelle 20.5 gelten sinngemäß

[2]) aus Tabelle 20.5, 2. Zeile (maximale Zugspannung rechtwinklig zur Faserrichtung (Querzugspannung) im Firstquerschnitt) und 3. Zeile (kombinierte Beanspruchung aus Querzug und Schub)

[3]) es wird empfohlen, eine direkte Bewitterung von Satteldachträgern in Nutzungsklasse 3 im Sinne einer holzgerechten Konstruktion möglichst auszuschließen; werden Satteldachträger im Freien verwendet, sind ausreichende und dauerhafte Abdeckungen z.B. nach Bild 7.1a oder b, oder andere Maßnahmen des baulichen Holzschutzes nach Abschn. 5.2.4 erforderlich, um die Bedingungen der Nutzungsklasse 2 oder darunter zuverlässig sicherzustellen

nur in Nutzungsklasse 1 und 2 vorgenommen werden. Für Satteldachträger mit geradem Untergurt werden nach DIN EN 1995-1-1/NA: 2013-08, NCI Zu 6.4.3, Anmerkung 2 im Hinblick auf zusätzliche klimabedingte Querzugspannungen Verstärkungen nach Abschn. 20.5.1 empfohlen, wenn in den Nachweisen der Tragfähigkeit nach der 2. und 3. Zeile der Tabelle 20.5 ein Ausnutzungsgrad $\eta \geq 0{,}8$ vorliegt, dagegen werden bei Satteldachträgern mit gekrümmtem Untergurt zur Berücksichtigung zusätzlicher klimabedingter Querzugspannungen immer Verstärkungen nach Abschn. 20.5.1 empfohlen. In der Baupraxis werden in den querzugbeanspruchten Bereichen aller Satteldachträger seit langem derartige Querzugverstärkungen mit Erfolg eingebaut, unabhängig vom Ausnutzungsgrad.

Verstärkungen von Satteldachträgern im Firstbereich zur **vollständigen Aufnahme von Querzugspannungen** sind in Abschn. 20.5.2 angeführt und dürfen auch in Nutzungsklasse 3 eingesetzt werden, s. DIN EN 1995-1-1: 2013-08, NCI NA.6.8.1 (NA.9), jedoch wird im Sinne einer holzgerechten Konstruktion empfohlen, eine direkte Bewitterung von Satteldachträgern in Nutzungsklasse 3 möglichst auszuschließen, um neben den nicht zu vermeidenden lastabhängigen Querzugspannungen nicht noch größere zusätzliche Querzugspannungen aus Schwinden auftreten zu lassen mit nicht auszuschließenden (Schwind-) Rissen und schadensträchtigen Folgen. Werden Satteldachträger im Freien verwendet, sollten ausreichende und dauerhafte Abdeckungen z.B. nach Bild 7.1a oder b, oder andere Maßnahmen des baulichen Holzschutzes nach Abschn. 5.2.4 vorgenommen werden, um die Bedingungen der Nutzungsklasse 2 oder darunter zuverlässig sicherzustellen.

20.3.3 Satteldachträger mit nachgiebig verbundener Firstspitze

Die rechnerisch vorhandenen Querzugspannungen in gekrümmten Trägern konstanter Höhe nach Bild 20.15 sind wesentlich geringer als diejenigen im Firstquerschnitt von Satteldachträgern. Zur Verringerung der Querzugspannungen kann deshalb die Firstspitze bei Satteldachträgern mit Rechteckquerschnitt auch nachgiebig befestigt werden, s. Bild 20.10. Der Träger darf dann als gekrümmter Träger nach Abschn. 20.4 bemessen werden, dazu muss die Firstspitze als lose verbundener Firstkeil so angeordnet werden, dass im gesamten gekrümmten Bereich eine konstante Trägerhöhe vorliegt, s. Bild 20.10. Liegt dagegen der Firstkeil im gekrümmten Bereich höher („hochgesetzte Trockenfuge"), entstehen Nebenfirste, für die nach DIN EN 1995-1-1/NA: 2013-08, NCI Zu 6.4.3, Anmerkung 3 die *Bundesvereinigung der Prüfingenieure für Bautechnik* [86] Bemessungshinweise gibt, über „Trockenfugen" s. auch *Hartmann/Brückner/Pfeifle/Pfisterer* [196a]. Die

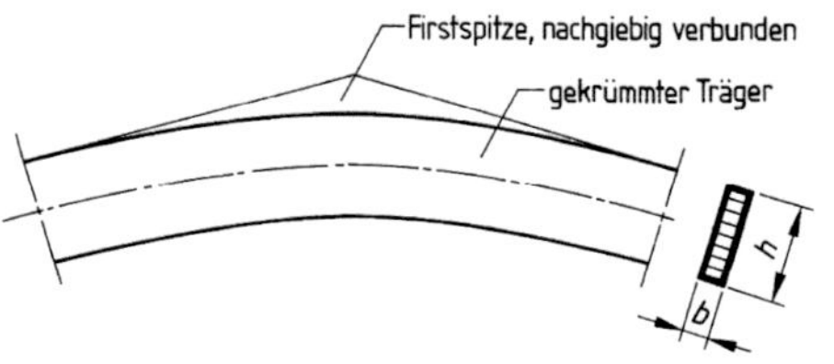

Bild 20.10 Satteldachträger aus Brettschichtholz und Rechteckquerschnitt mit nachgiebig verbundener Firstspitze

Firstspitze wird nachträglich durch mechanische Verbindungsmittel mit dem gekrümmten Träger verbunden; diese Verbindung ist z.B. für auftretende Aussteifungskräfte nach Abschn. 26.3.1 (Ersatzlasten für Aussteifungskonstruktionen des druckbeanspruchten Obergurtes, seitliches Ausweichen infolge Biegedrillknickens (Kippens)) auszulegen.

20.4 Gekrümmte Träger

20.4.1 Nachweise von gekrümmten Trägern

Gekrümmte Träger werden überwiegend symmetrisch zur Trägermitte und aus Brettschichtholz mit Rechteckquerschnitt hergestellt; sie bestehen aus einem gekrümmten Bereich mit konstanter Trägerhöhe und meist zwei Trägerbereichen, die zu den Auflagern hin parallelgurtig mit konstanter Querschnittshöhe oder mit linear veränderlicher Querschnittshöhe ausgeführt werden können, ein Beispiel ist in Tabelle 20.11 angeführt. Trägerbereiche mit linear veränderlichen Querschnittshöhen besitzen Spannungsverläufe wie Pultdachträger nach Abschn. 20.2.1, im gekrümmten Bereich treten neben Längs- auch Querspannungen auf, die im Abschn. 20.6 näher erläutert werden.

Nachweise von gekrümmten Trägern

Der Nachweis von gekrümmten Trägern mit Rechteckquerschnitt gilt **für Brettschichtholz und Furnierschichtholz** ohne Querlagen (mit allen Furnieren in Richtung der Stablängsachse), er kann Tabelle 20.11 entnommen werden, die die Bemessung des querzugbeanspruchten gekrümmten Bereiches für die auftretenden Biege- und Querzugspannungen enthält. Die Ausbildung gekrümmter Bereiche wird von den zulässigen Biegeradien r der Einzellamellen bzw. Lamellendicken t bei der Herstellung von Brettschichtholz begrenzt, s. Abschn. 3.3.2, jedoch sollten diese Biegeradien r nicht zu klein gewählt werden, um die auftretenden Querspannungen, insbesondere Querzugspannungen, möglichst gering zu halten.

Die Bemessung der Trägerbereiche mit linear veränderlicher Trägerhöhe ist sinngemäß wie für Pultdachträger nach Abschn. 20.2.1 vorzunehmen, die Winkel zwischen faserparallelem und geneigtem („angeschnittenem") Trägerrand bleiben auch hier auf $\alpha = \delta \leq 24°$ begrenzt. Über das Auftreten von Querdruck- oder Querzugbeanspruchungen in gekrümmten Trägerbereichen s. auch Bild 20.16.

Tabelle 20.11 Nachweis der Tragfähigkeit (Biege- und Querzugspannungen) im querzugbeanspruchten Bereich von gekrümmten Trägern mit Rechteckquerschnitt aus Brettschichtholz und Furnierschichtholz ohne Querlagen[8]) nach DIN EN 1995-1-1: 2010-12, 6.4.3[1–5])

Gekrümmter Träger mit durchgehend konstanter Querschnittshöhe und Winkel im Trägerscheitel (First) $\alpha_{ap} = 0°$

innerer Radius	r_{in}	Radius	$r = r_{in} + h_{ap}/2$
Lamellendicke	t	Beiwert k_{ap}	$k_{ap} = h_{ap}/r$
Dachneigungswinkel	δ	Winkel im Trägerscheitel (First)	$\alpha_{ap} = 0°$

1. maximale Biegespannung (Längsrandspannung) im gekrümmten Bereich	**2. maximale Zugspannung rechtwinklig zur Faser (Querzugspannung) im gekrümmten Bereich**
Nachweis der Tragfähigkeit	Nachweis der Tragfähigkeit
$\frac{\sigma_{m,d}}{k_r \cdot f_{m,d}} \leq 1$	$\frac{\sigma_{t,90,d}}{k_{dis} \cdot (V_0/V)^{0,2} \cdot f_{t,90,d}} \leq 1$
mit $\sigma_{m,d} = k_{l,gt} \cdot \frac{M_{ap,d}}{W_{ap,y}}$	mit $\sigma_{t,90,d} = k_{p,gt} \cdot \frac{M_{ap,d}}{W_{ap,y}}$

Tabelle 20.11 (Fortsetzung)

Beiwert k_r (berücksichtigt die Spannungen infolge Biegens der Lamellen während der Herstellung)	Beiwert k_{dis} (berücksichtigt die Spannungsverteilung im gekrümmten Bereich)
$k_r = 1$ für $r_{in}/t \geq 240$ $k_r = 0{,}76 + 0{,}001 \cdot r_{in}/t$ für $r_{in}/t < 240$	$k_{dis} = 1{,}4$
Beiwert $k_{l,gt}$ (berücksichtigt die maximalen Biegespannungen im gekrümmten Bereich)	Beiwert $k_{p,gt}$ (berücksichtigt die maximalen Querzugspannungen im gekrümmten Bereich)
$k_{l,gt} = 1 + 0{,}35 \cdot k_{ap} + 0{,}6 \cdot k_{ap}^2$ Zahlenwerte s. Tabelle 20.12	$k_{p,gt} = 0{,}25 \cdot k_{ap}$ Zahlenwerte s. Tabelle 20.12
3. kombinierte Beanspruchung aus Querzug und Schub (aus maximaler Zugspannung rechtwinklig zur Faserrichtung (Querzugspannungen) und Schub aus Querkraft)	
Nachweis der Tragfähigkeit von gekrümmten Trägern[6][7]) $\frac{\tau_d}{f_{v,d}} + \frac{\sigma_{t,90,d}}{k_{dis} \cdot (V_0/V)^{0,2} \cdot f_{t,90,d}} \leq 1$ weitere Größen s. 2. Zeile, rechte Spalte	V querzugbeanspruchtes Volumen im gekrümmten Bereich in m^3 $\leq 2 \cdot V_b/3$, s. Bild oben V_b Gesamtvolumen des Biegestabes V_0 Bezugsvolumen $= 0{,}01\ m^3$

[1]) Hierin bedeuten:

$f_{m,d}$ Bemessungswert der Biegefestigkeit nach Gl. (8.5)
$f_{t,90,d}$ Bemessungswert der Zugfestigkeit rechtwinklig zur Faser nach Gl. (8.5)
$f_{v,d}$ Bemessungswert der Schubfestigkeit nach Gl. (8.5)
$\sigma_{m,d}$ Bemessungswert der Biegespannungen
τ_d Bemessungswert der Schubspannungen
$M_{ap,d}$ Bemessungswert des Biegemomentes im Trägerscheitel nach Gl. (8.4)
V_d Bemessungswert der maßgebenden Querkraft nach Gl. (8.4)
$W_{ap,y}$ Widerstandsmoment um die y-Achse im Trägerscheitel
b, h_{ap} Querschnittsbreite, Querschnittshöhe im Trägerscheitel

[2]) weitere Nachweise der Tragfähigkeit wie Schub aus Querkraft, Biegedrillknicken (Kippen) und Gebrauchstauglichkeit, wenn erforderlich, s. entsprechende Abschnitte

[3]) bei gekrümmtem Trägern sind die Nachweise in Bereichen mit linear veränderlicher Querschnittshöhe wie für Satteldachträger nach Abschn. 20.3.1 zu führen

[4]) für gekrümmte Träger werden nach DIN EN 1995-1-1/NA: 2013-08, NCI Zu 6.4.3, Anmerkung 2 im Hinblick auf zusätzliche klimabedingte Querzugspannungen immer Verstärkungen nach Abschn. 20.4.2 und 20.5.1 empfohlen, in der Baupraxis werden in den querzugbeanspruchten Bereichen seit langem derartige Querzugverstärkungen mit Erfolg eingebaut

[5]) die Ausbildung gekrümmter Bereiche wird von den zulässigen Biegeradien r der Einzellamellen bzw. Lamellendicken t bei der Herstellung von Brettschichtholz begrenzt, s. Abschn. 3.3.2, jedoch sollten diese Biegeradien r nicht zu klein gewählt werden, um die auftretenden Querzugspannungen möglichst gering zu halten

[6]) mit dem Bemessungswert der maximalen Schubspannung im Rechteckquerschnitt des gekrümmten Bereiches: $\tau_{max,d} = 1{,}5 \cdot V_d/(b \cdot h_{ap})$, s. auch Fußnote [7])

[7]) in Brettschichtholz-Bauteilen muss der Einfluss von (Trocken- oder Schwind-)Rissen bei der Berechnung der Schubspannungen berücksichtigt werden, dazu ist die Breite b in auf Schub beanspruchten Biegebauteilen beim Schubnachweis durch die wirksame Breite b_{ef} nach Gl. (18.4) zu ersetzen

[8]) Furnierschichtholz mit allen Furnieren in Richtung der Stablängsachse, s. auch Abschn. 3.5

Beiwerte zur Ermittlung der maximalen Biege- und Querzugspannungen im gekrümmten Bereich

Bei der Bemessung von gekrümmten Trägern mit Rechteckquerschnitt nach Tabelle 20.11 werden die maximalen Biegespannungen (Längsrandspannungen) am unteren Trägerrand im gekrümmten Bereich mit dem Beiwert $k_{l,gt}$ ermittelt, Zahlenwerte s. Tabelle 20.12. Die

Tabelle 20.12 Beiwerte $k_{l,gt}$ und $k_{p,gt}$ für gekrümmte Träger zur Berechnung der maximalen Biege- und Querzugspannungen im querzugbeanspruchten Bereich nach Tabelle 20.11[1])

h_{ap}/r	0,00	0,01	0,02	0,03	0,04	0,05	0,06	0,07	0,08	0,09	0,10
$k_{l,gt}$	1,000	1,004	1,007	1,011	1,015	1,019	1,023	1,027	1,032	1,036	1,041
$k_{p,gt}$	0,0000	0,0025	0,0050	0,0075	0,0100	0,0125	0,0150	0,0175	0,0200	0,0225	0,0250
h_{ap}/r		0,11	0,12	0,13	0,14	0,15	0,16	0,17	0,18	0,19	0,20
$k_{l,gt}$		1,046	1,051	1,056	1,061	1,066	1,071	1,077	1,082	1,088	1,094
$k_{p,gt}$		0,0275	0,0300	0,0325	0,0350	0,0375	0,0400	0,0425	0,0450	0,0475	0,0500
h_{ap}/r		0,21	0,22	0,23	0,24	0,25	0,26	0,27	0,28	0,29	0,30
$k_{l,gt}$		1,100	1,106	1,112	1,119	1,125	1,132	1,138	1,145	1,152	1,159
$k_{p,gt}$		0,0525	0,0550	0,0575	0,0600	0,0625	0,0650	0,0675	0,0700	0,0725	0,0750

[1]) Verläufe der $k_{l,gt}$ und $k_{p,gt}$-Werte s. Bilder 20.11 und 20.12

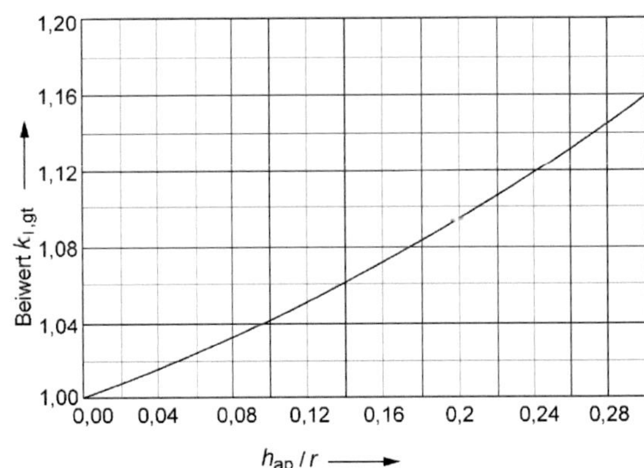

Bild 20.11 Beiwerte $k_{l,gt}$ für gekrümmte Träger zur Berechnung der maximalen Längsspannungen im gekrümmten Bereich nach - Tabelle 20.12

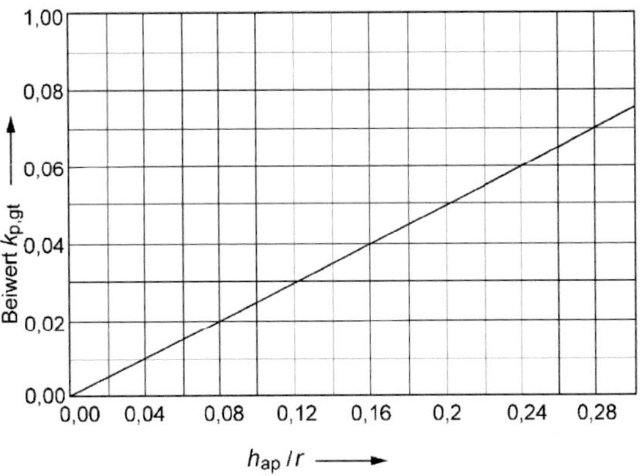

Bild 20.12 Beiwerte $k_{p,gt}$ für gekrümmte Träger zur Berechnung der maximalen Querzugspannungen im gekrümmten Bereich nach Tabelle 20.12

maximalen Querzugspannungen (Zugspannungen rechtwinklig zur Faserrichtung) nach Tabelle 20.11 werden mit dem Beiwert $k_{p,gt}$ errechnet, Zahlenwerte s. Tabelle 20.12. Die Verläufe der $k_{l,gt}$-Werte und $k_{p,gt}$-Werte sind in den Bildern 20.11 und 20.12 dargestellt.

Treten **im gekrümmten Bereich Schubspannungen** auf, z.B. bei unsymmetrisch gekrümmten Trägern mit Gleichlast, wenn der gekrümmte Bereich nicht in Trägermitte liegt und/oder wenn nennenswerte Querkräfte auftreten, sind sie mit den Querzugspannungen in der Spannungskombination nach Tabelle 20.11 zu überlagern. Bei den Schubspannungen muss der Einfluss von (Trocken- oder Schwind-)Rissen in Bauteilen aus Brettschichtholz nach Abschn. 18.1 berücksichtigt werden, in den Gl. der Tabelle 20.11 ist beim Schubnachweis die Breite b durch die wirksame Breite b_{ef} nach Gl. (18.4) zu ersetzen.

Beiwert zur Berücksichtigung der Vorbelastung infolge Biegens der Einzellamellen

Bei der Herstellung von gekrümmtem Brettschichtholz werden die Einzellamellen gebogen. Die beim Krümmen entstehenden Biegespannungen bauen sich nur zu einem Teil durch rheologisches Verhalten des Holzes wieder ab. Der Beiwert k_r nach Tabelle 20.11 berücksichtigt näherungsweise die verbleibende Vorbelastung bei stärkerem Krümmen durch Abminderung der Bemessungswerte der Biegefestigkeit $f_{m,d}$. Bleibt das Verhältnis Krümmungsradius zu Lamellendicke r_{in}/t vergleichsweise groß, werden die Lamellen nur gering gekrümmt und die Vorbelastung wird mit $k_r = 1$ nicht berücksichtigt.

Weitere Nachweise für gekrümmte Träger

Der **Nachweis der Biegedrillknick-(Kipp-)stabilität** des druckbeanspruchten „oberen" Trägerrandes kann nach Abschn. 17.2.1 geführt werden, beim **Nachweis für Querkraft** nach Abschn. 18.1 muss der Einfluss von (Trocken- oder Schwind-)Rissen in Brettschichtholz-Bauteilen berücksichtigt werden, die Breite b ist durch die wirksame Breite b_{ef} nach Gl. (18.4) zu ersetzen. Der **Nachweis der Gebrauchstauglichkeit,** soweit erforderlich, ist Abschn. 25.3.2 und 25.3.3 zu entnehmen.

Über das Auftreten von Querzugspannungen im querzugbeanspruchten gekrümmten Bereich von gekrümmten Trägern s. Abschn. 20.6, über Verstärkungen zur Aufnahme **zusätzlicher klimabedingter Querzugspannungen** und deren Bemessung Abschn. 20.4.2 und 20.5.1. Zu deren Berücksichtigung wird in DIN EN 1995-1-1/NA: 2013-08, NCI Zu 6.4.3, Anmerkung 2 empfohlen, gekrümmte Träger im querzugbeanspruchten Bereich stets zu verstärken. In der Baupraxis werden in derartigen Bereichen seit langem Querzugverstärkungen mit Erfolg eingebaut.

Über Verstärkungen zur **vollständigen Aufnahme der Querzugspannungen** in den querzugbeanspruchten Bereichen von gekrümmten Trägern und deren Bemessung s. Abschn. 20.5.2.

Rahmenkonstruktion mit gekrümmten Rahmenecken

Bei Rahmenkonstruktionen aus Brettschichtholz mit Rechteckquerschnitt und vertikaler Gleichlast q nach Bild 20.13 werden die gekrümmten Ecken neben den Längsspannungen σ_0 aus Biegemoment M und Normalkraft N durch Querspannungen σ_{90} beansprucht, die

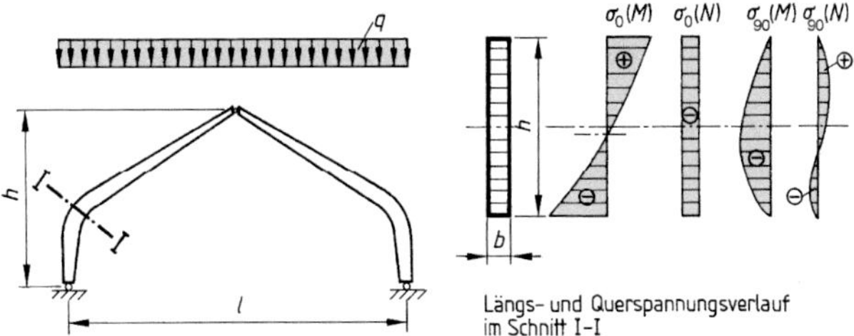

Bild 20.13 Rahmen mit gekrümmten Ecken aus Brettschichtholz und Rechteckquerschnitt nach *Heimeshoff* [199] und *Erläut. zu DIN 1052: 1988-04* [77], Teil 1, E 8.2.3.1, Bild 8/13; Längsspannungen σ_0 und Querspannungen σ_{90} infolge Biegemomentes *M* und Normalkraft *N* (Druckkraft) im Schnitt I-I

Querspannungen σ_{90} infolge Biegemomentes *M* sind im Schnitt I-I bei der vorliegenden Einwirkungskombination Querdruckspannungen, s. auch Bild 20.16.

Gekrümmte Träger in Nutzungsklasse 3
Eine direkte Bewitterung von gekrümmten Trägern in Nutzungsklasse 3 sollte im Sinne einer holzgerechten Konstruktion möglichst vermieden werden, um neben den nicht zu vermeidenden lastabhängigen Querzugspannungen (bzw. Querdruckspannungen) nicht noch größere zusätzliche Querspannungen aus Quellen und Schwinden auftreten zu lassen mit nicht auszuschließenden (Schwind-)Rissen und schadensträchtigen Folgen. Deshalb wird empfohlen, gekrümmte Träger im Freien mit ausreichenden und dauerhaften Abdeckungen z.B. nach Bild 7.1a oder b, oder anderen Maßnahmen des baulichen Holzschutzes nach Abschn. 5.2.4 zu versehen, um die Bedingungen der Nutzungsklasse 2 oder kleiner zuverlässig sicherzustellen.

20.4.2 Verstärkungen von gekrümmten Trägern

Im gekrümmten Bereich von gekrümmten Trägern können wie im Firstquerschnitt von Satteldachträgern neben lastabhängigen Querzugspannungen zusätzlich während der Nutzungsdauer (oder der Montagezeit) noch **lastunabhängige klimabedingte Querzugspannungen** auftreten, die durch Verstärkungen nach den folgenden Angaben abgesichert werden sollten, hierüber s. auch Abschn. 1.10.2, DIN EN 1995-1-1/NA: 2013-08, NCI Zu 6.4.3 Anmerkung 1 und *Erläut. zu DIN 1052: 2004-08* [47], E 10.4.3 (3) und (4). Näheres hierzu s. auch Abschn. 20.3.2.

Verstärkung von gekrümmten Trägern im gekrümmten Bereich **zur Aufnahme klimabedingter Querzugspannungen** können Tabelle 20.13 und Abschn. 20.5.1 entnommen werden, sie dürfen nur in Nutzungsklasse 1 und 2 vorgenommen werden. Für gekrümmte Träger werden nach DIN EN 1995-1-1/NA: 2013-08, NCI Zu 6.4.3, Anmerkung 2 im Hin-

Tabelle 20.13 Verstärkung des gekrümmten Bereiches von gekrümmten Trägern zur Aufnahme zusätzlicher, klimatisch bedingter Querzugspannungen nach DIN EN 1995-1-1/NA: 2013-08, NCI NA.6.8.5 (NA.1)[1])

Gekrümmte Träger in den Nutzungsklassen 1 und 2
für **Verstärkungen zur Aufnahme zusätzlicher, klimabedingter Querzugspannungen** nach Abschn. 20.5.1 gilt: - die Bedingungen der Gl. zur Bemessung der Tragfähigkeit in Tabelle 20.11, 2. und 3. Zeile[2]) dürfen unbeachtet bleiben, wenn die maximale Zugspannung rechtwinklig zur Faserrichtung (Querzugspannungen) im gekrümmten Trägerbereich folgende Gl. erfüllt: $$\frac{\sigma_{t,90,d}}{1{,}15\cdot(h_0/h_{ap})^{0,3}\cdot f_{t,90,d}}+\left(\frac{\tau_d}{f_{v,d}}\right)^2\leq 1 \quad \text{mit } h_0 = 600 \text{ mm (Bezugshöhe)}$$ die Bemessung der Verstärkungen zur Aufnahme zusätzlicher, klimabedingter Querzugspannungen sind nach Abschn. 20.5.1 auszuführen
werden **Verstärkungen zur vollständigen Aufnahme der Querzugspannungen** im querzugbeanspruchten Trägerbereich nach Abschn. 20.5.2 ausgeführt, sind Verstärkungen für die Aufnahme zusätzlicher klimabedingter Querzugspannungen nach dieser Tabelle 20.13 und Abschn. 20.5.1 nicht erforderlich
Gekrümmte Träger in Nutzungsklasse 3[3])
keine Verstärkungen zur Aufnahme zusätzlicher klimabedingter Querzugspannungen erforderlich, da stets eine vollständige Aufnahme der Querzugspannungen durch Verstärkungen nach Abschn. 20.5.2 vorgenommen werden sollte

[1]) Größen und Fußnote [1]) der Tabelle 20.11 gelten sinngemäß

[2]) aus Tabelle 20.11, 2. Zeile (maximale Zugspannung rechtwinklig zur Faserrichtung (Querzugspannung) im gekrümmten Bereich) und 3. Zeile (kombinierte Beanspruchung aus Querzug und Schub)

[3]) es wird empfohlen, eine direkte Bewitterung von gekrümmten Trägern in Nutzungsklasse 3 im Sinne einer holzgerechten Konstruktion möglichst auszuschließen; werden gekrümmte Träger im Freien verwendet, sind ausreichende und dauerhafte Abdeckungen z.B. nach Bild 7.1a oder b, oder andere Maßnahmen des baulichen Holzschutzes nach Abschn. 5.2.4 erforderlich, um die Bedingungen der Nutzungsklasse 2 oder darunter zuverlässig sicherzustellen

blick auf zusätzliche klimabedingte Querzugspannungen immer Verstärkungen nach Abschn. 20.5.1 empfohlen. In der Baupraxis werden in den querzugbeanspruchten Bereichen gekrümmter Träger seit langem derartige Querzugverstärkungen mit Erfolg eingebaut.

Verstärkungen von gekrümmten Trägern im gekrümmten Bereich zur **vollständigen Aufnahme von Querzugspannungen** sind in Abschn. 20.5.2 angeführt und dürfen in Nutzungsklasse 3 eingesetzt werden, s. DIN EN 1995-1-1: 2013-08, NCI NA.6.8.1 (NA.9), jedoch wird im Sinne einer holzgerechten Konstruktion empfohlen, eine direkte Bewitterung von gekrümmten Trägern in Nutzungsklasse 3 möglichst auszuschließen. Werden gekrümmte Träger im Freien verwendet, sollten ausreichende und dauerhafte Abdeckungen z.B. nach Bild 7.1a oder b, oder andere Maßnahmen des baulichen Holzschutzes nach Abschn. 5.2.4 vorgenommen werden, um die Bedingungen der Nutzungsklasse 2 oder darunter zuverlässig sicherzustellen.

20.5 Verstärkungen von Satteldach- und gekrümmten Trägern aus Brettschichtholz

20.5.1 Verstärkungen zur Aufnahme zusätzlicher klimabedingter Querzugspannungen in gekrümmten Trägern und Satteldachträgern

Verstärkungen im gekrümmten Bereich von Trägern und im Firstbereich von Satteldachträgern aus Brettschichtholz und aus Furnierschichtholz ohne Querlagen sind für zusätzlich auftretende Querzugspannungen vorzusehen, die infolge Schwindens des Holzes durch Klimaänderung der Trägerumgebung während der Montage- und Nutzungszeit auftreten können, s. Abschn. 20.6. Da die rechnerische Bestimmung der Größe dieser klimabedingten Querzugspannungen nicht zuverlässig erfolgen kann z.B. aufgrund der meist unbekannten Höhe und ungleichmäßigen Holzfeuchteverteilung über den Querschnitt, wird ein Teil der entstehenden Querzugkräfte durch Verstärkungselemente aufgenommen.

Die **Bemessung von Verstärkungen** zur Aufnahme zusätzlicher klimabedingter Querzugspannungen in den Nutzungsklassen 1 und 2 kann nach Tabelle 20.14 mit eingeklebten oder eingeschraubten Stahlstäben oder nach Tabelle 20.15 mit aufgeklebten seitlichen Verstärkungen erfolgen, s. DIN EN 1995-1-1/NA: 2013-08, NCI NA.6.8.5. Jedes geeignete Verstärkungselement nach Tabelle 20.16 ist für eine Querzugkraft $F_{t,90,d}$ auszulegen. Verstärkungselemente wie innen liegende Stahlstäbe oder Vollgewindeschrauben werden wegen ihrer gestalterischen Vorteile öfter verwendet als seitlich aufgeklebte Elemente. Bei eingeklebten **Stahlstäben** wird die Klebfuge als Mantelfläche zwischen Stahlstab und Holz nach-

Tabelle 20.14 Bemessung von innen liegenden Stahlstäben als Verstärkungen bei gekrümmten Trägern und Satteldachträgern aus Brettschichtholz und Furnierschichtholz ohne Querlagen[9]) im gekrümmten Bereich bzw. Firstbereich in den Nutzungsklassen 1 und 2 zur Aufnahme zusätzlicher, klimabedingter Querzugspannungen nach DIN EN 1995-1-1/NA: 2013-08, NCI NA.6.8.5 (NA.2) bis (NA.4)[1–7])[11])

Bemessung der Verstärkung durch innen liegende Stahlstäbe[2])		
Verstärkungen zur Aufnahme zusätzlicher klimabedingter Querzugspannungen in den Nutzungsklassen 1 und 2 für eine Zugkraft $F_{t,90,d}$ (Querzugkraft) auslegen:[8])		
$F_{t,90,d} = \dfrac{\sigma_{t,90,d} \cdot b^2 \cdot a_1}{640 \cdot n}$	a_1	Abstand der Verstärkungen in Trägerlängsrichtung in Höhe der Trägerachse
	b	Trägerbreite in mm
	n	Anzahl der Verstärkungselemente im Bereich innerhalb der Länge a_1 (Anzahl der nebeneinander liegenden Reihen), s. Bilder unten
	$\sigma_{t,90,d}$	Bemessungswert der Zugspannung rechtwinklig zur Faserrichtung (Querzugspannungen) aus Tabelle 20.5 oder 20.11, jeweils 2. Zeile
Nachweis der Fugenspannung: Aufnahme der Zugkraft $F_{t,90,d}$ durch kontinuierlichen Verbund mit dem Holz durch eingeklebte Stahlstäbe oder durch eingeschraubte Stäbe [7]) mit Holzschraubengewinde nach DIN 7998[10])		

Tabelle 20.14 (Fortsetzung)

gleichmäßig verteilt angenommene Fugenspannung $\frac{\tau_{ef,d}}{f_{k1,d}} \leq 1 \quad \text{mit} \quad \tau_{ef,d} = \frac{2 \cdot F_{t,90,d}}{\pi \cdot l_{ad} \cdot d_r}$	$F_{t,90,d}$ Bemessungswert der Zugkraft je Stahlstab $f_{k1,d}$ - Bemessungswert der Klebfugenfestigkeit eingeklebter Stahlstäbe nach Gl. (8.5) für $l_{ad} \leq 250$ mm, charakteristischer Wert $f_{k1,k}$ s. Abschn. 7.2.3, oder - Bemessungswert des Ausziehparameters eingeschraubter Stäbe mit Holzschraubengewinde[10]), berechnet mit dem charakteristischen Wert sinngemäß nach Abschn. 11.8.3 $f_{k1,k} = 22 \cdot 10^{-6} \cdot \rho_k^2$ l_{ad} wirksame Verankerungslänge des Stahlstabes oberhalb oder unterhalb der Trägerachse d_r Stahlstabaußendurchmesser

Abstand der Stahlstäbe

untereinander an der Trägeroberkante:[3])[4]) Mindestabstand $a_{min} \geq 250$ mm maximaler Abstand $a_{max} \leq h$ [6])	Mindestrandabstände: nach Tabelle 20.16[7])

Beispiele für Verstärkungen aus innen liegenden Stahlstäben
zur Aufnahme zusätzlicher klimabedingter Querzugspannungen

Satteldachträger mit geradem Untergurt	Satteldachträger mit gekrümmtem Untergurt	Gekrümmter Träger
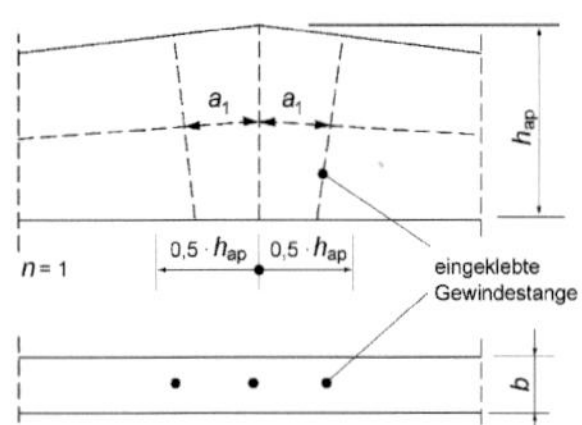	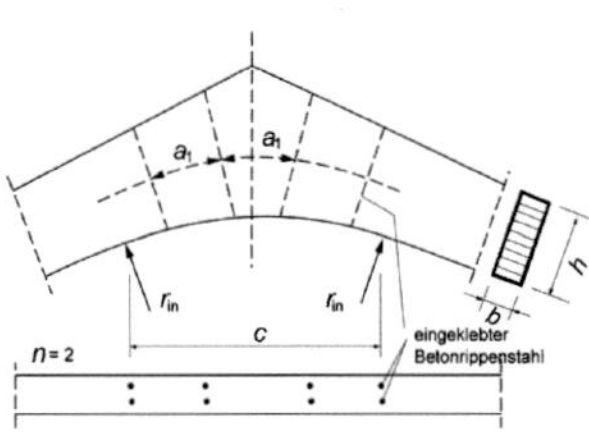	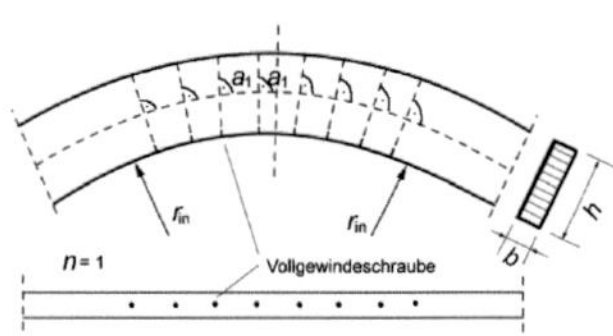
Verstärkung, Beispiel: eingeklebte Gewindestangen	Verstärkung, Beispiel: eingeklebte Betonrippenstähle	Verstärkung, Beispiel: eingedrehte Vollgewindeschrauben

[1]) Satteldachträger und gekrümmte Träger aus Brettschichtholz und Furnierschichtholz ohne Querlagen[9]) in den Nutzungsklassen 1 und 2 nach den Tabellen 20.10 bzw. 20.13

[2]) Verstärkungselemente wie innen liegende Stahlstäbe oder Vollgewindeschrauben werden wegen ihrer gestalterischen Vorteile öfter verwendet als seitlich aufgeklebte Elemente nach Tabelle 20.15

[3]) innen liegende Stahlstäbe sollten im querzugbeanspruchten gekrümmten Bereich bzw. im Firstbereich gleichmäßig verteilt werden

[4]) die Stahlstäbe müssen über die gesamte Trägerhöhe mit Ausnahme einer Randlamelle durchgehen

[5]) geeignete Verstärkungen s. Tabelle 20.16

[6]) Empfehlung nach *Erläut. zu DIN 1052: 2004-08* [47], E 11.4.5: Abstände $a_{1,max} \leq h$ (Trägerhöhe)

[7]) Verstärkungen mit Vollgewindeschrauben sinngemäß wie Verstärkungen mit eingeklebten Stahlstangen nachweisen, s. DIN EN 1995-1-1/NA: 2013-08, NCI Zu 6.8.1 (NA.6), über Vollgewindeschrauben s. bauaufsichtlichen Verwendbarkeitsnachweis und Abschn. 11.8.4

[8]) die Zugtragfähigkeit der Stahlstäbe ist mit dem maßgebenden Querschnitt nachzuweisen, s. DIN EN 1995-1-1/NA: 2013-08, NCI NA.6.8.5 (NA.3) sowie sinngemäß Abschn. 11.8.3 und 13.3, nach DIN 1052-10: 2012-05, 4.4 ist die Zugtragfähigkeit für Stahlstäbe mit Holzschraubengewinde nach DIN 7998 mit dem Kernquerschnitt als maßgebenden Querschnitt zu bemessen, Tragfähigkeiten in Richtung der Stablängsachse (Axialrichtung) bei Vollgewindeschrauben s. bauaufsichtlichen Verwendbarkeitsnachweis und Abschn. 11.8.4

[9]) Furnierschichtholz mit allen Furnieren in Richtung der Stablängsachse, s. auch Abschn. 3.5

[10]) Stahlstäbe (oder Holzschrauben) mit einem Gewinde nach DIN 7998, s. auch Abschn. 11.8.1

[11]) Einkleben von Stahlstäben nur durch Betriebe mit entsprechender Eignung nach Abschn. 6.2.4

Tabelle 20.15 Bemessung von aufgeklebten seitlichen Verstärkungen bei gekrümmten Trägern und Satteldachträgern aus Brettschichtholz und Furnierschichtholz ohne Querlagen[5]) im gekrümmten Bereich bzw. Firstbereich in den Nutzungsklassen 1 und 2 zur Aufnahme zusätzlicher klimabedingter Querzugspannungen nach DIN EN 1995-1-1/NA: 2013-08, NCI NA.6.8.5 (NA.2), (NA.5) und (NA.6)[1–4])[6])

Bemessung der außen liegenden, beidseitig aufgeklebten Verstärkungen[3])[6])

Verstärkungen zur Aufnahme zusätzlicher klimabedingter Querzugspannungen in den Nutzungsklassen 1 und 2 für eine Zugkraft $F_{t,90,d}$ (Querzugkraft) auslegen:

$F_{t,90,d} = \dfrac{\sigma_{t,90,d} \cdot b^2 \cdot a_1}{640 \cdot n}$	a_1 Abstand der Verstärkungen in Trägerlängsrichtung in Höhe der Trägerachse b Trägerbreite in mm n Anzahl der Verstärkungselemente im Bereich innerhalb der Länge a_1 (Anzahl der beidseitig aufgeklebten Elemente), s. Bild unten $\sigma_{t,90,d}$ Bemessungswert der Zugspannung rechtwinklig zur Faserrichtung (Querzugspannungen) aus Tabelle 20.5 oder 20.11, - jeweils 2. Zeile

Nachweis der gleichmäßig verteilt angenommenen Klebfugenspannung

$\dfrac{\tau_{ef,d}}{f_{k3,d}} \leq 1 \quad \text{mit} \quad \tau_{ef,d} = \dfrac{2 \cdot F_{t,90,d}}{l_r \cdot l_{ad}}$	$F_{t,90,d}$ Bemessungswert der Zugkraft je Verstärkungsplatte $f_{k3,d}$ Bemessungswert der Klebfugenfestigkeit nach Gl. (8.5), charakteristischer Wert $f_{k3,k}$ s. Abschn. 7.2.3 l_{ad} Höhe der aufgeklebten Verstärkung oberhalb oder unterhalb der Trägerachse l_r Länge der Verstärkung in der Trägerachse

Nachweis der Zugspannung in den aufgeklebten Verstärkungen

Nachweis der Tragfähigkeit $\dfrac{\sigma_{t,d}}{f_{t,d}} \leq 1 \quad \text{mit} \quad \sigma_{t,d} = \dfrac{F_{t,90,d}}{t_r \cdot l_r}$	$f_{t,d}$ Bemessungswert der Zugfestigkeit des Werkstoffes der Verstärkung[4]) in Richtung der Zugkraft $F_{t,90}$ t_r Dicke einer Verstärkung, s. Bild unten

Beispiel einer Verstärkung mit außen liegenden, beidseitig aufgeklebten Verstärkungselementen zur Aufnahme klimabedingter Querzugspannungen

Beispiel:

Satteldachträger mit gekrümmtem Untergurt
Bezeichnungen s. oben

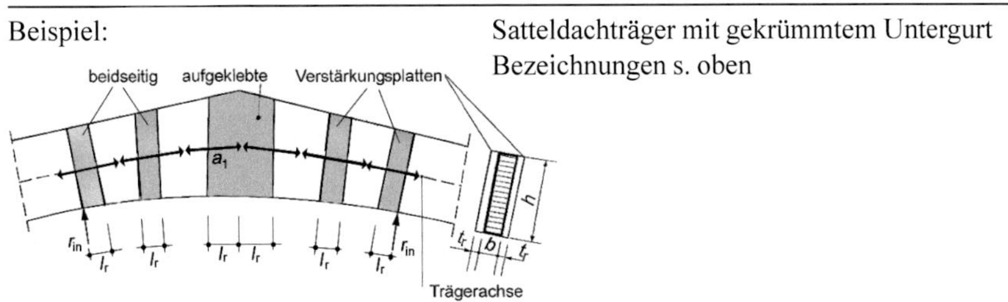

[1]) Satteldachträger und gekrümmte Träger aus Brettschichtholz und Furnierschichtholz ohne Querlagen [5]) in den Nutzungsklassen 1 und 2 nach den Tabellen 20.10 bzw. 20.13

[2]) innen liegende Verstärkungselemente aus Stahlstäben oder Vollgewindeschrauben nach Tabelle 20.14 werden wegen ihrer gestalterischen Vorteile überwiegend verwendet

[3]) beidseitig aufgeklebte Verstärkungselemente sollten im querzugbeanspruchten gekrümmten Bereich bzw. im Firstbereich gleichmäßig verteilt und über die gesamte Trägerhöhe h durchgehend angeordnet werden, die Empfehlung der Fußnote [6]) der Tabelle 20.14 gilt sinngemäß

[4]) geeignete außen liegende Verstärkungen s. Tabelle 20.16

[5]) Furnierschichtholz mit allen Furnieren in Richtung der Stablängsachse, s. auch Abschn. 3.5

[6]) Aufkleben von außen liegenden Verstärkungselementen nur durch Betriebe mit entsprechender Eignung nach Abschn. 6.2.4

gewiesen, deren rechnerische Klebfugenspannungen gleichmäßig verteilt angenommen werden dürfen. Spannungsspitzen, die sich bei den in der Regel längeren Verstärkungselementen aufgrund ungleichförmiger Spannungsverteilung einstellen, werden durch den Faktor 2 berücksichtigt. Verstärkungen mit Vollgewindeschrauben (mechanischer Verbund) sind sinngemäß wie Verstärkungen mit eingeklebten Stahlstäben nachzuweisen; über - Mindestabstände und Tragfähigkeit von Vollgewindeschrauben s. deren bauaufsichtlichen Verwendbarkeitsnachweis, DIN EN 1995-1-1/NA: 2013-08, NCI Zu 6.8.1 (NA.6) und - Abschn. 11.8.4.

Bei Wahl von außen liegenden **aufgeklebten Verstärkungen**, s. Tabelle 20.16, zur Aufnahme zusätzlicher klimabedingter Querzugspannungen nach Tabelle 20.15 sind diese entsprechend den Angaben bei Stahlstäben auszuführen. Nachzuweisen sind die gleichmäßig verteilt angenommene Klebfuge zwischen Träger und der jeweiligen Verstärkung (Verbund durch Klebung) sowie die Zugspannung in der Verstärkung.

Da die klimabedingte Querzugbeanspruchung etwa über dem gesamten gekrümmten Bereich oder Firstbereich auftritt, sind die Verstärkungselemente (eingeklebte Stahlstäbe, Vollgewindeschrauben oder seitlich aufgeklebte Elemente) in gleichmäßigen Abständen a_1 bezogen auf die Trägerachse anzuordnen, Beispiele s. Tabelle 20.14 und 20.15. Die **Querschnittsschwächung** durch innen liegende Verstärkungen ist in den zugbeanspruchten Querschnittsteilen zu berücksichtigen, s. auch Abschn. 8.3.3.

Nach *Erläut. zu DIN 1052: 2004-08* [47], E 11.4.5 (2) wird beim Nachweisverfahren nach den Tabellen 20.14 und 20.15 angenommen, dass die Verstärkungselemente ein Viertel der Querzugkräfte aufnehmen, die aus äußeren Einwirkungen rechnerisch entstehen; dies wird mit dem Term $b/640$ in der Gl. für die Querzugkraft $F_{t,90,d}$ in den Tabellen 20.14 und 20.15 bei einer Trägerbreite von $b = 160$ mm erreicht. Da mit steigender Trägerbreite die aufzunehmenden Querzugkräfte überproportional steigen, werden z.B. bei einer Trägerbreite von $b = 80$ mm ein Achtel und bei einer Trägerbreite von $b = 240$ mm drei Achtel der rechnerischen Querzugkräfte angesetzt.

Werden jedoch die Querzugkräfte vollständig durch Verstärkungselemente nach Abschn. 20.5.2 aufgenommen, sind Verstärkungen zur Aufnahme zusätzlicher klimabedingter Querzugspannungen entbehrlich.

Geeignete Verstärkungselemente

Geeignete Verstärkungselemente sind in Tabelle 20.16 angeführt, sie stellen einen kontinuierlichen Verbund des Verstärkungselementes mit dem Holz sicher und verhindern Rissbildungen durch auftretende Querzugkräfte, s. DIN EN 1995-1-1/NA: 2013-08, NCI NA.6.8.1 (NA.3) und (NA.4). Überwiegend werden innen liegende eingeklebte Stahlstäbe (Verbund durch Klebung) oder eingedrehte Holzschrauben mit Gewinde über die gesamte Schaftlänge als Vollgewindeschrauben (mechanischer Verbund) verwendet, dagegen entfallen außen liegende aufgeklebte Holzwerkstoffplatten oder eingepresste Nagelplatten meist wegen ihrer gestalterischen Nachteile, obwohl sie im Gegensatz zu innen liegenden Elementen keine Querschnittsschwächungen verursachen; über die Berücksichtigung von Querschnittsschwächungen s. Abschn. 8.3.3. Das Einkleben von Stahlstäben bzw. das Aufkleben von außen liegenden Verstärkungselementen darf nur mit ge-

Tabelle 20.16 Geeignete Verstärkungselemente, die die Tragfähigkeit von Bauteilen rechtwinklig zur Faserrichtung des Holzes zur Aufnahme von Querzugbeanspruchungen erhöhen nach DIN EN 1995-1-1/NA: 2013-08, NCI NA.6.8.1 (NA.3) und (NA.4)[1][2][3][4]

Innen liegende Verstärkungen durch Stahlstäbe[2]	
- eingeklebte Gewindebolzen (DIN 976-1) - eingeklebte Betonrippenstähle (DIN 488-1) - Holzschrauben mit einem Gewinde über die gesamte Schaftlänge (Vollgewindeschrauben)[3][4][6]	Mindestabstände der Stahlstäbe[5][6] $a_2 \geq 3 \cdot d_r$ untereinander $a_{1,c} \geq 2{,}5 \cdot d_r$ Endabstände[7] $a_{2,c} \geq 2{,}5 \cdot d_r$ Randabstände d_r Stahlstabaußendurchmesser (Skizze: $a_{2,c}$, a_2, $a_{2,c}$, $a_{1,c}$)
Außen liegende Verstärkungen[2]	
- aufgeklebtes Sperrholz nach DIN EN 636: 2015-05 und DIN 20000-1: 2017-06[8]), s. Abschn. 7.2.2 - aufgeklebtes Furnierschichtholz nach DIN EN 14374: 2005-02 oder nach DIN EN 14279: 2009-07 und DIN 20000-1: 2017-06 [8]) oder mit bauaufsichtlichem Verwendbarkeitsnachweis - aufgeklebte Bretter nach Abschn. 7.2.1 - eingepresste Nagelplatten	

[1]) zur Bemessung von Verstärkungen s. Tabellen 20.14, 20.15 und 20.17 sowie Abschn. 21.1.2 (Ausklinkungen), Abschn. 21.2.2 (Durchbrüche) und 21.3.2 (Queranschlüsse)
[2]) Einkleben von Stahlstäben bzw. Aufkleben von Holzwerkstoffplatten nur durch Betriebe mit entsprechender Eignung nach Abschn. 6.2.4
[3]) Holzschrauben mit Vollgewinde bedürfen eines bauaufsichtlichen Verwendbarkeitsnachweises, s. auch Abschn. 11.8.4
[4]) Verstärkungen mit Vollgewindeschrauben sinngemäß wie Verstärkungen mit eingeklebten Stahlstangen nachweisen, s. DIN EN 1995-1-1/NA: 2013-08, NCI NA.6.8.1 (NA.6), Tragfähigkeiten in Richtung der Schraubenlängsachse (Axialrichtung) s. bauaufsichtlichen Verwendbarkeitsnachweis
[5]) Mindestabstände der Stahlstäbe nach DIN EN 1995-1-1/NA: 2013-08, NCI NA.6.8.1 (NA.5)
[6]) Mindestabstände für Schrauben ohne Vorbohren z.B. Vollgewindeschrauben mit $d \leq 12$ mm nach bauaufsichtlichem Verwendbarkeitsnachweis
[7]) sofern im Weiteren nichts anders angegeben wird
[8]) und nach DIN EN 13986: 2015-06

eigneten zugelassenen Klebern nach Abschn. 6.1 und von Betrieben mit entsprechender Eignung nach Abschn. 6.2.4 ausgeführt werden. Vollgewindeschrauben bedürfen eines bauaufsichtlichen Verwendbarkeitsnachweises, s. auch Abschn. 11.8.4, sie können im Vergleich zu eingeklebten Stahlstäben mit geringerem Aufwand und von jedem Fachbetrieb eingedreht werden.

Aufgenagelte oder aufgeschraubte außen liegende Holzwerkstoffplatten bzw. Stahllochbleche sind als Verstärkungselemente wegen der Nachgiebigkeit der Verbindungsmittel ungeeignet.

Die **Mindestabstände eingeklebter Stahlstäbe** nach Tabelle 20.16 sind hinsichtlich ihrer End- und Randabstände $a_{1,c}$ und $a_{2,c}$ geringer als diejenigen vergleichbarer Stabdübel, da ein Aufspalten des Holzes durch den kontinuierlichen Verbund (Klebung zwischen Holz und Stahlstab) verhindert wird und nur eine Axialbelastung vorliegt; die Mindestabstände untereinander a_2 sind dagegen gleich groß. Die **Mindestabstände von Stahlstäben ohne Vorbohren** wie z.B. Vollgewindeschrauben mit kleineren Durchmessern d sind in ihren bauaufsichtlichen Verwendbarkeitsnachweisen geregelt.

20.5.2 Verstärkungen zur vollständigen Aufnahme von Querzugspannungen in gekrümmten Trägern und Satteldachträgern

Werden im gekrümmten Bereich von gekrümmten Trägern oder im Firstbereich von Satteldachträgern aus Brettschichtholz und Furnierschichtholz ohne Querlagen die auftretenden Querzugkräfte $F_{t,90}$ vollständig durch Verstärkungselemente nach Tabelle 20.16 übertragen, kann der Nachweis der Tragfähigkeit bei Wahl von Stahlstäben als Verstärkung nach Tabelle 20.17 erfolgen, während außen liegende Verstärkungen nach Tabelle 20.18 ausgelegt werden können, s. DIN EN 1995-1-1/NA: 2013-08, NCI NA.6.8.6. Innen liegende Verstärkungselemente wie Stahlstäbe oder Vollgewindeschrauben werden wegen ihrer gestalterischen Vorteile öfter verwendet als außen liegende aufgeklebte Elemente wie z.B. geeignete Holzwerkstoffplatten.

Werden Verstärkungen zur vollständigen Aufnahme der Querzugspannungen im querzugbeanspruchten Trägerbereich nach Tabelle 20.17 oder 20.18 ausgeführt, dürfen die Gl. (bzw. Bedingungen) der Tragfähigkeitsnachweise zur Aufnahme der Querzugspannungen bei Satteldachträgern nach Tabelle 20.5, 2. und 3. Zeile und bei gekrümmten Trägern nach Tabelle 20.11, Punkt 2. und 3. unbeachtet bleiben, s. DIN EN 1995-1-1/NA: 2013-08, NCI NA.6.8.6 (NA.1).

Bei **Wahl von innen liegenden Stahlstäben** sind die Verstärkungen zur vollständigen Aufnahme der Querzugkräfte $F_{t,90}$, die über dem gesamten querzugbeanspruchten gekrümmten Bereich oder Firstbereich auftreten, auf zwei Bereiche, die beiden inneren Viertel und die jeweils äußeren Viertel, zu verteilen. Zunächst können die je Viertel auftretenden Querzugkräfte $F_{t,90}$ für die gesamte Länge des jeweiligen Viertels in Höhe der Trägerachse bestimmt und dann auf die zu wählende Anzahl der Verstärkungselemente pro Viertel verteilt werden. In den **beiden inneren Vierteln** ist jeder Stahlstab für die entsprechende Querzugkraft $F_{t,90}$ nach Tabelle 20.17 zu bemessen, dabei ist a_1 der Abstand der Stahlstäbe untereinander in der Trägerachse und $a_{1,\text{oben}}$ der Abstand untereinander auf der Trägeroberkante, dessen Mindest- und Maximalwerte einzuhalten sind. Für die Berechnung der - Querzugkraft $F_{t,90}$ wird in den Gl. jeweils der größte Wert der Querzugspannungen $\sigma_{t,90}$ zugrunde gelegt.

Jede Verstärkung durch Stahlstäbe in den jeweils **äußeren Vierteln** ist für die entsprechende Querzugkraft nach Tabelle 20.17 auszulegen, dies ist nur 2/3 der Querzugkraft der inneren Hälfte, da der Verlauf der Querzugspannungen in den querzugbeanspruchten Bereichen mit wachsendem Abstand vom Trägerscheitel bzw. von der Firstspitze abnimmt und noch in den nicht gekrümmten Bereich reicht, s. Bild 20.14, in der die Vereinfachung der DIN EN 1995-1-1/NA: 2013-08 gegenüber der genaueren Lösung ersichtlich ist. Aus diesen Gründen kann der Abstand a_1 in der Trägerachse der äußeren Viertel größer gewählt werden als in der inneren Hälfte, jedoch unter Einhaltung der Abstände $a_{1,\text{oben}}$ auf der Trägeroberkante, s. *Blaß/Steck* [64].

Bei **eingeklebten Stahlstäben** sind nach Tabelle 20.17 die gleichmäßig anzunehmenden Klebfugenspannungen in der Mantelfläche zwischen Stahlstab und Holz (Verbund durch Klebung) mit der wirksamen Verankerungslänge l_{ad} oberhalb oder unterhalb der Trägerachse nachzuweisen. Dabei darf die zulässige Klebefugenspannung $f_{k1,k}$ gemäß Tab.NA.12 DIN EN 1995-1-1/NA angesetzt werden, da die Spannungsspitze durch den Faktor 2 in der Berechnung der vorh. Klebefugenspanung berücksichtigt wurde. Bei **eingeschraubten Stahlstäben** (mechanischer Verbund) ist sinngemäß vorzugehen, bei **Vollgewindeschrauben** (mechanischer Verbund) ebenso sinngemäß mit Hilfe der Angaben im bauaufsichtlichen Verwendbarkeitsnachweis wie Mindestabstände und Tragfähigkeit, s. DIN EN 1995-1-1/NA: 2013-08, NCI NA.6.8.1 (NA.6) und auch Abschn. 11.8.4.

Bewährt haben sich in vielen Fällen als Verstärkung Stahlstabdurchmesser von etwa d = 8 mm bis d = 20 mm bei meist gewählter Anordnung n = 1, d.h. ein Stahlstab liegt innerhalb des Abstandes a_1, s. Beispiel in Tabelle 20.17. Die **Querschnittsschwächung** durch innen liegende Verstärkungen ist in den zugbeanspruchten Querschnittsteilen zu berücksichtigen, s. auch Abschn. 8.3.3.

Bei **außen liegenden aufgeklebten Verstärkungen** zur vollständigen Aufnahme der Querzugkräfte $F_{t,90}$ sind diese entsprechend den Angaben bei Stahlstäben ebenfalls auf zwei Bereiche zu verteilen: in die beiden inneren Viertel und die jeweils äußeren Viertel nach Tabelle 20.18. Die je Viertel auftretenden Querzugkräfte $F_{t,90}$ können auch hier zunächst für die Länge des jeweiligen Viertels bestimmt werden und dann auf die Anzahl der Verstärkungselemente pro Viertel verteilt werden. Nachzuweisen sind die gleichmäßig verteilt angenommene Klebfuge zwischen Träger und der jeweiligen Verstärkung (Verbund durch Klebung) sowie die Zugspannung in der Verstärkung.

Verstärkungen in Nutzungsklasse 1 bis 3

Die Verstärkungen zur vollständigen Aufnahme von Querzugspannungen in gekrümmten Trägern und Satteldachträgern sind für alle Nutzungsklassen 1 bis 3 nach Abschn. 7.3.1 zugelassen, s. DIN EN 1995-1-1/NA: 2013-08, NCI NA.6.8.1 (NA.9). Für den Einsatz in Nutzungsklasse 3 wird jedoch im Sinne einer holzgerechten Konstruktion empfohlen, eine direkte Bewitterung von Satteldachträgern und gekrümmten Trägern möglichst auszuschließen und die Verstärkungen bzw. die gesamten gekrümmten Träger oder Satteldachträger auf der Oberseite beidseitig ausreichend und dauerhaft überstehend abzudecken, Beispiele s. Maßnahmen des baulichen Holzschutzes nach Abschn. 5.2.4 bzw. Bild 7.1a oder b. Durch die Abdeckung sollte eine Einordnung in Nutzungsklasse 2 oder darunter sichergestellt werden, um neben den bereits vorhandenen, lastabhängigen Querzugspannungen weitere größere zusätzliche Querspannungen bedingt durch Witterungseinflüsse, Quellen/Schwinden mit nicht auszuschließenden (Schwind-)Rissen und schadensträchtigen Folgen sowie den notwendigen Wartungsaufwand wesentlich zu verringern.

Tragverhalten bei vollständiger Aufnahme der Querzugspannungen durch Verstärkungselemente

Da die Querzugfestigkeit von Holz $f_{t,90}$ sehr gering ist, s. Abschn. 1.10.2, sollten Zugspannungen rechtwinklig zur Faser $\sigma_{t,90}$ (Querzugspannungen) möglichst gering bleiben oder vermieden werden; letzteres kann u.a. dadurch erreicht werden, dass anstehende Querzugkräfte $F_{t,90}$ vollständig durch Verstärkungselemente aufgenommen werden. Dazu wer-

Tabelle 20.17 Bemessung von Stahlstäben als Verstärkungen in den querzugbeanspruchten gekrümmten Bereichen bzw. Firstbereichen von gekrümmten Trägern und Satteldachträgern aus Brettschichtholz und Furnierschichtholz ohne Querlagen[11]) zur vollständigen Aufnahme der Querzugspannungen in den Nutzungsklassen 1 bis 3 [5]) nach DIN EN 1995-1-1/NA: 2013-08, NCI NA:6.8.6 (NA.2) bis (NA.4)[1–6])[13–15])

Zugkraft in der Verstärkung des querzugbeanspruchten Bereiches zur vollständigen Aufnahme der Querzugspannungen

in den beiden inneren Vierteln	in den äußeren Vierteln
$F_{t,90,d} = \dfrac{\sigma_{t,90,d} \cdot b \cdot a_1}{n}$	$F_{t,90,d} = \dfrac{2}{3} \cdot \dfrac{\sigma_{t,90,d} \cdot b \cdot a_1}{n}$

Aufnahme der Zugkraft $F_{t,90,d}$ durch eingeklebte Stahlstäbe

Beispiel:[15])

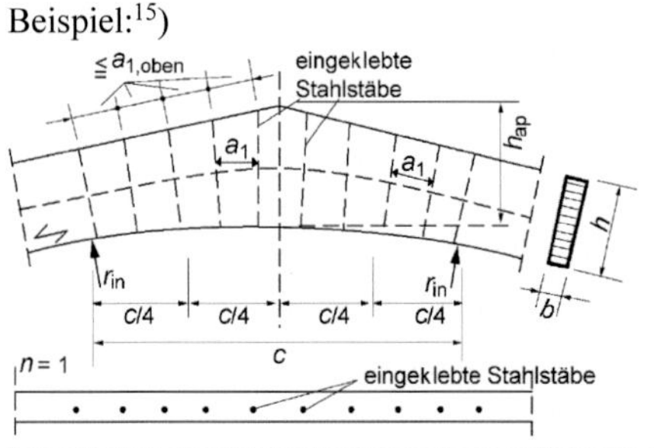

a_1	Abstand der Verstärkungen in Trägerlängsrichtung in Höhe der Trägerachse
b	Trägerbreite
c	gekrümmter Bereich bzw. Firstbereich
n	Anzahl der Verstärkungselemente im Bereich innerhalb der Länge a_1
$\sigma_{t,90,d}$	Bemessungswert der Zugspannungen rechtwinklig zur Faserrichtung (Querzugspannungen) nach den Tabellen 20.5 bzw. 20.11, jeweils 2. Zeile

Nachweis der Fugenspannung: Aufnahme der Zugkraft $F_{t,90,d}$ durch kontinuierlichen Verbund mit dem Holz durch eingeklebte Stahlstäbe oder durch eingeschraubte Stäbe[7])[8]) mit Holzschraubengewinde nach DIN 7998[12])

gleichmäßig verteilt angenommene Fugenspannung

$$\frac{\tau_{ef,d}}{f_{k1,d}} \leq 1 \quad \text{mit} \quad \tau_{ef,d} = \frac{2 \cdot F_{t,90,d}}{\pi \cdot l_{ad} \cdot d_r}$$

$F_{t,90,d}$	Bemessungswert der Zugkraft je Stahlstab
$f_{k1,d}$	- Bemessungswert der Klebfugenfestigkeit eingeklebter Stahlstäbe nach Gl. (8.5) für $l_{ad} \leq 250$ mm, charakteristischer Wert $f_{k1,k}$ s. Abschn. 7.2.3, oder - Bemessungswert des Ausziehparameters eingeschraubter Stäbe mit Holzschraubengewinde[12]), berechnet mit dem charakteristischen Wert sinngemäß nach Abschn. 11.8.3 $f_{k1,k} = 22 \cdot 10^{-6} \cdot \rho_k^2$
l_{ad}	wirksame Verankerungslänge des Stahlstabes oberhalb oder unterhalb der Trägerachse
d_r	Stahlstabaußendurchmesser

Abstand der Stahlstäbe $a_{1,oben}$ untereinander an der Trägeroberkante:[3])[7])[8]) s. Bild oben

Mindestabstand $a_{1,oben,min} \geq 250$ mm maximaler Abstand $a_{1,oben,max} \leq 0{,}75 \cdot h_{ap}$ (h_{ap} Trägerhöhe im First)	Mindestrandabstände: nach Tabelle 20.16[10])

Nachweis der Stahlstäbe

Zugtragfähigkeit der Stahlstäbe mit dem maßgebenden Querschnitt nachweisen[9])

Tabelle 20.17 (Fußnoten)

[1]) Satteldachträger und gekrümmte Träger aus Brettschichtholz und Furnierschichtholz ohne Querlagen[11]) nach den Tabellen 20.5 bzw. 20.11

[2]) Verstärkungselemente wie innen liegende Stahlstäbe oder Vollgewindeschrauben werden wegen ihrer gestalterischen Vorteile öfter verwendet als außen liegende aufgeklebte Elemente nach Tabelle 20.18

[3]) Stahlstäbe müssen über die gesamte Trägerhöhe mit Ausnahme einer Randlamelle durchgehen

[4]) über geeignete innen liegende Verstärkungen s. Tabelle 20.16

[5]) verstärkte Firstbereiche bei Satteldachträgern und verstärkte gekrümmte Bereiche bei gekrümmten Trägern sind auch in Nutzungsklasse 3 zulässig, es wird jedoch empfohlen, eine direkte Bewitterung von gekrümmten Trägern und Satteldachträgern in Nutzungsklasse 3 im Sinne einer holzgerechten Konstruktion möglichst auszuschließen, s. Anmerkungen im oben stehenden Text dieses Abschn.

[6]) weitere Beispiele zur Anordnung von Stahlstäben sinngemäß nach Tabelle 20.14

[7]) bei Verwendung von Holzschrauben mit Vollgewinde (Vollgewindeschrauben) mit bauaufsichtlichem Verwendbarkeitsnachweis, s. auch Abschn. 11.8.4

[8]) Verstärkungen mit Vollgewindeschrauben sinngemäß wie Verstärkungen mit eingeklebten Stahlstäben nachweisen, s. DIN EN 1995-1-1/NA: 2013-08, NCI NA.6.8.1 (NA.6)

[9]) Zugtragfähigkeit der Stahlstäbe mit dem maßgebenden Querschnitt nachweisen, s. DIN EN 1995-1-1/NA: 2013-08, NCI NA.6.8.5 (NA.3) sowie sinngemäß Abschn. 11.8.3 und 13.3, nach DIN 1052-10: 2012-05, 4.4 ist die Zugtragfähigkeit für Stahlstäbe mit Holzschraubengewinde nach DIN 7998 mit dem Kernquerschnitt als maßgebenden Querschnitt zu bemessen, Tragfähigkeiten in Richtung der Stablängsachse (Axialrichtung) bei Vollgewindeschrauben s. bauaufsichtlichen Verwendbarkeitsnachweis und Abschn. 11.8.4

[10]) Mindestabstände für Schrauben ohne Vorbohren z.B. Vollgewindeschrauben nach bauaufsichtlichem Verwendbarkeitsnachweis

[11]) Furnierschichtholz mit allen Furnieren in Richtung der Stablängsachse, s. auch Abschn. 3.5

[12]) Stahlstäbe (oder Holzschrauben) mit einem Gewinde nach DIN 7998, s. auch Abschn. 11.8.1

[13]) Einkleben von Stahlstäben nur durch Betriebe mit entsprechender Eignung nach Abschn. 6.2.4

[14]) werden Verstärkungen zur vollständigen Aufnahme der Querzugspannungen im querzugbeanspruchten Trägerbereich nach dieser Tabelle 20.17 oder Tabelle 20.18 ausgeführt, dürfen die Gl. (bzw. Bedingungen) zur Aufnahme der Querzugspannungen bei Satteldachträgern nach Tabelle 20.5, 2. und 3. Zeile und bei gekrümmten Trägern nach Tabelle 20.11, Punkt 2. und 3. Zeile unbeachtet bleiben, s. DIN EN 1995-1-1/NA: 2013-08, NCI NA.6.8.6 (NA.1)

[15]) s. *Blaß/Steck* [64]

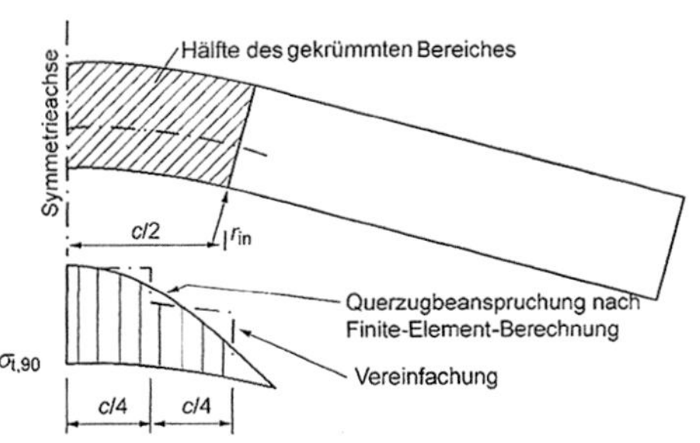

a) Gekrümmter Träger

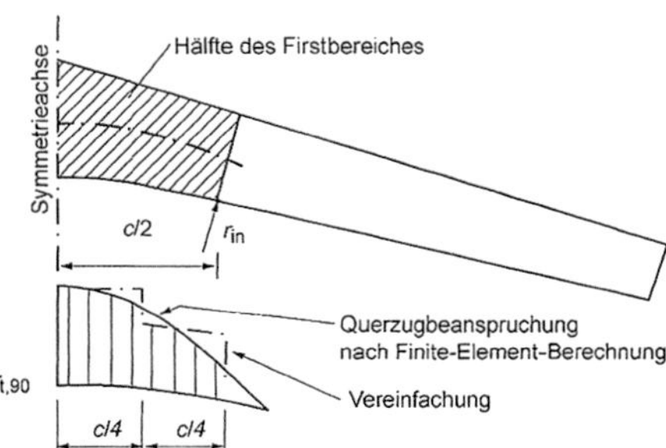

b) Satteldachträger mit gekrümmtem Untergurt

Bild 20.14 Qualitativer Verlauf der Querzugspannungen $\sigma_{t,90}$ in gekrümmten Bereichen von Trägern nach *Blaß/Steck* [64]; Angaben jeweils für eine Trägerhälfte; genauere Berechnung des Querzugspannungsverlaufes mit der FEM-Methode und vereinfachter Verlauf, s. auch *Erläut. zu DIN 1052: 2004-08* [47], E 11.4.5 (1), Bild 11/22

Tabelle 20.18 Bemessung beidseitig aufgeklebter Verstärkungen in den querzugbeanspruchten gekrümmten Bereichen bzw. Firstbereichen von gekrümmten Trägern und Satteldachträgern aus Brettschichtholz und Furnierschichtholz ohne Querlagen[6]) zur vollständigen Aufnahme der Querzugspannungen in den Nutzungsklassen 1 bis 3 [5]) nach DIN EN 1995-1-1/NA: 2013-08, NCI NA.6.8.6, (NA.2), (NA.5) und (NA.6) [1–5])[7–9])

Zugkraft in der Verstärkung des querzugbeanspruchten Bereiches zur vollständigen Aufnahme der Querzugspannungen

in den beiden inneren Vierteln	in den äußeren Vierteln
$F_{t,90,d} = \dfrac{\sigma_{t,90,d} \cdot b \cdot a_1}{n}$	$F_{t,90,d} = \dfrac{2}{3} \cdot \dfrac{\sigma_{t,90,d} \cdot b \cdot a_1}{n}$

Aufnahme der Zugkraft $F_{t,90,d}$ durch beidseitig aufgeklebte Verstärkungen[4])

Beispiel:[9])

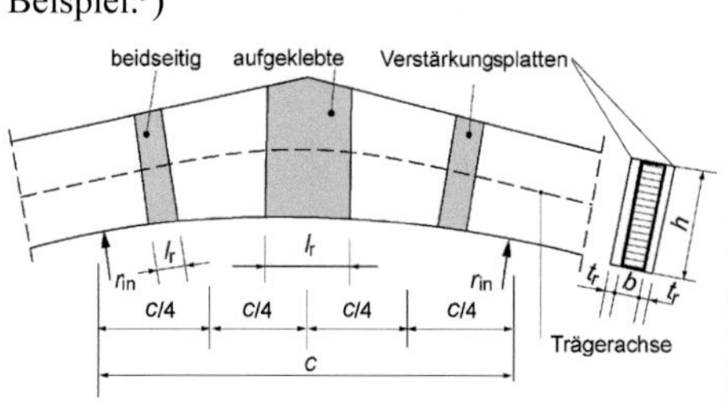

a_1	Abstand der Verstärkungen in Trägerlängsrichtung in Höhe der Trägerachse, entspricht im Bild links 1/4 für die beiden äußeren Plattenpaare und 1/2 für das innere Plattenpaar der Länge des gekrümmten Trägerbereiches gemessen in Höhe der Trägerachse
b, h	Trägerbreite, -höhe
c	gekrümmter Bereich bzw. Firstbereich
n	Anzahl der Verstärkungselemente im Bereich innerhalb der Länge a_1 bzw. der jeweiligen Viertel
$\sigma_{t,90,d}$	Bemessungswert der Zugspannungen rechtwinklig zur Faserrichtung (Querzugspannungen) nach den Tabellen 20.5 bzw. 20.11, jeweils 2. Zeile

Nachweis der Klebfuge

Nachweis der Tragfähigkeit	gleichmäßig verteilt angenommene Klebfugenspannung
$\dfrac{\tau_{ef,d}}{f_{k3,d}} \le 1$	$\tau_{ef,d} = \dfrac{2 \cdot F_{t,90,d}}{l_r \cdot l_{ad}}$

Nachweis der Zugspannung in den aufgeklebten Verstärkungen

Nachweis der Tragfähigkeit	Zugspannung in den aufgeklebten Verstärkungen
$\dfrac{\sigma_{t,d}}{f_{t,d}} \le 1$	$\sigma_{t,d} = \dfrac{F_{t,90,d}}{t_r \cdot l_r}$

$F_{t,90,d}$ Bemessungswert der Zugkraft je Verstärkungsplatte

$f_{k3,d}$ Bemessungswert der Klebfugenfestigkeit nach Gl. (8.5), charakteristischer Wert $f_{k3,k}$ s. Abschn. 7.2.3

$f_{t,d}$ Bemessungswert der Zugfestigkeit des Werkstoffes der Verstärkung in Richtung der Zugkraft $F_{t,90}$

l_{ad} Höhe der aufgeklebten Verstärkung oberhalb oder unterhalb der Trägerachse

l_r Länge der Verstärkung in der Trägerachse

t_r Dicke einer Verstärkung

Tabelle 20.18 (Fußnoten)

[1]) Satteldachträger und gekrümmte Träger aus Brettschichtholz und Furnierschichtholz ohne Querlagen[6]) nach den Tabellen 20.5 bzw. 20.11

[2]) Verstärkungselemente wie innen liegende Stahlstäbe oder Vollgewindeschrauben nach Tabelle 20.17 werden wegen ihrer gestalterischen Vorteile öfter verwendet als außen liegende aufgeklebte Elemente nach dieser Tabelle 20.18

[3]) aufgeklebte Verstärkungen müssen über die gesamte Trägerhöhe durchgehen

[4]) über geeignete außen liegende Verstärkungen s. Tabelle 20.16

[5]) verstärkte Firstbereiche bei Satteldachträgern und verstärkte gekrümmte Bereiche bei gekrümmten Trägern sind auch in Nutzungsklasse 3 zulässig, es wird jedoch empfohlen, eine direkte Bewitterung von gekrümmten Trägern und Satteldachträgern in Nutzungsklasse 3 im Sinne einer holzgerechten Konstruktion möglichst auszuschließen, s. Anmerkungen im oben stehenden Text dieses Abschn.

[6]) Furnierschichtholz mit allen Furnieren in Richtung der Stablängsachse, s. auch Abschn. 3.5

[7]) Aufkleben von seitlichen Verstärkungen nur durch Betriebe mit entsprechender Eignung nach Abschn. 6.2.4

[8]) werden Verstärkungen zur vollständigen Aufnahme der Querzugspannungen im querzugbeanspruchten Trägerbereich nach Tabelle 20.17 oder nach dieser Tabelle 20.18 ausgeführt, dürfen die Gl. (bzw. Bedingungen) zur Aufnahme der Querzugspannungen bei Satteldachträgern nach Tabelle 20.5, 2. und 3. Zeile und bei gekrümmten Trägern nach Tabelle 20.11, Punkt 2. und 3. Zeile unbeachtet bleiben, s. DIN EN 1995-1-1/NA: 2013-08, NCI NA.6.8.6 (NA.1)

[9]) s. *Blaß/Steck* [64]

den in das Holz z.B. Stahlbewehrungen wie im Stahlbetonbau in Wirkungsrichtung der Querzugkräfte „senkrecht zur Faser" eingelassen, der Verbund Stahl/Holz wird durch zugelassene Klebung oder mechanisch durch geeignete Gewinde hergestellt. Bei vollständiger Aufnahme der anstehenden Querzugkräfte durch Verstärkungselemente wird die Querzugfestigkeit des Holzes nicht zur Kraftübertragung herangezogen, so dass nach *Blaß/Steck* [64] mit gerissener Querzugzone, vergleichbar mit dem Stahlbetonbau, gerechnet wird, s. DIN EN 1995-1-1/NA: 2013-08, NCI NA.6.8.1 (NA.2). Bei außen liegenden Verstärkungselementen liegt vergleichbares Tragverhalten vor. Über Verstärkungen von gekrümmten Trägern und Satteldachträgern berichtet u.a. *Schatz* [443].

20.6 Spannungsverläufe in Satteldach- und gekrümmten Trägern

Klimabedingte Querzugspannungen

Brettschichtholz- und Furnierschichtholzkonstruktionen unterliegen wie alle Holzkonstruktionen Klimaschwankungen in der Trägerumgebung, die während der Montage- und Nutzungszeit auftreten können und Holzfeuchteänderungen nach sich ziehen. Bei hieraus entstehendem Schwinden entstehen lastunabhängige Querzugspannungen nach Abschn. 1.4.5 und 7.2.1, die sich den lastabhängigen Querzugspannungen z.B. im Firstbereich von Satteldachträgern oder im gekrümmten Bereich von gekrümmten Trägern nach Abschn. 20.3 oder 20.4 überlagern. Treten ungünstige Klimaschwankungen auf, die zu schnellem Schwinden führen, kann die geringe Querzugfestigkeit von Brettschicht- und Furnierschichtholz ohne

Querlagen erreicht werden mit der Folge größerer Rissbildungen oder eines Tragfähigkeitsverlustes des Bauteils. Darüber hinaus ist die Querzugfestigkeit vom querzugbeanspruchten Trägervolumen und der Verteilung der Querzugspannungen abhängig; mit steigendem Volumen nimmt die Querzugfestigkeit im Allgemeinen ab, s. *Mistler* [334].

Aus den o.a. Gründen werden in der Baupraxis seit langem zusätzliche Verstärkungen querzugbeanspruchter Bereiche z.B. im gekrümmten Bereich von gekrümmten Trägern und im Firstbereich von Satteldachträgern als zusätzliche Sicherung gegen klimabedingte Querzugspannungen verwendet; insbesondere werden innen liegende, eingeklebte Stahlstäbe (Gewindestäbe) oder Vollgewindeschrauben wegen ihrer gestalterischen Vorteile genutzt, während beidseitig aufgeklebte geeignete Sperrholzplatten oder beidseitig eingepresste Nagelplatten seltener genutzt werden, hierüber s. auch *Möhler/Hemmer* [355], *Möhler/Rathfelder* [359] und *Möhler/Siebert* [361].

Erst DIN 1052: 2004-08 (und DIN 1052: 2008-12) schreibt Verstärkungen in diesen Bereichen für zusätzlich auftretende, klimabedingte Querzugspannungen ab einem rechnerischen Ausnutzungsgrad der effektiven Querzugspannungen von mehr als 60% vor, DIN EN 1995-1-1/NA: 2013-08 empfiehlt dies immer bei gekrümmten Trägern sowie Satteldachträgern mit gekrümmtem Untergurt und bei Satteldachträgern mit geradem Untergurt ab einem Ausnutzungsgrad von 80%, s. Abschn. 20.5.1, jedoch ist stets eine Verstärkung zu empfehlen und wird seit langem unabhängig vom Ausnutzungsgrad erfolgreich angewendet.

Spannungsverläufe in gekrümmten Bereichen von gekrümmten Trägern und im Firstbereich von Satteldachträgern

Der Spannungsverlauf infolge eines Biegemomentes M im gekrümmten Bereich von gekrümmten Trägern und im Firstquerschnitt von Satteldachträgern mit geradem und gekrümmtem Untergurt aus Brettschichtholz und Rechteckquerschnitt nach *Blumer* [67] ist in Bild 20.15 dargestellt, s. auch *Ehlbeck/Kürth* [121]. Die **Längsspannungen σ_M** haben ihren Maximalwert am inneren bzw. unteren Trägerrand im Trägerscheitel bzw. im Firstquerschnitt und sind hier größer als die Biegerandspannungen vergleichbarer Parallelträger. Diese erhöhten Längsspannungen σ_M am inneren bzw. unteren Trägerrand werden durch den Beiwert k_l nach Tabelle 20.5 bzw. 20.11 erfasst.

Die **Querspannungen σ_{90}** sind in allen Fällen des Bildes 20.15 Querzugspannungen $\sigma_{t,90}$, da die innere bzw. untere Randfaser gezogen wird, s. auch Bild 20.16. Lastabhängige Querzugspannungen $\sigma_{t,90}$ treten in gekrümmten Bereichen und in Firstbereichen von Satteldachträgern mit geradem und gekrümmtem Untergurt zusätzlich zu den Längsspannungen σ_M auf, während sie bei Parallelträgern nicht existieren. Die Querspannungen σ_{90} werden durch den Beiwert k_p nach Tabelle 20.5 bzw. 20.11 berücksichtigt.

Eine vereinfachte Betrachtung über den Kraftfluss in biegesteifen abgewinkelten Bauteilen, wie sie gekrümmte Bauteile oder Firstbereiche näherungsweise darstellen, kann Bild 17.24 entnommen werden.

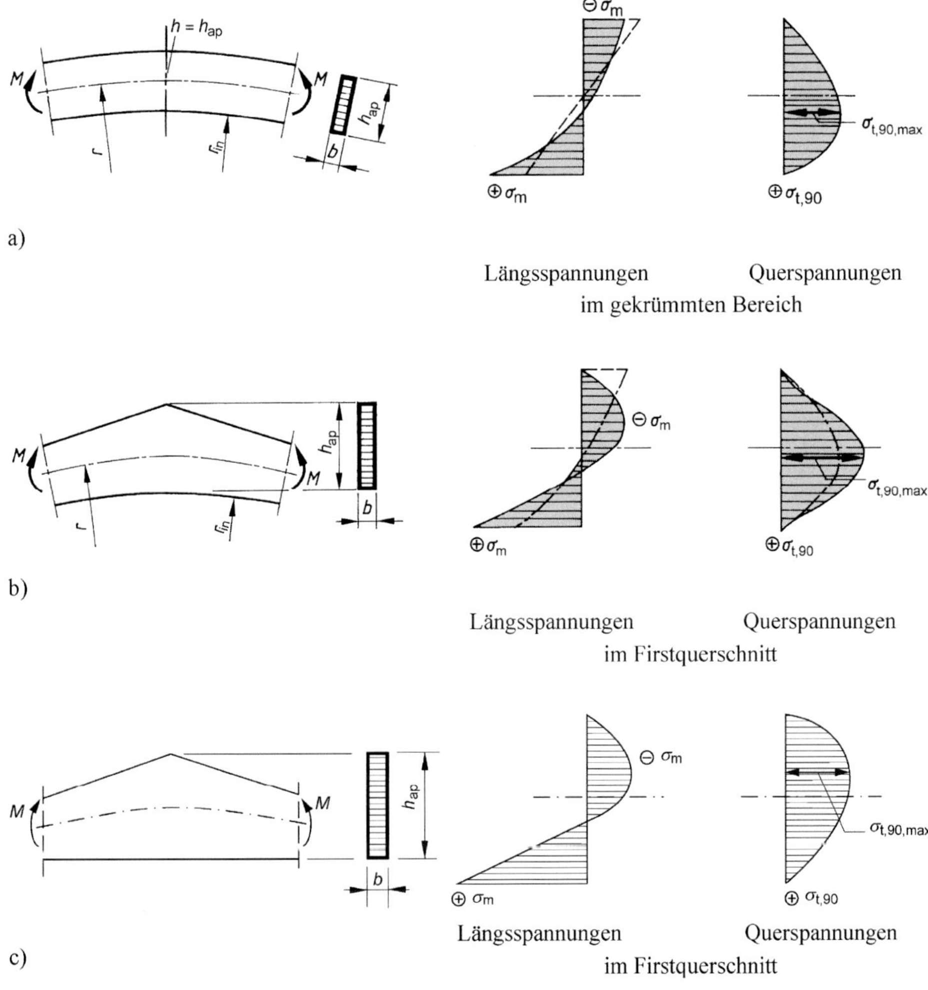

Bild 20.15 Qualitativer Spannungsverlauf infolge eines Biegemomentes *M* im gekrümmten Bereich von gekrümmten Trägern mit konstanter Trägerhöhe *h* und im Firstquerschnitt von Satteldachträgern mit geradem und gekrümmtem Untergurt aus Brettschichtholz nach *Blumer* [67] und *Möhler* [343]

a) gekrümmter Bereich von gekrümmten Trägern

b) Satteldachträger mit gekrümmtem Untergurt

c) Satteldachträger mit geradem Untergurt

———— rechnerische Spannungsverteilung nach der Theorie der orthotropen Scheibe

– – – – – – rechnerische Spannungsverteilung für den Parallelträger (zum Vergleich)

– · – · – · – Näherungsberechnung ohne Berücksichtigung des geneigten Obergurtes

Allgemeine Spannungsverläufe in gekrümmten Trägern und Satteldachträgern
Werden die Spannungsverläufe außerhalb des Firstquerschnitts benötigt oder werden die Querschnitte neben den Biegemomenten M noch durch Normalkräfte N und Querkräfte V beansprucht, kann die Spannungsermittlung für derartige **Träger mit Rechteckquerschnitt** nach *Blumer* [67], *Möhler* [343] oder *Möhler/Blumer* [346] erfolgen. In vielen praktischen Fällen reicht jedoch die Berücksichtigung des Biegemomentes M zur Ermittlung der Längs- und Querspannungen aus, s. Abschn. 20.3 und 20.4.

Gekrümmte Träger mit I- oder Kastenquerschnitt konstanter Höhe h können sinngemäß nach *Heimeshoff* [199] berechnet werden; bei I- oder Kastenquerschnitten liegen z.T. wesentlich höhere Querzugspannungen vor als bei vergleichbaren Rechteckquerschnitten.

Auftreten von Querdruck- oder Querzugspannungen in gekrümmten und abgewinkelten Bereichen sowie in Firstbereichen
Das Auftreten von Querzug- oder Querdruckspannungen infolge eines Biegemomentes M in gekrümmten und abgewinkelten Bereichen oder Firstbereichen von Trägern mit Rechteckquerschnitt ist davon abhängig, ob ein positives (Querzug erzeugendes) oder negatives (Querdruck erzeugendes) Biegemoment M auftritt. Die Querspannungen sind, s. Bild 20.16:

- **Querzugspannungen**, wenn die innere bzw. untere Randfaser gezogen wird,
- **Querdruckspannungen**, wenn die innere bzw. untere Randfaser gedrückt wird.

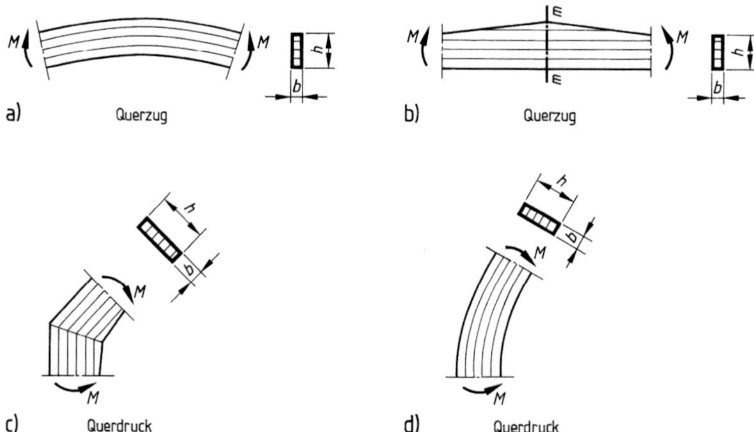

Bild 20.16 Querzug- und Querdruckbeanspruchung infolge eines Biegemomentes M bei verschiedenen Trägern, Beispiele; a) gekrümmter Bereich eines Trägers b) Firstbereich eines Satteldachträgers c) keilgezinkte Rahmenecke d) gekrümmte Rahmenecke

Nachweise für Ausklinkungen, Durchbrüche und Queranschlüsse 21

21.1 Ausklinkungen

Als Ausklinkung wird eine Reduzierung der Trägerhöhe im Auflagerbereich von Biegeträgern bezeichnet, die oft aus gestalterischen oder konstruktiven Gründen überwiegend in Brettschichtholzträgern vorgenommen wird, um Bauhöhe für das Bauwerk einzusparen; dazu können die Trägerbereiche (Auflager) auf der belasteten Seite (überwiegend „unten") oder auf der unbelasteten Seite (meist „oben") ausgeklinkt werden, Beispiele s. Tabelle 21.1.

Der Tragwerkplaner sollte, wenn möglich, **Ausklinkungen vermeiden**, da der Biegeträger durch diese Maßnahme an seinen Auflagern z.T. erheblich geschwächt und seine Tragfähigkeit entscheidend vermindert wird. Bei unten ausgeklinkten Auflagern treten neben Längsspannungen in der Ausklinkungsecke sehr hohe Schub- und Querzugspannungen auf, s. Abschn. 21.1.3, die bei unsachgemäßer Ausbildung der Ausklinkung zu Rissbildungen und zum Tragfähigkeitsverlust des Biegeträgers führen können.

Werden jedoch Ausklinkungen angeordnet, sind die im Folgenden angeführten Bedingungen einzuhalten, die **nur für Träger mit Rechteckquerschnitten** gelten, andere Querschnittsformen können mit den unten angeführten Bemessungen nicht nachgewiesen werden. Es wird im Sinne einer holzgerechten Konstruktion empfohlen, **Ausklinkungen stets zu verstärken**, s. Abschn. 21.1.2, auch wenn dies rechnerisch nicht erforderlich ist, da die Verstärkung derartiger Ausklinkungen z.B. mit dem Eindrehen geeigneter Vollgewindeschrauben vergleichsweise einfach und kostengünstiger geworden ist. Dadurch wird die Ausklinkungstragfähigkeit erhöht und langfristig sichergestellt. Im Ausklinkungsbereich unten angehängte Lasten sind unzulässig, diese sollten in der oberen Trägerhälfte eingeleitet werden.

H. Neuhaus · T. Uibel (✉)
e-mail: holzbau@ing-uibel.de

H. Neuhaus, W. Moorkamp, L. Peterson, T. Uibel, *Ingenieurholzbau*,
DOI 10.1007/978-3-658-44967-4_21

21.1.1 Unverstärkte Ausklinkungen

Der **Nachweis einer unverstärkten Ausklinkung** eines Biegeträgers mit Rechteckquerschnitt ist nach Gl. (21.1) zu führen, dabei sind die Bedingungen der Tabelle 21.1 einzuhalten, s. DIN EN 1995-1-1: 2010-12, 6.5.2. Die Spannungskonzentration in der Ausklinkungsecke nach Abschn. 21.1.3 wird vereinfachend über die Schubspannungen mit verbleibender Ausklinkungshöhe h_{ef} und einer Schubfestigkeit nachgewiesen, die über den Beiwert k_v nach Tabelle 21.1 abgemindert wird. Beim Nachweis der Ausklinkung nach Gl. (21.1) wird die Breite b durch die wirksame Breite b_{ef} nach Gl. (18.4) ersetzt, um den Einfluss von (Trocken- oder Schwind-)Rissen in Vollholz-, Brettschichtholz- und Balkenschichtholz-Bauteilen zu berücksichtigen, s. Abschn. 18.1 und DIN EN 1995-1-1/A2: 2014-07, 9 Änderung zu 6.5.2. Kann Gl. (21.1) nicht eingehalten werden, sind Ausklinkungen zu verstärken, Tabelle 21.2 enthält Angaben zur Verstärkung unten rechtwinklig ausgeklinkter Endauflager. Unverstärkte Ausklinkungen dürfen nur in Nutzungsklasse 1 und 2 verwendet werden, s. DIN EN 1995-1-1/NA: 2013-08, NCI Zu 6.5.1 (NA.3).

Bei **unverstärkten Ausklinkungen auf der belasteten Seite** „unten" wird empfohlen, auch in Anlehnung an DIN 1052: 2008-12, die geometrischen Verhältnisse $\alpha = h_{ef}/h$ und x/h nicht größer als 0,5 bzw. 0,4 im Sinne einer holzgerechten Konstruktion werden zu lassen, da die Tragfähigkeit durch die Trägerschwächung wesentlich abnimmt mit der nicht auszuschließenden Gefahr der Rissbildung und folgendem Tragfähigkeitsverlust. Demnach wird empfohlen, bei unverstärkten Ausklinkungen die verbleibende, wirksame Trägerhöhe h_{ef} nicht kleiner als 50% der Trägerhöhe h außerhalb der Ausklinkung werden zu lassen und den Abstand x zwischen der Wirkungslinie der Auflagerkraft V und der Ausklinkungsecke ebenfalls auf kleinere Verhältnisse zu beschränken, s. Bilder in Tabelle 21.1. Da die Verstärkung derartiger Ausklinkungen nach Abschn. 21.1.2 z.B. mit dem Einschrauben geeigneter Vollgewindeschrauben vergleichsweise einfach und kostengünstiger geworden ist, werden grundsätzlich verstärkte Ausklinkungen empfohlen, auch wenn dies rechnerisch nicht notwendig ist. Dadurch wird die Ausklinkungstragfähigkeit erhöht und langfristig sichergestellt. Bei **Ausklinkungen auf der unbelasteten Seite** „oben" gelten die empfohlenen geometrischen Einschränkungen jedoch nicht.

$$\frac{\tau_d}{k_v \cdot f_{v,d}} = \frac{1{,}5 \cdot V_d / (b_{ef} \cdot h_{ef})}{k_v \cdot f_{v,d}} \leq 1 \tag{21.1}$$

V_d Bemessungswert der Auflagerkraft am Trägerende nach Gl. (8.4)

b Trägerbreite, s. wirksame Breite b_{ef}

b_{ef} wirksame Breite b_{ef} nach Gl. (18.4), in Vollholz-, Brettschichtholz- und Balkenschichtholz-Bauteilen muss die Querschnittsbreite b durch b_{ef} ersetzt werden

h_{ef} wirksame (reduzierte)Trägerhöhe an der Ausklinkung

k_v Beiwert je nach Ausklinkungsform, s. Tabelle 21.1 oder Bild 21.1, berücksichtigt die hohe Spannungskonzentration in der Ausklinkungsecke

$f_{v,d}$ Bemessungswert der Schubfestigkeit nach Gl. (8.5)

Tabelle 21.1 Beiwert k_v der Gl. (21.1) für Ausklinkungen von Biegeträgern mit Rechteckquerschnitt nach DIN EN 1995-1-1: 2010-12, 6.5[1])[2])[4])[5])[7])[8])

Ausklinkungsform	Beiwerte
Endausklinkung auf der belasteten Seite (Auflagerseite)	
Beiwerte k_v	
Ausklinkung „schräg unten"[3])[7]) 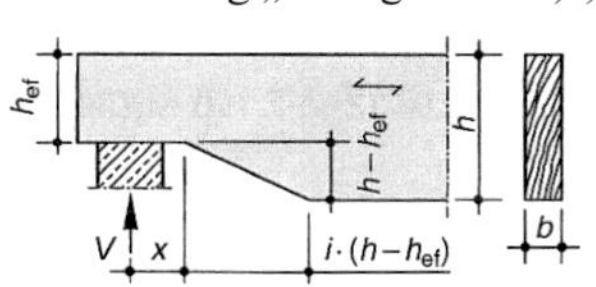	$k_v = \min\left\{1 \text{ oder } \dfrac{k_n\cdot\left(1+\dfrac{1{,}1\cdot i^{1{,}5}}{\sqrt{h}}\right)}{\sqrt{h}\cdot\left(\sqrt{\alpha\cdot(1-\alpha)}+0{,}8\cdot\dfrac{x}{h}\cdot\sqrt{\dfrac{1}{\alpha}-\alpha^2}\right)}\right\}$
Ausklinkung „rechtwinklig unten"[7]) 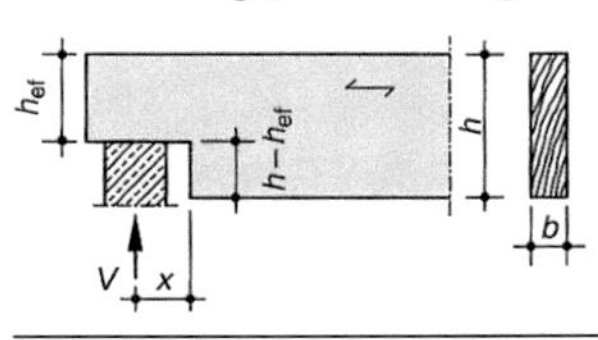	$k_v = \min\left\{1 \text{ oder } \dfrac{k_n}{\sqrt{h}\cdot\left(\sqrt{\alpha\cdot(1-\alpha)}+0{,}8\cdot\dfrac{x}{h}\cdot\sqrt{\dfrac{1}{\alpha}-\alpha^2}\right)}\right\}$
Beiwert k_n = 5 für Vollholz = 6,5 für Brettschichtholz = 4,5 für Furnierschichtholz	
Endausklinkung auf der unbelasteten Seite (Gegenseite des Auflagers)	
Ausklinkung „oben"	Beiwert $k_v = 1$ ist $x \le h_{ef}$, darf k_v gesetzt werden:[6]) $k_v = \left(\dfrac{h}{h_{ef}}\right)\cdot\left[1-\dfrac{(h-h_{ef})\cdot x}{h\cdot h_{ef}}\right]$
Spannungskonzentration in der Ausklinkung	
der Einfluss der Spannungskonzentration ist beim Tragfähigkeitsnachweis zu berücksichtigen[3])	
der Einfluss der Spannungskonzentration darf in folgenden Fällen vernachlässigt werden: - Zug oder Druck in Faserrichtung, - Biegung mit Zugspannungen in der Ausklinkung, wenn der Faseranschnitt nicht steiler als $1/i = 1/10$, d.h. $i \ge 10$, s. Bild unten „Biegung mit Zugspannungen in der Ausklinkung", - Biegung mit Druckspannungen in der Ausklinkung, s. Bild unten „Biegung mit Druckspannungen in der Ausklinkung"	
Biegung mit Zugspannungen in der Ausklinkung infolge positiven Momentes 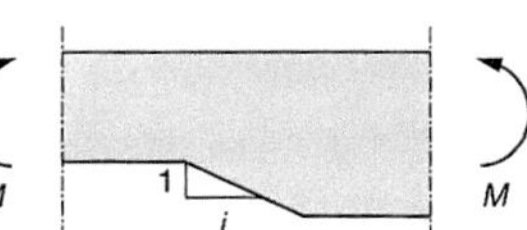	Biegung mit Druckspannungen in der Ausklinkung infolge negativen Momentes 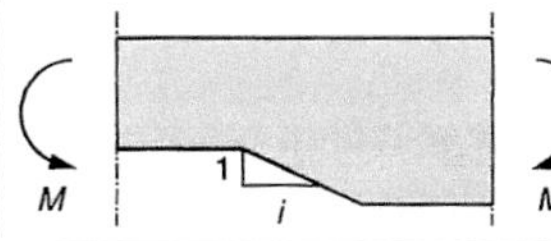

Tabelle 21.1 (Fußnoten)

[1]) Hierin bedeuten:

h Trägerhöhe außerhalb der Ausklinkung in mm

h_{ef} wirksame (reduzierte) Trägerhöhe der Ausklinkung in mm

x Abstand zwischen der Wirkungslinie der Auflagerkraft und der Ecke der Ausklinkung in mm

i Neigung der Ausklinkung, s. Bilder in dieser Tabelle 21.1 oben, zur Festlegung von i s. oben „Spannungskonzentration in der Ausklinkung“

α $= h_{ef}/h$

[2]) die Lasten bei Ausklinkungen dieser Tabelle sind auf der Oberseite der Biegestäbe einzuleiten

[3]) für Ausklinkungen (und Bauteile) mit einer Voute sind zusätzlich der Nachweis der Spannungskombination am geneigten (angeschnittenen) Rand sinngemäß nach Abschn. 20.1.2 und der Schubspannungsnachweis im Voutenquerschnitt mit der minimalen Höhe zu führen [5]), s. DIN EN 1995-1-1/NA: 2013-08, NCI Zu 6.5.2 (NA.3)

[4]) unverstärkte Ausklinkungen dürfen nur in Nutzungsklasse 1 und 2 verwendet werden, Ausklinkungen in Nutzungsklasse 3 sind stets nach Tabelle 21.2 zu verstärken, s. DIN EN 1995-1-1/NA: 2013-08, NCI Zu 6.5.1 (NA.3)

[5]) beim Nachweis der Ausklinkung nach Gl. (21.1) und beim Schubspannungsnachweis wird der Einfluss von (Trocken- oder Schwind-)Rissen in Vollholz-, Brettschichtholz- und Balkenschichtholz-Bauteilen berücksichtigt und die Breite b durch die wirksame Breite b_{ef} nach Gl. (18.4) ersetzt, s. Abschn. 18.1

[6]) für Träger mit Ausklinkungen auf der unbelasteten Seite (Gegenseite des Auflagers) nach DIN EN 1995-1-1/NA: 2013-08, NCI Zu 6.5.2 (NA.3)

[7]) zusätzliche Empfehlung zu den Festlegungen der DIN EN 1995-1-1: 2010-12, 6.5.2: bei unverstärkten Ausklinkungen an der Auflagerseite das Verhältnis $\alpha = h_{ef}/h$ im Sinne einer holzgerechten Konstruktion nicht zu klein wählen und die Verhältnisse $\alpha = h_{ef}/h \geq 0{,}5$ und $x/h \leq 0{,}4$ möglichst einzuhalten (in Anlehnung an DIN 1052: 2008-12), s. auch Bild 21.1

[8]) Empfehlung: Ausklinkungen in allen Nutzungsklassen stets nach Tabelle 21.2 verstärken, auch wenn dies rechnerisch nicht erforderlich ist, und in Nutzungsklasse 3 im Sinne einer holzgerechten Konstruktion und des baulichen Holzschutzes nach Abschn. 5.2.4 mind. auf der Oberseite beidseitig ausreichend überstehend abdecken, s. Hinweise unterhalb dieser Tabelle

Für **Ausklinkungen mit einer Voute** („schräg unten“) sind zusätzlich der Nachweis der Spannungskombination am geneigten „angeschnittenen“ Trägerrand nach Abschn. 20.1.2 und der Nachweis der Schubspannungen im Voutenquerschnitt mit der minimalen Höhe nach Abschn. 18 zu führen s. DIN EN 1995-1-1/NA: 2013-08, NCI Zu 6.5.2 (NA.3). Auch hierbei muss der Einfluss von (Trocken- oder Schwind-)Rissen in Vollholz-, Brettschichtholz- und Balkenschichtholz-Bauteilen berücksichtigt und die Breite b durch die wirksame Breite b_{ef} nach Gl. (18.4) ersetzt werden. Ausklinkungen „schräg unten“ (mit einer Voute) haben ein günstigeres Tragverhalten als Ausklinkungen „rechtwinklig unten“, mit kleiner werdender(m) Ausklinkungshöhe (h–h_{ef}) bzw. Faseranschnitt $1/i$ (flachere Abschrägung) kann vergleichsweise wesentlich mehr Querkraft übertragen werden.

Der Einfluss der **Spannungskonzentration in Ausklinkungen** ist bei der Bemessung von Ausklinkungen (mit Vouten) zu berücksichtigen. Die Spannungskonzentration darf jedoch bei folgenden Beanspruchungen in Ausklinkungen vernachlässigt werden: wenn bei Biegung mit Zugspannungen der Faseranschnitt nicht steiler als $1/i = 1/10$ wird, d.h. bei flacher Abschrägung, wenn nur Zug oder Druck in Faserrichtung sowie nur Biegung mit Druckspannungen auftreten, s. Tabelle 21.1 und DIN EN 1995-1-1: 2010-12, 6.5.1 (2).

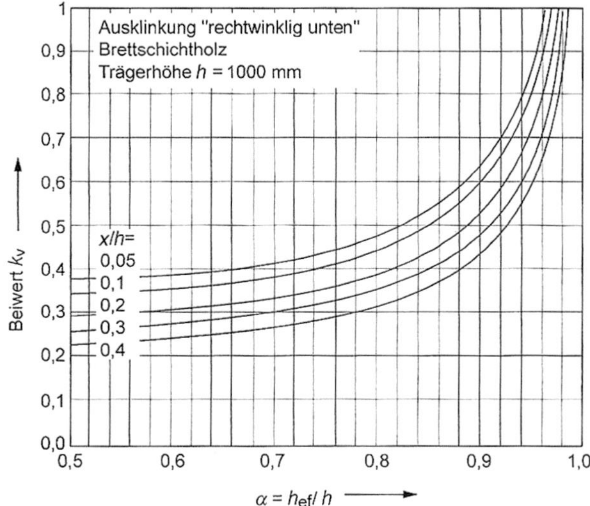

Bild 21.1 Verlauf des Beiwertes k_v von Ausklinkungen auf der belasteten Seite „rechtwinklig unten"; Verlauf in Abhängigkeit der geometrischen Verhältnisse $\alpha = h_{ef}/h$ und x/h nach der Gl. in Tabelle 21.1
Beispiel:
Brettschichtholzträger,
Trägerhöhe $h = 1000$ mm,
rechtwinklig unten

Der **Beiwert k_v** in Gl. (21.1) berücksichtigt die hohe Spannungskonzentration in der Ausklinkungsecke, hierüber s. Abschn. 21.1.3; bereits bei kleinen Ausklinkungsverhältnissen von etwa $\alpha = h_{ef}/h = 0{,}9$ nimmt die Tragfähigkeit unverstärkter Ausklinkungen erheblich ab, wie aus Bild 21.1 am Beispiel der k_v –Verläufe von Ausklinkungen „rechtwinklig unten" für Brettschichtholzträger mit einer Trägerhöhe $h = 1000$ mm entnommen werden kann.

Ausgeklinkte Trägerbereiche bei Vollhölzern sollten aus besonders ausgewählten Hölzern bestehen unter Einhaltung der gewählten Sortierkriterien, trocken, ast- und rissefrei mit geringer Neigung zu Schwindrissen. Ausklinkungen von Vollhölzern werden z.B. bei Gelenkpfetten eingesetzt, möglichst in Bereichen kleiner Querkräfte; geeigneter sind auch hier verstärkte Ausklinkungen nach Abschn. 21.1.2.

Lastunabhängige **klimabedingte Querzugspannungen** infolge größerer Holzfeuchteänderungen während der Montage- und Nutzungszeit, s. auch sinngemäß Abschn. 20.6, vergrößern die auftretenden lastabhängigen Querzugspannungen im Bereich der Ausklinkungsecke, da bei Ausklinkungen ein schnellerer Transport der Holzfeuchte über die Hirnholzfläche vorliegt, s. *Erläut. zu DIN 1052: 2004-08* [47], E 11.2 (2). Die in derartigen Fällen meist zusätzlich auftretenden Schwind- oder Trockenrisse können die Tragfähigkeit einer unverstärkten Ausklinkung erheblich vermindern; als Abhilfe wird stets eine verstärkte Ausklinkung nach Abschn. 21.1.2 empfohlen.

21.1.2 Verstärkte Ausklinkungen

Der **Nachweis der Verstärkung eines unten rechtwinklig ausgeklinkten Endauflagers** auf der belasteten Seite eines Biegeträgers mit Rechteckquerschnitt kann nach Tabelle 21.2 erfolgen, die Tragfähigkeit des verstärkten, unten rechtwinklig ausgeklinkten Endauflagers ist mit dem Beiwert $k_v = 1$ nach Gl. (21.1) zu bestimmen, s. DIN EN 1995-1-1/NA: 2013-08, NCI NA.6.8.3. Die Verstärkungselemente sind für eine Zugkraft $F_{t,90,d}$ (Querzugkraft) zu bemessen; die Wirkungsrichtung dieser Zugkraft ist stets rechtwinklig zur Faser, so dass die Verstärkungselemente in dieselbe Richtung wirksam einzubauen sind. Verstärkungselemente verhindern das Aufreißen des Trägers im Bereich der Ausklinkungsecke, s. gefährdeter Bereich im Bild der Tabelle 21.2. Ausklinkungen in Nutzungsklasse 3 sind stets zu verstärken, s. DIN EN 1995-1-1/NA: 2013-08, NCI Zu 6.5.1 (NA.3). Geeignete Verstärkungselemente und Mindestabstände der Stahlstäbe können Tabelle 20.16 entnommen werden. Die Querschnittsschwächung durch innen liegende Verstärkungselemente ist nach Abschn. 8.3.3 für zugbeanspruchte Bereiche (z.B. Biegezug) zu berücksichtigen.

Zur Vereinfachung kann die Zugkraft $F_{t,90,d}$ mit dem Beiwert $k_{t,a}$ in Tabelle 21.2 errechnet werden; die $k_{t,a}$-Werte für $\alpha = h_{ef}/h$ bei verstärkten rechtwinkligen Ausklinkungen sind identisch mit den Werten des Beiwertes $k_{t,q}$ für $\alpha = h_e/h$ bei Queranschlüssen, dessen Zahlenwerte Tabelle 21.14 und Verlauf Bild 21.10 entnommen werden können.

Tabelle 21.2 Verstärkung rechtwinkliger Ausklinkungen von Endauflagern auf der belasteten Seite von Biegestäben mit Rechteckquerschnitt nach DIN EN 1995-1-1/NA: 2013-08, NCI NA.6.8.3[1–4)][7)][8)][9)]

<table>
<tr><th colspan="2">Bemessungswert der Zugkraft $F_{t,90,d}$ für die Verstärkung rechtwinkliger Ausklinkungen</th></tr>
<tr><td>$F_{t,90,d} = 1{,}3 \cdot V_d \cdot [3 \cdot (1-\alpha)^2 - 2 \cdot (1-\alpha)^3] = 1{,}3 \cdot k_{t,a} \cdot V_d$
$k_{t,a} = 3 \cdot (1-\alpha)^2 - 2 \cdot (1-\alpha)^3$
Zahlenwerte von $k_{t,a}$ nach Tabelle 21.14 für $\alpha = h_{ef}/h$</td><td>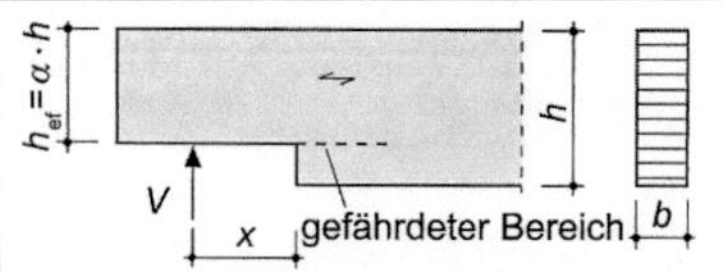
</td></tr>
<tr><th colspan="2">Verstärkung durch innen liegende, eingeklebte Stahlstäbe[2)][4–6)] (Aufnahme der Zugkraft $F_{t,90,d}$)</th></tr>
<tr><td>Nachweis der gleichmäßig verteilt angenommenen Klebfugenspannung
$$\frac{\tau_{ef,d}}{f_{k1,d}} \leq 1 \qquad \tau_{ef,d} = \frac{F_{t,90,d}}{n \cdot d_r \cdot \pi \cdot l_{ad}}$$
Stahlstäbe[2)]
Mindestlänge $l_{min} \geq 2 \cdot l_{ad}$
Max. Durchmesser $d_{r,max} \leq 20$ mm</td><td>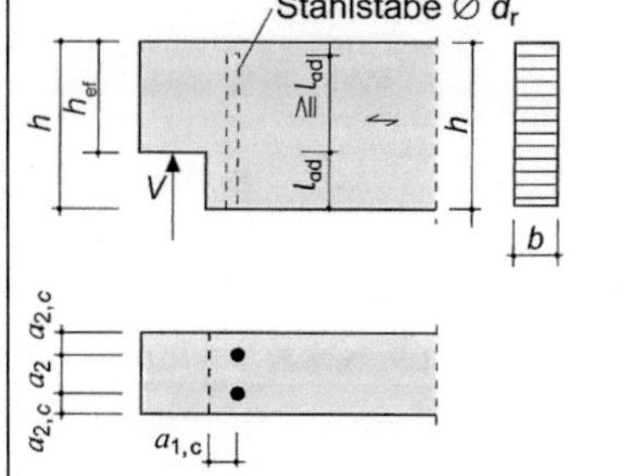
</td></tr>
</table>

Tabelle 21.2 (Fortsetzung)

Seitlich aufgeklebte Verstärkungsplatten[2])[9]) (Aufnahme der Zugkraft $F_{t,90,d}$)	
Nachweis der gleichmäßig verteilt angenommenen Klebfugenspannung $\frac{\tau_{ef,d}}{f_{k2,d}} \leq 1 \qquad \tau_{ef,d} = \frac{F_{t,90,d}}{2 \cdot (h - h_{ef}) \cdot l_r}$	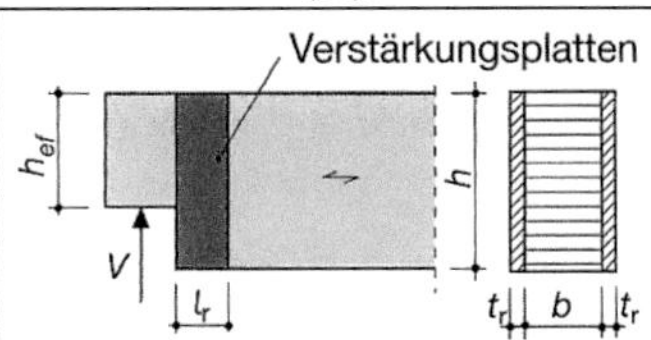
Zugspannung in den aufgeklebten Verstärkungsplatten $k_k \cdot \frac{\sigma_{t,d}}{f_{t,d}} \leq 1 \qquad \sigma_{t,d} = \frac{F_{t,90,d}}{2 \cdot t_r \cdot l_r}$	Aufkleben der seitlichen Verstärkungsplatten mit der Bedingung: $0,25 \leq \frac{l_r}{h - h_{ef}} \leq 0,5$

[1]) Hierin bedeuten:

V_d Bemessungswert der Querkraft nach Gl. (8.4)

α $= h_{ef}/h$

h Trägerhöhe außerhalb der Ausklinkung

h_{ef} wirksame (verbleibende) Trägerhöhe der Ausklinkung

n Anzahl der Stahlstäbe; dabei darf in Trägerlängsrichtung nur ein Stab mit $n = 1$ oder eine Reihe von Stäben in Trägerquerrichtung z.B. mit $n = 2$ in Rechnung gestellt werden

d_r Stahlstabaußendurchmesser (≤ 20 mm)

l_{ad} wirksame Verankerungslänge ($l_{ad} \cong h - h_{ef}$ s. Bild oben)[6])

l_r Breite einer Verstärkungsplatte, s. Bild oben

t_r Dicke einer Verstärkungsplatte, s. Bild oben

k_k Beiwert zur Berücksichtigung der ungleichmäßigen Spannungsverteilung, = 2,0 ohne genaueren Nachweis

$k_{t,\alpha}$ Beiwert, nicht in DIN EN 1995-1-1/NA: 2013-08 enthalten, Zahlenwerte in Tabelle 21.14

$f_{k1,d}$, $f_{k2,d}$ Bemessungswerte der Klebfugenfestigkeiten nach Gl. (8.5), charakteristische Werte s. Abschn. 7.2.3

$f_{t,d}$ Bemessungswert der Zugfestigkeit des Plattenwerkstoffes in Richtung der Zugkraft $F_{t,90}$ nach Gl. (8.5)

[2]) geeignete Verstärkungselemente und Mindestabstände der Stahlstäbe s. Tabelle 20.16

[3]) Verstärkungen durch seitlich aufgebrachte Nagelplatten sinngemäß wie aufgeklebte Platten anordnen

[4]) Verstärkungen mit eingedrehten Schrauben mit einem Gewinde über die gesamte Schaftlänge (Vollgewindeschrauben)[5]) sind sinngemäß wie Verstärkungen mit eingeklebten Gewindebolzen (Stahlstäbe, Gewindeschrauben) nachzuweisen, s. DIN EN 1995-1-1/NA: 2013-08, NCI NA.6.8.1 (NA.6)

[5]) Vollgewindeschrauben bedürfen eines bauaufsichtlichen Verwendbarkeitsnachweises, die Angaben in diesem sind zu beachten, s. auch Abschn. 11.8.4

[6]) die Mindestlänge eines jeden Stahlstabes beträgt $\geq 2 \cdot l_{ad}$

[7]) zusätzliche Empfehlung zu den Festlegungen der DIN EN 1995-1-1: 2010-12, NCI NA.6.8.3: bei verstärkten rechtwinkligen Ausklinkungen das Verhältnis $\alpha = h_{ef}/h$ (Resthöhe im Ausklinkungsbereich) im Sinne einer holzgerechten Konstruktion nicht zu klein wählen, s. auch Bilder oben

[8]) Empfehlung: Ausklinkungen in allen Nutzungsklassen stets nach dieser Tabelle 21.2 verstärken, auch wenn dies rechnerisch nicht erforderlich ist, und in Nutzungsklasse 3 im Sinne einer holzgerechten Konstruktion und des baulichen Holzschutzes nach Abschn. 5.2.4 mind. auf der Oberseite beidseitig ausreichend überstehend abdecken, s. Hinweise unterhalb dieser Tabelle

[9]) Verstärkungen durch seitlich eingepresste Nagelplatten sind sinngemäß wie aufgeklebte Verstärkungsplatten nachzuweisen und anzuordnen

Bei **eingeklebten Stahlstäben** sind nach Tabelle 21.2 die gleichmäßig anzunehmenden Klebfugenspannungen in der Mantelfläche zwischen Stahlstab und Holz (Verbund durch Klebung) mit der wirksamen Verankerungslänge (Einklebelänge) $l_{ad} \cong h - h_{ef}$ nachzuweisen, s. Bild in Tabelle 21.2, so dass die rechtwinklig zur Faser auftretende Zugkraft $F_{t,90}$ (Querzugkraft) nach „oben" in den nicht ausgeklinkten Trägerteil mit einer mindestens gleichgroßen Einklebelänge l_{ad} verankert werden kann. Der Stahlstab selbst ist mit dem Spannungsquerschnitt auszulegen, s. DIN EN 1995-1-1/NA: 2013-08, NCI NA.6.8.1 (NA.7). Bei **Vollgewindeschrauben** (mechanischer Verbund) ist sinngemäß mit Hilfe der Angaben im bauaufsichtlichen Verwendbarkeitsnachweis hinsichtlich Mindestabständen, Vorbohren, Tragfähigkeit und dgl. vorzugehen. Bewährt haben sich in vielen Fällen als Verstärkung Stahlstabdurchmesser von etwa $d = 8$ mm bis maximal $d = 20$ mm, die Stahlstablängen l_{min} müssen mindestens das Zweifache der wirksamen Verankerungslänge l_{ad} betragen.

Seitlich aufgeklebte Verstärkungsplatten nach Tabelle 21.2 sind, soweit nicht gesondert festgelegt, sinngemäß wie bei eingeklebten Stahlstäben dargestellt nachzuweisen.

Anordnung von Verstärkungselementen

Die Verstärkungselemente sind so eng wie möglich an die Ausklinkungsecke zu legen, da in diesem Bereich die höchsten Querzugspannung liegen und hier die zu verankernde Zugkraft $F_{t,90,d}$ auftritt, s. Bild 21.2. Deshalb sollten innen liegende, eingeklebte Stahlstäbe stets mit den Mindestabständen nach Tabelle 20.16 von der Ausklinkungsecke angeordnet und in diesem Bereich nur eine Reihe Stahlstäbe in Trägerquerrichtung eingesetzt werden, die z.B. aus $n = 1$ oder 2 Stäben bestehen kann, da weitere Stahlstäbe in Trägerlängsrichtung wegen der stark abnehmenden Querzugbeanspruchungen unwirksam sind. Bei innen liegenden, eingedrehten Vollgewindeschrauben ist sinngemäß zu verfahren, ihre Mindestabstände sind dem bauaufsichtlichen Verwendbarkeitsnachweis zu entnehmen. Außen liegende, aufgeklebte Verstärkungselemente sind über die gesamte Trägerhöhe h anzuordnen und sollten beidseitig direkt bis an die Ausklinkungsecke geführt werden, Beispiele s. Tabelle 21.2; die Bedingung für die begrenzte Breite l_r der Verstärkungsplatten nach Tabelle 21.2 ist einzuhalten.

Bei verstärkten rechtwinkligen Ausklinkungen gelten keine geometrischen Einschränkungen für $\alpha = h_{ef}/h$ und x/h, jedoch sollten **zu kleine Verhältnisse $\alpha = h_{ef}/h$**, d.h. eine sehr große Ausklinkung mit zu kleiner verbleibender Resthöhe h_{ef} bzw. **zu große Verhältnisse x/h**, d.h. ein zu großes Maß x, im Sinne einer holzgerechten Konstruktion keine Anwendung finden.

Verstärkungen von Ausklinkungen nach Tabelle 21.2 sind in allen drei Nutzungsklassen einsetzbar, s. DIN EN 1995-1-1/NA: 2013-08, NCI NA.6.8.1 (NA.9), beim Einsatz in **Nutzungsklasse 3** gelten die Empfehlungen im Abschn. 20.5.2 „Verstärkungen in Nutzungsklasse 1 bis 3" sinngemäß und sollten beachtet werden.

Geeignete Verstärkungselemente sind in Abschn. 20.5.1, Tabelle 20.16, angeführt, überwiegend werden innen liegende Stahlstäbe wegen ihrer gestalterischen Vorteile zur Verstärkung von Ausklinkungen verwendet, außen liegende aufgeklebte Verstärkungsplatten werden weniger genutzt. Verstärkungen durch seitlich eingepresste Nagelplatten sind sinngemäß wie aufgeklebte Verstärkungsplatten nachzuweisen und anzuordnen, hierüber s. *Blaß/Steck* [64]. Weitere Angaben zu Verstärkungselementen im Abschn. 20.5.2 sind bis auf die besonderen Festlegungen bei den einzelnen verstärkten Bauteilen sinngemäß anzuwenden.

Schraubbolzen sind **keine geeigneten Verstärkungen** für dauernd tragfähige Ausklinkungen, ihr Einsatz bei Bauteilen aus Holz führt zu Spannungsverlusten durch Kriechen und Schwinden mit der Folge eines mittelfristig „lockeren" Sitzes, auch wenn die Bolzen über beidseitige Unterlegscheiben anfänglich „fest" angezogen sind; ein mehrmaliges Nachziehen der Bolzen über die Nutzungszeit eines Bauwerkes mit Kontrollen wird im Allgemeinen nicht durchgeführt.

21.1.3 Spannungsverläufe in Ausklinkungen

In der **Ausklinkungsecke** treten neben Längsspannungen hohe Schub- und Querzugspannungen auf; Bild 21.2 zeigt als Beispiel den Verlauf der Querspannungen. Danach haben die Querzugspannungen ihren Größtwert in der Ecke, sie klingen mit wachsendem Abstand schnell ab, im nicht zu großen Abstand x_0 von der Ausklinkungsecke wechselt das Querspannungsvorzeichen und es entsteht ein kleiner Querdruckbereich. Die zu verankernde Zugkraft $F_{t,90}$ (Querzugkraft) nach Tabelle 21.2 wird als Resultierende aus der querzugbeanspruchten Fläche ermittelt.

Da die Querzugkraft $F_{t,90}$ in der Nähe der Ausklinkungsecke auftritt, sollten Verstärkungen auch in diesem Bereich platziert werden, so dass sie etwa im Schwerpunkt der querzugbeanspruchten Fläche liegen. Verstärkungselemente, die in Trägerlängsrichtung am Rande oder außerhalb des querzugbeanspruchten Bereiches liegen, sind zur Ausklinkungsverstärkung praktisch wirkungslos.

Beim **Nachweis der Verstärkungen** wird die Querzugkraft (Zugkraft $F_{t,90,d}$) allein von den Verstärkungselementen übertragen, dadurch wird die im „unteren" Trägerteil anstehende Querzugkraft $F_{t,90}$ in den „oberen" Trägerteil aufgehängt und verankert, die Zugfestigkeit des Holzes rechtwinklig zur Faserrichtung wird nicht berücksichtigt, so dass mit gerissener Querzugzone gerechnet wird, s. DIN EN 1995-1-1/NA: 2013-08, NCI NA.6.8.1 (NA.2) und sinngemäß Abschn. 20.5.2. Deshalb kann auch ein kleiner waagerechter Riss in der Ausklinkungsecke als für die Tragfähigkeit unschädlich angesehen werden, soweit die gesamte Querzugbeanspruchung von den Verstärkungselementen aufgenommen wird, jedoch sollte ein tiefer gehender Riss aus Gründen des Holzschutzes nach Abschn. 5.2.3 stets vermieden werden.

Bei **Ausklinkungen auf der belasteten Seite** „unten" beeinflussen u.a. geometrische Größen die Höhe der übertragbaren Querkraft, s. Tabelle 21.1: das Verhältnis verbleibende, wirksame Trägerhöhe zur Trägerhöhe $\alpha = h_{ef}/h$ und der Abstand x der Auflagerkraft V von der Ausklinkungsecke. Mit abnehmendem Verhältnis $\alpha = h_{ef}/h$ (d.h. „größer" werdender Ausklinkung) und wachsendem Abstand x nimmt die übertragbare Querkraft V erheblich ab, s. auch Beiwert k_v in Bild 21.1.

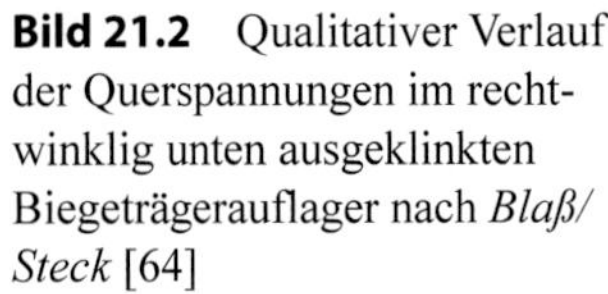

Bild 21.2 Qualitativer Verlauf der Querspannungen im rechtwinklig unten ausgeklinkten Biegeträgerauflager nach *Blaß/Steck* [64]

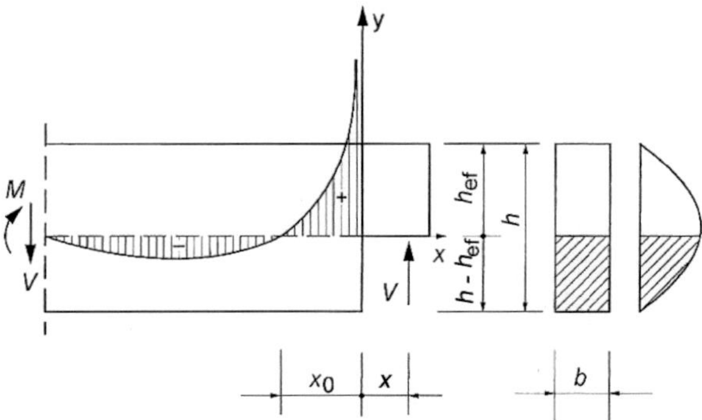

Die Tragfähigkeit von **Ausklinkungen auf der unbelasteten Seite** „oben" ist größer als diejenige bei vergleichbaren Ausklinkungen auf der belasteten Seite „unten", s. Tabelle 21.1, da bei „oben" liegenden Ausklinkungen gleichzeitig Schub- und Querdruckspannungen auftreten und dadurch die Schubfestigkeit erhöht wird, während bei „unten" liegenden Ausklinkungen gleichzeitig Schub- und Querzugspannungen entstehen und dadurch die Schubfestigkeit abnimmt.

Verstärkungen in Ausklinkungen wie eingeklebte Stahlstäbe und eingedrehte Vollgewindeschrauben, die eine große Steifigkeit bewirken, behindern das Schwinden des Holzes in ihrem Wirkungsbereich, dies kann nach *Gustafsson* [181] zu Rissbildungen führen. Deshalb wird empfohlen, Holzfeuchteunterschiede bei verstärkten Ausklinkungen, auch in Nutzungsklasse 3, möglichst gering zu halten, s. hierzu entsprechende Hinweise zu „Verstärkungen in Nutzungsklasse 1 bis 3" im Abschn. 20.5.2, bei Vollgewindeschrauben s. auch Abschn. 11.8.4 „Hinweise und Empfehlungen zum Einsatz von Verstärkungselementen ....".

Ein **Ausrundungsradius von $r \geq 15$ mm** in der Ausklinkungsecke – sinngemäß angeordnet wie in den Ecken von Durchbrüchen – vermindert u.a. die Querzug-Spannungsspitze (Singularität) an dieser Stelle und die mögliche Rissgefahr, insbesondere bei unverstärkten Ausklinkungen, wenn diese trotz der Empfehlung zur Verstärkung aller Ausklinkungen ausgeführt werden sollten.

Grundlagen des Nachweises von Ausklinkungen auf der belasteten Seite nach Gl. (21.1) sind in der Arbeit von *Gustafsson* [181] zusammengefasst. Untersuchungen zu ausgeklinkten Trägerenden (Auflagern) von Biegeträgern haben u.a. *Blaß/Steck* [64], *Henrici* [219], *Logemann* [315], [316], *Mistler* [333] und *Möhler/Mistler* [358] durchgeführt, Verstärkungsmaßnahmen querzuggefährdeter Bereiche in Voll- und Brettschichtholzbauteilen haben u.a. *Möhler/Rathfelder* [359] und *Möhler/Siebert* [361] bearbeitet.

21.2 Durchbrüche

Durchbrüche in Trägern sind runde oder rechteckige Öffnungen mit einer lichten Abmessung von $d > 50$ mm. Durchbrüche werden überwiegend in Trägern aus Brettschichtholz mit größerer Querschnittshöhe h angeordnet, z.B. in Dachbindern, um Versorgungsleitungen im Dachraum quer zur Binderlängsrichtung führen zu können. Öffnungen, Bohrungen oder andere Schwächungen mit lichten Maßen $d \leq 50$ mm sind keine Durchbrüche im Sinne dieses Abschn. und dürfen vernachlässigt werden, jedoch müssen sie als Querschnittsschwächungen nach Abschn. 8.3.3 berücksichtigt werden.

Durchbrüche dürfen unter bestimmten Bedingungen des Abschn. 21.2.1 unverstärkt bleiben, andernfalls sind sie nach Abschn. 21.2.2 zu verstärken. Es wird im Sinne einer holzgerechten Konstruktion jedoch empfohlen, **Durchbrüche stets zu verstärken**, auch wenn dies rechnerisch nicht erforderlich ist, da die Verstärkung derartiger Durchbrüche nach Abschn. 21.2.2 z.B. mit dem Eindrehen geeigneter Vollgewindeschrauben vergleichsweise einfach und kostengünstiger geworden ist. Dadurch wird die Durchbruchstragfähigkeit erhöht und langfristig sichergestellt. Durchbrüche sind nicht in unverstärkten Trägerbereichen mit planmäßiger Querzugbeanspruchung anzuordnen.

21.2.1 Unverstärkte Durchbrüche

Bei unverstärkten Durchbrüchen mit lichten Maßen $d > 50$ mm ist nach DIN EN 1995-1-1/NA: 2013-08, NCI NA.6.7 der **Nachweis der erhöhten Querzugspannungen** (Zugkraft $F_{t,90,d}$) infolge der Spannungskonzentration an den Ecken bzw. Rändern des Durchbruchs nach Gl. (21.2) zu führen. Der **Nachweis der erhöhten Biegerandspannungen** im Durchbruchsbereich ist in DIN EN 1995-1-1/NA: 2013-08 nicht geregelt, *Erläut. zu DIN 1052: 2004-08* [47], E 11.3 gibt hierzu ein vereinfachtes Verfahren nach Gl. (21.6) an. Die Nachweise gelten nur für Durchbrüche in **Biegeträgern mit Rechteckquerschnitt aus Brettschicht- oder Furnierschichtholz**, Träger mit anderen Querschnittsformen und anderen Holzbaustoffen können mit diesen Nachweisverfahren nicht bemessen werden.

Unverstärkte Durchbrüche müssen mit bestimmten Mindest- und Maximalmaßen nach Tabelle 21.3 ausgeführt werden. Sie dürfen nur in Nutzungsklasse 1 und 2 verwendet werden, Durchbrüche in Nutzungsklasse 3 sind stets nach Abschn. 21.2.2 zu verstärken, s. DIN EN 1995-1-1/NA: 2013-08, NCI NA.6.7 (NA.2).

Nachweis der erhöhten Querzugspannungen (Zugkraft $F_{t,90,d}$):

$$\frac{F_{t,90,d}}{0{,}5 \cdot l_{t,90} \cdot b \cdot k_{t,90} \cdot f_{t,90,d}} \leq 1 \tag{21.2}$$

mit

$$F_{t,90,d} = F_{t,V,d} + F_{t,M,d} \tag{21.3}$$

$$F_{t,V,d} = \frac{V_d \cdot h_d}{4 \cdot h} \cdot \left(3 - \frac{h_d^2}{h^2}\right) \qquad \text{21.4)}^{1)}$$

[1]) in Gl. (21.4) darf bei runden Durchbrüchen anstelle von h_d der Wert $0{,}7 \cdot h_d$ eingesetzt werden

$$F_{t,M,d} = 0,008 \cdot \frac{M_d}{h_r} \tag{21.5}$$

b Trägerbreite am Durchbruch

$f_{t,90,d}$ Bemessungswert der Zugfestigkeit des Brettschicht- oder Furnierschichtholzes rechtwinklig zur Faserrichtung nach Gl. (8.5)

h Trägerhöhe außerhalb des Durchbruchs

h_d Durchbruchshöhe

h_r = min (h_{ro} oder h_{ru}) für rechteckige Durchbrüche
= min ($h_{ro} + 0,15 \cdot h_d$ oder $h_{ru} + 0,15 \cdot h_d$) für kreisförmige Durchbrüche

$k_{t,90}$ min {1 oder $(450/h)^{0,5}$} mit h in mm

$l_{t,90}$ $= 0,5 \cdot (h_d + h)$ für rechteckige Durchbrüche
$= 0,353 \cdot h_d + 0,5 \cdot h$ für kreisförmige Durchbrüche

M_d Betrag des Bemessungswertes des Biegemomentes am Durchbruchsrand nach Gl. (8.4)

V_d Betrag des Bemessungswertes der Querkraft am Durchbruchsrand nach Gl. (8.4)

Der **Nachweis der erhöhten Querzugspannungen** nach Gl. (21.2) berücksichtigt vereinfachend die Spannungskonzentration infolge Kraftumleitung an den Ecken bzw. Rändern von Durchbrüchen und wird mit der auftretenden Zugkraft $F_{t,90,d}$ (Querzugkraft), einer Hilfslänge $l_{t,90}$ zur Bestimmung einer Querzugfläche und der Querzugfestigkeit $f_{t,90,d}$ geführt, Näheres hierzu s. Abschn. 21.2.3. Als maßgebende Zugkraft $F_{t,90,d}$ nach Gl. (21.3) gilt bei rechteckigen Durchbrüchen die größte der beiden Zugkräfte an den Trägerstellen der senkrechten Durchbruchsränder bzw. Durchbruchsecken, bei kreisförmigen Durchbrüchen die entsprechende Zugkraft an den Stellen des Durchbruchsrandes, an denen der Durchmesser, der unter 45° zur Trägerlängsachse geneigt ist, den Kreisrand schneidet, s. Bild 21.5. Kann Gl. (21.2) nicht eingehalten werden, sind Durchbrüche nach Abschn. 21.2.2 zu verstärken, der Angaben zur Verstärkung von Durchbrüchen bei Biegeträgern mit Rechteckquerschnitt enthält.

Tabelle 21.3 Abmessungen unverstärkter Durchbrüche ($d > 50$ mm) nach DIN EN 1995-1-1/NA: 2013-08, NCI NA.6.7 (NA.1)[1])

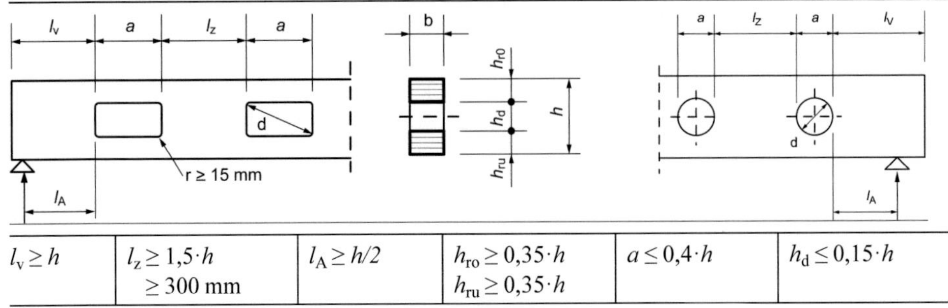

$l_v \geq h$	$l_z \geq 1,5 \cdot h$ ≥ 300 mm	$l_A \geq h/2$	$h_{ro} \geq 0,35 \cdot h$ $h_{ru} \geq 0,35 \cdot h$	$a \leq 0,4 \cdot h$	$h_d \leq 0,15 \cdot h$

[1]) unverstärkte Durchbrüche dürfen nur in Nutzungsklasse 1 und 2 eingesetzt werden, in Nutzungsklasse 3 sind Durchbrüche nach Abschn. 21.2.2 zu verstärken

Der **Nachweis der erhöhten Biegerandspannungen** im Durchbruchsbereich ist wie bereits oben angegeben in DIN 1995-1-1/NA: 2013-08 nicht geregelt, sollte jedoch durchgeführt werden, *Erläut. zu DIN 1052: 2004-08* [47], E 11.3 (1) bis (4) gibt dazu folgende Hinweise für ein vereinfachtes Vorgehen nach *Blaß/Steck* [64]: Der Nachweis der Biegerandspannungen im ersten Term der Gl. (21.6) wird mit dem Biegemoment $M_{D,d}$ in Durchbruchsmitte und dem Netto-Widerstandsmoment $W_{D,n}$ des Gesamtquerschnitts in Durchbruchsmitte geführt, ggf. können noch Längsspannungen aus Normalkraft N überlagert werden. Die Querkraft $V_{D,d}$ in Durchbruchsmitte wird zusätzlich anteilig auf die Querschnittshöhen der verbleibenden Restquerschnitte verteilt. Deshalb wird ein weiterer Biegespannungsnachweis in Gl. (21.6), zweiter Term, erforderlich, um das zusätzlich auftretende Biegemoment $M_{R,d}$ nach Gl. (21.7) aus dem Querkraftanteil in Durchbruchsmitte und dem Hebelarm $a/2$ der halben Durchbruchslänge zu berücksichtigen (bei gleichen Höhen der verbleibenden Restquerschnitte oben und unten beträgt der Querkraftanteil nach Gl. (21.7) $V_{D,d}/2$). Das Biegemoment $M_{R,d}$ wird mit dem Widerstandsmoment W_R aus den Einzelquerschnitten der Bereiche ober- bzw. unterhalb des Durchbruchs nachgewiesen. Dieser zusätzliche Biegespannungsnachweis im zweiten Term der Gl. (21.6) ist nur bei rechtwinkligen Durchbrüchen erforderlich, bei kreisförmigen reicht der Nachweis mit dem ersten Term der Gl. (21.6) aus.

Nachweis der erhöhten Biegerandspannungen:

$$\frac{\sigma_{m,d}}{f_{m,d}} = \frac{M_{D,d}/W_{D,n}}{f_{m,d}} + \frac{M_{R,d}/W_{R,n}}{f_{m,d}} \leq 1 \tag{21.6}$$

bei gleichen Querschnittshöhen der verbleibenden Restquerschnitte oben und unten gilt:

$$M_{R,d} = \frac{V_{D,d} \cdot a}{2 \cdot 2} \tag{21.7}$$

a Durchbruchslänge bei rechteckigem Durchbruch, s. Tabelle 21. 3

$M_{D,d}$ Betrag des Bemessungswertes des Biegemomentes in Durchbruchsmitte nach Gl. (8.4)

$M_{R,d}$ Bemessungswert des Biegemomentes aus dem Querkraftanteil, der anteilig aus $V_{D,d}$ (dies aufgeteilt entsprechend der Querschnittshöhen der verbleibenden Restquerschnitte oben und unten) und dem Hebelarm $a/2$ gebildet wird, bei gleichen Querschnittshöhen der Restquerschnitte beträgt der Querkraftanteil $V_{D,d}/2$, s. Gl. (21.7)

$V_{D,d}$ Betrag des Bemessungswertes der Querkraft in Durchbruchsmitte nach Gl. (8.4)

$W_{D,n}$ Netto-Widerstandsmoment des gesamten Querschnitts in Durchbruchsmitte

W_R Widerstandsmoment des Einzelquerschnitts (Restquerschnitts) ober- bzw. unterhalb des Durchbruchs

$f_{m,d}$ Bemessungswert der Biegefestigkeit nach Gl. (8.5)

Über lastunabhängige **klimabedingte Querzugspannungen,** die sich den lastabhängigen Querzugspannungen in unverstärkten Durchbrüchen überlagern, und über die Empfehlungen zur Ausführung stets verstärkter Durchbrüche gilt sinngemäß das Gleiche wie für Ausklinkungen nach Abschn. 21.1.1, auch bei Durchbrüchen liegen Hirnholzflächen mit erhöhtem Feuchtetransport vor.

21.2.2 Verstärkte Durchbrüche

Bei verstärkten Durchbrüchen ist stets der **Nachweis der Verstärkungen** zur Aufnahme der Zugkraft $F_{t,90,d}$ (Querzugkraft) infolge der Spannungskonzentration aus Kraftumleitung an den Ecken bzw. Rändern des Durchbruchs nach Tabelle 21.4 und 21.5 zu führen, s. DIN EN 1995-1-1/NA: 2013-08, NCI NA.6.8.4. Bei rechteckigen Durchbrüchen (und als Empfehlung auch bei kreisförmigen) mit innen liegenden Verstärkungselementen (Stahlstäben) ist der zusätzliche **Nachweis der erhöhten Schubspannungen** in den Durchbruchsecken erforderlich, er kann nach Gl. (21.8) bis (21.10) vorgenommen werden. Der **Nachweis der erhöhten Biegerandspannungen** im Durchbruchsbereich ist in DIN EN 1995-1-1/NA: 2013-08 nicht geregelt, sollte jedoch durchgeführt werden. *Erläut. zu DIN 1052: 2004-08* [47], E 11.3 gibt hierzu ein vereinfachtes Verfahren nach Gl. (21.6) an, s. Abschn. 21.2.1. Alle Nachweise gelten nur für verstärkte Durchbrüche in **Biegeträgern mit Rechteckquerschnitt aus Brettschicht- oder Furnierschichtholz**, Träger mit anderen Querschnittsformen und anderen Holzbaustoffen können mit diesen Nachweisverfahren nicht bemessen werden oder in bauaufsichtlichen Verwendbarkeitsnachweisen sind entsprechende Hinweise.

Die geometrischen Randbedingungen für verstärkte Durchbrüche nach Tabelle 21.4 sind einzuhalten. Durchbrüche in Nutzungsklasse 3 sind stets zu verstärken, s. DIN EN 1995-1-1/NA: 2013-08, NCI NA.6.7 (NA.2).

Beim **Nachweis der Verstärkungen** von Durchbrüchen sind die Verstärkungselemente für die gleiche Zugkraft $F_{t,90,d}$ (Querzugkraft) nach Tabelle 21.4 wie bei unverstärkten Durchbrüchen auszulegen; die Wirkungsrichtung dieser Zugkraft ist stets rechtwinklig zur Faser, so dass die Verstärkungselemente in dieselbe Richtung wirkend einzubauen sind. Die Nachweise sind für jeden gefährdeten Bereich zu führen. Verstärkungselemente verhindern das Aufreißen des Trägers in den gefährdeten Bereichen des Durchbruchs, s. Bilder in Tabelle 21.4. Die Stellen der Zugkraft $F_{t,90,d}$ (Querzugkraft) sind nach den Angaben in Tabelle 21.4 anzunehmen. Bei innen liegenden Verstärkungselementen aus eingeklebten Stahlstäben oder eingedrehten Vollgewindeschrauben sind die Mindestabstände nach Tabelle 20.16 einzuhalten, für die Abstände vom Durchbruchsrand (Endabstände $a_{1,c}$) gilt die zusätzliche Forderung $2{,}5 \cdot d_r \leq a_{1,c} \leq 4 \cdot d_r$, s. Tabelle 21.5, bei Vollgewindeschrauben s. auch Angaben im erforderlichen bauaufsichtlichen Verwendbarkeitsnachweis. Die Querschnittsschwächung durch innen liegende Verstärkungselemente ist nach Abschn. 8.3.3 für zugbeanspruchte Bereiche (z.B. Biegezug) zu berücksichtigen.

Die Nachweise innen liegender Verstärkungselemente aus eingeklebten Stahlstäben oder eingedrehten Vollgewindeschrauben sowie aus seitlich aufgeklebten Verstärkungsplatten nach Tabelle 21.5 werden sinngemäß wie die vergleichbaren Verstärkungselemente für Ausklinkungen nach Abschn. 21.1.2 geführt, dessen weitere Hinweise zu Stahlstäben, Vollgewindeschrauben und Anordnung von Verstärkungselementen entsprechend gelten.

Tabelle 21.4 Verstärkte Durchbrüche bei Biegestäben mit Rechteckquerschnitt; Geometrische Randbedingungen und Bemessungswert der Zugkraft nach DIN EN 1995-1-1/NA: 2013-08, NCI NA.6.8.4 (NA.1)[1])[2])

Geometrische Randbedingungen

$l_V \geq h$	$l_z \geq h$ [5])	$l_A \geq h/2$	$h_{ro} \geq 0{,}25 \cdot h$	$a \leq h$	bei innen liegender Verstärkung $h_d \leq 0{,}3 \cdot h$
	≥ 300 mm		$h_{ru} \geq 0{,}25 \cdot h$	$a/h_d \leq 2{,}5$	bei außen liegender Verstärkung $h_d \leq 0{,}4 \cdot h$

Bemessungswert der Zugkraft $F_{t,90,d}$ für die Verstärkung[3])

$F_{t,90,d} = F_{t,V,d} + F_{t,M,d}$
mit

$$F_{t,V,d} = \frac{V_d \cdot h_d}{4 \cdot h} \cdot \left(3 - \frac{h_d^2}{h^2}\right) \quad {}^{4})$$

$$F_{t,M,d} = 0{,}008 \cdot \frac{M_d}{h_r}$$

Zugkraft $F_{t,90,d}$ annehmen:
- bei rechteckigen Durchbrüchen: in Höhe der querzugbeanspruchten Durchbruchsecken, s. Bild rechts
- bei kreisförmigen Durchbrüchen: in Höhe der querzugbeanspruchten Durchbruchsränder unter 45° zur Trägerachse vom Kreismittelpunkt aus, s. Bild rechts

rechteckiger Durchbruch:

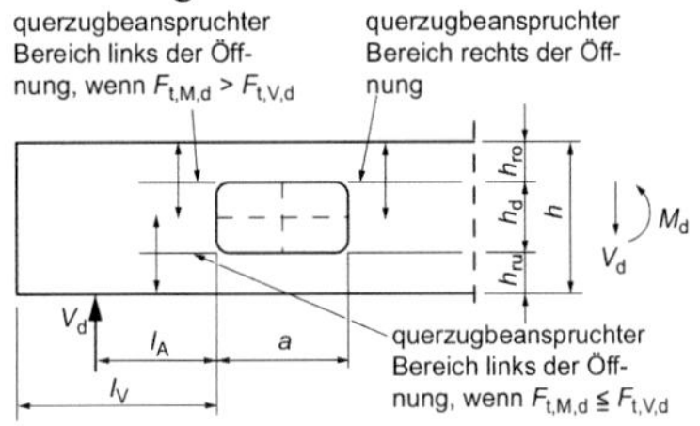

kreisförmiger Durchbruch:

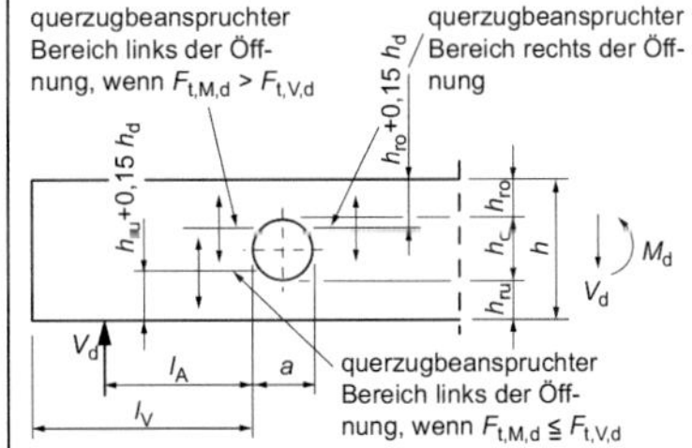

[1]) s. Erläuterungen zu Gl. (21.3)
[2]) Bemessung von Verstärkungen s. Tafel 21.5
[3]) die Nachweise sind für jeden gefährdeten Bereich zu führen
[4]) bei runden Durchbrüchen darf anstelle von h_d der Wert $0{,}7 \cdot h_d$ eingesetzt werden
[5]) Abstand l_z der Durchbrüche untereinander in Trägerlängsrichtung s. Tabelle 21.3

Der **Nachweis der erhöhten Schubspannungen** bei rechteckigen Durchbrüchen mit innen liegenden Verstärkungen in Biegeträgern mit Rechteckquerschnitt wird in DIN EN 1995-1-1/NA: 2013-08, NCI NA.6.8.4 (NA.4) gefordert, aber nicht geregelt. *Erläut. zu DIN 1052: 2004-08* [47], E 11.4.4 gibt hierzu die Empfehlung für einen Nachweis nach *Blaß/Bejtka* [43], der für innen liegende Verstärkungen bei rechteckigen Durchbrüchen mit den Gl. (21.8) bis (21.10) geführt werden kann. Es wird empfohlen, diesen Nachweis auch bei kreisförmigen Durchbrüchen vorzunehmen. Danach treten die maximalen Schubspannungen $\tau_{max,d}$ an den Durchbruchsecken auf, s. Bild 21.6, die ein Mehrfaches der Schubspannungen aus den Biegetheorie nach Gl. (21.9) betragen und deshalb mit dem Beiwert

Tabelle 21.5 Verstärkte Durchbrüche bei Biegestäben mit Rechteckquerschnitt; Bemessung der Verstärkungen nach DIN EN 1995-1-1/NA: 2013-08, NCI NA.6.8.4 (NA.2) bis (NA.8)[1–5])[8])[9])[10])

Verstärkung durch innen liegende, eingeklebte Stahlstäbe (Aufnahme der Zugkraft $F_{t,90,d}$)[2])[6])[7])[10])

Nachweis der gleichmäßig verteilt angenommene Klebfugenspannung[3])	Stahlstäbe[4])
$\dfrac{\tau_{ef,d}}{f_{k1,d}} \le 1 \qquad \tau_{ef,d} = \dfrac{F_{t,90,d}}{n \cdot d_r \cdot \pi \cdot l_{ad}}$	Mindestlänge $l_{min} \ge 2 \cdot l_{ad}$ Max. Durchmesser $d_{r,max} \le 20$ mm
Beispiel:	Beispiel:

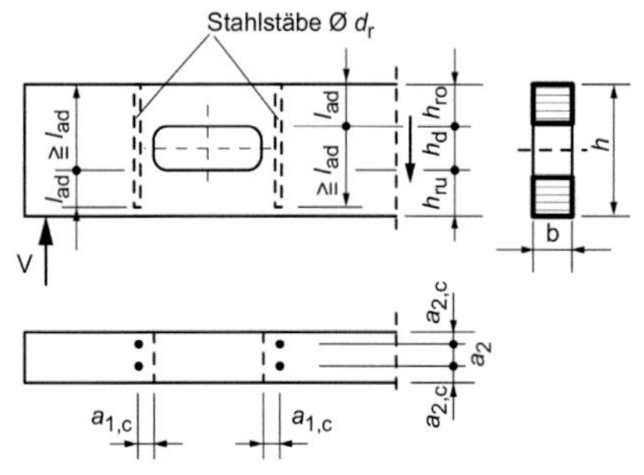

$2{,}5 \cdot d_r \le a_{1,c} \le 4 \cdot d_r$

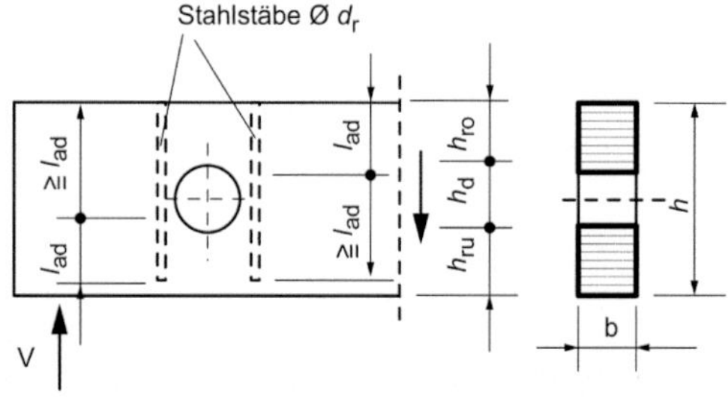

Stahlstababstände wie bei rechteckigen Durchbrüchen, s. Bild links

Seitlich aufgeklebte, außen liegende Verstärkungsplatten (Aufnahme der Zugkraft $F_{t,90,d}$)[2])[9])

Nachweis der gleichmäßig verteilt angenommene Klebfugenspannung[3])	Zugspannung in den aufgeklebten Verstärkungsplatten[4])
$\dfrac{\tau_{ef,d}}{f_{k2,d}} \le 1 \qquad \tau_{ef,d} = \dfrac{F_{t,90,d}}{2 \cdot a_r \cdot h_{ad}}$	$k_k \cdot \dfrac{\sigma_{t,d}}{f_{t,d}} \le 1 \qquad \sigma_{t,d} = \dfrac{F_{t,90,d}}{2 \cdot a_r \cdot t_r}$

Aufkleben der seitlichen Verstärkungsplatten mit den Bedingungen
$0{,}25 \cdot a \le a_r \le 0{,}6 \cdot l_{t,90}$ mit $l_{t,90} = 0{,}5 \cdot (h_d + h)$ und $h_1 \ge 0{,}25 \cdot a$

Beispiel: außen liegende Verstärkung

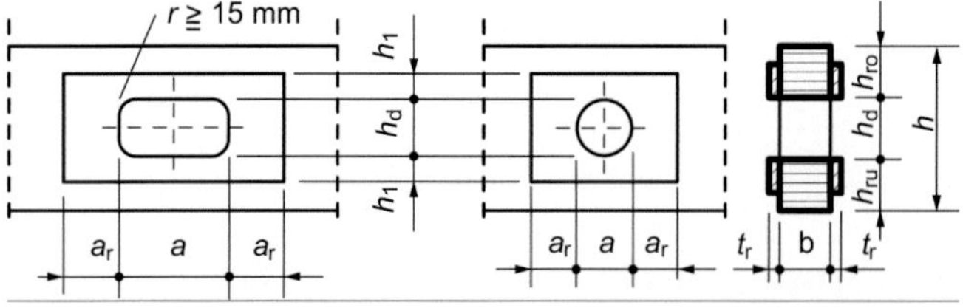

Tabelle 21.5 (Fußnoten)

[1]) Hierin bedeuten

a Durchbruchsbreite in mm

a_r Breite der Verstärkungsplatte jeweils seitlich des Durchbruchs, s. Bild oben (Verstärkungsplatten)

d_r Stahlstabaußendurchmesser ($\leq$ 20 mm)

$f_{k1,d}$, $f_{k2,d}$ Bemessungswerte der Klebfugenfestigkeiten, charakteristische Werte s. Abschn. 7.2.3

$f_{t,d}$ Bemessungswert der Zugfestigkeit des Plattenwerkstoffes in Richtung der Zugkraft $F_{t,90}$ nach Gl. (8.5)

h Trägerhöhe außerhalb des Durchbruchs

h_{ad} wirksame Klebfugenlänge, s. Bild oben (Verstärkungsplatten)
$= h_1$ für rechteckige Durchbrüche
$= h_1 + 0{,}15 \cdot h_d$ für kreisförmige Durchbrüche

h_d Durchbruchshöhe, s. Bilder oben

h_{ru} Höhe zwischen Unterkante Durchbruch und Unterkante Träger, s. Bilder oben

h_{ro} Höhe zwischen Oberkante Durchbruch und Oberkante Träger, s. Bilder oben

h_1 Höhe der Verstärkungsplatte unterhalb oder oberhalb des Durchbruchs, s. Bild oben (Verstärkungsplatten)

k_k Beiwert zur Berücksichtigung der ungleichförmigen Spannungsverteilung;
= 2,0 ohne genaueren Nachweis

l_{ad} wirksame Verankerungslänge, s. Bild oben (Stahlstäbe)
$= h_{ru}$ oder $= h_{ro}$ für rechteckige für Durchbrüche
$= h_{ru} + 0{,}15 \cdot h_d$ oder $= h_{ro} + 0{,}15 \cdot h_d$ für kreisförmige Durchbrüche

n Anzahl der Stahlstäbe; dabei darf je Durchbruchsseite in Trägerlängsrichtung nur ein Stab mit $n = 1$ oder eine Reihe von Stäben in Trägerquerrichtung z.B. mit $n = 2$ im Abstand $a_{1,c}$ in Rechnung gestellt werden

t_r Dicke einer Verstärkungsplatte, s. Bild oben (Verstärkungsplatten)

[2]) Bemessungswert der Zugkraft und einzuhaltende geometrische Randbedingungen s. Tafel 21.4

[3]) die Nachweise sind für jeden gefährdeten Bereich zu führen

[4]) geeignete Verstärkungselemente und Mindestabstände der Stahlstäbe s. Tabelle 20.16

[5]) bei rechteckigen Durchbrüchen mit innen liegenden Verstärkungselementen ist zusätzlich der Nachweis der erhöhten Schubspannungen im Bereich der Durchbruchsecken erforderlich, er kann nach Gl. (21.8) bis (21.10) vorgenommen werden, es wird empfohlen, diesen Nachweis auch bei kreisförmigen Durchbrüchen zu führen

[6]) Verstärkungen mit eingedrehten Schrauben mit einem Gewinde über die gesamte Schaftlänge (Vollgewindeschrauben)[7]) sind sinngemäß wie Verstärkungen mit eingeklebten Gewindebolzen (Stahlstäbe, Gewindeschrauben) nachzuweisen, s. DIN EN 1995-1-1/NA: 2013-08, NCI NA.6.8.1 (NA.6)

[7]) Vollgewindeschrauben bedürfen eines bauaufsichtlichen Verwendbarkeitsnachweises, die Angaben in diesem sind zu beachten, s. auch Abschn. 11.8.4

[8]) Empfehlung: Durchbrüche in allen Nutzungsklassen stets nach dieser Tabelle 21.5 verstärken, auch wenn dies rechnerisch nicht erforderlich ist, und in Nutzungsklasse 3 im Sinne einer holzgerechten Konstruktion und des baulichen Holzschutzes nach Abschn. 5.2.4 mind. auf der Oberseite beidseitig ausreichend überstehend abdecken, s. Hinweise unterhalb dieser Tabelle

[9]) Verstärkungen durch seitlich eingepresste Nagelplatten sind sinngemäß wie aufgeklebte Verstärkungsplatten nachzuweisen und anzuordnen

[10]) die Querschnittsschwächung durch innen liegende Verstärkungen wie Stahlstäbe und Vollgewindeschrauben ist in zugbeanspruchten Querschnittsteilen zu berücksichtigen, s. Abschn. 8.3.3 und DIN EN 1995-1-1/NA: 2013-08, NCI NA.6.8.1 (NA.3)

$k_{\kappa,\max}$ nach Gl. (21.10) ermittelt werden; $k_{\kappa,\max}$-Werte sind in Tabelle 21.6 enthalten, ihre Verläufe in Bild 21.3 dargestellt. Als maßgebende Querkraft V_d ist die größte der beiden Querkräfte an den Trägerstellen der senkrechten Durchbruchsränder einzusetzen. Dieser Nachweis gilt innerhalb der Grenzen der geometrischen Verhältnisse $0{,}1 \leq a/h \leq 1{,}0$ und $0{,}1 \leq h_d/h \leq 0{,}4$; die Maße sind in den Bildern der Tabelle 21.4 bzw. 21.5 angegeben.

Nachweis der erhöhten Schubspannungen in verstärkten Durchbrüchen bei Biegeträgern mit Rechteckquerschnitt:

$$\frac{\tau_{\max,d}}{f_{v,d}} \leq 1 \tag{21.8}$$

$$\tau_{\max,d} = k_{\kappa,\max} \cdot \frac{1{,}5 \cdot V_d}{b \cdot (h - h_d)} \tag{21.9}$$

$$k_{\kappa,\max} = 1{,}84 \cdot \left(1 + \frac{a}{h}\right) \cdot \left(\frac{h_d}{h}\right)^{0{,}2} \tag{21.10}$$

gilt für die geometrischen Verhältnisse:
$0{,}1 \leq a/h \leq 1{,}0$ und $0{,}1 \leq h_d/h \leq 0{,}4$;

a, b, h, h_d Länge, Breite und Höhen bei Durchbrüchen nach Tabelle 21.4 und 21.5

$k_{\kappa,\max}$ Beiwert zur Ermittlung der maximalen Schubspannungen in Durchbruchsecken bei innen liegenden Verstärkungen, Zahlenwerte sind in Tabelle 21.6 angegeben, Beiwert nicht in DIN EN 1995-1-1/NA: 2013-08 enthalten

V_d größte der beiden Querkräfte an den Trägerstellen der senkrechten Durchbruchsränder

$f_{v,d}$ Bemessungswert der Schubfestigkeiten nach Gl. (8.5) für Brettschicht- und Furnierschichtholz

$\tau_{\max,d}$ Bemessungswert der erhöhten Schubspannungen in Durchbruchsecken bei innen liegenden Verstärkungen

Sollte der Nachweis der erhöhten Schubspannungen nach Gl. (21.8) für innen liegende Stahlstäbe nicht eingehalten werden können, kann der verstärkte Durchbruch mit beidseitig aufgeklebten Verstärkungsplatten nach Tabelle 21.5 ausgeführt werden, für den kein Nachweis erhöhter Schubspannungen erforderlich ist.

Verstärkungen von Durchbrüchen nach Tabelle 21.5 sind in allen drei Nutzungsklassen einsetzbar, s. DIN EN 1995-1-1/NA: 2013-08, NCI NA.6.8.1 (NA.9). Über die **Anordnung der Verstärkungselemente** wie Stahlstäbe mit Mindestabständen von den Durchbruchsrändern, über den **Einsatz in Nutzungsklasse 3** mit empfohlener zumindest oberer Trägerabdeckung und über **geeignete Verstärkungselemente** nach Tabelle 20.16 bei verstärkten Durchbrüchen gilt bis auf gesonderte Festlegungen sinngemäß das Gleiche wie im Abschn. 21.1.2 für verstärkte Ausklinkungen angeführt.

Tabelle 21.6 Beiwerte $k_{\mathrm{K,max}}$ zur Ermittlung der erhöhten Schubspannungen in den Ecken verstärkter Durchbrüche bei innen liegenden Verstärkungselementen (Stahlstäben) in Biegeträgern mit Rechteckquerschnitt aus Brettschicht- und Furnierschichtholz nach *Blaß/Bejtka* [43], errechnet nach Gl. (21.10)[1])

a/h	h_d/h						
	0,10	0,15	0,20	0,25	0,30	0,35	0,40
0,10	1,277	1,385	1,467	1,534	1,591	1,641	1,685
0,15	1,335	1,448	1,534	1,604	1,663	1,715	1,762
0,20	1,393	1,511	1,600	1,673	1,735	1,790	1,838
0,25	1,451	1,574	1,667	1,743	1,808	1,864	1,915
0,30	1,509	1,637	1,734	1,813	1,880	1,939	1,991
0,35	1,567	1,700	1,800	1,883	1,952	2,014	2,068
0,40	1,625	1,763	1,867	1,952	2,025	2,088	2,145
0,45	1,683	1,826	1,934	2,022	2,097	2,163	2,221
0,50	1,741	1,889	2,000	2,092	2,169	2,237	2,298
0,55	1,799	1,951	2,067	2,161	2,242	2,312	2,374
0,60	1,858	2.014	2,134	2,231	2,314	2,386	2,451
0,65	1,916	2,077	2,200	2,301	2,386	2,461	2,528
0,70	1,974	2,140	2,267	2,371	2,459	2,536	2,604
0,75	2,032	2,203	2,334	2,440	2,531	2,610	2,681
0,80	2,090	2,266	2,400	2,510	2,603	2,685	2,757
0,85	2,148	2,329	2,467	2,580	2,676	2,759	2,834
0,90	2,206	2,392	2,534	2,649	2,748	2,834	2,911
0,95	2,264	2,455	2,601	2,719	2,820	2,908	2,987
1,00	2,322	2,518	2,667	2,789	2,892	2,983	3,064

[1]) Verläufe der $k_{\mathrm{K,max}}$-Werte s. Bild 21.3

21.2.3 Spannungsverläufe in Durchbrüchen

An Durchbruchsrändern treten neben erhöhten Längs- und Schubspannungen örtlich **hohe Querzugspannungen** auf, die bei zu großer Belastung zu Rissbildungen und zum Versagen des Biegeträgers führen können, s. Bild 21.4 am Beispiel eines unverstärkten rechteckigen Durchbruches. Entsprechende Bilder treten bei kreisförmigen Durchbrüchen unter zu hoher Belastung auf. Aus diesen Gründen müssen durchbrochene Biegeträger aus Brettschicht- und Furnierschichtholz bereits bei kleinen lichten Maßen d verstärkt werden; die lichten Maße d unverstärkter Durchbrüche sind wegen der Rissgefahr gering.

Die auftretende **hohe Querzugkraft** $F_{t,90,d}$ nach Gl. (21.3) an zwei gegenüber liegenden Ecken des Durchbruchs setzt sich aus einem Anteil $F_{t,V,d}$ nach Gl. (21.4), der aus der Querkraft V_d entsteht, und aus einem Anteil $F_{t,M,d}$ nach Gl. (21.5), der aus dem Biegemoment

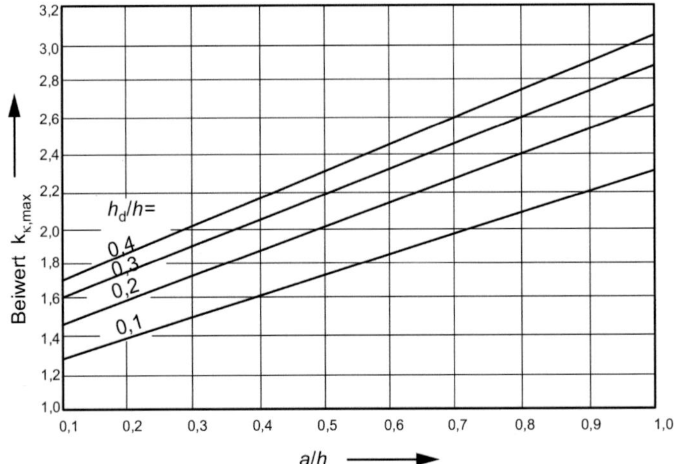

Bild 21.3 Verlauf des Beiwertes $k_{\kappa,\max}$ zur Ermittlung der erhöhten Schubspannungen in den Ecken verstärkter Durchbrüche bei innen liegenden Verstärkungselementen (Stahlstäben) in Biegeträgern aus Brettschicht- und Furnierschichtholz nach *Blaß/Bejtka* [43]; $k_{\kappa,\max}$-Verläufe nach Gl. (21.10) in Abhängigkeit der geometrischen Verhältnisse a/h und h_d/h, Maße nach Tabelle 21.5

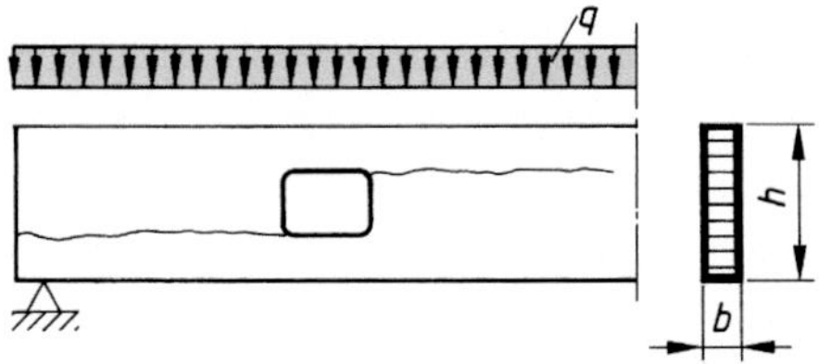

Bild 21.4 Rechtwinkliger Durchbruch bei einem Biegeträger mit Rechteckquerschnitt aus Brettschichtholz; typisches Rissbild beim Bruch des unverstärkten Trägers infolge zu hoher Schub- und Querzugspannungen in gegenüberliegenden Ecken des Durchbruchs

M_d entsteht, zusammen. Der Querkraftanteil $F_{t,V,d}$ entsprich nach *Erläut. zu DIN 1052: 2004-08* [47], E 11.3 der schraffierten Fläche im Schubspannungsdiagramm des Bildes 21.5, während der Biegemomentenanteil aus Versuchen und FEM- Berechnungen ermittelt worden ist. Beim Nachweis unverstärkter Durchbrüche wird diese Querzugkraft $F_{t,90,d}$ dem Holzmaterial zugewiesen, während sie bei verstärkten Durchbrüchen allein durch die gewählten Verstärkungselemente übertragen wird, so dass mit gerissener Querzugzone gerechnet wird, s. auch Abschn. 20.5.2.

Da die Querzugkraft $F_{t,90}$ in der Nähe der Durchbruchsecken bzw. -ränder auftritt, sollten Verstärkungen auch in diesem Bereich platziert werden, so dass sie etwa im Schwerpunkt der querzugbeanspruchten Fläche liegen. Innen liegende eingeklebte Stahlstäbe oder eingedrehte Vollgewindeschrauben sollten mit dem kleinstmöglichen Abstand $a_{1,c}$ (Mindestabstand) vom jeweiligen Durchbruchsrand liegen, aufgeklebte Verstärkungsplatten direkt an den Durchbruchsrändern beginnen. Verstärkungselemente, die in Trägerlängsrichtung am Rande oder außerhalb des querzugbeanspruchten Bereiches liegen, sind zur Durchbruchsverstärkung praktisch wirkungslos.

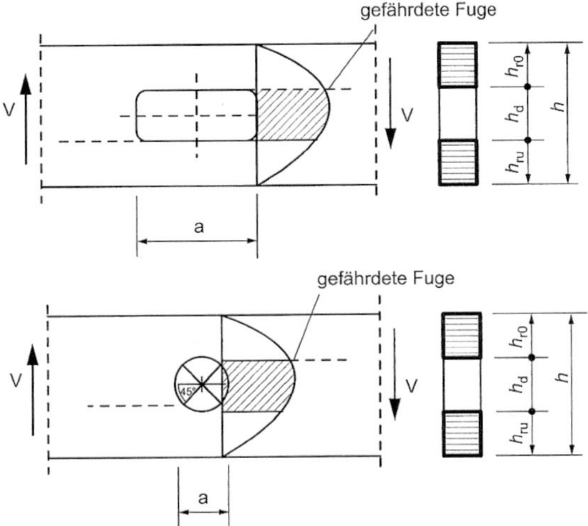

Bild 21.5 Qualitativer Verlauf der zugeordneten Schubspannungen für rechteckige (oben) und kreisförmige (unten) Durchbrüche nach *Erläut. zu DIN 1052: 2004-08* [47], E 11.3, Bild 11/12

Die **erhöhten Biegerandspannungen** im Durchbruchsbereich, zu denen ggf. noch Längsspannungen aus Normalkraft überlagert werden können, werden in Durchbruchsmitte nach Gl. (21.6), erster Term, dem Netto-Gesamtquerschnitt bei rechteckigen und kreisförmigen Durchbrüchen zugewiesen, während das zusätzlich aus Querkraft im Durchbruch entstehende Biegemoment nur bei rechteckigen Durchbrüchen auf die Restquerschnitte „oben" und „unten" nach Gl. (21.6), zweiter Term, verteilt wird, so dass näherungsweise die Rahmenwirkung des rechteckigen Durchbruchs berücksichtigt wird. Durch diese Nachweise werden die erheblich erhöhten Biegerandspannungen, die im Vergleich zum Biegeträger ohne Durchbruch in den Eckbereichen von rechteckigen Durchbrüchen entstehen, in Rechnung gestellt, für kreisförmige Durchbrüche reicht dagegen der Nachweis der Biegerandspannungen mit dem Nettoquerschnitt des Durchbruchs, s. *Blaß/Steck* [64] und *Erläut. zu DIN 1052: 2004-08* [47], E 11.3.

Die deutlich **erhöhten Schubspannungen**, die vergleichsweise bei innen liegenden Verstärkungen in den Eckbereichen rechteckiger Durchbrüche auftreten, werden aus Bild 21.6 im Schnitt 2 ersichtlich; noch im Schnitt 3 im Abstand h_d vom Durchbruchsrand sind erhöhte Schubspannungen vorhanden, die jedoch mit zunehmendem Abstand vom Durchbruchsrand in die normale Verteilung eines ungestörten Rechteckquerschnitts übergehen. Die Spannungsspitzen in den Eckbereichen eines rechteckigen Durchbruchs werden über den Beiwert $k_{\kappa,max}$ nach Gl. (21.10) berücksichtigt.

In kreisförmigen Durchbrüchen mit innen liegenden Verstärkungen sind derartige Schub-Spannungsspitzen kleiner, da keine ausgeprägten „Ecken" vorhanden sind. Trotzdem wird empfohlen, den Nachweis der erhöhten Schubspannungen auch für kreisförmige Durchbrüche zu führen. Bei rechteckigen Durchbrüchen, die mit außen liegenden geklebten Platten nach Tabelle 21.5 verstärkt sind, treten in den Eckbereichen geringere Schubspannungen im Vergleich zu innen liegenden Verstärkungen auf, weil wesentlich größere Querschnittsflächen durch die aufgeklebten Platten zur Abtragung der Beanspruchungen zur Verfügung stehen.

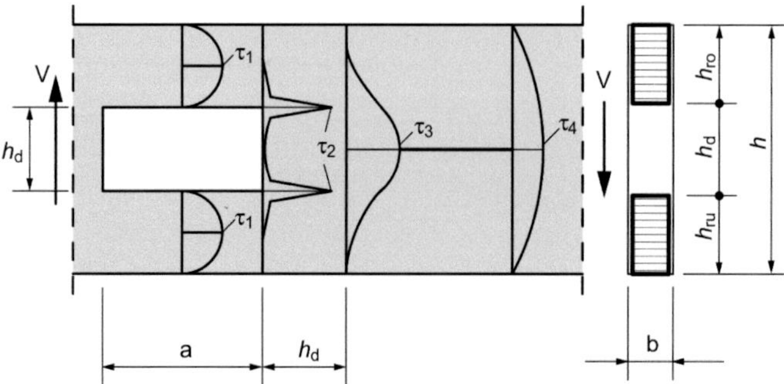

Bild 21.6 Qualitativer Verlauf der Schubspannungen im Bereich eines rechteckigen Durchbruchs nach *Blaß/Bejtka* [43] und *Erläut. zu DIN 1052: 2004-08* [47], E 11.4.4, Bild 11/19; für die einzuhaltenden Bedingungen $0{,}1 \leq a/h \leq 1{,}0$ und $0{,}1 \leq h_d/h \leq 0{,}4$ gilt für den Schubspannungsverlauf bei konstanter Querkraft: $\tau_2 > \tau_3 > \tau_1 > \tau_4$

Verstärkungen in Durchbrüchen wie innen liegende eingeklebte Stahlstäbe und eingedrehte Vollgewindeschrauben, die eine große Steifigkeit bewirken, verhindern das Schwinden des Holzes in ihrem Wirkungsbereich, dies kann nach *Gustafsson* [181] zu Rissbildungen führen. Deshalb wird empfohlen, Holzfeuchteunterschiede bei verstärkten Durchbrüchen, auch in Nutzungsklasse 3, möglichst gering zu halten, s. hierzu entsprechende Hinweise zur Abdeckung zu „Verstärkungen in Nutzungsklasse 1 bis 3" im Abschn. 20.5.2, für Vollgewindeschrauben s. auch Abschn. 11.8.4 „Hinweise und Empfehlungen zum Einsatz von Verstärkungselementen ….".

Beim **Nachweis der Verstärkungen** wird die Querzugkraft (Zugkraft $F_{t,90,d}$) allein von den Verstärkungselementen übertragen, so dass mit gerissener Querzugzone gerechnet wird, s. DIN EN 1995-1-1/NA: 2013-08, NCI NA.6.8.1 (NA.2) und Abschn. 20.5.2

Ein **Ausrundungsradius von $r \geq 15$ mm** in den Ecken rechteckiger Durchbrüche, s. Tabelle 21.3, vermindert u.a. die Querzug-Spannungsspitzen (Singularität) an diesen Stellen und die mögliche Rissgefahr, insbesondere bei unverstärkten Durchbrüchen, wenn diese trotz der Empfehlung zur Verstärkung aller Durchbrüche ausgeführt werden sollten.

Untersuchungen zu unverstärkten oder verstärkten Durchbrüchen in Biegeträgern aus Brettschichtholz haben u.a. *Aicher/Höfflin* [3], *Aicher/Höfflin/Reinhardt* [4], *Blaß/Bejtka* [43], *Blaß/Steck* [64], *Gustafsson* [181], *Haase* [182], *Kolb/Epple* [262], *Kolb/Frech* [263], *Krabbe/Neuhaus* [279], *Krabbe/Schowe* [282], *Logemann* [315], [316] und *Scheer/Haase* [445] durchgeführt.

21.3 Schräg- und Queranschlüsse

Schräganschlüsse sind Verbindungen mit mechanischen Verbindungsmitteln in Bauteilen, in denen eine Kraft unter einem Winkel α zur Faserrichtung wirkt, Queranschlüsse, in denen eine Kraft unter einem Winkel $\alpha = 90°$ (rechtwinklig) zur Faserrichtung angreift. In Schräg- und Queranschlüssen werden die lastaufnehmenden Bauteile rechtwinklig zur Faserrichtung des Holzes durch eine Kraft oder Kraftkomponente (Querzugkraft) beansprucht werden, s. Abschn. 10.2; Beispiele zu Schräg- und Queranschlüssen und angehängten Lasten s. Tabellen 21.7 und 21.8 sowie Bilder 21.12 und 21.13. Die Querzugkräfte verursachen in den lastaufnehmenden Bauteilen u.a. örtlich hohe Querzugspannungen, die die Tragfähigkeit des Anschlusses vermindern können, ohne dass die Tragfähigkeit der Verbindungsmittel vollständig ausgenutzt werden kann, und die bei unsachgemäßer Ausführung der Schräg- und Queranschlüsse ein Aufreißen quer zur Faser und damit ein Versagen der Tragfähigkeit des lastaufnehmenden Trägers bewirken können, Näheres s. Abschn. 21.3.3.

Schräg- und Queranschlüsse dürfen unter bestimmten Bedingungen des Abschn. 21.3.1 unverstärkt bleiben, andernfalls sind sie nach Abschn. 21.3.2 zu verstärken. Es wird im Sinne einer holzgerechten Konstruktion jedoch empfohlen, **Schräg- und Queranschlüsse möglichst stets zu verstärken,** auch wenn dies rechnerisch nicht erforderlich ist, da die Verstärkung derartiger Anschlüsse nach Abschn. 21.3.2 z.B. mit dem Eindrehen geeigneter Vollgewindeschrauben vergleichsweise einfach und kostengünstiger geworden ist. Dadurch wird die Anschlusstragfähigkeit erhöht und langfristig sichergestellt. Die folgenden Nachweise gelten nur für Bauteile mit Rechteckquerschnitt.

21.3.1 Unverstärkte Schräg- und Queranschlüsse

Bei unverstärkten Schräg- und Queranschlüsse sind Nachweise für eine oder für mehrere Verbindungsmittelspalten zu unterscheiden, die im Folgenden näher erläutert werden.

Unverstärkte Schräg- und Queranschlüsse mit einer Verbindungsmittelspalte
Bei unverstärkten Schräg- und Queranschlüssen mit einer Verbindungsmittelspalte ist der **Nachweis der Tragfähigkeit** für Träger aus Nadelholz mit Rechteckquerschnitt nach Gl. (21.11) zu führen, dabei sind die Berechnungsgrößen nach Tabelle 21.7 zu ermitteln, s. DIN EN 1995-1-1: 2010-12, 8.1.4. Sind mehrere Verbindungsmittelspalten im Anschluss und/ oder Träger mit Rechteckquerschnitt aus anderem Holz als Nadelholz vorhanden, werden die Angaben in Tabelle 21.8 maßgebend.

Unverstärkte Schräg- und Queranschlüsse sollten als Empfehlung nur in Nutzungsklasse 1 und 2 eingesetzt und in Nutzungsklasse 3 stets nach Abschn. 21.3.2 verstärkt werden.

$$\frac{F_{\mathrm{v,Ed}}}{F_{90,\mathrm{Rd}}} \leq 1 \qquad (21.11)$$

$F_{\mathrm{v,Ed}}$ Bemessungswert der Querkraftkomponente, die das Bauteil rechtwinklig zur Faserrichtung beansprucht nach Gl. (8.4), s. Bild in Tabelle 21.7 oder 21.8 $= \max\{F_{\mathrm{v,Ed,1}}$ oder $F_{\mathrm{v,Ed,2}}\}$ mit $F_{\mathrm{v,Ed}} = F_{\mathrm{Ed}} \cdot \sin\alpha$

$F_{90,\mathrm{Rd}}$ Bemessungswert der Querzugtragfähigkeit, ermittelt aus der charakteristischen Querzugtragfähigkeit $F_{90,\mathrm{Rk}}$ nach Gl. (8.5), s. Tabelle 21.7 oder 21.8

$F_{\mathrm{v,Ed,1}}$, $F_{\mathrm{v,Ed,2}}$ Bemessungswerte der Querkraft auf beiden Seiten des Anschlusses, s. Bild in Tabelle 21.7

Tabelle 21.7 Unverstärkte Quer- und Schräganschlüsse mit einer Verbindungsmittelspalte bei Bauteilen aus Nadelholz mit Rechteckquerschnitt, Bezeichnungen und Berechnungsgrößen nach DIN EN 1995-1-1: 2010-12, 8.1.4[1])[2])[3])[4])

Berechnungsgrößen für den Nachweis von Bauteilen aus Nadelholz mit Rechteckquerschnitt nach Gl. (21.11)

Charakteristische Querzugtragfähigkeit $F_{90,\mathrm{Rk}}$ des Bauteils in N

$$F_{90,\mathrm{Rk}} = 14 \cdot b \cdot w \cdot \sqrt{\frac{h_\mathrm{e}}{(1 - h_\mathrm{e}/h)}}$$

Bemessungswert der Querzugtragfähigkeit $F_{90,\mathrm{Rd}}$ des Bauteils in N

$F_{90,\mathrm{Rd}} = k_{\mathrm{mod}} \cdot F_{90,\mathrm{Rk}}/\gamma_\mathrm{M}$

Modifikationsbeiwert w

für Nagelplatten	für alle anderen Verbindungen
$w = \max\left\{\left(\frac{w_{\mathrm{pl}}}{100}\right)^{0,35} \text{ oder } 1\right\}$	$w = 1$

Beispiele: Schräganschluss (durch eine Verbindung übertragene schräg angreifende Kraft) nach DIN EN 1995-1-1: 2010-12, 8.1.4, Bild 8.1

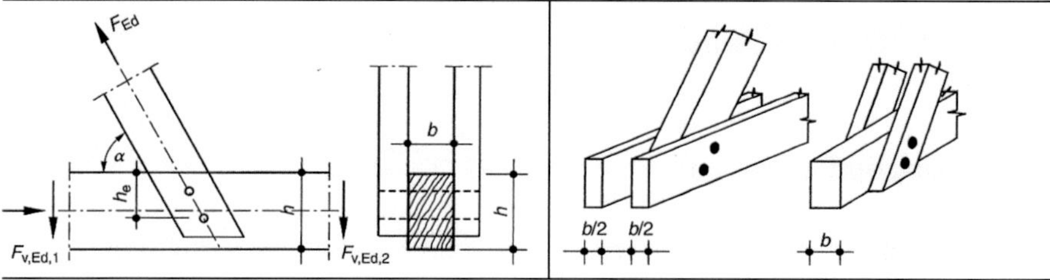

[1]) Hierin bedeuten

α Winkel des Schräg- oder Queranschlusses zwischen den zu verbindenden Bauteilen

b Breite (Dicke) des lastaufnehmenden Bauteils in mm

$F_{\mathrm{v,Ed,1}}$; $F_{\mathrm{v,Ed,2}}$ Bemessungswerte der Querkraft auf beiden Seiten des Schräganschlusses (der Verbindung, s. Bild oben

$F_{\mathrm{v,Ed,i}}$ $= F_{\mathrm{Ed}} \cdot \sin\alpha$

F_{Ed} Bemessungswert der Kraft im lastbringenden Bauteil

h Höhe des lastaufnehmenden Bauteils in mm

h_e Abstand des am entferntesten angeordneten Verbindungsmittels (oder Nagelplattenrandes) vom beanspruchten Holzrand in mm, s. Bild oben

w_{pl} Breite der Nagelplatte parallel zur Faserrichtung in mm

[2]) sind mehrere Verbindungsmittelspalten im Anschluss und/oder Träger mit Rechteckquerschnitt aus anderem Holz als Nadelholz vorhanden, werden die Angaben in Tabelle 21.8 maßgebend

[3]) Empfehlung: unverstärkte Schräg- und Queranschlüsse sollten nur in Nutzungsklasse 1 und 2 eingesetzt werden, in Nutzungsklasse 3 Schräg- und Queranschlüsse stets nach Abschn. 21.3.2 verstärken

[4]) Empfehlung: Schräg- und Queranschlüsse in allen Nutzungsklassen stets nach Abschn. 21.3.2 verstärken, auch wenn dies rechnerisch nicht erforderlich ist, und in Nutzungsklasse 3 im Sinne einer holzgerechten Konstruktion und des baulichen Holzschutzes nach Abschn. 5.2.4 mind. auf der Oberseite beidseitig ausreichend überstehend abdecken, s. Hinweise am Ende dieses Abschn. 21.3.1

Unverstärkte Schräg- und Queranschlüsse mit mehreren Verbindungsmittelspalten
Bei unverstärkten Schräg- und Queranschlüssen mit mehreren Verbindungsmittelspalten ist der **Nachweis der Tragfähigkeit** für Träger mit Rechteckquerschnitt nach Gl. (21.11) für geometrische Verhältnisse $h_e/h \leq 0{,}7$ zu führen, dabei sind die Berechnungsgrößen nach Tabelle 21.8 zu ermitteln und die weiteren Festlegungen nach Tabelle 21.9 einzuhalten; bei Verhältnissen $h_e/h > 0{,}7$ ist ein Nachweis nicht erforderlich. Unverstärkte Queranschlüsse mit $h_e/h < 0{,}2$ dürfen nur bei kurzer Lasteinwirkungsdauer z.B. bei Windsogkräften ausgeführt werden, sie werden ebenfalls nach Gl. (21.11) unter denselben o.a. Festlegungen bemessen, s. DIN EN 1995-1-1/NA: 2013-08, NCI Zu 8.1.4 (NA.5) und (NA.6). Beim Nachweis für $h_e/h \leq 0{,}7$ ist die Querzugfestigkeit des lastaufnehmenden Trägers und nicht die Tragfähigkeit der Verbindungsmittel maßgebend, die ebenfalls nachzuweisen ist.

Tabelle 21.8 Unverstärkte Schräg- und Queranschlüsse mit mehreren Verbindungsmittelspalten bei Bauteilen mit Rechteckquerschnitt, Bezeichnungen und Berechnungsgrößen für Gl. (21.11) nach DIN EN 1995-1-1/NA: 2013-08, NCI Zu 8.1.4 (NA.6) bis (NA.9)[1][2][3][5][6]

Schräg- und Queranschlüsse mit $h_e/h > 0{,}7$: kein Nachweis erforderlich	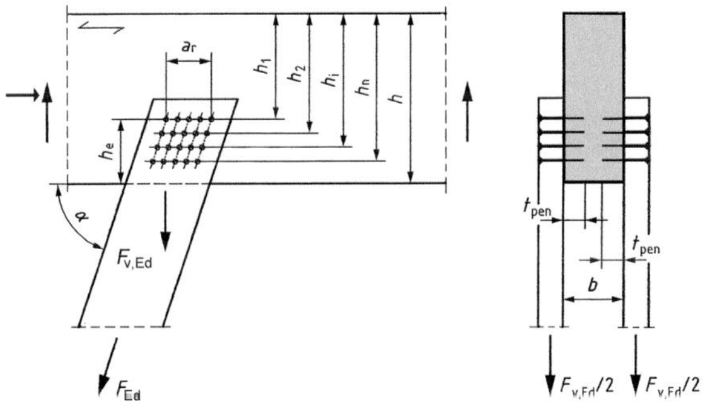
Schräg- und Queranschlüsse mit $h_e/h < 0{,}2$: Nachweis nach Gl. (21.11), jedoch nur durch kurze Lasteinwirkungen (z.B. Windsogkräfte) beanspruchen	
Schräg- und Queranschlüsse mit $h_e/h \leq 0{,}7$: Nachweis nach Gl. (21.11)	
Berechnungsgrößen für $h_e/h \leq 0{,}7$ und den Nachweis nach Gl. (21.11)	
Bemessungswert der Querzug-Tragfähigkeit $F_{90,Rd}$ des Bauteils in N [2][3] $F_{90,Rd} = k_s \cdot k_r \cdot \left(6{,}5 + \frac{18 \cdot h_e^2}{h^2}\right) \cdot (t_{ef} \cdot h)^{0{,}8} \cdot f_{t,90,d} = k_s \cdot k_r \cdot A_{heh} \cdot f_{t,90,d}$ mit $A_{heh} = \left(6{,}5 + \frac{18 \cdot h_e^2}{h^2}\right) \cdot (t_{ef} \cdot h)^{0{,}8}$	Hilfsfläche A_{heh} nach Tabelle 21.12 und Bild 21.9
Beiwert k_s $k_s = \max\left\{1 \text{ oder } 0{,}7 + \frac{1{,}4 \cdot a_r}{h}\right\}$	- zur Berücksichtigung mehrerer nebeneinander angeordneter Verbindungsmittel, - Beiwert k_s nach Tabelle 21.10 und Bild 21.7
Beiwert k_r $k_r = \frac{n}{\sum_{i=1}^{n} \left(\frac{h_1}{h_i}\right)^2}$	- zur Berücksichtigung mehrerer übereinander angeordneter Verbindungsmittel (für eingeklebte Stahlstäbe s. [4]), gilt sinngemäß auch für profilierte Stahlstäbe, - Beiwert k_r nach Tabelle 21.11 und Bild 21.8 für konstante Abstände a_2 der Verbindungsmittel übereinander

Tabelle 21.8 (Fortsetzung)

Wirksame Anschlusstiefe t_{ef} in mm bei einseitigem Queranschluss	
$t_{ef} = \min\{b$ oder t_{pen} oder $12 \cdot d\}$	für Holz-Holz- oder Holzwerkstoff-Holz-Verbindungen mit Nägeln oder Holzschrauben
$t_{ef} = \min\{b$ oder t_{pen} oder $15 \cdot d\}$	für Stahlblech-Holz-Nagelverbindungen
$t_{ef} = \min\{b$ oder t_{pen} oder $6 \cdot d\}$	für Stabdübel- und Bolzenverbindungen
$t_{ef} = \min\{b$ oder 50 mm$\}$	für Verbindungen mit Dübeln besonderer Bauart
Wirksame Anschlusstiefe t_{ef} in mm bei beidseitigem oder mittigem Queranschluss	
$t_{ef} = \min\{b$ oder $2 \cdot t_{pen}$ oder $24 \cdot d\}$	für Holz-Holz- oder Holzwerkstoff-Holz-Verbindungen mit Nägeln oder Holzschrauben
$t_{ef} = \min\{b$ oder $2 \cdot t_{pen}$ oder $30 \cdot d\}$	für Stahlblech-Holz-Nagelverbindungen
$t_{ef} = \min\{b$ oder $2 \cdot t_{pen}$ oder $12 \cdot d\}$	für Stabdübel- und Bolzenverbindungen
$t_{ef} = \min\{b$ oder 100 mm$\}$	für Verbindungen mit Dübeln besonderer Bauart
$t_{ef} = \min\{b$ oder $6 \cdot d\}$	für Verbindungen mit innen liegenden, profilierten Stahlstäben

[1]) Hierin bedeuten:

- a_r Abstand der beiden äußersten Verbindungsmittel in mm; der Abstand der Verbindungsmittel untereinander in Faserrichtung des querzuggefährdeten Holzes darf $0{,}5 \cdot h$ nicht überschreiten, s. Bild oben
- b Breite (Dicke) des Bauteils in mm
- d Verbindungsmitteldurchmesser in mm
- h Höhe des Bauteils in mm
- h_e Abstand des („obersten") Verbindungsmittels, das am weitesten entfernt vom bespruchten Rand angeordnet ist, in mm, s. Bild oben
- h_i Abstand der jeweiligen Verbindungsmittelreihe vom unbeanspruchten Bauteilrand in mm, s. Bild oben
- n Anzahl der Verbindungsmittelreihen
- t_{pen} Eindringtiefe der Verbindungsmittel in mm
- t_{ef} wirksame Anschlusstiefe in mm
- $f_{t,90,d}$ Bemessungswert der Zugfestigkeit rechtwinklig zur Faser nach Gl. (8.5)
- A_{heh} Hilfsfläche, nicht in DIN EN 1995-1-1/NA: 2013-08 enthalten, Zahlenwerte in Tabelle 21.12

[2]) hierzu gelten weitere Festlegungen nach Tabelle 21.9

[3]) Schräg- und Queranschlüsse mit $a_r/h > 1$ und $F_{v,Ed} > 0{,}5 \cdot F_{90,Rd}$ sind nach Abschn. 21.3.2 zu verstärken

[4]) bei eingeklebten Stahlstäben für Queranschlüsse sind die durch die Kraftkomponente rechtwinklig zur Faserrichtung verursachten Querzugspannungen im Bauteil mit der Gl. für $F_{90,Rk}$ nach Tabelle 21.7 nachzuweisen, für h_e ist die projizierte Einklebelänge $l_{ad} \cdot \sin\alpha$ zu verwenden, s. DIN EN 1995-1-1/NA: 2013-08, NCI NA.11.2.3 (NA.7)

[5]) Empfehlung: unverstärkte Schräg- und Queranschlüsse sollten nur in Nutzungsklasse 1 und 2 eingesetzt werden, in Nutzungsklasse 3 Schräg- und Queranschlüsse stets nach Abschn. 21.3.2 verstärken

[6]) Empfehlung: Schräg- und Queranschlüsse in allen Nutzungsklassen stets nach Abschn. 21.3.2 verstärken, auch wenn dies rechnerisch nicht erforderlich ist, und in Nutzungsklasse 3 im Sinne einer holzgerechten Konstruktion und des baulichen Holzschutzes nach Abschn. 5.2.4 mind. auf der Oberseite beidseitig ausreichend überstehend abdecken, s. Hinweise am Ende dieses Abschn. 21.3.1

Tabelle 21.9 Schräg- und Queranschlüsse bei Bauteilen mit Rechteckquerschnitt, weitere Festlegungen für nebeneinander liegende Verbindungsmittelgruppen nach DIN EN 1995-1-1/NA: 2013-08, NCI Zu 8.1.4 (NA.10) bis (NA.13)[1][2][3])

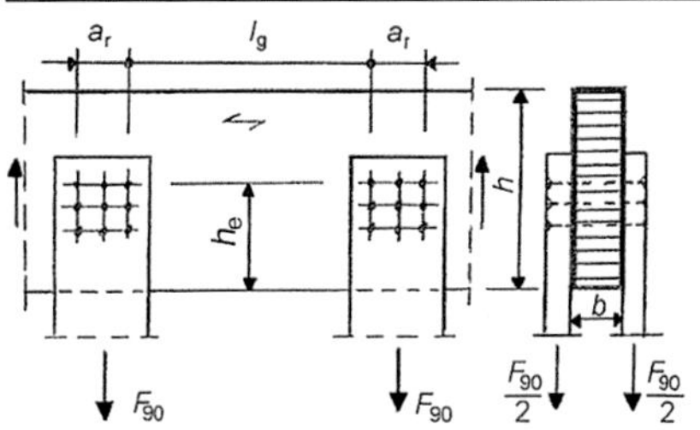

1 Lichter Abstand in Faserrichtung $l_g \geq 2 \cdot h$

liegen mehrere Verbindungsmittelgruppen nebeneinander, darf der Bemessungswert der Tragfähigkeit $F_{90,Rd}$ für eine Verbindungsmittelgruppe nach Tabelle 21.8 (ohne Abminderung) ermittelt werden, wenn der lichte Abstand in Faserrichtung zwischen den Verbindungsmittelgruppen $l_g \geq 2 \cdot h$ beträgt

2 Lichter Abstand in Faserrichtung $l_g \leq 0{,}5 \cdot h$

ist der lichte Abstand in Faserrichtung zwischen mehreren, nebeneinander angeordneten Verbindungsmittelgruppen $l_g \leq 0{,}5 \cdot h$, sind die Verbindungsmittel dieser Gruppen als eine Verbindungsmittelgruppe zu betrachten

3 Lichter Abstand in Faserrichtung $0{,}5 \cdot h \leq l_g < 2 \cdot h$

ist der lichte Abstand in Faserrichtung von zwei nebeneinander angeordneten Verbindungsmittelgruppen $l_g \geq 0{,}5 \cdot h$ und $l_g < 2 \cdot h$, ist der Bemessungswert der Tragfähigkeit $F_{90,Rd}$ nach Tabelle 21.8 pro Verbindungsmittelgruppe mit dem Beiwert k_g abzumindern: $k_g = \frac{l_g}{4 \cdot h} + 0{,}5$

4 Lichter Abstand in Faserrichtung $l_g < 2 \cdot h$ und Kraftkomponente $F_{v,Ed} > 0{,}5 \cdot k_g \cdot F_{90,Rd}$

ist bei mehr als zwei nebeneinander angeordneten Verbindungsmittelgruppen mit $l_g < 2 \cdot h$ der Bemessungswert der Kraftkomponente rechtwinklig zur Faserrichtung $F_{v,Ed}$ größer als die Hälfte des mit dem Beiwert k_g reduzierten Bemessungswertes der Tragfähigkeit $F_{90,Rd}$ ($F_{v,Ed} > 0{,}5 \cdot k_g \cdot F_{90,Rd}$), sind die Querzugkräfte durch Verstärkungen nach Abschn. 21.3.2 aufzunehmen

[1]) Hierin bedeuten
l_g lichter Abstand zwischen den Verbindungsmittelgruppen
h Bauteilhöhe
[2]) weitere Festlegungen für die Nachweise nach Tabelle 21.8
[3]) Bemessung unverstärkter Queranschlüsse nach Tabelle 21.8, verstärkter nach Abschn. 21.3.2

Beispiele für belastete Ränder und den Abstand h_e bei Schräg- oder Queranschlüssen sind in Bild 21.13 dargestellt.

Es wird empfohlen, unverstärkte Schräg- und Queranschlüsse nur in Nutzungsklasse 1 und 2 zu verwenden und in Nutzungsklasse 3 stets nach Abschn. 21.3.2 zu verstärken. „Breite" Schräg- oder Queranschlüsse mit $a_r/h > 1$ und Schräg- oder Queranschlüsse mit „größeren" Kraftkomponenten $F_{v,Ed} > 0{,}5 \cdot F_{90,Rd}$ sind zu verstärken, s. DIN EN 1995-1-1/NA: 2013-08, NCI Zu 8.1.4 (NA.7).

Die Zahlenwerte der **Beiwerte k_s und k_r** sowie der **Hilfsfläche** A_{heh} sind zur Vereinfachung der Ermittlung des Bemessungswertes der Tragfähigkeit $F_{90,Rd}$ nach Tabelle 21.8 in den Tabellen 21.10 bis 21.12 angegeben, ihre Verläufe können den Bildern 21.7 bis 21.9 entnommen werden.

Tabelle 21.10 Beiwert k_s für unverstärkte Queranschlüsse zur Berechnung des Bemessungswertes der Tragfähigkeit $F_{90,Rd}$ der Tabelle 21.8 nach DIN EN 1995-1-1/NA: 2013-08, NCI Zu 8.1.4 (NA.7) [1][2][3]

a_r/h	0,0	0,05	0,10	0,15	0,20	0,25	0,30	0,35	0,40	0,45	0,50
Beiwert k_s	1,00	1,00	1,00	1,00	1,00	1,05	1,12	1,19	1,26	1,33	1,40
a_r/h		0,55	0,60	0,65	0,70	0,75	0,80	0,85	0,90	0,95	1,00
Beiwert k_s		1,47	1,54	1,61	1,68	1,75	1,82	1,89	1,96	2,03	2,10

[1]) a_r und h nach Tabelle 21.8

[2]) Queranschlüsse mit $a_r/h > 1$ sind nach Abschn. 21.3.2 zu verstärken

[3]) Verlauf des k_s –Wertes s. Bild 21.7

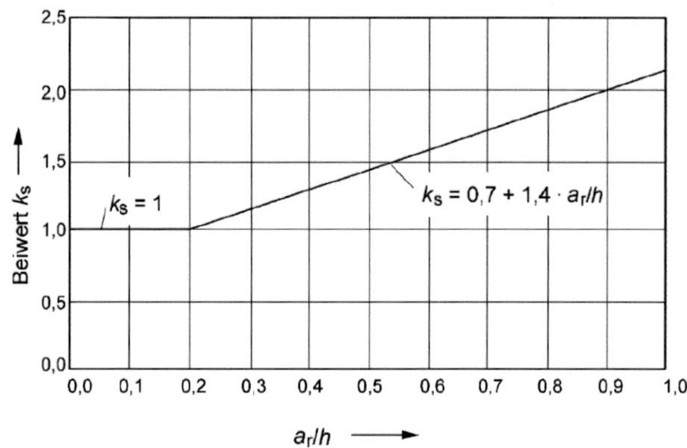

Bild 21.7 Verlauf des Beiwertes k_s für unverstärkte Queranschlüsse zur Berechnung des Bemessungswertes der Tragfähigkeit $F_{90,Rd}$ nach Tabelle 21.8 in Abhängigkeit vom Verhältnis a_r/h, s. auch Tabelle 21.10

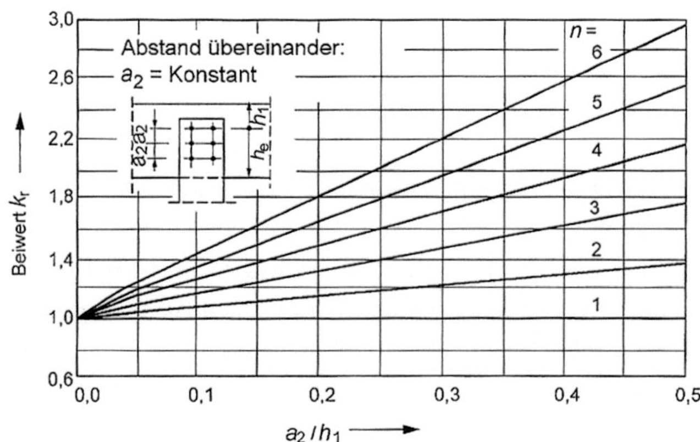

Bild 21.8 Verlauf des Beiwertes k_r für unverstärkte Queranschlüsse zur Berechnung des Bemessungswertes der Tragfähigkeit $F_{90,Rd}$ nach Tabelle 21.8 bei konstantem Abstand a_2 der übereinander liegenden Verbindungsmittelreihen n in Abhängigkeit vom Verhältnis a_2/h_1, s. auch Tabelle 21.11

Tabelle 21.11 Beiwerte k_r für unverstärkte Queranschlüsse zur Berechnung des Bemessungswertes der Tragfähigkeit $F_{90,Rd}$ der Tabelle 21.8 bei konstantem Abstand a_2 der übereinander liegenden Verbindungsmittel nach DIN EN 1995-1-1/NA: 2013-08, NCI Zu 8.1.4 (NA.7)[1])[2])[3])

a_2/h_1 [1])	Anzahl n der Verbindungsmittelreihen übereinander					
	1	2	3	4	5	6
0,000	1,000	1,000	1,000	1,000	1,000	1,000
0,025		1,025	1,049	1,074	1,099	1,123
0,050		1,049	1,098	1,146	1,195	1,244
0,075		1,072	1,144	1,217	1,289	1,361
0,100		1,095	1,190	1,285	1,380	1,475
0,125		1,117	1,235	1,352	1,469	1,586
0,150		1,139	1,278	1,417	1,556	1,695
0,175		1,160	1,320	1,480	1,640	1,800
0,200		1,180	1,361	1,541	1,722	1,902
0,225		1,200	1,401	1,601	1,802	2,002
0,250		1,220	1,439	1,659	1,879	2,099
0,275		1,238	1,477	1,716	1,954	2,193
0,300		1,257	1,513	1,770	2,028	2,285
0,325		1,274	1,549	1,824	2,099	2,374
0,350		1,291	1,583	1,876	2,168	2,461
0,375		1,308	1,617	1,926	2,235	2,545
0,400		1,324	1,649	1,975	2,301	2,626
0,425		1,340	1,681	2,022	2,364	2,706
0,450		1,355	1,712	2,069	2,426	2,783
0,475		1,370	1,742	2,113	2,486	2,858
0,500		1,385	1,770	2,157	2,544	2,931

[1]) für konstanten Abstand a_2, a_2 und h_1 nach Bild 21.8
[2]) n und h_1 nach Tabelle 21.8
[3]) Verläufe der k_r-Werte s. Bild 21.8

Bei der Ermittlung des Beiwertes k_r nach Tabelle 21.11 wird vereinfachend nicht das Verhältnis h_1/h_i herangezogen, sondern das Verhältnis a_2/h_1, da die Abstände a_2 der übereinander liegenden Verbindungsmittelreihen in Schräg- und Queranschlüssen überwiegend konstant ausgeführt werden, s. Bild 21.8. Demnach gelten die Werte für den Beiwert k_r in Tabelle 21.11 nur für konstante Abstände a_2; ist a_2 nicht konstant, muss der Beiwert k_r nach der Gl. in Tabelle 21.8 ermittelt werden.

Schräg- und Queranschlüsse dürfen **einseitig, beidseitig oder mittig** zur Trägerbreite angeordnet werden, s. Beispiele in Tabelle 21.7 bis 21.9 sowie in Bild 21.11. Bei einseitigem Schräg- oder Queranschluss entsteht im Allgemeinen eine Ausmitte zur Trägerlängsachse, die den Träger zusätzlich auf Torsion beansprucht, s. Abschn. 19.

Tabelle 21.12 Hilfsfläche A_{heh} in mm² für unverstärkte Queranschlüsse zur Berechnung des Bemessungswertes der Tragfähigkeit $F_{90,Rd}$ der Tabelle 21.8[1])[2])[3])[4])

h_e/h	$t_{ef} \cdot h$ in mm²									
	20.000	40.000	60.000	80.000	100.000	120.000	140.000	160.000	180.000	200.000
0,10	18.430	32.090	44.390	55.880	66.800	77.290	87.400	97.290	106.900	116.300
0,15	19.050	33.180	45.890	57.760	69.050	79.890	90.340	100.600	110.500	120.200
0,20	19.920	34.690	47.980	60.400	72.200	83.540	94.500	105.200	115.500	125.700
0,25	21.040	36.630	50.670	63.780	76.250	88.220	99.800	111.100	122.000	132.800
0,30	22.410	39.010	53.960	67.930	81.200	93.950	106.300	118.300	129.900	141.400
0,35	24.020	41.820	57.850	72.820	87.050	100.700	113.900	126.800	139.300	151.600
0,40	25.880	45.060	62.330	78.470	93.800	108.500	122.800	136.600	150.100	163.300
0,45	28.000	48.740	67.420	84.860	101.500	117.400	132.800	147.800	162.400	176.600
0,50	30.350	52.850	73.100	92.020	110.000	127.300	144.000	160.200	176.000	191.500
0,55	32.960	57.390	79.380	99.920	119.500	138.200	156.300	174.000	191.200	208.000
0,60	35.820	62.360	86.260	108.600	129.800	150.200	169.900	189.000	207.700	226.000
0,65	38.920	67.770	93.730	118.000	141.100	163.200	184.600	205.400	225.700	245.600
0,70	42.280	73.610	101.800	128.200	153.200	177.300	200.500	223.100	245.200	266.700

[1]) h_e, h und t_{ef} nach Tabelle 21.8
[2]) Verläufe der Werte für die Hilfsfläche A_{heh} s. Bild 21.9
[3]) bei $h_e/h < 0{,}2$ dürfen unverstärkte Queranschlüsse nur bei kurzer Lasteinwirkungsdauer z.B. bei Windsogkräften ausgeführt werden
[4]) die Hilfsfläche A_{heh} ist nicht in DIN EN 1995-1-1/NA: 2013-08 enthalten

Es wird empfohlen, Schräg- und Queranschlüsse im lastaufnehmenden Träger stets mit **größeren Verhältnissen h_e/h** als den Mindestwerten vorzunehmen, d.h. ihren Verbindungsmittelschwerpunkt möglichst weit vom belasteten Trägerrand anzuordnen bzw. den Abstand h_e des am weitesten entfernt angeordneten Verbindungsmittels vom belasteten Holzrand möglichst groß zu wählen, da mit wachsendem Verhältnis h_e/h die Tragfähigkeit des Queranschlusses erhöht und die Rissgefahr vermindert wird, s. Abschn. 10.2 und Bild 10.9. Beispiele **belasteter Trägerränder** sind in Bild 21.13 angeführt.

Über lastunabhängige **klimabedingte Querzugspannungen,** die sich den lastabhängigen Querzugspannungen in unverstärkten Queranschlüssen überlagern, und über die Empfehlungen zur Ausführung möglichst stets verstärkter Queranschlüsse gilt sinngemäß das Gleiche wie für Ausklinkungen nach Abschn. 21.1.1, jedoch liegt bei Queranschlüssen wegen der überwiegend fehlenden Nähe zu Hirnhölzern im lastaufnehmenden Träger nur ein „normaler" Feuchtetransport vor.

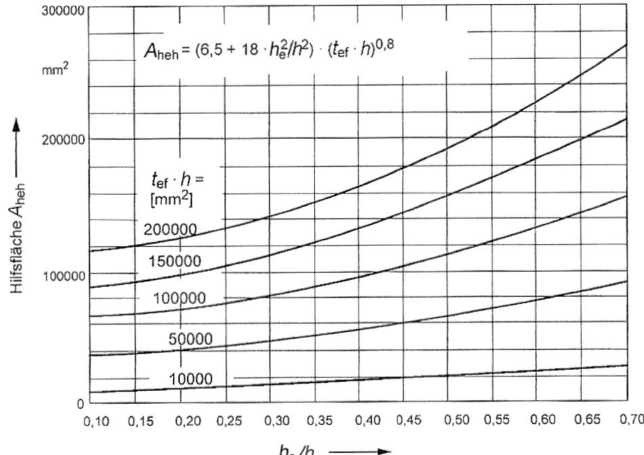

Bild 21.9 Verläufe der Hilfsfläche A_{heh} für unverstärkte Queranschlüsse zur Berechnung des Bemessungswertes der Tragfähigkeit $F_{90,Rd}$ nach Tabelle 21.8 in Abhängigkeit vom Verhältnis h_e/h und vom Produkt $t_{ef} \cdot h$; bei $h_e/h < 0{,}2$ dürfen unverstärkte Queranschlüsse nur bei kurzer Lasteinwirkungsdauer, z.B. bei Windsogkräften, ausgeführt werden

21.3.2 Verstärkte Schräg- und Queranschlüsse

Der **Nachweis der Verstärkungen** von Schräg- und Queranschlüssen bei **Stäben mit Rechteckquerschnitt** kann nach Gl. (21.12) und den Festlegungen in Tabelle 21.13 erfolgen, s. DIN EN 1995-1-1/NA: 2013-08, NCI NA.6.8.2. Der Nachweis von Trägern mit anderen Querschnittsformen kann mit diesem Nachweisverfahren nicht durchgeführt werden. Schräg- und Queranschlüsse in Nutzungsklasse 3 sind stets zu verstärken, ebenso „breite" Schräg- oder Queranschlüsse mit $a_r/h > 1$ und Schräg- oder Queranschlüsse mit „größeren" Kraftkomponenten $F_{v,Ed} > 0{,}5 \cdot F_{90,Rd}$, s. Abschn. 21.3.1.

Die Verstärkungselemente sind für die Zugkraft $F_{t,90,d}$ (Querzugkraft) nach Gl. (21.12) auszulegen; die Wirkungsrichtung dieser Zugkraft ist stets rechtwinklig zur Faser, so dass die Verstärkungselemente in dieselbe Richtung wirkend einzubauen sind. Verstärkungselemente verhindern das Aufreißen des Trägers im gefährdeten Bereich des Queranschlusses, s. Bilder in Tabelle 21.13. Zur Vereinfachung kann die Zugkraft $F_{t,90,d}$ mit dem Beiwert $k_{t,q}$ nach Gl. (21.13) errechnet werden, die $k_{t,q}$-Werte sind in Tabelle 21.14 angeführt, der Verlauf von $k_{t,q}$ kann Bild 21.10 entnommen werden. Die Querschnittsschwächung durch innen liegende Verstärkungselemente ist nach Abschn. 8.3.3 für zugbeanspruchte Bereiche (z.B. Biegezug) zu berücksichtigen, s. DIN EN 1995-1-1/NA: 2013-08, NCI NA.6.8.1 (NA.3).

Zugkraft der Verstärkung eines Schräg- oder Queranschlusses:

$$F_{t,90,d} = (1 - 3 \cdot \alpha^2 + 2 \cdot \alpha^3) \cdot F_{Ed} = k_{t,q} \cdot F_{Ed} \tag{21.12}$$

$$k_{t,q} = 1 - 3 \cdot \alpha^2 + 2 \cdot \alpha^3 \tag{21.13}$$

F_{Ed} Bemessungswert der Anschlusskraft rechtwinklig zur Faserrichtung des Holzes nach Gl. (8.4)

α $= h_e/h$, s. Tabelle 21.13

$k_{t,q}$ Beiwert, nicht in DIN EN 1995-1-1/NA: 2013-08 enthalten, Zahlenwerte in Tabelle 21.14

Die **Nachweise der Verstärkungselemente** wie innen liegender eingeklebter Stahlstäbe oder eingedrehter Vollgewindeschrauben sowie seitlich aufgeklebter Verstärkungsplatten nach Tabelle 21.13 werden sinngemäß wie die vergleichbaren Verstärkungselemente für Ausklinkungen nach Abschn. 21.1.2 geführt, jedoch sind bestimmte abweichende Festlegungen zu beachten. Bei verstärkten Schräg- und Queranschlüssen gelten für innen liegende Stahlstäbe keine besonderen Stahlstabdurchmesser. Demnach dürfen Stahlstäbe mit Durchmessern von 6 mm $\leq d \leq$ 30 mm oder eingeklebte Stahlstäben nach Abschn. 13.3 eingesetzt werden, bewährt haben sich auch hier wie bei Ausklinkungen und Durchbrüchen als Verstärkung Stahlstabdurchmesser von etwa $d = 8$ mm bis $d = 20$ mm. Die Querzugkraft $F_{t,90,d}$ muss bei Stahlstäben, Vollgewindeschrauben und bei Verstärkungsplatten im Holz verankert werden, s. Längen $l_{ad,c}$ und $l_{ad,t}$ in Tabelle 21.13, danach ist die Verankerungslänge $l_{ad,t}$ bei Verstärkungsplatten bis an den „oberen" Trägerrand zu führen, die Mindestlänge der Stahlstäbe muss $\geq (l_{ad,t} + l_{ad,c})$ sein.

Die Verstärkungselemente sind nach den Angaben in Tabelle 21.13 direkt am Queranschluss anzuordnen, bei innen liegenden Stahlstäben unter Einhaltung der Mindestabstände nach Tabelle 20.16. Nach *Erläut. zu DIN 1052: 2004-08* [47], E 11.4.2 ist jedoch ein Mindestabstand zwischen rechtwinklig zueinander angeordneten Verbindungsmittel, z.B. zwischen „waagerecht" liegenden Verbindungsmitteln für den Queranschluss und „recht-

Tabelle 21.13 Verstärkungen von Queranschlüssen bei Trägern mit Rechteckquerschnitt nach DIN EN 1995-1-1/NA: 2013-08, NCI NA.6.8.2 (NA.2) bis (NA.6)[1–6]

Verstärkung durch innen liegende, eingeklebte Stahlstäbe[1][2][3][4][7]
Aufnahme der Zugkraft $F_{t,90,d}$ nach Gl. (21.12)

Nachweis der gleichmäßig verteilt angenommenen Klebfugenspannung

$$\frac{\tau_{ef,d}}{f_{k1,d}} \leq 1 \qquad \tau_{ef,d} = \frac{F_{t,90,d}}{n \cdot d \cdot \pi \cdot l_{ad}}$$

d Stahlstabaußendurchmesser[2]

l_{ad} wirksame Verankerungslänge $= \min (l_{ad,c}$ oder $l_{ad,t})$

n Anzahl der Stahlstäbe; dabei darf außerhalb des Queranschlusses in Trägerlängsrichtung nur jeweils ein Stab mit $n = 1$ oder eine Reihe von Stäben in Trägerquerrichtung z.B. mit $n = 2$ in Rechnung gestellt werden

$f_{k1,d}$ Bemessungswert der Klebfugenfestigkeit, charakteristische Werte $f_{k1,k}$ s. Abschn. 7.2.3

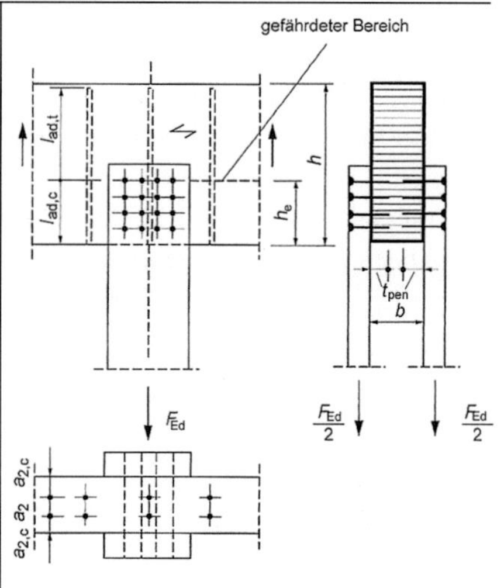

Tabelle 21.13 (Fortsetzung)

Seitlich aufgeklebte Verstärkungsplatten, Aufnahme der Zugkraft $F_{t,90,d}$ nach Gl. (21.12)[6])

Nachweis der gleichmäßig verteilt angenommenen Klebfugenspannung

$$\frac{\tau_{ef,d}}{f_{k2,d}} \leq 1 \qquad \tau_{ef,d} = \frac{F_{t,90,d}}{4 \cdot l_{ad} \cdot l_r}$$

Zugspannung in den aufgeklebten Verstärkungsplatten

$$k_k \cdot \frac{\sigma_{t,d}}{f_{t,d}} \leq 1 \qquad \sigma_{t,d} = \frac{F_{t,90,d}}{n_r \cdot t_r \cdot l_r}$$

l_{ad} wirksame Verankerungslänge = min ($l_{ad,c}$ oder $l_{ad,t}$)
l_r Breite der Verstärkungsplatte
t_r Dicke einer Verstärkungsplatte
k_k Beiwert zur Berücksichtigung der ungleichförmigen Spannungsverteilung, = 1,5 ohne genaueren Nachweis
n_r Anzahl der Verstärkungsplatten
$f_{k2,d}$ Bemessungswert der Klebfugenfestigkeit, charakteristische Werte $f_{k2,k}$ s. Abschn. 7.2.3
$f_{t,d}$ Bemessungswert der Zugfestigkeit des Plattenwerkstoffes in Richtung der Zugkraft $F_{t,90}$

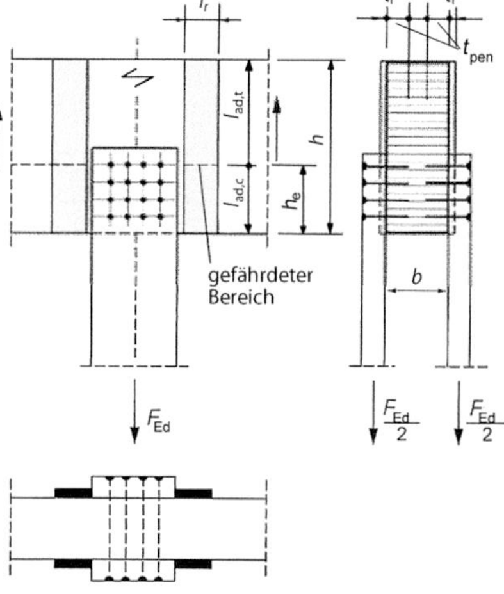

Aufkleben der seitlichen Verstärkungsplatten mit der Bedingung

$$0,25 \leq \frac{l_r}{l_{ad}} \leq 0,5$$

[1]) über geeignete Verstärkungselemente und Mindestabstände der Stahlstäbe s. Tabelle 20.16
[2]) bewährt haben sich in vielen Fällen als Verstärkung Stahlstabdurchmesser von etwa $d = 8$ mm bis $d = 20$ mm
[3]) Verstärkungen mit eingedrehten Schrauben mit einem Gewinde über die gesamte Schaftlänge (Vollgewindeschrauben)[4]) sind sinngemäß wie Verstärkungen mit eingeklebten Gewindebolzen (Stahlstäbe, Gewindeschrauben) nachzuweisen, s. DIN EN 1995-1-1/NA: 2013-08, NCI NA.6.8.1 (NA.6)
[4]) Vollgewindeschrauben bedürfen eines bauaufsichtlichen Verwendbarkeitsnachweises, die Angaben in diesem sind zu beachten, s. auch Abschn. 11.8.4
[5]) Empfehlung: Schräg- und Queranschlüsse in allen Nutzungsklassen stets nach dieser Tabelle 21.13 verstärken, auch wenn dies rechnerisch nicht erforderlich ist, und in Nutzungsklasse 3 im Sinne einer holzgerechten Konstruktion und des baulichen Holzschutzes nach Abschn. 5.2.4 mind. auf der Oberseite beidseitig ausreichend überstehend abdecken, s. Hinweise unterhalb dieser Tabelle
[6]) Verstärkungen durch seitlich eingepresste Nagelplatten sind sinngemäß wie aufgeklebte Verstärkungsplatten nachzuweisen und anzuordnen
[7]) die Querschnittsschwächung durch innen liegende Verstärkungen wie Stahlstäbe und Vollgewindeschrauben ist in zugbeanspruchten Querschnittsteilen zu berücksichtigen, s. Abschn. 8.3.3 und DIN EN 1995-1-1/NA: 2013-08, NCI NA.6.8.1 (NA.3)

winklig dazu“ eingesetzten Stahlstäben zur Verstärkung, nicht erforderlich, so dass Stahlstäbe zur Verstärkung auch innerhalb der „waagerechten“ Verbindungsmittel für den Queranschluss liegen dürfen, s. Bild in Tabelle 21.13.

Verstärkte Schräg- und Queranschlüsse **mit zu kleinem Verhältnis $\alpha = h_e/h$**, d.h. ein Anschluss mit zu kleiner Anschlusshöhe im direkten Einflussbereich des belasteten Trägerrandes, sollten im Sinne einer holzgerechten Konstruktion keine Anwendung finden.

Tabelle 21.14 Beiwert $k_{t,q}$ der Gl. (21.13) zur Berechnung des Bemessungswertes der Zugkraft $F_{t,90,d}$ (Querzugkraft) für Verstärkungselemente bei Schräg- und Queranschlüssen nach DIN EN 1995-1-1/NA: 2013-08, NCI NA.6.8.2 (NA.1)[1])[2])[3])[4]),
gilt ebenso für den Beiwert $k_{t,a}$ nach Tabelle 21.2 mit $\alpha = h_{ef}/h$ zur Berechnung des Bemessungswertes der Zugkraft $F_{t,90,d}$ (Querzugkraft) für Verstärkungselemente bei rechtwinkligen Ausklinkungen mit Rechteckquerschnitt nach DIN EN 1995-1-1/NA: 2013-08, NCI NA.6.8.3 (NA.1)

$\alpha = h_e/h$ [4])	0,000	0,025	0,050	0,075	0,100	0,125	0,150	0,175	0,200	0,225	0,250
$k_{t,q}$ (oder $k_{t,a}$)	1,00	0,998	0,993	0,984	0,972	0,957	0,939	0,919	0,896	0,871	0,844
$\alpha = h_e/h$ [4])		0,275	0,300	0,325	0,350	0,375	0,400	0,425	0,450	0,475	0,500
$k_{t,q}$ (oder $k_{t,a}$)		0,815	0,784	0,752	0,718	0,684	0,648	0,612	0,575	0,537	0,500
$\alpha = h_e/h$ [4])		0,525	0,550	0,575	0,600	0,625	0,650	0,675	0,700	0,725	0,750
$k_{t,q}$ (oder $k_{t,a}$)		0,463	0,425	0,388	0,352	0,316	0,282	0,248	0,216	0,185	0,156
$\alpha = h_e/h$ [4])		0,775	0,800	0,825	0,850	0,875	0,900	0,925	0,950	0,975	1,000
$k_{t,q}$ (oder $k_{t,a}$)		0,129	0,104	0,081	0,061	0,043	0,028	0,016	0,007	0,002	0,000

[1]) h_e und h nach Tabelle 21.13, verstärkte Queranschlüsse mit zu kleinem Verhältnis $\alpha = h_e/h$ sollten im Sinne einer holzgerechten Konstruktion nicht verwendet werden
[2]) Verlauf des $k_{t,q}$-Wertes s. Bild 21.10
[3]) Beiwert $k_{t,q}$ (und $k_{t,a}$) sind nicht in DIN EN 1995-1-1/NA: 2013-08 enthalten
[4]) für den Beiwert $k_{t,a}$ bei verstärkten Ausklinkungen nach Tabelle 21.2 gilt: $\alpha = h_{ef}/h$

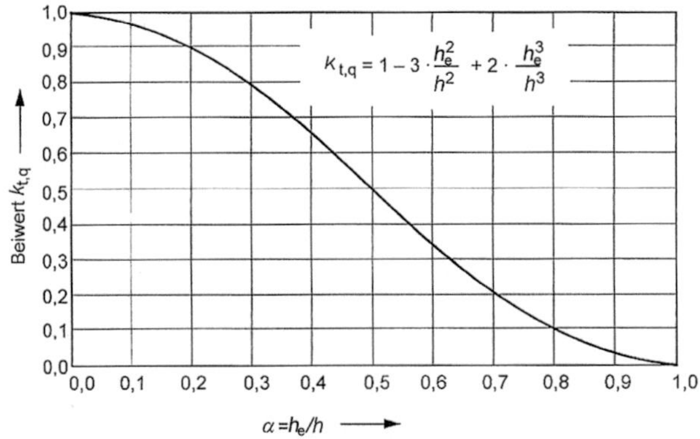

Bild 21.10 Verlauf des Beiwertes $k_{t,q}$ zur Berechnung des Bemessungswertes der Zugkraft $F_{t,90,d}$ (Querzugkraft) für Verstärkungselemente bei Queranschlüssen nach Gl. (21.13) in Abhängigkeit vom Verhältnis $\alpha = h_e/h$, der Verlauf des Beiwertes $k_{t,q}$ ist identisch dem des Beiwertes $k_{t,a}$ zur Berechnung des Bemessungswertes der Zugkraft $F_{t,90,d}$ für verstärkte Ausklinkungen, s. Tabelle 21.2

Verstärkungen von Schräg- und Queranschlüssen nach Tabelle 21.13 sind in allen drei Nutzungsklassen einsetzbar, s. DIN EN 1995-1-1/NA: 2013-08, NCI NA.6.8.1 (NA.9). Über die **Anordnung der Verstärkungselemente**, über den **Einsatz in Nutzungsklasse 3** mit empfohlener zumindest oberer Trägerabdeckung und über **geeignete Verstärkungselemente** nach Tabelle 20.16 bei verstärkten Schräg- und Queranschlüssen gilt bis auf gesonderte Festlegungen sinngemäß das Gleiche wie im Abschn. 21.1.2 für verstärkte Ausklinkungen angeführt.

Verstärkte Schräg- und Queranschlüsse dürfen **einseitig, beidseitig oder mittig** zur Trägerbreite angeordnet werden, Beispiele s. in Tabelle 21.13 sowie in Bild 21.11. Bei einseitigem Schräg- oder Queranschluss entsteht meist eine Ausmitte zur Trägerlängsachse, die den Biegeträger zusätzlich auf Torsion beansprucht, s. Abschn. 19.

Bild 21.11 Mittiger verstärkter Queranschluss, Beispiel; mittig zur Trägerbreite eingelassene Stahlplatte, die über mechanische Verbindungsmittel angeschlossen ist, innen liegende Vollgewindeschrauben als Verstärkung

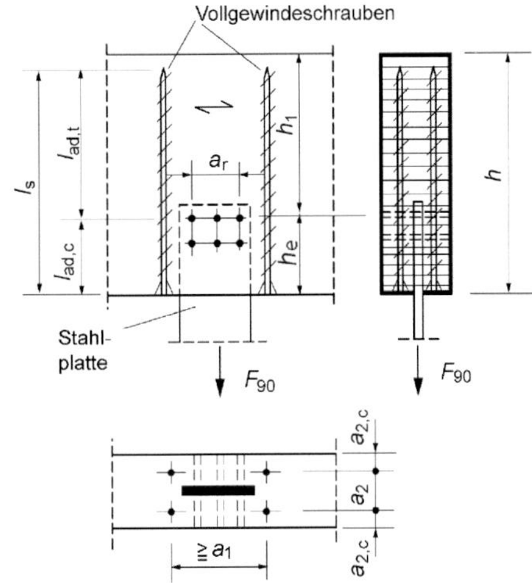

21.3.3 Spannungsverläufe in Schräg- und Queranschlüssen

Schräg- und Queranschlüsse beanspruchen Holzträger rechtwinklig zur Trägerachse und damit rechtwinklig zur Faserrichtung des Holzes, Beispiele s. Bild 21.12. Im Lasteinleitungsbereich von mechanischen Verbindungsmitteln treten neben Lochleibungsspannungen u.a. hohe Querzugspannungen auf, die bei nicht fachgerechter Ausführung ein Queraufreißen des lastaufnehmenden Trägers im Allgemeinen in Höhe der „obersten" Verbindungsmittelreihe bewirken können, s. den gefährdeten Bereich oder die gefährdete Fuge bezogen auf den belasteten Rand in den Bildern der Tabelle 21.13 und in Bild 21.12. Die Gefahr des Querzugversagens wird umso größer, je näher die Verbindungsmittel zum belasteten Trägerrand hin angeordnet werden. Bei eingeklebten Stahlstäben nach Abschn. 13 liegt vergleichbares Tragverhalten vor.

Zur Vermeidung eines derartigen Tragfähigkeitsverlustes ist eine sachgemäße Ausführung und Bemessung von Schräg- und Queranschlüssen nach Abschn. 21.3.1 bzw. 21.3.2 erforderlich; demnach wird empfohlen, bei unverstärkten Schräg- und Queranschlüssen den Anschlussschwerpunkt (Schwerpunkt der Verbindungsmittel) mindestens in oder oberhalb der Längsstabachse des lastaufnehmenden Trägers anzuordnen, besser ist jedoch stets eine Verstärkung von Schräg- und Queranschlüssen.

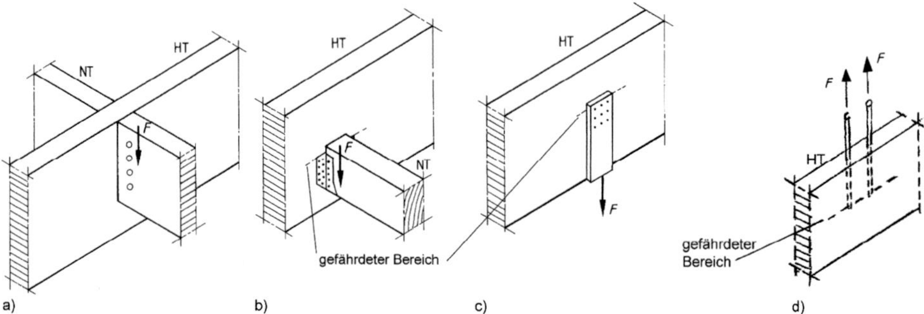

Bild 21.12 Queranschlüsse bei Holzträgern mit gefährdetem Bereich (mögliche Rissbildungen), Beispiele; HT ist der Hauptträger als lastaufnehmender Träger, NT ist der Nebenträger als lastbringender Träger, Queranschlüsse möglichst symmetrisch ausführen, a) Hirnholz-Dübelanschluss b) Balkenschuh-Anschluss c) Anschluss für angehängte Last d) eingeklebte Stahlstäbe

Bild 21.13 Schräg- oder Queranschlüsse nach *Erläut. zu DIN 1052: 2004-08* [47], E 8.8.3 (5), Bild 8/85; Beispiele für belastete Ränder und für den Abstand h_e des „obersten" Verbindungsmittels vom beanspruchten Rand

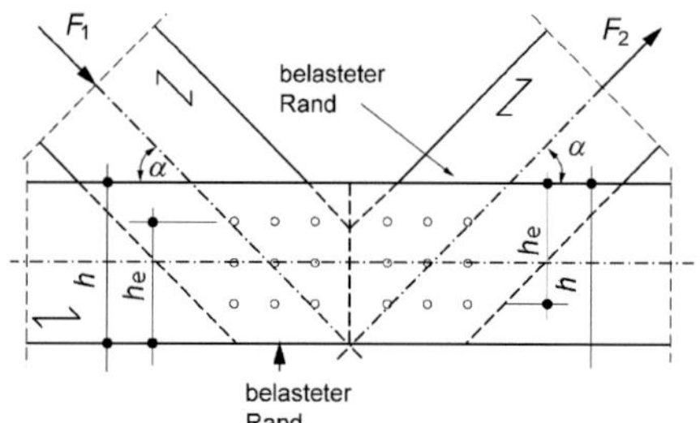

Nach Bild 21.13 können Druck- und Zugkräfte bzw. deren Komponenten $F \cdot \sin \alpha$ im lastaufnehmenden Stab „vertikale" Querzugbeanspruchungen erzeugen, so dass prinzipiell der Nachweis des unverstärkten Schräg- und Queranschlusses für beide belasteten Ränder nach Tabelle 21.8 geführt werden muss.

Verstärkungen in Schräg- und Queranschlüssen wie eingeklebte Stahlstäbe und Vollgewindeschrauben, die eine große Steifigkeit bewirken, behindern das Schwinden des Holzes in ihrem Wirkungsbereich, dies kann nach *Gustafsson* [181] zu Rissbildungen führen. Deshalb wird empfohlen, Holzfeuchteunterschiede bei verstärkten Schräg- und Queranschlüssen, auch in Nutzungsklasse 3, möglichst gering zu halten, s. hierzu entsprechende Hinweise zur Abdeckung zu „Verstärkungen in Nutzungsklasse 1 bis 3" im Abschn. 20.5.2, für Vollgewindeschrauben s. auch Abschn. 11.8.4 „Hinweise und Empfehlungen zum Einsatz von Verstärkungselementen ....". Beim **Nachweis der Verstärkungen** wird die Querzugkraft (Zugkraft $F_{t,90,d}$) allein von den Verstärkungselementen übertragen, so dass mit gerissener Querzugzone gerechnet wird, s. Abschn. 20.5.2.

Untersuchungen zu unverstärkten oder verstärkten Queranschlüssen in Biegeträgern haben u.a. *Aicher/Finn* [2], *Blaß/Steck* [64], *Borth/Schober/Rautenstrauch* [70], *Ehlbeck/Görlacher* [117], *Ehlbeck/Görlacher/Werner* [118] und *van der Put* [401] durchgeführt.

Nachweise für zusammengesetzte Bauteile (Verbundbauteile)

22

22.1 Tragverhalten von Biegestäben mit zusammengesetzten Querschnitten

Zusammengesetzte Querschnitte bestehen aus mehreren Einzelquerschnitten, die durch Kleber „**starr**“ oder durch mechanische Verbindungsmittel wie Dübel besonderer Bauart, Stabdübel, Passbolzen, Nägel oder Klammern „**nachgiebig**“ miteinander verbunden werden. Tabelle 22.1 zeigt Beispiele des Holzbaus. Aufeinander gelegte Balken werden als zusammengesetzte Querschnitte seit langem verwendet, da Vollholzquerschnitte nur in begrenzten Abmessungen zur Verfügung stehen.

Durch das Zusammenfügen mehrerer Einzelquerschnitte zu einem Gesamtquerschnitt lassen sich höhere Lasten über größere Spannweiten bezogen auf einen Einzelquerschnitt

Tabelle 22.1 Zusammengesetzte Querschnitte bei Biegeträgern, Beispiele[1])[2])

aufeinander gelegte Balken[2])	I-Querschnitte	T-Querschnitte	Kastenquerschnitte
			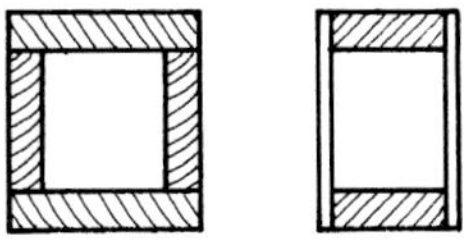

[1]) das Kleben zusammengesetzter Querschnitte darf nur mit zugelassenen Klebern nach Abschn. 6.1 und von Betrieben mit entsprechender Eignung nach Abschnitt 6.2.4 ausgeführt werden

[2]) aufeinander gelegte Vollholzbalken sollten nicht miteinander verklebt werden außer in Sonderkonstruktionen mit bauaufsichtlichem Verwendbarkeitsnachweis wie Balkenschichtholz nach Abschn. 3.4

H. Neuhaus · L. Peterson (✉)
e-mail: peterson@fh-aachen.de

H. Neuhaus, W. Moorkamp, L. Peterson, T. Uibel, *Ingenieurholzbau*,
DOI 10.1007/978-3-658-44967-4_22

abtragen. Bei auf Biegung beanspruchten Bauteilen ist ein möglichst großes wirksames Flächenmoment 2. Grades I_{ef} für den Gesamtquerschnitt zu erzielen, um die Tragfähigkeit zu erhöhen, d.h. der größere Teil der Querschnittsfläche sollte möglichst weit vom Schwerpunkt des Gesamtquerschnitts angeordnet werden (*Steiner*-Anteil).

Das **Tragverhalten** von Biegeträgern mit zusammengesetztem Querschnitt wird an einem einfachen Beispiel näher erläutert. In Bild 22.1 ist ein Einfeldträger dargestellt, der mit einer Gleichlast q belastet ist und dessen Querschnitt aus zwei aufeinander liegenden rechteckigen Einzelquerschnitten mit unterschiedlichem Verbund besteht.

Kein Verbund

Im Fall nach Bild 22.1a liegen die beiden Einzelstäbe (ideal) voll aufeinander; in der Anschlussfuge besteht kein Verbund, Reibungskräfte werden vernachlässigt. Die Einzelquerschnitte verschieben sich unter Belastung gegeneinander, die horizontale Relativ-Verschiebung ist in Trägermitte gleich null und an den Auflagern am größten. In der Anschlussfuge werden keine Schubkräfte übertragen. Das wirksame Flächenmoment 2. Grades I_{ef} des Gesamtquerschnitts setzt sich aus den Flächenmomenten 2. Grades der beiden Einzelquerschnitte zusammen.

Starrer Verbund

Im Fall nach Bild 22.1c sind beide Einzelstäbe in der Anschlussfuge starr miteinander verbunden. Die Einzelquerschnitte können sich unter Belastung nicht gegeneinander verschieben; die in der Anschlussfuge auftretenden Schubkräfte werden voll übertragen. Die beiden Einzelstäbe verhalten sich wie ein „monolithischer" Stab. Das wirksame Flächenmoment 2. Grades I_{ef} des Gesamtquerschnitts setzt sich aus den Flächenmomenten

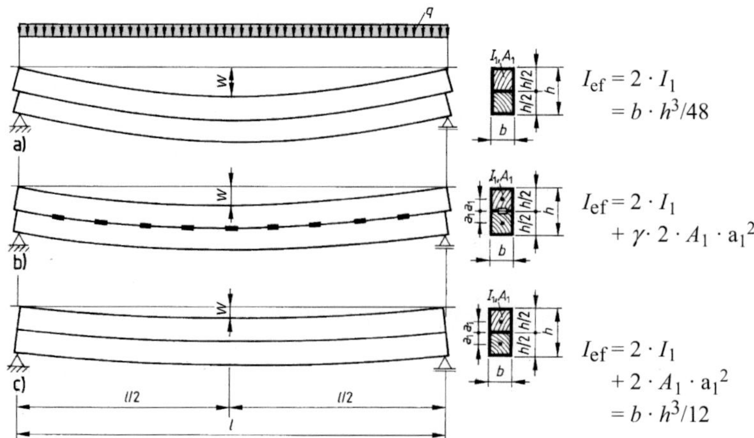

Bild 22.1 Biegeträger als zusammengesetzter Querschnitt; zwei aufeinander gelegte Balken mit Rechteckquerschnitt und unterschiedlichem Verbund in der Anschlussfuge, Schema
a) kein Verbund b) nachgiebiger Verbund (Dübel) c) starrer Verbund

2. Grades der beiden Einzelquerschnitte und den beiden *Steiner*-Anteilen zusammen und ist gleich dem Flächenmoment 2. Grades bezogen auf die Gesamthöhe h (Aufeinander gelegte Vollholzbalken sollten jedoch nicht miteinander verklebt werden außer in Sonderkonstruktionen mit bauaufsichtlichem Verwendbarkeitsnachweis wie Balkenschichtholz nach Abschn. 3.4).

Nachgiebiger Verbund

Im Fall nach Bild 22.1b sind beide Einzelstäbe in der Anschlussfuge durch mechanische Verbindungsmittel nachgiebig (elastisch) miteinander verbunden. Die Einzelquerschnitte können sich nur soweit gegeneinander verschieben, wie dies die Verbindungsmittel zulassen; je größer der Verschiebungswiderstand der Verbindungsmittel ist, desto geringer wird die gegenseitige Verschiebung der Einzelquerschnitte. Im Idealfall ist die gegenseitige Verschiebung in der Anschlussfuge gleich Null, d.h. es liegt ein starrer Verbund vor; dies ist jedoch mit nachgiebigen mechanischen Verbindungsmitteln nicht zu erreichen. In der Anschlussfuge werden die Schubkräfte durch die Verbindungsmittel von einem Einzelquerschnitt auf den anderen übertragen; diese Schubkräfte sind infolge der Nachgiebigkeit der Verbindungsmittel geringer als beim starren Verbund. Das wirksame Flächenmoment 2. Grades I_{ef} des ungeschwächten Gesamtquerschnitts liegt zwischen I_{ef} ohne Verbund und starrem Verbund, es setzt sich zusammen aus den Flächenmomenten 2. Grades der Einzelquerschnitte und den beiden zugehörigen *Steiner*-Anteilen, die mit einem Abminderungswert γ versehen sind. Der Abminderungswert γ berücksichtigt u.a. die Nachgiebigkeit der Verbindungsmittel und liegt zwischen $0 < \gamma < 1$.

Zusammengesetzte I- oder Kastenquerschnitte haben gegenüber vergleichbaren rechteckigen Vollquerschnitten den Vorteil einer besseren Querschnittsausnutzung sowie Holzersparnis und den Nachteil eines erhöhten Herstellungsaufwandes. I-Querschnitte oder Sonderkonstruktionen werden bei kleineren Stützweiten eingesetzt, oft bei Schalungsträgern im Stahlbetonbau, Kastenquerschnitte auch bei großen Stützweiten wegen ihrer vergleichsweise hohen Torsionssteifigkeit. Überwiegend wird derzeit der einteilige Rechteckquerschnitt aus Voll-, Brettschicht-, Balkenschicht- und Furnierschichtholz wegen seiner Wirtschaftlichkeit eingesetzt, jedoch werden zusammengesetzte Querschnitte vermehrt als Verbundkonstruktionen wie z.B. als **Holz-Beton-Verbundträger** oder als **Brettstapel-Beton-Verbundträger** hergestellt.

22.1.1 Zusammengesetzte Querschnitte mit Teilquerschnitten aus unterschiedlichen Baustoffen

Einflüsse der Lasteinwirkung und der Holzfeuchte auf die Verformungen

Sind die Teilquerschnitte eines Verbundbauteils aus unterschiedlichen Baustoffen zusammengesetzt, müssen die Schnittgrößen für das unterschiedliche Verformungsverhalten während der Nutzungsdauer ermittelt werden, erforderlichenfalls für den Anfangs- und Endzustand, da sich wegen des unterschiedlichen Kriechverhaltens die Spannungsverteilung in den einzelnen Querschnittsteilen über die Zeit ändert, s. DIN EN 1995-1-1/NA: 2013-08, NCI Zu 9.1.3 (NA.5). Beim Nachweis für den **Anfangszustand** ($t = 0$) sind die Elastizitäts-, Schub- und Verschiebungsmoduln aus Tabelle 22.2 zu berechnen, beim Nachweis für den **Endzustand** ($t = \infty$) nach Tabelle 22.3. Die dabei auftretenden beiden unterschiedlichen Steifigkeitseigenschaften werden im Folgenden erläutert.

Steifigkeiten für Bauteile

In den Nachweisen der Grenzzustände der Tragfähigkeit und Gebrauchstauglichkeit sind **zwei Steifigkeitseigenschaften** bei der Berechnung der Bemessungswerte zu unterscheiden, s. auch Abschn. 8.2.6: die Steifigkeiten für Bauteile aus Baustoffen mit denselben zeitabhängigen Eigenschaften, so dass die Schnittkräfte nicht durch unterschiedliche Steifigkeiten beeinflusst werden, und die Steifigkeiten für Bauteile aus Baustoffen mit unterschiedlichen zeitabhängigen Eigenschaften, so dass die Schnittkräfte durch unterschiedliche Steifigkeiten beeinflusst werden.

Die **Bemessungswerte der Steifigkeiten** von Bauteilen bei Tragwerken, die nach Theorie I. Ordnung (linear-elastische Spannungsverteilung) bemessen und bei denen die Schnittkräfte nicht durch unterschiedliche Steifigkeitsverteilungen beeinflusst werden (**Bauteile mit denselben zeitabhängigen Eigenschaften**), sind in Tabelle 22.2 angeführt, s. auch Gl. (8.7) bis (8.10). Danach entsprechen die Bemessungswerte der Steifigkeiten im Grenzzustand der Gebrauchstauglichkeit X_d ihren Mittelwerten X_{mean} mit X als allgemeine Steifigkeit, während die Bemessungswerte im Grenzzustand der Tragfähigkeit X_d aus ihren

Tabelle 22.2 Bemessungswerte der Elastizitäts-, Schub- und Verschiebungsmoduln (im Anfangszustand ohne Kriechverformung zur Zeit $t = 0$) für Tragwerke aus Bauteilen mit denselben zeitanhängigen Eigenschaften (nach Theorie I. Ordnung) nach DIN EN 1995-1-1: 2010-12, 2.2.2 (2), 2.2.3 (2) sinngemäß und 2.4.1 (2)P[1])

Steifigkeiten im Grenzzustand der Gebrauchstauglichkeit	**Steifigkeiten im Grenzzustand der Tragfähigkeit**
Bemessungswerte der Elastizitätsmoduln E_{mean}	
$E_d = E_{mean}$	$E_d = E_{mean}/\gamma_M$
Bemessungswerte der Schubmoduln G_{mean}	
$G_d = G_{mean}$	$G_d = G_{mean}/\gamma_M$
Bemessungswerte der Verschiebungsmoduln K_{ser} und K_u	
$K_d = K_{ser}$	$K_d = K_{u,mean}/\gamma_M = \frac{2}{3} \cdot K_{ser}/\gamma_M$

[1]) Hierin bedeuten:

E_{mean} Mittelwert des Elastizitätsmoduls nach Abschn. 7.2

G_{mean} Mittelwert des Schubmoduls nach Abschn. 7.2

K_{ser} Verschiebungsmodul nach Tabelle 10.2

γ_M Teilsicherheitsbeiwert für Holz und Holzwerkstoffe
= 1,0 im Grenzzustand der Gebrauchstauglichkeit
= 1,3 im Grenzzustand der Tragfähigkeit nach Tabelle 8.2

Mittelwerten X_{mean} geteilt durch den Teilsicherheitsbeiwert γ_M zu berechnen sind, s. DIN EN 1995-1-1: 2010-12, 2.2.3 (2) sinngemäß und 2.4.1 (2)P. Die Teilsicherheitsbeiwerte für Holz und Holzwerkstoffe betragen $\gamma_M = 1{,}0$ im Grenzzustand der Gebrauchstauglichkeit, s. Abschn. 25.1, und $\gamma_M = 1{,}3$ im Grenzzustand der Tragfähigkeit nach Tabelle 8.2.

Die **Bemessungswerte der Steifigkeiten** von Bauteilen bei Tragwerken, die nach Theorie I. Ordnung (linear-elastische Spannungsverteilung) bemessen und bei denen die Schnittkräfte durch unterschiedliche Steifigkeitsverteilungen beeinflusst werden (**Bauteile mit unterschiedlichen zeitabhängigen Eigenschaften**), sind nach Tabelle 22.3 zu ermitteln.

Tabelle 22.3 Bemessungswerte der Endwerte der Elastizitäts-, Schub- und Verschiebungsmoduln (im Endzustand mit Kriechverformung zur Zeit $t = \infty$) für Tragwerke aus Bauteilen mit unterschiedlichen zeitabhängigen Eigenschaften (nach Theorie I. Ordnung) nach DIN EN 1995-1-1: 2010-12, 2.2.2 (1)P und (2), 2.2.3 (4), 2.3.2.2 (1) und (2), 2.4.1 (2)P sowie DIN 1995-1-1/A2: 2014-07, 4 Änderung zu 2.3.2.2[1])[2])[3])

Steifigkeiten im Grenzzustand der Gebrauchstauglichkeit	Steifigkeiten im Grenzzustand der Tragfähigkeit[4])
Bemessungswerte der Endwerte der Mittelwerte der Elastizitätsmoduln $E_{mean,fin,d}$	
$E_{mean,fin,d} = \dfrac{E_{mean}}{(1+k_{def})}$	$E_{mean,fin,d} = \dfrac{E_{mean}}{(1+\psi_2 \cdot k_{def}) \cdot \gamma_M}$
Bemessungswerte der Endwerte der Mittelwerte der Schubmoduln $G_{mean,fin,d}$	
$G_{mean,fin,d} = \dfrac{G_{mean}}{(1+k_{def})}$	$G_{mean,fin,d} = \dfrac{G_{mean}}{(1+\psi_2 \cdot k_{def}) \cdot \gamma_M}$
Bemessungswerte der Endwerte der Verschiebungsmoduln $K_{ser,fin,d}$	
$K_{ser,fin,d} = \dfrac{K_{ser}}{(1+k_{def})}$	$K_{u,mean,fin,d} = \dfrac{2 \cdot K_{ser}/3}{(1+\psi_2 \cdot k_{def}) \cdot \gamma_M}$

[1]) Hierin bedeuten:

E_{mean} Mittelwert des Elastizitätsmoduls nach Abschn. 7.2

G_{mean} Mittelwert des Schubmoduls nach Abschn. 7.2

K_{ser} Verschiebungsmodul nach Tabelle 10.2

k_{def} Verformungsbeiwert nach Tabelle 7.17, berücksichtigt die Kriechverformung und die Nutzungsklasse

γ_M Teilsicherheitsbeiwert für Holz und Holzwerkstoffe
= 1,0 im Grenzzustand der Gebrauchstauglichkeit
= 1,3 im Grenzzustand der Tragfähigkeit nach Tabelle 8.2

ψ_2 (Kombinations-)Beiwert für den quasi-ständigen Anteil der Einwirkung, die die größte Spannung im Verhältnis zur Festigkeit hervorruft, nach Tabelle 9.3
= 1,0 für eine ständige Einwirkung

[2]) besteht eine Verbindung aus Holzbauteilen mit dem gleichen zeitabhängigen Verhalten, sollte der k_{def}-Wert verdoppelt werden, s. Gl. (22.3)

[3]) besteht eine Verbindung aus zwei holzartigen Baustoffen mit unterschiedlichem zeitabhängigem Verhalten, sollte die Berechnung der Endverformung mit Gl. (22.2) vorgenommen werden

[4]) wenn die Verteilung der Schnittgrößen durch die Steifigkeitsverteilung im Tragwerk beeinflusst wird

Danach entsprechen die Bemessungswerte der Endwerte der Mittelwerte der Steifigkeiten im Grenzzustand der Gebrauchstauglichkeit $X_{fin,d}$ ihren Mittelwerten X_{mean} geteilt durch den Faktor $(1 + k_{def})$ mit X als allgemeine Steifigkeit und k_{def} als Verformungsbeiwert (berücksichtigt die Kriechverformung), während die Bemessungswerte der Endwerte der Mittelwerte der Steifigkeiten im Grenzzustand der Tragfähigkeit $X_{fin,d}$ aus ihren Mittelwerten X_{mean} geteilt durch den Teilsicherheitsbeiwert γ_M und geteilt durch den Faktor $(1 + \psi_2 \cdot k_{def})$ mit ψ_2 als Kombinationsbeiwert für den quasi-ständigen Anteil der Einwirkung bestimmt werden, s. DIN EN 1995-1-1: 2010-12, 2.2.2 (1)P, 2.2.3 (4), 2.3.2.2 (1) und (2), 2.4.1 (2)P sowie DIN 1995-1-1/A2: 2014-07, 4 Änderung zu 2.3.2.2. Die Teilsicherheitsbeiwerte für Holz und Holzwerkstoffe betragen $\gamma_M = 1{,}0$ im Grenzzustand der Gebrauchstauglichkeit, s. Abschn. 25.1, und $\gamma_M = 1{,}3$ im Grenzzustand der Tragfähigkeit nach Tabelle 8.2.

Modifikationsbeiwert k_{mod} und Verformungsbeiwert k_{def} in Verbindungen und Bauteilen

Besteht eine Verbindung aus Holzbauteilen mit unterschiedlichem zeitabhängigem Verhalten, ist in der Regel der Bemessungswert der Tragfähigkeit mit dem Modifikationsbeiwert k_{mod} nach Gl. (22.1) zu berechnen, s. DIN EN 1995-1-1: 2010-12, 2.3.2.1 (2).

$$k_{mod} = \sqrt{k_{mod,1} \cdot k_{mod,2}} \tag{22.1}$$

$k_{mod,1}$, $k_{mod,2}$ Modifikationsbeiwerte der beiden Holzbauteile mit unterschiedlichem zeitabhängigem Verhalten nach Tabelle 7.16

Wenn eine Verbindung aus zwei holzartigen Baustoffen mit unterschiedlichem zeitabhängigem Verhalten vorliegt, sollte die Berechnung der Endverformung mit dem Verformungsbeiwert k_{def} nach Gl. (22.2) vorgenommen werden, s. DIN EN 1995-1-1: 2010-12, 2.3.2.2 (4).

$$k_{def} = 2 \cdot \sqrt{k_{def,1} \cdot k_{def,2}} \tag{22.2}$$

$k_{def,1}$, $k_{def,2}$ Verformungsbeiwerte der beiden Holzbauteile mit unterschiedlichem zeitabhängigem Verhalten nach Tabelle 7.17

Bei einer Verbindung aus Holzbauteilen mit dem gleichen zeitabhängigen Verhalten sollte der Verformungsbeiwert k_{def} nach Gl. (22.3) verdoppelt werden, s. DIN EN 1995-1-1: 2010-12, 2.3.2.2 (3).

$$k_{def} = 2 \cdot k_{def,1} \tag{22.3}$$

$k_{def,1}$, $k_{def,2}$ Verformungsbeiwerte der beiden Holzbauteile mit gleichem zeitabhängigem Verhalten nach Tabelle 7.17
$k_{def,1} = k_{def,2}$

Elastizitätsmoduln von Beton bei Holz-Beton-Verbundkonstruktionen
Bei Holz-Beton-Verbundkonstruktionen darf mit dem Elastizitätsmodul E_{cm} für Beton nach DIN EN 1992-1-1 und DIN EN 1992-1-1/NA gerechnet werden; das Kriechen des Betonteilquerschnitts darf beim Nachweis des Endzustandes vereinfachend durch Division des Elastizitätsmoduls durch 3,5 berücksichtigt werden, s. DIN EN 1995-1-1/NA: 2013-08, NCI Zu 9.1.3 (NA.4).

22.2 Zusammengesetzte Biegestäbe mit geklebtem (starrem) Verbund

Geklebte Verbundbauteile nach diesem Abschn. sind überwiegend auf Biegung beanspruchte, zusammengesetzte I- oder Hohlkastenquerschnitte, die vereinfachend z.B. als I-Träger berechnet werden können. Das Kleben zusammengesetzter Querschnitte darf nur mit zugelassenen Klebern nach Abschn. 6.1 und von Betrieben mit entsprechender Eignung nach Abschn. 6.2.4 ausgeführt werden.

Der **Nachweis geklebter Verbundbauteile** im Grenzzustand der Tragfähigkeit kann nach Tabelle 22.4 geführt werden, dabei sind Einzelnachweise für den Gurt („flange"), den Steg („web"), das Stegbeulen und die Klebfugen zwischen Gurt und Steg erforderlich. Beim starren Verbund, der durch die Klebung erreicht wird, darf eine geradlinige Dehnungsverteilung über die Querschnittshöhe angenommen werden. Die Biege- und Dehnsteifigkeiten sind mit den Steifigkeiten nach Tabelle 22.2 bzw. Tabelle 22.3 zu ermitteln, die Angaben für die Modifikationsbeiwerte k_{mod} und Verformungsbeiwerte k_{def} der Gl. (22.1) bis (22.3) zu berücksichtigen. Der Einzelnachweis der Schwerpunktspannungen im Druckgurt stellt einen Biegedrillknick-(Kipp-)nachweis des Trägers als vereinfachter Knicknachweis nach Abschn. 16.2.1 dar, als wirksame Ersatzstablänge (Knicklänge) darf der Abstand der seitlich unverschieblichen Abstützungen des Trägers (Druckgurtes) eingesetzt werden, s. DIN EN 1995-1-1: 2010-12, 9.1.1. Der Einzelnachweis des Stegbeulens berücksichtigt das Biege- und Schubbeulen, Näheres hierzu s. *Erläut. zu DIN 1052: 2004-08* [47], E 10.5.1 (3) und *v. Halász/Cziesielski* [183]. Der Nachweis der Gebrauchstauglichkeit (Durchbiegung) kann nach Abschn. 25.3 geführt werden.

Tabelle 22.4 Nachweise für geklebte dünnstegige Biegestäbe (zusammengesetzte, geklebte Verbundbauteile) im Grenzzustand der Tragfähigkeit nach DIN EN 1995-1-1: 2010-12, 9.1.1[1])[2])[7])[8])

Dünnstegige geklebte Steg- und Hohlkastenträger	
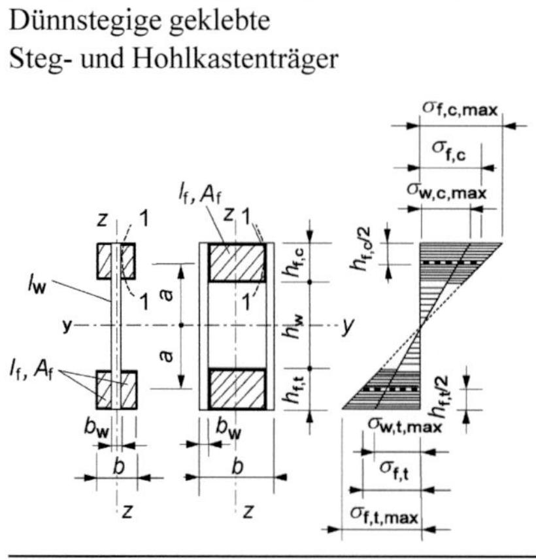	E_{mean} charakteristischer Wert des Elastizitätsmoduls (Mittelwert) nach Abschn. 7.2[2]) M_d Bemessungswert des Biegemomentes, hier: positiv, s. auch Fußnote [1]) $I_{f,w}$ Flächenmoment 2. Grades des Gurtes (f)/des Steges (w) k_{def} Verformungsbeiwert für die Lasteinwirkungsdauer ständig nach Tabelle 7.17 V_d Bemessungswert der Querkraft nach Gl. (8.4) h_w; h_f Steg- und Gurthöhen, s. Bild links $h_{f,t}$ γ_M Teilsicherheitsbeiwert für Holz und Holzwerkstoffe nach Tabelle 8.2

Biegesteifigkeit bei unterschiedlichem elastischen Verhalten von Gurt/Steg[6])

$E \cdot I = E_w \cdot I_w + 2 \cdot E_f \cdot I_f + 2 \cdot E_f \cdot A_f \cdot a^2$ für symmetrische Querschnitte

Elastizitätsmoduln E:

bei Bauteilen mit denselben zeitabhängigen oder mit unterschiedlichen zeitabhängigen Eigenschaften von Gurt (f)/Steg (w) s. Fußnote [2])

Nachweise für die Gurtquerschnitte

Biegerandspannungen im Druck (c)- bzw. Zuggurt (t)

$$\frac{\sigma_{f,c(t),max,d}}{f_{m,d}} \leq 1 \quad \text{mit} \quad \sigma_{f,c(t),max,d} = \frac{M_d}{E \cdot I} \cdot (a + h_{f,c(t)}/2) \cdot E_f$$

Schwerpunktspannungen im Druckgurt mit k_c für $\lambda_z = l_c / (0{,}289 \cdot b)$ [3])

$$\frac{\sigma_{f,c,d}}{k_c \cdot f_{c,0,d}} \leq 1 \quad \sigma_{f,c,d} = \frac{M_d}{E \cdot I} \cdot a \cdot E_f$$

Schwerpunktspannungen im Zuggurt mit

$$\frac{\sigma_{f,t,d}}{f_{t,0,d}} \leq 1 \quad \sigma_{f,t,d} = \frac{M_d}{E \cdot I} \cdot a \cdot E_f$$

Nachweise für die Stegquerschnitte nach *Steck* [488]

Biegerandspannungen (Normalspannungen) im Druck (c)- bzw. Zuggurt (t) [4])

$$\frac{\sigma_{w,c(t),max,d}}{f_{c(t),w,d}} \leq 1 \quad \text{mit} \quad \sigma_{w,c(t),max,d} = \frac{M_d}{E \cdot I} \cdot (a + h_{f,c(t)}/2) \cdot E_w$$

Schubspannungen[5]) mit

$$\frac{\tau_{w,d}}{f_{v,w,0,d}} \leq 1 \quad \tau_{w,d} = \frac{V_d \cdot \left(E_w \cdot n \cdot b_w \cdot h^2/8 + E_f \cdot A_f \cdot a\right)}{E \cdot I \cdot n \cdot b_w}$$

Tabelle 22.4 (Fortsetzung)

Nachweis des Stegbeulens (falls kein genauerer Nachweis geführt wird)

$h_w \leq 70 \cdot b_w$ und

$F_{v,w,Ed} \leq b_w \cdot h_w \cdot \left[1 + 0{,}5 \cdot (h_{f,t} + h_{f,c})/h_w\right] \cdot f_{v,0,d}$ für $h_w \leq 35 \cdot b_w$

$F_{v,w,Ed} \leq 35 \cdot b_w^2 \cdot \left[1 + 0{,}5 \cdot (h_{f,t} + h_{f,c})/h_w\right] \cdot f_{v,0,d}$ für $35 \cdot b_w < h_w \leq 70 \cdot b_w$

Nachweis der Schubspannung (zwischen Steg und Gurt, Schnitt 1-1) für Stege aus Holzwerkstoffen

$\tau_{mean,d} \leq f_{v,90,d}$ für $h_f \leq 4 \cdot b_{ef}$

$$\tau_{mean,d} = \frac{V_d \cdot (E \cdot S)_{ef,f}}{2 \cdot h_f \cdot (E \cdot I)_{ef}}$$

$\tau_{mean,d} \leq f_{v,90,d} \cdot (4 \cdot b_{ef}/h_f)^{0,8}$ für $h_f > 4 \cdot b_{ef}$

[1]) Hierin bedeuten:

b	Breite, s. Bild oben
b_{ef}	$= b_w$ für Kastenträger $= b_w/2$ für I-Träger
b_w	Dicke (Breite) eines Steges
$f_{m,d}$	Bemessungswert der Biegefestigkeiten der Gurte nach Gl. (8.5)
$f_{c,0,d}, f_{t,0,d}$	Bemessungswerte der Druck- und Zugfestigkeiten der Gurte nach Gl. (8.5)
$f_{c,w,d}$, $f_{t,w,d}$	Bemessungswerte der Biegedruck- und Biegezugfestigkeiten der Stege für Beanspruchung in Plattenebene (Scheibenbeanspruchung) nach Gl. (8.5), s. auch Fußnote [4])
$f_{v,w,0,d}$	Bemessungswert der Schubfestigkeit des Steges nach Gl. (8.5)
$f_{v,0,d}$	Bemessungswert der Schubfestigkeit des Steges bei Scheibenbeanspruchung nach Gl. (8.5)
$f_{v,90,d}$	Bemessungswert der Rollschubfestigkeit des Steges nach Gl. (8.5)
$F_{v,w,Ed}$	Bemessungswert der Schubbeanspruchung in jedem Steg
h	$= h_w + h_{f,c} + h_{f,t}$
h_w	lichte Steghöhe
$h_{f,c}$	Druckgurthöhe
$h_{f,t}$	Zuggurthöhe
h_f	entweder $h_{f,c}$ oder $h_{f,t}$
k_c	Knickbeiwert nach Abschn. 16.2.3 für $\lambda_z = l_c / (0{,}289 \cdot b)$
l_c	Abstand zwischen denjenigen Querschnitten (Stellen), an denen ein seitliches Ausweichen des Druckgurtes verhindert wird
M_d	Bemessungswert des Biegemomentes, hier: positiv, d.h. die Belastung wirkt in z-Richtung und erzeugt ein sinusförmig oder parabolisch veränderliches Biegemoment $M_y(x)$ und eine Querkraft $V_z(x)$
n	Anzahl der Stege mit der Stegdicke b_w
I	Flächenmoment 2. Grades
S	Flächenmoment 1. Grades
V_d	Bemessungswert der Querkraft (Schubkraft) nach Gl. (8.4)
$\tau_{mean,d}$	Bemessungswert der Schubspannungen, die über die Breite des Schnittes 1-1 als gleichmäßig verteilt angenommen werden (in der Klebefuge Steg/Gurt)
$\tau_{w,d}$	Bemessungswert der Schubspannungen im Steg

[2]) werden Teilquerschnitte aus unterschiedlichen Baustoffen verwendet, sind die unterschiedlichen Steifigkeitseigenschaften zur Berücksichtigung der verschiedenen Kriechverformungen bei der Ermittlung der Schnittgrößen zu beachten, s. DIN EN 1995-1-1/NA: 2013-08, NCI Zu 9.1.3 (NA.5):

Tabelle 22.4 (Fußnoten)
- bei Bauteilen mit denselben zeitanhängigen Eigenschaften nach Tabelle 22.2 für den Anfangs- und Endzustand,
- bei Bauteilen mit unterschiedlichen zeitanhängigen Eigenschaften nach Tabelle 22.2 für den Anfangszustand und nach Tabelle 22.3 für den Endzustand, dieser wird oft infolge der geringeren Biegesteifigkeit bemessungsbestimmend

[3]) wird hinsichtlich des seitlichen Ausknickens ein besonderer Nachweis für den Biegestab als Ganzes geführt, darf $k_c = 1{,}0$ angenommen werden

[4]) wenn andere Werte nicht bekannt sind, sind für die Bemessungswerte der Biegedruck- und Biegezugfestigkeiten der Stege die Bemessungswerte der Zug- oder Druckfestigkeiten anzunehmen, s. DIN EN 1995-1-1: 2010-12, 9.1.1 (5)

[5]) beim Schubnachweis ist die wirksame Breite b_{ef} nach Gl. (18.4) zu berücksichtigen (für Schwind- oder Trockenrisse bei Voll-, Brettschicht- und Balkenschichtholz)

[6]) Herleitung der Biegesteifigkeit $E \cdot I$ von zusammengesetzten Biegeträgern mit starrem Verbund sinngemäß wie die Biegesteifigkeit für nachgiebig verbundene Biegeträger nach DIN EN 1995-1-1: 2010-12, Anhang B, B.2 (1) für $\gamma = 1{,}0$

[7]) bei der Bemessung zusammengesetzter Biegeträger sind die Angaben für die Modifikationsbeiwerte k_{mod} und Verformungsbeiwerte k_{def} der Gl. (22.1) bis (22.3) zu berücksichtigen

[8]) der Gebrauchstauglichkeitsnachweis (Durchbiegung) ist mit der Biegesteifigkeit $E \cdot I$ einschl. Schubdurchsenkung nach Abschn. 25.3 zu führen

22.3 Zusammengesetzte Biegestäbe mit nachgiebigem Verbund

Nachgiebig verbundene Bauteile nach diesem Abschn. sind überwiegend auf Biegung beanspruchte, zusammengesetzte I-, T- oder Hohlkastenquerschnitte, die vereinfachend z.B. als I-Träger berechnet werden können.

Der **Nachweis von Verbundbauteilen** mit nachgiebig miteinander verbundenen Querschnittsteilen im Grenzzustand der Tragfähigkeit kann nach Tabelle 22.6 für die Querschnittstypen nach Tabelle 22.5 geführt werden, dabei sind Einzelnachweise für die Normal-, Biegerand- und Schubspannungen, die Verbindungsmittel und das Stegbeulen, das sinngemäß nach Tabelle 22.4 einzuhalten ist, erforderlich. Bei nachgiebigem Verbund, der durch die Nachgiebigkeit der mechanischen Verbindungsmittel in den Anschlussfugen vorliegt, darf eine geradlinige Dehnungsverteilung zwischen Kräften und Verformungen angenommen werden. Die Biege- und Dehnsteifigkeit sowie die Abminderungswerte sind mit den Steifigkeiten nach Tabelle 22.2 bzw. Tabelle 22.3 zu ermitteln, die Angaben für die Modifikationsbeiwerte k_{mod} und Verformungsbeiwerte k_{def} der Gl. (22.1) bis (22.3) zu berücksichtigen, s. DIN EN 1995-1-1/NA: 2013-08, NCI Zu 9.1.3 (NA.5).

Beim Einzelnachweis der Normalspannungen sind neben den Schwerpunktspannungen des Zuggurtes auch die Schwerpunktspannungen im Druckgurt zu berücksichtigen, dieser Einzelnachweis ist sinngemäß nach Tabelle 22.4 als vereinfachter Knicknachweis zu führen und stellt auch hier einen Biegedrillknick-(Kipp-)nachweis des Trägers dar, s. DIN EN 1995-1-1: 2010-12, 9.1.3 und Anhang B. Der Nachweis der Gebrauchstauglichkeit (Durchbiegung) kann nach Abschn. 25.3 geführt werden.

Tabelle 22.5 Querschnittsformen von Biegestäben mit nachgiebig miteinander verbundenen Querschnittsteilen nach DIN EN 1995-1-1: 2010-12, Anhang B, Bild B.1[1)][2)][3)][4)]

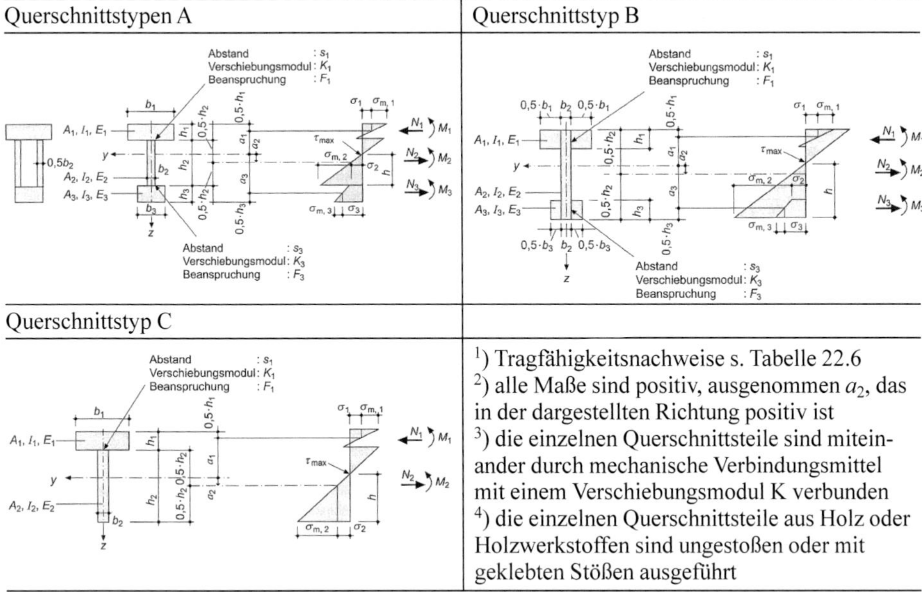

[1)] Tragfähigkeitsnachweise s. Tabelle 22.6

[2)] alle Maße sind positiv, ausgenommen a_2, das in der dargestellten Richtung positiv ist

[3)] die einzelnen Querschnittsteile sind miteinander durch mechanische Verbindungsmittel mit einem Verschiebungsmodul K verbunden

[4)] die einzelnen Querschnittsteile aus Holz oder Holzwerkstoffen sind ungestoßen oder mit geklebten Stößen ausgeführt

Tabelle 22.6 Nachweise von Biegestäben mit nachgiebig miteinander verbundenen Querschnittsteilen im Grenzzustand der Tragfähigkeit nach DIN EN 1995-1-1: 2010-12, 9.1.3 und Anhang B sowie DIN EN 1995-1-1/A2: 2014-07, 20 Änderung zu B.4[1–4)][12)][13)]

Wirksame Biegesteifigkeit

$$(E \cdot I)_{ef} = \sum_{i=1}^{3} (E_i \cdot I_i + \gamma_i \cdot E_i \cdot A_i \cdot a_i^2) \qquad \text{mit } A_i = b_i \cdot h_i \qquad I_i = b_i \cdot h_i^3/12 \qquad \gamma_2 = 1$$

Elastizitätsmoduln E:
bei Bauteilen mit denselben zeitabhängigen oder mit unterschiedlichen zeitabhängigen Eigenschaften von Gurt (f)/Steg (w) s.[4)]

Abminderungswerte	
$\gamma_i = \dfrac{1}{1 + \dfrac{\pi^2 \cdot E_i \cdot A_i \cdot s_i}{K_i \cdot l^2}}$ für $i = 1,3$ $\gamma_2 = 1$	l = l bei Einfeldträgern mit der Stützweite l = $2 \cdot l_k$ bei Kragträgern mit der Kraglänge l_k = $0{,}8 \cdot l_i$ bei Durchlaufträgern im Feld i mit der Stützweite l_i, über den Zwischenstützen ist der jeweils kleinere Wert der beiden anschließenden Felder maßgebend

$E_{1(3)} \cdot A_{1(3)}$ Dehnsteifigkeit des Querschnittsteils 1 (3), das an das Querschnittsteil 2 nachgiebig angeschlossen ist

$K_{1(3)}/s_{1(3)}$ Fugensteifigkeit der Fuge, über die das Querschnittsteil 1 (3) an das Querschnittsteil 2 nachgiebig angeschlossen ist

$s_{1(3)}$ [5)][6)]	Abstand der in eine Reihe geschoben gedachten Verbindungsmittel der Fuge, über die das Querschnittsteil 1 (3) an das Querschnittsteil 2 angeschlossen ist	Beispiele: 1, 2 — s s s — $s_{1(3)} = \frac{s}{2}$ 1, 2, 3 — s s s — $s_{1(3)} = \frac{s}{3}$

Tabelle 22.6 (Fortsetzung)

Lage der Spannungsnullebene (y-Achse)	
$a_2 = \frac{1}{2} \cdot \frac{\gamma_1 \cdot E_1 \cdot A_1 \cdot (h_1 + h_2) - \gamma_3 \cdot E_3 \cdot A_3 \cdot (h_2 + h_3)}{\sum_{i=1}^{3} \gamma_1 \cdot E_1 \cdot A_1}$ mit $a_2 \geq 0$ und $a_2 \leq h_2/2$ [10])	bei Querschnittstypen B, s. Tabelle 22.5: h_1 und h_3 mit Minuszeichen einsetzen[10]) bei Querschnittstypen C (T-Querschnitten): $h_3 = 0$ und $A_3 = 0$ [10])

Nachweis der Normalspannungen[7])[8])

in den Schwerpunkten der Querschnittsteile 1 bis 3

$$\frac{\sigma_{i,d}}{f_{c(t),i,d}} \leq 1 \qquad \text{mit} \qquad \sigma_{i,d} = \frac{M_d}{(E \cdot I)_{ef}} \cdot \gamma_i \cdot a_i \cdot E_i$$

Nachweis der maximalen Randspannungen[7])

an den Rändern der Querschnittsteile 1 bis 3

$$\frac{\sigma_{m,i,d}}{f_{m,i,d}} \leq 1 \qquad \text{mit} \qquad \sigma_{m,i,d} = \frac{M_d}{(E \cdot I)_{ef}} \cdot E_i \cdot \left(\gamma_i \cdot a_i + \frac{h_i}{2} \right)$$

Nachweis der maximalen Schubspannungen[9])

$\frac{\tau_{i,max,d}}{f_{v,i,d}} \leq 1$	für den Steg (Querschnittsteil 2) in der neutralen Ebene gilt: $\tau_{2,max,d} = \frac{V_{max,d}}{(E \cdot I)_{ef} \cdot b_2} \cdot (\gamma_3 \cdot E_3 \cdot A_3 \cdot a_3 + 0{,}5 \cdot E_2 \cdot b_2 \cdot h^2)$

Nachweis der Verbindungsmittel in der Fuge $i = 1{,}3$

$\frac{F_{i,d}}{F_{v,i,Rd}} \leq 1$	Bemessungswert der auf ein Verbindungsmittel entfallende Kraft $F_{i,d}$ $F_{1(3),d} = \frac{V_{max,d}}{(E \cdot I)_{ef}} \cdot (\gamma_{1(3)} \cdot E_{1(3)} \cdot A_{1(3)} \cdot a_{1(3)} \cdot s_{1(3)})$

Nachweis des Stegbeulens bei dünnwandigen Stegen[11])
(falls kein genauerer Nachweis geführt wird)

Die Bedingungen des Beulnachweises nach Tabelle 22.4 sind einzuhalten mit zusätzlicher folgender Bedingung: $h_w + 0{,}5 \cdot (h_{f,c} + h_{f,t}) \leq 70 \cdot b_w$ [11])

[1]) Nachweise gelten für die Querschnittsformen der Tabelle 22.5

[2]) Hierin bedeuten:

A_i	Querschnittsfläche des i-Querschnittsteiles, s. Tabelle 22.5
b_i	Breite der einzelnen Querschnittsteile, s. Tabelle 22.5
E	Elastizitätsmodul nach Tabelle 22.2 bzw. 22.3
$F_{i,d}$	Bemessungswert der Beanspruchung eines Verbindungsmittels in der Fuge i
$F_{v,i,Rd}$	Bemessungswert der Tragfähigkeit eines Verbindungsmittels in der Fuge i
$f_{m,i,d}$	Bemessungswert der Biegefestigkeit der Querschnittsteile i nach Gl. (8.5)
$f_{c,i,d}, f_{t,i,d}$	Bemessungswert der Druck- bzw. Zugfestigkeit der Querschnittsteile i nach Gl. (8.5)
$f_{v,i,d}$	Bemessungswert der Schubfestigkeit der Querschnittsteile i nach Gl. (8.5)
I_i	Flächenmoment 2. Grades des Querschnittsteiles i
h	Maß bis zur Spannungsnullebene, s. jeweiliger Querschnittstyp in Tabelle 22.5

Tabelle 22.6 (Fußnoten)

h_i Höhe der einzelnen Querschnittsteile nach Tabelle 22.5
K_i Verschiebungsmodul in der Fuge *i* nach Tabelle 22.2 bzw. 22.3
M_d Bemessungswert des Biegemomentes, hier: positiv, s. Fußnote [3]) 3. Teilsatz
$M_{i,d}$ Bemessungswerte der Biegemomente in den Querschnittsteilen 1 bis 3
$N_{i,d}$ Bemessungswerte der Normalkräfte in den Querschnittsteilen 1 bis 3
V_d Bemessungswert der Querkraft (Schubkraft) nach Gl. (8.4), s. Fußnote [3]) 3. Teilsatz
$\sigma_{i,d}$ Bemessungswert der Schwerpunktspannungen in den Querschnittsteilen 1 bis 3
$\sigma_{m,i,d}$ Bemessungswert der (Biege-)Randspannungen in den Querschnittsteilen 1 bis 3
$\tau_{i,max,d}$ Bemessungswert der Schubspannungen in den Querschnittsteilen 1 bis 3

[3]) für die Nachweise gelten u.a. folgende Voraussetzungen, s. DIN EN 1995-1-1: 2010-12; Anhang B, B.1.2:
- die einzelnen Querschnittsteile (aus Holz und Holzwerkstoffen) sind ungestoßen oder mit geklebten Stößen ausgeführt,
- die einzelnen Querschnittsteile sind miteinander durch mechanische Verbindungsmittel mit einem Verschiebungsmodul *K* verbunden,
- die Belastung wirkt in *z*-Richtung und erzeugt ein sinusförmig oder parabolisch veränderliches Biegemoment $M_y(x)$ und eine Querkraft $V_z(x)$

[4]) werden Teilquerschnitte aus unterschiedlichen Baustoffen verwendet, sind die unterschiedlichen Steifigkeitseigenschaften zur Berücksichtigung der verschiedenen Kriechverformungen bei der Ermittlung der Schnittgrößen zu beachten, s. DIN EN 1995-1-1/NA: 2013-08, NCI Zu 9.1.3 (NA.5):
- bei Bauteilen mit denselben zeitanhängigen Eigenschaften nach Tabelle 22.2 für den Anfangs- und Endzustand,
- bei Bauteilen mit unterschiedlichen zeitanhängigen Eigenschaften nach Tabelle 22.2 für den Anfangszustand und nach Tabelle 22.3 für den Endzustand, dieser wird oft infolge der geringeren Biegesteifigkeit bemessungsbestimmend

[5]) der Abstand *s* der Verbindungsmittel ist entweder konstant oder entsprechend der Querkraftlinie zwischen s_{min} und s_{max} (mit $s_{max} \leq 4 \cdot s_{min}$) abgestuft, über wirksame Verbindungsmittelabstände s_{ef} s. Gl. (22.4) und (22.5)

[6]) wenn ein Gurt aus zwei Teilen besteht, die an einen Steg angeschlossen sind, oder wenn ein Steg aus zwei Teilen besteht (wie z.B. in einem Kastenträger), dann wird der Abstand der Verbindungsmittel s_i aus der Summe der Verbindungsmittel je Längeneinheit in den beiden Anschlusshälften bestimmt, s. DIN EN 1995-1-1: 2010-12; Anhang B, B.1.3

[7]) Empfehlung in Anlehnung an DIN 1052: 2008-12, 10.5.2 (4): Die durch Querschnittsschwächungen entstehenden örtlichen Spannungserhöhungen dürfen näherungsweise durch Multiplikation der Schwerpunktspannungen σ_i mit $A_i / A_{i,n}$ und der Biegespannungen $\sigma_{m,i}$ mit $I_i / I_{i,n}$ berücksichtigt werden mit $A_{i,n}$ als Nettoquerschnittsfläche des Querschnittsteiles *i* und $I_{i,n}$ als Flächenmoment 2. Grades des geschwächten Querschnittsteiles *i* bezogen auf die Achse des ungeschwächten Querschnittsteiles *i*

[8]) der Einzelnachweis der Schwerpunktspannungen für den Druckgurt ist sinngemäß nach Tabelle 22.4 als vereinfachter Knicknachweis zu führen, er stellt einen Biegedrillknick-(Kipp-)nachweis dar

[9]) beim Schubnachweis ist die wirksame Breite b_{ef} nach Gl. (18.4) zu berücksichtigen (für Schwind- oder Trockenrisse bei Voll-, Brettschicht- und Balkenschichtholz)

[10]) Empfehlung in Anlehnung nach DIN 1052: 2008-12, 8.6.2 (4)

[11]) Empfehlung in Anlehnung DIN 1052: 2008-12, 10.5.2, (2) und (3), mit $h_{f,c(t)}$ als Druck- bzw. Zuggurthöhe nach Tabelle 22.4

[12]) bei der Bemessung zusammengesetzter Biegeträger sind die Angaben für die Modifikationsbeiwerte k_{mod} und Verformungsbeiwerte k_{def} der Gl. (22.1) bis (22.3) zu berücksichtigen

[13]) der Gebrauchstauglichkeitsnachweis (Durchbiegung) ist mit der wirksamen Biegesteifigkeit $(E \cdot I)_{ef}$ einschl. Schubdurchsenkung nach Abschn. 25.3 zu führen

Die Verbindungsmittel werden im Allgemeinen gleichmäßig über die Trägerlänge angeordnet; dabei ist $s_{1,3}$ nach Tabelle 22.6 der mittlere Abstand der in eine Reihe geschobenen Verbindungsmittel, mit denen die Gurte an den Steg angeschlossen sind, s. DIN EN 1995-1-1: 2010-12, Anhang B, B.1.3. Werden die Verbindungsmittelabstände in Längsrichtung jedoch analog zur Querkraftlinie abgestuft, so darf der wirksame Verbindungsmittelabstand s_{ef} nach Gl. (22.5) verwendet werden, wenn die Bedingung der Gl. (22.4) eingehalten wird, s. DIN EN 1995-1-1: 2010-12, 9.1.3 (3). Bei Abstufung der Verbindungsmittelabstände werden die Anzahl der Verbindungsmittel und damit der Herstellungsaufwand reduziert.

$$s_{max} \leq 4 \cdot s_{min} \tag{22.4}$$

$$s_{ef} = 0{,}75 \cdot s_{min} + 0{,}25 \cdot s_{max} \tag{22.5}$$

Das **Nachweisverfahren für nachgiebigen Verbund** der Tabellen 22.5 und 22.6 gilt für einfeldrige (und durchlaufende) Biegeträger mit zusammengesetzten Querschnitten aus zwei bzw. drei Einzelteilen und praktisch gleichmäßig verteilter Belastung über die Trägerlänge. Biegeträger mit mehr als drei Einzelteilen können nach *Schelling* [453] berechnet werden. Sind die o.a. Voraussetzungen nicht einzuhalten, kann das **Verfahren der „Schubanalogie“** nach DIN EN 1995-1-1/NA: 2013-08, NCI NA.5.6 und *Kreuzinger* [289] angewendet werden, hierzu ist u.a. in *Erläut. zu DIN 1052: 2004-08* [47], E 8.6.2 (9) ein Beispiel angeführt.

Untersuchungen zu **Biegeträgern mit zusammengesetztem Querschnitt** haben u.a. *Heimeshoff* [207], *Kreuzinger* [286], [288], [289], *Möhler* [336], [341], *Möhler/Hemmer* [351], *Möller* [365], *Pischl* [396], [397], *Schelling* [452], [453] und *Solli* [482] durchgeführt; über **Verbundträger aus Brettschichtholz** mit Verstärkungen aus Faserverbundkunststoffen berichten *Arendt/*Schmid [10] und *Blaß/Schmid* [63], über **Holz-Beton-Verbundbauteile** *Avak/Glaser* [12], *Feix/Fleck/Meixner/Thaler* [133], *Hemmy/Droese* [215], *Höhmann/Siemers* [227], *Holschemacher/Dehn* [233], *Kuhlmann/Gerold/Schänzlin* [296], [297], *Kuhlmann/Schänzlin* [298], *Lehmann/Grosse/Rautenstrauch* [306], *Rautenstrauch/Müller* [420], *Schänzlin* [439], *Schmidt/Schneider/Thiele* [464], *Schmidt/Schneider/Thiele/Kaliske* [465] und *Schröter/Simon/Timmler/Rautenstrauch/Raue* [469]. Über die Entwicklung eines **Hochleistungs-Verbundträgersystems** für den Ingenieurholzbau berichten *Rautenstrauch/Kästner/Jahreis/Hädicke* [418].

22.4 Zusammengesetzte Druckstäbe mit geklebtem und nachgiebigem Verbund

Berechnungen und Bemessungen der Tragfähigkeit von zusammengesetzten I- und kastenförmigen, gespreizten und vergitterten Druckstäben wie mehrteilige gespreizte Druckstäbe mit Zwischen- oder Bindehölzern oder Gitterstäbe werden an dieser Stelle nicht näher angeführt, sie sind in DIN EN 1995-1-1: 2010-12, 9.1.4 und Anhang C geregelt. Ausführliche Darstellungen können z.B. *Becker/Blaß* [18], *Becker/Rautenstrauch* [19], *Erläut. zu DIN 1052: 2004-08* [47], E 10.5.3 und *Rautenstrauch/Möller/Hartnack* [419] entnommen werden.

Nachweise für Anschlüsse, Stöße und Fachwerke sowie Verformungsberechnungen 23

23.1 Modellbildung bei Stabtragwerken

23.1.1 Verformungen in Stäben und Verbindungen

Die Verformungen der Stäbe und Verbindungen in Stabtragwerken und Fachwerken (Rahmentragwerken) sind möglichst wirklichkeitsnah im statischen Modell zur Berechnung der Stabkräfte, Biegemomente und Beanspruchungen von Verbindungen ebenso zu berücksichtigen wie etwaige Auflagerausmitten und reduzierte Steifigkeiten von Unterkonstruktionen. Bei einfachen Bauwerken können diese Einflüsse unberücksichtigt bleiben und durch Annahmen berücksichtigt werden, die auf der sicheren Seite liegen, s. DIN EN 1995-1-1: 2010-12, 5.4.2 (1)P.

Im Grenzzustand der Tragfähigkeit werden die Verformungen von Stäben durch die Biegesteifigkeit B, Dehnsteifigkeit D, Schubsteifigkeit S und Torsionssteifigkeit T nach Gl. (23.1) bis (23.4) berücksichtigt, bei Verbindungen sind dies neben der Torsionsfedersteifigkeit K_T überwiegend die Dehnfedersteifigkeit K_j und Drehfedersteifigkeit K_φ nach Gl. (23.5) und (23.6), s. *Erläut. zu DIN 1052: 2004-08* [47], E 8.8.1 (1) bis (3). Zur Berechnung der Steifigkeiten im Grenzzustand der Gebrauchstauglich- und Tragfähigkeit s. Tabelle 22.2 und 22.3 sowie Abschn. 10.3.3. Drehfedersteifigkeiten K_φ für verschiedene Anschlüsse sind in Tabelle 23.1 dargestellt, ihre Herleitung wird im Abschn. 23.1.2 erläutert.

Steifigkeiten eines Stabes im Grenzzustand der Tragfähigkeit:

$$B = E_{0,\mathrm{mean}} \cdot I/\gamma_M \tag{23.1}$$

H. Neuhaus · L. Peterson (✉)
e-mail: peterson@fh-aachen.de

H. Neuhaus, W. Moorkamp, L. Peterson, T. Uibel, *Ingenieurholzbau*,
DOI 10.1007/978-3-658-44967-4_23

$$D = E_{0,\text{mean}} \cdot A/\gamma_\text{M} \tag{23.2}$$

$$S = G_\text{mean} \cdot A_\text{v}/\gamma_\text{M} \tag{23.3}$$

$$T = G_\text{mean} \cdot I_\text{T}/\gamma_\text{M} \tag{23.4}$$

Federsteifigkeiten einer Verbindung im Grenzzustand der Tragfähigkeit:

$$K_\text{j} = n \cdot K_\text{u,mean}/\gamma_\text{M} \tag{23.5}$$

$$K_\varphi = \frac{K_\text{u,mean}}{\gamma_\text{M}} \cdot \sum_{i=1}^{n} r_\text{i}^2 \tag{23.6}$$

A Querschnittsfläche des Stabes
B Biegesteifigkeit des Stabes
$E_{0,\text{mean}}$ Mittelwert des Elastizitätsmoduls in Faserrichtung nach Abschn. 7.2, Genaueres s. Tabelle 22.2 und 22.3
G_mean Mittelwert des Schubmoduls nach Abschn. 7.2, Genaueres s. Tabelle 22.2 und 22.3
I Flächenmoment 2. Grades des Stabes
I_T Torsions-Flächenmoment 2. Grades des Stabes
K_j Dehnfedersteifigkeit der Verbindung
K_φ Drehfedersteifigkeit der Verbindung, s. auch Tabelle 23.1 und Abschn. 23.1.2
$K_\text{u,mean}$ Mittelwert des Verschiebungsmoduls im Grenzzustand der Tragfähigkeit nach Abschn. 10.3.3, Genaueres s. Tabelle 22.2 und 22.3
S Schubsteifigkeit des Stabes
T Torsionssteifigkeit des Stabes
n Anzahl der Scherfugen bei stiftförmigen Verbindungsmitteln bzw. Anzahl von Verbindungseinheiten bei Dübeln besonderer Bauart in einem Anschluss
r_i Abstand des *i*-ten Verbindungsmittels vom Schwerpunkt aller Verbindungsmittel (Anschlusspunkt) in einem Anschluss
γ_M Teilsicherheitsbeiwert für Holz und Holzwerkstoffe nach Tabelle 8.2

Stäbe werden direkt oder indirekt miteinander verbunden, wesentliche Festlegungen hierzu können Abschn. 23.2 entnommen werden. Die Systemlinien des statischen Modells sollten mit den Stabachsen übereinstimmen, andernfalls sind die entstehenden Ausmitten bei der Schnittkraftermittlung zu berücksichtigen, hierüber s. Abschn. 23.4.

23.1.2 Federsteifigkeiten in Stäben und Verbindungen

Die Nachgiebigkeit normalkraftbeanspruchter Verbindungen (Anschlüsse und Stöße) infolge Verbindungsmittel wird im Allgemeinen durch (Weg-)Federsteifigkeiten, diejenige biegesteifer Anschlüsse und Stöße durch Drehfedersteifigkeiten im statischen Modell dargestellt. Je kleiner die Federsteifigkeiten, desto nachgiebiger verhalten sich diese Anschlüsse und Stöße unter Belastung; geht die Federsteifigkeit gegen ∞, liegt ein starrer Anschluss oder Stoß vor. An Feder- und Drehfederanschlüssen bzw. -stößen wird nach dem Arbeitssatz Arbeit geleistet.

Federanschlüsse und -stöße

Die Längenänderung Δu ist proportional zur Änderung einer Normalkraft ΔN nach Bild 23.1, solange elastisches Verhalten vorliegt. Der Proportionalitätsfaktor wird Federkonstante oder im Holzbau Dehnfedersteifigkeit K_j genannt, s. Gl. (23.5) und (23.7). Nach dem Arbeitssatz kann die auftretende Verschiebung δ_V nach Gl. (23.8) errechnet werden,

$$\Delta u = \frac{N}{K_\mathrm{j}} \tag{23.7}$$

$$\delta_\mathrm{V} = \Delta u \cdot \overline{N} = \frac{N \cdot \overline{N}}{K_\mathrm{j}} \tag{23.8}$$

N Schnittgröße infolge wirklicher Lastgrößen
$\overline{N}$ Schnittgröße infolge virtueller Belastung
K_j Dehnfedersteifigkeit nach Gl. (23.5)

Bild 23.1
(Weg- oder Dehn-)Federanschluss unter Zugbelastung

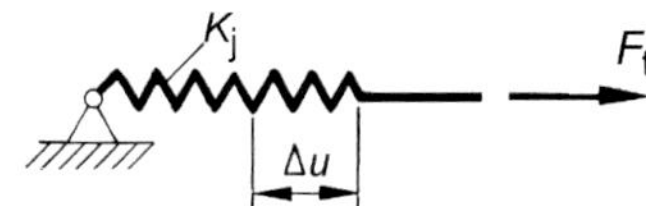

bei mehreren Federanschlüssen sind die Beiträge aufzusummieren, s. Tabelle 23.4.

Bei **bestimmten Holzverbindungen** wie Versätzen und anderen Kontaktanschlüssen „schräg" oder rechtwinklig zur Faser sowie bei faserparallelen Passstößen sind die auftretenden Verschiebungen überwiegend von meist unvermeidbaren Herstellungsungenauigkeiten abhängig und weniger von der Höhe der Beanspruchung, die Verschiebungen (Schlupf) dieser Verbindungen können nur weitgehend abgeschätzt werden, sie sind im Abschn. 10.3.3 als Verschiebungswerte angegeben. Gl. (23.8) wird erweitert zu Gl. (23.9), um diese zusätzlichen Verschiebungen u_Schlupf zu den rechnerischen Verschiebungen, die mit Hilfe der Dehnfedersteifigkeit K_j (des Verschiebungsmoduls K_ser bzw. $K_\mathrm{u,mean}$) ermittelt werden, hinzuzufügen.

$$\delta_\mathrm{V} = \frac{N \cdot \overline{N}}{K_\mathrm{j}} + \overline{N} \cdot u_\mathrm{Schlupf} \tag{23.9}$$

u_Schlupf zusätzliche Verschiebung von bestimmten Holzverbindungen nach Abschn. 10.3.3 infolge Herstellungsungenauigkeiten und zulässigem „Spiel",
weitere Bezeichnungen nach Gl. (23.8).

Bei **Bolzen und Gewindestangen**, die mit einem zulässigen größeren Bohrloch (d + 1 mm) als dem Nenndurchmesser d („mit Spiel") eingebaut werden (nicht bei Passbolzen und eingeklebten Gewindestangen), ist mit einer zusätzlichen Verschiebung (Schlupf) von $u_{B(GS)} = 1$ mm zu rechnen, diese ist ebenso zu den rechnerischen Verschiebungen, die mit Hilfe der Dehnfedersteifigkeit K_j (des Verschiebungsmoduls K_{ser} bzw. $K_{u,mean}$) ermittelt werden, hinzuzufügen, s. Gl. (23.9).

Als Beispiel eines Dehnfederanschlusses kann der Diagonalanschluss eines Fachwerkes angesehen werden, dessen Nachgiebigkeit z.B. bei der genaueren Berechnung der Durchbiegung des Fachwerkträgers berücksichtigt werden sollte, s. Tabelle 23.4.

Dreh-Federanschlüsse und -stöße

Die Winkeländerung $\Delta\varphi$ ist proportional zur Änderung eines Momentes ΔM nach Bild 23.2, solange elastisches Verhalten vorliegt. Der Proportionalitätsfaktor wird Dreh-Federkonstante oder im Holzbau Drehfedersteifigkeit K_φ genannt, s. Gl. (23.6) und (23.10), die für verschiedene biegesteife Anschlüsse und Stöße nach Tabelle 23.1 berechnet werden kann. Nach dem Arbeitssatz kann die auftretende Verformungsgröße δ_V (Verdrehung) nach

$$\Delta\varphi = \frac{M}{K_\varphi} \tag{23.10}$$

$$\delta_V = \Delta\varphi \cdot \bar{M} = \frac{M \cdot \bar{M}}{K_\varphi} \tag{23.11}$$

$$\delta_V = \frac{M \cdot \bar{M}}{K_\varphi} + \bar{M} \cdot \varphi_{Schlupf} \tag{23.12}$$

M Schnittgröße infolge wirklicher Lastgrößen
$\bar{M}$ Schnittgröße infolge virtueller Belastung
K_φ Drehfedersteifigkeit nach Gl. (23.6) bzw. Tabelle 23.1
$\varphi_{Schlupf}$ Winkeländerung infolge Verschiebungen von Holzverbindungen nach Abschn. 10.3.3

Gl. (23.11) errechnet werden, diese Gl. ist für Verbindungsmittel/Verschiebungen sinngemäß nach Gl. (23.9) zu Gl. (23.12) erweitert worden. Als Beispiel eines Drehfederanschlusses kann eine verdübelte Rahmenecke nach Abschn. 17.4.5 angesehen werden, deren Nachgiebigkeit z.B. bei der Ermittlung der Knicklänge eines Dreigelenkrahmens berücksichtigt werden sollte, s. Tabelle 23.4, falls sich dies maßgeblich auf die Bemessung auswirkt. Die Herleitung einer Drehfedersteifigkeit (Drehfederkonstante) K_φ ist für einen einfachen Anschluss im Folgenden angeführt.

Bild 23.2 Dreh-Federanschluss unter Momentenbeanspruchung

Tabelle 23.1 Drehfederkonstanten K_φ (Drehfedersteifigkeiten) für verschiedene Anschlüsse nach *Heimeshoff* und *Franz/Scheer* [139][1])[2])

Anschluss, allgemein	Binder-Stütze	Stütze-Fundament	Rahmenecke (Dübelkreis)
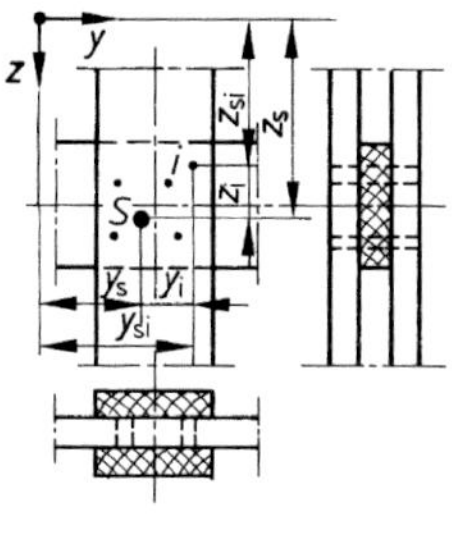 y, z, z_{si}, z_s, i, z_i, S, y_s, y_i, y_{si}	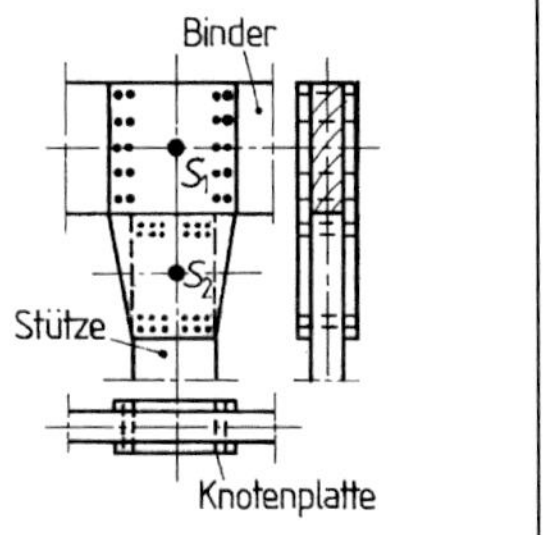 Binder, S_1, S_2, Stütze, Knotenplatte	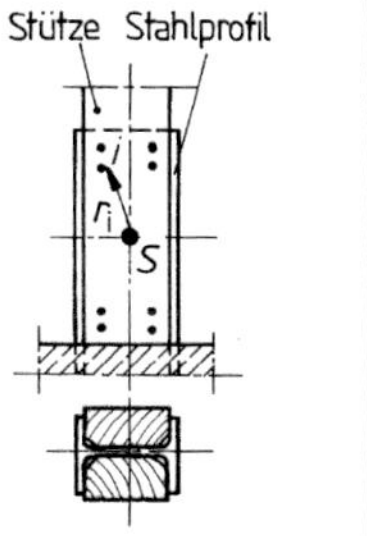 Stütze, Stahlprofil, i, r_i, S	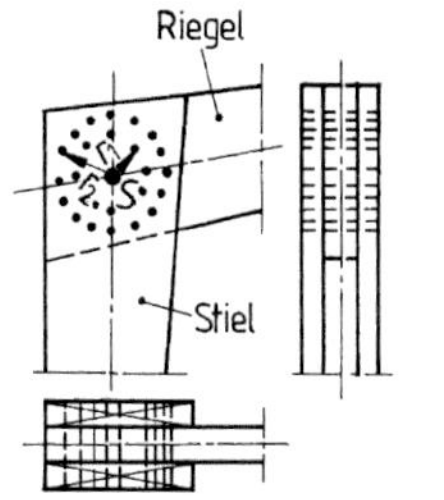 Riegel, r_1, r_2, S, Stiel
$K_\varphi = \sum_{i=1}^{n} K_i \cdot r_i^2$ $r_i^2 = y_i^2 + z_i^2$ Schwerpunkt S des Anschlusses: $y_s = \frac{\sum_{i=1}^{n} K_i \cdot y_{si}}{\sum_{i=1}^{n} K_i}$ $z_s = \frac{\sum_{i=1}^{n} K_i \cdot z_{si}}{\sum_{i=1}^{n} K_i}$	$K_\varphi = \frac{K_{\varphi 1} \cdot K_{\varphi 2}}{K_{\varphi 1} + K_{\varphi 2}}$ $K_{\varphi 1,2} = K \cdot \sum_{i=1}^{n} r_i^2$ $r_i^2 = \sum_{i=1}^{n} (y_i^2 + z_i^2)$ $K_{\varphi 1}$ Drehfederkonstante Binder-Knotenplatte $K_{\varphi 2}$ Drehfederkonstante Stütze-Knotenplatte	$K_\varphi = K \cdot \sum_{i=1}^{n} r_i^2$ $r_i^2 = \sum_{i=1}^{n} (y_i^2 + z_i^2)$	ein Dübelkreis: $K_{\varphi 1} = K \cdot n_1 \cdot r_1^2$ zwei Dübelkreise: $K_{\varphi 2} = K \cdot (n_1 \cdot r_1^2 + n_2 \cdot r_2^2)$ $n_{1,2}$ Anzahl der Dübel im jeweiligen Dübelkreis
	Voraussetzungen: K = konstant, $y_s = 0$, $z_s = 0$, symmetrische Anordnung der Verbindungsmittel, beidseitig gleiche Ausführung		

[1]) Hierin bedeuten:

K_φ Drehfederkonstante (Drehfedersteifigkeit)

K Verschiebungsmoduln nach Abschn. 10.3.3
$= K_{u,mean}/\gamma_M$ beim Nachweis der Tragfähigkeit, Genaueres s. Tabelle 22.2 und 22.3 sowie Abschn. 23.1.1
$= K_{ser}$ beim Nachweis der Gebrauchstauglichkeit, Genaueres s. Tabelle 22.2 und 22.3 sowie Abschn. 23.1.1

y, z Abstände der Verbindungsmittel vom Anschlussschwerpunkt (Schwerpunkt aller Verbindungsmittel im jeweiligen Stabteil

r Radius vom Anschlussschwerpunkt zu den Verbindungsmitteln

[2]) Drehfedersteifigkeiten weiterer Anschlüsse und Stöße sind in *Pischl* [400] enthalten

Herleitung einer Drehfedersteifigkeit (Drehfederkonstante) K_φ für einen einfachen Anschluss mit mechanischen Verbindungsmitteln

Die Herleitung der folgenden Drehsteifigkeit wird auf der Grundlage von *Pischl* [400] geführt. Danach unterliegt die Berücksichtigung der Nachgiebigkeit aller Verbindungsmittel in einer Verbindung (Anschluss oder Stoß) folgender Annahme, s. Bild 23.3: Der Winkel φ der auftretenden gegenseitige Verdrehung der (Holz-)Bauteile ist proportional zum zu übertragenden Biegemoment M nach Gl. (23.13) oder (23.14), solange elastisches Verhalten vorliegt.

$$M = K_\varphi \cdot \varphi \tag{23.13}$$

oder

$$\varphi = \frac{M}{K_\varphi} \tag{23.14}$$

Der Proportionalitätsfaktor wird Dreh-Federkonstante oder im Holzbau Drehfedersteifigkeit K_φ genannt, s. auch Bild 23.2 und Gl. 23.10.

Die **Nachgiebigkeit in einem Anschluss oder Stoß** resultiert im Wesentlichen aus dem Kraft-Verformungsverhalten der vorhandenen mechanischen Verbindungsmittel, hierzu werden unterschieden:

- lastunabhängige (Anfangs-)Verformungen:
  Vor der Kraftübertragung können bereits Verformungen (Verschiebungen) auftreten, wenn z.B. Bohrlochdurchmesser größer sein dürfen (oder infolge Herstellungsungenauigkeiten sind) als die Nenndurchmesser der Verbindungsmittel, zugelassen z.B. bei Bolzen und Gewindestangen(-bolzen) mit einem Bohrlochdurchmesser 1 mm größer als der Nenndurchmesser, wird auch als „anfänglicher Schlupf“ oder „Spiel“ bezeichnet (nicht bei Passbolzen oder eingeklebten Gewindestangen(-bolzen)),
- lastabhängige Verformungen:
  Unter Belastung treten unterschiedlich große elastische und plastische Verformungen im Holz und in den Verbindungsmitteln auf, diese sind bei den mechanischen Verbindungsmitteln verschieden ausgeprägt, s. Abschn. 11.1 und 12.1,
- Gesamt-Verformung:
  als Summe der lastunabhängigen und lastabhängigen Verformungen der Verbindungsmittel, die auch als Nachgiebigkeit der Verbindung (Anschluss oder Stoß) bezeichnet wird. Demnach kann die anstehende Kraft erst dann übertragen werden, wenn ein kraftschlüssiger Kontakt zwischen Verbindungsmitteln und Holz hergestellt ist.

Bestimmen der Drehfedersteifigkeit K_φ eines Anschlusses oder Stoßes an einem einfachen Beispiel mit einreihiger Anordnung von zwei Verbindungsmitteln:

Die Drehfedersteifigkeit K_φ wird bestimmt durch Ansatz eines Einheitsmomentenzustandes $M = 1$ und Berechnung der gegenseitigen Verdrehung der Bauteile nach Bild 23.3:

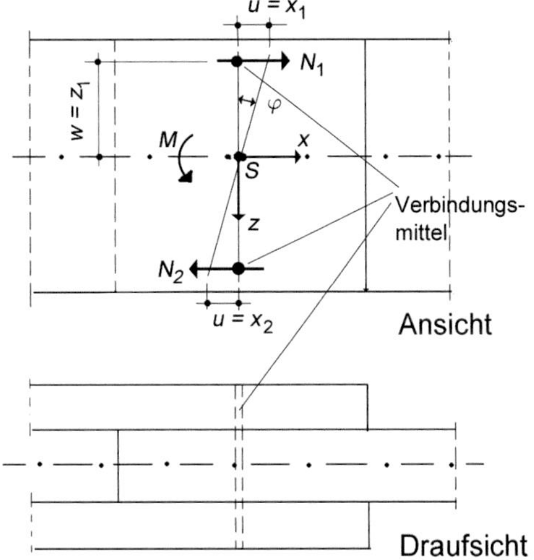

Bild 23.3 Bauteilstoß mit nachgiebigen mechanischen Verbindungsmitteln, Beispiel; einreihige Anordnung von zwei Verbindungsmitteln gleicher Art, Größe und Tragfähigkeit, Bauteile aus dem gleichen Holzbaustoff, Ermitteln der Drehfedersteifigkeit K_φ

Ansatz eines Einheitsmomentes:

$$M = 1 \tag{23.15}$$

mit der Einheit z.B.: Nmm

Dieses Moment erzeugt im Anschluss oder Stoß eine gegenseitige Verdrehung der (Holz-) Bauteile der Einheit „1" unter der Voraussetzung, dass alle mechanischen Verbindungsmittel im Anschluss oder Stoß von gleicher Art, Größe und Tragfähigkeit sind.

Der Verschiebungsmodul K der mechanischen Verbindungsmittel ist (für diesen Einheitsmomentenzustand) der Proportionalitätsfaktor für die Kraft (z.B. in „N"), die im Verbindungsmittel eine Verschiebung u der Einheit „1" (z.B. in „mm") erzeugt, s. Gl. (23.5) und (23.7).

Für die Kraft N gilt allgemein:

$$N = K \cdot u \tag{23.16}$$

mit $u = x_1$ nach Bild 23.3 folgt:

$$N = K \cdot x_1 \tag{23.17}$$

Aus Bild 23.3 folgt weiter für den Winkel φ

$$\tan\varphi = \frac{u}{w} = \frac{x_1}{z_1} \cong \varphi \tag{23.18}$$

Der Tangens des Winkels φ kann hier etwa dem Winkel φ gleichgesetzt werden, da die Verschiebung (bzw. Verdrehung) „klein" ist. Für die an den Verbindungsmitteln angreifenden Kräfte N soll weiter gelten (alle Kräfte sind gleich):

$$N = N_1 = N_2 = N_i \tag{23.19}$$

Die Abstände der Verbindungsmittel vom Schwerpunkt S aller Verbindungsmittel sind gleich groß:

$$w = z_1 = z_2 \tag{23.20}$$

Ebenso unterliegen alle Verbindungsmittel den gleichen Verschiebungen u:

$$u = x_1 = x_2 \tag{23.21}$$

Für den Einheitsmomentenzustand $M = 1$ und für $n = 2$ übereinander (einreihig) angeordnete Verbindungsmittel folgt nach Bild 23.3 bezogen auf den Schwerpunkt S aller Verbindungsmittel im Anschluss (oder Stoß):

$$1 = M \tag{23.22a}$$

$$1 = N_1 \cdot z_1 + N_2 \cdot z_2 \tag{23.22b}$$

$$1 = \sum_{i=1}^{n=2} N_i \cdot z_i \tag{23.22c}$$

Mit $N = K \cdot x_1$ aus Gl. (23.17) gilt:

$$1 = \sum_{i=1}^{n=2} K \cdot x_i \cdot z_i \tag{6.22d}$$

Wird $x_1 = \varphi \cdot z_1$ aus Gl. (23.18) in Gl. (6.22d) eingesetzt, kann diese vereinfacht werden zu:

$$1 = \sum_{i=1}^{n=2} K \cdot \varphi \cdot z_i \cdot z_i \tag{23.22e}$$

$$1 = \sum_{i=1}^{n=2} K \cdot \varphi \cdot z_i^2 \tag{23.22f}$$

Durch Umstellung von Gl. (23.22f) folgt:

$$\varphi = \frac{1}{\sum_{i=1}^{n=2} K \cdot z_i^2} \tag{23.23}$$

Wird Gl. (23.23) in die allgemeine Gl. (23.14) eingesetzt, kann die Drehfedersteifigkeit K_φ für n = 2 übereinander (einreihig) angeordnete Verbindungsmittel nach Gl. (23.24) bestimmt werden.

$$\varphi = \frac{M}{K_\varphi} \quad \text{oder} \quad K_\varphi = \frac{M}{\varphi} \qquad \text{Gl. (23.14)}$$

$$K_\varphi = \frac{1}{1 \Big/ \left(\sum_{i=1}^{n=2} K \cdot z_\mathrm{i}^2 \right)} = \sum_{i=1}^{n=2} K \cdot z_\mathrm{i}^2 \qquad (23.24)$$

Die Gl. (23.24) für einreihige Anordnung und n = 2 Verbindungsmittel nach Bild 23.3 wird für einen allgemeinen Anschluss oder Stoß mit n Verbindungsmittel und Radius r vom Schwerpunkt aller Verbindungsmittel erweitert zu Gl. (23.25).

$$K_\varphi = \sum_{i=1}^{n} K \cdot r_\mathrm{i}^2 \qquad (23.25)$$

Mit Gl. (23.25) kann die Drehfedersteifigkeit eines Anschlusses (oder Stoßes) berechnet werden, s. sinngemäß Gl. (23.6) und Tabelle 23.1, z.B. in Spalte „Anschluss allgemein“. Die Herleitung weiterer Feder- und Drehfedersteifigkeiten kann *Pischl* [400] mit zahlreichen Beispielen entnommen werden.

23.1.3 Schnittgrößen

Die Schnittgrößenberechnung darf unter der Annahme linear-elastischen Baustoffverhaltens und linearer Last-Verschiebungs-Beziehungen der Verbindungen durchgeführt werden. Schnittgrößen von Stabtragwerken dürfen am unverformten System nach Theorie I. Ordnung ermittelt werden, wenn keine Vergrößerung der Schnittgrößen um mehr als 10% gegenüber denjenigen mit Berücksichtigung des geometrisch nichtlinearen Verhaltens vorliegen würde, s. DIN EN 1995-1-1/NA: 2013-08, NCI NA.5.7. Liegt eine Vergrößerung der Schnittgrößen aufgrund der Verformungen (Berücksichtigung des geometrisch nichtlinearen Verhaltens) um mehr als 10% vor, können die Schnittgrößen entweder mit den Ersatzstabverfahren nach Abschn. 16.2 bzw. 17.2, s. sinngemäß DIN 1995-1-1: 2010-12, 5.4.2 (5), oder mit Theorie II. Ordnung nach Abschn. 24 berechnet werden.

Wird bei druckbeanspruchten Stäben die Ungleichung (23.26) sinngemäß nach *Erläut. zu DIN 1052: 2004-08* [47], E 8.1, (1) bis (3) eingehalten, brauchen die Verformungen nicht berücksichtigt zu werden.

$$l_{ef} \cdot \sqrt{\frac{N_\mathrm{d} \cdot \gamma_\mathrm{M}}{E_\mathrm{mean} \cdot I}} \leq 1 \qquad (23.26)$$

l_{ef} Ersatzstablänge (Knicklänge) nach Abschn. 16.2.4
E_{mean} Elastizitätsmodul (Mittelwert)
I Flächenmoment 2. Grades
N_d Bemessungswert der Druckkraft im Stab nach Gl. (8.4)
γ_M Teilsicherheitsbeiwert für Holz und Holzwerkstoffe nach Tabelle 8.2

Die Ungleichung (23.26) kann aus dem Vergrößerungsfaktor α nach Gl. (23.27), der die Vergrößerung des aus Theorie I. Ordnung ermittelten Biegemomentes auf das Biegemoment aus Theorie II. Ordnung bewirkt, und aus der kritischen Last $N_{crit,d}$ nach Gl. (23.28) hergeleitet werden, hierzu s. auch *Rothert/Gensichen* [431] und Abschn. 24.2.2. Für biegedrillknick-(kipp-)-beanspruchte Bauteile gibt *Erläut. zu DIN 1052:2004-08* [47], E 8.1 (2) eine entsprechende Ungleichung an.

Vergrößerungsfaktor α

$$\alpha = \frac{1}{1 - \frac{N_d}{N_{crit,d}}} \leq 1{,}1 \tag{23.27}$$

kritische Last $N_{crit,d}$

$$N_{crit,d} = \frac{\pi^2 \cdot E_{mean} \cdot I}{l_{ef}^2 \cdot \gamma_M} \tag{23.28}$$

Wird die Nachgiebigkeit der Steifigkeiten von Stäben und Verbindungen nach Abschn. 23.2 bei der Bemessung von Stabtragwerken berücksichtigt, so werden dadurch deren Gesamtverformung (wie Durchbiegung), s. Abschn. 25, und bei statisch unbestimmten Systemen die Schnittgrößen beeinflusst sowie die Ersatzstablänge (Knicklänge) von druckbeanspruchten Bauteilen vergrößert, s. Abschn. 16.2.4.

23.2 Verbindung von Stäben

Zusammengesetzte Tragwerke müssen mit Hilfe statischer Modelle, die das Verhalten der Konstruktion und ihrer Lagerungen mit akzeptabler Genauigkeit berücksichtigen, berechnet werden, s. DIN EN 1995-1-1: 2010-12, 5.4.1 (1)P und (2). Bei der Ermittlung der Schnittkräfte- und –momente von Rahmentragwerken (wie Fachwerkträgern), deren Modellelemente als Beispiele Bild 23.4 entnommen werden können, sind die Verformungen der Stäbe und Verbindungen sowie die Einflüsse von Ausmitten in Auflagern und der Steifigkeiten von Unterkonstruktionen in Rechnung zu stellen, s. DIN EN 1995-1-1: 2010-12, 5.4.2 (1)P.

Detaillierte statische Modelle sind in DIN EN 1995-1-1: 2010-12 nicht vorhanden. Deshalb werden in Anlehnung an DIN 1052: 2008-12 die Modelle, die in *Erläut. zu DIN 1052: 2004-08* [47], E 8.8.1 und *Brüninghoff/Mittelstedt* [80] angeführt sind, im Folgenden näher erläutert, da sie mit den allgemeinen Forderungen der DIN EN 1995-1-1: 2010-12, 5.4.2 übereinstimmen.

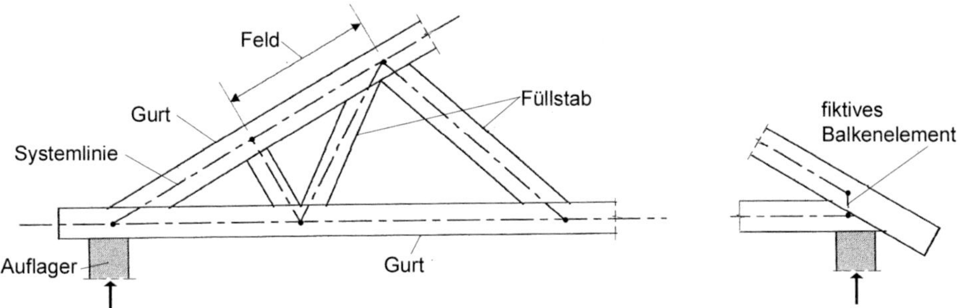

Bild 23.4 Modelelemente bei Fachwerkträgern (Rahmentragwerken), Beispiele nach DIN EN 1995-1-1: 2010-12, 5.4.2, Bild 5.1

Stäbe können direkt und indirekt miteinander verbunden werden. Festlegungen hierzu und Erläuterungen zu den Begriffen wie Anschlusspunkt, Ausmitte, Verbindungselement, vereinfachtes und genaueres Modell sind anhand von Beispielen in Tabelle 23.2 dargestellt, Beispiele für Modellelemente sind Bild 23.4 zu entnehmen. Welche Modelle im Einzelfall bei der Berechnung und Bemessung von Stabtragwerken Berücksichtigung finden, hängt auch von Art und Größe der Beanspruchung sowie der gewählten Konstruktion ab, über Modellbildungen s. *Brüninghoff/Mittelstedt* [80].

Der **Momentenverlauf** in durchlaufenden Gurten darf im Bereich von Auflagern und Anschlüssen unter der Annahme einer konstanten Querlast parabelförmig ausgerundet werden, Empfehlung in Anlehnung an *Erläut. zu DIN 1052: 2004-08* [47], E 8.8.3 (2).

Direkte Verbindungen von Stäben können gelenkig oder drehsteif (drehstarr) je nach Anschlussbild ausgebildet werden. Bei senkrechten Kontaktanschlüssen und Versätzen sowie Anschlüssen mit einer Verbindungsmittelachse kann hinreichend genau eine vereinfachte gelenkige Verbindung angenommen werden, s. Beispiele in Tabelle 23.2; bei zwei und mehr Verbindungsmittelachsen in einem Anschluss liegt dagegen je nach Anzahl und Ausbildung von Kräftepaaren eine mehr oder weniger drehsteife (biegesteife) Verbindung vor, da sie neben Normalkräften auch Biegemomente übertragen kann. Eine vollständig drehsteife (biegesteife) Verbindung kann jedoch mit nachgiebigen mechanischen Verbindungsmitteln nach Abschn. 11 und 12 nicht erreicht werden. Übliche Anschlüsse von Fachwerkstäben mit zwei und mehr Verbindungsmittelachsen, die in der Regel planmäßig nur durch Normalkräfte belastet werden, können jedoch im vereinfachenden Modell hinreichend genau als gelenkig angenommen werden (obwohl mehr oder weniger drehsteif), s. Abschn. 23.3.1.

Wird die Berücksichtigung der **Nachgiebigkeit einer direkten Verbindung** erforderlich, sollten die genaueren Modelle Anwendung finden, s. Tabelle 23.4 und Beispiele in Tabelle 23.2. Die Nachgiebigkeit gelenkiger Anschlüsse z.B. bei senkrechten Kontaktanschlüssen und Versätzen sowie Anschlüssen mit einer Verbindungsmittelachse kann durch eine Dehnfeder K_j dargestellt werden, bei mehr oder weniger drehsteifen (biegesteifen) Anschlüssen mit zwei und mehr Verbindungsmittelachsen können eine Dehn- und Drehfeder (K_j und K_φ) angesetzt werden, s. Abschn. 23.1.1 und 23.1.2. Die Drehfeder

Tabelle 23.2 Direkte und indirekte Verbindungen von Stäben nach DIN EN 1995-1-1: 2010-12, 5.4.2 (1)P, (2)P, (3)P und (4) in Anlehnung an DIN 1052: 2008-12, 8.8.1[1])[2])

Direkte Verbindungen sind z.B.: symmetrische Anschlüsse - über Druckkontakt (Flächenpressung), Versatz - mit Stabdübeln, Passbolzen, Nägeln, Holzschrauben, Dübeln besonderer Bauart, Klammern		**Indirekte Verbindungen** sind: symmetrische Anschlüsse über **Verbindungselemente**: z.B. Nagelplatten sowie Knotenplatten, Knotenbleche und Laschen mit mechanischen Verbindungsmitteln
Beispiele: direkter Anschluss von Stab 1 an Stab 2, Stäbe dürfen als im Anschlusspunkt gelenkig verbunden angenommen werden[3])[5])		Beispiel: indirekter Anschluss von Stab 1 und Stab 2 je an ein Verbindungselement
Stab 1 Anschlusspunkt Stab 2	Stab 1 Anschlusspunkt Stab 2	Verbindungselement Stab 1 Anschlusspunkt A1 Anschlusspunkt A2 Stab 2
Beispiel: Stirnversatz, direkt über Druckkontakt	Beispiel: direkt über z.B. Nägel oder Stabdübel	Beispiel: indirekt über Verbindungselement u. mechanische Verbindungsmittel

Anschlusspunkte sind bei einer
- direkten Verbindung: der Schwerpunkt der Anschlussmittel
- indirekten Verbindung: der Schwerpunkt der Anschlussmittel, die zum Anschluss an ein Verbindungselement gehören

Ausmittiger Anschluss bei direkten und indirekten Verbindungen

- liegt vor, wenn der Anschlusspunkt eines Stabes nicht auf seiner Stabachse liegt,
- der Anschlusspunkt darf im statischen Modell durch einen fiktiven Stab starr mit der zugehörigen Stabachse verbunden werden:

Statische Modelle bei indirekter Verbindung von Stäben über ein Verbindungselement

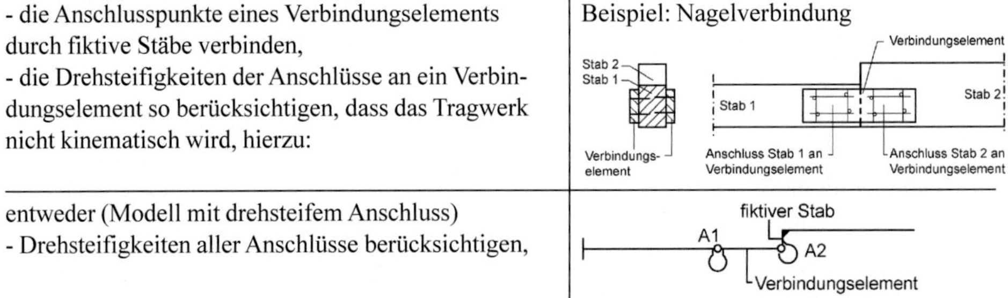

Tabelle 23.2 (Fortsetzung)

oder (Modell mit drehstarren Anschlüssen und fiktivem Gelenkpunkt) - die Anschlusspunkte aller Stäbe drehstarr annehmen und an einem gemeinsamen Gelenkpunkt auf dem Verbindungselement anschließen	A1 A2
oder - hinreichende Anzahl oder alle Stäbe drehstarr an das Verbindungselement anschließen	A1 Anschlusspunkt Stab 1 an VE A2 Anschlusspunkt Stab 2 an VE VE Verbindungselement

Beispiele für vereinfachte und genauere Modelle bei direkten Verbindungen
nach *Erläut. zu DIN 1052: 2004-08* [47], E 8.8.1 (5) bis (9) und *Brüninghoff/Mittelstedt* [80]

über Kontakt: Anschlusspunkt liegt auf Stabachse 1 F ① Anschluss-punkt mittiger Anschluss ① fiktiver Stab ② gelenkig, vereinfacht ① K_j ② Dehnfeder, genauer	über eine Verbindungsmittelachse: Anschlusspunkt liegt auf dem Schnittpunkt beider Stabachsen 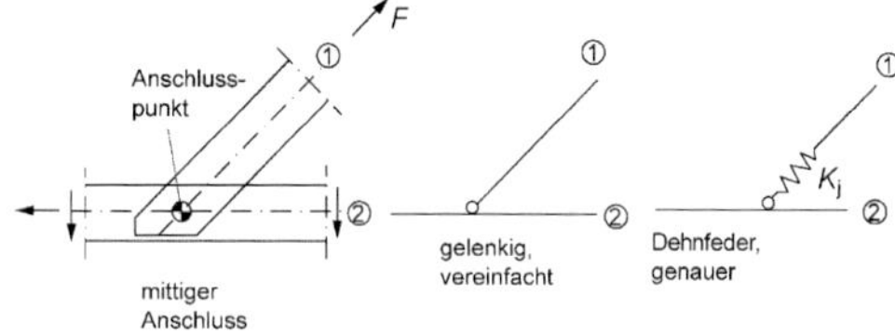
über mehrere Verbindungsmittelachsen:[4]) Anschlusspunkt liegt auf dem Schnittpunkt beider Stabachsen F ① Anschluss-punkt ② mittiger Anschluss ① ② gelenkig, vereinfacht ① K_j K_φ ② Dehn- und Drehfeder, genauer	über mehrere Verbindungsmittelachsen:[4]) fiktiver Stab zwischen Anschlusspunkt und Stab 2, Stabachse 2 liegt nicht auf Anschluss-punkt 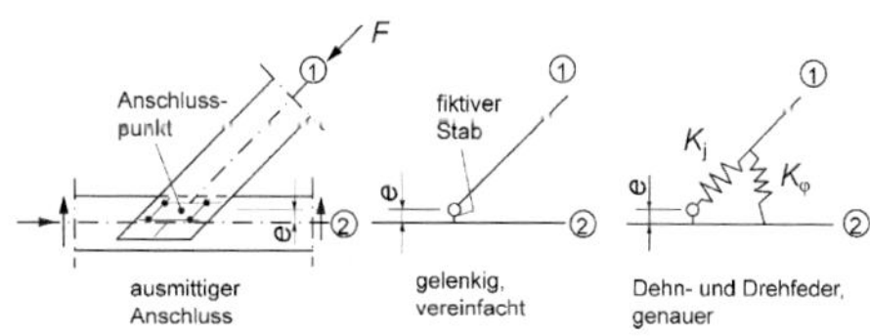

[1]) die Steifigkeitskennwerte und Verschiebungsmoduln nach Abschn. 22.1.1, Tabelle 22.2 und 22.3 bzw. die Steifigkeiten nach Abschn. 23.1.1 ermitteln

[2]) Systemlinien des statischen Modells sollten mit den Stabachsen übereinstimmen, s. DIN EN 1995-1-1: 2010-12, 5.4.2 (2)P und (3)P

[3]) wenn das Tragwerk hierdurch nicht kinematisch wird

[4]) im genaueren Modell ist zur Berücksichtigung der Nachgiebigkeit der Verbindungsmittel die Annahme einer Dehnfeder K_j für übliche Fachwerkanschlüsse ausreichend, für Anschlüsse unter Biegemomentenbeanspruchung wie z.B. Rahmenecken und Fundamentanschlüsse nach Tabelle 23.1 sollte jedoch eine Drehfeder K_φ verwendet werden, s. auch Tabelle 23.4

[5]) Beispiele direkter Verbindungen sind in Tabelle 10.1 angeführt

sollte insbesondere bei Verbindungen unter Biegemomentbeanspruchung berücksichtigt werden, als Beispiele s. Tabelle 23.1, während bei üblichen Fachwerkanschlüssen mit zwei und mehr Verbindungsmittelachsen unter Normalkraftbeanspruchung meist eine Dehnfeder in guter Näherung ausreicht.

Bei **drehstarren Stößen** sind Berechnungen der Schnittgrößen und Verformungen an diesen Trägerstellen entbehrlich. Die Annahme eines drehstarren Stoßes ist gerechtfertigt, wenn die unter Belastung auftretende tatsächliche Verdrehung keinen wesentlichen Einfluss auf die Schnittgrößen hat. Diese Bedingung eines drehstarren (rotationssteifen) Stoßes gilt als erfüllt, wenn eine der beiden folgenden Bedingungen eingehalten wird: Die Stoßverbindung ist für eine Tragfähigkeit ausgelegt, die mind. der 1,5fachen Beanspruchung aus der Kombination der auftretenden Schnittgrößen entspricht, oder die Stoßverbindung besitzt eine Tragfähigkeit, die mind. der Beanspruchung aus der Kombination der auftretenden Schnittgrößen entspricht, sofern die Holzbauteile nicht Bemessungswerten der Biegespannungen unterliegen, die größer als der 0,3fache Bemessungswert der Biegefestigkeit der Holzbauteile sind, und sofern das Tragwerk stabil bleibt, wenn alle derartigen Verbindungen wie ein Gelenk wirken, s. DIN EN 1995-1-1: 2010-12, 5.4.2 (9). Stöße werden überwiegend in Gurten aufgrund begrenzter Lieferlängen oder aus Montage- und Transportgründen notwendig.

Bei **indirekten Verbindungen** in Fachwerken treten im Allgemeinen keine Kontaktkräfte zwischen den Stäben auf, alle Kräfte sind vollständig über die Verbindungselemente zu übertragen bis auf die Ausnahmen in faserparallelen Stößen, Firststößen, Verbindungen von Füll- mit Gurtstäben unter vernachlässigbar kleinen Kräften in Richtung der Kontaktfuge und in Verbindungen des Ober- und Untergurts am Auflagerknoten von Dreiecksbindern außerhalb des Verbindungselementes. Diese Ausnahmen sind Kontaktanschlüsse, sie sind für die volle rechtwinklig zur Kontaktfläche anstehende Kraft oder Kraftkomponente auszulegen, die notwendige Lagesicherung durch mechanische Verbindungsmittel zwischen Stab und Verbindungselement ist für 50% der durch Kontakt zu übertragenden Kraft zu bemessen, als Empfehlungen in Anlehnung nach DIN 1052: 2008-12, 8.8.1 und *Erläut. zu DIN 1052: 2004-08* [47], E 8.8.1 (10) und (11).

Bei den Nachweisen indirekter Verbindungen brauchen die **Verformungen der Verbindungselemente** wie Knoten- und Nagelplatten, Knotenbleche und Laschen nicht berücksichtigt zu werden, da sie im Vergleich zu den Verformungen der Verbindungsmittel und Stäbe vernachlässigbar „klein“ sind, als Empfehlungen in Anlehnung nach DIN 1052: 2008-12, 8.8.3 und *Erläut. zu DIN 1052: 2004-08* [47], E 8.8.3 (1).

Der **Nachweis des Schräg- oder Queranschlusses** (Querzugnachweis) ist im Bereich von Verbindungen nach Abschn. 21.3 zu führen; demnach ist bei (Gurt-)Stäben mit einem geometrischen Verhältnis $h_e/h > 0{,}7$ der Nachweis des Schräg- und Queranschlusses (bei unverstärkten Schräg- und Queranschlüssen) für die im Stab Querzug verursachende Kraft oder Kraftkomponente entbehrlich.

23.3 Anschlüsse in Fachwerken

23.3.1 Ausbildung von Fachwerken

Nach der Fachwerktheorie sind die Fachwerkknoten als reibungsfreie Gelenke zu betrachten, die Achsen der Stäbe eines Knotens schneiden sich in einem Punkt, alle Kräfte greifen nur in den Knoten an, s. Bild 23.5a. Unter diesen Voraussetzungen werden die Fachwerkstäbe nur durch Normalkräfte beansprucht, s. auch z.B. *Gross/Hauger/Schröder/Wall* [176], *Lehmann* [307], [308], *Wetzell/Krings* [521]. Diese idealen Annahmen lassen sich in der Praxis oft nur in eingeschränkter Form verwirklichen.

Die gelenkige Ausführung der Knoten ist nur bei einer Verbindungsmittelachse (z.B. einem Dübelpaar), bei Versatzanschluss oder bei einem Gelenkbolzen, bei dem die Stäbe z.B. über Nägel mit Stahlblechen angeschlossen sind, hinreichend vorhanden, s. Abschn. 23.2. Bei allen anderen Kontenausbildungen mit zwei und mehr Verbindungsmittelachsen wie mehreren Dübeln, Stabdübeln, Passbolzen, Nägeln und dgl. liegen mehr oder weniger teilweise drehsteife Verbindungen (Einspannungen) vor; die hieraus resultierenden Nebenspannungen sind meist „klein" im Vergleich zu den Spannungen aus Normalkräften (Stabkräften), übliche Fachwerkknoten dürfen trotzdem hinreichend genau als Gelenke angesehen werden, s. DIN EN 1995-1-1: 2010-12, 5.4.2 (7). Wird die Nachgiebigkeit der Verbindungen nach Abschn. 23.2 berücksichtigt, kann die Gesamtverformung (Durchbiegung) von Fachwerkträgern genauer ermittelt werden, s. Tabelle 23.4, Abschn.25 und DIN EN 1995-1-1: 2010-12, 5.4.2 (1)P.

Die Stabachsen eines Knotens sollten sich stets in einem Punkt schneiden, um mittige Anschlüsse zu gewährleisten, als Beispiel s. Bild 23.5b. Sind **ausmittige Anschlüsse** nicht zu vermeiden, müssen die im Knoten entstehenden Zusatzbeanspruchungen bei der Bemessung berücksichtigt werden, s. Abschn. 23.2, 23.4 sowie DIN EN 1995-1-1: 2010-12, 5.4.2 (2)P und (3)P.

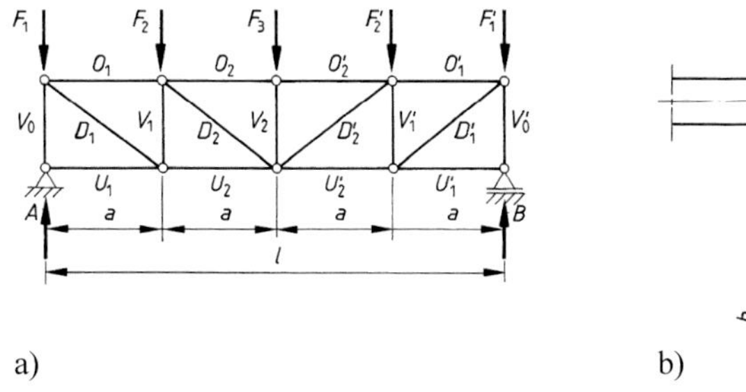

Bild 23.5 Fachwerkträger; Beispiel;
a) Fachwerkknoten als Gelenke; Lastangriff nur in den Knoten, ideale Annahmen
b) Fachwerkknoten; Stabachsen schneiden sich in einem Punkt; mittiger Anschluss, Verbindungsmittel nicht dargestellt

Die **ausführliche Berechnung von Fachwerken** kann Abschn. 23.3.2 entnommen werden. Wenn die Bedingungen für eine **vereinfachte Berechnung** von Fachwerken und Fachwerkknoten nach Abschn. 23.3.3 eingehalten werden, können damit für viele praktische Fälle Abweichungen vom idealen Fachwerk bis zu den angeführten Grenzen vereinfachend erfasst und genauere aufwändigere Modelbildungen vermieden werden.

Beispiele von Fachwerkträgern und -rahmen sowie zur Ausbildung von Fachwerkknoten sind u.a. in *Brüninghoff/Rampf/Samuel* [81], *Kessel* [246] und *Neuhaus* [379], eine Vielzahl von Bemessungsbeispielen in *Becker/Blaß* [18], *Becker/Rautenstrauch* [19], *Pischl* [400], *Rug/Mönck* [438] und *Steck* [490] enthalten; Beispiele von Fachwerkkonstruktionen können *Colling* [92], [93], [94], *Dröge/Stoy* [107], *Fonrobert* [136], [137], *Gattnar/Trysna* [146], *Göggel* [163], [164], *Hartl* [194], *Hartl/Leijten* [196], *Hempel* [216], [217], [218], *Herzog/Natterer/Volz* [222], *Lehmann/Stolze* [305], *Lißner/Felkel/Hemmer/Kuhlenkamp/Radovic/Rug/Steinmetz* [313], *Milbrandt* [329], [330], [331], *Mönk/Rug* [368], *Nebgen/Peterson* [375], *Scheer/Peter/Stöhr* [448], *Steck/Nebgen* [491], *Troche* [507], *Werner/Steck* [516] und *Werner/Zimmer* [517], *Werner/Zimmer/Lißner* [518] entnommen werden. Beispiele zu Fachwerken mit eingeschlitzten Stahlblechen, Gelenkbolzen oder Sonderkonstruktionen werden u.a. in *Heimeshoff/Neuhaus* [213], *Krabbe/Güldenpfenning* [275], *Krabbe/Neuhaus* [280], *Scheer/Wunderlich* [451], *Schelling/Hinkes/Kindereit/Speich/Zietz* [455] und [376] beschrieben.

23.3.2 Ausführlichere Berechnung von Fachwerken

Bei der ausführlicheren Berechnung von Fachwerkträgern sind die Schnittkräfte (und ggf. Momente) unter Berücksichtigung der Verformungen der Stäbe und Verbindungen sowie der Einflüsse von Ausmitten in Auflagern und der Steifigkeiten von Unterkonstruktionen zu ermitteln. Die **Systemlinien** aller Fachwerkstäbe müssen innerhalb der Ansichtsflächen der jeweiligen Stäbe liegen, bei wesentlichen Tragteilen wie den Gurtstäben müssen die Systemlinien mit den Stabachsen übereinstimmen. Falls die Stabachsen von Füllstäben wie Diagonalen und Pfosten nicht auf den Systemlinien liegen, ist der Einfluss der Ausmitte beim Nachweis der Tragfähigkeit in Rechnung zu stellen, s. DIN EN 1995-1-1: 2010-12, 5.4.2 (1)P, (2)P und (3)P.

Die **Knicklänge** von Druckstäben sollte beim Ersatzstabnachweis (Knicknachweis) in der Fachwerkebene, s. Abschn. 16.2, im Allgemeinen als der Abstand zwischen zwei benachbarten Wendepunkten der Knickbiegelinie angenommen werden. Jedoch sollte die Knicklänge bei ausschließlich aus Dreiecken aufgebauten Fachwerkträgern als Länge der Systemlinien der jeweiligen Druckstäbe berücksichtigt werden, s. Bild 23.4 und 23.5, wenn Einfeldstäbe ohne Endeinspannung und Stäbe ohne Querlasten, die über zwei und mehrere Felder durchlaufen, vorliegen. Das Knicken aus der Fachwerkebene muss für die Druckstäbe ebenfalls nachgewiesen werden, als deren Knicklänge wird der Abstand der seitlich unverschieblichen Abstützungen, die in der Regel in den Knotenpunkten angeordnet werden, angenommen, s. DIN EN 1995-1-1: 2010-12, 9.2.1 (2), (3) und (6)P.

Alle **Verbindungen** in Fachwerkträgern müssen Kräfte übertragen können, die während Transport und Montage auftreten wie z.B. Einzelkräfte aus Krantransport und Montageunterstützungen. Des Weiteren sollten alle Verbindungen für eine Kraft $F_{r,d}$ nach Gl. (23.29) ausgelegt werden, die in der Regel als Last mit kurzer Lasteinwirkungsdauer der Nutzungsklasse 2 einwirken kann; dies gilt insbesondere für Versätze, die planmäßig nur Druckkräfte übertagen können und deren Lagesicherung z.B. entsprechend ausgelegt werden sollte, s. DIN EN 1995-1-1: 2010-12, 9.2.1 (7)P und (8). Über Nutzungsklassen s. Abschn. 7.3.1 und Lasteinwirkungsdauer Abschn. 7.3.2.

Kraft $F_{r,d}$ für alle Verbindungen eines Fachwerkträgers, die in jeder Richtung in Binderebene wirkt:

$$F_{r,d} = 1{,}0 + 0{,}1 \cdot l \qquad (23.29)$$

$F_{r,d}$ in kN
l Gesamtlänge des Fachwerkträgers (-binders) in m

Die **ausführlichere Berechnung von Fachwerkträgern** erfordert im Allgemeinen genauere, aufwändigere Modelbildungen wie Berücksichtigung von Federsteifigkeiten, fiktiven Stäben zur Darstellung von Ausmitten, Nachgiebigkeit der Verbindungen bzw. Verbindungsmittel, größeren Holzfeuchteunterschieden (wie größeres zu erwartendes Schwinden) und Kriechverformungen sowie ggf. von Schräg- oder Queranschlüssen (Querzugnachweise), s. Abschn. 23.2, hierüber s. auch *Brüninghoff/Mittelstedt* [80] und *Erläut. zu DIN 1052: 2004-08* [47], E 8.8.1 und 8.8.3. Die **Auflagerkräfte, Schnittkräfte und ggf. Momente** der Stäbe eines Fachwerkträgers werden anhand der statischen Modellbildung überwiegend mit einer geeigneten Software rechnergestützt, bei einfachen Systemen und Einwirkungen jedoch auch mit „Handrechnung" ermittelt. „Alte" Methoden wie „*Cremona*plan" oder „*Ritter*schnittverfahren" können zur Überprüfung mit dem Rechner ermittelter Beanspruchungen eingesetzt werden oder führen in einigen Fällen zu zeitlich schnelleren Ergebnissen. Die **Steifigkeiten** (Elastizitätsmoduln E, Schubmoduln G und Verschiebungsmoduln K) sind nach Tabelle 22.2 und 22.3 jeweils unterschiedlich beim Nachweis der Tragfähigkeit oder Gebrauchstauglichkeit ggf. für den Anfangs- und Endzustand zu berücksichtigen, s. auch Abschn. 23.1.1 und 23.1.2.

Die **Bemessung der Fachwerkstäbe** kann bei Zugbeanspruchung, -anschlüssen und -stößen nach Abschn. 15.1.1 und 15.2, bei Druckbeanspruchung, -anschlüssen und -stößen nach Abschn. 16.1.1, 16.2.1 und 16.3, bei Anschlüssen mit stiftförmigen Verbindungsmitteln nach Abschn. 11.3 bis 11.8, bei Anschlüssen mit Dübeln besonderer Bauart nach Abschn. 12.2 und 12.3 sowie bei Anschlüssen mit Versätzen nach Abschn. 14.1 vorgenommen werden. Die Nachgiebigkeit von Verbindungen bzw. Verbindungsmittel sind in Abschn. 23.2 und 23.5, ausmittige Anschlüsse in Fachwerkkonstruktionen in Abschn. 23.4 angeführt.

Liegen bei Fachwerken, die vorwiegend in den Knotenpunkten belastet werden, **kombinierte Biege- und Normalkraft-Druckbeanspruchen** (Querschnittsträgfähigkeit) vor, sind in der Regel die Gl. 17.9 und 17.10 für Biegung und Druck im Abschn. 17.1.5 (bzw.

nach Abschn. 16.1.4) auf 0,9 (anstatt 1,0) zu begrenzen, s. DIN EN 1995-1-1: 2010-12, 9.2.1 (1).

Der **Vorteil** einer ausführlicheren Berechnung und Bemessung von Fachwerkträgern liegt in der weitgehend realistischeren Ermittlung der Steifigkeiten und Beanspruchungen/Beanspruchbarkeiten der Einzelteile sowie des gesamten Fachwerkträgers beim Nachweis der Tragfähigkeit sowie der überaus wirklichkeitsnäheren Bestimmung der Verformungen (Durchbiegungen) beim Nachweis der Gebrauchstauglichkeit im Vergleich zur vereinfachten Berechnung und Bemessung nach Abschn. 23.3.3, die in der Regel bei Fachwerken für einfachere, untergeordnete Zwecke ausreichend sind. Der **Nachteil** eines größeren zeitlichen Aufwandes bei „Handrechnungen" im ausführlicheren Verfahren kann durch eine geeignete Software überwiegend ausgeglichen werden.

23.3.3 Vereinfachte Berechnung von Fachwerken

Ein vereinfachtes Berechnungs- und Bemessungsverfahren für Fachwerke ist in DIN EN 1995-1-1: 2010-12 nicht vorhanden bis auf die Festlegung, dass in der Regel die **Ausnutzungsgrade** der Zug- und Druckfestigkeiten und der Tragfähigkeiten der Verbindungen auf 0,7 zu begrenzen (anstatt 1,0) sind, wenn Fachwerke, wie im vorliegenden Abschn. dargestellt, nur in den Knotenpunkten belastet werden, s. DIN EN 1995-1-1: 2010-12, 9.2.1 (5).

Deshalb wird ein vereinfachtes Berechnungs- und Bemessungsverfahren für Fachwerke, das in Anlehnung an DIN 1052: 2008-12 in *Erläut. zu DIN 1052: 2004-08* [47], E 8.8.2 angeführt ist, im Folgenden näher erläutert, da es mit den allgemeinen Forderungen der DIN EN 1995-1-1: 2010-12, 5.4.2 und 9.2.1 übereinstimmt, s. auch *Brüninghoff/Mittelstedt* [80].

Die Bedingungen zur vereinfachten Berechnung von Fachwerken sind in Tabelle 23.3 enthalten. Die Festlegungen in den Abschn. 23.1 und 23.2 gelten sinngemäß. Können diese Bedingungen nicht eingehalten werden, dürfen die Regeln der vereinfachten Berechnung trotzdem an einem Fachwerk anwendet werden, wenn die Biegesteifigkeit durchlaufender

Tabelle 23.3 Vereinfachte Berechnung von fachwerkartigen Bauteilen nach *Erläut. zu DIN 1052: 2004-08* [47], E 8.8.2 in Anlehnung an DIN 1052: 2008-12[1)][2)][3)]

Vereinfachte Berechnung:	Beispiel: Dreieckbinder
- am Stabwerksmodell mit gelenkigen Anschlüssen in den Kontenpunkten, - bei durchlaufenden Gurten deren Biegemomente unter Berücksichtigung der Durchlaufwirkung ermitteln, - im statischen Modell: die Systemlinien stimmen mit den Achsen der Gurtstäbe überein, die Systemlinien der Füllstäbe liegen innerhalb der Ansichtsfläche der Stäbe,	

Tabelle 23.3 (Fortsetzung)

Einzuhaltende Bedingungen für vereinfachte Berechnung:

- Fachwerk ist nur aus Dreiecken aufgebaut,
- ein Teil der Auflagerfläche liegt unterhalb des Auflagerknotenpunktes,
- kleinster Winkel einer Verbindung zwischen Ober- und Untergurt $\alpha \geq 15°$,
- Höhe h des Fachwerkträgers in Feldmitte:

$h > 0{,}15 \cdot l$ und $h > 7 \cdot h_f$ mit l Spannweite des Fachwerkträgers, h_f größte Gurthöhe

Beanspruchungen der Anschlüsse an die Verbindungselemente und direkten Verbindungen (statisches Modell)

- die Resultierende aus Normal- und Querkraft des jeweils anzuschließenden Stabes beansprucht die direkten Verbindungen und die Anschlüsse an die Verbindungselemente[3])

Knotenpunkte von Fachwerksystemen mit statischem Modell

direkter Anschluss der Füllstäbe an den Gurt über eine flächige Verbindung mit Ausmitte e	indirekte Verbindung über ein Verbindungselement (Nagelplatte)
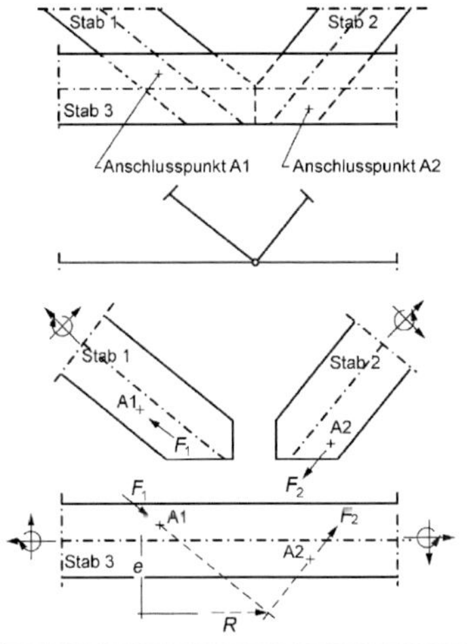	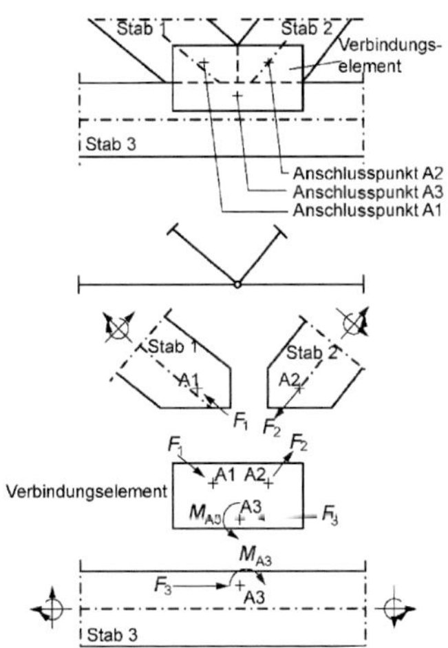

Ausmittiger Anschluss der Gurtstäbe (nicht zentrischer Anschluss)

- liegt vor, wenn der Anschlusspunkt eines Stabes nicht auf der Stabachse liegt, so dass die Stabkräfte nicht zentrisch eingeleitet werden,
- das zusätzliche Moment bei der Berechnung der Momente der Stäbe berücksichtigen,
- bei der Schnittgrößenermittlung des Gurtes darf die **Ausmitte *e* vernachlässigt werden** bei flächigen Anschlüssen von Füllstäben an einen durchlaufenden Gurt, wenn

$e < 0{,}5 \cdot h_f$ mit h_f Gurthöhe, s. Bild direkter Abschluss

[1]) die Festlegungen im Abschn. 23.2 gelten sinngemäß

[2]) Bemessung der Fachwerkstäbe nach Abschn. 15.1.1 und 15.2 (Zugstäbe, -anschlüsse,- stöße), nach Abschnitt 16.1.1 und 16.2.1 (Ersatzstabverfahren, knickgefährdete Druckstäbe) mit Knicklängen nach Abschn. 16.2.4 und Abschn. 16.3 (Druckanschlüsse, -stöße), nach Abschn. 11.3 bis 11.8 (Anschlüsse mit stiftförmigen Verbindungsmitteln), nach Abschn. 12.2 und 12.3 (Anschlüsse mit Dübeln besonderer Bauart) und nach Abschn. 14.1 (Anschlüsse mit Versätzen)

[3]) bei indirekten Verbindungen ist mindestens einen Stab drehsteif an das Verbindungselement anschließen, s. Bild indirekte Verbindung

Stäbe und die Verschiebung in Verbindungen (Knoten) über die Dehnsteifigkeit berücksichtigt werden, s. *Erläut. zu DIN 1052: 2004-08* [47], E 8.8.2 (8). Die Forderungen für Verbindungen im Abschn. 23.3.2 sind ebenfalls sinngemäß einzuhalten.

Werden bei ausmittigem Anschluss über die Füllstäbe (Diagonalen und Pfosten) große Querkräfte oder Querkraftkomponenten in einen Stab (Gurt) übertragen, wird ein vereinfachter **Nachweis der Schubspannungen** im Gurt nach Gl. (23.32) empfohlen.

Bei **indirekten Verbindungen** ist mindestens einen Stab drehsteif an das Verbindungselement anzuschließen, um eine nicht zulässige kinematische Kette zu vermeiden. Das anzuschließende Biegemoment kann aus dem Gleichgewicht der Biegemomente am Verbindungselement ermittelt werden, dabei sind im Beispiel des Bildes der indirekten Verbindung in Tabelle 23.3 das Verbindungselement für das Biegemoment an den Gurt anzuschließen, die Kräfte der beiden Diagonalen sind als im jeweiligen Anschlusspunkt wirkend anzunehmen und dort gelenkig mit dem Verbindungselement zu verbinden.

Der **Vorteil** einer vereinfachten Berechnung und Bemessung von Fachwerkträgern liegt im zeitlich kleineren Aufwand („Handrechnungen") beim Aufstellen des statischen Modells wie z.B. ohne Berücksichtigung von Federsteifigkeiten, Nachgiebigkeit der Verbindungen bzw. Verbindungsmittel und Kriechverformungen. Das vereinfachte Verfahren ist deshalb für Fachwerke geeignet, bei denen eine einfache Berücksichtigung der Steifigkeiten und Beanspruchungen/Beanspruchbarkeiten der Einzelteile sowie größere als berechnete Verformungen (Durchbiegungen) des gesamten Fachwerkträgers nicht als **Nachteil** angesehen wird wie z.B. in Tragwerken für untergeordnete Zwecke und landwirtschaftliche Bauten. Für Gebäude, die zum dauernden Aufenthalt von Menschen geeignet sind, wird die ausführlichere Berechnung von Fachwerken nach Abschn. 23.3.2 empfohlen.

23.4 Ausmittige Anschlüsse

Anschlüsse sollten stets mittig ausgeführt werden. Ausmittige Anschlüsse, die sich bei einigen Konstruktionen jedoch nicht vermeiden lassen, ergeben zusätzliche Beanspruchungen, die besonders zu berücksichtigen sind. Im Folgenden werden hierzu einige Beispiele angeführt. Über mittig und ausmittig beanspruchte Stäbe s. auch Abschn. 8.4.

Ausmittige Anschlüsse in Fachwerken

Liegen in Anschlüssen die Anschlusspunkte, s. Tabelle 23.2 und 23.3, nicht auf den Stabachsen, treten durch diesen ausmittigen Anschluss zusätzliche Biegebeanspruchungen in den Stäben auf, die bei der Bemessung im Allgemeinen zu berücksichtigen sind. Die Systemlinien aller Stäbe müssen innerhalb der Ansichtsflächen der jeweiligen Stäbe liegen, bei Gurtstäben eines Fachwerks darüber hinaus die Stabachsen mit den Systemlinien übereinstimmen. Wenn bei Füllstäben (Diagonalen und Pfosten) die Stabachsen nicht auf den Systemlinien liegen, ist der Einfluss der Ausmitte beim Nachweis der Tragfähigkeit zu berücksichtigen, s. DIN EN 1995-1-1: 2010-12, 5.4.2 (2)P und (3)P. Bild 23.6 zeigt zusätzliche Biegemomente infolge ausmittigen Anschlusses in Stäben.

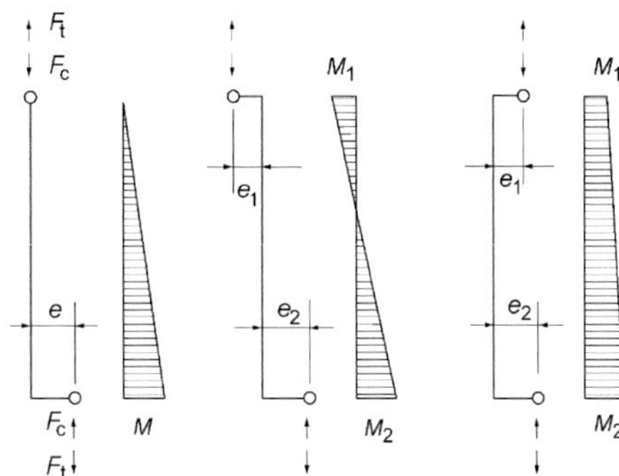

Bild 23.6 Zusätzliche Biegebeanspruchung in Stäben durch ausmittigen Anschluss der Normalkräfte nach *Erläut. zu DIN 1052: 2004-08* [47], E 8.8.2, Bild 8/82

Im **vereinfachten Berechnungsverfahren** von Fachwerken nach Tabelle 23.3 dürfen jedoch (als Ausnahme) bei flächigen Anschlüssen von Füllstäben an einen durchlaufenden Gurt vorhandene Ausmitten e bei der Schnittkraftermittlung des Gurtes vernachlässigt werden, wenn die Ausmitte kleiner ist als die halbe Gurthöhe $e \leq h_f/2$, als Beispiel s. Bild 23.7. Ist jedoch die Ausmitte $e > h_f/2$, so ist der Gurt nach *Erläut. zu DIN 1052: 2004-08* [47], E 8.8.2 (6) für ein zusätzlich auftretendes Biegemoment M nach Gl. (23.30) zu bemessen mit R als resultierende Kraft aus den Kraftkomponenten der Füllstabkräfte F_1 und F_2.

Bei gleichen Gurtfeldweiten verteilt sich das zusätzliche Biegemoment M gleichmäßig je zur Hälfte auf den Gurtstab neben dem Knoten, die Biegemomentenlinie kann vereinfacht nach Gl. (23.31) ermittelt werden kann, s. Bild 23.8.

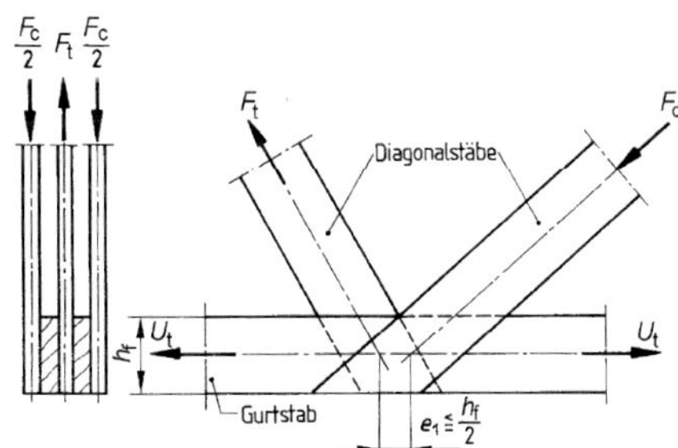

Bild 23.7 Ausmittiger flächiger Anschluss der Füllstäbe eines Fachwerkträgers, Beispiel; da die Ausmitte der Füllstäbe $e_1 \leq h_f/2$ ist, darf sie bei der Bemessung des durchlaufenden Gurtstabes im vereinfachten Berechnungsverfahren von Fachwerken nach Tabelle 23.3 vernachlässigt werden

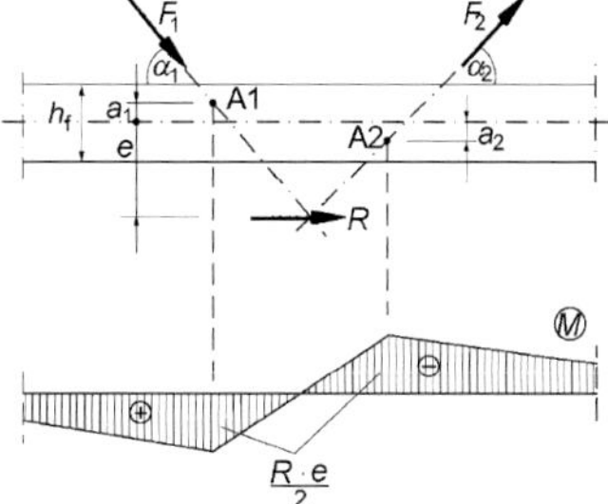

Bild 23.8 Ausmittiger Anschluss von Füllstäben nach *Erläut. zu DIN 1052: 2004-08* [47], E 8.8.2, Bild 8/83, Beispiel; Verlauf des Biegemomentes M im durchlaufenden Gurtstab bei gleichen Gurtfeldweiten

$$M = R \cdot e/2 \tag{23.30}$$

$$F_1 \cdot \cos \alpha_1 \cdot a_1 - F_2 \cdot \cos \alpha_2 \cdot a_2 \approx 0 \tag{23.31}$$

Zusätzlich empfiehlt *Erläut. zu DIN 1052: 2004-08* [47], E 8.8.2 (6) einen **vereinfachten Nachweis der Schubtragfähigkeit** nach Gl. (23.32) für den Gurtquerschnitt A_f zu führen, wenn die Füllstäbe große anteilige Querkräfte nach Gl. (23.33) übertragen. Beim Schubnachweis ist die wirksame Breite b_{ef} nach Gl. (18.4) zu berücksichtigen (für Schwind- oder Trockenrisse bei Voll-, Brettschicht- und Balkenschichtholz)

$$\frac{\tau_d}{f_{v,d}} = \frac{V_{1(2),d}/A_f}{f_{v,d}} \leq 1 \tag{23.32}$$

$$V_1 = F_1 \cdot \sin \alpha_1 \tag{23.33a}$$

$$V_2 = F_2 \cdot \sin \alpha_2 \tag{23.33b}$$

α_1, α_2 Anschlusswinkel der Füllstäbe nach Bild 23.8
b, h_f Breite und Höhe des Gurtquerschnitts, beim Schubnachweis ist die wirksame Breite b_{ef} nach Gl. (18.4) zu berücksichtigen (für Schwind- oder Trockenrisse bei Voll-, Brettschicht- und Balkenschichtholz)
e Ausmitte nach Bild 23.8
A_f Querschnittsfläche des Gurtes nach Bild 23.8 $= b \cdot h_f$
F_1, F_2 Füllstabkräfte, wirken mittig in Richtung der Füllstablängsachsen, s. Bild 23.8
V_1, V_2 senkrechte Kraftkomponenten aus den Füllstabkräften, erzeugen im Gurt Querkräfte
R Resultierende Kraft aus den waagerechten Kraftkomponenten der Füllstäbe, s. Bild 23.8
$f_{v,d}$ Bemessungswert der Schubfestigkeit nach Gl. (8.5)
τ_d Bemessungswert der Schubspannungen

Ausmittige Anschlüsse bei Versätzen

Werden Druckstäbe mit Versätzen nach Abschn. 14.1 angeschlossen, sind ausmittige Anschlüsse oft nicht zu vermeiden, wie aus Bild 23.9 und 23.10 am Beispiel des Stirnversatzes zu entnehmen ist.

Beim Anschluss nach Bild 23.9 bleibt das Biegemoment über die Stabachse konstant; dadurch wird die übertragbare Knicklast herabgesetzt, der Stab muss auf Druck und Biegung (Knicken) nach Abschn. 16.2.2 bzw. ggf. 17.2.4 bemessen werden. Beim Anschluss nach Bild 23.10 treten an den Stabenden gegenläufige Biegemomente auf, die die übertragbare Knicklast nicht beeinflussen. Der Stab ist auf mittigen Druck (Knicken) nach Abschn. 16.2.1 nachzuweisen, das Biegemoment ist beim Nachweis für Druck und Biegung (Querschnittstragfähigkeit) nach Abschn. 16.1.4 bzw. 17.1.5 zu berücksichtigen, der bemessungsbestimmend werden kann.

Beim Stirn- und Fersenversatz werden die Druckkräfte ausmittig angeschlossen, während beim Brust- und Stirn-Fersenversatz (doppelter Versatz) nach Abschn. 14.1 praktisch

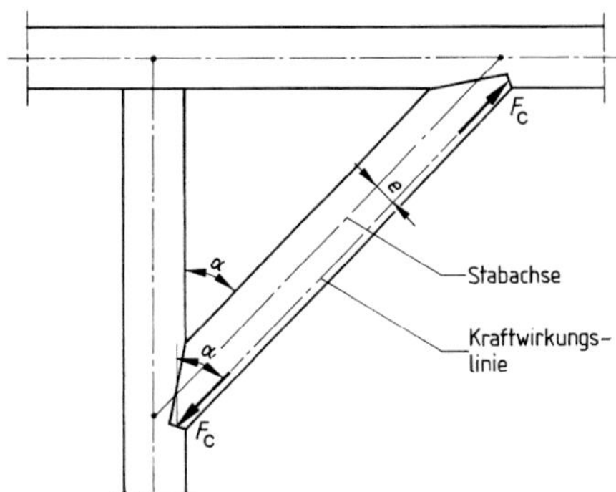

Bild 23.9 Ausmittiger Anschluss beim Stirnversatz mit konstantem Biegemoment $M = F \cdot e$ über die Druckstablänge nach *Erläut. zu DIN 1052: 1988-04* [77], Teil 1, E 6.6, Bild 6/7

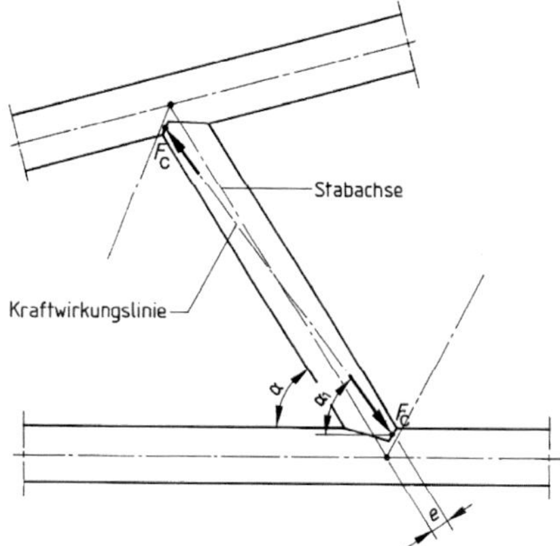

Bild 23.10 Ausmittiger Anschluss beim Stirnversatz mit gegenläufigen Biegemomenten $M = F \cdot e$ an den Enden des Druckstabes nach *Erläut. zu DIN 1052: 1988-04* [77], Teil 1, E 6.6, Bild 6/6

keine Ausmitten auftreten; bei Wahl dieser beiden Versatzarten lassen sich Ausmitten nach Bild 23.9 und 23.10 vermeiden.

Ausmittige Anschlüsse bei Auflagerkonstruktionen

Bei Auflagerkonstruktionen nach Bild 23.11 ist das Biegemoment M im Schnitt I-I nach Gl. (23.34) in Rechnung zu stellen, s. *Erläut. zu DIN 1052: 1988-04* [77], Teil 1, E 6.6; der Gurtstab ist im Auflagerbereich für Druck und Biegung (Querschnittstragfähigkeit) nach Abschn. 16.1.4 bzw. 17.1.5 nachzuweisen, die Querschnittsschwächung im Schnitt I-I ist nach Abschn. 8.3.3 zu berücksichtigen. Die Ausmitte e_1 ist aufgrund der notwendigen Vorholzlänge bei Versätzen nicht zu vermeiden. Der Gurtstab wird im Auflagerbereich neben der Normalkraft H_c und dem Biegemoment M zusätzlich durch Schub aus Querkraft $V = A$ aus der Auflagerkraft A beansprucht, s. Abschn. 18.1. Bei anderen Ausmitten von Auflagern ist sinngemäß zu verfahren.

$$M = A \cdot e_1 - H_c \cdot 0{,}5 \cdot (h - t_v) = A \cdot e_1 - F_c \cdot \cos\alpha \cdot 0{,}5 \cdot (h - t_v) \qquad (23.34)$$

mit Bezeichnungen nach Bild 23.11

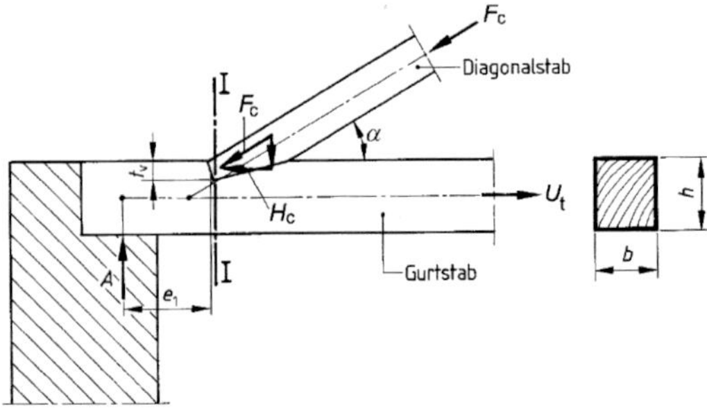

Bild 23.11 Ausmittiger Stabanschluss durch Versatz bei einem Auflager nach *Erläut. zu DIN 1052: 1988-04* [77], Teil 1, E 6.6, Bild 6/10; mit zusätzlichem Biegemoment M nach Gl. (23.34)

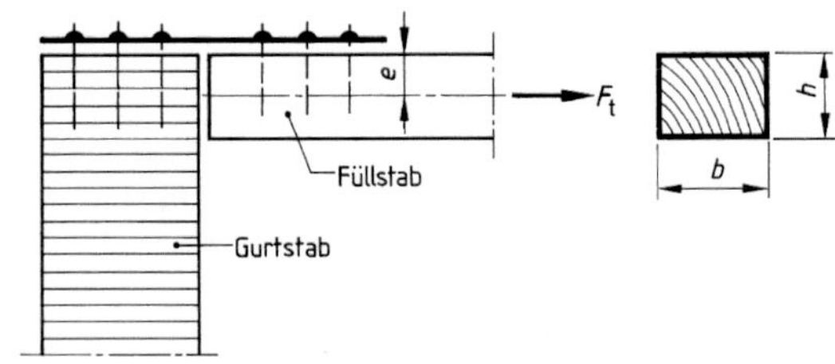

Bild 23.12 Ausmittiger Stabanschluss (Füllstab) mit zusätzlichem Biegemoment $M = F_t \cdot e$ nach *Erläut. zu DIN 1052: 1988-04* [77], Teil 1, E 6.6, Bild 6/11; nur bei kleinen Kräften F_t verwenden

Ausmittige Anschlüsse bei Verbandsstäben

Beim einseitigen Anschluss der Zugkraft F_t von Füllstäben an Gurte von Verbänden nach Bild 23.12 ist das Zusatzmoment $M = F_t \cdot e$ bei der Bemessung der Füllstäbe nach Abschn. 15.1.3 bzw. 17.1.4 (Biegung und Zug) zu berücksichtigen. Dadurch wird die übertragbare Normalkraft F_t meist erheblich verkleinert, so dass derartige einseitige Anschlüsse nur bei kleinen Kräften eingesetzt werden sollten.

23.5 Verformungsberechnungen

23.5.1 Einflüsse auf Verformungen

Bei Verformungsberechnungen von Holztragwerken müssen die besonderen Eigenschaften des Holzes und der Verbindungsmittel/Verbindungen beachtet werden, s. DIN EN 1995-1-1: 2010-12, 2.2.3 (1)P und 5.1 (4)P und (5). Im Allgemeinen sind folgende Einflüsse bei Verformungsberechnungen zu berücksichtigen, s. auch Abschn. 25.3:

- **aus elastischem Verhalten:**
  Biegung, Schub, Normalkräfte (Torsion nur in Sonderfällen),
- **aus der Nachgiebigkeit der Verbindungsmittel:**
  Stabdübel, Passbolzen, Bolzen, Gewindestangen, Nägel, Holzschrauben, Klammern, Dübel besonderer Bauart, Nagelplatten,
- **aus Dauerbelastung:**
  Kriechen,
- **aus Holzfeuchteänderungen:**
  Quellen, Schwinden,

- **aus unvermeidbaren Herstellungs-(Pass-)Ungenauigkeiten und zulässigem „Spiel" bei einigen Verbindungen:**
  Bolzen (Schupf aus zulässigem „Spiel"), Gewindestangen (Schlupf aus zulässigem „Spiel") (nicht jedoch bei Passbolzen und eingeklebten Gewindestangen), Versätze (Schupf) und andere Kontaktanschlüsse „schräg" oder rechtwinklig zur Faser (Schlupf), faserparallele Passstöße (Schlupf).

Einflüsse aus Temperaturänderungen können im Holzbau im Allgemeinen vernachlässigt werden, s. Abschn. 7.6.

23.5.2 Arbeitsgleichung

Verformungsberechnungen von Tragwerken können neben anderen Methoden (wie z.B. gebrauchsfertigen Formeln oder rechnergestützt und geeigneter Software) mit der Arbeitsgleichung durchgeführt werden, auf letztere basieren alle anderen Methoden. Die allgemeine Herleitung der Arbeitsgleichung kann der Grundlagenliteratur entnommen werden, z.B. *Gross/Hauger/Schröder/Wall* [176], *Lehmann* [308], *Wetzell/Krings* [521]. Die Arbeitsgleichung ist unter Berücksichtigung der oben genannten Einflüsse auf der Grundlage von *Heimeshoff* [202] in Tabelle 23.4 zusammengestellt. Für stark gekrümmte Bauteile ist Tabelle 23.4 nicht anwendbar.

Verformungsberechnungen werden im Holzbau überwiegend bei biegebeanspruchten Bauteilen geführt. Im Grenzzustand der Gebrauchstauglichkeit sind Verformungen von Biegeträgern, die als Durchbiegungen bezeichnet werden, in vielen Fällen erforderlich, s. Abschn. 25.3, während im Grenzzustand der Tragfähigkeit Verformungsberechnungen seltener gebraucht werden, um die Verformungen von Aussteifungskonstruktionen (-verbänden), die als Ausbiegungen bezeichnet werden, zu ermitteln, falls dies erforderlich wird, s. Abschn. 26.3.

Tabelle 23.4 Arbeitsgleichung für Holztragwerke, s. auch *Heimeshoff* [202]

Allgemeine Zusammenstellung	
Gesamtverformung[14–16])	
1	$\delta_{tot} = \delta_{el,0} + \delta_v + \delta_{el,90} + \delta_\omega + \delta_{creep}$
Einflüsse aus	
- elastischen Verformungen[1])	
2	in Biegeträgern, Rahmen[2])[10])[16]) $\delta_{el,0} = \int \frac{M \cdot \bar{M}}{E_0 \cdot I} \cdot d_s + \int \kappa \cdot \frac{V \cdot \bar{V}}{G \cdot A} \cdot d_s \quad \int \frac{N \cdot \bar{N}}{E_0 \cdot A} \cdot d_s \cong 0$
	in Fachwerkträgern[10])[16]) $\delta_{el,0} = \sum_{i=1}^{n} \frac{N_i \cdot \bar{N}_i}{E_0 \cdot A_i} \cdot s_i$

Tabelle 23.4 (Fortsetzung)

- Nachgiebigkeit der Verbindungsmittel	
3	in biegesteifen Anschlüssen und Stößen (Drehfederanschlüsse)[8–13][16] $\delta_V = \sum_{j=1}^{m} \frac{M_j \cdot \bar{M}_j}{K_\varphi} + \sum_{j=1}^{m} \bar{M}_j \cdot \varphi_{j,\text{Schlupf}}$
	in Fachwerkstäben (Federanschlüsse)[8–13][16] $\delta_V = \sum_{j=1}^{m} \frac{N_j \cdot \bar{N}_j}{K_j} + \sum_{j=1}^{m} \bar{N}_j \cdot u_{j,\text{Schlupf}}$
- elastischen Verformungen rechtwinklig zur Faser ($\alpha = 90°$)	
4	in Anschlüssen mit unmittelbarem Kontakt[8–10][16] $\delta_{el,90} = \sum_{j=1}^{m} \frac{N_j \cdot \bar{N}_j}{E_{90} \cdot A_j} \cdot h_j$
- Holzfeuchteänderungen (Quellen, Schwinden)[3][4][16]	
5	in Kontaktanschlüssen schräg oder rechtwinklig zur Faser $\delta_\omega = \sum_{j=1}^{m} \bar{N}_j \cdot u_{j,\text{Schwinden}} \cdot \sin\alpha$
- Dauerbelastung[5–9][14–16]	
Kriechen	
6	δ_{creep} wird vereinfachend berücksichtigt: - im Grenzzustand der Tragfähigkeit durch Abminderung der Steifigkeiten, s. [5][6][9][10] - im Grenzzustand der Gebrauchstauglichkeit mit dem Verformungsbeiwert[7], s. [5][6][9][10]

M, N, V Schnittgrößen infolge wirklicher Lastgrößen
$\bar{M}, \bar{N}, \bar{V}$ Schnittgrößen infolge virtueller Belastung
E_0, E_{90} Elastizitätsmoduln[10]
G Schubmodul[10]
$K_{ser}, K_{u,mean}$ Verschiebungsmoduln[10][13]
K_j Dehnfedersteifigkeit der Verbindung, s.[10] und Gl. (23.5)
K_φ Drehfedersteifigkeit der Verbindung, s.[10], Gl. (23.6) und Tabelle 23.1
$u_{j,\text{Schlupf}}$[8] Verschiebung infolge Schlupfes je Anschluss:
= 1,5 mm bei Versätzen und anderen Kontaktanschlüssen „schräg" oder rechtwinklig zur Faser
= 1,0 mm bei faserparallelen Passstößen,
= 1,0 bei Bolzen (Schlupf) und Gewindestangen (Schlupf) (nicht jedoch bei Passbolzen und eingeklebten Gewindestangen)
$u_{j,\text{Schwinden}}$ Verschiebung infolge Schwindens (oder Quellens) je Anschluss/Stoß, für Kontaktanschluss[3]), s. Abschn. 7.5.2:
$= \alpha_\perp \cdot \Delta\omega \cdot h_g/2$
$\varphi_{j,\text{Schlupf}}$ Verdrehung (Winkeländerung) infolge Verschiebungen von Holzverbindungen
α Winkel Kraft-Faserrichtung[4]
$\alpha_\perp$ Schwind-(oder Quell-)maß nach Abschn. 7.5.1
δ Verformung
γ_M Teilsicherheitsbeiwert für Holz nach Tabelle 8.2
k_{def} Verformungsbeiwerte nach Abschn. 7.4.2[7][9][11–12]
A Querschnittsfläche bzw. Fläche eines Kontaktanschlusses

Tabelle 23.4 (Fußnoten)

h_g Gurthöhe

h_j $= h_g/2$ bei Kontaktanschlüssen rechtwinklig zur Faser

I Flächenmoment 2. Grades

κ Schubverteilungszahl

$= 1{,}2$ für Rechteckquerschnitt

s Stablänge

[1]) für gerade und schwach gekrümmte Stäbe

[2]) der Einfluss der Normalkräfte ist im Allgemeinen vernachlässigbar klein

[3]) nur berücksichtigen, wenn eine größere Holzfeuchtedifferenz $\Delta\omega$·zwischen Einbaufeuchte und zu erwartender Gleichgewichtsfeuchte (Ausgleichsfeuchte) nach Abschn. 7.5.3 zu erwarten ist, z.B. als Empfehlung bei Holzstäben in Fachwerken mit $\Delta\omega \cdot \geq 5\%$

[4]) für übliche Winkel α in „schrägen" Kontaktanschlüssen, z.B. bei Versätzen; bei Kontaktanschlüssen rechtwinklig zur Faser ist $\alpha = 90°$

[5]) bei Bauteilen mit denselben zeitabhängigen Eigenschaften sollten die Anfangs- und Endverformungen mit den Steifigkeiten nach Tabelle 22.2 ermittelt werden, bei Verbindungen s. Fußnote [9])

[6]) bei Bauteilen mit unterschiedlichen zeitabhängigen Eigenschaften sollten die Anfangsverformungen mit den Steifigkeiten nach Tabelle 22.2 und die Endverformungen (zur Berücksichtigung der Lasteinwirkungsdauer und Feuchte auf die Verformungen) mit den Endwerten der Steifigkeiten nach Tabelle 22.3 berechnet werden, bei Verbindungen s. Fußnote [9])

[7]) die Kriechverformungen sind im Grenzzustand der Gebrauchstauglichkeit nach DIN EN 1995-1-1: 2010-12, 2.2.3 mit dem Verformungsbeiwert k_{def} zu berücksichtigen, d.h. die Kriechverformungen werden proportional zur elastischen Anfangsverformung mit k_{def} als Proportionalitätsfaktor ermittelt, s. Abschn. 25.3, bei Verbindungen s. Fußnote [9])

[8]) da bei Kontaktanschlüssen Herstellungsungenauigkeiten nicht auszuschließen sind und einige Verbindungen mit zulässigem Spiel eingebaut werden, sind zusätzliche Verschiebung infolge Schlupfes je Anschluss/Stoß zu berücksichtigen und diese zu den mit Hilfe der Verschiebungsmoduln ermittelten rechnerischen Verschiebungen hinzuzufügen; Empfehlungen für zusätzliche Verschiebungen nach Abschn. 10.3.3: bei Versätzen und anderen Kontaktanschlüssen „schräg" oder rechtwinklig zur Faser $u_{j,schlupf} = 1{,}5$ mm und bei faserparallelen Passstößen $u_{j,schlupf} = 1{,}0$ mm sowie bei Bolzen und Gewindestangen (nicht jedoch bei Passbolzen und eingeklebten Gewindestangen) $u_{j,schlupf} = 1{,}0$ mm

[9]) besteht eine Verbindung aus Holzbauteilen mit dem gleichen zeitabhängigen Verhalten, sollte nach Abschn. 22.1.1 der Verformungsbeiwert k_{def} verdoppelt werden mit $k_{def} = 2 \cdot k_{def,1}$; besteht eine Verbindung aus zwei holzartigen Baustoffen mit unterschiedlichem zeitabhängigem Verhalten, sollte die Berechnung der Endverformung mit $k_{def} = 2 \cdot \sqrt{k_{def,1} \cdot k_{def,2}}$ vorgenommen werden

[10]) Bemessungswerte der Steifigkeiten s. Abschn. 22.1.1: bei Bauteilen mit denselben Steifigkeiten nach Tabelle 22.2 (Anfangszustand) oder mit unterschiedlichen Steifigkeiten nach Tabelle 22.3 (Endzustand), prinzipiell werden folgende Bemessungswerte der Steifigkeiten verwendet,
im Grenzzustand der Gebrauchstauglichkeit gilt, Genaueres s. Tabelle 22.2 und 22.3:
$E_d = E_{0,mean}$, $E_{90,d} = E_{90,mean}$, $G_d = G_{mean}$, $K_d = K_{ser}$
im Grenzzustand der Tragfähigkeit gilt, Genaueres s. Tabelle 22.2 und 22.3:
$E_d = E_{0,mean}/\gamma_M$, $E_{90,d} = E_{90,mean}/\gamma_M$, $G_d = G_{mean}/\gamma_M$, $K_d = K_{u,mean}/\gamma_M$
Elastizitätsmoduln $E_{0,mean}$, $E_{90,mean}$ und Schubmoduln G_{mean} von Holzbaustoffen s. Abschn. 7.2, Verschiebungsmoduln K_{ser} nach Tabelle 10.2 und $K_{u,mean}$ nach Gl. (10.4)

[11]) für Verbindungen mit mechanischen Verbindungsmitteln ist der Verformungsbeiwert k_{def} der zu verbindenden Bauteile zu verwenden; besteht eine Verbindung aus Holzbauteilen mit unterschiedlichem zeitabhängigem Verhalten, ist in der Regel der Bemessungswert der Tragfähigkeit mit dem Modifikationsbeiwert $k_{mod} = \sqrt{k_{mod,1} \cdot k_{mod,2}}$ zu berechnen, s. Abschn. 22.1.1

[12]) für Stahlblech-Holzverbindungen ist der Verformungsbeiwert k_{def} des Holzes einzusetzen

[13]) bei Stahlblech-Holz- oder Beton-Holz-Verbindungen sollte K_{ser} mit dem Faktor 2,0 multipliziert werden, s. Tabelle 10.2

Tabelle 23.4 (Fußnoten)

[14]) bei Berechnung der Endverformungen im Grenzzustand der Gebrauchstauglichkeit sind immer die Anfangsverformungen u_{inst} und der Kriechanteil in der quasi-ständigen Kombination zu berücksichtigen, s. Abschn. 25.3, DIN EN 1995-1-1/NA: 2013-08, NCI Zu 2.2.3 (NA.7) und DIN EN 1995-1-1/A2: 2014-07, 3 Änderung zu 2.2.3 (3)

[15]) die Endverformungen im Grenzzustand der Tragfähigkeit sind sinngemäß wie diejenigen im Grenzzustand der Gebrauchstauglichkeit zu ermitteln, ggf. je nach Tragwerk auch in der charakteristischen (seltenen) Kombination wie z.B. bei der Ausbiegung von Aussteifungskonstruktionen (-verbänden), s. Fußnoten [10]) [14])

[16]) die Bemessungswerte der Einwirkungen E_d (Beanspruchungen) sind im Grenzzustand der Gebrauchstauglichkeit mit den charakteristischen Einwirkungen E_k zu bestimmen ($E_d = E_k$ mit den Teilsicherheitsbeiwerten $\gamma_{G,Q} = 1{,}0$), im Grenzzustand der Tragfähigkeit dagegen mit $E_d = \gamma_{G,Q} \cdot E_k$ und den Teilsicherheitsbeiwerten $\gamma_{G,Q}$ nach Tabelle 8.1

Nachweise mit Theorie II. Ordnung 24

Der Nachweis der Tragfähigkeit mit Theorie II. Ordnung kann für Tragsysteme als Alternative zu den Nachweisen mit den Ersatzstabverfahren für knickgefährdete Druckstäbe nach Abschn. 16.2, für biegedrillknick-(kipp-)gefährdete Biegestäbe oder für Stäbe unter kombinierter Druck- und Biegebeanspruchung nach Abschn. 17.2 geführt werden. Der Tragwerksplaner entscheidet den Einsatz eines der beiden Verfahren. Der Nachweis mit den Ersatzstabverfahren wird bei vielen Druck- und Biegestäben weiterhin ausreichend und vertretbar wirtschaftlich sein, obwohl mit Theorie II. Ordnung nachgewiesene Druckstäbe in vielen Fällen wirtschaftlicher ausgelegt werden können, ein Vergleich hierzu wird in Abschn. 24.3 angeführt.

24.1 Theorie I. und II. Ordnung

Theorie I. Ordnung

Viele Tragsysteme im Bauwesen werden nach der klassischen, linearen (Elastizitäts-)Theorie I. Ordnung berechnet. Die Schnitt- und Weggrößen, die infolge vorgegebener Lastgrößen (Einwirkungen) bei Stabtragwerken auftreten, werden unter folgenden Bedingungen ermittelt:

- die Gleichgewichtsbedingungen werden am unverformten System bestimmt, s. Bild 24.1a am Beispiel einer eingespannten Stütze,
- die Verschiebungsgrößen (Verschiebungen, Verzerrungen, Verdrehungen) sind „klein" gegenüber den Tragwerksabmessungen bzw. „klein" gegenüber Eins,
- es besteht ein linearer Zusammenhang zwischen den Spannungen und Verzerrungen (lineares Materialgesetz, *Hooke*sches Gesetz).

H. Neuhaus · L. Peterson (✉)
e-mail: peterson@fh-aachen.de

H. Neuhaus, W. Moorkamp, L. Peterson, T. Uibel, *Ingenieurholzbau*,
DOI 10.1007/978-3-658-44967-4_24

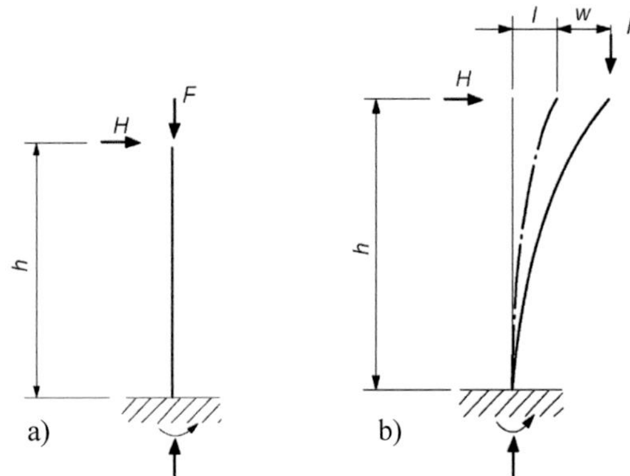

Bild 24.1 Schnittkraftermittlung am unverformten und verformten System am Beispiel einer druck- und Horizontalkraft beanspruchten, eingespannten Stütze
a) am unverformten System, Theorie I. Ordnung b) am verformten System, Theorie II. Ordnung

Die vorbenannten ersten beiden Bedingungen werden als geometrische Linearität, die letzte als physikalische Linearität bezeichnet. Die Bedingungsgleichungen sind linear, es gilt das Superpositionsgesetz (Überlagerung der Schnittgrößen). Für viele baupraktische Fälle reicht die lineare Theorie (Theorie I. Ordnung) aus.

Theorie II. Ordnung

Bei Berechnung eines Tragsystems nach Theorie II. Ordnung wird das Gleichgewicht am verformten System angesetzt, d.h. das geometrisch nichtlineare Tragverhalten des Systems (Stabtragwerk) wird berücksichtigt, s. Bild 24.1b am Beispiel einer eingespannten Stütze. Die Verschiebungsgrößen und das Materialgesetz können demgegenüber linear oder nichtlinear angesetzt werden, so dass mehrere voneinander verschiedene Theorien II. Ordnung beschrieben werden können. In der Literatur und in Normen existieren keine einheitlichen Bezeichnungen dieser verschiedenen Theorien II. Ordnung, hierüber s. z.B. *Heimeshoff* [204] und *Rothert/Gensichen* [431]. Wegen der Nicht-Linearität der Gleichungen darf das Superpositionsgesetz im Allgemeinen nicht angewendet werden, jede Einwirkungs-(Last-)-kombination muss für sich betrachtet werden.

Bei Tragsystemen (Stabtragwerken), für die die Anwendung der Theorie II. Ordnung notwendig ist, wird oft die **Elastizitätstheorie II. Ordnung** (oder auch als Spannungstheorie II. Ordnung benannt) angewendet und vereinfacht als **Theorie II. Ordnung** bezeichnet, dazu wird die Theorie I. Ordnung dahingehend erweitert, dass das Gleichgewicht am verformten System angesetzt wird, d.h. die Lasten (Einwirkungen) greifen am verformten System an, bleiben jedoch richtungstreu, alle anderen Bedingungen der Theorie I. Ordnung bleiben erhalten. Bei einer derartigen geometrisch nichtlinearen Theorie – Gleichgewicht am verformten System –, sind **Systemverformungen** je nach anstehendem Problem und Formulierung zu berücksichtigen, sie können durch Imperfektionen des Tragwerks, elastische Formänderungen, Formänderungen infolge Dauerbelastung (wie Kriechen), Nachgiebigkeit von Verbindungsmitteln und dgl. entstehen.

Imperfektionen sind baupraktisch unvermeidbare und ungewollte Vorverformungen der unbelasteten Tragwerke (Stabtragwerke), sie können in geometrische und strukturelle Imperfektionen unterteilt werden:

Geometrische Imperfektionen:
- Abweichungen der Stabachsen von der geplanten Sollgeometrie (Vorkrümmungen, Vorverdrehungen),
- Abweichungen von den geplanten Soll-Stababmessungen,
- Abweichungen planmäßig senkrechter Stützen von der Solllage (ungewollte Schief- oder Schrägstellung),
- Abweichungen von der planmäßig mittigen Lasteinleitung (ungewollte ausmittige Lasteinleitung),

Strukturelle Imperfektionen:
- Inhomogenitäten des Materials (z.B. Wuchsfehler des Holzes wie die Ästigkeit, s. Abschn. 1.10.3).

Imperfektionen werden bei den Berechnungen durch Ersatzimperfektionen berücksichtigt, da die tatsächlich im betrachteten Tragwerk auftretenden Abweichungen unterschiedlich sind und unregelmäßig auftreten.

Die Theorie II. Ordnung wird mehrfach in der Literatur angeführt, z.B. in *Becker/Blaß* [18], *Becker/Rautenstrauch* [19], *Berner* [25], *Cassens* [87], *Göggel/Werner* [165], *Heimeshoff* [204], [208], *Kollbrunner/Meister* [266], *Krings* [293], *Petersen* [393], *Pflüger* [394], *Pischl* [398], [399], *Roik* [429], *Rothert/Gensichen* [431], *Rubin/Schneider* [432], [433], *Scheer/Bauer* [444] und *Schweda/Krings* [479].

24.2 Theorie II. Ordnung im Holzbau

24.2.1 Anwendung der Theorie II. Ordnung

Der **Nachweis der Tragfähigkeit mit Theorie II. Ordnung** wird im Allgemeinen durchgeführt, wenn die Tragfähigkeit von Einzelstäben oder Stäben von Tragwerken wesentlich durch ihre Verformungen bestimmt wird; der Nachweis kann u.a. notwendig werden bei:
- außerordentlich weit gespannten Tragwerken,
- Tragwerken, bei denen geringe Vorverformungen großen Einfluss auf das Stabilitätsversagen haben,
- Verwendung von Seilen (geringe Dehnsteifigkeit) für Vorspannungen z.B. in bestimmten Fällen bei abgespannten Masten, Hängebrücken,
- Tragwerken mit nachgiebigen Anschlüssen wie Rahmenecken und Einspannungen mit mechanischen Verbindungsmitteln,
- Tragwerken, bei denen keine oder unvollständige Ersatzstablängen vorliegen oder bei denen die Ersatzstablänge ein Mehrfaches der wirklichen Stablänge beträgt,
- Stäben, die nach dem Ersatzstabverfahren (Knicken) sicher und vertretbar wirtschaftlich bemessen worden sind, die jedoch in bestimmten Fällen mit Theorie II. Ordnung noch wirtschaftlicher ausgelegt werden können und sollen, s. Abschn. 24.3.

Bei der **Anwendung der Theorie II. Ordnung im Holzbau** werden das geometrisch nichtlineare Tragverhalten – Gleichgewicht am verformten System – und das physikalisch lineare Materialverhalten angesetzt, da Holz unter Zug- und Druckbeanspruchung sich überwiegend elastisch verhält, s. Bild 16.14. Es werden jedoch folgende vereinfachende Annahmen gemacht, um das nichtlineare Verhalten in zwei Bereichen zu berücksichtigen: Das nichtlineare Materialverhalten des Holzes bei kombinierter Druck- und Biegebeanspruchung, s. Bild 16.15, wird näherungsweise mit einer quadratischen Interaktion des Druckterms bei der Querschnittstragfähigkeit in Rechnung gestellt, s. Gl. in Tabelle 24.4, und das nichtlineare Kraft-Verschiebungsverhalten von mechanischen Verbindungsmitteln wird vereinfachend mit einem (um ein Drittel abgeminderten) Verschiebungsmodul für die Tragfähigkeit als Sekantenmodul berechnet, s. Bild 10.10 und Gl. (10.4).

Beim Nachweis der Stabilität von Tragwerken nach Theorie II. Ordnung muss für die **ungünstigste Einwirkungskombination** sichergestellt werden, dass

- im Grenzzustand der Tragfähigkeit der Verlust des statischen Gleichgewichts (örtlich oder für das Gesamttragwerk) nicht auftritt und
- der Grenzzustand der Tragfähigkeit einzelner Querschnitte oder Verbindungen, die durch Biegung und Längskräfte beansprucht werden, nicht überschritten wird.

Die Nachweise der Tragfähigkeit müssen **für jede Richtung** geführt werden, in der ein Versagen auftreten kann.

24.2.2 Schnittgrößenermittlung nach Theorie II. Ordnung

Berechnungen der Auflagerreaktionen und Schnittgrößen

Die Berechnungen der Auflagerreaktionen und Schnittgrößen nach Theorie II. Ordnung erfolgen überwiegend mit einem geeigneten, geometrisch nichtlinearen Stabwerksprogramm, das die Gleichgewichtbedingungen am verformten System berücksichtigt. Analytisch exakte Lösungen sind in der Fachliteratur nur für einfache Stabsysteme vorhanden, die für „Handrechnungen" zudem noch aufwändiger sind, s. z.B. *Berner* [25], *Göggel/Werner* [165], *Pischl* [399], *Rubin/Schneider* [433] und *Scheer/Bauer* [444]; deshalb kommen unter bestimmten Bedingungen auch einfachere **Näherungslösungen** zum Einsatz, die auf der Iteration von Einzelschritten beruhen und ausreichende Genauigkeit aufweisen. Über die Ermittlung der Schnittgrößen s. auch Abschn. 23.1.3.

Näherungslösung

Die Berechnung mit einer Näherungslösung nach Theorie II. Ordnung soll an einem einfachen System dargestellt werden: Eine Pendelstütze nach Bild 24.2a, die nur unter mittiger äußerer Druckkraft F beansprucht wird (ein äußeres Biegemoment M ist in diesem Beispiel nicht vorhanden), besitzt bereits im unbelasteten Zustand durch unvermeidbare Vorverformungen des Stabes eine Vorkrümmung e, die durch die Druckkraft N im Stab ein zusätzliches Biegemoment ΔM aus dem Gleichgewicht am verformten System nach Bild 24.2b

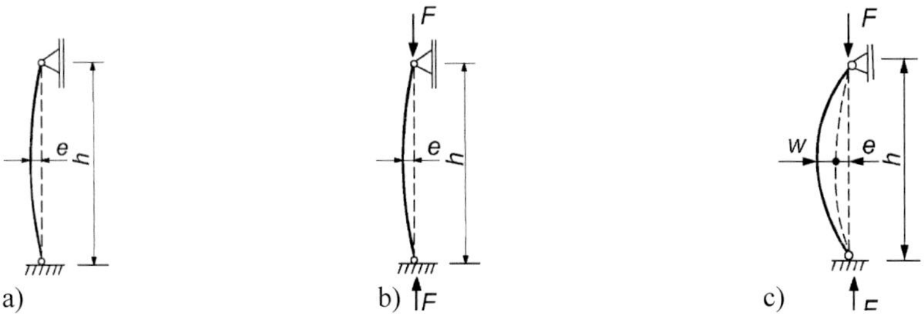

Bild 24.2 Pendelstütze (*Euler*stab 2) unter mittiger Druckkraft F und den Bedingungen nach Theorie II. Ordnung, Beispiel a) spannungsloser Ausgangszustand unter unvermeidbarer Vorverformung e (Vorkrümmung) b) Beanspruchung durch eine äußere Druckkraft (Einwirkung) F und zusätzlich durch ein Biegemoment $\Delta M = N \cdot e$ infolge Normalkraft N (Druckkraft) in der Stütze c) Endzustand im verformten Zustand mit Gesamtverformung $e + w$

erzeugt. Dieses Biegemoment bewirkt eine Zunahme der bisherigen Verformung und damit der Vorkrümmung e, so dass das Biegemoment ΔM vergrößert wird auf ΔM_1. Die weiteren Iterationsschritte konvergieren, die Summe der Zuwächse der Verformungen eines jeden Iterationsschrittes wird durch eine geometrische Reihe gebildet und als Vergrößerungsfaktor α bezeichnet, s. Gl. (24.1); dabei wird nach Gl. (24.2) vorausgesetzt, dass die kritische Last N_{crit} des Stabes nach Gl. (24.3) bestimmt werden kann, dass die Druckkraft N im Stab stets kleiner oder gleich der kritischen Last N_{crit} ist und dass die Biegemomente M^{I} (falls vorhanden) sowie Verformungen aus Theorie I. Ordnung bekannt sind.

$$\alpha = \frac{1}{1-\delta} > 1 \tag{24.1}$$

$$\delta = \frac{N}{N_{crit}} \leq 1 \tag{24.2}$$

$$N_{crit} = \frac{\pi^2 \cdot E \cdot I}{l^2} \tag{24.3}$$

F äußere Last (Einwirkung)
N Druckkraft im Stab (hier: positiv)
N_{crit} kritische Last des Stabes
E Elastizitätsmodul nach Gl. (24.5), s. auch Tabelle 24.1
I Flächenmoment 2. Grades
l Stablänge oder Abstand der Knoten mit seitlich unverschieblichen Halterungen
α Vergrößerungsfaktor, bewirkt die Vergrößerung des aus dem Gleichgewicht am verformten System ermittelten Biegemomentes ΔM auf das Biegemoment M^{II} aus Theorie II. Ordnung
δ $= N/N_{crit} \leq 1$ als Verhältnis der Druckkraft im Stab zur zugehörigen kritischen Last

Das Biegemoment M^{II} nach Theorie II. Ordnung, das in der Pendelstütze des Beispiels nach Bild 24.2 ausschließlich auf die unvermeidbare Vorverformung des Stabes zurückzuführen ist, wird mit ausreichender Genauigkeit nach Gl. (24.4) errechnet; dabei wird das zusätzliche Biegemoment ΔM, das aus dem Gleichgewicht am verformten System entsteht, mit der Druckkraft N im Stab und der anzusetzenden Vorkrümmung e nach Tabelle 24.2 ermittelt und die Zuwächse aus Theorie II. Ordnung durch Multiplikation mit dem Vergrößerungsfaktor α bestimmt; darüber hinaus ist das Biegemoment nach Theorie I. Ordnung zu überlagern, soweit vorhanden, im Beispiel $M^{\mathrm{I}} = 0$, da kein äußeres Biegemoment nach Bild 24.2 vorliegt.

$$\begin{aligned} M^{\mathrm{II}} &= M^{\mathrm{I}} + \Delta M \cdot \alpha \\ &= M^{\mathrm{I}} + N \cdot \mathrm{e} \cdot \alpha \end{aligned} \tag{24.4}$$

M^{I} Biegemoment nach Theorie I. Ordnung, soweit vorhanden
M^{II} Biegemoment nach Theorie II. Ordnung
ΔM zusätzliches Biegemoment aus dem Gleichgewicht am verformten System $= N \cdot e$
N Normalkraft im Stab, als Druckkraft hier positiv,
e Vorkrümmung des Stabes nach Tabelle 24.2
α Vergrößerungsfaktor nach Gl. (24.1)

Für andere Einwirkungen, Lagerungsarten und Tragsysteme wird zur Ermittlung der Schnittkräfte und Auflagerreaktionen nach Theorie II. Ordnung auf die analytischen und Näherungslösungen in der Fachliteratur verwiesen, falls eine Handrechnung erforderlich wird, z.B. in *Berner* [25], *Göggel/Werner* [165], *Heimeshoff* [204], *Petersen* [393], *Pischl* [399], *Rubin/Schneider* [433] und *Scheer/Bauer* [444].

Ermittlung der Schnittgrößen und Auflagerreaktionen im Holzbau

Bei der Berechnung von Tragwerken nach Theorie II. Ordnung im Holzbau sind im Grenzzustand der Tragfähigkeit die Auflager- und Schnittgrößen mit den Bemessungswerten der Steifigkeiten ohne Berücksichtigung der Einflüsse der Lasteinwirkungsdauer (und Feuchte) zu ermitteln, demnach die Steifigkeiten geteilt durch den Teilsicherheitsbeiwert γ_{M} nach Gl. (24.5) bis (24.7) bzw. Tabelle 24.1, s. DIN EN 1995-1-1: 2010-12, 2.2.2 (1)P und 2.4.1 (2)P. Die Bemessungswerte der Steifigkeiten im Grenzzustand der Gebrauchstauglichkeit sind mit den Mittelwerten der Steifigkeiten zu berechnen, s. Tabelle 24.1 und sinngemäß EN 1995-1-1: 2010-12, 2.2.3 (2).

Der **Einfluss des Kriechens** darf vereinfachend durch Abminderung der Steifigkeiten mit dem Beiwert $k_{\mathrm{red,S}} = 1/(1+k_{\mathrm{def}})$ berücksichtigt werden, s. Gl. (16.9); diese Abminderung gilt bei druckbeanspruchten Bauteilen (Druckstützen) nach Abschn. 16.2, wenn in der Nutzungsklasse 2 und 3 der Bemessungswert des ständigen und quasi-ständigen Lastanteils größer als 70% des Bemessungswertes der Gesamtlast ist, s. DIN EN 1995-1-1/NA: 2013-08, NCI NA.5.9. Über die Berechnung des Bemessungswertes der ständigen und des quasiständigen Lastanteils s. Abschn. 16.2.1. Da bei Nachweisen nach Theorie II. Ordnung die

Bemessungswerte der Steifigkeiten ohne Berücksichtigung der Einflüsse der Lasteinwirkungsdauer (und Feuchte) durchgeführt werden müssen, s. DIN EN 1995-1-1: 2010-12, 2.2.2 (1)P, sind die Steifigkeiten nach Gl. (24.5) bis (24.7) bzw. Tabelle 24.1 zu verwenden. Demnach gelten für Nachweise der Theorie II. Ordnung nicht die Abminderungen der Steifigkeiten nach Tabelle 22.3 für Nachweise im Endzustand bei Tragwerken mit Bauteilen aus Baustoffen unterschiedlicher Kriecheigenschaften (unterschiedlicher zeitabhängiger Eigenschaften). Tabelle 24.1 zeigt eine Übersicht über die Verwendung der Steifigkeiten im Grenzzustand der Tragfähigkeit und Gebrauchstauglichkeit.

Tabelle 24.1 Bemessungswerte der Steifigkeiten für Nachweise nach Theorie II. Ordnung bei Bauteilen und Verbindungen im Grenzzustand der Tragfähigkeit und Gebrauchstauglichkeit nach DIN EN 1995-1-1: 2010-12, 2.2.2 (1)P, 2.2.3 (2) und 2.4.1 (2)P sowie DIN EN 1995-1-1/NA: 2013-08, NCI NA.5.9[1])

Grenzzustand der		Bauteile		Verbindungen
		Elastizitätsmodul E	Schubmodul G	Verschiebungsmodul K
Steifigkeiten für Nachweise nach Theorie II. Ordnung				
Tragfähigkeit	Bauteile ohne Kriechen[2])[4])	$E_{\mathrm{d}} = E_{\mathrm{mean}}/\gamma_{\mathrm{M}}$	$G_{\mathrm{d}} = G_{\mathrm{mean}}/\gamma_{\mathrm{M}}$	$K_{\mathrm{d}} = K_{\mathrm{u,mean}}/\gamma_{\mathrm{M}}$
	Bauteile mit Kriechen[3])[4])	$E_d = \dfrac{E_{\mathrm{mean}}}{\gamma_{\mathrm{M}} \cdot (1 + k_{\mathrm{def}})}$	$G_d = \dfrac{G_{\mathrm{mean}}}{\gamma_{\mathrm{M}} \cdot (1 + k_{\mathrm{def}})}$	$K_d = \dfrac{K_{\mathrm{u,mean}}}{\gamma_{\mathrm{M}} \cdot (1 + k_{\mathrm{def}})}$
Gebrauchs-tauglichkeit	[5])	$E_{\mathrm{d}} = E_{\mathrm{mean}}$	$G_{\mathrm{d}} = G_{\mathrm{mean}}$	$K_{\mathrm{d}} = K_{\mathrm{ser}}$

[1]) Hierin bedeuten:

E_{mean} Mittelwert des Elastizitätsmoduls, s. Abschn. 7.2

G_{mean} Mittelwert des Schubmoduls, s. Abschn. 7.2

$K_{\mathrm{u,mean}}$ Verschiebungsmodul im Grenzzustand der Tragfähigkeit nach Abschn. 10.3.3 und Gl. (24.8)

K_{ser} Verschiebungsmodul im Grenzzustand der Gebrauchstauglichkeit nach Tabelle 10.2

k_{def} Verformungsbeiwert für ständige Lasteinwirkungsdauer nach Abschn. 7.4.2, s. auch Abschn. 16.2.1

γ_{M} Teilsicherheitsbeiwert für Holz und Holzwerkstoffe nach Tabelle 8.2

[2]) Steifigkeiten im Grenzzustand der Tragfähigkeit für alle Bauteile bei Nachweisen mit Theorie II. Ordnung mit Ausnahme druckbeanspruchter Bauteile (Kriecheinfluss) nach Tabelle 24.1, nächste Zeile, s. Fußnote [3]) und DIN EN 1995-1-1: 2010-12, 2.2.2 (1)P

[3]) Steifigkeiten im Grenzzustand der Tragfähigkeit zur Berücksichtigung des Kriechens nach Abschn. 16.2.1 nur für druckbeanspruchte Bauteile (Druckstützen), wenn in Nutzungsklasse 2 und 3 der Bemessungswert des ständigen und quasi-ständigen Lastanteils größer als 70% des Bemessungswertes der Gesamtlast ist, s. DIN EN 1995-1-1/NA: 2013-08, NCI NA.5.9

[4]) die Steifigkeiten bei Bauteilen aus Baustoffen mit unterschiedlichen Kriecheigenschaften (unterschiedlichen zeitabhängigen Eigenschaften) nach Tabelle 22.3 gelten nicht für Nachweise nach Theorie II. Ordnung

[5]) Steifigkeiten im Grenzzustand der Gebrauchstauglichkeit für alle Bauteile sinngemäß nach EN 1995-1-1: 2010-12, 2.2.3 (2)

Bemessungswerte der Steifigkeiten für Nachweise im Grenzzustand der Tragfähigkeit nach Theorie II. Ordnung:

$$E_d = E_{mean}/\gamma_M \tag{24.5}$$

$$G_d = G_{mean}/\gamma_M \tag{24.6}$$

$$K_d = K_{u,mean}/\gamma_M \tag{24.7}$$

mit

$$K_{u,mean} = \frac{2}{3} \cdot K_{ser} \tag{24.8}$$

E_d, G_d Bemessungswerte der Steifigkeiten für Nachweise im Grenzzustand der Tragfähig-
K_d keit nach Theorie II. Ordnung
$E_{0,mean}$ Mittelwert des Elastizitätsmoduls in Faserrichtung, s. Abschn. 7.2
G_{mean} Mittelwert des Schubmoduls, s. Abschn. 7.2
$K_{u,mean}$ Verschiebungsmodul im Grenzzustand der Tragfähigkeit nach Abschn. 10.3.3 und Gl. (24.8)
K_{ser} Verschiebungsmodul im Grenzzustand der Gebrauchstauglichkeit nach Tabelle 10.2
γ_M Teilsicherheitsbeiwert für Holz und Holzwerkstoffe nach Tabelle 8.2

24.2.3 Imperfektionen bei Theorie II. Ordnung

Ersatzimperfektionen

Bei der Ermittlung der Schnittgrößen und Auflagerreaktionen eines Tragwerks sind geometrische und strukturelle Imperfektionen aus baupraktisch unvermeidbaren Vorverformungen zu berücksichtigen, s. Abschn. 24.1, wenn diese die Beanspruchungen wesentlich vergrößern. Die geometrischen und strukturellen Imperfektionen werden vereinfachend zu geometrischen Ersatzimperfektionen zusammengefasst, die für das unbelastete Tragwerk als Vorkrümmung (ungewollte Ausmitte) und/oder Vorverdrehung (ungewollte Schräg- oder Schiefstellung) nach Tabelle 24.2 angesetzt werden dürfen. Die Ersatzimperfektionen müssen nicht den geometrischen Randbedingungen des Tragsystems entsprechen und können auch Knicke und Sprünge enthalten. Ersatzimperfektionen dürfen durch gleichwertige Ersatzlasten berücksichtigt werden, s. Tabelle 24.3. Nachweise nach Theorie II. Ordnung im Holzbau sind in Tabelle 22.4 enthalten.

Die Einflüsse eingeprägter Vorverformungen auf die Schnittgrößen können bei einer linear-elastischen Berechnung nach Theorie II. Ordnung aus Tabelle 24.2 bestimmt und mit folgenden Annahmen ermittelt werden (Ersatzimperfektionen), s. DIN EN 1995-1-1: 2010-12, 5.4.4 (2):

Tabelle 24.2 Spannungslose Vorverformungen (Ersatzimperfektionen) von Tragwerken oder entsprechender Teile für Berechnungen nach Theorie II. Ordnung im Grenzzustand der Tragfähigkeit nach DIN EN 1995-1-1: 2010-12, 5.4.4 (2)[1])[2])[3])

<table>
<tr><td colspan="2">Anfängliche Krümmung (Vorkrümmung) des unbelasteten Tragwerks oder Bauteils[4])</td></tr>
<tr><td>Ansetzen einer anfänglichen sinus- (oder parabel-)förmigen Krümmung zwischen den Knotenpunkten eines Tragwerkes oder Bauteils (Stabachsen) wie bei
- Druckstäben oder
- Druckgurten von Biegestäben[4])
mit einer ungewollten größten Ausmitte e
- (meist in Stab-(Feld-)mitte) oder
- ggf. zwischen Knotenpunkten von mindestens
$e = 0{,}0025 \cdot l = l/400$
e Rechenwert der ungewollten Ausmitte
l Stablänge oder ggf. Abstand der Knoten mit seitlich unverschieblichen Halterungen</td><td>Beispiel:
angenommene spannungslose, anfängliche Krümmung (Vorkrümmung) eines Stabes
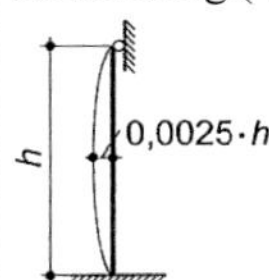

hier:
mit $h = l$ als Stablänge</td></tr>
<tr><td colspan="2">Schiefstellung (Vorverdrehung) des unbelasteten Tragwerks oder entsprechender Teile</td></tr>
<tr><td>Ansetzen einer ungewollten Schief- oder Schrägstellung des Tragwerkes oder entsprechender Teile zusammen mit einer anfänglichen sinus- (oder parabel-)förmigen Krümmung zwischen den Knotenpunkten des Tragwerkes, s. oben, wie für Stäbe und Stabzüge, die am verformten Stabwerk
- Stabdrehwinkel aufweisen können und durch
- Normalkräfte beansprucht werden,
ungewollte Schief- oder Schrägstellung als
- Vorverdrehung der Stäbe/Stiele mit dem
- Winkel ϕ</td><td>Werte für den Winkel ϕ mindestens annehmen zu:
$\phi = 0{,}005 = 1/200$ für $h \leq 5$ m
$\phi = 0{,}005 \cdot \sqrt{5/h} = \sqrt{5/h}/200$ für $h > 5$ m
mit
ϕ Rechenwert des Schief- oder Schrägstellungswinkels (Stabdrehwinkels) im Bogenmaß
h Tragwerkshöhe oder Länge des Bauteils in m</td></tr>
<tr><td colspan="2">Beispiele angenommener spannungsloser Vorverformungen nach DIN EN 1995-1-1: 2010-12, 5.4.4, Bild 5.3</td></tr>
<tr><td>Rahmen, unverformt:
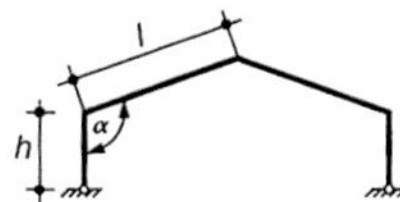

symmetrische Vorverformung:
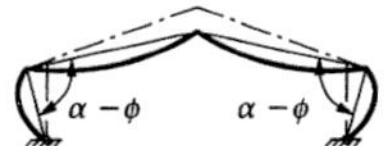

unsymmetrische Vorverformung:
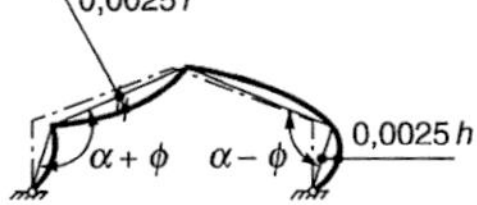
</td><td>Bogen, unverformt:

symmetrische Vorverformung:
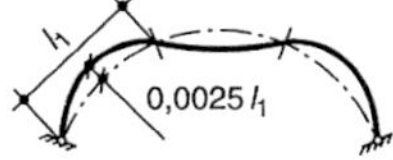

unsymmetrische Vorverformung:
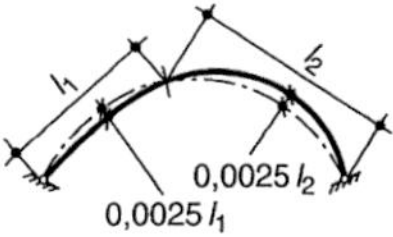
</td></tr>
</table>

Tabelle 24.2 (Fußnoten)

[1]) Ersatzimperfektionen können auch durch gleichwertige Ersatzlasten berücksichtigt werden, s. Tabelle 24.3

[2]) Ersatzimperfektionen müssen nicht den geometrischen Randbedingungen des Systems entsprechen

[3]) Nachweise mit Theorie II. Ordnung nach Tabelle 24.4

[4]) bei Biegeträgern darf anstelle der Vorkrümmung des Druckgurtes auch eine Vorkrümmung der Stabachse angesetzt werden

eine spannungslose Vorverformung des Tragwerks oder entsprechender Teile, so dass sie folgender Anfangsverformung entspricht:

- Annahme einer **Schiefstellung des Tragwerks** (Vorverdrehung) oder entsprechender Teile mit dem Winkel ϕ, wie für Stäbe und Stabzüge unter Normalkraftbeanspruchung, die am verformten System Schief- oder Schrägstellungswinkel ϕ (Stabdrehwinkel) erhalten können, die Schiefstellungen sollten in der ungünstigsten Richtung angenommen werden,
- zusammen mit einer anfänglichen **Vorkrümmung** (spannungslos vorgekrümmter Stab) als sinus- (oder parabel-)förmige Krümmung zwischen den Knotenpunkten des Tragwerks mit einer größten Ausmitte e nach Tabelle 24.2, wie eines sinus- (oder parabel-)förmigen Verlaufes der Stabachsen von Druckstäben oder der Druckgurte von Biegeträgern mit der größten Auslenkung e (meist in Stabmitte) zwischen zwei Knotenpunkten mit jeweils seitlich unverschieblicher Halterung des Stabes.

Ersatzimperfektionen beinhalten neben den o.a. geometrischen Imperfektionen auch den Einfluss der Abweichungen des geometrischen vom tatsächlichen Querschnittsschwerpunkt durch Inhomogenitäten des Holzes; **weitere Einflüsse auf die Tragfähigkeit** wie die Nachgiebigkeit von mechanischen Verbindungsmitteln in Anschlüssen oder Stößen, die Nachgiebigkeit des Baugrundes oder der Einfluss von Schubverformungen werden bei den Ersatzimperfektionen nicht berücksichtigt und sind ggf. rechnerisch anzusetzen.

Ersatzlasten anstelle der Ersatzimperfektionen

Anstelle der Ersatzimperfektionen können auch gleichwertige Ersatzlasten auf die Tragsysteme aufgebracht werden, die zu gleichen Ergebnissen führen. Die Ersatzlasten sind Abtriebs- oder Umlenkkräfte, die durch das verformte System entstehen und am unverformten System aufgebracht werden, sie sind den wirklichen Lasten zu überlagern. Ersatzlasten bieten den Vorteil einer weiteren Berechnung mit Theorie I. Ordnung bzw. am unverformten („geraden") Stab. Die Herleitung der Ersatzlasten für zwei einfache Systeme kann Tabelle 24.3 entnommen werden, Ersatzlasten weiterer Lastkombinationen, Lagerungsarten und Tragsysteme können der o.a. Fachliteratur wie z.B. *Berner* [25], *Erläut. zu DIN 1052: 2004-08* [47], E 8.5.2 und 8.5.3, *Göggel/Werner* [165] und *Rothert/Gensichen* [431] entnommen werden.

Tabelle 24.3 Ersatzlasten anstelle von spannungslosen Vorkrümmungen und Schief- oder Schrägstellungen (Vorverdrehungen) bei einfachen Tragsystemen für Berechnungen mit Theorie II. Ordnung nach Göggel/Werner [165], Beispiele[1])

Ersatzlast q_E anstelle einer parabelförmigen Vorkrümmung	Ersatzlast H_E anstelle einer Vorverdrehung (Schief- oder Schrägstellung)
Beidseitig gelenkig gelagerter Einfeldträger 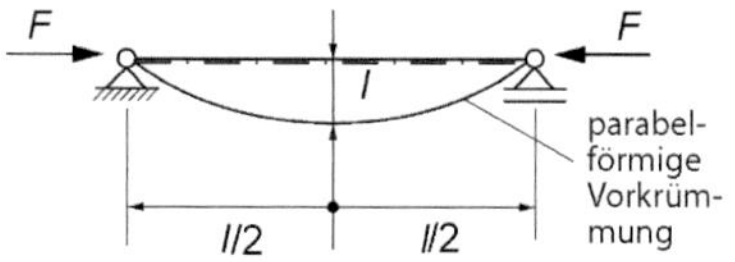 F, F, l, l/2, l/2, parabelförmige Vorkrümmung Ersatzlast q_E 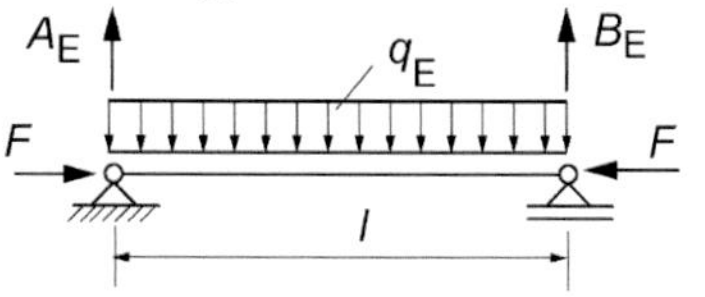 A_E, q_E, B_E, F, F, l	**Eingespannte Stütze** Ersatzlast H_E 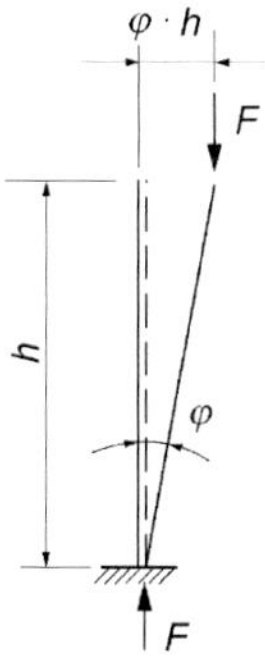 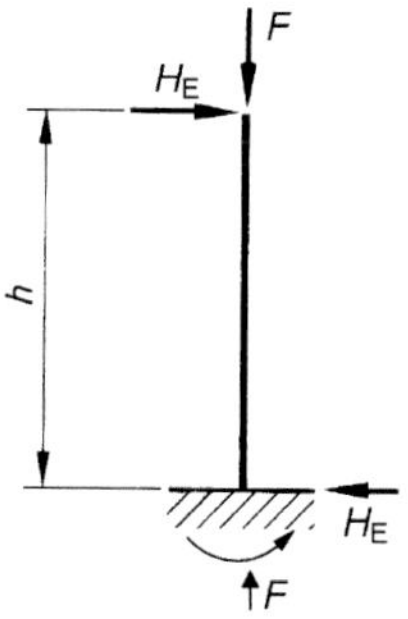 $\varphi \cdot h$, F, h, φ, F F, H_E, h, H_E, F
Gleichgewicht am Ersatzsystem $F \cdot e = \frac{q_E \cdot l^2}{8}$ $A_E = B_E = \frac{q_E \cdot l}{2}$	Gleichgewicht am Ersatzsystem $F \cdot \phi \cdot h = H_E \cdot h$
Ersatzlast q_E (für den 1. Iterationsschritt) $q_E = \frac{8 \cdot F \cdot e}{l^2} = \frac{0{,}02 \cdot F}{l}$ mit $e = 0{,}0025 \cdot l$ Gleichgewichtkräfte $A_E = B_E = \frac{8 \cdot F \cdot e \cdot l}{l^2 \cdot 2} = \frac{4 \cdot F \cdot e}{l} = 0{,}01 \cdot F$	**Ersatzlast H_E** mit $\phi = 0{,}005$ bzw. $\phi = 0{,}005 \cdot \sqrt{5/h}$ $H_E = \phi \cdot F = 0{,}005 \cdot F$ für $h \leq 5$ m $= 0{,}005 \cdot \sqrt{5/h} \cdot F$ für $h > 5$ m

[1]) Ersatzlasten am unverformten System aufbringen und den wirklichen Lasten überlagern
[2]) Vorkrümmung (ungewollte Ausmitte) e und Schrägstellung ϕ nach Tabelle 24.2

24.2.4 Nachweise nach Theorie II. Ordnung im Holzbau

Die Nachweise nach Theorie II. Ordnung können für den Grenzzustand der Tragfähigkeit von Druckstäben (knickgefährdet), von Biegestäben unter Momentenbeanspruchung (biegedrillknick-(kipp-)gefährdet) oder von Stäben unter Druck- und Momentenbeanspruchung (biegedrillknick-(kipp-) und ggf. knickgefährdet) sowie von Verbindungen nach Tabelle 24.4 geführt werden. Dabei ist für Stäbe die Querschnittstragfähigkeit nach Abschn. 17.1.5 unter Berücksichtigung der Schnittkraftermittlung nach Abschn. 24.2.2, der anzusetzenden Imperfektionen (Ersatzimperfektionen oder Ersatzlasten) und weiterer Einflüsse auf die Tragfähigkeit wie ggf. Nachgiebigkeiten von Verbindungsmitteln und Baugrund sowie ggf. der Einfluss von Schubverformungen nach Abschn. 24.2.3 nachzuweisen; die

Tabelle 24.4 Nachweise nach Theorie II. Ordnung im Grenzzustand der Tragfähigkeit bei Einzelstäben, Tragwerken oder entsprechender Teile nach DIN EN 1995-1-1: 2010-12, 6.1.7, 6.2.4, 8.2 und Fachliteratur[1])[2])[3])

Nachweise[2–7])

Normal- und Biegespannungen:
beide Gl. sind einzuhalten[9])

$$\left(\frac{\sigma^{II}_{c,0,d}}{f_{c,0,d}}\right)^2 + \frac{\sigma^{II}_{m,y,d}}{f_{m,y,d}} + k_m \cdot \frac{\sigma^{II}_{m,z,d}}{f_{m,z,d}} \leq 1$$

$$\left(\frac{\sigma^{II}_{c,0,d}}{f_{c,0,d}}\right)^2 + k_m \cdot \frac{\sigma^{II}_{m,y,d}}{f_{m,y,d}} + \frac{\sigma^{II}_{m,z,d}}{f_{m,z,d}} \leq 1$$

mit

$$\sigma^{II}_{c,0,d} = \frac{F^{II}_{c,d}}{A}$$

$$\sigma^{II}_{m,y,d} = \frac{M^{II}_{y,d}}{W_y} \qquad \sigma^{II}_{m,z,d} = \frac{M^{II}_{z,d}}{W_z}$$

Schubspannungen	Verbindungsmittel
$\frac{\tau^{II}_d}{f_{v,d}} \leq 1$ [8])	$\frac{F^{II}_{v,Ed}}{F_{v,Rd}} \leq 1$ [7])

[1]) bei Einzelstäben, Tragwerken oder entsprechenden Teilen, deren Tragfähigkeiten im Wesentlichen durch ihre Verformungen bestimmt werden

[2]) spannungslose Vorverformungen (Ersatzimperfektionen) nach Tabelle 24.2 oder Ersatzlasten nach Tabelle 24.3

[3]) hierin bedeuten:

A	Querschnittsfläche des Stabes
$F^{II}_{c,d}$	Bemessungswert der Normalkräfte nach Theorie II. Ordnung, entspricht im Allgemeinen $F^{I}_{c,d}$ nach Theorie I. Ordnung
$F^{II}_{v,Ed}$	Bemessungswert der Beanspruchung der Verbindungsmittel nach Theorie II. Ordnung
$F_{v,Rd}$	Bemessungswert der Tragfähigkeit der Verbindungsmittel
$M^{II}_{y,d}$ $M^{II}_{z,d}$	Bemessungswerte der Biegemomente nach Theorie II. Ordnung um die y- bzw. z-Achse
k_m	= 0,7 für Rechteckquerschnitte aus Voll-, Brettschicht- und Furnierschichtholz[9]) = 1,0 für andere Querschnitte aus Voll-, Brettschicht- und Furnierschichtholz, s. auch Fußnote [9]) = 1,0 für alle Querschnitte anderer tragender Holzwerkstoffe[9])
W_y, W_z	Widerstandsmomente des Stabes um die y- bzw. z-Achse
$f_{c,0,d}$, $f_{m,d}$, $f_{v,d}$	Bemessungswerte der Druck-, Biege- und Schubfestigkeiten nach Gl. (8.5)
τ^{II}_d	Bemessungswert der Schubbeanspruchung (-spannungen) nach Theorie II. Ordnung
$\sigma^{II}_{c,0,d}$	Bemessungswert der Druckspannungen in Faserrichtung nach Theorie II. Ordnung
$\sigma^{II}_{m,y,d}$; $\sigma^{II}_{m,z,d}$	Bemessungswerte der Biegespannungen nach Theorie II. Ordnung um die y- bzw. z-Achse

[4]) die Schnittkraftermittlung nach Theorie II. Ordnung kann z.B. nach Abschn. 24.2.2, *Berner* [25], *Göggel/Werner* [165], *Pischl* [399], *Rubin/Schneider* [433], *Scheer/Bauer* [444] oder rechnergestützt mit geeigneter Software vorgenommen werden

[5]) die Tragfähigkeit muss für jede Richtung nachgewiesen werden, in der ein Versagen auftreten kann, weiterhin sind die im Abschn. 24.2.1 angeführten Bedingungen für die ungünstigste Einwirkungskombination einzuhalten

[6]) über die Berücksichtigung des Kriechens bei druckbeanspruchten Bauteilen in den Nutzungsklassen 2 und 3 s. Abschn. 24.2.2

[7]) die Nachgiebigkeit von Verbindungen z.B. durch mechanische Verbindungsmittel kann nach Abschn. 23.1, 23.2 bzw. 23.5 berücksichtigt werden, ggf. zusätzlich die Nachgiebigkeit des Baugrundes und der Einfluss von Schubverformungen

[8]) beim Schubnachweis ist die wirksame Breite b_{ef} nach Gl. (18.4) zu berücksichtigen (für Schwind- oder Trockenrisse bei Voll-, Brettschicht- und Balkenschichtholz)

[9]) liegt in den beiden Gl. für Normal- und Biegespannungen nur eine Biegebeanspruchung um eine der beiden Stabachsen, der y- oder z-Achse, vor, sind die Gl. mit dem zutreffenden Biegeanteil und mit k_m = 1,0 zu verwenden

im Abschn. 24.2.1 angeführten Bedingungen für die ungünstigste Einwirkungskombination sind einzuhalten und die in den vorbenannten Abschn. dargestellten Berechnungsgrößen sinngemäß als Bemessungswerte zu verwenden. Die Nachweise der Tragfähigkeit müssen für jede Richtung geführt werden, in der ein Versagen auftreten kann.

Die Ermittlung der Auflager- und Schnittkräfte wird wegen des überwiegend großen Berechnungsaufwandes bei Theorie II. Ordnung im Allgemeinen rechnergestützt mit geeignetem Stabwerksprogramm durchgeführt, ebenso erleichtert eine Softwareunterstützung die Nachweisführungen der Tabelle 24.4. Die Schnittkräfte können auch ohne Rechnerunterstützung, jedoch aufwändiger für Tragsysteme mit vorhandenen Näherungs- oder analytischen Lösungen nach Fachliteratur berechnet werden, s. Abschn. 24.2.2.

Bei Nachweisen nach Theorie II. Ordnung darf im Grenzzustand der Tragfähigkeit der Einfluss des **Kriechens** auf die Schnittgrößen vereinfachend durch Abminderung der Steifigkeiten mit dem Beiwert $k_{\text{red,S}} = 1/(1+k_{\text{def}})$ nach den Angaben im Abschn. 24.2.2, die **Nachgiebigkeit mechanischer Verbindungsmittel** bei Anschlüssen und Stößen nach Abschn. 23.1, 23.2 und 23.5 sowie ggf. die **Nachgiebigkeit des Baugrundes** z.B. sinngemäß nach *Heimeshoff* [203] berücksichtigt werden, wenn sich der Einfluss des Baugrundverhaltens auf die Beanspruchungen eines Tragwerkes im Grenzzustand der Tragfähigkeit wesentlich auswirkt (Richtwert 10%), s. DIN EN 1995-1-1/NA: 2013-08, NCI NA.5.8. Der Einfluss von **Schubverformungen** ist ggf. gesondert zu ermitteln.

Tragsysteme, die im Grenzzustand der Tragfähigkeit nach Theorie II. Ordnung ausgelegt werden, sind im **Grenzzustand der Gebrauchstauglichkeit** z.B. für Durchbiegungsnachweise mit Gebrauchslasten, d.h. Einwirkungen mit Teilsicherheitsbeiwerten $\gamma_G = \gamma_Q = 1$ und den Mittelwerten der Steifigkeiten nach Tabelle 24.1 z.B. $E = E_{\text{mean}}$, wie bei anderen Tragsystemen nach Abschn. 25 nachzuweisen.

Untersuchungen und Nachweise mit Theorie II. Ordnung im Holzbau werden u.a. in *Becker/Blaß* [18], *Becker/Rautenstrauch* [19], *Berner* [25], *Blaß* [31], *Brüninghoff/Klapp* [79], *Franz/Scheer* [139], *Göggel/Werner* [165], *Hamm/Thalmair* [189], *Kessel* [247], *Kessel/Schönhoff/Hörsting* [252], *Pischl* [399], *Rautenstrauch/Möller/Hartnack* [419], *Scheer/Bauer* [444] und *Steck* [490] dargestellt.

24.3 Nachweise mit Theorie II. Ordnung oder Ersatzstabverfahren im Vergleich

Die Nachweise mit Theorie II. Ordnung und den Ersatzstabverfahren nach DIN EN 1995-1-1: 2010-12 und DIN EN 1995-1-1/NA: 2013-08 beinhalten beide das geometrisch nichtlineare Tragverhalten von Stabtragwerken und im Wesentlichen das physikalisch lineare Materialverhalten des Holzes auf demselben Sicherheitsniveau, s. Abschn. 24.1 und 24.2. Bei Theorie II. Ordnung werden Nachweise der Querschnittstragfähigkeit an den betreffenden Stellen unter Berücksichtigung des Tragverhaltens am verformten System geführt, während bei den Ersatzstabverfahren die Bauteiltragfähigkeit am unverformten System nachgewiesen wird.

Nachweise von Tragsystemen nach **Theorie II. Ordnung** führen im Vergleich zu denjenigen mit den Ersatzstabverfahren oft zu wirtschaftlicheren Holzquerschnitten sowie günstigeren Anschlüssen und Stößen mit mechanischen Verbindungsmitteln, da das Verformungsverhalten und damit die Ermittlung von Auflager- und Schnittkräften an Tragwerken wirklichkeitsnäher durch Berücksichtigung auftretender Nachgiebigkeiten ermittelt werden können. Insbesondere in den im Abschn. 24.2.1 angeführten Fällen sollten bzw. müssen Nachweise mit Theorie II. Ordnung geführt werden. Der vergleichsweise wesentliche Nachteil eines oft erheblich höheren Berechnungsaufwandes kann nur rechnergestützt durch leistungsstarke, geeignete Software behoben werden. Da derartige Programme und Rechner vermehrt zur Verfügung stehen, können Nachweise mit Theorie II. Ordnung in vielen Fällen auch wirtschaftlich erstellt werden.

Die **Ersatzstabverfahren** bieten den Vorteil geringeren Berechnungsaufwandes, da Auflager- und Schnittgrößen beim Tragsystem mit Theorie I. Ordnung berechnet werden können, das Superpositionsgesetz gilt, Ersatzstablängen (Knick- und Kipplängen) üblicher Tragsysteme, Lagerungen und Lastkombinationen bekannt, Knick- und Kippbeiwerte überwiegend tabelliert sind und die Nachweise selbst vereinfachend geführt werden können. Nachweise mit den Ersatzstabverfahren können deshalb bei Handrechnung im Allgemeinen vergleichsweise zügig durchgeführt werden und sind in diesen Fällen den Nachweisen mit Theorie II. Ordnung vorzuziehen.

Unterschiedliche rechnerische Tragfähigkeiten bei knickgefährdeten Druckstäben

Nach Untersuchungen von *Kessel/Schönhoff/Hörsting* [252] werden für knickgefährdete Druckstäbe mit beiden Verfahren unterschiedliche rechnerische Tragfähigkeiten in Abhängigkeit von der Schlankheit λ und dem Modifikationsbeiwert k_{mod} ermittelt: Beim Modifikationsbeiwert $k_{mod} = 0{,}9$ sind vernachlässigbar kleine Unterschied vorhanden, mit kleiner werdenden k_{mod}-Werten (im Ersatzstabverfahren) liefert das Verfahren mit Theorie II. Ordnung für größere Schlankheiten λ z.T. wesentlich höhere Tragfähigkeiten gegenüber dem Ersatzstabverfahren, die Unterschiede zwischen den Tragfähigkeiten vom Ersatzstabverfahren und von Theorie II. Ordnung nähern sich mit zunehmender Schlankheit dem Zahlenwert des Modifikationsbeiwertes k_{mod}.

Die Ursache der in Teilen unterschiedlichen Tragfähigkeiten zwischen beiden Verfahren bei knickgefährdeten Druckstäben liegt nach der o.a. Untersuchung u.a. in der Ermittlung des Knickbeiwertes k_c nach Abschn. 16.2.3, der mit dem bezogenen Schlankheitsgrad $\lambda_{rel,c}$, jedoch ohne Abminderung der Druckfestigkeit $f_{c,0,k}$ mit dem Modifikationsbeiwert k_{mod} berechnet wird, so dass diese in vielen Fällen „zu hohe“ Druckfestigkeit kleinere Knickbeiwerte k_c und damit geringere Tragfähigkeiten zur Folge hat gegenüber einem vergleichbaren Stab, der nach Theorie II. Ordnung nachgewiesen wird, hierüber s. auch *Erläut. zu DIN 1052: 2004-08* [47], E 8.5.1 (1) bis (3).

Demnach werden knickgefährdete Stäbe, die mit dem Ersatzstabverfahren bemessen werden, bei kleiner werdenden k_{mod}-Werten und größeren Schlankheiten λ in ihrer Tragfähigkeit nicht vollständig ausgenutzt bzw. unterschätzt; vergleichbare Druckstäbe, die mit dem Verfahren nach Theorie II. Ordnung ausgelegt sind, haben teilweise wesentliche höhere rechnerische Tragfähigkeiten und können somit wirtschaftlicher hergestellt werden. *Kessel/Schönhoff/Hörsting* [252] schlagen deshalb eine kleine Modifizierung des Ersatzstabverfahrens vor, die eine bessere Anpassung in den angesprochenen Bereichen an die Theorie II. Ordnung ergibt.

Nach Untersuchungen von *Möller* [367] sollten beim Nachweis mit Theorie II. Ordnung die Steifigkeitskennwerte mit dem Modifikationsbeiwert k_{mod} abgemindert werden, um den Einfluss der Holzfeuchte und Lasteinwirkungsdauer auf die Steifigkeiten und auf die Ermittlung der Schnittgrößen zu berücksichtigen, wie der Literatur entnommen werden kann, z.B. *Hartnack* [197] und *Rautenstrauch/Hartnack* [417]; andernfalls werden (Anmerk.: wie bei der Berechnung nach DIN 1052: 2008-12 bzw. DIN EN 1995-1-1: 2010-12 ohne diese Abminderung) zu große Tragfähigkeiten errechnet, die nach den Ergebnissen von *Möller* [367] mit wachsender Stabschlankheit λ auf der unsicheren Seite liegen können. Wenn nach diesen Untersuchungen die kritische Last N_{crit} nach Gl. (24.3) mit dem (über den k_{mod}-Wert) abgeminderten Elastizitätsmodul $E_{0,05}$ ermittelt wird, entsprechen die so errechneten Tragfähigkeiten nach Theorie II. Ordnung denen des Ersatzstabverfahrens der DIN 1052: 2008-12 (Anmerk.: bzw. der DIN EN 1995-1-1: 2010-12); bei Verwendung des Elastizitätsmoduls $E_{0,mean}$ liegen die Traglasten entsprechend dem Verhältnis $E_{0,mean}/E_{0,05}$ höher. Kriecheinflüsse auf die Traglast müssen ggf. zusätzlich nachgewiesen werden.

Abschließend ist festzustellen, dass Nachweise mit Theorie II. Ordnung weiterhin nach DIN EN 1995-1-1: 2010-12 bzw. Abschn. 24.1 und 24.2 geführt und bei genaueren Stabilitätsuntersuchungen stets den Nachweisen mit dem Ersatzstabverfahren vorgezogen werden sollten.

Nachweise im Grenzzustand der Gebrauchstauglichkeit

25

25.1 Grenzzustände der Gebrauchstauglichkeit

Grenzzustände der Gebrauchstauglichkeit sind Zustände eines Tragwerkes oder seiner Teile, bei deren Überschreiten die festgelegten Nutzungsbedingungen nicht mehr erfüllt sind, z.B. übermäßige Verformungen (wie Durchbiegungen) oder Verschiebungen, die die planmäßige Nutzung und Funktion des Tragwerks einschließlich der Funktionsfähigkeit von Maschinen und Installationen, das Erscheinungsbild eines Tragwerkes, das Wohlbefinden der Nutzer beeinträchtigen und Schäden an Belägen, Beschichtungen oder an nichttragenden Bauteilen bewirken oder Schäden am Tragwerk mit Folgen für das Erscheinungsbild, die Dauerhaftigkeit oder Funktionsfähigkeit verursachen, oder Schwingungen, die Unbehagen bei Menschen bewirken und/oder die Funktionsfähigkeit des Tragwerks einschränken. Wesentliche Anforderungen an die Grenzzustände der Gebrauchstauglichkeit sind demnach die Funktion des Tragwerkes oder seiner Teile unter normalen Gebrauchsbedingungen, das Wohlbefinden der Nutzer sowie das (optische) Erscheinungsbild, s. DIN EN 1990: 2021-10, 3.4 (1)P und (3) (bzw. entsprechend 2010-12).

Nach dem **Sicherheitskonzept** der DIN EN 1990: 2021-10, das den Holzbauwerken nach DIN EN 1995-1-1: 2010-12 und DIN EN 1995-1-1/NA: 2013-08 sowie auch z.B. Stahlbeton- und Stahlbauwerken zugrunde liegt, werden an Grenzzustände der Gebrauchstauglichkeit geringere Anforderungen gestellt als an Grenzzustände der Tragfähigkeit, s. Abschn. 8.2, da beim Überschreiten der Grenzzustände der Gebrauchstauglichkeit keine Sicherheitsanforderungen gefährdet sind (im Gegenteil zu den Grenzzuständen der Tragfähigkeit wie z.B. die Sicherheit von Menschen) und im Allgemeinen meist nur wirtschaftliche oder optische Nachteile auftreten, die vergleichsweise geringere Schäden bewirken

H. Neuhaus · L. Peterson (✉)
e-mail: peterson@fh-aachen.de

H. Neuhaus, W. Moorkamp, L. Peterson, T. Uibel, *Ingenieurholzbau*,
DOI 10.1007/978-3-658-44967-4_25

können. Deshalb werden die **Teilsicherheitsbeiwerte** der Einwirkungen γ_G und γ_Q im Grenzzustand der Gebrauchstauglichkeit gleich Eins gesetzt, so dass direkt mit den charakteristischen Einwirkungen als Bemessungswerte gerechnet werden kann; ebenso werden die Teilsicherheitsbeiwerte für die Eigenschaften (wie Steifigkeiten) der Holzbaustoffe γ_M gleich Eins gesetzt, s. DIN EN 1990: 2021-10, 6.5.3, 6.5.4 und Anhang A.1.4.1 (bzw. entsprechend 2010-12). Deshalb sind die Verformungen mit den **Mittelwerten der Steifigkeiten** (Elastizitätsmoduln E_{mean}, Schubmoduln G_{mean} und Verschiebungsmoduln K_{ser}) zu ermitteln, s. Tabelle 22.2, für Tragwerke aus Bauteilen mit unterschiedlichen zeitabhängigen Eigenschaften nach Tabelle 22.3.

25.2 Einwirkungen im Grenzzustand der Gebrauchstauglichkeit

25.2.1 Kombinationsregeln im Grenzzustand der Gebrauchstauglichkeit

Bei gleichzeitig auftretenden ständigen und veränderlichen Einwirkungen, s. Abschn. 8.2.3, müssen die Einwirkungen nach den Regeln der DIN EN 1990: 2021-10, 6.5.3 (2) (bzw. entsprechend 2010-12) überlagert werden. Im Grenzzustand der Gebrauchstauglichkeit wird der Bemessungswert E_d dieser Einwirkungen für jede Lastkombination ermittelt, dabei sind für Holzbauwerke je nach Bauwerksverhalten und Gebrauchstauglichkeitskriterien die charakteristische (char) Kombination nach Gl. (25.1) und die quasi-ständige (perm) Kombination nach Gl. (25.2) nachzuweisen. Die beiden Kombinationen werden im Abschn. 25.2.2 näher beschrieben.

Im Grenzzustand der Gebrauchstauglichkeit werden demnach die Bemessungswerte der Einwirkungen direkt aus den charakteristischen Werten der Einwirkungen gebildet, da die Teilsicherheitsbeiwert $\gamma_G = \gamma_Q = 1{,}0$ sind, s. Abschn. 25.1. Bei linear elastischer Berechnung dürfen die charakteristischen Werte der Einwirkungen durch die entsprechenden Auswirkungen (wie Durchbiegungen) ersetzt werden, s. DIN EN 1990/NA: 2010-12, NCI zu 6.5.3 (2).

Charakteristische Kombination von Einwirkungen

$$E_{d,char} = \sum_{j\geq 1} G_{k,j} \oplus Q_{k,1} \oplus \sum_{i>1} \psi_{0,i} \cdot Q_{k,i} \tag{25.1}$$

Quasi-ständige Kombination von Einwirkungen

$$E_{d,perm} = \sum_{j\geq 1} G_{k,j} \oplus \sum_{i\geq 1} \psi_{2,i} \cdot Q_{k,i} \tag{25.2}$$

$G_{k,j}$ charakteristischer Wert einer ständigen Einwirkung j

$Q_{k,1}$ charakteristischer Wert einer maßgebenden (dominierenden) veränderlichen Einwirkung 1 (Leiteinwirkung)

$Q_{k,i}$ charakteristischer Wert einer nicht maßgebenden (begleitenden) veränderlichen Einwirkung i (Begleiteinwirkung)

ψ_0 Beiwert (Kombinationsbeiwert) für charakteristische Werte veränderlicher Einwirkung nach Tabelle 9.3

ψ_2 Beiwert (Kombinationsbeiwert) für quasi-ständige Werte veränderlicher Einwirkungen nach Tabelle 9.3

$\oplus$ „ist zu kombinieren"

25.2.2 Charakteristische und quasi-ständige Kombination von Einwirkungen

Im Holzbau sind im Grenzzustand der Gebrauchstauglichkeit (überwiegend Verformungen wie Durchbiegungen) zwei Kombinationen von Einwirkungen zu berücksichtigen, die charakteristische (char) und die quasi-ständige (perm) Kombination, s. DIN EN 1995-1-1: 2010-12, 2.2.3. Dabei ist jede Kombination von Einwirkungen einzeln zu untersuchen, der Einfluss der ständigen Lasteinwirkung (aus Kriechen und Holzfeuchte mit dem Verformungsbeiwert k_{def} nach Abschn. 7.4.2) ist für jede einzelne Einwirkung getrennt zu betrachten.

Charakteristische Kombination von Einwirkungen
Die charakteristische Kombination (char) von Einwirkungen wird in der Regel für nicht umkehrbare Auswirkungen am Tragwerk verwendet, d.h. Auswirkungen wie Verformungen (Durchbiegungen), die die festgelegten Grenzzustände der Gebrauchstauglichkeit (für längere Zeit) erreichen bzw. überschritten, s. DIN EN 1990: 2021-10, 4.1.3 (1)P,a und 6.5.3 (2)a (bzw. entsprechend 2010-12). Die charakteristische Kombination nach Gl. (25.1) enthält neben der ständigen Einwirkung $G_{k,j}$ und der dominierenden (maßgebenden) veränderlichen Einwirkung $Q_{k,1}$ die Kombinationswerte $\psi_0 \cdot Q_{k,i}$; letztere sind so gewählt, dass ihre Auftretenswahrscheinlichkeit etwa der einer charakteristischen Einzeleinwirkung innerhalb der festgelegten Nutzungsdauer entspricht, demnach die angestrebte Zuverlässigkeit des Tragwerkes nicht unterschreiten. Der Kombinationswert $\psi_0 \cdot Q_k$ wird über den Kombinationsbeiwert ψ_0 als Teil einer charakteristischen Einwirkung angegeben. Über charakteristische Einwirkungen s. auch Abschn. 8.2.3 und 9.1.

Die **dominierende (maßgebende) veränderliche Einwirkung $Q_{k,1}$** kann auf zwei verschieden Wegen bestimmt werden: entweder direkt mit Gl. (6.14d) der DIN EN 1990/NA: 2010-12, NCI zu 6.5.3 (2), so dass der Rechenaufwand verkleinert wird, oder mit zyklischem Vertauschen der veränderlichen Einwirkungen, wie im Folgenden dargestellt wird.

In Gl. (25.1) werden die ständigen Einwirkungen $G_{k,j}$ und die erste veränderliche Einwirkung $Q_{k,1}$ stets in ihrem vollen charakteristischen Wert berücksichtigt. Bei zwei und mehr vorhandenen veränderlichen Einwirkungen wird jede veränderliche Einwirkung $Q_{k,i}$ reihum als dominierende (maßgebende) veränderliche Einwirkung, demnach als jeweils erste veränderliche eingesetzt, so dass mehrere Kombinationen von Einwirkungen entstehen. Die jeweils zweite und höher nummerierte Einwirkung wird mit dem Beiwert (Kombinationsbeiwert) ψ_0 nach Tabelle 9.3 abgemindert, da die Wahrscheinlichkeit des Auftretens aller vorhandenen veränderlichen Einwirkungen wie z.B. Nutz-, Schnee- und Windlasten bei der Mittelpfette eines Daches zum gleichen Zeitpunkt mit ihrem vollen charakteristischen Werten $Q_{k,i}$ sehr gering ist. Mit diesem Verfahren wird die dominierende veränderliche Einwirkung einer charakteristischen Kombination sicher bestimmt, jedoch mit größerem Rechenaufwand, der bei Ermittlung mit geeigneter Software unerheblich ist, s. auch Abschn. 9.3.1.

Über die gleichzeitige Berücksichtigung von Schnee- und Windlasten als Leit- und Begleiteinwirkungen s. Abschn. 9.3.1.

Das **Nachweiskonzept der Gebrauchstauglichkeit** beinhaltet in der charakteristischen Kombination die Vermeidung möglicher Schäden an nachgeordneten Bauteilen, Decken, Fenstern, Fußböden, Installationen, Trennwänden und Oberflächen, die durch übergroße Verformungen anderer tragender Bauteile auftreten können. Deshalb wird die charakteristische Kombination stets bei veränderlichen Einwirkungen in der Anfangsverformung einer Konstruktion w_{inst} und in der Endverformung w_{fin} eingesetzt, s. Abschn. 25.3 sowie DIN EN 1995-1-1: 2010-12, 2.2.3 (2), DIN EN 1995-1-1/A2: 2014-07, 3 Änderung zu 2.2.3 (3) und DIN EN 1995-1-1/NA: 2013-08, NCI Zu 2.2.3 (NA.7).

Der Einbau nachgeordneter Bauteile wird überwiegend erst dann vorgenommen, wenn angrenzende tragende Bauteile bereits vorhanden sind und diese infolge ihres Eigengewichtes bzw. ständiger Lasten bestimmte Verformungen (Anfangsdurchbiegungen) besitzen. Mögliche Schäden bei nachgeordneten Bauteilen können danach nur aus Verformungen (Durchbiegungen) auftreten, die aus zusätzlichen Verformungen (Durchbiegungen) dieser tragenden Bauteile aus weiteren Einwirkungen wie veränderlichen Lasten (z.B. Nutz- und Schneelasten) und aus dem Kriechanteil ständig wirkender Lasten oder Lastanteile entstehen. Demnach wird davon ausgegangen, dass die Anfangsverformungen tragender Bauteile bekannt sind und nachgeordnete Bauteile entsprechend angepasst eingebaut werden.

Quasi-ständige Kombination von Einwirkungen

Die quasi-ständige Kombination (perm) von Einwirkungen wird in der Regel für umkehrbare Auswirkungen am Tragwerk verwendet, wie Verformungen (Durchbiegungen) aus Langzeitauswirkungen, die z.B. das Erscheinungsbild des Tragwerkes beeinflussen, s. DIN EN 1990: 2021-10, 4.1.3 (1)P,c und 6.5.3 (2)c. Die quasi-ständige Kombination nach Gl. (25.2) enthält neben der ständigen Einwirkung $G_{k,j}$ die quasi-ständigen Werte $\psi_2 \cdot Q_{k,i}$; letztere sind so gewählt, dass ihre Grenzwerte in einem wesentlichen Teil der festgelegten Nutzungsdauer überschritten werden, z.B. bei Nutzlasten nicht weniger als 50% der Zeitraumes. Der quasi-ständige Wert $\psi_2 \cdot Q_k$ wird über den Kombinationsbeiwert ψ_2 als Teil einer charakteristischen Einwirkung angegeben.

In Gl. (25.2) werden die ständigen Einwirkungen $G_{k,j}$ stets in ihrem vollen charakteristischen Wert berücksichtigt, alle veränderlichen Einwirkungen $Q_{k,i}$ werden mit dem Beiwert (Kombinationsbeiwert) ψ_2 nach Tabelle 9.3 abgemindert, da nur die Anteile von veränderlichen Einwirkungen, die im Mittel ständig („quasi-ständig“) vorhanden sind (wie z.B. ein ständig vorhandener Anteil der anzusetzenden Nutz- bzw. Deckenlast und nicht die charakteristischen Werte, die im Mittel nur einmal in 50 Jahren auftreten) in der quasi-ständigen Kombination in Rechnung gestellt werden.

Demnach werden alle ständig wirkenden Lasten und die ständig wirkenden Anteile veränderlicher Lasten für die Anfangsverformung zusammengefasst, die mit ihren Kriechanteilen die maßgebenden Endverformungen bewirken. Treten die veränderlichen Einwirkungen jedoch zeitweise mit höheren (als den quasi-ständigen Werten) oder ihren vollen charakteristischen Werten auf, müssen die größeren Verformungen in diesem begrenzten Zeitraum toleriert werden. Als Beispiel dienen die Nutzlasten in Aufenthaltsräumen mit einem Kombinationsbeiwert $\psi_2 = 0{,}3$ nach Tabelle 9.3, da hier nur 30% der rechnerisch anzusetzenden Nutzlasten berücksichtigt werden; dies erklärt die hohe Überschreitungswahrscheinlichkeit des quasi-ständigen Wertes. Sind dagegen in der quasi-ständigen Kombination Wind- und Schneelasten vorhanden, wird deren quasi-ständiger Wert mit einem Kombinationsbeiwert von jeweils $\psi_2 = 0$ nach Tabelle 9.3 nicht berücksichtigt (bei Schnee nur für Bauwerksstandorte bis 1000 m über NN), so dass rechnerisch nur die ständigen Einwirkungen verbleiben, falls keine weiteren veränderlichen Einwirkungen vorhanden sind.

Über die gleichzeitige Berücksichtigung von Schnee- und Windlasten als Leit- und Begleiteinwirkungen s. Abschn. 9.3.1.

Das **Nachweiskonzept der Gebrauchstauglichkeit** beinhaltet in der quasi-ständigen Kombination die Vermeidung eines störenden optischen Erscheinungsbildes und einer unzureichenden Benutzbarkeit des Bauwerkes, deshalb kann auch eine aufgebrachte Überhöhung w_c von Bauteilen bei Berechnung der gesamten Endverformung $w_{net,fin}$ berücksichtigt werden. Die quasi-ständige Kombination sollte gewählt werden, wenn das Erscheinungsbild und die Benutzbarkeit tragender Bauteile innerhalb festzulegender Grenzwerte für Verformungen (Durchbiegungen) gewährleistet werden soll. Dabei interessieren nur die Anfangs- und Endverformungen aus ständigen Einwirkungen und ständig wirkenden Anteilen veränderlicher Einwirkungen einschl. ihrer Kriechverformungen bei Endverformungen; die nicht ständig wirkenden Lasten bzw. Lastanteile ergeben langfristig keinen wesentlichen Anteil an der Gesamtverformung und können deshalb vernachlässig werden.

Über den Nachweis der **Gebrauchstauglichkeit schwingungsanfälliger Holzdecken** s. Abschn. 25.3.5.

25.3 Nachweise der Gebrauchstauglichkeit

Die Verformungen eines Tragwerks (Konstruktion) müssen in angemessenen Grenzen bleiben, um die Benutzbarkeit sicherzustellen sowie Schäden an nachgeordneten Bauteilen und optische Beeinträchtigungen (des Erscheinungsbildes) des Tragwerks zu vermeiden. Die Verformungen entstehen z.B. aus Normal-, Querkräften und Biegemomenten, der Nachgiebigkeit der Verbindungen und Verbindungsmittel sowie aus Feuchteeinwirkungen, s. DIN EN 1995-1-1: 2010-12, 2.2.3 (1)P.

Deshalb sind im Holzbau Gebrauchstauglichkeitsnachweise zu führen wie überwiegend Nachweise der Verformungen (Durchbiegungen) biegebeanspruchter Bauteile und Nachweise der Schwingungen von Holzdecken in Wohnräumen (und Räumen vergleichbarer Nutzung) oder ggf. in bestimmten Nutzbauten, wie in den folgenden Abschn. angeführt wird. Nachweise anderer Verformungen wie z.B. aus Torsionsbeanspruchungen bleiben auf wenige Fälle beschränkt.

Ziel der Nachweise ist die Begrenzung auftretender Verformungen von Lasten tragenden Bauteilen bzw. von Schwingungen bei Holzdecken, so dass keine nachteiligen Auswirkungen auf Tragwerke oder Unbehagen der Bewohner entstehen.

25.3.1 Nachweise der Gebrauchstauglichkeit in allgemeiner Form

Nachweise der Gebrauchstauglichkeit von Tragwerken werden in allgemeiner Form nach Gl. (25.3) geführt, s. DIN EN 1990: 2021-10, 6.5.1 (1)P. Der Tragwerksplaner sollte Gebrauchstauglichkeitsnachweise in den meisten Bemessungssituationen führen, um Schäden an nachgeordneten Bauteilen durch zu große Durchbiegungen zu vermeiden oder das Erscheinungsbild sowie die Benutzbarkeit des Tragwerkes zu gewährleisten.

Nachweise der Gebrauchstauglichkeit in allgemeiner Form:

$$E_{\mathrm{d}} \leq C_{\mathrm{d}} \tag{25.3}$$

E_{d} Bemessungswert der Auswirkungen der Einwirkungen (Beanspruchungen) in der maßgebenden Einwirkungskombination nach Abschn. 25.2, z.B. Lastauswirkung wie die vorhandene Durchbiegung eines Biegeträgers

C_{d} Bemessungswert des maßgebenden Gebrauchstauglichkeitskriteriums z.B. Grenzwerte der Verformungen wie Durchbiegungen nach Abschn. 25.3.3 und wie Schwingungen nach 25.3.5

25.3.2 Berechnung der Verformungen (Durchbiegungen)

Die vorhandenen rechnerischen Endverformungen wfin (wie Durchbiegungen) von Tragwerken und Bauteilen bestehen aus verschiedenen Anteilen. Diese sind im Holzbau im Allgemeinen die elastischen Anfangsverformungen aus Biegemoment winst,m und ggf. aus Schub (Querkraft) winst,V sowie die Kriechverformungen wcreep, die zusammen die Endverformung wfin bilden. Darüber hinaus sind die Nachgiebigkeit von Verbindungen bzw. Verbindungsmitteln und die Holzfeuchtigkeit von Bedeutung. Die einzelnen Anteile werden unterschiedlich berücksichtigt, wie im Folgenden aufgezeigt wird.

Elastische Anfangsverformung w_{inst}
Als elastische Anfangsverformung winst wird die Verformung direkt nach Aufbringen der Last verstanden, sie entspricht mindestens der rechnerischen **Durchbiegung $\mathbf{w}_{\mathrm{inst,m}}$ aus dem Biegemoment *M***, sie wird nach der Biegetheorie für Tragwerke verschiedener Lage-

rung und Belastungsanordnung bestimmt und entweder rechnergestützt mit geeigneter Software ermittelt oder für übliche Tragwerke nach Tabellenwerken berechnet wie z.B. nach Berner [25], Krings [293], Rubin/Schneider [433] und Scheer/Knauf [447]. Ein Beispiel der elastischen Anfangsverformung winst eines Einfeldträgers aus Biegemoment M ist für ständige und veränderliche Einwirkungen in Tabelle 25.1 dargestellt.

Zusätzlich zur rechnerischen Durchbiegung aus Biegemoment M sollte in bestimmten Fällen die rechnerische **Durchbiegung $w_{inst,V}$ aus Schub (Querkraft V)** als weiterer Anteil der elastischen Anfangsverformung w_{inst} berücksichtigt werden, wie unten dargestellt ist, s. Tabelle 25.3. Da die Schubverformung in Tabellenwerken meist nicht enthalten ist, wird sie für einen Einfeldträger mit Rechteckquerschnitt in Tabelle 25.1 angegeben. Über genauere Werte zu Schubverformungen von Stabtragwerken s. *Eierle/Bös* [129].

Kriechverformungen w_{creep}

Die Kriechverformungen w_{creep} dürfen bei biegebeanspruchten Bauteilen proportional zur elastischen Anfangsverformung w_{inst} nach Gl. (25.4) mit dem Verformungsbeiwert k_{def} als Proportionalitätsfaktor angenommen werden, s. DIN EN 1995-1-1: 2010-12, 2.2.3 (5), über das Kriechen s. Abschn. 1.9.4. Sie werden zu den Anfangsverformungen addiert und ergeben die Endverformungen w_{fin}, als Beispiel s. die Endverformung $w_{fin,G}$ infolge ständiger Einwirkungen in Tabelle 25.1.

Kriechverformungen w_{creep}:

aus ständiger Einwirkung G

$$w_{creep,G} = k_{def} \cdot w_{inst,G} \tag{25.4}$$

aus veränderlicher Einwirkung Q

$$w_{creep,Q} = k_{def} \cdot \psi_2 \cdot w_{inst,Q} \tag{25.5}$$

k_{def} Verformungsbeiwert nach Abschn. 7.4.2

w_{inst} Anfangsverformung (-durchbiegung) eines biegebeanspruchten Bauteils, z.B. nach Tabelle 25.1

ψ_2 Beiwert (Kombinationsbeiwert) nach Tabelle 9.3

Da wesentliche Kriechverformungen nur aus ständigen Einwirkungen bzw. ständig wirkenden Anteilen hervorgehen, s. Abschn. 25.2.2, werden bei veränderlichen Einwirkungen die Anfangsverformung $w_{inst,Q}$ mit dem Beiwert ψ_2 zu den anteiligen, ständig wirkenden Anfangsverformungen abgemindert und mit dem Verformungsbeiwert k_{def} zu den anteiligen Kriechverformungen nach Gl. (25.5) bestimmt, s. Abschn. 7.4.2.

Endverformungen w_{fin} und $w_{net,fin}$

Als **Endverformung w_{fin}** wird die Verformung eines biegebeanspruchten Bauteils in allgemeiner Form nach Gl. (25.6) verstanden, die sich nach längerer Zeit aus Anfangs- und

Kriechverformung einstellt, als Beispiel s. die Endverformung $w_{\text{fin,G}}$ infolge ständiger Einwirkungen in Tabelle 25.1. Da nach Abschn. 25.2.2 beim Nachweis der Endverformungen mehrerer gleichzeitig auftretender Einwirkungen die charakteristische und quasi-ständige Kombination unterschieden werden, sind in Tabelle 25.1 die entsprechenden Verformungsanteile zur Berechnungsvereinfachung zusammengefasst, zur Überlagerung s. auch Abschn. 25.2.1. Über die genauere Kombination s. Tabelle 25.2.

Endverformung in allgemeiner Form:

$$w_{\text{fin}} = w_{\text{inst}} + w_{\text{creep}} \tag{25.6}$$

w_{inst} Anfangsverformung (-durchbiegung)
w_{creep} Kriechverformung (-durchbiegung)

Bei der Berechnung der **gesamten Endverformung $w_{\text{net,fin}}$** darf bei Tagwerken aus Bauteilen, Komponenten und Verbindungen mit demselben Kriechverhalten (denselben zeitabhängigen Eigenschaften, s. Tabelle 22.2) eine aufgebrachte Überhöhung w_c von der Endverformung w_{fin} abgezogen werden, s. Tabelle 25.2. Über aufgebrachte Überhöhungen s. Abschn. 25.3.4.

Bei Bauteilen, die aus unterschiedlichen **Baustoffen mit verschiedenen Kriecheigenschaften** (unterschiedlichen zeitabhängigen Eigenschaften) bestehen, ist die Endverformung w_{fin} näherungsweise mit abgeminderten Steifigkeitskennwerten zu berechnen, dazu dürfen die Module wie z.B. $E_{0,\text{mean}}$ mit dem Beiwert $k_{\text{red,S}}$ nach Gl. (16.9) multipliziert (d.h. abgemindert) werden, Steifigkeiten für den Grenzzustand der Gebrauchstauglichkeit nach Tabelle 22.3.

Tabelle 25.1 Anfangs- und Endverformungen (Anfangs- und Enddurchbiegungen) im Grenzzustand der Gebrauchstauglichkeit nach DIN 1995-1-1: 2010-12, 2.2.3, DIN EN 1995-1-1/A2: 2014-07, 3 Änderung zu 2.2.3 und DIN EN 1995-1-1/NA: 2013-08, NCI Zu 2.2.3, Beispiele[1–12])

Elastische Anfangsdurchbiegungen w_{inst} in Feldmitte[3])[4])[5])[12]) am Beispiel eines Einfeldträgers mit Rechteckquerschnitt und Gleichlast q_k		
ständige Einwirkungen G	veränderliche Einwirkungen Q	Beispiel:
infolge Biegemoment M		q_k, y, h, w, z, $l/2$, $l/2$, l, b
$w_{\text{inst,G,m}} = \dfrac{5}{384} \cdot \dfrac{q_{\text{G,k}} \cdot l^4}{E_{0,\text{mean}} \cdot I}$	$w_{\text{inst,Q,m}} = \dfrac{5}{384} \cdot \dfrac{q_{\text{Q,k}} \cdot l^4}{E_{0,\text{mean}} \cdot I}$	
infolge Schub aus Querkraft V [6])		
$w_{\text{inst,G,V}} = 1,2 \cdot \dfrac{q_{\text{G,k}} \cdot l^2}{8 \cdot G_{\text{mean}} \cdot A} = 1,2 \cdot \dfrac{M_{\text{max,G,k}}}{G_{\text{mean}} \cdot A}$	$w_{\text{inst,Q,V}} = 1,2 \cdot \dfrac{q_{\text{Q,k}} \cdot l^2}{8 \cdot G_{\text{mean}} \cdot A} = 1,2 \cdot \dfrac{M_{\text{max,Q,k}}}{G_{\text{mean}} \cdot A}$	

Tabelle 25.1 (Fortsetzung)

Enddurchbiegungen w_{fin}	
Endverformung $w_{fin,G}$ infolge ständiger Einwirkungen	
$w_{fin,G} = w_{inst,G} \cdot (1 + k_{def})$	
Endverformung $w_{fin,Q}$ infolge veränderlicher Einwirkungen	
für die charakteristische Kombination (rare)	
maßgebende (dominierende) veränderliche Einwirkung, für $i = 1$ $w_{fin,Q,1} = w_{inst,Q,1} \cdot (1 + \psi_{2,1} \cdot k_{def})$	begleitende (weitere) veränderliche Einwirkungen, für $i > 1$ $w_{fin,Q,i} = w_{inst,Q,i} \cdot (\psi_{0,i} + \psi_{2,i} \cdot k_{def})$
für die quasi-ständige Kombination (perm)	
alle veränderlichen Einwirkungen $w_{fin,Q,i} = \psi_{2,i} \cdot w_{inst,Q,i} \cdot (1 + k_{def})$	

[1]) Hierin bedeuten:

A Querschnittsfläche des Trägers
$= b \cdot h$ beim Rechteckquerschnitt

$E_{0,mean}$ Mittelwert des Elastizitätsmoduls in Faserrichtung nach Abschn. 7.2, s. Fußnote [10])

G_{mean} Mittelwert des Schubmoduls nach Abschn. 7.2, s. Fußnote [10])

I Flächenmoment 2. Grades des Stabes

M Biegemoment

k_{def} Verformungsbeiwert für ständige Einwirkungen nach Abschn. 7.4.2, s. Fußnote [8])

l Stützweite oder Trägerlänge

w_G Durchbiegung infolge ständiger Einwirkung

w_Q Durchbiegung infolge veränderlicher Einwirkung

ψ_0, ψ_2 Beiwerte (Kombinationsbeiwerte) nach Tabelle 9.3

[2]) Kombinationen der Verformungs-(Durchbiegungs-)anteile nach Tabelle 25.2

[3]) empfohlene Grenzwerte nach Tabelle 25.4

[4]) Nachweise der Verformungen nach Abschn. 25.3.3

[5]) Berechnungen mit den charakteristischen Werten der Einwirkungen (Teilsicherheitsbeiwerte für die Gebrauchstauglichkeit $\gamma_{G,Q}$ sind gleich Eins)

[6]) Gl. für Schub aus Querkraft gelten für Rechteckquerschnitte konstanter Höhe h und Gleichlast q, bei Einfeldträgern mit anderer Belastungsanordnung kann näherungsweise das maximale Biegemoment M_{max} eingesetzt werden; über die Empfehlung zur Berücksichtigung der Schubverformung s. Tabelle 25.3, über genauere Werte zu Schubverformungen s. *Eierle/Bös* [129]

[7]) Nachgiebigkeit von Verbindungen und Verbindungsmittel nach Abschn. 23.1, 23.2 und 23.5

[8]) besteht eine Verbindung aus zwei holzartigen Baustoffen mit unterschiedlichem zeitabhängigem Verhalten, sollte die Berechnung der Endverformung mit dem Verformungsbeiwert k_{def} nach Gl. (22.2) berechnet werden, bei einer Verbindung aus Holzbauteilen mit dem gleichen zeitabhängigen Verhalten der Verformungsbeiwert k_{def} nach Gl. (22.3)

[9]) besteht eine Verbindung aus Holzbauteilen mit unterschiedlichem zeitabhängigem Verhalten, ist in der Regel der Bemessungswert der Tragfähigkeit mit dem Modifikationsbeiwert k_{mod} nach Gl. (22.1) zu berechnen

[10]) Bemessungswerte der Steifigkeiten s. Abschn. 22.1.1: bei Bauteilen mit denselben zeitabhängigen Steifigkeiten nach Tabelle 22.2 (Anfangs- und Endzustand) oder mit unterschiedlichen zeitabhängigen Steifigkeiten nach Tabelle 22.3 (Endzustand)

[11]) bei Stahlblech-Holz-Verbindungen ist der k_{def}-Wert des Holzes zu verwenden

[12]) elastische Anfangsdurchbiegungen w_{inst} nach gebrauchsfertigen Tafeln in Tabellenwerken, mit dem Arbeitssatz oder geeigneter Software berechnen

Die **genauere Kombination der Verformungsanteile** in der charakteristischen und quasi-ständigen Kombination kann Tabelle 25.2 entnommen werden, die **Nachweise** und **empfohlene Grenzwerte** der Verformungen sind in Abschn. 25.3.3 dargestellt. Über die **Nachgiebigkeit von Verbindungen** s. Abschn. 23.1 und 23.2, die allgemeine Berechnung der Verformungen von Holztragwerken ist im Abschn. 23.5 dargestellt.

Tabelle 25.2 Kombination der Verformungsanteile (Durchbiegungsanteile) im Grenzzustand der Gebrauchstauglichkeit nach DIN 1995-1-1: 2010-12, DIN EN 1995-1-1/A2: 2014-07 und DIN EN 1995-1-1/NA: 2013-08[1–5])[7])

Anfangsverformung (Anfangsdurchbiegung) in der charakteristischen Kombination[6])[8]) nach DIN EN 1995-1-1: 2010-12, 2.2.3 (2)	
Elastische Anfangsdurchbiegung $w_{\text{inst,G}}$ infolge ständiger Einwirkung G	
$w_{\text{inst,G}} = \sum_{j\geq 1} w_{\text{inst,G,j}}$ für $j \geq 1$	
Elastische Anfangsdurchbiegung $w_{\text{inst,Q}}$ infolge veränderlicher Einwirkung Q	
maßgebende (dominierende) veränderliche Einwirkung, für $i = 1$ $w_{\text{inst,Q,1}} = w_{\text{inst,Q}}$	begleitende (weitere) veränderliche Einwirkung, für $i > 1$ $w_{\text{inst,Q,i}} = \sum_{i>1} \psi_{0,i} \cdot w_{\text{inst,Q,i}}$
gesamte Anfangsverformung (Anfangsdurchbiegung) w_{inst}	
$w_{\text{inst}} = w_{\text{inst,G}} + w_{\text{inst,Q,1}} + w_{\text{inst,Q,i}} = \sum_{j\geq 1} w_{\text{inst,G,j}} + w_{\text{inst,Q,1}} + \sum_{i>1} \psi_{0,i} \cdot w_{\text{inst,Q,i}}$ [3])	
Endverformung (Enddurchbiegung) w_{fin} für Tragwerke, die aus Bauteilen, Komponenten und Verbindungen mit gleichem Kriechverhalten bestehen[6])[7])	
a) Endverformung (Enddurchbiegung) w_{fin} [6]) nach DIN EN 1995-1-1: 2010-12, 2.2.3 (3) und (5), DIN EN 1995-1-1/A2: 2014-07, 3 Änderung zu 2.2.3 (3) und DIN EN 1995-1-1/NA: 2013-08, NCI Zu 2.2.3 (NA.7) berechnet aus der Anfangsverformung w_{inst} in der charakteristischen Kombination und dem Kriechanteil w_{creep} in der quasi-ständigen Kombination	
Endverformung $w_{\text{fin,G}}$ infolge ständiger Einwirkungen G $w_{\text{fin,G}} = \sum_{j\geq 1} w_{\text{inst,G,j}} \cdot (1 + k_{\text{def,j}})$ für $j \geq 1$ ständige Einwirkungen	
dominierende veränderliche Einwirkung, für $i = 1$ $w_{\text{fin,Q,1}} = w_{\text{inst,Q,1}} \cdot (1 + \psi_{2,1} \cdot k_{\text{def,1}})$	begleitende (weitere) veränderliche Einwirkungen, für $i > 1$ $w_{\text{fin,Q,i}} = \sum_{i>1} w_{\text{inst,Q,i}} \cdot (\psi_{0,i} + \psi_{2,i} \cdot k_{\text{def,i}})$
Endverformung $w_{\text{fin,Q}}$ infolge veränderlicher Einwirkungen Q $w_{\text{fin,Q}} = w_{\text{inst,Q,1}} \cdot (1 + \psi_{2,1} \cdot k_{\text{def,1}}) + \sum_{i>1} w_{\text{inst,Q,i}} \cdot (\psi_{0,i} + \psi_{2,i} \cdot k_{\text{def,i}})$	

Tabelle 25.2 (Fortsetzung)

Endverformung w_{fin} $$w_{fin} = w_{fin,G} + w_{fin,Q} = \sum_{j\geq 1} w_{inst,G,j} \cdot (1 + k_{def,j}) + w_{inst,Q,1} \cdot (1 + \psi_{2,1} \cdot k_{def,1}) + \sum_{i>1} w_{inst,Q,i} \cdot (\psi_{0,i} + \psi_{2,i} \cdot k_{def,i})$$ [3])
b) gesamte Endverformung (gesamte Enddurchbiegung) $w_{net,fin}$ abzgl. einer vorhandenen Überhöhung w_c [6]) (optisches Erscheinungsbild) nach DIN EN 1995-1-1/NA: 2013-08, NCI Zu 2.2.3 (NA.8) berechnet aus der Anfangsverformung w_{inst} in der quasi-ständigen Kombination und der Endverformung w_{fin} in der quasi-ständigen Kombination
Endverformung $w_{fin,G}$ infolge ständiger Einwirkungen G $$w_{net,fin,G} = \sum_{j\geq 1} w_{inst,G,j} \cdot (1 + k_{def,j})$$ für $j \geq 1$ ständige Einwirkungen
Endverformung $w_{fin,Q}$ infolge veränderlicher Einwirkungen Q $$w_{net,fin,Q} = \sum_{i\geq 1} \psi_{2,i} \cdot w_{inst,Q,i} \cdot (1 + \cdot k_{def,i})$$
gesamte Endverformungen $w_{net,fin}$ $$w_{net,fin} = w_{net,fin,G} + w_{net,fin,Q} - w_c = \sum_{j\geq 1} w_{inst,G,j} \cdot (1 + k_{def,j}) + \sum_{i\geq 1} \psi_{2,i} \cdot w_{inst,Q,i} \cdot (1 + k_{def,i}) - w_c$$ [3])

[1]) Hierin bedeuten:

k_{def} Verformungsbeiwert für ständige Einwirkungen nach Abschn. 7.4.2, s. auch Tabelle 25.1 mit zugehöriger Fußnote [8])

w_c Überhöhung im lastfreien Zustand, falls vorhanden und ausführbar, s. Bild 25.2 und Abschn. 25.3.4

w_{creep} Durchbiegung infolge Kriechens nach Gl. (25.4) und (25.5)

ψ_0, ψ_2 Beiwerte (Kombinationsbeiwerte) nach Tabelle 9.3

[2]) Berechnung der Verformungs-(Durchbiegungs-)anteile sinngemäß nach Tabelle 25.1

[3]) empfohlene Grenzwerte der Verformungen (Durchbiegungen) nach Tabelle 25.4, Abschn. 25.3.3

[4]) Nachweise der Verformungen nach Abschn. 25.3.3

[5]) Berechnungen mit den charakteristischen Werten der Einwirkungen (Teilsicherheitsbeiwerte für die Gebrauchstauglichkeit sind gleich Eins)

[6]) Bemessungswerte der Steifigkeiten s. Abschn. 22.1.1: bei Bauteilen mit denselben zeitabhängigen Steifigkeiten nach Tabelle 22.2 (Anfangs- und Endzustand)

[7]) Endverformung (Enddurchbiegung) w_{fin} für Tragwerke, die aus Bauteilen, Komponenten und Verbindungen mit unterschiedlichem Kriechverhalten bestehen nach DIN EN 1995-1-1: 2010-12, 2.2.3 (4) und DIN EN 1995-1-1/A2: 2014-07, 3 Änderung zu 2.2.3 (4) mit Bemessungswerten der Steifigkeiten nach Abschn. 22.1.1 für Bauteile mit unterschiedlichen zeitabhängigen Steifigkeiten nach Tabelle 22.3 (Endzustand)

[8]) elastische Anfangsdurchbiegungen w_{inst} nach gebrauchsfertigen Formeln wie z.B. für Einfeldträger mit Gleichlast nach Tabelle 25.1, andere Lagerungsarten und Lasten nach *Berner* [25], *Krings* [293], *Rubin/Schneider* [433] und *Scheer/Knauf* [447], mit dem Arbeitssatz oder geeigneter Software berechnen

Verformungen *w* aus Biegemoment *M* und Schub (Querkraft *V*)

Tabelle 25.3 gibt eine Übersicht über eine Empfehlung zur Berücksichtigung der Verformungen w_V aus Schub (Querkraft *V*) aus ständigen und veränderlichen Einwirkungen bei bestimmten Trägerformen zusätzlich zu den Verformungen w_m aus Biegemoment *M*. Als Verformungen w_m und w_V werden hier jeweils die gesamten Verformungen (Durchbiegungen) aus Anfangs- und Kriechverformungen verstanden, die die Endverformungen ergeben. Die Verformungen aus Biegemoment und Querkraft sind neben anderen Einflüssen bei der Verformungsberechnung einer Konstruktion nach DIN EN 1995-1-1: 2010-12, 2.2.3 (1)P zu berücksichtigen, s. Abschn. 25.3 oben.

Tabelle 25.3 Rechnerische Durchbiegung bei biegebeanspruchten Bauteilen mit verschiedenen Trägerformen (Beispiele); Empfehlung zur Berücksichtigung der Durchbiegungsanteile w_m (infolge Biegung *M*) und w_V (infolge Schub aus Querkraft *V*) nach *Erläut. zu DIN 1052: 1988-04* [77], Teil 1, E.8.5.4[1])[2])

Rechnerische Durchbiegung	Vollholzträger mit Rechteckquerschnitt	Brettschichtträger mit Rechteckquerschnitt und Spannweitenverhältnis		Pult- und Satteldachträger mit Rechteckquerschnitt	Vollwandträger mit Holz- oder Plattenstegen
		$\sim l/h \geq 15$	$\sim l/h < 15$		
	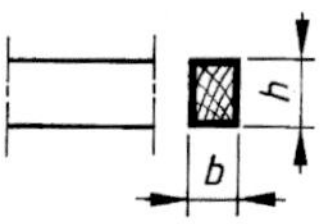 *h*, *b*	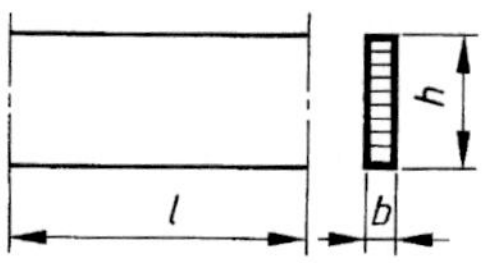 *l*	*h*, *b*	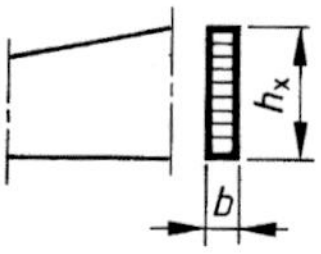 h_x, *b*	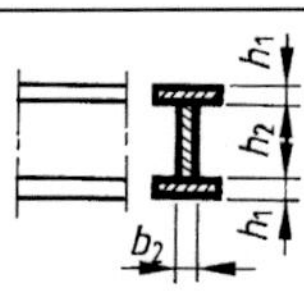 h_1, h_2, h_1, b_2
w_{tot} =	w_m		$w_m + w_V$		

[1]) Hierin bedeuten:

h Höhe des Trägers

l Stützweite des Trägers

w_m Durchbiegungsanteile aus Biegemoment *M* für ständige und veränderliche Einwirkungen (ohne Kriechverformung)

w_V Durchbiegungsanteile infolge Schub aus Querkraft *V* für ständige und veränderliche Einwirkungen (ohne Kriechverformung)

[2]) Berechnung der Durchbiegungsanteile sinngemäß nach Tabelle 25.1 und 25.2

Bei Trägern mit Rechteckquerschnitt aus **Voll- und Balkenschichtholz** üblicher Abmessungen ist w_V unbedeutend und braucht nicht berücksichtigt zu werden, während bei **höheren Rechteckquerschnitten aus Brettschicht- und Furnierschichtholz** die Verformungen w_V aus Schub für Spannweitenverhältnisse etwa $l/h < 15$ ermittelt werden sollten (*l* als Stützweite, *h* als Trägerhöhe), s. Bild 25.1 und Tabelle 25.3, da ab einem Spannweitenverhältnis etwa $l/h < 15$ der Anteil der Schubverformung von ca. 10% an der Gesamtdurchbiegung (ohne Kriechverformung) mit abnehmendem Spannweitenverhältnis auf Anteile über 20% wächst, s. *Möhler* [343]. Die elastische Anfangsverformung $w_{inst,V}$ infolge Schub aus Querkraft *V* kann in diesen Fällen für einen Einfeldträger mit Rechteckquerschnitt konstanter Höhe *h* und Gleichlast *q* nach der Gl. in Tabelle 25.1 berechnet werden.

Bei **zusammengesetzten Trägern mit I-, T- oder Kastenquerschnitten** sollte die Schubverformung neben der Verformung aus Biegemoment stets berücksichtigt werden, s. Bild 25.1 und Tabelle 25.3.

Bild 25.1 Einfluss der Schubverformung auf die Gesamtdurchbiegung (ohne Kriechen) aus Biegemoment *M* und Querkraft *V* bei verschiedenen Trägertypen nach *Möhler* [343]

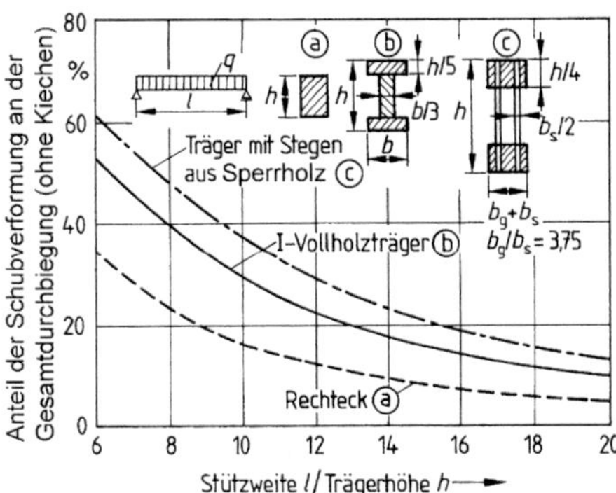

25.3.3 Nachweise und Grenzwerte der Verformungen (Durchbiegungen)

Grenzwerte der Verformungen (Durchbiegungen) von Tragwerken

Da die Grenzwerte der Verformungen (Durchbiegungen) eines Tragwerkes von dessen Anforderungen und Nutzung abhängen, sind die Grenzwerte vom Tragwerksplaner festzulegen bzw. zwischen Bauherrn und Tragwerksplaner zu vereinbaren, soweit in anderen Normen keine weiteren Anforderungen geregelt sind. Demnach sind in DIN EN 1995-1-1/NA: 2013-08, NDP Zu 7.2 (2) nur Empfehlungen für Grenzwerte enthalten, diese können je nach Tragwerk unter- oder überschritten werden. Tabelle 25.4 enthält die empfohlenen Grenzwerte der Einwirkungskombinationen für die Nachweise in den Grenzzuständen der Gebrauchstauglichkeit.

Bezeichnungen der Verformungsanteile (Durchbiegungsanteile)

Die Verformungen (Durchbiegungen) werden nach Bild 25.2 in folgende Durchbiegungsanteile aufgeteilt:

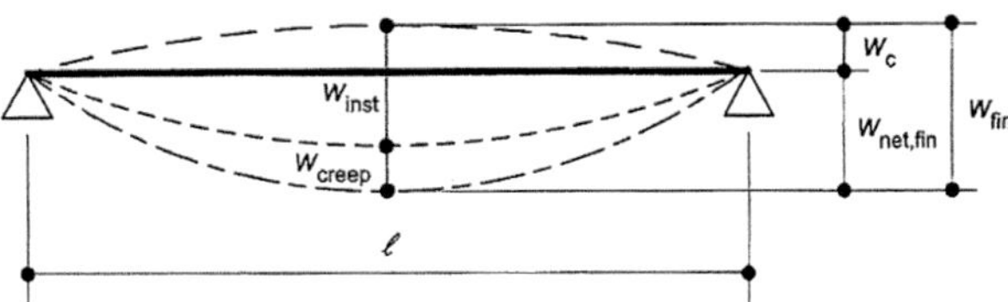

w_c Überhöhung im lastfreien Zustand, falls vorhanden und ausführbar
w_{creep} Durchbiegung infolge Kriechens
w_{inst} Anfangsdurchbiegung
w_{fin} Enddurchbiegung
$w_{net,fin}$ gesamte Enddurchbiegung abzgl. Überhöhung w_c bezogen auf eine Gerade, die die Auflager verbindet

Bild 25.2 Durchbiegungsanteile bei Tragwerken nach DIN EN 1995-1-1: 2010-12, 7.2, Bild 7.1

Empfohlene Grenzwerte der Verformungen (Durchbiegungen)

Empfohlene Grenzwerte der Verformungen (Durchbiegungen) von Biegestäben sind in Tabelle 25.4 angegeben. Die genauere Beschreibung und Berechnung der Anfangs- und Endverformungen w_{inst}, w_{fin} und $w_{net,fin}$ in der charakteristischen und quasi-ständigen Kombination sind im Abschn. 25.3.2 sowie in Tabelle 25.1 und 25.2 angeführt, auf die die empfohlenen Grenzwerte zu beziehen sind. Bei verformungsempfindlichen Konstruktionen können geringere Grenzwerte erforderlich werden. Es wird empfohlen, andere als die empfohlenen Grenzwerte nach Tabelle 25.4 ggf. in Abstimmung mit dem Bauherrn festzulegen und schriftlich zu vereinbaren. Vereinfachte Nachweise für Einfeldträger (Wohnraumdecken und Dach) über Hilfsdiagramme sind in *Erläut. zu DIN 1052: 2004-08* [47], E 9.2 (4) angeführt.

Der Nachweis der Schwingungen bei Holzbalkendecken kann Abschn. 25.3.5 entnommen werden.

Tabelle 25.4 Empfohlene Grenzwerte der Verformungen (Durchbiegungen) von Biegestäben im Grenzzustand der Gebrauchstauglichkeit nach DIN EN 1995-1-1/NA: 2013-08, NDP Zu 7.2(2), Tab. NA.13[1–6])

		w_{inst}	$w_{net,fin}$	w_{fin}
1	Bauteile außer nach Zeile 2	$l/300$ [3])	$l/300$ [3])	$l/200$ [3])
	- auskragende Bauteile	$l_k/150$	$l_k/150$	$l_k/100$
2	Überhöhte Bauteile, untergeordnete Bauteile wie Bauteile landwirtschaftlicher Gebäude, Sparren und Pfetten	$l/200$ [3])	$l/250$ [3])	$l/150$ [3])
	- auskragende Bauteile	$l_k/100$	$l_k/125$	$l_k/75$

[1]) Hierin bedeuten:
l Stützweite des Biegeträgers
l_k Länge des auskragenden Biegeträgerteils
[2]) Bezeichnungen s. Tabelle 25.1 und Kombination der Verformungsanteile s. Tabelle 25.2
[3]) bei verformungsempfindlichen Konstruktionen können geringere Grenzwerte erforderlich werden
[4]) es können auch andere Anforderungen (größere oder kleinere Grenzwerte der Verformungen) vereinbart werden, je nach Anforderungen und Nutzung des Tragwerkes, soweit sie nicht in anderen Normen festgelegt sind
[5]) es wird empfohlen, andere als die empfohlenen Grenzwerte ggf. in Abstimmung mit dem Bauherrn festzulegen und schriftlich zu vereinbaren
[6]) über den Nachweis der Schwingungen bei Decken s. Abschn. 25.3.5

Verformungen (Durchbiegungen) bei Satteldach- und Pultdachträgern mit Rechteckquerschnitt

Bei Trägern mit Rechteckquerschnitt und nicht konstanter (linear-veränderlicher) Trägerhöhe h, wie z.B. bei Satteldach- und Pultdachträgern nach Bild 25.3, sollten die Durchbiegungsanteile w_m aus Biegemoment M und w_V aus Schub (Querkraft) stets berücksichtigt werden, sie können nach Gl. (25.7) und (25.8) mit den Beiwerten $k_{w,m}$ und $k_{w,V}$ aus den

Bildern 25.4 und 25.5 für sattel- und pultdachförmige Einfeldträger berücksichtigt werden. Für symmetrische Satteldachträger können die $k_{w,m}$- und $k_{w,V}$-Werte auch Tabelle 25.5 entnommen werden.

Durchbiegungen von satteldach- und pultdachförmigen Einfeldträgern mit Rechteckquerschnitt:

$$w_{inst,m} = \frac{5}{384} \cdot \frac{q_k \cdot l^4}{E_{0,mean} \cdot I_s} \cdot k_{w,m} \quad (25.7)$$

$$w_{inst,V} = 1{,}2 \cdot \frac{q_k \cdot l^2}{8 \cdot G_{mean} \cdot A_s} \cdot k_{w,V} \quad (25.8)$$

A_s Querschnittsfläche des kleineren Querschnitts am Auflager nach Bild 25.3
$E_{0,mean}$ Mittelwert des Elastizitätsmoduls in Faserrichtung nach Abschn. 7.2
G_{mean} Mittelwert des Schubmoduls nach Abschn. 7.2
I_s Flächenmoment 2. Grades nach Bild 25.3 und 25.4
$k_{w,m}$; $k_{w,V}$ Beiwerte für Satteldach- und Pultdachträger nach Bild 25.4 bzw. 25.5, für symmetrische Satteldächer auch nach Tabelle 25.5
l Stützweite
q_k charakteristischer Wert der Linienlast (Streckenlast)
$w_{inst,m}$; $w_{inst,V}$ Durchbiegung infolge Biegemoment M bzw. Schub (Querkraft V) eines sattel- oder pultdachförmigen Einfeldträgers mit Rechteckquerschnitt nach Bild 25.3

Bild 25.3 Biegeträger mit Rechteckquerschnitt und nicht konstanter (linear veränderlicher) Trägerhöhe h
a) unsymmetrischer Satteldachträger
b) Pultdachträger

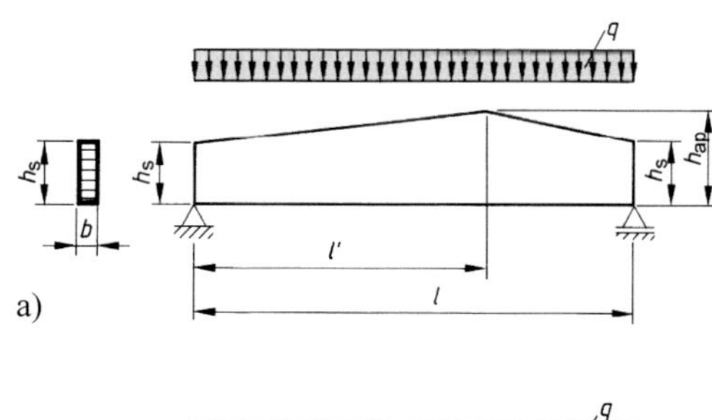

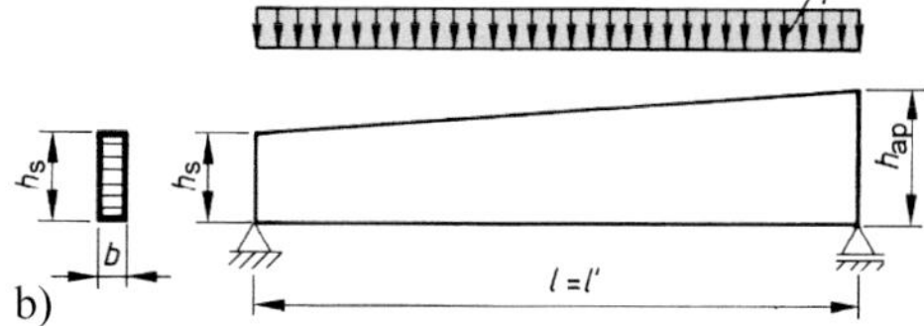

Die maximalen Werte von $w_{inst,m}$ und $w_{inst,V}$ liegen nur für den Sonderfall des symmetrischen Satteldachträgers $l'/l = 0{,}5$ an derselben Stelle, in Feldmitte. Bei anderen Trägerformen kann jedoch eine Überlagerung von $w_{inst,m}$ und $w_{inst,V}$ nach *Erläut. zu DIN 1052:*

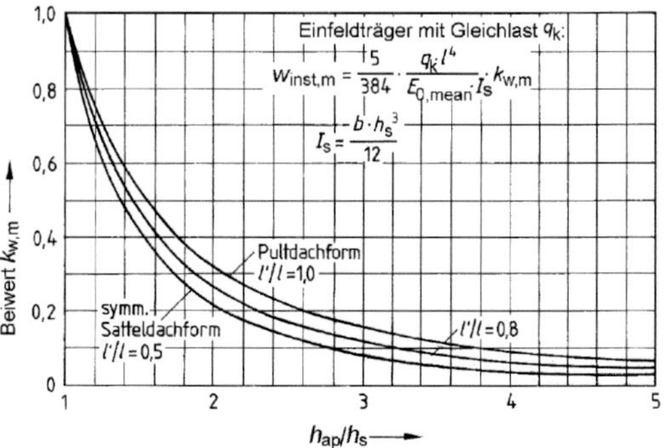

Bild 25.4 $k_{w,m}$-Werte zur Berechnung von Durchbiegungen aus Biegemoment M bei sattel- und pultdachförmigen Trägern mit Rechteckquerschnitt des Bildes 25.3 nach *Erläut. zu DIN 1052: 1988-04* [77], E 8.5.4, Bild 8/27

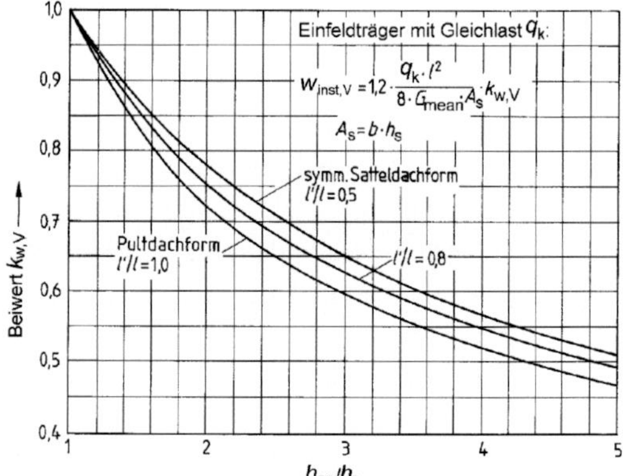

Bild 25.5 $k_{w,V}$-Werte zur Berechnung von Durchbiegungen aus Schub (Querkraft V) bei sattel- und pultdachförmigen Trägern mit Rechteckquerschnitt des Bildes 25.3 nach *Erläut. zu DIN 1052: 1988-04* [77], E 8.5.4, Bild 8/28

1988-04 [77], E 8.5.4 für praktische Durchbiegungsberechnungen vorgenommen werden, da die Abweichungen von der genauen Berechnung gering sind (im Allgemeinen nicht mehr als etwa 3% größere Werte). Über die Bemessung von Trägern mit veränderlicher Trägerhöhe berichten *Heimeshoff/Bauler* [210].

Durchbiegung bei zweiaxialer Biegung (Doppelbiegung)

Die resultierende Durchbiegung bei Doppelbiegung nach Abschn. 17.1.3 kann nach Gl. (25.9) errechnet werden. Die einzelnen Durchbiegungen w_z und w_y in Richtung der zugehörigen Stabachsen sind am Beispiel eines Biegeträgers mit Rechteckquerschnitt in Bild 25.6 dargestellt.

$$w_{res} = \sqrt{w_z^2 + w_y^2} \tag{25.9}$$

w_{res} Resultierende Durchbiegung aus den einzelnen Durchbiegungen w_z und w_y in Richtung der zugehörigen Stabachsen

Tabelle 25.5 Beiwerte $k_{w,m}$ und $k_{w,V}$ der Gl. (25.7) und (25.8) zur Berechnung der Durchbiegungen $w_{inst,m}$ und $w_{inst,V}$ für symmetrische Satteldachträger, Näherungswerte, errechnet aus den in dieser Tabelle angegebenen Gl. nach *Erläut. zu DIN 1052: 1988-04* [77][1])

Näherungsgleichungen für symmetrische Satteldachträger			$k_{w,m} = \dfrac{(h_s/h_{ap})^3}{0{,}15+0{,}85\cdot h_s/h_{ap}}$				$k_{w,V} = \dfrac{2}{1+(h_{ap}/h_s)^{2/3}}$				
h_{ap}/h_s	1,0	1,1	1,2	1,3	1,4	1,5	1,6	1,7	1,8	1,9	2,0
Beiwert $k_{w,m}$	1,00	0,814	0,674	0,566	0,481	0,413	0,358	0,313	0,276	0,244	0,217
Beiwert $k_{w,V}$		0,968	0,939	0,913	0,888	0,866	0,845	0,825	0,807	0,789	0,773
h_{ap}/h_s		2,1	2,2	2,3	2,4	2,5	2,6	2,7	2,8	2,9	3,0
Beiwert $k_{w,m}$		0,195	0,175	0,158	0,143	0,131	0,119	0,109	0,100	0,093	0,085
Beiwert $k_{w,V}$		0,758	0,743	0,729	0,716	0,704	0,692	0,681	0,670	0,659	0,649
h_{ap}/h_s		3,1	3,2	3,3	3,4	3,5	3,6	3,7	3,8	3,9	4,0
Beiwert $k_{w,m}$		0,079	0,073	0,068	0,064	0,059	0,056	0,052	0,049	0,046	0,043
Beiwert $k_{w,V}$		0,640	0,631	0,622	0,613	0,605	0,597	0,590	0,582	0,575	0,568
h_{ap}/h_s		4,1	4,2	4,3	4,4	4,5	4,6	4,7	4,8	4,9	5,0
Beiwert $k_{w,m}$		0,041	0,038	0,036	0,034	0,032	0,031	0,029	0,028	0,026	0,025
Beiwert $k_{w,V}$		0,562	0,555	0,549	0,543	0,537	0,531	0,526	0,520	0,515	0,510

[1]) s. auch Bilder 25.4 bzw. 25.5

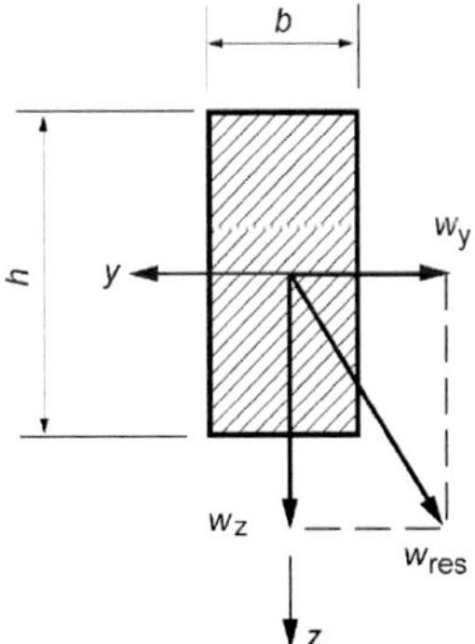

Bild 25.6 Resultierende Durchbiegung w_{res} bei einem Biegeträger mit Rechteckquerschnitt

25.3.4 Überhöhungen

Als Überhöhung wird eine planmäßige „leichte Vorkrümmung" des Gesamtsystems bei der Herstellung bezeichnet; die Vorkrümmung wird meist parabelförmig mit $w_{c,max}$ in Feldmitte gegen die zu erwartende Trägerdurchbiegung aus senkrechter, ständig wirkender Last (bzw. Lastanteilen) aufgebracht, wie aus Bild 25.7 am Beispiel eines einfeldrigen Brettschichtträgers zu entnehmen ist. Nach erfolgter Belastung wird die Trägerdurchbiegung, die sich über die Zeit einstellt, die aufgebrachte Überhöhung in etwa ausgleichen, so dass eine annähernd horizontale Trägerunterkante vorliegen kann.

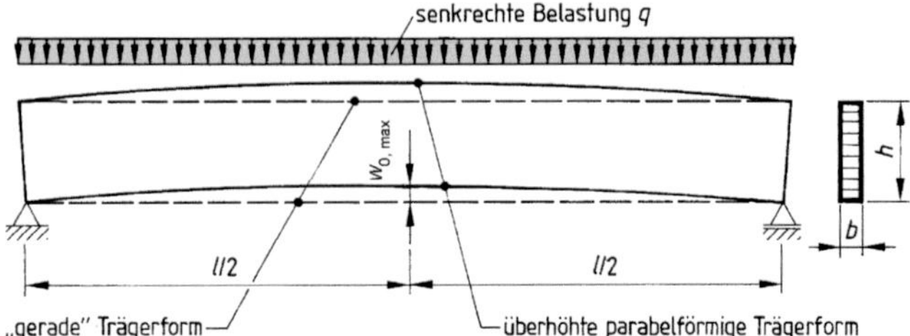

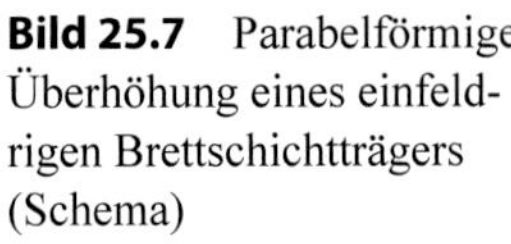
Bild 25.7 Parabelförmige Überhöhung eines einfeldrigen Brettschichtträgers (Schema)

Die **Größe der Überhöhung w_c** ist nicht vorgeschrieben, sie kann frei gewählt werden; es wird empfohlen, mindestens die rechnerische Durchbiegung aus ständigen Einwirkungen und aus ständig wirkenden Lastanteilen veränderlicher Einwirkungen als Überhöhung aufzubringen, wenn eine Überhöhung gewählt wird. Über die Berücksichtigung einer Überhöhung w_c beim Nachweis der gesamten Endverformung (gesamten Enddurchbiegung) $w_{net,fin}$ (optisches Erscheinungsbild) s. Tabelle 25.2 und 25.4.

Brettschichtträger, **zusammengesetzte Biegebauteile** und **Fachwerkträger** werden im Allgemeinen mit einer Überhöhung ausgeführt, während **Vollholzbalken** und dgl. aus Herstellungsgründen nicht überhöht werden. Jedoch sollten biegebeanspruchte Vollholzbalken mit dem Kern nach oben verlegt werden, so dass eine zu erwartende Schwindkrümmung („nach oben", stets vom Schwerpunkt *S* zum Kern) der Durchbiegung infolge senkrechter Lasten („nach unten") entgegenwirkt, s. Bild 1.13.

Trägerüberhöhungen von biegebeanspruchten Holzbauteilen stellen die Gebrauchstauglichkeit u.a. bei den Konstruktionen sicher, bei denen auftretende Durchbiegungen infolge nicht aufgebrachter Überhöhung ungünstige Auswirkungen auf Anschluss- und Nebenkonstruktionen haben können. Dies ist z.B. bei Flachdächern von großer Bedeutung, um die Bildung von Wassersäcken zu verhindern. Hier wird als Überhöhung mindestens die Größe der Durchbiegungen von Haupt- und Nebentragwerken empfohlen, so dass ein ausreichendes Dachgefälle die ungehinderte Wasserableitung in die Dacheinläufe gewährleistet. Bei Sattel- und Pultdachträgern nach Bild 25.3 ist eine Überhöhung zur Sicherung eines ausreichenden Dachgefälles meist nicht erforderlich, jedoch können nachgeordnete Bauteile oder der „optische" Eindruck Überhöhungen notwendig werden lassen.

Der **optische Eindruck** lässt darüber hinaus Überhöhungen biegebeanspruchter Bauteile sinnvoll werden. Dem Betrachter erscheint bereits eine horizontale Trägerunterkante als „leicht nach unten durchhängend", obwohl dies objektiv nicht der Fall ist. Eine zu erwartende Trägerdurchbiegung würde dem Betrachter als „große" Durchbiegung erscheinen, die eventuell einen subjektiv minderwertigen Eindruck nach sich ziehen könnte.

25.3.5 Nachweise und Grenzwerte der Verformungen (Schwingungen)

Schwingungsnachweise sind für Holzteile mit vorwiegend ruhender Belastung im Sinne der DIN EN 1995-1-1: 2010 im Allgemeinen nicht erforderlich, jedoch können bei bestimmten schwingungsanfälligen Holzdecken Nachweise der Schwingungen notwendig werden, um die Gebrauchstauglichkeit sicherzustellen.

Schwingungen von Holzdecken, verursacht durch Personen und Maschinen/Geräte
Beim Gehen, Laufen, Tanzen von Personen oder Toben von Kindern auf Holzdecken entstehen personeninduzierte Schwingungen, die zu Unbehagen der Bewohner und darüber hinaus auch zu Funktionsstörungen schwingungsanfälliger, technischer Geräte führen können. Vergleichbares kann die dynamische Wirkung von Maschinen oder Geräten, die auf Decken stehen, bewirken. Die Empfindung des Menschen auf Schwingungen ist subjektiv und situationsbezogen, z.B. werden eigen- oder von nahe stehenden Personen induzierte Schwingungen positiver, fremd verursachte dagegen oft als störend empfunden. Das Schwingungsverhalten wird abhängig von der Eigenfrequenz der Decke unterschiedlich empfunden, bei kleineren Frequenzen bis etwa $f = 8$ Hz von der Schwingungsbeschleunigung, bei darüber liegenden Frequenzen von der Schwingungsgeschwindigkeit. Darüber hinaus hängt das menschliche Empfinden wesentlich von der Amplitude, Frequenz und wachsender Dauer der Schwingungen ab, während ihre Wahrnehmung mit zunehmender Körpertätigkeit und Gewöhnung sowie der Nähe zur und dem Bewusstsein über die Schadensursache und mit größerer Dämpfung abnimmt, s. *Hamm/Richter* [188] und *Mohr* [370].

Deckenschwingungen mit einer Frequenz von $f < 8$ Hz werden im Allgemeinen als unbehaglich empfunden. Deshalb ist das Ziel der Bemessung von Holzdecken die Begrenzung bzw. Veränderung der Schwingungen in Bereiche, in denen kein oder nur ein geringes Unbehagen der Bewohner auftreten kann. Des Weiteren wird empfohlen, die Weiterleitung von Schwingungen in andere Stockwerke und benachbarte Wohneinheiten zu vermeiden, z.B. durch Trennung durchlaufender Decken an den Grenzen von Wohneinheiten, s. *Ohlsson* [387].

Zur Begrenzung unbehaglicher oder störender Deckenschwingungen wird die Schwingfähigkeit von Holzdecken, die im Wesentlichen vom Eigengewicht und der Biegesteifigkeit der Decken abhängt, durch bauliche Verstärkungsmaßnahmen wie Aufbringen zusätzlicher ständig vorhandener Bauteile und Erhöhen der Biegesteifigkeiten in Decken-Längs- und Querrichtung verändert, so dass die 1. Eigenfrequenz der Decken f im Allgemeinen oberhalb 8 Hz liegt, um dazu niedrigere unbehagliche Deckenschwingungen zu vermeiden. Dies wird mit den vereinfachten **Nachweisen des Schwingungsverhaltens** der DIN EN 1995-1-1: 2010-12, 7.3, den im Wesentlichen Arbeiten von *Ohlsson* [387] zugrunde liegen, überwiegend für Holzbalkendecken erreicht, s. Tabelle 25.6 und die unten näher angeführten Erläuterungen. Jedoch ergeben **neuere Untersuchungen** des Schwingungsverhaltens von Holzdecken anderer Aufbauten weiterführende Erkenntnisse und Vorschläge zu modifizierten Bemessungsverfahren, s. z.B. *Bogensperger/Fitz/Hamm/Schickhofer* [68], *Hamm/Richter* [187], [188], *Kreuzinger/Mohr* [291], *Mohr* [369], [370], *Winter/Hamm/Richter* [526] und *Erläut. zu DIN 1052: 2004-08* [47], E 9.3.

Schwingungsverhalten von Deckensystemen im Holzbau

Im Holzbau können verschiedene Deckensysteme unterschieden werden wie z.B.

- Holzbalkendecken aus mehreren, mit Abstand nebeneinander liegenden Holzbalken und Holzschalung/Holzwerkstoffplatten,
- Massivholzdecken aus Brettsperrholz/Brettstapel,
- Holz-Beton-Verbunddecken.

Das Schwingungsverhalten (und Luftschall-/Trittschalldämmverhalten) von **Holzbalkendecken** ohne weitere Schichten ist vergleichsweise ungünstig wie „alte" Holzbalkendecken mit einfachem Aufbau aufzeigen, im Gegensatz zu Holzbalkendecken oder Trägerrosten mit einer zusätzlichen Schicht großer Rohdichte wie z.B. schwimmendem Estrich (Nassestrich als Zement- oder Anhydritestrich) von ca. 6 cm Dicke und ggf. eine weitere „schwere" Schüttung (mindestens 60 kg/m^2 Flächenmasse aus z.B. Splitt 0/4 ungebunden) unter dem Estrich einschließlich Trittschalldämmung und weiterer notwendiger Trennschichten, da hierdurch eine wesentlich größere Masse aufgebracht und eine bessere Biegesteifigkeit in Decken-Längs- und Querrichtung durch die größeren Bauteilhöhen erreicht werden, die beide das Schwingungsverhalten maßgeblich verbessern, und somit ein positives Empfinden der Bewohner wegen nicht oder kaum spürbarer Deckenschwingungen bewirken. Trockenestriche und Betonplatten etwa gleicher Dicke sind dagegen wegen ihrer geringeren Biegesteifigkeiten durch unvermeidliche Stoßfugen weniger wirkungsvoll.

Das Schwingungsverhalten von flächigen **Massivholzdecken** ist durch die relativ hohe Eigenmasse und Querbiegesteifigkeit günstiger im Vergleich zur Holzbalkendecke, sollte jedoch durch Aufbringen eines schwimmenden Estrichs (Nass- oder Trockenestrich ggf. auf einer Schüttung) verbessert werden. Bei **Holz-Beton-Verbunddecken** ist das Schwingungsverhalten aufgrund der hohen Eigenmasse meist im günstigen Bereich, s. *Bogensperger/Fitz/Hamm/Schickhofer* [68] und *Hamm/Richter* [188].

Nachweis des Schwingungsverhaltens von Holzdecken

Das Schwingungsverhalten durch häufig zu erwartende Einwirkungen auf Bauteile oder Tragwerke kann durch Messungen oder Berechnungen abgeschätzt werden, s. DIN EN 1995-1-1: 2010-12, 7.3.1. Das Schwingungsverhalten von Holzdecken mit vorwiegend ruhenden Einwirkungen ist bei bestimmten schwingungsanfälligen Holzdecken nachzuweisen, um die Gebrauchstauglichkeit mit der Forderung eines günstigen Schwingungsverhaltens ohne Unbehagen der Bewohner sicherzustellen. Das Schwingverhalten von Decken und die Begrenzung von Durchbiegungen sollten stets in Hinblick auf die vorgesehene Nutzung beurteilt und die Anforderungen, ggf. in Abstimmung mit dem Bauherrn, entsprechend festgelegt werden, s. DIN EN 1995-1-1/NA: 2013-08, NCI Zu 7.3.1, Anmerkung. Der Nachweis nach Tabelle 25.6 gilt im Wesentlichen für Holzbalkendecken (Wohnungsdecken und Decken vergleichbarer Nutzung) und wird im Folgenden erläutert; über andere Holzdecken mit orthotropem Plattencharakter wie flächenhafte Massivholzdecken und Holz-Beton-Verbunddecken s. unten.

Die Nachweise der Durchbiegung von Holzdecken in statischer Hinsicht sind ebenfalls einzuhalten, s. Abschn. 25.3.2 und 25.3.3.

Nachweis des Schwingungsverhaltens von Holzbalkendecken mit einer Eigenfrequenz von f_1 > 8 Hz nach EN 1995-1-1: 2010-12, 7.3.3 (2) bis (5)
Bei Wohnungsdecken und Decken vergleichbarer Nutzung mit einer Eigenfrequenz $f_1 > 8$ Hz sind drei Anforderungen, die Steifigkeits-, Frequenz- und Geschwindigkeitsreaktions-Anforderung einzuhalten, letztere wird bei vielen Holzdecken üblichen Aufbaus nicht bemessungsbestimmend, s. Tabelle 25.6.

Steifigkeitsanforderung
Zur Einhaltung der Steifigkeitsanforderung wird der Nachweis einer begrenzten Anfangsdurchbiegung w geführt, um eine Mindest-Steifigkeit der Holzbalkendecke sicherzustellen, so dass Auswirkungen aus einem länger andauernden Impuls mit anschließendem Abklingen wie z.B. ein einzelner Fußauftritt begrenzt bleiben, s. *Mohr* [370]. Dazu wird rechnerisch eine vertikale statische Einzellast $F = 1$ kN an ungünstiger Stelle wie in Feldmitte des Bauteils bzw. eines Balkens angesetzt und das Verhältnis Anfangsdurchbiegung w zur Einzellast F gebildet, das einen bestimmten Grenzwert a nicht überschreiten sollte; dadurch wird eine Mindest-Steifigkeit der Holzdecke festgelegt, s. Tabelle 25.6. Der Grenzwert a liegt im Bereich von 0,5 mm/kN $\leq a \leq$ 4 mm/kN und kann vom Tragwerksplaner je nach festzulegendem, besserem oder schlechterem Verhalten gewählt werden, empfohlen wird $a \leq$ 1,5 mm/kN. Bei Durchlaufträgern kann die Durchlaufwirkung bzw. die Einspannwirkung der Nachbarfelder berücksichtigt werden, jedoch auch vereinfachend am Ersatzsystem eines beidseitig gelenkig gelagerten Einfeldträgers mit der Stützweite des größten Feldes.

Diese Steifigkeitsanforderung ist ebenso wichtig wie die unten angeführte Frequenzanforderung. In einem modifizierten neueren Bemessungsvorschlag nach *Hamm/Richter* [188] können auch andere Einzellasten z.B. $F = 2$ kN und geringere Grenzwerte je nach Bewertung und Einbaulage der Holzdecken angesetzt werden.

Frequenzanforderung
Zur Einhaltung der Frequenzanforderung wird der Nachweis der **Eigenfrequenz** der Holzbalkendecke für $f_1 > 8$ Hz geführt, so dass bei wiederholten, periodischen Einwirkungen durch Fußauftritte (Gehen, Laufen, Hüpfen und dgl.) mit einer Erregerfrequenz gleich der Schrittfrequenz keine unzulässigen Schwingungsamplituden durch Resonanz auftreten. Dazu wird die Eigenfrequenz f_1 für eine rechteckige, an allen Rändern gelenkig gelagerte Holzbalkendecke mit den Gesamtmaßen Breite/Länge $l \cdot b$ bestimmt, die von der Deckenstützweite l und vom Verhältnis der Längs-Biegesteifigkeit $(E \cdot I)_l$ zur Masse m aus Eigengewicht abhängt, s. *Mohr* [369], [370]. Als **Masse *m*** (oder Massenbelegung) der Holzbalkendecke wird nur diejenige aus ständigen Einwirkungen rechnerisch angesetzt wie Eigengewicht der Decke und andere ständig vorhandene Bauteilschichten z.B. Estrich, jedoch ohne Trennwandzuschlag, ohne Nutzlast und als Empfehlung ohne quasi-ständigen Anteil,

s. Tabelle 25.6. Die Bestimmung höherer Eigenfrequenzen von Ein- und Zweifeldträgern kann *Erläut. zu DIN 1052: 2004-08* [47], E 9.3 (3) und *Mohr* [369] entnommen werden.

Die **Längs-Biegesteifigkeit** $(E \cdot I)_l$ der Holzbalkendecke sollte aus der Summe der Einzelbiegesteifigkeiten der Holzbalken, weiterer Schichten und des Estrichs, jedoch ohne Verbundwirkung, d.h. ohne Steiner-Anteil errechnet werden, s. *Hamm/Richter* [188]. Bei Rohrleitungen und Fugen/Trennfugen im Estrich ist dessen Biegesteifigkeit entsprechend zu verkleinern. $(E \cdot I)_l$ wird um eine Achse rechtwinklig zur Balken-Längsrichtung, d.h. um die Achse in Balken-Querrichtung ermittelt und kann bezogen auf eine Breite $b = 1{,}0$ m aus den Einzel-Biegesteifigkeiten der Bauteile/Bauteilschichten, die in Balken-Längsrichtung liegen wie die Holzbalken und der Estrich, bestimmt werden. Die Einzel-Längs-Biegesteifigkeit $(E \cdot I)_l$ eines Holzbalken einer Holzbalkendecke kann nach Tabelle 25.6 als Biegesteifigkeit $(E \cdot I)/e_1$ der Balken (Längsträger) untereinander bezogen auf ihren Abstand e_1 in Balken-Querrichtung ermittelt werden.

Die **Durchlaufwirkung** bei Holzbalkendecken über mehrere Felder darf bei der Ermittlung der Eigenfrequenz mit dem Beiwert k_f nach Tabelle 25.7 berücksichtigt werden, da die Einspannwirkung benachbarter Felder die Eigenfrequenz verändert. Für einen Zweifeldträger mit gleichen Steifigkeiten und Stützweiten $l = l_1$ ist der Beiwert $k_f = 1{,}0$, da beide Trägerteile gleiches Schwingverhalten besitzen, bei anderen Stützweitenverhältnissen verändern sich die Eigenfrequenzen der Trägerteile. Die Eigenfrequenz darf bei Durchlaufträgern auch auf der sicheren Seite liegend vereinfachend wie für einen gelenkig gelagerten Einfeldträger mit der größten Stützweite des Durchlaufträgers ermittelt werden. Bei einem Einfeldträger ist der Beiwert $k_f = 1{,}0$.

Geschwindigkeitsreaktionsanforderung (Massenanforderung)

Zur Einhaltung der Geschwindigkeitsreaktionsanforderung wird der Nachweis der Geschwindigkeitsreaktion (Schwingungsgeschwindigkeit) geführt, um eine ausreichende Masse sicherzustellen, so dass bei impulsartigen kurzen Einwirkungen wie Anregungen durch den Schuhabsatz (dargestellt durch den Fersenauftritt „heel drop") die Anfangsgeschwindigkeit der Schwingung unter dem Einfluss der Dämpfung (Schwingungsgeschwindigkeitsreaktion) „klein" bleibt. Die Geschwindigkeitsreaktionsanforderung ist bei üblichem Aufbau von Holzbalkendecken oft nicht bemessungsbestimmend.

Die **Geschwindigkeitsreaktion** $\boldsymbol{v}$ für rechteckige, an allen Rändern gelenkig gelagerte Holzbalkendecken mit den Gesamtmaßen $l \cdot b$ und Holzbalken der Spannweite l wird näherungsweise abgeschätzt und beim Nachweis der maximale Anfangswert der vertikalen Schwingungsgeschwindigkeits-Amplitude der Decke infolge eines idealen Einheitsimpulses von 1 Ns angesetzt, der Belastungskomponenten höherer Frequenzen simuliert, s. Tabelle 25.6. Dazu ist die **Eigenfrequenz** $\boldsymbol{f_1}$ für eine an allen Rändern gelenkig gelagerte Holzbalkendecke erforderlich, s. oben Frequenzanforderung, und die **Dämpfung** $\boldsymbol{\zeta}$ als Größe, die das Abklingen der Schwingungen mit der Zeit beschreibt und deren Wert in Abhängigkeit vom Typ der Holzdecken aus Tabelle 25.8 entnommen werden kann. Der im Nachweis enthaltene **Grenzwert** $\boldsymbol{b}$ hängt von dem festgelegten Grenzwert a ab, für empfohlene 0,5 mm/kN $\leq a \leq$ 1,5 mm/kN wird $100 \leq b \leq 150$, s. Tabelle 25.6

Tabelle 25.6 Nachweis des Schwingungsverhaltens von Holzbalkendecken (Wohnungsdecken und Decken vergleichbarer Nutzung) mit einer Eigenfrequenz von $f_1 > 8$ Hz nach DIN EN 1995-1-1: 2010-12, 7.3.3 (2) bis (5)[1][2][3])

1.) Steifigkeitsanforderung

Nachweis der vertikalen Anfangsdurchbiegung *w*

$$\frac{w}{F} \leq a \quad \text{in mm/kN}$$

w größte vertikale Anfangsdurchbiegung infolge einer konzentrierten statischen Einzellast *F*

F vertikale statische Einzellast, an beliebiger Stelle wirkend und unter Berücksichtigung der Lastverteilung ermittelt

a Durchbiegung/Kraft in mm/kN, empfohlene Grenzwerte für die Baupraxis:[4])
$0{,}5$ mm/kN $\leq a \leq 1{,}5$ mm/kN, s. Diagramm rechts (und daraus folgt: $100 \leq b \leq 150$)

Zahlenwerte für die Grenzwerte *a* und *b* s. unten

empfohlener Bereich der Grenzwerte für *a* und *b* und Zusammenhang zwischen *a* und *b* [2])[4])

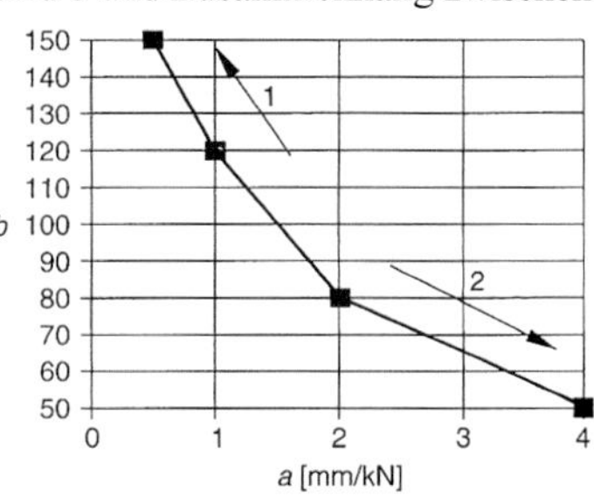

1 besseres Verhalten
2 schlechteres Verhalten

Zahlenwerte für die Grenzwerte *a* und *b* im oben stehenden Diagramm[4])

a	0,5	0,6	0,7	0,8	0,9	1,0	1,1	1,2	1,3	1,4	1,5	1,6
b	150	144	138	132	126	120	116	112	108	104	100	96
a	1,7	1,8	1,9	2,0	2,1	2,2	2,3	2,4	2,5	2,6	2,7	2,8
b	92	88	84	80	78,5	77	75,5	74	72,5	71	69,5	68
a	2,9	3,0	3,1	3,2	3,3	3,4	3,5	3,6	3,7	3,8	3,9	4,0
b	66,5	65	63,5	62	60,5	59	57,5	56	54,5	53	51,5	50

2.) Frequenzanforderung

Eigenfrequenz f_1 der Decke (näherungsweise) mit $f_1 > 8$ Hz

für rechteckige, an allen Rändern gelenkig gelagerte Decke mit den Gesamtmaßen $l \cdot b$ und Holzbalken der Spannweite l

$$f_1 = k_f \cdot \frac{\pi}{2 \cdot l^2} \sqrt{\frac{(E \cdot I)_l}{m}} \quad \text{in Hz} \qquad \text{mit } f_1 > 8 \text{ Hz}$$

$(E \cdot I)_l$ äquivalente Plattenbiegesteifigkeit der Decke um eine Achse rechtwinklig zur Balkenrichtung (in Längsrichtung) in Nm²/m, d.h. der Index *l* steht für die Biegesteifigkeit bei Biegung rechtwinklig zur Balken-(längs-)achse, Berechnung s. unten in dieser Tabelle

E $E_{0,\text{mean}}$ als Mittelwert des Elastizitätsmodul in Faserrichtung in MN/m² (oder N/mm²) nach Abschn. 7.2.1

e_1 Abstand der Balken (Längsträger) untereinander in m

f_1 Eigenfrequenz der Decke

k_f Beiwert zur Berücksichtigung des Einflusses eines benachbarten Feldes auf die Eigenfrequenz bei Durchlaufträgern nach Tabelle 25.7
= 1,0 bei Einfeldträgern

I_l Flächenmoment 2. Grades um die Balken-(quer-)achse, meist um die „starke" Achse des Trägers (Balkens), die *y*-Achse, in m⁴

l Spannweite der Decke in m

m Masse je Flächeneinheit in kg/m² bezogen auf das Eigengewicht der Decke und andere ständig vorhandene Bauteilschichten z.B. Estrich, jedoch ohne Trennwandzuschlag, ohne Nutzlast und ohne quasi-ständigen Anteil

Tabelle 25.6 (Fortsetzung)

3.) Geschwindigkeitsreaktionsanforderung (Massenanforderung)

Nachweis der Einheitsimpulsgeschwindigkeitsreaktion *v* für Decken

$v \leq b^{(f_1 \cdot \zeta - 1)}$ in m/(Ns²)

v Einheitsimpulsgeschwindigkeitsreaktion, d.h. der maximale Anfangswert der vertikalen Schwingungsgeschwindigkeitsamplitude der Decke in m/s infolge eines idealen Einheitsimpulses von 1 Ns, der an derjenigen Stelle der Decke aufgebracht wird, an der die größte Eigenfrequenz erzeugt wird; Anteile über 40 Hz dürfen vernachlässigt werden

b Faktor, s. Diagramm oben „empfohlener Bereich der Grenzwerte für a und b“ bzw. „Zahlenwerte für die Grenzwerte a und b“, empfohlene Grenzwerte b für die Baupraxis: $100 \leq b \leq 150$ für empfohlene Grenzwerte 0,5 mm/kN $\leq a \leq$ 1,5 mm/kN, s. Steifigkeitsanforderung oben[4])

f_1 Eigenfrequenz einer rechteckigen, an allen Rändern gelenkig gelagerten Decke mit den Gesamtmaßen $l \cdot b$, s. Frequenzanforderung oben

ζ modaler Dämpfungsgrad, s. Tabelle 25.8
= 0,01 (d. h. 1%), wenn für Decken keine genaueren Werte vorliegen

Einheitsimpulsgeschwindigkeitsreaktion *v* für Decken (näherungsweise)

für rechteckige, an allen Rändern gelenkig gelagerte Decken mit den Gesamtmaßen $l \cdot b$ und Holzbalken der Spannweite l

$$v = \frac{4 \cdot (0,4 + 0,6 \cdot n_{40})}{m \cdot b \cdot l + 200} \quad \text{in m/(Ns}^2\text{)}$$

b Deckenbreite in m

l Spannweite der Decke in m

m Massenbelegung des Trägers, d.h. Masse je Flächeneinheit in kg/m² bezogen auf das Eigengewicht der Decke und andere ständig vorhandene Bauteilschichten z.B. Estrich, jedoch ohne Trennwandzuschlag, ohne Nutzlast und ohne quasi-ständigen Anteil

n_{40} Anzahl der Schwingungen 1. Ordnung mit einer Resonanzfrequenz bis zu 40 Hz, s. unten

Anzahl n_{40} der Schwingungen 1. Ordnung mit einer Resonanzfrequenz bis zu 40 Hz

$$n_{40} = \left\{ \left(\left(\frac{40}{f_1} \right)^2 - 1 \right) \cdot \left(\frac{b}{l} \right)^4 \cdot \frac{(E \cdot I)_l}{(E \cdot I)_b} \right\}^{0,25}$$

b Deckenbreite in m

$(E \cdot I)_b$ äquivalente Plattenbiegesteifigkeit der Decke um eine Achse in Richtung der Balken in Nm²/m (in Querrichtung), d.h. der Index b steht für die Biegesteifigkeit bei Biegung um die Balken-(längs-)achse, mit $(E \cdot I)_b < (E \cdot I)_l$

$(E \cdot I)_l$ äquivalente Plattenbiegesteifigkeit der Decke um eine Achse rechtwinklig zur Balkenrichtung in Nm²/m (in Längsrichtung), s. unten und Frequenzanforderung oben

I_b Flächenmoment 2. Grades um die Balken-(längs-)achse für eine Breite von 1,0 m in Balken-(längs-)achse

f_1 Eigenfrequenz der Decke in Hz, s. Frequenzanforderung oben

l Spannweite der Decke in m

Tabelle 25.6 (Fortsetzung)

Biegesteifigkeit der Balken (Längsträger) $(E{\cdot}I)_l$ um eine Achse rechtwinklig zur Balkenrichtung (in Längsrichtung)
$$(E \cdot I)_l = \frac{E \cdot I_y}{e_l} = \frac{E \cdot (b \cdot h^3/12)}{e_l}$$ b, h Trägerbreite und -höhe in m e_l (Mitten-)Abstand der Holzbalken untereinander in Balken-Querrichtung in m E $E_{0,mean}$ als Mittelwert des Elastizitätsmodul in Faserrichtung in MN/m² (oder N/mm²) nach Abschn. 7.2.1 I Flächenmoment 2. Grades des Trägers um die „starke Achse", meist die y-Achse in m⁴

[1]) Berechnungen unter der Annahme führen, dass die Decke nur durch Eigengewicht und andere ständige Einwirkungen belastet ist, s. DIN EN 1995-1-1: 2010-12, 7.3.3 (3)

[2]) das Schwingverhalten von Decken und die Begrenzung von Durchbiegungen sollten immer in Hinblick auf die vorgesehene Nutzung beurteilt und die Anforderungen, ggf. in Abstimmung mit dem Bauherrn, entsprechend festgelegt werden, s. DIN EN 1995-1-1/NA: 2013-08, NCI Zu 7.3.1, Anmerkung

[3]) über das Schwingungsverhaltens von Massivholzdecken und Holz-Beton-Verbunddecken sowie von Holzdecken in Turn-, Sport-, Tanzhallen und dgl. s. unten

[4]) genauere Angaben zu sinnvollen Grenzwerten für unterschiedliche Deckensysteme sind *Winter/Hamm/Richter* [526] zu entnehmen, s. DIN 1995-1-1/NA: 2013-08, NCI Zu 7.3.3 (NA.6), Anmerkung

Die Gl. der Geschwindigkeitsreaktion v enthält die **Anzahl n_{40}** der Schwingungen 1. Ordnung mit einer Frequenz bis zu 40 Hz, damit wird näherungsweise die durch den Einheitsimpuls verursachte höchste Schwingungsgeschwindigkeit ermittelt. Anteile über 40 Hz dürfen vernachlässigt werden, da sie keinen signifikanten Beitrag mehr zur anfänglichen maximalen Schwingungsgeschwindigkeit leisten. Darüber hinaus geht die Masse der Decke $m{\cdot}b{\cdot}l$ sowie die zusätzliche Masse des mitschwingenden Körperteils einer Person von 50 kg, die im Quotienten mit 4/200 berücksichtigt ist, ein, s. *Ohlsson* [387] und Tabelle 25.6. In der Bestimmungsgleichung für n_{40} ist neben der Eigenfrequenz und dem Quotienten Breite/Decke b/l das Verhältnis der Längs- zur Quer-Biegesteifigkeit der Holzbalkendecke $(E{\cdot}I)_l\,/(E{\cdot}I)_b$ vorhanden mit der Einschränkung $(E{\cdot}I)_b < (E{\cdot}I)_l$.

Die **Quer-Biegesteifigkeit $(E{\cdot}I)_b$** wird sinngemäß wie die Längsbiegesteifigkeit $(E{\cdot}I)_l$ ermittelt, s. oben Frequenzanforderung, jedoch um eine Achse rechtwinklig zur Balken-Querrichtung, d.h. um die Achse in Balken-Längsrichtung. $(E{\cdot}I)_b$ kann bezogen auf eine Breite $b = 1{,}0$ m aus den Biegesteifigkeiten der Bauteile/Bauteilschichten, die rechtwinklig zur Balken-Längsrichtung liegen wie die Holzschalung und der Estrich, bestimmt werden; die Holzbalken selbst besitzen rechtwinklig zu ihrer Längsachse keinen Anteil zur Quer-Biegesteifigkeit $(E{\cdot}I)_b$ der Holzbalkendecke.

Die Schwingungsgeschwindigkeit von Decken bzw. Bauteilen ohne nenneswerte Querbiegesteifigkeit kann nach *Erläut. zu DIN 1052: 2004-08* [47], E 9.3 (3), Tabelle 9/4 und 9/5 mit den zugehörigen Erläuterungen berechnet werden, s. DIN EN 1995-1-1/NA: 2013-08, NCI Zu 7.3.3 (NA.6).

Tabelle 25.7 Beiwert k_f zur Berechnung der Eigenfrequenz von Zweifeldträgern nach *Erläut. zu DIN 1052: 2004-08* [47], E 9.3 (3), Tabelle 9/3 und *Hamm/Richter* [188][1])[2])[3])

Zweifeldträger	l_1/l	0,3	0,4	0,5	0,6	0,7	0,8	0,9	1,0
l l_1	k_f	1,33	1,30	1,27	1,24	1,20	1,15	1,09	1,00

[1]) Hierin bedeuten
l Stützweite des größeren Feldes
l_1 Stützweite des kleineren Feldes
[2]) zur Umrechnung der Eigenfrequenz von Einfeldträgern auf Zweifeldträger (Berücksichtigung der Durchlaufwirkung)
[3]) bei Einfeldträgern ist $k_f = 1{,}0$

Tabelle 25.8 Dämpfung ζ (modaler Dämpfungsgrad) von Holzdecken nach *Erläut. zu DIN 1052: 2004-08* [47], E 9.3 (3), Tabelle 9/8 und *Mohr* [370][1])

Deckenaufbau	Dämpfung ζ
Holzbalkendecken mit einfachem Aufbau ohne schwimmendem Estrich	0,01 [2])
Decken aus verleimten Brettstapelelementen mit schwimmendem Estrich	0,02
Holzbalkendecken mit schwimmendem Estrich, mechanisch verbundene Brettstapeldecken mit schwimmendem Estrich	0,03

[1]) Dämpfungsgrade weiterer Holzdecken s. *Winter/Hamm/Richter* [526]
[2]) auch für Decken, wenn keine genaueren Werte der Dämpfung vorliegen, s. DIN EN 1995-1-1: 2010-12, 7.3.1 (3)

Nachweis des Schwingungsverhaltens von Holzbalkendecken mit einer Eigenfrequenz von $f_1 \leq 8$ Hz nach DIN EN 1995-1-1: 2010-12, 7.3.3 (1)
Für diese Holzbalkendecken (Wohnungsdecken und Decken vergleichbarer Nutzung) sind besondere Untersuchungen durchzuführen, jedoch werden in der Norm keine Hinweise zur Durchführung der Nachweise angeführt, deshalb wird auf die Fachliteratur z.B. die Vorschläge von *Hamm/Richter* [187], *Mohr* [370], *Winter/Hamm/Richter* [526] und *Erläut. zu DIN 1052: 2004-08* [47], E 9.3 (3) hingewiesen.

Nachweis des Schwingverhaltens von Massivholzdecken und Holz-Beton-Verbunddecken
Holzdecken mit orthotropem Plattencharakter wie flächenhafte Massivholzdecken und Holz-Beton-Verbunddecken sollten nicht mit dem Verfahren von Holzbalkendecken nach Tabelle 25.6 bemessen werden, da sie aufgrund ihres anderen Schwingverhaltens ein modifiziertes Bemessungsverfahren benötigen. Hierzu wird auf die Angaben in *Erläut. zu DIN 1052: 2004-08* [47], E 9.3 (3), Tabelle 9/5, *Bogensperger/Fitz/Hamm/Schickhofer* [68], *Hamm/Richter* [188] und *Winter/Hamm/Richter* [526] verwiesen, s. sinngemäß DIN EN 1995-1-1/NA: 2013-08, NCI Zu 7.3.3 (NA.6) Anmerkung.

Nachweis des Schwingungsverhalten von Holzdecken in Turn-, Sport-, Tanzhallen und dgl.

Für Holzdecken in Turn-, Sport-, Tanzhallen und Gebäuden vergleichbarer Nutzung können besondere Schwingungsuntersuchungen erforderlich werden, insbesondere wenn Resonanzerscheinungen durch die sportliche Nutzung entstehen können, hierüber s. *Erläut. zu DIN 1052: 2004-08* [47], E 9.3 (3), *Hamm* [186], *Hamm/Richter* [188], *Kreuzinger/Mohr* [291] und *Winter/Hamm/Richter* [526]. Über dynamisch beanspruchte Holzbauwerke s. auch Abschn. 1.10.5.

Nachweis von Deckenschwingungen, die durch Maschinen verursacht werden

nach DIN EN 1995-1-1: 2010-12, 7.3.2

Deckenschwingungen können von rotierende Maschinen und anderen Betriebseinrichtungen ausgelöst werden, sie sind für die ungünstigsten zu erwartenden Kombinationen von ständigen und veränderlichen Lasten zu begrenzen. Ein zuverlässiges Niveau für andauernde Deckenschwingungen ist in der Regel aus ISO 2631-2, Anhang A, Bild 5a mit einem Multiplikationsfaktor von 1,0 zu entnehmen. Da weitere nähere Angaben in der Norm fehlen, wird für den Nachweis auf die Fachliteratur verwiesen.

Das Schwingungserhalten von Holzdecken und -bauteilen haben z.B. *Bogensperger/ Fitz/Hamm/Schickhofer* [68], *Gerold* [151], *Hamm* [185], [186], *Hamm/Richter* [187], [188], *Kreuzinger/Hamm* [290], *Kreuzinger/Mohr* [291], *Mohr* [369], [370], *Ohlsson* [387], *Winter/Hamm/Richter* [526] und *Erläut. zu DIN 1052: 2004-08* [47], E 9.3 untersucht.

Aussteifung von Bauwerken und Bauteilen 26

26.1 Aussteifung von Bauwerken

Bauwerke sind räumlich auszusteifen. Dazu werden im Allgemeinen die Bauwerke rechnerisch in einzelne Ebenen aufgeteilt, die die Gesamtaussteifung übernehmen. Aussteifungen in den einzelnen Ebenen können z.B. Wände, Decken, Verbände, Scheiben, Streben, Stützen, Rahmen und dgl. sein; sie übertragen

- **äußere Einwirkungen** wie Wind, Erdbeben, Seitenstoß und Bremskräfte aus Kranbahnen und
- **innere Einwirkungen** wie Stabilisierungskräfte F_d aus Zwischenabstützungen (Einzelabstützungen) knickgefährdeter Druckstäbe und biegedrillknick-(kipp-)-gefährdeter Biegeträger, Aussteifungslasten q_d aus Aussteifungskonstruktionen für mehrere biegedrillknick-(kipp-)gefährdete Biegeträger bzw. mehrere Fachwerk-Druckgurte sowie für mehrere knickgefährdete Druckstäbe, und Kräfte aus unvermeidbaren Schrägstellungen von Stützen und Rahmen.

Die äußeren Einwirkungen sind stets bis auf den Baugrund abzuleiten; bei inneren Einwirkungen kann auf eine Ableitung verzichtet werden, wenn ein Ausgleich der inneren Kräfte innerhalb der Ebenen erfolgen kann.

Bild 26.1 zeigt die Aussteifung einer Hallenkonstruktion, die in Hallenquerrichtung durch das Tragsystem selbst (hier: Rahmen) und in Hallenlängsrichtung durch Dachverbände und vertikale Längsverbände einschl. Zwischenabstützungen (Einzelabstützungen) und Randgliedern erfolgt. Mit wachsender Hallenlänge, d.h. mit mehr Binderfeldern in Hallenlängsrichtung als in Bild 26.1 dargestellt, werden neben den Dachverbänden und

H. Neuhaus · L. Peterson (✉)
e-mail: peterson@fh-aachen.de

H. Neuhaus, W. Moorkamp, L. Peterson, T. Uibel, *Ingenieurholzbau*,
DOI 10.1007/978-3-658-44967-4_26

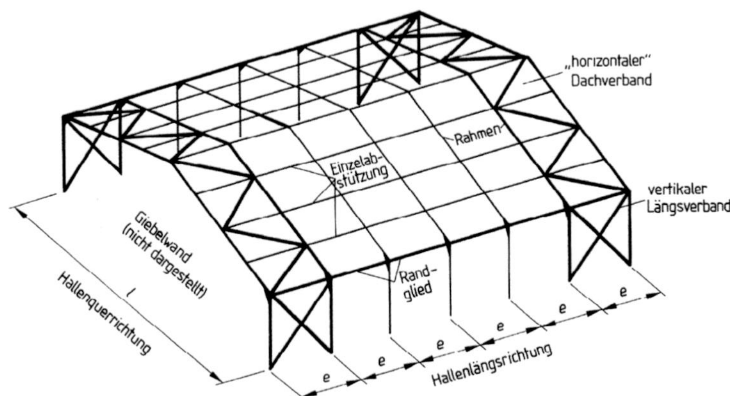

Bild 26.1 Aussteifung einer Hallenkonstruktion; in Querrichtung durch Rahmen und in Längsrichtung durch vertikale und „horizontale" Verbände einschl. Zwischenabstützungen (Einzelabstützungen) und Randgliedern; Beispiel

vertikalen Verbänden in den beiden Endfeldern meist weitere Dach- und vertikale Verbände erforderlich, die bezogen auf die Hallenlängsrichtung in Innenfeldern z.B. in Hallenmitte oder den Hallen-Drittels- oder -Viertelspunkten angeordnet werden.

Als **„horizontale" Aussteifungen** (in der Dachebene) werden Verbände oder Scheiben nach Tabelle 26.1 eingesetzt, als **„vertikale" Aussteifungen** (Längs- und Giebelwand) Verbände, Scheiben aus Mauerwerk bzw. Stahlbeton oder aus Holzbaustoffen sowie Rahmen, s. Tabelle 26.1. Notwendige Öffnungen in den Längs- und Giebelwänden (Tore, Durchfahrten) können die Aussteifungsform beeinflussen.

Die Dachverbände oder -scheiben werden im Allgemeinen in der Ebene der Binder-Obergurte angeordnet, um neben den Windlasten w die Aussteifungslasten q_d zur Aussteifung der (Biege-) Druckgurte aufzunehmen. Da die Wind- und Aussteifungslasten in zwei Richtungen wirken können, sind die Aussteifungskonstruktionen entsprechend auszulegen.

Die vertikalen Aussteifungen leiten die Auflagerkräfte der Dachaussteifungen aus äußeren Einwirkungen (und ggf. aus inneren Einwirkungen) in die Fundamente (Baugrund).

Bei **Bindern mit geknicktem Gurt** entstehen bei räumlicher geknickter Verbandsanordnung senkrechte Zusatzkräfte (Umlenkkräfte), die die Binder zusätzlich belasten, wenn der Verband wie in Bild 26.2 durchgehend zwischen beiden Binderauflagern liegt, Näheres s. Abschn. 26.3.5. Diese Zusatzkräfte entfallen, wenn zwei Kragverbände angeordnet werden können, die an beiden Traufen aufgelagert werden. Bei Hallen mit großen Dachneigungen und großen Spannweiten nach Bild 26.3 ist jedoch eine zusätzliche Auflagerausbildung im Firstbereich der Giebel durch Windrispen zweckmäßig, um die Verbandssteifigkeit zu erhöhen; die Dachverbände können als „schräg" liegende Einfeldträger ihre Lasten an die Firstauflager und an die vertikalen Längsverbände weiterleiten.

Bei üblichen Hallenbauwerken haben sich als Aussteifungskonstruktionen (neben Scheiben) **Dachverbände** bewährt, in denen bereits vorhandene Bauteile wie Binder (als

Tabelle 26.1 Horizontale und vertikale Aussteifungskonstruktionen in Hallenbauwerken, Beispiele

Verbände	Scheiben
Horizontale Aussteifungen (Dachebene)	
Fachwerk aus Holzbauteilen mit gekreuzten Diagonalen aus Rundstahl 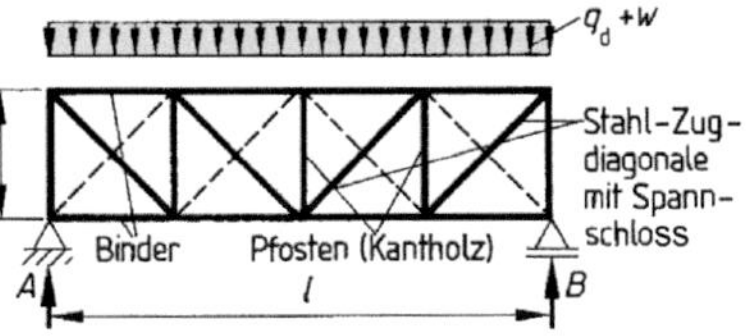 q_d+w; Stahl-Zug-diagonale mit Spann-schloss; Binder; Pfosten (Kantholz); a; l; A; B	aus Holzwerkstoffplatten 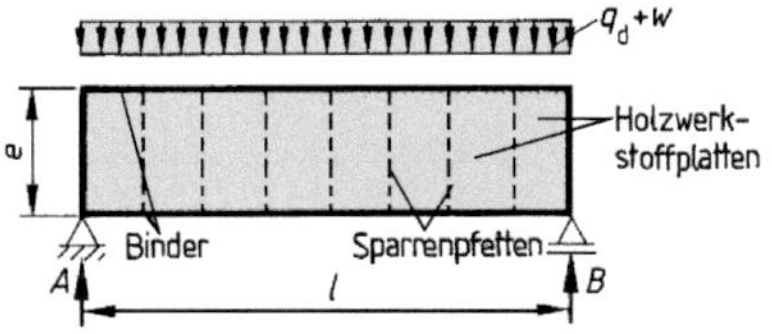 q_d+w; Holzwerk-stoffplatten; Binder; Sparrenpfetten; a; l; A; B
Strebenfachwerk aus Kanthölzern 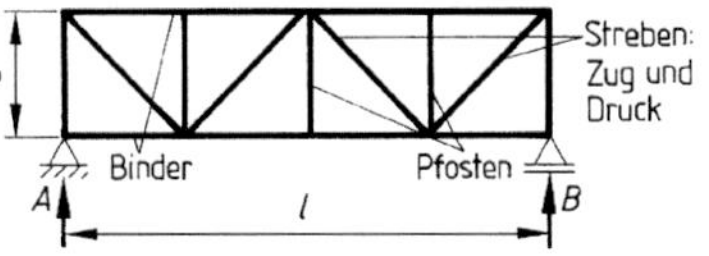 Streben: Zug und Druck; Binder; Pfosten; a; l; A; B	aus Stahl-Trapezprofilblechen[1]) 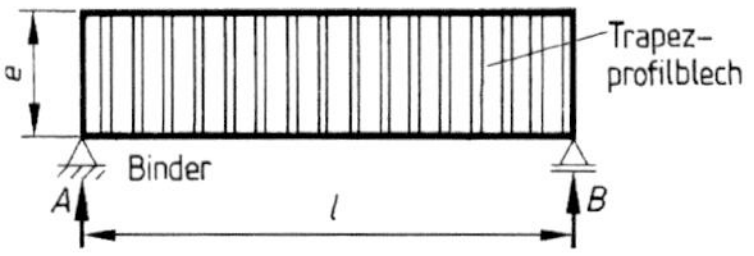 Trapez-profilblech; Binder; a; l; A; B

Vertikale Aussteifungen (Längs- und Giebelwand)

Diagonalen 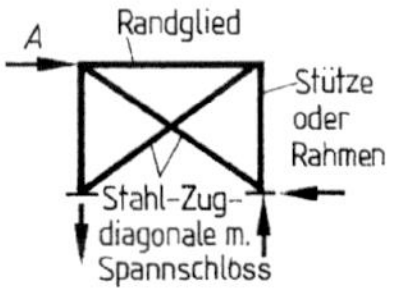	Streben 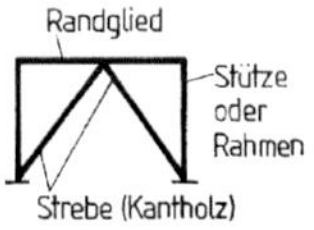	Mauerwerk 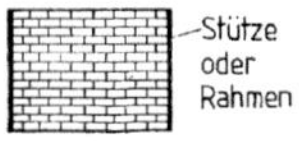	Rahmen
A; Randglied; Stütze oder Rahmen; Stahl-Zug-diagonale m. Spannschloss	Randglied; Stütze oder Rahmen; Strebe (Kantholz)	Stütze oder Rahmen kraftschlüssiger Anschluss: Stütze/Mauerwerk	Stütze oder Rahmen 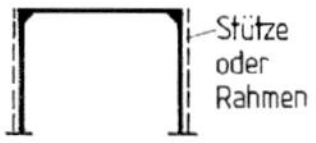 Material: Brettschichtholz, Stahl

[1]) mit bauaufsichtlichem Verwendbarkeitsnachweis als Scheibe (Schubfeld)

Verbandsgurte) und einzelne Sparrenpfetten (als Verbandspfosten) Bestandteile der Verbände sind; die Verbandsdiagonalen liegen in der Höhe der Binderobergurte direkt unter den Sparrenpfetten. Die Verbandspfosten können auch als zusätzliche Bauteile in die Ebene der Verbandsdiagonalen gelegt werden, wenn auf eine Ausbildung einzelner Sparrenpfetten als Verbandspfosten verzichtet wird.

Die Berechnung von Aussteifungsverbänden kann sinngemäß nach Abschn. 23.3 erfolgen, die Ausbildung von Aussteifungsscheiben mit Holzwerkstoffplatten ist in DIN EN 1995-1-1: 2010-12, 9.2.3 und DIN EN 1995-1-1/NA: 2013-08, NCI Zu 9.2.3 näher beschrieben, s. auch Abschn. 26.3.3 und *Erläut. zu DIN 1052: 2004-08* [47], E 8.7.3. Scheiben aus Stahl-Trapezprofilblechen sind nach den bauaufsichtlichen Verwendbarkeitsnachweisen auszulegen. Anordnung und Belastungen von Zwischenabstützungen (Einzelabstützungen) und Aussteifungskonstruktionen (Verbände, Scheiben) werden im Folgenden näher beschrieben.

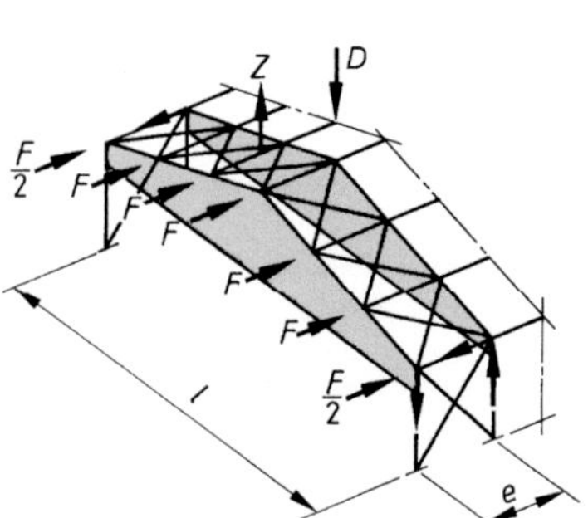

Bild 26.2 Zusatzbeanspruchung der Binder durch räumliche, geknickte Verbandslage

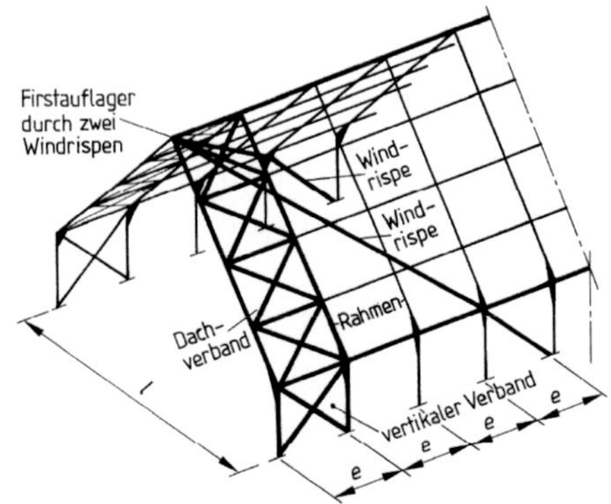

Bild 26.3 Firstauflager durch Windrispen bei Hallen mit großen Dachneigungen und Spannweiten

26.2 Zwischenabstützungen (Einzelabstützungen)

Zwischenabstützungen sind Einzelabstützungen bei knickgefährdeten Druckstäben und biegedrillknick- (kipp-)gefährdeten Biegeträgern, sie stützen den Druckstab in Zwischenpunkten seitlich ab und verkleinern dadurch seine Ersatzstablänge l_{ef} (Knicklänge), s. Abschn. 16.2.4; ebenso wird der Biegeträger im Druckbereich seitlich abgestützt, um eine kleinere Ersatzstablänge l_{ef} (Kipplänge) zu erreichen, s. Abschn. 17.2.6, Beispiele hierzu sind in Bild 26.5 und Tabellen 26.2 bzw. 26.4 enthalten. Druckbeanspruchte Einzelbauteile (Druckstab oder Druckgurt von Biege- und Fachwerkträgern), die eine seitliche Abstützung in Abständen a (durch Zwischen-/Einzelabstützungen) erfordern, sollten eine anfängliche Imperfektion (Vorkrümmung) zwischen den Auflagern von $a/500$ für Bauteile aus Brettschicht- und Furnierschichtholz und $a/300$ für andere Bauteile nicht überschreiten, s. DIN EN 1995-1-1: 2010-12, 9.2.5.2 (1).

26.2.1 Zwischenabstützungen (Einzelabstützungen) bei Druckstäben

Stabilisierungskraft F_d für Zwischenabstützungen (Einzelabstützungen) bei Druckstäben

Zwischenabstützungen (Einzelabstützungen), die bei knickgefährdeten Druckstäben zur Verkleinerung der Ersatzstablänge l_{ef} (Knicklänge) einsetzt werden, als Beispiel s. Bild 16.11b, sind in der Regel für eine Stabilisierungskraft F_d nach Tabelle 26.2 auszulegen und sollten eine Mindestfedersteifigkeit C nach Gl. (26.1) besitzen. In diesen Fällen darf als Ersatzstablänge l_{ef} (Knicklänge) der Abstand der Zwischenabstützungen a rechnerisch berücksichtigt zu werden, s. Bild 26.4 und 26.5a.

Tabelle 26.2 Stabilisierungskraft F_d von Zwischenabstützungen (Einzelabstützungen) bei Druckstäben nach DIN EN 1995-1-1: 2010-12, 9.2.5.2 (3)[1][2][3][4][5]

Bemessungswert der Stabilisierungskraft F_d für Zwischenabstützungen (Einzelabstützungen) bei Druckstäben[6]	Beispiel: Druckstab mit Einzelabstützungen
Stabilisierungskraft F_d für Voll- und Balkenschichtholz $F_d = N_d/k_{f,1} = N_d/50$ für Brettschicht- und Furnierschichtholz LVL $F_d = N_d/k_{f,2} = N_d/80$ mit C Mindest-Federsteifigkeit der Zwischenabstützung (Einzelabstützung) nach Gl. (26.1) F_d Bemessungswert der Stabilisierungskraft N_d Bemessungswert der mittleren Druckkraft im Druckstab a Stablänge bzw. (Mitten-)Abstand zwischen den Zwischenabstützungen (Einzelabstützungen) $k_{f,1}$ Modifikationsbeiwert nach Tabelle 26.3 $k_{f,2}$ Modifikationsbeiwert nach Tabelle 26.3	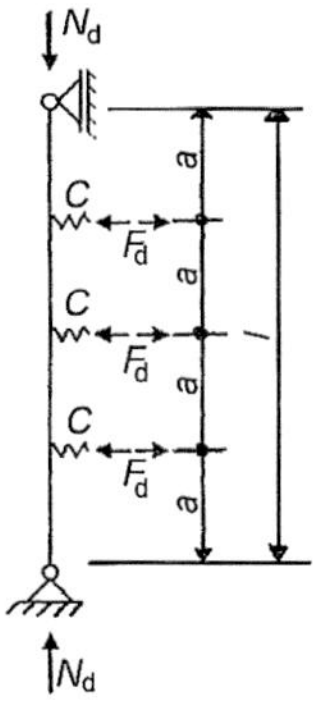 N_d C F_d a C F_d a C F_d a a l N_d

[1]) Zwischenabstützungen (Einzelabstützungen) zur Begrenzung der seitlichen Verformungen des Druckstabes (bzw. Biegestabes nach Tabelle 26.4)

[2]) druckbeanspruchte Einzelbauteile (Druckstab oder Druckgurt von Biege- und Fachwerkträgern), die eine seitliche Abstützung in Abständen a (durch Zwischen-/Einzelabstützungen) erfordern, sollten eine anfängliche Imperfektion (Vorkrümmung) zwischen den Auflagern von $a/500$ für Bauteile aus Brettschicht- und Furnierschichtholz und $a/300$ für Bauteile aus Voll- und Balkenschichtholz (für andere Bauteile) nicht überschreiten, s. DIN EN 1995-1-1: 2010-12, 9.2.5.2 (1)

[3]) werden mehrere Druckglieder durch Zwischenabstützungen (Einzelabstützungen) seitlich gehalten, sind letztere für die jeweilige $\Sigma F_{d,i}$ zu bemessen, s. Bild 26.4

[4]) Anschlüsse der Zwischenabstützungen (Einzelabstützungen) sind zug- und druckfest ausbilden

[5]) jede Einzelabstützung (Zwischenabstützungen) muss eine Mindestfedersteifigkeit C nach Gl. (26.1) besitzen

[6]) Stabilisierungskräfte für Einwirkungen, die durch Imperfektionen (seitliche Verformungen) des Druckstabes (bzw. des Druckgurtes von Biege- und Fachwerkträgern nach Tabelle 26.4) verursacht werden und die auf die Zwischenabstützungen (Einzelabstützungen) wirken

Tabelle 26.3 Modifikationsbeiwerte k_s und $k_{f,i}$ für die Aussteifung von Druckstäben und Druckgurten von Biege- und Fachwerkträgern nach DIN EN 1995-1-1/NA: 2013-08, NDP Zu 9.2.5.3 (1), Tab. NA.21[1])

Modifikationsbeiwert	k_s	$k_{f,1}$	$k_{f,2}$	$k_{f,3}$
Wert	4	50	80	30

[1]) für Gl. (26.1) und Gl. in Tabelle 26.2, 26.4, 26.5 und 26.6

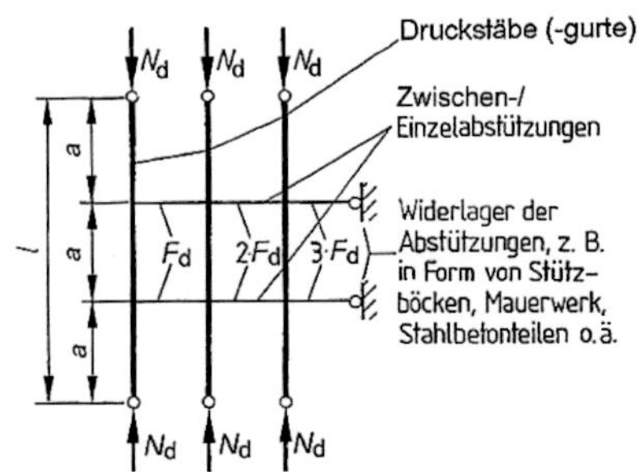

Bild 26.4 Zwischenabstützungen (Einzelabstützungen) bei mehreren Druckstäben oder Druckgurten von Biegeträgern mit $a = l_{ef}$
a Stablänge bzw. (Mitten-)Abstand zwischen den Zwischenabstützungen (Einzelabstützungen)
l_{ef} Ersatzstablänge eines Druckstabes (Knicken) bzw. des Druckgurtes eines Biegeträgers (Biegedrillknicken (Kippen))
weitere Größen s. Tabelle 26.2 bzw. 26.4

Abstützung mehrerer Druckstäbe (und Druckgurte von Biegestäben) durch Zwischenabstützungen (Einzelabstützungen) gegen feste Widerlager oder gegen Aussteifungskonstruktionen

Werden mehrere Druckstäbe (oder Druckgurte von Biegeträgern) durch Zwischenabstützungen (Einzelabstützungen) abgestützt, sind diese für die jeweilige Summe der Stabilisierungskräfte $F_{d,i}$ nach Bild 26.4 zu bemessen; dabei sind die Anschlüsse an den Kreuzungspunkten für die Differenzlasten aus den jeweiligen Zwischenabstützungen (Einzelabstützungen), d.h. für die Stabilisierungskraft F_d auszulegen, während an den Widerlagern oder Aussteifungskonstruktionen die Summe der Stabilisierungskräfte $F_{d,i}$ zu übertragen ist. Die Anschlüsse sind zug- und druckfest auszubilden, da die Druckstäbe (oder Druckgurte von Biegestäben) nach beiden Seiten ausweichen können und deshalb die Richtung der Stabilisierungskräfte nicht festliegt.

Die Zwischenabstützungen (Einzelabstützungen) von Druckstäben bzw. diejenigen der Druckbereiche von Biegestäben (-trägern) werden überwiegend gegen Aussteifungskonstruktionen abgestützt, siehe z.B. Bild in Tabelle 26.6 und Bild 26.12, hier werden die Druckstäbe (Stützen) gegen die vertikalen Verbände und die Druckbereiche der Biegeträger gegen die „horizontalen" (Dach-)Verbände abgestützt; seltener werden Zwischenabstützungen (Einzelabstützungen) gegen feste Widerlager nach Bild 26.4 fixiert. Die Ausbildung und Aussteifungskräfte für Aussteifungskonstruktionen sind im Abschn. 26.3 dargestellt, zusätzlich können anteilige Windlasten übertragen werden.

Mindestfedersteifigkeit einer Zwischenabstützung (Einzelabstützung)

Jede Zwischenabstützung (Einzelabstützung) sollte eine Mindestfedersteifigkeit C nach Gl. (26.1) besitzen, da die Ersatzstablängen l_{ef} (Knick- oder Kipplängen) erst dann wirksam verkleinert (oder die Knick- bzw. Biegedrillknick- (Kipp-)lasten erhöht) werden können, wenn die Zwischenabstützungen (Einzelabstützungen) eine bestimmte Federsteifigkeit C aufweisen. Bei der Berechnung der Mindestfedersteifigkeit C einer Zwischenabstützung (Einzelabstützung) nach Gl. (26.1) wird das Verhältnis der Druckkraft N zur Stablänge a des auszusteifenden Druckstabes (bzw. Druckgurtes eines Biegeträgers) gebildet, s. Bild 26.5a und DIN EN 1995-1-1: 2010-12, 9.2.5.2 (2).

Mindestfedersteifigkeit C einer Zwischenabstützung (Einzelabstützung):

$$C = k_s \cdot \frac{N_d}{a} = 4 \cdot \frac{N_d}{a} \tag{26.1}$$

a Stablänge oder (Mitten-)Abstand der Zwischenabstützungen (Einzelabstützungen) als seitliche Abstützungen von Druckstäben oder der Druckgurte von Biege- und Fachwerkträgern

N_d Bemessungswert der mittleren Druckkraft im abzustützenden Druckstab nach Tabelle 26.2 bzw. im abzustützenden Druckgurt eines Biegeträgers nach Tabelle 26.4, s. auch Gl. (26.2)

k_s Modifikationsbeiwert nach Tabelle 26.3
= 4

Ergibt die Berechnung nach Gl. (26.1) z.B. eine Mindestfedersteifigkeit $C = 1$ kN/mm, darf die Zwischenabstützung (oder Einzelabstützung) unter einer Last von 1 kN maximal 1 mm in Richtung der Abstützung nachgeben, d.h. die Konstruktion, auf die die Zwischenabstützung (Einzelabstützung) selbst abgestützt wird, muss diesen Verformungswert (z.B. Ausbiegung einer Aussteifungskonstruktion) einhalten.

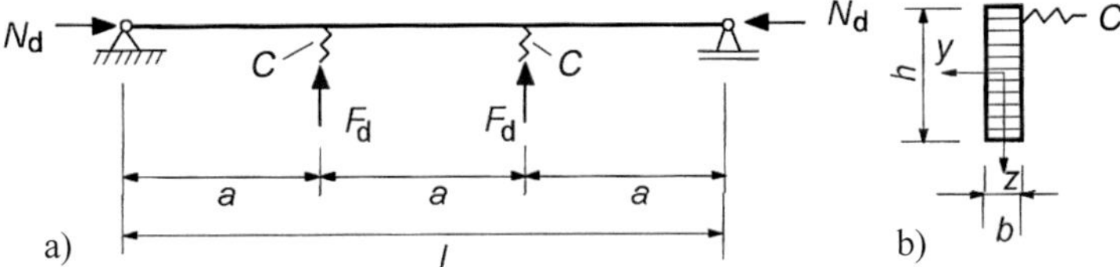

Bild 26.5 Zwischenabstützungen (Einzelabstützungen) mit der Mindestfedersteifigkeit C sowie den (Mitten-) Abständen a untereinander und von den Auflagern nach Gl. (26.1), Beispiel nach DIN EN 1995-1-1: 2010-12, 9.2.5.2, Bild 9.9;
in diesen Fällen kann $a = l_{ef}$ gesetzt werden mit l_{ef} als Ersatzstablänge eines Druckstabes (Knicken) bzw. des Druckgurtes eines Biegeträgers (Biegedrillknicken, Kippen)
a) bei Biege- und Druckstäben
b) Beispiel eines Biegestabes mit Rechteckquerschnitt, der am biegedrillknick- (kipp-)gefährdeten Biege-(Druck-)Gurt in Abständen a durch zwei Zwischen-/Einzelabstützungen mit der Mindestfedersteifigkeit C seitlich gehalten ist

26.2.2 Zwischenabstützungen (Einzelabstützungen) bei Biegestäben (-trägern)

Stabilisierungskraft F_d für Zwischenabstützungen (Einzelabstützungen) bei Biegestäben
Zwischenabstützungen (Einzelabstützungen), die bei biegedrillknick- (kipp-)gefährdeten Biegestäben zur Verkleinerung der Ersatzstablänge (Kipplänge) l_{ef} einsetzt werden, s. als Beispiel Bild 17.13, sind in der Regel für eine Stabilisierungskraft F_d nach Tabelle 26.4 auszulegen und sollten eine Mindestfedersteifigkeit C nach Gl. (26.1) besitzen. In diesen Fällen darf als Ersatzstablänge (Kipplänge) l_{ef} der Abstand der Zwischenabstützungen (Einzelabstützungen) a rechnerisch berücksichtigt werden, s. Bild 26.4 und 26.5a,b.

Tabelle 26.4 Stabilisierungskraft F_d von Zwischenabstützungen (Einzelabstützungen) bei Biegestäben mit Rechteckquerschnitt nach DIN EN 1995-1-1: 2010-12, 9.2.5.2 (3), (4)[1])

Bemessungswert der Stabilisierungskraft F_d für Zwischenabstützungen (Einzelabstützungen) bei Biegeträgern (-stäben)[6])		Beispiel: Biegeträger mit Einzelabstützungen
Stabilisierungskraft F_d für Voll- und Balkenschichtholz $F_d = N_d/k_{f,1} = N_d/50$ für Brett- und Furnierschichtholz LVL $F_d = N_d/k_{f,2} = N_d/80$	mit $N_d = (1 - k_{crit}) \cdot M_d/h$	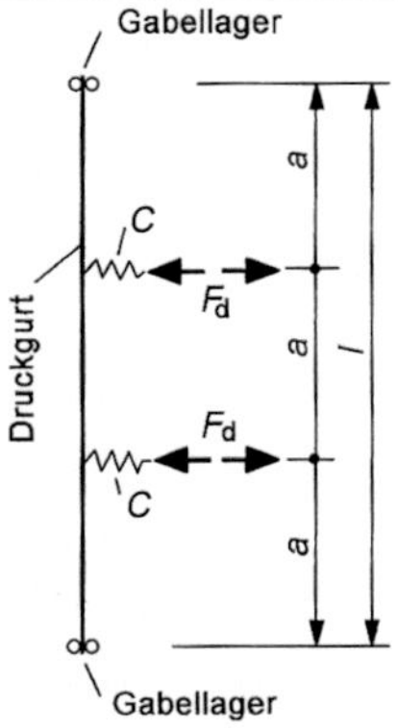 Gabellager C F_d Druckgurt a a l F_d C a Gabellager Draufsicht
mit C Mindest-Federsteifigkeit der Zwischenabstützung (Einzelabstützung) nach Gl. (26.1) F_d Bemessungswert der Stabilisierungskraft M_d Bemessungswert des größten Biegemomentes im Biegestab mit der Höhe h N_d Bemessungswert der mittleren Normalkraft (Druckkraft) im Druckgurt des Biegeträgers a Stablänge bzw. (Mitten-)Abstand zwischen den Zwischenabstützungen (Einzelabstützungen) h Höhe des Biegeträgers k_{crit} Kippbeiwert für den nicht ausgesteiften Biegeträger nach Abschn. 17.2.1 und 17.2.5 $k_{f,1}$ Modifikationsbeiwert nach Tabelle 26.3 = 50 $k_{f,2}$ Modifikationsbeiwert nach Tabelle 26.3 = 80		

[1])[6]) s. Fußnoten zu Tabelle 26.2

Abstützung mehrerer Druckgurte von Biegestäben durch Zwischenabstützungen (Einzelabstützungen) gegen feste Widerlager oder gegen Aussteifungskonstruktionen
Werden mehrere Druckgurte von Biegeträgern durch Zwischenabstützungen (Einzelabstützungen) gegen feste Widerlager nach Bild 26.4 oder gegen Aussteifungskonstruktionen nach Bild 26.12 abgestützt, ist sinngemäß wie bei Zwischenabstützungen (Einzelabstützungen) von mehreren Druckstäben nach Abschn. 26.2.1 zu verfahren.

26.2.3 Bauteile für Zwischenabstützungen (Einzelabstützungen) und Kopfbänder

Bauteile für Zwischenabstützungen (Einzelabstützungen)
Zwischenabstützungen (Einzelabstützungen) werden überwiegend aus Kanthölzern hergestellt, die zusätzlich zu anderen Bauteilen angeordnet werden und die Stabilisierungskräfte übertragen; im Dachbereich können auch einzelne Sparrenpfetten als Zwischenabstützun-

gen (Einzelabstützungen) für Druckgurte von Biegeträgern ausgebildet werden, diese Sparrenpfetten übertragen neben ihren „senkrechten“ Dachlasten zusätzlich noch die „horizontalen“ Normalkräfte (Zug- und Druck) aus Stabilisierungskräften.

Kopfbänder als Ersatz für Einzelabstützungen bei Biegeträgern
Kopfbänder nach Bild 26.10 erhöhen in Verbindung mit vorhandenen Sparrenfetten die Torsionssteifigkeit von Biegeträgern und damit deren Biegedrillknick- (Kipp-)stabilität. Bei standsicherer Konstruktion der Kopfbänder kann auf Aussteifungsverbände verzichtet werden. Kopfbänder werden u.a. zur Stabilisierung von Biegeträger-Druckbereichen angeordnet, die außerhalb der üblichen Ebenen von Aussteifungskonstruktionen liegen, z.B. für „unten“ liegende Druckbereiche in Rahmen, Bögen oder Durchlaufträgern.

Äußere „horizontale“ Einwirkungen wie z.B. Windlasten können von Trägern in Verbindung mit Kopfbändern nicht abgetragen werden, da nur die Steifigkeit der Träger um die x-Achse und nicht die Steifigkeit um die z-Achse erhöht wird, s. Bild 26.10; hierüber s. auch *Brüninghoff/Schmidt* [82] und *Erläut. zu DIN 1052: 1988-04* [77], Teil 1, E 10.2.1.

26.2.4 Herleitung der Stabilisierungskräfte F_d für Zwischenabstützungen (Einzelabstützungen) bei Druck- und Biegestäben

Druck- und Biegestäbe, die über die Druckstablänge l (oder h) bzw. Biege-Druckgurtlänge l seitlich in regelmäßigen Abständen a abgestützt werden, s. Bild 26.5, bewirken große Stabilisierungskräfte (Abstützungskräfte) F_d, wenn die Abstützungen als nachgiebige (elastische) Auflager mit einer Mindestfedersteifigkeit C und sinusförmige Vorkrümmungen zwischen den Abstützungen angenommen werden. Da diese spannungslosen Vorkrümmungen zwischen den Abstützungen bei Brettschicht- und Furnierschichtholzstäben auf $a/500$ und bei Voll- und Balkenschichtholzstäben (bzw. andere Bauteile) auf $a/300$ begrenzt werden müssen, können die Stabilisierungskräfte F_d für diese Abstützungen (Zwischen-/Einzelabstützungen) nach den Gl. in Tabelle 26.2 und 26.4 errechnet werden, wenn eine Mindestfedersteifigkeit C der Einzelabstützungen nach Gl. (26.1) vorliegt; hierüber s. *Brüninghoff* [75], *Erläut. zu DIN 1052: 2004-08* [47], E 8.4.2 (6), (7), *Möhler/Schelling* [360] und DIN EN 1995-1-1: 2010-12, 9.2.5.2 (1).

Demnach berücksichtigen die Stabilisierungskräfte F_d die inneren Einwirkungen, die aus unvermeidbaren Imperfektionen des Druck- bzw. Biegestabes wie Vorkrümmungen und Vorverdrehungen, s. Abschn. 24.2.3, und die aus zulässigen rechnerischen Ausbiegungen von höchstens $l/500$ der Aussteifungskonstruktionen entstehen, gegen die die Zwischenabstützungen (Einzelabstützungen) abgestützt werden, s. DIN EN 1995-1-1: 2010-12, 9.2.5.3 (2). Die Stabilisierungskräfte treten im Idealfall nicht auf, wenn keine Imperfektionen der Stäbe und keine Ausbiegungen der Aussteifungskonstruktionen vorhanden sind.

Die Abminderung $(1 - k_{crit})$ im Term von N_d bei Ermittlung der Stabilisierungskraft F_d für Zwischenabstützungen (Einzelabstützungen) von Biegestäben, s. Tabelle 26.4, berücksichtigt die Tragfähigkeit des Biegestabes über die nicht ausgesteifte Gesamtlänge; mit wachsenden Kippbeiwerten k_{crit} werden die Stabilisierungskräfte F_d kleiner, bei einem Kippbeiwert $k_{crit} = 1$ sind die Druckgurte der Biegestäbe vollständig ausgesteift, so dass praktisch keine Stabilisierungskräfte F_d für Zwischenabstützungen (Einzelabstützungen) auftreten oder weitere Aussteifungen entbehrlich sind.

Der Bemessungswert der Druckkraft N_d aus dem Biegemoment M_d des Biegeträgers nach Tabelle 26.4 wird als mittlere Normalkraft (bei parabelförmiger Momentenfläche) mit dem Faktor 2/3 nach Gl. (26.2) bestimmt, da das maximale Biegemoment M_d durch die Trägerhöhe h geteilt wird, der Hebelarm der inneren Kräfte (zwischen Biegezug- und Biegedruckkraft) beim Rechteckquerschnitt jedoch $z = 2/3 \cdot h$ beträgt, s. *Erläut. zu DIN 1052: 2004-08* [47], E 8.4.3 (6), (7).

$$N_d = \frac{M_d}{2/3 \cdot h} \cdot \frac{2}{3} = \frac{M_d}{h} \tag{26.2}$$

angeführte Größen s. Tabelle 26.4

26.3 Aussteifungskonstruktionen

26.3.1 Aussteifungskonstruktionen bei Biege- und Fachwerkträgern

Aussteifungslasten q_d für Aussteifungskonstruktionen

Die Druckbereiche von Biegeträgern und die Druckgurte von Fachwerkträgern müssen gegen seitliches Ausweichen (Biegedrillknicken, Kippen) gesichert werden, s. Abschn. 17.2. Die Stabilisierung wird im Allgemeinen durch Aussteifungskonstruktionen vorgenommen, das sind (Fachwerk-)Verbände oder Scheiben. Die Bemessung dieser Aussteifungskonstruktionen kann mit den Aussteifungslasten (Aussteifungskraft je Längeneinheit) q_d und den daraus resultierenden Auflagerkräften A_{qd} nach Tabelle 26.5 vorgenommen werden. Die Aussteifungslasten gelten für eine Anzahl n auszusteifender, paralleler Biege- und Fachwerkträger mit konstantem Querschnitt, die gegen Aussteifungskonstruktionen abgestützt werden, z.B. regelmäßig im Abstand a seitlich über Zwischenabstützungen (Einzelabstützungen) nach Abschn. 26.2.2.

Aussteifungslasten q_d sind innere Lasten, die infolge Verformungen (seitlichem Ausweichen) der Druckgurte von Biegeträgern unter äußeren, senkrechten Einwirkungen auftreten. Zusätzlich können noch weitere horizontale Einwirkungen mit Aussteifungskonstruktionen übertragen werden wie äußere Windlasten w_d, die aus der „horizontalen" Aussteifung von Gebäuden (z.B. in Gebäudelängsrichtung) entstehen.

Für Fachwerkträger wird der **Bemessungswert N_d** der mittleren Normalkraft im Druckgurt als arithmetisches Mittel der vorhandenen Kräfte in den (Druck-)Gurtstäben im Bereich der Stützweite der Aussteifungskonstruktion ermittelt, für Biegeträger der Bemessungswert N_d der mittleren Normalkraft im Druckgurt des Biegeträgers wie in Tabelle 26.5 angegeben. Die **Kippbeiwerte k_{crit}** sind für den nicht ausgesteiften Druckgurt des Biegestabes(-trägers) zu ermitteln; über die Abminderungen (1 - k_{crit}) s. sinngemäß Abschn. 26.2.4.

Tabelle 26.5 Aussteifungslast für Aussteifungskonstruktionen von parallelen Biege- und Fachwerkträgern nach DIN EN 1995-1-1: 2010-12, 9.2.5.3[1])[6])

<table>
<tr><th colspan="2">Aussteifungslast (Aussteifungskraft je Längeneinheit) q_d und Auflagerkräfte A_{qd} für Aussteifungskonstruktionen bei parallelen Biege- oder Fachwerkträgern mit konstantem Querschnitt[2])[3])[4])</th></tr>
<tr><td>
gleichmäßig verteilt angenommene Aussteifungslast (Aussteifungskraft je Längeneinheit):

$$q_d = k_l \cdot \frac{n \cdot N_d}{k_{f,3} \cdot l} = k_l \cdot \frac{n \cdot N_d}{30 \cdot l} \quad \text{z.B. in kN/m}$$

daraus folgende Auflagerkraft einer einfeldrigen Aussteifungskonstruktion:

$$A_{qd} = q_d \cdot \frac{l}{2}$$

mit

$$k_l = \min\left\{1 \quad \text{oder} \quad \sqrt{15/l}\right\}$$

k_l Beiwert, berücksichtigt die Trägervorkrümmung
$k_{f,3}$ Modifikationsbeiwert nach Tabelle 26.3 $= 30$
l Stützweite (Gesamtlänge) der Aussteifungskonstruktion in m
n Anzahl der auszusteifenden parallelen Biege- oder Fachwerkträger
</td><td>
für parallele Fachwerkträger:
N_d Bemessungswert der mittleren Normalkraft im Druckstab(-gurt), s. Tabelle 26.2
l Stützweite der Aussteifungskonstruktion (Verbandslänge zwischen den Stützungen)

für parallele Biegeträger:
N_d Bemessungswert der mittleren Normalkraft im Druckgurt des Biegeträgers, s. auch Tabelle 26.4:
$N_d = (1 - k_{crit}) \cdot M_d/h$
M_d Bemessungswert des größten Biegemomentes im Biegeträger mit der Höhe h
k_{crit} Kippbeiwert für den nicht ausgesteiften Biegeträger nach Abschn.17.2.1 und 17.2.5
h Trägerhöhe
l Stützweite der Aussteifungskonstruktion
</td></tr>
<tr><td>
Rechnerische Ausbiegung *u*
der Aussteifungskonstruktion
(oft „horizontale" Ausbiegung)
nach DIN EN 1995-1-1: 2010-12, 9.2.5.3 (2)
</td><td>
Beispiel:
Aussteifung der Druckgurte von Biege- oder Fachwerkträgern nach
DIN EN 1995-1-1: 2010-12, 9.2.5.3, Bild 9.10
</td></tr>
<tr><td>
aus Aussteifungslast q_d und weiteren äußeren Einwirkungen z.B. aus Wind w_d [5])[6])
$u \leq l/500$
mit
l Stützweite (Länge) der Aussteifungskonstruktion
</td><td>
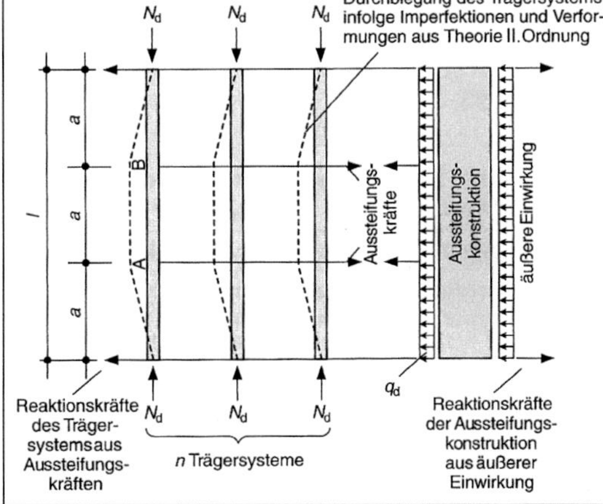

</td></tr>
</table>

Tabelle 26.5 (Fußnoten)

[1]) bei Aussteifungskonstruktionen für Zwischenabstützungen (Einzelabstützungen), falls kein genauerer Nachweis geführt wird, Zwischenabstützungen (Einzelabstützungen) nach Abschn. 26.2

[2]) seitliche Verformungen von Biege- bzw. Fachwerkträgern erforderlichenfalls durch Zwischenabstützungen (Einzelabstützungen) der Druckbereiche bzw. Druckgurte begrenzen, s. Tabelle 26.2 und 26.4, als Ersatz(stab-)länge l_{ef} den Abstand a der Zwischenabstützungen (Einzelabstützungen) ansetzen

[3]) zusätzlich zu anderen horizontalen Einwirkungen wie z.B. Windlasten w_d

[4]) druckbeanspruchte Einzelbauteile (Druckgurt von Biege- und Fachwerkträgern), die eine seitliche Abstützung in Abständen a (durch Zwischen-/Einzelabstützungen) erfordern, sollten eine anfängliche Imperfektion (Vorkrümmung) zwischen den Auflagern von $a/500$ für Bauteile aus Brettschicht- und Furnierschichtholz und $a/300$ für Bauteile aus Voll- und Balkenschichtholz (für andere Bauteile) nicht überschreiten, s. DIN EN 1995-1-1: 2010-12, 9.2.5.2 (1)

[5]) falls kein genauerer Nachweis erfolgt

[6]) Steifigkeiten bei der Berechnung der Ausbiegung der Aussteifungskonstruktion im Grenzzustand der Tragfähigkeit nach Tabelle 22.2 für Bauteile mit denselben zeitanhängigen Eigenschaften, s. DIN EN 1995-1-1/NA: 2013-08, NCI Zu 9.2.5.3 Anmerkung

Die **Stützweite** $\boldsymbol{l}$ der Aussteifungskonstruktionen entspricht im Allgemeinen der Stützweite der auszusteifenden Biege- oder Fachwerkträger bzw. dem Abstand der gabelgelagerten Auflager dieser Träger. Die **Anzahl** $\boldsymbol{n}$ der auszusteifenden Biege- oder Fachwerkträger kann für Binder in den Giebelwänden, die die Hälfte der Einwirkungen gegenüber Bindern in den Innenfeldern tragen, auf je $n = 0{,}5$ vermindert werden, so dass beide Binder in den Giebelwänden nur mit $n = 1$ berücksichtigt zu werden brauchen. Werden zusätzlich die Köpfe von Giebelstützen zur seitlichen Halterung an die Giebelbinder angeschlossen, wird empfohlen, die Abtriebskräfte aus der Schrägstellung dieser Giebelstützen mit $n = 0{,}5$ je Giebelseite in der Gl. für q_d, d.h. mit $n = 1$ für beide Giebelwände, zu berücksichtigen, s. Abschn. 26.3.2.

Der **Beiwert** $\boldsymbol{k_l}$ berücksichtigt die Trägervorkrümmung; bei längeren Trägern $l > 15$ m sind die Vorverformungen geringer und nicht mehr proportional zur Trägerstützweite, da z.B. bei langen Brettschichtholzträgern eine vergleichsweise größere Herstellungsgenauigkeit vorausgesetzt werden kann, so dass kleinere k_l-Werte angesetzt werden können, s. *Erläut. zu DIN 1052: 2004-08* [47], E 8.4.3 (6), (7).

Rechnerische Ausbiegung von Aussteifungskonstruktionen

Nach Tabelle 26.5 darf die rechnerische Ausbiegung u der Aussteifungskonstruktionen aus der Aussteifungslast q_d und weiteren äußeren Einwirkungen wie z.B. Windlasten w_d den Wert $l/500$ (mit l als Stützweite) nicht überschreiten. Bei der Berechnung der Ausbiegung sind die Steifigkeitskennwerte nach Tabelle 22.2 für Bauteile mit denselben zeitanhängigen Eigenschaften in Rechnung zu stellen, d.h. die durch den Teilsicherheitsbeiwert γ_M geteilten Moduln, da der Nachweis der Ausbiegung von Aussteifungskonstruktionen im Grenzzustand der Tragfähigkeit zu führen ist, um die seitliche Ausbiegung der Druckbereiche von Biege- oder Fachwerkträgern zu begrenzen und damit ihre Tragfähigkeit sicherzustellen, s. DIN EN 1995-1-1/NA: 2013-08, NCI Zu 9.2.5.3 Anmerkung. Darüber hinaus sollten die Nachgiebigkeit der Verbindungsmittel und das Kriechen berücksichtigt werden, soweit sich dies maßgeblich auf die Bemessung und Ausbiegung auswirkt.

Weniger steife Aussteifungskonstruktionen mit größeren rechnerischen Ausbiegungen u als $l/500$ dürfen nicht angesetzt werden, da bei größeren Ausbiegungen die Aussteifungslasten für die Aussteifungskonstruktionen wachsen und das seitliche Ausweichen der auszusteifenden Druckgurte von Biege- und Fachwerkträgern über das für ihre Tragfähigkeit festgelegte Maß (Biegedrillknicken, Kippen) hinausgehen. Liegen jedoch hierzu nachweislich steifere Aussteifungskonstruktionen mit einer Ausbiegung u wesentlich kleiner als $l/500$ vor, können die Stabilisierungslasten entsprechend geringer in Rechnung gestellt werden, s. *Erläut. zu DIN 1052: 2004-08* [47], E 8.4.2 (6), (7).

Über die Ausbildung von Aussteifungskonstruktionen s. *Brüninghoff/Rampf/Samuel* [81]. Bei besonders schlanken Biegeträgern (z.B. aus Brettschichtholz) mit etwa $h/b > 10$ wird empfohlen, stets **genauere Nachweise** der Ausbiegung zu führen, da diese Träger eine geringere Stabilität gegen seitliches Ausweichen besitzen. Über genauere Nachweise siehe u.a. *Brüninghoff/Schmidt* [82], weitere Untersuchungen zu Wind- und Aussteifungskonstruktionen haben *Brüninghoff* [72], [73], *Brüninghoff/et. al.* [83], *Gerold* [152], [153], *Kessel/Kühl* [253], *Laschinski/Himburg* [304], *Meisel/Moosbrugger/Schickhofer* [325], *Möller* [363], [364], [366], *Reyer/Stojic* [424], *Speich* [484] und *Speich/Möller/Schelling* [485] durchgeführt.

Ausbildung von Aussteifungskonstruktionen

Aussteifungskonstruktionen (Fachwerkverbände oder Scheiben), gegen die die Druckbereiche der auszusteifenden Biege- und Fachwerkträger abgestützt werden, liegen überwiegend in Höhe der Trägerobergurte. Die entstehenden Aussteifungslasten werden über Zwischenabstützungen (Einzelabstützungen) von den einzelnen Träger-Druckbereichen in die Aussteifungskonstruktionen weitergeleitet oder die Träger-Druckbereiche sind Teil der Aussteifungskonstruktionen und werden direkt ausgesteift, s. Bilder 26.1 und 26.12.

Bild 26.6 zeigt die Draufsicht auf einen horizontal liegenden **Aussteifungsverband**, der zwischen den Obergurten zweier Einfeldträger (Biege- oder Fachwerkträger) liegt; diese Obergurte sind gleichzeitig Gurte des Aussteifungsverbandes. Aus den Aussteifungslasten q_d nach Tabelle 26.5 können die Einzellasten H_i, die in den Knoten des Fachwerkverbandes angreifen, und aus diesen die Stabkräfte des Verbandes errechnet werden. Bei **Aussteifungsscheiben** wird durch die kontinuierliche kraftschlüssige Verbindung Scheibe/Binderobergurt z.B. durch geeignete Schrauben eine direkte Krafteinleitung erreicht. Beispiele von Aussteifungsverbänden und -scheiben zeigt Tabelle 26.1. Die Ausbildung von Aussteifungsscheiben z.B. mit Holzwerkstoffplatten wird in Abschn. 26.3.3 näher beschrieben.

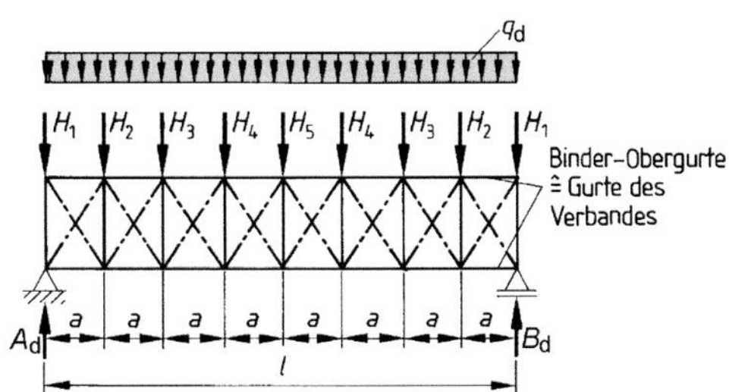

Bild 26.6 Draufsicht auf einen Aussteifungsverband, der horizontal zwischen den Obergurten zweier Einfeldträger mit Rechteckquerschnitt liegt

Die Bilder 26.7 und 26.8 zeigen die Ansichten eines biegebeanspruchten Vollwand- bzw. Fachwerk-Einfeldträgers, die je durch eine horizontal liegende Aussteifungskonstruktion im Biege-Druckbereich gegen seitliches Ausweichen (Biegedrillknicken, Kippen) gesichert werden. In beiden Fällen ist darauf zu achten, dass ebenso vertikale Aussteifungen an den Auflagern vorhanden sind, die entsprechend Abschn. 17.3.2 ausgebildet werden, z.B. als vertikaler Verband zwischen zwei Trägerauflagern oder als verdrehungssteife Gabeln.

Bei Biegeträgern mit Aussteifungsverbänden ist neben dem Nachweis der Verbände ein Nachweis der Biegedrillknick- (Kipp-)stabilität z.B. nach Abschn. 17.2.1 für die freien, seitlich nicht abgestützten Druckbereiche der Träger zu führen; bei Fachwerkträgern, die im Allgemeinen in ihren Knotenpunkten seitlich gegen die Aussteifungskonstruktionen abgestützt werden, ist neben dem Nachweis der Aussteifungsverbände ein Nachweis der Knickstabilität der Druckgurte z.B. mit dem Ersatzstabverfahren nach Abschn. 16.2.1 erforderlich, als Ersatzstablänge (Knicklänge) der Druckgurte aus der Fachwerkebene ist der Abstand der seitlichen Abstützungen zu wählen.

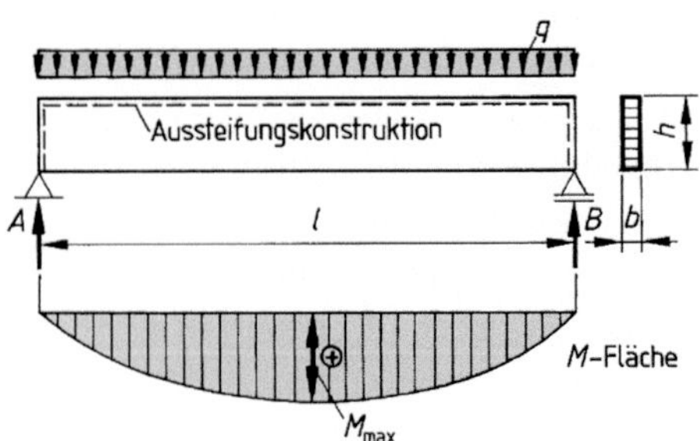

Bild 26.7 Biegeträger mit Rechteckquerschnitt und Gleichlast, horizontale und vertikale Aussteifungskonstruktionen, Momentenverlauf

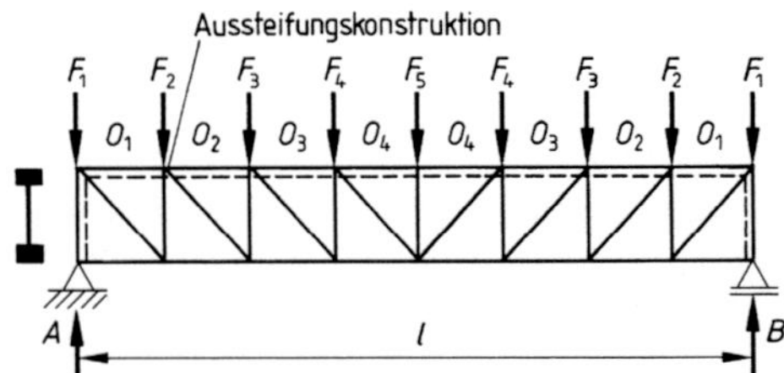

Bild 26.8 Fachwerkträger mit Einzellasten, horizontale und vertikale Aussteifungskonstruktionen

Biegeträger mit wechselndem Momentenverlauf

Bei Biegeträgern mit einem Momentenverlauf, der von dem eines Einfeldträgers mit Gleichlast nach Bild 26.7 abweicht, kann sinngemäß nach Erläut. zu DIN 1052: 1988-04 [77], Teil 1, E 10.2.3 näherungsweise das größte auftretende Feldmoment in die Gl. für qd nach Tabelle 26.5 eingesetzt werden. Liegt ein Vorzeichenwechsel im Verlauf des Biegemomentes wie z.B. bei Durchlaufträgern vor und damit ein Wechsel der Lage des Druckbereiches, so darf ein stellvertretender Momentenverlauf mit Mmax nach Bild 26.9 angenommen werden; dabei wird vorausgesetzt, dass alle Auflager gabelgelagert sind.

Bild 26.9 Ermittlung der Aussteifungslast q_d nach Tabelle 26.5 mit einem stellvertretenden Momentenverlauf und M_{max} bei Vorzeichenwechsel des Biegemomentes nach *Erläut. zu DIN 1052: 1988-04* [77], Teil 1, E 10.2.3, Bild 10/8, Beispiel

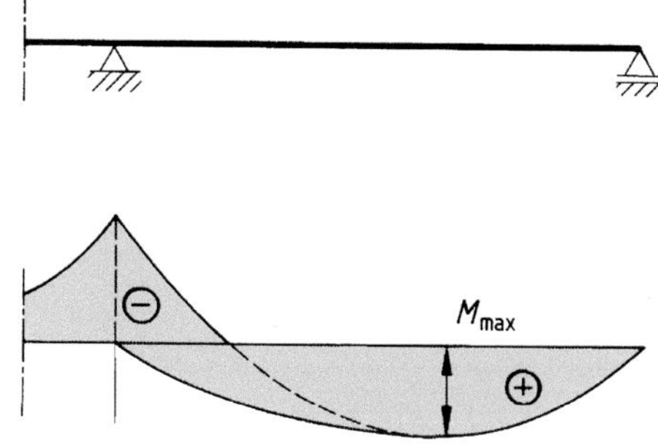

Bei Durchlaufträgern, Rahmen und Bögen liegen aufgrund des Momentenverlaufes die Druckbereiche z.T. im Untergurt der (Brettschicht-)Träger, diese Druckbereiche werden durch die meist an der Trägeroberkante liegenden Aussteifungskonstruktionen nicht stabilisiert. Sind Abstützungen des Untergurtes gegen seitliches Ausweichen erforderlich, können Kopfbänder nach Bild 26.10 die notwendige Stabilisierung übernehmen, s. Abschn. 26.2.3. Die erforderliche Abstützung biegedrillknick- (kipp-)gefährdeter innerer, gedrückter Rahmenecken kann ebenfalls durch Kopfbänder vorgenommen werden. Wird bei negativem Eckmoment eine Rahmenecke nur in der oben liegenden Riegelebene bzw. in der außen liegenden Stielebene durch einen Verband oder eine Scheibe seitlich gehalten, liegt eine unzureichend bzw. nicht gegen Biegedrillknicken (Kippen) ausgesteifte, innere (unten liegende) Rahmenecke vor; die geringe Eigen- bzw. Torsionssteifigkeit von Rahmenecken z.B. aus hohen schlanken Brettschichtholzbauteilen muss durch zusätzlich wirksame Biegedrillknick-(Kipp-)aussteifungen (wie Kopfbänder) im Bereich der unteren Rahmenecke auf das erforderliche Maß erhöht werden. Bei Verzicht auf eine seitliche Aussteifung der biegedrillknick- (kipp-)gefährdeten inneren Rahmenecken sollte dies durch einen rechnerischen Nachweis überprüft werden.

Nach Kessel/Hinkes/Schelling [251] führt eine gabelgelagerte Auflagerung des Rahmenfußes nach Bild 26.11b unter bestimmten Voraussetzungen zu einer Erhöhung der Stabilität des gesamten Rahmens. Über die Aussteifung von Rahmen s. auch Heimeshoff/Seuß [214].

Bild 26.10 Kopfband zur seitlichen Abstützung biegedrillknick- (kipp-)gefährdeter druckbeanspruchter Untergurte oder innerer gedrückter Rahmenecken

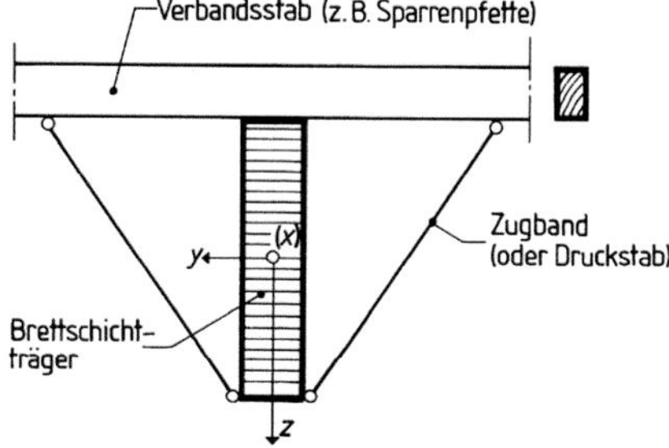

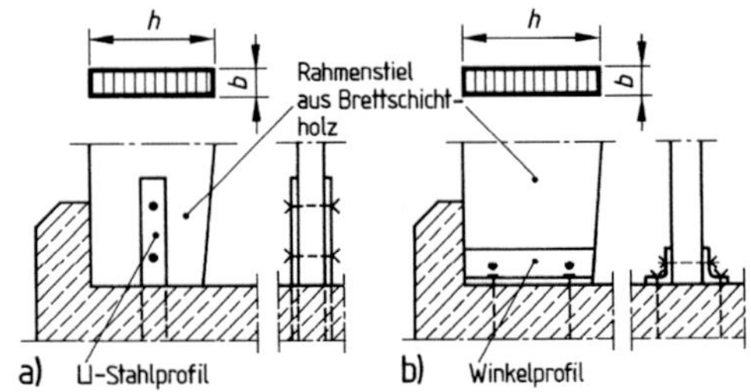

Bild 26.11 Rahmenfußpunkt mit unterschiedlicher Lagerung nach *Kessel/Hinkes/Schelling* [251]; a) verdrehbar gelagert b) gabelgelagert (Empfehlung: stets ausführen)

26.3.2 Aussteifungskonstruktionen mit Aussteifungs- und Windlasten

Verbände oder Scheiben in der Dachebene werden überwiegend zur Aussteifung der Druckgurte von Biege- oder Fachwerkträgern und gleichzeitig zur Aufnahme von Windlasten herangezogen. Diese Aussteifungskonstruktionen werden meist an beiden Bauwerksenden und zusätzlich je nach Bauwerkslänge in weiteren Innenfeldern angeordnet. Eine Lage in beiden Endfeldern von Hallenkonstruktionen nach Bild 26.1 wird vorgenommen, um die Windlasten auf die Giebelflächen direkt ableiten zu können. Eine Anordnung der Aussteifungskonstruktionen in Giebelnähe, wie z.B. in jedes erste Innenfeld, nach Bild 26.12 wird gewählt, wenn für das Bauwerk keine Erweiterungsmöglichkeit geplant ist und in den Giebelwänden kleinere (Rand-)Träger auf mehreren Stützen anstatt weit gespannter Binder liegen.

Die **Windlasten *w*, die auf die Giebelwände** einwirken (Winddruck oder -sog), werden im Allgemeinen über Pendelstützen in den Giebelwänden abgetragen. Diese durch den Wind zusätzlich querbelasteten Pendelstützen geben ihre horizontalen Auflagerkräfte zu einem Teil in die Fundamente und zum anderen Teil an Zwischenabstützungen (Einzelabstützungen) ab, die in der Dachebene liegen und die „oberen" horizontalen Auflager der Pendelstützen bilden. Die Zwischenabstützungen (Einzelabstützungen) leiten diese Auflagerkräfte in die „horizontal" liegenden (Dach-)Aussteifungskonstruktionen; an deren Auflagern werden sie an die vertikalen Verbände oder Scheiben in den Längswänden übergeben, die sie bis in die Fundamente (Baugrund) abtragen, s. Bild 26.12.

Die **Windlasten w_d, die auf die Längswände** und die Dachkonstruktion einwirken, werden von den Konstruktionen in Hallenquerrichtung, z.B. eingespannten Stützen in den Längswänden und Dachbinder, Rahmen oder Bögen, aufgenommen.

Die **Aussteifungslasten q_d** auf die (Dach-)Aussteifungskonstruktionen brauchen als „innere" Lasten nicht bis in die Fundamente (Baugrund) abgeleitet zu werden, wenn **ein Ausgleich dieser „inneren" Kräfte** innerhalb der Dachfläche möglich ist. Dies ist nach *Erläut. zu DIN 1052: 1988-04* [77], Teil 1, E 10.2.2 der Fall, wenn die Randglieder (Traufpfetten) für die Randkräfte R_i nach Bild 26.13 bemessen und angeschlossen werden. Über die Randglieder (Traufpfetten) werden die Auflager der auszusteifenden Binder-Druckgurte und die Auflager der Aussteifungsverbände verbunden. Kann ein Ausgleich der inneren Kräfte z.B. wegen fehlender Randglieder nicht erfolgen, sind die Auflagerkräfte der Aussteifungskonstruktionen aus Aussteifungslasten q_d wie die äußere Windlast w_d in die Fundamente (Baugrund) abzuleiten.

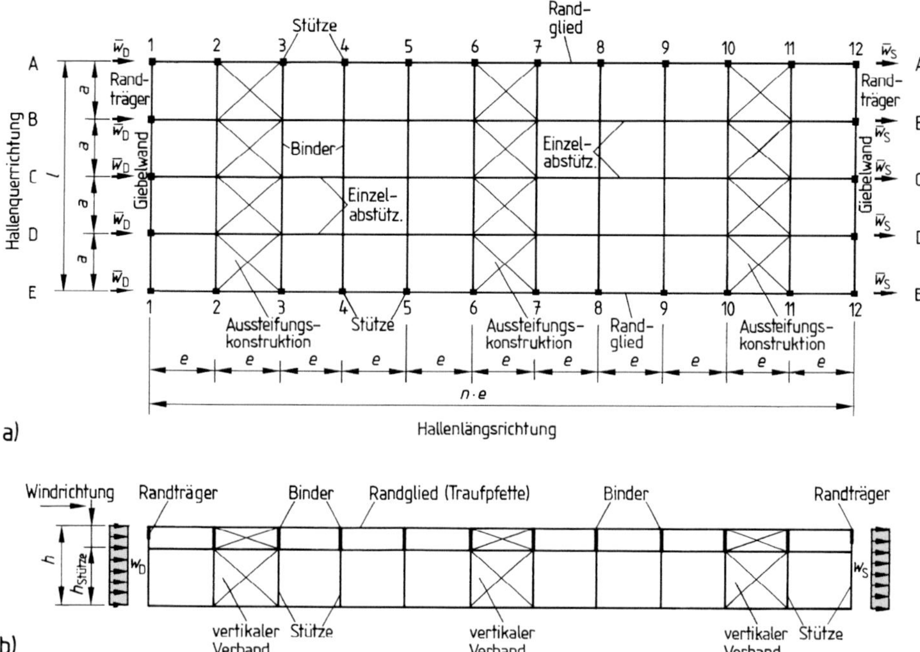

Bild 26.12 Halle mit Aussteifungskonstruktionen in Giebelnähe (jeweils erstes Innenfeld) und in einem weiteren Innenfeld; Einzelabstützungen und Randglieder (Sparrenpfetten nicht dargestellt); Windlasten auf Giebelwände für Wind von „links“; Beispiel
a) Draufsicht auf Hallendach mit Lageplan der Binder und Verbände
b) Ansicht der Längswände mit Verbänden

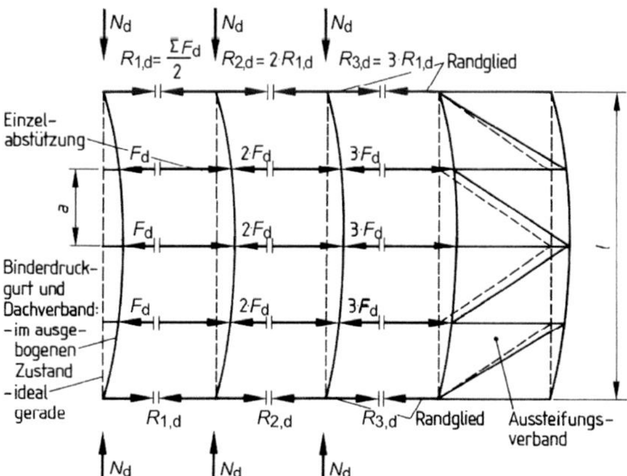

Bild 26.13 Binderdruckgurte und Dachverband im ideal geraden und ausgebogenen Zustand, der sich aus der ungewollten Vorkrümmung der Träger und ihrem seitlichem Ausweichen (Biegedrillknicken, Kippen) unter senkrechter Belastung zusammensetzt; Ausgleich der Aussteifungslasten in der Dachfläche bei Bemessung der Randglieder (Traufpfetten) für die Randkräfte R_i sowie zug- und druckfester Verbindung der Randglieder sowie Zwischenabstützungen (Einzelabstützungen) untereinander und mit der Aussteifungskonstruktion nach *Erläut. zu DIN 1052: 1988-04* [77], Teil 1, E 10.2.2, Bild 10/7

Die **Aussteifungslasten** q_d nach Tabelle 26.5 und die **Windlasten** w_d, die in der Dachebene bzw. in der Ebene der Aussteifungskonstruktionen wirken, sind ohne Abminderung zu überlagern, s. DIN EN 1995-1-1: 2010-12, 9.2.5.3 (1). Sie können beide (q_d und w_d) nach *Erläut. zu DIN 1052: 1988-04* [77], Teil 1, E 10.2.4 gleichmäßig auf alle vorhandenen Aussteifungskonstruktionen verteilt werden, wenn die einzelnen baugleichen Aussteifungskonstruktionen zug- und druckfest miteinander verbunden sind, z.B. durch Zwischenabstützungen (Einzelabstützungen) nach Abschn. 26.2.2; dadurch wird ein Ausgleich der inneren Kräfte erreicht, die „horizontalen" Ausbiegungen der baugleichen Aussteifungskonstruktionen werden rechnerisch gleich groß. Können die Aussteifungskonstruktionen untereinander nicht zug- und druckfest verbunden werden, müssen die Wind- und Aussteifungslasten einzelnen Aussteifungskonstruktionen direkt zugeordnet werden; dabei sind unterschiedliche (rechnerische) Verformungen der einzelnen Aussteifungskonstruktionen wahrscheinlich, die eine im Allgemeinen unverträgliche Gesamtverformung der Dachkonstruktion bewirken können. Über die Beschränkung der rechnerischen, horizontalen Ausbiegungen von Aussteifungskonstruktionen s. Abschn. 26.3.1.

Bei der vorhandenen Verformung der Dachkonstruktion nach Bild 26.13 werden sich die Giebelstützen (meist Pendelstützen) ungewollt schräg stellen und **horizontal wirkende Abtriebskräfte** F_H nach Bild 26.14 erzeugen, die von den Dachverbänden (oder -scheiben) aufzunehmen sind, wenn keine andere seitliche Halterung der Giebelstützenköpfe als an die Giebelbinder und damit an die Ebene der (Dach-) Aussteifungskonstruktionen gewählt wird. Zur Berücksichtigung dieser Abtriebskräfte empfiehlt *Erläut. zu DIN 1052: 1988-04* [77], Teil 1, E 10.2.2 bei vorhandenen Giebelstützen, die Anzahl der auszusteifenden Druckgurte in der Gl. für q_d nach Tabelle 26.5 um $n = 0{,}5$ je Giebelkonstruktion zu erhöhen, s. Abschn. 26.3.1. Über ungewollte Schrägstellungen von Stützen und Rahmen s. auch Abschn. 24.2.3. Über die Berechnung der Abtriebs- bzw. Rückstellkräfte F_H s. Gl. (26.3) im Abschn. 26.3.4.

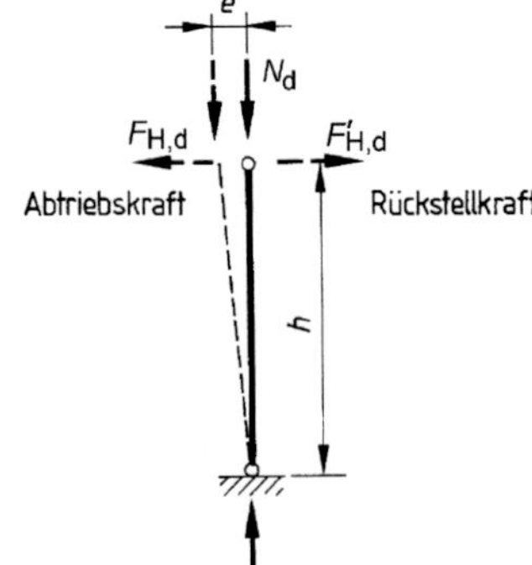

Bild 26.14 Abtriebskraft infolge ungewollter Schrägstellung einer Stütze und notwendige Rückstellkraft zur Erzielung des Gleichgewichts, Berechnung nach Gl. (26.3) im Abschn. 26.3.4

Anzahl und Abstand von Aussteifungskonstruktionen
Die Anzahl und der Abstand von Aussteifungskonstruktionen sind in DIN EN 1995-1-1: 2010-12, 9.2.5.3 nicht näher geregelt, die Anordnung liegt im Ermessen des Tragwerksplaners auf der Grundlage der gewählten Konstruktion und des rechnerischen Nachweises. Wird **kein genauerer Nachweis** der Ausbiegung der Aussteifungskonstruktionen geführt, werden die Festlegungen der DIN 1052-1: 1988-04, 10.2.5 als Richtgröße empfohlen, da sie sich bewährt haben: Danach sind bei Gebäudelängen bis 25 m eine Aussteifungskonstruktion, über 25 m mindestens zwei Aussteifungskonstruktionen anzuordnen; der lichte Abstand der Aussteifungskonstruktionen sollte in der Regel 25 m nicht überschreiten.

Wird der lichte Abstand von 25 m zwischen zwei Aussteifungskonstruktionen überschritten, sollte als Empfehlung einen **genaueren Nachweis** unter Berücksichtigung der Ausbiegung der Aussteifungskonstruktionen, der Verformung der Einzelabstützungen und der Verformungen aus der Nachgiebigkeit der Verbindungsmittel in den Anschlüssen geführt werden, hierüber s. Abschn. 26.3.1. Über vereinfachte Nachweise von Aussteifungsverbänden s. *Brüninghoff/Rampf/Samuel* [81] und über genauere Nachweise *Brüninghoff* [73], *Brüninghoff/Schmidt* [82] sowie Abschn. 23.1, 23.2 und 23.5.

26.3.3 Aussteifungskonstruktionen als Scheiben

Scheiben dürfen im Allgemeinen zur Aufnahme und Weiterleitung vorwiegend ruhender Einwirkungen einschl. Wind- und Erdbebenlasten in Scheibenebene beansprucht werden. Scheiben oder scheibenartig beanspruchbare Bauteile sind z.B.

- Dach- und Deckenscheiben aus Holzbaustoffen nach DIN EN 1995-1-1: 2010-12, 9.2.3 und DIN EN 1995-1-1/NA: 2013-08, NCI Zu 9.2.3 (jeweils mit Rand- und Innenrippen und einer Beplankung aus Holzwerkstoffplatten),
- Wandscheiben aus Holzbaustoffen nach DIN EN 1995-1-1: 2010-12, 9.2.4 und DIN EN 1995-1-1/NA: 2013-08, NCI Zu 9.2.4 (jeweils mit Rand- und Innenrippen und einer Beplankung aus Holzwerkstoffplatten),
- Stahl-Trapezprofilbleche mit bauaufsichtlichem Verwendbarkeitsnachweis,
- Holz-Beton-Verbundkonstruktionen mit bauaufsichtlichem Verwendbarkeitsnachweis.

Derartige Scheiben oder scheibenartige Bauteile dürfen als Aussteifungskonstruktionen zur Aufnahme der Aussteifungslasten q_d und Windlasten w_d nach Abschn. 26.3.1 und 26.3.2 herangezogen werden.

Scheibenartige Bauteile wie Dach-, Decken und Wandscheiben aus Rippen und Holzwerkstoffplatten sind bei fachgerechter Ausführung sehr steife Konstruktionen, Fachwerkverbände sind im Vergleich dazu weniger steif. Scheibenartige Bauteile als Aussteifungskonstruktion für Biege- und Fachwerkträger bedürfen eines rechnerischen Nachweises und sorgfältiger Ausführung, dabei sind die Festlegungen der DIN EN 1995-1-1: 2010-12 und DIN EN 1995-1-1/NA: 2013-08 einzuhalten. Wichtig sind u.a. die fachgerechte Ausbildung versetzt angeordneter Holzwerkstoffplatten und Bretter (Beplankungen), der Stöße von Platten und Brettern sowie ihre Verankerung durch Verbindungsmittel auf Rand- und Innenrippen. Über Nachweise und Konstruktionen s. *Erläut. zu DIN 1052: 2004-08* [47], E 8.7, *Fritzen/Krämer/Metzger* [143], *Lißner/Felkel/Hemmer/Kuhlenkamp/Radovic/Rug/Steinmetz* [313], *Steinmetz* [492]. Über die Aussteifung hölzerner Dachkonstruktionen mit Stahltrapezelementen berichtet *Bejtka* [22].

Neben der aussteifenden Scheibenwirkung werden die o.a. Dach-, Decken- und Wandscheiben (Tafeln) oft gleichzeitig zur **Abtragung senkrechter Einwirkungen** wie z.B. ständiger Lasten (Eigengewicht), Nutz- und Schneelasten herangezogen, d.h. die Scheiben (Tafeln) werden meist als Platte und Scheibe beansprucht. Experimentelle und theoretische Untersuchungen zu Scheiben (Tafeln) aus Holzwerkstoffplatten mit Rand- und Innenrippen haben u.a. *Alsmarker* [6], *Cziesielski/Raabe/Wagner* [98], *Cziesielski/Wagner* [99], *Kessel* [248], [249] und *Kessel/Drücker* [250] durchgeführt.

26.3.4 Aussteifungskonstruktionen bei Druckstäben

Aussteifungslasten q_d für Aussteifungskonstruktionen
Die Ersatzstablänge (Knicklänge) l_{ef} von Druckstäben, Abschn. 16.2.1 und 16.2.4, kann durch Zwischenabstützungen (Einzelabstützungen) nach Abschn. 26.2.1 verkleinert werden. Die Zwischenabstützungen (Einzelabstützungen) werden meist gegen Aussteifungskonstruktionen abgestützt, die überwiegend als Fachwerkverbände oder Scheiben z.B. aus Holzbaustoffen nach Abschn. 26.3.3, Mauerwerk oder Stahlbeton gewählt werden. Die Bemessung dieser Aussteifungskonstruktionen kann mit der Ersatzlast q_d nach Tabelle 26.6 vorgenommen werden. Zusätzlich können noch weitere äußere Einwirkungen wie Windlasten w_d mit den Aussteifungskonstruktionen übertragen werden. Als **Bemessungswert N_d** wird die mittlere Druckkraft im Druckstab ermittelt.

Die **Stützweite l** der Aussteifungskonstruktionen entspricht im Allgemeinen der Länge der auszusteifenden Druckstäbe bzw. dem Abstand der Auflager dieser Druckstäbe (ohne Berücksichtigung der Zwischenabstützungen). Wird eine **Anzahl n von Druckstäben** durch eine Aussteifungskonstruktion seitlich abgestützt, sind die n-fachen Ersatzlasten q_d nach Tabelle 26.6 anzusetzen. Die **Zwischenabstützungen (Einzelabstützungen)** sind sinngemäß nach Abschn. 26.3.2 zug- und druckfest untereinander und an die Aussteifungskonstruktion anzuschließen, da die Richtung des seitlichen Ausbiegens der Druckstäbe infolge Knickens nicht bekannt ist.

Werden neben den Ersatzlasten q_d nach Tabelle 26.6 **Windlasten w_d** mit den Aussteifungskonstruktionen übertragen, sind beide Einwirkungen ohne Abminderung zu überlagern, s. DIN EN 1995-1-1: 2010-12, 9.2.5.3 (1). Die **Abtriebskräfte $F_{H,d}$** aus ungewollter Schrägstellung der auszusteifenden Druckstäbe (Stützen und Stiele) nach Bild 26.14 sind zusätzlich von der Aussteifungskonstruktion (als Rückstellkräfte $F'_{H,d}$) aufzunehmen, sie können nach Gl. (26.3) mit den Werten der ungewollten Schief- oder Schrägstellung des Abschn. 24.2.3 und $\tan(\phi) \approx \phi$ (bei kleinen Winkeln) ermittelt werden.

Tabelle 26.6 Aussteifungslasten für Aussteifungskonstruktionen bei Druckstäben nach DIN EN 1995-1-1: 2010-12, 9.2.5.3[1])

Aussteifungslast q_d für Aussteifungskonstruktionen bei Druckstäben[2])[3])[4])	
gleichmäßig verteilt angenommene Aussteifungslast (Aussteifungskraft je Längeneinheit): $q_d = k_l \cdot \frac{n \cdot N_d}{k_{f,3} \cdot l} = k_l \cdot \frac{n \cdot N_d}{30 \cdot l}$ z.B. in kN/m	N_d Bemessungswert der mittleren Druckkraft im Druckstab $k_{f,3}$ Modifikationsbeiwert nach Tabelle 26.3 $= 30$ k_l $= 1$ für Druckstäbe (mit Längen ≤ 15 m) l Stützweite (Gesamtlänge) der Aussteifungskonstruktion in m n Anzahl der auszusteifenden Druckstäbe
Rechnerische Ausbiegung *u* der Aussteifungskonstruktion (oft „horizontale" Ausbiegung) nach DIN EN 1995-1-1: 2010-12, 9.2.5.3 (2)	**Beispiel:** Aussteifung eines Druckstabes durch zusätzliche Zwischenabstützungen (Einzelabstützungen) sinngemäß nach DIN EN 1995-1-1: 2010-12, 9.2.5.3, Bild 9.10
aus Aussteifungslast q_d und weiteren äußeren Einwirkungen z.B. Windlast w_d [5])[6]) $u \leq l/500$ mit a Abstand der Zwischenabstützungen (Einzelabstützungen) l Stützweite (Gesamtlänge) der Aussteifungskonstruktion $F_{H,d}$ Bemessungswert der Abtriebskraft nach Gl. (26.3)	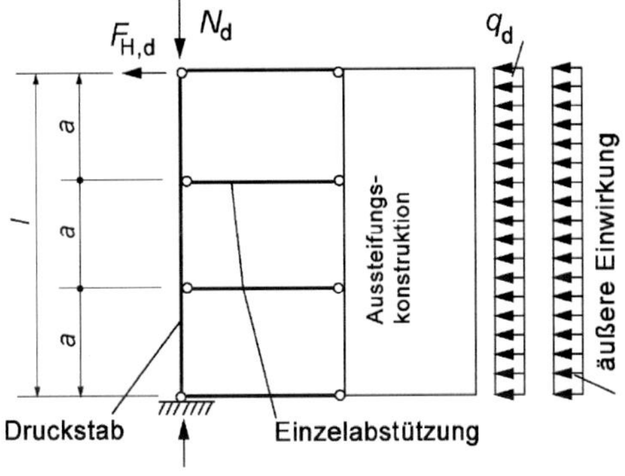

[1]) bei Aussteifungskonstruktionen für Zwischenabstützungen (Einzelabstützungen), falls kein genauerer Nachweis geführt wird, Zwischenabstützungen (Einzelabstützungen) nach Abschn. 26.2.1

[2]) seitliche Verformungen von Druckstäben durch Zwischenabstützungen (Einzelabstützungen) begrenzen, s. Tabelle 26.2, als Ersatz(stab-)länge l_{ef} den Abstand a der Zwischenabstützungen (Einzelabstützungen) ansetzen

[3]) zusätzlich zu anderen horizontalen Einwirkungen wie z.B. Windlasten w_d

[4]) druckbeanspruchte Einzelbauteile (Druckstab), die eine seitliche Abstützung in Abständen a (durch Zwischen-/Einzelabstützungen) erfordern, sollten eine anfängliche Imperfektion (Vorkrümmung) zwischen den Auflagern von $a/500$ für Bauteile aus Brettschicht- und Furnierschichtholz und $a/300$ für Bauteile aus Voll- und Balkenschichtholz (für andere Bauteile) nicht überschreiten, s. DIN EN 1995-1-1: 2010-12, 9.2.5.2 (1)

[5]) falls kein genauerer Nachweis erfolgt

[6]) Steifigkeitskennwerte bei der Berechnung der Ausbiegung der Aussteifungskonstruktion im Grenzzustand der Tragfähigkeit nach Tabelle 22.2 für Bauteile mit denselben zeitanhängigen Eigenschaften, s. DIN EN 1995-1-1/NA: 2013-08, NCI Zu 9.2.5.3 Anmerkung

Abtriebskraft $F_{H,d}$ (bzw. Rückstellkraft $F'_{H,d}$) aus ungewollter Schief- oder Schrägstellung von Stützen:

$$F_{H,d} = N_d \cdot \frac{e}{h} \cong N_d \cdot \phi \tag{26.3}$$

e, h Ausmitte und Stützenhöhe (-länge) nach Bild 26.14
$F_{H,d}$ Abtriebskraft aus ungewollter Schrägstellung von Stützen und Stielen
N_d Bemessungswert der mittleren Druckkraft im Druckstab
ϕ Winkel der ungewollten Schiefstellung (Vorverdrehung) von Stützen und Stielen im Bogenmaß nach Abschn. 24.2.3:
$= 0{,}005 = 1/200$ für $h \leq 5$ m
$= 0{,}005 \cdot \sqrt{5/h}$ für $h > 5$ m

Die Abtriebskräfte $F_{H,d}$ müssen über die Zwischenabstützungen (Einzelabstützungen) bis in die Aussteifungskonstruktion zug- und druckfest übertragen werden; sie brauchen als „innere" Kräfte wie die Aussteifungslasten q_d nicht bis in den Baugrund abgetragen zu werden, wenn ein Ausgleich der „inneren" Kräfte sinngemäß nach Abschn. 26.3.2 erfolgen kann. Ansonsten sind die Auflagerkräfte der Aussteifungskonstruktion aus Abtriebskräften $F_{H,d}$, aus Aussteifungslasten q_d nach Tabelle 26.6 und stets aus „äußeren" Windlasten w_d in die Fundamente (Baugrund) abzuleiten.

26.3.5 Aussteifungskonstruktionen bei abgewinkelten Biege- und Fachwerkträgern

Aussteifungskonstruktionen bei abgewinkelten Biege- und Fachwerkträgern treten z.B. bei Hallendächern mit Satteldachbindern, s. Abschn. 20.3, oder satteldachförmigen Fachwerkträgern auf. Die Biege- oder Fachwerkträger bilden zusammen mit der Aussteifungskonstruktion ein räumliches Tragsystem, das in einzelne ebene Tragsysteme aufgeteilt werden kann, s. Bild 26.2 und 26.15: Der Aussteifungsverband ist zwischen den Obergurten zweier Biege- oder Fachwerkträger angeordnet und diese Obergurte sind gleichzeitig Gurte des Aussteifungsverbandes, der als Einfeldträger seine beiden horizontalen Auflagerkräfte in die senkrechten Wandverbände beider Hallenlängswände ableitet, s. sinngemäß auch Bild 26.6. Durch die abgewinkelte Form des Aussteifungsverbandes entstehen Umlenkkräfte U an den abgewinkelten Trägerstellen, s. Bild 26.15, wie entsprechend auch bei abgewinkelten Stößen und Bauteilen nach Abschn. 17.4.4 und Bild 17.24.

Die **Stabkräfte des abgewinkelten Aussteifungsverbandes** sind im Verbandsystem der wahren Längen, d.h. in dem auf die waagerechte Ebene projizierten Verband zu berechnen.

Die **Umlenkkräfte $U_{D(Z)}$** an den abgewinkelten Stellen des Aussteifungsverbandes können nach Gl. (26.4) berechnet werden und sind abhängig von den Ober- bzw. Untergurtkräften O und U des Aussteifungsverbandes an den abgewinkelten Stellen sowie vom Dachneigungswinkel α; sie ergeben gegenläufige senkrechte Kräfte U_Z oder U_D, s. Bild

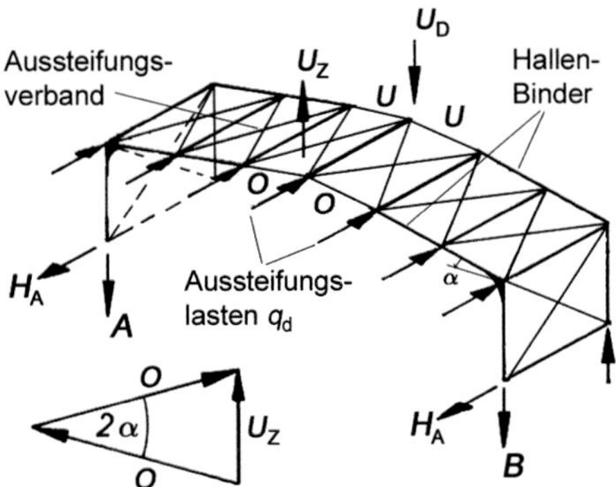

Bild 26.15 Aussteifungsverband als Einfeldträger in räumlich abgewinkelter Lage zwischen zwei Binder-Obergurten mit horizontalter Beanspruchung aus Aussteifungslast q_d (und evtl. Windlast w_d) von „links“, Dachneigungswinkel α, Schema, Beispiel; Zusatzbeanspruchung der Binder in den abgewinkelten Stellen durch senkrechte Umlenkkräfte $U_{D(Z)}$ aus den Ober- und Untergurtkräften O bzw. U des abgewinkelten Aussteifungsverbandes, Kräftedreieck am Beispiel der Obergurtkräfte O an der abgewinkelten Stelle mit der Resultierenden U_Z, für die Untergurtkräfte U entsteht entsprechend die Resultierende U_D

26.15, die als äußere Kräfte auf die darunter liegenden Biege- oder Fachwerkbinder oder bei Lage der Aussteifungskonstruktion im Giebelbereich auf die Giebelwand bzw. je nach Konstruktion auf die Giebelwandstütze im First wirken.

Umlenkkraft U_Z aus Obergurtkräften O des Verbandes:

$$U_Z = 2 \cdot O \cdot \sin \alpha \tag{26.4a}$$

Umlenkkraft U_D aus Untergurtkräften U des Verbandes:

$$U_D = 2 \cdot U \cdot \sin \alpha \tag{26.4b}$$

O Obergurtkraft des Aussteifungsverbandes an der abgewinkelten Stelle, s. Bild 26.15
U Untergurtkraft des Aussteifungsverbandes an der abgewinkelten Stelle, s. Bild 26.15
U_D senkrechte Umlenkkraft, die an der abgewinkelten Stelle auf den Binder als Druckkraft wirkt
U_Z senkrechte Umlenkkraft, die an der abgewinkelten Stelle auf den Binder als Zugkraft wirkt
α Dachneigungswinkel

Die senkrechten Umlenkkräfte $U_{D(Z)}$ an den abgewinkelten Stellen sind zusammen mit den vorhandenen senkrechten Einwirkungen aus Eigen- und Dachlasten zu überlagern, wenn ihre Größe dies erfordert. Da die Aussteifungslasten q_d und ebenso die Wandlasten w_d in beide horizontalen Richtungen wirken können, wird ein Binder durch beide Umlenkkräfte

$U_{D(Z)}$ beansprucht, dies ist bei der Bemessung zu berücksichtigen. Darüber hinaus beanspruchen die Ober- und Untergurtkräfte O und U des Aussteifungsverbandes als Normalkräfte die Druckgurte der Binder, da diese gleichzeitig als Gurte des Aussteifungsverbandes dienen.

Die **Biegedruckkräfte *D* der Binder** sollten mit den Ober- und Untergurtkräften O und U des Aussteifungsverbandes an der abgewinkelten Stelle überlagert werden, soweit ihre Größe dies erfordert, da die Obergurte der Binder gleichzeitig Gurte des Aussteifungsverbandes sind und dadurch zusätzlich belastet werden. Bei einem senkrecht belasteten, biegebeanspruchten Binder als Vollwandträger z.B. Satteldachträger mit Rechteckquerschnitt b/h kann die Biegedruckkraft D nach Gl. (26.5) aus dem Biegemoment M_{max} an der abgewinkelten Stelle und dem Hebelarm der inneren Kräfte z errechnet werden; bei einem biegebeanspruchten Binder als Fachwerkträger beanspruchen die Ober- und Untergurtkräfte O und U des Aussteifungsverbandes an der abgewinkelten Stelle die Obergurte des Binders zusätzlich, dies ist bei der Bemessung zu berücksichtigen.

Biege-Druckkraft D eines Vollwandträgers mit Rechteckquerschnitt b/h:

$$D = |Z| = M_{max}/z = M_{max}/(2 \cdot h/3) \tag{26.5}$$

b, h Breite, Höhe eines Rechteckquerschnitts
z Hebelarm der inneren Kräfte bei einem Rechteckquerschnitt $= 2 \cdot h/3$
D Biege-Druckkraft im biegebeanspruchten Rechteck-Querschnitt
M_{max} größtes Biegemoment an der abgewinkelten Binderstelle
Z Biege-Zugkraft im biegebeanspruchten Rechteck-Querschnitt

Ausführlichere Erläuterungen über Aussteifungsverbände in abgewinkelter räumlicher Lage geben u.a. *Gerold* [152], [153], *Möller* [364], *Werner/Steck* [516] und *Werner/Zimmer/Lißner* [518].

27 Berechnungs- und Bemessungsbeispiele

Die folgenden Beispiele sind sehr ausführlich und umfangreich dargestellt, um die Einführung in die Berechnung/Bemessung des Holzbaus zu erleichtern; in der Praxis ist dieser gewählte Umfang im Allgemeinen nicht notwendig und kann auf das Wesentliche reduziert werden.

Bemessungs- und Konstruktionsbeispiele auf der Grundlage von DIN EN 1995-1-1: 2010-12 sind u.a. in *Becker/Rautenstrauch* [19], *Colling* [94], [95], *Hartmann/Brückner/Pfeifle/Pfisterer* [196a], *Nebgen/Peterson* [375], *Moorkamp/Neuhaus* [383], *Peter/Scheer* [392], *Rug/Mönck* [438] und *Schmidt/Kempf/Gütelhöfer* [467] dargestellt. Weitere Bemessungs- und Konstruktionsbeispiele auf der Grundlage von älteren Ausgaben der DIN EN 1995-1-1 und DIN 1052 bis zur ihrer letzten Ausgabe 2008 können u.a. *Becker/Blaß* [18], *Blaß/Ehlbeck/Kreuzinger/Steck* [46], *Brüninghoff/Bosenius/Jacobs* [76], *Brüninghoff/Rampf/Samuel* [81], *Colling* [92], [93], *Göggel* [163], [164], *Lißner/Felkel/Hemmer/Kuhlenkamp/Radovic/Rug/Steinmetz* [313], *Milbrandt* [329], [330], [331], *Milbrandt/Weidner/Milbrandt* [332], *Mönk/Rug* [368], *Neuhaus* [379], [380], [381], *Scheer/Peter/Stöhr* [448], *Schelling/Hinkes/Kindereit/Speich/Zietz* [455], *Schelling/Hinkes/Speich/Zietz* [456], *Schild/Völkner* [457], *Steck* [490], *Steck/Nebgen* [491], *Werner/Steck* [516], *Werner/Zimmer* [517] und *Werner/Zimmer/Lißner* [518] entnommen werden.

Die in der rechten Spalte der folgenden Beispiele angeführten Angaben sind auf die Abschn., Gleichungen oder Tabellen dieses vorliegenden Buches bezogen.

H. Neuhaus · W. Moorkamp · L. Peterson (✉) · T. Uibel
e-mail: peterson@fh-aachen.de

H. Neuhaus, W. Moorkamp, L. Peterson, T. Uibel, *Ingenieurholzbau*,
DOI 10.1007/978-3-658-44967-4_27

27.1 Querschnittsänderungen eines Kantholzes durch Schwinden (Schwindverformung)

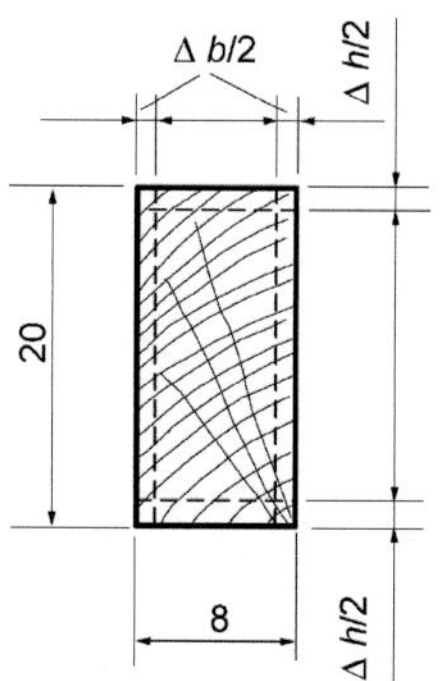

Bild 27.1 Kantholz, rechnerisch zu erwartende Querschnittsänderung unter gleichmäßigem Schwinden

Abschn. 7.5.2 Ein Kantholz aus Nadelholz C24 (S10), Nennmaße b/h = 8/20 cm, unterliegt voraussichtlich folgender Holzfeuchteänderung $\Delta\omega$:

Abschn. 1.4.6
- Holzfeuchte beim Einbau
  $\omega_1 = 20\ \%$

Tab. 7.12
- zu erwartende Ausgleichsfeuchte im Bauwerk
  $\omega_2 = 10\ \%$

Abschn. 1.4.2
- Holzfeuchtedifferenz $\Delta\omega = (\omega_2 - \omega_1) = 10 - 20$
  $\Delta\omega = -10\ \%$ (Schwinden)

Tab. 7.18 Schwindmaß rechtwinklig zur Faser für Nadelholz:
$\alpha_\perp = 0{,}25\ \%/\%$

Rechenwert der Querschnittsänderung Δh (über die Höhe)

Gl. (7.2) $\Delta h = \alpha_\perp \cdot (\omega_2 - \omega_1) \cdot h = (0{,}25/100) \cdot (-10) \cdot 200 = -5{,}0$ mm
$\Delta h/2 = -5{,}0/2 = -2{,}5$ mm $= -0{,}25$ cm an Ober- und Unterkante

Rechenwert der Querschnittsänderung Δb (über die Breite b)

Gl. (7.3) $\Delta b = \alpha_\perp \cdot (\omega_2 - \omega_1) \cdot b = (0{,}25/100) \cdot (-10) \cdot 80 = -2{,}0$ mm
$\Delta b/2 = -2{,}0/2 = -1{,}0$ mm $= -0{,}1$ cm an „rechter“ und „linker“ Seite

Anmerkungen zu Beispiel 27.1

Abschn. 1.4.4
Bild 7.6
- nach Beendigung des Schwindens wird der Querschnitt voraussichtlich die Abmessungen $b/h \cong 7{,}8/19{,}5$ cm besitzen, jedoch ist eine ungleichmäßige Querschnittsänderung in Abhängigkeit vom Jahrringverlauf wahrscheinlich,

Abschn. 1.4.5
Tab. 3.4
- bei der Holzfeuchtedifferenz von $\Delta\omega = -10\%$ (Schwinden) sollte die Holzfeuchteänderung „langsam“ vor sich gehen; bei zu schneller Holzfeuchteänderung treten größere Rissbildungen (Trocken- oder Schwindrisse) an den Oberflächen des Kantholzes auf, die bis zu bestimmten Grenztiefen die Trag-

fähigkeit belasteter Vollhölzer nicht gefährden, jedoch können die Trockenrisse bei sichtbaren Holzoberflächen einen ästhetischen Mangel ergeben; in witterungsbeanspruchten Kanthölzern (Holzbauteilen) sollten tiefer gehende Rissbildungen, die ohne Nachschutz durch die äußere chemische Holzschutzschicht gehen, vermieden werden, da sie Pilzbefall oder die Eiablage holzzerstörenden Insekten ermöglichen, eine ausreichende Abdeckung der Konstruktion ist bei direkter Witterungsbeanspruchung notwendig, um Pilz- und Insektenbefall zu vermeiden

Abschn. 5.2.4

Bild 7.1a,b

- die durch den Schwindvorgang rechnerisch ermittelten Verkleinerungen der Querschnittsabmessungen sind gegebenenfalls bei der Konstruktion zu berücksichtigen; beim Nachweis der Tragfähig- und Gebrauchstauglichkeit darf jedoch mit dem geplanten Querschnitt bzw. den Nennabmessungen b/h = 8/20 cm gerechnet werden. Abschn. 7.5.2

27.2 Längenänderungen eines Brettschichtträgers durch Quellen (Quellverformung)

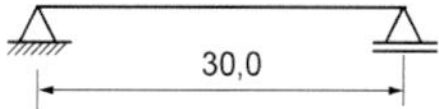

Bild 27.2 Brettschichtträger, Statisches System

Ein Brettschichtträger GL28, Nennmaße b/h = 18/160 cm, l = 30 m, unterliegt voraussichtlich folgender Holzfeuchteänderung $\Delta\omega$: Abschn. 7.5.2

- Holzfeuchte beim Einbau Abschn. 1.4.6
  $\omega_1 = 12\ \%$
- zu erwartende Ausgleichsfeuchte im Gesamtquerschnitt Tab. 7.12
  $\omega_2 = 18\ \%$
- Holzfeuchtedifferenz $\Delta\omega = (\omega_2 - \omega_1) = 18 - 12 =$ Abschn. 1.4.2
  $\Delta\omega =\ 6\ \%$ (Quellen)

Quellmaß in Faserrichtung für Brettschichtholz aus Nadelholz Tab. 7.18
$\alpha_{\|} = 0{,}01\ \%/\%$

Rechenwert der Längenänderung Δl (über die Länge)

$\Delta l = \alpha_{\|} \cdot (\omega_2 - \omega_1) \cdot l = (0{,}01/100) \cdot (6) \cdot 3000 = 1{,}8\ \text{cm} = 18\ \text{mm}$ Gl. (7.4)

Anmerkungen zu Beispiel 27.2

Die zu erwartende Längenänderung von Δl = 1,8 cm (Verlängerung des Brettschichtträgers) ist an einem Auflager durch bewegliche Lagerung oder ein Gleitlager aufzunehmen; bei Behinderung dieser Längenänderung durch beidseitige unverschiebliche Auflager sind Schäden nicht auszuschließen. Nur in den vorliegenden Sonderfällen (große Bauteillängen und größere Holzfeuchtedifferenz) sind Längenänderungen in Faserrichtung von Voll- und Brettschichtholz infolge Quellens oder Schwindens rechnerisch und konstruktiv zu berücksichtigen. Die Anmerkungen im Beispiel 27.1 zum Holzschutz und zur Abdeckung bei direkter Witterungsbeanspruchung gelten sinngemäß. Abschn. 7.5.1

27.3 Zulässige Abweichungen der Querschnittsmaße eines Kantholzes

Kantholz aus Nadelholz, Nennmaße: $b/h = 8/20$ cm

27.3.1 Zulässige Abweichungen nach Maßtoleranzklasse 2

infolge unvermeidbarer Bauteilimperfektionen nach DIN EN 336: 2013-12

Abschn. 3.2.4 zulässige Abweichung über die Breite $b = 80 \text{ mm} \leq 100 \text{ mm}$

Tab. 3.5 $b_{max} = 80 + 1 = 81$ mm (positive Abweichung)

$b_{min} = 80 - 1 = 79$ mm (negative Abweichung)

zulässige Abweichung über die Höhe $h = 200 \text{ mm} > 100 \text{ mm}$

$h_{max} = 200 + 1{,}5 = 201{,}5$ mm (positive Abweichung)

$h_{min} = 200 - 1{,}5 = 198{,}5$ mm (negative Abweichung)

27.3.2 Maximal zulässige Abweichung infolge Schwindens

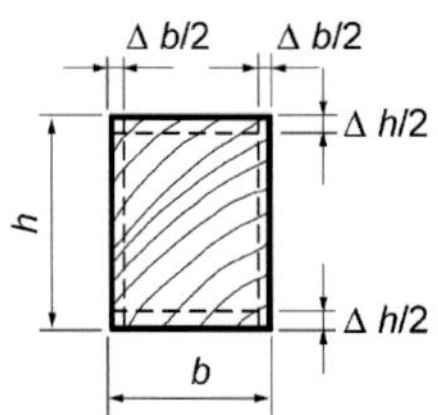

Bild 27.3 Kantholz, rechnerisch zu erwartende Querschnittsänderung unter gleichmäßigem Schwinden

Tab. 3.6 Bezugsholzfeuchte für Vollholz: $\omega_{rel} = \omega_1 = 20\%$

zu erwartende Gleichgewichtsfeuchte im Bauwerk, Annahme im Beispiel: $\omega_2 = 10\%$

Holzfeuchtedifferenz

Abschn. 1.4.2 $\Delta\omega = (\omega_2 - \omega_1) = 10 - 20 = -10\%$ (Schwinden)

Tab. 3.6 Schwindmaß nach DIN EN 336: 2013-12

$\alpha_{\perp} = 0{,}25\% /\%$ (für Nadelholz)

Rechenwert der Verkleinerung Δh über die Höhe h
$\Delta h = \alpha_{\perp} \cdot (\omega_2 - \omega_1) \cdot h = (0{,}25/100) \cdot (10 - 20) \cdot 200 = -5{,}0$ mm Gl. (7.2)

Rechenwert der Verkleinerung Δb über die Breite b:
$\Delta b = \alpha_{\perp} \cdot (\omega_2 - \omega_1) \cdot b = (0{,}25/100) \cdot (10 - 20) \cdot 80 = -2{,}0$ mm Gl. (7.3)

maximal negative Abweichung der Querschnittsseiten nach Maßtoleranzklasse 2 und zusätzlichem Schwinden um $\Delta\omega = 10\%$
bezogen auf
- die Bezugsholzfeuchte $\omega_{rel} = \omega_1 = 20\%$ und Tab. 3.6
- eine Gleichgewichtsfeuchte $\omega_2 = 10\%$,

über die Breite b:
$b_{min} = 80 - 1 - 2 = 77$ mm

über die Höhe h:
$h_{min} = 200 - 1{,}5 - 5 = 193{,}5$ mm

das Kantholz mit den Nennmaßen b/h = 8/20 cm kann nach Schwindende bei $\Delta\omega = -10\%$ folgende maximal zulässige Querschnittsverkleinerungen besitzen (bezogen auf die Bezugsholzfeuchte $\omega_{rel} = 20\%$):
$b/h \cong 7{,}7/19{,}3$ cm

27.3.3 Maximal zulässige Abweichung infolge Quellens

Bezugsholzfeuchte für Vollholz:
$\omega_{rel} = \omega_1 = 20\%$ Tab. 3.6

zu erwartende Ausgleichsfeuchte im Bauwerk:
$\omega_2 = 25\%$ (Annahme im Beispiel)

Holzfeuchtedifferenz
$\Delta\omega = (\omega_2 - \omega_1) = 25 - 20 = +5\%$ (Quellen) Abschn. 1.4.2

Quellmaß nach DIN EN 336: 2013-12:
$\alpha_{\perp} = 0{,}25\% /\%$ (für Nadelholz) Tab. 3.6

Rechenwert der Vergrößerung Δh über die Höhe h
$\Delta h = \alpha_{\perp} \cdot (\omega_2 - \omega_1) \cdot h = (0{,}25/100) \cdot (25 - 20) \cdot 200 = +2{,}5$ mm Gl. (7.2)

Rechenwert der Vergrößerung Δb über die Breite b:
$\Delta b = \alpha_{\perp} \cdot (\omega_2 - \omega_1) \cdot b = (0{,}25/100) \cdot (25 - 20) \cdot 80 = +1{,}0$ mm Gl. (7.3)

maximal positive Abweichung der Querschnittsseiten nach Maßtoleranzklasse 2 und zusätzlichem Quellen um $\Delta\omega$ = 5%
bezogen auf

- die Bezugsholzfeuchte $\omega_1 = 20\%$ und
- eine Gleichgewichtsfeuchte $\omega_2 = 25\%$,

über die Breite b:
$b_{max} = 80 + 1 + 1 = 82$ mm

über die Höhe h:
$h_{max} = 200 + 1{,}5 + 2{,}5 = 204$ mm

Das Kantholz mit den Nennmaßen b/h = 8/20 cm kann nach Ende des Quellens bei $\Delta\omega$ = 5% folgende maximal zulässige Querschnittsvergrößerungen besitzen (bezogen auf die Bezugsholzfeuchte $\omega_{rel} = 20\%$):
$b/h \cong 8{,}2/20{,}4$ cm

Anmerkungen zu Beispiel 27.3

Tab. 3.6
- das Quell- und Schwindmaß $\alpha_\perp$ = 0,25%/% zur Berechnung der zulässigen Abweichungen von Querschnittsseiten (Maßtoleranzen) infolge Quellens oder Schwindens nach DIN EN 336: 2013-12 gilt für Nadelholz; zur genaueren Berechnung von Querschnittsänderungen infolge Quellens oder Schwindens sind jedoch die Quell- und Schwindmaße $\alpha_\perp$ der DIN EN 1995-1-1/NA: 2013-08, NCI NA.3.1.6, Tab. NA.7 in Rechnung zu stellen, s. Beispiele 27.1

Tab. 7.18
  oder 27.2,

Abschn. 1.4.4
- nach Beendigung des Schwindens oder Quellens ist eine ungleichmäßige

Bild 7.6
  Querschnittsverkleinerung bzw. -vergrößerung in Abhängigkeit vom Jahrringverlauf wahrscheinlich, s. entsprechende Anmerkungen zu Beispiel 27.1 sinngemäß.

27.4 Nachweis des Anschlusses einer Diagonalen an einen Gurt mit Nägeln

27.4.1 Konstruktive Ausbildung und Einwirkung

Anschluss einer zweiteiligen Zugdiagonalen (Zange) an einen Gurt

Umgebungsklima: überdachtes Tragwerk,

Abschn. 7.3.1,
Nutzungsklasse (NKL) 2, Einbaufeuchte $\omega < 20\%$

Abschn. 1.4.6

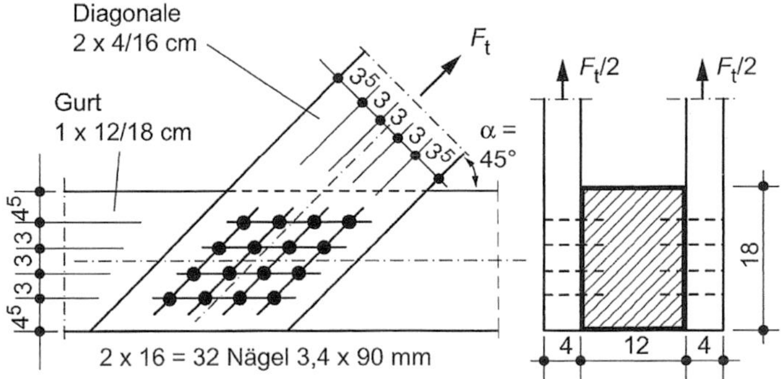

Bild 27.4 Anschluss einer zweiteiligen Diagonale an einen Gurt mit Nägeln

gewählt:
Nadel-Vollholz C24 (S10) für Gurt- und Diagonalstab
Diagonale: 2 × 4/16 cm Gurt: 1 × 12/18 cm

Stiftförmige Verbindungsmittel
glattschaftige Nägel 3,4 × 90 mm, nicht vorgebohrt, Tab. 11.22

Einwirkungen Abschn. 9.1
Charakteristische Zugkraft aus Statischer Berechnung Abschn. 8.2.3
(hier nicht dargestellt)
$F_{t,g,k} = 8{,}7$ kN aus ständiger Last g

Bemessungswert der Zugkraft, aus ständiger Last Gl. (8.4)
$F_{t,g,d} = 1{,}35 \cdot F_{t,g,k} = 1{,}35 \cdot 8{,}7 = 11{,}7$ kN Tab. 8.1

27.4.2 Nachweis der Nagelverbindung

Modifikationsbeiwerte
Nutzungsklasse 2 (NKL), überdachtes Tragwerk, Vollholz Tab. 7.12

Lasteinwirkungsdauer: „ständig" für ständige Last (Eigenlast) Tab. 7.14

Modifikationsbeiwert: Tab. 7.16
$k_{mod} = 0{,}6$ für ständige Last, Vollholz und NKL 2

Abstände der Nägel

Abschn. 11.7.2 Winkel α zwischen Kraft- und Faserrichtung,
bei den Mindestabständen darf α angesetzt werden:

Gurtstab: $\alpha = 45°$

Diagonalstab $\alpha = 0°$

Tab. 7.3 Charakteristischer Rohdichte von Nadelholz C24

$\rho_k = 350 \text{ kg/m}^3 \quad \leq 420 \text{ kg/m}^3$

Tab. 11.20 Nageldurchmesser $d = 3{,}4 \text{ mm}$
$< d = 5 \text{ mm}$

Nägel, nicht vorgebohrt

Diagonale: α = 0° (Fußzeiger D)

Tab. 11.20 $a_{1,\min,D} = (5 + 5 \cdot \cos 0°) \cdot 3{,}4 \quad = 34 \text{ mm}$

$a_{1,\text{vorh},D} = 30/\sin 45° \quad = 42 \text{ mm}$
$> a_{1,\min,D} \quad = 34 \text{ mm}$

$a_{2,\text{vorh},D} = 30 \text{ mm} \quad > a_{2,\min,D} = 5 \cdot 3{,}4 \quad = 17 \text{ mm}$

$a_{3,t,\min,D} = (10 + 5 \cdot \cos 0°) \cdot 3{,}4 \quad = 51 \text{ mm}$

$a_{3,t,\text{vorh},D} = 45/\sin 45° \quad = 64 \text{ mm}$
$> a_{3,t,\min,D} \quad = 51 \text{ mm}$

$a_{4,c,\text{vorh},D} = 35 \text{ mm} \quad > a_{4,c,\min,D} = 5 \cdot 3{,}4 \quad = 17 \text{ mm}$

Gurtstab: α = 45° (Fußzeiger G)

Tab. 11.20 $a_{1,\min,D} = (5 + 5 \cdot \cos 45°) \cdot 3{,}4 \quad = 29 \text{ mm}$

$a_{1,\text{vorh},G} = 30/\sin 45° \quad = 42 \text{ mm}$
$> a_{1,\min,G} \quad = 29 \text{ mm}$

$a_{2,\text{vorh},G} = 30 \text{ mm} \quad > a_{2,\min,G} = 5 \cdot 3{,}4 \quad = 17 \text{ mm}$

$a_{4,t,\min,G} = (5 + 2 \cdot \sin 45°) \cdot 3{,}4 \quad = 22 \text{ mm}$

$a_{4,t,\text{vorh},G} = 45 \text{ mm} \quad > a_{4,t,\min,G} \quad = 22 \text{ mm}$

$a_{4,c,\text{vorh},G} = 45 \text{ mm} \quad > a_{4,c,\min,G} = 5 \cdot 3{,}4 \quad = 17 \text{ mm}$

Mindestholzdicken bei Nägeln

allgemein für Nägel bei Holz-Holz-Verbindungen aus Nadelholz Tab. 11.17

$t_{req} = 9 \cdot 3{,}4 \quad = 30{,}6$ mm $= 31$ mm Tab. 11.22

Holzdicken, bei denen Holzbauteile vorgebohrt werden müssen

zur Verhinderung der Spaltgefahr bei nicht vorgebohrten Nägeln Tab. 11.18

Holzdicken bei Bauteilen aus besonders spaltgefährdetem Holz
Vorbohren von Holzbauteilen (außer Kiefernholz), wenn

$t < 14 \cdot 3{,}4$ $= 47{,}6$ mm $= 48$ mm (maßgebend)

oder

$t < (13 \cdot 3{,}4 - 30) \cdot 350/200 = 24{,}9$ mm $= 25$ mm

oder

Vorbohren von Holzbauteilen (außer Kiefernholz), wenn

1.) $t < 7 \cdot 3{,}4$ $= 23{,}8$ mm $= 24$ mm (maßgebend)

oder

$t < (13 \cdot 3{,}4 - 30) \cdot 350/400$ $= 12{,}4$ mm $= 12$ mm

und

2.) folgende größere Mindest-Randabstände (Nägel ohne Vorbohrung) eingehalten werden:

$a_{4,t}$ und $a_{4,c} \geq 10 \cdot d$ (für $\rho_{k,vorh} = 350$ kg/m^3 ≤ 420 kg/m^3)

Anmerkung:

Die Holzdicke $t < 24$ mm, bei der Holz vorzubohren ist, gilt auch für Bauteile aus Kiefernholz bei Einhaltung der Mindestabstände, jedoch ohne Einhalten der größeren Randabstände $a_{4,t}$ und $a_{4,c} \geq 10 \cdot d$ Tab. 11.18

Im Beispiel werden die Bedingungen der größeren Randabstände eingehalten:

$a_{4,c,vorh,D} = 35$ mm (Diagonale) $\geq a_{4,c,D} = 10 \cdot 3{,}4$ mm $= 34$ mm

$a_{4,c,vorh,G} = 45$ mm (Gurt) $\geq a_{4,c,G} = 10 \cdot 3{,}4$ mm $= 34$ mm

$a_{4,t,vorh,G} = 45$ mm (Gurt) $\geq a_{4,t,G} = 10 \cdot 3{,}4$ mm $= 34$ mm die Bedingungen der Holzdicken ohne Vorbohren der Hölzer werden ebenso eingehalten:

$t \geq 7 \cdot 3{,}4$ $= 23{,}8$ mm $= 24$ mm (maßgebend)

$< t_{vorh} =$ 40 mm (Diagonale)

$< t_{vorh} =$ 120 mm (Gurt)

Mindestholzdicken für tragende Einzelquerschnitte bei Vollholz

Tab. 8.3 Empfehlung: nie unterschreiten

$t_{min} = b_{min} = d_{min} = 22$ mm

Mindesteinschlagtiefe (Mindesteindringtiefe) bei Beanspruchung auf Abscheren für Bauteile aus Nadelholz (in das Holz mit der Nagelspitze)

Tab. 11.19 $t_{req} = 9 \cdot 3{,}4$ $= 30{,}6$ mm $= 31$ mm

Tab. 11.22 $\leq t_{vorh} = (90 - 40)$ $= 50$ mm

Tab. 11.13 Anmerkung: (im Beispiel nicht vorhanden)

Wird t_{req} auf eine Holzdicke $t < t_{req}$ unterschritten, ist die charakteristische Tragfähigkeit $F_{v,Rk}$ abzumindern:

$F_{v,Rk,red} = F_{v,Rk} \cdot t/t_{req}$

Tab. 11.19 Wird die Eindringtiefe $t < 4 \cdot d$ unterschritten, darf die charakteristische Tragfähigkeit $F_{v,R}$ der „letzten" Scherfuge rechnerisch nicht angesetzt werden:

$t < 4 \cdot d$ $\rightarrow$ $F_{v,Rk} = 0$

im Beispiel:

$t = 4 \cdot 3{,}4$ $= 13{,}6$ mm ≤ 50 mm

$F_{v,Rk}$ darf in voller Höhe angesetzt werden.

Übergreifende Nägel im Mittelholz (Gurt)

Gl. (11.26) $(120 - 50)$ $= 70$ mm

$> 4 \cdot 3{,}4$ $= 13{,}6$ mm

Übergreifende Nägel sind nicht vorhanden.

Charakteristische Lochleibungsfestigkeit der Hölzer

bei Nägeln unabhängig vom Kraft-Faserwinkel α

Tab. 7.3 Charakteristische Rohdichte für C24

$\rho_k = 350$ kg/m^3

Diagonale und Gurt: nicht vorgebohrte Hölzer (Nägel) Tab. 11.14

$f_{h,1,k} = 0{,}082 \cdot 350 \cdot 3{,}4^{-0{,}3}$ $= 19{,}88$ N/mm²

Charakteristische Stahlzugfestigkeit der Nägel

(Mindestzugfestigkeit) $f_{u,k} = 600$ N/mm² Tab. 11.14

Charakteristischer Wert des Fließmomentes Tab. 11.14

runde glattschaftige Nägel

$M_{y,Rk} = 0{,}3 \cdot 600 \cdot 3{,}4^{2{,}6}$ $= 4336$ Nmm

Charakteristische Tragfähigkeit eines Nagels

Holz-Holz-Verbindung, einschnittig auf Abscheren, nicht vorgebohrt, pro Scherfuge, Tab. 11.13

$$F_{v,Rk} = \sqrt{2 \cdot 4336 \cdot 19{,}88 \cdot 3{,}4} = 766 \text{ N} (= 765 \text{ N})$$ Tab. 11.22

Wirksame Anzahl n_{ef} der Nägel Tab. 11.16

Es wird angenommen, dass die in Faserrichtung hintereinander liegenden Nägel rechtwinklig zur Faser nicht um mind. $1 \cdot d = 3{,}4$ mm gegeneinander versetzt eingeschlagen werden (wie überwiegend in der Praxis üblich).

Vorhandene Nagelabstände a_1 untereinander in Faserrichtung für Diagonale und Gurt:

$a_{1,vorh,D(G)} = 42$ mm und $d = 3{,}4$ mm s. oben

$a_1 = 42 \text{ mm} = x \cdot d = x \cdot 3{,}4 \rightarrow x = 42/3{,}4 - 12{,}4 \rightarrow a_1 = 12{,}4 \cdot d$

Wert für k_{ef} (Interpolation) Tab. 11.16

$k_{ef} = 1{,}0 - ((14 \cdot d - 12{,}4 \cdot d)/(14 \cdot d - 10 \cdot d)) \cdot (1{,}0 - 0{,}85) = 1{,}0 - 0{,}06 = 0{,}94$

Diagonalstab: (Seitenholz)

Anzahl der Nägel, die in Faserrichtung hintereinander liegen auf einer Anschlussseite Bild 27.4

vier Gruppen zu je $n = 4$ Nägel

k_{ef}-Wert für Nagelabstand $a_{1,vorh,D} = 12{,}4 \cdot d$ s. oben

k_{ef} $= 0{,}94$

Wirksame Anzahl n_{ef}

für eine Gruppe zu je $n = 4$ Nägel Tab. 11.16

$n_{ef} = 4^{0{,}94}$ $= 3{,}68$

gleicher Wert wie beim Gurtstab, s. unten — für vier Gruppen zu je 4 Nägel:
$n_{ef} = 4 \cdot 3{,}68$ = 14,72

Gurtstab: (Mittelholz)

Bild 27.4 — Anzahl der Nägel, die in Faserrichtung hintereinander liegen auf einer Anschlussseite
vier Gruppen zu je $n = 4$ Nägel

s. oben — k_{ef} -Wert für Nagelabstand $a_{1,vorh,G} = 12{,}4 \cdot d$
k_{ef} = 0,94

Wirksame Anzahl n_{ef}

Tab. 11.6 — für eine Gruppe zu je $n = 4$ Nägel
$n_{ef} = 4^{0{,}94}$ = 3,68

gleicher Wert wie beim Diagonalstab, s. oben — für vier Gruppen zu je 4 Nägel:
$n_{ef} = 4 \cdot 3{,}68$ = 14,72

Abschn. 11.3 — **Effektive charakteristische Tragfähigkeit der Nagelverbindung**
einschnittig auf Abscheren

s. oben — charakteristische Tragfähigkeit $F_{v,Rk}$ eines Nagels auf Abscheren, -einschnittig
$F_{v,Rk} = 765$ N = 0,765 kN

s. oben — maßgebende wirksame Anzahl n_{ef} für eine Anschlussseite
4 Gruppen zu je vier Nägel
n_{ef} = 14,72

maßgebende wirksame Anzahl n_{ef} für beide Anschlussseiten
$2 \cdot 4$ Gruppen = 8 Gruppen zu je vier Nägel
$n_{ef} = 2 \cdot 14{,}72$ = 29,44

effektive charakteristische Tragfähigkeit für die gesamte Nagelverbindung

Gl. (11.12) — $F_{v,ef,Rk} = 29{,}44 \cdot 0{,}765$ = 22,5 kN

Bemessungswert der Tragfähigkeit der Nagelverbindung
einschnittig, auf Abscheren

Anzahl der Nägel, gesamt je Anschlussseite

Tab. 11.15 — $n = 16$ Nägel $> n_{min}$ = 2 Nägel

Anzahl der Nägel, gesamt für beide Anschlussseiten
$n_{tot} = 2 \cdot 16 \qquad = 32$ Nägel

Teilsicherheitsbeiwert für Stahl in Verbindungen für auf Biegung beanspruchte stiftförmige Verbindungsmittel (vereinfachtes Nachweisverfahren) Tab. 8.2
$\gamma_M = 1{,}1$

Bemessungswert der Tragfähigkeit
für einen Nagel mit einer Scherfuge (einschnittig) Gl. (11.13)

$$F_{v,Rd} = \frac{0{,}6 \cdot 765}{1{,}1} = 417\ \text{N} = 0{,}417\ \text{kN}$$

für alle 32 Nägel beider Anschlussseiten mit n_{ef} s. oben
$F_{v,d,tot} = 29{,}44 \cdot 0{,}417 \qquad = 12{,}3$ kN

Nachweis der Tragfähigkeit des Anschlusses Gl. (11.14)

$$\frac{F_{t,g,d}}{F_{v,d,tot}} = \frac{11{,}7}{12{,}3} = 0{,}95 \leq 1$$

27.4.3 Nachweis der Diagonalen (Zugverbindung)

Die beiden Diagonalenstäbe sind in diesem Beispiel einseitig beanspruchte Bauteile; da die verwendeten nicht vorgebohrten Nägel ausziehfeste Verbindungsmittel sind, ist nur der Bemessungswert der Zugträgfähigkeit abzumindern Abschn. 15.2 Bild 15.6 Tab. 15.2

Nachweis für einen Diagonalenstab 1 × *b/h* = 4/16 cm
Anteiliger Bemessungswert der Zugkraft
$F_{t,g,D1,d} = F_{t,g,d}/2 = 11{,}7/2 \qquad = 5{,}85$ kN

Bemessungswert der Zugfestigkeit für Nadelholz C24
Überprüfen, ob Erhöhen der charakteristischen Zugfestigkeit $f_{t,0,k}$ Abschn. 15.1.1
von Nadelholz erlaubt Gl. (15.2)
größte Querschnittsseite $h = 16$ cm
> als die zulässige größte Querschnittsseite $h < 15$ cm
keine Erhöhung erlaubt

Tab. 7.3 Charakteristische Zugfestigkeit in Faserrichtung
$f_{t,0,k} = 14{,}5$ N/mm² $= 1{,}45$ kN/mm²

Tab. 8.2 Teilsicherheitsbeiwert für Holz
$\gamma_M =$ $= 1{,}3$

Bemessungswert der Zugfestigkeit
Gl. (8.5) für Nutzungsklasse 2 und ständige Lasteinwirkungsdauer
s. oben $f_{t,0,d} = 0{,}6 \cdot 1{,}45 / 1{,}3$ $= 0{,}669$ kN/mm²

Tab. 15.2 Abminderung des Bemessungswertes der Zugtragfähigkeit (Zugfestigkeit) zur Verhinderung der Verkrümmung der Enden der Diagonalen für nicht vorgebohrte Nägel
$k_{t,Ver} = 2/3$ $= 0{,}666$
$f_{t,0,d,red} = k_{t,Ver} \cdot f_{t,0,d} = 0{,}666 \cdot 0{,}649$ $= 0{,}45$ kN/mm²

Querschnittsschwächung des Diagonalstabes

Abschn. 8.3.3 Querschnittsschwächungen durch nicht vorgebohrte Nägel mit einem Durchmesser d = 3,4 mm brauchen nicht berücksichtigt zu werden (nur für $d > 6$ mm),
$A_n = A = 4 \cdot 16 =$ $= 64$ cm²

Tab. 15.2 **Nachweis für einen Diagonalstab**

$$\frac{\sigma_{t,0,d}}{f_{t,0,red,d}} = \frac{F_{t,g,D1,d}/A_n}{k_{t,Ver} \cdot f_{t,0,d}} = \frac{5{,}85/64}{0{,}666 \cdot 0{,}649} = 0{,}20 \leq 1$$

Hinweis:
Die Bemessung des Gurtstabes wird in diesem Beispiel nicht geführt.

27.4.4 Schräg- oder Querzugnachweis für den Anschluss der Diagonalen an den Gurt mit Nägeln

Querzugnachweis

Abschn. 21.3 Der Querzugnachweis ist für die rechtwinklig zur Faserrichtung wirkende Kraftkomponente $F_{t,g,90,d}$ des Bemessungswertes der Diagonalkraft $F_{t,g,d}$ zu führen.

Bild 27.4 Winkel zwischen dem Gurt und der Diagonalen im Anschluss
$\alpha = 45°$

Abschn. 27.4.3 Bemessungswert der Diagonalkraft $F_{t,g,d}$
$F_{t,g,d} = 11{,}7$ kN

$F_{t,g,d}$ α $F_{t,g,90,d}$

Bild 27.5 Kraftkomponente im Anschluss Bild 27.4

Kraftkomponente $F_{t,g,90,d}$ Bild 27.5

$F_{t,g,90,d} = \sin\alpha \cdot F_{t,g,d} = 0{,}707 \cdot 11{,}7 \qquad = 8{,}27\ \text{kN}$

Abstand h_e des „obersten" Verbindungsmittels bzw. Nagels vom beanspruchten Rand: Tab. 21.8

Im Beispiel ist der beanspruchte Rand der obere Holzrand des Gurtes, die maßgebenden Nägel liegen in der unteren Nagelreihe Bild 27.4

$a = 3{,}0 + 3{,}0 + 3{,}0 + 4{,}5 \qquad = 13{,}5\ \text{cm}$

Höhe h des lastaufnehmenden Stabes: hier des Gurtes

$h = 18\ \text{cm}$

Verhältnis h_e/h Tab. 21.8

$13{,}5/18 = 0{,}75 > 0{,}7$

kein Querzugnachweis erforderlich, keine Verstärkung des Queranschlusses erforderlich Abschn. 21.3.1

27.5 Nachweis eines Zugstoßes mit Stabdübeln

27.5.1 Konstruktive Ausbildung und Einwirkung

Verbindung zweier Zugstäbe mit Innenlasche und Stabdübeln

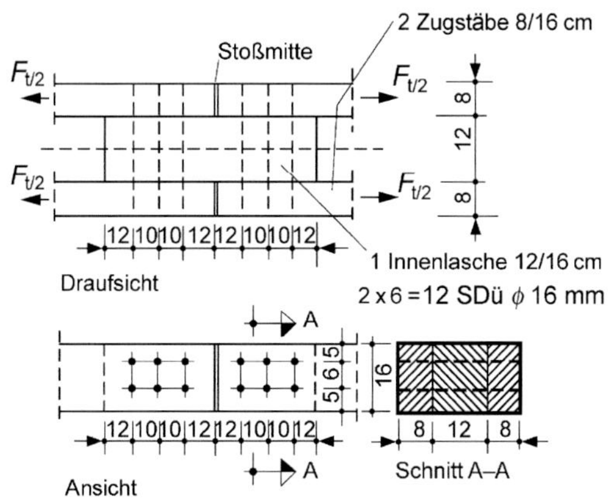

Bild 27.6 Zugstoß mit Stabdübeln

Abschn. 7.3.1 Umgebungsklima: überdachtes Tragwerk,
Abschn. 1.4.6 Nutzungsklasse (NKL) 2, Einbaufeuchte $\omega < 20\%$

gewählt:
Nadel-Vollholz C24 für Zugstäbe und Innenlasche,
2 Zugstäbe: je $b/h = 8/16$ cm,
1 Innenlasche: $b/h = 12/16$ cm

Stiftförmige Verbindungsmittel
Stabdübel Ø 16 mm, Nennstahlgüte S235

Einwirkungen

Abschn. 9.1
Abschn. 8.2.3
Charakteristische Zugkraft aus Statischer Berechnung (hier nicht dargestellt)

$F_{t,g,k}$ = 21,0 kN aus ständiger Last g

Tab. 7.15 $F_{t,s,k}$ = 30,0 kN aus Schneelast s
(Höhe des Bauwerkstandortes über NN ≤ 1000 m)

Bemessungswerte der Zugkraft

Gl. (8.4) $F_{t,g,d} = 1{,}35 \cdot 21{,}0 = 28{,}4$ kN aus ständiger Last g

Tab. 8.1 $F_{t,s,d} = 1{,}50 \cdot 30{,}0 = 45{,}0$ kN aus Schneelast s

$F_{t,d} = 28{,}4 + 45{,}0 = 73{,}4$ kN aus ständiger- und Schneelast

27.5.2 Nachweis der Stabdübelverbindung

Modifikationsbeiwerte

Tab. 7.12 Nutzungsklasse 2 (NKL), überdachtes Tragwerk, Vollholz

Tab. 7.14 Lasteinwirkungsdauer: „ständig“ für ständige Last (Eigenlast)
Tab. 7.15 „kurz“ für Schneelast

Modifikationsbeiwerte

Tab. 7.16 $k_{mod} = 0{,}6$ für ständige Lasteinwirkungsdauer
$= 0{,}9$ für Schneelast (Orte bis N.N. + 1000 m)

Maßgebende Lastkombination

Abschn. 7.4.1 $F_{t,g,d}/k_{mod} = 28{,}4 / 0{,}6 = 47{,}3$ ständige Last
$F_{t,d}/k_{mod} = 73{,}4 / 0{,}9 = 81{,}6$ ständige - und Schneelast (maßgebend)

Für die Bemessung ist $F_{t,d} = 73{,}4$ kN zu verwenden.

Abstände der Stabdübel

Winkel α Kraft- zur Faserrichtung Bild 27.6

$\alpha = 0°$ für Zugstäbe

$\alpha = 0°$ für Innenlasche (-stab)

Zugstäbe und Innenlasche

Die Mindestabstände in den Zugstäben und in der Innenlasche können in diesem Beispiel zusammen betrachtet werden, da für beide $\alpha = 0°$, ansonsten Stäbe einzeln untersuchten

Zugstäbe und Innenlasche Tab. 11.5

untereinander ‖ zur Faser Bild 10.5

$a_{1,\text{min}} = (3 + 2 \cdot \cos 0°) \cdot 16 \quad = \quad 80 \text{ mm}$ Bild 27.6

$< a_{1,\text{vorh}} \quad = 100 \text{ mm}$

untereinander ⊥ zur Faser

$a_{2,\text{min}} = 3 \cdot 16 \quad = \quad 48 \text{ mm}$

$< a_{2,\text{vorh}} \quad = \quad 60 \text{ mm}$

vom beanspruchten Hirnholzende Bild 10.6

$a_{3,\text{t,min}} = 7 \cdot 16 \quad = 112 \text{ mm}$

$< a_{3,\text{t,vorh}} \quad = 120 \text{ mm}$

$> \quad 80 \text{ mm}$

vom unbeanspruchten Rand

$a_{4,\text{c,min}} - 3 \cdot 16 \quad = \quad 48 \text{ mm}$

$< a_{4,\text{c,vorh}} \quad = \quad 50 \text{ mm}$

Charakteristische Lochleibungsfestigkeit

für Nadelholz C24 und Stabdübeldurchmesser $d = 16$ mm,

für Zugstäbe und Innenlasche ist der Kraft-Faser-Winkel $\alpha = 0°$

Charakteristische Rohdichte Tab. 7.3

$\rho_k = 350 \text{ kg/m}^3$

Charakteristische Lochleibungsfestigkeit Tab. 11.3

$f_{h,0,k} = 0{,}082 \cdot (1 - 0{,}01 \cdot 16) \cdot 350 \quad = 24{,}1 \text{ N/mm}^2$

Charakteristische Stahlzugfestigkeit der Stabdübel

Stahlgüte S235 Tab. 11.3

$f_{u,k} = 360 \text{ N/mm}^2$

Charakteristischer Wert des Fließmomentes
für Stabdübeldurchmesser $d = 16$ mm, S235

Tab. 11.3 Charakteristisches Fließmoment

$M_{y,Rk} = 0{,}30 \cdot 360 \cdot 16^{2,6}$ $= 145\,930$ Nmm

Charakteristische Tragfähigkeit $F_{v,Rk}$ pro Scherfuge
alle Stäbe: gleiches Holz C24 und Kraft-Faser-Winkel $\alpha = 0°$,
Holz-Holz-Verbindung mit Stabdübeln

Tab. 11.1 $\beta = f_{h,2,k} / f_{h,1,k} = 1{,}0$

Tab. 11.1
$$F_{v,Rk} = \sqrt{\frac{2 \cdot 1{,}0}{1+1{,}0}} \cdot \sqrt{2 \cdot 145930 \cdot 24{,}1 \cdot 16{,}0} \qquad = 10{,}6 \text{ kN}$$

Mindestholzdicken, zweischnittige Verbindung

Tab. 11.1 für Seitenholz 1 (hier: Zugstäbe)

$$t_{1,req} = 1{,}15 \cdot \left(2 \cdot \sqrt{\frac{1{,}0}{1+1{,}0}} + 2\right) \cdot \sqrt{\frac{145930}{24{,}1 \cdot 16{,}0}} \qquad = 76{,}4 \text{ mm}$$

< 80,0 mm als Holzdicke und
< 80,0 mm als Eindringtiefe

Tab. 11.1 für Mittelholz (hier: Innenlasche)

$$t_{2,req} = 1{,}15 \cdot \left(\frac{4}{\sqrt{1+1{,}0}}\right) \cdot \sqrt{\frac{145930}{24{,}1 \cdot 16{,}0}} \qquad = 63{,}3 \text{ mm}$$

< 120,0 mm als Holzdicke und
< 120,0 mm als Eindringtiefe

Wirksame Anzahl n_{ef} der Stabdübel
Zugstäbe und Innenlasche: Kraft-Faser-Winkel $\alpha = 0°$

Anzahl der Stabdübel, die je Anschlusshälfte und Seite in Faserrichtung hintereinander liegen: zwei Gruppen zu je $n = 3$ Stabdübel

Abstand der Stabdübel untereinander in Faserrichtung
$a_1 = 100$ mm

Gl. (11.21a) für eine Gruppe zu je $n = 3$ Stabdübel:

$n_{ef} = 3$
$$n_{ef} = \left(3^{0,9} \cdot \sqrt[4]{\frac{100}{13 \cdot 16}}\right) \qquad = 2{,}24$$
(maßgebend)

für zwei Gruppen zu je 3 Stabdübel je Anschlusshälfte:

$n_{ef} = 2 \cdot 2{,}24$ $= 4{,}48$

Anzahl der Scherfugen, gesamt, für zweischnittige Stabdübel

$n = 2 \cdot 6 = 12$ Scherfugen Tab. 11.4

$> n_{min} = 4$ Scherfugen

Bemessungswert der Tragfähigkeit

für einen Stabdübel mit einer Scherfuge (einschnittig)

Teilsicherheitsbeiwert für Stahl in Verbindungen

auf Biegung beanspruchte stiftförmige Verbindungsmittel Tab. 8.2

(vereinfachtes Nachweisverfahren)

γ_M $= 1{,}1$

Bemessungswert der Tragfähigkeit für einen Stabdübel

(einschnittig) Gl. (11.13)

$$F_{v,Rd} = \frac{0{,}9 \cdot 10{,}6}{1{,}1} = 8{,}67 \text{ kN}$$

für einen Stabdübel mit vorhandenen zwei Scherfugen

(zweischnittig):

$F_{v,Rd} = 8{,}67 \cdot 2$ $= 17{,}34$ kN

maßgebende wirksame Anzahl der Stabdübel für

zwei Gruppen zu je 3 = 6 Stabdübel

n_{ef} $= 4{,}48$ s. oben

Bemessungswert der Tragfähigkeit für alle 6 zweischnittigen Stabdübel Gl. (11.12)

einer Zugstoßhälfte

$F_{v,Rd} = F_{v,ef,Rd} = 4{,}48 \cdot 17{,}34$ $= 77{,}7$ kN Gl. (11.13)

Nachweis der Stabdübelverbindung Gl. (11.14)

$$\frac{F_{t,d}}{F_{v,Rd}} = \frac{73{,}4}{77{,}7} = 0{,}94 \leq 1$$

27.5.3 Nachweis der Zugstäbe und der Innenlasche (Zugverbindung)

Abschn. 15.1.1 — Querschnittstragfähigkeit für Nadelvollholz C24

Bemessungswert der Zugfestigkeit

Tab. 7.12 — für Nadelholz C24, Nutzungsklasse 2,
s. Abschn. 27.5.2 — maßgebend: kurze Lasteinwirkungsdauer

Abschn. 15.1.1 — Überprüfen, ob Erhöhen der charakteristischen Zugfestigkeit $f_{t,0,k}$
Gl. (15.2) — von Nadelholz erlaubt
größte Querschnittsseite $h = 16$ cm
> als die zulässige größte Querschnittsseite $h < 15$ cm
keine Erhöhung erlaubt

Tab. 7.3 — Charakteristische Zugfestigkeit:
$f_{t,0,k} = 14{,}5\ \text{N/mm}^2 \qquad = 1{,}45\ \text{kN/cm}^2$

Tab. 8.2 — Teilsicherheitsbeiwert für Holz
$\gamma_M = \qquad = 1{,}3$

Gl. (8.5) — Bemessungswert der Zugfestigkeit
$f_{t,0,d} = 0{,}9 \cdot 1{,}45\ /1{,}3 = \qquad = 1{,}00\ \text{kN/cm}^2$

Nachweis der Innenlasche (IL)

Abschn. 15.2 — kein einseitig beanspruchtes Bauteil (keine Ausmitte)
Bild 15.5

anteilige Zugkraft
$F_{t,d,IL} \qquad = F_{t,d}\ /2 + F_{t,d}\ /2 = \qquad = 73{,}4\ \text{kN}$

Tab. 8.4 — Querschnittsschwächung der Innenlasche
Innenlasche 1 × 12/16 cm, Stabdübel Ø 16 mm

$A_n = 12 \cdot 16 \qquad = 192\ \text{cm}^2$
$\quad - 2 \cdot 1{,}6 \cdot 12 \qquad - \ 38{,}4\ \text{cm}^2$
$A_n = 153{,}6\ \text{cm}^2$

Nachweis der Innenlasche

Gl. (15.1)
$$\frac{\sigma_{t,0,d}}{f_{t,0,d}} = \frac{F_{t,d,IL}\ /A_n}{f_{t,0,d}} = \frac{73{,}4\ /\ 153{,}6}{1{,}00} \qquad = 0{,}48 < 1$$

Nachweis eines Zugstabes (ZS)
Vereinfachter Nachweis
ohne konstruktive Maßnahmen zur Verhinderung
der Verkrümmung der Enden der Zugstäbe

die Zugstäbe sind einseitig beanspruchte Bauteile (mit Ausmitte) - Abschn. 15.2
anteilige Zugkraft eines Zugstabes (ZS) Bild 15.5

$F_{t,d,ZS} = F_{t,d}/2 = 73{,}4/2 = 36{,}7$ kN

Querschnittsschwächung eines Zugstabes Tab. 8.4
Zugstab 1 × 8/16 cm, Stabdübel Ø 16 mm

$A_n = 8 \cdot 16 = 128$ cm²
$\quad - 2 \cdot 1{,}6 \cdot 8 = -25{,}6$ cm²
$A_n = 102{,}4$ cm²

Werden bei Stabdübeln (als nicht ausziehfeste stiftförmige Verbindungsmittel) keine ausziehfesten Verbindungsmittel an den Enden der Zugstäbe angeordnet, muss der Bemessungswert der Zugtragfähigkeit abgemindert werden mit Tab. 15.2

$k_{t,Ver} = 0{,}4$

$f_{t,0,d,red} = k_{t,Ver} \cdot f_{t,0,d} = 0{,}4 \cdot 1{,}00 = 0{,}4$ kN/cm²

Nachweis eines Zugstabes

$$\frac{\sigma_{t,0,d}}{f_{t,0,d,red}} = \frac{F_{t,d,ZS}/A_n}{k_{t,Ver} \cdot f_{t,0,d}} = \frac{36{,}7/102{,}4}{0{,}4} = 0{,}90 \leq 1$$ Tab. 15.2

27.5.4 Alternativer Nachweis eines Zugstabes

Vereinfachter Nachweis eines Zugstabes
mit konstruktiven Maßnahmen zur Verhinderung
der Verkrümmung der Enden der Zugstäbe

für Stabdübel als nicht ausziehfeste stiftförmige Verbindungsmittel und Passbolzen an den Enden der Zugstäbe Abschn. 15.2

Abminderung des Bemessungswertes der Zugtragfähigkeit mit Tab. 15.2

$k_{t,Ver} = 2/3$

$f_{t,0,d,red} = k_{t,Ver} \cdot f_{t,0,d} = 0{,}667 \cdot 1{,}00 = 0{,}667$ kN/cm² Abschn. 27.5.3

Tab. 15.2 **Nachweis eines Zugstabes**

$$\frac{\sigma_{t,0,d}}{f_{t,0,d,red}} = \frac{F_{t,d,ZS}/A_n}{k_{t,Ver} \cdot f_{t,0,d}} = \frac{36,7/102,4}{0,67} \qquad = 0,54 < 1$$

Anordnung von je 2 Passbolzen

Abschn. 15.2 in der jeweils inneren „senkrechten" Verbindungsmittelreihe (an den Enden der Zugstäbe) als ausziehfeste Verbindungsmittel (anstelle der hier vorhandenen Stabdübel)

Bemessungswert auf Herausziehen der 2 Passbolzen

Tab. 15.2 in der jeweils inneren „senkrechten" Verbindungsmittelreihe, hier: Zugkraft für 2 Passbolzen
mit $n = 3$ (oben) und $n = 3$ (unten) im Beispiel,

$$F_{t,d} = F_{ax,Ed} = \frac{F_{t,d,ZS} \cdot t}{2 \cdot n \cdot a} = \frac{36,7 \cdot 8}{2 \cdot 2 \cdot 3 \cdot 10} \qquad = 2,4 \text{ kN}$$

gewählt: die jeweils innere „senkrechte" Stabdübelreihe (an den Enden
Tab. 11.9 der Zugstäbe) wird ersetzt durch Passbolzen Ø 16 mm, Festigkeitsklas-
Tab. 11.7 se 4.6, mit beidseitigen Unterlegscheiben 56/5 mm nach DIN EN ISO 7094: 2000-12

Nachweis eines Passbolzens auf Herausziehen

für $F_{t,d} = F_{ax,Ed} = 2,4\ /2$ $= 1,2$ kN

s. unten Die Tragfähigkeit eines Passbolzens $d = 16$ mm, Festigkeitsklasse 4.6, auf Zug (Stahlquerschnitt in Schaftrichtung) ist wesentlich größer als die Tragfähigkeit der gewählten Unterlegscheiben, deshalb wird hier nur letztere als Tragfähigkeit eines Passbolzens auf Herausziehen maßgebend und rechnerisch berücksichtigt.

Charakteristische Tragfähigkeit $F_{c,90,Rk}$ der Unterlegscheiben eines Passbolzens auf Herausziehen

Abschn. 11.5.4 als charakteristische Querdruckfestigkeit des Holzes
Tab. 11.8 für $d = 16$ mm und Unterlegscheiben 56/5 mm
$F_{c,90,Rk} = F_{ax,Rk} =$ $= 16,67$ kN

Bemessungswert der Tragfähigkeit $F_{c,90,Rd}$ der Unterlegscheiben eines Passbolzens auf Herausziehen

Gl. (11.27) als Bemessungswert der Querdruckfestigkeit
Abschn. 11.7.3 $F_{c,90,Rd} = F_{ax,Rd} = 0,9 \cdot 16,67\ /1,3$ $= 11,5$ kN

Nachweis der Unterlegscheiben eines Passbolzens auf Herausziehen Gl. (11.28)
über den Bemessungswert der Querdruckfestigkeit des Holzes

$$\frac{F_{ax,Ed}}{F_{ax,Rd}} = \frac{F_{t,d}}{F_{c,90,Rd}} = \frac{1,2}{11,5} = 0,10 < 1$$

Nachweis der kombinierten Beanspruchung eines Passbolzens
auf Abscheren und Herausziehen

Bemessungswert der Beanspruchung eines Passbolzens auf Abscheren für $n = 6$ Stabdübel bzw. Passbolzen (und 2 Scherfugen) Abschn. 27.5.1

$$F_{t,d}^{1} = F_{v,Ed} = \frac{F_{t,d}}{n} = \frac{73,4}{6} = 12,2 \text{ kN}$$

Bemessungswert der Tragfähigkeit eines Passbolzens auf Abscheren für $n = 6$ Stabdübel bzw. Passbolzen (und 2 Scherfugen) Abschn. 27.5.2

$$F_{v,Rd}^{1} = \frac{F_{v,Rd}}{n} = \frac{77,7}{6} = 13,0 \text{ kN}$$

Bemessungswerte der Beanspruchung und Tragfähigkeit der Unterlegescheiben eines Passbolzens s. oben

Nachweis der kombinierten Beanspruchung Abschn. 11.7.4
(Potenzexponent $m = 2$ gewählt wegen des Einhängeeffekts Abschn. 11.5.4
von Passbolzen)

$$\left(\frac{F_{ax,Ed}}{F_{ax,Rd}}\right)^{m} + \left(\frac{F_{v,Ed}}{F_{v,Rd}}\right)^{m} = \left(\frac{1,2}{11,5}\right)^{2} + \left(\frac{12,2}{13}\right)^{2} = 0,01 + 0,88 = 0,89 < 1$$

Nachweis der Tragfähigkeit des Passbolzenquerschnitts auf Zug (Stahlquerschnitt in Schaftrichtung) wird wegen kleiner Beanspruchung $F_{ax,Ed}$ hier nicht geführt Abschn. 11.5.4 DIN EN 1993-1-1: 2010-12 bzw. Nationalem Anhang

Anmerkungen zu Beispiel 27.5.4

- wird die alternative Zugverbindung nach Abschn. 27.5.4 mit je Zugstoßhälfte 4 Stabdübeln, $d = 16$ mm, und 2 Passbolzen, $d = 16$ mm, an den Enden der Zugstäbe ausgeführt, kann der Nachweis der Stabdübelverbindung nach - Abschn. 27.5.2 bestehen bleiben, da die Passbolzen aus Stahl 4.6 eine höhere Tragfähigkeit auf Abscheren als die Stabdübel aus Stahl S235 bei gleichem Durchmesser besitzen, Abschn. 11.5.2
- darüber hinaus braucht in diesem Fall die Erhöhung der charakteristischen Tragfähigkeit $F_{v,Rk}$ von Passbolzen um den Anteil $\Delta F_{v,Rk}$ nach Gl. (11.22) nicht angesetzt zu werden. Abschn. 11.5.3

27.6 Nachweis eines Schräg- bzw. Queranschlusses mit Scheibendübeln mit Zähnen

27.6.1 Konstruktive Ausbildung und Einwirkung

Rechtwinkliger Anschluss zweier Zugstäbe (Zange) an einen Balken mit Scheibendübeln mit Zähnen C10

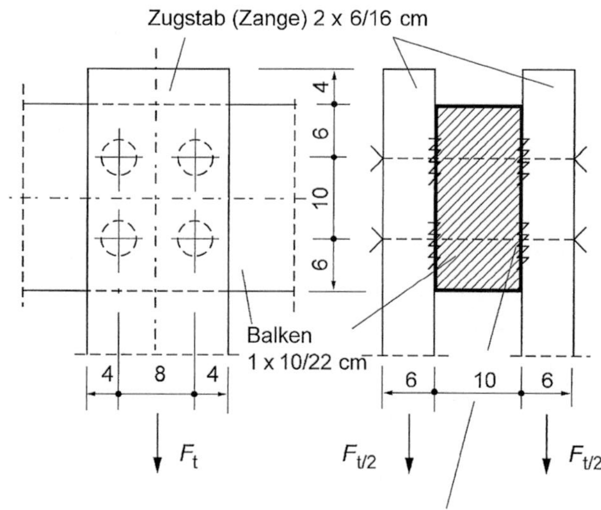

Bild 27.7 Queranschluss eines Zugstabes mit Scheibendübel Typ C10

Abschn. 7.3.1 Umgebungsklima: beheizter Innenraum,
Abschn. 1.4.6 Nutzungsklasse (NKL) 1, Einbaufeuchte $\omega < 20\%$

gewählt:
Nadelvollholz C30 für Zugstäbe und Balken
2 Zugstäbe (Zange): je $b/h = 6/16$ cm, Balken: $b/h = 10/22$ cm

Abschn. 12.3 Verbindungsmittel:
Tab. 12.11 $4 \times 2 = 8$ Scheibendübel mit Zähnen C10, $d = 50$ mm,
mit 4 Bolzen M12, Festigkeitsklasse 4.6, U.S. 58/6 mm

Einwirkungen

Charakteristische Zugkraft aus Statischer Berechnung (hier nicht dargestellt) Abschn. 9.1 Abschn. 8.2.3

$F_{t,g,k}$ = 20,0 kN aus ständiger Last g

$F_{t,p,k}$ = 25,0 kN aus Nutzlast p

Bemessungswert der Zugkraft

$F_{t,g,d} = 1{,}35 \cdot 20{,}0$ = 27,0 kN aus ständiger Last g Gl. (8.4)

$F_{t,p,d} = 1{,}50 \cdot 25{,}0$ = 37,5 kN aus Nutzlast p Tab. 8.1

$F_{t,d} = 27{,}0 + 37{,}5$ = 64,5 kN aus ständiger- und Nutzlast

27.6.2 Nachweis der Verbindung mit Scheibendübeln C10

Modifikationsbeiwert (für Vollholz) Tab. 7.12

Nutzungsklasse 1, beheizter Innenraum

Lasteinwirkungsdauer: „ständig" für ständige Last (Eigenlast) Tab. 7.14
„mittel" für Nutzlast (Wohnfläche) Tab. 7.15

Modifikationsbeiwerte

k_{mod} = 0,6 für ständige Lasteinwirkungsdauer Tab. 7.16
= 0,8 für Nutzlast (Wohnfläche)

Maßgebende Lastkombination

$F_{t,g,d}/k_{mod}$ = 27/0,6 = 45 ständige Last Abschn. 7.4.1

$F_{t,d}/k_{mod}$ = 64,5/0,8 = 80,6 ständige- und Nutzlast (maßgebend)

Für die Bemessung ist $F_{t,d}$ = 64,5 kN zu verwenden.

Tragfähigkeit einer Verbindungseinheit mit Scheibendübeln C Tab. 12.2

Bei Scheibendübeln mit Dornen C10 übertragen die Dübel und Bolzen gemeinsam die Beanspruchung, die Tragfähigkeit der Scheibendübel ist unabhängig vom Kraft-Faser-Winkel α, diejenige der Bolzen dagegen abhängig von α Abschn. 12.1

Bedingung für die Tragfähigkeit der Scheibendübel mit Dornen C10

Charakteristische Rohdichte der miteinander verbundenen Bauteile:

$\rho_{k,max} \leq 525$ kg/m³ Tab. 12.7

$\rho_{k,vorh} = 380$ kg/m³ für vorh. Zugstäbe und Balken jeweils mit Nadelvollholz C30 Abschn. 12.3 Tab. 7.3

Tab. 12.9 **Mindestabstände der Scheibendübel C10 für die Zugstäbe (Zange)**
Bild 10.5 Fußzeiger Z für Zugstäbe
Bild 27.7 Winkel α Kraft-Faserrichtung $\alpha = 0°$
Durchmesser $d = 50$ mm

Scheibendübel untereinander in Faserrichtung

$a_{1,\min,Z} = (1{,}2 + 0{,}8 \cdot \cos 0°) \cdot 50 = 100$ mm
$= a_{1,\text{vorh},Z} = 100$ mm

Scheibendübel untereinander rechtwinklig zur Faserrichtung

$a_{2,\min,Z} = 1{,}2 \cdot 50 = 60$ mm
$= a_{2,\text{vorh},Z} = 80$ mm

Scheibendübel vom belasteten Hirnholzende

$a_{3,t,\min,Z} = 2 \cdot 50 = 100$ mm
$= a_{3,t,\text{vorh},Z} = 100$ mm

Scheibendübel vom unbelasteten Holzrand

$a_{4,c,\min,Z} = 0{,}6 \cdot 50 = 30$ mm
$< a_{4,c,\text{vorh},Z} = 40$ mm

Die Abstände $a_{3,c,Z}$ und $a_{4,t,Z}$ sind im Beispiel nicht vorhanden.

Tab. 12.9 **Mindestabstände der Scheibendübel C10 für den Balken**
Bild 10.5 Fußzeiger B für Balken
Bild 27.7 Winkel α Kraft-Faserrichtung $\alpha = 90°$
Durchmesser $d_c = 50$ mm

Scheibendübel untereinander in Faserrichtung

$a_{1,\min,B} = (1{,}2 + 0{,}8 \cdot \cos 90°) \cdot 50 = 60$ mm
$< a_{1,t,\text{vorh},B} = 80$ mm

Scheibendübel untereinander rechtwinklig zur Faserrichtung

$a_{2,\min,B} = 1{,}2 \cdot 50 = 60$ mm
$< a_{2,\text{vorh},B} = 100$ mm

Scheibendübel vom belasteten Holzrand

$a_{4,t,\min,B} = (0{,}6 + 0{,}2 \cdot \sin 90°) \cdot 50 = 40$ mm
$< a_{4,t,\text{vorh},B} = 60$ mm

Scheibendübel vom unbelasteten Holzrand

$a_{4,c,min,B}$	$= 0{,}6 \cdot 50$	= 30 mm	
	$< a_{4,c,vorh,B}$	= 60 mm	

Die Abstände $a_{3,t,B}$ und $a_{3,c,B}$ sind im Beispiel nicht vorhanden.

Mindestholzdicken für die Zugstäbe (Zange) und den Balken

Seitenholzdicke (Zugstäbe)

für Dübel C10 mit $h_e = 12$ mm			Tab. 12.7, 12.11
$t_{1,min,Z}$	$= 3 \cdot 12$	= 36 mm	
	$< t_{1,vorh,Z} = b_Z =$	= 60 mm	

für Bolzen M12			s. Bolzen-
$t_{1,req,Z}$	=	= 57,2 mm	Berechnung -
	$< t_{1,vorh,Z} = b_Z =$	= 60 mm	unten

Mittelholzdicke (Balken)

für Dübel C10 mit $h_e = 12$ mm			Tab. 12.7, 12.11
$t_{2,min,B}$	$= 5 \cdot 12$	= 60 mm	
	$< t_{2,vorh,B} = b_B$	= 100 mm	

für Bolzen M12			s. Bolzen-
$t_{2,req,B}$	=	= 67,6 mm	Berechnung -
	$< t_{2,vorh,B} = b_B =$	= 100 mm	unten

Modifikationsbeiwerte k_i für Scheibendübel C10, d = 50 mm

Modifikationsbeiwerte k_1 für Seiten und Mittelholzdicke

Einbindetiefe h_e			Tab. 12.11
h_e	= 12 mm		

Seitenholzdicke (Zugstäbe, $t_{1,vorh} = b_z = 60$ mm)

k_1	= min{1 *oder* 60/(3·12)}		Tab. 12.7
	= min{1 *oder* 1,67}	= 1,0	

Mittelholzdicke (Balken, $t_{2,vorh} = b_B = 100$ mm)

k_1	= min{1 *oder* 100/(5·12)}	
	= min{1 *oder* 1,67}	= 1,0

Modifikationsbeiwert k_2 für beanspruchte Hirnholzenden

Tab. 12.7 Abstand $a_{3,t}$ für Dübel C10 in den Zugstäben

maximal zulässiger Abstand $a_{3,t}$

für Dübel $d_c = 50$ mm

$a_{3,t,max,Z} = 1{,}5 \cdot 50 \qquad = 75$ mm

für Bolzen M12

$a_{3,t,max,Z} = 7 \cdot 12 \qquad = 84$ mm

oder

$a_{3,t,max,Z} \qquad = 80$ mm

maßgebender Abstand $a_{3,t}$

$a_{3,t,vorh,Z} \qquad = 100$ mm

$> a_{3,t,max,Z} \qquad = 84$ mm

maßgebend

Modifikationsbeiwert k_2

$k_2 = \min\{1 \textit{ oder } 84/(2 \cdot 50)\}$

$= \min\{1 \textit{ oder } 0{,}84\} \qquad = 0{,}84$

Modifikationsbeiwert k_3 für charakteristische Rohdichten

Tab. 7.3 Charakteristische Rohdichte für C30

$\rho_{k,vorh} = 380$ kg/m^3 für Seiten- und Mittelholz

$k_3 = \min\{1{,}5 \textit{ oder } 380/350\}$

$= \min\{1{,}5 \textit{ oder } 1{,}086\} \qquad = 1{,}086$

Tab. 12.7 **Charakteristische Tragfähigkeit für einen Scheibendübel C10**

Durchmesser $d_c = 50$ mm, Zugstäbe und Balken aus C30

s. oben Modifikationsbeiwerte k_i

Tab. 12.7 $F_{v,Rk} = 1{,}0 \cdot 0{,}84 \cdot 1{,}086 \cdot 25 \cdot 50^{1,5} \qquad = 8063$ N

$= 8{,}06$ kN

Tab. 12.2 **Tragfähigkeit der Bolzen innerhalb einer Verbindungseinheit**

Abschn. 12.1 Bei Scheibendübeln mit Dornen C10 sind die Bolzen bei der Übertragung der Beanspruchung beteiligt, die Tragfähigkeit der Bolzen ist abhängig vom Kraft-Faser-Winkel α.

Mindestabstände der Bolzen M12 für die Zugstäbe (Zange) Tab. 11.12
Fußzeiger Z für Zugstäbe Bild 10.5
Winkel α Kraft-Faserrichtung $\alpha = 0°$ Bild 27.7

Bolzen M12 untereinander in Faserrichtung

$a_{1,\min,Z} = (4 + \cos 0°) \cdot 12 = 60$ mm
$< a_{1,\text{vorh},Z} = 100$ mm

Bolzen untereinander rechtwinklig zur Faserrichtung

$a_{2,\min,Z} = 4 \cdot 12 = 48$ mm
$< a_{2,\text{vorh},Z} = 80$ mm

Bolzen vom belasteten Hirnholzende

$a_{3,t,\min,Z} = 7 \cdot 12 = 84$ mm
$\geq = 80$ mm
$< a_{3,t,\text{vorh},Z} = 100$ mm

Bolzen vom unbelasteten Holzrand

$a_{4,c,\min,Z} = 3 \cdot 12 = 36$ mm
$< a_{4,c,\text{vorh},Z} = 40$ mm

Die Abstände $a_{3,c,Z}$ und $a_{4,t,Z}$ sind im Beispiel nicht vorhanden.

Mindestabstände der Bolzen M12 für den Balken Tab. 11.12
Fußzeiger B für Balken Bild 10.5
Winkel α Kraft-Faserrichtung $\alpha = 90°$ Bild 27.7

Bolzen M12 untereinander in Faserrichtung

$a_{1,\min,B} = (4 + \cos 90°) \cdot 12 = 48$ mm
$< a_{1,\text{vorh},B} = 80$ mm

Bolzen untereinander rechtwinklig zur Faserrichtung

$a_{2,\min,B} = 4 \cdot 12 = 48$ mm
$< a_{2,\text{vorh},B} = = 100$ mm

Bolzen vom belasteten Holzrand

$a_{4,t,\min,B} = (2 + 2 \cdot \sin 90°) \cdot 12 = 48$ mm
$> 3 \cdot 12 = 36$ mm
$< a_{4,t,\text{vorh},B} = 60$ mm

Bolzen vom unbelasteten Holzrand

$a_{4,c,min,B}$ $= 3 \cdot 12$ $= 36$ mm

$< a_{4,c,vorh,B}$ $= 60$ mm

Die Abstände $a_{3,t,B}$ und $a_{3,c,B}$ sind im Beispiel nicht vorhanden.

Charakteristische Tragfähigkeit für einen Bolzen M12

Abschn. 11.6.2 Winkel α Kraft-Faserrichtung

$\alpha = 0°$ für die Zugstäbe

$\alpha = 90°$ für den Balken

Charakteristische Lochleibungsfestigkeit für die Zugstäbe

für Nadelvollholz C30 und Bolzendurchmesser $d = 12$ mm

Winkel zwischen Kraft- und Faserrichtung $\alpha = 0°$ (Zange)

Tab. 7.3 Charakteristische Rohdichte

$\rho_k = 380$ kg/m^3

Charakteristische Lochleibungsfestigkeit

Bild 27.7 die Zugstäbe liegen in der Verbindung außen (Seitenhölzer), ihre Loch-

Abschn. 11.6.2 leibungsfestigkeiten werden mit dem Index (Fußzeiger) „1" bezeichnet

Tab. 11.3 $f_{h,1,k} = 0{,}082 \cdot (1 - 0{,}01 \cdot 12) \cdot 380$ $= 27{,}42$ N/mm^2

Charakteristische Lochleibungsfestigkeit für den Balken

für Nadelvollholz C30 und Bolzendurchmesser $d = 12$ mm

Winkel zwischen Kraft- und Faserrichtung $\alpha = 90°$

Tab. 7.3 Charakteristische Rohdichte

$\rho_k = 380$ kg/m^3

Charakteristische Lochleibungsfestigkeit

Bild 27.7 der Balken liegt in der Verbindung innen (Mittelholz), seine Lochlei-

Tab. 11.3 bungsfestigkeit wird mit dem Index (Fußzeiger) „2" bezeichnet

$k_{90} = 1{,}35 + 0{,}015 \cdot 12$ $= 1{,}53$

$f_{h,2,k} = 27{,}42 / (1{,}53 \cdot \sin^2 90° + \cos^2 90°)$ $= 17{,}92$ N/mm^2

Abschn. 11.6.2 **Charakteristisches Fließmoment für den Bolzen M12**

Tab. 11.9 Festigkeitsklasse 4.6

Charakteristische Stahlzugfestigkeit

$f_{u,k} =$ $= 400$ N/mm^2

Tab. 11.3 Charakteristisches Fließmoment

$M_{y,Rk} = 0{,}30 \cdot 400 \cdot 12^{2,6}$ $= 76\,750$ Nmm

Charakteristische Tragfähigkeit $F_{v,Rk}$ eines Bolzens pro Scherfuge Abschn. 11.6.2
alle Stäbe: gleiches Nadelholz C30
Holz-Holz-Verbindung mit Bolzen

Verhältnis der beiden Lochleibungsfestigkeiten Tab. 11.1
$\beta = 17{,}92/27{,}42 \qquad = 0{,}654$

Charakteristische Tragfähigkeit $F_{v,Rk}$

$$F_{v,Rk} = \sqrt{\frac{2 \cdot 0{,}654}{1+0{,}654}} \cdot \sqrt{2 \cdot 76750 \cdot 27{,}42 \cdot 12{,}0} \qquad = 6\,320 \text{ N}$$ Tab. 11.1

$= 6{,}32$ kN

Der Anteil $\Delta F_{v,Rk}$, um den die charakteristische Tragfähigkeit $F_{v,Rk}$ eines Bolzens infolge des Einhängeeffektes erhöht werden darf, wird hier rechnerisch nicht berücksichtigt. Abschn. 11.6.2 Gl. (11.22), (11.23)

Mindestholzdicken für die Bolzen, zweischnittige Verbindung
für Seitenholz 1 (hier: Zugstäbe) Tab. 11.1

$$t_{1,req} = 1{,}15 \cdot \left(2 \cdot \sqrt{\frac{0{,}654}{1+0{,}654}} + 2\right) \cdot \sqrt{\frac{76750}{27{,}42 \cdot 12{,}0}} \qquad = 57{,}2 \text{ mm}$$

< 60,0 mm als Holzdicke und
< 60,0 mm als Eindringtiefe

für Mittelholz (hier: Balken) Tab. 11.1

$$t_{2,req} = 1{,}15 \cdot \left(\frac{4}{\sqrt{1+0{,}654}}\right) \cdot \sqrt{\frac{76750}{17{,}92 \cdot 12{,}0}} \qquad = 67{,}6 \text{ mm}$$

< 100,0 mm als Holzdicke und
< 100,0 mm als Eindringtiefe

Wirksame Anzahl n_{ef} der Verbindungseinheiten Abschn. 12.3
Seitenholz (Zugstäbe):
Kraft-Faser-Winkel $\alpha = 0°$

Anzahl der Verbindungseinheiten, die in Kraft- und Faserrichtung - hintereinander liegen Bild 27.7
je Seite:
zwei Gruppen zu je $n = 2$ Verbindungseinheiten Gl. (12.4), (12.5)
keine Abminderung erforderlich, da $n \leq 2$
$n_{ef} = n = 2$

Mittelholz (Balken):
Kraft-Faser-Winkel $\alpha = 90°$

Anzahl der Verbindungseinheiten, die in Faserrichtung hintereinander liegen
je Seite:

Abschn. 10.3.4 zwei Gruppen zu je $n = 2$ Verbindungseinheiten
keine Abminderung erforderlich, da $\alpha = 90°$
$n_{ef} = n = 2$

Gl. (12.4) Wirksame Anzahl $n_{ef} = n$ für alle 8 Verbindungseinheiten mit 8 Scheibendübel C10 und 4 Bolzen M12 (zweischnittig)
$n_{ef} = n = 4 \cdot 2$ $= 8$

Bemessungswert der Tragfähigkeit der Scheibendübelverbindung

Gl. (12.8) für eine Verbindungseinheit mit einem Scheibendübel C10 und einem Bolzen M12 (für 1 Scherfuge)

$$F_{v,90,Rd} = \frac{0,8 \cdot 8,06}{1,3} + \frac{0,8 \cdot 6,32}{1,1} = 4,96 + 4,60 \qquad = 9,56 \text{ kN}$$

Gl. (12.7) Bemessungswert der Tragfähigkeit aller 8 Verbindungseinheiten
$F_{v,90,Rd,tot} = 8 \cdot 9,56 =$ $= 76,5$ kN

Nachweis der Scheibendübelverbindung

Gl. (12.6)

$$\frac{F_{v,Ed}}{F_{v,\alpha,Rd}} = \frac{F_{t,d}}{F_{v,90,Rd,tot}} = \frac{64,5}{76,5} \qquad = 0,84 \leq 1$$

27.6.3 Nachweis der Zugstäbe (Zange)

Abschn. 15.1.1 Querschnittstragfähigkeit für Nadelvollholz C30

Bemessungswert der Zugfestigkeit

Tab. 7.3 Charakteristische Zugfestigkeit
$f_{t,0,k} = 19 \text{ N/mm}^2$ $= 1,9 \text{ kN/cm}^2$

Tab. 8.2 Teilsicherheitsbeiwert für Holz
$\gamma_M =$ $= 1,3$

Gl. (8.5) Bemessungswert der Zugfestigkeit
$f_{t,0,d} = 0,8 \cdot 1,90 / 1,3$ $= 1,17 \text{ kN/cm}^2$

Nachweis für einen Zugstab (Seitenholz) ohne konstruktive Maßnahmen zur Verhinderung der Verkrümmung der Enden der Zugstäbe

Die Zugstäbe sind einseitig beanspruchte Bauteile (mit Ausmitte) Abschn. 15.2

anteilige Zugkraft des Zugstabes (ZS) Bild 15.6

$F_{t,d,ZS} = F_{t,d}/2 = 64{,}5/2 \qquad = 32{,}3\text{ kN}$

Querschnittsschwächung eines Zugstabes Tab. 8.4

Zugstab 1 × 6/16 cm, Scheibendübel C10, Ø 50 mm,

$\Delta A = 4{,}6\text{ cm}^2$, Einlasstiefe $h_e = 1{,}2$ cm, Bolzen M12 Tab. 12.11

$$\begin{aligned} A_n = {} & 6\cdot 16 && = 96{,}0\text{ cm}^2 \\ & -2\cdot 4{,}6 && -\ \ 9{,}2\text{ cm}^2 \\ & -2\cdot(1{,}2+0{,}1)\cdot(6-1\cdot 1{,}2) && -12{,}5\text{ cm}^2 \\ & && A_n = 74{,}3\text{ cm}^2 \end{aligned}$$

Werden bei Dübeln besonderer Bauart (als nicht ausziehfeste Verbindungsmittel) keine ausziehfesten Verbindungsmittel an den Enden der Zugstäbe angeordnet, muss der Bemessungswert der Zugtragfähigkeit abgemindert werden mit Tab. 15.2

$k_{t,Ver} = 0{,}4$

$f_{t,0,d,red} = k_{t,Ver}\cdot f_{t,0,d} = 0{,}4\cdot 1{,}17 \qquad = 0{,}47\text{ kN/cm}^2$

Nachweis eines Zugstabes

$$\frac{\sigma_{t,0,d}}{f_{t,0,d,red}} = \frac{F_{t,d,ZS}/A_n}{k_{t,Ver}\ f_{t,0,d}} = \frac{32{,}3/74{,}3}{0{,}47} \qquad = 0{,}93 < 1$$ Tab. 15.2

27.6.4 Schräg- oder Querzugnachweis für den Queranschluss der Zugstäbe an einen Balken mit Scheibendübeln C10

Querzugnachweis

Im Beispiel ist der beanspruchte Rand des lastaufnehmenden Stabes der untere Holzrand des Balkens Bild 10.6

Abstand h_e des „obersten“ Scheibendübels bzw. der „obersten“ Verbindungseinheit vom beanspruchten Holzrand: Tab. 21.8

$h_e = 6{,}0 + 10{,}0 = \qquad = 16{,}0\text{ cm}$ Bild 27.7

Höhe h des lastaufnehmenden Stabes: hier des Balkens

$h = 22{,}0$ cm

Tab. 21.8 Verhältnis h_e/h
$16{,}0/22{,}0 = 0{,}73 > 0{,}7$

kein Querzugnachweis erforderlich,
keine Verstärkung des Querzuganschlusses erforderlich

27.7 Nachweis einer Druckfläche rechtwinklig zur Faser

27.7.1 Konstruktive Ausbildung und Einwirkung

Druckfläche rechtwinklig zur Faser (Querdruck)
Anschluss des Druckpfostens (Randrippe) an die Schwelle (Fußrippe) der Wandscheibe eines Wohnhauses (Außenwand)

Bild 27.8 Druckfläche rechtwinklig zur Faserrichtung, Anschluss eines Pfostens (Randrippe) auf eine Schwelle (Fußrippe)

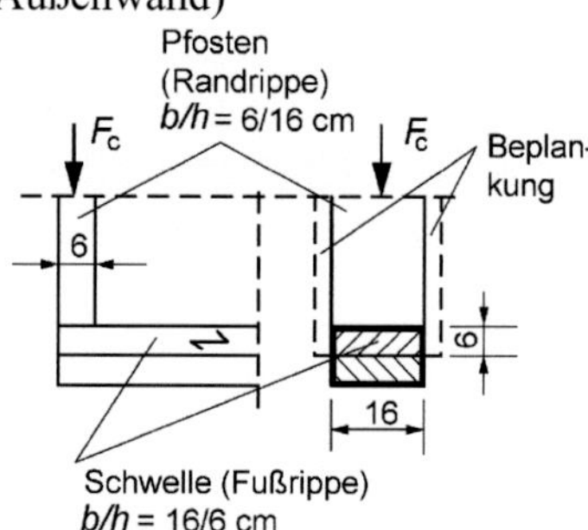

Abschn. 7.3.1 Nutzungsklasse (NKL) 2, Einbaufeuchte $\omega \leq 20\%$
Abschn. 1.4.6

gewählt:
Tab. 7.3 Nadelvollholz C24 für Pfosten und Schwelle:
Pfosten: $b/h = 6/16$ cm
Schwelle: $b/h = 16/6$ cm

Einwirkungen
Abschn. 9.1 Charakteristische Druckkräfte aus Statischer Berechnung
Abschn. 8.2.3 (hier nicht dargestellt)
für den Pfosten (Randrippe):
in Druckstablängsrichtung, parallel zur Faser
$F_{c,g,k}$ = 7,0 kN aus ständiger Last g
$F_{c,p,k}$ = 6,4 kN aus Nutzlast p (Deckenlast)
Tab. 7.15 $F_{c,s,k}$ = 1,6 kN aus Schneelast s (auf Dach)
$F_{c,w,k}$ = 5,5 kN aus Windlast w (horizontale Scheibenbeanspruchung der Wandscheibe)

Modifikationsbeiwerte für Vollholz
Nutzungsklasse 2 (NKL), Außenwand Tab. 7.12

Lasteinwirkungsdauer: „ständig" für ständige Last (Eigenlast) Tab. 7.14
„mittel" für Nutzlast Tab. 7.15
„kurz/sehr kurz" für Windlast
„kurz" für Schneelast
(Höhe des Bauwerkstandortes über NN $\leq$ 1000 m)

Modifikationsbeiwerte Tab. 7.16
k_{mod} = 0,6 für ständige Lasteinwirkungsdauer
= 0,8 für mittlere Lasteinwirkungsdauer (Deckenlast)
= 0,9 für kurze Lasteinwirkungsdauer (Windlast) Tab. 7.15
= 0,9 für kurze Lasteinwirkungsdauer (Schneelast)
(Orte bis NN + 1000 m)
= 1,1 für sehr kurze Lasteinwirkungsdauer
= 1,0 für Windlast (Mittel kurz/sehr kurz)
= (0,9 + 1,1)/2

Kombination der Einwirkungen Abschn. 9.3.1,
allgemeine Kombinationsregel Gl. (9.1)
für eine ständige (G) und drei veränderliche (Q) Einzellasten: Tab. 8.1
$1{,}35 \cdot F_{G,k} + 1{,}5 \cdot F_{Q,k,1} + 1{,}5 \cdot \psi_{0,2} \cdot F_{Q,k,2} + 1{,}5 \cdot \psi_{0,3} \cdot F_{Q,k,3}$

Kombinationsbeiwerte Tab. 9.3
ψ_0 = 0,5 für Schneelast s (Orte bis NN + 1000 m)
= 0,6 für Windlast w

Tabelle 27.1 Kombination der Einwirkungen für das Beispiel 27.7

	Lastkombination	Bemessungswerte $F_{c,d}$ für den Pfosten und $F_{c,90,d}$ für die Querdruckfläche in kN	ψ_0	Klasse der Lasteinwirkungsdauer KLED	k_{mod}	F_d/k_{mod}
1	g	1,35 ·7,0 = 9,45	1	ständig	0,6	15,8
2	p	1,50 ·6,4 = 9,6	0,7	mittel	0,8	
3	s	1,50 ·1,6 = 2,4	0,5	kurz	0,9	
4	w	1,50 ·5,5 = 8,25	0,6	kurz/sehr kurz	1,0	
5	g+p	9,45 + 9,6 = 19,1		mittel	0,8	23,9
6	g+s	9,45 + 2,4 = 11,9		kurz	0,9	13,2
7	g+w	9,45 + 8,25 = 17,7		kurz/sehr kurz	1,0	17,7
8	g+p+s	9,45 + 9,6 + 0,5 ·2,4 = 20,3		kurz	0,9	22,6
9	g+p+w	9,45 + 9,6 + 0,6 ·8,25 = 24,0		kurz/sehr kurz	1,0	24,0
10	g+s+p	9,45 + 2,4 + 0,7 ·9,6 = 18,6		kurz	0,9	20,7
11	g+s+w	9,45 + 2,4 + 0,6 ·8,25 = 16,8		kurz/sehr kurz	1,0	16,8
12	g+w+p	9,45 + 8,25 + 0,7 ·9,6 = 24,4		kurz/sehr kurz	1,0	24,4
13	g+w+s	9,45 + 8,25 + 0,5 ·2,4 = 18,9		kurz/sehr kurz	1,0	18,9
14	g+p+s+w	9,45 + 9,6 + 0,5 ·2,4 + 0,6 ·8,25 = 25,2		kurz/sehr kurz	1,0	25,2
15	g+s+p+w	9,45 + 2,4 + 0,7 ·9,6 + 0,6 ·8,25 = 23,5		kurz/sehr kurz	1,0	23,5
16	g+w+p+s	9,45 + 8,25 + 0,7 ·9,6 + 0,5 ·2,4 = 25,6		kurz/sehr kurz	1,0	25,6 [1])

[1]) für die Bemessung maßgebende Einwirkungskombination

= 0,7 für Nutzlast p (Deckenlast, Wohnräume)

Abschn. 9.3.1

Anmerkung zu Tabelle 27.1

Sind Schnee- und Windlasten als veränderliche Lasten Begleiteinwirkungen neben einer nicht klimatischen (veränderlichen) Leiteinwirkung z.B. einer Nutzlast, darf unter bestimmten Voraussetzungen nur eine der beiden klimatischen Einwirkungen (Schnee- oder Windlast) als Begleiteinwirkung in den Kombinationsregeln für Einwirkungen im Grenzzustand der Tragfähigkeit (und Gebrauchstauglichkeit) eingesetzt werden. Dies wird in diesem Beispiel nicht berücksichtigt, um die Vorgehensweise bei der Überlagerung einer ständigen und mehrerer veränderlicher Einwirkungen aufzuzeigen.

27.7.2 Nachweis der Querdruckfläche

Beiwert $k_{c,90}$ für die („Quer-“)Druckfläche Abschn. 16.1.2
Länge der Druckfläche in Faserrichtung der Schwelle (Sch)
$l = b_{Pf} = 6$ cm

Druckflächenabstand zur benachbarten Druckfläche Bild 16.3
$l_1 \geq 2 \cdot h_{Sch} = 2 \cdot 6 = 12$ cm Tab. 16.1
$< e$ $= 62{,}5$ cm als Mittenabstand zum nächsten Pfosten (Innenrippe)

$k_{c,90} = 1{,}25$ für Nadelvollholz, Schwellendruck und $l_1 \geq 2 \cdot h$ Tab. 16.1

Wirksame Querdruckfläche A_{ef}
rechnerischer Überstand „links“ $ü_{li} = 0{,}0$ cm (Randrippe) Tab. 16.1
rechnerischer Überstand „rechts“ $ü_{re} = 3{,}0$ cm Bild 27.8
$A_{ef} = (0{,}0 + 6{,}0 + 3{,}0) \cdot 16$ $= 144$ cm^2

Anmerkung:
tatsächliche Aufstandsfläche des Pfostens (Pf) auf der Schwelle (tatsächliche Querdruckfläche A)
$A = b_{Pf} \cdot h_{Pf} = 6 \cdot 16$ $= 96$ cm^2

Bemessungswert der Druckfestigkeit rechtwinklig zur Faser
Charakteristische Druckfestigkeit rechtwinklig zur Faser
für Nadelholz C24 Tab. 7.3
$f_{c,90,k} = 2{,}5$ N/mm^2 $= 0{,}25$ kN/cm^2

Teilsicherheitsbeiwert für Holz Tab. 8.2
$\gamma_M =$ $= 1{,}3$

Bemessungswert der Druckfestigkeit rechtwinklig zur Faser
für die maßgebende Lastkombination Gl. (8.5)
$f_{c,90,d} = 1{,}0 \cdot 0{,}25/1{,}3$ $= 0{,}19$ kN/cm^2

Nachweis der Querdruckfläche
für die maßgebende Einwirkungskombination Abschn. 27.7.1
Bemessungslast
$F_{c,90,d}$ $= 25{,}6$ kN

$$\frac{\sigma_{c,90,d}}{k_{c,90} \cdot f_{c,90,d}} = \frac{F_{c,90,d}/A_{ef}}{k_{c,90} \cdot f_{c,90,d}} = \frac{25{,}6/(144)}{1{,}25 \cdot 0{,}19} = 0{,}75 < 1$$ Gl. (16.2)

27.8 Nachweis eines Druckstabes mit dem Ersatzstabverfahren

27.8.1 Konstruktive Ausbildung und Einwirkung

Druckstab, mittiger Druck, Pendelstütze

Stütze als Auflager des Unterzuges einer Wohnhausdecke (s. vergleichbares Beispiel, Abschn. 27.9, Druckstab mit Theorie II. Ordnung)

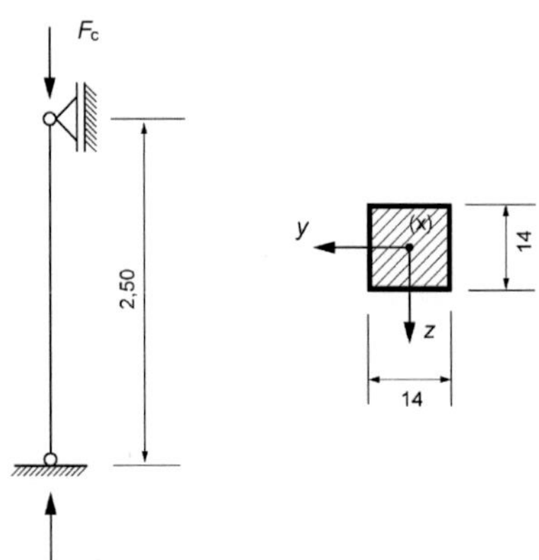

Bild 27.9 Druckstab, mittiger Druck, Pendelstütze

Abschn. 7.3.1 Nutzungsklasse (NKL) 1, Einbaufeuchte $\omega \leq 15\%$

Abschn. 1.4.6

gewählt:

Nadelvollholz C24

$b/h = 14/14$ cm

Einwirkungen

Abschn. 9.1 Charakteristische Druckkraft, aus Statischer Berechnung

Abschn. 8.2.3 (hier nicht dargestellt):

Tab. 7.15 (in Druckstablängsrichtung, parallel zur Faser)

$F_{c,g,k} = 52{,}3$ kN aus ständiger Last g

$F_{c,p,k} = 56{,}5$ kN aus lotrechter Nutzlast (Deckenlast) p

Bemessungswerte der Druckkraft

Gl. (8.4) $F_{c,g,d} = 1{,}35 \cdot 52{,}3 = 70{,}6$ kN aus ständiger Last g

Tab. 8.1 $F_{c,p,d} = 1{,}50 \cdot 56{,}5 = 84{,}8$ kN aus Nutzlast p

$F_{c,d} = 70{,}6 + 84{,}8 = 155{,}4$ kN aus ständiger - und Nutzlast

Das Eigengewicht der Pendelstütze
$F_{Stütze} = b \cdot h \cdot l \cdot \gamma = 0{,}14 \cdot 0{,}14 \cdot 2{,}50 \cdot 5{,}0 = 0{,}25$ kN — Tab. 7.20
ist im Vergleich zur charakteristischen Gesamt-Druckkraft
$F_{c,k} = F_{c,g,k} + F_{c,p,k} = 52{,}3 + 56{,}5 = 108{,}8$ kN
sehr klein und wird im Beispiel vernachlässigt:
$F_{Stütze}/F_{c,k} = 0{,}25 / 108{,}8 < 0{,}002 = 0{,}2\%$

27.8.2 Nachweis des Druckstabes (Ersatzstabverfahren)

Modifikationsbeiwerte (für Vollholz und NKL 1) — Tab. 7.12
beheizter Aufenthaltsraum (Wohnhausdecke bzw. -stütze)

Lasteinwirkungsdauer: „ständig" für ständige Last (Eigenlast) — Tab. 7.14
„mittel" für Nutzlast — Tab. 7.15

Modifikationbeiwerte
k_{mod} = 0,6 für ständige Lasteinwirkungsdauer — Tab. 7.16
= 0,8 für mittlere Lasteinwirkungsdauer (Deckenlast)

Maßgebende Lastkombination
$F_{c,g,d}/k_{mod}$ = 70,6/0,6 = 117,7 ständige Last — Abschn. 7.4.1
$F_{c,d}/k_{mod}$ = 155,4/0,8 = 194,3 ständige und Nutzlast (maßgebend)
Für die Bemessung ist $F_{c,d} = 155{,}4$ kN zu verwenden.

Knicken um die *y*- und die *z*-Achse (Ersatzstabverfahren) — Abschn. 16.2.1
Ersatzstablänge (Knicklänge, Pendelstütze)
um die *y*- und um die *z*-Achse: — Abschn. 16.2.4
$l_{ef,y(z)} = 1{,}0 \cdot 2{,}50 = 2{,}50$ m = 250 cm

Schlankheitsgrad — Gl. (16.8)
$\lambda_{y(z)} = 250/(0{,}289 \cdot 14)$ = 62

Anmerkung:
Bei unterschiedlichen Knicklängen oder Schlankheitsgraden um die *y*- und *z*-Achse sind die Nachweise getrennt zu führen.

Abschn. 16.2.1 — Überprüfen, ob die Steifigkeit $E_{0,05}$ in den Gl. für die bezogenen Schlankheitsgrade λ_{rel} abgemindert werden muss (Kriecheinfluss):
Nutzungsklasse (NKL) 1 liegt vor,
keine Abminderung notwendig

Knickbeiwert $k_{c,y(z)}$ für $\lambda_{y(z)} = 62$ und für Nadelvollholz C24
Tab. 16.7 — nach Tabelle (Interpolation)
$k_{c,\,y(z)} =$ $= 0{,}652$

Alternative Berechnung des Knickbeiwertes k_c
Schlankheitsgrad
s. oben — $\lambda_{y(z)}$ $= 62$

Elastizitätsmodul parallel zur Faser (5%-Quantile)
Tab. 7.3 — für Nadelvollholz C24
$E_{0,05} = 7\,400$ N/mm^2 $= 740$ kN/cm^2

charakteristische Druckfestigkeit parallel zur Faser
Tab. 7.3 — für Nadelvollholz C24:
$f_{c,0,k} = 21$ N/mm^2 $= 2{,}1$ kN/cm^2

Tab. 16.6 — Knickbeiwert $k_{c,y(z)}$ für Nadelvollholz C24, genauere Berechnung
bezogener Schlankheitsgrad

$$\lambda_{rel,c,y(z)} = \frac{62}{\pi} \cdot \sqrt{\frac{2{,}1}{740}} = 1{,}05135$$

Tab. 16.6 — Beiwert $k_{y(z)}$ für Nadelvollholz C24, genauere Berechnung
$k_{y(z)} = 0{,}5 \cdot [1 + 0{,}2 \cdot (1{,}05135 - 0{,}3) + 1{,}05135^2]$ $= 1{,}12780$

Tab. 16.6 — Knickbeiwert

$$k_{c,y/z)} = 1 \Big/ \left(1{,}12780 + \sqrt{1{,}12780^2 - 1{,}05135^2}\right) = 0{,}651 \leq 1$$

Bemessungswert der Druckfestigkeit
Charakteristische Druckfestigkeit parallel zur Faser
Tab. 7.3 — für Nadelvollholz C24:
$f_{c,0,k} = 21$ N/mm^2 $= 2{,}1$ kN/cm^2

Tab. 8.2 — Teilsicherheitsbeiwert für Holz
$\gamma_M =$ $= 1{,}3$

Bemessungswert der Druckfestigkeit in Faserrichtung
für die maßgebende Lastkombination (mittel) Gl. (8.5)

$f_{c,0,d} = 0{,}8 \cdot 2{,}1/1{,}3 \qquad = 1{,}29 \text{ kN/cm}^2$

Nachweis für die maßgebende Lastkombination Gl. (16.6)

$$\frac{\sigma_{c,0,d}}{k_{c,y(z)} \cdot f_{c,0,d}} = \frac{F_{c,d}/A}{k_{c,y(z)} \cdot f_{c,0,d}} = \frac{155{,}4/(14 \cdot 14)}{0{,}652 \cdot 1{,}29} = 0{,}94 \leq 1$$

Anmerkungen zu Beispiel 27.8

- übertragen Druckstäbe hohe ständige Lasten (Bemessungswert der ständigen und quasi-ständigen Last > 70% der Gesamtlast) und sind sie den Bedingungen der Nutzungsklassen 2 oder 3 ausgesetzt, ist der Kriecheinfluss durch Abminderung des Elastizitätsmoduls in der Gl. für den bezogenen Schlankheitsgrad $\lambda_{rel,c,y(z)}$ zu berücksichtigen, die Knickbeiwerte k_c müssen dann - direkt nach der Gl. der DIN EN 1995-1-1: 2010-12 berechnet werden, s. Tabelle 16.6; in diesen Fällen können die Knickbeiwerte k_c nicht aus den entsprechenden Tabellen abgelesen werden, da hier die Abminderungen für den Kriecheinfluss nicht enthalten sind, (Abschn. 16.2.1, Gl. (16.9))
- der vorliegende Druckstab wird im Beispiel 27.9 auch mit Theorie II. Ordnung nachgewiesen, im Vergleich ist der Nachweis mit dem Ersatzstabverfahren für dieses Beispiel ungünstiger als derjenige mit Theorie II. Ordnung. (Abschn. 24.2, Abschn. 24.3)

27.9 Nachweis eines Druckstabes mit Theorie II. Ordnung

27.9.1 Konstruktive Ausbildung und Einwirkung

Druckstab, mittiger Druck, Pendelstütze

Stütze als Auflager des Unterzuges einer Wohnhausdecke (s. vergleichbares Beispiel, Abschn. 27.8, Druckstab mit dem Ersatzstabverfahren)

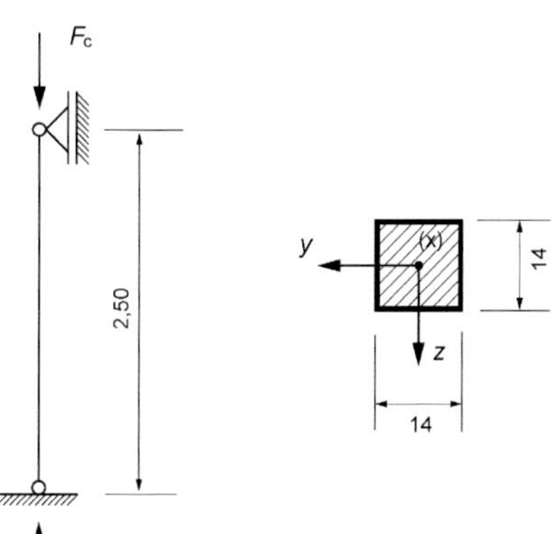

Bild 27.10 Druckstab, mittiger Druck, Pendelstütze

Abschn. 7.3.1 Nutzungsklasse (NKL) 1, Einbaufeuchte $\omega \leq 15\%$
Abschn. 1.4.6

gewählt:
Nadelholz C24
$b/h = 14/14$ cm

Einwirkungen

Abschn. 9.1 Charakteristische Druckkraft aus Statischer Berechnung
Abschn. 8.2.3 (hier nicht dargestellt):
Tab. 7.15 (in Druckstablängsrichtung, parallel zur Faser)
$F_{c,g,k}$ = 52,3 kN aus ständiger Last g
$F_{c,p,k}$ = 56,5 kN aus lotrechter Nutzlast (Deckenlast) p

Bemessungswerte der Druckkraft
Gl. (8.4) $F_{c,g,d} = 1{,}35 \cdot 52{,}3 = 70{,}6$ kN aus ständiger Last g
Tab. 8.1 $F_{c,p,d} = 1{,}50 \cdot 56{,}5 = 84{,}8$ kN aus Nutzlast p
$F_{c,d} = 70{,}6 + 84{,}8 = 155{,}4$ kN aus ständiger - und Nutzlast

Das Eigengewicht der Pendelstütze
Tab. 7.20 $F_{\text{Stütze}} = b \cdot h \cdot l \cdot \gamma = 0{,}14 \cdot 0{,}14 \cdot 2{,}50 \cdot 5{,}0 = 0{,}25$ kN
ist im Vergleich zur charakteristischen Gesamt-Druckkraft
$F_{c,k} = F_{c,g,k} + F_{c,p,k} = 52{,}3 + 56{,}5 = 108{,}8$ kN
sehr klein und wird im Beispiel vernachlässigt:
$F_{\text{Stütze}}/F_{c,k} = 0{,}25 / 108{,}8 < 0{,}002 = 0{,}2\%$

27.9.2 Nachweis des Druckstabes (Theorie II. Ordnung)

Tab. 7.12 **Modifikationsbeiwerte** (für Vollholz und NKL 1)
beheizter Aufenthaltsraum (Wohnhausdecke bzw. -stütze)

Tab. 7.14 Lasteinwirkungsdauer: „ständig" für ständige Last (Eigenlast)
Tab. 7.15 „mittel" für Nutzlast

Modifikationbeiwerte
Tab. 7.16 k_{mod} = 0,6 für ständige Lasteinwirkungsdauer
= 0,8 für mittlere Lasteinwirkungsdauer (Deckenlast)

Maßgebende Lastkombination
Abschn. 7.4.1 $F_{c,g,d}/k_{mod} = 70{,}6/0{,}6 = 117{,}7$ ständige Last
$F_{c,d}/k_{mod} = 155{,}4/0{,}8 = 194{,}3$ ständige und Nutzlast (maßgebend)

Für die Bemessung ist $F_{c,d} = 155{,}4$ kN zu verwenden.

Knicken um die y- und die z-Achse (Theorie II. Ordnung)

Stablänge:		Abschn. 24.2.2
$l_{y(z)} = 2{,}50$ m	$= 250$ cm	

Überprüfen, ob die Steifigkeit $E_{0,mean}$ in den Gl. für die kritische Last N_{crit} abgemindert werden muss (Kriecheinfluss): Nutzungsklasse (NKL) 1 liegt vor, keine Abminderung notwendig	Abschn. 24.2.2

Anfängliche Krümmung des unbelasteten Druckstabes — Tab. 24.2

$e_y = e_z = 0{,}0025 \cdot l = 0{,}0025 \cdot 250 \qquad = 0{,}625$ cm

Bemessungswert des Elastizitätsmoduls

Elastizitätsmodul parallel zur Faser		Tab. 7.3
$E_{0,mean} = 11\,000 \text{N/mm}^2$	$= 1100 \text{ kN/cm}^2$	
$E_d \quad = 1\,100/1{,}3$	$= 846 \text{ kN/cm}^2$	Tab. 24.1

Querschnittswerte

Flächenmoment 2. Grades

$I_{y(z)} = 14 \cdot 14^3 /12 \qquad = 3\,201 \text{ cm}^4$

Widerstandsmoment

$W_{y(z)} = 14 \cdot 14^2/6 \qquad = 457 \text{ cm}^3$

Kritische Last

$N_{crit} = \pi^2 \cdot 846 \cdot 3\,201/250^2 \qquad = 428$ kN — Gl. (24.3)

Vergrößerungsfaktor

$$\alpha = \frac{1}{1 - \frac{155{,}4}{428}} \qquad = 1{,}57$$ Gl. (24.1)

Bemessungswert des Biegemomentes nach Theorie II. Ordnung

$M^{II} = 155{,}4 \cdot 0{,}625 \cdot 1{,}57 \qquad = 152{,}5$ kNcm — Gl. (24.4)

Bemessungswerte der Druck- und Biegefestigkeiten

Charakteristische Druck- und Biegefestigkeiten für Nadelvollholz C24:		Tab. 7.3
$f_{c,0,k} = 21 \text{ N/mm}^2$	$= 2{,}1 \text{ kN/cm}^2$	
$f_{m,k} \; = 24 \text{ N/mm}^2$	$= 2{,}4 \text{ kN/cm}^2$	

Tab. 8.2 Teilsicherheitsbeiwert für Holz

$\gamma_M =$ $= 1{,}3$

Gl. (8.5) Bemessungswerte der Druck- und Biegefestigkeit in Faserrichtung für die maßgebende Lastkombination (mittel)

$f_{c,0,d} = 0{,}8 \cdot 2{,}1/1{,}3$ $= 1{,}29\ \text{kN/cm}^2$

$f_{m,d} = 0{,}8 \cdot 2{,}4/1{,}3$ $= 1{,}48\ \text{kN/cm}^2$

Nachweis für die maßgebende Lastkombination

Tab. 24.4

$$\left(\frac{155{,}4/(14 \cdot 14)}{1{,}29}\right)^2 + \frac{152{,}5/457}{1{,}48} = 0{,}38 + 0{,}23 \qquad = 0{,}61 < 1$$

Anmerkungen zu Beispiel 27.9

Abschn. 24.2.2
Gl. (16.9)

- übertragen Druckstäbe hohe ständige Lasten (Bemessungswert des ständigen und des quasi-ständigen Lastanteils > 70% der Gesamtlast) und sind sie den Bedingungen der Nutzungsklassen 2 oder 3 ausgesetzt, ist der Kriecheinfluss durch Abminderung des Elastizitätsmoduls in der Gl. für die kritische Last N_{crit} zu berücksichtigen,

Abschn. 16.2
Abschn. 24.3

- der vorliegende Druckstab wird im Beispiel 27.8 auch mit dem Ersatzstabverfahren nachgewiesen, im Vergleich ist der Nachweis mit Theorie II. Ordnung für dieses Beispiel günstiger als derjenige mit dem Ersatzstabverfahren.

27.10 Nachweis eines parallelgurtigen Biegeträgers aus Brettschichtholz

27.10.1 Konstruktive Ausbildung und Einwirkungen

Biegestab, einaxiale Biegung (einfache Biegung)

Einfeldträger aus Brettschichtholz aus Nadelholz,
Deckenträger eines Bürogebäudes,

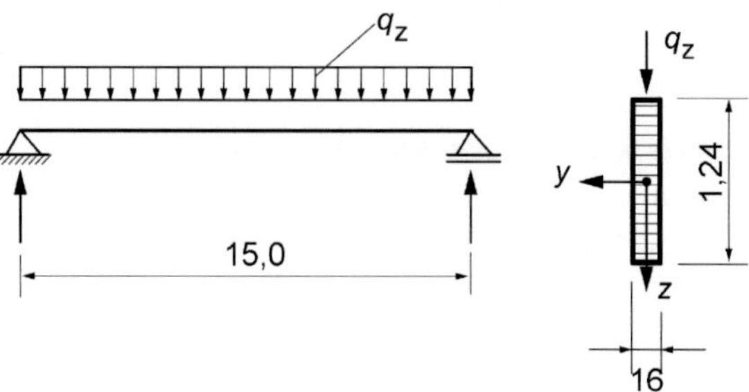

Bild 27.11 Biegeträger, einfache (einaxiale) Biegung

Nutzungsklasse (NKL) 1 Abschn. 7.3.1

gewählt:
Kombiniertes Brettschichtholz aus Nadelholz
GL30c,
b/h = 16/124 cm

Einwirkungen
Charakteristische Werte der Linienlasten
aus Statischer Berechnung (hier nicht dargestellt): Abschn. 9.1
$q_{z,g,k}$ = 7,2 kN/m aus ständiger Last g Tab. 7.15
einschl. Eigengewicht des Biegeträgers
$q_{z,p,k}$ = 6,5 kN/m aus Nutzlast p (Deckenlast)

Bemessungswerte der Linienlasten
$q_{z,g,d}$ = 1,35 · 7,2 = 9,72 kN/m aus ständiger Last g Gl. (8.4)
$q_{z,p,d}$ = 1,50 · 6,5 = 9,75 kN/m aus Nutzlast p Tab. 8.1
$q_{z,d}$ = 9,72 + 9,75 = 19,5 kN/m aus ständiger - und Nutzlast

27.10.2 Nachweis der Querschnittstragfähigkeit des parallelgurtigen Biegeträgers

Modifikationsbeiwerte (für Brettschichtholz und NKL 1) Abschn. 17.1.1
beheizter Aufenthaltsraum (Bürohausdecke) Tab. 7.12

Lasteinwirkungsdauer: „ständig“ für ständige Last (Eigenlast) Tab. 7.14
„mittel“ für Nutzlast Tab. 7.15

Modifikationsbeiwerte
k_{mod} = 0,6 für ständige Lasteinwirkungsdauer Tab. 7.16
= 0,8 für mittlere Lasteinwirkungsdauer (Bürohausdecke)

Maßgebende Lastkombination
$q_{z,g,d}/k_{mod}$ = 9,72/0,6 = 16,2 ständige Last Abschn. 7.4.1
$q_{z,d}/k_{mod}$ = 19,5/0,8 = 24,4 ständige - und Nutzlast (maßgebend)

Für die Bemessung ist $q_{z,d}$ = 19,5 kN/m zu verwenden.

Bemessungswerte der Schnittgrößen
für die maßgebende Lastkombination
Einfeldträger mit Stützweite $l = 15{,}0$ m

$M_{y,max,d} = 19{,}5 \cdot 15{,}0^2/8 \quad = 548{,}4$ kNm

$A_d = B_d = Q_d = 19{,}5 \cdot 15{,}0/2 \quad = 146{,}3$ kN

Erhöhen der charakteristischen Biegefestigkeit

Abschn. 17.1.2 Flachkantbiegung der Lamellen bei Brettschichtholz
Trägerhöhe $h = 124$ cm > 60 cm,
Erhöhen nicht zulässig $\quad k_h = 1$

Bemessungswerte der Biegefestigkeit

Tab. 7.5 Charakteristische Biegefestigkeit für Brettschichtholz aus Nadelholz GL30c

$f_{m,k} = 30$ N/mm^2 $\quad = 3{,}0$ kN/cm^2

Tab. 8.2 Teilsicherheitsbeiwert für Holz

$\gamma_M = \quad = 1{,}3$

Bemessungswert der Biegefestigkeit

Gl. (8.5) für die maßgebende Lastkombination (mittel)

$f_{m,y,d} = 0{,}8 \cdot 3{,}0/1{,}3 \quad = 1{,}85$ kN/cm^2

Nutzbares Widerstandsmoment

$W_y = W_{y,n} = 16 \cdot 124^2/6 \quad = 41\,000$ cm^3

Gl. (17.1) **Nachweis der Querschnittstragfähigkeit für Biegung**

$$\frac{\sigma_{m,y,d}}{f_{m,y,d}} = \frac{M_{y,d}/W_{y,n}}{f_{m,y,d}} = \frac{54840/41000}{1{,}85} = 0{,}72 \leq 1$$

27.10.3 Nachweis des Biegedrillknickens (Kippens) mit dem Ersatzstabverfahren für den parallelgurtigen Biegeträger

Aussteifung des Biegeträgers

Abschn. 17.2.1
Bild 17.9

- Gabellagerung an beiden Auflagern,
- Biegeträger wird am Obergurtrand durch zwei Einzelabstützungen (und diese durch eine Aussteifungskonstruktion) seitlich unverschieblich gehalten

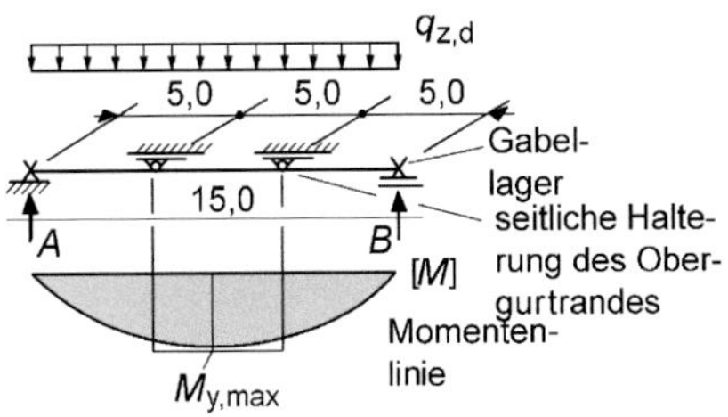

Bild 27.12 Biegeträger, Biegedrillknick- (Kipp-)stabilität; seitliche Halterung des Biegedruckbereiches

Aussteifungsabstand
(Länge des seitlich nicht gehaltenen Biegedruckbereiches)
$a = 5{,}0 \text{ m} = 500 \text{ cm}$

Momentenverlauf im mittleren Biegeträgerbereich
(innerhalb des mittleren Aussteifungsabstandes $a = 5$ m)

- in guter Näherung wird ein Einfeldträgers mit Gleichlast angenommen,
- Ursache des jedoch nahezu konstanten Momentenverlaufes ist eine Gleichlast und keine reine Biegung, — Bild 17.14a, Abschn. 17.2.6
- die Gleichlast greift am „oberen" Druckgurtrand an, deshalb sollte das zusätzlich auftretende Torsionsmoment berücksichtigt werden

Charakteristische Steifigkeitskennwerte für kombiniertes Brettschichtholz aus Nadelholz GL30c

$E_{0,05} = 10800 \text{ N/mm}^2 = 1080 \text{ kN/cm}^2$ — Tab. 7.5
$E_{mean} = 13000 \text{ N/mm}^2 = 1300 \text{ kN/cm}^2$
$G_{05} = 540 \text{ N/mm}^2 = 54 \text{ kN/cm}^2$
$G_{mean} = 650 \text{ N/mm}^2 = 65 \text{ kN/cm}^2$

Ersatzstablänge l_{ef} (wirksame Länge, Kipplänge)

- in diesem Beispiel wird die Ersatzstablänge l_{ef} alternativ mit dem vereinfachten und genaueren Verfahren berechnet, um beide Verfahren vorzustellen, — Tab. 17.8 und 17.9
- in einer statischen Berechnung ist jedoch nur ein Verfahren - erforderlich, das der Tragwerksplaner auswählen sollte

a) Berechnung der Ersatzstablänge l_{ef} (wirksamen Länge, Kipplänge) nach dem genaueren Verfahren — Tab. 17.9

Kipplängenbeiwerte
für gabelgelagerten Einfeldträger mit Gleichlast — Tab. 17.10
$a_1 = 1{,}13$ und $a_2 = 1{,}44$

Biegesteifigkeit B und Torsionssteifigkeit T für den Rechteckquerschnitt

Tab. 17.9 $E_d = E = E_{mean}/\gamma_M = 1300/1{,}3 = 1000\ \text{kN/cm}^2$

$G_d = G = G_{mean}/\gamma_M = 65/1{,}3 = 50\ \text{kN/cm}^2$

$B = E \cdot b^3 \cdot h/12 = 1000 \cdot 16^3 \cdot 124/12 = 42{,}33 \cdot 10^6\ \text{kNcm}^2$

$T \cong G \cdot b^3 \cdot h/3 = 50 \cdot 16^3 \cdot 124/3 = 8{,}47 \cdot 10^6\ \text{kNcm}^2$

Bild 27.11 Abstand a_z des Lastangriffs vom Schubmittelpunkt M

Tab. 17.9 $a_z = h/2 = 124/2 = 62\ \text{cm}$

Bild 27.12 Länge l des Aussteifungsbereiches

$l = 500\ \text{cm}$

Ersatzstablänge (wirksame Länge, Kipplänge) nach dem genaueren Verfahren

Tab. 17.9 für den mittleren Aussteifungsabstand

$$l_{ef} = \frac{500}{1{,}13 \cdot \left[1 - 1{,}44 \cdot \frac{62}{500} \cdot \sqrt{\frac{42{,}33}{8{,}47}}\right]} = 736\ \text{cm}$$

Tab. 17.8 **b) Berechnung der Ersatzstablänge l_{ef} (wirksamen Länge, Kipplänge) nach dem vereinfachten Verfahren**

wirksame Länge l_{ef} für Biegeträger

einfach unterstützt mit Gleichlast im mittleren Biegeträgerbereich

$l_{ef} = 0{,}9 \cdot l$

Lastangriff am (oberen) Druckrand

l_{ef} um $2 \cdot h$ erhöhen mit h als Querschnittshöhe

Tab. 17.8 **Ersatzstablänge (wirksame Länge, Kipplänge) nach dem vereinfachten Verfahren**

für den mittleren Aussteifungsabstand

$l_{ef} = 0{,}9 \cdot l + 2 \cdot h = 0{,}9 \cdot 500 + 2 \cdot 124 = 698\ \text{cm}$

Anmerkung:

- die Ersatzstablänge nach dem vereinfachten Verfahren ist mit $l_{ef} = 698$ cm kleiner und rechnerisch einfacher zu ermitteln als nach dem genaueren Verfahren mit $l_{ef} = 736$ cm, das jedoch eine Biegedrillknick- (Kipp-)situation in der Regel eingehender abbildet,
- im Folgenden wird mit der Ersatzstablänge $l_{ef} = 736$ cm gerechnet

Bezogener Kippschlankheitsgrad $\lambda_{rel,m}$ für Biegeträger — Abschn. 17.2.5

- der Kippschlankheitsgrad $\lambda_{rel,m}$ wird hinreichend genau für Biegeträger mit Rechteckquerschnitt ermittelt, da ein Brettschichtträger mit üblichen Abmessungen vorliegt, — Tab 17.3, Zeile 2b
- $\lambda_{rel,m}$ wird nicht für Biegeträger aus Nadelvollholz mit vollem Rechteckquerschnitt ermittelt, da bei Brettschichtholz aus Nadelholz andere Steifigkeitsverhältnisse als bei Nadelvollholz vorliegen — Tab 17.3, Zeile 2c, Abschn. 17.2.5

Empfehlung:
Überprüfen, ob das Produkt der Steifigkeiten ($E_{0,05} \cdot G_{05}$) in der Gl. für $l_{rel,m}$ abgemindert werden sollte (Kriecheinfluss): — Abschn. 17.2.5, Tab 17.3
Nutzungsklasse 1, deshalb keine Abminderung notwendig

Berechnung des bezogenen Kippschlankheitsgrads für Biegeträger mit Rechteckquerschnitt — Tab. 17.3, Zeile 2b

bei Brettschichtholz darf das Produkt ($E_{0,05} \cdot G_{05}$) mit dem Faktor 1,4 erhöht werden

$$\lambda_{rel,m} = \sqrt{\frac{736 \cdot 124}{\pi \cdot 16^2}} \cdot \sqrt{\frac{3,0}{\sqrt{1,4 \cdot 1080 \cdot 54}}} = 1,092$$ — $f_{m,k}$ für GL30c

Kippbeiwert — Tab. 17.3

$k_{crit} = 1,56 - 0,75 \cdot 1,092 \qquad = 0,741$

oder aus Tabelle — Tab. 17.4

Nachweis des Biegedrillknickens (Kippens)

mit dem Ersatzstabverfahren — Abschn. 17.2.1
weitere Größen s. oben — Abschn. 27.10.2

$$\frac{\sigma_{m,d}}{k_{crit} \cdot f_{m,d}} = \frac{M_{y,d}/W_{y,n}}{k_{crit} \cdot f_{m,y,d}} = \frac{54840/41000}{0,741 \cdot 1,85} = 0,98 \le 1$$ — Gl. (17.11)

27.10.4 Nachweis der Gebrauchstauglichkeit für den - parallelgurtigen Biegeträger

Einwirkungen

Die Nachweise der Gebrauchstauglichkeit sind mit den charakteristischen Einwirkungen zu führen. — Abschn. 25.2.1

Bemessungs- und charakteristische Werte der Linienlasten — Abschn. 27.10.1
$q_{z,g,d} = q_{z,g,k} =$ 7,2 kN/m aus ständiger Last g
$q_{z,p,d} = q_{z,p,k} =$ 6,5 kN/m aus Nutzlast p (Büro-Deckenlast)

Querschnittswerte
Flächenmoment 2. Grades
$I_y = 16 \cdot 124^3/12$ $= 2\,542\,000\ \text{cm}^4$

Überhöhung
Abschn. 25.3.4 parabelförmige Überhöhung des Biegeträgers aus Brettschichtholz, - gewählt in Feldmitte:
$w_c = 4{,}0$ cm

Tab. 7.17 **Verformungsbeiwert** (für Brettschichtholz und NKL 1)
$k_{def} = 0{,}6$ für ständige Lasteinwirkungsdauer

Kombinationsbeiwert
Tab. 9.3 für Nutzlasten, Büros (Kategorie B)
$\psi_2 = 0{,}3$

Berücksichtigung von Schubverformungen
(Durchbiegungen infolge Schub aus Querkraft)
Tab. 25.3 Spannweitenverhältnis $l/h = 15{,}0\,/1{,}24 = 12{,}1 < 15$
Schubverformungen ggfls. nicht vernachlässigbar

Charakteristische Steifigkeitskennwerte
Tab. 7.5 für kombiniertes Brettschichtholz aus Nadelholz GL30c
$E_{0,mean} = 13\,000\ \text{N/mm}^2$ $= 1300\ \text{kN/cm}^2$
$G_{mean} = 650\ \text{N/mm}^2$ $= 65\ \text{kN/cm}^2$

Elastische Anfangsdurchbiegungen
infolge Biegemoment M
Tab. 25.1 aus ständiger Last

$$w_{inst,G,m} = \frac{5}{384} \cdot \frac{0{,}072 \cdot 1500^4}{1300 \cdot 2542000} = 1{,}44\ \text{cm}$$

Tab. 25.1 aus Nutzlast (Deckenlast)
$w_{inst,Q,m} = 1{,}44 \cdot 6{,}5/7{,}2$ $= 1{,}30$ cm

infolge Schub aus Querkraft V
Tab. 25.1 aus ständiger Last

$$w_{inst,G,V} = 1{,}2 \cdot \frac{0{,}072 \cdot 1500^2}{8 \cdot 65 \cdot 16 \cdot 124} = 0{,}19\ \text{cm}$$

Tab. 25.1 aus Nutzlast (Deckenlast)
$w_{inst,Q,V} = 0{,}19 \cdot 6{,}5/7{,}2$ $= 0{,}17$ cm

elastische Anfangsdurchbiegungen
aus ständiger Last

$w_{inst,G} = w_{inst,G,m} + w_{inst,G,V} = 1{,}44 + 0{,}19 \qquad = 1{,}63$ cm — Tab. 25.2

aus Nutzlast (Deckenlast)

$w_{inst,Q} = w_{inst,Q,m} + w_{inst,Q,V} = 1{,}30 + 0{,}17 \qquad = 1{,}47$ cm

Elastische Enddurchbiegung

aus ständiger Last — Tab. 25.1 und 25.2

$w_{fin,G} = w_{inst,G} \cdot (1 + k_{def})$

$= 1{,}63 \cdot (1 + 0{,}6) \qquad = 2{,}61$ cm

Kombinationen und Nachweise der Durchbiegungen — Tab. 25.2

Anfangsverformung (Anfangsdurchbiegung) w_{inst} in der charakteristischen Kombination
(Vermeiden von Schäden an nachgeordneten Bauteilen)

für eine ständige (G) und eine veränderliche (Q) Last
Anfangsdurchbiegung, gesamt

$w_{inst} = w_{inst,G} + w_{inst,Q}$ — Tab. 25.2

$= 1{,}63 + 1{,}47 \qquad = 3{,}10$ cm

Empfohlener Grenzwert für $w_{inst,grenz}$ und überhöhte Bauteile — Tab. 25.4

$w_{inst,grenz} = l/200 = 1500/200 \qquad = 7{,}5$ cm

Nachweis

$w_{inst} / w_{inst,grenz} = 3{,}10 / 7{,}5 \qquad = 0{,}41 < 1$

Endverformung (Enddurchbiegung) w_{fin} für Tragwerke aus Bauteilen mit gleichem Kriechverhalten
(Vermeiden von Schäden an nachgeordneten Bauteilen)

für eine ständige (G) und eine veränderliche (Q) Last
Enddurchbiegung, gesamt

$w_{fin} = w_{fin,G} + w_{fin,Q}$ — Tab. 25.2

$= w_{inst,G} \cdot (1 + k_{def}) + w_{inst,Q} \cdot (1 + \psi_2 \cdot k_{def})$

$= 1{,}63 \cdot (1 + 0{,}6) + 1{,}47 \cdot (1 + 0{,}3 \cdot 0{,}6)$

$= 2{,}61 + 1{,}73 \qquad = 4{,}34$ cm

Empfohlener Grenzwert für $w_{fin,grenz}$ und überhöhte Bauteile — Tab. 25.4

$w_{fin,grenz} = l/150 = 1500/150 \qquad = 10{,}0$ cm

Nachweis

$w_{fin} / w_{fin,grenz}$ $= 4{,}34 / 10{,}0$ $= 0{,}43 < 1$

Gesamte Endverformung (gesamte Enddurchbiegung) $w_{net,fin}$
(Sicherstellen des optischen Erscheinungsbildes)

für eine ständige (G) und eine veränderliche (Q) Last
Enddurchbiegung, gesamt

Tab. 25.2
$$w_{net,fin} = w_{net,fin,G} + w_{net,fin,Q} - w_c$$
$$= w_{inst,G} \cdot (1 + k_{def}) + \psi_2 \cdot w_{inst,Q} \cdot (1 + k_{def}) - w_c$$
$$= 1{,}63 \cdot (1 + 0{,}6) + 0{,}3 \cdot 1{,}47 \cdot (1 + 0{,}6) - 4{,}0$$
$$= 2{,}61 + 0{,}71 - 4{,}0 = -0{,}68 \text{ cm} \qquad = -0{,}7 \text{ cm}$$

Tab. 25.4 Empfohlener Grenzwert für $w_{net,fin,grenz}$ und überhöhte Bauteile

$w_{net,fin,grenz} = l/250 = 1500/250$ $= 6{,}0$ cm

Nachweis

$w_{net,fin} / w_{net,fin,grenz}$ $= -0{,}7/6{,}0$ $< 0{,}0 < 1$

Weitere notwendige Nachweise

Abschn. 17.3.1,2 werden hier nicht ausgeführt z.B.:

Abschn. 18.1
- Nachweis der Auflager (Auflagerpressung und Gabellager)

oder Abschnitt 27.11.5 sinngemäß
- Nachweis für Schub aus Querkraft

Anmerkungen zu Beispiel 27.10

Abschn.17.2.1
- der Nachweis der Querschnittstragfähigkeit nach Abschn. 27.10.2 hätte im vorliegenden Beispiel nicht geführt werden müssen, da $k_{crit} < 1$ und somit der Nachweis des Biegedrillknickens (Kippens) nach Abschn. 27.10.3 maßgebend wird,

Tab. 17.9, Tab. 17.10
- der Nachweis des Biegedrillknickens (Kippens) in den beiden äußeren Aussteifungsabständen nach Bild 27.12 ist nicht erforderlich, da deren Ersatzstablängen l_{ef} und Momente M kleiner werden als im mittleren Aussteifungsabstand; in den beiden äußeren Aussteifungsabständen kann näherungsweise ein dreieckförmiger Biegemomentenverlauf angenommen werden,

Abschn. 1.8.3, Abschn. 1.9.4
- mit den rechnerischen Durchbiegungen nach Abschn. 27.10.4 kann die Wirklichkeit in Biegeträgern für die Praxis hinreichend genau abgebildet werden, jedoch: Die vorhandenen Durchbiegungen können von den rechnerischen abweichen und innerhalb bestimmter Grenzen kleiner oder größer ausfallen, da einerseits die Steifigkeitswerte (E- und G- Module) Rechenwerte sind, d.h. Mittelwerte aus vielen Versuchen, die im Biegeträger wirklich vorhandenen Steifigkeitswerte können zulässigerweise über oder unter den Rechenwerten liegen, und da andererseits die rechnerischen Annahmen über das Kriechverhalten mit k_{def} und ψ_2 ebenfalls Mittelwerte sind, die auch von den wirklichen Kriechverformungen zulässigerweise nach oben und nach unten abweichen können.

27.11 Nachweis eines Satteldachträgers aus Brettschichtholz

27.11.1 Konstruktive Ausbildung und Einwirkungen

Satteldachträger mit geradem Untergurt, einfache (einaxiale) - Biegung

Einfeldträger aus Brettschichtholz für ein Hallendach

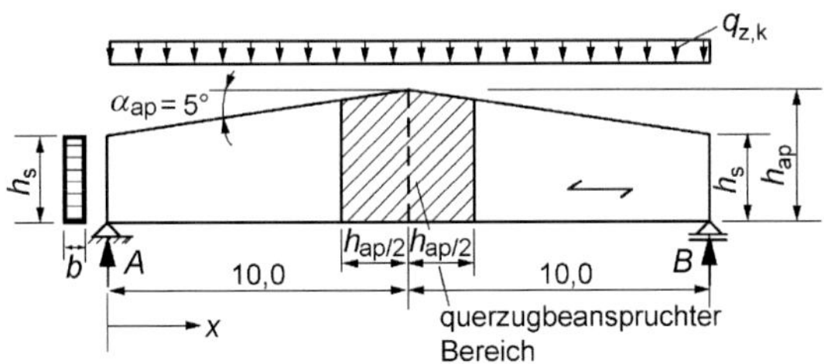

Bild 27.13 Satteldachträger mit geradem Untergurt, einfache (einaxiale) Biegung

Beheizte Halle, Nutzungsklasse (NKL) 1 — Abschn. 7.3.1

gewählt:

Kombiniertes Brettschichtholz aus Nadelholz GL28c,
$b/h_s/h_{ap}$ = 18/60/147 cm, Obergurtneigung $\alpha_{ap} = 5°$

Einwirkungen

Charakteristische Werte der Linienlasten — Abschn. 9.1
aus Statischer Berechnung (hier nicht dargestellt): — Abschn. 8.2.3
$q_{z,g,k}$ = 4,65 kN/m aus ständiger Last g
$q_{z,s,k}$ = 3,75 kN/m aus Schneelast s (Orte bis NN + 1000 m) — Tab. 7.15

Bemessungswerte der Linienlasten — Gl. (8.4)
$q_{z,g,d} = 1{,}35 \cdot 4{,}65 = 6{,}28$ kN/m aus ständiger Last g — Tab. 8.1
$q_{z,s,d} = 1{,}50 \cdot 3{,}75 = 5{,}63$ kN/m aus Schneelast s

27.11.2 Schnittgrößen und maßgebende - Lastkombination des Satteldachträgers

Querschnittsmaße
gewählt:
Querschnittsmaße an den Auflagern
$b/h_s = 18/60$ cm

Tab. 20.9 Trägerhöhe im Firstquerschnitt (ap)
$h_{ap} = h_s + 0{,}5 \cdot l \cdot \tan \alpha_{ap} = 0{,}60 + 10{,}0 \cdot \tan 5° = 1{,}47$ m

Tab. 20.1 und 20.9 Stelle $\bar{x}$ der maximalen Biegespannung

$$\bar{x} \cdot \frac{h_s \cdot l}{2 \cdot h_{ap}} = \frac{0{,}60 \cdot 20{,}0}{2 \cdot 1{,}47} \qquad = 4{,}08 \text{ m}$$

Tab. 20.9 Trägerhöhe an der Stelle $\bar{x}$
$h_{\bar{x}} = 0{,}60 + 4{,}08 \cdot \tan 5°$ $= 0{,}95$ m

Nutzbare Widerstandsmomente
$W_{\bar{x},y} = 18 \cdot 95^2/6$ $= 27\,080$ cm^3
$W_{ap,y} = 18 \cdot 147^2/6$ $= 64\,830$ cm^3

Bemessungswerte der Schnittgrößen
Auflagerkräfte
$A_{g,d} = B_{g,d} = 6{,}28 \cdot 20{,}0/2 = 62{,}8$ kN aus ständiger Last g
$A_{s,d} = B_{s,d} = 5{,}63 \cdot 20{,}0/2 = 56{,}3$ kN aus Schneelast s
$A_d = B_d = 62{,}8 + 56{,}3 = 119{,}1$ kN aus Gesamtlast

maximale Biegemomente im Firstquerschnitt
$M_{ap,g,d} = 6{,}28 \cdot 20{,}0^2/8 = 314{,}0$ kNm aus ständiger Last g
$M_{ap,s,d} = 5{,}63 \cdot 20{,}0^2/8 = 281{,}5$ kNm aus Schneelast s
$M_{ap,d} = 314{,}0 + 281{,}5 = 595{,}5$ kNm aus Gesamtlast

Biegemomente an der Stelle $\bar{x}$ (maximale Biegespannung)
$M_{\bar{x},g,d} = 62{,}8 \cdot 4{,}08 - 6{,}28 \cdot 4{,}08^2/2$ $= 204{,}0$ kNm
$M_{\bar{x},s,d} = 56{,}3 \cdot 4{,}08 - 5{,}63 \cdot 4{,}08^2/2$ $= 182{,}8$ kNm
$M_{\bar{x},d} = 204{,}0 + 182{,}8$ $= 386{,}8$ kNm

Modifikationsbeiwerte (für Brettschichtholz und NKL 1), beheizte Halle (Hallendachträger) — Tab. 7.12

Lasteinwirkungsdauer: „ständig" für ständige Last (Eigenlast) — Tab. 7.14
„kurz" für kurze Lasteinwirkungsdauer — Tab. 7.15
(Schneelast, Orte bis NN + 1000 m)

Modifikationbeiwerte
k_{mod} = 0,6 für ständige Lasteinwirkungsdauer — Tab. 7.16
= 0,9 für kurze Lasteinwirkungsdauer
(Schneelast, Orte bis NN + 1000 m)

Maßgebende Lastkombination
$M_{ap,g,d}/k_{mod} = 314{,}0/0{,}6 = 523{,}3$ ständige Last g — Abschn. 7.4.1
$M_{ap,d}/k_{mod} = 595{,}5/0{,}9 = 661{,}7$ ständige- und Schneelast (maßgebend)
Für die Bemessung ist $M_{ap,d}$ = 595,5 kNm zu verwenden.

Bemessungswerte der Festigkeiten
Charakteristische Festigkeiten für Brettschichtholz aus Nadelholz GL28c — Tab. 7.5

$f_{m,k} = 28{,}0$ N/mm² = 2,80 kN/cm² (Biegung)
$f_{t,90,k} = 0{,}5$ N/mm² = 0,05 kN/cm² (Querzug)
$f_{c,90,k} = 2{,}5$ N/mm² = 0,25 kN/cm² (Querdruck)
$f_{v,k} = 3{,}5$ N/mm² = 0,35 kN/cm² (Schub)

Teilsicherheitsbeiwert für Holz — Tab. 8.2
$\gamma_M = 1{,}3$

Bemessungswerte der Festigkeiten: — Gl. (8.5)
$f_{m,y,d} = 0{,}9 \cdot 2{,}80/1{,}3 = 1{,}94$ kN/cm² (Biegung)
$f_{t,90,d} = 0{,}9 \cdot 0{,}05/1{,}3 = 0{,}035$ kN/cm² (Querzug)
$f_{c,90,d} = 0{,}9 \cdot 0{,}25/1{,}3 = 0{,}173$ kN/cm² (Querdruck)
$f_{v,d} = 0{,}9 \cdot 0{,}35/1{,}3 = 0{,}242$ kN/cm² (Schub)

Erhöhen der charakteristischen Biegefestigkeit
Flachkantbiegung der Lamellen bei Brettschichtholz
Trägerhöhen $h > 60$ cm, Erhöhen nicht zulässig, — Abschn. 17.1.2
$k_h = 1$

27.11.3 Nachweis der maximalen Biegebeanspruchung des Satteldachträgers

Abschn. 20.3.1 **Querschnittstragfähigkeit für Biegung an der Stelle $\overline{x}$**

Nachweis der Spannungen am Rand parallel zur Faser

Tab. 20.4 Biegezug an der Stelle $\overline{x}$ am unteren faserparallelen Rand

$$\sigma_{m,0,\overline{x},d} = \frac{38680}{27080} \qquad = 1{,}43\ \text{kN/cm}^2$$

Tab. 20.4 Nachweis

$$\frac{\sigma_{m,0,\overline{x},d}}{f_{m,y,d}} = \frac{1{,}43}{1{,}94} \qquad = 0{,}74 \leq 1$$

Nachweis der Spannungen am Rand schräg zur Faser

Biegedruck an der Stelle $\overline{x}$ am oberen geneigten Rand

Tab. 20.4 Neigungswinkel des Randes

$\alpha_{ap} = 5° \leq 24°$ (Bedingung für Bemessungsgleichungen)

Tab. 20.4 Beiwert $k_{m,\alpha,c}$ im Biegedruckbereich

$$k_{m,\alpha,c} = 1 \Big/ \sqrt{1 + \left(\frac{1{,}94}{1{,}5 \cdot 0{,}242} \cdot \tan 5°\right)^2 + \left(\frac{1{,}94}{0{,}173} \cdot \tan^2 5°\right)^2} \qquad = 0{,}903$$

Tab. 20.4 Nachweis

$$\frac{\sigma_{m,0,\overline{x},d}}{k_{m,\alpha} \cdot f_{m,d}} = \frac{M_{\overline{x},d} / W_{\overline{x},y}}{k_{m,\alpha,c} \cdot f_{m,d}} = \frac{38680/27080}{0{,}903 \cdot 1{,}94} \qquad = 0{,}82 \leq 1$$

27.11.4 Nachweis des Firstquerschnitts des Satteldachträgers

Abschn. 20.3.1 **Querschnittstragfähigkeit im Firstquerschnitt**

Maximale Biegerandspannungen

Längsrandspannungen am unteren faserparallelen Rand

(Biegespannungen)

Tab. 20.5 Neigungswinkel des Randes

$\alpha_{ap} = 5° \leq 24°$ (Bedingung für Bemessungsgleichungen)

Biegespannungen — Tab. 20.5

$$\sigma_{\mathrm{m,ap,d}} = (1+1{,}4\cdot\tan 5° + 5{,}4\cdot\tan^2 5°)\cdot\frac{59550}{64830} \qquad = 1{,}069\ \mathrm{kN/cm^2}$$

Nachweis — Tab. 20.5

$$\frac{\sigma_{\mathrm{m,ap,d}}}{f_{\mathrm{m,y,d}}} = \frac{1{,}069}{1{,}94} \qquad = 0{,}55 \le 1$$

Maximale Zugspannungen rechtwinklig zur Faser im First
(Querzugspannungen)

Querzugspannungen im Firstbereich — Tab. 20.5

$$\sigma_{\mathrm{t,90,ap,d}} = 0{,}2\cdot\tan 5°\cdot\frac{59550}{64830} \qquad = 0{,}0161\ \mathrm{kN/cm^2}$$

Querzugbeanspruchtes Volumen V im Firstquerschnitt — Tab. 20.5
Stelle $x_{\mathrm{hap/2}}$ an der Trägerhöhe $h_{\mathrm{hap/2}}$
$x_{\mathrm{hap/2}} = l/2 - h_{\mathrm{ap}}/2 = 20{,}0/2 - 1{,}47/2 \qquad = 9{,}27\ \mathrm{m}$ — Bild in Tab. 20.5

Trägerhöhe $h_{\mathrm{hap/2}}$ an der Stelle $x_{\mathrm{hap/2}}$
$h_{\mathrm{hap/2}} = 0{,}60 + 9{,}27\cdot\tan 5° \qquad = 1{,}41\ \mathrm{m}$

Querzugbeanspruchtes Volumen
$V = b\cdot[h_{\mathrm{ap}}^2 - (h_{\mathrm{ap}} - h_{\mathrm{ap/2}})\cdot h_{\mathrm{ap}}/2]$
$\quad - 0{,}18\cdot[1{,}47^2 - (1{,}47 - 1{,}41)\cdot(1{,}47/2)] \qquad = 0{,}381\ \mathrm{m^3}$
$\quad \le 2\cdot V_{\mathrm{b}}/3$
mit V_{b} als Gesamtvolumen des Satteldachträgers

Bezugsvolumen V_0
$V_0 = \qquad = 0{,}01\ \mathrm{m^3}$

Nachweis — Tab. 20.5

$$\frac{0{,}0161}{1{,}4\cdot(0{,}01/(0{,}381))^{0,2}\cdot 0{,}035} \qquad = 0{,}68 \le 1$$

Kombinierte Beanspruchung aus Querzug und Schub — Tab. 20.5
Schubspannungen im Firstbereich (im Beispiel)
$\tau_{\mathrm{d}} = 0$

Ein gesonderter Nachweis ist im Beispiel nicht erforderlich, Ausnutzungsgrad $\eta = 0{,}68$ wie beim Nachweis der Querzugbeanspruchung.

Konstruktive Verstärkung im Firstbereich
Abschn. 20.3.1 zur Aufnahme zusätzlicher klimatisch bedingter
Abschn. 20.3.2 Querzugspannungen

keine konstruktive Verstärkung im Firstbereich erforderlich, da der Ausnutzungsgrad $\eta = 0{,}68 < 0{,}8$,
jedoch:
Abschn. 20.3.2 In der Baupraxis werden in den querzugbeanspruchten Bereichen aller Satteldachträger seit langem Querzugverstärkungen mit Erfolg eingebaut, unabhängig vom Ausnutzungsgrad.

27.11.5 Nachweis der Schubspannungen am Auflager des Satteldachträgers

Querschnittstragfähigkeit für Schub aus Querkraft
Abschn. 18.4 maximale Querkraft im Beispiel an den Auflagern des Einfeldträgers
Abschn. 27.11.2 $V_{max,d} = A_d = B_d = 119{,}1$ kN aus Gesamtlast

Wirksame Breite b_{ef} in auf Schub beanspruchten Biegebauteilen (Berücksichtigung des Einflusses von (Trocken-)Rissen)

Tab. 18.1 Beiwert k_{cr} für Brettschichtholz
$k_{cr} = 2{,}5/f_{v,k} = 2{,}5/3{,}5$ $= 0{,}714$

Gl. (18.4) wirksame Breite b_{ef}
$b_{ef} = k_{cr} \cdot b = 0{,}714 \cdot 18$ $= 12{,}9$ cm

Gl. (18.2), (18.3) Nachweis für Rechteckquerschnitt

$$\frac{1{,}5 \cdot 119{,}1 / (12{,}9 \cdot 60)}{0{,}242} = 0{,}95 \leq 1$$

Weitere notwendige Nachweise
werden hier nicht ausgeführt z.B.:

Abschn. 17.3.1,2
- Nachweis der Auflager (Auflagerpressung und Gabellager)

Abschn. 20.1.3
- Nachweis des Biegedrillknickens (Kippens)

Abschn. 25.3.2, 25.3.3 oder Abschn. 27.10.4 sinngemäß
- Nachweis der Gebrauchstauglichkeit, falls erforderlich, unter Berücksichtigung der Gl. (25.7) und (25.8)

27.12 Nachweis der Ausklinkung eines Endauflagers Verstärkung mit eingeklebten Gewindestangen oder alternativ mit eingedrehten Vollgewindeschrauben

27.12.1 Konstruktive Ausbildung und Einwirkungen

Verstärkte Ausklinkung des Endauflagers eines Brettschichtträgers
Brettschichtträger in einem Büroraum, Einbaufeuchte $\omega < 15\ \%$

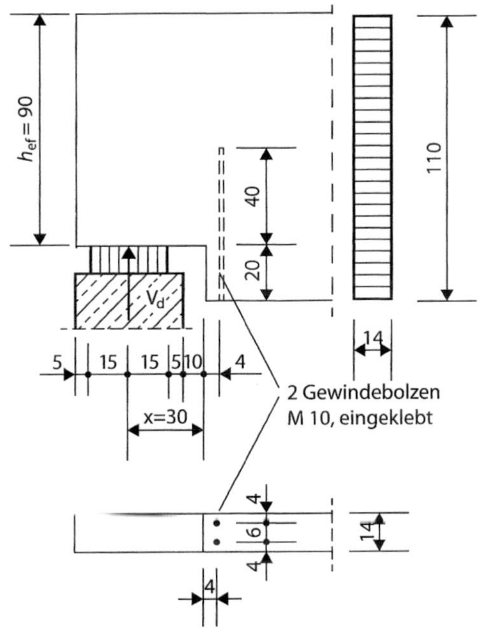

Bild 27.14 Ausklinkung eines Endauflagers aus Brettschichtholz, Verstärkung durch 2 eingeklebte Gewindebolzen (oder alternativ durch 2 Vollgewindeschrauben, s. Abschn. 27.12.6)

Nutzungsklasse (NKL) 1 Abschn. 7.3.1

gewählt:
Kombiniertes Brettschichtholz aus Nadelholz
GL28c

Rechtwinklige Ausklinkung:
$b/h/h_{ef} = 14/110/90$ cm

Verstärkung:
eingeklebte Stahlstäbe, s. Abschn. 27.12.5 oder alternativ
eingedrehte Vollgewindeschrauben, s. Abschn. 27.12.6

Einwirkungen
Charakteristische Auflagerkraft
Abschn. 9.1 aus Statischer Berechnung (hier nicht dargestellt)
Abschn. 8.2.3 $V_{g,k} = 50{,}0$ kN aus ständiger Last g
$V_{p,k} = 35{,}0$ kN aus Nutzlast p (Büro-Deckenlast)

Bemessungswert der Auflagerkraft
Gl. (8.4) $V_{g,d} = 1{,}35 \cdot 50{,}0 \quad = \quad 67{,}5$ kN aus ständiger Last g
Tab. 8.1 $V_{p,d} = 1{,}50 \cdot 35{,}0 \quad = \quad 52{,}5$ kN aus Nutzlast p
$V_d \; = 67{,}5 + 52{,}5 \quad = 120{,}0$ kN aus ständiger - und Nutzlast

27.12.2 Maßgebende Lastkombination und Festigkeiten

Tab. 7.12 **Modifikationsbeiwerte** (für Brettschichtholz und NKL 1),
Ausklinkung in einem Büroraum

Tab. 7.14 Lasteinwirkungsdauer: „ständig" für ständige Last (Eigenlast)
Tab. 7.15 „mittel" für mittlere Lasteinwirkungsdauer
(Nutzlast, Bürodeckenlast)

Modifikationbeiwerte
k_{mod} = 0,6 für ständige Lasteinwirkungsdauer
Tab. 7.16 = 0,8 für mittlere Lasteinwirkungsdauer
(Büro-Deckenlast)

Maßgebende Lastkombination
Abschn. 7.4.1 $V_{g,d}/k_{mod} = \; 67{,}5/0{,}6 = 112{,}5$ ständige Last
$V_d/k_{mod} \; = 120{,}0/0{,}8 = 150$ ständige- und Nutzlast (maßgebend)
Für die Bemessung ist $V_d = 120{,}0$ kN zu verwenden.

Tab. 7.5 **Bemessungswerte der Festigkeiten**
Charakteristische Festigkeiten für GL28c:
$f_{v,k} \; = 3{,}5\ \text{N/mm}^2 = 0{,}35\ \text{kN/cm}^2$ (Schub)
$f_{c,90,k} = 2{,}5\ \text{N/mm}^2 = 0{,}25\ \text{kN/cm}^2$ (Querdruck)

Tab. 8.2 Teilsicherheitsbeiwert für Holz
$\gamma_M = \qquad = 1{,}3$

Bemessungswerte der Festigkeiten

$f_{v,d} = 0{,}8 \cdot 0{,}35/1{,}3 = 0{,}215$ kN/cm² (Schub) Gl. (8.5)

$f_{c,90,d} = 0{,}8 \cdot 0{,}25/1{,}3 = 0{,}154$ kN/cm² (Querdruck)

27.12.3 Nachweis des Endauflagers ohne Ausklinkung (zum Vergleich)

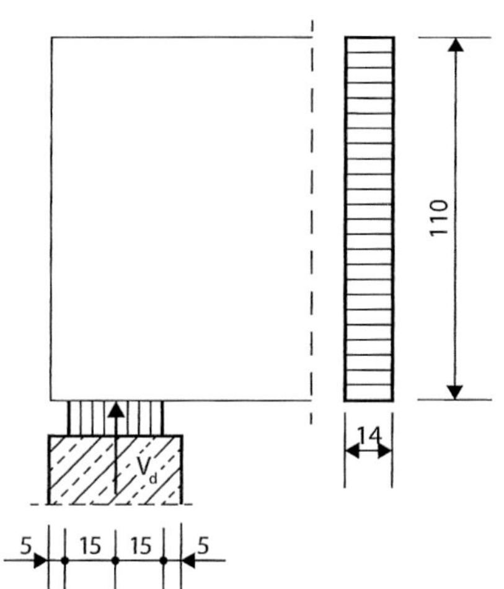

Bild 27.15 Endauflager aus Brettschichtholz ohne Ausklinkung (zum Vergleich)

Nachweis der Auflagerpressung (Querdruck)

Querdruckbeiwert für Brettschichtholz aus Nadelholz und für Auflagerlänge $l = 30$ cm, $l_1 \geq 2 \cdot h$ Abschn. 17.3.1

und Auflagerdruck (Einzellagerung) Tab. 16.1

$k_{c,90}$ $= 1{,}75$

Wirksame Kontaktfläche (Querdruckfläche)

$A_{ef} = (3{,}0 + 30{,}0 + 3{,}0) \cdot 14$ $= 504$ cm² Tab. 16.1

Bemessungswert der Auflagerkraft

$F_{c,90,d} = V_d$ $= 120{,}0$ kN Abschn. 27.12.1,2

Nachweis Gl. (17.32)

$$\frac{\sigma_{c,90,d}}{k_{c,90} \cdot f_{c,90,d}} = \frac{F_{c,90,d}/A_{ef}}{k_{c,90} \cdot f_{c,90,d}} = \frac{120{,}0/504}{1{,}75 \cdot 0{,}154} = 0{,}88 \leq 1$$

Abschn. 18.1 **Nachweis der Querschnittstragfähigkeit für Schub aus Querkraft**

Abschn. 27.12.2 maximale Querkraft am Endauflager

V_d = 120,0 kN aus Gesamtlast

Wirksame Breite b_{ef} in auf Schub beanspruchten Biegebauteilen (Berücksichtigung des Einflusses von (Trocken-)Rissen)

Tab. 18.1 Beiwert k_{cr} für Brettschichtholz

$k_{cr} = 2{,}5/f_{v,k} = 2{,}5/3{,}5$ = 0,714

wirksame Breite b_{ef}

Gl. (18.4) $b_{ef} = k_{cr} \cdot b = 0{,}714 \cdot 14$ = 10,0 cm

Nachweis für den Rechteckquerschnitt

$$\frac{\tau_d}{f_{v,d}} = \frac{1{,}5 \cdot V_d/(b_{ef} \cdot h)}{f_{v,d}} = \frac{1{,}5 \cdot 120{,}0/(10 \cdot 110)}{0{,}215} = 0{,}76 \leq 1$$

27.12.4 Nachweis des Endauflagers mit unverstärkter Ausklinkung

Abschn. 21.1.1 unten rechtwinklige Ausklinkung auf der Auflagerseite

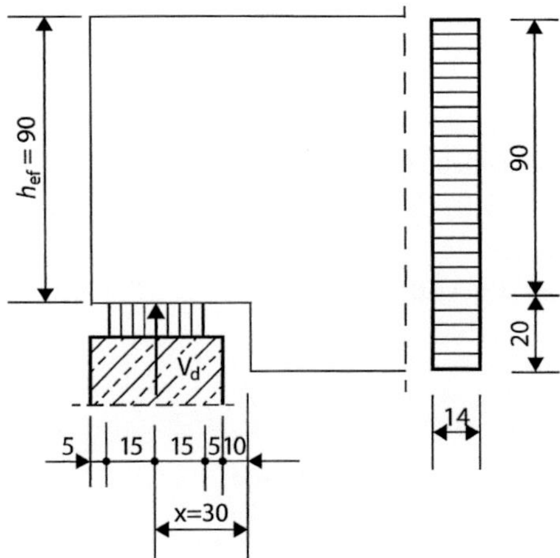

Bild 27.16 Endauflager aus Brettschichtholz mit unverstärkter Ausklinkung

Geometrie der Ausklinkung und Beiwerte Tab. 21.1

Rechtwinklige Ausklinkung

$b/h/h_{ef} = 14/110/90$ cm

Wirksame (reduzierte) Trägerhöhe der Ausklinkung Tab. 21.1

h_{ef} $= 90$ cm

Verhältnis α

$\alpha = h_{ef}/h = 90/110$ $= 0{,}818$

Abstand x der Wirkungslinie der Auflagerkraft und der Ausklinkungsecke in mm Tab. 21.1

x $= 300$ mm Bild 27.16

Beiwerte

$k_n = 6{,}5$ für Brettschichtholz Tab. 21.1

Beiwert k_v

$$k_v = \frac{6{,}5}{\sqrt{1100} \cdot \left(\sqrt{0{,}818 \cdot (1-0{,}818)} + 0{,}8 \cdot \frac{300}{1100} \cdot \sqrt{1/0{,}818 - 0{,}818^2} \right)}$$

$$= \frac{6{,}5}{18{,}18} = 0{,}358$$ Tab. 21.1

Nachweis der unverstärkten Ausklinkung Gl. (21.1)

wirksame Breite b_{ef}

$b_{ef} = k_{cr} \cdot b = 0{,}714 \cdot 14$ $= 10{,}0$ cm Abschn. 27.12.3

Nachweis

$$\frac{\tau_d}{k_v \cdot f_{v,d}} = \frac{1{,}5 \cdot V_d / (b_{ef} \cdot h_{ef})}{k_v \cdot f_{v,d}} = \frac{1{,}5 \cdot 120{,}0/(10 \cdot 90)}{0{,}358 \cdot 0{,}215} = 2{,}60 \geq 1$$ Gl. (21.1)

nicht zulässig,

Ausklinkung muss verstärkt werden!

27.12.5 Nachweis des Endauflagers mit verstärkter - Ausklinkung und eingeklebten Stahlstäben

Abschn. 21.1.2 unten rechtwinklige Ausklinkung, eingeklebte Stahlstäbe

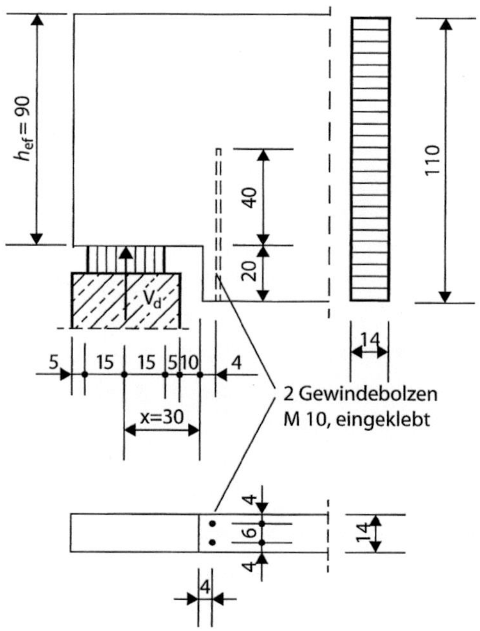

Bild 27.17 Endauflager aus Brettschichtholz mit verstärkter Ausklinkung durch eingeklebte Stahlstäbe

gewählt:
Kombiniertes Brettschichtholz aus Nadelholz
GL28c (wie bisher)

Verstärkung mit eingeklebten Stahlstäben:
Tab. 20.16 2 Gewindebolzen(-stangen) M10
nach DIN 976-1, Festigkeitsklasse 4.8

Bemessungswert der Zugkraft $F_{t,90,d}$ für die Verstärkung
Verhältnis α

$\alpha = h_{ef}/h = 90/110 \quad = 0{,}818$

Tab. 21.2 und 21.14 $F_{t,90,d} = 1{,}3 \cdot 120 \cdot [3 \cdot (1 - 0{,}818)^2 - 2 \cdot (1 - 0{,}818)^3] = 13{,}6\ \text{kN}$

Nachweis der Klebfugenspannung
zwischen Stahlstab und Bohrlochwandung
(Aufnahme der Zugkraft $F_{t,90,d}$)

wirksame Verankerungslänge — Tab. 21.2
$l_{ad} = 200$ mm $= 20$ cm — Bild 27.17

Stahlstabaußendurchmesser (Gewindebolzen) — Tab. 21.2
$d_r = 10$ mm $= 1{,}0$ cm
$\leq d_{r,max} = 20$ mm

Charakteristische Festigkeit der Klebfuge bei einer wirksamen - Einklebelänge (Verankerungslänge) $l_{ad} \leq 250$ mm — ab. 7.11
$f_{k1,k} = 4{,}0$ N/mm² $= 0{,}4$ kN/cm²

Teilsicherheitsbeiwert für Holz — Tab. 8.2
$\gamma_M =$ $= 1{,}3$

Bemessungswert der Klebfugenfestigkeit
für maßgebende Lastkombination — Gl. (8.5)
$f_{k1,d} = 0{,}8 \cdot 0{,}4/1{,}3$ $= 0{,}246$ kN/cm²

Nachweis
für $n = 1$ eingeklebten Gewindebolzen M10 — Tab. 21.2
(alternativ)

$$\frac{\tau_{ef,d}}{f_{k1,d}} = \frac{13{,}6/(1 \cdot 1{,}0 \cdot \pi \cdot 20)}{0{,}246} = 0{,}88 \leq 1$$

für $n = 2$ eingeklebte Gewindebolzen M10 — Tab. 21.2

$$\frac{\tau_{ef,d}}{f_{k1,d}} = \frac{13{,}6/(2 \cdot 1{,}0 \cdot \pi \cdot 20)}{0{,}246} = 0{,}44 \leq 1$$

Empfehlung zur Anordnung der eingeklebten Stahlstäbe — Bild 27.17
Es wird empfohlen, stets mind. zwei Vollgewindeschrauben in einer Reihe über die Querschnittsbreite anzuordnen, auch wenn eine Schraube rechnerisch ausreichen sollte, da je eine Vollgewindeschraube in der Nähe der beiden Seitenholzflächen einen möglichen Rissbeginn wirksamer verhindern kann als eine Vollgewindeschraube in Querschnittsmitte.

Mindestabstände der eingeklebten Gewindebolzen
für Gewindeschrauben (-bolzen) $d = 10$ mm

Bild in Tab. 21.2 — Untereinander rechtwinklig (quer) zur Faser

Tab. 20.16 — $a_{2,min} = 3 \cdot d_r = 3 \cdot 10 = 30$ mm
$< a_{2,vorh} = 60$ mm

Endabstand:
$a_{1,c,min} = 2{,}5 \cdot d_r = 2{,}5 \cdot 10 = 25$ mm
$< a_{1,c,vorh} = 40$ mm

Randabstände:
$a_{2,c,min} = 2{,}5 \cdot d_r = 2{,}5 \cdot 10 = 25$ mm
$< a_{2,c,vorh} = 40$ mm

Abschn. 21.1.2 — **Anordnung der innen liegenden Stahlstäbe**
Stahlstäbe sollten möglich eng in die Ausklinkungsecke unter Einhaltung der Mindestabstände angeordnet werden, da hier die größten Querzugspannungen (Spannungsspitze, Querzugkraft $F_{t,90,d}$) auftreten und so verankert werden, die Anordnung weiter entfernt von der Ausklinkungsecke ist zu vermeiden, da die Querzugspannungen mit wachsender Entfernung von der Ecke kleiner werden.

Nachweis des Stahlstabes (Gewindebolzen) M10
in Richtung der Gewindebolzen(-stangen)-Achse
Beanspruchung in axialer Richtung für zwei Gewindestangen
$F_{ax,Ed} = F_{t,90,d} = 13{,}6$ kN (Zugkraft)

Tab. 11.9 — Charakteristische Stahlfestigkeiten für Gewindestangen, Festigkeitsklasse 4.8
$f_{u,k} = 400 \text{ N/mm}^2 = 40{,}0 \text{ kN/cm}^2$ (Zug-)Festigkeit

Abschn. 21.1.2 — maßgebender Querschnitt bei Gewindestangen:
Spannungsquerschnitt für M10

Tab. 13.1 — $A_s = 0{,}580 \text{ cm}^2$

Bemessungswert der Tragfähigkeit auf Zug (Stahl auf Zug)

Tab. 13.3 — für eine Gewindestange (-schraube) M10
$F_{ax,Rd} = A_s \cdot f_{u,d} = 0{,}9 \cdot A_s \cdot f_{u,k} / 1{,}25$
$= 0{,}9 \cdot 0{,}580 \cdot 40{,}0 / 1{,}25 = 16{,}7$ kN

Nachweis für zwei Gewindestangen M10

Gl. (11.28)
$$\frac{F_{ax,Ed}}{F_{ax,Rd}} = \frac{F_{t,90,d}}{F_{ax,Rd}} = \frac{13{,}6}{2 \cdot 16{,}7} = 0{,}41 \leq 1$$

Nachweis der verstärkten Ausklinkung mit eingeklebten Stahlstangen — Abschn. 21.1.2, Abschn. 27.12.4

Wirksame (reduzierte) Trägerhöhe der Ausklinkung

h_{ef} $= 90$ cm

wirksame Breite b_{ef}

$b_{ef} = k_{cr} \cdot b = 0{,}714 \cdot 14$ $= 10{,}0$ cm — Abschn. 27.12.4

Beiwert k_v für verstärkte Ausklinkungen — Abschn. 21.1.2

$k_v = 1$

$$\frac{\tau_d}{k_v \cdot f_{v,d}} = \frac{1{,}5 \cdot V_d/(b_{ef} \cdot h_{ef})}{k_v \cdot f_{v,d}} = \frac{1{,}5 \cdot 120{,}0/(10 \cdot 90)}{1{,}0 \cdot 0{,}215} = 0{,}93 \leq 1$$ Gl. (21.1)

27.12.6 Nachweis des Endauflagers mit verstärkter - Ausklinkung und eingedrehten Vollgewindeschrauben

„unten" rechtwinklige Ausklinkung (auf der Auflagerseite)

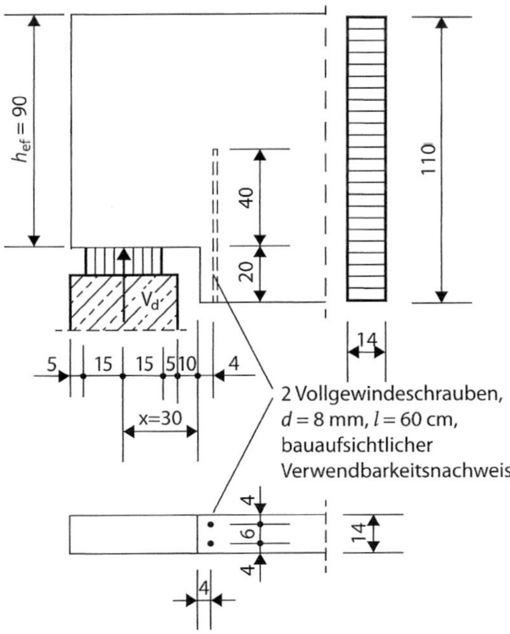

Bild 27.18 Endauflager aus Brettschichtholz mit verstärkter Ausklinkung durch eingedrehte Vollgewindeschrauben

gewählt:
Kombiniertes Brettschichtholz aus Nadelholz
GL28c (wie bisher)

Charakteristische Rohdichte des Brettschichtholzes GL28c aus Nadelholz

Tab. 7.5 $\rho_k = 390 \text{ kg/m}^3$

Tab. 20.16 Verstärkungselemente

ETA-12/0114 zwei eingedrehte selbstbohrende Vollgewindeschrauben aus Kohlenstoffstahl, $d = 8$ mm, $l = 600$ mm, großer Senkkopf, mit bauaufsichtlichem Verwendbarkeitsnachweis: Europäische Technische Zulassung ETA-12/0114 (SPAX-Schrauben), Geltungsdauer: ab 05.09.2012 bis 17.07.2017

ETA-12/0114 diese Schrauben dürfen u.a. in Voll-, Brettschicht- und Furnierschichtholzbauteilen aus Nadelholz und ähnlich verleimten (verklebten) Holzbauteilen eingedreht werden (mit und ohne Vorbohren)

Abschn. 27.12.5 **Bemessungswert der Zugkraft $F_{t,90,d}$ für die Verstärkung**
Verhältnis α

$\alpha = h_{ef}/h = 90/110 \qquad = 0{,}818$

Tab. 21.2 und 21.14 $F_{t,90,d} = 1{,}3 \cdot 120 \cdot [3 \cdot (1 - 0{,}818)^2 - 2 \cdot (1 - 0{,}818)^3] = 13{,}6 \text{ kN}$

Charakteristischer Herausziehwiderstand der selbstbohrenden - Vollgewindeschrauben (Aufnahme der Zugkraft $F_{t,90,d}$)

ETA-12/0114 für eine Vollgewindeschraube $d = 8$ mm (Nenndurchmesser)
Gewindeaußendurchmesser

$d \qquad = 8 \text{ mm}$

Kopfdurchmesser (großer Senkkopf)

$d_k \qquad = 15{,}1 \text{ mm}$

charakteristischer Herausziehparameter

$f_{ax,k} \qquad = 12{,}0 \text{ N/mm}^2$

Eindringtiefe l_{ef} der Vollgewindeschrauben in das Holz in querzugbeanspruchten Bauteil-Bereichen

ETA-12/0114 l_{ef} ist der kleinere Wert der Eindringtiefe unter oder über dem potentiellen Riss, der potentielle Riss liegt in der Ausklinkungsecke mit Verlauf

Tab. 21.2 in Faserlängsrichtung (in Richtung der Träger-Längsachse)

Eindringtiefe $l_{ef,1}$ (Gewindelänge) im anzuschließenden „unteren“ Holzteil mit dem Schraubenkopf
Querschnittshöhe $h' = l_{ad}$ des anzuschließenden „unteren“ Holzteiles

l_{ad}	$= 200$ mm	Bild 27.18

gewindefreie Länge x der Vollgewindeschraube

x	$= 25$ mm	ETA-12/0114

Eindringtiefe $l_{ef,1}$ im „unteren“ Holzteil

$l_{ef,1} = (200 - 25)$ mm	$= 175$ mm	

Eindringtiefe $l_{ef,2}$ (Gewindelänge) im „oberen“ Holzteil mit der Schraubenspitze
gesamte Schraubenlänge

l	$= 600$ mm	
zulässige Abweichung	$= \pm\ 15$ mm	ETA-12/0114

Eindringtiefe $l_{ef,2}$ im „oberen“ Holzteil

$l_{ef,2} = ((600 - 15) - 200)$ mm	$= 385$ mm	Bild 27.18

maßgebende Eindringtiefe für die Bemessung
min ($l_{ef,1}$ oder $l_{ef,2}$)

$l_{ef,2} = 385$ mm $> l_{ef,1}$	$= 175$ mm (maßgebend)	

Einschraubwinkel α
Winkel zwischen Schraubenachse und Holzfaserrichtung
$\alpha = 90°$

Charakteristische Rohdichte des Brettschichtholzes GL28c

ρ_k	$= 390$ kg/m^3	Tab. 7.5

Charakteristischer axialer Herausziehwiderstand $F_{ax,\alpha,Rk}$ ETA-12/0114
(Verbindung zwischen Holz und Vollgewindeschraube) bei Beanspruchung auf Herausziehen für Winkel $15° \leq \alpha \leq 90°$ zwischen Schraubenachse und Faserrichtung

für eine Vollgewindeschraube $d = 8$ mm und $\alpha = 90°$

$$F_{ax,\alpha,Rk} = \frac{n_{ef} \cdot f_{ax,k} \cdot d \cdot l_{ef}}{1,2 \cdot \cos^2 \alpha + \sin^2 \alpha} \cdot \left(\frac{\rho_k}{350}\right)^{0,8}$$

Tab. 11.28

$$= \frac{1 \cdot 12,0 \cdot 8,0 \cdot 175}{1,2 \cdot \cos^2 90° + \sin^2 90°} \cdot \left(\frac{390}{350}\right)^{0,8}$$

$$= 18320 \text{ N} \qquad = 18,3 \text{ kN}$$

ETA-12/0114

Kopfdurchziehwiderstand

bei diesen Spax-Schrauben kann der Herausziehwiderstand des Gewindes im schraubenkopfseitigen Bauteil (hier: anzuschließender „unterer" Teil der Ausklinkung) anstelle des Kopfdurchziehwiderstandes berücksichtigt werden, → Kopfdurchziehwiderstand wird hier nicht maßgebend

Tab. 11.28

Charakteristische Zugtragfähigkeit $F_{t,Rk}$ der Vollgewindeschrauben (Zugwiderstand des Schraubenschaftes)

ETA-12/0114

Charakteristischer Zugwiderstand $f_{tens,k}$ des Schraubenschaftes - (Zugtragfähigkeit)
für eine Vollgewindeschraube $d = 8$ mm
aus Kohlenstoffstahl
$f_{tens,k,max} = 17\,000$ N $\qquad = 17,0$ kN

maßgebende Beanspruchbarkeit für die charakteristische Zugtragfähigkeit $F_{ax,\alpha,Rk}$
für eine Vollgewindeschraube $d = 8$ mm

s. oben

$F_{ax,\alpha,k}$ $\qquad = 18,3$ kN
$> f_{tens,k,max}$ $\qquad = 17,0$ kN
maßgebend:
$f_{tens,k,max}$ $\qquad = 17,0$ kN

Tab. 11.28

Wirksame Anzahl n_{ef} einer Holzschraubengruppe

Vollgewindeschrauben-Gruppe, die durch eine Kraftkomponente in Schaftrichtung beansprucht wird

Bild 27.18

für $n = 2$ Vollgewindeschrauben
$n_{ef} = n^{0,9} = 2^{0,9}$ $\qquad = 1,87$

Charakteristische Zugtragfähigkeit $F_{t,\alpha,Rk}$ (maßgebender charakteristischer Herausziehwiderstand)

für 2 Vollgewindeschrauben $d = 8$ mm

Tab. 11.28

$F_{t,\alpha,Rk} = n_{ef} \cdot f_{tens,k} = 1,87 \cdot 17,0$ $\qquad = 31,8$ kN

Bemessungswert der Tragfähigkeit auf Herausziehen der Vollgewindeschrauben ETA-12/0114
für zwei Vollgewindeschrauben $d = 8$ mm

Teilsicherheitsbeiwert für Holz Tab. 8.2
γ_M $= 1{,}3$

maßgebender Modifikationsbeiwert Abschn. 27.12.2
$k_{mod} = 0{,}8$ für mittlere Lasteinwirkungsdauer

Bemessungswert auf Herausziehen für 2 Vollgewindeschrauben
$F_{t,\alpha,Rd} = k_{mod} \cdot F_{t,\alpha,Rk} / \gamma_M = 0{,}8 \cdot 31{,}8 / 1{,}3$ $= 19{,}6$ kN

Nachweis der Tragfähigkeit für 2 Vollgewindeschrauben

$$\frac{F_{ax,Ed}}{F_{ax,Rd}} = \frac{F_{t,90,d}}{F_{t,\alpha,Rd}} = \frac{13{,}6}{19{,}6} = 0{,}69 \leq 1$$ Gl. (11.28)

Empfehlung zur Anordnung von Vollgewindeschrauben
Es wird empfohlen, stets mind. zwei Vollgewindeschrauben in einer Reihe über die Querschnittsbreite anzuordnen, auch wenn eine Schraube rechnerisch ausreichen sollte, da je eine Vollgewindeschraube in der Nähe der beiden Seitenholzflächen einen möglichen Rissbeginn wirksamer verhindern kann als eine Vollgewindeschraube in Querschnittsmitte.

Mindestabstände der eingedrehten Vollgewindeschrauben
nach bauaufsichtlichem Verwendbarkeitsnachweis
für ausschließlich in Schaftrichtung beanspruchte Schrauben

die Bezeichnungen, Abstände und deren Zahlenwerte im bauaufsichtlichen Verwendbarkeitsnachweis und in DIN EN 1995-1-1/NA:2013-08 sind unterschiedlich, es gelten die Bezeichnungen und Abstände des bauaufsichtlichen Verwendbarkeitsnachweises, die Bezeichnungen der DIN EN 1995-1-1/NA: 2013-08 stehen in ( ). ETA-12/0114 Tab. 21.2 und Tab. 20.16 ETA-12/0114 Tab. 21.2

für Vollgewindeschrauben $d = 8$ mm

Untereinander rechtwinklig (quer) zur Faser Bild 27.18
$a_{2,min}\ (= a_{2,min}) = 5 \cdot d = 5 \cdot 8$ $= 40$ mm
$< a_{2,vorh}$ $= 60$ mm

Endabstand, von der Mitte des Schraubenteils im Holz bis zum Hirnholz
$a_{3,c,min}\ (= a_{1,c,min}) = 5 \cdot d = 5 \cdot 8$ $= 40$ mm
$\leq a_{3,c,vorh}\ (= a_{1,c,vorh})$ $= 40$ mm

Randabstände, von der Mitte des Schraubenteils im Holz bis zum Rand

$a_{4,c,min} (= a_{2,c,min}) = 4 \cdot d = 4 \cdot 8$ $= 32$ mm

$< a_{4,c,vorh} (= a_{2,c,vorh})$ $= 40$ mm

Abschn. 21.1.2 **Anordnung der innen liegenden Vollgewindeschrauben**

Vollgewindeschrauben sollten möglich eng in die Ausklinkungsecke unter Einhaltung der Mindestabstände angeordnet werden, da hier die größten Querzugspannungen (Spannungsspitze, Querzugkraft $F_{t,90,d}$) auftreten und so verankert werden, die Anordnung weiter entfernt von der Ausklinkungsecke ist zu vermeiden, da die Querzugspannungen mit wachsender Entfernung von der Ecke kleiner werden.

Mindestholzdicke t_{req}

ETA-12/0114 nach bauaufsichtlichem Verwendbarkeitsnachweis

$t_{req} = 12 \cdot d = 12 \cdot 8$ $= 96$ mm

Bild 27.18 $< t_{vorh}$ $= 140$ mm

Nachweis der verstärkten Ausklinkung mit eingedrehten - Vollgewindeschrauben

Abschn. 27.12.4 Wirksame (reduzierte) Trägerhöhe der Ausklinkung

h_{ef} $= 90$ cm

wirksame Breite b_{ef}

Abschn. 27.12.4 $b_{ef} = k_{cr} \cdot b = 0{,}714 \cdot 14$ $= 10{,}0$ cm

Abschn. 21.1.2 Beiwert k_v für verstärkte Ausklinkungen

k_v $= 1$

Abschn. 27.12.2 Bemessungswert der Schubfestigkeit

$f_{v,d}$ $= 0{,}215$ kN/cm^2

Gl. (21.1) $\frac{\tau_d}{k_v \cdot f_{v,d}} = \frac{1{,}5 \cdot V_d / (b_{ef} \cdot h_{ef})}{k_v \cdot f_{v,d}} = \frac{1{,}5 \cdot 120{,}0/(10 \cdot 90)}{1{,}0 \cdot 0{,}215}$ $= 0{,}93 \le 1$

Anmerkungen zu Beispiel 27.12

Abschn. 21.1; Tab. 21.1 und 21.2; Abschn. 21.1

- Ausklinkungen sollten an Endauflagern von Biegeträgern mit Rechteckquerschnitt ausgeführt werden,
- es wird empfohlen, Ausklinkungen möglichst zu vermeiden, da die Biegeträger an ihren Endauflagern z.T. erheblich geschwächt werden,
- werden jedoch Ausklinkungen angeordnet, wird empfohlen, diese stets geeignet zu verstärken, auch wenn eine Verstärkung rechnerisch nicht erforderlich ist.

27.13 Nachweis einer elastisch (nachgiebig) eingespannten, zweiteiligen Nadelholzstütze

27.13.1 Konstruktive Ausbildung und Einwirkungen

elastisch (nachgiebig) eingespannte, zweiteilige Nadelholzstütze in einer beheizten Halle, Nutzungsklasse (NKL) 1, zwei gleiche Kantholzquerschnitte aus Nadelholz, Stützenfuß über Dübel besonderer Bauart und IPE-Stahlprofil in ein Stahlbetonfundament eingespannt, Berücksichtigung der Nachgiebigkeit der Verbindungsmittel, Bemessung der Stütze nach dem Ersatzstabverfahren (Theorie I. Ordnung), Abschn. 7.3.1

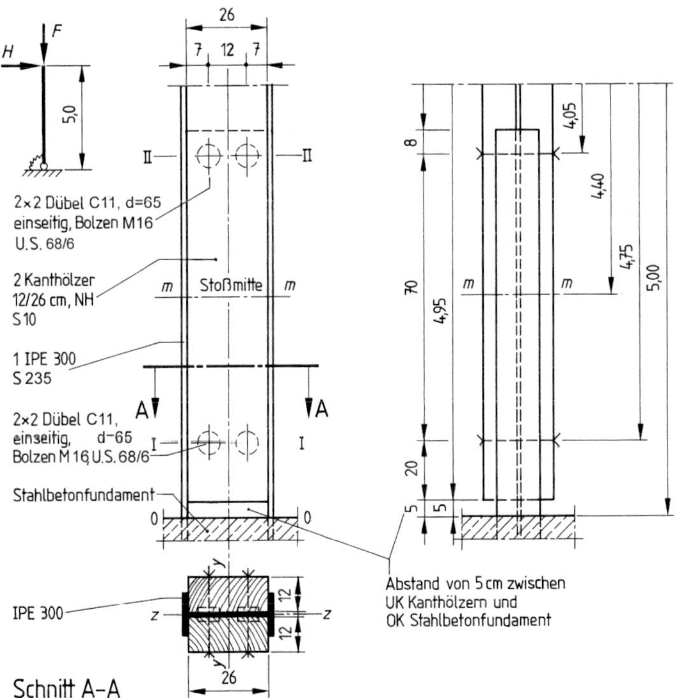

Bei dieser Konstruktion müssen nabenfreie einseitige Dübel besonderer Bauart gewählt werden, z.B. Scheibendübel C2 oder C11, s. Bild 12.3

Die Kanthölzer sind mit niedriger Holzfeuchte (etwa $\omega \leq 15\%$), mind. jedoch trocken ($\omega < 20\%$) einzubauen, um auftretende Schwindrisse „klein" zu halten, s. Abschn. 1.4.6

Bild 27.19 Elastisch (nachgiebig) eingespannte zweiteilige Stütze aus Nadelholz

gewählt:

Nadelvollholz C24 für zweiteilige Holzstütze

2 Kanthölzer: je b/h = 12/26 cm

Abschn. 12.3, Verbindungsmittel:
Tab. 12.11 $2 \times 4 = 8$ Scheibendübel mit Zähnen C11, $d_c = 65$ mm,
einseitig, Bolzen M16, Festigkeitsklasse 4.6, U.S. 68/6 mm
Dübelfehlfläche $\Delta A = 7{,}1$ cm^2, Einpresstiefe $h_e = 12$ mm

Einwirkungen

Charakteristische Einzellasten
Abschn. 9.1 aus Statischer Berechnung (hier nicht dargestellt)
Abschn. 8.2.3 $F_{x,c,g,k} = 40{,}0$ kN aus vertikaler ständiger Last g
$F_{z,w,k} = H_k = 4{,}0$ kN aus horizontaler Windlast w

Eigengewicht der zweiteiligen Holzstütze
Tab. 7.20 Wichte für Nadelvollholz C24 $\gamma = 4{,}2$ kN/m^3
$F_{\text{Stütze}} = b \cdot h \cdot l \cdot \gamma = 2 \cdot 0{,}12 \cdot 0{,}26 \cdot \sim 5{,}0 \cdot 4{,}2 = 1{,}3$ kN

Das Eigengewicht der Stütze ist im Beispiel im Vergleich zur charakteristischen Druckkraft
$F_{x,c,g,k} = 40{,}0$ kN
nicht vernachlässigt klein und wird berücksichtigt:
$F_{\text{Stütze}}/F_{x,c,g,k} = 1{,}3/40{,}0 = 0{,}033 = 3{,}3\%$

Normalkraft aus ständiger Last g und Eigengewicht der Stütze
$F_{x,c,k} = 40{,}0 + 1{,}3 = 41{,}3$ kN

Bemessungswerte der Einzellasten
Gl. (8.4) $F_{x,c,d} = 1{,}35 \cdot 41{,}3 = 55{,}8$ kN aus vertikaler ständiger Last g
Tab. 8.1 $F_{z,w,d} = 1{,}50 \cdot 4{,}0 = 6{,}0$ kN aus horizontaler Windlast w

27.13.2 Maßgebende Lastkombination und Festigkeiten

Tab. 7.12 **Modifikationsbeiwerte** (für Vollholz und NKL 1),
Stütze in einer beheizten Halle

Tab. 7.14 Lasteinwirkungsdauer: „ständig“ für ständige Last (Eigenlast)
Tab. 7.15 „kurz/sehr kurz“ für Windlast

Modifikationbeiwerte

k_{mod} = 0,6 für ständige Lasteinwirkungsdauer
= 0,9 für kurze Lasteinwirkungsdauer Tab. 7.16
= 1,1 für sehr kurze Lasteinwirkungdauer
= 1,0 für Windlast (Mittel kurz/sehr kurz)
= (0,9 + 1,1)/2

Maßgebende Lastkombination

In diesem Beispiel wird jede Lastkombination einzeln nachgewiesen.

Bemessungswerte der Schnittgrößen

Bemessungswert der Normalkraft (Druck in x-Richtung)

$F_{x,c,d} = N_d =$ = 55,8 kN

Bemessungswert der Horizontalkraft (in z-Richtung)

$F_{z,w,d} = H_d =$ = 6,0 kN

Bemessungswerte der Biegemomente (um die y-Achse) Bild 27.19

$M_{y,d} = H_d \cdot h_i$
$M_{y,0\text{-}0,d} = 6{,}0 \cdot 5{,}00$ = 30,0 kNm
$M_{y,I\text{-}I,d} = 6{,}0 \cdot 4{,}75$ = 28,5 kNm
$M_{y,m\text{-}m,d} = 6{,}0 \cdot 4{,}40$ = 26,4 kNm
$M_{y,II\text{-}II,d} = 6{,}0 \cdot 4{,}05$ = 24,3 kNm

Bemessungswerte der Festigkeiten Tab. 7.3

Charakteristische Festigkeiten für Nadelvollholz C24

$f_{m,k} = 24{,}0$ N/mm² = 2,40 kN/cm² (Biegung)
$f_{c,0,k} = 21{,}0$ N/mm² = 2,10 kN/cm² (Druck parallel zur Faser)
$f_{v,k} = 4{,}0$ N/mm² = 0,40 kN/cm² (Schub)

Teilsicherheitsbeiwert für Holz Tab. 8.2

$\gamma_M =$ = 1,3

Bemessungswerte der Festigkeiten
für die Lastkombination ständig

$f_{m,d} = 0{,}6 \cdot 2{,}40/1{,}3 = 1{,}11$ kN/cm² (Biegung) Gl. (8.5)
$f_{c,0,d} = 0{,}6 \cdot 2{,}10/1{,}3 = 0{,}97$ kN/cm² (Druck)

für die Lastkombination ständig und kurz/sehr kurz

$f_{m,d} = 1{,}0 \cdot 2{,}40/1{,}3 = 1{,}85$ kN/cm² (Biegung)
$f_{c,0,d} = 1{,}0 \cdot 2{,}10/1{,}3 = 1{,}62$ kN/cm² (Druck) Gl. (8.5)
$f_{v,d} = 1{,}0 \cdot 0{,}40/1{,}3 = 0{,}308$ kN/cm² (Schub)

27.13.3 Drehfedersteifigkeit des Anschlusses am Stützenfußpunkt

Verschiebungsmodul für einen Scheibendübel C11

Stahl-Holz-Verbindung, Dübeldurchmesser $d_c = 65$ mm

Tab. 7.3 charakteristische Rohdichte der Kanthölzer C24

ρ_m $= 420 \text{ kg/m}^3$

Verschiebungsmoduln

Tab. 10.2 $K_{ser} \quad = 420 \cdot 65 /2$ $= 13650$ N/mm

Gl. (10.4) $K_{u,mean} = 13\,650 \cdot 2/3$ $= 9100$ N/mm

$= 91{,}0$ kN/cm

Drehfedersteifigkeit des Anschlusses

Verbindung Stütze – Fundament

Tab. 23.1 im Grenzzustand der Gebrauchstauglichkeit

Gl. (23.6) $$K_\varphi = K \cdot \sum_{i=1}^{n} r_i^2 = \frac{K_{u,mean}}{\gamma_M} \cdot \sum_{i=1}^{n} r_i^2 \qquad r_i^2 = \sum_{i=1}^{n} (x_i^2 + z_i^2)$$

Bild 27.19 $\sum z_i^2 = 2 \cdot 4 \cdot 6{,}0^2$ $= 288 \text{ cm}^2$

Bild 27.20 $\sum x_i^2 = 2 \cdot 4 \cdot 35{,}0^2$ $= 9800 \text{ cm}^2$

$\sum (x_i^2 + z_i^2)$ $\cong 10100 \text{ cm}^2$

im Grenzzustand der Tragfähigkeit

$$K_\varphi = \frac{91{,}0}{1{,}3} \cdot 10100 \qquad = 707\,000 \text{ kNcm}$$

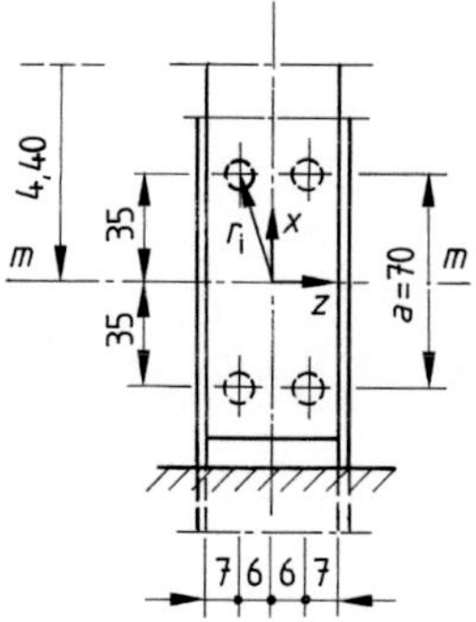

Bild 27.20 Elastisch (nachgiebig) eingespannte zweiteilige Stütze aus Nadelholz, Stützenfuß-Anschluss, Geometrie

27.13.4 Beanspruchung der Dübel in der - Stützenfuß-Einspannung

Die Beanspruchungen der Stützenfuß-Einspannung werden auf die Stoßmitte *m-m* des Anschlusses bezogen. — Abschn. 17.4.2, Bilder 27.19, 27.20

Dübelbeanspruchung (Verbindungseinheit)

Biegemoment in Stoßmitte *m-m* — Abschn. 27.13.2

$M_{y,m\text{-}m,d} =$ $= 26{,}4$ kNm
$= 2640$ kNcm

Zusatzmoment für die elastische Feder

Normalkraft $N = F_{x,c,d} = N_d =$ $= 55{,}8$ kN — Abschn. 27.13.2

Knickbeiwert $k_c =$ $= 0{,}188$ — Abschn. 27.13.6

$$\Delta M = N \cdot \frac{h}{6} \cdot \left(\frac{1}{k_c} - 1\right) = 55{,}8 \cdot \frac{26}{6} \cdot \left(\frac{1}{0{,}188} - 1\right) = 1044 \text{ kNcm}$$

Tab. 16.10, Zeile 12

maximales Biegemoment

$M_{y,max,d} = M_{y,m\text{-}m,d} + \Delta M = 2640 + 1044$ $= 3684$ kNcm

Alle anstehenden Beanspruchungen werden von den Dübeln in das Stahlprofil übertragen

Normalkraft in Stoßmitte *m-m*

$N_d = F_{x,c,d} =$ $= 55{,}8$ kN

Horizontalkraft in Stoßmitte *m-m*

$H_d = F_{z,w,d} = V_d =$ $= 6{,}0$ kN — Abschn. 27.13.2

Beanspruchung eines Dübels (biegesteifer Stoß unter *M,V,H*)

$M_{ges} = M_m + V_m \cdot e_s$ (allgemein) — Gl. (17.47)

$= 3684 + 6{,}0 \cdot 35 =$ $= 3894$ kNcm

Es wird angenommen, dass sich die Normal- und Querkräfte gleichmäßig auf alle acht Verbindungseinheiten (Dübel) verteilen

$$N_{xj,max} = \frac{M_{ges} \cdot z_j}{\sum_{i=1}^{n} (x_i^2 + z_i^2)} + \frac{N}{n} \quad \text{(allgemein)}$$

Gl. (17.48)

$$N_{xj,max} = \frac{3894 \cdot 6{,}0}{10100} + \frac{55{,}8}{8} = 2{,}31 + 6{,}98 = 9{,}29 \text{ kN}$$

Gl. (17.49) $$N_{\text{zj,max}} = \frac{M_{\text{ges}} \cdot x_{\text{j}}}{\sum_{i=1}^{n}(x_{\text{i}}^2 + z_{\text{i}}^2)} + \frac{V}{n} \quad \text{(allgemein)}$$

$$N_{\text{zj,max}} = \frac{3894 \cdot 35}{10100} + \frac{6,0}{8} = 13,5 + 0,75 \qquad = 14,3 \text{ kN}$$

maximale Beanspruchung eines Dübels (Verbindungseinheit)

Gl. (17.50) $$N_{\text{j,max}} = \sqrt{N_{\text{xj,max}}^2 + N_{\text{zj,max}}^2} = \sqrt{9,29^2 + 14,3^2} \qquad = 17,1 \text{ kN}$$

entsprechend Gl. (17.45) Kraft-Faserwinkel α

$$\alpha_j^x = \arctan\left(N_{\text{zj}}^{\text{M}} / N_{\text{xj}}^{\text{M}}\right) = \arctan\,(14,3/9,29) \qquad = 57,0°$$

27.13.5 Nachweis der Tragfähigkeit der maximal - beanspruchten Verbindungseinheit - (Scheibendübel C11 mit Bolzen M16)

Tragfähigkeit einer Verbindungseinheit mit Scheibendübeln C

Tab. 12.2 Abschn. 12.1 Stahlblech-Holz-Verbindung mit einseitigen Scheibendübeln; bei einseitigen Scheibendübeln mit Zähnen C11 übertragen die Dübel und Bolzen gemeinsam die Beanspruchung, die Tragfähigkeit der Scheibendübel ist unabhängig vom Kraft-Faser-Winkel α, diejenige der Bolzen dagegen abhängig von α.

Bedingung für die Tragfähigkeit der einseitigen Scheibendübel mit Zähnen C11

Charakteristische Rohdichte der miteinander verbundenen Bauteile:

Tab. 12.7 $\rho_{\text{k,max}} \leq 525 \text{ kg/m}^3$

Abschn. 12.3 $\rho_{\text{k,vorh}} = 350 \text{ kg/m}^3$ für zweiteilige Holzstütze

Tab. 7.3 aus Nadelvollholz C24

Tab. 12.9 **Mindestabstände und Holzdicke der Scheibendübel C11 für die zweiteilige Holzstütze**

Kraft-Faserwinkel α für beide Kanthölzer

Untersuchung für beide Lastkombinationen

Abschn. 27.13.2 $\alpha = 0°$ für Lastkombination ständig

Abschn. 27.13.4 $\alpha = 57°$ für Lastkombination ständig und kurz/sehr kurz

Durchmesser $d_{\text{c}} = 65 \text{ mm}$

Scheibendübel untereinander in Faserrichtung Tab. 12.9

für α = 0°

$a_{1,min} \geq (1{,}2 + 0{,}8 \cdot \cos 0°) \cdot 65 = 130$ mm

$< a_{1,vorh} = 7000$ mm Bild 27.19, 27.20

für α = 57°

$a_{1,min} \geq (1{,}2 + 0{,}8 \cdot \cos 57°) \cdot 65 = 106$ mm

$< a_{1,vorh} = \quad = 7000$ mm

Scheibendübel untereinander rechtwinklig zur Faserrichtung

$a_{2,min} \geq 1{,}2 \cdot 65 = 78$ mm

$< a_{2,vorh} = \quad = 120$ mm

Scheibendübel vom unbelasteten Hirnholzende

für α = 0°

$a_{3,c,min} \geq 1{,}2 \cdot 65 = 78$ mm

$< a_{3,c,vorh} = \quad = 200$ mm

für α = 57°

$a_{3,c,min} \geq (0{,}4 + 1{,}6 \cdot \sin 57°) \cdot 65 = 113$ mm

$< a_{3,cvorh} = \quad = 200$ mm

Scheibendübel vom belasteten Holzrand rechtwinklig zur Faserrichtung:

für α = 0° (unbelastet)

$a_{4,t,min} \geq 0{,}6 \cdot 65 = 39$ mm

$< a_{4,t,vorh} = 70$ mm

für α = 57°

$a_{4,t,min} \geq (0{,}6 + 0{,}2 \cdot \sin 57°) \cdot 65 = 50$ mm

$< a_{4,t,vorh} = \quad = 70$ mm

Modifikationsbeiwerte k_i für Scheibendübel C11, d = 65 mm

Modifikationsbeiwerte k_1 für Seiten und Mittelholzdicke

Einbindetiefe h_e Tab. 12.11

$h_e = 12$ mm

Seitenholzdicke (Stütze, $t_{1,vorh} = b = 120$ mm)

$k_1 = \min\{1 \textit{ oder } 120/(3 \cdot 12)\}$ Tab. 12.7

$= \min\{1 \textit{ oder } 3{,}33\} = 1{,}0$

Modifikationsbeiwert k_2 für beanspruchte Hirnholzenden

ein beanspruchtes Hirnholzende liegt im Beispiel nicht vor.

$k_2 = 1{,}0$

Modifikationsbeiwert k_3 für charakteristische Rohdichten

Tab. 7.3 Charakteristische Rohdichte für C24

$\rho_{k,vorh} = 350\ kg/m^3$ für Seitenholz

$k_3 = \min\{1{,}5\ oder\ 350/350\}$
$= \min\{1{,}5\ oder\ 1{,}0\} = 1{,}0$

Tab. 12.7, 12.11 Charakteristische Tragfähigkeit für einen Scheibendübel C11 und eine charakteristische Rohdichte $\rho_k = 350\ kg/m^3$

$F_{v,Rk} = 1{,}0 \cdot 1{,}0 \cdot 1{,}0 \cdot 25 \cdot 65^{1,5} = 13100\ N$
$= 13{,}10\ kN$

Tab. 12.2 **Tragfähigkeit der Bolzen innerhalb einer Verbindungseinheit**

Abschn. 12.1 Bei Scheibendübeln mit Dornen C11 sind die Bolzen bei der Übertragung der Beanspruchung beteiligt, die Tragfähigkeit der Bolzen ist abhängig vom Kraft-Faser-Winkel α.

Mindestabstände der Bolzen M16 für die zweiteilige Holzstütze

Kraft-Faserwinkel α für beide Kanthölzer

Untersuchung für beide Lastkombinationen

Abschn. 27.13.2 $\alpha = 0°$ für Lastkombination ständig

Abschn. 27.13.4 $\alpha = 57°$ für Lastkombination ständig und kurz

Tab. 11.12 Bolzen M16 untereinander in Faserrichtung

für $\alpha = 0°$

Bild 27.19, 27.20 $a_{1,min} \geq (4 \cdot |\cos 0°|) \cdot 16 = 64\ mm$
$< a_{1,vorh} = = 7000\ mm$

für $\alpha > 57°$

$a_{1,min} \geq (4 \cdot |\cos 57°|) \cdot 16 = 35\ mm$
$< a_{1,vorh} = = 7000\ mm$

Tab. 11.12 Bolzen untereinander rechtwinklig zur Faserrichtung

$a_{2,min} \geq 4 \cdot 16 = 64\ mm$
$< a_{2,vorh} = = 120\ mm$

Bolzen vom unbelasteten Hirnholzende in Faserrichtung

für $\alpha = 0°$

$a_{3,c,min} \geq 4 \cdot 16 = 64\ mm$
$< a_{3,c,vorh} = = 200\ mm$

für $\alpha = 57°$

$a_{3,c,min}$ $\geq (1 + 6 \cdot |\sin 57°|) \cdot 16$ $= 96{,}5$ mm

$< a_{3,c,vorh} =$ $= 200$ mm

Bolzen vom unbelasteten Holzrand rechtwinklig zur Faserrichtung — Tab. 11.12

für $\alpha = 0°$

$a_{4,c,min}$ $\geq 3 \cdot 16$ $= 48$ mm

$< a_{4,c,vorh}$ $= 70$ mm

Bolzen vom belasteten Holzrand rechtwinklig zur Faserrichtung

für $\alpha = 57°$

$a_{4,t,min}$ $\geq (2 + 2 \cdot \sin 57°) \cdot 16$ $= 59$ mm

$> 3 \cdot 16$ $= 48$ mm

$< a_{4,t,vorh}$ $= 70$ mm

Charakteristische Tragfähigkeit für einen Bolzen M16 — Abschn. 11.6.2

Kraft-Faserwinkel α für beide Kanthölzer

$\alpha = 57°$ für Lastkombination ständig und kurz/sehr kurz — Abschn. 27.13.4

Charakteristische Lochleibungsfestigkeit der Kanthölzer

für Nadelvollholz C24 und Bolzendurchmesser $d = 16$ mm

charakteristische Rohdichte — Tab. 7.3

$\rho_k = 350$ kg/m^3

für $\alpha = 0°$ — Tab. 11.3

$f_{h,0,k} = 0{,}082 \cdot (1 - 0{,}01 \cdot 16) \cdot 350$ $= 24{,}1$ N/mm^2

für $\alpha = 57°$ — Tab. 11.3

$k_{90} = 1{,}35 + 0{,}015 \cdot 16$ $= 1{,}59$

$f_{h,57,k} = 24{,}1/(1{,}59 \cdot \sin^2 57° + \cos^2 57°)$ $= 17{,}0$ N/mm^2

Charakteristisches Fließmoment für den Bolzen M16

Festigkeitsklasse 4.6

Charakteristische Stahlzugfestigkeit — Tab. 11.9

$f_{u,k}$ = $= 400$ N/mm^2

Charakteristisches Fließmoment — Tab. 11.3

$M_{y,Rk} = 0{,}30 \cdot 400 \cdot 16^{2,6}$ $= 162\,100$ Nmm

Charakteristische Tragfähigkeit $F_{v,Rk}$ eines Bolzens M16 pro Scherfuge
Stahlblech-Holz-Verbindung mit Bolzen, $\alpha = 57°$,
innen liegendes Stahlblech

Charakteristische Tragfähigkeit $F_{v,Rk}$ je Bolzen und Scherfuge

Tab. 11.2 $F_{v,Rk} = \sqrt{2} \cdot \sqrt{2 \cdot 162100 \cdot 17{,}0 \cdot 16{,}0}$ = 13 280 N
= 13,3 kN

Abschn. 11.6.2 Gl. (11.22), (11.23) Der Anteil $\Delta F_{v,Rk}$, um den die charakteristische Tragfähigkeit $F_{v,Rk}$ eines Bolzens infolge des Einhängeeffektes erhöht werden darf, wird hier rechnerisch nicht berücksichtigt.

Mindestholzdicken für die Bolzen

Tab. 11.2 für alle Hölzer

$$t_{1,req} = 1{,}15 \cdot 4 \cdot \sqrt{\frac{162100}{17{,}0 \cdot 16{,}0}} = 112 \text{ mm}$$

Bild 27.19 < 120,0 mm als Holzdicke und
< 120,0 mm als Eindringtiefe

Abschn. 12.3 **Wirksame Anzahl n_{ef} der Verbindungseinheiten (Scheibendübel C11 mit Bolzen M16)**

Abschn. 27.13.2 zweiteilige Holzstütze
Abschn. 27.13.4 Kraft-Faserwinkel $\alpha = 0°$ und für $\alpha = 57°$

Anzahl der Verbindungseinheiten, die in Kraft- und Faserrichtung - hintereinander liegen
je Seite:

Gl. (12.4) zwei Gruppen zu je $n = 2$ Verbindungseinheiten
und (12.5) keine Abminderung erforderlich, da $n \leq 2$
$n_{ef} = n$ = 2

Gl. (12.4) Wirksame Anzahl $n_{ef} = n$ für alle 8 Verbindungseinheiten mit 8 Scheibendübel C11 und 4 Bolzen M16 (zweischnittig)
$n_{ef} = n = 4 \cdot 2$ = 8

Bemessungswert der Tragfähigkeit einer Verbindungseinheit mit Scheibendübeln und Bolzen
eine Verbindungseinheit mit einem Scheibendübel C11
und einem Bolzen M16,

für die Lastkombination ständig — Abschn. 27.13.2
$\alpha = 0°$, 1 Scherfuge
charakteristische Tragfähigkeit
für Scheibendübel C11, $d_c = 65$ mm — Tab. 12.11
$F_{v,Rk} = 13\ 100$ N $= 13{,}1$ kN

für Bolzen M16 (Stahlblech-Holz-Verbindung) — Tab. 11.2
$F_{v,RK,Bo} = \sqrt{2} \cdot 11200 = 15\ 840$ N $= 15{,}8$ kN — Tab. 12.11

Bemessungswert für Lastkombination ständig

$$F_{v,0,Rd} = \frac{0,6 \cdot 13,1}{1,3} + \frac{0,6 \cdot 15,8}{1,1} = \quad \text{Gl. (12.8)}$$

$$= 6{,}05 + 8{,}62 = 14{,}7 \text{ kN}$$

für die Lastkombination ständig und kurz/sehr kurz — Abschn. 27.13.2
$\alpha = 57°$, 1 Scherfuge
für Scheibendübel C11, $d_c = 65$ mm
$F_{v,Rk}$ $= 13{,}1$ kN — s. oben
für Bolzen M16 (Stahlblech-Holz-Verbindung)
$F_{v,Rk}$ $= 13{,}3$ kN — s. oben

Bemessungswert

$$F_{v,57,Rd} = \frac{1,0 \cdot 13,1}{1,3} + \frac{1,0 \cdot 13,3}{1,1} = \quad \text{Gl. (12.8)}$$

$$= 10{,}1 + 12{,}1 = 22{,}2 \text{ kN}$$

Nachweis der maximal beanspruchten Verbindungseinheit mit Scheibendübel und Bolzen

für die Lastkombination ständig ($\alpha = 0°$), — Abschn. 27.13.2
maximale Beanspruchung einer Verbindungseinheit — Abschn. 27.13.4
(ein Scheibendübel C11 und 1 Bolzen M16)

$$\frac{F_{v,Ed}}{F_{v,\alpha,Rd}} + \frac{N_d/8}{F_{v,0,Rd}} = \frac{55,8/8}{14,7} = 0,47 < l$$

für die Lastkombination ständig und kurz/sehr kurz ($\alpha = 57°$), — Abschn. 27.13.2
maximale Beanspruchung einer Verbindungseinheit — Abschn. 27.13.4
(ein Scheibendübel C11 und 1 Bolzen M16)

$$\frac{F_{v,Ed}}{F_{v,\alpha,Rd}} = \frac{N_{j,max,d}}{F_{v,57,Rd}} = \frac{17,1}{22,2} = 0,77 < 1 \quad \text{Gl. (12.6)}$$

27.13.6 Nachweis der zweiteiligen Stütze (Druckstab) mit dem Ersatzstabverfahren

Querschnittswerte

Querschnittsflächen der Kanthölzer

$A = 2 \cdot 12 \cdot 26 =$ $\qquad A = 624\ \text{cm}^2$

Querschnittsschwächungen durch Scheibendübel C11 und Bolzen M16

Tab. 12.11 — Dübelfehlfläche $\Delta A = 7{,}1\ \text{cm}^2$, Einpresstiefe $h_e = 12$ mm,

Tab. 8.4 — $A_n = 2 \cdot 12 \cdot 26 =$ $\qquad = 624\ \text{cm}^2$

Bild 27.21 — $-2 \cdot 2 \cdot 7{,}1$ (Dübel) $\qquad - 28{,}4\ \text{cm}^2$

$-2 \cdot 2 \cdot (1{,}6 + 0{,}1) \cdot (12 - 1{,}2)$ (Bolzen) $\qquad - 73{,}4\ \text{cm}^2$

$= 522{,}2\ \text{cm}^2$

$A_n \cong 522\ \text{cm}^2$

Flächenmomente 2. Grades

$I_y = 2 \cdot 12 \cdot 26^3/12 =$ $\qquad I_y = 35\,150\ \text{cm}^4$

$I_{y,n} = I_y - \hat{A}_n \cdot e^2 =$

$= 35\,150 - 2 \cdot 2 \cdot [7{,}1 + (1{,}6 + 0{,}1) \cdot (12 - 1{,}2)] \cdot 6{,}0^2$

$= 35\,150 - 3666 =$ $\qquad I_{y,n} = 31\,480\ \text{cm}^4$

Widerstandsmomente

$W_y = 2 \cdot 12 \cdot 26^2/6 =$ $\qquad W_y = 2\,704\ \text{cm}^3$

$W_{y,n} = I_{y,n}/(h/2) = 31480/13 =$ $\qquad W_{y,n} = 2\,422\ \text{cm}^3$

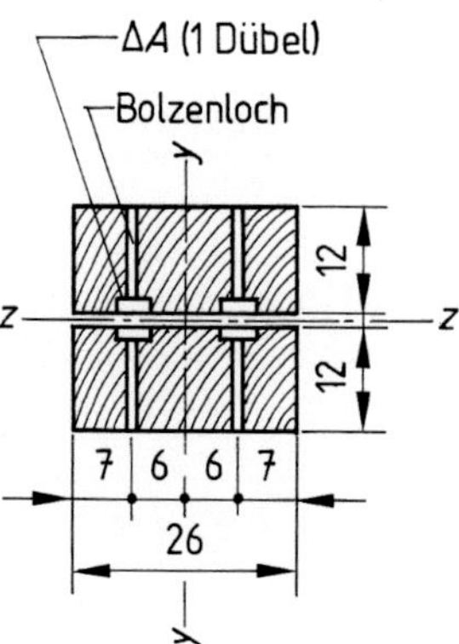

Bild 27.21 Elastisch (nachgiebig) eingespannte zweiteilige Stütze aus Nadelholz, Stützenfuß-Anschluss, Querschnittsschwächung durch Dübel besonderer Bauart einschl. Bolzen

Elastizitätsmodul
Nadelvollholz C24
$E_{0,\text{mean}} = 11000\ \text{N/mm}^2$ $= 1100\ \text{kN/cm}^2$ Tab. 7.3

im Grenzzustand der Tragfähigkeit Gl. (8.7)
$E = E_{0,\text{mean}} / \gamma_\text{M} = 1\,100 / 1{,}3 =$ $= 846\ \text{kN/cm}^2$ Tab. 8.2 und 22.2

Ersatzstablängen (Knicklängen)
Knicklängen um die y-Achse Abschn. 16.2.4
Der zweiteilige Druckstab verhält sich beim Knicken wie ein einteiliger Stab. Zur Berechnung der Knicklänge wird aufgrund der großen Steifigkeit des IPE-Stahlprofils mit $h = 4{,}40$ m gerechnet (Stoßmitte).

Die Verformungen des Stahlprofils und die der Gründung (Einzelfundament) werden in diesem Bespiel als „gering" angenommen

elastisch (nachgiebig) eingespannte Stütze

$$l_{\text{ef,y}} = \beta \cdot h = \sqrt{4 + \frac{\pi^2 \cdot E \cdot I_\text{y}}{h \cdot K_\varphi}} \cdot h$$

$$l_{\text{ef,y}} = \beta \cdot h = \sqrt{4 + \frac{\pi^2 \cdot 846 \cdot 35150}{440 \cdot 707000}} \cdot 440 = 2{,}22 \cdot 440 \quad = 978\ \text{cm}$$

Tab. 16.10, Zeile 5
Abschn. 27.13.3

Knicklängen um die z-Achse Abschn. 16.2.4
Der zweiteilige Druckstab wird als aus zwei Einzelstäben bestehend gerechnet und nur konstruktiv in Abständen von ca. 1 m verbunden. Der Druckstab ist am Stützenkopf seitlich unverschieblich gehalten, d.h. es liegt näherungsweise eine Pendelstütze vor.
$l_{\text{ef,z}} = 1{,}0 \cdot h = 1{,}0 \cdot 440$ $= 440$ cm Tab. 16.10, Zeile 2

Bestimmen des maßgebenden Nachweises für das Knicken um die y- oder z-Achse (Ersatzstabverfahren) Abschn. 16.2.1
Knicken um die y-Achse
Ersatzstablänge (Knicklänge, elastisch eingespannte Stütze) Abschn. 16.2.4
$l_{\text{ef,y}} =$ $= 978$ cm s. oben

Schlankheitsgrad Gl. (16.8)
$\lambda_\text{y} = 978/(0{,}289 \cdot 26)$ $= 130$ Tab. 16.5

Knicken um die z-Achse
Ersatzstablänge (Knicklänge, näherungsweise Pendelstütze) s. oben
$l_{\text{ef,z}} =$ $= 440$ cm

Schlankheitsgrad (näherungsweise) Gl. (16.8)
$\lambda_\text{z} = 440/(0{,}289 \cdot 2 \cdot 12)$ $= 63$ Tab. 16.5

Maßgebender Nachweis
Knicken um die y-Achse, da $\lambda_y > \lambda_z$

Knicken um die *y*-Achse (Ersatzstabverfahren)
Schlankheitsgrad

s. oben — $\lambda_y =$ $= 130$

Tab. 16.7 — Knickbeiwert $k_{c,y}$ für $\lambda_y = 130$ und für Nadelvollholz C24 nach Tabelle
$k_{c,y} =$ $= 0{,}188$

Alternative Berechnung des Knickbeiwertes $k_{c,y}$
Schlankheitsgrad

s. oben — λ_y $= 130$

Elastizitätsmodul parallel zur Faser (5%-Quantile)
Tab. 7.3 — für Nadelvollholz C24,
$E_{0,05} = 7\,400$ N/mm^2 $= 740$ kN/cm^2

Abschn. 16.2.1 — eine Abminderung des E-Moduls zur Berücksichtigung des Kriechens ist nicht erforderlich, da NKL 1 vorliegt

Tab. 7.3 — charakteristische Druckfestigkeit parallel zur Faser
für Nadelvollholz C24:
$f_{c,0,k} = 21$ N/mm^2 $= 2{,}1$ kN/cm^2

Knickbeiwert $k_{c,y}$ für Nadelvollholz C24, genauere Berechnung
Tab. 16.6 — bezogener Schlankheitsgrad

$$\lambda_{rel,c,y} = \frac{130}{\pi} \cdot \sqrt{\frac{2{,}1}{740}} \qquad = 2{,}2044$$

Tab. 16.6 — Beiwert k_y für Nadelvollholz C24, genauere Berechnung
$k_y = 0{,}5 \cdot [1 + 0{,}2 \cdot (2{,}2044 - 0{,}3) + 2{,}2044^2]$ $= 3{,}1201$

Tab. 16.6 — Knickbeiwert

$$k_{c,y} = 1 \Big/ \left(3{,}1201 + \sqrt{3{,}1201^2 - 2{,}2044^2}\right) \qquad = 0{,}188 \leq 1$$

Nachweis mit dem Ersatzstabverfahren, Mittiger Druck Abschn. 16.2.1
(Knicknachweis, Knicken maßgebend)
für die Lastkombination ständig, Bild 27.19
gefährdeter Querschnitt im mittleren Drittel der Ersatzstablänge (Knicklänge) mit Querschnittsschwächungen, Abschn. 16.2.1
Querschnittsschwächungen (in diesem Beispiel):

- sind symmetrisch zur x-Achse angeordnet, deshalb wird keine zusätzliche Ausmitte und durch die vertikale Einzellast $F_{\mathrm{x,c,d}}$ (Druckkraft) kein zusätzliches Biegemoment M_{y} erzeugt, der Knicknachweis wird mit der Netto-Querschnittsfläche A_{n} durchgeführt. Bild 27.21 Abschn. 17.1.5 Abschn. 16.2.1

A_{n} $= 522\ \mathrm{cm}^2$ s. oben

Knickbeiwert
$k_{\mathrm{c,y}}$ $= 0{,}188$ s. oben

Normalkraft
$F_{\mathrm{x,c,d}} = N_{\mathrm{d}} = F_{\mathrm{c,0,d}}$ $= 55{,}8\ \mathrm{kN}$ Abschn. 27.13.2

Bemessungswert der Druckfestigkeit
für die Lastkombination ständig
$f_{\mathrm{c,0,d}}$ $= 0{,}97\ \mathrm{kN/cm}^2$

Nachweis

$$\frac{\sigma_{\mathrm{c,0,d}}}{\sigma_{\mathrm{c,y}} \cdot f_{\mathrm{c,0,d}}} = \frac{F_{\mathrm{c,0,d}}/A}{k_{\mathrm{c,y}} \cdot f_{\mathrm{c,0,d}}} \leq 1$$ Gl. (16.6)

$$\frac{55{,}8/(522)}{0{,}188 \cdot 0{,}97} = \quad = 0{,}59 < 1$$

Nachweis der Querschnittstragfähigkeit, Biegung und Druck Abschn. 17.1.5
(Knicken und Biegedrillknicken/Kippen nicht maßgebend)
für die Lastkombination ständig und kurz/sehr kurz, Abschn. 27.13.2

größtes Moment in der Holzstütze im Schnitt II-II,
gefährdeter Querschnitt mit Querschnittsschwächungen Bild 27.19
$M_{\mathrm{y,II\text{-}II,d}} =$ $= 24{,}3\ \mathrm{kNm}$ Abschn. 27.13.2

Bemessungswert der Druck- und Biegefestigkeit
für die Lastkombination ständig und kurz/sehr kurz
$f_{\mathrm{c,0,d}}$ $= 1{,}62\ \mathrm{kN/cm}^2$
$f_{\mathrm{m,d}}$ $= 1{,}85\ \mathrm{kN/cm}^2$

Gl. (17.9)

$$\left(\frac{\sigma_{c,0,d}}{f_{c,0,d}}\right)^2 + \frac{\sigma_{m,y,d}}{f_{m,y,d}} = \left(\frac{F_{c,0,d}/A_n}{f_{c,0,d}}\right)^2 + \frac{M_{y,d}/W_{y,n}}{f_{m,y,d}} \leq 1$$

$$\left(\frac{55,8/(522)}{1,62}\right)^2 + \frac{2430/2422}{1,85} = \quad = 0,004 + 0,54$$

$$= 0,54 \leq 1$$

Abschn. 17.2.4 **Nachweis mit dem Ersatzstabverfahren, Biegung und Druck** (Biegedrillknick-(Kipp-) und Knicknachweis, Biegedrillknicken (Kippen) und Knicken maßgebend)

Abschn. 27.13.2 für die Lastkombination ständig und kurz/sehr kurz

Bild 27.19 größtes Moment in der Holzstütze im Schnitt II-II,

Abschn. 16.2.1 gefährdeter Querschnitt im mittleren Drittel der Ersatzstablänge (Knicklänge) mit Querschnittsschwächungen

Bild 27.21 Querschnittsschwächungen (in diesem Beispiel):

Abschn. 17.1.5
- sind symmetrisch zur x-Achse angeordnet, deshalb wird keine zusätzliche Ausmitte und durch die vertikale Einzellast $F_{x,c,d}$ (Druckkraft) kein zusätzliches Biegemoment M_y erzeugt,

Abschn. 16.2.1
- der Nachweis mit dem Ersatzstabverfahren wird im Biegemomententerm mit dem Netto-Widerstandsmoment $W_{y,n}$ ermittelt, der Druckterm sollte mit der Netto-Querschnittsfläche A_n nachgewiesen werden.

Abschn. 17.2.5 Biegedrillkicken (Kippen) der zweiteiligen Holzstütze

Tab. 17.3 Kippbeiwert k_{crit} prinzipiell mit dem Ersatzstabverfahren bestimmen, jedoch im Beispiel:

zwei Rechteckquerschnitte, konstruktiv in Abständen

Abschn. 17.2.7 untereinander verbunden

$h/b = 26/12 \quad = 2,17 \leq 3$

keine Kippgefahr, k_{crit} kann gleich Eins gesetzt werden

$k_{crit} \quad = 1,0$

Knickbeiwert $k_{c,z}$

s. oben Es wird für $k_{c,z}$ der im Beispiel ungünstigste Knickbeiwert $k_{c,z} = 0,188$ eingesetzt.

Nachweis

Gl. (17.26)

$$\frac{\sigma_{c,0,d}}{k_{c,z} \cdot f_{c,0,d}} + \left(\frac{\sigma_{m,y,d}}{k_{crit} \cdot f_{m,y,d}}\right)^2 = \frac{F_{c,0,d}/A_n}{k_{c,z} \cdot f_{c,0,d}} + \left(\frac{M_{y,d}/W_y}{k_{crit} \cdot f_{m,y,d}}\right)^2 \leq 1$$

$$\frac{55,8/(522)}{0,188 \cdot 1,62} + \left(\frac{2430/(2422)}{1,0 \cdot 1,85}\right)^2 = 0,35 + 0,29 \qquad = 0,64 \leq 1$$

Nachweis für Querkraft (Schubnachweis) Abschn. 18.1
maximale Querkraft im Beispiel
$F_{z,w,d} = H_d = V_{max,d} =$ $= 6,0$ kN Abschn. 27.13.2

Wirksame Breite b_{ef} in auf Schub beanspruchten Biegebauteilen (Berücksichtigung des Einflusses von (Trocken-)Rissen)

Beiwert k_{cr} für Nadelvollholz Tab. 18.1
$k_{cr} = 2,0/f_{v,k} = 2,0/4,0$ $= 0,5$

wirksame Breite b_{ef}
$b_{ef} = k_{cr} \cdot b = 0,5 \cdot 2 \cdot 12$ $= 12,0$ cm Gl. (18.4)

Bemessungswert der Schubfestigkeit
für die Lastkombination ständig und kurz/sehr kurz
$f_{v,d}$ $= 0,308$ kN/cm^2 s. oben

Nachweis für den Rechteckquerschnitt

$$\frac{\tau_d}{f_{v,d}} + \frac{1,5 \cdot V_d/(b_{ef} \cdot h)}{f_{v,d}} = \frac{1,5 \cdot 6,0/(12 \cdot 26)}{0,308} \qquad = 0,09 \leq 1$$ Gl. (18.2), (18.3)

27.13.7 Nachweis der Gebrauchstauglichkeit

Durchbiegung am Stützenkopf um die *y*-Achse
(oder in Richtung der *z*-Achse) Bild 27.19

Einwirkungen
Der Nachweis der Gebrauchstauglichkeit ist mit den charakteristischen Einwirkungen zu führen. Abschn. 25.2.1

Bemessungswert der Einzellast als
charakteristische Einzellast aus horizontaler Windlast w Abschn. 27.13.1
$F_{z,w,d} = F_{z,w,k} = H_k$ $= 4,0$ kN

Verformungsbeiwert (für Nadelvollholz und NKL 1) Tab. 7.17
$k_{def} = 0,6$ für ständige Lasteinwirkungsdauer

Kombinationsbeiwert

Tab. 9.3 für Windlast

$\psi_2 = 0$

Charakteristische Steifigkeitskennwerte

Tab. 7.3 für Nadelvollholz C24

$E_{0,\mathrm{mean}} = 11\,000$ N/mm² $= 1\,100$ kN/cm²

Elastische Anfangsdurchbiegungen infolge Biegemomentes M_y

aus veränderlicher Windlast w,

Bild 20.19 aufgrund der großen Steifigkeit des IPE-Stahlprofils wird das Biegemoment M_y der Holzstütze für die Ermittlung der Durchbiegung auf den Schnitt m-m bezogen, die Verformungen des Stahlprofils und aus der Gründung (Einzelfundament) werden in diesem Beispiel als „gering" angenommen.

Flächenmoment 2. Grades

Abschn. 27.13.6 I_y $= 35150$ cm⁴

aus Tabellenwerken, z. B. *Krings* [293]

$$w_{\mathrm{inst,Q,m}} = \frac{1}{3} \cdot \frac{F \cdot l^3}{E \cdot I_y} = \frac{1}{3} \cdot \frac{4{,}0 \cdot 440^3}{1100 \cdot 35150} = 2{,}94 \text{ cm}$$

Elastische Anfangsdurchbiegungen infolge Schubes (Querkraft)

Abschn. 25.3.2 kann bei Vollholzträgern mit Rechteckquerschnitt vernachlässigt werden

Elastische Enddurchbiegung infolge Biegemomentes M_y

Tab. 25.1 aus veränderlicher Windlast w

$$w_{\mathrm{fin,Q}} = w_{\mathrm{inst,Q}} \cdot (1 + \psi_2 \cdot k_{\mathrm{def}})$$
$$= 2{,}94 \cdot (1 + 0{,}0 \cdot 0{,}6) = 2{,}94 \text{ cm}$$

Durchbiegung infolge Nachgiebigkeit der Verbindung

(näherungsweise)

Verschiebungsmodul

Abschn. 27.13.3 im Grenzzustand der Gebrauchstauglichkeit

$K_{\mathrm{ser}} = 420 \cdot 65/2$ $= 13650$ N/mm
$= 136{,}5$ kN/cm

Drehfedersteifigkeit

Tab. 23.1 im Grenzzustand der Gebrauchstauglichkeit

Abschn. 27.13.3

$$K_\varphi = K \cdot \sum_{i=1}^{n} r_i^2 = K_{\mathrm{ser}} \cdot \sum_{i=1}^{n} (x_i^2 + z_i^2) = 136{,}5 \cdot 10100 = 1\,379\,000 \text{ kNcm}$$

Verdrehung der Stütze infolge Nachgiebigkeit der Verbindung am Stützenfuß

Druckkraft, Biegemoment und Horizontallast aus Einwirkungen im Grenzzustand der Gebrauchstauglichkeit — Abschn. 27.13.1

$N_k = F_{x,c,k}$ $= 41{,}3$ kN

$H_k = F_{z,w,k} = V_k$ $= 4{,}0$ kN

$M_{y,m\text{-}m,d} = 4{,}0 \cdot 440$ $= 1760$ kNcm — Bild 27.19

Zusatzmoment der elastischen Feder (näherungsweise) — sinngemäß nach Abschn. 27.13.4

$$\Delta M = N \cdot \frac{h}{6} \cdot \left(\frac{1}{k_c} - 1\right) = 41{,}3 \cdot \frac{26}{6} \cdot \left(\frac{1}{0{,}188} - 1\right) = 773 \text{ kNcm}$$

Biegemoment aus Einwirkung und elastischer Feder

$M_{y,max,d} = M_{y,m\text{-}m,d} + \Delta M$

$= 1760 + 773$ $= 2533$ kNcm

gesamtes Biegemoment im Stützenfuß-Anschluss

$M_{ges} = M_m + V_m \cdot e_s$ (allgemein) — Gl. (17.47)

$= 2533 + 4{,}0 \cdot 35 =$ $= 2673$ kNcm

Alle anstehenden Beanspruchungen werden von den Dübeln in das Stahlprofil übertragen

Verdrehung der Stütze infolge Nachgiebigkeit der Verbindung im Stützenfuß (näherungsweise)

$\varphi = M_{ges}/K_\varphi = 2673/1379000$ $= 0{,}00194$ — Gl. (23.10)

Durchbiegung am Stützenkopf infolge Verdrehung

(näherungsweise)

$w_\varphi = \varphi \cdot h_{m\text{-}m} = 0{,}00194 \cdot 440$ $= 0{,}85$ cm

Enddurchbiegung infolge Verdrehung φ aus veränderlicher Windlast w — sinngemäß nach Tab. 25.1

$w_{fin,\varphi} = w \cdot (1 + \psi_2 \cdot k_{def})$

$= 0{,}85 \cdot (1 + 0{,}0 \cdot 0{,}6)$ $= 0{,}85$ cm

Gesamt-Enddurchbiegung am Stützenkopf

(näherungsweise)

$w_{fin} = w_{fin,Q} + w_{fin,\varphi} = 2{,}94 + 0{,}85$ $\cong 3{,}8$ cm

Nachweis der Enddurchbiegung

eine Anfangsdurchbiegung $w_{inst,G}$ aus ständiger Lasten ist im Beispiel nicht vorhanden

Tab. 25.4 Empfohlener Grenzwert für w_{fin}

$w_{\text{fin,grenz}} = l/100 = 440/100 \qquad = 4{,}4 \text{ cm}$

Enddurchbiegung

$w_{\text{fin}} \quad = \qquad = 3{,}8 \text{ cm}$

$\leq w_{\text{fin,grenz}} \qquad = 4{,}4 \text{ cm}$

Anmerkungen zu Beispiel 27.13

- die Bemessungen des **Stahlprofils** und dessen Einbindetiefe in das **Stahlbetonfundament** werden hier nicht geführt,
- Abschn. 16.2.4 — die **Verdrehungssteifigkeit der Gründung** (z.B. Einzelfundament auf bindigem Boden) ist ggf. zu berücksichtigen,
- der Abstand von 5 cm zwischen U.K. Holzstütze und O.K. Stahlbetonfundament wird aus Gründen des **konstruktiven Holzschutzes** im vorliegenden Beispiel gewählt, so dass die Verbindungseinheiten (Dübel mit Bolzen) alle anstehenden Beanspruchungen im Stützen-Fußbereich (von Holz auf Stahl) übertragen müssen,
- Abschn. 24.2 — eine Bemessung der Holzstütze kann mit Theorie II. Ordnung alternativ durchgeführt werden.

27.14 Nachweis der Durchbiegung eines parallelgurtigen Fachwerkträgers aus Kanthölzern

27.14.1 Konstruktive Ausbildung und Einwirkungen

- einteiliger Ober- und Untergurt mit je einem Konstruktionsstoß,
- einteilige Druckpfosten mit Kontaktanschlüssen rechtwinklig zur Faser,
- weiteilige Zugdiagonalen mit Stabdübelanschlüssen,
- Abschn. 7.3.1 — in einer unbeheizten Halle, Nutzungsklasse (NKL) 2,

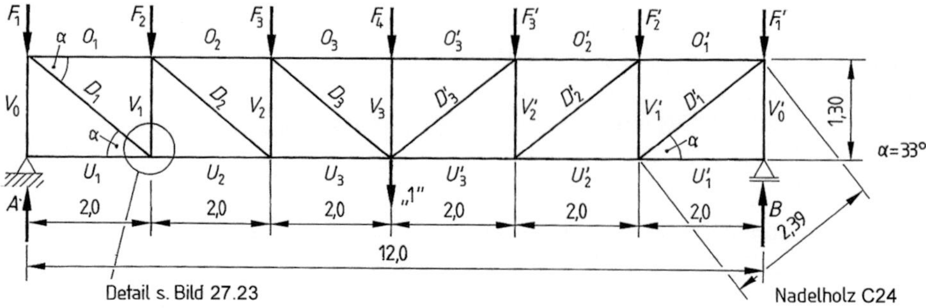

Bild 27.22 Parallelgurtiger Fachwerkträger aus Kanthölzern, System, Abmessungen, Belastungen

gewählt:

Nadelvollholz C24		Abschn. 7.2.1
Ober- und Untergurt:	$b/h = 10/20$ cm	
Diagonalen:	$b/h = 2 \cdot 6/16$ cm	
Vertikalstäbe (Pfosten):	$b/h = 10/16$ cm	

Verbindungsmittel: Abschn. 11.5.2

Stabdübel $d = 16$ mm Tab. 11.3

Anschlüsse:

Diagonalen D an Ober- und Untergurt (O und U):		Beispiel in
D_1 und D_1' an U und O:	je 6 Stabdübel, zweischnittig	Bild 27.23
D_2 und D_2' an U und O:	je 4 Stabdübel, zweischnittig	
D_3 und D_3' an U und O:	je 2 Stabdübel, zweischnittig	

Vertikalstäbe (Pfosten) V an Ober- und Untergurt (O und U):

V_i an U und O: Kontaktanschluss ⊥ zur Faser

Einwirkungen

Der Nachweis der Gebrauchstauglichkeit ist mit den charakteristischen Einwirkungen zu führen. Abschn. 25.2.1

Bemessungswert der Einzellast als
charakteristische Einzellasten Abschn. 9.1
aus Statischer Berechnung (hier nicht dargestellt) Abschn. 8.2.3

Knotenlasten
aus ständiger Last g Bild 27.22

$F_{1,g,k} = F'_{1,g,k} = 1{,}5$ kN
$F_{2,g,k} = F_{3,g,k} = F_{4,g,k} = F'_{3,g,k} = F'_{2,g,k} = 3{,}0$ kN

aus Schneelast s

$F_{1,s,k} = F'_{1,s,k} = 1{,}05$ kN
$F_{2,s,k} = F_{3,s,k} = F_{4,s,k} = F'_{3,s,k} = F'_{2,s,k} = 2{,}10$ kN

aus Gesamtlast

$F_{1,k} = F'_{1,k} = 2{,}55$ kN
$F_{2,k} = F_{3,k} = F_{4,k} = F'_{3,k} = F'_{2,k} = 5{,}10$ kN

Virtuelle Last in Feldmitte des Fachwerkträgers
„1“ am Untergurtknoten U_3/U'_3
für Durchbiegungsberechnung

27.14.2 Ausbildung des Fachwerkträgers

Bild 27.22, 27.23 Die Ausbildung des Fachwerkträgers kann exemplarisch den Bildern entnommen werden.

Vereinfachte Berechnung von Fachwerken

Wenn die vereinfachte Berechnung von Fachwerkträgern durchgeführt
Tab. 23.3 werden soll, sind die festgelegten Bedingungen einzuhalten. Können
Abschn. 23.3 diese Bedingungen nicht eingehalten werden, darf die vereinfachte Be-
Bild 27.22, 27.23 rechnung trotzdem angewendet werden, wenn die weiteren Bestimmungen berücksichtigt werden. Im Folgenden wird eine genauere Berechnung durchgeführt.

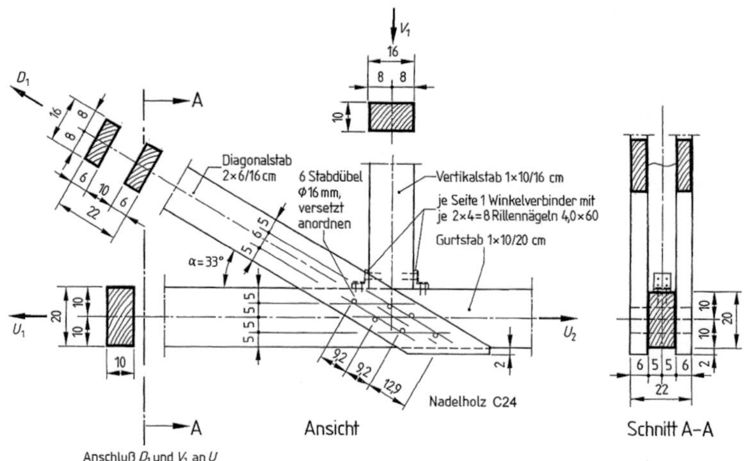

Bild 27.23 Ausbildung eines Fachwerkknotens mit Stabdübel, Diagonale und Pfosten an Untergurt

Holzfeuchte

Der Fachwerkträger unterliegt voraussichtlich folgender Holzfeuchteänderung $\Delta\omega$:

Abschn. 1.4.6
- Holzfeuchte beim Einbau $\omega_1 = 20\%$

Tab. 7.12, 7.19
- zu erwartende mittlere Ausgleichsfeuchte $\omega_2 = 14\%$

Abschn. 1.4.2
- Holzfeuchtedifferenz $\Delta\omega = (\omega_2 - \omega_1) = 14 - 20 = -6\%$ (Schwinden)

Es ist sicherzustellen, dass das Nachtrocknen „langsam" vorgenommen wird, um zu große Schwindrisse zu vermeiden, z.B. durch Raumtemperatur-Erhöhungen um jeweils 1° C in längeren Zeitabständen, soweit durchführbar, oder andere Methoden. Besser ist stets der Einbau des Holzes mit einer Holzfeuchte in der Nähe der zu erwartenden Ausgleichsfeuchte, hier ω = 15% mit z.B. Konstruktionsvollholz KVH.

Abschn. 3.2.2

27.14.3 Ermitteln der Stabkräfte

Stabkräfte eines Fachwerkträgers
- werden überwiegend rechnergestützt ermittelt,
- können bei einfachen Systemen und Belastungen jedoch mit der „Handrechnung" berechnet werden.

„Alte" Methoden wie „Cremonaplan" oder „Ritterschnittverfahren" können zur Überprüfung rechnergestützt ermittelter Stabkräfte eingesetzt werden oder führen in einigen Fällen zu zeitlich schnelleren Ergebnissen.

Stabkräfte für die „linke" Trägerhälfte

Äußere Belastung

Bild 27.22

$A = B =$	$(2 \cdot 2{,}55 + 5 \cdot 5{,}10)/2$	= 15,30 kN
$V_0 =$	$-3{,}0 \cdot 5{,}10$	= – 15,30 kN
$V_1 =$	$-2{,}5 \cdot 5{,}10$	= – 12,8 kN
$V_2 =$	$-1{,}5 \cdot 5{,}10$	= – 7,7 kN
$V_3 =$	$-1{,}0 \cdot 5{,}10$	= – 5,1 kN
$D_1 =$	$12{,}8 \cdot 239/130$	= + 23,5 kN
$D_2 =$	$7{,}7 \cdot 239/130$	= + 14,2 kN
$D_3 =$	$2{,}55 \cdot 239/130$	= + 4,7 kN
$O_1 = -U_2 =$	$12{,}8 \cdot 200/130$	= – 19,7 kN
$O_2 = -U_3 =$	$(12{,}8 + 7{,}7) \cdot 200/130$	= – 31,5 kN
$O_3 =$	$(12{,}8 + 7{,}7 + 2{,}55) \cdot 200/130$	= – 35,5 kN
$U_1 =$		= 0,0 kN

Die Stabkräfte der „rechten" Trägerhälfte (V', O', D') entsprechen denen der „linken" Trägerhälfte (V, O, D), da in diesem Beispiel eine Symmetrie hinsichtlich System und Belastung vorliegt.

Virtuelle Belastung „1"

$A = B = 1{,}0/2$		= 0,5 kN
$V_0 =$		= – 0,5 kN
V_1		= – 0,5 kN
V_2		= – 0,5 kN
V_3		= 0,0 kN
$D_1 =$	$0{,}5 \cdot 239/130$	= + 0,92 kN
$D_2 =$	$0{,}5 \cdot 239/130$	= + 0,92 kN
$D_3 =$	$0{,}5 \cdot 239/130$	= + 0,92 kN
$O_1 = -U_2 =$	$0{,}5 \cdot 200/130$	= – 0,77 kN

$O_2 = - U_3 = \quad (0{,}5 + 0{,}5) \cdot 200/130 \qquad = - \quad 1{,}54 \text{ kN}$
$O_3 = (0{,}5 + 0{,}5 + 0{,}5) \cdot 200/130 \qquad = - \quad 2{,}31 \text{ kN}$
$U_1 = \qquad = \quad 0{,}0 \text{ kN}$

mit $\sin \alpha = 130/239 = 0{,}5439$
$\tan \alpha = 130/200 = 0{,}6500$

Tab. 27.2
Abschn. 23.5
Tab. 23.4

Die Berechnungen der Verformungen/Durchbiegung des Fachwerkträgers werden mit der Arbeitsgleichung durchgeführt.

27.14.4 Nachweis der Verformungen (Durchbiegung)

Abschn. 25.2.2
Abschn. 25.3
Tab. 25.2

Die Anfangsdurchbiegung w_{inst} setzt sich aus den Anteilen der elastischen Verformung der Fachwerkstäbe und Nachgiebigkeit der Verbindungen (Anschlüsse) zusammen. Die Enddurchbiegung berücksichtigt zusätzlich das Schwinden und Kriechen der Holzstäbe und der Verbindungen, sie wird im Beispiel für die gesamte Enddurchbiegung $w_{\text{net,fin}}$ ermittelt, um das alltägliche mittlere (optische) Erscheinungsbild zu untersuchen. Die Enddurchbiegung w_{fin} wird in dieser Halle wegen - fehlender Notwendigkeit hinsichtlich der Hallennutzung nicht berücksichtigt.

Tab. 25.4

Als Grenzwert der Durchbiegung für die Anfangsdurchbiegung w_{inst} wird der empfohlene Wert $l/300$ vereinbart und für die gesamte Enddurchbiegung $w_{\text{net,fin}}$ ebenfalls $l/300$.

Tab. 7.17

Verformungsbeiwert (Nadelvollholz, Nutzungsklasse 2)
$k_{\text{def}} = 0{,}8$

Tab. 9.3

Kombinationsbeiwert (Schneelast, Orte bis 1000 m über NN)
$\psi_2 = 0$

Vereinfachter Nachweis der Durchbiegung (Näherung)

Abschn. 23.2

Es werden nur die Verformungsanteile der Fachwerkstäbe (ohne Verbindungen, Kriechen und Schwinden) berücksichtigt. Dieser vereinfachte Nachweis ist zügig zu ermitteln, ergibt jedoch nur sehr grobe Näherungswerte, zu empfehlen ist stets der genauere, mit „Handrechnung" aufwändigere Nachweis, der unten angeführt ist.

Anteile aus Gesamtdurchbiegung (vereinfachter Nachweis)

$F_{2,g,k} = 3,00$ kN $F_{2,s,k} = 2,10$ kN Abschn. 27.14.1

$F_{2,k} = F_{2,g,k} + F_{2,s,k}$ $= 5,10$ kN

$w_{inst} = \delta_{tot} =$ $= 0,498$ cm Tab. 27.2, Spalte 6

Anteil aus ständiger Last

$w_{inst,G} = 0,498 \cdot 3,0/5,10$ $= 0,29$ cm

Anteil aus veränderlicher Last (Schneelast)

$w_{inst,Q} = 0,498 \cdot 2,10/5,10$ $= 0,21$ cm Tab. 25.2

Anfangsdurchbiegung Gesamtträger (vereinfachter Nachweis)

$w_{inst} = w_{inst,G} + w_{inst,Q} = 0,29 + 0,21$ $= 0,50$ cm (0,498)

Nachweis der Anfangsdurchbiegung

$w_{inst} =$ $= 0,50$ cm

$< l/300 = 1200/300$ $= 4,0$ cm Tab. 25.4

(empfohlener Grenzwert) Bild 27.22

Enddurchbiegung Gesamtträger (vereinfachter Nachweis)

$w_{net,fin} = w_{inst,G} \cdot (1 + k_{def}) + \psi_2 \cdot w_{inst,Q} \cdot (1 + k_{def})$

$= 0,29 \cdot (1 + 0,8) + 0,0 \cdot 0,21 \cdot (1 + 0,8)$

$= 0,52 + 0,0$ $= 0,52$ cm

Nachweis der Enddurchbiegung

$w_{net,fin} =$ $= 0,52$ cm

$< l/300 = 1200/300$ $= 4,0$ cm Tab. 25.4

(empfohlener Grenzwert) Bild 27.22

Genauerer Nachweis der Durchbiegung

alle Verformungsanteile werden berücksichtigt:

- Fachwerkstäbe, Verbindungen, Kriechen und Schwinden - (rechtwinklig zur Faser). Abschn. 23.2

Schwindmaß (Nadelholz) Tab. 7.18

$\alpha\perp = 0,25$ in % / % Abschn. 7.5.2

Tabelle 27.2 Genauerer Nachweis der Durchbiegung in Feldmitte des Fachwerkträgers nach Bild 27.22[1])

1	2	3	4	5	6	7	8	9	10	11
Stab/ Stoß	Länge	Querschnitt	Stabkräfte		Verformungen[1])					zugehörige Werte /Berechnungen[1])
					elastisch	Stabdübel (2 Anschlüsse)		Kontakt ⊥ zur Faser (2 Anschlüsse)[5])	Schwinden ⊥ zur Faser (2 Anschlüsse)	
						Anzahl der Scherfugen je Anschluss	Nachgiebigkeit			
i	s_i	$b_i \cdot h_i = A_i$	N_i	$\overline{N}_i$	$\frac{N_i \cdot \overline{N}_i}{E_{0,mean} \cdot A_i} \cdot s_i$		$2 \cdot \frac{N_j \cdot \overline{N}_j}{n \cdot K_j}$	$2 \cdot \overline{N}_j \cdot u_{j,Schlupf}$	$2 \cdot \overline{N}_j \cdot u_{j,Schwind}$ [4])	
	cm	cm²	kN	„1“	cm	n	cm	cm	cm	
O_1	200	10·20 = 200	− 19,7	− 0,77	0,014					**Elastizitätsmodul**, Nadelholz C24 $E_{0,mean}$ = 11 000 N/mm² = 1100 kN/cm² **Verschiebungsmodul, je Scherfuge,** Stabdübel, d = 16 mm $K = K_{ser} = 420^{1,5} \cdot 16/23 = 5988$ N/mm = 59,88 kN/cm **Faserparalleler Passstoß** (Druck)[1])[2]) $\delta_V = \overline{N}_i \cdot u_{j,Schlupf}$ $u_{j,Schlupf} = -1,0$ mm = − 0,1 cm **Kontaktanschluss ⊥ zur Faser**[1])[5]) $u_{j,Schlupf} = -1,5$ mm = − 0,15 cm **Schwinden, Kontaktanschluss ⊥ zur Faser**[1])[4]) $u_{j,Schwinden} = \alpha_\perp \cdot \Delta\omega \cdot h_g/2 = \frac{0,25}{100} \cdot (-)6 \cdot 10 = -0,150$ cm $h_g/2 = 20/2 = 10$ cm (halbe Gurthöhe) **Anteile der ständigen Last aus Gesamtlast**[3])[4]) $\delta_{g,el} = w_{inst,G,el} = \frac{F_{2,g,k}}{F_{2,k}} \cdot (\delta_{el,0}) = \frac{3,0}{5,1} \cdot (0,498) = 0,293$ cm $\delta_{g,V} = w_{inst,G,V} = \frac{F_{2,g,k}}{F_{2,k}} \cdot (\delta_{eV}) = \frac{3,0}{5,1} \cdot (0,302 + 0,101) = 0,237$ cm
O_2	200	10·20 = 200	− 31,5	− 1,54	0,044					
O_3	200	10·20 = 200	− 35,5	− 2,31	0,075					
U_1	200	10·20 = 200	0,0	0,0	0,000					
U_2	200	10·20 = 200	+ 19,7	+ 0,77	0,014					
U_3	200	10·20 = 200	+ 31,5	+ 1,54	0,044					
V_0	130	10·16 = 160	− 15,3	− 0,5	0,006			0,150	0,150	
V_1	130	10·16 = 160	− 12,8	− 0,5	0,005			0,150	0,150	
V_2	130	10·16 = 160	− 7,7	− 0,5	0,003			0,150	0,150	
V_3	130	10·16 = 160	− 5,1	0,0	0,000			0,000	0,000	
D_1	239	2·6·16 = 192	+ 23,5	+ 0,92	0,024	12	0,060			
D_2	239	2·6·16 = 192	+ 14,2	+ 0,92	0,015	8	0,055			
D_3	239	2·6·16 = 192	+ 4,7	+ 0,92	0,005	4	0,036			
Stoß O_3			− 35,5	− 2,31		2])	0,231 }0,332			
Stoß U_3			+ 31,5	+ 1,54		16	0,101			
Summe Einzelspalten (Trägerhälfte)					0,249		0,151	0,450	0,450	
Summe Einzelspalten (Gesamtträger)					0,498		0,302 + 0,332	0,900	0,900	
Anfangsdurchbiegung (ohne Kriechen und Schwinden): Summe Zeile (Gesamtträger) $w_{inst,} = 0,498 + 0,302 + 0,332 + 0,900 = 2,03$ cm										

Enddurchbiegung (mit Kriechen und Schwinden), Überhöhung w_c im Beispiel nicht vorhanden: allgemein: $w_{net,fin} = w_{inst,G} \cdot (1 + k_{def}) + \psi_2 \cdot w_{inst,Q,i} \cdot (1 + k_{def}) - w_c$ im Beispiel mit Verbindungen (V), bei denen k_{def} verdoppelt werden muss: $w_{net,fin} = w_{inst,G,el} \cdot (1 + k_{def}) + w_{inst,G,V} \cdot (1 + 2 \cdot k_{def}) + \psi_2 \cdot w_{inst,Q,el} \cdot (1 + k_{def}) + \psi_2 \cdot w_{inst,Q,V} \cdot (1 + 2 \cdot k_{def}) + \delta_{Schlupf} + \delta_{Schwinden}$ $= 0{,}293 \cdot (1 + 0{,}8) + 0{,}237 \cdot (1 + 2 \cdot 0{,}8) + 0{,}231 \cdot 3{,}0/5{,}1 + 0{,}00 \cdot 0{,}205 \cdot (1 + 0{,}8) + 0{,}00 \cdot 0{,}166 \cdot (1 + 2 \cdot 0{,}8) +$ $+ 0{,}00 \cdot 0{,}231 \cdot 2{,}1/5{,}1 + 0{,}900 + 0{,}900 = 3{,}08$ cm	**Anteile der veränderlichen Last (Schneelast) aus Gesamtlast**[3])[4]) $\delta_{s,el} = w_{inst,Q,el} = \frac{F_{2,s,k}}{F_{2,k}} \cdot (\delta_{el,0}) =$ $= \frac{2{,}1}{5{,}1} \cdot (0{,}498) = 0{,}205$ cm $\delta_{s,V} = w_{inst,Q,V} = \frac{F_{2,s,k}}{F_{2,k}} \cdot (\delta_{el,V}) =$ $= \frac{2{,}1}{5{,}1} \cdot (0{,}302 + 0{,}101) = 0{,}166$ cm **Verformungsbeiwert** (Nadelholz, NKL 2) $k_{def} = 0{,}8$ **Kombinationsbeiwert** (Schneelast) $\psi_2 = 0{,}0$ (Orte bis 1000 m über NN)

[1]) s. auch Tabellen 7.3, 7.17, 7.18, 9.3, 10.2, 23.4, 25.2 und Gl. (22.3) sowie Abschn. 10.3.3
[2]) faserparalleler Passstoß
[3]) die Anteile aus Schlupf und Schwinden werden als unabhängig vom Kriechen angenommen
[4]) es wird weiter angenommen, dass die Verformungsanteile aus Schwinden im Wesentlichen erst bei den Endverformungen auftreten
[5]) die elastischen Verformungen der Vertikalstäbe V aus ihren Anschlüssen rechtwinklig zur Faser werden in diesem Beispiel vernachlässigt

Anteile aus Gesamtdurchbiegung
genauerer Nachweis

Annahmen:

Tab. 27.2

- die Verformungsanteile der Verbindungen δ_V aus Schlupf und der Stäbe δ_ω aus Schwinden sind vom Kriechen unabhängig,
- die Verformungsanteile aus Schwinden werden im Wesentlichen erst bei der Endverformung auftreten.

Anteile aus ständiger Last (genauerer Nachweis)

Stäbe (el)

Tab. 27.2, Gesamtträger, Spalte 6, 8

$w_{inst,G,el} = (\delta_{el,0}) \cdot F_{2,g,k}/F_{2,k}$
$= (0{,}498) \cdot 3{,}0/5{,}10 \qquad = 0{,}293 \text{ cm}$

Verbindungen (V)

$w_{inst,G,V} = (\delta_V) \cdot F_{2,g,k}/F_{2,k}$
$w_{inst,G,V,Stabdübel} = (0{,}302 + 0{,}101) \cdot 3{,}0/5{,}10 \qquad = 0{,}237 \text{ cm}$
$w_{inst,G,V,Stoß} = (0{,}231) \cdot 3{,}0/5{,}10 \qquad = 0{,}136 \text{ cm}$

gesamt ständige Last

$w_{inst,G} = w_{inst,G,el} + w_{inst,G,V}$
$= (0{,}293 + 0{,}237 + 0{,}136) \qquad = 0{,}666 \text{ cm}$

Anteile aus veränderlicher Last (Schneelast) (genauerer Nachweis)

Stäbe (el)

Tab. 27.2, Gesamtträger, Spalte 6, 8

$w_{inst,Q,el} = (\delta_{el,0}) \cdot F_{2,s,k}/F_{2,k}$
$= (0{,}498) \cdot 2{,}1/5{,}10 \qquad = 0{,}205 \text{ cm}$

Verbindungen (V)

$w_{inst,Q,V} = (\delta_V) \cdot F_{2,s,k}/F_{2,k}$
$w_{inst,G,V,Stabdübel} = (0{,}302 + 0{,}101) \cdot 2{,}1/5{,}10 \qquad = 0{,}166 \text{ cm}$
$w_{inst,G,V,Stoß} = (0{,}231) \cdot 2{,}1/5{,}10 \qquad = 0{,}095 \text{ cm}$

gesamt veränderliche Last (Schneelast)

Tab. 25.2

$w_{inst,Q} = w_{inst,Q,el} + w_{inst,Q,V}$
$= (0{,}205 + 0{,}166 + 0{,}095) \qquad = 0{,}466 \text{ cm}$

Anfangsdurchbiegung Gesamtträger (genauerer Nachweis)

Tab. 27.2, Gesamtträger, Spalte 8

$w_{inst} = w_{inst,G} + w_{inst,V} + \delta_{Schlupf}$
$= 0{,}666 + 0{,}466 + 0{,}900 \qquad = 2{,}03 \text{ cm}$

Nachweis der Anfangsdurchbiegung

$w_{inst,}$ $= 2{,}03$ cm

$< l/300 = 1200/300$ $= 4{,}0$ cm Tab. 25.4

(empfohlener Grenzwert) Bild 27.22

Enddurchbiegung Gesamtträger (genauerer Nachweis)

Überhöhung nicht vorhanden $w_c = 0$,

bei Verbindungen (V) muss k_{def} verdoppelt werden Gl. (22.3)

$$w_{net,fin} = w_{inst,G} \cdot (1 + k_{def}) + \psi_2 \cdot w_{inst,Q} \cdot (1 + k_{def}) + \delta_{Schlupf} + \delta_{Schwinden} - w_c$$

$$= w_{inst,G,el} \cdot (1 + k_{def}) + w_{inst,G,V} \cdot (1 + 2 \cdot k_{def}) + \psi_2 \cdot w_{inst,Q,el} \cdot (1 + k_{def}) + \psi_2 \cdot w_{inst,Q,V} \cdot (1 + 2 \cdot k_{def}) + \delta_{Schlupf} + \delta_{Schwinden}$$

$$w_{net,fin} = 0{,}293 \cdot (1 + 0{,}8) + 0{,}237 \cdot (1 + 2 \cdot 0{,}8) + 0{,}136 + 0{,}0 \cdot 0{,}205 \cdot (1 + 0{,}8) + 0{,}0 \cdot 0{,}166 \cdot (1 + 2 \cdot 0{,}8) + 0{,}0 \cdot 0{,}095 + 0{,}900 + 0{,}900$$

$$= 0{,}527 + 0{,}616 + 0{,}136 + 0{,}0 + 0{,}0 + 0{,}0 + 0{,}900 + 0{,}900 = 3{,}08 \text{ cm}$$

Nachweis der Enddurchbiegung (genauerer Nachweis) mit $w_c = 0$

$w_{net,fin}$ $= 3{,}08$ cm

$< l/300 = 1200/300$ $= 4{,}0$ cm Tab. 25.4

(empfohlener Grenzwert)

Da im Halleninnern keine Einbauten vorhanden sind, die durch die Durchbiegung des Fachwerkträgers beeinträchtigt werden können, ist die quasi-ständige Kombination $w_{net,fin}$ von Interesse, um das alltägliche mittlere (optische) Erscheinungsbild zu ermitteln.

Anmerkungen zu Beispiel 27.14

- der **Nachweis der Tragfähigkeit** der Fachwerkstäbe und der Verbindungen wird im Beispiel nicht geführt,
- der **vereinfachte Durchbiegungsnachweis** (Näherung) erfasst in diesem Beispiel nur ca. 16% der Enddurchbiegung aus dem genaueren Durchbiegungsnachweis,
- der **genauere Durchbiegungsnachweis** ergibt in diesem Beispiel folgende Anteile an der Enddurchbiegung $w_{net,fin}$:
- elastischer Anteil aller Stäbe: ca. 10%
- Nachgiebigkeit der Verbindungen: ca. 41%
- Schwinden (Anschlüsse ⊥ zur Faser): ca. 29%
- Kriechen: ca. 20%

die Nachgiebigkeit der Verbindungen, Schwinden und Kriechen bewirken insgesamt einen Anteil von ca. 90% und sind deshalb nicht zu vernachlässigen,

- eine **Abstufung der Stabquerschnitte** bei den Vertikal- und/oder Diagonalstäben, z.B. V_1 mit b/h = 10/14 cm, V_2 und V_3 mit b/h = 10/12 cm, die aus statischer Sicht sinnvoll wäre, wird aus Herstellungs- und Montagegründen nicht ausgeführt (stets gleiche Querschnitte bei Vertikalstäben in diesem „kleinen" Fachwerkträger).

Anhang

A.1 Genaueres Nachweisverfahren stiftförmiger metallischer - Verbindungsmittel bei Beanspruchung auf Abscheren nach DIN EN 1995-1-1: 2010-12, 8.1 bis 8.7

Genaueres Nachweisverfahren stiftförmiger metallischer Verbindungsmittel nach DIN EN 1995-1-1: 2010-12, 8.2

Die charakteristischen Tragfähigkeiten stiftförmiger metallischer Verbindungsmittel gehen auf die Arbeiten von *Johansen* [241] zurück. DIN EN 1995-1-1: 2010-12, 8.2 übernimmt diese Gleichungen mit den einzelnen Versagensmechanismen und berücksichtigt zusätzlich die Tragfähigkeitserhöhung durch die unten näher dargestellte Seilwirkung stiftförmiger Verbindungsmittel, die *Johansen* nicht in Rechnung stellt. Die Tragfähigkeiten aus den *Johansen*-Gleichungen werden im Folgenden mit $F_{v,Rk,1}$ bezeichnet, da die Norm hier keine Unterscheidungen macht. Die (Gesamt-)Tragfähigkeit $F_{v,Rk}$ der DIN EN 1995-1-1: 2010-12, 8.2 wird aus den *Johansen*-Gleichungen $F_{v,Rk,1}$ und dem Anteil aus der Seilwirkung $F_{ax,Rk}/4$ gebildet, s. Tabellen A.1 und A.2 sowie *Ehlbeck/Larsen* [122].

Das Nachweisverfahren mit den charakteristischen Tragfähigkeiten $F_{v,Rk}$ nach DIN EN 1995-1-1: 2010-12, 8.2 wird als genaueres Nachweisverfahren bezeichnet, Angaben zu den Voraussetzungen sind im Abschn. 11.1 und 11.2 enthalten, dort wird auch als Beispiel die Herleitung von Gleichungen zweier Versagensmechanismen von Holz-Holz- bzw. Holz-Holzwerkstoffverbindungen geführt.

Seilwirkung stiftförmiger metallischer Verbindungsmittel

Stiftförmige metallische Verbindungsmittel erhalten nach *Hilson* [223] bei der Beanspruchung auf Abscheren zusätzliche Ankerkräfte durch Zugkräfte, die sich in schräg gestellten

H. Neuhaus · T. Uibel (*)
e-mail: holzbau@ing-uibel.de

H. Neuhaus, W. Moorkamp, L. Peterson, T. Uibel, *Ingenieurholzbau*,
DOI 10.1007/978-3-658-44967-4

Stiften, Stiftteilen und mit zunehmendem Biegewinkel z.B. über Verzahnung bei profilierten Stiften, über Stiftköpfe oder Unterlegscheiben ausbilden. Dieser als Seilwirkung stiftförmiger Verbindungsmittel oder auch „Einhängezustand“ bezeichnete Effekt, der im Abschn. 11.5.1, s. Bild 11.8b, näher dargestellt ist, wird bei der Ermittlung der charakteristischen Tragfähigkeit im genaueren Nachweisverfahren berücksichtigt. Dagegen wird der „Einziehzustand“, der bei Stiften mit glatter Oberfläche ohne Kopf wie bei Stabdübeln nur geringe Zugkräfte aus sich ändernder Haftreibung bewirkt, s. Bild 11.8a, nicht in Rechnung gestellt.

Die Kraftkomponenten aus Seilwirkung erhöhen die charakteristischen Tragfähigkeiten auf Abscheren $F_{v,Rk}$ und werden bei entsprechenden Versagensmechanismen mit dem Faktor $F_{ax,Rk}/4$ berücksichtigt mit $F_{ax,Rk}$ als Herausziehwiderstand eines stiftförmigen metallischen Verbindungsmittels. Diese Tragfähigkeitserhöhung ist jedoch nach DIN EN 1995-1-1: 2010-12, 8.2.2 bei Ermittlung der charakteristischen Tragfähigkeit auf Abscheren je nach Verbindungsmitteltyp auf festgelegte Anteile nach Tabelle A.3 zu begrenzen, die aus dem Term $F_{v,Rk,1}$ entsprechender Versagensmechanismen bestimmt werden, s. Tabelle A.1 und A.2. Ist der Herausziehwiderstand $F_{ax,Rk}$ jedoch nicht bekannt, sollte der Anteil aus der Seilwirkung $F_{ax,Rk}/4$ zu null angenommen werden.

Dünne und dicke Stahlbleche bei Stahl-Holz-Verbindungen

Bei Stahl-Holz-Verbindungen werden für die Bestimmung der charakteristischen Tragfähigkeiten $F_{v,Rk}$ nach DIN EN 1995-1-1: 2010-12, 8.2.3 **dünne Stahlbleche** mit einer Dicke $t \leq 0{,}5 \cdot d$ und **dicke Stahlbleche** mit einer Dicke $t \geq d$ mit d als Stiftdurchmesser unterschieden, s. Tabelle A.2. Liegt die Blechdicke t zwischen einem dünnen und dicken Stahlblech, ist die charakteristische Tragfähigkeit durch geradlinige Interpolation zwischen den Grenzwerten für dünne und dicke Stahlbleche zu ermitteln. Außen liegende dünne Stahlbleche mit $t \leq d/2$ können nach *Hilson* [223] keine Einspannung des Stiftes mit dem Durchmesser d bewirken, der Stift kann sich demnach im Stahlblech frei verdrehen, so dass keine plastischen Gelenke (Fließgelenke) in der Scherfuge zwischen Holz und Stahlblech auftreten können, dagegen liegt bei außen liegenden dicken Stahlblechen mit $t \geq d$ eine genügend große Einspannung vor, so dass sich Fließgelenke in den Scherfugen bilden können.

Über die charakteristischen Tragfähigkeiten stiftförmiger metallischer Verbindungsmittel der Tabelle A.1 und A.2 nach DIN EN 1995-1-1: 2010-12, 8.2 berichten u.a. *Colling* [94], *Ehlbeck/Larsen* [122] und *Hilson* [223].

Ermitteln der charakteristischen Tragfähigkeiten und Bemessungswerte im genaueren Nachweisverfahren stiftförmiger metallischer Verbindungsmittel nach DIN EN 1995-1-1: 2010-12, 8.2

Die **charakteristischen Tragfähigkeiten** $F_{v,Rk}$ stiftförmiger metallischer Verbindungsmittel wie Stabdübel, Passbolzen, Bolzen, Nägel, Klammern und Holzschrauben können für ein- und zweischnittige Holz-Holz- und Holz-Holzwerkstoff-Verbindungen Tabelle A.1 sowie für ein- und zweischnittige Stahl-Holz-Verbindungen Tabelle A.2 entnommen werden. In den Tabellen sind die einzelnen Gleichungen den entsprechenden Versagensmechanismen nach DIN EN 1995-1-1: 2010-12, 8.2 zugeordnet, maßgebend ist der jeweils kleinste Wert der charakteristischen Tragfähigkeit aus den jeweils zugehörigen Termen der ein- bzw. zweischnittigen Verbindungen, Angaben hierzu sind in Fußnoten der Tabellen A.1 und A.2 enthalten.

Die **Bemessungswerte der Tragfähigkeit $F_{v,Rd}$** pro Scherfuge und stiftförmigem Verbindungsmittel nach dem genaueren Nachweisverfahren der DIN EN 1995-1-1: 2010-12, 2.4.3 sind nach Gl. (A.1) zu ermitteln.

$$F_{v,Rd} = \frac{k_{mod} \cdot F_{v,Rk}}{\gamma_M} \tag{A.1}$$

$F_{v,Rk}$ charakteristische Tragfähigkeit stiftförmiger metallischer Verbindungsmittel für das genauere Nachweisverfahrens der DIN EN 1995-1-1: 2010-12, 8.2 nach Tabellen A.1 und A.2

k_{mod} Modifikationsbeiwert nach Abschn. 7.4.1, Tabelle 7.16

γ_M Teilsicherheitsbeiwert für auf Biegung beanspruchte stiftförmige Verbindungsmittel für das genauere Nachweisverfahren der DIN EN 1995-1-1: 2010-12, 2.4.1, Tab. 2.3, s. auch Abschn. 8.2.4, Tabelle 8.2
= 1,3

Für die **Bemessung stiftförmiger metallischer Verbindungsmittel** bei Beanspruchung auf Abscheren sind weitere Angaben und Festlegungen je Verbindungsmitteltyp nach DIN EN 1995-1-1: 2010-12, 8.3 bis 8.7 einzuhalten: Dies sind z.B. die charakteristischen Werte des Fließmomentes $M_{y,Rk}$ und der Lochleibungsfestigkeiten $f_{h,k}$ bei unterschiedlichen Holzbaustoffen, die Mindest- und Maximaldurchmesser d, Mindestabstände a, die Mindesteinbindetiefe t und die Mindestholzdicke t, soweit vorhanden, die Mindestanzahl n in einer Verbindung und die wirksame Anzahl n_{ef} in Faserrichtung hintereinander liegender Verbindungsmittel sowie die kombinierte Beanspruchung in Richtung der Stiftachse $F_{ax,Rd}$ (Herausziehen) und rechtwinklig zur Stiftachse $F_{v,Rd}$ (Abscheren) für bestimmte stiftförmige Verbindungsmittel, falls eine derartige kombinierte Beanspruchung vorliegt. Bei Nagelverbindungen auf Abscheren sind zusätzlich noch die übergreifenden Nägel im Mittelholz und das Vorbohren des Holzes in Abhängigkeit von der charakteristischen Rohdichte ρ_k, der Holzdicke t und spaltgefährdeten Nadelhölzern zu beachten. Diese einzuhaltenden Angaben können auch den Abschn. 11.5 bis 11.8 (mit Ausnahme von Klammern) entnommen werden, hierin sind auch die zusätzlichen Festlegungen der DIN EN 1995-1-1/NA: 2013-08 angegeben. Die **Beanspruchung der Stahlbleche** ist nach (den jeweils bauaufsichtlich eingeführten Ausgaben der) DIN EN 1993 (Stahlbau) bzw. seinen Nationalen Anhängen nachzuweisen.

Tabelle A.1 Genauere Nachweise der charakteristischen Tragfähigkeit $F_{v,Rk}$ stiftförmiger metallischer Verbindungsmittel in ein- und zweischnittigen Holz-Holz- und Holz-Holzwerkstoff-Verbindungen pro Scherfuge und Verbindungsmittel bei Beanspruchung auf Abscheren nach DIN EN 1995-1-1: 2010-12, 8.2.2[1])[2])[3])[4])

	Charakteristische Tragfähigkeit $F_{v,Rk}$ pro Scherfuge und Verbindungsmittel mit $\boldsymbol{F_{v,Rk} = F_{v,Rk,1} + F_{ax,Rk}/4}$ [3])[4]) mit Beispielen des Auftretens	Versagensmechanismus[5])
Einschnittige Holz-Holz- und Holz-Holzwerkstoff-Verbindungen[2])		
a	Versagensmechanismus a: einschnittig, Stift verschoben, bleibt gerade, Lochleibungsfestigkeit im Bauteil 1 erreicht, im Bauteil 2 nicht erreicht, Auftreten bei hoher Stahlgüte des Stiftes und bei Bauteildicken $t_2 >> t_1$ $F_{v,Rk} = F_{v,Rk,1} \quad F_{ax,Rk}/4 = 0 \qquad F_{v,Rk,1} = f_{h,1k} \cdot t_1 \cdot d$	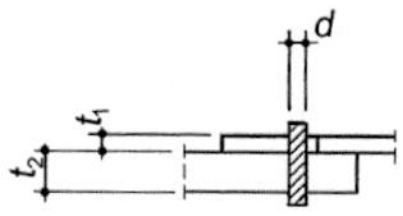 t_1, t_2, d
b	Versagensmechanismus b: einschnittig, Stift verschoben, bleibt gerade, Lochleibungsfestigkeit im Bauteil 2 erreicht, im Bauteil 1 nicht erreicht, Auftreten bei hoher Stahlgüte des Stiftes und bei Bauteildicken $t_1 >> t_2$ $F_{v,Rk} = F_{v,Rk,1} \quad F_{ax,Rk}/4 = 0 \qquad F_{v,Rk,1} = f_{h,2k} \cdot t_2 \cdot d$	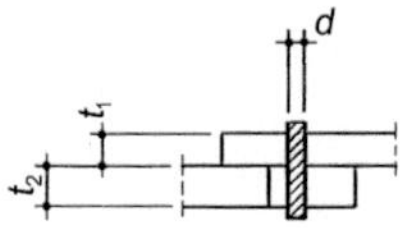 t_1, t_2, d
c	Versagensmechanismus c: einschnittig, Stift verschoben und verdreht, bleibt gerade, Lochleibungsfestigkeit im Bauteil 1 und 2 erreicht, Auftreten meist bei geringen Bauteildicken t_1 und t_2 $F_{v,Rk} = F_{v,Rk,1} + F_{ax,Rk}/4$ [3]) $F_{v,Rk,1} =$ $\frac{f_{h,1,k} \cdot t_1 \cdot d}{1+\beta} \cdot \left[\sqrt{\beta + 2 \cdot \beta^2 \cdot \left(1 + \frac{t_2}{t_1} + \left(\frac{t_2}{t_1}\right)^2\right) + \beta^3 \cdot \left(\frac{t_2}{t_1}\right)^2} - \beta \cdot \left(1 + \frac{t_2}{t_1}\right)\right]$	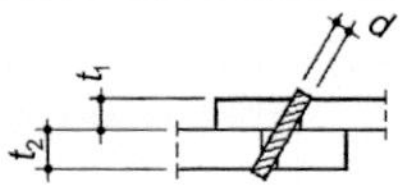 t_1, t_2, d
d	Versagensmechanismus d: einschnittig, Stift verschoben und verdreht mit einem Fließgelenk im Bauteil 2, Lochleibungsfestigkeit im Bauteil 1 und teilweise im Bauteil 2 erreicht, Auftreten bei größerer Bauteildicke t_2 und kleiner Bauteildicke t_1 $F_{v,Rk} = F_{v,Rk,1} + F_{ax,Rk}/4$ [3]) $F_{v,Rk,1} = 1{,}05 \cdot \frac{f_{h,1,k} \cdot t_1 \cdot d}{2+\beta} \cdot \left[\sqrt{2 \cdot \beta \cdot (1+\beta) + \frac{4 \cdot \beta \cdot (2+\beta) \cdot M_{y,Rk}}{f_{h,1,k} \cdot d \cdot t_1^2}} - \beta\right]$	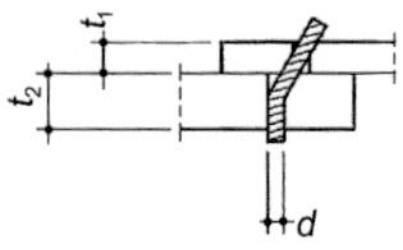 t_1, t_2, d
e	Versagensmechanismus e: einschnittig, Stift verschoben und verdreht mit einem Fließgelenk im Bauteil 1, Lochleibungsfestigkeit im Bauteil 2 und teilweise im Bauteil 1 erreicht, Auftreten bei größerer Bauteildicke t_1 und kleiner Bauteildicke t_2 $F_{v,Rk} = F_{v,Rk,1} + F_{ax,Rk}/4$ [3]) $F_{v,Rk,1} = 1{,}05 \cdot \frac{f_{h,1,k} \cdot t_2 \cdot d}{1+2 \cdot \beta} \cdot \left[\sqrt{2 \cdot \beta^2 \cdot (1+\beta) + \frac{4 \cdot \beta \cdot (1+2 \cdot \beta) \cdot M_{y,Rk}}{f_{h,1,k} \cdot d \cdot t_2^2}} - \beta\right]$	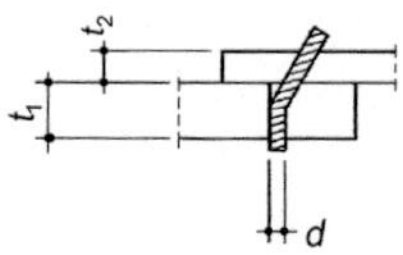 t_2, t_1, d

Tabelle A.1 (Fortsetzung)

f	Versagensmechanismus f: einschnittig, Stift verschoben und verdreht mit zwei Fließgelenken, jeweils eins im Bauteil 1 und Bauteil 2, Lochleibungsfestigkeit teilweise im Bauteil 1 und Bauteil 2 erreicht, Auftreten bei größeren Bauteildicken t_1 und t_2 $F_{v,Rk} = F_{v,Rk,1} + F_{ax,Rk}/4$ [3]) $F_{v,Rk,1} = 1{,}15 \cdot \sqrt{\frac{2 \cdot \beta}{1+\beta}} \cdot \sqrt{2 \cdot M_{y,Rk} \cdot f_{h,1,k} \cdot d}$	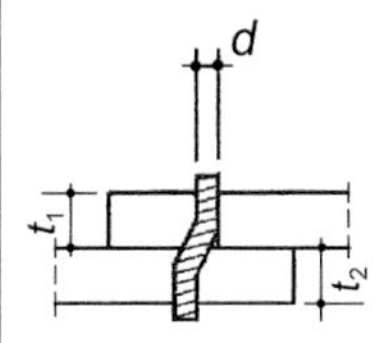
zweischnittige Holz-Holz- und Holz-Holzwerkstoff-Verbindungen [2])		
g	Versagensmechanismus g: zweischnittig, Stift verschoben, bleibt gerade, Lochleibungsfestigkeit in den Bauteilen 1 erreicht, Auftreten bei hoher Stahlgüte des Stiftes und bei Bauteildicken $t_2 >> t_1$ $F_{v,Rk} = F_{v,Rk,1}$ $F_{ax,Rk}/4 = 0$ $F_{v,Rk,1} = f_{h,1,k} \cdot t_1 \cdot d$	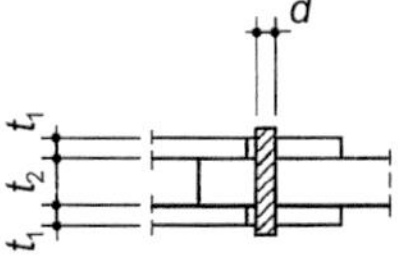
h	Versagensmechanismus h: zweischnittig, Stift verschoben, bleibt gerade, Lochleibungsfestigkeit im Bauteil 2 (Mittelholz) erreicht, Auftreten bei geringerer Lochleibungsfestigkeit des Bauteils 2 (Mittelholz) gegenüber den Bauteilen 1 (Seitenhölzer) 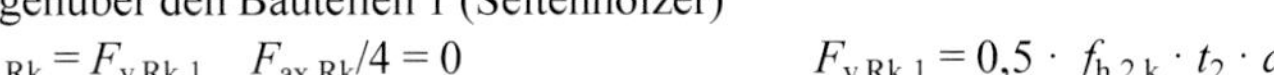 $F_{v,Rk} = F_{v,Rk,1}$ $F_{ax,Rk}/4 = 0$ $F_{v,Rk,1} = 0{,}5 \cdot f_{h,2,k} \cdot t_2 \cdot d$	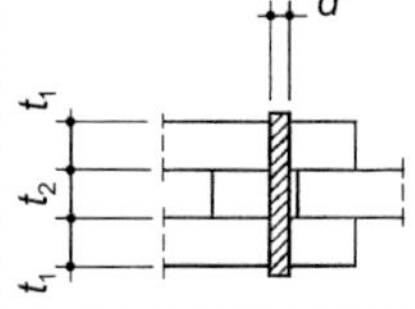
j	Versagensmechanismus j: zweischnittig, Stift verschoben und verdreht mit zwei Fließgelenken im Bauteil 2 (Mittelholz), Lochleibungsfestigkeit in den Bauteilen 1 (Seitenhölzer) und im Bauteil 2 (Mittelholz) erreicht, Auftreten bei größerer Bauteildicke t_2 (Mittelholz) $F_{v,Rk} = F_{v,Rk,1} + F_{ax,Rk}/4$ [3]) $F_{v,Rk,1} = 1{,}05 \cdot \frac{f_{h,1,k} \cdot t_1 \cdot d}{2+\beta} \cdot \left[\sqrt{2 \cdot \beta \cdot (1+\beta) + \frac{4 \cdot \beta \cdot (2+\beta) \cdot M_{y,Rk}}{f_{h,1,k} \cdot d \cdot t_1^2}} - \beta\right]$	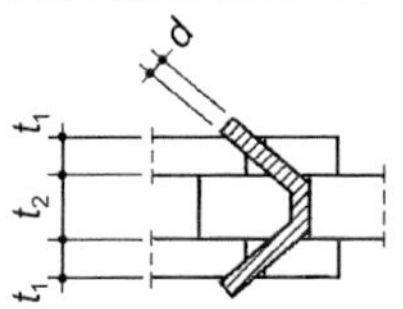
k	Versagensmechanismus k: zweischnittig, Stift verschoben und verdreht mit je einem Fließgelenk in den Bauteilen 1 (Seitenhölzer) und zwei Fließgelenken im Bauteil 2 (Mittelholz), Lochleibungsfestigkeit in den Bauteilen 1 (Seitenhölzer) und im Bauteil 2 (Mittelholz) erreicht, Auftreten bei größeren Bauteildicken t_1 (Seitenhölzer) und t_2 (Mittelholz) $F_{v,Rk} = F_{v,Rk,1} + F_{ax,Rk}/4$ [3]) $F_{v,Rk,1} = 1{,}15 \cdot \sqrt{\frac{2 \cdot \beta}{1+\beta}} \cdot \sqrt{2 \cdot M_{y,Rk} \cdot f_{h,1,k} \cdot d}$	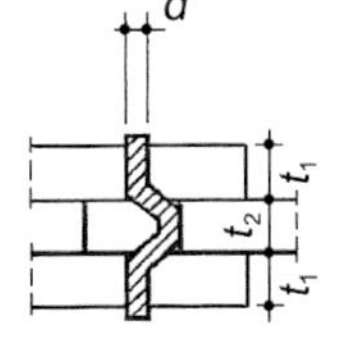

Tabelle A.1 (Fußnoten)

[1]) Hierin bedeuten:

d	Durchmesser des stiftförmigen metallischen Verbindungsmittels
$f_{h,1,k}$/ $f_{h,2,k}$	charakteristischer Wert der Lochleibungsfestigkeit im Holzteil 1 bzw. Holzteil 2 je nach stiftförmigem metallischem Verbindungsmittel und Holzbaustoff nach DIN EN 1995-1-1: 2010-12, 8.3 bis 8.7, s. auch Abschn. 11.5 bis 11.8
t_1, t_2	Dicke des Holzes oder Holzwerkstoffes bzw. Einbindetiefe des stiftförmigen Verbindungsmittels im Holz, s. DIN EN 1995-1-1: 2010-12: 8.3 bis 8.7 oder Abschn. 11.5 bis 11.8
β	Verhältnis der Lochleibungsfestigkeiten der Bauteile zueinander $= f_{h,2,k} / f_{h,1,k}$
$F_{ax,Rk}/4$	charakteristischer Wert aus dem Anteil der Seilwirkung pro Scherfuge und Verbindungsmittel, der nach Tabelle A.3 zu begrenzen ist
$F_{ax,Rk}$	charakteristischer Herausziehwiderstand eines stiftförmigen metallischen Verbindungsmittels nach DIN EN 1995-1-1: 2010-12, 8.3 bis 8.7, s. auch Abschn. 11.5 bis 11.8, soweit dort nach DIN EN 1995-1-1: 2010-12 angegeben, bei einschnittigen Verbindungsmittel gilt für $F_{ax,Rk}$ der kleinere Herausziehwiderstand aus beiden Bauteilen
$F_{v,Rk}$	charakteristischer Wert der Tragfähigkeit eines stiftförmigen metallischen Verbindungsmittels pro Scherfuge und Verbindungsmittel nach dem genaueren Nachweisverfahren der DIN EN 1995-1-1: 2010-12, 8.2.2, dieser Wert $F_{v,Rk}$ beinhaltet die (Gesamt-)Tragfähigkeit aus $F_{v,Rk,1}$ (*Johansen*-Gleichungen) und $F_{ax,Rk}/4$ (Seilwirkung)
$F_{v,Rk,1}$	charakteristischer Wert der Tragfähigkeit eines stiftförmigen metallischen Verbindungsmittels ohne Seilwirkung pro Scherfuge und Verbindungsmittel nach dem genaueren Nachweisverfahren der DIN EN 1995-1-1: 2010-12, 8.2.2, diese Bezeichnung $F_{v,Rk,1}$ für die Tragfähigkeit ohne Seilwirkung ist in DIN EN 1995-1-1 nicht enthalten, sie entspricht den Gleichungen der charakteristischen Tragfähigkeit nach *Johansen* [241] mit Ausnahme der vorangestellten Faktoren 1,05 und 1,15 bei einigen Gleichungen
$M_{y,Rk}$	charakteristisches Fließmoment des stiftförmigen metallischen Verbindungsmittels nach DIN EN 1995-1-1: 2010-12: 8.3 bis 8.7, s. auch Abschn. 11.5 bis 11.8

[2]) maßgebend ist der jeweils kleinste Wert der charakteristischen Tragfähigkeit aus den jeweils zugehörigen Termen der Verbindungen, bei einschnittigen Verbindungen aus den Termen a bis f und bei zweischnittigen Verbindungen aus den Termen g, h, j, k

[3]) der Term $F_{ax,Rk}/4$ als Anteil aus der charakteristischen Tragfähigkeit der Seilwirkung ist nach - Tabelle A.3 je nach Verbindungsmitteltyp zu begrenzen

[4]) der Bemessungswert der Tragfähigkeit $F_{v,Rd}$ stiftförmiger metallischer Verbindungsmittel nach dem genaueren Nachweisverfahren der DIN EN 1995-1-1: 2010-12, 8.2.2 kann nach Gl. (A.1) - berechnet werden

[5]) Versagensmechanismen für Holz-Holz- und Holz-Holzwerkstoff-Verbindungen nach DIN EN 1995-1-1: 2010-12, 8.2.2, Bild 8.2, s. auch *Ehlbeck/Larsen* [122]

Tabelle A.2 Genauere Nachweise der charakteristischen Tragfähigkeit $F_{v,Rk}$ stiftförmiger metallischer Verbindungsmittel (außer Klammern) in ein- und zweischnittigen Stahl-Holz-Verbindungen pro Scherfuge und Verbindungsmittel bei Beanspruchung auf Abscheren nach DIN EN 1995-1-1: 2010-12, 8.2.3 [1])[2])[3])[4])[5])

	Charakteristische Tragfähigkeit $F_{v,Rk}$ pro Scherfuge und Verbindungsmittel mit $\boldsymbol{F_{v,Rk} = F_{v,Rk,1} + F_{ax,Rk}/4}$ [3])[4]) mit Beispielen des Auftretens	Versagens-mechanismus[6])
Einschnittige Stahl-Holz-Verbindungen [2])		
	Für ein außen liegendes dünnes Stahlblech $t \le d/2$ [5])	
a	Versagensmechanismus a: einschnittig, außen liegendes dünnes Stahlblech mit der Blechdicke t, Stift verschoben und verdreht, bleibt gerade, Lochleibungsfestigkeit im Bauteil 1 (Holz) erreicht, Auftreten bei - geringer Bauteildicke t_1 (Holz) $F_{v,Rk} = F_{v,Rk,1}$ $F_{ax,Rk}/4 = 0$ $F_{v,Rk,1} = 0{,}4 \cdot f_{h,k} \cdot t_1 \cdot d$	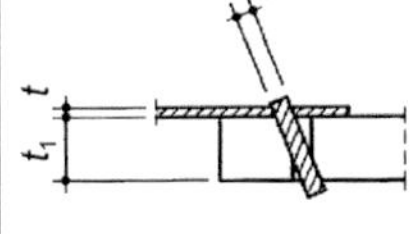
b	Versagensmechanismus b: einschnittig, außen liegendes dünnes Stahlblech mit der Blechdicke t, Stift verschoben und verdreht mit einem Fließgelenk im Bauteil 1 (Holz), Lochleibungsfestigkeit im Bauteil 1 (Holz) erreicht, Auftreten bei größerer Bauteildicke t_1 (Holz) $F_{v,Rk} = F_{v,Rk,1} + F_{ax,Rk}/4$ [3]) $F_{v,Rk,1} = 1{,}15 \cdot \sqrt{2 \cdot M_{y,Rk} \cdot f_{h,k} \cdot d}$	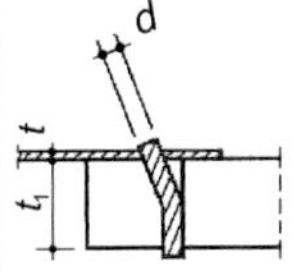
	Für ein außen liegendes dickes Stahlblech $t \ge d$ [5])	
c	Versagensmechanismus c: einschnittig, außen liegendes dickes Stahlblech mit der Blechdicke t, Stift verschoben, bleibt gerade, Lochleibungsfestigkeit im Bauteil 1 (Holz) erreicht, Auftreten bei geringer Bauteildicke t_1 (Holz) $F_{v,Rk} = F_{v,Rk,1}$ $F_{ax,Rk}/4 = 0$ $F_{v,Rk,1} = f_{h,k} \cdot t_1 \cdot d$	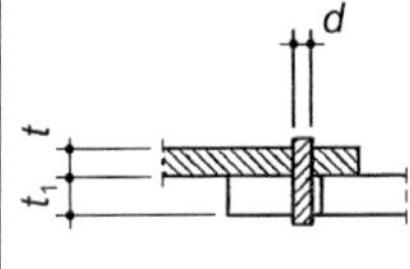
d	Versagensmechanismus d: einschnittig, außen liegendes dickes Stahlblech mit der Blechdicke t, Stift verschoben und verdreht mit einem Fließgelenk etwa in der Scherfuge zwischen Stahlblech und Bauteil 1 (Holz), Lochleibungsfestigkeit im Bauteil 1 (Holz) erreicht, Auftreten bei größerer Bauteildicke t_1 (Holz) $F_{v,Rk} = F_{v,Rk,1} + F_{ax,Rk}/4$ [3]) $F_{v,Rk,1} = f_{h,k} \cdot t_1 \cdot d \cdot \left[\sqrt{2 + \frac{4 \cdot M_{y,Rk}}{f_{h,k} \cdot d \cdot t_1^2}} - 1\right]$	
e	Versagensmechanismus e: einschnittig, außen liegendes dickes Stahlblech mit der Blechdicke t, Stift verschoben und verdreht mit einem Fließgelenk etwa in der Scherfuge zwischen Stahlblech und Bauteil 1 (Holz) und einem Fließgelenk im Bauteil 1 (Holz), Lochleibungsfestigkeit im Bauteil 1 (Holz) erreicht, Auftreten bei größerer Bauteildicke t_1 (Holz) $F_{v,Rk} = F_{v,Rk,1} + F_{ax,Rk}/4$ [3]) $F_{v,Rk,1} = 2{,}3 \cdot \sqrt{M_{y,Rk} \cdot f_{h,k} \cdot d}$	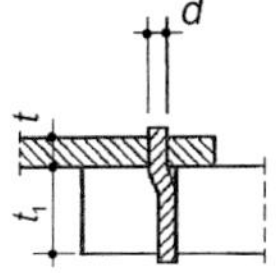

Tabelle A.2 (Fortsetzung)

	Zweischnittige Stahl-Holz-Verbindungen [2]	
	Für ein innen liegendes Stahlblech jeder Dicke *t* als Mittelteil	
f	Versagensmechanismus f: zweischnittig, innen liegendes Stahlblech mit der Blechdicke t, Stift verschoben, bleibt gerade, Lochleibungsfestigkeit in beiden Bauteilen 1 (Seitenhölzer) erreicht, Auftreten bei geringen Bauteildicken t_1 (Seitenhölzer) $F_{v,Rk} = F_{v,Rk,1}$ $F_{ax,Rk}/4 = 0$ $F_{v,Rk,1} = f_{h,1,k} \cdot t_1 \cdot d$	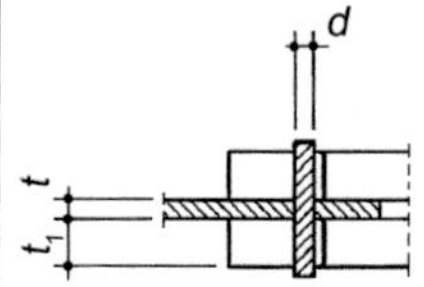
g	Versagensmechanismus g: zweischnittig, innen liegendes Stahlblech mit der Blechdicke t, Stift verschoben und verdreht mit je einem Fließgelenk etwa in beiden Scherfugen zwischen Stahlblech und beiden Bauteilen 1 (Seitenhölzer), Lochleibungsfestigkeit in beiden Bauteilen 1 (Seitenhölzer) erreicht, Auftreten bei größeren Bauteildicken t_1 (Seitenhölzer) 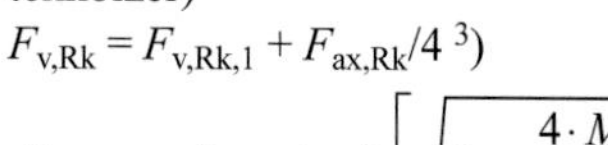 $F_{v,Rk} = F_{v,Rk,1} + F_{ax,Rk}/4$ [3] 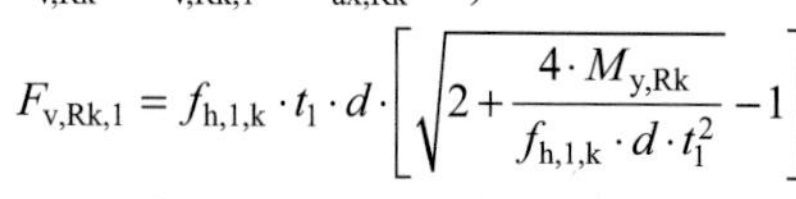 $F_{v,Rk,1} = f_{h,1,k} \cdot t_1 \cdot d \cdot \left[\sqrt{2 + \frac{4 \cdot M_{y,Rk}}{f_{h,1,k} \cdot d \cdot t_1^2}} - 1\right]$	
h	Versagensmechanismus h: zweischnittig, innen liegendes Stahlblech mit der Blechdicke t, Stift verschoben und verdreht mit je einem Fließgelenk etwa in beiden Scherfugen zwischen Stahlblech und beiden Bauteilen 1 (Seitenhölzer) sowie je einem Fließgelenk in beiden Bauteilen 1 (Seitenhölzer), Lochleibungsfestigkeit in beiden Bauteilen 1 (Seitenhölzer) erreicht, Auftreten bei größeren Bauteildicken t_1 (Seitenhölzer) $F_{v,Rk} = F_{v,Rk,1} + F_{ax,Rk}/4$ [3] 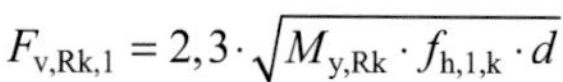 $F_{v,Rk,1} = 2{,}3 \cdot \sqrt{M_{y,Rk} \cdot f_{h,1,k} \cdot d}$	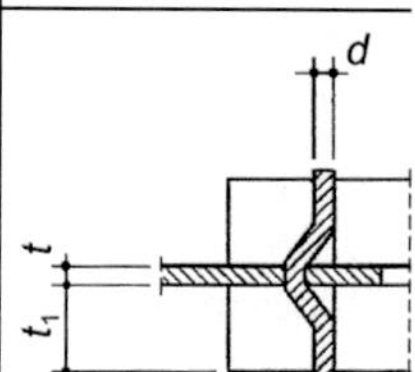
	Für außen liegende dünne Stahlbleche $t \leq d/2$ als Seitenteile [5]	
j	Versagensmechanismus j: zweischnittig, zwei außen liegende dünne Stahlbleche mit der Blechdicke t, Stift verschoben, bleibt gerade, Lochleibungsfestigkeit im Bauteil 2 (Mittelholz) erreicht, Auftreten bei - hoher Stahlgüte des Stiftes und bei geringer Bauteildicke t_2 (Mittelholz) $F_{v,Rk} = F_{v,Rk,1}$ $F_{ax,Rk}/4 = 0$ $F_{v,Rk,1} = 0{,}5 \cdot f_{h,2,k} \cdot t_2 \cdot d$	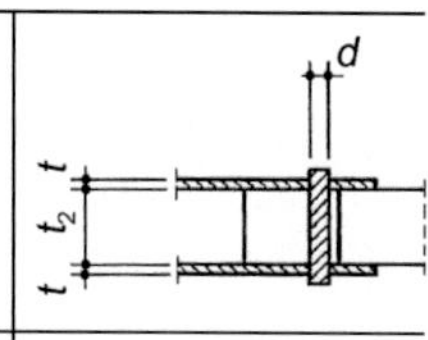
k	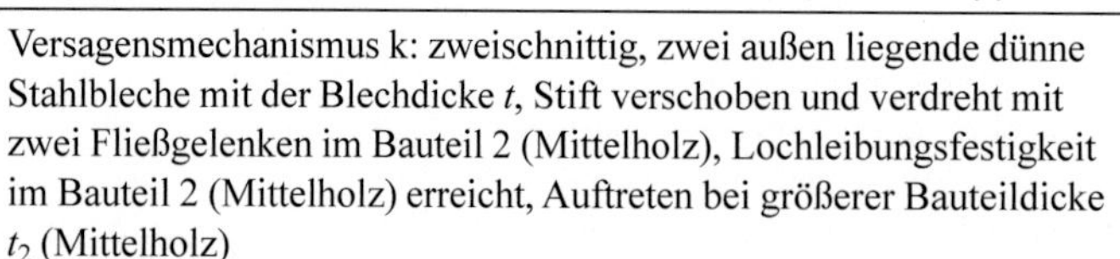 Versagensmechanismus k: zweischnittig, zwei außen liegende dünne Stahlbleche mit der Blechdicke t, Stift verschoben und verdreht mit zwei Fließgelenken im Bauteil 2 (Mittelholz), Lochleibungsfestigkeit im Bauteil 2 (Mittelholz) erreicht, Auftreten bei größerer Bauteildicke t_2 (Mittelholz) $F_{v,Rk} = F_{v,Rk,1} + F_{ax,Rk}/4$ [3] $F_{v,Rk,1} = 1{,}15 \cdot \sqrt{2 \cdot M_{y,Rk} \cdot f_{h,2,k} \cdot d}$	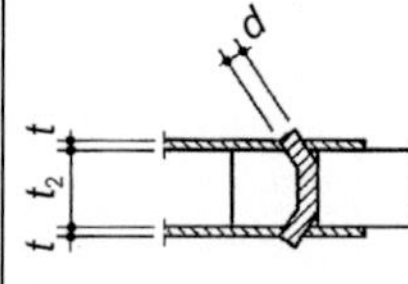
	Für außen liegende dicke Stahlbleche $t \geq d$ als Seitenteile [5]	
l	Versagensmechanismus l: zweischnittig, zwei außen liegende dicke Stahlbleche mit der Blechdicke t, Stift verschoben, bleibt gerade, Lochleibungsfestigkeit im Bauteil 2 (Mittelholz) erreicht, Auftreten bei - hoher Stahlgüte des Stiftes und bei geringer Bauteildicke t_2 (Mittelholz) $F_{v,Rk} = F_{v,Rk,1}$ $F_{ax,Rk}/4 = 0$ $F_{v,Rk,1} = 0{,}5 \cdot f_{h,2,k} \cdot t_2 \cdot d$	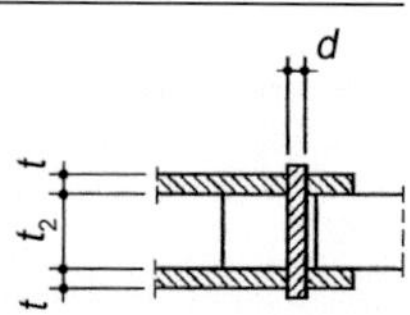

Tabelle A.2 (Fortsetzung)

m	Versagensmechanismus m: zweischnittig, zwei außen liegende dicke Stahlbleche mit der Blechdicke t, Stift verschoben und verdreht mit je einem Fließgelenk etwa in beiden Scherfugen zwischen beiden Stahlblechen und Bauteil 2 (Mittelholz) sowie zwei Fließgelenken im Bauteil 2 (Mittelholz), Lochleibungsfestigkeit im Bauteil 2 (Mittelholz) erreicht, Auftreten bei größerer Bauteildicke t_2 (Mittelholz) $F_{v,Rk} = F_{v,Rk,1} + F_{ax,Rk}/4$ [3]) $F_{v,Rk,1} = 2{,}3 \cdot \sqrt{M_{y,Rk} \cdot f_{h,2,k} \cdot d}$	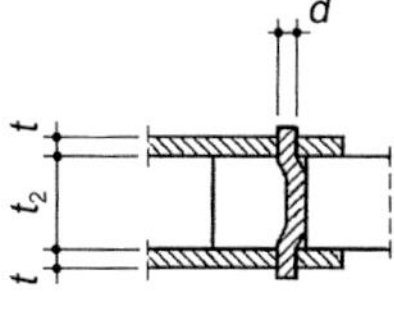

[1]) Hierin bedeuten:

d Durchmesser des stiftförmigen metallischen Verbindungsmittels

$f_{h,k}$ charakteristischer Wert der Lochleibungsfestigkeit im Holzteil je nach stiftförmigem metallischem Verbindungsmittel nach DIN EN 1995-1-1: 2010-12, 8.3 bis 8.7, s. auch Abschn. 11.5 bis 11.8

$F_{ax,Rk}/4$ charakteristischer Wert der Seilwirkung pro Scherfuge und Verbindungsmittel, der nach Tabelle A.3 zu begrenzen ist

$F_{ax,Rk}$ charakteristischer Herausziehwiderstand eines stiftförmigen metallischen Verbindungsmittels nach DIN EN 1995-1-1: 2010-12, 8.3 bis 8.7, s. auch Abschn. 11.5 bis 11.8, soweit dort nach DIN EN 1995-1-1: 2010-12 angegeben

$F_{v,Rk}$ charakteristischer Wert der Tragfähigkeit eines stiftförmigen metallischen Verbindungsmittels pro Scherfuge und Verbindungsmittel nach dem genaueren Nachweisverfahren der DIN EN 1995-1-1: 2010-12, 8.2.3, dieser Wert $F_{v,Rk}$ beinhaltet die (Gesamt-)Tragfähigkeit aus $F_{v,Rk,1}$ (*Johansen*-Gleichungen) und $F_{ax,Rk}/4$ (Seilwirkung)

$F_{v,Rk,1}$ charakteristischer Wert der Tragfähigkeit eines stiftförmigen metallischen Verbindungsmittels ohne Seilwirkung pro Scherfuge und Verbindungsmittel nach dem genaueren Nachweisverfahren der DIN EN 1995-1-1: 2010-12, 8.2.3, diese Bezeichnung $F_{v,Rk,1}$ für die Tragfähigkeit ohne Seilwirkung ist in DIN EN 1995-1-1 nicht enthalten, sie entspricht den Gleichungen der charakteristischen Tragfähigkeit nach *Johansen* [241] mit Ausnahme der vorangestellten Faktoren 1,15 und 2,3 bei einigen Gleichungen

$M_{y,Rk}$ charakteristisches Fließmoment des stiftförmigen metallischen Verbindungsmittels nach DIN EN 1995-1-1: 2010-12: 8.3 bis 8.7, s. auch Abschn. 11.5 bis 11.8

t Dicke des Stahlteils,
$t \leq 0{,}5 \cdot d$ sind dünne Stahlbleche mit d als Stiftdurchmesser, s. auch Fußnote [5])
$t \geq d$ sind dicke Stahlbleche mit d als Stiftdurchmesser, s. auch Fußnote [5])

t_1 kleinerer Wert der Dicke des Seitenholzes oder der Einbindetiefe des stiftförmigen Verbindungsmittels im Seitenholz, s. DIN EN 1995-1-1: 2010-12: 8.3 bis 8.7 oder Abschn. 11.5 bis 11.8

t_2 Dicke des Mittelholzes

[2]) maßgebend ist der jeweils kleinste Wert der charakteristischen Tragfähigkeit aus den jeweils zugehörigen Termen der Verbindungen, bei einschnittigen Verbindungen mit außen liegendem dünnem Stahlblech aus den Termen a, b, bei einschnittigen Verbindungen mit außen liegendem dickem Stahlblech aus den Termen c, d, e sowie bei zweischnittigen Verbindungen mit einem innen liegenden Stahlblech als Mittelteil aus den Termen f, g, h, bei zweischnittigen Verbindungen mit außen liegenden dünnen Stahlblechen als Seitenteile aus den Termen j, k und bei zweischnittigen Verbindungen mit außen liegenden dicken Stahlblechen als Seitenteile aus den Termen l, m

[3]) der Term $F_{ax,Rk}/4$ als Anteil aus der charakteristischen Tragfähigkeit der Seilwirkung ist nach Tabelle A.3 je nach Verbindungsmitteltyp zu begrenzen

[4]) der Bemessungswert der Tragfähigkeit $F_{v,Rd}$ stiftförmiger metallischer Verbindungsmittel nach dem genaueren Nachweisverfahren der DIN EN 1995-1-1: 2010-12 kann nach Gl. (A.1) berechnet werden

[5]) liegt die Blechdicke t zwischen einem dünnen und dicken Stahlblech, ist die charakteristische Tragfähigkeit $F_{v,Rk}$ durch geradlinige Interpolation zwischen den Grenzwerten für dünne und dicke Stahlbleche zu ermitteln

[6]) Versagensmechanismen nach DIN EN 1995-1-1: 2010-12, 8.2.3, Bild 8.3, s. auch *Ehlbeck/Larsen* [122]

Tabelle A.3 Begrenzung des Terms $F_{ax,Rk}/4$ aus der Seilwirkung (Einhängezustand) beim genaueren Nachweisverfahren der charakteristischen Tragfähigkeit $F_{v,Rk}$ stiftförmiger metallischer Verbindungsmittel in ein- und zweischnittigen Holz-Holz-, Holz-Holzwerkstoff- und Stahl-Holz-Verbindungen bei Beanspruchung auf Abscheren nach DIN EN 1995-1-1: 2010-12, 8.2.2 und 8.2.3 in den Tabelle A.1 und A.2[1])[2])

Stiftförmiges Verbindungsmittel	Maximal anzusetzender Wert aus der Seilwirkung (Einhängezustand) in den Tabelle A.1 und A.2 $F_{ax,Rk}/4_{max} \leq$
Stabdübel	$0{,}00 \cdot F_{v,Rk,1}$
Nägel mit glattem, rundem Querschnitt	
- vorgebohrt[3])	$0{,}00 \cdot F_{v,Rk,1}$
- nicht vorgebohrt	$0{,}15 \cdot F_{v,Rk,1}$
Nägel mit profiliertem Querschnitt (Sondernägel)	
- vorgebohrt[4])	$0{,}00 \cdot F_{v,Rk,1}$
- nicht vorgebohrt	$0{,}50 \cdot F_{v,Rk,1}$
Bolzen, Passbolzen[5])	$0{,}25 \cdot F_{v,Rk,1}$
Holzschrauben	
- vorgebohrt[6])	$0{,}00 \cdot F_{v,Rk,1}$
- nicht vorgebohrt	$1{,}0 \cdot F_{v,Rk,1}$

[1]) Hierin bedeuten:

$F_{ax,Rk}/4$ charakteristischer Wert der Seilwirkung nach Tabellen A.1 und A.2

$F_{ax,Rk}$ charakteristischer Herausziehwiderstand eines stiftförmigen metallischen Verbindungsmittels nach DIN EN 1995-1-1: 2010-12, 8.3 bis 8.7, s. auch Abschn. 11.5 bis 11.8, soweit nach DIN EN 1995-1-1: 2010-12 angegeben

$F_{v,Rk,1}$ charakteristischer Wert der Tragfähigkeit eines stiftförmigen metallischen Verbindungsmittels ohne Seilwirkung nach Tabellen A.1 und A.2

[2]) ist der Herausziehwiderstand $F_{ax,Rk}$ eines stiftförmigen metallischen Verbindungsmittels nicht bekannt, sollte der Anteil aus der Seilwirkung $F_{ax,Rk}/4$ zu null angenommen werden

[3]) in Anlehnung an DIN EN 1995-1-1: 2010-12, 8.3.2 (1)P (Nägel auf Herausziehen), s. auch Fußnote [2]) und Abschn. 11.7.3

[4]) in Anlehnung an DIN EN 1995-1-1/NA: 2013-08, NCI Zu 8.3.2 (NA.13) (vorgebohrte profilierte Nägel auf Herausziehen), s. auch Fußnote [2]) und Abschn. 11.7.3

[5]) bei Bolzen und Passbolzen darf für $F_{ax,Rk}$ der Widerstand der Unterlegscheiben in Rechnung gestellt werden

[6]) in Anlehnung an DIN EN 1995-1-1/NA: 2013-08, NCI Zu 8.3.2 (NA.13) (vorgebohrte profilierte Nägel auf Herausziehen), gilt sinngemäß auch für vorgebohrte Holzschrauben, s. auch Fußnote [2]) und Abschn. 11.8.3

Formelzeichen

der DIN EN 1990: 2021-10, DIN EN 1995-1-1: 2010-12 und DIN EN 1995-1-1/NA: 2013-08 und allgemeiner bautechnischer Konvention

Formelzeichen bestehen überwiegend aus einem Hauptsymbol (Hauptzeiger) und einem oder mehreren Fußzeigern (Indices) zur Kennzeichnung des Hauptsymbols.

Hauptsymbole (Hauptzeiger) (Auszug)

A	außergewöhnliche Einwirkung; Querschnittsfläche („cross sectional area"); Anschlussfläche; Faktor
C	Nadelholzbaum („conifer"); Gebrauchstauglichkeitskriterium
D	Laubholzbaum („deciduous tree")
E	Elastizitätsmodul („elastic modulus); Beanspruchung; (Aus-)Wirkung; Einwirkung
F	Einwirkung; Kraft („force); Einzellast
G	Schubmodul; ständige Einwirkung
GL	Brettschichtholz („glued", geklebt)
I	Flächenmoment 2. Grades („moment of inertia")
K	Verschiebungsmodul; Federsteifigkeit; Steifigkeit einer Einzelabstützung
M	Moment („moment"); Biegemoment („bending moment")
N	Normalkraft („normal force"); Längskraft
Q	veränderliche Einwirkung; Ersatzlast
R	Widerstand („resistance"); Tragwiderstand; Tragfähigkeit; Tragfähigkeit eines Verbindungsmittels
S	Sortierklasse
T	Torsionsmoment („torsion", torsional moment"); Schubkraft; Temperatur
V	Querkraft („vertical load"); Volumen
W	Widerstandsmoment
X	Wert einer allgemeinen Baustoffeigenschaft
a	allgemeine geometrische Größe, Abstand, Überstand; Feldlänge
b	Querschnittsbreite oder -dicke; Breite eines Bauteils; Trägerbreite; lichter Abstand
d	Durchmesser („diameter") stiftförmiger Verbindungsmittel, Dübel besonderer Bauart und von Stahlstäben; Lochdurchmesser; Platten- oder Scheibendicke
e	Ausmitte („eccentricity"); Mittenabstand;
f	Festigkeit; Frequenz
h	Querschnittshöhe („cross-sectional height"), Querschnittsdicke; Tragwerkshöhe; Rahmenstielhöhe; Einlass-/Einpresstiefe von Dübeln besonderer Bauart
i	Trägheitsradius („radius of inertia")
k	Beiwert; Systembeiwert; allgemeine Hilfsgröße

H. Neuhaus · W. Moorkamp · L. Peterson (✉) · T. Uibel
e-mail: peterson@fh-aachen.de

l Länge („length“); Spannweite; Feldlänge; Eindringtiefe bei Verbindungsmitteln; Abstand; Einklebelänge
m Anzahl (Hilfsgröße); bezogenes Moment („moment“); Masse; Potenzexponent
n Anzahl; bezogene Normalkraft („normal force“)
q Gleichstreckenlast; bezogene Querkraft
r Radius allgemein („radius); Ausrundungsradius; Krümmungsradius
s Schneelast („snow load“); Abstand von Verbindungsmitteln bei kontinuierlicher Verbindung
t Dicke allgemein („thickness“); Lamellendicke im Brettschichtholz; Eindringtiefe bei Verbindungsmitteln; Einschnitttiefe; Schubfluss
u, v, w Verformung; Durchbiegung; Überhöhung in Richtung der Koordinaten
v Einheitsimpulsgeschwindigkeitsreaktion
w Windlast
x Abstand bei Ausklinkungen
x, y, z Koordinaten

α Winkel; Verhältniswert; Winkel Kraft- zur Faserrichtung
β Winkel; Verhältniswert; Hilfsgröße; Knicklängenbeiwert
γ Teilsicherheitsbeiwert; Winkel, Abminderungsbeiwert; Gleitung
δ Dachneigungswinkel, Strebenneigungswinkel
η Hilfsgröße; Beiwert
λ Schlankheitsgrad
μ Reibungskoeffizient; Beiwert
ρ Dichte, Rohdichte, mittlere Dichte
σ Spannung („stress“)
τ Schubspannung („shear stress“), Torsionsspannung („torsional stress“) und Rollschubspannung
φ Winkel der Schrägstellung
ψ Beiwert, Kombinationsbeiwert
ξ Dämpfungsgrad
ω Holzfeuchte („moisture content“)

Fußzeiger (Indices) (Auszug)
E einwirkende Kraft
G ständige Einwirkung
H Hirnholz
M Material („material“); Baustoff; Biegemoment („bending moment“)
Q veränderliche Einwirkung
R Tragwiderstand („resistance“); Rollschub („roll shear“); Tragfähigkeit eines Verbindungsmittels (resistance)
V Querkraft („vertical load“)
Z Zapfen
b Bolzen („bolt“); Passbolzen
c Druck („compression“); Knicken; Dübel besonderer Bauart
d Bemessungswert („design value“); Durchbruch in Biegestäben
e Einlasstiefe/Einpresstiefe bei Dübeln besonderer Bauart
f Gurt („flange“)
g Gruppe (von Verbindungsmitteln); ständige Last; Eigenlast
h Lochleibung („hole“); Kopfdurchmesser bei Nägeln, Holzschrauben
i Variable; i-ter Querschnittsteil, Innenrippe (bei Tafeln)
j Variable; Verbindung
k charakteristischer Wert; Klebfuge, Kraglänge
l Lastverteilung („load distribution“)
m Biegung („moment“); Beiwert bei Doppelbiegung
n netto
o oben
p Querspannung; Nagelspitze; Nutzlast
r Rippe (bei Tafeln) („rib“); Reihe (bei Anschlussbildern) („row“); Rand
s Spalte (bei Anschlussbildern); Schneelast („snow load“); Nenndurchmesser bei Holzschrauben
t Zug („tension“)
u Bruchzustand („ultimate“); unten
v Schub; Verbindungsmittel, Vorholz, Versatz; Beanspruchung auf Abscheren
w Steg („web“); Windlast
y Fließgrenze („yield“)
x, y, z Koordinaten
ad Haftung („adhesive“); Verankerung

ap First („apex")
ax in Richtung („axial") der Stiftachse; Beanspruchung auf Herausziehen
creep Kriechen
crit kritisch („critical"); Biegedrillknicken (Kippen)
def Verformung („deformation")
dst destabilisierend
dis Verteilung („distribution")
ef wirksam, effektiv („effective")
fin Endwert („final value")
frequ häufig
head Kopf; Kopfdurchmesser bei Nägeln, Holzschrauben
in innerer („inner")
ind indirekt
inf unterer Wert
inst Anfangswert („instant value")
lam Lamelle („lamella")
max größter Wert („maximum value")
min kleinster Wert („minimum value")
mean mittlerer Wert („mean value")
mod Modifikation („modification")
net netto
nom Nennwert („nominal value")
perm quasi-ständig („permanent")
rare selten, charakteristisch („rare")
red abgeminderter Wert („reduced value"); Abminderung
rel bezogen („relative")
rep repräsentativer Wert
req erforderlicher Wert („required value")
ser Gebrauchszustand („state of service")
stb stabilisierend
sup oberer Wert
tens Zugwiderstand bei Holzschrauben
tor Torsion („torsional")
tot gesamt („total")
unf ungünstig („unfavourable")
vol Volumen
α Winkel zur Faserrichtung
0 in Faserrichtung; Bezugswert; lastfreier Zustand
90 rechtwinklig zur Faserrichtung
05 5%-Quantil
95, 98 95-, 98% Quantilwert

Geometrische Zeichen

$\|$ parallel; in Faserrichtung
$\perp$ rechtwinklig; rechtwinklig zur Faserrichtung
$\sphericalangle$ Winkel

Beispiele zusammengesetzter Formelzeichen

h_{ap} Querschnittshöhe im First
$E_{0,mean}$ mittlerer Elastizitätsmodul in Faserrichtung
$F_{ax,Rk}$ charakteristische Tragfähigkeit eines Verbindungsmittels auf Herausziehen
$F_{ax,Rd}$ Bemessungswert eines Verbindungsmittels auf Herausziehen
$F_{t,k}$ charakteristischer Wert der Zugkraft
$F_{v,Ek}$ charakteristischer Wert einer einwirkenden Kraft (Abscheren)
$F_{v,Ed}$ Bemessungswert einer einwirkenden Kraft (Abscheren)
$F_{v,Rk}$ charakteristische Tragfähigkeit eines Verbindungsmittels auf Abscheren
$F_{v,Rd}$ Bemessungswert eines Verbindungsmittels auf Abscheren
k_{crit} Kippbeiwert
k_v Beiwert bei ausgeklinkten Biegestäben
k_{shape} Beiwert bei Torsion in Abhängigkeit von der Querschnittsform
$K_{u,mean}$ Mittelwert des Verschiebungsmoduls im Grenzzustand der Tragfähigkeit
$t_{i,max,d}$ Bemessungswert des größten Schubflusses im i-ten Querschnittsteil
t_{req} erforderliche Dicke
w_{inst} Anfangsdurchbiegung
$f_{h,k}$ charakteristische Lochleibungsfestigkeit
$f_{t,90,d}$ Bemessungswert der Zugfestigkeit rechtwinklig zur Faserrichtung ($\alpha = 90°$)
$\lambda_{rel,m}$ bezogener Kippschlankheitsgrad
$\sigma_{c,\alpha,d}$ Bemessungswert der Druckspannung unter dem Winkel α zur Faserrichtung
$\sigma_{m,\alpha,d}$ Bemessungswert der Biegespannung unter einem Winkel α zur Faserrichtung

Technische Baubestimmungen

Die Normen sind im Allgemeinen in der jeweils gültigen Fassung zu verwenden. DIN EN 1995-1-1: 2010-12 und DIN EN 1995-1-1/NA: 2013-08 sowie einige Produkt- und Anwendungsnormen enthalten jedoch datierte und undatierte Verweisungen auf Normen. Bei datierten Verweisungen gilt nur die in Bezug genommene Ausgabe. Bei undatierten Verweisungen gilt die letzte Ausgabe der betreffenden Norm (einschl. Änderungen und Überarbeitungen).

Nationale Normen

DIN 96	2016-12	Halbrund-Holzschrauben mit Schlitz
DIN 97	2016-12	Senk-Holzschrauben mit Schlitz
DIN 488-1	2009-08	Betonstahl; Stahlsorten, Eigenschaften, Kennzeichen
DIN 571	2016-12	Sechskant-Holzschrauben
DIN 976-1	2016-09	Gewindebolzen; Metrisches Gewinde
DIN 1052	1969-10	Holzbauwerke; Berechnung und Ausführung
DIN 1052-1	1988-04	Holzbauwerke; Berechnung und Ausführung
DIN 1052-2	1988-04	Holzbauwerke; Berechnung und Ausführung; - Mechanische Verbindungen
DIN 1052-3	1988-04	Holzbauwerke; Berechnung und Ausführung; Holzhäuser in Tafelbauart, Berechnung und Ausführung

W. Moorkamp (✉)
e-mail: wilfried.moorkamp@ewetel.net
L.A. Peterson (✉)
e-mail: peterson@fh-aachen.de
T. Uibel (✉)
e-mail: holzbau@ing-uibel.de

DIN 1052-1/A1	1996-10	Holzbauwerke; Berechnung und Ausführung; Änderung A1
DIN 1052-2/A1	1996-10	Holzbauwerke; Berechnung und Ausführung, Mechanische Verbindungen; Änderung A1
DIN 1052-3/A1	1996-10	Holzbauwerke; Berechnung und Ausführung, Holzhäuser in Tafelbauart, Berechnung und Ausführung; Änderung A1
DIN 1052	2004-08	Entwurf, Berechnung und Bemessung von Holzbauwerken; Allgemeine Bemessungsregeln und Bemessungsregeln für den Hochbau
	2008-12	Entwurf, Berechnung und Bemessung von Holzbauwerken; Allgemeine Bemessungsregeln und Bemessungsregeln für den Hochbau
DIN 1052-10	2024-12	Herstellung und Ausführung von Holzbauwerken; - Ergänzende Bestimmungen
DIN 1052-11	2022-12	Vorgefertigte Wand-, Decken- und Dachelemente; Anforderungen an die Herstellung
DIN 1052-12	2024-12	Holzbauwerke; Herstellung und Ausführung von Holzbauwerken; Ergänzende Bestimmungen zu Verbindungsmitteln und nicht europäisch geregelten geklebten Produkten und Bauarten
DIN SPEC 1052-100	2013-08	Holzbauwerke; Bemessung und Konstruktion von Holzbauten; Mindestanforderungen an die Baustoffe oder den Korrosionsschutz von Verbindungsmitteln
DIN 1074	2006-09	Holzbrücken
DIN 4070-1	1958-01	Nadelholz; Querschnittsmaße und statische Werte für Schnittholz, Vorratskantholz und Dachlatten
DIN 4070-2	1963-10	Nadelholz; Querschnittsmaße und statische Werte, - Dimensions- und Listenware
DIN 4074-1	2012-06	Sortierung von Holz nach der Tragfähigkeit; Nadelschnittholz
DIN 4074-2	2021-01	Bauholz für Holzbauteile; Gütebedingungen für Baurundholz (Nadelholz)
DIN 4074-3	2025-02	Sortierung von Holz nach der Tragfähigkeit; Apparate zur Unterstützung der visuellen Sortierung von Schnittholz; Anforderungen und Prüfung
DIN 4074-4	2008-12	Sortierung von Holz nach der Tragfähigkeit; Nachweis der Eignung zur apparativ unterstützten Schnittholzsortierung
DIN 4074-5	2008-12	Sortierung von Holz nach der Tragfähigkeit; Laubschnittholz
DIN 4102-1	2016-05	Brandverhalten von Baustoffen und Bauteilen; Baustoffe; Begriffe, Anforderungen und Prüfungen

DIN 4102-4	2016-05	Brandverhalten von Baustoffen und Bauteilen; Zusammenstellung und Anwendung klassifizierter Baustoffe, Bauteile und Sonderbauteile
DIN 4108-2	2024-12	Wärmeschutz und Energie-Einsparung in Gebäuden; Mindestanforderungen an den Wärmeschutz
DIN 4108-3	2024-03	Wärmeschutz und Energie-Einsparung in Gebäuden; Klimabedingter Feuchteschutz; Anforderungen, -Berechnungsverfahren und Hinweise für Planung und Ausführung
DIN 4108-4	2020-11	Wärmeschutz und Energie-Einsparung in Gebäuden; Wärme- und feuchteschutztechnische Bemessungswerte
DIN 4108-7	2011-01	Wärmeschutz und Energie-Einsparung in Gebäuden; Luftdichtheit von Gebäuden; Anforderungen, Planungs- und Ausführungsempfehlungen sowie -beispiele
DIN/TS 4108-08	2022-09	Wärmeschutz und Energie-Einsparung in Gebäuden; Vermeidung von Schimmelwachstum in Wohngebäuden
DIN 4178	2021-04	Glockentürme
DIN 7996	2016-12	Halbrund-Holzschrauben mit Kreuzschlitz
DIN 7997	2016-12	Senk-Holzschrauben mit Kreuzschlitz
DIN 7998	1975-02	Gewinde und Schraubenenden für Holzschrauben
DIN 18 180	2014-09	Gipsplatten; Arten und Anforderungen
DIN 18 182-2	2019-12	Zubehör für die Verarbeitung von Gipsplatten; Schnellbauschrauben, Klammern und Nägel
DIN 18 195	2017-07	Abdichtung von Bauwerken; Begriffe Bauwerksabdichtungen; Grundsätze, Definitionen, Zuordnung der Abdichtungsarten
DIN 18 195-4 Beiblatt 2	2017-07	Abdichtung von Bauwerken - Beiblatt 2; Hinweise zur Kontrolle und Prüfung der Schichtdicken von flüssig verarbeiteten Abdichtungsstoffen
DIN 18 334	2023-09	VOB Vergabe- und Vertragsordnung für Bauleistungen; Teil C: Allgemeine Technische Vertragsbedingungen für Bauleistungen (ATV); Zimmer- und Holzbauarbeiten
DIN 20 000-1	2017-06	Anwendung von Bauprodukten in Bauwerken; Holzwerkstoffe
DIN 20 000-3	2022-02	Anwendung von Bauprodukten in Bauwerken; Brettschichtholz und Balkenschichtholz nach DIN 14080
DIN 20 000-5	2024-01	Anwendung von Bauprodukten in Bauwerken; nach Festigkeit sortiertes Bauholz für tragende Zwecke mit rechteckigem Querschnitt

DIN 20 000-6	2015-02	Anwendung von Bauprodukten in Bauwerken; Stiftförmige und nicht stiftförmige Verbindungsmittel nach DIN EN 14592 und DIN EN 14545 (Anmerkung: Stiftförmige Verbindungsmittel und nicht stiftförmige Verbindungsmittel)
DIN 20 000-7	2022-02	Anwendung von Bauprodukten in Bauwerken; Keilgezinktes Vollholz für tragende Zwecke nach DIN EN 15497
DIN 55 634-1	2018-03	Beschichtungsstoffe und Überzüge; Korrosionsschutz von tragenden dünnwandigen Bauteilen aus Stahl; Anforderungen und Prüfverfahren
DIN 55 634-2	2018-03	Beschichtungsstoffe und Überzüge; Korrosionsschutz von tragenden dünnwandigen Bauteilen aus Stahl; Überwachung und Zertifizierungsanforderungen
DIN 68 141	2022-08	Holzklebstoffe; Prüfung der Gebrauchseigenschaften von Klebstoffen für tragende Holzbauteile
DIN 68 364	2003-05	Kennwerte von Holzarten; Rohdichte, Elastizitätsmodul und Festigkeit
DIN 68 365	2008-12	Schnittholz für Zimmererarbeiten; Sortierung nach dem Aussehen; Nadelholz
DIN 68 601	2020-03	Holz-Klebverbindungen; Begriffe
DIN 68 800-1	2019-06	Holzschutz; Allgemeines
DIN 68 800-2	2022-02	Holzschutz; Vorbeugende bauliche Maßnahmen im Hochbau
DIN 68 800-3	2020-03	Holzschutz; Vorbeugender Schutz von Holz mit Holzschutzmitteln
DIN 68 800-4	2020-12	Holzschutz; Bekämpfungsmaßnahmen gegen Holz zerstörende Pilze und Insekten und Sanierungsmaßnahmen

Europäische Normen

DIN EN 300	2006-09	Platten aus langen, flachen, ausgerichteten Spänen (OSB); Definitionen, Klassifizierung und Anforderungen
DIN EN 301	2023-05	Klebstoffe für tragende Holzbauteile; Phenoplaste und Aminoplaste; Klassifizierung und Leistungsanforderungen
DIN EN 302-1	2023-05	Klebstoffe für tragende Holzbauteile; Prüfverfahren; - Bestimmung der Längszugscherfestigkeit
DIN EN 312	2010-12	Spanplatten; Anforderungen
DIN EN 335	2013-06	Dauerhaftigkeit von Holz und Holzprodukten; - Gebrauchsklassen: Definitionen, Anwendung bei Vollholz und Holzprodukten

DIN EN 336	2013-12	Bauholz für tragende Zwecke; Maße, zulässige - Abweichungen
DIN EN 338	2016-07	Bauholz für tragende Zwecke; Festigkeitsklassen
DIN EN 350	2016-12	Dauerhaftigkeit von Holz und Holzprodukten; Prüfung und Klassifizierung der Dauerhaftigkeit von Holz und Holzprodukten gegen biologischen Angriff; mit Berichtigung 2017-05
DIN EN 351-1	2023-07	Dauerhaftigkeit von Holz und Holzprodukten; Mit Holzschutzmitteln behandeltes Vollholz; Klassifizierung der Schutzmitteleindringung und -aufnahme
DIN EN 351-2	2023-07	Dauerhaftigkeit von Holz und Holzprodukten; Mit Holzschutzmitteln behandeltes Vollholz; Leitfaden zur Probenentnahme für die Analyse des mit Holzschutzmitteln behandelten Holzes
DIN EN 383	2007-03	Holzbauwerke; Prüfverfahren; Bestimmung der Lochleibungsfestigkeit und Bettungswerte für stiftförmige Verbindungsmittel
DIN EN 384	2022-08	Bauholz für tragende Zwecke; Bestimmung charakteristischer Werte für mechanische Eigenschaften und Rohdichte
DIN EN 408	2012-10	Holzbauwerke; Bauholz für tragende Zwecke und Brettschichtholz; Bestimmung einiger physikalischer und mechanischer Eigenschaften
DIN EN 409	2009-08	Holzbauwerke; Prüfverfahren; Bestimmung des Fließmoments von stiftförmigen Verbindungsmitteln
DIN EN 438-1	2016-06	Dekorative Hochdruck-Schichtpressstoffplatten (HPL); Platten auf Basis härtbarer Harze; Einleitung und allgemeine Informationen
DIN EN 460	2023-07	Dauerhaftigkeit von Holz und Holzprodukten; Leitfaden zur Bestimmung der Leistungsfähigkeit
DIN EN 520	2009-12	Gipsplatten; Begriffe, Anforderungen und Prüfverfahren
DIN EN 599-1	2014-03	Dauerhaftigkeit von Holz und Holzprodukten; Wirksamkeit von Holzschutzmitteln wie sie durch biologische Prüfungen ermittelt wird; Spezifikation entsprechend der Gebrauchsklasse
DIN EN 599-2	2016-12	Dauerhaftigkeit von Holz und Holzprodukten; Anforderungen an vorbeugende Holzschutzmittel wie sie durch biologische Prüfungen ermittelt werden; Kennzeichnung
DIN EN 622-1	2003-09	Faserplatten; Anforderungen; Allgemeine Anforderungen
DIN EN 622-2	2004-07	Faserplatten; Anforderungen; Anforderungen an harte Platten; inkl. Berichtigung von 2006-06
DIN EN 622-3	2004-07	Faserplatten; Anforderungen; Anforderungen an mittelharte Platten

DIN EN 633	1993-12	Zementgebundene Spanplatten; Definition und Klassifizierung
DIN EN 634-2	2007-05	Zementgebundene Spanplatten; Anforderungen; Anforderungen an Portlandzement (PZ) gebundene Spanplatten zur Verwendung im Trocken-, Feucht- und Außenbereich
DIN EN 636	2015-05	Sperrholz; Anforderungen
DIN EN 912	2011-09	Holzverbindungsmittel; Spezifikationen für Dübel - besonderer Bauart für Holz
DIN EN 927-2	2023-02	Beschichtungsstoffe; Beschichtungsstoffe und Beschichtungssysteme für Holz im Außenbereich; Leistungsanforderungen
DIN EN 1090-2	2024-09	Ausführung von Stahltragwerken und Aluminiumtragwerken; Technische Regeln für die Ausführung von Stahltragwerken
DIN EN 1309-3	2018-09	Rund- und Schnittholz; Messmethoden; Merkmale und biologische Schädigungen
DIN EN 1912	2024-07	Bauholz für tragende Zwecke; Festigkeitsklassen; - Zuordnung von visuellen Sortierklassen und Holzarten
DIN EN 1990	2021-10	Eurocode 0: Grundlagen der Tragwerksplanung
	2024-02	DIN EN 1990/A1
DIN EN 1990/NA	2010-12	Nationaler Anhang; National festgelegte Parameter; - Eurocode 0: Grundlagen der Tragwerksplanung
DIN EN 1990/NA/A1	2024-05	Nationaler Anhang; National festgelegte Parameter; - Eurocode 0: Grundlagen der Tragwerksplanung; - Änderung A1
DIN EN 1991-1-1	2010-12	Eurocode 1: Einwirkungen auf Tragwerke; Allgemeine Einwirkungen auf Tragwerke; Wichten, Eigengewicht und Nutzlasten im Hochbau
DIN EN 1991-1-1/NA	2010-12	Nationaler Anhang; National festgelegte Parameter; - Eurocode 1: Einwirkungen auf Tragwerke; Allgemeine Einwirkungen auf Tragwerke; Wichten, Eigengewicht und Nutzlasten im Hochbau
DIN EN 1991-1-1/NA/A1	2015-05	Nationaler Anhang; National festgelegte Parameter; - Eurocode 1: Einwirkungen auf Tragwerke; Allgemeine Einwirkungen auf Tragwerke; Wichten, Eigengewicht und Nutzlasten im Hochbau; Änderung A1
DIN EN 1991-1-2	2010-12	Eurocode 1: Einwirkungen auf Tragwerke; Allgemeine Einwirkungen; Brandeinwirkungen auf Tragwerke

DIN EN 1991-1-2 Berichtigung 1	2013-08	Eurocode 1: Einwirkungen auf Tragwerke; Allgemeine Einwirkungen; Brandeinwirkungen auf Tragwerke; Berichtigung zu DIN EN 1991-1-2: 2010-12
DIN EN 1991-1-2/NA	2015-09	Nationaler Anhang; National festgelegte Parameter; - Eurocode 1: Einwirkungen auf Tragwerke; Allgemeine Einwirkungen; Brandeinwirkungen auf Tragwerke
DIN EN 1991-1-3	2010-12	Eurocode 1: Einwirkungen auf Tragwerke; Allgemeine Einwirkungen; Schneelasten
DIN EN 1991-1-3/A1	2015-12	Eurocode 1: Einwirkungen auf Tragwerke; Allgemeine Einwirkungen; Schneelasten; Änderung A1
DIN EN 1991-1-3/NA	2010-12	Nationaler Anhang; National festgelegte Parameter; - Eurocode 1: Einwirkungen auf Tragwerke; Allgemeine Einwirkungen; Schneelasten
DIN EN 1991-1-4	2010-12	Eurocode 1: Einwirkungen auf Tragwerke; Allgemeine Einwirkungen; Windlasten
DIN EN 1991-1-4/NA	2010-12	Nationaler Anhang; National festgelegte Parameter; - Eurocode 1: Einwirkungen auf Tragwerke; Allgemeine Einwirkungen; Windlasten
DIN EN 1993-1-1	2010-12	Eurocode 3: Bemessung und Konstruktion von Stahlbauten; Allgemeine Bemessungsregeln und Regeln für den Hochbau
DIN EN 1993-1-1/NA	2010-12	Nationaler Anhang; National festgelegte Parameter; - Eurocode 3: Bemessung und Konstruktion von Stahlbauten; Allgemeine Bemessungsregeln und Regeln für den Hochbau
	2015 08	Nationaler Anhang; National festgelegte Parameter; Eurocode 3: Bemessung und Konstruktion von Stahlbauten; Allgemeine Bemessungsregeln und Regeln für den Hochbau
DIN EN 1995-1-1	2010-12	Eurocode 5: Bemessung und Konstruktion von Holzbauten; Allgemeines; Allgemeine Regeln und Regeln für den Hochbau
DIN EN 1995-1-1/A2	2014-07	Eurocode 5: Bemessung und Konstruktion von Holzbauten; Allgemeines; Allgemeine Regeln und Regeln für den Hochbau, Änderung A2
DIN EN 1995-1-1/NA	2010-12	Nationaler Anhang; National festgelegte Parameter; - Eurocode 5: Bemessung und Konstruktion von Holzbauten; Allgemeines; Allgemeine Regeln und Regeln für den Hochbau

	2013-08	Nationaler Anhang; National festgelegte Parameter; - Eurocode 5: Bemessung und Konstruktion von Holzbauten; Allgemeines; Allgemeine Regeln und Regeln für den Hochbau
DIN EN 1995-1-2	2010-12	Eurocode 5: Bemessung und Konstruktion von Holzbauten; Allgemeine Regeln; Tragwerksbemessung für den Brandfall
DIN EN 1995-1-2/NA	2010-12	Nationaler Anhang; National festgelegte Parameter; - Eurocode 5: Bemessung und Konstruktion von Holzbauten; Allgemeine Regeln; Tragwerksbemessung für den Brandfall
DIN EN 1995-2	2010-12	Eurocode 5: Bemessung und Konstruktion von Holzbauten; Brücken
DIN EN 1995-2/NA	2011-08	Nationaler Anhang; National festgelegte Parameter; - Eurocode 5: Bemessung und Konstruktion von Holzbauten; Brücken
DIN EN 10 025-1	2005-02	Warmgewalzte Erzeugnisse aus Baustählen; Allgemeine technische Lieferbedingungen
DIN EN 10 025-2	2005-04	Warmgewalzte Erzeugnisse aus Baustählen; Technische Lieferbedingungen für unlegierte Baustähle
DIN EN 10 230-1	2000-01	Nägel aus Stahldraht; Lose Nägel für allgemeine Verwendungszwecke
DIN EN 12369-1	2001-04	Holzwerkstoffe; Charakteristische Werte für die Berechnung und Bemessung von Holzbauwerken; OSB, Spanplatten und Faserplatten
DIN EN 12369-2	2011-09	Holzwerkstoffe; Charakteristische Werte für die Berechnung und Bemessung von Holzbauwerken; Sperrholz
DIN EN 12369-3	2022-09	Holzwerkstoffe; Charakteristische Werte für die Berechnung und Bemessung von Holzbauwerken; Massivholzplatten
DIN EN 12 775	2001-04	Massivholzplatten; Klassifizierung und Terminologie
DIN EN 13 183-1	2002-07	Feuchtegehalt eines Stückes Schnittholz; Bestimmung durch Darrverfahren
DIN EN 13 183-1 Berichtigung 1	2003-12	Feuchtegehalt eines Stückes Schnittholz; Bestimmung durch Darrverfahren
DIN EN 13 183-2	2002-07	Feuchtegehalt eines Stückes Schnittholz; Schätzung durch elektrisches Widerstands-Messverfahren
DIN EN 13 183-2 Berichtigung 1	2003-12	Feuchtegehalt eines Stückes Schnittholz; Schätzung durch elektrisches Widerstands-Messverfahren
DIN EN 13 271	2004-02	Holzverbindungsmittel; Charakteristische Tragfähigkeiten und Verschiebungsmoduln für Verbindungen mit Dübeln besonderer Bauart
DIN EN 13 353	2011-07	Massivholzplatten (SWP); Anforderungen

DIN EN 13 501-1	2019-05	Klassifizierung von Bauprodukten und Bauarten zu ihrem Brandverhalten; Klassifizierung mit den Ergebnissen aus den Prüfungen zum Brandverhalten von Bauprodukten
DIN EN 13 501-2	2023-12	Klassifizierung von Bauprodukten und Bauarten zu - ihrem Brandverhalten; Klassifizierung mit den Ergebnissen aus den Feuerwiderstandsprüfungen, mit Ausnahme von Lüftungsanlagen
DIN EN 13 501-3	2010-02	Klassifizierung von Bauprodukten und Bauarten zu - ihrem Brandverhalten; Klassifizierung mit den Ergebnissen aus den Feuerwiderstandsprüfungen an Bauteilen von haustechnischen Anlagen: Feuerwiderstandsfähige Leitungen und Brandschutzklappen
DIN EN 13 986	2005-03	Holzwerkstoffe zur Verwendung im Bauwesen; Eigenschaften, Bewertung der Konformität und Kennzeichnung
	2015-06	Holzwerkstoffe zur Verwendung im Bauwesen; Eigenschaften, Bewertung der Konformität und Kennzeichnung
DIN EN 14 080	2013-09	Holzbauwerke; Brettschichtholz und Balkenschichtholz; Anforderungen
DIN EN 14 081-1	2019-10	Holzbauwerke; Nach Festigkeit sortiertes Bauholz für tragende Zwecke mit rechteckigem Querschnitt
DIN EN 14 279	2009-07	Furnierschichtholz (LVL); Definitionen, Klassifizierung und Spezifikationen
DIN EN 14 374	2005-02	Holzbauwerke; Furnierschichtholz für tragende Zwecke; Anforderungen
DIN EN 14 545	2009-02	Holzbauwerke; Nicht stiftförmige Verbindungselemente; Anforderungen
DIN EN 14 592	2022-08	Holzbauwerke; Stiftförmige Verbindungsmittel; - Anforderungen (Anmerkung: neueste Ausgabe 2022-08 ist noch nicht im europäischem Amtsblatt veröffentlicht und somit nicht harmonisiert)
	2012-07	Holzbauwerke; Stiftförmige Verbindungsmittel; - Anforderungen
DIN EN 15026	2023-12	Wärme- und feuchtetechnisches Verhalten von Bauteilen und Bauelementen, Bewertung der Feuchteübertragung durch numerische Simulation
DIN EN 15 283-2	2009-12	Faserverstärkte Gipsplatten; Begriffe, Anforderungen und Prüfverfahren; Gipsfaserplatten
DIN EN 15 425	2008-06	Klebstoffe; Einkomponenten-Klebstoffe auf Polyurethanbasis für tragende Holzbauteile; Klassifizierung und Leistungsanforderungen
DIN EN 15497	2014-07	Keilgezinktes Vollholz für tragende Zwecke; Leistungsanforderungen und Mindestanforderungen an die Herstellung

ISO-Normen

DIN EN ISO 898-1	2009-08	Mechanische Eigenschaften von Verbindungselementen aus Kohlenstoffstahl und legiertem Stahl; Schrauben mit festgelegten Festigkeitsklassen; Regelgewinde und Feingewinde
	2013-05	Mechanische Eigenschaften von Verbindungselementen aus Kohlenstoffstahl und legiertem Stahl; Schrauben mit festgelegten Festigkeitsklassen; Regelgewinde und Feingewinde
DIN EN ISO 4014	2011-06	Sechskantschrauben mit Schaft; Produktklassen A und B
DIN EN ISO 4016	2011-06	Sechskantschrauben mit Schaft; Produktklasse C
DIN EN ISO 4017	2015-05	Mechanische Verbindungselemente - Sechskantschrauben mit Gewinde bis Kopf – Produktklassen A und B
DIN EN ISO 4018	2022-10	Verbindungselemente – Sechskantschrauben mit Gewinde bis Kopf – Produktklasse C
DIN EN ISO 7094	2000-12	Flache Scheiben; Extra große Reihe, Produktklasse C
DIN EN ISO 12 944-2	1998-07	Beschichtungsstoffe; Korrosionsschutz von Stahlbauten durch Beschichtungssysteme; Einteilung der Umgebungsbedingungen
DIN EN ISO 12 944-5	2008-01	Beschichtungsstoffe; Korrosionsschutz von Stahlbauten durch Beschichtungssysteme; Beschichtungssysteme

Literaturverzeichnis

[1] *Aicher, S.*: Testing of Adhesives for Bonded Wood-steel Joints. In: Proc. of the Meeting IUFRO S 5.02. Bordeaux: 1992

[2] *Aicher, S., Finn, R.*: Joints in timber structures loaded perpendicular to grain – comparison of design approaches. In: Otto Graf Journal. Annual journal on research and testing of materials, Vol. 16 2005. Stuttgart: Universität: 2005, S. 285-299

[3] *Aicher, S., Höfflin, L.*: Runde Durchbrüche in Biegeträgern aus Brettschichtholz, Teil 1: Berechnung. 3 Bautechnik 78 (2001), S. 706-715

[4] *Aicher, S., Höfflin, L., Reinhardt, H. W.*: Verifizierung versagensrelevanter Dehnungsverteilungen im Bereich runder Durchbrüche in Brettschichtholzträgern. Bautechnik 80 (2003), S. 523-533

[5] *Aicher, S., Radović, B., Volland, G.*: Untersuchungen zur Befallswahrscheinlichkeit von Brettschichtholz durch Hausbock. bauen mit holz (12/2001), S. 17-28

[6] *Alsmarker, T.*: Aussteifende Scheiben. In: STEP 1 [58], Abschn. B13

[7] *Andresen, K., Laschinski, Ch.*: Stabilität. In: *v. Halász, R.* (Hrsg.); *Scheer, C.* (Hrsg.): Holzbautaschenbuch. Bd. 1, 9. Aufl. Berlin: Ernst, 1996

[8] *Andriamitantsoa, L. D.*: Kriechen. In: STEP 1 [58], Abschn. A19

[9] *Ansell, M. P.*: Ermüdung von Holz und Holzwerkstoffen. In: STEP 2 [59], Abschn. E22

[10] *Arendt, St.*, Schmid, *V.*: Zur Effizienz von faserverstärkten Kunststoffen an Holzlamellen mit kleinen Querschnitten. Bautechnik 91 (8.2014), S. 572-578

[11] *Aune, P.*: Schub und Torsion. In: STEP 1 [58], Abschn. B4

[12] *Avak, R., Glaser, R.*: Konsol-Nocken als Schubverbindungsmittel in weitgespannten Holz-Beton-Verbundkonstruktionen. Bauingenieur 77 (2002), S. 216-221

[13] *Ayoubi, M., Koj, C., Trautz, M.*: Bewehren mit Vollgewindeschrauben. bauen mit holz (10/2012), S. 34-39

[14] *Ayoubi, M., Koj, C., Trautz, M.*: Mit Vollgewindeschrauben zur biegesteifen Rahmenecke. bauen mit holz (2/2013), S. 32-37

[15] *Baumann, R.*: In: *Kollmann, F.*: Technologie des Holzes und der Holzwerkstoffe: Berlin, Göttingen, Heidelberg: Springer, 1951

[16] *Bauministerkonferenz der Bundesländer*: Musterbauordnung MBO, Fassung November 2002. Berlin

H. Neuhaus · W. Moorkamp · L. Peterson (✉) · T. Uibel
e-mail: peterson@fh-aachen.de

[17] *Bauministerkonferenz der Bundesländer*: Muster-Richtlinie über brandschutztechnische Anforderungen an hochfeuerhemmende Bauteile in Holzbauweise M-HFHHolzR, Fassung Juli 2004. Berlin

[18] *Becker, K., Blaß, H.J.*: Ingenieurholzbau nach DIN 1052, Einführung mit Beispielen. Berlin: Ernst und Sohn, 2006

[19] *Becker, K., Rautenstrauch, K.*: Ingenieurholzbau nach Eurocode 5, Konstruktion, Berechnung Ausführung. Berlin: Ernst und Sohn, 2012

[20] *Becker, P.*: Modellierung des zeit- und feuchteabhängigen Materialverhaltens zur Untersuchung des Langzeitverhaltens von Druckstäben aus Holz. Diss., Bauhaus-Universität Weimar, 2002

[21] *Bejtka, I.*: Verstärkung von Bauteilen aus Holz mit Vollgewindeschrauben. Diss. Karlsruhe: Universität (TH), 2005

[22] *Bejtka, I.*: Stahltrapezelemente zur Aussteifung hölzerner Dachkonstruktionen. In: Informationsdienst Holz, holzbau statik aktuell 01. Studiengemeinschaft Holzleimbau, Wuppertal (Hrsg.). Berlin: 2014

[23] *Beldie, I.P.*: Die Bestimmung der Schubmoduln des Fichtenholzes. Holz als Roh- und Werkstoff 26 (1968), S. 261-266

[24] *Bellmann, H.*: Relative Resistenz der Holzarten gegenüber Basidiomyceten. Holz als Roh- und Werkstoff 46 (1988), S. 417-425

[25] *Berner, K.*: Baustatik. In: *Holschemacher, K.* (Hrsg.): Entwurfs- und Berechnungstafeln für Bauingenieure. 7. Aufl. Berlin: Bauwerk, Beuth, 2015

[26] *Bernhart, A.*: Über die Rohdichte von Fichtenholz. Holz als Roh- und Werkstoff 22 (1964), S. 215-228

[27] *Besold, G., Fengel, D.*: Systematische Untersuchungen der Wirkung aggressiver Gase auf Fichtenholz. Holz als Roh- und Werkstoff 41 (1983), S. 227-232, 265-269, 333-337

[28] *Binker, G., Brückner, G., Flohr, E., Huckfeldt, T., Noldt, U., Parisek, L., Rehbein, M., Wegener, R.*: Praxis-Handbuch Holzschutz. Beurteilen, Vorbereiten, Ausführen. Köln: Rudolf Müller, 2014

[29] *Blaß, H.J.*: Tragfähigkeit von Druckstäben aus Brettschichtholz unter Berücksichtigung streuender Einflussgrößen. Diss. Karlsruhe: Universität, 1987

[30] *Blaß, H.J.*: Traglastberechnung von Druckstäben aus Brettschichtholz. Bauingenieur 63 (1988), S. 245-251

[31] *Blaß, H.J.*: Berechnung und Optimierung von Dreigelenkrahmen mit der Spannungstheorie II. Ordnung. bauen mit holz, Heft 2 (1988), S. 97-102

[32] *Blaß, H.J.*: Einfluss des Kriechens auf die Tragfähigkeit von Holzdruckstäben. Holz als Roh- und Werkstoff 46 (1988), S. 405-411

[33] *Blaß, H.J.*: Untersuchungen über die Variation des Last-Verschiebungsverhaltens in Nagelverbindungen. Variation in Faserrichtung. Variation rechtwinklig zur Faserrichtung. Holz als Roh- und Werkstoff (1990), S. 327-332 und 449-452

[34] *Blaß, H.J.*: Druckstäbe. In: STEP 1 [58], Abschn. B6

[35] *Blaß, H.J.*: Knicklängen. In: STEP 1 [58], Abschn. B7

[36] *Blaß, H.J.*: Verbindungen mit Einlaßdübeln. In: STEP 1 [58], Abschn. C9

[37] *Blaß, H.J.*: Verbindungen mit Einpreßdübeln. In: STEP 1 [58], Abschn. C10

[38] *Blaß, H.J.*: Verbindungen mit mehreren Verbindungsmitteln. In: STEP 1 [58], Abschn. C15

[39] *Blaß, H.J.*: Eingeleimte Gewindestangen, Bemessung nach E DIN 1052 und neuere Forschungsergebnisse In: Tagungsband 2000, Ingenieurholzbau Karlsruher Tage. Karlsruhe: Bruder, S. 19-28

[40] *Blaß, H.J.*: Schrauben – Innovative Verbindungen mit Potential. In: Ingenieurholzbau, Karlsruher Tage, Tagungsband. Lehrstuhl für Ingenieurholzbau und Baukonstruktionen. Karlsruhe: Universität (TH), 2001

[41] *Blaß, H.J.*: Neue Bemessungsnorm für den Holzbau: E DIN 1052. Entwurf, Berechnung und Bemessung von Holzbauwerken. In: Holzbau Kalender 2002. Karlsruhe: Bruder, 2001, S. 217-241

[42] *Blaß, H. J.*: Gutachtliche Stellungnahme zum Tragverhalten selbstbohrender Stabdübel der Firma SFS intec AG FasteningSystems. Lehrstuhl für Ingenieurholzbau und Baukonstruktionen, Versuchsanstalt für Stahl, Holz und Steine, Universität Karlsruhe. Karlsruhe: 2005

[43] *Blaß, H.J., Bejtka, I.*: Selbstbohrende Holzschrauben und ihre Anwendungsmöglichkeiten. In: Holzbau Kalender 2004. Karlsruhe: Bruder, S. 516-541

[44] *Blaß, H.J., Eberhart, O., Wagner, B.*: Winkelverbinder - Zum rechnerischen Nachweis. bauen mit holz (3/2000), S. 42-46

[45] *Blaß, H.J., Ehlbeck, J., Görlacher, R.*: Zur Berechnung von Balkenschuhen nach Eurocode 5. bauen mit holz (6/2000), S. 33-35 und (7/2000), S. 36-39

[46] *Blaß, H.J., Ehlbeck, J., Kreuzinger, H., Steck, G.*: Einführung in die Bemessung nach DIN 1052: 2004. holzbau handbuch. Reihe 2, Teil 1, Folge 10. In: Informationsdienst Holz. Düsseldorf: Arbeitsgemeinschaft Holz, 2004

[47] *Blaß, H.J., Ehlbeck, J., Kreuzinger, H., Steck, G.*: Erläuterungen zu DIN 1052: 2004-08. Entwurf, Berechnung und Bemessung von Holzbauwerken. 1. Aufl. Deutsche Gesellschaft für Holzforschung. München und Karlsruhe: DGfH Innovations- und Service GmbH, Bruder, 2004

[48] *Blaß, H.J., Ehlbeck, J., Schlager, M.*: Charakteristic strength of tooth-plate connector joints. Holz als Roh- und Werkstoff 51 (1993), S. 395-399

[49] *Blaß, H.J., Ehlbeck, J., Schlager, M.*: Strength and stiffness of ring and shear-plate connections. Holz als Roh- und Werkstoff 52 (1994), S. 71-76

[50] *Blaß, H.J., Enders-Comberg, M.*: Fachwerkträger für den industriellen Holzbau. Karlsruher Berichte zum IngenieurHolzbau, Bd. 22. Karlsruher Institut für Technologie, KIT, Scientific Publishing. Karlsruhe: 2012

[51] *Blaß, H.J., Ernst, H., Werner, H.*: Verbindungen mit Holzstiften. bauen mit holz (10/1999), S. 45-52

[52] *Blaß, H.J., Fellmoser, P.*: Bemessung von Mehrschichtplatten. Forschungsbericht. Lehrstuhl für Ingenieurholzbau und Baukonstruktionen. Karlsruhe: Universität (TH), 2006

[53] *Blaß, H.J., Frese, M., Glos, P., Linsenmann, P., Denzler, J.*: Biegefestigkeit von Brettschichtholz aus Buche. In: Karlsruher Berichte zum Ingenieurholzbau, Bd. 1. Karlsruhe: Universitätsverlag, 2005

[54] *Blaß, H.J., Frese, M.*: Biegefestigkeit von Brettschichtholz-Hybridträgern mit Randlamellen aus Buchenholz und Kernlamellen aus Nadelholz. In: Karlsruher Berichte zum Ingenieurholzbau, Bd. 6. Karlsruhe: Universitätsverlag, 2006

[55] *Blaß, H.J., Frese, M.*: Dauerhaftes Brettschichtholz aus acetylierter Radiata Kiefer. Bautechnik 91 (1.2014), S. 23-30

[56] *Blaß, H.J., Görlacher, R.*: Brettsperrholz. Berechnungsgrundlagen. In: Holzbau Kalender 2003. Karlsruhe: Bruder, S. 580-598

[57] *Blaß, H.J., Görlacher, R.*: Hintergründe und Anwendungen der Querdrucknachweise nach DIN 1052: 2004. bauen mit holz (2004), Heft 9, S. 38-44

[58] *Blaß, H.J.* (Hrsg.), *Görlacher, R.* (Hrsg.), *Steck, G.* (Hrsg.): STEP 1, Holzbauwerke. Bemessung und Baustoffe nach Eurocode 5. In: Informationsdienst Holz. Arbeitsgemeinschaft Holz (Hrsg.). Düsseldorf: Fachverlag Holz, 1995

[59] *Blaß, H.J.* (Hrsg.), *Görlacher, R.* (Hrsg.), *Steck, G.* (Hrsg.): STEP 2, Holzbauwerke. Bauteile, Konstruktionen, Details nach Eurocode 5. In: Informationsdienst Holz. Arbeitsgemeinschaft Holz (Hrsg.). Düsseldorf: Fachverlag Holz, 1995

[60] *Blaß, H.J., Krämer, V.*: Trag- und Verformungsverhalten von Dübeln besonderer Bauart. bauen mit holz (2/2000), S. 41-47

[61] *Blaß, H.J., Laskewitz, B.*: Tragfähigkeit von Verbindungen mit stiftförmigen Verbindungsmitteln und Zwischenschichten. bauen mit holz (1/2003), S. 26-35 und (2/2003), S. 30-34

[62] *Blaß, H.J., Schädle, P.*: Erdbebenverhalten einer neuartigen Holzbauweise: Versuchsergebnisse und numerische Simulation. Bauingenieur 86 (3.2011), S. 116-128

[63] *Blaß, H. J., Schmid, M.*: Verbundträger aus Brettschichtholz mit Verstärkungen aus Faserverbundkunststoffen. Bauingenieur 80 (2005), S. 268-276

[64] *Blaß, H. J., Steck, G.*: Querzugverstärkungen von Holzbauteilen. bauen mit holz (1999), Heft 3, S. 42 – 46, Heft 4, S. 44-49

[65] *Blaß, H. J., Uibel, Th.*: Bemessungsvorschläge für Verbindungsmittel in Brettsperrholz. bauen mit holz (2.2009), S. 46-52

[66] *Blaß, H. J., Werner, H.*: Stabdübelverbindungen mit verstärkten Anschlussbereichen. Bauen mit Holz (1988), S. 601-607

[67] *Blumer, H.*: Spannungsberechnungen an anisotropen Kreisbogenscheiben und Satteltr. Karlsruhe: Bruder, 1979

[68] *Bogensperger, T., Fitz, M., Hamm, P., Schickhofer, G.*: Untersuchung des Schwingungsverhaltens von Deckensystemen aus Brettsperrholz (BSP). Bauingenieur 85 (2010), S. 45-52

[69] *Böttcher, P.*: Anstriche für Holz und Holzwerkstoffe im Außenbereich. In: Informationsdienst Holz. Düsseldorf: Arbeitsgemeinschaft Holz, 1999

[70] *Borth, O., Schober, K. U., Rautenstrauch, K.*: Numerische Untersuchungen zur Tragfähigkeit von Queranschlüssen bei Trägern aus Voll- und Brettschichtholz. Teil 1: Bruchmechanische Untersuchungen. Bautechnik 80 (2003), S. 155-161 und Teil 2, S. 222-226

[71] *Bosshard, H.*: Holzkunde. Bd. 1 bis 3. Basel: Birkhäuser, 1982, 1974, 1984

[72] *Brüninghoff, H.*: Spannungen und Stabilität bei quergestützten Brettschichtträgern. Diss. Karlsruhe: Universität (TH), 1972

[73] *Brüninghoff, H.*: Bemessung von Aussteifungsverbänden für Druckstäbe und für Biegeträger. In: *Ehlbeck, J.* (Hrsg.), *Steck, G.* (Hrsg.): Ingenieurholzbau in Forschung und Praxis. *Karl Möhler* gewidmet. Karlsruhe: Bruder, 1982

[74] *Brüninghoff, H.*: Koppelpfetten, verbunden mit glattschaftigen Nägeln. In: Holzbau-Statik-Aktuell, Folge 10. Düsseldorf: Arbeitsgemeinschaft Holz, 1988

[75] *Brüninghoff, H.*: Aussteifung – Bemessung. In: STEP 1 [58], Abschn. B15

[76] *Brüninghoff, H., Bosenius, O., Jacobs, H.*: Konstruktion von Anschlüssen im Hallenbau. holzbau handbuch. Reihe 1, Teil 7, Folge 2. In: Informationsdienst Holz. Düsseldorf: Arbeitsgemeinschaft Holz, 2000

[77] *Brüninghoff, H., Cyron, G., Ehlbeck, J., Franz, J., Heimeshoff, B., Milbrandt, E., Möhler, K., Radovic, B., Scheer, C., Schulze, H., Steck, G.*: Holzbauwerke. Eine ausführliche Erläuterung zu DIN 1052 T1 bis 3, Ausg. April 1988. Berlin/Köln und Wiesbaden/Berlin: Beuth, Bau, 1989

[78] *Brüninghoff, H., Heimeshoff, B., Rampf, G., Samuel, S., Sengler, D.*: Brücken. Planung – Konstruktion – Berechnung. In: Informationsdienst Holz. Düsseldorf: Arbeitsgemeinschaft Holz, 1988

[79] *Brüninghoff, H., Klapp, H.*: Stabilitätsnachweis im Holzbau – Biegedrillknicken mit Normalkraft. bauen mit holz (2005), Heft 10, S. 27-33

[80] *Brüninghoff, H., Mittelstedt, Ch.*: Zum Stand der Normung bei der Modellierung und Berechnung von fachwerkartigen Strukturen in Holzbauweise mit flächenhaften Knotenverbindungen bei besonderer Berücksichtigung von Nagelplattenverbindungen. bauen mit holz Heft 12 (2001), S. 30 – 40 und Heft 1 (2002), S. 28-37

[81] *Brüninghoff, H., Rampf, G., Samuel, S.*: Verbände und Abstützungen – Grundlagen, Regelnachweise. In: Informationsdienst Holz. holzbau handbuch, Reihe 2, Teil 12, Folge 1. Düsseldorf: Arbeitsgemeinschaft Holz, 1988, Nachdruck 1997

[82] *Brüninghoff, H., Schmidt, K.*: Verbände und Abstützungen – Genauere Nachweise. In: Informationsdienst Holz. holzbau handbuch, Reihe 2, Teil 12, Folge 2. Düsseldorf: Arbeitsgemeinschaft Holz, 1989, Nachdruck 1997

[83] *Brüninghoff, H., et. al.*: Aussteifung von NP-Konstruktionen. In: Informationsdienst Holz. holzbau handbuch, Reihe 2, Teil 12, Folge 3. Düsseldorf: Arbeitsgemeinschaft Holz, 1999

[84] *Buchanan, A.H.*: Strength Model and Design Methods for Bending and Axial Load Interaction in Timber Members. Diss. Kanada: Uni. of British Columbia, 1984

[85] *Bund Deutscher Zimmermeister*: Vereinbarung über KVH Konstruktionsvollholz aus Fichte, Tanne, Kiefer, Lärche und Douglasie: Berlin: 2015

[86] *Bundesvereinigung der Prüfingenieure für Bautechnik*: Spannungsnachweise bei Satteldachträgern aus Brettschichtholz. Technische Mitteilung 06/011, Holzbau, DIN EN 1995-1-1. Berlin: 2013

[87] *Cassens, J.*: Theorie II. Ordnung im Holzbau. Bautechnik 51 (1974), S. 244-249

[88] *Cheret, P., Heim, F., Radovic, B.*: Bauen mit Holzwerkstoffen. Reihe 1, Teil 1, Folge 3. In: Informationsdienst Holz. Düsseldorf: Arbeitsgemeinschaft Holz, 1997

[89] *Choo, B.S.*: Biegung. In: STEP 1 [58], Abschn. B3

[90] *Christoph, N., Brettel, G.*: Untersuchungen zur Wärmedehnung von Holz in Abhängigkeit von der Rohdichte und Temperatur. Holz als Roh- und Werkstoff 35 (1977), S. 99-108

[91] *Colling, F.*: Lernen aus Schäden im Holzbau. Ursachen, Vermeidung, Beispiele. Karlsruhe: Bruder, 2000

[92] *Colling, F.*: Holzbau. Grundlagen, Bemessungshilfen. 2. Aufl. Wiesbaden: Vieweg + Teubner, 2008

[93] *Colling, F.*: Holzbau-Beispiele. Musterlösungen, Formelsammlung, Bemessungstabellen. Wiesbaden: Vieweg, 2004

[94] *Colling, F.*: Holzbau. Grundlagen und Bemessung nach EC 5. 4. Aufl. Wiesbaden: Springer Vieweg, 2014

[95] *Colling, F.*: Holzbau-Beispiele. Musterlösungen und Bemessungshilfen nach EC 5. Wiesbaden: Springer Vieweg, 2014

[96] *Colling, F.*: Holzbau nach Eurocode 5. In: *Schneider, K.-J.* (Begründer), *Albert, A.* (Hrsg.): Bautabellen für Ingenieure. 21. Aufl. Köln: Bundesanzeiger, Werner, 2014

[97] *Colling, F., Blaß, H.J.*: Tragfähigkeit von Stabdübelverbindungen. In: *Görlacher, R.* (Hrsg.): Karlsruher Tage 2014 – Holzbau. Forschung für die Praxis. Karlsruhe: Karlsruher Institut für Technologie (KIT), 2014, S. 1-22

[98] *Cziesielski, E., Raabe, B., Wagner, C.*: Dachscheiben aus Spanplatten. Forschungsbericht. München: Entwicklungsgemeinschaft Holzbau, Deutsche Gesellschaft für Holzforschung, 1980

[99] *Cziesielski, E., Wagner, C.*: Dachscheiben aus Spanplatten. Bauen mit Holz 81 (1979), Heft 1 und 2

[100] *Dehne, M.*: Brandschutz im Hochbau. In: Tagungsband zum Holzbau-Hochschultag 2015, Universität Hannover, Institut für Bauphysik (Hrsg.). Hannover, 2015

[101] *Dehne, M., Kruse, D.*: Brandschutz bei mehrgeschossigen Holzbauten – Praxiserfahrungen und neue Entwicklungen. Bauingenieur 81 (2006), S. 142-151

[102] *Deutsches Institut für Bautechnik*: Bauregelliste A, Teil 1. Mitteilungen. Berlin: 2014/1

[103] *Diebold, R., Glos, P.*: Verbesserte Holznutzung durch neuartige maschinelle Festigkeitssortierung. Holz als Roh- und Werkstoff 52 (1994), S. 222

[104] *Dietsch, P.*: Einsatz und Berechnung von Schubverstärkungen für Brettschichtholzbauteile. Diss. München: TU, 2012

[105] *Dietsch, P., Mestek, P., Winter, S.*: Analytischer Ansatz zur Erfassung von Tragfähigkeitssteigerungen infolge von Schubverstärkungen in Bauteilen aus Brettschichtholz und Brettsperrholz. Bautechnik 89 (6.2012), S. 402-414

[106] *Dietsch, P.*: Einsatz und Berechnung von Schubverstärkungen für Brettschichtholzbauteile. In: *Görlacher, R.* (Hrsg.): Karlsruher Tage 2014 – Holzbau. Forschung für die Praxis. Karlsruhe: Karlsruher Institut für Technologie (KIT), 2014, S. 1-22

[107] *Dröge, G., Stoy, K.H.*: Grundzüge des neuzeitlichen Holzbaus. Bd. 1: Konstruktionselemente, Berechnung und Ausführung. Berlin, München: Ernst und Sohn, 1981

[108] *Dürr, F.*: Zusammenfassung der bisherigen Erkenntnisse über das Kriechen von Holz und Holzverbindungen. Berichte aus der Bauforschung 24 (1962), S. 61-72

[109] *Eberhardt, O.*: Ermüdungsnachweise im Ingenieurholzbau. In: Informationsdienst Holz, holzbau statik aktuell 02. Studiengemeinschaft Holzleimbau, Wuppertal (Hrsg.). Berlin: 2015

[110] *Edlund, B.*: Zug und Druck. In: STEP 1 [58], Abschn. B2

[111] *Egner, K.*: Beiträge zur Kenntnis der Feuchtigkeitsbewegung in Hölzern, vor allem in Fichtenholz, während der Trocknung unterhalb des Fasersättigungspunktes. Diss. Stuttgart: TH, 1933

[112] *Egner, K.*: Versuche mit Bolzenverbindungen. In: Fortschritte und Forschungen im Bauwesen. Reihe D, Heft 20, Versuche für den Holzbau II. Teil. Stuttgart: Franckh'sche Verlagshandlung (1955), S. 41-47

[113] *Ehlbeck, J.*: Dauerschwingfestigkeit von Holz und Holzverbindungen - eine Bestandsaufnahme. In: *Ehlbeck, J.* (Hrsg.), *Steck, G.* (Hrsg.): Ingenieurholzbau in Forschung und Praxis. *Karl Möhler* gewidmet. Karlsruhe: Bruder, 1982

[114] *Ehlbeck, J., Colling, F.*: Tragverhalten von zwei Brettschichtholzträgern während und nach einer Langzeitbelastung von 4 Jahren. Holz als Roh- und Werkstoff 48 (1990), S. 228

[115] *Ehlbeck, J., Görlacher, R.*: Mindestnagelabstände bei Stahlblech-Holz-Nagelung. Forschungsbericht. Karlsruhe: Universität (TH), Versuchsanstalt für Stahl, Holz und Steine, 1982

[116] *Ehlbeck, J., Görlacher, R.*: Tragfähigkeit von Balkenschuhen unter zweiachsiger Beanspruchung. In: Holzbau-Statik-Aktuell, Folge 8. Düsseldorf: Arbeitsgemeinschaft Holz, 1987

[117] *Ehlbeck, J., Görlacher, R.*: Querzugbeanspruchungen bei Anschlüssen. In: STEP 1 [58], Abschn. C2

[118] *Ehlbeck, J., Görlacher, R., Werner, H.*: Empfehlungen zum einheitlichen genaueren Querzugnachweis für Anschlüsse mit mechanischen Verbindungsmitteln. Bauen mit Holz (1991), S. 825-828

[119] *Ehlbeck, J., Hättich, R.*: Ingenieur-Holzverbindungen mit mechanischen Verbindungsmitteln. In: *v. Halász, R.* (Hrsg.), *Scheer, C.* (Hrsg.): Holzbautaschenbuch. Bd. 1, 9. Aufl. Berlin: Ernst, 1996

[120] *Ehlbeck, J., Kromer, M.*: Zimmermannsmäßige Holzverbindungen. In: STEP 1 [58], Abschn. C12

[121] *Ehlbeck, J., Kürth, J.*: Pultdachträger, gekrümmte Träger und Satteldachträger. In: STEP 1 [58], Abschn. B8

[122] *Ehlbeck, J., Larsen, H. J.*: Grundlagen der Bemessung von Verbindungen im Holzbau nach dem EUROCODE 5 (ENV 1995-1-1, Nov. 1992). Bauen mit Holz (1993), S. 821-840

[123] *Ehlbeck, J., Schlager, M.*: Hirnholzdübelverbindungen bei Brettschichtholz und Nadelvollholz. bauen mit holz (1992), S. 522-528

[124] *Ehlbeck, J., Siebert, W.*: Tragverhalten von Nagelverbindungen bei gleichzeitiger Beanspruchung auf Abscheren und Ausziehen. Bauen mit Holz (1988), S. 18-22

[125] *Ehlbeck, J., Werner, H.*: Untersuchungen über die Tragfähigkeit von Stabdübelverbindungen. Holz als Roh- und Werkstoff 46 (1988), S. 281-288

[126] *Ehlbeck, J., Werner, H.*: Tragverhalten von Stabdübeln in Brettschichtholz und Vollholz verschiedener Holzarten bei unterschiedlichen Rißlinienanordnungen. Forschungsbericht. Versuchsanstalt für Stahl, Holz und Steine, Abteilung Ingenieurholzbau. Karlsruhe: Universität, 1989

[127] *Ehlbeck, J., Werner, H.*: Bolzen- und Stabdübelverbindungen I. In: STEP 1 [58], Abschn. C6

[128] *Ehlbeck, J., Werner, H.*: Bolzen- und Stabdübelverbindungen II. In: STEP 1 [58], Abschn. C7

[129] *Eierle, B., Bös, B.*: Schubverformungen von Stabtragwerken in der praktischen Anwendung. Bautechnik 90 (11.2013), S. 747-752

[130] *Erler, K.*: Chemische Korrosion von Holz und Holzkonstruktionen. Forschungsbericht. München: Deutsche Gesellschaft für Holzforschung DGfH, 2000

[131] *Ernst, K, Schwab, E., Wilke, K.D.*: Holzwerkstoffe im Bauwesen: Teil 1, Materialkunde. In: Informationsdienst Holz. Düsseldorf: Arbeitsgemeinschaft Holz, 1981
[132] *Ewald, G., Lischke, N.*: Zur Torsion im Ingenieurholzbau. Bauen mit Holz (1984), Heft 7, S. 466-469
[133] *Feix, J., Fleck, G., Meixner, G., Thaler, T.*: Entwicklung eines getrennt vorgefertigten Holz-Beton-Verbund Deckensystems. Bauingenieur 85 (4.2010), S. 141-149
[134] *Fengel, D., Grosser, D.*: Chemische Zusammensetzung von Nadel- und Laubhölzern. Holz als Roh- und Werkstoff 33 (1975), S. 32-34
[135] *Fischer, L.*: Charakteristische Werte – ihre Bedeutung und Berechnung. Diskussion einiger aktueller Sachverhalte zur neuen Normengeneration. Bauingenieur 78 (2003), S. 179-186
[136] *Fonrobert, F.*: Grundzüge des Holzbaus im Hochbau. 5. Aufl. Berlin: Ernst und Sohn, 1948
[137] *Fonrobert, F.*: Grundzüge des Holzbaus im Hochbau. 7. Aufl. neubearb. von *Stoy, W.* und *Dröge, G.* Berlin: Ernst und Sohn, 1960
[138] *Fouad, N., Schwedler, A.*: Brandschutz-Bemessung auf einen Blick nach DIN 4102. Berlin: bauwerk, 2006
[139] *Franz, J., Scheer, C.*: Beitrag zur Berechnung von Holztragwerken nach der Spannungstheorie II. Ordnung. In: *Ehlbeck, J.* (Hrsg.), *Steck, G.* (Hrsg.): Ingenieurholzbau in Forschung und Praxis. *Karl Möhler* gewidmet. Karlsruhe: Bruder, 1982
[140] *Frese, M.*: Die Biegefestigkeit von Brettschichtholz aus Buche. Experimentelle und numerische Untersuchungen zum Laminierungseffekt. Diss. Karlsruhe: Universität (TH), 2006
[141] *Fritzen, K.*: Moderne, tragende Werkstoffe aus Holz. Bauen mit Holz (1995), Spezial zu 05/95
[142] *Fritzen, K., Hemmer, K., Hinkes, F.J., Kessel, M., König, H., Kuhlenkamp, D., Speich, M., Steinmetz, D.*: Holzbau-Praxis. Bund Deutscher Zimmermeister (Hrsg.). Karlsruhe: Bruder, 1991
[143] *Fritzen, K., Krämer, F.J., Metzger, P.*: Holzrahmenbau. Bewährtes Hausbau-System. *Bund Deutscher Zimmermeister* (Hrsg.). 5. Aufl. Köln: Bruder, Rudolf Müller, 2014
[144] *G(r)änzer, M., Ruhm, D.*: Berechnung von Sparrenpfettenankern. Bauen mit Holz (1978), S. 15-16
[145] *Gamper, A., Dietsch, P., Merk, M., Winter, S.*: Gebäudeklima – Auswirkungen auf Konstruktion und Dauerhaftigkeit von Holzbauwerken. In: *Görlacher, R.* (Hrsg.): Karlsruher Tage 2014 – Holzbau. Forschung für die Praxis. Karlsruhe: Karlsruher Institut für Technologie (KIT), 2014, S. 87-105
[146] *Gattnar, A., Trysna, F.*: Hölzerne Dach- und Hallenbauten. 7. Aufl. Berlin: Ernst und Sohn, 1961
[147] *Gehri, E.*: Zur Tragfähigkeit von Stabdübelverbindungen. In: *Ehlbeck, J.* (Hrsg.), *Steck, G.* (Hrsg.): Ingenieurholzbau in Forschung und Praxis. *Karl Möhler* gewidmet. Karlsruhe: Bruder, 1982
[148] *Gehri, E.*: Verbindungen mit Stahlblechformteilen. In: STEP 1 [58], Abschn. C13
[149] *Gerold, M.*: Zur Berechnung und Konstruktion von Glockenstühlen. Bauen mit Holz (1989), S. 232-234
[150] *Gerold, M.*: Verbund von Holz und Gewindestangen aus Stahl. Bautechnik 69 (1992), S. 167-178
[151] *Gerold, M.*: Dynamisch beanspruchte Holzkonstruktionen. Schwingungsberechnung und Konstruktionshinweise. Bautechnik 75 (1998), S. 509-529
[152] *Gerold, W.*: Zur Berechnung und Konstruktion von Dachverbänden im Stahlbau und Holzbau. Bericht Nr. 7/1981. Bundesvereinigung der Prüfingenieure für Baustatik, 1981
[153] *Gerold, W.*: Wind- und Stabilisierungsverbände. Ein Berechnungsmodell für die Praxis nach Theorie II. Ordnung. bauen mit holz (1998), Heft 3, S. 41-49
[154] *Ghelmeziu, N.*: Untersuchungen über die Schlagfestigkeit von Bauhölzern. Holz als Roh- und Werkstoff 1, S. 585-601
[155] *Glos, P.*: Zur Bestimmung des Festigkeitsverhaltens von Brettschichtholz bei Druckbeanspruchung aus Werkstoff- und Einwirkungskenngrößen. Diss. München: TU, 1978

[156] *Glos, P.*: Zur Bestimmung des Festigkeitsverhaltens von Brettschichtholz bei Druckbeanspruchung aus Werkstoff- und Einwirkungskenngrößen. Berichte zur Zuverlässigkeitstheorie der Bauwerke, Sonderforschungsbereich 96, Lab. für den konstruktiven Ingenieurbau, Heft 35. München: TU: 1978

[157] *Glos, P.*: Zur Modellierung des Festigkeitsverhaltens von Bauholz bei Druck-, Zug- und Biegebeanspruchung. Berichte zur Zuverlässigkeitstheorie der Bauwerke, Sonderforschungsbereich 96, Lab. für den konstruktiven Ingenieurbau, Heft 61. München: TU: 1981

[158] *Glos, P.*: Festigkeitssortierung. In: STEP 1 [58], Abschn. A6

[159] *Glos, P.*: Vollholz, Festigkeitsklassen. In: STEP 1 [58], Abschn. A7

[160] *Glos, P., Böhner, G., Wagner, L.*: Einfluss der Einschnittsart auf die Rissbildung von Fichtenholz. Holz als Roh- und Werkstoff 47 (1989), S. 478

[161] *Glos, P., Heimeshoff, B., Kelletshofer, W.*: Einfluss der Belastungsdauer auf die Zug- und Druckfestigkeit von Fichten-Brettlamellen. Holz als Roh- und Werkstoff 45 (1987), S. 243-249

[162] *Glos, P., Henrici, D.*: Längsdruckfestigkeit von Fichtenbauholz im Temperaturbereich bis 150°C. Holz als Roh- und Werkstoff 47 (1989), S. 478

[163] *Göggel, M.*: Bemessung im Holzbau. Grundlagen, Nachweise der Tragglieder. Bd.1. Karlsruhe: Bruder, 1999

[164] *Göggel, M.*: Bemessung im Holzbau. Verbindungen und Verbindungsmittel. Bd.2. Karlsruhe: Bruder, 2000

[165] *Göggel, M., Werner, H.*: Nichtlineare elastische Berechnung von Holztragwerken (Theorie II. Ordnung). In: Holzbau Kalender 2002. Karlsruhe: Bruder, S. 622-656

[166] *Görlacher, R.*: Historische Holztragwerke. Untersuchen, Berechnen und Instandsetzen. Sonderforschungsbereich 315. Karlsruhe: Universität (TH), 1999

[167] *Gottwald, H.*: Holzarten für den Außenbau. In: *Willeitner, H.* (Hrsg.), *Schwab, E.* (Hrsg.): Holz – Außenverwendung im Hochbau. Stuttgart: Alexander Koch, 1981

[168] *Graf, O.*: Versuche über die Druckelastizität und Druckfestigkeit von Tannenholz und von Eichenholz nach oftmals wiederholter Be- und Entlastung. Bautechnik 6 (1928), S. 438-441

[169] *Graf, O.*: Tragfähigkeit der Bauhölzer und der Holzverbindungen. Grundlagen für die Beurteilung der Hölzer nach Güteklassen. In: Mitt. des Fachausschusses für Holzfragen beim VDI und Dt. Forstverein, Nr. 20, 1938, S. 1-47

[170] *Graf, O.*: Dauerfestigkeit von Holzverbindungen. In: Mitt. des Fachausschusses für Holzfragen beim VDI und Dt. Forstverein, Nr. 22, 1938

[171] *Graf, O.*: Vergleichende Untersuchungen mit Dübelverbindungen. Bautechnik 22 (1944), S. 23-32 und S. 47-52

[172] *Graf, O.*: In: *Kollmann, F.*: Technologie des Holzes und der Holzwerkstoffe. Berlin, Göttingen, Heidelberg: Springer, 1951

[173] *Gressel, P.*: Kriechverhalten von Holz und Holzwerkstoffen – Auswirkungen auf den Formänderungsnachweis. In: *Ehlbeck, J.* (Hrsg.), *Steck, G.* (Hrsg.), Ingenieurholzbau in Forschung und Praxis. *Karl Möhler* gewidmet. Karlsruhe: Bruder, 1982

[174] *Gressel, P.*: Kriechverhalten von Holz und Holzwerkstoffen. Bauen mit Holz (1984), S. 216-223

[175] *Griffiths, D. R.*: Holzwerkstoffe - Faserplatten, Spanplatten und OSB. In: STEP 1 [58], Abschn. A11

[176] *Gross, D., Hauger, W., Schröder, J., Wall, W. A.*: Technische Mechanik 2. Elastostatik. 12. Aufl. Wiesbaden: Springer Vieweg: 2014

[177] *Grosser, D.*: Holzarten. 3. Aufl. In: Informationsdienst Holz. Düsseldorf: Arbeitsgemeinschaft Holz, 1982

[178] *Grosser, D.*: Einheimische Nutzhölzer und ihre Verwendungsarten. In: Informationsdienst Holz. Düsseldorf: Arbeitsgemeinschaft Holz, 1989

[179] *Grosser, D.*: Kommentar zu DIN 68800-4: 2012-02, Holzschutz, Teil 4: Bekämpfungs- und Sanierungsmaßnahmen gegen Holz zerstörende Pilze und Insekten. In: *Marutzky, R.* (Hrsg.), *Grosser, D., Hertel, H., Radović, B., Willeitner, H.* [321]
[180] *Güldenpfennig, J., Vogelsberg, A., Stamminger, P.*: Zur Feuchteproblematik von Eissporthallen. Bautechnik 87 (3.2010), S. 133-138
[181] *Gustafsson, P. J.*: Ausgeklinkte Träger und Durchbrüche in Brettschichtholz. In: STEP 1 [58], Abschn. B5
[182] *Haase, K.*: Bruchmechanische Ansätze zur Bemessung von Durchbrüchen in Brettschichtholzträgern. Bautechnik 80 (2003), S. 506-512
[183] *v. Halász, R., Cziesielski, E.*: Berechnung und Konstruktion geleimter Träger mit Stegen aus Furnierplatten. Berichte aus der Bauforschung 47 (1966), S. 75 - 118
[184] *Halligan, A. F., Schniewind, A. P.*: Prediction for particleboard mechanical properties at various moisture contents. Wood Science and Technology 8 (1974), S. 68-78
[185] *Hamm, P.*: Ein Beitrag zum Schwingungs- und Dämpfungsverhalten von Fußgängerbrücken aus Holz. Diss. München: Technische Universität, 2003
[186] *Hamm, P.*: Warum Decken zu schwingen beginnen. bauen mit holz (2006), Heft 3, S. 24-29
[187] *Hamm, P., Richter, A.*: Personeninduzierte Schwingungen bei Holzdecken. Neue Erkenntnisse führen zu neuen Bewertungsverfahren. In: Tagungsband 2009, Ingenieurholzbau Karlsruher Tage. Karlsruhe: Universität und Bruder
[188] *Hamm, P., Richter, A.*: Bemessungs- und Konstruktionsregeln zum Schwingungsnachweis von Holzdecken. In: Fachtagungen Holzbau 2009. Leinfelden-Echterdingen. Hrsg.: Landesbeirat Holz Baden-Württemberg e.V. Stuttgart: S. 15-29
[189] *Hamm, P., Thalmair, A.*: Stabilitätsnachweise für Druckglieder inkl. Beispiel. bauen mit holz, Heft 5 (2001), S. 40 – 53
[190] *Harnach, R.*: Zur Schwingungsberechnung von Holztragwerken. Bauen mit Holz (1987), S. 725-729, 810-814
[191] *Harnach, R.*: Zur Berechnung und Konstruktion eines Glockenturmes. Bauen mit Holz (1989), S. 7-11
[192] *Hartl, H.*: Feuerwiderstand von Holz und Holzwerkstoffen. In: STEP 1 [58], Abschn. A13
[193] *Hartl, H.*: Feuerwiderstand von Holzbauteilen. In: STEP 1 [58], Abschn. B17
[194] *Hartl, H.*: Fachwerkknoten mit Dübeln besonderer Bauart. In: STEP 2 [59], Abschn. D2
[195] *Hartl, H.*: Holzkonstruktionen in aggressiven Medien. In: STEP 2 [59], Abschn. E26
[196] *Hartl, H., Leijten, A.J.M.*: Fachwerkknoten mit stiftförmigen Verbindungsmitteln. In: STEP 2 [59], Abschn. D1
[196a] *Hartmann, H., Brückner, St., Pfeifle, R., Pfisterer, Ch.*: Bemessung von BS-Holz-Bauteilen nach EN 1995-1-1 (EC5). Informationsdienst Holz, holzbau handbuch, Reihe 2, Teil 1, Folge 2. Wuppertal: Studiengemeinschaft Holzleimbau, 2016
[197] *Hartnack, R.*: Langzeitverhalten von druckbeanspruchten Bauteilen aus Holz. Diss. Weimar: Bauhaus-Universität, 2005
[198] *Heimeshoff, B.*: Elastizitätstheorie nichtlinear-elastischer anisotroper Kontinua. Habilitation. Hannover: TU, 1969
[199] *Heimeshoff, B.*: Spannungsberechnung für den gekrümmten Träger mit einfach- symmetrischem Querschnitt. Holz als Roh- und Werkstoff 31 (1973), S. 475-480
[200] *Heimeshoff, B.*: Berechnung von Rahmenecken mit Keilzinkenverbindungen. In: Holzbau-Statik-Aktuell, Folge 1. Düsseldorf: Arbeitsgemeinschaft Holz, 1976
[201] *Heimeshoff, B.*: Berechnung von Rahmenecken mit Dübelanschluss (Dübelkreis). In: Holzbau-Statik-Aktuell, Folge 2. Düsseldorf: Arbeitsgemeinschaft Holz, 1977
[202] *Heimeshoff, B.*: Rahmenkonstruktionen. Holzbau-Seminar Statik 1978. München: Technische Universität, Lehrstuhl für Baukonstruktionen und Holzbau, 1978

[203] *Heimeshoff, B.*: Bemessung von Holzstützen mit nachgiebigem Fußanschluss. In: Holzbau-Statik-Aktuell, Folge 3. Düsseldorf: Arbeitsgemeinschaft Holz, 1979

[204] *Heimeshoff, B.*: Anwendung der Theorie II. Ordnung im Holzbau. Referats-Kompendium, Holzbau-Seminar Statik 81. Düsseldorf: Arbeitsgemeinschaft Holz (Veranst.), 1981

[205] *Heimeshoff, B.*: Zur Berechnung von Holz-Kastenträgern aus nachgiebig verbundenen Einzelteilen bei Torsionsbeanspruchung. Bauingenieur 56 (1981), S.285-291

[206] *Heimeshoff, B.*: Über den Einfluß der Anisotropie auf den Spannungs- und Verformungszustand von Stäben mit Rechteckquerschnitt bei Torsionsbeanspruchung. In: *Ehlbeck, J.* (Hrsg.), *Steck, G.* (Hrsg.): Ingenieurholzbau in Forschung und Praxis, Karl Möhler gewidmet. Karlsruhe: Bruder, 1982

[207] *Heimeshoff, B.*: Zur Berechnung von Biegeträgern aus nachgiebig miteinander verbundenen Querschnittsteilen im Ingenieurholzbau. Holz als Roh- und Werkstoff 45 (1987), S. 237-241

[208] *Heimeshoff, B.*: Probleme der Stabilitätstheorie und Spannungstheorie II. Ordnung im Holzbau. In: Holzbau-Statik-Aktuell, Folge 9. Düsseldorf: Arbeitsgemeinschaft Holz, 1987

[209] *Heimeshoff, B.*: Versätze. In: Zimmermannsmäßige Holzverbindungen. Informationsdienst Holz. Düsseldorf: Arbeitsgemeinschaft Holz, 1988

[210] *Heimeshoff, B., Bauler, H.*: Praktische Bemessung von Trägern mit veränderlicher Trägerhöhe und doppelt-symmetrischem Querschnitt bei gleichmäßig verteilter Belastung. Bauen mit Holz (1973), S. 326-329

[211] *Heimeshoff, B., Eglinger, W.*: Einspannung von Stützen aus Brettschichtholz durch Verguss in Betonfundamenten. In: Holzbau-Statik-Aktuell, Folge 7. Düsseldorf: Arbeitsgemeinschaft Holz, 1983

[212] *Heimeshoff, B., Glos, P.*: Zugfestigkeit und Biege-E-Modul von Fichten-Brettlamellen. Holz als Roh- und Werkstoff 38 (1980), S. 51-59

[213] *Heimeshoff, B., Neuhaus, H.*: Fußgängerbrücken. In: *v. Halász, R.* (Hrsg.), *Scheer, C.* (Hrsg.): Holzbautaschenbuch. Bd. 1, 9. Aufl. Berlin: Ernst, 1996

[214] *Heimeshoff, B., Seuß, R.*: Knick- und Kippaussteifung von Rahmen (Rahmenecken). Forschungsbericht. München: Technische Universität, Lehrstuhl für Baukonstruktionen und Holzbau, 1982

[215] *Hemmy, O., Droese, S.*: Verbunddecke aus Holzbalken und Elementdecken mit Stahlfaseraufbau. Bautechnik 77 (2000), S. 221-228

[216] *Hempel, G.*: Nagelverbindungen im Holzbau. 2. Aufl. Karlsruhe: Bruder, 1973

[217] *Hempel, G.*: Freigespannte Holzbinder. 10. Aufl. Karlsruhe: Bruder, 1973

[218] *Hempel, G.*: 100 Knotenpunkte aus dem Holzbau. 2. Aufl. Karlsruhe: Bruder, 1973

[219] *Henrici, D.*: Beitrag zur Spannungsermittlung in ausgeklinkten Biegeträgern aus Holz. Diss. München: Techn. Universität, 1984

[220] *Herstellergemeinschaft MH MassivHolz*: MH-MassivHolz. Altenstadt: 2015

[221] *Hertel, H.*: Kommentar zu DIN 68800-3: 2012-02, Holzschutz, Teil 3: Vorbeugender Schutz von Holz mit Holzschutzmitteln. In: *Marutzky, R.* (Hrsg.), *Grosser, D., Hertel, H., Radović, B., Willeitner, H.* [321]

[222] *Herzog, Th., Natterer, J., Volz, M.*: Holzbau-Atlas zwei. München: Inst. für internationale Architektur-Dokumentation, 1991

[223] *Hilson, B.O.*: Verbindungen mit stiftförmigen Verbindungsmitteln - Theorie. In: STEP 1 [58], Abschn. C3

[224] *Hilson, B. O.*: Nagelverbindungen I. In: STEP 1 [58], Abschn. C4

[225] *Hilson, B. O.*: Nagelverbindungen II. In: STEP 1 [58], Abschn. C5

[226] *Hinkes, F.J.*: Experimentelle und rechnerische Untersuchungen zur Ermittlung der Tragfähigkeit von Zapfenverbindungen. Diss. Hannover: Universität, 1987

[227] *Höhmann, R., Siemers, M.*: Untersuchungen zum Trag- und Verformungsverhalten von Holz-Beton-Verbundträgern. Bautechnik 75 (1998), S. 922-929

[228] *Hörig, H.*: Zur Elastizität des Fichtenholzes. Zeitschrift für technische Physik, Nr. 8, 1931

[229] *Hörig, H.*: Anwendung der Elastizitätstheorie anisotroper Körper auf Messungen an Holz. Ing.-Archiv 6 (1935), S. 8-14

[230] *Hörig, H.*: Berechnung der Gleitzahlen s_{44}, s_{55}, s_{66} aus den Verdrehungen von Stäben mit rechteckigen Querschnitten bei rhombischer Symmetrie. Ing.-Archiv 7 (1936), S. 165-170

[231] *Hoffmeyer, P.*: Holz als Baustoff. In: STEP 1 [58], Abschn. A4

[232] *Holschemacher, K.*: Lastannahmen nach EC 1. In: *Holschemacher, K.* (Hrsg.): Entwurfs- und Berechnungstafeln für Bauingenieure. 7. Aufl. Berlin: Bauwerk, Beuth, 2015

[233] *Holschemacher, K., Dehn, F.*: Innovative Betone für Holz-Beton-Verbundkonstruktionen. Bautechnik 81 (2004), S. 874-879

[234] *Hosser, D., Dehne M.*: Anforderungen. In: Holz Brandschutz Handbuch, 3. Aufl. [449], Abschn. 2

[235] *Hosser, D., Kampmeier, B.*: Entwicklungen beim Brandschutz im mehrgeschossigen Holzbau. bauen mit holz (2/2009) S. 40-45, (3/2009) S. 41-47

[236] *Huckfeldt, T., Schmidt, O.*: Hausfäule- und Bauholzpilze. Diagnose und Sanierung. Köln: Müller, 2006

[237] *Informationsdienst Holz*: Holzarten. Merkblattreihe. Düsseldorf: Arbeitsgemeinschaft Holz, fortlaufende Ergänzung

[238] *Informationsdienst Holz*: Dauerhafte Holzbauten bei chemisch aggressiver Beanspruchung. Düsseldorf: Arbeitsgemeinschaft Holz, 1989

[239] *Informationsdienst Holz*: Konstruktionsvollholz KVH, Duobalken, Triobalken. Technische Informationen, überarbeitete Fassung auf der Grundlage der DIN EN 1995-1-1: 2010 (Eurocode 5-1-1). holzbau handbuch, Reihe 4, Teil 2, Folge 1. Berlin: Informationsdienst Holz, 2013

[240] *Informationsdienst Holz*: Korrosion metallischer Verbindungsmittel in Holz und Holzwerkstoffen. Internationaler Verein für Technische Holzfragen iVTH, Braunschweig und Frauenhofer Institut für Holzforschung, Wilhelm-Klauditz-Institut WKI, Braunschweig. Berlin: Informationsdienst Holz, 2013

[241] *Johansen, K. W.*: Theory of timber connections. International Association of Bridge and Structural Engineering. Bern: Publication No. 9 (1949), S. 249-262

[242] *Johansson, C. J.*: Eingeleimte Stäbe. In: STEP 1 [58], Abschn. C14

[243] *Jorissen, A.J.M.*: Double shear timber connections with dowel type fasteners. Diss. Delft: Technische Universität, 1998

[244] *Kabelitz, E., Reimann, G.*: Außenbekleidungen aus Vollholz. In: holzbau handbuch, Reihe 1, Teil 10, Folge 1. Informationsdienst Holz. Düsseldorf: Arbeitsgemeinschaft Holz, vollständig überarbeiteter Nachdruck, 1998

[245] *Kerto-Furnierschichtholz*: Ich bin Kerto. Bremen: Metsä Wood Deutschland, 2014

[246] *Kessel, M.H.*: Fachwerkbinder. In: STEP 1 [58], Abschn. B12

[247] *Kessel, M.H.*: Ebene Rahmen und Bögen. In: STEP 1 [58], Abschn. B14

[248] *Kessel, M.H.*: Tafeln. In: Tagungsband 2001, Ingenieurholzbau Karlsruher Tage. Karlsruhe: Bruder, S. 48-78

[249] *Kessel, M.H.*: Tafeln – Eine elastische, geometrisch lineare Beschreibung. In: Holzbau Kalender 2003. Karlsruhe: Bruder, S. 599-632

[250] *Kessel, M.H., Drücker, K.*: Zur Verankerung der Wandscheiben von Holzhäusern bei Windeinwirkung. bauen mit holz (1996), S. 779-782

[251] *Kessel, M.H., Hinkes, F.J., Schelling, W.*: Zur Sicherung des Dreigelenkrahmens aus Brettschichtholz gegen Kippen. Bauingenieur 59 (1984), S. 189-194

[252] *Kessel, M.H., Schönhoff, T., Hörsting, P.*: Zum Nachweis von druckbeanspruchten Bauteilen nach DIN 1052: 2004-08. bauen mit holz, Heft 12 (2005), S. 88 – 96 und Heft 1 (2006), S. 41-44

[253] *Kessel, M.H., Kühl, A.*: Aussteifung von Druckgurten über Dachlatten auf einen Verband. Bauingenieur 87 (2012), S. 383-395

[254] *Keylwerth, R.*: Die anisotrope Elastizität des Holzes und der Lagenhölzer. VDI-Forschungsheft 430, Ausg. B, Bd.17. Düsseldorf: Deut. Ingenieurverlag, 1951

[255] *Keylwerth, R.*: Untersuchungen über freie und behinderte Quellungen von Holz (5 Mitteilungen). Holz als Roh- und Werkstoff (1962), S. 252-259 und 292-303; (1963), S. 415-423; (1964), S. 255-258 und 295-296

[256] *Kindereit, E.*: Experimentelle und analytische Untersuchung des Kriechphänomens von Bauschnittholz. Diss. Hannover: Universität, 1983

[257] *Köck, B., Holzer, St. M.*: Zum Tragverhalten von Überblattungen in historischen Holztragwerken. Bauingenieur 86 (3.2011), S. 106-115

[258] *Koj, Ch., Trautz, M.*: Mit Schrauben fügen und bewehren – Langzeitversuche an biegesteifen Rahmenecken im Außenklima. Bautechnik 91 (1.2014), S. 38-45

[259] *Kolb, H.*: Festigkeitsuntersuchungen an gestoßenen und gekrümmten Bauteilen aus Brettschichtholz. Holz als Roh- und Werkstoff 26 (1968), S. 244-253

[260] *Kolb, H.*: Versuche an geleimten Rahmenecken und Montagestößen. Bauen mit Holz (1968), S. 266-271, S. 462-470 und (1970), S. 121-129

[261] *Kolb, H.*: Festigkeitsverhalten von Rahmenecken. Bauen mit Holz (1970), S. 387

[262] *Kolb, H., Epple, A.*: Verstärkungen von durchbrochenen Brettschichtbindern. Forschungsbericht. Stuttgart: Forschungs- und Materialprüfungsanstalt Baden-Württemberg, Otto-Graf-Institut, 1985

[263] *Kolb, H., Frech, P.*: Untersuchungen an durchbrochenen Bindern aus Brettschichtholz. Holz als Roh- und Werkstoff 35 (1977), S. 125-134

[264] *Kolb, H., Radovic, B.*: Tragverhalten von Stabdübelanschlüssen bei Vorbohren mit dem Nenndurchmesser. Bauen mit Holz (1981), S. 550-553

[265] *Kolb, H., Rohlfing, H., Epple, A.*: Untersuchungen zur Verleimung und zur Tragfähigkeit von Kastenträgern aus Brettschichtholz. Forschungsbericht. Stuttgart: Forschungs- und Materialprüfungsanstalt Baden-Württemberg, Otto-Graf-Institut, 1983

[266] *Kollbrunner, C.F., Meister, M.*: Knicken, Biegedrillknicken, Kippen. 2. Aufl. Berlin: Springer, 1961

[267] *Kollmann, F.*: Technologie des Holzes und der Holzwerkstoffe. Berlin, Göttingen, Heidelberg: Springer, 1951

[268] *Kollmann, F., Krech, H.*: Dynamische Messungen der elastischen Holzeigenschaften und der Dämpfung. Holz als Roh- und Werkstoff 18 (1960), S. 41-54

[269] *Kordina, K., Meyer-Ottens, C.*: Holz Brandschutz Handbuch. 2. Aufl. München: Deutsche Gesellschaft für Holzforschung, 1994

[270] *Kordina, K., Meyer-Ottens, C.*: Das Brandverhalten von Holzbauteilen. In: *v. Halász, R.* (Hrsg.), *Scheer, C.* (Hrsg.): Holzbautaschenbuch. Bd. 1, 9. Aufl. Berlin: Ernst, 1996

[271] *Krabbe, E.*: Messungen von Gleit- und Dehnungszahlen an Holzstäbchen mit rechteckigen Querschnitten. Diss. Hannover: TH, 1960

[272] *Krabbe, E.*: Über den Spannungszustand in einer Versatzung. Holz als Roh- und Werkstoff 20 (1962), S. 189-195

[273] *Krabbe, E.*: Über den Spannungszustand in Brettschichtträgern infolge Feuchteänderungen des Holzes. In: Konstruktiver Ingenieurbau in Forschung und Praxis, Institut für konstruktiven Ingenieurbau der Ruhr-Universität Bochum, Festzeitschrift *Wolfgang Zerna*. Düsseldorf: Werner, 1976

[274] *Krabbe, E., Güldenpfennig, J.*: Über Rissbildungen an Baurundhölzern infolge Feuchtigkeitsänderung des Holzes. *Pflüger*-Festschrift. Hannover: TU, 1977

[275] *Krabbe, E., Güldenpfennig, J.*: Ein Fachwerk aus Brettschichtholz. Bauingenieur 61 (1986), S. 91-93

[276] *Krabbe, E., Kintrup, H.*: Getreidetrocknungsanlage in neuzeitlicher Holzbauweise. Bauen mit Holz (1964), S. 107-114

[277] *Krabbe, E., Kintrup, H.*: Kriechen von Fichtenholz unter einer linear veränderlichen Federlast. Bauen mit Holz (1974), S. 8-10

[278] *Krabbe, E., Kintrup, H.*: Gelenkkonstruktionen bei Durchlaufträgern mit Gelenken. In: Holzbau-Statik-Aktuell, Folge 2. Düsseldorf: Arbeitsgemeinschaft Holz, 1977

[279] *Krabbe, E., Neuhaus, H.*: Über Randspannungen kreisförmiger Öffnungen in Brettschichtträgern. *Domke*-Festschrift. Lehrstuhl für konstruktive Gestaltung. Aachen: Rheinisch-Westfälische Technische Hochschule, 1982

[280] *Krabbe, E., Neuhaus, H.*: Fußgängerbrücken. In: *v. Halász, R.* (Hrsg.), *Scheer, C.* (Hrsg.): Holzbautaschenbuch. Bd. 1, 8. Aufl. Berlin: Ernst und Sohn, 1986

[281] *Krabbe, E., Neuhaus, H.*: Über Konstruktion, Klima und Holzfeuchtigkeit eines Hallenbades. Bauen mit Holz (1989), S. 214-217

[282] *Krabbe, E., Schowe, W.*: Spannungstheoretische Untersuchungen an hohen, durchbrochenen Brettschichtträgern. Forschungsbericht, Inst. für konstruktiven Ingenieurbau, Abt. für Bauingenieurwesen. Bochum: Ruhr-Universität, 1977

[283] *Krabbe, E., Tersluisen, G.*: Spannungstheoretische Untersuchungen an keilgezinkten Rahmenecken bei Brettschichtholz. Forschungsbericht, Inst. für konstruktiven Ingenieurbau, Abt. für Bauingenieurwesen. Bochum: Ruhr-Universität, 1978

[284] *Kraemer, O.*: Dauerbiegeversuche mit Hölzern. Luftfahrtforschung 8 (1930), S. 39-48

[285] *Kraemer, O.*: In: *Kollmann, F.*: Technologie des Holzes und der Holzwerkstoffe. Berlin, Göttingen, Heidelberg: Springer, 1951

[286] *Kreuzinger, H.*: Träger und Stützen aus nachgiebig verbundenen Querschnittsteilen. In: STEP 1 [58], Abschn. B11

[287] *Kreuzinger, H.*: Platten, Scheiben und Schalen – ein Berechnungsmodell für gängige Statikprogramme. bauen mit holz (1/1999), S. 34-39

[288] *Kreuzinger, H.*: Verbundkonstruktionen aus nachgiebig miteinander verbundenen Querschnittsteilen. In: Tagungsband 2000, Ingenieurholzbau Karlsruher Tage. Karlsruhe: Bruder, S. 43-55

[289] *Kreuzinger, H.*: Verbundkonstruktionen. In: Holzbau Kalender 2002. Karlsruhe: Bruder, S. 598-621

[290] *Kreuzinger, H., Hamm, P.*: Schwingungen von Fußgängerbrücken. bauen mit holz (11/2004), S. 22-25

[291] *Kreuzinger, H., Mohr, B.*: Gebrauchstauglichkeit von Wohnungsdecken aus Holz. Forschungsbericht, Institut für Tragwerksbau, Fachgebiet Holzbau. München: Technische Universität, 1999

[292] *Kreuzinger, H., Scholz, A.*: Nachweis in Grenzzuständen der Tragfähigkeit bei Platten und Scheiben aus Holz und Holzwerkstoffen unter Spannungskombination. Forschungsbericht. Institut für Tragwerksbau, Fachgebiet Holzbau. München: TU, 1999

[293] *Krings, W.*: Statik und Festigkeitslehre. In: *Vismann, U.* (Hrsg.): *Wendehorst*: Bautechnische Zahlentafeln. 35. Aufl. Wiesbaden: Springer Vieweg, Beuth, 2015

[294] *Kühne, H. et al*: Über den Einfluss von Wassergehalt, Raumgewicht, Faserstellung und Jahrringstellung auf die Festigkeit und Verformbarkeit schweizerischen Fichten-, Tannen-, Lärchen-, Rotbuchen- und Eichenholzes. Bericht Nr. 183. Zürich: Eidgenössische Materialprüfungs- und Versuchsanstalt, 1955

[295] *Kufner, M.*: Elastizitätsmodul und Zugfestigkeit von Holz verschiedener Rohdichte in Abhängigkeit vom Feuchtigkeitsgehalt. Holz als Roh- und Werkstoff 36 (1978), S. 435-439

[296] *Kuhlmann, U., Gerold, M., Schänzlin, J.*: Brettstapel-Beton-Verbund, Berücksichtigung von Kriechen und Schwinden. Bauingenieur 75 (2000), S. 281-288

[297] *Kuhlmann, U., Gerold, M., Schänzlin, J.*: Trag- und Verformungsverhalten von Brettstapel-Beton-Verbunddecken. Bauingenieur 77 (2002), S. 22-34

[298] *Kuhlmann, U., Schänzlin, J.*: Bemessung von Holz-Beton-Verbunddecken nach DIN und Euronormen. In: Holz-Beton-Verbund, Innovationen im Bauwesen, Beiträge aus der Praxis und Wissenschaft. Berlin: Bauwerk, 2004

[299] *Kuhweide, P., Wagner, G., Wiegand, T.*: Konstruktive Vollholzprodukte. In: holzbau handbuch, Reihe 4, Teil 2, Folge 3. Informationsdienst Holz. Düsseldorf: Arbeitsgemeinschaft Holz, 2000

[300] *van de Kuilen, J. W.G.*: Einfluss von Holzfeuchte und Lasteinwirkungsdauer in Verbindungen. In: STEP 1 [58], Abschn. C18

[301] *Kuipers, J.*: Testing methods for timber. Materials and Structures 14 Nr.80 (1981), S. 119-129

[302] *Kuipers, J.*: Langzeitversuche mit Holzverbindungen. Bauen mit Holz (1983), S. 296-300

[303] *Kuipers, J., v. d. Put, T.A.C.M.*: Betrachtungen über den Bruchmechanismus von Nagelverbindungen. In: *Ehlbeck, J.* (Hrsg.), *Steck, G.* (Hrsg.): Ingenieurholzbau in Forschung und Praxis. *Karl Möhler* gewidmet. Karlsruhe: Bruder, 1982

[304] *Laschinski, Ch., Himburg, S.*: Stabilisierung kippgefährdeter Biegeträger in Holzbauweise. Bautechnik 80 (2003), S. 513-518

[305] *Lehmann, H.A., Stolze, B.*: Ingenieurholzbau. 6. Aufl. Stuttgart: Teubner, 1975

[306] *Lehmann, St., Grosse, M., Rautenstrauch, K.*: Neuartige Schubverbindung für Brettstapel-Beton-Verbunddeckenplatten. Bautechnik 80 (2003), S. 385-392

[307] *Lehmann, Th.*: Elemente der Mechanik I: Einführung. Düsseldorf: Bertelsmann, 1974

[308] *Lehmann, Th.*: Elemente der Mechanik II: Elastostatik. Braunschweig: Vieweg, 1975

[309] *Leipholz, H.*: Einführung in die Elastizitätstheorie. Karlsruhe: Braun, 1968

[310] *Lewitzki, W., Schulze, H.*: Holzschutz, Bauliche Empfehlungen. In: holzbau handbuch, Reihe 3, Bauphysik, Teil 5, Folge 1. Informationsdienst Holz. Düsseldorf: Arbeitsgemeinschaft Holz, 1997

[311] *LIGNUM*: Dokumentation Holz – Loseblatt-Samml., Bd. III. Zürich: 1960

[312] *Lischke, N.*: Elastomechanisches Verhalten von Fichtenholz unter Einbeziehung der räumlichen Werkstoffstruktur. Bauingenieur 59 (1984), S. 67-71

[313] *Lißner, K., Felkel, A., Hemmer, K., Kuhlenkamp, D., Radovic, B., Rug, W., Steinmetz, D.*: DIN 1052 Praxishandbuch Holzbau. 2. Aufl. Fördergesellschaft Holzbau und Ausbau (Hrsg.), DIN Deutsches Institut für Normung (Hrsg.). Berlin, Kissing: Beuth, WEKA, 2009

[314] *Lißner, K., Rug, W.*: Holzbausanierung. Berlin, Heidelberg, New York et al: Springer, 2000

[315] *Logemann, M.*: Abschätzung der Tragfähigkeit von Holzbauteilen mit Ausklinkungen und Durchbrüchen. Diss. Hannover: Universität, Fortschr. Ber. Düsseldorf: VDI 1991

[316] *Logemann, M.*: Die Abschätzung der Tragfähigkeit kerbbeanspruchter Holzbauteile mit den Methoden der linear-elastischen Bruchmechanik. Bauingenieur 67 (1992), S. 61-67

[317] *Love, A.E.H.*: Lehrbuch der Elastizität. Leipzig, Berlin: Teubner, 1907

[318] *Madsen, B.*: Duration of load tests for dry lumber in bending. Forest Prod. J. 23 (1973), S. 21-28

[319] *Madsen, B.*: Behaviour of Timber Connections. Timber Engineering Ltd., North Vancouver: 2000

[320] *Maier, S.*: Für den Schubspannungsnachweis maßgebende Querkraft bei Biegeträgern aus Voll- und Brettschichtholz. In: Informationsdienst Holz, Entwicklungsgemeinschaft Holzbau (Hrsg.), Fachtagung Holzbau. Karlsruhe (1972), S. 14-17

[321] *Marutzky, R. (Hrsg.), Grosser, D., Hertel, H., Radović, B., Willeitner, H.*: Holzschutz. Praxiskommentar zu DIN 68800 Teile 1 bis 4. 2. Aufl. DIN Deutsches Institut für Normung (Hrsg.), Internationaler Verein für Technische Holzfragen (Hrsg.). Berlin, Wien, Zürich: Beuth, 2013

[322] *Materialprüfungsanstalt MPA Stuttgart*: Hersteller zum Kleben tragender Holzbauteile. Verzeichnis. Universität Stuttgart: Otto-Graft-Institut, jährlich aktualisiert

[323] *Meierhofer, U., Sell, J.*: Physikalische Vorgänge in wetterbeanspruchten Holzbauteilen. 2. Mitteilung: Tragende Holzbauteile im Freien unter Dach. Holz als Roh- und Werkstoff 37 (1979), S. 227-234

[324] *Meisel, A., Bogensperger, Th., Moosbrugger, Th., Schickhofer, G.*: Historische Dachtragwerke aus Holz – statische Analyse und Tragwirkung, Teil 2. Bauingenieur 88 (2013), S. 61-72

[325] *Meisel, A., Moosbrugger, Th., Schickhofer, G.*: Der Anteil des Tragvermögens der Dachlattung an der globalen Lastabtragung von Dachtragwerken. Bautechnik 87 (6.2010), S. 331-338

[326] *Mestek, P., Werther, N., Winter, S.*: Bauen mit Brettsperrholz. Tragende Massivholzelemente für Wand, Decke und Dach. In: Informationsdienst Holz, holzbau handbuch, Reihe 4, Teil 6, Folge 1. 3. Aufl. Wuppertal: Studiengemeinschaft Holzleimbau (Hrsg.), 2012

[327] *Meyer, A.*: Die Tragfähigkeit von Nagelverbindungen bei statischer Belastung. Holz als Roh- und Werkstoff 15 (1957), S. 96-109

[328] *Milbrandt, E.*: Konstruktionsbeispiele, Berechnungsverfahren, Teil 1. In: Informationsdienst Holz. Düsseldorf: Arbeitsgemeinschaft Holz, 1976

[329] *Milbrandt, E.*: Konstruktionsbeispiele, Berechnungsverfahren, Teil 3. In: Informationsdienst Holz. Düsseldorf: Arbeitsgemeinschaft Holz, 1978, Nachdruck 1982

[330] *Milbrandt, E.*: Konstruktionsbeispiele, Berechnungsverfahren, Teil 4. In: Informationsdienst Holz. Düsseldorf: Arbeitsgemeinschaft Holz, 1978, Nachdruck 1979

[331] *Milbrandt, E.*: Konstruktionsbeispiele, Berechnungsverfahren, Teil 5. In: Informationsdienst Holz. Düsseldorf: Arbeitsgemeinschaft Holz, 1981

[332] *Milbrandt, E., Weidner, A., Milbrandt, C.*: Dachbauteile - Hausdächer. holzbau handbuch. Reihe 2, Teil 3, Folge 2. In: Informationsdienst Holz. Düsseldorf: Arbeitsgemeinschaft Holz, 1997

[333] *Mistler, H. L.*: Die Tragfähigkeit des am Endauflager unten rechtwinklig ausgeklinkten Brettschichtträgers. Diss. Karlsruhe: Universität (TH), 1979

[334] *Mistler, H. L.*: Über die Querzugfestigkeit von Fichten-Brettschichtholz in Abhängigkeit von der Bauteilgröße und der Verteilung der Beanspruchung. In: *Ehlbeck, J.* (Hrsg.), *Steck, G.*: Ingenieurholzbau in Forschung und Praxis. *Karl Möhler* gewidmet: Bruder, 1982

[335] *Möhler, K.*: Tragkraft und Querkraft von ein- und mehrteiligen Holzdruckstäben nach Versuch und Rechnung. Diss. Karlsruhe: Universität (TH), 1942

[336] *Möhler, K.*: Über das Tragverhalten von Biegeträgern und Druckstäben mit zusammengesetzten Querschnitten und nachgiebigen Verbindungsmittel. Habilitation. Karlsruhe: Universität (TH), 1956

[337] *Möhler, K.*: Elastizitätstheoretische Untersuchung der Nagelverbindungen insbesondere im Hinblick auf die Stahlblech-Holznagelung. In: Technische Hochschule Karlsruhe, Abt. Bauingenieurwesen: Aus Lehre und Forschung, Heft 3. Darmstadt: Carl Röhrig, 1959

[338] *Möhler, K.*: Untersuchungen über genagelte Stahlblech-Holzverbindungen. Berichte aus der Bauforschung 24 (1962)

[339] *Möhler, K.*: Versuche über die zweckmäßige Stoßausbildung von Durchlaufpfetten. Berichte aus der Bauforschung 33 (1963), S. 13-34

[340] *Möhler, K.*: Versuche über das Dauerstandsverhalten von Nagelverbindungen. Berichte aus der Bauforschung 47 (1966), S. 57-74

[341] *Möhler, K.*: Die Bemessung der Verbindungsmittel bei zusammengesetzten Biege- und Druckgliedern im Holzbau. Bauen mit Holz (1966), S. 162-164

[342] *Möhler, K.*: Untersuchungen und Versuche über das Tragverhalten von durchlaufenden Koppelpfetten bei Berücksichtigung der Nachgiebigkeit der Verbindungen. Berichte aus der Bauforschung 47 (1966), S. 13-22

[343] *Möhler, K.*: Zur Berechnung von Brettschichtholz-Konstruktionen. In: Holzbau-Statik-Aktuell, Folge 1. Düsseldorf: Arbeitsgemeinschaft Holz, 1976

[344] *Möhler, K.*: Grundlagen der Holz-Hochbaukonstruktion. In: *Götz, K. H., Hoor, D., Möhler, K., Natterer, J.*: Holzbau-Atlas. München: Inst. für internationale Architektur-Dokumentation, 1980

[345] *Möhler, K.*: Verschiebungsgrößen mechanischer Holzverbindungen der DIN 1052, Teil 2 (Entwurf 1984). Bauen mit Holz (1986), S. 206-214

[346] *Möhler, K., Blumer, H.*: Brettschichtträger veränderlicher Höhe. Bauen mit Holz 80 (1978), S. 406 – 410

[347] *Möhler, K., Ehlbeck, J.*: Versuche über das Dauerstandverhalten von Spanplatten und Furnierplatten bei Biegebeanspruchung. Holz als Roh- und Werkstoff 26 (1968), S. 118-124

[348] *Möhler, K., Ehlbeck, J.*: Untersuchungen über das Tragverhalten von Sondernägeln bei Beanspruchung auf Abscheren und Ausziehen. Berichte aus der Bauforschung 91 (1973)

[349] *Möhler, K., Freiseis, R.*: Untersuchungen zur Bemessung von Holzstützen mit nachgiebigem Fußanschluss. In: Holzbau-Statik-Aktuell, Folge 7. Düsseldorf: Arbeitsgemeinschaft Holz, 1983

[350] *Möhler, K., Hemmer, K.*: Rechnerischer Nachweis von Spannungen und Verformungen aus Torsion bei einteiligen Vollholz- und Brettschichtholzbauteilen. In: Holzbau-Statik-Aktuell, Folge 2. Düsseldorf: Arbeitsgemeinschaft Holz, 1977

[351] *Möhler, K., Hemmer, K.*: Berechnung von zusammengesetzten nachgiebig verbundenen Holzstäben mit veränderlichem Verbindungsmittelabstand. In: Holzbau-Statik-Aktuell, Folge 2. Düsseldorf: Arbeitsgemeinschaft Holz, 1977

[352] *Möhler, K., Hemmer, K.*: Verformungs- und Festigkeitsverhalten von Nadelvoll- und Brettschichtholz bei Torsionsbeanspruchung. Holz als Roh- und Werkstoff 35 (1977), S. 473-478

[353] *Möhler, K., Hemmer, K.*: Hirnholzdübelverbindungen bei Brettschichtholz. In: Holzbau-Statik-Aktuell, Folge 5. Düsseldorf: Arbeitsgemeinschaft Holz, 1980

[354] *Möhler, K., Hemmer, K.*: Spannungskombination bei Brettschichtträgern mit geneigten Rändern. In: Holzbau-Statik-Aktuell, Folge 5. Düsseldorf: Arbeitsgemeinschaft Holz, 1980

[355] *Möhler, K., Hemmer, K.*: Eingeleimte Gewindestangen. In: Holzbau-Statik-Aktuell, Folge 6. Düsseldorf: Arbeitsgemeinschaft Holz, 1981

[356] *Möhler, K., Herröder, W.*: Holzschrauben oder Sondernägel bei Dübelverbindungen. In: Holzbau-Statik-Aktuell, Folge 5. Düsseldorf: Arbeitsgemeinschaft Holz, 1980

[357] *Möhler, K., Maier, G.*: Untersuchungen über das Dauerschwingverhalten von Holzverbindungen. Forschungsbericht, Versuchsanstalt für Stahl, Holz und Steine, Abt. Ingenieurholzbau. Karlsruhe: Universität (TH), 1973

[358] *Möhler, K., Mistler, H. L.*: Ausklinkungen am Endauflager von Biegeträgern. In: Holzbau-Statik-Aktuell, Folge 4. Düsseldorf: Arbeitsgemeinschaft Holz, 1979

[359] *Möhler, K., Rathfelder, M.*: Konstruktive Möglichkeiten zur Aufnahme von Schub- und Querzugspannungen bei Brettschichtträgern. In: Holzbau-Statik-Aktuell, Folge 4. Düsseldorf: Arbeitsgemeinschaft Holz, 1979

[360] *Möhler, K., Schelling, W.*: Zur Bemessung von Knickverbänden und Knickaussteifungen im Holzbau. Bauingenieur 43 (1968), S. 43-48

[361] *Möhler, K., Siebert, W.*: Untersuchungen zur Erhöhung der Querzugfestigkeit in gefährdeten Bereichen. In: Holzbau-Statik-Aktuell, Folge 8. Düsseldorf: Arbeitsgemeinschaft Holz, 1987

[362] *Möhler, K., Steck, G.*: Untersuchungen über die Rissbildung in Brettschichtholz infolge Klimabeanspruchung. Bauen mit Holz (1980), S. 194-200

[363] *Möller, G.*: Zur Stabilisierung biege- und druckbeanspruchter Bauteile im Holzbau. Diss. Universität Hannover. In: VDI-Fortschrittsberichte, Reihe 4, Nr. 104. Düsseldorf: VDI, 1991

[364] *Möller, G.*: Berücksichtigung der räumlichen Tragwirkung von Windverbänden veränderlicher Steifigkeit mit Hilfe ebener Ersatzsysteme. Bautechnik 79 (2002), S. 316 – 322

[365] *Möller, G.*: Betrachtungen zur Bemessung nachgiebig zusammengesetzter Querschnitte. Bautechnik 80 (2003), S. 786-795

[366] *Möller, G.*: Ermittlung von Stabilisierungslasten im Holzbau. Bautechnik 81 (2004), S. 480 – 488

[367] *Möller, G.*: Zur Traglastermittlung von Druckstäben im Holzbau. Bautechnik 84 (2007), S. 329-334

[368] *Mönk, W., Rug, W.*: Holzbau. Berlin: Bauwesen, 2000

[369] *Mohr, B.*: Schwingungen von Wohnungsdecken aus Holz, Stahl und Beton, Vorschläge für eine zutreffende Bewertung. In: Tagungsband 2001, Ingenieurholzbau Karlsruher Tage. Karlsruhe: Bruder, S. 80-98

[370] *Mohr, B.*: Deckenschwingungen, Vorschläge zur Bewertung. bauen mit holz (2001), S. 29-38

[371] *Molinski, W., Raczkowski, J.*: Creep of wood in bending and non-symmetrical moistening. Holz als Roh- und Werkstoff 46 (1988), S. 457-460

[372] *Moorkamp, W.*: Zum Kriechverhalten hölzerner Biegeträger und Druckstäbe im Wechselklima. Diss. TU Hannover, 2002

[373] *Müller, A., Sessing, J., Schwaner, K., Wiegand, T.*: Außenbekleidungen mit Holzwerkstoffplatten. holzbau handbuch, Reihe 1, Teil 10, Folge 4. In: Informationsdienst Holz. Düsseldorf: Arbeitsgemeinschaft Holz, 2001

[374] *Müller, A., Wiegand, T.*: Herstellung und Eigenschaften von geklebten Vollholzprodukten. holzbau handbuch, Reihe 4, Teil 2, Folge 2. In: Informationsdienst Holz, Studiengemeinschaft Holzleimbau (Hrsg.). Wuppertal: 2014

[375] *Nebgen, N., Peterson, L.*: Holzbau kompakt nach Eurocode 5. 4. Aufl. Berlin, Wien, Zürich: Bauwerk/Beuth, 2014

[376] Neckarsteg Stuttgart. Bauen mit Holz (1977), S. 273-279

[377] *Neuhaus, H.*: Elastizitätszahlen von Fichtenholz in Abhängigkeit von der Holzfeuchtigkeit. Diss. In: Technisch-wissenschaftliche Mitteilungen, Nr. 81-8, Inst. für konstruktiven Ingenieurbau. Bochum: Ruhr-Universität, 1981

[378] *Neuhaus, H.*: Über das elastische Verhalten von Fichtenholz in Abhängigkeit von der Holzfeuchtigkeit. Holz als Roh- und Werkstoff 41 (1983), S. 21-25

[379] *Neuhaus, H.*: Lehrbuch des Ingenieurholzbaus. Stuttgart: Teubner, 1994

[380] *Neuhaus, H.*: Holzbau. In: *Wetzell, O.* (Hrsg.): *Wendehorst*: Beispiele aus der Baupraxis. 3. Aufl. Wiesbaden: Vieweg+Teubner, GWV, 2009

[381] *Neuhaus, H.*: Ingenieurholzbau. Grundlagen, Bemessung, Nachweise, Beispiele. 3. Aufl. Wiesbaden: Vieweg + Teubner, Springer Fachmedien, 2011

[382] *Neuhaus, H.*: Holzbau nach Eurocode 5. In: *Vismann, U.* (Hrsg.): *Wendehorst*: Bautechnische Zahlentafeln. 35. Aufl. Wiesbaden: Springer Vieweg, 2015

[383] *Neuhaus, H.*: Holzbau. In: *Vismann, U.* (Hrsg.): *Wendehorst*: Beispiele aus der Baupraxis. 5. Aufl. Wiesbaden: Springer Vieweg, 2015

[384] *Noack, D., Geissen, A.*: Einfluss von Temperatur und Feuchtigkeit auf den E-Modul des Holzes im Gefrierbereich. Holz als Roh- und Werkstoff 34 (1976), S. 55-62

[385] *Noack, D., Schwab, E.*: Holz als Baustoff. In: *v. Halász, R.* (Hrsg.), *Scheer, C.* (Hrsg.): Holzbautaschenbuch. Bd. 1, 9. Aufl. Berlin: Ernst, 1996

[386] *Noack, D., Schwab, E.*: Holzwerkstoffe im Bauwesen. In: *v. Halász, R.* (Hrsg.), *Scheer, C.* (Hrsg.): Holzbautaschenbuch. Bd. 1, 9. Aufl. Berlin: Ernst, 1996

[387] *Ohlsson, S.*: Grenzzustände der Gebrauchstauglichkeit - Schwingungen. In: STEP 1 [58], Abschn. A18

[388] *Paulitsch, M.*: Moderne Holzwerkstoffe. Berlin, Heidelberg, New York, London, Paris, Tokyo: Springer, 1989

[389] *Peter, M.*: Numerische Tragfähigkeitsermittlung von Holzbauteilen im Brandfall unter Berücksichtigung des nichtlinearen Materialverhaltens. Diss. Berlin: Technische Universität, 2003

[390] *Peter, M.*: Baustoffverhalten von Holz und im Holzbau verwendeten Werkstoffen. In: Holz Brandschutz Handbuch, 3. Aufl. [449], Abschn. 4

[391] *Peter, M., Scheer, C.*: Holzverbindungen im Brandfall. In: Holz Brandschutz Handbuch, 3. Aufl. [449], Abschn. 7

[392] *Peter, M., Scheer, C.*: Holzbau- Taschenbuch. Bemessungsbeispiele nach Eurocode 5. 11. Aufl. Berlin: Ernst & Sohn, 2015

[393] *Petersen, C.*: Statik und Stabilität der Baukonstruktionen. 2. Aufl. Braunschweig, Wiesbaden: Vieweg und Sohn, 1982

[394] *Pflüger, A.*: Stabilitätsprobleme der Elastostatik. 3. Aufl. Berlin, Heidelberg, New York: Springer, 1975

[395] *Pischl, R.*: Zur Spannungsberechnung von Holzbiegeträgern mit rechteckigem Querschnitt und konstant veränderlicher Trägerhöhe. Bauingenieur 43 (1968), S.48-50

[396] *Pischl, R.*: Ein Beitrag zur Berechnung zusammengesetzter hölzerner Biegeträger. Bauingenieur 43 (1968), S. 448-452

[397] *Pischl, R.*: Die direkte Bemessung der Verbindungsmittel bei zusammengesetzten Biegeträgern im Holzbau unter Voraussetzung von DIN 1052, Abs. 5. Bauingenieur 48 (1973), S. 293-296

[398] *Pischl, R.*: Zur Theorie II. Ordnung im Holzbau. Bauingenieur 54 (1979), S. 255-260

[399] *Pischl, R.*: Bemessung im Holzbau. Zur Lösung von Spannungsproblemen der Theorie II. Ordnung. In: proHolz Austria (Hrsg.), Arbeitsgemeinschaft der österreichischen Holzwirtschaft. Wien: 2004

[400] *Pischl, R.*: Bemessung im Holzbau. Zum Einfluss nachgiebiger Anschluss- und Stoßausbildungen auf Statik und Stabilität von Holztragwerken. In: proHolz Steiermark (Hrsg.), Verband der steirischen Forst- und Holzwirtschaft. Graz: 2007

[401] *van der Put, T.*: Tension perpendicular to the grain at notches and joints. Proceedings, CIB-W18 Timber Structures, Meeting 23, Lissabon: 1990

[402] *Racher, P.*: Mechanische Holzverbindungen, Allgemeines. In: STEP 1 [58], Abschn. C1

[403] *Racher, P.*: Biegesteife Verbindungen. In: STEP 1 [58], Abschn. C16

[404] *Radović, B.*: Leimbauweisen. In: *v. Halász, R.* (Hrsg.), *Scheer, C.* (Hrsg.): Holzbautaschenbuch. Bd. 1, 9. Aufl. Berlin: Ernst, 1996

[405] *Radović, B.*: Unempfindlichkeit von technisch getrocknetem Holz gegen Insekten. In: Informationsdienst Holz. Holzabsatzfonds, Bonn: 11/2008

[406] *Radović, B.*: Holzschutz für Produkte der Sägeindustrie. In: Informationsdienst Holz. Holzabsatzfonds, Bonn: 09/2008

[407] *Radović, B.*: Holzschutz für konstruktive Vollholzprodukte. In: Informationsdienst Holz. Holzabsatzfonds, Bonn: 02/2009

[408] *Radović, B.*: Holzschutz – Aktueller Stand der Wissenschaft und Technik. In: *Schwaner, K.* (Hrsg.) [478], S. 997-1004

[409] *Radović, B.*: Kommentar zu DIN 68800-2: 2012-02, Holzschutz, Teil 2: Vorbeugende bauliche Maßnahmen im Hochbau. In: *Marutzky, R.* (Hrsg.), *Grosser, D., Hertel, H., Radović, B., Willeitner, H.* [321]

[410] *Radović, B., Cheret, P., Heim, F.*: Holzwerkstoffe. Konstruktive Holzwerkstoffe. Reihe 4, Teil 4, Folge 1. In: Informationsdienst Holz. Düsseldorf: Arbeitsgemeinschaft Holz, 1997

[411] *Radović, B., Goth, H.*: Entwicklung und Stand eines Verfahrens zur Sanierung von Fugen im Brettschichtholz. Bauen mit Holz (1992), S. 732-742

[412] *Radovic, B., Wiegand, T.*: Oberflächenqualität von Brettschichtholz. bauen mit holz (7 u. 8/2005), S. 33-38 u. 24-28

[413] *Raknes, E.*: Leime. In: STEP 1 [58], Abschn. A12

[414] *Ranta-Maunus, A.*: Furnierschichtholz und Furnierstreifenholz. In: STEP 1 [58], Abschn. A9

[415] *Rautenstrauch, K.*: Untersuchungen zur Beurteilung des Kriechverhaltens von Holz-Biegeträgern. Diss. Hannover: Universität, 1989

[416] *Rautenstrauch, K., Becker, P.*: Zur Berücksichtigung des Kriechens bei Druckstäben aus Holz. Bautechnik 75 (1998), S. 910-921

[417] *Rautenstrauch, K., Hartnack, R.*: Berücksichtigung des Langzeitverhaltens von Holzbauteilen beim Nachweis des Grenzzustandes der Tragfähigkeit. In: 8. Informationstag des Instituts für Konstruktiven Ingenieurbau, Tagungsband. Weimar: Bauhaus-Universität, 2005

[418] *Rautenstrauch, K., Kästner, M., Jahreis, M., Hädicke, W.*: Entwicklung eines Hochleistungsverbundträgersystems für den Ingenieurholzbau. Bautechnik 90 (1.2013), S. 18-25

[419] *Rautenstrauch, K., Möller, G., Hartnack, R.*: Holzbau nach Eurocode 5. In: *Holschemacher, K.* (Hrsg.): Entwurfs- und Berechnungstafeln für Bauingenieure. 7. Aufl. Berlin: Bauwerk, Beuth, 2015

[420] *Rautenstrauch, K., Müller, J.*: Tragverhalten spezieller Verbundelemente für Holz-Beton-Verbundstraßenbrücken unter zyklischer Beanspruchung. Bautechnik 90 (1.2013), S. 9-17

[421] *Reuleaux*. In: *Kollmann, F.*: Technologie des Holzes und der Holzwerkstoffe. Berlin, Göttingen, Heidelberg: Springer, 1951

[422] *Reyer, E., Benning, H. H.*: Zur optimalen Bemessung kippgefährdeter Brettschichtholzträger unter Gebrauchslasten und unter Brandbeanspruchung. Bautechnik 68 (1991), S. 85-92

[423] *Reyer, E., Linzner, P.*: Zur Spaltgefährdung und Tragfähigkeit von Nagelverbindungen mit und ohne Rißlinienversetzung. Bauingenieur 68 (1993), S. 385-396

[424] *Reyer, E., Stojic, D.*: Zum genaueren Nachweis der Kippstabilität biegebeanspruchter parallelgurtiger Brettschichtholz-Träger mit seitlichen Zwischenabstützungen des Obergurtes nach Theorie II. Ordnung. Bauen mit Holz (1991), S. 100 –106 und S. 242 – 245

[425] *Riberholt, H.*: Berechnung von Stahlblech-Holz-Verbindungsteilen in Dänemark. Bauen mit Holz (1975), S. 114-118

[426] *Riberholt, H.*: Glued Bolts in Glulam. Report No. R 210. Department of Structural Engineering. Lyngby: Technical University, 1986

[427] *Riese, O.*: Brand. In: *Häupl, P., Homann, M., Kölzow, C., Riese, O., Maas, A., Höfker, G., Nocke, C., Willems, W.* (Hrsg.): Lehrbuch der Bauphysik. 7. Aufl. Wiesbaden: Springer Vieweg, 2013

[428] *Römhild, K. T.*: Zum Tragfähigkeitsnachweis von Anschlüssen mit genagelten Sparrenpfettenankern. Bauen mit Holz 88 (1986), S. 524-529

[429] *Roik, K.*: Vorlesungen über Stahlbau. Berlin: Ernst und Sohn, 1978

[430] *Roos, W.*: Lastannahmen, Einwirkungen. In: *Vismann, U.* (Hrsg.): *Wendehorst*: Bautechnische Zahlentafeln. 35. Aufl. Wiesbaden: Springer Vieweg, 2015

[431] *Rothert, H., Gensichen, V.*: Nichtlineare Stabstatik. Baustatische Methoden, Grundlagen und Anwendungen. Berlin: Springer, 1987

[432] *Rubin, H., Schneider, K. J.*: Baustatik, Theorie I. und II. Ordnung. 4. Aufl. Düsseldorf: Werner, 2002

[433] *Rubin, H., Schneider, K. J.*: Baustatik. In: *Schneider, K. J.* (Begründer); *Albert, A.* (Hrsg.): Bautabellen für Ingenieure. 21. Aufl. Köln: Bundesanzeiger, 2014

[434] *Rug, W., Gümmer, K., Gehring, St.*: Schraubenpressklebung mit Nagelschrauben. Bautechnik 87 (1.2010), S. 33-43

[435] *Rug, W., Linke, G.*: Untersuchungen zur Holzkorrosion an historischem Brettschichtholz. Bautechnik 90 (10.2013), S. 642-650

[436] *Rug, W., Linke, G., Winter, L.*: Untersuchungen zur Festigkeit der Klebfugen von historischem Brettschichtholz. Bautechnik 90 (10.2013), S. 651-659

[437] *Rug, W., Lißner, A.*: Untersuchungen zur Festigkeit und Tragfähigkeit von Holz unter dem Einfluss chemisch-aggressiver Medien. Bautechnik 88 (3.2011), S. 177-188

[438] *Rug, W., Mönck, W.*: Holzbau. Bemessung und Konstruktion. 16. Aufl. Berlin: Beuth, 2015

[439] *Schänzlin, J.*: Zum Langzeitverhalten von Brettstapel-Beton-Verbunddecken. Diss. Fakultät Bau- und Umweltingenieurwissenschaften, Institut für Konstruktion und Entwurf, Stahl-, Holz- und Verbundbau. Stuttgart: Universität 2003

[440] *Schänzlin, J.*: Modeling the long-term behavior of structural timber for typical serviceclass-II-conditions in South-West Germany. Habilitation. Fakultät Bau- und Umweltingenieurwissenschaften, Institut für Konstruktion und Entwurf, Stahl-, Holz- und Verbundbau. Stuttgart: Universität 2010

[441] *Sagot, G.*: Baulicher Holzschutz. In: STEP 1 [58], Abschn. A14

[442] *Scharr, G.*: Messungen der Elastizitätszahlen und Wärmeausdehnungskoeffizienten von faserverstärkten Kunststoffen. Diss. Aachen: RWTH, 1984

[443] *Schatz, T.*: Bemessung von Gewindestangenverstärkungen bei gekrümmten Trägern und Satteldachträgern. Bautechnik 77 (2000), Heft 11

[444] *Scheer, C., Bauer, J.*: Bemessungsverfahren und Bemessungshilfen zu DIN 1052 T1. In: *v. Halász, R.* (Hrsg.), *Scheer, C.* (Hrsg.): Holzbautaschenbuch. Bd. 2, 8. Aufl. Berlin: Ernst und Sohn, 1989

[445] *Scheer, C., Haase, K.*: Durchbrüche in Brettschichtholzträgern: Spannungstheoretische Untersuchungen. Holz als Roh- und Werkstoff 58 (2000), S. 153-161

[446] *Scheer, C., Kickler, J.*: Handwerklicher Holzbau. In: *v. Halász, R.* (Hrsg.), *Scheer, C.* (Hrsg.): Holzbautaschenbuch. Bd. 1, 9. Aufl. Berlin: Ernst, 1996

[447] *Scheer, C., Knauf, Th.*: Statik und Bemessung im Holzbau. In: *v. Halász, R.* (Hrsg.), *Scheer, C.* (Hrsg.): Holzbautaschenbuch. Bd. 1, 9. Aufl. Berlin: Ernst, 1996

[448] *Scheer, C., Peter, M., Stöhr, St.*: Bemessungsbeispiele nach DIN 1052, Ausgabe 2004. In: *Scheer, C.* (Hrsg.), *Peter, M.* (Hrsg.), *Stöhr, St.* (Hrsg.): Holzbautaschenbuch. Bd. 2, 10. Aufl. Berlin: Ernst, 2004

[449] *Scheer, C.* (Hrsg.), *Peter, M.* (Hrsg.): Holz Brandschutz Handbuch. 3. Aufl. Informationsdienst Holz. Deutsche Gesellschaft für Holzforschung (Hrsg.). München, Berlin: DGfH, Ernst, 2009

[450] *Scheer, C., Peter, M.*: Holzbauteile im Brandfall. In: Holz Brandschutz Handbuch. 3. Aufl. [449], Abschn. 6

[451] *Scheer, C., Wunderlich, M.*: Fachwerkbinder, Berechnung, Konstruktion. In: Informationsdienst Holz. Düsseldorf: Arbeitsgemeinschaft Holz, 1982

[452] *Schelling, W.*: Die Berechnung nachgiebig verbundener, zusammengesetzter Biegeträger im Ingenieurholzbau. Diss. Karlsruhe: Universität (TH), 1968

[453] *Schelling, W.*: Zur Berechnung nachgiebig zusammengesetzter Biegeträger aus beliebig vielen Einzelquerschnitten. In: *Ehlbeck, J.* (Hrsg.), *Steck, G.* (Hrsg.): Ingenieurholzbau in Forschung und Praxis. *Karl Möhler* gewidmet. Karlsruhe: Bruder, 1982

[454] *Schelling, W.*: Zapfenverbindungen. In: Zimmermannsmäßige Holzverbindungen. Informationsdienst Holz. Düsseldorf: Arbeitsgemeinschaft Holz, 1988

[455] *Schelling, W., Hinkes, F.J., Kindereit, E., Speich, M., Zietz, W.*: Bemessungshilfen, Knoten, Anschlüsse, Teil 1. In: Informationsdienst Holz. Düsseldorf: Arbeitsgemeinschaft Holz, 1983

[456] *Schelling, W., Hinkes, F.J., Speich, M., Zietz, W.*: Bemessungshilfen, Knoten, Anschlüsse, Teil 2. In: Informationsdienst Holz. Düsseldorf: Arbeitsgemeinschaft Holz, 1984

[457] *Schild, K., Völkner, S.*: Praxishandbuch Ingenieurholzbau, Grundlagen – Bemessung – Konstruktion. Stuttgart: Frauenhofer IRB, 2005

[458] *Schiermeyer, V.*: Moderne Verbindungsmittel bzw. Anschlüsse und deren Anwendung im Holzbau. In: *Neuhaus, H., Schiermeyer, V.*: Neue technische Entwicklungen, Konstruktionen und Bemessungen im Holzbau für die Baupraxis. Seminarband, Ingenieurakademie West, Fortbildungswerk der Ingenieurkammer Bau NRW. Düsseldorf: Ingenieurakademie West, 2015

[459] *Schmid, M.*: Anwendungen der Bruchmechanik auf Verbindungen mit Holz. Diss. Karlsruhe: Universität (TH), 2002

[460] *Schmid, M., Tharaud, M.*: Verbindungsmittel in Fichten- und Kiefernholz – mechanisches Tragverhalten. bauen mit holz (11/2005), S. 51-56

[461] *Schmid, V., Yildiz, Ö.*: Zum konstruktiven Holzschutz mit hochelastischen Polyurethan-Spritzelastomeren. Bautechnik 91 (1.2014), S. 15-22

[462] *Schmidt, H.*: Holz im Außenbereich. In: holzbau handbuch, Reihe 1, Teil 18, Folge 2. Informationsdienst Holz. Düsseldorf: Arbeitsgemeinschaft Holz, 2000

[463] *Schmidt, H., Winter, S.*: Balkone und Terrassen. Hinweise zur Konstruktion und Ausführung. die neue quadriga (3/2003), S. 15-23

[464] *Schmidt, J., Schneider, W., Thiele, R.*: Tragverhalten von Holzverbundbalken. Bautechnik 79 (2002), S. 727-736

[465] *Schmidt, J., Schneider, W., Thiele, R., Kaliske, M.*: Bemessungsvorschlag für Holz/Beton-Verbundbalken unter Beachtung abgestufter Verbindungsmittelabstände. Bautechnik 81 (2004), S. 172-179

[466] *Schmidt, P., Schneider, K.J.*: Einwirkungen auf Tragwerke. Auszug: Eigen-, Nutz-, Wind- und Schneelasten. In: *Schneider, K.J.* (Begründer), *Albert, A.* (Hrsg.): Bautabellen für Ingenieure. 21. Aufl. Köln: Bundesanzeiger, 2014

[467] *Schmidt, P., Kempf, H., Gütelhöfer, D.*: Holzbau nach EC 5. Köln: Werner, Bundesanzeiger, 2012

[468] *Scholz, A.*: Schub bei Brettsperrholz. bauen mit holz (5/2001), S. 60-66

[469] *Schröter, H., Simon, A., Timmler, H. G., Rautenstrauch, K., Raue, E.*: Zur Berechnung von Holz-Beton-Verbundträgern mit Methoden der mathematischen Optimierung. Bautechnik 87 (8.2010), S. 474-481

[470] *Schueller, G.I.*: Einführung in die Sicherheit und Zuverlässigkeit von Tragwerken. Berlin, München: Ernst, 1981

[471] *Schulze, H.*: Holzhäuser, eine Entscheidung für Generationen – Aussagen zur Lebensdauer. In: Informationsdienst Holz. Düsseldorf: Arbeitsgemeinschaft Holz, 1991

[472] *Schulze, H.*: Baulicher Holzschutz. In: holzbau handbuch, Reihe 3, Bauphysik. Informationsdienst Holz. Düsseldorf: Arbeitsgemeinschaft Holz, 1991

[473] *Schulze, H.*: Baulicher Holzschutz. In: holzbau handbuch, Reihe 3, Teil 5, Folge 2. Informationsdienst Holz. Düsseldorf: Arbeitsgemeinschaft Holz, 1997

[474] *Schulze, H.*: Nassbereiche in Bädern. In: Informationsdienst Holz. Düsseldorf: Arbeitsgemeinschaft Holz, 1999

[475] *Schulze, H.*: Holzbau. Wände-Decken-Bauprodukte-Dächer-Konstruktionen-Bauhysik-Holzschutz. 3. Aufl. Wiesbaden: Teubner/GWV, 2005

[476] *Schutte, A.*: Stahlblechformteile-Holz-Nagelverbindungen. Bauen mit Holz (1975), S. 160-167

[477] *Schwab, E., Polaczek, P.*: Bestimmung der Schubmoduln von Holz durch statische Torsionsversuche. Holz als Roh- und Werkstoff 35 (1977), S. 23-27

[478] *Schwaner, K.* (Hrsg.): Zukunft Holz. Statusbericht zum aktuellen Stand der Verwendung von Holz und Holzprodukten im Bauwesen und Evaluierung künftiger Entwicklungspotentiale. Institut für Holzbau, Hochschule Biberach: 04/2009,

[479] *Schweda, E., Krings, W.*: Baustatik. Festigkeitslehre. Düsseldorf: Werner, 2000

[480] *Seim, W.*: Erdbebensicherheit von Holzrahmenkonstruktionen – zwei unterschiedliche Nachweiskonzepte. Bauingenieur 84 (5.2009), S. 236-245

[481] *Sell, J.*: Eigenschaften und Kenngrößen von Holzarten. 3. Aufl. LIGNUM, Schweizerische Arbeitsgemeinschaft für das Holz (Hrsg.). Zürich: Baufachverlag AG, 8953 Dietikon, 1989

[482] *Solli, K. H.*: Geleimte, dünnstegige Träger. In: STEP 1 [58], Abschn. B9

[483] *Sonnleithner, E.*: In: *Kollmann, F.*: Technologie des Holzes und der Holzwerkstoffe. Berlin, Göttingen, Heidelberg: Springer, 1951

[484] *Speich, M.*: Ein Beitrag zur Beurteilung des Stabilitätsverhaltens verbandsgestützter, parallelgurtiger Brettschichtträger. Diss. Universität Hannover. In: VDI-Fortschrittsberichte, Reihe 4, Nr. 84. Düsseldorf: VDI, 1987

[485] *Speich, M., Möller, G., Schelling, W.*: Zur Berechnung der Verformung von Wind- und Aussteifungsverbänden im Holzbau. Bautechnik 68 (1991), S. 202-205

[486] *Steck, G.*: Holzwerkstoffe - Sperrholz. In: STEP 1 [58], Abschn. A10

[487] *Steck, G.*: Furnierschichtholz Information. Kerto, Erläuterungen und Bemessungshilfen. Finnforest Kerto Zweigniederlassung, Köln

[488] *Steck, G.*: Euro-Holzbau. Grundlagen, Teil 1. Düsseldorf: Werner, 1997

[489] *Steck, G.*: Einseitige Beanspruchung in Zugverbindungen. bauen mit holz (2002), Heft 3, S. 33-42

[490] *Steck, G.*: 100 Holzbau-Beispiele. 2. Aufl. Köln: Werner, Wolters Kluwer, 2007

[491] *Steck, G., Nebgen, N.*: Holzbau kompakt. Nach DIN 1052 neu. Berlin: Bauwerk, 2006

[492] *Steinmetz, D.*: Wand- und Deckenscheiben im Holzrahmenbau. In: Tagungsband: Neue Maßstäbe für den Holzbau. Ingenieurtag, Hannover, Mai 2003. Fördergesellschaft Holzbau und Ausbau, Bund Deutscher Zimmermeister. Berlin, 2003

[493] *Stoy, W.*: Über Versuche mit Drahtstiften als Holzverbindungsmittel. Deutsche Bauzeitung 64 (1930), S. 141

[494] *Stoy, W.*: Tragfähigkeit von Nagelverbindungen im Holzbau. In: Mitteilungen des Fachausschusses für Holzfragen beim VDI und Dt. Forstverein, Heft 11. Berlin: 1935

[495] *Stoy, W., Mlynek, F.*: Einfräs- und Einpreßdübel im Ingenieurholzbau. Bautechnik 29 (1952), S. 241-246

[496] *Studiengemeinschaft Holzleimbau*: Einsatz von Brettschichtholz im Freien. Merkblatt. Düsseldorf: Arbeitsgemeinschaft Holz, 1982

[497] *Studiengemeinschaft Holzleimbau*: Brettschichtholz, Oberflächen - Querschnittbearbeitung. BS-Holz-Merkblatt. Wuppertal: Studiengemeinschaft Holzleimbau, 2014

[498] *Studiengemeinschaft Holzleimbau*: Brettsperrholz-Merkblatt. Wuppertal: Studiengemeinschaft Holzleimbau, 2013

[499] *Studiengemeinschaft Holzleimbau*: Herstellerverzeichnis. Wuppertal: Studiengemeinschaft Holzleimbau, jährlich aktualisiert

[500] *Studiengemeinschaft Holzleimbau*: Brettschichtholz aus Buche und Hybridträger aus Buche/Fichte gemäß Zulassung. Wuppertal: Studiengemeinschaft Holzleimbau, 2011

[501] *Studiengemeinschaft Holzleimbau*: Anwendbarkeit von Brettschichtholz und Balkenschichtholz nach DIN EN 14080: 2013. Merkblatt. Wuppertal: Studiengemeinschaft Holzleimbau, 2016

[502] *Studiengemeinschaft Holzleimbau, Überwachungsgemeinschaft KVH*: Merkblatt zu ansetzbaren Rechenwerten für die Bemessung nach DIN EN 1995-1-1 für Vollholz, keilgezinktes Vollholz, Balkenschichtholz (Duo/Triobalken), Brettschichtholz, Brettsperrholz, Furnierschichtholz. Wuppertal: Studiengemeinschaft Holzleimbau, 2016

[503] *Tavoussi, K., Winter, W., Pixner, T.*: Das erdbebensichere Holzhaus. Bauingenieur 85 (3.2010), S. 129-135

[504] *Tetmajer, L.*: Methoden und Resultate der Prüfung der schweiz. Bauhölzer. Mitteilungen der Materialprüfungs-Anstalt am schweiz. Polytechnikum, II. Heft. Zürich: 1896

[505] *Trautz, M., Koj, Ch.*: Mit Schrauben Bewehren - Neue Ergebnisse. Bautechnik 86 (4.2009), S. 228-238

[506] *Troche, A.*: Der (einfache) Versatzanschluß von Holzstreben. Bautechnik 14 (1936), S. 327

[507] *Troche, A.*: Ingenieur-Holzbau. Hannover: Schroedel, 1951

[508] *Troche, A.*: Grundsätzliches über den Versatzanschluß im Holzbau. Bautechnik 33 (1956), S. 394-396

[509] *Troche, A.*: Ergänzende Beiträge zum Versatzanschluß im Holzbau. Bautechnik 35 (1958), S. 340-343

[510] *Trysna, T.*: Versuche mit verdübelten Holzbalken. Bautechnik 17 (1939), S. 440-444 und S. 463-467

[511] *Vallée, T., Bathon, L., Fecht, S., Bletz-Mühldorfer, O.*: Kleben im Ingenieurholzbau. bauen mit holz (2.2014), S. 36 – 40 und (3.2014), S. 34-39

[512] *Vogt, T., Hummel, J., Schick, M., Seim, W.*: Experimentelle Untersuchungen für innovative erdbebensichere Konstruktionen im Holzbau. Bautechnik 91 (1.2014), S. 1-14

[513] *Voigt, W.*: Theoretische Studien über die Elastizitätsverhältnisse der Kristalle. Königliche Gesellschaft der Wissenschaften zu Göttingen, Bd. 34. Göttingen: Dieterische Verlagsbuchhandlung, 1887

[514] *Voigt, W.*: Lehrbuch der Kristallphysik. Leipzig: Teubner, 1928

[515] *Weber, J.*: Furnierschichtholz, Kerto-S, Kerto-Q. Produktdatenblatt Holzwerkstoffe Nr.4. In: Informationsdienst Holz. Düsseldorf: Arbeitsgemeinschaft Holz, 1997

[516] *Werner, G., Steck, G.*: Holzbau. Teil 2, Dach- und Hallentragwerke. 4. Aufl. Düsseldorf: Werner, 1993

[517] *Werner, G., Zimmer, K., Lißner, K.*: Holzbau Teil 1. Grundlagen nach DIN 1052 (neu 2008) und Eurocode 5. 4. Aufl. Berlin, Heidelberg: Springer, 2009

[518] *Werner, G., Zimmer, K., Lißner, K.*: Holzbau Teil 2, Dach- und Hallentragwerke nach DIN 1052 (neu 2008) und Eurocode 5. 4. Aufl. Berlin, Heidelberg: Springer, 2010

[519] *Werner, H.*: Tragfähigkeit von Holz-Verbindungen mit stiftförmigen Verbindungsmitteln unter Berücksichtigung von streuenden Einflussgrößen. Diss. Karlsruhe: Universität, 1993

[520] *Wesche, K.*: Baustoffe für tragende Bauteile. Teil 4, Holz und Kunststoffe. 2. Aufl. Wiesbaden, Berlin: Bau, 1988

[521] *Wetzell, O., Krings, W.*: Technische Mechanik für Bauingenieure. 4. Aufl. Wiesbaden: Springer Vieweg, Bd. 1. Statisch bestimmte Stabwerke, 2015

[522] *Willeitner, H.*: Holzschutz. In: *v. Halász, R.* (Hrsg.), *Scheer, C.* (Hrsg.): Holzbautaschenbuch. Bd. 1, 9. Aufl. Berlin: Ernst, 1996

[523] *Willeitner, H.*: Kommentar zu DIN 68800-1: 2011-10, Holzschutz, Teil 1: Allgemeines. In: *Marutzky, R.* (Hrsg.), *Grosser, D., Hertel, H., Radović, B., Willeitner, H.* [321]

[524] *Willeitner, H., Trepkau, B.*: Allgemeine Hinweise. In: *Marutzky, R.* (Hrsg.), *Grosser, D., Hertel, H., Radović, B., Willeitner, H.* [321], S. 1-8

[525] *Winter, S.*: Brandschutzbemessung und –klassifizierung nach neuen nationalen und europäischen Regelungen. In: Tagungsband 2002, Ingenieurholzbau Karlsruher Tage. Karlsruhe: Bruder, S. 233-252

[526] *Winter, S., Hamm, P., Richter, A.*: Schwingungs- und Dämpfungsverhalten von Holz- und Holz-Beton-Verbunddecken. Schlussbericht zum AiF-Forschungsvorhaben Nr. 15283. München: Technische Universität, Lehrstuhl für Holzbau und Baukonstruktionen, 2010

[527] *Winter, S., Kehl, D.*: Holzhäuser, Werthaltigkeit und Lebensdauer. holzbau handbuch, Reihe 3, Teil 1, Folge 2. In: Informationsdienst Holz. Düsseldorf: Arbeitsgemeinschaft Holz, 2002

[528] *Winter, S., Löwe, P.*: Brandschutz im Holzbau – gebaute Beispiele. holzbau handbuch, Reihe 3, Teil 4, Folge 3. In: Informationsdienst Holz. Düsseldorf: Arbeitsgemeinschaft Holz, 2001

[529] *Winter, S., Peter, M., Scheer, C.*: Brandschutznormung im Holzbau. In: Holz Brandschutz Handbuch. 3. Aufl. [449], Abschn. 5

[530] *Winter, S., Scheer, C., Peter, M., Schopbach, H.*: Brandschutz im Holzbau – Normative und baurechtliche Regelungen. bauen mit holz (1/2006) S. 33-37, (2/2006) S. 43-50 und (3/2006) S. 37-43

[531] *Winter, S., Hofmann, V.*: Ergänzung zu DIN EN 1995-1-2 und DIN EN 1995-1-2/NA (Fassung 2013). In: *Informationsdienst Holz, Studiengemeinschaft Holzleimbau* (Hrsg.): holzbau handbuch, Reihe 3, Teil 4, Folge 5. Wuppertal: Studiengemeinschaft Holzleimbau, 2014

[532] *Wommelsdorff, O.*: Dehnungs- und Querdehnungszahlen von Hölzern. Diss. Hannover: TH, 1966

Stichwortverzeichnis

H. Neuhaus · W. Moorkamp · L. Peterson (✉) · T. Uibel
e-mail: peterson@fh-aachen.de

B

C

D

G

H

N

O

P

R

S

W

GPSR Compliance

The European Union's (EU) General Product Safety Regulation (GPSR) is a set of rules that requires consumer products to be safe and our obligations to ensure this.

If you have any concerns about our products, you can contact us on ProductSafety@springernature.com

In case Publisher is established outside the EU, the EU authorized representative is:

Springer Nature Customer Service Center GmbH
Europaplatz 3
69115 Heidelberg, Germany

Batch number: 10499449

Printed by Printforce, the Netherlands